T0298039

HANDBUCH DER PHYSIK

ZWEITE AUFLAGE

HERAUSGEGEBEN VON

H. GEIGER UND KARL SCHEEL

BAND XXIV · ERSTER TEIL

QUANTENTHEORIE

SPRINGER-VERLAG BERLIN HEIDELBERG GMBH 1933

QUANTENTHEORIE

BEARBEITET VON

H. BETHE · F. HUND · N. F. MOTT
W. PAULI · A. RUBINOWICZ · G. WENTZEL

REDIGIERT VON A. SMEKAL

MIT 141 ABBILDUNGEN

SPRINGER-VERLAG BERLIN HEIDELBERG GMBH 1933

ISBN 978-3-642-52565-0 ISBN 978-3-642-52619-0 (eBook)

DOI 10.1007/978-3-642-52619-0

URSPRÜNGLICH ERSCHIENEN BEI JULIUS SPRINGER IN BERLIN 1933

Inhaltsverzeichnis.

Berichtigung.

S. 603, Zeile 17: Komponenten, statt Komponente.

S. 606, Zeile 28: $2(2l+1)$, statt $2(l+1)$.

Kapitel 1.

Ursprung und Entwicklung der älteren Quantentheorie.

Von

A. Rubinowicz, Lemberg.

Mit 3 Abbildungen.

I. Die Quantentheorie des harmonischen Oszillators.

1. Die Begründung der Quantentheorie durch Max Planck. Die Entstehung der Quantentheorie verdanken wir der Beschäftigung Plancks mit dem Problem der Energieverteilung im Spektrum der schwarzen Strahlung. Durch eine glückliche Interpolation zwischen der Wienschen und der Rayleighschen Strahlungsformel fand er zunächst sein, das Plancksche Strahlungsgesetz[1], das auch heute noch unerschüttert und fester begründet dasteht denn je. „Nach einigen Wochen der angespanntesten Arbeit seines Lebens“[2] gelang es ihm dann, sein Strahlungsgesetz theoretisch abzuleiten[3] und damit zu den Fundamenten der Quantentheorie, und zwar gerade an einer der unzugänglichsten, dicht mit statistischen Überlegungen überwucherten Stelle vorzudringen.

Zwischen der spektralen Raumdichte $\varrho(\nu, T)$ der schwarzen Strahlung (bezogen auf die Einheit des Frequenzintervalles) und der mittleren Energie $\overline{U}$ eines mit ihr in Wechselwirkung stehenden, von Planck als Modell einer Lichtquelle verwendeten linearen Hertzschen Oszillators von der Eigenfrequenz ν besteht auf Grund der klassischen Elektrodynamik nach Planck[4] die Beziehung

$$\varrho(\nu, T) = \frac{8\pi\nu^2}{c^3}\overline{U}. \tag{1}$$

Das Problem der Bestimmung von ϱ reduziert sich somit auf das der Ermittlung von $\overline{U}$. Diese letztere Aufgabe löste Planck mit Hilfe der Methoden der statistischen Mechanik, indem er, ausgehend vom Boltzmannschen Prinzip

$$S = k \ln W, \tag{2}$$

die Entropie S der Oszillatorengesamtheit aus ihrer thermodynamischen Wahrscheinlichkeit W (= Zahl der Realisierungsmöglichkeiten des betreffenden Zu-

[1] Vorgetragen in der D. Phys. Ges. in Berlin am 19. Okt. 1900; vgl. Verh. d. D. Phys. Ges. Bd. 2, S. 202. 1900.

[2] Den Werdegang seiner Entdeckung schildert Planck in seinem Nobelvortrag (Leipzig 1920). Wiederabdruck in M. Planck, Phys. Rundblicke. Leipzig 1922.

[3] Vorgetragen in der D. Phys. Ges. in Berlin am 16. Dez. 1900; vgl. Verh. d. D. Phys. Ges. Bd. 2, S. 237. 1900; Ann. d. Phys. Bd. 4, S. 553. 1901.

[4] M. Planck, Ann. d. Phys. Bd. 1, S. 69. 1900.

standes) berechnete. k ist hier die von PLANCK in die statistische Mechanik eingeführte „BOLTZMANNsche Konstante", die auf ein einzelnes Molekül bezogene Gaskonstante R, so daß $k = R/L$, wenn L die LOSCHMIDTsche Zahl ist. Allerdings mußte PLANCK, um sein Strahlungsgesetz zu gewinnen, seinen statistischen Überlegungen die der klassischen Mechanik vollständig widersprechende Annahme zugrunde legen, daß die Energie des Oszillators stets nur ein ganzes Vielfaches eines „*Energiequants*" betrage. Dieses ergab sich aus dem WIENschen Verschiebungsgesetz zu $h\nu$, wo h eine neue Konstante bedeutet, die PLANCK mit Rücksicht auf ihre Dimension (Energie · Zeit) als Wirkungselement bezeichnete. Für $\overline{U}$ erhielt er den Ausdruck

$$\overline{U} = \frac{h\nu}{e^{\frac{h\nu}{kT}} - 1}, \tag{3}$$

der zusammen mit (1) das PLANCKsche Wärmestrahlungsgesetz

$$\varrho(\nu, T) = \frac{8\pi h \nu^3}{c^3} \frac{1}{e^{\frac{h\nu}{kT}} - 1} \tag{4}$$

darstellt. Als Grenzfälle für $\frac{h\nu}{kT} \ll 1$ bzw. $\gg 1$ sind in dem PLANCKschen Strahlungsgesetz seine beiden Vorläufer: das RAYLEIGH*sche Strahlungsgesetz*

$$\varrho(\nu, T) = \frac{8\pi\nu^2}{c^3} kT, \tag{4a}$$

und das WIEN*sche Strahlungsgesetz*

$$\varrho(\nu, T) = \frac{8\pi h\nu^3}{c^3} e^{-\frac{h\nu}{kT}} \tag{4b}$$

enthalten.

Aus seiner Formel (4) und den damals vorliegenden Strahlungsmessungen bestimmte PLANCK[1] überraschend genau h zu $6{,}55 \cdot 10^{-27}$ ergsec. Die sozusagen als Nebenresultat miterrechnete BOLTZMANNsche Konstante k ergab mit Hilfe der Gaskonstanten R einen Zahlenwert für die LOSCHMIDTsche Zahl und diese in Verbindung mit der FARADAYschen Konstanten einen solchen für das elektrische Elementarquantum; diese Bestimmungen waren dabei viel genauer als die damals vorliegenden.

PLANCKS Energiequanten sind der Ursprung aller Quantentheorie. Auf dem Wege über sie fanden doch erst der Begriff des Quantenzustandes und die Konstante h, das Wahrzeichen der Quantentheorie überhaupt, Eingang in die Physik. Allerdings zeigte es sich später, daß auf den Energiequanten zwar eine Ableitung des Strahlungsgesetzes aufgebaut werden kann, sie aber nicht tragfähig genug sind, um die notwendige Grundlage für die Weiterentwicklung der Quantentheorie abzugeben. Eine solche wurde erst durch die 1906 von PLANCK[2] entdeckten *Wirkungsquanten* geschaffen, die die Energiequanten nur als etwas Sekundäres, als Folge eines tieferliegenden und allgemeineren Gesetzes erscheinen lassen. Die Schwingungen eines PLANCKschen Oszillators von der Masse m des schwingenden Teilchens sollen durch seine Elongation q und durch den ihr kanonisch zugeordneten Impuls $p = m\dot{q}$ beschrieben werden. Es durchläuft dann der seinen Momentanzustand in dem GIBBSschen Phasenraume (hier Phasenebene p, q) darstellende Phasenpunkt p, q während einer vollen Schwingung eine Ellipse mit dem Mittelpunkt im Koordinatenursprung. Ihr Flächeninhalt

---

[1] M. PLANCK, Ann. d. Phys. Bd. 4, S. 564. 1901.

[2] M. PLANCK, Vorl. über die Theorie d. Wärmestrahlung, 1. Aufl., § 150. Leipzig 1906.

wird durch $\iint dp\,dq = U/\nu$ gegeben, wenn U die Energie des Oszillators und ν seine Eigenfrequenz bezeichnet. PLANCKS Energiequantenhypothese, die Forderung, daß der Oszillator sich nur in Zuständen mit der Energie $n \cdot h\nu$ befinden könne, ist somit gleichbedeutend mit der Forderung, daß der Flächeninhalt des von der Phasenbahn eines Quantenzustandes in der GIBBSschen Phasenebene umschlossenen Gebietes gleich sei einem ganzen Vielfachen des „Wirkungsquants" h:

$$\iint dp\,dq = \int p\,dq = nh \qquad (n = 0, 1, 2, \ldots). \tag{5}$$

Für den Spezialfall eines harmonischen Oszillators stellt diese Relation zunächst nur eine Umdeutung des Energiequantenpostulates dar, führt aber für andere mechanische Systeme (von einem Freiheitsgrad) im allgemeinen zu einer anderen Festlegung der Quantenzustände als der Energiequantenansatz (vgl. Ziff. 2).

PLANCKS „erste", vorhin dargestellte Ableitung des Wärmestrahlungsgesetzes krankt an einem inneren Widerspruche: Bei der Ableitung der Gleichung (1) wird ja angenommen, daß der Energieaustausch zwischen Strahlung und Oszillator nach der klassischen Elektrodynamik erfolgt, also die Amplitude des Oszillators und mithin auch seine Energie stetig veränderlich sind. Die statistischen Überlegungen zur Begründung der Gleichung (3) werden dagegen unter der Annahme durchgeführt, daß die Oszillatorenenergie nur die diskreten Energiequantenwerte $nh\nu$ annehmen könne. In der Absicht, diesen Widerspruch zu vermeiden, hat PLANCK[1] eine „zweite" Theorie seiner Strahlungsformel entwickelt, in der die Absorption der Strahlung klassisch kontinuierlich und nur die Emission quantenhaft diskontinuierlich erfolgt. Bezüglich der Emission wird dabei weiter vorausgesetzt, daß sie nur in solchen Augenblicken einsetzen kann, wo die Oszillatorenenergie $nh\nu$ beträgt. Ob in einem solchen Falle eine Emission stattfindet oder nicht, wird durch ein Wahrscheinlichkeitsgesetz bestimmt. Wenn sie aber erfolgt, dann wird dabei die ganze momentane Oszillatorenenergie $nh\nu$ in Strahlung umgesetzt. Unter diesen Annahmen ergibt sich die mittlere Oszillatorenenergie U um ein halbes Energiequant $h\nu/2$ größer als in (3), was durch eine entsprechende Änderung des Ausdruckes (1) kompensiert wird. Da $\overline{U}$ in (3) für $T = 0$ verschwindet, so besitzt der Oszillator in der zweiten Theorie beim absoluten Nullpunkt eine mittlere Nullpunktsenergie vom Betrage $h\nu/2$.

Späterhin hat PLANCK[2] auch diese Theorie mehrmals umgestaltet. Aber weder sie noch ihre Abänderungen haben für die Weiterentwicklung der Quantentheorie die Bedeutung von PLANCKS erster Theorie erreicht, durch deren bewußte und sinngemäße Verallgemeinerung BOHRS Quantentheorie der Atome entstand.

2. Das weitere Vordringen der Quantentheorie in der kinetischen Theorie der Wärme. Wir verfolgen zunächst die Konsequenzen, die sich aus der PLANCKschen Quantentheorie für die kinetische Theorie der Wärme ergaben. Nach dem BOLTZMANNschen Gleichverteilungssatz der klassischen statistischen Mechanik beträgt die mittlere Gesamtenergie eines harmonischen Oszillators pro Freiheitsgrad

$$\overline{U} = kT, \tag{6}$$

also die spezifische Wärme C_v für ein Grammolekül eines aus solchen Oszillatoren aufgebauten Festkörpers mit n Atomen im Molekül:

$$C_v = \frac{\partial}{\partial T} 3nLkT = 3nR$$

[1] M. PLANCK, Verh. d. D. Phys. Ges. Bd. 13, S. 138. 1911; Ann. d. Phys. Bd. 37, S. 642. 1912.

[2] M. PLANCK, Berl. Ber. 1913, S. 350; 1914, S. 918; 1915, S. 512.

(DULONG-PETITsche und NEUMANN-KOPPsche Regeln). Dieses Ergebnis stand mit der Wirklichkeit insofern nicht in Übereinstimmung, als in einigen Fällen die damals bekannten empirischen Werte die theoretischen erheblich unterschritten und sich überdies stark temperaturabhängig zeigten (z. B. Diamant, Bor und Silizium). Außerdem war es theoretisch unbefriedigend, daß man im Festkörper die Elektronenfreiheitsgrade vollständig unberücksichtigt lassen mußte, um nicht viel zu große, mit der Erfahrung gar nicht übereinstimmende C_v-Werte zu erhalten.

EINSTEIN[1] war es nun, der als erster die Quantentheorie zur Lösung dieser Schwierigkeiten heranzog. Er identifizierte die Atom- und Elektronenoszillatoren eines Festkörpers mit den Oszillatoren PLANCKs, benützte also für ihre mittlere Energie den Ausdruck (3). Da dieser nur für kleine $h\nu/kT$-Werte in den klassischen Ausdruck (6) übergeht, so wird damit der Gleichverteilungssatz als allgemeingültige Behauptung aufgegeben und ihm nur als Grenzgesetz für hohe Temperaturen T und locker gebundene Elektronen (kleines ν) ein beschränkter Geltungsbereich zugewiesen. Für große $h\nu/kT$-Werte wird das PLANCKsche U unmerklich klein. Bei gegebener Temperatur werden hier also, was ihren Beitrag zur inneren Energie betrifft, die Freiheitsgrade sozusagen gewogen und nicht, wie in der klassischen statistischen Mechanik, nur gezählt[2]. Die Molekularwärme ergibt sich nach EINSTEIN demnach zu

$$C_v = \frac{\partial}{\partial T} 3L \sum_n \frac{h\nu_n}{e^{\frac{h\nu_n}{kT}} - 1} = 3R \sum_n \frac{\left(\frac{h\nu_n}{kT}\right)^2 e^{\frac{h\nu_n}{kT}}}{\left(e^{\frac{h\nu_n}{kT}} - 1\right)^2}, \tag{7}$$

wobei die Summation über alle in einem „Molekül" des Festkörpers enthaltenen Atom- und Elektronenoszillatoren zu erstrecken wäre. Die letzteren liefern jedoch nach (7) bei mittleren und tiefen Temperaturen (große $h\nu/kT$-Werte) praktisch keinen Beitrag zu C_v, so daß das Verhalten der spezifischen Wärme in diesem Temperaturbereiche nur durch die ultraroten Atomeigenschwingungen bestimmt wird. Je nach ihrer Lage im lang- bzw. kurzwelligen Ultrarot erhält man bei gegebener Temperatur normale bzw. unternormale Molekularwärmen. Schließlich muß nach (7) die spezifische Wärme aller Festkörper mit sinkender Temperatur abnehmen und bei Annäherung an den absoluten Nullpunkt verschwinden.

Die obigen Erwartungen wurden *im allgemeinen* durch die Erfahrung bestätigt. Die EINSTEINsche Theorie versagte jedoch ausnahmslos bei den tiefsten Temperaturen, wo sie einen viel zu raschen (exponentiellen) Abfall der spezifischen Wärme ergab. Aber auch vom theoretischen Gesichtspunkte aus mußte man gegen die EINSTEINschen Annahmen gewichtige Bedenken erheben. Ein Festkörper besteht ja nicht aus einzelnen, miteinander nicht in Wechselwirkung stehenden Molekülen oder Atomen, sondern die ihn aufbauenden Atome stellen in ihrer Gesamtheit ein gekoppeltes System von Massenpunkten dar. Die Elektronenfreiheitsgrade können dabei nach dem Obigen vollständig vernachlässigt werden. Die Anzahl der Eigenschwingungen eines solchen gekoppelten Systems ist gleich der Zahl seiner Freiheitsgrade. Da diese dreimal so groß ist wie die Anzahl N seiner Atome, so wird man also für die innere Energie eines Festkörpers den Ansatz

$$E = \sum_{n=1}^{3N} \frac{h\nu_n}{e^{\frac{h\nu_n}{kT}} - 1} \tag{8}$$

[1] A. EINSTEIN, Ann. d. Phys. Bd. 22, S. 180. 1907.
[2] A. SOMMERFELD, Phys. ZS. Bd. 12, S. 1057. 1911.

zu machen haben, wenn man in konsequenter Verallgemeinerung der EINSTEINschen Auffassung der Energie einer Eigenschwingung mit der Frequenz ν_n den PLANCKschen Ausdruck (3) zuordnet. Von diesem Gedanken sind DEBYE[1] sowie BORN und KÁRMÁN[2] bei der weiteren Gestaltung der Theorie der spezifischen Wärme ausgegangen.

DEBYE wandte zur praktischen Auswertung der Gleichung (8) ein außerordentlich kühnes, aber ebenso einfaches wie erfolgreiches Verfahren an. Er bemerkte, daß die langsamsten Eigenschwingungen des Systems von Massenpunkten, das den Festkörper darstellt, mit den elastischen Eigenschwingungen des letzteren zu identifizieren sind. Daraufhin ersetzte er das ganze Spektrum der Eigenschwingungen des Punktsystems durch das des Festkörpers und ließ das letztere bei der $3N$ten Eigenschwingung abbrechen, um der richtigen Zahl der Freiheitsgrade des Punktsystems Rechnung zu tragen. Dadurch erreichte er zweierlei: Für die genaue Darstellung der spezifischen Wärme C_v bei den tieferen Temperaturen sorgt die gute Approximation der hier für den numerischen Wert von (8) vor allem ausschlaggebenden langsamsten Eigenschwingungen, für den Anschluß von C_v an den klassischen Wert bei den mittleren und höheren Temperaturen [wo der PLANCKsche Energieausdruck (3) in den klassischen (6) übergeht] sorgt die strenge Berücksichtigung der Zahl der Freiheitsgrade. DEBYE erhielt so für das C_v der Festkörper einen Ausdruck, der nur von einer einzigen aus den Elastizitätskoeffizienten berechenbaren Konstanten mit der Dimension der Temperatur abhängt. Die DEBYEsche Theorie wurde von der Erfahrung in weitem Umfange, insbesondere bei den Elementen und einigen einfachen Verbindungsklassen, gut bestätigt.

BORN und KÁRMÁN gingen von vornherein in der Richtung einer konsequenten Berücksichtigung der Raumgitterstruktur der Festkörper. Während die Stärke des DEBYEschen Verfahrens in seiner Einfachheit und Eleganz liegt, besteht der Vorteil des von BORN und KÁRMÁN eingeschlagenen Weges in der Möglichkeit, auch die feineren individuellen Unterschiede im Aufbau der Festkörper zu berücksichtigen und so die Theorie weitgehend auszubauen[3].

Die Erfolge der Quanten in der Theorie der spezifischen Wärme der Festkörper legten ihre Anwendung auch auf Gase nahe, die aktuell wurde, als EUCKEN[4] experimentell feststellte, daß die spezifische Wärme des Wasserstoffes mit sinkender Temperatur gegen den klassischen Wert für ein einatomiges Gas abnimmt. Ein solches Verhalten läßt sich als ein „Absterben" der Rotationsfreiheitsgrade des Gasmoleküls deuten und wurde auf Grund der Quantenvorstellungen zuerst von NERNST[5] gefordert. Der erste Versuch einer konsequent durchgeführten Theorie dieser Erscheinung stammt von EHRENFEST[6]. Diese Arbeit ist auch insofern bemerkenswert, als sie eine Quantisierung des um eine feste Achse beweglichen Rotators enthält, die zwar mit der PLANCKschen Quantelungsvorschrift (5) vom Jahre 1906 und damit auch mit der Theorie der Periodizitätssysteme in ihrem Endergebnis übereinstimmt, sie aber nicht direkt benützt. EHRENFEST schlägt vielmehr folgenden Weg ein. Bezeichnet man mit $2\pi\nu$ die Winkelgeschwindigkeit und mit K das Trägheitsmoment des Moleküls, so wird die Energie des Rotators $(2\pi\nu)^2 \frac{K}{2}$ (wohl mit Rücksicht auf das Fehlen der potentiellen Energie) der Hälfte eines ganzen Vielfachen des Energiequants, also $n\frac{h\nu}{2}$,

[1] P. DEBYE, Arch. de Génève, März 1912, S. 256; Ann. d. Phys. Bd. 39, S. 789. 1912.
[2] M. BORN u. TH. v. KÁRMÁN, Phys. ZS. Bd. 13, S. 297. 1912.
[3] Vgl. ds. Handb. XXIV/2, Kap. 4 (M. BORN u. M. MAYER-GÖPPERT) und Kap. 5 (A. SMEKAL).
[4] A. EUCKEN, Berl. Ber. 1912, S. 141.
[5] W. NERNST, Berl. Ber. 1911, S. 65; ZS. f. Elektrochem. Bd. 17, S. 265 u. 817. 1911.
[6] P. EHRENFEST, Verh. d. D. Phys. Ges. Bd. 15, S. 451. 1913.

gleichgesetzt. Es sind dann für den $n$ten Quantenzustand des Rotators Frequenz ν_n, Energie E_n bzw. Impuls p_n gegeben durch

$$\nu_n = n \frac{h}{4\pi^2 K}, \qquad E_n = n^2 \frac{h^2}{8\pi^2 K}, \qquad p_n = 2\pi \nu_n K = n \frac{h}{2\pi}.$$

Als Aufgaben, deren Erledigung von der Quantentheorie zu erwarten war, wurde bald das Problem der Gasentartung und das der Bestimmung der NERNSTschen chemischen Konstante erkannt und auch zu lösen versucht. Das Problem der Gasentartung wurde dabei zunächst vom Standpunkte des NERNSTschen Wärmesatzes formuliert. Man ging von der Fragestellung aus, wie die Gasgesetze abzuändern wären, falls man die Gültigkeit dieses Satzes auch für die Gase postulierte. Auf den Zusammenhang der Gasentartung mit der Quantentheorie hat zuerst NERNST[1] hingewiesen, und fast gleichzeitig damit wurde von mehreren Forschern[2] eine theoretische Bestimmung der chemischen Konstante versucht.

Das Verschwinden der spezifischen Wärme beim absoluten Nullpunkt sowie andere aus der Quantentheorie, nicht aber aus der klassischen statistischen Mechanik fließenden Folgerungen ergaben sich auch aus dem NERNSTschen Wärmesatze, insbesondere wenn man ihn in der PLANCKschen Fassung[3] zugrunde legte. Die Ursache dafür wurde klar, als es sich herausstellte, daß der NERNSTsche Wärmesatz eine Folge der Quantenstatistik ist[4]. Den prinzipiellen Zusammenhang ergibt nach PLANCK das BOLTZMANNsche Prinzip (2). Die thermodynamische Wahrscheinlichkeit W und mit ihr die Entropie S eines gegebenen thermodynamischen Modells werden nämlich erst durch die Zelleneinteilung des GIBBSschen Phasenraumes eindeutig festgelegt. Eine solche liefert aber in der Quantentheorie ganz naturgemäß die Quantisierung des betreffenden Systems; beim harmonischen Oszillator z. B. sind es die Ellipsen in der p, q-Ebene (vgl. Ziff. 1).

3. Die EINSTEINsche Lichtquantenhypothese. In den Arbeiten PLANCKS offenbarten sich die Quanten als Energiequanten des harmonischen Oszillators, also als Energiequanten der Materie. EINSTEIN fand die Lichtquanten, die Energiequanten des Äthers. In einer Arbeit „Über einen die Erzeugung und Verwandlung des Lichtes betreffenden heuristischen Gesichtspunkt“[5] zeigte er, daß die mit Hilfe des BOLTZMANNschen Prinzips (2) aus der Entropie berechenbare thermodynamische Wahrscheinlichkeit der Strahlung sich im Geltungsbereiche des WIENschen Strahlungsgesetzes ($h\nu/kT \gg 1$) so verhält, als ob die Strahlung korpuskularer Natur wäre, als ob die Strahlung von der Frequenz ν sich zu räumlich eng begrenzten Energiebeträgen $\varepsilon = h\nu$ zusammenballte. Diese Lichtquantenhypothese verwendete EINSTEIN vor allem zur Erklärung einer von LENARD[6] entdeckten grundlegenden Erscheinung beim Photoeffekt. Nach der klassischen Auffassung ist es plausibel, daß die kinetische Energie der Photoelektronen mit der Intensität der auftreffenden Strahlung wächst. LENARDS Untersuchungen ergaben hingegen, daß die kinetische Energie der schnellsten Elektronen linear mit der Frequenz ν des einfallenden Lichtes ansteigt und von seiner Intensität nicht abhängt; diese ist allein für die Zahl der Photoelektronen

---

[1] W. NERNST, Phys. ZS. Bd. 13, S. 1064. 1912.

[2] Erste Arbeiten über die theoretische Festlegung der chemischen Konstanten: O. SACKUR, Ann. d. Phys. Bd. 36, S. 958. 1911; Nernst-Festschr. 1912, S. 405; Ann. d. Phys. Bd. 40, S. 67. 1913; H. TETRODE, Ann. d. Phys. Bd. 38, S. 434. 1912; ebenda Bd. 39, S. 255. 1912; Phys. ZS. Bd. 14, S. 212. 1913; O. STERN, Phys. ZS. Bd. 14, S. 629. 1913.

[3] M. PLANCK, Vorl. über Thermodynamik. 1. Aufl. Leipzig 1911.

[4] W. NERNST, Berl. Ber. 1911, S. 65; O. SACKUR, Ann. d. Phys. Bd. 34, S. 455. 1911; F. JÜTTNER, ZS. f. Elektrochem. Bd. 17, S. 139. 1911; M. PLANCK, Phys. ZS. Bd. 13, S. 165. 1912.

[5] A. EINSTEIN, Ann. d. Phys. Bd. 17, S. 132. 1905.

[6] P. LENARD, Ann. d. Phys. Bd. 8, S. 149. 1902.

maßgebend. Nach der Lichtquantenhypothese ist dieses Verhalten der Photoelektronen eine einfache Folgerung aus dem Energiesatz. Ist nämlich P die für einen Körper charakteristische Arbeit, die ein Elektron leisten muß, um ihn zu verlassen und wird beim Photoeffekt die ganze Energie $h\nu$ des Lichtquants vom Elektron übernommen, so wird die kinetische Energie E_{kin} des Elektrons nach dem Verlassen des Körpers

$$E_{\text{kin}} = h\nu - P \tag{9}$$

betragen. Die Zahl der Photoelektronen ist nach dieser Auffassung gleich der Anzahl der absorbierten Energiequanten, also proportional der Intensität des Lichtes. Als ein weiterer Beleg für die Richtigkeit der Lichtquantenhypothese ist nach EINSTEIN die STOKESsche Regel anzusehen, nach der die Schwingungszahl ν_e des phosphoreszenzerregenden Lichtes größer ist als die Schwingungszahl ν_{ph} des emittierten Phosphoreszenzlichtes. Diese Beziehung wird klar, wenn man annimmt, daß bei der Phosphoreszenzerregung die Energie nur verlorengehen kann, also die Energie $h\nu_e$ des erregenden Lichtes größer sein muß als die Energie $h\nu_{ph}$ des reemittierten. Schließlich zeigte EINSTEIN, daß die Lichtquanten eine Abschätzung für die Ionisierungsarbeit I eines Atoms liefern. Unter der Annahme, daß ein Lichtquant $h\nu$ die Ionisierung bewirkt, muß $h\nu \geqq I$ sein, da die Energie des Lichtquants nicht nur dazu verwendet wird, das Elektron aus dem Atomverbande zu entfernen (d. h. die Ionisierungsarbeit zu leisten), sondern im allgemeinen ihm auch noch eine gewisse kinetische Energie erteilen wird. Durch diese EINSTEINsche Überlegung wird schließlich das photochemische Grundgesetz gegeben, das zur primären Zersetzung eines Grammäquivalentes durch einen photochemischen Vorgang die absorbierte Strahlungsenergie $Lh\nu$ (L = LOSCHMIDTsche Zahl) fordert[1].

Übrigens gewannen WIEN[2] und STARK[3] durch Anwendung der EINSTEINschen Gleichung (9) auf die von den Röntgenstrahlen erzeugten schnellsten Sekundärelektronen eine erste quantentheoretische Abschätzung der Wellenlänge der Röntgenstrahlen, die in Übereinstimmung stand mit den damals vorliegenden beugungstheoretischen Schätzungen von HAGA und WIND[4]. WIEN und STARK machten auch auf die Anwendbarkeit dieser Relation auf die Umkehrung des Photoeffektes aufmerksam, d. h. auf die Erzeugung von Röntgenstrahlen (kurzwellige Grenze des kontinuierlichen Spektrums) durch Elektronen, die auf die Antikathode auftreffen.

Diesen Erfolgen der Lichtquanten auf einem Gebiete, wo die Wellentheorie des Lichtes versagte, stand ihre Ohnmacht der Beugung, Interferenz und Dispersion gegenüber, bei denen die Wellentheorie ihre hervorragendsten Erfolge zu verzeichnen hatte. EINSTEIN selbst glaubte einen Ausweg in der Tatsache zu sehen, „daß sich die optischen Beobachtungen auf zeitliche Mittelwerte, nicht aber auf Momentanwerte beziehen“, ohne jedoch ein detailliertes Bild einer solchen Erklärungsmöglichkeit zu entwerfen.

In der Folge brachte EINSTEIN[5] zur Stütze der Lichtquantenhypothese weitere Argumente vor. Wenn die Energie eines PLANCKschen Oszillators von der Schwingungszahl ν nur ganze Vielfache des Energiequants $h\nu$ betragen darf, so ist es am einfachsten, anzunehmen, daß der Oszillator nur die Energiebeträge $h\nu$ emittieren und absorbieren kann. Um eine möglichst hypothesenfreie Klärung

[1] Vgl. auch J. STARK, Phys. ZS. Bd. 9, S. 889. 1908. Eine thermodynamische Begründung gab A. EINSTEIN später: Ann. d. Phys. Bd. 37, S. 832. 1912; Bd. 38, S. 881. 1912.

[2] W. WIEN, Göttinger Nachr. 1907, S. 598.

[3] J. STARK, Phys. ZS. Bd. 8, S. 881. 1907.

[4] H. HAGA u. C. H. WIND, Ann. d. Phys. Bd. 10, S. 305. 1903.

[5] A. EINSTEIN, Phys. ZS. Bd. 10, S. 185 u. 817. 1909.

der dem PLANCKschen Strahlungsgesetze zugrunde liegenden Annahmen zu erzielen, fragt EINSTEIN nach den Folgerungen, die auf Grund der Prinzipien der statistischen Mechanik aus dem PLANCKschen Strahlungsgesetz erfließen, dieses als empirisch gegeben vorausgesetzt. Zu diesem Zwecke untersucht er die Schwankungen der Energiedichte und des Strahlungsdruckes. Die ersteren berechnet er durch Betrachtung zweier miteinander kommunizierender, von vollkommen diffus reflektierenden Wänden eingeschlossener Räume mit dem Volumen V bzw. v $(V \gg v)$. E sei die in einem bestimmten Zeitmomente in v enthaltene Strahlungsenergie des Spektralintervalles $\nu, \nu + d\nu$. Ist $\overline{E}$ der zeitliche Mittelwert von E und $\varepsilon = E - \overline{E}$, so ergibt die statistische Mechanik für das mittlere Schwankungsquadrat $\overline{\varepsilon^2}$ den Ausdruck[1]

$$\overline{\varepsilon^2} = kT^2 \frac{d\overline{E}}{dT}.$$

Nun ist aber in unserem Falle $\overline{E} = \varrho v d\nu$, so daß für das PLANCKsche Strahlungsgesetz (4) leicht

$$\overline{\varepsilon^2} = \left(h\nu\varrho + \frac{c^3}{8\pi^2\nu^2}\varrho^2\right) v d\nu = h\nu\overline{E} + \frac{c^3}{8\pi\nu^2}\frac{(\overline{E})^2}{v d\nu} \tag{10}$$

folgt. Vorausgesetzt, daß die Ursachen für die in den beiden Gliedern in (10) zum Ausdruck kommenden Schwankungen voneinander statistisch unabhängig sind, genügt es, um eine Interpretation von (10) zu finden, jedes der beiden hier auftretenden Glieder für sich als ein mittleres Schwankungsquadrat zu deuten. Die Summe zweier solcher Schwankungsquadrate ergibt nämlich, wie man leicht sieht, das mittlere Schwankungsquadrat der bei gleichzeitiger Anwesenheit der beiden Schwankungsursachen stattfindenden Schwankungen. Das zweite Glied in (10) kann man nun, was EINSTEIN durch eine Dimensionsbetrachtung wahrscheinlich macht[2], Energieschwankungen zuordnen, die im Sinne der Undulationstheorie des Lichtes durch Interferenz der einander durchkreuzenden Wellenzüge bewirkt werden. Das erste Glied ist auf Grund der Wellentheorie des Lichtes nicht verständlich, kann aber mit Hilfe der Lichtquanten gedeutet werden. Es stellt die prinzipiell mit den Dichteschwankungen eines Gases identischen Energieschwankungen des Lichtquantengases dar. Ist nämlich n die Anzahl der Lichtquanten $h\nu$ in v, so wird $E = n \cdot h\nu$ und $\overline{E} = \overline{n} \cdot h\nu$ ($\overline{n}$ = Mittelwert von n). Setzen wir $\eta = n - \overline{n}$, so ist $\varepsilon = E - \overline{E} = (n - \overline{n}) h\nu$ und $\overline{\varepsilon^2} = \overline{\eta^2}(h\nu)^2$. Da nun für ein Gas $\overline{\eta^2} = \overline{n}$ wird, so ergibt sich schließlich $\overline{\varepsilon^2} = \overline{n}(h\nu)^2 = h\nu\overline{E}$.

Auch die Schwankungen des Strahlungsdruckes (d. h. der Bewegungsgröße der Strahlung) führen zum Ergebnis, daß der schwarzen Strahlung eine Wellen- und gleichzeitig eine davon unabhängige Korpuskularstruktur zuzuschreiben ist. Eine Theorie der Strahlung hätte somit nach EINSTEIN den beiden Strukturen der Strahlungsfelder gleichzeitig Rechnung zu tragen.

Diese EINSTEINsche Deutung der Strahlungsschwankungen ist jedoch ganz unannehmbar, da die beiden Standpunkte, von denen aus die Erklärung der beiden Glieder erfolgt, sich gegenseitig vollständig ausschließen und jeder von ihnen nur einen Teil der Schwankungen erfaßt. Um zu einer einwandfreien Interpretation der Strahlungsschwankungen zu gelangen, müßte man die beiden Glieder in der Gleichung (10) von einem einheitlichen Gesichtspunkte aus verstehen können. Dies ist erst der neueren Quantenmechanik gelungen.

---

[1] Der Ableitung dieser Gleichung liegt die Annahme zugrunde, daß $\overline{E}$ nur von einem einzigen Zustandsparameter (T) abhängt. Dies trifft zwar bei der schwarzen Strahlung, nicht aber im allgemeinen zu.

[2] Exakter Nachweis bei H. A. LORENTZ, Les théories statistiques en thermodynamique, S. 114. Leipzig 1916.

Es sei noch bemerkt, daß bei Zugrundelegung des WIENschen bzw. des RAYLEIGHschen Strahlungsgesetzes nur die Lichtquanten- bzw. die Wellenfeldschwankungen auftreten. Das steht im Einklange mit der Tatsache, daß EINSTEIN in seinen ersten Lichtquantenarbeiten, wo er sich ausschließlich auf das WIENsche Strahlungsgesetz stützt, nur auf Lichtquanten geführt wird.

4. DEBYES Ableitung des PLANCKschen Wärmestrahlungsgesetzes. Im Gegensatz zur Auffassung EINSTEINS, der dem Lichte gleichzeitig eine Korpuskular- und Wellenstruktur zuschreibt, konnte DEBYE[1] zeigen, daß man schon bei alleiniger Berücksichtigung der Wellenstruktur der Strahlung auf einem vollständig in sich widerspruchsfreien Wege zum PLANCKschen Strahlungsgesetze gelangen kann. Er ging von der Tatsache aus, daß jedes in einem vollkommen blanken Hohlraume vorhandene elektromagnetische Feld durch eine Superposition von Eigenschwingungen darstellbar ist. Einem vorgegebenen Anfangszustande der Strahlung entsprechen dabei bestimmte Amplituden und Phasen der einzelnen Eigenschwingungen. Die Zahl der auf ein Frequenzintervall $\nu, \nu + d\nu$ entfallenden Eigenschwingungen eines kubischen Hohlraumes vom Volumen V läßt sich leicht zu

$$N(\nu)\, d\nu = \frac{8\pi\nu^2}{c^3} V\, d\nu \tag{11}$$

berechnen. Diese Zahl gilt übrigens asymptotisch für einen beliebig gestalteten Hohlraum, wenn der der Eigenschwingungsfrequenz entsprechende „Wellenlängenkubus" klein wird, gegenüber dem Volumen V des betrachteten Hohlraumes.

Um von (11) aus das Wärmestrahlungsgesetz zu erhalten, kann man für statistische Betrachtungen mit RAYLEIGH[2] und JEANS[3] die Eigenschwingungen des Hohlraumes als harmonische Oszillatoren ansehen. Vom Standpunkte der klassischen Theorie ist dann nach dem Gleichverteilungssatz jeder Eigenschwingung die mittlere Energie $\overline{E}_\nu = kT$ zuzuschreiben, weil sie einen kinetischen (magnetischen) und einen potentiellen (elektrischen) Freiheitsgrad besitzt. Da offenbar $\varrho(\nu, T)\, d\nu = \frac{\overline{E}_\nu N(\nu)\, d\nu}{V}$ und daher nach (11):

$$\varrho(\nu, T) = \frac{8\pi\nu^2}{c^3} \overline{E}_\nu \tag{12}$$

zu setzen ist, so ergibt sich auf diesem Wege die RAYLEIGHsche Strahlungsformel (4a). Nimmt man jedoch mit DEBYE an, daß die Energie jeder Eigenschwingung von der Frequenz ν einem ganzen Vielfachen des Energiequants $h\nu$ gleichzusetzen ist, so zeigt eine statistische Untersuchung, daß

$$\overline{E}_\nu = \frac{h\nu}{e^{\frac{h\nu}{kT}} - 1}$$

wird und daher aus (12) das PLANCKsche Strahlungsgesetz resultiert.

Es sei noch bemerkt, daß sich nach LORENTZ[4] eine Hohlraumstrahlung formell durch kanonische Variable beschreiben läßt, die den einzelnen Eigenschwingungen zugeordnet sind und den HAMILTONschen kanonischen Differentialgleichungen genügen. Die HAMILTONsche Funktion wird dabei durch eine Summe von Quadraten der kanonischen Variablen und ihrer konjugierten Impulse gegeben, besitzt also formell die gleiche Gestalt wie die mit Benutzung von

[1] P. DEBYE, Ann. d. Phys. Bd. 33, S. 1427. 1910.
[2] Lord RAYLEIGH, Phil. Mag. Bd. 49, S. 539. 1900.
[3] J. H. JEANS, Phil. Mag. Bd. 10, S. 91. 1905.
[4] H. A. LORENTZ, Solvay-Kongreß 1911.

Normalkoordinaten hingeschriebene HAMILTONsche Funktion eines Systems elastisch gebundener Massenpunkte. Von dieser Tatsache ausgehend, konnte LORENTZ auch zeigen, daß das PLANCKsche Strahlungsgesetz auf Grund der Voraussetzungen der klassischen statistischen Mechanik nicht gewonnen werden kann.

II. Die Quantentheorie der mehrfach periodischen Systeme.

5. Die grundlegenden Annahmen der BOHRschen Theorie. Die Theorie der in diesem Abschnitte zu besprechenden mehrfach periodischen Systeme verdankt ihre Entstehung den Arbeiten NIELS BOHRS[1] und entwickelte sich vor allem in der Richtung einer Quantentheorie des Atom- und Molekülbaues und der Atom- und Molekülspektren. Der vorher besprochene Entwicklungsabschnitt bot hierfür so gut wie keine direkten Ansätze. BJERRUMS[2] quantentheoretische Erklärung der molekularen Rotationsbanden im nahen Ultrarot mußte beim weiteren Ausbau der Theorie verlassen werden. Eine Theorie der Serienspektren, die alle den Atomen zuzuschreiben sind, war aber auch geradezu unmöglich, da sich die Vorstellungen der Physiker über den Aufbau der Atome in unrichtigen Bahnen bewegten. Erst als im Jahre 1911 RUTHERFORD[3] aus seinen Versuchen über die Weitwinkelstreuung von α-Teilchen die Existenz der Atomkerne erschloß, war die Grundlage für die moderne Atomphysik geschaffen. Nach RUTHERFORD besteht das Atom aus einem positiv geladenen Kerne, der von einer „Elektronenwolke" umgeben ist. Der Kern ist gegenüber den Atomdimensionen sehr klein (Größenordnung des Atomdurchmessers 10^{-8} cm, des Kerndurchmessers 10^{-12} bis 10^{-13} cm) und umfaßt bis auf die praktisch fast zu vernachlässigende Masse der Elektronen die gesamte Masse des Atoms. Da das Atom als Ganzes neutral ist, so muß die Ladung des Kernes so vielen positiven elektrischen Elementarquanten gleichgesetzt werden, als das Atom Elektronen enthält[4]. Nach einer Annahme von VAN DEN BROEK[5] wird sie durch die Ordnungszahl Z des betreffenden Elementes im periodischen System der chemischen Elemente gegeben. Die Ladungen der Atomkerne von H, He, Li usf. werden somit durch $Z = 1, 2, 3, \ldots$ positive Elementarquanten ausgedrückt.

Dieses RUTHERFORDsche Atommodell war aber vom Standpunkte der klassischen Physik nicht annehmbar. Ein RUTHERFORDsches Wasserstoffatom z. B. besteht aus einem Kern und einem ihn umlaufenden Elektron, das vom Kerne nach dem COULOMBschen Gesetze angezogen wird. Nach der klassischen Elektrodynamik müßte ein solches Atom durch Strahlung unaufhörlich Energie ver-

---

[1] Die im folgenden besonders häufig anzuführenden Arbeiten von N. BOHR sollen folgendermaßen abkürzend bezeichnet werden: *Abh.* = Abhandlungen ü. Atombau aus den Jahren 1913—16. Braunschweig 1921. *Aufs.* = Drei Aufsätze ü. Spektren u. Atombau. Braunschweig 1922. *Q. d. L.* = Über die Quantentheorie der Linienspektren. Braunschweig 1923. *Grundpost.* = Über die Anwendung der Quantentheorie auf den Atombau: I. Die Grundpostulate der Quantentheorie. ZS f. Phys. Bd. 13, S. 117. 1923. *Atombau* = Linienspektren und Atombau. Ann. d. Phys. Bd. 71, S. 228. 1923.

[2] N. BJERRUM, Nernst-Festschr., S. 90. Halle 1912. Auf ein Eingehen auf die Quantentheorie der Moleküle und ihrer Spektren mußte hier mit Rücksicht auf den knappen zur Verfügung stehenden Raum verzichtet werden.

[3] E. RUTHERFORD, Phil. Mag. Bd. 21, S. 669. 1911.

[4] Durch ein merkwürdiges Zusammentreffen der Umstände hat C. G. BARKLA (Phil. Mag. Bd. 21, S. 648. 1911) die erste zuverlässige Schätzung der Anzahl der Elektronen in den Atomen der leichteren Elemente in dem gleichen Heft des Phil. Mag. gegeben, das auch die angeführte grundlegende Arbeit von RUTHERFORD enthält.

[5] A. VAN DEN BROEK, Phys. ZS. Bd. 14, S. 32. 1913.

lieren, sein Elektron infolgedessen sich in immer engeren und immer rascher durchlaufenen Bahnen um den Kern bewegen und schließlich in den Kern hineinfallen. Das Spektrum eines solchen Wasserstoffatoms müßte also vollständig kontinuierlich sein. Wie die Erfahrung zeigt, befindet sich aber ein Wasserstoffatom, wenn es zum Leuchten nicht besonders angeregt wird, in einem strahlungslosen Zustande, und wenn es strahlt, so enthält sein Spektrum auch scharfe Spektrallinien, z. B. die Balmerserie. Wollte man also das RUTHERFORDsche Atommodell retten, so mußte man mit den Annahmen der klassischen Physik brechen. Und in der Tat zeigte im Jahre 1913 BOHR[1], wie man durch eine Verallgemeinerung der PLANCK-EINSTEINschen Quantenansätze unter Zugrundelegung des RUTHERFORDschen Atommodells eine große Fülle von Erscheinungen erklären kann. Wir überspringen vorläufig die geschichtliche Entwicklung und geben gleich, zunächst nur in groben Umrissen, BOHRs Standpunkt etwa vom Jahre 1923[2] an. Die Grundannahmen seiner Theorie faßte BOHR in zwei Postulate zusammen, die wir in der nachstehenden Weise formulieren:

I. Ein abgeschlossenes Atomsystem kann nicht dauernd in jedem nach der klassischen Mechanik möglichen Zustande bestehen, sondern nur in einer Folge von „*stationären*" (= „*Quanten*"-) *Zuständen*. Diese mechanisch nicht weiter erklärbare Stabilität der stationären Zustände äußert sich darin, daß jede bleibende Änderung eines solchen Zustandes in einem vollständigen Übergange des Systems aus einem Quantenzustande in einen anderen besteht. Die stationären Zustände werden durch die später (Ziff. 6) anzugebenden *Quantenbedingungen* festgelegt und lassen sich durch ganze Zahlen, die „*Quantenzahlen*", unterscheiden. Das Stattfinden der Übergänge wird durch Wahrscheinlichkeitsgesetze geregelt. Die *Übergangswahrscheinlichkeiten* lassen sich dabei aus den kinematischen Eigenschaften der stationären Zustände nach dem „*Korrespondenzprinzip*" (Ziff. 9) abschätzen, das aber auch exakte Aussagen darüber zu machen gestattet, ob ein Übergang überhaupt stattfinden kann oder nicht („*Auswahlregeln*").

II. Eine nicht durch eine äußere Einwirkung veranlaßte, spontane Emission elektromagnetischer Strahlung kann nur bei einem Übergange des Atoms von einem Quantenzustande höherer Energie E_a nach einem solchen niederer Energie E_e erfolgen. Dabei wird eine monochromatische Strahlung ausgesendet, deren Frequenz ν durch die BOHRsche *Frequenzbedingung*:

$$h\nu = E_a - E_e \tag{1}$$

gegeben wird, die im wesentlichen mit der EINSTEINschen Gleichung (9) aus Ziff. 3 identisch ist. Weiter wird verlangt, daß, falls ein abgeschlossenes Atomsystem unter dem Einflusse elektromagnetischer Strahlung aus einem Quantenzustande in einen anderen übergeführt wird, auch in diesem Falle die Frequenz des wirksamen Lichtes der Frequenzbedingung entspreche. Findet die Überführung in einen Zustand höherer Energie statt, so erleidet die einfallende Strahlung einen Energieverlust und wir sprechen von der Absorption der Strahlung oder auch von positiver Einstrahlung im Gegensatze zur negativen Einstrahlung beim Übergange des Atoms in einen Quantenzustand niederer Energie unter dem Einflusse einer äußeren Strahlung.

Wir haben die beiden BOHRschen Grundpostulate zunächst für ein „*abgeschlossenes Atomsystem*" formuliert. Darunter soll ein System von elektrisch geladenen Massenpunkten verstanden werden, die sich unter dem Einflusse der gegenseitigen elektrischen (COULOMBschen) und magnetischen (BIOT-SAVARTschen)

[1] N. BOHR, Abh. S. 1. BOHRs erste Arbeit ist in Phil. Mag. Bd. 26, S. 1. 1913, erschienen.
[2] N. BOHR, Q. d. L. und Grundpost.

Kräfte so bewegen, daß ihre relativen Abstände stets unter einer endlichen Schranke bleiben. Strahlungskräfte sollen als nicht vorhanden angesehen werden, so daß die Bewegungsgleichungen des betrachteten mechanischen Systems ein Energieintegral besitzen. Die Verallgemeinerung der Grundpostulate auf nicht abgeschlossene Systeme soll im Laufe der weiteren Überlegungen dargestellt werden (Ziff. 9).

Der Widerspruch zwischen der klassischen Physik und den beiden Grundpostulaten der Quantentheorie ist offenbar. Nach der klassischen Elektrodynamik müßten Strahlungskräfte wirksam sein, das System also dauernd Energie verlieren, so daß stationäre Zustände von solcher Stabilität, wie sie I fordert, nicht auftreten könnten. Weiter würden „klassisch" nur die Frequenzen emittiert werden, die sich aus einer harmonischen Analyse der Bewegungen in den stationären Zuständen ergeben und die im allgemeinen mit den Frequenzen aus der Frequenzbedingung (1) nicht übereinstimmen. Unverständlich vom Standpunkte der klassischen Naturbeschreibung erscheint auch die Forderung, daß die Frequenz ν in (1) nicht nur vom Anfangs-, sondern auch vom Endzustande des Atoms abhänge.

Es seien nun einige einfache Folgerungen aus den beiden Grundpostulaten angeführt, deren experimentelle Bestätigung als eine kräftige Stütze für die Richtigkeit der BOHRschen Annahmen angesehen werden kann.

Setzt man bei den optischen Spektren (mit Rücksicht darauf, daß die Energiewerte der stationären Zustände bei der üblichen Normierung negativ sind)

$$T = -\frac{E}{h}, \tag{2}$$

so müssen sich sämtliche Spektrallinien eines Elementes in der Form

$$\nu = T_e - T_a \tag{3}$$

durch eine für das betreffende Atom charakteristische Folge von *Spektraltermen T* darstellen lassen. Diese Auflösbarkeit des gesamten Spektrums eines Elementes in Spektralterme bildet den Inhalt der BOHRschen Verallgemeinerung des *RITZschen Kombinationsprinzips*. Ihr Geltungsbereich umfaßt das ganze bekannte Spektrum vom Ultrarot bis ins Röntgengebiet. Sie ist ausnahmslos als exaktes Naturgesetz bestätigt worden. Insbesondere folgt aus (3) die ursprüngliche RITZsche Vorschrift[1]: Durch Addition oder Subtraktion der Schwingungszahlen zweier Spektrallinien (mit einem gemeinsamen Spektralterm) kann man die Schwingungszahl einer dritten neuen Spektrallinie berechnen (vgl. dazu jedoch Ziff. 9). Die Spektralterme eines bestimmten Elementes sind nach (3) nur bis auf eine gemeinsame additive Konstante bestimmt. Die gleiche Unbestimmtheit weisen aber auch die Energiewerte E der stationären Zustände auf. Über die Normierung von E bei den optischen Spektren vgl. Ziff. 10 u. 14. Die Definition und Normierung der Röntgenspektralterme wird in Ziff. 15 angegeben.

Unter den stationären Zuständen eines Atoms spielt der Zustand mit der kleinsten Energie E, der als der *Normal-* oder *Grundzustand* des Atoms bezeichnet wird, eine ausgezeichnete Rolle. Es ist dies der Zustand, in den ein Atom schließlich gelangt, falls jede äußere Anregung (Zusammenstöße oder Strahlung) fehlt. Bei nicht zu hohen Temperaturen sind praktisch alle Atome eines Gases in ihrem Normalzustande. Das hat zur Folge, daß im Absorptionsspektrum eines solchen Gases nur jene Linien auftreten, die als Emissionslinien durch Übergänge in den Normalzustand entstehen. Bei den Alkalimetallen z. B. erscheint in der Absorption nur die Hauptserie. Zum Unterschiede vom Normalzustande be-

[1] W. RITZ, Astrophys. Journ. Bd. 28, S. 237. 1908 oder Ges. Werke, S. 162. Paris 1911.

zeichnet man alle übrigen stationären Zustände eines Atoms als „*angeregte*“ *Zustände*.

Gelangt ein mit monochromatischem Lichte von einer Frequenz ν bestrahltes Atom aus dem Normalzustande N in solch einen angeregten Zustand A, aus dem die Auswahlregeln nur eine Rückkehr in den Normalzustand gestatten, so muß diese unter Emission einer Strahlung von der Frequenz ν des einfallenden Lichtes auch tatsächlich erfolgen (*Resonanzlinie*). Es findet hier also eine Zerstreuung des einfallenden Lichtes statt. Nach WOOD spricht man in einem solchen Falle von einer *Resonanzstrahlung*. Anders liegen die Verhältnisse, wenn der Zustand A, in den das Atom durch einfallendes Licht gebracht wird, so gelegen ist, daß von ihm aus nicht nur spontane Übergänge nach dem Grundzustand N, sondern auch nach anderen Zuständen $B, C, \ldots$ möglich sind. Die in einem solchen Falle beobachtete Streustrahlung wird als *Fluoreszenzstrahlung* bezeichnet. Sie enthält außer der Frequenz des einfallenden Lichtes auch noch Frequenzen, die den Übergängen vom Zustande A nach den Zuständen $B, C, \ldots$ entsprechen und überdies auch solche, die den Übergängen von $B, C, \ldots$ nach weiteren stationären Zuständen zugeordnet sind. Bezeichnet man mit E_P die Energie des Quantenzustandes P, so muß offenbar $E_A > E_B, E_C, \ldots > E_N$ sein. Daraus folgt aber nach der Frequenzbedingung (1), daß die Frequenzen des Streulichtes, die nicht mit der Frequenz ν des einfallenden Lichtes identisch sind, stets kleiner als ν sein müssen, womit Inhalt und Erklärung der STOKES*schen Regel* für den obigen Spezialfall gewonnen sind.

Bemerkenswert ist ein zuerst von FÜCHTBAUER[1] durchgeführter Versuch, der vom BOHRschen Standpunkte aus als Beweis für die endliche Lebensdauer der angeregten stationären Zustände anzusprechen ist. Wird ein Gas gleichzeitig mit zwei Frequenzen ν_{AN} und ν_{BA} bestrahlt, von denen ν_{AN} die Atome des Gases vom Normalzustande N in den Zustand A und ν_{BA} die Atome vom Zustande A in den Zustand B bringen kann, so gelangt tatsächlich ein Teil der Atome durch diese *stufenweise Anregung* in den Quantenzustand B, da, wie der Versuch zeigt, in der Streustrahlung sowohl alle Spektrallinien erscheinen, für die B Anfangsniveau ist, als auch all jene, deren Anfangsniveaus vom Zustande B aus durch spontane Übergänge erreichbar sind. Fehlt jedoch die Strahlung ν_{AN}, die den Übergang vom Grundzustande N nach dem Zustande A vermittelt, so bleibt die ganze Erscheinung aus.

Bei allen bisher besprochenen Erwägungen wird selbstverständlich eine hinreichende Verdünnung des bestrahlten Gases vorausgesetzt, so daß die Atome einander praktisch nicht beeinflussen. Es träten sonst Komplikationen auf, deren Berücksichtigung hier, wo es uns nur auf die prinzipiellen Bestätigungsmöglichkeiten ankommt, zu weit führen würde.

Eine direkte experimentelle Verifizierung der Quantenpostulate kann man auch erhalten, wenn die Atome statt durch Licht durch *Elektronenstoß* angeregt werden. Der diesbezügliche klassische Versuch rührt von FRANCK und HERTZ[2] her. Sie zeigten zunächst im Falle des Quecksilbers, daß eine Resonanzlinie von der Schwingungszahl ν durch freie Elektronen erst dann angeregt werden kann, wenn sie die durch $eV = h\nu$ gegebene Mindestspannung V durchlaufen haben. Diese und weitere Versuche brachten den Nachweis, daß die Elektronen von einem Atom im Grundzustande vollkommen elastisch reflektiert werden,

---

[1] C. FÜCHTBAUER, Phys. ZS. Bd. 21, S. 635. 1920. Oben wurden die Verhältnisse ein wenig schematisiert dargestellt; vgl. A. SOMMERFELD, Atombau u. Spektrallinien, S. 416. 5. Aufl.

[2] J. FRANCK u. G. HERTZ, Verh. d. D. Phys. Ges. Bd. 16, S. 457 u. 512. 1914. Die richtige Deutung dieses Versuches hat zuerst N. BOHR (Abh. S. 118) gegeben.

falls ihre kinetische Energie kleiner ist als der Energiebetrag, der notwendig ist, um das Atom aus dem Grundzustande in einen angeregten stationären Zustand überzuführen. Nur wenn die kinetische Energie diesen Energiebetrag erreicht oder übersteigt, kann eine Anregung des Atoms erfolgen, wobei die überschüssige kinetische Energie dem Elektron erhalten bleibt. Dieses Verhalten der Atome widerspricht vollständig der klassischen Mechanik, nach der ja das Atom jeden Energiebetrag vom stoßenden Elektron übernehmen könnte, ist aber mit der BOHRschen Theorie in vollem Einklang. Hat sich nämlich das Elektron vom Atom nach dem Zusammenstoß vollständig entfernt, so besteht zwischen den beiden Stoßpartnern keine Wechselwirkung mehr und das Atom muß sich wieder in einem Quantenzustand befinden.

Eine prinzipielle Bedeutung besitzt auch ein von PASCHEN[1] beschriebener Versuch, da es FRANCK und REICHE[2] gelang, aus ihm die Existenz der *metastabilen Zustände* zu erschließen. Dies sind Zustände, die zwar eine größere Energie als der Normalzustand besitzen, von denen aus aber, nach den Auswahlregeln, keine spontanen Übergänge nach anderen stationären Zuständen, insbesondere also auch nicht nach dem Normalzustande, möglich sind (vgl. jedoch Ziff. 9). Da ein Atom einen solchen metastabilen Zustand nur bei Anregung verlassen kann, werden diese Zustände eine verhältnismäßig lange Lebensdauer besitzen. Es werden sich daher in einem verdünnten und irgendwie angeregten Gase die Atome in solchen metastabilen Zuständen anreichern. Bei He tritt nun der interessante Fall ein, daß es ein Energieniveau gibt, von dem aus ein spontaner Übergang nur nach dem metastabilen Zustande möglich ist. Dieser Zustand ist also beim He ein Ausgangszustand für eine Resonanzstrahlung. PASCHENS Versuch entspricht nun vollkommen dieser Überlegung. In einem von schwachen elektrischen Strömen durchflossenen, mit He gefüllten Rohr beobachtete er eine Resonanzstrahlung an einer ultraroten Linie, deren Endniveau dem metastabilen Zustande entspricht.

Als ein direkter, nichtspektroskopischer Nachweis für die Existenz der stationären Zustände sind schließlich die Versuche von STERN und GERLACH[3] anzusehen, die gezeigt haben, daß Silber- und andere Atome in einem Magnetfelde nur gewisse durch die Quantentheorie geforderte diskrete Lagen einnehmen können (Richtungsquantelung, Ziff. 7 u. 23). In einem inhomogenen magnetischen Felde $\mathfrak{H}$ erfährt nämlich ein Atom vom magnetischen Momente $\mathfrak{M}$ die Kraftwirkung $\mathfrak{K} = (\mathfrak{M}\,\mathrm{grad})\mathfrak{H}$. Könnte nun, wie nach der klassischen Auffassung zu erwarten steht, ein Atom und somit auch sein Moment alle denkbaren Lagen gegenüber dem Felde $\mathfrak{H}$ einnehmen, so würde ein paralleles Atomstrahlenbündel von Ag-Atomen z. B. hier zu einem kontinuierlichen Fächer entfaltet werden. In Wirklichkeit zeigt aber das Experiment eine Aufspaltung des ursprünglichen Bündels in mehrere diskrete Bündel und beweist somit, daß das magnetische Moment des Atoms gegenüber dem magnetischen Felde $\mathfrak{H}$ nur gewisse diskrete Lagen einnimmt, so wie es die Quantentheorie prophezeit.

6. Stationäre Zustände mehrfach periodischer Systeme. Es sollen nun die Quantenbedingungen angegeben werden, die die stationären Zustände festlegen. Wir betrachten ein mechanisches System von f Freiheitsgraden, dessen Bewegungen den HAMILTONschen Differentialgleichungen

$$\frac{dp_k}{dt} = -\frac{\partial H}{\partial q_k}, \qquad \frac{dq_k}{dt} = \frac{\partial H}{\partial p_k} \qquad (k = 1, 2, \ldots, f)$$

[1] F. PASCHEN, Ann. d. Phys. Bd. 45, S. 625. 1914.

[2] J. FRANCK u. F. REICHE, ZS. f. Phys. Bd. 1, S. 154. 1920.

[3] Erste grundlegende Arbeiten: O. STERN, ZS. f. Phys. Bd. 7, S. 249. 1921; W. GERLACH u. O. STERN, ebenda Bd. 8, S. 110. 1922.

entsprechen und durch die generalisierten Koordinaten q_k und die ihnen kanonisch zugeordneten Impulse p_k beschrieben werden. Die Impulse p_k und die HAMILTONsche Funktion $H = H(p_k, q_k)$ sind durch

$$p_k = \frac{\partial L}{\partial \dot{q}_k} \quad \text{und} \quad H(p_k, q_k) = \sum_{k=1}^{f} p_k \dot{q}_k - L \tag{4}$$

gegeben, wenn $L(q_k, \dot{q}_k)$ die LAGRANGEsche Funktion des Systems bezeichnet. Werden statt p_k, q_k neue kanonische Veränderliche J_k, w_k mittels einer Berührungstransformation

$$\sum_{k=1}^{f} (p_k d q_k - J_k d w_k) = dW, \quad \text{d. h.} \quad p_k = \frac{\partial W}{\partial q_k}, \quad J_k = -\frac{\partial W}{\partial w_k} \tag{5}$$

eingeführt, so gelten in den neuen Veränderlichen J_k, w_k wieder die HAMILTONschen Gleichungen

$$\frac{d J_k}{dt} = -\frac{\partial H}{\partial w_k}, \quad \frac{d w_k}{dt} = \frac{\partial H}{\partial J_k}, \quad (k = 1, 2, \ldots, f) \tag{6}$$

und zwar mit der ursprünglichen HAMILTONschen Funktion $H(J_k, w_k) \equiv H(p_k, q_k)$, falls in $W = W(q_k, w_k)$ die Zeit nicht explizit enthalten ist. Tritt in H die Zeit nicht explizit auf, so ist $H(p_k, q_k) =$ konst. ein Integral der HAMILTONschen Gleichungen. In vielen Fällen hat H die Bedeutung der Energie; so z. B., wenn L die Form $L = T - U$ (U und $T =$ potentielle und kinetische Energie) besitzt und die q_k einem „ruhenden" Koordinatensystem entsprechen, wodurch T in $\dot{q}_k$ rein quadratisch wird.

Als *mehrfach periodisch* oder kurz als ein *Periodizitätssystem* bezeichnen wir nun ein System von Massenpunkten, dessen Energie in ruhenden Koordinaten durch die HAMILTONsche Funktion $H(p_k, q_k)$ gegeben wird und für das man mit Hilfe einer zeitfreien Berührungstransformation (5) ein System von *Uniformisierungsvariablen* J_k, w_k in der nachstehenden Weise einführen kann:

1. Die „Intensitätskonstanten" oder „Wirkungsvariablen" $J_1, \ldots, J_f$ sind f Integrationskonstante, so daß $H(J_k, w_k)$ nach (6) nur von den J_k, nicht aber von w_k abhängt; die „Winkelvariablen" w_k sind dann nach (6) lineare Funktionen der Zeit, lassen sich also in der Form $w_k = \nu_k t + \delta_k$ darstellen, wobei die „mittleren Bewegungen" ν_k durch

$$\nu_k = \frac{\partial H(J_1, \ldots, J_f)}{\partial J_k} \tag{6a}$$

gegeben werden. Die δ_k bezeichnet man als Phasenkonstante.

Die Winkelvariablen w_k sollen dabei so gewählt werden, daß zwischen ihren mittleren Bewegungen keine Kommensurabilitäten, d. h. keine Beziehungen von der Form:

$$\nu_1 \tau_1 + \nu_2 \tau_2 + \cdots + \nu_f \tau_f = 0 \qquad (\tau_k = \text{ganze Zahlen})$$

bestehen. Falls jedoch für gegebene Winkelvariable, l solcher Kommensurabilitäten („$l$fach *entartetes System*") auftreten, so sind durch eine stets ausführbare, homogene, lineare und ganzzahlige Transformation der w_k mit der Determinante ± 1 neue Veränderliche w_k, J_k einzuführen, so daß die neuen Winkelvariablen $w_{s+1}, \ldots, w_f (s = f - l)$ die mittleren Bewegungen Null haben, also nur durch die Phasenkonstanten $\delta_{s+1}, \ldots, \delta_f$ dargestellt werden und zwischen den mittleren Bewegungen $\nu_1, \ldots, \nu_s$ keine Kommensurabilitäten mehr bestehen. Aus (6) folgt dann, daß die HAMILTONsche Funktion (= Energie) nur von den neuen $J_1, \ldots, J_s$ abhängt.

2. Es wird vorausgesetzt, daß die p_k, q_k und daher auch die kartesischen Koordinaten der einzelnen Systempunkte Funktionen der $w_1, \ldots, w_s$ mit der Periode 1 sind und sich durch mehrfache Fourierreihen von der Form

$$\sum_{\tau_1, \tau_2, \ldots, \tau_s = -\infty}^{+\infty} C_{\tau_1, \ldots, \tau_s} e^{2\pi i(\tau_1 w_1 + \cdots + \tau_s w_s)} \tag{7}$$

darstellen lassen, wo die $C_{\tau_1, \ldots, \tau_s}$ von den $w_1, \ldots, w_s$ unabhängig sind. s wird als der *Periodizitätsgrad* des Systems bezeichnet. Im Falle $s = 1$ spricht man von einem einfach periodischen System.

3. Die Funktion W in (5) soll, in ihrer Abhängigkeit von w_k, J_k betrachtet, in den w_k die Periode 1 besitzen[1].

Die so definierten Wirkungsvariablen $J_1, \ldots, J_s$ sind im wesentlichen eindeutig[2], d. h. bis auf eine homogene, lineare und ganzzahlige Transformation mit der Determinante ± 1 festgelegt.

Die Bedingung 3 wird von BOHR[3] durch die aus ihr unmittelbar folgende Forderung ersetzt, daß die Wirkungsgröße

$$S = \int_{t_0}^{t} \sum_{k=1}^{f} p_k d q_k$$

(die Integration ist über eine wirkliche mechanische Bahn des Systems zu erstrecken) für jede Bewegung des Systems sich von der „uniformisierten" Wirkungsgröße

$$S' = \int_{t_0}^{t} \sum_{k=1}^{s} J_k d w_k = \sum_{k=1}^{s} J_k (w_k - w_k^0) = (t - t_0) \sum_{k=1}^{s} J_k \nu_k$$

nur um zeitlich periodische Glieder unterscheide. w_k^0 bedeutet hier w_k zur Zeit t_0.

Nach (5) werden die J_k mit Rücksicht auf die Bedingung 3 durch

$$J_k = \int_0^1 d w_k \sum_{n=1}^{f} p_n \frac{\partial q_n}{\partial w_k} = \oint_{C_k} \sum_{n=1}^{f} p_n d q_n \qquad (k = 1, 2, \ldots, s) \tag{8}$$

gegeben. Die Integration ist dabei im Lagenraume der q_k über eine geschlossene Kurve C_k zu erstrecken, die einer Änderung der zu J_k gehörigen Winkelvariablen w_k von 0 bis 1 bei festgehaltenen Werten der übrigen Winkelvariablen entspricht.

Im Falle einfach periodischer Systeme, für die L in der Form $L = T - U$ darstellbar, die kinetische Energie T eine rein quadratische Form der $\dot{q}_k$ ist und bei denen schließlich die potentielle Energie U nur von den Lagenkoordinaten q_k abhängt, kann das in diesem Falle vorhandene einzige J sehr einfach ausgedrückt werden. Es ist ja dann $p_k = \frac{\partial T}{\partial \dot{q}_k}$, so daß nach dem EULERschen Satze $\sum_{k=1}^{f} p_k \dot{q}_k = 2T$ wird und daher nach (8)

$$J = \frac{2\overline{T}}{\nu} \tag{9}$$

ist, wenn $\overline{T}$ den zeitlichen Mittelwert von T und ν die Frequenz der einfach periodischen Bewegung bezeichnet.

---

[1] Auch als Funktion von q_k, w_k aufgefaßt, muß W die Periode 1 besitzen, da ja auch die q_k in den w_k periodisch mit der Periode 1 sind.

[2] M. BORN, Vorl. üb. Atommechanik, S. 108. Berlin 1925.

[3] N. BOHR, Grundpost.

Von großem Einflusse auf die Entwicklung der Quantentheorie war die spezielle Klasse von mehrfach periodischen Systemen, die sich durch Separation der Variablen in der HAMILTON-JACOBIschen partiellen Differentialgleichung lösen lassen. In diesem Falle können die Variablen q_k so gewählt werden, daß die Wirkungsfunktion S in eine Summe von f Funktionen zerfällt, deren jede nur von einer einzigen Koordinate q_k sowie von f Integrationskonstanten $\alpha_1, \ldots, \alpha_f$ abhängt: $S = \sum_{k=1}^{f} S_k(q_k; \alpha_1, \ldots, \alpha_f)$. Jeder Impuls p_k läßt sich dann als Funktion der zugehörigen Lagenkoordinate q_k allein, sowie der $\alpha_1, \ldots, \alpha_f$ in der Form $p_k = \frac{\partial S}{\partial q_k} = \frac{\partial S_k}{\partial q_k}$ darstellen. Der Ausdruck (8) für die J_k vereinfacht sich in diesem Falle zu

$$J_k = \oint p_k dq_k = \oint \frac{\partial S_k}{\partial q_k} dq_k \tag{10}$$

und kann als ein Schleifenintegral in der komplexen q_k-Ebene ausgewertet werden. Bei nichtentarteten Systemen erhält man so ohne weiteres Uniformisierungsvariable, die unseren Forderungen entsprechen. Bei entarteten Systemen muß man die so erhaltenen Winkelvariablen, wie unter 1. ausgeführt wurde, noch einer linearen Transformation mit ganzen Koeffizienten und der Determinante ± 1 unterwerfen. Solche entartete Systeme lassen sich auch im allgemeinen in mehreren Koordinatensystemen separieren.

Nach diesen Vorbereitungen können nun die *Quantenbedingungen* für mehrfach periodische Systeme angegeben werden. Aus der Mannigfaltigkeit aller der Mechanik nach möglichen Bewegungen eines gegebenen mechanischen Systems werden durch die Forderung, daß die s Intensitätsgrößen $J_1, \ldots, J_s$ ganzen Vielfachen des PLANCKschen Wirkungsquantums h gleich, d. h.

$$J_1 = n_1 h, \qquad J_2 = n_2 h, \ldots, J_s = n_s h \tag{11}$$

sein sollen, gewisse Zustände als stationäre hervorgehoben. In (11) sind gerade die Intensitätsgrößen enthalten, die in den Ausdruck für die Energie eingehen, so daß durch die Gleichung (11) die Energiewerte der stationären Zustände eindeutig festgelegt werden. Dies findet trotz der Tatsache statt, daß die in Gleichung (11) auftretenden Intensitätskonstanten nur bis auf eine homogene, lineare und ganzzahlige Transformation mit der Determinante ± 1 bestimmt sind; die durch eine solche Transformation erhaltenen neuen $J_1, \ldots, J_s$ sind ja wieder ganze Vielfache von h, genügen also wieder den Quantenbedingungen (11). Eine solche Transformation ändert daher nur die physikalische Bedeutung der Quantenzahlen.

Allgemein kann man behaupten, daß durch die Quantenbedingungen (11) für die einzelnen stationären Zustände *nur* solche physikalische Eigenschaften festgelegt werden, die durch die $J_1, \ldots, J_s$ entweder direkt oder wenigstens als gewisse Mittelwerte bestimmt sind. Als Beispiele wären, abgesehen von der Energie, zu nennen: das Impulsmoment, das magnetische und elektrische Moment der von äußeren Kräften nicht beeinflußten Atome und die Amplituden und Frequenzen der Fourierentwicklung der Lagekoordinaten der einzelnen Teilchen. Damit wird aber selbstverständlich noch nicht behauptet, daß alle diese Größen beobachtbar sind. So ist es z. B. nicht gelungen, die Fourierfrequenzen zu messen, und das Bestreben, sie aus der Quantentheorie zu verbannen, war für HEISENBERG mit ein Beweggrund, die Quantenmechanik zu formulieren.

Wie schon erwähnt, sind in den mechanischen Bewegungsgleichungen bei den zu quantisierenden Systemen nur die gegenseitigen COULOMBschen und BIOT-

SAVARTschen, nicht aber die Strahlungskräfte zu berücksichtigen. Es besäße ja sonst das System kein Energieintegral, die Energie der Quantenzustände wäre nicht festlegbar. Überdies ist der Ausschluß der Strahlungskräfte auch deshalb geboten, weil die quantenmäßige Ausstrahlung bei einem Übergange zwischen zwei stationären Zuständen in ganz anderer Weise erfolgt als die klassische und daher hier auch der Dämpfung in anderer Weise Rechnung zu tragen ist (vgl. Ziff. 9).

Zur Geschichte der Formulierung der Quantenbedingungen bemerken wir: Der Quantenansatz (11) ist aus der PLANCKschen Quantenbedingung [Gleichung (5), Ziff. 1] vom Jahre 1906 für harmonische Oszillatoren mit einem Freiheitsgrad hervorgegangen. Für andere mechanische Systeme von einem Freiheitsgrad (anharmonischer Oszillator) hat zuerst DEBYE[1] den PLANCKschen Ansatz verwendet. Für ein nichtrelativistisches Wasserstoffatom, das ein einfach periodisches System von drei Freiheitsgraden darstellt, hat BOHR[2] schon gleich in seiner ersten Abhandlung eine in diesem Falle mit (9) äquivalente Quantenbedingung benutzt. Diese selbst wird als allgemeingültige Relation zur Festlegung der Quantenzustände einfach periodischer Systeme zuerst im Jahre 1915 von SOMMERFELD[3] und dann im Jahre 1916 von BOHR[4] verwendet. Für den Fall einer Kreisbahn eines ebenen Zentralkraftproblems reduziert sich die PLANCKsche Quantenbedingung auf die Forderung, daß das Impulsmoment des Elektrons gleich sei einem ganzen Vielfachen von $h/2\pi$ und wird in dieser Form als Quantenbedingung insbesondere für Elektronenringe in BOHRS ersten Arbeiten benutzt[5].

Der entscheidende Anstoß zur Aufstellung der Quantenbedingungen mehrfach periodischer Systeme ging 1915 von den Arbeiten PLANCKS[6] und vor allem SOMMERFELDS[7] aus. PLANCK betrachtet das Problem vom Standpunkte einer Zelleneinteilung des Phasenraumes. SOMMERFELDS Lösung war im wesentlichen mit der PLANCKschen identisch, übte jedoch auf die Entwicklung der Quantentheorie einen weit größeren Einfluß aus, weil sich mit ihr einer der glänzendsten Erfolge der älteren Quantentheorie, die Erklärung der Feinstruktur der Wasserstofflinien und die Theorie der Röntgenspektren verband. SOMMERFELDS Ansatz entspricht in seinem Endergebnis der Separation der HAMILTON-JACOBI-

---

[1] P. DEBYE, Göttinger Wolfskehlvorträge 1913, S. 27.

[2] N. BOHR, Abh. S. 5. In einem COULOMBschen Felde ist die Gesamtenergie E bis auf das Vorzeichen gleich dem Mittelwert der kinetischen Energie, so daß in diesem Falle nach (9) mit BOHR gesetzt werden kann $-E = \frac{\nu J}{2} = n\frac{h\nu}{2}$. In dieser Form bildet diese Quantenbedingung den Ausgangspunkt der ersten BOHRschen Quantenarbeit. Als Sprungbrett zu ihrer Aufstellung diente jedoch BOHR (vgl. Aufs. S. 14) die allgemeine Relation (9), ohne daß er sie jedoch damals zur Grundlegung seiner Theorie gewählt hätte. BOHR hebt (Abh. S. 4) ausdrücklich hervor, daß die in Rede stehende Bedingung auch auf elliptische Elektronenbahnen angewendet werden kann.

[3] A. SOMMERFELD, Münchener Ber. 1915, S. 425; vgl. insbes. S. 454.

[4] N. BOHR, Abh. S. 125.

[5] Diese Bedingung wird schon vor BOHR von J. W. NICHOLSON (Month. Not. Roy. Astr. Soc. Bd. 72, S. 677. 1912) angewandt bei einem Versuch zur Deutung der Spektren der Sternnebel und der Sonnenkorona. NICHOLSON führt die Anregung zu ihrer Formulierung auf die damaligen quantentheoretischen Gesichtspunkte von A. SOMMERFELD zurück.

[6] M. PLANCK, Verh. d. D. Phys. Ges. Bd. 17, S. 407 u. 438. 1915; Ann. d. Phys. Bd. 50, S. 385. 1916.

[7] A. SOMMERFELD, Münchener Ber. 1915, S. 425 u. 459; Ann. d. Phys. Bd. 51, S. 1. 1916. Zur Geschichte der Quantenbedingungen vgl. A. SOMMERFELD, Naturwissensch. Bd. 17, S. 481. 1929. Etwa einen Monat früher als SOMMERFELD hat W. WILSON (Phil. Mag. Bd. 31, S. 156. 1916) die Quantenbedingungen (12) für ein nichtrelativistisches Wasserstoffatom angegeben, sie jedoch nur zur Ableitung einer mit (46) äquivalenten Bedingung für die Gestalt einer gequantelten Keplerellipse verwendet.

schen Differentialgleichung für das Keplerproblem in ebenen Polarkoordinaten r, φ und lautet somit nach (10):

$$\int p_r dr = n_r h, \qquad \int p_\varphi d\varphi = 2\pi p_\varphi = n_\varphi h. \tag{12}$$

EPSTEIN[1] hat dann im Anschluß daran, anläßlich seiner Theorie des Starkeffektes, die Forderung aufgestellt, daß die Quantenbedingungen (10) in jenen Koordinaten hinzuschreiben seien, die sich bei der Separation der Variablen in der HAMILTON-JACOBIschen Differentialgleichung ergeben.

Die Formulierung der Quantenbedingungen mit Hilfe der Uniformisierungsvariablen J_k, w_k gab SCHWARZSCHILD[2] in seiner Arbeit über den Starkeffekt im wesentlichen in der oben dargestellten Form. Insbesondere betonte er die Notwendigkeit, daß bei entarteten Systemen die Zahl der Quantenbedingungen dem Periodizitätsgrade des Systems gleich zu wählen ist. Die Bedingung 3, bei deren Fehlen die J_k nur bis auf additive Konstanten festgelegt sind, rührt von BURGERS[3] her. Bei SCHWARZSCHILD wird die Normierung der J_k durch Betrachtung der Grenzen des Phasenraumes bewerkstelligt.

Die Quantenbedingungen (11) werden, was insbesondere BOHR hervorgehoben hat, durch das Adiabaten- und das Korrespondenzprinzip (vgl. Ziff. 8 u. 9) nahegelegt. Die obige Formulierung ist sozusagen die einfachste, die den beiden genannten Forderungen entspricht.

7. Störung durch zeitlich konstante äußere Felder. Bei den Anwendungen, z. B. beim Zeeman- oder Starkeffekt, kommt man in der Quantentheorie öfter in die Lage, die durch äußere zeitlich konstante Felder veranlaßten Änderungen der Energieniveaus eines Atomsystems zu berechnen. Werden die stationären Zustände des ungestörten Atoms als bekannt und das äußere Feld als schwach vorausgesetzt, so führt die Anwendung der Störungsrechnung am raschesten zum Ziele. Verwendet man für das ungestörte System die Uniformisierungsvariablen J_k, w_k, so wird sich die HAMILTONsche Funktion des gestörten Systems in der Gestalt:

$$H = H_0(J_1, \ldots, J_s) + \varepsilon H_1(J_1, \ldots, J_f; w_1, \ldots, w_f)$$

darstellen lassen, wo H_0 die HAMILTONsche Funktion des ungestörten Systems und εH_1 die Störungsfunktion bedeutet. Der Parameter ε dient dabei nur zur Markierung der Größenordnung der Störungsfunktion.

Betrachtet man zunächst den Fall eines nichtentarteten Systems ($s = f$), so zeigt es sich, daß in erster Näherung die Energie der Quantenzustände durch $H = H_0 + \varepsilon \overline{H}_1$ gegeben wird, wenn $\overline{H}_1$ den Mittelwert von H_1 bezüglich aller w_k bezeichnet. Die Energieniveaus der stationären Zustände erfahren also, wenn nicht $\overline{H}_1 = 0$ ist, eine zur „Störung“ proportionale Verschiebung. Im allgemeinen wird das Störungsfeld auch noch zur Folge haben, daß in erster Näherung die Amplituden $C_{\tau_1, \ldots, \tau_s}$ gewisser ohne Störungsfeld nicht vorhandener Partialschwingungen in der Fourierentwicklung (7) der Lagenkoordinaten q_k nun in einer zur Störung proportionalen Stärke auftreten.

Ist das ursprüngliche System entartet, das gestörte System aber noch immer mehrfach periodisch, so wird der Periodizitätsgrad s_1 des gestörten Systems bei den praktischen Anwendungen im allgemeinen größer sein als der des ungestörten (s). $J_1, \ldots, J_s$ bleiben dann konstant bis auf kleine periodische Schwankungen, deren Perioden nahe bei denen der ursprünglichen Bewegung liegen. Sie erleiden keine „säkulären“ Änderungen, sie sind stabil. Das gleiche gilt von den mittleren Bewegungen $\nu_1, \ldots, \nu_s$ der ihnen entsprechenden Winkelvariablen. Die Störungen

[1] P. S. EPSTEIN, Ann. d. Phys. Bd. 50, S. 489. 1916.
[2] K. SCHWARZSCHILD, Berl. Ber. 1916, S. 548.
[3] J. M. BURGERS, Het Atoommodel van Rutherford-Bohr. Leidener Diss. Haarlem 1918.

der übrigen Uniformisierungsvariablen sind aber säkulär und lassen sich in erster Näherung aus den HAMILTONschen Gleichungen für ein System mit $(f-s)$ Freiheitsgraden

$$\frac{dJ_k}{dt} = -\varepsilon \frac{\partial \overline{H}_1}{\partial w_k}, \qquad \frac{dw_k}{dt} = \varepsilon \frac{\partial \overline{H}_1}{\partial J_k} \qquad (k = s+1, \ldots, f) \tag{13}$$

ermitteln, wobei hier $\overline{H}_1$ die über $w_1, \ldots, w_s$, also über die entartete Bewegung gemittelte Störungsfunktion bedeutet. Führt man nun in (13) nach Ziff. 6 neue Uniformisierungsvariable ein, so wird sich im allgemeinen herausstellen, daß ihr Periodizitätsgrad $(s_1 - s)$ kleiner ist als die Zahl der Freiheitsgrade $(f - s)$ von $\overline{H}_1$. Bei der Quantisierung sind dann die neuen Wirkungsvariablen $J_{s+1}, \ldots, J_{s_1}$ ganzen Vielfachen von h gleichzusetzen. Da nun

$$H = H_0(J_1, \ldots, J_s) + \varepsilon \overline{H}_1(J_1, \ldots, J_s, J_{s+1}, \ldots, J_{s_1})$$

wird, so tritt jetzt eine zur Störung proportionale Aufspaltung der ursprünglichen Energieniveaus ein. Die den nicht mehr konstanten Winkelvariablen $w_{s+1}, \ldots, w_{s_1}$ entsprechenden mittleren Bewegungen erweisen sich der Stärke der Störung proportional, so daß man auch von einer Aufspaltung der mittleren Bewegungen sprechen kann. Ebenso wie im nichtentarteten Falle treten auch hier in der Fourierentwicklung (7) neue zur Störung proportionale Amplituden auf, die anderen Linearkombinationen $\sum_{k=1}^{s} \tau_k w_k$ entsprechen, als sie ursprünglich in (7) auftraten.

Im speziellen soll hier die *Richtungsquantelung* näher besprochen werden. Für ein feldfreies Atom ist, abgesehen von gewissen Entartungsfällen, das gesamte 2πfache Impulsmoment P eine Wirkungsvariable, so daß im allgemeinen nach den Quantenbedingungen (11):

$$P = j \frac{h}{2\pi} \tag{14}$$

zu setzen ist[1]. Die $2\pi P$ entsprechende Winkelkoordinate $w_\varphi = \nu_\varphi t + \delta_\varphi$ bewirkt dann eine gleichförmige Präzession des ganzen Systems um die Achse des Impulsmomentes P mit der Winkelgeschwindigkeit $2\pi\nu_\varphi$. Führt man ein kartesisches Koordinatensystem x, y, z ein, dessen z-Achse die Richtung von P hat und dessen x, y-Achsen in der invariablen Ebene liegen, so lassen sich demnach die Koordinaten der einzelnen Teilchen des Atomsystems darstellen in der Form:

$$\left.\begin{aligned} x + iy &= \sum_{\tau_1, \ldots, \tau_{s-1} = -\infty}^{+\infty} A_{\tau_1, \ldots, \tau_{s-1}} \, e^{2\pi i (\tau_1 w_1 + \cdots + \tau_{s-1} w_{s-1} + w_\varphi)}, \\ z &= \sum_{\tau_1, \ldots, \tau_{s-1} = -\infty}^{+\infty} B_{\tau_1, \ldots, \tau_{s-1}} \, e^{2\pi i (\tau_1 w_1 + \cdots + \tau_{s-1} w_{s-1})}. \end{aligned}\right\} \tag{15}$$

Wirkt auf ein ursprünglich isotropes Atomsystem ein äußeres axialsymmetrisches elektrisches Feld (bei dem die HAMILTONsche Funktion invariant ist gegenüber einer Drehung um eine feste Raumrichtung), so ist dann nur die zur Feldachse parallele Impulsmomentkomponente p_φ (im allgemeinen nicht aber P) konstant und $2\pi p_\varphi$ eine Wirkungsvariable des Systems[2]. Tritt sie unter den Uniformisierungsvariablen der Ziff. 6 auf, so ist nach den Quantenbedingungen (11):

$$p_\varphi = m \frac{h}{2\pi} \tag{16}$$

---

[1] Die Tatsache, daß $2\pi P$ eine Wirkungsvariable ist, erinnert daran, daß die Wirkung und das Impulsmoment die gleichen Dimensionen besitzen.

[2] Ein Beispiel für ein System, wo zwar $2\pi p_\varphi$, nicht aber zugleich $2\pi P$ als Uniformisierungsvariable auftritt, ist ein nichtrelativistisches Wasserstoffatom in einem homogenen magnetischen Felde. Bei Zugrundelegung der relativistischen Mechanik sind jedoch in einem schwachen Felde beide Größen Wirkungsvariable.

zu setzen. Besondere Verhältnisse ergeben sich, wenn im feldfreien Falle überdies $2\pi P$ als Uniformisierungsvariable auftritt. In einem schwachen Felde erleidet dann P nach dem vorher Gesagten keine säkulären Störungen, so daß hier gleichzeitig auch noch (14) gilt. Bezeichnet man den Winkel von P mit der Feldachse mit ϑ, so wird $p_\varphi = P\cos\vartheta$ und daher:

$$\cos\vartheta = \frac{m}{j}\,. \tag{17}$$

In schwachen Feldern erhalten wir somit eine „*Richtungsquantelung*“[1]: Der Vektor des gesamten Impulsmomentes P kann gegenüber der Feldachse nur bestimmte, durch (17) gegebene Lagen einnehmen. Aus (17) folgt, daß stets $|m| \leqq j$ ist, und daß man für m sowohl positive als auch negative Zahlenwerte zulassen muß, um dem Variabilitätsbereich von $\cos\vartheta$ Rechnung zu tragen.

Die Fourierzerlegung der Bewegung eines Teilchens läßt sich hier auch in der Gestalt (15) darstellen, wenn man z in die Richtung der Feldachse verlegt. Zu p_φ gehört jetzt die Winkelvariable $w_\varphi = \nu_\varphi t + \delta_\varphi$. Es bedeutet dabei ν_φ die Frequenz einer gleichförmigen Präzession des ganzen Systems um die Feldachse und ist nach dem oben Vorgebrachten proportional zur Größe der Störung, also klein gegenüber den übrigen ν_k.

Im Falle eines axialsymmetrischen magnetischen Feldes tritt an Stelle von p_φ eine verwandte Größe, die mit verschwindendem magnetischen Felde adiabatisch (vgl. Ziff. 8) in die Impulsmomentkomponente p_φ übergeht. Für ein homogenes magnetisches Feld besitzt sie z. B. die Bedeutung des Impulsmomentes in einem mit der Larmorfrequenz rotierenden Koordinatensystem (vgl. Ziff. 13).

8. Das EHRENFESTsche Adiabatenprinzip. Wird ein in einem Quantenzustande befindliches System einer vorübergehenden äußeren Einwirkung unterworfen, so folgt aus dem ersten BOHRschen Postulat, daß nach ihrem Aufhören sich das System wieder in einem Quantenzustande befinden muß[2]. Äußere Eingriffe an gequantelten Systemen werden sich im allgemeinen also auch nicht annähernd mit Hilfe der mechanischen Gesetze beschreiben lassen. Dennoch läßt sich aber an Beispielen der Nachweis führen, daß unter besonderen Bedingungen sich die Änderungen stationärer Zustände doch mit Hilfe der Mechanik ermitteln lassen. Als z. B. LORENTZ auf dem Solvaykongreß[3] im Jahre 1911 die Frage aufwarf, ob ein gequanteltes Fadenpendel bei einer Änderung der Fadenlänge in einem gequantelten Zustande verbleibe, gab EINSTEIN zur Antwort, daß dies der Fall sei, falls die Änderung der Fadenlänge unendlich langsam erfolge. Um zum EHRENFESTschen[4] Adiabatenprinzip zu gelangen, braucht man nun bloß diese Problemstellung zu verallgemeinern:

Gegeben sei ein mehrfach periodisches System vom Periodizitätsgrad s in einem durch die Wirkungsvariablen $J_1, \ldots, J_s$ charakterisierten Zustande. Die Parameter $a_1, a_2 \ldots$, die das System mitbestimmen, z. B. die elektrische Ladung der Systempunkte oder die Intensität eines äußeren Feldes, sollen nun von gegebenen Anfangswerten ausgehend sich mit der Zeit ändern. Auf Grund der Mechanik kann man dann stets die Änderung der Wirkungsvariablen $J_1, \ldots, J_s$ berechnen. Wir stellen zunächst die Frage: Unter welchen Bedingungen werden die Wirkungsvariablen $J_1, \ldots, J_s$ ihre ursprünglichen Werte beibehalten?

---

[1] A. SOMMERFELD, Phys. ZS. Bd. 17, S. 491. 1916; P. DEBYE, ebenda S. 507.

[2] N. BOHR, Abh. S. 19.

[3] A. EUCKEN, D. Th. d. Strahlung u. d. Quanten, S. 364. Halle (Saale) 1914.

[4] P. EHRENFEST, Proc. Amsterdam Bd. 16, S. 591. 1914; Ann. d. Phys. Bd. 51, S. 327. 1916. Der Ausgangspunkt für die Überlegungen, die EHRENFEST zur Formulierung des Adiabatenprinzips führten, war eine Untersuchung der statistischen Grundlagen des PLANCKschen Wärmestrahlungsgesetzes. Zur Geschichte des Adiabatenprinzips vgl. P. EHRENFEST, Naturwissensch. Bd. 11, S. 543. 1923.

Nach den Untersuchungen von EHRENFEST, BURGERS[1] und KRUTKOW[2] tritt dies bei den von EHRENFEST als *adiabatische Transformationen* bezeichneten Änderungen des Systemes ein. Darunter werden solche Einwirkungen auf das System verstanden, die zwar seine in der HAMILTONschen Funktion auftretenden Parameter (die beim Fehlen der in Rede stehenden Einwirkung konstant sind), nicht aber direkt seine Koordinaten p_k, q_k beeinflussen, unendlich langsam verlaufen und schließlich in keinem systematischen Zusammenhange mit der Bewegung des Systemes stehen. Das Adiabatenprinzip läßt sich somit in der Form aussprechen: Die „nichtentarteten" Wirkungsvariablen $J_1, \ldots, J_s$ sind adiabatische Invarianten. Mit Rücksicht auf die Quantenbedingungen (11) folgt daraus: Durch eine adiabatische Transformation werden stationäre Zustände wieder in stationäre Zustände übergeführt.

Zu beachten ist noch, daß während der adiabatischen Beeinflussung sich der Periodizitätsgrad des Systems im allgemeinen nicht ändern darf. Die Forderung des unendlich langsamen Verlaufes der Beeinflussung bezieht sich nämlich auf die den Frequenzen $\tau_1 \nu_1 + \cdots + \tau_s \nu_s$ entsprechenden Perioden der Bewegung und wird im Falle der Entartung unerfüllbar, wo eine solche Periode unendlich groß wird, d. h. die entsprechende Frequenz verschwindet. Diese Tatsache würde zunächst die Gültigkeit des Adiabatenprinzips überhaupt in Frage stellen. Wegen der Abhängigkeit der ν_k von den Parametern a_n wird ja nämlich die Beziehung $\sum_{k=1}^{s} \tau_k \nu_k = 0$ (τ_k = ganzzahlig), wie BURGERS[3] bemerkt hat, bei jeder noch so kleinen adiabatischen Änderung im allgemeinen unendlich oft erfüllt. Glücklicherweise konnte jedoch LAUE[4] zeigen, daß dennoch das Adiabatenprinzip gilt, falls nur die Kommensurabilitäten hinreichend schwach sind, d. h. im Grenzfalle $\dot{a}_n = 0$ an der Kommensurabilitätsstelle a_n^0: $\sum_{k=1}^{s} \tau_k \nu_k = \frac{m+1}{2\pi} \lambda (a_n - a_n^0)^m$ für $a_n \gtreqless a_n^0$ ist, wo m eine ganze Zahl und λ eine Konstante bedeutet. Damit ist die Gültigkeit des Adiabatenprinzips praktisch hinreichend allgemein sichergestellt, mit Ausnahme der Fälle, wo eine Kommensurabilität für einen endlichen Wertebereich der Parameter a_n stattfindet[5]. Solche Fälle treten z. B. auf, wenn man ein die Entartung aufhebendes äußeres Feld von bestimmter Richtung verschwinden läßt, um es dann wieder in einer anderen Richtung anwachsen zu lassen. Mit BOHR[6] muß man annehmen, daß in solchen Fällen sich die richtigen Werte der Wirkungsvariablen $J_1, \ldots, J_s$ durch einen typisch unmechanischen Vorgang einstellen.

Die Tatsache, daß sich die Kommensurabilitätsschwierigkeiten überwinden ließen, forderte geradezu dazu auf, nach einem Beweis des Adiabatenprinzips zu suchen, in dem sie überhaupt nicht auftreten. Es ist tatsächlich LEVI-CIVITA[7] gelungen, ein solches Beweisverfahren anzugeben, allerdings schon zur Zeit, als die ältere Quantentheorie durch die neuere bereits überwunden war. LEVI-CIVITA umgeht den formalen Ursprung der Kommensurabilitätsschwierigkeiten der älteren Beweise — Fourierzerlegung bei nachfolgender Integration nach der Zeit —

---

[1] J. M. BURGERS, Versl. Amsterdam Bd. 25, S. 849, 918 u. 1055. 1917; Ann. d. Phys. Bd. 52, S. 195. 1917.

[2] G. KRUTKOW, Versl. Amsterdam Bd. 27, S. 908. 1918.

[3] J. M. BURGERS, Diss. S. 244.

[4] M. v. LAUE, Ann. d. Phys. Bd. 76, S. 619. 1925.

[5] Zum gleichen Ergebnis gelangt auf einem anderen Wege P. A. M. DIRAC [Proc. Roy. Soc. London (A). Bd. 107, S. 725. 1925].

[6] N. BOHR, Abh. S. XV—XVI; Q. d. L. S. 31; Grundpost. S. 132 u. 146.

[7] T. LEVI-CIVITA, Abh. aus. d. math. Sem. d. Hamburgischen Univ. Bd. 6, S. 323. 1928.

dadurch, daß er gestützt auf die Quasiergodenvoraussetzung die Integration nach der Zeit durch eine Mittelwertsbildung im Phasenraume ersetzt und gelangt schließlich zum Ziele durch eine geschickte Verwendung des P. HERTZschen Satzes von der adiabatischen Invarianz des Phasenvolumens[1].

Für die Grundlegung der älteren Quantentheorie ist nach BOHR[2] dem Adiabatenprinzip eine ganz prinzipielle Bedeutung einzuräumen. Mittels einer geeigneten adiabatischen Transformation kann man ja zunächst jeden stationären Zustand eines gegebenen mehrfach periodischen Systems durch eine kontinuierliche Folge von solchen Zuständen hindurch in jeden anderen stationären Zustand desselben Periodizitätssystems überführen. Auf diese Weise wird es möglich, die für die physikalischen Anwendungen maßgebenden Energiedifferenzen stationärer Zustände eines Atoms vollständig auf Grund der Mechanik festzulegen[3]. Für den logischen Aufbau der Theorie ist dies grundlegend, da die quantenhaften Übergänge zwischen den stationären Zuständen keine Handhabe dafür bieten.

Eine andere wichtige Anwendung des Adiabatenprinzips liegt in der Tatsache, daß es eine weitgehende, physikalisch begründete Einschränkung für die Wahl der Quantenbedingungen bei den Periodizitätssystemen liefert. Kann man nämlich durch eine geeignete adiabatische Transformation, ohne den Geltungsbereich des Adiabatenprinzips zu verlassen, das Kraftfeld eines gegebenen mechanischen Systems unter Berücksichtigung seines Periodizitätsgrades und seiner Freiheitsgrade in ein spezielles, etwa ein geeignetes quasielastisches Kraftfeld überführen und nimmt man weiter die Quantenbedingungen für dieses letztere als gegeben an, dann gelten auf Grund des Adiabatenprinzips formell die gleichen Quantenbedingungen auch für das ursprüngliche mechanische System. So folgt, um das einfachste Beispiel anzuführen, die Quantenbedingung für einen anharmonischen Oszillator direkt aus dem ursprünglichen PLANCKschen Ansatz[4].

Zuletzt soll noch auf die Bedeutung hingewiesen werden, die dem Adiabatenprinzip bei der Festlegung der *statistischen Gewichte* der stationären Zustände zukommt. Bei der Ableitung der wahrscheinlichsten Zustandsverteilung geht BOLTZMANN, gestützt auf das LIOUVILLEsche Theorem, von der Annahme aus, daß gleich große Gebiete des Phasenraumes a priori als gleich wahrscheinlich anzusehen sind, d. h. gleiches Gewicht besitzen. Vom Standpunkte der BOHRschen Quantentheorie sind aber nur die stationären Zustände als existenzfähig anzusehen, und der Phasenraum ist daher mit einer diskontinuierlichen Gewichtsverteilung zu belegen: mit einem Gewicht, das im allgemeinen von Null verschieden ist in den Punkten des Phasenraumes, wo die Quantenbedingungen (11) erfüllt sind und mit dem Gewichte Null in allen übrigen Punkten. Zur Erledigung der Frage, welches Gewicht den einzelnen stationären Zuständen beizulegen ist, kann man sich hier nicht des LIOUVILLEschen Theorems bedienen, da von einem Punkte des Phasenraumes zum anderen im allgemeinen keine stetigen Übergänge möglich sind. Hier dient nun als ein natürlicher Wegweiser ein Satz, der sich aus EHRENFESTS[5] Untersuchung der Voraussetzungen ergibt, die für die statistische Begründung des zweiten Hauptsatzes notwendig sind: das Gewicht jedes stationären Zustandes ist eine adiabatische Invariante[6]. Dadurch läßt sich zunächst das

---

[1] R. H. WEBER u. R. GANS. Repertorium d. Phys. Bd. I, 2, S. 534. Leipzig 1916.

[2] N. BOHR, Grundpost. S. 133.

[3] Über die Durchführungsmöglichkeit dieses Gedankens vgl. N. BOHR, Q. d. L. S. 10 u. 32.

[4] Diese Anwendung des Adiabatenprinzips geht auf P. EHRENFEST zurück.

[5] P. EHRENFEST, Phys. ZS. Bd. 15, S. 657. 1914. Eine Verallgemeinerung und Kritik der EHRENFESTschen Überlegungen gibt A. SMEKAL, Phys. ZS. Bd. 19, S. 137 u. 200. 1918.

[6] A. EINSTEIN, Verh. d. D. Phys. Ges. Bd. 16, S. 820. 1914; N. BOHR, Q. d. L. S. 11, 35–37, 107 u. 133; Grundpost. S. 135 u. 139.

Problem der Bestimmung der apriorischen Wahrscheinlichkeiten eines gegebenen Periodizitätssystems in vielen Fällen auf die Ermittlung der Gewichte besonders einfacher Systeme zurückführen. Als solche bieten sich Systeme mit quasielastischen Kräften dar, für die bei fehlender Entartung die Annahme gleicher Gewichte aller stationärer Zustände naheliegend ist. Diese Festsetzung benutzt schon PLANCK bei der Herleitung der mittleren Energie eines harmonischen Oszillators, und in der Folge wird sie von anderen Autoren in der Theorie der spezifischen Wärme der festen Körper verwendet (vgl. Ziff. 1 u. 2). Danach muß man also die Gleichheit der Gewichte für alle stationären Zustände aller jener Periodizitätssysteme annehmen, die ohne Durchgang durch Entartungsstellen sich adiabatisch in ein System überführen lassen, das einem nichtentarteten System harmonischer Oszillatoren äquivalent ist. Verallgemeinernd gelangt man so zu dem Ergebnis, daß bei nichtentarteten Periodizitätssystemen alle Quantenzustände das gleiche Gewicht besitzen. Im Falle der Entartung führt dann ein „Stabilitätspostulat" zum Ziele; es zwingt zur Annahme, daß das Gewicht eines entarteten stationären Zustandes gleich der Summe der Gewichte aller aus ihm bei vollständiger Aufhebung der Entartung hervorgehenden Zustände ist. Wäre dies nämlich nicht der Fall, so würde offenbar ein noch so kleines die Entartung aufhebendes Kraftfeld die Entropie um einen endlichen Betrag ändern.

Die Gewichte der stationären Zustände sind nicht nur für die statistischen Probleme von Bedeutung; sie sind auch an sich eine wichtige Eigenschaft der stationären Zustände. Ist man etwa bei einem Atom gezwungen, einem bestimmten Quantenzustande ein Gewicht Null zuzuschreiben, ihn also auszuschließen, so müssen in den Spektren des betreffenden Atoms alle Linien fehlen, für die der betreffende Zustand als Anfangs- oder Endzustand in Frage kommt. Auszuschließen sind offenbar alle stationären Zustände, die zwar den Quantenbedingungen entsprechen, aus mechanischen Gründen jedoch unmöglich sind. Beim Wasserstoffatom z. B. muß man allen Quantenzuständen das Gewicht Null beilegen, in denen das Elektron durch den Kern hindurchgehen oder ihm wenigstens beliebig nahekommen könnte. Nach Ziff. 10 sind das die Pendelbahnen, bei denen die Quantenzahl k des gesamten Impulsmomentes den Wert Null besitzt. Aus dem gleichen Grunde muß man ferner bei einem in einem homogenen elektrischen Felde befindlichen Wasserstoffatom (Starkeffekt) alle Quantenzustände als nicht existenzfähig ansehen, für die die Quantenzahl m des Impulsmomentes um die Feldachse verschwindet (vgl. Ziff. 12). Wegen der adiabatischen Invarianz der Gewichte folgt dann daraus, daß die Bahnen mit $m = 0$ auch in einem homogenen magnetischen Felde nicht auftreten. Man kann ja parallel zum elektrischen Felde ein magnetisches langsam anwachsen und das elektrische verschwinden lassen, ohne, wie eine nähere Diskussion zeigt, durch Entartungsstellen hindurchzugehen. Der Ausschluß der $k = 0$- und $m = 0$-Bahnen wird durch den Ausfall der betreffenden Komponenten in der Feinstruktur der Wasserstofflinien bzw. in ihrer Starkeffektaufspaltung erfahrungsgemäß bestätigt. Die Ausschließungsregel $m = 0$ wird außerdem durch die Tatsache gestützt, daß nur, wenn sie erfüllt ist, das gleiche statistische Gewicht für ein entartetes feldfreies Wasserstoffatom erhalten wird, falls der feldlose stationäre Zustand einmal von einem homogenen elektrischen, das andere Mal von einem homogenen magnetischen Felde ausgehend hergestellt wird[1].

Wenn oben die Fälle angeführt wurden, bei denen sich die Folgerungen aus der adiabatischen Invarianz der Gewichte bewährt haben, so müssen andererseits auch jene Fälle hervorgehoben werden, in denen sie versagten. So ist es möglich,

[1] N. BOHR, Q. d. L. S. 107 u. 133.

eine Pendelbahn des feldfreien Wasserstoffatoms durch eine adiabatische Transformation ohne Durchgang durch Entartungsstellen in einen zulässigen Quantenzustand des dreidimensionalen isotropen harmonischen Oszillators überzuführen[1]. Ebenso lassen sich mit Hilfe gekreuzter elektrischer und magnetischer Felder die Zustände des Wasserstoffatoms mit $m = 0$, die nach dem obigen beim Zeeman- und Starkeffekt auszuschließen wären, durch eine Entartungsstellen vermeidende adiabatische Transformation in früher erlaubte und auch empirisch sichergestellte stationäre Zustände überführen[2]. Eine Lösung dieser Schwierigkeiten wurde in der älteren Quantentheorie nicht gefunden. Wie PAULI[3] betont hat, schienen sie auf die Notwendigkeit grundsätzlicher Änderungen in den Fundamenten der älteren Quantentheorie hinzuweisen.

Die neuere Quantentheorie hat in der Tat auch diese Schwierigkeiten restlos beseitigt, da hier stationäre Zustände, die den Pendelbahnen entsprechen würden, von vornherein ausgeschlossen sind.

9. Das BOHRsche Korrespondenzprinzip. Wenn es in der Physik im Laufe der Zeit klar wird, daß eine auf einen größeren Tatsachenkomplex gestützte, allgemein anerkannte Theorie gewissen Tatsachen nicht gerecht werden kann und durch eine neue abgelöst werden muß, so bleibt sie, selbst wenn man ihr auch vielleicht vom neuen Standpunkte aus keinen „Wahrheitsgehalt" mehr zuschreiben kann, immer noch ein taugliches Hilfsmittel zur formalen Beschreibung von Erscheinungen in einem allerdings durch die neue Theorie nun eingeschränkten Geltungsbereich. Eine solche Einschränkung der formalen Verwendbarkeit der mechanischen Gesetze innerhalb der Quantentheorie wird bei zeitabhängigen Parameteränderungen durch das Adiabatenprinzip gegeben.

Das im folgenden zu besprechende Korrespondenzprinzip begrenzt den formalen Geltungsbereich der in der klassischen Physik als gültig angenommenen Zusammenhänge zwischen der Kinematik der emittierenden Teilchen und der Beschaffenheit des emittierten Lichtes. Es ist jedoch nach BOHR als ein rein quantentheoretisches Gesetz anzusehen und nicht etwa als eine Brücke zwischen der klassischen Physik und der Welt der Quanten. Es spielte in der Entwicklung der älteren Quantentheorie eine ganz hervorragende Rolle; insbesondere hat es sich hier als ein wertvolles Hilfsmittel zur Entscheidung subtiler Fragen erwiesen auch in jenen Fällen, wo die Theorie der Periodizitätssysteme versagte. Ausgehend vom Korrespondenzprinzip und den mit seiner Hilfe gewonnenen Erkenntnissen entwickelte schließlich HEISENBERG[4] seine Quantenmechanik. Auch heute noch ist die Kraft des Korrespondenzprinzips nicht erloschen. Selbst der neuen Quantentheorie dient es ja bei vielen Problemen als zuverlässiger Führer.

Zum Ausgangspunkt der Begründung des Korrespondenzprinzips wählt BOHR[5] den Grenzfall der stationären Zustände mit großen Quantenzahlen, wo im allgemeinen alle Eigenschaften der stationären Zustände, insbesondere auch ihre Energiewerte, sich in ihrer Abhängigkeit von den Quantenzahlen relativ nur langsam ändern. Wir betrachten hier zwei solche stationäre Zustände Q', Q'', bei denen die Quantenzahlen n'_k des einen sich von den entsprechenden Quantenzahlen n''_k des anderen nur wenig unterscheiden. Die bei einem spontanen Übergange ausgestrahlte Frequenz ν_{qu} wird nach der Frequenzbedingung durch

$$h\nu_{qu} = E(n'_k) - E(n''_k)$$

[1] N. BOHR, Abh. S. 129; H. GEPPERT, ZS. f. Phys. Bd. 24, S. 208. 1924; W. PAULI, ds. Handb., 1. Aufl., Bd. XXIII, S. 124.

[2] W. PAULI, l. c. S. 144; M. BORN, Vorl. üb. Atommechanik, S. 276. Berlin 1925.

[3] W. PAULI, l. c. S. 124 u. 145.

[4] W. HEISENBERG, ZS. f. Phys. Bd. 33, S. 879. 1925.

[5] N. BOHR, Q. d. L.

gegeben, so daß in erster Näherung mit Rücksicht darauf, daß nach (6a) $\nu_k = \frac{\partial H}{\partial J_k}$ ist,

$$\nu_{qu} \sim \sum_{k=1}^{s} \frac{\partial E}{\partial J_k}(n'_k - n''_k) = \sum_{k=1}^{s} \nu_k (n'_k - n''_k) \tag{18}$$

wird[1]. In dem betrachteten Grenzfalle kann man dabei die ν_k der Anfangs- oder Endbahn oder auch einer dazwischenliegenden Bahn zuordnen. Auf Grund der klassischen Physik würde dagegen das Atom nach (7) die Frequenzen

$$\nu_{kl} = \sum_{k=1}^{s} \nu_k \tau_k \tag{19}$$

ausstrahlen. Daraus folgt zunächst, daß im Grenzfalle großer Quantenzahlen das quantentheoretisch emittierte Spektrum ν_{qu} mit dem klassisch ausgestrahlten ν_{kl} übereinstimmt. Weiter wird aber durch (18) und (19) jedem Übergang $n'_k \to n''_k$ eine ganz bestimmte („korrespondierende") harmonische Schwingung in der Fourierzerlegung der einzelnen Elektronenkoordinaten des Atoms zugeordnet, nämlich jene, für die die τ_k durch

$$\tau_k = n'_k - n''_k \qquad (k = 1, 2, \ldots, s) \tag{20}$$

gegeben werden.

Von diesem Zusammenhange ausgehend, stellt dann BOHR die Forderung auf, daß auch die unbekannten Quantengesetze, die die Intensitäten und die Polarisationsverhältnisse der ausgestrahlten Spektrallinien regeln, für große Quantenzahlen asymptotisch in die entsprechenden Gesetze der klassischen Physik übergehen, trotz des grundsätzlich verschiedenen Charakters unserer Vorstellungen über den Lichtemissionsvorgang in den beiden Fällen. „Klassisch" wird die mittlere von einem elektrischen Dipol ausgestrahlte Energie durch

$$-\frac{dE}{dt} = \frac{2}{3c^3}\overline{\ddot{\mathfrak{P}}^2} \tag{21}$$

bestimmt, wenn $\mathfrak{P}$ den Vektor des gesamten elektrischen Dipolmomentes des Atoms bezeichnet und durch den Querstrich die zeitliche Mittelwertbildung angedeutet wird. Da die Koordinaten der einzelnen Teilchen im Atomsystem sich in der Form (7) darstellen, so wird auch $\mathfrak{P}$ sich durch eine Fourierentwicklung in harmonische Komponenten

$$\mathfrak{P} = \tfrac{1}{2}\sum_{\tau_1, \ldots, \tau_s = -\infty}^{+\infty} \mathfrak{A}_{\tau_1, \ldots, \tau_s} e^{2\pi i \nu_{\tau_1, \ldots, \tau_s} t} \qquad (\nu_{\tau_1, \ldots, \tau_s} = \tau_1 \nu_1 + \cdots + \tau_s \nu_s) \tag{22}$$

zerlegen lassen. Dabei entsprechen die beiden Amplitudenvektoren $\mathfrak{A}_{\tau_1, \ldots, \tau_s}$ und $\mathfrak{A}_{-\tau_1, \ldots, -\tau_s}$ derselben Frequenz $\nu_{\tau_1, \ldots, \tau_s}$ und sind als konjugiert komplex anzusehen, damit $\mathfrak{P}$ im ganzen reell ist. Die mittlere in der Zeiteinheit seitens einer Partialschwingung von der Frequenz $\nu_{\tau_1, \ldots, \tau_s}$ ausgestrahlte Energie ergibt sich dann nach (21) zu

$$-\left(\frac{dE}{dt}\right)_{\tau_1, \ldots, \tau_s} = \frac{(2\pi \nu_{\tau_1, \ldots, \tau_s})^4}{3c^3} |\mathfrak{A}_{\tau_1, \ldots, \tau_s}|^2. \tag{23}$$

Eine aus (22) herausgegriffene harmonische Komponente

$$\mathfrak{P}_{\tau_1, \ldots, \tau_s} = \tfrac{1}{2}(\mathfrak{A}_{\tau_1, \ldots, \tau_s} e^{2\pi i \nu_{\tau_1, \ldots, \tau_s} t} + \mathfrak{A}_{-\tau_1, \ldots, -\tau_s} e^{-2\pi i \nu_{\tau_1, \ldots, \tau_s} t}) \tag{24}$$

stellt eine in einer im Raume fixen Ebene stattfindende elliptische Schwingung dar. Diese bestimmt nach der klassischen Elektrodynamik durch ihre Projek-

[1] Diese Relation findet sich für den Spezialfall des Wasserstoffatoms schon in BOHRS erster Abhandlung (vgl. Abh. S. 13).

tion $\mathfrak{P}^{\perp}_{\tau_1,\ldots,\tau_s}$ auf die zur Blickrichtung senkrechte Ebene die Polarisation des ausgesandten Lichtes, und zwar liegt der Vektor $\mathfrak{E}$ der elektrischen Feldstärke stets parallel[1] zu $\mathfrak{P}^{\perp}_{\tau_1,\ldots,\tau_s}$. Einer linearen Schwingung (24) entspricht daher in jeder Blickrichtung eine linear polarisierte Lichtwelle. Eine zirkulare Schwingung (24) ergibt in der Blickrichtung senkrecht zur Schwingungsebene eine zirkular polarisierte, in einer in der Schwingungsebene verlaufenden Blickrichtung eine linear, sonst aber eine elliptisch polarisierte Lichtwelle.

Nach dem Korrespondenzprinzip wird nun im Grenzgebiete großer Quantenzahlen für einen Übergang von Q' nach Q'' die Intensität und Polarisation der ausgesandten Strahlung nach (23) bzw. (24) zu berechnen sein, wobei die τ_k durch (20) bestimmt sind. Es handelt sich hier aber bloß um eine asymptotische Übereinstimmung der Endresultate, keineswegs aber um ein allmähliches Verschwinden der Unterschiede zwischen der klassischen und der quantentheoretischen Beschreibung der Ausstrahlungsphänomene. Nach der klassischen Auffassung erfolgt die Ausstrahlung kontinuierlich; quantenhaft soll dagegen nach BOHR und EINSTEIN die Emission der Energiebeträge $h\nu$ in einzelnen diskreten voneinander unabhängigen Elementarakten erfolgen, deren Eintreten nur durch Wahrscheinlichkeitsgesetze bestimmt wird. Dementsprechend wird nach BOHR in der Quantentheorie eine harmonische Komponente in $\mathfrak{P}$ mit den Eigenschaften der Strahlung nicht durch kausale, sondern nur durch statistische Gesetze verknüpft. Bezeichnet man mit $A^{Q'}_{Q''}$ die spontane Übergangswahrscheinlichkeit, d. h. die Anzahl der in der Zeiteinheit spontan auftretenden Übergänge $Q' \to Q''$, so ist quantentheoretisch die linke Seite von (23) als $h\nu_{qu}A^{Q'}_{Q''}$ zu deuten:

$$h\nu_{qu}A^{Q'}_{Q''} = \frac{(2\pi\nu_{qu})^4}{3c^3}\,|\mathfrak{A}_{\tau_1,\ldots,\tau_s}|^2 \qquad (\tau_k = n'_k - n''_k)\,. \tag{25}$$

Für das Gebiet der kleinen Quantenzahlen ist es nicht geglückt, unmittelbar mit Hilfe des Korrespondenzprinzips eine exakte allgemeine Formulierung der Quantengesetze (bez. der Weiterentwicklung vgl. jedoch Ziff. 20 u. 23) für die Übergangswahrscheinlichkeiten und die Polarisationsverhältnisse abzuleiten. BOHR hat hier als Richtschnur die Tatsache angesehen, daß nach KRAMERS[2] eine quantentheoretische Frequenz ν_{qu} als ein gewisser Mittelwert klassischer Frequenzen $\nu_{kl} = \nu_{\tau_1,\ldots,\tau_s}$ darstellbar ist, die ν_{qu} korrespondenzmäßig in den zwischen Anfangs- und Endzustand liegenden „Zwischenzuständen“ entsprechen. Daraus wurde dann von BOHR[3] und KRAMERS der Schluß gezogen, daß auch die quantentheoretischen Gesetze für die Übergangswahrscheinlichkeiten und Polarisationen aus den entsprechenden klassischen Gesetzen durch eine Mittelwertbildung über die Zwischenzustände zu erhalten sind, ohne daß es jedoch gelungen wäre, diese Mittelwertbildung anzugeben. Im allgemeinen begnügte man sich daher, zur Schätzung der Intensitäts- und Polarisationsverhältnisse der emittierten Strahlung Mittelwerte von $\mathfrak{A}_{\tau_1,\ldots,\tau_s}$ der Anfangs- und Endbahn zu verwenden. Trotz seiner Unbestimmtheit liefert jedoch das Korrespondenzprinzip in speziellen Fällen ganz präzise Aussagen. Spontane Übergänge zwischen zwei Quantenzuständen können z. B. sicher nicht stattfinden, wenn die Amplitude der korre-

[1] Diese Richtungsverteilung der Polarisation und Intensität in der Kugelwelle eines Dipols ist für den letzteren charakteristisch. Sie wird beobachtbar, falls die Schwingungsellipse im Raume festliegt, wie z. B. beim Zeemaneffekt. Man kann daher wohl behaupten, daß der erste direkte experimentelle Nachweis für die Existenz der Dipolstrahlung in der klassischen Optik durch die Entdeckung des Zeemaneffektes und die Untersuchung der hier auftretenden Richtungsverteilung dieser beiden Bestimmungsstücke der ausgestrahlten Kugelwelle gegeben wurde.

[2] H. A. KRAMERS, Diss. Abh. d. Kopenhagener Akad. 8. Reihe, Bd. 3, S. 285. 1919.

[3] N. BOHR, Q. d. L.

spondierenden harmonischen Schwingungskomponente von $\mathfrak{P}$ in allen mechanischen Bewegungszuständen unseres Atoms verschwindet. Ebenso ist im Falle, wo die Amplituden der korrespondierenden harmonischen Schwingungskomponente in $\mathfrak{P}$ für alle Bewegungszustände dieselbe Schwingungsform besitzen, z. B. linear oder zirkular sind, für den betreffenden Übergang die entsprechende Polarisation zu erwarten. Auf diese Weise gelangt man mit Hilfe des Korrespondenzprinzips zur Formulierung von Auswahlregeln.

Zur Geschichte des Korrespondenzprinzips sei bemerkt, daß hierhergehörige Betrachtungen sich schon in den ersten BOHRschen Quantenarbeiten an vielen Stellen vorfinden. So begegnet man der Wurzel des Korrespondenzprinzips, dem asymptotischen Zusammenfallen von ν_{kl} und ν_{qu}, für den Sonderfall eines Wasserstoffatoms bereits in der ersten BOHRschen Abhandlung[1]. Diese Tatsache wird auch schon im Entstehungsjahr der BOHRschen Theorie (1913) von BOHR[2] zu einer sehr eleganten Ableitung der Serienformel des Wasserstoffspektrums verwendet. Noch bevor ihm die von SOMMERFELD, EPSTEIN und SCHWARZSCHILD begründete Quantentheorie der mehrfach periodischen Systeme bekannt war, hat BOHR[3] zu Beginn des Jahres 1916 das Korrespondenzprinzip für einfach periodische Systeme in klaren Umrissen formuliert. Die endgültige, allgemeine Fassung fand und belegte BOHR[4] durch die wichtigsten Anwendungsbeispiele im Jahre 1917. Den Nachweis, daß man mit Hilfe des Korrespondenzprinzips auch die relativen Intensitäten der Feinstruktur- und Starkeffektkomponenten des Wasserstoff- und Heliumfunken-Spektrums quantitativ schätzen kann, führte dann schließlich KRAMERS[5] im Jahre 1919.

Das einfachste Beispiel für die Anwendung des Korrespondenzprinzips ist der lineare harmonische Oszillator. Die Fourierzerlegung des elektrischen Momentes enthält hier nur ein einziges Glied, das mit der klassischen Oszillatorschwingung identisch ist. Infolgedessen kann sich hier die Quantenzahl nur um eine Einheit ändern, und die Strahlung ist linear polarisiert. Da die Energieniveaus der Quantenzustände hier durch $E = n \cdot h\nu$ gegeben sind, so ist nach der Frequenzbedingung die Frequenz der ausgesandten Strahlung dem klassischen ν gleich.

Auch die Auswahlregel für die azimutale Quantenzahl eines *feldfreien* Atoms kann man korrespondenzmäßig herleiten. Das dem gesamten Impulsmoment $2\pi P$ entsprechende ν_φ tritt in der Fourierentwicklung des Momentes $\mathfrak{P}$ nach (15) nur mit $\tau = 0, \pm 1$ auf. Nach (20) kann sich daher j bei einem spontanen Quantenübergange stets nur um

$$\Delta j = 0, \pm 1 \tag{26}$$

ändern. Eine Polarisation der Strahlung ist hier im feldfreien Falle praktisch nicht feststellbar, da stets nur die Strahlung sehr vieler Atome mit allen möglichen Orientierungen des Impulsmomentes zur Beobachtung gelangt. Aus (15) folgt jedoch, daß $\Delta j = 0$ einer linearen und $\Delta j = \pm 1$ einer zirkularen Schwingung des elektrischen Momentes entspricht. Beim Wasserstoffatom oder bei einem starren zweiatomigen Molekül („Hantelmodell") gilt nur die Auswahlregel $\Delta j = \pm 1$, da die Bewegung eben ist und die z-Komponente von $\mathfrak{P}$ verschwindet.

---

[1] N. BOHR, Abh. S. 13. [2] N. BOHR, Aufs. S. 13.

[3] N. BOHR, Abh. S. VII und 135. [4] N. BOHR, Q. d. L.

[5] H. A. KRAMERS, l. c. Zur Zeit, als BOHR das Korrespondenzprinzip formuliert hatte, lag die allgemeine Fourierauflösung der Elektronenbewegung beim Starkeffekt des Wasserstoffatoms (die erst von KRAMERS gegeben wurde) noch nicht vor. Daher war BOHR, als er das Korrespondenzprinzip nachträglich auch am Starkeffekt verifizieren wollte, zunächst auf die von K. SCHWARZSCHILD (Verh. d. D. Phys. Ges. Bd. 16, S. 20. 1914) gegebene Fourierauflösung angewiesen, die aber nur Keplerellipsen mit kleinen Exzentrizitäten in Betracht zieht.

Ebenso schließt man im Falle eines axialsymmetrischen Feldes für die Quantenzahl m nach Ziff. 7 auf die Auswahlregel: $\Delta m = 0, \pm 1$. Die Polarisation der Strahlung ist hier, wo das Koordinatensystem x, y, z der Gleichung (15) im Raume eine feste Lage hat, beobachtbar. $\Delta m = 0$ entspricht nach (20) einer linearen Schwingung in der Richtung der Feldachse und $\Delta m = \pm 1$ einer rechts- oder linkszirkularen Schwingung in der Ebene senkrecht zur Feldachse. In einer zur Feldachse senkrechten Blickrichtung beobachtet man daher bei den Übergängen $\Delta m = 0$ bzw. $\Delta m = \pm 1$ linear polarisiertes Licht, das von einem zur Feldachse parallel bzw. senkrecht schwingenden Elektron herrührt. Die Auswahl- und Polarisationsregel lautet somit hier:

$$\left.\begin{array}{ll} \Delta m = 0 & \pi\text{-Komponente,} \\ \Delta m = \pm 1 & \sigma\text{-Komponente.} \end{array}\right\} \tag{27}$$

In der zur Feldachse parallelen Blickrichtung erscheinen die σ-Komponenten zirkular polarisiert, während die π-Komponenten nicht beobachtet werden, da hier der Dipol in der Blickrichtung schwingt. In den Zwischenlagen besitzen die σ-Komponenten eine elliptische Polarisation, während die π-Komponenten immer linear polarisiert bleiben.

Der Bedingung der Ziff. 7, daß ν_φ klein ist gegenüber den übrigen ν_k, entspricht korrespondenzmäßig offenbar der Tatsache, daß die durch das äußere Feld hervorgerufene Termaufspaltung klein ist gegenüber den Termabständen des ungestörten Atoms.

Die vorstehenden Schlüsse stützen sich auf einen Vergleich der Quantenemission eines Atoms mit der klassischen Strahlung eines elektrischen Dipols[1]. Durch einen solchen werden aber vom Standpunkte der klassischen Elektrodynamik die Strahlungseigenschaften eines Atoms nur in erster Näherung beschrieben, nur wenn die Amplitude des Dipols klein ist gegenüber der Wellenlänge des ausgesandten Lichtes. Im allgemeinen wird aber wegen der endlichen Amplituden der sich im Atom bewegenden Teilchen neben der Dipol- noch in nächster Näherung die Quadrupolstrahlung zu berücksichtigen sein. Daraus folgt sogleich, daß die Übergangsverbote der Quantentheorie, die korrespondenzmäßig auf der Dipolstrahlung basieren, aufgehoben werden können, falls die Quadrupolstrahlung der Atome herangezogen wird. Die nähere Untersuchung[2] zeigt, daß ein spontaner quadrupolmäßiger Übergang zwischen zwei Quantenzuständen erlaubt ist, wenn es noch einen dritten Quantenzustand gibt derart, daß zwischen ihm und den beiden ersteren spontane dipolmäßige Quantenübergänge möglich sind[3]. Bei den Quadrupolübergängen können sich somit die Quantenzahlen j und m um $0, \pm 1, \pm 2$ ändern. Die Übergangswahrscheinlichkeiten der Quadrupolübergänge ergeben sich im optischen Gebiet im allgemeinen etwa 10^{-6}mal kleiner als die der Dipolübergänge. Die Begriffsbildungen und Überlegungen (z. B. metastabile Zustände, Resonanzstrahlung), die auf den

---

[1] Über die Rolle des *magnetischen* Dipols vgl. die Anm. 1 auf S. 78.

[2] I. I. PLACINTEANU, ZS. f. Phys. Bd. 39, S. 276. 1926; J. FRANCK u. P. JORDAN, ds. Handb., 1. Aufl., Bd. XXIII, S. 702.

[3] Aus dieser Regel sowie der von LAPORTE (Ziff. 23) folgt unmittelbar, daß Quadrupolübergänge nur zwischen geraden und geraden oder zwischen ungeraden und ungeraden Spektraltermen stattfinden können. Der Vergleich mit der LAPORTEschen Regel für die Dipolstrahlung zeigt dann, daß Dipol- und Quadrupolübergänge einander ausschließen. Nun sieht man auch, daß von den dreien im RITZschen Kombinationsprinzip auftretenden Frequenzen nicht alle Dipolübergängen entsprechen können. Kombiniert man zwei Dipolfrequenzen, so erhält man eine Quadrupolfrequenz. Dies erklärt die Tatsache, daß die Kombinationslinien nur verhältnismäßig selten beobachtet werden. Mit dem Obigen wäre hingegen vereinbar, daß im RITZschen Kombinationsprinzip drei Quadrupolfrequenzen auftreten.

Auswahlregeln für die Dipolübergänge basieren, sind zwar mit Rücksicht auf das Vorhandensein der Quadrupolübergänge prinzipiell fast immer anfechtbar, wegen der Kleinheit der Quadrupolübergangswahrscheinlichkeiten praktisch aber meist zulässig[1]. Ob eine Spektrallinie, die als spontaner Dipolübergang wegen der entsprechenden Auswahlregeln verboten ist, einer spontanen Quadrupolstrahlung entspricht oder unter dem Einfluß der Störungsfelder benachbarter Atome als „erzwungener" Dipolübergang (vgl. Ziff. 12 u. 20) zustande kommt, konnte in der älteren Quantentheorie nicht entschieden werden, da die Intensitäten in den beiden Fällen nicht angebbar waren. Die Entscheidung brachte hier erst die auf Grund der neuen Quantenmechanik entwickelte Theorie des Zeemaneffektes der Quadrupollinien. Eine solche Theorie hätte allerdings, wenn auch nicht vollständig, schon vom Standpunkte der LORENTZschen Theorie des Zeemaneffektes und somit auch vom Standpunkte der älteren Quantentheorie entwickelt werden können, ist aber niemals angegeben worden. Im folgenden werden wir unsere Überlegungen, wenn wir es nicht besonders betonen, auf Dipolübergänge beschränken[2].

Über die Stellung des Korrespondenzprinzips zu den Quantenbedingungen bringen wir die folgenden Bemerkungen: Das Korrespondenzprinzip postuliert eine eindeutige Abbildbarkeit der Quantenübergänge auf die Fourierkomponenten der mechanischen Bewegungen von Atomsystemen. Eine solche ist aber nur dann möglich, wenn der Periodizitätsgrad s des Atomsystems gleich ist der Anzahl der Quantenzahlen, d. h. der Quantenbedingungen. Damit erscheint zunächst die Festlegung der Zahl der Quantenbedingungen gerechtfertigt. Das Vorhandensein einer diskontinuierlichen Folge stationärer Zustände wird durch das Korrespondenzprinzip an die Auflösbarkeit der Bewegung in eine Fourierreihe geknüpft. Dadurch wird die bevorzugte Stellung der Periodizitätssysteme bei der Formulierung der Quantenbedingungen verständlich. Ist ein System nicht mehr streng mehrfach periodisch, so kann es jedenfalls in der Näherung, in der es noch als ein solches anzusehen ist, den Quantenbedingungen unterworfen werden. Da nach dem Korrespondenzprinzip eben nur Periodizitätssysteme gequantelt werden können, so sind in solchen Fällen nach BOHR die Quantenzustände nur mit jener Genauigkeit festgelegt, mit der die Bewegungen des Atoms als mehrfach periodisch angesehen werden können. Die „Unschärfe" solcher stationärer Zustände tritt als eine Verbreiterung der Spektrallinien zutage, in denen die unscharfen Quantenzustände die Rolle eines Anfangs- oder Endzustandes spielen. Ist die Bewegung eines Atoms nicht mehr durch eine Fourierreihe darstellbar, sondern geht sie in bezug auf eine oder mehrere Winkelvariable in ein Fourierintegral über (vgl. z. B. die Hyperbelbahnen in Ziff. 10), so wird man in Verallgemeinerung unserer Überlegungen dem „klassischen" kontinuierlichen Spektrum korrespondenzmäßig ein ebensolches quantentheoretisches zuzuordnen haben. Daraus folgt aber, wenn die Frequenzbedingung noch weiterhin als gültig angenommen wird, daß in diesem Falle die Energiewerte der Atomzustände kontinuierlich veränderlich sein müssen. Eine Festlegung diskreter Energiewerte durch Quantenbedingungen ist dann aber auch nicht mehr durchführbar.

---

[1] A. F. STEVENSON [Proc. Roy. Soc. London (A) Bd. 137, S. 298. 1932] berechnet neuerdings mit Hilfe der Quantenmechanik die Lebensdauer des metastabilen Zustandes $^1S_0$ in O III bzw. N II zu 0,10 bzw. 0,11 sec und die des Zustandes $^1D_2$ in den beiden Spektren zu 26 bzw. 181 sec.

[2] Eine zusammenfassende Darstellung der Eigenschaften der Quadrupolstrahlung auch von dem uns hier interessierenden Standpunkte der klassischen Physik und der älteren Quantentheorie enthält der Bericht von A. RUBINOWICZ u. J. BLATON, Ergebn. d. exakt. Naturwissensch. Bd. XI, S. 176. 1932.

Was die Frage betrifft, inwieweit die Form der Quantenbedingungen durch das Korrespondenzprinzip festgelegt wird, ist zu bemerken, daß zufolge dem Korrespondenzprinzip und der Frequenzbedingung nach (18) und (19) für große Werte der Quantenzahlen n_k die Wirkungsvariablen J_k asymptotisch mit $(n_k + \alpha_k) h$ (α_k = konst.) übereinstimmen müssen.

Zuletzt sei noch darauf hingewiesen, daß das Korrespondenzprinzip zu der Auffassung führt, die Quantenzustände müßten aus prinzipiellen Gründen wegen des korrespondenzmäßigen Analogons zur *Strahlungsdämpfung* der klassischen Physik eine gewisse Unschärfe aufweisen[1]. Infolge des Energieverlustes durch Strahlung nimmt in der klassischen Physik die Energie E eines sich selbst überlassenen harmonischen Oszillators von der Eigenfrequenz ν_0, der aus einem quasielastisch gebundenen Elektron von der Ladung $-e$ und der Masse m_0 besteht, exponentiell mit der Zeit ab:

$$E = E_0 e^{-\gamma t}, \quad \text{wo} \quad \gamma = \frac{2e^2}{3c^3 m_0} (2\pi\nu_0)^2$$

die Dämpfungskonstante darstellt. Dabei setzen wir jetzt und für das Folgende voraus, daß die Dämpfung schwach, d. h. $\nu_0 \gg 2\pi\gamma$, ist. Das Dipolmoment $\mathfrak{p}$ dieses Oszillators wird, in Übereinstimmung mit der Tatsache, daß seine Energie proportional ist dem Amplitudenquadrate, durch

$$\mathfrak{p} = \mathfrak{p}_0 e^{-\frac{\gamma}{2} t} \cos(2\pi\nu_0 t + \delta_0) \tag{28}$$

gegeben. Die von ihm emittierte Spektrallinie ist nicht monochromatisch, sondern besitzt eine *„natürliche" Breite.* Die Intensitätsverteilung innerhalb der verbreiterten Linie erhält man aus einer Fourieranalyse von (28):

$$\mathfrak{p} = \frac{1}{2\pi} \int_0^\infty \mathfrak{p}(\nu) \cos(2\pi\nu t + \delta(\nu)) \, d\nu, \tag{29a}$$

wo, unter der Voraussetzung, daß die gedämpfte Schwingung zu einer endlichen Zeit beginnt und die Dämpfung schwach ist, $(\mathfrak{p}(\nu))^2$ in der Umgebung von ν_0 durch:

$$(\mathfrak{p}(\nu))^2 = \frac{\mathfrak{p}_0^2}{\gamma^2/4 + (2\pi(\nu - \nu_0))^2} \tag{29b}$$

gegeben wird. Die Halbwertsbreite $\Delta\nu$ dieser Spektrallinie, das Frequenzintervall, innerhalb dessen die Intensität nicht unter ihren halben Maximalwert herabsinkt, wird somit gleich

$$\Delta\nu = \frac{\gamma}{2\pi}.$$

Um die entsprechenden Verhältnisse in der Quantentheorie zu erfassen, fragen wir zunächst nach der Abnahme der Anzahl N_n der im $n$ten Quantenzustande befindlichen Atome, die unter dem Einfluß der spontanen Quantenübergänge stattfindet und etwa in dem Abklingen des Leuchtens eines Bündels ungestörter Kanalstrahlen zutage tritt. Ist A_m^n die Wahrscheinlichkeit für einen spontanen Übergang aus dem $n$ten in den $m$ten Quantenzustand, so wird die Gesamtzahl der pro Zeiteinheit aus dem $n$ten Quantenzustande ausscheidenden Atome durch $N_n \sum_m A_m^n (E_n > E_m)$ gegeben. Da demnach

$$-\frac{dN_n}{dt} = N_n \sum_{m(E_n > E_m)} A_m^n$$

ist, so wird schließlich

$$N_n = N_{n,0} \, e^{-\gamma_n t}, \quad \text{wo} \quad \gamma_n = \sum_{m(E_n > E_m)} A_m^n. \tag{30}$$

[1] N. BOHR, Q. d. L. S. 94; Grundpost. S. 152.

In Anlehnung an den Sprachgebrauch in der Theorie der radioaktiven Zerfallserscheinungen kann man $T_n = \frac{1}{\gamma_n}$ mit Rücksicht auf (30) als die *mittlere Lebensdauer* des $n$ten stationären Zustandes bezeichnen.

Die Tatsache, daß die Übergangsprozesse die regelmäßigen Bewegungen in den stationären Zuständen unterbrechen, bewirkt eine Unschärfe in der Definition der Frequenzen $\nu_{\tau_1, \ldots, \tau_s}$ [vgl. (22)], die in den stationären Zuständen der Atome auftreten. Die Sachlage ist hier die gleiche wie in der LORENTZschen Theorie der Stoßdämpfung. Das zur harmonischen Schwingungskomponente mit der Frequenz $\nu_{\tau_1, \ldots, \tau_s}$ gehörige Dipolmoment ist hier in der Gestalt (29a, b) darstellbar, wenn man ν_0 durch $\nu_{\tau_1, \ldots, \tau_s}$ und γ durch γ_n ersetzt. Die Halbwertsbreite der Frequenzen $\nu_{\tau_1, \ldots, \tau_s}$ ergibt sich somit hier zu $\Delta\nu = \frac{\gamma_n}{2\pi}$, ist also für alle Frequenzen $\nu_{\tau_1, \ldots, \tau_s}$ eines stationären Zustandes die gleiche. Dies legt die Vermutung nahe, daß das ins Auge gefaßte Energieniveau eine Unschärfe aufweist, deren Halbwertsbreite $\Delta E = h\Delta\nu = \frac{h\gamma_n}{2\pi}$ beträgt. Daraus kann man folgern[1], daß die natürliche Halbwertsbreite $\Delta\nu$ einer beim Übergang zwischen dem $n$ten und $m$ten Quantenzustande entstehenden Spektrallinie durch

$$\Delta\nu = \frac{1}{2\pi}(\gamma_n + \gamma_m)$$

bestimmt wird.

Aus dieser Erkenntnis fließen einige einfache Folgerungen. Der Grundzustand ist vollkommen scharf bestimmt, da hier offenbar $\gamma_n = 0$ ist. Die metastabilen Zustände besitzen eine viel geringere Unschärfe als die übrigen angeregten Quantenzustände; von ihnen aus sind ja keine Dipol-, also bestenfalls Quadrupolübergänge möglich, denen viel kleinere Übergangswahrscheinlichkeiten entsprechen, so daß die γ_n der metastabilen Zustände sehr klein werden. Daher sind bei Quadrupolübergängen Spektrallinien mit einer extrem kleinen natürlichen Halbwertsbreite nur dann zu erwarten, wenn sie durch einen Übergang von einem metastabilen Zustand in einen ebensolchen oder in den Grundzustand entstehen.

Diese Unschärfe der stationären Zustände führt nach BOHR auch zur nachstehenden Folgerung: Wird die Unschärfe so groß, daß ΔE bereits die Größenordnung der Energieunterschiede zweier benachbarter Quantenzustände erreicht (in diesem Falle wird die Periode des bei einem Quantenübergange zwischen diesen beiden stationären Zuständen emittierbaren Lichtes der Größenordnung nach gleich der mittleren Lebensdauer dieser Quantenzustände), so verliert die Festlegung diskreter Energieniveaus durch die Quantenbedingungen jeden Sinn. Ein solcher Fall tritt z. B. beim harmonischen Oszillator für große Quantenzahlen ein. Dies ist auch ohne Rechnung korrespondenzmäßig verständlich, wenn man bedenkt, daß großen Quantenzahlen große Amplituden und daher „klassisch" eine stärkere Ausstrahlung entspricht. Solche Verhältnisse sind auch immer anzutreffen, wenn ein entarteter stationärer Zustand durch schwache Störungsfelder, die die Entartung aufheben, aufgespalten wird. Solange das störende Feld so klein ist, daß die Aufspaltung kleiner ist als $\Delta E = \frac{h\gamma_n}{2\pi}$, ist die Quantelung illusorisch.

10. Das feldfreie Einelektronenatom. Diese und die drei folgenden Ziffern bringen vor allem die Anwendung der Quantentheorie der Periodizitätssysteme auf das Wasserstoffatom. Um uns gleich die notwendige Allgemeinheit für die

---

[1] R. BECKER, ZS. f. Phys. Bd. 27, S. 173. 1924; J. C. SLATER, Phys. Rev. Bd. 25, S. 395. 1925.

späteren Anwendungen und Überlegungen zu sichern, behandeln wir das nachstehende „Einelektronenproblem": Um einen Kern mit der Ladung $E = Z \cdot e$ und der Masse M bewege sich ein Elektron mit der Ladung $-e$ und der Masse m_0. Kern und Elektron werden als punktförmig vorausgesetzt. Zwischen ihnen wirken nur COULOMBsche Anziehungskräfte. Unsere Betrachtungen führen wir zunächst im Geltungsbereiche der vorrelativistischen Mechanik durch. Die Aufgabe, der wir da gegenüberstehen, entspricht vollständig dem aus der Theorie der Planetenbewegung bekannten Zweikörperproblem. Bezeichnen wir mit $\mathfrak{r}$ den Radiusvektor vom Kern zum Elektron und mit $\mathfrak{v} = \dot{\mathfrak{r}}$ die Geschwindigkeit des Elektrons relativ zum Kerne, so wird die kinetische Energie des Systems unter der Voraussetzung, daß der Systemschwerpunkt ruht, gegeben durch:

$$E_{\text{kin}} = \frac{\mu}{2} \mathfrak{v}^2, \quad \text{wo} \quad \mu = \frac{m_0 M}{m_0 + M}$$

die resultierende Masse bezeichnet. Die potentielle Energie ist hier

$$E_{\text{pot}} = -\frac{eE}{r}. \tag{31}$$

Die Bewegung ist eben und die Bahn besitzt die Gestalt eines Kegelschnitts, in dessen einem Brennpunkte sich der Kern befindet. Je nachdem die Gesamtenergie $W = E_{\text{kin}} + E_{\text{pot}} > 0$, $= 0$ oder < 0 ist, haben wir es mit einer Hyperbel, Parabel oder Ellipse zu tun. Nur in dem letzten Falle ist das System abgeschlossen und einfach periodisch, also quantisierbar. Verwendet man zur Beschreibung der Bewegung ebene Polarkoordinaten r, φ mit dem Ursprung im Kern, so wird

$$E_{\text{kin}} = \frac{\mu}{2}(\dot{r}^2 + r^2\dot{\varphi}^2) = \frac{1}{2\mu}\left(p_r^2 + \frac{p_\varphi^2}{r^2}\right), \quad \text{wenn} \quad p_r = \mu\,\dot{}\,, \quad p_\varphi = \mu r^2 \dot{\varphi} \tag{32}$$

die zu r und φ konjugierten Impulse sind. p_φ hat die Bedeutung des Impulsmomentes des Systems und ist konstant. Die gesamte Energie (= HAMILTONsche Funktion) wird dann durch

$$W = \frac{1}{2\mu}\left(p_r^2 + \frac{p_\varphi^2}{r^2}\right) - \frac{eE}{r} \tag{33}$$

bestimmt. Im Aphel nimmt r seinen Maximum-, im Perihel seinen Minimumwert, $r_{\max}$ bzw. $r_{\min}$, an, und da hier $\dot{r} = 0$ und daher $p_r = 0$ wird, so sind diese beiden Größen durch die quadratische Gleichung

$$W = \frac{1}{2\mu}\frac{p_\varphi^2}{r^2} - \frac{eE}{r} \tag{34}$$

bestimmt. Bezeichnet man mit a und b die große und die kleine Halbachse der Keplerellipse und beachtet, daß — wie einfachste elementargeometrische Überlegungen ergeben — $2a = r_{\min} + r_{\max}$ und $b = \sqrt{r_{\min} r_{\max}}$ ist, so folgt aus (34)

$$2a = -\frac{eE}{W}, \quad b = \sqrt{-\frac{p_\varphi^2}{2\mu W}}. \tag{35}$$

Die Gesamtenergie wird daher

$$W = -\frac{eE}{2a} \tag{36}$$

und hängt somit nur von der großen Achse der Ellipsenbahn ab.

Die Umlaufsfrequenz ν der Bewegung berechnet sich mittels der aus dem Flächensatz unmittelbar folgenden Relation

$$\tfrac{1}{2} r^2 \dot{\varphi} = \nu F, \quad \text{wo} \quad F = \pi a \cdot b$$

den Flächeninhalt der Ellipsenbahn bezeichnet. Wegen (32) und (35) ergibt sich:

$$\nu = \sqrt{\frac{-2W^3}{\pi^2 e^2 E^2 \mu}}. \tag{37}$$

Zwischen den zeitlichen Mittelwerten $\overline{E}_{\text{kin}}$ und $\overline{E}_{\text{pot}}$ gilt die leicht zu beweisende Relation[1]:

$$\overline{E}_{\text{kin}} = -\tfrac{1}{2}\,\overline{E}_{\text{pot}},$$

so daß

$$\overline{E}_{\text{kin}} = -W \tag{38}$$

wird.

Da wir es hier mit einem einfach periodischen System zu tun haben, so genügt uns zur Festlegung der stationären Zustände die Gleichung (9). Mit Hilfe von (37) und (38) erhält man sodann aus der Quantenbedingung $J = nh$ für die Energie W_n des „n-quantigen" stationären Zustandes

$$W_n = -\frac{2\pi^2\mu\, e^2 E^2}{n^2 h^2} = -\frac{2\pi^2\mu\, e^4}{n^2 h^2} Z^2, \tag{39}$$

$n = 1$ entspricht hier dem Grundzustande des Atoms, da ja mit wachsendem n die Energiewerte W_n zunehmen. Aus (36) und (39) ergibt sich für die große Achse $2a_n$ der Bahnellipse im n-quantigen Zustande des Atoms

$$2a_n = 2a_1 \frac{n^2}{Z}, \quad \text{wobei} \quad 2a_1 = \frac{h^2}{2\pi^2\mu\, e^2} = 1{,}058 \cdot 10^{-8}\ \text{cm} \tag{40}$$

die große Halbachse des Normalzustandes des Wasserstoffatoms ($Z = 1$) bedeutet. Ihr numerischer Wert liegt in der Größenordnung gaskinetischer Atomdimensionen. Hervorzuheben ist auch, daß hier, im Gegensatz zur relativistischen Behandlung des Problems (Ziff. 11), durch die Quantenbedingungen das Impulsmoment nicht bestimmt und daher auch nach (35) nur die große, nicht aber auch die kleine Achse der Keplerellipse festgelegt wird.

Die Normierung von W_n wird hier durch die von (33) bestimmt. Der Energiewert Null entspricht dem vollständig ionisierten Atom, dessen Elektron im Unendlichen ruht.

Das Spektrum, das ein solches Atom bei einem Übergang aus dem n-quantigen in den n_0-quantigen stationären Zustand emittiert, wird nach der Frequenzbedingung durch

$$\nu = R_M Z^2 \left(\frac{1}{n_0^2} - \frac{1}{n^2}\right), \qquad R_M = \frac{2\pi^2\mu\, e^4}{h^3} \tag{41}$$

gegeben. Insbesondere gilt für das Wasserstoffspektrum, wenn $Z = 1$ und für M die Masse des Wasserstoffkernes M_{H} gesetzt wird, die BALMERsche[2] Formel:

$$\nu = R_{\text{H}} \left(\frac{1}{n_0^2} - \frac{1}{n^2}\right); \qquad R_{\text{H}} = \frac{2\pi^2\mu_{\text{H}}\, e^4}{h^3}; \qquad \mu_{\text{H}} = \frac{m_0 M_{\text{H}}}{m_0 + M_{\text{H}}}. \tag{41a}$$

Die Tatsache, daß das gesamte Spektrum des Wasserstoffatoms durch diese Formel wirklich umfaßt wird, und daß der obige Ausdruck für die „RYDBERGsche Konstante" R_{H} auch zahlenmäßig[3] mit ihrem empirischen Werte übereinstimmt, war der erste große Erfolg der BOHRschen Theorie. In (41) war aber auch eine wichtige Voraussage enthalten. Für $Z = 2$ liefert ja diese Relation das Spektrum des ionisierten He-Atoms, wenn M der Masse des Heliumkernes M_{He} gleichgesetzt wird:

$$\nu = 4R_{\text{He}} \left(\frac{1}{n_0^2} - \frac{1}{n^2}\right); \qquad R_{\text{He}} = \frac{2\pi^2\mu_{\text{He}}\, e^4}{h^3}; \qquad \mu_{\text{He}} = \frac{m_0 M_{\text{He}}}{m_0 + M_{\text{He}}}. \tag{41b}$$

[1] Vgl. N. BOHR, Abh. S. 24; A. SOMMERFELD, Atombau u. Spektrallinien, 5. Aufl., S. 654.

[2] J. BALMER, Wied. Ann. Bd. 25, S. 80. 1885.

[3] N. BOHR, Abh. S. 9. Bis auf einen Zahlenfaktor wurde der obige Ausdruck für die Rydbergkonstante von A. E. HAAS (Wiener Ber. Abt. IIa, Bd. 119/1, S. 119. 1910) angegeben. HAAS stützte sich jedoch auf das THOMSONsche Atommodell und auf Vorstellungen, die mit der BOHRschen Quantentheorie nicht vereinbar sind.

Da R_H und R_{He} sich nur sehr wenig voneinander unterscheiden, so fallen die Linien, die geraden n- und n_0-Werten in (41b) entsprechen, mit den H-Linien beinahe vollständig zusammen. Sobald aber n oder n_0 ungerade wird, erhält man aus (41b) Linien, die bis auf den geringen Unterschied zwischen R_H und R_{He}, einer Balmerformel mit halbzahligen n- bzw. n_0-Werten, entsprechen. Alle diese Spektrallinien wurden ursprünglich dem Wasserstoff zugeschrieben. Erst BOHR[1] machte auf den Unterschied zwischen der Rydbergkonstanten im Falle des H- und He-Spektrums aufmerksam und zeigte, daß der empirische Wert für $R_H : R_{He}$ mit dem theoretischen $R_H : R_{He} = \left(1 + \frac{m_0}{M_{He}}\right) : \left(1 + \frac{m_0}{M_H}\right)$ vollständig übereinstimmt. Spätere sehr exakte Messungen von FOWLER[2] und PASCHEN[3] haben den BOHRschen Standpunkt voll bestätigt. Es zeigte sich auch, daß die He^+-Linien in reinem Helium zu erhalten sind, also dem Wasserstoff nicht zugeschrieben werden dürfen. Für $Z = 3$, 4 und 5 gibt (41) die Darstellung der Spektren von Li^{++}, Be^{+++} und B^{++++}. Linien, die diesen Spektren angehören, sind von EDLÉN und ERICSON[4] beobachtet worden. Der letzte Erfolg der von BOHR entdeckten Abhängigkeit der Rydbergschen Konstanten von der Kernmasse ist die spektroskopische Auffindung des Wasserstoffisotops von der doppelten Protonenmasse[5].

Anschließend an die Grenzen $\nu = \frac{R_M Z^2}{n_0^2}$ der durch (41) gegebenen Spektralserien tritt ein kontinuierliches Spektrum auf, das sich in der Richtung höherer Frequenzen erstreckt. Es entsteht nach BOHR[6] und DEBYE[7] beim Übergange des Elektrons aus einer Hyperbelbahn ($W > 0$!) in den Quantenzustand mit der Quantenzahl n_0 (vgl. Ziff. 9).

Noch im Jahre 1913, also in demselben Jahre, in dem BOHR seine Theorie veröffentlichte, hat MOSELEY[8] Gleichung (41) zur Erklärung der Röntgenspektren herangezogen und damit auch die theoretische Röntgenstrahlenspektroskopie begründet (vgl. Ziff. 15 und 24).

Schließlich sei noch bemerkt: Da die Genauigkeit, mit der die RYDBERGschen Konstanten R_H und R_{He} auf spektroskopischem Wege bestimmt werden können, unvergleichlich größer ist als die der physikalischen Grundkonstanten, die in sie eingehen, benutzt man seit PASCHEN[9] die empirischen R_H- und R_{He}-Werte, um diese Grundkonstanten genauer festzulegen.

11. SOMMERFELDS Theorie der relativistischen Feinstruktur. Einen Wendepunkt in der Entwicklung der älteren Quantentheorie bedeutete SOMMERFELDS[10] Behandlung des Einelektronenproblems auf Grund der relativistischen Mechanik. Es war dies die erste Anwendung der Quantentheorie auf ein mehrfach (hier zweifach) periodisches System. Setzt man voraus, der Kern ruhe, so wird nun die kinetische Energie des Elektrons (= gesamte kinetische Energie) durch

$$E_{kin} = m_0 c^2 \left(\frac{1}{\sqrt{1-\beta^2}} - 1\right), \quad \beta = \frac{v}{c}$$

[1] N. BOHR, Abh. S. 70; vgl. auch S. 10 u. 37.
[2] A. FOWLER, Trans. Roy. Soc. London (A) Bd. 214, S. 225. 1914.
[3] F. PASCHEN, Ann. d. Phys. Bd. 50, S. 901. 1916.
[4] BENGT EDLÉN u. ALGOT ERICSON, Nature Bd. 125, S. 233. 1930; ZS. f. Phys. Bd. 59, S. 656. 1930; BENGT EDLÉN, Nature Bd. 127, S. 405. 1931.
[5] H. C. UREY, F. G. BRICKWEDDE u. G. M. MURPHY, Phys. Rev. Bd. 40, S. 1. 1932.
[6] N. BOHR, Abh. S. 17; Q. d. L. S. 141.
[7] P. DEBYE, Phys. ZS. Bd. 18, S. 428. 1917.
[8] H. G. J. MOSELEY, Phil. Mag. Bd. 26, S. 1024. 1913; Bd. 27, S. 703. 1914.
[9] F. PASCHEN, l. c.
[10] A. SOMMERFELD, Münchener Ber. 1915, S. 425 u. 459; 1916, S. 131; Ann. d. Phys. Bd. 51, S. 1. 1916.

gegeben, wo m_0 die Ruhmasse des Elektrons bedeutet. Für E_{pot} gilt der frühere Ausdruck (31). In einem System ebener Polarkoordinaten r, φ sind die konjugierten Impulse bestimmt durch

$$p_r = m\dot{r}, \qquad p_\varphi = m r^2 \dot{\varphi}, \qquad m = \frac{m_0}{\sqrt{1-\beta^2}}$$

so, daß man für die HAMILTONsche Funktion H, die auch hier numerisch gleich ist der gesamten Energie $W = E_{kin} + E_{pot}$, erhält:

$$H = m_0 c^2 \left(\sqrt{1 + \frac{1}{m_0{}^2 c^2}\left(p_r{}^2 + \frac{p_\varphi^2}{r^2}\right)} - 1 \right) - \frac{eE}{r}. \tag{42}$$

Da nach den HAMILTONschen Gleichungen p_φ konstant bleibt, wird durch (42) p_r allein als Funktion der Variablen r gegeben, so daß r, φ Separationsvariable unseres Problems darstellen. Die Quantenbedingungen lauten daher nach (12)

$$\int_0^{2\pi} p_\varphi d\varphi = kh, \qquad \oint p_r dr = n_r h.$$

Die erste, die „azimutale" Quantenbedingung ergibt unmittelbar

$$p_\varphi = k \frac{h}{2\pi} \tag{43}$$

und legt somit die Werte des Impulsmomentes p_φ mittels der „azimutalen" Quantenzahl k fest. Aus der zweiten, der „radialen" Quantenbedingung ergibt sich dann für die Energie eines stationären Zustandes $W = W_{n,k}$, wenn $k + n_r = n$ gesetzt wird, der Ausdruck:

$$W_{n,k} = m_0 c^2 \left\{ \left[1 + \frac{\alpha^2 Z^2}{(n - k + \sqrt{k^2 - \alpha^2 Z^2})^2} \right]^{-\frac{1}{2}} - 1 \right\}, \tag{44}$$

wo

$$\alpha = \frac{2\pi e^2}{hc} = 0{,}729 \cdot 10^{-2}$$

eine dimensionslose Konstante, die SOMMERFELD*sche Feinstrukturkonstante*[1], darstellt. Für kleine Kernladungszahlen Z kann man (44) nach Potenzen von $\alpha^2 Z^2$ entwickeln und erhält so die Näherungsformel

$$W_{n,k} = -h \frac{RZ^2}{n^2} - h\alpha^2 \frac{RZ^4}{n^3}\left(\frac{1}{k} - \frac{3}{4n}\right), \tag{44a}$$

Für die Bahn findet man auf dem gleichen Wege, der auch beim Zweikörperproblem zur Bahngleichung führt, die Relation

$$r = \frac{a(1-\varepsilon^2)}{1 + \varepsilon \cos\gamma\varphi}, \qquad \gamma = \sqrt{1 - \frac{\alpha^2 Z^2}{k^2}}, \tag{45}$$

die für $\gamma = 1$ eine Ellipse mit der großen Halbachse a und der Exzentrizität ε darstellt. Da aber in unserem Falle $\gamma < 1$, so wird hier ein Ausgangs-r-Wert erst erreicht, wenn φ um $\Delta\varphi = \frac{2\pi}{\gamma} > 2\pi$ gewachsen ist. Die Bewegung kann somit als eine Keplerbewegung mit fortschreitendem Perihel bezeichnet werden.

Im Grenzfalle $c = \infty$ geht (42) in die HAMILTONsche Funktion des nichtrelativistischen Einelektronenproblems und (44) in die entsprechenden Energieniveaus (39) über. Gleichzeitig wird aus (45) eine Keplerellipse, bei der nicht nur die große, sondern auch die kleine Halbachse „gequantelt" ist. Gleichung

[1] Die anschauliche Bedeutung der SOMMERFELDschen Feinstrukturkonstanten α besteht darin, daß sie das Verhältnis der (konstanten) Geschwindigkeit des Elektrons im Normalzustande des Wasserstoffatoms zur Lichtgeschwindigkeit darstellt.

(35) ergibt nämlich jetzt mit Rücksicht auf (39) und die Quantisierung des Impulsmomentes (43):

$$\frac{b}{a} = \frac{k}{n}. \tag{46}$$

Daraus folgt sofort, daß $k \leqq n$ sein muß. $k = n$ stellt dabei eine Kreisbahn dar. Mit abnehmendem k erhält man bei konstant gehaltenem n immer exzentrischere Ellipsen, bis für $k = 0$ eine Pendelbahn resultiert, die aber nach Ziff. 8 auszuschließen ist. Der Grundzustand ist einfach, da für $n = 1$ nur die Kreisbahn $n = k = 1$ möglich ist. Im Falle $n = 2$ treten zwei stationäre Zustände auf, nämlich $n = k = 2$ und $n = 2, k = 1$, die einer Kreis- bzw. einer Ellipsenbahn entsprechen. In Abb. 1 sind alle Bahnen für $n = 1$ bis $n = 4$ dargestellt. Die ihnen entsprechenden Quantenzahlen n, k werden dabei nach BOHR durch das Symbol n_k gekennzeichnet. Es sei hier noch bemerkt, daß sich aus (40) und (46) der Parameter (= Länge der halben Sehne, die durch den Brennpunkt geht und auf der großen Achse senkrecht steht) $p = \frac{b^2}{a}$ der Keplerellipse zu

$$p = \frac{a_1}{Z} k^2 \tag{47}$$

ergibt. Er hängt also nur von k, nicht aber von n ab, wie das auch aus der Abb. 1 deutlich hervorgeht.

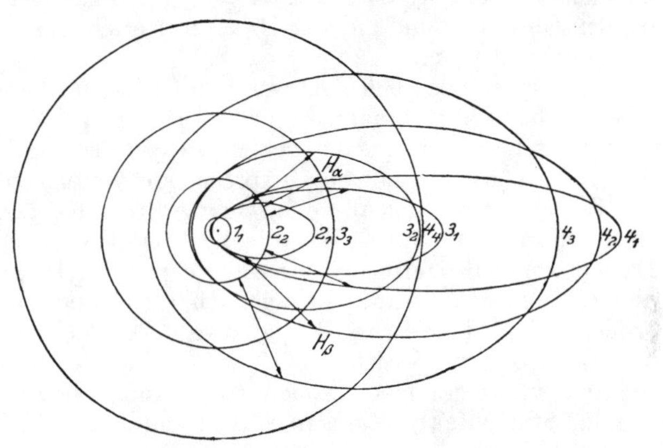

Abb. 1. Quantenbahnen des relativistischen H-Atoms nach SOMMERFELD. (Aus N. BOHR, Naturwissensch. Bd. 11, S. 606. 1923.)

Da die relativistischen Bahnen als Keplerbahnen mit Periheldrehung aufgefaßt werden können, ergibt das Korrespondenzprinzip nach Ziff. 9 die Auswahlregel $\Delta k = \pm 1$, während die Änderungen von n durch das Korrespondenzprinzip keine Einschränkungen erfahren. Eine theoretische Abschätzung der Intensitäten hat auf Grund des Korrespondenzprinzips KRAMERS[1] gegeben. Für den Vergleich mit der Erfahrung eignen sich die Heliumfunkenlinien besser als die Balmerlinien, da bei ihnen ($Z = 2$) nach (44a) die Aufspaltung 16mal so groß ist. Weiter werden sie wegen der höheren Kernladung des He^+-Atoms durch die atomaren elektrischen Felder weniger beeinflußt. Wegen der Langsamkeit der Periheldrehung beim Wasserstoffatom sind schwache elektrische Felder schon hinreichend, um die Auswahlregel für das feldfreie Atom außer Kraft zu setzen und das Auftreten neuer Linien zu bewirken (vgl. Ziff. 12). Besonders genau hat PASCHEN[2] die Feinstruktur der He^+-Linie $\nu = 4R\left(\frac{1}{3^2} - \frac{1}{4^2}\right)$ ($\lambda = 4686$ Å), und dies in enger Fühlungnahme mit SOMMERFELD, zur Zeit, als dieser seine diesbezügliche Theorie entwickelte, untersucht. Die korrespondenzmäßigen Intensitätsschätzungen von KRAMERS stehen mit den PASCHENschen Messungen im großen und ganzen im Einklange, bis auf eine sehr markante Ausnahme, auf die GOUDSMIT und UHLENBECK[3] sowie LANDÉ[4] hingewiesen haben. Die Kompo-

[1] H. A. KRAMERS, Abh. d. Kopenh. Akad., 8. Reihe, Bd. 3, S. 285. 1919.
[2] F. PASCHEN, Ann. d. Phys. Bd. 50, S. 901. 1916; Bd. 82, S. 689. 1927.
[3] S. GOUDSMIT u. G. E. UHLENBECK, Physica Bd. 5, S. 266. 1925.
[4] A. LANDÉ, briefliche Mitteilung an W. PAULI, vgl. ds. Handb., 1. Aufl., Bd. XXIII, S. 128.

nente $4_1 \rightarrow 3_1$ ist nach der Auswahlregel $\Delta k = \pm 1$ (Ziff. 9) verboten, auf den PASCHENschen „Gleichstrombildern" aber doch vorhanden. Eine Erklärung ihres Auftretens durch einen beginnenden Starkeffekt ist ausgeschlossen, da nach KRAMERS in diesem Falle die Komponente $4_3 \rightarrow 3_1$ stärker sein müßte als $4_1 \rightarrow 3_1$, was aber nicht zutrifft. Ganz analog kann man im Balmerspektrum bei H_α nach HANSEN[1] das beobachtete Auftreten der dem Auswahlprinzip widersprechenden Komponenten $3_1 \rightarrow 2_1$ durch einen Starkeffekt nicht erklären, da diese Erklärungsmöglichkeit von HANSEN durch besondere Versuche ausgeschlossen wurde. Wir werden auf dieses Versagen der Theorie noch in Ziff. 22 zurückkommen.

Die Größe der Feinstrukturkonstanten α kann aus den Feinstrukturaufnahmen ermittelt werden. Die oben angeführten Beobachtungen von PASCHEN bei den He-Linien und die von HANSEN bei den Balmerlinien stimmen mit (44a) vollständig überein.

Wir wollen noch den Nachweis von GLITSCHER[2] erwähnen, daß die PASCHENschen Feinstrukturaufnahmen nicht erklärt werden können, wenn statt der relativistischen Abhängigkeit der Masse von der Geschwindigkeit die ABRAHAMsche, dem starren Elektron entsprechende vorausgesetzt wird.

Schließlich sei hier die glänzende Anwendung der SOMMERFELDschen Feinstrukturformel (44) auf die Theorie der Röntgenspektren angeführt (vgl. Ziff. 24). Da die Röntgenspektren in der Nähe der hochgeladenen Kerne entstehen, wird hier die Feinstrukturaufspaltung nach (44a) wegen des Faktors Z^4 riesig vergrößert. Beim Uran wird so eine etwa 70000000fache Vergrößerung gegenüber der H-Aufspaltung erreicht. Wir haben es hier demnach mit einer physikalischen Relation von einer fast beispiellosen Spannweite zu tun!

12. Starkeffekt. Im Jahre 1913 entdeckte STARK die Aufspaltung der Spektrallinien durch ein elektrisches Feld. Insbesondere für die Balmerlinien des Wasserstoffs, die durch ein elektrisches Feld außerordentlich leicht beeinflußt werden, hat er sehr detaillierte und klare Aufspaltungsbilder erhalten können. Vom Standpunkte der älteren Quantentheorie wurde diese Erscheinung im Jahre 1916 gleichzeitig und unabhängig voneinander von EPSTEIN[3] und SCHWARZSCHILD[4] theoretisch erfaßt. Beide Arbeiten waren für die Formulierung der Quantenbedingungen von besonderer Bedeutung (vgl. Ziff. 6). EPSTEIN entwickelte an diesem Beispiele die Methode der Separation der Variablen, während SCHWARZSCHILD hier zum ersten Male die Uniformisierungsvariablen zur Quantisierung verwendete. Die Lösung des Problems gelang beiden Autoren dadurch, daß nach Einführung parabolischer Koordinaten die HAMILTON-JACOBIsche Differentialgleichung des Problems eine Separation der Variablen zuläßt.

Im folgenden soll kurz skizziert werden, wie der Starkeffekt eines Einelektronenatoms nach BOHR[5] mit Hilfe der Störungsrechnung behandelt werden kann. Vorausgesetzt wird die vorrelativistische Mechanik und ein ruhender Kern. Wenn wir rechtwinklige kartesische Koordinaten x, y, z mit dem Ursprung im Kern benutzen, und die positive z-Achse in der Richtung des äußeren elektrischen Feldes wählen, so wird die Störungsfunktion (vgl. Ziff. 7) durch die potentielle Energie Ω des Elektrons im äußeren Felde, d. h. durch

$$\Omega = e z \mathcal{E} \tag{48}$$

[1] G. HANSEN, Ann. d. Phys. Bd. 78, S. 558. 1925; vgl. auch N. A. KENT, L. B. TAYLOR u. H. PEARSON, Phys. Rev. Bd. 30, S. 266. 1927.

[2] K. GLITSCHER, Ann. d. Phys. Bd. 52, S. 608. 1917.

[3] P. S. EPSTEIN, Phys. ZS. Bd. 17, S. 148. 1916; Ann. d. Phys. Bd. 50, S. 489. 1916.

[4] K. SCHWARZSCHILD, Berl. Ber. 1916, S. 548.

[5] N. BOHR, Q. d. L. S. 98.

gegeben, wo $\mathcal{E}$ die Feldstärke bedeutet. Die weitere Behandlung des Problems wird dann durch den über die ungestörte Bewegung genommenen Mittelwert $\overline{\Omega}$ von Ω bestimmt. Aus Symmetriegründen kann $\overline{\Omega}$ nur von der Projektion des Feldes auf die Richtung der großen Achse abhängen. Bezeichnet ϑ den Winkel zwischen der Richtung des Feldes und der der großen Achse a (von Perihel zum Aphel) und ε die numerische Ekzentrizität der Keplerellipse, so ergibt sich

$$\overline{\Omega} = e\mathcal{E}\cos\vartheta \cdot \tfrac{3}{2} a\varepsilon .$$

Diese potentielle Energie besitzt ein Elektron, das sich auf der großen Achse in der Mitte zwischen dem vom Kerne nicht besetzten Brennpunkt und dem Mittelpunkt der Ellipse befindet. Dieser Punkt wird als der *elektrische Schwerpunkt* der Bahn bezeichnet. Da $\overline{\Omega}$ nach den Prinzipien der Störungsrechnung für die gestörte Bewegung konstant ist, so verbleibt der elektrische Schwerpunkt auf einer zum elektrischen Felde senkrechten Ebene. Die Gesamtenergie wird durch $W = W_0 + \overline{\Omega}$ gegeben, wo W_0 die Energie des Atoms bei Abwesenheit des Feldes bedeutet. Da $W_0 =$ konst. ist, so wird nach (36) und (37) die große Achse $2a$ und die mittlere Bewegung ν durch das elektrische Feld in erster Näherung nicht verändert.

Die Störungsquantelung wird nach Bohr am einfachsten ohne Benutzung der Uniformisierungsvariablen in der folgenden Weise durchgeführt. Sind X, Y, Z die Koordinaten des elektrischen Schwerpunktes, so gilt zunächst nach dem soeben Gesagten:

$$X^2 + Y^2 + Z^2 = (\tfrac{3}{2}\varepsilon a)^2. \qquad Z = \text{konst.} \tag{49}$$

Bezeichnet man weiter die Komponenten des Impulsmomentes p_φ mit P_x, P_y, P_z, so wird nach (35), (36) und (37), da $b = a\sqrt{1-\varepsilon^2}$,

$$P_x^2 + P_y^2 + P_z^2 = (1-\varepsilon^2)(2\pi m_0 a^2 \nu)^2, \quad \text{wobei} \quad P_z = \text{konst.} \tag{50}$$

ist, wegen des achsensymmetrischen Charakters des gesamten Feldes.

Da der Vektor des Impulsmomentes senkrecht auf der Bahnebene steht, wird

$$XP_x + YP_y + ZP_z = 0. \tag{51}$$

Weil aber nach dem Drehimpulssatz

$$\dot{P}_x = e\mathcal{E}Y, \qquad \dot{P}_y = -e\mathcal{E}X \tag{52}$$

ist, so gibt die Differentiation von (49) und (50) nach der Zeit

$$X\dot{X} + Y\dot{Y} = -K^2(P_x\dot{P}_x + P_y\dot{P}_y) = -e\mathcal{E}K^2(YP_x - XP_y), \quad K = \frac{3}{4\pi m_0 \nu a}. \tag{53}$$

Diese Relation liefert aber zusammen mit der Gleichung

$$P_x\dot{X} + P_y\dot{Y} = 0,$$

die mit Rücksicht auf (52) aus (51) durch Differentiation nach der Zeit folgt, die Differentialgleichungen:

$$\dot{X} = e\mathcal{E}K^2 P_y, \qquad \dot{Y} = -e\mathcal{E}K^2 P_x,$$

welche mit Hilfe von (52) in die Bewegungsgleichungen für den isotropen ebenen harmonischen Oszillator übergehen:

$$\ddot{X} = -e^2\mathcal{E}^2K^2X, \qquad \ddot{Y} = -e^2\mathcal{E}^2K^2Y.$$

Seine Frequenz wird somit für einen durch die Quantenzahl n charakterisierten stationären Zustand des ungestörten Einelektronenproblems nach (36), (37), (40) und (53) gegeben durch

$$\nu^* = \frac{3hn}{8\pi^2 Z e m_0}\mathcal{E}. \tag{54}$$

Unter dem Einflusse des elektrischen Feldes vollführt also der elektrische Schwerpunkt der Keplerellipse in einer Ebene senkrecht zur Feldrichtung eine harmonische Schwingung wie ein ebener isotroper harmonischer Oszillator. Die Frequenz dieser Schwingung ν^* wird nach (54) eindeutig durch die Qnantenzahl n des ungestörten stationären Zustandes festgelegt. Daraus kann man schließen, daß die Zusatzenergie Ω hier in gleicher Weise wie bei einem harmonischen Oszillator durch

$$\overline{\Omega} = sh\nu^* \qquad (s = 0, \pm 1, \pm 2, \ldots)$$

bestimmt wird. Für die Energieniveaus $W_{n,s}$ eines durch die beiden Quantenzahlen n, s charakterisierten stationären Zustandes erhalten wir somit

$$W_{n,s} = -\frac{hRZ^2}{n^2} + \frac{3h^2 n s}{8\pi^2 Z e m_0}\,\mathcal{E}. \tag{55}$$

Die Quantenzahl s besitzt eine sehr anschauliche Bedeutung. Nach (40) und (54) wird nämlich $\overline{\Omega} = \frac{3}{2} a_n \frac{s}{n} e\mathcal{E}$, so daß durch Vergleich mit (48) sich der Abstand des Kernes von der zur Feldrichtung senkrechten Ebene, in der sich der elektrische Schwerpunkt befindet, gleich $\delta = \frac{3}{2} a_n \frac{s}{n}$ ergibt, wobei δ ebenso wie z positiv in der Feldrichtung zu nehmen ist. Da $\frac{3}{2} a_n$ die größtmögliche Entfernung des elektrischen Schwerpunktes vom Kerne bedeutet, so muß somit der Abstand der genannten Ebene vom Kerne ein ganzes Vielfaches s des $n$ten Teiles des Maximalabstandes betragen. Positive s entsprechen dabei Bahnen, deren elektrischer Schwerpunkt in der Richtung des äußeren Feldes liegt und negative s solchen, bei denen er sich in entgegengesetzter Richtung befindet. Aus der obigen anschaulichen Deutung folgt, daß $|s| \leqq n$ sein muß, und daß durch n und s noch keine Quantisierung des Impulsmomentes um die Feldachse gegeben ist. Eine solche ergibt sich erst, wenn man die Energiewerte in den stationären Zuständen einschließlich des Gliedes mit $\mathcal{E}^2$ bestimmt[1].

Die Auflösung der stationären Bewegungen in harmonische Komponenten hat KRAMERS[2] angegeben. Mit ihrer Hilfe kann man feststellen, daß Übergänge, bei denen sich die Summe $n + s$ um eine gerade bzw. ungerade Zahl ändert, parallel bzw. senkrecht zum Felde polarisierten Komponenten entsprechen:

$$\left.\begin{aligned} \Delta(n+s) &= \text{gerade:} \quad \pi\text{-Komponente,} \\ \Delta(n+s) &= \text{ungerade:} \quad \sigma\text{-Komponente.} \end{aligned}\right\} \tag{56}$$

Stützt man sich auf den Energieausdruck einschließlich des Gliedes mit $\mathcal{E}^2$ und bezeichnet die dann auftretende, dem Impulsmoment um die Feldachse entsprechende Quantenzahl mit m, so geht (56) in die Auswahlregel (27) für ein achsensymmetrisches Feld über. Da aber (56) sich auf die erste und (27) sich auf die zweite Näherung stützt, so ist (56) insofern vorzuziehen, als selbst in dem Falle, wo durch ein weiteres Störungsfeld die auf der zweiten Näherung basierende Quantisierung außer Kraft gesetzt wird, (56) immer noch als gültig angesehen werden kann.

Die Übereinstimmung der Auswahlregeln (56) und (27) mit den Beobachtungen am Wasserstoff ist im allgemeinen ziemlich befriedigend, wenn auch einzelne Aufspaltungskomponenten erscheinen, die nach diesen Auswahlregeln verboten sind. Auch die von KRAMERS mit Hilfe des Korrespondenzprinzips geschätzten Intensitäten der Aufspaltungskomponenten geben im allgemeinen

[1] P. S. EPSTEIN, Ann. d. Phys. Bd. 51, S. 168. 1916.

[2] H. A. KRAMERS, l. c. S. 300; vgl. auch R. T. BIRGE, Phys. Rev. Bd. 17, S. 589. 1921.

die scheinbar ganz unregelmäßige Intensitätsverteilung in den Aufspaltungsbildern gut wieder, wenn auch hier Ausnahmen vorkommen, die durch Beobachtungsfehler nicht erklärt werden können. Die Aufnahmen zeigen ganz deutlich, daß die Bahnen mit $m = 0$ nicht auftreten. Das ist selbstverständlich, da dies Pendelbahnen sind, die durch den Kern hindurchgehen. Über die daraus für die ältere Quantentheorie entstehenden Schwierigkeiten vgl. Ziff. 8.

Wie aus (55) und der Frequenzbedingung folgt, sind die Aufspaltungsbilder in erster Näherung zur ursprünglichen Linie symmetrisch. Aus dem Korrespondenzprinzip ergibt sich die gleiche Symmetrie für die Intensitäten. Im Gegensatz dazu zeigt der Starkeffekt an Wasserstoff-Kanalstrahlen eine ausgesprochene *Intensitätsdissymmetrie.* Im Falle, daß die Flugrichtung der Kanalstrahlen mit der Richtung des äußeren Feldes übereinstimmt, sind die langwelligeren, im Falle entgegengesetzter Richtungen die kurzwelligeren Komponenten die intensiveren. Aus dieser Tatsache kann man mit Hilfe von (55) leicht schließen, daß in den Kanalstrahlen diejenigen Bahnen häufiger strahlen, bei denen, in der Flugrichtung gesehen, der elektrische Schwerpunkt hinter dem Kerne liegt[1].

Der oben angegebene Ausdruck für den Starkeffekt „erster" Ordnung (55) wird von der neuen Quantenmechanik vollständig bestätigt. Hingegen ergibt diese letztere für den *Starkeffekt zweiter Ordnung*, d. h. für die mit $\mathcal{E}^2$ proportionale Zusatzenergie einen Ausdruck, der sich von dem entsprechenden, durch die ältere Quantentheorie gegebenen etwas unterscheidet. Die Erfahrung entscheidet zugunsten der neueren Quantenmechanik[2].

Die obigen Resultate gelten nur, wenn die Feinstrukturaufspaltung klein ist gegenüber der durch das elektrische Feld bewirkten; anderenfalls muß das Problem auf Grund der relativistischen Mechanik behandelt werden. Ein *relativistisches Wasserstoffatom* in einem äußeren elektrischen Felde ist jedoch nicht mehr ein streng mehrfach periodisches System und kann daher insbesondere nicht nach der Methode der Separation der Variablen behandelt werden[3]. Wohl kann man es aber in erster Näherung als ein Periodizitätssystem auffassen. Das entsprechende Störungsproblem wurde von Kramers[4] gelöst. Im Falle eines sehr schwachen elektrischen Feldes (Feinstrukturaufspaltung groß gegenüber Starkeffektaufspaltung) ist es zunächst anschaulich klar, daß in der Zusatzenergie das in $\mathcal{E}$ lineare Glied verschwindet. Hier kann ja als Ausgangssystem das ungestörte relativistische Einelektronenproblem benutzt werden. Infolge der Periheldrehung der Keplerbahn wird dann aber der elektrische Schwerpunkt auf einem Kreise herumgeführt, so daß die Störungsenergie in erster Näherung verschwindet. Die Starkeffektaufspaltung wird daher, wie die Rechnung zeigt, proportional zu $\mathcal{E}^2$. Da ferner im Ausgangssystem das Impulsmoment quantisiert ist, so ergibt sich hier nach Ziff. 7 eine Richtungsquantelung. Außerdem treten nun aber unter dem Einflusse des elektrischen Feldes neue Schwingungskomponenten in der Bewegung des Atoms auf, die korrespondenzmäßig Übergängen mit $\Delta k = 0, \pm 2$ entsprechen und daher das Erscheinen neuer Feinstrukturkomponenten (vgl. Ziff. 9) bewirken, die der Auswahlregel $\Delta k = \pm 1$ widersprechen. Im Grenzfalle eines starken äußeren Feldes erhält man in erster Näherung die Aufspaltung des nichtrelativistischen Atoms, in zweiter Näherung eine vom Felde unabhängige

---

[1] N. Bohr, Abh. S. 112; A. Sommerfeld, Jahrb. d. Radioakt. Bd. 17, S. 417. 1921; A. Rubinowicz, ZS. f. Phys. Bd. 5, S. 331. 1921.

[2] P. S. Epstein, Science Bd. 64, S. 621. 1926; H. Rausch v. Traubenberg u. R. Gebauer, ZS. f. Phys. Bd. 54, S. 307. 1929; Bd. 56, S. 254. 1929.

[3] A. Sommerfeld, Phys. ZS. Bd. 17, S. 491. 1916. Vgl. insbesondere S. 506.

[4] H. A. Kramers, ZS. f. Phys. Bd. 3, S. 199. 1920.

Verschiebung der einzelnen Komponenten von der Größenordnung der Feinstrukturaufspaltung, so daß das ganze Aufspaltungsbild nun nicht mehr streng symmetrisch ist.

13. Zeemaneffekt. Die Quantentheorie des Zeemaneffektes haben unabhängig voneinander SOMMERFELD[1] und DEBYE[2] mit Hilfe der Methode der Separation der Variablen entwickelt. Das Problem läßt sich sogleich für ein Atom mit mehreren Elektronen lösen. Um dessen HAMILTONsche Funktion anzugeben, gehen wir von seiner LAGRANGEschen Funktion aus. Das äußere Magnetfeld $\mathfrak{H}$ sei zeitlich konstant und sein Vektorpotential sei $\mathfrak{A}$, so daß $\mathfrak{H} = \operatorname{rot}\mathfrak{A}$ ist. Da auf ein Elektron von der Geschwindigkeit $\mathfrak{v}$ und der Ladung $-e$ die LORENTZsche Kraft

$$\mathfrak{K} = -\frac{e}{c}[\mathfrak{v}\mathfrak{H}]$$

wirkt, so lautet die LAGRANGEsche Funktion L des Problems bei Anwesenheit des äußeren Magnetfeldes — wie man leicht etwa in kartesischen Koordinaten verifizieren kann —

$$L = L_0 - \sum_k \frac{e}{c}(\mathfrak{v}_k\mathfrak{A}), \tag{57}$$

wo L_0 die LAGRANGEsche Funktion des Atoms bei Abwesenheit des Feldes bedeutet. Die kanonischen Impulse werden dann nach (4) durch

$$p_i = \frac{\partial L}{\partial \dot{q}_i} = p_{0i} - \frac{\partial}{\partial \dot{q}_i}\sum_k \frac{e}{c}(\mathfrak{v}_k\mathfrak{A}) \tag{58}$$

bestimmt, wenn wir mit $p_{0i} = \frac{\partial L_0}{\partial \dot{q}_i}$ die kanonischen Impulse ohne äußeres Feld bezeichnen. Man kann dann leicht zeigen, daß die nach (4) gebildete HAMILTONsche Funktion $H(p, q)$ exakt die Bedeutung der Gesamtenergie des Systems beim Vorhandensein des äußeren Magnetfeldes besitzt, und daß weiterhin bei Vernachlässigung von quadratischen Gliedern in $\mathfrak{A}$

$$H(p, q) = H_0(p, q) + \sum_k \frac{e}{c}(\mathfrak{v}_k\mathfrak{A}) \tag{59}$$

wird, wobei $H_0(p, q)$ mit der HAMILTONschen Funktion des ungestörten Systems identisch ist.

Für ein homogenes Magnetfeld $\mathfrak{H}$ wird speziell:

$$\mathfrak{A} = \tfrac{1}{2}[\mathfrak{H}\mathfrak{r}],$$

so daß man für das in L und H [Gleichung (57) und (59)] auftretende Zusatzglied erhält:

$$\sum_k \frac{e}{c}(\mathfrak{v}_k\mathfrak{A}) = \mathfrak{w}\sum_k m_0[\mathfrak{r}_k\mathfrak{v}_k], \qquad \mathfrak{w} = \frac{e}{2m_0c}\mathfrak{H}. \tag{60}$$

Man kann nun zeigen, daß in einem Koordinatensystem, das mit der Winkelgeschwindigkeit $\mathfrak{w}$ um eine durch den Kern hindurchgehende Achse rotiert, die Bewegungsgleichungen — bei Vernachlässigung der Glieder mit $\mathfrak{w}^2$ — mit den Bewegungsgleichungen im ruhenden Koordinatensystem bei Abwesenheit des Feldes $\mathfrak{H}$ identisch werden. Denkt man sich nämlich „ruhende" Zylinderkoordinaten $\varrho_k, \varphi_k, z_k$ gegeben, deren z-Achse durch den Kern hindurchgeht

[1] A. SOMMERFELD, Phys. ZS. Bd. 17, S. 491. 1916.

[2] P. DEBYE, Phys. ZS. Bd. 17, S. 507. 1916.

und die Richtung von $\mathfrak{H}$ besitzt, und drückt L in den um diese Achse mit der Winkelgeschwindigkeit $\mathfrak{w}$ „rotierenden" Zylinderkoordinaten

$$\varrho_k' = \varrho_k, \qquad \varphi_k' = \varphi_k - |\mathfrak{w}|\, t, \qquad z_k' = z_k$$

aus, so wird, da die potentielle Energie des Systems nur von den relativen Azimuten $\varphi_k - \varphi_\lambda = \varphi_k' - \varphi_\lambda'$ abhängt, $L(\varrho_k', \varphi_k', z_k')$ bis auf Glieder mit $\mathfrak{w}^2$ gleich $L_0(\varrho_k, \varphi_k, z_k)$.

Daraus kann man aber auf das LARMORsche *Theorem*[1] schließen: Vernachlässigt man kleine, dem Quadrat der Feldstärke proportionale Größen, so unterscheiden sich die möglichen Bewegungen eines isotropen Elektronensystems in einem äußeren homogenen magnetischen Felde $\mathfrak{H}$ von den möglichen Bewegungen bei Abwesenheit des Feldes nur um eine gleichförmige Drehung des ganzen Systems, die um eine zu $\mathfrak{H}$ parallele und durch den Kern hindurchgehende Achse mit der Winkelgeschwindigkeit $\mathfrak{w}$ erfolgt.

Darüber hinausgehend hat LANGEVIN[2] gezeigt, daß bei adiabatischer Herstellung eines homogenen magnetischen Feldes infolge des dabei auftretenden elektrischen Feldes eine solche Bewegung resultiert, daß einfach über die Bewegung des Systems, die ohne Magnetfeld stattfinden würde, in jedem Augenblick sich die LARMORsche Drehung $\mathfrak{w}$ überlagert.

Führt man nun neben φ_1 die relativen Azimute $\varphi_k - \varphi_1 = \varphi_k^*$ $(k = 2, 3, \ldots)$ als neue Variable ein, so ist der zu φ_1 kanonisch konjugierte Impuls p_φ nach (58) und (60) durch

$$p_\varphi = p_{0\varphi} - |\mathfrak{w}| \sum_k m_0 \varrho_k^2 = \sum_k m_0 \varrho_k^2 (\dot{\varphi}_k - |\mathfrak{w}|)$$

gegeben, wo $p_{0\varphi} = \sum m_0 \varrho_k^2 \dot{\varphi}_k$ das Impulsmoment um $\mathfrak{H}$ im ruhenden System ohne Feld bezeichnet. p_φ entspricht daher im rotierenden System der Impulsmomentkomponente des Atoms um die Feldachse. Das Zusatzglied (60), das $|\mathfrak{w}|\, p_{0\varphi}$ darstellt, kann daher, wenn wir konsequent auch weiterhin Glieder mit $\mathfrak{w}^2$ vernachlässigen, durch $|\mathfrak{w}|\, p_\varphi$ ersetzt werden. Wir erhalten dann nach (59) und (60)

$$H(p, q) = H_0(p, q) + |\mathfrak{w}|\, p_\varphi. \tag{61}$$

Da φ_1 wegen der axialen Symmetrie unseres Problems in $H(p, q)$ nicht auftritt, ist p_φ konstant.

Die Quantelung von (61) liefert nun in erster Näherung, d. h. in Anwendung auf $H_0(p, q)$, die gleichen Energiewerte für die stationären Zustände wie im feldfreien Falle. Die Quantelung des Zusatzgliedes in (61) ergibt dann nach (16) die Änderung der Energie des Atoms unter dem Einflusse des magnetischen Feldes:

$$\Delta W = |\mathfrak{w}|\, m \frac{h}{2\pi} = m \frac{e}{4\pi c m_0} |\mathfrak{H}|\, h. \tag{62}$$

Da nach dem Korrespondenzprinzip für die azimutale Quantenzahl m die Auswahlregel (27) gilt, so ergibt (62) bei transversaler Beobachtung für das Aufspaltungsbild ein linearpolarisiertes LORENTZsches Triplett mit der normalen Aufspaltung $\Delta\nu_{\mathrm{norm}} = \frac{e}{4\pi c m_0} |\mathfrak{H}|$, bei longitudinaler Beobachtung das entsprechende zirkular polarisierte Dublett, und zwar mit Rücksicht auf den Zusammenhang (60) zwischen $\mathfrak{H}$ und $\mathfrak{w}$ mit dem richtigen Polarisationssinn.

Das obige Ergebnis beansprucht seiner Ableitung nach eine allgemeine Gültigkeit für alle Atomspektren und steht somit im krassesten Widerspruch mit der Erfahrung, die im allgemeinen „anomale" Zeemaneffekte mit viel komplizierteren Aufspaltungsbildern liefert. Wie in Ziff. 23 näher ausgeführt wird, ist dieses

[1] J. J. LARMOR, Phil. Mag. Bd. 44, S. 503. 1897; Aether and Matter, S. 341. Cambridge 1900.
[2] P. LANGEVIN, Ann. de chim. et phys. Bd. 5, S. 70. 1905.

vollständige Versagen von (62) vor allem auf die Nichtberücksichtigung des Elektronenspins in den obigen Überlegungen zurückzuführen. Dieser macht sich auch schon im Wasserstoff- und Heliumfunken-Spektrum bemerkbar. SOMMERFELD[1] zeigte nämlich durch Behandlung des Einelektronenproblems auf Grund der relativistischen Mechanik, daß die einzelnen Feinstrukturkomponenten im Magnetfeld unabhängig voneinander in ein LORENTZsches Triplett aufgespalten werden sollten. Während zunächst H. M. HANSEN und JACOBSEN[2] im Heliumfunkenspektrum eine Übereinstimmung mit SOMMERFELDs Theorie insbesondere bei kleinen Feldstärken fanden, ergaben dann weitere sehr präzise Untersuchungen von OLDENBERG[3] sowie von FÖRSTERLING und G. HANSEN[4], daß bei der H_α-Linie im Gegensatz zu SOMMERFELDs Ergebnis ganz entschieden ein Paschen-Back-Effekt festzustellen ist. Nach GOUDSMIT[5] zeigt eine nähere Diskussion der Versuche von H. M. HANSEN und JACOBSEN, daß sie den Ergebnissen der zuletzt angeführten Arbeiten nicht direkt widersprechen.

ΔW kann auch als die Energie eines magnetischen Dipols im Felde $\mathfrak{H}$ aufgefaßt werden. Wird das Dipolmoment mit $\mathfrak{M}$ bezeichnet, so gilt

$$\Delta W = -(\mathfrak{M}\mathfrak{H}). \tag{63}$$

Eine elementare Betrachtung zeigt nun, daß zwischen $\mathfrak{M}$ und dem gesamten Impulsmoment des Atoms $\mathfrak{J}$ in Übereinstimmung mit (62) und (63) die Beziehung

$$\mathfrak{M} = -\frac{e}{2m_0 c}\,\mathfrak{J} \tag{64}$$

besteht. Ein Atom, dessen Impulsmoment $\mathfrak{J}$ den kleinstmöglichen Wert $h/2\pi$ aufweist, besitzt somit ein magnetisches Moment vom Betrage

$$M_0 = \frac{e h}{4\pi m_0 c}, \tag{65}$$

das als BOHR*sches Magneton* bezeichnet wird.

Von besonderer Bedeutung war für die ältere Quantentheorie (vgl. Ziff. 8) der Fall, wo gleichzeitig ein homogenes elektrisches und ein ebensolches magnetisches Feld auf ein Einelektronenatom einwirken. Wir gehen auf die allgemeine Behandlung dieses Problems, die von EPSTEIN, KLEIN und LENZ[6] gegeben wurde, nicht ein, sondern besprechen nur kurz den Fall, wo auf das Wasserstoffatom ein magnetisches Feld $\mathfrak{H}$ und ein dazu senkrecht stehendes schwaches elektrisches Feld $\mathfrak{E}$ gleichzeitig einwirken. Da durch das magnetische Feld der elektrische Schwerpunkt der Keplerbahn in einem Kreise herumgeführt wird, der in einer durch $\mathfrak{E}$ gehenden Ebene liegt, verschwindet in erster Näherung die vom elektrischen Felde herrührende Zusatzenergie, und die Aufspaltung ist die gleiche wie beim einfachen Zeemaneffekt. Das Vorhandensein des elektrischen Feldes äußert sich aber im Auftreten von neuen Fourierkomponenten, deren Amplituden zu $|\mathfrak{E}|$ proportional sind und die korrespondenzmäßig bei den π-Komponenten $\Delta m = \pm 1$ und bei den σ-Komponenten $\Delta m = \pm 2$ entsprechen. Für stärkere Felder $\mathfrak{E}$ sind noch weitere Aufspaltungskomponenten zu erwarten. In der Tat konnte BOHR[7] auf der Reproduktion einer von PASCHEN und BACK erhaltenen Aufnahme des Wasserstoff-Zeemaneffektes, bei der eine senkrecht zum magnetischen Felde

---

[1] A. SOMMERFELD, Phys. ZS. Bd. 17, S. 491. 1916.

[2] H. M. HANSEN u. J. C. JACOBSEN, Math. Fys. Medd. (Kopenhagen) Bd. 3, Nr. 11. 1921.

[3] C. OLDENBERG, Ann. d. Phys. Bd. 67, S. 253. 1922.

[4] K. FÖRSTERLING u. G. HANSEN, ZS. f. Phys. Bd. 18, S. 26. 1923.

[5] S. GOUDSMIT, vgl. W. PAULI, ds. Handb., 1. Aufl., Bd. XXIII, S. 155.

[6] P. S. EPSTEIN, Phys. Rev. Bd. 22, S. 202. 1923; O. KLEIN, ZS. f. Phys. Bd. 22, S. 109. 1924; W. LENZ, ebenda Bd. 24, S. 197. 1924; vgl. W. PAULI, l. c. S. 162, Anm. 1.

[7] N. BOHR, Q. d. L. S. 140.

stehende Geislerröhre verwendet wurde, das Vorhandensein von Linien mit der doppelten normalen Aufspaltung erkennen. Auf den Originalaufnahmen sind sogar die Komponenten mit der dreifachen normalen Aufspaltung zu sehen[1].

14. Die optischen Spektren der Atome mit mehreren Elektronen. Die Ermittlung der exakten Energiewerte der stationären Zustände von Atomen mit mehreren Elektronen auf Grund der in Ziff. 6 dargestellten Quantenbedingungen stellt ein mathematisch sehr kompliziertes Problem dar. Empirisch lassen sich jedoch die Energieniveaus der optischen Spektren sehr einfach darstellen. Für ein $(N-1)$fach ionisiertes Atom gilt nach RYDBERG und RITZ die empirische Darstellung[2]

$$E_n = -h\frac{RN^2}{n^{*2}}, \qquad n^* = n' + \delta_1 + \frac{\delta_2}{n'^2} + \cdots \tag{66}$$

R ist die RYDBERGsche Konstante, n^* wird als die effektive Quantenzahl, n' als die Laufzahl und schließlich die Konstanten δ_1 bzw. δ_2 als die Rydberg- bzw. Ritzkorrektion bezeichnet. Die Tatsache, daß (66) mit den Energiewerten des Wasserstoffatoms eine große Ähnlichkeit zeigt, führte BOHR[3] zu der später in der weitaus überwiegenden Mehrheit der Fälle bestätigten Vermutung, bei der Entstehung der optischen Spektren komplizierterer Atome spiele ein einzelnes Elektron, das *Leuchtelektron*, eine besondere Rolle. Er nimmt an, dieses Elektron befinde sich während des größten Teiles seiner Umlaufszeit weit weg von den übrigen Elektronen des Atoms, die zusammen mit dem Kerne als der *Atomrest* oder *Atomrumpf* bezeichnet werden. Hier steht es dann in erster Näherung unter dem Einfluß einer COULOMBschen Kraft, die einer punktförmigen im Kern konzentrierten Ladung $+Ne$ entspricht. Auf diese Weise wird das Auftreten der RYDBERGschen Konstante in Gleichung (66) sowie die Abhängigkeit des E_n vom Ionisierungszustande des Atoms verständlich.

Des näheren muß man jedoch mit BOHR[4] zwei Typen von Bahnen des Leuchtelektrons unterscheiden: Außen- und Tauchbahnen oder, in BOHRS Bezeichnung: Bahnen erster und zweiter Art. Bei den Außenbahnen verbleibt das Leuchtelektron stets außerhalb des Atomrumpfes, bei den Tauchbahnen dringt es in den letzteren ein. Bei beiden Bahntypen kann man annehmen, daß die Wirkung des Atomrumpfes auf das Leuchtelektron in erster Näherung durch ein Zentralfeld beschrieben wird. In diesem Falle ist die Bewegung des Leuchtelektrons eine ebene, und wegen der Symmetrie des Problems werden die Quantenbedingungen wie beim relativistischen Wasserstoffatom durch (12) gegeben. Ein stationärer Zustand wird also durch zwei Quantenzahlen n_r und k oder durch die „Hauptquantenzahl" $n = n_r + k$ und die „Nebenquantenzahl" k festgelegt, wobei k nach (12) das Impulsmoment des Leuchtelektrons bestimmt. Die Energiewerte der stationären Zustände $E_{n,k}$ und damit auch die ihnen nach (2) zugeordneten Spektralterme $T_{n,k} = -E_{nk}/h$ kann man nun mit Rücksicht darauf, daß alle Quantenzahlen positiv sind und daher $k \leqq n$ sein muß, in das Schema ordnen:

$$\left.\begin{array}{r} T_{11}, T_{21}, T_{31}, T_{41}, T_{51}, \ldots \\ T_{22}, T_{32}, T_{42}, T_{52}, \ldots \\ T_{33}, T_{43}, T_{53}, \ldots \\ T_{44}, T_{54}, \ldots \\ T_{55}, \ldots \end{array}\right\} \tag{67}$$

[1] Vgl. A. SOMMERFELD, Atombau u. Spektrallinien, 3. Aufl., S. 370, Anm. 1.

[2] Auf die Abhängigkeit der Spektralterme von der „effektiven Ladung" N des Rumpfes wurde zuerst von N. BOHR (Abh. S. 115) hingewiesen. Spektren, die der effektiven Ladung N entsprechen, bezeichnet BOHR als Spektren Nter Art. Das Spektrum zweiter Art von Li ist z. B. das Spektrum von Li^+ und wird abgekürzt als das Li II-Spektrum bezeichnet.

[3] N. BOHR, Abh. S. 11, 80 u. 115; Q. d. L. S. 144.

[4] N. BOHR, Nature Bd. 107, S. 104. 1921; Aufs. S. 107.

Da nach dem Korrespondenzprinzip für ein Zentralfeld bei ebenen Bahnen die modifizierte Auswahlregel (26) $\Delta k = \pm 1$ gilt, so kombinieren miteinander bei Nichtvorhandensein äußerer Kraftfelder stets nur die Spektralterme zweier aufeinanderfolgender Zeilen. Das Termschema (67) wird nach dem Obigen bei jedem Zentralfeld auftreten. Beim Vergleich von (67) mit den empirisch gegebenen Termschemen ist jedoch Vorsicht geboten. Insbesondere darf bei den Tauchbahnen die empirische Laufzahl n' nicht mit der Hauptquantenzahl n identifiziert werden.

Bei den *Außenbahnen* kann man mit SOMMERFELD[1] annehmen, daß das Potential des Zentralfeldes, in dem sich das Leuchtelektron bewegt, nur wenig von dem COULOMBschen Potential $-Ne^2/r$ verschieden ist. Das Zusatzfeld kann man dann als eine nach absteigenden Potenzen von r verlaufende Potenzreihe ansetzen, und erhält so in entsprechender Näherung die RYDBERG-RITZschen Energieniveaus (66). Dabei besitzt n' in (66) die Bedeutung der Hauptquantenzahl der ungestörten, dem COULOMBschen Potential $-Ne^2/r$ entsprechenden Keplerbahn und die Korrektionen δ_1 und δ_2 erweisen sich nur von der Quantenzahl k, nicht aber von n abhängig. Im Falle einer Außenbahn kann man daher die empirisch gegebenen mit s, p, d, f bezeichneten Spektraltermfolgen der Reihe nach mit den Termfolgen der einzelnen Zeilen in (67) identifizieren. Es beginnen dann der Erfahrung entsprechend die Termfolgen $s, p, d, \ldots$ der Reihe nach mit den Laufzahlen 1, 2, 3 ..., und es kombinieren bei Abwesenheit von Störungsfeldern stets nur zwei in der Reihe $s, p, d, \ldots$ aufeinanderfolgende Termfolgen miteinander.

Die zur COULOMBschen Kraft hinzutretende Zusatzkraft rührt nach BOHR[2] hauptsächlich davon her, daß das Leuchtelektron auf den Rumpf eine polarisierende Wirkung ausübt. Bedeutet α die Polarisierbarkeit des Atomrumpfes, d. h. das Dipolmoment, das in dem Atomrumpf eine elektrische Feldstärke 1 induziert, so wird das Feld e/r^2 des Leuchtelektrons ein Dipolmoment $M = \alpha e/r^2$ des Rumpfes hervorrufen. Da der positive Pol dieses Momentes gegen das Leuchtelektron hin gerichtet ist, so wird das letztere mit der Kraft $2Me/r^3 = 2\alpha e^2/r^5$ angezogen. Wird die Quantisierung unter Zugrundelegung dieser Störungskraft durchgeführt, so findet man nach BORN und HEISENBERG[3] in erster Näherung

$$\delta_1 = -\frac{3N^2\alpha}{4a_1^3 k^5}, \qquad \delta_2 = \frac{N^2\alpha}{4a_1^3 k^3}, \tag{66a}$$

wo a_1 den Radius der einquantigen Wasserstoffbahn bezeichnet. Die empirischen Korrektionen der Spektralterme, insbesondere die der Alkalimetalle, sprechen im großen und ganzen zugunsten der obigen Auffassung.

Es sei hier noch auf eine Bemerkung von SCHRÖDINGER[4] hingewiesen. In einem elektrostatischen Felde sollte sich die Polarisierbarkeit α als eine positive Größe ergeben. In Wirklichkeit ist aber der Atomrumpf dem Wechselfelde des umlaufenden Elektrons ausgesetzt, und es ist daher für α hier ebenso wie unter dem Einflusse von Lichtwellen, eine Dispersion zu erwarten. Für kleine erregende Frequenzen des Leuchtelektrons sollte sich α als positiv erweisen, bei der Annäherung an die Resonanzstelle stark anwachsen und dann hier in einen großen negativen, mit wachsender Frequenz des Leuchtelektrons immer kleiner werdenden Wert umschlagen. Ein solcher Tatbestand findet sich nach SCHRÖDINGER im Al^+-Spektrum, aber doch mit einem sehr charakteristischen Unterschiede.

---

[1] A. SOMMERFELD, Münchener Ber. 1916, S. 131.
[2] N. BOHR, Atombau.
[3] M. BORN u. W. HEISENBERG, ZS. f. Phys. Bd. 23, S. 388. 1924.
[4] E. SCHRÖDINGER, Ann. d. Phys. Bd. 77, S. 43. 1925.

Es macht sich hier nämlich eine Resonanz zwischen zwei Übergangsfrequenzen bemerkbar zwischen der Frequenz, die das Leuchtelektron bei einem Übergang aus einem f- in den $3d$-Zustand emittiert und der Frequenz, die das Leuchtelektron des Rumpfes beim Übergang von dem $2p$- in den $1s$-Zustand aussendet. Dabei kann das Rumpfspektrum angenähert mit dem von Al^{++} identifiziert werden. Wir haben es hier also mit einem klassischen Beispiel für das prinzipielle Versagen der Mechanik bei der Festlegung stationärer Zustände zu tun. Entscheidend sind für die Resonanz nicht die klassischen Umlaufs-, sondern die quantentheoretischen Übergangsfrequenzen. Vgl. übrigens die analogen Verhältnisse bei der Dispersion der Lichtwellen Ziff. 20.

Bei den *Tauchbahnen*, deren Theorie zuerst von SCHRÖDINGER[1] entwickelt wurde, steht das Elektron, solange es sich außerhalb des Atomrumpfes befindet, genau wie bei den Außenbahnen unter dem Einflusse einer nur wenig gestörten COULOMBschen Kraft Ne^2/r^2. Dringt aber das Leuchtelektron in den Atomrumpf ein, so ist es hier angenähert den gleichen Kräften wie ein Elektron des Atomrumpfes ausgesetzt. Außerhalb des Rumpfes wird daher die Bahn des Leuchtelektrons nahezu als ein Teil einer Keplerellipse aufzufassen sein, im Inneren aber im allgemeinen von einer Keplerbewegung ziemlich stark abweichen. Wie der innere Teil der Bahn aber auch beschaffen sein mag, jeder einzelne Durchgang des Leuchtelektrons durch den Rumpf verdreht die äußere Bahnschlinge des Elektrons um ein und denselben Winkel. Da wir das Kraftfeld hier als ein Zentralfeld schematisieren, gelten die Quantenbedingungen (12), die jeder Bahn eine Hauptquantenzahl $n = n_r + k$ und eine Nebenquantenzahl k zuordnen. Es entsteht nun die Frage nach dem Zusammenhange zwischen der Hauptquantenzahl n der Bahn und ihrer empirisch nach (66) gegebenen effektiven Quantenzahl n^*. Teilt man die gesamte Bahnschlinge, über die die Integration in dem radialen Wirkungsintegral $\int p_r dr$ zu erstrecken ist, in zwei Teile: in eine äußere Schlinge S_a und eine innere S_i, so kann man nach BOHR[2] die beiden Teilintegrale in

$$\int_{S_a} p_r dr + \int_{S_i} p_r dr = (n - k) h \tag{68}$$

leicht abschätzen. Das erste Integral ist nur wenig kleiner als das radiale Wirkungsintegral über die zu einem vollen Umlauf ergänzte äußere Keplerellipse. Dieses letztere berechnet sich aber zu

$$(n^* - k) h, \tag{68a}$$

weil wir es hier außerhalb des Rumpfes mit einer Keplerellipse zu tun haben, der nach (66) die (nichtganzzahlige) Hauptquantenzahl n^* zuzuordnen ist. Das zweite Teilintegral über die innere Bahnschlinge S_i wird nur wenig größer sein als das radiale Wirkungsintegral

$$(n^{(i)} - k) h, \tag{68b}$$

der größten noch ganz innerhalb des Rumpfes verlaufenden Quantenbahn eines Rumpfelektrons mit der gleichen Nebenquantenzahl k. Diese Annahme wird dadurch nahegelegt, daß die beiden in Rede stehenden Bahnen ungefähr dem gleichen Variabilitätsbereich von r entsprechen und die p_r-Werte bei gleichen k nur wenig verschieden sind. Aus (68), (68a) und (68b) folgt aber

$$n^* \sim n - (n^{(i)} - k). \tag{66b}$$

Die effektive Quantenzahl n^* einer Tauchbahn unterscheidet sich also von ihrer Hauptquantenzahl n um die radiale Quantenzahl $(n^{(i)} - k)$ der größten

[1] E. SCHRÖDINGER, ZS. f. Phys. Bd. 4, S. 347. 1921.
[2] Vgl. M. BORN, Vorl. üb. Atommechanik Bd. I, S. 198. Berlin 1925.

ganz im Inneren des Atomrumpfes verlaufenden Bahn eines Rumpfelektrons mit der gleichen Nebenquantenzahl k. Da die radiale Quantenzahl $(n^{(i)} - k)$ stets positiv ist, ist die effektive Quantenzahl n^* einer Tauchbahn stets kleiner als ihre Hauptquantenzahl n. Bahnen mit der azimutalen Quantenzahl k, deren Hauptquantenzahl n kleiner ist als $(n^{(i)} - k)$ müßten ganz im Innern des Atomrumpfes verlaufen. Im Falle der Tauchbahnen wird also ein Teil der Quantenbahnen des Leuchtelektrons und damit auch ein Teil des optischen Termschemas (67) vom Atomrumpfe sozusagen verschluckt. Es sei hier noch bemerkt, daß $n^{(i)}$ im allgemeinen keine ganze Zahl ist, also nur einer mechanisch, nicht aber quantentheoretisch möglichen Bahn entsprechen muß.

Die Dimensionen und die Gestalt einer Außenbahn des Leuchtelektrons sowie die der äußeren Schlinge einer Tauchbahn kann man leicht abschätzen. Da das Leuchtelektron in diesen beiden Fällen sich in einem nahezu COULOMBschen Felde bewegt, kann die Bahn als eine Keplerellipse aufgefaßt werden, die durch die Hauptquantenzahl n^* und die Nebenquantenzahl k festgelegt wird. Ihre große Halbachse a und ihr Parameter p werden dann nach (40) und (47) zu

$$a = \frac{a_1}{N} n^{*2}, \qquad p = \frac{a_1}{N} k^2 \tag{69}$$

bestimmt.

(69) kann als Kriterium zur Entscheidung der Frage dienen, ob ein bestimmter Spektralterm einer Außen- oder einer Tauchbahn entspricht. Der Perihelabstand des Leuchtelektrons, der bei nicht allzu stark exzentrischen Keplerellipsen praktisch gleich dem halben Parameter p ist, muß offenbar bei den Außenbahnen größer, bei den Tauchbahnen kleiner sein als der Radius des Atomrumpfes, der z. B. mittels der Gittertheorie der Festkörper abgeschätzt werden kann. Weitere Kriterien ergeben sich aus einem detaillierteren Aufbau der Theorie der Außen- und Tauchbahnen, worauf wir hier nicht näher eingehen können[1].

Beim Starkeffekt der soeben behandelten optischen Serienspektren[2] sind im allgemeinen ähnliche Verhältnisse wie beim Starkeffekt des relativistischen Wasserstoffatoms (Ziff. 12) zu erwarten. In schwachen elektrischen Feldern wird ein quadratischer, in starken ein linearer Starkeffekt auftreten. Mit Rücksicht auf die Schnelligkeit der Periheldrehung (ihr entspricht ja korrespondenzmäßig die Serienstruktur, die Aufspaltung eines Wasserstoffterms in die s-, p-, d-, ... Terme) kommt aber praktisch nur der quadratische Starkeffekt in Frage (vgl. auch Ziff. 20).

Wir haben bisher angenommen, daß die Spektrallinien bei einem Übergange zwischen zwei stationären Zuständen des Atoms entstehen, die sich im wesentlichen nur durch den Quantenzustand eines einzigen Elektrons, des Leuchtelektrons, unterscheiden. Es kann aber vorkommen — um den nächst komplizierteren Fall ins Auge zu fassen —, daß außer dem Leucht- auch noch ein Rumpfelektron angeregt wird und nun bei einem Quantenübergang beide Elektronen ihre Quantenzustände ändern. Wird nur das Leuchtelektron angeregt, so konvergieren alle Termfolgen gegen ein und denselben Grenzwert, der offenbar dem ionisierten Zustande des Atoms entspricht. Bei der von uns benutzten Nor-

---

[1] Vgl. auch A. TH. VAN URK, ZS. f. Phys. Bd. 13, S. 268. 1923; A. SOMMERFELD u. G. WENTZEL, Handb. d. Radiologie Bd. VI, S. 189; s. ferner E. FUES (ZS. f. Phys. Bd. 11, S. 364. 1922) und G. WENTZEL (ebenda Bd. 19, S. 53. 1923), wo „partiell eindringende" Bahnen untersucht werden. Von solchen Bahnen spricht man in dem Falle einer Termserie (z. B. beim Al oder Hg), deren erste Glieder Außen-, deren weitere aber Tauchbahnen entsprechen.

[2] R. BECKER, ZS. f. Phys. Bd. 9, S. 332. 1922; W. THOMAS, ebenda Bd. 34, S. 586. 1925.

mierung der Energieniveaus z. B., die der beim Einelektronenproblem (Ziff. 10) und auch der RYDBERG-RITZschen Darstellung der Termwerte entspricht, konvergieren die Terme gegen den Grenzwert Null. Wird aber auch ein Rumpfelektron in bestimmter Weise angeregt, dann müssen offenbar die entsprechenden Folgen der Energiewerte gegen einen Grenzwert gehen, der um die Anregungsenergie des Rumpfelektrons größer ist als der entsprechende Grenzwert bei alleiniger Anregung des Leuchtelektrons. Die Spektralterme mit einem angeregten Rumpfelektron werden daher sehr anschaulich als *verschobene Terme* oder im Anschluß an die Autoren, die sie zuerst gefunden haben, als *gestrichene Terme* bezeichnet. Übergänge zwischen einem verschobenen und einem nichtverschobenen Energieniveau finden, wie man korrespondenzmäßig plausibel machen kann, nur dann statt, wenn die Quantenzahl k des einen angeregten Elektrons sich um $\Delta k = \pm 1$, die des anderen um $\Delta k = 0, \pm 2$ ändert[1]. Diese Bedeutung der verschobenen Terme wurde, nachdem schon vorher GROTRIAN[2] ein ähnliches Vorkommnis beim Ne festgestellt hatte, im Falle der Erdalkalien von WENTZEL[3] sowie von RUSSEL und SAUNDERS[4] gefunden.

Die Voraussetzung der Überlegungen dieser Ziffer, der summarischen Ersatz der Einwirkung der Rumpfelektronen auf das Leuchtelektron durch ein zentralsymmetrisches Feld, bedingt, daß für das Leuchtelektron exakt die Gesetze der Erhaltung von Energie und Impulsmoment gelten. Vom Standpunkte der Mechanik ist das für einen einzelnen Massenpunkt eines Mehrkörperproblems sicher nicht der Fall. Andererseits ermöglicht diese Idealisierung, die Zustände des Leuchtelektrons durch die beiden Quantenzahlen n, k festzulegen, was sich auch in der Theorie der Röntgenspektren und des periodischen Systems der Elemente durchaus bewährt hat. Eine solche Zuordnungsmöglichkeit der Quantenzahlen zu einzelnen Elektronen im Atom ist durch die Quantisierungsvorschriften der Periodizitätssysteme (Ziff. 6), die ja nur den Zustand des Atomsystems als Ganzes charakterisieren, nicht gegeben. BOHR[5] sieht daher in dem Auftreten der individuellen Elektronenquantenzahlen ein Anzeichen für das prinzipielle Versagen der mechanischen Gesetze bei der Beschreibung der gegenseitigen Wechselwirkungen von Elektronen in Mehrelektronensystemen, ganz analog wie uns die gewöhnliche Mechanik bei der Beschreibung des Zusammenstoßes eines freien Elektrons mit einem Atomsystem (FRANCK-HERTZscher Versuch, Ziff. 5) im Stiche läßt.

Am auffallendsten zeigte sich das Versagen der gewöhnlichen Mechanik bei der Behandlung des einfachsten hierhergehörigen Problems, beim *He-Atom.* So war es trotz vieler darauf abzielender Versuche nicht möglich, ein Modell dieses Atoms im Normalzustande anzugeben, das die gemessene Ionisierungsspannung liefern würde[6]. Ebenso ergaben die mittels der Störungstheorie durchgeführten Berechnungen der angeregten Energieniveaus[7] Spektralterme, die mit den empirisch gegebenen gar nicht übereinstimmten.

Nach den obigen Überlegungen sind alle Spektralterme als einfach anzusehen. In Wirklichkeit sind sie aber im allgemeinen mehrfach (Multiplettstruktur). Dieser Widerspruch hat seine Ursache vor allem in der Nichtberücksichtigung des Elektronenspins, worauf wir noch in Ziff. 21 und 23 zurückkommen werden.

[1] W. HEISENBERG, ZS. f. Phys. Bd. 32, S. 841. 1925; vgl. auch die LAPORTEsche Regel (Ziff. 23).
[2] W. GROTRIAN, ZS. f. Phys. Bd. 8, S. 116. 1922.
[3] G. WENTZEL, Phys. ZS. Bd. 24, S. 104. 1923; Bd. 25, S. 182. 1924.
[4] H. N. RUSSEL u. F. A. SAUNDERS, Astrophys. Journ. Bd. 61, S. 38. 1925.
[5] N. BOHR, Grundpost. S. 134.
[6] H. A. KRAMERS, ZS. f. Phys. Bd. 13, S. 312. 1923.
[7] M. BORN u. W. HEISENBERG, ZS. f. Phys. Bd. 16, S. 229. 1923; Bd. 25, S. 175. 1924.

15. Röntgenspektren. Die optischen Spektren können uns nach den Darlegungen der vorigen Ziff. 14 über die Zustände der Rumpfelektronen keine Auskunft erteilen. Für diesen Zweck bewähren sich die Röntgenspektren als zuverlässige Wegweiser. Im folgenden sei aber nur eine ganz summarische Übersicht dieses Gebietes gegeben.

Seit den Untersuchungen von BARKLA war es bekannt, daß die chemischen Elemente zwei in der Härte scharf sich unterscheidende Arten von charakteristischen Röntgenstrahlen emittieren, von denen BARKLA die härtere als die K- und die weichere als die L-Strahlung bezeichnete. Als MOSELEY (vgl. Ziff. 10) zuerst systematisch eine Reihe von im periodischen System aufeinanderfolgenden Elementen röntgenspektroskopisch untersuchte, fand er in der K- und L-Strahlung je zwei offenbar als Anfangsglieder von Serien aufzufassende Linien, deren Schwingungszahlen sich innerhalb der Genauigkeitsgrenzen seiner Messungen durch den Ausdruck

$$\nu = (Z - \sigma)^2 R \left(\frac{1}{n_0^2} - \frac{1}{n^2}\right) \tag{70}$$

darstellen ließen, wenn Z die Ordnungszahl des betreffenden Elementes und R die Rydbergkonstante bedeutet. Für die K-Linien ist dabei $n_0 = 1$ und $n = 2, 3$ und für die L-Linien $n_0 = 2$ und $n = 3, 4$ zu setzen. Die „Abschirmungszahlen" σ erwiesen sich als annähernd konstant. Schon hier tritt uns einer der charakteristischen Unterschiede zwischen Röntgen- und optischen Spektren entgegen: Die Röntgenlinien der einzelnen Elemente besitzen nach (70) die gleiche Anordnung und sind nur von der Kernladungszahl Z der Elemente, nicht aber von ihrer Lage im periodischen System abhängig. Später wurden noch weitere Serien entdeckt, die man mit $M, N, \ldots$ bezeichnete.

Auf Grund dieses experimentellen Befundes hat MOSELEY den Schluß gezogen, daß wir es hier mit Elektronenübergängen in der Nähe des Zfach geladenen Kernes zu tun haben, dessen hohe Ladung den Einfluß der Wechselwirkungskräfte zwischen den Elektronen bei weitem überwiegt. Dieser letztere kommt nur in der Abschirmungszahl σ zum Ausdruck. Es ist klar, daß in je größerer Kernnähe die Elektronenbahn verläuft, um so weniger die Einwirkung der übrigen Elektronen zur Geltung kommen kann und σ daher um so kleiner wird. So fand MOSELEY bei den K- und L-Linien für σ die Werte 1 bzw. 7,4.

Grundlegend für die Weiterentwicklung des Gebietes wurden die Vorstellungen, die KOSSEL[1] über das Zustandekommen der Röntgenspektren entwickelte und die vor allem die Erklärung ihrer charakteristischen Unterschiede gegenüber den optischen Serienspektren zum Ziele hatten. So treten z. B. bei den Röntgenstrahlen im Absorptionsspektrum die Emissionslinien als Absorptionslinien nicht auf. Hier markieren sich nur die Seriengrenzen durch eine sprunghafte Vergrößerung des Absorptionskoeffizienten beim Fortschreiten zu den höheren Frequenzen. Um diese Tatsache zu verstehen, nimmt man an, daß im Atom die Elektronen in Gruppen angeordnet sind, die man sich anschaulich ursprünglich als Elektronenringe und später als Elektronenschalen vorstellte; diese Gruppen sollten im Normalzustande des Atoms eindeutig bestimmt und voll besetzt sein, so daß in ihnen kein weiteres Elektron Platz finde. Die Energie, die notwendig ist, um ein Elektron aus einer dieser mit K bzw. $L, M, \ldots$ bezeichneten Schalen eines Atoms im Normalzustande zu entfernen, wird in grober Näherung (abgesehen von der weiteren Aufspaltung der Terme, Ziff. 24) durch

$$E_n = \frac{(Z - \sigma_n)^2 R h}{n^2} \tag{71}$$

[1] W KOSSEL, Verh. d. D. Phys. Ges. Bd. 16, S. 898 u. 953. 1914; Bd. 18, S. 339. 1916.

gegeben, wo $n = 1$ bzw. $2, 3, \ldots$ zu setzen ist. Aus den obigen Annahmen folgt, daß nur bei gänzlicher Entfernung eines inneren Elektrons eine Röntgenstrahlenabsorption stattfinden kann, und daß die dazu notwendige Minimalfrequenz durch Gleichsetzung des Ausdruckes (71) mit $h\nu$ zu berechnen ist. $\nu = E_n/h$ stellt somit die Lage der „Absorptionskanten" im Absorptionsspektrum der Röntgenstrahlen dar. Emissionslinien können nur dann auftreten, wenn ein Elektron in einer Schale, z. B. der K-Schale, fehlt und ein Elektron aus einer anderen höherquantigen Schale, z. B. der L- oder M-Schale, seinen Platz einnimmt, wobei die freiwerdende Energie nach der Frequenzbedingung ausgestrahlt wird. E_n stellt hier die auf den Normalzustand des nichtionisierten Atoms als Nullpunkt bezogene Energie des Atoms dar, dem ein Elektron aus der n-quantigen Schale entzogen wurde. Fehlt also ein Elektron in der n_0-quantigen Schale, so wird die ausgestrahlte Frequenz in genügender Übereinstimmung mit (70) und abgesehen von der Struktur der Terme nach der Frequenzbedingung durch

$$\nu = R\left(\frac{(Z - \sigma_{n_0})^2}{n_0^2} - \frac{(Z - \sigma_n)^2}{n^2}\right) \tag{72}$$

gegeben. Die Gesamtheit der durch (72) dargestellten Linien bildet bei festem n_0 eine Serie, die mit dem gleichen Buchstaben bezeichnet wird wie die Schale, aus der das Elektron entfernt werden muß, damit sie zustande kommt. Man entnimmt aus (71) und (72) unmittelbar die obenerwähnte Tatsache, daß die Seriengrenzen mit den Absorptionskanten zusammenfallen. (72) kann auch so gedeutet werden, daß die Schwingungszahl ν jeder Emissionslinie durch die Differenz der Schwingungszahlen zweier Absorptionskanten darstellbar ist. Die Schwingungszahlen $\nu = E_n/h$ der Absorptionskanten sind somit die Spektralterme der Röntgenspektren.

Man beachte, daß die Spektralterme im Röntgen- und im optischen Gebiet verschieden definiert werden. Hier bei den Röntgenspektren werden sie auf das ganze nichtionisierte Atom im Grundzustande bezogen und besitzen das gleiche Vorzeichen wie die Atomenergie.

Mit Rücksicht auf die komplizierte Aufspaltung der Röntgenterme und die Tatsache, daß die Schwingungszahlen der Emissionslinien viel präziser meßbar sind als die der Absorptionskanten, war die Auflösung des Röntgenspektrums in Spektralterme trotz dieses klaren Leitgedankens eine schwierige Aufgabe, die schließlich in grundlegenden Untersuchungen von SMEKAL[1], COSTER[2] und WENTZEL[3] durchgeführt wurde.

16. Die BOHRsche Theorie des periodischen Systems der Elemente. Für die chemischen Eigenschaften der Elemente sind offenbar die äußeren Elektronen des Atoms, die sog. Valenzelektronen, verantwortlich zu machen und man kann daher aus diesen Eigenschaften wichtige Schlüsse über den Aufbau der äußersten Elektronenhülle ziehen. Im Anschlusse an die ersten Arbeiten BOHRS hat zuerst KOSSEL[4] in einer umfassenden Untersuchung die Ergebnisse der Chemie diesem Zwecke dienstbar zu machen versucht. Als Ausgangspunkt gilt hier der Grundsatz, daß ähnliche chemische Eigenschaften, wie sie z. B. die Elemente einer Gruppe des periodischen Systems aufweisen, auf eine weitgehende Übereinstimmung in dem Aufbau der äußeren Elektronenhülle schließen lassen.

[1] A. SMEKAL, ZS. f. Phys. Bd. 5, S. 91 u. 121. 1921.

[2] D. COSTER, ZS. f. Phys. Bd. 5, S. 139. 1921; Bd. 6, S. 185. 1921; Phil. Mag. Bd. 43, S. 1070. 1922; Bd. 44, S. 546. 1922.

[3] G. WENTZEL, ZS. f. Phys. Bd. 6, S. 84. 1921.

[4] W. KOSSEL, Ann. d. Phys. Bd. 49, S. 229. 1916; vgl. auch G. N. LEWIS, Journ. Amer. Chem. Soc Bd. 38, S. 762. 1916; I. LANGMUIR, ebenda Bd. 41, S. 868. 1919.

Weiter scheint es plausibel, den Edelgasen, die sich durch eine ausnehmend große chemische Trägheit auszeichnen, eine besonders stabile äußere Elektronenkonfiguration, die „Edelgasschale", zuzuschreiben. Die auf die Edelgase folgenden Alkalimetalle enthalten nun ihrer Ordnungszahl entsprechend ein Elektron mehr als die vorangehenden Edelgase. Mit Rücksicht auf die Stabilität der äußeren „Edelgasschale" liegt nun die Annahme nahe, daß sie kein weiteres Elektron mehr aufnimmt, das bei den Alkalimetallen hinzutretende Elektron also außerhalb der Edelgasschale angelagert wird. Bei den Erdalkalien würden dann zwei äußere Elektronen auftreten usf. Diese den Anfangsperioden des natürlichen Systems zugehörigen Elemente können leicht ihre Valenzelektronen abgeben und besitzen daher einen elektropositiven Charakter. Hingegen wird der elektronegative Charakter der den Edelgasen vorangehenden Gruppen, z. B. der Halogene, durch die noch nicht vollständig ausgebildete Edelgasschale erklärt, die durch anderen Atomen entzogene Elektronen sich zu vervollständigen strebt. Auf die Ähnlichkeit in dem Aufbau der äußersten Elektronenschale bei den Atomen der einzelnen Gruppen kann man übrigens auch aus der von KAYSER und RUNGE[1] sowie von RYDBERG[2] betonten Ähnlichkeit der Spektren (Multiplettstruktur vgl. Ziff. 21) der Elemente der einzelnen Gruppen schließen.

Eine Theorie des periodischen Systems der Elemente, die Bestimmung aller Atomeigenschaften in ihrer Abhängigkeit von der Ordnungszahl, ist prinzipiell gegeben, falls eine „richtige" Quantentheorie der Atome vorliegt. Die ältere Quantentheorie schien jedoch zunächst infolge der rechnerischen Schwierigkeiten einer solchen Aufgabe nicht gewachsen; in der Folge stellte es sich aber heraus, daß sogar ihre Prinzipien versagen. Von um so größerer Tragweite war daher der Nachweis von BOHR[3], daß die Umkehrung des Problems lösbar ist, daß man aus dem chemischen Verhalten der Elemente sowie aus ihren optischen und Röntgenspektren den Aufbau ihrer Atome erschließen kann. Wir geben hier BOHRS Gedankengänge nur in groben Umrissen wieder.

Eine Übersicht über die Eigenschaften der Elemente, die wie z. B. ihr chemisches und optisch-spektroskopisches Verhalten vor allem durch die äußere Elektronenhülle bedingt werden, in ihrer Abhängigkeit von der Ordnungszahl Z, gibt das MENDELEJEFF-LOTHAR MEYERsche periodische System der Elemente, das in der zuerst von JULIUS THOMSEN vorgeschlagenen Anordnung im Anschlusse an BOHR Abb. 2 darstellt. Die Perioden sind hier in Kolonnen vertikal angeordnet und die ihrem chemischen und physikalischen Verhalten nach homologen Elemente durch Striche miteinander verbunden. Das Problem, das sich BOHR stellte, war die Frage, wie sich die Z Elektronen eines Atoms von der Ordnungszahl Z auf die einzelnen durch die verschiedenen Werte der Hauptquantenzahlen n charakterisierten Schalen $(K, L, M, \ldots)$ verteilen und wie sich diese letzteren weiter in „Untergruppen" gemäß der Nebenquantenzahl k unterteilen. Es handelt sich also um die Angabe der n_k-Klassifikationen sämtlicher Elektronenbahnen. Um eine solche zu geben, denkt sich BOHR das ins Auge gefaßte Atom so entstanden, daß der Kern die einzelnen Elektronen eines nach dem anderen einfängt und bindet. In welcher n_k-Bahn das $p$te Elektron dabei gebunden wird, läßt sich aus dem Spektrum des $(Z - p)$fach ionisierten Atoms entnehmen, das unmittelbar den Grundzustand des Leuchtelektrons abzulesen gestattet. Dabei nimmt BOHR an, daß bei der Bindung eines neuen Elektrons die n_k-Klassifikation aller übrigen schon vorher gebundenen Elektronen unverändert bleibt und nennt diese Forderung: das Postulat von der *Invarianz und Permanenz*

[1] H. KAYSER u. C. RUNGE, Abhandlgn. d. Berl. Akad. 1890—1893.
[2] J. R. RYDBERG, Svenska Vetens. Akad. Handl. Bd. 23, S. 11 u. 1555. 1890.
[3] N. BOHR, Aufs. S. 70; Atombau.

der Quantenzahlen[1]. Ein solches Verhalten ist nach den Prinzipien der älteren Quantentheorie nicht zu erwarten und wird nach BOHR durch das in Ziff. 14 besprochene Versagen dieser Prinzipien verständlich. Da die Spektren hochionisierter Atome im allgemeinen nicht bekannt sind, muß BOHR sich öfter auf die Tatsache stützen, daß in zwei Atomen mit der gleichen Anzahl von Elektronen, aber mit verschiedenen Kernladungen *im allgemeinen* im Normalzustande die einzelnen Elektronen sich in den gleichen n_k-Bahnen befinden. Diese Annahme läßt sich in vielen Fällen durch den Vergleich der entsprechenden Spektren bestätigen.

Die Zahl der Elektronen in einer vollständig abgeschlossenen n-quantigen Schale beträgt nach BOHR $2n^2$. Dafür sprechen schon die Längen der ersten Perioden (2, 8, 8, 18, . . .) im natürlichen System, und dies wird von BOHR auch durch eine detaillierte Diskussion des ganzen periodischen Systems eingehend begründet. Eine theoretische Rechtfertigung dieser Annahme ergibt aber erst das Pauliprinzip (Ziff. 24), das unmittelbar die Besetzungszahlen der Untergruppen liefert. Es fordert nämlich, daß die Anzahl der Elektronen in einer durch die Nebenquantenzahl k charakterisierten Untergruppe, unabhängig von ihrer Hauptquantenzahl n, gleich $2(2k - 1)$ sei, daß also die Untergruppen mit den Nebenquantenzahlen $k = 1, 2, 3, \ldots$ entsprechend $2, 6, 10, 14, \ldots$ Elektronen besitzen. Zu diesem Ergebnis gelangten übrigens auf Grund röntgenspektroskopischer bzw. chemischer Tatsachen noch vor Aufstellung des Pauliprinzips STONER[2] und MAIN SMITH[3]. Die Anzahl der Elektronen in einer abgeschlossenen, durch die Hauptquantenzahl n charakterisierten Schale berechnet sich daraus in Übereinstimmung mit BOHR zu $\sum_{k=1}^{n} 2(2k - 1) = 2n^2$.

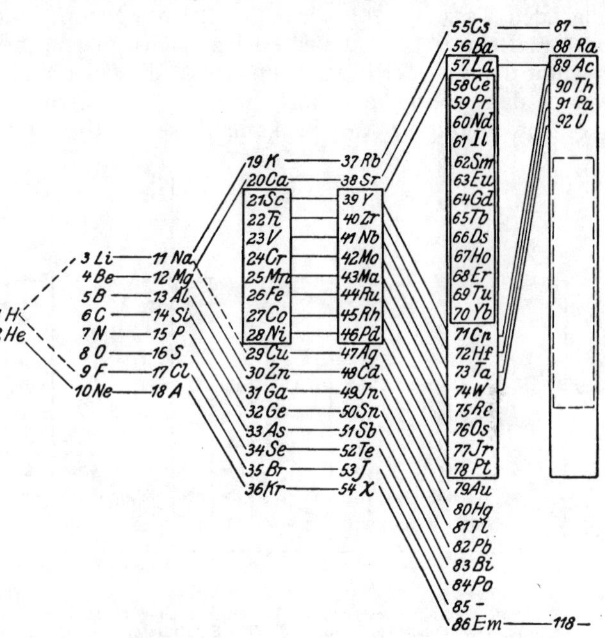

Abb. 2. Das periodische System der Elemente nach N. BOHR (Aufs.).

Die Elektronen werden an die Atome im allgemeinen so angelagert, daß die Schalen in der durch die Hauptquantenzahl n gegebenen Reihenfolge und innerhalb einer Schale ihre Untergruppen in der Reihenfolge der k-Werte komplettiert werden. Dies ist aus energetischen Gründen verständlich. Ein Elektron wird nämlich im allgemeinen um so fester gebunden, je kleiner seine Hauptquantenzahl n und je kleiner seine Nebenquantenzahl k wird [vgl. (66) u. (66a, b)]. Im allgemeinen ist der Einfluß von n größer als der von k, so daß die Ausbildung der Schalen und ihrer Untergruppen in der oben angegebenen Reihenfolge erfolgt. Dies findet

[1] N. BOHR, Grundpost. S. 133; Atombau S. 256.

[2] E. C. STONER, Phil. Mag. Bd. 48, S. 719. 1924.

[3] J. D. MAIN-SMITH, Chemistry and Atomic-Structure. London 1924.

insbesondere am Beginn des periodischen Systems bis A ($Z=18$) statt (vgl. Abb. 3). Besondere Verhältnisse werden geschaffen, wenn einmal der Einfluß von k den von n überwiegt. Der Ausbau der Schale stockt dann an der Stelle, wo bei gleichbleibendem n eine neue Untergruppe mit einem größeren k beginnen sollte und das Elektron wird dann in der nächsten $(n+1)$-quantigen Schale in der Untergruppe $k=1$ angelagert. Ein solches Ereignis tritt zum ersten Male bei dem auf A folgenden Element K ($Z=19$) ein, wo das neu dazukommende Elektron nicht in einer 3_3-, sondern in einer 4_1-Bahn gebunden wird. Bei dem darauf folgenden Ca ($Z=20$) wird die 4_1-Untergruppe durch zwei Elektronen voll besetzt. Beim Sc ($Z=21$) und den zunächst folgenden Elementen bis Ni ($Z=28$) gewinnt dann wieder der Einfluß von n die Oberhand und die neuen Elektronen werden dann weiter nicht mehr in der 4_2-, sondern in der 3_3-Untergruppe untergebracht. Bezüglich des Sc kann dieser Tatbestand direkt aus den Spektren

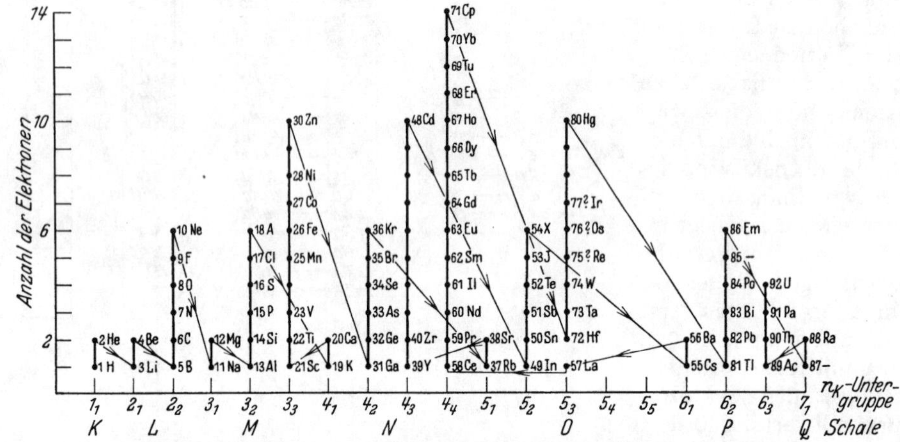

Abb. 3. Übersicht über die Besetzung der Elektronengruppen in den Normalzuständen der Atome. (Besetzungszahlen nach L. PAULING u. S. GOUDSMIT, The Structure of Line Spektra, New York 1930. S. 148.) Die Verteilung der Elektronen auf die einzelnen Untergruppen wird durch den von der Ordnungszahl $Z=1$ bis zur Ordnungszahl Z des betrachteten Atoms verlaufenden Linienzug wiedergegeben. Diese Darstellung kann naturgemäß nur eine Folge von Atomen umfassen, in der die Elektronenkonfigurationen bei Atomen mit niedrigeren Ordnungszahlen sich bei höheren Ordnungszahlen wiederholen. Ein Fragezeichen bei Z bedeutet, daß die angegebenen Besetzungszahlen bei den äußeren Elektronen nicht sicher sind. Atome, deren Ordnungszahlen nicht eingetragen sind, fügen sich in dieses Schema nicht ein. Betreffs ihrer Besetzungszahlen vgl. Kap. 5 des zweiten Halbbandes.

von K, Ca^+ und Sc^{++}, die alle einem Atomsystem mit der gleichen Anzahl (19) von Elektronen entsprechen, abgelesen werden. Während der Grundzustand von K und Ca^+ einer 4_1-Bahn entspricht, wird er bei Sc^{++}, dessen Spektrum von GIBBS und WHITE[1] analysiert wurde, durch eine 3_3-Bahn dargestellt. Von BOHR, dem diese Analyse noch nicht zur Verfügung stand, wurde dieser Tatbestand auf Grund einer Extrapolation der Spektralterme von K und Ca^+ auf die von Sc^{++} vorausgesehen. Die Ausbildung der tiefergelegenen 3_3-Untergruppe bei schon vorhandener äußerer 4_1-Untergruppe läßt uns die wichtigsten physikalischen und chemischen Eigenschaften der Elemente zwischen Sc und Ni (in Abb. 2 eingerahmt) verstehen: z. B. die zum Teil sehr weitgehende chemische Ähnlichkeit etwa der Eisenmetalle oder das stark paramagnetische Verhalten der Ionen dieser Elemente in Lösung. Das letztere ist so zu erklären, daß diese Ionen nicht abgeschlossene Elektronengruppen enthalten, die im Gegensatze zu den abgeschlossenen Gruppen ein resultierendes magnetisches Moment ergeben (vgl. Ziff. 24).

[1] R. C. GIBBS u. H. E. WHITE, Proc. Nat. Acad. Amer. Bd. 12, S. 598. 1926; Phys. Rev. Bd. 29, S. 359. 1927.

Bei dem auf Ni folgenden Element Cu ($Z = 29$) ist die dreiquantige Schale voll ausgebildet (während die 4_1-Untergruppe nur mit einem Elektron besetzt ist[1]), und der Ausbau der 4_2-Untergruppe der vierquantigen Schale erfolgt von da ab bis zu ihrem Abschluß im nächstgelegenen Edelgas Kr ($Z = 36$) normal. Bei dem darauf folgenden Alkalimetall Rb ($Z = 37$) wird aber der Aufbau der vierquantigen Schale, in der noch die beiden Untergruppen mit den 4_3- und 4_4-Bahnen fehlen, nicht weiter fortgesetzt, sondern das neue Elektron in einer 5_1-Bahn gebunden. Dadurch werden in der mit Rb beginnenden Periode ganz ähnliche Verhältnisse wie in der vorigen mit K beginnenden geschaffen, und das Ausfüllen der 4_3-Untergruppe veranlaßt das Auftreten der Elemente zwischen Y ($Z = 39$) und Pd ($Z = 46$), die zu den Elementen zwischen Sc und Ni homolog sind. Von da ab erfolgt bis zum nächsten Edelgas X ($Z = 54$) der weitere Ausbau der 5_2-Untergruppe, während die Untergruppe mit den 4_4-Bahnen auch noch beim X leer bleibt.

Das auf X folgende Alkalimetall Cs ($Z = 55$) enthält in einer 6_1-Bahn ein Elektron mehr als X. Es sind also hier sowohl in der vier- als auch in der fünfquantigen Schale vollständig leere Untergruppen (mit den 4_4- bzw. 5_3-, 5_4-, 5_5-Bahnen) vorhanden. Ihre Ausfüllung in der in Rede stehenden Periode erfolgt demgemäß in einer komplizierteren Weise als bei den vorangehenden Perioden. Beim Erdalkali Ba ($Z = 56$) wird das neue Elektron zur Komplettierung der 6_1-Untergruppe verwendet, beim folgenden Element La ($Z = 57$) in der tieferen 5_2-Untergruppe untergebracht und von da ab wird zwischen Ce ($Z = 58$) und Cp ($Z = 71$) die tiefste noch leere 4_4-Untergruppe vollständig ausgebaut. Da es sich hier um die Vervollständigung einer sehr tiefliegenden Untergruppe bei gleichbleibender Konfiguration zweier nachfolgender Schalen handelt, sind diese Elemente, die seltenen Erden, einander chemisch noch weit ähnlicher als in den analogen Fällen bei den früheren Perioden. Nach Ausbau der 4_4-Untergruppe veranlaßt der zwischen Hf ($Z = 72$) und Pt ($Z = 78$) erfolgende weitere Ausbau der 5_3-Untergruppe das Auftreten von Elementen, die ebenso wie die Elemente zwischen Y und Pd wieder zu den Elementen zwischen Sc und Ni homolog sind. Von da ab erfolgt bis zum nächsten Edelgas Em ($Z = 86$) wieder die Anlagerung der neuen Elektronen in der sechsquantigen äußeren Schale, und zwar in der 6_2-Untergruppe. Zur Zeit als Bohr seine Theorie des periodischen Systems veröffentlichte (1921), war das Element mit der Ordnungszahl $Z = 72$ noch nicht bekannt. Während man es bis dahin vielfach unter den seltenen Erden suchte, bemerkte Bohr, daß bei Cp ($Z = 71$) die vierquantige Schale voll besetzt ist und folgerte daraus, daß das Element mit der Ordnungszahl $Z = 72$ nicht mehr den seltenen Erden angehören könne und daher ein zu Zr homologes Element sein müsse. Auf Grund dieser Vermutung gelang es dann v. Hevesy und Coster, das Hf in Zr-haltigen Mineralien aufzufinden.

Bei den Elementen der letzten Periode wird bei dem noch unbekannten Ekazäsium ($Z = 87$) und beim Ra ($Z = 88$) die 7_1-Untergruppe ausgefüllt und sodann bei den restlichen bekannten Elementen des periodischen Systems von Ac ($Z = 89$) bis Ur ($Z = 92$) der Bau der 6_3-Untergruppe begonnen. Ausführlich konnte hier die Begründung für die oben angegebenen Besetzungen der einzelnen Schalen nicht gegeben werden. Es sei diesbezüglich auf Kap. 5 des zweiten Halbbandes verwiesen.

17. Einsteins Theorie des Strahlungsgleichgewichtes und die korpuskulare Natur des Lichtes. Bei der Formulierung der beiden Bohrschen Postulate wurde bereits hervorgehoben, daß das Stattfinden der Übergangsprozesse durch

[1] Daher fehlt die Atomnummer 29 in der Abb. 3.

Wahrscheinlichkeitsgesetze geregelt wird. Bei den bisher behandelten Problemen spielte jedoch diese Auffassung noch keine besondere Rolle. Ihre Bedeutung tritt erst hervor, wenn man zur Betrachtung der EINSTEINschen Theorie des Strahlungsgleichgewichtes[1] übergeht, die die eigentliche Wurzel dieser Auffassung ist. Diese Theorie führt uns deutlich vor Augen, daß es bei der Behandlung dieses Problems vollständig überflüssig ist, die Elementarprozesse der Emission und Absorption des Lichtes als kausal streng determiniert anzusehen. Insbesondere kann man mit EINSTEIN im Rahmen der BOHRschen Theorie zur PLANCKschen Wärmestrahlungsformel auf Grund der nachstehenden statistischen Auffassung der Strahlungsvorgänge gelangen. Den beiden Quantenzuständen Q_n und Q_m eines Atomsystems sollen die Energienivcaus E_n und E_m entsprechen; N_n und N_m seien die Anzahlen der Atome in diesen beiden Quantenzuständen. Ferner sei etwa $E_n > E_m$, so daß nach der Frequenzbedingung bei einem spontanen Übergang $Q_n \rightarrow Q_m$ eine Strahlung von der Frequenz

$$h\nu = E_n - E_m \tag{73}$$

emittiert wird. EINSTEIN nimmt dann an, daß zunächst eine Wahrscheinlichkeit A_m^n für einen *spontanen* Übergang $Q_n \rightarrow Q_m$ besteht (vgl. Ziff. 5). Weiter sollen aber auch unter dem Einflusse eines äußeren Strahlungsfeldes *induzierte* Übergänge stattfinden. Nach der klassischen Physik wird ja ein äußeres Strahlungsfeld, dessen Frequenz ν mit der Eigenfrequenz eines Oszillators übereinstimmt, je nach dem Phasenunterschied der beiden Schwingungsvorgänge an dem Oszillator eine positive oder negative Arbeit leisten; der Oszillator wird also aus dem äußeren Strahlungsfelde der Frequenz ν Energie aufnehmen oder an dieses Strahlungsfeld Energie abgeben. Diese Energieaufnahme und -abgabe ist proportional dem Amplitudenquadrat, d. h. der Energiedichte der einfallenden Strahlung. Das Korrespondenzprinzip führt dementsprechend zur Annahme, daß durch das äußere Strahlungsfeld von der durch (73) bestimmten Frequenz Übergangsprozesse veranlaßt werden, und zwar solche aus dem Zustande Q_m in den Zustand Q_n, und umgekehrt. Bei den Übergangsprozessen $Q_m \rightarrow Q_n$ wird seitens des Atoms Energie aus dem Strahlungsfelde aufgenommen (positive Einstrahlung), bei den Übergängen $Q_n \rightarrow Q_m$ aber eine solche an das Strahlungsfeld abgegeben (negative Einstrahlung). Die Übergangswahrscheinlichkeiten dieser induzierten Übergänge wird man dabei der spektralen Strahlungsdichte ϱ proportional anzunehmen und sie daher ϱB_n^m bzw. ϱB_m^n gleichzusetzen haben. B_n^m und B_m^n sind Konstante.

Nehmen wir nun an, daß die schwarze Strahlung sich mit den Atomen im Wärmegleichgewicht befindet, so muß offenbar, damit dieses nicht gestört werde, in der Zeiteinheit die Zahl der Übergänge $Q_n \rightarrow Q_m$ gleich sein der Anzahl der inversen Übergangsprozesse $Q_m \rightarrow Q_n$, woraus unmittelbar die Relation

$$N_n (A_m^n + \varrho B_m^n) = N_m \varrho B_n^m \tag{74}$$

folgt. Für die Anzahl N_p der Atome im Quantenzustande Q_p wird man für den Fall des thermodynamischen Gleichgewichtes in naturgemäßer Verallgemeinerung des MAXWELL-BOLTZMANNschen Verteilungsgesetzes den Ansatz

$$N_p = g_p C e^{-\frac{E_p}{kT}} \tag{75}$$

machen, wo g_p das statistische Gewicht des Zustandes Q_p bedeutet. Aus (73), (74) und (75) folgt dann

$$\varrho(\nu, T) = \frac{A_m^n / B_m^n}{\frac{g_m B_n^m}{g_n B_m^n} e^{\frac{h\nu}{kT}} - 1} \tag{76}$$

[1] A. EINSTEIN, Phys. ZS. Bd. 18, S. 121. 1917.

Für $\frac{h\nu}{kT} \ll 1$ kann man aber $e^{\frac{h\nu}{kT}} = 1 + \frac{h\nu}{kT}$ setzen, und da in diesem Falle das RAYLEIGH-JEANSsche Strahlungsgesetz resultieren muß, so kann (76) nur bestehen, wenn zwischen den drei Größen A_m^n, B_m^n und B_n^m die beiden Relationen

$$g_n B_m^n = g_m B_n^m; \qquad \frac{A_m^n}{B_m^n} = \frac{8\pi h \nu^3}{c^3} \tag{77}$$

gelten. Ist aber (77) erfüllt, so wird (76) mit der PLANCKschen Strahlungsformel identisch. Damit ist sie auf einem Wege von faszinierender Einfachheit hergeleitet.

Um sich über den Impulsaustausch zwischen Atom und Strahlung Klarheit zu verschaffen, betrachtet EINSTEIN die Impulsschwankungen der Atome, die hier als frei beweglich vorausgesetzt werden. Er denkt sich die auf ein Atom einfallende Strahlung in Strahlenbündel aller möglichen Richtungen zerlegt und macht die Annahme, daß ein induzierter Übergang stets nur durch ein einzelnes Strahlenbündel bewirkt wird. Dabei soll das Atom die gleiche Impulsänderung erleiden wie in der klassischen Elektrodynamik bei einer einfallenden ebenen Welle. Ihr Betrag ist also durch $h\nu/c$ ($h\nu$ = ausgetauschte Energie) gegeben, und das Atom erhält bei einer induzierten Absorption bzw. Emission eine Impulsänderung in der Richtung der einfallenden Welle bzw. in der entgegengesetzten Richtung. Unter diesen Voraussetzungen kann nach EINSTEIN die MAXWELLsche Geschwindigkeitsverteilung der Gasatome nur dann bestehen, wenn auch jede Spontanemission eine Impulsänderung des Atoms vom Betrage $h\nu/c$ nach einer zufälligen Richtung bewirkt. Dies besagt aber, daß die gesamte Energie nur in *einer* Richtung ausgestrahlt wird („*Nadelstrahlung*"), weil jede Zersplitterung der Energie nach verschiedenen Richtungen eine kleinere als die maximale Impulsänderung $h\nu/c$ ergäbe. Dieses Resultat ist eine starke Stütze für die Lichtquantenhypothese und widerspricht vollständig der klassischen Auffassung der Ausstrahlung in einer Kugelwelle, die keine Impulsänderung des strahlenden Atoms bewirkt.

Um zum Wärmestrahlungsgesetz zu gelangen, untersucht EINSTEIN die Wechselwirkung zwischen Strahlung und Atom. Es ist aber auch möglich, durch Betrachtung der Vorgänge im Äther allein das Strahlungsgesetz zu erhalten. Vom Standpunkte der Wellenauffassung des Lichtes hat schon DEBYE (Ziff. 4) eine solche Ableitung gegeben, auf Grund der korpuskularen Auffassung hat sie BOSE[1] gewonnen, der damit den Grundstein für die erst in der neueren Quantentheorie zur vollen Geltung gelangten BOSE-EINSTEINschen Statistik gelegt hat.

In den obigen Überlegungen EINSTEINS macht sich der durch die Lichtquanten bewirkte Rückstoß nur statistisch bemerkbar. Eine experimentelle Möglichkeit, ihn unmittelbar zu erfassen und damit auch eine Bestätigung der korpuskularen Natur des Lichtes brachte erst die Entdeckung des *Comptoneffektes*. Es handelt sich hier nach der von COMPTON[2] und DEBYE[3] gegebenen Theorie dieser Erscheinung um eine Streuung von Lichtquanten (Röntgen- oder γ-Strahlen) an freien Elektronen. Denken wir uns, daß ein Lichtquant $h\nu$ von der durch den Einheitsvektor $\mathfrak{e}$ bestimmten Einfallsrichtung mit einem ruhenden Elektron zusammenstößt. Dadurch erhält das Elektron eine Geschwindigkeit $\mathfrak{v}$, und da das Lichtquant nun einen Teil seiner Energie und seiner Bewegungsgröße an das Elektron abgegeben hat, so besitzt es nach dem Zusammenstoß eine

[1] S. N. BOSE, ZS. f. Phys. Bd. 26, S. 178. 1924.
[2] A. H. COMPTON, Phys. Rev. Bd. 21, S. 483. 1923.
[3] P. DEBYE, Phys. ZS. Bd. 24, S. 161. 1923.

andere Frequenz ν' und bewegt sich wohl auch in einer anderen Richtung $\mathfrak{e}'$. Die bloße Anwendung der Sätze von der Erhaltung der Energie und des Impulses liefert, abgesehen von den Polarisations- und Intensitätsfragen, schon eine vollständige Theorie der Erscheinung. Wird nämlich für das Elektron die relativistische Mechanik zugrunde gelegt, so folgt aus diesen beiden Sätzen:

$$\left.\begin{aligned} h\nu &= h\nu' + m_0 c^2 \left(\frac{1}{\sqrt{1-\beta^2}} - 1\right), \\ \mathfrak{e}\frac{h\nu}{c} &= \mathfrak{e}'\frac{h\nu'}{c} + \frac{m_0 \mathfrak{v}}{\sqrt{1-\beta^2}}, \end{aligned}\right\} \quad \beta = \frac{v}{c} \tag{78}$$

daß die Wellenlänge c/ν' des gestreuten Lichtquants sich von der Wellenlänge c/ν des einfallenden Lichtquants um

$$\varDelta\lambda = \frac{c}{\nu} - \frac{c}{\nu'} = \frac{h}{m_0 c} 2 \sin^2 \frac{\vartheta}{2} \tag{79}$$

unterscheidet. ϑ bezeichnet hier den Winkel zwischen der Einfallsrichtung $\mathfrak{e}$ und der Streurichtung $\mathfrak{e}'$ des Lichtquants, so daß $(\mathfrak{e}\mathfrak{e}') = \cos\vartheta$. Die Konstante $h/m_0 c = 0{,}0242$ Å hat die Dimension einer Länge und ist numerisch gleich der Wellenlänge eines Lichtquants, dessen Masse mit der Elektronenmasse übereinstimmt. Nach (79) ist die Wellenlängenänderung $\varDelta\lambda$ unabhängig von der Wellenlänge des einfallenden Lichtes. Der Rückstoßwinkel Θ, den das gestoßene Elektron mit der Richtung des einfallenden Lichtes bildet, ist nach (78) aus

$$\operatorname{tg}\frac{\Theta}{2} = \frac{\operatorname{cotg}\vartheta/2}{1 + \dfrac{h\nu}{m_0 c^2}} \tag{80}$$

zu berechnen. Das Elektron besitzt also stets eine positive Bewegungskomponente in der Fortpflanzungsrichtung des Lichtes.

Die Abhängigkeit der Wellenlänge des gestreuten Lichtes von der Streurichtung wurde zuerst von COMPTON bei den Röntgen- und γ-Strahlen in weitem Umfange bestätigt. Dagegen ist im optischen Spektralgebiete ein solcher Nachweis nicht gelungen. Dies liegt daran, daß die obige Theorie exakt nur für freie Elektronen gilt und bei gebundenen mit wachsender Stärke der Bindung auch das restliche Atom sich immer mehr am Impuls- und Energieaustausch beteiligt. Durch Versuche konnte auch die Rückstoßgeschwindigkeit $\mathfrak{v}$ des Elektrons nachgewiesen werden. Ja es ist BOTHE und GEIGER[1] sogar gelungen, zu zeigen, daß ein „gestoßenes Elektron“ stets gleichzeitig mit einem gestreuten Lichtquant auftritt. Die Versuche von COMPTON und SIMON[2] ergaben überdies, daß die Richtungen, in denen das Lichtquant und das Elektron gestreut werden, in einem gesetzlichen Zusammenhange stehen, wie ihn Gleichung (80) fordert. Diese Versuche sprechen eindeutig dafür, daß die Streuung des Lichtquants und die Auslösung des Rückstoßelektrons in einem Elementarakt durch einen elastischen Zusammenstoß erfolgt.

Daß der Comptoneffekt eine rein quantenmäßige Erscheinung ist, beweist schon das Auftreten der PLANCKschen Konstante in der Comptonverschiebung (79). Nach der klassischen Elektrodynamik sollte ein Elektron, das unter dem Einfluß einer Lichtwelle eine harmonische Bewegung ausführt und dabei Licht zerstreut, infolge des Lichtdruckes einen Bewegungsantrieb exakt in der Einfallsrichtung des Lichtes erhalten. Schon allein diese Tatsache steht im Widerspruch mit den Versuchsergebnissen, die mit (80) im Einklange sind. Dennoch kann

[1] W. BOTHE u. H. GEIGER, ZS. f. Phys. Bd. 32, S. 639. 1925.
[2] A. H. COMPTON u. A. W. SIMON, Phys. Rev. Bd. 26, S. 289. 1925.

die Comptonverschiebung in verschiedener Weise mit der Dopplerverschiebung eines klassisch strahlenden Elektrons in Verbindung gebracht werden. Nach COMPTON ist sie z. B. gleich der Dopplerverschiebung eines Elektrons, das sich mit der konstanten Schwerpunktsgeschwindigkeit des Systems „Elektron + Lichtquant" bewegt. Nach BREIT[1] kann die Comptonverschiebung als ein geeigneter Mittelwert klassischer Dopplerverschiebungen aufgefaßt werden. Diese letztere Auffassung war wichtig, weil sie korrespondenzmäßig zu einem mit der Erfahrung übereinstimmenden und später auch quantenmechanisch bestätigten Ausdruck für die Intensität der COMPTONschen Streustrahlung geführt hat.

Aus (79) ist noch zu entnehmen, daß ein Photoeffekt an freien Elektronen mit dem Energie- und Impulssatz nicht vereinbar ist. Eine fast restlose Übertragung der Energie des stoßenden Lichtquants an das gestoßene Elektron ($\nu' \ll \nu$) findet ja nach (79) nur statt, wenn die Wellenlänge des stoßenden Lichtquants mit der COMPTONschen Grenzwellenlänge $h/m_0 c$ vergleichbar wird, d. h. wenn das stoßende Lichtquant eine Masse von der Größenordnung der Elektronenmasse besitzt.

18. Wellentheoretische Auffassung der Strahlung im Rahmen der älteren Quantentheorie. Bei der allgemeinen Tendenz der älteren Quantentheorie, die Prinzipien der klassischen Physik nur im äußersten Notfalle durch neue Annahmen zu ersetzen, darf es nicht wundernehmen, daß sie die bei allen Interferenzerscheinungen im weitesten Sinne des Wortes bewährte Wellentheorie des Lichtes nicht ohne Zögern preisgegeben hat. Schon allein die Tatsache, daß ohne Interferenzerscheinungen die Frequenz des Lichtes, die ja auch in der Lichtquantenhypothese für die Festlegung der Energie des Lichtquants $h\nu$ von ausschlaggebender Bedeutung ist, sich experimentell nicht ermitteln läßt, war für BOHR[2] ein schwerwiegendes Argument gegen den Vorstellungskreis der Lichtquantentheorie. Man suchte die Wellentheorie des Lichtes für die ältere Quantentheorie von zwei verschiedenen Standpunkten ausgehend zu verwerten, die sich nach BOHR[3] durch die beiden Schlagworte: Korrespondenzprinzip und Koppelungsstandpunkt charakterisieren lassen.

Das Korrespondenzprinzip, das bei allen bisherigen Überlegungen uns als Leitstern diente, sucht durch eine Gegenüberstellung der Ansätze, die der Quantentheorie zugrunde liegen und der empirisch gesicherten Ergebnisse der Wellentheorie des Lichtes Schlüsse über die Eigenschaften der Quantenprozesse zu ziehen. Vor allem richtet sich die Aufmerksamkeit des Korrespondenzprinzips auf die Emission und Absorption der Strahlung, deren quantenmäßiges Auftreten von dem Vorhandensein korrespondierender harmonischer Schwingungskomponenten in der Fourierauflösung der Bewegung des Atoms abhängig gemacht wird. Insbesondere wird dabei die Beschaffenheit des emittierten Lichtes nach der Strahlung eines Dipols beurteilt, der ebenso schwingt wie die korrespondierende Bewegungskomponente des elektrischen Atommomentes.

Aus dem Korrespondenzprinzip lassen sich, wie wir bisher gesehen haben, sehr detaillierte Schlüsse über die Eigenschaften der Übergangsprozesse ziehen, insbesondere Auswahl- und Polarisationsregeln angeben. Ein Teil der letzteren konnte auch auf einem anderen Wege, der aber, wie BOHR[3] betont, durchaus dem Gedankenkreis des Korrespondenzprinzips angehört, gewonnen werden. EINSTEINS Begründung der Lichtquantentheorie (vgl. Ziff. 3 u. 17) hat die dominierende Rolle, die die Sätze von der Erhaltung der Energie und des Impulses in der Quantentheorie innehaben, ins hellste Licht gesetzt. Es war daher

[1] G. BREIT, Phys. Rev. Bd. 27, S. 362. 1926.
[2] N. BOHR, Grundpost. S. 157.
[3] N. BOHR, ZS. f. Phys. Bd. 6, S. 1. 1921.

die Frage naheliegend, welche einschränkenden Bedingungen der bisher noch nicht verwendete Satz von der Erhaltung des Impulsmomentes der quantenmäßig emittierten Strahlung auferlegt[1]. Nimmt man an, daß die quantenmäßige Lichtemission durch die Strahlung eines harmonisch schwingenden Dipols von der Frequenz ν des ausgesandten Lichtes beschrieben wird, so kann man nach den von HEINRICH HERTZ und von ABRAHAM[2] angegebenen Relationen die zeitlichen Mittelwerte $\varDelta E$ und $\varDelta\mathfrak{Y}$ der von diesem Dipol ausgestrahlten Beträge an Energie und Impulsmoment angeben. Wird das Dipolmoment in der Form $\mathfrak{p} = \mathfrak{a}\cos 2\pi\nu t + \mathfrak{b}\sin 2\pi\nu t$ dargestellt, so ergibt sich für das Verhältnis dieser beiden Größen[3]

$$\frac{\varDelta\mathfrak{Y}}{\varDelta E} = \frac{1}{2\pi\nu}\,\frac{2[\mathfrak{a}\mathfrak{b}]}{\mathfrak{a}^2 + \mathfrak{b}^2}. \tag{81}$$

Es werde nun ein feldfreies Atom betrachtet, dessen gesamtes Impulsmoment quantenmäßig festgelegt und seinem Absolutbetrage nach im Anfangs- bzw. Endzustande durch $j_1 \frac{h}{2\pi}$ und $j_2 \frac{h}{2\pi}$ gegeben ist. Bezeichnet man mit ϑ den Winkel zwischen den Richtungen der beiden Impulsmomente, so wird ihre Änderung bei der Ausstrahlung ihrem Absolutbetrage nach durch

$$\frac{h}{2\pi}\sqrt{j_1^2 + j_2^2 - 2j_1 j_2\cos\vartheta} \tag{82}$$

bestimmt, während die Energieänderung dabei nach der Frequenzbedingung $h\nu$ beträgt. Setzt man nun voraus, daß die Energie- und Impulsmomentänderung des Atoms von der ausgestrahlten Welle übernommen wird, so ist nach (81) und (82)

$$\sqrt{j_1^2 + j_2^2 - 2j_1 j_2\cos\vartheta} = \frac{2|[\mathfrak{a}\mathfrak{b}]|}{\mathfrak{a}^2 + \mathfrak{b}^2}. \tag{83}$$

Da aber aus geometrischen Gründen stets

$$|j_1 - j_2| \leqq \sqrt{j_1^2 + j_2^2 - 2j_1 j_2\cos\vartheta} \tag{84a}$$

und

$$\frac{2|[\mathfrak{a}\mathfrak{b}]|}{\mathfrak{a}^2 + \mathfrak{b}^2} \leqq 1 \tag{84b}$$

ist, so muß $|j_1 - j_2| \leqq 1$ oder

$$j_1 - j_2 = 0, \pm 1 \tag{85}$$

sein. Damit sind wir zur Auswahlregel (26) gelangt, und zwar auf einem Wege, der uns besonders deutlich zeigt, daß diese Auswahlregel für eine Dipollichtquelle strenge Gültigkeit beansprucht.

Doch auch über die hier allerdings nicht beobachtbaren Polarisationsverhältnisse (vgl. Ziff. 9) der ausgesandten Strahlung können wir einigen Aufschluß gewinnen. Von den drei Möglichkeiten (85) betrachten wir zunächst die beiden Fälle $j_1 - j_2 = \pm 1$, die ersichtlich nur dann bestehen können, wenn in den beiden Ungleichungen (84a, b) die Gleichheitszeichen gelten. Aus (84b) folgt dann $2|[\mathfrak{a}\mathfrak{b}]| = \mathfrak{a}^2 + \mathfrak{b}^2$, d. h. daß die beiden Vektoren $\mathfrak{a}$ und $\mathfrak{b}$ ihrem Absolutbetrage nach gleich sind und aufeinander senkrecht stehen. Die Polarisation der Strahlung ist hier also die gleiche wie bei einem zirkular schwingenden Dipol. (84a) ergibt dann, daß $\vartheta = 0$ wird, die Impulsmomente des Anfangs- und Endzustandes also die gleiche Richtung besitzen. Während in den betrachteten Fällen sich die Polarisationsverhältnisse zwangsläufig ergeben, sind

[1] A. RUBINOWICZ, Phys. ZS. Bd. 19, S. 441 u. 465. 1918; N. BOHR, Q. d. L. S. 47; vgl. auch A. SOMMERFELD, Atombau u. Spektrallinien, 5. Aufl., S. 684.

[2] M. ABRAHAM, Phys. ZS. Bd. 15, S. 914. 1914.

[3] Eine ganz einfache Ableitung dieser Relation findet man bei H. A. LORENTZ (Handb. d. Radiologie Bd. VI, S. 150. Leipzig 1925).

sie im Falle $j_1 - j_2 = 0$ vollständig unbestimmt, wenn keine weitere Annahme eingeführt wird. Es liegt nahe, als solche die im vorigen Falle von selbst erfüllte Forderung zu stellen, daß das Impulsmoment des Atoms während der Ausstrahlung seine Richtung nicht ändere. Diese Annahme bedingt, daß $\vartheta = 0$ wird, und aus (83) folgt dann das Verschwinden von $|[\mathfrak{a}\mathfrak{b}]|$, was einem linear schwingenden Dipol entspricht. Unbestimmt bleibt aber immer noch die Orientierung des Dipolmomentes in bezug auf das Atom. Auf dem gleichen Wege kann man auch ein Atom in einem achsensymmetrischen Felde behandeln und gelangt zwangsläufig zur Auswahlregel (27) und zur Polarisationsregel für die σ-Komponenten[1].

Die Auswahlregel (85) gilt nur für eine Dipolstrahlung. Eine Quadrupollichtquelle kann der emittierten Strahlung bei gleicher Energie mehr Impulsmoment[2] mitgeben als eine Dipollichtquelle, so daß sich in diesem Falle j in Übereinstimmung mit Ziff. 9 bei einem Quantenübergang auch um zwei Einheiten ändern kann.

Der Koppelungsstandpunkt macht sich die Tatsache zunutze, daß die Strahlung in einem von vollkommen spiegelnden Wänden umschlossenen Hohlraume als ein Periodizitätssystem angesehen und Quantenbedingungen unterworfen werden kann[3]. Es ergibt sich so, daß die Energie jeder Eigenschwingung von der Frequenz ν durch ein ganzes Vielfaches des Energiequantums $h\nu$ gegeben wird, wie dies DEBYE (Ziff. 4) bei der Ableitung des Wärmestrahlungsgesetzes voraussetzt. Denkt man sich nun ein Atom in Wechselwirkung mit einer Hohlraumstrahlung, so ist es möglich, Atom und Hohlraumstrahlung als ein gekoppeltes, mehrfach periodisches System aufzufassen, das als Ganzes quantisierbar ist. Es liegt dann die Annahme nahe, daß vor und nach jedem Energieaustausch zwischen Atom und Hohlraumstrahlung das ganze System sich in einem stationären Zustande befindet. Stellt man sich vor, daß bei einer Wechselwirkung zwischen Atom und Strahlung immer nur *eine* Eigenschwingung mit einem einzigen Energiequant $h\nu$ beteiligt ist, so gelangt man mit Hilfe des Energiesatzes zu einer Zurückführung der Frequenzbedingung auf die Quantenbedingungen[4]. Im allgemeinen bedeutet aber der Koppelungsstandpunkt für die ältere Quantentheorie nicht mehr als ein unausgeführtes Programm.

19. Versuche zur Überbrückung der Gegensätze zwischen der korpuskularen und der wellentheoretischen Auffassung des Lichtes. In Ziff. 17 und 18 haben wir gesehen, daß es Erscheinungen gibt, für deren Erklärung entweder die quantenmäßig-korpuskulare oder die klassisch-wellentheoretische Auffassung des Lichtes zunächst als die naturgemäße erscheint. Da diese beiden extrem gegensätzlichen Auffassungen miteinander nicht vereinbar sind, mußte man, um die Einheitlichkeit des theoretischen Standpunktes zu wahren, nach einem Ausweg suchen. Die einfachste Lösung des Dilemmas, quantenhafte Nadelstrahlung oder klassische Kugelwelle, wäre wohl der Nachweis gewesen, daß einer dieser beiden Gesichtspunkte imstande ist, alle hierhergehörigen Erscheinungen zu erklären. Vom korpuskularen Standpunkte aus ließen sich bereits (Ziff. 3 u. 17) die mit der Entstehung und Absorption des Lichtes verknüpften Erscheinungen ver-

[1] Für ein Atom in einem magn. Felde vgl. die Betrachtungen bei H. A. LORENTZ, l. c. S. 163ff. Nach einer Bemerkung von W. WESTPHAL (Jahrb. d. Radioakt. Bd. 18, S. 81. 1921) bildet die Tatsache, daß die Auswahlregeln für j und m erfahrungsgemäß bestätigt werden, gleichzeitig den einzigen empirischen Nachweis für die Existenz des Impulsmomentes der elektromagnetischen Strahlung.

[2] A. RUBINOWICZ, Sommerfeld-Festschrift, S. 123. Leipzig 1928; Phys. ZS. Bd. 29, S. 817. 1928.

[3] W. WILSON, Phil. Mag. Bd. 29, S. 795. 1915; A. RUBINOWICZ, Phys. ZS. Bd. 18, S. 96. 1917; ZS. f. Phys. Bd. 4, S. 343. 1921; N. BOHR, ebenda Bd. 6, S. 1. 1921.

[4] L. FLAMM, Phys. ZS. Bd. 19, S. 116. 1918; W. WILSON, l. c.

stehen. Es waren daher die Bestrebungen verständlich, nach der allein noch fehlenden korpuskularen Theorie der Ausbreitungserscheinungen des Lichtes zu suchen, insbesondere auch derjenigen Phänomene, die ursprünglich als die eigentliche Domäne der Wellentheorie angesehen wurden. So z. B. zeigten SCHRÖDINGER[1] und SOMMERFELD[2], daß der Dopplereffekt mit Hilfe der Lichtquanten verstanden werden kann. Besonders interessant waren die Bestrebungen von DUANE[3], COMPTON[4] sowie EPSTEIN und EHRENFEST[5], die Beugungserscheinungen auf dieser Grundlage zu erklären. Bei der Behandlung der Beugung an einem unbegrenzten, reflektierenden Strichgitter von der Gitterkonstante d geht DUANE von der Tatsache aus, daß man eine in der Gitterebene senkrecht zu den Strichen erfolgende Translationsbewegung des Gitters quantisieren kann. Eine solche Bewegung kann als periodisch mit der räumlichen Periode d aufgefaßt werden. Bezeichnet man mit P den Impuls und mit x die Verschiebung des Gitters bei dieser Bewegung, so folgt aus der Quantenbedingung: $\int_0^d P\,dx = n'h$, daß der Impuls P des Gitters bei einer solchen Bewegung nur die diskreten Werte $n'\frac{h}{d}$ annehmen kann. Fällt nun ein Lichtquant $h\nu$ auf das Gitter auf, so wird es von diesem wieder als ein Lichtquant der gleichen Frequenz ν reflektiert, da ein Energieaustausch zwischen Lichtquant und Gitter mit Rücksicht auf die große Masse des letzteren nicht stattfindet. Das reflektierte Lichtquant besitzt daher auch den gleichen Gesamtimpuls $h\nu/c$ wie das einfallende, wenn auch bei der Reflexion seine Richtung und damit auch seine Komponenten geändert werden können. Da das Gitter in der Richtung der oben angegebenen Translationsbewegung an Impuls nur ein ganzes Multiplum von h/d aufnehmen kann, so muß die Relation

$$\frac{h\nu}{c}\sin\vartheta = \frac{h\nu}{c}\sin\vartheta' + n\frac{h}{d} \qquad (n = 0, \pm 1, \pm 2, \ldots)$$

bestehen, wenn ϑ und ϑ' den Einfalls- bzw. Reflexionswinkel des Lichtquants bezeichnet. Diese Beziehung ist aber mit der Gittergleichung der Wellentheorie

$$\sin\vartheta - \sin\vartheta' = n\frac{\lambda}{d} \qquad (n = 0, \pm 1, \pm 2, \ldots)$$

identisch. Ebenso kann man auch die Beugung an einem unendlichen räumlichen Kristallgitter behandeln. Hingegen lassen sich die FRESNELschen Beugungserscheinungen vom Standpunkte der Lichtquanten nicht erklären. EPSTEIN und EHRENFEST versuchten zwar eine korrespondenzmäßige Umdeutung des FRESNEL-KIRCHHOFFschen Ansatzes zu geben, scheiterten aber vor allem an der Unmöglichkeit, Phasen- und Kohärenzeigenschaften den Lichtquanten in befriedigender Weise beizulegen. An der gleichen Schwierigkeit zerschellt auch die Erklärung der einfachsten Interferenzerscheinungen. Zusammenfassend muß man somit feststellen, daß von den Beugungs- und Interferenzerscheinungen nur der Extremfall des unbegrenzten Gitters mit Hilfe der Lichtquanten erledigt werden konnte. Auf Grund der Lichtquanten ist es also keineswegs geglückt, zu einer lückenlosen Beschreibung der Ausbreitungserscheinungen der elektromagnetischen Strahlung zu gelangen. Andererseits beantwortete zwar die klassische elektromagnetische Wellentheorie des Lichtes alle Ausbreitungsfragen, versagte aber, wie mehrfach

---

[1] E. SCHRÖDINGER, Phys. ZS. Bd. 23, S. 301. 1922.

[2] A. SOMMERFELD, Atombau u. Spektrallinien, 4. Aufl., S. 52.

[3] W. DUANE, Proc. Nat. Acad. Amer. Bd. 9, S. 158. 1923.

[4] A. H. COMPTON, Proc. Nat. Acad. Amer. Bd. 9, S. 359. 1923.

[5] P. S. EPSTEIN u. P. EHRENFEST, Proc. Nat. Acad. Amer. Bd. 10, S. 133. 1924; Bd. 13, S. 400. 1927.

schon betont wurde, bei allen mit der Entstehung und Vernichtung des Lichtes verknüpften Problemen.

Als ein Ausweg kam somit nur eine Synthese der Quanten- und Wellentheorie des Lichtes in Frage. Der bedeutendste dahinzielende Versuch im Rahmen der älteren Quantentheorie wurde von BOHR, KRAMERS und SLATER[1] unternommen. Ein im stationären Zustande Q_n befindliches Atom sollte danach ein „virtuelles", also nicht direkt beobachtbares elektromagnetisches Feld besitzen, das aus Kugelwellen aller jener Frequenzen besteht, die nach der Frequenzbedingung allen spontanen Übergängen aus Q_n noch den stationären Zuständen kleinerer Energie entsprechen. Diese virtuellen Kugelwellen sollten nun Wahrscheinlichkeiten für die verschiedenen atomaren Vorgänge induzieren, sowohl in dem ins Auge gefaßten Atome selbst als auch in allen im Bereiche seines virtuellen Strahlungsfeldes liegenden anderen Atomen. Nur diese atomaren Prozesse, nicht aber die Vorgänge im Vakuum gelten als beobachtbar. Die quantenhaften Übergangsprozesse sowie die Streuung der Strahlung sind von einem Impulsrückstoß begleitet, genau als wenn Lichtquanten emittiert würden, ohne daß aber im Vakuum ihre Existenz vorausgesetzt würde. Da alle atomaren Vorgänge nur statistisch, nicht aber individuell kausal miteinander verknüpft sind, besitzt auch der Impuls- und Energiesatz nur eine statistische Bedeutung. Daraus erwachsen zunächst theoretische Bedenken, weil unter dieser Annahme die Energieschwankungen, wie insbesondere SCHRÖDINGER[2] betont, mit der Zeit ansteigen, was einen ernstlichen Konflikt mit den Prinzipien der statistischen Wärmetheorie bedeutet. Diese Anschauungen konnten auch durch die in Ziff. 17 erwähnten Versuche von GEIGER und BOTHE sowie die von SIMON und COMPTON experimentell widerlegt werden, die deutlich zeigen, daß beim Comptoneffekt der Energie- und Impulssatz schon bei einem einzelnen elementaren Zusammenstoß zwischen Lichtquant und Elektron und nicht nur statistisch erfüllt ist.

Die Überlegungen der letzten drei Ziffern zeigen die schwierige Lage der älteren Quantentheorie bei der Erklärung der Vorgänge der Lichtausbreitung. Es gibt Erscheinungen, die deutlich für die physikalische Realität der Lichtquanten sprechen und andere, die nur auf Grund der Wellenvorstellung zu verstehen sind; es war jedoch nicht möglich, zwischen den beiden einander widerstreitenden Gedankenkreisen eine Entscheidung zu treffen oder sonstwie eine befriedigende Theorie des Lichtes zu schaffen.

20. Dispersionserscheinungen und Smekal-Raman-Effekt. Eine direkte Anwendung der Störungsrechnung auf die BOHRschen Atommodelle führte zu dem Ergebnis, daß bei Einwirkung einer Lichtwelle die Resonanzstellen der Atome mit den Frequenzen $\tau_1\nu_1 + \cdots + \tau_s\nu_s$ der Bewegungskomponenten der stationären Zustände zusammenfallen sollten[3]. Die Erfahrung, insbesondere die Versuche von WOOD[4] und BEVAN[5], forderten jedoch ein Zusammenfallen der Resonanzstellen mit den Übergangsfrequenzen. Den Ausweg suchten und fanden KRAMERS[6] sowie KRAMERS und HEISENBERG[7] in einer korrespondenzmäßigen Übertragung

---

[1] N. BOHR, H. A. KRAMERS u. J. C. SLATER, ZS. f. Phys. Bd. 24, S. 69. 1924; Phil. Mag. Bd. 47, S. 785. 1924.

[2] E. SCHRÖDINGER, Naturwissensch. Bd. 12, S. 720. 1924.

[3] P. DEBYE, Münchener Ber. 1915, S. 1; C. DAVISSON, Phys. Rev. Bd. 8, S. 20. 1916; A. SOMMERFELD, Elster-Geitel-Festschrift 1915, S. 549; Ann. d. Phys. Bd. 53, S. 497. 1917; P. S. EPSTEIN, ZS. f. Phys. Bd. 9, S. 92. 1922.

[4] R. W. WOOD, Phil. Mag. Bd. 8, S. 293. 1904.

[5] P. V. BEVAN, Proc. Roy. Soc. London (A) Bd. 84, S. 209. 1910.

[6] H. A. KRAMERS, Nature Bd. 113, S. 673. 1924; Bd. 114, S. 310. 1924.

[7] H. A. KRAMERS u. W. HEISENBERG, ZS. f. Phys. Bd. 31, S. 681. 1925.

der klassischen Dispersionsformel in die Sprache der Quantentheorie. Sie haben dadurch nicht nur die diesbezüglichen Ergebnisse der neueren Quantentheorie vorweggenommen, sondern auch der Entdeckung der letzteren die Wege geebnet.

Liegt ein nichtabsorbierendes Medium vor, so wird nach der Elektronentheorie sein Brechungsindex n durch

$$\frac{n^2-1}{n^2+2} = \frac{4\pi}{3} N\alpha$$

gegeben, wenn N die Zahl der Atome in der Volumeinheit bezeichnet. Die Konstante α, die Polarisierbarkeit, stellt den Zusammenhang zwischen der auf ein Atom wirkenden gesamten äußeren elektrischen Feldstärke $\mathfrak{E}$ und dem unter ihrem Einflusse im Atom entstehenden Dipolmoment $\mathfrak{M}$ dar, und zwar so, daß

$$\mathfrak{M} = \alpha\mathfrak{E} \tag{86}$$

wird. Zur Rechtfertigung dieser Annahme diene die Tatsache, daß unter der Voraussetzung, $\mathfrak{M}$ werde durch ein im Atom quasielastisch gebundenes Elektron von der Eigenfrequenz ν_0 erzeugt, für $\mathfrak{M}$ die Differentialgleichung

$$\ddot{\mathfrak{M}} + (2\pi\nu_0)^2\mathfrak{M} = \frac{e^2}{m_0}\mathfrak{E} \tag{87}$$

gilt, wenn m_0 und e Masse und Ladung des Elektrons bezeichnen. Eine Dämpfungskonstante tritt in (87) nicht auf, da ein nichtabsorbierendes Medium vorausgesetzt wird. Ist ν die Frequenz des auf das Atom wirkenden Feldes, kann also

$$\mathfrak{E} = \mathfrak{e}\, e^{2\pi i\nu t} \tag{88}$$

gesetzt werden (wo $\mathfrak{e}$ ein konstanter Vektor mit komplexen Komponenten ist), so folgt aus (86), (87) und (88) wegen $\ddot{\mathfrak{M}} = -(2\pi\nu)^2\alpha\mathfrak{E}$

$$\alpha = \frac{e^2}{4\pi^2 m_0}\frac{1}{\nu_0^2-\nu^2}. \tag{89}$$

Enthält ein Atom mehrere, etwa f_0 Dispersionselektronen von der gleichen Eigenfrequenz ν_0, so ist (89) offenbar mit f_0 zu multiplizieren. Nehmen wir an, daß jedes Atom Elektronen von verschiedenen Eigenfrequenzen, und zwar etwa f_i Elektronen von der Eigenfrequenz ν_i, enthält, so wird

$$\alpha = \sum_i \frac{e^2}{4\pi^2 m_0}\frac{f_i}{\nu_i^2-\nu^2}. \tag{89a}$$

Um nun zur quantentheoretisch richtigen Dispersionsformel auf dem Wege über das Korrespondenzprinzip zu gelangen, kann man zum Ausgangspunkt der Betrachtungen nicht die quasielastisch gebundenen Elektronen wählen, sondern muß den Überlegungen als Modell ein Periodizitätssystem zugrunde legen. Das unter dem Einfluß eines Störungsfeldes[1] $\Re(\mathfrak{E}) = \Re(\mathfrak{e}\,e^{2\pi i\nu t})$ im Atom entstehende Dipolmoment $\mathfrak{M}_{kl}$ kann dann mit Hilfe der Störungsrechnung erhalten werden. Wir setzen voraus, daß bei Nichtvorhandensein der Störung das elektrische Dipolmoment des Atoms durch

$$\mathfrak{m} = \tfrac{1}{2}\sum_{\tau_1,\ldots,\tau_s=-\infty}^{+\infty} \mathfrak{a}_{\tau_1,\ldots,\tau_s}\, e^{2\pi i(\tau_1 w_1+\cdots+\tau_s w_s)} \qquad (w_r = \nu_r t + \delta_r)$$

bestimmt wird, wobei für die von $J_1, \cdots, J_s$ abhängigen Amplituden[2] $\mathfrak{a}_{\tau_1,\ldots,\tau_s} = \mathfrak{a}^*_{-\tau_1,\ldots,-\tau_s}$ gilt. Benutzen wir nun die Abkürzungen

$$\left.\begin{array}{c} \omega = \tau_1\nu_1 + \cdots + \tau_s\nu_s, \qquad \omega' = \tau_1'\nu_1 + \cdots + \tau_s'\nu_s, \\ \tau_r^0 = \tau_r + \tau_r', \quad \omega_0 = \omega + \omega' = \tau_1^0\nu_1 + \cdots + \tau_s^0\nu_s, \quad \delta_0 = \tau_1^0\delta_1 + \cdots + \tau_s^0\delta_s, \\ \mathfrak{a}_\tau = \mathfrak{a}_{\tau_1,\ldots,\tau_s}, \qquad \mathfrak{a}_{\tau'} = \mathfrak{a}_{\tau_1',\ldots,\tau_s'} \end{array}\right\} \tag{90a}$$

[1] $\Re$ deutet die Bildung des reellen Bestandteiles an.
[2] Durch den Stern * wird die Bildung des konjugiert-komplexen Wertes angezeigt.

und führen die Operatoren

$$\frac{\delta}{\delta J} = \tau_1 \frac{\partial}{\partial J_1} + \cdots + \tau_s \frac{\partial}{\partial J_s}, \qquad \frac{\delta}{\delta J'} = \tau_1' \frac{\partial}{\partial J_1} + \cdots + \tau_s' \frac{\partial}{\partial J_s} \tag{90b}$$

ein, so läßt sich $\mathfrak{M}_{kl}$ in der Form

$$\mathfrak{M}_{kl} = \Re\left\{\sum_{\tau_1^0,\ldots,\tau_s^0} e^{2\pi i((\omega_0+\nu)t+\delta_0)} \sum_{\tau_1,\ldots,\tau_s} \frac{1}{4}\left(\frac{\delta\,\mathfrak{a}_\tau}{\delta J'} \frac{(\mathfrak{e}\,\mathfrak{a}_{\tau'})}{\omega'+\nu} - \mathfrak{a}_\tau \frac{\delta}{\delta J} \frac{(\mathfrak{e}\,\mathfrak{a}_{\tau'})}{\omega'+\nu}\right)\right\} \tag{91}$$

darstellen. Die Summation ist hier über alle positiven und negativen τ_r^0 und τ_r zu erstrecken. In $\mathfrak{M}_{kl}$ treten im allgemeinen nur solche Frequenzen ω' in den „Resonanznennern" auf, die auch in dem Ausdrucke für das Dipolmoment $\mathfrak{m}$ des ungestörten Atoms tatsächlich vorhanden sind. In $\mathfrak{M}_{kl}$ wird ja jedes ω' von dem in $\mathfrak{m}$ ihm zugeordneten $\mathfrak{a}_{\tau'}$ begleitet. Es verschwinden daher alle Glieder in $\mathfrak{M}_{kl}$, die solchen Frequenzen ω' entsprechen, deren zugehörige $\mathfrak{a}_{\tau'}$ in $\mathfrak{m}$ für einen Wertebereich der J_r verschwinden. Da die Frequenzen ω' auch negativer Werte fähig sind, gilt die Darstellung (91) für $\mathfrak{M}_{kl}$ mit Rücksicht auf die Nenner $\omega' + \nu$ offenbar nur so lange, als die Frequenz ν der Störungskraft mit keiner Fourierfrequenz ω' der ungestörten Bewegung zusammenfällt. Der Ausdruck (91) für $\mathfrak{M}_{kl}$ stellt bereits eine Fourierentwicklung dar. Über die hier auftretenden Fourierfrequenzen ist folgendes zu bemerken: Für $\tau_1^0 = \cdots = \tau_s^0 = 0$ und nur für diese τ_r^0-Werte wird $\omega_0 = 0$, $\delta_0 = 0$, und das entsprechende Glied in $\mathfrak{M}_{kl}$ schwingt kohärent mit der Frequenz ν der äußeren Kraft $\mathfrak{E}$. Nur dieses Glied, es heiße $\mathfrak{M}_\nu$, tritt bei quasielastisch gebundenen Elektronen auf. Außerdem sind in $\mathfrak{M}_{kl}$ Kombinationsschwingungen enthalten, deren Frequenzen sich als Summen oder Differenzen von ν und $|\omega_0|$ darstellen lassen. $|\omega_0|$ ist dabei eine Frequenz, die keinesfalls in dem ungestörten Dipolmoment $\mathfrak{m}$ direkt auftreten muß. Sie ist aber nach (90a) stets als Summe oder Differenz zweier solcher Frequenzen $|\omega|$ und $|\omega'|$ darstellbar und entspricht daher nach Ziff. 9 einer Quadrupolfrequenz. Die Kombinationsschwingungen $\nu + \omega_0$ sind naturgemäß inkohärent, da die δ_r und daher nach (90a) auch die δ_0 vom Anfangszustande der Bewegung des Atoms abhängen. Dieser klassischen inkohärenten Streustrahlung entsprechen in der Quantentheorie die *„Smekalsprünge"*, deren Existenz SMEKAL[1] vorausgesagt hat und die dann von RAMAN[2] und fast gleichzeitig von LANDSBERG und MANDELSTAM[3] experimentell gefunden wurden. SMEKAL betrachtet den Fall, wo ein Lichtquant $h\nu$ auf ein Atom im Quantenzustande Q auftrifft und als Lichtquant $h\nu'$ gestreut wird, wobei gleichzeitig das Atom in den Quantenzustand P übergeht. Wegen der großen Masse des Atoms kann man die bei einem solchen Streuprozesse stattfindende Änderung seiner kinetischen Energie vernachlässigen. Der Energiesatz ergibt dann hier die Relation

$$h\nu + E_Q = h\nu' + E_P. \tag{92}$$

Da nach der Frequenzbedingung bei einem spontanen Quantenübergange zwischen den beiden Energieniveaus Q und P die Frequenz $h\nu_{PQ} = E_P - E_Q$ oder $h\nu_{QP} = E_Q - E_P$ emittiert wird, je nachdem $E_P > E_Q$ oder $E_Q > E_P$ ist, so folgen aus (92) die Frequenzrelationen:

$$\nu' = \nu - \nu_{PQ} \quad \text{für} \quad E_P > E_Q, \tag{93a}$$

$$\nu' = \nu + \nu_{QP} \quad \text{für} \quad E_Q > E_P. \tag{93b}$$

[1] A. SMEKAL, Naturwissensch. Bd. 11, S. 873. 1923.

[2] C. V. RAMAN, Ind. Journ. of Phys. Bd. 2, S. 387. 1928; C. V. RAMAN u. K. S. KRISHNAN, Nature Bd. 121, S. 501. 1928; Bd. 122, S. 12. 1928.

[3] G. LANDSBERG u. L. MANDELSTAM, Naturwissensch. Bd. 16, S. 557. 1928; ZS. f. Phys. Bd. 50, S. 769. 1928.

Im ersten Falle geht das Atom unter dem Einflusse der Strahlung in einen stationären Zustand höherer Energie über und das gestreute Lichtquant besitzt eine kleinere Frequenz als das einfallende; im zweiten Falle findet dagegen ein Übergang in einen stationären Zustand geringerer Energie statt, und die gestreute Frequenz ist größer als die einfallende (normale bzw. antistokessche Linien). Jedem Quantenübergange entsprechen somit zwei Smekalsprünge, je nachdem das Lichtquant auf das Atom im Anfangs- oder im Endzustande des betreffenden Quantenüberganges auftrifft.

Um nun die der Gleichung (91) korrespondenzmäßig entsprechende quantentheoretische Beziehung anzugeben, ordnen KRAMERS und HEISENBERG den hier auftretenden „klassischen" Größen, in der nachstehenden Weise die entsprechenden quantentheoretischen zu. Die klassischen Dipolfrequenzen ω und ω' werden durch die ihnen nach dem Korrespondenzprinzip zugeordneten quantentheoretischen Übergangsfrequenzen

$$\nu_{PQ} = \frac{E_P - E_Q}{h}, \qquad \nu_{QP} = -\nu_{PQ} \tag{94}$$

ersetzt, und zwar so, daß die in ω und ω' enthaltenen τ_r bzw. τ'_r den entsprechenden Quantenzahlendifferenzen der beiden Quantenzustände P und Q gleich sind.

Weiter wird im Sinne des Korrespondenzprinzips angenommen, daß die klassischen Dipolamplituden $\mathfrak{a}_\tau$ durch quantentheoretische Dipolamplituden $\mathfrak{a}_{PQ}$ derart zu ersetzen sind, daß die Strahlung, die quantenhaft beim Übergange $P \to Q$ emittiert wird, im Mittel die gleichen Intensitäts- und Polarisationseigenschaften aufweist, wie sie ein klassischer Dipol vom Momente $\mathfrak{a}_{PQ} e^{2\pi i \nu_{PQ} t}$ besitzt. Insbesondere soll nach (25) zwischen der spontanen Übergangswahrscheinlichkeit A_Q^P und der quantentheoretischen Amplitude $\mathfrak{a}_{PQ}$ der Zusammenhang

$$A_Q^P h \nu_{PQ} = \frac{(2\pi\nu_{PQ})^4}{3c^3} (\mathfrak{a}_{PQ} \mathfrak{a}^*_{PQ}) \tag{95}$$

bestehen. Analog zur Relation $\mathfrak{a}_{-\tau} = \mathfrak{a}^*_\tau$ ist hier $\mathfrak{a}_{QP} = \mathfrak{a}^*_{PQ}$ zu setzen.

Um nun noch die quantentheoretische Bedeutung des Operators $\delta/\delta J$ zu finden, bemerken wir, daß er auf die Energie E angewendet, nach (6a) und (90b)

$$\frac{\delta E}{\delta J} = \sum_{r=1}^{s} \tau_r \nu_r = \omega, \tag{96}$$

d. h. die Fourierfrequenzen der Bewegung in den stationären Zuständen liefert. Quantentheoretisch entspricht somit in diesem Falle dem Operator $\delta/\delta J$ die Bildung des Differenzenquotienten (94). Allerdings wird in (91) der Operator $\delta/\delta J$ auf Amplituden und Frequenzen angewendet, also auf Größen, die von τ_r und τ'_r abhängen und deren quantentheoretische Analoga durch zwei stationäre Zustände bestimmt sind. Eine Anleitung zur Behandlung eines solchen Falles wird erhalten, wenn man $\frac{\delta}{\delta J}$ noch einmal auf (96) anwendet: $\frac{\delta \omega}{\delta J} = \frac{\delta}{\delta J}\left(\frac{\delta E}{\delta J}\right)$. Da der einmaligen Anwendung des Operators $\delta/\delta J$ in der Quantentheorie der Differenzenquotient (94) entspricht, liegt es nahe, seiner zweimaligen Anwendung in der Quantentheorie einen zweiten Differenzenquotienten

$$\frac{f(x+\Delta x) - 2f(x) + f(x-\Delta x)}{(\Delta x)^2} = \frac{(f(x+\Delta x) - f(x)) - (f(x) - f(x-\Delta x))}{(\Delta x)^2}$$

(der beim Grenzübergang $\partial^2 f/\partial x^2$ ergibt) zuzuordnen. Man wird dann in der Quantentheorie für $\frac{\delta \omega}{\delta J}$ das Auftreten von $\frac{(E_P - E_Q) - (E_Q - E_R)}{h^2} = \frac{\nu_{PQ} - \nu_{QR}}{h}$ erwarten. P, Q und R sind dabei drei stationäre Zustände, deren Energiewerte fallend geordnet ($E_P > E_Q > E_R$) so gelegen sind, daß die Quantenzahlendifferenzen der stationären Zustände P, Q und Q, R den τ_r-Werten des Operators $\delta/\delta J$ gleich sind. Man wird somit allgemein $\frac{\delta}{\delta J} F_\tau$ durch $\frac{F_{PQ} - F_{QR}}{h}$ zu ersetzen haben.

Wir geben zunächst das quantentheoretische Analogon zu dem mit der Frequenz ν der Störungskraft mitschwingenden Teile $\mathfrak{M}_{\nu kl}$ von $\mathfrak{M}_{kl}$ an. In diesem Falle ist $\tau_1^0 = \cdots = \tau_s^0 = 0$, d. h. $\tau_r = -\tau_r'$, woraus $\omega' = -\omega$ und $\delta/\delta J' = -\delta/\delta J$ folgt. Es wird dann

$$\mathfrak{M}_{\nu kl} = \Re\left\{e^{2\pi i\nu t} \sum_{\tau_1, \ldots, \tau_s = -\infty}^{+\infty} \frac{1}{4} \frac{\delta}{\delta J}\left(\frac{\mathfrak{a}_\tau(\mathfrak{e}\,\mathfrak{a}_\tau^*)}{\omega - \nu}\right) = \Re\, e^{2\pi i\nu t} \sum_{\substack{\tau_1, \ldots, \tau_s \\ (\omega > 0)}} \frac{1}{4} \frac{\delta}{\delta J}\left(\frac{\mathfrak{a}_\tau(\mathfrak{e}\,\mathfrak{a}_\tau^*)}{\omega - \nu} + \frac{\mathfrak{a}_\tau^*(\mathfrak{e}\,\mathfrak{a}_\tau)}{\omega + \nu}\right)\right\}, \tag{97}$$

wobei die zweite Form von $\mathfrak{M}_{\nu kl}$ aus der ersten durch Zusammenfassung der Glieder mit ω und $-\omega$ bei der Summation hervorgeht und daher die letzte Summe nur über solche τ_r-Werte zu erstrecken ist, für die die $\omega > 0$ sind. Quantentheoretisch entspricht aber $\mathfrak{M}_{\nu kl}$ für ein Atom im Zustande Q nach unserem obigen klassisch-quantentheoretischen Wörterbuche der Ausdruck

$$\left.\begin{aligned} \mathfrak{M}_{\nu qu}(Q) = \Re\Bigg\{e^{2\pi i\nu t} &\sum_{P(\nu_{PQ} > 0)} \frac{1}{4h}\left[\frac{\mathfrak{a}_{PQ}(\mathfrak{e}\,\mathfrak{a}_{PQ}^*)}{\nu_{PQ} - \nu} + \frac{\mathfrak{a}_{PQ}^*(\mathfrak{e}\,\mathfrak{a}_{PQ})}{\nu_{PQ} + \nu}\right] \\ &- \sum_{R(\nu_{QR} > 0)} \frac{1}{4h}\left[\frac{\mathfrak{a}_{QR}(\mathfrak{e}\,\mathfrak{a}_{QR}^*)}{\nu_{QR} - \nu} + \frac{\mathfrak{a}_{QR}^*(\mathfrak{e}\,\mathfrak{a}_{QR})}{\nu_{QR} + \nu}\right]\Bigg\}. \end{aligned}\right\} \tag{98}$$

Die erste bzw. die zweite Summe enthält hier nur Glieder, die Übergängen aus dem Quantenzustande Q nach einem höheren Energieniveau P bzw. tieferen R entsprechen.

Um die Diskussion von (98) nicht zu komplizieren, betrachten wir den einfachen Fall, wo die Entartung durch ein achsensymmetrisches Feld aufgehoben wird und das einfallende Licht linear, und zwar parallel zur Feldachse polarisiert ist. Dann sind $\mathfrak{e}$ sowie die $\mathfrak{a}_{PQ}$ und $\mathfrak{a}_{QR}$ alle zur Feldachse parallel und können als reell angenommen werden, so daß $\mathfrak{M}_{\nu qu}(Q)$ ebenfalls zur Feldachse parallel wird. Setzt man nun analog zu (86): $\mathfrak{M}_{\nu qu}(Q) = \alpha_Q \mathfrak{E}$, so wird α_Q darstellbar in der gleichen Gestalt wie α in (89a):

$$\alpha_Q = \frac{e^2}{4\pi^2 m_0}\left[\sum_{P(\nu_{PQ} > 0)} \frac{f_{PQ}}{\nu_{PQ}^2 - \nu^2} - \sum_{R(\nu_{QR} > 0)} \frac{f_{QR}}{\nu_{QR}^2 - \nu^2}\right], \quad f_{PQ} = \frac{2\pi^2 m_0}{h e^2}\nu_{PQ}|\mathfrak{a}_{PQ}|^2. \tag{99}$$

Die dimensionslosen Konstanten f, die hier als die *Oszillatorenstärken* oder auch als die *f-Zahlen* bezeichnet werden, stehen in einem einfachen, zuerst von LADENBURG[1] angegebenen Zusammenhange mit den Übergangswahrscheinlichkeiten A_Q^P. Aus (95) und (99) folgt nämlich

$$A_Q^P = \gamma_{PQ} \cdot f_{PQ}, \qquad \text{wobei} \qquad \gamma_{PQ} = \frac{8\pi^2 e^2}{3c^3 m_0}\nu_{PQ}^2$$

die Dämpfungskonstante eines linearen Oszillators von der Frequenz ν_{PQ} ist. Der Unterschied zwischen der quantentheoretischen Dispersionsformel (98) und der klassischen (89a) besteht vor allem darin, daß in der ersteren in der Summe über die Zustände R „negative" Dispersionsglieder auftreten, die in der letzteren fehlen. Diese Glieder entsprechen EINSTEINS induzierten Emissionsprozessen, also Übergängen aus dem stationären Zustande Q nach dem tieferliegenden

[1] R. LADENBURG, ZS. f. Phys. Bd. 4, S. 451. 1921; R. LADENBURG u. F. REICHE, Naturwissensch. Bd. 11, S. 584. 1923. Wegen der exp. Bestätigung vgl. R. LADENBURG, ZS. f. Phys. Bd. 48, S. 15. 1928.

Niveau R. Ihr Auftreten ist somit nur für angeregte Zustände zu erwarten, wo sie von LADENBURG[1] und seinen Mitarbeitern experimentell sichergestellt wurden. Für ein Atom im Normalzustande fallen sie fort, so daß dann Gleichung (89a) und (98) miteinander formell identisch werden.

Man darf jedoch nicht an den verschiedenen Ursprung der f-Zahlen in den beiden Dispersionsformeln vergessen. In der klassischen Formel (89a) sind sie modellmäßig gleich der Anzahl der quasielastisch gebundenen Elektronen, müßten daher immer durch ganze Zahlen darstellbar sein. In der quantentheoretischen Formel (99) gehen die f-Zahlen korrespondenzmäßig aus Gliedern in (97) hervor, bei denen die ganzen Zahlen keine ausgezeichnete Rolle spielen. Man kann daher nicht erwarten, daß in (99) dic f durch ganze Zahlen darstellbar seien. Volle Klarheit hat hier zuerst der von THOMAS[2] und KUHN[3] ausgesprochene *f-Summensatz* gebracht, der auch historisch als ein Hinweis auf das Bestehen der HEISENBERGschen Vertauschungsrelationen bei der Begründung der Quantenmechanik von Bedeutung war. Für ein Einelektronensystem vom Periodizitätsgrad 1 können die Überlegungen dieser Autoren im wesentlichen in folgender Form reproduziert werden. In diesem Falle wird das Dipolmoment durch $\mathfrak{m} = e\mathfrak{r}$ gegeben, wenn $\mathfrak{r}$ den Radiusvektor des Elektrons bezeichnet. Da jetzt

$$\mathfrak{m} = \tfrac{1}{2}\sum_{\tau_1=-\infty}^{+\infty} \mathfrak{a}_{\tau_1} e^{2\pi i \tau_1(\nu_1 t+\delta_1)}$$

zu setzen ist, so wird die mittlere lebendige Energie $\overline{T}$ gegeben durch

$$\overline{T} = \frac{m_0}{2}\frac{1}{e^2}\overline{\dot{\mathfrak{m}}^2} = \frac{m_0}{2e^2}\nu_1\int\limits_0^{1/\nu_1}\frac{1}{4}(2\pi i\nu_1)^2\sum_{\tau_1}\sum_{\sigma_1}\tau_1\sigma_1\mathfrak{a}_{\tau_1}\mathfrak{a}_{\sigma_1}e^{2\pi i(\tau_1+\sigma_1)(\nu_1 t+\delta_1)}dt$$

$$= \frac{m_0\pi^2\nu_1^2}{2e^2}\sum_{\tau_1=-\infty}^{+\infty}\tau_1^2\mathfrak{a}_{\tau_1}\mathfrak{a}_{-\tau_1}.$$

Nach (9) lautet somit in diesem Falle die Wirkungsvariable

$$J_1 = \frac{2\overline{T}}{\nu_1} = \frac{2\pi^2 m_0}{e^2}\sum_{\tau_1=0}^{\infty}\tau_1^2\nu_1|\mathfrak{a}_{\tau_1}|^2. \tag{100}$$

Durch die Differentiation nach J_1 folgt aber daraus, da hier $\frac{\delta}{\delta J} = \tau_1\frac{\partial}{\partial J_1}$ ist, die Relation

$$\frac{2\pi^2 m_0}{e^2}\sum_{\tau_1=0}^{\infty}\frac{\delta}{\delta J}\tau_1\nu_1|\mathfrak{a}_{\tau_1}|^2 = 1. \tag{101}$$

Setzt man nun in (97) voraus, daß $\mathfrak{a}_\tau$ parallel ist zu $\mathfrak{e}$ und nimmt weiter an, daß ν gegenüber $\omega = \tau_1\nu_1$ sehr groß ist, daß also sozusagen Röntgenstrahlen einfallen, deren Wellenlänge aber immer noch größer ist als die Atomdimensionen, so erhält man beim Grenzübergange mittels (101) aus (97)

$$\mathfrak{M}_{\nu kl} = \Re\left\{\mathfrak{e}e^{2\pi i\nu t}\sum_{\tau_1=0}^{\infty}-\frac{1}{2\nu^2}\frac{\delta}{\delta J}\omega|\mathfrak{a}_{\tau_1}|^2\right\} = \Re\left\{-\frac{e^2}{4\pi^2\nu^2 m_0}\mathfrak{E}\right\}. \tag{102}$$

Der Sachverhalt in der klassischen Mechanik ist somit der folgende: Aus der Relation (100), die nur als Definitionsgleichung der Wirkungsvariablen J_1, nicht

[1] H. KOPFERMANN u. R. LADENBURG, ZS. f. Phys. Bd. 65, S. 167. 1930; R. LADENBURG u. S. LEVY, ebenda Bd. 65, S. 189. 1930.

[2] W. THOMAS, Naturwissensch. Bd. 13, S. 627. 1925; F. REICHE u. W. THOMAS, ZS. f. Phys. Bd. 34, S. 510. 1925.

[3] W. KUHN, ZS. f. Phys. Bd. 33, S. 408. 1925.

aber als Quantenbedingung gebraucht wird, folgt das Bestehen der Relation (101), welche uns die Gewähr bietet, daß für große Schwingungszahlen des einfallenden Lichtes $\mathfrak{M}_{\nu kl}$ in die Gleichung (102) übergeht, die nichts anderes als das Moment $e\mathfrak{r}$ darstellt, das ein freies Elektron (infolge der Bewegungsgleichung $m_0\ddot{\mathfrak{r}} = e\mathfrak{E}$) unter dem Einflusse einer harmonischen Welle $\mathfrak{E}$ annimmt. Das korrespondenzmäßige Analogon zur Gleichung (101) ist nun nach unserem Umdeutungsverfahren mit den Bezeichnungen der Gleichung (99) der f-Summensatz:

$$\sum_P f_{PQ} - \sum_R f_{RQ} = 1 .$$

Er sichert uns, daß für große ν auch das quantenmäßige Dipolmoment $\mathfrak{M}_{\nu qu}(Q)$ unter unseren Voraussetzungen den gleichen Wert annimmt, wie er einem freien Elektron in der klassischen Theorie entspricht[1].

In einfachen Fällen (z. B. für einen harmonischen Oszillator, wo jede der beiden im f-Summensatz auftretenden Summen höchstens eine f-Zahl enthält) ist es möglich, aus dem f-Summensatz die f-Zahlen zu berechnen und daher auch mit Rücksicht auf den Zusammenhang zwischen den f-Zahlen und den Übergangswahrscheinlichkeiten auch die letzteren anzugeben[2]. Da die beiden in Rede stehenden Relationen auch in der Quantenmechanik gelten, so sind die so erhaltenen Resultate auch mit der neueren Quantentheorie im Einklange.

Das quantenmäßige Analogon zur allgemeinen in (91) enthaltenen klassischen Kombinationsstreuung kann auf ähnlichem Wege wie (98) gewonnen werden und lautet:

$$\left.\begin{aligned}\mathfrak{M}_{qu}(Q) = \Re \sum_R \Bigg\{ &\sum_{P\,(\nu_{QP}>\nu)} e^{2\pi i[(\nu_{PQ}+\nu)t+\delta_{PQ}]} \frac{1}{4h}\left[\frac{\mathfrak{a}_{PR}(e\mathfrak{a}_{RQ})}{\nu_{RQ}+\nu} - \frac{(e\mathfrak{a}_{PR})\mathfrak{a}_{RQ}}{\nu_{PR}+\nu}\right] \\ + &\sum_{P\,(\nu>\nu_{PQ})} e^{2\pi i[(\nu_{QP}+\nu)t+\delta_{QP}]} \frac{1}{4h}\left[\frac{\mathfrak{a}_{QR}(e\mathfrak{a}_{RP})}{\nu_{RP}+\nu} - \frac{(e\mathfrak{a}_{QR})\mathfrak{a}_{RP}}{\nu_{QR}+\nu}\right]\Bigg\}.\end{aligned}\right\} \quad (103)$$

Ebenso wie bei der klassischen Kombinationsstreuung entsprechen auch hier beim Smekal-Raman-Effekt die Frequenzen ν_{PQ} und ν_{QP} Quadrupolübergängen (vgl. Ziff. 9). Es dürfen ja immer die Dipolamplituden $\mathfrak{a}_{PR}$ oder $\mathfrak{a}_{RP}$ einerseits und gleichzeitig $\mathfrak{a}_{QR}$ oder $\mathfrak{a}_{RQ}$ andererseits nicht verschwinden, damit diese Frequenzen eine von Null verschiedene Amplitude besitzen. Außer den beiden Smekalfrequenzen (93a, b), die in der zweiten Zeile von (103) auftreten, enthält (103) in der ersten Zeile auch noch eine Streustrahlung von der Frequenz[3]

$$\nu'' = \nu_{QP} - \nu \qquad (\nu_{QP} > \nu > 0) .$$

Eine solche Streustrahlung kann nur zugleich mit der Emission eines Doppelquants $(h\nu, h\nu)$ auftreten. In diesem Falle lautet ja in Übereinstimmung mit der letzten Frequenzrelation die zu (92) analoge Energiebilanz:

$$h\nu + E_Q = h\nu'' + E_P + 2h\nu .$$

Fordert man, daß (98) und (103) auch noch im Grenzfalle $\nu = 0$ gilt, so gelangt man zu einer sehr originellen Anwendung dieser beiden Relationen, auf die PAULI[4] hingewiesen hat. Wir haben es hier ebenso wie bei den Gleichungen (98) und (103) mit einem Erraten der richtigen Quantengesetze zu tun. Geht

---

[1] Über die allgemeine Formulierung des f-Summensatzes vgl. die angeführte Literatur sowie Kap. 3, Ziff. 40, und Kap. 5, Ziff. 27, ds. Halbb.

[2] F. REICHE u. W. THOMAS, l. c.

[3] Daß eine solche Streufrequenz ν'' auftritt, erkennt man, wenn man den Zeitfaktor $e^{2\pi i[(\nu_{PQ}+\nu)t+\delta_{PQ}]}$ im Falle $\nu_{QP} > \nu > 0$ in der Form $e^{-2\pi i[(\nu_{QP}-\nu)t+\delta_{QP}]}$ schreibt.

[4] W. PAULI, Det Danske Vid. Selsk. Bd. 7, Nr. 3. 1925; ds. Handb., 1. Aufl., Bd. XXIII, S. 95, 146 u. 247.

man nämlich von einer linear polarisierten Lichtwelle aus ($\mathfrak{e}$ reell) und läßt ν verschwinden, so erhält man im Grenzfalle ein zeitlich konstantes homogenes elektrisches Feld. (98) geht dann in den Ausdruck für das elektrische Moment $\mathfrak{M}_{0qu}(Q)$ über, das in einem Atom im Quantenzustande Q beim Starkeffekt induziert wird. Damit ist aber die Zusatzenergie beim quadratischen Starkeffekt gegeben, da sie ja durch $\Delta E_Q = -\frac{1}{2}(\mathfrak{M}_{0qu}(Q)\,\mathfrak{e})$ bestimmt ist[1]. Derselbe Ausdruck für die Zusatzenergie konnte übrigens auch durch direktes korrespondenzmäßiges Analogisieren der Störungsrechnung gewonnen werden[2]. (103) ergibt für $\nu = 0$ offenbar das Dipolmoment, das für die dipolmäßige Ausstrahlung einer Linie im elektrischen Felde maßgebend ist, die ohne Feld einem Quadrupolübergang entspricht, als Dipollinie also verboten ist. PAULI hat auf diesem Wege die Intensitäten der verbotenen Linien beim Starkeffekt des Hg abschätzen können.

III. Die Komplexstruktur der Spektralterme.

21. Die Neigungsauffassung der Komplexstruktur. Im vorigen Abschnitt wurde von der Tatsache abgesehen, daß die Spektralterme im allgemeinen nicht einfach, sondern mehrfach sind, eine Komplexstruktur besitzen. So tritt bei den Bogenspektren der Alkalimetalle ein Dublettermsystem auf, bei dem nur der s-Term einfach, die p-, d-, ... Terme aber doppelt sind. Die Bogenspektren der Erdalkalien besitzen hingegen zwei Termsysteme. Ein Singulettsystem mit durchwegs einfachen Termen und ein Triplettsystem, bei dem nur der s-Term einfach, alle anderen Terme aber dreifach sind. Im allgemeinen findet man Singulett-, Dublett-, ..., Oktettermsysteme. Ein solches Termsystem ist immer so aufgebaut, daß die Niveauzahl der s-, p-, d-, ... Termfolgen von der Niveauzahl 1, bei den s-Termen beginnend, stufenweise im allgemeinen um zwei Einheiten ansteigend, bei den p-, d- ... Termen anwächst, bis die „permanente" Niveauzahl erreicht ist, nach der die Komplexstruktur ihren Namen trägt. Bei einem Sextett z. B. wird die Niveauzahl der s-, p- ... Terme durch 1, 3, 5, 6, 6, ... gegeben. Hier findet nur einmal knapp vor dem Erreichen der permanenten Niveauzahl 6 beim Übergange von den d- zu den f-Termen ein Anwachsen der Niveauzahl um eine Einheit statt. Eine analoge Erscheinung findet sich bei allen geradzahligen Termsystemen.

Die durch Kombination zweier solcher Termsysteme entstehenden Spektralliniengruppen bezeichnet man nach CATALAN[3] als Multipletts. In einem solchen der Kombination eines p- und d-Termes z. B. entsprechenden Multiplett treten jedoch nicht alle nach dem RITZschen Kombinationsprinzip möglichen Spektrallinien auf. SOMMERFELD[4] sah darin einen Hinweis auf das Bestehen einer Auswahlregel. Er konnte sie formulieren, indem er zeigte, daß man jedem Spektralterm eine „innere" Quantenzahl j zuweisen kann, für die die Auswahlregel $\Delta j = 0, \pm 1$ gilt. Es ist üblich geworden, nach einem Vorschlage von SOMMERFELD diese inneren Quantenzahlen zur Unterscheidung der einzelnen Niveaus den betreffenden Termsymbolen als unteren Index anzufügen, also s_j, p_j, ... zu schreiben. Die Hauptquantenzahl n eines Spektralterms wird dann vor ein solches Termsymbol gesetzt; $5s_3$ bedeutet also einen s-Term mit der Hauptquantenzahl 5 und der j-Quantenzahl 3. Wie sich später herausstellte, ist die

[1] Vgl. auch W. THOMAS, ZS. f. Phys. Bd. 34, S. 586. 1925.
[2] M. BORN, ZS. f. Phys. Bd. 26, S. 379. 1924.
[3] M. CATALAN, Trans. Roy. Soc. Bd. 223, S. 127. 1922. Bis 1922 waren bloß Singulett-, Dublett- und Tripletterme bekannt.
[4] A. SOMMERFELD, Ann. d. Phys. Bd. 63, S. 221. 1920.

innere Quantenzahl j im Einklange mit ihrer Auswahlregel als die Quantenzahl des gesamten Impulsmomentes des Atoms anzusprechen (vgl. Ziff. 9 u. 18).

Der Zeemaneffekt solcher Multipletts erwies sich im allgemeinen als anomal. Der erste Vorstoß in dieser Richtung gelang VAN LOHUIZEN[1] und SOMMERFELD[2], die zeigen konnten, daß die anomale magnetische Zerlegung der Multiplettlinien mit Hilfe des Kombinationsprinzips auf eine entsprechende Zerlegung der Multipletterme zurückgeführt werden kann. Daraufhin vermochte LANDÉ[3], die magnetische Termaufspaltung in grundlegenden Untersuchungen sehr vollständig zu beschreiben.

Die bei den Multipletts und ihren Zeemaneffekten entdeckten Gesetzmäßigkeiten suchte man zunächst nach LANDÉ[4] und SOMMERFELD[5] so zu erklären, daß man dem Atomrumpf ein durch eine Quantenzahl s[6] gegebenes Impulsmoment $s\frac{h}{2\pi}$ zuschrieb, welches sich mit dem Impulsmoment des Leuchtelektrons vektoriell zum Gesamtimpulsmoment $j\frac{h}{2\pi}$ des Atoms zusammensetzt. Da mit dem Impulsmoment ein magnetisches Moment verknüpft ist, so tritt in unserem Modell zu der in Ziff. 14 allein berücksichtigten elektrischen Wechselwirkungsenergie auch noch eine magnetische hinzu, die dem skalaren Produkt der beiden magnetischen Momente proportional ist und eine Aufspaltung, eine Komplexstruktur der in Ziff. 14 beschriebenen Spektralterme bewirkt. Eine einfache Überlegung zeigt aber, daß eine solche *„Neigungsauffassung“ der Komplexstruktur* sich nur dann aufrechterhalten läßt, wenn man sich zu schweren Opfern auf Kosten der im vorigen Abschnitte dargestellten Theorie der Periodizitätssysteme entschließt. Die Impulsmomente des Atomrumpfes, des Leuchtelektrons und das gesamte Impulsmoment des Atoms (in Einheiten von $h/2\pi$ gemessen) seien durch die Vektoren $\mathfrak{s}$, $\mathfrak{l}$ und $\mathfrak{j}$ gegeben, deren Absolutbeträge gleich den entsprechenden Quantenzahlen sind. Es muß dann offenbar $\mathfrak{j} = \mathfrak{s} + \mathfrak{l}$ sein, so daß für j die Ungleichung

$$|l - s| \leqq j \leqq l + s \tag{1}$$

besteht. Nehmen wir zunächst an, daß j, l und s ganze Zahlen sind, so kann die Quantenzahl j bei gegebenen l- und s-Werten $r = l + s - |l - s| + 1$ verschiedene Werte annehmen. Die Niveauzahl r eines Spektraltermes mit gegebenem l und s beträgt somit

$$\left.\begin{aligned} r &= 2l + 1, \quad \text{wenn} \quad l \leqq s, \\ r &= 2s + 1, \quad \text{wenn} \quad l \geqq s. \end{aligned}\right\} \tag{1a}$$

Solange $l \leqq s$ ist, wächst also die Niveauzahl mit wachsendem l; man kann daher in diesem Falle aus der Anzahl $r = 2l + 1$ der s-, p-, ... Niveaus unmittelbar den Zahlenwert ihrer l-Quantenzahl ablesen. Während man aber modellmäßig nach Ziff. 14 für die Impulsmomentquantenzahl des Leuchtelektrons $l = k$ erwartet, ergibt die Erfahrung das überraschende Resultat, daß $l = k - 1$ gesetzt werden muß. Da z. B. die Singuletterme alle einfach sind, so ist bei ihnen $l = 0$ zu setzen, während hier $k = 1$ ist. Im allgemeinen hat man bei einer gegebenen Hauptquantenzahl n die l-Quantenzahlen $0, 1, \ldots (n - 1)$. Aus der

[1] T. VAN LOHUIZEN, Proc. Amsterdam Bd. 22, S. 190. 1919.
[2] A. SOMMERFELD, Naturwissensch. Bd. 8, S. 61. 1920; Ann. d. Phys. Bd. 63, S. 221. 1920.
[3] A. LANDÉ, ZS. f. Phys. Bd. 5, S. 231. 1921; Bd. 7, S. 398. 1921; Phys. ZS. Bd. 22, S. 417. 1921.
[4] A. LANDÉ, Verh. d. D. Phys. Ges. Bd. 21, S. 585. 1919.
[5] A. SOMMERFELD, Ann. d. Phys. Bd. 70, S. 32. 1923; Bd. 73, S. 209. 1924.
[6] Es besteht wohl keine Gefahr der Verwechselung der Quantenzahl s mit dem Termsymbol s.

permanenten Niveauzahl $r = 2s + 1$ kann dagegen der Zahlenwert der Rumpfquantenzahl s entnommen werden. Schließlich liefert die Ungleichung (1) die j-Werte, die für die einzelnen Niveaus der s-, p-, ... Terme in Betracht kommen. Für einen s-Term ist insbesondere $l = 0$ und daher nach (1) j gleich der Rumpfquantenzahl s zu setzen. Die Voraussetzungen unserer obigen Überlegungen, insbesondere die, daß j und s ganz sind, treffen aber nur bei den Spektraltermen mit ungerader permanenter Multiplizität zu. Bei den Spektraltermen mit gerader permanenter Multiplizität r muß aber die Impulsmomentquantenzahl s und hiermit auch die j-Quantenzahl der s-Terme halbzahlig angenommen werden. Wegen der Auswahlregel $\Delta j = 0, \pm 1$ ergeben sich dann auch die j-Werte aller übrigen Terme halbzahlig. Man erkennt aber leicht, daß auch in diesem Falle die Relationen (1) und (1a) und alle Folgerungen aus ihnen in Geltung bleiben. Bezüglich der Mannigfaltigkeit der Termniveaus erhält man so in allen Fällen eine Übereinstimmung mit der Erfahrung. Das Modell leistet aber noch weit mehr! Werden Zusatzannahmen über das magnetische Verhalten des Rumpfes gemacht und empirische Korrektionen als zulässig hingenommen, so kann es uns als Wegweiser für die Ermittlung der Aufspaltungen beim anomalen Zeemaneffekt dienen und leistet bei Heranziehung des Korrespondenzprinzips wichtige Dienste bei der Ermittlung der Intensitäten der Multiplettlinien (vgl. Ziff. 23). Die Annahme der obigen Folgerungen, die Halbzahligkeit der beiden Quantenzahlen s und j und die Tatsache, daß die Quantenzahl des Leuchtelektrons $l = k - 1$ gesetzt werden muß, sind jedoch vom Standpunkt der Quantentheorie der Periodizitätssysteme vollständig unverständlich. Man kann[1] daher wohl behaupten, daß die auf Grund der Neigungsauffassung erzielten Erfolge eher in einer Beschreibung der Tatsachen als in ihrem theoretischen Verstehen gipfelten. Andererseits muß man aber auch betonen, daß diese Beschreibung in vielen Fällen so vollständig war, daß sie von der neuen Quantenmechanik restlos bestätigt werden konnte. Aus der Neigungsauffassung ergaben sich jedoch auch Widersprüche mit der Erfahrung, die deutlich darauf hinwiesen, daß die der Quantenzahl s beigelegte Bedeutung nicht richtig sein kann. So müßte man z. B., wie PAULI[2] betont hat, nach der obigen Neigungsauffassung der Multiplettstruktur bei den Singulett- und Triplettermen der Erdalkalien dem Atomrumpf verschiedene s-Quantenzahlen, also verschiedene Quantenzustände zuschreiben. Dies würde aber zur Folge haben (vgl. Ziff. 14), daß die Singulett- und Tripletterme verschiedene Seriengrenzen besitzen, die sich um die Energiedifferenz der beiden Quantenzustände des Rumpfes unterscheiden. Dies trifft aber in Wirklichkeit nicht zu. Weiter ergaben sich auf Grund unseres Modells bei jenen Alkalimetallen, die am Anfange des periodischen Systems stehen, zahlenmäßig viel zu große Dublettaufspaltungen. Man erhält sie jedoch in der richtigen Größenordnung, wenn man ihnen einen relativistischen Ursprung zuschreibt und den Rumpf als impulslos ansieht. Diese Tatsache legte PAULI den Gedanken nahe, daß die Quantenzahl s bei den Alkalimetallen gar nicht den Zustand des Atomrumpfes, sondern den des Leuchtelektrons charakterisiert. Zu den drei Quantenzahlen, die das Verhalten eines Elektrons im Magnetfelde nach der Theorie der Periodizitätssysteme beschreiben, tritt nach PAULI noch eine vierte Quantenzahl s dazu. s kann bei den Alkalimetallen nur die beiden Werte $\pm\frac{1}{2}$ annehmen, da ja hier $j = |l \pm \frac{1}{2}|$ ist. PAULI sieht das als einen Fingerzeig dafür an, daß die vierte

[1] Insbesondere bedeutet die Annahme, daß das Impulsmoment der Umlaufsbewegung des Elektrons durch $l = k - 1$ gegeben wird, einen vollständigen Verzicht auf eine anschauliche Deutung von l, die bei k unmittelbar gegeben war.

[2] W. PAULI, ZS. f. Phys. Bd. 31, S. 373. 1925; vgl. auch ds. Handb., 1. Aufl., Bd. XXIII, S. 219.

Quantenzahl s der Elektronen immer nur einem der beiden Werte $\pm\frac{1}{2}$ gleichzusetzen ist. Unter Zugrundelegung dieser Annahme hat PAULI weittragende Schlüsse gezogen, ohne jedoch eine modellmäßige Begründung für das Auftreten von s zu geben. Diese wurde erst von GOUDSMIT und UHLENBECK[1] gefunden, die in zwei kurzen Noten die Auffassung überzeugend begründeten, daß die Quantenzahl s der Rotationsquantisierung des Elektrons entspricht. Danach hat man dem Elektron außer einer elektrischen Ladung noch ein mechanisches Impulsmoment und infolgedessen auch ein magnetisches Dipolmoment zuzuschreiben. Um den Tatsachen, vor allem dem anomalen Zeemaneffekt, gerecht zu werden, muß man dabei die Größe des magnetischen Momentes einem ganzen BOHRschen Magneton gleichsetzen, trotzdem die Impulsmomentquantenzahl des rotierenden Elektrons nur die Werte $\pm\frac{1}{2}$ annehmen kann. Das Verhältnis des magnetischen Momentes zum Impulsmoment des Elektrons ist daher doppelt so groß, wie bei einem ein Anziehungszentrum umlaufenden Elektron.

22. Das Einelektronenproblem mit Berücksichtigung des Spins. Wir wollen uns nun darüber klar werden, in welcher Weise sich der Elektronenspin beim Einelektronenproblem bemerkbar macht. Als ungestörter Zustand werde die nichtrelativistische Keplerbahn angenommen. Sie wird dann durch zwei Einflüsse gestört: dadurch, daß die gewöhnliche Mechanik durch die relativistische zu ersetzen ist, und durch den Elektronenspin. Im Ausdrucke für die Energieniveaus werden demnach drei Glieder zu unterscheiden sein: der Balmer-, der Relativitäts- und der Spinterm. Der Balmerterm entspricht der Quantisierung des nichtrelativistischen Einelektronenproblems, die durch die Hauptquantenzahl n die große Achse der Keplerellipse festlegt. Eine befriedigende Berücksichtigung der beiden Störungen ist jedoch im Rahmen der älteren Quantentheorie nicht möglich. Zunächst ist es klar, daß der Elektronenspin eine Störungsenergie liefert. Dem elektrischen Felde des Kernes entspricht ja im Ruhsystem des Elektrons ein magnetisches Feld, das auf das magnetische Moment des Elektrons einwirkt. Die Störungstheorie der Periodizitätssysteme zeigt, daß das entsprechende Glied von ähnlichem Bau und gleicher Größenordnung ist wie die Relativitätskorrektion der Feinstrukturformel Ziff. 11, Gleichung (44a). Faßt man jedoch diesen Spinterm mit der Relativitätskorrektion zusammen, so erhält man ein offenbar unrichtiges Resultat. Die SOMMERFELDsche Relativitätskorrektion allein stellt ja schon die richtigen Zusatzenergieniveaus des Einelektronenproblems dar, während die beiden Störungsglieder zusammen ein anderes Resultat ergeben. Man muß daher annehmen, daß beide Zusatzterme zu ändern sind. Das richtige Endergebnis kann man sich im Anschluß an GOUDSMIT und UHLENBECK[1] in der nachstehenden Weise plausibel machen. Als Quantenzahl der Umlaufsbewegung des Elektrons um den Kern soll nach den Erfahrungen mit der Neigungsauffassung $l = k - 1$ $(l = 0, 1, \ldots, (n-1))$ angesehen werden. l soll gleichzeitig die Gestalt, also z. B. den Parameter der Keplerbahn festlegen. Nimmt man nun an, daß sich l mit s in der gleichen Weise zu j zusammensetzt wie bei der Neigungsauffassung, so erhält man bei fehlender Entartung die in den ersten drei Zeilen der nachstehenden Tabelle enthaltene Übersicht über die Quantenzahlen j und l der stationären Zustände. Da $s = \pm\frac{1}{2}$ ist, so steht s ebenso wie l senkrecht auf der Bahnebene. Der Spin verursacht daher eine Periheldrehung der Keplerellipse, die sich der relativistischen überlagert. Da nach Ziff. 11, Gleichung (44a) die resultierenden Energieniveaus außer durch n nur noch durch eine einzige weitere Quantenzahl (k) bestimmt werden, haben wir es hier beim COULOMBschen Einelektronenproblem offenbar mit einer Entartung zu

[1] S. GOUDSMIT u. G. E. UHLENBECK, Naturwissensch. Bd. 13, S. 953. 1925; Nature Bd. 117, S. 264. 1926.

tun. Die Frage, in welcher Weise hier k durch die neuen Quantenzahlen auszudrücken ist, wird von GOUDSMIT und UHLENBECK durch den Ansatz $k = j + \frac{1}{2}$ beantwortet. Die Spektralterme der Feinstrukturformel lauten dann

$$\nu = -\frac{E_{nj}}{h} = \frac{RZ^2}{n^2} + \alpha^2 \frac{RZ^4}{n^3}\left(\frac{1}{j+\frac{1}{2}} - \frac{3}{4n}\right) + \cdots \tag{2}$$

Übersicht über die stationären Zustände des Einelektronenproblems bei Berücksichtigung des Spins.

n (Balmerterm)	1	2			3				
l (+ Relativ.-Term) . . .	0	0	1		0	1		2	
j (+ Spinterm)	$\frac{1}{2}$	$\frac{1}{2}$	$\frac{1}{2}$	$\frac{3}{2}$	$\frac{1}{2}$	$\frac{1}{2}$	$\frac{3}{2}$	$\frac{3}{2}$	$\frac{5}{2}$
k (azim. Quant.-Zahl) . .	1	1		2	1		2		3
Optisches Termsymbol . .	$1\,{}^2S_{\frac{1}{2}}$	$2\,{}^2S_{\frac{1}{2}}$	$2\,{}^2P_{\frac{1}{2}}$	$2\,{}^2P_{\frac{3}{2}}$	$3\,{}^2S_{\frac{1}{2}}$	$3\,{}^2P_{\frac{1}{2}}$	$3\,{}^2P_{\frac{3}{2}}$	$3\,{}^2D_{\frac{3}{2}}$	$3\,{}^2D_{\frac{5}{2}}$
Röntgenspektr. Termsymbol	K_I	L_I	L_{II}	L_{III}	M_I	M_{II}	M_{III}	M_{IV}	M_V
Abschirmungs- u. relativ. Dubletts		A	R		A	R	A	R	

Wie aus der obigen Übersicht zu entnehmen ist, sind mit Rücksicht auf $j = |l \pm \frac{1}{2}|$ unsere entarteten Energieniveaus im allgemeinen zweifach. Zur Begründung von (2) sei mit GOUDSMIT und UHLENBECK nachstehendes angeführt: Wie bei der Besprechung der Alkalispektren klar wird, müssen auch beim Wasserstoff- und Heliumfunken-Spektrum die Auswahlregeln in der Gestalt der Ziff. 21

$$\Delta l = \pm 1, \qquad \Delta j = 0, \pm 1 \tag{3}$$

vorausgesetzt werden. Sie beheben sofort die in Ziff. 11 erwähnten Schwierigkeiten, die der älteren Auffassung der Feinstrukturformel durch das Auftreten der „verbotenen" $\Delta k = 0$-Komponenten in den Gleichstrombildern im Wege standen. k entspricht ja nunmehr $j + \frac{1}{2}$ und nach den Auswahlregeln (3) ist nun das Auftreten dieser Komponenten gestattet. Noch vor der Entdeckung des Elektronenspins wurde die obige Klassifikation der Feinstrukturterme von GOUDSMIT und UHLENBECK[1] sowie von SLATER[2] befürwortet.

Viel eindringlicher sprechen zugunsten der obigen Auffassung die Alkalispektren. Noch vor der Entdeckung des Elektronenspins lenkten LANDÉ[3] sowie MILLIKAN und BOWEN[4] die Aufmerksamkeit auf die Tatsache, daß sich mit Hilfe der Feinstrukturformel die Dublettweiten der Alkalimetalle sowie die der gleichgebauten Ionen anderer Elemente darstellen lassen, wenn man in (2) in den beiden hier auftretenden Gliedern Z durch zwei verschiedene effektive Kernladungszahlen $(Z - \sigma)$ bzw. $(Z - s)$ ersetzt, also für die Spektralterme den Ansatz macht:

$$\nu = \frac{R(Z-\sigma)^2}{n^2} + \alpha^2 \frac{R(Z-s)^4}{n^3}\left(\frac{1}{j+\frac{1}{2}} - \frac{3}{4n}\right) + \cdots \tag{4}$$

Um nun die empirische Bestätigung von (4) anzugeben, bemerken wir, daß die Abschirmungszahlen σ und s sicherlich von l abhängen; denn Bahnen mit verschiedenen l besitzen ja eine verschiedene Gestalt. Vernachlässigt man

---

[1] S. GOUDSMIT u. G. E. UHLENBECK, Physica Bd. 5, S. 266. 1925.

[2] J. C. SLATER, Proc. Nat. Acad. Amer. Bd. 11, S. 732. 1925; vgl. auch A. SOMMERFELD u. A. UNSÖLD, ZS. f. Phys. Bd. 36, S. 259. 1926; Bd. 38, S. 237. 1926.

[3] A. LANDÉ, ZS. f. Phys. Bd. 24, S. 88. 1924; Bd. 25, S. 46. 1924.

[4] R. A. MILLIKAN u. I. BOWEN, Phys. Rev. Bd. 23, S. 1. 1924; Bd. 24, S. 209 u. 223. 1924; Bd. 25, S. 295, 591 u. 600. 1925; Phil. Mag. Bd. 49, S. 923. 1925; Bd. 4, S. 561. 1927.

in erster Näherung die durch das zweite Glied in (4) dargestellte Komplexstruktur, so wird:

$$\sqrt{\frac{\nu}{R}} = \frac{Z - \sigma}{n}. \tag{5}$$

Da ebenso wie bei den Röntgenspektren σ für einander entsprechende optische Spektralterme (gleiches l und n) einer Folge von gleichgebauten Atomen (z. B. Li I, Be II, B III, C IV) den gleichen Wert besitzt, so besteht nach (5) für solche Spektralterme eine lineare Beziehung zwischen $\sqrt{\nu/R}$ und Z, die als das MOSELEY*sche Gesetz* bezeichnet wird. Das *Moseleydiagramm*, die graphische Darstellung der Abhängigkeit dieser beiden Größen, ist somit eine Gerade, deren Neigungswinkel die Hauptquantenzahl n und deren Schnittpunkt mit der Z-Achse die Abschirmungszahl σ bestimmt. Zwei solche Gerade, die zu gleichen n-, aber verschiedenen l-Quantenzahlen gehören, sind somit parallel. Für sie ist ja

$$\Delta \sqrt{\frac{\nu}{R}} = -\frac{\Delta\sigma}{n}$$

unabhängig von Z. Betrachtet man insbesondere zwei Spektralterme, die gleichen n- und j-, aber um 1 verschiedenen l-Quantenzahlen entsprechen (also z. B. $ns_{\frac{1}{2}}$ und $np_{\frac{1}{2}}$), so spricht man bei Erfülltsein der letzten Relation in Anlehnung an den Sprachgebrauch der Röntgenspektroskopie (vgl. Ziff. 24) von einem *irregulären* oder *Abschirmungsdublett*. Zwei Terme, die sich nur durch die Orientierung der Spinrichtung unterscheiden, d. h. zwei Terme mit gleichem n und l, jedoch um 1 verschiedenem j, also z. B. $np_{\frac{1}{2}}$ und $np_{\frac{3}{2}}$, besitzen die gleichen Abschirmungszahlen σ, da diese von der Spinorientierung in erster Näherung wohl unabhängig sind. Der Frequenzabstand zweier solcher Terme wird jetzt, da das erste Glied in (4) sich nun weghebt, durch

$$\Delta\nu = \alpha^2 \frac{R(Z-s)^4}{n^3}\left(\frac{1}{l} - \frac{1}{l+1}\right) = \alpha^2 \frac{R(Z-s)^4}{n^3} \frac{1}{l(l+1)} \tag{6}$$

bestimmt. Auch die Abschirmungszahl s erweist sich bei den Atomen der Alkalimetalle und den gleichgebauten Ionen anderer Elemente als von Z annähernd unabhängig, so daß die Dublettweiten der entsprechenden Spektren durch (6) leidlich wiedergegeben werden. In diesem Falle spricht man von *relativistischen* oder *regulären* Dubletts[1]. Die obige Darstellung entspricht dabei dem von MILLIKAN und BOWEN eingenommenen Standpunkt, denen wir auch das zur Begründung dieser Anschauungen notwendige experimentelle Material verdanken. LANDÉ bevorzugt eine andere Darstellung der relativistischen Dubletts, die der Tatsache Rechnung zu tragen sucht, daß bei den Tauchbahnen das Leuchtelektron innerhalb und außerhalb des Atomrumpfes unter dem Einflusse verschiedener Kernladungszahlen steht.

23. Die RUSSEL-SAUNDERSsche Koppelung. Haben wir es mit einem Atom mit mehreren Elektronen zu tun, so erscheint das allgemeine Problem der theoretischen Voraussage der Komplexstruktur ihrer Spektralterme hoffnungslos kompliziert. Gewisse Grenzfälle lassen sich jedoch einfach behandeln und führen zu übersichtlichen und praktisch wichtigen Resultaten. Wir versuchen zunächst Klarheit über die Zusammensetzung der Umlaufsmomente l_i und der Spinmomente s_i der einzelnen Elektronen zu gewinnen. Beim Einelektronenproblem

---

[1] Von dem dargelegten Standpunkte aus wäre eigentlich die Bezeichnung Spindubletts konsequenter, da die Relativitätskorrektion nur von der Gestalt der Bahn, d. h. nur von l abhängt, also für die beiden Terme eines relativistischen Dubletts die gleiche ist. Die ursprüngliche (auf den Vorstellungen der Ziff. 11 beruhende) SOMMERFELDsche Bezeichnung relativistische Dubletts ist jedoch im Hinblick auf die DIRACschen Gleichungen gerechtfertigt, die den Spin als ein relativistisches Phänomen erscheinen lassen.

entstand aus s und l durch Vektoraddition das gesamte Impulsmoment j. Haben wir es aber mit zwei oder mehreren Elektronen zu tun, so lassen sich ihre l_i und s_i in sehr verschiedener Weise zu einem Gesamtimpuls zusammensetzen. Wie dies erfolgt, dafür sind die Koppelungskräfte zwischen den einzelnen Vektoren l_i und s_i entscheidend. Wir betrachten vor allem den praktisch wichtigsten Fall der sog. normalen oder RUSSEL-SAUNDERSschen Koppelung[1], der insbesondere bei den Atomen am Anfange der ersten Perioden des natürlichen Systems sehr weitgehend realisiert ist. Hier wird vorausgesetzt, daß die magnetische Wechselwirkung zwischen den Vektoren l_i untereinander und den s_i untereinander alle anderen Wechselwirkungskräfte stark überwiegt[2]. Es werden sich dann einerseits die l_i und andererseits die s_i zu den resultierenden Vektoren $\mathfrak{L}$ und $\mathfrak{S}$ (mit den Absolutbeträgen L und S) zusammensetzen. In nächster Näherung ist noch die Wechselwirkung zwischen $\mathfrak{L}$ und $\mathfrak{S}$ in Betracht zu ziehen, die ihre Zusammensetzung nach den Regeln der Ziff. 21 zu einem resultierenden Gesamtimpulsmoment $\mathfrak{J}$ bewirkt. Formell ergeben sich somit auch hier alle Folgerungen der Neigungsauffassung bezüglich der Vielfachheit und Ordnung der Energieniveaus. Nur die Bedeutung von $\mathfrak{L}$ und $\mathfrak{S}$ ist hier eine andere als die von $\mathfrak{l}$ und $\mathfrak{s}$ in Ziff. 21. $\mathfrak{L}$ und $\mathfrak{S}$ entsprechen jetzt den Resultierenden der Umlaufs- bzw. Spinmomente der einzelnen Elektronen, während $\mathfrak{l}$ und $\mathfrak{s}$ früher die Bedeutung des Umlaufsmomentes des Leuchtelektrons bzw. des Impulsmomentes des Rumpfes besaßen. Dabei ist aber noch folgendes zu berücksichtigen: die abgeschlossenen Schalen werden nun als impulslos sowohl hinsichtlich der Resultierenden der Umlaufs- als auch der Spinmomente angesehen (vgl. Ziff. 24). Bei der obigen Zusammensetzung sind also nur die Elektronen in den nichtabgeschlossenen Schalen zu berücksichtigen, die kurz auch als die Außenelektronen bezeichnet werden. Die l_i setzen sich dabei *vektoriell* zu einer ganzzahligen Resultierenden $\mathfrak{L}$ zusammen. Die Zusammensetzung der s_i erfolgt aber *algebraisch*, so daß sich bei einer geraden Anzahl von Außenelektronen stets nur eine ganzzahlige und bei einer ungeraden Anzahl stets nur eine halbzahlige Resultierende $\mathfrak{S}$ ergibt.

Aus dem soeben Angeführten läßt sich sogleich eine ganze Reihe von Folgerungen ziehen: Da eine abgeschlossene Schale stets nur eine gerade Anzahl von Elektronen enthält, so besitzen die Atome mit gerader bzw. ungerader Ordnungszahl Z stets nur Terme von gerader bzw. ungerader permanenter Vielfachheit (verallgemeinerter RYDBERG*scher Wechselsatz*). Entsprechend den verschiedenen Möglichkeiten der algebraischen Zusammensetzung der s_i zu einer Resultierenden S werden bei einem vorgegebenen Atom im allgemeinen mehrere Termsysteme von verschiedener, aber stets nur gerader oder nur ungerader permanenter Multiplizität $r = 2S + 1$ auftreten. Bei n Außenelektronen wird das maximale S durch $S_{\max} = n/2$ und daher die maximale permanente Multiplizität durch $r_{\max} = 2S_{\max} + 1 = n + 1$ gegeben[3]. Da die Struktur der Spektralterme bei normaler Koppelung nur von der Anzahl der Außenelektronen abhängt, so gilt im allgemeinen (vgl. Ziff. 16) der *Verschiebungssatz* von KOSSEL und SOMMERFELD[4]: Das Funkenspektrum Nter Ordnung eines bestimmten Atoms entspricht seiner Struktur nach dem Spektrum des Elementes, das im periodischen System ihm um N Stellen vorangeht.

Im Anschluß an RUSSEL und SAUNDERS hat sich für normale Multipletts die Bezeichnungsweise ${}^rS_J, {}^rP_J, {}^rD_J$ eingebürgert. Dabei bedeutet r die perma-

---

[1] H. N. RUSSEL u. F. A. SAUNDERS, Astrophys. Journ. Bd. 61, S. 38. 1925.

[2] S. GOUDSMIT, ZS. f. Phys. Bd. 32, S. 794. 1925; W. HEISENBERG, ebenda S. 841.

[3] O. LAPORTE, Naturwissensch. Bd. 11, S. 779. 1923. Ein Ansteigen der maximalen Multiplizität findet jedoch in Wirklichkeit nur zu Beginn der einzelnen Perioden statt. Das Absinken ergibt sich aus dem PAULIschen Lückensatz (Ziff. 24).

[4] W. KOSSEL u. A. SOMMERFELD, Verh. d. D. Phys. Ges. Bd. 21, S. 240. 1919.

nente Multiplizität des betreffenden Termes und J das gesamte Impulsmoment, während die Buchstaben $S, P, D, \ldots$ der Reihe nach den resultierenden Umlaufsmomenten $L = 0, 1, 2, \ldots$ entsprechen. In einem Atom mit mehreren Außenelektronen werden im allgemeinen mehrere energetisch verschiedene Terme auftreten, die durch ein und dasselbe RUSSEL-SAUNDERSsche Symbol z. B. $^3P_2$ zu charakterisieren sind. Sie unterscheiden sich dann durch die Zustände der einzelnen Außenelektronen. Diese Zustände werden durch kleine Buchstaben gekennzeichnet und den RUSSEL-SAUNDERSschen Symbolen meist in Klammern vorangestellt. So findet man z. B. beim Ca I, das zwei Außenelektronen besitzt, die nachstehenden verschiedenen ^3P_J-Terme ($J = 0, 1, 2$):

$$(4s\,mp)\,^3P_J, \qquad (3d\,md)\,^3P_J \quad \text{und} \quad (3d\,mp)\,^3P_J.$$

Aus dem Obigen ersieht man die Möglichkeit, für den Fall der normalen Koppelung aus der möglichen Mannigfaltigkeit der Zustände der Außenelektronen auf die entsprechende Mannigfaltigkeit der spektroskopischen Terme zu schließen. Doch erst die Reduktion dieser Mannigfaltigkeit auf Grund des Pauliprinzips und ihre Sichtung mit Hilfe einer von SLATER[1] entwickelten Regel ermöglichten HUND[2] eine vollständige Systematik der Multiplettspektren des periodischen Systems. Auf das Pauliprinzip kommen wir in Ziff. 24 zurück. Die SLATERsche Regel besagt, daß unter den Termen, die bei gegebenen l_i und s_i der einzelnen Elektronen gebildet werden können, diejenigen die tieferen sind, die den größeren S, und unter solchen mit gegebenem S diejenigen, die den größeren L entsprechen.

Die Auswahlregeln für die Kombinationen der normalen Terme lassen sich korrespondenzmäßig begründen. Es gilt zunächst

$$\Delta J = 0, \pm 1^*, \qquad \Delta L = 0, \pm 1.$$

Weiter muß aber bei der RUSSEL-SAUNDERSschen Koppelung für die S-Quantenzahl die Auswahlregel

$$\Delta S = 0$$

vorausgesetzt werden. Sie verbietet das Auftreten von Interkombinationslinien, d. h. von Kombinationen der Terme verschiedener Vielfachheit. Ihre korrespondenzmäßige Begründung liegt darin, daß wegen der Kleinheit der Koppelungskräfte zwischen $\mathfrak{L}$ und $\mathfrak{S}$ die $\mathfrak{S}$ entsprechenden Spinfrequenzen in der Fourierzerlegung der Bewegung gar nicht auftreten. Schließlich stellten LAPORTE[3] und RUSSEL[4] auf Grund des empirischen Materials eine Auswahlregel auf, die die HEISENBERGsche Auswahlregel für gestrichene Terme aus Ziff. 14 als Spezialfall in sich schließt und folgendermaßen formuliert werden kann[5]: Unterscheidet man „*gerade*" und „*ungerade*" Terme, je nachdem für den betreffenden Zustand $\sum l_i$ gerade oder ungerade ist, so finden Dipolübergänge stets nur zwischen Termen statt, die zwei verschiedenen von diesen beiden Termgruppen angehören.

Nun wenden wir uns der Besprechung der *Zeemaneffekt-Aufspaltung normaler Multipletterme* zu. Wir betrachten zunächst den Fall[6], wo das magnetische Feld $\mathfrak{H}$ schwach ist, d. h. die magnetische Aufspaltung klein ist gegenüber der Komplexstruktur des betreffenden Termes. Infolge der Richtungsquantelung stellt sich

[1] J. C. SLATER, Phys. Rev. Bd. 28, S. 291. 1926.

[2] F. HUND, ZS. f. Phys. Bd. 33, S. 345. 1925; ausführliche Darstellung: Linienspektren u. periodisches System. Berlin 1927.

* Nach LANDÉ sind jedoch die Übergänge $\Delta J = 0$ im Falle $J = 0$ verboten.

[3] O. LAPORTE, ZS. f. Phys. Bd. 23, S. 135. 1924.

[4] H. N. RUSSEL, Science Bd. 69, S. 512. 1924.

[5] A. SOMMERFELD, Three Lectures on Atomic Physics, S. 43. London 1926.

[6] A. LANDÉ, ZS. f. Phys. Bd. 19, S. 112. 1923; W. PAULI, ebenda Bd. 20, S. 371. 1923.

dann das Atom im Felde $\mathfrak{H}$ so ein, daß die Projektion seiner Impulsmomentquantenzahl $\mathfrak{J}$ auf die Richtung von $\mathfrak{H}$ durch m gegeben wird:

$$(\mathfrak{J}\mathfrak{H}) = mH, \qquad -J \leqq m \leqq J.$$

In Verallgemeinerung der Vorschriften der Periodizitätssysteme soll dabei angenommen werden, daß m gleichzeitig mit J ganz- oder halbzahlig ist. Die durch $\mathfrak{H}$ bewirkte Energieänderung wird nach Ziff. 13, Gleichung (63), durch

$$\Delta W = -\overline{(\mathfrak{M}\mathfrak{H})} \tag{7}$$

bestimmt, wenn $\mathfrak{M}$ das magnetische Moment des Atoms bezeichnet und durch den Querstrich die Mittelwertsbildung angedeutet wird. $\mathfrak{M}$ setzt sich nun aus zwei Komponenten zusammen. Die Resultierende $\mathfrak{L}$ der Umlaufsmomente ergibt nach Ziff. 13, Gleichung (64) und (65), die Komponente $-M_0\mathfrak{L}$ ($M_0 = \frac{eh}{4\pi c m_0}$ = BOHRsches Magneton, vgl. Ziff. 13) und die Spinresultierende $\mathfrak{S}$ die Komponente $-2M_0\mathfrak{S}$. Der letztere Ansatz folgt daraus, daß beim Elektronenspin das Verhältnis zwischen dem magnetischen und dem Impulsmoment doppelt so groß ist wie bei der Umlaufsbewegung. Im ganzen erhält man somit

$$\mathfrak{M} = -(\mathfrak{L} + 2\mathfrak{S})M_0 = -(\mathfrak{J} + \mathfrak{S})M_0.$$

Daraus erkennt man zunächst, daß die Richtungen von $\mathfrak{J}$ und $\mathfrak{M}$ miteinander nicht zusammenfallen. Da aber $\mathfrak{S}$ um das im Raume feste $\mathfrak{J}$ präzessiert, so wird zunächst im feldlosen Falle der Mittelwert von $\mathfrak{M}$ die Richtung von $\mathfrak{J}$ besitzen und durch

$$\overline{\mathfrak{M}} = -(\mathfrak{J} + \overline{\mathfrak{S}})M_0 = -\mathfrak{J}\left(1 + \frac{S}{J}\cos(\mathfrak{S}\mathfrak{J})\right)M_0$$

gegeben werden[1]. Aus $\mathfrak{L} = \mathfrak{J} - \mathfrak{S}$ folgt nun aber $L^2 = J^2 + S^2 - 2JS\cos(\mathfrak{S}\mathfrak{J})$, so daß

$$\overline{\mathfrak{M}} = -gM_0\mathfrak{J}, \qquad g = 1 + \frac{J^2 + S^2 - L^2}{2J^2} \tag{8}$$

wird. Im schwachen magnetischen Felde präzessiert $\mathfrak{J}$ um $\mathfrak{H}$, und zwar langsamer als $\mathfrak{S}$ um $\mathfrak{J}$, da ja die magnetische Aufspaltung klein ist gegenüber der Komplexstruktur der Terme. Man wird daher $\overline{\mathfrak{M}\mathfrak{H}} = \overline{\mathfrak{M}}\mathfrak{H}$ setzen können, so daß wir nach (7) und (8) erhalten:

$$\Delta W = gmM_0H = mg\frac{e}{4\pi c m_0}Hh. \tag{9}$$

Um eine Übereinstimmung mit der Erfahrung zu erzielen, ist nach LANDÉ der Aufspaltungsfaktor g in der Weise zu ändern, daß die Quadrate $J^2 \ldots$ durch die Produkte $J(J+1)\ldots$ ersetzt werden, so daß man erhält

$$g = 1 + \frac{J(J+1) + S(S+1) - L(L+1)}{2J(J+1)}. \tag{10}$$

(8) und (9) sind als eine Verallgemeinerung der normalen Zeemanaufspaltung Ziff. 13, Gleichung (62), aufzufassen. (10) ergibt ja für Singuletterme ($S = 0$, $L = J$) $g = 1$ und (9) wird dann mit Gleichung (62) der Ziff. 13 identisch. Die durch

[1] Bezüglich der magnetischen Dipolstrahlung sei nun folgendes bemerkt: Bei Nichtberücksichtigung des Elektronenspins ist $\mathfrak{M}$ konstant, und es treten daher keine Übergänge auf, die der Strahlung eines magnetischen Dipols entsprechen. Bei Berücksichtigung des Spins besteht jedoch nach dem Obigen bei normaler Koppelung die Fourierzerlegung von $\mathfrak{M}$ aus der konstanten zu $\mathfrak{J}$ parallelen Komponenten $\overline{\mathfrak{M}}$ und einer zu $\mathfrak{J}$ senkrechten zirkularen Komponenten $\mathfrak{M}_1 = -(\mathfrak{S} - \overline{\mathfrak{S}})M_0$, die mit der gemeinsamen Präzessionsgeschwindigkeit von $\mathfrak{L}$ und $\mathfrak{S}$ um $\mathfrak{J}$ herumläuft. Korrespondenzmäßig sind danach hier magnetische Dipolübergänge zu erwarten, bei denen sich nur J um eine Einheit, alle übrigen Quantenzahlen aber überhaupt nicht ändern (H. C. BRINKMAN, Diss. Utrecht 1932). Bei solchen Übergängen tritt wegen der LAPORTEschen Regel (vgl. S. 77 u. 29, Anm. 3) immer zugleich auch eine Quadrupolstrahlung auf.

Kombination zweier Singuletterme entstehenden Spektrallinien besitzen also stets einen normalen Zeemaneffekt, wenn man noch in Betracht zieht, daß auch hier für m die Auswahlregeln Ziff. 9, Gleichung (27), schon mit Rücksicht auf die Erhaltung des Impulsmomentes (Ziff. 18) in Geltung bleiben[1]. Da ΔW von der Hauptquantenzahl n nicht abhängt, müssen alle Terme einer Serie im Geltungsbereiche der obigen Überlegungen die gleiche magnetische Aufspaltung und daher auch alle Linien einer Serie den gleichen Zeemaneffekt aufweisen (PRESTON*sche Regel*).

Läßt man das äußere Feld anwachsen, so steht zu erwarten, daß davon zunächst die schwächste Koppelung, die zwischen $\mathfrak{L}$ und $\mathfrak{S}$, betroffen und die gleichförmige Präzession dieser beiden Vektoren um $\mathfrak{J}$ gestört wird. Korrespondenzmäßig entspricht dies einer Durchbrechung der Auswahlregel für die J-Quantenzahl, so daß nun neben den Übergängen $\Delta J=0, \pm 1$ zunächst auch solche mit $\Delta J=\pm 2$ auftreten werden. So erklärt sich die von PASCHEN und BACK[2] gefundene magnetische Vervollständigung der Multiplettstruktur in mittleren Feldern.

Wird schließlich das äußere Feld so stark, daß die Koppelung zwischen $\mathfrak{L}$ und $\mathfrak{S}$ keine Rolle mehr spielt, so werden diese beiden Vektoren sich nicht mehr zu einer Resultierenden $\mathfrak{J}$ zusammenfügen, sondern unabhängig voneinander um $\mathfrak{H}$ gleichförmig präzessieren, und zwar wird die Präzession von $\mathfrak{L}$ mit der normalen, dem Larmortheorem entsprechenden Winkelgeschwindigkeit $\mathfrak{w}$ und die von $\mathfrak{S}$ mit der doppelten Winkelgeschwindigkeit $2\mathfrak{w}$ erfolgen. Dieser Bewegung entspricht nach dem Korrespondenzprinzip eine unabhängige Richtungsquantelung der beiden Vektoren $\mathfrak{L}$ und $\mathfrak{S}$. Bezeichnet man ihre Projektionen auf die Feldachse mit m_L und m_S, so ist als Variabilitätsbereich dieser beiden magnetischen Quantenzahlen

$$-L \leqq m_L \leqq L, \qquad -S \leqq m_S \leqq S$$

anzusehen. Für die Zusatzenergie im magnetischen Felde ergibt sich dann ebenso wie in Ziff. 13 der Ausdruck

$$\Delta W = |\mathfrak{w}| \frac{h}{2\pi}(m_L + 2m_S) + \text{konst.} = |\mathfrak{w}| \frac{h}{2\pi}(m + m_S) + \text{konst.} \tag{11}$$

$m = m_L + m_S$ ist die dem gesamten Impulsmoment um die Feldachse entsprechende Quantenzahl. Die Konstante in (11) ist von $\mathfrak{H}$ unabhängig und bedeutet den Mittelwert der Koppelungsenergie zwischen $\mathfrak{L}$ und $\mathfrak{S}$ bei der jetzt stattfindenden Bewegung. Da $\mathfrak{S}$ nun keine merkliche Wirkung auf die Umlaufsbewegungen der Elektronen ausübt, tritt die Spinfrequenz (= doppelte Larmorfrequenz) in der Fourierzerlegung des Dipolmomentes nicht auf, und das ganze Atom präzessiert um $\mathfrak{H}$ mit der normalen Larmorfrequenz so, als ob die Elektronen keinen Spin besäßen. Hier gelten dann die Überlegungen der Ziff. 13 ohne jede Einschränkung. Für m_L gilt somit die Auswahlregel (27) aus Ziff. 9, während wegen des Fehlens der Spinfrequenz im Dipolmoment für m_S die Auswahlregel $\Delta m_S = 0$ anzunehmen ist. (11) ergibt daher eine normale Zeemaneffektaufspaltung, wie sie in Ziff. 13 beschrieben wurde, nur daß wegen der hier noch auftretenden Konstanten eine Feinstruktur der normalen Zeemaneffektkomponenten vorhanden ist. Diese Verwandlung des Aufspaltungsbildes wird nach ihren Entdeckern als der Paschen-Back-Effekt[3] bezeichnet[4].

---

[1] Ausgenommen sind jedoch im Falle $\Delta J = 0$ die Übergänge $m_1 = 0 \rightarrow m_2 = 0$.

[2] F. PASCHEN u. E. BACK, Physica Bd. 1, S. 261. 1921.

[3] F. PASCHEN u. E. BACK, Ann. d. Phys. Bd. 39, S. 897. 1912; Bd. 40, S. 960. 1913.

[4] Man bemerkt, daß in der obigen Darstellung noch keine Beschreibung der Zwischenstufen des Paschen-Back-Effektes enthalten ist. Eine solche hat im Rahmen der älteren Quantentheorie für den Fall der Dublettlinien A. SOMMERFELD (ZS. f. Phys. Bd. 8, S. 257. 1922) gegeben durch eine korrespondenzmäßige Umdeutung der VOIGTschen Theorie (W. VOIGT, Ann. d. Phys. Bd. 41, S. 403; Bd. 42, S. 210. 1913; vgl. auch die Vereinfachung der VOIGTschen Theorie durch A. SOMMERFELD, Göttinger Nachr. März 1914), des Paschen-Back-Effektes für Spektrallinien vom Typus der D-Linien des Natriums.

Nun wird auch der Zeemaneffekt der Wasserstoff- und Heliumfunken-Linien verständlich, der entgegen den Erwartungen der Theorie der Periodizitätssysteme (Ziff. 13) nicht normal ist. Diese Spektren sind ja vom Standpunkte der obigen Ergebnisse als entartete Dublettspektren aufzufassen, bei denen Terme mit gleichen n und y-Werten wie z. B. $^2S_{\frac{1}{2}}$ und $^2P_{\frac{1}{2}}$ miteinander zusammenfallen[1].

Es ist jedoch zu betonen, daß die obige Theorie des Zeemaneffektes auch vom Standpunkte der Neigungsauffassung, die überhaupt die wesentlichen Züge der RUSSEL-SAUNDERSchen Koppelung wiedergibt, durchführbar ist und von da aus auch zuerst entwickelt wurde. Durch ähnliche Überlegungen ließ sich schon eine ziemlich weitgehende Beschreibung der normalen Multipletts erreichen. Als Beispicl sci nur die Bestimmung der relativen Intensitäten der normalen Multiplettkomponenten[2] sowie die ihrer Zeemanaufspaltungen[3] erwähnt.

Daß der Grenzfall der idealen RUSSEL-SAUNDERSschen Koppelung nicht immer realisiert ist, erkennt man an dem nicht völligen Erfülltsein oder an dem sogar völligen Nichterfülltsein der für sie charakteristischen Eigenschaften, z. B. an dem Auftreten von Interkombinationslinien oder anderer Aufspaltungsfaktoren g als der LANDÉschen. Symbolisch kann die normale Koppelung durch

$$[(l_1 l_2 \ldots)(s_1 s_2 \ldots)] = [LS] = J$$

dargestellt und daher auch kurz als die (L, S)-Koppelung bezeichnet werden. Ein anderer wichtiger Grenzfall ist die sog. (j, j)-Koppelung, die sich durch

$$[(l_1 s_1)(l_2 s_2) \ldots] = [j_1 j_2 \ldots] = J$$

symbolisieren läßt. Hier muß angenommen werden, daß die Koppelungsenergie zwischen dem l und dem s des gleichen Elektrons alle anderen Wechselwirkungsenergien überwiegt. Es schließen sich daher zunächst die l_i, s_i der einzelnen Elektronen zu Resultierenden j_i zusammen, die sich dann in zweiter Näherung zu einer Gesamtresultierenden J zusammenfügen. Dieser Grenzfall ist insbesondere bei den hohen Funken- und bei den Röntgenspektren zu erwarten. Die Wechselwirkungsenergie zwischen den beiden Vektoren l_i und s_i eines Elektrons ist ja nach Ziff. 22 von gleicher Größenordnung wie der relativistische Zusatzterm in der Feinstrukturformel (44a) in Ziff. 11, wächst also proportional zu Z^4 an, während alle anderen Koppelungsenergien schwächer mit Z ansteigen.

Zum Schlusse sei noch hervorgehoben, daß der schwache Punkt, der in dieser Ziffer dargestellten Überlegungen in der Tatsache liegt, daß die Größe der Wechselwirkungsenergie zwischen den s_i, die vom Standpunkte unseres Modells als Wechselwirkungsenergie magnetischer Dipole anzusetzen ist, quantitativ nicht hinreicht, um die Größenunterschiede der Terme verschiedener Multiplizitäten zu erklären, für die sie in erster Reihe verantwortlich ist. Die Quantentheorie hat auch diese Schwierigkeit überwunden. Allerdings ist dabei an Stelle der magnetischen Wechselwirkung der Spinmomente eine für die neuere Quantentheorie charakteristische Resonanzerscheinung (Austauschresonanz[4]) getreten.

24. Das Pauliprinzip. Um dieses Prinzip zu formulieren, denken wir uns ein Atom der adiabatischen Einwirkung eines magnetischen Feldes unterworfen und lassen dieses schließlich zu einer solchen Stärke anwachsen, daß es alle

[1] A. SOMMERFELD u. A. UNSÖLD, ZS. f. Phys. Bd. 36, S. 259. 1926; Bd. 38, S. 237. 1926.

[2] A. SOMMERFELD u. H. HÖNL, Berl. Ber. 1925, S. 141; R. KRONIG, ZS. f. Phys. Bd. 31, S. 885. 1925; H. N. RUSSEL, Nature Bd. 115, S. 835. 1925; Proc. Nat. Acad. Amer. Bd. 11, S. 314. 1925.

[3] H. HÖNL, ZS. f. Phys. Bd. 31, S. 340. 1925; R. KRONIG, l. c.; S. GOUDSMIT u. R. KRONIG, Naturwissensch. Bd. 13, S. 90. 1925.

[4] W. HEISENBERG, ZS. f. Phys. Bd. 38, S. 411. 1926; Bd. 39, S. 499. 1926; Bd. 41, S. 239. 1926; P. A. M. DIRAC, Proc. Roy. Soc. London (A) Bd. 112, S. 661. 1926.

Koppelungskräfte zwischen den einzelnen Elektronen im Atom vollständig übertönt. Die Elektronen sind dann einzeln zu quanteln und der Quantenzustand des $i$ten Elektrons durch vier Quantenzahlen $n_i, l_i, m_{l_i}, m_{s_i}$ festzulegen, da insbesondere auch die Koppelung zwischen dem l_i und dem s_i eines individuellen Elektrons durch das Magnetfeld aufgehoben wird und diese beiden Vektoren sich daher hier unabhängig voneinander einstellen. Das Pauliprinzip[1] fordert nun: In einem Atom dürfen niemals zwei Elektronen dieselben vier Quantenzahlen $n_i, l_i, m_{l_i}, m_{s_i}$ aufweisen. Oder anders ausgedrückt: Innerhalb eines Atoms kann ein bestimmter durch die vier Quantenzahlen $n_i, l_i, m_{l_i}, m_{s_i}$ charakterisierter Quantenzustand nur durch ein Elektron besetzt werden.

Für alle Abzählungsfragen kann der tatsächlich vorhandene Quantenzustand durch den oben angegebenen aus ihm durch eine adiabatische Transformation hervorgehenden ersetzt werden. Als eine unmittelbare Folge des Pauliprinzips ergibt sich so die Behauptung, daß es höchstens $2(2l+1)$ Elektronen in einem Atom geben kann, die in den Werten der beiden Quantenzahlen n und l übereinstimmen. Die Zahl der möglichen m_{l_i}-Werte beträgt ja bei gegebenem $l: (2l+1)$, und jeder m_{l_i}-Wert kann mit $m_{s_i} = +\frac{1}{2}$ oder $= -\frac{1}{2}$ auftreten. Damit ist wegen $l = k - 1$ die Begründung für die maximale Besetzungszahl $2(2k-1)$ der k-Untergruppe einer Atomschale (vgl. Ziff. 16) gegeben.

Ferner kann nun behauptet werden: Jede abgeschlossene Untergruppe ist impulslos ($J = 0$) und im speziellen bei der normalen Koppelung impulslos sowohl in bezug auf ihre Umlaufs- als auch in bezug auf ihre Spinmomente. Der Beweis ergibt sich daraus, daß in einer Untergruppe (fixes n und l), wenn sie abgeschossen ist, $\sum m_{l_i}$ als auch $\sum m_{s_i}$ verschwindet. In diesem Falle ist ja $\sum m_{l_i} = l + (l-1) + \cdots - (l-1) - l = 0$, und die Werte $m_{s_i} = +\frac{1}{2}$ und $-\frac{1}{2}$ kommen in $\sum m_{s_i}$ gleich oft vor. Verschwinden aber $\mathfrak{S}$ und $\mathfrak{L}$, so verschwindet damit auch das gesamte magnetische Moment. Wir können somit behaupten: Jede abgeschlossene Untergruppe besitzt ein verschwindendes magnetisches Moment, ist also diamagnetisch.

Aus der letzten Behauptung folgt schließlich unmittelbar der PAULIsche *Lückensatz*: Werden aus einer abgeschlossenen Untergruppe p Elektronen entfernt, so ist die Zahl und der Charakter (RUSSEL-SAUNDERSsches Symbol bei normaler Koppelung z. B.) der stationären Zustände, die die verbleibenden Elektronen bilden können, mit der Zahl und dem Charakter der stationären Zustände identisch, die aus den p entfernten Elektronen entstehen können. Denn bei p in einer Untergruppe fehlenden Elektronen gelten ja nach dem Pauliprinzip die gleichen Beschränkungen wie bei p existierenden Elektronen. Oder dasselbe für den Spezialfall normaler Koppelung etwas anschaulicher ausgedrückt: Sowohl die $\mathfrak{L}$- als auch die $\mathfrak{S}$-Vektoren der beiden Elektronenanordnungen müssen einander entgegengesetzt gleich sein, da die beiden Anordnungen zusammengefügt eine abgeschlossene, also impulslose Untergruppe ergeben. Jedem Zustande der verbleibenden Elektronen entspricht so eindeutig ein Zustand der entfernten Elektronen vom gleichen Charakter.

Das Pauliprinzip legt den stationären Zuständen der Mehrelektronenatome unabhängig von den übrigen Prinzipien der Quantentheorie eine neue, aus ihnen nicht ableitbare Beschränkung auf, die sich in einer Reduktion der Zahl der sonst möglichen Quantenzustände äußert. Die empirische Begründung für dieses Prinzip besteht in einer ausnahmslosen Bestätigung sämtlicher, vor allem spektroskopischer, Folgerungen, die sich aus ihm ergeben haben. Sein Geltungsbereich ist aber nicht nur auf die Elektronenwolke eines Atoms beschränkt, sondern es kann auch auf jedes Elektronengas angewendet werden, wenn dieses

[1] W. PAULI, ZS. f. Phys. Bd. 31, S. 765. 1925.

als ein einziges quantisierbares System aufgefaßt werden kann, z. B. auf die Elektronen in einem Metallstück. Die Beschränkung der Besetzungsmöglichkeiten der einzelnen Quantenzustände durch die Elektronen ist für die Statistik eines solchen Gases, die von FERMI[1] entwickelt wurde, von ausschlaggebender Bedeutung. Eine eindrucksvolle Bestätigung hat die FERMIsche Elektronenstatistik durch SOMMERFELD[2] erfahren, der sie der Elektronentheorie der Metalle zugrunde legte.

Eine einfache, aber sehr wichtige Anwendung des Lückensatzes liefern die *Röntgenspektren.* Wird ein Elektron aus einer Untergruppe entfernt, so ist die Anzahl der Spektralterme, die den in der Untergruppe verbleibenden Elektronen entspricht, die gleiche wie bei einem einzelnen Elektron. Die Röntgenterme lassen sich so den optischen Dublettermen zuordnen (vgl. die Übersicht in Ziff. 22). Daraus ergibt sich sofort die maximale Anzahl der Röntgenspektralterme, die den K-, L-, M-, ... Schalen entsprechen. Sie ist einfach gleich der Anzahl der optischen Dubletterme mit den Hauptquantenzahlen $n = 1, 2, 3, \ldots$, die sich durch Abzählung zu $1, 3, 5, 7, \ldots$ ergibt. Man unterscheidet die einzelnen Röntgenterme durch römische Ziffern, schreibt also K; L_I, L_{II}, L_{III}; M_I, M_{II}, M_{III}, M_{IV}, M_V; ... Aber nicht nur die Anzahl, auch das sonstige Verhalten der Röntgenterme entspricht genau den optischen Dublettermen. Ordnet man den Röntgentermen die aus der Übersicht auf S. 74 zu entnehmenden j- und l-Quantenzahlen zu[3], so lassen sie sich ziemlich genau mittels der durch Einführung zweier Abschirmungszahlen σ und s modifizierten SOMMERFELDschen Feinstrukturformel (4) darstellen. Es treten demnach auch hier relativistische[4] und Abschirmungsdubletts[5] auf, und es muß bemerkt werden, daß sie hier im Röntgengebiete zuerst gefunden und erst nachher bei den optischen Spektren festgestellt wurden. Eine Zuordnung der Röntgenterme zu den Elektronen einer Atomschale ist von STONER[6] angegeben worden, der die Elektronen in einer durch $l (= k - 1)$ bestimmten Untergruppe noch weiter nach ihren j-Werten unterteilte, indem er annahm, daß die Anzahl der Elektronen mit einem gegebenen Werte von j gleich sei dem statistischen Gewicht $2j + 1$ des betreffenden stationären Zustandes. Da nun ein Elektron mit der Quantenzahl l die j-Quantenzahlen $l - \frac{1}{2}$ und $l + \frac{1}{2}$ besitzen kann, so zerfällt jede l-Untergruppe in zwei Teilgruppen mit $2l$ und $2l + 2$ Elektronen (nur die Untergruppe mit $l = 0$ wird nicht weiter unterteilt). Da $2l + (2l + 2) = 2(2l + 1)$, so sind die STONERschen Besetzungszahlen mit den PAULIschen im Einklange. Die $l = 0, 1, 2, \ldots$ entsprechenden Untergruppen mit $2, 6, 10, \ldots$ Elektronen zerfallen somit nach dem Schema $2, 2 + 4, 4 + 6, \ldots$ in Teilgruppen. Diese Zerlegung der Untergruppen darf auch vom Standpunkte des Pauliprinzips für die inneren Atomschalen insofern als gerechtfertigt angesehen werden, als man hier mit Rücksicht auf die hohe Kernladung (vgl. Ziff. 23) den einzelnen Elektronen individuelle j-Werte zuschreiben kann. In diesem Falle läßt sich nämlich, da alle Abzählungsergebnisse wegen der adiabatischen Invarianz der Gewichte von der Koppelung unabhängig sind, der Zustand eines Elektrons durch die vier Quantenzahlen n_i, l_i, j_i, m_i charakterisieren, und man kann die Forderung stellen, daß es nicht zwei Elektronen im Atom mit den gleichen Zahlenwerten für alle diese vier Quantenzahlen geben darf.

---

[1] E. FERMI, ZS. f. Phys. Bd. 36, S. 902. 1926.

[2] A. SOMMERFELD, ZS. f. Phys. Bd. 47, S. 1. 1928; vgl. Kap. 3, Bd. XXIV/2 ds. Handb.

[3] Statt j und l sollten hier konsequent eigentlich große Buchstaben J und L zur Bezeichnung der Quantenzustände verwendet werden, da nun diese Vektoren den in der Schale verbleibenden Elektronen entsprechen.

[4] A. SOMMERFELD, Münchener Ber. 1915, S. 459.

[5] G. HERTZ, ZS. f. Phys. Bd. 3, S. 19. 1920.

[6] E. C. STONER, Phil. Mag. Bd. 48, S. 719. 1924.

Kapitel 2.

Die allgemeinen Prinzipien der Wellenmechanik.

Von

W. Pauli, Zürich.

A. Unrelativistische Theorie.

1. Unbestimmtheitsprinzip und Komplementarität[1]. Die letzte entscheidende Wendung der Quantentheorie ist erfolgt durch de Broglies Entdeckung der Materiewellen[2], Heisenbergs Auffindung der Matrizenmechanik[3] und Schrödingers[4] allgemeine wellenmechanische Differentialgleichung, welche die Verbindung zwischen diesen beiden Ideenkreisen herzustellen ermöglichte. Durch Heisenbergs Unbestimmtheitsprinzip[5] und die an dieses anschließenden prinzipiellen Erörterungen Bohrs[6] kamen dann die Grundlagen der Theorie zu einem vorläufigen Abschluß.

Diese Grundlagen betreffen direkt die teilchen- und wellenartige Doppelnatur von Licht und Materie und führen zur lange vergeblich gesuchten Lösung des Problems einer widerspruchslosen vollständigen Beschreibung der hiermit zusammenhängenden Erscheinungen. Diese Lösung wird erkauft durch einen Verzicht auf die eindeutige Objektivierbarkeit der Naturvorgänge, d. h. auf die klassische raum-zeitliche und kausale Naturbeschreibung, die wesentlich auf der eindeutigen Trennbarkeit von Erscheinung und Beobachtungsmittel beruht.

Um an die bekannten Schwierigkeiten, die der gleichzeitigen Benutzung des Lichtquanten- und des Wellenbegriffes entgegenstehen, zu erinnern, betrachten wir als Beispiel eine punktförmige, annähernd monochromatische Lichtquelle, die einem Beugungsgitter (dessen Auflösungsvermögen der Einfachheit halber als unendlich groß angenommen werde) gegenübersteht. Nach der Wellentheorie wird dann das durch das Gitter abgebeugte Licht nur an ganz bestimmte Stellen gelangen können, die einem Gangunterschied von einer ganzen Zahl

---

[1] Vgl. W. Heisenberg, Die physikalischen Prinzipien der Quantentheorie. Leipzig 1930; N. Bohr, Atomtheorie und Naturbeschreibung (im folgenden zitiert als A. u. N.). Berlin 1931; Solvay-Kongreß 1927; L. de Broglie, Introduction à l'étude de la mécanique ondulatoire. Paris 1930 (in deutscher Übersetzung Leipzig 1929); E. Schrödinger, Vorlesungen über Wellenmechanik, Berlin 1928.

[2] L. de Broglie, Ann. d. phys. (10) Bd. 3, S. 22. 1925 (Thèses. Paris 1924); vgl. auch A. Einstein, Berl. Ber. 1925, S. 9.

[3] W. Heisenberg, ZS. f. Phys. Bd. 33, S. 879. 1925; vgl. auch M. Born u. P. Jordan, ebenda Bd. 34, S. 858. 1925; M. Born, W. Heisenberg u. P. Jordan, ebenda Bd. 35, S. 557. 1926; P. A. M. Dirac, Proc. Roy. Soc. London Bd. 109, S. 642. 1925.

[4] E. Schrödinger, Ann. d. Phys. (4) Bd. 79, S. 361, 489, 734. 1926; Bd. 80, S. 437. 1926; Bd. 81, S. 109. 1926. Zusammengefaßt in Abhandlungen zur Wellenmechanik. Leipzig 1927.

[5] W. Heisenberg, ZS. f. Phys. Bd. 43, S. 172. 1927.

[6] N. Bohr, Naturwissensch. Bd. 16, S. 245. 1928 (auch abgedruckt in A. u. N. als Aufsatz II).

von Wellen des von den einzelnen Strichen des Gitters ausgehenden Lichtes entsprechen. Wir können auf Grund des durch ein überaus großes Erfahrungsmaterial gestützten *Superpositionsprinzips* annehmen, daß dieses Ergebnis der Wellentheorie der Wirklichkeit entspricht, und zwar, was für derartige Phänomene typisch ist, auch für beliebig schwache Intensitäten der einfallenden Strahlung, also auch für ein einziges leuchtendes Atom. Vom korpuskularen Standpunkt aus wird nun dieser Vorgang so dargestellt, daß erst im leuchtenden Atom ein Emissionsprozeß stattfindet, sodann (nach der betreffenden Ausbreitungszeit des Lichtes) am Beugungsgitter ein mit einem beobachtbaren Rückstoß verbundener Streuprozeß stattfindet und endlich an der angegebenen Stelle ein Absorptionsprozeß erfolgt. Daß das Licht hinter dem Gitter nur an solche Stellen gelangen kann, die bestimmten diskreten (wellentheoretisch berechenbaren) Richtungen des abgebeugten Quants entsprechen, hängt vom Vorhandensein *aller* Atome des Beugungsgitters ab. Führt man nun die Annahme ein, daß es möglich wäre, auch die Stelle des Beugungsgitters festzustellen, an welcher es vom Lichtquant getroffen wird, ohne den Charakter der Beugungserscheinung zu verändern, so wird man auf unüberwindbare Schwierigkeiten geführt[1]. Das Verhalten eines Lichtquants müßte in jedem Zeitmoment von den Lagen aller überhaupt existierenden Atome mitbestimmt sein, vor allem aber würde in diesem Fall die Angabe eines klassischen Wellenfeldes nicht mehr ausreichen, um das weitere statistische Verhalten des Quants vorherzusagen. Es gibt nämlich, wie sogleich noch zu erläutern sein wird, kein Wellenfeld mit der Eigenschaft, daß seine Intensität an allen Stellen des Gitters mit Ausnahme eines einzigen Gitterstriches verschwindet, und daß außerdem noch nur bestimmte Richtungen der gebeugten Strahlen in ihm vertreten sind. Es ist nur möglich, entweder die eine oder die andere Eigenschaft durch ein Wellenfeld zu realisieren. Um Widersprüche mit dem Superpositionsprinzip zu vermeiden, muß deshalb notwendig gefordert werden: Jede Feststellung, daß ein bestimmter Strich des Gitters vom Lichtquant getroffen wurde, und daß die übrigen Striche von diesem Quant bestimmt nicht getroffen wurden, eliminiert den Einfluß der übrigen Striche auf die hinter dem Gitter beobachtete Beugungserscheinung; diese wird dann dieselbe sein müssen, wie wenn nur der eine getroffene Strich vorhanden wäre.

Diese Forderung ist natürlich nicht an die spezielle Form des herangezogenen Beugungsversuches gebunden, sondern läßt sich für jeden möglichen Interferenzversuch verallgemeinern. Ein solcher beruht ja immer darauf, daß die Lichtwellen, die verschiedene Wege durchlaufen haben und deshalb einen Phasenunterschied aufweisen, an einer Stelle wieder zusammentreffen. Zu postulieren ist, daß die Feststellung, das Lichtquant habe in einem bestimmten Falle *einen* dieser Wege eingeschlagen, die anderen Wege dagegen nicht, jede darauf folgende Beobachtbarkeit der wellentheoretischen Interferenzfigur ausschließt. (Vgl. hierzu Ziff. 16.)

Wie bereits erwähnt, ist diese Forderung in einer anderen allgemeineren enthalten, die wir folgendermaßen formulieren können: *Alle (evtl. nur statistischen) Eigenschaften anderer (früherer oder späterer) Messungsergebnisse an einem Lichtquant, die aus der Kenntnis eines bestimmten Messungsergebnisses gefolgert werden können, sollen durch Angabe eines bestimmten, zu diesem Messungsergebnis gehörigen Wellenfeldes eindeutig bestimmt sein.* Von diesem Wellenfeld ist zu fordern, daß es stets durch Superposition ebener Wellen verschiedener Richtung und Wellenlänge erzeugt werden kann. Man spricht daher auch von einem Wellenpaket. Bereits ohne die möglichen Messungsergebnisse an einem Licht-

[1] Vgl. die erste Auflage dieses Bandes, Kap. 1, S. 82.

quant genauer zu analysieren, können wir sagen, daß die Kenntnis, das Lichtquant befinde sich in einem gewissen raumzeitlichen Gebiet, in dem ihm zugeordneten Wellenpaket darin zum Ausdruck kommen muß, daß die Wellenamplituden nur innerhalb des betreffenden raumzeitlichen Gebietes merklich von Null verschieden sind. Wir bezeichnen nun die komplex geschriebene Phase einer ebenen Welle mit

$$e^{i\left(\sum_i k_i x_i - \omega t\right)}, \tag{1}$$

worin der Vektor $\vec{k}$ mit den Komponenten k_i die Richtung der Wellennormale und den Betrag 2π dividiert durch die Wellenlänge λ besitzt (im folgenden wird er stets als Ausbreitungsfaktor der Welle bezeichnet), während ω oder ν die „Kreisfrequenz" oder 2π mal die Schwingungszahl bedeuten. Die Frequenz ω ist eine durch die Natur der Wellen eindeutig bestimmte Funktion von k_1, k_2, k_3, und zwar ist bei elektromagnetischen Wellen im Vakuum einfach

$$\sum_i k_i^2 = \frac{\omega^2}{c^2}, \tag{2}$$

worin c die universelle Vakuumlichtgeschwindigkeit bedeutet. Es ist aber wichtig zu bemerken, daß die folgenden Schlüsse von der speziellen Form der Funktion $\omega(k_1, k_2, k_3)$ unabhängig sind. Im allgemeinsten Wellenfeld kann dann jede Komponente irgendeiner Feldstärke dargestellt werden durch

$$u(x_i, t) = \int A(\vec{k})\, e^{i(\sum k_i x_i - \omega t)}\, dk_1\, dk_2\, dk_3, \tag{3}$$

worin $A(k)$ eine Funktion von k_1, k_2, k_3 bedeutet. Durch elementare Überlegungen läßt sich nun zeigen: Wenn $u(x_i, t)$ für ein festes t nur innerhalb eines räumlichen Gebietes mit den Dimensionen bzw. $\Delta x_1, \Delta x_2, \Delta x_3$, und gleichzeitig $A(\vec{k})$ nur innerhalb eines Gebietes des „$\vec{k}$-Raumes" mit den Dimensionen $\Delta k_1, \Delta k_2, \Delta k_3$ merklich von Null verschieden ist, so können die drei Produkte $\Delta x_i \Delta k_i$ nicht beliebig klein sein, müssen vielmehr mindestens von der Größenordnung 1 sein

$$\Delta x_i \Delta k_i \sim 1. \tag{4}$$

Von einer quantitativen Verschärfung dieses Satzes und seinem Beweis wird später die Rede sein. Ein analoger Satz gilt ferner für die Ausdehnung Δt des Zeitintervalles, innerhalb dessen $u(x_i, t)$ für einen festen Raumpunkt x_1, x_2, x_3 merklich von Null verschieden ist und der Ausdehnung des Intervalles $\Delta\omega$ der Frequenzen, die zu dem erwähnten Gebiet des $\vec{k}$-Raumes gehören, in welchem $A(\vec{k})$ im wesentlichen liegt. Es gilt auch hier wieder

$$\Delta\omega\, \Delta t \sim 1. \tag{4'}$$

Aus der Bedingung (4) folgt unmittelbar, daß bei einem Wellenpaket von der Breite des Abstandes zweier Gitterstriche, die Winkelbreite des gebeugten Strahlenbündels so groß ist, daß es (mindestens) zwei aufeinanderfolgende Beugungsmaxima umfaßt, die Beugungserscheinung also in der Tat ganz verwischt wird.

Da die Messungen an einem Lichtquant stets mit Hilfe seiner Wechselwirkung mit materiellen Körpern erfolgt, lassen sich aus den Bedingungen (4), (4'), die für die widerspruchslose Durchführung der korpuskularen Darstellungsweise bei den Interferenzerscheinungen wesentlich sind, Rückschlüsse über die materiellen Körper ziehen. Der Lichtquantenbegriff wurde zu dem Zweck eingeführt, um dem Austausch von Energie und Bewegungsgröße zwischen Licht und Materie Rechnung zu tragen. Unter der Voraussetzung, daß die Erhaltungssätze von Impuls und Energie für diesen Austausch strenge Gültigkeit besitzen — und nur durch diese Erhaltungssätze sind ja Energie und Impuls überhaupt definiert —, wird dieser Austausch nämlich bekanntlich richtig beschrieben, wenn dem Lichtquant ein Impuls $\vec{p}$ in seiner Fortpflanzungsrichtung vom Betrag $\hbar \frac{\omega}{c}$ und eine Energie vom Betrag $\hbar \cdot \omega$ zugeschrieben wird, worin die universelle Konstante $\hbar$ PLANCKS Konstante h dividiert durch 2π bedeutet. Mit Rücksicht auf die Definition des Vektors $\vec{k}$ und die Beziehung (2) läßt sich dies auch schreiben

$$\vec{p} = \hbar \vec{k}; \qquad E = \hbar \omega. \tag{I}$$

Die Relationen (4), (4') haben dann zur Folge, daß der Ort des Lichtquants (zu einer bestimmten Zeit) nicht zugleich mit einem Impuls, die Energie des Lichtquants nicht zugleich mit dem Zeitpunkt, bei welchem dieses einen bestimmten Ort passiert, bestimmt sein kann, und zwar gilt

$$\Delta p_i \Delta x_i \backsim \hbar; \qquad \Delta E \Delta t \backsim \hbar. \tag{II}$$

Dies sind die zuerst von HEISENBERG aufgestellten Unsicherheitsrelationen; ihre hier gegebene Ableitung rührt von BOHR her. Nun kann z. B. bei einem Streuprozeß eine Wechselwirkung des Lichtquants mit einem materiellen Körper stattfinden, sobald sie räumlich-zeitlich zusammenfallen, wobei also Δx und Δt für beide die gleichen sind. Könnte man p_i und E des materiellen Körpers vor und nach der Wechselwirkung genauer messen, als es der Bedingung (II) entspricht, so könnte man mittels der Erhaltungssätze sich auch für das Lichtquant eine genauere Kenntnis von Δp_i und ΔE verschaffen, als es der Bedingung (II) entspricht. *Will man also diese Bedingung für das Lichtquant und außerdem die Erhaltungssätze von Energie und Impuls für seine Wechselwirkung mit materiellen Körpern streng aufrechterhalten, so müssen diese Unsicherheitsrelationen allgemein gelten, nicht nur für die Lichtquanten, sondern auch für materielle Körper jeder Art* (sowohl für Elektronen und Protonen als auch für makroskopische Körper).

Die einfachste Interpretation dieser *allgemeinen* Begrenzung der Anwendbarkeit des klassischen Partikelbildes, zu der man auf diese Weise geführt wird, besteht in der Annahme, daß auch die gewöhnliche Materie wellenartige Eigenschaften besitzt, wobei auch hier Ausbreitungsvektor und Frequenz der Welle durch die nun als universell postulierten Beziehungen (I) bestimmt sind. *Das Vorhandensein des Dualismus von Wellen und Teilchen und der Gültigkeit von (I) auch bei der Materie* bildet eben den Inhalt von DE BROGLIES Annahme der Materiewellen, die inzwischen eine so glänzende experimentelle Bestätigung durch Versuche über die Beugung von (geladenen und ungeladenen) Materiestrahlen an Kristallgittern erfahren hat.

Die Notwendigkeit der Universalität des Welle-Korpuskel-Dualismus für die allgemeine widerspruchsfreie Beschreibung der Erscheinungen läßt sich gut an dem oben diskutierten Beispiel der Beugung des Lichtquants an einem Gitter illustrieren. Man könnte nämlich zunächst daran denken, die Stelle, an der das Lichtquant das Gitter trifft, auf folgende Weise annähernd zu bestimmen. Man denke sich gewisse Teile des Gitters gegeneinander beweglich angeordnet und stelle fest, welcher dieser Teile den Rückstoß durch das Lichtquant erfährt; dieser Teil wäre dann als der vom Lichtquant getroffene anzusehen. Eine solche Versuchsanordnung ist in der Tat möglich, aber es ist nicht richtig, daß die Beugungserscheinung dann noch dieselbe sein wird wie in dem Falle, wo die Teile des Gitters starr miteinander verbunden sind. Zunächst muß der Impuls der in Frage kommenden Gitterteile, bevor das Lichtquant sie trifft, sicher mit einer geringeren Unbestimmtheit behaftet sein, als der Rückstoßimpuls

Δp_i durch das Lichtquant beträgt, damit letzterer beobachtbar ist. Nun kommt die Wellennatur der Gitterteile zur Geltung, und aus ihr folgt gemäß (II) eine Unbestimmtheit $\Delta x_i > \frac{\hbar}{\Delta p_i}$ der Lage der beweglichen Gitterteile gegeneinander. Diese ist gerade von solcher Größe, daß die resultierende Beugungserscheinung dieselbe wird, wie wenn nur der getroffene Teil des Gitters allein vorhanden wäre.

Alles, was bisher über die Beugung von Lichtquanten gesagt wurde, gilt auch für die Beugung von Materiewellen. Nur der Zusammenhang zwischen Frequenz und Wellenzahl, der bei den Lichtquanten durch (2) gegeben war, ist bei den Materiewellen ein anderer. Gemäß der relativistischen Mechanik eines Massenpunktes besteht für diesen zwischen Energie und Impuls die Beziehung

$$\frac{E^2}{c^2} = m^2 c^2 + \sum_i p_i^2, \tag{5}$$

worin m die Ruhmasse des Teilchens bedeutet.

Gemäß (I) folgt daraus für die Wellen

$$\frac{\omega^2}{c^2} = \frac{m^2 c^2}{\hbar^2} + \sum_i k_i^2 = \frac{\omega_0^2}{c^2} + \sum_i k_i^2 \tag{5'}$$

mit

$$\omega_0 = \frac{m c}{\hbar}. \tag{6}$$

Die *Verknüpfung* (I) zwischen Energie-Impuls- und Frequenz-Ausbreitungsvektor ist *relativistisch-invariant*, da sowohl $\left(\vec{p}, i\frac{E}{c}\right)$ als auch $\left(\vec{k}, i\frac{\omega}{c}\right)$ die Komponenten eines Vierervektors bilden; ebenso sind die Beziehungen (5) und (5′) invariant. Für $m = 0$ gehen (5), (5′) über in die entsprechenden Gesetze für Energie und Impuls eines Lichtquants.

Nicht nur Energie und Impuls eines Teilchens lassen sich mit einfachen charakteristischen Größen der ihm zugeordneten Welle in Verbindung bringen, sondern auch *die Geschwindigkeit des Teilchens*; diese ist nämlich (wie DE BROGLIE gezeigt hat) gleich der *Gruppengeschwindigkeit der Welle*. In der Tat ist erstere bestimmt durch[1]

$$dE = \sum_i v_i \, dp_i$$

oder

$$v_i = \frac{\partial E}{\partial p_i}, \tag{7}$$

letztere durch

$$v_i = \frac{\partial \omega}{\partial k_i}, \tag{7'}$$

und beide Ausdrücke stimmen gemäß (I) überein. Dieser Umstand ist wesentlich dafür, daß in Fällen, wo Beugungseffekte vernachlässigt werden können, die Wellenpakete sich längs der klassisch mechanischen Bahnen, im hier betrachteten kräftefreien Fall also geradlinig bewegen (vgl. Ziff. 4). Im Falle des Gesetzes (5) folgt übrigens

$$v_i = \frac{\partial E}{\partial p_i} = \frac{c^2 p_i}{E}, \tag{5a}$$

[1] Es sei hier bemerkt, daß dieser Ausdruck für die Gruppengeschwindigkeit auch den richtigen Zusammenhang zwischen Phasengeschwindigkeit und Strahlgeschwindigkeit im Falle dispergierender Kristalle liefert. Da Wellennormale und Strahl hier nicht dieselbe Richtung haben, ist hier auch $\vec{v}$ nicht mehr parallel zu $\vec{k}$, aber die Relation (7′) ist auch hier gültig.

also $p_i = \frac{E}{c^2} v_i$ und durch Einsetzen in (5)

$$\left.\begin{aligned} \frac{E^2}{c^2}\left(1 - \frac{v^2}{c^2}\right) &= m^2 c^2, \\ E &= \frac{m c^2}{\sqrt{1 - v^2/c^2}}, \\ p_i &= \frac{m v_i}{\sqrt{1 - v^2/c^2}}; \end{aligned}\right\} \tag{5b}$$

das sind die wohlbekannten Ausdrücke für Energie und Impuls durch die Geschwindigkeit.

Im *unrelativistischen Fall*, wo $|p| \ll mc$, der für das Folgende sehr wichtig ist, folgt

$$\frac{E}{c} = \sqrt{m^2 c^2 + \sum_i p_i^2} = m c\left(1 + \frac{1}{2 m^2 c^2} \sum_i p_i^2\right)$$

oder

$$E = m c^2 + \frac{1}{2m} \sum_i p_i^2, \tag{8}$$

also auch

$$\omega = \omega_0 + \frac{\hbar}{2m} \sum_i k_i^2. \tag{8'}$$

Wir bemerken noch, wovon in Abschnitt B, Ziff. 2 ausführlich die Rede sein wird, daß wir hier in Übereinstimmung mit der Erfahrung beim Ausziehen der Quadratwurzel das positive Vorzeichen von E und ω vorausgesetzt haben, daß aber

$$E = -\left(m c^2 + \frac{1}{2m} \sum_i p_i^2\right) \tag{9}$$

auch eine formale Möglichkeit gewesen wäre. Beschränken wir uns aber auf die erstere, so ist es zweckmäßig, durch Verlegung des Nullpunktes der Energie

$$E' = E - mc^2; \qquad \omega' = \omega - \omega_0 \tag{10}$$

einzuführen. Dann gilt

$$\left.\begin{aligned} E' &= \frac{1}{2m} \sum_i p_i^2, \\ \omega' &= \frac{\hbar}{2m} \sum_i k_i^2, \\ v_i &= \frac{p_i}{m} = \frac{\hbar k_i}{m}, \end{aligned}\right\} \tag{11}$$

also

$$\lambda = \frac{2\pi}{|k|} = \frac{2\pi\hbar}{m v}, \tag{12}$$

wenn v den Betrag der Geschwindigkeit bedeutet. Dies ist die berühmte von DE BROGLIE aufgestellte Formel für die Wellenlänge der Materiewellen.

Die Unsicherheitsrelationen (II) für die Materie zeigen, daß schon im kräftefreien Fall die klassische Kinematik für die materiellen Teilchen nicht unbeschränkt angewendet werden kann. Denn diese Relationen enthalten die Aussage, daß jede genaue Kenntnis des Teilchenortes zugleich eine prinzipielle Unbestimmtheit, nicht nur Unbekanntheit des Impulses zur Folge hat und umgekehrt. Die Unterscheidung zwischen (prinzipieller) *Unbestimmtheit* und *Unbekanntheit* und der Zusammenhang beider Begriffe sind für die ganze Quantentheorie entscheidend. Dies möge näher erläutert werden am Beispiel einer Versuchsanordnung, bei welcher ein Lichtquant die Möglichkeit hat, durch zwei Löcher zu treten und auf einem dahinterliegenden Schirm (im statistischen Mittel bei oftmaliger Wiederholung des Versuches) eine Beugungsfigur zu erzeugen. In diesem Fall ist es unbestimmt, durch welches Loch das Lichtquant geflogen ist. Wenn dagegen eine Versuchsanordnung vorliegt, bei der sicher nur ein Loch für das Lichtquant geöffnet ist, bei der aber nicht festgestellt ist, welches der beiden Löcher das offene ist, dann sagen wir: es ist unbekannt, durch welches Loch das Lichtquant geflogen ist. Offenbar besteht die Beugungsfigur im letzteren Fall in der Addition der (evtl. noch mit Gewichtsfaktoren zu versehenden) Intensitäten in den Beugungsfiguren für ein einzelnes Loch. Verallgemeinernd können wir sagen: *Bei Unbestimmtheit einer Eigenschaft eines Systems bei einer bestimmten Anordnung (bei einem bestimmten Zustand des Systems) vernichtet jeder Versuch, die betreffende Eigenschaft zu messen, (mindestens teilweise) den Einfluß der früheren Kenntnisse vom System auf die (evtl. statistischen) Aussagen über spätere mögliche Messungsergebnisse.* Deshalb ist es berechtigt, zu sagen, daß in diesem Fall die Messung das System in einen neuen Zustand überführt. Dabei bleibt übrigens ein Teil der vom Meßapparat auf das System übertragenen Wirkungen selbst wieder unbestimmt.

So müssen, um den Ort eines Teilchens zu bestimmen und um seinen Impuls zu bestimmen, *einander ausschließende Versuchsanordnungen* benutzt werden. Bei ersteren sind stets räumlich fixierte Apparatteile (Maßstäbe, Uhren, Blenden) vorhanden, auf die ein unbestimmter Betrag von Impuls übertragen wird; letztere machen eine genaue raumzeitliche Verfolgung der Teilchen unmöglich. Es würde auch nichts nützen, wenn man diesen Ort früher bestimmt hätte. Die Beeinflussung des Systems durch den Messungsapparat für den Impuls (Ort) ist eine solche, daß innerhalb der durch die Ungenauigkeitsrelationen gegebenen Grenzen die Benutzbarkeit der früheren Orts- (Impuls-) Kenntnis für die Voraussagbarkeit der Ergebnisse späterer Orts- (Impuls-) Messungen verlorengegangen ist. Wenn aus diesem Grunde die Benutzbarkeit *eines* klassischen Begriffes in einem ausschließenden Verhältnis zu der eines *anderen* steht, nennen wir diese beiden Begriffe (z. B. Orts- und Impulskoordinaten eines Teilchens) mit Bohr *komplementär*. In Analogie zum Terminus „Relativitätstheorie" könnte man die moderne Quantentheorie daher auch „Komplementaritätstheorie" nennen.

Man wird sehen, daß diese „Komplementarität" kein Analogon in der klassischen Gastheorie besitzt, die ja auch mit statistischen Gesetzmäßigkeiten operiert[1]. Diese Theorie enthält nämlich nicht die erst durch die Endlichkeit des Wirkungsquantums geltend werdende Aussage, daß durch Messungen an einem System die durch frühere Messungen gewonnenen Kenntnisse über das System unter Umständen notwendig verlorengehen müssen, d. h. nicht mehr verwertet werden können. (Diese Aussage bedingt übrigens auch den wesentlichen Unterschied der neuen Theorie gegenüber der früheren Theorie von Bohr, Kramers und Slater.) Wie bereits erwähnt, geht hierdurch die eindeutige Objektivierbarkeit der physikalischen Phänomene und damit auch die Möglichkeit ihrer kausalen raumzeitlichen Beschreibung verloren. Wenn diese Vorgänge überhaupt beschrieben werden sollen, so muß eine außerhalb des zu beschreibenden (beobachteten) Systems stehende, durch Beobachtung vollzogene *Wahl* gesetzt werden, wobei es willkürlich ist, an welche Stelle die Trennung von Beobachtungsmittel und Erscheinung gelegt wird. (Siehe hierzu Ziff. 9.)

[1] Andererseits weist N. Bohr, Faraday lecture [Journ. Chem. Soc. 1932, S. 349, insbes. S. 376 u. 377] darauf hin, daß auch in der klassischen statistischen Mechanik, freilich in einem etwas anderen Sinne, von Komplementarität der Kenntnis der mikroskopischen Molekularbewegung einerseits, der makroskopischen Temperatur des Systems andererseits, gesprochen werden kann.

Im folgenden soll dargelegt werden, wie bei dieser Sachlage in widerspruchsfreier Weise *statistische* Charakterisierungen der Zustände und *statistische* Gesetzmäßigkeiten aufgestellt werden können.

2. Orts- und Impulsmessung. Zur näheren Charakterisierung des Zustandes eines materiellen Teilchens ist es vor allem nötig, zu untersuchen, wieweit dem Ortsbegriff und dem Impulsbegriff des Teilchens auch außerhalb des Gültigkeitsbereiches der klassischen Mechanik ein Sinn zukommt. Was zunächst den Ort des Teilchens betrifft, so braucht man zu seiner Festlegung eine Wirkung des Teilchens, die dieses nur ausüben kann, wenn es sich an einem bestimmten Ort befindet. Glücklicherweise besitzen wir in der Zerstreuung des Lichtes eine solche Wirkung, die übrigens sowohl von den elektrischen Elementarteilchen als auch von makroskopischen Körpern ausgeübt wird. Denken wir uns z. B. die (x, y)-Ebene beleuchtet, und zwar mittels eines Wellenzuges einer begrenzten Länge, so daß ein bestimmter Punkt $x_0 y_0$ dieser Ebene zu einer bestimmten Zeit t_0 beleuchtet wird. Diese Zeit hat einen Spielraum Δt, der nicht kleiner sein kann als $1/\nu$, wenn ν die mittlere Frequenz des Lichtes ist. Durch Verwendung möglichst kurzwelligen Lichtes kann Δt jedoch zunächst möglichst klein gemacht werden. Wir können ferner die Intensität des Lichtes uns so groß denken, daß praktisch mit Sicherheit mindestens ein Lichtquant vom Teilchen gestreut wird, falls es das Lichtbündel passiert. Man kann nun irgendeine optische Vergrößerungsvorrichtung (Camera obscura, Lupe, Mikroskop) benutzen, um durch eine grobe makroskopische Ortsbestimmung der Wirkung eines gestreuten Quants eine feine Ortsbestimmung des materiellen Teilchens zu erreichen. Und zwar genügt es zu diesem Zweck, ein einziges Lichtquant zu beobachten. Für die Genauigkeitsgrenzen der Ortsbestimmung sind dabei stets die Grenzen der optischen Abbildung maßgebend, wobei letztere durch die von der klassischen Wellenoptik beschriebenen Beugungseffekte bedingt sind. So ist bekanntlich z. B. beim Mikroskop die Genauigkeitsgrenze Δx der Abbildung gegeben durch

$$\Delta x \sim \frac{\lambda'}{\sin\varepsilon}, \tag{13}$$

wobei λ' die Wellenlänge der gestreuten Strahlung bedeutet, die von der der einfallenden Strahlung verschieden sein kann, während ε den halben Öffnungswinkel des Objektivs bedeutet. Die Richtung des gestreuten Quants muß dabei als innerhalb dieses Winkels ε prinzipiell unbestimmt betrachtet werden, also wird die Komponente des Impulses des materiellen Teilchens in der x-Richtung nach dem Stoß unbestimmt um

$$\Delta p_x \sim \frac{\hbar}{\lambda'} \sin\varepsilon, \tag{14}$$

woraus zunächst eine Bestätigung der Ungenauigkeitsrelation

$$\Delta p_x \Delta x \sim \hbar$$

resultiert. Wir wollen aber außerdem diskutieren, mit welcher Genauigkeit durch das in Rede stehende Gedankenexperiment eine Ortsbestimmung überhaupt möglich ist. Offenbar ist es gemäß (13) hierfür günstig, die Wellenlänge der gestreuten Strahlung möglichst klein zu machen. Wäre die Wellenlänge der gestreuten Strahlung gleich derjenigen der einfallenden Strahlung, so könnte die Genauigkeit der Ortsmessung beliebig gesteigert werden dadurch, daß diese Wellenlänge beliebig klein gemacht werden kann. Gleichzeitig damit könnte dann, wie bereits oben erwähnt, auch der Zeitpunkt der Ortsbestimmung in ein beliebig kleines Intervall eingeschlossen werden. Gemäß dem Comptoneffekt findet aber eine Änderung der Frequenz der gestreuten Strahlung statt, die durch Energie und Impulssatz bestimmt ist. Diese hat zur Folge, daß selbst im Limes $\nu \to \infty \left(\lambda = \frac{c}{\nu} \to 0\right)$ die Frequenz ν' der gestreuten Strahlung einen endlichen Wert nicht überschreiten kann. Sind $\vec{p}$ und $E = c\sqrt{m^2c^2 + \vec{p}^2}$ Impuls und Energie des materiellen Teilchens vor dem Streuprozeß, so wird in diesem Limes, der für ν' ein Maximum, für $\lambda' = c/\nu'$ also ein Minimum bedeutet,

$$\left.\begin{aligned} \nu' &\sim \frac{E}{h} = \frac{m_0 c^2}{h} \frac{1}{\sqrt{1 - v^2/c^2}}, \\ \lambda' &\sim \frac{hc}{E} = \frac{h}{mc}\sqrt{1 - \frac{v^2}{c^2}}. \end{aligned}\right\} \quad (15)$$

(Dabei sind sehr kleine Streuwinkel außer Betracht gelassen, da sie aus geometrischen Gründen zur Ortsbestimmung ungeeignet sind[1].) Für die maximale Genauigkeit einer Ortsbestimmung *mit Hilfe des hier diskutierten Experimentes* der Streuung eines Lichtquants durch ein optisches Instrument folgt also

$$\left.\begin{aligned} \Delta x &\sim \frac{hc}{E} = \frac{h}{mc}\sqrt{1 - \frac{v^2}{c^2}}, \\ \Delta t &\sim \frac{1}{\nu'} \sim \frac{h}{E} = \frac{h}{mc^2}\sqrt{1 - \frac{v^2}{c^2}}. \end{aligned}\right\} \quad (16)$$

Letzteres folgt daraus, daß die Zeitdauer des Streuprozesses, d. h. die Zeit, innerhalb der eine Wechselwirkung zwischen Lichtquant und materiellem Teilchen stattfinden kann, niemals wesentlich kleiner sein kann als die Lichtperioden der einfallenden und gestreuten Strahlung. Diese Zeitdauer der Ortsmessung ist deshalb wichtig, weil sie die Benutzbarkeit des Messungsresultates für die Voraussage späterer Ortsmessungen mitbestimmt. Eine Wiederholbarkeit der Ortsmessung zu einem späteren Zeitpunkt ist nämlich in folgendem Sinne vorhanden. Bestimmt man den Ort nach Ablauf der Zeit τ noch einmal, so wird das Resultat dieser Bestimmung zwar im Einzelfall nicht voraussagbar sein, im Mittel, bei vielen wiederholten Versuchen, wird man aber eine gewisse mittlere Lage $\bar{x}(t_0 + \tau)$ mit einem gewissen mittleren Fehler $\Delta = \sqrt{\overline{(\Delta x)^2}}$ finden. Es wird dann sowohl $\bar{x}(t_0 + \tau) - \bar{x}(t_0)$, als auch $\Delta(t_0 + \tau) - \Delta(t_0)$ durch Verkleinerung von τ beliebig klein gemacht werden können. Wäre der Zeitpunkt der ersten Ortsbestimmung gänzlich unbestimmt geblieben, so würde sie sich zur Vorhersage des Resultates einer anderen Ortsbestimmung nicht verwenden lassen und wäre in diesem Sinne physikalisch nicht von Interesse.

Die in (16) gegebene Genauigkeitsgrenze für Ortsbestimmungen ist zunächst höchstens für Atomkerne und Elektronen von Belang, da bereits für Atome als Ganzes ihre Dimension im allgemeinen größer als ihr h/mc ist. Ob ferner dieser Grenze für die erstgenannten Teilchen eine prinzipielle Bedeutung zukommt[2]

[1] Für den Fall, daß die einfallende Strahlung der ursprünglichen Bewegungsrichtung des Teilchens entgegengesetzt gerichtet ist, während die gestreute Strahlung ihr parallel ist, folgt z. B. aus Energie- und Impulssatz

$$\nu' = \nu \frac{E + c p_x}{2h\nu - c p_x + E},$$

also für $h\nu \gg E$

$$\nu' \sim \frac{E + c p_x}{2h} = \frac{1}{2}\left(1 + \frac{v_x}{c}\right)\frac{mc^2}{h} \frac{1}{\sqrt{1 - v^2/c^2}}.$$

[2] Dieser Standpunkt wird von L. Landau u. R. Peierls (ZS. f. Phys. Bd. 69, S. 56. 1931) vertreten.

oder ob sie durch indirekte Methoden umgehbar ist, läßt sich durch elementare Überlegungen nicht von vornherein entscheiden und hängt ganz davon ab, auf welchen Grundlagen eine relativistische Quantenmechanik erfolgreich ausgebaut werden kann. Überdies wurde hier, um das Problem nicht zu sehr zu komplizieren und den Bereich unserer gegenwärtigen Kenntnisse nicht überschreiten zu müssen, die atomistische Konstitution der Maßstäbe und Uhren selbst noch nicht besonders berücksichtigt; deshalb wurden hier auch die möglichen Beschränkungen der Existenz beliebig kleiner Blenden, Linsen oder Spiegel mit Absicht noch außer Betracht gelassen. Wir legen hier zunächst Wert auf die *positive* Feststellung, daß dem Begriff des Ortes eines materiellen Teilchens zu einer bestimmten Zeit auch außerhalb des Geltungsbereiches der klassischen Mechanik ein Sinn zukommt. Die Ortsbestimmung ist nämlich jedenfalls mit einer größeren Genauigkeit möglich, als die Wellenlänge der Materiewellen

$$\lambda_m = \frac{h}{|p|} = \frac{h}{m v}\sqrt{1 - \frac{v^2}{c^2}}$$

beträgt, da nach (16)

$$\Delta x \sim \lambda_m \cdot \frac{v}{c}. \tag{17}$$

Mindestens in der unrelativistischen Quantentheorie, wo $v \ll c$ gilt, ist also die folgende Grundannahme natürlich. *In jedem Zustand eines Systems, zunächst bei einem kräftefreien Teilchen, existiert in jedem Zeitmoment t eine Wahrscheinlichkeit $W(x_1, x_2, x_3; t)\, dx_1\, dx_2\, dx_3$ dafür, daß das Teilchen sich innerhalb des Spielraums dx_1, dx_2, dx_3 am Ort x_1, x_2, x_3 befindet.*

Diese Grundannahme ist weder selbstverständlich noch eine direkte Folge aus den Unsicherheitsrelationen (II). Dies erhellt daraus, daß — wie später noch genauer erörtert werden wird (vgl. Abschnitt B, Ziff. 6d) — beim Lichtquant eine solche Ortsangabe außerhalb der Grenzen der klassischen geometrischen Optik nicht in sinnvoller Weise möglich ist. Der Lichtquantenort kann nicht genauer bestimmt werden, als die Wellenlänge des Lichtes beträgt, und dies in einer Zeit, die nicht kleiner sein kann als die Lichtperiode. Es gibt deshalb keine Lichtquantendichte mit analogen Eigenschaften wie die Dichte der Materieteilchen[1]. Überhaupt reicht die Analogie zwischen Licht und Materie, wie aus dem folgenden noch deutlicher werden wird, nicht so weit, als es ursprünglich schien. Sie erschöpft sich vielmehr völlig in den fundamentalen Beziehungen (I) zwischen Energie-Impuls und Frequenz-Wellenzahl, die sowohl für Lichtquanten als auch für Materieteilchen Geltung haben.

In der Formulierung der Grundannahme ist eine Auszeichnung des Ortes vor der Zeit enthalten, da die Ortskoordinaten nur bis auf einen Spielraum dx_i, die Zeitkoordinate aber exakt festgelegt gedacht ist[2]. In Wahrheit ist, wie wir gesehen haben, dieser Zeitpunkt nicht genauer fixierbar als $\Delta t = \Delta x/c$, wenn die Größenordnung des Fehlers der Ortsbestimmung Δx beträgt. Nur im Grenz-

[1] In der Literatur, sogar in einigen Lehrbüchern, finden sich darüber vielfach unrichtige Angaben.

[2] Auf diesen Umstand ist besonders von E. SCHRÖDINGER (Berl. Ber. 1931, S. 238) hingewiesen worden. In diesem Zusammenhang wird dort auch betont, daß eine ideale, d. h. die Zeit exakt angebende Uhr, eine unendlich große Energieunsicherheit, also auch eine unendlich große Energie besitzen würde. Nach unserer Meinung bedeutet das allerdings *nicht*, daß die Benutzung des gewöhnlichen Zeitbegriffes in der Quantenmechanik widerspruchsvoll sei, da eine solche ideale Uhr beliebig angenähert werden kann. Man denke sich z. B. einen sehr kurzen (im Limes unendlich kurzen) Lichtwellenzug, der (infolge des Vorhandenseins geeigneter Spiegel) einen geschlossenen Weg beschreibt. (Dabei bleibt allerdings, wie im Text bereits hervorgehoben, die Frage der Existenz solcher Spiegel noch außer Diskussion.)

fall der unrelativistischen Quantentheorie, in der sozusagen c als unendlich groß betrachtet wird, erscheint es eine sinnvolle Idealisation, bei festem Δx die Länge Δt der Zeitstrecke zu vernachlässigen, also mathematisch gleich Null zu setzen.

Wir kommen nun zur Frage der Impulsbestimmung des Teilchens. Auch hierfür kann nach BOHR die Streuung eines Lichtquants durch das Teilchen benutzt werden, da der Dopplereffekt in einer bestimmten Richtung der gestreuten Strahlung (zusammen mit Frequenz und Richtung der einfallenden Strahlung) einen Rückschluß auf die Geschwindigkeit des Materieteilchens zuläßt. Da die Genauigkeit der Bestimmung von ν' durch die endliche Zeitdauer T der Wechselwirkung zwischen Licht und Materie gemäß

$$\Delta \nu' = \frac{1}{T} \tag{18}$$

begrenzt wird, ist es in diesem Fall — umgekehrt wie bei der Ortsbestimmung — günstig, diese Zeitdauer groß zu wählen. Betrachten wir der Einfachheit halber näher den Fall, daß das materielle Teilchen sich vor dem Prozeß in der $+x$-Richtung bewegt, daß also bereits bekannt sei, daß $p_y = p_z = 0$ ist, und daß in der $-x$-Richtung Strahlung auf das Teilchen auffällt, die in der $+x$-Richtung gestreut wird, so daß gilt

$$-\frac{h\nu}{c} + p_x = p'_x + \frac{h\nu'}{c}$$

oder

$$p'_x = p_x - \frac{h\nu}{c} - \frac{h\nu'}{c} \tag{19}$$

und

$$h\nu - h\nu' = E' - E\,. \tag{20}$$

Da ν gegeben ist, würde aus einer genauen Kenntnis von ν' hieraus eine genaue Kenntnis von p_x (und p'_x) folgen. Um die Verknüpfung der Ungenauigkeit Δp_x von p_x mit der Ungenauigkeit $\Delta\nu'$ von ν' zu finden, haben wir aus (20) zunächst $\partial\nu'/\partial p_x$ zu berechnen, wobei p'_x gemäß (19) als Funktion von p_x und ν' zu denken und ν festzuhalten ist. Mit Rücksicht auf

$$\frac{\partial E'}{\partial p'_x} = v'_x\,; \qquad \frac{\partial E}{\partial p_x} = v_x$$

(welche Relation auch im relativistischen Fall gültig ist) findet man

$$-h\frac{\partial\nu'}{\partial p_x} = v'_x\left(1 - \frac{h}{c}\frac{\partial\nu'}{\partial p_x}\right) - v_x\,; \qquad h\frac{\partial\nu'}{\partial p_x}\left(1 - \frac{v'_x}{c}\right) = v_x - v'_x\,.$$

Für die Ungenauigkeiten folgt daraus zunächst

$$h\,\Delta\nu' = \frac{(v_x - v'_x)}{1 - v'_x/c}\,\Delta p_x\,.$$

Nun ist für kleine ν v'_x nahezu gleich v_x, für wachsende ν nimmt es ab, wird schließlich negativ und geht für sehr große ν endlich über in $-c$. Der Nenner $1 - \frac{v'_x}{c}$ wächst also hierbei von $1 - \frac{v_x}{c}$ bis 2 und größenordnungsmäßig gilt immer

$$h\,\Delta\nu' \sim (v_x - v'_x)\,\Delta p'_x\,, \tag{21}$$

also nach (18) auch

$$\Delta p_x \sim \frac{h}{(v_x - v'_x)\,T}\,. \tag{22}$$

Andererseits gilt für die prinzipielle Unbestimmtheit der Lage des Teilchens nach dem Prozeß

$$\Delta x \sim (v_x - v'_x)\,T\,,$$

da es unbestimmt bleiben muß, in welchem Zeitpunkt innerhalb des Intervalles T das Teilchen seine Geschwindigkeit ändert. Wir finden auf diese Weise die Unbestimmtheitsrelation

$$\Delta p_x \Delta x \sim h$$

wieder bestätigt. Die Gleichung (22) zeigt darüber hinaus, daß der Impuls des Teilchens sogar in beliebig kurzer Zeit bestimmt werden könnte, wenn die (bestimmte) Geschwindigkeitsänderung des Teilchens beim Prozeß beliebig groß werden könnte. In Wahrheit kann sie aber nicht größer werden als $2c$, so daß der Größenordnung nach gilt

$$\Delta p_x \sim \frac{h}{c\,\Delta t}. \tag{23}$$

Hierin ist jetzt Δt an Stelle von T geschrieben, um damit anzudeuten, daß T zugleich die Unbestimmtheit des Zeitpunktes angibt, in welchem der Wert p_x realisiert war. Die Resultate (22), (23) sind übrigens als untere Grenze des Fehlers Δp_x von den speziellen Voraussetzungen über Richtung des Lichtstrahles und der Geschwindigkeit der Materie unabhängig.

Im Falle kräftefreier Teilchen ist die Beschränkung der Genauigkeit der Impulsmessung durch die Zeitdauer T nicht wesentlich, da die Impulse des Teilchens hier zeitlich konstant sind. Wir werden also annehmen dürfen: *In jedem Zustand eines Systems, zunächst bei einem kräftefreien Teilchen, existiert eine Wahrscheinlichkeit $W(p_1, p_2, p_3)\,dp_1\,dp_2\,dp_3$ dafür, daß der Impuls des Teilchens innerhalb des Spielraumes dp_1, dp_2, dp_3 die Werte p_1, p_2, p_3 besitzt.* (Diese Annahme ist im Falle freier Strahlung offenbar auch für ein Lichtquant zutreffend.)

Die Messungen des Impulses sind übrigens, auch abgesehen von ihrer Genauigkeitsbegrenzung (22), im allgemeinen nicht „wiederholbar“, da bei ihnen eine unter Umständen große, wenn auch *bekannte* Änderung des Impulses eintritt. Nur wenn die Zeitdauer T der Messung so lang gewählt wird, daß bei gegebenem Δp_x auch $(p'_x - p_x)$ klein gemacht werden kann (langwelliges einfallendes Licht), wird eine auf die erste Messung unmittelbar folgende zweite Impulsmessung wieder zum selben Resultat führen. In allen Fällen aber, auch bei kurzdauernden Messungen, ist das Resultat einer folgenden Impulsmessung auf Grund der vorangehenden voraussagbar. Dieser Sachverhalt ist wichtig für die Frage der Impulsmessung an gebundenen Teilchen, da, wie wir sehen werden, bei diesen nur eine begrenzte Zeitdauer für die Messung zur Verfügung steht.

3. Wellenfunktion kräftefreier Teilchen. Es handelt sich nun darum, für die Wahrscheinlichkeiten $W(x_1, x_2, x_3)$ und $W(p_1, p_2, p_3)$ von Ort und Impuls eines Teilchens solche Grundannahmen einzuführen, die mit der Unsicherheitsrelation (II) und dem Wellencharakter der Materie im Einklang sind. Dabei beschränken wir uns zunächst auf das unrelativistische Gebiet, wo die Geschwindigkeit der Teilchen klein gegen die Lichtgeschwindigkeit ist und die Schwingungszahl der Wellen mit ihrem Phasenvektor $\vec{k}$ in der Beziehung (8′)

$$\omega = \omega_0 + \frac{\hbar}{2m} \sum_i k_i^2 \tag{8'}$$

miteinander stehen. Durch die Beschränkung auf das unrelativistische Gebiet sind übrigens Lichtquanten von vornherein aus der Betrachtung ausgeschlossen. Auf die hiermit zusammenhängenden Fragen wird erst im folgenden Abschnitt eingegangen. Denken wir uns also wie in (3) Funktionen

$$\psi(x_i, t) = \frac{1}{\sqrt{(2\pi)^3}} \int A(\vec{k})\, e^{i[(\vec{k}\vec{x}) - \omega t]}\, dk_1\, dk_2\, dk_3 \tag{24}$$

gebildet, worin $\vec{k}$ und ω stets der Beziehung (8′) genügen, also stets positiv sind. Die Zweckmäßigkeit des Faktors $\frac{1}{\sqrt{(2\pi)^3}}$ wird sich später ergeben. Ferner bilden wir die konjugiert komplexe Funktion

$$\psi^*(x_i, t) = \frac{1}{\sqrt{(2\pi)^3}} \int A^*(\vec{k})\, e^{-i[(\vec{k}\vec{x}) - \omega t]}\, d k_1\, d k_2\, d k_3 . \tag{24*}$$

Führt man nach (I) in (24), (24*) statt $\vec{k}$ und ω den Impuls $\vec{p} = \hbar \vec{k}$ und die Energie $E = \hbar\omega$ des Partikels ein, so läßt sich dies auch schreiben

$$\psi(x_i, t) = \frac{1}{\sqrt{(2\pi\hbar)^3}} \int A(\vec{p})\, e^{\frac{i}{\hbar}[(\vec{p}\vec{x}) - E t]}\, d p_1\, d p_2\, d p_3 , \tag{24′}$$

$$\psi^*(x_i, t) = \frac{1}{\sqrt{(2\pi\hbar)^3}} \int A^*(\vec{p})\, e^{\frac{i}{\hbar}[(\vec{p}\vec{x}) - E t]}\, d p_1\, d p_2\, d p_3 . \tag{24′*}$$

[Es unterscheiden sich hierin $A(\vec{p})$ und $A(\vec{k})$ um einen solchen Zahlenfaktor, daß $|A(p)|^2 dp_1\, dp_2\, dp_3 = |A(k)|^2 dk_1\, dk_2\, dk_3$.] Setzen wir

$$\varphi(\vec{p}) = A(\vec{p})\, e^{-\frac{i}{\hbar} E t} \tag{25}$$

so daß also $\varphi(\vec{p})$ der Gleichung

$$-\frac{\hbar}{i}\frac{\partial\varphi}{\partial t} = E\varphi = \left(E_0 + \sum_i \frac{p_i^2}{2m}\right)\varphi \tag{26}$$

genügt, so läßt sich dies auch schreiben

$$\psi(x_i, t) = \frac{1}{\sqrt{(2\pi\hbar)^3}} \int \varphi(\vec{p})\, e^{\frac{i}{\hbar}(\vec{p}\vec{x})}\, d\vec{p} , \tag{24″}$$

$$\psi^*(x_i, t) = \frac{1}{\sqrt{(2\pi\hbar)^3}} \int \varphi^*(\vec{p})\, e^{\frac{i}{\hbar}(\vec{p}\vec{x})}\, d\vec{p} . \tag{24″*}$$

Die Umkehr dieser Relationen lautet nach dem FOURIERschen Integraltheorem

$$\varphi(\vec{p}) = \frac{1}{\sqrt{(2\pi\hbar)^3}} \int \psi(x_i, t)\, e^{-\frac{i}{\hbar}(\vec{p}\vec{x})}\, dV \tag{27}$$

bzw.

$$A(\vec{p}) = \frac{1}{\sqrt{(2\pi\hbar)^3}} \int \psi(x_i, t)\, e^{-\frac{i}{\hbar}[(\vec{p}\vec{x}) - E t]}\, dV \tag{27′}$$

und

$$A(\vec{k}) = \frac{1}{\sqrt{(2\pi)^3}} \int \psi(x_i, t)\, e^{-i[(\vec{k}\vec{x}) - \omega t]}\, dV . \tag{27″}$$

Ferner gilt die Vollständigkeitsrelation

$$\int \psi^* \psi\, dV = \int \varphi^* \varphi\, dp = \int A^* A\, dp , \tag{28}$$

die auch den Grund für die Wahl des Zahlenfaktors in (24) und (24′) darstellt.

Es ist leicht zu sehen, daß vermöge (8′) diese Funktionen den Differentialgleichungen genügen.

$$-\frac{\hbar}{i}\frac{\partial\psi}{\partial t} = \left(E_0 - \frac{\hbar^2}{2m}\Delta\right)\psi , \tag{29}$$

$$+\frac{\hbar}{i}\frac{\partial\psi^*}{\partial t} = \left(E_0 - \frac{\hbar^2}{2m}\Delta\right)\psi^* , \tag{29*}$$

worin wie in (6)

$$E_0 = \hbar\omega = m_0 c^2 \tag{6}$$

gesetzt ist, und Δ den LAPLACEschen Operator bedeutet. Umgekehrt ist (24) die allgemeine[1] Lösung dieser Differentialgleichung (25), wenn für jede in (24) vorkommende Partialwelle die Beziehung (8′) erfüllt ist. Diese Beziehung war gemäß (I) aus der Beziehung

$$E = E_0 + \frac{1}{2m}\sum_i p_i^2 \tag{8}$$

zwischen Energie und Impuls eines Teilchens in der klassischen Partikelmechanik entstanden. Formal geht (25) direkt aus (8) hervor, wenn man die auf Raum-Zeitfunktionen wirkenden Operatoren

$$\boldsymbol{E} = -\frac{\hbar}{i}\frac{\partial}{\partial t}; \qquad \boldsymbol{p}_i = \frac{\hbar}{i}\frac{\partial}{\partial x_i} \tag{30}$$

einführt und dann (8) durch die mit (25) identische Operatorgleichung

$$\boldsymbol{E}\psi = \left(E_0 + \frac{1}{2m}\sum_i \boldsymbol{p}_i^2\right)\psi \tag{31}$$

ersetzt. Diese ist dann überdies formal analog zu (26).

Im folgenden werden wir es auch mit allgemeineren Operatoren zu tun haben, die aber alle die Eigenschaft der *Linearität* besitzen. Darunter ist zu verstehen, daß der betreffende Operator $\boldsymbol{D}$ der Bedingung genügt

$$\boldsymbol{D}(c_1\psi_1 + c_2\psi_2) = c_1\boldsymbol{D}\psi_1 + c_2\boldsymbol{D}\psi_2, \tag{32}$$

worin c_1 und c_2 zwei beliebige Konstante sind und ψ_1 und ψ_2 beliebige Funktionen irgendwelcher Variabler bedeuten. Diese Variablen können unter Umständen statt eines Kontinuums von Werten wie die Raum-Zeitkoordinaten nur diskreter Werte oder sogar nur einer endlichen Anzahl von Werten fähig sein. Stets aber sind die Funktionen $\boldsymbol{D}\psi$ als von denselben Variablen abhängig zu denken wie die Funktionen ψ. Zu den speziellen Operatoren (26) zurückkehrend, bemerken wir, daß die Zuordnung gerade dieser Operatoren zu den Energie- und Impulsgrößen nur einen anderen Ausdruck für die Bildung des FOURIERschen Integrals (24′) beim Übergang von Raum-Zeitfunktionen $\psi(x_i; t)$ aus Impulsfunktionen $\varphi(\vec{p})$ darstellt.

Eine physikalische Bedeutung bekommen die hier eingeführten Funktionen erst dadurch, daß sie mit den Wahrscheinlichkeiten $W(k_i)$ und $W(p_i)$ von Energie und Impuls des Teilchens in dem betreffenden Zustand in Verbindung gebracht werden. Hierbei ist wesentlich, zu beachten, daß erstens diese Wahrscheinlichkeiten W *nie negativ* sein können, und daß zweitens zu jedem Zeitpunkt

$$\int W(\vec{x})\,dx_1\,dx_2\,dx_3 = 1 \tag{33}$$

und

$$\int W(\vec{p})\,dp_1\,dp_2\,dp_3 = 1 \tag{33'}$$

gelten muß. Der einfachste Ansatz für $W(x)$, der diesen Forderungen genügt, ist der, daß $W(x)$ *eine definite quadratische Form* der Werte von (evtl. mehreren) Funktionen $\psi_\varrho, \psi_\varrho^*, \ldots$ $(\varrho = 1, 2, \ldots)$ ist, von denen jede den Gleichungen (25) bzw. (25*) genügt

$$W(x) = Q(\psi_\varrho, \psi_\varrho^*). \tag{34}$$

[1] Damit dieser Ausdruck auch den Fall umfaßt, daß ψ eine *Summe* über verschiedene ebene Wellen neben dem *Integral* enthält, müssen für die $\varphi(\vec{k})$ gewisse Singularitäten zugelassen und die Integrale dann im STIELTJESschen Sinn verstanden werden.

(Daß man ohne Formen vierten oder höheren Grades auskommt, kann natürlich nur der Erfolg lehren.) Um dann auch noch die zeitliche Konstanz von $W(\vec{x})\,dx_1\,dx_2\,dx_3$ gemäß (25) und (25*) zu erreichen, muß notwendig

$$Q(\psi_\varrho, \psi_\varrho^*) = \sum_\varrho C_\varrho \psi_\varrho^* \psi_\varrho \tag{35}$$

gesetzt werden, worin C_ϱ positive reelle Zahlen sind. Man erkennt dies sowohl aus (24) mittels des FOURIERschen Satzes, als auch aus (25) durch partielle Integration. Z. B. ergibt sich auf die letztere Weise zunächst

$$-\frac{1}{2}\frac{\hbar}{i}\frac{\partial}{\partial t}(\psi^2) = E_0\psi^2 - \frac{\hbar^2}{2m}\sum_i \frac{\partial}{\partial x_i}\left(\psi\frac{\partial\psi}{\partial x_i}\right) + \frac{\hbar}{2m}(\mathrm{grad}\,\psi)^2,$$

$$+\frac{1}{2}\frac{\hbar}{i}\frac{\partial}{\partial t}(\psi^{*2}) = E_0\psi^{*2} - \frac{\hbar^2}{2m}\sum_i \frac{\partial}{\partial x_i}\left(\psi^*\frac{\partial\psi^*}{\partial x_i}\right) + \frac{\hbar}{2m}(\mathrm{grad}\,\psi^*)^2,$$

aber

$$\frac{\hbar}{i}\frac{\partial}{\partial t}(\psi\psi^*) = \frac{\hbar^2}{2m}\sum_i \frac{\partial}{\partial x_i}\left(\psi^*\frac{\partial\psi}{\partial x_i} - \psi\frac{\partial\psi^*}{\partial x_i}\right),$$

also ist weder $\int\psi^2 dV$ noch $\int\psi^{*2} dV$ noch irgendeine Linearkombination von beiden zeitlich konstant, wohl aber (unter der Annahme, daß die durch partielle Integration über eine sehr große Kugel entstehenden Randintegrale im Limes eines unendlich großen Integrationsgebietes verschwinden)

$$\int\psi\psi^*\,dV = \text{konst.} \tag{36}$$

Wir merken noch für spätere Anwendungen an, daß die letzte der angeschriebenen Differentialgleichungen die Form der Kontinuitätsgleichung

$$\frac{\partial\varrho}{\partial t} + \mathrm{div}\,\vec{\mathfrak{i}} = 0 \tag{37}$$

annimmt, wenn neben $\varrho = \psi^*\psi$

$$\vec{\mathfrak{i}} = \frac{\hbar}{2mi}(\psi^*\,\mathrm{grad}\,\psi - \psi\,\mathrm{grad}\,\psi^*) \tag{38}$$

gesetzt wird.

Wenn wir ausdrücklich festsetzen, die zeitliche Ableitung einer reellen Funktion als neue (zweite) Funktion zu zählen, können wir sagen: In (31) ist enthalten, daß *eine einzige reelle Funktion nicht ausreicht, um aus Wellen der Form* (24) *eine nach Integration über das Volumen zeitlich konstante, nirgends negative Wahrscheinlichkeit aufzubauen*[1]! Vielmehr sind dazu mindestens zwei reelle Funktionen oder eine

---

[1] Es hängt dies damit zusammen, daß dieser Realteil $u = \frac{1}{2}(\psi + \psi^*)$ von ψ [für den Imaginärteil $v = \frac{1}{2i}(\psi - \psi^*)$ gilt ganz Analoges] gemäß (25), (25*) keiner Differentialgleichung, die hinsichtlich der zeitlichen Ableitung von erster Ordnung ist, genügt, sondern nur der „iterierten" Differentialgleichung zweiter Ordnung

$$\left(-\frac{\hbar}{i}\frac{\partial}{\partial t} + \frac{\hbar^2}{2m}\Delta - E_0\right)\left(+\frac{\hbar}{i}\frac{\partial}{\partial t} + \frac{\hbar^2}{2m}\Delta - E_0\right)u = 0$$

oder

$$\left[\hbar^2\frac{\partial^2}{\partial t^2} + \left(\frac{\hbar^2}{2m}\Delta - E_0\right)^2\right]u = 0\,.$$

Ein aus u quadratisch gebildeter Ausdruck, dessen Volumintegral zeitlich konstant ist, müßte nicht nur u und seine räumlichen Ableitungen, sondern auch die erste zeitliche Ableitung enthalten.

komplexe Funktion und ihre Konjugierte notwendig. Die Konstanten C_ϱ können offenbar in die ψ miteinbezogen werden, so daß

$$W(x) = \sum_\varrho \psi_\varrho^* \psi_\varrho = \sum_\varrho |\psi_\varrho|^2 \tag{35}$$

der allgemeinste Ansatz für die Wahrscheinlichkeit $W(x)$ ist. Wir werden später sehen, daß in der Tat mehrere Ψ-Funktionen nötig sein können, und zwar dann, wenn es sich um Teilchen mit einem Drehimpuls handelt. Vorläufig wollen wir aber der Einfachheit halber hiervon absehen und nur mit einer komplexen Ψ-Funktion operieren, so daß

$$W(x) = |\psi|^2 = \psi^* \psi \tag{35'}$$

wird mit der Normierungsbedingung

$$\int \psi^* \psi \, dV = 1 \,. \tag{36}$$

Gemäß der Kontinuitätsgleichung (37) können wir nunmehr den Ausdruck (34) als *statistische Stromdichte* oder *Wahrscheinlichkeitsstrom* interpretieren. Es gibt $\vec{i}(x)$ die Wahrscheinlichkeit dafür an, daß durch die Flächeneinheit senkrecht zur x-Achse das Teilchen pro Zeiteinheit eher in der positiven als in der negativen x-Richtung hindurchtritt.

Nunmehr ist es leicht, auch die Wahrscheinlichkeitsdichte $W(\vec{p})$ im Impulsraum anzugeben, die übrigens im kräftefreien Fall zeitlich konstant sein wird (nicht nur ihr Integral), da hier der Teilchenimpuls konstant ist. Diese Wahrscheinlichkeitsdichte ist gegeben durch

$$W(\vec{p}) = |A(\vec{p})|^2 = A^* A = \varphi^* \varphi \,. \tag{39}$$

Man könnte vielleicht zunächst daran denken, $W(p)$ durch

$$W(\vec{p}) = C(\vec{p})\, |A(\vec{p})|^2$$

zu definieren, wo $C(\vec{p})$ eine noch allgemeiner zu bestimmende positive Funktion wäre. Wegen der aus (24') folgenden Vollständigkeitsrelation (28) ist es jedoch notwendig, $C(p) \equiv 1$ zu setzen, da aus

$$\int W(x)\, dx = 1$$

notwendig

$$\int W(\vec{p})\, d\vec{p} = 1$$

folgen muß.

Die Mittel zur statistischen Beschreibung irgendeines Zustandes eines materiellen Teilchens im kräftefreien Fall sind hiermit vollständig gegeben. Jeder solche Zustand ist beschrieben durch ein Wellenpaket $\psi(x, t)$ der Form (24), aus welchem gemäß (39) eindeutig das „Paket“ $\varphi(\vec{p})$ im Impulsraum folgt. Diese Funktionen $\psi(x, t)$ und $\varphi(p)$ — man nennt sie oft „Wahrscheinlichkeitsamplituden“ — sind aber, was ihre Phase betrifft, *nicht direkt beobachtbar*; dies gilt vielmehr nur von den Wahrscheinlichkeitsdichten $W(x, t)$ und $W(p)$. Die komplexe Wellenfunktion selber hat somit einen nur *symbolischen Charakter* und dient dazu, den Zusammenhang zwischen $W(x, t)$ und $W(p)$ zu vermitteln[1].

Aus den entwickelten Grundlagen lassen sich verschiedene einfache Folgerungen ziehen, welche direkt mit dem Experiment verglichen werden können. Insbesondere kann man Mittelwerte über irgendwelche Funktionen von $\vec{x}$ oder $\vec{p}$

[1] Die mathematische Frage, ob bei gegebenen Funktionen $W(x)$ und $W(p)$ die Wellenfunktion ψ stets eindeutig bestimmt ist, wenn es eine solche zugehörige Wellenfunktion überhaupt gibt [d. h. wenn $W(x)$ und $W(p)$ physikalisch vereinbar sind], ist noch nicht allgemein untersucht worden.

bilden und ihren Zusammenhang sowie ihre zeitliche Veränderung untersuchen. Z. B. ist

$$\bar{x}_l = \int x_l \psi^* \psi \, dV; \qquad \bar{p}_l = \int p_l \varphi^* \varphi \, dp. \tag{40}$$

Ferner ist von Interesse die mittlere Ausdehnung der Pakete im gewöhnlichen Raum und im Impulsraum, die gegeben wird durch die „mittleren Querschnitte"

$$\overline{(\Delta x_l)^2} = \int (x_l - \bar{x}_l)^2 \psi^* \psi \, dV; \qquad \overline{(\Delta p_l)^2} = \int (p_l - \bar{p}_l)^2 \varphi^* \varphi \, dp. \tag{41}$$

Das Verhalten des Mittelpunktes eines Paketes ergibt sich aus der Umformung gemäß (24) und (27″) und durch partielle Integration

$$\bar{x}_l = \frac{1}{\sqrt{(2\pi)^3}} \int x_l \psi^* \, dV \int \varphi(\vec{k})\, e^{i(\vec{k}\vec{x})} \, dk = \frac{1}{\sqrt{(2\pi)^3}} \int \psi^* dV \int \varphi(\vec{k}) \frac{1}{i} \frac{\partial}{\partial k_l} \left(e^{i(\vec{k}\vec{x})}\right) dk$$

$$= \frac{1}{\sqrt{(2\pi\hbar)^3}} \int \psi^* dV \int i\hbar \frac{\partial}{\partial p_l} [\varphi(p)]\, e^{\frac{i}{\hbar}(\vec{p}\vec{x})} \, dp$$

$$= \frac{1}{\sqrt{(2\pi\hbar)^3}} \int i\hbar \frac{\partial}{\partial p} [\varphi(p)] \, dp \int \psi^* e^{\frac{i}{\hbar}(\vec{p}\vec{x})} dV = \int \varphi^*(\vec{p})\, i\hbar \frac{\partial}{\partial p_l} [\varphi(p)] \, dp,$$

also

$$\bar{x}_l = \int \varphi^*(p) \cdot i\hbar \frac{\partial \varphi(p)}{\partial p_l} \, dp = \int \varphi^*(\vec{k}) \left(i \frac{\partial}{\partial k_l}\right) \varphi(\vec{k}) \, dk \tag{42}$$

oder auch

$$\bar{x}_l = \int A^*(k)\, e^{i\omega t} \left(i \frac{\partial}{\partial k_l}\right) [A(k)\, e^{-i\omega t}] \, dk,$$

also schließlich

$$\bar{x}_l = \int A^* i \frac{\partial A}{\partial k_l} \, dk + t \int \frac{\partial \omega}{\partial k_l} A^* A \, dk. \tag{43}$$

Hierin ist enthalten, daß

$$\frac{d\bar{x}_l}{dt} = \overline{\left(\frac{\partial \omega}{\partial k_l}\right)} = \overline{\left(\frac{\partial E}{\partial p_l}\right)} = \bar{v}_l = \frac{\bar{p}_l}{m}, \tag{44}$$

was den Satz von der Gruppengeschwindigkeit darstellt. Aus der Kontinuitätsgleichung (37) folgt andererseits leicht durch Multiplikation mit x_l und partielle Integration

$$\frac{d\bar{x}_l}{dt} = \int i_l \, dV = \frac{1}{m} \int \psi^* \left(\frac{\hbar}{i} \frac{\partial \psi}{\partial x_l}\right) dV, \tag{45}$$

also folgt durch Vergleich mit (44) weiter

$$\bar{p}_l = \int \varphi^*(p)\, p_l\, \varphi(p) \, dp = \int \psi^* \left(\frac{\hbar}{i} \frac{\partial}{\partial x_l} \psi\right) dV, \tag{46}$$

was man auch leicht direkt verifiziert. Die Beziehungen (42) und (46) lassen sich weitgehend verallgemeinern. Sei $F(\vec{x})$ irgendeine ganze rationale Funktion der x_i, $F(\vec{p})$ irgendeine ganze rationale Funktion der p_i, so gilt

$$\overline{F(x_l)} = \int \psi^* F(\vec{x})\, \psi \, dV = \int \varphi^* F\left(i\hbar \frac{\partial}{\partial p_l}\right) \varphi \, dp, \tag{47}$$

$$\overline{F(p_l)} = \int \psi^* F\left(\frac{\hbar}{i} \frac{\partial}{\partial x_i}\right) \psi \, dV = \int \varphi^* F(p_l)\, \varphi \, dp, \tag{47'}$$

wie unmittelbar durch partielle Integration unter Benutzung des FOURIERschen Integraltheorems verifiziert werden kann[1].

[1] Über Verallgemeinerungen dieser Relation für andere als ganz-rationale F siehe Abschnitt B, Ziff. 2c) und 6b).

Es ist deshalb z. B.

$$\overline{p_l^2} = \int \varphi^* p_l^2 \varphi \, dp = \int \psi^* \left(-\hbar^2 \frac{\partial^2 \psi}{\partial x_l^2}\right) dV = +\hbar^2 \int \frac{\partial \psi^*}{\partial x_l} \cdot \frac{\partial \psi}{\partial x_l} dV,$$

$$\overline{x_l^2} = \int \psi^* x_l^2 \psi \, dV = \int \varphi^* \left(-\hbar^2 \frac{\partial^2 \varphi}{\partial p_l^2}\right) dp = +\hbar^2 \int \frac{\partial \varphi^*}{\partial p_l} \cdot \frac{\partial \varphi}{\partial p_l} dp.$$

Um entsprechende Beziehungen für $\overline{(\Delta x_l)^2}$ und $\overline{(\Delta p_l)^2}$ aufzustellen, ist nur eine geringe Modifikation dieser Gleichungen erforderlich. Diese ergeben sich am einfachsten, wenn wir den Übergang zu einem neuen Bezugssystem betrachten,

$$x' = x - x_0 - vt; \quad t' = t,$$

für den wir hier naturgemäß die Galileitransformation benutzen müssen, da die Relativitätskorrektionen vorläufig konsequent vernachlässigt werden. Da hier gilt

$$p'_x = p_x - m v_x; \quad E' = E - p_x v + \frac{m}{2} v^2,$$

müssen wir, um gemäß (26) das Bestehen der Gleichung

$$\frac{\hbar}{i} \frac{\partial \varphi'}{\partial t} = E' \varphi$$

zu erreichen, setzen

$$\varphi' = \varphi \, e^{-\frac{i}{\hbar}\left[\frac{m}{2} v^2 - p_x v\right] t} \, e^{\frac{i}{\hbar} f},$$

worin f von t unabhängig so zu bestimmen ist, daß die Funktion

$$\psi' = \frac{1}{\sqrt{(2\pi\hbar)^3}} \int \varphi'(\vec{p}') \, e^{\frac{i}{\hbar}(\vec{p}'\vec{x}')} \, dp'$$

die Eigenschaft hat

$$W'(\vec{x}') = W(\vec{x})$$

oder

$$\psi^{*\prime}(\vec{x}')\, \psi'(\vec{x}') = \psi^*(\vec{x})\, \psi(\vec{x}).$$

Um dies zu erreichen, genügt es, $f = p_x x_0$ zu setzen. Dann erhält man endgültig

$$\varphi'(\vec{p}') = \varphi(\vec{p}) \, e^{-\frac{i}{\hbar}\left[\frac{m}{2} v^2 t - p_x (x_0 + vt)\right]}, \tag{48}$$

$$\psi'(x') = \psi(x) \, e^{-\frac{i}{\hbar}\left[m v (x - x_0) - \frac{m}{2} v^2 t\right]} \tag{49}$$

oder

$$\psi'(x', t') = \psi(x' + x_0 + vt') \, e^{-\frac{i}{\hbar}\left[m v x' + \frac{m}{2} v^2 t'\right]}. \tag{49'}$$

Man verifiziert leicht, daß diese Funktion in der Tat der Gleichung

$$-\frac{\hbar}{i} \frac{\partial \psi'}{\partial t'} = E_0 - \frac{\hbar^2}{2m} \Delta' \psi'$$

genügt. Für die Stromdichte (38) folgt daraus weiter

$$\vec{i}' = \vec{i} - \vec{v} \psi^* \psi, \tag{50}$$

was offenbar eine unmittelbar anschauliche Bedeutung besitzt.

Da nun der Mittelpunkt eines Wellenpaketes sich gemäß (43) mit konstanter Geschwindigkeit bewegt, können wir ein Bezugssystem K' einführen, welches sich mit dem Mittelpunkt des Paketes mitbewegt, so daß sich dieses dauernd im neuen Koordinatenursprung in Ruhe befindet. Wir haben dann in diesem neuen System

$$\bar{x} = 0; \quad \bar{p} = 0$$

und

$$\overline{x^2} = \overline{(x - \bar{x})^2} = \overline{(\Delta x)^2}; \quad \overline{p^2} = \overline{(p - \bar{p})^2} = \overline{(\Delta p)^2}.$$

Die vollständige Schreibweise wäre $\overline{x'_l} = 0, \ldots$ usw.; um die Bezeichnung zu vereinfachen, soll im folgenden zunächst der eindimensionale Fall betrachtet und der Akzent weggelassen werden. Der letztere Mittelwert

$$\overline{p^2} = \int p^2 \varphi^* \varphi \, dp = \hbar^2 \int \frac{\partial \psi^*}{\partial x} \cdot \frac{\partial \psi}{\partial x} \, dV$$

ist zeitlich konstant, während

$$\overline{x^2} = \int x^2 \psi^* \psi \, dV = \hbar^2 \int \frac{\partial \varphi^*}{\partial p} \cdot \frac{\partial \varphi}{\partial p} \, dp$$

zeitlich veränderlich ist. Und zwar folgt aus der letzten Form gemäß (25) sogleich

$$\overline{x^2} = \hbar^2 \int \frac{\partial A^*}{\partial p} \cdot \frac{\partial A}{\partial p} \, dp + i\hbar t \int \frac{\partial E}{\partial p} \left(A^* \frac{\partial A}{\partial p} - A \frac{\partial A^*}{\partial p} \right) dp + t^2 \int \left(\frac{\partial E}{\partial p} \right)^2 A^* A \, dp \tag{51}$$

oder

$$\overline{x^2} = \hbar^2 \int \frac{\partial A^*}{\partial p} \cdot \frac{\partial A}{\partial p} \, dp + \frac{\hbar i t}{m} \int p \left(A^* \frac{\partial A}{\partial p} - A \frac{\partial A^*}{\partial p} \right) dp + \frac{t^2}{m^2} \overline{p^2}. \tag{51'}$$

Der mittlere Querschnitt eines beliebigen Wellenpaketes nach jeder Koordinatenrichtung ist also im kräftefreien Fall eine quadratische Funktion der Zeit. Er wächst also (evtl. nach Durchlaufen eines Minimums) sowohl später als auch früher beliebig stark an. Es ist einfach, (51') in den Koordinatenraum umzuschreiben. Bezeichnet ψ_0 den Wert von ψ für $t = 0$, $\overline{(x^2)}_0 = \int x \psi_0^* \psi_0 \, dV$ den Wert von $\overline{(x^2)}$ zur Zeit $t = 0$, $\vec{i}_0 = \frac{\hbar}{2m} (\psi^* \cdot \operatorname{grad} \psi_0 - \psi_0 \operatorname{grad} \psi_0^*)$ den Wert von $\vec{i}$ zur Zeit $t = 0$, so erhält man

$$\overline{x^2} = \overline{(x^2)}_0 + 2t \int (x\, i) \, dV + \frac{t^2}{m^2} \overline{p^2} \tag{52'}$$

und im *ungestrichenen* Koordinatensystem (mit $\varrho = \psi^* \psi$)

$$\overline{\Delta x^2} = \overline{(\Delta x^2)}_0 + 2t \int (x - \bar{x}) \left(i - \frac{\varrho}{m} p \right) dV + \frac{t^2}{m^2} \overline{(\Delta p^2)}. \tag{52}$$

Dieses Resultat enthält nichts besonders für die Quantentheorie Charakteristisches, da sich für ein System von kräftefrei bewegten Punkten, die mit der Dichte ϱ und der Stromdichte $\vec{i}$ sowie mit dem mittleren Quadrat des Impulses $\overline{(\Delta p^2)}$ verteilt sind, dasselbe ergeben würde. Es sei aber daran erinnert, daß die Stetigkeit von $\bar{x}$ und $\overline{\Delta x}$ als Funktion der Zeit [bei beliebig kleinem $\overline{(\Delta x)_0^2}$] für die Wiederholbarkeit der Ortsmessung wesentlich ist. Ebenso kann man im dreidimensionalen Fall die zeitliche Änderung des Mittelwertes $\overline{\Delta x_l \Delta x_m}$ der Produkte zweier Koordinaten berechnen. Es ergibt sich dann analog der in t quadratische Ausdruck

$$\overline{\Delta x_l \Delta x_m} = \overline{(\Delta x_l \Delta x_m)}_0 + t \int \left[(x_l - \bar{x}_l) \left(\mathrm{i}_m - \frac{\varrho}{m} p_m \right) + (x_m - \bar{x}_m) \left(\mathrm{i}_l - \frac{\varrho}{m} p_l \right) \right] dV$$
$$+ \frac{t^2}{m^2} \overline{\Delta p_l \Delta p_m}. \tag{53}$$

Für die Quantentheorie charakteristisch ist aber der Umstand, daß zwischen den Werten $\overline{(\Delta x)^2}$ und $\overline{(\Delta p)^2}$ eine der Unsicherheitsrelation entsprechende Beziehung besteht, indem nämlich nicht beide Ausdrücke zugleich beliebig klein gemacht werden können[1]. Man erkennt dies am einfachsten durch Umformung der Ungleichung

$$D = \left| \frac{x}{2\overline{x^2}} \psi + \frac{\partial \psi}{\partial x} \right|^2 \geqq 0 .$$

Es wird

$$D = \frac{x^2}{4(\overline{x^2})^2} \psi\psi^* + \frac{x}{2\overline{x^2}} \left(\psi \frac{\partial \psi^*}{\partial x} + \psi^* \frac{\partial \psi}{\partial x} \right) + \frac{\partial \psi}{\partial x} \frac{\partial \psi^*}{\partial x}$$

$$= \frac{1}{4} \left(\frac{x}{\overline{x^2}} \right)^2 \psi\psi^* + \frac{1}{2} \frac{\partial}{\partial x} \left(\frac{x}{\overline{x^2}} \psi\psi^* \right) - \frac{1}{2} \frac{1}{\overline{x^2}} \psi\psi^* + \frac{\partial \psi}{\partial x} \frac{\partial \psi^*}{\partial x}$$

$$= \frac{1}{4} \frac{1}{(\overline{x^2})^2} \cdot \left[x^2 - 2\overline{x^2} \right] + \frac{\partial}{\partial x} \left(\frac{x}{\overline{x^2}} \psi\psi^* \right) + \frac{\partial \psi}{\partial x} \frac{\partial \psi^*}{\partial x} ,$$

also integriert

$$\int D \, dV = \frac{1}{\hbar^2} \overline{p^2} - \frac{1}{4} \frac{1}{\overline{x^2}} \geqq 0 ,$$

also

$$\overline{p^2}\, \overline{x^2} = \overline{(\Delta p)^2\, (\Delta x)^2} \geqq \frac{\hbar^2}{4} .$$

Dies ist die quantitative Verschärfung der Unsicherheitsrelation. Das Gleichheitszeichen in (54) gilt nur, wenn

$$\frac{1}{2} \frac{x}{\overline{x^2}} \psi + \frac{\partial \psi}{\partial x} = 0$$

oder

$$\psi = C\, e^{-\frac{1}{4} \frac{x^2}{\overline{x^2}}} . \tag{55}$$

Interessiert man sich für das Produkt $\overline{(\Delta p_l^2)\,(\Delta x_l^2)}$ nur für einen bestimmten Wert des Index l, so ist die Abhängigkeit von den übrigen Koordinaten gleichgültig. Will man das Minimum für alle drei Koordinaten erreichen, so muß man setzen

$$\psi = C e^{-\frac{1}{4} \left(\frac{x_1^2}{\overline{x_1^2}} + \frac{x_2^2}{\overline{x_2^2}} + \frac{x_3^2}{\overline{x_3^2}} \right)} . \tag{55'}$$

Während $\overline{\Delta p_l^2}$ zeitlich konstant ist, ändert sich $\overline{\Delta x_l^2}$ mit der Zeit; wird das Minimum von $\overline{(\Delta p_l)^2\,(\Delta x_l)^2}$ für $t = 0$ erreicht, so muß das in t lineare Glied in (52) verschwinden (was man auch unmittelbar verifiziert), für frühere oder spätere Zeiten wird also dann das in Rede stehende Produkt einen größeren Wert erhalten. Durch nachträgliche Messungen kann es zwar wieder verkleinert werden, aber niemals unter das Minimum.

Die Impulsfunktion $\varphi(p)$, welche diesem Minimum entspricht, ist, wie aus der vollen Symmetrie des Minimumproblems in bezug auf p_x und x hervorgeht, ebenfalls die GAUSSsche Fehlerfunktion

$$\varphi(p) = C\, e^{-\frac{1}{4} \frac{p_x^2}{(\Delta p_x)^2}} \tag{56}$$

bzw.

$$\varphi(p) = C\, e^{-\frac{1}{4} \left[\frac{p_1^2}{(\Delta p_1)^2} + \frac{p_2^2}{(\Delta p_2)^2} + \frac{p_3^2}{(\Delta p_3)^2} \right]} , \tag{56'}$$

wie man auch unmittelbar durch Nachrechnen gemäß (24'') bestätigt.

---

[1] Vgl. hierzu H. WEYL, Gruppentheorie u. Quantenmechanik, 2. Aufl., Leipzig 1931, Anhang 1; W. HEISENBERG, Die physikalischen Prinzipien der Quantentheorie, S. 13. Leipzig 1930. Für Verallgemeinerungen E. U. CONDON, Science 1929; H. P. ROBERTSON, Phys. Rev. Bd. 34, S. 163. 1929, und vor allem E. SCHRÖDINGER (Berl. Ber. 1930, S. 296), wo Sätze der Form (51), (52) zum erstenmal allgemein bewiesen sind.

Zum Schluß sei eine allgemeine Methode beschrieben, um die zeitabhängige Gleichung (29) zu lösen, wenn ψ für $t=0$ als Raumfunktion ψ_0 vorgegeben ist. Diese Frage kann sofort beantwortet werden, wenn es uns gelingt, eine „Grundlösung“ $U(x_1, x_2, x_3; t)$ zu finden mit der Eigenschaft, daß U für $t=0$ singulär wird in solcher Weise, daß für jedes endliche Integrationsgebiet

$$\lim_{t\to 0}\int\limits_{(V)} U\,dV = \begin{cases} 1, & \text{wenn der Nullpunkt in } V \text{ liegt,} \\ 0, & \text{wenn der Nullpunkt außerhalb } V \text{ liegt.} \end{cases} \tag{57}$$

Wegen des linearen Charakters der Differentialgleichung ist dann nämlich

$$\left.\begin{aligned} \psi(x_i; t) &= -\int U(\bar{x}_i - x_i; t)\,\psi(\bar{x}_i; 0)\,dV \\ &= \int U(\bar{x}_i; t)\,\psi(x_i + \bar{x}_i; 0)\,dV \end{aligned}\right\} \tag{58}$$

die gesuchte Lösung.

Um die Grundlösung U für den kräftefreien Fall der unrelativistischen Wellenmechanik zu finden, ist es zweckmäßig, sich an die formale Analogie der Differentialgleichung

$$\frac{\partial\psi}{\partial t} = \frac{i\hbar}{2m}\Delta\psi \tag{59}$$

mit der Wärmeleitungs- oder Diffusionsgleichung zu erinnern[1]. (Wir haben hier der Einfachheit halber $E_0 = 0$ gesetzt, da dies durch Abspaltung des Faktors $e^{-\frac{i}{\hbar}E_0 t}$ aus der ψ-Funktion leicht erreicht werden kann.) Es ist hier aber für den Wärmeleitungskoeffizienten eine imaginäre Zahl einzusetzen. Unsere Grundlösung entspricht dann der einem „Wärmepol“ zugeordneten Lösung der Wärmeleitungsgleichung und lautet zunächst im eindimensionalen Fall

$$U(x, t) = \frac{C}{\sqrt{t}}\, e^{-\frac{im}{2\hbar}\frac{x^2}{t}}.$$

Von dieser Funktion ist zunächst leicht zu verifizieren, daß sie der Differentialgleichung

$$\frac{\partial\psi}{\partial t} = \frac{i\hbar}{2m}\frac{\partial^2\psi}{\partial x^2}$$

genügt. Sodann gilt

$$\int\limits_{x_1}^{x_2} U(x, t)\,dx = C\sqrt{\frac{2\hbar}{m}}\int\limits_{\sqrt{\frac{m}{2\hbar}}\frac{x_1}{\sqrt{t}}}^{\sqrt{\frac{m}{2\hbar}}\frac{x_2}{\sqrt{t}}} e^{i\xi^2}\,d\xi.$$

Nun ist für

$$\lim a \to +\infty; \qquad \lim b \to +\infty; \qquad \lim\int\limits_a^b e^{i\xi^2}\,d\xi = 0,$$

für

$$\lim a \to -\infty; \qquad \lim b \to +\infty; \qquad \lim\int\limits_a^b e^{i\xi^2}\,d\xi = \int\limits_{-\infty}^{\infty} e^{i\xi^2}\,d\xi = \sqrt{\pi}\,e^{i\pi/4},$$

also ist in der Tat, wie in (57) verlangt wird,

$$\lim_{t\to 0}\int\limits_{x_1}^{x_2} U\,dx = \begin{cases} 0, \\ 1, \end{cases} \text{wenn der Nullpunkt } x = 0 \begin{cases} \text{außerhalb} \\ \text{innerhalb} \end{cases} \text{des Intervalls } (x_1 x_2) \text{ liegt,}$$

[1] Auf diese Analogie ist besonders von P. Ehrenfest (ZS. f. Phys. Bd. 45, S. 455. 1927) hingewiesen worden; vgl. für das Folgende auch L. de Broglie, Wellenmechanik, Kap. 13.

sobald wir noch die Konstante C zu

$$C = e^{-i\pi/4} \sqrt{\frac{m}{2\pi\hbar}}$$

normieren. Wir haben also schließlich

$$U(x, t) = e^{-i\pi/4} \sqrt{\frac{m}{2\pi\hbar}} \frac{1}{\sqrt{t}} e^{\frac{im}{2\hbar}\frac{x^2}{t}}. \tag{60}$$

Für den dreidimensionalen Fall erhält man hieraus sofort durch Produktbildung

$$U(x_1, x_2, x_3; t) = U(x_1, t) U(x_2, t) U(x_3, t) = e^{-\frac{3\pi}{4}i} \left(\frac{m}{2\pi\hbar}\right)^{\frac{3}{2}} \frac{1}{t^{\frac{3}{2}}} e^{\frac{im}{2\hbar}\frac{x_1^2 + x_2^2 + x_3^2}{t}}. \tag{61}$$

Einsetzen dieses Ausdruckes in (58) ergibt dann die allgemeine Lösung

$$\psi(x_1, x_2, x_3; t)$$

der Wellengleichung[1]. Beim Aufsuchen der Grundlösung U hätte man auch von ihrer Zerlegung in räumliche Fourierkomponenten gemäß (24), (27) unter Benutzung von (57) ausgehen können.

4. Wellenfunktion im Fall eines Teilchens, das unter dem Einfluß von Kräften steht. Die Beschreibung der Zustände eines Systems von Teilchen, die Kräften unterworfen sind, durch statistische Begriffe und Gesetzmäßigkeiten, ist aus denen für kräftefreie Teilchen durch Verallgemeinerung entstanden. Offenbar müssen diese Begriffe und Gesetze in sich widerspruchsfrei sein und diejenigen der klassischen Punktmechanik als Grenzfall enthalten. Abgesehen von dieser allgemeinen Forderung kann nur der Erfolg über die Brauchbarkeit bestimmter Annahmen entscheiden. Man kann diese Annahmen, zunächst für den Fall eines einzigen Teilchens und immer mit Vernachlässigung der Relativitätskorrektionen, folgendermaßen formulieren:

1. Die Wahrscheinlichkeit, zu einem bestimmten Zeitpunkt t die Ortskoordinaten x_i des Teilchens zwischen x_i und $x_i + dx_i$ zu finden, ist auch hier ein sinnvoller Begriff. Sie ist wieder gegeben durch

$$W(x_1 x_2 x_3; t)\, dx_1 dx_2 dx_3 = \psi^* \psi\, dx_1 dx_2 dx_3, \tag{36}$$

worin $\psi(x_1 \ldots t)$ eine selbst nicht beobachtbare, im allgemeinen komplexe Wellenfunktion, und ψ^* die dazu konjugierte komplexe Funktion bedeutet. Bei dieser Schreibweise ist ψ normiert gedacht gemäß

$$\int \psi\psi^* dV = 1.$$

Diese Annahme ist deshalb sehr naheliegend, weil die Ortsbestimmung in so kurzen Zeiten erfolgen kann, daß das Vorhandensein der Kräfte hierbei keine Rolle spielt. Aus (36) folgt bereits für die zeitliche Veränderung der ψ die Bedingung

$$\frac{d}{dt}\int \psi\psi^* dV = 0.$$

Dies ist nur erfüllbar, wenn für jeden Zeitpunkt $\partial\psi/\partial t$ und $\partial\psi^*/\partial t$ bei gegebenem ψ und ψ^* bereits mitbestimmt sind. (Über die Notwendigkeit, bei Teilchen mit Eigendrehimpuls mehrere Funktionen zu gebrauchen, vgl. Ziff. 13.)

2. Wenn wir setzen

$$-\frac{\hbar}{i}\frac{\partial\psi}{\partial t} = \boldsymbol{H}(\psi), \tag{62}$$

[1] Spezielle Lösungen der Wellengleichung, insbesondere für den Fall, daß für $\psi(x_i; 0)$ die GAUSSsche Fehlerfunktion (55) eingesetzt wird, findet man bei W. HEISENBERG, ZS. f. Phys. Bd. 43, S. 172. 1927; E. H. KENNARD, ebenda Bd. 44, S. 326. 1927; C. G. DARWIN, Proc. Roy. Soc. London (A) Bd. 117, S. 258. 1927.

so soll $\boldsymbol{H}$ ein *linearer* und kein allgemeinerer Operator sein. Wie bereits erwähnt, ist dies eine Zuordnung einer neuen Funktion $\boldsymbol{H}\psi$ zur Funktion ψ mit der Eigenschaft, daß für beliebige Konstanten c, die auch komplex sein können, gilt

$$\boldsymbol{H}(c\psi) = c\boldsymbol{H}(\psi),$$

und für zwei beliebige Funktionen ψ_1, ψ_2

$$\boldsymbol{H}(\psi_1 + \psi_2) = \boldsymbol{H}\psi_1 + \boldsymbol{H}\psi_2.$$

[Aus diesen beiden Eigenschaften folgt übrigens, daß $\boldsymbol{H}(\psi)$ nicht explizite von ψ^* abhängt.]

Die Forderung der Linearität des Operators $\boldsymbol{H}$ kann als eine Verallgemeinerung des *Superpositionsprinzips* angesehen werden, da sie ja, wie wir gesehen haben, im kräftefreien Fall direkt diesem der Wellenlehre entstammenden Prinzip Ausdruck gibt. Dieses Prinzip ist wesentlich für eine widerspruchslose Formulierung des Messungsbegriffes; sobald die Koppelung des Systems mit dem Meßapparat selbst quantentheoretisch beschrieben wird (vgl. Ziff. 9).

Damit die Konstanz von $\int \psi\psi^* dV$ auf Grund von (62) erfüllt ist, muß $\boldsymbol{H}$ die Eigenschaft haben

$$\int [\psi^* \boldsymbol{H}\psi - \psi(\boldsymbol{H}\psi)^*] dV = 0. \tag{63}$$

Hierbei ist von der Wellengleichung

$$+\frac{\hbar}{i}\frac{\partial \psi^*}{\partial t} = (\boldsymbol{H}\psi)^* \tag{62*}$$

Gebrauch gemacht. Dies muß zunächst gelten für alle regulären Funktionen, die im Unendlichen hinreichend rasch verschwinden. Einen Operator $\boldsymbol{H}$, der diese Eigenschaft besitzt, nennt man *hermitesch*[1]. Wegen der Linearität von $\boldsymbol{H}$ folgt aus (63) für zwei beliebige Funktionen

$$\int [\psi_1^* \boldsymbol{H}\psi_2 - \psi_2(\boldsymbol{H}\psi_1)^*] dV = 0.$$

3. Der Zusammenhang (24''), (27) von ψ mit der gemäß (39) die Wahrscheinlichkeit $W(p_i, t)\, dp_1\, dp_2\, dp_3$ für den Impuls bestimmenden „Amplitude" $\varphi(\vec{p})$ wird auch hier beibehalten[2], nur ist diese Wahrscheinlichkeit jetzt nicht mehr konstant. (Über Impulsbestimmung an gebundenen Teilchen vgl. Ziff. 15, S. 127.) Die Sätze (46), (47) bleiben dann bestehen, ebenso die Vollständigkeitsrelation (28).

Vom Standpunkt der unrelativistischen Wellenmechanik aus ist der einzige Weg zur Auffindung des Operators $\boldsymbol{H}$ bei einem bestimmten System der Vergleich des Verhaltens der allgemeinen Lösung der Gleichung (62) mit den Eigenschaften der mechanischen Bahnen desselben Systems in der klassischen Theorie in geeigneten Grenzfällen, wie es dem Bohrschen Korrespondenzgedanken entspricht. Zwischen verschiedenen korrespondenzmäßigen Möglichkeiten für $\boldsymbol{H}$ kann zunächst nur die Erfahrung entscheiden.

Als einfachstes Beispiel betrachten wir ein Teilchen in einem äußeren Kraftfeld mit der Potentialfunktion $V(x_1 x_2 x_3)$. Die klassische Hamiltonfunktion lautet hier

$$H(p_i, x_i) = \sum_i \frac{p_i^2}{2m} + V(x_i).$$

---

[1] Es sei hier bemerkt, daß aus (63) allein noch nicht die Linearität von $\boldsymbol{H}$ folgt. Z. B. hat auch der nichtlineare Operator $\boldsymbol{H}(\psi) = i\psi\frac{\partial\psi^*}{\partial x}$ $\left(\text{wobei } (\boldsymbol{H}\psi)^* = -i\psi^*\frac{\partial\psi}{\partial x}\right)$ die Eigenschaft (63), da $\psi^*\boldsymbol{H}\psi - \psi(\boldsymbol{H}\psi)^* = \frac{i}{2}\frac{\partial}{\partial x}(\psi^2\psi^*)$. Es ist also nötig, das Superpositionsprinzip als neue Annahme zu formulieren.

[2] Dies wurde allgemein zuerst von P. Jordan (ZS. f. Phys. Bd. 40, S. 809. 1927) bemerkt.

Im Hinblick darauf, daß der Erwartungswert von p_i^2 gemäß (47')

$$\overline{p_i^2} = \int p_i^2 |\varphi(p)|^2 dp = -\hbar^2 \int \psi^* \frac{\partial^2 \psi}{\partial x_i^2} dV$$

beträgt, liegt es nahe, mit SCHRÖDINGER[1] die Wellengleichung in der Form

$$-\frac{\hbar}{i}\frac{\partial \psi}{\partial t} = -\frac{\hbar^2}{2m}\Delta\psi + V\psi \tag{64}$$

anzunehmen. Wir wollen hieraus einige Folgerungen über Mittelwerte ziehen, die den in voriger Ziffer formulierten Sätzen über das Verhalten des Mittelpunktes und der Querschnitte der Wellenpakete analog ist. Zunächst folgt aus (64) wieder die Kontinuitätsgleichung

$$\frac{\partial \varrho}{\partial t} + \operatorname{div} \vec{i} = 0$$

mit $\varrho = \psi^*\psi$ und dem ursprünglichen Ausdruck (38)

$$i_k = \frac{\hbar}{2mi}\left(\psi^* \frac{\partial \psi}{\partial x_k} - \psi \frac{\partial \psi^*}{\partial x_k}\right)$$

für die Stromdichte; denn bei der Berechnung von $\partial\varrho/\partial t$ fällt der Term mit $V\psi$ fort.

Es folgen hieraus weiter sofort die in (44), (45), (46) angegebenen Zusammenhänge

$$\overline{x_k} = \int x_k \psi^* \psi \, dV; \qquad \overline{p_k} = \int p_k \varphi^* \varphi \, dp = \int \psi^* \left(\frac{\hbar}{i}\frac{\partial \psi}{\partial x_k}\right) dV;$$

$$\frac{d\overline{x_k}}{dt} = \int i_k \, dV = \frac{1}{m}\overline{p_k} = \overline{\left(\frac{\partial H}{\partial p_k}\right)}.$$

Wir erhalten jedoch etwas Neues, wenn wir die Änderung $d\overline{p_k}/dt$ von $\overline{p_k}$ mit der Zeit berechnen, da diese ja im kräftefreien Fall verschwindet, während das nun nicht mehr zutrifft. Zu diesem Zweck bilden wir zunächst

$$\begin{aligned} m \cdot \frac{\partial i_k}{\partial t} &= \frac{1}{2}(\boldsymbol{H}\psi)^* \frac{\partial \psi}{\partial x_k} - \psi^* \frac{\partial}{\partial x_k}(\boldsymbol{H}\psi) + (\boldsymbol{H}\psi)\frac{\partial \psi^*}{\partial x_k} - \psi \frac{\partial}{\partial x_k}(\boldsymbol{H}\psi)^* \\ &= \frac{\hbar^2}{4m}\left[-(\Delta\psi^*)\frac{\partial \psi}{\partial x_k} + \psi^* \frac{\partial}{\partial x_k}(\Delta\psi) - (\Delta\psi)\frac{\partial \psi^*}{\partial x_k} + \psi\frac{\partial}{\partial x_k}\Delta\psi^*\right] \\ &\quad + \frac{1}{2}\left[V\psi^*\frac{\partial \psi}{\partial x_k} - \psi^*\frac{\partial}{\partial x_k}(V\psi) + V\psi\frac{\partial \psi^*}{\partial x_k} - \psi\frac{\partial}{\partial x_k}(V\psi^*)\right]. \end{aligned}$$

Die zweite Klammer vereinfacht sich sofort zu $-\frac{\partial V}{\partial x_k}\psi^*\psi$. Die erste Klammer ist wie folgt umzuformen. Es ist für beliebige Funktionen u, v

$$v\Delta u - u\Delta v = \sum_l \frac{\partial}{\partial x_l}\left(v\frac{\partial u}{\partial x_l} - u\frac{\partial v}{\partial x_l}\right).$$

Setzt man hierin einmal $v = \psi^*$, $u = \frac{\partial \psi}{\partial x_k}$, das andere Mal $v = \psi$, $u = \frac{\partial \psi^*}{\partial x_k}$, so kommt mit Einführung der Kraft $K_l = -\frac{\partial V}{\partial x_l} = -\frac{\partial H}{\partial x_l}$

$$m\frac{\partial i_k}{\partial t} = -\sum_l \frac{\partial T_{kl}}{\partial x_l} + K_k \psi^* \psi \tag{65}$$

mit

$$T_{kl} = \frac{\hbar^2}{4m}\left[-\psi^*\frac{\partial^2 \psi}{\partial x_k \partial x_l} - \psi\frac{\partial^2 \psi^*}{\partial x_k \partial x_l} + \frac{\partial \psi}{\partial x_k}\frac{\partial \psi^*}{\partial x_l} + \frac{\partial \psi^*}{\partial x_k}\frac{\partial \psi}{\partial x_l}\right]. \tag{66}$$

[1] E. SCHRÖDINGER, Ann. d. Phys. Bd. 79, S. 361. 1926. Auf die Notwendigkeit einer *statistischen* Deutung der Wellenfunktion hat besonders M. BORN (ZS. f. Phys. Bd. 38, S. 803. 1926) hingewiesen, in seiner Behandlung der Stoßvorgänge (vgl. Kap. 5, Ziff. 11).

Man kann den Tensor T_{kl}, welcher übrigens die Symmetriebedingung

$$T_{kl} = T_{lk} \tag{66'}$$

erfüllt, als Spannungstensor bezeichnen[1]. Man erhält daraus zunächst

$$\frac{d^2 p_k}{dt} = m\frac{d^2 \overline{x_k}}{dt^2} = m\int \frac{\partial i_k}{\partial t} dV = \int K_k \psi^* \psi \, dV = \overline{K_k} = -\overline{\left(\frac{\partial V}{\partial x_k}\right)} = -\overline{\left(\frac{\partial H}{\partial x_k}\right)}, \tag{67}$$

was bedeutet, daß die zeitliche Ableitung des Mittelwertes von p_k gleich ist dem Mittelwert der Kraft über das Wellenpaket[2]. Letzterer ist im allgemeinen verschieden vom Wert der Kraft an der Stelle des Mittelpunktes $\overline{x_k}$ des Wellenpaketes. Nur wenn das Paket in Übereinstimmung mit den Unsicherheitsrelationen $\Delta p_k \, \Delta x_k \sim \hbar$ so gewählt werden kann, daß im Gebiet des Paketes die Kraft nur wenig variiert, erhält man ein Verhalten des Paketes, das dem eines klassischen Partikels ähnlich ist, dessen Bahn die Bewegungsgleichung

$$m\frac{d^2 x_k}{dt^2} = -\frac{\partial V}{\partial x_k}$$

erfüllt (vgl. Ziff. 12).

Eine andere Folgerung aus (65) betrifft den Virialsatz[3]. Durch Multiplikation von (65) mit x_k und partielle Integration ergibt sich nämlich zunächst

$$m\frac{\partial}{\partial t}\int x_k i_k \, dV = +\int T_{kk} \, dV - \int x_k \frac{\partial V}{\partial x_k} \psi^* \psi \, dV.$$

Wegen (66) ergibt sich weiter für das erste Integral der rechten Seite durch partielle Integration

$$\frac{\hbar^2}{m}\int \frac{\partial \psi^*}{\partial x_k}\frac{\partial \psi}{\partial x_k} dV = \frac{\overline{p_k^2}}{m}$$

also

$$m\frac{\partial}{\partial t}\int x_k i_k \, dV = \frac{\overline{p_k^2}}{m} - \overline{\left(x_k \frac{\partial V}{\partial x_k}\right)}. \tag{68}$$

Summiert man noch über den Index k, so erhält man das Analogon zum Virialsatz.

Endlich kann man analog wie in (52) die zeitliche Veränderung des Querschnittes eines Wellenpaketes betrachten, wobei dieser gegeben ist durch

$$\overline{(\Delta x_k)^2} = \int (x_k - \overline{x_k})^2 \psi^* \psi \, dV. \tag{69}$$

Nur wird es wegen der Wirksamkeit der Kräfte im allgemeinen jetzt nicht mehr möglich sein, den Verlauf von $\overline{(\Delta x_k)^2}$ für endliche Zeiten anzugeben, vielmehr wird man statt dessen den ersten und zweiten Differentialquotienten von $\overline{(\Delta x_k)^2}$ nach der Zeit berechnen. Zunächst ergibt sich, da ja $\int (x_k - \overline{x_k}) \psi^* \psi \, dV = 0$

$$\frac{d}{dt}\overline{(\Delta x_k)^2} = \int (x_k - \overline{x_k})^2 \frac{\partial}{\partial t}(\psi^* \psi) \, dV$$

und mit Anwendung der Kontinuitätsgleichung und partieller Integration

$$\frac{d}{dt}\overline{(\Delta x_k)^2} = 2\int (x_k - \overline{x_k}) \, i_k \, dV, \tag{70}$$

ferner wegen $\dfrac{d\overline{x_k}}{dt} = \int i_k \, dV = \dfrac{\overline{p_k}}{m}$

$$\frac{1}{2}\frac{d^2}{dt^2}\overline{(\Delta x_k)^2} = \int (x_k - \overline{x_k}) \frac{\partial i_k}{\partial t} dV - \left(\int i_k \, dV\right)^2$$

[1] Eine relativistische Verallgemeinerung hiervon bei E. SCHRÖDINGER, Ann. d. Phys. Bd. 82, S. 265. 1927; vgl. dazu auch Abschnitt B, Ziff. 2d dieses Artikels.

[2] P. EHRENFEST, ZS. f. Phys. Bd. 45, S. 455. 1927.

[3] A. SOMMERFELD, Wellenmech. Ergänzungsband zu Atombau u. Spektrallinien, Braunschweig 1929, Kap. II, § 9.

und mit Benutzung von (68)

$$\frac{1}{2}\frac{d^2}{dt^2}\overline{(\Delta x_k)^2} = \frac{\overline{p_k^2} - (\overline{p_k})^2}{m} + \overline{(\Delta x_k \Delta K_k)}$$

oder

$$\frac{1}{2}\frac{d^2}{dt^2}\overline{(\Delta x_k)^2} = \frac{\overline{(p_k - \overline{p_k})^2}}{m} + \overline{(\Delta x_k \Delta K_k)}. \tag{71}$$

Die Relationen (70) und (71) stellen die natürliche Verallgemeinerung von (52) dar.

Bevor wir die Frage der Kopplung mehrerer Teilchen besprechen, sollen noch diejenigen Modifikationen der Wellengleichung angegeben werden, die bei Anwesenheit eines äußeren Magnetfeldes erforderlich sind. Sind Φ_k die Komponenten des Vektorpotentials und ist e die Ladung des Teilchens, c die Lichtgeschwindigkeit, so ist die magnetische Feldstärke gegeben durch

$$H_{kl} = \frac{\partial \Phi_l}{\partial x_k} - \frac{\partial \Phi_k}{\partial x_l},^{1} \tag{72}$$

die elektrische Feldstärke bekommt einen Zusatz

$$E_k = -\frac{1}{c}\frac{\partial \Phi_k}{\partial t}, \tag{73}$$

falls Φ_k explizite von der Zeit abhängt, und die Kraft wird

$$\left.\begin{aligned} K_k &= -\frac{\partial V}{\partial x_k} + \frac{e}{c}\Big(E_k + \frac{1}{c}\sum_l H_{kl}\dot{x}_l\Big) \\ &= -\frac{\partial V}{\partial x_k} + \frac{e}{c}\Big[-\frac{\partial \Phi_k}{\partial t} + \sum_{(l)}\Big(\frac{\partial \Phi_l}{\partial x_k} - \frac{\partial \Phi_k}{\partial x_l}\Big)\dot{x}_l\Big]. \end{aligned}\right\} \tag{74}$$

Bekanntlich lassen sich die mechanischen Bewegungsgleichungen

$$m\frac{d^2 x_k}{dt^2} = K_k$$

mit diesem Wert der Kraft in der kanonischen Form schreiben[2]

$$\frac{dx_k}{dt} = \frac{\partial \boldsymbol{H}}{\partial p_k}; \qquad \frac{dp_k}{dt} = -\frac{\partial \boldsymbol{H}}{\partial x_k},$$

wenn

$$\boldsymbol{H} = \sum_k \frac{1}{2m}\Big(p_k - \frac{e}{c}\Phi_k\Big)^2 + V(x). \tag{75}$$

Es wird dann

$$\dot{x}_k = \frac{1}{m}\Big(p_k - \frac{e}{c}\Phi_k\Big); \qquad p_k = m\dot{x}_k + \frac{e}{c}\Phi_k; \tag{75'}$$

der Zusammenhang zwischen Impuls und Geschwindigkeit wird also geändert.

Der Umstand, daß die klassische Hamiltonfunktion (75) aus derjenigen ohne Magnetfeld dadurch hervorgeht, daß p_k durch $p_k - \frac{e}{c}\Phi_k$ ersetzt wird, legt es nahe, daß die Wellengleichung des Teilchens im Magnetfeld aus derjenigen ohne Magnetfeld (64) dadurch entsteht, daß der Operator $\frac{\hbar}{i}\frac{\partial}{\partial x_k}$ durch

[1] Wir bevorzugen die Schreibweise von H als schiefsymmetrischer Tensor ($H_{kl} = -H_{lk}$), so daß H_{23}, H_{31}, H_{12} bzw. die 1, 2, 3-Komponente von H bedeuten. Das vektorielle Produkt $[\vec{x} \times \vec{H}]$ hat dann die 1-Komponente $x_2 H_{12} - x_3 H_{31}$, und dies ist wegen $H_{31} = H_{13}$, $H_{11} = 0$ in der Tat gleich $\sum_{(l)} H_{1l} x_l$.

[2] In historischer Hinsicht sei bemerkt, daß dies zuerst von LARMOR gezeigt wurde in dem Buch Aether and matter, Cambridge 1900.

den Operator $\frac{\hbar}{i}\frac{\partial}{\partial x_k} - \frac{e}{c}\Phi_k$ ersetzt wird. Man erhält dann an Stelle von (64) die allgemeinere Gleichung

$$-\frac{\hbar}{i}\frac{\partial \psi}{\partial t} = \frac{1}{2m}\sum_k\left(\frac{\hbar}{i}\frac{\partial}{\partial x_k} - \frac{e}{c}\Phi_k\right)\left(\frac{\hbar}{i}\frac{\partial}{\partial x_k} - \frac{e}{c}\Phi_k\right)\psi + V\psi = 0, \quad (76)$$

was man auch schreiben kann:

$$-\frac{\hbar}{i}\frac{\partial \psi}{\partial t} = \frac{1}{2m}\sum_k\left[-\hbar^2\Delta\psi - \frac{\hbar e}{ic}\frac{\partial}{\partial x_k}(\Phi_k\psi) - \frac{\hbar e}{ic}\Phi_k\frac{\partial\psi}{\partial x_k} + \frac{e^2}{c^2}\Phi_k{}^2\psi\right] + V\psi = 0. \quad (76')$$

Die Rechtfertigung für diesen Ansatz liegt darin, daß aus dieser Gleichung Sätze über die Mittelwerte von p_k, x_k und den Gesamtstrom $\overline{i_k} = \int i_k dV$ und ihre zeitlichen Ableitungen folgen, die den entsprechenden Bewegungsgleichungen der klassischen Mechanik analog sind.

Zunächst gilt wieder eine Kontinuitätsgleichung

$$\frac{\partial}{\partial t}(\psi^*\psi) + \operatorname{div}\vec{i} = 0, \quad (37)$$

womit zugleich bewiesen ist, daß $\boldsymbol{H}$ in der Tat ein HERMITEscher Operator ist. Für den Strom $\vec{i}$ gilt jetzt aber der neue Ausdruck

$$i_k = \frac{1}{2m}\left[\psi^*\left(\frac{\hbar}{i}\frac{\partial}{\partial x_k} - \frac{e}{c}\Phi_k\right)\psi - \psi\left(\frac{\hbar}{i}\frac{\partial}{\partial x_k} + \frac{e}{c}\Phi_k\right)\psi^*\right] \quad (77)$$

oder

$$i_k = \frac{\hbar}{2m}\left(\psi^*\frac{\partial\psi}{\partial x_k} - \psi\frac{\partial\psi^*}{\partial x_k}\right) - \frac{e}{mc}\Phi_k\psi^*\psi. \quad (77')$$

Bilden wir

$$\overline{p_k} = \int p_k\varphi^*\varphi\, dp = \int \psi^*\frac{\hbar}{i}\frac{\partial\psi}{\partial x_k}dV$$

und

$$\frac{d\overline{x_k}}{dt} = \frac{\partial}{\partial t}\int x_k\psi^*\psi\, dV = \int i_k\, dV, \quad (45')$$

so finden wir

$$\frac{d\overline{x_k}}{dt} = \frac{1}{m}\left(\overline{p_k} - \frac{e}{c}\overline{\Phi_k}\right), \quad (75'')$$

was zu (75') analog ist.

Ferner findet man analog zu (65), (66)

$$m\frac{\partial i_k}{\partial t} = -\sum_{(l)}\frac{\partial T_{kl}}{\partial x_l} + \left(-\frac{\partial V}{\partial x_k} - \frac{e}{c}\frac{\partial\Phi_k}{\partial t}\right)\psi^*\psi + \frac{e}{c}\sum_{(l)}H_{kl}i_l \quad (78)$$

mit

$$\left.\begin{aligned} T_{kl} = \frac{\hbar^2}{4m}\Big[&-\psi^*\left(\frac{\partial}{\partial x_l} - \frac{i}{\hbar}\frac{e}{c}\Phi_l\right)\left(\frac{\partial\psi}{\partial x_k} - \frac{ie}{\hbar c}\Phi_k\right) - \psi\left(\frac{\partial}{\partial x_l} + \frac{ie}{\hbar c}\Phi_l\right)\left(\frac{\partial\psi^*}{\partial x_k} + \frac{ie}{\hbar c}\Phi_k\psi^*\right) \\ &+ \left(\frac{\partial\psi}{\partial x_k} - \frac{ie}{\hbar c}\Phi_k\psi\right)\left(\frac{\partial\psi^*}{\partial x_l} + \frac{ie}{\hbar c}\Phi_l\psi^*\right) + \left(\frac{\partial\psi^*}{\partial x_k} + \frac{ie}{\hbar c}\Phi_k\psi^*\right)\left(\frac{\partial\psi}{\partial x_l} - \frac{ie}{\hbar c}\Phi_l\psi\right)\Big]\end{aligned}\right\} \quad (79)$$

oder

$$\left.\begin{aligned} T_{kl} = \frac{\hbar^2}{4m}\Big\{&\left[-\psi^*\frac{\partial^2\psi}{\partial x_l\partial x_k} - \psi\frac{\partial^2\psi^*}{\partial x_l\partial x_k} + \frac{\partial\psi}{\partial x_l}\frac{\partial\psi^*}{\partial x_k} + \frac{\partial\psi^*}{\partial x_l}\frac{\partial\psi}{\partial x_k}\right] \\ &+ \frac{2ie}{\hbar c}\left[\Phi_k\left(\psi^*\frac{\partial\psi}{\partial x_l} - \psi\frac{\partial\psi^*}{\partial x_l}\right) + \Phi_l\left(\psi^*\frac{\partial\psi}{\partial x_k} - \psi\frac{\partial\psi^*}{\partial x_k}\right)\right] + \frac{4e^2}{\hbar^2c^2}\Phi_k\Phi_l\psi^*\psi\Big\},\end{aligned}\right\} \quad (80)$$

so daß die Symmetriebedingung $T_{kl} = T_{lk}$ wieder erfüllt ist. Setzen wir im Hinblick auf (74)

$$\overline{K_k} = \int \left[-\left(\frac{\partial V}{\partial x_k} + \frac{e}{c} \frac{\partial \Phi_k}{\partial t} \right) \psi^* \psi + \frac{e}{c} \sum_{(l)} H_{kl} i_l \right] dV, \tag{81}$$

so erhalten wir aus (78) wegen $\int i_k dV = \frac{d \overline{x_k}}{dt}$

$$m \frac{d^2 \overline{x_k}}{dt^2} = \overline{K_k} \tag{82}$$

als Analogon zur Bewegungsgleichung. Ferner mit

$$\overline{x_k K_k} = \int \left[-x_k \left(\frac{\partial V}{\partial x_k} + \frac{e}{c} \frac{\partial \Phi_k}{\partial t} \right) \psi^* \psi + \frac{e}{c} \sum_{(l)} H_{kl} x_k i_l \right] dV \tag{81'}$$

ganz analog wie früher

$$m \frac{\partial}{\partial t} \int x_k i_k dV = \int T_{kk} dV + \overline{x_k K_k}.$$

Durch partielle Integration folgt aus (79)

$$\begin{aligned} \int T_{kk} dV &= \frac{h^2}{m} \int \left(\frac{\partial \psi^*}{\partial x_k} + \frac{ie}{hc} \Phi_k \psi^* \right) \left(\frac{\partial \psi}{\partial x_k} - \frac{ie}{hc} \Phi_k \psi \right) dV \\ &= -\frac{1}{m} \overline{\left(p_k - \frac{e}{c} \Phi_k \right)^2} = m \overline{\dot{x}_k^2}. \end{aligned}$$

Die letzten beiden Ausdrücke können allerdings erst vom Standpunkt eines systematischen Operatorkalküls voll gerechtfertigt werden, der erst später besprochen wird. Mit diesem Vorbehalt erhalten wir

$$m \frac{\partial}{\partial t} \int x_k i_k dV = m \overline{\dot{x}_k^2} + \overline{x_k K_k}, \tag{83}$$

also das Analogon zum Virialsatz (68). Ebenso ergibt sich analog zu (70) und (71)

$$\frac{d}{dt} \overline{(\varDelta x_k)^2} = 2 \int (x_k - \overline{x_k}) \, i_k \, dV, \tag{84}$$

$$\frac{1}{2} \frac{d^2}{dt^2} \overline{(\varDelta x_k)^2} = m \, \overline{(\dot{x}_k - \overline{\dot{x}_k})^2} + \overline{(x_k - \overline{x_k}) K_k}. \tag{85}$$

Bekanntlich ist es ein wichtiger Umstand, daß die Potentiale Φ_k nur bis auf einen zusätzlichen Gradienten bestimmt sind, da durch einen solchen die magnetischen Feldstärken H_{kl} nicht verändert werden. Es ist also eine erlaubte Substitution, zu setzen

$$\Phi_k' = \Phi_k + \frac{\partial f}{\partial x_k}, \tag{86}$$

worin f eine beliebige Funktion der Raumkoordinaten ist. Ja es kann sogar f die Zeit explizite enthalten, nur hat man dann gleichzeitig zu setzen

$$V' = V - \frac{e}{c} \frac{\partial f}{\partial t}, \tag{86'}$$

um den Ausdruck (74) für die Kraft invariant zu erhalten. In der Tat wird dann

$$\frac{\partial V'}{\partial x_k} + \frac{e}{c} \frac{\partial \Phi_k'}{\partial t} = \frac{\partial V}{\partial x_k} + \frac{e}{c} \frac{\partial \Phi_k}{\partial t}; \qquad H_{kl} = H_{kl}'.$$

Da in der Wellengleichung (76) nicht nur die magnetische und elektrische Feldstärke und die Kraft, sondern auch die Potentiale V und Φ_k selbst eingehen, könnte es vielleicht zunächst scheinen, als ob die aus dieser Wellengleichung folgenden physikalischen Resultate auch von den Absolutwerten der Potentiale abhingen. Dem ist aber nicht so; ist nämlich ψ eine Lösung der Wellengleichung (76) für die Potentiale V und Φ_k, so erhält man eine Lösung ψ' für die durch (86), (86′) gegebenen Potentiale V' und Φ'_k durch die Substitution

$$\psi' = \psi\, e^{\frac{ie}{\hbar c} f}. \tag{86''}$$

Die durch (86), (86′), (86″) definierte Gruppe von Substitutionen pflegt man als *Eichgruppe* zu bezeichnen, Größen, die gegenüber diesen Substitutionen sich nicht ändern als *eichinvariante* Größen[1]. Das Bemerkenswerte ist, daß nicht nur die Wahrscheinlichkeitsdichte $\psi\psi^*$, sondern auch der durch (77) gegebene Strom $\vec{i}$ sowie der durch (79) definierte Spannungstensor T_{kl} eichinvariante Größen sind. Von diesem Gesichtspunkt aus muß die Wellengleichung (76), insbesondere die spezielle Wahl des Hamiltonoperators in dieser Gleichung, als eine sehr naturgemäße bezeichnet werden. Andererseits beruhte diese Gleichung wesentlich auf der Voraussetzung, daß die Feldgrößen V und Φ_k selbst als klassische Größen (vorgegebene Raumzeitfunktionen) betrachtet werden können, derart, daß von einem etwaigen Einfluß des Wirkungsquantums auf die Definition dieser Feldgrößen abgesehen werden kann (vgl. hierzu Abschnitt B, Ziff. 6).

5. Wechselwirkung mehrerer Teilchen. Operatorkalkül. Die Art und Weise, wie die aus mehreren Teilsystemen bestehenden Gesamtsysteme in der Quantentheorie beschrieben werden, ist für diese Theorie von fundamentaler Wichtigkeit und am meisten charakteristisch. Sie zeigt einerseits die Fruchtbarkeit des SCHRÖDINGERschen Gedankens der Einführung einer ψ-Funktion, die einer linearen Gleichung genügt, andererseits den rein symbolischen Charakter dieser Funktion, die von den Wellenfunktionen der klassischen Theorie (Oberflächenwellen von Flüssigkeiten, elastische Wellen, elektromagnetische Wellen) prinzipiell verschieden ist.

Wenn ein System von mehreren Teilchen vorliegt, erhält man *keine* genügende Beschreibung des Systems durch die Angabe der Wahrscheinlichkeit dafür, *eines* der Teilchen an einem bestimmten Ort zu finden. Denken wir uns z. B. ein System bestehend aus zwei materiellen Teilchen, die sich in einem geschlossenen Kasten befinden. Dieser Kasten sei durch eine Trennungswand mit einer kleinen verschließbaren Öffnung in zwei Teile geteilt. Durch plötzliches Schließen der Öffnung und Auseinandernehmen der beiden Hälften läßt sich dann von jedem Teilchen feststellen, in welcher Hälfte des Kastens es sich im betreffenden Moment befunden hat. Man kann nun nicht nur untersuchen, wie groß für jedes Teilchen die Wahrscheinlichkeit ist, sich in der einen bzw. in der anderen Hälfte zu befinden, sondern auch, wie häufig es ist, daß sich die Teilchen in derselben oder in verschiedenen Hälften des Kastens befinden. Statt der Trennungswände lassen sich auch „Mikroskope“ mit kurzwelliger Strahlung verwenden, und statt einer Teilung eines endlichen Volumens in nur zwei Teile läßt sich dann eine beliebig feine Unterteilung des Raumes erreichen. Es seien also nunmehr N Teilchen vorhanden und ihre Koordinaten seien $x_k^{(1)}, x_k^{(2)}, \ldots, x_k^{(N)}$, wofür wir auch einfacher schreiben $q_1 \ldots q_f$, mit $f = 3N$ die Anzahl der Freiheitsgrade des

[1] Die Invarianz der Wellengleichung gegenüber der in Rede stehenden Gruppe von Substitutionen ist (im Falle einer relativistischen Verallgemeinerung dieser Gleichung) zuerst von V. FOCK (ZS. f. Phys. Bd. 39, S. 226. 1927) angegeben worden. Die Analogie dieser Gruppe zur Eichgruppe in einer älteren Theorie von WEYL über Gravitation und Elektrizität wurde von F. LONDON (ZS. f. Phys. Bd. 42, S. 375. 1927) angegeben. Von WEYL selbst (ebenda Bd. 56, S. 330. 1929) wurde der Zusammenhang dieser Gruppe mit dem Erhaltungssatz für die Ladung bei Ableitung der Wellengleichung aus einem Variationsprinzip hervorgehoben. Über die Eichgruppe in der relativistischen Wellengleichung vgl. Abschnitt B, Ziff. 2d.

Systems bezeichnend; ferner möge einfach dq für das mehrdimensionale Volumelement $dq_1 dq_2 \ldots dq_f$ geschrieben werden. Die Grundannahme für die Beschreibung eines Systems mit mehreren materiellen Teilchen kann dann folgendermaßen formuliert werden:

1. *In jedem Zeitmoment t existiert eine Wahrscheinlichkeit*

$$W(q_1 \ldots q_f; t)\, dq \tag{87}$$

dafür, zugleich die Koordinaten des ersten Teilchens im Bereich $(q_k, q_k + dq_k)$ $(k = 1, 2, 3)$, *die des zweiten Teilchens in* $(q_k, q_k + dq_k)$ $(k = 4, 5, 6)$, *die des Nten Teilchens in* $(q_k, q_k + dq_k)$ $(k = f - 2, f - 1, f)$ *zu finden.*

Zur Erläuterung dieses Wahrscheinlichkeitsbegriffes ist zu bemerken, daß man hier zunächst die Unterscheidbarkeit der Teilchen vorausgesetzt hat; die Wahrscheinlichkeit, das erste Teilchen an der Stelle $x_k^{(1)}$, $x_k^{(1)} + dx_k^{(1)}$ und das zweite an der Stelle $x_k^{(2)}$, $x_k^{(2)} + dx_k^{(2)}$ zu finden, wird im allgemeinen verschieden sein von der Wahrscheinlichkeit, das zweite Teilchen an der Stelle $x_k^{(1)}$, $x_k^{(1)} + dx_k^{(1)}$ und das erste an der Stelle $x_k^{(2)}$, $x_k^{(2)} + dx_k^{(2)}$ zu finden oder, was dasselbe ist, es kommt auf die Reihenfolge der $x_k^{(p)}$ in den Argumenten $q_1 \ldots q_f$ von W an. Eine solche Unterscheidbarkeit ist sicher vorhanden, wenn die beiden Teilchen verschiedenartig sind, z. B. verschiedene Masse haben (wie Elektron und Proton, oder wie die Kerne zweier verschiedener Isotopen). Die Existenz exakt gleichartiger Individuen in der Natur, wie z. B. zwei Elektronen oder zwei Protonen oder zwei α-Teilchen, zwingt uns aber in diesem Fall zu einer besonderen Vorsicht, die übrigens in den Grundlagen der jetzigen Quantentheorie noch nicht direkt zum Ausdruck kommt. Man kann bei *gleichartigen* Teilchen nur fragen nach der Wahrscheinlichkeit dafür, *eines* der Teilchen in $(x_k^{(1)}, x_k^{(1)} + dx_k^{(1)})$, *ein anderes* in $(x_k^{(2)}, x_k^{(2)} + dx_k^{(2)})$, ein letztes in $(x_k^{(N)}, x_k^{(N)} + dx_k^{(N)})$ zu finden. Sind also mehrere unter sich gleichartige Teilchen vorhanden, so wird man nur solchen Funktionen W einen Sinn zusprechen können, die in den Koordinaten der gleichartigen Teilchen symmetrisch sind. Auf diesen Fall kommen wir in Ziff. 14 ausführlich zurück; vorläufig sehen wir hiervon ab.

Durch Integration von W über die Koordinaten aller Teilchen bis auf eines gelangt man zu N neuen Funktionen

$$W_1(x_1, x_2, x_3), \quad W_2(x_4, x_5, x_6), \quad \ldots \quad W_N(x_{3N-2}, x_{3N-1}, x_{3N}),$$

welche die Wahrscheinlichkeit angeben, ein bestimmtes der Teilchen an einer bestimmten Raumstelle zu finden, wobei nicht gefragt wird, an welchen Raumstellen sich die übrigen Teilchen befinden. Diese Funktionen sagen weniger über das System aus als die ursprüngliche Funktion von f Argumenten, in dem letztere offenbar nicht eindeutig aus ersteren gefolgert werden kann, sondern nur das Umgekehrte gilt. (Im obigen Beispiel des aus zwei Hälften bestehenden Kastens mit den beiden Teilchen folgt z. B. aus der Angabe „für jedes der Teilchen ist es gleich wahrscheinlich, in der ersten oder zweiten Hälfte des Kastens zu sein" noch nichts über die relativen Häufigkeiten der Fälle „beide Teilchen sind in derselben Hälfte" und „beide Teilchen sind in verschiedenen Hälften".)

Nur in einem speziellen Fall ist die Kenntnis der Funktionen $W_1 \ldots W_N$ gleichwertig mit der Kenntnis der Funktion $W(q_1 q_2 \ldots q_f)$, nämlich wenn diese Funktion W in ein Produkt zerfällt:

$$W(q_1 \ldots q_f) = W_1(q_1, q_2, q_3)\, W_2(q_4, q_5, q_6) \ldots W_N(q_{3N-2}, q_{3N-1}, q_{3N}).$$

In diesem Spezialfall sagen wir, daß die Teilchen statistisch unabhängig voneinander sind.

Die Existenz der Wahrscheinlichkeit $W(q_1 \ldots q_f; t)$ enthält die Aussage oder ist nur unter der Voraussetzung möglich, daß die Ortsmessungen der verschiedenen Teilchen einander nicht grundsätzlich stören, derart, daß die Benutzbarkeit der Ortskenntnis eines Teilchens für die Voraussage von anderen Messungen (z. B. des Ortes dieses Teilchens in einer späteren Zeit) durch die Kenntnis des Ortes des anderen Teilchens nicht verlorengeht. Es hängt diese Sachlage sehr eng zusammen mit der Frage, inwiefern die *Gleichzeitigkeit* der Ortsmessungen der verschiedenen Teilchen für die Existenz der Wahrscheinlichkeit wesentlich ist. Dies soll besagen: unter welchen Umständen existiert eine Wahrscheinlichkeit

$$W(x_k^{(1)}, t^{(1)}; x_k^{(2)}, t^{(2)}; \ldots; x_k^{(N)}, t^{(N)}) dq_1 \ldots dq_{3N} \tag{88}$$

dafür, daß das erste Teilchen zur Zeit $t^{(1)}$ im Raumelement $x_k^{(1)}, x_k^{(1)} + dx_k^{(1)}$, ferner das zweite Teilchen zur Zeit $t^{(2)}$ im Raumelement $x_k^{(2)}, x_k^{(2)} + dx_k^{(2)}$, ferner das Nte Teilchen zur Zeit $t^{(N)}$ im Raumelement $x^{(N)}, x_k^{(N)} + dx_k^{(N)}$ zu finden. Im allgemeinen, d. h. wenn irgendwelche Wechselwirkungskräfte zwischen den Teilchen vorhanden sind, ist die gegenseitige Störungsfreiheit der Messungen dann und nur dann garantiert, wenn für die Entfernung r_{ab} irgendeines Paares (a, b) von Teilchen und die zugehörigen Zeiten gilt

$$|t_a - t_b| < \frac{r_{ab}}{c}. \tag{89}$$

Die Veränderung der Kraftwirkung des Teilchens a auf das Teilchen b, die durch die Ortsmessung von a hervorgerufen wird, kann sich nämlich höchstens mit Lichtgeschwindigkeit c fortpflanzen. *Insofern man in einer relativistischen Quantenmechanik überhaupt die Wahrscheinlichkeit* $W(x_1 x_2 x_3; t)\, dx_1 dx_2 dx_3$ *für den Ort eines Teilchens als existierend annimmt, muß man allgemein die Wahrscheinlichkeit* (88) *als existierend annehmen, wenn die Argumentwerte die Bedingung* (89) *erfüllen.* In der unrelativistischen Wellenmechanik ist es konsequent, c sozusagen als unendlich groß zu betrachten und sich daher auf den Fall zu beschränken, daß $t^{(1)} = t^{(2)} = \ldots = t^{(N)} = t$.

2. Als eine natürliche Verallgemeinerung der analogen Annahme bei *einem* Teilchen nehmen wir auch hier die Existenz einer Funktion[1]

$$\psi(q_1 \ldots q_f; t)$$

an, derart, daß

$$W(q_1 \ldots q_f; t)\, dq = \psi^* \psi\, dq. \tag{90}$$

Diese Funktion ψ soll wieder einer Gleichung

$$-\frac{\hbar}{i} \frac{\partial \psi}{\partial t} = \boldsymbol{H} \psi \tag{62}$$

genügen, worin $\boldsymbol{H}$ ein *linearer* Operator ist. Die Funktion $(\boldsymbol{H}\psi)(q_1 \ldots q_f; t)$ ist dabei eindeutig bestimmt durch die Funktion $\psi(q_1 \ldots q_f; t)$ für den *gleichen* Zeitpunkt t, ohne daß die Kenntnis von ψ zu anderen Zeiten nötig wäre. Um die Bedingung

$$\frac{d}{dt} \int \psi \psi^*\, dq = 0$$

zu erfüllen, muß $\boldsymbol{H}$ ein HERMITEscher Operator sein, d. h. für zwei beliebige Funktionen ψ_1, ψ_2, die nur gewisse Regularitätsbedingungen erfüllen müssen, muß gelten

$$\int \psi_1^* \boldsymbol{H} \psi_2\, dq = \int \psi_2 [\boldsymbol{H} \psi_1]^*\, dq. \tag{63'}$$

[1] Über die Notwendigkeit mehrerer ψ-Funktionen für Teilchen mit Spin vgl. Ziff. 13.

3. In Verallgemeinerung von (24″) und (27) nehmen wir auch an, daß

$$\varphi(p_1 \ldots p_f; t) = \frac{1}{\sqrt{(2\pi\hbar)^f}} \int \psi(q_1 \ldots q_f; t)\, e^{-\frac{i}{\hbar}(p_1 q_1 + \cdots + p_f q_f)}\, dq \tag{91}$$

mit der Umkehrung

$$\psi(q_1 \ldots q_f; t) = \frac{1}{\sqrt{(2\pi\hbar)^f}} \int \varphi(p_1 \ldots p_f; t)\, e^{+\frac{i}{\hbar}(p_1 q_1 + \cdots + p_f q_f)}\, dp \tag{91'}$$

gemäß

$$W(p_1 \ldots p_f; t)\, dp = \varphi\varphi^*\, dp \tag{92}$$

die Wahrscheinlichkeit dafür angibt, zur Zeit t die Impulse der Teilchen zwischen p_k und $p_k + dp_k$ zu finden. Es ist hierin $dq = dq_1 \ldots dq_f$ und $dp = dp_1 \ldots dp_f$ gesetzt. Es gilt ferner die Vollständigkeitsrelation

$$\int \varphi^* \varphi\, dp \equiv \int \psi^* \psi\, dq. \tag{93}$$

Ganz analog zu (47), (47′) folgert man daraus durch partielle Integration, wenn F eine ganze rationale Funktion von f Variablen bedeutet

$$\overline{F(p_1 \ldots p_f)} = \int \varphi^* F \varphi\, dp = \int \psi^* \left[\boldsymbol{F}\left(\frac{\hbar}{i}\frac{\partial}{\partial q_1}, \ldots, \frac{\hbar}{i}\frac{\partial}{\partial q_f}\right)\psi\right] dq, \tag{94}$$

$$\overline{F(q_1 \ldots q_f)} = \int \psi^* F \psi\, dq = \int \varphi^* \left[\boldsymbol{F}\left(i\hbar\frac{\partial}{\partial p_1}, \ldots, i\hbar\frac{\partial}{\partial p_f}\right)\varphi\right] dp. \tag{94'}$$

Auf die Bedeutung dieser Relationen kommen wir sogleich zurück.

Was die Wahl des Hamiltonoperators $\boldsymbol{H}$ betrifft, so ist zunächst anzunehmen, daß in dem Fall, wo keine Wechselwirkung zwischen den Teilchen stattfindet, diese aber beliebigen *äußeren* Kräften unterworfen sein können, der Hamiltonoperator in unabhängige Summanden zerfallen wird

$$\boldsymbol{H} = \boldsymbol{H}^{(1)} + \boldsymbol{H}^{(2)} + \cdots + \boldsymbol{H}^{(N)}, \tag{95}$$

derart, daß $H^{(1)}$ nur eine die Koordinaten des ersten Teilchens enthaltende Funktion $\psi(x_k^{(1)})$ verändert, eine nur die Koordinaten der anderen Teilchen enthaltende Funktion aber in sich überführt. Überdies gilt dann

$$\boldsymbol{H}^{(1)}[\psi(q^{(1)})\,\psi(q^{(2)} \ldots q^{(N)})] = \{\boldsymbol{H}^{(1)}[\psi(q^{(1)})]\}\,\psi(q^{(2)} \ldots q^{(N)})$$

und entsprechendes für die Operatoren $H^{(2)} \ldots H^{(N)}$. Sind dann also

$$\psi^{(1)}(q^{(1)}), \ldots, \psi^{(N)}(q^{(N)})$$

irgendwelche Lösungen der Wellengleichungen

$$-\frac{\hbar}{i}\frac{\partial \psi^{(a)}}{\partial t} = \boldsymbol{H}^{(a)}\psi^{(a)}, \quad a = 1, 2, \ldots N$$

der isolierten Systeme, so ist

$$\psi = \psi^{(1)} \cdot \psi^{(2)} \ldots \psi^{(N)} \tag{96}$$

eine Lösung (allerdings nicht die allgemeinste Lösung) von

$$-\frac{\hbar}{i}\frac{\partial \psi}{\partial t} = \boldsymbol{H}\psi = [\boldsymbol{H}^{(1)} + \boldsymbol{H}^{(2)} + \cdots + \boldsymbol{H}^{(N)}]\,\psi.$$

Einer additiven Zerlegung des Hamiltonoperators in unabhängige Summanden entspricht also eine Produktzerlegung der Wellenfunktion in unabhängige Faktoren. Dies ist im Einklang mit dem Umstand, daß bei statistisch unabhängigen Teilchen die Wahrscheinlichkeit $W(q_1 \ldots q_f; t)$ in ein Produkt zerfällt. Da ψ für alle Zeiten eindeutig bestimmt ist durch seinen Verlauf für eine bestimmte Zeit t_0, können wir nämlich sagen: Wenn für ungekoppelte Teilchen die Wellenfunktion für einen bestimmten Zeitpunkt in ein Produkt zerfällt, so trifft dies für alle Zeiten zu. Also gilt auch: Sind mechanisch ungekoppelte Teilchen für einen bestimmten Zeitpunkt t_0 statistisch unabhängig, so sind sie dies für alle Zeiten.

Auf Grund der vorigen Ziffer kennen wir also nun den Hamiltonoperator $\boldsymbol{H}_0$ für ungekoppelte Teilchen, die äußeren Kräften unterworfen sind. Er ist gegeben durch

$$\boldsymbol{H}_0 = \sum_{a=1}^{N} \left[-\frac{\hbar^2}{2\,m^{(a)}} \sum_{k=1}^{3} \left(\frac{\partial}{\partial x_k^{(a)}} - \frac{i}{\hbar} \frac{e^{(a)}}{c} \Phi^{(a)} (x_k^{(a)}) \right)^2 + V^{(a)} (x_k^{(a)}) \right]. \tag{97}$$

Wenn die Kräfte zwischen den Teilchen sich aus einem Potential ableiten lassen, das nur von ihren Lagekoordinaten abhängt und welches wir schreiben können $V(q_1 \ldots q_f)$, ist es naheliegend, zu setzen

$$-\frac{\hbar}{i} \frac{\partial \psi}{\partial t} = (\boldsymbol{H}\psi) = (\boldsymbol{H}_0 \psi) + V(q_1 \ldots q_f)\,\psi. \tag{98}$$

Unter diese Voraussetzung fallen die COULOMBschen elektrischen Kräfte zwischen geladenen Teilchen, deren Potential ja gegeben ist durch

$$V = \sum_{(a,b)}{}' \frac{e_a e_b}{r_{ab}} \tag{99}$$

[in der Summe ist $a \neq b$ und jedes Paar (a, b) nur einmal zu nehmen]. Auf die Frage der magnetischen Wechselwirkung zwischen zwei Teilchen soll erst bei der Besprechung der relativistischen Quantentheorie näher eingegangen werden.

Die Ansätze (97), (98), (99) für die unrelativistische Wellengleichung des Mehrkörperproblems enthalten, abgesehen von einer notwendigen Ergänzung betreffend den Spin (vgl. Ziff. 13), die Grundlage für die rechnerische Behandlung des Atom- und Molekülbaues. Was ihre prinzipielle Stellung betrifft, so ist zu betonen, daß in ihr die Potentiale $\Phi^{(a)}$, $V^{(a)}$[1] und V aus der klassischen Theorie übernommen werden; insbesondere gilt dies für das COULOMBsche Potential (99), das ja seinerseits wieder eine Konsequenz der MAXWELLschen Gleichungen ist. So beruht die heutige Wellenmechanik auf zwei verschiedenen Grundannahmen. Erstens der Gleichung für die (nur symbolisch aufzufassenden) Materiewellen, welche logisch als eine dem Wirkungsquantum Rechnung tragende sinngemäße Verallgemeinerung der klassischen Partikelmechanik anzusehen ist. Zweitens den MAXWELLschen elektrodynamischen Gleichungen, die allerdings ebenfalls einer quantentheoretischen Umdeutung bedürfen (vgl. Abschnitt B, Ziff. 6). Weit befriedigender wäre das Begreifen dieser beiden Arten von Gesetzen aus einem logisch einheitlichen Gesichtspunkt, der aber bisher nicht aufgefunden ist. Diese Frage dürfte mit dem noch ungelösten Problem der elektrischen Elementarquanten zusammenhängen.

In diesem Kapitel wollen wir jedoch die Potentiale einfach als vorgegebene Raum-Zeit-Funktionen betrachten. Es lassen sich dann zunächst die Kontinuitätsgleichung (37) und die Gleichung (45′) für die zeitliche Änderung des Stromes unmittelbar auf unseren Fall übertragen. Dabei ist es zweckmäßig, statt $e^{(a)}$, $m^{(a)}$, $\Phi^{(a)}(x_k^{(a)})$, worin $k = 1, 2, 3$, $(a) = 1 \ldots N$, die Bezeichnung e_k, m_k, Φ_k, ... mit $k = 1, 2 \ldots f$ einzuführen, so daß z. B. $m_1 = m_2 = m_3 = m^{(1)}$; $m_4 = m_5 = m_6 = m^{(2)}$. Dann gibt es zunächst im f-dimensionalen Lagenraum einen Stromvektor i_k mit f Komponenten $(k = 1 \ldots f)$, dessen physikalische Bedeutung die ist, daß z. B. i_1 die Wahrscheinlichkeit, daß bei gegebenen Lagen aller Teilchen das erste

[1] Die „äußeren Kräfte" sind als ein Hilfsbegriff anzusehen, dessen Anwendung dann praktisch ist, wenn die diese Kräfte erzeugenden Körper nicht in das betrachtete System mit einbezogen werden. Ihre Elimination wäre im Prinzip allgemein möglich, wenn eine Berücksichtigung der Retardierung der Kräfte in der Quantentheorie streng durchführbar wäre.

Teilchen eher in der Richtung von $-x_1$ nach $+x_1$ als in der umgekehrten durch die senkrecht auf x_1 stehende Flächeneinheit hindurchtritt. Dieser Vektor $\vec{i}$ im f-dimensionalen Lagenraum ist gegeben durch

$$i_k = \frac{\hbar}{2m_k i}\left(\psi^* \frac{\partial \psi}{\partial q_k} - \psi \frac{\partial \psi^*}{\partial q_k}\right) - \frac{1}{m_k}\frac{e_k}{c}\,\Phi_k\,\psi^*\psi, \tag{100}$$

und genügt der Kontinuitätsgleichung

$$\frac{\partial(\psi^*\psi)}{\partial t} + \sum_{k=1}^{f} \frac{\partial i_k}{\partial q_k} = 0. \tag{101}$$

Ebenso ist jetzt auch der Spannungstensor im f-dimensionalen Raum zu nehmen und gegeben durch den zu (79) völlig analogen Ausdruck

$$\left.\begin{aligned} T_{\varkappa\lambda} = \frac{\hbar^2}{4m_\lambda}\Big[&- \psi^*\left(\frac{\partial}{\partial q_\lambda} - \frac{i e_\lambda}{\hbar c}\Phi_\lambda\right)\left(\frac{\partial\psi}{\partial q_\varkappa} - \frac{i e_\varkappa}{\hbar c}\Phi_\varkappa\psi\right) \\ &- \psi\left(\frac{\partial}{\partial q_\lambda} + \frac{i e_\lambda}{\hbar c}\Phi_\lambda\right)\left(\frac{\partial\psi^*}{\partial q_\varkappa} + \frac{i e_\varkappa}{\hbar c}\Phi_\varkappa\psi^*\right) \\ &+ \left(\frac{\partial\psi}{\partial q_\varkappa} - \frac{i e_\varkappa}{\hbar c}\Phi_\varkappa\psi\right)\left(\frac{\partial\psi^*}{\partial q_\lambda} + \frac{i e_\lambda}{\hbar c}\Phi_\lambda\psi^*\right) \\ &+ \left(\frac{\partial\psi^*}{\partial q_\varkappa} + \frac{i e_\varkappa}{\hbar c}\Phi_\varkappa\psi^*\right)\left(\frac{\partial\psi}{\partial q_\lambda} - \frac{i e_\lambda}{\hbar c}\Phi_\lambda\psi\right)\Big]. \end{aligned}\right\} \tag{79'}$$

Die Symmetriebedingung $T_{\varkappa\lambda} = T_{\lambda\varkappa}$ gilt hier nur, wenn $\varkappa$ und λ zum selben Teilchen gehören. Analog zu (78) gilt dann

$$\left.\begin{aligned} m\frac{\partial i_\varkappa}{\partial t} = -\sum_\lambda \frac{\partial T_{\varkappa\lambda}}{\partial q_\lambda} &+ \left(-\frac{\partial(V + \sum_a V^{(a)})}{\partial q_\varkappa} - \frac{e_\varkappa}{c}\frac{\partial\Phi_\varkappa}{\partial t}\right)\psi^*\psi \\ &+ \frac{e_\varkappa}{c}\sum_\lambda\left(\frac{\partial\Phi_\lambda}{\partial q_\varkappa} - \frac{\partial\Phi_\varkappa}{\partial q_\lambda}\right) i_\lambda. \end{aligned}\right\} \tag{78'}$$

Nach unseren Annahmen über Φ_k sind in der letzten Summe nur drei Terme (die auf dasselbe Teilchen bezüglichen) von Null verschieden. Ferner gilt wieder

$$\frac{d\overline{q_k}}{dt} = \int i_k\,dV = \frac{1}{m_k}\left(\overline{p_k} - \frac{e_k}{c}\overline{\Phi_k}\right), \tag{75'}$$

$$m\frac{d^2\overline{q_k}}{dt^2} = \overline{K_k}, \tag{82'}$$

wenn $\overline{K_k}$ wie in (81) definiert wird.

Die zuletzt erwähnten Relationen, die Bewegungsgleichungen, können sehr allgemein mittels des Operatorkalküls aus der Wellengleichung abgeleitet werden. Wir knüpfen zunächst an die Relationen (91), (91′) an, aus denen die Beziehungen (94), (94′) folgen, wenn F eine ganze rationale Funktion bedeutet. Dies führt dazu, den Impulsen und Koordinaten Operatoren zuzuordnen, die folgendermaßen wirken

$$\boldsymbol{p}_k\psi(q_1\ldots q_f) = \frac{\hbar}{i}\frac{\partial}{\partial q_k}\psi; \qquad \boldsymbol{q}_k\psi(q_1\ldots q_f) = q_k\psi; \tag{102}$$

$$\boldsymbol{p}_k\psi(p_1\ldots p_f) = p_k\varphi(p_1\ldots p_f); \qquad \boldsymbol{q}_k\varphi(p_1\ldots p_f) = -\frac{\hbar}{i}\frac{\partial}{\partial p_k}\varphi. \tag{102'}$$

Es folgen daraus die grundlegenden *Vertauschungsrelationen* (im folgenden als V.-R. abgekürzt)

$$\left.\begin{aligned} \boldsymbol{p}_k\boldsymbol{q}_l - \boldsymbol{q}_l\boldsymbol{p}_k &= \delta_{lk}\frac{\hbar}{i}\left(\delta_{lk} = \begin{cases}1 & \text{für } l = k\\ 0 & \text{für } l \neq k\end{cases}\right) \\ \boldsymbol{p}_k\boldsymbol{p}_l - \boldsymbol{p}_l\boldsymbol{p}_k &= 0, \\ \boldsymbol{q}_k\boldsymbol{q}_l - \boldsymbol{q}_l\boldsymbol{q}_k &= 0. \end{aligned}\right\} \tag{103}$$

Z. B. ist

$$\boldsymbol{p}_k \boldsymbol{q}_k \psi = \frac{\hbar}{i} \frac{\partial}{\partial q_k} (q_k \psi); \qquad \boldsymbol{q}_k \boldsymbol{p}_k \psi = q_k \frac{\hbar}{i} \frac{\partial}{\partial q_k} \psi,$$

also in der Tat

$$(\boldsymbol{p}_k \boldsymbol{q}_k - \boldsymbol{q}_k \boldsymbol{p}_k) \psi = \frac{\hbar}{i} \left(\frac{\partial}{\partial q_k} (q_k \psi) - q_k \frac{\partial \psi}{\partial q_k} \right) = \frac{\hbar}{i} \psi.$$

Das gleiche hätte sich ergeben, wenn man die $\varphi(p_1 \ldots p_f)$ zur Verifikation der V.-R. benutzt hätte. Auf analoge Weise verifiziert man ferner die übrigen V.-R. (103). Diese Form der V.-R. ist nur ein anderer Ausdruck für den Zusammenhang (91), (91′) von $\varphi(p)$ mit $\psi(q)$.

Es ist ferner zu betonen, daß die p_k und q_k HERMITEsche (lineare) Operatoren sind. Solche waren ja definiert durch die Beziehung

$$\int \psi_1^* (\boldsymbol{H} \psi_2)\, dV = \int \psi_2 (\boldsymbol{H} \psi_1)^*\, dV, \tag{63}$$

die für beliebige Funktionen ψ_1 und ψ_2 gültig sein muß, was man für die Operatoren (102) leicht bestätigt. Wir erwähnen weiter, daß durch zweimalige Anwendung von (63) für zwei als hermitesch vorausgesetzte Operatoren folgt

$$\int (\boldsymbol{H}_1 \psi_1)^* (\boldsymbol{H}_2 \psi_2)\, dV = \int \psi_2 (\boldsymbol{H}_2 [\boldsymbol{H}_1 \psi_1])^*\, dV,$$

$$\int (\boldsymbol{H}_2 \psi_2)^* (\boldsymbol{H}_1 \psi_1)\, dV = \int \psi_1 (\boldsymbol{H}_1 [\boldsymbol{H}_2 \psi_2])^*\, dV,$$

also

$$\int \psi_2 (\boldsymbol{H}_2 [\boldsymbol{H}_1 \psi_1])^*\, dV = \int \psi \;\; (\boldsymbol{H}_1 [\boldsymbol{H}_2 \psi_2])\, dV. \tag{104}$$

Daraus folgt: Sind $\boldsymbol{H}_1$ und $\boldsymbol{H}_2$ HERMITEsche lineare Operatoren, so gilt dasselbe von

$$\boldsymbol{F} = \boldsymbol{H}_1 \boldsymbol{H}_2 + \boldsymbol{H}_2 \boldsymbol{H}_1 \tag{105}$$

und

$$\boldsymbol{G} = i(\boldsymbol{H}_1 \boldsymbol{H}_2 - \boldsymbol{H}_2 \boldsymbol{H}_1). \tag{105′}$$

Sind speziell $\boldsymbol{H}_1$ und $\boldsymbol{H}_2$ vertauschbar, so ist auch $\boldsymbol{H}_1 \boldsymbol{H}_2$ hermitesch, insbesondere ist jede ganze rationale Funktion von $\boldsymbol{H}_1$ wieder hermitesch. Sind $\boldsymbol{A}$, $\boldsymbol{B}$ zwei lineare Operatoren, so schreiben wir oft zur Abkürzung

$$[\boldsymbol{A}, \boldsymbol{B}] \equiv i(\boldsymbol{A}\boldsymbol{B} - \boldsymbol{B}\boldsymbol{A}). \tag{106}$$

Dann gilt

$$[\boldsymbol{A}_1 \boldsymbol{A}_2, \boldsymbol{A}_3] \equiv \boldsymbol{A}_1 [\boldsymbol{A}_2 \boldsymbol{A}_3] + [\boldsymbol{A}_1 \boldsymbol{A}_3] \boldsymbol{A}_2, \tag{107}$$

$$[[\boldsymbol{A}_1, \boldsymbol{A}_2] \boldsymbol{A}_3] + [[\boldsymbol{A}_3, \boldsymbol{A}_1] \boldsymbol{A}_2] + [[\boldsymbol{A}_2, \boldsymbol{A}_3] \boldsymbol{A}_1] \equiv 0. \tag{108}$$

Nun sei $\boldsymbol{F}$ ein beliebiger HERMITEscher linearer Operator, der die Zeit nicht explizite enthält, und $\boldsymbol{H}$ der Hamiltonoperator. Wir wollen die zeitliche Änderung des Mittelwertes („Erwartungswertes")

$$\overline{F} = \int \psi^* (\boldsymbol{F} \psi)\, dV \tag{109}$$

berechnen. Es ergibt sich

$$\hbar \frac{d\overline{F}}{dt} = \hbar \int \frac{\partial \psi^*}{\partial t} (\boldsymbol{F} \psi)\, dV + \hbar \int \psi^* \left(\boldsymbol{F} \frac{\partial \psi}{\partial t} \right) dV$$

$$= i \int (\boldsymbol{H} \psi)^* (\boldsymbol{F} \psi)\, dV - i \int \psi^* (\boldsymbol{F} [\boldsymbol{H} \psi])\, dV$$

$$= i \int \psi^* [(\boldsymbol{H}\boldsymbol{F}) \psi]\, dV - i \int \psi^* [(\boldsymbol{F}\boldsymbol{H}) \psi]\, dV,$$

also

$$\hbar \frac{d\overline{F}}{dt} = \int \psi^* ([\boldsymbol{H}, \boldsymbol{F}] \psi)\, dV = \overline{[\boldsymbol{H}, \boldsymbol{F}]} = i\,\overline{(\boldsymbol{H}\boldsymbol{F} - \boldsymbol{F}\boldsymbol{H})}. \tag{110}$$

Nun gilt für jede Funktion $F(p_1 \ldots p_f)$ der p allein

$$\boldsymbol{F p_k} - \boldsymbol{p_k F} = 0; \qquad \boldsymbol{F q_k} - \boldsymbol{q_k F} = \frac{\hbar}{i} \frac{\partial \boldsymbol{F}}{\partial \boldsymbol{p_k}}, \tag{111}$$

die letztere Formel ist richtig für $F = p_i$ und für $F = q_i$; sie ist ferner für $F_1 + F_2$ und $F_1 \cdot F_2$ richtig, wenn sie für F_1 und F_2 richtig ist, wie man aus (107) entnimmt. Daraus folgt die Behauptung für jede ganze rationale Funktion F der p. Ferner gilt gemäß der Definition $p_k = \frac{\hbar}{i} \frac{\partial}{\partial q_k}$ für jede Funktion $G(q_1 \ldots q_f)$ der q allein

$$\boldsymbol{p_k G} - \boldsymbol{G p_k} = \frac{\hbar}{i} \frac{\partial \boldsymbol{G}}{\partial \boldsymbol{q_k}}; \qquad \boldsymbol{q_k G} - \boldsymbol{G q_k} = 0. \tag{112}$$

Aus (111) und (112) zusammen folgt zunächst für jede Funktion

$$\boldsymbol{H}(p, q) = \boldsymbol{F}(p_1 \ldots p_f) + \boldsymbol{G}(q_1 \ldots q_f), \tag{113}$$

worin F ganz rational und G beliebig, also

$$\boldsymbol{H} \psi(q) = \left[\boldsymbol{F}\left(\frac{\hbar}{i} \frac{\partial}{\partial q_1}, \ldots, \frac{\hbar}{i} \frac{\partial}{\partial q_f}\right) + \boldsymbol{G}(q_1 \ldots q_f)\right] \psi,$$

$$\boldsymbol{H p_k} - \boldsymbol{p_k H} = -\frac{\hbar}{i} \frac{\partial H}{\partial q_k}; \qquad \boldsymbol{H q_k} - \boldsymbol{q_k H} = \frac{\hbar}{i} \frac{\partial \boldsymbol{H}}{\partial \boldsymbol{p_k}}. \tag{114}$$

Schließlich ist es auf Grund der Definition der $\boldsymbol{p_k}$ und $\boldsymbol{q_k}$ auch leicht, diese Formel noch zu beweisen für eine Funktion der Form

$$\boldsymbol{H} = \boldsymbol{F}(p_1 \ldots p_f) + \sum_k [\boldsymbol{A_k}(q) \boldsymbol{p_k} + \boldsymbol{p_k A_k}(q)] + \boldsymbol{G}(q_1 \ldots q_f). \tag{113'}$$

Von dieser Form ist die Hamiltonfunktion in kartesischen Koordinaten, die wir bisher benutzt haben. (Man beachte die Symmetrisierung der Reihenfolge der Faktoren A_k und p_k, die gemäß (105) nötig ist, damit $\boldsymbol{H}$ hermitesch wird.)

Durch Einsetzen von $F = p_k$ bzw. $F = q_k$ in (110) folgt mit Rücksicht auf (114) zunächst

$$\frac{d \overline{p_k}}{dt} = -\overline{\left(\frac{\partial H}{\partial q_k}\right)}; \qquad \frac{d \overline{q_k}}{dt} = +\overline{\left(\frac{\partial H}{\partial p_k}\right)} \tag{115}$$

für die Mittelwerte der betreffenden Größen über die Wellenpakete einer beliebigen Lösung der Wellengleichung. Dabei ist über das Bisherige hinausgehend benutzt, daß z. B. als Mittelwert eines Ausdruckes der Form

$$A_k(q) p_k + p_k A_k(q)$$

der (stets reelle) Wert

$$\int \psi^* \left[A_k(q) \frac{\hbar}{i} \frac{\partial}{\partial q_k} + \frac{\hbar}{i} \frac{\partial}{\partial q_k} (A_k(q) \psi)\right] dq$$

zu verstehen ist. Es ist dies eine Definition, die sich in vieler Hinsicht bewährte. Sodann folgt aus (110) für $\boldsymbol{F} = \boldsymbol{H}$ wegen $[H, H] \equiv 0$, daß für den Fall, daß H die Zeit nicht explizite enthält, gilt

$$\frac{d \overline{H}}{dt} = 0; \qquad \overline{H} = \text{konst.} \tag{116}$$

Hierin erblicken wir den Ausdruck für den Energiesatz, da H als Mittelwert der Energie über das Wellenpaket interpretiert werden kann. Ebenso folgt für den Gesamtimpuls

$$\overline{P} = \overline{\sum_{(k)} p_k}; \qquad \frac{d \overline{P}}{dt} = -\overline{\left(\sum_k \frac{\partial}{\partial q_k}\right) H},$$

welcher Ausdruck verschwindet, wenn $\boldsymbol{H}$ explizite nur von den Differenzen der Koordinaten $q_k - q_i$ abhängt. Ferner für den Drehimpuls, zunächst im Fall der Abwesenheit eines Magnetfeldes

$$\boldsymbol{J}_{ik} = \sum_{a=1}^{N} \left(\boldsymbol{q}_i^{(a)} \boldsymbol{p}_k^{(a)} - \boldsymbol{q}_k^{(a)} \boldsymbol{p}_i^{(a)}\right). \qquad (J_{ik} = -J_{ki};\ i, k = 1, 2, 3) \tag{117}$$

[(a) = Teilchenindex, der von 1 bis N läuft]

$$\frac{d\overline{J_{ik}}}{dt} = -\overline{\sum_{a=1}^{N} \left[q_i^{(a)} \frac{\partial V}{\partial q_k^{(a)}} - q_k^{(a)} \frac{\partial V}{\partial q_i^{(a)}} \right]}, \tag{118}$$

worin, wie in der klassischen Mechanik, die rechte Seite verschwindet, sobald die potentielle Energie des Systems invariant ist gegenüber einer starren Drehung des ganzen Systems im Raum. Im Fall der Anwesenheit eines Magnetfeldes folgt zunächst

$$\frac{d\overline{q_\varkappa}}{dt} = \frac{1}{m}\left(\overline{p_\varkappa} - \frac{e}{c}\overline{\Phi_\varkappa}\right) = \int i_\varkappa\, dq, \tag{119}$$

wenn $i_\varkappa$ durch (100) definiert ist. Ferner folgt mit $H_{\varkappa\lambda} = \frac{\partial \Phi_\lambda}{\partial q_\varkappa} - \frac{\partial \Phi_\varkappa}{\partial q_\lambda}$ bei unserer Definition der Mittelwerte

$$\int H_{\varkappa\lambda} i_\lambda\, dV = \frac{1}{2}\overline{(H_{\varkappa\lambda}\dot{q}_\lambda + \dot{q}_\lambda H_{\varkappa\lambda})} = \frac{1}{2m}\overline{(H_{\varkappa\lambda} p_\lambda + p_\lambda H_{\varkappa\lambda})} - \frac{e}{mc}\overline{H_{\varkappa\lambda}\Phi_\lambda},$$

also

$$m\frac{d^2\overline{q_\varkappa}}{dt^2} = -\frac{\partial\overline{(V + \sum_a V^{(a)})}}{\partial q_\varkappa} - \frac{e_\varkappa}{c}\frac{\partial\overline{\Phi_\varkappa}}{\partial t} + \frac{e_\varkappa}{c}\frac{1}{2}\sum_\lambda \overline{(H_{\varkappa\lambda}\dot{q}_\lambda + \dot{q} H_{\varkappa\lambda})} = \overline{K_\varkappa}$$

und mit

$$\left.\begin{aligned} \boldsymbol{J}_{ik} &= \sum_{a=1}^{N} m^{(a)} \left(q_i^{(a)} \dot{q}_k^{(a)} - q_k^{(a)} \dot{q}_i^{(a)}\right) \\ &= \sum_{a=1}^{N} \left[\left(q_i^{(a)} p_k^{(a)} - p_k^{(a)} q_i^{(a)}\right) - \frac{e^{(a)}}{c}\left(q_i^{(a)} \Phi_k^{(a)} - q_k^{(a)} \Phi_i^{(a)}\right) \right], \end{aligned}\right\} \tag{117'}$$

$$\overline{J_{ik}} = \sum_{a=1}^{N} m^{(a)} \int \left[q_i^{(a)} i_k^{(a)} - q_k^{(a)} i_i^{(a)}\right] dq, \tag{117''}$$

$$\frac{d\overline{J_{ik}}}{dt} = \frac{1}{2}\sum_{(a)} \left[\overline{\left(q_i^{(a)} K_k^{(a)} - q_k^{(a)} K_i^{(a)}\right)} + \overline{\left(K_k^{(a)} q_i^{(a)} - K_i^{(a)} q_k^{(a)}\right)}\right],$$

wenn unter $\boldsymbol{K}_k^{(a)}$ der Operator der betreffenden Kraftkomponente verstanden wird. Letzteres folgt auch direkt aus (78'). Die rechte Seite von (120) verschwindet wieder, sobald das System Rotationssymmetrie um die zur $(x_i x_k)$-Ebene senkrechte Achse besitzt (vgl. Ziff. 13).

Es bleibt noch etwas zu sagen über den Fall, daß statt kartesischen andere Koordinaten benutzt werden. Da die klassische Hamiltonfunktion hier die allgemeinere Form einer quadratischen Abhängigkeit von den p mit irgendwie von den q abhängigen Koeffizienten annimmt, treten hier im allgemeinen Zweideutigkeiten über die Reihenfolge der Faktoren $f(q)$ und p_k auf. Diese Reihenfolge kann nicht anders als durch Umrechnen auf kartesische Koordinaten festgelegt werden[1]. Dagegen ist es möglich, eine rationale Vorschrift für die Bildung der partiellen Differentialquotienten nach den p_k und q_k eines solchen allgemeineren Ausdruckes zu geben[2]. Man kann nämlich definitorisch festsetzen, daß all-

[1] Vgl. B. Podolsky, Phys. Rev. Bd. 32, S. 812, 1928.
[2] M. Born, P. Jordan u. W. Heisenberg, ZS. f. Phys. Bd. 35, S. 557. 1926.

gemein für ein Produkt zweier Funktionen $F_1 \cdot F_2$ *einschließlich der Reihenfolge der Faktoren* gelten soll:

$$\frac{\partial}{\partial X}(\boldsymbol{F}_1 \boldsymbol{F}_2) = \frac{\partial \boldsymbol{F}_1}{\partial X} \boldsymbol{F}_2 + \boldsymbol{F}_1 \frac{\partial \boldsymbol{F}_2}{\partial X}, \tag{121}$$

woraus durch Induktion für ein Produkt aus beliebig vielen Faktoren folgt

$$\frac{\partial}{\partial X}(\boldsymbol{F}_1 \dots \boldsymbol{F}_N) = \frac{\partial \boldsymbol{F}_1}{\partial X} \boldsymbol{F}_2 \dots \boldsymbol{F}_N + \boldsymbol{F}_1 \frac{\partial \boldsymbol{F}_2}{\partial X} \boldsymbol{F}_2 \dots \boldsymbol{F}_n + \cdots + \boldsymbol{F}_1 \dots \boldsymbol{F}_{n-1} \frac{\partial \boldsymbol{F}_n}{\partial X}, \tag{121'}$$

worin für X irgendeine der Variablen $p_1 \dots q_f$ substituiert werden kann. In diesem Fall ist (114) allgemein richtig, wenn $\boldsymbol{H}$ ganz rational von den p und irgendwie von den q abhängt, und wegen (107) ist dann (115) wieder eine Konsequenz der Wellengleichung.

Wir können nun noch die Wellengleichung in beliebigen krummlinigen Koordinaten formulieren. Das Linienelement sei

$$d s^2 = g_{\varkappa\lambda}\, d q_\varkappa\, d q_\lambda$$

(über doppelt vorkommende Indizes ist in den nächstfolgenden Gleichungen stets zu summieren), worin $g_{\varkappa\lambda} = g_{\lambda\varkappa}$ beliebige Funktionen der $q_\varkappa$ sind, und der Massenfaktor in die $g_{\varkappa\lambda}$ mit einbezogen zu denken ist. Die $g^{\varkappa\lambda}$ mögen die zu $g_{\varkappa\lambda}$ reziproke Matrix bilden und $D = \sqrt{|g|}$ sei die Quadratwurzel aus der Determinante $|g| = |g_{\varkappa\lambda}|$ der $g_{\varkappa\lambda}$. Dann lautet in diesen Koordinaten die Wellengleichung

$$-\frac{\hbar}{i}\frac{\partial \psi}{\partial t} = \frac{1}{2}\frac{1}{D}\left(\frac{\hbar}{i}\frac{\partial}{\partial q_\varkappa} + A_\varkappa\right) D g^{\varkappa\lambda}\left(\frac{\hbar}{i}\frac{\partial}{\partial q_\lambda} + A_\lambda\right)\psi + V\psi, \tag{97*}$$

worin die $A_\varkappa$ die mit $-\frac{e_\varkappa}{c}$ multiplizierten Vektorpotentiale sind. Mit

$$\varrho = D\psi\psi^*,$$

$$i^\varkappa = D g^{\varkappa\lambda}\left[\psi^*\left(\frac{\hbar}{i}\frac{\partial \varphi}{\partial q_\lambda} + A_\lambda \psi\right) + \psi\left(-\frac{\hbar}{i}\frac{\partial \psi^*}{\partial q_\lambda} + A_\lambda \psi^*\right)\right]$$

gilt die Kontinuitätsgleichung

$$\frac{\partial \varrho}{\partial t} + \frac{\partial i^\varkappa}{\partial q_\varkappa} = 0.$$

Ein Operator $\boldsymbol{F}$ heißt jetzt wegen des Auftretens des Faktors D in der Dichtefunktion hermitesch, wenn

$$\int D\psi^* (\boldsymbol{F}\psi)\, dq = \int D(\boldsymbol{F}\psi)^* \psi\, dq.$$

Soll der Impulsoperator $\boldsymbol{p}_\varkappa$ in diesem Sinne hermitesch sein und außerdem der V.-R.

$$\boldsymbol{p}_\varkappa \boldsymbol{q}_\varkappa - \boldsymbol{q}_\varkappa \boldsymbol{p}_\varkappa = \frac{\hbar}{i}$$

genügen, so muß

$$\boldsymbol{p}_\varkappa \psi = \frac{\hbar}{i}\frac{1}{\sqrt{D}}\frac{\partial \sqrt{D}\psi}{\partial q_\varkappa}.$$

Die Beziehungen dieses Operators zur Wellengleichung und zum Strom sind leicht aufzustellen.

Im Spezialfall räumlicher Polarkoordinaten ist

$$d s^2 = m(d r^2 + r^2 d\vartheta^2 + r^2 \sin^2\vartheta\, d\varphi^2),$$

also

$$D = r^2 \sin\vartheta, \qquad g^{rr} = \frac{1}{m}, \qquad g^{\vartheta\vartheta} = \frac{1}{m}\frac{1}{r^2}, \qquad g^{\varphi\varphi} = \frac{1}{m}\frac{1}{r^2 \sin^2\vartheta}.$$

Für spätere Anwendungen ist in diesem Fall zu beachten, daß

$$\frac{1}{r^2}\frac{d}{dr}\left(r^2 \frac{df}{dr}\right) = \frac{1}{r}\frac{d^2}{dr^2}(rf).$$

Deshalb kann man gemäß (97*) mit

$$\boldsymbol{p_r}\psi = \frac{\hbar}{i}\,\frac{1}{r}\,\frac{d}{dr}(r\psi) \quad \text{und} \quad \boldsymbol{P}^2 = -\hbar^2\left(\frac{1}{\sin\vartheta}\,\frac{\partial}{\partial\vartheta}\sin\vartheta\,\frac{\partial}{\partial\vartheta} + \frac{1}{\sin^2\vartheta}\,\frac{\partial^2}{\partial\varphi^2}\right) \tag{97'*}$$

den Hamiltonoperator hier einfach schreiben

$$\boldsymbol{H} = \frac{1}{2m}\left(\boldsymbol{p_r}^2 + \frac{\boldsymbol{P}^2}{r^2}\right) + V. \tag{97''*}$$

Diese Schreibweise wird in den älteren Arbeiten über Quantenmechanik oft benutzt.

6. Stationäre Zustände als Eigenwertproblem. Von den Lösungen der allgemeinen Wellengleichung

$$-\frac{\hbar}{i}\,\frac{\partial\psi}{\partial t} = \boldsymbol{H}\left(\frac{\hbar}{i}\,\frac{\partial}{\partial q}, q\right)\psi \tag{62}$$

haben diejenigen ein besonderes Interesse, für welche sowohl die Dichte $\psi^*\psi$ als auch die Stromdichte zeitlich konstant sind. Dabei nehmen wir jetzt durchweg an, daß die in $\boldsymbol{H}$ vorkommenden Feldgrößen V, Φ_k die Zeit nicht explizite enthalten. Die betreffenden Lösungen entsprechen dann den sog. *stationären Zuständen* des Systems. Damit sowohl $\psi^*\psi$ als auch $\psi^*\frac{\partial\psi}{\partial q_k} - \psi\frac{\partial\psi^*}{\partial q_k}$ von der Zeit unabhängig sind, muß ψ notwendig die Form haben

$$\psi = u(q)\,e^{-if(t)},$$

worin u unabhängig von t, f unabhängig von den q ist. Aus (62) folgt dann

$$\hbar\frac{df}{dt}u(q) = \boldsymbol{H}[u(q)]$$

und das ist offenbar nur möglich, wenn df/dt von der Zeit unabhängig ist. Wir können also setzen

$$\psi_E = u(q)\,e^{-\frac{i}{\hbar}Et} \tag{122}$$

$$\boldsymbol{H}\left(\frac{\hbar}{i}\,\frac{\partial}{\partial q}, q\right)u = Eu. \tag{123}$$

Es handelt sich hier um eine homogene lineare Differentialgleichung, die einen Parameter enthält. Solche Differentialgleichungen haben bekanntlich nicht immer für alle Werte von E reguläre Lösungen und man spricht deshalb von einem *Eigenwertproblem.* Um die Regularitätsbedingungen des Problems festzulegen[1], gehen wir aus von der für zwei beliebige Funktionen u, v gültigen Gleichung

$$\int v^*(\boldsymbol{H}u)\,dq = \int u(\boldsymbol{H}v)^*\,dq. \tag{124}$$

Von den als Lösung von (123) zugelassenen Funktionen ist zu verlangen, daß diese „Hermitezität" oder „Komplex-Selbstadjungiertheit" von $\boldsymbol{H}$ nicht durch singuläre Stellen gestört wird. Insbesondere soll (124) gelten, wenn eine der Funktionen regulär ist. Über den Wertebereich der q und den Funktionsbereich der u können sonst noch sehr allgemeine Annahmen gemacht werden. [Im allgemeinen ist dann unter dq das Volumdifferential $\varrho(q)\,dq_1\ldots dq_f$ mit einer geeigneten Dichtefunktion $\varrho(q)$ zu verstehen.] Z. B. kann es sich bei Drehungen starrer Körper um Winkelgrößen handeln, die nur von 0 bis 2π bzw. von 0 bis π variieren können. Oder es handelt sich um Funktionen eines beschränkten Intervalles [etwa $(-1, +1)$], die für -1 und $+1$ denselben Wert annehmen

[1] Vgl. dazu J. v. NEUMANN, Göttinger Nachr. 1927, S. 1. Später wurde diese Frage wieder diskutiert von G. JAFFÉ, ZS. f. Phys. Bd. 66, S. 770. 1930. Es scheint uns jedoch, daß in der zitierten Arbeit von NEUMANN die allgemeinste Beantwortung der Frage gegeben ist.

sollen, oder um Funktionen, die in dem Halbraum $(0, \infty)$ definiert sind und für $q = 0$ verschwinden müssen. Immer muß (124) erfüllt sein in dem durch die Rand- und Regularitätsbedingungen eingeschränkten Funktionsbereich. Dabei ist es nicht nötig, daß u und v überall regulär sind. Wegen der Bedeutung von $\psi\psi^* = uu^*$ als Wahrscheinlichkeitsdichte ist es dagegen naheliegend, zu verlangen, daß

$$\int u u^* d q \tag{125}$$

existiert (also endlich ist), wenn über den ganzen Bereich der q integriert wird. In vielen Fällen sind durch diese Forderung *diskrete* Eigenwerte E ausgezeichnet. Indessen ist die Forderung (125) im Fall kontinuierlicher E-Werte etwas abzuschwächen, wie aus dem Fall kräftefreier Teilchen zu ersehen ist. Eine Lösung von

$$-\frac{\hbar^2}{2m}\Delta u = E u$$

ist die ebene Welle $u_{p_1 \ldots p_f} = e^{\frac{i}{\hbar}(p_1 q_1 + \cdots + p_f q_f)}$, worin die $p_1, \ldots, p_f$ als Integrationskonstanten erscheinen. Offenbar ist für diese ebenen Wellen die Bedingung (125) nicht erfüllt. In der Tat stellen die ebenen Wellen physikalisch einen singulären Grenzfall dar, indem hier die Wahrscheinlichkeiten, ein Teilchen außerhalb eines bestimmten endlichen Volumens zu finden, unendlich vielmal größer ist als die Wahrscheinlichkeit, es innerhalb zu finden; nur der Quotient der Wahrscheinlichkeiten, ein Teilchen in zwei verschiedenen endlichen Raumgebieten zu finden, hat einen bestimmten Wert[1]. Wie bereits in Ziff. 2 gezeigt wurde, verschwindet jedoch diese Singularität, sobald man Wellenpakete betrachtet. Bildet man durch Integration über ein endliches, aber beliebig kleines Gebiet des p-Raumes

$$\bar{u}_{p_k', p_k''} = \int_{p_k'}^{p_k''} d p_1 \ldots d p_f \, u_{p_1 \ldots p_f},$$

so existiert das Integral von $\bar{u}\,\bar{u}^*$ über den ganzen q-Raum. Wir werden für den Fall, daß die Eigenfunktionen stetig von irgendwelchen Parametern $\lambda_1 \lambda_2 \ldots$ (kurz mit λ ohne Index bezeichnet) abhängen, als Ersatz für (125) also zu fordern haben, daß für

$$\bar{u}_{\lambda', \lambda''} = \int_{\lambda'}^{\lambda''} u_\lambda(q)\, d\lambda \tag{126}$$

(worin $d\lambda$ als Abkürzung für $d\lambda_1 \ldots d\lambda_n$ eingeführt ist)

$$\int u^*_{\lambda', \lambda''}(q)\, \bar{u}_{\lambda', \lambda''}(q)\, d q \tag{127}$$

existiert. Nur für diese „Elementarpakete" $\bar{u}_{\lambda', \lambda''}$ braucht dann auch die Relation (124) für den ganzen q-Raum zu gelten.

Man gelangt zu einer einheitlichen Formulierung der diskreten und kontinuierlichen Eigenwerte, wenn man allgemein setzt

$$\bar{u}_\lambda = \int_{\lambda_0}^{\lambda} u_\lambda(q)\, d\lambda + \sum_{p=\lambda_1}^{\lambda_n} u_p(q), \tag{126'}$$

worin das Integral über die im Intervall ($\lambda_0 \leqq \lambda' < \lambda$ liegenden kontinuierlichen Eigenwerte, die Summe über die in diesem Intervall liegenden diskreten Eigenwerte $\lambda_1 \lambda_2 \ldots \lambda_n$ zu er-

[1] Vgl. hierzu P. A. M. DIRAC, Quantenmechanik, S. 187.

strecken ist. Es kann sich dann also $\bar{u}_\lambda$ sprungweise mit 1 ändern. Jedoch existiert für jede stetige Funktion $f(\lambda)$ das STIELTJESsche Integral

$$\int_{\lambda_0}^{\lambda} f(\lambda)\, d\bar{u}_\lambda = \int_{\lambda_0}^{\lambda} f(\lambda)\, u_\lambda(q)\, d\lambda + \sum_{p=\lambda_1}^{\lambda_n} u_p f(\lambda_p)\,.$$

Man kann nun (ganz unabhängig von der Existenz der u_λ) die mit λ evtl. sprungweise veränderliche Funktion $\bar{u}_\lambda$ charakterisieren durch die als Verallgemeinerung von (123) zu betrachtende Gleichung

$$(\boldsymbol{H}\bar{u}_{\lambda''}) - (\boldsymbol{H}\bar{u}_{\lambda'}) = \int_{\lambda'}^{\lambda''} [\boldsymbol{H}\, d\bar{u}_\lambda] = \int_{\lambda'}^{\lambda''} E(\lambda)\, d\bar{u}_\lambda\,, \tag{123'}$$

worin dann die Werte von E an den Sprungstellen $\lambda_1 \lambda_2 \ldots$ von $\bar{u}_\lambda$ als diskrete Eigenwerte $E_1 E_2 \ldots$ erscheinen.

Um die mit (124) verträglichen Singularitäten von u und v zu untersuchen, ist es nützlich, auf die Gleichung

$$\int [v^* \boldsymbol{H} u - u(\boldsymbol{H} v)^*]\, dq = \oint i_N(v^*, u)\, df \tag{128}$$

zurückzugreifen, die bei Integration über ein endliches Volumen des q-Raumes aus der Kontinuitätsgleichung

$$v^* \boldsymbol{H} u - u(\boldsymbol{H} v)^* = \operatorname{Div} \vec{i}(v^*, u)$$

folgt. Hierin ist $\vec{i}(\psi^*, \psi)$ die gewöhnliche Stromdichte, aus der $\vec{i}(v^*, u)$ durch die Substitution $\psi^* \to v^*$, $\psi \to u$ formal entsteht; die Div ist im f-dimensionalen Raum zu verstehen (evtl. in krummlinigen Koordinaten), während das Flächenintegral auf der rechten Seite von (128), in welchem i_N die Komponente von $\vec{i}$ in der Richtung der Normale nach außen bedeutet, über die geschlossene Begrenzungsfläche des Bereiches V zu erstrecken ist. Steht auf der linken Seite von (128) speziell ein eindimensionales Integral, so degeneriert die rechte Seite von (128) in die Differenz der Werte von i an den Integrationsgrenzen $q_1, q_2 \ldots$ An Stellen, wo die in $\boldsymbol{H}$ auftretenden Potentialfunktionen singulär sind, ist dann zu verlangen, daß das bei Umrandung der Singularitäten auftretende Flächenintegral in (128) beliebig klein gemacht werden kann.

Man folgert daraus leicht Aussagen für folgende Fälle:

a) Es sei ein eindimensionales Problem mit der Hamiltonfunktion

$$\frac{1}{2m}\left(\frac{\hbar}{i}\frac{d}{dx} - \frac{e}{c}\,\Phi(x)\right)^2 + V(x)$$

vorgegeben. An einer Stelle x_0 seien $\Phi(x)$ oder $V(x)$ oder beide Funktionen unstetig. Da hier

$$i(v^*, u) = \frac{1}{2m}\left[v^*\left(\frac{\hbar}{i}\frac{du}{dx} - \frac{e}{c}\,\Phi(x)\,u\right) - u\left(\frac{\hbar}{i}\frac{dv^*}{dx} + \frac{e}{c}\,\Phi(x)\,v^*\right)\right],$$

ist zu verlangen

$$\frac{du}{dx} - \frac{i\hbar e}{c}\,\Phi(x)\,u \ \text{ stetig}, \quad u \ \text{stetig für} \ x = x_0\,. \tag{129}$$

Dies muß für alle in Betracht zu ziehenden Funktionen gelten, also auch für $v(x)$.

b) Bei einem Teilchen im gewöhnlichen Raum sei V singulär. Das Integral $\oint i_N\, df$ über eine kleine Kugel um den Nullpunkt wird

$$r^2 \int \left[v^*\left(\frac{\hbar}{i}\frac{\partial u}{\partial r} - \frac{e}{c}\,\Phi_r u\right) - u\left(\frac{\hbar}{i}\frac{\partial v^*}{\partial r} + \frac{e}{c}\,\Phi_r v^*\right)\right] d\Omega\,.$$

Seien alle v, u von der Form $\bar{v}/r^\alpha$, $\bar{u}/r^\alpha$, worin $\bar{v}, \bar{u}$ im Nullpunkt regulär sind (vielleicht verschwinden, aber dies nicht notwendig zu tun brauchen), so sieht man, daß $2 - 2\alpha > 0$ also $\alpha < 1$ sein muß, damit dieser Ausdruck für alle regulären $\bar{v}$, $\bar{u}$ im limes $r = 0$ verschwindet, d. h. es müssen die u, v für $r = 0$ bestimmt schwächer unendlich werden als $1/r$; eine Eigenfunktion, für die $\lim (ru) = A \neq 0$, ist nicht zulässig (obwohl für eine solche Funktion $\int\limits_0^\infty u^* u r^2 \, dr$ existiert).

Wir erhalten also nunmehr ein wohldefiniertes Eigenwertproblem und daher eine natürliche und willkürfreie Methode zur Bestimmung der diskreten oder kontinuierlichen möglichen Energiewerte eines Systems. Diese Methode stammt von SCHRÖDINGER[1], der auch zugleich zeigen konnte, daß für ein Elektron mit der Ladung $-e$ unter dem Einfluß eines festen Kernes der Ladung $+Ze$, also mit der potentiellen Energie $V = -\frac{Ze^2}{r}$ aus der von ihm aufgestellten Wellengleichung [vgl. (98), (99)]

$$-\frac{\hbar^2}{2m}\Delta u + \left(E + \frac{Ze^2}{r}\right) u = 0,$$

die negativen diskreten Energie-Eigenwerte $-Rh/1^2, -Rh/2^2, \ldots, -Rh/n^2, \ldots$ und daran anschließend die kontinuierlichen positiven Eigenwerte $(0 \leqq E < +\infty)$ folgen. Es ist dabei

$$R = \frac{m e^4}{4\pi\hbar^3} Z^2$$

die mit dem Quadrat der Kernladungszahl multiplizierte RYDBERGsche Konstante. (Daß hier ein diskretes und ein kontinuierliches Eigenwertspektrum gemischt auftreten, liegt wesentlich am Verhalten der Potentialfunktion r bei großen Entfernungen, ihrem langsamen Zunehmen von negativen Werten gegen Null. Dagegen ist die Singularität von V im Nullpunkt hierfür ganz unwesentlich, da der punktförmige Kern ebensogut durch eine kleine geladene Kugel ersetzt werden könnte.)

Das einfachste Beispiel für ein System mit nur diskreten Energiewerten ist der harmonische Oszillator, der im eindimensionalen Fall die potentielle Energie

$$V = \frac{m}{2}\omega^2 x^2,$$

im dreidimensionalen Fall, sobald noch Isotropie vorhanden ist, die potentielle Energie

$$V = \frac{m}{2}\omega^2 r^2$$

besitzt, wobei ω die Kreisfrequenz des Oszillators bedeutet. Die Energiewerte sind

$$E_n = (n + \tfrac{1}{2})\hbar\omega \qquad n = 1, 2, 3, \ldots$$

beim linearen,

$$E_n = (n + \tfrac{3}{2})\hbar\omega \qquad n = 1, 2, 3, \ldots$$

beim isotropen räumlichen Oszillator. In den hier betrachteten Fällen ist (ebenso wie im kräftefreien Fall) die Reihe der Energiewerte nach unten begrenzt, es gibt einen kleinsten Energiewert. Daß dies nicht immer der Fall zu sein braucht, zeigt das Beispiel

$$V = -Fx,$$

was einer konstanten Kraft in der $+x$-Richtung entspricht[2].

[1] E. SCHRÖDINGER, Abhandlungen zur Wellenmechanik Bd. I.

[2] Hinsichtlich der Durchrechnung spezieller Beispiele sei auf Kap. 3 ds. Handb. verwiesen.

Als Beispiel der Umrechnung auf krummlinige Koordinaten sei hier speziell der Fall der Polarkoordinaten besonders durchgeführt, der auch bei dem erwähnten Problem des Wasserstoffatoms vorliegt, da er für den Fall eines Teilchens in einem Zentralfeld, d. h. in einem Feld, dessen potentielle Energie $V(r)$ nur von der Distanz r des Teilchens von einem festen Zentrum abhängt, besonders wichtig ist. [Vgl. hierzu die Gleichungen (97′*), (97″*) auf S. 121.] Der Operator Δ nimmt in Polarkoordinaten r, ϑ, φ die Form an

$$\Delta u \equiv \frac{1}{r^2}\frac{d^2}{dr^2}(r u) + \frac{1}{r^2}\boldsymbol{\Omega} u,$$

worin

$$\boldsymbol{\Omega} \equiv \frac{1}{\sin\vartheta}\frac{\partial}{\partial\vartheta}\sin\vartheta\frac{\partial}{\partial\vartheta} + \frac{1}{\sin^2\vartheta}\frac{\partial^2}{\partial\varphi^2}$$

in einfacher Weise mit dem Operator des Drehimpulses des Teilchens zusammenhängt. Dessen Komponenten sind nämlich gegeben durch

$$\boldsymbol{P}_1 = \frac{\hbar}{i}\left(x_2\frac{\partial}{\partial x_3} - x_3\frac{\partial}{\partial x_2}\right),$$

die übrigen durch zyklische Vertauschung. Das Quadrat des Drehimpulsvektors

$$\boldsymbol{P}^2 = \boldsymbol{P}_1{}^2 + \boldsymbol{P}_2{}^2 + \boldsymbol{P}_3{}^2$$

ist dann einfach

$$\boldsymbol{P}^2 = -\hbar^2\boldsymbol{\Omega}.$$

Für den Fall des Zentralfeldes läßt sich die Wellengleichung (123) separieren gemäß

$$u = f(r)\,Y(\vartheta, \varphi),$$

worin mit einer reinen Zahl λ

$$\boldsymbol{\Omega} Y = \lambda Y \tag{130}$$

und $f(r)$ der Gleichung genügt:

$$-\frac{\hbar^2}{2m}\left[\frac{1}{r}\frac{d^2}{dr^2}(r f) + \frac{\lambda}{r^2}f\right] + V(r) f = E f.$$

Es ist nun wichtig, die Lösungen der Gleichung (130) und die Eigenwerte von $\boldsymbol{\Omega}$ zu ermitteln. Die Antwort ist wohlbekannt[1]. Nur für

$$\lambda = -\,l(l+1), \tag{130′}$$

worin l eine nicht negative *ganze* Zahl ($l \geqq 0$), existieren singularitätenfreie Lösungen von (130), und zwar sind dies die allgemeinen Kugelfunktionen der Ordnung l. Von diesen gibt es $2l+1$ lineare unabhängige. Die Eigenwerte von $\boldsymbol{P}^2$ sind also $\hbar^2 \cdot l(l+1)$. Man kann die $Y_l(\vartheta, \varphi)$ so wählen, daß der Operator

$$\boldsymbol{P}_3 = \frac{\hbar}{i}\frac{\partial}{\partial\varphi}$$

die Funktion $Y_l(\vartheta, \varphi)$ einfach mit seinem Eigenwert multipliziert. Dieser wird dann $\hbar m$, worin die ganze Zahl m von $-l$ bis $+l$ läuft

$$Y_{l,m}(\vartheta, \varphi) = Y_{l,m}(\vartheta)\,e^{i m \varphi}.$$

Die $Y_{l,m}$ sind orthogonal wie für gleiche l und verschiedene m direkt ersichtlich, für verschiedene l aber aus der Differentialgleichung folgt. In der Tat ist für zwei beliebige Funktionen Y_1 und Y_2

$$\sin\vartheta(Y_1\boldsymbol{\Omega}Y_2 - Y_2\boldsymbol{\Omega}Y_1) \equiv \frac{\partial}{\partial\vartheta}\left[\sin\vartheta\left(Y_1\frac{\partial Y_2}{\partial\vartheta} - Y_2\frac{\partial Y_1}{\partial\vartheta}\right)\right] + \frac{\partial}{\partial\varphi}\left[\frac{1}{\sin\vartheta}\left(Y_2\frac{\partial Y_1}{\partial\varphi} - Y_1\frac{\partial Y_2}{\partial\varphi}\right)\right],$$

[1] R. Courant und D. Hilbert, Methoden der Math. Physik, S. 258. Berlin 1924.

woraus durch Einsetzen von Y_{lm} für Y_1, $Y^*_{l',m'}$ für Y_2 gemäß (130)

$$\int Y^*_{l',m'} Y_{lm} \sin\vartheta\, d\vartheta\, d\varphi = 0 \quad \text{für} \quad l \neq l'$$

folgt.

In dieser Verbindung ist es von Interesse, die Möglichkeit mehrdeutiger Lösungen von (130) zu diskutieren. Man könnte nämlich im Zweifel sein, ob die Forderung der Eindeutigkeit der u eine notwendige ist, da ja nur die Dichte $\psi^*\psi$ der allgemeinen Lösung $\sum c_n e^{-\frac{i}{\hbar}Et} u_n$ eine direkte physikalische Bedeutung hat. Wenn alle u_n des betrachteten Systems sich beim Umlauf gewisser geschlossener Wege mit demselben Faktor vom Betrag 1 multiplizieren, bleibt $\psi^*\psi$ immer noch eindeutig. Es zeigt sich aber, daß diese mehrdeutigen Lösungen stets solche Singularitäten ihrer Ableitungen an gewissen Stellen haben, daß die Orthogonalität des Funktionensystems nicht gewahrt bleibt, die Selbstadjungiertheit des Hamiltonoperators dann also gestört wird (vgl. S. 123). Insbesondere ist dies der Fall bei den halbzahligen Kugelfunktionen $Y_{l,m}(\vartheta, \varphi)$, in denen sowohl l wie m sich um $1/2$ von einer ganzen Zahl unterscheiden.

Die Lösungen der Differentialgleichung (97*) haben in diesem Fall die Eigenschaft, beim vollen Umlauf um einen Parallelkreis ihr Vorzeichen zu wechseln. Dies wäre noch kein Grund, diese Lösungen auszuschließen. Außerdem haben sie aber die Eigenschaft, daß

$$\lim_{\vartheta \to 0} \sin\vartheta \left[Y_{l,m} \frac{\partial}{\partial\vartheta} Y^*_{l',m} - Y^*_{l',m} \frac{\partial}{\partial\vartheta} Y_{l,m} \right] = Q(0)$$

nicht Null, sondern endlich ist. Der entsprechend definierte Wert $Q(\pi)$ ergibt sich gleich

$$Q(\pi) = (-1)^{l+l'} Q(0).$$

Für $l' = l$ sieht man, daß $Y_{l,m}$ für halbzahlige l und m einer polförmigen Quelle im Punkt $\vartheta = 0$ und einer entsprechenden ebenso starken negativen Quelle (Senke) im Punkt $\vartheta = \pi$ entspricht, während für ungerades $l' - l$ keine Kompensation der Quellen stattfindet. Nach dem Kriterium auf S. 123 sind solche Funktionen als Eigenfunktionen nicht zulässig; in der Tat sind sie für $l \neq l'$ nicht einmal orthogonal. Selbst von dem weiteren Standpunkt aus, der nicht die Eindeutigkeit der Eigenfunktionen von vornherein verlangt, folgt also die Ganzzahligkeit der Quantenzahlen l und m in unserem Falle.

Die Eigenfunktionen haben eine wichtige Eigenschaft, die unmittelbar aus der zugrunde gelegten Gleichung (124) für den Operator $\boldsymbol{H}$ folgt, wenn wir hierin für v und u zwei zu verschiedenen Werten E_n, E_m der Energie gehörigen Lösungen u_n, u_m einsetzen. Dabei beziehen wir uns zunächst auf den Fall diskreter Eigenwerte, um diese Beziehung direkt auf die Eigenlösungen anwenden zu können. Dann folgt[1]

$$E_n \int u_m^* u_n \, dq = E_m \int u_n u_m^* \, dq,$$

also

$$\int u_m^* u_n \, dq = 0 \quad \text{für} \quad E_n \neq E_m. \tag{131}$$

Dies nennt man die *Orthogonalität der Eigenfunktionen.* Hier ist zu sagen, daß für denselben Energiewert E_n mehrere linear unabhängige Eigenfunktionen existieren können. Die allgemeinste Lösung für diesen Energiewert hat dann die Form

$$u_n = c_1 u_{n,1} + c_2 u_{n,2} + \cdots + c_g u_{n,g},$$

---

[1] Hierbei ist bereits vorausgesetzt, daß die E alle reell sind. Dies folgt aber aus (124) für $v = u = u_n$, da diese Beziehung dann übergeht in

$$E_n \int u_n^* u_n \, dV = E_n^* \int u_n u_n^* \, dV; \quad \text{also} \quad E_n^* = E_n.$$

worin die $c_1 \ldots c_g$ willkürliche Konstante sind. Ihre Anzahl g, das *Gewicht* des Zustandes, ist gleich der maximalen Zahl linear unabhängiger Lösungen, die zu diesem Zustand existieren. (Im obenerwähnten Beispiel des Wasserstoffatoms hat der Zustand n das Gewicht n^2*, beim ebenen Oszillator das Gewicht $n + 1$, die Zustände des linearen harmonischen Oszillators sind einfach.) Man kann die Basis $u_{n,1} \ldots u_{n,g}$ der Lösungen von (123) mit dem vorgegebenen E_n dann stets orthogonalisieren, d. h. mittels Bildung geeigneter Linearkombinationen durch eine andere ersetzen, für welche die Bedingung (131) für alle voneinander verschiedenen Paare u_n, u_m erfüllt ist, was wir im folgenden voraussetzen wollen. Da ein konstanter Faktor in jedem u_n noch unbestimmt ist, können wir ferner diesen gemäß $\int u_n^* u_n \, dq = 1$ normiert annehmen. Ein komplexer Faktor vom Betrag 1 bleibt dann in u_n immer noch unbestimmt.

Es besteht nun für eine willkürliche Funktion f, für welche $\int |f|^2 \, dq$ existiert, die Möglichkeit einer Reihenentwicklung

$$f \backsim a_1 u_1 + \cdots + a_n u_n + \cdots,$$

worin, wie man durch Auflösen mittels der Orthogonalitätsrelation (131), (131′) findet,

$$a_n = \int f u_n^* \, dq \tag{133}$$

zu setzen ist. Das Zeichen $\backsim$ soll andeuten, daß die Reihe im allgemeinen nicht konvergent im gewöhnlichen Sinne, sondern nur konvergent im Mittel ist. D. h.: es ist

$$\lim_{N \to \infty} \int \Big| f - \sum_{k=1}^{N} a_k u_k \Big|^2 dq = 0 . \tag{132′}$$

Dies ist besonders zu beachten, wenn f irgendwelche quadratintegrierbaren Singularitäten besitzt; diese müssen nämlich zur Erreichung der Konvergenz im Mittel von den u_n keineswegs nachgeahmt werden und umgekehrt. Das Integral in der Relation (132) läßt sich umformen zu

$$\int |f|^2 dq - \sum_{k=1}^{N} a_k^* \int f u_k^* \, dq - \sum_{k=1}^{N} a_k \int f^* u_k \, dq$$
$$+ \sum_{l,k=1}^{N} a_k a_l^* \int u_k u_l^* \, dq$$

oder mit Rücksicht auf (131), (131′) und (133)

$$\int |f|^2 dq - 2 \sum_{k=1}^{N} a_k^* a_k + \sum_{k=1}^{N} a_k a_k^*$$
$$= \int |f|^2 dq - \sum_{k=1}^{N} a_k^* a_k .$$

Infolgedessen ist (132′) äquivalent mit

$$\int |f|^2 dq = \sum_{k=1}^{\infty} a_k^* a_k , \tag{134}$$

wobei sich zugleich die Konvergenz der auftretenden Reihe ergibt. Diese Relation heißt auch *Vollständigkeitsrelation,* da sie ein Kriterium dafür ist, daß keine Funktion u_n fehlt und keine neue linear unabhängige hinzugefügt werden

* Über die Verdoppelung dieses Gewichtes infolge des Elektronenspins vgl. Ziff. 13.

kann. Da die Zuordnung zwischen den Funktionen f und den Koeffizienten a_n eine lineare ist, so folgt für zwei beliebige Funktionen

$$f \backsim a_1 u_1 + \cdots + a_n u_n + \cdots ; \quad a_n = \int f u_n^* dq ,$$

$$g \backsim b_1 u_1 + \cdots + b_n u_n + \cdots ; \quad b_n = \int g u_n^* dq ,$$

$$\int f^* g dq = \sum_{k=1}^{N} a_k^* b_k ; \quad \text{also auch} \quad \int f g^* dq = \sum_{k=1}^{N} a_k b_k^* . \tag{134'}$$

Man erkennt dies daraus, daß (133) auch gelten muß, wenn man mit beliebigen Zahlen λ, μ statt f substituiert $\lambda f + \mu g$ und statt a_k

$$\lambda a_k + \mu b_k .$$

Eine Verallgemeinerung der Orthogonalitätsrelationen (131) erhält man durch Einführung der durch (126) definierten Elementarpakete $\bar{u}_{\lambda'\lambda''} = \bar{u}_{\lambda''} - \bar{u}_{\lambda'}$. Die Anwendung der Relation (124) auf diese Funktionen ergibt dann

$$\int u^*_{\lambda_1' \lambda_1''} \bar{u}_{\lambda_2' \lambda_2''} dq = 0 , \quad \text{wenn } (\lambda_1' \lambda_1'') \text{ außerhalb } (\lambda_2' \lambda_2'') . \tag{131'}$$

Wenn es sich ferner um ein rein kontinuierliches Spektrum handelt, existiert der Limes

$$\lim_{\Delta\lambda \to 0} \frac{1}{\Delta\lambda} \int \bar{u}^*_{\lambda, \lambda+\Delta\lambda} \bar{u}_{\lambda, \lambda+\Delta\lambda} dq \to G(\lambda) ,$$

also

$$\int u^*_{\lambda, \lambda+\Delta\lambda} \bar{u}_{\lambda, \lambda+\Delta\lambda} dq = \int_{\lambda}^{\lambda+\Delta\lambda} G(\lambda) d\lambda . \tag{135}$$

Man kann (131') und (135) zusammenfassen in die Gleichung

$$\int \bar{u}^*_{\lambda_1' \lambda_1''} \bar{u}_{\lambda_2' \lambda_2''} dq = \int_{\lambda'}^{\lambda''} G(\lambda) d\lambda , \tag{136}$$

wenn (λ', λ'') *das den Intervallen* $(\lambda_1', \lambda_1'')$ *und* $(\lambda_2', \lambda_2'')$ *gemeinsame* Teilintervall darstellt. Die Funktionen $\bar{u}$ bzw. u heißen in bezug auf den stetigen Parameter λ *normiert*, wenn die Funktion $G(\lambda)$ in (136) speziell gleich 1 wird. Dann gilt speziell

$$\int \bar{u}^*_{\lambda_1' \lambda_1''} u_{\lambda_2' \lambda_2''} dq = (\lambda'' - \lambda') . \tag{137}$$

Führt man statt λ eine Funktion $\mu = f(\lambda)$ als neuen Parameter ein, so gilt für die in bezug auf μ normierten Funktionen

$$\bar{u}_{\mu', \mu''} = \int_{\lambda'}^{\lambda''} \sqrt{\frac{d\mu}{d\lambda}}\, d\bar{u}_{\lambda'\lambda} , \tag{137'}$$

oder grob gesprochen: die Eigenfunktionen u_λ sind mit $\sqrt{d\mu/d\lambda}$ zu multiplizieren. An Stelle der Reihenentwicklung (132) tritt hier ferner das Integral

$$f \backsim \int a_\lambda u_\lambda d\lambda = \int a_\lambda d\bar{u}_\lambda , \tag{138}$$

wobei

$$a_\lambda G(\lambda) = \int f u_\lambda^* dq \tag{139}$$

bzw.

$$a_\lambda = \int f u_\lambda^* dq , \tag{139'}$$

falls u_λ gemäß (137) normiert ist. Die Vollständigkeitsrelation lautet

$$\lim_{\substack{\lambda_1 \to -\infty \\ \lambda_2 \to +\infty}} \int \left| f - \int_{\lambda_1}^{\lambda_2} a_\lambda u_\lambda d\lambda \right|^2 dq = 0 \quad \text{oder} \quad \lim_{\substack{\lambda_1 \to -\infty \\ \lambda_2 \to -\infty}} \int \left| f - \int_{\lambda_1}^{\lambda_2} a_\lambda d\bar{u}_\lambda \right|^2 dq = 0 ,$$

was auf Grund der Orthogonalitätsrelationen äquivalent ist mit

$$\int |f|^2 dq = \int |a_\lambda|^2 d\lambda \tag{140}$$

bzw., wenn keine Normierung vorgenommen wurde,

$$\int |f|^2 dq = \int |a_\lambda|^2 G(\lambda)\, d\lambda \tag{140'}$$

und für zwei Funktionen f, g und ihre Entwicklungskoeffizienten a_λ, b_λ

$$\int f g^* dq = \int a_\lambda b_\lambda^* G(\lambda)\, d\lambda. \tag{140''}$$

Man kann nun diese Ergebnisse auch so formulieren, daß diskretes und kontinuierliches Spektrum oder wie man auch sagt, Punkt- und Streckenspektrum einheitlich erfaßt werden[1]. Es seien wieder $\bar{u}_\lambda$ die in (126′) definierten Funktionen, die mit λ sprungweise veränderlich sein können, ferner möge zur Abkürzung

$$\bar{u}_{\lambda'\lambda''} = u_{\lambda''} - u_{\lambda'}$$

gesetzt werden, und es sei wieder, wenn in einer Gleichung die beiden Intervalle $(\lambda_1' \lambda_1'')$ und $(\lambda_2', \lambda_2'')$ vorkommen, das ihnen gemeinsame Teilintervall (das evtl. verschwinden kann) $(\lambda' \lambda'')$. Unter Verzicht auf eine Normierung schreiben wir dann die Orthogonalitätsrelation

$$\int \bar{u}^*_{\lambda_1' \lambda_1''}\, \bar{u}_{\lambda_2' \lambda_2''}\, dq = \bar{G}(\lambda'') - \bar{G}(\lambda'), \tag{136'}$$

worin $\bar{G}(\lambda)$ eine mit wachsendem λ niemals abnehmende, stets positive, evtl. sprungweise veränderliche Funktion ist. Der Verzicht auf die Normierung hat übrigens den Vorteil, daß man der Entartung besser Rechnung tragen kann, indem zu $\bar{u}_\lambda$ bei einem bestimmten λ-Wert evtl. auch ein ganzes Linearaggregat von Eigenfunktionen hinzutreten kann. Wenn wir ferner statt (139) schreiben

$$\int_{\lambda'}^{\lambda''} a_\lambda\, d\bar{G}(\lambda) = \int f \bar{u}^*_{\lambda'\lambda''}\, dq, \tag{139'}$$

so gilt dies ebenfalls sowohl für das diskrete als auch für das kontinuierliche Spektrum. Die Vollständigkeitsrelation schreibt sich sodann

$$\int |f|^2\, dq = \int_{-\infty}^{+\infty} |a_\lambda|^2\, d\bar{G}_\lambda \tag{141}$$

bzw.

$$\int f g^*\, dq = \int_{-\infty}^{+\infty} a_\lambda b_\lambda^*\, d\bar{G}_\lambda. \tag{142}$$

Nunmehr betrachten wir den Operator $\boldsymbol{P}_\lambda$, welcher der willkürlichen Funktion f den bei λ abgeschnittenen Teil des zugehörigen Integrals (138) zuordnet:

$$\boldsymbol{P}_\lambda f = \int_{-\infty}^{\lambda} a_\lambda\, d\bar{u}_\lambda .$$

Diesen Operator nennt man einen *Projektionsoperator*, da er die Mannigfaltigkeit der a_λ auf eine Teilmannigfaltigkeit projiziert — diejenige, für die a_λ außerhalb des Intervalles $(-\infty, \lambda)$ verschwindet. Offenbar hat jeder Projektionsoperator $\boldsymbol{P}$ die Eigenschaft

$$\boldsymbol{P}^2 = \boldsymbol{P}, \tag{143}$$

und wir wollen umgekehrt *jeden* Operator $\boldsymbol{P}$ mit dieser Eigenschaft einen Projektionsoperator nennen. In unserem Fall gilt, daß für $\lambda'' > \lambda'$ der Operator

$$P_{\lambda''\lambda'} \equiv P_{\lambda''} - P_{\lambda'}$$

ebenfalls ein Projektionsoperator ist:

$$(\boldsymbol{P}_{\lambda''\lambda'})^2 \equiv (\boldsymbol{P}_{\lambda''} - \boldsymbol{P}_{\lambda'})^2 = \boldsymbol{P}_{\lambda''\lambda'} \text{ für alle } \lambda'' > \lambda', \tag{I}$$

[1] Vgl. hierzu J. v. Neumann, Göttinger Nachr. 1927, S. 1.

ferner ist

$$P(-\infty) = 0; \qquad P(+\infty) = 1 \tag{II}$$

für $\lambda' > \lambda$ und $\lim \lambda' \to \lambda^*$ gilt $P_{\lambda'} \to P_\lambda$.

Nunmehr suchen wir die Beziehung zwischen dem Operator $\boldsymbol{H}$ und den $\boldsymbol{P}_\lambda$. Nach (123') war

$$\boldsymbol{H}\bar{u}_{\lambda'\lambda''} = \int_{\lambda'}^{\lambda''} E(\lambda)\, d\bar{u}_\lambda,$$

also

$$\boldsymbol{P}_{\lambda'\lambda''} f = \int_{\lambda'}^{\lambda''} a_\lambda\, d\bar{u}_\lambda\,; \quad \boldsymbol{H}\boldsymbol{P}_{\lambda'\lambda''} f = \int_{\lambda'}^{\lambda''} a_\lambda E_\lambda\, d\bar{u}_\lambda = \int_{\lambda'}^{\lambda''} E(\lambda)\, d(\boldsymbol{P}_{\lambda'\lambda} f)\,, \tag{144}$$

für $\lambda' = -\infty$, $\lambda'' = +\infty$ geht dies über in

$$\boldsymbol{H} f = \int_{-\infty}^{+\infty} E(\lambda)\, d(\boldsymbol{P}_\lambda f)\,, \tag{III}$$

was dasselbe bedeutet wie: für alle g gilt

$$\int (g^* \boldsymbol{H} f)\, dq = \int_{-\infty}^{+\infty} E(\lambda)\, d\left(\int g^* \boldsymbol{P}_\lambda f\, dq\right). \tag{III'}$$

Statt des beliebigen Parameters λ hätte man hier auch die Energie selbst einführen können. Durch die Forderungen (I), (II) und (III) ist das Eigenwertproblem in sehr allgemeiner Weise definiert. Auf die Frage seiner Lösbarkeit kommen wir in nächster Ziffer noch zu sprechen.

Für die Rechnungen ist es oft bequem, die Integrale

$$\int u_\lambda^* u_\lambda\, dq$$

als uneigentliche Gebilde einzuführen. Sei $\delta(\lambda)$ eine uneigentliche Funktion mit der Eigenschaft, daß für alle stetigen

$$\int_{\lambda_1}^{\lambda_2} f(\lambda)\, \delta(\lambda)\, d\lambda = \begin{cases} f(0) \\ 0 \end{cases} \text{wenn } 0 \begin{cases} \text{innerhalb} \\ \text{außerhalb} \end{cases} (\lambda_1 \lambda_2), \tag{145}$$

so gilt

$$\int u_\lambda^* u_{\lambda'}\, dq = G(\lambda)\, \delta(\lambda' - \lambda) \quad \text{bzw.} \quad = \delta(\lambda' - \lambda)\,. \tag{146}$$

Später werden wir auch die Ableitung δ' der δ-Funktion gebrauchen, die definiert ist durch

$$\int f(\lambda)\, \delta'(\lambda)\, d\lambda = -\int f'(\lambda)\, \delta(\lambda)\, d\lambda = \begin{cases} -f'(0) \\ 0 \end{cases} \text{wenn } 0 \begin{cases} \text{innerhalb} \\ \text{außerhalb} \end{cases} (\lambda_1 \lambda_2). \tag{147}$$

Diese Relationen sind als eine formal bequeme Abkürzung für (136), (137) zu betrachten.

Zur allgemeinen Differentialgleichung (123) des Eigenwertproblems sei noch bemerkt, daß sie stets mit einem Variationsproblem

$$\delta \int u^* (\boldsymbol{H} u)\, dq = \delta \int (\boldsymbol{H} u)^* u\, dq = 0 \tag{148}$$

mit der Nebenbedingung

$$\int u^* u\, dq = 1 \tag{149}$$

äquivalent ist[1]. Hierin sind u und u^* unabhängig voneinander zu variieren. Unter Umständen kann (148) noch durch partielle Integration umgeformt

[1] E. SCHRÖDINGER, Ann. d. Phys. Bd. 79, S. 361, 1926.

werden. Z. B. ist bei kartesischen Koordinaten und der Hamiltonfunktion

$$\boldsymbol{H} = -\sum_k \frac{\hbar^2}{2m_k}\left(\frac{\partial}{\partial q_k} - \frac{i e_k}{\hbar c}\Phi_k\right)^2 + V(q),$$

$$\delta\int\left[\sum_k \frac{\hbar^2}{2m_k}\left(\frac{\partial u^*}{\partial q_k} + \frac{i e_k}{\hbar c}\Phi_k\right)\left(\frac{\partial u}{\partial q_k} - \frac{i e_k}{\hbar c}\Phi_k\right) + V u^* u\right] dq = 0 \tag{150}$$

mit der Nebenbedingung (149). Der Wert des Integrals (150) für die extremale Funktion ist vermöge (123) eben gleich dem Energiewert. Dieses Variationsproblem ist oft für die näherungsweise Integration der Differentialgleichungen nützlich, indem man der Funktion u spezielle Formen aufprägt und dann unter diesen Zusatzbedingungen das Problem zu lösen trachtet. Dabei werden die Werte des Variationsintegrals stets größer gefunden als die wahren Eigenwerte.

Zwei allgemeine Sätze seien noch erwähnt. Für reelle Eigenfunktionen gehört, wenn eine solche existiert, stets die Eigenfunktion ohne Knotenflächen (Nullstellen) zum kleinsten Energiewert. Für reelle Eigenfunktionen einer einzigen Variablen entspricht die Ordnung der Eigenfunktionen nach wachsender Knotenzahl eben derjenigen nach wachsenden Eigenwerten. Die Knotenzahl erscheint dabei als „Quantenzahl" des Systems.

7. Allgemeine Transformationen von Operatoren und Matrizen. Mit Hilfe der Vollständigkeitsrelation kann man einen wichtigen Zusammenhang zwischen den auf die u_n wirkenden Operatoren und ihnen zugeordneten Matrizen konstruieren. Sei $\boldsymbol{F}$ ein linearer Operator, dann entspricht jeder Eigenfunktion u_n eine Entwicklung

$$(\boldsymbol{F} u_n) \sim \sum_k u_k F_{kn} \quad \text{mit} \quad F_{kn} = \int u_k^* (\boldsymbol{F} u_n)\, dq. \tag{151}$$

Ist $\boldsymbol{F}$ hermitesch, so ist

$$\int u_k^* (\boldsymbol{F} u_n)\, dq = \int (\boldsymbol{F} u_k)^* u_n\, dq,$$

also

$$F_{kn} = (F_{nk})^*, \tag{152}$$

die Matrix ist also dann hermitesch. Nun betrachten wir zwei HERMITEsche Operatoren

$$\boldsymbol{F} u_n \sim \sum_k u_k F_{kn}; \qquad F_{kn} = \int u_k^* (\boldsymbol{F} u_n)\, dq,$$

$$\boldsymbol{G} u_m \sim \sum_k u_k G_{km}; \qquad G_{km} = \int u_k^* (\boldsymbol{G} u_m)\, dq.$$

Hierauf wenden wir die (für alle n, m gültige) Vollständigkeitsrelation (133') an, welche besagt

$$\int (\boldsymbol{F} u_n)^* (\boldsymbol{G} u_m)\, dq = \sum_{k=1}^{\infty} F_{kn}^* G_{km}$$

und mit Benutzung der Hermitezität von $\boldsymbol{F}$

$$\int u_n^* (\boldsymbol{F}\boldsymbol{G} u_m)\, dq = \sum_k F_{nk} G_{km}. \tag{153}$$

Auf Grund von (134) ist jedem Operator eine Matrix zugeordnet, jedem HERMITEschen Operator eine HERMITEsche Matrix. Aus (153) folgt dann: *Es ist dem Produkt der beiden Operatoren* $\boldsymbol{F}\cdot\boldsymbol{G}$ *das Produkt der Matrizen* $(F)\cdot(G)$ *zugeordnet, wenn letzteres nach der gewöhnlichen Regel für die Multiplikation der Matrizen gebildet wird.* Letztere Regel lautet eben

$$(FG)_{nm} = \sum_k F_{nk} G_{km}. \tag{153'}$$

Es ist zu beachten, daß hierbei nur die Hermitezität von $\boldsymbol{F}$ und $\boldsymbol{G}$ nicht die von $(\boldsymbol{F}\cdot\boldsymbol{G})$ und auch nicht die Vertauschbarkeit von $\boldsymbol{F}$ und $\boldsymbol{G}$ vorausgesetzt wurde.

Gehört nun zur beliebigen Funktion f die Entwicklung $\sum_k a_k u_k$, so gehört zu $\boldsymbol{F}f$ die Entwicklung $\sum_k (\boldsymbol{F}u_k)\,a_k = \sum_{l,k} u_l F_{lk} a_k$[1]. Es werden also durch $\boldsymbol{F}$ den Koeffizienten $(a_1, a_2, \ldots, a_m, \ldots)$ die anderen Koeffizienten $(b_1, b_2, \ldots, b_n, \ldots)$ derart zugeordnet, daß

$$b_n = \sum_m F_{nm} a_m. \tag{154}$$

Die dem Operator $\boldsymbol{F}$ äquivalente Matrix vermittelt also eine *lineare Abbildung* in dem unendlich vieldimensionalen Vektorraum der Entwicklungskoeffizienten (a) unseres Funktionensystems. Die Hermitezität von $\boldsymbol{F}$ drückt sich darin aus, daß

$$\sum_n a_n^* b_n = \sum_n a_n b_n^*, \tag{155}$$

dieses „skalare Produkt" also reell ist.

In dem allgemeinen Ausdruck (151) für das Matrixelement F_{kn} ist enthalten, daß das Diagonalelement

$$F_{nn} = \int u_n^* (\boldsymbol{F}u_n)\, dq. \tag{156}$$

Wir haben in voriger Ziffer gesehen, daß in einfachen Fällen diesem Ausdruck die Bedeutung des Mittelwertes oder Erwartungswertes zukommt. Dabei sind wir ausgegangen von einem Ausdruck $|\varphi(p)|^2\, dp$, der die Wahrscheinlichkeit dafür angibt, daß der Impuls p in dem betreffenden Zustand des Systems zwischen p und $p + dp$ liegt. Dann folgte für den Mittelwert einer beliebigen ganz rationalen Funktion F von p, daß ihr Mittelwert

$$\int F(p)\, |\varphi(p)|^2 dp = \int \psi^*(q) \left[\boldsymbol{F}\left(\frac{\hbar}{i}\frac{\partial}{\partial q}\right)\psi(q)\right] dq$$

wird. Ebenso ist für eine beliebige Funktion von q

$$\overline{F}(q) = \int \psi^* F(q)\, \psi\, dq,$$

was wiederum mit (156) übereinstimmt, wenn wir unter $\boldsymbol{F}$ hier einfach die Multiplikation mit q verstehen. Hatten wir es endlich mit einer Funktion F zu tun, die von den p linear, von den q aber beliebig abhängt,

$$F = \tfrac{1}{2} \sum_k [A_k(q)\, p_k + p_k A_k(q)]$$

(bei Unterlassung der Symmetrisierung wäre F nicht hermitesch), so konnten wir bei kartesischen Koordinaten die zum Freiheitsgrad k gehörige Stromdichte i_k

---

[1] Strenggenommen bedarf dies noch einer Rechtfertigung, da die Entwicklung $\sum a_k u_k$ nicht zu konvergieren, sondern nur im Sinne der Konvergenz im Mittel mit f übereinzustimmen braucht. Bezeichnen wir die Nte Partialsumme $\sum_1^N a_k u_k$ mit f_N, so gilt aber

$$\lim_{N\to\infty} \int |f - f_N|^2 dq = 0.$$

Nun verlangen wir vom Operator $\boldsymbol{F}$ folgende Eigenschaft: Wenn es zur Folge $\boldsymbol{F}f_N = g_N$ ein g gibt, so daß $\lim_{N\to\infty} \int |g - g_N|^2 dq = 0$, dann soll $\boldsymbol{F}f = g$ gelten. Hierbei werden zwei Funktionen g, g' für die $\int |g - g'|^2 dq = 0$ als grundsätzlich nicht verschieden betrachtet. In unserem Fall ist die Existenz eines solchen g dann gesichert, wenn die Summe $\sum_1^\infty |b_k|^2$ konvergiert $(b_k = \sum_l F_{kl} a_l)$, und dies ist wiederum der Fall, wenn für alle k die Summen

$$\sum_l |F_{kl}|^2 = \sum_l |F_{lk}|^2$$

konvergieren.

einführen und erhielten dann wieder

$$\bar{F} = \sum_k \int A_k(q) \left[m i_k + \frac{e}{c} \Phi_k \right] dV = \sum_k \int \psi^* \frac{1}{2} \left[A_k \frac{\hbar}{i} \frac{\partial \psi}{\partial q_k} + \frac{\hbar}{i} \frac{\partial}{\partial q_k} (A_k \psi) \right] dq.$$

Da ferner der Erwartungswert der Summe zweier Größen gleich ist der Summe der Erwartungswerte der Größen und (156) im Operator F linear ist, kann (156) auch für Größen als gültig betrachtet werden, welche gleich der Summe von Größen des betrachteten Typus sind. Insbesondere ist dies dann zutreffend, wenn für $\boldsymbol{F}$ die Hamiltonfunktion $\boldsymbol{H}$ des Systems eingeführt wird.

Für solche Operatoren F, die in dieser Weise physikalischen Größen zugeordnet werden — d. h. Eigenschaften des Systems, die durch Angabe von Zahlenwerten beschrieben werden können, wobei diese Zahlenwerte durch geeignete Versuchsanordnungen im Prinzip eindeutig ermittelt („gemessen") werden können —, können wir sagen: *Das Diagonalelement F_{nn} ist gleich dem Erwartungswert der zugehörigen Größe F in dem durch die Eigenfunktion u_n charakterisierten Zustand des Systems.* Welches die physikalischen Größen eines Systems sind und wie sie gemessen werden können, kann nur durch einen weiteren Ausbau der Theorie an Hand von Erfahrungstatsachen entschieden werden[1]. Wir bemerken noch, daß auch für diese speziellen Operatoren $\boldsymbol{F}$ *nur die Diagonalelemente der Matrix F einen direkten physikalischen Sinn erhalten.* Die Nichtdiagonalelemente sind nur indirekt mit möglichen Messungsdaten verknüpft, und zwar auf folgende Weise: Der Mittelwert einer beliebigen ganzen rationalen Funktion $f(F)$ des Operators $\boldsymbol{F}$, insbesondere derjenige aller seiner Potenzen, ist gegeben bzw. definiert durch das Diagonalelement $[f(F)]_{nn}$ von $f(F)$. Setzt man andererseits für die formale Bildung von $[f(F)]_{nn}$ das Multiplikationsgesetz der Matrizen voraus, so kann man zeigen, daß durch die Angabe der $[f(F)]_{nn}$ auch die Nichtdiagonalelemente F_{nm} von F im allgemeinen eindeutig bestimmt sind.

Bei dem allgemeinen durch die Beziehung (151) ausgedrückten Zusammenhang zwischen Matrizen und Operatoren wurde über die Funktionen $u_1, u_2, \ldots, u_n, \ldots$ nur vorausgesetzt, daß sie ein vollständiges orthogonales System bilden. Es ist nützlich zu untersuchen, wie die Matrizen sich ändern, wenn man von diesem System zu einem neuen System $v_1, v_2, \ldots, v_n, \ldots$ übergeht, welches gleichfalls die Eigenschaft der Orthogonalität und Vollständigkeit besitzt. Zunächst entspricht jeder der Funktionen v_m eine Entwicklung

$$v_m \sim \sum_{(n)} u_n S_{nm} \quad \text{mit} \quad S_{nm} = \int u_n^* [\boldsymbol{S} u_m]\, dq = \int u_n^* v_m\, dq. \tag{157}$$

Die Matrix S_{nm} definiert einen linearen Operator $\boldsymbol{S}$, der jeder Funktion $f = a_1 \cdot u_1 + a_2 \cdot u_2 + \cdots$ die Funktion $g = a_1 v_1 + a_2 v_2 + \cdots$ mit den gleichen Entwicklungskoeffizienten im neuen System zuordnet. Dieses $\boldsymbol{S}$ hat also die Eigenschaft

$$\int f u_n^*\, dq = \int [\boldsymbol{S} f]\, v_n^*\, dq$$

für alle f. Dieser Operator $\boldsymbol{S}$ ist aber von grundsätzlich anderer Art als die früher betrachteten HERMITEschen Operatoren $\boldsymbol{F}$, die physikalischen Größen entsprechen können. Wir nennen $\boldsymbol{S}$ einen *Transformationsoperator.* Da gemäß der Vollständigkeitsrelation gilt

$$\int v_n^* v_m\, dq = \sum_k S_{kn}^* S_{km},$$

[1] Dieser Standpunkt ist entgegengesetzt dem anderen, daß jedem HERMITEschen Operator eine Größe oder „Observable" des Systems entspricht, und daß es immer einen direkten physikalischen Sinn haben soll, von der Wahrscheinlichkeit dafür zu sprechen, daß diese Größe F im betreffenden Zustand bestimmte Werte hat (vgl. hierzu Ziff. 9).

drückt sich die Orthogonalität und Normierung der v_n darin aus, daß

$$\sum_k S_{kn}^* S_{km} = \begin{cases} 0 & \text{für} \quad n \neq m, \\ 1 & \text{für} \quad n = m. \end{cases} \tag{158}$$

Da aus $f \sim \sum a_k u_k;\ g \sim \sum a_k v_k$, folgt: $\sum_k |a_k|^2 = \int |f|^2 dq = \int |g|^2 dq$, ist dies auch äquivalent mit der Forderung, daß für alle f gelten soll

$$\int |\boldsymbol{S} f|^2 dq = \int |f|^2 dq, \tag{159}$$

also für zwei beliebige f, g

$$\int (\boldsymbol{S} f)^* (\boldsymbol{S} g)\, dq = \int f^* g\, dq. \tag{159'}$$

Der Operator $\boldsymbol{S}$ ist also nicht hermitesch, sondern hat gemäß (159) die Eigenschaft „*längentreu*" zu sein, wenn wir $\int |f|^2 dq$ als Maß für die „Länge" einer Funktion, allgemeiner $\int |f - g|^2 dq$ als Maß für die „Entfernung" zweier Funktionen benutzen. Sollen ferner die $v_n = (\boldsymbol{S} u_n)$ ein vollständiges Funktionensystem bilden, so muß die Mannigfaltigkeit der $\boldsymbol{S} f$ mit derjenigen der f übereinstimmen. D. h. *es muß auch der zu S inverse Operator S^{-1} für alle f existieren.* Diese Vollständigkeit des Systems der v ist gleichbedeutend damit, daß die u_n sich auch nach den v_n entwickeln lassen gemäß

$$u_m \sim \sum_{(n)} v_n S_{nm}^{-1}; \qquad S_{nm}^{-1} = \int v_n^* [\boldsymbol{S}^{-1} v_m]\, dq = \int v_n^* u_m\, dq, \tag{157'}$$

durch Vergleich mit (157) folgt

$$S_{nm}^{-1} = S_{mn}^*. \tag{160}$$

Es ist also (S) keine HERMITEsche Matrix, sondern die zu (S) hermitesch-konjugierte Matrix $\tilde{\boldsymbol{S}}$, die aus $\boldsymbol{S}$ durch Übergang zum konjugiert-komplexen und Vertauschen von Zeilen und Spalten entsteht, ist mit der zu $\boldsymbol{S}$ reziproken Matrix identisch:

$$S^{-1} = \tilde{S}. \tag{161}$$

In der Tat ist (158) wegen $S_{kn}^* = \tilde{S}_{nk}$ gleichbedeutend mit

$$\tilde{S} S = I, \tag{158'}$$

wenn (141') die Einheitsmatrix bedeutet. Die Vollständigkeit des Funktionensystems v_n bedeutet nun aber, wie aus (157') durch Anwendung der Vollständigkeitsrelation hervorgeht, daß auch

$$\sum_k (S_{kn}^{-1})^* S_{km}^{-1} = \begin{cases} 0 & \text{für} \quad n \neq m, \\ 1 & \text{für} \quad n = m, \end{cases} \tag{162}$$

oder gemäß (160)

$$\sum_k S_{nk} S_{mk}^* = \begin{cases} 0 & \text{für} \quad n \neq m, \\ 1 & \text{für} \quad n = m, \end{cases} \tag{163}$$

was in der Matrixschreibweise bedeutet

$$S \tilde{S} = I. \tag{163'}$$

Es ist wichtig zu betonen, daß (163') noch keine Folge von (158') darstellt, sondern dann und nur dann aus (158') folgt, wenn der zu $\boldsymbol{S}$ inverse Operator $\boldsymbol{S}^{-1}$ für alle f existiert. *Ein Operator* S *heißt unitär, wenn er neben der Eigenschaft der Längentreue* [*Gleichung* (159)] *noch die der ausnahmslosen Existenz des reziproken Operators besitzt; entsprechend heißt eine Matrix* S *unitär, wenn sie die beiden Relationen* (158'), (163') *erfüllt. Die Transformationsoperatoren sind solche unitäre Operatoren.* Durch Zusammensetzung (Multiplikation) zweier unitärer

Operatoren (Matrizen) entsteht offenbar wieder ein unitärer Operator (eine unitäre Matrix).

Es ist vielleicht nützlich, die Analogie zu diesen Verhältnissen für Größen zu betonen, die nur endlich vieler, sagen wir N Werte, fähig sind. In diesem Fall besteht das vollständige Funktionensystem aus N orthogonalen (komplexen) Vektoren $u_k(1), u_k(2), \ldots, u_k(N)$, worin statt der q die Werte $q_1, \ldots, q_N$ der betreffenden Größe eingesetzt sind. Ein orthogonales System von Vektoren in einem endlichdimensionalen Raum ist dann und nur dann vollständig, wenn die Anzahl p der Vektoren des Systems mit der Dimensionszahl N des Systems übereinstimmt. Der Fall, daß eine Matrix S die Relation

$$\tilde{S}S = I$$

erfüllt, während $S\tilde{S} \neq I$ tritt also ein, wenn S keine quadratische Matrix, sondern eine rechteckige Matrix S_{nm} ($n = 1, 2, \ldots, N$; $m = 1, 2, \ldots, p$) ist, deren Spaltenzahl p kleiner ist als deren Zeilenzahl N. Es ist klar, daß dann $S\tilde{S}$ nicht die Einheitsmatrix ist, und daß die zur Abbildung $\boldsymbol{S}$, welche den Vektor $f(r) = \sum_{k=1}^{N} a_k u_k(r)$; $r = 1, \ldots, N$ überführt in $[\boldsymbol{S}f(r)] = \sum_{i=1}^{p} a_k v_k(r)$, reziproke Abbildung $\boldsymbol{S}^{-1}$ dann und nur dann für alle $f(r)$ existiert, wenn $p = N$ ist. Die Forderung, daß neben $\tilde{S}S = I$ auch $S\tilde{S} = I$ gelten soll, ist hier gleichbedeutend damit, daß $\boldsymbol{S}$ eine quadratische Matrix sein soll. Bei Matrizen $\boldsymbol{S}$ mit unendlich vielen Zeilen und Kolonnen kann aber die Vollständigkeit nicht durch eine einfache Abzählung festgestellt werden, und deshalb tritt die ausnahmslose Existenz des Reziproken als neue Forderung neben die Relation $\tilde{S}S = I$.

Wir können jetzt die Frage beantworten, wie die zum Operator $\boldsymbol{F}$ gemäß (151) zugeordneten Matrizen sich ändern, wenn man vom Funktionssystem u_k zum System v_k übergeht. Man hat gemäß (157) für

$$\left.\begin{aligned} F'_{nm} &= \int v_n^* (\boldsymbol{F} v_m)\, dq, \\ F'_{nm} &= \sum_k \sum_l \int S_{kn}^* u_k^* S_{lm} \boldsymbol{F}(u_l)\, dq, \end{aligned}\right\} \tag{151'}$$

also wegen

$$\left.\begin{aligned} F_{kl} &= \int u_k^* \boldsymbol{F}(u_l)\, dq, \\ F'_{nm} &= \sum_{k,l} S_{kn}^* F_{kl} S_{lm}\ * \end{aligned}\right\} \tag{164}$$

oder in Matrixschreibweise

$$(F') = \tilde{S}FS = S^{-1}FS, \tag{164}$$

was die Umkehrung zuläßt

$$(F) = SF'S^{-1} = SF'\tilde{S}. \tag{164'}$$

Man verifiziert leicht, daß $\boldsymbol{F}'$ wieder eine HERMITEsche Matrix ist, sobald $\boldsymbol{F}$ es ist. In der Operatorsprache bedeutet offenbar (164): Wenn $\boldsymbol{F}$ die Funktion f in die Funktion g überführt, so führt F' die Funktion $\boldsymbol{S}f$ in die Funktion $\boldsymbol{S}g$ über. Bei dieser Auffassung ist aber das „Koordinatensystem" der $u_1 \ldots u_n$ fest gedacht und der Operator verändert, während wir davon ausgegangen waren, den Operator F fest zu lassen und das Koordinatensystem zu ändern.

Die fundamentalen V.-R. (103) für die Operatoren $\boldsymbol{p}_k$, $\boldsymbol{q}_l$ gehen offenbar in entsprechende Matrizengleichungen über, wenn man die Funktionen f, auf welche diese Operatoren wirken, ersetzt durch die Folgen $a_1, a_2, \ldots, a_n, \ldots$ ihrer Entwicklungskoeffizienten nach einem beliebigen vollständigen Orthogonalsystem $v_1, v_2, \ldots, v_n, \ldots$. In der Tat bleiben diese V.-R. offenbar invariant gegenüber beliebigen unitären Transformationen der Form (164).

Nunmehr können wir die speziellen Eigenfunktionen $u_1, u_2, \ldots$, die der Gleichung

$$\boldsymbol{H}u = Eu$$

* Bei dieser Ableitung haben wir von Konvergenzfragen abgesehen. Die Frage der Konvergenz der in (164) auftretenden Summationen ist im allgemeinen eine komplizierte.

genügen und den stationären Zuständen unseres Systems mit dem Hamilton-operator $\boldsymbol{H}$ entsprechen, sehr einfach charakterisieren. Es sind diejenigen orthogonalen und normierten Funktionen u, für welche die gemäß (151) definierte Matrix der *Hamiltonfunktion* (*Energie*)

$$(H_{nm}) = \int u_n^* (\boldsymbol{H} u_m)\, dq$$

eine Diagonalmatrix wird:

$$H_{nm} = \begin{cases} 0 & \text{für} \quad n \neq m, \\ E_n & \text{für} \quad n = m. \end{cases} \tag{165}$$

Mit Hilfe dieses Ergebnisses kann man das Problem der Bestimmung der Eigenwerte E_n der Energie und der Matrizen $p^{(k)}_{n,m}$, $p^{(k)}_{n,m}$ auch ohne Kenntnis der Wellengleichung formulieren. Man schreibe erst die V.-R. mit Hilfe der Regel für die Multiplikation der Matrizen hin, sodann die Forderung, daß die Energienmatrix mit Hilfe eben dieser Regel durch die Matrixelemente der $p^{(k)}$ und $q^{(k)}$ ausgedrückt, eine Diagonalmatrix werden soll. Man erhält auf diese Weise unendlich viele Gleichungen zur Bestimmung der Matrixelemente der p und q sowie der Eigenwerte der Energie. Dies war der Ansatz der „Matrizenmechanik" HEISENBERGS, die historisch vor Aufstellung der Wellengleichung entstanden ist[1]. Die praktische Auflösung dieser Gleichungen gelingt nur in wenigen Fällen, z. B. beim harmonischen Oszillator. Im Falle des Wasserstoffatoms ist es eben noch möglich, die Energiewerte zu erhalten, die Ermittlung der Matrixelemente der p und q selbst gelingt nicht mehr. Es hängt dies damit zusammen, daß hier auch ein kontinuierliches Spektrum vorhanden ist, in welchem Falle die Matrixrechnung sehr unübersichtlich wird. Wir kommen auf diesen Punkt sogleich zurück. Die Matrixrechnung ist dagegen oft bequem, wenn es sich um Teilräume von endlicher Dimensionszahl handelt. Solche Teilräume treten z. B. bei entarteten Systemen auf, d. h. wenn zu einem bestimmten Energiewert mehrere, sagen wir g Zustände gehören. In diesem Fall kann man innerhalb des betreffenden g-dimensionalen Teilzustandsraumes noch eine beliebige unitäre Transformation der Matrizen gemäß (164) vornehmen, ohne daß die zu lösenden Gleichungen verletzt werden, da in diesem Teilraum die Energiematrix gleich der mit der festen Zahl E multiplizierten Einheitsmatrix wird, was bei den betrachteten Transformationen erhalten bleibt. In der Wellenmechanik entspricht dem die Möglichkeit, die zu E gehörigen orthogonal und normiert gedachten Eigenfunktionen $u_1, \ldots, u_g$ gemäß

$$u'_m = \sum_{n=1}^{g} u_n S_{nm} \qquad (m = 1, 2, \ldots, g)$$

zu transformieren. Ist nämlich hierin S speziell eine *unitäre* g-reihige (quadratische) Matrix, so bleibt die Orthogonalität des Funktionensystems bei dieser Transformation erhalten. In der Matrixfassung kann das Eigenwertproblem auch noch ein wenig anders formuliert werden. Man setze für die $\boldsymbol{p}_i$, $\boldsymbol{q}_k$ irgendwelche Matrizen ein, welche die V.-R. erfüllen (sie können wellenmechanisch irgendeinem orthogonalen Funktionensystem entsprechen). Durch Anwendung der Multiplikationsregel der Matrizen erhält man dann für die Energie eine gewisse HERMITEsche Matrix H_{mn}. Die Aufgabe besteht dann darin, diese unitär auf Diagonalform zu bringen, d. h. die unendlich vielen linearen Gleichungen

$$\boldsymbol{S}^{-1}\boldsymbol{H}\boldsymbol{S} = \boldsymbol{E}$$

oder

$$\boldsymbol{H}\boldsymbol{S} = \boldsymbol{S}\boldsymbol{E}; \qquad \sum_m H_{nm} S_m = S_n E \tag{166}$$

---

[1] W. HEISENBERG, ZS. f. Phys. Bd. 33, S. 879. 1925.

für jedes mögliche E zu lösen. Die Bedingung, daß $\boldsymbol{S}$ unitär ist, verlangt für die Koeffizienten die Normierung

$$\sum_n |S_n|^2 = 1. \tag{166'}$$

Für jeden möglichen Wert E_ϱ von E erhält man so ein Koeffizientensystem $S_{n,\varrho}$ und es ist leicht zu sehen, daß dieses auf Grund von (148') von selbst unitär wird, falls $\boldsymbol{H}$ hermitesch ist. Auch diese Gleichungssysteme sind im allgemeinen praktisch nicht lösbar, wir werden jedoch sehen, daß sie in der Störungstheorie praktisch brauchbar werden[1].

Wir besprechen nunmehr die Verallgemeinerung dieser Resultate für kontinuierliche Spektren, und zwar ohne Rücksicht auf Konvergenzfragen. Sind die Eigenfunktionen u in bezug auf den Parameter λ oder auf *die* Parameter $\lambda_1, \ldots$ normiert, so können wir analog zu (151) bilden

$$\boldsymbol{F} u_\lambda \sim \int u_{\lambda'} F_{\lambda'\lambda}\, d\lambda'; \qquad F_{\lambda'\lambda} = \int u^*_{\lambda'} (\boldsymbol{F} u_\lambda)\, dq. \tag{151'}$$

In den $F_{\lambda'\lambda}$ und sogar schon in den u selbst können dann aber die durch (145) und (147) definierten δ-Symbole vorkommen. Z. B. kann man für die λ die Zahlenwerte der q, für die u die δ-Funktionen wählen $u_{q'}(q) = \delta(q - q')$, worin $\delta(q - q')$ als Abkürzung für $\delta(q_1 - q_1')\,\delta(q_2 - q_2') \ldots \delta(q_f - q_f')$ steht. Denn es ist dann

$$\int u^*_{q'}(q)\, u_{q''}(q)\, dq = \int \delta(q - q')\,\delta(q - q'')\, dq = \delta(q' - q'');$$

die Matrix der q wird

$$\boldsymbol{q}_k(q' q'') = \int \delta(q - q')\, q_k\, \delta(q - q'')\, dq$$

oder

$$\boldsymbol{q}_k(q' q'') = q_k'\, \delta(q' - q''), \tag{167}$$

ebenso

$$\boldsymbol{p}_k(q', q'') = \int \delta(q - q') \frac{\hbar}{i} \frac{\partial}{\partial q_k} \delta(q - q'')\, dq$$

oder

$$\boldsymbol{p}_k(q', q'') = \frac{\hbar}{i} \delta_k'(q' - q''), \tag{167'}$$

wenn der letztere Ausdruck als Abkürzung für

$$\delta(q_1' - q_1'') \ldots \delta(q_{k-1}' - q_{k-1}'')\,\delta'(q_k' - q_k'')\,\delta(q_{k+1}' - q_{k+1}'') \ldots \delta(q_f' - q_f'')$$

gesetzt ist. Man bestätigt die formale Gültigkeit von

$$\int [\boldsymbol{p}_k(q', q''')\,\boldsymbol{q}_k(q''', q'') - \boldsymbol{q}_k(q', q''')\,\boldsymbol{p}_k(q''', q'')]\, dq''' = \frac{\hbar}{i} \delta(q' - q'').$$

In Wirklichkeit haben alle diese Symbole erst Sinn, wenn vorher mit beliebigen Funktionen f^* und g von q' und q'' multipliziert und integriert ist, z. B.

$$\int_{q_1'}^{q_2'} \int_{q_1''}^{q_2''} f^*(q')\, \boldsymbol{q}_k(q', q'')\, g(q'')\, dq'\, dq'' = \int_{q_1}^{q_2} f^*(q)\, q_k\, g(q)\, dq,$$

wenn (q_1, q_2) das den Intervallen (q_1', q_2'); (q_1'', q_2'') gemeinsame Teilintervall darstellt.

Ebenso gibt es formal analog zu (157) die Transformation von einem vollständigen System u_λ zu einem anderen v_μ gemäß

$$v(\mu; q) = \int u(\lambda; q)\, S(\lambda, \mu)\, d\lambda$$

mit

$$S(\lambda, \mu) = \int u^*(\lambda; q)\, v(\mu; q)\, dq, \tag{157'}$$

[1] Vgl. M. Born, P. Jordan u. W. Heisenberg, ZS. f. Phys. Bd. 35, S. 557. 1926.

worin $S(\lambda, \mu)$ eine unitäre Matrix ist, die den zu (158) und (163) analogen Bedingungen genügt

$$\int S^*(\lambda, \mu) S(\lambda, \mu') d\lambda = \delta(\mu - \mu'), \tag{158''}$$

$$\int S(\lambda, \mu) S^*(\lambda', \mu) d\mu = \delta(\lambda' - \lambda). \tag{163''}$$

Die Transformationsformel, die analog ist zu (164), lautet

$$F(\mu; \mu') = \int S^*(\lambda, \mu) F(\lambda, \lambda') S(\lambda', \mu') d\lambda d\lambda'. \tag{164'}$$

Von besonderem Interesse ist der Fall, daß ein Index diskret, der andere kontinuierlich ist. Dann haben wir

$$v_n(q) = \int u(\lambda; q) S_n(\lambda) d\lambda; \qquad u(\lambda; q) = \sum_n v_n^*(q) S_n^*(\lambda), \tag{168}$$

$$S_n(\lambda) = \int u^*(\lambda; q) v_n(q) dq, \tag{169}$$

$$\int S_n^*(\lambda) S_m(\lambda) d\lambda = \delta_{n,m}; \qquad \sum_n S_n(\lambda) S_n^*(\lambda') = \delta(\lambda - \lambda'), \tag{170}$$

$$(\delta_{n,m} = 0 \quad \text{für} \quad n \neq m; \qquad \delta_{n,m} = 1 \quad \text{für} \quad n = m)$$

$$F_{n,m} = \int S_n^*(\lambda) F(\lambda, \lambda') S_m(\lambda') d\lambda d\lambda'; \qquad F(\lambda, \lambda') = \sum_{n,m} S_n(\lambda) F_{n,m} S_m^*(\lambda'). \tag{171}$$

Diese Formeln werden besonders einfach, wenn wir für $u(\lambda, q)$ speziell das System $u_{q'}(q) = \delta(q - q')$ einsetzen. Dann wird offenbar

$$S_n(q') = \int \delta(q - q') v_n(q) dq = v_n(q'), \tag{169'}$$

$$\int v_n^*(q) v_m(q) dq = \delta_{n,m}; \qquad \sum_n v_n(q) v_n^*(q') = \delta(q - q'), \tag{170'}$$

$$F_{n,m} = \int v_n^*(q) F(q, q') v_m(q') dq dq'; \qquad F(q, q') = \sum_{n,m} v_n(q) F_{n,m} v_m^*(q'). \tag{171'}$$

Wir erhalten als wichtigstes Resultat, daß die Eigenfunktionen $v_n(q)$ selbst als spezielle Transformationsfunktionen erscheinen, diejenigen von dem System $\delta(q - q')$ auf das System $v_n(q)$ selbst. Wählen wir speziell für die $v_n(q)$ solche $u_n(q)$, die einen bestimmten Hamiltonoperator $\boldsymbol{H}$ auf Diagonalform $H_{n,m} = E_n \delta_{n,m}$ bringen, so können wir sagen, daß gemäß (169') die $u_n(q)$ *die Transformationsfunktionen vom Operator* $\boldsymbol{q}$ *auf den Operator* $\boldsymbol{H}$ sind. Denn $\boldsymbol{q}$ wird durch das System $\delta(q - q')$, $\boldsymbol{H}$ durch das System $u_n(q)$ auf Diagonalform gebracht. Was die zweiten Relationen (170') betrifft, so sind sie nur ein anderer, symbolischer Ausdruck der Vollständigkeitsrelation. Durch Integration kommen wir nämlich für zwei beliebige Funktionen f, g zur „wirklichen" Gleichung

$$\sum_n \int f^*(q) v_n(q) dq \cdot \int g(q') v_n^*(q') dq' = \int f^* g \, dq,$$

die mit der Vollständigkeitsrelation (134') genau übereinstimmt. Insbesondere ist sie richtig, wenn f und g innerhalb eines bestimmten Gebietes (nicht notwendig desselben Gebietes) gleich 1 sind und außerhalb des Gebietes verschwinden.

8. Die allgemeine Form des Bewegungsgesetzes. Während wir als Grundlage der Matrizenmechanik neben den V.-R. noch die Vorschrift eingeführt haben, daß die Energiematrix auf Diagonalform sein soll

$$H_{n,m} = E_n \delta_{n,m}, \tag{165}$$

hat HEISENBERG noch eine weitere Bestimmung hinzugefügt, welche die Abhängigkeit der Matrixelemente von der Zeit betrifft. Er setzte fest, daß das Matrixelement einer jeden die Zeit nicht explizite enthaltenen Größe in Abhängigkeit von der Zeit gegeben sein soll durch

$$F_{n,m}(t) = F_{n,m}(0) e^{\frac{i}{h}(E_n - E_m)t}. \tag{172}$$

oder mit Einführung der unitären Diagonalmatrix

$$U_{n,m}(t) = \delta_{n,m} e^{\frac{i}{\hbar} E_n t}, \tag{173}$$

$$\boldsymbol{F}(t) = \boldsymbol{U}(t) \boldsymbol{F}(0) \boldsymbol{U}^{-1}(t) = \boldsymbol{U}(t) \boldsymbol{F}(0) \tilde{\boldsymbol{U}}(t). \tag{174}$$

Falls der Hamiltonoperator die Zeit nicht explizite enthält, ergibt die Anwendung von (174) auf $\boldsymbol{F} = \boldsymbol{H}$, daß (165) für alle t bestehen bleibt. Die Relation (172) kann man auch ersetzen durch die Differentialgleichung

$$\frac{\hbar}{i} \dot{F}_{n,m} = F_{n,m}(E_n - E_m) \tag{175}$$

oder

$$\frac{\hbar}{i} \dot{\boldsymbol{F}} = \boldsymbol{H F} - \boldsymbol{F H}, \tag{176}$$

wenn unter $\boldsymbol{H}$ speziell die Diagonalmatrix (165) verstanden wird. Vermöge (165) folgt aus (176) die Form (172) zurück[1].

Die Relation (172) bedeutet nichts anderes, als daß in der Relation (151) zur Berechnung der Matrixelemente statt der u_n die Funktionen

$$\psi_n(t) = u_n e^{\frac{i}{\hbar} E_n t} \tag{177}$$

eingeführt werden, die der Wellengleichung

$$-\frac{\hbar}{i} \dot{\psi}_n = \boldsymbol{H} \psi_n$$

genügen. Denn dann ist

$$F_{kn} = \int \psi_k^* (\boldsymbol{F} \psi_n)\, dq = e^{\frac{i}{\hbar}(E_k - E_n)t} \int u_k^* (\boldsymbol{F} u_n)\, dq = e^{\frac{i}{\hbar}(E_k - E_n)t} F_{k,n}(0).$$

Wir können nun diesen Sachverhalt verallgemeinern, indem wir ein beliebiges Orthogonalsystem φ_n als Basis der Matrizen einführen, ohne daß dieses notwendig die spezielle Gestalt (177) besitzt, indem wir aber die wesentliche Forderung aufstellen, daß alle diese $\varphi_n(t)$ der Wellengleichung

$$-\frac{\hbar}{i} \dot{\varphi}_n = \boldsymbol{H} \varphi_n \tag{178}$$

genügen sollen. Zunächst folgt aus der Tatsache, daß für alle Lösungen von (178) $\int \psi^* \psi\, dV$ zeitlich konstant ist, durch Anwendung auf die Lösung $c_n \varphi_n + c_m \varphi_m$ für beliebige $c_n, c_m, \ldots$, daß

$$\frac{d}{dt} \int \varphi_n^* \varphi_m\, dV = 0 \tag{179}$$

ist, d. h. daß die Orthogonalität und Normierung des Funktionensystems im Lauf der Zeit bestehen bleibt. Sodann folgt aus

$$F_{n,m} = \int \varphi_n^* (\boldsymbol{F} \varphi_m)\, dq \tag{180}$$

durch Differentiation, die für jeden HERMITEschen, die Zeit nicht explizite enthaltenden Operator $\boldsymbol{F}$ gültige Relation

$$\begin{aligned} \frac{\hbar}{i} \dot{F}_{n,m} &= \int [(\boldsymbol{H} \varphi_n)^* (\boldsymbol{F} \varphi_m) - \varphi_n^* (\boldsymbol{F H} \varphi_m)]\, dq, \\ &= \int [\varphi_n^* (\boldsymbol{H F} \varphi_m) - \varphi_m^* (\boldsymbol{F H} \varphi_m)]\, dq, \\ &= (\boldsymbol{H F} - \boldsymbol{F H})_{n,m}, \end{aligned}$$

[1] Gegenüber den älteren Darstellungen der Matrixmechanik sei betont, daß (176) keine Folge von (165) ist, es sei denn, daß (172) als besonderes Postulat vorausgesetzt wird.

also wieder die Gleichung (176)

$$\frac{\hbar}{i}\dot{\boldsymbol{F}} = \boldsymbol{H}\boldsymbol{F} - \boldsymbol{F}\boldsymbol{H}, \tag{176}$$

diesmal ohne spezielle Voraussetzung über die Matrizen. Vermöge dieser Regel bleibt jedes (miteinander verträgliche und die Zeit nicht explizite enthaltende) System von V.-R. im Lauf der Zeit bestehen, wenn es für $t = 0$ erfüllt war[1].

Nun führen wir (die bisher nicht notwendige) Voraussetzung ein, daß auch $\boldsymbol{H}$ die Zeit nicht explizite enthält. Dann ist vermöge (176) $\boldsymbol{H}$ von der Zeit unabhängig. Also gibt es ein von der Zeit unabhängiges unitäres $\boldsymbol{S}$, welches $\boldsymbol{H}$ auf Diagonalform bringt

$$\boldsymbol{S}^{-1}\boldsymbol{H}\boldsymbol{S} = E.$$

Es ist dasselbe $\boldsymbol{S}$, welches gemäß

$$\psi_m = \sum_n \varphi_n S_{n,m}$$

die φ_n auf die spezielle Form der durch (177) gegebenen ψ_n bringt. Durch Umtransformieren erhalten wir dann aus (173) und (174), wenn wir unter $e^{\frac{i}{\hbar}\boldsymbol{E}t}$ die Diagonalmatrix $\delta_{n,m} e^{\frac{i}{\hbar}E_n t}$ verstehen, mit diesem $\boldsymbol{S}$

$$\boldsymbol{F}(t) = \boldsymbol{U}(t)\boldsymbol{F}(0)\boldsymbol{U}^{-1}(t) \tag{177}$$

mit

$$\boldsymbol{U} = \boldsymbol{S} e^{\frac{i}{\hbar}\boldsymbol{E}t} \boldsymbol{S}^{-1}.$$

Hierin ist offenbar V unitär, da es durch Multiplikation unitärer Matrizen entsteht. Wegen

$$\boldsymbol{S}\boldsymbol{E}\boldsymbol{S}^{-1} = \boldsymbol{H}$$

kann man auch schreiben

$$\boldsymbol{U}(t) \equiv e^{\frac{i}{\hbar}\boldsymbol{H}t} = \sum_{n=0}^{\infty} \frac{1}{n!}\left(\frac{i}{\hbar}\boldsymbol{H}t\right)^n = \lim_{N\to\infty}\left(1 + \frac{it}{N\hbar}\boldsymbol{H}\right)^N. \tag{175}$$

Dies folgt auch direkt aus (176) ohne Bezugnahme auf die Diagonaldarstellung von $\boldsymbol{E}$. Wir beweisen ferner, daß V, falls alle Potenzen von $\boldsymbol{H}$ für alle f zugleich existieren, unitär ist. Zunächst ist

$$\boldsymbol{U}(t_1)\,\boldsymbol{U}(t_2) = \boldsymbol{U}(t_1 + t_2) \tag{176}$$

insbesondere

$$\boldsymbol{U}(t)\,\boldsymbol{U}(-t) = \boldsymbol{U}(0) = I,$$

$$\boldsymbol{U}^{-1}(t) = \boldsymbol{U}(-t) = e^{-\frac{i}{\hbar}\boldsymbol{H}t},$$

---

[1] In der älteren Literatur über Quantenmechanik findet sich an Stelle von (176) oft die Operatorgleichung

$$\boldsymbol{H}\boldsymbol{t} - \boldsymbol{t}\boldsymbol{H} = \frac{\hbar}{i} I,$$

die aus (176) formal durch Einsetzen von t für F entsteht. Es ist indessen im allgemeinen nicht möglich, einen HERMITEschen Operator (z. B. als Funktion der p und q) zu konstruieren, der diese Gleichung erfüllt. Dies ergibt sich schon daraus, daß aus der angeschriebenen V.-R. gefolgert werden kann, daß $\boldsymbol{H}$ kontinuierlich alle Eigenwerte von $-\infty$ bis $+\infty$ besitzt (vgl. DIRAC, Quantenmechanik, S. 34 u. 56), während doch andererseits diskrete Eigenwerte von $\boldsymbol{H}$ vorkommen können. *Wir schließen also, daß auf die Einführung eines Operators t grundsätzlich verzichtet und die Zeit t in der Wellenmechanik notwendig als gewöhnliche Zahl („c-Zahl") betrachtet werden muß* (vgl. hierzu auch E. SCHRÖDINGER, Berl. Ber. 1931, S. 238).

wenn also $\boldsymbol{U}(-t)$ für dieselbe Funktionenmenge existiert wie $\boldsymbol{U}(t)$, ist die Bedingung der Existenz des Inversen erfüllt. Sodann zeigt man, durch sukzessive Anwendung von

$$\int g^* (\boldsymbol{H}^n f)\, dq = \int (\boldsymbol{H}^n g)^* f\, dq$$

für alle Potenzen $(\boldsymbol{H})^n$ von $\boldsymbol{H}$, daß

$$\int g^* (\boldsymbol{U} f)\, dq = \int (\boldsymbol{U}^{-1} g)^* f\, dq,$$

also insbesondere für $g = \boldsymbol{U} f$

$$\int (\boldsymbol{U} f)^* (\boldsymbol{U} f)\, dq = \int f^* f\, dq,$$

d. h. die Längentreue von $\boldsymbol{U}$. Es genügt $\boldsymbol{U}$ der Differentialgleichung

$$\frac{i}{\hbar} \dot{\boldsymbol{U}} = \boldsymbol{H}\boldsymbol{U}; \qquad \text{also} \qquad \frac{i}{\hbar} \dot{\boldsymbol{U}}^{-1} = -\boldsymbol{U}^{-1}\boldsymbol{H}, \tag{177}$$

womit man dann vermöge (174) leicht (176) verifiziert. Was die Bedeutung von $\boldsymbol{U} f$ betrifft, so soll $\boldsymbol{U}$, angewandt auf die Entwicklungskoeffizienten von f nach dem festen System $\varphi_1(0)$, $\varphi_2(0)$, . . .

$$a_1, a_2, \ldots$$

diese in $a_n(t) = \sum\limits_m U_{n,m}(t)\, a_m(0)$ überführen. Man kann aber auch speziell das System $\delta(q - q')$ für die $\varphi_k(0)$ wählen. Dann führt $\boldsymbol{U}$ direkt die Funktion $f(0)$ in $f(t)$ über, so daß f der Wellengleichung genügt und für $t = 0$ mit der willkürlichen Funktion f übereinstimmt.

$$f(q,t) = \boldsymbol{U}(t) f(q,o) = \int U(q,q';t) f(q',o)\, dq', \tag{178}$$

$$U(q,q';o) = \delta(q - q'); \qquad -\frac{\hbar}{i}\frac{\partial}{\partial t} U(q,q';t) = \boldsymbol{H} V(q,q';t). \tag{179}$$

Die Längentreue von $\boldsymbol{U}$ folgt unmittelbar aus der Kontinuitätsgleichung und ist gleichbedeutend mit

$$\int U(q,q';t)\, U^*(q,q'';t)\, dq = \delta(q' - q''), \tag{180}$$

ferner muß gelten

$$U^*(q',q;t) = U(q,q';-t) = U^{-1}(q,q';t) \tag{181}$$

und allgemein

$$\int U(q,q';t_2)\, U(q',q'';t_1)\, dq' = U(q,q'';t_1 + t_2). \tag{182}$$

Wir erkennen diese Funktion U als eine Verallgemeinerung der in Ziff. 2, Gleichung (60)

$$U(q,q';t) = U(q - q';t) = e^{-\frac{i\pi}{4}} \sqrt{\frac{m}{2\pi\hbar}}\, \frac{1}{\sqrt{t}}\, e^{\frac{im}{2\hbar}\frac{(q-q')^2}{t}}$$

für den eindimensional bewegten kräftefreien Massenpunkt eingeführten Funktion, aus der durch Produktbildung gemäß (61) die U-Funktion für den dreidimensional bewegten kräftefreien Massenpunkt und analog auch für eine beliebige Zahl von Massenpunkten folgt. Für nicht kräftefreie Massenpunkte wird $\boldsymbol{U}$ im allgemeinen nicht nur von der Differenz $(q - q')$ der Koordinaten abhängen und im allgemeinen nur auf dem Umweg über die Eigenlösungen $u_n(q)$ konstruierbar sein. Denn es ist

$$U(q,q';t) = \sum_n u_n^*(q')\, e^{-\frac{i}{\hbar}E_n t}\, u_n(q), \tag{183}$$

* Die Verallgemeinerung dieser Beziehung für ein kontinuierliches Eigenwertspektrum ist evident.

da dann gemäß (170') die Bedingungen (179) erfüllt sind. Die Eigenfunktionen u_n sind charakterisiert durch

$$\boldsymbol{U} u_n = e^{-\frac{i}{\hbar} E n t} u_n^* \ldots \tag{184}$$

Die Existenz eines unitären $\boldsymbol{U}$ von der besprochenen Art muß aber als physikalisch notwendig postuliert werden. Denn sie besagt nur, daß die Wellengleichung für eine beliebige Anfangsfunktion $f(q, 0)$ lösbar und zur Zeit t eine jede Funktion $f(q, t)$ auch erreichbar sein soll. Letzteres besagt dasselbe, wie daß man jede Funktion von der Zeit t an mit Hilfe der Wellengleichung auch durch die Zeit zurückverfolgen kann.

Mit diesem Sachverhalt hängt das Problem der Eigenwertdarstellung HERMITEscher Operatoren, das in Gleichung (III'), S. 130, exakt formuliert wurde, zusammen. Zunächst muß der Definitionsbereich des Operators $\boldsymbol{H}$ in der Mannigfaltigkeit der Funktion f, für die $\int |f|^2 dq$ existiert, noch näher untersucht werden. Man wird offenbar nicht verlangen, daß $\boldsymbol{H} f$ überall sinnvoll ist, da dies z. B. schon für den Operator der Multiplikation mit einem q nicht mehr zutrifft (es wird $\int q^2 |f|^2 dq$ nicht für alle f existieren). Man kann aber verlangen, daß die Menge der Funktionen, für die $\boldsymbol{H} f$ sinnvoll ist, *überall* dicht liegt, d. h. zu jedem f, soll es ein g mit sinnvollem $\boldsymbol{H} g$ geben, so daß außerdem $\int |f - g|^2 dq$ beliebig klein ist. Außerdem ist die lineare Abgeschlossenheit von $\boldsymbol{H}$ zu verlangen, d. h. aus $\lim\limits_{N \to \infty} \int |f - f_N|^2 dq = 0$ und $\lim\limits_{N \to \infty} \int |F - \boldsymbol{H} f_N|^2 dq = 0$, soll $\boldsymbol{H} f = F$ folgen.

In eingehenden Untersuchungen über solche HERMITEsche Operatoren hat J. v. NEUMANN[1] das merkwürdige Resultat gefunden, daß nicht alle derartigen Operatoren eine Eigenwertdarstellung von der Form (III') zulassen. Vielmehr ist für die Möglichkeit einer solchen Darstellung die Zurückführbarkeit von $\boldsymbol{H}$ auf einen unitären Operator $\boldsymbol{U}$ erforderlich, und zwar ist diese notwendig und hinreichend für die Existenz des Eigenwertspektrums. Ein unitärer Operator $\boldsymbol{U}$ läßt nämlich ausnahmslos eine Eigenwertdarstellung zu, welche die zu (III') analoge Form

$$(\boldsymbol{U} f) = \int_0^{2\pi} e^{iE} d(\boldsymbol{P}_E f) \tag{185}$$

hat[2]. Hierin sind die $\boldsymbol{P}_E$ und $\boldsymbol{P}_E - \boldsymbol{P}_{E'}$ wieder Projektionsoperatoren mit den Eigenschaften (I), (II). Die Eigenwerte eines unitären Operators haben übrigens immer den Betrag 1. Für unitäre Operatoren mit der Eigenschaft (176) kann die Eigenwertdarstellung sogar simultan für alle t umgeschrieben werden in der Form

$$\boldsymbol{U}(t) f = \int_{-\infty}^{+\infty} e^{-i\frac{E}{\hbar} t} d(\boldsymbol{P}_E f) \ldots \tag{185'}$$

Zum Zwecke der Zurückführung von $\boldsymbol{H}$ auf ein unitäres $\boldsymbol{U}$ betrachtet NEUMANN speziell den Operator

$$\boldsymbol{U} = \frac{1 + i\boldsymbol{H}}{1 - i\boldsymbol{H}},$$

wobei es dann darauf ankommt, daß dieses $\boldsymbol{U}$ überall sinnvoll ist. Diese spezielle Wahl von $\boldsymbol{U}$ dürfte wohl nicht wesentlich sein, es genügt z. B. auch die

$$\boldsymbol{U}(t) = \lim_{N \to \infty} \left(1 + \frac{it}{\hbar N} \boldsymbol{H}\right)^N$$

zu betrachten, die der physikalischen Interpretation näherliegen[3].

Nun hat sich, wie erwähnt, gezeigt, daß ein Ausnahmeoperator $\boldsymbol{H}$ existiert, der sich auf diese Weise nicht zu einem unitären fortsetzen läßt. Er soll hier kurz besprochen werden,

---

[1] J. v. NEUMANN, Math. Ann. Bd. 102, S. 49, 370. 1929; Journ. f. reine u. angew. Math. Bd. 161, S. 208. 1929, ferner M. H. STONE, Proc. Nat. Ac. Bd. 15, S. 198 u. 423. 1929.

[2] Außer den unter 1 zitierten Arbeiten vgl. A. WINTNER, Math. ZS. Bd. 30, S. 228. 1929 sowie das Buch dieses Autors: Spektraltheorie der unendlichen Matrizen. Leipzig 1929.

[3] Vgl. hierzu auch H. WEYL, ZS. f. Phys. Bd. 46, S. 1. 1927, und dessen Buch, Gruppentheorie u. Quantenmechanik, 2. Aufl., bes. S. 36. Leipzig 1931.

da er keineswegs besonders „pathologisch" ist, sondern in einfacher Weise physikalisch interpretiert werden kann. Man betrachtet einen Massenpunkt, der längs der x-Achse beweglich ist (eindimensionales Problem), der aber bei $x = 0$ von einer Wand vollkommen elastisch reflektiert wird, so daß ihm nur der Halbraum $x > 0$ zur Verfügung steht. D. h. man betrachte diejenigen Funktionen f als zugelassen, die für $0 < x < \infty$ definiert sind, für die $\int_{-\infty}^{\infty} |f|^2 dx$ existiert und *die außerdem für* $x = 0$ *verschwinden* $f(0) = 0$. In diesem Funktionenraum ist $v \boldsymbol{p}_x = v \frac{\hbar}{i} \frac{\partial}{\partial x}$ ein zulässiger HERMITEscher Operator (v ist eine Konstante von der Dimension einer Geschwindigkeit, damit $v \boldsymbol{p}_x$ die Dimension einer Energie hat), denn erstens ist sein Anwendungsbereich überall dicht, zweitens erfüllt er wegen $f(0) = 0$ die Hermitizitätsbedingung. Es ist nämlich

$$\int_0^\infty g^* (\boldsymbol{p}_x f)\, dx - \int_0^\infty (\boldsymbol{p}_x g)^* f\, dx = f g^* |_0^\infty = 0 \,.$$

Für diesen Operator existiert aber in dem betrachteten Raum keine Eigenwertdarstellung! Dies wird offenbar, wenn wir die Lösungen der Gleichung

$$-\frac{\hbar}{i} \frac{\partial \psi}{\partial t} = v \boldsymbol{p}_x \psi = \frac{\hbar}{i} v \frac{\partial \psi}{\partial x} \quad \text{oder} \quad \frac{\partial \psi}{\partial t} = -v \frac{\partial \psi}{\partial x}$$

betrachten; diese sind von der Form

$$\psi(x, t) = f(x - v t) \,. \tag{186}$$

Dies ist überdies im Zeitintervall $0 < t < \tau$ nur dann eine Lösung, wenn für alle t dieses Intervalles für $x = 0$ $f = 0$ ist. Es muß also $f(\xi)$ für $-v\tau \leqq \xi < \infty$ definiert sein und es muß außerdem gelten

$$f(\xi) = 0 \quad \text{für} \quad -v\tau \leqq \xi \leqq 0 \,, \tag{186'}$$

d. h.

$$\psi(x, \tau) = 0 \quad \text{für} \quad 0 \leqq x \leqq v\tau \,; \qquad \psi(x, \tau) = f(x - \tau t) \quad \text{für} \quad v\tau \leqq x < \infty \,. \tag{186''}$$

In der Tat ist nur, wenn (186'') erfüllt ist, vermöge (186)

$$\int_0^\infty |\psi(x, \tau)|^2 dx = \int_0^\infty |\psi(x, 0)|^2 dx \,.$$

Die Abbildung $\boldsymbol{U}$, welche die $f(x)$ in die durch (186'') definierten $\psi(x, \tau)$ überführt, ist zwar längentreu, aber nicht unitär. Denn die Mannigfaltigkeit der $\psi(x, \tau)$ ist kleiner als die Mannigfaltigkeit der $f(x)$ oder was dasselbe ist, der zu $\boldsymbol{U}$ universe Operator $\boldsymbol{U}^{-1}$ existiert nicht für alle $f(x)$, sondern nur für diejenigen $f(x)$, die im Intervall $0 \leqq x \leqq v\tau$ verschwinden; für die übrigen f existiert keine Lösung der Wellengleichung im Intervall $-\tau < t < 0$. Damit die N ersten Potenzen von p_x im betrachteten Raum gleichzeitig sinnvoll sind, muß die ursprüngliche Funktion f um so mehr modifiziert werden, je größer N ist. Ein solcher Operator wäre offenbar unzulässig als Hamiltonfunktion. Der Operator $\partial^2/\partial x^2$ zeigt dagegen in dem von uns betrachteten Raum ein normales Verhalten und hat die Eigenfunktionen $\sin kx$; ebenso natürlich der Operator $\hbar/i\; \partial/\partial x$ im gewöhnlichen Raum $-\infty < x < +\infty$. Ganz wie der Operator $\hbar/i\; \partial/\partial x$ im Halbraum verhält sich der radiale Impulsoperator $\boldsymbol{p}_r f = \frac{\hbar}{i r} \frac{\partial}{\partial r} (r f)$ im gewöhnlichen Raum. Er ist hermitesch, aber seine Matrizen können nicht auf Diagonalform gebracht werden. Wohl aber ist dies möglich für den in der Hamiltonfunktion auftretenden Operator $\boldsymbol{p}_r^2 f = -\hbar^2 \frac{1}{r} \frac{\partial^2}{\partial r^2} (r f)$ mit den Eigenfunktionen $\sin kr/r$.

9. Bestimmung des stationären Zustandes eines Systems durch Messung. Allgemeine Diskussion des Messungsbegriffs. Bevor wir auf die allgemeine Diskussion des Verhaltens von Systemen gegenüber äußeren Störungen eingehen, soll an Hand einiger typischer Beispiele angegeben werden, in welcher Weise die Feststellung eines stationären Zustandes eines Systems durch Messung, d. h. durch geeignete äußere Einwirkung erfolgen kann. Hierbei ist wesentlich, zu beachten, daß ein System, selbst wenn es nach außen abgeschlossen ist, sich nicht notwendig in einem stationären Zustand befinden muß oder, was dasselbe ist, nicht notwendig einen einzigen Wert seiner Energie mit Sicherheit besitzen muß. Der allgemeinste Zustand des Systems war ja vielmehr gegeben durch

$$\psi = \sum_n c_n(0)\, e^{-\frac{2\pi i}{h} E_n t} u_n(q) = \sum c_n(t)\, u_n(q), \tag{187}$$

mit zeitunabhängigen, aber sonst willkürlichen Koeffizienten $c_n(0)$. (Falls ein kontinuierliches Eigenwertspektrum vorhanden ist, muß die Summe durch ein Integral ersetzt werden.) Im allgemeinen Fall wird erst durch den Messungsapparat der stationäre Zustand des Systems erzeugt. Wir haben nun zu untersuchen, wie dieser Vorgang durch den mathematischen Formalismus der Wellenmechanik dargestellt wird. Dabei wird sich als Hauptresultat eine einfache statistische Deutung für die Koeffizienten c_n ergeben.

Die einfachste Weise zur Untersuchung des Zustandes eines Systems (Atoms oder Moleküls) besteht darin, es in ein äußeres Kraftfeld zu bringen, auf welches Systeme in verschiedenen Zuständen verschieden reagieren. Bedeutet Q die Koordinate des Schwerpunktes des Moleküls oder Atoms, so kann zunächst eine beliebige Funktion $\psi(q, Q, t)$ in der Form geschrieben werden

$$\psi(q, Q; t) = \sum_n c_n(Q, t)\, u_n(q, Q).$$

Hierin bedeuten q die Koordinaten der Teilchen des Systems relativ zu dessen Schwerpunkt, $u_n(q, Q)$ die Eigenfunktionen mit den Energiewerten $E_n(Q)$, die zu den betreffenden Funktionen $\Phi_k(q, Q)$ und $V(q, Q)$ der äußeren Potentiale gehören und die zu (97) analogen Gleichungen erfüllen

$$-\sum_{a=1}^{N} \frac{\hbar^2}{2m^{(a)}} \sum_{k=1}^{3} \left[\left(\frac{\partial}{\partial x_k^{(a)}} - \frac{i e^{(a)}}{\hbar c} \Phi_k(x^{(a)} + Q)\right)^2 + V^{(a)}(x^{(a)} + Q) + V(q_1, \ldots, q_f)\right] u_n(q, Q)$$
$$= E_n(Q)\, u_n.$$

In diesen fungiert Q als äußerer Parameter. Wenn die äußeren Felder nur wenig innerhalb der Ausdehnung des Systems variieren, können $\Phi_k(x^{(a)} + Q)$ und $V^{(a)}(x^{(a)} + Q)$ in eine Reihe entwickelt werden, die schon nach wenigen Termen, meistens sogar nach dem ersten Term, abgebrochen werden kann.

$$\Phi_k(x^{(a)} + Q) = \Phi_k(Q) + \sum_{l=1}^{3} \frac{\partial \Phi_k}{\partial Q_l} x_l^{(a)} + \cdots$$

$$V^{(a)}(x^{(a)} + Q) = V^{(a)}(Q) + \sum_{l=1}^{3} \frac{\partial V^{(a)}}{\partial Q_l} x_l^{(a)} + \cdots$$

Aus der gesamten Wellengleichung für ψ folgen dann für die $c_n(Q, t)$, abgesehen von hier fortgelassenen Zusatzgliedern, Wellengleichungen von der Form

$$-\frac{\hbar}{i} \frac{\partial c_n}{\partial t} = -\frac{\hbar^2}{2M} \sum_{l=1}^{3} \frac{\partial^2 c_n}{\partial Q_l^2} + E_n(Q)\, c_n. \tag{188}$$

Die physikalische Bedeutung dieser Wellengleichung ist die, *daß der vom Ort des Systemschwerpunktes abhängige Eigenwert der inneren Energie des Systems einfach als potentielle Energie für die Schwerpunktsbewegung des ganzen Systems erscheint.*

Was die Natur der fortgelassenen Zusatzglieder betrifft, die in Ziff. 11, S. 162 u. 163 noch näher diskutiert werden, so verhindern sie die Separierbarkeit der Wellengleichung nach den c_n, indem sie von allen c_n und ihren ersten Ableitungen abhängen. Ihre Wirkung ist klein, falls die Bewegung des Systems eine so langsame ist, daß während der Zeit $\tau = \frac{\hbar}{E_n - E_m}$ die mittlere Ortsänderung $\Delta Q = \bar{Q}(t + \tau) - \bar{Q}(t)$ des Systems die Bedingung

$$\frac{\partial E_n}{\partial Q} \Delta Q \ll E_n - E_m \tag{189}$$

erfüllt. Eine besondere Vorsicht ist am Platze, wenn bei Abwesenheit des äußeren Kraftfeldes der betreffende Zustand des Systems entartet ist, so daß gewisse Energiedifferenzen $(E_n - E_m)$ der Intensität des äußeren Feldes proportional sind. Auch in diesem Fall ist die Ungleichung (189) die Bedingung der Anwendbarkeit der Wellengleichung (188).

Wellengleichungen von diesem Typus bilden die Grundlage für alle Versuche, die Ablenkungen von Molekularstrahlen in äußeren Kraftfeldern betreffen. Um einen Fall zu haben, wo keine Entartung bei Anwesenheit des äußeren Kraftfeldes vorhanden ist, kann man zunächst an verschiedene Anregungszustände denken, die zum Gesamtdrehimpuls Null des Systems gehören und die durch ein äußeres elektrisches Feld getrennt werden sollen. Ist F die elektrische Feldstärke am Ort Q, so wird hier im allgemeinen $E_n(Q)$ die Form annehmen

$$E_n(Q) = -\frac{\alpha_n}{2} F^2(Q), \tag{190}$$

worin $\alpha_n, \ldots, \alpha_m, \ldots$ die Werte der elektrischen Polarisierbarkeit des Atoms oder Moleküls in den Zuständen $n, m, \ldots$ bedeuten.

Bei der ursprünglichen Form des von STERN und GERLACH ausgeführten Molekularstrahlexperiments, bei welcher nicht verschiedene Anregungszustände des Atoms, sondern Zustände mit verschiedenen Richtungen seines Impulsmomentes getrennt werden, sind die Energien der betrachteten Zustände gegeben durch

$$E_m = E_0 + \hbar o m, \tag{191}$$

worin m die von $-j$ bis $+j$ laufende (halb- oder ganzzahlige) magnetische Quantenzahl und die zur äußeren magnetischen Feldstärke H proportionale Größe o gleich ist der mit einem Zahlenfaktor g (dem sog. LANDÉschen Aufspaltungsfaktor) multiplizierten Larmorfrequenz[1]:

$$o = g \frac{eH}{2m_0 c}. \tag{192}$$

Die Bedingung (189) sagt hier aus, daß die Werte der Komponenten von H nach drei raumfesten Richtungen am Ort des Atoms sich im Laufe der Zeit $1/o$ relativ nur wenig ändern dürfen.

Wir können nun unter Zugrundelegung der Wellengleichung (188) diskutieren, unter welchen Umständen die Strahlen, die zu den Zuständen n und m gehören, durch das äußere Kraftfeld räumlich getrennt werden. Wir denken uns einen zylindrischen Strahl von der Querdimension d in der x-Richtung laufen. Gemäß (82) bewegt sich ja der Mittelpunkt eines Wellenpaketes längs einer zur Potentialfunktion $E_n(Q)$ gehörigen klassischen Bahn, und gemäß (84), (85) und der Unbestimmtheitsrelation verändert sich die Ausdehnung eines solchen Wellenpaketes entsprechend dem notwendigen Vorhandensein eines Anfangsimpulses von mindestens $p_y \sim \frac{\hbar}{d}$ in der Querrichtung zum Strahl. Diesen kann man sich auch entstanden denken durch Beugung des Strahles beim Durch-

[1] Die Larmorfrequenz ist hier als Kreisfrequenz gemessen, also gegenüber der sonst öfters üblichen Schreibweise mit 2π multipliziert. Ferner ist zu bemerken, daß auch bei Berücksichtigung des Elektronenspins (vgl. Ziff. 13) die Wellengleichung (188) unter den angegebenen Bedingungen bestehen bleibt.

gang durch ihn begrenzende Blenden der Dimension d. Wir werden nun zu berechnen haben, einerseits die Ablenkungen $y_n, \ldots, y_m, \ldots$ des Strahles durch das Kraftfeld in der y-Richtung im Laufe der Zeit t, die den Zuständen $n, m, \ldots$ entsprechen. Andererseits die Verbreiterung Δy des Strahles in der Querrichtung durch den genannten Beugungseffekt in derselben Zeit t. Um zwei deutlich getrennte Strahlen zu erhalten, muß gelten

$$y_n - y_m \gg \Delta y . \tag{193}$$

Nun ist

$$y_n = \frac{1}{2M}\frac{\partial E_n}{\partial Q_y} t^2; \qquad y_m = \frac{1}{2M}\frac{\partial E_m}{\partial Q_y} t^2$$

$$\Delta y \sim \frac{\hbar}{Md} t ,$$

also ergibt die Bedingung (193)

$$\frac{\partial (E_n - E_m)}{\partial Q_y} t \gg \frac{\hbar}{d}; \qquad d\frac{\partial (E_n - E_m)}{\partial Q_y} t \gg \hbar . \tag{194}$$

Die zur Energiedifferenz $(E_n - E_m)$ gehörige Frequenz $\nu_{n,m}$ beträgt

$$\nu_{n,m} = \frac{E_n - E_m}{\hbar} . \tag{195}$$

Bezeichnen wir sodann mit $\delta f = d\frac{\partial f}{\partial Q_y}$ die Variation einer Größe längs der Querdimensionen eines Strahles, so gilt

$$t\,\delta\nu_{n,m} \gg 1 . \tag{194'}$$

Auf jeden Fall gilt ferner $\delta\nu_{n,m} < \nu_{n,m}$ (in Wirklichkeit wird sogar $\delta\nu_{n,m}$ wesentlich kleiner sein als $\nu_{n,m}$), so daß auch gilt

$$t\nu_{n,m} \gg 1. \tag{196}$$

Die Feststellung, ob das System im Zustand n oder im Zustand m ist, kann nicht in beliebig kurzer Zeit erfolgen, sondern erfordert eine Minimalzeit

$$t \sim \frac{1}{\nu_{n,m}} = \frac{\hbar}{E_n - E_m} . \tag{196'}$$

Im Falle des ursprünglichen Stern-Gerlach-Experimentes, wo die Energiewerte durch (191) gegeben sind, beträgt demnach diese Zeit $1/o$. Wir werden sehen, daß diese Minimalzeit $1/\nu_{n,m}$ für alle Methoden zur Bestimmung des Zustandes des Systems gilt, nicht nur für die hier betrachtete[1].

Das Charakteristikum des Ablenkungsversuches besteht darin, daß nach seiner Ausführung das Molekül oder Atom praktisch mit Sicherheit in (evtl. von der Zeit abhängigen) vollständig *getrennten* Gebieten $V_n, V_m, \ldots$ liegt, falls das Molekül anfangs mit Sicherheit in den Zuständen $n, m, \ldots$ war. Wenn anfangs also $c_n = 1$, $c_m = 0$ für $n \neq m$, wird die Lösung nach dem Vorgang

$$\psi_n(q, Q; t) = a_n(Q, t)\, u_n(q, Q) . \tag{197}$$

Hierin sind die $u_n(q, Q)$ für jedes feste Q in bezug auf q orthogonal und überdies fällt die Abhängigkeit der u von Q fort, wenn die Atome sich in ein Raumgebiet bewegt haben, wo das äußere Feld konstant ist. Als Folge der Kontinuitätsgleichung ist ferner

$$\int a_n^* a_n dQ = 1; \qquad \int a_n^* a_m dQ = 0 \text{ für } n \neq m \tag{198}$$

[1] Die Relation (196') ist inhaltlich *nicht* gleich bedeutend mit der früher betrachteten Unbestimmtheitsrelation $\Delta E \Delta t \sim \hbar$, da es sich dort um die Zeitdauer handelte, mit der ein Teilchen mit der bis auf ΔE bestimmten Energie sich *an einem bestimmten* Ort befindet. Hier dagegen ist außer von E und t von einer q-Größe *nicht* die Rede.

und wegen der postulierten Eigenschaft des Ablenkungsversuches

$$a_n(Q, t) = 0 \text{ außerhalb } V_n(t)\,. \tag{199}$$

Die Linearität der Wellengleichung, die hier wesentlich herangezogen wird, bringt es nun weiter mit sich, daß für den Fall, wo wir es anfangs mit dem allgemeinen inneren Zustand $\sum_{(n)} c_n u_n(q)$ des Systems zu tun haben, die Wellenfunktion $\psi(q, Q; t)$ nach dem Ablenkungsversuch die Form bekommt

$$\psi(q, Q; t) = \sum_n c_n \psi_n(q, Q; t) = \sum_n c_n a_n(Q, t)\, u_n(q, Q)\,. \tag{200}$$

Die Wahrscheinlichkeit dafür, gleichgültig welche Werte die q haben, den Ort Q im Gebiet $(Q, Q + dQ)$ anzutreffen, ist dann nach den bereits entwickelten allgemeinen Prinzipien gegeben durch

$$W(Q)\,dQ = dQ \int \psi^* \psi(q, Q; t)\,dq = \sum_{(n)} |c_n|^2\, |a_n(Q, t)|^2\, dQ\,. \tag{201}$$

Wegen (199) finden wir dann weiter, daß die Wahrscheinlichkeit dafür, das Atom im allgemeinen Fall im Gebiet V_n vorzufinden, gegeben ist durch

$$\int_{V_n} W(Q)\,dQ = |c_n|^2\,. \tag{202}$$

Dies kann man durch Definition als gleichbedeutend mit folgender Aussage festsetzen: *Im allgemeinen Fall ist* $|c_n|^2$ *die Wahrscheinlichkeit dafür, das System im Zustand* E_n *anzutreffen.*

Die Berechtigung für eine solche Festsetzung ergibt sich auch aus dem Ergebnis für die Wahrscheinlichkeit, nach dem Ablenkungsversuch die q zwischen q und $q + dq$ zu finden, gleichgültig, welche Werte die Q haben. Wir finden gemäß (200) und (198)

$$W(q)\,dq = dq \int \psi^* \psi(q, Q; t)\,dQ = \sum_{(n)} |c_n|^2\, |u_n|^2\, dq\,. \tag{203}$$

Hierbei ist angenommen, daß die u_n nachher nicht mehr von den Q abhängen, wie dies oben erläutert wurde. Ein genau entsprechendes Resultat folgt für die Wahrscheinlichkeit $W(p)\,dp$ im Impulsraum.

Wir können für den Atomschwerpunkt als speziellen „Meßapparat" betrachten (wobei es nur wesentlich ist, daß dieser neue Freiheitsgrade in das System mitbringt), die Energie E_n des inneren Zustandes aber als die zu messende Größe. An Stelle des Atomschwerpunktes könnte jeder andere Apparat genommen werden (wobei dann die Q etwa eine Zeigerstellung beschreiben), sofern nur festgestellt ist, daß dieser Apparat auf die verschiedenen Zustände E_n *mit Sicherheit verschieden reagiert,* wie es in der Gleichung (199) zum Ausdruck kommt. Das nachträgliche Absehen von den Freiheitsgraden des Apparates, dem formal durch Integration der Wahrscheinlichkeiten über die q Rechnung getragen wird, hat gemäß (203) zur Folge, daß *die Phasen der Amplituden* c_m *die der zu messenden Größe zugeordnet sind, in das Resultat nicht mehr eingehen.* Die Wahrscheinlichkeit, *irgend*eine das System charakterisierende Größe ξ zwischen ξ, $\xi + d\xi$ zu finden, ist dann gleich der Summe dieser Wahrscheinlichkeiten für die Fälle, wo die zu messende Größe einen bestimmten Wert hatte, multipliziert mit geeigneten Gewichtsfaktoren $|c_n|^2$

$$W(\xi)\,d\xi = \sum_n |c_n|^2\, W_n(\xi)\,d\xi \left(\sum_n |c_n|^2 = 1\right), \tag{203'}$$

insbesondere gilt dies für die konjugierten Größen q und p, wo $W_n(q) = |u_n(q)|^2$; $W_n(p) = |v_n(p)|^2$. In diesem Fall nennt man die betrachtete Gesamtheit ein

Gemisch. Im Gegensatz dazu steht der *reine* Fall, für welchen die Wahrscheinlichkeit $W(\xi)$ nicht gleichzeitig für alle Größen ξ (oder, was schon ausreichend ist, für zwei konjugierte Größen ξ) durch Addition dieser Wahrscheinlichkeiten in an und für sich möglichen Fällen erzeugt werden kann. Die Ausführung der Messung der inneren Energie E_n des Systems einschließlich des darauf folgenden Abstrahierens von den Freiheitsgraden des Apparates erzeugt also aus einem reinen Fall, für den

$$W(q)\,dq = |\sum c_n u_n(q)|^2\,dq; \qquad W(p) = |\sum c_n v_n(p)|^2\,dp,$$

im allgemeinen (d. h. wenn nicht gerade alle c_n bis auf eines verschwinden) ein Gemisch, für welches gilt

$$W(q)\,dq = \sum_n |c_n|^2\,|u_n(q)|^2\,dq; \qquad W(p)\,dp = \sum_n |c_n|^2\,|v_n(p)|^2\,dp.$$

Dieses Ergebnis, das aus den bisher eingeführten Annahmen ohne neue Annahme folgt und wesentlich auf der Linearität aller Wellengleichungen beruht, ist für die widerspruchsfreie Erfassung des Messungsbegriffes in der Wellenmechanik entscheidend. Denn es zeigt, daß man zu übereinstimmenden Resultaten gelangt, an welchen Stellen immer man den Schnitt zwischen dem zu beobachtenden, durch Wellenfunktionen beschriebenen System und dem Meßapparat zieht[1].

Der Umstand, daß ein bestimmter Meßapparat angewandt wurde, kann somit in dem mathematischen Formalismus der Wellenmechanik direkt zum Ausdruck gebracht werden. Anders ist es dagegen mit der Feststellung, die Messung habe ein ganz bestimmtes Resultat ergeben; in unserem Fall „der Atomschwerpunkt ist nach dem Versuch in dem Gebiet V_n“, „die Energie des Atoms hat also den Wert E_n und keinen anderen Wert“. Eine solche *Setzung einer physikalischen Tatsache* durch ein nicht mit zum System gezähltes Meßmittel (Beobachter oder Registrierapparat) ist vom Standpunkt des mathematischen Formalismus aus, der direkt nur Möglichkeiten (Wahrscheinlichkeiten) beschreibt, ein besonderer, naturgesetzlich nicht im voraus determinierter Akt, dem nachträglich durch *Reduktion der Wellenpakete* [in unserem Fall von $\sum c_n u_n(q)$ zu $u_n(q)$] Rechnung zu tragen ist. Ganz analog verhält es sich bereits mit der Ortsmessung eines Teilchens. In diesem Fall ist statt $\sum c_n u_n(q)$ die Funktion $\psi(q, t)$ und für Q der Ort des Lichtquants in der Brennebene des Okulars des γ-Strahl-Mikroskops zu setzen. Wie bereits in Ziff. 1 erwähnt, ist die Notwendigkeit eines solchen besonderen Aktes nicht verwunderlich, wenn man bedenkt, daß bei jeder Messung eine in mancher Hinsicht prinzipiell unkontrollierbare Wechselwirkung mit dem Meßapparat erfolgt. Hierbei ist wesentlich zu beachten, daß eine Ausdrucksweise, wonach unabhängig von deren Feststellung durch Messung das System notwendig eine bestimmte innere Energie E_n besitzt oder, was dasselbe ist, sich in einem bestimmten *stationären* Zustand befinden muß, leicht zu Widersprüchen Anlaß geben kann, insbesondere dort, wo die ältere Quantentheorie von „Übergangsprozessen“ zwischen den verschiedenen stationären Zuständen des Systems spricht.

Was hier von der Messung der Energie eines Systems gesagt wurde, pflegt in der Quantenmechanik gewöhnlich sogleich für die Messung einer „beliebigen physikalischen Größe“ behauptet zu werden. Wir wollen dagegen diese Verallgemeinerung erst später diskutieren, und zwar deswegen, weil, wie wir gesehen haben, solche Messungen im allgemeinen eine endliche Minimalzeit erfordern und dann noch eine besondere Berücksichtigung des Umstandes erforderlich ist, daß die betreffenden Größen im Laufe der Zeit veränderlich sein können

[1] Vgl. J. v. NEUMANN, Mathematische Grundlagen der Quantenmechanik, Berlin 1932, wo in Kap. VI diese Frage ausführlich erörtert wird.

(vgl. Ziff. 10). Bei der Messung der Energie eines Systems fällt dagegen diese Komplikation fort, weil diese zeitlich konstant ist. In der Tat war ja die Wahrscheinlichkeit dafür, daß die Energie des Systems E_n beträgt, gegeben durch $|c_n|^2$, und da $c_n(t) = c_n(0)\, e^{-\frac{i}{\hbar}E_n t}$, gilt

$$|c_n(t)|^2 = |c_n(0)|^2 . \tag{204}$$

Die Wahrscheinlichkeit dafür, einen gewissen Energiewert E_n eines abgeschlossenen Systems vorzufinden, ist unabhängig von der Zeit. Dies ist der allgemeinste Ausdruck des Energiesatzes. Der früher bewiesene Satz, daß der Erwartungswert $\bar{E}$ der Energie stets zeitlich konstant ist, ist hierin als Spezialfall enthalten, da dieser Erwartungswert

$$\bar{E} = \sum_n |c_n|^2 E_n \tag{205}$$

beträgt.

Es ist nützlich, hier die zuerst von J. v. NEUMANN[1] definierte (HERMITEsche) Dichtematrix $\boldsymbol{P}$ einzuführen, die in bequemer Weise gestattet, die Erwartungswerte irgendeiner Größe in einem Zustand zu berechnen.

Hat man einen Zustand, der der Eigenfunktion

$$\psi = \sum_n c_n(0)\, \psi_n(q, t) = \sum_n c_n(0)\, e^{-\frac{i}{\hbar}E_n t} u_n(q)$$

entspricht, so definiere man in der Darstellung der Matrizen, für die $\boldsymbol{H} = \boldsymbol{E}$ eine Diagonalmatrix ist,

$$P_{m,n} = c_n^*(t)\, c_m(t) . \tag{206}$$

Dann ist der Mittelwert der Energie E gegeben durch

$$\bar{E} = \sum_n P_{n,n} E_n = \sum_n (PE)_{n,n}$$

der Mittelwert von q wegen

$$\bar{q} = \int q\psi^* \psi\, dq = \sum_{n,m} c_n^* c_m \int q\psi_n^* \psi_m\, dc = \sum_{n,m} c_n^* c_m q_{n,m} ,$$

$$\bar{q} = \sum_{n,m} q_{n,m} P_{m,n} = \sum_n (\boldsymbol{q}\boldsymbol{P})_{n,n} ,$$

ebenso der Mittelwert eines beliebigen Operators $\boldsymbol{F}$ durch

$$\bar{F} = \int \psi^* (\boldsymbol{F}\psi)\, dq = \sum_{n,m} c_n^*(t)\, c_m(t)\, F_{nm}(0) = \sum_{n,m} F_{nm}(0)\, P_{mn} = \sum_n (\boldsymbol{FP})_{nn} .$$

Nun ist die *Spur* einer Matrix X definiert als die Summe ihrer Diagonalglieder

$$\mathrm{Spur}\,(\boldsymbol{X}) = \sum_n X_{n,n} . \tag{207}$$

Diese Spur hat die wichtige Eigenschaft, daß die Spur eines Produktes zweier Matrizen A und B kommutativ, d. h. unabhängig von der Reihenfolge der Faktoren ist

$$\mathrm{Spur}\,(\boldsymbol{AB}) = \mathrm{Spur}\,(\boldsymbol{BA}) . \tag{208}$$

Denn es ist

$$\mathrm{Spur}\,(\boldsymbol{AB}) = \sum_{m,n} A_{n,m} B_{m,n}$$

symmetrisch in A und B. Setzt man in (208) $A = S^{-1}X$; $B = S$, so ergibt sich die für das Folgende wichtige Beziehung

$$\mathrm{Spur}\,(\boldsymbol{S}^{-1}\boldsymbol{XS}) = \mathrm{Spur}\,(\boldsymbol{X}) . \tag{209}$$

Insbesondere ist die Spur einer Matrix invariant gegenüber unitären Transformationen der Matrix.

Unsere bisherigen Ergebnisse lassen sich dahin zusammenfassen, daß für den allgemeinsten Zustand eines Systems die Dichtematrix $\boldsymbol{P}$ den Mittelwert eines Operators $\boldsymbol{F}$ bestimmt gemäß

$$\bar{F} = \mathrm{Spur}\,(\boldsymbol{PF}) = \mathrm{Spur}\,(\boldsymbol{FP}) , \tag{210}$$

insbesondere ist es erlaubt, für $\boldsymbol{F}$ eine Ortskoordinate q oder eine Impulskoordinate p oder die Energie $\boldsymbol{H}$ des Systems einzusetzen.

[1] J. v. NEUMANN, Göttinger Nachr. 1927, S. 245; vgl. auch P. A. M. DIRAC, Proc. Cambridge Phil. Soc. Bd. 25, S. 62. 1929. Ferner ebenda Bd. 26, S. 376. 1930 und Bd. 27, S. 240. 1930.

Dieser Ausdruck ist aber nun wegen (209) invariant gegenüber einer Änderung der Darstellung der Matrizen. Z. B. hat man, wenn q auf Diagonalform gebracht ist,

$$\overline{F} = \int P(q',q'')F(q'',q')\,dq'\,dq'',$$

also z. B. mit

$$P(q'q'') = \psi(q',t)\,\psi^*(q'',t); \qquad F(q'q'') = F(q')\,\delta(q''-q')$$

$$\overline{F}(q) = \int \psi^*(q,t)\,F(q)\,\psi(q,t)\,dq,$$

wie es sein muß. Ferner ist die Abhängigkeit des $\boldsymbol{P}$ von der Zeit so gewählt, daß bei Unabhängigkeit der Matrizen von $\boldsymbol{F}$ von der Zeit die Abhängigkeit des Mittelwertes F von der Zeit richtig wird. Wir haben in der Tat nach (206)

$$\frac{\hbar}{i}\dot{P}_{m,n} = P_{m,n}E_n - E_m P_{m,n},$$

also allgemein

$$\frac{\hbar}{i}\dot{\boldsymbol{P}} = -(\boldsymbol{HP} - \boldsymbol{PH}) \tag{211}$$

und dies in (200) eingesetzt, ergibt richtig (im Einklang mit (176)

$$\begin{aligned}\dot{\overline{F}} = \text{Spur}\,(\dot{P}F) &= -\,\text{Spur}\,(HPF) + \text{Spur}\,(PHF)\\ &= -\,\text{Spur}\,(PFH) + \text{Spur}\,(PHF)\\ &= -\,\text{Spur}\,(P,FH - HF) = \overline{(HF - FH)}\,.\end{aligned}$$

Man beachte, daß das Vorzeichen in (211) umgekehrt ist wie in (176).

Bisher haben wir nur *reine* Fälle betrachtet. Wie aus (206) hervorgeht, wird auch für den allgemeinsten reinen Fall die Matrix $\boldsymbol{P}$, unitär auf Diagonalform gebracht, stets gleich $P_{n,m} = \delta_{r,m}$; also $\boldsymbol{P} = \begin{pmatrix} 0 & & & & \\ & 0 & & & \\ & & \ddots & & \\ & & & 1 & \\ & & & & 0 \\ & & & & & 0\end{pmatrix}$. *Einer der Eigenwerte von* $\boldsymbol{P}$ *ist also* 1, *die übrigen sind Null.* Wir werden sehen, daß dies auch eine hinreichende Bedingung für den reinen Fall ist.

Wie v. NEUMANN bemerkt hat, läßt sich nämlich die Matrix $\boldsymbol{P}$ so verallgemeinern, daß die Relationen (210) und (211) auch für Gemische zutreffen. Die Matrix $\boldsymbol{P}$ des allgemeinsten Gemisches entsteht nämlich durch lineare Zusammensetzung von möglichen Matrizen $\boldsymbol{P}_1, \boldsymbol{P}_2, \ldots$ reiner Fälle gemäß

$$\boldsymbol{P} = \sum_n p_n \boldsymbol{P}_n\,, \tag{212}$$

worin

$$\sum_{(n)} p_n = 1; \qquad p_n \geqq 0\,. \tag{212'}$$

Man sieht, daß wegen Spur $(\boldsymbol{P}_n) = 1$, für alle $\boldsymbol{P}_n$ gemäß (212') allgemein folgt

$$\text{Spur}\,(\boldsymbol{P}) = 1\,. \tag{213}$$

Diese Relation ist nach (210) in der Tat notwendig, wie man erkennt, indem man für $\boldsymbol{F}$ die Einheitsmatrix einsetzt. Wir behaupten, daß $\boldsymbol{P}$ positiv definiert ist, d. h. daß alle Eigenwerte von $\boldsymbol{P}$, welche nicht verschwinden, positiv sind.

$$\text{Negative Eigenwerte von } P \text{ existieren nicht.} \tag{214}$$

Diese Aussage ist gleichbedeutend mit der anderen, daß für alle (HERMITEschen) Operatoren, die Quadrate sind, gelten soll

$$\text{Spur}\,(\boldsymbol{PA}^2) \geqq 0\,. \tag{214'}$$

In der Tat ist $\boldsymbol{P}$ auf Diagonalform gebracht, so folgt aus (214')

$$\sum_n P_{n,n} \sum_k |A_{n,k}|^2 \geqq 0$$

für alle $A_{n,k}$, also $P_{n,n} \geqq 0$ für alle n. Hieraus folgt umgekehrt die Gültigkeit von (214') bei dieser speziellen Darstellung der Matrizen, also wegen der Invarianz der Spur allgemein. Aus (214') ist nun zu erkennen: *Die Summe zweier positiv definiter Matrizen ist wieder positiv definit.* Überdies kann die Summe mehrerer positiver Matrizen nur verschwinden, wenn alle Matrizen einzeln verschwinden. Da $p_n\boldsymbol{P}_n$ positiv definite Matrizen sind, erkennen wir jetzt also, daß (214) in der Tat eine Folge von (212) ist. Umgekehrt kann die allgemeinste HERMITEsche Matrix, welche die Bedingungen (213) und (214) erfüllt, in der Form (212) dargestellt werden, wobei die Matrizen $\boldsymbol{P}_n$, die zu reinen Fällen gehören, sogar als vertauschbar angenommen werden können. Denkt man sich nämlich $\boldsymbol{P}$ auf Diagonalform $(P_{n,n})$, so braucht man nur zu setzen $p_n = P_{n,n}$, während $\boldsymbol{P}_n$ nur an der Stelle n das Element 1, sonst aber überall Nullen hat.

Wir können jetzt auch die reinen Fälle unter den allgemeinen Matrizen P, welche nur die Bedingungen (213) und (214) zu erfüllen brauchen, in einfacher Weise charakterisieren, und zwar durch die Relation

$$\boldsymbol{P}^2 = \boldsymbol{P}. \tag{215}$$

Eine HERMITEsche Matrix erfüllt nämlich dann und nur dann diese Relation, wenn alle ihre Eigenwerte sie erfüllten, d. h. wenn diese Eigenwerte -1, 0 oder $+1$ sind. Die Möglichkeit eines Eigenwertes -1 wird durch (214) ausgeschlossen und aus (213) folgt dann, daß nur einer der Eigenwerte gleich 1 ist, die übrigen aber 0 sind. Im allgemeinen Fall ist $P - P^2$ stets eine positive Matrix, da die Eigenwerte von P wegen (213) stets kleiner oder gleich 1 sind.

Wir zeigen auch noch, daß durch Zusammensetzung zweier Gesamtheiten, zu denen die Dichtematrizen Q und R gehören mögen, gemäß

$$\boldsymbol{P} = p_1\boldsymbol{Q} + p_2\boldsymbol{R}; \quad (0 < p_1 < 1, 0 < p_2 < 1; p_1 + p_2 = 1)$$

niemals wieder ein neuer reiner Fall entstehen kann, es sei denn, daß $\boldsymbol{Q} = \boldsymbol{R} = \boldsymbol{P}$ ist. Zu diesem Zweck bilden wir

$$\boldsymbol{P}^2 = p_1^2\boldsymbol{Q}^2 + p_1p_2(\boldsymbol{QR} + \boldsymbol{RQ}) + p_2^2\boldsymbol{R}^2,$$

andererseits gilt

$$(\boldsymbol{Q} - \boldsymbol{R})^2 = \boldsymbol{Q}^2 - (\boldsymbol{QR} + \boldsymbol{RQ}) + \boldsymbol{R}^2,$$

also ergibt sich

$$\boldsymbol{P}^2 = p_1\boldsymbol{Q}^2 + p_2\boldsymbol{R}^2 - p_1p_2(\boldsymbol{Q} - \boldsymbol{R})^2$$

(dabei ist mit Rücksicht auf $p_1 + p_2 = 1$ bereits $p_1^2 + p_1p_2 = p_1$, $p_2^2 + p_1p_2 = p_2$ gesetzt worden). Demgemäß finden wir

$$\boldsymbol{P} - \boldsymbol{P}^2 = p_1(\boldsymbol{Q} - \boldsymbol{Q}^2) + p_2(\boldsymbol{R} - \boldsymbol{R}^2) + p_1p_2(\boldsymbol{Q} - \boldsymbol{R})^2,$$

auf der rechten Seite steht dann die Summe lauter positiver Matrizen. Soll $\boldsymbol{P}$ zu einem reinen Fall gehören, so folgt daher wegen $\boldsymbol{P}^2 = \boldsymbol{P}$ das Verschwinden aller Matrizen der rechten Seite einzeln, insbesondere

$$(\boldsymbol{Q} - \boldsymbol{R})^2 = 0.$$

Das Quadrat einer HERMITEschen Matrix kann aber nur verschwinden, wenn alle Elemente der Matrix selber verschwinden [man sieht dies z. B. aus $(A^2)_{n,n} = \sum_k |A_{nk}|^2$]. Also folgt

$$\boldsymbol{Q} = \boldsymbol{R}, \text{ w. z. b. w.}$$

Die Definition des reinen Falles als derjenigen Gesamtheit, für welche *ein* Eigenwert der Dichtematrix 1, die übrigen aber 0 sind, ist also äquivalent der anderen Definition, wonach ein reiner Fall nicht durch Mischung zweier verschiedener Gesamtheiten erzeugt werden kann.

v. NEUMANN hat weiter gezeigt[1], daß die Größe

$$\Sigma \equiv \text{Spur}\,(\boldsymbol{P}\log\boldsymbol{P}) \tag{216}$$

bis auf den Faktor $1/k$ (k = BOLTZMANNsche Konstante) die Rolle der zur Dichteverteilung P zugeordneten Entropie spielt. Für einen reinen Fall und nur für diesen verschwindet sie, da $P_{n,n}\log P_{n,n} = 0$ sowohl für $P_{n,n} = 0$ als auch für $P_{n,n} = 1$ gilt. Setzen wir wie stets (213) und (214) voraus, so ist also

$$\text{Spur}\,(\boldsymbol{P}\log\boldsymbol{P}) = 0 \tag{215'}$$

eine mit (215) äquivalente Bedingung. Diejenige Verteilung P, die bei gegebenem Mittelwert

$$E = \text{Spur}\,(\boldsymbol{HP})$$

der Energie, die Größe Σ zu einem Minimum macht, ist die kanonische Verteilung

$$\boldsymbol{P} = Ce^{-\boldsymbol{H}/\Theta}, \tag{217}$$

worin $\boldsymbol{\Theta}$ eine Konstante ist, welche die Bedeutung der mit k multiplizierten Temperatur besitzt, während C aus der Normierungsbedingung (213) zu ermitteln ist. Die freie Energie ist dann gegeben durch

$$e^{-F/\Theta} = \text{Spur}\,(e^{-\boldsymbol{H}/\Theta}), \tag{218}$$

[1] Die Behandlung der allgemeinen Quantenstatistik auf wellenmechanischer Grundlage fällt außerhalb des Rahmens des vorliegenden Beitrages, bzw. Handbuchbandes. Vgl. etwa P. JORDAN, Statistische Mechanik auf quantentheoretischer Grundlage. Braunschweig 1933.

so daß (217) auch geschrieben werden kann

$$\boldsymbol{P} = e^{(F-\boldsymbol{H})/\Theta}. \tag{217'}$$

Ist der Hamiltonoperator $\boldsymbol{H}$ auf Diagonalform gebracht, so wird auch P diagonal und $P_{n,n} = e^{-E_n/\Theta}$, also nach (218)

$$e^{-F/\Theta} = \sum_n e^{-E_n/\Theta}. \tag{218'}$$

Die Invarianz von (218) gegenüber der Darstellung der Matrizen ist aber in manchen Fällen nützlich[1].

Die bisher diskutierte Art der Messung der Energie des Systems hat die Eigenschaft, daß eine unmittelbare Wiederholung der Messung für die gemessene Größe denselben Wert ergibt wie die erste Messung. Oder mit anderen Worten: falls das *Resultat* der Anwendung des Messungsapparates nicht bekannt gegeben wird, sondern nur die *Tatsache* dieser Anwendung (in der Terminologie von Ziff. 1 ist in diesem Fall die gemessene Größe nach der Messung unbekannt, aber bestimmt), ist die Wahrscheinlichkeit, daß die gemessene Größe einen gewissen Wert hat, nach der Messung dieselbe wie vor der Messung. Wir wollen solche Messungen als *von erster Art* bezeichnen. Dagegen kann es auch vorkommen, daß durch die Messung das System in kontrollierbarer Weise verändert wird — selbst dann, wenn im Zustand vor der Messung die gemessene Größe mit Sicherheit einen bestimmten Wert hat. Das Resultat einer wiederholten Messung nach dieser Methode ist dann nicht dasselbe wie das der ersten Messung. Dennoch kann ein eindeutiger Rückschluß aus dem Messungsresultat auf die zu messende Größe des betrachteten Systems vor der Messung möglich sein. Solche Messungen nennen wir von *zweiter Art*[2]. Bereits in Ziff. 2 hatten wir gesehen, daß die Impulsmessung erster Art nur in hinreichend langen Zeiten möglich ist, die Impulsmessung zweiter Art aber auch in kurzen Zeiten.

Ein Beispiel für eine Energiemessung zweiter Art ist die Beeinflussung eines Atomsystems durch Stöße, wobei die Energie des stoßenden Teilchens nach dem Stoß gemessen wird. Ist zunächst zur Zeit 0 das zu messende System in einem Zustand n und hat das stoßende Teilchen die kinetische Anfangsenergie ε, so findet man als Wahrscheinlichkeit dafür, daß zur Zeit t das gestoßene System sich im Zustand m befindet und das stoßende Teilchen die kinetische Energie ε' zwischen ε' und $\varepsilon' + d\varepsilon'$ besitzt, einen Ausdruck der Form

$$W_m(\varepsilon')\, d\varepsilon' = A_{n,m} \left[\frac{1 - \cos(E_n + \varepsilon - E_m - \varepsilon')\, t/\hbar)}{E_n + \varepsilon - E_m - \varepsilon'}\right]^2 d\varepsilon'. \tag{219}$$

Diese Formel folgt aus dem allgemeinen Formalismus der Störungstheorie (Ziff. 10, bes. Gleichung (241_1) und S. 160). Dabei ist über die Richtungen der Anfangs- und Endimpulse bereits integriert zu denken und die kinetischen Energien hängen mit den Impulsen gemäß den Relationen $\varepsilon = \frac{p^2}{2m}$, $\varepsilon' = \frac{p'^2}{2m}$ zusammen. Die Klammergröße ist zur Zeit t nur merklich von Null verschieden, wenn

$$E_m - E_n - (\varepsilon - \varepsilon') \sim \hbar/t,$$

falls $t \gg \frac{\hbar}{|E_m - E_n|}$, wie in (196'), wird also der gemessene Wert von $\varepsilon - \varepsilon'$ in der Nähe einer der Differenzen $E_l - E_n$ (für irgendein l) liegen, wenn das System im Zustand n war und in der Nähe von $E_l - E_m$, wenn es im Zustand m war. Unter der genannten Bedingung für die Zeit werden nämlich die Intervalle von $\varepsilon - \varepsilon'$, in denen $W(\varepsilon')$ merklich von Null verschieden ist, deutlich getrennt sein. Auf diese Weise kann entschieden werden, ob das System ursprünglich die Energie E_n oder E_m besaß.

[1] Siehe Fußnote 1, S. 151.

[2] Vgl. hierzu L. LANDAU u. R. PEIERLS, ZS. f. Phys. Bd. 69, S. 56. 1931.

Dieser Versuch wird noch etwas einfacher, wenn durch den Stoß das System ionisiert wird, so daß die Energie E_m kontinuierlich wird und man statt (219) schreiben kann:

$$W(\varepsilon', E')\,d\varepsilon' dE' = A_n(E')\left[\frac{1-\cos\left((E_n+\varepsilon-E'-\varepsilon')t/\hbar\right)}{E_n+\varepsilon-E'-\varepsilon'}\right]^2 d\varepsilon' dE'. \qquad (219')$$

Es ist dann die Messung von ε, ε' und E' nach bekannten Methoden möglich und man findet $E' + \varepsilon' - \varepsilon$ bis auf den Spielraum $\hbar/t$ sicher in der Nähe von E_n, wenn n der Zustand des Systems vor dem Stoß war.

Bei dieser Betrachtung ist die Gültigkeit der Erhaltung der Energie bei Stoßprozessen wesentlich. Überdies hat sich gezeigt, daß innerhalb der Grenzen der Ungleichung (196′) die Wechselwirkungsenergie der Systeme für die Energiebilanz vernachlässigbar ist. Aufs neue rechtfertigt es sich in dieser Weise, die E_n als Energiewerte des Systems zu bezeichnen.

Wir gehen nun dazu über, zu untersuchen, was aus dem Stoßversuch bei einem beliebigen Anfangszustand des Systems, der durch

$$\psi = \Sigma c_n u_n$$

gegeben sein möge, geschlossen werden kann. Ist die Ungleichung (196′) erfüllt, so verschwinden die Produktterme der rechten Seiten von (219) oder (219′), falls sie für zwei *verschiedene* Indexwerte n und m gebildet werden, durchweg. Deshalb bekommt man durch Messung von $\varepsilon - \varepsilon'$ bzw. $\varepsilon - \varepsilon'$ und E' direkt ein Maß von $|c_n|^2 A_{n,m}$ bzw. $|c_n|^2 A_n(E')$. Die durch das Auftreten der Faktoren $A_{n,m}$ bzw. $A_n(E')$ gebildete Komplikation kann man dadurch vermieden denken, daß man das stoßende Teilchen lange Zeit hin und her reflektieren, also immer wieder stoßen läßt und seine schließliche gesamte Energieänderung mißt. Diese wird dann in $|c_n|^2$ Fällen mit einem $E_n - E_m$ (m beliebig) übereinstimmen, bzw. im Fall der Ionisation und gleichzeitiger Messung von E' wird in $|c_n|^2$ Fällen $E' - (\varepsilon - \varepsilon')$ mit E_n übereinstimmen.

Nun können wir die Messung zweiter Art mittels der Eigenfunktion ψ des zu messenden Systems und Ψ des Meßapparates allgemein schematisieren. Die Zustände des Meßapparates, die festgestellt werden, mögen dem (orthogonalen vollständigen und normierten) Funktionssystem U_k entsprechen. In dem obigen Beispiel ist statt k die Energiedifferenz $\varepsilon - \varepsilon'$ zu denken; da es keinen wesentlichen Unterschied macht, ob k diskontinuierlich oder kontinuierlich ist, wollen wir die Bezeichnungen dem ersteren Fall anpassen und Summationen über k schreiben, auch wenn es sich tatsächlich um Integrale handelt. Ist

$$\psi = \sum c_n u_n$$

der Zustand des zu messenden Systems vor der Messung (die u_n sind orthogonal und vollständig), so ist

$$\sum_k \psi_k U_k$$

der Zustand des Gesamtsystems nach der Messung, und es muß außerdem wegen der Linearität aller Hamiltonfunktionen ψ_k linear von den c_n abhängen

$$\psi_k = \sum_n c_n v_k^{(n)}. \qquad (220)$$

Dabei ist $\sum_k \int |\psi_k|^2 dQ = 1$ für alle c_n, also $\sum_k \int |v_k^{(n)}|^2 dq = 1$. Nach Ablesung eines bestimmten k-Wertes an dem „Apparat“ modifiziert sich das Wellenpaket ψ bis auf einen konstanten Normierungsfaktor in das Wellenpaket ψ_k. Ein eindeutiger Schluß aus dem gemessenen Wert von k auf c_n ist dann und nur dann möglich, *wenn zu jedem k nur ein einziges $v_k^{(n)}$ von Null verschieden* *ist.* (Zu verschiedenen k können dann aber auch dieselben n gehören.) Die Zustände k lassen sich dann in getrennte Gruppen zerlegen, derart, daß jede Gruppe zu einem bestimmten Wert von n gehört. Wir schreiben deshalb den Doppelindex n, m für k und statt (220)

$$\psi_{n,m} = c_n v_{n,m}, \tag{220'}$$

worin für alle c_n aus $\sum_n |c_n|^2 = 1$

$$\sum_{n,m} \int |\psi_{n,m}|^2 dQ = 1$$

folgen soll. Das ist gleichbedeutend mit

$$\int |v_{n,m}|^2 dQ = 1. \tag{221}$$

Die Wahrscheinlichkeit dafür, den Apparat nach der Messung in der Gruppe (n, m) mit festem n anzutreffen, muß gleich sein der Wahrscheinlichkeit, daß das System vor der Messung im Zustand n war. In Übereinstimmung damit findet man

$$|c_n|^2 = \sum_m \int |\psi_{n,m}|^2 dQ. \tag{222}$$

Man hätte natürlich auch die $v_{n,m}$ nach den u_n entwickeln können

$$v_{n,m} = \sum T_{l;n,m} u_l.$$

Für jedes (n, m) gilt dann nach (220)

$$\sum_{l,m} |T_{l;n,m}|^2 = 1. \tag{223}$$

Diese Bedingung ist offenbar viel schwächer als eine Orthogonalitätsbedingung. Bei den Messungen erster Art ist $\boldsymbol{T}$ speziell die Einheitsmatrix. Auch bei der allgemeineren Messung zweiter Art haben die speziellen Zustände, wo eines der c_n gleich 1, die übrigen 0 sind, die Eigenschaft, daß dann über den Ausfall der Messung eine gewisse Aussage *mit Sicherheit* gemacht werden kann. Nämlich: das Meßergebnis k wird in eine bestimmte Gruppe (n, m) mit einem voraussagbaren n fallen.

Kehren wir wieder zu unserem Beispiel der Energiemessung eines Systems durch Stoß zurück. Wenn es sich zunächst um die Anregung handelt, wollen wir annehmen, daß jede Energiedifferenz $E_n - E_m$ nur bei einem einzigen Paar von Zuständen vorhanden ist. Dann gibt zu jedem k, d. h. zu jedem $\varepsilon - \varepsilon'$, ein einziges E_n. Überdies sind die $v_{n,m}$ hier bis auf einen konstanten Faktor *identisch mit den* u_m, also von n unabhängig. Im Falle des ionisierenden Stoßes denken wir uns die Energie E' des herausfliegenden Elektrons als ebenfalls von einem Apparat gemessen, $\varepsilon - \varepsilon'$ und E' spielen zusammen die Rolle von k. Zu jedem k gibt es ein einziges n, bestimmt durch $E' - (\varepsilon - \varepsilon') = E_n$, während etwa E' die Rolle von m spielt, $v_{n,m}$ ist hier wieder unabhängig von n die Eigenfunktion im kontinuierlichen Spektrum mit der Energie E'.

10. Allgemeiner Formalismus der Störungstheorie. Für viele Anwendungen ist es wesentlich, eine Annäherungsmethode für die Lösung der Wellengleichung zu besitzen, die anwendbar ist, wenn die Matrixelemente der Energie zwar noch nicht ganz diagonal, die Nichtdiagonalelemente $H_{m,n}$ aber klein sind gegen die Differenzen der Diagonalelemente

$$H_{m,n} \ll H_{m,m} - H_{n,n}. \tag{224}$$

Dabei beschränken wir uns zunächst auf den Fall, daß eine stationäre Lösung der Wellengleichung gesucht ist und denken uns bereits ein passendes vollständiges Orthogonalsystem $v_1, v_2, \ldots$ eingeführt, in welchem diese Bedingung erfüllt ist. In diesem System lautet die Wellengleichung für die stationären Zustände

$$\sum_{(n)} H_{m,n} c_n = c_m E. \tag{225}$$

Die zu E gehörige Eigenfunktion ist dann

$$u(E) = \sum_n c_n(E)\, v_n,$$

da aus

$$\boldsymbol{H} v_m = \sum_n v_n H_{n,m}$$

gemäß (225) in der Tat

$$\boldsymbol{H} u = E u$$

folgt. Soll u normiert sein, so muß, wenn die v_n orthogonal und normiert waren,

$$\sum_n |c_n|^2 = 1 \tag{226}$$

gemacht werden. Aus (225) folgt weiter, daß für verschiedene E stets gilt

$$\sum_n c_n^*(E)\, c_n(E') = 0, \quad \text{wenn} \quad E \neq E'. \tag{226'}$$

Sind die E diskret, d. h. ist (225) nur für die diskreten Energiewerte $E_1, E_2, \ldots, E_n, \ldots$ lösbar, so kann man statt $c_n(E_k)$ auch schreiben

$$c_n(E_k) = S_{nk},$$

wobei dann gemäß (226), (226') die $S_{n,k}$ eine unitäre Matrix bilden. Wenn wir zulassen, daß k auch gewisse Wertebereiche (evtl. mehrdimensionale) stetig durchlaufen kann, wobei dann alle Summen über k durch Integration zu ersetzen sind, erhalten wir den allgemeinen Fall.

Nun führen wir also zur näherungsweisen Lösung der Gleichungen (225) die Annahme ein, daß die Nichtdiagonalelemente von (225) klein gegen die Diagonalelemente seien. Um dies formal zum Ausdruck zu bringen, denken wir uns die Nichtdiagonalelemente mit einem Zahlparameter ε multipliziert, nach dessen Potenzen die c_n entwickelt werden sollen. Wir setzen

$$H_{n,n} = E_n^0 + \varepsilon \Omega_{n,n};\; H_{m,n} = \varepsilon \Omega_{m,n} \quad \text{für} \quad n \neq m, \tag{227}$$

ferner suchen wir jetzt speziell eine Lösung, die in der Nähe des Eigenwertes E_k^0 liegen soll, d. h. ein Koeffizientensystem c_n, welches in nullter Näherung gleich $\delta_{n,k}$ ist:

$$\left.\begin{aligned} E_k &= E_k^{(0)} + \varepsilon E_k^{(1)} + \varepsilon^2 E_k^{(2)} + \cdots \\ c_{n;k} &= \delta_{n,k} + \varepsilon c_{n,k}^{(1)} + \varepsilon^2 c_{n,k}^{(2)} + \cdots \end{aligned}\right\} \tag{228}$$

Ordnen nach Potenzen von ε ergibt

$$E_m^{(0)} c_{m;k}^{(1)} + \Omega_{m,k} = \delta_{m;k} E_k^{(1)} + c_{m;k}^{(1)} E_k^{(0)}, \tag{229$_1$}$$

$$\left.\begin{aligned} E_m^{(0)} c_{m;k}^{(2)} + \sum_n \Omega_{m,n} c_{n;k}^{(1)} &= \delta_{m,k} E_k^{(2)} + c_{m;k}^{(1)} E_k^{(1)} + c_{m;k}^{(2)} E_k^{(0)}. \\ \cdots\cdots\cdots&\cdots\cdots\cdots \end{aligned}\right\} \tag{229$_2$}$$

Aus der ersten Gleichung (229) folgt zunächst für $m = k$

$$E_k^{(1)} = \Omega_{kk}. \tag{230}$$

Die Änderung des kten Eigenwertes ist gleich dem Diagonalelement (Erwartungswert) der Störungsenergie Ω in diesem Zustand. Sodann folgt für $m \neq k$

$$c_{m;k}^{(1)} [E_k^{(0)} - E_m^{(0)}] = \Omega_{m,k}$$

$$c_{m;k}^{(1)} = -\frac{\Omega_{m,k}}{E_m^{(0)} - E_n^{(0)}} \quad \text{für} \quad m \neq k. \tag{231$_1$}$$

Man sieht, daß der Wert von $c^{(1)}_{k,k}$ unbestimmt bleibt. Wir haben aber noch die Normierungsbedingung (226) zu berücksichtigen, welche nach ε entwickelt ergibt

$$c^{(1)}_{kk} + c^{*(1)}_{kk} = 0 \tag{232_1}$$

$$c^{(2)}_{kk} + c^{*(2)}_{kk} + \sum_n |c^{(1)}_{n;k}|^2 = 0. \tag{232_2}$$

Aus der ersten dieser Gleichungen folgt dann, daß $c^{(1)}_{kk}$ eine beliebige rein imaginäre Zahl sein kann. Diese Unbestimmtheit entspricht dem Umstand, daß in der Lösung von (225) Phasenkonstanten stets willkürlich bleiben; ist $c_{n;k}$ eine Lösung, so ist

$$c'_{n;k} = c_{n;k} e^{i\delta_k}$$

mit willkürlichem δ_k wieder eine Lösung, und es ist ferner erlaubt, ohne mit dem Ansatz (228) in Konflikt zu kommen,

$$\delta_k = \varepsilon\delta^{(1)}_k + \varepsilon^2\delta^{(2)}_k + \cdots$$

zu setzen, worin die $\delta^{(1)}_k$, $\delta^{(2)}_k$, ... völlig willkürlich sind.

Gehen wir nun zur Diskussion der zweiten Näherung über, so folgt aus (229_2) zunächst für $m = k$ mit Rücksicht auf (230_1)

$$E^{(2)}_k = \sum_n{}' \Omega_{k,n} c^{(1)}_{n;k} = -\sum_n{}' \frac{\Omega_{k,n}\,\Omega_{n,k}}{E^0_n - E^0_k} = -\sum_n{}' \frac{|\Omega_{k,n}|^2}{E^0_n - E^0_k}. \tag{230_2}$$

Der Akzent am Summenzeichen bedeutet, daß bei der Summation der Wert $n = k$ auszulassen ist. Für den tiefsten Zustand k ist diese Eigenwertstörung stets negativ. Für $m \neq k$ folgt aus (229_2)

$$c^{(2)}_{m;k}[E^0_m - E^0_k] = -(\Omega_{m,m} - \Omega_{kk})\,c^{(1)}_{m;k} - \sum_{\substack{n \\ n\neq m}}{}' \Omega_{m,n} c^{(1)}_{n;k},$$

$$c^{(2)}_{m,k} = \frac{(\Omega_{m,m} - \Omega_{kk})\,\Omega_{m,k}}{(E^0_m - E^0_k)^2} + \sum_{\substack{n \\ n\neq m}}{}' \frac{\Omega_{m,n}\,\Omega_{n,k}}{(E^0_m - E^0_k)\,(E^0_n - E^0_k)} \quad \text{für} \quad m \neq k. \tag{231_2}$$

$c^{(2)}_{kk}$ kommt in diesen Gleichungen nicht vor und muß nur die Bedingung (232_2) erfüllen. Wir können diese Resultate noch etwas übersichtlicher formulieren, wenn wir die HERMITEsche Matrix $\boldsymbol{T}$ mit den Elementen

$$T_{kk} = 0; \quad T_{m,k} = i\frac{\Omega_{m,k}}{E^0_m - E^0_k} \quad \text{für} \quad m \neq k \tag{233}$$

einführen. Es wird dann

$$c^{(1)}_{m;k} = i T_{m,k} \quad \text{für} \quad m \neq k, \tag{$231'_1$}$$

$$E^{(2)}_k = (T^2)_{kk}, \tag{$232'_2$}$$

$$c^{(2)}_{m,k} = -i\frac{\Omega_{m,m} - \Omega_{kk}}{E^0_m - E^0_k} T_{m,k} - (T^2)_{m,k} \quad \text{für} \quad m \neq k. \tag{$231'_2$}$$

Wir merken hier noch den Satz an, daß eine infinitesimale unitäre Transformation $\boldsymbol{S}$ stets durch eine mit der imaginären Einheit i multiplizierte HERMITEsche Matrix T dargestellt wird. Ist nämlich

$$\boldsymbol{S} = \boldsymbol{1} + \varepsilon i \boldsymbol{T}, \tag{234}$$

so wird die Bedingung

$$\boldsymbol{S}\tilde{\boldsymbol{S}} = \tilde{\boldsymbol{S}}\boldsymbol{S} = \boldsymbol{1}$$

unter Vernachlässigung höherer Potenzen von ε äquivalent mit

$$\boldsymbol{T} = \tilde{\boldsymbol{T}}, \tag{234'}$$

d. h. mit der Hermitezität von $\boldsymbol{T}$ (vgl. hierzu Ziff. 8). Dem entspricht es, daß gemäß (232_1) und ($231'_1$) $c^{(1)}_{kn}$ bis auf den Faktor i gleich einer HERMITEschen Matrix ist.

Aus der Form (231_1) von $c^{(1)}_{m;k}$ ist mit Rücksicht auf (227) zu sehen, daß die Bedingung (224) in der Tat entscheidend ist für die Brauchbarkeit unseres Entwicklungsverfahrens. Ist diese Bedingung verletzt, so genügt die Kleinheit von ε nicht, um das Verfahren zu rechtfertigen, da $\varepsilon c^{(1)}_{m;k}$ dann von der Größenordnung 1 wird. Insbesondere ist dies der Fall, wenn das betrachtete System entartet ist, d. h. wenn mehrere Energiewerte E_n^0 *exakt* zusammenfallen. In diesem Fall ist es notwendig, den betreffenden endlich dimensionalen Teilraum zuerst gesondert zu betrachten und das Eigenwertproblem

$$\sum_{n=1}^{g} H_{m,n} c_n = c_m E; \qquad m = 1, 2, \ldots, g \tag{225'}$$

in dem betreffenden g-dimensionalen Teilraum, in welchem $E_n^0 - E_m^0$ von derselben Größenordnung ist wie $\Omega_{m,n}$, gesondert zu lösen. Dies ist ein rein algebraisches Problem und stets lösbar, z. B. bestimmen sich die g neuen Eigenwerte E aus der Bedingung, daß die Determinante (die sog. „Säkulardeterminante")

$$\begin{vmatrix} H_{11} - E, H_{12}, \ldots, H_{1g} \\ H_{21}, H_{22} - E, \ldots, H_{2g} \\ \vdots \qquad\qquad \vdots \\ \vdots \qquad\qquad \vdots \\ H_{g1}, \quad \ldots, \quad H_{gg} - E \end{vmatrix} = 0 \tag{235}$$

verschwindet, welche Gleichung vom Grade g für E bei einem HERMITEschen $H_{n,m}$ stets g reelle Wurzeln besitzt. Nach Ausführung der Transformation $\bar{v}_m = \sum_n c_{n;m} v_n$ mit den aus (225′) bestimmten, zu $E = E_m$ gehörigen $c_{n;m}$, die als eine Adoptierung des Orthogonalsystems der v_n auf die Störungsfunktion Ω bezeichnet werden kann, läßt sich dann das ursprüngliche Störungsverfahren wieder anwenden. Denn nach Ausführung dieser Transformation verschwinden die $\Omega_{m,k}$, wenn m und k beide in demselben Teilraum liegen, und (231_1) und (230_2) sind wieder anwendbar, wenn die Bestimmungen $m \neq k$ bzw. $n \neq k$ so verallgemeinert werden, daß darunter verstanden wird: Die Zustände m und k bzw. n und k sollen zu weit verschiedenen ungestörten Energien gehören (in *verschiedenen* der oben betrachteten endlichen Teilräumen liegen), so daß für diese Paare von Zuständen die Ungleichung (224) nunmehr wieder erfüllt ist.

Es sei hier noch kurz bemerkt, wie die hier betrachtete Störungsrechnung sich gestaltet, wenn der betreffende Energiewert im kontinuierlichen Spektrum liegt. Wir denken uns dann statt der Indizes n kontinuierliche Parameter n, so daß gilt

$$u(k) = \int c(n, k)\, v(n)\, dn,$$

$$\boldsymbol{H} v(m) = \int v(n)\, H(n, m)\, dn,$$

$$\int H(m, n)\, c(n, k)\, dn = c(m, k)\, E(k).$$

Wie man E von k abhängen läßt, ist dabei noch weitgehend willkürlich und durch Zweckmäßigkeitsgründe zu definieren. Anstatt (227) ist zu setzen

$$H(m, n) = E_n^0 \delta(m - n) + \varepsilon\, \Omega(m, n),$$

wobei jetzt die durch (145) definierte singuläre δ-Funktion auftritt, ebenso

$$c(n, k) = \delta(n - k) + \varepsilon c^{(1)}(n, k) + \varepsilon^2 c^{(2)}(n, k) + \cdots.$$

(229_1) nimmt die Form an

$$[E^0(m) - E^0(k)]\, c^{(1)}(m, k) = -[\Omega(m, k) - E^{(1)}(k)\, \delta(m - k)].$$

Wegen des Auftretens der δ-Funktion kann hier nicht ohne weiteres auf $m = k$ spezialisiert werden und $E^{(1)}(k)$ bleibt willkürlich. Falls $\Omega(m, k)$ für $m = k$ keine Singularität besitzt oder präziser gesagt, falls $\int_{m-\varepsilon}^{m+\varepsilon} \Omega(m, k)\, dk$ für $\varepsilon \to 0$ verschwindet, ist es sogar zweckmäßig, $E^{(1)}_{(k)} = 0$ zu setzen. Wir setzen also

$$\Omega(m, k) - E^{(1)}(k)\,\delta(m - k) = \Omega'(m, k)$$

und verlangen

$$\lim_{\varepsilon \to 0} \int_{m-\varepsilon}^{m+\varepsilon} \Omega'(m, k)\, dk = 0 .$$

Dann wird

$$c^{(1)}(m, k) = -\frac{\Omega'(m, k)}{E^0_{(m)} - E^0_{(k)}}$$

für $m = k$ singulär. Eine nähere Diskussion zeigt, daß es stets erlaubt ist, für ein Integral

$$\int_{k-a}^{k+a} f(m)\, c^{(1)}(m, k)\, dm ,$$

worin $f(m)$ stetig, aber sonst willkürlich ist, den Hauptwert einzusetzen. Dieser ist definiert durch

$$\boldsymbol{H}\int_{k-a}^{k+a} = \lim_{\varepsilon \to 0} \left[\int_{k-a}^{k-\varepsilon} + \int_{k+\varepsilon}^{k+a}\right],$$

oder auch

$$\boldsymbol{H}\int_{k-a}^{k+a} F(m, k)\, dm = \tfrac{1}{2}\int_{k-a}^{k+a} [F(m, k) + F(2k - m, k)]\, dm ,$$

worin der Integrand jetzt regulär ist. Dies gilt sowohl für die Berechnung der $u(k)$ aus den $v(n)$ vermittels der $c(n, k)$ als auch für die Berechnung von $E^{(2)}(k)$ und $c^{(2)}(m, k)$.

Wir kommen nun zur Betrachtung zeitabhängiger Störungen. Dabei suchen wir bei gegebenem Anfangszustand ($t = 0$) eine Lösung der Gleichung

$$-\frac{\hbar}{i}\dot{c}_m = \sum_n H_{m,n} c_n , \tag{236}$$

worin die auf ein zeitunabhängiges Orthogonalsystem bezogenen Matrixelemente von H gegeben sind durch

$$H_{m,n} = E_n \delta_{m,n} + \varepsilon\,\Omega_{m,n}(t) , \tag{237}$$

wo die Abhängigkeit der Störungsmatrix Ω von der Zeit also beliebig vorgegeben sei. Die ungestörte Lösung lautet demnach

$$c^{(0)}_n(t) = c^{(0)}_n(0)\, e^{-\frac{i}{\hbar}E^0_n t} ,$$

und wir suchen eine gestörte Lösung

$$c_n(t) = c^{(0)}_n(t) + \varepsilon c^{(1)}_n(t) + \varepsilon^2 c^{(2)}_n(t) + \cdots$$

mit vorgegebenen Werten von $c_n(0) = c^0_n(0)$, so daß also $c^{(1)}_n(0) = c^{(2)}_n(0) = \cdots = 0$ werden soll. Es ist zweckmäßig, den Faktor $e^{-\frac{i}{\hbar}E^0_n t}$ aus c_n abzuspalten

$$c_n(t) = a_n(t)\, e^{-\frac{i}{\hbar}E^0_n \cdot t} \tag{238}$$

und zu setzen

$$\Omega'_{m,n}(t) = \Omega_{m,n}(t)\, e^{\frac{i}{\hbar}(E^0_m - E^0_n)t} . \tag{239}$$

Dann gilt nämlich

$$-\frac{\hbar}{i}\dot{a}_m = \varepsilon \sum_n \Omega'_{m,n}(t)\, a_n(t)\,, \tag{237'}$$

also mit

$$a_n(t) = a_n^{(0)}(t) + \varepsilon a_n^{(1)}(t) + \cdots; \qquad (a_n^{(0)}(t) = a_n^{(0)}(0) = \text{konst.})\,,$$

$$-\frac{\hbar}{i}\dot{a}_m^{(1)} = \sum_n \Omega'_{m,n}(t)\, a_n^{(0)}(0)\,,$$

$$-\frac{\hbar}{i}\dot{a}_m^{(2)} = \sum_n \Omega'_{m,n}(t)\, a_n^{(1)}(t)\,.$$

Diese Gleichungen kann man unmittelbar integrieren

$$a^{(1)}(t) = -\frac{i}{\hbar}\sum_n a^{(0)}(0)\int_0^t \Omega'_{m,n}(t)\,dt\,, \tag{240$_1$}$$

$$\left.\begin{aligned} a_m^{(2)}(t) &= -\frac{i}{\hbar}\sum_l \int_0^t \Omega'_{m,l}(t)\, a_l^{(1)}(t)\,dt \\ &= -\frac{1}{\hbar^2}\sum_n a_n^{(0)}(0)\sum_l \int_0^t \Omega'_{m,l}(\tau)\,d\tau \int_0^\tau \Omega_{l,n}(\tau')\,d\tau'. \\ &\ldots\ldots\ldots\ldots\ldots\ldots\ldots\ldots \end{aligned}\right\} \tag{240$_2$}$$

Ein wichtiger Spezialfall ist der, wo die $\Omega_{m,n}$ unabhängig von der Zeit sind, so daß nach (239)

$$\Omega'_{m,n}(t) = \Omega_{m,n}(0)\, e^{\frac{i}{\hbar}(E_m^0 - E_n^0)t}$$

Dann wird nach (240)

$$a_m^{(1)}(t) = -\sum_n a_n^{(0)}(0)\,\Omega_{m,n}(0)\,\frac{e^{\frac{i}{\hbar}(E_m^0 - E_n^0)t} - 1}{E_m^0 - E_n^0}\,, \tag{241$_1$}$$

$$a_m^{(2)}(t) = +\sum_n a_n^{(0)}(0)\sum_l \Omega_{m,l}(0)\,\Omega_{l,n}(0)\left[\frac{e^{\frac{i}{\hbar}(E_m^0 - E_n^0)t} - 1}{(E_m^0 - E_n^0)(E_l^0 - E_n^0)} - \frac{e^{\frac{i}{\hbar}(E_m^0 - E_l^0)t} - 1}{(E_m^0 - E_l^0)(E_l^0 - E_n^0)}\right]. \tag{241$_2$}$$

Wenn in (241$_1$) speziell $E_m^0 = E_n^0$ wird, nimmt der betreffende Term die Form an

$$a_n^0(0)\,\Omega_{m,n}(0)\,\frac{i}{\hbar}\,t$$

und ist brauchbar, so lange $|\varepsilon|\,|\Omega_{m,n}(0)|\,\frac{t}{\hbar} \ll 1$ ist. Will man in diesem Fall, der dem Verschwinden eines Nenners entspricht (Resonanznenner), eine für längere Zeit gültige Lösung haben, so muß man das Störungsverfahren modifizieren, ganz analog wie dies im Falle der stationären Lösungen bei entarteten oder nahezu entarteten Systemen geschehen ist.

Ein oft eintretender Fall ist der, daß ein einzelner diskreter Energiewert des ungestörten Systems in einem Bereich liegt, in welchem das System auch ein kontinuierliches Eigenwertspektrum besitzt (Prädissoziation, Augereffekt). Dann lassen wir in (241$_1$) den Index n diskret, während m kontinuierliche Werte durchlaufen möge und $\Omega_{m,n}$ das in bezug auf den Parameter m normierte Matrixelement sei. (Der Fall, daß mehrere Parameter m vorhanden sind, ist ganz analog.) Man kann dann nach der Wahrscheinlichkeit fragen, daß das System zur Zeit t in irgendeinem der Zustände m übergegangen ist, für die

$$E_n^0 - \Delta E < E^0(m) < E_n^0 + \Delta E\,,$$

wenn es zur Zeit $t = 0$ mit Sicherheit im diskreten Zustand n war ($a_n^0(0) = 1$; $a_n^0(m; 0) = 0$). Für diese Übergangswahrscheinlichkeit $W(t)$ erhält man

$$W(t) = \int |a^{(1)}(m,t)|^2 dm = \int dm\, |\Omega_{m,n}(0)|^2 \frac{4\sin^2\left[(E^0(m) - E_n^0)\dfrac{t}{2\hbar}\right]}{[E^0(m) - E_n^0]^2}.$$

Dabei ist das Integral über dasjenige Gebiet des m-Raumes zu erstrecken, welches dem Energieintervall ($E_n^0 - \Delta E$, $E_n^0 + \Delta E$) entspricht. Wenn

$$\frac{\Delta E t}{\hbar} \gg 1, \tag{242}$$

kann hierin bei Einführung von

$$\frac{[E^0(m) - E_n^0]t}{2\hbar} = x$$

als Integrationsvariable mit genügender Näherung $|\Omega_{m,n}(0)|^2$ vor das Integral gezogen werden und das restierende Integral von $-\infty$ bis $+\infty$ in x erstreckt werden. Auf diese Weise ergibt sich

$$W(t) = |\Omega_{m,n}(0)|^2 \frac{t}{2\hbar} \frac{dm}{dE^0(m)}\, 4\int_{-\infty}^{+\infty} \frac{\sin^2 x}{x^2}\, dx,$$

also, da das Integral den Wert π hat,

$$W(t) = \frac{2\pi t}{\hbar} |\Omega_{m,n}(0)|^2 \frac{dm}{dE^0(m)}. \tag{243}$$

Der Faktor $dm/dE^0(m)$ bewirkt den Übergang von der Normierung des Matrixelementes Ω in bezug auf m zur Normierung in bezug auf $E^0(m)$. Sind mehrere Parameter m, etwa m_1, m_2, m_3, vorhanden, so hat man das Volumelement der Energieschale $E_n^0 - \Delta E < E(m_1, m_2, m_3) < E_n^0 + \Delta E$ im m-Raum zu betrachten. Ist dieses gegeben durch

$$\int dm_1 dm_2 dm_3 = \omega(E_n^0)\, 2\Delta E, \qquad (E_n^0 - \Delta E < E(m_1, m_2, m_3) < E_n^0 + \Delta E),$$

so tritt dann der Faktor $\omega(E_n^0)$ an Stelle von $dm/dE^0(m)$ in (243).

Die in Ziff. 9, Gleichung (219), benutzten Aussagen über die Übergangswahrscheinlichkeit beim Stoßvorgang sind ebenfalls in der allgemeinen Formel (241_1) enthalten. Es besteht in diesem Fall das ungestörte System aus zwei unabhängigen Teilsystemen, wobei die in (241_1) eingehende Gesamtenergie des Systems gleich der Summe der Energien der beiden Teilsysteme wird, so daß E_n^0 durch $E_n + \varepsilon$, $E^0(m)$ durch $E_m + \varepsilon'$ zu ersetzen ist, wenn sich jetzt E_n und E_m auf das Atom allein, ε und ε' auf das stoßende Teilchen beziehen.

So wie wir hier den diskreten Zustand als Anfangszustand betrachtet haben, hätte man auch vom kontinuierlichen Zustand als Anfangszustand ausgehen können. Es ergibt sich aus (241) wieder eine Formel vom Typus (243)

$$W_n(t) = \frac{2\pi t}{\hbar} |\Omega_{n,m}(0)|^2 \frac{dm}{dE^0(m)} P(m_0), \tag{243'}$$

wenn $P(m)\, dm$ die Dichte der Systeme im m-Raum bedeutet. Dies soll besagen, wir betrachten eine große Zahl von Systemen, von denen der Bruchteil $P(m)\, dm$ einen m-Wert zwischen m und $m + dm$ besitzt. Es bezeichnet ferner m_0 speziell denjenigen Wert von m, für den $E(m_0) = E_n^0$ wird. *Dabei ist aber über die Phasen von* $a_m^0(0)$ *gemittelt* und $|a_m^0(0)|^2$ als im betrachteten Intervall von m unabhängig vor die Integration über m herausgezogen und gleich $P(m_0)$ gesetzt. Wegen der Hermitezität von Ω gilt stets $|\Omega_{m,n}(0)|^2 = |\Omega_{n,m}(0)|^2$, und dies bedingt nach (243) und (243′) eine für Betrachtungen über das Wärmegleichgewicht wichtige Beziehung zwischen den Häufigkeiten eines Überganges zu der des umgekehrten Überganges.

Die hier betrachteten „Übergangsprozesse" stellen schon in der älteren Quantentheorie einen Fall dar, wo die kausale Naturbeschreibung nicht durchführbar war, besonders sobald vom selben Anfangszustand aus mehrere verschiedene Übergänge möglich sind, zwischen denen anscheinend reiner Zufall eine Auswahl trifft. Die Quantenmechanik kennt streng genommen den Begriff des (diskontinuierlichen) „Prozesses" nicht, da alle *zeitlichen* Veränderungen des Zustandes eines Systems stetig verlaufen. Erst die Beobachtung (Messung) stellt fest, in welchen Zustand das System tatsächlich übergegangen ist, und die durch die Endlichkeit des Wirkungsquantums bedingte Diskontinuität liegt ausschließlich in der bei der Trennung von beobachtetem System und Beobachtungsmittel notwendigen Reduktion der (symbolischen und das System nur statistisch beschreibenden) Wellenpakete.

11. Adiabatische und plötzliche Störungen eines Systems. Die allgemeinste Wahrscheinlichkeitsaussage der Quantenmechanik. Ein besonderer Fall von äußeren Beeinflussungen eines Systems ist derjenige, der durch Änderung von Parametern (äußere Feldstärken, Lage von Wänden usw.) beschrieben werden kann. In der alten Quantentheorie existierte hier bereits das bekannte EHRENFESTsche *Adiabatenprinzip*[1], welches besagt, daß ein System, welches anfangs sich in einem bestimmten stationären Quantenzustand befindet, in diesem Zustand verbleibt, falls die Änderung der Parameter des Systems hinreichend langsam erfolgt. Daß ein solcher Satz auch in der Wellenmechanik besteht, wurde zum erstenmal von BORN[2] formuliert und bewiesen.

Wir denken uns also den Hamiltonoperator $\boldsymbol{H}$ abhängig von einem Parameter a und denken uns das Eigenwertproblem für alle in Betracht kommenden Werte von a durch die Energiewerte $E_n(a)$ und die Eigenfunktionen $u_n(a)$ gelöst. Diese erfüllen also identisch in a die Gleichungen

$$\boldsymbol{H}(\boldsymbol{p},\boldsymbol{q},a)\,u_n(a) = E_n(a)\,u_n(a)\,. \tag{244}$$

Durch Differenzieren nach a folgt hieraus

$$\left(\frac{\partial \boldsymbol{H}}{\partial a}\right)_{\boldsymbol{p},\boldsymbol{q}} u_n(a) + \boldsymbol{H}\frac{\partial u_n}{\partial a} = \frac{\partial E_n}{\partial a}\,u_n(a) + E_n\frac{\partial u_n}{\partial a}\,. \tag{244'}$$

Nun setzen wir

$$\frac{\hbar}{i}\int u_m^*\frac{\partial u_n}{\partial a}\,dq = k_{mn}\,, \tag{245}$$

worin k_{mn} wegen der Orthogonalität und Normierung der u hermitesch ist. Es ist dann weiter wegen der Hermitezität von $\boldsymbol{H}$

$$\frac{\hbar}{i}\int u_m^*\left(\boldsymbol{H}\frac{\partial u_n}{\partial a}\right)dq = \frac{\hbar}{i}\int(\boldsymbol{H}u_m)^*\frac{\partial u_n}{\partial a}\,dq = \frac{\hbar}{i}E_m k_{mn}\,,$$

also ergibt sich durch Multiplikation von (244') mit $\frac{\hbar}{i}u_m^*$ und Integration über den q-Raum

$$\frac{\hbar}{i}\left(\frac{\partial \boldsymbol{H}}{\partial a} - \frac{\partial \boldsymbol{E}}{\partial a}\right) = \boldsymbol{k}\boldsymbol{E} - \boldsymbol{E}\boldsymbol{k}\,. \tag{246}$$

---

[1] P. EHRENFEST, Ann. d. Phys. Bd. 51, S. 327. 1916. Von BOHR wurde später besonders die Frage der Anwendbarkeit der klassischen Mechanik bei den adiabatischen (unendlich langsamen) Prozessen diskutiert. Vgl. Kap. 1 (A. RUBINOWICZ), Ziff. 8. Diese Seite des Problems ist jedoch jetzt nicht mehr von Interesse, da die klassische Mechanik schon bei der Beschreibung der Quantenzustände selbst versagt.

[2] M. BORN, ZS. f. Phys. Bd. 40, S. 167. 1926. Spätere Arbeiten über diesen Gegenstand: E. FERMI u. F. PERSICO, Rend. Lincei (6) Bd. 4, S. 452. 1926; M. BORN u. V. FOCK, ZS. f. Phys. Bd. 51, S. 165. 1928; P. GÜTTINGER, ebenda Bd. 73, S. 169. 1931.

Diese Gleichung ist als Matrixgleichung zu verstehen, in der $\boldsymbol{E}$ Diagonalmatrix ist. In diesem Fall verschwinden die Diagonalelemente der rechten Seite identisch, so daß insbesondere folgt

$$\left(\frac{\partial \boldsymbol{H}}{\partial a}\right)_{nn} = \frac{\partial E_n}{\partial a} \tag{246'}$$

und

$$k_{mn} = \frac{1}{E_n - E_m} \frac{\hbar}{i} \left(\frac{\partial \boldsymbol{H}}{\partial a}\right)_{mn} \quad \text{für} \quad m \neq n\,(E_m \neq E_n)\,. \tag{246''}$$

Ist a zeitlich veränderlich, so sucht man eine Lösung der Gleichung

$$-\frac{\hbar}{i}\dot{\psi} = \boldsymbol{H}(\boldsymbol{p}, \boldsymbol{q}, a(t))\,\psi$$

und mit

$$\psi = \sum_n c_n(t)\, u_n(a):$$

$$-\frac{\hbar}{i}\int u_m^* \dot{\psi}\, dq = \int u_m^* \boldsymbol{H}\psi\, dq = E_m(a)\int u_m^* \psi\, dq\,,$$

$$-\frac{\hbar}{i}\dot{c}_m + \dot{a}\sum_n k_{mn} c_n = E_m(a)\, c_m\,. \tag{247}$$

Eine nähere Diskussion dieser Gleichung zeigt[1], daß

$$c_m(T) - c_m(0) = \dot{a}F, \tag{248}$$

worin bei festem endlichen $\dot{a}T = a(T) - a(0)$ *und* $\lim T \to \infty$, *also* $\lim \dot{a} \to 0$ F *endlich bleibt.* Dabei ist zunächst vorausgesetzt, daß während des Prozesses keine der Differenzen $E_n - E_m$ durch Null geht. Dieser Ausnahmefall ist besonders von BORN und FOCK diskutiert worden, wobei eine von LAUE[2] herrührende Schlußweise eine wesentliche Rolle spielt. Auch in diesem Fall gilt für festes $a(T) - a(0)$

$$\lim_{\dot{a}\to 0}\,(c_m(T) - c_m(0)) = 0\,. \tag{248'}$$

Aus (248) folgt, daß $|c_m(T) - c_m(0)|^2$ für kleine $\dot{a}$ von der Größenordnung $\dot{a}^2$ wird.

Insbesondere gilt im Falle $c_m(0) = 0$, daß $|c_m(T)|^2 \sim \dot{a}^2$. Die Häufigkeit der Übergänge von einem stationären Zustand zum anderen, die durch Änderung des Parameters a hervorgerufen werden („Schüttelwirkung"), ist also proportional zu $\dot{a}^2$.

Ein etwas allgemeinerer Fall als der bisher betrachtete ist der, daß durch den Parameter a neue Freiheitsgrade zum System hinzugebracht werden. Wenn z. B. ein Atom sich durch ein räumlich variables Kraftfeld hindurchbewegt, kann man in erster Näherung den Kern als unendlich schwer betrachten und das Eigenwertproblem für jede Stelle Q des Atomschwerpunktes gelöst denken:

$$\boldsymbol{H}_0(q\,Q)\, u_n(q, Q) = E_n(Q)\, u_n\,. \tag{249}$$

Hier ist jedoch Q nicht zeitlich veränderlich zu denken, sondern es kommen neue Freiheitsgrade hinzu, die diesem Q entsprechen.

Man hat die Gleichung zu lösen

$$-\frac{\hbar}{i}\frac{\partial \psi}{\partial t} = \left(-\frac{\hbar^2}{2M}\sum_k \frac{\partial^2}{\partial Q_k^2} + \boldsymbol{H}_0\right)\psi(q, Q)\,, \tag{250}$$

worin $\boldsymbol{H}_0$ nur auf die q, nicht auf die Q wirkt. Dasselbe Problem tritt auch bei Molekülen auf, wenn die Kerne in erster Näherung fest gedacht werden ($M = \infty$) und erst in zweiter Näherung ihre Bewegung (Schwingung und Rotation) berücksichtigt wird. Setzen wir

$$\psi(q, Q) = \sum_n \varphi_n(Q, t)\, u_n(q, Q)\,, \tag{251}$$

[1] Vgl. die in Anm. 1, S. 161 zitierten Arbeiten.

[2] M. v. LAUE, Ann. d. Phys. Bd. 76, S. 619. 1925.

so wird also nach (249)

$$-\frac{\hbar}{i}\sum_n \frac{\partial\varphi_n}{\partial t} u_n(q,Q) = \sum_n\left\{\left[-\frac{\hbar^2}{2M}\sum_k \frac{\partial^2\varphi_n}{\partial Q_k^2} + E_n(Q)\varphi_n\right] u_n(q,Q)\right.$$
$$\left. - \frac{\hbar^2}{2M}\left[2\sum_k \frac{\partial\varphi_n}{\partial Q_k}\frac{\partial u_n}{\partial Q_k} + \varphi_n\sum_k \frac{\partial^2 u_n}{\partial Q_k^2}\right]\right\}.$$

Führen wir die HERMITEschen Matrizen ein

$$A_{mn}^{(k)} = \frac{1}{M}\frac{\hbar}{i}\int u_m^* \frac{\partial u_n}{\partial Q_k} dq\,; \qquad B_{mn} = -\frac{\hbar^2}{2M}\int u_m^* \sum_k \frac{\partial^2 u_n}{\partial Q_k^2} dq, \tag{252}$$

so wird also, wenn wir als Abkürzung den Störungsoperator $\boldsymbol{\Omega}$ definieren, durch

$$\boldsymbol{\Omega}\varphi_m = \sum_n\left(\sum_k A_{mn}^{(k)} \frac{\hbar}{i}\frac{\partial\varphi_n}{\partial Q_k} + B_{mn}\varphi_n\right), \tag{253}$$

$$-\frac{\hbar}{i}\frac{\partial\varphi_m}{\partial t} = -\frac{\hbar^2}{2M}\sum_k \frac{\partial^2\varphi_m}{\partial Q_k^2} + E_m(Q)\varphi_m + \boldsymbol{\Omega}\varphi_m. \tag{254}$$

Insbesondere gibt es stationäre Lösungen

$$\varphi_m(Q,t) = v_m(Q)\, e^{-\frac{i}{\hbar}Et}$$

für die

$$-\frac{\hbar^2}{2M}\sum_k \frac{\partial^2 v_m}{\partial Q_k^2} + E_m(Q) v_m + \boldsymbol{\Omega} v_m = E v_m. \tag{254'}$$

Hierin kann E sowohl ein diskretes als auch ein kontinuierliches Spektrum oder beides gemischt besitzen.

Unter Umständen kann nun der Störungsoperator $\boldsymbol{\Omega}$ als klein betrachtet und auf (254) oder (254') das gewöhnliche Störungsverfahren angewendet werden, wobei man als nullte Näherung ausgeht von der Lösung der Gleichung

$$-\frac{\hbar}{i}\frac{\partial\varphi_m^0}{\partial t} = -\frac{\hbar^2}{2M}\sum_k \frac{\partial^2\varphi_m^0}{\partial Q_k^2} + E_m(Q)\varphi_m^0 \tag{255}$$

bzw.

$$-\frac{\hbar^2}{2M}\sum_k \frac{\partial^2 v_m^0}{\partial Q_k^2} + E_m(Q) v_m^0 = E v_m^0. \tag{255'}$$

Dieses Verfahren wird sowohl bei der Behandlung der Kernschwingung in einem Molekül als auch beim Durchgang eines Atoms durch ein äußeres Kraftfeld sowie auch bei anderen Problemen angewandt[1]. Man kann diese Näherung als die *adiabatische* bezeichnen, weil in dieser Näherung das System stets in demselben inneren Zustand m verbleibt und weil sie um so besser ist, je weniger sich die Pakete φ_m^0 im Laufe der Perioden $\hbar/[E_m(Q) - E_n(Q)]$ verändern; bzw. im diskreten Spektrum von (255'), je kleiner die Energiedifferenzen $E' - E''$ dieses Spektrums sind, verglichen mit den Differenzen $E_m - E_n$ des Spektrums der inneren Energie (Kleinheit der Kernschwingungsfrequenz relativ zu den Elektronenfrequenzen).

Die Gleichungen (254) und (254') sind auch die Grundlagen für den Durchgang von Atomstrahlen durch Magnetfelder mit räumlich variabler Richtung[2]. In diesem Fall genügt es, im Störungsoperator $\boldsymbol{\Omega}$ in (253) die endlich vielen der Richtungsquantelung entsprechenden Zustände zu berücksichtigen. Aus der strengen Existenz stationärer Lösungen gemäß (254') folgt hier übrigens, daß auch bei Berücksichtigung der Schüttelwirkung (sofern nur die äußeren Felder nicht *zeitlich* variabel sind), die Summe aus innerer Energie und Translationsenergie konstant bleibt.

Von besonderem Interesse ist neben dem Grenzfall des adiabatischen Prozesses der Fall der „plötzlichen" Änderung des Parameters a. Hierbei ist der

[1] Vgl. M. BORN u. J. R. OPPENHEIMER, Ann. d. Phys. Bd. 84, S. 457. 1927. Zur allgemeinen Methode vgl. ferner J. FRENKEL, ZS. f. Phys. ZS. der Sowjetunion Bd. 1, S. 99. 1932. Ferner L. LANDAU, ebenda Bd. 1, S. 88 und Bd. 2, S. 46. 1932.

[2] Vgl. hierzu C. G. DARWIN, Proc. Roy. Soc. London (A) Bd. 117, S. 258. 1927, bes. § 10.

Sinn der Angabe „plötzlich" dahin zu präzisieren, daß die relative Änderung von a während der in Betracht kommenden Perioden $\frac{1}{\nu_{nm}} = \frac{h}{E_n - E_m}$ groß sein soll:

$$\dot{a} \gg a \frac{E_n - E_m}{\hbar}. \tag{256}$$

Dann kann man nämlich in der Gleichung

$$-\frac{\hbar}{i} \frac{\partial}{\partial t} \sum_n c_n u_n = \sum_m E_m c_m u_m$$

nach Integration über die Zeitdauer der Änderung

$$-\frac{\hbar}{i} \sum_n c_n u_n(a) \Big|_0^t = \int_0^t \sum_m E_m c_m u_m dt$$

bei endlicher Änderung des Parameters a in erster Näherung alle zu t proportionalen Größen gleich Null setzen. Da dies von der rechten Seite dieser Gleichung gilt, muß es auch für die linke Seite der Fall sein, also gilt hier

$$\sum_n c_n u_n = \sum c_n(0) u_n(0),$$

d. h. *Stetigkeit der Funktion* $\psi = \sum c_n u_n$ *bei der plötzlichen Änderung des Parameters* a

$$c_m(t) = \sum_n S_{mn} c_n(0) \tag{257}$$

mit

$$S_{mn} = \int u_m^*(a) u_n(0) dq.$$

Sind H_{mn} die Matrixelemente der neuen Hamiltonfunktion, die dem Parameterwert a entspricht, in bezug auf das zu $\boldsymbol{H}(0)$ gehörige Funktionensystem

$$H_{mn} = \int u_m^*(0) \boldsymbol{H}(a) u_n(0) dq, \tag{258}$$

so gilt

$$\boldsymbol{E}(a) = \boldsymbol{SHS^{-1}}, \tag{259}$$

d. h. $\boldsymbol{S}$ bringt die Matrix der neuen Hamiltonfunktion auf Diagonalform.

Nun können wir die allgemeine Wahrscheinlichkeitsaussage der Quantentheorie diskutieren (wobei wir die Schreibweise der Einfachheit halber den Größen mit diskreten Eigenwerten anpassen). Diese pflegt in folgender Weise formuliert zu werden: Es wird gefragt nach der Wahrscheinlichkeit $W(F_n; G_m)$ dafür, daß zu einem bestimmten Zeitmoment t_1 eine gewisse Größe F den speziellen Wert F_n annimmt, wenn vorher, zu einer Zeit $t_0 = t_1 - \tau$, eine andere Größe G den Wert G_m angenommen hat. Wenn S die Transformationsmatrix ist, welche von der Darstellung der Matrizen, bei der $F(t_0)$ auf Diagonalform gebracht ist, zur Darstellung der Matrizen führt, in der $G(t_1)$ auf Diagonalform gebracht ist, so ist die gesuchte Wahrscheinlichkeit gegeben durch

$$W(F_n; G_m) = |S_{nm}|^2. \tag{260}$$

(Sie ist also überdies symmetrisch in bezug auf die Größen F, G.) Diese Aussage ist in unseren früheren Aussagen enthalten, wenn a) eine oder beide der Größen F und G Orts- oder Impulsvariable sind (evtl. für verschiedene Zeitmomente, vgl. Ziff. 3, 4, 5 und 9) oder b) eine oder beide der Größen F und G mit der Hamiltonfunktion des Systems vertauschbar, also zeitlich konstant sind.

Sind keine dieser beiden Möglichkeiten zutreffend, so kann man sich durch einen Trick helfen, der eine dritte Möglichkeit zur Messung der Größe bildet und auf der eben besprochenen „plötzlichen" Änderung der Hamiltonfunktion beruht. Die Aussage (260) ist auch dann gültig, wenn c) es möglich ist, durch Änderung eines Parameters, z. B. Abschalten eines äußeren Feldes, die betreffenden Größen „plötzlich" (im oben erläuterten Sinn) zeitlich konstant zu machen (d. h. die Hamiltonfunktion so abzuändern, daß die betreffende Größe mit ihr vertauschbar wird) („Stopannahme"). In diesem Fall kann man nämlich zuerst zur Zeit t_0 die Größe F zeitlich konstant machen und sie messen, sodann, nach Ablauf der Zeit τ vom Ende der Messung an gerechnet, die Größe G zeitlich konstant machen und diese messen. Aus dem oben bewiesenen Resultat über die plötzliche Änderung zusammen mit dem in Ziff. 9 bewiesenen folgt dann in der Tat die Gültigkeit von (260) für diesen Fall.

Es muß aber betont werden, daß diese Möglichkeit des plötzlichen Stoppens einer Größe nur in sehr beschränktem Umfang möglich ist. Z. B. ist es unmöglich, die Kernladung des Protons plötzlich „abzuschalten" und so den Impuls des Elektrons im H-Atom plötzlich zeitlich konstant zu machen. In diesem Fall gelingt allerdings die Bestimmung der Eigenfunktion $\varphi_n(p)$ im Impulsraum durch eine Messung zweiter Art (deren unmittelbare Wiederholung ein verschiedenes Resultat geben würde) (Möglichkeit a). Es ist jedoch nicht allgemein bewiesen, daß jede Größe sich innerhalb beliebig kurzer Zeit messen läßt, selbst wenn man Messungen zweiter Art zuläßt.

Aus diesem Grunde ziehen wir es vor, zum Unterschied von der dogmatischen Begründung der Transformationstheorie die allgemeine Aussage (260) nicht als Axiom einzuführen. Letzten Endes läßt sich ja die Messung einer Größe, sofern sie möglich ist, auf die Ortsmessung an einem Apparat zurückführen. Ein Apparat mißt eine Größe F, wenn bei Zerlegung der ψ-Funktion nach den normierten Orthogonalfunktionen u_n des zu F gehörigen Operators $\boldsymbol{F}$, der Apparat *mit Sicherheit* die „Zeigerstellung" Q_1, bzw. $Q_2, \ldots$ bzw. $Q_n \ldots$ aufweist, sobald ψ vor der Messung speziell gleich u_1, bzw. $u_2, \ldots$ bzw. u_n war. Im allgemeinen Fall ist dann die Wahrscheinlichkeit der Zeigerstellung Q_n zu *definieren* als die Wahrscheinlichkeit, daß die Größe F vor der Messung den Wert F_n hatte. Aus der Bedeutung der ψ-Funktion des Apparates und der Linearität aller Hamiltonoperatoren *folgt* dann, daß diese Wahrscheinlichkeit gleich ist dem Quadrat des Absolutbetrages des Entwicklungskoeffizienten c_n der ψ-Funktion des zu messenden Systems (vor der Messung) nach der Funktion $u_n (c_n = \int u_n^* \psi_n dq)$. Wird später an dem System mit neuen Apparaten, die durch neue „Zeigerstellungen" $Q_1, Q_2, \ldots$ beschrieben werden, eine neue Messung der anderen Größe G gemacht, so ist die Wahrscheinlichkeit dafür, daß die neue Größe G einen gewissen Wert G_m hat, wenn früher die Größe F mit Sicherheit den Wert F_n hatte, *definiert* als identisch mit der Wahrscheinlichkeit dafür, daß der neue Apparat die Zeigerstellung Q_m aufweist, wenn bekannt ist, daß der erste Apparat, der diesmal einen eindeutigen Schluß auf den Zustand nach der Messung zulassen muß (was bei Messungen zweiter Art nicht dasselbe ist wie der Zustand vor der Messung) mit Sicherheit die Zeigerstellung Q_n hatte. Die letztere Aussage ist aber gleichbedeutend damit, daß der Zustand des zu messenden Systems nach der ersten Messung durch die Eigenfunktion u_n beschrieben wird[1]. Sind $v_1, v_2, \ldots, v_m, \ldots$ die Eigenfunktionen der Größe G, so ist also dann die Wahrscheinlichkeit $W(F_1, G_m)$ in der Tat gleich $|S_{nm}|^2$, worin $S_{nm} = \int u_n v_m^* dq$.

[1] Man hat zu bilden $\dfrac{\overline{\psi}(q, Q_n)}{\left(\int |\overline{\psi}(q, Q_n)|^2 dQ\right)^{\frac{1}{2}}}$, wenn $\overline{\psi}(q, Q_n)$ die Funktion des Gesamtsystems nach der Messung ist. Durch die Wirkung des Apparates geht jede Rückerinnerung an frühere Zustände des Systems verloren, da die *Phase* von c_n in unkontrollierbarer Weise beeinflußt wird.

Damit scheinen alle Aussagen über die beliebigen Größen F, G zurückgeführt auf die entsprechenden Wahrscheinlichkeitsaussagen über die Zeigerstellungen der Apparate, also auf Ortswahrscheinlichkeiten. *Wir lassen es dabei aber offen, ob Apparate mit der postulierten Beschaffenheit für beliebige Größen F, G wirklich existieren.* Denn dies ist wesentlich davon abhängig, welche Hamiltonfunktionen in der Natur wirklich vorkommen, und darüber kann die unrelativistische Wellenmechanik keine Aussagen machen. Ihre Begriffe und ihr Formalismus sind vielmehr konsequenterweise so allgemein, daß diese Theorie bei der Existenz beliebiger (HERMITEscher) Hamiltonoperatoren widerspruchsfrei bliebe.

12. Grenzübergang zur klassischen Mechanik. Beziehung zur älteren Quantentheorie. Bereits in Ziff. 5 wurde eine Beziehung der wellenmechanischen Gleichung zur klassischen Mechanik angegeben, nämlich daß der Mittelpunkt eines Wellenpaketes sich stets so bewegt wie ein Massenpunkt, auf den eine Kraft wirkt, die mit dem Mittelwert der klassischen Kraft über das Wellenpaket übereinstimmt. Dies bedeutet an sich noch keinen völligen Grenzübergang zur klassischen Mechanik, da ja die klassische Kraft längs des Wellenpaketes sehr stark variieren und daher der Mittelwert der klassischen Kraft von ihrem Wert an der Stelle des Paketmittelpunktes beliebig stark abweichen kann. Man erhält vielmehr nur dann Übereinstimmung mit den aus den klassisch mechanischen Bahnen abgeleiteten Eigenschaften des Systems, wenn man Pakete bauen kann, innerhalb deren die klassische Kraft nur wenig variiert und sie nur innerhalb solcher Zeiten zu betrachten braucht, während deren die Dimensionen des Paketes sich nur wenig verändern. Handelt es sich um stationäre Zustände und periodische Bahnen, so muß man verlangen, daß diese Zeit mindestens mehrere Umlaufsperioden beträgt, damit die Eigenschaften der im Wellenpaket enthaltenen stationären Zustände, sofern sich diese untereinander relativ nur wenig unterscheiden, annähernd mit Hilfe von Bahnverstellungen beschrieben werden können.

Der Grenzübergang von der Wellenmechanik zur klassischen Mechanik ist formal analog dem Übergang von der Wellenoptik zur geometrischen Optik (HAMILTON), und diese Analogie war sogar der Ausgangspunkt der Überlegungen von DE BROGLIE und SCHRÖDINGER, die zur Aufstellung der Wellenmechanik geführt haben. Er ergibt sich, wenn man in der allgemeinen Wellengleichung

$$-\frac{\hbar}{i}\frac{\partial \psi}{\partial t} = \boldsymbol{H}\psi$$

für ψ den Ansatz macht

$$\psi = e^{\frac{i}{\hbar}S} \tag{261}$$

und dann S nach steigenden Potenzen von $\hbar/i$ entwickelt[1]:

$$S = S_0 + \left(\frac{\hbar}{i}\right) S_1 + \left(\frac{\hbar}{i}\right)^2 S_2 + \cdots \tag{262}$$

Setzen wir für den Hamiltonoperator, zunächst in kartesischen Koordinaten, an [vgl. (97), (98); wir wollen hier $\sum_a V^a(x^a)$ in $V(q_1 \ldots q_f)$ mit einbezogen denken]:

$$\boldsymbol{H} = \sum_k \frac{1}{2m_k}\left(\frac{\hbar}{i}\frac{\partial}{\partial q_k} + A_k\right)^2 + V,$$

---

[1] Dieser Ansatz stammt von G. WENTZEL, ZS. f. Phys. Bd. 38, S. 518. 1926, und L. BRILLOUIN, C. R. Bd. 183, S. 24. 1926.

worin die $A_k = -\frac{e_k}{c}\Phi_k$ und V beliebige (reelle) Funktionen der q sein können. Dann wird gemäß (261) zunächst

$$\left(\frac{\hbar}{i}\frac{\partial}{\partial q_k} + A_k\right) e^{\frac{i}{\hbar}S} = \left(\frac{\partial S}{\partial q_k} + A_k\right) e^{\frac{i}{\hbar}S},$$

$$\left(\frac{\hbar}{i}\frac{\partial}{\partial q_k} + A_k\right)^2 e^{\frac{i}{\hbar}S} = \left[\left(\frac{\partial S}{\partial q_k} + A_k\right)^2 + \frac{\hbar}{i}\left(\frac{\partial^2 S}{\partial q_k^2} + \frac{\partial A_k}{\partial q_k}\right)\right] e^{\frac{i}{\hbar}S}.$$

Die Wellengleichung ergibt somit zunächst ohne Vernachlässigung mit Abspaltung des Faktors $e^{\frac{i}{\hbar}S}$:

$$-\frac{\partial S}{\partial t} = \sum_k \frac{1}{2m_k}\left[\left(\frac{\partial S}{\partial q_k} + A_k\right)^2 + \frac{\hbar}{i}\frac{\partial}{\partial q_k}\left(\frac{\partial S}{\partial q_k} + A_k\right)\right] + V, \tag{263}$$

was vermöge der Reihenentwicklung (262) schließlich übergeht in die sukzessiven Gleichungen

$$-\frac{\partial S_0}{\partial t} = \sum_k \frac{1}{2m_k}\left(\frac{\partial S_0}{\partial q_k} + A_k\right)^2 + V = H\left(\frac{\partial S_0}{\partial q_k}, q_k\right), \tag{264$_0$}$$

d. h. es ist in der Hamiltonfunktion p_k einfach durch $\partial S_0/\partial q_k$ ersetzt, ferner

$$\left.\begin{aligned} -\frac{\partial S_1}{\partial t} &= \sum_k \frac{1}{2m_k}\left[2\left(\frac{\partial S_0}{\partial q_k} + A_k\right)\frac{\partial S_1}{\partial q_k} + \frac{\partial}{\partial q_k}\left(\frac{\partial S_0}{\partial q_k} + A_k\right)\right]. \\ &\dots\dots\dots\dots\dots\dots \end{aligned}\right\} \tag{264$_1$}$$

Statt (264$_1$) kann man auch schreiben

$$-\frac{\partial}{\partial t} e^{2S_1} = \sum_k \frac{\partial}{\partial q_k}\left[\frac{1}{m_k}\left(\frac{\partial S_0}{\partial q_k} + A_k\right) e^{2S_1}\right]. \tag{265}$$

Die Gleichungen (264$_0$) und (265) haben eine einfache physikalische Bedeutung. Erstere ist die bekannte HAMILTON-JACOBIsche partielle Differentialgleichung der Mechanik. Dabei ist zu beachten, daß die Lösungen dieser Gleichung in den Gebieten, die von der betrachteten Schar mechanischer Bahnen erreicht werden, reell sind. Nach (264$_1$) ist dann auch S_1 in diesen Gebieten reell. Unter der Voraussetzung des reellen Charakters von S_0 und S_1 ist nun (265) (bei Vernachlässigung von $S_2 \dots$) identisch mit der *Kontinuitätsgleichung*. In der Tat ist dann

$$\varrho = \psi^* \psi = e^{2S_1},$$

$$i_k = \frac{1}{2m_k}\left[\psi^*\left(\frac{\hbar}{i}\frac{\partial \psi}{\partial q_k} + A_k\psi\right) + \psi\left(-\frac{\hbar}{i}\frac{\partial \psi^*}{\partial q_k} + A_k\psi^*\right)\right] = \frac{1}{m_k}\left(\frac{\partial S_0}{\partial q_k} + A_k\right) e^{2S_1}.$$

Wegen

$$\dot{q}_k = \frac{\partial H}{\partial p_k} = \frac{1}{m_k}\left(\frac{\partial S_0}{\partial q_k} + A_k\right) \tag{266}$$

gilt dann

$$i_k = \varrho \dot{q}_k, \tag{267}$$

und (265) nimmt die Form an[1]

$$\frac{\partial \varrho}{\partial t} + \sum_k \frac{\partial}{\partial q_k}(\varrho \dot{q}_k) = 0, \tag{265'}$$

---

[1] In dem Buch P. A. M. DIRAC, Quantenmechanik, Leipzig 1930, ist in Gleichung (14), S. 127, der Term, welcher in (265′) die Form hat $\varrho \sum_k \frac{\partial \dot{q}_k}{\partial q_k}$, versehentlich fortgelassen worden.

was der Kontinuitätsgleichung entspricht. Konstruieren wir also durch die Punkte des q-Raumes, in denen S_0 reell ist, gemäß (266) eine mechanische Bahn [wenn in der Lösung S_0 von (264_0) kein weiterer Parameter vorkommt, ist es *eine* mechanische Bahn, im allgemeinen Fall entspricht jeder Spezialisierung der in S_0 vorkommenden Parameter $\alpha_1, \alpha_2, \ldots$ durch bestimmte Zahlenwerte eine bestimmte mechanische Bahn], so bleibt die Dichte gemäß (265′) längs dieser Bahn zeitlich konstant. *In der betrachteten Näherung verhalten sich also die Wellenpakete genau wie eine Gesamtheit von Massenpunkten, die sich auf den klassischen mechanischen Bahnen bewegen.* Daß diese Bahnen auch die zweite Hälfte

$$\dot{p}_k = -\frac{\partial H}{\partial q_k}$$

der klassischen Bewegungsgleichungen erfüllen, ist, wie aus der HAMILTON-JACOBIschen Theorie bekannt, eine einfache Folge aus (264_0) und (266).

Was den Gültigkeitsbereich der in Rede stehenden Näherung betrifft, so kann man ihn nach (263) dadurch charakterisieren, daß das mit $\hbar/i$ multiplizierte Glied in (263) klein sein soll gegen das erste Glied, also mit der Abkürzung

$$\pi_k = \frac{\partial S}{\partial q_k} + A_k = p_k + A_k = m_k \dot{q}\,, \tag{266a}$$

$$\hbar \sum_k \frac{\partial \pi_k}{\partial q_k} \ll \sum_k \pi_k^2\,. \tag{268}$$

Im Falle der Abwesenheit eines Magnetfeldes und eines einzigen Teilchens ist

$$\pi_k = p_k = \frac{h}{\lambda} n_k\,,$$

wenn n_k die Komponenten eines Einheitsvektors in der Bewegungsrichtung darstellen, so daß (268) hier die spezielle Form annimmt

$$\lambda^2 \sum_k \frac{\partial}{\partial q_k}\left(\frac{n_k}{\lambda}\right) \ll 1$$

oder

$$\sum_k \left(\lambda \frac{\partial n_k}{\partial q_k} - n_k \frac{\partial \lambda}{\partial q_k}\right) \ll 1\,. \tag{268'}$$

Im Falle eines eindimensionalen Problems, wo $n_k = \pm 1$ ist, wird dies schließlich noch einfacher:

$$\left|\frac{\partial \lambda}{\partial x}\right| \ll 1\,. \tag{268''}$$

Die Ungleichung (267) ist im allgemeinen verletzt an den Umkehrpunkten, wo eines der π_k, also auch $\dot{q}_k$ verschwindet, da dort $\partial \pi_k/\partial q_k$ unendlich groß werden kann, insbesondere ist dies immer der Fall bei einem eindimensionalen Problem. In der Nähe dieser Umkehrpunkte versagt also die klassische Mechanik, und für das Verhalten der Lösung in der Nähe dieser kritischen Punkte sind besondere Untersuchungen erforderlich, die sogleich besprochen werden sollen. Die Gleichungen (264) bzw. (265) können jedoch auch in dem nach der klassischen Mechanik unerreichbaren Gebiet verwendet werden, wo S_0 imaginär sind, da bei Aufstellung dieser Gleichungen über den Realitätscharakter der Funktionen noch nichts vorausgesetzt wurde.

Für eine stationäre Lösung

$$\psi = e^{-\frac{i}{\hbar}Et} u$$

ist zu setzen

$$S = -Et + \bar{S}, \qquad u = e^{\frac{i}{\hbar}\bar{S}},$$

worin jetzt $\overline{S}$ und u unabhängig von t sind. Mit

$$\overline{S} = \overline{S}_0 + \frac{\hbar}{i}\overline{S}_1 + \cdots \tag{262'}$$

wird dann (264) und (265)

$$\sum_k \frac{1}{2m_k}\left(\frac{\partial \overline{S}_0}{\partial q_k} + A_k\right)^2 + V = H\left(\frac{\partial \overline{S}_0}{\partial q_k}, q_k\right) = E, \tag{264'_0}$$

$$0 = \sum_k \frac{1}{2m_k}\left[2\left(\frac{\partial \overline{S}_0}{\partial q_k} + A_k\right)\frac{\partial \overline{S}_1}{\partial q_k} + \frac{\partial}{\partial q_k}\left(\frac{\partial \overline{S}_0}{\partial q_k} + A_k\right)\right], \tag{264'_1}$$

$$0 = \sum_k \frac{\partial}{\partial q_k}\left[\frac{1}{m_k}\left(\frac{\partial \overline{S}_0}{\partial q_k} + A_k\right)e^{2\overline{S}_1}\right]. \tag{265'}$$

Es ist leicht, die voranstehenden Überlegungen auf den Fall krummliniger Koordinaten zu verallgemeinern. Ist

$$ds^2 = \sum_\varkappa \sum_\lambda g_{\varkappa\lambda}\, dq_\varkappa\, dq_\lambda$$

das Linienelement und $g^{\varkappa\lambda}$ die zu $g_{\varkappa\lambda}$ reziproke Matrix $\left(g_{\varkappa\alpha} g^{\lambda\alpha} = \delta^\lambda_\varkappa\right)$, D gleich der Quadratwurzel aus der Determinante $g = |g_{i\varkappa}|$, so lautet die Wellengleichung nach Ziff. 5, S. 120, Gleichung (97*)

$$-\frac{\hbar}{i}\frac{\partial\psi}{\partial t} = \frac{1}{2D}\left(\frac{\hbar}{i}\frac{\partial}{\partial q_\varkappa} + A_\varkappa\right) D g^{\varkappa\lambda}\left(\frac{\hbar}{i}\frac{\partial}{\partial q_\lambda} + A_\lambda\right)\psi + V\psi.$$

Dabei sind die Faktoren $m_\varkappa$ in die $g_{\varkappa\lambda}$ mit einbezogen zu denken und es ist hier wie im folgenden über jeden zweimal vorkommenden Index stets zu summieren. Die Substitution (261) ergibt dann

$$-\frac{\partial S}{\partial t} = \frac{1}{2} g^{\varkappa\lambda}\left(\frac{\partial S}{\partial q_\varkappa} + A_\varkappa\right)\left(\frac{\partial S}{\partial q_\lambda} + A_\lambda\right) + \frac{1}{2}\frac{1}{D}\frac{\hbar}{i}\frac{\partial}{\partial q_\varkappa} D g^{\varkappa\lambda}\left(\frac{\partial S}{\partial q_\lambda} + A_\lambda\right) + V. \tag{263*}$$

Einsetzen der Entwicklung (262) führt (unter Berücksichtigung von $g^{\varkappa\lambda} = g^{\lambda\varkappa}$) zu

$$-\frac{\partial S_0}{\partial t} = \frac{1}{2} g^{\varkappa\lambda}\left(\frac{\partial S_0}{\partial q_\varkappa} + A_\varkappa\right)\left(\frac{\partial S_0}{\partial q_\lambda} + A_\lambda\right) + V = H\left(\frac{\partial S_0}{\partial q_\varkappa}, q_\varkappa\right), \tag{264*_0}$$

$$-\frac{\partial S_1}{\partial t} = g^{\varkappa\lambda}\left(\frac{\partial S_0}{\partial q_\varkappa} + A_\varkappa\right)\frac{\partial S_1}{\partial q_\lambda} + \frac{1}{2}\frac{1}{D}\frac{\partial}{\partial q_\varkappa} D g^{\varkappa\lambda}\left(\frac{\partial S_0}{\partial q_\lambda} + A_\lambda\right) \tag{264*_1}$$

oder

$$-\frac{\partial}{\partial t} e^{2S_1} = \frac{1}{D}\frac{\partial}{\partial q_\varkappa}\left[D g^{\varkappa\lambda}\left(\frac{\partial S_0}{\partial q_\lambda} + A_\lambda\right)e^{2S_1}\right]. \tag{265*}$$

Für

$$\varrho = D\psi\psi^*, \qquad i^\varkappa = D g^{\varkappa\lambda}\left[\psi^*\left(\frac{\hbar}{i}\frac{\partial\psi}{\partial q_\lambda} + A_\lambda\psi\right) + \psi\left(-\frac{\hbar}{i}\frac{\partial\psi^*}{\partial q_\lambda} + A_\lambda\psi^*\right)\right]$$

folgt aus der Wellengleichung allgemein die Kontinuitätsgleichung

$$\frac{\partial\varrho}{\partial t} + \frac{\partial}{\partial q_\varkappa} i^\varkappa = 0,$$

und für reelles S_0 und S_1 wird wieder in der betrachteten Näherung

$$\varrho = e^{2S_1}$$

$$\dot q^\varkappa = \frac{\partial H}{\partial p_\varkappa} = g^{\varkappa\lambda}\left(\frac{\partial S_0}{\partial q_\lambda} + A_\lambda\right), \tag{266*}$$

$$i^\varkappa = \varrho\,\dot q^\varkappa, \tag{267*}$$

woraus sich dann dieselben Folgerungen ziehen lassen wie früher bei kartesischen Koordinaten.

Die Einführung krummliniger Koordinaten ist deshalb wichtig, weil bei geeigneter Wahl derselben bei speziellen Hamiltonfunktionen manchmal Separation der Variablen erzielt werden kann. In diesem Fall zerfällt die stationäre Lösung u in ein Produkt aus Funktionen verschiedener Variabeln

$$u = u_1(q_1)\cdots u_f(q_f)$$

und entsprechend zerfällt $\bar{S}$ additiv

$$\bar{S} = \bar{S}_1(q_1) + \cdots + \bar{S}_f(q_f)\,.$$

Jede dieser Funktionen $\bar{S}_\varkappa(q_\varkappa)$ genügt dann einer Differentialgleichung zweiter Ordnung in dieser Variablen, in der aber neben der Energiekonstante noch $f-1$ weitere Konstante $\alpha_2, \ldots, \alpha_f$ als Parameter vorkommen. Alles, was im folgenden über Systeme von einem Freiheitsgrad gesagt wird, gilt mutatis mutandis auch von der Bewegung jeder Separationskoordinate $q_\varkappa$ und der zugehörigen Eigenfunktion $u_\varkappa(q_\varkappa)$ eines separierbaren Systems. Insbesondere ist dies für die radiale Bewegung eines Massenpunktes unter dem Einfluß einer Zentralkraft der Fall.

Wir wollen nun den eindimensionalen Fall noch genauer betrachten. Hierbei ist es konsequent, das Vektorpotential Null zu setzen, da es im eindimensionalen Fall zu keinem Magnetfeld Anlaß gibt. Suchen wir gleich die stationäre Lösung und schreiben wir der Einfachheit halber jetzt S statt $\bar{S}_0$ und a statt $e^{\bar{S}_1}$, so daß in der betrachteten Näherung

$$u = a e^{\frac{i}{\hbar} S},$$

so wird jetzt ($264_0'$) und (265')

$$\frac{1}{2m}\left(\frac{dS}{dx}\right)^2 + V(x) = E, \tag{269}$$

$$0 = \frac{d}{dx}\left(a^2 \frac{dS}{dx}\right), \tag{270}$$

also mit

$$p(x) = \sqrt{2m(E - V(x))} = \pm \frac{dS}{dx} \tag{271}$$

$$S = \pm \int^x p(x)\,dx,$$

wobei wir über die untere Grenze des Integrals noch geeignet verfügen werden und dem doppelten Vorzeichen zwei verschiedene Partikularlösungen von (269) entsprechen. Sodann folgt

$$a^2 \frac{dS}{dx} = \text{konst.} = c^2,$$

$$a = \frac{c}{\sqrt{p(x)}} = \frac{c}{\sqrt[4]{2m(E - V(x))}}\,. \tag{272}$$

Die allgemeine Lösung von (269) und (270) lautet also

$$u = \frac{C_1}{\sqrt{p(x)}} e^{+\frac{i}{\hbar}\int_{a_1}^{x} p(x)\,dx} + \frac{C_2}{\sqrt{p(x)}} e^{-\frac{i}{\hbar}\int_{a_2}^{x} p(x)\,dx}\,. \tag{273}$$

Sie versagt in der Nähe der Stellen, wo $p(x)$ verschwindet. Auch in den Gebieten, wo $E - V(x)$ negativ ist, $p(x)$ also rein imaginär wird, die also von der klassisch-mechanischen Bahn nicht erreicht werden können, existiert eine Lösung der Form (273). Wir schreiben sie in diesem Gebiet der Deutlichkeit halber in der Form

$$u = \frac{C_1'}{\sqrt{|p(x)|}} e^{-\frac{1}{\hbar}\int_{a_1}^{x} |p(x)|\,dx} + \frac{C_2'}{\sqrt{|p(x)|}} e^{+\frac{1}{\hbar}\int_{a_2}^{x} |p(x)|\,dx}\,. \tag{273'}$$

Die Betrachtung der Differentialgleichungen (269) und (270) der geometrischen Optik (klassischen Mechanik) allein ist nicht ausreichend, um die Partikularlösungen (273) und (273') an den kritischen Stellen, den Umkehrstellen mit $p(x) = 0$ richtig zusammenzusetzen. Da hier unter „richtig" zu verstehen ist, daß diese *verschiedenen* Partikularlösungen von (269), (270) *dieselbe* Partikularlösung $u(x)$ der strengen Wellengleichung

$$\hbar^2 \frac{d^2 u}{dx^2} + p^2(x) u = 0$$

in den verschiedenen Gebieten, wo $p^2(x) > 0$ und $p^2(x) < 0$ approximieren sollen, ist es unerläßlich, die strenge Wellengleichung wenigstens in der Nähe der Umkehrpunkte heranzuziehen.

Die hier aufgeworfene, nicht ganz einfache mathematische Frage ist von KRAMERS und seinen Schülern ausführlich untersucht worden[1]. Das Resultat ist folgendes: Wir nehmen an, daß $V(x)$ beim Umkehrpunkt stetig ist (dies ermöglicht die Zuhilfenahme der komplexen Ebene beim Beweise). Es sei ferner rechts vom Umkehrpunkt $x = a$, d. h. für $x > a$, $p^2(x) > 0$ für $x < a$ dagegen $p^2(x) < 0$. Dann ist

$$\left.\begin{aligned} u(x) &= \frac{C}{\sqrt{|p(x)|}}\, e^{-\frac{1}{\hbar}\int\limits_x^a |p(x)|\,dx} \qquad &&\text{für} \quad x < a, \\ u(x) &= \frac{C}{\sqrt{p(x)}}\, 2\cos\left[\frac{1}{\hbar}\int\limits_a^x p(x)\,dx - \frac{\pi}{4}\right] \qquad &&\text{für} \quad x > a \end{aligned}\right\} \tag{274}$$

nach KRAMERS eine „richtige" Zuordnung. Allgemeiner entspricht

$$\left.\begin{aligned} u(x) &= \frac{C}{i\sqrt{|p(x)|}}\, e^{+\frac{1}{\hbar}\int\limits_x^a |p(x)|\,dx} + \frac{1}{2}\frac{C}{\sqrt{|p(x)|}}\, e^{-\frac{1}{\hbar}\int\limits_x^a |p(x)|\,dx} \qquad &&\text{für} \quad x < a, \\ u(x) &= \frac{C}{\sqrt{p(x)}}\, e^{i\left[\frac{1}{\hbar}\int\limits_a^x p(x)\,dx - \frac{\pi}{4}\right]} \qquad &&\text{für} \quad x > a. \end{aligned}\right\} \tag{275}$$

Bildet man von beiden Ausdrücken in (275) den reellen Teil, was erlaubt ist, so gelangt man zur Zuordnung (274) zurück. Durch Bildung des imaginären Teiles gelangt man ebenfalls zu einer richtigen Zuordnung. Es ist richtig, daß der zweite Term im ersten Ausdruck (275) so klein gegen den ersten ist, daß er innerhalb die Fehlergrenzen der ganzen asymptotischen Darstellung fällt und für viele Zwecke fortgelassen werden kann. Bei allen Fragen jedoch, wo nicht nur der Betrag von $u(x)$, sondern auch die Phase von $u(x)$ eine Rolle spielt, ist es berechtigt, ihn beizubehalten; insbesondere sorgt er dafür, daß der Strom, gebildet für $x < a$, gleich wird dem Strom für $x > a$, wie es die Kontinuitätsgleichung verlangt.

Bei einem zweiten Umkehrpunkt $b > a$, der das erlaubte Gebiet zur Linken hat, gilt die zu (274) analoge Zuordnung

$$\left.\begin{aligned} u(x) &= \frac{C'}{\sqrt{|p(x)|}}\, e^{-\frac{1}{\hbar}\int\limits_b^x |p(x)|\,dx} \qquad &&\text{für} \quad x > b, \\ u(x) &= \frac{C'}{\sqrt{p(x)}}\, 2\cos\left[\frac{1}{\hbar}\int\limits_x^b p(x)\,dx - \frac{\pi}{4}\right] \qquad &&\text{für} \quad x < b. \end{aligned}\right\} \tag{275'}$$

[1] H. A. KRAMERS, ZS. f. Phys. Bd. 39, S. 828. 1926; A. ZWAAN, Dissert. Utrecht 1929, s. insbesondere Kap. III, § 2; K. F. NIESSEN, Ann. d. Phys. Bd. 85, S. 497. 1928; H. A. KRAMERS u. G. P. ITTMANN, ZS. f. Phys. Bd. 58, S. 217. 1929 bes. S. 221 und 222.

Wir können nun die Quantenbedingungen angeben, falls das Gebiet, in welchem $p^2(x) > 0$, für den betreffenden Energiewert E aus einem einzigen, nicht unterbrochenen Intervall $a < x < b$ besteht. *Diese Annahme führen wir ausdrücklich ein.* Dann müssen, damit $u(x)$ sowohl für $x = -\infty$ als auch für $x = +\infty$ beschränkt bleibt, die exponentiell ansteigenden Partikularlösungen in den *beiden* Gebieten $x < a$ und $x > b$ fehlen und die (übrigens sehr steil) abfallenden Partikularlösungen dort allein vorhanden sein. Hierfür ist nach (275) und (275′) notwendig, daß für alle x im Intervall $a < x < b$

$$C \cos\left[\frac{1}{\hbar}\int_a^x p(x)\,dx - \frac{\pi}{4}\right] = C' \cos\left[\frac{1}{\hbar}\int_x^b p(x)\,dx - \frac{\pi}{4}\right].$$

Dies ist nur möglich, wenn die (konstante) Summe der beiden Phasen gleich ist einem Multiplum von π:

$$\frac{1}{\hbar}\int_a^b p(x)\,dx - \frac{\pi}{2} = n\pi,$$

oder mit

$$J = 2\int_a^b p(x)\,dx = \oint p(x)\,dx, \tag{276}$$

$$\frac{1}{\hbar} J = \left(n + \frac{1}{2}\right) 2\pi, \qquad J = \left(n + \frac{1}{2}\right) h. \tag{277}$$

Überdies ist

$$C' = (-1)^n C.$$

Dies stimmt damit überein, daß *n die Anzahl der Knoten der Eigenfunktion* bedeutet; in der Tat wächst die Phase

$$\frac{1}{\hbar}\int_a^x p(x)\,dx - \frac{\pi}{4}$$

von $-\frac{\pi}{4}$ bis $\left(n + \frac{1}{2}\right)\pi - \frac{\pi}{4}$, wenn x von a bis b läuft, der Kosinus nimmt dabei also $n$mal den Wert Null an.

Das Resultat (277) führt auf die Quantisierungsregel der älteren Quantentheorie, aber mit „halbzahliger Quantelung", d. h. das Phasenintegral der älteren Quantentheorie wird ein halbzahliges Vielfaches von h. Es zeigt sich also, daß dies eine bessere Approximation an die Wellenmechanik darstellt, als wenn man ganzzahlig quantisieren würde. Nach dem früher Gesagten gilt dies auch von Systemen mit mehreren Freiheitsgraden, sobald sie Separation der Variablen gestatten. Dabei ist jedoch besonders vorausgesetzt, daß der betreffende Freiheitsgrad von *oszillatorischem Typus* ist, d. h. daß zu jedem Wert der betreffenden Koordinate q in einem bestimmten Intervall zwei durch das Vorzeichen unterschiedene Werte der Geschwindigkeiten $\dot{q}$ des Teilchens gehören, so daß jeder Punkt im Laufe einer vollen Periode zweimal durchlaufen wird, während die q-Punkte außerhalb des betreffenden Intervalles von keiner mechanischen Bahn mit denselben Werten der Integrationskonstanten erreichbar sein sollen. Der oszillatorische Typus eines Freiheitsgrades steht im Gegensatz zum *rotatorischen Typus*, der z. B. bei einer zyklischen Winkelkoordinaten (Präzessionsbewegung um eine raumfeste Achse) vorliegt. Wir werden sehen, daß in diesem Fall (sobald es sich um die Umlaufsbewegung eines Teilchens und nicht um den Spin handelt) die Wellenmechanik zur ganzzahligen Quantisierung führt.

Ist mehr als ein Intervall vorhanden, welches von klassischen Bahnen mit derselben Gesamtenergie erreichbar ist, so treten nach der Wellenmechanik eigenartige Effekte ein, die darauf beruhen, daß nach (275) die Wellenfunktion in dem klassisch unerreichbaren Gebiet nicht exakt Null, sondern nur klein ist. Während klassisch zwei Gebiete für ein Teilchen bestimmter Gesamtenergie durch einen „Potentialberg" endlicher Höhe vollständig getrennt werden, kann die Wellenfunktion vom einen Gebiet in das andere „hindurchsickern", und die stationäre Lösung wird sogar in beiden Gebieten merklich gleiche Dichte haben[1]. Dieser Umstand ist von fundamentaler Bedeutung für zahlreiche Anwendungen der Quantentheorie (vgl. Kap. 6 (N. F. MOTT), sowie Bd. XXIV/2, Kap. 3 (A. SOMMERFELD und H. BETHE)[2]. Wir werden ihm übrigens in Abschn. B, Ziff. 5, bei der relativistischen Quantentheorie nochmals begegnen.

Was die Bedingung (268'') betrifft, so ist sie außer in der Nähe der Umkehrpunkte um so besser erfüllt, je größer die Quantenzahl n ist. Wir können nun unsere Eigenfunktionen normieren, wobei zu beachten ist, daß für große Quantenzahlen die Phase

$$\frac{1}{\hbar}\int_a^x p(x)\,dx - \frac{\pi}{4}$$

eine rasch veränderliche Funktion ist und solche Integrale, die eine rasch veränderliche Phase enthalten, zu vernachlässigen sind gegenüber anderen, die eine nur langsam oder gar nicht oszillierende Phase enthalten. In dieser Näherung sind die Eigenfunktionen auch orthogonal. Zur Normierung erhalten wir die Bedingung

$$4C^2\int_a^b \frac{dx}{p(x)}\cos^2\left[\frac{1}{\hbar}\int_a^x p(x)\,dx - \frac{\pi}{4}\right] = 1$$

oder

$$2C^2\int_a^b \frac{dx}{p(x)} = 2C^2\int_a^b \frac{dx}{m\dot{x}} = \frac{C^2}{m\omega} = 1\,,$$

wenn [mit Rücksicht auf die Definition (276) des Phasenintegrals J].

$$\frac{1}{\omega} = 2\int_a^b \frac{dx}{\dot{x}} = 2m\int_a^b \frac{dx}{\sqrt{2m(E - V(x))}} = \frac{\partial J}{\partial E} \tag{278}$$

die Periode der klassischen Bewegung bezeichnet. Also wird

$$u_n(x) = \sqrt{\frac{m\omega_n}{p_n(x)}}\,2\cos\left[\frac{1}{\hbar}\int_{a_n}^x p_n(x)\,dx - \frac{\pi}{4}\right] \tag{279}$$

die normierte Eigenfunktion. Nun bilden wir die Matrix x_{nm}

$$x_{nm} = \int x u_n u_m\,dx = \int x\sqrt{\frac{m\omega_n}{p_n(x)}}\sqrt{\frac{m\omega_m}{p_m(x)}}\,2\left\{\cos\left[\frac{1}{\hbar}\int_{a_n}^x p_n(x)\,dx - \frac{1}{\hbar}\int_{a_m}^x p_m(x)\,dx\right]\right.$$
$$\left. + \cos\left[\frac{1}{\hbar}\int_{a_n}^x p_n(x)\,dx + \frac{1}{\hbar}\int_{a_m}^x p_m(x)\,dx - \frac{\pi}{2}\right]\right\}dx\,.$$

[1] Ein direkter Nachweis des Teilchens *auf* dem Potentialberg durch Ortsbestimmung ist indessen immer mit einer solchen Unbestimmtheit der dem Teilchen zugeführten Energie verbunden, daß es *nach* dieser Energiezufuhr auch klassisch auf den Potentialberg gelangen könnte.

[2] Vgl. hierzu besonders auch E. SCHRÖDINGER, Berl. Ber. 1929, S. 668.

Da der zweite Term, der die Summe der Phasen enthält, viel rascher oszilliert als der erste Term, der die Differenz der Phasen enthält, kann er gegen diesen vernachlässigt werden. Ferner werden alle Größen relativ langsam mit der Quantenzahl variieren, so daß wir alle Differenzen der Form $F_n - F_m$ durch Differentialquotienten $\frac{\partial F}{\partial J}(n-m)h$ ersetzen wollen, wenn J wieder das durch (276) definierte Phasenintegral bezeichnet. Die Differentiation nach der unteren Grenze des Integrals $\int\limits_a^x p(x)\,dx$ gibt keinen Beitrag, da der Integrand an ihr verschwindet. Auf diese Weise ergibt sich, wie DEBYE[1] gezeigt hat, wenn

$$\tau = n - m \tag{280}$$

gesetzt wird:

$$x_{nm} = 2\int\limits_a^b x\,\frac{m\omega}{p(x)}\cos\left(2\pi\tau\int\limits_a^x \frac{\partial p}{\partial J}\,dx\right)dx.$$

Nun ist

$$\frac{\partial p}{\partial J} = \frac{\partial p}{\partial E}\Big/\frac{\partial J}{\partial E} = \omega\,\frac{m}{p(x)} = \omega/\dot{x},$$

also

$$\int\limits_a^x \frac{\partial p}{\partial J}\,dx = \omega t,$$

somit

$$x_{nm} = 2\int\limits_0^{1/2\omega} x(t)\,\omega\cos(2\pi\tau\omega t)\,dt = \omega\int\limits_0^{1/\omega} x(t)\cos(2\pi\tau\omega t)\,dt.$$

Zerlegen wir die klassische Bewegung nach FOURIER, wobei zur Zeit $t = 0$ $x = a$ sein soll, so wird

$$x = \sum_{\tau=0}^{\infty} a_\tau \cos 2\pi\tau\omega t$$

und

$$a_\tau = 2\omega\int\limits_0^{1/\omega} x(t)\cos(2\pi\omega\tau t)\,dt.$$

Wir erhalten also schließlich den Zusammenhang

$$x_{nm} = \tfrac{1}{2}a_\tau = \tfrac{1}{2}a_{n-m} \tag{281}$$

im Grenzfall großer Quantenzahlen. Der Faktor $\frac{1}{2}$ ist korrekt, da die Summe

$$x_{n,n+\tau}\,e^{2\pi i\nu_{n,n+\tau}t} + x_{n,n-\tau}\,e^{2\pi i\nu_{n,n-\tau}t}$$

richtig in

$$a_\tau\cos 2\pi\tau\omega t$$

übergeht. Ebenso kann man statt der Koordinatenmatrix die Impulsmatrix berechnen. Durch diese Resultate ist auch zugleich der Zusammenhang mit der ursprünglichen Form des BOHRschen Korrespondenzprinzips hergestellt.

Durch Zusammensetzung von mehreren Eigenfunktionen zu einer Gruppe kann man im Gebiet großer Quantenzahlen leicht ein Paket bilden, welches in der Nähe der klassischen Bahn einen Umlauf vollführt. Es stellt einen Zustand dar, bei dem eine Teilchenbahn annähernd existiert[2,3]. Umfaßt das Paket die

[1] P. DEBYE, Phys. ZS. Bd. 28, S. 170. 1927.
[2] P. DEBYE, Phys. ZS. Bd. 28, S. 170. 1927.
[3] C. G. DARWIN, Proc. Roy. Soc. London (A) Bd. 117, S. 258. 1927, insbesondere § 8.

Zustände von $n-k$ bis $n+k$, so hat die Zeit t, bei der das Paket an einer Stelle vorbeistreicht, eine Ungenauigkeit Δt, gegeben durch

$$\omega \Delta t \sim \frac{1}{k},$$

da $\Delta E = \frac{\partial E}{\partial J} \Delta J = \omega k h$, gilt dann

$$\Delta E \Delta t \sim h, \tag{282}$$

andererseits, wenn $\omega t + \delta_0 = w$ als Winkelvariable eingeführt wird,

$$\Delta J \Delta w \sim h. \tag{282'}$$

Hierbei ist angenommen, daß das Wellenpaket eine größere Zahl von Zuständen umfaßt, da die Phase w sonst ihren Sinn gänzlich verliert. Es sei noch erwähnt, daß es bei Systemen der betrachteten Art möglich ist, zwar nicht w, wohl aber e^{iw} als Operator (Funktion von p und q) zu definieren und ebenso J^*. Hierin ist J hermitesch und e^{iw} unitär. Die beiden Operatoren genügen den V.-R.

$$\boldsymbol{J} e^{iw} - e^{iw} \boldsymbol{J} = \boldsymbol{e}^{iw} h \qquad \text{oder} \qquad \boldsymbol{J} e^{iw} = e^{iw}(\boldsymbol{J} + h), \tag{283a}$$

woraus durch Linksmultiplikation mit e^{-iw} sowie Rechtsmultiplikation mit e^{-iw} folgt

$$e^{-iw} \boldsymbol{J} - \boldsymbol{J} e^{-iw} = e^{-iw} h \qquad \text{oder} \qquad \boldsymbol{J} e^{-iw} = e^{-iw}(\boldsymbol{J} - h). \tag{283b}$$

Wir werden jedoch diese Operatoren zu keinerlei Anwendungen benötigen.

Wesentlich ist, daß die Kenntnis der Umlaufsphase des Teilchens und diejenige des stationären Zustandes einander ausschließen. Die Umlaufsphase (Bahn) des Teilchens in einem einzigen stationären Zustand existiert nicht, da jeder Versuch, diese zu bestimmen, das System in einen anderen stationären Zustand wirft. Daß ferner eine Ähnlichkeit des zeitlichen Verlaufes der Dichte einer Wellengruppe aus mehreren stationären Zuständen mit einer klassischen Bahn nur im Grenzfall großer Quantenzahlen möglich ist, ergibt sich schon daraus, daß ein Wellenpaket im Phasenraum infolge der Unbestimmtheitsrelation mindestens die Fläche h einnimmt, während die klassische Bahn mit der Energie E_n des $n$ten Zustandes im Phasenraum die Fläche nh umschließt. Nur wenn n eine große Zahl ist, ist diese Fläche groß gegen h, nur dann ist also ein wirklich umlaufendes Dichtepaket möglich.

Wir müssen noch angeben, wie ein Paket von der betrachteten Art sich im Lauf längerer Zeiten verhält. Hierfür ist wesentlich, daß die in der Dichte des Paketes auftretenden Frequenzen

$$\frac{E_{n+\tau} - E_{n+\sigma}}{h},$$

worin $-k \leqq \tau \leqq +k$, $-k \leqq \sigma \leqq +k$ im allgemeinen nicht *genau* den Vielfachen $(\tau - \sigma)\omega$ einer Grundfrequenz gleich sind, wie das bei der klassisch periodischen Bahn der Fall wäre, da die klassische Frequenz ω im allgemeinen von dem Wert des Phasenintegrals abhängt. Wir können näherungsweise setzen

$$\frac{1}{h}(E_{n+\tau} - E_n) = \tau\omega + \frac{1}{2} h \frac{\partial \omega}{\partial J} \tau^2,$$

$$\frac{1}{h}(E_{n+\tau} - E_{n+\sigma}) = (\tau - \sigma)\omega + \frac{1}{2} h \frac{\partial \omega}{\partial J}(\tau^2 - \sigma^2).$$

---

* P. A. M. Dirac, Proc. Roy. Soc. London (A) Bd. 111, S. 279. 1926.

Wie DARWIN zeigte, hat dies zur Folge, daß zur Unbestimmtheit $1/k$ der Phase noch die weitere Unbestimmtheit $k\,h\frac{\partial\omega}{\partial J}\,t$ hinzutritt. Nach der Zeit

$$\Delta t \sim \frac{1}{k\,h\frac{\partial\omega}{\partial J}} \tag{284}$$

ist also das Paket über den ganzen Umfang der Bahn verschmiert und die Phase ist völlig verlorengegangen. Die Zahl N der Umläufe, nach denen dies eintritt, ist gegeben durch

$$N = \omega\Delta t \sim \frac{\omega}{k\,h\frac{\partial\omega}{\partial J}}. \tag{284'}$$

Nur bei speziellen Systemen, wie z. B. dem harmonischen Oszillator oder der Bewegung eines Elektrons in einer Ebene unter dem Einfluß eines auf dieser senkrechten homogenen Magnetfeldes, wo die Frequenz ω in Strenge von dem Anfangsbedingungen unabhängig ist, hält das Wellenpaket dauernd zusammen. Im ersten Fall hat SCHRÖDINGER[1], im zweiten KENNARD[2] und DARWIN[3] strenge Lösungen für Wellengruppen von dieser Beschaffenheit angegeben.

Zum Schluß sei noch darauf hingewiesen, daß die frühere Quantentheorie überhaupt nur im Sonderfall mehrfach periodischer Systeme zu Aussagen über die stationären Zustände gelangte, während das Eigenwertproblem der Wellenmechanik stets eine Lösung besitzt. Auch in diesem allgemeinen Fall ist es, wie wir gesehen haben, stets möglich, Wellenpakete zu konstruieren, die sich längs der klassisch mechanischen Bahnen bewegen. Im Lauf der Zeit tritt aber stets eine Diffusion (Zerfließen) der Wellenpakete ein, und deshalb ist die Tatsache, daß in der Dichte eines solchen Paketes nur diskrete Frequenzen auftreten, nicht unmittelbar an ein einfaches periodisches Verhalten der klassisch mechanischen Bahnen in langen Zeiträumen geknüpft. Dieses letztere Verhalten ist bekanntlich z. B. beim Dreikörperproblem in langen Zeiten sehr kompliziert und es ist ein Fortschritt der Wellenmechanik, daß es für die Anwendung auf die Atomsysteme ohne Bedeutung ist.

13. Hamiltonfunktionen mit Transformationsgruppen. Impulsmoment und Spin[4]. Wenn der Hamiltonoperator gegenüber einer gewissen Gruppe von Transformatoren der Variablen invariant ist, so folgt, daß aus einer Lösung $u_n(q)$ der Wellengleichung durch Ausübung der Transformationen der Gruppe neue Lösungen der Wellengleichung erhalten werden. Ist $\boldsymbol{T}$ eine Transformation der Gruppe, $\boldsymbol{H}$ der Hamiltonoperator, f eine beliebige Funktion, $u(q)$ eine Lösung der Gleichung

$$\boldsymbol{H}u(q) = E\,u(q),$$

so folgt aus der Gültigkeit von

$$\boldsymbol{T}(\boldsymbol{H}f) = \boldsymbol{H}(\boldsymbol{T}f)$$

für alle f, daß auch

$$v(q) = \boldsymbol{T}u(q)$$

die Gleichung

$$\boldsymbol{H}v(q) = E\,v(q)$$

---

[1] E. SCHRÖDINGER, Naturwissensch. Bd. 14, S. 664. 1926.

[2] E. H. KENNARD, ZS. f. Phys. Bd. 44, S. 326. 1927.

[3] C. G. DARWIN, l. c. Anm. 3, S. 174.

[4] Über die Beziehungen der Wellenmechanik zur Gruppentheorie existieren ausführliche Lehrbücher: H. WEYL, Gruppentheorie und Quantenmechanik, 2. Aufl., Leipzig 1931; E. WIGNER, Gruppentheorie und ihre Anwendungen auf die Quantenmechanik der Atome, Berlin 1931; B. L. VAN DER WAERDEN, Die gruppentheoretische Methode in der Quantenmechanik, Berlin 1932. Wir geben hier nur eine sehr gedrängte Übersicht über den Gegenstand und verweisen für alle Beweise und Detailfragen auf diese Lehrbücher.

befriedigt. Gehören zu dem betreffenden Energiewert nur endlich viele, etwa h Eigenfunktionen ($h$fache Entartung), so gibt es in dem h-dimensionalen Vektorraum, der zum Eigenwert E gehört, eine Basis $u_1, u_2, \ldots, u_h$, so daß jede Lösung $v(q)$ der Gleichung

$$\boldsymbol{H} v = E v$$

in der Form

$$v = \sum_k c_k u_k$$

dargestellt werden kann. Die Transformationen $\boldsymbol{T}$ der Gruppe, angewandt auf $u_1, \ldots, u_n$, transformieren also diesen Vektorraum *linear*, derart, daß der Aufeinanderfolge zweier verschiedener Transformationen $\boldsymbol{T}$ die Aufeinanderfolge der zugeordneten linearen Abbildungen entspricht. Um mit dem Multiplikationsgesetz der Matrizen im Einklang zu bleiben, ist es dabei zweckmäßig, folgende Festsetzung zu treffen. Übt man auf die Variablen q der Funktion $u(q)$ die Transformation $\boldsymbol{T}$ aus, definiert durch den Übergang zu neuen Variablen $q'_\varrho = f_\varrho(q_1 \ldots q_f)$, so ordnen wir dieser Transformation der Variablen q einen Operator $\boldsymbol{T}$ zu, der die Funktion $u(q_1 \ldots q_f)$ in $u'(q_1 \ldots q_f)$ verwandelt:

$$\boldsymbol{T} u \equiv u',$$

wobei $u'(q'_1 \ldots q'_f) = u(q_1 \ldots q_f)$ also

$$u'(\boldsymbol{T} q) = u(q)$$

oder

$$u'(q) = u(\boldsymbol{T}^{-1} q)$$

sein soll. Nur in diesem Fall ist nämlich die Zusammensetzung zweier Operatoren in der Reihenfolge erst $\boldsymbol{T}_2$, dann $\boldsymbol{T}_1$ *derselben* Reihenfolge der Transformation der Variablen q zugeordnet. In der Tat ist

$$\boldsymbol{T}_2 u(q) = u'(q) = u(\boldsymbol{T}_2^{-1} q),$$

und ersetzt man hierin die q durch $\boldsymbol{T}_1^{-1} q$, so erhält man richtig

$$(\boldsymbol{T}_1 \boldsymbol{T}_2) u = u'(\boldsymbol{T}_1^{-1} q) = u(\boldsymbol{T}_2^{-1} \boldsymbol{T}_1^{-1} q) = u((\boldsymbol{T}_1 \boldsymbol{T}_2)^{-1} q).$$

In Matrixschreibweise ist also zu setzen

$$(\boldsymbol{T} u_l) = \sum_{k=1}^{h} u_k c_{kl}. \tag{285}$$

Dann gilt nämlich

$$c_{kl}(\boldsymbol{T}_1 \boldsymbol{T}_2) = \sum_m c_{km}(\boldsymbol{T}_1) c_{ml}(\boldsymbol{T}_2), \tag{286}$$

bzw. in Matrixschreibweise

$$\mathbf{c}(\boldsymbol{T}_1 \boldsymbol{T}_2) = \mathbf{c}(\boldsymbol{T}_1)\, \mathbf{c}(\boldsymbol{T}_2). \tag{286'}$$

Wir sagen dann, daß die zugehörigen linearen Abbildungen eine *Darstellung* der Gruppe bilden. Natürlich können *verschiedenen* Transformationen der Gruppe dieselben linearen Abbildungen in der Darstellung entsprechen. Hat die Determinante der neuen Variablen $q'_\varrho = f_\varrho(q_1 \ldots q_f)$, welche durch die Transformation $\boldsymbol{T}$ definiert werden, nach den alten q_ϱ den Wert 1 und sind außerdem die q'_ϱ zugleich mit den q_ϱ reell, dann folgt mit

$$\boldsymbol{T} v(q_1 \ldots q_f) = v(f_1(q), f_2(q) \ldots f_f(q)),$$

daß

$$\int v_k^* v_l \, dq \equiv \int (\boldsymbol{T} v_k)^* (\boldsymbol{T} v_l) \, dq.$$

In diesem Fall sind die Matrizen $\mathbf{c}(\boldsymbol{T})$ für alle $\boldsymbol{T}$ *unitär*, man nennt dann auch die Darstellung unitär. Es wird in diesem Fall ein normiertes Orthogonalsystem wieder in ein normiertes Orthogonalsystem übergeführt.

Von wesentlicher Bedeutung ist der Begriff der *Reduktion* einer Darstellung. Eine Darstellung heißt *reduzibel,* wenn ein invarianter Teilraum von kleinerer Dimension als der ursprüngliche Darstellungsraum existiert. D. h. daß bei geeigneter Wahl der Basis die linear unabhängigen Funktionen $u_1, \ldots, u_g$ $(g < h)$, die nur einen Teil der gesamten Basis $u_1 \ldots u_n$ bilden, bei den Transformationen T nur unter sich transformiert werden. Die gesamte Matrix $\boldsymbol{c}(\boldsymbol{T})$ hat dann bei dieser Basiswahl die Gestalt

$$\boldsymbol{c} = \begin{pmatrix} \boldsymbol{a} & \boldsymbol{r} \\ 0 & \boldsymbol{b} \end{pmatrix}, \tag{287}$$

worin $\boldsymbol{a}$ g-dimensional und $\boldsymbol{b}$ $(h-g)$-dimensional ist. Gibt es keinen echten invarianten Teilraum, so heißt die Darstellung *irreduzibel.* Änderung der Basis bedeutet eine Transformation $\boldsymbol{c}' = \boldsymbol{S}\,\boldsymbol{c}\,\boldsymbol{S}^{-1}$ der Darstellungsmatrix, und zwei Darstellungen, die sich nur in dieser Weise unterscheiden, heißen äquivalent. Wenn $\boldsymbol{c}$ eine unitäre Matrix ist, folgt aus der Gestalt (287) der Matrix bereits, daß durch Änderung der Basis sogar $\boldsymbol{r}$ zum Verschwinden gebracht werden kann, d. h. die Darstellung $\boldsymbol{c}$ *zerfällt.* Für eine endliche Gruppe läßt sich beweisen, daß jede Darstellung einer unitären Darstellung äquivalent ist, daß also auch jede reduzible Darstellung zerfällt. Bei kontinuierlichen Gruppen ist dies nicht immer zutreffend, sondern nur bei einer bestimmten Klasse dieser Gruppen, den sog. halb-einfachen Gruppen. Die Drehgruppe ist eine solche, ebenso die Gruppe aller linearen Transformationen mit der Determinante 1, wobei aber die letztere Beschränkung wesentlich ist. Da man in der Quantentheorie es nur mit unitären Darstellungen zu tun hat, braucht man auf die Komplikationen im allgemeinen Fall nicht einzugehen.

Es zerfällt dann also jede Darstellung (D) einer Gruppe in irreduzible Darstellungen gemäß

$$(D) = (D_1) + (D_2) + \cdots,$$

und zwar läßt sich zeigen, daß diese Zerlegung eindeutig ist. Die Entartung, die dem Grad der irreduziblen Darstellung entspricht, die zu dem betreffenden Eigenwert E der Energie gehört, kann durch stetige Änderung des Hamiltonoperators nicht aufgehoben werden, solange dieser gegenüber der betreffenden Gruppe invariant ist (im Gegensatz zu der nur zufälligen Entartung, die dem höheren Grad einer reduziblen Darstellung entspricht). Ändert man aber den Hamiltonoperator so ab, daß er nur mehr gegenüber einer Untergruppe der ursprünglichen Gruppe invariant ist, so werden gegenüber dieser kleineren Gruppe die Darstellungen im allgemeinen reduzibel werden. Die Abänderung der Basiswahl, um die Darstellungen zum Zerfallen zu bringen, die man auch als Ausreduzieren der ursprünglichen Darstellung in bezug auf die Untergruppe bezeichnet, entspricht (im allgemeinen) dem Zerfallen des ursprünglichen Energiewertes E in verschiedene Energiewerte, sobald eine Störungsfunktion hinzugefügt wird, die nur mehr gegenüber der Untergruppe invariant ist.

Aus zwei Darstellungen (D_1) und (D_2) der Grade h_1 und h_2 kann eine Produktdarstellung $(D_1 \times D_2)$ vom Grade $h_1 \cdot h_2$ in folgender Weise gebildet werden. Aus der Basis u_k $(k = 1, 2, \ldots, h_1)$ von (D_1) und v_l $(l = 1, 2, \ldots, h_2)$ von (D_2) bilde man die $h_1 \cdot h_2$ Produkte $u_k v_l$. Wenn die u_k eine lineare Abbildung $D_1(T)$ und die v_l eine lineare Abbildung $D_2(T)$ erleiden, dann erleiden die $u_k v_l$ ebenfalls eine lineare Abbildung, und diese wird als $(D_1 \times D_2)$ definiert. Speziell kann $(D_1) = (D_2)$ sein. Natürlich ist $(D_1 \times D_2)$ im allgemeinen reduzibel, selbst wenn (D_1) und (D_2) irreduzibel waren. Durch Änderung der Basiswahl des $h_1 h_2$-dimensionalen Raumes kann dann also $(D_1 \times D_2)$ zum Zerfallen gebracht werden, wobei die irreduziblen Bestandteile von (D_1) und (D_2) verschieden sein können.

Diese Produktbildung von Darstellungen tritt stets auf bei der Koppelung unabhängiger Systeme.

Bei einer kontinuierlichen Gruppe sind speziell die infinitesimalen Transformationen, die in der Nähe der Identität liegen, von Interesse. Denn diese bilden selbst eine lineare Mannigfaltigkeit, einen Vektorraum von so vielen Dimensionen, als die Gruppe unabhängige Parameter enthält (bei der Gruppe der Drehungen des dreidimensionalen Raumes also einen dreidimensionalen Vektorraum). In der Tat folgt aus $\boldsymbol{T}(0, \ldots, 0) = \mathbf{1}$

$$\boldsymbol{T}(\varepsilon_1, \varepsilon_2, \ldots, \varepsilon_r) = \mathbf{1} + \varepsilon_1 \boldsymbol{\omega}_1 + \varepsilon_2 \boldsymbol{\omega}_2 + \cdots + \varepsilon_r \boldsymbol{\omega}_r,$$

sobald die Abhängigkeit des $\boldsymbol{T}$ von den ε eine stetige ist. Die $\boldsymbol{\omega}_1, \boldsymbol{\omega}_2, \ldots, \boldsymbol{\omega}_r$ sind ebenso wie die $\boldsymbol{T}$ Operatoren, die auf die Variablen q der Eigenfunktionen ausgeübt werden. Die Tatsache, daß die betreffenden Transformationen eine Gruppe erzeugen, verlangt, daß die „Klammersymbole" $[\boldsymbol{\omega}_p, \boldsymbol{\omega}_q] = \boldsymbol{\omega}_p \boldsymbol{\omega}_q - \boldsymbol{\omega}_q \boldsymbol{\omega}_p$ sich wieder durch die $\boldsymbol{\omega}$ selbst ausdrücken lassen mit Koeffizienten, die für die betreffende Gruppe charakteristisch sind

$$[\boldsymbol{\omega}_p, \boldsymbol{\omega}_q] = \sum_{s=1}^{r} c_{pq,s} \boldsymbol{\omega}_s. \tag{288}$$

Diese Koeffizienten müssen nur gewisse Relationen erfüllen, die aus der Identität

$$[[\boldsymbol{\omega}_p, \boldsymbol{\omega}_q] \boldsymbol{\omega}_r] + [[\boldsymbol{\omega}_q, \boldsymbol{\omega}_r] \boldsymbol{\omega}_p] + [[\boldsymbol{\omega}_r \boldsymbol{\omega}_p] \boldsymbol{\omega}_q] \equiv 0$$

entspringen. Bei der oben getroffenen Festsetzung über die Zuordnung der auf die Eigenfunktionen wirkenden Operatoren zu den Transformationen der Variablen genügen beide denselben V.-R., und es braucht in der Bezeichnung zwischen beiden nicht unterschieden werden. Die Tatsache, daß der Hamiltonoperator gegenüber der betrachteten Gruppe invariant ist, drückt sich darin aus, daß die $\boldsymbol{\omega}$ mit $\boldsymbol{H}$ vertauschbar sind

$$\boldsymbol{\omega}_p \boldsymbol{H} - \boldsymbol{H} \boldsymbol{\omega}_p = 0,$$

wie dies auch beim Operator $\boldsymbol{T}$ der endlichen Transformation der Fall ist. Dies ist gleichbedeutend damit, daß die $\boldsymbol{\omega}_p$ als Matrizen zeitlich konstant, d. h. Integrale der Bewegungsgleichungen sind. Bis auf den Vektor i sind die $\boldsymbol{\omega}_p$ hermitesch, wenn die $\boldsymbol{T}$ unitär sind (vgl. Ziff. 10, S. 74). Zu jeder Darstellung der Gruppe gehört ein System von Matrizen für die $\boldsymbol{\omega}_k$, welche die Relationen (288) erfüllen.

Z. B. ist bei der Gruppe der Translationen, die die Koordinaten $x_k^{(a)}$ $(k = 1, 2, 3)$ um A_k verschiebt,

$$x_k'^{(a)} = x_k^{(a)} + A_k, \qquad (A_1, A_2, A_3 \text{ kontinuierliche Parameter})$$

$\boldsymbol{\omega}_k = \sum_a \frac{\partial}{\partial x_k^{(a)}}$. Dies entspricht bis auf den Faktor $\frac{\hbar}{i}$ dem gesamten Impuls des Systems. In der Tat ist die Invarianz der Hamiltonfunktion gegenüber dieser Gruppe gleichbedeutend damit, daß die potentielle Energie nur von den relativen Koordinaten der Teilchen abhängt.

Wir gehen nun dazu über, die Gruppe der Drehungen der Raumkoordinaten, simultan für alle Teilchen des Systems, zu betrachten. Man kann hier zwei verschiedene Methoden einschlagen. Entweder man stellt sich auf den infinitesimalen Standpunkt, ermittelt die Form der zu den *infinitesimalen* Drehungen gehörigen Operatoren $\boldsymbol{\omega}_k$ und auf Grund ihrer V.-R. auf rein algebraischem Wege die zugehörigen Darstellungsmatrizen. Oder man versucht auf dem Wege der Analysis die zu den endlichen Drehungen gehörigen Darstellungen zu finden.

Beide Methoden ergänzen einander. Wir beginnen hier zunächst mit der ersten Methode.

Als die drei unabhängigen infinitesimalen Drehungen des dreidimensionalen Raumes wählen wir die Drehungen um die Koordinatenachsen

$$\delta x_1 = 0\,, \qquad \delta x_2 = -\varepsilon_1 x_3\,, \qquad \delta x_3 = +\varepsilon_1 x_2\,, \tag{289}$$

wobei die beiden übrigen infinitesimalen Drehungen durch zyklische Vertauschung zu erhalten sind. Auf Grund einer elementaren kinematischen Betrachtung (Grenzübergang von endlichen zu infinitesimalen Drehungen) erhält man die für die infinitesimalen Drehungen charakteristischen V.-R.

$$\boldsymbol{\omega}_1 \boldsymbol{\omega}_2 - \boldsymbol{\omega}_2 \boldsymbol{\omega}_1 = \boldsymbol{\omega}_3\,, \ldots, \tag{290}$$

wenn die Operatoren $\boldsymbol{\omega}$ oder die entsprechenden linearen Abbildungen so definiert sind, daß z. B. zur Transformation (289) der Operator $\mathbf{1} + \varepsilon_1 \boldsymbol{\omega}_1$ gehört. Diese Relationen müssen dann auch von *allen* Darstellungen der Drehungsgruppe erfüllt werden. Da wir später auch Spiegelungen der Raumkoordinaten untersuchen werden, ist hervorzuheben, daß die $\boldsymbol{\omega}$ sich ihnen gegenüber wie ein schiefsymmetrischer Tensor, nicht wie ein Vektor verhalten. Schreiben wir also mit $\boldsymbol{\omega}_{ik} = -\boldsymbol{\omega}_{ki}$ statt $\boldsymbol{\omega}_1, \boldsymbol{\omega}_2, \boldsymbol{\omega}_3$ nunmehr $\boldsymbol{\omega}_{23}, \boldsymbol{\omega}_{31}, \boldsymbol{\omega}_{12}$, so schreibt sich (289)

$$\boldsymbol{\omega}_{ik}\boldsymbol{\omega}_{lm} - \boldsymbol{\omega}_{lm}\boldsymbol{\omega}_{ik} = \delta_{kl}\boldsymbol{\omega}_{im} + \delta_{im}\boldsymbol{\omega}_{kl} - \delta_{il}\boldsymbol{\omega}_{km} - \delta_{km}\boldsymbol{\omega}_{il} \tag{290'}$$

($\delta_{ik} = 0$ für $l \neq k$ und $= 1$ für $i = k$). Diese Form der V.-R. für die infinitesimalen Drehungen ist auch in einem n-dimensionalen Raum richtig, wovon wir bei der Behandlung der Lorentzgruppe später Gebrauch machen werden.

Gemäß unserer früheren Festsetzung gehört nun zur infinitesimalen Drehung (289) zunächst bei einem einzigen Teilchen der Operator $\mathbf{1} + \varepsilon\boldsymbol{\omega}_1$ (bzw. $\mathbf{1} + \varepsilon\boldsymbol{\omega}_{23}$), der

$$u(x_1 x_2 x_3) \quad \text{in} \quad u(x_1, x_2 + \varepsilon x_3, x_3 - \varepsilon x_2)$$

überführt, also

$$\boldsymbol{\omega}_1 u = -\left(x_2 \frac{\partial u}{\partial x_3} - x_3 \frac{\partial u}{\partial x_2}\right).$$

Bei mehreren Teilchen müssen die Koordinaten aller Teilchen derselben Drehung unterworfen werden, und man erhält

$$\boldsymbol{\omega}_1 u = -\sum_r \left(x_2^{(r)} \frac{\partial u}{\partial x_3^{(r)}} - x_3^{(r)} \frac{\partial u}{\partial x_2^{(r)}}\right),$$

worin über alle vorhandenen Teilchen zu summieren ist. Da der lineare Impuls $p_k^{(r)}$ durch den Operator $\frac{\hbar}{i}\frac{\partial}{\partial x_k^{(r)}}$ repräsentiert wird, hängen die $\boldsymbol{\omega}$ in einfachster Weise mit dem gesamten Drehimpuls

$$\boldsymbol{P}_1 = \sum_r \boldsymbol{x}_2^{(r)} \boldsymbol{p}_3^{(r)} - \boldsymbol{x}_3^{(r)} \boldsymbol{p}_2^{(r)} = \frac{\hbar}{i} \sum_r \left(x_2^{(r)} \frac{\partial}{\partial x_3^{(r)}} - x_2^{(r)} \frac{\partial}{\partial x_2^{(r)}}\right), \tag{291}$$

zusammen, nämlich

$$\boldsymbol{\omega}_k = -\frac{i}{\hbar} \boldsymbol{P}_k\,, \tag{292}$$

wobei sich wiederum bestätigt, daß sich die ω um den Faktor i von einem HERMITEschen Operator unterscheiden. In der Tat folgt aus den V.-R. (103) für $\boldsymbol{p}_k$ und $\boldsymbol{q}_k$

$$\boldsymbol{P}_1 \boldsymbol{P}_2 - \boldsymbol{P}_2 \boldsymbol{P}_1 = -\frac{\hbar}{i} \boldsymbol{P}_3\,. \tag{293}$$

Es ist hier aber wichtig, darauf hinzuweisen, daß die Existenz der Integrale der drei Komponenten des Drehimpulses, die bis auf einen rein imaginären Faktor mit den zu den infinitesimalen Drehungen gehörigen Operatoren $\boldsymbol{\omega}$ *übereinstimmen, unabhängig von den V.-R.* (103) *gefolgert werden kann, wobei die V.-R. der* ω *direkt aus der Kinematik der Drehungsgruppe entspringen.* Dies gilt auch von den weiteren V.-R.

$$[\omega_k, C] = 0 \quad \text{bzw.} \quad [P_k, C] = 0 \tag{294}$$

für jeden Skalar C und

$$[\omega_1, A_2] = -[\omega_2 A_1] = A_3 \tag{295}$$

bzw.

$$[P_1 A_2] = -[P_2 A_1] = -\frac{\hbar}{i} A_3 \tag{295'}$$

für die Komponente jedes Vektoroperators $\vec{A}$. Dabei ist angenommen, daß C und $\vec{A}$ Funktionen der $p_k q_k$ allein sind, während keine Vektoren, die gewöhnliche Zahlen sind, dabei verwendet werden. Diese V.-R. können aus den allgemeineren, für endliche Drehungen gültigen Relationen

$$TC = CT \quad \text{oder} \quad TCT^{-1} = C \tag{296}$$

und

$$TA'_k = A_k T \quad \text{oder} \quad A'_k = T^{-1} A_k T \tag{297}$$

durch Spezialisierung auf infinitesimale Drehungen erhalten werden. Die erste Relation besagt die *Invarianz* von C (wie beim Hamiltonoperator), die zweite die *Kovarianz* von A gegenüber Drehungen. Die Existenz einer solchen unitären Transformation T folgt schon daraus, daß die Gesamtheit der A'_k dieselben Eigenwerte besitzt und dieselben V.-R. erfüllt wie die A_k. Auf Grund von (291) und der fundamentalen V.-R. (103) kann man *verifizieren*, daß aus ihnen ebenfalls (296), (297) folgt. Insbesondere gelten diese Relationen für $A_k = p_k^{(r)}$ oder $A_k = q_k^{(r)}$, ferner gilt (294) für $C = P^2 = P_1{}^2 + P_2{}^2 + P_2^3$, wie auch direkt aus (293) folgert,

$$P^2 P_k - P_k P^2 = 0\,. \tag{298}$$

Man entnimmt daraus, daß es möglich ist, P^2 und eine der Komponenten P_k gleichzeitig auf Diagonalform zu bringen.

Es ist leicht, auf elementarem algebraischem Wege alle endlichen HERMITEschen Matrizen zu ermitteln, die die Relationen (293) erfüllen[1]. Bringt man P^2 und P_3 auf Diagonalform, so findet man: Die Eigenwerte von P^2 sind

$$P^2 = \hbar^2 j(j+1)\,, \tag{299}$$

worin j entweder eine nicht negative *ganze* Zahl ist ($j = 0, 1, 2, \ldots$) oder eine solche um $\frac{1}{2}$ übertrifft ($j = \frac{1}{2}, \frac{3}{2}, \ldots$), was wir kurz durch die Angabe ausdrücken, j sei halbzahlig. Zu einem gegebenen Eigenwert von P^2 gehören $2j+1$ verschiedene Werte von P_3, nämlich

$$P_3 = \hbar m \quad \text{mit} \quad -j \leq m \leq +j\,, \tag{300}$$

wobei m sich um Schritte von einer Einheit verändert und zugleich mit j halb- oder ganzzahlig ist. Die Matrizen von P_1 und P_2 werden dann für festes j

$$\left.\begin{aligned} (P_1 + iP_2)_{m+1,m} &= \hbar\sqrt{j(j+1) - m(m+1)} = \hbar\sqrt{(j-m)(j+1+m)}\,,\\ (P_1 - iP_2)_{m,m+1} &= (P_1 + iP_2)_{m+1,m}\,;\quad (P_3)_{mm} = m\hbar\,. \end{aligned}\right\} \tag{301}$$

Alle übrigen Matrixelemente von $(P_1 - iP_2)$ und $(P_1 + iP_2)$ verschwinden. Für jedes j entsprechen die Matrizen (301) einer Darstellung der infinitesimalen Drehungen. Sie ist überdies irreduzibel.

[1] Vgl. z. B. M. BORN u. P. JORDAN, Elementare Quantenmechanik. Berlin 1931.

Aus (295) folgt für jeden Vektor $\vec{A}$ (der nicht von Vektoren mit gewöhnlichen Zahlkomponenten abhängt), insbesondere für die Koordinatenmatrizen[1]

$$\left.\begin{aligned}(\boldsymbol{A}_1 + i\boldsymbol{A}_2)_{j+1,m+1;jm} &= -A_{j+1,j}\sqrt{(j+m+2)(j+m+1)}\,,\\ (\boldsymbol{A}_1 - i\boldsymbol{A}_2)_{j+1,m-1,j,m} &= A_{j+1,j}\sqrt{(j-m+2)(j-m+1)}\,,\\ (\boldsymbol{A}_3)_{j+1,m,j,m} &= A_{j+1,j}\sqrt{(j+m+1)(j-m+1)}\,.\end{aligned}\right\}\quad(301'\text{a})$$

$$\left.\begin{aligned}(\boldsymbol{A}_1 + i\boldsymbol{A}_2)_{j,m+1;j,m} &= A_{j,j}\sqrt{(j+m+1)(j-m)}\,,\\ (\boldsymbol{A}_1 - i\boldsymbol{A}_2)_{j,m-1;j,m} &= A_{j,j}\sqrt{(j+m)(j-m+1)}\,,\\ (\boldsymbol{A}_3)_{j,m;j,m} &= A_{j,j}\,m\,.\end{aligned}\right\}\quad(301'\text{b})$$

$$\left.\begin{aligned}(\boldsymbol{A}_1 + i\boldsymbol{A}_2)_{j-1,m+1,\,j\,m} &= A_{j-1,j}\sqrt{(j-m)(j-m-1)}\,,\\ (\boldsymbol{A}_1 - i\boldsymbol{A}_2)_{j-1,m-1;j,m} &= -A_{j-1,j}\sqrt{(j+m)(j+m-1)}\,,\\ (\boldsymbol{A}_3)_{j-1,m;j,m} &= A_{j-1,j}\sqrt{(j+m)(j-m)}\,.\end{aligned}\right\}\quad(301'\text{c})$$

Für alle anderen Wertepaare von j, m im Anfangs- und Endzustand verschwinden die Matrixelemente. Hierin sind die Auswahl- und Intensitätsregeln für j und m enthalten[2].

Es sei hier endlich noch eine Bemerkung über die Zusammensetzung zweier Systeme mit den Drehimpulsen j_1 und j_2 angefügt. Zunächst denken wir uns die zugehörigen $\boldsymbol{P}_3^{(1)}$ und $\boldsymbol{P}_3^{(2)}$ ebenfalls auf Diagonalform gebracht, den Eigenwerten m_1 und m_2 entsprechend, die bzw. von $-j_1$ bis j_1 und von $-j_2$ bis j_2 laufen. Wir bilden nun den Gesamtimpuls $\boldsymbol{P}_r = \boldsymbol{P}_r^{(1)} + \boldsymbol{P}_r^{(2)}$ und sein Quadrat $\boldsymbol{P}^2 = \sum_{k=1}^{3} \boldsymbol{P}_r^2$. Es ist $\boldsymbol{P}_3$ bereits auf Diagonalform, und jeder Eigenwert

$$m = m_1 + m_2$$

kommt so oft vor, als er durch Addition von Zahlen der Intervalle $(-j_1, +j_2)$ bzw. $(-j_2, +j_2)$ erhalten werden kann. Setzen wir $j_1 \geqq j_2$, so finden wir diese Anzahl $Z(m)$ gleich: für

$$\begin{aligned} j_1 - j_2 \leqq m \leqq j_1 + j_2 &\qquad Z(m) = j_1 + j_2 - m + 1\\ -(j_1 - j_2) \leqq m \leqq j_1 - j_2 &\qquad Z(m) = 2j_2 + 1\\ -(j_1 + j_2) \leqq m \leqq -(j_1 - j_2) &\qquad Z(m) = j_1 + j_2 + m\,.\end{aligned}$$

Wenn wir nun für jedes m statt m_1 und m_2 einzeln P^2, also j, auf Diagonalform bringen[3], so wissen wir bereits, daß wir eine Reihe von Zuständen mit verschiedenem j erhalten werden, derart, daß zu jedem j der Wert m von $-j$ bis $+j$ läuft. Kommt der Wert j $N(j)$mal vor, so erhalten wir die Gesamtzahl der Zustände $Z(m)$ mit bestimmtem m aus

$$Z(m) = \sum_{j \geqq m} N(j)\,.$$

Dies ist richtig für $m \geqq 0$, worauf wir uns beschränken können, da der Fall $m \leqq 0$ nichts neues liefern würde. Daraus folgt weiter

$$N(j) = Z(j) - Z(j+1)\,.$$

---

[1] Über den Beweis vgl. z. B. M. BORN u. P. JORDAN, Elementare Quantenmechanik; P. A. M. DIRAC, Quantenmechanik. Leipzig 1930.

[2] Vgl. hierzu auch Kap. 3, Ziff. 39 u. 42 ds. Handb.

[3] Dies geschieht für jedes m durch eine unitäre Matrix $S(m_1, j)$. Man kann sie explizite berechnen. Vgl. z. B. VAN DER WAERDEN, Die gruppentheoretische Methode in der Quantenmechanik. Berlin 1932, §18; ferner H. A. KRAMERS u. H. C. BRINKMANN, Zitate in Anm. 2, S. 183.

Dies gibt in unserem Fall, daß alle um eine Einheit fortschreitenden j-Werte des Intervalles

$$|j - j_2| \leqq j \leqq j_1 + j_2 \tag{302}$$

und nur diese vorkommen, und zwar jeder gerade *einmal*, was mit dem „Vektormodell" der älteren Quantentheorie übereinstimmt. Für Darstellungen endlicher Drehungen folgt daraus, wie leicht einzusehen, mit der früher eingeführten Definition des Produktes von Darstellungen

$$(D_{j_1}) \times (D_{j_2}) = \sum_{j=|j_1-j_2|}^{j_1+j_2} (D_j) . \tag{302'}$$

Bisher war der Fall halb- und ganzzahliger j völlig gleichberechtigt. In Ziff. 6 wurde jedoch bewiesen, daß für ein Teilchen in einem Zentralfeld die in diesem Fall statt mit j mit l bezeichnete Drehimpulsquantenzahl immer *ganzzahlig* sein muß. Aus (302) folgt dann dasselbe für mehrere Teilchen, woran auch die Einschaltung beliebiger Wechselwirkungskräfte zwischen den Teilchen (wegen deren Stetigkeit) nichts ändern kann. Für die infolge des Spins nötige Verallgemeinerung ist es aber wesentlich, daß die V.-R. (293) der Drehimpulsmatrizen sowie auch die V.-R. (294) und (295) mit halbzahligen j und m verträglich sind. Erst aus der Definition (291) des Drehimpulses im Verein mit den V.-R. für Koordinaten und Impulse folgt die Ganzzahligkeit dieser Quantenzahlen[1]. Wir werden deshalb diese Definition (291) noch zu verallgemeinern haben.

Wir wollen nun noch die irreduziblen Darstellungen der endlichen Drehungen angeben (zweite Methode), die den verschiedenen halb- und ganzzahligen Werten von j entsprechen[2]. Dabei ist es jedoch zweckmäßig, statt von der Gruppe der Drehungen des dreidimensionalen Raumes zunächst auszugehen von der Gruppe U_2 der unitären Transformationen mit der Determinante 1 von zwei komplexen Veränderlichen $\xi_1 \xi_2$. Diese haben die Gestalt

$$\left.\begin{aligned} \xi_1' &= \xi_1 \alpha - \xi_2 \beta^* , \\ \xi_2' &= \xi_2 \beta + \xi_2 \alpha^* \end{aligned}\right\} \tag{303}$$

mit

$$\alpha \alpha^* + \beta \beta^* = 1 . \tag{304}$$

Die zugehörige Transformation der a_1, a_2, die die Linearform

$$a_1 \xi_1 + a_2 \xi_2$$

invariant läßt, ist

$$\left.\begin{aligned} a_1' &= \alpha a_1 + \beta a_2 , \\ a_2' &= -\beta^* a_1 + \alpha^* a_2 . \end{aligned}\right\} \tag{303'}$$

Gemäß (303) werden die $v + 1$ Potenzprodukte

$$\xi_1^v, \xi_1^{v-1} \xi_2, \ldots, \xi_2^v$$

linear untereinander transformiert. Dies liefert eine Darstellung der betrachteten Gruppe vom Grad $v + 1$. Sie ist überdies irreduzibel. Wenn man

$$\Xi_r = \frac{\xi_1^{v-r} \xi_2^r}{\sqrt{r!\,(v-r)!}} \qquad r = 0, 1, \ldots, v \tag{305}$$

als neue Basisvektoren einführt, erhält man sogar eine unitäre Darstellung, da mit $\xi_1 \xi_1^* + \xi_2 \xi_2^*$ auch $(\xi_1 \xi^* + \xi_2 \xi_2^*)^v$ invariant ist und dies mit $\sum_r \Xi_r \Xi_r^*$ über-

[1] Über einen Beweis dieser Folgerung mittels der Matrixrechnung vgl. M. BORN u. P. JORDAN, Elementare Quantenmechanik, S. 164. Berlin 1930.

[2] Neben den in Anm. 4, S. 176 zitierten Lehrbüchern vgl. hierzu auch H. A. KRAMERS, Proc. Amsterdam Bd. 33, S. 953 1930, und H. C. BRINKMAN, Dissert. Utrecht 1932, wo besonders auch Anwendungen auf die Berechnung verschiedener Matrixelemente zu finden sind.

einstimmt. Setzt man $v = 2j$ und $r = j - m$, so wird der Anschluß an die früheren Bezeichnungen hergestellt. Man erhält so eine Darstellung D_j vom Grade $2j + 1$ der Gruppe der unitären Transformationen der Determinante 1. D_0 ist die identische Darstellung, $D_{1/2}$ sind die ursprünglichen Transformationen selber.

Der Zusammenhang mit der Gruppe der Drehungen des dreidimensionalen Raumes ergibt sich, wenn man D_1 betrachtet. Für $j = 1$, $v = 2$ transformiere man c_0, c_1, c_2 so, daß

$$\tfrac{1}{2} c_0 \xi_1^2 + c_1 \xi_1 \xi_2 + \tfrac{1}{2} c_2 \xi_2^2$$

invariant bleibt. Da die Transformation die Determinante 1 hat, bleibt dabei die Determinante

$$\begin{vmatrix} c_1, & c_0 \\ c_2, & c_1 \end{vmatrix} = c_1^2 - c_0 c_2$$

invariant. Setzt man

$$x + iy = c_2, \qquad x - iy = -c_0, \qquad z = c_1, \tag{306}$$

so wird

$$x^2 + y^2 + z^2 = |x + iy||x - iy| + z^2 = c_1^2 - c_0 c_2,$$

mithin sind die Abbildungen D_1 im (x, y, z)-Raume gewöhnliche Drehungen. Man zeigt leicht, daß diese x, y, z sich so transformieren wie

$$a_1 a_2^* + a_2 a_1^*, \qquad i(a_1 a_2^* - a_2 a_1^*), \qquad a_1 a_1^* - a_2 a_2^*,$$

wenn die a_1, a_2 sich gemäß (303′) transformieren. Da dies reelle Zahlen sind, handelt es sich also um reelle Drehungen. Zu einer Drehung mit den EULERschen Winkeln ϑ, φ, ψ gehören die in (303) und (303′) eingehenden Transformationskoeffizienten

$$\alpha = \cos\frac{\vartheta}{2} e^{-\frac{i}{2}(\varphi+\psi)} \qquad \beta = -i \sin\frac{\vartheta}{2} e^{-\frac{i}{2}(\varphi+\psi)}. \tag{307}$$

Für $\vartheta = 0$ ergibt sich der Sonderfall der Drehung um die z-Achse um den Winkel $\varphi + \psi$, wobei die Matrix diagonal wird. Der Identität bei den Raumdrehungen entspricht nicht nur die Identität der Transformationen (303), sondern auch die Transformation

$$\xi_1' = -\xi_1, \qquad \xi_2' = -\xi_2.$$

Daher sind die Drehungen eine verkürzte Darstellung von U_2 und umgekehrt $D_{1/2}$ eine zweideutige Darstellung der Drehgruppe. Mit Hilfe von (307) kann man durch Betrachtung der Größen Ξ_r, die in (305) definiert sind, auch die allgemeinen Darstellungsmatrizen von D_j als Funktion der Winkel ϑ, φ, ψ berechnen[1]. Sie sind nach der Untergruppe der Drehungen um die z-Achse bereits ausreduziert. Für halbzahliges j erhält man zweideutige, für ganzzahliges j eindeutige Darstellungen. Die Kugelfunktionen $l$ter Ordnung transformieren sich nach D_l.

Wir müssen noch bemerken, daß die Hamiltonfunktion auch invariant ist gegenüber der Spiegelung

$$x_k' = -x_k \tag{308}$$

am Schwerpunkt des Systems. Diese Spiegelung ist mit allen Drehungen vertauschbar. Deshalb muß sich jede Eigenfunktion bei dieser Spiegelung einfach mit einem Faktor multiplizieren. (Man kann sich auch durch ein äußeres Magnetfeld die von der Drehgruppe herrührende Entartung gänzlich aufgehoben denken, ohne die Invarianz der Hamiltonfunktion gegenüber dieser Spiegelung zu stören.) Da die zweimalige Spiegelung die Identität gibt, kann dieser Faktor, der definiert ist durch

$$u(-q, \ldots, -q_f) = \varepsilon u(q, \ldots, q_f) \tag{309}$$

nur gleich ± 1 sein:

$$\varepsilon = \pm 1. \tag{310}$$

---

[1] P. GÜTTINGER, ZS. f. Phys. Bd. 73, S. 169. 1931.

Wir nennen diesen Faktor das *Spiegelungsmoment* oder die *Signatur.* Ein Term heißt gerade oder ungerade, je nachdem $\varepsilon = +1$ oder $\varepsilon = -1$. Für ein einziges Teilchen im Zentralfeld folgt aus den Eigenschaften der Kugelfunktionen, daß

$$\varepsilon = (-1)^l$$

daher allgemeiner für mehrere Teilchen

$$\varepsilon = (-1)^{l_1 + l_2 + \dots + l_f}. \tag{311}$$

Das gilt zunächst nur für ungekoppelte Teilchen, aber das Einschalten von Koppelungskräften kann wegen seiner Stetigkeit nichts daran ändern. Die Matrizen der Koordinaten der Teilchen sind nur dann von Null verschieden, wenn ε im Anfangs- und Endzustand verschiedenes Zeichen hat (LAPORTEsche Regel).

Mit diesen Hilfsmitteln gelingt es nun leicht, *die verallgemeinerten Wellengleichungen für Teilchen mit Spin* aufzustellen. Ursprünglich hat man dabei nur die Elementarteilchen (Elektronen und Protonen) im Auge gehabt[1]. *Wir wollen jedoch unter Spin eines Teilchens allgemein ein Impulsmoment verstehen, das nicht auf die Translationsbewegung von Massenteilchen zurückgeführt wird und dessen Betrag (im Gegensatz zu seinen Komponenten) als feste Zahl betrachtet wird.* Dieser Standpunkt erscheint notwendig, da wir beim jetzigen Stand der Quantentheorie nicht nur bei den Elementarteilchen, sondern bei jedem Atomkern vor die Notwendigkeit gestellt sind, den Spin (falls er nicht Null ist) in dieser Weise zu behandeln. Denn es scheint nicht möglich zu sein, den Zustand eines Kernes durch Eigenfunktionen zu beschreiben, welche die Ortskoordinaten der im Kern vorhandenen Elektronen enthalten. Wohl aber kann man die Reaktion eines Kernes als Ganzes gegenüber äußeren Kräften, sofern er dabei in einem bestimmten Anregungszustand verbleibt, durch eine Wellenfunktion beschreiben, die neben den Kernkoordinaten noch eine Spinkoordinate als unabhängige Variable enthält.

Die Beschreibung des Spin beruht auf folgenden Annahmen. 1. Neben dem Bahnimpulsmoment

$$\boldsymbol{l}_1 = \frac{1}{i}\left(x_1 \frac{\partial}{\partial x_2} - x_2 \frac{\partial}{\partial x_1}\right) \tag{312}$$

gibt es ein Spinmoment mit den Komponenten s_1, s_2, s_3, denen ebenfalls Operatoren zugeordnet werden, die auf die Wellenfunktionen wirken. Diese Operatoren sollen mit den Orts- und Impulskoordinaten des Teilchens vertauschbar sein. Dabei denken wir uns beide Impulsmomente in der Einheit $\hbar$ gemessen. 2. Den infinitesimalen Drehungen mögen jetzt die Anwendung der Operatoren

$$\boldsymbol{\omega}_k = -i(\boldsymbol{l}_k + \boldsymbol{s}_k) \tag{313}$$

auf die Eigenfunktionen entsprechen, so daß

$$\boldsymbol{P}_k = \hbar(\boldsymbol{l}_k + \boldsymbol{s}_k) \tag{313'}$$

die Rolle des gesamten Drehimpulses spielt. In der Tat ist dann dieser gesamte Operator mit allen drehinvarianten Operatoren vertauschbar, und wenn die Hamiltonfunktion drehinvariant ist, ist er demnach zeitlich konstant. Ist die Hamiltonfunktion nur drehinvariant gegenüber den Drehungen um eine Achse, etwa die x_3-Achse, so ist noch immer $\boldsymbol{P}_3$ konstant. Aus dieser Annahme folgen rein kinematisch für die $\boldsymbol{\omega}_k$ die V.-R. (290), also, da die $\boldsymbol{l}_k$ mit den $\boldsymbol{s}_k$ vertauschbar sind, die zu (293) analogen V.-R.[2]

$$\boldsymbol{s}_1\boldsymbol{s}_2 - \boldsymbol{s}_2\boldsymbol{s}_1 = i\boldsymbol{s}_3 \dots \tag{314}$$

[1] W. PAULI, ZS. f. Phys. Bd. 43, S. 601. 1927.

[2] Ursprünglich hatte man diese V.-R. einfach aus der Analogie zu denjenigen für l_k begründet, welch letztere aus den kanonischen V.-R. für p_k und q_k deduzierbar sind. Auf die Möglichkeit der kinematischen Herleitung der V.-R. für die s_k aus der Drehgruppe haben zuerst J. v. NEUMANN u. E. WIGNER (ZS. f. Phys. Bd. 47, S. 203. 1927) hingewiesen.

Da wir

$$\mathbf{s}_1^2 + \mathbf{s}_2^2 + \mathbf{s}_3^2$$

als eine ein für allemal gegebene Zahl ansehen, die, wie wir gesehen haben, gemäß (314) nur gleich $s(s+1)$ mit halb- oder ganzzahligen s sein kann:

$$\mathbf{s}_1^2 + \mathbf{s}_2^2 + \mathbf{s}_3^2 = s(s+1)\cdot\mathbf{1}\,, \tag{315}$$

können wir in die Wellenfunktion als unabhängige Variable neben den Teilchenortskoordinaten x_k noch *eine* der Komponenten s_k, etwa s_3 einführen, so daß die Wellenfunktion von der Form

$$\psi(x, s_3; t) \tag{316}$$

wird. Aber s_3 ist, wie wir gesehen haben, nur der Werte $-s$, $-(s-1)$, ..., $+s$ fähig. Wir können also statt (316) auch schreiben

$$\psi(x, s_3; t) = \sum_\mu C_\mu(s_3)\,\psi_\mu(x, t)\,, \tag{316'}$$

worin die von x und t unabhängigen $C_\mu(s_3)$ definiert sind durch

$$C_\mu(s_3) = \begin{cases} 1 & \text{für} \quad s_3 = \mu\,, \\ 0 & \text{sonst}\,. \end{cases} \tag{317}$$

Diese $C_\mu(s_3)$ sind normiert und orthogonal, d. h. es gilt

$$\sum_{s_3=-s}^{+s} C_\mu^*(s_3)\,C_{\mu'}(s_3) = \begin{cases} 1 & \text{für} \quad \mu = \mu'\,, \\ 0 & \text{für} \quad \mu \neq \mu'\,. \end{cases} \tag{317'}$$

Für die Anwendungen ist übrigens die spezielle Wahl der $C_\mu(s_3)$ in Gleichung (317) nicht wesentlich, sondern nur die Relationen (317'), die bei Drehungen des Achsenkreuzes bestehen bleiben.

Allgemein ist $\psi_\mu^*\psi_\mu$ wieder die Wahrscheinlichkeit im Ort-Spin-Raum, die Dichte ϱ im Raum der Lagenkoordinaten allein ist also

$$\varrho = \sum_{s_3} \psi^*(x, s_3, t)\,\psi(x, s_3; t) = \sum_\mu \psi_\mu^*(x, t)\,\psi_\mu(x, t)\,. \tag{318}$$

Ihr Volumintegral ist zeitlich konstant, also ist die Orthogonalitäts- und Normierungsbedingung für die zu stationären Zuständen gehörigen Eigenfunktionen

$$u(x, s_3) = \sum_\mu C_\mu(s_3)\,u_\mu(x)\,,$$

$$\sum_{s_3}\int dx\,u_n(x, s_3)\,u_m(x, s_3) = \sum_\mu\int dx\,u_{n\mu}^*(x)\,u_{m\mu}(x)\,dx = \begin{cases} 1 & \text{für} \quad m = n\,, \\ 0 & \text{für} \quad m \neq n\,. \end{cases} \tag{318'}$$

Von den Stromkomponenten wird in der relativistischen Theorie die Rede sein.

Wie die Operatoren $\mathbf{s}_1$, $\mathbf{s}_2$, $\mathbf{s}_3$ auf die Wellenfunktionen wirken, geht am einfachsten aus ihrer zu (301) analogen Matrixdarstellung hervor, die lautet

$$\left.\begin{aligned} (\mathbf{s}_1 + \boldsymbol{i}s_2)_{\mu+1,\mu} &= \sqrt{(s-\mu)(s+1+\mu)}\,, \\ (\mathbf{s}_1 - \boldsymbol{i}s_2)_{\mu-1,\mu} &= \sqrt{(s-\mu+1)(s+\mu)}\,, \\ (\mathbf{s}_3)_{\mu\mu} &= \mu\,. \end{aligned}\right\} \tag{319}$$

Wir haben dann allgemein

$$(\mathbf{s}_k)\,\psi_\mu(x, t) = \sum_{\mu'} \psi_{\mu'}(\mathbf{s}_k)_{\mu'\mu}\,, \tag{320}$$

wobei aber von den Matrixelementen $(\mathbf{s}_k)_{\mu',\mu}$ höchstens zwei von Null verschieden sind. Z. B. ist

$$\begin{aligned} \mathbf{s}_1\psi_\mu &= \tfrac{1}{2}(\mathbf{s}_1 + \boldsymbol{i}\mathbf{s}_2)\,\psi_\mu + \tfrac{1}{2}(\mathbf{s}_1 - \boldsymbol{i}\mathbf{s}_2)\,\psi_\mu \\ &= \tfrac{1}{2}\psi_{\mu-1}\sqrt{(s-\mu+1)(s+\mu)} + \tfrac{1}{2}\psi_{\mu+1}\sqrt{(s-\mu)(s+1+\mu)}\,, \end{aligned}$$

wobei für $\mu = s$ der zweite, für $\mu = -s$ der erste Term der rechten Seite zu streichen ist. Andererseits ist einfach

$$\mathbf{s}_3 \psi_\mu = \psi_\mu \mu .$$

Die Hamiltonfunktion wird im allgemeinen neben den x auch die s_k enthalten. Z. B. wird sie in einem äußeren Magnetfeld mit den Komponenten H_1, H_2, H_3 den Zusatz $K(\mathbf{s}_1 H_1 + \mathbf{s}_2 H_2 + \mathbf{s}_3 H_3)$ enthalten, wenn der numerische Faktor K das Verhältnis von magnetischem Moment und Impulsmoment des Teilchens bedeutet. Im allgemeinen muß die Form des Hamiltonoperators in Analogie zur klassischen Theorie bestimmt werden. (Zu dieser Frage vgl. Kap. 3, Ziff. 22.)

Gegenüber räumlichen Drehungen transformieren sich die C_μ und ψ_μ in (316′) wie die Koeffizienten c_μ und Variablen Ξ_μ der invarianten Form

$$\sum c_\mu \Xi_\mu ,$$

wobei gemäß (305) mit $v = 2s$, $r = s - \mu$

$$\Xi_\mu = \frac{\xi_1^{s+\mu} \xi_2^{s-\mu}}{\sqrt{(s+\mu)!\,(s-\mu)!}}$$

und ξ_1, ξ_2 gemäß (303) transformiert werden. Die Transformation der ψ_μ wird also direkt durch die Darstellung (D_s) der Drehgruppe bestimmt, die ein- oder zweideutig ist, je nachdem s halb- oder ganzzahlig ist. Bei der Spiegelung (308) am Ursprung, der gegenüber die $\mathbf{s}_k$, die eigentlich schiefsymmetrische Tensoren sind, Invarianz besitzen, können auch die Indizes der ψ_μ unverändert gelassen werden. Im Fall $s = 1$ transformieren sich ψ_1, ψ_0, ψ_{-1} bei der Drehung D^{-1} ihrer Argumente wie $-(x_1 - i x_2)$, x_3, $x_1 + i x_2$ bei der Drehung D, so daß geeignete Linearkombinationen der ψ_μ als Vektorkomponenten aufgefaßt werden können.

Von besonderem Interesse ist jedoch der Fall $s = \frac{1}{2}$, weil er, wie die Erfahrung zeigt, bei den Elementarteilchen (Elektron und Proton) vorliegt. Es wird hier gemäß (317)

$$(\mathbf{s}_1 + i\mathbf{s}_2)_{+\frac{1}{2}, -\frac{1}{2}} = (\mathbf{s}_1 - i\mathbf{s}_2)_{-\frac{1}{2}, +\frac{1}{2}} = 1 ,$$

also in Matrixschreibweise

$$\mathbf{s}_1 + i\mathbf{s}_2 = \begin{pmatrix} 0 & 1 \\ 0 & 0 \end{pmatrix}; \quad \mathbf{s}_1 - i\mathbf{s}_2 = \begin{pmatrix} 0 & 0 \\ 1 & 0 \end{pmatrix}; \quad \mathbf{s}_3 = \begin{pmatrix} \frac{1}{2} & 0 \\ 0 & -\frac{1}{2} \end{pmatrix},$$

also mit

$$\mathbf{s}_k = \tfrac{1}{2} \sigma_k , \tag{321}$$

$$\sigma_1 = \begin{pmatrix} 0 & 1 \\ 1 & 0 \end{pmatrix}, \quad \sigma_2 = \begin{pmatrix} 0, & -i \\ i, & 0 \end{pmatrix}, \quad \sigma_3 = \begin{pmatrix} 1 & 0 \\ 0 & -1 \end{pmatrix}. \tag{322}$$

Schreibt man für $\psi_{+\frac{1}{2}}(x, t)$, $\psi_{-\frac{1}{2}}(x, t)$ bzw. $\psi_\alpha(x, t)$, $\psi_\beta(x, t)$ und für $C_{+\frac{1}{2}}$ und $C_{-\frac{1}{2}}$ einfach C_+ und C_-, so wird dann

$$\psi(x, s_3; t) = C_+ \psi_\alpha(x, t) + C_- \psi_\beta(x, t) . \tag{316″}$$

Ferner erhält man auf Grund von (320)

$$\sigma_1 \psi_\alpha = \psi_\beta , \qquad \sigma_1 \psi_\beta = \psi_\alpha .$$
$$\sigma_2 \psi_\alpha = \psi_\beta . i , \qquad \sigma_2 \psi_\beta = \psi_\alpha . (-i) ,$$
$$\sigma_3 \psi_\alpha = \psi_\alpha , \qquad \sigma_3 \psi_\beta = -\psi_\beta ,$$

und die „Dichtekomponenten des Spinmomentes"

$$\left.\begin{aligned} d_1 &= \psi_\alpha^* \sigma_1 \psi_\alpha + \psi_\beta^* \sigma_1 \psi_\beta = \psi_\alpha^* \psi_\beta + \psi_\beta^* \psi_\alpha , \\ d_2 &= \psi_\alpha^* \sigma_2 \psi_\alpha + \psi_\beta^* \sigma_2 \psi_\beta = i(\psi_\alpha^* \psi_\beta - \psi_\beta^* \psi_\alpha) , \\ d_3 &= \psi_\alpha^* \sigma_3 \psi_\alpha + \psi_\beta^* \sigma_3 \psi_\beta = \psi_\alpha^* \psi_\alpha - \psi_\beta^* \psi_\beta \end{aligned}\right\} \tag{323}$$

transformieren sich wie die Komponenten eines Vektors, während

$$\varrho = \psi_\alpha^* \psi_\alpha + \psi_\beta^* \psi_\beta \tag{318'}$$

invariant ist. Diese Matrizen $\boldsymbol{\sigma}_k$ genügen den Relationen

$$\left.\begin{aligned} \boldsymbol{\sigma}_1 \boldsymbol{\sigma}_2 &= -\boldsymbol{\sigma}_2 \boldsymbol{\sigma}_1 = i \boldsymbol{\sigma}_3, \ldots, \\ \boldsymbol{\sigma}_1^2 &= \boldsymbol{\sigma}_2^2 = \boldsymbol{\sigma}_3^2 = 1, \end{aligned}\right\} \tag{324}$$

die spezieller sind als (314), (315) und bedeuten, daß die sich wie die mit i multiplizierten Einheiten der Quaternionen multiplizieren. Gegenüber räumlichen Drehungen transformieren sich die ψ_α, ψ_β wie die ξ_1, ξ_2, die in (303) eingeführt sind, also gemäß der Matrix

$$\begin{pmatrix} \alpha, & -\beta^* \\ \beta, & \alpha^* \end{pmatrix},$$

die aus (307) zu entnehmen ist. Wie bereits erwähnt, bestimmt dann

$$\boldsymbol{\omega}_k = -i \boldsymbol{s}_k = -\frac{i}{2} \boldsymbol{\sigma}_k$$

die Transformation der $(\psi_\alpha, \psi_\beta)$ bei infinitesimalen Drehungen.

Der Fall mehrerer Teilchen mit Spin, die miteinander in Wechselwirkung treten, ihre Anzahl sei N, läßt sich nun ohne weiteres erledigen. Man hat Eigenfunktionen

$$\psi(x_{r1}, x_{r2}, x_{r3}, s_{r3}) \tag{325}$$

einzuführen, worin der Index r die Teilchen numeriert und von 1 bis N läuft. Dabei läuft jedes s_{r3} von $-s_r$ bis $+s_r$. In Indexschreibweise hat man die Eigenfunktionen

$$\psi(x_{rk}, s_{r3}, t) = \sum_{\mu_1, \ldots \mu_N} C_{\mu_1}(s_{13}) \ldots C_{\mu_N}(s_{N3}) \psi_{\mu_1, \ldots \mu_N}(x_{11} \ldots x_{N3}), \tag{325'}$$

worin μ_r von $-s_r$ bis $+s_r$ läuft. Im Falle lauter Elektronen kann jedes μ nur die zwei Werte $+\frac{1}{2}$ und $-\frac{1}{2}$ annehmen, und durch (326) sind 2^N Funktionen definiert. Ein Operator $\boldsymbol{s}_{rk}$ wirkt nur auf den einen Index μ_r mit derselben Nummer r, und zwar genau in der angegebenen Weise.

Eine wesentliche Unterscheidung zwischen zusammengesetzten und elementaren Teilchen (Elektronen und Protonen) sowie eine Begründung für den Wert $\frac{1}{2}$ des Spins der letzteren ergibt sich erst in der relativistischen Wellenmechanik (vgl. Abschn. B, Ziff. 2).

14. Verhalten der Eigenfunktionen mehrerer gleichartiger Teilchen gegenüber Permutation[1]. Ausschließungsprinzip. Wenn wir es mit mehreren gleichartigen Teilchen zu tun haben, treten besondere Verhältnisse ein, die daher

---

[1] Vgl. hierzu die in Anm. 4, S. 176 zitierten Lehrbücher. In historischer Hinsicht sei folgendes bemerkt. Das Problem mehrerer gleichartiger Teilchen wurde wellenmechanisch zuerst behandelt von P. A. M. DIRAC, Proc. Roy. Soc. London (A) Bd. 112, S. 661. 1926 (hier noch ohne Spin), und W. HEISENBERG, ZS. f. Phys. Bd. 40, S. 501. 1926 (hier findet sich zuerst die wichtige Anwendung auf das He-Spektrum, einschließlich Spin); in den beiden genannten Arbeiten findet sich auch die allgemeine wellenmechanische Formulierung des Ausschließungsprinzips (W. PAULI, ZS. f. Phys. Bd. 31, S. 765. 1925). Die Statistik von Teilchen mit symmetrischen Zuständen ist zuerst von S. N. BOSE (ZS. f. Phys. Bd. 26, S. 178. 1924) und A. EINSTEIN (Berl. Ber. 1924, S. 261; 1925, S. 1), die von Teilchen mit antisymmetrischen Zuständen von E. FERMI (ZS. f. Phys. Bd. 36, S. 902. 1926) und P. A. M. DIRAC (l. c.) aufgestellt. Der allgemeine Fall von N Teilchen und sein Zusammenhang mit der Gruppentheorie findet sich zuerst vollständig bei E. WIGNER, ZS. f. Phys. Bd. 40, S. 883. 1927. Anwendung auf Kerne finden sich bei W. HEISENBERG (ebenda Bd. 41, S. 239. 1927) und F. HUND (ebenda Bd. 42, S. 93. 1927). Der Beweis, daß die Protonen ebenso wie die Elektronen den Spin 1/2 haben und dem Ausschließungsprinzip gehorchen, wurde von D. M. DENNISON [Proc. Roy. Soc. London (A) Bd. 115, S. 483. 1927] erbracht durch die Deutung des Abfalls der Rotationswärme des Wasserstoffes. Von N. F. MOTT [ebenda (A) Bd. 125, S. 222.

rühren, daß der Hamiltonoperator stets invariant ist bei irgendwelchen Vertauschungen der Teilchen. Wenn die Teilchen einen Spin haben, müssen hierbei auch die Spinkoordinaten s_{r3} mit den Ortskoordinaten x_{rk} ($k = 1, 2, 3$) zugleich vertauscht werden. Wenn der Hamiltonoperator nur die Ortsvariablen allein enthält, besteht allerdings schon Invarianz gegenüber den Vertauschungen der Ortsvariablen allein, und wenn der vom Spin abhängige Teil der Hamiltonfunktion relativ klein ist, so besteht die letztere Invarianz näherungsweise. Auf diesen Umstand kommen wir später zurück; zunächst betrachten wir die gleichzeitige Vertauschung der Spin und Ortsvariablen, der gegenüber *exakte* Invarianz besteht. Sei also P eine Permutation der N Ziffern $1, 2, \ldots, r, \ldots, N$, welche die N gleichen Teilchen numerieren, so erhält man aus jeder Eigenfunktion $\psi(x_1 \ldots x_{N3}, s_{13} \ldots s_{N3}, t)$ durch Anwendung der Permutation P eine neue Eigenfunktion, die zum selben beobachtbaren Zustand des Systems gehört.

$$\psi'(x_{11} \ldots s_{N3}, t) = P\psi(x_{11} \ldots s_{N3}, t).$$

In der Tat hat dann jeder in den Teilchenvariablen symmetrische Operator, insbesondere der Energieoperator, denselben Erwartungswert, wenn man ihn einmal mit ψ', das andere Mal mit ψ berechnet. *Nur diese symmetrischen Operatoren entsprechen aber bei gleichen Teilchen beobachtbaren Größen.* Wegen der Nichtunterscheidbarkeit eines Teilchens vom anderen, hat es z. B. nur einen Sinn nach der Wahrscheinlichkeit dafür zu fragen, daß *eines* der Teilchen den Ort x_{1k} und den Spin s_{13}, ein *anderes* den Ort x_{2k} und den Spin s_{23} usw. hat, nicht aber, daß das *erste* Teilchen den Ort und Spin x_{1k}, s_{13}, das *zweite* den Ort und Spin x_{2k}, s_{13} hat. Die erstere Wahrscheinlichkeit ist gegeben durch

$$\sum_P P|\psi(x_{11} \ldots s_{N3})|^2 dx_{11} \ldots dx_{N3}, \tag{326}$$

wenn wir wie immer die Ortskoordinaten x_{rk} bis auf den Spielraum dx_{rk} bestimmt denken und die Spinkoordinaten s_{3r} die Zahlen von $-s$ bis $+s$ (bei Elektronen die Zahlen $-\frac{1}{2}$ und $+\frac{1}{2}$) durchlaufen.

Aus den allgemeinen Sätzen der vorigen Ziffer geht hervor, daß die stationären Zustände des Gesamtsystems in verschiedene Systeme zerfallen müssen, die den verschiedenen irreduziblen Darstellungen der Permutationsgruppe entsprechen. Überdies sind bei einer symmetrischen Größe nur diejenigen Matrixelemente von Null verschieden, bei denen Anfangs- und Endzustand zum selben Termsystem gehören. Ist die Darstellung vom Grade 1, so sind die Terme nicht entartet (zufällige Entartungen oder solche, die aus der Invarianz der Hamiltonfunktion gegenüber anderen Gruppen als der Permutationsgruppe entspringen, bleiben zunächst außer Betracht), die Eigenfunktion multipliziert sich bei Anwendung jeder Permutation mit einem Zahlfaktor. Ist allgemeiner die Darstellung vom Grade h, so ist der zugehörige Energiewert $h$fach entartet. Im zugehörigen h-dimensionalen linearen Vektorraum der Eigenfunktionen können wir eine Basis von zueinander orthogonalen und normierten Eigenfunktionen $u_1, u_2, \ldots, u_h$ finden, die bei Anwendung der Permutation P, der linearen Abbildung $\boldsymbol{c}(P)$ der Darstellung entsprechend in die neuen Eigenfunktionen

$$\boldsymbol{P}u_s = \sum_{r=1}^{h} u_r c_{rs}(\boldsymbol{P}) \tag{327}$$

1929] und R. Oppenheimer (Phys. Rev. Bd. 32, S. 361. 1928) wurde gezeigt, daß die Symmetrieklasse der Eigenfunktionen bei Stoßproblemen wesentlich ist. Anschließend an die von N. F. Mott [Proc. Roy. Soc. London (A) Bd. 126, S. 259. 1929] ausgeführte Durchrechnung des Stoßes zweier gleicher Punktladungen ergab sich dann unter anderem empirisch, daß die He-Kerne (α-Teilchen) symmetrische Zustände haben (vgl. hierzu Kap. 5, Ziff. 4, Kap. 6, Ziff. 5 ds. Handb.).

übergeht. Da
$$\sum_{s_r} \int u_r^* \, u_s \, dx = \sum_{s_r} \int (P u_r)^* \, (P u_s) \, dx_r$$
(es ist hierin jedes der vorkommenden s_{r3} von $-s$ bis $+s$ zu summieren), sind auch die $\boldsymbol{P} u_s$ orthogonal und normiert, wenn die u_r es waren, und die Darstellung ist unitär. Aus einer beliebigen Funktion $f(q_1 \ldots q_N)$ (worin q_r die $x_{1r}\, x_{2r}\, x_{3r}$ und s_{3r} zusammenfassen soll) erhält man eine spezielle Funktion $v(q_1 \ldots q_N)$, die sich gemäß der Darstellung (327) transformiert, durch Bildung von
$$v(q_1 \ldots q_N) = \sum_{\boldsymbol{P}} A_{\boldsymbol{P}} \cdot \boldsymbol{P} f(q_1 \ldots q_N), \tag{328}$$
bei geeigneter Wahl der Zahlkoeffizienten $A_{\boldsymbol{P}}$.

Spezielle Darstellungen vom Grade 1 sind die zu symmetrischen und die zu antisymmetrischen Funktionen gehörigen. Im ersteren Fall ist
$$\boldsymbol{P} u(q_1 \ldots q_N) = u(q_1 \ldots q_N), \tag{329}$$
die Darstellung ist die identische, d. h. jedem Gruppenelement entspricht die Identität. Bei der antisymmetrischen Darstellung ist zwischen geraden und ungeraden Permutationen zu unterscheiden. Ist $\delta_{\boldsymbol{P}} = 1$ für gerade, $\delta_{\boldsymbol{P}} = 1$ für ungerade Funktionen, so gilt für eine antisymmetrische Funktion
$$\boldsymbol{P} u(q_1 \ldots q_N) = \delta_{\boldsymbol{P}} \cdot u(q_1 \ldots q_N). \tag{330}$$
Da
$$\delta_{\boldsymbol{P}\boldsymbol{Q}} = \delta_{\boldsymbol{P}} \cdot \delta_{\boldsymbol{Q}}, \qquad \delta_{\boldsymbol{P}^{-1}} = \delta_{\boldsymbol{P}}, \qquad \delta_1 = 1,$$
ist dies in der Tat eine Darstellung, und für die Gültigkeit von (328) ist es hinreichend, daß u bei Vertauschung irgend zweier Variablen das Vorzeichen ändert. Man erhält aus der beliebigen Funktion f gemäß (326) eine symmetrische, wenn man alle A_P gleich 1 setzt:
$$v_{\mathrm{symm}}(q_1 \ldots q_N) = \sum \boldsymbol{P} f(q_1 \ldots q_N), \tag{328'}$$
eine antisymmetrische Funktion, wenn man $A_{\boldsymbol{P}} = \delta_{\boldsymbol{P}}$ (also ± 1) setzt:
$$v_{\mathrm{antis}}(q_1 \ldots q_N) = \sum_{\boldsymbol{P}} \delta_{\boldsymbol{P}} \boldsymbol{P} f(q_1 \ldots q_N). \tag{328''}$$
Sind nur zwei Teilchen vorhanden, so sind die symmetrische und die antisymmetrische die einzigen irreduziblen Darstellungen, die Energiewerte zerfallen deshalb einfach in diese beiden Systeme.

Ist ein System von N-Teilchen einmal in einem bestimmten [zu einer gewissen irreduziblen Darstellung $\boldsymbol{c}(\boldsymbol{P})$ der Permutationsgruppe gehörigen] Termsystem, so kann es durch keine äußere Wirkung (Kraftfeld, Strahlung) in ein anderes System gebracht werden, weil die Störungsenergie symmetrisch in den Teilchen ist und ihre Matrixelemente mit Anfangszuständen des betrachteten Systems und Endzuständen eines anderen Systems verschwinden. Auch bleibt zufolge der Wellengleichung für zeitabhängige Wellenfunktionen der Symmetriecharakter, der zur Zeit 0 vorhanden war, für alle Zeiten bestehen. Man spricht deshalb auch von *nicht kombinierenden Termsystemen*. Dabei erfordert jedoch der Fall, daß die Zahl N der betreffenden Teilchensorte nicht konstant bleibt, z. B. das System mit einem weiteren Teilchen der betrachteten Art zusammenstößt, eine besondere Überlegung.

Es sei z. B. ein Atomsystem mit N Elektronen gegeben, und wir nehmen an, es sei in einem Zustand mit den Eigenfunktionen $u_\sigma(q_1 \ldots q_N)$ die zu einer bestimmten irreduziblen Darstellung $D_{(N)}$ der Gruppe Σ_N der Permutationen von N Elementen gehören. Dann möge ein weiteres $(N+1)$tes Elektron auf das Atom stoßen, und es seien die Eigenfunktionen $U_\varrho(q_1 \ldots q_N, q_{N+1})$ des Gesamtsystems vor dem Stoß so gewählt, daß sie zu einer bestimmten irreduziblen

Darstellung $D_{(N+1)}$ der Gruppe der Permutationen von $(N+1)$ Elementen gehören möge. Es hat dann U_ϱ die Form

$$U_\varrho = \sum_{\boldsymbol{P}} A_{\boldsymbol{P},\varrho} \boldsymbol{P} u_1(q_1 \ldots q_N)\, v(q_{N+1}),$$

worin $v(q_{N+1})$ die Eigenfunktion des stoßenden Elektrons ist und die $A_{\boldsymbol{P},\varrho}$ geeignete Zahlkoeffizienten sind. Die Darstellung D^N von u muß in der Darstellung $D^{(N+1)}$ von U beim Ausreduzieren nach der Untergruppe Σ_N von Σ_{N+1} enthalten sein. Da außerdem die u in großer Entfernung R eines der Elektronen $q_1 \ldots q_N$ rasch verschwinden, ergibt sich mit großer Annäherung

$$U_\varrho(q_1 \ldots q_N, R) = A_{1\varrho} u_1(q_1 \ldots q_N)\, v(R).$$

Nach dem Stoß erhält man eine neue Funktion

$$U'_\varrho(q_1 \ldots q_{N+1}) = \sum_{\boldsymbol{P}} A'_{\boldsymbol{P},\varrho} \boldsymbol{P} u'_1(q_1 \ldots q_N)\, v'(q_{N+1})$$

von analoger Beschaffenheit. Es wird dann U'_ϱ notwendig zur selben Darstellung $D^{(N+1)}$ von Σ_{N+1} gehören wie U_ϱ. Dagegen können die u' sich bei Anwendung der Permutationen $\boldsymbol{P}$ von Σ_N nach einer (unter Umständen reduziblen) Darstellung transformieren, die irgendwelche irreduziblen Darstellungen $D^{(N)}$ enthalten kann, die beim Ausreduzieren von $D^{(N+1)}$ nach der Untergruppe Σ_N von Σ_{N+1} auftreten. Dies sind im allgemeinen mehrere, und dann kann das Atom durch Stoß mit einem weiteren Elektron aus einem Zustand eines Systems in das eines anderen übergeführt werden. Nur in den zwei Spezialfällen, die bereits erwähnt wurden, tritt eine Vieldeutigkeit der $D^{(N)}$ nicht ein. Wenn wir es nämlich mit einer symmetrischen oder einer antisymmetrischen Funktion $U(q_1 \ldots q_{N+1})$ der $N+1$ Teilchen zu tun haben, dann müssen, wie aus den Zerlegungen

$$U_s(q_1 \ldots q_{N+1}) = \sum_P P u(q_1 \ldots q_N)\, v(q_{N+1}) = \sum_{k=1}^{N+1} T_{N+1,k} \overline{u}_s(q_1 \ldots q_N)\, v(q_{N+1}),$$

$$U_a(q_1 \ldots q_{N+1}) = \sum_P \delta_P u(q_1 \ldots q_N)\, v(q_{N+1}) = \sum_{k=1}^{N+1} \delta_k T_{N+1,k} \overline{u}_a(q_1 \ldots q_N)\, v(q_{N+1}),$$

hervorgeht, die $\overline{u}_s$ und $\overline{u}_a$ notwendig wieder symmetrisch bzw. antisymmetrisch in den N Variablen $q_1 \ldots q_N$ sein. Hierin bezeichnet $T_{N+1,k}$ die Vertauschung (Transposition) der zwei Ziffern $N+1$ und k, $T_{N+1,N+1}$ also die Identität; und es ist $\delta_k = +1$ für $k = N+1$; $\delta_k = -1$ für $1 \leqq k \leqq N$.

Die Erfahrung hat nun gezeigt, daß — sobald wir Spin und Ortsvariable simultan vertauschen — *für jede Teilchensorte nur eine einzige Klasse von Zuständen vorhanden ist. Diese Klasse kann dann nur die symmetrische oder die antisymmetrische Klasse sein. Die Erfahrung zeigt weiter, daß bei den Elementarteilchen (Elektron und Proton) es die antisymmetrische Klasse ist, welche allein in der Natur vorkommt.* Bei anderen Teilchen, z. B. den He-Kernen (α-Teilchen), kommt die symmetrische Klasse in der Natur vor. Der Umstand, daß die Wellenmechanik *mehr*, und zwar korrespondenzmäßig gleichberechtigte Möglichkeiten liefert, als in der Natur vorkommen, ist sehr eigenartig, und es ist zu hoffen, daß eine künftige Theorie der elektrischen Elementarteilchen auch eine vertiefte Einsicht in das Wesen dieser engeren Auswahl der Natur bringen wird[1].

---

[1] Es ist oft versucht worden, diese Einschränkung der Möglichkeiten dadurch zu erzwingen, daß man geeignete Singularitäten in die Wechselwirkungsenergie zweier Elementarteilchen einführt, im Fall, daß Ort und Spinkoordinaten der Teilchen koinzidieren. Es soll dann erreicht werden, daß nur die antisymmetrischen Eigenfunktionen regulär bleiben. In mathematisch korrekter Weise geschah dies durch G. JAFFÉ, ZS. f. Phys. Bd. 66, S. 748. 1930. Die Singularitäten sind jedoch von solcher Art, daß sie kaum der Wirklichkeit entsprechen dürften.

Die Eigenschaften der Symmetrieklassen treten deutlicher hervor, wenn man Teilchen betrachtet, die in erster Näherung ungekoppelt, d. h. frei von Wechselwirkungskräften sind. Sie können sich aber in einem äußeren Kraftfeld befinden. Es seien in diesem Fall $u_1(q) \ldots u_N(q)$ die Eigenfunktionen der Zustände, in denen sich die N Elektronen befinden, worunter aber auch gleiche Zustände vorkommen können. Dann ist die symmetrische Eigenfunktion die Summe der Produkte

$$U_s(q_1 \ldots q_N) = \sum_P P u_1(q_1) \ldots u_N(q_N), \tag{331}$$

worin die Permutationen bei festen Indizes $1 \ldots N$ der Zustände (unter denen auch gleiche vorkommen können) die Indizes der Teilchenkoordinaten permutieren sollen. (Zur Normierung von U_s ist noch ein geeigneter Zahlfaktor hinzuzufügen.) Ebenso findet man die antisymmetrische Eigenfunktion

$$U_a(q_1 \ldots q_N) = \sum_P \delta_P P u_1(q_1) \ldots u_N(q_N) = \begin{vmatrix} u_1(q_1) & \ldots & u_N(q_1) \\ u_1(q_2) & \ldots & u_N(q_2) \\ \ldots & \ldots & \ldots \\ u_1(q_N) & \ldots & u_N(q_N) \end{vmatrix}, \tag{332}$$

die auch als Determinante geschrieben werden kann. *Die antisymmetrische Eigenfunktion verschwindet identisch, wenn zwei der Zustände übereinstimmen* ($u_l(q) \equiv u_k(q)$ für $k \neq l$). Bei Teilchen mit antisymmetrischen Zuständen kann es also niemals vorkommen, daß sich zwei Teilchen im selben Zustand befinden. Dies ist der Inhalt des *Ausschließungsprinzips*, das schon vor Aufstellung der Wellenmechanik für Elektronen formuliert wurde; daß es auch für Protonen gültig ist, ist eine spätere Erkenntnis. Aus der Gültigkeit des Ausschließungsprinzips für eine bestimmte Gattung von Teilchen folgt umgekehrt, daß die Teilchen antisymmetrische Zustände haben. Denn *nur* die antisymmetrischen Eigenfunktionen haben die Eigenschaft, stets zu verschwinden, wenn zwei Teilchen sich im selben Zustand befinden.

Für die widerspruchsfreie Möglichkeit, alle Symmetrieklassen bis auf eine auszuschließen, ist es wesentlich, daß sich die Art der Symmetrieklasse innerhalb der Gültigkeit der klassischen Mechanik (geometrischen Optik) nicht bemerkbar macht. Betrachten wir der Einfachheit halber nur zwei Teilchen, so können wir sie z. B. immer dann mit Benutzung der Stetigkeit ihrer Ortsveränderung prinzipiell unterscheiden, *wenn ihre Wellenfunktionen* $\psi_1(q, t)$ *und* $\psi_2(q, t)$ *sich niemals überdecken, d. h. in vollständig getrennten räumlichen Gebieten von Null verschieden sind.* (Strenggenommen genügen getrennte Gebiete im Ort-Spin-Raum; wir schreiben ferner für den Moment $\int dq$ statt $\sum_{s_3} \int dx_1 dx_2 dx_3$.) In diesem Fall ist nämlich

$$\psi_1^*(q_r, t)\, \psi_2(q_r, t) = 0 \qquad r = 1, 2$$

im ganzen q-Raum und im ganzen in Betracht gezogenen Zeitintervall, und daher ist für den Erwartungswert eines beliebigen in den beiden Teilchen symmetrischen Operators $\boldsymbol{F}(\boldsymbol{p}_1, \boldsymbol{p}_2, \boldsymbol{q}_1, \boldsymbol{q}_2)$ im symmetrischen und im antisymmetrischen Fall mit den normierten Funktionen

$$\left.\begin{aligned} \Psi_s(q_1 q_2 t) &= \frac{1}{\sqrt{2}} [\psi_1(q_1, t)\, \psi_2(q_2, t) + \psi_1(q_2, t)\, \psi_2(q_1, t)], \\ \Psi_a(q_1 q_2 t) &= \frac{1}{\sqrt{2}} [\psi_1(q_1, t)\, \psi_2(q_2, t) - \psi_1(q_2, t)\, \psi_2(q_1, t)], \end{aligned}\right\} \tag{331'}$$

$$\left.\begin{aligned} \overline{F}(t) &= \int \Psi_s^* \boldsymbol{F} \Psi_s\, dq_1 dq_2 = \int \Psi_a^* \boldsymbol{F} \Psi_a\, dq_1 dq_2 \\ &= \int \psi_1^*(q_1, t)\, \psi_2^*(q_2, t) [\boldsymbol{F} \psi_1(q_1, t)\, \psi_2(q_2, t)]\, dq_1 dq_2 \\ &= \int \psi_1^*(q_2, t)\, \psi_2^*(q_1, t) [\boldsymbol{F} \psi_1(q_2, t)\, \psi_2(q_1, t)]\, dq_1 dq_2, \end{aligned}\right\} \tag{332'}$$

da in diesem Fall (wenigstens wenn $\boldsymbol{F}$ ganz rational von den $\boldsymbol{p}$ abhängt)

$$\psi_1^*(q_1, t)\,\psi_2^*(q_2, t)\,[\boldsymbol{F}\psi_1(q_2, t)\,\psi_2(q_1, t)] = 0\,.$$

Man pflegt die Tatsache, daß die Elektronen das Ausschließungsprinzip erfüllen bzw. antisymmetrische Zustände haben, oft so darzustellen, daß alle Elektronen „einen Vertrag miteinander schließen" oder „voneinander wissen" müssen, um diesem Prinzip zu genügen. Wir sehen aber, daß dieser „Vertrag", wenn man so sagen darf, automatisch erst in Wirksamkeit tritt, wenn die Wellenpakete der Elektronen einander überdecken, d. h. wenn die Möglichkeit, daß beide an derselben Stelle des Ort-Spin-Raumes sind, nicht von vornherein (bereits ohne Berücksichtigung der Symmetrieklasse) ausgeschlossen ist.

Wir wollen nun das Verhalten von mehreren Elektronen noch etwas genauer betrachten, hinsichtlich der Trennung von Orts- und Spinkoordinaten. In vielen Fällen ist es nämlich erlaubt, die Wechselwirkung zwischen Spin und Bahn, d. h. diejenigen Teile des Hamiltonoperators, die die Spinoperatoren enthalten, noch als klein zu betrachten gegen die Wechselwirkung der Elektronen. In nullter Näherung (jedes Elektron bewegt sich im gleichen äußeren Kraftfeld) hat dann der Hamiltonoperator die Form

$$\boldsymbol{H}^{(0)} = \sum_{r=1}^{N} \boldsymbol{H}_r^{(0)}\,,$$

worin jedes $\boldsymbol{H}_r^{(0)}$ nur auf die Ortskoordinaten des $r$ten Elektrons wirkt. In erster Näherung kommt eine Störung

$$\boldsymbol{H}^{(1)} = \sum_{r,s}{}' \frac{e^2}{r_{rs}}$$

hinzu, die symmetrisch ist in den Ortskoordinaten der Teilchen. Es ist dies die in (98), (99) bereits eingeführte COULOMBsche Wechselwirkungsenergie der Teilchen. In zweiter Näherung tritt erst eine Wechselwirkungsenergie zwischen Spin und Bahn hinzu

$$\boldsymbol{H}^{(2)} = V(x_{rk}, s_{r3})\,.$$

Wenn $\boldsymbol{H}^{(2)}$ nicht nur als klein gegenüber $\boldsymbol{H}^{(0)}$, sondern auch als klein gegenüber $\boldsymbol{H}^{(1)}$ betrachtet werden darf, spricht man von Russell-Saunders-Koppelung.

Das diesen Voraussetzungen entsprechende Verhalten der Eigenfunktionen möge nun zunächst im einfachsten Fall *zweier* Teilchen näher untersucht werden. Die im ganzen, d. h. in Spin- und Ortskoordinaten zusammen, antisymmetrischen Lösungen sind in nullter und erster Näherung (den Index $k = 1, 2, 3$ der drei Raumkoordinaten jedes Teilchens lassen wir fort) gemäß (326)

$$\left.\begin{aligned} u(x_1, s_{13}) &= u(x)\,[a_\alpha C_+(s_3) + a_\beta C_-(s_3)]\,,\\ v(x_2, s_{23}) &= v(x)\,[b_\alpha C_+(s_3) + b_\beta C_-(s_3)] \end{aligned}\right\} \tag{333}$$

mit

$$U(x_1, x_2, s_{13}, s_{23}) = u(x_1, s_{13})\,v(x_2, s_{23}) - u(x_2, s_{23})\,v(x_1, s_{13})\,.$$

Es ist hierin zum Ausdruck gebracht, daß in nullter und erster Näherung Spin- und Ortsvariablen separierbar sind; $u(x)$ und $v(x)$ sind die Ortseigenfunktionen eines einzigen Elektrons in *einem* der betrachteten Zustände. Sind beide hinsichtlich der Ortskoordinaten im selben Zustand, so ist $u(x) = v(x)$ zu setzen. Ist ursprünglich kein äußeres Kraftfeld vorhanden, der Hamiltonoperator also drehungsinvariant, was wir annehmen wollen, so erhalten wir bei einer *beliebigen* Wahl der a_α, a_β, b_α, b_β zulässige Eigenfunktionen. Es ist dann $U(x_1\, x_2\, s_{13}\, s_{23})$

eine Linearkombination folgender vier (aufeinander orthogonaler und normierter) Eigenfunktionen

$$U^I(x_1, x_2, s_{13}, s_{23}) = \frac{1}{\sqrt{2}}[u(x_1)v(x_2) - u(x_2)v(x_1)]A_{m_s}(s_{31}, s_{32})$$

mit $m_s = -1, 0, +1$ und

$$A_{-1}(s_{13}, s_{23}) = C_-(s_{13})C_-(s_{23}),$$

$$A_0 = \frac{1}{\sqrt{2}}[C_+(s_{13})C_-(s_{23}) + C_-(s_{13})C_+(s_{23})],$$

$$A_+ = C_+(s_{13})C_+(s_{23}).$$

Sodann

$$U^{II}(x_1, x_2, s_{13}, s_{23}) = \frac{1}{\sqrt{2}}[u(x_1)v(x_2) + v(x_1)u(x_2)] \cdot$$

$$\cdot \frac{1}{\sqrt{2}}[C_+(s_{13})C_-(s_{23}) - C_-(s_{13})C_+(s_{23})].$$

Man sieht, daß die Spineigenfunktionen, die als Faktoren hier vorkommen, im ersten Fall symmetrisch, im zweiten antisymmetrisch sind. Im zweiten Fall ergibt die Anwendung irgendeines Operators $\boldsymbol{s}_k = \boldsymbol{s}_{1k} + \boldsymbol{s}_{2k}$ auf die Spineigenfunktion den Wert Null. Daraus folgt schon, daß sie invariant gegenüber Drehungen ist. Dies ist auch direkt zu sehen, da sie sich bei irgendeiner linearen Transformation, die ja auf die $C_+(s_{13})\,C_-(s_{13})$ bzw. $C_+(s_{23})\,C_-(s_{23})$ in gleicher Weise ausgeübt wird, mit der Determinante der Transformation multipliziert. Diese hat aber, wie wir gesehen haben, den Wert 1 bei den den Drehungen zugeordneten Transformationen der C_+, C_-. Zu U^{II} gehört also ein Term mit $S = 0$ (Singuletterm). Selbst wenn wegen der Invarianz des Hamiltonoperators gegenüber Drehungen mehrere u und mehrere v zum selben Eigenwert gehören[1] (nicht verschwindendes resultierendes Impulsmoment L der Bahnbewegung), tritt hier bei Einschaltung der Störungsenergie $\boldsymbol{H}^{(2)}$ keine weitere Aufspaltung der Terme ein. Im Fall $u(x) = v(x)$ ist der erste Normierungsfaktor in U^{II} durch $\frac{1}{2}$ zu ersetzen, so daß einfach $u(x) \cdot v(x)$ geschrieben werden kann. In erster Näherung, d. h. mit Vernachlässigung von $\boldsymbol{H}^{(2)}$, gehört zu U^{II} die Termstörung

$$\Delta E_{II} = J_0 + J_1, \tag{334a}$$

worin

$$\left.\begin{aligned} J_0 &= \int |u(x_1)|^2 |v(x_2)|^2 V(x_1, x_2)\, dx_1\, dx_2, \\ J_1 &= \int u^*(x_1)\, u(x_2)\, v^*(x_1)\, v(x_2)\, V(x_1, x_2)\, dx_1\, dx_2. \end{aligned}\right\} \tag{335}$$

J_1 ist das sog. Austauschintegral.

Im ersten Fall, der zu den Eigenfunktionen U^I gehört, sind die Spineigenfunktionen symmetrisch. Die A_{-1}, A_0, A_1 transformieren sich bei Drehungen untereinander. Dies beruht letzten Endes darauf, daß die Drehungen und die Permutationen *vertauschbar* sind, der Symmetriecharakter der Eigenfunktionen bei Drehungen also nie geändert werden kann. Die Eigenfunktionen A_{-1}, A_0, A_1 des Spins allein entsprechen dabei den Werten -1, 0, 1 der Quantenzahl m_s der 3-Komponente $s_3 = s_{13} + s_{23}$ des resultierenden Spinimpulses und dem Wert $s = 1$ der Quantenzahl des Betrages des resultierenden Spinimpulses. Die zugehörige Eigenwertstörung ist in erster Näherung

$$\Delta E_I = J_0 - J_1, \tag{334b}$$

[1] Es müssen dann geeignete Linearaggregate verschiedener $u_\varkappa(x_1)v_\lambda(x_2) + u_\varkappa(x_2)v_\lambda(x_1)$ gebildet werden.

wenn J_0 und J_1 dieselben Integrale wie oben bedeuten. Ist L das Bahnimpulsmoment, so tritt infolge der Störungsenergie $\boldsymbol{H}^{(2)}$ im allgemeinen eine weitere Aufspaltung des Terms ein, indem die reduzible Darstellung

$$D_1 \times D_2$$

der Drehungsgruppe in ihre irreduziblen Bestandteile

$$D_J$$

mit $J = L + 1$, L, $L - 1$ zerfällt. Für $L = 0$ (S-Term) tritt offenbar keine Aufspaltung ein. Wir haben es hier also mit einem Triplettsystem zu tun. Es ist zu beachten, daß für $u(x) = v(x)$ die Eigenfunktion U^I identisch verschwindet.

Das wesentliche Resultat ist folgendes: *Das Ausschließungsprinzip bewirkt, daß bei zwei Elektronen die in den Ortskoordinaten allein symmetrischen Zustände zu Singulettermen, die in den Ortskoordinaten antisymmetrischen Zustände zu Triplettermen gehören. Bereits bei Vernachlässigung der Wechselwirkungskräfte zwischen Spin und Ortskoordinaten unterscheiden sich diese Terme energetisch um die Austauschintegrale.* Bei den in der Natur nicht vorkommenden Zuständen der im ganzen symmetrischen Klasse wäre die Zuordnung der Multiplizität zur Symmetrieklasse in den Ortskoordinaten allein gerade die umgekehrte.

Dies ist der wesentliche Inhalt der HEISENBERGschen Theorie des Heliumspektrums[1]. Wegen der Ununterscheidbarkeit der Elektronen ist der Platzwechsel zweier Elektronen prinzipiell niemals beobachtbar. Vom „Austausch" der Elektronen im He-Atom wäre im Prinzip *höchstens* beobachtbar, daß der Spin des äußeren und der des inneren Elektrons, falls sie entgegengesetzt gerichtet sind, im Lauf der Zeit Vertauschungen erfahren.

Die Theorie kann von zwei auf eine beliebige Zahl N der Elektronen verallgemeinert werden[2]. Wir gehen hier jedoch nicht auf die Beweise ein, sondern skizzieren nur die Resultate. Es empfiehlt sich dabei, nicht von der allgemeinen Theorie der Darstellungen der Permutationsgruppe auszugehen, da auch bezüglich der Symmetrie der Eigenfunktionen in den Ortskoordinaten allein infolge des Ausschließungsprinzips nur ein kleiner Teil aller möglichen Darstellungen tatsächlich vorkommen kann. Es empfiehlt sich, für die $u_n(q)$ in die Determinante (332) Ausdrücke der Form (333) einzusetzen und den entstehenden Ausdruck geeignet zu ordnen. Es zeigt sich dabei, daß durch das Resultat der Anwendung des Operators $\mathbf{s}^2 = \sum_{k=1}^{3} \sum_{r=1}^{N} \mathbf{s}_{rk}^2$ auf die Spineigenfunktionen, das immer in ihrer Multiplikation mit einer Zahl der Form $s(s+1)$ besteht, der Symmetriecharakter der Spin-, und damit wegen des Ausschließungsprinzips auch der Ortseigenfunktionen bereits eindeutig bestimmt ist. Daraus folgt dann, daß bei Russell-Saunders-Koppelung (Kleinheit der Wirkung von $\boldsymbol{H}^{(2)}$ gegenüber derjenigen von $\boldsymbol{H}^{(1)}$) auch bei N Elektronen die Terme in verschiedene Multipletts auseinandertreten, die sich energetisch durch Linearkombinationen von „Austauschintegralen" unterscheiden.

Es sei noch bemerkt, daß die Anwendung der früheren Überlegungen über Stöße auf die Symmetrie der Eigenfunktionen bei Vertauschungen der Ortskoordinaten allein ergibt, daß selbst bei Vernachlässigung der Spinkräfte beim Stoß eines Elektrons auf ein Atom, dieses in einen Term mit verschiedener

[1] Vgl. Kap. 3, Abschn. B des Handb.

[2] Vgl. P. A. M. DIRAC, Proc. Roy. Soc. London (A) Bd. 123, S. 714. 1929; J. C. SLATER, Phys. Rev. Bd. 34, S. 1293. 1929; für zusammenfassende Darstellungen, Rapport du Congrès de Solvay 1930, Referat PAULI, besonders I, § 4; ferner M. BORN, ZS. f. Phys. Bd. 64, S. 729. 1930; Ergebn. d. exakt. Naturwissensch. Bd. 10, S. 387. 1931.

Multiplizität als der Ausgangsterm übergeführt werden kann. Denn es können hier außer der symmetrischen und der antisymmetrischen noch andere Symmetrieklassen vorkommen.

Es bleibt uns noch übrig, die statistischen Anwendungen zu besprechen, die für Systeme aus vielen gleichartigen Teilchen mit einer bestimmten Symmetrieklasse (symmetrische oder antisymmetrische) charakteristisch sind. Zu diesem Zwecke denken wir uns eine große Zahl von kräftefreien Teilchen in einem abgeschlossenen Volumen V, so daß die Eigenfunktionen stehende ebene Wellen sind. Die Anzahl der stationären Zustände eines Teilchens, die im Volumelement p_k, $p_k + dp_k$ $(k = 1, 2, 3)$ des Impulsraumes liegen, ist dann

$$Z = V \frac{1}{h^3} dp_1 dp_2 dp_3 .$$

Für Teilchen mit Spin kommt noch der Gewichtsfaktor $g = 2s + 1$ hinzu ($g = 2$ für Elektronen und Protonen), doch sehen wir der Einfachheit halber zunächst hiervon ab. Es ist dann zweckmäßig, nicht einen einzigen Zustand zu betrachten, sondern eine Gruppe von Z Zuständen der betrachteten Art, wobei Z eine große Zahl sein soll. Andererseits soll die Energie der Teilchen innerhalb der Gruppe so wenig variieren, daß der Boltzmannfaktor $e^{-\frac{E}{kT}}$ für die Zustandsgruppe merklich konstant ist. Es ist dann die Frage nach der a priori Wahrscheinlichkeit W dafür, daß N Teilchen in dieser Zustandsgruppe liegen. Diese ist nach allgemeinen Prinzipien gegeben durch die Anzahl der stationären Zustände des Gesamtsystems von N-Teilchen, bei denen jedes Teilchen einen Impuls zwischen p_k und $p_k + dp_k$ hat. Diese Zahl hängt ab von der Symmetrieklasse und ist verschieden von der a priori Wahrscheinlichkeit bei unabhängigen Teilchen, die einfach

$$W = Z^N \tag{336}$$

beträgt. Bei Teilchen mit symmetrischen Zuständen liegt die Sache wesentlich anders. Dem Fall, daß das erste Teilchen im Zustand 1, das zweite Teilchen im Zustand 2, und dem anderen, daß das zweite Teilchen im Zustand 1, das erste im Zustand 2 sich befindet, entspricht nur *ein* Zustand des aus zwei Teilchen bestehenden Systems, also ist es hier a priori gleich wahrscheinlich, daß von zwei vorhandenen Teilchen das *eine* im Zustand 1, das andere im Zustand 2 ist, wie daß beide im selben Zustand 1 bzw. im selben Zustand 2 sind. Bei unabhängigen Teilchen wäre dagegen die Wahrscheinlichkeit von jeder der letzteren Möglichkeiten nur halb so groß als die Wahrscheinlichkeit der ersteren. Allgemein ist bei N Teilchen jede symmetrische Eigenfunktion eindeutig dadurch charakterisiert, daß angegeben, *wie viele* von den N Molekülen in jedem der Z-Zustände der Gruppe sich befinden. Wir wollen eine solche Angabe ein „Zerlegungsbild" nennen. Man findet die Anzahl dieser Zerlegungsbilder als gleich

$$W = \frac{(N + Z - 1)!}{N!\,(Z - 1)!} \quad \text{(symmetrische Zustände).} \tag{336a}$$

Im Falle der antisymmetrischen Eigenfunktionen (Ausschließungsprinzip) sind von diesen Zerlegungsbildern alle diejenigen zu streichen, in denen mehr als ein Teilchen im selben Zustand ist. Man findet dann

$$W = \frac{Z!}{N!\,(Z - N)!} \quad \text{(antisymmetrische Zustände),} \tag{336b}$$

wobei notwendig $N \leqq Z$ sein muß. Hat man mehrere Gruppen von Zuständen des einzelnen Teilchens, so ist die Anzahl der entsprechenden Zustände des Gesamtsystems gleich dem Produkt der Zahlen W für die einzelnen Gruppen. (Bei unabhängigen Teilchen kommt dann noch der Faktor $N!/N_1!\,N_2!\ldots$ hinzu, worin die N_n die Anzahlen der Teilchen in den einzelnen Gruppen bedeuten, während $N = \sum_n N_n$ die Gesamtzahl der Teilchen ist. Für Teilchen mit Spin sind diese W einfach in die Potenz g zu erheben, wenn unter N die Teilchenzahl mit bestimmtem Spinzustand verstanden wird.)

Vor Kenntnis der Symmetrieeigenschaften der Eigenfunktionen von N gleichen Teilchen schien besonders die den symmetrischen Zuständen entsprechende Zählweise als eine besondere hypothetische Vorschrift. Sie wurde von BOSE[1] eingeführt, da sie bei der Auffassung der Strahlung als eines aus korpuskularen Lichtquanten bestehenden Gases zu richtigen Resultaten führt. (Wir kommen darauf in Abschn. B, Ziff. 6, zurück.) Von EINSTEIN[1] wurde sie sodann auf materialle Gase übertragen. Man spricht deshalb auch oft von EINSTEIN-BOSE-*Statistik*. Es handelt sich jedoch nicht um eine neue Art von Statistik, da, wie wir jetzt wissen, die a priori Wahrscheinlichkeiten stets der Anzahl der betreffenden stationären Zustände des Gesamtsystems proportional sind. Wir sprechen daher lieber von der Statistik symmetrischer Zustände. Sie ist bei denjenigen materiellen Teilchen anzuwenden, die solche symmetrische Zustände besitzen, wie z. B. die α-Teilchen. Für Teilchen, die das Ausschließungsprinzip befolgen, wurden die entsprechenden statistischen Folgerungen von FERMI[1] gezogen sowie unabhängig von ihm von DIRAC[1], der seine Überlegungen bereits auf die antisymmetrischen Eigenfunktionen basiert hat. Man spricht daher auch oft von FERMI-DIRAC-*Statistik*, wir wollen es aber vorziehen, von Statistik antisymmetrischer Zustände zu sprechen[2].

Von einer Anwendung dieser beiden Arten von Statistik soll noch gesprochen werden, da sie ohne Eingehen auf Wärmefragen formuliert werden kann. Es handelt sich bei der hier betrachteten Gesamtheit von N kräftefreien Teilchen eines bestimmten Geschwindigkeitsintervalles um die Schwankungen der Teilchenzahl und der Energie in einem Teilvolum. Die Verhältnisse bei der Teilchenzahl sind einfacher und sollen zuerst besprochen werden. Ist x_r eine Abkürzung für die drei Raumkoordinaten des $n$ten Teilchens, so ist

$$n(x_1 \ldots x_N) = \sum_{r=1}^{N} \int_v dx\,\delta(x - x_r) \tag{337}$$

gleich der Anzahl derjenigen x_r, die im betrachteten Teilvolumen v liegen, über das zu integrieren ist. Es ist dann

$$\bar{n} = \int n(x_1 \ldots x_N) |U(x_1 \ldots x_N)|^2 dx_1 \ldots dx_N,$$

$$\overline{n^2} = \int n^2(x_1 \ldots x_N) |U(x_1 \ldots x_N)|^2 dx_1 \ldots dx_N,$$

wenn $U(x_1 \ldots x_r)$ die Eigenfunktion bedeutet. Die Integrale lassen sich ausführen. Hat man mit der betrachteten Gruppe von Z Zuständen zu tun, worin Z eine große Zahl ist und jeder Zustand des Gesamtsystems in der Gruppe als gleich wahrscheinlich betrachtet wird, beschränkt man sich ferner der Einfachheit halber auf den Fall, daß das Teilvolumen v klein ist gegen das Gesamtvolum, so ergibt sich mit $z = Z\frac{v}{V}$ das bekannte Resultat[3]

$$\overline{(\Delta n)^2} = \overline{n^2} - (\bar{n})^2 = \bar{n} + \frac{\bar{n}^2}{z} \quad \text{für symmetr. Zust.,} \tag{338a}$$

$$\overline{(\Delta n)^2} = \overline{n^2} - (\bar{n})^2 = \bar{n} - \frac{\bar{n}^2}{z} \quad \text{für antisymm. Zust.,} \tag{338b}$$

---

[1] L. c. Anm. 1, S. 188.

[2] Über die weiteren thermodynamischen Folgerungen und Anwendungen hiervon vgl. die Monographie von L. BRILLOUIN, Die Quantenstatistik. Berlin 1931; ferner P. JORDAN, Statistische Mechanik auf quantentheoretischer Grundlage. Braunschweig 1933.

[3] Ich verdanke die Ausführung der Rechnung nach dieser Methode Herrn R. PEIERLS.

für unabhängige Teilchen ist dagegen bekanntlich $\overline{(\Delta n)^2} = \bar{n}$. Es ist wichtig zu bemerken, daß hierin Größen von der relativen Ordnung $1/z$ zu den angeschriebenen Termen vernachlässigt sind.

Bei der entsprechenden Frage der Energie in einem Teilvolum ist eine gewisse Vorsicht geboten, da ja die Kenntnis des Impulses der Teilchen nach sich zieht, daß der Ort nur mit einer gewissen Ungenauigkeit bekannt ist. Im Gegensatz zur Messung der Teilchenzahl in einem Teilvolum — diese kann ja einfach so erfolgen, daß man die Orte aller Teilchen bestimmt, deren Zahlwerte in den verlangten Grenzen liegen — kann die Energie immer nur so bestimmt werden, daß man Wände (Potentialberge) oder analoge äußere Einflüsse einschaltet, welche die Abgrenzung der Teilvolumen bedingen. Die Energie in dem Teilvolumen nach diesem Eingriff ist dann im wesentlichen übereinstimmend mit der Energie, die vor dem Eingriff in einem Volumen war, dessen Grenzen um die Größenordnung der Wellenlänge der Materiewellen unbestimmt war. Nur wenn das Teilvolumen groß ist gegen diese mittlere Wellenlänge, hat die Frage nach der Energie im Teilvolumen überhaupt einen bestimmten Sinn. Nach HEISENBERG[1] muß dies beachtet werden, wenn gewisse Singularitäten vermieden werden sollen, die zunächst auftreten, wenn man die Energie im Teilvolumen etwa in der Form ansetzt

$$\boldsymbol{E} = \frac{1}{2m} \sum_r \boldsymbol{p}_r D(\boldsymbol{x}_r) \boldsymbol{p}_r, \qquad D(x) = \int_v \delta(x - x')\, dx'.$$

Die Singularität verschwindet jedoch, wenn man die Funktion $D(x)$ durch eine stetige Funktion ersetzt, d. h. eine Gewichtsfunktion einführt, die außerhalb des betrachteten Gebietes v zwar steil, aber kontinuierlich verschwindet,

$$\int_v G(x')\, \delta(x - x')\, dx' = G(x)$$

und

$$E = \frac{1}{2m} \sum_r \boldsymbol{p}_r G(\boldsymbol{x}_r) \boldsymbol{p}_r$$

bildet. Es ergibt sich dann analog zu (338)

$$\overline{(\Delta E)^2} = \overline{E^2} - \overline{E}^2 = \frac{1}{2m} \overline{p^2} \cdot \overline{E} + \frac{\overline{E}^2}{z} \quad \text{für symm. Zust.,} \tag{339a}$$

$$\overline{(\Delta E)^2} = \overline{E^2} - \overline{E}^2 = \frac{1}{2m} \overline{p^2}\, \overline{E} - \frac{\overline{E}^2}{z} \quad \text{für antisymm. Zust.} \tag{339b}$$

Es muß hier eine eigenartige mathematische Methode besprochen werden, die von JORDAN und KLEIN[2] (Fall symmetr. Zust.) und JORDAN und WIGNER[3] herrührt und als nochmalige Quantelung von Wellen im gewöhnlichen dreidimensionalen Raum bezeichnet werden kann. Diese Methode ist entstanden durch Betrachtung der Analogie zwischen Materieteilchen mit symmetrischen Zuständen einerseits und den Lichtquanten der Strahlung andererseits (vgl. Abschn. B, Ziff. 6). Es ist zweifelhaft, ob es sich dabei um eine wirklich tiefgehende physikalische Analogie handelt, und es ist auch erwiesen, daß alle Resultate der Wellenmechanik auch ohne Anwendung dieser Methoden gewonnen werden können. Zum mindesten als Rechenmethoden müssen sie aber angeführt werden.

In Ziff. 9 haben wir die Wahrscheinlichkeit dafür, daß ein Teilchen in dem durch die Eigenfunktion $u_n(x)$ beschriebenen Zustand sich befindet, durch $c_n^* c_n$ beschrieben. Führen wir nun (zeitabhängige) Operatoren (Matrizen) $\boldsymbol{a}_n^*$ und $\boldsymbol{a}_n$ ein, die den V.-R. genügen,

$$\boldsymbol{a}_n \boldsymbol{a}_m^* - \boldsymbol{a}_m^* \boldsymbol{a}_n = \begin{cases} 0 & \text{für } n \neq m, \\ 1 & \text{für } n = m, \end{cases} \tag{340}$$

während

$$\boldsymbol{a}_n \boldsymbol{a}_m - \boldsymbol{a}_m \boldsymbol{a}_n = 0; \quad \boldsymbol{a}_n^* \boldsymbol{a}_m^* - \boldsymbol{a}_m^* \boldsymbol{a}_n^* = 0. \tag{340'}$$

---

[1] W. HEISENBERG, Leipziger Akad., math.-phys. Kl. Bd. 83, S. 3. 1931.

[2] P. JORDAN u. O. KLEIN, ZS. f. Phys. Bd. 45, S. 751. 1927.

[3] P. JORDAN u. E. WIGNER, ZS. f. Phys. Bd. 47, S. 631. 1928.

Hierbei soll $\boldsymbol{a}^*$ stets den zu $\boldsymbol{a}$ hermitesch-konjugierten Operator bedeuten. Dann ist leicht zu sehen, daß die Eigenwerte von

$$\boldsymbol{a}_m^* \boldsymbol{a}_m = \boldsymbol{N}_m \tag{341}$$

die ganzen Zahlen $0, 1, 2, \ldots$ sind. Schreibt man $\boldsymbol{N}_m$ als Diagonalmatrix, so werden die Matrizen von $\boldsymbol{a}_m^*$ und $\boldsymbol{a}_m$

$$(\boldsymbol{a}_m^*)_{N_m N'_m} = \begin{cases} \sqrt{N_m} & \text{für} \quad N'_m = N_m - 1, \\ 0 & \text{sonst}, \end{cases} \tag{342a}$$

$$(\boldsymbol{a}_m)_{N_m N'_m} = \begin{cases} \sqrt{N_m + 1} & \text{für} \quad N'_m = N_m + 1, \\ 0 & \text{sonst}. \end{cases} \tag{342'a}$$

Es führt also $\boldsymbol{a}_m^*$ als Operator, angewandt auf eine Funktion $f(N_m)$ diese in $\sqrt{N_m + 1}\, f(N_m + 1)$ über, ebenso führt $\boldsymbol{a}_m f(N_m)$ in $\sqrt{N_m}\, f \cdot (N_m - 1)$ über. Setzen wir

$$\boldsymbol{a}_m^* = \sqrt{\boldsymbol{N}_m}\, \boldsymbol{\Delta}_m^*, \qquad \boldsymbol{a}_m = \boldsymbol{\Delta}_m \sqrt{\boldsymbol{N}_m}, \tag{343}$$

worin

$$\boldsymbol{\Delta}_m^* \boldsymbol{\Delta}_m = 1\,^1, \tag{344a}$$

so wird also

$$\left.\begin{aligned} \Delta f(N_m) &= f(N_m + 1), \\ \Delta^* f(N_m) &= f(N_m - 1). \end{aligned}\right\} \tag{345a}$$

Ganz ähnliche V.-R. lassen sich nach JORDAN und WIGNER für die Teilchen mit antisymmetrischen Zuständen aufstellen, wo die N_n nur die Werte 0 und 1 haben können. Man kann hier nach diesen Verfassern setzen

$$\boldsymbol{a}_n \boldsymbol{a}_m^* + \boldsymbol{a}_m^* \boldsymbol{a}_n = \begin{cases} 0 & \text{für} \quad n \neq m, \\ \mathbf{1} & \text{für} \quad n = m, \end{cases} \tag{340b}$$

$$\boldsymbol{a}_n \boldsymbol{a}_m + \boldsymbol{a}_m \boldsymbol{a}_n = 0, \qquad \boldsymbol{a}_n^* \boldsymbol{a}_m^* + \boldsymbol{a}_m^* \boldsymbol{a}_n^* = 0 \quad \text{für} \quad m \neq n, \tag{340'b}$$

wobei wieder

$$\boldsymbol{a}_n^* \boldsymbol{a}_n = \boldsymbol{N}_n. \tag{341}$$

Ferner werden die Matrizen jetzt

$$(a_n^*)_{1,0} = \varepsilon_n, \qquad (a_n)_{0,1} = \varepsilon_n, \qquad (a_n^*)_{N_n N'_n} = (a_n)_{N'_n N_n}, \tag{342b}$$

worin $\varepsilon_n = \pm 1$ ein noch zu bestimmendes von n abhängiges Vorzeichen ist. Um dieses Vorzeichen festzulegen, muß man die Zustände n in eine bestimmte Reihenfolge gebracht denken. Dann kann man setzen

$$\varepsilon_n = \prod_{m \leqq n} (1 - 2N_m), \tag{346}$$

es ist gleich $+1$ oder -1, je nachdem die Anzahl derjenigen *besetzten* Zustände, die *vor* dem betrachteten Zustand liegen, gerade oder ungerade ist. Dann hat man zu setzen

$$\left.\begin{aligned} \boldsymbol{a}_n^* f(N_1 \ldots 0_n \ldots) &= \varepsilon_n (N_1 \ldots 0_n \ldots) f(N_1 \ldots 1_n \ldots) \\ &= -\varepsilon_n (N_1 \ldots 1_n \ldots) f(N_1 \ldots 1_n \ldots), \\ \boldsymbol{a}_n^* f(N_1 \ldots 1_n \ldots) &= 0. \end{aligned}\right\} \tag{345b}$$

$$\left.\begin{aligned} \boldsymbol{a}_n f(N_1 \ldots 0_n \ldots) &= 0, \\ \boldsymbol{a}_n f(N_1 \ldots 1_n \ldots) &= \varepsilon_n (N_1 \ldots 0_n \ldots) f(N_1 \ldots 0_n \ldots) \\ &= -\varepsilon_n (N_1 \ldots 1_n \ldots) f(N_1 \ldots 0_n \ldots). \end{aligned}\right\} \tag{345'b}$$

Von den $\boldsymbol{a}_n$, $\boldsymbol{a}_n^*$ kann man leicht zu den ψ-Funktionen selbst übergehen gemäß

$$\boldsymbol{\psi}(q) = \sum_n \boldsymbol{a}_n(t) u_n(q); \qquad \boldsymbol{\psi}^*(q) = \sum_n \boldsymbol{a}_n^*(t) u_n^*(q), \tag{346}$$

worin q Orts- und Spinkoordinaten zusammenfaßt und die u_n und u_n^* gewöhnliche Zahlen sind und ein normiertes Orthogonalsystem bilden. Der letztere Umstand hat zur Folge, daß für die zu (342a, b) analogen V.-R. gelten

$$\boldsymbol{\psi}(q)\, \boldsymbol{\psi}^*(q') \mp \boldsymbol{\psi}^*(q')\, \boldsymbol{\psi}(q) = \delta(q - q')\,\mathbf{1}, \tag{347}$$

$$\boldsymbol{\psi}^*(q)\, \boldsymbol{\psi}^*(q') \mp \boldsymbol{\psi}^*(q') \boldsymbol{\psi}^*(q) = 0, \qquad \boldsymbol{\psi}(q)\, \boldsymbol{\psi}(q') \mp \boldsymbol{\psi}(q')\, \boldsymbol{\psi}(q) = 0, \tag{347'}$$

worin das obere bzw. untere Vorzeichen gilt, je nachdem es sich um symmetrische oder antisymmetrische Zustände handelt. Es steht hierin $\delta(q - q')$ für $\delta(x - x')\,\delta_{\mu\mu'}$, wenn $\delta_{\mu\mu'}$ das gewöhnliche δ-Symbol für die diskreten Spinkoordinaten ist.

---

[1] Man schreibt oft $\Delta_m = e^{\frac{i}{\hbar}\Theta_m}$, um (344a) identisch zu erfüllen.

Als Anwendung dieser Methode kann man zunächst wieder die Energie- und Dichteschwankungen berechnen, wobei man zu bilden hat

$$n = \sum_{s_3} \int_v \psi \psi^* \, dx,$$

$$E = \sum_{s_3} \int_v \frac{\hbar}{2m} \frac{\partial \psi}{\partial x} \frac{\partial \psi^*}{\partial x}$$

und die Mittelwerte (Erwartungswerte) von n, n^2 bzw. E, E^2 über die betrachtete Gruppe von Zuständen zu bilden hat. Das Resultat ist dasselbe wie bei der Berechnung im Konfigurationsraum[1].

Dies ist ein Spezialfall der *allgemeinen Äquivalenz der Methode der quantisierten Eigenschwingungen und der Methode des Konfigurationsraumes*, die — wie die genannten Verfasser gezeigt haben — sich sogar auf das Problem von gleichen Teilchen mit Wechselwirkungskräften erstreckt. Es sei

$$\boldsymbol{H} = \frac{1}{2m} \sum_r \left[-\hbar^2 \frac{\partial^2}{\partial x_r^2} + \sum_r V_r(q_r) + \sum_{r<s} \Omega(q_r, q_s) \right] \tag{348}$$

der Hamiltonoperator. Hierin sind die äußeren Kräfte durch $V(q_r)$ dargestellt, während die von einem Paar von Teilchen abhängige Funktion Ω die Wechselwirkung beschreibt. Bei den COULOMBschen elektrostatischen Kräften war ja $H_{rs} = \frac{e^2}{r_{rs}}$; im Hinblick auf spätere Verallgemeinerungen, welche die magnetische Wechselwirkung der Teilchen betreffen, wollen wir zulassen, daß V und Ω auch von den Spinkoordinaten abhängen. Würde man $\varrho(q) = \psi^*(q)\,\psi(q)$ als klassische Ladungswolke denken, so würde man die Wechselwirkungsenergie der Teilchen r und s klassisch schreiben

$$\iint dq_r \, dq_s \, \Omega(q_r, q_s) \, \varrho(q_r) \, \varrho(q_s).$$

In Analogie hierzu hat man den Hamiltonoperator zu definieren durch

$$\left.\begin{aligned} \boldsymbol{H} = \frac{1}{2m} \sum_{s_{3r}} \int \left[\hbar^2 \frac{\partial \boldsymbol{\psi}^*}{\partial x_r} \frac{\partial \boldsymbol{\psi}}{\partial x_r} + V(q_r)\, \boldsymbol{\psi}^* \boldsymbol{\psi} \right] dx_r \\ + \sum_{s_{3r},\, s_{3s}} \iint \boldsymbol{\psi}^*(q')\, \boldsymbol{\psi}^*(q)\, \Omega(q, q')\, \boldsymbol{\psi}(q')\, \boldsymbol{\psi}(q), \end{aligned}\right\} \tag{348'}$$

worin $\boldsymbol{\psi}^* \boldsymbol{\psi}$ die eben verwendeten Operatoren sind, die nach (346) durch die Operatoren $\boldsymbol{a}_r^* \boldsymbol{a}_\lambda^*$ ausgedrückt werden können, die bei Entwicklung von ψ nach einem passenden Orthogonalsystem entstehen. Führen wir die Anzahlen N_n der Teilchen in den durch dieses System definierten Zuständen n als Variable einer Wellenfunktion $\Phi(N_1, N_2, \ldots t)$ ein, auf welche der durch (348') definierte Operator wirkt, so können wir eine Wellengleichung aufstellen gemäß

$$-\frac{\hbar}{i} \frac{\partial \Phi}{\partial t} = \boldsymbol{H} \Phi(N_1, N_2, \ldots t). \tag{349}$$

Es zeigt sich, daß die Folgerungen aus dieser Wellengleichung vollständig übereinstimmen mit der Folgerung aus der Wellengleichung im Konfigurationsraum, zu welcher der Hamiltonoperator (348) Anlaß gibt. Dies gilt sowohl für Teilchen mit symmetrischen als auch für Teilchen mit antisymmetrischen Zuständen[2]. Für diese Übereinstimmung ist die Reihenfolge der Faktoren in (348') wesentlich.

Sind mehrere verschiedene Teilchensorten vorhanden (z. B. Elektronen und Protonen), so kann man für jede Teilchensorte besondere $\boldsymbol{\psi}$-Operatoren einführen, wobei die $\boldsymbol{\psi}$-Operatoren, die zu verschiedenen Teilchensorten gehören, vertauschbar sind.

Dies ist, kurz skizziert, die Methode der quantisierten Eigenschwingungen. Es ist zu betonen, daß trotz der formalmathematischen Analogie ein wesentlicher physikalischer Unterschied besteht zwischen dem Übergang von den Größen p, q der klassischen Punktmechanik zu den wellenmechanischen Operatoren $\boldsymbol{p}$, $\boldsymbol{q}$ einerseits, von den Funktionen im gewöhnlichen Raum ψ^*, ψ zu den Operatoren $\boldsymbol{\psi}^*$, $\boldsymbol{\psi}$ andererseits. Denn schon die Funktionen ψ^*, ψ sind symbolische Größen, die selbst nicht direkt beobachtbar sind und das Wirkungsquantum enthalten.

---

[1] Bei dieser Methode wird die Energiedichte kräftefreier Massenpunkte formal analog zur Energiedichte einer schwingenden Saite mit quantisierten Eigenschwingungen. Dieses letztere System wurde schon von M. BORN, W. HEISENBERG u. P. JORDAN (ZS. f. Phys. Bd. 35, S. 557. 1925) auf seine Schwankungseigenschaften untersucht.

[2] Vgl. für den Beweis außer den zitierten Arbeiten auch V. FOCK, ZS. f. Phys. Bd. 75, S. 622. 1932 sowie das Buch von W. HEISENBERG, Die physikalischen Prinzipien der Quantentheorie. Leipzig 1930.

15. Korrespondenzmäßige Behandlung der Strahlungsvorgänge. Historisch hat bekanntlich der Vorgang der Lichtemission bei der Begründung der HEISENBERGschen Matrixtheorie eine wesentliche Rolle gespielt, indem die Matrixelemente des elektrischen Momentes des Atoms in unmittelbarer Anlehnung an die klassische Elektrodynamik direkt mit den elektrischen Feldstärken des bei den zugeordneten Übergängen emittierten Lichtes in Verbindung gebracht wurden. Von BORN, HEISENBERG und JORDAN[1] wurde dieser Formalismus sodann auf Dispersionsphänomene ausgedehnt. Eine entsprechende wellenmechanische Behandlungsweise wurde von KLEIN[2] gegeben. Dabei zeigte es sich jedoch, daß bei dem Schluß von dem Moment des Atoms auf die ausgesandte Strahlung besondere Vorschriften eingeführt werden müssen, die anscheinend nicht aus den allgemeinen Prinzipien der Quantenmechanik gefolgert werden konnten. Es ist dies ein Mangel, der erst in der von DIRAC eingeführten konsequenten quantenmechanischen Behandlung der Lichtwellen behoben wird. Da andererseits diese konsequente Theorie, die in Abschn. B, Ziff. 6 und 7, ausführlicher besprochen wird, zu besonderen, mit dem ungelösten Problem der Struktur des Elektrons selbst zusammenhängenden Schwierigkeiten führt, ist auch die ursprüngliche, sich infolge des Verzichtes auf eine Quantelung des elektromagnetischen Feldes enger an die korrespondierende klassische Theorie anlehnende Behandlungsweise der Strahlungsvorgänge von besonderem Interesse. Wir wollen diese im folgenden so formulieren, daß die Übertragung der Überlegungen und Schlüsse in die DIRACsche Strahlungstheorie in möglichst direkter Weise geschehen kann. Dabei sollen über die Anzahl der Elektronen im Atom und über das Verhältnis von Wellenlänge zu Atomdimensionen zunächst keine einschränkenden Voraussetzungen eingeführt werden.

Betrachten wir zunächst *klassisch* ein System von Teilchen, über die bestimmte statistische Daten vorliegen, nämlich zu jeder Konfiguration der Lagen $x_k^{(a)}$ $(k = 1, 2, 3;\ a = 1, \ldots, N)$ der Teilchen mit ihrem Spielraum $dx_k^{(a)}$ eine Wahrscheinlichkeit $\varrho(x_k^{(1)}, \ldots, x_k^{(N)}; t)$ dieser Konfiguration und ein zugehöriger mittlerer Strom $i_k^{(a)}(x_l^{(1)}, \ldots, x_l^{(N)}; t)$ des Teilchens (a). Es sind dann überdies

$$\bar{\varrho}^{(a)} = \int \varrho \, dV_1 \ldots dV^{(a-1)} dV^{(a+1)} \ldots dV^{(N)},$$

$$\bar{i}_k^{(a)} = \int i_k^{(a)} \, dV_1 \ldots dV^{(a-1)} dV^{(a+1)} \ldots dV^{(N)}$$

der über die Lagen der übrigen Teilchen gemittelten Werte von Dichte und Strom des Teilchens (a) im Raumpunkt $x_k^{(a)}$ zur Zeit t. Die mittleren Werte des skalaren Potentials Φ_0 und des Vektorpotentials Φ_k im Aufpunkt P mit den Koordinaten x_P zur Zeit t sind dann nach der klassischen Elektrodynamik bekanntlich

$$\Phi_0(x_P; t) = \sum_{a=1}^{N} \int \frac{\bar{\varrho}^{(a)}\left(x_Q; t - \frac{r_{PQ}}{c}\right)}{r_{PQ}} \, dV_Q^{(a)},$$

$$\Phi_k(x_P; t) = \sum_{a=1}^{N} \int \frac{\bar{i}_k^{(a)}\left(x_Q; t - \frac{r_{PQ}}{c}\right)}{r_{PQ}} \, dV_Q^{(a)}.$$

Diese Ausdrücke vereinfachen sich, wenn wir Entfernungen des Aufpunktes P von den Quellpunkten Q betrachten, die groß sind gegen die Dimensionen des Gebietes, in denen $\bar{\varrho}^{(a)}$ und $\bar{i}_k^{(a)}$ merklich von Null verschieden sind, kurz gesagt

[1] M. BORN, W. HEISENBERG u. P. JORDAN, ZS. f. Phys. Bd. 35, S. 557. 1926.
[2] O. KLEIN, ZS. f. Phys. Bd. 41, S. 407. 1927.

gegen die Dimensionen des Systems. In der Wellenzone von P, auf deren Betrachtung wir uns in dieser Ziffer grundsätzlich beschränken, können wir, unter Einführung der Entfernung R_P des Außenpunktes von einem festen Punkt O im System, in bekannter Weise setzen

$$r_{PQ} = R_P - (\vec{x}_Q \vec{n}), \tag{352}$$

wenn $\vec{n}$ einen Einheitsvektor in der Richtung von O nach P, und $\vec{x}_Q$ den Vektor von O nach Q bedeutet. Wir beschränken uns sodann in dieser Wellenzone konsequenterweise sowohl in den Ausdrücken für die Potentiale als auch in den aus ihnen folgenden für die Feldstärken auf die zu $1/R_P$ proportionalen Terme. Aus (351) und (352) folgt dann

$$\left.\begin{aligned} \Phi_0(x_P;t) &= \frac{1}{R_P}\sum_{a=1}^{N}\int \bar{\varrho}^{(a)}\left(x_Q; t - \frac{R_P}{c} + \frac{1}{c}(\vec{x}_Q, \vec{n})\right) d V_Q^{(a)}, \\ \Phi_k(x_P;t) &= \frac{1}{R_P}\sum_{a=1}^{N}\int \frac{1}{c}\,\bar{i}_k^{(a)}\left(x_Q; t - \frac{R_P}{c} + \frac{1}{c}(\vec{x}_Q, \vec{n})\right) d V_Q^{(a)}. \end{aligned}\right\} \tag{353}$$

Beim Übergang zu den Feldstärken haben wir zu beachten, daß bei den Differentiationen nach $(x_P)_k$ in der hier betrachteten Näherung R_P konstant zu lassen ist und aus

$$\begin{aligned} \frac{\partial}{\partial x_{k,P}}\int f\left(x_Q; t - \frac{r_{PQ}}{c}\right) d V_Q &= -\frac{1}{c}\frac{\partial}{\partial t}\int f\left(x_Q; t - \frac{r_{PQ}}{c}\right)\frac{\partial r_{PQ}}{\partial x_{k,P}}\, d V_Q \\ &= +\frac{1}{c}\frac{\partial}{\partial t}\int f\left(x_Q; t - \frac{r_{PQ}}{c}\right)\frac{\partial r_{PQ}}{\partial x_{k,Q}}\, d V_Q \end{aligned}$$

in der Wellenzone gemäß (352) folgt

$$\frac{\partial}{\partial x_{k,P}}\int f\left(x_Q; t - \frac{r_{PQ}}{c}\right) d V_Q = -n_k \frac{1}{c}\frac{\partial}{\partial t}\int f\left(x_Q; t - \frac{r_{PQ}}{c}\right) d V_Q.$$

Man erhält dann für die zu $1/R_P$ proportionalen Anteile der Feldstärken

$$\left.\begin{aligned} \vec{E} &= -\frac{1}{c}\frac{\partial \vec{\Phi}}{\partial t} - \operatorname{grad}\Phi_0 = -\frac{1}{c}\frac{\partial \vec{\Phi}}{\partial t} + \vec{n}\,\frac{1}{c}\frac{\partial \Phi_0}{\partial t}, \\ \vec{H} &= \operatorname{rot}\vec{\Phi} = -\left[\vec{n}, \frac{1}{c}\frac{\partial \vec{\Phi}}{\partial t}\right]. \end{aligned}\right\} \tag{354}$$

Während $\vec{H}$ auf $\vec{n}$ senkrecht steht, scheint $\vec{E}$ zunächst einen longitudinalen, d. h. zu $\vec{n}$ parallelen Teil zu enthalten. Auf Grund der Kontinuitätsgleichung für $\bar{i}^{(a)}$ und $\bar{\varrho}^{(a)}$ folgert man aber leicht die in der Wellenzone gültige Beziehung[1]

$$\frac{1}{c}\frac{\partial \Phi_0}{\partial t} = \left(\vec{n}\,\frac{1}{c}\frac{\partial \vec{\Phi}}{\partial t}\right), \tag{355}$$

die nach (354) das Verschwinden des longitudinalen Teiles der Feldstärke

$$(\vec{E}\vec{n}) = 0 \tag{355'}$$

[1] Dies hängt damit zusammen, daß zufolge der Kontinuitätsgleichung die Ausdrücke (351) bekanntlich allgemein die Bedingung

$$\frac{1}{c}\frac{\partial \Phi_0}{\partial t} + \operatorname{div}\vec{\Phi} = 0$$

erfüllen, die in der Wellenzone in (355) übergeht.

in der Wellenzone [d. h. daß $(\vec{E}\vec{n})$ rascher als $1/R_P$ verschwindet] zur Folge hat. Unter Einführung der transversalen Komponente

$$\vec{\Phi}_{\text{tr}} = \vec{\Phi} - \vec{n}(\vec{n}\vec{\Phi}) = \frac{1}{R_P}\sum_{a=1}^{N}\frac{1}{c}\int \vec{i}_{\text{tr}}\left(x_Q;\, t - \frac{R_P}{c} + \frac{1}{c}(\vec{x}_Q, \vec{n})\right) d\,V_Q^{(a)} \qquad (356)$$

des Vektorpotentials kann man daher gemäß (355) die Relationen (354) auch schreiben

$$\vec{E} = -\frac{1}{c}\frac{\partial \vec{\Phi}_{\text{tr}}}{\partial t}; \qquad \vec{H} = -\left[\vec{n},\, \frac{1}{c}\frac{\partial \vec{\Phi}_{\text{tr}}}{\partial t}\right] = [\vec{n}, \vec{E}]. \qquad (357)$$

Der POYNTINGsche Vektor wird

$$\vec{S} = \frac{c}{4\pi}[\vec{E}, \vec{H}] = \frac{c}{4\pi}\vec{n}E^2 = \frac{c}{4\pi}\vec{n}H^2. \qquad (358)$$

Wir kommen nun zu der Frage, wie diese Resultate der klassischen Theorie in die Quantenmechanik zu übertragen sind. In der Quantenmechanik ist ja jeder Zustand des Systems prinzipiell statistisch beschrieben, und zwar durch irgendeine Lösung

$$\psi(x_1 \ldots x_{3N};\, t) = \sum_n c_n u_n(x_1 \ldots x_{3N};\, t)$$

der zugehörigen Wellengleichung, in der die u_n irgendein normiertes Orthogonalsystem von speziellen Lösungen dieser Gleichungen bedeuten mögen. Zunächst könnte man vielleicht denken, daß man in den Ausdruck für den Strom $\vec{i}$, der ja bilinear in ψ^* und ψ ist, gerade diesen Ausdruck für ψ einzusetzen und dann $\vec{\Phi}_{\text{tr}}$ und $\vec{E}$, $\vec{H}$ gemäß (356) und (357) zu bilden habe, welches den Mittelwert (Erwartungswert) des Potentials und der Feldstärken an einer Stelle liefern würde. *Die Messung der vom System emittierten Strahlung besteht aber niemals in einer Bestimmung des Erwartungswertes der Feldstärken.* Dieser verschwindet z. B. für einen stationären Zustand, wo $\vec{i}$ zeitunabhängig wird. *Vielmehr handelt es sich stets um die Bestimmung des Erwartungswertes von in den Feldstärken quadratischen Ausdrücken.* Später werden wir sogar sehen, daß bei Vorgängen geringer Lichtintensität, bei denen nur eine kleine und wohldefinierte Zahl von Lichtquanten eine Rolle spielt, die Feldstärken selbst stets als unmeßbar anzusehen sind (abgesehen von der trivialen Feststellung, daß das Zeitmittel ihres Erwartungswertes verschwindet). Allerdings ist es nicht nur möglich, das Zeitmittel der Quadrate der gesamten Feldstärken an einer Raumstelle zu messen, sondern, da die photographischen Platten, Ionisationskammern, absorbierenden Atome usw., mit denen das Licht nachgewiesen wird, auf verschiedene Schwingungszahlen verschieden stark reagieren, auch die Zeitmittel der Amplitudenquadrate irgendwelcher Fourierschwingungen von $\vec{E}$ oder $\vec{H}$. Hierbei ist an eine *zeitliche* Fourierzerlegung von $\vec{E}$ und $\vec{H}$ gedacht, gemäß

$$\vec{E}(x_P;\, t) = \sum_{(\omega)}\vec{E}(\omega;\, x_P)\, e^{i\omega t}; \qquad \vec{H}(x_P;\, t) = \sum_{(\omega)}\vec{H}(x_P;\, \omega)\, e^{i\omega t},$$

worin die Summe unter Umständen auch durch ein Integral zu ersetzen ist und

$$\vec{E}(-\omega) = \vec{E}^*(\omega); \qquad \vec{H}(-\omega) = \vec{H}^*(\omega),$$

d. h. für ω und $-\omega$ nehmen die Amplituden konjugiert komplexe Werte an. Wieweit die räumliche Abhängigkeit der Erwartungswerte von $\vec{E}_\omega^2$ durch Messung bestimmt werden kann, brauchen wir zunächst nicht zu untersuchen, es kann jedenfalls unter Umständen in räumlichen Gebieten geschehen, die klein gegen die Wellenlänge des Lichtes sind, wie man z. B. aus den bekannten Versuchen über stehende Lichtwellen weiß.

Da $\vec{i}$ bilinear in ψ und ψ^* ist, läßt sich der Erwartungswert jeder in den Feldstärkekomponenten linearen Größe F in der Form darstellen

$$F(x_P;\, t) = \sum_{n,m} c_n^* F_{n,m}(x_P;\, t)\, c_m\,, \tag{359}$$

wenn $F_{n,m}$ Matrixelemente sind, die durch Substitution von $\psi^* = v_n^*$ und $\psi = v_m$ in $\vec{i}$ entstehen. Es ist dann der Erwartungswert von F^2

$$(F^2) = \sum_{n,m} c_n^* (F^2)_{n,m}(x_P;\, t)\, c_m = \sum_{n,m} c^* \sum_l F_{n,l}(x_P;\, t) F_{l,m}(x_P;\, t)\, c_m\,,$$

wie in Ziff. 7 gezeigt wurde. Weiter wird der zeitliche Mittelwert des Erwartungswertes (F^2):

$$\left.\begin{aligned}(\overline{F^2}) &= \sum_n c_n^* \sum_l \sum_\omega F_{n,l}(\omega;\, x_P) F_{l,m}(-\omega;\, x_P)\, c_m \\ &= \sum_n c_n^* \sum_l \sum_{\omega>0} [F_{n,l}(\omega;\, x_P) F_{l,m}(-\omega;\, x_P) + F_{n,l}(-\omega;\, x_P) F_{l,m}(\omega;\, x_P)]\, c_m\,.\end{aligned}\right\} \tag{360}$$

An dieser Stelle tritt eine gewisse Zweideutigkeit der korrespondenzmäßigen Deutung auf, da die $\boldsymbol{F}_{n,m}(\omega;\, x_P)$ nicht hermitesch zu sein brauchen, sondern im allgemeinen nur gilt

$$F_{n,m}^*(\omega) = F_{m,n}(\omega)\,. \tag{30'}$$

Sie wird durch eine besondere, von KLEIN formulierte Vorschrift behoben, deren Sinn bei dieser Betrachtungsweise nicht verständlich ist, die aber notwendig ist, um mit der Erfahrung, ja sogar nur mit der Gültigkeit des Energiesatzes bei einzelnen Emissions- oder Streuprozessen in Einklang zu bleiben. Für die Wellenzone, d. h. außerhalb des emittierenden oder streuenden Systems selbst lautet diese Vorschrift folgendermaßen: *Vorschrift I.* Man teile jede betrachtete Größe F in $\boldsymbol{F}^{(+)}$ und $F^{(-)}$ gemäß

$$\boldsymbol{F} = \boldsymbol{F}^{(+)} + \boldsymbol{F}^{(-)}\,{}^*, \tag{361}$$

$$\boldsymbol{F}^{(+)} = \sum_{\omega>0} \boldsymbol{F}(\omega;\, x_P)\, e^{i\omega t}\,; \quad \boldsymbol{F}^{(-)} = \sum_{\omega<0} \boldsymbol{F}(\omega;\, x_P)\, e^{+i\omega t} = \sum_{\omega>0} \boldsymbol{F}(-\omega;\, x_P)\, e^{-i\omega t}\,, \tag{362}$$

also

$$F_{n,m}^+ = \sum_{\omega>0} F_{n,m}(\omega;\, x_P)\, e^{i\omega t}\,; \quad F_{n,m}^- = \sum_{\omega<0} F_{n,m}(\omega;\, x_P)\, e^{i\omega t} = \sum_{\omega>0} F_{n,m}(-\omega;\, x_P)\, e^{-i\omega t}\,, \tag{362'}$$

und ersetze das Zeitmittel des Erwartungswertes der klassischen Größe F^2 durch das von $2F^+F^-$:

$$(\overline{\boldsymbol{F}^2}) \to 2(\overline{\boldsymbol{F}^+\boldsymbol{F}^-}) \tag{363}$$

und entsprechend

$$\boldsymbol{F}(\omega)\boldsymbol{F}(-\omega) + \boldsymbol{F}(-\omega)\boldsymbol{F}(\omega) \to 2\boldsymbol{F}(\omega)\boldsymbol{F}(-\omega) = 2\sum_{n,m} c_n^* \sum_l F_{n,l}(\omega) F_{l,m}(-\omega)\, c_m\,. \tag{363'}$$

Diese Vorschrift ist in gleicher Weise bei Emission und Streuung anzuwenden, wobei in ersterem Fall für v_n orthogonale Lösungen der Wellengleichung des ungestörten Systems, im zweiten Fall orthogonale Lösungen[1] des durch die äußere Strahlung gestörten Systems anzusetzen sind. Welches (zeitabhängige) Orthogonalsystem verwendet wird, bleibt vorläufig ganz beliebig.

---

* Wir haben hier $\boldsymbol{F}^{(0)} = \overline{\boldsymbol{F}}$ fortgelassen, da uns statische Felder hier nicht interessieren.

[1] Auch für zeitabhängige Hamiltonfunktionen bleibt nach Ziff. 8 Orthogonalität und Normierung eines Lösungssystems der Wellengleichung im Lauf der Zeit bestehen, falls nur die Hamiltonfunktion reell ist.

Als Anwendung dieser allgemeinen Überlegungen betrachten wir die Lichtemission näher und wählen für die v_n die den stationären Zuständen des ungestörten Systems entsprechenden Lösungen

$$u_n(x_1 \ldots x_{3N})\, e^{-\frac{i E_n}{\hbar} t},$$

die exponentiell von der Zeit abhängen. Die Matrizen der transversalen Komponente des Vektorpotentials des emittierten Lichtes werden dann nach (356)

$$(\vec{\Phi}_{\mathrm{tr}})_{n,m} = \frac{e^{i\nu_{n,m}t}}{R} \frac{(-e)}{c} \sum_{a=1}^{N} \int \vec{i}^{(a)}_{\mathrm{tr}}(u_n^*, u_m)\, e^{i(\vec{k}_{n,m}\vec{x}^{(a)})}\, dV^{(a)}. \tag{364}$$

Hierin ist die Emissionsfrequenz gesetzt

$$\nu_{n,m} = \frac{E_n - E_m}{\hbar}, \tag{365}$$

und der Ausbreitungsvektor $\vec{k}_{n,m}$ des emittierten Lichtes ist

$$\vec{k}_{n,m} = \frac{\nu_{n,m}}{c} \vec{n}.$$

Der Faktor $(-e)$ der Elektronenladung wurde hinzugefügt, weil bei Lösungen, die auf 1 normiert sind, der früher angegebene Ausdruck für $\vec{i}$ den Teilchenstrom bedeutet. Gemäß (77) und (100) gilt

$$\left.\begin{aligned} &\vec{i}^{(a)}_k(u_n^*, u_m) \\ &= \frac{\hbar}{2m} \int dV^{(1)} dV^{(2)} \ldots dV^{(a-1)} dV^{(a+1)} \ldots dV^{(N)} \frac{1}{i}\left(u_n^* \frac{\partial u_m}{\partial x_k^{(a)}} - u_m \frac{\partial u_n^*}{\partial x_k^{(a)}}\right), \end{aligned}\right\} \tag{366}$$

wenn wir der Einfachheit halber kein statisches Magnetfeld als vorhanden annehmen. In der relativistischen Theorie wird ein anderer Ausdruck für den Strom zu benutzen sein, aber (364) bleibt auch dort bestehen. Durch Einsetzen von (366) in (364) folgt die Hermitezität der Matrix $(\Phi_{\mathrm{tr}})_{n,m}$, wobei es wesentlich ist, daß die transversalen Komponenten genommen werden.

Gemäß (364)wird die Zerlegung von $\vec{\Phi}$ in Φ^+ und Φ^- sehr einfach, nämlich

$$\left.\begin{aligned} &(\vec{\Phi}_{\mathrm{tr}})^{(+)}_{n,m} = (\vec{\Phi}_{\mathrm{tr}})_{n,m} \quad \text{für} \quad \nu_{n,m} > 0\,(E_n > E_m); \quad (\vec{\Phi}_{\mathrm{tr}})^{(+)}_{n,m} = 0 \quad \text{für} \quad \nu_{n,m} < 0, \\ &(\vec{\Phi}_{\mathrm{tr}})^{(-)}_{n,m} = 0 \quad \text{für} \quad \nu_{n,m} > 0\,(E_n > E_m); \quad (\vec{\Phi}_{\mathrm{tr}})^{(-)}_{n,m} = (\vec{\Phi}_{\mathrm{tr}})_{n,m} \\ &\qquad\qquad \text{für} \quad \nu_{n,m} < 0\,(E_n < E_m). \end{aligned}\right\} \tag{367}$$

Für die in der Richtung $\vec{n}$ pro räumlichen Winkel $d\Omega$ und Zeiteinheit ausgestrahlte Energie erhalten wir also nach (358), (364), (366), (367) auf Grund der Vorschrift (363) bei Einführung der Abkürzung

$$\vec{C}_{n,m} = \frac{\hbar}{2m} i\nu_{n,m} \int dV^{(1)} \ldots dV^{(N)} \sum_{a=1}^{N} e^{i\vec{k}_{n,m}\vec{x}^{(a)}} \frac{1}{i}\left(u_n^* \frac{\partial u_m}{\partial \vec{x}^{(a)}_{\mathrm{tr}}} - u_m \frac{\partial u_n^*}{\partial \vec{x}^{(a)}_{\mathrm{tr}}}\right), \tag{364'}$$

$$(\vec{S}) = \frac{c}{4\pi} \sum_m 2\,[\vec{E}^{(+)} \times \vec{H}^{(-)}]_{m;m} = \frac{e^2}{c^3} \frac{1}{4\pi} 2 \sum_{m\,(E_m < E_n)} |C_{n,m}|^2. \tag{368}$$

Dies ist die emittierte Energie, wenn anfangs nur der Zustand n vorhanden war. Daß nur über diejenigen Zustände m zu summieren ist, für die $E_m < E_n$, rührt von der besonderen Vorschrift (363) her; hätte man auch $[E^{(-)} \times H^{(+)}]$ mitgenommen, so hätte man im Widerspruch mit dem Erhaltungssatz der Energie eine Emission bekommen, die Übergängen nach Zuständen größerer Energie als der des Ausgangszustandes entsprochen hätte.

Ist am Anfang nicht nur ein einziger stationärer Zustand, sondern ein allgemeines Wellenpaket

$$\sum_{(n)} c_n u_n$$

vorhanden, so hat man nach (354) zu bilden

$$(\vec{S}) = \frac{e^2}{c^3} \frac{1}{4\pi} \sum_{n,m} 2 c_n^* \left(\sum_l C_{n,l} C_{l,m} \right) e^{i \nu_{n,m} t} c_m \quad \text{mit} \quad E_l < E_n; E_l < E_m. \quad (369)$$

Bei der Bildung des Zeitmittels verschwinden aber alle Terme, für die $\nu_{n,m} \neq 0$, also E_n und E_m verschieden sind. Bei einem entarteten System können allerdings mehrere Zustände mit derselben Energie $E_n = E_m$ vorhanden sein.

Wir erwähnen noch, daß aus (364) eine einfache Auswahlregel folgt, die in Strenge für beliebig kurze Wellenlängen (Multipolstrahlung) gültig ist. Wenn nämlich sowohl im Anfangs- als auch im Endzustand die Eigenfunktionen drehinvariant sind, was nach Ziff. 13 verschwindendem Impulsmoment entspricht, verschwindet $C_{n,m}$, und damit die Ausstrahlung. Dreht man nämlich das Koordinatensystem um die Achse parallel zu $\vec{k}_{n,m}$, so behält in diesem Fall der Integrand seinen Wert und seine Form bei, andererseits transformiert er sich wegen der Differentiation nach $\vec{x}_{\text{tr}}$ wie ein Vektor (ändert z. B. bei Drehung um 90° sein Vorzeichen), und beides zugleich ist nur möglich, wenn $\vec{C}_{n,m}$ verschwindet. *Sprünge des Impulsmomentes J von 0 zu 0 unter spontaner Lichtemission sind also in Strenge ausgeschlossen.* Man sieht leicht, daß dies auch bei Berücksichtigung des Spins gilt (vgl. Ziff. 13), falls unter J das resultierende Impulsmoment aus Bahn und Spin verstanden wird. Für das resultierende Bahnmoment L allein gilt die Regel nur, soweit dessen Koppelung mit dem Spinmoment vernachlässigt werden kann.

Bisher wurde noch keine Annahme über das Verhältnis der Dimensionen des Systems zur Wellenlänge des emittierten Lichtes gemacht. Ist dieses Verhältnis klein, so sind nur für kleine Werte von $(\vec{k}_{n,m}\vec{x})$ die Eigenfunktionen merklich von Null verschieden und man entwickelt dann vorteilhaft die Exponentialfunktion $e^{-i(\vec{k}_{n,m}\vec{x}^{(a)})}$ in eine Potenzreihe. *Die einzelnen Terme dieser Entwicklung entsprechen der Dipol-, Quadrupol-, ... Strahlung.* Insbesondere ergibt sich die Dipolstrahlung, wenn man $e^{-i(\vec{k}_{n,m}\vec{x}^{(a)})}$ durch 1 ersetzt; dies ist damit gleichbedeutend, daß in (356) der Retardierungsterm $\frac{1}{c}(\vec{x}_Q \vec{n})$ im Zeitargument des Stromes ganz vernachlässigt wird. Da die Matrixelemente $\vec{x}_{n,m}$ der Koordinaten mit denen des Stromes $\vec{i}_{n,m}$ vermöge der Kontinuitätsgleichung in der Beziehung stehen

$$i \nu_{n,m} x_{n,m} = \vec{i}_{n,m}$$

[vgl. Ziff. 5, Gleichung (75′)], kann man für die Dipolstrahlung (364′) auch ersetzen durch

$$(\vec{C}_{n,m})_{\text{Dipol}} = -\nu_{n,m}^2 \vec{x}_{n,m}, \quad (370)$$

also nach (368)

$$(\vec{S})_{n,\text{Dipol}} = \frac{e^2}{c^3} \frac{1}{4\pi} 2 \sum_{m(E_m < E_n)} \nu_{n,m}^4 |\vec{x}_{\text{tr},n,m}|^2, \quad (371)$$

welche Beziehung HEISENBERG ursprünglich zur Definition der Matrizen gedient hat.

In ähnlicher Weise läßt sich auch die Dispersion behandeln. Nur ist in diesem Fall zuerst eine Störungsrechnung nötig, um den Einfluß des äußeren Feldes auf die Eigenfunktion des Atoms zu ermitteln. Man kann diesen in Rechnung setzen, als ob es sich um ein klassisches, zeitlich veränderliches elektromagnetisches Feld von gegebenem zeitlichem Verlauf handeln würde, das durch sein Vektorpotential $\Phi_k(x, y, z; t)$ charakterisiert ist. Allerdings braucht das Feld der einfallenden Lichtwelle gar nicht klassisch meßbar zu sein, aber der Erfolg sowie auch die später zu besprechende Quantelung des Strahlungsfeldes rechtfertigen diese Behandlungsweise. Im Falle einer ebenen Welle ist

$$\Phi_k = \varphi_k^+ e^{i(\nu t - \vec{k}\vec{x})} + \varphi_k^- e^{-i(\nu t - \vec{k}\vec{x})}, \tag{372}$$

wobei

$$\varphi_k^- = (\varphi_k^+)^*, \tag{373}$$

d. h. φ_k^- konjugiert komplex zu φ_k^+ ist. Der zeitliche Mittelwert des Feldstärkequadrates ist

$$\overline{E^2} = \nu^2\, 2\varphi_k^+ \varphi_k^- = 2\nu^2 |\varphi_k|^2. \tag{374}$$

Bei Lichtwellen ist es stets zulässig, das skalare Potential Null zu setzen und das Vektorpotential gemäß

$$\sum_{k=1}^{3} \frac{\partial \Phi_k}{\partial x_k} = 0 \tag{372'}$$

zu normieren, d. h. es transversal anzunehmen. Dann lautet nach (97) der Operator der Störungsfunktion[1]

$$\Omega = \frac{1}{2m}\frac{\hbar}{i}\sum_{a=1}^{N}\left\{\frac{e}{c}\,2\sum_{k=1}^{3}\Phi_k(x^{(a)})\frac{\partial}{\partial x_k^{(a)}} + \frac{1}{2m}\frac{e^2}{c^2}\sum_{k=1}^{3}\Phi_k^2(x^{(a)})\right\}.$$

Ist

$$\vec{i}^{(0)}_{a,k} = \frac{\hbar}{2m}\frac{1}{i}\left(\psi^*\frac{\partial\psi}{\partial x_k^{(a)}} - \psi\frac{\partial\psi^*}{\partial x_k^{(a)}}\right)$$

der ungestörte Strom, so ist der zu Φ_k lineare Teil der Störungsfunktion gegeben hinsichtlich seiner Matrizen durch

$$\Omega^{(1)}_{n,m} = \frac{e}{c}\left\{\sum_{a=1}^{N}\sum_{k=1}^{3}\Phi_k(x^{(a)})\,\vec{i}_k^{(a)}\right\}_{n,m} \tag{373}$$

Ferner kommt nach (100) zu $\vec{i}$ ein zu Φ_k proportionales Störungsglied[1]

$$\vec{i}^{(1)}_a = \frac{e}{mc}\vec{\Phi}(x^{(a)})\,\psi^*\psi \tag{374}$$

hinzu. Beide Zusatzterme, der der Hamiltonfunktion und der des Stromes, geben zufolge (356) Anlaß zu Matrixelementen des Vektorpotentials des emittierten Lichtes, die zur Amplitude des einfallenden Lichtes proportional sind. Die Terme höherer Ordnung diskutieren wir hier nicht[2]. [Es sei noch bemerkt, daß die Form (373) der Störungsfunktion auch in der relativistischen Theorie bestehen bleiben wird, obwohl der Stromoperator dort ein anderer ist; dagegen fällt (374) dort fort.]

Die allgemeine Form der Matrixelemente der gestreuten Strahlung, die durch Anwendung der Störungsrechnung und der allgemeinen Formel (356) folgt, ist, soweit es sich um in den Φ_k der einfallenden Welle lineare Ausdrücke handelt, die folgende

$$(\vec{\Phi}_{\mathrm{tr}})'_{n,m} = \sum_{k=1}^{3}\left\{\varphi_k^+\,\vec{a}_{k;n,m}\,e^{i(\nu_{n,m}+\nu)t} + \varphi_k^-\,\vec{b}_{k;n,m}\,e^{i(\nu_{n,m}-\nu)t}\right\}. \tag{359}$$

---

[1] Wir ersetzen die dort eingeführte Ladung $e^{(a)}$ bzw. e_k durch die Elektronenladung $(-e)$.

[2] Bezüglich der Durchführung der Rechnung vgl. neben der zitierten Arbeit von KLEIN besonders für den Fall kurzer Wellenlängen: I. WALLER, Naturwissensch. Bd. 15, S. 969. 1927; Phil. Mag. Bd. 4, S. 1228. 1927.

Der Akzent soll die gestreute Strahlung von der einfallenden unterscheiden, ferner ergeben sich die Feldstärken durch Differenzieren nach der Zeit (und Division durch c). Die Matrix $(\vec{\Phi}_{\mathrm{tr}})'_{n,m}$ ist wegen der Hermitezität des Hamiltonoperators selbst hermitesch, also gilt [vgl. (373)]

$$\vec{b}_{k;n,m} = \vec{a}^{*}_{k;n,m}, \tag{360}$$

in Worten: $\vec{\boldsymbol{a}}_k$ ist nicht hermitesch, sondern $\vec{\boldsymbol{b}}_k$ ist die zu $\vec{\boldsymbol{a}}_k$ hermitesch konjugierte Matrix.

Nun können wir die allgemeine Vorschrift (363) zur Bildung der ausgestrahlten Energie bilden. Ist der Anfangszustand n, so wird mit der Frequenz $\nu' = \nu_{n,m} + \nu$ ausgestrahlt

$$\left.\begin{aligned} S_n &= \frac{c}{4\pi}\nu'^2\, 2\,|\varphi_k|^2 \vec{a}_{k;n,m}\vec{b}_{k;n,m} = \frac{c}{4\pi}\nu'^2\, 2\,|\varphi_k|^2 |\vec{a}_{k;n,m}|^2 \\ &\text{falls} \quad \nu' = \nu_{n,m} + \nu > 0, \end{aligned}\right\} \tag{361$_1$}$$

mit der Frequenz $\nu' = \nu_{n,m} - \nu$

$$\left.\begin{aligned} S_n &= \frac{c}{4\pi}\nu'^2\, 2\,|\varphi_k|^2 \vec{b}_{k;n,m}\vec{a}_{k;m,n} = \frac{c}{4\pi}\nu'^2\, 2\,|\varphi_k|^2 |\vec{a}_{k;m,n}|^2 \\ &\text{falls} \quad \nu' = \nu_{n,m} - \nu > 0. \end{aligned}\right\} \tag{361$_2$}$$

Hätten wir die besondere Trennungsvorschrift der Größen in solche mit Termen $e^{i\omega t}$ und solche mit Termen $e^{-i\omega t}$ $(\omega > 0)$ nicht angewandt, so wäre der Zustand $\boldsymbol{m}$ vor dem Zustand n gar nicht ausgezeichnet gewesen und wir hätten für beide Zustände die Ausstrahlung $\frac{1}{2}(S_n + S_m)$ bekommen. In dem besonderen Fall $n = m$, $\nu = \nu'$ liefert jedoch die in Rede stehende Vorschrift nichts Neues, so daß der Fall der Streustrahlung mit unveränderter Frequenz sich bereits ohne ihre Anwendung erledigen läßt.

Bezüglich der allgemeinen Form der Ausdrücke für $\vec{a}_{k;n,m}$ und ihrer Diskussion verweisen wir auf Kap. 5 ds. Handb. Es möge hier nur wegen seiner prinzipiellen Bedeutung auf den Sonderfall hingewiesen werden, daß die Frequenz ν der einfallenden Strahlung groß ist gegen die Abtrennungsarbeit eines Elektrons aus dem System. Es zeigt sich, daß dann die Terme in (359) den Ausschlag geben, die von dem Zusatzterm (374) des Stromes herrühren; während die von der Abänderung der Eigenfunktionen durch die äußere Störung herrührenden Terme in diesem Fall zu vernachlässigen sind. Die ersteren Terme geben nach (356) zum Vektorpotential der gestreuten Strahlung den Beitrag

$$(\vec{\Phi}_{\mathrm{tr}})'_{n,m} = \frac{e}{mc}\vec{\varphi}^{+}_{\mathrm{tr}}\, e^{i(\nu_{n,m}+\nu)t}\sum_{a=1}^{N}\int e^{-i(\vec{K}\vec{x})^{(a)} + i(\vec{K}'\vec{x}^{(a)})}\, u_n^* u_m\, dV^{(1)}\ldots dV^{(N)}, \tag{376}$$

worin $\vec{K}$ und $\vec{K}'$ Ausbreitungsvektoren der einfallenden und gestreuten Lichtwelle sind.

$$\vec{K} = \frac{\nu}{c}\vec{n}; \qquad \vec{K}' = \frac{\nu'}{c}\vec{n}'.$$

Betrachten wir etwas allgemeiner einfallendes Licht der Frequenz ν, welches aus ebenen Wellen verschiedener Richtung irgendwie zusammengesetzt ist, und dessen Vektorpotential durch

$$\Phi_k = \Phi_k^{+}(x_1, x_2, x_3)\, e^{i\nu t} + \Phi_k^{-}(x_1, x_2, x_3)\, e^{-i\nu t}$$

gegeben sei, so erhält man statt (376)

$$(\vec{\Phi}_{\mathrm{tr}})'_{n,m} = \frac{e}{mc}\, e^{i(\nu_{n,m}+\nu)t}\sum_{a=1}^{N}\int \vec{\Phi}^{+}_{\mathrm{tr}}(x_1^{(a)}, x_2^{(a)}, x_3^{(a)})\, e^{i(\vec{K}'\vec{x})}\, u_n^* u_m\, dV^{(1)}\ldots dV^{(N)}.$$

Die gesamte in einer Richtung gestreute Lichtintensität aller Frequenzen ν' zusammengenommen, kann dann bei Ersatz der verschiedenen $\vec{K}'$ durch einen einzigen Mittelwert vermöge der Vollständigkeitsrelation geschrieben werden

$$S = \frac{1}{4\pi}\overline{\nu'^2}\frac{e^2}{m^2c^2}2\int\left|\sum_{a=1}^{N}\vec{\Phi}^{+}_{\mathrm{tr}}(x_1^{(a)}, x_2^{(a)}, x_3^{(a)})\,e^{i(\vec{K}'\vec{x}^{(a)})}\right|^2 u_n^* u_n\,dV^{(1)}\dots dV^{(N)}, \quad (377)$$

also für eine ebene auffallende Welle

$$S = \frac{1}{4\pi}\overline{\nu'^2}\frac{e^2}{m^2c^2}2\int\left|\sum_{a=1}^{N}e^{i(-\vec{K}+\vec{K}')\vec{x}^{(a)}}\right|^2 u_n^* u_n\,dV^{(1)}\dots dV^{(N)}. \quad (377')$$

Da in diesem Ausdruck nur die Dichte $u_n^* u_n$ im Anfangszustand n, nicht aber die anderen Zustände eingehen, ist es innerhalb des Gültigkeitsbereiches dieser Formel im Prinzip möglich, z. B. durch Anwendung von konvergentem Licht, dessen Intensität an einer Raumstelle viel größer ist als an einer anderen, die Dichteverteilung der Teilchen in diesem Zustand zu messen. Ebenso ist es durch Untersuchung der spektralen Intensitätsverteilung des gestreuten Lichtes bei einfallenden ebenen Wellen unter Benutzung von (376) möglich, die Impulsverteilung eines gebundenen Teilchens im Anfangszustand zu messen. Hiervon war in den Ziff. 2 und 11 bereits die Rede. Die Gültigkeit der angegebenen Formeln und damit auch die Möglichkeit einer einfachen und direkten Dichtebestimmung eines Teilchens im Koordinaten- oder Impulsraum durch Untersuchung der Streustrahlung ist jedoch begrenzt durch die hier vernachlässigten Relativitätskorrekturen. Sobald die Frequenz der gestreuten Strahlung mit mc^2/h vergleichbar wird, verliert aus vielen Gründen die Dichte und Stromverteilung in einem stationären Zustand ihre *direkte* Bestimmbarkeit (vgl. Abschn. B, Ziff. 5).

In den bisherigen Überlegungen war nur von der Emission und Streuung von Licht die Rede gewesen, nicht aber von den sie begleitenden Änderungen der stationären Zustände der Atome. Es ist aber von einer vollständigen Theorie zu fordern, daß sie auch Rechenschaft gibt vom zeitlichen Anwachsen der Wahrscheinlichkeit, das Atom bei Emission in einem weniger angeregten Zustand zu finden. Um festzustellen, wieweit dies möglich ist, untersuchen wir wieder den Einfluß einer einfallenden ebenen Welle auf das Atom auf Grund der Störungsfunktion (373), suchen aber in diesem Fall die zeitabhängige Lösung, die für $t=0$ mit der ungestörten Lösung übereinstimmt. D. h. wir setzen für die gestörte Eigenfunktion

$$\psi = \sum_n c_n(t)\,e^{-i\frac{E_n}{\hbar}t}\,u_n$$

und entwickeln

$$c_n(t) = c_n^{(0)} + c_n^{(1)}(t) + c_n^{(2)}(t) + \cdots,$$

worin $c_n^{(0)}$ zeitunabhängig, $c_n^{(1)}$ linear, $c_n^{(2)}$ quadratisch ist in der Amplitude der einfallenden Welle, a. o. f. ... und worin $c_n^{(1)}, \dots$ für $t=0$ verschwinden (vgl. Ziff. 10). Es wird dann

$$c_m^{(1)} = i\sum_n T_{m,n}\,c_n^{(0)}, \quad (378)$$

worin die HERMITEsche Matrix T, wie die Durchrechnung zeigt (vgl. Kap. 5 ds. Handb.), für eine ebene einfallende Welle mit den Feldstärken

$$\vec{E} = \vec{E}^{(+)}e^{i(\nu t - \vec{K}\vec{x})} + \vec{E}^{(-)}e^{-i(\nu t - \vec{K}\vec{x})}$$

von der Form wird

$$T_{m,n} = \frac{e^{i(-\nu_{n,m}+\nu)t}-1}{(-\nu_{n,m}+\nu)}\vec{V}_{n,m}\vec{E}^{(+)} + \frac{e^{-i(\nu_{n,m}+\nu)t}-1}{(\nu_{n,m}+\nu)}\vec{V}^*_{n,m}\vec{E}^{(-)}. \quad (379)$$

Die Matrix $V_{n,m}$ ist hierin nicht notwendig hermitesch. Von besonderem Interesse ist hier das Verhalten der Lösung bei Resonanz, d. h. bei Stellen ν, wo einer der beiden Nenner in (379) verschwindet ($\nu = -\nu_{n,m} = \nu_{m,n}$ und $\nu = \nu_{n,m}$). Dies gibt in $|c_m^{(1)}(t)|^2$ zu solchen Termen Anlaß, die nach Summation über ein kleines Intervall ν linear mit der Zeit anwachsen. Diese Terme sind (die anderen sind fortgelassen)

$$\left.\begin{aligned} |c_m^{(1)}(t)|^2 = c_m^{*(1)}(t)\,c_m^{(1)}(t) = \\ +\sum_n \left|\frac{e^{i(-\nu_{n,m}+\nu)t}-1}{-\nu_{n,m}+\nu}\right|^2 (\vec{V}^*_{m,n}\vec{E}^{(-)})(\vec{V}_{m,n}\vec{E}^{(+)})\,, \\ +\sum_n \left|\frac{e^{-i(\nu_{n,m}+\nu)t}-1}{\nu_{n,m}+\nu}\right|^2 (\vec{V}_{n,m}\vec{E}^{(+)})(\vec{V}^*_{n,m}\vec{E}^{(-)})\,. \end{aligned}\right\} \tag{380}$$

Wir bekommen für die Resonanzstelle $\nu = \nu_{n,m}$ (Endzustand kleinere Energie als Ausgangszustand) nach Summation über ν

$$|c_m^{(1)}(t)|^2 = t \cdot B_m^n \varrho_\nu\,,$$

wo B_m^n noch von der Richtung und Polarisation der einfallenden Strahlung abhängt. Ebenso für $\nu = \nu_{m,n}$ (Endzustand größere Energie als Anfangszustand)

$$|c_m^{(1)}(t)|^2 = t \cdot B_n^m \varrho_\nu\,,$$

wenn ϱ_ν die Strahlungsdichte der einfallenden Strahlung ist. Der erste Fall entspricht der induzierten Emission, der zweite der Absorption. *Die spontane Emission ergibt sich zunächst nicht.* Um sie zu erhalten, muß man eine scheinbar willkürliche, der Vorschrift II analoge neue Vorschrift einführen. *Vorschrift II. Man schreibe formal* $|c_m^{(1)}(t)|^2$ *mit der Reihenfolge der Faktoren* $c_m^{*(1)} c_m^{(1)}$ *und achte auf die Reihenfolge der Faktoren* $E^{(+)}$ *und* $E^{(-)}$; *wo* $E^{(+)}$ *vor* $E^{(-)}$ *steht* [*vgl.* (380)], *ist kein Zusatzglied hinzuzufügen, während überall, wo* $E^{(-)}$ *vor* $E^{(+)}$ *zu stehen kommt, statt* ϱ_ν *geschrieben werden muß* $\varrho_\nu + \frac{2\hbar\nu^3}{c^3}$.

Die Rechtfertigung der hier ad hoc eingeführten Vorschriften I und II ergibt sich erst aus der DIRACschen Quantelung des Strahlungsfeldes. Andererseits genügt die Vorschrift I bereits, um Interferenzversuche und Fragen der Kohärenz der Strahlung widerspruchsfrei diskutieren zu können. Dies soll in folgender Ziffer gezeigt werden.

16. Anwendung auf Kohärenzeigenschaften der Strahlung[1]. Wir betrachten zunächst die spontane Emission des Lichtes und wollen untersuchen, wann das von zwei gleichartigen Atomen spontan emittierte Licht kohärent ist. Der Anfangszustand sei durch die Koeffizienten c_n bzw. c_n' der Entwicklung der Wellenfunktionen der Atome nach ihren Eigenfunktionen beschrieben. Die Matrixelemente der gesamten elektrischen Feldstärke im Raumpunkt P sind dann von der Form

$$\vec{E}_{n,n';\,m,m'} = \delta_{n',m'}a_{n,m}e^{i\nu_{n,m}\left(t-\frac{R_P}{c}\right)} + \delta_{n,m}a_{n',m'}e^{i\nu_{n',m'}\left(t-\frac{R_P'}{c}\right)}. \tag{381}$$

Hierin sind n, m die Quantenzahlen des betrachteten Zustandspaares für das eine Atom, n', m' die für das andere Atom. Die Matrixelemente der vom ersten (zweiten) Atom emittierten Feldstärke sind diagonal in bezug auf die Quantenzahlen des zweiten (ersten) Atoms. Sind die Atome gleichartig, so ist für korrespondierende Übergänge $a_{n,m} = a_{n',m'}$; $\nu_{n,m} = \nu_{n',m'}$. Ferner sind R_P, R_P' die Entfernungen der zunächst als fest gedachten Atome vom Aufpunkt. Für den

[1] Es handelt sich hier nur um einige prinzipielle Bemerkungen allgemeiner Art. Für weitere Einzelheiten und Literaturhinweise vgl. Kap. 5 ds. Handb.

Erwartungswert des gemäß der Vorschrift I modifizierten Quadrates der elektrischen Feldstärke im Punkt P bekommen wir dann

$$\begin{aligned}(\vec{E}^{(+)}\vec{E}^{(-)}) &= \sum_{\substack{n,n'\\ m,m'}} c_n^* c_{n'}^{*\prime} E^{(+)}_{n,n';\,l,l'} E^{(-)}_{l,l';\,m,m} c_m c'_{m'} \\ &= \sum_{\substack{E_l<E_n\\ E_l<E_m}} c_n^{(*)} a_{n,l} a_{l,m} c_m e^{i\nu_{n,m}t} + \sum_{\substack{E_{l'}<E_{m'}\\ E_{l'}<E_{n'}}} c_{n'}^* a_{n',l'} a_{l',m'} c_{m'} e^{i\nu_{n',m'}t} \\ &+ \sum_{\substack{E_m<E_n\\ E_{n'}<E_{m'}}} c_n^* c_{n'}^{*\prime} a_{n,m} a_{n',m'} c_m c'_{m'} e^{i\left[(\nu_{n,m}+\nu_{n',m'})t-\frac{1}{c}(\nu_{n,m}R_P+\nu_{n',m'}R'_P)\right]} \\ &+ \sum_{\substack{E_m<E_n\\ E_{n'}<E_{m'}}} c_m^* c_m^{*\prime} a_{m,n} a_{m',n'} c_n c'_{n'} e^{i\left[(\nu_{m,n}+\nu_{m',n'})t-\frac{1}{c}(\nu_{m,n}R_P+\nu_{m',n'}R'_P)\right]}.\end{aligned}$$

Die ersten beiden Terme entsprechen dem alleinigen Vorhandensein des ersten bzw. zweiten Atoms, die beiden letzten sind die Interferenzterme, die uns hier interessieren. Mit Rücksicht darauf, daß $a_{n,m}$; $a_{n',m'}$ HERMITEsche Matrizen sind, deren Diagonalelemente verschwinden, gestaltet sich die Bildung des zeitlichen Mittelwertes sehr einfach, sobald wir von Entartungen absehen, was hier geschehen soll. In den beiden ersten Summen geben dann nur die Glieder mit $m = n$, $m' = n'$ nicht verschwindende Beiträge, während in den beiden letzten Summen die Glieder mit $m' = n$; $n' = m$ übrigbleiben. Die Intensität des Lichtes der Frequenz $\nu_{n,m}$ im Punkt P wird dann also schließlich

$$\begin{aligned}J(\nu_{n,m}) = |a_{n,m}|^2 \Big\{ |c_n|^2 + |c'_n|^2 &+ c_n^* c_m c'_n c_m'^{*} e^{-i\frac{\nu_{n,m}}{c}(R_P - R'_P)} \\ &+ c_n c_m^* c_n'^{*} c'_m e^{+i\frac{\nu_{n,m}}{c}(R_P - R'_P)} \Big\}.\end{aligned}$$

Man kann dies noch vereinfachen, indem man den geometrischen Gangunterschied

$$\varDelta = \frac{\nu_{n,m}}{c}(R_P - R'_P)$$

und die Phasen der Wahrscheinlichkeitsamplituden der Atome einführt gemäß

$$\begin{aligned} c_n &= |c_n| e^{i\delta_n}; \quad & c_m &= |c_m| e^{i\delta_m}; \quad & \delta_{n,m} &= \delta_n - \delta_m, \\ c'_n &= |c'_n| e^{i\delta'_n}; \quad & c'_m &= |c'_m| e^{i\delta'_m}; \quad & \delta'_{n,m} &= \delta'_n - \delta'_m. \end{aligned}$$

Dann wird

$$J(\nu_{n,m}) = |a_{n,m}|^2 \{ |c_n|^2 + |c'_n|^2 + 2\,|c_n|\,|c_m|\,|c'_n|\,|c'_m| \cos(\delta_{n,m} - \delta'_{n',m'} + \varDelta) \}. \quad (382)$$

Man sieht daraus zunächst, daß keine Interferenzen auftreten, wenn anfangs von einem der beiden Atome mit Sicherheit nur der angeregte Zustand vorhanden war ($c_m = 0$ *oder* $c'_m = 0$); ferner daß niemals die Phase δ_n einer einzigen Eigenfunktion der Atome zur Beobachtung gelangen kann. Der Fall eines Paketes aus dem Grundzustand und einem angeregten Zustand bei beiden Atomen mit einer festen Phasenbeziehung $\delta_{n,m} - \delta'_{n',m'}$ ist herstellbar durch Anregung beider Atome mit demselben Licht. In diesem Sinne ist also die Resonanzstrahlung kohärent.

Es ist lehrreich, noch diejenigen Modifikationen kurz zu betrachten, die eintreten, wenn man die Atome nunmehr als frei beweglich betrachtet. Wir haben dann neben den Zuständen $n, m, \ldots$ der Elektronen des Atoms noch die Koordinaten Q seines Schwerpunktes einzuführen, so daß die Wahrscheinlichkeitsamplituden c_n jetzt Funktionen von Q werden. Um ferner zu entscheiden, wie die Matrixelemente der Feldstärken des emittierten Lichtes modifiziert werden, gehen wir auf die Ausdrücke (352) der klassischen Theorie zurück. Um den Übergang zu der in (353) enthaltenen Retardierung durch ebene Wellen machen zu können, müssen wir annehmen, daß die Entfernung des Aufpunktes vom Atom auch groß ist gegen die Dimensionen der durch die $c_n(Q)$ beschriebenen Wellenpakete (d. h. gegen die Ungenauigkeit der Definition des Ortes des Atomschwerpunktes), was unbedenklich geschehen kann. Ferner sind die Beiträge der Ströme der Atomkerne selbst zur Lichtemission stets vernachlässigbar klein. In den Ausdrücken (353) für die retardierten Ströme der Elektronen bleiben aber nach Integration über die Relativkoordinaten der Teilchen eben wegen der Retardierung die Schwerpunktskoordinaten noch stehen, und zwar in $\vec{x}_Q$, welches die Summe aus Relativ- und Schwerpunktskoordinaten darstellt. Im Matrixelement der emittierten Feldstärke nach den stationären Zuständen (n, m) des Elektronensystems, dessen Zeitabhängigkeit durch den Faktor $e^{i\nu_{n,m}t}$ beschrieben ist, bleibt also schließlich der Faktor

$$e^{i\nu_{n,m}\frac{1}{c}(\vec{Q}\vec{n})} = e^{i(\vec{K}_{n,m}\vec{Q})}$$

$\left(\text{mit } \vec{K}_{n,m} = \frac{\nu_{n,m}}{c}\vec{n}\right)$ stehen; in anderer Weise geht die Schwerpunktskoordinate des Systems nicht ein. An Stelle des Matrixelementes $a_{n,m}$ im n-Raum tritt also jetzt überall das Matrixelement

$$a_{n,m}(Q, Q') = a_{n,m}\, e^{i(\vec{K}_{n,m}\vec{Q})}\,\delta(Q - Q') \tag{382}$$

im (n, Q)-Raum. Es ist lehrreich, mittels

$$c_n(P) = \int c_n(Q)\, e^{-\frac{i}{\hbar}(\vec{P}\vec{Q})}\, dQ$$

[vgl. Ziff. 3, Gleichung (27)] in den Impulsraum des Atoms überzugehen. In diesem wird

$$a_{n,m}(P, P') = a_{n,m}\,\delta(-\vec{P} + \vec{P}' + \hbar\vec{K}_{n,m}). \tag{383'}$$

Dies bedeutet, daß mit der Emission des Lichtes ein Rückstoß verbunden ist, der gerade der Erhaltung des Impulses entspricht, wenn man dem emittierten Licht einen Impuls vom Betrag $h\nu/c$ in seiner Fortpflanzung zuordnet, im Einklang mit dem von EINSTEIN aus der Lichtquantenvorstellung abgeleiteten Resultat. Der Rückstoß bei der Lichtemission ist prinzipiell immer dann beobachtbar, wenn die Ausdehnung des Paketes $c_n(P)$ des Anfangszustandes im Impulsraum klein gegenüber $h\nu/c$ ist. Der Rückstoß muß sich auch in einem Dopplereffekt des emittierten Lichtes äußern, den wir aber hier vernachlässigen wollen, was auch insofern konsequent ist, als die Strahlungsdämpfung ebenfalls stets vernachlässigt wurde. Tut man dies, so ist die Gesamtintensität des von einem Atom im Anfangszustand $c_n(Q)$ in der Richtung $\vec{n}$ emittierten Lichtes wieder gegeben durch

$$J(\nu_{n,m}) = |a_{n,m}|^2 |c_n|^2,$$

wenn unter $|c_n|^2$ jetzt

$$|c_n|^2 = \int |c_n(Q)|^2 dQ = \int |c_n(P)|^2 dP \tag{384}$$

verstanden wird.

Die Anwendung auf die Intensität des von zwei gleichartigen Atomen emittierten Lichtes ergibt nun mit der Abkürzung

$$C_{n,m} = |C_{n,m}|\, e^{-i\delta_{n,m}} = \int c_n^*(Q)\, e^{i(\vec{K}_{n,m}\vec{Q})} c_m(Q)\, dQ = -C_{m,n}^* \tag{385}$$

und analog für $C'_{n,m}$ an Stelle von (382) den Ausdruck

$$J(\nu_{n,m}) = |a_{n,m}|^2\{|c_n|^2 + |c'_n|^2 + 2|C_{n,m}|\,|C'_{n,m}|\cos(\delta_{n,m} - \delta_{n',m'} + \Delta)\}, \tag{382'}$$

wenn in $\Delta = \frac{\nu_{n,m}}{c}(R_P - R'_P)$ die R und R' von festen Punkten aus [denselben wie Q in (385) und Q' in der analogen Definition von $C'_{n,m}$] gezählt werden. Die Bedeutung des erhaltenen Resultates liegt darin, daß zur Kohärenz der Resonanzstrahlung nicht nur notwendig ist, daß im Anfangszustand beide Atome im Grundzustand und im angeregten Zustand vorhanden sind, sondern auch, daß diese Zustände mit nicht verschwindender Wahrscheinlichkeit beim gleichen Ort des Atomschwerpunktes vorhanden sein können. Überdecken sich die Funktionen $c_n(Q)$ und $c_m(Q)$ nicht, wie es der Fall ist, wenn die beiden Zustände durch äußere Felder völlig voneinander getrennt werden, dann verschwindet $c_n^*(Q)\,c_m(Q)$ überall und damit auch das Interferenzglied in (382'). Dies ist ein Beispiel dafür, daß jede Anordnung, die festzustellen erlaubt, in welchem Zustand sich das Atom befindet, die Interferenzfähigkeit der von diesem mit der von anderen Atomen emittierten Strahlung aufhebt[1].

Endlich wollen wir noch die Frage der Kohärenz der von einem Atom in verschiedenen Richtungen, sagen wir in den Richtungen $\vec{n}_1$ und $\vec{n}_2$ emittierten Strahlung prüfen, da diese Frage den früher oft diskutierten Gegensatz von „Nadelstrahlung" und „Kugelwelle" betrifft. Alle Anordnungen, die Interferenzfähigkeit der Strahlung in diesen Richtungen zu prüfen, laufen darauf hinaus, die beiden Lichtbündel schließlich nach geeigneten Spiegelungen, Brechungen in einem Punkte P zu vereinigen. Dort wird also die klassische Feldstärke eine Linearkombination von $E(\vec{n}_1)$ und $E(\vec{n}_2)$ sein, d. h. der Feldstärken der ursprünglich in den Richtungen $\vec{n}_1$ und $\vec{n}_2$ emittierten Bündel. Ist J_0 die Summe der Intensitäten der in diesen Richtungen emittierten Bündel, wie sie im Punkt P bei Fehlen von Interferenzen beobachtet würde, so wird also für die wirkliche Intensität klassisch gelten

$$J = J_0 + \text{konst.}\, E(\vec{n}_1)\, E(\vec{n}_2)\,.$$

Wir werden also als Maß der Kohärenzfähigkeit der Bündel quantentheoretisch den Erwartungswert von

$$E^{(+)}(\vec{n}_1)\,E^{(-)}(\vec{n}_2) + E^{(+)}(\vec{n}_2)\,E^{(-)}(\vec{n}_1)$$

zu berechnen haben. Dieser ist proportional zu

$$D = \int dQ\, c_n^*(Q) \int a_{n,m}(\vec{n}_1; Q, Q'')\, a_{m,n}(\vec{n}_2; Q'', Q')\, dQ''\, c_n(Q')\, dQ' + \cdots$$

oder auch

$$D = \int dP\, c_n^*(P) \int a_{n,m}(\vec{n}_1; P; P'')\, a_{m,n}(\vec{n}_2; P'', P')\, dP''\, c_n(P')\, dP' + \cdots,$$

wobei mit $+\cdots$ der Term angedeutet ist, der durch Vertauschen von $\vec{n}_1$ und $\vec{n}_2$ aus dem angeschriebenen hervorgeht. Auf Grund (383), (383') ergibt sich sogleich

$$D = 2\int |c_n(Q)|^2 \cos\frac{\nu_{n,m}}{c}\Big((\vec{n}_2 - \vec{n}_1)\vec{Q}\Big)\, dQ \tag{386}$$

oder auch

$$D = \int \Big\{ c_n^*(P)\, c_n\Big(P + \frac{\hbar\nu_{n,m}}{c}(n_2 - n_1)\Big) + c_n(P)\, c_n^*\Big(P + \frac{\hbar\nu_{n,m}}{c}(n_2 - n_1)\Big)\Big\}\, dP. \tag{386'}$$

Aus diesen Ausdrücken ergibt sich, daß die Möglichkeit, durch eine Rückstoßmessung festzustellen, ob das Lichtquant in der Richtung $\vec{n}_1$ oder in der Richtung $\vec{n}_2$

[1] Vgl. hierzu W. Heisenberg, ZS. f. Phys. Bd. 43, S. 172. 1927; damals blieb die Frage des Zusammenhanges der Phasen der Eigenfunktionen im Atom mit den Eigenschaften des emittierten Lichtes noch ungeklärt.

emittiert worden ist, in einer ausschließenden Beziehung steht zu einer Anordnung, welche zwischen den in den Richtungen $\vec{n}_1$ und $\vec{n}_2$ emittierten Lichtbündeln Interferenzen nachzuweisen erlaubt. Eine Rückstoßmessung der geforderten Art ist nämlich nur möglich, wenn der Impuls des Teilchens am Anfang genauer als $\frac{\hbar \nu_{n,m}}{c} |n_2 - n_1|$ definiert ist. Dann wird aber $c_n(P)$ nur in einem Gebiet ΔP von Null verschieden sein dürfen, das kleiner als $\frac{\hbar \nu_{n,m}}{c} |n_2 - n_1|$ ist, und in diesem Fall verschwindet D stets, wie aus (386′) ersichtlich. Um andererseits den Gangunterschied zwischen den nach $\vec{n}_1$ und $\vec{n}_2$ emittierten Bündeln klar definieren zu können, darf $c_n(Q)$ nur in einem Gebiet ΔQ von Null verschieden sein, das klein ist gegenüber $\frac{c}{\nu_{n,m}} \frac{1}{|n_2 - n_1|}$. Daß diese beiden Forderungen einander widersprechen, ist eine unmittelbare Folge der HEISENBERGschen Unsicherheitsrelation, die ihrerseits in der hier durchgeführten Umrechnung von $c_n(Q)$ auf $c_n(P)$ bereits enthalten ist.

Ähnlich wie es hier für die einfachsten Fälle der Lichtemission geschehen ist, kann auch die Kohärenz der von Atomen *gestreuten* Strahlung diskutiert werden. Es sei übrigens noch ausdrücklich betont, daß die hier gegebene Behandlungsweise noch unvollständig ist, da sie die Strahlungsdämpfung unberücksichtigt läßt. Dies kann erst mittels der in Abschn. B besprochenen DIRACschen Lichtquantentheorie geschehen.

B. Relativistische Theorien.

1. Prinzipielles über den gegenwärtigen Stand der relativistischen Quantenmechanik. Im Gegensatz zur unrelativistischen Quantenmechanik, die als logisch abgeschlossen gelten kann, stehen wir im relativistischen Gebiet noch ungelösten prinzipiellen Problemen gegenüber, die in der Frage des Atomismus der elektrischen Ladung, des Massenverhältnisses von Elektron und Proton und derjenigen des Kernbaues gipfeln. Man kann sagen, daß wir heute nur Bruchstücke einer relativistischen Wellenmechanik besitzen. Es sind dies erstens die Quantentheorie des relativistischen Einkörperproblems, die das Verhalten eines elektrischen Elementarpartikels (Elektrons oder Protons, nicht das eines beliebigen makroskopischen Teilchens) in einem gegebenen äußeren elektromagnetischen Potentialfeld beschreibt. Zweitens eine Theorie des Strahlungsfeldes und seiner Wechselwirkung mit Materie, welche denjenigen Eigenschaften des Umsatzes von Energie und Impuls der Strahlung Rechnung trägt, die in der Lichtquantenvorstellung zusammengefaßt sind. Beide genannten Theorien, die von DIRAC[1] herrühren, sind als prinzipielle Fortschritte der Wellenmechanik anzusehen, führen aber bei der weiteren Verfolgung ihrer Konsequenzen zu charakteristischen Schwierigkeiten. So führt die Theorie des Einkörperproblems zur Existenz von Zuständen negativer kinetischer Energie (negativer Masse) der Elektronen und zur Möglichkeit von Übergängen der Elektronen in diese Zustände von den gewöhnlichen Zuständen positiver Masse aus, sobald geeignete äußere Potentialfelder angewandt werden sowie unter spontaner oder durch äußere Strahlung induzierter Lichtemission (Ziff. 5). Da die Erfahrung niemals Teilchen mit negativer Masse zeigt, muß diese Konsequenz als ein Versagen der Theorie angesehen werden. Unabhängig von dieser Schwierigkeit ist eine andere, die auf-

---

[1] Theorie des Elektrons: P. A. M. DIRAC, Proc. Roy. Soc. London Bd. 117, S. 610; Bd. 118, S. 341. 1928; Theorie des Strahlungsfeldes, ebenda Bd. 114, S. 243, 710. 1927; vgl. auch das Lehrbuch von P. A. M. DIRAC, Quantenmechanik. Leipzig 1930.

tritt, wenn die Theorie des Strahlungsfeldes auf die Wechselwirkung eines Elektrons mit seinem eigenen Feld angewandt wird. Es existiert dann keine stationäre Lösung mit endlicher Energie des aus dem Elektron und dem quantisierten elektromagnetischen Feld bestehenden Gesamtsystems. Es liegt dies daran, daß der Teil des Hamiltonoperators, der die Wechselwirkung des Teilchens mit dem äußeren Feld beschreibt, das korrespondenzmäßige Analogon zur klassischen Wechselwirkung eines punktförmigen Teilchens mit seinem eigenen Feld darstellt und die Selbstenergie eines solchen Teilchens auch nach der klassischen Theorie unendlich groß wird. Man kann zwar formal diese Unendlichkeit, allerdings nicht ohne eine gewisse Willkür, vermeiden durch eine solche Abänderung der Hamiltonfunktion, daß diese korrespondenzmäßig der Wechselwirkung eines Teilchens von *endlicher* Ausdehnung mit dem Feld entspricht (Ziff. 8), jedoch würde hierbei die relativistische Invarianz der Theorie nicht aufrechterhalten werden können. Dieser Umstand verhindert den Ausbau der DIRACschen Theorie des Strahlungsfeldes zu einer strengen und konsequenten relativistischen Behandlung des Mehrkörperproblems.

Bei dieser Sachlage ist es in manchen Fällen schwierig, den physikalischen Geltungsbereich der bisher vorliegenden Bruchstücke einer relativistischen Quantenmechanik genau abzugrenzen, sofern ihre Ergebnisse über die beiden bekannten Grenzfälle der unrelativistischen Quantenmechanik und der relativistischen klassischen Theorie hinausreichen. Ja, diese Abgrenzung dürfte bei unseren gegenwärtigen Kenntnissen kaum in allen Fällen in eindeutiger Weise möglich sein. Wir müssen uns im folgenden damit begnügen, die in Rede stehenden Theorien so weit darzustellen, als sie zu neuen physikalischen Einsichten geführt haben und ihre Ergebnisse mit der Wirklichkeit übereinstimmen. In den Ziff. 2 bis 5 geschieht dies für die relativistische Theorie des Einkörperproblems, in den Ziff. 6 bis 8 für die Strahlungstheorie und die Vereinigung beider Theorien.

2. DIRACS Wellengleichung des Elektrons. a) *Kräftefreier Fall.* Die fundamentale Verknüpfung zwischen Impuls und Energie einerseits, Ausbreitungsvektor und Frequenz der Welle andererseits, von der wir in Abschn. A, Ziff. 1, ausgegangen sind und die in der Relation

$$\vec{p} = \hbar \vec{k}; \qquad E = \hbar \nu \tag{A, I}$$

ausgedrückt ist, besitzt bereits relativistische Invarianz. Es bilden nämlich $\left(\vec{p}, i\frac{E}{c}\right)$, $\left(\vec{k}, i\frac{\nu}{c}\right)$ beide einen Vierervektor, transformieren sich also bei Lorentztransformationen in gleicher Weise. Es ist deshalb natürlich, diese Relationen als Grundlage in einer relativistischen Quantentheorie beizubehalten. Zwischen Energie und Impuls eines Partikels mit der Ruhmasse m besteht, wie bereits in Abschn. A, Gleichung (5), angegeben, in der klassisch-relativistischen Mechanik die Relation

$$\frac{E^2}{c^2} = m^2 c^2 + \sum_{i=1}^{3} p_i^2, \tag{1}$$

welche nach (I) die entsprechende Relation

$$\frac{\nu^2}{c^2} = \frac{m^2 c^2}{\hbar^2} + \sum_i k_i^2 = \frac{\nu_0^2}{c^2} + \sum_i k_i^2 \tag{2}$$

mit

$$\nu_0 = \frac{m c^2}{\hbar} \tag{3}$$

zur Folge hat. Die allgemeinste Superposition von ebenen Wellen

$$\psi(x_1 x_2 x_3; t) = \int A(k)\, e^{i(\vec{k}\vec{x} - \nu t)}\, dk, \tag{4}$$

in denen ν und $\vec{k}$ stets durch (2) verknüpft sind, genügt der Differentialgleichung

$$\frac{1}{c^2}\frac{\partial^2\psi}{\partial t^2} = \Delta\psi - \frac{m^2c^2}{\hbar^2}\psi, \tag{5}$$

und umgekehrt ist (4) (im wesentlichen) die allgemeinste Lösung von (5). Dabei ist zu beachten, daß gemäß (2) zu gegebenem Wert von $\vec{k}$ zwei Werte von ν gehören, ein positiver und ein negativer,

$$\frac{\nu}{c} = +\sqrt{\frac{m^2c^2}{\hbar^2} + \sum_i k_i^2} \quad \text{und} \quad \frac{\nu}{c} = -\sqrt{\frac{m^2c^2}{\hbar^2} + \sum_i k_i^2}, \tag{2'}$$

und daß im allgemeinen beide in (4) vertreten sein können. Die Wellengleichung (5) ist relativistisch invariant, wenn ψ als ein Skalar behandelt wird.

Bisher wurden nur die fundamentalen DE BROGLIEschen Relationen (I) und das wellentheoretische Superpositionsprinzip benützt. Wenn wir die entsprechende Entwicklung der unrelativistischen Wellenmechanik weiter verfolgen, so sehen wir, daß der nächste Schritt in der Einführung einer Wahrscheinlichkeitsdichte $W(x_1, x_2, x_3)$ besteht, die angibt, wie wahrscheinlich es ist, das Teilchen zur Zeit t im Raumgebiet $x_1, x_1 + dx_1 \ldots x_3, x_3 + dx_3$ zu treffen. Falls eine solche Wahrscheinlichkeitsdichte $W(x)$ sinnvoll existiert, muß sie erstens überall positiv (oder Null) sein

$$W(x) \geqq 0 \tag{6}$$

und muß zweitens als Folge der Wellengleichung der Bedingung

$$\frac{d}{dt}\int W(x)\,dx = 0 \tag{7}$$

genügen, um gemäß

$$\int W(x)\,dx = 1 \tag{7'}$$

normiert werden zu können. Es ist dann ferner noch die Invarianz dieser Normierung gegenüber Lorentztransformationen zu verlangen.

$$\int W(x)\,dx = \text{Invariante}. \tag{8}$$

Wenn wir nun versuchen, aus (5) einen Ausdruck zu bilden, der den Bedingungen (7) und (8) genügt, so werden wir zwangsläufig geführt auf

$$\varrho(x) \equiv W(x) = -\psi^*\frac{1}{c}\frac{\partial\psi}{\partial t} + \psi\frac{1}{c}\frac{\partial\psi^*}{\partial t}.$$

Denn mit Einführung des Vektors

$$\vec{i} = c(\psi^*\operatorname{grad}\psi - \psi\operatorname{grad}\psi^*), \tag{8'}$$

worin ψ^* konjugiert komplex zu ψ ist, wird die Kontinuitätsgleichung

$$\frac{\partial\varrho}{\partial t} + \operatorname{div}\vec{i} = 0$$

erfüllt, und es läßt sich ϱ und $\vec{i}$ zu einem Vierervektor s_ν mit den Komponenten

$$s_\nu = \left(\frac{1}{c}\vec{i}, i\varrho\right)_\nu$$

gemäß

$$s_\nu = \psi^*\frac{\partial\psi}{\partial x_\nu} - \psi\frac{\partial\psi^*}{\partial x_\nu} \tag{8''}$$

zusammenfassen, woraus (7) und (8) folgen[1]. Dies entspricht der Theorie, wie sie ursprünglich von mehreren Verfassern versucht wurde[2]. Da hierbei die

---

[1] Im folgenden bezeichnen wir stets mit griechischen Buchstaben von 1 bis 4, mit lateinischen von 1 bis 3 laufende Indizes, mit x_4 die imaginäre Zeitkoordinate $x_4 = ict$, mit x_0 die reelle $x_0 = ct$, so daß $x_4 = ix_0$.

[2] E. SCHRÖDINGER, Ann. d. Phys. Bd. 81, S. 129. 1926; speziell § 6; O. KLEIN, ZS. f. Phys. Bd. 37, S. 895. 1926; V. FOCK, ebenda Bd. 38, S. 242; Bd. 39, S. 226. 1926; J. KUDAR, Ann. d. Phys. Bd. 81, S. 632. 1926. Betreffend die Ausdrücke für den Viererstrom

Forderung (6) verletzt ist — es sind ja in einem bestimmten Zeitmoment ψ und $\partial\psi/\partial t$ gemäß (5) beide willkürlich wählbar —, ist der Ausdruck (8″) für den Viererstrom physikalisch nicht zulässig[1].

Auf Grund dieses Resultates kann man zunächst im Zweifel sein, ob in einer relativistischen Wellenmechanik die Wahrscheinlichkeitsdichte des Teilchens ein sinnvoller Begriff ist. Denn erstens enthält schon ihre Definition eine merkwürdige Auszeichnung der Zeit vor dem Raum, indem den Raumkoordinaten x_k der Spielraum dx_k gelassen wird, die Zeit dagegen exakt festgelegt wird; zweitens ist die Feststellung des Teilchenortes durch eine *direkte* Messung nicht mehr möglich, falls man Gebiete betrachtet, die klein gegen die Wellenlänge der Materiewelle sind und zugleich Teilchengeschwindigkeiten, die mit der Lichtgeschwindigkeit vergleichbar sind [vgl. Abschn. A, Ziff. 2, Gl. (16) und (17)]; drittens existiert eine den Forderungen (6), (7) und (8) genügende Wahrscheinlichkeitsdichte im Falle der Lichtquanten tatsächlich nicht, wie wir später sehen werden.

Dennoch konnte DIRAC zeigen, daß ein den Forderungen (6), (7) und (8) genügender Ansatz für $W(x)$ dann möglich ist, wenn man *mehrere* ψ-Funktionen, ψ_ϱ, $\varrho = 1, 2, \ldots$ einführt, die im kräftefreien Falle alle der Gleichung (5) genügen. Angesichts des großen Erfolges dieses Ansatzes, der darin besteht, daß er automatisch den Spin der elektrischen Elementarteilchen mitliefert, empfiehlt es sich zunächst, alle Konsequenzen dieses Ansatzes zu verfolgen und die Diskussion der erwähnten Bedenken erst wieder aufzunehmen, sobald man auf prinzipielle Schwierigkeiten (Zustände negativer Energie) der DIRACschen Theorie stößt.

Der DIRACsche Ansatz besteht nun darin, am Ausdruck

$$\varrho = W(x) = \sum_\sigma \psi_\sigma^* \psi_\sigma \tag{9}$$

festzuhalten, der allein den positiv definiten Charakter von $W(x)$ verbürgt. Da

$$\frac{d}{dt}\int \sum_\sigma \psi_\sigma^* \psi_\sigma \, dV = \int \left(\sum_\sigma \frac{\partial \psi_\sigma^*}{\partial t} \psi_\sigma + \psi_\sigma^* \frac{\partial \psi_\sigma}{\partial t} \right) dV = 0 \tag{9'}$$

sein soll, können die $\partial\psi_\sigma/\partial t$ und $\partial\psi_\sigma^*/\partial t$ in einem bestimmten Zeitmoment nicht willkürlich sein, die ψ_σ müssen also Differentialgleichungen erster Ordnung in $\partial/\partial t$ genügen. Um später die relativistische Invarianz der Gleichungen erfüllen zu können, ist es dann notwendig, die Differentialgleichungen als auch in den räumlichen Differentialquotienten $\partial/\partial x_k$ linear anzusetzen. Wir machen also mit DIRAC den Ansatz

$$\frac{1}{c}\frac{\partial \psi_\varrho}{\partial t} + \sum_{k=1}^{3} \sum_{(\sigma)} \left(\alpha_{\varrho\sigma}^k \frac{\partial \psi_\sigma}{\partial x_k} + i \frac{mc}{\hbar} \beta_{\varrho\sigma} \psi_\sigma \right) = 0 . \tag{10}$$

s. W. GORDON, ZS. f. Phys. Bd. 40, S. 117. 1926. Bei allen Autoren ist sogleich der allgemeinere Fall eines geladenen Teilchens in einem äußeren elektromagnetischen Feld betrachtet, der im Text erst später (s. unter Ziff. 2d) besprochen wird.

[1] Hätte man nicht die Forderung (8), sondern nur die Forderung (7) zugrunde gelegt, so wäre auch der Ansatz

$$\varrho = \frac{1}{2}\left[\left(\frac{\partial \psi}{\partial t}\right)^2 + (\operatorname{grad}\psi)^2 + \frac{m^2 c^2}{h^2}\psi^2\right]$$

möglich gewesen, da dann aus (5)

$$\frac{d\varrho}{dt} + \operatorname{div}\left(\frac{\partial \psi}{\partial t} \operatorname{grad}\psi\right) = 0$$

folgt. Dieser Ansatz ist zwar deshalb bemerkenswert, weil man bei ihm mit einer einzigen *reellen* Funktion ψ auskommt und die Forderung (6) für ihn erfüllt ist. Es erscheint dann aber $\int \varrho \, dV$ als die 4-Komponente eines Vektors statt als Skalar.

Die Anzahl der Werte, die jeder der Indizes ϱ und σ annimmt, lassen wir dabei noch offen, ebenso die Zahlwerte $\alpha^k_{\varrho\sigma}$ und $\beta_{\varrho\sigma}$. Damit (9′) aus (10) folgt, genügt es anzunehmen

$$\alpha^{*k}_{\varrho\sigma} = \alpha_{\sigma\varrho}; \qquad \beta^*_{\varrho\sigma} = \beta_{\sigma\varrho}. \tag{11}$$

Dann folgt nämlich aus (10)

$$\frac{1}{c}\frac{\partial\psi^*}{\partial t} + \sum_{k=1}^{3}\sum_{(\varrho)}\left(\frac{\partial\psi^*_\varrho}{\partial x_k}\alpha^k_{\varrho\sigma} - i\frac{mc}{\hbar}\beta^*_{\varrho\sigma}\psi^*_\varrho\right) = 0. \tag{10*}$$

Multipliziert man (10) mit ψ^*_ϱ und summiert über ϱ (10*) mit ψ_σ und summiert über σ, so ergibt sich die Kontinuitätsgleichung

$$\frac{\partial\varrho}{dt} + \operatorname{div}\vec{i} = 0, \tag{12}$$

wenn

$$\vec{i} = c\sum_\varrho\sum_\sigma \psi^*_\varrho\,\alpha_{\varrho\sigma}\psi_\sigma \tag{13}$$

gesetzt wird. Um die Schreibweise zu vereinfachen, namentlich um das Anschreiben der Indizes zu vermeiden, ist es zweckmäßig, die Bezeichnungsweise des Matrixkalküls einzuführen. Dabei erscheinen α^k und β als quadratische, HERMITEsche Matrizen — ihrer Hermitezität ist mit der Forderung (11) gleichbedeutend —, während ψ als rechteckige Matrix mit einer einzigen *Spalte* (Elemente ψ_ϱ), ψ^* als rechteckige Matrix mit einer einzigen *Zeile* aufzufassen ist (Elemente ψ^*_σ). Um gemäß der Multiplikationsvorschrift der Matrizen sinnvolle Bildungen zu erhalten, muß dann ψ^* stets *links* von den Matrizen α^k und β, ψ *rechts* von ihnen stehen. Es schreiben sich dann (10), (10*), (9) und (13) einfacher

$$\frac{1}{c}\frac{\partial\psi}{\partial t} + \sum_{k=1}^{3}\alpha^k\frac{\partial\psi}{\partial x_k} + i\frac{mc}{\hbar}\beta\psi = 0, \tag{10′}$$

$$\frac{1}{c}\frac{\partial\psi^*}{\partial t} + \sum_{k=1}^{3}\frac{\partial\psi^*}{\partial x_k}\alpha^k - i\frac{mc}{\hbar}\psi^*\beta = 0, \tag{10*′}$$

$$\varrho = (\psi^*\psi), \tag{9}$$

$$\vec{i} = c(\psi^*\vec{\alpha}\psi). \tag{13}$$

So wie aus den MAXWELLschen Gleichungen (erster Ordnung) für die Feldstärken die Wellengleichungen (zweiter Ordnung) für jede der Feldstärken folgt, soll nun die Gleichung (5)

$$-\frac{1}{c^2}\frac{\partial^2\psi}{\partial t^2} + \sum_{k=1}^{3}\frac{\partial^2\psi}{\partial x_k^2} - \frac{m^2c^2}{\hbar^2}\psi = 0 \tag{5}$$

für jede der Komponenten von ψ aus (10) folgen. Um dies zu prüfen, wenden wir auf (10) von links den Operator an

$$-\frac{1}{c}\frac{\partial}{\partial t} + \sum_l \alpha^l\frac{\partial}{\partial x^l} + i\frac{mc}{\hbar}.$$

Dies ist nämlich die einzige Operation, die im Resultat die Terme *erster* Ordnung in $\partial/\partial t$ zum Fortfallen bringt. Es ergibt sich zunächst

$$-\frac{1}{c^2}\frac{\partial^2\psi}{\partial t^2} + \sum_l\sum_k\left\{\alpha^l\alpha^k\frac{\partial^2\psi}{\partial x_l\partial x_k}\right\} + i\frac{mc}{\hbar}\sum_k(\alpha^k\beta + \beta\alpha^k)\frac{\partial\psi}{\partial x_k} - \frac{m^2c^2}{\hbar^2}\beta^2\psi = 0,$$

oder, indem man noch im zweiten Term in bezug auf l und k symmetrisiert,

$$-\frac{1}{c^2}\frac{\partial^2\psi}{\partial t^2} + \sum_l \sum_k \frac{1}{2}(\alpha^k\alpha^l + \alpha^l\alpha^k)\frac{\partial^2\psi}{\partial x_k \partial x_l} + i\frac{mc}{\hbar}\sum(\alpha^k\beta + \beta\alpha^k)\frac{\partial\psi}{\partial x_k}$$
$$-\frac{m^2c^2}{\hbar^2}\beta^2\psi = 0\,.$$

Der Vergleich mit (5) zeigt, daß wir als notwendig und hinreichend für das Bestehen von (5) zu fordern haben

$$\tfrac{1}{2}(\alpha^k\alpha^l + \alpha^l\alpha^k) = \delta_{l,k};\quad \alpha^k\beta + \beta\alpha^k = 0;\quad \beta^2 = I \tag{I}$$

(wobei im letzten Term unter I die Einheitsmatrix zu verstehen ist). Die ersteren Relationen sind äquivalent mit

$$(\alpha^k)^2 = I;\quad \alpha^k\alpha^l = -\alpha^l\alpha^k \quad \text{für} \quad k \neq l\,; \tag{I'}$$

überdies sind die Relationen in bezug auf die vier Matrizen α_k und β ganz symmetrisch, die letztere Matrix ist nicht ausgezeichnet.

Es ist nun zu diskutieren, ob und auf wievielfache Weise die Relationen (I) und die Hermitezitätsforderung erfüllbar sind. Es zeigt sich, daß die Zeilenzahl der (I) erfüllenden Matrizen mindestens vier sein muß. Eine mögliche Lösung mit *vier*reihigen Matrizen ergibt sich sodann unter Benutzung der in der unrelativistischen Spintheorie auftretenden zweireihigen Matrizen

$$\sigma_1 = \begin{pmatrix} 0, & 1 \\ 1, & 0 \end{pmatrix};\quad \sigma_2 = \begin{pmatrix} 0, & -i \\ i, & 0 \end{pmatrix};\quad \sigma_3 = \begin{pmatrix} 1, & 0 \\ 0, & -1 \end{pmatrix}, \tag{14}$$

die den Relationen

$$\left.\begin{aligned} &\sigma_1\sigma_2 = -\sigma_2\sigma_1 = i\sigma_3, \ldots, \\ &\sigma_1{}^2 = I, \ldots \end{aligned}\right\} \tag{14'}$$

genügen (durch ... ist angedeutet, daß die übrigen Relationen durch zyklische Vertauschung der angeschriebenen entstehen). Eine mögliche Lösung von (I), bei der übrigens β diagonal ist, ist dann gegeben durch

$$\alpha_k = \begin{pmatrix} \mathbf{0}, & \sigma_k \\ \sigma_k, & \mathbf{0} \end{pmatrix};\quad \beta = \begin{pmatrix} I, & 0 \\ 0, & -I \end{pmatrix}. \tag{15}$$

Hierbei ist die „gespaltene" Schreibweise der vierreihigen Matrizen α_k und β verwendet; unter I ist die zweireihige Einheits-, unter $\mathbf{0}$ die zweireihige Nullmatrix zu verstehen, und die vierreihigen Matrizen sind durch Ausschreiben der zweireihigen zu erhalten. Die angegebenen Matrizen befriedigen ferner die Hermitezitätsforderung.

Was nun die weitere Frage nach der Existenz von anderen Lösungen der Gleichungen (I) betrifft, so ist jedenfalls eine Transformation

$$\alpha'_k = S\alpha_k S^{-1};\quad \beta' = S\beta S^{-1} \tag{16}$$

mit einer (um die Hermitezität zu wahren) *unitären*, aber sonst beliebigen Matrix S möglich, ohne die Gültigkeit der Relationen (I) zu ändern. Ferner ist eine triviale Erweiterung der angegebenen Matrizen α_k zu mehrreihigen Matrizen möglich dadurch, daß man setzt

$$A_k = \begin{pmatrix} \alpha_k, & 0, & 0 \ldots \\ 0, & \alpha_k, & 0 \ldots \\ 0, & 0, & \alpha_k \ldots \\ \cdot & \cdot\;\cdot & \cdot\;\cdot\;\cdot \end{pmatrix};\quad B = \begin{pmatrix} \beta, 0, 0, 0 \ldots \\ 0, \beta, 0, 0 \ldots \\ 0, 0, \beta, 0 \ldots \\ \cdot\;\cdot\;\cdot\;\cdot\;\cdot\;\cdot \end{pmatrix},$$

wobei alle angeschriebenen Elemente ihrerseits wieder vierreihige Kästchen sind. Schließlich kann man diese A und B noch mit einer „großen" unitären Matrix S transformieren

$$A'_k = S A_k S^{-1}; \quad B' = S B S^{-1}.$$

Den A' und B sieht man dann ihr Zerfallen in Teilchenmatrizen nicht mehr unmittelbar an. Man kann nun zeigen, daß es außer diesen trivialen Erweiterungen der angegebenen Lösung keine anderen gibt[1].

Bisher haben wir zwar gezeigt, daß die zugrunde gelegten Gleichungen (10) mit dem Ansatz (9) und (13) für Dichte und Strom die Kontinuitätsgleichung erfüllen und daß die ursprünglichen Gleichungen (5) eine Folge von (9) sind. Wir müssen nun noch zeigen, daß die Gleichungen (10) auch relativistisch invariant sind und daß Dichte und Strom sich zu einem Viererstrom zusammenfügen. Aus dem letzteren Umstand folgt dann von selbst die in (8) geforderte Invarianz der Normierung der ψ_ϱ durch das Volumintegral $\int \varrho\, dV$.

b) *Relativistische Invarianz.* Um die relativistische Invarianz des Gleichungssystems (10) zu untersuchen, ist es zweckmäßig, es so umzuformen, daß die vier Koordinaten x_μ $(\mu = 1, \ldots, 4)$, wobei $x_4 = ict$, als gleichberechtigt erscheinen. Zu diesem Zweck multiplizieren wir (10) von links mit $-i\beta$ und erhalten (wegen $\beta^2 = 1$)

$$\sum_{\mu=1}^{4} \gamma^\mu \frac{\partial \psi}{\partial x_\mu} + \frac{mc}{\hbar} \psi = 0, \tag{II}$$

worin

$$\gamma^4 = \beta; \quad -i\beta\alpha^k = \gamma^k, \tag{17}$$

also

$$\beta = \gamma^4; \quad \alpha^k = i\gamma^4\gamma^k \tag{17'}$$

gesetzt ist. Die Matrizen γ^μ sind zugleich mit den α^k und β ebenfalls hermitesch und genügen auch als Folge von (I) den analogen Vertauschungsrelationen

$$\tfrac{1}{2}(\gamma^\mu\gamma^\nu + \gamma^\nu\gamma^\mu) = \delta_{\mu,\nu} \cdot I. \tag{I'}$$

Die Gleichung (10*) nimmt durch Einsetzen von (17') und kürzen durch i die Form an

$$\frac{\partial \psi^*}{\partial x_4} + \sum_k \frac{\partial \psi^*}{\partial x_k} \gamma^4 \gamma^k - \frac{mc}{\hbar} \psi^* \gamma^4 = 0.$$

Setzt man also

$$\psi^+ = i\psi^*\gamma^4; \quad \psi^* = -i\psi^+\gamma^4, \tag{18}$$

so folgt

$$\sum_\mu \frac{\partial \psi^+}{\partial x_\mu} \gamma^\mu - \frac{mc}{\hbar} \psi^+ = 0. \tag{II$_+$}$$

Das Hinzufügen des Faktors i bei der Definition (18) von ψ^+ ist deshalb zweckmäßig, weil dann der Vierervektor s_μ mit den Komponenten

$$s_\mu = \left(\frac{\vec{i}}{c}, i\varrho\right)_\mu \tag{19}$$

nach (9) und (13) die Form annimmt

$$s_\mu = \psi^+ \gamma^\mu \psi. \tag{20}$$

---

[1] Es beruht dies, wie hier kurz angedeutet werden möge, auf folgendem: Die 16 linear unabhängigen Elemente γ_μ, $\gamma_\mu\gamma_\nu$, $\gamma_\mu\gamma_\nu\gamma_\varrho$, $\gamma_1\gamma_2\gamma_3\gamma_3$ (wobei μ, ν, ϱ untereinander verschieden sein mögen) bilden die Basis eines hyperkomplexen Zahlsystems, welches unter die Klasse der halbeinfachen Systeme fällt. Das Zentrum, d. h. die mit allen Elementen vertauschbaren Elemente, hat die nur aus einem einzigen Element bestehende Basis 1. Da allgemein die Anzahl der nicht äquivalenten irreduziblen Darstellungen eines halbeinfachen Systems mit der Anzahl der Basiselemente des Zentrums übereinstimmt, gibt es in unserem Fall nur *eine* irreduzible Darstellung. Das Quadrat ihres Grades f ist gleich der Anzahl n der Basiselemente $f^2 = n$, also in unserem Fall $f = 4$.

Aus (II) und (II′) ist ψ^+ bei gegebenem ψ nur bis auf einen Faktor bestimmt, der dann durch (18) normiert wird. Die hier gebrauchte Schreibweise der DIRACschen Gleichung ist zweckmäßig bei Untersuchung der relativistischen Invarianzeigenschaften, während die früher gebrauchte den Vorzug besitzt, die Realitätseigenschaften der ψ-Funktion übersichtlicher zu machen.

Wir betrachten nun die orthogonalen Koordinatentransformationen

$$\left.\begin{aligned} x'_\mu &= \sum_\nu a_{\mu\nu} x_\nu, \qquad a_{\mu\varrho} a_{\mu\sigma} = \delta_{\varrho\sigma}, \\ x_\nu &= \sum_\mu a_{\mu\nu} x'_\mu, \qquad a_{\varrho\mu} a_{\varrho\nu} = \delta_{\mu\nu} \end{aligned}\right\} \tag{21}$$

und setzen an

$$\psi' = (S\psi), \tag{22}$$

worin S eine noch aufzufindende vierreihige Matrix ist. Es soll aus

$$\sum_\mu \gamma^\mu \frac{\partial \psi}{\partial x_\mu} + \frac{mc}{\hbar}\psi = 0$$

folgen

$$\sum_\mu \gamma^\mu \frac{\partial \psi'}{\partial x'_\mu} + \frac{mc}{\hbar}\psi' = 0,$$

oder

$$\sum_\mu \sum_\nu \gamma^\mu S a_{\mu\nu} \frac{\partial \psi}{\partial x_\nu} + \frac{mc}{\hbar} S\psi = 0,$$

oder

$$\sum_\mu \sum_\nu (S^{-1}\gamma^\mu S) a_{\mu\nu} \frac{\partial \psi}{\partial x_\nu} + \frac{mc}{\hbar}\psi = 0.$$

Dies ist erfüllt, wenn

$$\sum_\mu (S^{-1}\gamma^\mu S) a_{\mu\nu} = \gamma^\nu$$

oder

$$S^{-1}\gamma^\mu S = \sum_\nu a_{\mu\nu}\gamma^\nu. \tag{A}$$

Dann folgt überdies aus (II_+) die Gültigkeit von

$$\frac{\partial \psi^{+\prime}}{\partial x'_\mu}\gamma^\mu - \frac{mc}{\hbar}\psi^{+\prime} = 0,$$

wenn

$$\psi^{+\prime} = (\psi^+ S^{-1}) \tag{22_+}$$

gesetzt wird. Ebenso folgt, daß falls (A) gilt, die Ausdrücke (20) für s_μ tatsächlich einen Vierervektor bilden und daß

$$J = (\psi^+ \psi)$$

eine Invariante ist. Mittels einer elementaren Rechnung folgt dann ferner, daß

$$M_{\mu\nu} = -M_{\nu\mu} = i\psi^+ \gamma^\mu \gamma^\nu \psi \qquad (\mu \neq \nu) \tag{24}$$

ein schiefsymmetrischer Tensor zweiten Ranges

$$K_{\mu\nu\varrho} = i\psi^+ \gamma^\mu \gamma^\nu \gamma^\varrho \psi, \qquad (\mu \neq \varrho \neq \nu \neq \mu) \tag{25}$$

ein in allen drei Indizes schiefsymmetrischer Tensor dritten Ranges und

$$N = \psi^+ \gamma^5 \psi \tag{26}$$

mit

$$\gamma^5 = \gamma^1 \gamma^2 \gamma^3 \gamma^4, \tag{27}$$

ein Pseudoskalar ist. Es ist nämlich bei Koordinatentransformationen

$$N' = N\,|a_{\mu\nu}|,$$

wobei die Determinante $|a_{\mu\nu}|$ der orthogonalen Transformation bei eigentlichen Drehungen $+1$, bei Spiegelungen -1 ist[1]. Die Matrix γ^5 ist insofern bemerkenswert, als sie die Relationen

$$(\gamma^5)^2 = 1; \qquad \gamma^5\gamma^\mu + \gamma^\mu\gamma^5 = 0 \tag{28}$$

erfüllt. Es existieren also fünf unabhängige vierreihige Matrizen, welche die Relationen (I) erfüllen[2].

Die Matrix S ist wegen des imaginären Charakters der vierten Koordinate nicht unitär, da die a_{4k} und a_{k4} mit $k = 1, 2, 3$ rein imaginär und nur a_{kl} und a_{44} reell sind. Man muß deshalb die HERMITEsche Konjugierte $\tilde{S}$ von S statt gleich S^{-1} gleichsetzen

$$\tilde{S} = \gamma^4 S^{-1}\gamma^4 \quad \text{oder} \quad \tilde{S}\gamma^4 = \gamma^4 S^{-1}, \tag{29}$$

und dann gilt auch

$$\psi^{*\prime} = \psi^* \tilde{S}$$

auch im neuen Koordinatensystem analog zu (18)

$$\psi^{+\prime} = i\psi^{*\prime}\gamma^4.$$

Nun kommt alles darauf an, nachzuweisen, daß für jede orthogonale Transformation (21) eine Matrix S als Funktion der $a_{\mu\nu}$ existiert, welche (A) erfüllt. Da die Matrizen $\sum\limits_\nu a_{\mu\nu}\gamma^\nu$ als Folge von (21) denselben Relationen (I′) genügen wie die γ_μ, folgt die Existenz eines solchen S bereits aus der S. 220 erwähnten Eindeutigkeit (bis auf Äquivalenz) der irreduziblen Darstellung der γ_μ. Einen zweiten unabhängigen Beweis erhält man unter Benützung der Gruppeneigenschaft der orthogonalen Transformationen, indem man zeigt, daß die Gleichung (A) für infinitesimale Transformationen erfüllbar ist. Eine solche ist gegeben durch

$$x'_\mu = 1 + \sum_\nu \varepsilon_{\mu\nu} x_\nu \quad \text{mit} \quad \varepsilon_{\mu\nu} = -\varepsilon_{\nu\mu}, \tag{30}$$

wobei die schiefe Symmetrie der $\varepsilon_{\mu\nu}$ für die Erfüllung der Orthogonalitätsbedingungen sorgt. Für S machen wir den in den $\varepsilon_{\nu u}$ linearen Ansatz

$$S = I + \tfrac{1}{2}\sum_\mu\sum_\nu \varepsilon_{\mu\nu} T^{\mu\nu} \quad \text{mit} \quad T^{\mu\nu} = -T^{\nu u}, \tag{31}$$

worin die $T^{\mu\nu}$ Matrizen sind, die durch das Indexpaar numeriert werden. Nun haben wir (31) in (A) einzusetzen und nur Größen erster Ordnung in den $\varepsilon_{\mu\nu}$ beizubehalten. Wir erhalten zunächst

$$\gamma^\mu \tfrac{1}{2}\sum_\lambda\sum_\nu \varepsilon_{\lambda\nu} T^{\lambda\nu} - \tfrac{1}{2}\sum_\lambda\sum_\nu \varepsilon_{\lambda\nu} T^{\lambda\nu}\gamma^\mu = \sum_\nu \varepsilon_{\mu\nu}\gamma^\nu = \tfrac{1}{2}\sum_\lambda\sum_\nu \varepsilon_{\lambda\nu}(\delta_{\lambda\mu}\gamma^\nu - \delta_{\nu\mu}\gamma^\lambda).$$

Durch Vergleich der in den Indizes λ und ν bereits antisymmetrisch geschriebenen Koeffizienten von $\varepsilon_{\lambda\nu}$ ergibt sich

$$\gamma^\mu T^{\lambda\nu} - T^{\lambda\nu}\gamma^\mu = \delta_{\lambda\mu}\gamma^\nu - \delta_{\nu\mu}\gamma^\lambda. \tag{A′}$$

---

[1] Vgl. hierzu auch J. v. NEUMANN, ZS. f. Phys. Bd. 48, S. 868. 1928.

[2] Zwischen den Größen J, S_ν, $M_{\mu\nu}$, $K_{\mu\nu\varrho}$, N bestehen verschiedene quadratische Identitäten, wie

$$-\sum_\nu (S_\nu)^2 = J^2 + N^2 = K_{123}^2 + K_{412}^2 + K_{341}^2 + K_{234}^2,$$

$$K_{123}S_4 + K_{412}S_3 + K_{341}S_2 + K_{234}S_1 = 0.$$

Vgl. hierzu V. FOCK, ZS. f. Phys. Bd. 57, S. 261. 1929; C. G. DARWIN, Proc. Roy. Soc. London Bd. 120, S. 621. 1928; G. E. UHLENBECK u. O. LAPORTE, Phys. Rev. Bd. 37, S. 1380. 1931. Diese Relationen, die unabhängig von einer speziellen Wahl der Matrizen gelten müssen, sind bisher nur mit Hilfe von speziellen Ansätzen für die rechnerisch verifiziert worden. Ihre bisherige Herleitung erscheint unbefriedigend und läßt ihren eigentlichen Sinn nicht hervortreten.

Diese Gleichung ist durch vierreihige Matrizen $T^{\lambda\nu}$ in der Tat erfüllbar und dadurch ist die relativistische Invarianz der DIRACschen Gleichung und der Vektorcharakter von s_ν bewiesen. Eine in λ und ν schiefsymmetrische Lösung von (A') ist nämlich

$$T^{\lambda\nu} = \tfrac{1}{2}\gamma^\lambda\gamma^\nu \quad \text{für} \quad \lambda \neq \nu; \quad (T^{\lambda\nu} = 0 \quad \text{für} \quad \lambda = \nu), \tag{32}$$

wie man auf Grund von (I'') leicht verifiziert.

Wir haben nun noch die die Realitätsverhältnisse festlegende Bedingung (29) zu prüfen. Sie ergibt

$$\sum_{\mu\nu} \varepsilon^*_{\mu\nu} \tilde{T}^{\mu\nu} = -\sum_{\mu\nu} \gamma^4 \varepsilon_{\mu\nu} T^{\mu\nu} \gamma^4. \tag{33}$$

Mit Rücksicht darauf, daß ε_{4k} rein imaginär, ε_{ik} reell ist, sobald i, k von 1 bis 3 laufen, folgt

$$\tilde{T}^{4k} = +\gamma^4 T^{4k} \gamma^4; \qquad \tilde{T}^{ik} = -\gamma^4 T^{ik} \gamma^4. \qquad (i, k = 1, 2, 3) \tag{33'}$$

Da bei dem Ansatz (32) $\tilde{T}^{\lambda\nu} = -T^{\nu\lambda}$ gilt, verifiziert man auf Grund von (I'') leicht, daß (33') in der Tat erfüllt ist.

Es ist leicht festzustellen, wie weit die Lösung von (A') und (33) eindeutig ist. Die Gleichung (A') läßt noch einen additiven Zusatzterm in den $T^{\lambda\nu}$ offen, der mit allen γ^μ vertauschbar ist. Ein solcher ist notwendig von der Form

$$\varDelta_{\lambda\nu} \cdot I$$

mit gewöhnlichen Zahlen $\varDelta_{\lambda\nu}$. Die Gleichung (33) verlangt dann weiter, daß

$$\varDelta = \sum_{\lambda\nu} \varepsilon_{\lambda\nu} \varDelta_{\lambda\nu}$$

rein imaginär ist. Da in Größen erster Ordnung

$$1 + i|\varDelta| = e^{i|\varDelta|},$$

hat man es hier mit einem zusätzlichen (infinitesimalen) Phasenfaktor zu tun, der allen vier Komponenten von ψ gemeinsam ist. Ein solcher ist in der Tat stets willkürlich. Seine Normierung durch den Ansatz (32) entspricht der Festsetzung, daß

$$\mathrm{Spur}(T^{\lambda\nu}) = 0, \tag{34}$$

wenn wie üblich unter Spur einer Matrix die Summe ihrer Diagonalelemente verstanden wird. Bei endlichen Transformationen hat dies zur Folge, daß

$$\mathrm{Det.}(S) = 1, \tag{34'}$$

wobei unter Det. die zur Matrix gehörige Determinante verstanden wird.

Wir bemerken noch, daß gemäß (32) die $T^{\lambda\nu}$ mit der durch (27) definierten Matrix γ^5 vertauschbar sind.

$$\gamma^5 T^{\lambda\nu} - T^{\lambda\nu}\gamma^5 = 0, \tag{35}$$

was bei endlichen Transformationen, die durch stetige Fortsetzung aus den infinitesimalen erzeugt werden können,

$$S^{-1}\gamma^5 S = \gamma^5$$

zur Folge hat. Bereits oben wurde jedoch bemerkt, daß

$$N = \psi^+ \gamma^5 \psi$$

ein Pseudoskalar ist, was gleichbedeutend mit der aus (A) folgenden Aussage ist, daß

$$S^{-1}\gamma^5 S = \pm\gamma^5 \tag{36}$$

mit dem positiven resp. negativen Vorzeichen für orthogonale Transformationen der Koordinaten mit der Determinante $+1$ bzw. -1. Letztere sind die Spiegelungen. Betrachten wir z. B. die Spiegelung

$$x'_k = x_k \quad \text{für} \quad k = 1, 2, 3; \qquad x'_4 = x_4, \tag{37}$$

so haben wir nach (A) ein S zu suchen, für welches gilt

$$\gamma^k S = -S\gamma^k \quad \text{für} \quad k = 1, 2, 3; \quad \gamma^4 S = S\gamma^4.$$

Hieraus folgt [mit Berücksichtigung der Zusatzbedingungen (29) und (34′)]

$$S = \gamma^4. \tag{37′}$$

Mit Hilfe der Lösung (32) von (A′) ist es im Spezialfall einer Drehung in einer Koordinatenachse — bei der also nur zwei der Koordinaten verändert werden — sogar möglich, die Lösung von (A) für eine *endliche* Drehung des Koordinatenachsenkreuzes anzugeben[1]. Betrachten wir z. B. zuerst eine Drehung in der (x_1, x_2)-Ebene, die gegeben ist durch

$$x_1' = x_1 \cos\omega - x_2 \sin\omega,$$
$$x_2' = x_1 \sin\omega + x_2 \cos\omega,$$

so muß mit Rücksicht auf den Umstand, daß hier die Matrizen $S(\omega)$ für alle Werte von ω miteinander vertauschbar sind, nach (32) gelten

$$\frac{dS}{d\omega} = S T^{12} = S \frac{1}{2} \gamma_1 \gamma_2.$$

Die Lösung dieser Differentialgleichung für die Matrix S ist mit Rücksicht auf $S = I$ für $\omega = 0$:

$$S = e^{\frac{\omega}{2}\gamma_1\gamma_2} = \cos\frac{\omega}{2} + \gamma_1\gamma_2 \sin\frac{\omega}{2}. \tag{38}$$

Die letztere Umformung beruht darauf, daß

$$(\gamma_1\gamma_2)^2 = -I,$$

denn in diesem Fall bleibt die Relation

$$e^{i\frac{\omega}{2}} = \cos\frac{\omega}{2} + i \sin\frac{\omega}{2}$$

richtig, wenn i durch die Matrix $\gamma_1\gamma_2$ ersetzt wird. Aus dem Resultat (38) geht hervor, daß bei vollem Umlauf ($\omega = 2\pi$) die Matrix S nicht zu ihrem Ausgangswert, der Einheitsmatrix, zurückkehrt, sondern in $-(I)$ übergeht:

$$S = -(I) \quad \text{für} \quad \omega = 2\pi. \tag{38′}$$

Es handelt sich also hier um eine *zweideutige* Darstellung der Drehungsgruppe des dreidimensionalen Raumes, wie wir sie bereits aus der unrelativistischen Spintheorie kennen. Auf den Zusammenhang der Matrizen $T^{(ik)}$ $(i, k = 1, 2, 3)$ mit den Drehimpulsoperatoren kommen wir noch zurück.

Analog ergibt sich das Transformationsgesetz der ψ, d. h. die Matrix S bei den speziellen Lorentztransformationen, die einer Relativbewegung der Koordinatensysteme in der x_1-Richtung entsprechen, also den Drehungen in der (x_1, x_4)-Ebene. Wir haben nur x_2, γ_2 durch x_4, γ_4 zu ersetzen. Wollen wir die reelle Zeitkoordinate $x_0 = ct$ statt $x_4 = i x_0$ betrachten, so haben wir noch den Drehwinkel $\omega = i\chi$ mit reellem χ zu setzen. Dann wird

$$x_1' = \quad x_1 \operatorname{ch}\chi - x_0 \operatorname{sh}\chi, \quad \operatorname{tgh}\chi = v/c,$$
$$x_0' = -x_1 \operatorname{sh}\chi + x_0 \operatorname{ch}\chi, \quad \operatorname{ch}\chi = \frac{1}{\sqrt{1 - v^2/c^2}}; \quad \operatorname{sh}\chi = \frac{v/c}{\sqrt{1 - v^2/c^2}},$$
$$dx_1' = -d\chi\, x_0', \quad dx_0' = -d\chi\, x_1',$$
$$S = \quad e^{\frac{\chi}{2} i\gamma_1\gamma_4} = \operatorname{ch}\frac{\chi}{2} - i\gamma_1\gamma_4 \operatorname{sh}\frac{\chi}{2}.$$

---

[1] Vgl. P. A. M. DIRAC, Quantenmechanik, S. 258 u. 259.

Zusammenfassend betonen wir nochmals, *daß die Existenz eines Viererstromes mit den richtigen relativistischen Invarianzeigenschaften einerseits und einer positiv definiten Dichte andererseits ein wesentlicher Zug der* DIRAC*schen Theorie ist.* Bei einem Versuch, die DIRACsche Wellengleichung in Vektor- oder Tensorform umzuschreiben, würde diese Eigenschaft der Theorie verlorengehen.

Wir haben hier bei der Untersuchung des Verhaltens der ψ gegenüber Lorentztransformationen keine spezielle Repräsentation der Matrizen γ^μ eingeführt. Je nach dem zu behandelnden Problem können nämlich verschiedene Repräsentationen zweckmäßig sein. Um den Anschluß an die mathematische Literatur herzustellen, wählen wir jetzt eine solche Repräsentation, bei der γ^5 auf Diagonalform gebracht ist. [Sie ist verschieden von der in (15) angegebenen, bei der $\beta = \gamma^4$ diagonal gewählt war.] In gespaltener Schreibweise, bei der die angeschriebenen Größen selbst als zweireihige Matrizen anzusehen sind, können wir dann setzen

$$\gamma^k = \begin{pmatrix} 0, & i\sigma_k \\ -i\sigma_k, & 0 \end{pmatrix} \quad \text{für } k = 1, 2, 3; \quad \gamma^4 = \begin{pmatrix} 0, & I \\ I, & 0 \end{pmatrix}; \quad \gamma^5 = \begin{pmatrix} I, & 0 \\ 0, & -I \end{pmatrix}. \tag{15'}$$

[I = zweireihige Einheitsmatrix, σ_k durch (14) definiert.] Nun bemerken wir, daß nach (36) die die Transformation der χ gemäß

$$\psi' = S\psi$$

bestimmende Matrix S für Koordinatentransformationen mit der Determinante $+1$ mit γ^5 vertauschbar ist. Daraus folgt sofort, daß für diese, die sog. eigentlichen Transformationen, S die Gestalt annimmt

$$S = \begin{pmatrix} \Sigma, & 0 \\ 0, & \Sigma' \end{pmatrix},$$

worin Σ und Σ' nun zweireihige Matrizen sind. Aus (29) folgt dann weiter mit dem in (15') angegebenen Wert von γ^4, daß $\Sigma' = \tilde{\Sigma}^{-1}$ ist. Also

$$S = \begin{pmatrix} \Sigma, & 0 \\ 0, & \tilde{\Sigma}^{-1} \end{pmatrix}. \tag{40}$$

Die für die infinitesimalen Drehungen maßgebenden $T^{\mu\nu}$ werden nach (32), (14') und (15')

$$T^{1,2} = \tfrac{1}{2} i \begin{pmatrix} \sigma_3, & 0 \\ 0, & \sigma_3 \end{pmatrix}; \ldots \tag{41a}$$

$$T^{1,4} = \tfrac{1}{2} i \begin{pmatrix} \sigma_1, & 0 \\ 0, & -\sigma_1 \end{pmatrix}; \ldots \tag{41b}$$

wobei die nichtangeschriebenen Matrizen durch zyklische Vertauschung der Indizes 1, 2, 3 zu erhalten sind.

Man sieht hieraus, daß die vier Komponenten $\psi_1 \ldots \psi_4$ in zwei Paare zerfallen, die bei eigentlichen Lorentztransformationen sich nur je unter sich transformieren, und zwar transformiert sich das zweite Paar kontragradient zum konjugiert komplexen des ersten Paares, d. h.

$$\psi_1^* \psi_3 + \psi_2^* \psi_4$$

ist eine Invariante. Unsere vierreihige Darstellung der eigentlichen (Determinante $+1$) Lorentzgruppe, zerfällt in zwei zweireihige. Zweikomponentige Größen φ_1, φ_2, die sich bei Lorentztransformationen gemäß

$$\varphi' = \Sigma\varphi \tag{42}$$

transformieren, heißen Spinoren oder auch Halbvektoren. Da die σ_k die Spur Null haben, haben die Σ stets die Determinante 1. Der Untergruppe der dreidimensionalen Drehungen entspricht eine *unitäre* Matrix Σ (wie dies auch in der unrelativistischen Spintheorie der Fall war), während bei den die vierte Koordinate x_4 nicht unverändert lassenden Lorentztransformationen wegen deren imaginärem Charakter Σ nicht unitär ist. Durch Abzählung der Parameter zeigt man leicht, daß die allgemeinste zweireihige Matrix Σ mit der Determinante 1 tatsächlich zu einer bestimmten Lorentztransformation gehört.

Das Zerfallen der hier auftretenden vierreihigen Darstellung der Lorentzgruppe in zweireihige hört auf, wenn wir die Spiegelungen mit in Betracht ziehen. Speziell bei der früher betrachteten Spiegelung (37)

$$x'_k = -x_k \quad \text{für} \quad k = 1, 2, 3; \quad x'_4 = x_4,$$

wo nach (37')

$$\psi' = \gamma^4 \psi$$

war, ergibt sich hier durch Benutzung der in (15') angegebenen Matrix für γ^4

$$\psi'_1 = \psi_3, \quad \psi'_2 = \psi_4, \quad \psi'_3 = \psi_1, \quad \psi'_4 = \psi_2,$$

d. h. *die beiden Paare* (ψ_1, ψ_2) *und* (ψ_3, ψ_4) *werden einfach vertauscht.*

Das Rechnen mit Größen, die sich wie ψ_1, ψ_2 bzw. wie ψ_3, ψ_4 bei Lorentztransformationen verhalten, ist von VAN DER WAERDEN[1] zu einem systematischen „Spinorkalkül" ausgebaut worden, der eine Erweiterung des gewöhnlichen Tensorkalküls darstellt und alle möglichen irreduziblen Darstellungen der Lorentzgruppe zu verwerten gestattet. Wir möchten hier bemerken, daß dieser Kalkül trotz seiner formalen Geschlossenheit nicht immer vorteilhaft ist, da die durch die Spezialisierung von γ^5 auf Diagonalform bewirkte Zerspaltung aller vierkomponentigen Größen in zwei zweikomponentige manchmal eine unnötige Komplikation der Formeln mit sich bringt und da für gewisse Probleme andere Spezialisierungen der γ^μ als die in (15′) eingeführten — z. B. die in (15) gegebene, bei der γ^4 diagonal ist — sich als die zweckmäßigeren erweisen.

Es möge noch kurz die Möglichkeit erwähnt werden, lorentzinvariante Gleichungen aufzustellen, welche nur die soeben eingeführten zweikomponentigen Größen φ enthalten[2]. Diese beruht darauf, daß jede kovariante Größe, die nur aus mit γ^5 vertauschbaren Matrizen aufgebaut ist, kovariant bleibt, wenn man sie für ein einzelnes zweikomponentiges Paar allein anschreibt. Nun gehen wir wieder zurück auf die durch (17′) definierten Matrizen

$$\alpha^k = i\gamma^4\gamma^k, \quad \beta = \gamma^4,$$

die in unserem Fall gemäß (15) gegeben sind durch

$$\alpha^k = \begin{pmatrix} \sigma_k, & 0 \\ 0, & -\sigma_k \end{pmatrix}, \quad \beta = \gamma^4 = \begin{pmatrix} 0, & I \\ I, & 0 \end{pmatrix},$$

und auf die ursprüngliche Form

$$\frac{1}{c}\frac{\partial \psi}{\partial t} + \sum_{k=1}^{3} \alpha^k \frac{\partial \psi}{\partial x_k} + i\frac{mc}{\hbar}\beta\psi = 0$$

der DIRACschen Gleichungen und des Stromes

$$s_k = (\psi^* \alpha_k \psi); \quad s_4 = i(\psi^* \psi).$$

Man sieht zunächst, daß die allein aus den zweikomponentigen φ gemäß

$$s_k = (\varphi^* \sigma_k \varphi); \quad s_4 = i s_0 = i(\varphi^* \varphi) \tag{43}$$

gebildeten Größen die Komponenten eines Vierervektors bilden. Dieser erfüllt überdies identisch die Beziehung

$$s_0{}^2 = \sum_{k=1}^{3} s_k{}^2. \tag{43′}$$

Sodann sehen wir, daß die mit γ^5 nicht kommutierbare, die Paare (ψ_1, ψ_2) und (ψ_3, ψ_4) vertauschende Matrix β in einer nur aus zwei Komponenten φ gebildeten kovarianten Wellengleichung nicht vorkommen darf. *Das die Ruhmasse enthaltende Glied der Wellengleichung müßte also bei einer zweikomponentigen Gleichung fehlen.* Streichung dieses Gliedes bedeutet physikalisch den Übergang zu Teilchen mit der Ruhmasse 0, die stets mit Lichtgeschwindigkeit c laufen und deren Energie E und Impuls in der Beziehung

$$\frac{E^2}{c^2} = \sum_k p_k{}^2 \tag{44}$$

zueinander stehen, wie dies bei Lichtquanten der Fall ist. Die zweikomponentige Wellengleichung lautet sodann

$$\frac{1}{c}\frac{\partial \varphi}{\partial t} + \sum_{k=1}^{3} \sigma_k \frac{\partial \varphi}{\partial x_k} = 0. \tag{45}$$

Sie ist relativistisch invariant und hat für den durch (43) definierten Vektor s_k die Kontinuitätsgleichung

$$\sum_{\nu=1}^{4} \frac{\partial s_\nu}{\partial x_\nu} = 0$$

zur Folge. *Indessen sind diese Wellengleichungen, wie ja aus ihrer Herleitung hervorgeht, nicht invariant gegenüber Spiegelungen (Vertauschung von links und rechts) und infolgedessen sind sie auf die physikalische Wirklichkeit nicht anwendbar.* Das Fehlen der Invarianz der Wellengleichung gegenüber Spiegelungen äußert sich in einer eigentümlichen Koppelung zwischen

[1] B. L. VAN DER WAERDEN, Göttinger Nachr. 1929, S. 100. Weitere Anwendungen bei G. E. UHLENBECK u. O. LAPORTE, Phys. Rev. Bd. 37, S. 1380. 1931.

[2] Hierauf wurde von H. WEYL (ZS. f. Phys. Bd. 56, S. 330. 1929) hingewiesen.

der Richtung des Spin-Drehimpulses und des Stromes, doch soll hierauf nicht näher eingegangen werden. Erwähnt sei noch, daß auch die Gleichungen (45) sowohl zu Zuständen positiver als auch zu Zuständen negativer Energie gehörige Eigenlösungen besitzen. Zu gegebenen Werten von Energie und Impuls, die (44) erfüllen, gibt es hier aber nur *eine* Eigenlösung.

c) *Das Verhalten von Wellenpaketen im kräftefreien Fall.* Ebenso wie in Abschn. A, Gleichungen (24″) und (27), erhält man durch Fourierzerlegung aus den Eigenfunktionen $\psi_\varrho(\vec{x}, t)$ des Koordinatenraumes die Eigenfunktionen $\varphi_\varrho(\vec{p}, t)$ des Impulsraumes gemäß

$$\varphi_\varrho(\vec{p}, t) = \frac{1}{(2\pi\hbar)^{\frac{3}{2}}} \int \psi_\varrho(\vec{x}, t)\, e^{-\frac{i}{\hbar}(\vec{p}\,\vec{x})}\, dx_1\, dx_2\, dx_3, \tag{46}$$

$$\psi_\varrho(\vec{x}, t) = \frac{1}{(2\pi\hbar)^{\frac{3}{2}}} \int \varphi_\varrho(\vec{p}, t)\, e^{+\frac{i}{\hbar}(\vec{p}\,\vec{x})}\, dp_1\, dp_2\, dp_3, \tag{46a}$$

wobei

$$W(p_1, p_2, p_3)\, dp_1\, dp_2\, dp_3 = \sum_\varrho |\varphi_\varrho(\vec{p}, t)|^2\, dp_1\, dp_2\, dp_3 \tag{47}$$

interpretiert wird als die Wahrscheinlichkeit dafür, daß die Impulskomponenten des Teilchens zwischen p_k und $p_k + dp_k$ liegen. In der unrelativistischen Wellenmechanik ist nun die Energie durch die Impulse eindeutig bestimmt, während in der relativistischen Mechanik, gemäß (5) die beiden durch das Vorzeichen unterschiedenen Energiewerte

$$\frac{1}{c} E = \pm\sqrt{m^2 c^2 + \sum_k p_k^2} \tag{1'}$$

möglich sind. Aus (10) folgt zunächst für die $\varphi_\varrho(p)$, wenn wir hinsichtlich des Komponentenindex ϱ wieder zur Matrixschreibweise übergehen

$$-\frac{\hbar}{i}\frac{1}{c}\frac{\partial\varphi}{\partial t} = \left(\sum_{k=1}^{3} \alpha^k p_k + mc\beta\right)\varphi. \tag{48}$$

Die allgemeine Lösung dieser Gleichung lautet

$$\left.\begin{aligned} \varphi_\varrho = {} & C_\varrho^{(+)} e^{-\frac{i}{\hbar}\sqrt{m^2c^2+\sum p_k^2}\cdot ct} \\ & + C_\varrho^{(-)} e^{+\frac{i}{\hbar}\sqrt{m^2c^2+\sum p_k^2}\cdot ct}, \end{aligned}\right\} \tag{49}$$

worin $C_\varrho^{(+)}$ und $C_\varrho^{(-)}$ den Gleichungen genügen

$$+\sqrt{m^2c^2 + \sum_{k=1}^{3} p_k^2}\, C^{(+)} = \left(\sum_{k=1}^{3} \alpha^k p_k + mc\beta\right) C^{(+)}, \tag{50$_1$}$$

$$-\sqrt{m^2c^2 + \sum_{k=1}^{3} p_k^2}\, C^{(-)} = \left(\sum_{k=1}^{3} \alpha^k p_k + mc\beta\right) C^{(-)}. \tag{50$_2$}$$

Jede dieser Gleichungen hat noch *zwei* linear unabhängige Lösungen. Wegen der Hermitezität der α_k gilt auch

$$+\sqrt{m^2c^2 + \sum^{k} p_k^2}\, C^{*(+)} = C^{*(+)}\left(\sum_{k=1}^{3} \alpha^k p_k + mc\beta\right), \tag{50$_1^*$}$$

$$-\sqrt{m^2c^2 + \sum_{k=1}^{3} p_k^2}\, C^{*(-)} = C^{*(-)}\left(\sum_{k=1}^{3} \alpha^k p_k + mc\beta\right). \tag{50$_2^*$}$$

Durch Multiplikation der Gleichung (50_1) von links mit $C^{*(-)}$, der Gleichung (50_2^*) von rechts mit $C^{(+)}$ folgt die Orthogonalitätsbedingung

$$\sum_\varrho C_\varrho^{*(-)} C_\varrho^{(+)} = \sum_\varrho C_\varrho^{(-)} C_\varrho^{*(+)} = 0. \tag{51}$$

Die Wahrscheinlichkeit $W(p_1, p_2, p_3)$ ist also zeitlich konstant:

$$W(p_1, p_2, p_3) = \sum_\varrho \{|C_\varrho^{(+)}|^2 + |C_\varrho^{(-)}|^2\} = \text{konst.} \tag{52}$$

Es sei hier bemerkt, daß die früher erwähnten Bedenken gegen die Existenz einer Wahrscheinlichkeitsdichte $W(x_1, x_2, x_3)$ im Koordinatenraum die entsprechende Wahrscheinlichkeitsdichte im Impulsraum nur in einem geringeren Maße treffen. Problematisch ist nur, ob der Impuls eines Teilchens in beliebig kurzer Zeit genau gemessen werden kann [vgl. Abschn. A, Ungleichung (23)], dagegen ist es sicher, daß er in hinreichend langer Zeit beliebig genau gemessen werden kann. Für ein kräftefreies Wellenpaket, wo die Impulse zeitlich konstant sind, ist also $W(p_1, p_2, p_3)$ exakt bestimmbar. Es gilt aber noch mehr: auch wenn ein freies Teilchen nur während eines endlichen Zeitintervalles irgendwelchen Kräften (Wechselwirkungen mit anderen Teilchen oder mit Strahlung) ausgesetzt ist, kann vor und nach der Wechselwirkung der Impuls des Teilchens beliebig genau gemessen werden. Die Geschwindigkeitsverteilung von Teilchen nach einem Stoß ist also auch in der relativistischen Quantentheorie ein exakter und in Strenge sinnvoller Begriff, ebenso wie wir später sehen werden, die Intensitätsverteilung der von einem Teilchen gestreuten Strahlung in ihrer Abhängigkeit von Frequenz und Richtung.

Nach dieser Abschweifung untersuchen wir die Konsequenzen aus der Existenz der Lösungen $\varphi_\varrho^{(-)}$, die zu negativer Energie gehören, für das Verhalten der Wellenpakete. Zunächst folgt, abweichend von der unrelativistischen Theorie, daß der Gesamtstrom J_k, der nach (13) und (46) gegeben ist, durch

$$\frac{1}{c} J_k = \int (\psi^* \alpha^k \psi)\, dV = \int (\varphi^* \alpha^k \varphi)\, dp \tag{53}$$

nicht mehr zeitlich konstant ist. Er ist vielmehr nach (49) gegeben durch

$$\left.\begin{aligned} \frac{1}{c} J_k = &\int (C_\varrho^{*(+)} \alpha^k C_\varrho^{(+)})\, dp + \int (C_\varrho^{*(-)} \alpha^k C_\varrho^{(-)})\, dp \\ &+ \int \Big[(C_\varrho^{*(+)} \alpha^k C_\varrho^{(-)})\, e^{\frac{2i}{\hbar}\sqrt{m^2c^2 + \sum p_k^2}\cdot ct} + (C_\varrho^{*(-)} \alpha^k C_\varrho^{(+)})\, e^{-\frac{2i}{\hbar}\sqrt{m^2c^2 + \sum p_k^2}\cdot ct} \Big]\, dp. \end{aligned}\right\} \tag{54}$$

Die beiden ersten Terme sind zeitlich konstant und entsprechen dem, was man in Analogie zur klassisch relativistischen Mechanik erwarten sollte. Man bestimmt ihre Größe durch Multiplikation von (50*) mit $\alpha^l C$ von rechts, von (50) mit $C^* \alpha^l$ von links. Durch Addition ergibt sich mit Rücksicht auf die Vertauschungsrelationen (I)

$$\sqrt{m^2c^2 + \sum_k p_k^2}\, (C^{*(+)} \alpha^l C^{(+)}) = p_l (C^{(+)*} C^{(+)}),$$

$$-\sqrt{m^2c^2 + \sum_k p_k^2}\, (C^{(-)*} \alpha^l C^{(-)}) = p_l (C^{(-)*} C^{(-)})$$

unter Einführung der Energie

$$E = \pm c \sqrt{m^2c^2 + \sum_k p_k^2}$$

und der mit der Gruppengeschwindigkeit der Welle übereinstimmenden Teilchengeschwindigkeit

$$v_k = \frac{\partial E}{\partial p_k} = \frac{c^2 p_k}{E} = \frac{\pm c\, p_k}{\sqrt{m^2c^2 + \sum p_k^2}}, \tag{55}$$

folgt also für die konstanten Teile von J_k

$$\overline{J_k} = \int v_k^{(+)}(p)\, (C^{*(+)} C^{(+)})\, dp + \int v_k^{(-)}(p)\, (C^{*(-)} C^{(-)})\, dp. \tag{54}$$

Die darüber gelagerte Oszillation mit den Frequenzen $2\frac{|E|}{h}$ wurden von SCHRÖDINGER als „Zitterbewegung" bezeichnet. *Sie ist eine Folge der Interferenz der zu positiven Energien gehörigen Teile des Wellenpaketes mit seinen zu negativen Energien gehörigen Teilen; in solchen Wellenpaketen, die nur die zu einem Vorzeichen der Energie gehörigen Eigenfunktionen enthalten, fällt diese Zitterbewegung fort.*

Ebenso wie in dem Strom äußert sich die Zitterbewegung in dem durch

$$\bar{x}_k = \int x_k W(x)\, dx = -\frac{\hbar}{i} \int \sum_\varrho \varphi_\varrho^* \frac{\partial \varphi_\varrho}{\partial p} dp \tag{56}$$

definierten Mittelpunkt des Wellenpaketes. Aus der Kontinuitätsgleichung (12) folgt nämlich unmittelbar

$$\frac{d\bar{x}_k}{dt} = J_k. \tag{57}$$

Daher entspricht dem konstanten Teil von J_k eine gleichförmige Bewegung von $\bar{x}_k$, dem oszillierenden Teil auch eine Oszillation von x_k. Man könnte zunächst daran denken, als Nebenbedingung in die Theorie einzuführen, daß nur solche Wellenpakete zugelassen werden sollen, die ausschließlich zu positiven Energien gehörige Eigenfunktionen enthalten. Dies ist in der Tat möglich, wenn man nur den kräftefreien Fall im Auge hat, läßt sich aber im Fall der Anwesenheit von Kräften nicht im Einklang mit der relativistischen Invarianz und mit der Korrespondenz zur klassisch-relativistischen Mechanik durchführen (vgl. Ziff. 5).

Die mathematische Formulierung des Verhaltens der allgemeinen Wellenpakete und ihrer Eigenschaften im Laufe der Zeit gestaltet sich übersichtlicher, wenn man von den Wellenfunktionen zu den Operatoren übergeht[1]. Dieser Übergang geschieht genau so wie in der unrelativistischen Wellenmechanik, nur daß die Operatoren jetzt auch auf den Index ϱ wirken, der vier Werte durchläuft, und daß überall, wo über eine Orts- oder Impulskoordinate integriert wird, auch über ϱ zu summieren ist. Ist $\boldsymbol{D}$ ein Operator, der auf Funktionen $u_\varrho(x)$ wirkt, so ist

$$(\boldsymbol{D}u)_\varrho = \sum_\sigma \boldsymbol{D}_{\varrho\sigma} u_\sigma.$$

Der Operator ist hermitesch, wenn für beliebige Funktionen u_ϱ und v_ϱ gilt:

$$\int \sum_\varrho (\boldsymbol{D}v)_\varrho^* u_\varrho\, dx = \int \sum_\varrho v_\varrho^* (\boldsymbol{D}u)_\varrho\, dx. \tag{58}$$

Die zeitliche Änderung des Operators ist definiert durch die Forderung, daß für zwei beliebige Lösungen $\psi_\varrho(t)$, $\psi'_\varrho(t)$ der Wellengleichung gelten soll

$$\int \sum_\varrho \psi_\varrho^*(t)\, [\boldsymbol{D}(0)\, \psi'(t)]_\varrho\, dx = \int \sum_\varrho \psi_\varrho^*(0)\, [\boldsymbol{D}(t)\, \psi'(0)]_\varrho\, dx.$$

Dann ist

$$\boldsymbol{D}(t) = e^{\frac{i}{\hbar}\boldsymbol{H}t}\, \boldsymbol{D}(0)\, e^{-\frac{i}{\hbar}\boldsymbol{H}t},$$

also

$$\frac{d\boldsymbol{D}}{dt} = \frac{i}{\hbar}(\boldsymbol{HD} - \boldsymbol{DH}), \tag{59}$$

in der Tat ist für

$$-\frac{\hbar}{i}\frac{\partial \psi}{\partial t} = \boldsymbol{H}\psi; \qquad -\frac{\hbar}{i}\frac{\partial \psi'}{\partial t} = \boldsymbol{H}\psi',$$

worin $\boldsymbol{H}$ den Hamiltonoperator bedeutet, falls dieser hermitesch ist, mit Rücksicht auf (58)

$$\frac{d}{dt}\int \sum_\varrho \psi_\varrho^* \boldsymbol{D}\psi'_\varrho\, dx = \frac{i}{\hbar}\int \sum_\varrho \psi_\varrho^* (\boldsymbol{HD} - \boldsymbol{DH})\, \psi_\varrho\, dx. \tag{59'}$$

Dabei ist angenommen, daß $\boldsymbol{D}$ die Zeit nicht explizite enthält.

---

[1] E. SCHRÖDINGER, Berl. Ber. 1930, S. 418; 1931, S. 63; V. FOCK, ZS. f. Phys. Bd. 55, S. 127. 1929; Bd. 68, S. 527. 1931 (in dieser Arbeit auch Anwendungen auf den Fall der Anwesenheit von Kräften). Ferner die Diskussion E. SCHRÖDINGER, ebenda Bd. 70, S. 808. 1931; V. FOCK, ebenda Bd. 70, S. 811. 1931.

Der Hamiltonoperator der kräftefreien Diracgleichung ist nun

$$\boldsymbol{H} = c\left(\sum_{k=1}^{3} \alpha^k \boldsymbol{p_k} + \beta m c\right),$$

wobei die α^k, β mit den p_k und x_k vertauschbar sind und (I) befriedigen, und wobei ferner wieder gilt

$$\boldsymbol{p_k x_k} - \boldsymbol{x_k p_k} = \frac{\hbar}{i}\,\delta_{ik}\,I. \tag{60}$$

Nun findet man

$$\dot{\boldsymbol{x}}_{\boldsymbol{k}} = \frac{i}{\hbar}\,(\boldsymbol{H x_k} - \boldsymbol{x_k H}) = c\,\alpha_k, \tag{61$_1$}$$

$$\dot{\boldsymbol{p}}_{\boldsymbol{k}} = \frac{i}{\hbar}\,(\boldsymbol{H p_k} - \boldsymbol{p_k H}) = 0, \tag{61$_2$}$$

$$\dot{\alpha}^k = \frac{i}{\hbar}\,(\boldsymbol{H}\alpha^k - \alpha^k \boldsymbol{H}) = \frac{2i}{\hbar}\,(c\,\boldsymbol{p_k} - \alpha^k \boldsymbol{H}) = 2\,(\boldsymbol{H}\alpha_k - c\,\boldsymbol{p_k}), \tag{61$_3$}$$

$$\dot{\beta} = \frac{i}{\hbar}\,(\boldsymbol{H}\beta - \beta\boldsymbol{H}) = \frac{2i}{\hbar}\,(mc^2 - \beta\boldsymbol{H}) = 2\,(\boldsymbol{H}\beta - mc^2), \tag{61$_4$}$$

letzteres wegen

$$\boldsymbol{H}\alpha_k + \alpha_k\boldsymbol{H} = 2c\,p_k, \qquad \boldsymbol{H}\beta + \beta\boldsymbol{H} = 2mc^2. \tag{62}$$

Besonders bemerkenswert ist Gleichung (61$_1$), die zeigt, daß $c\alpha_k$ formal die Rolle der Geschwindigkeiten spielen, und daß diese nicht wie in der klassischen Mechanik direkt mit den Impulsen verknüpft sind. Auf diesen Umstand wurde zuerst von BREIT[1] hingewiesen. Die Gleichungen (61$_3$) bestimmen nach (59′) die zeitliche Änderung des gesamten Stromes.

Die Aufhebung des Zusammenhanges zwischen Geschwindigkeit und Impuls hängt eben mit der Möglichkeit von Zuständen negativer Energie aufs engste zusammen. Um dies einzusehen, führen wir mit SCHRÖDINGER zuerst die allgemeine Zerlegung eines Wellenpaketes in positive und negative Funktionen ein. Positiv heißt der ausschließlich mit den $C_\varrho^{(+)}$ gebildete Bestandteil

$$\psi_\varrho^{(+)} = \int C_\varrho^{(+)}(\vec{p})\, e^{\frac{i}{\hbar}\vec{p}\vec{x}}\, dp \tag{63}$$

ebenso

$$\psi_\varrho^{(-)} = \int C_\varrho^{(-)}(p)\, e^{\frac{i}{\hbar}\vec{p}\vec{x}}\, dp. \tag{63$_2$}$$

Dabei genügen die $C_\varrho^{(+)}$ und $C_\varrho^{(-)}$ bzw. den Gleichungen (50$_1$) und (50$_2$). Nun führen wir den Operator $\boldsymbol{\Lambda}$ ein, der definiert ist durch

$$\boldsymbol{\Lambda} = \frac{\alpha^k p_k + \beta m c}{\sqrt{m^2 c^2 + \sum_k p_k^2}}. \tag{64}$$

Er ist zunächst definiert im Impulsraum, und es ist klar, wie er auf Funktionen $\varphi_\varrho(p)$ wirkt. Es ist $\boldsymbol{\Lambda}$ hermitesch, das Quadrat von $\boldsymbol{\Lambda}$ ist 1:

$$\boldsymbol{\Lambda}^2 = 1, \tag{65}$$

also ist $\boldsymbol{\Lambda}$ zugleich unitär, ferner ist $\boldsymbol{\Lambda}$ mit den p_k und mit dem Hamiltonoperator vertauschbar. Offenbar führt $\boldsymbol{\Lambda}$ jedes $\varphi_\varrho^{(+)}$ in sich, jedes $\varphi_\varrho^{(-)}$ in sein negatives über:

$$\boldsymbol{\Lambda}\varphi_\varrho^{(+)} = \varphi_\varrho^{(+)}; \qquad \boldsymbol{\Lambda}\varphi_\varrho^{(-)} = -\varphi_\varrho^{(-)}, \tag{66}$$

also

$$\boldsymbol{\Lambda}\varphi_\varrho = \varphi_\varrho^{(+)} - \varphi_\varrho^{(-)}, \quad \text{wenn} \quad \varphi_\varrho = \varphi_\varrho^{(+)} + \varphi_\varrho^{(-)}. \tag{67}$$

Es ist nun nicht schwer, $\boldsymbol{\Lambda}$ auch im Koordinatenraum zu definieren. Der Operator p_k ist ja einfach $\frac{h}{i}\frac{\partial}{\partial x_k}$, es kommt also nur darauf an, den Operator $\frac{1}{\sqrt{m^2c^2 + \sum_k p_k^2}}$ zu definieren. Nun ist für die Funktion

$$\psi_\varrho(x) = e^{\frac{i}{\hbar}\vec{p}\vec{x}}$$

[1] G. BREIT, Proc. Nat. Acad. Amer. Bd. 14, S. 553. 1928; vgl. auch ebenda Bd. 17, S. 70. 1931.

dieser Operator bereits definiert. Also

$$\frac{1}{\sqrt{m^2c^2+\sum_k p_k^2}}\int A_\varrho(p)\,e^{\frac{i}{\hbar}\vec{p}\vec{x}}\,dp=\int\frac{A_\varrho(p)}{\sqrt{m^2c^2+\sum_k p_k^2}}\,e^{\frac{i}{\hbar}\vec{p}\vec{x}}\,dp,$$

also wegen

$$A_\varrho(p)=\frac{1}{(2\pi\hbar)^{\frac{3}{2}}}\int\psi_\varrho(x')\,e^{-\frac{i}{\hbar}\vec{p}\vec{x}'}\,dx'$$

mit Einführung der Funktion

$$D(x)=\frac{1}{(2\pi\hbar)^{\frac{3}{2}}}\iiint\frac{e^{-\frac{i}{\hbar}\vec{p}\vec{x}}}{\sqrt{m^2c^2+\sum_k p_k^2}}\,dp_1\,dp_2\,dp_3=\frac{2\pi}{(2\pi\hbar)^{\frac{3}{2}}}\,\frac{\hbar}{i}\,\frac{1}{r}\int\frac{e^{-\frac{i}{\hbar}pr}-e^{+\frac{i}{\hbar}pr}}{\sqrt{m^2c^2+p^2}}\,p\,dp,$$

$$\frac{1}{\sqrt{m^2c^2+\sum_k p_k^2}}\,\psi_\varrho(\vec{x})=\int D(\vec{x}-\vec{x}')\,\psi_\varrho(\vec{x}')\,dx'.$$

Auf die nähere Auswertung der Funktion $D(x)$, die für $r=0$ singulär ist, brauchen wir hier nicht einzugehen. Es soll vielmehr nur betont werden, daß $\boldsymbol{\Lambda}$ dann auch im Koordinatenraum die Eigenschaft hat

$$\boldsymbol{\Lambda}\psi_\varrho^{(+)}=\psi_\varrho^{(+)},\quad\boldsymbol{\Lambda}\psi_\varrho^{(-)}=-\psi_\varrho^{(-)},\tag{66'}$$

$$\psi_\varrho^{(+)}=\tfrac{1}{2}(1+\boldsymbol{\Lambda})\,\psi_\varrho,\qquad\psi_\varrho^{(-)}=\tfrac{1}{2}(1-\boldsymbol{\Lambda})\,\psi_\varrho.$$

Wir merken noch an, daß

$$\frac{1}{\sqrt{m^2c^2+\sum_k p_k^2}}\,\boldsymbol{\Lambda}=\frac{\alpha^k p_k+\beta mc}{m^2c^2+\sum_k p_k^2}=c\boldsymbol{H}^{-1},\tag{68}$$

da dieser Operator, mit $\frac{1}{c}\boldsymbol{H}$ multipliziert, die Identität ergibt.

Nun können wir mit Hilfe dieses $\boldsymbol{\Lambda}$ auch jeden Operator $\boldsymbol{D}$ in einen geraden und einen ungeraden Bestandteil zerlegen. Dabei ist ein gerader Operator ein solcher, der jede positive (bzw. negative) Funktion wieder in eine positive (bzw. negative) verwandelt, ein ungerader ein solcher, der jede positive (bzw. negative) in eine negative (bzw. positive) Funktion verwandelt. Da alle positiven Funktionen auf allen negativen orthogonal sind, haben die ungeraden Operatoren die Erwartungswerte Null in allen Zuständen, die durch Wellenpakete mit nur positiven oder nur negativen Energien dargestellt werden. Nun ist

$$\boldsymbol{\Lambda D \Lambda}\psi^{(+)}=\boldsymbol{\Lambda D}\psi^{(+)}=(\boldsymbol{D}\psi^{(+)})^{(+)}-(\boldsymbol{D}\psi^{(+)})^{(-)},$$

$$\boldsymbol{\Lambda D \Lambda}\psi^{(-)}=-\boldsymbol{\Lambda D}\psi^{(-)}=-(\boldsymbol{D}\psi^{(-)})^{(+)}+(\boldsymbol{D}\psi^{(-)})^{(-)}.$$

Also ist

$$\tfrac{1}{2}(\boldsymbol{D}+\boldsymbol{\Lambda D\Lambda})=\tfrac{1}{2}\boldsymbol{\Lambda}(\boldsymbol{\Lambda D}+\boldsymbol{D\Lambda})=g(\boldsymbol{D})\tag{69$_1$}$$

der gerade,

$$\tfrac{1}{2}(\boldsymbol{D}-\boldsymbol{\Lambda D\Lambda})=\tfrac{1}{2}(\boldsymbol{D\Lambda}-\boldsymbol{\Lambda D})\boldsymbol{\Lambda}=u(\boldsymbol{D})\tag{69$_2$}$$

der ungerade Bestandteil von D, und durch die unitäre Transformation

$$\boldsymbol{D}\to\boldsymbol{\Lambda D\Lambda}$$

wird $\boldsymbol{D}=g+u$ übergeführt in $g-u$.

Nun ist es leicht, die geraden Bestandteile von α_k und β zu ermitteln. Man findet

$$g(\alpha_k)=c\boldsymbol{H}^{-1}p_k,\qquad g(\beta)=mc^2\boldsymbol{H}^{-1}.\tag{70}$$

Die geraden Bestandteile von α_k und β haben also wieder den klassischen Zusammenhang mit Impuls und Energie, der bei den ursprünglichen Operatoren α_k und β aufgehoben war. Ferner findet man mit Rücksicht auf

$$\boldsymbol{x}_k\boldsymbol{\Lambda}-\boldsymbol{\Lambda}\boldsymbol{x}_k=\frac{\hbar}{i}\,\frac{\partial\boldsymbol{\Lambda}}{\partial\boldsymbol{p}_k}$$

für den ungeraden Bestandteil von x_k:

$$u(\boldsymbol{x}_k)=\frac{\hbar}{2i}\,c\boldsymbol{H}^{-1}(\alpha^k-\boldsymbol{p}_k c\boldsymbol{H}^{-1})=\frac{\hbar}{2i}\,c\boldsymbol{H}^{-1}u(\alpha_k)\tag{71}$$

in Übereinstimmung mit den von SCHRÖDINGER gefundenen Ausdrücken.

d) *Die Wellengleichung für den Fall des Vorhandenseins von Kräften.* In der klassischen relativistischen Punktmechanik erhält man die Hamiltonfunktion eines geladenen Teilchens unter dem Einfluß eines äußeren elektromagnetischen Feldes, indem man die Energie E durch $E + e\Phi_0$, die räumlichen Impulse p_k durch $p_k + \frac{e}{c}\Phi_k$ ersetzt. Dabei ist die Ladung des Teilchens gleich $-e$ gesetzt, was für das Elektron bequem ist, und es ist Φ_0 das elektrische skalare, Φ_k das magnetische vektorielle Potential des äußeren Feldes. Faßt man $(\Phi_k, i\Phi_0)$ zum Vierervektor Φ_ν des Potentials, $\left(p_k, i\frac{E}{c}\right)$ zum Vierervektor p_ν von Impuls und Energie zusammen, so kann man auch invariant formulieren, daß p_ν durch $p_\nu + \frac{e}{c}\Phi_\nu$ zu ersetzen ist. DIRAC behält diesen Ansatz auch in der Quantentheorie bei, setzt also für die Wellengleichung eines geladenen Teilchens unter dem Einfluß äußerer Kräfte in Verallgemeinerung von (II)

$$\sum_{\mu=1}^{4} \gamma^\mu \left(\frac{\hbar}{i}\frac{\partial}{\partial x_\mu} + \frac{e}{c}\Phi_\mu\right)\psi - imc\psi = 0 \tag{III}$$

oder

$$\sum_\mu \gamma_\mu \left(\frac{\partial}{\partial x_\mu} + \frac{ie}{\hbar c}\Phi_\mu\right)\psi + \frac{mc}{\hbar}\psi = 0. \tag{III'}$$

Für die durch (8) definierten Funktionen ψ^+ gilt dann

$$\sum_\mu \left(\frac{\partial}{\partial x_\mu} - \frac{ie}{\hbar c}\Phi_\mu\right)\psi^+\gamma^\mu - \frac{mc}{\hbar}\psi^+ = 0. \tag{III$_+$}$$

Die Definition (20) bzw. (9) und (13) des Vierervektors kann daher unverändert beibehalten werden, da ja dann auch hier die Kontinuitätsgleichung

$$\sum_{\nu=1}^{4} \frac{\partial s_\nu}{\partial x_\nu} = 0$$

eine Folge der Wellengleichung ist. Auch an den Überlegungen über die relativistische Invarianz ändert sich nichts.

Ein wichtiger Umstand ist der, daß nur die Feldstärken

$$F_{\mu\nu} = \frac{\partial \Phi_\nu}{\partial x_\mu} - \frac{\partial \Phi_\mu}{\partial x_\nu} \tag{72}$$

eine direkte physikalische Bedeutung haben, in den Potentialen daher ein additiver Gradient einer willkürlichen Funktion $f(x_1 \ldots x_4)$ verfügbar bleibt. Ersetzt man Φ_μ durch

$$\Phi'_\mu = \Phi_\mu + \frac{\partial f}{\partial x_\mu}, \tag{73a}$$

so bleibt ja $F_{\mu\nu}$ ungeändert. Diese Substitution in (III) eingeführt, zeigt, daß beim Übergang von Φ_μ zu Φ'_μ die Wellenfunktionen ψ_ϱ sich gemäß

$$\psi'_\varrho = \psi_\varrho e^{-\frac{ie}{\hbar c}f} \tag{73b}$$

transformieren. Denn dann ist

$$\left(\frac{\partial}{\partial x_\mu} + \frac{ie}{\hbar c}\Phi'_\mu\right)\psi' = \left(\frac{\partial}{\partial x_\mu} + \frac{ie}{\hbar c}\Phi_\mu\right)\psi. \tag{74}$$

Man nennt, im Hinblick auf eine ähnliche Situation in einer früheren von WEYL herrührenden Theorie von Gravitation und Elektrizität, die Transformationen

(73a) und (73b) auch *Eichtransformationen*, die Invarianz der Wellengleichung ihnen gegenüber *Eichinvarianz*[1].

Von den γ^ν zu den α^k und β übergehend, kann man die Wellengleichung (III) auch schreiben

$$\frac{1}{c}\frac{\partial\psi}{\partial t} - \frac{ie}{\hbar c}\Phi_0\psi + \sum_{k=1}^{3}\alpha^k\left(\frac{\partial\psi}{\partial x_k} + \frac{ie}{\hbar c}\Phi_k\psi\right) + i\frac{mc}{\hbar}\beta\psi = 0, \tag{75}$$

so daß der durch

$$\frac{\hbar}{i}\frac{\partial\psi}{\partial t} + \boldsymbol{H}\psi = 0$$

definierte Hamiltonoperator durch

$$\boldsymbol{H} = -e\Phi_0 + c\left[\sum_{k=1}^{3}\alpha^k\left(p_k + \frac{e}{c}\Phi_k\right) + mc\beta\right] \tag{76}$$

gegeben ist. Führt man ferner statt p_k und $\boldsymbol{H}$ die eichinvarianten Operatoren

$$\left.\begin{aligned} \pi_k &= p_k + \frac{e}{c}\Phi_k = \frac{\hbar}{i}\frac{\partial}{\partial x_k} + \frac{e}{c}\Phi_k, \\ \pi_0 &= \frac{H}{c} + \frac{e}{c}\Phi_0 = -\frac{\hbar}{i}\frac{1}{c}\frac{\partial}{\partial t} + \frac{e}{c}\Phi_0, \\ \pi_4 &= i\pi_0 = \frac{\hbar}{i}\frac{\partial}{\partial x_4} + \frac{e}{c}\Phi_4 \end{aligned}\right\} \tag{77}$$

ein, so gilt wieder

$$\sum_{\mu=1}^{4}\gamma^\mu\pi_\mu\psi - imc\psi = 0, \tag{III''}$$

aber π_μ erfüllen die Vertauschungsrelationen

$$\pi_\mu\pi_\nu - \pi_\nu\pi_\mu = \frac{\hbar}{i}\frac{e}{c}F_{\mu\nu}, \tag{78}$$

während die p_μ vertauschbar sind.

Die Forderungen der relativistischen Invarianz, der Eichinvarianz und der Korrespondenz bestimmen den Ansatz (III) allerdings noch nicht eindeutig. Es bliebe nämlich die Möglichkeit, diesen durch ein additives Zusatzglied

$$\frac{1}{c}M\sum_\mu\sum_\nu F_{\mu\nu}\gamma^\mu\gamma^\nu\psi$$

zu modifizieren, worin $F_{\mu\nu}$ wieder die Feldstärken des äußeren Feldes und M eine reelle Konstante von der Dimension Ladung mal Länge bedeutet. Es zeigt sich aber, daß man bereits ohne ein solches Zusatzglied in der Wellengleichung erster Ordnung auskommt und Übereinstimmung mit der Erfahrung erreicht. *Und zwar ergibt sich dann von selbst auch der Spin des Elektrons (oder Protons) einschließlich der absoluten Größe $e\hbar/2mc$ seines magnetischen Momentes.* Dies ist als ein wesentlicher Erfolg der DIRACschen Wellengleichung anzusehen. Dies ist bereits zu sehen, wenn man mittels derselben Operation, die im kräftefreien Fall zur Gleichung (5) geführt hat, von (III) zur Wellengleichung zweiter Ordnung übergeht. Durch Anwendung des Operators

$$\sum_{\mu=1}^{4}\gamma^\mu\left(\frac{\partial}{\partial x_\mu} + \frac{ie}{\hbar c}\Phi_\mu\right) - \frac{mc}{\hbar}$$

[1] F. LONDON, ZS. f. Phys. Bd. 42, S. 375. 1927; H. WEYL, ebenda Bd. 56, S. 330. 1929.

von links auf (III') folgt nämlich zunächst

$$\sum_\mu \sum_\nu \gamma^\mu \gamma^\nu \left[\left(\frac{\partial}{\partial x_\mu} + \frac{ie}{\hbar c} \Phi_\mu\right)\left(\frac{\partial}{\partial x_\nu} + \frac{ie}{\hbar c} \Phi_\nu\right) - \frac{m^2 c^2}{\hbar^2}\right] \psi = 0.$$

Hier trennen wir die Terme mit $\mu = \nu$ und die Terme mit $\mu \neq \nu$. Die ersteren geben im Einklang mit früheren relativistischen Theorien wegen $(\gamma^\mu)^2 = 1$

$$\sum_\nu \left(\frac{\partial}{\partial x_\nu} + \frac{ie}{\hbar c} \Phi_\nu\right)^2 \varphi,$$

die letzteren geben wegen $\gamma_\mu \gamma_\nu = -\gamma_\nu \gamma_\mu$ für $\mu \neq \nu$

$$\frac{1}{2} \sum_\mu \sum_\nu \gamma^\mu \gamma_\nu \left\{\left(\frac{\partial}{\partial x_\mu} + \frac{ie}{\hbar c} \Phi_\mu\right)\left(\frac{\partial}{\partial x_\nu} + \frac{ie}{\hbar c} \Phi_\nu\right) - \left(\frac{\partial}{\partial x_\nu} + \frac{ie}{\hbar c} \Phi_\nu\right)\left(\frac{\partial}{\partial x_\mu} + \frac{ie}{\hbar c} \Phi_\mu\right)\right\} \psi$$

$$= \frac{1}{2} \sum_\mu \sum_\nu \gamma^\mu \gamma^\nu \frac{ie}{\hbar c} F_{\mu\nu} \cdot \psi,$$

worin die Feldstärken wieder durch (72) gegeben sind. Das Endresultat ist also

$$\sum_\nu \left[\left(\frac{\partial}{\partial x_\nu} + \frac{ie}{\hbar c} \Phi_\nu\right)^2 - \frac{m^2 c^2}{\hbar^2}\right] \psi + \frac{1}{2} \sum_\mu \sum_\nu \gamma^\mu \gamma^\nu \frac{ie}{\hbar c} F_{\mu\nu} \psi = 0 \tag{79}$$

oder unter Einführung der Operatoren

$$p_\nu = \frac{\hbar}{i} \frac{\partial}{\partial x_\nu}: \quad \sum_\nu \left(p_\nu + \frac{e}{c} \Phi_\nu\right)^2 \psi + \frac{1}{2} \sum_\mu \sum_\nu \gamma^\mu \gamma^\nu \frac{\hbar e}{ic} F_{\mu\nu} \psi = 0. \tag{79'}$$

Daß in dem letzten charakteristischen Zusatzglied in der Tat die Spinwechselwirkungsenergie mit dem äußeren Feld enthalten ist, wird sich aus den Betrachtungen der folgenden Ziffer ergeben, wo allgemein gezeigt wird, daß die unrelativistische Wellenmechanik des Spins, wie sie in Abschn. A, Ziff. 13, entwickelt wurde, in der DIRACschen relativistischen Theorie als Näherung enthalten ist.

Die korrespondenzmäßige Behandlung der Strahlungsvorgänge kann unmittelbar auf die DIRACsche Theorie übertragen werden. Nur ist dann in den Formeln (A, 373) für die Störungsenergie der Strahlung als Strom der Ausdruck

$$i_k = (-e)\, c\, (\psi^* \alpha_k \psi)$$

statt des unrelativistischen Ausdruckes (A, 77) einzusetzen. Der Umstand, daß in der DIRACschen Theorie das Viererpotential im Strom gar nicht, im Hamiltonoperator nur linear eingeht, wirkt hierbei für manche Überlegungen und Rechnungen gegenüber der unrelativistischen Theorie vereinfachend.

Die wichtigsten Anwendungen der DIRACschen Theorie, die zu für diese Theorie charakteristischen, empirisch prüfbaren Folgerungen führen, sind erstens die exakten Eigenwerte eines Elektrons in einem COULOMBschen Zentralfeld, die sich als mit den früher von SOMMERFELD in seiner Theorie der relativistischen Feinstruktur ermittelten als identisch herausstellen[1], zweitens die Formel von KLEIN und NISHINA[2] für die Intensität der Streuung von Strahlung kurzer Wellenlänge durch freie Elektronen.

---

[1] W. GORDON, ZS. f. Phys. Bd. 48, S. 11. 1928; C. G. DARWIN, Proc. Roy. Soc. London (A) Bd. 118, S. 654. 1928. Näheres s. Kap. 3 ds. Handb.

[2] O. KLEIN u. Y. NISHINA, ZS. f. Phys. Bd. 52, S. 853. 1929; Y. NISHINA, ebenda Bd. 52, S. 869. 1929; vgl. auch J. WALLER, ebenda Bd. 58, S. 75. 1929. Näheres s. Kap. 5 ds. Handb.

Neben dem Erhaltungssatz der Ladung gibt es noch einen Energieimpulssatz. Freilich besagt dieser nicht einfach die Erhaltung von Energie und Impuls des Materiefeldes allein; dies trifft nur im kräftefreien Fall zu, während ja bei Anwesenheit eines elektromagnetischen Feldes Impuls und Energie auf das System übertragen wird. Allgemein existiert jedoch ein Energieimpulstensor $T_{\mu\nu}$, der die Relation

$$\sum_{\nu=1}^{4} \frac{\partial T_{\mu\nu}}{\partial x_\nu} = \sum_\nu F_{\mu\nu} s_\nu = (-e) \sum_\nu F_{\mu\nu} (\psi^+ \gamma^\nu \psi) \tag{75}$$

erfüllt. Durch eine elementare Rechnung bestätigt man in der Tat leicht diese Beziehung als Folge der Wellengleichung, wenn

$$\left.\begin{aligned} \frac{1}{c} T_{\mu\nu} &= \frac{1}{2}\left\{\psi^+ \gamma^\nu \left[\left(p_\mu + \frac{e}{c}\Phi_\mu\right)\psi\right] - \left[\left(p_\mu - \frac{e}{c}\Phi_\mu\right)\psi^+\right]\gamma^\nu\psi\right\} \\ &= \frac{1}{2}\frac{\hbar}{i}\left(\psi^+\gamma^\nu \frac{\partial\psi}{\partial x_\mu} - \frac{\partial\psi^+}{\partial x_\mu}\gamma^\nu\psi\right) + \frac{e}{c}\Phi_\mu(\psi^+\gamma^\nu\psi) \end{aligned}\right\} \tag{76}$$

gesetzt wird[1]. Der zweite Term ist hier zugefügt, um den Komponenten $T_{\mu\nu}$ die richtigen Realitätseigenschaften zu geben. Hierbei wurde von den Vertauschungsrelationen der DIRACschen Matrizen noch kein Gebrauch gemacht. Man kann diese jedoch dazu benutzen, um den Energieimpulstensor zu symmetrisieren. Um dies zu zeigen, multipliziert man zunächst die Wellengleichung (III) von links mit $\psi^+\gamma^\mu\gamma^\nu$, die Wellengleichung ($III_+$) von rechts mit $\gamma^\mu\gamma^\nu\psi$ und addiert. Dabei ergibt sich

$$\sum_{\varrho=1}^{4} \psi^+\gamma^\mu\gamma^\nu\gamma^\varrho\left[\left(p_\varrho + \frac{e}{c}\Phi_\varrho\right)\psi\right] + \left[\left(p_\varrho - \frac{e}{c}\Phi_\varrho\right)\psi^+\right]\gamma^\varrho\gamma^\mu\gamma^\nu\psi = 0\,.$$

Für uns ist nur der Fall $\mu \neq \nu$ von Interesse, was wir nun ausdrücklich voraussetzen. Dann trennen wir die Terme mit $\varrho = \mu$ und $\varrho = \nu$ einerseits, die Terme mit $\varrho \neq \mu$, $\varrho \neq \nu$ andererseits, wobei letztere durch einen Akzent am Summenzeichen charakterisiert sind. Mit Rücksicht auf die Vertauschungsrelationen (I'') der Matrizen γ^μ ergibt sich dann

$$-\frac{2}{c}(T_{\mu\nu} - T_{\nu\mu}) + \sum_{\substack{\varrho\neq\mu\\ \varrho\neq\nu}}{}' \psi^+\gamma^\mu\gamma^\nu\gamma^\varrho\left[\left(p_\varrho + \frac{e}{c}\Phi_\varrho\right)\psi\right] + \left[\left(p_\varrho - \frac{e}{c}\Phi_\varrho\right)\psi^+\right]\gamma^\mu\gamma^\nu\gamma^\varrho\psi$$

oder

$$\frac{2}{c}(T_{\mu\nu} - T_{\nu\mu}) = \frac{\hbar}{i}\sum_{\substack{\varrho\neq\mu\\ \varrho\neq\nu}}{}' \frac{\partial}{\partial x_\varrho}(\psi^+\gamma^\mu\gamma^\nu\gamma^\varrho\psi)\,. \tag{77}$$

Daraus folgt aber, daß wegen der Antisymmetrie von $\gamma^\nu\gamma^\varrho$ in ϱ und ν für $\varrho \neq \nu$ die Divergenz von $T_{\mu\nu} - T_{\nu\mu}$ verschwindet:

$$\sum_{\nu=1}^{4} \frac{\partial}{\partial x_\nu}(T_{\mu\nu} - T_{\nu\mu}) = 0\,. \tag{77'}$$

Bilden wir also den symmetrischen Tensor

$$\Theta_{\mu\nu} = \Theta_{\nu\mu} = \frac{1}{2}(T_{\mu\nu} + T_{\nu\mu}) = T_{\mu\nu} - \frac{\hbar c}{4i}\sum_{\substack{\varrho\neq\mu\\ \varrho\neq\nu\\ (\mu\neq\nu)}}{}' \frac{\partial}{\partial x_\varrho}(\psi^+\gamma^\mu\gamma^\nu\gamma^\varrho\psi) \tag{78}$$

(für $\mu = \nu$ ist der letzte Term zu streichen), so genügt er ebenfalls einer Beziehung der Form (75)

$$\sum_{\nu=1}^{4} \frac{\partial\Theta_{\mu\nu}}{\partial x_\nu} = \sum_\nu F_{\mu\nu} s_\nu = (-e)\sum_\nu F_{\mu\nu}(\psi^+\gamma^\nu\psi)\,.$$

[1] In der früheren relativistischen Quantentheorie (vgl. Anm. 2, S. 216) wurde der Energieimpulstensor von E. SCHRÖDINGER (Ann. d. Phys. Bd. 82, S. 265. 1927) eingeführt. Die analog verlaufende Rechnung für die DIRACsche Theorie findet sich bei F. MÖGLICH, ZS. f. Phys. Bd. 48, S. 852. 1928. Vollständiger ist die Behandlung der Frage bei H. TETRODE (ebenda Bd. 49, S. 858. 1928), wo die Möglichkeit der Symmetrisierung des Tensors gezeigt wird.

Als spezielle Anwendungen der Beziehungen (75) und (75′) erwähnen wir den Impulssatz und den Drehimpulssatz. Durch Umformung mittels partieller Integration ergibt sich für $k = 1, 2, 3$ mit Rücksicht auf (18)

$$J_k = \frac{1}{ic}\int T_{k4}\, dV = \frac{1}{ic}\int \Theta_{k4}\, dV = \frac{1}{i}\int (\psi^+ \gamma^4 \pi_k \psi)\, dV = \int (\psi^* \pi_k \psi)\, dV \tag{79}$$

und

$$\dot{J}_k = (-e)\int \sum_\nu F_{k\nu} s_\nu\, dV. \tag{80}$$

Dies ist nach (59) gleichbedeutend mit der aus (76) direkt ableitbaren Operatorrelation

$$\frac{d}{dt}\boldsymbol{\pi_k} = \frac{e}{c}\frac{\partial \Phi_k}{\partial t} + \frac{i}{\hbar}(\boldsymbol{H}\boldsymbol{\pi_k} - \boldsymbol{\pi_k}\boldsymbol{H}) = (-e)\left(E_k + \sum_{l=1}^{3} F_{kl}\alpha_l\right). \tag{80′}$$

Ferner folgt aus (75′) der Drehimpulssatz: Mit

$$P_{ik} = -P_{ki} = \frac{1}{ic}\int (x_i \Theta_{k4} - x_k \Theta_{i4})\, dV, \qquad (i, k = 1, 2, 3) \tag{81}$$

und

$$d_{ik} = (-e)\sum_\nu (x_i F_{k\nu} - x_k F_{i\nu}) s_\nu \tag{82}$$

bzw. als Operatorrelation

$$\boldsymbol{d_{ik}} = (-e)\left[x_i E_k - x_k E_i + \sum_{l=1}^{3}(x_i F_{kl} - x_k F_{il})\alpha_l\right] \tag{82′}$$

gilt

$$\dot{P}_{ik} = \int d_{ik}\, dV. \tag{83}$$

Bei der Herleitung der letzteren Relation aus (75′) ist wesentlich von der Symmetrie des Tensors Θ_{ik} Gebrauch gemacht.

Durch Einsetzen von (76) und (78) in (81) kann der Ausdruck für die Drehimpulskomponenten noch umgeformt werden. Man erhält

$$P_{ik} = \frac{1}{i}\int \psi^+ \gamma^4 (x_i \pi_k - x_k \pi_i)\psi\, dV + \frac{\hbar}{2}\int (\psi^+ \gamma^4 \gamma^i \gamma^k \psi)\, dV$$

oder nach (18)

$$P_{ik} = \int \psi^* \left[(x_i \pi_k - x_k \pi_i) + \frac{\hbar}{2}\left(-\frac{1}{i}\alpha^i \alpha^k\right)\right] \psi\, dV. \tag{84}$$

Auch die Relation (83) kann dann als Operatorrelation

$$\boldsymbol{P_{ik}} = x_i \boldsymbol{\pi_k} - x_k \boldsymbol{\pi_i} + \frac{\hbar}{2} i\alpha^i \alpha^k; \qquad \frac{d}{dt}\boldsymbol{P_{ik}} = \boldsymbol{d_{ik}} \tag{85}$$

geschrieben werden, die auch direkt durch Vertauschung des linksstehenden Operators mit H ableitbar ist. Das Auftreten des Zusatztermes $\frac{\hbar}{2}\alpha^i\alpha^k$ im Drehimpulsoperator ist eng verknüpft mit dem Verhalten der ψ_ϱ gegenüber infinitesimalen Drehungen, für das nach (32) eben der Operator $i\gamma^i\gamma^k = i\alpha^i\alpha^k$ maßgebend ist. Man kann im Hinblick auf die unrelativistische Theorie den ersten Teil $x_i \boldsymbol{\pi_k} - x_k \boldsymbol{\pi_i}$ des Drehimpulsoperators als „Bahnmoment", den zweiten Teil $\frac{\hbar}{2} i\alpha^i\alpha^k$ als „Spinmoment" interpretieren, muß aber stets beachten, daß in der relativistischen Theorie dieser Zweiteilung des Drehimpulses kein direkt beobachtbarer physikalischer Sachverhalt entspricht. In einem zentralsymmetrischen elektrischen Feld verschwindet offenbar das Drehmoment d_{ik} und der Drehimpuls bleibt zeitlich konstant.

3. Die unrelativistische Wellenmechanik des Spins als erste Näherung. Um den Übergang zur unrelativistischen Theorie des Spins in erster Näherung für langsam bewegte Teilchen zu vollziehen, ist es zweckmäßig, die Matrizen α_k und β gemäß (15) zu spezialisieren, wobei β auf Diagonalform gebracht ist. Es zeigt sich nämlich, daß dann zwei der Komponenten klein werden gegen die beiden anderen, sobald die Teilchengeschwindigkeiten klein gegen die Lichtgeschwindigkeit sind. Um dies zu zeigen, führen wir zwei zweikomponentige Größen $(\varphi_1 \varphi_2)$ und $(\chi_1 \chi_2)$ statt der einen vierkomponentigen Größe $(\psi_1, \psi_2, \psi_3, \psi_4)$

ein, wobei übrigens, wie in der unrelativistischen Wellenmechanik üblich (vgl. Abschn. A, S. 103 und Ziff. 4) der Faktor $e^{-\frac{i}{\hbar}mc^2t}$ abgespalten wird, so daß gilt

$$\left.\begin{aligned} \psi_1 &= \varphi_1 e^{-\frac{i}{\hbar}mc^2t}, & \psi_2 &= \varphi_2 e^{-\frac{i}{\hbar}mc^2t}, \\ \psi_3 &= \chi_1 e^{-\frac{i}{\hbar}mc^2t}, & \psi_4 &= \chi_2 e^{-\frac{i}{\hbar}mc^2t}. \end{aligned}\right\} \tag{86}$$

Dann wird aus (75) und (76)

$$\frac{\hbar}{i}\frac{\partial\varphi}{\partial t} - e\Phi_0\varphi + \sum_{k=1}^{3} c\sigma_k\left(\frac{\hbar}{i}\frac{\partial\chi}{\partial x_k} + \frac{e}{c}\Phi_k\chi\right) = 0. \tag{87$_1$}$$

$$-2mc^2\chi + \frac{\hbar}{i}\frac{\partial\chi}{\partial t} - e\Phi_0\chi + \sum_{k=1}^{3} c\sigma_k\left(\frac{\hbar}{i}\frac{\partial\varphi}{\partial x_k} + \frac{e}{c}\Phi_k\varphi\right) = 0, \tag{87$_2$}$$

worin die σ_k wieder die durch (14) definierten zweireihigen Matrizen sind. Hierbei ist es wesentlich, daß der aus der zeitlichen Differentiation des Exponentialfaktors entstehende Term zusammen mit dem mit β multiplizierten Massenterm sich bei den Größen φ aufhebt, bei den Größen χ aber addiert. *Dies bedingt die Möglichkeit, nach Potenzen der reziproken Lichtgeschwindigkeit* $1/c$ *zu entwickeln.* Wenn die Größen φ dann als von nullter Ordnung betrachtet werden, so werden die Größen χ von erster Ordnung. Führen wir wie in (77) die Operatoren

$$\pi_k = \frac{\hbar}{i}\frac{\partial}{\partial x_k} + \frac{e}{c}\Phi_k$$

ein, so erhalten wir, zunächst bis zu Größen erster Ordnung

$$\chi = \frac{1}{2mc}\sum_k \sigma_k\pi_k\varphi, \tag{88$_1$}$$

sodann eine Näherung weiter

$$\chi = \frac{1}{2mc}\sum_k \sigma_k\pi_k\varphi + \frac{1}{4m^2c^3}\left(\frac{\hbar}{i}\frac{\partial}{\partial t} - e\Phi_0\right)\sum_k \sigma_k\pi_k\varphi. \tag{88$_2$}$$

Dies in (87$_1$) eingesetzt, gibt mit Beibehaltung aller Größen bis zur Ordnung $1/c^2$ einschließlich:

$$\begin{aligned} &\frac{\hbar}{i}\frac{\partial\varphi}{\partial t} - e\Phi_0\varphi + \frac{1}{2m}\sum_k\sum_l \sigma_k\sigma_l\pi_k\pi_l\varphi \\ &\qquad + \frac{1}{4m^2c^2}\sum_k\sum_l \sigma_k\pi_k\left(\frac{\hbar}{i}\frac{\partial}{\partial t} - e\Phi_0\right)\sigma_l\pi_l\varphi = 0. \end{aligned}$$

Durch Trennung der Terme mit $k = l$ und $k \neq l$ und Berücksichtigung der Relationen (78) und (14') folgt weiter

$$\left.\begin{aligned} &\left(1 + \frac{1}{4m^2c^2}\sum_k \pi_k^2\right)\left(\frac{\hbar}{i}\frac{\partial\varphi}{\partial t} - e\Phi_0\varphi\right) + \frac{1}{2m}\sum_k \pi_k^2 + \left\{\frac{e\hbar}{2mc}\sum_k (H_i\sigma_i)\right. \\ &\left. + \frac{e\hbar}{2mc}\frac{1}{2}\frac{1}{mc}\left(\sum_i [\vec{E}\times\vec{\pi}]_i\sigma_i\right) - i\frac{e\hbar}{2mc}\frac{1}{2}\frac{1}{mc}\sum_i E_i\pi_i\right\}\varphi = 0. \end{aligned}\right\} \tag{89}$$

Der Faktor, mit dem $\frac{\hbar}{i}\frac{\partial\varphi}{\partial t}$ multipliziert erscheint, entspricht der Korrektion wegen der Massenveränderlichkeit, sodann findet man den unrelativistischen

Spinterm im äußeren Magnetfeld mit dem richtigen Wert $-\frac{e\hbar}{2mc}$ des magnetischen Spinmomentes, den der *Thomas*korrektion entsprechenden Term im äußeren elektrischen Feld mit dem richtigen Faktor $\frac{1}{2}$ und endlich einen eigentümlichen Zusatzterm, der zuerst von DARWIN[1] angegeben wurde. Man kann übrigens diese Wellengleichung auch direkt durch Eintragen von (88_1) in die strenge Wellengleichung (79) der zweiten Ordnung erhalten.

In diesem Resultat ist der Nachweis enthalten, daß für

$$\left(\frac{\hbar}{i}\frac{\partial}{\partial t} - e\Phi_0\right)\varphi \ll 2mc^2\varphi \tag{90}$$

als erste Näherung die Wellengleichung der unrelativistischen Quantenmechanik des Spins aus der DIRACschen Wellengleichung folgt. Dies genügt z. B., wenn es sich um einen Vergleich der Eigenwerte der Energie in beiden Theorien handelt. Es ist jedoch wesentlich, daß auch die Folgerungen über die Größe der Übergangswahrscheinlichkeiten bei Lichtemission in beiden Theorien in dieser Näherung übereinstimmen. Diese Frage wird gemäß der korrespondenzmäßigen Behandlungsweise der Strahlungsvorgänge zurückgeführt auf den Vergleich der Ausdrücke für den Stromvektor in beiden Theorien.

Um diesen Vergleich durchzuführen, ist es zweckmäßig, den Stromvektor

$$s_\mu = \psi^+ \gamma^\mu \psi$$

zuerst in einer von GORDON[2] herrührenden Weise umzuformen. Man ersetze hierin gemäß den Wellengleichungen (III), (III_+) einmal

$$\psi \quad \text{durch} \quad -\frac{i}{mc}\sum_\nu \gamma^\nu\left(p_\nu + \frac{e}{c}\Phi_\nu\right)\psi,$$

das andere Mal

$$\psi^+ \quad \text{durch} \quad +\frac{i}{mc}\sum_\nu \left[\left(p_\nu - \frac{e}{c}\Phi_\nu\right)\psi^+\right]\gamma^\nu$$

und addiere. Durch Trennung der Terme mit $\mu = \nu$ und $\mu \neq \nu$ erhält man

$$s_\mu = s_\mu^{(0)} + s_\mu^{(1)}, \tag{91}$$

$$s_\mu^{(0)} = \frac{i}{2m_0c}\left\{\left[\left(p_\mu - \frac{e}{c}\Phi_\mu\right)\psi^+\right]\psi - \psi^+\left(p_\mu + \frac{e}{c}\Phi_\mu\right)\psi\right\}, \tag{92$_0$}$$

$$s_\mu^{(1)} = \frac{\hbar}{2mc}\sum_\nu \frac{\partial M_{\mu\nu}}{\partial x_\nu} \tag{92$_1$}$$

mit

$$M_{\mu\nu} = -M_{\nu\mu} = -\psi^+\gamma^\mu\gamma^\nu\psi. \tag{93}$$

Hierin kann $M_{\mu\nu}$ als Flächentensor der Polarisation und Magnetisierung angesehen werden. Es ist bemerkenswert, daß

$$\sum_{\mu=1}^{4}\frac{\partial s_\mu^{(1)}}{\partial x_\mu} = 0,$$

---

[1] C. G. DARWIN, Proc. Roy. Soc. London (A) Bd. 118, S. 654. 1928.
[2] W. GORDON, ZS. f. Phys. Bd. 50, S. 630. 1927.

so daß $s_\mu^{(0)}$ und $s_\mu^{(1)}$ für sich die Kontinuitätsgleichung befriedigen. Durch Übergang zu den ψ^* erhält man für die räumlichen Komponenten der Stromdichte

$$i_k^{(0)} = c s_k^{(0)} = \frac{1}{2m_0}\left\{\psi^*\left(p_k + \frac{e}{c}\,\Phi_k\right)\beta\psi - \left[\left(p_k - \frac{e}{c}\,\Phi_k\right)\psi^*\right]\beta\psi\right\}, \qquad (92_0')$$

$$i_k^{(1)} = c s_k^{(1)} = \frac{\hbar}{2m}\sum_{\nu=1}^{4}\frac{\partial M_{k\nu}}{\partial x_\nu} \qquad (92_1')$$

und

$$\left.\begin{aligned} M_{kl} &= -M_{lk} = \frac{1}{i}\,(\psi^*\beta\,\alpha_k\alpha_l\psi) \quad \text{für} \quad k \neq l \quad \text{und} \quad k, l = 1, 2, 3 \\ M_{k4} &= \frac{1}{i}\,(\psi^*\beta\,\alpha_k\psi). \end{aligned}\right\} \qquad (93')$$

Gehen wir wieder zur gespaltenen Schreibweise gemäß (86) und der Spezialisierung der Matrizen α_k und β gemäß (95) über, so sieht man, daß M_{k4} von der Ordnung $1/c^2$ und M_{kl}, abgesehen von Termen der Ordnung $1/c^2$, gleich wird

$$M_{12} = -M_{21} = (\varphi^*\sigma_3\varphi), \ldots \qquad (95)$$

Abgesehen von Termen dieser Ordnung stimmt $i_k^{(0)}$ mit dem Stromausdruck der unrelativistischen Theorie in der Tat überein. Der Zusatzterm

$$\vec{i}^{(1)} = \operatorname{rot}(\varphi^*\vec{\sigma}\varphi) \qquad (96)$$

gibt nach A, (364) und (370) zwar nicht zu einer Dipolstrahlung Anlaß, da nach Ausführung der Volumintegration alle seine Matrixelemente verschwinden, wohl aber müßte er bei der Quadrupol- und höheren Multipolstrahlung berücksichtigt werden.

Es ist von Interesse, den Ausdruck (81), (84) für das Impulsmoment P_{ik} mit dem Ausdruck

$$\left.\begin{aligned} \overline{M}_{ik} &= \frac{(-e)}{2c}\int(x_i i_k - x_k i_i)\,dV = \int\psi^*\left[\frac{(-e)}{2mc}(x_i\pi_k - x_k\pi_i)\,\beta \right.\\ &\quad \left. + \frac{(-e)\hbar}{2mc}\,\frac{1}{i}\,(\alpha_i\alpha_k\beta)\right]\psi\,dV \end{aligned}\right\} \qquad (97)$$

für das magnetische Moment zu vergleichen. Wegen des Auftretens der Matrix β in dem letzteren sind die beiden Teile von $\overline{M}_{ik}$ und P_{ik} im allgemeinen nicht zueinander proportional. Dies ist nur für kleine Geschwindigkeiten des Teilchens der Fall, wo Größen der Ordnung v^2/c^2 vernachlässigt werden können. In diesem Fall ist der Quotient aus magnetischem und mechanischem Moment für den ersten Teil gleich $-e/2mc$, für den zweiten Teil $-e/mc$, wie es die Erfahrung verlangt[1].

Für die korrespondenzmäßige Behandlung der Streuung der Strahlung hat WALLER[2] den Vergleich der Folgerungen aus der DIRACschen Wellengleichung mit denen aus der Wellengleichung der unrelativistischen Theorie im einzelnen durchgeführt. Bei der ersteren lautet der Störungsoperator der Hamiltonfunktion einfach $\sum_{k=1}^{3} e(\alpha^k\Phi_k)$, wenn für Φ_k das Vektorpotential des äußeren Strahlungsfeldes eingesetzt wird; dagegen sind im Gegensatz zur unrelativistischen Theorie keine zu Φ_k^2 proportionalen Terme in der Störungsfunktion vorhanden. Da in der letzteren Theorie, wie in Abschn. A, Ziff. 15, erwähnt, für ein $h\nu$ der einfallenden Strahlung, das groß gegen die Ionisierungsarbeit des Systems und klein gegen mc^2

[1] Vgl. hierzu auch C. G. DARWIN, Proc. Roy. Soc. London Bd. 120, S. 621. 1928; über die Größe des magnetischen Momentes in wasserstoffähnlichen Atomen. G. BREIT, Nature Bd. 122, S. 649. 1928.

[2] I. WALLER, ZS. f. Phys. Bd. 58, S. 75. 1929.

ist, gerade diese in Φ_k^2 quadratischen Terme der Störungsfunktion den Hauptbeitrag zur Streustrahlung ergeben, konnte man im ersten Augenblick bezweifeln, ob die Resultate aus der DIRACschen Wellengleichung mit denen der unrelativistischen Theorie hier auch nur annähernd übereinstimmen. Indessen hat es sich gezeigt, daß diejenigen Matrixelemente von $\sum_k \alpha^k \Phi_k$, die Übergängen von Zuständen positiver zu Zuständen negativer Energie entsprechen, schließlich gerade diejenigen Terme der Intensität der Streustrahlung ergeben, die in der unrelativistischen Theorie aus dem zu $\sum_k \Phi_k^2$ proportionalen Teil der Hamiltonfunktion entspringen. Dies ist besonders von Wichtigkeit, da hieraus zu folgern ist, daß die Matrixelemente der Störungsfunktion, die zu den erwähnten Übergängen gehören, nicht einfach gestrichen werden können. Insbesondere erweisen sich diese Matrixelemente als wesentlich für die Übereinstimmung der Ergebnisse über die Intensität der Streuung von Strahlung durch freie Elektronen im Fall $h\nu \ll mc^2$, wie sie einerseits aus der DIRACschen Wellengleichung, andererseits aus der klassischen Theorie (THOMSONsche Formel) folgen.

4. Grenzübergang zur klassischen, relativistischen Partikelmechanik. Eine relativistische Quantentheorie muß in *zwei* Grenzfällen an bekannte Theorien anschließen, nämlich einerseits an die unrelativistische Wellenmechanik, andererseits an die klassische relativistische Partikelmechanik. Man kann diese beiden Grenzfälle grob charakterisieren als $\lim c \to \infty$ einerseits, $\lim h \to 0$ andererseits. Der erste Fall wurde bereits in voriger Ziffer besprochen, während der zweite nun betrachtet werden soll. Er ist z. B. wichtig für die Diskussion der Ablenkungsversuche von Elektronen mit Geschwindigkeiten, die mit der Lichtgeschwindigkeit vergleichbar sind, in äußeren elektrischen und magnetischen Feldern; bekanntlich haben solche Versuche zur Ermittelung der Abhängigkeit der Teilchenmasse von der Geschwindigkeit gedient.

Die klassisch-relativistische Partikelmechanik eines Teilchens der Ladung $(-e)$ und der Ruhmasse m beruht auf den aus der Hamiltonfunktion

$$H(p_k, x_k) = c\sqrt{m^2 c^2 + \sum_{k=1}^{3}\left(p_k + \frac{e}{c}\Phi_k\right)^2} - e\Phi_0 \tag{98}$$

entspringenden kanonischen Bewegungsgleichungen

$$\dot{x}_k = \frac{\partial H}{\partial p_k}, \qquad \dot{p}_k = -\frac{\partial H}{\partial x_k}. \tag{99}$$

Unter Einführung der Größen

$$\pi_k = p_k + \frac{e}{c}\Phi_k$$

kann man dies auch schreiben

$$\dot{x}_k = \frac{c\pi_k}{\sqrt{m^2c^2 + \sum_{k=1}^{3}\pi_k^2}}, \qquad \dot{\pi}_k = (-e)\left(E_k + \frac{1}{c}[\vec{\dot{x}} \times \vec{H}]_k\right), \tag{100}$$

wenn $\vec{E}$ und $\vec{H}$ wieder die aus den Potentialen Φ_0, Φ_k abgeleiteten Feldstärken sind.

Um zu untersuchen, inwieweit diese Aussagen als Grenzfall aus der Wellengleichung gefolgert werden können, muß man einen Grenzübergang von Wellengleichung zu geometrischer Optik vollziehen, der analog ist zu demjenigen, der in Abschn. A, Ziff. 12, für die unrelativistische Wellenmechanik besprochen wurde. Analog zur Relation [Abschn. A, Gl. (261)] mache man hier den Ansatz

$$\psi_\varrho = a_\varrho e^{\frac{i}{\hbar}S} \tag{101}$$

und entwickle a_ϱ nach Potenzen von $\hbar/i$:

$$a_\varrho = a_{0\varrho} + \frac{\hbar}{i} a_{1\varrho} + \cdots \tag{102}$$

Es ist hierbei wesentlich und notwendig, daß die Wellenfunktion (das Eikonal) S vom Index ϱ nicht abhängt, da sonst beim Eingehen in die Wellengleichung der Exponentialfaktor sich nicht fortheben und daher eine sinnvolle Entwicklung nach Potenzen von $\hbar$ unmöglich würde. Nunmehr erhält man aus der Wellengleichung (75), (76) durch Einsetzen von (101) mit

$$\pi_0 = -\frac{1}{c}\frac{\partial S}{\partial t} + \frac{e}{c}\Phi_0, \qquad \pi_k = \frac{\partial S}{\partial x_k} + \frac{e}{c}\Phi_k, \tag{103}$$

$$\left(-\pi_0 + \sum_{k=1}^{3} \alpha^k \pi_k + \beta m c\right) a + \frac{\hbar}{i}\left(\frac{1}{c}\frac{\partial a}{\partial t} + \sum_{k=1}^{3} \alpha^k \frac{\partial a}{\partial x_k}\right) = 0. \tag{104}$$

Hierbei sind die Indizes wieder fortgelassen so daß a (im Gegensatz zu S, π_0, π_k) als einspaltige Matriz aufzufassen ist, wie früher ψ. Durch Einsetzen der Entwicklung (102) für a erhält man ferner sukzessive die Gleichungen

$$\left(-\pi_0 + \sum_k \pi_k \alpha^k + m c \beta\right) a_0 = 0, \tag{105$_0$}$$

$$\left(-\pi_0 + \sum_k \pi_k \alpha^k + m c \beta\right) a_1 = -\left(\frac{1}{c}\frac{\partial a_0}{\partial t} + \sum_{k=1}^{3} \alpha^k \frac{\partial a_0}{\partial x_k}\right). \tag{105$_1$}$$

. . . .

Damit zunächst das homogene Gleichungssystem (105_0) Lösungen besitzt, müssen die π_0, π_k die Bedingung

$$-\pi_0^2 + \sum_{k=1}^{3} \pi_k^2 + m^2 c^2 = 0 \tag{106}$$

erfüllen, die vermöge (103) mit der Hamilton-Jacobischen partiellen Differentialgleichung der Partikelmechanik identisch ist. Die Diskussion der Gleichungen (105_1) ergibt sodann[1], daß in den Gebieten, die nach der klassischen Mechanik vom Partikel erreichbar sind, d. h. wo π_0, π_k reell sind, für

$$\varrho = (a_0^* a_0)$$

die Kontinuitätsgleichung gilt

$$\frac{\partial \varrho}{\partial t} + \sum_{k=1}^{3} \frac{\partial}{\partial x_k}\left(\varrho \frac{c \pi_k}{\pi_0}\right) = 0.$$

Wegen

$$\frac{\partial H}{\partial p_k} = \frac{c \pi_k}{\pi_0}$$

und zufolge (106) bedeutet dies, daß sich die Partikel längs den durch (99) definierten klassisch-mechanischen Bahnen fortpflanzen. Dieser Schluß ist ganz analog demjenigen der unrelativistischen Wellenmechanik, und auch hier gilt als Bedingung für die Kleinheit der a_1 gegen die a_0, daß der Gradient der Wellenlänge der Materiewellen numerisch klein sein muß.

Ein für die relativistische Wellenmechanik charakteristischer Umstand ist aber der, daß die resultierenden Bahnen diejenigen eines Teilchens ohne Spin sind. Vom Spin herrührende Wirkungen auf den raumzeitlichen Verlauf von Dichte und Strom des Teilchens kommen erst in den Amplituden a_1 zur Geltung,

[1] Für die Durchführung vgl. W. Pauli, Helv. Phys. Acta Bd. 5, S. 179. 1932.

die auch Beugungseffekte mitenthalten; in dieser nächsten Näherung versagt der Bahnbegriff überhaupt bereits. Es rührt dies daher, daß das magnetische Spinmoment dem Wirkungsquantum proportional ist und die vom Spin herrührenden Effekte in der DIRACschen Theorie automatisch ohne Einführung eines neuen Zusatzgliedes mitbeschrieben werden.

Dies bestätigt die These BOHRS[1]: *Das Spinmoment des Elektrons kann niemals, vom Bahnmoment eindeutig getrennt, durch solche Versuche bestimmt werden, auf die der klassische Begriff der Partikelbahn anwendbar ist.* In der Tat zeigt die Diskussion eines jeden Versuches, das Spinmoment des freien Elektrons durch Ablenkung in geeigneten äußeren Kraftfeldern zu bestimmen (z. B. durch eine zum STERN-GERLACHschen Molekularstrahlversuch analoge Anordnung) folgenden typischen Sachverhalt: Damit die Ablenkung nicht durch Beugungseffekte verwischt wird, müssen die Bündel hinreichend große Dimensionen erhalten. Dann macht aber andrerseits stets die Wirkung der von der Variation der Feldstärke innerhalb des Bündels herrührenden Lorentzkraft die Beobachtung der Ablenkung, die allein von der auf den Spin wirkenden Kraft bewirkt wird, unmöglich[2].

Dagegen sind andere Experimente zum Nachweis des Spins des freien Elektrons möglich, die keine Beziehung zur klassischen Mechanik und zum Bahnbegriff haben. Vor allem ist in dieser Hinsicht die Möglichkeit eines Nachweises von *Polarisation der Elektronenwellen* von Interesse. In Analogie zu dem bekannten Versuch in der klassischen Wellenoptik wird bei zweimaliger Streuung eines Elektronenstrahls an je einem Atom (oder Reflexion an je einem Spiegel) die Intensität des Tertiärstrahles nicht nur abhängen von den Werten der Streuwinkel (Reflexionswinkel), sondern auch vom Winkel Φ, den die Ebene durch Primär- und Sekundärstrahl mit der Ebene durch Sekundär- und Tertiärstrahl bildet. Und zwar ist, im Gegensatz zur klassischen Optik, wo die Intensität J des Tertiärstrahles nur von $\cos^2\Phi$ abhängt, im Fall der Elektronen diese Intensität bei festen Streuwinkeln linear in $\cos\Phi$, also von der Form

$$J = J_0(1 + \delta\cos\Phi).$$

Für den Fall der Streuung eines Elektrons an einem nackten Kern ist dieser Effekt von MOTT[3] berechnet worden.

Eine andere Art von möglichen Polarisationseffekten kann durch Verwendung bereits gerichteter Atome erhalten werden[4]. Wir gehen hierauf nicht näher ein, da bisher kein zweifelsfreies Experiment vorliegt, das einen eindeutigen Vergleich mit der Theorie gestattet.

5. Übergänge zu Zuständen negativer Energie, Begrenzung der DIRACschen Theorie. Wir haben bereits im kräftefreien Fall gesehen, daß die Wellengleichungen neben Eigenlösungen mit positiver Energie auch solche Eigenlösungen besitzen, die zu negativer Energie gehören. Im Falle des Vorhandenseins von Kraftfeldern kann dieser Umstand, wie zuerst von KLEIN[5] gezeigt wurde, zu eigentümlichen Paradoxien führen.

---

[1] N. BOHR, Atomtheorie und Naturbeschreibung. Berlin 1931. Einleitende Übersicht, S. 9; ferner dessen Faraday Lecture, Journ. Chem. Soc. 1932, S. 349, insbes. S. 367 u. 368.

[2] Für eine nähere Diskussion vgl. N. F. MOTT, Proc. Roy. Soc. London (A) Bd. 124, S. 425. 1929; C. G. DARWIN, ebenda Bd. 130, S. 632. 1930; ferner den Bericht über den Solvay-Kongreß 1930, Referat W. PAULI über das magnetische Elektron.

[3] N. F. MOTT, Proc. Roy. Soc. London (A) Bd. 124, S. 425. 1929.

[4] Vgl. A. LANDÉ, Naturwissensch. Bd. 17, S. 634. 1929; E. FUES u. H. HELLMANN, Phys. ZS. Bd. 31, S. 465. 1930; N. F. MOTT, Proc. Roy. Soc. London (A) Bd. 125, S. 222. 1929; ferner in den Anm. 2 zitierten Solvay-Bericht.

[5] O. KLEIN, ZS. f. Phys. Bd. 53, S. 157. 1929.

Betrachten wir zunächst die klassische Theorie bei Vorhandensein von äußeren Kräften, so sehen wir, daß die partielle Differentialgleichung (106) von HAMILTON-JACOBI auch hier die beiden Lösungen

$$\pi_0 = +\sqrt{m^2 c^2 + \sum_k \pi_k^2}$$

und

$$\pi_0 = -\sqrt{m^2 c^2 + \sum_k \pi_k^2}$$

zuläßt. Der letztere Fall entspricht einer negativen kinetischen Energie des Teilchens und der Hamiltonfunktion

$$H = -c\sqrt{m^2 c^2 + \sum_k \left(p_k + \frac{e}{c}\,\Phi_k\right)^2} - e\,\Phi_0. \tag{98'}$$

Die Bewegungsgleichung erhält man aus (100) ebenfalls durch Änderung des Vorzeichens der Quadratwurzel, so daß bei unverändertem $\dot{\pi}_k$ hier gilt

$$\dot{x}_k = -\frac{c\,\pi_k}{\sqrt{m^2 c^2 + \sum_k \pi_k^2}}. \tag{100'}$$

In diesem Fall ist also die Beschleunigung der Kraft entgegengesetzt gerichtet. Die Gebiete, die einem bestimmten Wert der Gesamtenergie (kinetische plus potentielle) nach (98) (positive kinetische Energie) entsprechen, und die Gebiete, die *demselben* Wert der Gesamtenergie nach (98′) (negative kinetische Energie) entsprechen, sind räumlich stets durch endliche Zwischengebiete vollständig getrennt.

Gehen wir nun zur Wellenmechanik über und betrachten den speziellen Fall eines eindimensionalen elektrischen Feldes ($\Phi_k = 0$, Φ_0 nur von x abhängig) und eine nur von x abhängige Wellenfunktion (Bewegung in der x-Richtung); es möge ferner Φ_0 mit wachsendem x stetig abnehmen. Bei gegebener Gesamtenergie E hat man dann drei Gebiete zu unterscheiden:

1. $x < a, \qquad m c^2 < E + e\,\Phi_0(x),$
2. $a < x < b, \qquad -m c^2 < E + e\,\Phi_0(x) < m c^2,$
3. $b < x, \qquad E + e\,\Phi_0 < -m c^2.$

Der Punkt $x = a$ entspricht dem Umkehrpunkt der im Gebiet 1 verlaufenden klassischen Bahn eines Teilchens mit positiver kinetischer Energie, der weiter rechts liegende Punkt $x = b$ dem Umkehrpunkt der im Gebiet 3 verlaufenden Bahn eines Teilchens mit negativer kinetischer Energie und demselben Wert E der Gesamtenergie. Das Gebiet 2 ist klassisch unerreichbar, es wird der Impuls

$$p(x) = \sqrt{\frac{[E + e\,\Phi_0(x)]^2}{c^2} - m^2 c^2} \tag{107}$$

dort imaginär.

In der Wellenmechanik ist dieses Zwischengebiet jedoch nicht völlig undurchdringlich. Der Durchlässigkeitskoeffizient D ist unter sehr allgemeinen Bedingungen gegeben durch

$$D = e^{-2W}, \tag{108}$$

wenn

$$W = \frac{1}{\hbar}\int_a^b |p(x)|\,dx = \frac{1}{\hbar}\int_a^b \sqrt{m^2 c^2 - \left[\frac{E + e\,\Phi_0(x)}{c}\right]^2}\,dx \tag{109}$$

das durch $\hbar$ dividierte, über das Zwischengebiet erstreckte Wirkungsintegral bedeutet[1]. Dabei ist erstens vorausgesetzt, daß W eine sehr kleine Zahl ist, was praktisch stets erfüllt ist, und zweitens, daß das Potential Φ_0 stetig ist. Die ursprüngliche Rechnung von KLEIN bezieht sich auf den singulären Fall, wo $\Phi_0(x)$ an einer Stelle unstetig springt, so daß das Gebiet 2 auf einen einzigen Punkt der x-Achse zusammengedrängt ist. In diesem Fall, der der direkten Integration der Wellengleichung leicht zugänglich ist, versagt die Relation (108).

Die DIRACsche Theorie führt also zur Konsequenz, daß Teilchen mit positiver Ruhmasse mit endlicher Wahrscheinlichkeit durch das Zwischengebiet hindurchtreten und sich in Teilchen mit negativer Ruhmasse (unter Wahrung des Wertes der Summe aus kinetischer und potentieller Energie) verwandeln können. Offenbar widerspricht diese Konsequenz der Theorie der Erfahrung, und es fragt sich nun, wie hierzu Stellung zu nehmen ist. Zunächst ist es allerdings richtig, daß bei allen praktisch herstellbaren Feldstärken die Wahrscheinlichkeit der katastrophalen Übergänge ungeheuer klein ist. Da es sich hier aber um eine prinzipielle Frage handelt, muß jedoch wohl nicht nur die Kleinheit, sondern das exakte Verschwinden dieser Übergänge in einer richtigen Theorie gefordert werden. Für Feldstärken, bei denen das Integral in W in (109) Werte von der Größenordnung 1 erhält, würden die das Feld erzeugenden Atome nicht mehr stabil existenzfähig sein. Deshalb ist es von Interesse, ohne Einführung des Begriffes eines äußeren phänomenologisch gegebenen elektrischen Feldes zu untersuchen, bei welchen Wechselwirkungen von Elementarteilchen oder von Elementarteilchen mit Strahlung Übergänge von Zuständen positiver Energie zu Zuständen negativer Energie nach der Theorie auftreten könnten.

In dem einfachsten Fall, daß *zwei* Teilchen zusammenwirken, und zwar entweder beim Stoß zweier geladener Massenteilchen oder bei der Streuung eines Lichtquants an einem freien Massenteilchen, folgt schon aus dem Erhaltungssatz von Energie und Impuls allein, daß keine Übergänge zu Zuständen negativer Energie auftreten können. Dies kann wie folgt abgeleitet werden. Es seien $(E, \vec{P})$, $(E', \vec{P}')$ Energie und Impuls des *einen*, $(E_1, \vec{P}_1)$, $(E', \vec{P}'_1)$ Energie und Impuls des anderen Teilchens vor und nach dem Stoß, so daß gilt

$$\frac{E^2}{c^2} - \vec{P}^2 = \frac{E'^2}{c^2} - \vec{P}'^2 = m^2c^2; \quad \frac{E_1^2}{c^2} - \vec{P}_1^2 = \frac{E_1'^2}{c^2} - \vec{P}_1'^2 = m_1^2c^2$$

$$E + E_1 = E' + E'_1; \quad \vec{P} + \vec{P}_1 = \vec{P}' + \vec{P}'_1.$$

Daraus folgt durch Quadrieren der letzten beiden Gleichungen

$$\frac{E E_1}{c^2} - (\vec{P}\vec{P}_1) = \frac{E'E'_1}{c^2} - (\vec{P}'\vec{P}'_1)$$

oder

$$\frac{E E_1}{c^2}\left(1 - \frac{c^2(\vec{P}\vec{P}_1)}{E E_1}\right) = \frac{E'E'_1}{c^2}\left(1 - \frac{c^2(\vec{P}'\vec{P}'_1)}{E'E'_1}\right).$$

Nun sind die Klammern immer positiv, da wir voraussetzen, daß mindestens eines der Teilchen ein Materieteilchen ist, und für dieses gilt $\frac{c^2|P|}{|E|} < 1$ und $\frac{c^2|P'|}{|E'|} < 1$, während für das zweite $\frac{c^2|P_1|}{E_1} < 1$ oder $\frac{c^2|P_1|}{E_1} = 1$, je nachdem $m_1 > 0$ (Materieteilchen), oder $m_1 = 0$ (Lichtquant). Also muß $E' E'_1$ dasselbe Vor-

[1] Vgl. W. PAULI, l. c. Anm. 1, S. 241; für spezielle Potentialverläufe F. SAUTER, ZS. f. Phys. Bd. 69, S. 742. 1931; Bd. 73, S. 547. 1931. Für ein homogenes Feld der Stärke F wird $W = \frac{\pi}{2} \frac{m^2c^3}{\hbar e F}$.

zeichen haben wie $E E_1$, also nach Voraussetzung das positive. Nach dem Energiesatz können ferner E', E'_1 nicht beide negativ sein, wenn E, E_1 beide positiv sind, also folgt das positive Zeichen von E' und E'_1 einzeln[1].

Diese Überlegung hat aber keine prinzipielle Bedeutung, da bei der Wechselwirkung von mehr als zwei Teilchen die katastrophalen Übergänge zu Zuständen negativer Energie auf Grund der Erhaltungssätze bereits möglich sind. Es kommen folgende Arten von Prozessen in Betracht: 1. Drei geladene Teilchen stoßen zusammen, und eines (oder mehrere) von ihnen geht strahlungslos in einen Zustand negativer Energie über. Man kann auch zwei der Teilchen, nämlich ein Elektron und ein Proton, ursprünglich im gebundenen Zustand (H-Atom) annehmen und ein weiteres schnelles Elektron auf dieses stoßen lassen. Für solche Prozesse liegen noch keine quantitativen Berechnungen vor, aber es ist kein Zweifel, daß auf Grund der bisherigen Theorien diese Übergänge tatsächlich auftreten müssen. 2. Zwei Massenteilchen bei ihrer Wechselwirkung, z. B. ein H-Atom, emittieren spontan ein Lichtquant, und das System der zwei Teilchen bleibt in einem Zustand negativer Energie zurück. Es existiert auch hier neben der spontanen eine induzierte Lichtemission, die eintritt, wenn anfangs bereits ein Lichtquant mit derselben Frequenz wie das emittierte vorhanden ist[2]. Nach einer Abschätzung von OPPENHEIMER[3] wäre die Lebensdauer des H-Atoms im Grundzustand nach der Theorie nur 10^{-10} sec. 3. Die Streuung eines Lichtquants durch zwei in Wechselwirkung befindliche Massenteilchen (z. B. H-Atom) unter Übergang des Systems in einen Zustand negativer Energie. 4. Die spontane Emission von zwei Lichtquanten eines freien Elektrons, wobei dieses in einen Zustand mit negativer Ruhmasse übergeht[4]. Bei den letzteren Prozessen wird die Strahlungstheorie in höherer Näherung verwendet als bei der Herleitung der *Klein-Nishina*-Formel, während dies bei den früher erwähnten Prozessen nicht der Fall ist.

Ein Versuch, die Theorie in ihrer bisherigen Form zu retten, scheint angesichts dieser Folgerungen von vornherein aussichtslos; andrerseits ist es schwierig, vorauszusagen, mit welcher quantitativen Genauigkeit die Resultate der bisherigen Theorie in einer zukünftigen, korrekten Theorie näherungsweise bestehen bleiben werden. Die bisher vorgeschlagenen Versuche zu einer Modifikation der Theorie können nämlich kaum als befriedigend angesehen werden. Zunächst hat DIRAC[5] selbst einen solchen Versuch unternommen. Er denkt sich den leeren Raum so beschrieben, daß alle Elektronenzustände negativer Energie durch je ein Elektron besetzt sind. Infolge des Ausschließungsprinzips ist dieser

[1] Für die spontane Emission *eines* Lichtquants durch ein Elektron unter Übergang in einen Zustand negativer Energie wäre in den Formeln $E_1 = P_1 = 0$ zu setzen. Also folgte das Verschwinden der rechten Seite der letzten Gleichung. Dieses ist aber nur möglich, wenn $E'_1 = P'_1 = 0$, d. h. der betrachtete Übergang ist unmöglich. Er erfordert die Emission von mindestens *zwei* Lichtquanten.

[2] Manche Autoren bevorzugen die Diskussion des letzteren Vorganges, da hierfür bei der korrespondenzmäßigen Behandlung (Abschn. A, Ziff. 16) die erst durch die Lichtquantentheorie gerechtfertigte Vorschrift II (S. 129) nicht benötigt wird. Die Verbindung zwischen spontaner und induzierter Emission sowie zwischen korrespondenzmäßiger und Lichtquantentheorie scheint uns jedoch eine sehr enge zu sein, so daß es unzweckmäßig sein dürfte, an dieser Stelle eine prinzipielle Unterscheidung einzuführen.

[3] J. R. OPPENHEIMER, Phys. Rev. Bd. 35, S. 939. 1930.

[4] Die Häufigkeit dieser Prozesse ist berechnet bei J. R. OPPENHEIMER, l. c., und P. A. M. DIRAC, Proc. Cambridge Phil. Soc. Bd. 26, S. 361. 1930. DIRAC bevorzugt aus dem in Anm. 2 angegebenen Grund die Diskussion derjenigen induzierten Emission, bei der anfangs zwei Lichtquanten anwesend sind, deren Frequenzen mit denen der emittierten Quanten übereinstimmen.

[5] P. A. M. DIRAC, Proc. Roy. Soc. London (A) Bd. 126, S. 360. 1931; vgl. auch ebenda Bd. 133, S. 60. 1931.

Zustand ein stabiler. Ferner wird die Zusatzannahme eingeführt, daß die unendliche Ladung dieser Elektronen kein Feld erzeugt, sondern nur dasjenige elektrostatische Feld existiert, das von Abweichungen der Besetzung der Zustände von dieser Normalbesetzung herrührt. In diesem Fall verhalten sich die unbesetzten Zustände negativer Energie sowohl hinsichtlich des von ihnen erzeugten Feldes als auch hinsichtlich ihres Verhaltens in einem äußeren Feld wie Teilchen mit der Ladung $+e$ und positiver Masse. Der Identifizierung dieser „Löcher" mit den Protonen steht jedoch entgegen, daß erstens die Masse der Teilchen der der Elektronen exakt gleich sein müßte, und daß zweitens eine Zerstrahlung von Elektron und Proton (z. B. des H-Atoms) nach dieser Theorie sehr häufig vorkommen müßte. Neuerdings versuchte DIRAC deshalb den bereits von OPPENHEIMER diskutierten Ausweg, die Löcher mit Antielektronen, Teilchen der Ladung $+e$ und der Elektronenmasse, zu indentifizieren. Ebenso müßte es dann neben den Protonen noch Antiprotonen geben. Das tatsächliche Fehlen solcher Teilchen wird dann auf einen speziellen Anfangszustand zurückgeführt, bei dem eben nur die eine Teilchensorte vorhanden ist. Dies erscheint schon deshalb unbefriedigend, weil die Naturgesetze in dieser Theorie in bezug auf Elektronen und Antielektronen exakt symmetrisch sind. Sodann müßten jedoch (um die Erhaltungssätze von Energie und Impuls zu befriedigen mindestens zwei) γ-Strahl-Protonen sich von selbst in ein Elektron und ein Antielektron umsetzen können. Wir glauben also nicht, daß dieser Ausweg ernstlich in Betracht gezogen werden kann.

Eine andere Modifikation der Theorie wurde von SCHRÖDINGER[1] versucht. Er schlägt vor, die Differenz $-e\Phi_0 + e\sum \alpha^k \Phi_k$ des Hamiltonoperators im Fall von äußeren Kräften und im kräftefreien Fall so abzuändern, daß nur der gerade Bestandteil des Operators (s. Ziff. 2c) beibehalten wird. Bei einem Wellenpaket als Anfangszustand, welches, nach Eigenfunktionen der kräftefreien Gleichung zerlegt, nur Zustände mit positiver Energie enthält, behält dieses dann diese Eigenschaft stets bei, so daß Übergänge nach Zuständen negativer Energie nicht vorkommen könnten. Da jedoch die relativistische und die Eichinvarianz der Theorie bei diesem Eingriff verlorengehen, hat SCHRÖDINGER selbst diesen Weg wieder verlassen. Ferner würde bei dieser Modifikation der Theorie sich ein Widerspruch ergeben zur THOMSONschen Formel der klassischen Theorie für die Streuung langwelligen Lichtes durch freie Elektronen.

Es scheint also, daß die hier vorliegende Schwierigkeit eine wirklich tiefgehende ist, die weder weggeleugnet noch in einfacher Weise behoben werden kann. In dieser Verbindung kommen wir auf die Kritik des Begriffes der Wahrscheinlichkeit des Elektronenortes oder des Elektronenimpulses zu einem scharf definierten Zeitpunkt zurück. In Abschn. A, Ziff. 2, wurde bereits darauf hingewiesen, daß, wie von LANDAU und PEIERLS[2] gezeigt, eine *direkte* Messung des Elektronenortes nur mit der Genauigkeit

$$\Delta x \sim \frac{h}{mc}\sqrt{1-\frac{b^2}{c^2}} = \frac{hc}{E}\,{}^* \tag{110}$$

und für das Zeitintervall

$$\Delta t \sim \frac{1}{c}\Delta x, \tag{111}$$

eine Impulsmessung im Zeitintervall Δt nur mit der Genauigkeit

$$\Delta p \sim \frac{h}{c\,\Delta t} \tag{112}$$

[1] E. SCHRÖDINGER, Berl. Ber. 1931, S. 63.

[2] L. LANDAU u. R. PEIERLS, ZS. f. Phys. Bd. 69, S. 56. 1931.

* Man sieht hieraus übrigens, daß eine universelle kleinste Länge *sicher nicht* existieren kann, wie dies auch aus Gründen der relativistischen Invarianz hervorgeht.

möglich ist. Von vornherein wäre allerdings eine widerspruchsfreie Theorie denkbar, die auch nicht direkt beobachtbare Größen als Hilfsmittel benützt. *Eben der Umstand aber, daß in der* DIRAC*schen Theorie die Schwierigkeit der Zustände negativer Energie auftritt, ist nach unserer Meinung ein Hinweis dafür, daß diese Begrenzungen der Messungsmöglichkeiten in dem Formalismus einer künftigen Theorie mehr direkt zum Ausdruck kommen werden und daß mit einer solchen Theorie wesentliche und tiefgreifende Änderungen der Grundbegriffe und des Formalismus der jetzigen Quantentheorie verbunden sein werden*[1]. Die Beschränkung der Ort-Zeitmessung an einem Teilchen, die durch (110) und (111) formuliert wird, ist nämlich von solcher Art, daß die Oszillationen des Mittelpunktes und des Gesamtstromes in den (aus Zuständen positiver *und* negativer Energie zusammengesetzten) kräftefreien Wellenpaketen, wie sie in Gl. (54) und (57) beschrieben wurden, unbeobachtbar sind. Die künftige Theorie wird aber zugleich auch, wie dies BOHR[2] besonders nachdrücklich fordert, eine Verbindung herstellen müssen zwischen der Atomistik der elektrischen Ladung und der Existenz des Wirkungsquantums und damit auch zum Problem der Stabilität des Elektrons und des Massenverhältnisses von Elektron und Proton.

6. Quantelung der freien Strahlung. *a) Klassische Theorie.* Bekanntlich haben die Eigenschwingungen eines würfelförmigen Hohlraumes mit der Kante l und dem Volumen $V = l^3$ und vollkommen spiegelnden Wänden folgende Eigenschaften: Die Komponenten k_i des Ausbreitungsvektors der Welle, dessen Betrag 2π dividiert durch die Wellenlänge beträgt, haben die Eigenwerte

$$k_i = 2\pi \frac{s_i}{2l}, \qquad s_1, s_2, s_3 = 1, 2, 3, \ldots$$

worin die ganzen Zahlen s_i auf positive Werte zu beschränken sind, da es sich um stehende Wellen handelt. Die Anzahl dN der Eigenschwingungen, deren k_i zwischen k_i und $k_i + dk_i$ liegen, ist dann

$$dN = V \cdot 2 \cdot 8 \cdot \frac{1}{(2\pi)^3} dk_1 dk_2 dk_3,$$

wobei der erste Faktor 2 den beiden Polarisationsrichtungen der Wellen Rechnung trägt, während der zweite Faktor 8 von dem Umstand herrührt, daß man sich bei stehenden Wellen auf den positiven Oktanten im k-Raum zu beschränken hat.

Für das Folgende ist es indessen bequemer, mit fortschreitenden Wellen zu operieren. Man erhält dieselbe Gesamtzahl der Eigenschwingungen eines bestimmten Frequenzintervalles, wenn man dem Feld folgende Bedingung auferlegt: *Das Feld soll in jeder der drei Raumkoordinaten periodisch sein mit der Periode l.* Die Eigenwerte von k_i sind dann

$$k_i = 2\pi \frac{s_i}{l} \quad \text{mit} \quad s_i = 0, \pm 1, \pm 2, \ldots \tag{113}$$

und können jetzt positiv und negativ sein, die Anzahl der Eigenschwingungen zwischen k_i und $k_i + dk_i$ wird

$$dN = V \cdot 2 \frac{1}{(2\pi)^3} dk_1 dk_2 dk_3, \tag{114}$$

wobei aber nunmehr der ganze k-Raum, nicht nur der positive Oktant ausgenutzt wird. Die elektrische und magnetische Feldstärke $\vec{E}(k, x)$ und $\vec{H}(k, x)$ der nach $\vec{k}$ fortschreitenden Welle können zweckmäßigerweise unter Einführung

---

[1] Einen ähnlichen Standpunkt vertritt jetzt E. SCHRÖDINGER, Berl. Ber. 1931, S. 238.

[2] N. BOHR, Faraday Lecture. Journ. Chem. Soc. 1932, S. 349.

eines einzigen *komplexen Feldstärkevektors* $\vec{F}(k)$ in folgender Weise geschrieben werden

$$\vec{E}(k, x) = \vec{F}(k)\, e^{i(\vec{k}\vec{x})} + \vec{F}^*(k)\, e^{-i(\vec{k}\vec{x})}, \tag{115}$$

$$\vec{H}(k, x) = \left[\frac{\vec{k}}{|k|}, E(k, x)\right]. \tag{116}$$

Hierbei gilt die Transversalitätsbedingung

$$(\vec{k}\vec{E}(k, x)) = (\vec{k}\vec{H}(k, x)) = 0, \tag{117}$$

also auch

$$(\vec{k}\vec{F}) = 0, \qquad (\vec{k}\vec{F}^*) = 0. \tag{118}$$

Zwischen $\vec{F}(k)$, $\vec{F}(-k)$ und ihren konjugiert komplexen Werten bestehen sonst keine Beziehungen. Die Zerlegung von $\vec{E}(k, x)$ ist so vorgenommen, daß die Zeitabhängigkeit von F für alle k-Werte durch den Faktor $e^{-i\nu t}$, die von F^* durch den Faktor $e^{+i\nu t}$ gegeben ist:

$$\vec{F}(k, t) = \vec{F}(k, 0)\, e^{-i\nu t}; \qquad \vec{F}^*(k, t) = \vec{F}^*(k, 0)\, e^{+i\nu t}, \tag{119}$$

worin ν die stets positive Zahl

$$\nu = c\,|k| \tag{120}$$

bedeutet. Es gelten daher für $\vec{F}$ und $\vec{F}^*$ die Differentialgleichungen

$$\frac{d\vec{F}}{dt} = -ic|k|\vec{F}, \qquad \frac{d\vec{F}^*}{dt} = +ic|k|\vec{F}^*. \tag{119'}$$

Bei Ersatz von $\vec{k}$ durch $-\vec{k}$ in (115) und (116) erhält man die Feldstärken der in der entgegengesetzten Richtung fortschreitenden Welle.

Neben der Zerlegung der Feldstärke $\vec{E}(k, x)$ in zwei Teile mit den Zeitfaktoren $e^{-i\nu t}$ bzw. $e^{+i\nu t}$ für jedes k ist es oft noch zweckmäßig, die gesamte Feldstärke räumlich nach FOURIER zu zerlegen gemäß

$$\vec{E}(k,x) + \vec{E}(-k, x) = \vec{E}(k)\, e^{i(\vec{k}\vec{x})} + \vec{E}(-k)\, e^{-i(\vec{k}\vec{x})}; \qquad \vec{E}(-k) = \vec{E}^*(k), \tag{120a}$$

$$\vec{H}(k,x) + \vec{H}(-k, x) = \vec{H}(k)\, e^{i(\vec{k}\vec{x})} + \vec{H}(-k)\, e^{-i(\vec{k}\vec{x})}; \qquad \vec{H}(-k) = \vec{H}^*(k). \tag{120b}$$

Es ist dann, wie durch Vergleich mit (115), (116) ersichtlich,

$$\vec{E}(k) = \vec{F}(k) + \vec{F}^*(-k), \qquad \vec{H}(k) = \left[\frac{\vec{k}}{|k|}, \vec{F}(k) - \vec{F}^*(-k)\right], \tag{121}$$

woraus rückwärts folgt

$$\vec{F}(k) = \frac{1}{2}\left\{\vec{E}(k) - \left[\frac{\vec{k}}{|k|}, \vec{H}(k)\right]\right\}, \qquad \vec{F}^*(-k) = \frac{1}{2}\left\{\vec{E}(k) + \left[\frac{\vec{k}}{|k|}, \vec{H}(k)\right]\right\}. \tag{122}$$

Die Relationen (118), (119), (121) sind ein vollständiger Ausdruck für die MAXWELLschen Gleichungen. Kennt man zu einem bestimmten Zeitpunkt $\vec{E}(k, x)$ und $\vec{E}(-k, x)$ einzeln, so ist $\vec{H}(k, x)$ bereits mitbestimmt, dagegen folgt aus $\vec{E}(k)$ und $\vec{E}(-k)$ in diesem Zeitpunkt der Wert von $\vec{H}(k)$ noch nicht.

Die Energie $E(k)$ der in der Richtung von k fortschreitenden Welle ist mit Rücksicht auf $\vec{H}^2(k, x) = \vec{E}^2(k, x)$

$$E(k) = \tfrac{1}{2}\int [\vec{E}^2(k, x) + \vec{H}^2(k, x)]\, dV = 2(\vec{F}(k)\vec{F}^*(k))\, V. \tag{123}$$

Der Impuls

$$\vec{P}(k) = \int \frac{1}{2} [\vec{E}(k, x), \vec{H}(k, x)] dV = \frac{\vec{k}}{c|k|} \int \vec{E}^2(k, x) dV = \frac{\vec{k}}{c|k|} 2\vec{F}(k)\vec{F}^*(k) V. \quad (124)$$

Man kann nun weiter $\vec{F}(k)$, $\vec{F}^*(k)$ und damit auch $\vec{E}$ und $\vec{H}$ noch in zwei polarisierte Eigenschwingungen zerlegen. Man setze

$$\left.\begin{aligned} \vec{F}(k) &= \sum_{\lambda=1,2} \vec{\varepsilon}(\lambda, \vec{k}) A(\lambda, \vec{k}) = \sum_{\lambda=1,2} \vec{\varepsilon}(\lambda, \vec{k}) B(\lambda, \vec{k}) e^{-i\nu t}, \\ \vec{F}^*(k) &= \sum_{\lambda=1,2} \vec{\varepsilon}^*(\lambda, \vec{k}) A^*(\lambda, \vec{k}) = \sum \vec{\varepsilon}^*(\lambda, \vec{k}) B^*(\lambda, \vec{k}) e^{i\nu t}, \end{aligned}\right\} \quad (125)$$

worin erstens gemäß (119) für beide λ-Werte

$$(\varepsilon(\lambda, k)\vec{k}) = 0, \quad \text{also auch} \quad (\vec{\varepsilon}^* \vec{k}) = 0$$

und zweitens

$$\left.\begin{aligned} (\vec{\varepsilon}(1, k)\vec{\varepsilon}^*(2, k)) &= (\vec{\varepsilon}^*(1, k)\vec{\varepsilon}(2, k)) = 0, \\ (\vec{\varepsilon}(1, k)\vec{\varepsilon}^*(1, k)) &= (\vec{\varepsilon}(2, k)\vec{\varepsilon}^*(2, k)) = 1. \end{aligned}\right\} \quad (126)$$

D. h. die $\vec{\varepsilon}(1, k)$, $\vec{\varepsilon}(2, k)$ sind zueinander und zu k orthogonale, im allgemeinen komplexe Einheitsvektoren. Dies hat nämlich zur Folge, daß nach (122) die Energie $E(k)$ sich additiv zerlegt in

$$E(k) = 2[A(1, k)\, A^*(1, k) + A(2, k)\, A^*(2, k)] \cdot V. \quad (126')$$

Sind speziell die drei Komponenten der ε, abgesehen von einem evtl. gemeinsamen Phasenfaktor, reelle Zahlen, so handelt es sich um linear polarisierte Eigenschwingungen.

Anstatt die *Summe* der Feldstärken, die den verschiedenen Eigenwerten $\vec{k}_r$ von $\vec{k}$ entsprechen, zu betrachten, ist es oft auch zweckmäßig, zum Limes $V \to \infty$ überzugehen, wobei dann die Periodizitätsbedingung fortfällt und man es mit kontinuierlich variierenden $\vec{k}$, also Fourier*integralen* zu tun hat. Wir haben dann[1]

$$\vec{E}(x) = \frac{1}{(2\pi)^{\frac{3}{2}}} \int \vec{E}(k)\, e^{i\vec{k}\vec{x}}\, dk^{(3)}, \qquad \vec{E}(k) = \frac{1}{(2\pi)^{\frac{3}{2}}} \int \vec{E}(x)\, e^{-i\vec{k}\vec{x}}\, dx^{(3)} \quad (127)$$

ebenso für $\vec{H}(x)$ und $\vec{F}(x)$, wobei der Zusammenhang von $\vec{E}(k)$, $\vec{H}(k)$, $\vec{F}(k)$ derselbe bleibt, wie in (118a), (118b) angegeben. Gesamtenergie und Gesamtimpuls des Wellenpaketes sind dann gegeben durch

$$E = \tfrac{1}{2} \int (\vec{E}^2 + \vec{H}^2)\, dx^{(3)} = 2 \int \vec{F}^*(k)\, \vec{F}(k)\, dk^{(3)}, \quad (128)$$

$$\vec{P} = \int \frac{1}{c} [\vec{E}, \vec{H}]\, dx^{(3)} = \frac{2}{c} \int \frac{\vec{k}}{|k|}\, \vec{F}^*(k)\, \vec{F}(k)\, dk^{(3)}. \quad (129)$$

Ebenso gewinnt man für den Drehimpuls D mit den Komponenten $D_{ij} = -D_{ji}$ durch partielle Integration mit Rücksicht auf die Transversalitätsbedingung (119) den Ausdruck[2]

$$\left.\begin{aligned} D_{ij} &= \frac{1}{c} \int [\vec{x}\,[\vec{E}\vec{H}]]_{ij}\, dx^{(3)} = \frac{2i}{c} \int \frac{1}{|k|} \sum_{\alpha=1}^{3} \left(F_\alpha^* \frac{\partial F_\alpha}{\partial k_i} k_j - F_\alpha^* \frac{\partial F_\alpha}{\partial k_j} k_i \right) dk^{(3)} \\ &\quad + \frac{2i}{c} \int \frac{1}{|k|} (F_j^* F_i - F_i^* F_j)\, dk^{(3)}. \end{aligned}\right\} \quad (130)$$

---

[1] Wir schreiben $dk^{(3)}$ als Abkürzung für $dk_1\, dk_2\, dk_3$ ebenso $dx^{(3)}$ als Abkürzung für $dx_1\, dx_2\, dx_3$.

[2] Vgl. C. G. DARWIN, Proc. Roy. Soc. London (A) Bd. 136, S. 36. 1932.

Wir werden später sehen, daß diese Teilung des Drehimpulses in zwei Teile in gewisser Hinsicht analog zu derjenigen des Elektrons in Bahn- und Spinmoment [vgl. (84)] ist.

b) Quantisierung. Wir kommen nun zu der Frage, wie die Quantisierung des Strahlungsfeldes vorzunehmen ist. Dabei geht man aus von der Analogie einer (polarisierten) Eigenschwingung mit einem harmonischen Oszillator. Aus den Erfahrungen über das Wärmegleichgewicht ist ja bekannt, daß die Energie einer solchen Eigenschwingung mit dem Wert $\vec{k}_r$ und dem Polarisationsindex λ ($= 1,2$) die diskreten Eigenwerte

$$E = N(\vec{k}, \lambda)\,\hbar\nu_r = N(\vec{k}, \lambda)\,\hbar c\,|k_r| \tag{131}$$

besitzt. Dabei ist bereits zum Ausdruck gebracht, daß verschiedenen Eigenschwingungen unabhängige Quantenzahlen zugeordnet werden müssen. An dieser Stelle sei gleich bemerkt, daß es konsequenter ist, eine Nullpunktsenergie von $\frac{1}{2}\hbar\nu_r$ pro Freiheitsgrad hier im Gegensatz zum materiellen Oszillator nicht einzuführen. Denn einerseits würde diese wegen der unendlichen Zahl der Freiheitsgrade zu einer unendlich großen Energie pro Volumeinheit führen, andererseits wäre diese prinzipiell unbeobachtbar, da sie weder emittiert, absorbiert oder gestreut wird, also nicht in Wände eingeschlossen werden kann, und da sie, wie aus der Erfahrung evident ist, auch kein Gravitationsfeld erzeugt.

Ebenso wie früher die Quantelungsmethode des Phasenintegrals auf die Eigenschwingungen des Strahlungshohlraumes angewendet wurde, muß jetzt die wellenmechanische angewendet werden. Sie hat übrigens den Vorteil, daß sie auch auf fortschreitende Wellen anwendbar ist. Offenbar muß nach (123) bis (126) nur ausgedrückt werden, daß die Energie

$$E_\lambda = 2VA_\lambda^* A_\lambda \tag{126'}$$

der polarisierten ($\lambda = 1,2$) fortschreitenden Welle die Eigenwerte $N\hbar\nu$ besitzt. Setzen wir

$$A_\lambda = \sqrt{\frac{\hbar\nu}{2V}}\,a_\lambda = \sqrt{\frac{\hbar c|k|}{2V}}\,a_\lambda; \qquad A_\lambda^* = \sqrt{\frac{\hbar\nu}{2V}}\,a_\lambda^* = \sqrt{\frac{\hbar c|k|}{2V}}\,a_\lambda^*, \tag{132}$$

so soll also

$$a^*(\lambda, \vec{k})\,a(\lambda, \vec{k}) = N(\lambda, \vec{k})$$

die Eigenwerte 0, 1, 2, ... erhalten. Dies ist der Fall, wenn die hermitesch konjugierten Größen $\boldsymbol{a}^*$ und $\boldsymbol{a}$ den Vertauschungsrelationen

$$\boldsymbol{a}(\lambda, \vec{k}_r)\,\boldsymbol{a}^*(\lambda', \vec{k}_s) - \boldsymbol{a}^*(\lambda', \vec{k}_s)\,\boldsymbol{a}(\lambda, \vec{k}_r) = \begin{cases} 0 & \text{für } \lambda \neq \lambda' \text{ oder } r \neq s, \\ 1 & \text{für } \lambda = \lambda', r = s \end{cases} \tag{133}$$

genügen, während

$$\boldsymbol{a}(\lambda, \vec{k}_r)\,\boldsymbol{a}(\lambda', \vec{k}_s) - \boldsymbol{a}(\lambda', \vec{k}_s)\,\boldsymbol{a}(\lambda, \vec{k}_r) = 0$$

und

$$\boldsymbol{a}^*(\lambda, \vec{k}_r)\,\boldsymbol{a}^*(\lambda', \vec{k}_s) - \boldsymbol{a}^*(\lambda', \vec{k}_s)\,\boldsymbol{a}^*(\lambda, \vec{k}_r) = 0. \tag{134}$$

[Vgl. Abschn. A, (340a) und (340a').] Die Nullpunktsenergie des Oszillators wird dadurch vermieden, *daß wir die Reihenfolge der Faktoren zu* (126') *so festgesetzt haben, daß A^* vor A steht.*

Der symmetrische Ausdruck

$$2V \cdot \frac{1}{2}(\boldsymbol{A}_\lambda^* \boldsymbol{A}_\lambda + \boldsymbol{A}_\lambda \boldsymbol{A}_\lambda^*) = \frac{\hbar\nu}{2} \cdot (\boldsymbol{a}_\lambda^* \boldsymbol{a}_\lambda + \boldsymbol{a}_\lambda \boldsymbol{a}_\lambda^*)$$

hätte die Eigenwerte $(N + \frac{1}{2})\hbar\nu$ des materiellen harmonischen Oszillators. In der Tat sind die hermiteschen Größen

$$\boldsymbol{p} = \sqrt{\frac{\hbar\nu}{2}}\,(\boldsymbol{a} + \boldsymbol{a}^*), \qquad \boldsymbol{q} = i\sqrt{\frac{\hbar}{2\nu}}\,(\boldsymbol{a} - \boldsymbol{a}^*)$$

oder

$$\boldsymbol{p} = \sqrt{V}\,(\boldsymbol{A} + \boldsymbol{A}^*), \qquad \boldsymbol{q} = \frac{i}{\nu}\sqrt{V}\,(\boldsymbol{A} - \boldsymbol{A}^*),$$

die den Vertauschungsrelationen

$$\boldsymbol{p}\boldsymbol{q} - \boldsymbol{q}\boldsymbol{p} = -i\hbar$$

genügen, analog zu Impuls und Energie eines Oszillators. Und auch der Ausdruck für die um die Nullpunktsenergie vermehrte Energie

$$\boldsymbol{E} + \frac{\hbar\nu}{2} = V(\boldsymbol{A}^*\boldsymbol{A} + \boldsymbol{A}\boldsymbol{A}^*) = \frac{1}{2}\,(\boldsymbol{p}^2 + \nu^2\boldsymbol{q}^2)$$

nimmt dann dieselbe Form an, wie die eines harmonischen Oszillators mit der Masse 1 und der Kreisfrequenz ν. Im folgenden ist es jedoch bequemer, direkt mit den Größen a und a^* bzw. A und A^*, statt mit den p, q zu rechnen. Die Gleichungen

$$\dot{\boldsymbol{a}}(\lambda, \vec{k}) = -ic\,|k|\,\boldsymbol{a}(\lambda, \vec{k}); \qquad \dot{\boldsymbol{a}}^*(\lambda, \vec{k}) = +ic\,|k|\,\boldsymbol{a}^*(\lambda, \vec{k})$$

können mittels des Hamiltonoperators

$$\boldsymbol{H} = \sum_{\lambda}\sum_{\vec{k}_r} 2V\boldsymbol{A}^*(\lambda, \vec{k}_r)\,\boldsymbol{A}(\lambda, \vec{k}_r) = \sum_{\lambda}\sum_{\vec{k}_r} \hbar c\,|k_r|\,\boldsymbol{a}^*(\lambda, \vec{k}_r)\,\boldsymbol{a}(\lambda, \vec{k}_r) \tag{135}$$

in der üblichen Form

$$\dot{\boldsymbol{a}}(\lambda, \vec{k}_r) = \frac{i}{\hbar}\,[\boldsymbol{H}, \boldsymbol{a}(\lambda, \vec{k}_r)]; \qquad \dot{\boldsymbol{a}}^*(\lambda, \vec{k}_r) = \frac{i}{\hbar}\,[\boldsymbol{H}, \boldsymbol{a}^*(\lambda, \vec{k}_r)] \tag{136}$$

geschrieben werden.

Auf eine Wellenfunktion $\varphi(N(k_r, \lambda))$ — oder kurz $\varphi(N)$, sobald es sich um eine einzige Eigenschwingung handelt — wirken die $\boldsymbol{a}$ und $\boldsymbol{a}^*$, als Operatoren aufgefaßt, in folgender Weise:

$$\boldsymbol{a}^*\varphi(N) = \sqrt{N}\,\varphi(N-1), \qquad \boldsymbol{a}\varphi(N) = \sqrt{N+1}\,\varphi(N+1); \tag{137}$$

oder in Matrizenform

$$a(N, N-1) = \sqrt{N}, \qquad a^*(N-1, N) = \sqrt{N}, \tag{138}$$

die übrigen Matrixelemente verschwinden.

Unter Einführung der Hilfsoperatoren $\boldsymbol{\Delta}^*$ und $\boldsymbol{\Delta}$, die der Bedingung

$$\boldsymbol{\Delta}^*\boldsymbol{\Delta} = 1$$

genügen, gemäß

$$\boldsymbol{a}^* = \sqrt{N}\,\boldsymbol{\Delta}^*, \qquad \boldsymbol{a} = \boldsymbol{\Delta}\sqrt{N}, \tag{139}$$

erhält man

$$\Delta\varphi(N) = \varphi(N+1), \qquad \Delta^*\varphi(N) = \varphi(N-1) \tag{140}$$

[vgl. hierzu Abschn. A, (342) bis (345)].

Durch die angegebene Quantelung des Strahlungsfeldes werden alle korpuskularen Eigenschaften des Lichtes bereits wiedergegeben. Z. B. ist der Eigenwert des Impulses einer fortschreitenden Welle nach (124) und (131)

$$\vec{P}(k) = N\hbar\vec{k}, \tag{131'}$$

sein Betrag also $\hbar\nu/c$. Schreibt man also einem Lichtquant oder Photon einen Impuls $\hbar\vec{k}$ und eine Energie $\hbar\nu$ zu, so kann die Quantenzahl $N(\lambda, \vec{k})$ gedeutet werden als die *Anzahl der Photonen mit gegebenem Impuls und gegebener Polarisation.* Auch die Schwankungen von Energie und Impuls der Strahlung in einem Teilvolumen werden durch den Formalismus der quantisierten Wellen richtig beschrieben, wie bereits in Abschn. A, Ziff. 15, erwähnt wurde. Einen klassisch mechanischen Bahnbegriff haben diese Photonen freilich nicht, *aber die quantisierten Wellen sind inhaltlich völlig äquivalent mit wellenmechanisch in ihrem Konfigurations- oder Impulsraum beschriebenen Teilchen* (Abschn. A, Ziff. 15 und die folgende Ziffer).

Bevor wir hierauf eingehen, müssen noch einige formale Eigenschaften der quantisierten Wellen besprochen werden. Zunächst soll kurz ausgeführt werden, wie die Funktionen der Lichtquantenzahlen sich umrechnen, wenn man von einer Polarisationsart zu einer anderen übergeht. Dies entspricht einer Umrechnung der Amplituden A in (125) gemäß

$$A'(\lambda) = \sum_{\lambda'=1,2} c(\lambda, \lambda') A(\lambda'),$$

worin c unitär ist

$$\sum c(\lambda, \lambda') c^*(\lambda'', \lambda') = \delta_{\lambda\lambda''} \qquad \text{also} \qquad c(2, 1) = -c^*(1, 2); \qquad c(2, 2) = c^*(1, 1).$$

Dem entspricht nämlich der Übergang von den Einheitsvektoren $\vec{\varepsilon}(1)$, $\vec{\varepsilon}(2)$ zu neuen Einheitsvektoren $\vec{\varepsilon}'(1)$, $\vec{\varepsilon}'(2)$ gemäß

$$\vec{\varepsilon}'(\lambda) = \sum_{\lambda'} c^*(\lambda', \lambda) \vec{\varepsilon}(\lambda'),$$

die wieder aufeinander orthogonal sind [Gleichung (126)]. Sind N_1', N_2' die Lichtquantenzahlen in bezug auf die Vektoren $\vec{\varepsilon}'(1)$, $\vec{\varepsilon}'(2)$ und $\varphi'(N_1', N_2')$ die zugehörigen Eigenfunktionen, so ist nach der allgemeinen Transformationstheorie [s. Abschn. A, Gleichung (151)] der Übergang von den alten Lichtquantenzahlen N_1, N_2 und den zugehörigen Eigenfunktionen $\varphi(N_1, N_2)$ zu den neuen durch die Relationen bestimmt

$$\varphi'(N_1', N_2') = \sum_{N_1 N_2} \varphi(N_1, N_2) S(N_1, N_2; N_1', N_2'),$$

wobei nach Abschn. A, Gleichung (157) und (164) für alle N_1, N_2, N_1', N_2' und $\lambda = 1{,}2$ gelten muß:

$$\sum_{\overline{N_1'}\,\overline{N_2'}} S(N_1, N_2; \overline{N_1'}, \overline{N_2'})\, A'(\lambda)\, (\overline{N_1'}, \overline{N_2'}; N_1', N_2')$$
$$= \sum_{\lambda'=1,2} c(\lambda, \lambda') \sum_{\overline{N_1}\,\overline{N_2}} A(\lambda')\, (N_1, N_2; \overline{N_1}, \overline{N_2})\, S(\overline{N_1}, \overline{N_2}; N_1', N_2').$$

Einsetzen der Werte (137) für die Matrixelemente der A [der konstante Faktor, der die $A(\lambda)$ von den $a(\lambda)$ unterscheidet, fällt ja fort] ergibt die Rekursionsformeln

$$S(N_1, N_2; N_1', N_2') \sqrt{N_1'} = c(1, 1) \sqrt{N_1}\, S(N_1 - 1, N_2; N_1' - 1, N_2')$$
$$+ c(1, 2) \sqrt{N_2}\, S(N_1, N_2 - 1; N_1' - 1, N_2'),$$

$$S(N_1, N_2; N_1', N_2') \sqrt{N_2'} = c(2, 1) \sqrt{N_1}\, S(N_1 - 1, N_2; N_1', N_2' - 1)$$
$$+ c(2, 2) \sqrt{N_2}\, S(N_1, N_2 - 1; N_1', N_2' - 1).$$

Man sieht leicht, daß die $S(N_1 N_2; N_1' N_2')$ nur dann von Null verschieden sind, wenn $N_1 + N_2 = N_1' + N_2' = N$. Da S unitär sein muß, gilt ferner offenbar $S(0, 0, 0, 0) = 1$. Für *ein* Lichtquant bekommt man aus (141) sogleich

$$S(1, 0; 1, 0) = c(1, 1), \qquad S(0, 1; 1, 0) = c(1, 2),$$
$$S(1, 0; 0, 1) = c(2, 1), \qquad S(0, 1; 0, 1) = c(2, 2),$$

also

$$\left.\begin{aligned} \varphi'(1, 0) &= \varphi(1, 0)\, c(1, 1) + \varphi(0, 1)\, c(1, 2), \\ \varphi'(0, 1) &= \varphi(1, 0)\, c(2, 1) + \varphi(0, 1)\, c(2, 2), \end{aligned}\right\} \tag{142}$$

d. h. die φ transformieren sich wie die $A(\lambda)$ selbst. Im allgemeinen Fall von N Lichtquanten ist der Übergang von den $N + 1$-Größen $\varphi(N_1, N - N_1)$ $(N_1 = 0, 1, \ldots, N)$ zu den $(N + 1)$-Größen $\varphi'(N_1', N - N_1')$ $(N' = 0, 1, \ldots, N)$ analog dem Übergang von den $(N + 1)$-Ausdrücken $\sqrt{\binom{N}{N_1}}\, A_{(1)}^{N_1} A_{(2)}^{N - N_1}$ zu den gestrichenen $\sqrt{\binom{N}{N_1'}}\, A'^{N_1'}_{(1)} A'^{N - N_1'}_{(2)}$. Denn beide Transformationen bestimmen eine irreduzible unitäre Darstellung vom Grad $N + 1$ der Gruppe der linearen unitären Transformationen zweier komplexen Variablen (vgl. Abschn. A, Ziff. 13).

Wir gehen weiter dazu über, die V.-R. der Komponenten der Vektoren $\vec{E}(k)$, $\vec{H}(k)$ und $\vec{F}(k)$ zuerst von einem bestimmten Eigenwert von $\vec{k}$ aufzustellen. Aus (132), (133), (134) folgt zunächst für die $\vec{F}(k)$ gemäß (125), (126) und den aus (124) und der Transversalitätsbedingung folgenden Relationen

$$\sum_{\lambda = 1, 2} \varepsilon_i(\lambda)\, \varepsilon_j^*(\lambda) = \delta_{ij} - \frac{k_i k_j}{|k|^2}, \tag{126a}$$

$$[\boldsymbol{F}_i(k), F_j(k')] = 0, \qquad [\boldsymbol{F}_i^*(k), \boldsymbol{F}_j^*(k')] = 0,$$

$$[\boldsymbol{F}_i(k), \boldsymbol{F}_j^*(k)] = [\boldsymbol{F}_j(k), \boldsymbol{F}_i^*(k)] = \frac{\hbar c |k|}{2V}\left(\delta_{ij} - \frac{k_i k_j}{|k|^2}\right). \tag{143}$$

Wir wollen hier indessen gleich zur Darstellung durch kontinuierliche Spektren übergehen. Dann ist mit dem Hamiltonoperator

$$\boldsymbol{H} = \int \hbar c\, |k| \sum_{\lambda = 1, 2} \boldsymbol{a}^*(\lambda, \vec{k})\, \boldsymbol{a}(\lambda, \vec{k})\, d k^{(3)}, \tag{135'}$$

damit (136) bestehen bleibt, an Stelle von (133) zu setzen

$$\boldsymbol{a}(\lambda, k)\, \boldsymbol{a}^*(\lambda', k') - \boldsymbol{a}^*(\lambda', k')\, \boldsymbol{a}(\lambda, k) = \delta_{\lambda\lambda'}\, \delta(\vec{k} - \vec{k}'),$$

worin der zweite δ-Faktor, die in Abschn. A, (145) eingeführte, durch

$$\int_V \delta(\vec{k})\, d k^{(3)} = \begin{cases} 0, & \text{wenn} \quad k = 0 \quad \text{außerhalb} \quad V_0, \\ 1, & \text{wenn} \quad k = 0 \quad \text{in} \quad V \end{cases}$$

definierte uneigentliche Funktion ist. Die Relationen (133) bleiben bestehen, ebenso die erste Zeile der Relationen (143), und an Stelle der zweiten Zeile von (143) tritt

$$[\boldsymbol{F}_i(k), \boldsymbol{F}_j^*(k')] = [\boldsymbol{F}_j(k'), \boldsymbol{F}_i^*(k')] = \frac{\hbar c |k|}{2}\left(\delta_{ij} - \frac{k_i k_j}{|k|^2}\right) \delta(\vec{k} - \vec{k}'). \tag{143'}$$

Die früher mit $N(\lambda, \vec{k})$ bezeichnete Quantenzahl geht beim Grenzübergang zum kontinuierlichen Spektrum allerdings in die uneigentliche Zahl $N(\lambda, \vec{k})\,\delta(k-k')$ über; man kann dann jedoch nach den Eigenwerten von

$$\int\limits_{K_0} \boldsymbol{a}^*(\lambda, k)\,\boldsymbol{a}(\lambda, k) = \boldsymbol{N}(\lambda, K_0) \qquad (\lambda = 1, 2) \tag{144a}$$

und

$$\int\limits_{K_0} 2\vec{\boldsymbol{F}}^*(k)\,\vec{\boldsymbol{F}}(k)\,dk^{(3)} = \boldsymbol{N}(1, k_0) + \boldsymbol{N}(2, K_0) \tag{146}$$

fragen. Diese sind ganze Zahlen, die Anzahlen der Lichtquanten in dem mit K_0 bezeichneten Intervall des k-Raumes, über das links integriert wird, und zwar bzw. mit bestimmter oder unbestimmter Polarisation. Natürlich gilt für die Summe zweier Intervalle K_1 und K_2 identisch $N(\lambda, K_1) + N(\lambda, K_2) = N(\lambda, K_1 + K_2)$.

Die Vertauschungsrelationen der Fourierkomponenten E_i und $H_{ik} = -H_{ki}$ der elektrischen und magnetischen Feldstärken (die Schreibweise der letzteren als schiefsymmetrischer Tensor ist die zweckmäßigere) ergeben sich aus den entsprechenden Relationen (143), (143'), für die F_i gemäß (121) zu

$$[\boldsymbol{E}_i(k), \boldsymbol{E}_j(k')] = 0, \qquad [\boldsymbol{H}_{ij}(k), \boldsymbol{H}_{kl}(k')] = 0, \tag{145$_1$}$$

$$[\boldsymbol{E}_i(k), \boldsymbol{H}_{jl}(k')] = \hbar c\,\delta(\vec{k} + \vec{k}')\,(\delta_{ij} k_l - \delta_{il} k_j)\,. \tag{145$_2$}$$

Man beachte, daß hier $\vec{k} + \vec{k}'$ als Argument der δ-Funktion auftritt und nicht $k - k'$, daß also die kritische Stelle $\vec{k} = -\vec{k}'$ ist, ferner daß die den Betrag von (k) enthaltenden Faktoren hier fortgefallen sind im Gegensatz zu den V.-R. für $\vec{F}$ und $\vec{F}^*$. Ferner sind die linken Seiten der Transversalitätsbedingungen (117), (118) mit allen Größen vertauschbar, wie es sein muß.

Dies erleichtert den Übergang zu den V.-R. für die als Raumfunktion geschriebenen Feldstärken.

$$\vec{\boldsymbol{E}}(x) = \frac{1}{(2\pi)^{\frac{3}{2}}}\int \vec{\boldsymbol{E}}(k)\,e^{i\vec{k}\vec{x}}\,dk^{(3)}, \qquad \vec{\boldsymbol{H}}(x) = \frac{1}{(2\pi)^{\frac{3}{2}}}\int \vec{\boldsymbol{H}}(k)\,e^{i\vec{k}\vec{x}}\,dk^{(3)},$$

$$\vec{\boldsymbol{F}}(x) = \frac{1}{(2\pi)^{\frac{3}{2}}}\int \vec{\boldsymbol{F}}(k)\,e^{i\vec{k}\vec{x}}\,dk^{(3)}, \qquad \vec{\boldsymbol{F}}^*(x) = \frac{1}{(2\pi)^{\frac{3}{2}}}\int \vec{\boldsymbol{F}}^*(k)\,e^{-i\vec{k}\vec{x}}\,dk^{(3)}.$$

Da wir formal setzen können

$$\frac{1}{(2\pi)^3}\int e^{i\vec{k}\vec{x}}\,dk^{(3)} = \delta(\vec{x})$$

(was einen eigentlichen Sinn erst nach Integration über ein endliches Gebiet des x-Raumes im Integranden der linken Seite erhält), also

$$\frac{1}{(2\pi)^3}\int k_i e^{i\vec{k}\vec{x}}\,dk^{(3)} = \frac{1}{i}\frac{\partial}{\partial x_i}\delta(x)\,,$$

so folgen zunächst für die Feldstärken die V.-R.[1]

$$[\boldsymbol{E}_i(x), \boldsymbol{E}_j(x')] = 0, \qquad [\boldsymbol{H}_{ij}(x), \boldsymbol{H}_{kl}(x')] = 0, \tag{146$_1$}$$

$$[\boldsymbol{E}_i(x)\,\boldsymbol{H}_{jl}(x')] = \frac{\hbar c}{i}\left(\delta_{ij}\frac{\partial}{\partial x_l} - \delta_{il}\frac{\partial}{\partial x_j}\right)\delta(\vec{x} - \vec{x}')\,.$$

[1] Diese Relationen finden sich zuerst in einer etwas anderen, vierdimensional geschriebenen Form bei P. JORDAN u. W. PAULI, ZS. f. Phys. Bd. 47, S. 151. 1927; in der hier verwendeten Form bei W. HEISENBERG u. W. PAULI, ebenda Bd. 56, S. 1. 1927, II. Kap. § 4 und 5.

Für eine entsprechende Formulierung der V.-R. für die Komponenten von $\vec{F}$ und $\vec{F}^*$ muß man erst einen Operator $\sqrt{-\Delta}$ und seinen inversen $1/\sqrt{-\Delta}$ definieren. Es sind lineare Operatoren, die den Funktionen $e^{i\vec{k}\vec{x}}$ die folgenden zuordnen

$$\sqrt{-\Delta}\, e^{i\vec{k}\vec{x}} = |k|\, e^{i\vec{k}\vec{x}}, \tag{147_1}$$

$$\frac{1}{\sqrt{-\Delta}}\, e^{i\vec{k}\vec{x}} = \frac{1}{|k|}\, e^{i\vec{k}\vec{x}}. \tag{147_2}$$

Man sieht leicht, daß die beiden Operatoren hermitesch sind. Die zweimalige Anwendung von $\sqrt{-\Delta}$ ergibt den negativen LAPLACEschen Operator $-\Delta$, woraus die Bezeichnungsweise sich erklärt. Hierdurch ist bereits implizit definiert, wie $\sqrt{-\Delta}$ und $1/\sqrt{-\Delta}$ auf eine beliebige Funktion $f(\vec{x})$ wirken. Man führt die Funktionen

$$D_{\frac{1}{2}}(\vec{x}) = \sqrt{-\Delta}\,\delta(\vec{x}) = \frac{1}{(2\pi)^3}\int |k|\, e^{i\vec{k}\vec{x}}\, dk^{(3)}, \tag{148_1}$$

$$D_{-\frac{1}{2}}(\vec{x}) = \frac{1}{\sqrt{-\Delta}}\,\delta(\vec{x}) = \frac{1}{(2\pi)^3}\int \frac{1}{|k|}\, e^{i\vec{k}\vec{x}}\, dk^{(3)} = \frac{1}{(2\pi)^2 r^2} \tag{148_2}$$

ein, von denen die erste eine uneigentliche Funktion ist, von der erst das Integral über ein endliches Gebiet im x-Raum existiert. Dann ist[1]

$$\sqrt{-\Delta}\, f(x) = \int f(\vec{x}')\, D_{\frac{1}{2}}(\vec{x} - \vec{x}')\, dx'^{(3)}, \tag{149_1}$$

$$\frac{1}{\sqrt{-\Delta}}\, f(x) = \int f(\vec{x}')\, D_{-\frac{1}{2}}(\vec{x} - \vec{x}')\, dx'^{(3)}, \tag{149_2}$$

und man hat nach (143), (143′)[2]

$$[\boldsymbol{F}_i(x),\, \boldsymbol{F}_j(x')] = 0, \qquad [\boldsymbol{F}_i^*(x),\, \boldsymbol{F}_j^*(x')] = 0, \tag{150_1}$$

$$\left.\begin{aligned}
[\boldsymbol{F}_i(x),\, \boldsymbol{F}_j^*(x')] = [\boldsymbol{F}_j(x),\, \boldsymbol{F}_i^*(x')] &= \frac{1}{2}\hbar c\left(\sqrt{-\Delta}\,\delta_{ij} + \frac{1}{\sqrt{-\Delta}}\frac{\partial^2}{\partial x_i\,\partial x_j}\right)\delta(x - x') \\
&= \frac{1}{2}\hbar c\left\{\delta_{ij} D_{\frac{1}{2}} + \frac{\partial^2}{\partial x_i\,\partial x_j} D_{-\frac{1}{2}}(x - x')\right\}.
\end{aligned}\right\} \tag{150_2}$$

Der Hamiltonoperator wird nach (128)

$$\boldsymbol{H} = 2\int \vec{\boldsymbol{F}}^*(x)\, \vec{\boldsymbol{F}}(x)\, dx^{(3)}, \tag{151}$$

der Impuls nach (129)

$$\boldsymbol{P}_i = \frac{2}{c}\int \vec{\boldsymbol{F}}^*(x)\, \frac{1}{i}\frac{\partial}{\partial x_i}\frac{1}{\sqrt{-\Delta}}\, \vec{\boldsymbol{F}}(x)\, dx. \tag{152}$$

Die Transversalitätsbedingungen sind einfach

$$\operatorname{div}\vec{\boldsymbol{F}} = \operatorname{div}\vec{\boldsymbol{F}}^* = 0, \tag{153}$$

sie sind mit dem Hamiltonoperator vertauschbar. Ferner gilt

$$\dot{\vec{\boldsymbol{F}}}^* = \frac{i}{\hbar}[\boldsymbol{H}, \vec{\boldsymbol{F}}] = -ic\sqrt{-\Delta}\,\vec{\boldsymbol{F}}, \qquad \dot{\vec{\boldsymbol{F}}}^* = \frac{i}{\hbar}[\boldsymbol{H}, \vec{\boldsymbol{F}}^*] = ic\sqrt{-\Delta}\,\vec{\boldsymbol{F}}^*. \tag{154}$$

---

[1] Vgl. L. LANDAU u. R. PEIERLS, ZS. f. Phys. Bd. 62, S. 188. 1930.

[2] Die Einführung der Größen F und F^* zur Vermeidung der Nullpunktsenergie findet sich bei L. ROSENFELD u. J. SOLOMON, Journ. de phys. (7) Bd. 2, S. 139. 1931, sowie bei J. SOLOMON, Thèse de doctorat, Paris 1931. Die dort angegebenen Vertauschungsrelationen zwischen F und F^* sind jedoch unrichtig, da sie mit der Bedingung $\operatorname{div}\vec{F} = 0$ und $\operatorname{div}\vec{F}^* = 0$ nicht vereinbar sind.

Das Auftreten der Operatoren $\sqrt{-\Delta}$ und $1/\sqrt{-\Delta}$ in den Vertauschungsrelationen ist wenig befriedigend, da diese Operatoren keinen infinitesimalen Charakter haben, d. h. ihr Wert an einer Stelle hängt vom ganzen räumlichen Verlauf der Funktion ab, nicht nur vom Verhalten der Funktion in der Nähe der ins Auge gefaßten Stelle. Dies bringt weiter mit sich, daß die Größen $\vec{F}(x)$ und $\vec{F}^*(x)$, die ja mit $\vec{E}$ und $\vec{H}$ gemäß (121), (122) durch die Relationen

$$\vec{\boldsymbol{E}}(x) = \vec{\boldsymbol{F}}(x) + \vec{\boldsymbol{F}}^*(x), \qquad \vec{\boldsymbol{H}}(x) = \frac{1}{\sqrt{-\Delta}}\frac{1}{i}\operatorname{rot}(\vec{\boldsymbol{F}}(x) - \vec{\boldsymbol{F}}^*(x)), \tag{121'}$$

$$\vec{\boldsymbol{F}}(x) = \frac{1}{2}\left(\vec{\boldsymbol{E}}(x) + \frac{i}{\sqrt{-\Delta}}\operatorname{rot}\vec{\boldsymbol{H}}\right); \qquad \vec{\boldsymbol{F}}^*(x) = \frac{1}{2}\left(\vec{\boldsymbol{E}}(x) - \frac{i}{\sqrt{-\Delta}}\operatorname{rot}\vec{\boldsymbol{H}}\right) \tag{122'}$$

verbunden sind, sich gegenüber Lorentztransformationen gänzlich unübersichtlich verhalten.

Die Einführung der nicht sehr natürlich gebildeten Größen $\boldsymbol{F}$ und $\boldsymbol{F}^*$ dient nur dazu, um die Nullpunktsenergie zu vermeiden. Der Hamiltonoperator wird nämlich wegen

$$\frac{1}{2}\int(\vec{\boldsymbol{E}}^2 + \vec{\boldsymbol{H}}^2)\,dx^{(3)} = \int(\vec{\boldsymbol{F}}^*\vec{\boldsymbol{F}} + \vec{\boldsymbol{F}}\vec{\boldsymbol{F}}^*)\,dx^{(3)}$$

nach (151)

$$\boldsymbol{H} = \frac{1}{2}\int\left\{(\vec{\boldsymbol{E}}^2 + \vec{\boldsymbol{H}}^2) + i\left[\vec{\boldsymbol{E}}, \frac{1}{\sqrt{-\Delta}}\operatorname{rot}\vec{\boldsymbol{H}}\right]\right\}dx^{(3)}. \tag{155}$$

Der Klammerausdruck des zweiten Terms dient dazu, um die unendlich große Nullpunktsenergie, die im ersten Term enthalten ist, wieder zu subtrahieren; er enthält ebenfalls den Operator $1/\sqrt{-\Delta}$.

Der Grund für die formalen Komplikationen, die hier auftreten, besteht darin, daß die Erwartungswerte von Funktionen der Feldstärken an einem bestimmten Raumpunkt (z. B. quadratische Funktionen) auch im Grenzfall großer Quantenzahlen im allgemeinen nicht in die Werte der klassischen Größen übergehen und in vielen Fällen sogar unendlich groß werden. Dies liegt daran, daß wir es hier mit einem *System von unendlich vielen Freiheitsgraden* zu tun haben (wobei es nicht wesentlich ist, ob man abzählbar unendlich viele Freiheitsgrade oder ein Kontinuum von Freiheitsgraden annimmt). Z. B. konvergiert das unendliche Produkt der Eigenfunktionen für die Fourierkomponenten der elektrischen Feldstärken nicht, selbst wenn nur eine endliche Anzahl von Eigenschwingungen angeregt ist. Die Anwendung des wellenmechanischen Formalismus scheint deshalb korrespondenzmäßig nur berechtigt, solange man sich auf eine endliche Anzahl von Freiheitsgraden beschränken kann. Z. B. kann man im k-Raum hinreichend hohe Eigenwerte von k ganz außer Betracht lassen; oder im gewöhnlichen Raum vor dem Grenzübergang zu hohen Quantenzahlen erst Mittelbildungen der Feldstärken über kleine, aber endliche Volumina ausführen (wir werden sogleich sehen, daß dies bei tatsächlichen Messungen der Feldstärken stets von selbst geschieht); oder man kann bei Verwendung der Anzahlen $N(k)$ der Photonen als Variable, was das am meisten naturgemäße ist, sich auf den Fall beschränken, wo nur eine endliche Anzahl von Lichtquanten vorhanden ist. Anwendungen der Theorie auf Fälle, wo die Betrachtung einer endlichen Anzahl von Freiheitsgraden nicht ausreicht, führen in der Tat auf Widersprüche mit der Erfahrung (Ziff. 8).

c) Genauigkeitsgrenzen für die Messung von Feldstärken[1]. Es bleibt noch zu untersuchen, wieweit Feldstärken überhaupt gemessen werden können. Die

[1] Vgl. hierzu L. LANDAU u. R. PEIERLS, ZS. f. Phys. Bd. 69, S. 56. 1931; insbesondere § 3 u. 4; W. HEISENBERG, Die physikalischen Prinzipien der Quantentheorie, Kap. 3, § 2.

elektrische Feldstärke ist definiert durch die Impulsänderung eines Probekörpers der Ladung e, während der Zeit δt gemäß

$$e\vec{E}\,\delta t = \vec{P} - \vec{P}'.$$

Ist $\vec{P}$ vor der Feldstärkemessung genau bekannt und nach der Zeit δt mit der Genauigkeit $\Delta\vec{P}$ während der Zeit Δt wiedergemessen, so ist

$$e\,|\Delta\vec{E}|\,\delta t > \Delta\vec{P}. \tag{156}$$

Nun galt für die Impulsmessung eines beliebigen Körpers [Abschn. A, Gl. (22), (23)]

$$\Delta P \Delta t > \frac{h}{v - v'} > \frac{h}{c}. \tag{157}$$

Danach schiene es zunächst, als ob durch Verwendung von Körpern mit großem e die Feldstärkemessung beliebig genau gemacht werden könnte. Dies bestreiten nun LANDAU und PEIERLS auf Grund des folgenden Argumentes. Bei der Beschleunigung des geladenen Körpers wird während der Impulsmessung eine Energie

$$\Delta E > \frac{e^2}{c^3}\,\frac{(v' - v)^2}{\Delta t}$$

ausgestrahlt[1]. Dies gibt eine zusätzliche Impulsunbestimmtheit

$$\Delta P > \frac{\Delta E}{v' - v},$$

also

$$\Delta P \Delta t > \frac{e^2}{c^3}(v' - v). \tag{158}$$

An dieser Stelle hat das Argument von LANDAU und PEIERLS jedoch eine wesentliche Lücke, da der ausgestrahlte Impuls und die ausgestrahlte Energie einer exakten Messung zugänglich sind. Die durch diese bedingte Änderung von Energie und Impuls des geladenen Körpers kann deshalb nicht ohne weiteres als *unbestimmte* Änderung angesehen werden. Infolgedessen haftet den weiteren Folgerungen eine wesentliche Unsicherheit an und die Frage nach der Genauigkeit der Feldstärkemessung muß als eine *noch nicht geklärte* angesehen werden.

Aus (157) und (158) folgt durch Multiplikation

$$\Delta P \Delta t > \frac{h}{c}\sqrt{\frac{e^2}{hc}},$$

also

$$|\Delta\vec{E}| > \frac{\sqrt{hc}}{(c\,\Delta t)^2}. \tag{159}$$

Dieselbe Ungleichung gilt auch für die magnetische Feldstärke

$$|\Delta\vec{H}| > \frac{\sqrt{hc}}{(c\,\Delta t)^2}. \tag{159'}$$

Und zwar wird dieser günstigste Fall erreicht, wenn

$$\frac{e^2}{c^3}(v' - v)^2 \sim h.$$

---

[1] Es ist $\int_t^{t+\Delta t} \dot{v}^2 \Delta t \geqq \frac{(v' - v)^2}{\Delta t}$, wenn Δt sowie Anfangs- und Endgeschwindigkeit vorgegeben sind.

Da die mittlere Frequenz des ausgestrahlten Lichtes $1/\Delta t$ beträgt, bedeutet dies, daß die mittlere Zahl der emittierten Lichtquanten mindestens bereits von der Ordnung 1 wird. *Die Messung der Feldstärke ist mit einer endlichen und unbestimmten Änderung der Lichtquantenzahlen verbunden.* Die Nullpunktsenergie derjenigen Wellen, deren Frequenz ν kleiner als $1/\Delta t$ ist, entspricht gerade einem Feldstärkenquadrat

$$\vec{E}^2 \sim \frac{\nu^3}{c^3} \frac{h\nu}{2} \sim \frac{hc}{(c\Delta t)^4},$$

was mit dem Quadrat der rechten Seite von (159) übereinstimmt. Dieses wäre also nicht meßbar, falls (159) zutrifft.

Eine weitere Überlegung zeigt, daß bei gleichzeitiger Messung von $\vec{E}$ und $\vec{H}$ im räumlichen Gebiet Δl gilt

$$|\Delta \vec{E}|\,|\Delta \vec{H}| > \frac{hc}{(c\delta t)^2} \cdot \frac{1}{(\Delta l)^2}, \tag{160}$$

was nur bei $\Delta l < c\Delta t$ schärfer ist als die Grenze $hc/(c\Delta t)^4$, die aus Produktbildung von (159) und (159') folgt. Für Wellenfelder, d. h. in Abständen von den felderzeugenden Körpern, die groß sind gegen die Wellenlänge, sagt dies nichts Neues. Es gilt ferner

$$|\Delta \vec{E}|\,|\Delta \vec{H}|\,(\Delta l)^3 > \frac{hc}{\Delta l} \quad \text{für} \quad \Delta t < \frac{\Delta l}{c}, \tag{160}$$

was auch unmittelbar als Ausdruck der V.-R. (146) angesehen werden kann. Statische Felder sind offenbar beliebig genau meßbar[1].

Der Umstand, daß im klassischen Grenzfall die Feldstärke E und H hinsichtlich ihres raumzeitlichen Verlaufes, also auch ihre Phasen meßbare Größen sind, hat notwendig zur Folge, daß die Lichtquanten symmetrische Zustände haben (der EINSTEIN-BOSE-Statistik gehorchen) müssen. Anders ist es bei der Materie, wo die ψ-Funktionen keine meßbaren Größen sind und wo der Fall der symmetrischen und der der antisymmetrischen Zustände mehrerer gleichartiger Teilchen vom Korrespondenzstandpunkt aus gleichwertig sind. Auch eine Gesamtheit von materiellen Teilchen, die symmetrische Zustände haben, wie z. B. He-Kerne, sind nicht analog zu einer Gesamtheit von Lichtquanten, solange keine Prozesse vorkommen, bei denen sich die Teilchenzahl ändert. Denn solange dies nicht der Fall ist, gibt es für die ψ-Funktion (gemeint ist die q-Zahl ψ-Funktion im gewöhnlichen dreidimensionalen Raum, vgl. Abschn. A, Ziff. 14, nicht die c-Zahl ψ-Funktion im Konfigurationsraum) kein Analogon zur Lorentzkraft, ihre Phase geht weder in den Hamiltonoperator noch in eine andere meßbare physikalische Größe ein, die ψ-Funktion ist unmeßbar.

---

[1] Die Ungenauigkeiten (159), (160) wurden unabhängig von der Frage betrachtet, auf welchen Raumteil eine bestimmte Ladung e zusammengedrängt werden kann. Für ein Elektron folgt bereits aus (156), (157) ohne Betrachtung der Ausstrahlung

$$\Delta E > \frac{h}{ec(\Delta t)^2} = \frac{\sqrt{hc}}{e^2} \frac{\sqrt{hc}}{(c\Delta t)^2},$$

was wegen $\frac{\hbar c}{e^2} \sim 137$ eine höhere Schranke ist als (159). Mit der Frage der Genauigkeit der Feldmessung mittels eines Elektrons befaßt sich auch noch eine Arbeit von P. JORDAN u. V. FOCK, ZS. f. Phys. Bd. 66, S. 206. 1930. Sie finden die etwas verschiedene Relation

$$|\Delta E| > \frac{\sqrt{hc}}{e} \frac{\sqrt{hc}}{c\Delta t \Delta l}.$$

d) Übergang zum Konfigurationsraum der Lichtquanten[1]. Ebenso wie bei der Materie im Fall mehrerer gleichartiger Teilchen ein Übergang möglich ist vom Konfigurationsraum zum Raum der Anzahlen der Teilchen in einem Volumelement des Orts- oder Impulsraumes (Abschn. A, Ziff. 14), kann man auch bei den Lichtquanten einen entsprechenden Zusammenhang herstellen. Nehmen wir zunächst an, es sei *ein* Teilchen vorhanden, so ist dieser Zusammenhang trivial. Seien $k_1 k_2 \ldots$ die zunächst diskret gedachten k-Werte, so wird hier im Raum der $N(\lambda, k_r)$ ($\lambda = 1, 2$), $\varphi\{N(\lambda, k)\}$ nur von Null verschieden, wenn $N(\lambda, k_r)$ für eine gewisse Stelle k_s, λ_s gleich 1, sonst 0 ist. D. h. die Eigenwerte von $N(\lambda, k_r)$ sind

$$\delta_{\lambda\lambda_s}\,\delta(k_r - k_s).$$

Setzt man diesen Eigenwert für ein bestimmtes λ_s und k_s in $\varphi\{N(\lambda, k)\}$ als Argument ein und bildet gemäß (125)

$$\vec{f}(k_s) = \vec{\varepsilon}(\lambda_s, k_s)\,\varphi\{\delta_{\lambda\lambda_s}\,\delta(k_r - k_s)\},$$

so kann der auf k_j senkrecht stehende Vektor $\vec{f}$ als Wellenfunktion des Lichtquants im Impulsraum betrachtet werden. Ähnlich ist es bei Vorhandensein von mehreren Lichtquanten. Bei N Lichtquanten sind die Eigenwerte von $N(\lambda k_r)$

$$\sum_s \delta_{\lambda\lambda_s}\,\delta(k_r - k_s),$$

wobei über N-Stellen s zu summieren ist. Von diesen können auch einige mehrfach vorkommen. Ist p_1 die Zahl der einfachen, p_2 die Zahl der zweifachen, p_N die Zahl der N-fachen Stellen, so daß

$$p_1 + 2p_2 + \cdots N p_N = N$$

ist, so hat man noch den kombinatorischen Faktor

$$C = \frac{N!}{(1!)^{p_1}(2!)^{p_2}\ldots(N!)^{p_N}}$$

zu bilden und zu setzen

$$\vec{f}_N(\vec{k}^{(1)}\ldots\vec{k}^{(N)}) = \vec{\varepsilon}^{(1)}(\lambda^{(1)}, \vec{k}^{(1)})\ldots\vec{\varepsilon}^{(N)}(\lambda^{(N)}, k^{(N)})\,C^{-\frac{1}{2}}\cdot\varphi\{\sum_s \delta_{\lambda\lambda_s}\,\delta(k_r - k_s)\}. \tag{161}$$

Es ist dann $\vec{f}_N$ ein Vektor im $3N$-dimensionalen Raum, hat also $3N$-Komponenten; er steht auf allen $\vec{k}_s$ senkrecht. Der kombinatorische Faktor ist notwendig, damit die Funktionen $\vec{f}$ normiert sind, falls $\varphi\{N(\lambda, k)\}$ normiert ist. Es erübrigt sich, näher auf die geringfügigen Modifikationen einzugehen, die erforderlich sind, wenn k als kontinuierliche Variable aufgefaßt wird. Die Funktionen $\vec{f}$ sind ihrer Definition nach *symmetrisch* in den Teilchenkoordinaten, entsprechend dem Umstand, daß die Lichtquanten der Einstein-Bose-Statistik gehorchen.

Die Anwendung des Operators $F_i(k)$ auf die Wellenfunktionen $\vec{f}$ wird auf Grund von (137) und (161) sehr einfach. Wir haben eine Reihe von Funktionen

$$f_0, \quad \vec{f}_1(\vec{k}), \quad \vec{f}_2(\vec{k}_1\vec{k}_2)\ldots\vec{f}_N(\vec{k}_1\vec{k}_2\ldots\vec{k}_N)\ldots,$$

die sich auf den Fall beziehen, daß *kein, ein,* ... N-Lichtquanten vorhanden sind. Dann führt $\boldsymbol{F}_i(k)$ die Funktion $\vec{f}_N(\vec{k}_1\ldots\vec{k}_N)$ über in

$$\boldsymbol{F}_i(k)\,f_{N;\,i_1,\ldots,i_N}(\vec{k}_1 - \vec{k}_N) = f_{N+1;\,i_1,\ldots,i_N,i}(k_1^{(1)}\ldots k^{(N)}, k). \tag{163}$$

$\boldsymbol{F}^*$ folgt als der zu $\boldsymbol{F}$ konjugierte Operator, ferner das Resultat der Anwendung der Feldstärkeoperatoren $\vec{E}(k)$, $\vec{H}(k)$ auf Grund von (121′). Man wird sehen, daß die unter b) durchgeführte Umrechnung der Wellenfunktion $\varphi\{N(\lambda, k)\}$ von einer Polarisationsart auf eine andere im Konfigurationsraum, d. h. für die $\vec{f}_N$ trivial wird.

Als Beispiel sei die Anwendung auf den Drehimpulsoperator (130) besprochen. Er genügt denselben V.-R. wie der Drehimpulsoperator von materiellen Teilchen [Abschn. A, Gleichung (13)], wie das ja auch notwendig der Fall sein muß, da sie ja allein aus der Drehgruppe folgen. Deshalb hat er auch dieselben Eigenwerte; jede Komponente D_{ij} hat die Eigenwerte $m h$ und das Quadrat $D^2 = \sum_{i<j} D_{ij}{}^2$ die Eigenwerte $j(j+1)$. Für den Fall, daß

[1] L. LANDAU u. R. PEIERLS, ZS. f. Phys. Bd. 62, S. 188. 1930; vgl. auch J. R. OPPENHEIMER, Phys. Rev. Bd. 38, S. 725. 1931.

ein Lichtquant vorhanden ist, wirkt der durch (130) definierte Operator auf $\vec{f}_1(\vec{k})$ folgendermaßen:

$$\boldsymbol{D}_{ij} f_l(k) = \frac{2i}{c|k|}\left\{\left(\frac{\partial}{\partial k_i} k_j - k_i \frac{\partial}{\partial k_j}\right) f_l + (\delta_{jl} f_i - \delta_{il} f_j)\right\}.$$

Für *ein* Lichtquant gilt speziell der Satz, daß infolge der Transversalitätsbedingung

$$\sum f_i k_i = 0$$

der Eigenwert $j = 0$ *nicht vorkommt.* In der Tat müßte für diesen gelten

$$\left(\frac{\partial}{\partial k_i} k_j - \frac{\partial}{\partial k_j} k_i\right) f_l + (\delta_{jl} f_i - \delta_{il} f_j) = 0$$

für alle i, j, l. Wir setzen $l = j$ und summieren über j. Dann kommt

$$\sum_l \left[\frac{\partial}{\partial k_i}(k_l f_l) - k_i \frac{\partial f_l}{\partial k_l}\right] + 2 f_i = 0.$$

Dies ist aber unmöglich wegen der Transversalitätsbedingung. Denn zunächst folgt

$$2 f_i = k_i \sum_l \frac{\partial f_l}{\partial k_l}$$

und dann durch skalare Multiplikation mit $\vec{k}$ auch

$$\sum_l \frac{\partial f_l}{\partial k_l} = 0,$$

also $f_i = 0$, d. h. alle Komponenten von $\vec{f}$ müssen verschwinden, w. z. b. w. Die in Abschn. A, Ziff. 15, S. 206, begründete Auswahlregel $j = 0 \rightarrow j = 0$ ist verboten bei Emission eines Lichtquants folgt hieraus und aus dem Erhaltungssatz für den Drehimpuls unmittelbar.

Die Funktionen $f_N(k^{(1)} \ldots k^{(N)})$ im Impulsraum bestimmen entsprechende Funktionen $f_N(x^{(1)} \ldots x^{(N)})$ im Koordinatenraum, gemäß

$$\vec{f}_N(x^{(1)} \ldots x^{(N)}) = \int f_N(k^{(1)} \ldots k^{(n)})\, e^{i \vec{k}^{(1)} \vec{x}^{(1)} + \cdots + i \vec{k}^{(n)} \vec{x}^{(N)}}\, d k^{3(N)}.$$

Diese haben aber keine unmittelbare Beziehung zur Teilchendichte. Z. B. bestimmt ja bei Vorhandensein *eines* Lichtquants $\vec{f}^*(x)\, f(x)$ die Energiedichte und nicht die räumliche Dichte des Photons. Diese könnte man zunächst durch

$$\left(f^* \frac{1}{\sqrt{-\Delta}} f\right)$$

oder mit

$$\vec{g} = \frac{1}{\sqrt[4]{-\Delta}} \vec{f}$$

durch

$$(\vec{g}^* \vec{g})$$

zu definieren versuchen, wobei der letztere Ausdruck positiv definit ist. Eine solche Definition wäre aber physikalisch willkürlich und würde (wie aus der später zu besprechenden Theorie der Wechselwirkung zwischen Strahlung und Materie folgt) nicht dafür garantieren, daß das Quant an Raumstellen, wo die so definierte Dichte verschwindet, auch keine Wirkung ausübt. *Das Verschwinden von Funktionen wie* $\vec{f}$ *oder* $\vec{g}$ *an einer bestimmten Raumstelle hat keine unmittelbare physikalische Bedeutung.*

Sodann zeigt sich wegen des komplizierten Verhaltens der $\vec{F}$ gegenüber Lorentztransformationen: *Es gibt keinen Dichte-Strom-Vierervektor für ein Lichtquant, der der Kontinuitätsgleichung genügt und positiv definite Dichte hat.* Nur *eine* der beiden Forderungen ließe sich formal erfüllen: *entweder* der Vektorcharakter von Dichte-Strom bei Lorentztransformationen *oder* der positiv-definite Charakter der Dichte. Dies steht in striktem Gegensatz zur Beschreibung der Materialteilchen in der DIRACschen Theorie, bei der sich ja beide Forderungen erfüllen ließen. Der Nichtexistenz einer Dichte für die Lichtquanten entspricht es auch, daß dem Ort eines Lichtquants kein Operator im gewöhnlichen Sinne zugeordnet werden kann (der Lichtquantenort ist keine „Observable" im Sinne der Definition der Transformationstheorie, Abschn. A, Ziff. 7 und 9).

In der Tat zeigt die Diskussion der Messungsmöglichkeiten für den Ort eines Lichtquants[1], daß dieser, falls E die Energie des Quants ist, nicht genauer als

$$|\Delta x| > \frac{hc}{E} \tag{165}$$

bestimmt werden kann und in einer Zeit, die nicht kleiner ist als

$$\Delta t > \frac{h}{E}. \tag{166}$$

Dies bedeutet aber gerade den *Geltungsbereich der geometrischen Optik*, da bei einem Lichtquant hc/E gleich h/P oder gleich der Wellenlänge wird. [Bei einem materiellen Teilchen galten dieselben Ungleichungen, Abschn. A, Gleichung (16), (17), aber dort kann hc/E wesentlich kleiner sein als die Wellenlänge der Materiewellen.] Nur soweit der klassische Strahlbegriff reicht, hat der Lichtquantenort einen physikalischen Sinn.

Damit ist nicht zu verwechseln die Messung von zeitlichen Mittelwerten (über Zeiten, die groß gegen die Lichtperiode sind) von $\vec{E}^2$ oder $\vec{H}^2$, die z. B. bei stehenden Lichtwellen auch in Raumgebieten gemessen werden können, die klein gegen die Wellenlänge sind.

7. Wechselwirkung zwischen Strahlung und Materie. Die Theorie der Quantisierung des Strahlungsfeldes ist erst vollständig, wenn sie auch die Wechselwirkung mit der Materie beschreibt. Sind n materielle Teilchen vorhanden, so wollen wir jetzt Orts- und Impulskoordinaten dieser Teilchen (letztere durch $\hbar$ dividiert) mit großen Buchstaben bezeichnen, also mit $\vec{X}_1 \ldots \vec{X}_n$ bzw. $\vec{K}_1 \ldots \vec{K}_n$ im Gegensatz zu den entsprechenden Größen $\vec{x}_1 \ldots \vec{x}_N$, $\vec{k}_1 \ldots \vec{k}_N$ der Lichtquanten. Bevor wir die Frage der Wahl des Hamiltonoperators beantworten, wollen wir die V.-R. der Operatoren und die Gleichungen diskutieren, welche deren zeitliche Abhängigkeit beschreiben. Um mit eichinvarianten Operatoren auskommen zu können, ist es zweckmäßig, für jedes der n-materiellen Teilchen Operatoren π_k ($k = 1, 2, 3$) einzuführen, die analog sind zu den in (77) eingeführten, also

$$\pi_k^{(s)} = p_k^{(s)} + \frac{e}{c}\,\Phi_k(X_s) = \frac{\hbar}{i}\,\frac{\partial}{\partial X_k(s)} + \frac{e}{c}\,\Phi_k(X^{(s)}). \tag{167}$$

Es ist hierin s ein das Teilchen numerierender Index, der von 1 bis n läuft, und in die Potentiale sind die Koordinaten des $s$ten Teilchens einzusetzen. Zunächst wollen wir von dieser Definition der Operatoren $\pi_k^{(s)}$ aber ganz absehen und nur ihre V.-R. und zeitlichen Änderungen betrachten. Erstere werden analog zu (78)

$$\pi_i^{(s)}\pi_k^{(s')} - \pi_k^{(s')}\pi_i^{(s)} = \delta_{ss'}\,\frac{\hbar}{i}\,\frac{e}{c}\,H_{ik}(\vec{X}^{(s)}), \tag{168$_1$}$$

$$\pi_i^{(s)}X_k^{(s')} - X_k^{(s')}\pi_i^{(s)} = \delta_{ss'}\,\delta_{ik}\,\frac{\hbar}{i}, \tag{168$_2$}$$

letztere analog zu (80')

$$\frac{d\pi_k^{(s)}}{dt} = (-e)\left\{E_k(\vec{X}_s) + \sum_{l=1}^{3} H_{kl}(\vec{X}_s)\,\alpha_l^s\right\}. \tag{169}$$

Dabei gelten gemäß der DIRACschen Theorie des Elektrons für die mit allen übrigen Operatoren vertauschbaren $\alpha_k^{(s)}, \beta^{(s)}$, die wir nunmehr für jedes Teilchen extra einführen, wieder die Relationen

$$\left.\begin{aligned} \alpha_i^{(s)}\alpha_k^{(s')} + \alpha_k^{(s')}\alpha_i^{(s)} = 2\,\delta_{ss'}\delta_{ik}, \qquad \alpha_i^{(s)}\beta^{(s')} + \beta^{(s')}\alpha_i^{(s)} = 0,\\ [\alpha_i^{(s)}]^2 = [\beta^{(s)}]^2 = 1. \end{aligned}\right\} \tag{170}$$

$$\dot{\vec{X}}^{(s)} = c\,\alpha^{(s)} \tag{171}$$

[1] L. LANDAU u. R. PEIERLS, l. c.

Für die Feldstärken behält man die V.-R. (145) bzw. (146) der Vakuumelektrodynamik unverändert bei:

$$\left.\begin{aligned}&[\boldsymbol{E}_i(x),\boldsymbol{E}_j(x')] = 0, \qquad [\boldsymbol{H}_{ij}(x),\boldsymbol{H}_{kl}(x')] = 0,\\ &[\boldsymbol{E}_i(x),\boldsymbol{H}_{jl}(x)] = \frac{\hbar c}{i}\left(\delta_{ij}\frac{\partial}{\partial x_l} - \delta_{il}\frac{\partial}{\partial x_j}\right)\delta(\vec{x}-\vec{x}').\end{aligned}\right\} \tag{146}$$

Ferner setzt man fest, daß die Feldstärken mit den $X_k^{(s)}$ und $\alpha_k^{(s)}$ vertauschbar sein sollen.

Die wichtigste Forderung ist die, daß die Feldstärkeoperatoren nunmehr die MAXWELLschen Gleichungen für den Fall des Vorhandenseins von Ladungen erfüllen müssen:

$$\frac{1}{c}\frac{\partial \vec{\boldsymbol{H}}}{\partial t} + \operatorname{rot}\vec{\boldsymbol{E}} = 0, \qquad \operatorname{div}\vec{\boldsymbol{H}} = 0, \tag{172}$$

$$-\frac{1}{c}\frac{\partial \boldsymbol{E}(x)}{\partial t} + \operatorname{rot}\vec{\boldsymbol{H}}(x) = (-e)\sum_{s=1}^{n}\vec{\alpha}^{(s)}\delta(\vec{x}-\vec{\boldsymbol{X}}^{(s)}), \tag{173_1}$$

$$\operatorname{div}\vec{\boldsymbol{E}} = (-e)\sum_{s=1}^{n}\delta(\vec{x}-\vec{\boldsymbol{X}}^{(s)}). \tag{173_2}$$

Das Auftreten der δ-Funktion entspricht der Annahme einer punktförmigen Ladung in der klassischen Theorie. Wir werden später die Annahme diskutieren, daß die δ-Funktion durch eine beliebige Funktion $D(\vec{x}-\vec{\boldsymbol{X}}^{(s)})$ ersetzt wird, was einer endlichen Ausdehnung der Ladungen entsprechen würde.

Die letztere Relation ist sehr bemerkenswert, weil sie keine zeitliche Ableitung enthält, also schon in einem bestimmten Zeitpunkt erfüllt sein muß; sie stellt eine *Nebenbedingung* dar. Ihre zeitliche Ableitung verschwindet vermöge der Gleichungen (173_1) und (171) identisch, was notwendig der Fall sein muß, damit die Theorie widerspruchsfrei ist.

Was uns noch fehlt, sind die V.-R. der $\pi_k^{(s)}$ mit den Feldstärken. Diese sowie alle anderen V.-R. müssen den Bedingungen genügen, erstens untereinander verträglich zu sein, zweitens sich vermöge der zeitlichen Differentialgleichungen für die Operatoren im Lauf der Zeit von selbst fortzupflanzen, und drittens, daß alle Operatoren mit der Nebenbedingung (173_2) vertauschbar sein sollen.

Dies ist der Fall, wenn man ansetzt[1]

$$\left[\pi_i^{(s)}, \boldsymbol{H}_{jl}(x)\right] = 0, \qquad \left[\pi_i^{(s)}, \boldsymbol{E}_j(x)\right] = (-e)\frac{\hbar}{i}\delta_{ij}\delta(\vec{x}-\vec{\boldsymbol{X}}^{(s)}). \tag{174}$$

Z. B. wird dann

$$\left[\pi_i^{(s)}, \operatorname{div}\vec{\boldsymbol{E}}(x)\right] = (-e)\frac{\hbar}{i}\frac{\partial}{\partial x_j}\delta(\vec{x}-\vec{\boldsymbol{X}}^{(s)})$$

im Einklang mit (173_2) und (168_2); ferner sind die zeitlichen Ableitungen der V.-R. (174) vermöge der übrigen Relationen von selbst erfüllt.

Man findet sodann die Existenz eines mit der Nebenbedingung (173_2) vertauschbaren Energieoperators

$$\boldsymbol{H} = c\sum_{s=1}^{n}\sum_{k=1}^{3}\left\{\alpha_k^{(s)}\pi_k^{(s)} + mc\beta^{(s)}\right\} + \tfrac{1}{2}\int(\vec{\boldsymbol{E}}^2 + \vec{\boldsymbol{H}}^2 + \Delta_0)\,dV \tag{175}$$

[1] In der Literatur sind diese Relationen abgeleitet aus (167) und der Annahme $[\boldsymbol{\Phi}_k(x)\,\boldsymbol{E}_j(x')] = \hbar/i\,\delta(\vec{x}-\vec{x}')$, die wir aber nicht benutzen.

und eines Impulsoperators

$$P_i = \sum_{s=1}^{n} \pi_i^{(s)} + \frac{1}{c}\int \{[\vec{E} \times \vec{H}]_i + \Delta_i\} \, dV. \tag{176}$$

Die Zusatzgrößen Δ_0, Δ_i im Integranden, die wir nicht explizite angeschrieben haben, sind mit allen Operatoren vertauschbar (c-Zahlen) und dienen zum Fortschaffen der Nullpunktsenergie [vgl. (155)]. Für jeden der verwendeten Operatoren

$$\pi_i^{(s)}, \; X_i^{(s)}, \; \alpha_i^{(s)}, \; \beta^{(s)}; \quad E_i(x), \; H_{jk}(x)$$

und sogar allgemeiner für jede (die Koordinaten x_k und t nicht explizite enthaltende) Funktion f dieser Operatoren gilt sodann

$$\dot{f} = \frac{i}{\hbar}[H, f], \tag{177}$$

$$\sum_s \frac{\partial f}{\partial X_k^{(s)}} + \frac{\partial f}{\partial x_k} = \frac{i}{\hbar}[P_k, f]. \tag{178}$$

Man hätte auch von der Forderung der Existenz des Hamilton- und des Impulsoperators ausgehen können und hätte die zeitlichen Differentialgleichungen aus ihm gemäß (177) ableiten können. Bemerkenswert ist das Fehlen des skalaren Potentiales in (175). Der Term $(-e)E_k$ auf der rechten Seite von (169) folgt jedoch bei der hier aufgestellten Theorie direkt aus der Vertauschung von π_k mit $(\vec{E})^2$.

Wir kommen nun zur Frage der relativistischen Invarianz der aufgestellten Theorie. Betrachten wir eine orthogonale Koordinatentransformation

$$x'_\mu = \sum_{\nu=1}^{4} a_{\mu\nu} x_\nu$$

$(x_4 = ict)$, so können wir zunächst die Operatoren im neuen Bezugssystem betrachten, also von

$$\pi_i^{(s)}(t), \quad X_i^{(s)}(t), \quad \alpha_i^{(s)}(t), \quad \beta^{(s)}(t); \quad E_i(x, t), \quad H_{jk}(x, t)$$

zu

$$\pi_i'^{(s)}(t'), \quad X_i'^{(s)}(t'), \quad \alpha_i'^{(s)}(t'), \quad \beta'^{(s)}(t'); \quad E'_i(x', t'), \quad H'_{jk}(x, t)$$

übergehen. In den auf ein Materialteilchen bezüglichen Größen ist hierbei für t' einzusetzen

$$ict'^{(s)} = a_{44}ict + \sum_{r=1}^{3} a_{4r} X_r^{(s)}(t).$$

Dabei müssen sich die Feldstärken wie ein schiefsymmetrischer Tensor im vierdimensionalen Raum transformieren, die durch (17) definierten Größen γ_μ, nämlich $(-i\beta\alpha_k, \beta)$, wie ein Vierervektor, die $X_{(t)}^{s}$ zusammen mit ict, endlich $\{\pi_k, i(\sum \alpha_l \pi_l + mc\beta)\}$ bilden zusammen einen Vierervektor. Ferner muß insbesondere $\left(P_k, \frac{i}{c} H\right)$ einen Vierervektor bilden. Auch müssen die V.-R. im gestrichenen System dieselbe Form haben wie im ungestrichenen System. Für die Verifikation ist es bequemer, statt den Weltpunkt festzulegen, ihn so zu verändern, daß die gestrichenen Koordinaten des neuen Weltpunktes dieselben Werte haben wie die ungestrichenen Koordinaten des alten Weltpunktes. D. h. man geht von den ungestrichenen Koordinaten über zu

$$\pi_i'^{(s)}(t), \; X'^{(s)}(t), \; \alpha_i'^{(s)}(t), \; \beta'^{(s)}(t); \; E'_i(x, t), \; H'_{jk}(x, t),$$

wobei t bzw. x, t die Werte der gestrichenen Koordinaten sind. Wir wollen dies eine Transformation zweiter Art nennen, während die früher angegebene als von erster Art bezeichnet werden möge. *Die relativistische Invarianz der Theorie ist bewiesen, wenn ein unitärer Operator S existiert, welche für jede der angeschriebenen Größen, also auch für jede Funktion f von ihnen die Transformation zweiter Art vermittelt, gemäß*

$$f'(t) = S f(t) S^{-1}. \tag{179}$$

Für den Nachweis genügt es, zu zeigen, daß dies für eine infinitesimale Koordinatentransformation

$$x'_\mu = x_\mu + \sum_{\nu=1}^{4} \varepsilon_{\mu\nu} x_\nu, \qquad \varepsilon_{\mu\nu} = -\varepsilon_{\nu\mu}$$

zutrifft, bei der nur Größen erster Ordnung in den $\varepsilon_{\mu\nu}$ beibehalten werden. An Stelle von (179) tritt dann mit

$$\boldsymbol{S} = 1 + \frac{i}{\hbar}\boldsymbol{\Lambda}, \tag{180}$$

$$\boldsymbol{f}'(x,t) = \boldsymbol{f}(x,t) + \frac{i}{\hbar}[\boldsymbol{\Lambda}, \boldsymbol{f}(x,t)]. \tag{181}$$

Der Operator $\boldsymbol{\Lambda}$ hängt hier linear von den $\varepsilon_{\mu\nu}$ ab gemäß

$$\boldsymbol{\Lambda} = \sum_{\mu<\nu} \boldsymbol{\Lambda}_{\mu\nu}\varepsilon_{\mu\nu}, \tag{182}$$

worin $\boldsymbol{\Lambda}_{\mu\nu} = -\boldsymbol{\Lambda}_{\nu\mu}$, wie wir sehen werden, die Komponenten eines schiefsymmetrischen Tensors bilden, die überdies zeitlich konstant, also Integrale der Feldgleichungen sind. Die infinitesimale Transformation erster Art der Größe $\boldsymbol{f}$ erhält man übrigens aus der infinitesimalen Transformation zweiter Art auf folgende Weise. Für eine Funktion $\boldsymbol{f}$ der Feldstärken *an einer bestimmten Raumstelle* hat man hinzuzufügen

$$\sum_{k=1}^{3}\left\{\sum_{\nu=1}^{4}\frac{\partial f}{\partial x_k}\varepsilon_{k\nu}x_\nu + \frac{1}{ic}\dot{f}\varepsilon_{4k}x_k\right\},$$

für $\pi_j^{(s)}$ und $\boldsymbol{X}_j^{(s)}$ hat man hinzuzufügen

$$\sum_{k=1}^{3}\boldsymbol{X}_j^{(s)}\varepsilon_{4k}\boldsymbol{X}_k^{(s)}, \qquad \sum_{k=1}^{3}\dot{\pi}_j^{(s)}\varepsilon_{4k}\boldsymbol{X}_k^{(s)}.$$

Nun schreiben wir die $\boldsymbol{\Lambda}_{\mu\nu}$ für räumliche Drehungen und Lorentztransformationen getrennt hin. Man hat zu setzen

$$\boldsymbol{\Lambda}_{jk} = \sum_s\left\{\boldsymbol{X}_j^{(s)}\pi_k^{(s)} - \boldsymbol{X}_k^{(s)}\pi_j^{(s)} + \frac{\hbar}{2}\frac{1}{i}\alpha_j^{(s)}\alpha_k^{(s)}\right\} + \frac{1}{c}\int[\vec{x}(\vec{\boldsymbol{E}}\times\vec{\boldsymbol{H}})]_{jk}\,dV. \tag{183$_1$}$$

$$\left.\begin{aligned}\frac{1}{i}\boldsymbol{\Lambda}_{4j} = ct\boldsymbol{P}_j - \sum_s\left\{\boldsymbol{X}_j^{(s)}\left(\sum_{k=1}^{3}\alpha_k^{(s)}\pi_k^{(s)} + mc\beta^{(s)}\right) + \frac{\hbar}{2}\alpha_j^{(s)}\right\}\\ - \frac{1}{2c}\int x_j(\vec{\boldsymbol{E}}^2 + \vec{\boldsymbol{H}}^2 + \Lambda_0)\,dV.\end{aligned}\right\} \tag{183$_2$}$$

Hierin ist $\boldsymbol{P}_j$ wieder die durch (176) gegebene Komponente des Impulses. Man erkennt in den $\boldsymbol{\Lambda}_{jk}$ die Drehimpulsintegrale, und zwar die Summe aus den Anteilen (84) der Materie und (130) der Strahlung; ferner sind die $\boldsymbol{\Lambda}_{4j}$ die ergänzenden raum-zeitlichen Komponenten, die zusammen mit den $\boldsymbol{\Lambda}_{jk}$ einen schiefsymmetrischen Tensor bilden. Wie die Berechnung ihrer zeitlichen Ableitung zeigt, verschwindet diese, so daß sie ebenfalls Integrale der Feldgleichungen (Bewegungsgleichungen) sind. In den Termen $\frac{\hbar}{2}\frac{1}{i}\alpha_j^{(s)}\alpha_k^{(s)}$; $\frac{\hbar}{2}\alpha_j^{(s)}$, die sich zu $\frac{\hbar}{2}\gamma_\mu^{(s)}\gamma_\nu^{(s)}$ zusammenfassen lassen, erkennt man die nach (134) für die Transformation der DIRACschen Wellenfunktionen (hier der $\alpha_k^{(s)}$, $\beta^{(s)}$ selbst) maßgebenden Größen. Die Ausrechnung der Klammersymbole von $\boldsymbol{\Lambda}$ mit allen vorkommenden Operatoren zeigt, daß diese sich richtig transformieren und daß Impuls und Energie einen Vierervektor bilden; hiermit ist der Beweis der relativistischen Invarianz der Theorie erbracht.

Über die Quantisierung irgendwelcher klassischen Feldgleichungen und die Möglichkeit, die V.-R. aus einem kanonischen Schema abzuleiten, liegen allgemeine systematische Untersuchungen vor. Wir brauchen hier nicht näher darauf einzugehen, auch nicht auf den Zusammenhang mit der in Abschn. A, Ziff. 15, besprochenen Quantisierung der Materiewellen, sondern verweisen diesbezüglich auf die Literatur[1]. Es treten Besonderheiten auf,

---

[1] Zusammenfassende Berichte: L. ROSENFELD, Mém. de l'Inst. Henri Poincaré Bd. 2, S. 24. 1932; E. FERMI, Rev. of Mod. Physics Bd. 4, S. 87. 1932; Originalarbeiten: G. MIE, Ann. d. Phys. (4) Bd. 85, S. 711. 1928; W. HEISENBERG u. W. PAULI, I, ZS. f. Phys. Bd. 56, S. 1. 1929; II, ebenda Bd. 59, S. 168. 1929 (Bemerkungen dazu: L. ROSENFELD, ebenda Bd. 58, S. 540. 1929) und Bd. 63, S. 574. 1930; E. FERMI, Lincei Rend. (6) Bd. 9, S. 881. 1929; Bd. 12, S. 431. 1930; L. ROSENFELD, Ann. d. Phys. Bd. 5, S. 113. 1930.

wenn die Hamiltonfunktion Invarianz gegenüber einer Gruppe besitzt, deren Transformationen willkürliche Funktionen enthalten. Im Fall der Quantenelektrodynamik ist dies die Gruppe der Eichtransformationen. In der hier gegebenen Darstellung haben wir unter Verzicht auf Anwendung eines systematischen Verfahrens zur Auffindung der V.-R. nur eichinvariante Größen verwendet. Wenn man die Potentiale beibehalten will, ist wohl die Methode von FERMI die am meisten übersichtliche. Nach dieser setzt man als Strahlungsteil des Hamiltonoperators

$$\frac{1}{2}\int\left\{\sum_k\left[\sum_i\left(\frac{\partial\Phi_k}{\partial x_i}\right)^2+\frac{1}{c^2}\left(\frac{\partial\Phi_k}{\partial t}\right)^2\right]-\left[\sum_i\left(\frac{\partial\Phi_0}{\partial x_i}\right)^2+\frac{1}{c^2}\left(\frac{\partial\Phi_0}{\partial t}\right)^2\right]\right\}dV.$$

$\partial\Phi_k/\partial t$ und $\partial\Phi_0/\partial t$ spielen die Rolle der zu Φ_k und Φ_0 kanonisch konjugierten Impulse; im Materieteil des Hamiltonoperators ist der Term $-e\sum_s\Phi_0(X^{(s)})$ hinzuzufügen. Man muß dann die Nebenbedingungen

$$\sum_k\frac{\partial\Phi_k}{\partial x_k}+\frac{1}{c}\frac{\partial\Phi_0}{\partial t}=0$$

und ihre zeitliche Ableitung, die sich auf die Form

$$\operatorname{div}\vec{E}=\varrho=\sum_s\delta(x-X^{(s)})$$

bringen läßt, als gültig fordern. Beide Bedingungen sind vermöge ihrer eigenen Gültigkeit mit der Hamiltonfunktion vertauschbar, d. h. sie pflanzen sich im Lauf der Zeit von selbst fort, wenn sie zur Zeit $t=0$ beide erfüllt sind. Die Nebenbedingungen schränken zwar die Eichtransformationen wesentlich ein, aber um die Invarianz der Theorie gegenüber Lorentztransformationen einzusehen, ist die FERMIsche Methode sehr geeignet. Die Resultate sind identisch mit denen aus der hier gegebenen oder irgendeiner anderen widerspruchsfreien Darstellung der Quantenelektrodynamik.

Um in einem bestimmten Bezugssystem Folgerungen aus den Grundgleichungen der Theorie zu ziehen, ist es zweckmäßig, die elektrische Feldstärke $\vec{E}$ in einen longitudinalen und einen transversalen Teil zu zerlegen:

$$\vec{E}=\vec{E}^{(l)}+\vec{E}^{(\mathrm{tr})}. \tag{184}$$

Mit dieser Terminologie ist gemeint, daß bei räumlicher Fourierzerlegung von $\vec{E}$, d. h. Übergang zum k-Raum, $\vec{E}^{(l)}(k)$ parallel zu $\vec{k}$, $\vec{E}^{(\mathrm{tr})}$ dagegen senkrecht zu $\vec{k}$ wird. Im Koordinatenraum ist dies damit gleichbedeutend, daß $\vec{E}^{l}$ wirbelfrei und $\vec{E}^{(\mathrm{tr})}$ quellenfrei ist.

$$\operatorname{rot}\vec{E}^{(l)}=0,\qquad \operatorname{div}\vec{E}^{(\mathrm{tr})}=0. \tag{185}$$

Für $\vec{E}^{l}$ folgt sogleich aus (173_2)

$$\vec{E}^{(l)}=-\operatorname{grad}(-e)\sum_s\frac{1}{r_s}=-e\sum_s\frac{\vec{x}-\vec{X}_s}{r_s^3}, \tag{186}$$

wenn

$$r_s=|\vec{x}-\vec{X}^s|$$

den Abstand des Aufpunktes vom Ort des $s$ten Teilchens bedeutet[1]. In bekannter Weise folgt sodann

$$\int\vec{E}^{(l)}\vec{E}^{\mathrm{tr}}\,dV=0,$$

$$\frac{1}{2}\int(\vec{E}^{(l)})^2\,dV=\frac{1}{2}\sum_s\sum_{s'}\frac{e^2}{r_{ss'}},$$

wenn

$$r_{ss'}=|\vec{X}^{(s)}-\vec{X}^{(s')}|$$

[1] Wir nehmen immer an, daß $\vec{E}$ im Unendlichen hinreichend rasch verschwindet. Dann sind auch Felder, die sowohl wellen- als auch wirbelfrei sind, ausgeschlossen.

den Abstand des Teilchens s vom Teilchen s' bedeutet. Hierin sind für $s = s'$ unendlich große Terme enthalten; es ist die unendlich große elektrostatische Selbstenergie der Teilchen (die offenbar schon im Falle eines einzigen Teilchens hier auftritt). Um mit der Theorie rechnen zu können, muß man

$$\frac{1}{2}\int (\vec{\boldsymbol{E}}^{(l)})^2 dV = \frac{1}{2}\sum_s \sum_{s'} \frac{e^2}{\boldsymbol{r}_{ss}} = n\cdot\infty + \sum_{s<s'} \frac{e^2}{\boldsymbol{r}_{ss'}}$$

durch

$$\sum_{s<s'} \frac{e^2}{\boldsymbol{r}_{ss'}}$$

ersetzen. *Dadurch wird bereits die relativistische Invarianz der Theorie zerstört.*

Mit dieser Modifikation geht sodann der Hamiltonoperator (175) über in

$$\boldsymbol{H}' = c\sum_{s=1}^{n}\left\{\sum_k \alpha_k^{(s)}\pi_k^{(s)} + mc\beta^{(s)}\right\} + \sum_{s<s'}\frac{e^2}{\boldsymbol{r}_{ss'}} + \frac{1}{2}\int(\vec{\boldsymbol{E}}^{(\mathrm{tr})2} + \vec{\boldsymbol{H}}^2 + \Delta_0)\,dV. \tag{187}$$

Hierin kann man nun wie in der Vakuumelektrodynamik $\vec{\boldsymbol{E}}^{\mathrm{tr}}$ durch die Lichtquantenzahlen ausdrücken, nur werden diese sich jetzt im Lauf der Zeit verändern, während sie in der Vakuumelektrodynamik konstant sind.

Wir führen nun eine Schrödingerfunktion

$$\Psi_{\varrho_1\varrho_2\ldots\varrho_n}(\vec{X}^{(1)}\ldots\vec{X}^{(n)};\, N(\lambda,\vec{k}))$$

ein, die von den Spinindizes (jeder läuft von 1 bis 4) und den Ortskoordinaten der materiellen Teilchen einerseits, den Lichtquantenzahlen im Impulsraum andererseits abhängt. Das Quadrat des Absolutwertes dieser Funktion bedeutet die entsprechende Wahrscheinlichkeit. Wie die Operatoren $\alpha_k^{(s)}$, $\beta^{(s)}$, $\boldsymbol{X}_k^{(s)}$, $\boldsymbol{N}(\lambda, k)$ auf Ψ wirken, ist klar, dagegen ist noch nicht eindeutig bestimmt, wie die Feldstärken $\vec{\boldsymbol{E}}$, $\vec{\boldsymbol{H}}$ und die $\pi_k^{(s)}$ wirken. Denn in der Definition von Ψ ist bis jetzt noch eine Phase $e^{if(X^{(1)}\ldots X^{(n)};\,N(\lambda,k))}$ willkürlich und je nachdem, wie diese festgelegt wird, wird die Anwendung der Operatoren $\vec{\boldsymbol{E}}$, $\vec{\boldsymbol{H}}$ und $\pi_k^{(s)}$ auf Ψ ein verschiedenes Resultat geben. An sich ist jede Festsetzung darüber erlaubt, die mit den V.-R. im Einklang ist.

Nun können wir zunächst festsetzen, daß $\vec{\boldsymbol{E}}^{\mathrm{tr}}$ und $\vec{\boldsymbol{H}}$ genau so wirken sollen wie in der Vakuumelektrodynamik, also nach (121), (125), (132)

$$\vec{\boldsymbol{E}}^{\mathrm{tr}} = \int \vec{\boldsymbol{E}}(\vec{k})\, e^{i\vec{k}\vec{x}}\, dk^{(3)} = \int (\boldsymbol{F}(k) + \boldsymbol{F}^*(-k))\, e^{i\vec{k}\vec{x}}\, dk^{(3)}$$

$$= \int\sqrt{\frac{\hbar c|k|}{2}}\sum_{\lambda=1,2}[\vec{\varepsilon}(\lambda,k)\,\boldsymbol{a}(\lambda,k) + \vec{\varepsilon}^*(\lambda,-k)\,\boldsymbol{a}^*(\lambda,-k)]\, e^{i\vec{k}\vec{x}}\, dk^{(3)},$$

$$\vec{\boldsymbol{H}} = \int \vec{\boldsymbol{H}}(k)\, e^{i\vec{k}\vec{x}}\, dk^{(3)} = \int\left[\frac{\vec{k}}{k},\, \boldsymbol{F}(k) - \boldsymbol{F}^*(-k)\right] e^{i\vec{k}\vec{x}}\, dk^{(3)}$$

$$= \int\sqrt{\frac{\hbar c|k|}{2}}\sum_{\lambda=1,2}\left\{\left[\frac{\vec{k}}{|k|}\,\vec{\varepsilon}(\lambda,k)\right]\boldsymbol{a}(\lambda,k) + \left[\frac{\vec{k}}{|k|}\,\vec{\varepsilon}^*(\lambda,-k)\right]\boldsymbol{a}^*(\lambda,-k)\right\} e^{i\vec{k}\vec{x}}\, dk^{(3)}.$$

$\boldsymbol{a}$, $\boldsymbol{a}^*$ wirken wie in (137) bis (140) angegeben.

Man erhält sodann folgende mit den V.-R. (168) und (174) verträgliche Festsetzung über die Wirkung der $\pi_j^{(s)}$

$$\pi_j^{(s)} \Psi(\vec{X}, N(k)) = \left\{ \frac{\hbar}{i} \frac{\partial}{\partial X_j^{(s)}} + \frac{e}{c} \int \frac{1}{r_s} \sum_{k=1}^{3} \frac{\partial \boldsymbol{H}_{jk}(x)}{\partial x_k} dV \right\} \Psi$$

$$= \left\{ \frac{\hbar}{i} \frac{\partial}{\partial X^{(s)}} + \frac{e}{c} \frac{-i}{\sqrt{-\Delta}} [\vec{\boldsymbol{F}}_i(\vec{X}^s) - \boldsymbol{F}_i^*(\vec{X}_s)] \right\} \Psi,$$

oder im k-Raum geschrieben

$$\pi_j^{(s)} \Psi(\vec{X} N(k)) = \left\{ \frac{\hbar}{i} \frac{\partial}{\partial X^{(s)}} + \frac{e}{c} (-i) \int \frac{1}{|k|} [\boldsymbol{F}_j(k) - \boldsymbol{F}_j^*(-k)] e^{i\vec{k}\vec{X}^{(s)}} dk^{(3)} \right\} \Psi, \tag{188$_1$}$$

also auch

$$\left.\begin{aligned} \pi_j^{(s)} \Psi(\vec{X} N(k)) = \Big\{ \frac{\hbar}{i} \frac{\partial}{\partial X_j^{(s)}} + \frac{e}{c} (-i) \sqrt{\frac{\hbar c}{2|k|}}\, e^{i\vec{k}\vec{X}^{(s)}} [\varepsilon_j(\lambda, k)\, \boldsymbol{a}(\lambda, k) \\ + \varepsilon_j^*(\lambda, -k)\, \boldsymbol{a}^*(\lambda, -k)]\, dk^{(3)} \Big\} \Psi. \end{aligned}\right\} \tag{188$_2$}$$

Setzt man dies in den Hamiltonoperator ein, so erhält man

$$\left.\begin{aligned} \frac{\hbar}{i} \frac{\partial \Psi}{\partial t} + \Big\{ \int N(k) \hbar c |k|\, dk^{(3)} + c \sum_{s=1}^{n} \sum_{k=1}^{3} \left(\alpha_k^{(s)} \frac{\hbar}{i} \frac{\partial}{\partial x^{(s)}} + m c \beta^{(s)} \right) \\ + \sum_{s<s'} \frac{e^2}{r_{ss'}} + \boldsymbol{H}_1 \Big\} \Psi = 0, \end{aligned}\right\} \tag{189}$$

worin

$$\left.\begin{aligned} \boldsymbol{H}_1 \Psi = e(-i) \Big\{ \int \sum_{k=1}^{3} \sqrt{\frac{\hbar c}{2|k|}} \sum_{s=1}^{n} e^{i\vec{k}\vec{X}^{(s)}} \alpha_j^{(s)} \sum_{\lambda=1,2} [\varepsilon_j(\lambda, k)\, \boldsymbol{a}(\lambda, k) \\ + \varepsilon_j^*(\lambda, -k)\, \boldsymbol{a}^*(\lambda, -k)]\, dk^{(3)} \Big\} \Psi. \end{aligned}\right\} \tag{190}$$

Manchmal ist es bequem, statt der kontinuierlichen $\vec{k}$-Werte diskrete einzuführen.

Wäre der Term $H_1 \Psi$ in (189) nicht vorhanden, so hätte man es mit materiellen Teilchen zu tun, die aufeinander elektrostatische Kräfte ausüben, und einem von diesen Teilchen unabhängigen Strahlungsfeld. Der Term $\boldsymbol{H}_1 \Psi$ bestimmt also die Koppelung der Teilchen mit dem Strahlungsfeld und ist bestimmend für die Beschreibung der Emission, Absorption und Dispersion des Lichtes. Der Erfolg der im Abschn. A dargestellten Wellenmechanik beruht wesentlich auf der Annahme, daß die Koppelung mit dem Strahlungsfeld als eine relativ kleine Störung betrachtet werden kann. Im folgenden werden wir diskutieren, inwieweit die vorliegende Theorie dieser Forderung entspricht. Es sei noch betont, daß die Gleichungen (189) im wesentlichen die Grundlage der ursprünglichen DIRACschen Theorie der Wechselwirkung zwischen Strahlung und Materie bilden[1].

---

[1] P. A. M. DIRAC, Proc. Roy. Soc. London Bd. 114, S. 243, 710. 1927. DIRAC verwendete erstens bei der Quantelung der Strahlung stehende Wellen und nicht fortschreitende, zweitens war damals seine Theorie des Elektrons noch nicht entstanden und er setzte deshalb für jedes Teilchen entsprechend der unrelativistischen Wellenmechanik $\frac{1}{2m} \sum_j \pi_j^2$ an Stelle von $c \sum (\alpha_j \pi_j + m c \beta)$ im Hamiltonoperator ein. Dies ist für kleine Teilchengeschwindigkeiten näherungsweise richtig. — Daß die Gleichungen (189), (190) aus der Quantenelektrodynamik folgen, wurde von J. R. OPPENHEIMER, Phys. Rev. Bd. 35, S. 461. 1930 und E. FERMI, Lincei Rend. Bd. 12, S. 431. 1930, gezeigt.

Statt die $N(k)$ als Argumente der Ψ-Funktion zu verwenden, kann man mit LANDAU und PEIERLS[1] auch den $\vec{k}$-Raum der Lichtquanten einführen. Man hat dann für jede Gesamtzahl N der vorhandenen Lichtquanten Funktionen

$$f^{(N)}_{\varrho_1 \ldots \varrho_n, j_1 \ldots j_N}(\vec{X}^{(1)} \ldots \vec{X}^{(n)}, \vec{k}^{(1)} \ldots \vec{k}^{(N)}),$$

hierin läuft jeder der Spinindizes ϱ_s der Materieteilchen von 1 bis 4, jeder der Lichtquantenindizes j von 1 bis 3. Das Resultat der Anwendung des Hamiltonoperators auf diese Funktionen ergibt sich gemäß (163) unmittelbar, wenn die Form (188_1) des Operators $\pi_j^{(s)}$ verwendet wird.

Anwendungen. Die Anwendungen der auf der Quantisierung des Strahlungsfeldes, d. h. des Photonenbegriffes, basierten Theorie der Wechselwirkung zwischen Strahlung und Materie beruhen alle darauf, daß die Koppelung von Strahlung und Materie also in (189) der Term mit $\boldsymbol{H}_1$ als relativ kleine Störung betrachtet wird. Formal entspricht diese Störungsrechnung einer Entwicklung nach Potenzen der Ladung e.

Bezüglich der Ergebnisse für die Phänomene der Emission, Absorption und Dispersion im allgemeinen verweisen wir auf Kap. 5 des Handbuches. Ein wesentlicher Fortschritt, den diese Theorie gebracht hat, besteht in der Möglichkeit, die Strahlungsdämpfung (also auch Fragen der Linienbreite) in korrekter Weise zu behandeln.

Wir wollen hier noch kurz zeigen, wie die bei der korrespondenzmäßigen Behandlung der Strahlungsphänomene (Abschn. A, Ziff. 15) auftretenden, scheinbar willkürlichen Vorschriften I und II durch die Photonentheorie von selbst gerechtfertigt werden. Was zunächst die emittierte oder gestreute Strahlung betrifft, so ist es nicht nötig, den Hamiltonoperator direkt zu verwenden, sondern man kann auch mit HEISENBERG[2] direkt die als Operatorgleichungen aufgefaßten MAXWELLschen Gleichungen durch retardierte Potentiale integrieren. Dabei ist es zweckmäßig, statt der Elektronenorte die ungestörten stationären Zustände des Systems als Variable einzuführen, also die Funktion $\Psi(\vec{X}_1 \ldots \vec{X}_n, N(k, \lambda), t)$ nach den Eigenfunktionen $u_l(X_1 \ldots X_n)$ dieser Zustände zu zerlegen:

$$\Psi(\vec{X}_1 \ldots \vec{X}_n N(k, \lambda) t) = \sum_l c_l(N(k, \lambda) t)\, u_l(\vec{X}_1 \ldots \vec{X}_n).$$

Die Berechnung der emittierten oder gestreuten Strahlung erfolgt dann genau so wie bei dem korrespondenzmäßigen Verfahren, nur daß die Operatoren bzw. Matrizen im allgemeinen auch auf die Lichtquanten wirken.

Was nun die Vorschrift I betrifft, so folgt sie unmittelbar daraus, daß der Erwartungswert der Strahlungsintensität durch $2\boldsymbol{F}^*\boldsymbol{F}$, nicht durch $\boldsymbol{F}^*\boldsymbol{F} + \boldsymbol{F}\boldsymbol{F}^*$ gegeben ist. Die Zerlegung der Feldstärken in einen zu $e^{+i\nu t}$ und einen zu $e^{-i\nu t}$ proportionalen Teil, der in Abschn. A, Ziff. 15, durchgeführt wurde [s. Abschn. A, Gleichung (361)], entspricht aber genau der Zerlegung der Feldstärken nach (121) in einen nur $\boldsymbol{F}^*$ bzw. nur $\boldsymbol{F}$ enthaltenden Teil. (Dies ist wenigstens an solchen Raumstellen der Fall, wo die Ladungs- und Stromdichte verschwindet, was in größeren Entfernungen vom Atom zutrifft.) *Das ganze Verfahren der Vorschrift I läuft in der Photonentheorie auf die Bildung des Erwartungswertes von* $\boldsymbol{F}^*\boldsymbol{F}$ *hinaus.*

Ganz ähnlich verläuft die Begründung der Vorschrift II, die notwendig war, um die Rückwirkung der Strahlung auf das Atom zu berechnen. Wir hatten

---

[1] L. LANDAU u. R. PEIERLS, ZS. f. Phys. Bd. 62, S. 188. 1930.

[2] W. HEISENBERG, Ann. d. Phys. (5) Bd. 9, S. 338. 1931. — Im Gegensatz zu HEISENBERG verwenden wir hier nicht die Methode der Quantelung der Materiewellen; die Wechselwirkung zwischen den Elektronen des Atoms kann dann beliebig sein.

in Abschn. A, Gleichung (378) und (379), für die gestörten Zustandsamplituden $c_m^{(1)}$ einen Ausdruck gefunden

$$\mathbf{c}_m^{(1)} = \sum_n (\vec{f}_{mn}(t)\,\vec{\boldsymbol{E}}^{(+)} + \vec{f}_{nm}^{\,*}(t)\,\vec{\boldsymbol{E}}^{(-)}).$$

Zunächst kann man statt $\boldsymbol{E}^{(+)}$ und $\boldsymbol{E}^{(-)}$ auch schreiben $\boldsymbol{F}^*(k)$ und $\boldsymbol{F}(k)$, sodann ist zu beachten, daß die $\mathbf{c}_m^{(1)}$ Operatoren (bzw. Matrizen) sind, die auch auf die Lichtquantenzahlen wirken. Was man zu berechnen hat, ist $\sum_{N'} |c_m^{(1)}(N', t)|^2$, also wegen $c_m^{(1)}(N', t) = \sum_N c_m^{(1)}(N', N)\, c_m^{(0)}(N, t)$:

$$\sum_{N'} |c_m^{(1)}(N', N)|^2,$$

worin N die Lichtquantenzahl im Anfangszustand ist. Setzen wir

$$c_m^{+(1)} = -i\Big(\sum_n \vec{f}_{mn}^{\,*}(t)\,\vec{\boldsymbol{E}}^{(-)} + \vec{f}_{nm}(t)\,\vec{\boldsymbol{E}}^{(+)}\Big),$$

so ist

$$c_m^{+(1)}(N, N') = (c_m^{(1)}(N', N))^*,$$

also

$$\sum_{N'} |c_m^{(1)}(N', N)|^2 = \sum_{N'} c_m^+(N, N')\, c_m(N', N) = (\mathbf{c}_m^+ \mathbf{c}_m)_{N,N}.$$

Man hat also in der Tat den Erwartungswert von $\mathbf{c}_m^+ \mathbf{c}_m$ zu bilden, worin $\mathbf{c}_m^+$ links von $\mathbf{c}_m$ steht. Sodann ist der Erwartungswert von $2\boldsymbol{F}^*\boldsymbol{F}$ proportional zu $|k|\,N(k)$, der Erwartungswert von $2FF^*$ zu $|k|(N(k) + 1)$. Der Faktor $2h\nu^3/c^3$, der in Abschn. A angegeben wurde, folgt dann in bekannter Weise aus der Dichte der Eigenschwingungen.

Bei Einführung der Lichtquantenzahlen als unabhängige Variable in die Wellenfunktionen werden also die beiden besonderen Vorschriften der korrespondenzmäßigen Behandlung der Strahlungsvorgänge wieder auf die allgemeinen Prinzipien der Wellenmechanik zurückgeführt.

Als ein anderes Problem, das sich mit Hilfe der Theorie leicht behandeln läßt, sei der GEIGER-BOTHEsche Versuch erwähnt, der beim Comptoneffekt die Koppelung der Zeitpunkte des Auftretens des gestreuten Elektrons und des beim selben Prozeß gestreuten Quants in den Zählern beweist. Aus der Theorie folgt ohne weiteres, daß diese Zeitpunkte innerhalb der Gültigkeitsgrenzen der geometrischen Optik und der aus der Ausdehnung der den Anfangszustand definierenden Wellenpakete sich ergebenden Grenzen übereinstimmen müssen[1].

8. Die Selbstenergie des Elektrons. Grenzen der jetzigen Theorie. Bereits bei der Berechnung der elektrostatischen Energie der Teilchen aus der Quantenelektrodynamik haben wir gesehen, daß die elektrostatische Selbstenergie eines einzigen Teilchens sich als unendlich groß ergibt. Weiter zeigt sich aber, daß selbst nach Wegstreichen dieses unendlich großen Energiebetrages die resultierenden Gleichungen (189), (190) noch immer zu einer unendlich großen magnetischen Selbstenergie führen.

Entwickelt man in der Tat im Fall, daß ein einziges Teilchen vorhanden ist, nach der Ladung e des Teilchens, so erhält man nach der allgemeinen Formel Abschn. A, Gl. (230_2) der Störungsrechnung für einen stationären Zustand eine zu e^2 proportionale Zusatzenergie:

$$\varDelta E = \sum_{n,k,\lambda} \frac{\left| H^{(1)}_{m0;\, n1_{\lambda k}} \right|^2}{E_m - E_n + \hbar c|k|}.$$

[1] Vgl. hierzu auch W. HEISENBERG, Die physikalischen Prinzipien der Quantenmechanik, § 2d. Leipzig 1930.

Hierin ist $H^{(1)}$ der durch (190) definierte Operator, die Indizes m, n beziehen sich auf Anfangs- und Zwischenzustand des Teilchens, 0 und $1_{\lambda \vec{k}}$ sind die Lichtquantenzahlen im Anfangs- und Zwischenzustand. Geht man nämlich von einem Anfangszustand aus, wo kein Lichtquant vorhanden ist, so sind nur diejenigen Matrixelemente von Null verschieden, wo im Zwischenzustand *ein* Lichtquant vorhanden ist. Einsetzen des Operators $H^{(1)}$ ergibt

$$\Delta E = e^2 \sum_n \int d k^{(3)} \frac{\hbar c}{2|k|} \frac{1}{E_m - E_n + \hbar c|k|} \sum_{\lambda=1,2} \int \sum_{i=1}^{3} \sum_{j=1}^{3} u_m^*(\vec{x})\, \alpha_i u_n(x)$$
$$\cdot\, u_n^*(x')\, \alpha_j u_m(x')\, \varepsilon_{i\lambda}^{*}\, \varepsilon_{j\lambda}\, e^{i\vec{k}(\vec{x}-\vec{x}')}\, d x^{(3)}\, d x'^{(3)}.$$

Im kräftefreien Fall kann

$$u_n(x) = a_\varrho\, e^{i\vec{K}\vec{x}}$$

gesetzt werden, worin ϱ der Spinindex ist und die Rolle des Index n durch K und die Spinzustände (zwei positiver und zwei negativer Energie) übernommen wird. Hat man es mit einem gebundenen Teilchen zu tun, so zeigt es sich, daß es auf den Bindungszustand nicht ankommt, sobald man sich nur dafür interessiert, in welcher Weise ΔE unendlich wird. Hierfür sind nämlich im kräftefreien Fall die hohen Werte von K, im allgemeinen Fall die hochangeregten Quantenzustände maßgebend. Für diese ist aber in einem Gebiet, wo $u_m(x)$ merklich von Null verschieden ist, $u_n(x)$ durch die kräftefreie Eigenfunktion ersetzbar, wenn für K eine mittlere Wellenzahl des $n$ten Zustandes im Gebiet des Anfangszustandes m eingesetzt wird. Es genügt also den kräftefreien Fall zu betrachten[1].

Man hat nun erstens über λ, zweitens über die bei gegebenem $\vec{K}$ möglichen vier Zustände des materiellen Teilchens zu summieren und über $\vec{x}'$, $\vec{x}$ und $\vec{K}$ zu integrieren. Die Ausrechnung ergibt, wie WALLER[2] und OPPENHEIMER[3] gezeigt haben, einen von $\vec{k}$ abhängigen Integranden, der für große $\vec{k}$ unendlich wird. Und zwar enthält ΔE zwei Terme, die nach Integration über die Richtungen von $\vec{k}$ von der Form werden

$$\Delta E = f_1(|K_m|) \int^{\infty} |k|\, d k + f_2(K_m) \int^{\infty} d k.$$

Es ist für ein anfangs ruhendes Teilchen f_1 von Null verschieden, während f_2 für kleine K_m proportional $|\vec{K}_m|^2$, also auch zum Quadrat der Geschwindigkeit wird. Der erste (positive) Term entspricht in gewisser Weise der Spinenergie, der zweite (negative) Term dem durch die Translationsbewegung erzeugten Magnetfeld.

Ein *direkter* Zusammenhang zwischen der Schwierigkeit der unendlich großen Selbstenergie und der früher erörterten der Zustände negativer Energie besteht nicht. Denn auch in Theorien, die nur Zustände positiver Energie zulassen

---

[1] Ich verdanke diese Bemerkung Herrn R. PEIERLS. — Über den Fall der Selbstenergie beim harmonischen Oszillator vgl. auch L. ROSENFELD, ZS. f. Phys. Bd. 70, S. 454. 1931.

[2] I. WALLER, ZS. f. Phys. Bd. 62, S. 673. 1930.

[3] J. R. OPPENHEIMER, Phys. Rev. Bd. 35, S. 461. 1930.

(Ausschließen der Zwischenzustände negativer Energie nach SCHRÖDINGER oder Ersatz des Hamiltonoperators $\sum_k \alpha_k \pi_k + mc\beta$ durch $mc^2 + \frac{1}{2m}\sum_k \pi_k^2$) resultiert eine unendlich große Selbstenergie.

Ferner ist zu betonen, daß die Schwierigkeit der unendlich großen Selbstenergie bereits in derselben Näherung (zu e^2 proportionale Terme) auftritt, die in der Theorie der Dispersionserscheinungen erforderlich ist. Man vermeidet sie dort nur dadurch, daß man sich bei der Diskussion der zeitabhängigen Lösung für die Ψ-Funktion auf diejenigen Terme beschränkt, die einen Resonanznenner der Energie enthalten und im Lauf der Zeit stärker anwachsen.

Wir sahen, daß die Schwierigkeit der Selbstenergie wesentlich von den kurzen Wellen des Strahlungsfeldes, also den kleinen Räumen herrührt. Und es fragt sich, ob eine solche Änderung der Theorie helfen würde, die der Einführung einer endlichen Ausdehnung des Elektrons in der klassischen Elektrodynamik entsprechen würde. *Dies ist formal zwar möglich, aber nur unter Verzicht auf die relativistische Invarianz der Theorie.*

Man kann nämlich, ohne den Hamiltonoperator (175) und den Impulsausdruck (176) zu verändern, in die V.-R. der $\vec{\pi}_i^{(s)}$ untereinander und der $\vec{\pi}_i$ mit der elektrischen Feldstärke $\vec{E}$ eine „Gestaltsfunktion“ $D(\vec{x})$ des Elektrons einführen, die nur für x von der Ordnung des klassischen Elektronenradius $d = \frac{e^2}{mc^2}$ merklich von Null verschieden (sonst beliebig) ist[1]. Es wären dann die V.-R. (168) und (174) zu ersetzen durch

$$\left[\pi_j^{(s)}, \pi_i^{(s')}\right] = \delta_{ss'} \frac{\hbar}{i} \frac{e}{c} \int D(\vec{x} - \vec{X}^{(s)})\, H_{ij}(\vec{x})\, dx^{(s)}, \tag{168'}$$

$$\left[\pi_i^{(s)}, E_j(x)\right] = (-e)\frac{\hbar}{i}(-\delta_{ij}) \cdot D(\vec{x} - \vec{X}^{(s)}). \tag{174'}$$

Die Nebenbedingung (173_2) wird ersetzt durch

$$\operatorname{div}\vec{E} = (-e)\sum_{s=1}^{n} D(\vec{x} - \vec{X}^{(s)}),$$

und die Bewegungsgleichungen werden

$$\frac{d\pi_k}{dt} = (-e)\int D(\vec{x} - \vec{X}^{s})\left\{E_k(\vec{x}) + \sum_l H_{kl}(\vec{x})\,\alpha_l^{(s)}\right\} dx^{(3)},$$

die MAXWELLsche Gleichung für den Strom wird endlich

$$-\frac{1}{c}\frac{\partial \vec{E}(\vec{x})}{\partial t} + \operatorname{rot}\vec{H}(\vec{x}) = (-e)\sum_{s=1}^{n} \vec{\alpha}^{(s)} D(\vec{x} - \vec{X}^{(s)}).$$

Die Selbstenergie wird endlich, weil infolge der D-Funktion ein Faktor hinzukommt, der den Integranden im k-Raum für $k \gg 1/d$ praktisch zum Verschwinden bringt (Strukturfaktor des Elektrons).

Da aber hierbei die relativistische Invarianz der Theorie ebenso wie bei dem entsprechenden Verfahren in der klassischen Theorie verlorengeht — im gestrichenen Koordinatensystem würde ja D die Zeit explizite enthalten —, scheint ein solches Verfahren als Lösung der Schwierigkeit kaum annehmbar.

---

[1] Vgl. hierzu M. BORN u. G. RUMER, ZS. f. Phys. Bd. 69, S. 141. 1931.

Der Umstand, daß die Selbstenergie nach der Theorie unendlich groß resultiert, verhindert auch eine konsequente relativistische Behandlung des Mehrkörperproblems[1].

Es ist bemerkenswert, daß formal ganz analog zum Fall des Elektrons auch eine unendlich große Selbstenergie des von einem Lichtquant erzeugten Gravitationsfeldes auftritt, wenn letzteres quantisiert wird, obwohl hier in der klassischen Theorie keine Punktsingularität eingeführt wird[2]. Es hängt dies damit zusammen, daß, wie bereits in Ziff. 7 betont, die Anwendung des wellenmechanischen Formalismus auf Systeme mit unendlich vielen Freiheitsgraden eine Überschreitung des korrespondenzmäßig Zulässigen darstellt. *Wir möchten hierin einen Hinweis dafür erblicken, daß nicht nur der Feldbegriff, sondern auch der Raum-Zeit-Begriff im kleinen einer grundsätzlichen Modifikation bedarf.*

Über die nötigen Modifikationen des Feldbegriffes möge noch folgendes bemerkt werden: Die gegenwärtige Theorie beruht auf zwei logisch unabhängigen Fundamenten, denen in der klassischen Theorie die Punktmechanik und die MAXWELLsche Theorie entsprechen; nämlich auf der Wellenmechanik des materiellen Teilchens und der Wellenmechanik (Photonentheorie) des Strahlungshohlraumes. Dem entspricht es, daß sie von der Atomistik der elektrischen Ladung nicht Rechenschaft gibt, da sie ja mit beliebig vielen und auch mit beliebig kleinen elektrischen Elementarladungen in Einklang zu bringen wäre. Dem entspricht auch ihr (mißglückter) Versuch, das ganze Eigenfeld eines bewegten Elektrons in Photonen aufzulösen, anstatt es als ein mit dem Elektron zusammenbestehendes unteilbares Ganzes aufzufassen, das untrennbar geknüpft ist an einen bestimmten numerischen Wert der dimensionslosen Zahl $e^2/\hbar c$. Hier wird eine künftige vollständige relativistische Quantentheorie eine tiefgehende Vereinheitlichung der Grundlagen bringen müssen.

---

[1] Näherungsweise Ansätze für dieses liegen vor von G. BREIT, Phys. Rev. Bd. 34, S. 553. 1929; Bd. 36, S. 383. 1930 (magnetische Wechselwirkung, aber ohne Retardierung), siehe Kap. 3, Ziff. 22, ds. Handb., und C. MØLLER, ZS. f. Phys. Bd. 70, S. 786. 1931 (Stöße mit schwacher Wechselwirkung, retardiert behandelt), ferner Ann. d. Phys. Bd. 14, S. 531. 1932. Siehe hierzu Kap. 3, Ziff. 50, und Kap. 5, Ziff. 6, ds. Handb. Vgl. auch A. D. FOKKER, Physica Bd. 12, S. 145. 1932 und ZS. f. Phys. Bd. 58, S. 386. 1929, wo ein Fall eines Zweikörperproblems mit teilweise retardierten, teilweise avancierten Potentialen behandelt wird, bei dem klassisch keine Ausstrahlung erfolgt.

[2] L. ROSENFELD, ZS. f. Phys. Bd. 65, S. 589. 1930; J. SOLOMON, ebenda Bd. 71, S. 162. 1931.

Kapitel 3.

Quantenmechanik der Ein- und Zwei-Elektronenprobleme.

Von

H. BETHE, München.

Mit 57 Abbildungen.

Vorbemerkung. Eines der einfachsten Anwendungsgebiete der Quantenmechanik ist die Theorie der Atome mit ein und zwei Elektronen. Für den Wasserstoff und die dazu analogen Ionen He^+, Li^{++} usw. lassen sich die Rechnungen exakt durchführen, für die Atome und Ionen mit zwei Elektronen H^-, He, Li^+, Be^{++} usw. hat man Näherungsverfahren, deren Genauigkeit (zum mindesten für den Grundzustand) ebenso groß ist wie die der spektroskopischen Messung. Auch das Verhalten der genannten Atome in äußeren Feldern läßt sich sehr weitgehend beherrschen, während die Feinstruktur des He und die Hyperfeinstruktur des Li^+-Spektrums die einfachsten Beispiele darstellen, an denen sich theoretische Vorstellungen über die Wechselwirkung schnellbewegter Teilchen und über die magnetischen Momente der Kerne prüfen lassen. Über die in vorliegendem Artikel gebrauchten Bezeichnungen usw. ist folgendes zu sagen:

1. Um uns von lästigen Zahlenfaktoren zu befreien, verwenden wir im allgemeinen für alle Größen die von HARTREE eingeführten atomaren Einheiten[1]. Die Grundeinheiten sind:

Einheit der Ladung $= e =$ Ladung des Elektrons $= 4{,}769 \cdot 10^{-10}$ e.s. E. $= 1{,}5907 \cdot 10^{-20}$ * e.m. E.,

Einheit der Masse $= m =$ Masse des Elektrons $= 9{,}037 \cdot 10^{-28}$ g,

Einheit der Länge $= a = \dfrac{h^2}{4\pi^2 m e^2} =$ Radius der innersten Kreisbahn im Wasserstoffmodell von BOHR $= 0{,}5281 \cdot 10^{-8}$ cm.

Davon abgeleitet:

Einheit der Energie $\dfrac{e^2}{a} = \dfrac{4\pi^2 m e^4}{h^2} =$ doppelte Ionisierungsspannung des Wasserstoffs $= 4{,}307 \cdot 10^{-11}$ erg,

Einheit der Geschwindigkeit $v_0 = \dfrac{2\pi e^2}{h} = \dfrac{c}{137{,}3} =$ Geschwindigkeit des Elektrons in der innersten Bahn im BOHRschen Modell des Wasserstoffatoms $= 2{,}183 \cdot 10^8$ cm/sec,

Einheit der Zeit $\dfrac{a}{v_0} = \dfrac{h^3}{8\pi^3 m e^4} = 2{,}4188 \cdot 10^{-17}$ sec,

---

[1] D. R. HARTREE, Proc. Cambridge Phil. Soc. Bd. 24, S. 89. 1928.

* Die Bestimmungen aus der kurzwelligen Grenze des kontinuierlichen Röntgenspektrums sowie aus den absoluten Messungen der Gitterkonstanten von Kristallen scheinen übereinstimmend einen höheren Wert zu fordern (ca. $4{,}79 - 4{,}80 \cdot 10^{-10}$ e.s. E.).

Einheit der Frequenz $\frac{v_0}{a} = \frac{8\pi^3 m e^4}{h^3} = 4\pi Ry$ (Ry = Rydbergfrequenz) $= 4{,}1342 \cdot 10^{+16}\ \mathrm{sec}^{-1}$,

Einheit der Wirkung $\hbar = \frac{h}{2\pi} = 1{,}0418 \cdot 10^{-27}\ \mathrm{g\,cm^2\,sec^{-1}}$ (erg sec),

Einheit des elektrischen Potentials $\frac{e}{a} = \frac{4\pi^2 m e^3}{h^2} = 0{,}09030$ e.s.E. $= 27{,}09$ Volt,

Einheit der elektrischen Feldstärke $\frac{e}{a^2} = \frac{16\pi^4 m^2 e^5}{h^4} = 5{,}13 \cdot 10^9$ Volt/cm.

In diesen Einheiten bekommt die Schrödingergleichung für das Wasserstoffatom die Form

$$\Delta u + 2\left(E + \frac{1}{r}\right)u = 0 .$$

r ist der Abstand des Elektrons vom Kern in atomaren Einheiten. Die Energie drücken wir bisweilen auch in Rydberg aus, also in halben atomaren Einheiten. In diesem Fall schreiben wir stets die Angabe „Ry“ neben die Zahlenwerte.

In der relativistischen Theorie von Wasserstoff und Helium sowie in der Strahlungstheorie haben wir zunächst nicht in atomaren, sondern in gewöhnlichen Einheiten gerechnet. Dies ist geschehen in Ziff. 5, 7 bis Gleichung (7.13) einschließlich, Ziff. 8 bis Gleichung (8.13), Ziff. 9, 21, 22, 25 bis Gleichung (25.8) einschließlich, Ziff. 26, 27, ferner in der gesamten Strahlungs- und Stoßtheorie (Ziff. 38 bis 56).

2. Wir benutzen stets normierte Kugelfunktionen $Y_{lm}(\vartheta, \varphi)$ (Normierungsbedingung $\int |Y_{lm}|^2 \sin\vartheta\, d\vartheta\, d\varphi = 1$), deren Beziehungen zu den gewöhnlichen Kugelfunktionen im Anhang (Ziff. 65) erläutert sind. Entsprechend sind die radialen Eigenfunktionen normiert durch die Bedingung

$$\int R^2(r)\, r^2\, dr = 1 .$$

Unter $d\tau$ verstehen wir das Volumelement

$$d\tau = dx\, dy\, dz = r^2\, dr \sin\vartheta\, d\vartheta\, d\varphi .$$

3. Die in atomaren Einheiten $h/2\pi$ gemessenen Momente des Bahndrehimpulses, des Spins und des Gesamtdrehimpulses bezeichnen wir mit $\mathfrak{k}$, $\mathfrak{s}$, $\mathfrak{M}$, die entsprechenden Quantenzahlen mit l (Azimutalquantenzahl), s (Spinquantenzahl), j (innere Quantenzahl). Die Quantenzahlen, welche die Komponenten der Drehimpulse in einer festen Richtung z angeben, nennen wir m_l, m_s, m, wenn es sich um die Theorie des Spinelektrons handelt, für das Elektron ohne Spin verwenden wir m an Stelle von m_l für die Quantenzahl des Bahndrehimpulses in der z-Richtung. — Daneben verwenden wir für den Spin noch den PAULIschen Spinoperator $\vec{\sigma} = 2\mathfrak{s}$.

I. Die Atome ohne äußere Felder.

A. Das Wasserstoffatom.

1. Nichtrelativistische Theorie.

1. Separation der Schrödingergleichung in Polarkoordinaten. Winkelabhängige Eigenfunktionen und Drehimpulsmatrix. Die Schrödingergleichung für ein Elektron im Felde eines Z-fach geladenen Kerns lautet in gewöhnlichen Einheiten

$$\Delta u + \frac{8\pi^2 m}{h^2}\left(E + \frac{Z e^2}{r}\right)u = 0, \tag{1.1'}$$

in HARTREEschen atomaren Einheiten (vgl. Vorbemerkung 1)

$$\Delta u + 2\left(E + \frac{Z}{r}\right)u = 0. \tag{1.1}$$

Sie läßt sich in Polarkoordinaten separieren. Wir wählen als Zentrum unseres Polarkoordinatensystems den Atomkern, als Achse eine beliebige Richtung z. $r\vartheta\varphi$ seien die Koordinaten des Elektrons. Den LAPLACEschen Operator Δ schreiben wir explizit[1]

$$\Delta u = \frac{\partial^2 u}{\partial r^2} + \frac{2}{r}\frac{\partial u}{\partial r} + \frac{1}{r^2 \sin\vartheta}\frac{\partial}{\partial\vartheta}\left(\sin\vartheta\frac{\partial u}{\partial\vartheta}\right) + \frac{1}{r^2\sin^2\vartheta}\frac{\partial^2 u}{\partial\varphi^2}. \tag{1.2}$$

Wir machen den Ansatz

$$u = R(r)\,Y(\vartheta,\varphi) \tag{1.3}$$

und bekommen

$$\frac{r^2}{R}\left(\frac{d^2R}{dr^2} + \frac{2}{r}\frac{dR}{dr} + 2\left(E + \frac{Z}{r}\right)R\right) = \lambda = -\frac{1}{Y}\cdot\left(\frac{1}{\sin\vartheta}\frac{\partial}{\partial\vartheta}\left(\sin\vartheta\frac{\partial Y}{\partial\vartheta}\right) + \frac{1}{\sin^2\vartheta}\frac{\partial^2 Y}{\partial\varphi^2}\right). \tag{1.4}$$

Die linke Seite ist eine Funktion von r, die rechte von ϑ und φ allein. λ ist infolgedessen eine Konstante. Die rechte Hälfte der Gleichung (1.4)

$$\frac{1}{\sin\vartheta}\frac{\partial}{\partial\vartheta}\left(\sin\vartheta\frac{\partial Y}{\partial\vartheta}\right) + \frac{1}{\sin^2\vartheta}\frac{\partial^2 Y}{\partial\varphi^2} + \lambda Y = 0 \tag{1.5}$$

ist nur lösbar, wenn

$$\lambda = l(l+1). \qquad l = 0, 1, 2, \ldots \tag{1.6}$$

In diesem Fall hat sie $2l+1$ Lösungen

$$Y_{lm} = \frac{1}{\sqrt{2\pi}}\mathcal{P}_{lm}(\vartheta)\,e^{im\varphi} = \sqrt{\frac{l-m!}{l+m!}\cdot\frac{2l+1}{4\pi}}\cdot P_l^m(\cos\vartheta)\,e^{im\varphi}; \quad m = -l, \ldots, l-1, l \tag{1.7}$$

Y_{lm} ist eine Kugelflächenfunktion, P_l^m die unnormierte zugeordnete Kugelfunktion, vgl. Anhang (Ziff. 65).

Wir geben die ersten Kugelflächenfunktionen explizit an:

$$\left.\begin{aligned}
&Y_{00} = \frac{1}{\sqrt{4\pi}},\\
&Y_{10} = \sqrt{\frac{3}{4\pi}}\cos\vartheta, \qquad Y_{11} = \sqrt{\frac{3}{8\pi}}\sin\vartheta\, e^{i\varphi},\\
&Y_{20} = \sqrt{\frac{5}{4\pi}}\left(\frac{3}{2}\cos^2\vartheta - \frac{1}{2}\right), \quad Y_{21} = \sqrt{\frac{15}{8\pi}}\sin\vartheta\cos\vartheta\, e^{i\varphi}, \quad Y_{22} = \frac{1}{4}\sqrt{\frac{15}{2\pi}}\sin^2\vartheta\, e^{2i\varphi},\\
&Y_{30} = \sqrt{\frac{7}{4\pi}}\left(\frac{5}{2}\cos^3\vartheta - \frac{3}{2}\cos\vartheta\right), \qquad Y_{31} = \frac{1}{4}\sqrt{\frac{21}{4\pi}}\sin\vartheta\,(5\cos^2\vartheta - 1)\,e^{i\varphi},\\
&Y_{32} = \frac{1}{4}\sqrt{\frac{105}{2\pi}}\sin^2\vartheta\cos\vartheta\, e^{2i\varphi}, \qquad Y_{33} = \frac{1}{4}\sqrt{\frac{35}{4\pi}}\sin^3\vartheta\, e^{3i\varphi},\\
&Y_{40} = \sqrt{\frac{9}{4\pi}}\left(\frac{35}{8}\cos^4\vartheta - \frac{15}{4}\cos^2\vartheta + \frac{3}{8}\right), \qquad Y_{41} = \frac{3}{4}\sqrt{\frac{5}{4\pi}}(7\cos^3\vartheta - 3\cos\vartheta)\sin\vartheta\, e^{i\varphi},\\
&Y_{42} = \frac{3}{4}\sqrt{\frac{5}{8\pi}}\sin^2\vartheta\,(7\cos^2\vartheta - 1)\,e^{2i\varphi}, \qquad Y_{43} = \frac{3}{4}\sqrt{\frac{35}{4\pi}}\sin^3\vartheta\cos\vartheta\, e^{3i\varphi},\\
&Y_{44} = \frac{3}{8}\sqrt{\frac{35}{8\pi}}\sin^4\vartheta\, e^{4i\varphi}.
\end{aligned}\right\} \tag{1.8}$$

In Abb. 1 sind die normierten zugeordneten Kugelfunktionen $\mathcal{P}_{lm}$ für $l = 1$ bis 3 graphisch dargestellt (d. h. also die von der geographischen Breite ϑ abhängigen Bestandteile der Kugelflächenfunktionen). Wie man sieht, hat die Kugelfunk-

[1] Vgl. z. B. E. MADELUNG, Mathemat. Hilfsmittel des Physikers, S. 86.

tion P_{lm} zwischen den Polen der Kugel jeweils $l - |m|$ Nullstellen. $l - |m|$ „Breitenkreise" der Kugel sind also Knotenlinien der Kugelflächenfunk-

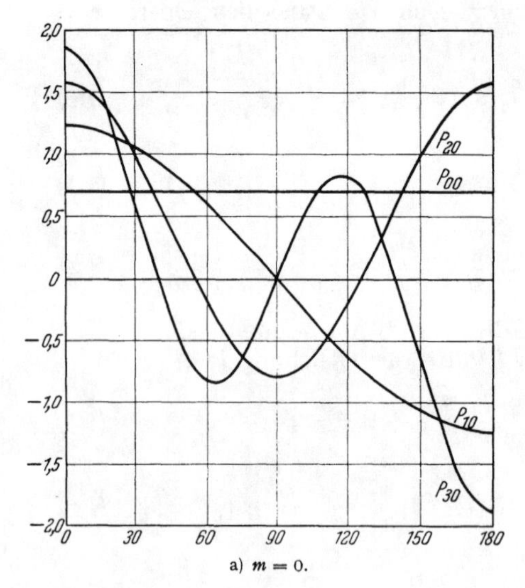

a) $m = 0$.

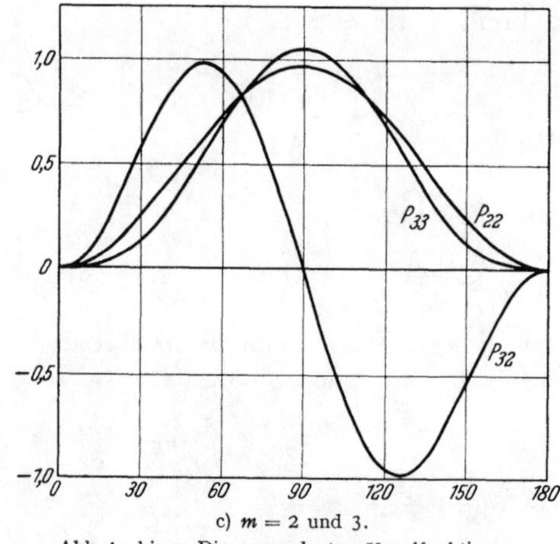

c) $m = 2$ und 3.

Abb. 1a bis c. Die zugeordneten Kugelfunktionen. Abszisse ϑ, Ordinate normierte Kugelfunktion $\mathcal{P}_{lm}(\vartheta)$.

b) $m = 1$.

tion Y_{lm}. Der Realteil der Kugelflächenfunktionen,

$$\sqrt{\frac{1}{\pi}}\,\mathcal{P}_{lm}(\vartheta)\,\frac{\cos}{\sin}\,m\varphi$$

hat außer den eben genannten $l - |m|$ *Breiten*kreisen noch $|m|$ *Meridian*kreise zu Knotenlinien, insgesamt ist also die Anzahl der Knotenlinien gleich l.

Unsere Eigenfunktionen

$$u = R(r)\,Y_{lm}(\vartheta, \varphi)$$

haben eine enge Beziehung zum Drehimpuls des Atoms. Es ist nämlich sowohl der Drehimpuls um die z-Achse wie der Gesamtbetrag des Drehimpulses eine Diagonalmatrix (quantisiert): d. h. wenn wir die entsprechenden Operatoren auf die Eigenfunktion u anwenden, entsteht einfach ein gewisses Vielfaches der Eigenfunktion. Der Operator des Drehimpulses um die z-Achse ist definiert durch[1]

$$k_z = -i\left(x\frac{\partial}{\partial y} - y\frac{\partial}{\partial x}\right) = -i\frac{\partial}{\partial\varphi}. \tag{1.9}$$

Anwendung auf unsere Eigenfunktion gibt

$$k_z u = -i\frac{\partial}{\partial\varphi}\left(R(r)\,\mathcal{P}_{lm}(\vartheta)\,\frac{1}{\sqrt{2\pi}}\,e^{im\varphi}\right) = mu\,, \tag{1.10}$$

m mißt den Drehimpuls in der z-Richtung, es ist die „*magnetische Quantenzahl*"[2].

[1] Wenn k_z, x, y in atomaren Einheiten gemessen werden.

[2] Vgl. Theorie des Zeemaneffekts, Ziff. 26ff.

Der Operator des Gesamtdrehimpulses ist definiert durch

$$k^2 u = -\left(x\frac{\partial}{\partial y} - y\frac{\partial}{\partial x}\right)^2 u - \left(y\frac{\partial}{\partial z} - z\frac{\partial}{\partial y}\right)^2 u - \left(z\frac{\partial}{\partial x} - x\frac{\partial}{\partial z}\right)^2 u$$
$$= r^2\left(\frac{\partial^2 u}{\partial r^2} + \frac{2}{r}\frac{\partial u}{\partial r} - \Delta u\right),$$

wie sich unschwer durch eine elementare Umrechnung ergibt. Mit Rücksicht auf (1.2 bis 6) wird daher

$$k^2 u = r^2\left(\frac{\partial^2 u}{\partial r^2} + \frac{2}{r}\frac{\partial u}{\partial r} - \Delta u\right) = l(l+1)\,u. \tag{1.11}$$

Wir hätten uns die explizite Ausrechnung der winkelabhängigen Eigenfunktionen ersparen können, indem wir die allgemeinen Sätze über den Drehimpuls benutzt hätten, welche besagen: 1. Für ein Elektron in einem beliebigen Zentralfeld sind die Komponenten des Drehimpulses und sein absoluter Betrag Konstanten der Bewegung. 2. Die Eigenwerte des Quadrats des Betrages sind gleich $l(l+1)$, wo l eine ganze Zahl ist. 3. Die Eigenwerte der Komponenten in einer festen Richtung sind ganze Zahlen m, welche alle Werte von $-l$ bis $+l$ annehmen können. 4. Einen Quantenzustand kann man durch Angabe des Betrags des Drehimpulses und *einer* seiner Komponenten definieren, also durch die Quantenzahlen l und m. Mit der allgemeingültigen Formel (1.11) wären wir dann unmittelbar auf die Differentialgleichung für die radialabhängige Eigenfunktion

$$\frac{d^2R}{dr^2} + \frac{2}{r}\frac{dR}{dr} + 2\left(E + \frac{Z}{r}\right)R - \frac{l(l+1)}{r^2}R = 0 \tag{1.12}$$

gekommen, welche mit der linken Hälfte von (1.4) identisch ist.

Ehe wir an die Lösung dieser Gleichung gehen, berechnen wir noch die Matrixelemente der Drehimpulse k_x und k_y um die zur Polarachse z senkrechten Richtungen. Per definitionem ist

$$\left.\begin{aligned} k_x &= -i\left(y\frac{\partial}{\partial z} - z\frac{\partial}{\partial y}\right) = i\sin\varphi\frac{\partial}{\partial\vartheta} + i\operatorname{ctg}\vartheta\cos\varphi\frac{\partial}{\partial\varphi}, \\ k_y &= -i\left(z\frac{\partial}{\partial x} - x\frac{\partial}{\partial z}\right) = -i\cos\varphi\frac{\partial}{\partial\vartheta} + i\operatorname{ctg}\vartheta\sin\varphi\frac{\partial}{\partial\varphi}. \end{aligned}\right\} \tag{1.13}$$

Also

$$(k_x + i k_y)\,Y_{lm}(\vartheta,\varphi) = e^{i\varphi}\left(\frac{\partial}{\partial\vartheta} + i\operatorname{ctg}\vartheta\frac{\partial}{\partial\varphi}\right)Y_{lm}(\vartheta,\varphi) = -\sqrt{(l-m)(l+m+1)}\,Y_{l,m+1}(\vartheta,\varphi),$$

$$(k_x - i k_y)\,Y_{lm}(\vartheta,\varphi) = -e^{-i\varphi}\left(\frac{\partial}{\partial\vartheta} - i\operatorname{ctg}\vartheta\frac{\partial}{\partial\varphi}\right)Y_{lm}(\vartheta,\varphi) = -\sqrt{(l+m)(l-m+1)}\,Y_{l,m-1}(\vartheta,\varphi),$$

mit Beachtung der Formeln (65.30, 31). Die Matrizen der Drehimpulskomponenten werden also

$$\left.\begin{aligned} (m|k_x + i k_y|m-1) &= \int Y^*_{lm}(\vartheta,\varphi)\,(k_x + i k_y)\,Y_{l,m-1}(\vartheta,\varphi)\sin\vartheta\,d\vartheta\,d\varphi \\ &= -\sqrt{(l+m)(l-m+1)} = (m-1|k_x - i k_y|m). \end{aligned}\right\} \tag{1.14}$$

Die Elemente, welche Übergängen zwischen Zuständen mit verschiedener Azimutalquantenzahl oder verschiedener radialabhängiger Eigenfunktion entsprechen würden, sind Null. Genau die Formeln (1.14) gewinnt man bekanntlich aus der allgemeinen Theorie (Artikel Pauli, Kap. 2), nur kann man dort das Vorzeichen der Quadratwurzel nicht festlegen.

2. Ableitung der Balmerformel[1]. Wir behandeln nunmehr die Differentialgleichung für den von r abhängigen Bestandteil der Eigenfunktion

$$\frac{d^2R}{dr^2} + \frac{2}{r}\frac{dR}{dr} + \left(2E + \frac{2Z}{r} - \frac{l(l+1)}{r^2}\right)R = 0. \tag{2.1}$$

In dieser Gleichung entspricht das letzte Glied klassisch der Zentrifugalkraft des Elektrons, es ist um so größer, je größer der Drehimpuls des Elektrons ist.

Wir nehmen zunächst an, die Energie E sei negativ. Da die potentielle Energie im Unendlichen verschwindet, entspricht $E < 0$ einem gebundenen Elektron, das nur vermöge der Anziehung des Kerns positive kinetische Energie besitzt.

Wir berechnen zunächst das asymptotische Verhalten von R, indem wir alle niedrigeren Potenzen von r gegen die höheren streichen, dann bleibt

$$\frac{d^2R}{dr^2} + 2ER = 0, \qquad R = e^{\pm\sqrt{-2E}\,r}. \tag{2.2}$$

[1] Vgl. z. B. A. Sommerfeld, Wellenmech. Erg.-Bd. S. 70 und die Originalarbeit von E. Schrödinger, Abhandlungen zur Wellenmechanik, S. [1].

Wenn $R(\infty)$ endlich bleiben soll, müssen wir das untere Vorzeichen wählen. Wir führen ein

$$\varepsilon = +\sqrt{-2E} \tag{2.3}$$

und ergänzen die asymptotische Lösung (2.2) zu einer für alle r gültigen Lösung durch den Ansatz

$$R = e^{-\varepsilon r} f(r), \tag{2.4}$$

wobei $f(r)$ eine im Unendlichen langsam veränderliche Funktion ist. Einsetzen von (2.4) in (2.1) gibt für f die Differentialgleichung

$$f'' + 2\left(\frac{1}{r} - \varepsilon\right) f' + 2\left(\frac{Z-\varepsilon}{r} - \frac{l(l+1)}{r^2}\right) f = 0. \tag{2.5}$$

Wir entwickeln f in eine Potenzreihe

$$f = r^\lambda \sum_{\nu=0}^{\infty} a_\nu r^\nu \tag{2.6}$$

und setzen (2.6) in (2.5) ein

$$\sum_{\nu=0}^{\infty} a_\nu [((\lambda+\nu)(\lambda+\nu+1) - l(l+1)) r^{\lambda+\nu-2} - 2(\varepsilon(\lambda+\nu+1) - Z) r^{\lambda+\nu-1}] = 0. \tag{2.7}$$

Hier muß der Faktor jeder einzelnen Potenz von r verschwinden. Nullsetzen des Faktors von $r^{\lambda-2}$ (niedrigste Potenz von r) ergibt als Bestimmungsgleichung für λ:

$$\lambda(\lambda+1) = l(l+1),$$

woraus

$$\lambda = \begin{cases} +l \\ -l-1. \end{cases} \tag{2.8}$$

Die Bedingung, daß f für $r=0$ endlich bleiben muß, zwingt zur Wahl $\lambda = l$. Durch Nullsetzen des Faktors von $r^{\lambda+\nu-2}$ bekommt man die Rekursionsformel

$$a_\nu = 2a_{\nu-1} \frac{\varepsilon(l+\nu) - Z}{(l+\nu)(l+\nu+1) - l(l+1)}. \tag{2.9}$$

Wir verlangen nun, daß f ein *Polynom* in r ist, daß also die Reihe für f (etwa mit dem Glied $a_{n-l-1} r^{n-1}$) abbrechen soll:

$$a_{n-l} = 0.$$

Das ist erfüllt, wenn

$$\varepsilon = \frac{Z}{n}, \tag{2.10}$$

$$E = -\frac{1}{2}\frac{Z^2}{n^2}. \tag{2.11}$$

Wenn wir diese Bedingung nicht stellen würden, so wäre für sehr große ν:

$$a_\nu \approx \frac{2a_{\nu-1}\varepsilon}{l+\nu+1} \approx c \cdot \frac{(2\varepsilon)^{l+\nu+1}}{l+\nu+1!},$$

wo c eine Konstante ist; für große r würde sich dann $f(r)$ wie $e^{2\varepsilon r}$ verhalten, also

$$R = e^{-\varepsilon r} f(r) \quad \text{wie} \quad e^{+\varepsilon r}$$

ansteigen. Infolgedessen ist das Abbrechen der Reihe für f *notwendig*, um die Endlichkeit der Eigenfunktion bei $r = \infty$ zu garantieren.

(2.11) ist die bekannte BALMERsche Formel für die diskreten Energieniveaus des Wasserstoffs ($Z = 1$) und der Ionen mit einem einzigen Elektron He^+, Li^{++}. n ist die Hauptquantenzahl. Von den beiden anderen Quantenzahlen, l und m, hängt die Energie überhaupt nicht ab. Die Unabhängigkeit von der magnetischen Quantenzahl m rührt daher, daß alle Richtungen im Raum gleichberechtigt sind, und gilt (in Abwesenheit äußerer Felder) für alle Atome (Richtungsentartung). Daß dagegen die Energie auch von der Azimutalquantenzahl l nicht abhängt, ist eine Spezialität des Wasserstoffatoms, die dem exakt COULOMBschen Wechselwirkungspotential Z/r zu verdanken ist. Diese Entartung hat zur Folge, daß

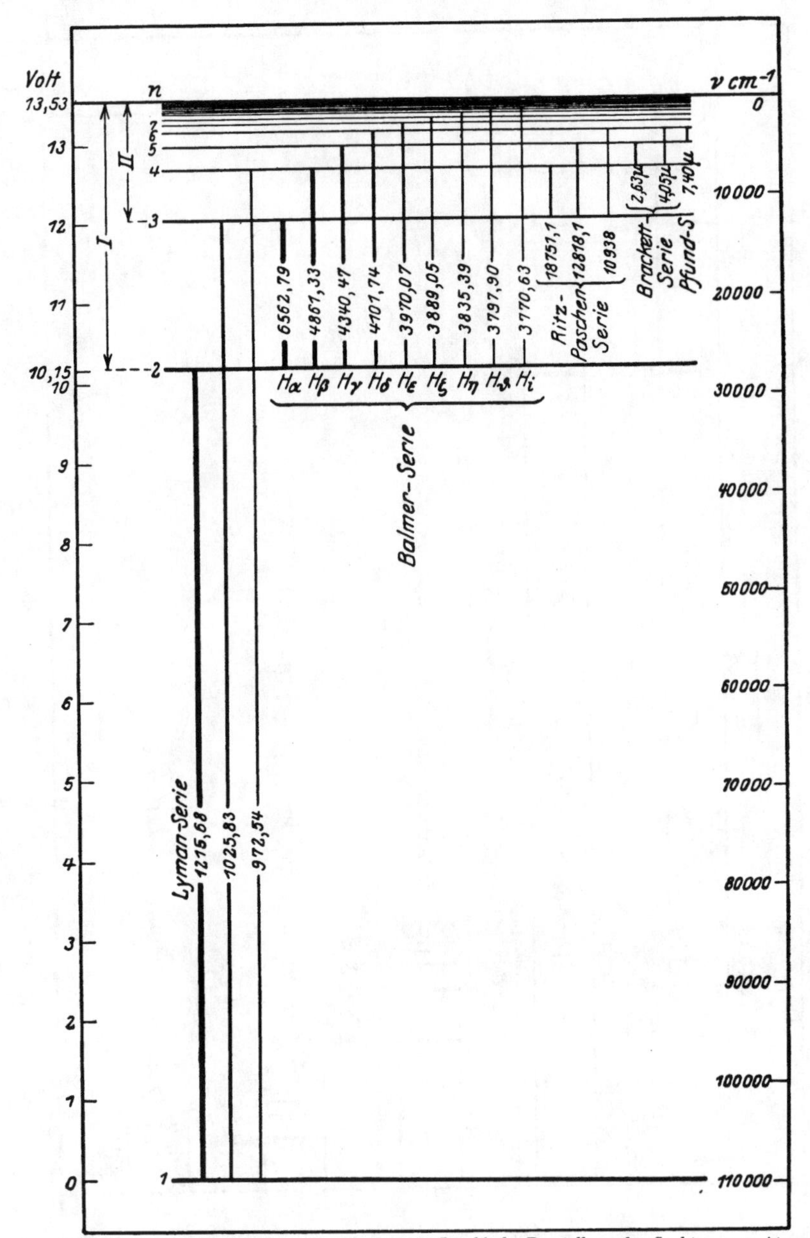

Abb. 2. Termschema des Wasserstoffs. (Aus GROTRIAN, Graphische Darstellung der Spektren von Atomen.)

das Wasserstoffatom besonders stark von äußeren elektrischen Feldern beeinflußt wird (Starkeffekt erster Ordnung, statt des üblichen Effekts zweiter Ordnung)[1].

Die Energieformel (2.11) ist durch spektroskopische Messungen außerordentlich genau bestätigt worden. Die beim Übergang des Atoms aus dem

[1] Die Alkaliatome, die dem Wasserstoff am verwandtesten sind, zeigen diese Entartung nicht: Zwar lassen sich ihre diskreten Energieniveaus noch mit guter Annäherung berechnen, wenn man nur die Bewegung ihres Leuchtelektrons im Feld der Ladungsverteilung der abgeschlossenen Schalen berücksichtigt, aber dieses Feld ist ein *nichtcoulombsches* Zentralfeld, und die Terme mit gleichem n und verschiedenem l haben ganz verschiedene Energien.

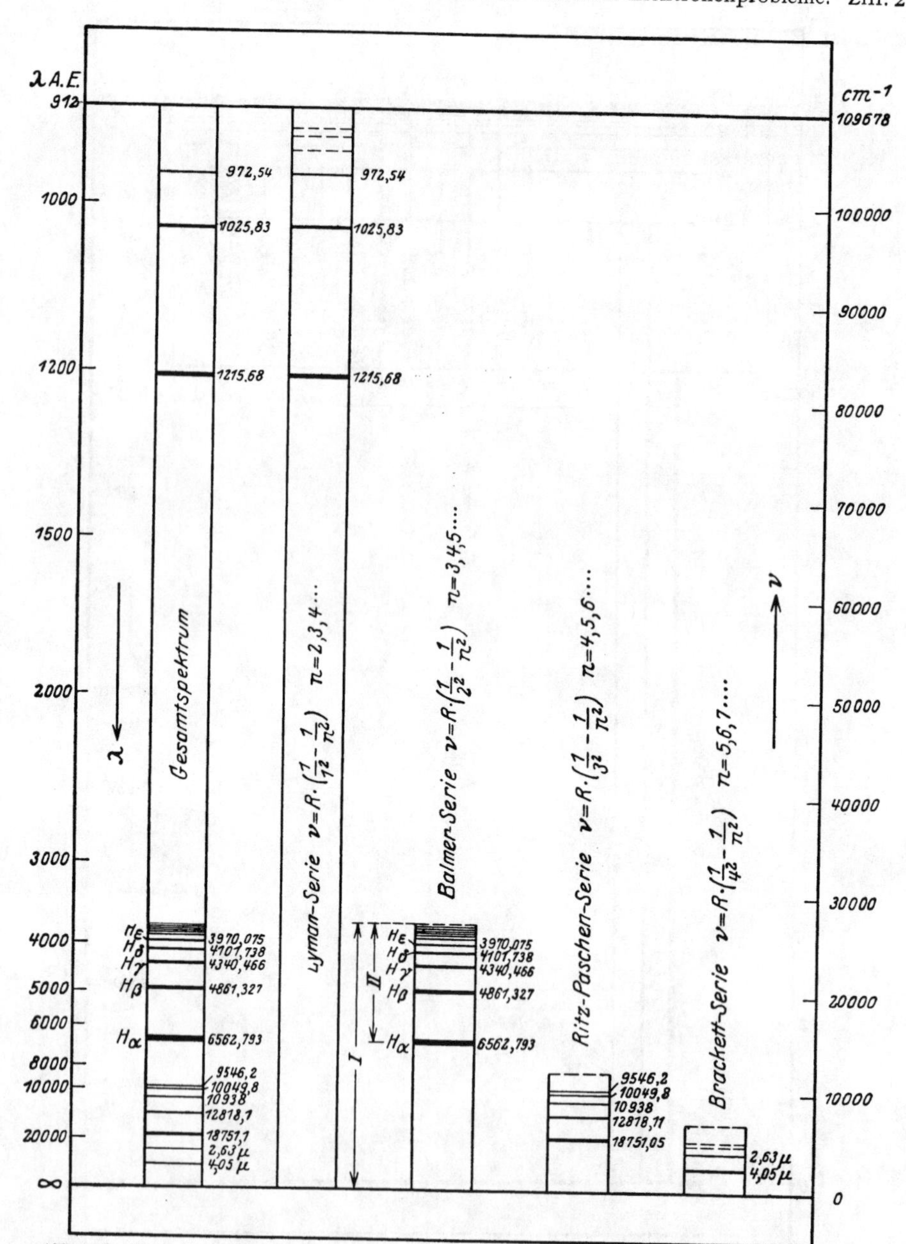

Abb. 3. Spektrum des Wasserstoffs. (Aus GROTRIAN, Graphische Darstellung der Spektren von Atomen.)

Quantenzustand n zum Zustand n' ausgesandte Spektrallinie hat eine Frequenz von

$$\nu = \frac{1}{2\pi}\left(E_n - E_{n'}\right) = \frac{Z^2}{4\pi}\left(\frac{1}{n'^2} - \frac{1}{n^2}\right) \text{ atomaren Einheiten}^{1} \tag{2.12}$$

gleich

$$Z^2\left(\frac{1}{n'^2} - \frac{1}{n^2}\right) Ry. \tag{2.13}$$

[1] Man beachte, daß die atomare Einheit der Wirkung $h/2\pi$ ist, nicht h. Die Frequenz der Spektrallinien erhält man in CGS-Einheiten bekanntlich, indem man die Energiedifferenz von Anfangs- und Endzustand des Atoms mit h dividiert, in atomaren Einheiten entsprechend durch Division mit 2π.

Hier ist Ry die Rydbergkonstante für unendliche Kernmasse[1,2]

$$Ry = \frac{2\pi^2 m e^4}{h^3 c} = 109737{,}43 \pm 0{,}03\ \mathrm{cm}^{-1}, \tag{2.14}$$

sie ist die am genauesten bekannte von allen atomaren Konstanten, da die Wellenlängenmessungen mit einem relativen Fehler von weniger als 10^{-6} behaftet sind. — Ebenfalls sehr genau ist der experimentelle Wert für die atomare Einheit der Frequenz

$$\nu_0 = \frac{v_0}{a} = 4\pi c Ry = (4{,}13419 \pm 0{,}00006)\, 10^{15}\,\mathrm{sec}^{-1}, \tag{2.15}$$

der Hauptfehler kommt hier von der nicht ganz exakten Kenntnis der Lichtgeschwindigkeit.

In Abb. 2 stellen wir das Termschema des Wasserstoffs dar, in Abb. 3 die Lyman-, Balmer-, Paschen- und Bracketserie, deren Endniveaus die Quantenzahlen $n' = 1, 2, 3, 4$ haben. Die Abbildungen sind aus dem Buch von GROTRIAN „Graphische Darstellung der Spektren von Atomen und Ionen" entnommen. Die Lymanserie ist, wie man sieht, relativ viel mehr zusammengedrängt als die höheren Serien. Tabelle 1 zeigt die Übereinstimmung zwischen beobachteten und theoretischen Werten der Wellenlängen der Linien der Balmerserie[5].

Tabelle 1. Beobachtete und berechnete Wellenzahlen und Wellenlängen der Balmerserie.

n	ν ber. intn.	λ Luft ber. intn. Å	Intn. Å λ Luft beob.	
3	15233,01	6562,80	6562,80	Beob. von PASCHEN[3]
4	20564,57	4861,38	4861,33	
5	23032,31	4340,51	4340,47	
6	24372,82	4101,78	4101,74	
7	25181,10	3970,11	3970,06[4]	
8	25705,71	3889,09	3889,00	
9	26065,37	3835,43	3835,38	
10	26322,64	3797,93	3797,92	
11	26512,99	3770,67	3770,65	
12	26657,77	3750,18	3750,18	
13	26770,44	3734,40	3734,38	
14	26859,84	3721,97	3721,91	
15	26931,96	3712,01	3711,98	
16	26990,99	3703,89	3703,86	
17	27039,91	3697,19	3697,15	
18	27080,91	3691,59	3691,56	
19	27115,60	3686,86	3686,86	
20	27145,23	3682,84	3682,78	
21	27170,72	3679,38	3679,36	
22	27192,81	3676,39	3676,40	
23	27212,09	3673,80	3673,76	
24	27229,01	3671,51	3671,32	
25	27243,94	3669,50	3669,44	
26	27257,17	3667,72	3667,75	
27	27268,97	3666,13	3666,07	
28	27279,52	3664,71	3664,64	
29	27289,01	3663,44	3663,44	
30	27297,56	3662,29	3662,21	
31	27305,29	3661,25	3661,21	

3. Die radialen Eigenfunktionen des diskreten Spektrums[6]. Nunmehr wollen wir uns genauer mit den Eigenfunktionen beschäftigen. (2.9) in Verbindung mit (2.10) ergibt

$$a_\nu = -2\varepsilon a_{\nu-1} \frac{n-l-\nu}{\nu(2l+1+\nu)}, \tag{3.1}$$

also

$$R = c(2\varepsilon)^{\frac{3}{2}} e^{-\frac{1}{2}\varrho} \varrho^l F(-(n-l-1), 2l+2, \varrho), \tag{3.2}$$ [7]

wenn

$$\varrho = 2\varepsilon r = 2Zr/n \tag{3.3}$$

[1] Das eigentliche Maß der Frequenz im CGS-System ist sec^{-1}, die Rydberg*frequenz* ist (nach 2.12, 13) $1/4\pi$ der atomaren Frequenzeinheit, welche in (2.15) angegeben ist. Konventionell wird statt der Frequenz der Spektrallinien im allgemeinen ihre *Wellenzahl* (reziproke Wellenlänge) in cm^{-1} gegeben, die sich von der Frequenz durch den Faktor $1/c$ unterscheidet.

[2] Bezüglich der Korrektur, welche wegen der endlichen Masse des Kerns anzubringen ist, vgl. Ziff. 5.

[3] F. PASCHEN, Ann. d. Phys. Bd. 50, S. 935. 1916.

[4] Von Nr. 7 bis Schluß beob. von DYSON.

[5] Aus PASCHEN-GÖTZE, Linienspektren.

[6] Vgl. W. GORDON, Ann. d. Phys. Bd. 2, S. 1031. 1929.

[7] Der numerische Faktor $(2\varepsilon)^{\frac{3}{2}}$ ist nur der bequemeren Auswertung später zu berechnender Integrale wegen beigefügt.

definiert wird und

$$F(\alpha, \beta, x) = 1 + \frac{\alpha}{\beta \cdot 1!} x + \frac{\alpha(\alpha+1)}{\beta(\beta+1) \cdot 2!} x^2 + \cdots \tag{3.4}$$

die entartete hypergeometrische Funktion ist. c ist eine Konstante.

Man kann die radialen Eigenfunktionen auch durch die zugeordneten LAGUERREschen Funktionen ausdrücken, welche definiert sind durch[1]

$$L_\lambda^\mu = \frac{d^\mu}{d\varrho^\mu} L_\lambda(\varrho); \qquad L_\lambda(\varrho) = e^\varrho \frac{d^\lambda}{d\varrho^\lambda} (e^{-\varrho} \varrho^\lambda). \tag{3.5}$$

Durch Ausdifferenzieren erhält man nämlich

$$L_\lambda(\varrho) = \sum_{\alpha=0}^{\lambda} (-1)^\alpha \binom{\lambda}{\alpha} \frac{\lambda!}{\alpha!} \varrho^\alpha, \tag{3.6}$$

$$L_\lambda^\mu(\varrho) = (-)^\mu \lambda! \sum_{\alpha=0}^{\lambda-\mu} \binom{\lambda}{\mu+\alpha} \frac{(-\varrho)^\alpha}{\alpha!} = (-)^\mu \lambda! \binom{\lambda}{\mu} F(-(\lambda-\mu), \mu+1, \varrho) \tag{3.7}$$

Durch Vergleich mit (3.2) findet man, daß

$$R = -c \frac{(2\varepsilon)^{\frac{3}{2}}}{\overline{n+l}!^2} \cdot \overline{2l+1}! \, \overline{n-l-1}! \, e^{-\frac{1}{2}\varrho} \varrho^l L_{n+l}^{2l+1}(\varrho). \tag{3.8}$$

Natürlich kann man auch direkt nachweisen, daß (3.8) die Differentialgleichung (2.1) befriedigt.

Wir haben die Eigenfunktion jetzt zu normieren durch die Vorschrift

$$\int R^2 r^2 dr = 1, \tag{3.9}$$

m. a. W.

$$\frac{c^2 \, \overline{2l+1}!^2 \, \overline{n-l-1}!^2}{\overline{n+l}!^4} \int e^{-\varrho} \varrho^{2l+2} (L_{n+l}^{2l+1}(\varrho))^2 d\varrho = 1. \tag{3.10}$$

R ist dann die normierte Eigenfunktion.

a) **Auswertung von Integralen über Laguerrefunktionen**[2]. Wir berechnen statt des Integrals in (3.10) gleich das allgemeine Integral

$$J_{\lambda\mu}^{(\sigma)} = \frac{1}{\lambda!^2} \int_0^\infty e^{-\varrho} \varrho^{\mu+\sigma} \left(L_\lambda^\mu(\varrho)\right)^2 d\varrho. \tag{3.11}$$

Zu diesem Zweck setzen wir für die *eine* Laguerrefunktion die Darstellung (3.5) ein:

$$\lambda!^2 J_{\lambda\mu}^{(\sigma)} = \int_0^\infty e^{-\varrho} \varrho^{\mu+\sigma} L_\lambda^\mu(\varrho) \frac{d^\mu}{d\varrho^\mu} \left(e^\varrho \frac{d^\lambda}{d\varrho^\lambda} (\varrho^\lambda e^{-\varrho}) \right) d\varrho,$$

integrieren μ mal partiell nach ϱ und erhalten

$$\left. \begin{aligned} \lambda!^2 J_{\lambda\mu}^{(\sigma)} = \sum_{\beta=0}^{\mu-1} \left| (-1)^\beta \frac{d^{\mu-\beta-1}}{d\varrho^{\mu-\beta-1}} \left(e^\varrho \frac{d^\lambda}{d\varrho^\lambda} (\varrho^\lambda e^{-\varrho}) \right) \frac{d^\beta}{d\varrho^\beta} \left(e^{-\varrho} \varrho^{\mu+\sigma} L_\lambda^\mu(\varrho) \right) \right|_0^\infty \\ + (-1)^\mu \int_0^\infty e^\varrho \frac{d^\lambda}{d\varrho^\lambda} (\varrho^\lambda e^{-\varrho}) \frac{d^\mu}{d\varrho^\mu} \left(\varrho^{\mu+\sigma} e^{-\varrho} L_\lambda^\mu(\varrho) \right) d\varrho. \end{aligned} \right\} \tag{3.12}$$

Wir haben nun zwei Fälle zu unterscheiden:

1. Wenn σ nicht negativ ist, so verschwindet der integrierte Bestandteil mindestens

[1] Vgl. z. B. A. SOMMERFELD u. G. SCHUR, Ann. d. Phys. Bd. 4, S. 409. 1930.

[2] Spezialfälle z. B. bei E. SCHRÖDINGER, Abh. zur Wellenmechanik, S. [133]; I. WALLER, ZS. f. Phys. Bd. 38, S. 635. 1926; L. PAULING, Proc. Roy. Soc. London (A) Bd. 114, S. 185. 1927.

wie ϱ an der unteren Grenze und wie $e^{-\varrho}$ an der oberen. Dann bleibt das Integral zu berechnen. In diesem setzen wir für die Laguerrefunktion L ihre Potenzreihenentwicklung (3.7) ein und führen die μfache Differentiation aus:

$$J_{\lambda\mu}^{(\sigma)} = \frac{1}{\lambda!}\int_0^\infty \frac{d^\lambda}{d\varrho^\lambda}(\varrho^\lambda e^{-\varrho}) \sum_{\alpha=0}^{\lambda-\mu}\binom{\lambda}{\mu+\alpha}\frac{(-)^\alpha}{\alpha!}\sum_{\gamma=0}^{\mu}(-)^\gamma\binom{\mu}{\gamma}\frac{\mu+\sigma+\alpha!}{\gamma+\sigma+\alpha!}\varrho^{\gamma+\sigma+\alpha}.$$

Nochmalige λfache partielle Integration gibt

$$J_{\lambda\mu}^{(\sigma)} = (-)^\lambda\frac{\mu+\sigma!}{\lambda!}\int_0^\infty \varrho^\lambda e^{-\varrho}\,d\varrho\sum_{\alpha=0}^{\lambda-\mu}(-)^\alpha\binom{\mu+\sigma+\alpha}{\alpha}\binom{\lambda}{\mu+\alpha}\sum_{\gamma=\lambda-\sigma-\alpha}^{\mu}(-)^\gamma\frac{\varrho^{\gamma+\sigma+\alpha-\lambda}}{\gamma+\sigma+\alpha-\lambda!}\binom{\mu}{\gamma},$$

wobei das Glied $\varrho^\lambda e^{-\varrho}$ jeweils für das Verschwinden der integrierten Bestandteile sorgt. Nunmehr können wir endgültig nach ϱ integrieren und erhalten

$$J_{\lambda\mu}^{(\sigma)} = (-)^\lambda \mu+\sigma!\sum_{\alpha=0}^{\lambda-\mu}(-)^\alpha\binom{\mu+\sigma+\alpha}{\alpha}\binom{\lambda}{\mu+\alpha}\sum_{\gamma=\lambda-\sigma-\alpha}^{\mu}(-)^\gamma\binom{\mu}{\gamma}\binom{\gamma+\sigma+\alpha}{\lambda}.$$

Die Summe über γ läßt sich elementar ausführen und gibt $(-)^\mu\binom{\sigma+\alpha}{\lambda-\mu}$; führen wir dann noch die Bezeichnung $\beta = \alpha - \lambda + \mu + \sigma$ ein, so wird

$$J_{\lambda\mu}^{(\sigma)} = (-)^\sigma\frac{\lambda!}{\lambda-\mu!}\sigma!\sum_{\beta=0}^{\sigma}(-)^\beta\binom{\sigma}{\beta}\binom{\lambda+\beta}{\sigma}\binom{\lambda+\beta-\mu}{\sigma}. \tag{3.13}$$

2. Für negative σ verschwindet umgekehrt das Integral, wie aus (3.13) hervorgeht, dafür sind die integrierten Terme in (3.12) an der unteren Grenze endlich (für $\varrho = \infty$ verschwinden sie natürlich immer noch exponentiell). Man findet mit (3.7)

$$\frac{d^{\mu-\beta-1}}{d\varrho^{\mu-\beta-1}}\left(e^\varrho\frac{d^\lambda}{d\varrho^\lambda}(\varrho^\lambda e^{-\varrho})\right)_{\varrho=0} = L_\lambda^{\mu-\beta-1}(0) = (-)^{\mu-\beta-1}\lambda!\binom{\lambda}{\mu-\beta-1},$$

$$\frac{d^\beta}{d\varrho^\beta}\left(e^{-\varrho}\varrho^{\mu+\sigma}L_\lambda^\mu\right)_{\varrho=0} = \lambda!\,(-)^{\beta-\sigma}\sum_{\alpha=0}^{\lambda-\mu}\binom{\beta}{\alpha+\mu+\sigma}\binom{\lambda}{\mu+\alpha}\frac{\alpha+\mu+\sigma!}{\alpha!}.$$

Einsetzen in (3.12) gibt

$$J_{\lambda\mu}^{(\sigma)} = \sum_{\alpha=0}^{\lambda-\mu}\binom{\lambda}{\mu+\alpha}\frac{\alpha+\mu+\sigma!}{\alpha!}\sum_{\beta=0}^{\mu-1}\binom{\lambda}{\mu-\beta-1}(-)^{\mu-\beta-\sigma}\binom{\beta}{\mu+\sigma+\alpha}.$$

Die Summe über β läßt sich elementar ausführen und gibt

$$(-)^\alpha\binom{\lambda-\mu-(\alpha+\sigma+1)}{-(\alpha+\sigma+1)}.$$

Setzen wir noch $-(\sigma+1) = s$ und $s - \alpha = \gamma$, so kommt

$$J_{\lambda\mu}^{(\sigma)} = \frac{\lambda!}{\lambda-\mu!\,s+1!}\sum_{\gamma=0}^{s}(-)^{s-\gamma}\frac{\binom{s}{\gamma}\binom{\lambda-\mu+\gamma}{s}}{\binom{\mu+s-\gamma}{s+1}}. \qquad (\sigma = -(1+s) \leqq -1) \tag{3.14}$$

b) Diskussion der normierten Eigenfunktionen. Aus Formel (3.13) entnehmen wir das Normierungsintegral in (3.10), indem wir setzen: $\lambda = n + l$, $\mu = 2l+1$, $\sigma = 1$

$$J_{n+l,2l+1}^{(1)} = \frac{n+l!}{n-l-1!}\cdot 2n; \qquad c = \sqrt{\frac{n+l!}{n-l-1!\cdot 2n}}\cdot\frac{1}{2l+1!}. \tag{3.15}$$

Also wird die normierte Eigenfunktion (vgl. 3.2, 8, 10)

$$R_{nl}(r) = -\frac{n-l-1!^{\frac{1}{2}}}{n+l!^{\frac{3}{2}}(2n)^{\frac{1}{2}}}\left(\frac{2Z}{n}\right)^{\frac{3}{2}}e^{-\frac{Zr}{n}}\left(\frac{2Zr}{n}\right)^l L_{n+l}^{2l+1}\left(\frac{2Zr}{n}\right) \tag{3.16}$$

$$= \frac{1}{2l+1!}\sqrt{\frac{n+l!}{n-l-1!\,2n}}\cdot\left(\frac{2Z}{n}\right)^{\frac{3}{2}}e^{-\frac{Zr}{n}}\left(\frac{2Zr}{n}\right)^l F\left(-(n-l-1), 2l+2, \frac{2Zr}{n}\right). \tag{3.17}$$

Wir geben im folgenden die expliziten Ausdrücke für die ersten radialen Eigenfunktionen des Wasserstoffs ($Z = 1$)

$$\left.\begin{aligned}
R_{10} &= 2e^{-r},\\
R_{20} &= \frac{1}{\sqrt{2}}\, e^{-\frac{1}{2}r}\left(1 - \frac{1}{2}r\right),\\
R_{21} &= \frac{1}{2\sqrt{6}}\, e^{-\frac{1}{2}r}\, r,\\
R_{30} &= \frac{2}{3\sqrt{3}}\, e^{-\frac{1}{3}r}\left(1 - \frac{2}{3}r + \frac{2}{27}r^2\right),\\
R_{31} &= \frac{8}{27\sqrt{6}}\, e^{-\frac{1}{3}r}\, r\left(1 - \frac{1}{6}r\right),\\
R_{32} &= \frac{4}{81\sqrt{30}}\, e^{-\frac{1}{3}r}\, r^2,\\
R_{40} &= \frac{1}{4}\, e^{-\frac{1}{4}r}\left(1 - \frac{3}{4}r + \frac{1}{8}r^2 - \frac{1}{192}r^3\right),\\
R_{41} &= \frac{1}{16}\sqrt{\frac{5}{3}}\, e^{-\frac{1}{4}r}\, r\left(1 - \frac{1}{4}r + \frac{1}{80}r^2\right),\\
R_{42} &= \frac{1}{64\sqrt{5}}\, e^{-\frac{1}{4}r}\, r^2\left(1 - \frac{1}{12}r\right),\\
R_{43} &= \frac{1}{768\sqrt{35}}\, e^{-\frac{1}{4}r}\, r^3.
\end{aligned}\right\} \tag{3.18}$$

In Abb. 4 sind die Eigenfunktionen als Funktionen von ϱ graphisch dargestellt. Abb. 5 stellt die zu den Eigenfunktionen korrespondierende Ladungsverteilung dar, und zwar ist $r^2 R_{nl}^2(r)$ als Funktion von r aufgetragen, d. h. die Wahrscheinlichkeit dafür, daß sich das Elektron in der Kugelschale zwischen r und $r + dr$ befindet. Man sieht, daß die Ladungsdichte ihr Maximum in um so größerem Abstand vom Kern erreicht, je größer die Hauptquantenzahl ist. Bei gleicher Hauptquantenzahl haben die Eigenfunktionen mit niedriger Azimutalquantenzahl l relativ die größte Amplitude in der Nähe des Kerns. Die radialen Eigenfunktionen haben $n - l - 1$ Nullstellen, die totale Eigenfunktion

$$u = R_{nl}(r)\, \mathcal{P}_{lm}(\cos\vartheta) \begin{matrix}\cos\\ \sin\end{matrix} m\varphi$$

hat also $n - 1$ Knotenflächen, von denen $n - l - 1$ konzentrische Kugeln sind ($r =$ konst.), $l - m$ Kegelmäntel mit der Spitze im Nullpunkt ($\vartheta =$ konst.) und m Ebenen durch den Nullpunkt ($\varphi =$ konst.)[1]. Ein besonders schönes Bild der Ladungsverteilung in den

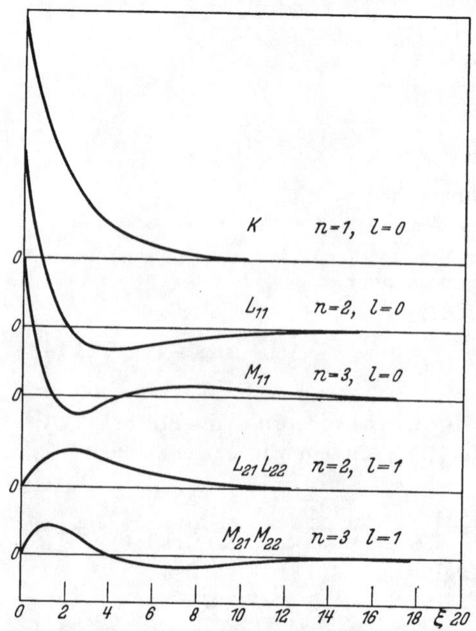

Abb. 4. Radiale Eigenfunktionen des Wasserstoffs. (Nach PAULING.) Abszisse $\varrho = 2r/n$, Ordinate $n \cdot R_{nl}(r)$. Den Kurven sind außer den Quantenzahlen nl auch die Bezeichnungen der entsprechenden Röntgenniveaus beigefügt. (Statt der Bezeichnungen L_{11}, L_{21}, L_{22} sind in der Röntgenspektroskopie L_I, L_{II}, L_{III} üblich.)

[1] Vgl. S. 276.

verschiedenen Zuständen des Wasserstoffs geben die photographierten Modelle von WHITE[1].

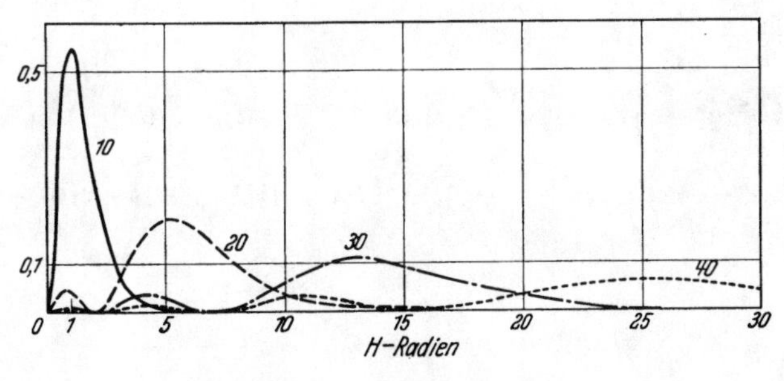

a) s-Zustände ($l = 0$).

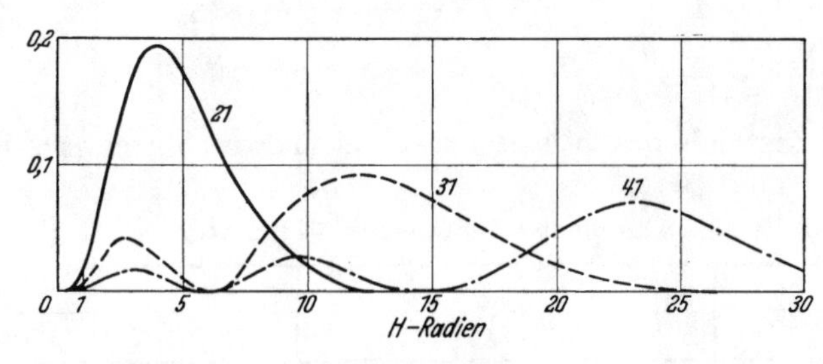

b) p-Zustände ($l = 1$).

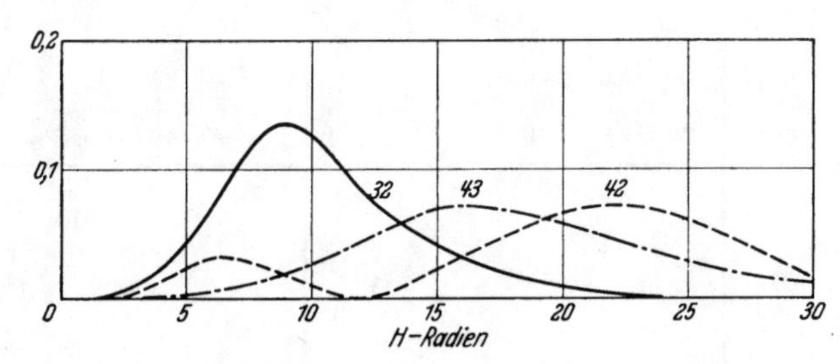

c) d-Zustände ($l = 2$) und $4f$-Zustand.

Abb. 5a bis c. Ladungsverteilung in den ersten Zuständen des Wasserstoffs. Abszisse: r in Wasserstoffradien, Ordinate: Anzahl Elektronen in der Kugelschale zwischen r und $r + dr$ $\left(\varrho \cdot r^2 = R_{n\,l}^2(r) \cdot r^2\right)$. Die Kurven sind mit den betreffenden Quantenzahlen $n\,l$ beziffert.

c) Mittelwerte der Potenzen von r.[2] Besonders anschaulich werden die Unterschiede der verschiedenen radialen Eigenfunktionen, wenn wir die Mittelwerte der Potenzen des Abstandes des Elektrons vom Kern bilden

$$\overline{r^\nu} = \frac{\int r^\nu \psi_{n\,l}^2 r^2 dr}{\int \psi_{n\,l}^2 r^2 dr} = \left(\frac{n}{2Z}\right)^\nu \overline{\varrho^\nu} = \left(\frac{n}{2Z}\right)^\nu \frac{J_{n+l,\,2l+1}^{(\nu+1)}}{J_{n+l,\,2l+1}^{(1)}}, \tag{3.19}$$

wo die $J_{\lambda\mu}^{(\sigma)}$ die in (3.13, 14) berechneten Größen sind. Einsetzen ergibt die expliziten Formeln

---

[1] H. E. WHITE, Phys. Rev. Bd. 37, S. 1416. 1931.
[2] Zitate vgl. a).

$$\bar{r} = \frac{n}{2Z}\bar{\varrho} = \frac{1}{2Z}(3n^2 - l(l+1)), \tag{3.20}$$

$$\overline{r^2} = \frac{n^2}{2Z^2}(5n^2 + 1 - 3l(l+1)), \tag{3.21}$$

$$\overline{r^3} = \frac{n^2}{8Z^3}(35n^2(n^2-1) - 30n^2(l+2)(l-1) + 3(l+2)(l+1)\,l(l-1)), \tag{3.22}$$

$$\overline{r^4} = \frac{n^4}{8Z^4}(63n^4 - 35n^2(2l^2+2l-3) + 5l(l+1)(3l^2+3l-10) + 12), \tag{3.23}$$

$$\overline{r^{-1}} = \frac{Z}{n^2}, \tag{3.24}$$

$$\overline{r^{-2}} = \frac{Z^2}{n^3(l+\frac{1}{2})}, \tag{3.25}$$

$$\overline{r^{-3}} = \frac{Z^3}{n^3(l+1)(l+\frac{1}{2})\,l}, \tag{3.26}$$

$$\overline{r^{-4}} = \frac{Z^4\cdot\frac{1}{2}\cdot(3n^2 - l(l+1))}{n^5(l+\frac{3}{2})(l+1)(l+\frac{1}{2})\,l(l-\frac{1}{2})}. \tag{3.27}$$

Für die ersten Zustände des Wasserstoffatoms sind die Mittelwerte in Tabelle 2 verzeichnet.

Tabelle 2. Numerische Werte der Mittelwerte von r^ν.

	$n=1$	$n=2$		$n=3$			$n=4$			
	$l=0$	$l=0$	$l=1$	$l=0$	$l=1$	$l=2$	$l=0$	$l=1$	$l=2$	$l=3$
$\nu=1$	$1\frac{1}{2}$	6	5	$13\frac{1}{2}$	$12\frac{1}{2}$	$10\frac{1}{2}$	24	23	21	18
2	3	42	30	207	180	126	648	600	504	360
3	$7\frac{1}{2}$	330	210	$3442\frac{1}{2}$	2835	1701	18720	16800	13104	7920
4	$22\frac{1}{2}$	2880	1680	$61357\frac{1}{2}$	49005	25515	570240	497280	362880	190080
-1	1	$\frac{1}{4}$		$\frac{1}{9}$			$\frac{1}{16}$			
-2	2	$\frac{1}{4}$	$\frac{1}{12}$	$\frac{2}{27}$	$\frac{2}{81}$	$\frac{2}{135}$	$\frac{1}{32}$	$\frac{1}{96}$	$\frac{1}{160}$	$\frac{1}{224}$
-3	∞	∞	$\frac{1}{24}$	∞	$\frac{1}{81}$	$\frac{1}{405}$	∞	$\frac{1}{192}$	$\frac{1}{960}$	$\frac{1}{2688}$
-4	∞	∞	$\frac{1}{24}$	∞	$\frac{10}{729}$	$\frac{2}{3645}$	∞	$\frac{23}{3840}$	$\frac{1}{3840}$	$\frac{1}{26880}$

Die Mittelwerte der Potenzen mit positivem Exponenten werden im wesentlichen durch die Hauptquantenzahl n bestimmt, während bei den Potenzen mit negativem Exponenten die Nebenquantenzahl l eine ausschlaggebende Rolle spielt. Das ist nur natürlich: Für große r, welche ja bei der Berechnung der erstgenannten Mittelwerte wesentlich in Frage kommen, verhält sich nach (3.7, 8) die Eigenfunktion wie $\varrho^{n-1}e^{-\varrho}$, für kleine r wie ϱ^l. Anschaulich gesprochen: Die Aufenthaltswahrscheinlichkeit des Elektrons in *großer* Entfernung vom Kern ist für die Kreisbahnen ($l = n - 1$) und die exzentrischen Ellipsenbahnen (l klein) der BOHRschen Theorie nahezu die gleiche, sie hängt im wesentlichen von der Länge der großen Achse der BOHRschen Ellipse $a\frac{n^2}{Z}$ ab. Dagegen kommt das Elektron (bei festgehaltenem n) viel öfter in unmittelbare *Nähe* des Kerns, wenn sein Quantenzustand einer exzentrischen BOHRschen Bahn entspricht, als wenn es sich in einer Kreisbahn bewegt. (Für $\nu < -2l - 2$ hat sogar $\overline{r^\nu}$ den Wert unendlich, der Mittelwert verliert also seinen Sinn.)

Der großen „Exzentrizität" der BOHRschen Bahnen mit kleinem l korrespondiert in der Quantenmechanik ein großes mittleres Schwankungsquadrat des Abstandes Kern—Elektron:

$$\overline{(r-\bar{r})^2} = \overline{r^2} - \bar{r}^2 = \frac{n^2(n^2+2) - l^2(l+1)^2}{4Z^2}, \tag{3.28}$$

z. B.

$$\overline{r^2} - \bar{r}^2 = \begin{cases} \dfrac{n^2(n^2+2)}{4Z^2} & \text{für } l = 0, \\ \dfrac{n^2(2n+1)}{4Z^2} & \text{für } l = n-1. \end{cases}$$

Besonders einfach ist nach (3.24) der Ausdruck für den Mittelwert von r^{-1}, Mit seiner Hilfe können wir unmittelbar den bekannten Satz[1] verifizieren, daß der Mittelwert der potentiellen Energie $V = -\frac{Z}{r}$ gleich der doppelten Gesamtenergie E ist (Virialsatz)

$$\overline{V} = -Z\overline{r^{-1}} = -\frac{Z^2}{n^2} = 2E \text{ (vgl. 2.11)}. \tag{3.29}$$

d) Verhalten der Eigenfunktionen für große Hauptquantenzahl. Darstellung nach der Methode von WENTZEL-KRAMERS-BRILLOUIN. Wenn man von der Normierung absieht, verhalten sich alle Eigenfunktionen mit fester Azimutalquantenzahl l und verschiedener Hauptquantenzahl n in der Nähe des Kerns *gleich*, sobald nur $n \gg l$ ist. Das sieht man etwa aus der Formel (3.17), wenn man dort l neben n vernachlässigt,

$$\left.\begin{aligned} R_{nl} &\approx \frac{n^l}{\overline{2l+1}!\sqrt{2}}\left(\frac{2Z}{n}\right)^{\frac{3}{2}}\left(\frac{2Zr}{n}\right)^l e^{-\frac{Zr}{n}}\left(1 - \frac{n-l-1}{2l+2}\cdot\frac{2rZ}{n} + \frac{(n-l-1)(n-l-2)}{(2l+2)(2l+3)2!}\left(\frac{2rZ}{n}\right)^2 + \cdots\right) \\ &\approx 2\left(\frac{Z}{n}\right)^{\frac{3}{2}}\frac{(2Zr)^l}{\overline{2l+1}!}\left(1 - \frac{2rZ}{2l+2} + \frac{(2rZ)^2}{(2l+2)(2l+3)\cdot 2!} - \cdots\right), \end{aligned}\right\} \tag{3.30}$$

oder noch einfacher direkt aus der Schrödingergleichung (2.1): Die Energie $1/2n^2$ ist nämlich offenbar neben $1/r$ und neben $l(l+1)/r^2$ zu vernachlässigen, sobald n sehr groß, r aber von der Größenordnung 1 ist (genauer, solange $r \ll n^2/Z$). Dann geht (2.1) über in

$$\frac{d^2R}{dr^2} + \frac{2}{r}\frac{dR}{dr} + \left(\frac{2Z}{r} - \frac{l(l+1)}{r^2}\right)R = 0. \tag{3.31}$$

Die Differentialgleichung (3.31) enthält n nicht mehr, ihre Lösung ist daher ebenfalls von n unabhängig. Sie lautet

$$R_{\infty l} = \frac{c}{\sqrt{2Zr}} J_{2l+1}\left(\sqrt{8Zr}\right), \tag{3.32}$$

wobei J die BESSELsche Funktion und c eine Konstante ist[2]. Unter Benutzung der Potenzreihenentwicklung für J erhält man für R die Entwicklung (3.30) zurück. Für große r ergibt sich aus der asymptotischen Formel für die Besselfunktionen

$$R_{\infty l} = \frac{c}{(2Zr)^{\frac{3}{4}}\sqrt{\pi}} \cdot \cos\left(\sqrt{8Zr} - \frac{\pi}{4} - \frac{2l+1}{2}\pi\right), \tag{3.33}$$

wobei natürlich darauf zu achten ist, daß $r \gg n^2/Z$ bleiben muß.

Wird r vergleichbar mit n^2/Z, so erhält man eine brauchbare Näherungsformel für die radiale Eigenfunktion nach der WENTZEL-KRAMERS-BRILLOUINschen

---

[1] Vgl. A. SOMMERFELD, Wellenmechan. Erg.-Bd. S. 292.

[2] Vgl. JAHNKE-EMDE, Funktionentafeln, insbes. S. 166 (Differentialgleichung), S. 98 (asymptotische Formel), S. 90 (Reihenentwicklung).

Methode (vgl. Ziff. 32). Man muß zunächst aus der Differentialgleichung (2.1) den ersten Differentialquotienten fortschaffen; zu diesem Zweck führt man $v = Rr$ anstatt R ein. Dann gilt für v

$$\frac{dv}{dr^2} + \left(-\frac{Z^2}{n^2} + \frac{2Z}{r} - \frac{l(l+1)}{r^2}\right) v = 0. \tag{3.34}$$

Der Faktor von v stellt die kinetische Energie des Elektrons dar, er ist positiv für $r_1 < r < r_2$, wobei

$$r_{1,2} = \frac{n^2}{Z} \pm \frac{n}{Z}\sqrt{n^2 - l(l+1)} \tag{3.35}$$

ist. r_1 und r_2 sind Perihel und Aphel der klassischen Bahn des Elektrons. Im Gebiet der klassischen Bahn $r_1 < r < r_2$ wird nun nach (32.3) die Eigenfunktion sehr angenähert dargestellt durch[1]

$$\left.\begin{aligned} v &= a\left(\frac{2Z}{r} - \frac{Z^2}{n^2} - \frac{(l+\frac{1}{2})^2}{r^2}\right)^{-\frac{1}{4}} \cos\left[\int_{r_1}^{r} \sqrt{\frac{2Z}{\varrho} - \frac{Z^2}{n^2} - \frac{(l+\frac{1}{2})^2}{\varrho^2}}\, d\varrho - \frac{\pi}{4}\right] \\ &= a\left(\frac{2Z}{r} - \frac{Z^2}{n^2} - \frac{(l+\frac{1}{2})^2}{r^2}\right)^{-\frac{1}{4}} \cos\left[\sqrt{2Zr - \frac{Z^2 r^2}{n^2} - (l+\tfrac{1}{2})^2}\right. \\ &\left. + n \arcsin\frac{Zr - n^2}{n\sqrt{n^2 - (l+\frac{1}{2})^2}} - (l+\tfrac{1}{2}) \arcsin\frac{n}{Zr}\cdot\frac{Zr - (l+\frac{1}{2})^2}{\sqrt{n^2 - (l-\frac{1}{2})^2}} + (n-l-1)\frac{\pi}{2}\right]. \end{aligned}\right\} \tag{3.36}$$

Obwohl (3.36) recht kompliziert aussieht, ist die Formel in praxi doch gut brauchbar. Für $(l+\frac{1}{2})^2 \ll Zr \ll n^2$ geht sie über in

$$v = a\left(\frac{r}{2Z}\right)^{\frac{1}{4}} \cdot \cos\left(\sqrt{8Zr} - (2l+1)\frac{\pi}{2} - \frac{\pi}{4}\right). \tag{3.37}$$

Die eigentliche radiale Eigenfunktion $R = v/r$ wird daher identisch mit (3.33), wie es sein muß[2], und die Konstanten stehen in der Beziehung

$$c = \sqrt{2\pi Z}\, a. \tag{3.38}$$

Außerhalb des Gebiets der klassischen Bahn fällt v exponentiell ab (s. 32.4). Wenn wir also z. B. das Normierungsintegral

$$\int_0^\infty R_{nl}^2 r^2\, dr = \int_0^\infty v^2\, dr = 1$$

berechnen wollen, brauchen wir nur das Gebiet $r_1 < r < r_2$ zu berücksichtigen. Außerdem können wir uns zunutze machen, daß der cos in (3.36) rasch veränderlich ist, verglichen mit dem anderen Faktor, und können daher $\cos^2$ durch den Mittelwert $\frac{1}{2}$ ersetzen. Dann wird

$$\int_0^\infty v^2\, dr = \tfrac{1}{2} a^2 \int_{r_1}^{r_2} \frac{dr}{\sqrt{\frac{2Z}{r} - \frac{Z^2}{n^2} - \frac{(l+\frac{1}{2})^2}{r^2}}} = \tfrac{1}{2} a^2 \pi Z^{-2} n^3,$$

$$a = 2^{\frac{1}{2}} \pi^{-\frac{1}{2}} Z n^{-\frac{3}{2}}, \qquad c = 2 Z^{\frac{3}{2}} n^{-\frac{3}{2}}. \tag{3.39}$$

Die Eigenfunktion ist also für $r \ll n^2/Z$ proportional $1/n^{\frac{3}{2}}$: Dies ist der einzige Faktor, durch den u von n abhängt. Natürlich ist die Normierung (3.39) für

[1] Vgl. Ziff. 32.

[2] Die asymptotische Formel der BESSELschen Funktionen kann danach als Spezialfall des W.K.B.-Verfahrens angesehen werden.

große n genau identisch mit der früher abgeleiteten: Setzt man c in (3.32) ein und benutzt die Reihenentwicklung der BESSELschen Funktionen, wie sie z. B. in JAHNKE-EMDE, Funktionentafeln S. 90, angegeben ist, so erhält man genau (3.30).

e) Erzeugende Funktion der Laguerrefunktionen[1]. Bisweilen ist eine andere Darstellung der LAGUERREschen Funktionen gegenüber (3.5) vorzuziehen, besonders wenn es sich um die Berechnung von Übergangswahrscheinlichkeiten handelt[2]. Die Funktionen lassen sich nämlich durch eine erzeugende Funktion definieren[1]:

$$e^{-\frac{xt}{1-t}} \cdot \frac{1}{1-t} = \sum_k L_k(x) \frac{t^k}{k!}. \tag{3.40}$$

Beweis: Differentiation von (3.40) nach t und Nullsetzen des Koeffizienten von t^k gibt

$$L_{k+1} - (2k+1-x) L_k + k^2 L_{k-1} = 0. \tag{3.41}$$

Differentiation nach x

$$L'_k = k(L'_{k-1} - L_{k-1}). \tag{3.42}$$

Nach kurzer Rechnung folgt aus (3.41, 42) die Differentialgleichung

$$x L''_k + (1-x) L'_k + k L_k = 0. \tag{3.43}$$

Setzt man $k = n + l$ und differenziert $2l+1$ mal nach x, so kommt

$$x(L_{n+l}^{2l+1})'' + (2l+2-x)(L_{n+l}^{2l+1})' + (n-l-1) L_{n+l}^{2l+1} = 0. \tag{3.44}$$

Setzen wir hier $x = \varrho = 2\varepsilon r$, so folgt für $f = r^l \cdot L_{n+l}^{2l+1}(2\varepsilon r)$ mit Rücksicht auf (2.10) unschwer die Differentialgleichung (2.5).

Daß (3.40) auch in der Normierung mit (3.5) übereinstimmt, erkennt man durch Berechnung des von x freien Gliedes in L_k:

$$L_k(x) = \frac{d^k}{dt^k}\left(e^{-\frac{xt}{1-t}} \cdot \frac{1}{1-t}\right)_{t=0} = \left(\frac{k!}{(1-t)^{k+1}} + x \ldots\right)_{t=0} = k!$$

in Übereinstimmung mit (3.6). r malige Differentiation von (3.40) nach x gibt noch

$$\frac{(-1)^r}{(1-t)^{r+1}} e^{-\frac{xt}{1-t}} = \sum L_k^r(x) \frac{t^{k-r}}{k!} \tag{3.45}$$

als Darstellung für die zugeordneten Laguerrefunktionen.

4. Die Eigenfunktionen des kontinuierlichen Spektrums[3]. Wir kommen zum Fall Energie $E > 0$.

Hier wird die in (2.3) definierte Größe

$$\varepsilon = i\sqrt{2E} = ik \tag{4.1}$$

rein imaginär, sonst ändert sich an der Ableitung in Ziff. 2 nichts bis zur Rekursionsformel (2.9). Das Verhältnis $a_\nu/a_{\nu-1}$ wird aber jetzt komplex, und wir können nicht mehr durch spezielle Wahl von ε die Potenzreihe (2.6) zum Ausbrechen bringen. Das ist auch gar nicht nötig, weil nunmehr $e^{+\varepsilon r}$ für $r = \infty$ genau so gut endlich bleibt wie $e^{-\varepsilon r}$. *Wir haben also für jedes positive E eine Lösung; an die diskreten Niveaus mit negativer Energie schließt sich ein kontinuierliches Spektrum von positiven Eigenwerten.*

[1] Siehe z. B. E. SCHRÖDINGER, Ann. d. Phys. Bd. 80, S. 131. 1926.

[2] Vgl. Ziff. 41 und vor allem W. GORDON, Ann. d. Phys. Bd. 2, S. 1031. 1929.

[3] Wir schließen uns an A. SOMMERFELD und G. SCHUR an (Ann. d. Phys. Bd. 4, S. 409. 1930); siehe außerdem E. FUES, ebenda Bd. 87, S. 281. 1926; W. GORDON, ebenda Bd. 2, S. 1031. 1929, und anderwärts.

Für die Zustände des kontinuierlichen Spektrums sind die Eigenfunktionen nach (3.2), (3.4) durch hypergeometrische Funktionen ausdrückbar, da ja die Rekursionsformel (2.9) noch gilt. Nur ist

$$n = \frac{Z}{\varepsilon} = -i\frac{Z}{\sqrt{2E}} = -i\frac{Z}{k} \tag{4.2}$$

imaginär.

Dementsprechend hat auch die Definition (3.5) der Laguerrefunktion keinen unmittelbaren Sinn mehr. Wir können aber unter Verwendung des CAUCHYschen Satzes

$$\frac{d^\lambda f(x)}{dx^\lambda} = \frac{\Gamma(\lambda+1)}{2\pi i}\int\frac{f(z)}{(z-x)^{\lambda+1}}\,dz \tag{4.3}$$

aus (3.5) leicht eine für beliebige λ gültige Darstellung der Laguerrefunktion

$$L_\lambda(\varrho) = \frac{\Gamma(\lambda+1)}{2\pi i}e^\varrho\int\frac{e^{-z}z^\lambda}{(z-\varrho)^{\lambda+1}}\,dz = \frac{\Gamma(\lambda+1)}{2\pi i}\int e^{-x}(x+\varrho)^\lambda x^{-(\lambda+1)}\,dx \tag{4.4}$$

gewinnen. In der zweiten Darstellung ist die Integrationsvariable z durch $x+\varrho$ ersetzt. Der Integrationsweg geht um die beiden Verzweigungspunkte des Integranden bei $x=0$ und $x=-\varrho$ in einer einfachen Schleife herum (Weg a, Abb. 6). Für die zugeordneten Laguerrefunktionen erhält man durch μmalige Differentiation von (4.4) die Integraldarstellung (μ ist positiv und ganz)

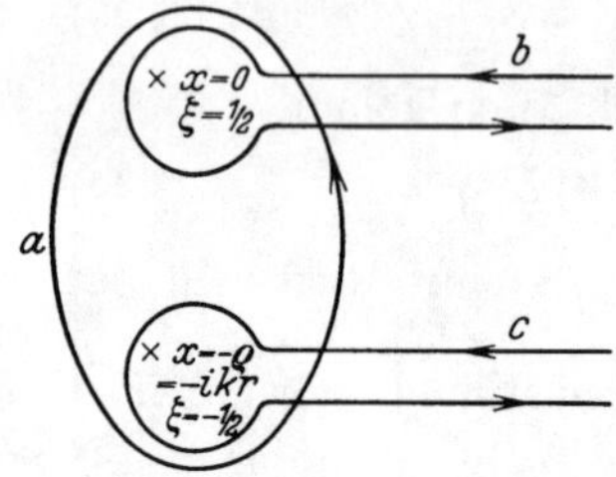

Abb. 6. Integrationsweg für die kontinuierlichen Eigenfunktionen. Der Integrationsweg (a) umschließt die beiden Verzweigungspunkte $\xi=+\frac{1}{2}$ ($x=0$) und $\xi=-\frac{1}{2}$ ($x=-\varrho$) des Integranden. Integration auf dem Weg b liefert asymptotisch für große r die einlaufende Welle $R^{(2)}$, auf dem Weg c die auslaufende Welle $R^{(1)}$.

$$L_\lambda^\mu(\varrho) = \frac{(\Gamma(\lambda+1))^2}{2\pi i\,\Gamma(\lambda-\mu+1)}\int e^{-x}(x+\varrho)^{\lambda-\mu}x^{-(\lambda+1)}\,dx, \tag{4.5}$$

und daraus bekommt man endlich, indem man $\lambda = n+l$, $\mu = 2l+1$ setzt, mit $e^{-\varrho/2}r^l$ multipliziert und alle konstanten Faktoren in die Konstante c hineinnimmt, die radialen Eigenfunktionen

$$R = c(-i\varrho)^l e^{-\varrho/2}\cdot\frac{1}{2\pi i}\int(x+\varrho)^{n-l-1}x^{-n-l-1}e^{-x}dx \tag{4.6}$$

$$= c\frac{(i\varrho)^{-l-1}}{2\pi}\cdot\int e^{-\varrho\xi}\left(\xi+\frac{1}{2}\right)^{n-l-1}\left(\xi-\frac{1}{2}\right)^{-n-l-1}d\xi. \tag{4.7}$$

Die Darstellung (4.7) erhält man aus (4.6) durch die Substitution $x=\varrho(\xi-\frac{1}{2})$, der Integrationsweg umläuft dann die beiden Verzweigungspunkte $\xi=\pm\frac{1}{2}$ im positiven Sinne. Man sieht aus (4.7) unmittelbar, daß für rein imaginäre ϱ und n die radiale Eigenfunktion rein reell wird.

Durch Entwicklung von (4.6) nach Potenzen von ϱ und Ausführung der Integrationen nach dem CAUCHYschen Satz erhält man die Darstellung (3.2) für die radiale Eigenfunktion (bis auf einen numerischen Faktor) zurück:

$$\left.\begin{aligned} R_{nl}(\varrho) &= c\frac{(-i\varrho)^l e^{-\varrho/2}}{2\pi i}\sum_{\alpha=0}^{\infty}\binom{n-l-1}{\alpha}\varrho^\alpha\int\frac{e^{-x}dx}{x^{2l+2+\alpha}} \\ &= (-i\varrho)^l\cdot\frac{c}{2l+1!}e^{-\varrho/2}\cdot F(-(n-l-1),\,2l+2,\,\varrho). \end{aligned}\right\} \tag{4.8}$$

Die Reihe für die hypergeometrische Funktion F [vgl. (3.4)] konvergiert für alle ϱ, jedoch ist die Konvergenz für große ϱ sehr schlecht. Deshalb ist es notwendig, für große ϱ eine asymptotische Entwicklung zu suchen, welche nach *fallenden* Potenzen von ϱ fortschreitet. Zu diesem Zwecke zerlegen wir den Integrationsweg a in Abb. 6 in zwei Schleifen (Integrationsweg b, c) welche, vom Unendlichen her kommend, die beiden Verzweigungspunkte *einzeln*, und jeden im positiven Sinne, umschließen. Auf dem Weg b entwickeln wir $(x+\varrho)^{n-l-1}$ nach fallenden Potenzen von ϱ:

$$(x+\varrho)^{n-l-1} = \sum_\alpha\binom{n-l-1}{\alpha}\varrho^{n-l-1-\alpha}x^\alpha.$$

Die Entwicklung divergiert für die entfernteren Teile des Integrationsweges ($|x| > |\varrho|$), die entstehende asymptotische Entwicklung von R_{nl} wird daher nur semikonvergent. Wegen der Ausführung der Integration verweisen wir auf die Arbeit von SOMMERFELD und SCHUR und geben hier nur das Resultat: Der Integrationsweg b liefert zur asymptotischen Darstellung der Eigenfunktion den Beitrag

$$R^{(2)} = c \frac{e^{-\frac{1}{2}\varrho - i\pi(n+\frac{3}{2}l) + n \lg \varrho}}{\Gamma(n+l+1)\cdot\varrho} G\left(n+l,\ l+1-n,\ \frac{1}{\varrho}\right), \tag{4.9}$$

wo

$$G(\alpha, \beta, x) = 1 + \frac{\alpha\beta}{1!}x + \frac{\alpha(\alpha+1)\beta(\beta+1)}{2!}x^2 + \cdots$$

eine hypergeometrische Funktion ist[1]. Auf dem Integrationsweg c ersetzt man bequemerweise x wieder durch z [vgl. (4.4)] und bekommt dann als Beitrag zur asymptotischen Darstellung genau das konjugiert Komplexe von $R^{(2)}$.

Die *gesamte* Wellenfunktion wird asymptotisch, wenn man noch für ϱ und n ihre Werte aus (3.3), (4.1), (4.2) einsetzt:

$$R = \frac{c\, e^{-\frac{\pi}{2}\frac{Z}{k}}}{|\Gamma(l+1-iZ/k)|\, kr} \cos\left(kr + \frac{Z}{k}\lg 2kr - \frac{\pi}{2}(l-1) - \sigma_l\right), \tag{4.10}$$

wobei

$$\sigma_l = \arg\Gamma\left(l+1+i\frac{Z}{k}\right)$$

die komplexe Phase der Γ-Funktion ist. Die Eigenfunktionen gehen also asymptotisch in Kugelwellen über.

Wir haben nunmehr die Eigenfunktion R zu normieren. Die Vorschrift für die Normierung von Eigenfunktionen im kontinuierlichen Spektrum lautet bekanntlich

$$\int_0^\infty r^2\,dr\, R_{Tl}(r) \int_{T-\Delta T}^{T+\Delta T} R_{T'l}(r)\, dT' = 1. \tag{4.11}$$

Dabei ist T irgendeine Funktion der Wellenzahl k, z. B. die Energie $W = \frac{1}{2}k^2$ oder k selbst; ΔT ist ein kleines Intervall. Wenn die Bedingung (4.11) erfüllt ist und die Eigenfunktionen R_{nl} des diskreten Spektrums in üblicher Weise normiert sind:

$$\int R_{nl}^2(r)\, r^2\, dr = 1,$$

so sind in der Entwicklung einer beliebigen Ortsfunktion nach Eigenfunktionen:

$$\left.\begin{aligned} f(r,\vartheta,\varphi) &= \sum_{l=0}^{\infty}\sum_{m=-l}^{+l} Y_{lm}(\vartheta,\varphi)\left(\sum_{n=l+1}^{\infty} a_{nlm} R_{nl}(r) + \int_{k=0}^{\infty} dT(k)\, a_{Tlm} R_{Tl}(x)\right) \\ &= \sum_{nlm} a_{nlm} u_{nlm}(r,\vartheta,\varphi) + \int dT \sum_{lm} a_{Tlm} u_{Tlm} \end{aligned}\right\} \tag{4.12}$$

die Entwicklungskoeffizienten gegeben durch

$$\left.\begin{aligned} a_{nlm} &= \int_0^\infty r^2 dr \int_0^\pi \sin\vartheta\, d\vartheta \int_0^{2\pi} d\varphi\, f(r,\vartheta,\varphi)\, R_{nl}(r)\, Y_{lm}^*(\vartheta,\varphi) = \int d\tau\, f u_{nlm}^*, \\ a_{Tlm} &= \int_0^\infty r^2 dr \int_0^\pi \sin\vartheta\, d\vartheta \int_0^{2\pi} d\varphi\, f(r,\vartheta,\varphi)\, R_{Tl}(r)\, Y_{lm}^*(\vartheta,\varphi). \end{aligned}\right\} \tag{4.13}$$

[1] Vgl. hierfür auch M. STOBBE, Ann. d. Phys. Bd. 7, S. 661. 1930, dort S. 713.

Wir nennen die Eigenfunktionen R_{Tl} „in der T-Skala normiert". Zwischen den in der T-Skala normierten und den in der k-Skala normierten Wellenfunktionen besteht die Beziehung

$$R_T = \left(\frac{dT}{dk}\right)^{-\frac{1}{2}} R_k, \tag{4.14}$$

wie aus (4.11) ohne weiteres hervorgeht.

Wir berechnen den Normierungsfaktor in der k-Skala, indem wir gemäß (4.10) setzen

$$R = \frac{b}{r} \cdot \cos\left(kr + \frac{Z}{k} \lg kr - \delta_l\right), \tag{4.15}$$

b ist der zu bestimmende Normierungsfaktor, δ_l ist von r unabhängig. Es wird

$$\int\limits_{k-\Delta k}^{k+\Delta k} dk' \cos\left(k'r + \frac{Z}{k'} \lg 2k'r - \delta\right) = 2\cos\left(kr + \frac{Z}{k} \lg 2kr - \delta\right) \frac{\sin \Delta k r}{r}, \tag{4.16}$$

wenn wir Größen der relativen Größenordnung $1/kr$ und $\Delta k/k$ fortlassen. Einsetzen von (4.15), (4.16) in (4.11) mit $T = k$ gibt

$$2b^2 \int\limits_0^\infty \frac{\sin \Delta k r}{r} dr \cos^2\left(kr + \frac{Z}{k} \lg 2kr - \delta\right) = b^2 \cdot \frac{\pi}{2} = 1, \tag{4.17}$$

wenn wir den rasch veränderlichen $\cos^2$ durch seinen Mittelwert $\frac{1}{2}$ ersetzen. Also wird

$$b = \sqrt{\frac{2}{\pi}}, \quad R_k = \sqrt{\frac{2}{\pi}} \cdot \frac{1}{r} \cdot \cos\left(kr + \frac{Z}{k} \lg 2kr - \frac{\pi}{2}(l-1) - \sigma_l\right) \tag{4.18}$$

oder auch bei Normierung in der *Energieskala* wegen

$$\left.\begin{aligned} W = \frac{1}{2} k^2, \quad \frac{dW}{dk} = k, \\ R_W = \sqrt{\frac{2}{\pi k}} \cdot \frac{1}{r} \cdot \cos\left(kr + \frac{Z}{k} \lg 2kr - \frac{\pi}{2}(l+1) + \sigma_l\right). \end{aligned}\right\} \tag{4.19}$$

Vergleichen wir nun die normierte Eigenfunktion (4.18) mit der asymptotischen Darstellung (4.10) für die unnormierte Eigenfunktion, so finden wir

$$c_k = \sqrt{\frac{2}{\pi}} k \left|\Gamma\left(l + 1 - i\frac{Z}{k}\right)\right| e^{\frac{\pi}{2}\frac{Z}{k}}, \quad c_W = \frac{c_k}{\sqrt{k}}. \tag{4.20}$$

Von hier aus können wir durch Zurückgehen auf (4.6), (4.7) die Integraldarstellung für die normierte Eigenfunktion finden oder durch Einsetzen von (4.20) in (4.8) die Reihendarstellung für kleine Kernabstände. Es ist praktisch, dabei die Γ-Funktion noch durch ihre Rekursionsformel

$$\Gamma(x+1) = x\Gamma(x)$$

und durch die bekannte Formel

$$\Gamma(x)\,\Gamma(1-x) = \frac{\pi}{\sin \pi x}$$

auf elementare Funktionen zurückführen:

$$|\Gamma(l + 1 - in')| = \sqrt{\pi n'} \prod_{s=1}^{l} \sqrt{s^2 + n'^2}\, (\mathrm{Sin}\, \pi n')^{-\frac{1}{2}} \quad \text{mit} \quad n' = \frac{Z}{k}. \tag{4.21}$$

Man erhält dann als endgültige Integraldarstellung

$$\left.\begin{aligned} R_W &= (-)^{l+1} \frac{\sqrt{2Z}}{\sqrt{1-e^{2\pi n'}}} \prod_{s=1}^{l} \sqrt{s^2+n'^2} \cdot (2kr)^{-(l+1)} \\ &\cdot \frac{1}{2\pi} \int e^{-\varrho\xi} \cdot \left(\xi+\frac{1}{2}\right)^{-in'-l-1} \left(\xi-\frac{1}{2}\right)^{+in'-l-1} d\xi \end{aligned}\right\} \tag{4.22}$$

oder auch in Reihenform

$$R_W = \frac{\sqrt{2Z}}{\sqrt{1-e^{-2\pi n'}}} \prod_{s=1}^{l} \sqrt{s^2+n'^2} \frac{(2kr)^l}{2l+1!} e^{ikr} F(in'+l+1, 2l+2, 2ikr). \tag{4.23}$$

Abb. 7 zeigt die kontinuierlichen Eigenfunktionen für $E = 0,\ 0{,}25,\ 1$.

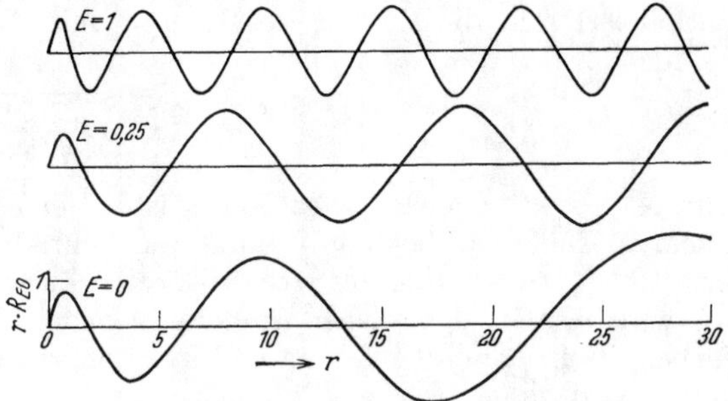

Abb. 7. Die kontinuierlichen Eigenfunktionen des Wasserstoffs für $l = 0$. $E = 0$, 0,25 und 1 Rydberg. Abszisse r in Wasserstoffradien, Ordinate $r \cdot R_{E0}$. Während für $E = 0$ die „Wellenlänge" und die Amplitude nach außen zu stark zunimmt, ist sie für $E = 1$ fast konstant.

5. Mitbewegung des Kerns. Wir haben bis jetzt (s. Ziff. 1) die Fiktion gemacht, daß der Atomkern unendlich schwer ist und daher in Ruhe bleibt. Dies wollen wir nunmehr korrigieren. Wenn wir vorerst in CGS-Einheiten rechnen, mag etwa der Kern die Masse M und die Koordinaten $\xi_1\, \eta_1\, \zeta_1$ haben, während sich die Größen mit Index 2 auf das Elektron (Masse m) beziehen. Dann lautet die HAMILTONsche Funktion

$$H = \frac{p_1^2}{2M} + \frac{p_2^2}{2m} - \frac{Ze^2}{\varrho}$$

und die Schrödingergleichung

$$\frac{h^2}{8\pi^2 M} \Delta_1 u' + \frac{h^2}{8\pi^2 m} \Delta_2 u' + \left(E' + \frac{Ze^2}{\varrho}\right) u' = 0. \tag{5.1}$$

$\Delta_1 = \frac{\partial^2}{\partial \xi_1^2} + \frac{\partial^2}{\partial \eta_1^2} + \frac{\partial^2}{\partial \zeta_1^2}$ ist der LAPLACEsche Operator im Konfigurationsraum des Kerns, u' hängt von den 6 Koordinaten von Kern und Elektron ab. Wir führen die Koordinaten des Schwerpunkts

$$X = \frac{M\xi_1 + m\xi_2}{M+m} \qquad (Y, Z \text{ entsprechend})$$

und die Relativkoordinaten

$$x = \xi_2 - \xi_1 \qquad \left(y, z \text{ entsprechend}, \quad \varrho = \sqrt{x^2+y^2+z^2}\right)$$

ein und haben

$$\frac{\partial^2 u'}{\partial \xi_1^2} = \left(\frac{M}{M+m}\right)^2 \frac{\partial^2 u'}{\partial X^2} - 2\frac{M}{M+m} \frac{\partial^2 u'}{\partial X\, \partial x} + \frac{\partial^2 u'}{\partial x^2},$$

$$\frac{1}{M} \Delta_1 u' + \frac{1}{m} \Delta_2 u' = \frac{1}{M+m} \left(\frac{\partial^2}{\partial X^2} + \frac{\partial^2}{\partial Y^2} + \frac{\partial^2}{\partial Z^2}\right) u' + \frac{1}{\mu} \left(\frac{\partial^2}{\partial x^2} + \frac{\partial^2}{\partial y^2} + \frac{\partial^2}{\partial z^2}\right) u',$$

wo

$$\mu = \frac{Mm}{M+m} \tag{5.2}$$

die „effektive Masse" ist. (5.1) läßt sich dann separieren durch den Ansatz

$$u' = u(x, y, z)\, u''(X, Y, Z), \qquad E' = E + E'', \tag{5.3}$$

wobei die Bewegung des Atomschwerpunkts durch

$$\varDelta u'' + \frac{8\pi^2(M+m)}{h^2} E'' u'' = 0 \tag{5.4}$$

geregelt wird und für die Relativbewegung des Elektrons die Differentialgleichung

$$\varDelta u + \frac{8\pi^2\mu}{h^2}\left(E + \frac{Z e^2}{\varrho}\right) u = 0 \tag{5.5}$$

gilt. Sie unterscheidet sich von (1.1′) nur dadurch, daß μ an Stelle von m tritt. Um der Mitbewegung des Kerns Rechnung zu tragen, haben wir also nur die in der Vorbemerkung eingeführten atomaren Einheiten zu ändern; insbesondere multipliziert sich die Einheit der Energie mit

$$\frac{\mu}{m} = \frac{M}{M+m} = \frac{1}{1 + \frac{1}{1824 A}}, \tag{5.6}$$

wenn A das Atomgewicht des Kerns ist. Bei Einführung der so veränderten atomaren Einheiten bekommt dann die Schrödingergleichung wieder die alte Form (1.1). Die Energie des $n$ten diskreten Zustands eines wasserstoffähnlichen Ions wird also in den *neuen* Einheiten wieder durch die Balmerformel (2.11) gegeben, in unseren *alten* atomaren Einheiten, die wir im allgemeinen beibehalten wollen, wird daher

$$E = -\frac{Z^2}{2n^2}\frac{M}{M+m}. \tag{5.7}$$

Der Absolutwert der Energie wird nach (5.7) durch die Mitbewegung des Kerns um so mehr verkleinert, je leichter dieser ist. (Die Einheit der Länge a ist im Verhältnis m/μ vergrößert, d. h. die Elektronen sind im Zeitmittel von einem leichten Kern *weiter* entfernt als von einem schweren gleicher Ladung.)

Die Abhängigkeit der Energieniveaus vom Atomgewicht gestattet es, aus spektroskopischen Messungen das „Atomgewicht des Elektrons", d. h. das Verhältnis der Elektronenmasse m zur Masse des Wasserstoffatoms m_{H} festzulegen. Wenn nämlich die Elektronenmasse *Null* wäre, so würde das $n$te Niveau des Wasserstoffs mit dem $2n$ten des ionisierten Heliums übereinstimmen, und es würde z. B. die Balmerlinie H_α, die einem Übergang des H vom dritten zum zweiten Niveau entspricht, mit der beim Übergang vom sechsten zum vierten Eigenzustand emittierten Spektrallinie des He^+ zusammenfallen. In Wirklichkeit ist die Frequenz der ersteren

$$\nu_{\text{H}} = R_{\text{H}} \cdot \left(\frac{1}{2^2} - \frac{1}{3^2}\right) = \frac{5}{36} R_{\text{H}},$$

der letzteren

$$\nu_{\text{He}} = 4 R_{\text{He}}\left(\frac{1}{4^2} - \frac{1}{6^2}\right) = \frac{5}{36} R_{\text{He}},$$

wenn wir in üblicher Weise die „Rydbergkonstanten für Wasserstoff und Helium" durch

$$\left.\begin{aligned} R_{\text{H}} &= R_\infty \frac{m_{\text{H}}}{m_{\text{H}} + m}, \\ R_{\text{He}} &= R_\infty \frac{m_{\text{He}}}{m_{\text{He}} + m} \end{aligned}\right\} \tag{5.8}$$

definieren. R_∞ ist die Rydbergkonstante bei unendlicher Kernmasse,

$$R_\infty = \frac{2\pi^2 m e^4}{h^3 c} \quad \text{[vgl. (2.14)].}$$

m_H ist die Masse des Protons, m_{He} die des α-Teilchens. Aus

$$\frac{\nu_{He} - \nu_H}{\nu_H} = \frac{m_{He} - m_H}{m_{He} + m} \cdot \frac{m}{m_H} \tag{5.9}$$

und dem bekannten Atomgewicht des He: $m_{He} : m_H = 3{,}9716$ kann dann unmittelbar m/m_H berechnet werden. Es ist günstig, daß nur die *Differenz* der Frequenzen $\nu_{He} - \nu_H$ exakt gemessen zu werden braucht, was einfacher ist als eine genaue *absolute* Wellenlängenmessung.

Die genauesten Messungen stammen von W. V. Houston[1]. Sie sind an den Linien H_α und H_β der Balmerserie (Übergang von $n = 3$ und 4 zu $n = 2$) und den entsprechenden He^+-Linien mit Hilfe eines besonders konstruierten Interferometers ausgeführt, das großes Auflösungsvermögen mit hoher Dispersion vereinigt. Beachtet werden muß die relativistische Feinstruktur der Linien; besonders bei den He^+-Linien ist die Feinstrukturaufspaltung so groß, daß sich die verschiedenen Feinstrukturkomponenten einer Linie in verschiedenen Interferenzordnungen überdecken. Deshalb wurden die Wellenlängen der einzelnen Feinstrukturkomponenten bestimmt und mittels der theoretischen Formeln (Ziff. 10) auf die nichtrelativistischen Terme korrigiert. Das Resultat von Houston ist

$$\left.\begin{aligned} R_H &= 109677{,}76 \pm 0{,}03\,, \\ R_{He} &= 109722{,}40 \pm 0{,}03\,, \\ \frac{m_H}{m} &= 1838{,}2 \pm 1{,}8\,, \end{aligned}\right\} \tag{5.10}$$

„Atomgewicht der Elektronen", bezogen auf $O_{16} = 16$,

$$\frac{m \cdot 1{,}00778}{m_H} = \frac{1}{1824} = 0{,}000548\,. \tag{5.11}$$

Dabei ist das Atomgewicht[2] von H gleich 1,00778, von He gleich 4,00216 angenommen, die Ungenauigkeit der Atomgewichte ist vernachlässigbar gegen den Fehler der Wellenlängenbestimmung. Da das Verhältnis $e \cdot 1{,}00778/m_H = 9649{,}0$ e.m. E. (Faradaysche Konstante) aus Messungen bei der Elektrolyse sehr genau bekannt ist, wird durch die Messung des Abstandes der He^+ von den entsprechenden Wasserstofflinien auch das Verhältnis

$$e/m = \text{e.s. E.} = (1{,}7602 \pm 0{,}0018) \cdot 10^7 \text{ e.m. E.} \tag{5.12}$$

bestimmt; man bezeichnet daher die Houstonschen Messungen im allgemeinen als spektroskopische e/m-Bestimmung. Der „spektroskopische Wert" (5.11) von e/m stimmt mit den Ergebnissen der neuesten Messungen auf elektrischem Wege sehr gut überein[3].

Um noch einen Anhaltspunkt für die Größe des Effekts der Mitbewegung des Kerns zu geben, sei gesagt, daß der Abstand zwischen H_α ($\lambda = 6560$ Å) und der entsprechenden He^+-Linie 2,62 Å beträgt, also etwa halb so viel wie der Abstand der beiden D-Linien des Na.

Neuerdings hat der Mitbewegungseffekt bei der Identifizierung des H-Isotops mit der Masse 2 durch Urey[4] eine große Rolle gespielt.

---

[1] W. V. Houston, Phys. Rev. Bd. 30, S. 608. 1930.

[2] Nach F. W. Aston, Proc. Roy. Soc. London (A) Bd. 115, S. 487. 1927.

[3] F. Kirchner (Ann. d. Phys. Bd. 8, S. 975. 1931; Bd. 12, S. 503. 1932) erhält $1{,}758 \cdot 10^7$ e.m. E., C. T. Perry u. E. L. Chaffee (Phys. Rev. Bd. 36, S. 904. 1930) bekommen genau den spektroskopischen Wert (5.12).

[4] H. C. Urey, F. G. Brickwedde u. G. M. Murphy, Phys. Rev. Bd. 40, S. 1 u. 464, ders. u. C. A. Bradley, ebda. S. 889. 1932.

6. Separation der Schrödingergleichung in parabolischen Koordinaten[1]. Die Separation der Schrödingergleichung für ein Elektron ist in Polarkoordinaten *immer* möglich, wenn sich das Elektron in einem *beliebigen* Zentralfeld bewegt. Ist das Feld ein Coulombfeld, so ist außerdem auch eine Separation in parabolischen Koordinaten durchführbar. Diese Alternative hängt zusammen mit der Entartung der Eigenwerte mit gleicher Haupt- und verschiedener Azimutalquantenzahl, vgl. Ziff. 2. Die Separation in parabolischen Koordinaten erweist sich als nützlich für die Behandlung aller möglichen Störungsprobleme, bei denen durch äußere Kräfte eine bestimmte Richtung des Raumes ausgezeichnet wird, z. B. Starkeffekt, Photoeffekt, Comptoneffekt, Elektronenstoß.

a) Diskretes Spektrum. Die parabolischen Koordinaten ξ, η, φ sind definiert durch[2]

$$\left.\begin{aligned} x &= \sqrt{\xi\eta}\cos\varphi & \xi &= r + z \\ y &= \sqrt{\xi\eta}\sin\varphi & \eta &= r - z \\ z &= \tfrac{1}{2}(\xi - \eta) & \varphi &= \operatorname{arc\,tg}\frac{y}{x} \\ r &= \tfrac{1}{2}(\xi + \eta)\,. \end{aligned}\right\} \tag{6.1}$$

Die Flächen $\xi = \text{konst.}$ und $\eta = \text{konst.}$ sind Rotationsparaboloide mit z als Achse und dem Atomkern $x = y = z = 0$ als Brennpunkt. Das Koordinatensystem ist orthogonal, das Linienelement ist

$$ds^2 = \frac{\eta + \xi}{4\xi}\,d\xi^2 + \frac{\eta + \xi}{4\eta}\,d\eta^2 + \xi\eta\,d\varphi^2, \tag{6.2}$$

das Volumelement

$$d\tau = \tfrac{1}{4}(\xi + \eta)\,d\xi\,d\eta\,d\zeta\,. \tag{6.3}$$

Aus (6.2) folgt der Ausdruck für den LAPLACEschen Operator

$$\Delta = \frac{4}{\xi + \eta}\,\frac{d}{d\xi}\left(\xi\frac{d}{d\xi}\right) + \frac{4}{\xi + \eta}\,\frac{d}{d\eta}\left(\eta\frac{d}{d\eta}\right) + \frac{1}{\xi\eta}\,\frac{d^2}{d\varphi^2}\,. \tag{6.4}$$

In der Schrödingergleichung (1.1) machen wir den Ansatz

$$u = u_1(\xi)\,u_2(\eta)\,e^{\pm i m \varphi}, \qquad Z = Z_1 + Z_2 \qquad (m \geq 0) \tag{6.5}$$

und bekommen nach Multiplikation der Differentialgleichung mit $\frac{1}{4}(\xi + \eta)$ und Ausführung der Separation

$$\frac{d}{d\xi}\left(\xi\frac{du_1}{d\xi}\right) + \left(\frac{1}{2}E\xi + Z_1 - \frac{m^2}{4\xi}\right)u_1 = 0 \tag{6.6}$$

und genau die entsprechende Gleichung für $u_2(\eta)$. Analog zu Ziff. 4 schließen wir, daß sich u_1 für große ξ wie $e^{-\frac{1}{2}\varepsilon\xi}$, für kleine ξ wie $\xi^{\frac{1}{2}m}$ verhält und setzen

$$u_1 = e^{-\frac{1}{2}\varepsilon\xi}\,\xi^{\frac{1}{2}m}\,f_1(\xi) \qquad \text{und} \qquad x = \varepsilon\xi\,, \tag{6.7}$$

so daß

$$x\frac{d^2 f_1}{dx^2} + (m + 1 - x)\frac{df_1}{dx} + \left(\frac{Z_1}{\varepsilon} - \frac{m+1}{2}\right)f_1 = 0\,.$$

Durch Vergleich mit (3.45) stellen wir fest, daß die Lösungen dieser Gleichung

$$f_1 = L^m_{n_1+m}(x)$$

sind, wobei

$$n_1 = Z_1/\varepsilon - \tfrac{1}{2}(m + 1) \tag{6.8}$$

[1] Vgl. E. SCHRÖDINGER, Abhandlungen III, S. [85].

[2] Vgl. z. B. E. SCHRÖDINGER, Abhandlungen, S. [105].

(im Fall reeller ε) eine nicht negative ganze Zahl sein muß, damit f_1 für große ξ endlich bleibt. Ein entsprechendes Ergebnis erhält man für f_2. Setzen wir schließlich

$$n = n_1 + n_2 + m + 1\,, \tag{6.9}$$

so folgt durch Auflösung von (6.8) nach ε unsere frühere Energieformel (2.10)

$$E = -\frac{1}{2}\varepsilon^2 = -\frac{1}{2}\frac{Z^2}{n^2}\,. \tag{6.10}$$

Der Entartungsgrad des $n$ten Eigenwertes ist, wie es sein muß, genau derselbe wie bei der früheren Rechnung in Polarkoordinaten: Bei festem m kann n_1 die $n-m$ Werte $0, 1, \ldots, n-m-1$ annehmen, m seinerseits kann von 0 bis $n-1$ laufen, wobei die von Null verschiedenen Werte doppelt zu zählen sind, weil man in (6.5) noch das positive oder negative Vorzeichen in $e^{\pm i m\varphi}$ wählen kann. Bei festem n bekommt man auf diese Weise gerade n^2 verschiedene Eigenfunktionen.

Wir haben die Eigenfunktionen noch zu normieren. Da das Volumelement durch (6.3) gegeben ist, müssen wir also setzen

$$\tfrac{1}{4}c^2\int\limits_0^\infty d\xi\int\limits_0^\infty d\eta\int\limits_0^{2\pi} d\varphi\, u_1^2(\xi)\, u_2^2(\eta)\cdot(\xi+\eta) = 1\,. \tag{6.11}$$

Der Wert des Integrals kann aus (3.16) entnommen werden. Die normierte Eigenfunktion wird

$$u_{n_1 n_2 m} = \frac{e^{\pm i m\varphi}}{\sqrt{\pi n}}\cdot\frac{n_1!^{\frac{1}{2}}\, n_2!^{\frac{1}{2}}\,\varepsilon^{m+\frac{3}{2}}}{n_1+m!^{\frac{3}{2}}\; n_2+m!^{\frac{3}{2}}}\, e^{-\frac{1}{2}\varepsilon(\xi+\eta)}\,(\xi\eta)^{\frac{1}{2}m}\, L^m_{n_1+m}(\varepsilon\xi)\, L^m_{n_2+m}(\varepsilon\eta)\,. \tag{6.12}$$

Die Eigenfunktionen sind im Gegensatz zu den Eigenfunktionen in Polarkoordinaten *unsymmetrisch* mit Bezug auf die Ebene $z=0$. Wenn $n_1 > n_2$, so liegt der größte Teil der Ladungsdichte des Elektrons auf der Seite positiver z, für $n_1 < n_2$ auf der Seite negativer z. Das erkennt man am besten, indem man die Eigenfunktionen für sehr große Abstände vom Kern betrachtet. Dann sind die Argumente der Laguerrefunktionen groß. Für große x verhält sich aber [vgl. (3.7)] $L^\mu_\lambda(x)$ wie $x^{\lambda-\mu}$, also

$$u_{n_1 n_2 m} \sim e^{i m\varphi}\,\xi^{n_1+\frac{1}{2}m}\,\eta^{n_2+\frac{1}{2}m}\,e^{-\frac{1}{2}\varepsilon(\xi+\eta)}\,;$$

$$|u_{n_1 n_2 m}|^2 \sim r^{n-1}\,e^{-\varepsilon r}\,(1+\cos\vartheta)^{n_1+\frac{1}{2}m}\,(1-\cos\vartheta)^{n_2+\frac{1}{2}m}\,,$$

wenn man die Definitionen (6.1) der parabolischen Koordinaten beachtet. Abb. 8 gibt die Kurven gleicher Ladungsdichte für den Zustand $n=3$, $n_1=2$, $n_2=m=0$ wieder, man erkennt die große Exzentrizität der Ladungsverteilung. — Die parabolischen Eigenfunktionen lassen sich natürlich aus den Eigenfunktionen in Polarkoordinaten additiv aufbauen, z. B. ist für $n=2$, $n_1=1$, $n_2=m=0$:

$$u = \frac{1}{\sqrt{2\pi}}\cdot\left(\frac{1}{2}Z\right)^{\frac{3}{2}}\left(-1+\frac{1}{2}Zr\,(1+\cos\vartheta)\right)$$

$$= -\frac{1}{\sqrt{2}}R_{20}(r)\,Y_{00}(\vartheta,\varphi) + \frac{1}{\sqrt{2}}R_{21}(r)\,Y_{10}(\vartheta,\varphi)$$

mit (3.7), (3.21), (1.8), (6.1).

b) Kontinuierliches Spektrum. Für das kontinuierliche Spektrum wird wieder

$$n = -in' = -iZ/k \tag{6.13}$$

rein imaginär und

$$n_1 = -\tfrac{1}{2}(m+1) - \tfrac{1}{2}i(n'+\lambda); \qquad n_2 = -\tfrac{1}{2}(m+1) - \tfrac{1}{2}i(n'-\lambda) \tag{6.14}$$

komplex. λ kann dabei kontinuierlich alle Werte von $-\infty$ bis $+\infty$ annehmen. Für die Laguerrefunktionen mit den komplexen Indizes $n_1 + m$, $n_2 + m$ gilt wieder die Integraldarstellung (4.6, 7), aus der man eine zu (4.8) korrespondierende

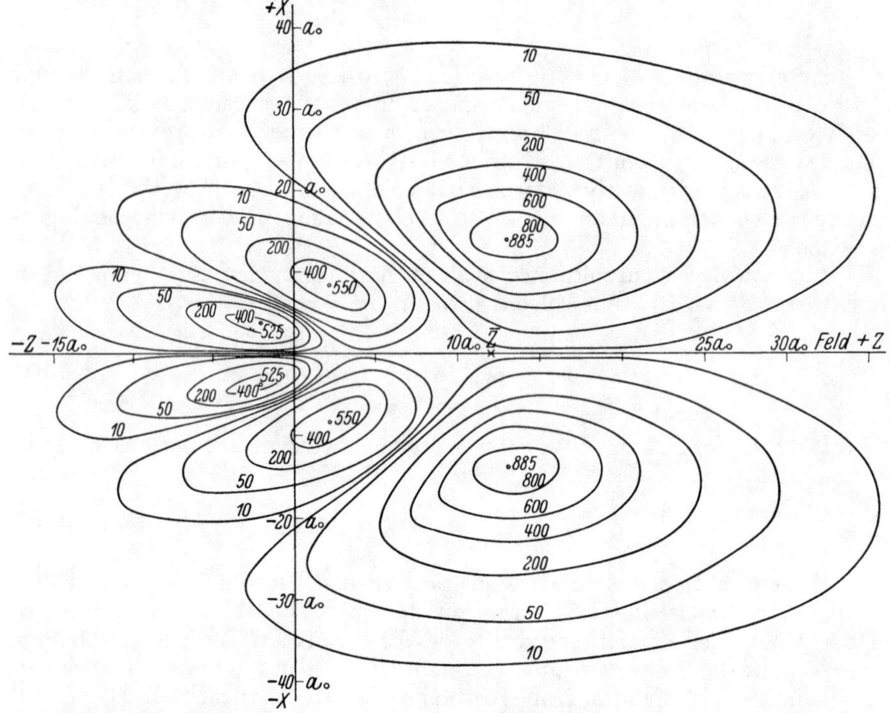

Abb. 8. Ladungsdichte des Zustands $n_1 = 2$, $n_2 = 0$, $m = 1$ bei parabolischer Quantisierung. (Nach F. G. SLACK.) Die Abbildung zeigt einen Querschnitt durch das Atom. Der Atomkern liegt im Ursprung des Koordinatensystems. Die Kurven geben Linien gleicher Ladungsdichte, wobei als Ladungsdichte die Ladung in einem Kreisring um die ausgezeichnete (z)-Achse verstanden ist. Man sieht die starke Konzentration der Ladung bei positiven z.

Reihenentwicklung und eine asymptotische Darstellung entsprechend (4.10) ableiten kann. Wenn man die Normierung in der Skala der k und der λ vornimmt, erhält man[1]

$$u_{k\lambda m} = \frac{k}{\sqrt{\pi}} f_{k\lambda m}(k\xi)\, f_{k,-\lambda,m}(k\eta)\, e^{\pm i m\varphi} \tag{6.15}$$

mit

$$f_{k\lambda m}(x) = C_{k\lambda}\frac{x^{\frac{1}{2}m}}{2\pi i}\int d\zeta\, e^{ix\zeta}\left(\zeta-\frac{1}{2}\right)^{-\frac{1}{2}+\frac{m}{2}-\frac{1}{2}i(n'+\lambda)}\left(\zeta+\frac{1}{2}\right)^{-\frac{1}{2}+\frac{m}{2}+\frac{1}{2}i(n'+\lambda)}$$

$$C_{k\lambda} = \prod_{\varrho=\frac{1}{2},\frac{3}{2},\ldots,\frac{m-1}{2}} \frac{1}{\sqrt{\varrho^2+\frac{1}{4}(n'+\lambda)^2}}\cdot\frac{1}{\sqrt{1+e^{-\pi(n'+\lambda)}}}, \quad \text{wenn } m \text{ gerade,}$$

$$C_{k\lambda} = \frac{1}{\sqrt{1+e^{-\pi(n'+\lambda)}}}\cdot\sqrt{\frac{2}{n'+\lambda}}\prod_{\varrho=1,2,\ldots,\frac{m-1}{2}}\frac{1}{\sqrt{\varrho^2+\frac{1}{4}(n'+\lambda)^2}}, \quad \text{wenn } m \text{ ungerade.}$$

[1] Vgl. J. FISCHER, Ann. d. Phys. Bd. 8, S. 821. 1931, dort § 1; G. WENTZEL, ZS. f. Phys. Bd. 58, S. 348. 1929.

Der Integrationsweg in f läuft, genau wie in (4.7), in einer einfachen Schleife um die beiden Verzweigungspunkte $\zeta = \pm\frac{1}{2}$ herum (vgl. Abb. 6). In großer Entfernung vom Atom verhält sich u wie eine Kugelwelle, d. h. es fällt wie $1/r$ ab[1].

c) Eigenfunktionen, die sich asymptotisch wie ebene Wellen verhalten. RUTHERFORDsche Streuformel[2]. Für die Theorie der Streuung von Elektronen und anderen geladenen Teilchen an nackten Kernen ist es bequem, eine Wellenfunktion zu konstruieren, die sich asymptotisch wie eine einfallende *ebene Welle* plus einer ausgehenden Kugelwelle verhält, welche also eine von r *unabhängige* Amplitude besitzt. Eine solche Wellenfunktion ist zuerst von GORDON[2] angegeben worden. Um sie abzuleiten, gehen wir nach SOMMERFELD am einfachsten zurück auf (6.6) und führen die unabhängigen Variablen

$$x = -ik\xi, \quad y = +ik\eta \qquad (k^2 = 2E) \tag{6.16}$$

ein, dann wird für $m = 0$

$$\left.\begin{aligned} \frac{d}{dx}\left(x\frac{du_1}{dx}\right) + \left(i\frac{Z_1}{k} - \frac{1}{4}x\right)u_1 = 0, \\ \frac{d}{dy}\left(y\frac{du_2}{dy}\right) + \left(-i\frac{Z_2}{k} - \frac{1}{4}y\right)u_2 = 0. \end{aligned}\right\} \tag{6.17}$$

Damit die Wellenfunktion $u_1(-ik\xi)\cdot u_2(ik\eta)$ das gewünschte asymptotische Verhalten (ebene Welle plus *auslaufende* Kugelwelle) zeigt, muß man nach SOMMERFELD (l. c.) setzen:

$$i\frac{Z_1}{k} = \frac{1}{2}, \quad \text{also} \quad -i\frac{Z_2}{k} = -i\frac{Z}{k} + \frac{1}{2}. \tag{6.18}$$

Dann ergibt sich durch Vergleich von (6.17) mit (6.6) bis (6.8)

$$u_1 = e^{-\frac{1}{2}x} = e^{\frac{1}{2}ik\xi}, \quad u_2 = e^{-\frac{1}{2}y}L_n(y) = e^{-\frac{1}{2}ik\eta}L_{-in'}(ik\eta). \tag{6.19}$$

Normiert man die Wellenfunktion so, daß die Ladungsdichte in großer Entfernung vom Atom Eins wird, so gilt für u die Integraldarstellung

$$u = \sqrt{\frac{2\pi n'}{1-e^{-2\pi n'}}}\cdot e^{\frac{1}{2}ik\xi}\cdot\frac{1}{2\pi i}\int d\zeta\, e^{ik\eta\zeta}\left(\zeta+\frac{1}{2}\right)^{-in'}\left(\zeta-\frac{1}{2}\right)^{in'-1}, \tag{6.20}$$

wobei der Integrationsweg wieder, genau wie in (4.7), die beiden Verzweigungspunkte $\zeta = +\frac{1}{2}$ und $-\frac{1}{2}$ in einer einfachen Schleife umläuft. Asymptotisch für große r wird u gegeben durch [man beachte (6.1)]

$$u = e^{i(kz - n'\lg k(r-z) + \sigma_{n'})} - \frac{Z}{k^2(r-z)}e^{i(kr + n'\lg k(r-z) - \sigma_{n'})}, \tag{6.21}$$

wobei $\sigma_{n'} = \arg\Gamma(1 + in')$ die komplexe Phase der Gammafunktion ist.

Der erste Summand in (6.21) ist eine ebene Welle, welche in der Richtung z einfällt, sie ist durch das Coulombpotential des Kerns etwas modifiziert: Die Amplitude der ebenen Welle hängt nicht vom Abstand r des Elektrons vom Kern ab. Die Amplitude des zweiten Terms ist dagegen umgekehrt proportional r, d. h. das zweite Glied stellt eine Kugelwelle dar, und zwar eine auslaufende Kugelwelle, wie man sofort sieht, wenn man den Zeitfaktor e^{-iEt} zu (6.21) hinzufügt. Diese Kugelwelle ist notwendig mit der einfallenden ebenen Welle verknüpft und repräsentiert die Streuung, welche durch den Kern verursacht wird.

---

[1] Vgl. z. B. G. WENTZEL, ZS. f. Phys. Bd. 58, S. 348. 1929, Gl. (22).

[2] W. GORDON, ZS. f. Phys. Bd. 48, S. 180. 1928; vgl. auch G. TEMPLE, Proc. Roy. Soc. London (A) Bd. 121, S. 673. 1928; A. SOMMERFELD, Ann. d. Phys. Bd. 11, S. 257. 1931, § 6.

Da die Amplitude der einfallenden Welle Eins ist und die Geschwindigkeit in atomaren Einheiten durch k gegeben ist, treten pro Zeiteinheit durch die Flächeneinheit einer weit vom Atom entfernten, senkrecht zur z-Achse liegenden Fläche gerade k Elektronen in den Wirkungsbereich des Kerns ein. Die Anzahl der Elektronen, die pro Zeiteinheit in den Winkelbereich $d\omega$ gestreut werden, m. a. W. die Anzahl, die pro Zeiteinheit durch ein Flächenelement $r^2 d\omega$ einer weit entfernten Kugel den Wirkungsbereich des Kerns verläßt, ist andererseits nach (6.21) gleich

$$k r^2 d\omega \cdot \left(\frac{Z}{k^2 (r - z)}\right)^2 = k \cdot \frac{Z^2 d\omega}{k^4 (1 - \cos\vartheta)^2},$$

wobei $\vartheta = \arccos z/r$ den Ablenkungswinkel der Elektronen durch die Streuung bedeutet. Der Streukoeffizient für die Streuung unter dem Winkel ϑ wird damit

$$\left.\begin{aligned} S^2(\vartheta) &= \frac{\text{Anzahl der pro Zeiteinheit in den Winkelbereich } d\omega \text{ gestreuten Teilchen}}{\text{Anzahl der pro Zeiteinheit durch die Flächeneinheit einfallenden Teilchen}} \\ &= \frac{Z^2\, d\omega}{k^4 (1 - \cos\vartheta)^2} \text{ atomare Einheiten.} \end{aligned}\right\} \quad (6.22)$$

S^2 hat die Dimension einer Fläche und ist in atomaren Einheiten (a^2) zu messen; gehen wir zu CGS-Einheiten über, so haben wir zu setzen

$$k^2 = E/Ry, \quad (6.23)$$

(E = Energie der einfallenden Elektronen in CGS), also (vgl. Vorbem. Ziff. 1)

$$S^2(\vartheta) = \frac{Z^2 \sin\vartheta\, d\vartheta\, d\varphi}{E^2 (1 - \cos\vartheta)^2} \cdot Ry^2 a^2 = \frac{e^4 Z^2 \sin\vartheta\, d\vartheta\, d\varphi}{16 E^2 \sin^4 \frac{1}{2}\vartheta}. \quad (6.24)$$

Dies ist die wohlbekannte RUTHERFORDsche Streuformel (vgl. auch Ziff. 51).

Die Normierung von (6.20), (6.21) wird vielfach zweckmäßig anders getroffen: Man normiert meist so, daß durch die Flächeneinheit pro Zeiteinheit gerade ein Teilchen einfällt, dann hat man (6.20), (6.21) mit $1/\sqrt{v}$ zu multiplizieren, wo v die Geschwindigkeit ist ($= k$ atomare Einheiten).

SOMMERFELD benutzt in seiner Theorie des kontinuierlichen Röntgenspektrum als Eigenfunktionen das System der Funktionen

$$u_{\mathfrak{k}} = e^{\frac{1}{2} i (k r + (\mathfrak{k}\mathfrak{r}))} \sqrt{\frac{n'}{1 - e^{-2\pi n'}}} \cdot \frac{1}{(2\pi)^2 i} \cdot \int d\zeta \cdot (\zeta + \tfrac{1}{2})^{-i n'} (\zeta - \tfrac{1}{2})^{i n' - 1} e^{-i(k r - (\mathfrak{k}\mathfrak{r}))\zeta} \quad (6.25)$$

mit verschiedener Richtung und Größe des Vektors $\mathfrak{k}$. Die asymptotische Formel für $u_{\mathfrak{k}}$ für große r ist

$$u_{\mathfrak{k}} = (2\pi)^{-\frac{3}{2}} \left\{ e^{i[(\mathfrak{k}\mathfrak{r}) - n' \lg(k r - (\mathfrak{k}\mathfrak{r})) + \sigma_{n'}]} - \frac{n'}{k r - (\mathfrak{k}\mathfrak{r})} \cdot e^{i[k r + n' \lg(k r - (\mathfrak{k}\mathfrak{r})) - \sigma_{n'}]} \right\}. \quad (6.26)$$

Das Funktionensystem $u_{\mathfrak{k}}$ zeichnet sich durch besondere Anschaulichkeit aus, $u_{\mathfrak{k}}$ ist einfach eine ebene Welle, die in der Richtung $\mathfrak{k}$ einfällt, plus zugehöriger Streuwelle. Die Eigenfunktion (6.26) ist in der k-Skala normiert. Entwickelt man also eine beliebige Ortsfunktion nach dem Funktionensystem (6.26)[1]

$$f(\mathfrak{r}) = \int d k_x\, d k_y\, d k_z\, a_{\mathfrak{k}}\, u_{\mathfrak{k}}(\mathfrak{r}) + \sum_{n_1 n_2 m} a_{n_1 n_2 m}\, u_{n_1 n_2 m}(\mathfrak{r}), \quad (6.27)$$

so sind die Entwicklungskoeffizienten

$$a_{\mathfrak{k}} = \int u_{\mathfrak{k}}^*(\mathfrak{r})\, f(\mathfrak{r})\, d\tau. \quad (6.28)$$

Endlich kann man noch $u_{\mathfrak{k}}$ pro Energieintervall E und Raumwinkelelement $d\omega$ normieren, wobei $d\omega$ das Winkelelement ist, in welches der Vektor $\mathfrak{k}$ weist, und $E = \frac{1}{2}k^2$ at. Einh., also $d k_x\, d k_y\, d k_z = \sqrt{2E}\, dE\, d\omega$. Diese Änderung der Normierung bedingt eine Division von (6.25), (6.26) mit $\sqrt[4]{2E} = \sqrt{k}$.

[1] Natürlich muß man, um das System der $u_{\mathfrak{k}}$ zu einem vollständigen System auszugestalten, die Eigenfunktionen des diskreten Spektrums $u_{n_1 n_2 m}$ hinzunehmen.

Ergänzung: Eigenfunktionen im Impulsraum sind für das Wasserstoffatom von PODOLSKY und PAULING[1] auf dem Umweg über die gewöhnlichen Eigenfunktionen im Koordinatenraum, von HYLLERAAS[2] auf direktem Wege aufgestellt worden.

2. Relativistische Theorie[3].

7. Allgemeines über die DIRACsche Theorie. a) Die DIRACsche Gleichung. Wegen der relativistischen Veränderlichkeit der Elektronenmasse mit der Geschwindigkeit und wegen des Elektronenspins zeigen bekanntlich die Eigenwerte des Wasserstoffatoms eine Feinstruktur. Beide Einflüsse stecken in der relativistischen Wellengleichung von DIRAC, die wir unseren Betrachtungen zugrunde legen. Wir benutzen dabei bis zur Mitte von Ziff. 8 absolute (CGS)-Einheiten anstatt atomarer.

Die DIRACsche Wellengleichung lautet

$$H u = (E + e\varphi + \beta E_0) u + \sum_{k=0}^{3} \alpha_k (c p_k + e A_k) u = 0. \tag{7.1}$$

Darin numeriert k die drei Richtungen des Raumes, $\mathfrak{A}$ ist das Vektorpotential, φ das skalare Potential, p der Impulsoperator des Elektrons, also

$$p_k = -i\hbar \frac{\partial}{\partial x_k} \qquad (k = 1, 2, 3) \tag{7.2}$$

E ist die Energie *mit Einschluß* der Ruhenergie

$$E_0 = m c^2, \tag{7.3}$$

$\alpha_1, \alpha_2, \alpha_3, \beta = \alpha_4$ sind vierreihige Matrizen

$$\alpha_1 = \begin{pmatrix} 0 & 0 & 0 & 1 \\ 0 & 0 & 1 & 0 \\ 0 & 1 & 0 & 0 \\ 1 & 0 & 0 & 0 \end{pmatrix}, \quad \alpha_2 = \begin{pmatrix} 0 & 0 & 0 & -i \\ 0 & 0 & i & 0 \\ 0 & -i & 0 & 0 \\ i & 0 & 0 & 0 \end{pmatrix}, \quad \alpha_3 = \begin{pmatrix} 0 & 0 & 1 & 0 \\ 0 & 0 & 0 & -1 \\ 1 & 0 & 0 & 0 \\ 0 & -1 & 0 & 0 \end{pmatrix}, \quad \beta = \begin{pmatrix} 1 & 0 & 0 & 0 \\ 0 & 1 & 0 & 0 \\ 0 & 0 & -1 & 0 \\ 0 & 0 & 0 & -1 \end{pmatrix}. \tag{7.4}$$

Sie erfüllen die Vertauschungsrelationen

$$\alpha_i \alpha_k + \alpha_k \alpha_i = 2\delta_{ik} \qquad (i, k = 1, 2, 3, 4). \tag{7.5}$$

u selbst darf man, wenn man die Differentialgleichung (7.1) befriedigen will, nicht als einfache Funktion auffassen, sondern muß es als Matrix mit einer Kolonne und vier Zeilen schreiben

$$u = \begin{pmatrix} u_1 \\ u_2 \\ u_3 \\ u_4 \end{pmatrix}.$$

Dabei sind die Komponenten der Eigenfunktion, $u_\sigma (\sigma = 1\,..\,4)$, noch Funktionen des Orts (im Gegensatz zu den Elementen der Matrizen $\alpha_1\,..\,\alpha_4$). Die Multiplikation eines α-Operators mit u erfolgt nach den gewöhnlichen Regeln der Matrizenmultiplikation, es ergibt sich dabei wieder eine Größe von der Natur der u, d. h. eine einreihige Matrix:

$$(\alpha_i u)_\varrho = \sum_{\sigma=1}^{4} (\alpha_i)_{\varrho\sigma} u_\sigma .$$

Z. B.

$$\alpha_2 u = \begin{pmatrix} -i u_4 \\ i u_3 \\ -i u_2 \\ i u_1 \end{pmatrix}.$$

---

[1] B. PODOLSKY u. L. PAULING, Phys. Rev. Bd. 34, S. 109. 1929.

[2] E. A. HYLLERAAS, ZS. f. Phys. Bd. 74, S. 216. 1932.

[3] Vgl. P. A. M. DIRAC, Proc. Roy. Soc. London (A) Bd. 117, S. 610; Bd. 118, S. 351. 1928, sowie in sämtlichen Lehrbüchern.

Die Differentialgleichung (7.1) gilt natürlich für jede der vier Zeilen der Eigenfunktion getrennt, d. h. man hat ausgeschrieben:

$$\left.\begin{aligned}\frac{1}{c}(E+E_0+e\varphi)\,u_1+\left(\frac{\hbar}{i}\frac{\partial}{\partial x}+\frac{e}{c}A_x\right)u_4-\left(\frac{\hbar}{i}\frac{\partial}{\partial y}+\frac{e}{c}A_y\right)i\,u_4\\+\left(\frac{\hbar}{i}\frac{\partial}{\partial z}+\frac{e}{c}A_z\right)u_3=0\end{aligned}\right\}\tag{7.6}$$

und drei weitere Gleichungen von ähnlicher Bauart.

Aus (7.6) und den drei entsprechenden Gleichungen für u_2, u_3, u_4 kann man den wichtigen Schluß ziehen, daß die Komponenten u_1 und u_2 der Wellenfunktion *klein* sind gegenüber den Komponenten u_3, u_4, und zwar etwa im Verhältnis der Geschwindigkeit des Elektrons im Atom zur Lichtgeschwindigkeit. In (7.6) z. B. ist der Faktor von u_1 ungefähr $2\,m\,c$, da die Energie des Elektrons E bis auf Größen höherer Ordnung gleich der Ruheenergie $E_0 = m\,c^2$ ist, die Faktoren von u_3 und u_4 dagegen sind von der Größenordnung des Elektronenimpulses $p = mv$. Man kann daher (zum mindesten solange keine übermäßige Genauigkeit verlangt wird) u_1^2 und u_2^2 neben u_3^2 und u_4^2 vernachlässigen.

Es ist sowohl für die Anschaulichkeit wie für die Rechnung von Vorteil, von der DIRACschen Differentialgleichung erster Ordnung zu einer Differentialgleichung zweiter Ordnung überzugehen, indem man auf die DIRACsche Gleichung den Operator

$$\frac{1}{c}(E+e\varphi-\beta E_0)-\sum_k \alpha_k\left(\frac{\hbar}{i}\frac{\partial}{\partial x_k}+\frac{e}{c}A_k\right)$$

anwendet; dann erhält man bei Beachtung der Vertauschungsrelationen (7.5):

$$\left.\begin{aligned}\Big\{\frac{1}{c^2}\left[(E+e\varphi)^2-E_0^2\right]+\hbar^2\Delta+2i\frac{e\hbar}{c}(\mathfrak{A}\,\mathrm{grad})-\frac{e^2}{c^2}A^2+i\frac{\hbar e}{c}\sum_k\alpha_k\frac{\partial\varphi}{\partial x_k}\\+i\frac{\hbar e}{c}\sum_{k<l}\alpha_k\alpha_l\left(\frac{\partial A_l}{\partial x_k}-\frac{\partial A_k}{\partial x_l}\right)\Big\}\,u=0\,.\end{aligned}\right\}\tag{7.7}$$

Wir definieren die neuen Matrizen

$$\sigma_i=-i\,\alpha_k\alpha_l\qquad (i=1,2,3)\tag{7.8}$$

(die Indizes ikl sollen zyklisch aufeinander folgen),

$$\sigma_x=\begin{pmatrix}0&1&0&0\\1&0&0&0\\0&0&0&1\\0&0&1&0\end{pmatrix},\quad \sigma_y=\begin{pmatrix}0&-i&0&0\\i&0&0&0\\0&0&0&-i\\0&0&i&0\end{pmatrix},\quad \sigma_z=\begin{pmatrix}1&0&0&0\\0&-1&0&0\\0&0&1&0\\0&0&0&-1\end{pmatrix},\tag{7.9}$$

welche wir als *Spinmatrizen* bezeichnen. Mit $\vec{\sigma}$ bezeichnen wir den Vektor mit den Komponenten $\sigma_x\sigma_y\sigma_z$, mit $\vec{\alpha}$ den Matrixvektor $\alpha_1\alpha_2\alpha_3$. Ferner beachten wir, daß $-\frac{\partial\varphi}{\partial x_i}=\mathfrak{E}_i$ die elektrische Feldstärke in der Richtung i bedeutet und $\frac{\partial A_l}{\partial x_k}-\frac{\partial A_k}{\partial x_l}$ die magnetische Feldstärke in dieser Richtung. Schließlich zerlegen wir die relativistische Energie E in Ruheenergie $E_0 = mc^2$ und nichtrelativistische Energie W und dividieren (7.7) durch $2\,m$, dann kommt:

$$\left.\begin{aligned}\Big(W+e\varphi+\frac{\hbar^2}{2m}\Delta+\frac{1}{2mc^2}(W+e\varphi)^2+i\frac{e\hbar}{mc}(\mathfrak{A}\,\mathrm{grad})-\frac{e^2}{2mc^2}A^2\\-\frac{e\hbar}{2mc}(\vec{\sigma}\mathfrak{H})-i\frac{e\hbar}{2mc}(\vec{\alpha}\mathfrak{E})\Big)\,u=0.\end{aligned}\right\}\tag{7.10}$$

Würde man in dieser Gleichung nur die drei ersten Glieder mitnehmen, so würde man die gewöhnliche Schrödingergleichung erhalten. Die nächsten drei Glieder sind der SCHRÖDINGERschen relativistischen Theorie eigentümlich, was man daraus erkennt, daß sie zwar die Lichtgeschwindigkeit, jedoch nicht die Operatoren $\vec{\sigma}$ und $\vec{\alpha}$ enthalten: Das vierte Glied stellt die Korrektur dar, die wegen der Veränderlichkeit der Masse mit der Geschwindigkeit anzubringen ist, das fünfte und sechste Glied beschreiben den Einfluß eines äußeren Vektorpotentials auf das Elektron (vgl. Ziff. 26). Die beiden letzten Glieder in (7.10) endlich sind charakteristisch für die DIRACsche Theorie: Das vorletzte läßt sich deuten als Wechselwirkung des Magnetfeldes mit einem magnetischen Moment

$$\vec{\mu}_s = -\frac{e\hbar}{2mc}\vec{\sigma}, \tag{7.11}$$

das sechste als Wechselwirkung des elektrischen Feldes mit einem elektrischen Moment $-i\frac{e\hbar}{2mc}\vec{\alpha}$.

b) Die Drehimpulse. Außer dem elektrischen und magnetischen Moment besitzt das Elektron auch ein *mechanisches* Eigenmoment (Impulsmoment). Es gilt nämlich in der DIRACschen Theorie kein Erhaltungssatz für das Impulsmoment $\hbar\mathfrak{k} = [\mathfrak{r}\mathfrak{p}]$ der räumlichen Bahn des Elektrons, sondern nur für das Gesamtimpulsmoment

$$\mathfrak{M}' = [\mathfrak{r}\mathfrak{p}] + \tfrac{1}{2}\hbar\vec{\sigma} = \hbar\mathfrak{k} + \hbar\mathfrak{s}. \tag{7.12}$$

Man erkennt leicht, daß $\mathfrak{M}'$ mit dem HAMILTONschen Operator der DIRACschen Theorie vertauschbar ist, seine einzelnen Bestandteile dagegen nicht, z. B. ist:

$$\left.\begin{aligned} H[\mathfrak{r}\mathfrak{p}]_z - [\mathfrak{r}\mathfrak{p}]_z H &= -i\hbar\sum_k \alpha_k\frac{\partial}{\partial x_k}\left[-i\hbar\left(x\frac{\partial}{\partial y} - y\frac{\partial}{\partial x}\right)\right] \\ &\quad + i\hbar\left(x\frac{\partial}{\partial y} - y\frac{\partial}{\partial x}\right)\left[-i\hbar\sum_k \alpha_k\frac{\partial}{\partial x_k}\right] = -\hbar^2\left(\alpha_x\frac{\partial}{\partial y} - \alpha_y\frac{\partial}{\partial x}\right), \\ \frac{1}{2}\hbar(H\sigma_z - \sigma_z H) &= -i\hbar\sum_k \alpha_k\frac{\partial}{\partial x_k}\left(-\frac{1}{2}i\hbar\alpha_x\alpha_y\right) + \frac{1}{2}i\hbar\alpha_x\alpha_y\left(-i\hbar\sum_k\alpha_k\frac{\partial}{\partial x_k}\right) \\ &= \hbar^2\left(\alpha_x\frac{\partial}{\partial y} - \alpha_y\frac{\partial}{\partial x}\right), \end{aligned}\right\} \tag{7.13}$$

wenn man die Vertauschungsrelationen der α_k berücksichtigt. Das zusätzliche Impulsmoment $\frac{1}{2}\hbar\vec{\sigma}$ kann man sich anschaulich vorstellen als herrührend von einer Rotation des Elektrons um seine eigene Achse (spin)[1].

Besonders einfach werden unsere Formeln, wenn wir die Drehimpulse von Bahn, Spin und Gesamtatom in atomaren Einheiten $\hbar$ messen: Wir definieren das Bahnmoment in atomaren Einheiten

$$\mathfrak{k} = \frac{1}{\hbar}[\mathfrak{r}\mathfrak{p}], \tag{7.14}$$

den Spin in diesen Einheiten

$$\mathfrak{s} = \tfrac{1}{2}\vec{\sigma}, \tag{7.15}$$

[1] In dieser Weise ist der Spin ursprünglich von GOUDSMIT und UHLENBECK eingeführt worden, um den anomalen Zeemaneffekt zu erklären. Dieser beruht (Ziff. 27) bekanntlich darauf, daß das Verhältnis des magnetischen zum mechanischen *Eigen*moment des Elektrons doppelt so groß ($= e/mc$) ist wie für die entsprechenden Momente der Umlaufsbewegung.

und das Gesamtmoment in den gleichen Einheiten

$$\mathfrak{M} = \frac{1}{\hbar}\mathfrak{M}' = \mathfrak{k} + \mathfrak{s}\,. \tag{7.16}$$

Die Tatsache, daß das Bahnmoment keine Konstante der Bewegung mehr ist, muß sich in einer Änderung der Quantisierung äußern: Die Komponente k_z des Bahnmoments in einer festen Richtung z kann nicht mehr gequantelt sein, d. h. wenn u die Eigenfunktion eines stationären Zustandes des Diracelektrons ist, so ist $k_z u$ *nicht*, wie beim SCHRÖDINGERschen Elektron ohne Spin, ein einfaches Multiplum von u. An die Stelle von k_z tritt der *Gesamtimpuls* in der z-Richtung, $M_z = m$. Außerdem ist natürlich der Betrag des Gesamtdrehimpulses quantisiert: die Eigenwerte von M^2 sind

$$M^2 = j(j+1), \tag{7.17}$$

wo j als innere Quantenzahl bezeichnet wird und für das Spinelektron die entsprechende Rolle spielt wie die Azimutalquantenzahl l für das Elektron ohne Spin. Wie wir sehen werden, haben in den stationären Zuständen j und m halbzahlige Werte.

Der Betrag des Bahndrehimpulses, k^2, ist beim Spinelektron *nahezu* quantisiert, es ist

$$k^2 u = l(l+1)\,u + (v/c)^2 w, \tag{7.18}$$

wo w orthogonal zur Eigenfunktion u ist und v von der Größenordnung der Elektronengeschwindigkeit. Dagegen ist der Betrag des *Spins* $\mathfrak{s}^2$ in Strenge quantisiert, ja sogar die Quadrate seiner einzelnen Komponenten: Bildet man nämlich die Quadrate der Matrizen in (7.9), so erhält man

$$\sigma_x^2 = \sigma_y^2 = \sigma_z^2 = \begin{pmatrix} 1 & 0 & 0 & 0 \\ 0 & 1 & 0 & 0 \\ 0 & 0 & 1 & 0 \\ 0 & 0 & 0 & 1 \end{pmatrix},$$

also ist

$$s_x^2 u = s_y^2 u = s_z^2 u = \tfrac{1}{4} u. \tag{7.19}$$

Unabhängig von dem speziellen Zustand des Elektrons ist also der *Betrag* des Spins in jeder Richtung des Raums auf $^1/_2$ atomare Einheit festgelegt, dagegen nicht seine Richtung: Es besteht eine gewisse Wahrscheinlichkeit w dafür, in einem Experiment den Spin z. B. parallel zur z-Achse eingestellt zu finden, und entsprechend die Wahrscheinlichkeit $1 - w$ dafür, daß er sich im Experiment als antiparallel zu z erweist. Diese Wahrscheinlichkeiten findet man, indem man in üblicher Weise den Erwartungswert von s_z berechnet:

$$\bar{s}_z = \sum_{\sigma=1}^{4} \int d\tau\, u_\sigma^* s_z u_\sigma.$$

Da man weiß, daß man im Experiment *nur* $s_z = \pm\frac{1}{2}$ finden kann, ist

$$\bar{s}_z = \tfrac{1}{2} w - \tfrac{1}{2}(1 - w) = w - \tfrac{1}{2}.$$

Im allgemeinen wird in den stationären Zuständen s_z ebensowenig quantisiert sein wie k_z, d. h. im allgemeinen wird w weder Null noch Eins sein: es läßt sich dann nicht von vornherein aussagen, welche Richtung des Spins im Stern-Gerlach-Experiment herauskommt.

8. Die PAULIsche Theorie des Spinelektrons[1]. a) Reduktion der DIRACschen auf die PAULIsche Differentialgleichung. Wir werden uns nun zunutze machen, daß die zwei Komponenten $u_1 u_2$ der DIRACschen Wellenfunktion klein sind gegen die beiden anderen $u_3 u_4$ [vgl. (7.6)]. Wir berechnen u_1 näherungsweise aus (7.6), indem wir die nichtrelativistische Energie W und die potentielle Energie $e\varphi$ gegen die Ruheenergie E_0 des Elektrons und das Vektorpotential $\mathfrak{A}$ gegen den Impuls des Elektrons vernachlässigen, dann wird ($E_0 = mc^2$)

$$u_1 = i\frac{\hbar}{2mc}\left(\frac{\partial u_4}{\partial x} - i\frac{\partial u_4}{\partial y} + \frac{\partial u_3}{\partial z}\right), \tag{8.1}$$

$$u_2 = i\frac{\hbar}{2mc}\left(\frac{\partial u_3}{\partial x} + i\frac{\partial u_3}{\partial y} - \frac{\partial u_4}{\partial z}\right). \tag{8.2}$$

[1] W. PAULI, ZS. f. Phys. Bd. 43, S. 601. 1927.

Hiermit berechnen wir den Ausdruck $(\vec{\alpha}\mathfrak{E})$ [vgl. (7.10)], es ist z. B.

$$\left.\begin{aligned} \alpha_x u = \begin{pmatrix} u_4 \\ u_3 \\ u_2 \\ u_1 \end{pmatrix} &= i\frac{\hbar}{2mc}\begin{pmatrix} \cdots\cdots\cdots \\ \cdots\cdots\cdots \\ \frac{\partial u_3}{\partial x} + i\frac{\partial u_3}{\partial y} - \frac{\partial u_4}{\partial z} \\ \frac{\partial u_4}{\partial x} - i\frac{\partial u_4}{\partial y} + \frac{\partial u_3}{\partial z} \end{pmatrix} \\ &= i\frac{\hbar}{2mc}\frac{\partial u}{\partial x} - \frac{\hbar}{2mc}\left(\sigma_z\frac{\partial u}{\partial y} - \sigma_y\frac{\partial u}{\partial z}\right) + \varphi_x, \end{aligned}\right\} \tag{8.3}$$

also

$$\vec{\alpha} u = -\frac{1}{2mc}(\mathfrak{p} + i[\mathfrak{p}\sigma])\, u + \vec{\varphi}, \tag{8.4}$$

wo $\varphi_x, \varphi_y, \varphi_z$ Funktionen sind, deren dritte und vierte Komponente verschwinden. (8.4) gestattet es, von der Gleichung (7.10), welche die *vier* Komponenten $u_1 \,..\, u_4$ der DIRACschen Wellenfunktion miteinander verknüpft, überzugehen zu

$$\begin{aligned} \Big[W + e\varphi + \frac{\hbar^2}{2m}\Delta + \frac{1}{2mc^2}(W + e\varphi)^2 + i\frac{e\hbar}{mc}(\mathfrak{A}\,\mathrm{grad}) - \frac{e^2}{2mc^2}A^2 \\ + \frac{ie\hbar}{4m^2c^2}(\mathfrak{E}\mathfrak{p}) - \frac{e\hbar}{4m^2c^2}(\sigma[\mathfrak{E}\mathfrak{p}]) - \frac{e\hbar}{2mc}(\sigma\mathfrak{H})\Big]\, u = 0\,. \end{aligned} \tag{8.5}$$

Diese Gleichung sieht zwar komplizierter aus als (7.10), ist aber in Wirklichkeit einfacher, denn es ist bloß noch eine Gleichung zwischen den beiden *großen* Komponenten $u_3 u_4$ der Wellenfunktion[1].

Sie ist natürlich nicht exakt wegen der bei der Ableitung von (8.1) begangenen Vernachlässigungen: Diese laufen darauf hinaus, daß Glieder mit c^4 im Nenner sowie Glieder der Größenordnung $(\mathfrak{E}\mathfrak{A})/c^3$ weggelassen sind. Was die anschauliche Bedeutung der Hamiltonfunktion in (8.5) anlangt, so sind die ersten sechs und das letzte Glied schon früher erklärt. Das vorletzte Glied rührt daher, daß ein elektrisches Feld für ein bewegtes Elektron äquivalent ist mit einem Magnetfeld

$$\mathfrak{H}_0 = \frac{1}{c}[\mathfrak{E}\mathfrak{v}] = \frac{1}{mc}[\mathfrak{E}\mathfrak{p}].$$

Wenn man dieses Magnetfeld zu dem äußeren Feld $\mathfrak{H}$ addiert, erhält man genau das Doppelte des vorletzten Summanden in (8.5), wegen des Faktors 2 vgl. die bekannte Arbeit von THOMAS[2]. Das drittletzte Glied in (8.5) hat kein klassisches Analogon.

b) **Eigenwerte für das Elektron im Zentralfeld.** Wir betrachten nun speziell ein Elektron im Zentralfeld, nehmen also an, daß das äußere magnetische Feld verschwindet und daß φ eine Funktion von r allein ist, dann wird

$$\mathfrak{E} = -\frac{\mathfrak{r}}{r}\frac{d\varphi}{dr}, \tag{8.6}$$

und aus (8.5) kommt [man beachte (7.14), (7.15)]

$$\left[W + e\varphi + \frac{\hbar^2}{2m}\Delta + \frac{1}{2mc^2}(W + e\varphi)^2 - \frac{e\hbar^2}{4m^2c^2}\frac{d\varphi}{dr}\left(\frac{d}{dr} - \frac{2}{r}(\mathfrak{k}\mathfrak{s})\right)\right] u = 0\,. \tag{8.7}$$

u ist hier anzusehen als eine Funktion mit zwei Komponenten u_3, u_4.

Diese beiden Komponenten lassen eine anschauliche Deutung zu. Definieren wir nämlich

$$v = s_z u\,,$$

so ist nach der Definition von s_z [vgl. (7.9), (7.15)]

$$v_3 = u_3, \quad v_4 = -u_4.$$

[1] Wenn σ auf u_3, u_4 angewendet wird, entsteht ja wieder u_3 bzw. u_4, während der Operator α aus den großen Diracfunktionen die kleinen macht.

[2] L. H. THOMAS, Nature Bd. 107, S. 514. 1926; vgl. auch A. SOMMERFELD, Atombau, 5. Aufl., S. 707.

Wenn bei der Funktion u also nur die dritte Komponente endlich ist, die vierte dagegen Null, so *wissen* wir, daß der Spin in der z-Richtung $+\frac{1}{2}$ beträgt, also parallel zu z steht; ist $u_3 = 0$, u_4 endlich, so ist der Spin antiparallel z. Im allgemeinen Fall gibt $|u_3(x, y, z)|^2$ die Wahrscheinlichkeit dafür an, daß das Elektron am Ort xyz ist und sein Spin parallel z steht, $\int |u_3(x, y, z)|^2 d\tau$ die Wahrscheinlichkeit dafür, daß das Elektron sich irgendwo befindet und sein Spin parallel zu z ist. Der Index $\sigma = 3,4$ der Wellenfunktion spielt also die Rolle einer vierten Koordinate, welche die Spinrichtung angibt.

Wir brauchen uns zunächst nicht um die explizite Abhängigkeit der Eigenfunktion von der Spinkoordinate σ und von den Winkelkoordinaten ϑ, φ des Elektrons zu kümmern, sondern können unsere Differentialgleichung nach allgemeinen matrizenmechanischen Sätzen auf eine Differentialgleichung in r allein zurückführen: Wir können nämlich von vornherein sagen, daß in den stationären Zuständen die Beträge von Bahndrehimpuls k und Gesamtdrehimpuls M quantisiert sein müssen, da diese Größen, wie man leicht sieht, mit dem Energieoperator in (8.7) vertauschbar sind. Das bedeutet, daß $k^2 u$ und $M^2 u$ einfache Multipla von u sind, wenn u die Eigenfunktion eines stationären Zustandes ist; wir setzen

$$k^2 u = l(l+1) u, \qquad M^2 u = j(j+1) u, \tag{8.8}$$

wobei wir aus der nichtrelativistischen Theorie wissen, daß l ganzzahlig ist, während wir über j noch keine Aussage machen können. Wir können nun alle Bestandteile des Energieoperators in (8.7) durch Differentiationen nach r sowie durch die Operatoren k^2, M^2, $\mathfrak{s}^2$ ausdrücken und können dann für diese Operatoren ihre Eigenwerte (8.8) einsetzen. Der Eigenwert von $\mathfrak{s}^2$ ist $\frac{3}{4}$ [vgl. (7.19)], wir schreiben dafür der Symmetrie wegen $s(s+1)$, wo $s = \frac{1}{2}$ die Quantenzahl des Spins bedeutet. Den Δ-Operator haben wir schon in (1.11) umgeformt:

$$\Delta u = \frac{\partial^2 u}{\partial r^2} + \frac{2}{r}\frac{\partial u}{\partial r} - \frac{k^2}{r^2} u. \tag{8.9}$$

Das letzte Glied in (8.7) ist wegen der Definition von $\mathfrak{M}$ (7.16)

$$2(\mathfrak{k}\mathfrak{s}) = M^2 - k^2 - \mathfrak{s}^2. \tag{8.10}$$

Einsetzen von (8.8), (8.9), (8.10) in (8.7) gibt

$$\left.\begin{aligned} &\left[W + e\varphi + \frac{\hbar^2}{2m}\left(\frac{d^2}{dr^2} + \frac{2}{r}\frac{d}{dr} - \frac{l(l+1)}{r^2}\right) + \frac{1}{2mc^2}(W + e\varphi)^2 \right. \\ &\left. \quad - \frac{e\hbar^2}{4m^2c^2}\frac{d\varphi}{dr}\left(\frac{d}{dr} - \frac{j(j+1) - l(l+1) - s(s+1)}{r}\right)\right] R = 0. \end{aligned}\right\} \tag{8.11}$$

R ist nunmehr eine gewöhnliche Funktion von r allein (es hängt nicht mehr vom Spin ab, ist also nicht mehr eine Funktion mit mehreren Komponenten). Man kann durch Lösung von (8.11) die Funktion R bis zu Gliedern der Größenordnung v^2/c^2 genau bekommen[1]. Wir werden uns damit begnügen, die *Energie* bis zur Genauigkeit v^2/c^2 auszurechnen, da wir die exakten Werte für Energie und Eigenfunktion besser direkt aus der Diracgleichung entnehmen. Wir berechnen dementsprechend die *Eigenfunktion* nur in nullter Näherung, streichen also zu ihrer Berechnung alle relativistischen, d. h. mit $1/c^2$ proportionalen Glieder in (8.11). Dann bleibt *genau* die radiale Schrödingergleichung

$$\left[\frac{2m}{\hbar^2}(W + e\varphi) + \frac{d^2}{dr^2} + \frac{2}{r}\frac{d}{dr} - \frac{l(l+1)}{r^2}\right] R = 0 \tag{8.12}$$

übrig [vgl. (2.1), man beachte, daß dort atomare, hier gewöhnliche Einheiten benutzt werden und daß damals für φ speziell das COULOMBsche Potential eZ/r gesetzt war]. R ist also die radiale Schrödingerfunktion; die Energie nullter

[1] Die Gleichung ist brauchbar für die Behandlung eines Elektrons im nichtcoulombschen Zentralfeld bei hoher Kernladung.

Näherung W_0 ist der gewöhnliche SCHRÖDINGERsche Eigenwert. In *erster* Näherung kommt zu der Energie die relativistische Korrektur

$$\left.\begin{aligned} W_1 = &-\frac{1}{2mc^2}\int R^2(W_0+e\varphi)^2 r^2 dr \\ &+\frac{e\hbar^2}{4m^2c^2}\int R\cdot\frac{d\varphi}{dr}\cdot\left(\frac{dR}{dr}-[j(j+1)-l(l+1)-s(s+1)]\frac{R}{r}\right)r^2dr \end{aligned}\right\} \quad (8.13)$$

hinzu. Gehen wir zu atomaren Einheiten über und führen wir dabei die SOMMERFELDsche Feinstrukturkonstante

$$\alpha = \frac{e^2}{\hbar c} \quad (8.14)$$

ein, so wird (V = Potential[1] in atomaren Einheiten)

$$\left.\begin{aligned} W_1 = &-\frac{1}{2}\alpha^2\overline{(W_0+V)^2} \\ &+\frac{1}{4}\alpha^2\int R\frac{dV}{dr}\left(\frac{dR}{dr}-[j(j+1)-l(l+1)-s(s+1)]\cdot\frac{R}{r}\right)r^2dr. \end{aligned}\right\} \quad (8.15)$$

Der Querstrich bedeutet Mittelung über die ungestörte Eigenfunktion. Die Formel (8.15) für die relativistische Korrektur der Energie gilt unabhängig von der speziellen Natur des Potentials V. Der erste Term bedeutet die eigentliche Relativitätskorrektur wegen der Änderung der Masse mit der Geschwindigkeit, der zweite bedeutet die Spinkorrektur. Setzen wir nun speziell für V das Coulombpotential

$$V = Z/r, \quad (8.16)$$

so wird

$$\left.\begin{aligned} W_1 = &-\frac{1}{2}\alpha^2\left(+\frac{1}{4}\frac{Z^4}{n^4}-\frac{Z^3}{n^2}\cdot\overline{r^{-1}}+Z^2\overline{r^{-2}}\right)-\frac{1}{4}\alpha^2\int RZ\frac{dR}{dr}\cdot dr \\ &+\frac{1}{4}\alpha^2[j(j+1)-s(s+1)-l(l+1)]Z\cdot\overline{r^{-3}}. \end{aligned}\right\} \quad (8.17)$$

Das zweite Glied

$$-\frac{1}{4}\alpha^2 Z\int_0^\infty R\frac{dR}{dr}dr = \frac{1}{8}\alpha^2 Z(R^2(0)-R^2(\infty)) \quad (8.18)$$

verschwindet, außer wenn die Azimutalquantenzahl $l = 0$ ist (s-Terme[2]). Für $l \neq 0$ erhalten wir, indem wir die ungestörte Energie W_0 aus der Balmerformel (2.11), die Mittelwerte der r-Potenzen aus (3.26), (3.27), (3.28) einsetzen:

$$W_1 = -\frac{1}{2}\alpha^2\frac{Z^4}{n^3}\cdot\left(\frac{1}{l+\frac{1}{2}}-\frac{3}{4n}+\frac{1}{2}\,\frac{s(s+1)+l(l+1)-j(j+1)}{(l+1)(l+\frac{1}{2})l}\right). \quad (8.19)$$

[1] Elektrostat. Potential, nicht potentielle Energie des Elektrons; also beim Zfach geladenen Kern Z/r, nicht $-Z/r$.

[2] S-Terme verhalten sich auch in *der* Beziehung singulär, daß der Mittelwert von r^{-3} unendlich wird [vgl. (3.26)]. Da für s-Terme $j = 1/2$, $s = 1/2$, $l = 0$ ist (vgl. Abschnitt c), erhält daher das letzte Glied in (8.17) die unbestimmte Form $0\cdot\infty$. Doch liegt das bloß daran, daß unsere Approximation in diesem Fall versagt: Wir haben bei der Berechnung der „kleinen" Diracfunktionen $u_1 u_2$ aus den „großen" in (8.1), (8.2) jeweils das Potential $e\varphi = Ze^2/r$ gegen die Ruheenergie $E_0 = mc^2$ vernachlässigt. Das ist aber für sehr kleine r nicht mehr zulässig. Berücksichtigt man das, so tritt in (8.7) $(mc + e^2Z/cr)^2$ an die Stelle von m^2c^2 im Nenner des letzten Gliedes, so daß anstatt

(a) $\int\frac{R^2}{r}\frac{dV}{dr}r^2dr = -Z\overline{r^{-3}}$ kommt: (b) $\int\frac{R^2r^2dr}{(1+e^2Z/mc^2r)^2}\cdot\frac{1}{r}\frac{dV}{dr} = -Z\int\frac{R^2dr}{r(1+e^2Z/mc^2r)^2}$.

Hier wird der Integrand *nicht* mehr unendlich für $r = 0$, so daß das Integral einen endlichen Wert hat. Der Faktor $j(j+1) - l(l+1) - s(s+1)$ bewirkt dann, daß das letzte Glied von (8.17) für s-Terme verschwindet. Für andere als s-Terme ist unsere Approximation durchaus gültig: (b) unterscheidet sich von (a) ja nur für $r \approx e^2Z/mc^2$, dort ist aber für $l \neq 0$ die radiale Eigenfunktion $R \sim r^l$ schon sehr klein, so daß man stets (a) statt (b) verwenden kann.

Das erste und zweite Glied kommt dabei von der eigentlichen Relativitätskorrektur, das dritte vom Spin.

c) Werte der inneren Quantenzahl j. Wir haben jetzt die relativistische Energie als Funktion der Quantenzahlen n, l, j geschrieben und müssen nun sehen, welche Werte diese Quantenzahlen haben können. Dazu gehen wir zurück auf Gleichung (8.7), in welcher u noch eine Funktion von r, ϑ, φ und der Spinkoordinate σ ist. In nullter Näherung dürfen wir das Glied mit $(\mathfrak{k}\mathfrak{s})$ vernachlässigen, dann wird die Differentialgleichung unabhängig von der Spinkoordinate: Die beiden Komponenten u_3, u_4 der Eigenfunktion sind in dieser Näherung gänzlich unabhängig voneinander und befriedigen jede für sich die Schrödingergleichung. Wir können speziell $u_4 = 0$ wählen, dann ist der Spin parallel $z (s_z = m_s = \frac{1}{2})$ [vgl. die Bemerkungen nach (8.7)]. Für u_3 haben wir die Schrödingerfunktion

$$u_3 = R_{nl}(r)\, Y_{l m_l}(\vartheta, \varphi) \tag{8.20}$$

zu setzen, dann ist auch die z-Komponente des *Bahn*drehimpulses quantisiert und hat den Eigenwert $k_z = m_l$, wobei m_l bekanntlich jeden ganzzahligen Wert zwischen $-l$ und $+l$ annehmen kann. Wegen der Definition (7.16) des Gesamtdrehimpulses folgt dann, daß auch die Komponente des Gesamtdrehimpulses in der z-Richtung quantisiert ist:

$$M_z u = (k_z + s_z)\, u = (m_l + m_s)\, u = (m_l + \tfrac{1}{2})\, u = m u .$$

Ist andererseits die Eigenfunktion

$$u = u_4 = R_{nl}(r)\, Y_{l, m_l+1}(\vartheta, \varphi), \qquad u_3 = 0, \tag{8.21}$$

so haben die z-Komponenten der Drehimpulse die Eigenwerte

$$s_z = -\tfrac{1}{2}; \qquad k_z = m_l + 1; \qquad M_z = k_z + s_z = m_l + \tfrac{1}{2} = m .$$

Der Eigenwert von M_z ist also für die Eigenfunktion (8.20) der gleiche wie für die Eigenfunktion (8.21). Eine weitere, linear von den aufgeschriebenen unabhängige Eigenfunktion mit dem gleichen Eigenwert von M_z gibt es nicht. Indem man m_l alle möglichen Werte von $-l$ bis $+l$ durchlaufen und m_s jeweils die Werte $-\frac{1}{2}$ und $+\frac{1}{2}$ annehmen läßt (also einmal $u_3 = 0$, einmal $u_4 = 0$ setzt), erhält man

eine Eigenfunktion mit $M_z = m = l + \frac{1}{2}$ $(m_l = l, m_s = +\frac{1}{2})$,

je zwei Eigenfunktionen mit $m = l - \frac{1}{2}, l - \frac{3}{2}, \ldots, -(l - \frac{1}{2})$ $(m_l = m - \frac{1}{2}, m_s = +\frac{1}{2}$ und $m_l = m + \frac{1}{2}, m_s = -\frac{1}{2})$,

eine Eigenfunktion mit $m = -(l + \frac{1}{2})$ $(m_l = -l, m_s = -\frac{1}{2})$.

Nun ist aber M_z auch mit dem *vollständigen* HAMILTONschen Operator (8.7) vertauschbar[1], M_z ist also auch für die stationären Zustände des Spinelektrons noch eine Quantenzahl. Außerdem wissen wir, daß der *Betrag* des Gesamtdrehimpulses M für die stationären Zustände quantisiert ist und den Wert $j(j+1)$ hat. Wenn aber für ein bestimmtes Energieniveau der Drehimpuls diesen Betrag hat, müssen zu dem Energieniveau $2j + 1$ Eigenfunktionen gehören, welche charakterisiert sind durch die Werte des Drehimpulses um die z-Achse

$$M_z = -j, \quad -j + 1, \ldots, j - 1, j . \tag{8.22}$$

Daraus folgt unmittelbar, daß die oben angegebenen $2(2l+1)$ Eigenfunktionen, die sich bei gegebener Azimutalquantenzahl konstruieren lassen, zu *zwei* Energieniveaus gehören müssen mit den inneren Quantenzahlen $j = l - \frac{1}{2}$ und $j = l + \frac{1}{2}$; dann sind unsere Eigenfunktionen gerade aufgebraucht. Setzen wir diese Werte in (8.19) ein, so erhalten wir $(s = \frac{1}{2}!)$

$$2(\mathfrak{k}\mathfrak{s}) = j(j+1) - l(l+1) - s(s+1) = \left\{\begin{array}{ll} l & \text{für} \quad j = l + \frac{1}{2}, \\ -(l+1) & \text{für} \quad j = l - \frac{1}{2}, \end{array}\right\} \tag{8.23}$$

$$W_1 = -\frac{1}{2}\alpha^2 \frac{Z^4}{n^3}\left(\frac{1}{j+\frac{1}{2}} - \frac{3}{4n}\right) \quad \text{für beliebige } j \text{ und } l. \tag{8.24}$$

Die Abhängigkeit von l fällt also vollkommen heraus, zwei Niveaus mit gleichem j und verschiedenem $l\,(l = j \pm \frac{1}{2})$ sind miteinander entartet.

Die s-Terme unterscheiden sich jetzt auch nicht mehr von den übrigen: Das zweite Glied in (8.17), welches bei s-Termen endlich ist und bei anderen Termen verschwindet, sorgt gerade dafür, die wegen $\mathfrak{k} = 0$ fehlende Wechselwirkung des Spins mit dem Bahndrehimpuls $(\mathfrak{k}\mathfrak{s})$ zu ersetzen. Für s-Terme ist übrigens nur ein Wert für die innere Quantenzahl, $j = +\frac{1}{2}$ möglich, $j = -\frac{1}{2}$ scheidet aus.

---

[1] Im Gegensatz zu k_z und s_z.

Die Anzahl der Zustände (Eigenfunktionen), die zu einem bestimmten Niveau nj gehören, beträgt $2(2j+1)$: Denn l kann die beiden Werte $j-\frac{1}{2}$ und $j+\frac{1}{2}$ haben, und bei festem l kann m die sämtlichen in (8.22) angegebenen Werte durchlaufen. Nur $j = n - \frac{1}{2}$ bildet eine Ausnahme: In diesem Fall *muß* $l = j - \frac{1}{2} = n - 1$ sein, es gibt also nur $2j+1$ Eigenfunktionen.

d) PAULIsche Eigenfunktionen. Die Eigenfunktionen der stationären Zustände lassen sich durch Angabe der vier Quantenzahlen $nljm$ charakterisieren. Natürlich sind sie nicht identisch mit den früher aufgebauten Eigenfunktionen, bei denen jeweils entweder u_3 oder u_4 verschwand, vielmehr ist jede Eigenfunktion $nljm$ ein Linearaggregat der beiden Eigenfunktionen (8.20), (8.21):

$$u_{nljm} = R_{nl}(r)\begin{pmatrix} a\, Y_{l,m-\frac{1}{2}}(\vartheta,\varphi) \\ b\, Y_{l,m+\frac{1}{2}}(\vartheta,\varphi)\end{pmatrix}. \tag{8.25}$$ [1]

Um die Koeffizienten a, b zu bestimmen, beachten wir, daß

$$M^2 u_{nljm} = (k^2 + \mathfrak{s}^2 + 2(\mathfrak{k}\mathfrak{s}))\, u_{nljm} = j(j+1)\, u_{nljm}$$

sein soll. Nun ist [vgl. (1.10), (1.14), (7.9), (7.15)]

$$2(\mathfrak{k}\mathfrak{s})\,u = [2k_z s_z + (k_x + i k_y)(s_x - i s_y) + (k_x - i k_y)(s_x + i s_y)]\, u$$

$$= R_{nl}(r)\begin{pmatrix} \left(a(m-\frac{1}{2}) - b\sqrt{(l+\frac{1}{2})^2 - m^2}\right) Y_{l,m-\frac{1}{2}}(\vartheta,\varphi) \\ \left(-a\sqrt{(l+\frac{1}{2})^2 - m^2} - b(m+\frac{1}{2})\right) Y_{l,m+\frac{1}{2}}(\vartheta,\varphi)\end{pmatrix} = (j(j+1) - l(l+1) - s(s+1))\, u.$$

Damit diese Gleichung erfüllbar ist, muß j einen der Werte $l+\frac{1}{2}$, $l-\frac{1}{2}$ haben, wie wir bereits im vorigen Abschnitt abgeleitet haben. Für die Koeffizienten a, b ergibt sich

$$\left.\begin{aligned} &\text{falls } j = l + \frac{1}{2}: \quad a = \sqrt{\frac{l+m+\frac{1}{2}}{2l+1}}, \quad b = -\sqrt{\frac{l-m+\frac{1}{2}}{2l+1}}, \\ &\text{falls } j = l - \frac{1}{2}: \quad a = \sqrt{\frac{l-m+\frac{1}{2}}{2l+1}}, \quad b = \sqrt{\frac{l+m+\frac{1}{2}}{2l+1}}. \end{aligned}\right\} \tag{8.26}$$

Die a, b sind so normiert, daß die Summe ihrer Quadrate Eins ist.

Wir bekommen also endgültig für die Eigenfunktionen

$$\left.\begin{aligned} u_{nl,j=l+\frac{1}{2},m} &= \frac{1}{\sqrt{2l+1}} R_{nl}(r)\begin{pmatrix} \sqrt{l+m+\frac{1}{2}}\, Y_{l,m-\frac{1}{2}}(\vartheta,\varphi) \\ -\sqrt{l-m+\frac{1}{2}}\, Y_{l,m+\frac{1}{2}}(\vartheta,\varphi)\end{pmatrix}, \\ u_{nl,j=l-\frac{1}{2},m} &= \frac{1}{\sqrt{2l+1}} R_{nl}(r)\begin{pmatrix} \sqrt{l-m+\frac{1}{2}}\, Y_{l,m-\frac{1}{2}}(\vartheta,\varphi) \\ \sqrt{l+m+\frac{1}{2}}\, Y_{l,m+\frac{1}{2}}(\vartheta,\varphi)\end{pmatrix}. \end{aligned}\right\} \tag{8.27}$$

Die Näherungsmethode, die wir in dieser Ziffer zur Bestimmung der relativistischen Energieniveaus benutzt haben, wurde von PAULI bereits vor der DIRACschen Theorie angegeben. Nur das Glied $\frac{d\varphi}{dr}\frac{du}{dr}$ in der Differentialgleichung (8.11) ist nachträglich aus der DIRACschen Theorie hinzugefügt. Die Energieniveaus, die sich aus (8.25) ergeben, sind in Übereinstimmung mit der Erfahrung und mit der SOMMERFELDschen Feinstrukturformel; den Vergleich werden wir in Ziff. 10 durchführen. Die PAULIschen Eigenfunktionen (8.27) werden wir öfters verwenden, z. B. in der Theorie der Feinstruktur von Helium, der Theorie des anomalen Zeemaneffekts usw. Daneben geben uns die Eigenfunktionen einen Anhaltspunkt für den Ansatz, den wir für die exakten DIRACschen Eigenfunktionen zu machen haben: Sie müssen ja bis auf Glieder der Größenordnung α^2 (α = Feinstrukturkonstante) mit den beiden großen DIRACschen Funktionen übereinstimmen, was sich auch in der Tat ergeben wird. Für die Rechnung mit PAULIschen Eigenfunktionen ist zu beachten, daß überall dort, wo in der SCHRÖDINGERschen Theorie eine Integration über den Raum vorzunehmen ist, in der PAULIschen Theorie eine Summation über die

[1] Wir schreiben die beiden Komponenten u_3 und u_4 der PAULIschen Eigenfunktion untereinander, entsprechend unserer Schreibweise der DIRACschen Eigenfunktionen.

beiden Spinrichtungen hinzutritt. Wenn man dies berücksichtigt, sieht man ohne weiteres, daß die Eigenfunktionen (8.27) zueinander orthogonal und normiert sind, falls letzteres für die Schrödingerfunktionen $R_{nl}(r)\,Y_{lm}(\vartheta,\varphi)$ gilt.

Für die Theorie der komplizierteren Atome ist es oft bequem, die PAULIschen Eigenfunktionen nicht als Matrizen mit zwei Zeilen und einer Kolonne zu schreiben, sondern besondere Spin-Eigenfunktionen α und β einzuführen: Die Spin-Eigenfunktion α soll die Aussage enthalten, daß der Spin des Elektrons parallel z ist, soll also Eins sein, wenn die Spinkoordinate $s_z = +\frac{1}{2}$, und Null, wenn $s_z = -\frac{1}{2}$ ist. In unserer bisherigen Schreibweise ist

$$\alpha(s_z) = \begin{pmatrix}1\\0\end{pmatrix} = \delta_{s_z,\frac{1}{2}}, \tag{8.28}$$

ebenso definieren wir

$$\beta(s_z) = \begin{pmatrix}0\\1\end{pmatrix} = \delta_{s_z,-\frac{1}{2}}.$$

β bedeutet also Spin antiparallel zu z. Die Eigenfunktionen (8.20), (8.21), welche sich bei Vernachlässigung der Spinkräfte ergaben, werden dann einfach Produkte einer von den räumlichen Koordinaten des Elektrons abhängigen Eigenfunktion mit einer der Spin-Eigenfunktionen, α oder β. Die richtigen Eigenfunktionen mit Berücksichtigung der Spinkräfte (8.27) sind Linearkombinationen solcher Produkte, z. B.

$$u_{nl,\,j=l+\frac{1}{2},\,m} = R_{nl}(r)\cdot\left(\sqrt{\frac{l+m+\frac{1}{2}}{2l+1}}\,Y_{l,m-\frac{1}{2}}(\vartheta,\varphi)\,\alpha(\sigma) - \sqrt{\frac{l-m+\frac{1}{2}}{2l+1}}\,Y_{l,m+\frac{1}{2}}(\vartheta,\varphi)\,\beta(\sigma)\right).$$

e) Spinrichtung. Es hat noch ein gewisses Interesse, zu fragen, wie der Spin denn nun eigentlich gerichtet ist. Die Spinrichtung hängt natürlich ab von dem Ort, an dem sich das Elektron gerade befindet, sie stellt die Richtung dar, in welche man ein Magnetfeld legen muß, um mit *Sicherheit* den Spin parallel zum Feld zu finden, wenn man das Elektron gerade an dem betreffenden Ort r, ϑ, φ abfängt. Die Spinrichtung möge die Polarkoordinaten Θ, Φ haben[1], es soll also sein

$$(\sigma_x \sin\Theta\cos\Phi + \sigma_y\cdot\sin\Theta\sin\Phi + \sigma_z\cdot\cos\Theta)\,u(r,\vartheta,\varphi) = u(r,\vartheta,\varphi). \tag{8.29}$$

Setzen wir zunächst allgemein

$$u = u_\alpha(r,\vartheta,\varphi)\,\alpha(s_z) + u_\beta(r,\vartheta,\varphi)\,\beta(s_z),$$

so folgt mit (7.9)

$$\sin\Theta e^{-i\Phi} u_\beta + \cos\Theta\, u_\alpha = u_\alpha,$$
$$\sin\Theta e^{i\Phi} u_\alpha - \cos\Theta\, u_\beta = u_\beta.$$

Also nach u_α, u_β aufgelöst

$$\left.\begin{aligned} u_\alpha &= u(r,\vartheta,\varphi)\cdot\cos\frac{\Theta}{2}\cdot e^{\frac{1}{2}i(\Psi-\Phi)},\\ u_\beta &= u(r,\vartheta,\varphi)\cdot\sin\frac{\Theta}{2}\, e^{\frac{1}{2}i(\Psi+\Phi)}.\end{aligned}\right\} \tag{8.30}$$

Ψ ist eine beliebige Phase, $u(r,\vartheta,\varphi)$ eine beiden Komponenten gemeinsame Raumfunktion. Charakteristisch ist das Auftreten der halben Winkel in (8.30). Lösen wir (8.30) nach $\Theta\Phi$ auf, so kommt

$$\operatorname{ctg}\frac{\Theta}{2}\, e^{-i\Phi} = u_\alpha/u_\beta \tag{8.31}$$

und mit unseren Eigenfunktionen (8.27) speziell

$$\left.\begin{aligned} \Phi = \varphi,\quad \operatorname{ctg}\frac{\Theta}{2} &= c_j\,\frac{\mathcal{P}_{l,m-\frac{1}{2}}(\vartheta)}{\mathcal{P}_{l,m+\frac{1}{2}}(\vartheta)},\\ \text{wo}\qquad c_j &= -\sqrt{\frac{l+m+\frac{1}{2}}{l-m+\frac{1}{2}}},\quad \text{wenn } j = l+\tfrac{1}{2},\\ c_j &= +\sqrt{\frac{l-m+\frac{1}{2}}{l+m+\frac{1}{2}}},\quad \text{wenn } j = l-\tfrac{1}{2}.\end{aligned}\right\} \tag{8.32}$$

[1] Nicht zu verwechseln mit den Polarkoordinaten ϑ, φ des Elektronenortes.

Nach (8.32) liegt der Spin in einer Ebene mit dem Radiusvektor vom Kern zum Elektron und der ausgezeichneten Achse z (d. h. dem Magnetfeld, das notwendig ist, um den Zustand m von den übrigen Zuständen mit demselben l und j zu trennen). Die Beziehung zwischen der Spinrichtung und der Lage des Elektrons in dieser Ebene, also zwischen Θ und ϑ, ist dagegen recht kompliziert.

9. Exakte Lösung der DIRACschen Gleichung[1]. a) Die Winkelabhängigkeit der Eigenfunktionen. Wir wollen nun die DIRACsche Differentialgleichung für ein Elektron im COULOMBschen Zentralfeld *exakt* lösen. Wir setzen also in (7.1)

$$\mathfrak{A} = 0, \quad \varphi = Ze/r \tag{9.1}$$

und schreiben die DIRACschen Gleichungen explizit für die vier Komponenten der Wellenfunktion hin:

$$\left.\begin{aligned}
\frac{i}{\hbar c}\left(E + \frac{Ze^2}{r} + E_0\right)u_1 + \frac{\partial u_3}{\partial z} + \frac{\partial u_4}{\partial x} - i\frac{\partial u_4}{\partial y} &= 0,\\
\frac{i}{\hbar c}\left(E + \frac{Ze^2}{r} + E_0\right)u_2 - \frac{\partial u_4}{\partial z} + \frac{\partial u_3}{\partial x} + i\frac{\partial u_3}{\partial y} &= 0,\\
\frac{i}{\hbar c}\left(E + \frac{Ze^2}{r} - E_0\right)u_3 + \frac{\partial u_1}{\partial z} + \frac{\partial u_2}{\partial x} - i\frac{\partial u_2}{\partial y} &= 0,\\
\frac{i}{\hbar c}\left(E + \frac{Ze^2}{r} - E_0\right)u_4 - \frac{\partial u_2}{\partial z} + \frac{\partial u_1}{\partial x} + i\frac{\partial u_1}{\partial y} &= 0.
\end{aligned}\right\} \tag{9.2}$$

Um einen Ansatz für u zu finden, machen wir uns nun zunutze, daß wir die Komponenten $u_3 u_4$ der Wellenfunktion angenähert schon kennen [PAULIsche Funktionen (8.27)]. Wir setzen für $j = l + \frac{1}{2}$ an

$$\left.\begin{aligned}
u_3 &= g(r)\sqrt{\frac{l+m+\frac{1}{2}}{2l+1}}\,Y_{l,\,m-\frac{1}{2}}(\vartheta,\varphi),\\
u_4 &= -g(r)\sqrt{\frac{l-m+\frac{1}{2}}{2l+1}}\,Y_{l,\,m+\frac{1}{2}}(\vartheta,\varphi),
\end{aligned}\right\} \tag{9.3}$$

was sich von (8.27) nur dadurch unterscheidet, daß wir die radialabhängige Eigenfunktion $g(r)$ nicht gleich der Schrödingerfunktion $R_{nl}(r)$ setzen, sondern noch willkürlich lassen. Mit Benutzung der Formeln (65.44) bis (65.46) erhält man, wenn man mit dem Ansatz (9.3) in die beiden ersten Diracgleichungen (9.2) eingeht,

$$\begin{aligned}
-\frac{i}{\hbar c}\left(E + \frac{Ze^2}{r} + E_0\right)u_1 &= \frac{\partial u_3}{\partial z} + \frac{\partial u_4}{\partial x} - i\frac{\partial u_4}{\partial y}\\
&= \sqrt{\frac{l-m+\frac{3}{2}}{2l+3}}\cdot\left(\frac{dg}{dr} - l\frac{g}{r}\right)Y_{l+1,\,m-\frac{1}{2}},\\
-\frac{i}{\hbar c}\left(E + \frac{Ze^2}{r} + E_0\right)u_2 &= \sqrt{\frac{l+m+\frac{3}{2}}{2l+3}}\left(\frac{dg}{dr} - l\frac{g}{r}\right)Y_{l+1,\,m+\frac{1}{2}}.
\end{aligned}$$

Wenn wir also setzen

$$\left.\begin{aligned}
u_1 &= \sqrt{\frac{l-m+\frac{3}{2}}{2l+3}}\,i f(r)\,Y_{l+1,\,m-\frac{1}{2}}(\vartheta,\varphi),\\
u_2 &= \sqrt{\frac{l+m+\frac{3}{2}}{2l+3}}\,i f(r)\,Y_{l+1,\,m+\frac{1}{2}}(\vartheta,\varphi),
\end{aligned}\right\} \tag{9.4}$$

so besteht zwischen g und f die Beziehung

$$\frac{1}{\hbar c}\left(E + \frac{Ze^2}{r} + E_0\right)f = \frac{dg}{dr} - l\frac{g}{r}. \tag{9.5}$$

---

[1] Vgl. C. G. DARWIN, Proc. Roy. Soc. London (A) Bd. 118, S. 654. 1928; W. GORDON, ZS. f. Phys. Bd. 48, S. 11. 1928.

Wenn man mit (9.4) nun in die dritte und vierte Diracgleichung (9.2) eingeht und wieder die Formeln (65.44) bis (65.46) benutzt, so erhält man zwei Gleichungen, welche miteinander identisch und dann erfüllt sind, wenn zwischen den radialen Eigenfunktionen f und g die Gleichung

$$\frac{1}{\hbar c}\left(E + \frac{Ze^2}{r} - E_0\right) g = -\frac{df}{dr} - (l+2)\frac{f}{r} \tag{9.6}$$

besteht. Für $j = l - \frac{1}{2}$ erhalten wir

$$\left.\begin{aligned} u_1 &= \sqrt{\frac{l+m-\frac{1}{2}}{2l-1}}\, i f(r)\, Y_{l-1, m-\frac{1}{2}}, \\ u_2 &= -\sqrt{\frac{l-m-\frac{1}{2}}{2l-1}}\, i f(r)\, Y_{l-1, m+\frac{1}{2}}, \\ u_3 &= \sqrt{\frac{l-m+\frac{1}{2}}{2l+1}}\, g(r)\, Y_{l, m-\frac{1}{2}}, \\ u_4 &= \sqrt{\frac{l+m+\frac{1}{2}}{2l+1}}\, g(r)\, Y_{l, m+\frac{1}{2}}, \end{aligned}\right\} \tag{9.7}$$

$$\left.\begin{aligned} \frac{1}{\hbar c}\left(E + \frac{Ze^2}{r} + E_0\right) f &= \frac{dg}{dr} + (l+1)\frac{g}{r}, \\ \frac{1}{\hbar c}\left(E + \frac{Ze^2}{r} - E_0\right) g &= -\frac{df}{dr} + (l-1)\frac{f}{r}. \end{aligned}\right\} \tag{9.8}$$

Wenn wir eine neue Quantenzahl $\varkappa$ einführen, indem wir setzen

$$\left.\begin{aligned} \varkappa &= -(j+\tfrac{1}{2}) = -(l+1), \quad &\text{wenn}\quad j = l + \tfrac{1}{2}, \\ \varkappa &= +(j+\tfrac{1}{2}) = +l, \quad &\text{wenn}\quad j = l - \tfrac{1}{2}, \end{aligned}\right\} \tag{9.9}$$

so können wir (9.5), (9.6) und (9.8) zusammenfassen in

$$\left.\begin{aligned} \frac{1}{\hbar c}\left(E + \frac{Ze^2}{r} + E_0\right) f - \left(\frac{dg}{dr} + (1+\varkappa)\frac{g}{r}\right) &= 0, \\ \frac{1}{\hbar c}\left(E + \frac{Ze^2}{r} - E_0\right) g + \left(\frac{df}{dr} + (1-\varkappa)\frac{f}{r}\right) &= 0. \end{aligned}\right\} \tag{9.10}$$

$\varkappa$ ist also eine ganze, positive oder negative Zahl. $\varkappa = 0$ ist nicht möglich, denn wenn wir in (9.7) etwa $l = 0$, $m = \frac{1}{2}$ setzen, so wäre einzig die in u_3 enthaltene Kugelfunktion endlich, aber gerade für u_3 verschwindet der Faktor $l - m + \frac{1}{2}$: Die Eigenfunktion würde also identisch verschwinden. Für $\varkappa \neq 0$ gibt es, wie man an Hand von (9.3), (9.4, (9.7) leicht sieht, je $2|\varkappa|$ Eigenfunktionen mit den magnetischen Quantenzahlen $m = -(|\varkappa| - \frac{1}{2}), -(|\varkappa| - \frac{3}{2}) \ldots |\varkappa| - \frac{3}{2}, |\varkappa| - \frac{1}{2}$.

Somit ist gezeigt, daß der Ansatz (9.3) für die großen Komponenten der Diracfunktion in der Tat zum Ziel führt. Das ließ sich nicht voraussehen, es hätte sich ja auch beim Einsetzen von (9.4) in die dritte und vierte Diracgleichung eine andere Winkelabhängigkeit von u_3, u_4 ergeben können, als wir in (9.3) voraussetzten, oder die beiden Gleichungen für g hätten sich widersprechen können.

b) Lösung der radialen Differentialgleichung. Wir gehen an die Lösung der radialen Differentialgleichung (9.10), wobei wir uns an die GORDONsche Behandlung[1] anschließen. Wir führen zunächst statt f und g die Funktionen

$$\chi_1 = rf, \quad \chi_2 = rg \tag{9.11}$$

[1] W. GORDON, ZS. f. Phys. Bd. 48, S. 11. 1928.

ein, und setzen für E_0 seinen Wert mc^2, dann wird

$$\left.\begin{aligned}\frac{d\chi_1}{dr} - \varkappa\frac{\chi_1}{r} &= \left(\frac{mc}{\hbar}\left(1 - \frac{E}{E_0}\right) - \alpha\frac{Z}{r}\right)\chi_2,\\ \frac{d\chi_2}{dr} + \varkappa\frac{\chi_2}{r} &= \left(\frac{mc}{\hbar}\left(1 + \frac{E}{E_0}\right) + \alpha\frac{Z}{r}\right)\chi_1,\end{aligned}\right\} \tag{9.12}$$

wobei $\alpha = \frac{e^2}{\hbar c} = \frac{1}{137,3}$ die SOMMERFELDsche Feinstrukturkonstante ist. Für große r hat (9.12) die asymptotische Lösung

$$\left.\begin{aligned}\chi_1 = a_1 e^{-\lambda r},\quad \chi_2 = a_2 e^{-\lambda r},\quad \lambda = \frac{mc}{\hbar}\sqrt{1 - \frac{E^2}{E_0^2}},\\ a_1 = -a\sqrt{1 - \frac{E}{E_0}},\quad a_2 = +a\sqrt{1 + \frac{E}{E_0}}.\end{aligned}\right\} \tag{9.13}$$

Zur Veranschaulichung sei bemerkt, daß $2\pi\hbar/mc = 2,3 \cdot 10^{-10}$ cm die „Comptonwellenlänge" ist. Sie ist gleich $2\pi\alpha$ mal dem BOHRschen Wasserstoffradius. In atomaren Einheiten gemessen wird also

$$\lambda = \frac{1}{\alpha}\sqrt{1 - (E/E_0)^2} = \frac{1}{\alpha}\sqrt{1 - \alpha^4 E^2}. \tag{9.14}$$

Dabei ist berücksichtigt, daß die Ruheenergie des Elektrons mc^2 gleich $1/\alpha^2$ atomaren Energieeinheiten ist, d. h. gleich $2/\alpha^2 \approx 37500$ mal der (nichtrelativistisch berechneten) Ionisierungsspannung des Wasserstoffs.

Um (9.13) zu einem für alle r gültigen Ansatz auszugestalten, würde es vielleicht nahe liegen, die Konstante a durch eine Funktion von r zu ersetzen (vgl. Ziff. 2). Dadurch würden wir aber die sicher ungerechtfertigte Annahme machen, daß χ_1 und χ_2 für alle r das gleiche Verhältnis zueinander haben. Wir müssen vielmehr auch weiterhin zwei Funktionen von r zur Verfügung haben und setzen daher

$$\chi_1 = \sqrt{1 - \varepsilon}\, e^{-\lambda r}(\varphi_1 - \varphi_2),\quad \chi_2 = \sqrt{1 + \varepsilon}\, e^{-\lambda r}(\varphi_1 + \varphi_2) \tag{9.15}$$

mit

$$\varepsilon = E/E_0. \tag{9.16}$$

Für große r muß nach (9.13) φ_2 groß gegen φ_1 und nahezu konstant werden. Ferner führen wir als unabhängige Variable

$$\varrho = 2\lambda r \tag{9.17}$$

ein, dann wird aus (9.12) zunächst

$$\left.\begin{aligned}\frac{1}{\sqrt{1-\varepsilon}}\left(\frac{d\chi_1}{d\varrho} - \frac{\varkappa}{\varrho}\chi_1\right) &= \left(\frac{1}{2} - \sqrt{\frac{1+\varepsilon}{1-\varepsilon}}\,\alpha\frac{Z}{\varrho}\right)\frac{\chi_2}{\sqrt{1+\varepsilon}},\\ \frac{1}{\sqrt{1+\varepsilon}}\left(\frac{d\chi_2}{d\varrho} + \frac{\varkappa}{\varrho}\chi_2\right) &= \left(\frac{1}{2} + \sqrt{\frac{1-\varepsilon}{1+\varepsilon}}\,\alpha\frac{Z}{\varrho}\right)\frac{\chi_1}{\sqrt{1-\varepsilon}}\end{aligned}\right\} \tag{9.18}$$

und mit Einführung von (9.15)

$$\left.\begin{aligned}\frac{d\varphi_1}{d\varrho} &= \left(1 - \frac{\alpha\varepsilon}{\sqrt{1-\varepsilon^2}}\frac{Z}{\varrho}\right)\varphi_1 + \left(-\frac{\varkappa}{\varrho} - \frac{\alpha}{\sqrt{1-\varepsilon^2}}\frac{Z}{\varrho}\right)\varphi_2,\\ \frac{d\varphi_2}{d\varrho} &= \left(-\frac{\varkappa}{\varrho} + \frac{\alpha}{\sqrt{1-\varepsilon^2}}\frac{Z}{\varrho}\right)\varphi_1 + \frac{\alpha\varepsilon}{\sqrt{1-\varepsilon^2}}\frac{Z}{\varrho}\varphi_2.\end{aligned}\right\} \tag{9.19}$$

Wir setzen jetzt φ_1 und φ_2 als Potenzreihen an

$$\varphi_1 = \varrho^\gamma \sum_{\nu=0}^{\infty} a_\nu \varrho^\nu,\quad \varphi_2 = \varrho^\gamma \sum_{\nu=0}^{\infty} b_\nu \varrho^\nu. \tag{9.20}$$

Die Koeffizienten der Potenz $\varrho^{\gamma+\nu-1}$ müssen auf den beiden Seiten der Gleichungen (9.20) gleich sein, also

$$\left.\begin{aligned} a_\nu(\nu+\gamma) &= a_{\nu-1} - \frac{\alpha\varepsilon Z}{\sqrt{1-\varepsilon^2}}a_\nu - \left(\varkappa + \frac{\alpha Z}{\sqrt{1-\varepsilon^2}}\right)b_\nu, \\ b_\nu(\nu+\gamma) &= \left(-\varkappa + \frac{\alpha Z}{\sqrt{1-\varepsilon^2}}\right)a_\nu + \frac{\alpha\varepsilon Z}{\sqrt{1-\varepsilon^2}}b_\nu. \end{aligned}\right\} \qquad (9.21)^{1}$$

Setzen wir insbesondere $\nu = 0$, so bekommen wir (da $a_{-1} = 0$) zwei homogene Gleichungen für a_0 und b_0. Damit diese lösbar sind, muß

$$\begin{vmatrix} \gamma + \frac{\alpha\varepsilon Z}{\sqrt{1-\varepsilon^2}} & \varkappa + \frac{\alpha Z}{\sqrt{1-\varepsilon^2}} \\ \varkappa - \frac{\alpha Z}{\sqrt{1-\varepsilon^2}} & \gamma - \frac{\alpha\varepsilon Z}{\sqrt{1-\varepsilon^2}} \end{vmatrix} = 0$$

sein, also

$$\gamma = \pm\sqrt{\varkappa^2 - \alpha^2 Z^2}. \qquad (9.22)$$

Die Funktionen φ_1 und φ_2 müssen aber, um Eigenfunktionen zu sein, quadratintegrierbar sein, genauer gesagt muß

$$\int(|f|^2 + |g|^2)r^2\,dr = \int(\chi_1^2 + \chi_2^2)\,dr = \int e^{-\varrho}(\varphi_1^2 - 2\varphi_1\varphi_2 + \varphi_2^2)\,dr$$

existieren, daher muß in (9.22) das *positive* Vorzeichen der Wurzel gewählt werden. Für das Verhältnis der Koeffizienten a_ν/b_ν erhalten wir dann aus der zweiten Gleichung (9.21)

$$\frac{b_\nu}{a_\nu} = -\frac{-\varkappa + \alpha Z/\sqrt{1-\varepsilon^2}}{n' - \nu}, \qquad (9.23)$$

wobei wir die Abkürzung

$$n' = \frac{\alpha Z\varepsilon}{\sqrt{1-\varepsilon^2}} - \gamma = \frac{\alpha Z\varepsilon}{\sqrt{1-\varepsilon^2}} - \sqrt{\varkappa^2 - \alpha^2 Z^2} \qquad (9.24)$$

eingeführt haben. Gehen wir mit (9.23) in die erste Gleichung (9.21) ein, so bekommen wir die Rekursionsformel für die a_ν:

$$a_\nu = -\frac{n'-\nu}{\nu(2\gamma+\nu)}a_{\nu-1} = (-)^\nu\frac{(n'-1)\ldots(n'-\nu)}{\nu!(2\gamma+1)\ldots(2\gamma+\nu)}a_0, \qquad (9.25)$$

und da aus (9.23) folgt

$$\frac{b_\nu}{a_\nu} = \frac{b_0}{a_0}\frac{n'}{n'-\nu},$$

wird

$$b_\nu = (-)^\nu\frac{n'\ldots(n'-\nu+1)}{\nu!(2\gamma+1)\ldots(2\gamma+\nu)}b_0. \qquad (9.26)$$

Genau wie in Ziff. 3 für den nichtrelativistischen Fall, müssen wir auch hier für reelle Werte von λ, d. h. für $\varepsilon < 1$, $E < E_0$ (diskretes Spektrum) fordern, daß die Potenzreihen für φ_1 und φ_2 abbrechen, weil sonst die Eigenfunktionen χ_1 und χ_2 für große r wie $e^{+\lambda r}$ ansteigen. Das Abbrechen der Reihen findet aber nur statt, wenn n' eine ganze, nichtnegative Zahl ist. Dann geht die Reihe für φ_2 bis zur Potenz $r^{n'}$, die für φ_1 bis $r^{n'-1}$.

[1] Hier offenbart sich erst der Vorteil des Ansatzes (9.15) gegenüber einem Ansatz $\chi_i = e^{-\lambda r}f_i(r)$. Dadurch, daß für große r die Funktion φ_2 nahezu konstant wird ($d\varphi_2/d\varrho \sim \varphi_2/\varrho$), enthält die zweite Gleichung (9.21) nur a_ν und b_ν, dagegen nicht $a_{\nu-1}\,b_{\nu-1}$, so daß b_ν durch a_ν ausgedrückt werden kann.

Der Fall $n' = 0$ erfordert eine gesonderte Betrachtung. Es muß dann nämlich $a_0 = 0$ werden, weil sonst nach (9.25) die höheren a_ν nicht verschwinden. Nun ist nach (9.23)

$$\frac{a_0}{b_0} = -\frac{n'}{-\varkappa + \alpha Z/\sqrt{1-\varepsilon^2}}, \tag{9.27}$$

und das verschwindet für $n' = 0$, falls der Nenner endlich bleibt. Nun gilt aber im Fall $n' = 0$ nach (9.24)

$$\gamma^2 = \varkappa^2 - \alpha^2 Z^2 = \alpha^2 Z^2 \frac{\varepsilon^2}{1-\varepsilon^2}, \quad \text{also} \quad \varkappa = \pm \frac{\alpha Z}{\sqrt{1-\varepsilon^2}}.$$

Der Nenner in (9.27) bleibt also nur *endlich*, wenn $\varkappa$ negativ ist ($j = l + \frac{1}{2}$, $\varkappa = -(l+1)$), in diesem Fall wird $a_0 = 0$, b_0 endlich und wir bekommen eine Lösung des Problems. Dagegen *verschwindet* der Nenner, falls $\varkappa$ positiv ist, und zwar proportional mit n', so daß a_0/b_0 einen endlichen Wert hat und die Reihe für φ_1 nicht abbricht. Der Fall $n' = 0$, $\varkappa = l$ ist also auszuschließen, $n' = 0$, $\varkappa = -(l+1)$ dagegen zulässig. n' vertritt die radiale Quantenzahl $n_r = n - l - 1$ der SCHRÖDINGERschen Theorie.

Wir führen noch die Hauptquantenzahl

$$n = n' + k, \qquad k = |\varkappa| = j + \tfrac{1}{2} \tag{9.28}$$

ein und lösen (9.24) nach dem gesuchten Eigenwert ε auf:

$$\varepsilon = \frac{E}{E_0} = \frac{1}{\sqrt{1 + \frac{\alpha^2 Z^2}{(n'+\gamma)^2}}} = \frac{1}{\sqrt{1 + \left(\frac{\alpha Z}{n - k + \sqrt{k^2 - \alpha^2 Z^2}}\right)^2}}. \tag{9.29}$$

(9.29) *ist unsere endgültige Formel für die Energie E des Wasserstoffatoms.* Die Energie hängt nur von k, d. h. von j, ab, dagegen nicht vom Vorzeichen von $\varkappa$ [d. h. nicht von l, vgl. (8.24)]. Wegen der Kleinheit der Feinstrukturkonstante α ist für leichte Atome (kleine Z) die Energie E nur um wenig kleiner als die Ruheenergie E_0 des Elektrons. Die genauere Diskussion der Energieformel verschieben wir auf Ziff. 10.

c) Diskussion und Normierung der radialen Eigenfunktionen des Keplerproblems. Aus den Rekursionsformeln (9.25), (9.26) sieht man unmittelbar, daß die Funktionen φ_1 und φ_2 im wesentlichen entartete hypergeometrische Funktionen sind, nämlich

$$\left.\begin{aligned} \varphi_1 &= -c \frac{n'}{\sqrt{-\varkappa + \alpha Z/\sqrt{1-\varepsilon^2}}} \varrho^\gamma F(-n'+1,\ 2\gamma+1,\ \varrho), \\ \varphi_2 &= c\sqrt{-\varkappa + \alpha Z/\sqrt{1-\varepsilon^2}}\, \varrho^\gamma F(-n',\ 2\gamma+1,\ \varrho). \end{aligned}\right\} \tag{9.30}$$

Über die Konstante c dürfen wir noch verfügen und benutzen sie, um die Eigenfunktion u zu normieren. Die Normierungsvorschrift für die DIRACschen Eigenfunktionen lautet

$$\int |u|^2\, d\tau = \int (|u_1|^2 + |u_2|^2 + |u_3|^2 + |u_4|^2)\, d\tau = 1. \tag{9.31}$$

Da die Kugelflächenfunktionen Y_{lm} normiert sind, gibt die Integration über die Winkel mit Rücksicht auf (9.3), (9.4), (9.7) einfach

$$\int |u|^2\, d\tau = \int (|f|^2 + |g|^2)\, r^2\, dr = \int (\chi_1^2 + \chi_2^2)\, dr = 1, \tag{9.32}$$

und zwar sowohl für $j = l + \frac{1}{2}$ wie für $j = l - \frac{1}{2}$. Die etwas langwierigen Integrale sind von BECHERT[1] ausgeführt worden, man erhält für die Konstante c in (9.30)

$$c = \frac{\sqrt{\Gamma(2\gamma + n' + 1)}}{\Gamma(2\gamma+1)\sqrt{n'!}} \sqrt{\frac{\lambda\sqrt{1-\varepsilon^2}}{2\alpha Z}}. \tag{9.33}$$

[1] K. BECHERT, Ann. d. Phys. Bd. 6, S. 700 (1930).

Wir können die Formeln noch dadurch vereinfachen, daß wir den expliziten Wert der Energie aus (9.29) einsetzen:

$$1 - \varepsilon^2 = \frac{(\alpha Z)^2}{(n' + \gamma)^2 + (\alpha Z)^2} = \frac{(\alpha Z)^2}{n^2 - 2n'\left(k - \sqrt{k^2 - \alpha^2 Z^2}\right)}. \tag{9.34}$$

Wir definieren sodann eine „scheinbare Hauptquantenzahl"

$$N = \sqrt{n^2 - 2n'\left(k - \sqrt{k^2 - \alpha^2 Z^2}\right)}, \tag{9.35}$$

welche offenbar in die wirkliche Hauptquantenzahl n übergeht, wenn wir die Relativitätskorrektur vernachlässigen, d. h. $\alpha = 0$ und damit [vgl. (9.22)] $\gamma = k$ setzen. Dann wird nach (9.13), (9.14)

$$\lambda = \frac{mc}{\hbar}\frac{\alpha Z}{N} = \frac{1}{a_0}\frac{Z}{N}, \tag{9.36}$$

wo a_0 der Wasserstoffradius ist (atomare Längeneinheit). Führen wir dies in (9.11), (9.15), (9.30), (9.33) ein, so bekommen wir folgende explizite Ausdrücke für die normierten DIRACschen Radialeigenfunktionen:

$$\left.\begin{aligned} f &= -\frac{\sqrt{\Gamma(2\gamma + n' + 1)}}{\Gamma(2\gamma + 1)\sqrt{n'!}}\sqrt{\frac{1-\varepsilon}{4N(N-\varkappa)}}\left(\frac{2Z}{N a_0}\right)^{\frac{3}{2}} e^{-\frac{Zr}{N a_0}}\left(\frac{2Zr}{N a_0}\right)^{\gamma-1} \\ &\left[n' F\left(-n' + 1, 2\gamma + 1, \frac{2Zr}{N a_0}\right) + (N - \varkappa) F\left(-n', 2\gamma + 1, \frac{2Zr}{N a_0}\right)\right], \\ g &= -\frac{\sqrt{\Gamma(2\gamma + n' + 1)}}{\Gamma(2\gamma + 1)\sqrt{n'!}}\sqrt{\frac{1+\varepsilon}{4N(N-\varkappa)}}\left(\frac{2Z}{N a_0}\right)^{\frac{3}{2}} e^{-\frac{Zr}{N a_0}}\left(\frac{2Zr}{N a_0}\right)^{\gamma-1} \\ &\left[-n' F\left(-n' + 1, 2\gamma + 1, \frac{2Zr}{N a_0}\right) + (N - \varkappa) F\left(-n', 2\gamma + 1, \frac{2Zr}{N a_0}\right)\right]. \end{aligned}\right\} \tag{9.37}$$

Definitionen: $\varkappa$ siehe (9.9), γ (9.22), ε (9.16), (9.29), n' (9.24), (9.28), N (9.35), $k = |\varkappa|$.

Die Funktionen haben bereits äußerlich große Ähnlichkeit mit der SCHRÖDINGERschen Eigenfunktion (3.20); es tritt nur im Argument aller Funktionen N an die Stelle der eigentlichen Hauptquantenzahl n, ferner $\varkappa$ oder k an die Stelle von l. Wenn wir in (9.37) die Feinstrukturkonstante durchweg gegen Eins streichen, so ist $l = k$, $N = n$ und $\varepsilon = 1$ zu setzen [vgl. (9.22), (9.28), (9.34) (9.35)]. Dann verschwindet f wegen des Faktors $1 - \varepsilon$, und g geht, wie es sein muß, exakt in die normierte SCHRÖDINGERsche Eigenfunktion (3.17) über, wenn man nach (9.9) $\varkappa$ durch l ausdrückt.

Die relativistischen Eigenfunktionen für $\varkappa = \pm 1$, also $j = \frac{1}{2}$, $l = 0$ bzw. 1 sind vor allen anderen dadurch ausgezeichnet, daß sie im Nullpunkt unendlich werden. Sie verhalten sich nämlich für kleine r wie $r^{\gamma-1} = r^{\sqrt{1-\alpha^2 Z^2}-1} \approx r^{-\frac{1}{2}\alpha^2 Z^2}$. Das Unendlichwerden ist für Wasserstoff und andere leichte Atome sehr schwach, da α sehr klein ist: Für die inneren Elektronen schwerer Atome wird es jedoch beträchtlich und ist von wesentlichem Einfluß auf die Hyperfeinstruktur[1] und andere Vorgänge, die sich in der Nähe des Kerns abspielen.

Eine schöne graphische Darstellung der relativistischen Eigenfunktionen findet sich bei WHITE[2].

10. Die Feinstrukturformel. Wir wollen nunmehr die in (9.29) gewonnene Formel für die Energie der Wasserstoffniveaus diskutieren. Die Energie des Atoms mit Ausschluß der Ruhenergie des Elektrons ist

$$E - E_0 = W = \frac{mc^2}{\sqrt{1 + \left(\frac{\alpha Z}{n - k + \sqrt{k^2 - \alpha^2 Z^2}}\right)^2}} - mc^2 \tag{10.1}$$

[1] Vgl. Ziff. 25 und besonders G. BREIT, Phys. Rev. Bd. 36, S. 385. 1930.

[2] H. E. WHITE, Phys. Rev. Bd. 38, S. 513. 1931.

oder entwickelt nach αZ wegen $\alpha = \frac{e^2}{\hbar c}$ und $\frac{1}{2}\frac{e^4 m}{\hbar^2} = Ry$:

$$W = -\frac{Ry Z^2}{n^2} - \frac{Ry\alpha^2 Z^4}{n^3}\left(\frac{1}{k} - \frac{3}{4n}\right) - \cdots \tag{10.2}$$

Die Feinstrukturformel (10.2) ist identisch mit dem Ergebnis unserer angenäherten Rechnung in Ziff. 8. [Formel (8.24) gab die Energie an, die infolge der Relativität zur SCHRÖDINGERschen Energie $-\frac{1}{2}\frac{Z^2}{n^2}$ hinzutritt.]

a) Vergleich mit der älteren Theorie und den Alkalispektren. Die Feinstrukturformeln (10.1), (10.2) sind in genau derselben Form schon aus der älteren Quantentheorie von SOMMERFELD abgeleitet worden. Die Quantenzahl k (Nebenquantenzahl) hatte allerdings eine etwas andere Bedeutung; sie ergab sich in der älteren Theorie als verknüpft mit dem Bahndrehimpuls des Elektrons ($k = l + 1$), während sie bei uns mit dem Gesamtdrehimpuls zusammenhängt ($k = j + \frac{1}{2}$). Dementsprechend ist auch die Zuordnung der Feinstrukturterme des Wasserstoffs zu den Spektraltermen der Alkalien in der neuen Theorie eine andere als in der alten: Die Azimutalquantenzahl l unterscheidet bekanntlich die verschiedenen Termserien voneinander ($l = 0, 1, 2, 3$ usw. für s, p, d, f-Terme usw.), während die innere Quantenzahl j die beiden Terme eines Dubletts unterscheidet ($j = l \pm \frac{1}{2}$). Die ältere Quantentheorie ordnete also z. B. jedem Term nk des Wasserstoffs ein *Dublett* im Alkalispektrum zu mit der Hauptquantenzahl n und der Azimutalquantenzahl $l = k - 1$. Warum das Niveau nl des Alkalispektrums noch eine Dublettstruktur zeigte, mußte der älteren Theorie unverständlich bleiben. In der neueren Quantentheorie dagegen[1] korrespondieren dem Term nk des Wasserstoffs die beiden Terme mit der Hauptquantenzahl n und der inneren Quantenzahl $j = k - \frac{1}{2}$, welche zwei *verschiedenen* Dubletts angehören ($l = k - 1$ und $l = k$).

Daß *diese* beiden Niveaus bei den Alkalispektren voneinander getrennt, und zwar weit getrennt sind, während sie bei Wasserstoff zusammenfallen, ist ohne weiteres zu verstehen: Es rührt bekanntlich davon her, daß bei den Alkalien die auf das Leuchtelektron wirkende Kernladung durch die Elektronen der inneren Schalen abgeschirmt wird, und daß diese Abschirmung sehr stark von der Azimutalquantenzahl abhängt: Ein Elektron mit niedrigem l (exzentrische Bahn) dringt sehr häufig in die inneren Schalen ein und gelangt dadurch in Gebiete hoher effektiver Kernladung, ein Elektron mit hohem l bleibt dauernd außerhalb der abgeschlossenen Schalen und wird daher viel weniger fest gebunden.

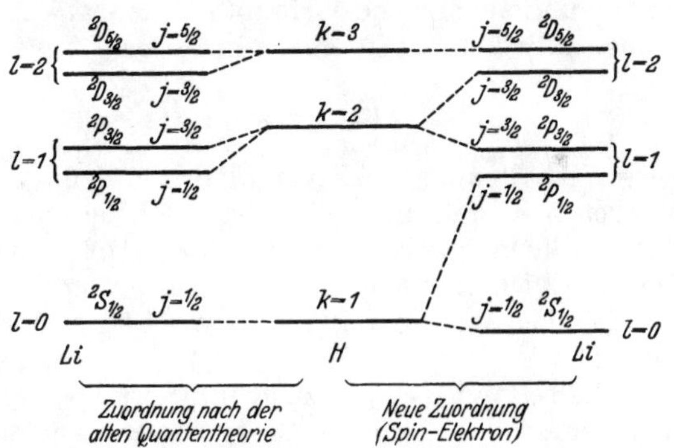

Abb. 9. Die dreiquantigen Wasserstoffniveaus und die Zuordnung der Feinstrukturterme zu den Alkalitermen. Links: Zuordnung nach der alten Quantentheorie ($k = l + 1$). Rechts: Zuordnung nach der neuen Theorie ($k = j + \frac{1}{2}$).

Es ist also bei den Alkalien die Trennung der Niveaus mit verschiedenem l ein Abschirmungseffekt,

die Trennung der Niveaus mit verschiedenem j (Dublettaufspaltung) ein Relativitäts- (Spin-) Effekt.

Der letztere entspricht der Wasserstoff-Feinstruktur, der erstere hat bei Wasserstoff kein Analogon.

In Abb. 9 sind die dreiquantigen ($n = 3$) Wasserstoffniveaus aufgezeichnet und die Zuordnung zu den entsprechenden Niveaus des Li gemäß der neuen und gemäß der alten Quantentheorie dargestellt.

[1] D. h. seit Einführung des Spins durch GOUDSMIT und UHLENBECK.

Die Gewichte g der Wasserstoffterme, d. h. die Anzahl der verschiedenen Zustände (Eigenfunktionen), welche zu dem betreffenden Term gehören, sind ebenfalls nach der neuen Theorie anders als nach der früheren. Nach Ziff. 8c, Ende, und 9a, Ende, ist $g = 2(2j + 1) = 2k$, außer wenn $k = n$ $(j = n - \frac{1}{2})$; im letzteren Fall ist das Gewicht g nur $2j + 1 = 2k$. In der alten Quantentheorie dagegen war das Gewicht jedes Terms (auch $k = n$!) gleich $2(2k - 1)$.

Wir geben noch eine Zusammenstellung der von verschiedenen Autoren benutzten Quantenzahlen für das relativistische Elektron:

Term	Wir	DIRAC	GORDON	DARWIN	SOMMERFELD[1]	BECHERT
a) $k = l + 1$	k	$-j$	$-j'$	$j + \frac{1}{2}$	k	$\varkappa (= k)$
$(\varkappa = -k)$	l	$-(j+1)$	l	k	$l-1$	l
b) $k = l$	k	j	j'	$j + \frac{1}{2}$	$-k$	$\varkappa (= -k)$
$(\varkappa = +k)$	l	j	l	k	l	l

Die Niveaus mit $l = 0, 1, 2$ werden demnach wie folgt bezeichnet:

Spektroskopisch	Wir			DIRAC	GORDON		DARWIN		SOMMERFELD		BECHERT		
	l	k	j	j	j'	l	j	k	k	l	$\varkappa$	k	l
$s_{\frac{1}{2}}$	0	1	$\frac{1}{2}$	-1	-1	0	$\frac{1}{2}$	0	1	1	1	1	0
$p_{\frac{1}{2}}$	1	1	$\frac{1}{2}$	1	1	1	$\frac{1}{2}$	1	-1	1	1	-1	1
$p_{\frac{3}{2}}$	1	2	$\frac{3}{2}$	-2	-2	1	$\frac{3}{2}$	1	2	2	2	2	1
$d_{\frac{3}{2}}$	2	2	$\frac{3}{2}$	2	2	2	$\frac{3}{2}$	2	-2	2	2	-2	2
$d_{\frac{5}{2}}$	2	3	$\frac{5}{2}$	-3	-3	2	$\frac{5}{2}$	2	3	3	3	3	2

b) Diskussion der Feinstrukturformel. Die Größe der Feinaufspaltung eines Terms eines wasserstoffähnlichen Atoms wächst mit steigender Kernladung und abnehmender Hauptquantenzahl, z. B. ist der Abstand der äußersten Feinstrukturkomponenten eines Terms

$$E_{k=n} - E_{k=1} = \Delta E = \alpha^2 Z^4 \frac{n-1}{n^4} Ry. \tag{10.3}$$

Dies Verhalten ist sehr verständlich, denn der wesentlichste Teil der relativistischen Korrektur beruht ja auf der Veränderlichkeit der Elektronenmasse mit der Geschwindigkeit: Je größer im Mittel die kinetische Energie, um so größer die relativistische Massenveränderung, der Mittelwert der kinetischen Energie ist aber bei Atomen mit nur einem Elektron gleich dem Termwert Z^2/n^2 selbst [vgl. (3.31)].

Die relativistische Feinstruktur ist bei tiefen Termen nicht nur *absolut* genommen größer als bei hochangeregten, sondern auch *relativ zur Gesamtenergie* des Terms, E, es folgt nämlich aus (10.1) und der Balmerformel (2.11)

$$\Delta E/E = \alpha^2 E (n - 1). \tag{10.4}$$ [2]

Daher sind ultraviolette Linien — und in noch höherem Maße Röntgenlinien — geeigneter zur Beobachtung der Feinstruktur als optische[3].

Bei gleicher Gesamtenergie des Terms, also gleichem Z/n wiederum zeigen nach (10.4) *die* Terme die größte Feinstrukturaufspaltung, die eine möglichst

---

[1] A. SOMMERFELD, Wellenmechan. Erg.-Bd. S. 318ff. Die anderen Arbeiten haben wir bereits zitiert.

[2] Energie E in Rydberg gemessen.

[3] Ausgenommen sind die Linien der Lymanserie, da der Grundterm des Wasserstoffs überhaupt nicht aufgespalten ist.

große Hauptquantenzahl n haben. Wegen $E = Z^2/2n^2$ heißt das, daß wir zu möglichst schweren Elementen gehen müssen, um — bei gleichbleibender Frequenz der Spektrallinien — möglichst große Feinstrukturen zu beobachten. Dem ist natürlich eine Grenze dadurch gesetzt, daß unser Atom nur ein Elektron besitzen soll: dadurch ist man praktisch auf Wasserstoff und das positive Heliumion angewiesen.

Der Grundterm der Balmerserie des Wasserstoffs ($Z = 1$, $n = 2$) hat eine Feinaufspaltung

$$\Delta E = \alpha^2 \cdot \frac{1^4}{2^4}(2 - 1)\,Ry = 0{,}365\ \mathrm{cm}^{-1},$$

der vierte Term des Heliumions ($Z = 2$, $n = 4$), dessen Gesamtenergie genau so groß ist, besitzt eine dreimal so große Aufspaltung:

$$\Delta E = \alpha^2 \cdot \frac{2^4}{4^4}(4 - 1)\,Ry = 1{,}095\ \mathrm{cm}^{-1}.$$

Da die Aufspaltung der höher angeregten Terme klein ist gegen die der tieferen, zeigen auch die *Linien* der Balmerserie und der vierten Heliumserie etwa die angegebenen Abstände zwischen den äußersten Feinkomponenten. Dabei wird der in der größeren Aufspaltung liegende Vorzug der Heliumlinien für die Beobachtung von Feinstrukturen teilweise wieder kompensiert durch die verwickeltere Struktur dieser Linien: Denn Terme mit höherer Hauptquantenzahl besitzen eine größere Anzahl von Feinstrukturkomponenten als solche mit niedriger (die Anzahl ist gleich n), und das gleiche gilt für die von den Termen ausgehenden Spektrallinien. Z. B. haben die Linien der Balmerserie theoretisch 5 Feinkomponenten, von denen 2 sehr schwach sind, die Heliumlinien der 4. Serie, welche in der Frequenz der Balmerserie entspricht, dagegen je 11 (davon 6 schwache).

c) Vergleich mit der Erfahrung bei Wasserstoff und Helium[1]. Wir geben in Abb. 10a das Niveauschema[2] für die Spektrallinie H_α. An die einzelnen Terme sind links die Hauptquantenzahl n, rechts Azimutalquantenzahl l und innere Quantenzahl j angeschrieben. Die jeweils zusammenfallenden Feinstrukturniveaus mit gleichem j und verschiedenem l sind sehr dicht übereinander, aber getrennt gezeichnet. Die Abstände der verschiedenen Feinstrukturniveaus voneinander sind im richtigen Maßstab aufgetragen, der Abstand der Niveaus $n = 2$ und $n = 3$ wäre natürlich in Wirklichkeit etwa 10000-mal größer. Die möglichen Übergänge sind eingezeichnet, intensivere stärker. Die gestrichelten Linien entsprechen Übergängen, welche wegen der Auswahlregel für die innere Quantenzahl $\Delta j = \pm 1$ oder 0 (vgl. Ziff. 42) verboten sind. Übergänge, welche der Auswahlregel für die Azimutalquantenzahl $\Delta l = \pm 1$ widersprechen, sind nicht eingezeichnet. Unter dem Termschema ist nochmals das zu erwartende Feinstrukturbild für die Linie H_α aufgetragen. Dies wird jedoch sehr stark modifiziert dadurch, daß die einzelnen Linien außerordentlich verschiedene Übergangswahrscheinlichkeiten besitzen. Abb. 10b gibt nach Berechnungen von SOMMERFELD und UNSÖLD die Intensitäten der einzelnen Feinstrukturkomponenten im richtigen Maßstab wieder (Länge der Linien = Intensität). (Über die Berechnung der relativen Intensitäten vgl. Ziff. 42.) Nur vier von fünf Komponenten haben nach der Rechnung überhaupt merkliche Intensität, und zwei davon (Ia und Ib) liegen so dicht benachbart (Abstand $0{,}036\ \mathrm{cm}^{-1}$), daß von einer experimentellen Trennung der Linien keine Rede sein kann. Es bleiben also drei Linien zu erwarten, von denen die mittlere (IIc) sehr viel

[1] Vgl. A. SOMMERFELD u. A. UNSÖLD, ZS. f. Phys. Bd. 36, S. 259; Bd. 38, S. 237. 1926.
[2] Aus GROTRIAN, Graphische Darstellung der Spektren, dort Abb. I 8.

schwächer ist als die beiden äußeren. Experimentell geht infolgedessen die mittlere Komponente in der kurzwelligen (IIb) unter, wie man aus der in Abb. 10c wiedergegebenen Mikrophotometerkurve von G. HANSEN[1] sieht. Die mittlere

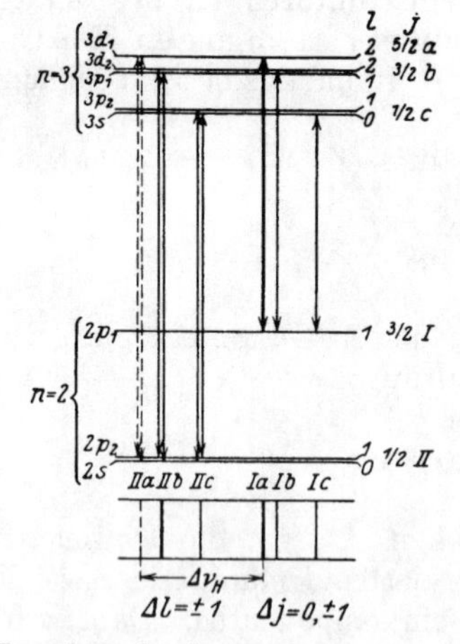

a) Termschema des oberen und unteren Niveaus mit eingezeichneten Übergängen.

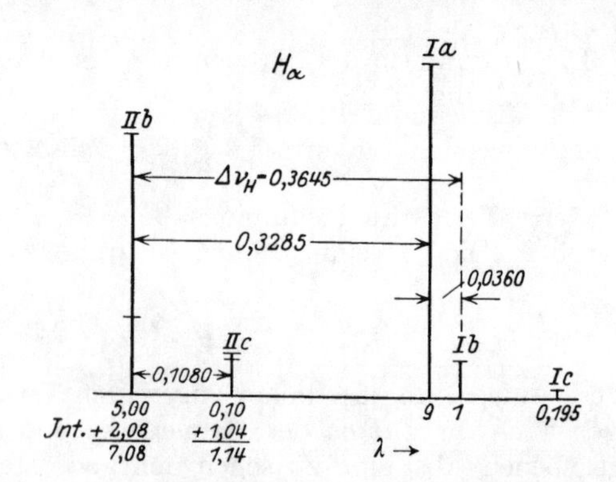

b) Aufspaltungsbild von H_α (Länge der Linien proportional ihrer Intensität, die Abstände in cm^{-1} sind eingezeichnet).

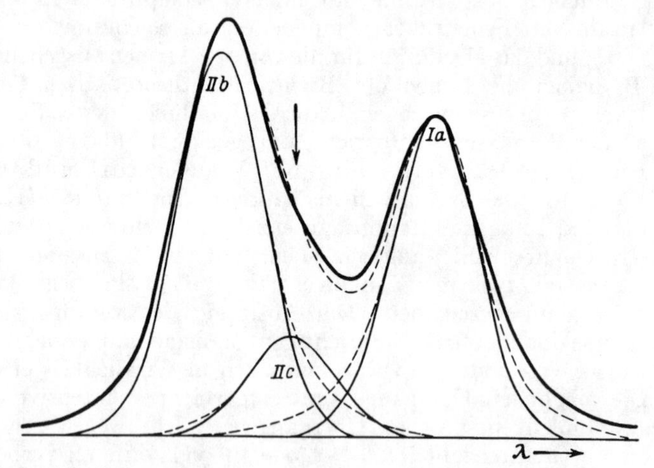

c) Experimentelle Photometerkurve von G. HANSEN und Zerlegung in drei Komponenten (vgl. b).

Abb. 10a bis c. Die Feinstruktur der ersten Balmerlinie H_α. (Aus GROTRIAN, Graphische Darstellung der Spektren von Atomen.)

Komponente deutet sich aber in Form einer starken Unsymmetrie der Intensitätsverteilung der kurzwelligen Komponente an. Um rein experimentell die genaue Lage und Intensität der einzelnen Feinstrukturkomponenten zu bestimmen, kann man etwa annehmen, daß jede *einzelne* Spektrallinie eine Intensitätsverteilung proportional $e^{-\alpha^2(\nu-\nu_0)^2}$ zeigen würde (wie das z. B. der Fall wäre, wenn die Linienbreite lediglich vom Dopplereffekt herrühren würde), und kann die Photometerkurve in drei Einzelkurven vom Typ $e^{-\alpha^2(\nu-\nu_0)^2}$ zerlegen. Dann erhält man aus Messungen von HOUSTON[2]

---

[1] G. HANSEN, Ann. d. Phys. Bd. 78, S. 558. 1925.
[2] W. V. HOUSTON, Phys. Rev. Bd. 30, S. 608. 1927, Tabelle 1 und Abb. 1.

1. für den Abstand der beiden äußeren Komponenten: $0{,}329\ \text{cm}^{-1}$.
Theoretisch würde man erwarten:

Abstand der Linie Ia von IIb $\left(\frac{1}{16}-\frac{1}{162}\right)\alpha^2 Ry = 0{,}3285\ \text{cm}^{-1}$
Abstand der Linie Ib von IIb $\frac{1}{16}\ \alpha^2 Ry = 0{,}3645\ \text{cm}^{-1}$
Mittel (mit Gewichten) $0{,}3321\ \text{cm}^{-1}$,

d. i. etwas mehr als der gemessene Wert;

2. für das Intensitätsverhältnis (durch Ausmessung der Flächen der zu den einzelnen Linien gehörigen Intensitätskurven)

IIb : IIc : Ia + Ib = 7 : 1 : 10
gegen theoretisch 7,1 : 1,1 : 10,0.

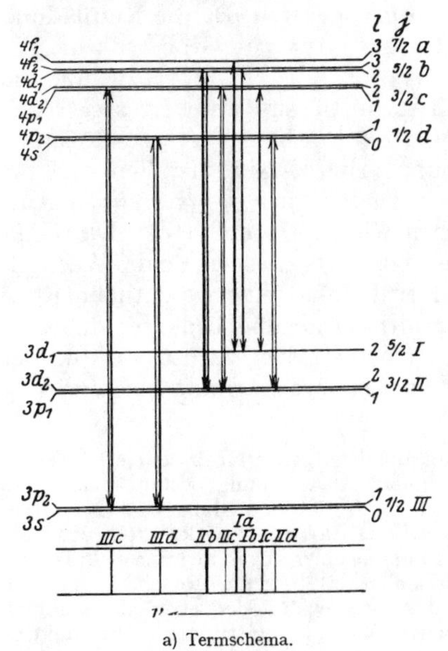

a) Termschema.

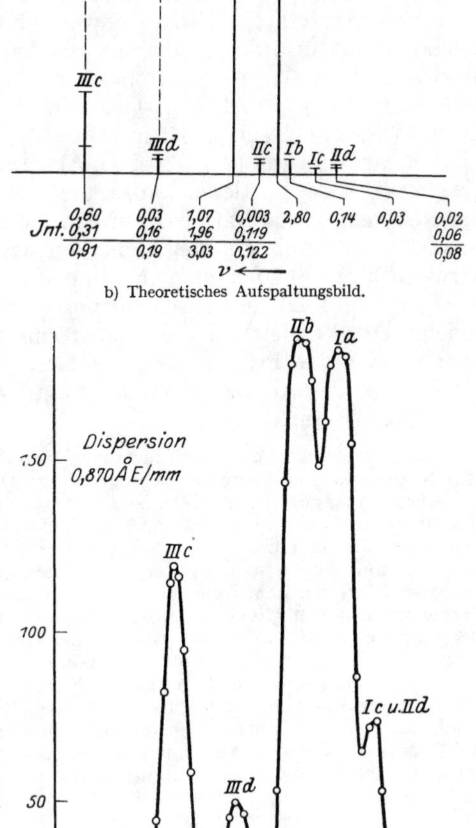

b) Theoretisches Aufspaltungsbild.

c) Photometerkurve nach PASCHEN.

Abb. 11 a bis c. Die Feinstruktur der Linie $\lambda = 4686$ Å des He^+ (Übergang vom Niveau $n = 4$ nach $n = 3$). (Nach GROTRIAN.)

Die Übereinstimmung ist vorzüglich. — Nicht ganz so gut stimmen bezüglich der Linienintensitäten die Aufnahmen einiger anderer Autoren, z. B. von HANSEN[1] und von KENT, TAYLOR und PEARSON[2] mit der Theorie überein (vgl. jedoch Ziff. 43).

Die höheren Glieder der Balmerserie bestehen praktisch aus einfachen Dubletts mit dem Abstand $\frac{1}{16}\alpha^2 Ry = 0{,}3645\ \text{cm}^{-1}$, welcher der Aufspaltung

[1] Siehe Fußnote 1, S. 320.

[2] N. A. KENT, L. B. TAYLOR u. H. PEARSON, Phys. Rev. Bd. 30, S. 266. 1927.

des zweiquantigen Niveaus entspricht, die Ausgangsterme dieser höheren Serienglieder zeigen praktisch keine Feinstrukturaufspaltung.

Vollständiger als für Wasserstoff läßt sich die Theorie der Feinstruktur für He^+ prüfen, wie bereits oben bemerkt. Bequem für die Messung liegt z. B. die Linie 4686 Å des He^+-Spektrums, welche beim Übergang vom Niveau $n = 4$ nach $n = 3$ entsteht. Abb. 11a gibt das Niveauschema für diese Linie, Abb. 11b die theoretischen Intensitäten der Feinstrukturkomponenten, Abb. 11c die Photometerkurve der Linie nach PASCHEN[1]. Wie man sieht, ist die Übereinstimmung vorzüglich, alle zu erwartenden Komponenten sind auch gefunden, soweit sie nicht sehr nahe an einer intensiveren Linie liegen (IIc, Ib). Auch die berechneten und beobachteten Werte der Wellenlängen der einzelnen Linien stimmen ausgezeichnet überein, sie sind unter der Abb. 11c mitangegeben.

d) Vergleich mit Röntgenspektren[2]. Eine weitere Möglichkeit zur Prüfung der Feinstrukturformel ergibt sich aus den Röntgenspektren. Da die Kernladung dort sehr hohe Werte annimmt, wird die Feinstruktur zur Grobstruktur. Die beiden Terme L_{II} und L_{III} (Quantenzahlen $n = 2$, $n = 1$, $j = \frac{1}{2}$ bzw. $\frac{3}{2}$), die beim Wasserstoff um $0{,}365 \text{ cm}^{-1} = {}^1/_{75000}$ ihres mittleren Termwertes getrennt sind, haben bei Uran ($Z = 92$) einen Abstand von 279 Rydberg = etwa $3 \cdot 10^7 \text{ cm}^{-1}$ = etwa ${}^1/_5$ ihrer mittleren Ionisierungsspannung. Die *Messung* der Feinstruktur im Röntgengebiet ist also sehr einfach, aber leider läßt sich die *theoretische* Aufspaltung nicht mit gleicher Sicherheit angeben wie für H und He^+: Die Feinstrukturformel (9.29) kann nicht ohne weiteres übertragen werden, da die Wechselwirkung der Elektronen (Abschirmung der Kernladung) eine wesentliche Rolle spielt. Der Vergleich der Röntgenterme mit der Erfahrung bedeutet daher in erster Linie eine Prüfung des Ansatzes, mit dem man der Wechselwirkung der Elektronen des Atoms Rechnung trägt und erst in zweiter Linie eine Prüfung der Feinstrukturformel.

Die Wechselwirkung der Elektronen beeinflußt die Röntgenterme in zweierlei Weise, durch „innere" und „äußere" Abschirmung: Die innere Abschirmung besteht darin, daß zwischen einem gegebenen Elektron i und dem Kern sich Teile der Ladungswolken anderer Elektronen befinden, und daß daher das Feld, das auf das Elektron i wirkt, nicht das Feld der vollen Kernladung Z ist, sondern in erster Näherung das einer abgeschirmten Kernladung $Z - s_i$. Für die Berechnung der Abschirmungszahlen s_i hat SLATER[3] Regeln angegeben, die aber im wesentlichen empirischer Natur sind, d. h. so gewählt, daß eben die Spektralterme der Atome möglichst genau mit den gemessenen Termen übereinstimmen. Die effektive Kernladung bestimmt die *Eigenfunktion* des $i$ten Elektrons, in der Weise, daß man für diese (in erster Näherung) die gewöhnliche Wasserstoffeigenfunktion ansetzen kann, wobei man für die Kernladung eben die effektive Kernladung $Z - s_i$ einzuführen hat. Die effektive Kernladung $Z - s_i$ bestimmt aber *nicht* die Ionisierungsarbeit, die notwendig ist, um das Elektron i aus dem Atom zu entfernen, vielmehr muß hier noch die „äußere Abschirmung" berücksichtigt werden: Wenn man nämlich ein inneres Elektron aus dem Atom entfernt hat, so wirkt auf die äußeren Elektronen eine um eine Einheit vermehrte effektive Kernladung, die äußeren Elektronen ordnen sich dementsprechend um und werden fester gebunden. Bei diesem Umordnungsprozeß wird ein beträchtlicher Teil der Ionisierungsarbeit $(Z - s_i)^2$ Rydberg[4] zurückgewonnen, die Ionisierungsspannung des $i$ten Elektrons (bzw. die Frequenz der entsprechenden Absorptionskante) ist viel niedriger, als man aus der Eigenfunktion erwarten sollte. Der Effekt der beschriebenen äußeren Abschirmung ist äußerst beträchtlich: Für Uran z. B. berechnet man aus der *Frequenz der K-Absorptionskante* unter Zugrundelegung der relativistischen Feinstrukturformel eine scheinbare effektive Kernladung von 86,5, also eine scheinbare Abschirmungszahl von 5,5, während die für die *Eigenfunktion* des K-Elektrons maßgebende Abschirmungszahl nach SLATER nur 0,3 beträgt.

---

[1] F. PASCHEN, Ann. d. Phys. Bd. 82, S. 689. 1927. Die Figuren nach GROTRIAN, Graph. Darst.

[2] Vgl. vor allem A. SOMMERFELD, Atombau und Spektrallinien.

[3] J. C. SLATER, Phys. Rev. Bd. 36, S. 57. 1930.

[4] E. FERMI, ZS. f. Phys. Bd. 48, S. 73. 1928, und vor allem in FALKENHAGEN, Quantentheorie und Chemie.

Um theoretisch die Röntgenterme aus den SLATERschen Abschirmungszahlen zu berechnen, müßten wir danach nicht bloß die Abschirmungszahl der gerade in Frage kommenden inneren, sondern auch die der äußeren Elektronen kennen, um angeben zu können, wie sich die Energie dieser äußeren Elektronen bei der Ionisierung der inneren Schale ändert. Die Rechnung wird dadurch sehr ungenau. Genauer und bequemer ist es, nach der FERMIschen Methode[1] zu rechnen. Dabei wird zur Berechnung der Eigenfunktion und des Eigenwertes des $i$ten Elektrons dem Vorhandensein der übrigen Elektronen summarisch Rechnung getragen, indem man annimmt, daß auf das $i$te Elektron das Potential des Kerns und der Ladungswolken der übrigen Elektronen wirkt. Das Potential der Elektronen, die sich weiter vom Kern entfernt befinden als das betrachtete $i$te, bewirkt dann die äußere Abschirmung: Es trägt zum elektrischen *Feld*, also zum Aussehen der Eigenfunktion, nichts bei, vermindert aber die *Energie*, die notwendig ist, um das Elektron i ins Unendliche zu entfernen. Aber auch hier ist natürlich die Berechnung der Röntgenterme gleichzeitig eine Prüfung der gemachten Annahmen über das Potential und der Feinstrukturformel.

Doch kann man ohne jede Rechnung rein qualitativ sagen: Äußere wie innere Abschirmung müssen im Sinne einer starken Verminderung der Röntgenterme wirken. Für die K-Ionisierungsspannungen der schwersten Atome sind aber Werte beobachtet, die sogar eine Kleinigkeit *höher* liegen, als es die nichtrelativistische Energieformel *ohne* Berücksichtigung der Abschirmung

$$E = -Z^2 Ry$$

verlangen würde: Für Uran z. B. ($Z = 92$) gibt diese Formel eine Ionisierungsspannung von 8460 Rydberg gegen einen beobachteten Wert von 8477 Rydberg. So wird zum mindesten qualitativ das Vorhandensein einer Korrektur gefordert, welche die Ionisierungsspannung erhöht, d. h. den Termwert vermindert, wie es die relativistische Korrektur tut.

Am günstigsten liegen die Verhältnisse, wenn man statt der Absolutwerte der Röntgenterme die *Abstände* der Terme mit gleichem n und l, aber verschiedenem j, betrachtet, d. h. also die „Feinstruktur“ im Röntgengebiet: Hier spielt offenbar die äußere Abschirmung überhaupt keine Rolle, weil sie für beide Terme die gleiche additive Konstante liefert, und auch die innere Abschirmung, d. h. die Abschirmungszahl s_i, muß nahezu den gleichen Wert für beide Terme haben (weil ja die nichtrelativistischen Eigenfunktionen identisch sind).

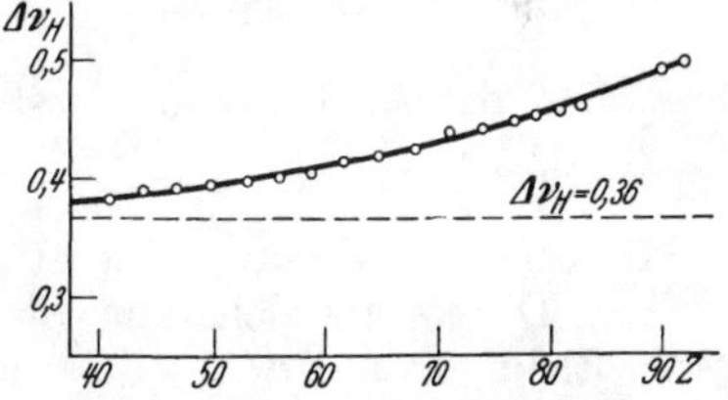

Abb. 12. Aufspaltung des Röntgen-L-Dubletts. (Nach SOMMERFELD, Atombau und Spektrallinien.) Abszisse = Kernladung Z, Ordinate = beobachtete Aufspaltung L_{II}-L_{III} relativ zur theoretischen Aufspaltung erster Näherung $\Delta\nu_1 = \frac{1}{16}\alpha^2(Z-s)^4 Ry$. Man bemerkt, daß die experimentelle Aufspaltung rascher mit Z wächst als $\Delta\nu_1$.

Wir fassen speziell die L_{II}- und L_{III}-Terme ins Auge (spektroskopische Bezeichnung $2p_{\frac{1}{2}}$ und $2p_{\frac{3}{2}}$, Quantenzahlen $n = 2$, $l = 1$, $j = \frac{1}{2}$ bzw. $\frac{3}{2}$). Für diese gibt SLATER die Abschirmungszahl $s = 4{,}15$. Aus dem empirischen Material hat SOMMERFELD eine Abschirmungszahl $s = 3{,}5$ erschlossen. Die Übereinstimmung ist recht gut. Es zeigt sich nun, daß der *Abstand der beiden Niveaus L_{II}-L_{III} durch die angenäherte Feinstrukturformel* (10.2) *nur für kleine Kernladungszahlen, durch die exakte Formel* (10.1) dagegen *auch für die schwersten Atome richtig wiedergegeben* wird (vgl. Tabelle 3 und Abb. 12).

Tabelle 3. Abstand der Röntgenterme L_{II}-L_{III} in Rydberg.

Kernladung Atom	20 Ca	30 Zn	40 Zr	50 Sn	60 Nd	70 Yb	80 Hg	92 U
Beobachtet	0,3	1,7	6,2	16,8	37,7	76,2	142,5	278,8
Berechnet aus (10.2) mit $s = 4{,}15$	0,21	1,5	5,5	14,7	32,5	62,8	110,5	197,5
aus (10.2) mit $s = 3{,}5$	0,25	1,6	5,9	15,5	34,0	65,5	114	204
aus (10.1) mit $s = 3{,}5$	0,25	1,65	6,2	16,7	38,0	76,8	142	275

Diese Tatsache ist natürlich von größter Bedeutung für eine jede relativistische Theorie des Mehrkörperproblems: Es ist jede Theorie zu verwerfen, die nur die

[1] Siehe Fußnote 4, S. 322.

angenäherte Feinstrukturformel (10.2) liefert, dagegen in der nächsten Näherung (in Größen der Ordnung $\alpha^4 Z^6 Ry$) von der SOMMERFELDschen Formel (10.1) abweicht. (Eine Abweichung von der Größenordnung $\alpha^6 Z^8$ wäre dagegen zulässig.)

Es ist dabei keineswegs bedenklich, daß wir die genaue Übereinstimmung mit der ad hoc bestimmten empirischen Abschirmungszahl 3,5 statt mit der SLATERschen Zahl 4,15 fanden: Erstens hängt der Abstand L_{II}-L_{III} sehr viel weniger von s ab als von der richtigen Wahl der Feinstrukturformel; für Uran z. B. würde man selbst *ohne* jede Abschirmung nur die Aufspaltung 236 Ry finden, wenn man die angenäherte Feinstrukturformel (10.2) benutzt. Und zweitens ist es sogar befriedigend, daß die SOMMERFELDsche Abschirmungszahl kleiner ist als die SLATERsche: Die Feinstrukturaufspaltung wird ja durch die Wechselwirkung zwischen Spin und Bahn bestimmt, d. h. nach (8.17) im wesentlichen durch den Mittelwert von r^{-3}. Die SLATERschen Abschirmungszahlen dagegen sind aus dem Termwert entnommen, der ganz grob gesprochen durch den Mittelwert der potentiellen Energie Zr^{-1} bestimmt wird. Für den Termwert sind also Gebiete ausschlaggebend, die viel weiter vom Kern entfernt sind als diejenigen, welche bei der Berechnung der Feinstrukturaufspaltung maßgebend sind. Da aber die Abschirmung der Kernladung nach außen zunimmt, ist es nur natürlich, daß SLATER aus dem Termwert eine größere Abschirmungszahl findet als SOMMERFELD aus der Feinstruktur.

B. Helium.

1. Nichtrelativistische Theorie.

11. Die Schrödingergleichung für Atome mit zwei Elektronen lautet

$$\Delta_1 u + \Delta_2 u + 2\left(E + \frac{Z}{r_1} + \frac{Z}{r_2} - \frac{1}{r_{12}}\right) u = 0. \tag{11.1}$$

r_1, r_2 sind die Abstände des ersten und zweiten Elektrons vom Kern, r_{12} ihr gegenseitiger Abstand, $\Delta_1 = \frac{\partial^2}{\partial x_1^2} + \frac{\partial^2}{\partial y_1^2} + \frac{\partial^2}{\partial z_1^2}$ der LAPLACEsche Operator im Raum des ersten Elektrons, u ist Funktion der sechs Koordinaten $x_1 y_1 z_1 x_2 y_2 z_2$.

Die Differentialgleichung bleibt unverändert, wenn die Koordinaten des ersten Elektrons mit denen des zweiten vertauscht werden, also gehorcht $u(r_2 r_1)$ der gleichen Differentialgleichung wie $u(r_1 r_2)$. [$u(r_2 r_1)$ geht aus $u(r_1 r_2)$ hervor, indem überall $x_2 y_2 z_2$ eingesetzt wird, wo vorher $x_1 y_1 z_1$ stand und umgekehrt.] Natürlich gelten für $u(r_2 r_1)$ auch die gleichen Randbedingungen: Endlichkeit, Stetigkeit, Eindeutigkeit wie für $u(r_1 r_2)$. Daher muß gelten[1]

$$u(r_2 r_1) = \varkappa u(r_1 r_2), \tag{11.2}$$

wo $\varkappa$ einfach eine Konstante ist. Vertauschen wir jetzt in $u(r_2 r_1)$ nochmals die Koordinaten des ersten Elektrons mit denen des zweiten, so kommen wir offenbar zu $u(r_1 r_2)$ zurück, so daß

$$u(r_1 r_2) = \varkappa^2 u(r_1 r_2); \quad \varkappa = \pm 1; \quad u(r_2 r_1) = \pm u(r_1 r_2). \tag{11.3}$$

Die Eigenfunktionen eines Atoms mit zwei Elektronen bleiben bei Vertauschung der Koordinaten der beiden Elektronen entweder ungeändert oder sie wechseln dabei ihr Vorzeichen, sie sind „symmetrisch" oder „antisymmetrisch" in den Koordinaten der beiden Elektronen. Wir nennen die Zustände mit symmetrischer Eigenfunktion Para-, die mit antisymmetrischer Orthozustände.

Damit ist die Theorie der Atome mit zwei Elektronen aber noch nicht erledigt, denn wie wir wissen, besitzt jedes Elektron einen *Spin*. Wir können in guter Näherung für leichte Atome die Wechselwirkung zwischen Spin und Elektronenbahn, ebenso wie die relativistische Massenveränderlichkeit, zunächst vernachlässigen (vgl. Ziff. 8). Dann hängt die Energie nicht von der Orientierung

[1] Außer für entartete Eigenwerte, bei denen die Eigenfunktionen aber stets so gewählt werden können, daß (11.2) gilt.

des Spins relativ zum Bahnimpuls ab, und wir brauchen bloß (neben der räumlichen Eigenfunktion) die Komponenten der Spins in einer festen Richtung z anzugeben, um das Atom vollständig zu beschreiben. Die vollständige Eigenfunktion des Atoms ist ein Produkt der räumlichen Eigenfunktion, welche der Gleichung (11.1) genügt, mit einer von den Spinkoordinaten abhängigen Funktion [vgl. (8.28)].

Die letztere ist allerdings eine Funktion besonders einfacher Natur: Sie enthält z. B. bloß eine Aussage etwa der Art, daß beide Spins parallel z gerichtet sind, in diesem Fall wäre die Funktion Eins, wenn $s_{1z} = s_{2z} = +\frac{1}{2}$, und Null in jedem anderen Fall. Wir setzen fest [wie in (8.28)], daß $\alpha(1)$ die Aussage bedeuten soll, daß der Spin des ersten Elektrons parallel z steht, $\beta(1)$, daß er antiparallel zu z ist, also

$$\alpha(1) = \begin{cases} 1, & \text{wenn } s_{1z} = +\frac{1}{2}, \\ 0, & \text{wenn } s_{1z} = -\frac{1}{2}. \end{cases}$$

Wenn also beide Spins parallel z sind, ist die Spineigenfunktion $\alpha(1)\,\alpha(2)$.

Ersichtlich gibt es für zwei Elektronen vier verschiedene Spineigenfunktionen (jeder Spin kann parallel oder antiparallel z sein). Kombinieren wir diese vier Funktionen mit den räumlichen Eigenfunktionen, welche die Gleichung (11.1) befriedigen, so erhalten wir eine große Menge Eigenfunktionen, die beim Fortschreiten zur nächsten Näherung — d. h. bei Berücksichtigung der Wechselwirkung zwischen Spin und Bahn — auch zu einer großen Menge Eigenwerte Anlaß geben.

Die Anzahl der Eigenwerte wird aber eingeschränkt durch das PAULI*sche Prinzip*, welches verlangt, daß die Eigenfunktion eines Atoms mit zwei Elektronen jedesmal ihr Vorzeichen wechselt, wenn man die Koordinaten der beiden Elektronen — und zwar gleichzeitig ihre räumlichen und ihre Spinkoordinaten — miteinander vertauscht. *Wechselt also die räumliche Eigenfunktion bei Vertauschung der Elektronen ihr Vorzeichen, so muß die Spineigenfunktion bei der Vertauschung ungeändert bleiben und umgekehrt.*

Wir wollen die Spineigenfunktionen auf ihr Verhalten bei Vertauschung der beiden Elektronen untersuchen. Die beiden Eigenfunktionen

$$S_+ = \alpha(1)\,\alpha(2) \quad \text{und} \quad S_- = \beta(1)\,\beta(2) \tag{11.4}$$

(beide Elektronenspins parallel bzw. beide antiparallel der z-Achse) sind offenbar symmetrisch in den Elektronen. Die beiden Spinfunktionen

$$S' = \alpha(1)\,\beta(2) \quad \text{und} \quad S'' = \beta(1)\,\alpha(2),$$

welche je einem zu z parallelen und einem dazu antiparallelen Spin entsprechen, sind dagegen weder symmetrisch noch antisymmetrisch. Diese Forderung erfüllen jedoch die Linearkombinationen

$$S_0 = \frac{1}{\sqrt{2}}\left(\alpha(1)\,\beta(2) + \beta(1)\,\alpha(2)\right), \tag{11.5}$$

$$S_P = \frac{1}{\sqrt{2}}\left(\alpha(1)\,\beta(2) - \beta(1)\,\alpha(2)\right). \tag{11.6}$$

Der Faktor $1/\sqrt{2}$ steht zur Normierung: Das Quadrat der Spinfunktion, summiert über alle möglichen Werte der Spinvariablen s_{1z} und s_{2z}, muß Eins geben (vgl. Ziff. 8d). Das ist erfüllt, denn es ist z. B.

$$S_0 = 0, \quad \text{wenn} \quad s_{1z} = s_{2z} = +\frac{1}{2}, \quad \text{und wenn} \quad s_{1z} = s_{2z} = -\frac{1}{2};$$

$$S_0 = \frac{1}{\sqrt{2}}, \quad \text{wenn} \quad s_{1z} = +\frac{1}{2}, \quad s_{2z} = -\frac{1}{2}, \quad \text{und wenn} \quad s_{1z} = -\frac{1}{2}, \quad s_{2z} = +\frac{1}{2},$$

also

$$\sum_{s_{1z}=-\frac{1}{2}}^{+\frac{1}{2}} \sum_{s_{2z}=-\frac{1}{2}}^{+\frac{1}{2}} S_0^2 = 1.$$

S_0 und S_P sind orthogonal zueinander und zu S_+, S_-.

Eine antisymmetrische räumliche Eigenfunktion kann also im Rahmen des PAULI*schen Prinzips* mit den drei symmetrischen Spinfunktionen S_+, S_0, S_- multipliziert auftreten. Das resultierende Spinmoment beider Elektronen zusammen um die z-Achse ist dabei beziehungsweise

$$s_z = s_{1z} + s_{2z} = 1,\ 0,\ -1 \quad \text{für} \quad S_+,\ S_0,\ S_-,$$

der *Absolutbetrag* der Resultierenden beider Spins ist also $s = 1$. Wenn man nun die Wechselwirkung zwischen Spin und Bahn berücksichtigt, so kann sich s in drei verschiedenen Weisen zum Bahnimpuls einstellen, jedes nichtrelativistische Niveau des Orthoheliums mit der Azimutalquantenzahl l zerfällt daher bei Berücksichtigung der Spin-Bahn-Wechselwirkung in ein Triplett mit den inneren Quantenzahlen (vgl. Ziff. 23)

$$j = l + 1,\ l,\ l - 1\,.$$

j ist die Quantenzahl des Gesamt-Impulsmoments, d. h. der Resultierenden von s und l (vgl. Ziff. 7).

Bei den Parazuständen dagegen gibt es nur *eine* mögliche Spinfunktion, nämlich die antisymmetrische Funktion S_P, wobei das Spinmoment um die z-Achse $s_z = 0$ ist. Der *Gesamtspin* bei den Parazuständen ist also ebenfalls $s = 0$, und auch bei Berücksichtigung der Wechselwirkung zwischen Spin und Bahn bleiben die Eigenwerte einfach (Singulettsystem).

Das Heliumatom kann nicht unter Aussendung von Licht aus einem Triplettzustand in einen Singulettzustand übergehen, wenigstens nicht in unserer Näherung, d. h. so lange nicht, wie die Wechselwirkung zwischen Spin und Bahn (also eine Größe von der Ordnung des Quadrats der Feinstrukturkonstante α) vernachlässigt wird. Denn das beim Übergang von einem Niveau des Parheliums mit der Eigenfunktion $u_m(r_1 r_2)\, S_m(s_1 s_2)$ zu einem Niveau des Orthoheliums mit der Eigenfunktion $u_n S_n$ emittierte Licht hat bekanntlich in der Polarisationsrichtung parallel zur x-Achse eine Schwingungsamplitude (vgl. Ziff. 38)

$$X = \sum_{s_{z1}} \sum_{s_{z2}} S_n^* S_m \int u_n^*(x_1 \ldots z_2)\, u_m(x_1 \ldots z_2)\, (x_1 + x_2)\, d\tau_1\, d\tau_2\,, \tag{11.7}$$

solange die Wellenlänge des Lichts groß ist gegen die Atomdimensionen (Dipolstrahlung). Vertauscht man die Integrationsvariablen $x_1 y_1 z_1$ mit $x_2 y_2 z_2$, so ändert sich die Eigenfunktion u_m des Parazustandes nicht, ebenso der „Operator des elektrischen Momentes“ $x_1 + x_2$; die Eigenfunktion des Orthozustandes, u_n, kehrt aber ihr Vorzeichen um und dasselbe tut daher auch das ganze Integral. Andererseits muß aber der Wert des Integrals unabhängig davon sein, wie man die Integrationsvariablen nennt, und etwas anderes haben wir ja nicht getan, als die Bezeichnungen der Variablen geändert: das Integral muß folglich Null sein. (Auch wenn das Integral endlich wäre, würde übrigens die Summation über die Spinkoordinaten die Übergangswahrscheinlichkeit zum Verschwinden bringen.)

Wir fassen zusammen:

Das Termschema des Heliums und der Ionen mit zwei Elektronen besteht aus zwei Termsystemen, einem System von Triplettermen (Orthohelium) und einem System von Singulettermen (Parhelium), die optisch nicht miteinander kombinieren.

12. Übersicht über die Näherungsverfahren. Die Differentialgleichung (11.1) des Zwei-Elektronen-Problems läßt sich nicht separieren. Wir sind darum nicht in derselben glücklichen Lage wie bei Wasserstoff, wo wir Eigenfunktionen und Eigenwerte in geschlossener Form angeben konnten. Statt dessen sind wir auf Näherungsmethoden angewiesen, und zwar erweist es sich zweckmäßig, für tiefe und für hochangeregte Terme verschiedene Verfahren anzuwenden. Es sei gestattet, die verschiedenen Approximationsverfahren hier kurz zu charakterisieren, ehe wir sie im einzelnen besprechen.

a) Entwicklung nach Potenzen von $1/Z$: Man streicht in der Differentialgleichung (11.1) die Wechselwirkung $1/r_{12}$ zwischen den Elektronen, dann bleibt die Differentialgleichung

$$\Delta_1 U_0 + \Delta_2 U_0 + 2\left(E_0 + \frac{Z}{r_1} + \frac{Z}{r_2}\right) U_0 = 0 \tag{12.1}$$

übrig. (12.1) ist separierbar, U_0 wird ein Produkt zweier Wasserstoffeigenfunktionen[1], E_0 eine Summe von zwei Wasserstoffeigenwerten:

$$E_0 = -\frac{Z^2}{2n_1^2} - \frac{Z^2}{2n_2^2}. \tag{12.2}$$

Dann fügt man die Elektronenwechselwirkung $1/r_{12}$ hinzu und berechnet die dadurch verursachte „Störung" des Eigenwertes und der Eigenfunktion nach dem von SCHRÖDINGER gegebenen Verfahren sukzessiver Approximation. Die Störungsenergien erster, zweiter, dritter ... Näherung bilden dann eine Reihe nach fallenden Potenzen von Z, was natürlich für einen Vergleich der Terme der verschiedenen Ionen mit zwei Elektronen (H^-, He, Li^+, Be^{++} usw.) sehr bequem ist.

Leider konvergiert das Verfahren sehr schlecht, und schon die Berechnung der zweiten Näherung ist außerordentlich mühsam. Das „Störungspotential" $1/r_{12}$ ist eben doch im Vergleich zum „ungestörten Potential" $Z/r_1 + Z/r_2$ reichlich groß.

Nur für den Grundzustand ist es bisher HYLLERAAS[2] gelungen, durch Kombination des hier skizzierten Verfahrens mit der RITZschen Variationsmethode (vgl. Abschnitt c dieser Ziffer) ohne allzu große Mühe die Entwicklung des Eigenwertes nach Potenzen von $1/Z$ zu berechnen (vgl. Ziff. 18).

b) Abschirmungsverfahren: Um die Konvergenz der Störungsrechnung zu verbessern, ist es notwendig, die Wechselwirkungsenergie zwischen den beiden Elektronen mindestens angenähert bereits im „ungestörten Potential" zu berücksichtigen. Man wird aber andererseits das ungestörte Potential so wählen, daß sich wenigstens die ungestörte Differentialgleichung separieren läßt. Das zwingt zum Ansatz

$$V = V_1(r_1) + V_2(r_2), \tag{12.3}$$

d. h. das ungestörte Potential soll die Summe zweier Potentiale sein, die auf die beiden einzelnen Elektronen wirken. Für die Eigenfunktionen der einzelnen Elektronen gelten dann die Differentialgleichungen

$$\left(\tfrac{1}{2}\Delta + E_i + V_i\right)\varphi_i = 0. \qquad i = 1, 2 \tag{12.4}$$

Die Energie des Gesamtatoms wird in nullter Näherung $E_1 + E_2$, für die Eigenfunktion ist man zunächst versucht zu setzen $U = u_1(1)\,u_2(2)$. Von der Eigenfunktion nullter Näherung muß man aber verlangen, daß sie die gleiche Symmetrie bezüglich der Koordinaten der beiden Elektronen besitzt wie die wirkliche Eigenfunktion, welche approximiert werden soll, d. h. daß sie symmetrisch bzw. antisymmetrisch ist. Das führt auf den Ansatz

$$U = u_1(1)\,u_2(2) \pm u_2(1)\,u_1(2). \tag{12.5}$$

U ist dann allerdings nicht mehr Lösung einer Differentialgleichung, sondern die beiden Summanden von U genügen zwei verschiedenen Differentialgleichungen:

$$\left.\begin{aligned} &\left(\tfrac{1}{2}(\Delta_1 + \Delta_2) + E_1 + E_2 + V_1(r_1) + V_2(r_2)\right) u_1(r_1)\,u_2(r_2) = 0, \\ &\left(\tfrac{1}{2}(\Delta_1 + \Delta_2) + E_1 + E_2 + V_2(r_1) + V_1(r_2)\right) u_2(r_1)\,u_1(r_2) = 0. \end{aligned}\right\} \tag{12.6}$$

[1] Genauer Eigenfunktionen des Einelektronenproblems mit Kernladung Z.
[2] E. HYLLERAAS, ZS. f. Phys. Bd. 65, S. 209. 1930.

Die verschiedenen U, die man erhält, indem man u_1 und u_2 alle möglichen Lösungen von (12.4) durchlaufen läßt, bilden daher kein Orthogonalsystem, so daß die Voraussetzungen für die Anwendung des SCHRÖDINGERschen Störungsverfahrens eigentlich nicht gegeben sind. Immerhin ist die Energie *erster* Näherung genau so zu berechnen, wie wenn die ungestörten Eigenfunktionen ein Orthogonalsystem bilden würden, nämlich einfach durch Mittelung der Störung über die Eigenfunktion nullter Näherung. (Es läßt sich übrigens mit Hilfe des SCHRÖDINGERschen Variationsprinzips zeigen, daß man auf diese Weise stets einen zu hohen Eigenwert bekommt.) Man wird aber, wenn möglich, die Potentiale V_1 und V_2 einander gleich wählen, dann stimmen die beiden Gleichungen (12.6) überein, U befriedigt dieselbe Differentialgleichung, und die verschiedenen U bilden ein Orthogonalsystem.

Von verschiedenen Autoren sind verschiedene Ansätze für die ungestörten Potentiale $V_1 V_2$ vorgeschlagen worden:

α) *Das* HARTREE*sche Verfahren*[1] (vgl. Ziff. 20) geht mit am weitesten in dem Versuch, das ungestörte Potential dem wirklichen Potential des He-Atoms anzunähern: Als potentielle Energie, die auf das erste Elektron wirkt, wird angesetzt das COULOMBsche Potentialfeld des Kerns plus dem Potential der Ladungsverteilung des zweiten Elektrons,

$$V_1(r_1) = -\frac{Z_1}{r_1} + \int d\tau_2 u_2^2(2) \cdot \frac{1}{r_{12}}. \tag{12.7}$$

Es wird also die wirkliche potentielle Energie gemittelt über alle möglichen Lagen des zweiten Elektrons. Entsprechend wird die potentielle Energie $V_2(r_2)$ auf das zweite Elektron gewonnen.

Die HARTREEsche Methode steht also am entgegengesetzten Ende wie das unter a) beschriebene Störungsverfahren: Die Eigenfunktion nullter und der Eigenwert erster Näherung stellen offenbar sehr gute Näherungen dar. Dafür läßt sich aber kein systematisches Störungsverfahren durchführen, da die Potentiale auf die beiden Elektronen V_1 und V_2 verschieden sind und die Eigenfunktionen U daher kein Orthogonalsystem bilden; man kann also nicht durch Weiterführung der Approximation im Prinzip den exakten Eigenwert erreichen, was ja bei der Entwicklung nach $1/Z$ prinzipiell möglich war. Für den praktischen Gebrauch ist an der HARTREEschen Methode nachteilig, daß sie recht langwierige numerische Integrationen erfordert und daß die Eigenfunktionen und Potentiale, die die Bedingungen (12.4), (12.7) erfüllen, nur durch ein Verfahren sukzessiver Approximation gewonnen werden können. In bezug auf die Genauigkeit ist die HARTREEsche Methode allerdings wohl allen anderen Näherungsverfahren außer dem FOCKschen Ansatz β) und den Variationsverfahren überlegen; ein Vorteil gegenüber den letzteren ist, daß sie auf hochangeregte Terme genau so gut anwendbar ist wie auf tiefe.

β) *Das* FOCK*sche Verfahren*[2] (vgl. Ziff. 16) geht noch weiter als das HARTREEsche, indem es auch den Elektronenaustausch (Ziff. 14) schon im ungestörten Potential mitberücksichtigt. Wegen der Einzelheiten verweisen wir auf Ziff. 16. Die Schwierigkeiten der numerischen Berechnung sind noch wesentlich größer als bei der HARTREEschen Methode.

Man wird also Ansätze für das ungestörte Potential suchen, die bis zu einem gewissen Grade die Elektronenwechselwirkung berücksichtigen, aber einfacher zu handhaben sind als der HARTREEsche und FOCKsche Ansatz.

---

[1] D. R. HARTREE, Proc. Cambridge Phil. Soc. Bd. 26, S. 89. 1928.
[2] V. FOCK, ZS. f. Phys. Bd. 61, S. 126. 1930.

γ) HEISENBERGs *Ansatz*[1] (vgl. Ziff. 13 bis 15): Wenn das Elektron 1 im Grundzustand ist, das Elektron 2 hochangeregt, so befindet sich normalerweise fast die ganze Ladungswolke des Elektrons 1 näher am Kern als das Elektron 2. Das Potential dieser Ladungswolke auf das Elektron 2 ist daher fast genau $1/r_2$, das gesamte auf das Elektron 2 wirkende Potential [V_2 von HARTREE, vgl. (12.7)] $-\frac{Z-1}{r_2}$. Die Wirkung des Elektrons 1 auf das Elektron 2 ist also genau so, wie wenn der Kern statt der Ladung Z nur die Ladung $Z - 1$ trüge; das Elektron 1 schirmt eine Einheit der Kernladung ab. (Andererseits ist der Beitrag der Ladungswolke des äußeren Elektrons zu dem Potential auf das innere nur eine belanglose additive Konstante.)

Gleichzeitig mit der Ausnutzung dieser Überlegung macht HEISENBERG das Potential *symmetrisch* in den Koordinaten der beiden Elektronen, um ein systematisches Störungsverfahren durchführen zu können (vgl. das oben Gesagte). Er setzt als „ungestörtes Potential" an:

$$V = V(r_1) + V(r_2), \tag{12.8}$$

$$V(r) = \begin{cases} -\frac{Z-1}{r}, & \text{wenn} \quad r > r_0, \\ -\frac{Z}{r} + \frac{1}{r_0}, & \text{,,} \quad r < r_0. \end{cases} \tag{12.9}$$

Wählt man für den Grenzradius r_0 einen mittleren Wert zwischen dem „Radius der Bahn" des inneren Elektrons und des äußeren, so bewegt sich das äußere praktisch im Potential $-\frac{Z-1}{r}$, das innere im Feld $-\frac{Z}{r} + \frac{1}{r_0}$, so daß die Eigenfunktionen nullter Näherung für beide Elektronen wasserstoffähnlich werden. (Der Grenzradius r_0 fällt später aus den Rechnungen wieder heraus.)

δ) *Konstante Abschirmungszahl*[2] (*Grundterm*) (vgl. Ziff. 17): Wenn beide Elektronen in der innersten BOHRschen Bahn laufen, so haben sie — mit relativ geringen Schwankungen — beide etwa die gleiche Entfernung vom Kern. Es liegt nahe, für das auf jedes Elektron wirkende Potential den Ansatz

$$V(r) = -\frac{Z-s}{r_1} \tag{12.10}$$

mit *konstanter* (von r unabhängiger) Abschirmungszahl s zu machen: s bestimmt man dann am besten durch die Forderung, daß das ungestörte Potential *im Mittel* mit dem wirklichen übereinstimmen soll:

$$\int \left(\frac{Z-s}{r_1} + \frac{Z-s}{r_2} \right) U_0^2 \, d\tau = \int \left(\frac{Z}{r_1} + \frac{Z}{r_2} - \frac{1}{r_{12}} \right) U_0^2 \, d\tau. \tag{12.11}$$

U_0 ist die Eigenfunktion nullter Näherung, die Bedingung (12.11) bedeutet also, daß die Energiestörung erster Näherung verschwinden soll. Die Energie nullter Näherung,

$$E_0 = -(Z-s)^2, \tag{12.12}$$

stimmt dann mit der Energie erster Näherung überein, sie gibt, wenn man s aus (12.11) berechnet, eine überraschend gute Näherung (Ziff. 17). Der Ansatz ist auch für den Grundterm komplizierterer Atome brauchbar[2]. Das ungestörte Potential

$$V = -\frac{Z-s}{r_1} - \frac{Z-s}{r_2}$$

---

[1] W. HEISENBERG, ZS. f. Phys. Bd. 39, S. 499. 1927.

[2] Siehe z. B. J. FRENKEL, Wellenmechanik, S. 292. Ausdehnung des Verfahrens auf kompliziertere Atome bei J. C. SLATER, Phys. Rev. (2) Bd. 36, S. 57. 1930; V. GUILLEMIN u. C. ZENER, ZS. f. Phys. Bd. 61, S. 199. 1930; C. ECKART, Phys. Rev. Bd. 36, S. 878. 1930.

ist symmetrisch in den beiden Elektronen, daher läßt sich ein systematisches Störungsverfahren durchführen.

c) Variationsverfahren[1] (vgl. Ziff. 17 bis 19): Die genauesten Resultate für Eigenwerte und Eigenfunktionen gewinnt man mit Hilfe der RITZschen Variationsmethode. Man wählt, von einfachen physikalischen Gesichtspunkten ausgehend, eine plausible Form für die Eigenfunktion und läßt im Rahmen dieser Form einige numerische Konstante, wie Abschirmungszahlen, Koeffizienten in Potenzreihenentwicklungen usw. zunächst willkürlich. Diese Konstanten werden dann so bestimmt, daß das SCHRÖDINGERsche Variationsintegral (Gesamtenergie) zum Minimum wird. Das Variationsproblem der SCHRÖDINGERschen Theorie wird dadurch reduziert auf ein gewöhnliches Minimumproblem. Indem man genügend viele Konstante in dem Ansatz für die Eigenfunktion willkürlich läßt und durch die Minimumbedingung bestimmt, kann man die Eigenfunktion und den Eigenwert beliebig genau annähern. Bei geschickter Wahl der Eigenfunktionsform konvergiert das Verfahren sehr rasch. Besonders wichtig ist für rasche Konvergenz die Wahl geeigneter unabhängiger Variablen.

Leider ist das Verfahren nur für tiefe Terme verwendbar; die Eigenfunktion angeregter Terme muß nämlich stets orthogonal sein auf den Eigenfunktionen sämtlicher tieferen Terme, und dies bedeutet eine große Anzahl Nebenbedingungen für die angeregten Eigenfunktionen, welche das Variationsverfahren schwerfällig und schließlich ganz unbrauchbar machen (vgl. Ziff. 19).

13. Nullte Näherung: Termschema des Heliums[2]. Um die Differentialgleichung (11.1) des He-Problems zu lösen, zerlegen wir die potentielle Energie

$$-\frac{Z}{r_1} - \frac{Z}{r_2} + \frac{1}{r_{12}}$$

in das „ungestörte Potential" V und das „Störungspotential" W. V wählen wir so, daß die „ungestörte" Differentialgleichung

$$\tfrac{1}{2}(\Delta_1 + \Delta_2) U_0 + (E_0 - V) U_0 = 0 \tag{13.1}$$

sich separieren läßt, d. h. wir setzen V gleich der Summe zweier Potentiale, die auf die einzelnen Elektronen wirken:

$$V = V(r_1) + V(r_2). \tag{13.2}$$

Für letztere machen wir mit HEISENBERG den Ansatz:

$$V(r) = -\frac{Z}{r} + v(r), \quad v(r) = \begin{Bmatrix} 1/r_0 & \text{für} & r < r_0, \\ 1/r & \text{für} & r > r_0. \end{Bmatrix} \tag{13.3}$$

$v(r)$ trägt der Abschirmung der auf ein Elektron wirkenden Kernladung durch das andere Elektron Rechnung, r_0 ist etwa so zu wählen, daß im Zeitmittel ein Elektron innerhalb einer Kugel mit dem Radius r_0, eines außerhalb dieser Kugel sich befindet. (Über die nähere Begründung des Ansatzes vgl. Ziff. 12b, γ.) Das Störungspotential, das wir vorläufig unberücksichtigt gelassen haben und dessen Wirkung auf Eigenwert und Eigenfunktion wir späterhin durch eine Störungsrechnung feststellen müssen, ist bei unserem Ansatz

$$W = -\frac{Z}{r_1} - \frac{Z}{r_2} + \frac{1}{r_{12}} - V = \frac{1}{r_{12}} - v(r_1) - v(r_2). \tag{13.4}$$

[1] Z.B. E. A. HYLLERAAS, ZS. f. Phys. Bd. 54, S. 347. 1929; G. KELLNER, ebenda Bd. 44, S. 91. 1927.

[2] Vgl. zu den drei nächsten Ziffern W. HEISENBERG, ZS. f. Phys. Bd. 39, S. 498. 1927.

Die „ungestörte“ Differentialgleichung (13.1) läßt sich separieren durch den Ansatz

$$E_0 = E_1 + E_2, \qquad U_0 = u_1(r_1\vartheta_1\varphi_1)\, u_2(r_2\vartheta_2\varphi_2). \tag{13.5}$$

Für die Eigenfunktionen der einzelnen Elektronen gilt dann die Differentialgleichung

$$(\tfrac{1}{2}\Delta + E_i - V(r))\, u_i(r, \vartheta, \varphi) = 0, \qquad i = 1, 2. \tag{13.6}$$

a) Berechnung der Eigenfunktionen der einzelnen Elektronen. In (13.6) ist Δ der gewöhnliche dreidimensionale LAPLACEsche Operator, bei den Argumenten der Eigenfunktion u_i und des Potentials V haben wir den Index i fortgelassen. (13.6) läßt sich weiter in Polarkoordinaten separieren, der winkelabhängige Bestandteil von u_i wird eine Kugelflächenfunktion $Y_{lm}(\vartheta, \varphi)$. Die radialabhängige Eigenfunktion wird, ähnlich wie die Eigenfunktionen des Wasserstoffatoms, bei kleiner Hauptquantenzahl[1] n beträchtliche Werte nur in der Nähe des Kerns (für $r < r_0$) haben, also in einem Gebiet, wo das Potential $V(r)$ die Form

$$-\frac{Z}{r} + \frac{1}{r_0} \tag{13.7}$$

hat. Die Eigenfunktion wird also weitgehend übereinstimmen mit der Eigenfunktion eines Elektrons im Feld eines Zfach geladenen Kerns (Wasserstoffeigenfunktion mit Kernladung Z), wir bezeichnen diese als Eigenfunktion nullter Näherung unseres Elektrons. Die entsprechende Energie nullter Näherung ist

$$E_0' = -\frac{1}{2}\frac{Z^2}{n^2} + \frac{1}{r_0}. \tag{13.8}$$

Gehen wir eine Näherung weiter und betrachten (13.7) als nullte Näherung für das Potential und

$$V(r) + \frac{Z}{r} - \frac{1}{r_0} = -\frac{1}{r_0} + v(r)$$

als kleine Störung[2], so wird in erster Näherung

$$E_1' = -\frac{1}{2}\frac{Z^2}{n^2} + \frac{1}{r_0} + \overline{v(r) - \frac{1}{r_0}}. \tag{13.9}$$

Die Überstreichung bedeutet Mittelung über die ungestörte Eigenfunktion des Elektrons, also

$$\overline{v(r) - \frac{1}{r_0}} = \int\limits_{r_0}^{\infty} \left(\frac{1}{r} - \frac{1}{r_0}\right) R_{nl}^2(r)\, r^2\, dr,$$

wenn R_{nl} der radiale Bestandteil der Eigenfunktion $u_{nlm}(r, \vartheta, \varphi)$ ist.

Für große Hauptquantenzahlen n dagegen erreicht die Eigenfunktion u_{nlm} nennenswerte Amplituden erst in großer Entfernung vom Kern ($r \gg r_0$), dort ist das Potential $-\frac{Z-1}{r}$, die Eigenfunktion wird also nahe übereinstimmen mit einer Wasserstoffeigenfunktion mit Kernladung $Z - 1$. Die Energie des Elektrons wird in nullter Näherung

$$E = -\frac{(Z-1)^2}{2n^2},$$

in erster

$$E = -\frac{(Z-1)^2}{2n^2} + \overline{v(r) - \frac{1}{r}}. \tag{13.10}$$

---

[1] Die Hauptquantenzahl n ist im allgemeinen Fall eines nichtcoulombschen Zentralfelds, wie er in (13.6) vorliegt, definiert als die um 1 vermehrte Anzahl der Knotenflächen der Eigenfunktion; $n - l - 1$ ist also die Anzahl der Knoten der radialen Eigenfunktion.

[2] Dieses Näherungsverfahren zur Berechnung der Energie der einzelnen Elektronen hat nichts zu tun mit dem Störungsverfahren, das durch die Zerlegung der potentiellen Energie in die Bestandteile (13.3), (13.4) notwendig gemacht wird und sich auf Eigenfunktion und Energie des Gesamtatoms bezieht, vielmehr bildet unsere jetzige Störungsrechnung nur die Vorstufe zur Berechnung der Eigenfunktion und Energie nullter Näherung des Atoms.

b) Die Eigenfunktion des Atoms. Enthält das Atom ein inneres Elektron mit der Hauptquantenzahl n_1, ein äußeres mit der Hauptquantenzahl $n_2 \gg n_1$, so ist nach (13.5), (13.9), (13.10) seine Energie nullter Näherung

$$E_0 = -\frac{1}{2}\frac{Z^2}{n_1^2} - \frac{1}{2}\frac{(Z-1)^2}{n_2^2} + \frac{1}{r_0} + \int u_{n_1 l_1 m_1}^2 \left(v - \frac{1}{r_0}\right) d\tau + \int u_{n_2 l_2 m_2}^2 \left(v - \frac{1}{r}\right) d\tau. \quad (13.11)$$

Zu diesem Eigenwert gehört die Eigenfunktion

$$U_0' = u_{n_1 l_1 m_1}(r_1 \vartheta_1 \varphi_1)\, u_{n_2 l_2 m_2}(r_2 \vartheta_2 \varphi_2), \quad (13.12)$$

genau so gut aber auch die Eigenfunktion

$$U_0'' = u_{n_2 l_2 m_2}(r_1 \vartheta_1 \varphi_1)\, u_{n_1 l_1 m_1}(r_2 \vartheta_2 \varphi_2), \quad (13.13)$$

in welcher die Quantenzahlen der beiden Elektronen miteinander vertauscht sind. *Die Gleichberechtigung beider Elektronen verursacht also eine Entartung des Eigenwertes*[1] E_0. U_0' und U_0'' sind noch nicht die richtigen Eigenfunktionen nullter Näherung für das Heliumproblem, die Eigenfunktionen nullter Näherung müssen vielmehr die gleiche Symmetrie in den Koordinaten der beiden Elektronen besitzen wie die exakten Eigenfunktionen. Die Eigenfunktion nullter Näherung für einen Parheliumzustand muß also symmetrisch in den beiden Elektronen sein; diese Bedingung erfüllt

$$U_+ = \frac{1}{\sqrt{2}}(U_0' + U_0'') = \frac{1}{\sqrt{2}}\left(u_{n_1 l_1 m_1}(1)\, u_{n_2 l_2 m_2}(2) + u_{n_2 l_2 m_2}(1)\, u_{n_1 l_1 m_1}(2)\right), \quad (13.14)$$

für einen Orthoheliumzustand muß man eine antisymmetrische Funktion wählen:

$$U_- = \frac{1}{\sqrt{2}}(U_0' - U_0'') = \frac{1}{\sqrt{2}}\left(u_{n_1 l_1 m_1}(1)\, u_{n_2 l_2 m_2}(2) - u_{n_2 l_2 m_2}(1)\, u_{n_1 l_1 m_1}(2)\right). \quad (13.15)$$

„1" und „2" stehen abkürzend für die drei Koordinaten des ersten und zweiten Elektrons, der Faktor $1/\sqrt{2}$ ist zum Zweck der Normierung beigefügt. Wenn nämlich die u_{nlm} normiert sind:

$$\int u_{nlm}^2\, d\tau = 1,$$

so folgt dasselbe ohne weiteres für U_+ und U_-, wenn man beachtet, daß die u mit verschiedenen Quantenzahlen zueinander orthogonal sind [als Lösungen ein und derselben Differentialgleichung (13.6), die zu verschiedenen Eigenwerten gehören].

c) Das Termschema. Der Zustand eines Heliumatoms ist gegeben, wenn man die Quantenzahlen beider Elektronen sowie das Termsystem (Ortho- oder Para-) angibt, dem der Zustand angehört. Dann läßt sich die Eigenfunktion nullter Näherung hinschreiben [(13.14) bzw. (13.15)] und von dieser Eigenfunktion ausgehend durch Störungsrechnung die richtige Eigenfunktion und der richtige Eigenwert finden[2]. Die Anzahl der möglichen Eigenwerte wird nun noch wesentlich dadurch eingeschränkt, daß beim Helium nur *solche* Zustände

[1] Daneben besteht natürlich noch die für unsere Betrachtungen unwesentliche Entartung bezüglich der magnetischen Quantenzahlen m_1 und m_2.

[2] Dabei muß natürlich noch berücksichtigt werden, daß die „ungestörten Eigenwerte" E_0 in bezug auf die magnetischen Quantenzahlen m_1 und m_2 der beiden Elektronen entartet sind, und daß diese Entartung durch die „Störung" (Elektronen-Wechselwirkung) aufgehoben wird. Als Eigenfunktion nullter Näherung hat man daher ein Linearaggregat von Funktionen des Typs (13.14) bzw. (13.15) mit verschiedenen $m_1 m_2$ zu nehmen. Doch kommt dies praktisch für He nicht in Frage, weil immer ein Elektron die magnetische Quantenzahl $m_1 = 0$ hat. Erst für schwerere Atome wird die m-Entartung wesentlich; vgl. J. C. SLATER, Phys. Rev. Bd. 34, S. 1293. 1929, sowie F. HUND, ds. Handb. Kap. 4, Ziff. 9.

wirklich existenzfähig sind, bei denen mindestens *ein* Elektron im Grundzustand ($n_1 = 1$), also höchstens *eines* angeregt ist[1].

Ein Zustand des Heliumatoms wird also vollständig beschrieben durch Angabe der Quantenzahlen nlm des Leuchtelektrons sowie durch Angabe des Termsystems. [Wenn wir in Zukunft von Quantenzahlen eines He-Terms sprechen, so meinen wir damit die Quantenzahl des Leuchtelektrons. Die Indizes 2 bei den Quantenzahlen des Leuchtelektrons lassen wir weg, es ist also in den Formeln (13.14), (13.15) bzw. zu ersetzen: $n_1 l_1 m_1 n_2 l_2 m_2$ durch $100nlm$.]

Vom Wasserstoffspektrum unterscheidet sich das Heliumspektrum

1) durch die Verdopplung der Anzahl der Niveaus wegen des Auftretens der beiden Termsysteme,

2) durch die Trennung der Zustände mit gleicher Haupt- und verschiedener Azimutalquantenzahl (Aufhebung der l-Entartung).

An die Stelle *eines* Wasserstoffniveaus mit der Hauptquantenzahl n treten also $2n$ Heliumniveaus ($l = 0, 1, \ldots, n-1$ in Ortho- und Parasystem). Ausgenommen ist davon nur der Fall, daß *beide* Elektronen in der innersten Bahn laufen ($n = 1$). Dann werden die Eigenfunktionen der beiden Elektronen identisch, und die Eigenfunktion des Orthozustandes (13.15) verschwindet. Das einfache Produkt der Eigenfunktionen der beiden Elektronen, (13.12), ist in diesem Fall schon symmetrisch in den Elektronen, d. h. das Produkt ist die richtige Eigenfunktion (nullter Näherung) für den Grundzustand des Parheliums

$$U_+ = u_{100}(1)\, u_{100}(2). \tag{13.16}$$

Auch die Normierung von (13.16) ist schon in Ordnung. Der Normierungsfaktor $1/\sqrt{2}$ fehlt also beim Grundzustand.

Daß der Grundzustand nur im Parasystem existiert und nicht im Orthosystem, liegt ganz im Sinne des PAULIschen Prinzips in seiner ursprünglichen Fassung. „Es dürfen niemals zwei Elektronen im gleichen Zustand sein." Beim Parhelium sind (vgl. Ziff. 11) die Spins der beiden Elektronen entgegengesetzt gerichtet; die Elektronen sind also nicht im gleichen Zustand, auch wenn sie auf derselben Bahn laufen (dieselbe räumliche Eigenfunktion besitzen), beim *Orthohelium* dagegen sind die Spins gleichgerichtet, so daß die Elektronen notwendigerweise auf verschiedenen Bahnen laufen müssen, wenn sie „in verschiedenen Zuständen sein", also das Pauliprinzip nicht verletzen sollen.

Über die quantitative *Lage* der Spektralterme des Heliums können wir im Rahmen unserer nullten Näherung aussagen, daß sie angenähert mit derjenigen der Wasserstoffterme übereinstimmen muß, nicht etwa mit der Lage der He^+-Terme: Wenn wir nämlich in der Energieformel (13.11) die Hauptquanten-

[1] Wären nämlich beide Elektronen angeregt, so müßten sie mindestens beide im zweiquantigen Zustand sein. Dann wäre aber bereits bei Vernachlässigung der Elektronenwechselwirkung die Energie des Atoms

$$E_{22} = -\frac{1}{2} \cdot 2 \cdot \frac{Z^2}{2^2} = -\frac{1}{4} Z^2.$$

Durch die Elektronenwechselwirkung würde dieser Wert noch erhöht werden. Er liegt aber sowieso schon weit über die Energie eines *Heliumions* im Grundzustand plus der Energie eines unendlich weit vom He^+ entfernten, freien ruhenden Elektrons

$$E_{1\infty} = -\tfrac{1}{2} Z^2 + 0.$$

Der Zustand E_{22} liegt also im kontinuierlichen Spektrum des He-Atoms; wenn durch optische Anregung oder Elektronenstoß einmal zwei Elektronen in die zweite Schale kommen sollten, so würde das Atom sofort in He^+ plus einem freien Elektron zerfallen. Die Wahrscheinlichkeit eines solchen Zerfalls (Augereffekts) ist wegen der niedrigen Kernladung des He so außerordentlich viel größer als die Wahrscheinlichkeit eines Übergangs in einen einfach angeregten Zustand des neutralen Heliums unter Lichtemission, daß man wohl kaum je die betreffende Spektrallinie des He wird entdecken können. A fortiori spielen *die* Zustände für das Heliumspektrum keine Rolle, bei denen ein oder beide Elektronen *noch* höher als bis zum zweiten Niveau angeregt sind.

zahlen $n_1 n_2$ der beiden Elektronen gleich 1 bzw. n setzen und die Mittelwerte (Integrale) vernachlässigen, so kommt

$$E_0 = -\frac{1}{2}\frac{Z^2}{1^2} + \frac{1}{r_0} - \frac{1}{2}\frac{(Z-1)^2}{n^2}. \tag{13.17}$$

Die ersten beiden Summanden hängen von der Quantenzahl des Leuchtelektrons nicht ab, bleiben also bei einem optischen Übergang des Atoms unverändert und treten daher nicht in Erscheinung. Der dritte Term ist aber die Energie des $n$ten Zustandes im Feld eines Kerns mit der Ladung $Z - 1$. [Es ist kein Wunder, daß dies herauskommt, denn wir haben tatsächlich in unseren Potentialansatz (13.3) *hereingesteckt*, daß das innere Elektron eine volle Einheit der auf das äußere wirkenden Kernladung abschirmen soll.] Das Heliumspektrum wird also wasserstoffähnlich (das Li^+-Spektrum He^+-ähnlich usw.) sein, solange unser Potentialansatz (13.3) brauchbar ist, d. h. für alle Terme außer s-Termen (vgl. Ziff. 12, Abschn. b, sowie Ziff. 16). Das entspricht auch tatsächlich den Beobachtungen.

14. Erste Näherung: Austausch, COULOMBsche Wechselwirkung der Ladungswolken. Wir wollen nun, von den Eigenfunktionen nullter Näherung

$$U_\pm = \frac{1}{\sqrt{2}}\left(u_1(1)\,u_{nlm}(2) \pm u_{nlm}(1)\,u_1(2)\right) \tag{14.1}$$

ausgehend, die SCHRÖDINGERsche Störungstheorie durchführen.

Die Störungsenergie *erster* Näherung ist nach dieser Theorie gleich dem Mittelwert des Störungspotentials (13.4) über die ungestörte Eigenfunktion $U_\pm$:

$$E^{(1)} = \int W U_\pm^2\, d\tau_1\, d\tau_2 = \int \frac{1}{2}\left(u_1(1)\,u_{nlm}(2) \pm u_{nlm}(1)\,u_1(2)\right)^2 \left(\frac{1}{r_{12}} - v(r_1) - v(r_2)\right) d\tau_1\, d\tau_2. \tag{14.2}$$

(Das positive Vorzeichen steht für Para-, das negative für Orthozustände, $d\tau_1 d\tau_2$ sind die Volumelemente im Raum des ersten und zweiten Elektrons, u_1 steht abkürzend für die Eigenfunktion des Grundzustands, „1“ und „2“ für die Koordinaten der beiden Elektronen.) Ausrechnung von (14.2) ergibt, wenn man berücksichtigt, daß die Eigenfunktionen u_1 und u_{nlm} zueinander orthogonal und jede einzelne normiert ist

$$\left.\begin{aligned} E^{(1)} = \int \frac{1}{r_{12}}\, u_1^2(1)\, u_{nlm}^2(2)\, d\tau_1\, d\tau_2 \pm \int \frac{1}{r_{12}}\, u_1(1)\, u_{nlm}^*(1)\, u_1(2)\, u_{nlm}(2)\, d\tau_1\, d\tau_2 \\ - \int v(r)\, u_1^2\, d\tau - \int v(r)\, |u_{nlm}|^2\, d\tau. \end{aligned}\right\} \tag{14.3}$$

Jeder Term in (14.3) entsteht aus der Summe zweier Terme in (14.2), die durch Vertauschung der Nummern der beiden Elektronen auseinander hervorgehen.

Wir addieren zu (14.3) die „ungestörte Energie“ (13.11)

$$E_0 = -\frac{1}{2}Z^2 - \frac{1}{2}\frac{(Z-1)^2}{n^2} + \frac{1}{r_0} + \int u_1^2\left(v(r) - \frac{1}{r_0}\right) d\tau + \int |u_{nlm}|^2 \left(v(r) - \frac{1}{r}\right) d\tau \tag{14.4}$$

und erhalten als Gesamtenergie erster Näherung

$$E_1 = E_0 + E^{(1)} = -\frac{1}{2}Z^2 - \frac{1}{2}\frac{(Z-1)^2}{n^2} + J \pm K, \tag{14.5}$$

mit

$$J = \int \left(\frac{1}{r_{12}} - \frac{1}{r_2}\right) u_1^2(1)\, |u_{nlm}(2)|^2\, d\tau_1\, d\tau_2, \tag{14.6}$$

$$K = \int \frac{1}{r_{12}}\, u_1(1)\, u_{nlm}^*(1)\, u_1(2)\, u_{nlm}(2)\, d\tau_1\, d\tau_2. \tag{14.7}$$

Aus (14.5) ist das „Zusatzpotential“ v und der Grenzradius r_0, also alle Größen, in deren Wahl eine Willkür liegen würde, vollkommen herausgefallen, und es sind nur solche Größen stehengeblieben, die einen unmittelbaren physikalischen Sinn haben.

Die Formeln (14.5) bis (14.7) für die Energie erster Näherung wären genau in derselben Form herausgekommen, wenn man als ungestörtes Potential angesetzt hätte

$$V = -\frac{Z}{r_1} - \frac{Z-1}{r_2},$$

d. h. angenommen hätte, daß auf das innere Elektron die Kernladung Z, auf das äußere die Ladung $Z - 1$ wirkt. Dieses Potential wäre aber nicht symmetrisch in den beiden Elektronen, so daß (vgl. Ziff. 12b) kein systematisches Störungsverfahren möglich wäre. Der Ansatz (13.1) dient also lediglich dazu, als Eigenfunktionen nullter Näherung ein System orthogonaler Funktionen zu erhalten und die Anwendung des systematischen Störungsverfahrens zu rechtfertigen.

a) Physikalische Bedeutung der Integrale. J und K haben eine sehr einfache physikalische Bedeutung: J ist die COULOMBsche Wechselwirkung der Ladungswolken der beiden Elektronen, plus der COULOMBschen Wechselwirkung einer im Kern konzentrierten *positiven* Einheitsladung mit dem äußeren Elektron.

Letztere tritt in der Störungsenergie auf, weil wir in nullter Näherung das äußere Elektron unter dem Einfluß der Kernladung $Z - 1$ statt unter der wirklichen Kernladung Z betrachtet haben. Da nun die Ladungswolke des inneren Elektrons fast vollkommen im Innern von der des äußeren liegt, übt sie auf dieses fast die gleiche COULOMBsche Wirkung aus, wie wenn sie im Kern konzentriert wäre — die beiden COULOMBschen Wechselwirkungen, aus denen J zusammengesetzt ist, heben sich also fast vollkommen auf. Das ist ein willkommenes Zeichen für die Brauchbarkeit unseres ungestörten Potentials und unserer Eigenfunktionen nullter Näherung. Nur dadurch, daß ein kleiner Bruchteil der Ladungswolke des inneren Elektrons weiter vom Kern entfernt ist als die Ladungswolke des äußeren, verschwindet das „Coulombintegral“ J nicht völlig, sondern hat einen kleinen, und zwar negativen Wert, da der unabgeschirmt bleibende Rest der Kernladung anziehend auf das äußere Elektron wirkt.

K ist das sog. „Austauschintegral“, es mißt die Frequenz, mit der die beiden Elektronen ihre Quantenzustände austauschen. Zur Veranschaulichung des Austausches setzen wir etwa voraus, wir *wüßten* zur Zeit $t = 0$, daß das Elektron 1 im Grundzustand ist und das Elektron 2 angeregt — wir können etwa annehmen, das Elektron 2 sei soeben vom He^+-Ion eingefangen worden. Die Wellenfunktion ist dann zur Zeit $t = 0$

$$\Psi(0) = u_1(1)\, u_n(2) = \frac{1}{\sqrt{2}}(U_+ + U_-).$$

Wir fügen nun zu den Eigenfunktionen ihre Zeitfaktoren hinzu, dann bekommen wir für die Wellenfunktion des Atoms zur Zeit t:

$$\left.\begin{aligned} \Psi(t) &= \frac{1}{\sqrt{2}}(\Psi_+(t) + \Psi_-(t)) = \frac{1}{\sqrt{2}}(U_+ e^{-i(E+K)t} + U_- e^{-i(E-K)t}) \\ &= e^{-iEt} \cdot (u_1(1)\, u_n(2) \cos Kt - i\, u_n(1)\, u_1(2) \sin Kt) \end{aligned}\right\} \quad (14.8)$$

[E = Mittelwert der Energien von Ortho- und Parazustand, man beachte (14.1)]. Nach Ablauf der Zeit $\pi/2K$ haben also die beiden Elektronen ihre Rollen getauscht: Elektron 1 ist jetzt angeregt, Elektron 2 im Grundzustand, nach der Zeit π/K sind sie wieder in ihre ursprünglichen Bahnen zurückgekehrt. Die Zeiten sind natürlich in atomaren Einheiten, $1/4\pi Ry$ (Ry = Rydbergfrequenz) zu messen, die Periode des Austausches in CGS-Einheiten ist also $\frac{\pi}{K} \cdot \frac{1}{4\pi Ry} = \frac{1}{4KRy} = \frac{0{,}75 \cdot 10^{-16}}{K}$ sec. K ist nun um so größer, der Elektronenaustausch findet also um so häufiger statt, je mehr sich die Eigenfunktionen der beiden Elektronen überdecken, d. h. je kleiner Haupt- und Azimutalquantenzahl sind. Ist das äußere Elektron im $2p$-Zustand, so ist (Ziff. 14c) $K = 0{,}00765$, es findet also ein (Hin- und Rückwärts-) Austausch in 10^{-14} sec statt; hat das äußere Elektron dagegen die Quantenzahlen $n = 10$, $l = 9$, so kommt nur alle $0{,}75 \cdot 10^{16}$ sec $= 2{,}5 \cdot 10^8$ Jahre einmal ein Rollentausch der Elektronen vor, obwohl der „Durchmesser" der äußeren Elektronenbahn immer noch bloß 100 atomare Einheiten $= 0{,}5 \cdot 10^{-6}$ cm beträgt.

Der Abstand von Ortho- und Paraterm, in Frequenzeinheiten gemessen, gibt genau die Frequenz des Elektronenaustausches an. Dabei liegt der Paraterm etwas höher: Denn K ist das Selbstpotential der Ladungsverteilung $u_1 u_{nlm}$ und als solches stets positiv.

b) Berechnung des COULOMBschen Wechselwirkungsintegrals. Wir wollen nunmehr unsere Integrale J und K quantitativ berechnen und beginnen dabei mit dem Coulombintegral J. Wir erinnern uns (vgl. Ziff. 13a), daß die Eigenfunktionen u_{nlm} das Produkt einer radialabhängigen Funktion und einer Kugelflächenfunktion sind:

$$u_{nlm} = R_{nl}(r)\, Y_{lm}(\vartheta, \varphi).$$

Setzen wir dies in (14.6) ein, so wird

$$J = \int_0^\infty \int_0^\infty r_1^2\, dr_1\, r_2^2\, dr_2\, R_{10}^2(r_1)\, R_{nl}^2(r_2)\, J(r_1 r_2), \tag{14.9}$$

wo

$$J(r_1 r_2) = \int_0^\pi \sin\vartheta_1\, d\vartheta_1 \int_0^{2\pi} d\varphi_1 \int_0^\pi \sin\vartheta_2\, d\vartheta_2 \int_0^{2\pi} d\varphi_2 \left(\frac{1}{r_{12}} - \frac{1}{r_2}\right) Y_{00}^2(\vartheta_1, \varphi_1)\, |Y_{lm}(\vartheta_2, \varphi_2)|^2. \tag{14.10}$$

Die Integration über die Winkel in $J(r_1 r_2)$ läßt sich leicht ausführen, etwa indem man sich $1/r_{12}$ nach Kugelfunktionen entwickelt denkt. Mit Beachtung der Normierung der Kugelflächenfunktionen bekommt man

$$J(r_1 r_2) = \begin{cases} 1/r_1 - 1/r_2, & \text{wenn } r_1 > r_2, \\ 0, & \text{wenn } r_1 < r_2. \end{cases} \tag{14.11}$$

$u_{10}(r_1)$ ist die Eigenfunktion des Grundzustands eines Atoms mit Kernladung Z und einem einzigen Elektron [vgl. (3.18)]

$$R_{10}(r) = 2 Z^{\frac{3}{2}} e^{-Zr}, \tag{14.12}$$

so daß

$$\int_0^\infty R_{10}^2(r_1)\, J(r_1 r_2)\, r_1^2\, dr_1 = \int_{r_2}^\infty \left(\frac{1}{r_1} - \frac{1}{r_2}\right) r_1^2\, dr_1 \cdot 4 Z^3 e^{-2Zr_1} = -\left(Z + \frac{1}{r_2}\right) e^{-2Zr_2}. \tag{14.13}$$

Die Eigenfunktion des angeregten Elektrons $R_{nl}(r_2)$ ist, wie wir oben (vor 13.10) gesehen haben, ebenfalls eine Wasserstoff-Eigenfunktion, aber als Kernladung ist $Z - 1$ zu nehmen; nach (3.16) ist also

$$\left.\begin{aligned} R_{nl}(r_2) &= \frac{\overline{n-l-1}!^{\frac{1}{2}}}{\overline{n+l}!^{\frac{3}{2}} (2n)^{\frac{1}{2}}} \cdot \left(\frac{2(Z-1)}{n}\right)^{\frac{3}{2}} \varrho^l e^{-\frac{1}{2}\varrho} L_{n+l}^{2l+1}(\varrho), \\ \varrho &= \frac{2(Z-1)}{n} r_2. \end{aligned}\right\} \tag{14.14}$$

Wir setzen (14.13) und (14.14) in (14.9) ein und ersetzen die Integrationsvariable r_2 durchgehend durch ϱ

$$J = -\frac{\overline{n-l-1}!}{\overline{n+l}!^3\, 2n} \cdot Z \cdot \int_0^\infty e^{-\varrho - \frac{Zn}{Z-1}\varrho} \varrho^{2l+2} (L_{n+l}^{2l+1}(\varrho))^2 \left(1 + \frac{2(Z-1)}{nZ}\varrho\right) d\varrho. \tag{14.15}$$

Die Integration über ϱ ist sehr harmlos im Fall $n = l + 1$, d. h. für die Kreisbahnen der BOHRschen Theorie. Die Laguerrefunktion reduziert sich dann nämlich auf eine Konstante:

$$L_{2l+1}^{2l+1} = -(2l+1)!,$$

wie man aus (3.7) sofort abliest, unser Coulombintegral (14.15) läßt sich elementar ausführen und gibt

$$J = -Z \cdot \frac{(Z-1)^{2n+1}}{(Z(n+1)-1)^{2n+1}} \cdot \left(1 + \frac{Z(n+1)-1}{Z n^2}\right). \tag{14.16}$$

Diese Formel ist bereits von HEISENBERG in seiner klassisch gewordenen Arbeit über das Heliumspektrum[1] angegeben worden. Auch für $n = l + 2$, wo die Laguerrefunktion zwei Glieder enthält, macht die Integration von (14.15) keine besondere Mühe[2], für größere Hauptquantenzahlen (bei festgehaltener Azimutalquantenzahl) wird dagegen die Auswertung und die Endformel für J recht kompliziert. Erst für sehr große n kann man dann wieder eine relativ einfache asymptotische Formel gewinnen, zu deren Ableitung man sich vorteilhafterweise der in Ziff. 4, Ende, angegebenen Darstellung der Laguerrefunktionen durch eine erzeugende Funktion bedient, man erhält[3]

$$\left.\begin{aligned} J = &-\frac{1}{n^3}\,\frac{(Z-1)^{2l+3}}{Z^{2l+2}}\,e^{-2\frac{Z-1}{Z}} \sum_{k=0}^{\infty} \left(\frac{Z-1}{Z}\right)^{2k} \\ &\cdot \frac{1}{k!\,2l+k+1!}\left[1 + \frac{2l+k+2}{2}\left(1 - \frac{Z-1}{Z\cdot(2l+k+2)}\right)^2\right]. \end{aligned}\right\} \tag{14.17}$$

Die Summation über k macht keine Schwierigkeiten, da die Summe außerordentlich rasch konvergiert. Folgende Schlüsse lassen sich rein qualitativ aus (14.17) ziehen:

1. Das Coulombintegral J ist für hohe Hauptquantenzahlen umgekehrt proportional n^3 und hängt im übrigen nicht von n ab. Es ist daher möglich, die ungestörte Energie des Leuchtelektrons im Felde der Kernladung $Z - 1$ und die COULOMBsche Störungsenergie J durch eine Formel vom RYDBERGschen Typ zusammenzufassen:

$$-\frac{(Z-1)^2}{2n^2} + J = -\frac{(Z-1)^2}{2(n+\delta_C)^2}. \tag{14.18}$$

Die Rydbergkorrektur ist dabei

$$\delta_c = \frac{n^3 J}{(Z-1)^2} = \frac{1}{Z}\cdot\left(\frac{Z-1}{Z}\right)^{2l+1} e^{-2\frac{Z-1}{Z}} \cdot \sum_k \ldots, \tag{14.19}$$

sie ist der bequemste Ausdruck für die Abweichung des Heliumspektrums vom Wasserstoffspektrum, da sie (für große n) unabhängig von der Hauptquantenzahl n ist[4]. (Der Index C bedeutet: COULOMBsche Wechselwirkung.)

2. Die Rydbergkorrektur δ_C nimmt [sowohl wegen des Faktors $\left(\frac{Z-1}{Z}\right)^{2l+1}$ wie wegen der Nenner $2l + 1 + k!$] mit wachsender Azimutalquantenzahl rapide ab. Das kommt daher, daß J um so größer ist, je häufiger das Leuchtelektron (2) in die Ladungswolke des inneren Elektrons (1) eindringt — nur die Gebiete $r_1 > r_2$ liefern ja nach (14.11) überhaupt einen

[1] W. HEISENBERG, ZS. f. Phys. Bd. 39, S. 499. 1926.

[2] Vgl. W. HEISENBERG, l. c. Gleichung (16).

[3] E. HYLLERAAS, ZS. f. Phys. Bd. 66, S. 453. 1930.

[4] Für kleine n bekommt man aus den berechneten Werten für das Coulombintegral [z. B. Formel (14.16)] und der Definition (14.18) natürlich etwas andere Werte für δ_C als für große n, der Unterschied ist aber (vgl. Tab. 4) relativ sehr klein, so daß man zum mindesten aus drei Werten ($n = l + 1, l + 2, \infty$) ohne weiteres durch Interpolation den Wert von δ_C für jedes beliebige n sehr genau entnehmen kann.

Beitrag zu J (vgl. auch die Diskussion oben über die Bedeutung des Coulombintegrals) — und daß die Elektronen mit kleiner Azimutalquantenzahl („exzentrische Bahnen" der BOHRschen Theorie) mit größerer Wahrscheinlichkeit eindringen als solche mit großem l (die Aufenthaltswahrscheinlichkeit in der Nähe des Kerns ist proportional r^{2l}).

3. Die Abhängigkeit der Rydbergkorrektur δ_C von der Kernladung Z entsteht durch Überlagerung zweier entgegengesetzt wirkender Effekte: Einerseits steht in (14.19) ein Faktor $1/Z$, welcher daher rührt, daß δ_C im wesentlichen das Verhältnis einer Wechselwirkung zwischen den beiden Elektronen (J) zu einer Wechselwirkung zwischen äußerem Elektron und Kern (ungestörte Energie des Leuchtelektrons) darstellt. Daneben tritt in (14.19) der Faktor $\left(\frac{Z-1}{Z}\right)^{2l+1} e^{-2\frac{Z-1}{Z}}$ auf, welcher mit wachsender Kernladung stark *zu*nimmt. Er kommt dadurch herein, daß das Verhältnis der „Bahnradien" von äußerem und innerem Elektron proportional $Z/Z-1$ ist: Je höher also die Kernladung, um so mehr zieht sich die Bahn des Leuchtelektrons relativ zu der des inneren zusammen, um so häufiger dringt also das Leuchtelektron in die K-Schale ein (vgl. Ziff. 2). Bei kleiner Kernladung überwiegt der hierdurch bedingte Anstieg der Rydbergkorrektur mit Z den Abfall wegen des Faktors $1/Z$ (vgl. Tab. 4, He und Li^+).

c) Berechnung des Austauschintegrals. Das Integral über die Winkel

$$K(r_1 r_2) = \int\int\int\int \sin\vartheta_1 d\vartheta_1 d\varphi_1 \sin\vartheta_2 d\vartheta_2 d\varphi_2 \, Y_{00}(\vartheta_1\varphi_1)\, Y^*_{lm}(\vartheta_1\varphi_1)\, Y_{00}(\vartheta_2\varphi_2)\, Y_{lm}(\vartheta_2\varphi_2)$$

läßt sich am einfachsten ausführen, wenn man wieder $1/r_{12}$ nach Kugelfunktionen entwickelt, es gibt

$$K(r_1 r_2) = \frac{1}{2l+1}\frac{r_1^l}{r_2^{l+1}}, \quad \text{wenn } r_1 < r_2, \quad \text{bzw.} \quad \frac{1}{2l+1}\frac{r_2^l}{r_1^{l+1}}, \quad \text{wenn } r_1 > r_2. \tag{14.20}$$

Wenn wir das in (14.7) einsetzen, kommt

$$K = \frac{2}{2l+1}\int_0^\infty r_2^{l+2}\, dr_2\, R_{10}(r_2)\, R_{nl}(r_2) \int_{r_2}^\infty r_1^{-l+1}\, dr_1\, R_{10}(r_1)\, R_{nl}(r_1). \tag{14.21}$$

Der Faktor 2 kommt daher, daß wir auf der rechten Seite nur das Integral über das Gebiet $r_1 > r_2$ hingeschrieben haben, während das Gebiet $r_1 < r_2$ nochmals genau den gleichen Beitrag liefert. Wenn wir die radialen Eigenfunktionen (14.12), (14.14) einsetzen, bekommen wir für $n = l + 1$ *

$$K = \frac{4Z^3(Z-1)^{2n+1} n^2}{(Z(n+1)-1)^{2n+3}}\,\frac{2n+3}{2n-1}. \tag{14.22}$$

Für große n schreiben wir gleich die Rydbergkorrektur an, die wegen des Elektronenaustausches an der Quantenzahl des Leuchtelektrons anzubringen ist

$$\left.\begin{aligned} \delta_A &= \frac{n^3}{(Z-1)^2} K \\ &= \frac{2}{Z(2l+1)}\left(\frac{Z-1}{Z}\right)^{2l+1} e^{-2\frac{Z-1}{Z}} \sum_{k=0}^{\infty} \frac{2l+k+2}{k!\,2l+k+1!}\left(\frac{Z-1}{Z}\right)^{2k} \Phi_{2l+k+2}\left(\frac{Z-1}{Z}\right) \end{aligned}\right\} \tag{14.23}$$

(Index A = Austausch), wobei

$$\begin{aligned} \Phi_\lambda(x) = {} & 2\left(1-\frac{x}{\lambda}\right)\left[1-\frac{x}{\lambda}+4x\left(2-\frac{1}{\lambda}\right)F(1,\lambda+1,-x) - 8xF(1,\lambda,-x)\right] \\ & + (\lambda+1)\left(1-2\frac{x}{\lambda}+\frac{x^2}{\lambda(\lambda+1)}\right)\left[1+4\frac{x}{\lambda}-\frac{x^2}{\lambda(\lambda+1)}-8\frac{x}{\lambda}F(1,\lambda+1,-x)\right] \end{aligned}$$

ist und F die entartete hypergeometrische Funktion

$$F(1,\lambda,-x) = \sum_{\varrho=0}^{\infty} \frac{(-x)^\varrho}{\lambda(\lambda+1)\cdots(\lambda+\varrho-1)} \tag{14.24}$$

---

* Vgl. W. HEISENBERG, l. c. Dort findet man auch die etwas kompliziertere Formel für $n = l + 2$ [Gleichung (22)].

bedeutet. Die Formel ist trotz ihres komplizierten Aussehens leicht zu handhaben, da alle Reihen (über ϱ wie über k) sehr rasch konvergieren. Sie sind wesentlich einfacher als die von HYLLERAAS[1] gegebenen.

Das qualitative Verhalten der Rydbergkorrektur δ_A ist offenbar ganz dasselbe wie bei δ_C: δ_A ist konstant für große n — sonst hätte die Einführung der Rydbergkorrektur δ_A ja gar keinen Sinn —, ändert sich auch wenig, wenn man (bei festgehaltenem l) zu kleinen n übergeht, fällt stark mit steigendem l und enthält zwei von Z abhängige Faktoren, die sich mit wachsendem Z im entgegengesetzten Sinne ändern. Die qualitative Begründung für dies Verhalten ist ebenfalls ganz analog wie beim Coulombintegral: K hängt zwar nicht, wie J, von dem Eindringen der Ladungswolke des Leuchtelektrons in die des inneren Elektrons ab, wohl aber von der Überdeckung der beiden Ladungswolken — und das kommt für die Abhängigkeit von l und Z auf das gleiche heraus.

d) Resultat der ersten Näherung. Die Gesamtenergie erster Näherung des Leuchtelektrons eines Atoms mit zwei Elektronen im Zustand nl schreibt sich nunmehr [vgl. (14.5)]

$$E_1 + \frac{1}{2} Z^2 = -\frac{1}{2} \frac{(Z-1)^2}{(n + \delta_C \pm \delta_A)^2}. \tag{14.25}$$

Das positive Vorzeichen (bei δ_A) steht für Parhelium, das negative für Orthohelium. Tabelle 4 gibt einen Vergleich zwischen beobachteten und gemessenen Werten der Rydbergkorrektur der Heliumterme $\delta_C \pm \delta_A$. Als empirischer Wert für δ_C ist natürlich der Mittelwert der Rydbergkorrekturen von Ortho- und Parhelium zu nehmen, für δ_A die halbe Differenz der beiden Rydbergkorrekturen. Wie man sieht, stimmt für P- und D-Terme der *Abstand* von Ortho- und Paraterm recht gut mit dem berechneten Wert δ_A überein, δ_C dagegen kommt theoretisch viel zu klein heraus. Die Lage des Mittelwertes von Ortho- und Paraterm wird also durch unsere Theorie nicht richtig wiedergegeben. Zur Erklärung der Diskrepanz muß die Polarisation des inneren Elektrons durch das äußere berücksichtigt werden (Ziff. 15). Für S-Terme ist überhaupt keine Übereinstimmung zwischen Theorie und Erfahrung vorhanden, dort sind unsere Annahmen über die Eigenfunktionen des äußeren Elektrons offenbar zu grob (vgl. Ziff. 16).

Tabelle 4. Beobachtete und berechnete Rydbergkorrektur für He in erster Näherung.

Term[2]	Berechnet[3]	Beobachtet[3]
nS . . .	$-0{,}168 \pm 0{,}376$	$-0{,}219 \pm 0{,}079$
nP . . .	$-0{,}010 \pm 0{,}035$	$-0{,}028 \pm 0{,}040$
$2P$ . . .	$-0{,}008 \pm 0{,}030$	$-0{,}026 \pm 0{,}036$
nD . . .	$-0{,}0002 \pm 0{,}0066$	$-0{,}0024 \pm 0{,}0036$

15. Zweite Näherung (Polarisation). Um einen besseren Wert für die Rydbergkorrektur zu erhalten, ist es notwendig, zur zweiten Näherung der SCHRÖDINGERschen Störungstheorie überzugehen. Wir wollen diese aber nicht explizit berechnen[4], sondern einen anschaulicheren Weg einschlagen: Bekanntlich hängt die Störungsenergie zweiter Näherung mit der Eigenfunktionsstörung erster Näherung zusammen, d. h. mit der „*Modifikation*" der Elektronenbewegung, welche von der „Störung" hervorgerufen wird. Die „Störung" ist in unserem Falle die Wechselwirkung der beiden Elektronen. Sie bewirkt qualitativ, daß die Elektronen nicht unabhängig voneinander umlaufen, sondern versuchen, einen möglichst großen Abstand voneinander einzuhalten. Die Eigenfunktion

[1] E. A. HYLLERAAS, ZS. f. Phys. Bd. 66, S. 453. 1930.

[2] Unter nS, nP, nD sind Terme mit hoher Hauptquantenzahl n verstanden.

[3] Bei Benutzung des positiven Vorzeichens erhält man die Rydbergkorrektur für Parheliumterme, bei Benutzung des negativen Zeichens die für Orthoheliumterme.

[4] Die genaue Auswertung der zweiten Näherung ist kaum durchführbar, da dazu sämtliche nichtdiagonalen Matrixelemente der Elektronen-Wechselwirkungsenergie $1/r_{12}$ bekannt sein müßten. Mit plausiblen Näherungsannahmen ergibt sich genau das im Text abgeleitete Resultat.

erster Näherung kann daher nicht wie diejenige nullter Näherung, (14.1), bloß von den Kernabständen der beiden Elektronen $r_1 r_2$ abhängen, sondern muß eine explizite Abhängigkeit vom gegenseitigen Abstand r_{12} zeigen.

a) Die Bewegung des inneren Elektrons im Felde des äußeren. Wir wollen nun die Eigenfunktion erster Näherung direkt approximieren: Zu diesem Zweck beachten wir, daß das äußere Elektron stets *langsam* umläuft, relativ zum inneren[1]. Es wird daher in erster Näherung zulässig sein, in der Schrödingergleichung (11.1) die kinetische Energie des äußeren Elektrons (d. h. den LAPLACEschen Operator Δ_2, falls 2 das äußere Elektron ist[2]), fortzulassen. Dann erhält man

$$\left(\frac{1}{2}\Delta_1 + E(r_2) + \frac{Z}{r_1} + \frac{Z}{r_2} - \frac{1}{r_{12}}\right) u_{r_2}(r_1) = 0\,. \tag{15.1}$$

Dies ist eine Differentialgleichung im *drei*dimensionalen Raum $x_1 y_1 z_1$ anstatt der Differentialgleichung (11.1) im *sechs*dimensionalen Raum $x_1 \ldots z_2$. Allerdings hängt die Differentialgleichung (15.1), der $u(r_1)$ zu genügen hat, ihrerseits noch von der Lage des zweiten Elektrons ab, so daß anstatt des einzigen Eigenwertproblems (11.1) im Sechsdimensionalen eine unendliche *Schar* von Eigenwertproblemen im Dreidimensionalen tritt. Der Ort des zweiten Elektrons, r_2, geht als Parameter in Eigenfunktion und Eigenwert ein[3].

Die strenge Lösung von (15.1) hätte in elliptischen Koordinaten zu erfolgen, deren Brennpunkte der Kern und das Elektron 2 sind. Wir begnügen uns damit, $1/r_{12}$ nach Kugelfunktionen zu entwickeln und die Entwicklung nach dem ersten Gliede abzubrechen. Dann wird

$$\left(\frac{1}{2}\Delta_1 + E(r_2) + \frac{Z-1}{r_2} + \frac{Z}{r_1}\right) u(r_1) = \begin{cases} \dfrac{r_1}{r_2^2}\cos\vartheta_{12} + \cdots & \text{für } r_1 < r_2\,, \\[2ex] \dfrac{1}{r_1} - \dfrac{1}{r_2} + \dfrac{r_2}{r_1^2}\cos\vartheta_{12} & \text{für } r_1 > r_2\,. \end{cases} \tag{15.2}$$

ϑ_{12} ist der Winkel zwischen den Radiivektoren $\mathfrak{r}_1$ und $\mathfrak{r}_2$. Der Abstand des äußeren Elektrons vom Kern ist im allgemeinen recht groß, so daß wir die rechte Seite von (15.2) als Störung betrachten können. Die „ungestörte Differentialgleichung"

$$\left(\frac{1}{2}\Delta_1 + E(r_2) + \frac{Z-1}{r_2} + \frac{Z}{r_1}\right) u_0(r_1) = 0 \tag{15.3}$$

hat dann als Lösung die Wasserstoffeigenfunktion mit Kernladung Z, die wir früher als Eigenfunktion des inneren Elektrons benutzt haben: Falls das Elektron 1 im Grundzustand ist, ist also

$$u_0(r_1) = u_{100}(r_1) = 2Z^{\frac{3}{2}} e^{-Zr_1} Y_{00}(\vartheta_{12}, \varphi_{12})\,; \quad E(r_2) = -\frac{1}{2}Z^2 - \frac{Z-1}{r_2}\,. \tag{15.4}$$

Wir betrachten nun die Störung zunächst qualitativ: Wenn $r_1 \ll r_2$ ist, so erzeugt das zweite Elektron am Orte des ersten ein nahezu homogenes elektrisches Feld von der Feldstärke $F = 1/r_2^2$ [vgl. Gleichung (15.2), erste Zeile]. Durch dieses Feld wird die Ladungsverteilung des inneren Elektrons „polarisiert", ihr Schwerpunkt wird auf die dem Elektron 2 entgegengesetzte Seite des Kerns

---

[1] Das mittlere Geschwindigkeitsquadrat ist ja (bis auf den Faktor $m/2$) gleich der mittleren kinetischen Energie, und diese wieder nach (3.31) gleich der (negativen) Gesamtenergie des Elektrons.

[2] Wir kümmern uns vorläufig nicht um die Symmetrie der Eigenfunktion in den beiden Elektronen.

[3] Unser Verfahren entspricht *genau* der Trennung von Kernbewegung und Elektronenbewegung beim Molekülproblem (Ziff. 59).

verschoben, genau wie beim gewöhnlichen Starkeffekt. Hand in Hand damit wird die Energie um den Betrag

$$E_2 = -\frac{1}{2}\alpha F^2 = -\frac{9}{4}\cdot\frac{1}{r_2^4} \tag{15.5}$$

vermindert, wo α die „Polarisierbarkeit" des Elektrons ist, deren Wert wir aus der Theorie des Starkeffekts, Gleichung (31.3), entnommen haben. Wenn also die Ladungswolke des inneren Elektrons völlig innerhalb der Kugel mit dem Radius r_2 läge, wäre der „gestörte" Eigenwertparameter in (15.2)

$$E(r_2) = -\frac{Z-1}{r_2} - \frac{1}{2}Z^2 - \frac{9}{4}\cdot\frac{1}{r_2^4}. \tag{15.6}$$

Wir gehen zur exakten Behandlung von (15.2) über. Die Eigenfunktion $u(r_1)$ läßt sich jedenfalls in erster Näherung in der Form

$$u_1(\mathfrak{r}_1) = u_0(r_1) + v(r_1) + w(r_1)\cdot\cos\vartheta_{12} \tag{15.7}$$

schreiben, wobei u_0, v, w nur vom Abstand des Elektrons 1 vom Kern abhängen und die Differentialgleichungen (15.3) bzw.

$$\left(\frac{d^2}{dr_1^2} + \frac{2}{r_1}\frac{d}{dr_1} - Z^2 + \frac{2Z}{r_1}\right)v(r_1) = \begin{cases} -2\varepsilon_1 u_0 & \text{für } r_1 < r_2, \\ 2\left(-\varepsilon_1 + \frac{1}{r_1} - \frac{1}{r_2}\right)u_0 & \text{für } r_1 > r_2, \end{cases} \tag{15.8}$$

$$\left(\frac{d^2}{dr_1^2} + \frac{2}{r_1}\frac{d}{dr_1} - \frac{2}{r_1^2} - Z^2 + \frac{2Z}{r_1}\right)w(r_1) = \begin{cases} \frac{2u_0 r_1}{r_2^2} & \text{für } r_1 < r_2, \\ \frac{2u_0 r_2}{r_1^2} & \text{für } r_1 > r_2 \end{cases} \tag{15.9}$$

befriedigen. Das Glied $-2/r_1^2$ in (15.9) (linke Seite) kommt von der Abseparierung des winkelabhängigen Bestandteils $\cos\vartheta_{12}$. ε_1 ist die Störung erster Ordnung des *Eigenwerts*,

$$\varepsilon_1 = \int_{r_2}^{\infty}\left(\frac{1}{r_1} - \frac{1}{r_2}\right)u_0^2(r_1)\,r_1^2\,dr_1 = -e^{-2Zr_2}\left(\frac{1}{r_2} + Z\right) \tag{15.10}$$

[vgl. (14.13)][1]. Aus (15.8), (15.9) lassen sich die Eigenfunktionen v und w berechnen, und aus ihnen die Störungsenergie zweiter Näherung: Diese ist nämlich nach der SCHRÖDINGERschen Störungstheorie

$$\varepsilon_2 = \int V u_0\cdot(u_1 - u_0)\,d\tau,$$

wo V das Störungspotential ist und $u_1 - u_0$ die Störung der Eigenfunktion in erster Näherung. In unserem Falle gibt das

$$\left.\begin{aligned}\varepsilon_2 = {}&\int_{r_2}^{\infty}\left(\frac{1}{r_1} - \frac{1}{r_2}\right)u_0 v(r_1)\,r_1^2\,dr_1 + \int_0^{\pi}\cos^2\vartheta_{12}\sin\vartheta_{12}\,d\vartheta_{12}\cdot\int_0^{2\pi}d\varphi_{12}\,|Y_{00}(\vartheta_{12},\varphi_{12})|^2\\ &\cdot\left[\int_0^{r_2}\frac{r_1}{r_2^2}\cdot r_1^2\,dr_1\,u_0(r_1)\,w(r_1) + \int_{r_2}^{\infty}\frac{r_2}{r_1^2}r_1^2\,dr_1\,u_0(r_1)\,w(r_1)\right].\end{aligned}\right\} \tag{15.11}$$

Der erste Bestandteil, der vom kugelsymmetrischen Teil des Störungspotentials herkommt, ist sicher im allgemeinen klein: Schon die Störungsenergie ε_1 (15.10) ist ja, wie wir in Tabelle 4 sahen, viel kleiner als die beobachtete Abweichung der Mittelwerte der Ortho- und Parheliumterme von den Wasserstofftermen; und der erste Term von (15.11) unterscheidet sich von (15.10) dadurch, daß u_0 durch

[1] Das mit $\cos\vartheta_{12}$ proportionale Störungspotential gibt keine Störung erster Ordnung.

die an sich schon kleine Funktion v ersetzt ist. Wir lassen daher den ersten Term in (15.11) fort, wodurch wir die Berechnung von v ersparen.

Es bleibt also die Differentialgleichung (15.9) zu lösen: Um lästige Zahlenfaktoren zu vermeiden, ist es zunächst vorteilhaft, statt r_1 die neue unabhängige Variable

$$\varrho = Z r_1 \tag{15.12}$$

und entsprechend statt des „Parameters" r_2

$$R = Z r_2 \tag{15.13}$$

zu benutzen. Dann gilt die Differentialgleichung

$$\left(\frac{d^2}{d\varrho^2} + \frac{2}{\varrho}\frac{d}{d\varrho} - \frac{2}{\varrho^2} - 1 + \frac{2}{\varrho}\right) w(\varrho) = \begin{cases} e^{-\varrho} \cdot \dfrac{c\varrho}{R^2} & \text{für } \varrho < R, \quad (15.14) \\ e^{-\varrho} \cdot \dfrac{cR}{\varrho^2} & \text{für } \varrho > R, \quad (15.15) \end{cases}$$

mit $c = 4\sqrt{Z}$.

Für das Innere der Kugel mit dem Radius R brauchen wir eine Lösung von (15.14), die im Nullpunkt endlich bleibt. Eine solche Lösung ist z. B. die Funktion

$$w_1(\varrho) = -\frac{c}{4R^2}(2\varrho + \varrho^2)\, e^{-\varrho}, \tag{15.16}$$

wie man leicht durch Einsetzen in (15.14) verifiziert. w_1 ist aber nur eine Partikularlösung der inhomogenen Gleichung (15.14); um die allgemeine Lösung zu finden, haben wir zu (15.16) eine im Nullpunkt endliche Lösung der entsprechenden *homogenen* Gleichung zu addieren. Die einzige derartige Lösung ist

$$w_2(\varrho) = \frac{e^{\varrho}}{\varrho^2} - e^{-\varrho}\left(\frac{1}{\varrho^2} + \frac{2}{\varrho} + 2\right). \tag{15.17}$$

Man überzeugt sich durch Reihenentwicklung leicht, daß für $\varrho = 0$ in der Tat w_2 endlich bleibt (ja sogar wie ϱ verschwindet[1]). Die allgemeine Lösung von (15.14) lautet also

$$w_i = w_1 + \alpha w_2. \tag{15.18}$$

α bleibt vorerst unbestimmt, es wird später daraus zu bestimmen sein, daß sich an der Grenze von „Innenraum" und „Außenraum" $\varrho = R$ die Eigenfunktion und ihre erste Ableitung stetig verhalten müssen. — Daß w_i für $\varrho = \infty$ unendlich werden würde, macht natürlich gar nichts, da die Darstellung (15.18) für die Eigenfunktion sowieso nur für kleine ϱ gültig sein soll.

Die Eigenfunktion für den Außenraum $\varrho > R$ muß im Unendlichen verschwinden. Ihr Verhalten im Nullpunkt geht uns nichts an, da der Nullpunkt nicht zum Außenraum gehört. Eine Partikularlösung von (15.15) ist

$$w_3(\varrho) = -\tfrac{1}{2} c R\, e^{-\varrho}, \tag{15.19}$$

die im Unendlichen verschwindende Lösung der homogenen Gleichung

$$w_4(\varrho) = \left(\frac{1}{\varrho^2} + \frac{2}{\varrho} + 2\right) e^{-\varrho}, \tag{15.20}$$

also die allgemeine Lösung im Außenraum

$$w_a = w_3 + \beta w_4 \tag{15.21}$$

mit vorerst beliebigem β.

---

[1] Die andere Lösung der homogenen Gleichung (15.14) verhält sich im Nullpunkt wie $1/\varrho^2$.

Um die beiden Funktionen w_i und w_a an der Stelle $\varrho = R$ aneinander anzuschließen, haben wir zwei willkürliche Konstante α und β zur Verfügung, d. h. gerade genügend, um die beiden Stetigkeitsbedingungen

$$w_i(\varrho = R) = w_a(R)\,, \qquad \left(\frac{d w_i}{d\varrho}\right)_{\varrho=R} = \left(\frac{d w_a}{d\varrho}\right)_{\varrho=R} \tag{15.22}$$

zu erfüllen. Die Ausrechnung liefert das Ergebnis

$$\left.\begin{aligned} \alpha &= \frac{3c}{8R^2}(1+R)^2 e^{-2R}\,, \\ \beta &= \frac{c}{4}R + \frac{3c}{8R^2}\left(1 - R^2 - e^{-2R}(1+R)^2\right). \end{aligned}\right\} \tag{15.23}$$

Aus der Eigenfunktion erster Näherung bestimmen wir nunmehr durch Einsetzen von (15.21) in (15.11) die Eigenwertstörung zweiter Näherung:

$$\left.\begin{aligned} \varepsilon_2 = -\frac{9}{4}\cdot\frac{1}{(Zr_2)^4}\Big[1 - \frac{1}{3}e^{-2Zr_2}\Big(1 + 2Zr_2 + 6(Zr_2)^2 + \frac{20}{3}(Zr_2)^3 + \frac{4}{3}(Zr_2)^4\Big) \\ - \frac{2}{3}e^{-4Zr_2}(1+Zr_2)^4\Big]. \end{aligned}\right\} \tag{15.24}$$

(15.24) ist also die Polarisationsenergie des inneren Elektrons im Feld des äußeren. Für sehr große r_2 geht (15.24) in die früher abgeleitete angenäherte Formel (15.5) über, die Polarisationsenergie ist dann proportional $1/r_2^4$. Sobald aber das Leuchtelektron in die Ladungswolke des inneren Elektrons eindringt, ist der Polarisationseffekt vermindert; „abgeschirmt". Das ist verständlich, weil für $r_2 < r_1$ ja auch das Störungspotential [vgl. (15.2)] kleiner wird als r_1/r_2^2. Für ganz kleine r_2 wird das Störungspotential proportional r_2, wir erwarten also für unseren quadratischen Starkeffekt Proportionalität mit r_2^2. In der Tat erhält man durch Reihenentwicklung der Exponentialfunktionen in (15.24)[1]

$$\varepsilon_2 = -\tfrac{2}{3}(Zr_2)^2\,. \tag{15.25}$$

Der Eigenwertparameter $E(r_2)$ in (15.2) wird nun endgültig

$$E(r_2) = -\frac{1}{2}Z^2 - \frac{Z-1}{r_2} + \varepsilon_1 + \varepsilon_2 \tag{15.26}$$

[vgl. (15.10)], ε_2 siehe (15.24).

b) Die Eigenfunktion und Energie des Atoms. Für die Eigenfunktion des Atoms könnten wir, wenn sie nicht symmetrisch in den beiden Elektronen sein müßte, den Ansatz machen

$$U(r_1, r_2) = u_{r_2}(r_1)\cdot\chi(r_2)\,. \tag{15.27}$$

Gehen wir mit diesem Ansatz in (11.1) ein und berücksichtigen (15.1), so kommt

$$u_{r_2}(r_1)\cdot\left(\tfrac{1}{2}\Delta_2 + E - E(r_2)\right)\cdot\chi(r_2) + \tfrac{1}{2}\chi(r_2)\,\Delta_2 u_{r_2}(r_1) + \left(\operatorname{grad}_2\chi\,\operatorname{grad}_2 u_{r_2}(r_1)\right) = 0\,.$$

Wir multiplizieren mit u und integrieren über $d\tau_1$, dann wird

$$\begin{aligned} \left(\tfrac{1}{2}\Delta_2 + E - E(r_2)\right)\chi(r_2)\cdot\int u^2(r_1)\,d\tau_1 + \tfrac{1}{2}\chi(r_2)\int u_{r_2}(r_1)\,\Delta_2 u_{r_2}(r_1)\,d\tau_1 \\ + \tfrac{1}{2}\left(\operatorname{grad}\chi(r_2)\,\operatorname{grad}_2\int u_{r_2}^2(r_1)\,d\tau_1\right) = 0\,. \end{aligned}$$

Wegen der Normierung von u:

$$\int u_{r_2}^2(r_1)\,d\tau_1 = 1\,,$$

[1] (15.25) läßt sich natürlich auch direkt ableiten: Wenn r_2 — und damit R — sehr klein wird, so gilt (15.15) für *alle* Werte von R. Durch Einsetzen in (15.11) erhält man daraus unmittelbar (15.25).

unabhängig von r_2, fällt das letzte Glied weg. Das mittlere Glied stellt gewissermaßen den Einfluß der kinetischen Energie des Leuchtelektrons auf die Polarisationsenergie dar. Setzen wir

$$\varepsilon_3 = \int u_{r_2}(r_1)\,\Delta_2 u_{r_2}(r_1)\,d\tau_1\,, \tag{15.28 a}$$

so ergibt sich mit (15.24) folgende Differentialgleichung für χ:

$$\left(\frac{1}{2}\Delta_2 + E + \frac{1}{2}Z^2 + \frac{Z-1}{r_2} - \varepsilon_1 - \varepsilon_2 - \varepsilon_3\right)\chi(r_2) = 0\,. \tag{15.28}$$

Der Eigenwertparameter $E(r_2)$ des inneren Elektrons im Felde des äußeren spielt also die Rolle der potentiellen Energie für die Bewegung des äußeren Elektrons. Fassen wir in (15.28) ε_1, ε_2 und ε_3 als Störungen auf, so wird die Eigenfunktion des äußeren Elektrons, wie früher (14.14), eine Wasserstoff-Eigenfunktion mit Kernladung $Z-1$, und die Energie des Atoms

$$E = -\frac{1}{2}Z^2 - \frac{1}{2}\frac{Z-1}{n^2} + \int \chi^2(r_2)\,(\varepsilon_1 + \varepsilon_2 + \varepsilon_3)\,d\tau_2\,. \tag{15.29}$$

Die Energiestörung des Atoms ist also einfach der Mittelwert der Störungsenergien $\varepsilon_1 + \varepsilon_2 + \varepsilon_3$ des inneren Elektrons im Felde des äußeren gemittelt über die ungestörte Eigenfunktion des letzteren. Der Mittelwert von ε_1 ist genau unsere COULOMBsche Wechselwirkungsenergie (14.6), der Mittelwert von ε_2 ist die gesuchte Störungsenergie zweiter Näherung (Polarisationsenergie). Das Zusatzglied ε_3 ist nach Rechnungen von LUDWIG klein gegen die eigentliche Polarisationsenergie ε_2, es entspricht z. B. beim $3D$-Term von Helium einer Rydbergkorrektur $+0{,}00044$, beträgt also etwas mehr als $^1/_5\,\varepsilon_2$ und *vermindert* die Polarisationswirkung. Für große Hauptquantenzahl n des Leuchtelektrons wird die Polarisationsenergie natürlich proportional $1/n^3$ [vgl. (14.17)], wir geben sogleich den Beitrag der Polarisationsenergie ε_2 zur Rydbergkorrektur an:

$$\left.\begin{aligned}
\delta_P &= \frac{n^3}{(Z-1)^2}\int \chi^2(r_2)\,\varepsilon_2\,d\tau_2 \\
&= -\frac{108}{Z^2}\cdot\frac{2l-2!}{2l+3!}\Bigg[1 - \frac{2l+3!}{18}\,z e^{-2z}\Big(\Phi_{l0}(z) + \Phi_{l1}(z) + \frac{3}{2}\,\Phi_{l2}(z) \\
&\quad + \frac{5}{6}\,\Phi_{l3}(z) + \frac{1}{12}\,\Phi_{l4}(z)\Big) - \frac{2l+3!}{9}\left(\frac{z}{2}\right)^2 e^{-z}\Big(\Phi_{l0}\left(\frac{1}{2}z\right) + \Phi_{l1}\left(\frac{1}{2}z\right) \\
&\quad + \frac{3}{8}\,\Phi_{l2}\left(\frac{1}{2}z\right) + \frac{1}{16}\,\Phi_{l3}\left(\frac{1}{2}z\right) + \frac{1}{64}\,\Phi_{l4}\left(\frac{1}{2}z\right)\Big)\Bigg],
\end{aligned}\right\} \tag{15.30}$$

wobei

$$\Phi_{l\nu}(x) = \sum_{k=0}^{\infty} x^{2k}\cdot\frac{2l-2+\nu+k!}{2l+1+k!^2\,k!}\,F^2(3-\nu, 2l+k+2, x)$$

ist, F die entartete hypergeometrische Funktion [vgl. (14.24)] und $z = \dfrac{Z-1}{Z}$. Die Reihe in $\Phi_{l\nu}$ konvergiert recht gut. Der für große n gültigen Formel (15.30) stellen wir noch die Formel für $n = l+1$ zur Seite:

$$\left.\begin{aligned}
\delta_P = &-\frac{9}{4(l+1)^2(l+\frac{1}{2})\,l\,(l-\frac{1}{2})}\,\frac{(Z-1)^2}{Z^4}\Bigg[1 - \frac{1}{3}\left(\frac{Z-1}{Z(l+2)-1}\right)^{l-1} \\
&\cdot\Big(1 + (2l-1)\,x + 3(2l-1)\,l x^2 + \frac{5}{3}(2l+1)\,l(2l-1)\,x^3 \\
&+ \frac{1}{3}(l+1)\,(2l+1)\,l(2l-1)\,x^4\Big) \\
&- \frac{2}{3}\left(\frac{Z-1}{Z(2l+3)-1}\right)^{2l-1}\Big(1 + 2(2l-1)\,y + 3l(2l-1)\,y^2 \\
&+ (2l+1)\,l(2l-1)\,y^3 + \frac{1}{4}(l+1)\,(2l+1)\,l(2l-1)\,y^4\Big)\Bigg]
\end{aligned}\right\} \tag{15.31}$$

mit

$$x = \frac{Z(l+1)}{Z(l+2)-1}, \qquad y = \frac{Z(l+1)}{Z(2l+3)-1}.$$

Wir müssen nun die unsymmetrische Eigenfunktion (15.27) ersetzen durch eine, die symmetrisch bzw. antisymmetrisch in den beiden Elektronen ist. Hierfür bietet sich der Ansatz

$$U(r_1 r_2) = u_{r_2}(r_1)\,\chi(r_2) \pm u_{r_1}(r_2)\,\chi(r_1). \tag{15.32}$$

Berechnet man die Energie aus

$$E = \frac{\int U \cdot \left(-\frac{1}{2}\Delta_1 - \frac{1}{2}\Delta_2 - \frac{Z}{r_1} - \frac{Z}{r_2} + \frac{1}{r_{12}}\right) U\,d\tau}{\int U^2\,d\tau}, \tag{15.33}$$

so findet man neben dem früher erhaltenen Wert (15.29) noch den Zusatzterm

$$A = \pm\int d\tau_1 d\tau_2 u_{r_1}(r_2)\chi(r_1)\left(-\frac{1}{2}\Delta_1 - \frac{1}{2}\Delta_2 - \frac{Z}{r_1} - \frac{Z}{r_2} + \frac{1}{r_{12}} - E\right)u_{r_2}(r_1)\chi(r_2), \tag{15.34}$$

welcher also die Wirkung des „Elektronenaustausches" repräsentiert. Setzt man für u und χ die Eigenfunktionen nullter Näherung ein,

$$u = u_{100}(r_1) \qquad \chi = u_{nlm}(r_2),$$

so wird aus (15.34) unser altes Austauschintegral (14.7)[1]. In der nächsten Näherung hat man für *eine* der Funktionen u, sagen wir $u_{r_2}(r_1)$, den Wert nullter Näherung, $u_{100}(r_1)$ zu setzen, für die *andere* die Eigenfunktionsstörung erster Näherung, $w_{r_1}(r_2)\cos\vartheta_{12}$. Mit Rücksicht auf die Differentialgleichungen, denen u und w genügen, wird der Beitrag erster Näherung zu (15.34)

$$A_1 = \pm\int d\tau_1 d\tau_2 w_{r_1}(r_2)\cos\vartheta_{12} u_{nlm}(r_1)\left(\frac{1}{r_{12}} - \frac{1}{r_2} + E_1 + E_n - E\right)u_{100}(r_1)\,u_{nlm}(r_2), \tag{15.35}$$

wo E_1 und E_n die Energien eines Elektrons im Grundzustand und im $n$ten angeregten Zustand sind, $E_1 + E_n - E$ ist also die Störungsenergie und kann daher, weil multipliziert mit kleinen Funktionen, vernachlässigt werden. Entwickelt man $1/r_{12}$ nach Kugelfunktionen:

$$\frac{1}{r_{12}} = \sum_l \frac{r_1^l}{r_2^{l+1}} P_l(\cos\vartheta_{12}) \quad \text{für} \quad r_2 > r_1, \quad \text{entsprechend für} \quad r_2 < r_1,$$

so erkennt man, daß das erste Glied der Entwicklung, $1/r_2$ bzw. $1/r_1$, nur für P-Terme ($l = 1$) einen Beitrag zu (15.35), das zweite Glied, $r_1/r_2^2 \cdot \cos\vartheta_{12}$, nur für S- und D-Terme usw. A_1 wird also für P-Terme am größten sein, für D-Terme dem Absolutwert nach kleiner, aber wegen des kleinen Werts des gewöhnlichen Austauschintegrals (vgl. Tabelle 4) relativ zu diesem wahrscheinlich größer. Die nächstfolgende Näherung

$$\left.\begin{aligned} A_2 = \pm\int d\tau_1\,d\tau_2\,w_{r_1}(r_2)\cos\vartheta_{12}\,u_{nlm}(r_1)\cdot\Big(&-\frac{1}{2}\Delta_1 - \frac{1}{2}\Delta_2 - \frac{Z}{r_1} \\ &- \frac{Z}{r_2} + \frac{1}{r_{12}} - E\Big)\,w_{r_2}(r_1)\cos\vartheta_{12}\,u_{nlm}(r_2) \end{aligned}\right\} \tag{15.36}$$

[1] Denn u_{100} und u_{nlm} sind (außer für s-Terme) wegen der verschiedenen Winkelabhängigkeit orthogonal zueinander, so daß in (15.34) alle Integrale Null ergeben bis auf das mit $1/r_{12}$.

hat dann nochmals einen beträchtlichen Wert für D-Terme ($l = 2$), wie man sich an Hand der Winkelabhängigkeit der einzelnen Faktoren unschwer überlegt. Aus diesen Betrachtungen geht hervor, daß die Berücksichtigung der Polarisation den Abstand von Ortho- und Parheliumtermen im Falle der D-Terme — und *nur* in diesem Fall — wesentlich beeinflußt. Hierauf möchten wir die merkliche Abweichung der beobachteten Aufspaltungen der D-Terme von den in Ziff. 14 berechneten zurückführen[1]: Nach Tabelle 4 ist z. B. für die halbe Differenz der Rydbergkorrekturen der $n\,^1D$- und $n\,^3D$-Terme (n groß) beobachtet: 0,00036 gegen einen berechneten Wert von 0,00066.

c) Vergleich mit der Erfahrung. Nach den Ausführungen des vorigen Abschnitts wird im wesentlichen der Mittelwert von Ortho- und Parheliumtermen und erst in zweiter Linie ihr Abstand durch den Polarisationseffekt beeinflußt. In Tabelle 5 geben wir die numerischen Werte der Beiträge des Polarisationseffekts zur Rydbergkorrektur für Helium, Lithium$^+$ und für ein Ion mit zwei Elektronen und sehr großer Kernladung Z. Und zwar ist in Spalte „A" die Rydbergkorrektur nach der „naiven" Polarisationsformel (15.5) berechnet, in Spalte „B" steht der Wert der Klammern in (15.30), (15.31), d. h. das Verhältnis, in dem der Polarisationseffekt durch das Eindringen des Leuchtelektrons in die Ladungswolke des inneren („Abschirmung" der Polarisation) reduziert wird, in Spalte „C" endlich das Produkt von „A" und „B", also der wirkliche Polarisationseffekt *mit* Berücksichtigung der Abschirmung. Man sieht, daß für P-Terme der Polarisationseffekt durch die Abschirmung auf 32 bis 8 (!)% herabgedrückt wird (HEISENBERG hatte eine Herabsetzung auf 33% angenommen), für D-Terme immer noch auf 92 bis 64%, und erst f-Elektronen dringen so wenig in die innere Schale ein, daß die durch sie bewirkte Polarisation praktisch durch (15.5) gegeben ist. Die Abschirmung wirkt übrigens meist in dem Sinne, daß sie die Rydbergkorrekturen für kleine und große Quantenzahlen einander nähert, wie man durch Vergleich der Spalten A und C für die Terme $2P$, nP, $3D$ und nD feststellt. Überraschend ist die geringe Polarisation, welche ein S-Elektron hervorruft.

Tabelle 5. Beitrag der Polarisation des inneren Elektrons durch das äußere zur Rydbergkorrektur.

Term	He			Li$^+$			$Z=\infty$*		
	A	B	C	A	B	C	A	B	C
nS	$-\infty$	0	−0,0480	$-\infty$	0	−0,0149	$-\infty$	0	−0,097
$2P$	−0,0469	0,318	−0,0149	−0,0370	0,229	−0,0085	−0,750	0,124	−0,093
nP	−0,0562	0,257	−0,0144	−0,0445	0,172	−0,0076	−0,900	0,078	−0,070
$3D$	−0,00208	0,933	−0,00194	−0,00165	0,880	−0,00145	−0,0333	0,753	−0,0251
nD	−0,00268	0,910	−0,00244	−0,00212	0,821	−0,00174	−0,0428	0,644	−0,0275
nF	−0,00011	1	−0,00011	−0,00016	0,995	−0,00016	−0,0071	0,96	−0,0068
nG	−0,000008	1	−0,00001	−0,00002	1	−0,00002	−0,0019	1	−0,0019

* Alle hier angegebenen Rydbergkorrekturen sind mit Z^2 zu dividieren.

In Tabelle 6 sind für He und Li$^+$ die berechneten totalen Rydbergkorrekturen mit Einschluß des Polarisationseffektes, also

$$\delta = \delta_C + \delta_P \pm \delta_A, \tag{15.37}$$

mit den beobachteten Korrekturen für Ortho- und Paraterm verglichen.

[1] Herr LUDWIG in München ist soeben mit den quantitativen Rechnungen beschäftigt.

Tabelle 6. Rydbergkorrekturen der Atome mit zwei Elektronen.
(δ_O = Rydbergkorrektur der Orthoterme, δ_P = Korrektur der Paraterme.)

Term	Berechnet		Beobachtet			
	$\frac{1}{2}(\delta_O+\delta_P)$	$\frac{1}{2}(\delta_O-\delta_P)$	$\frac{1}{2}(\delta_O+\delta_P)$	$\frac{1}{2}(\delta_O-\delta_P)$	δ_O	δ_P
			He			
∞S	−0,216	0,376	−0,218	0,078	−0,296	−0,140
$2P$	−0,0232	0,0305	−0,0255	0,0368	−0,0623	+0,0113
$3P$	−0,0242	0,0332	−0,0274	0,0386	−0,0650	+0,0112
∞P	−0,0248	0,0351	−0,0276	0,0398	−0,0684	+0,0112
$3D$	−0,00203	0,00034	−0,00197	0,00020	−0,00217	−0,00177
$4D$	−0,00229	0,00048	−0,00221	0,00028	−0,00249	−0,00193
∞D	−0,00262	0,00066	−0,00254	0,00036	−0,00290	−0,00212
$4F$	−0,00008	0,000003	−0,00010	0,00007	−0,00017	−0,00003
			Li^+			
∞S	−0,127	0,145	−0,126	0,053	−0,179	−0,073
$2P$	−0,0174	0,0305	−0,0199	0,0334	−0,0533	+0,0135
$3P$	−0,0184	0,0316	−0,0202	0,0339	−0,0541	+0,0137
∞P	−0,0194	0,0332	−0,020	0,034	−0,054	+0,014
$3D$	−0,00164	0,00065	−0,00155	0,00052	−0,00207	−0,00103
$4D$	−0,00189	0,00086	−0,0018	0,0006	−0,0024	−0,0012
∞D	−0,00209	0,00114	−0,0020	0,0006	−0,0026	−0,0014
$4F$	−0,00007	0,000006	0	0	0	0

Term	Berechnet		Geschätzt				Fehler der Schätzung
	$\frac{1}{2}(\delta_O+\delta_P)$	$\frac{1}{2}(\delta_O-\delta_P)$	$\frac{1}{2}(\delta_O+\delta_P)$	$\frac{1}{2}(\delta_O-\delta_P)$	δ_O	δ_P	
			Be^{++}				
$2P$	−0,0142	0,0265	−0,0162	0,0286	−0,0448	+0,0124*	±0,0008
$3D$	−0,00122	0,00071	−0,00116	0,00060	−0,00176	−0,00056	±0,00004
$4F$	−0,000050	0,000008					
			B^{+++}				
$2P$	−0,0114	0,0227	−0,0129	0,0243	−0,0372	0,0114**	±0,0008
$3D$	−0,00092	0,00069	−0,00087	0,00060	−0,00147	−0,00027	±0,00007
$4F$	−0,000036	0,000006					
			C^{++++}				
$2P$	−0,0101	0,0196	−0,0112	0,0207	−0,0319	0,0095	±0,0010
$3D$	−0,00076	0,00066	−0,00072	0,00059	−0,00131	−0,00013	±0,00010

* Nach Beobachtungen von B. EDLÉN, Nature Bd. 127, S. 405. 1931.
** Nach EDLÉNS Schätzung 0,0117 ± 0,0012.

Die berechneten *Mittelwerte* von Ortho- und Paraterm stimmen, wie man sieht, nunmehr nach Berücksichtigung der Polarisation recht befriedigend mit der Erfahrung überein. Die *Abstände* lassen dagegen, besonders bei den D-Termen, noch stark zu wünschen übrig: Die Berücksichtigung der Polarisation dürfte, wie wir am Ende des Abschnitts b andeuteten, gerade den Abstand ${}^1D - {}^3D$ wesentlich ändern und die Übereinstimmung wesentlich verbessern. Der *Gang* der Rydbergkorrekturen mit Hauptquantenzahl und Kernladung ist durchweg richtig getroffen. Interessant ist, daß die Rydbergkorrektur von $3\,{}^1D$ mit wachsender Kernladung Z immer kleiner wird, während sie sich für $3\,{}^3D$ nur wenig ändert: Darin zeigt sich, daß die Austauschenergie, welche den Abstand $3\,{}^1D - 3\,{}^3D$ hervorruft, ein Effekt „erster" Näherung im Sinne der SCHRÖDINGERschen Störungstheorie ist, also bei großen Z mit $1/Z$ proportional geht, während der *Mittelwert* der beiden D-Terme im wesentlichen durch die Polarisationsenergie[1]

[1] Die COULOMBsche Wechselwirkung der Ladungswolken ist für D-Terme viel kleiner als die Polarisationsenergie, für He $3D$ z. B. 0,0002 gegen 0,0027.

bestimmt wird und daher bei großem Z viel rascher, nämlich wie $1/Z^2$ abnimmt: Für $Z = 7$ würde die Rydbergkorrektur des ^1D-Terms fast genau Null sein, um

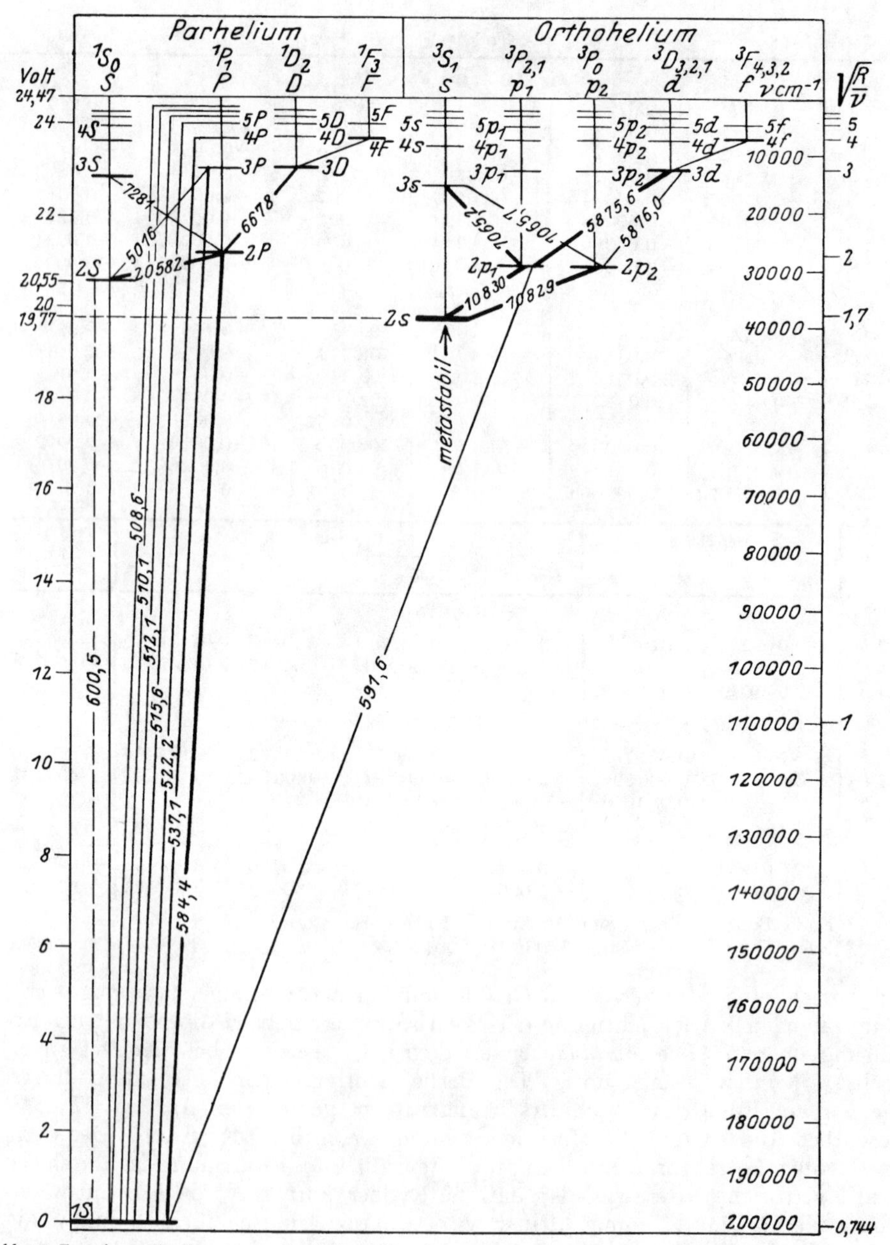

Abb. 13. Experimentelles Termschema des Heliums. (Aus GROTRIAN, Graphische Darstellung der Spektren von Atomen.)

für $Z \geqq 8$ sogar positiv zu werden, was bei der Rydbergkorrektur des ^1P-Terms ja bereits für He der Fall ist.

Wir haben in Tabelle 6 nicht nur die Rydbergkorrekturen für He und Li^+ mit der Erfahrung verglichen, sondern auch die Korrekturen für die höheren

Ionen Be^{++}, B^{+++}, C^{++++} abgeschätzt. Wir haben dabei angenommen, daß die Differenz zwischen dem aus unserer Theorie berechneten Näherungswert und der exakten Rydbergkorrektur stets durch eine Formel des Typs

$$\delta = \frac{a}{Z} + \frac{b}{Z^2} + \frac{c}{Z^3} \tag{15.38}$$

dargestellt werden kann, wobei a, b und c aus den bekannten Termen von He, Li^+ und Be^{++} zu entnehmen sind[1]. Die angegebenen Fehlergrenzen für diese „geschätzten" Rydbergkorrekturen sind ganz roh taxiert. Unsere Abschätzung scheint uns von Nutzen für die Auswertung der Spektren der genannten hochionisierten Atome (vgl. Ziff. 18).

In Abb. 13 ist das empirische Termschema des Heliums wiedergegeben.

16. Die angeregten S-Terme. Die FOCKsche Methode. Für die angeregten S-Terme stimmt die nach dem Störungsverfahren berechnete Aufspaltung zwischen Ortho- und Paraterm absolut nicht mit der Erfahrung überein. Das ist unmittelbar verständlich, denn es ist sicher eine sehr schlechte Näherung, als Eigenfunktion für das Leuchtelektron die Wasserstoff-Eigenfunktion mit Kernladung $Z - 1$ zu nehmen, da das Leuchtelektron mit großer Wahrscheinlichkeit in das Innere der Ladungswolke des inneren Elektrons eindringt und dort auf jeden Fall unter dem Einfluß einer höheren Kernladung als $Z - 1$ steht. Es muß daher ein besseres Verfahren zur Berechnung der ungestörten Eigenfunktion des S-Elektrons gesucht werden, als solches bietet sich die FOCKsche Methode[2].

a) Die FOCKsche Methode geht darauf aus, möglichst gute Eigenfunktionen für die einzelnen Elektronen zu konstruieren. Den Ausgangspunkt bildet das SCHRÖDINGERsche Variationsprinzip

$$E = \frac{\int U H U \, d\tau}{\int U^2 \, d\tau} = \text{Min.} \tag{16.1}$$

H bedeutet den HAMILTONschen Operator, den wir für Helium zweckmäßig in der Form

$$H = H_1 + H_2 + \frac{1}{r_{12}}, \qquad H_1 = -\frac{1}{2}\Delta_1 - \frac{2}{r_1} \tag{16.2}$$

schreiben. E ist die Energie in atomaren Einheiten. (16.1) ist durch Variation von U zum Minimum zu machen. Da H selbstadjungiert ist, gibt die Variation:

$$\frac{1}{2}\delta E = \frac{\int \delta U H U \, d\tau}{\int U^2 \, d\tau} - \frac{\int \delta U \, U \, d\tau \int U H U \, d\tau}{(\int U^2 \, d\tau)^2} = 0,$$

also mit Rücksicht auf (16.1)

$$\int \delta U (H - E) \, U \, d\tau = 0. \tag{16.3}$$

(16.3) liefert unmittelbar die gewöhnliche Schrödingergleichung.

Anstatt nun (16.3) exakt zu lösen, macht FOCK für U den Ansatz

$$U = u_1(1)\, u_2(2) \pm u_2(1)\, u_1(2), \tag{16.4}$$

[1] Für Be^{++} sind nur die ^1P-Terme bekannt (B. EDLÉN, l. c.), ferner für B^{+++} die Differenz $2\,^1P - 3\,^1P$. Man kann aber aus diesen Daten auch den Gang der Rydbergkorrektur für die ^3P-Terme recht gut abschätzen. — Für die D-Terme haben wir zur Extrapolation eine zweikonstantige Formel [$c = 0$ in (15.38)] benutzt.

[2] E. HYLLERAAS (ZS. f. Phys. Bd. 66, S. 453. 1930) hat bereits eine bessere Annäherung für die S-Terme erhalten, doch ist seine Rechnung noch nicht voll befriedigend. Man könnte auch daran denken, die wirkliche Lösung der Differentialgleichung (13.6) als Eigenfunktion für das Leuchtelektron zu benutzen, was aber auch ziemlich umständlich wäre und jedenfalls nicht annähernd die Genauigkeit der FOCKschen Methode erreichen dürfte. — Die im Text beschriebenen Rechnungen wurden auf Anregung des Verfassers dieses Artikels von L. P. SMITH durchgeführt (Phys. Rev. Bd. 42, S. 176. 1932).

wobei das obere Vorzeichen für Parhelium, das untere für Orthohelium gilt, und *variiert die Eigenfunktionen u_1, u_2 der einzelnen Elektronen.* Dadurch bekommt man natürlich nicht den exakten Eigenwert und die exakte Eigenfunktion, wohl aber die beste unter allen Eigenfunktionen, die sich in der Form (16.4) darstellen lassen, die also nicht explizit von der Lage der beiden Elektronen relativ zueinander abhängen. Der Eigenwert wird nicht das absolute Minimum des Variationsintegrals (16.1) sein, aber diesem Minimum immerhin ziemlich nahe kommen.

Setzen wir (16.4) in (16.3) ein, so erhalten wir wegen der Symmetrie des HAMILTONschen Operators (16.2)

$$\int \delta(u_1(1)\,u_2(2))\,(H-E)\,(u_1(1)\,u_2(2) \pm u_2(1)\,u_1(2))\,d\tau = 0\,.$$

Da die Variationen von u_1 und u_2 ganz beliebig sind, können wir die Faktoren von δu_1 und δu_2 einzeln Null setzen und erhalten die folgenden Differentialgleichungen für u_1 und u_2:

$$\left.\begin{aligned} &\int u_2(2)\,(H-E)\,u_2(2)\,d\tau_2\cdot u_1(1) \pm \int u_2(2)\,(H-E)\,u_1(2)\,d\tau_2\cdot u_2(1) = 0\,,\\ &\int u_1(2)\,(H-E)\,u_1(2)\,d\tau_2\cdot u_2(1) \pm \int u_1(2)\,(H-E)\,u_2(2)\,d\tau_2\cdot u_1(1) = 0\,. \end{aligned}\right\} \quad (16.5)$$

Für Orthohelium können wir die Eigenfunktionen u_1 und u_2 orthogonal zueinander annehmen, ohne die Eigenfunktion U des Gesamtatoms dadurch zu ändern[1]. Außerdem sollen u_1 und u_2 normiert sein. Wir führen dann die Abkürzungen ein:

$$\left.\begin{aligned} G_{ik}(r_1) &= \int \frac{1}{r_{12}}\,u_i(2)\,u_k(2)\,d\tau_2\,,\\ H_{ik} &= \int u_i\left(-\frac{1}{2}\Delta - \frac{2}{r}\right)u_k\,d\tau\,. \end{aligned}\right\} \quad (16.6)$$

Die G_{ik} $(i, k = 1, 2)$ sind Funktion des Ortes, die H_{ik} Konstanten. Dann wird aus (16.5)

$$\left.\begin{aligned} \left(\frac{1}{2}\Delta + \frac{2}{r} + E - H_{22} - G_{22}(r)\right)u_1 &= \pm(H_{12} + G_{12}(r))\,u_2\,,\\ \left(\frac{1}{2}\Delta + \frac{2}{r} + E - H_{11} - G_{11}(r)\right)u_2 &= \pm(H_{12} + G_{12}(r))\,u_1\,. \end{aligned}\right\} \quad (16.7)$$

Diese beiden Differentialgleichungen müssen simultan gelöst werden, wobei die G und H ihrerseits von den zu berechnenden Funktionen $u_1 u_2$ abhängen. Die Lösung kann daher nur durch ein Verfahren sukzessiver Approximation geschehen, ähnlich wie bei der HARTREEschen Methode (Ziff. 20). Doch ist die Rechnung wegen der nichtverschwindenden rechten Seiten viel mühsamer als bei HARTREE und ist bisher noch an keinem Beispiel allgemeiner Art durchgeführt worden. Bei unserem Problem, die hochangeregten S-Zustände des Heliums zu berechnen, ist die Rechnung aber verhältnismäßig einfach.

b) Spezialisierung auf hochangeregte Zustände. Es sei u_1 die Eigenfunktion des Grundzustands, u_2 die des angeregten. Die Hauptquantenzahl n des letzteren sei sehr groß. Dann ist die Eigenfunktion u_2 in der Nähe des Kerns (d. h. in *den* Gebieten, wo u_1 endliche Werte hat) von der Größenordnung $n^{-\frac{3}{2}}$ (vgl. Ziff. 3d), wenn sie im ganzen Raum auf 1 normiert ist. Von der gleichen Größenordnung werden daher die Integrale H_{12} und G_{12}, während H_{22} und G_{22} die Größenordnung $1/n^3$ bekommen (vgl. die Bemerkungen Ziff. 14b, Ende). In der ersten Differentialgleichung (16.7) werden daher die Glieder $H_{22}u_1$, $G_{22}u_1$, $H_{12}u_2$, $G_{12}u_2$ von der Größenordnung $1/n^3$ relativ zu den übrigen Gliedern und können mithin vernachlässigt werden. Es bleibt

$$\left(\frac{1}{2}\Delta + \frac{2}{r} + E_1\right)u_1 = 0\,, \quad (16.8)$$

[1] Für Parhelium ist die Forderung der Orthogonalität wahrscheinlich nicht zu stellen, die Formeln werden dann etwas komplizierter.

u_1 ist daher die Eigenfunktion des He^+-Grundzustandes

$$u_1 = 2^{\frac{5}{2}} e^{-2r}, \quad E_1 = -2 \text{ at. Einh.}, \tag{16.9}$$

das innere Elektron wird vom äußeren nicht gestört, da dieses nur mit der Wahrscheinlichkeit $1/n^3$ in die Ladungswolke des inneren Elektrons eindringt. Mit (16.8), (16.9) erhält man

$$H_{11} = E_1, \quad G_{11}(1) = 32 \int \frac{1}{r_{12}} e^{-4r_2} r_2^2 \, d\tau_2 = \frac{1}{r_1} - e^{-4r_1}\left(2 + \frac{1}{r_1}\right), \tag{16.10}$$

$$H_{12} = \int u_2(r_2)\left(-\frac{1}{2}\Delta - \frac{2}{r_2}\right) \cdot u_1(r_2)\, d\tau_2 = E_1 \int u_1 u_2 \, d\tau = 0$$

wegen der Orthogonalität von $u_1 u_2$. G_{11} ist einfach das Potential der Ladungsverteilung des He^+ [vgl. (14.13)]. Aus der zweiten Gleichung (16.7) wird jetzt

$$\left(\frac{1}{2}\Delta + E - E_1 + \frac{2}{r} - G_{11}\right) u_2 = \pm G_{12} u_1, \tag{16.11}$$

wobei das positive Vorzeichen für Parhelium gilt, das negative für Orthohelium.

Die Eigenfunktionen und Eigenwerte von (16.11) lassen sich nun leicht bestimmen. Man separiert zunächst (16.11) in Polarkoordinaten durch den Ansatz

$$u_2 = \frac{v(r)}{r} Y_{lm}(\vartheta, \varphi) \tag{16.12}$$

und erhält für v die Differentialgleichung [vgl. (2.1)]

$$\frac{1}{2}\frac{d^2 v}{d r^2} + \left(\frac{2}{r} - G_{11}(r) - \frac{l(l+1)}{r^2} + E_2\right) v = \pm G_{12} u_1 r \tag{16.13}$$

mit

$$E_2 = E - E_1. \tag{16.14}$$

Da wir uns für S-Terme interessieren, ist $l = 0$ zu setzen. Da ferner die Hauptquantenzahl n des angeregten Elektrons sehr groß ist, ist der Eigenwert E_2 klein von der Größenordnung $1/n^2$. Für alle endlichen r kann daher $E - E_1$ neben dem Potential

$$V = \frac{2}{r} - G_{11}(r)$$

vernachlässigt werden. Man hat daher für endliche r einfach die Differentialgleichung

$$\left(\frac{1}{2}\frac{d^2}{d r^2} + \frac{2}{r} - G_{11}\right) v = \pm G_{12} u_1 r \tag{16.15}$$

zu lösen. Dies geschieht am einfachsten durch numerische Integration. Man beginnt die Integration bei $x = 0$ und setzt sie so lange fort, bis die rechte Seite praktisch verschwindet, d. h. bis etwa $r_0 = 3$. Gleichzeitig mit dem Verschwinden von u_1 geht $G_{11}(r)$ über in $1/r$, so daß (16.15) sich vereinfacht zu

$$\left(\frac{1}{2}\frac{d^2}{d r^2} + \frac{1}{r}\right) v = 0. \tag{16.16}$$

Diese Differentialgleichung hat die allgemeine Lösung[1]

$$v = \frac{a}{\sqrt{r}} \cdot J_1(\sqrt{8r}) + \frac{b}{\sqrt{r}} N_1(\sqrt{8r}), \tag{16.17}$$

wo J_1 und N_1 die Besselsche und Neumannsche Funktion vom Index 1 sind. Man muß die Konstanten a und b so bestimmen, daß die aus (16.17) berechneten Werte von u und du/dr für $r = r_0$ übereinstimmen mit den Werten der gleichen Größen, die man vorher durch numerische Integration von (16.15) gefunden hat. Das Verhältnis b/a ist dann bestimmend für die Abweichung der Eigenfunktionen von den Wasserstoff-Eigenfunktionen[2] und dementsprechend auch für die Abweichung der Energie E_2 vom Wasserstoffwert $-1/2n^2$, also für die Rydbergkorrektur. Um die letztere explizit zu berechnen, betrachten wir die Differentialgleichung

$$\frac{d^2 v}{d r^2} + 2\left(E_2 + \frac{1}{r}\right) = 0. \tag{16.18}$$

[1] Vgl. Jahnke-Emde, Funktionentafeln, S. 93 [ds. Artikel (3.33)].

[2] Wäre das Potential überall $1/r$, so würde $b = 0$ sein, weil dann die Lösung (16.17) bis $r = 0$ gelten würde und $N_1(0)$ unendlich wird.

Sie gilt für *alle* nicht zu kleinen r, und bleibt im Gegensatz zu (16.17) auch für große r von der Größenordnung n^2 noch gültig. Wir definieren die effektive Quantenzahl n^* durch

$$E_2 = -\frac{1}{2n^{*2}}. \tag{16.19}$$

Sodann berechnen wir die Eigenfunktion nach der WENTZEL-KRAMERS-BRILLOUINschen Methode (vgl. Ziff. 32). Für alle $r < 2n^{*2}$ gilt

$$\left.\begin{aligned} v &= c\left(\frac{1}{r} - \frac{1}{2n^{*2}}\right)^{-\frac{1}{4}} \cos\left(\int\limits_r^{2n^{*2}} \sqrt{\frac{2}{\varrho} - \frac{1}{n^{*2}}}\, d\varrho - \frac{\pi}{4}\right) \\ &= c\left(\frac{1}{r} - \frac{1}{2n^{*2}}\right)^{-\frac{1}{4}} \cos\left[n^*\left(\frac{\pi}{2} + \arcsin\left(1 - \frac{r}{n^{*2}}\right)\right) - \sqrt{2r - \frac{r^2}{n^{*2}}} - \frac{\pi}{4}\right] \end{aligned}\right\} \tag{16.20}$$

(c eine Konstante). Für $r \ll n^{*2}$ geht das über in

$$v = c r^{\frac{1}{4}} \cos\left(\left(n^* - \tfrac{1}{4}\right)\pi - \sqrt{8r}\right). \tag{16.21}$$

Andererseits gilt für die Besselfunktionen in (16.17) die asymptotische Darstellung

$$\sqrt[4]{2}\,\sqrt{\pi r}\, J_1(\sqrt{8r}) = r^{\frac{1}{4}} \cos\left(\sqrt{8r} + \frac{\pi}{4}\right). \tag{16.22}$$

$$\sqrt[4]{2}\,\sqrt{\pi r}\, N_1(\sqrt{8r}) = r^{\frac{1}{4}} \sin\left(\sqrt{8r} + \frac{\pi}{4}\right) \tag{16.22a}$$

und

$$v = c r^{\frac{1}{4}} \cos\left(\sqrt{8r} + \frac{\pi}{4} - \pi\delta\right) \quad \text{mit} \quad \operatorname{tg} \pi\delta = \frac{b}{a}, \tag{16.23}$$

sobald $r \gg 1$ ist.

(16.23) stellt die Lösung v dar, die durch Integration der Wellengleichung (16.13) von $r = 0$ her entsteht, während (16.21) durch Integration von $r = \infty$ her gewonnen ist,

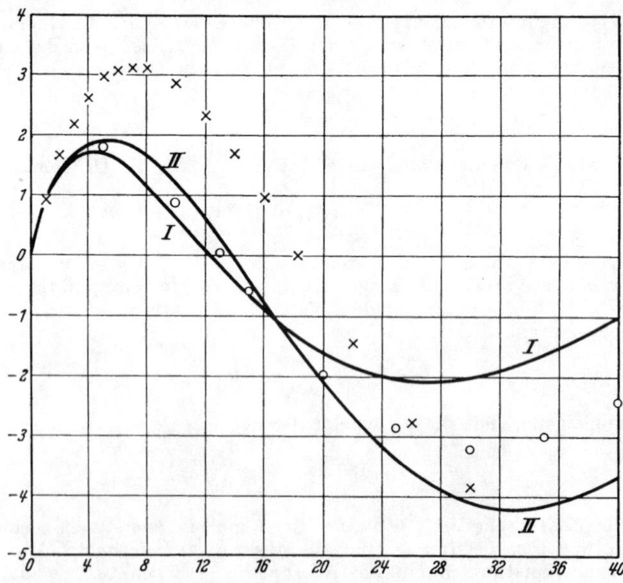

Abb. 14. Die radialen Eigenfunktionen der hochangeregten s-Elektronen des Heliums nach der FOCKschen Methode. Kurve *I* Orthohelium, *II* Parhelium, Kreise = HARTREEsche Eigenfunktion (Vernachlässigung des Austauschs), Kreuze = Wasserstoffeigenfunktion für $E = 0$. Abszisse r in Wasserstoffradien, Ordinate $r \cdot R(r)$. Abbildung berechnet von L. P. SMITH.

wobei jeweils die zulässigen Vernachlässigungen gemacht sind. Im Gebiet mittlerer r ($1 \ll r \ll n^{*2}$) sind *beide* Lösungen gültig und *müssen daher identisch* sein. Damit das der Fall ist, müssen die Argumente der cos bis auf das Vorzeichen und ein Vielfaches von π übereinstimmen:

$$n^*\pi - \frac{\pi}{4} - \sqrt{8r} = n\pi + \delta\pi - \frac{\pi}{4} - \sqrt{8r},$$

$$n^* = n + \delta, \tag{16.24}$$

wo n eine ganze Zahl ist. *Damit haben wir die effektive Quantenzahl n^* mit der Hauptquantenzahl n in Verbindung gebracht. δ ist die Rydbergkorrektur.*

c) Numerische Berechnung. Die numerische Rechnung wurde auf Anregung des Verfassers dieses Artikels von L. P. SMITH durchgeführt[1]. Abb. 14 gibt die erhaltenen Kurven für die (mit r multiplizierten) radialen Eigenfunktionen $v = r \cdot R$ der angeregten s-Elektronen des Heliums bei hoher Hauptquantenzahl n, und zwar gilt die Kurve I für Orthohelium, II für Parhelium, die Kreise geben den Verlauf der HARTREEschen Eigenfunktion, welche bei Vernachlässigung des Austauschgliedes auf der rechten Seite von (16.13) entsteht, und die Kreuze die Wasserstoff-Eigenfunktion. Man sieht sehr schön, daß die Orthohelium-Eigenfunktion von der Wasserstoff-Eigenfunktion stärker abweicht als die Parafunktion. Dem entspricht die größere Rydbergkorrektur des Orthoheliums. Die Resultate für die Rydbergkorrektur der s-Terme sind

$\delta = -0{,}289$ für Orthohelium gegen $-0{,}298$ beobachtet,
$\delta = -0{,}160$ „ Parhelium „ $-0{,}140$ „

Die Übereinstimmung ist sehr befriedigend.

17. Helium-Grundterm nach der RITZschen Methode. Das Interesse an einer exakten wellenmechanischen Berechnung des He-Grundterms war schon deshalb besonders groß, weil die alte Quantentheorie bei diesem Problem vollkommen versagt hatte. Sie hatte sich auch nicht durch Einführung besonderer Annahmen helfen können, wie etwa bei den Rotationsbandenspektren, wo durch Einführung halber Quantenzahlen bekanntlich die Übereinstimmung mit der Erfahrung erzwungen worden war. Es war daher als besonderer Erfolg der Wellenmechanik zu werten, daß schon die ersten Berechnungen mit ziemlicher Genauigkeit den Grundterm des Heliums lieferten[2] und sich diese Genauigkeit bei späteren Berechnungen immer mehr steigerte. Aber nicht nur die Energie des Grundzustandes ist von großer Wichtigkeit für die Prüfung der Wellenmechanik, sondern auch seine Eigenfunktion und die aus ihr zu gewinnenden Werte der makroskopischen physikalischen Konstanten, wie diamagnetische Suszeptibilität (vgl. Ziff. 29), Dielektrizitätskonstante (vgl. Ziff. 36), VAN DER WAALSsche Konstante (vgl. Ziff. 63), Siedepunkt usw. Denn kein anderes Atom ist so geeignet für einen Vergleich der theoretischen Werte dieser Konstanten mit den experimentellen, wie gerade Helium als das einfachste einatomige Gas.

Die geeignetste Methode zur Behandlung des Helium-Grundzustandes ist das RITZsche Verfahren, welches zuerst von KELLNER[3], dann mit noch größerem Erfolg von HYLLERAAS[4] auf das He-Problem angewandt wurde. Der Ausgangspunkt des Verfahrens ist das SCHRÖDINGERsche Variationsprinzip

$$E = \frac{\int U H U \, d\tau}{\int U^2 \, d\tau} \tag{17.1}$$

(H = HAMILTONscher Operator). Man gibt die allgemeine Form der Eigenfunktion U vor und läßt nur eine Anzahl *Parameter*, wie effektive Kernladung oder Koeffizienten einer Potenzreihenentwicklung, zunächst willkürlich. Dann lassen sich die Integrale in (17.1) ausführen, E wird eine Funktion der eingeführten Parameter. Indem man das absolute Minimum dieser Funktion aufsucht, hat

[1] L. P. SMITH, Phys. Rev. Bd. 42, S. 176. 1932.
[2] Z. B. die Rechnung von A. UNSÖLD, Ann. d. Phys. Bd. 82, S. 355. 1927.
[3] G. W. KELLNER, ZS. f. Phys. Bd. 44, S. 91. 1927.
[4] E. A. HYLLERAAS, ZS. f. Phys. Bd. 48, S. 469. 1928, und besonders Bd. 54, S. 347. 1929. Vgl. ferner E. A. HYLLERAAS, Die Grundlagen der Quantenmechanik mit Anwendungen auf atomtheoretische Ein- und Mehrelektronenprobleme, Oslo 1932 (Norske Videnskaps-Akad. Skrifter, Mat.-Naturv. Kl. 1932, Nr. 6).

man sowohl die Parameter, also die Eigenfunktion, bestimmt, als auch vor allem die Energie des Atoms.

a) Wahl der Koordinaten. Für die rasche Konvergenz ist eine geschickte Wahl der Form der Eigenfunktion unerläßlich. Besonders wichtig ist eine praktische Wahl des Koordinatensystems; und zwar hat sich gezeigt, daß man als unabhängige Variable am besten die Größen wählt, von denen die potentielle Energie abhängt. In unserem Fall sind das die drei Seiten $r_1 r_2 r_{12}$ des vom Kern und den beiden Elektronen gebildeten Dreiecks. Um ein vollständiges Koordinatensystem zu haben, müßten wir noch drei Koordinaten hinzunehmen, welche die Orientierung des Dreiecks im Raum angeben, etwa drei EULERsche Winkel $\chi\,\varphi\,\psi$. Für den Grundterm wie überhaupt für S-Terme muß aber die Eigenfunktion von diesen Koordinaten unabhängig sein.

Wir brauchen die EULERschen Winkel nur vorübergehend, um das Volumelement $d\tau$ zu berechnen. Zu diesem Zweck wollen wir außerdem für einen Moment statt des Elektronenabstands r_{12} den Winkel ϑ zwischen r_1 und r_2 einführen:

$$r_{12}^2 = r_1^2 + r_2^2 - 2 r_1 r_2 \cos\vartheta\,. \tag{17.2}$$

Wir können die EULERschen Winkel so wählen, daß r_1, χ, φ die Polarkoordinaten des ersten Elektrons werden (bezogen auf eine raumfeste Achse) und $r_2 \vartheta \psi$ diejenigen des zweiten Elektrons, bezogen auf $\mathfrak{r}_1$ als Achse. Dann ist offenbar

$$d\tau = r_1^2 r_2^2 \sin\vartheta \sin\chi \, dr_1 \, dr_2 \, d\vartheta \, d\chi \, d\varphi \, d\psi\,. \tag{17.3}$$

Die Integration über die EULERschen Winkel läßt sich in den beiden Integralen in (17.1) ausführen, da die Eigenfunktion und der HAMILTONsche Operator H von ihnen nicht abhängt, das Resultat ist $8\pi^2$. Statt ϑ führen wir nun wieder r_{12} ein; es ist

$$r_{12}\, dr_{12} = r_1 r_2 \sin\vartheta \, d\vartheta\,, \tag{17.4}$$

also

$$d\tau = 8\pi^2 r_1 r_2 r_{12} \, dr_1 \, dr_2 \, dr_{12}\,.$$

Endlich gehen wir zu den in den Elektronen „elliptischen" Koordinaten

$$s = r_1 + r_2\,, \qquad t = r_1 - r_2 \tag{17.5}$$

über. Das hat den Zweck, die Symmetrie der Eigenfunktion in einfachster Weise zum Ausdruck zu bringen: Die Eigenfunktion eines Parheliumzustands, insbesondere die des Grundzustands, muß offenbar eine gerade Funktion von t sein, die eines Orthoheliumzustandes wäre entsprechend als ungerade Funktion in t anzusetzen. Schreiben wir noch

$$u = r_{12}\,, \tag{17.6}$$

so wird

$$d\tau = \pi^2 (s^2 - t^2)\, u \, ds \, dt \, du\,. \tag{17.7}$$

Der konstante Faktor π^2 kann gestrichen werden, da er im Zähler und Nenner von (17.1) vorkommt.

Die Integrationsgrenzen sind an sich gegeben durch

$$-u \leqq t \leqq u\,, \qquad 0 \leqq u \leqq s \leqq \infty\,.$$

Da aber die Eigenfunktion gerade oder ungerade, der HAMILTONsche Operator H stets gerade in t ist, gilt

$$U^2(s,t,u) = U^2(s,-t,u)\,, \qquad U H U(s,t,u) = U H U(s,-t,u)\,.$$

Wir halbieren also einfach den Wert beider Integrale in (17.1), wenn wir das Integrationsgebiet beschränken auf

$$0 \leqq t \leqq u \leqq s \leqq \infty\,. \tag{17.8}$$

Jetzt haben wir den Operator H in unseren Variabeln stu zu schreiben. Zunächst gilt nach dem GREENschen Satz

$$-\int U \Delta_1 U \, d\tau = +\int (\operatorname{grad}_1 U)^2 \, d\tau\,. \tag{17.9}$$

(Der Index 1 bezieht sich stets auf das erste Elektron.) Für eine Funktion U, welche nur von $r_1 r_2 r_{12}$ abhängt, ist aber

$$\frac{\partial U}{\partial x_1} = \frac{\partial U}{\partial r_1}\frac{x_1}{r_1} + \frac{\partial U}{\partial r_{12}} \cdot \frac{x_1 - x_2}{r_{12}}\,,$$

also

$$(\operatorname{grad}_1 U)^2 = \left(\frac{\partial U}{\partial r_1}\right)^2 + \left(\frac{\partial U}{\partial r_{12}}\right)^2 + \frac{\partial U}{\partial r_1}\frac{\partial U}{\partial r_{12}} \frac{r_1^2 + r_{12}^2 - r_2^2}{r_1 r_{12}}$$

und $(\text{grad}_2\, U)^2$ entsprechend. Wenn wir jetzt wieder die „elliptischen" Koordinaten (17.5), (17.6) einführen, wird

$$\left.\begin{aligned}(\text{grad}_1\, U)^2 + (\text{grad}_2\, U)^2 &= 2\left(\frac{\partial U}{\partial s}\right)^2 + 2\left(\frac{\partial U}{\partial t}\right)^2 + 2\left(\frac{\partial U}{\partial u}\right)^2\\ &+ \frac{4}{u(s^2-t^2)}\frac{\partial U}{\partial u}\left[s(u^2-t^2)\frac{\partial U}{\partial s} + t(s^2-u^2)\frac{\partial U}{\partial t}\right].\end{aligned}\right\} \tag{17.10}$$

Die potentielle Energie schreibt sich

$$V = -\frac{Z}{r_1} - \frac{Z}{r_2} + \frac{1}{r_{12}} = -\frac{4Zs}{s^2-t^2} + \frac{1}{u}. \tag{17.11}$$

Der HAMILTONsche Operator ist

$$H = -\tfrac{1}{2}\Delta_1 - \tfrac{1}{2}\Delta_2 + V. \tag{17.12}$$

Daher nimmt unser Variationsprinzip endgültig die Gestalt an:

$$\left.\begin{aligned}&\frac{1}{N}\int\limits_0^\infty ds\int\limits_0^s du\int\limits_0^u dt\left\{u(s^2-t^2)\left[\left(\frac{\partial U}{\partial s}\right)^2 + \left(\frac{\partial U}{\partial t}\right)^2 + \left(\frac{\partial U}{\partial u}\right)^2\right] + 2\frac{\partial U}{\partial u}\right.\\ &\left.\cdot\left[s(u^2-t^2)\frac{\partial U}{\partial s} + t(s^2-u^2)\frac{\partial U}{\partial t}\right] - U^2[4Zsu - s^2 + t^2]\right\} = E = \text{Min.}\end{aligned}\right\} \tag{17.13}$$

mit

$$N = \int\limits_0^\infty ds\int\limits_0^s du\int\limits_0^t dt\, u(s^2-t^2)\, U^2.$$

b) Erste Näherung. Wir haben nunmehr die Form der Eigenfunktion geeignet zu wählen. Dazu denken wir uns zunächst die Wechselwirkungsenergie zwischen den beiden Elektronen gestrichen. Dann ist die SCHRÖDINGERsche Eigenfunktion des Grundzustandes das Produkt zweier Wasserstoffunktionen mit Kernladung Z, also (bis auf die Normierung)

$$U = e^{-Zr_1}\cdot e^{-Zr_2} = e^{-Zs}. \tag{17.14}$$

U hängt also bei Streichung der Elektronenwechselwirkung nur von der Summe s der Abstände der beiden Elektronen vom Kern ab, und es liegt nahe, zunächst zu versuchen, U als Funktion von s allein anzusetzen. Dann können wir in (17.13) nach u und t integrieren und bekommen

$$\delta\int\limits_0^\infty ds\left\{\frac{4}{15}s^5\left(\frac{dU}{ds}\right)^2 - \left(\frac{4}{3}Z - \frac{5}{12}\right)s^4U^2 - E\cdot\frac{4}{15}s^4U^2\right\} = 0. \tag{17.15}$$

Zu diesem Variationsprinzip korrespondiert die Differentialgleichung

$$\frac{d^2U}{ds^2} + \frac{5}{s}\frac{dU}{ds} + \left(E + 5\frac{Z}{s} - \frac{25}{16s}\right)U = 0. \tag{17.16}$$

Ihr tiefster Eigenwert ist

$$E = -(Z - \tfrac{5}{16})^2 \tag{17.17}$$

und die zugehörige (exakte) Eigenfunktion

$$U = e^{-(Z-\frac{5}{16})s}. \tag{17.18}$$

Um zunächst ein Urteil über die Güte der von uns erhaltenen ersten Näherung zu erhalten, berechnen wir aus dem Eigenwert (17.17) die Ionisierungsspannung des Heliums und vergleichen sie mit der Erfahrung. Die Ionisierungsspannung ist die Differenz der Energien des neutralen und des einfach ionisierten Heliums im Grundzustand; für die erstere setzen wir unsere erste Näherung (17.17) mit $Z = 2$ ein, die letztere ist exakt gleich $-\frac{1}{2}\cdot 2^2$ atomare Einheiten, da ja He^+ ein einziges Elektron besitzt (wasserstoffähnliches Spektrum). Für die Ionisierungsspannung des Heliums kommt also heraus:

$$J_{\mathrm{He}} = (2 - \tfrac{5}{16})^2 - \tfrac{1}{2} \cdot 2^2 \text{ atomare Einheiten} = 1{,}695 \text{ Rydberg}^1$$

gegenüber einem beobachteten Wert

$$J_{\mathrm{He}} = 24{,}46 \text{ Volt} = 1{,}810 \text{ Rydberg}.$$

Entsprechend wird die Ionisierungsspannung eines Ions mit zwei Elektronen und Kernladung Z nach unserer Näherungsformel (17.17)

$$J_Z = (Z - \tfrac{5}{16})^2 - \tfrac{1}{2} Z^2 \text{ atomare Einheiten} = Z^2 - \tfrac{5}{4} Z + \tfrac{25}{128} \text{ Rydberg}. \quad (17.19)$$

Daraus bekommen wir im einzelnen für die Ionisierungsspannung von

H^-,	$Z = 1$,	theoretisch	$-0{,}055$	gegen experimentell	$+0{,}053$ [2]	Rydberg,
He,	$Z = 2$,	,,	1,695	,, ,,	1,810	,, ,
Li^+,	$Z = 3$,	,,	5,445	,, ,,	5,560	,, ,
Be^{++},	$Z = 4$,	,,	11,195	,, ,,	11,307	,, .

Die Übereinstimmung unserer ersten Näherung mit der Erfahrung ist sehr befriedigend, wenn man die außerordentliche Einfachheit der Ableitung in Rücksicht zieht.

Die Eigenfunktion (17.18) hat eine sehr einfache physikalische Bedeutung: Sie stimmt nämlich genau mit der bei Vernachlässigung der Elektronenwechselwirkung geltenden Eigenfunktion (17.14) überein, nur ist die Kernladung Z durch die abgeschirmte Kernladung

$$Z - \sigma, \quad \sigma = \tfrac{5}{16}$$

ersetzt. Man hätte auch davon *ausgehen* können, daß die Wirkung des einen Elektrons auf das andere sich in erster Näherung dadurch beschreiben läßt, daß statt der wirklichen Kernladung Z eine abgeschirmte Kernladung $Z - \sigma$ auf jedes der beiden Elektronen wirkt (vgl. Ziff. 12b δ). Dann bekommt man unmittelbar für die Eigenfunktion $U = e^{-(Z-\sigma)s}$: Sieht man hierin σ als Parameter an und bestimmt es aus dem Variationsprinzip, so kommt man genau auf unseren Wert $\sigma = \frac{5}{16}$ *.

Die Abschirmung der Kernladung ist gleichbedeutend mit einer einfachen Änderung des Längenmaßstabes: Wir können die Eigenfunktionen (17.14) und (17.18) vollkommen zur Deckung bringen, wenn wir als Längeneinheit den „Radius der innersten BOHRschen Bahn" im Feld eines Kerns wählen, dessen Ladung im ersten Fall Z, im zweiten Fall $Z - \frac{5}{16}$ beträgt. Diese durch die Abschirmung der Kernladung bedingte Maßstabsänderung der Eigenfunktion ist sehr wesentlich für die gute Übereinstimmung des berechneten Eigenwertes mit der Erfahrung. Würde man etwa die Funktion (17.14) in die Formel (17.13) für die Energie einsetzen, so würde man erhalten

$$E = -Z^2 + \tfrac{5}{8} Z \text{ atomare Einheiten},$$

d. h. die Ionisierungsspannung würde um $\frac{25}{256}$ atomare Einheiten $= 0{,}195$ Rydberg *kleiner* als (17.19). Da (17.19) durchschnittlich um 0,11 Rydberg zu niedrige Werte gibt (vgl. obige Tabelle), würde also durch Einsetzen der Eigenfunktion (17.14) statt (17.18) der Fehler nahezu verdreifacht.

[1] 1 atomare Einheit = 2 Rydberg, vgl. Vorbem. S. 273, „Einheit der Energie".

[2] Theoretischer Wert sechster Näherung, experimentelle Daten für die Ionisationsspannung des negativen Wasserstoffions (Elektronenaffinität des Wasserstoffatoms) sind nicht bekannt.

* Vgl. z. B. J. FRENKEL, Wellenmechanik, S. 292.

c) Höhere Näherungen. Wir erwarten daher, daß auch die Konvergenz der weiteren Näherungsrechnung erheblich verbessert wird, wenn wir in der Eigenfunktion die „effektive Kernladung“ bzw. die Einheit der Länge noch willkürlich lassen, und setzen

$$U(s, t, u) = \varphi(ks, kt, ku), \tag{17.20}$$

wo die „effektive Kernladung“ k durch die Bedingung Energie = Minimum festzulegen ist. $\varphi(s, t, u)$ soll nicht mehr von k abhängen; um Näheres über die Form der Funktion φ auszusagen, lassen wir uns davon leiten, daß die Eigenfunktion (17.18) erster Näherung exponentiell von s abhängt und von t und u unabhängig ist. Ein passender Ansatz für φ wird daher sein

$$\varphi(s, t, u) = e^{-\frac{1}{2}s} P(s, t, u). \tag{17.21}$$

Der ersten Näherung entspricht $P = 1$; für die höheren Näherungen entwickeln wir P in eine Potenzreihe, von der wir erwarten können, daß sie für mittlere Werte von $s\,t\,u$ rasch konvergiert:

$$P = \sum_{n, l, m=0}^{\infty} c_{n,2l,m}\, s^n t^{2l} u^m. \tag{17.22}$$

Die Potenzreihe enthält natürlich nur gerade Potenzen von t [vgl. die Bemerkung vor (17.6)]. Für die Konvergenz der Integrale (17.13) sorgt der Exponentialfaktor in (17.21). Wenn wir (17.20), (17.21) in (17.13) einsetzen, kommt

$$E = \frac{k^2 M - k L}{N} \tag{17.23}$$

mit den Abkürzungen

$$\left.\begin{aligned}
L &= \int_0^\infty ds \int_0^s du \int_0^u dt (4Zsu - s^2 + t^2)\, \varphi^2(s, t, u), \\
M &= \int_0^\infty ds \int_0^s du \int_0^u dt \Big\{ u(s^2 - t^2) \Big[\Big(\frac{\partial\varphi}{\partial s}\Big)^2 + \Big(\frac{\partial\varphi}{\partial t}\Big)^2 + \Big(\frac{\partial\varphi}{\partial u}\Big)^2 \Big] + 2s(u^2 - t^2) \frac{\partial\varphi}{\partial s}\frac{\partial\varphi}{\partial u} \\
&\qquad + 2t(s^2 - u^2) \frac{\partial\varphi}{\partial t}\frac{\partial\varphi}{\partial u} \Big\}, \\
N &= \int_0^\infty ds \int_0^s du \int_0^u dt\, u(s^2 - t^2)\, \varphi^2.
\end{aligned}\right\} \tag{17.24}$$

Die Ausdrücke L, M, N sind quadratische Funktionen der Koeffizienten $c_{n,2l,m}$ allein, während E außerdem noch von k abhängt. Wir sollen E als Funktion der Variablen $c_{n,2l,m}$ und k zum Minimum machen, die Koeffizienten c, die „effektive Kernladung“ k und E selbst sind also aus den Minimumbedingungen

$$\frac{\partial E}{\partial c_{n,2l,m}} = 0, \qquad \frac{\partial E}{\partial k} = 0 \tag{17.25}$$

zu bestimmen.

Die letzte Bedingung kann [vgl. (17.23)] unmittelbar erfüllt werden durch die Wahl

$$k = \frac{L}{2M}. \tag{17.26}$$

das Minimum der Energie bei festgehaltenen $c_{n,2l,m}$ hat also den Wert

$$E = -\frac{L^2}{4MN}, \tag{17.27}$$

(17.24) ist natürlich nur noch eine Funktion der Koeffizienten c. Je mehr Koeffizienten man zur Verfügung hat, d. h. je mehr Glieder man in der Potenzreihenentwicklung (17.22) der Eigenfunktion mitnimmt, um so genauer werden natürlich Eigenwert und Eigenfunktion — aber um so komplizierter wird auch die Rechnung.

Bei der praktischen Berechnung höherer Näherungen ist es untunlich, von (17.27) auszugehen, weil sowohl L^2 wie MN Ausdrücke vierter Ordnung in den Koeffizienten c sind und infolgedessen die Gleichungen (17.25) von dritter Ordnung in den c werden würden. Besser setzt man einen Näherungswert für k in (17.23) ein und erhält dann ein System von Gleichungen

$$k^2 \frac{\partial M}{\partial c_{n,2l,m}} - k \frac{\partial L}{\partial c_{n,2l,m}} - E \frac{\partial N}{\partial c_{n,2l,m}} = 0 \text{ für alle } n,\ l,\ m\,. \tag{17.28}$$

Als Unbekannte in den Gleichungen (17.28) sind die Koeffizienten $c_{n,2l,m}$ aufzufassen. Die Gleichungen sind linear und homogen in diesen Unbekannten, da die LMN ja quadratische Funktionen der $c_{n,2l,m}$ sind. Wenn das Gleichungssystem (17.28) lösbar sein soll, muß seine Determinante

$$\left| k^2 \frac{\partial^2 M}{\partial c_{n,2l,m}\,\partial c_{n',2l',m'}} - k \frac{\partial^2 L}{\partial c_{n,2l,m}\,\partial c_{n',2l',m'}} - E \frac{\partial^2 N}{\partial c_{n,2l,m}\,\partial c_{n',2l',m'}} \right| = 0 \tag{17.29}$$

verschwinden. Daraus bekommt man in bekannter Weise eine Bestimmungsgleichung für E, deren Grad gleich der Anzahl der berücksichtigten Glieder in der Potenzreihenentwicklung (17.22) ist. Die tiefste Wurzel dieser Gleichung ist der Eigenwert E. Hat man diesen bestimmt, so kann man (17.28) nach den $c_{n,2l,m}$ auflösen; setzt man die so gefundenen Werte der $c_{n,2l,m}$ dann in (17.26), (17.27) ein, so bekommt man noch genauere Werte für E und k, und hat gleichzeitig — durch Vergleich mit den vorher erhaltenen Werten — eine Kontrolle für die Rechnung.

d) Resultate. Wir geben die Eigenfunktion dritter Näherung für He:

$$\varphi(s,t,u) = e^{-\frac{1}{2}s}(1 + 0{,}08u + 0{,}01t^2) \qquad k = 3{,}63\,. \tag{17.30}$$

Ihr entspricht der Eigenwert

$$E = -2{,}90244 \text{ at. Einh.}$$

Die Eigenfunktion sechster Näherung

$$\varphi = e^{-\frac{1}{2}s}(1 + 0{,}0972u + 0{,}0097t^2 - 0{,}0277s + 0{,}0025s^2 - 0{,}0024u^2) \tag{17.31}$$

führt auf den Eigenwert

$$E = -2{,}90324 \text{ at. Einh.,}$$

und nach einer noch genaueren Rechnung von HYLLERAAS[1] wird schließlich in achter Näherung

$$E = -2{,}903745\,.$$

Zieht man dies von dem Eigenwert des Grundzustandes von He^+, $E = -2$, ab, so bleibt

$$J = 0{,}903745 \text{ atomare Einheiten} = 1{,}80749 \text{ Rydberg} = 198322 \text{ cm}^{-1} \tag{17.32}$$

als Ionisierungsspannung des Heliums gegenüber einem experimentellen Wert

$$J = 198298 \pm 6 \text{ cm}^{-1} = 1{,}80727 \pm 0{,}00006\, R_{\text{He}}\,. \tag{17.33}$$

R_{He} ist die aus dem Spektrum des He^+ entnommene Rydbergzahl für Helium [vgl. (5.21)]. Der theoretische Wert für die Ionisierungsspannung ist also nach (17.32), (17.33) sogar um 0,00022 Rydberg $= 24 \text{ cm}^{-1}$ höher als der experimentelle. Das ist besonders bemerkenswert, weil die Variationsmethode *ihrer Natur nach* stets zu *kleine* Werte für die Ionisierungsspannung liefern muß: Man setzt ja in das Variationsintegral statt der genauen nur eine angenäherte Eigenfunktion

[1] E. HYLLERAAS, ZS. f. Phys. Bd. 65, S. 209. 1930.

ein und erreicht dadurch nicht das absolute Minimum des Variationsintegrals, sondern einen etwas höheren Wert. Die Energie kommt also stets zu hoch, die Ionisierungsspannung zu niedrig heraus.

Die Differenz zwischen beobachtetem und berechnetem Wert kommt daher, daß wir die Korrektur wegen der Mitbewegung des Heliumkerns nur teilweise, die Relativitätskorrektur überhaupt nicht berücksichtigt haben: Die erstere besteht, wie wir in Ziff. 21 zeigen, aus zwei Anteilen, den ersten (elementaren) Anteil haben wir in (17.33) berücksichtigt, indem wir die empirisch beobachtete Ionisierungsspannung[1]

$$J = 198298 \text{ cm}^{-1}$$

in Einheiten der Rydbergkonstante des *Heliums* (vgl. Ziff. 5)

$$R_{\text{He}} = 109722 \text{ cm}^{-1}$$

und nicht in Einheiten der Rydbergkonstante für unendliche Kernmasse

$$R = 109737 \text{ cm}^{-1}$$

ausgedrückt haben. Der zweite, nicht elementare Anteil, vermindert den theoretischen Wert um 5 Einheiten der letzten Dezimale $= 5 \text{ cm}^{-1}$. Die Relativitätskorrektur verursacht eine weitere Verminderung der theoretischen Ionisierungsspannung um 9 Einheiten der letzten Dezimale, gleich 10 cm^{-1}, so daß der korrigierte theoretische Wert der Ionisierungsspannung

$$J_{\text{theor}} = 1{,}80734\, R_{\text{He}} = 198307 \text{ cm}^{-1}$$

wird, was innerhalb der Meßfehler mit dem experimentellen Wert (17.33) übereinstimmt, ein vortrefflicher Beweis für die Genauigkeit des Hylleraasschen Eigenwertes (17.32).

(Über die Einzelheiten der Rechnung vgl. die Arbeit von Hylleraas, wobei zu beachten ist, daß seine Längeneinheit ein Viertel der unseren, seine Energieeinheit das Doppelte der unseren ist, also

unser $k = 4$ mal dem k von Hylleraas,
„ $E = 2$ „ „ E „ „ ,
„ $L = 4$ „ „ L „ „ ,
„ $M = 1$ „ „ M „ „ ,
„ $N = 8$ „ „ N „ „ .)

18. Grundterm der Zwei-Elektronen-Systeme für beliebige Kernladung.

Die Methode der „Variation des Längenmaßstabes" (Einführung der „effektiven Kernladung" k als Parameter), wie wir sie in letzter Ziffer benutzten, erzwingt zwar eine sehr rasche Konvergenz des Ritzschen Näherungsverfahrens, erfordert aber für jeden Wert der Kernladungszahl Z eine erneute Berechnung. Hylleraas[2] hat deshalb eine zweite Methode ausgearbeitet, welche auf die Variation des Längenmaßstabes verzichtet und die Energie als Funktion von Z liefert.

In der Schrödingergleichung der Atome mit zwei Elektronen

$$\left(\Delta_1 + \Delta_2 + 2E + \frac{2Z}{r_1} + \frac{2Z}{r_2} - \frac{2}{r_{12}}\right) U = 0 \tag{18.1}$$

wird die Elektronenwechselwirkung $2/r_{12}$ als Störung betrachtet. Aus der „ungestörten Differentialgleichung"

$$\left(\Delta_1 + \Delta_2 + 2E_0 + \frac{2Z}{r_2} + \frac{2Z}{r_1}\right) U = 0 \tag{18.2}$$

kann man dann Z eliminieren, indem man als neue Längeneinheit den *halben* Radius der innersten Bohrschen Bahn in einem Atom *mit Kernladung* Z und einem einzigen Elektron

[1] Th. Lyman, Astrophys. Journ. Bd. 60, S. 1. 1924.
[2] E. Hylleraas, ZS. f. Phys. Bd. 65, S. 209. 1930.

einführt (also $1/2Z$ mal dem Wasserstoffradius) und als Energieeinheit die vierfache Ionisierungsspannung dieses Atoms (also $2Z^2$ atomare Einheiten $= 4Z^2$ Rydberg). In Formeln gesagt, definieren wir also neue Koordinaten

$$\varrho_1 = 2Zr_1, \quad \varrho_2 = 2Zr_2, \quad \varrho_{12} = 2Zr_{12}, \quad \sigma = 2Zs, \quad \tau = 2Zt, \quad v = 2Zu \tag{18.3}$$

und neue Eigenwerte

$$\varepsilon = \frac{E}{2Z^2}, \quad \varepsilon_0 = \frac{E_0}{2Z^2} \tag{18.4}$$

und setzen fest, daß die LAPLACEsche Operation Δ sowie Integrationen über den Raum in Zukunft in den neuen Koordinaten ausgeführt werden sollen.

Dann schreibt sich unsere ungestörte Differentialgleichung (18.2) (nach Division mit $4Z^2$)

$$\left(\Delta_1 + \Delta_2 + \varepsilon_0 + \frac{1}{\varrho_1} + \frac{1}{\varrho_2}\right) U_0 = 0 \tag{18.5}$$

und die „gestörte" Differentialgleichung (18.1) wird zu

$$\left(\Delta_1 + \Delta_2 + \varepsilon + \frac{1}{\varrho_1} + \frac{1}{\varrho_2} - \frac{1}{Z\varrho_{12}}\right) U = 0. \tag{18.6}$$

Wir können jetzt

$$\lambda = \frac{1}{Z} \tag{18.7}$$

als „Störungsparameter" auffassen und ε und U nach diesem Störungsparameter entwickeln:

$$\varepsilon = \varepsilon_0 + \lambda\varepsilon_1 + \lambda^2\varepsilon_2 + \lambda^3\varepsilon_3 + \cdots, \tag{18.8}$$

$$U = U_0 + \lambda U_1 + \lambda^2 U_2 + \lambda^3 U_3 + \cdots. \tag{18.9}$$

a) Allgemeine Störungstheorie. Um die Möglichkeit allgemeinerer Anwendung (vgl. z. B. Starkeffekt des Heliums, Ziff. 35) offenzuhalten, untersuchen wir zunächst das allgemeine Eigenwertproblem

$$(H_0 + \lambda H_1 - E)\, U = 0, \tag{18.10}$$

H_0 und H_1 sollen beliebige Operatoren sein, von denen wir nur verlangen, daß sie selbstadjungiert sind:

$$\int f H g\, d\tau = \int g H f\, d\tau \tag{18.11}$$

für beliebige Funktionen f, g. Die Bedingung der Selbstadjunktion ist bei den HAMILTONschen Operatoren unseres Zweielektronenproblems erfüllt, durch Vergleich von (18.10) mit (18.6) findet man nämlich, daß für unseren Fall:

$$\left.\begin{aligned} H_0 &= -\left(\Delta_1 + \Delta_2 + \frac{1}{\varrho_1} + \frac{1}{\varrho_2}\right), \\ H_1 &= +\frac{1}{\varrho_{12}} \end{aligned}\right\} \tag{18.12}$$

ist. Wenn wir Eigenwert und Eigenfunktion in der Form (18.8), (18.9) nach Potenzen von λ entwickeln, ergeben sich durch Nullsetzen der Koeffizienten der verschiedenen Potenzen von λ die folgenden Differentialgleichungen für die Eigenfunktionen verschiedener „Näherung".

$$H_0 U_0 - E_0 U_0 = 0, \tag{18.13}$$

$$H_0 U_1 - E_0 U_1 + H_1 U_0 - E_1 U_0 = 0, \tag{18.14}$$

$$H_0 U_2 - E_0 U_2 + H_1 U_1 - E_1 U_1 - E_2 U_0 = 0, \tag{18.15}$$

$$H_0 U_3 - E_0 U_3 + H_1 U_2 - E_1 U_2 - E_2 U_1 - E_3 U_0 = 0. \tag{18.16}$$

Die exakte Lösung U_0 des ungestörten Problems (18.13) sei bekannt und überdies normiert. Durch Multiplikation von (18.14) mit U_0 und von (18.13) mit U_1,

Subtraktion der beiden Gleichungen voneinander und Integration über den Raum ergibt sich der bekannte Ausdruck für die Störungsenergie erster Näherung

$$E_1 = \int U_0 H_1 U_0 \, d\tau . \tag{18.17}$$

Da E_1 nunmehr bekannt ist, läßt sich U_1 im Prinzip aus der Differentialgleichung (18.14) berechnen. Bequemer als die Auflösung einer Differentialgleichung ist aber, wie wir in Ziffer 17 gesehen haben, die Behandlung des zugehörigen Variationsprinzips nach dem RITZschen Verfahren. Das Variationsprinzip, das zu (18.14) gehört, lautet:

$$2\int U_1 H_1 U_0 \, d\tau + \int U_1 H_0 U_1 \, d\tau - E_0 \int U_1^2 d\tau - 2E_1 \int U_0 U_1 \, d\tau = \text{Min.} \tag{18.18}$$

Darin sind U_0, E_0, E_1 als bekannt anzusehen und U_1 zu variieren. Indem man (18.13) mit $-U_2$, (18.14) mit U_1, (18.15) mit U_0 multipliziert und addiert, überzeugt man sich nun leicht, daß das Variationsintegral (18.18) identisch ist mit der Eigenwertstörung zweiter Näherung E_2. Indem wir das Minimum von (18.18) nach dem RITZschen Verfahren aufsuchen, erhalten wir also direkt E_2.

Das Variationsproblem (18.18) läßt sich noch bequemer schreiben, wenn man für U_1 den Ansatz macht

$$U_1 = U_0 \cdot \varphi . \tag{18.19}$$

Dann wird nämlich z. B. für unseren Fall

$$H_0 U_1 = \varphi H_0 U_0 - 2(\text{grad}_1 U_0 \, \text{grad}_1 \varphi) - 2(\text{grad}_2 U_0 \, \text{grad}_2 \varphi) - U_0 (\Delta_1 + \Delta_2)\varphi \tag{18.20}$$

und daraus folgt wegen (18.13)

$$U_1 H_0 U_1 = E_0 U_0^2 \varphi^2 - \varphi \, \text{div}(U_0^2 \, \text{grad}\, \varphi) . \tag{18.21}$$

Setzt man dies in (18.18) ein und integriert partiell, so wird einfach

$$E_2 = 2\int U_0^2 (H_1 \varphi + \tfrac{1}{2} \text{grad}^2 \varphi - E_1 \varphi) \, d\tau = \text{Min.} \tag{18.22}$$

Die Eigenwertstörung dritter Näherung E_3 ist ebenfalls bestimmt, sobald U_1 bekannt ist: Man multipliziere (18.13) mit $-U_3$, (18.14) mit $-U_2$, (18.15) mit $+U_1$, (18.16) mit $+U_0$, addiere und integriere, dann erhält man

$$E_3 = \int (U_1 H_1 U_1 - E_1 U_1^2 - 2E_2 U_0 U_1) \, d\tau . \tag{18.23}$$

Allgemein werden durch jede Näherung in der Eigenfunktion *zwei* weitere Näherungen für den Eigenwert bestimmt.

Das soeben skizzierte Verfahren ist insofern der üblichen SCHRÖDINGERschen Störungstheorie ähnlich, als Eigenwert und Eigenfunktion in verschiedene Näherungen zerlegt werden. Es erfordert aber nicht wie die SCHRÖDINGERsche Theorie die Kenntnis sämtlicher ungestörten Eigenfunktionen, sondern nur die einer einzigen, weil die höheren Näherungen durch eine direkte Methode, statt durch Entwicklung nach den ungestörten Eigenfunktionen, gewonnen werden.

b) Spezielle Theorie des Grundterms der heliumähnlichen Atome. Wir kehren zurück zu der speziellen Theorie des Grundzustandes der Atome mit zwei Elektronen. Die Eigenfunktion nullter Näherung, die zu dem ungestörten Problem (18.5) gehört, ist das Produkt zweier Wasserstoff-Eigenfunktionen

$$U_0 = \frac{1}{\sqrt{2}} e^{-\frac{1}{2}\varrho_1} \cdot \frac{1}{\sqrt{2}} \cdot e^{-\frac{1}{2}\varrho_2} = \frac{1}{2} e^{-\frac{1}{2}\sigma} , \tag{18.24}$$

sie ist normiert:

$$\int U_0^2 \varrho_1^2 \, d\varrho_1 \, \varrho_2^2 \, d\varrho_2 = 1 . \tag{18.25}$$

Der zu U_0 gehörige Eigenwert nullter Näherung ist

$$\varepsilon_0 = -\tfrac{1}{2} , \tag{18.26}$$

der Eigenwert erster Näherung

$$\varepsilon_1 = \int U_0^2 \cdot \frac{1}{\varrho_{12}} d\tau_1 d\tau_2 = 2 \cdot \frac{1}{4} \int_0^\infty \varrho_1^2 d\varrho_1 \int_{\varrho_1}^\infty \varrho_2 d\varrho_2 e^{-(\varrho_1+\varrho_2)} = \frac{5}{16}. \tag{18.27}$$

Die Berechnung des Eigenwertes zweiter Näherung nach dem RITZschen Verfahren vollzieht sich in ganz analoger Weise wie in Ziffer 17 die Berechnung des Gesamteigenwertes; nur wird von der Einführung einer „effektiven Kernladung" abgesehen, also für U_1 direkt ein Ansatz der Form (17.21), (17.22) gemacht:

$$U_1 = \sum c_{n, 2l, m} \sigma^n \tau^{2l} v^m. \tag{18.28}$$

Wenn man acht Glieder der Potenzreihe (18.28) mitnimmt, so ergibt sich die gesuchte Eigenwertstörung zweiter Näherung

$$\varepsilon_2 = -0{,}07865_5 \tag{18.29}$$

und die Eigenfunktion erster Näherung

$$\left.\begin{aligned} U_1 = e^{-\frac{1}{2}\sigma}(0{,}05737\sigma + 0{,}18797v + 0{,}01539\tau^2 + 0{,}00118\sigma^2 - 0{,}01495v^2 \\ + 0{,}00472\sigma v - 0{,}00076\tau^2 v + 0{,}00041v^3). \end{aligned}\right\} \tag{18.30}$$

Bei Mitnahme von zwölf Gliedern in der Potenzreihenentwicklung der Eigenfunktion U_1 bekommt HYLLERAAS

$$\varepsilon_2 = -0{,}07872_0, \tag{18.31}$$

also nahezu den gleichen Wert wie bei achtgliedriger Eigenfunktion. Das Verfahren konvergiert also ausgezeichnet, und wir können den Wert (18.31) für E_2 als exakt bis auf einige Einheiten der letzten Dezimale ansehen.

Die nach Formel (18.13) berechneten Werte für E_3 konvergieren dagegen recht schlecht, so daß HYLLERAAS es vorzog, die Werte von E_3 (und gleichzeitig E_4) *nicht* nach dem hier skizzierten Verfahren zu berechnen, sondern aus den genauen Eigenwerten für zwei *bestimmte* Werte der Kernladungszahl Z zu entnehmen, die etwa nach der in voriger Ziffer skizzierten Methode berechnet sind. Da wir nämlich jetzt in der Entwicklung des Eigenwerts nach Potenzen von $1/Z$

$$\varepsilon = \varepsilon_0 + \frac{\varepsilon_1}{Z} + \frac{\varepsilon_2}{Z^2} + \frac{\varepsilon_2}{Z^3} + \frac{\varepsilon_4}{Z^4} + \cdots \tag{18.32}$$

die drei ersten Koeffizienten $\varepsilon_0 \varepsilon_1 \varepsilon_2$ kennen, können wir zwei weitere Koeffizienten $\varepsilon_3 \varepsilon_4$ festlegen, sobald wir den Eigenwert für zwei spezielle Werte von Z besitzen. Nun war zur Zeit der Abfassung der Arbeit von HYLLERAAS der theoretische Grundterm der Zwei-Elektronen-Systeme für $Z = 1$ und $Z = 2$ bereits bekannt: Für Helium ($Z = 2$) haben wir die Rechnungen von HYLLERAAS bereits in der vorigen Ziffer wiedergegeben, sie führten auf den endgültigen Eigenwert

$$E = -5{,}80749 \text{ Rydberg}.$$

Außerdem war der Eigenwert des Grundzustandes des negativen Wasserstoffions H^- ($Z = 1$) nach derselben Methode zuerst von BETHE, dann noch genauer von HYLLERAAS[1] berechnet worden mit dem Resultat

$$E = -1{,}05284 \text{ Rydberg}.$$

---

[1] H. BETHE, ZS. f. Phys. Bd. 57, S. 815. 1929; E. A. HYLLERAAS, ebenda Bd. 60, S. 624. 1930; Bd. 63, S. 291. 1930; s. auch P. STARODUBROWSKY, ZS. f. Phys. Bd. 65, S. 806. 1930. In der letztgenannten Arbeit ist allerdings die numerische Rechnung am Schluß der Arbeit recht unzweckmäßig geführt, das Resultat $E = -1{,}05255$ ist auch weniger gut als bei HYLLERAAS.

Durch Einsetzen dieser beiden Werte in die allgemeine Energieformel (18.8) findet man

$$\varepsilon_3 = +0{,}00438_0, \qquad \varepsilon_4 = -0{,}00137_0. \tag{18.33}$$

Wir setzen jetzt die Werte (18.26), (18.27), (18.29), (18.33) in (18.8) ein und drücken gleichzeitig die Energie wieder in Rydberg-Einheiten aus:

$$E = 4Z^2\varepsilon = -2Z^2 + 1{,}25Z - 0{,}31488 + 0{,}01752 \cdot \frac{1}{Z} - 0{,}00548 \frac{1}{Z^2}\, Ry \tag{18.34}$$

ist dann die Gesamtenergie eines Ions mit zwei Elektronen und Kernladung Z. Ziehen wir dann noch (18.34) von der Energie des Ions mit einem *einzigen* Elektron

$$E' = -Z^2 \text{ Rydberg}$$

ab, so bekommen wir die Ionisierungsspannung der Ionen mit zwei Elektronen:

$$J = E' - E = Z^2 - 1{,}25Z + 0{,}31488 - 0{,}01752 \cdot \frac{1}{Z} + 0{,}00548 \cdot \frac{1}{Z^2}\, Ry. \tag{18.35}$$

Die folgende Tabelle vergleicht die berechneten Werte für die Ionisierungsspannung mit den gemessenen, soweit Messungen vorliegen. Dabei ist die Massenkorrektur (Ziff. 21) und die Relativitätskorrektur (Ziff. 24) bereits mit berücksichtigt.

Tabelle 7. Ionisierungsspannung der Zweielektronensysteme.

	H^-	He	Li^+	Be^{++}	B^{+++}	C^{++++}
In Rydberg[1]: ber. nach (18.35)	0,05284	1,80749	5,55965	11,31084	19,06160	28,81211
In Rydberg[1]: Massenkorrektur	(−0,00020)	−0,00029	−0,00047	−0,00067	−0,00094	−0,00130
In Rydberg[1]: Relativitätskorr.	−0,00002	−0,00009	−0,00059	−0,00046	+0,00077	+0,00505
In Rydberg[1]: Gesamt.-Ion.-Sp.	0,05262	1,80711	5,55859	11,30971	19,06143	28,81586
Berechnet in Volt	0,712	24,469	75,265	148,58	258,09	390,29
Berechnet in cm^{-1}	5774	198308	609985	1241222	2091770	3161770
Gemessen[2] in cm^{-1}	—	198298	610090	1241350	2092000	3161900
Wahrsch. Fehler der Messung	—	±8	±100	±200	±300	±800

Die Übereinstimmung zwischen Theorie und Experiment kann kaum mehr übertroffen werden, die Theorie des Grundterms der Atome mit zwei Elektronen hat die spektroskopische Genauigkeit erreicht, wenn nicht schon überschritten.

Bemerkenswert ist dabei noch, daß die Genauigkeit der Rechnung mit wachsender Kernladung zunimmt. Außerdem ist auffallend, wie klein in der Energieformel (18.35) die beiden letzten Glieder (dritte und vierte Näherung) gegen die vorhergehenden sind.

c) Das negative Wasserstoffion. In der Tabelle haben wir auch die Ionisierungsspannung des negativen Wasserstoffions aufgeführt, d. h. die Elektronenaffinität des Wasserstoffatoms. Experimentelle Werte hierfür sind nicht bekannt, um so wichtiger ist es, daß die Wellenmechanik uns einen vertrauenswürdigen *theoretischen* Wert für die Elektronenaffinität liefert. Das negative Wasserstoffion tritt nämlich in der Natur vielfach auf, einmal als freies Ion in Kanalstrahlen, vor allem aber als Baustein der Metallhydride, besonders der Alkalihydride. Aus einem genauen Wert der Elektronenaffinität des Wasserstoffs erhält man daher auf dem Umweg über einen Bornschen Kreisprozeß

---

[1] Einheit: Rydbergkonstante für unendliche Kernmasse, R_∞, im Gegensatz zu Ziff. 17, Ende.

[2] He von Th. Lyman, Astrophys. Journ. Bd. 60, S. 1. 1924, Li^+ bis C^{4+} von B. Edlén u. A. Ericson, ZS. f. Phys. Bd. 59, S. 656. 1930; Nature Bd. 127, S. 405. 1931. Neuauswertung der experimentellen Daten unter Zugrundelegung der in Tabelle 6 „abgeschätzten" Rydbergkorrekturen des $2\,^1P$-Terms.

die Gitterenergie der Alkalihydride, die man auf der anderen Seite wieder mit theoretischen Werten vergleichen kann. Speziell für LiH ist es HYLLERAAS[1]

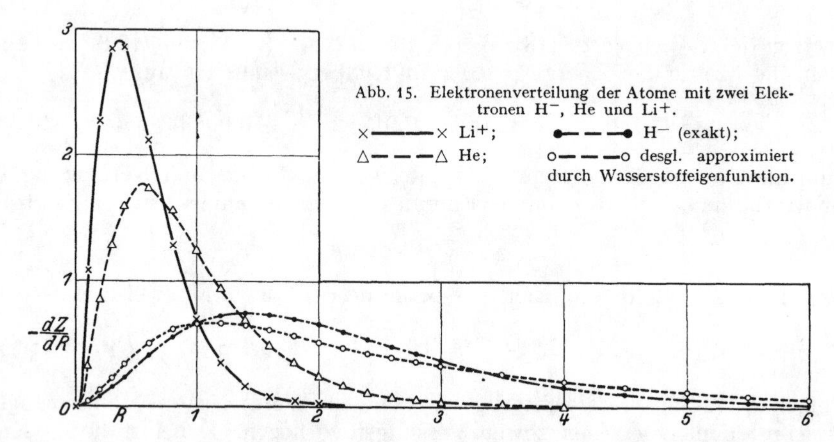

Abb. 15. Elektronenverteilung der Atome mit zwei Elektronen H^-, He und Li^+.
×——× Li^+; ●— — —● H^- (exakt);
△— — —△ He; o— — —o desgl. approximiert durch Wasserstoffeigenfunktion.

gelungen, die Gitterenergie direkt aus der Wellenmechanik zu berechnen und mit der Erfahrung zu vergleichen (Ziff. 64).

In Abb. 15 geben wir noch die Ladungsverteilung der Atome mit zwei Elektronen H^-, He, Li^+ wieder. Die Verkleinerung des Ionenradius bei zunehmender Kernladung springt in die Augen.

19. Die zweiquantigen Zustände des Heliums. a) Allgemeines über die Berechnung angeregter Zustände nach dem Variationsverfahren. Die Berechnung angeregter Zustände eines Atoms nach dem RITZschen Variationsverfahren ist gegenüber der Berechnung des Grundzustands erschwert durch das Hinzutreten der Nebenbedingung, daß die Eigenfunktion jedes angeregten Zustandes orthogonal sein muß auf den Eigenfunktionen sämtlicher tieferen Zustände[2]. Durch diese Nebenbedingung wird der Kreis der Funktionen, die man als Näherungsfunktionen für die Eigenfunktion wählen und in das Variationsintegral einsetzen darf, wesentlich eingeengt und die Konvergenz des Verfahrens verschlechtert.

Es gibt aber Fälle, wo die Nebenbedingung automatisch erfüllt ist, sobald man die Form der Eigenfunktion so wählt, wie es durch den Charakter des zu berechnenden Terms vorgeschrieben wird. Hierher gehört z. B. der $2\,S$-Term des Orthoheliums: Jede Funktion, die die Eigenfunktion dieses Terms approximieren soll, muß natürlich antisymmetrisch in den Koordinaten der beiden Elektronen gewählt werden und ist infolgedessen eo ipso orthogonal zu der symmetrischen Eigenfunktion des Grundterms. Ebenso ist für die beiden $2\,P$-Terme die Nebenbedingung von selbst erfüllt: Die Eigenfunktion jedes P-Terms zeigt eine charakteristische explizite Abhängigkeit von der Orientierung des Atoms im Raum, während die Eigenfunktionen der S-Terme nur von den Abständen der Elektronen voneinander und vom Kern abhängen; bei der Integration über die EULERschen Winkel verschwindet daher das Produkt einer S- und einer P-Eigenfunktion — und außer S-Termen gibt es ja keine Zustände, die

[1] E. A. HYLLERAAS, ZS. f. Phys. Bd. 63, S. 771. 1930.

[2] Wenn man die Nebenbedingung nicht berücksichtigt und die Näherungsrechnung nach dem RITZschen Verfahren weit genug treibt, bekommt man stets eine (schlechte) Approximation für den Grundterm statt einer (guten) für den gesuchten angeregten Term, auch wenn man die Form der Eigenfunktion zunächst so wählt, daß sie sich der Eigenfunktion des *angeregten* Terms anschließt.

tiefer liegen als die beiden 2 P-Terme. Wegen der verschiedenen Symmetrie in den beiden Elektronen sind die Eigenfunktionen des 2^1P- und 2^3P-Terms außerdem orthogonal zueinander. Allgemein sind die Eigenfunktionen zweier Zustände eines beliebigen Atoms immer dann automatisch zueinander orthogonal, wenn entweder der gesamte Bahndrehimpuls L oder der Gesamtspin S (oder L und S) in den beiden Zuständen verschiedene Werte haben. Der tiefste Zustand mit gegebenem L und S kann also jeweils ohne weiteres nach dem RITZschen Verfahren berechnet werden, ohne Rücksicht darauf, ob es noch tiefere Terme mit anderen Werten von L und S gibt. Von den zweiquantigen Zuständen des Heliums können nach unserer Regel 2^3S, 2^1P und 2^3P ohne weiteres nach dem RITZschen Verfahren behandelt werden, d. h. man kann als näherungsweise Eigenfunktionen jede beliebige Funktion wählen, welche die richtige Symmetrie und Winkelabhängigkeit aufweist. Bei der Berechnung des 2^1S-Terms dagegen muß besonders für die Orthogonalität der Eigenfunktion auf der des Grundzustands 1^1S gesorgt werden.

b) Der 2^3S-Zustand. Wir beginnen mit dem tiefsten Term des Orthoheliums, 2^3S, der von HYLLERAAS und UNDHEIM[1] berechnet worden ist. Das Heliumatom enthält in diesem Zustand ein $1s$-Elektron und ein $2s$-Elektron. Um einen Anhaltspunkt über das Aussehen der Eigenfunktion zu bekommen, bauen wir sie aus Wasserstoffeigenfunktionen auf und nehmen an, daß auf das innere ($1s$)-Elektron im Durchschnitt die Kernladung $Z_i = 2$ wirkt, auf das äußere die abgeschirmte Kernladung $Z_a = 1$. Dann wird die Eigenfunktion [vgl. (3.18)]

$$\left.\begin{aligned} U &= e^{-Z_i r_1} \cdot e^{-\frac{1}{2} Z_a r_2} (\tfrac{1}{2} Z_a r_2 - 1) - e^{-Z_i r_2} \cdot e^{-\frac{1}{2} Z_a r_1} (\tfrac{1}{2} Z_a r_1 - 1) \\ &= e^{-\frac{5}{4} s} \cdot [\operatorname{Sin} \tfrac{3}{4} t \cdot (\tfrac{1}{2} s - 2) - \tfrac{1}{2} t \operatorname{Cos} \tfrac{3}{4} t]. \end{aligned}\right\} \quad (19.1)$$

Berechnet man den zugehörigen Eigenwert durch Einsetzen von (19.1) in das Variationsintegral (17.13), so erhält man

$$E = -0{,}2469 \text{ Rydberg}.$$

Dabei ist die Energie des Heliumions, -4 Rydberg, bereits in Abzug gebracht, wie wir dies auch künftig in dieser Ziffer stets tun werden. Gegenüber dem experimentellen Wert

$$E = -0{,}35048 \text{ Rydberg}$$

besteht ein beträchtlicher Unterschied. Es ist aber klar, wie man die Eigenfunktion (19.1) verallgemeinern muß, um einen besseren Anschluß an die Erfahrung zu erzielen: Man hat alle Zahlenkonstanten durch willkürliche Parameter zu ersetzen und die Energie als Funktion dieser Parameter zum Minimum zu machen. Außerdem wird man die Eigenfunktion ergänzen durch Zusatzglieder, die vom gegenseitigen Abstand u der beiden Elektronen abhängen. Damit kommt man etwa auf den Ansatz

$$U = e^{-ks} [(c_1 + c_2 s + c_4 u + c_4 u s) \operatorname{Sin} c t + t (c_3 + c_6 u) \operatorname{Cos} c t]. \quad (19.2)$$

HYLLERAAS fand, daß bei diesem Ansatz das Energieminimum bei

$$k = 1{,}32, \quad c = 0{,}725$$

liegt. Wenn wir (19.1) mit (19.2) vergleichen, können wir dieses Resultat in der Weise deuten, daß auf das innere Elektron im Mittel die effektive Kernladung

$$Z_i = 1{,}32 + 0{,}72 = 2{,}04$$

wirkt, auf das äußere die Kernladung

$$Z_a = 2 \cdot (1{,}32 - 0{,}725) = 1{,}19.$$

Das innere Elektron schirmt also nicht eine ganze, sondern nur 0,80 Einheiten der auf das äußere wirkenden Kernladung ab, was nicht verwunderlich ist, weil das $2s$-Elektron eben doch sehr oft in die Ladungswolke des $1s$-Elektrons eindringt. Das innere ($1s$)-Elektron wird durch das äußere Elektron gegen den Kern hin gedrückt, so daß die effektive Kernladung um 0,04 Einheiten größer erscheint als die wahre. Es ist lehrreich, die Abschirmungszahlen des $2S$-Zustandes auf der einen Seite mit denen des Grundzustands zu vergleichen:

$$Z_i = Z_a = 2 - \tfrac{5}{16} = 1{,}69,$$

[1] E. A. HYLLERAAS u. B. UNDHEIM, ZS. f. Phys. Bd. 65, S. 759. 1930.

auf der anderen Seite mit denen der hochangeregten Zustände:

$$Z_i = 2\,, \quad Z_a = 1\,.$$

Die Eigenfunktion (19.2) liefert als Energie des Leuchtelektrons

$$E = -0{,}33044 \text{ Rydberg,}$$

was bis auf 4 Einheiten der letzten Dezimale = 0,1‰ mit dem oben zitierten experimentellen Wert übereinstimmt.

c) Der 2^1S-Zustand. Die Rechnungen für den 2^1S-Zustand des Parheliums sind gleichfalls von HYLLERAAS und UNDHEIM durchgeführt worden. Man trifft dabei auf die obenerwähnte Schwierigkeit, daß die Eigenfunktion orthogonal sein muß auf der des Grundzustandes. Die analog zu (19.1) aus zwei Wasserstoffeigenfunktionen aufgebaute Funktion

$$U = e^{-Z_i r_2 - \frac{1}{2} Z_a r_1} (\tfrac{1}{2} Z_a r_1 - 1) + e^{-Z_i r_1 - \frac{1}{2} Z_a r_2} (\tfrac{1}{2} Z_a r_2 - 1) \tag{19.3}$$

mit $Z_i = 2$, $Z_a = 1$ erfüllt z. B. die Orthogonalitätsbedingung nicht. Es darf einen daher auch nicht wundern, wenn man beim Einsetzen dieser Funktion einen Eigenwert

$$E = -0{,}3422 \text{ Rydberg}$$

erhält, der beträchtlich *tiefer* liegt als der beobachtete

$$E = -0{,}29196 \text{ Rydberg,}$$

während doch sonst die Variationsmethode stets zu hohe Eigenwerte liefert: Man hat eben, weil die Eigenfunktion (19.3) nicht orthogonal ist zu der des Grundterms, eigentlich eine schlechte Annäherung für den Grundterm bekommen und nicht eine Annäherung für den 2^1S-Term.

HYLLERAAS und UNDHEIM haben nun gezeigt, daß man zur Berechnung des 2^1S-Terms trotz der mehrfach erwähnten Nebenbedingung zunächst genau so verfahren kann wie gewöhnlich. Man soll also die allgemeine Form der Eigenfunktion (19.3), die ja dem 2^1S-Term besonders angepaßt ist, beibehalten, die Zahlenfaktoren durch willkürliche Parameter ersetzen und gegebenenfalls den Ansatz durch Hinzunahme weiterer Korrekturglieder ergänzen, deren Koeffizienten zunächst auch willkürlich bleiben. Macht man dann die Energie als Funktion der Parameter zum Minimum, so wird man auf ein System linearer Gleichungen geführt, das dem System (17.28) entspricht; die Lösbarkeitsbedingung liefert wieder eine Determinantengleichung für E. *Man soll nun aber nicht die tiefste Wurzel der Determinantengleichung auswählen* — diese würde den Grundterm approximieren —, *sondern die zweittiefste.* Die Eigenfunktion, die zu dieser zweittiefsten Wurzel gehört, ist nach allgemeinen Sätzen orthogonal auf der zur tiefsten Wurzel gehörigen Eigenfunktion, also auf einer angenäherten Eigenfunktion des Grundzustands. Eigentlich wäre ja Orthogonalität auf der exakten Eigenfunktion des Grundzustands zu verlangen, aber HYLLERAAS und UNDHEIM konnten zeigen, daß die berechneten zweittiefsten Wurzeln der Determinantengleichung den gesuchten Eigenwert in der Tat approximieren, und daß sie überdies stets größer bleiben als der wahre Eigenwert. Man hat also genau dieselben Verhältnisse wie gewöhnlich und muß durch sukzessive Hinzunahme neuer Korrektionsglieder zur Eigenfunktion darauf ausgehen, einen möglichst tiefen Eigenwert zu erzielen.

Mit dem Ansatz

$$U = e^{-ks}[(c_1 + c_2 s + c_4 u + c_5 u s) \operatorname{Cos} ct + t(c_3 + c_6 u) \operatorname{Sin} ct] \tag{19.4}$$

(sechste Näherung) erzielten HYLLERAAS und UNDHEIM den Eigenwert $E = -0{,}28980$ Rydberg, der also noch um 0,00216 Rydberg = 7‰ höher ist als der experimentelle (vgl. oben). Die Rechnungen konvergieren also ersichtlich viel langsamer als beim 1^1S- und 2^3S-Term, eben wegen der oftgenannten Orthogonalitätsbedingung. Aus diesem Grunde erscheint auch die Berechnung noch höherer Terme hoffnungslos. Immerhin sind 95% der Abweichung vom wasserstoffähnlichen Term $E = -0{,}25$ Rydberg erklärt. Für die Parameter in der Eigenfunktion erhielten HYLLERAAS und UNDHEIM

$$k = 1{,}34\,, \quad c = 0{,}73\,, \quad \text{also} \quad Z_i = 2{,}08\,, \quad Z_a = 1{,}21\,.$$

d) Die $2P$-Terme. Bei der Behandlung von P-Termen ergeben sich eine Reihe von Unterschieden gegenüber den bisher ausschließlich behandelten S-Termen[1]. Zunächst einmal sind P-Terme entartet: die magnetische Quantenzahl m (Impulsmoment um eine ausgezeichnete Achse z in Einheiten $\hbar$) kann die Werte $+1, 0, -1$ annehmen, zu jedem Wert von m gehört eine Eigenfunktion; sodann hängen die Eigenfunktionen explizit von der Orientierung des Atoms im Raume (relativ zu einer ausgezeichneten Achse z) ab; und zwar

[1] Vgl. G. BREIT, Phys. Rev. Bd. 35, S. 569. 1930.

kann man, wenn $\vartheta_1\varphi_1$ die Polarkoordinaten des ersten Elektrons, $\vartheta_2\varphi_2$ die des zweiten sind (z ist Polarachse), die Eigenfunktionen in folgender Form schreiben:

$$\left.\begin{aligned} U_1 &= \frac{\sqrt{3}}{4\pi}\left(F \cdot \sin\vartheta_1 e^{i\varphi_1} - \tilde{F}\sin\vartheta_2 e^{i\varphi_2}\right) \quad (m=1),\\ U_0 &= \frac{\sqrt{6}}{4\pi}\left(F\cos\vartheta_1 - \tilde{F}\cos\vartheta_2\right) \quad (m=0),\\ U_{-1} &= \frac{\sqrt{3}}{4\pi}\left(F\sin\vartheta_1 e^{-i\varphi_1} - \tilde{F}\sin\vartheta_2 e^{-i\varphi_2}\right) \quad (m=-1). \end{aligned}\right\} \tag{19.5}$$

F ist dabei bloß noch von den Abständen der Elektronen vom Kern und voneinander, $r_1 r_2 r_{12}$, abhängig oder, was auf dasselbe herauskommt, von $r_1 r_2$ und dem Winkel Θ zwischen den Radiusvektoren r_1 und r_2, $\tilde{F}$ entsteht aus F durch Vertauschung der beiden Elektronen:

$$F(r_1, r_2, \Theta) = F(r_2, r_1, \Theta). \tag{19.6}$$

Die Normierungsbedingung lautet

$$\int \left(F^2 - 2F\tilde{F}\cos\Theta + \tilde{F}^2\right) d\tau = 1, \tag{19.7}$$

die Energie bestimmt sich aus dem Variationsintegral[1]:

$$\left.\begin{aligned} &\int\left[\left(\frac{\partial F}{\partial r_1}\right)^2 - 2\cos\Theta\frac{\partial F}{\partial r_1}\frac{\partial \tilde{F}}{\partial r_1} + \left(\frac{\partial \tilde{F}}{\partial r_1}\right)^2\right] + 2\frac{F^2}{r_1^2} + 2\sin\Theta F\frac{\partial\tilde{F}}{r_1^2\partial\Theta}\\ &\quad + \frac{1}{r_1^2}\left[\left(\frac{\partial F}{\partial\Theta}\right)^2 - 2\cos\Theta\frac{\partial F}{\partial\Theta}\frac{\partial\tilde{F}}{\partial\Theta} + \left(\frac{\partial\tilde{F}}{\partial\Theta}\right)^2\right] - \left(F^2 - 2F\tilde{F}\cos\Theta + \tilde{F}^2\right)\\ &\quad \cdot\left(\frac{Z}{r_1} + \frac{Z}{r_2} - \frac{1}{r_{12}}\right) d\tau = E = \text{Min.} \end{aligned}\right\} \tag{19.8}$$

Das Volumelement ist

$$d\tau = r_1^2 r_2^2 \sin\Theta\, dr_1\, dr_2\, d\Theta. \tag{19.9}$$

Um die Form der Eigenfunktion F geeignet zu wählen, ziehen wir wieder die aus Wasserstoffunktionen aufgebaute Funktion nullter Näherung heran:

$$U = r_1\cos\vartheta_1 e^{-\frac{1}{2}Z_a r_1 - Z_i r_2} - r_2\cos\vartheta_2 e^{-\frac{1}{2}Z_a r_2 - Z_i r_1}, \tag{19.10}$$

also

$$F = r_1 e^{-\frac{1}{2}Z_a r_1 - Z_i r_2}, \tag{19.11}$$

wobei Z_i, Z_a wieder die effektiven Kernladungen für inneres und äußeres Elektron sind. Die Eigenfunktion (19.10) mit $Z_i = 2$, $Z_a = 1$ (nullte Näherung) führt nach Ziff. 14, Tabelle 4, auf den Wert 0,038 für die Rydbergkorrektur, d. h. auf

$$E = -\frac{1}{n^2} - \frac{2\cdot 0{,}038}{n^3} = -0{,}2595 \text{ Rydberg}$$

für die Energie des Leuchtelektrons. Wir werden jetzt wieder Z_a und Z_i als frei verfügbare Parameter ansehen, und den Ansatz (19.10) noch durch Hinzunahme eines vom Abstand u der beiden Elektronen bzw. vom Winkel Θ abhängigen Gliedes ergänzen. Wir machen mit Breit[2] den Ansatz:

$$F = r_1 e^{-\frac{1}{2}Z_a r_1 - Z_i r_2}(1 + c\cos\Theta) \tag{19.12}$$

und erhalten bei Durchführung der Rechnung

$$Z_i = 2, \quad Z_a = 1{,}09, \quad c = -0{,}0089, \quad E = -0{,}2616.$$

Die effektive Kernladung für das äußere Elektron nähert sich also sehr viel mehr dem Wert 1 (vollständige Abschirmung) als bei den S-Zuständen. Der Eigenwert ist nicht wesentlich verbessert, da der experimentelle Wert $E = -0{,}2664$ beträgt. Die Eigenfunktion, auf deren Bestimmung es Breit hauptsächlich ankam (vgl. Ziff. 23), dürfte aber trotzdem wesentlich besser sein als (19.10). Das Glied mit $\cos\Theta$ in der Eigenfunktion stellt übrigens offenbar in gewissem Sinne den Polarisationseffekt dar, jedoch bedeutet es eine erheblich rohere Be-

[1] (19.5) ist *un*symmetrisch in den beiden Elektronen geschrieben, Breit gibt eine symmetrische, aber etwas längere Form an.

[2] G. Breit, Phys. Rev. Bd. 36, S. 383. 1930.

rücksichtigung dieses Effekts als unsere Rechnungen in Ziff. 15. Das zeigt sich auch in der erzielten Genauigkeit des Eigenwerts: In Ziff. 15 erhielten wir als Eigenwert für den 2^3P-Term

$$-\frac{Ry}{(2-0{,}0537)^2} = -0{,}2640 \text{ Rydberg},$$

d. h. nur 0,9% Fehler gegenüber der Beobachtung anstatt 1,9% bei BREIT.

Für den 2^1P-Term hat ECKART[1] die Eigenfunktion ganz entsprechend zu (19.10) angesetzt, bloß mit dem Pluszeichen statt dem Minuszeichen und findet

$$Z_i = 2{,}003, \quad Z_a = 0{,}965, \quad E_{\text{ber}} = -0{,}245\, Ry$$

gegenüber einer beobachteten Ionisierungsspannung von

$$E_{\text{beob}} = -0{,}2475 .$$

Außerdem hat ECKART die zweiquantigen Terme für Li^+ berechnet, wobei er gleichfalls die Eigenfunktion als Summe bzw. Differenz zweier Produkte von Wasserstoffeigenfunktionen auffaßt, in denen er die effektive Kernladung variiert. Seine Resultate sind:

Tabelle 8. Zweiquantige Terme des Li^+ und He nach ECKART.

	Lithium+				*Helium*	
	effekt. Kernladung		Energie in *Ry*		Energie in *Ry*	
	Z_i	Z_a	ber.	beob.	ber.	beob.
2^3S . . .	3,03	2,56	1,21	1,22	0,334	0,350
2^3P . . .	2,98	2,16	1,04	1,05	0,262	0,266
2^1P . . .	3,01	1,94	0,99	1,00	0,245	0,247

Die Übereinstimmung mit der Erfahrung ist in Anbetracht des groben Ansatzes für die Eigenfunktion befriedigend.

20. Die HARTREEsche Methode[2] hat sich bekanntlich für die Behandlung aller Atome mit mehr als einem Elektron, auch der kompliziertesten, sehr gut bewährt. Ihr Prinzip ist schon früher (Ziff. 12b α) geschildert worden: Die Eigenfunktion eines komplizierten Atoms wird dargestellt als Produkt der Eigenfunktionen der einzelnen Elektronen. Zur Berechnung der Eigenfunktionen der einzelnen Elektronen wird dann angenommen, daß auf jedes Elektron das Potential wirkt, das vom Kern und der SCHRÖDINGERschen Ladungsverteilung aller übrigen Elektronen erzeugt wird.

a) Die Bestimmung der Eigenfunktionen der einzelnen Elektronen geschieht durch ein Verfahren sukzessiver Approximation: Die Eigenfunktionen werden zunächst abgeschätzt, z. B. indem man Wasserstoff-Eigenfunktionen mit abgeschirmter Kernladung annimmt (Anfangs-Eigenfunktion). Das Quadrat der Eigenfunktion gibt die Ladungsdichte, und aus dieser kann man ohne weiteres das Potential berechnen, das von einem jeden Elektron des Atoms erzeugt wird. Indem man die von allen Elektronen außer einem Elektron k erzeugten Potentiale addiert und das Potential des Kerns hinzufügt, erhält man das Potential, das auf das Elektron k wirkt. Man setzt dieses Potential in die Schrödingergleichung ein und bekommt durch Lösung der Differentialgleichung die Eigenfunktion des Elektrons k. In analoger Weise erhält man die Eigenfunktionen für die anderen Elektronen. Diese neuen Eigenfunktionen (End-Eigenfunktionen) werden im allgemeinen mit den Ausgangs-Eigenfunktionen nicht übereinstimmen. Man hat dann die Rechnung zu wiederholen, indem man als neue Ausgangs-Eigenfunktionen die eben berechneten End-Eigenfunktionen einsetzt oder noch besser Eigenfunktionen, welche zwischen den alten Ausgangs- und End-Eigenfunktionen liegen. Das Verfahren ist so lange fortzusetzen, bis End-Eigenfunktionen und Ausgangs-Eigenfunktionen übereinstimmen. Die Ladungsverteilung des Atoms trägt sich dann selbst (self-consistent field von HARTREE).

Nach dieser Methode wurden von HARTREE die Grundterme von He, Li^+, Be^{++} behandelt (Tabelle 9). Die Rechnung ist hier besonders einfach, weil

[1] C. ECKART, Phys. Rev. Bd. 36, S. 878. 1930.
[2] D. R. HARTREE, Proc. Cambridge Phil. Soc. Bd. 24, S. 89. 1928.

beide Elektronen die gleiche Eigenfunktion besitzen. BETHE[1] hat gezeigt, daß die nach HARTREE berechnete *Ladungsverteilung* der beiden Elektronen im He-Grundzustand sehr genau mit der exakten Verteilung nach HYLLERAAS (Abb. 15) übereinstimmt. Dagegen kann die HARTREEsche Methode natürlich *nicht* die *exakte Eigenfunktion* des Gesamtatoms liefern, denn sie macht ja von vornherein die Annahme, daß die Eigenfunktion des Atoms ein Produkt der Eigenfunktionen der beiden Elektronen ist

$$U = u(r_1)\, u(r_2), \tag{20.1}$$

nimmt also an, daß die beiden Elektronen sich unabhängig voneinander bewegen. Es wird m. a. W. der „Polarisationseffekt" vernachlässigt, und es ist daher auch kein allzu genauer Wert für die Energie des Grundzustands zu erzielen.

b) Die Energie des Helium-Grundterms. Die Energie des He-Atoms ist zunächst gegeben durch

$$E = \int U H U\, d\tau = -\int u(r_1)\, u(r_2) \left(\frac{1}{2}\Delta_1 + \frac{1}{2}\Delta_2 + \frac{2}{r_1} + \frac{2}{r_2} - \frac{1}{r_{12}}\right) u(r_1)\, u(r_2)\, d\tau, \tag{20.2}$$

wenn die Eigenfunktion u als normiert vorausgesetzt wird. u genügt aber der Differentialgleichung

$$\left(\frac{1}{2}\Delta_1 + E_1 + \frac{2}{r_1} - \int \frac{1}{r_{12}}\, u^2(r_2)\, d\tau_2\right) u(r_1) = 0, \tag{20.3}$$

wobei das Integral das Potential der Ladungsverteilung des zweiten Elektrons auf das erste darstellt. Setzt man (20.3) in (20.2) ein, so wird

$$E = 2E_1 - \int u^2(r_1)\, u^2(r_2)\, \frac{1}{r_{12}}\, d\tau_1\, d\tau_2. \tag{20.4}$$

Die *Gesamtenergie* des He-Atoms ist also nicht gleich der Summe der HARTREEschen Eigenwerte der beiden Elektronen, $2E_1$, sondern es ist davon noch die Wechselwirkungsenergie der beiden Elektronen in Abzug zu bringen. Das kommt daher, daß wir vorher die Wechselwirkungsenergie zweimal berücksichtigt haben: einmal haben wir bei der Berechnung der Eigenfunktion des ersten Elektrons das von der Ladungsverteilung des zweiten erzeugte Potential eingesetzt, und dann nochmals bei der Eigenfunktion des zweiten Elektrons das Potential des ersten.

Tabelle 9. Neutrales Helium, Grundzustand. Self-Consistent Field und Ladungsverteilung.

r Atomare Einheiten	Z_{eff}	$-dZ/dr$ Elektronen pro atom. Einheit	r Atomare Einheiten	Z_{eff}	$-dZ/dr$ Elektronen pro atom. Einheit
0	2,000	0,00	1,6	0,239	0,48
0,1	1,988	0,30	1,8	0,159	0,33
0,2	1,932	0,83	2,0	0,105	0,22
0,3	1,862	1,28	2,2	0,068	0,15
0,4	1,682	1,57	2,4	0,044	0,10
			2,6	0,028	0,06
0,6	1,344	1,73	2,8	0,018	0,04
0,8	1,013	1,55	3,0	0,011	0,026
1,0	0,733	1,25			
1,2	0,515	0,94	3,5	0,003	0,009
1,4	0,354	0,68	4,0	0,001	0,003

$-\frac{dZ}{dr} \cdot dr$ gibt die Anzahl Elektronen in der Kugelschale zwischen r und $r + dr$, $Z_{eff}(r)$ ist die effektive Kernladung im Abstande r (wirkliche Kernladung minus Anzahl Elektronen innerhalb der Kugel mit dem Radius r).

[1] H. BETHE, ZS. f. Phys. Bd. 55, S. 431. 1929.

Andererseits kann man einsehen, daß $-E_1$ ziemlich nahe gleich der Ionisierungsspannung des Heliums sein muß[1]. Um diese zu erhalten, haben wir (20.4) von der Energie des He^+ im Grundzustand zu subtrahieren:

$$J = -E_1 + E_0 - E_1 + \int u^2(r_1)\, u^2(r_2) \frac{1}{r_{12}}\, d\tau_2 \,. \tag{20.5}$$

Um das einfacher zu schreiben, brauchen wir eine Beziehung zwischen E_0 und E_1. Wir vergleichen zu diesem Zwecke die Differentialgleichung des He^+-Ions

$$\left(\frac{1}{2}\Delta + E_0 + \frac{2}{r_1}\right) u_0(r_1) = 0 \tag{20.6}$$

mit der Differentialgleichung (20.3). Offenbar können wir u_0 als „nullte Näherung" für u ansehen. Von diesem Standpunkt aus würde in erster Näherung gelten

$$E_1 = E_0 + \int \frac{1}{r_{12}}\, u^2(r_2)\, u_0{}^2(r_1)\, d\tau_1\, d\tau_2 \,.$$

Eine ähnlich aussehende Beziehung zwischen dem Hartree-Eigenwert des He, E_1, und der Ionisierungsspannung des He^+, E_0, die aber nicht nur in erster Näherung, sondern *exakt* gilt, erhalten wir, indem wir (20.3) mit $u_0(r_1)$, (20.6) mit $u(r_1)$ multiplizieren, subtrahieren und über $d\tau_1$ integrieren:

$$E_1 - E_0 = \frac{\int \frac{1}{r_{12}}\, u^2(r_2)\, u_0(r_1)\, u(r_1)\, d\tau_1\, d\tau_2}{\int u_0(r_1)\, u(r_1)\, d\tau_1} \,. \tag{20.7}$$

Die Ionisierungsspannung des He wird also

$$J = -E_1 + \int \frac{1}{r_{12}}\, u^2(r_2)\, d\tau_1\, d\tau_2 \cdot \left[\frac{u^2(r_1)}{\int u^2(r)\, d\tau} - \frac{u_0(r_1)\, u(r_1)}{\int u_0(r)\, u(r)\, d\tau}\right]. \tag{20.8}$$

Das Integral in (20.8) wird aber offenbar klein, da u_0 und u in nullter Näherung miteinander übereinstimmen. Damit ist gezeigt, daß der HARTREEsche Eigenwert in der Tat näherungsweise gleich der (negativen) Ionisierungsspannung ist. Der Beweis läßt sich auf kompliziertere Atome übertragen.

Für die numerische Berechnung der Ionisierungsspannung ist (20.5) bequemer als (20.8). Der Eigenwert E_1 ist nach HARTREE

$$E_1 = -1{,}835 \text{ Rydberg},$$

die Energie des He^+ ist $E_0 = -4{,}000$ Rydberg, für die Wechselwirkung der beiden Elektronen erhält man[2]

$$W = \int u^2(r_1)\, u^2(r_2) \frac{1}{r_{12}}\, d\tau_1\, d\tau_2 = 2{,}064 \text{ Rydberg},$$

also für die Ionisierungsspannung des He

$$J = 2 \cdot 1{,}835 + 2{,}064 - 4 = 1{,}734 \text{ Rydberg}.$$

---

[1] Dies wurde von J. A. GAUNT, Proc. Cambridge Phil. Soc. Bd. 24, S. 328. 1929, bestritten: Sein Fehlschluß wurde dadurch verursacht, daß er die Störungsrechnung sehr formal durchführte.

[2] Der angegebene Wert ist vom Verf. neu berechnet. HARTREE selbst hat (s. die Arbeit von GAUNT, Proc. Cambridge Phil. Soc. Bd. 24, S. 328. 1928) $W = 2{,}02$ berechnet, so daß für die Ionisierungsspannung des Heliums bei ihm $J = 1{,}69$ herauskommen würde. Dieser Wert schien von vornherein unwahrscheinlich, da der gleiche Wert der Ionisierungsspannung sich erzielen läßt, wenn man von der viel einfacheren Eigenfunktion (17.18) ausgeht. Die HARTREEsche Methode gibt aber nach V. FOCK (ZS. f. Phys. Bd. 61, S. 126. 1930) die *größte* Ionisierungsspannung, die sich überhaupt erzielen läßt, solange man die Eigenfunktion als Produkt zweier Eigenfunktionen der einzelnen Elektronen schreibt.

Das stimmt mit dem beobachteten Wert

$$J = 1{,}810 \text{ Rydberg}$$

befriedigend überein. Allerdings bekommt man ja, wenn man für die Eigenfunktionen der einzelnen Elektronen abgeschirmte H-Eigenfunktionen einsetzt (nach 17.18), auch schon einen sehr guten Wert für die Ionisierungsspannung $J = 1{,}695$. Durch Verwendung der HARTREEschen Eigenfunktion statt der Wasserstoffunktion wird also nur etwa ein Drittel der Differenz zwischen beobachteter und berechneter Ionisierungsspannung erklärt.

Der Unterschied zwischen HARTREEschem Eigenwert und (theoretischer) Ionisierungsspannung [also der Wert des Integrals in (20.8)] ist

$$E_1 - J_{\text{theor}} = 1{,}835 - 1{,}734 = 0{,}101 \text{ Rydberg} = \text{etwa } 5\% \text{ des Eigenwerts.}$$

Die Kleinheit des Integrals in (20.8) ist damit auch zahlenmäßig belegt.

21. Mitbewegung des Kerns. Wir betrachten den Einfluß der Mitbewegung des Kerns (Masse M, Koordinaten $\xi_0 \eta_0 \zeta_0$) sofort für ein Atom mit n Elektronen (Masse m, Koordinaten $\xi_1 \eta_1 \zeta_1 \ldots \xi_n \eta_n \zeta_n$). Wir führen die Schwerpunktskoordinaten

$$X = \frac{1}{M + nm} (M\xi_0 + m\xi_1 + \cdots + m\xi_n) \quad \text{(entsprechend } Y, Z) \tag{21.1}$$

und die Relativkoordinaten

$$x_i = \xi_i - \xi_0 \qquad (i = 1, 2, \ldots, n) \quad \text{(entsprechend } y_i, z_i) \tag{21.2}$$

ein, dann ist

$$\frac{\partial}{\partial \xi_i} = \frac{\partial}{\partial X} \cdot \frac{m}{M + nm} + \frac{\partial}{\partial x_i}, \qquad (i = 1, \ldots, n)$$

$$\frac{\partial}{\partial \xi_0} = \frac{\partial}{\partial X} \cdot \frac{M}{M + nm} - \frac{\partial}{\partial x_1} - \cdots - \frac{\partial}{\partial x_n}.$$

In die Schrödingergleichung geht der folgende Ausdruck ein (doppelte kinetische Energie):

$$\frac{1}{M} \frac{\partial^2}{\partial \xi_0^2} + \frac{1}{m} \left(\frac{\partial^2}{\partial \xi_1^2} + \cdots + \frac{\partial^2}{\partial \xi_n^2} \right) = \frac{1}{M + nm} \frac{\partial^2}{\partial X^2} + \frac{1}{m} \sum_i \frac{\partial^2}{\partial x_i^2} + \frac{1}{M} \sum_{ik} \frac{\partial^2}{\partial x_i \partial x_k}. \tag{21.3}$$

Wenn wir die Bewegung des Atomschwerpunkts, also die Abhängigkeit der Eigenfunktion von XYZ, abspalten, bekommen wir die Schrödingergleichung (in gewöhnlichen Einheiten)

$$\left(\frac{h^2}{8\pi^2 m} \sum_{i=1}^{n} \Delta_i + \frac{h^2}{8\pi^2 M} \sum_{i=1}^{n} \sum_{k=1}^{n} \left(\frac{\partial^2}{\partial x_i \partial x_k} + \frac{\partial^2}{\partial y_i \partial y_k} + \frac{\partial^2}{\partial z_i \partial z_k} \right) + E - V \right) U = 0. \tag{21.4}$$

Das zweite Glied ist der gesuchte Effekt der Mitbewegung des Kerns und bedingt eine Korrektur des Eigenwerts, welche proportional $\frac{m}{M} = \frac{\text{Elektronenmasse}}{\text{Kernmasse}}$ ist. Es ist zweckmäßig, das Glied in zwei Teile aufzuspalten, indem wir in der Summe die Glieder mit $i = k$ und die mit $i \neq k$ zusammenfassen. Führen wir dann noch die effektive Elektronenmasse

$$\mu = \frac{mM}{M + m} \tag{21.5}$$

ein, so wird aus (21.4)

$$\left(\frac{h^2}{8\pi^2 \mu} \sum_i \Delta_i + \frac{h^2}{4\pi^2 M} \sum_{i<k} \left(\frac{\partial^2}{\partial x_i \partial x_k} + \frac{\partial^2}{\partial y_i \partial y_k} + \frac{\partial^2}{\partial z_i \partial z_k} \right) + E - V \right) U = 0. \tag{21.6}$$

24*

Durch die Mitbewegung des Kerns wird also die Schrödingergleichung in zweierlei Weise modifiziert: Erstens tritt die „effektive Elektronenmasse" μ an die Stelle der eigentlichen Elektronenmasse m, und zweitens kommt zur Schrödingergleichung ohne Berücksichtigung der Kernbewegung ein Störungsglied hinzu, welches eine Änderung der Energie des Atoms um

$$\varepsilon_2 = -\frac{h^2}{4\pi^2 M}\sum_{i<k}\int U\left(\frac{\partial^2}{\partial x_i \partial x_k} + \frac{\partial^2}{\partial y_i \partial y_k} + \frac{\partial^2}{\partial z_i \partial z_k}\right) U\, d\tau$$

verursacht oder, wenn wir atomare Einheiten einführen und partiell integrieren, um

$$\varepsilon_2 = +\frac{m}{M}\sum_{i<k}\int (\mathrm{grad}_i U\, \mathrm{grad}_k U)\, d\tau\,. \tag{21.7}$$

a) Elementare Massenkorrektur. Die erste Modifikation der Schrödingergleichung ist uns von den Atomen mit einem einzigen Elektron her geläufig. Man kann sie einfach durch Einführung einer neuen atomaren Einheit für die Energie berücksichtigen, die sich von der gewöhnlichen Energieeinheit durch den Faktor

$$\frac{\mu}{m} = \frac{M}{M+m}$$

unterscheidet. Wenn wir also die Schrödingergleichung lösen und die Energie eines Atomzustandes in „Rydberg-Einheiten" bestimmen, so ist für die Rydberg-Einheit *nicht* der Wert der Rydbergkonstante für unendliche Masse des Kerns

$$R_\infty = \frac{2\pi^2 m e^4}{c h^3} = 109737{,}39\ \mathrm{cm}^{-1} \tag{21.8}$$

zu nehmen, sondern *die* Rydbergzahl, die der Masse des in Frage stehenden Atoms entspricht

$$R_M = R_\infty \cdot \frac{M}{M+m} \approx R_\infty\left(1 - \frac{m}{M}\right). \tag{21.9}$$

Wir können auch sagen: Wir haben die Terme zunächst für unendliche Kernmasse zu berechnen und dann die Korrektur $\varepsilon_1 = -\frac{m}{M}E_\infty$ anzubringen, wo E_∞ der Termwert für $M = \infty$ ist. Dieser Teil der Massenkorrektur betrifft *alle* Terme eines Atoms gleichmäßig und ist auch unabhängig vom Ionisierungszustand des Atoms. Die Frequenzen aller Spektrallinien des Atoms werden im gleichen Verhältnis $1 - m/M$ verkleinert.

b) Massenkorrektur wegen des Austauscheffekts[1]. Der zweite Teil der Massenkorrektur (21.7) ist dagegen für die verschiedenen Zustände des Atoms verschieden. Wenn die Elektronen des Atoms sich gänzlich unabhängig voneinander bewegen würden, wenn also die Eigenfunktion des Atoms ein einfaches Produkt der Eigenfunktionen der einzelnen Elektronen wäre

$$U = \prod_{i=1}^{n} u_i(i)\,,$$

so würde dieser zweite Teil der Massenkorrektur verschwinden:

$$\varepsilon_2 = \frac{m}{M}\sum_{i<k}\int d\tau_i\, u_i\, \mathrm{grad}\, u_i \int d\tau_k\, u_k\, \mathrm{grad}\, u_k = 0\,.$$

Denn der mittlere Impuls eines gebundenen Elektrons in einer beliebigen Richtung x,

$$\int u \frac{\partial u}{\partial x}\, d\tau\,,$$

[1] Vgl. zum Folgenden D. S. HUGHES u. C. ECKART, Phys. Rev. Bd. 36, S. 694. 1930.

ist ja notwendigerweise Null. Unsere Massenkorrektur ε_2 ist also wesentlich dadurch bestimmt, inwieweit sich die Elektronen in ihrer Bewegung nacheinander richten, d. h. inwieweit Phasenbeziehungen zwischen den Umlaufsbewegungen der Elektronen bestehen. Daß diese Phasenbeziehungen von Wichtigkeit für die Massenkorrektur sind, kann man leicht verstehen: Wenn sich etwa die Elektronen mit Vorliebe in der gleichen Richtung bewegen, wird der Kern zur Ausbalancierung der Elektronenbewegung sich sehr viel stärker bewegen müssen, als wenn die Bewegungen der einzelnen Elektronen unabhängig voneinander erfolgen oder gar vorwiegend einander entgegengerichtet sind.

Es gibt nun zwei Gründe dafür, daß die einzelnen Elektronen sich in ihrer Bewegung nacheinander richten: Das PAULIsche Prinzip und die elektrostatische Wechselwirkung („Polarisation"). Wir wollen diese beiden Einflüsse am Beispiel der Atome mit zwei Elektronen näher verfolgen. Wir nehmen wie üblich zunächst an, daß die Eigenfunktion sich als Summe von Produkten der Eigenfunktionen der beiden einzelnen Elektronen schreiben läßt, vernachlässigen also den durch die Elektronenwechselwirkung bedingten „Polarisationseffekt":

$$U = \frac{1}{\sqrt{2}}\left(u(1)\,v(2) \pm v(1)\,u(2)\right). \tag{21.10}$$

Die Eigenfunktionen u, v der beiden Elektronen können wir uns etwa nach der HARTREEschen Methode berechnet vorstellen, das obere Vorzeichen steht für Parhelium, das untere für Orthohelium. Setzen wir (21.10) in (21.7) ein, so kommt

$$\varepsilon_2 = \frac{m}{M}\int \operatorname{grad} u^*(1)\, v^*(2)\,\left(u(1)\operatorname{grad} v(2) \pm v(1)\operatorname{grad} u(2)\right) d\tau_1\, d\tau_2\,. \tag{21.11}$$

Der erste Summand in der Klammer gibt Null, weil

$$\int u \operatorname{grad} u^*\, d\tau = 0$$

als mittlerer Impuls eines gebundenen Elektrons verschwindet. Der zweite Summand gibt

$$\varepsilon_2 = \pm \frac{m}{M}\left|\int \operatorname{grad} u^* \cdot v\, d\tau\right|^2. \tag{21.12}$$

Das Integral ist im wesentlichen die optische Übergangswahrscheinlichkeit von dem einen besetzten Elektronenzustand zum anderen. *Unsere Massenkorrektur (21.12) ist also nur dann anzubringen, wenn die beiden besetzten Elektronenzustände optisch kombinieren.* Da bei den Atomen mit zwei Elektronen ein Elektron stets im Grundzustand ist (1 s-Zustand), werden also *nur p-Zustände von der zusätzlichen Massenkorrektur betroffen*, und zwar wird die Energie der Paraterme erhöht (unsere Korrektur wirkt für diese Terme in der *gleichen* Richtung wie die gewöhnliche Massenkorrektur), für Orthoterme vermindert. Physikalisch bedeutet das, daß in Parazuständen die beiden Elektronen sich vorwiegend in der gleichen Richtung bewegen, in Orthozuständen häufiger in entgegengesetzten Richtungen.

Um den numerischen Wert der Massenkorrektur für die P-Terme der Atome mit zwei Elektronen annähernd angeben zu können, setzen wir für die Eigenfunktionen der einzelnen Elektronen Wasserstoff-Eigenfunktionen ein, und zwar sei die effektive Kernladung für das innere (1 s-) Elektron Z_i, für das äußere (np-) Elektron Z_a. Dann wird

$$\varepsilon_2 = \pm \frac{128}{3}\,\frac{m}{M}\,(Z_i Z_a)^5\,\frac{(Z_i n - Z_a)^{2n-4}}{(Z_i n + Z_a)^{2n+4}}\, n^3 (n^2 - 1)\, Ry\,. \tag{21.13}$$

c) Anwendung auf das Li^+-Spektrum. Die wichtigste Anwendung unserer Formel ist die Deutung des Spektrums von Li^+: Bekanntlich gibt es zwei Li-Isotope mit den Atomgewichten 6 und 7. Die Massenkorrektur ist für die beiden Isotope natürlich verschieden, so daß die Spektren etwas voneinander abweichen (Isotopeneffekt). Wir wollen speziell die Linie 2^3P-2^3S des Li^+ ins Auge fassen, die experimentell besonders genau untersucht ist[1]. Die Linie besteht wegen der Feinstruktur und Hyperfeinstruktur (Ziff. 24, 25) aus vielen Komponenten, die teilweise dem Li_6^+, teilweise dem Li_7^+ zuzuordnen sind. Die Linienfrequenzen des Li_6^+ lassen sich direkt messen, da Li_6 keine Hyperfeinstruktur zeigt, dem Übergang $2^3P_0-2^3S$ entspricht z. B. die Frequenz

$$\nu_6 = 18229{,}48\ \mathrm{cm}^{-1}.$$

Die Frequenz der entsprechenden Linie des Li_7^+ läßt sich nur rechnerisch ermitteln, indem man theoretisch den Effekt der Hyperfeinstruktur eliminiert, es ergibt sich nach GÜTTINGER und PAULI[2]

$$\nu_7 = 18230{,}62\ \mathrm{cm}^{-1}.$$

Experimentell ist also die Differenz der beiden Frequenzen

$$(\nu_7-\nu_6)_{\mathrm{beob}} = 1{,}14\ \mathrm{cm}^{-1}. \tag{21.14}$$

(21.14) gibt die experimentelle Differenz der Massenkorrekturen für Li_6 und Li_7. Nach der elementaren Theorie sollte diese Differenz sein [vgl. (21.8)]

$$(\nu_7-\nu_6)_{\mathrm{elem}} = -\frac{1}{1833}\left(\frac{1}{7}-\frac{1}{6}\right)\nu_7 = +0{,}24\ \mathrm{cm}^{-1}. \tag{21.15}$$

Die elementare Theorie gibt also nur ein Fünftel des beobachteten Isotopeneffekts. Der Hauptanteil des Isotopeneffekts muß also durch die „Phasenbeziehungen" der Elektronen geliefert werden. Das kommt daher, daß durch die „Austausch-Massenkorrektur" nur der Ausgangsterm 2^3P der Linie verschoben wird, so daß der Effekt *voll* in der Linienfrequenz in Erscheinung tritt, während der „elementare Effekt" nahezu die gleiche Korrektur für Anfangs- und Endterm der Linie hervorruft und sich in der Linienfrequenz daher nur wenig äußert. Wir setzen in (21.13) für Z_i und Z_a die von ECKART nach der Variationsmethode für den 2^3P-Term des Li^+ bestimmten Werte (vgl. Tabelle 8)

$$Z_i = 2{,}98, \qquad Z_a = 2{,}16$$

ein und erhalten für den Beitrag der Austausch-Massenkorrektur zum Isotopeneffekt

$$\left.\begin{aligned}(\nu_7-\nu_6)_{\mathrm{Aust}} &= -\frac{128}{3}\cdot\frac{1}{1833}\left(\frac{1}{7}-\frac{1}{6}\right)\cdot\frac{2{,}16^5\cdot 2{,}98^5}{(2\cdot 2{,}98+2{,}16)^8}\cdot 2^3\cdot 3\cdot 109\,700\ \mathrm{cm}^{-1}\\ &= 0{,}85\ \mathrm{cm}^{-1}.\end{aligned}\right\} \tag{21.16}$$

Die Massenkorrekturen (21.15), (21.16) *zusammen* geben

$$(\nu_7-\nu_6)_{\mathrm{ber}} = 1{,}09\ \mathrm{cm}^{-1}, \tag{21.17}$$

was mit dem beobachteten Wert (21.14) sehr befriedigend übereinstimmt.

d) Polarisations-Massenkorrektur, Anwendung auf den Helium-Grundterm. Wir kommen nun zur zweiten Tatsache, welche Phasenbeziehungen zwischen den einzelnen Elektronen hervorrufen kann, nämlich der elektrostatischen Wechselwirkung. Diese bewirkt, daß sich die Eigenfunktion eines Atoms in Wirklichkeit nicht in der einfachen Form (21.10) darstellen läßt, sondern explizit vom Abstand der Elektronen voneinander abhängt (Polarisationseffekt, Ziff. 15). Wir werden annehmen können, daß dieser Effekt *klein*

---

[1] H. SCHÜLER, ZS. f. Phys. Bd. 66, S. 431. 1930.

[2] P. GÜTTINGER u. W. PAULI, ZS. f. Phys. Bd. 67, S. 743. 1931.

ist gegen den früher besprochenen Effekt des „Austausches", was ja auch aus der guten Übereinstimmung des theoretischen Wertes (21.17) mit dem experimentellen Wert (21.14) hervorgeht. Immerhin ist auch die Massenkorrektur wegen des Polarisationseffekts nicht vernachlässigbar, wenigstens wenn die Elektronen nahe aneinander kommen. Wir zeigen dies, indem wir die Massenkorrektur für den Grundterm des He ausrechnen. Wir führen wieder die Koordinaten s, t, u ein [vgl. (17.5), (17.6)], dann wird

$$\varepsilon_3 = \frac{m}{MN}\int_0^\infty ds\int_0^s du\int_0^u dt\Big\{(s^2+t^2-2u^2)\Big[\Big(\frac{\partial U}{\partial s}\Big)^2-\Big(\frac{\partial U}{\partial t}\Big)^2\Big]u$$
$$-(s^2-t^2)\,u\Big(\frac{\partial U}{\partial u}\Big)^2-2\frac{\partial U}{\partial u}\Big[s\frac{\partial U}{\partial s}(u^2-t^2)+t\frac{\partial U}{\partial t}(s^2-u^2)\Big]\Big\}$$

[N vgl. (17.13), M = Masse des Atomkerns]. Setzen wir nun für U die Eigenfunktion sechster Näherung (17.31) ein, so erhalten wir nach einer elementaren Rechnung

$$\varepsilon_3 = +\frac{0{,}173\,m}{M} = +2{,}36\cdot 10^{-5} \text{ atomare Einheiten} = +5{,}2\,\text{cm}^{-1}.$$

Das ist etwa gleich 20% der „elementaren Massenkorrektur" für die Ionisierungsspannung des Heliums

$$\varepsilon_1 = +\frac{0{,}903\,m}{M} = +12{,}32\cdot 10^{-5} \text{ atomare Einheiten} = 27{,}0\,\text{cm}^{-1}.$$

ε_2 ist bei der Genauigkeit der HYLLERAASschen Rechnungen, deren Fehler höchstens wenige cm^{-1} beträgt, *nicht* zu vernachlässigen; es wirkt, ebenso wie ε_1, im Sinne einer *Verkleinerung* der Ionisierungsspannung des Heliums.

2. Relativistische Theorie.

22. Die BREITsche Differentialgleichung[1]. a) Aufstellung der Gleichung. Eine exakte relativistische Theorie des Zwei-Elektronen-Problems ist zur Zeit noch nicht durchführbar. Uns interessiert hier vor allem die Berechnung der Feinstrukturaufspaltung des Heliums und der verwandten Ionen. Für diesen Zweck genügt aber eine Theorie, welche die Energie bis zu Größen von der Ordnung $\alpha^2 Ry$ (α = Feinstrukturkonstante) genau zu berechnen gestattet, welche also dieselbe Genauigkeit erreicht wie die PAULIsche Theorie des Ein-Elektronen-Problems. Eine solche Theorie ist von BREIT[1] gegeben worden: Nach ihm gehorcht die relativistische Eigenfunktion U eines Atoms mit zwei Elektronen der Differentialgleichung

$$\begin{rcases}\Big\{E+e\varphi(r_1)+e\varphi(r_2)+(\beta_1+\beta_2)E_0+(\vec{\alpha}_1,\,-i\hbar c\,\mathrm{grad}_1+eA_k(\mathfrak{r}_1)) \\ +(\vec{\alpha}_2,\,-i\hbar c\,\mathrm{grad}_2+e\mathfrak{A}(\mathfrak{r}_2))+\frac{e^2}{r_{12}}-\frac{e^2}{2r_{12}}\Big[(\alpha_1\alpha_2)+\frac{(\alpha_1\mathfrak{r}_{12})(\alpha_2\mathfrak{r}_{12})}{r_{12}^2}\Big]\Big\}U=0.\end{rcases}\quad(22.1)$$

Die Funktion U hat 16 Komponenten, die wir mit zwei Indizes $\mu_1\mu_2$ numerieren, von denen jeder die Werte 1 bis 4 annehmen kann. Die Operatoren $\vec{\alpha}_1$, β_1 wirken auf den ersten Index μ_1 der Funktion U genau wie die gewöhnlichen DIRACschen Operatoren $\vec{\alpha}$, β auf den einzigen Index der DIRACschen Eigenfunktion des Einelektronenproblems, ebenso wirken $\vec{\alpha}_2$, β_2 nur auf den *zweiten* Index von U. $\vec{\alpha}_1$ ist dabei natürlich der Vektoroperator mit den drei Komponenten $\alpha_{1x}\,\alpha_{1y}\,\alpha_{1z}$, grad_1 ist der Gradient im Raum des ersten Elektrons, also der Vektoroperator mit den Komponenten $\partial/\partial x_1$, $\partial/\partial y_1$, $\partial/\partial z_1$, $\mathfrak{A}(\mathfrak{r}_1)$ ist das (äußere) Vektorpotential, $\varphi(\mathfrak{r}_1)$ das skalare Potential am Orte des Elektrons 1, r_{12} der Abstand der beiden Elektronen, $E_0 = mc^2$ die Ruhenergie und E die Gesamtenergie.

[1] G. BREIT, Phys. Rev. Bd. 34, S. 553. 1929; Bd. 36, S. 383. 1930; Bd. 39, S. 616. 1932; auch J. R. OPPENHEIMER, ebenda Bd. 35, S. 461. 1930.

Die ersten Glieder der Differentialgleichung (22.1) sind uns von der DIRACschen Theorie des Einelektronenproblems her vertraut, das drittletzte Glied ist die gewöhnliche COULOMBsche Wechselwirkung der beiden Elektronen. Die beiden letzten Glieder (eckige Klammer!) stellen eine relativistische Korrektur dieser Wechselwirkung dar und sind cum grano salis zu verstehen: Es ist nämlich, wie BREIT in seiner letzten Arbeit gezeigt hat, nicht richtig, (22.1) exakt zu lösen, man muß vielmehr zunächst die Differentialgleichung *ohne* die beiden letzten Glieder als „ungestörtes Problem" behandeln und dann die Störungsenergie *erster Näherung* berechnen, welche durch die beiden letzten Glieder in (21.1) hervorgerufen wird[1]:

$$W = -\frac{e^2}{2}\int U^* \left(\frac{(\alpha_1\alpha_2)}{r_{12}} + \frac{(\alpha_1\mathfrak{r}_{12})(\alpha_2\mathfrak{r}_{12})}{\mathfrak{r}_{12}^3}\right) U\,d\tau. \tag{22.2}$$

b) Ableitung. Zur *Ableitung* von (22.1) ist BREIT von der Quantenelektrodynamik ausgegangen. Das Prinzip der letzteren ist bekanntlich, daß nicht von vornherein eine Wechselwirkung zwischen den Elektronen angenommen wird, sondern daß die Elektronen primär in Wechselwirkung mit dem elektromagnetischen Feld stehen und daß erst mittelbar dadurch eine Wechselwirkung der Elektronen untereinander zustande kommt. Das elektromagnetische Feld kann man beschreiben durch skalares Potential und Vektorpotential, wobei das letztere wiederum in einen divergenzfreien und einen rotationsfreien Vektor zerlegt werden kann. Der erstere bildet das eigentliche Strahlungsfeld (trans-

[1] Man muß also die durch die fraglichen Glieder bewirkte Störungsenergie *zweiter* Näherung fortlassen. Man würde zunächst vermuten, daß diese Vernachlässigung nichts ausmacht: Da die Störungsenergie erster Näherung (22.2) proportional dem Quadrat der Feinstrukturkonstante α ist [vgl. unten (22.5)], möchte man für die zweite Näherung Proportionalität mit α^4, d. h. mit der *vierten* Potenz des Verhältnisses von Elektronengeschwindigkeit v zu Lichtgeschwindigkeit c, erwarten. Das ist aber wegen der besonderen Natur der α-Operatoren *nicht* der Fall: Die Störungsenergie zweiter Näherung für das Energieniveau n ist bekanntlich gegeben durch

$$W_2 = \frac{1}{4}\sum_{n' \neq n} \frac{\left|\left(\frac{e^2(\alpha_1\alpha_2)}{r_{12}} + \frac{e^2(\alpha_1\mathfrak{r}_{12})(\alpha_2\mathfrak{r}_{12})}{r_{12}^3}\right)_{nn'}\right|^2}{E_n - E_{n'}}. \tag{a}$$

Die Matrixelemente des DIRACschen Operators $\vec{\alpha}$ sind nun zunächst beim *Ein*elektronenproblem *groß* (von der Ordnung 1), wenn n ein Zustand positiver Energie ist und n' ein Zustand *negativer* und dem Betrag nach etwa ebenso großer Energie, dagegen *klein* (von der Ordnung v/c), wenn n und n' Zustände positiver Energie sind (man weist das am leichtesten für das freie Elektron nach). Bei unserem *Zwei*elektronenproblem können wir in ausreichender Näherung annehmen, daß die Eigenfunktion U das Produkt zweier Dirac-Eigenfunktionen der einzelnen Elektronen sind. Damit die Matrixelemente in (a) groß sind, muß dann die Energie *beider* Elektronen im Zustand n' negativ sein, d. h. es ist $E_n \approx +2mc^2$, $E_{n'} \approx -2mc^2$ und nach den Regeln der Matrixmultiplikation

$$W_2 = \frac{e^4}{16mc^2}\left(\left(\frac{(\alpha_1\alpha_2)}{r_{12}} + \frac{(\alpha_1\mathfrak{r}_{12})(\alpha_2\mathfrak{r}_{12})}{r_{12}^3}\right)^2\right)_{n'n} \tag{b}$$

Nun läßt sich mit Hilfe der Vertauschungsrelationen der α

$$\left.\begin{aligned} \alpha_{mi}\alpha_{mk} + \alpha_{mk}\alpha_{mi} &= 2\delta_{ik}, \\ \alpha_{1i}\alpha_{2k} &= \alpha_{2k}\alpha_{1i} \end{aligned}\right\} \tag{c}$$

($m = 1, 2$ Nummern der Elektronen, $i, k = 1, 2, 3$ Nummern der Raumkoordinaten) leicht zeigen, daß

$$\left.\begin{aligned} (\vec{\alpha}_1\vec{\alpha}_2)^2 = 3 - 2(\vec{\sigma}_1\vec{\sigma}_2), \quad (\vec{\alpha}_1\mathfrak{r}_{12})^2(\vec{\alpha}_2\mathfrak{r}_{12})^2 = r_{12}^4, \\ (\vec{\alpha}_1\mathfrak{r}_{12})(\vec{\alpha}_2\mathfrak{r}_{12})(\vec{\alpha}_1\vec{\alpha}_2) + (\vec{\alpha}_1\vec{\alpha}_2)(\vec{\alpha}_1\mathfrak{r}_{12})(\vec{\alpha}_2\mathfrak{r}_{12}) = 2r_{12}^2[1 - (\vec{\sigma}_1\vec{\sigma}_2)] + 2(\vec{\sigma}_1\mathfrak{r}_{12})(\vec{\sigma}_2\mathfrak{r}_{12}), \end{aligned}\right\} \tag{d}$$

wobei $\vec{\sigma}_1, \vec{\sigma}_2$ die PAULIschen Spinoperatoren des ersten und zweiten Elektrons sind [Definition vgl. (7.8)]. Es wird also W_2 gleich dem Diagonalelement von

$$W_2 = \frac{e^4}{8mc^2}\left[\frac{3 - 2(\vec{\sigma}_1\vec{\sigma}_2)}{r_{12}^2} + \frac{(\vec{\sigma}_1\mathfrak{r}_{12})(\vec{\sigma}_2\mathfrak{r}_{12})}{r_{12}^4}\right], \tag{e}$$

d. h. von der Größenordnung $1/c^2$, *nicht* $1/c^4$. Es ist also in unserer Näherung von wesentlicher Bedeutung, ob man W_2 mitnimmt oder fortläßt. BREIT hat nun (Phys. Rev. Bd. 36, vgl. Ziff. 23 ds. Artikels) gezeigt, daß man falsche Resultate für die Feinstruktur des Heliums erhält, wenn man W_2 mitnimmt, dagegen richtige, wenn man es fortläßt. Neuerdings (ebenda Bd. 39, vgl. den folgenden Text) hat er das Weglassen von W_2 auch theoretisch begründet.

versale Wellen), der letztere und das skalare Potential sind durch die Kontinuitätsgleichung

$$\operatorname{div}\mathfrak{A} + \frac{1}{c}\frac{\partial\varphi}{\partial t} = 0 \tag{22.3}$$

miteinander verknüpft: Ihre Wechselwirkung mit der Materie bewirkt eine Wechselwirkung zwischen zwei Partikeln mit den Ladungen $e_1 e_2$, die genau die COULOMBsche Form $e_1 e_2/r_{12}$ hat[1]. Dabei ist aber die Wechselwirkung der Elektronen mit den transversalen elektromagnetischen Wellen noch nicht berücksichtigt. Betrachtet man sie als Störung, so findet man, daß sie in erster Näherung (d. h. bei Vernachlässigung von Gliedern höherer als der zweiten Ordnung in $1/c$) eine Energieverschiebung von der Größe (22.2) verursacht[2]. Damit ist sowohl (22.1) wie die oben gegebene Anwendungsvorschrift von (22.1) bewiesen.

Andererseits kann (22.1) auch mit Hilfe einer von MØLLER[3] gegebenen Vorschrift plausibel gemacht werden. Vgl. darüber H. BETHE und E. FERMI, l. c.

c) Reduktion der Differentialgleichung auf die großen Komponenten. Analog zu dem Verhalten der Komponenten der Diracfunktion sind von unseren 16 Eigenfunktionskomponenten 4 von überragender Größe, nämlich die, deren Indizes $\mu_1\mu_2$ beide gleich 3 oder 4 sind[4]. Wir können in Analogie zu Ziff. 8 die Differentialgleichung (22.1) reduzieren auf eine Gleichung zwischen den „großen" Eigenfunktionskomponenten allein. Dabei treten an Stelle der α-Operatoren die Spinoperatoren $\sigma_i^1\,\sigma_i^2$ definiert durch

$$\sigma_i^1 = -i\,\alpha_j\,\alpha_k \qquad (i,\,j,\,k \text{ folgen zyklisch aufeinander}) \tag{22.4}$$

auf, und die Eigenfunktionskomponenten bekommen eine anschauliche Bedeutung: $|u_{34}(\mathfrak{r}_1\mathfrak{r}_2)|^2$ ist z. B. die Wahrscheinlichkeit dafür, daß die Elektronen sich an den Orten $\mathfrak{r}_1\,\mathfrak{r}_2$ befinden und der Spin des ersten Elektrons parallel z steht, der des zweiten antiparallel zu z.

Wir geben die endgültige Differentialgleichung für das Zwei-Elektronen-Problem[5]:

$$EU = (H_0 + H_1 + \cdots + H_6)\,U, \tag{22.5}$$

$$H_0 = -eV + \frac{1}{2m}(p_1^2 + p_2^2),$$

$$H_1 = -\frac{1}{8m^3c^2}(p_1^4 + p_2^4),$$

$$H_2 = -\frac{e^2}{2m^2c^2}\left(\frac{1}{r_{12}}(\mathfrak{p}_1\mathfrak{p}_2) + \frac{1}{r_{12}^3}\sum_{i,k=1}^{3}(x_{i1}-x_{i2})(x_{k1}-x_{k2})\,p_{i1}\,p_{k2}\right),$$

$$H_3 = \frac{\mu}{mc}\left\{\left([\mathfrak{E}_1\mathfrak{p}_1] + \frac{2e}{r_{12}^3}[\mathfrak{r}_{12}\mathfrak{p}_2],\,\mathfrak{s}_1\right) + \left([\mathfrak{E}_2\mathfrak{p}_2] + \frac{2e}{r_{12}^3}[\mathfrak{r}_{21}\mathfrak{p}_1],\,\mathfrak{s}_2\right)\right\},$$

$$H_4 = -\frac{i\mu}{2mc}\left((\mathfrak{E}_1\mathfrak{p}_1) + (\mathfrak{E}_2\mathfrak{p}_2)\right),$$

$$H_5 = 4\mu^2\,\frac{(\mathfrak{s}_1\mathfrak{s}_2)\,r_{12}^2 - 3(\mathfrak{s}_1\mathfrak{r}_{12})(\mathfrak{s}_2\mathfrak{r}_{12})}{r_{12}^5},$$

$$H_6 = 2\mu\left((\mathfrak{H}_1\mathfrak{s}_1) + (\mathfrak{H}_2\mathfrak{s}_2)\right) + \frac{e}{mc}\left((\mathfrak{A}_1\mathfrak{p}_1) + (\mathfrak{A}_2\mathfrak{p}_2)\right) + \frac{e^2}{2mc^2}(A_1^2 + A_2^2).$$

[1] Siehe E. FERMI, Rev. of Mod. Phys. Bd. 4, S. 87. 1932, insbesondere Gleichung (166), (167).

[2] G. BREIT, Phys. Rev. Bd. 39, S. 616. 1932; H. BETHE u. E. FERMI, ZS. f. Phys. Bd. 77, S. 296. 1932.

[3] CHR. MØLLER, ZS. f. Phys. Bd. 70, S. 786. 1931, ds. Artikel Ziff. 50.

[4] Die Komponenten, bei denen 1 bzw. 2 Indizes gleich Eins oder Zwei sind, sind gegenüber den „großen" Komponenten klein von der Ordnung α bzw. α^2.

[5] Man kann sie leicht auf n Elektronen verallgemeinern. Zur Ableitung benutzt man Formeln vom Typ (8.4), vgl. dazu G. BREIT, Phys. Rev. Bd. 39, S. 616. 1932.

Dabei sind $\mathfrak{r}_1 \mathfrak{r}_2$ die Koordinaten, $\mathfrak{p}_1 \mathfrak{p}_2$ die Impulse der beiden Elektronen, vom Kern aus gerechnet, ferner

$$\mathfrak{r}_{12} = -\mathfrak{r}_{21} = \mathfrak{r}_1 - \mathfrak{r}_2\,;$$

V ist das gesamte elektrische Potential, bestehend aus dem Kernpotential, der Wechselwirkung zwischen den beiden Elektronen und einem evtl. äußeren Feld φ:

$$V = \frac{Ze}{r_1} + \frac{Ze}{r_2} - \frac{e}{r_{12}} - \varphi(r_1) - \varphi(r_2)\,, \tag{22.6}$$

$\mathfrak{E}_1$ die elektrische Feldstärke am Orte des ersten Elektrons: $\mathfrak{E}_1 = -\mathrm{grad}_1 V$, $\mathfrak{H}_1$ die magnetische Feldstärke, $\mathfrak{A}_1$ das Vektorpotential am Ort des ersten Elektrons, $\mathfrak{s}_1$ der Spinoperator des ersten Elektrons, $\mu = \frac{e\hbar}{2mc}$ das BOHRsche Magneton.

Die physikalische Bedeutung der verschiedenen Bestandteile der Hamiltonfunktion ist ohne weiteres zu erkennen:

H_0 ist die gewöhnliche nichtrelativistische Energiefunktion.

H_1 ist die relativistische Korrektur im engeren Sinne (Massenänderung mit der Geschwindigkeit).

H_2 entspricht genau der klassischen relativistischen Korrektur der Elektronenwechselwirkung infolge der Retardierung der Wirkung des einen Elektrons auf das andere[1].

H_3 ist die Wechselwirkung zwischen Elektronenspin und Bahnmoment der Elektronen. Diese Wechselwirkung läßt sich auch elementar berechnen[2].

H_4 ist das für die DIRACsche Theorie charakteristische Glied, welches bereits in der Hamiltonfunktion für ein einziges Elektron auftrat [vgl. (8.5)]; es gibt beim Ein-Elektronen-Problem die „Spinkorrektur für s-Terme" [vgl. (8.18)].

H_5 ist die elementare Wechselwirkung des Spins untereinander, es ist einfach die Wechselwirkung zweier magnetischer Dipole mit den Momenten $2\mu\mathfrak{s}_1$ und $2\mu\mathfrak{s}_2$ im Abstand r_{12}.

H_6 ist die Wechselwirkung mit einem äußeren Magnetfeld.

23. Feinstruktur des Heliums[3]. Wir berechnen nunmehr aus der Differentialgleichung (22.19) die relativistischen Energieniveaus der Atome mit zwei Elektronen in Abwesenheit äußerer Felder ($\varphi = \mathfrak{H} = 0$). Wegen der Kleinheit der Feinstrukturkonstante genügt es, die Eigenfunktionen in nullter, die Eigenwerte in erster Näherung zu bestimmen[4], wobei als nullte Näherung die Lösungen der *nichtrelativistischen* Schrödingergleichung

$$E_0 U_0 = H_0 U_0$$

zu gelten haben, mit denen wir uns in Ziff. 11 bis 21 ausführlich beschäftigt haben. Die ungestörten Eigenfunktionen sind also (vgl. Ziff. 11) Produkte einer räumlichen und einer Spineigenfunktion, wobei für Orthohelium die drei Spineigenfunktionen S_+, S_0, S_- [vgl. (11.4), (11,5)] in Frage kommen, für Parhelium die eine Spineigenfunktion S_P (11.6). Man kann die ungestörten Eigenfunktionen charakterisieren durch die magnetischen Quantenzahlen von Bahn und Spin m_l

[1] Vgl. z. B. C. G. DARWIN, Phil. Mag. Bd. 39, S. 537. 1920; G. BREIT, Phys. Rev. Bd. 34, S. 553. 1929.

[2] Vgl. z. B. W. HEISENBERG, ZS. f. Phys. Bd. 39, S. 499. 1926, insbesondere Gleichung (24).

[3] Vgl. G. BREIT, Phys. Rev. Bd. 36, S. 483. 1930; auch W. HEISENBERG, ZS. f. Phys. Bd. 39, S. 499. 1926; Y. SUGIURA, ebenda Bd. 44, S. 190. 1927; L. GAUNT, Proc. Roy. Soc. London Bd. 122, S. 153. 1929; Phil. Trans. Bd. 228, S. 151. 1929.

[4] Die Eigenwerte sind dann genau bis einschließlich zur Ordnung α^2. Eine größere Genauigkeit ist nach der Art der Ableitung von (22.5) auch gar nicht möglich.

und m_s[1], die Energie nullter Näherung hängt von diesen beiden Quantenzahlen nicht ab, sondern bloß von Haupt-, Azimutal- und Spinquantenzahl n, l, s[2].

Von den relativistischen Störungsfunktionen lassen drei, nämlich H_1, H_2, H_4, die Entartung der Eigenwerte bezüglich m_l und m_s unverändert bestehen[3] und bewirken nur eine kleine Verschiebung des Termwerts, die uns hier nicht weiter interessiert, da sie weit unterhalb der Fehlergrenzen unserer früheren Berechnungen der nichtrelativistischen Eigenwerte liegt[4]. Die beiden anderen Störungsfunktionen H_3, H_5 dagegen bewirken eine *Aufspaltung* jedes Terms des Orthoheliums[5] in drei Feinstrukturniveaus mit den inneren Quantenzahlen $j = l + 1$, l, $l - 1$, wobei $j(j + 1)$ jeweils das Quadrat des Betrages des Gesamtdrehimpulses $\mathfrak{M} = \mathfrak{k} + \mathfrak{s}$ angibt. Natürlich sind infolge dieser Aufspaltung die früher erwähnten Produkte von einer räumlichen und einer Spineigenfunktion noch nicht die richtigen Eigenfunktionen nullter Näherung, sondern man hat aus ihnen Linearkombinationen zu bilden. Wir ersparen uns die explizite Aufstellung dieser Linearkombinationen, indem wir nach der Matrixmethode rechnen.

Um eine möglichst große Genauigkeit bei der Berechnung der Feinstruktur zu erzielen, muß man natürlich die genaue räumliche Eigenfunktion des fraglichen Niveaus zugrunde legen. Breit hat eine solche genaue Rechnung für den $2\,^3P$-Zustand des He durchgeführt, wobei er die Eigenfunktion nach dem Variationsverfahren bestimmte[6]. Wir kommen weiter unten auf seine Ergebnisse zu sprechen.

Für unsere Zwecke werden wir eine räumliche Eigenfunktion von sehr vereinfachter Form benutzen, nämlich einfach ein Produkt zweier Eigenfunktionen der einzelnen Elektronen:

$$U = u_1(1)\, u_{nlm}(2)\,. \tag{23.1}$$

u_1 soll dabei die Eigenfunktion eines Elektrons in der Grundbahn sein, während n einen hoch angeregten Quantenzustand bedeuten soll, so daß man durchweg r_1 gegen r_2 vernachlässigen darf[7].

---

[1] $m_s = 1, 0, -1$ für s_+, s_0, s_-; m_l ist der zweite Index der Kugelfunktion $Y_{l,m_l}(\vartheta, \varphi)$, welche die Winkelabhängigkeit der räumlichen Eigenfunktion angibt.

[2] s bestimmt das Termsystem und ist 1 für Ortho-, 0 für Parhelium.

[3] Das folgt daraus, daß $H_1 H_2 H_4$ nur von der räumlichen Lage des Elektrons und nicht vom Spin abhängen. Sie sind folglich mit s_z vertauschbar, so daß s_z und damit auch k_z Konstanten der Bewegung bleiben. [$M_z = k_z + s_z$ ist ja auch bei Berücksichtigung der gesamten Hamiltonfunktion (22.6) eine Konstante der Bewegung.]

[4] Außer für den Grundterm, vgl. Ziff. 24.

[5] Parheliumterme spalten natürlich nicht auf: Da es nur eine Spineigenfunktion S_P gibt, sind die Quantenzustände schon durch Angabe von m_l *allein* bestimmt. Die Energie kann aber von m_l offenbar nicht abhängen, da keine Richtung im Raum ausgezeichnet ist.

[6] Die von ihm benutzte Eigenfunktion erfüllt allerdings auch nicht die höchsten Ansprüche an Genauigkeit, da der entsprechende Eigenwert noch ziemlich schlecht ist (vgl. Ziff. 19c).

[7] Der Ansatz (23.1) könnte unberechtigt erscheinen, denn wir haben nicht bloß, wie auch früher öfters, die „Polarisation" des einen Elektrons durch das andere außer acht gelassen, sondern auch die Symmetrie der Eigenfunktion. In Wirklichkeit sollten wir eine antisymmetrische Eigenfunktion wählen

$$U = \frac{1}{\sqrt{2}}\left(u_1(1)\, u_n(2) - u_n(1)\, u_1(2)\right).$$

Man kann sich aber überzeugen, daß man bei der Berechnung der Matrixelemente der Spinwechselwirkung

$$\sum_{s_z} \int d\tau\, U'^*(\mathfrak{r}_1 \mathfrak{r}_2)\, S'^*(s_{z1}, s_{z2})(H_3 + H_5)\, U(\mathfrak{r}_1 \mathfrak{r}_2)\, S(s_{z1}, s_{z2})\, d\tau_1\, d\tau_2$$

nur einen Fehler von der Größenordnung des Verhältnisses der Bahnradien von innerem und äußerem Elektron begeht, wenn man statt der symmetrischen Funktion die unsymmetrische (23.1) benutzt.

a) Wechselwirkung zwischen Spin und Bahn. Wir gehen zuerst an die Berechnung der Wechselwirkung zwischen Spin und Bahn. In atomaren Einheiten geschrieben ist der entsprechende Teil der Hamiltonfunktion

$$\left.\begin{aligned} H_3 &= \frac{1}{2}\alpha^2\left(\frac{Z}{r_1^3}[\mathfrak{r}_1\mathfrak{p}_1] - \frac{1}{r_{12}^3}[\mathfrak{r}_1-\mathfrak{r}_2,\mathfrak{p}_1] + \frac{2}{r_{12}^3}[\mathfrak{r}_1-\mathfrak{r}_2,\mathfrak{p}_2],\mathfrak{s}_1\right) \\ &+ \frac{1}{2}\alpha^2\left(\frac{Z}{r_2^3}[\mathfrak{r}_2\mathfrak{p}_2] - \frac{1}{r_{12}^3}[\mathfrak{r}_2-\mathfrak{r}_1,\mathfrak{p}_2] + \frac{2}{r_{12}^3}[\mathfrak{r}_2-\mathfrak{r}_1,\mathfrak{p}_1],\mathfrak{s}_2\right). \end{aligned}\right\} \quad (23.2)$$

Wenn die Eigenfunktion die von uns gewählte einfache Form (23.1) hat, so verschwinden die zu berechnenden Mittelwerte über die ungestörte Eigenfunktion (Energiestörung erster Näherung) für die meisten Glieder der Störungsenergie H_3: Der Mittelwert von $[\mathfrak{r}_1\mathfrak{p}_1] = \mathfrak{k}_1$ ist Null, weil das Elektron 1 in der Grundbahn läuft und daher kein Bahnmoment hat, und die „gemischten Glieder" $[\mathfrak{r}_1\mathfrak{p}_2]$ und $[\mathfrak{r}_2\mathfrak{p}_1]$ verschwinden, weil die beiden Elektronen sich voneinander unabhängig bewegen, d. h. weil die Eigenfunktion (23.1) ein einfaches Produkt der Eigenfunktionen der beiden Elektronen ist. In den übrigbleibenden Gliedern dürfen wir dann noch r_{12} durch r_2 ersetzen, da $r_1 \ll r_2$ ist. Dann bleibt

$$H_3 = \frac{1}{2}\alpha^2((Z-1)\mathfrak{s}_2 - 2\mathfrak{s}_1)[\mathfrak{r}_2\mathfrak{p}_2]\cdot\frac{1}{r_2^3}.$$

Wegen der Symmetrie der Spineigenfunktionen $S_+ S_0 S_-$ in den Spins der beiden Elektronen sind ferner die Matrixelemente der Spinvektoren $\mathfrak{s}_1$ und $\mathfrak{s}_2$ einander gleich:

$$(\mathfrak{s}_1)_{nn'} = (\mathfrak{s}_2)_{nn'} = \tfrac{1}{2}\mathfrak{s}_{nn'}.$$

$\mathfrak{s}$ ist der Vektor des Spinmoments des Gesamtatoms. Also wird

$$H_3 = \frac{1}{4}\alpha^2(Z-3)(\mathfrak{s}\mathfrak{k}_2)\cdot\frac{1}{r_2^3},$$

wobei $\mathfrak{k}_2$ der Bahndrehimpuls des Leuchtelektrons ist oder, was dasselbe ist, der Bahnimpuls des ganzen Atoms. Schließlich können wir noch $(\mathfrak{k}\mathfrak{s})$ durch den Gesamtdrehimpuls j ausdrücken [vgl. (8.10)] und von atomaren Einheiten zu Rydbergeinheiten übergehen, dann bekommen wir

$$\left.\begin{aligned} H_3 &= \frac{1}{4}\frac{\alpha^2}{r_2^3}(Z-3)(j(j+1) - l(l+1) - s(s+1)) \\ &= \frac{1}{2}\alpha^2(Z-3)\overline{r_2^{-3}}\cdot\begin{cases} l & \text{für } j = l+1, \\ -1 & \text{,, } j = l, \\ -(l+1) & \text{,, } j = l-1. \end{cases} \end{aligned}\right\} \quad (23.3)$$

$\overline{r_2^{-3}}$ ist der Mittelwert von r^{-3} über die Bahn des Leuchtelektrons:

$$\overline{r_2^{-3}} = \int \frac{1}{r^3} u_{nl}^2(r)\, r^2\, dr.$$

Wenn wir annehmen, daß die Eigenfunktion u_{nlm} des Leuchtelektrons eine Wasserstoff-Eigenfunktion (Kernladung $Z-1$) ist, so wird nach (3.28)

$$\overline{r_2^{-3}} = \frac{2(Z-1)^3}{n^3(2l+1)(l+1)l}. \quad (23.4)$$

Die Wechselwirkung zwischen Spin und Bahn gibt nach (23.3) Anlaß zur Aufspaltung der Orthoheliumterme in *reguläre Tripletts*. Allerdings ist für Helium das Triplett „verkehrt": Da $Z-3 = -1$ ist, liegt das Niveau $j = l+1$ am tiefsten, das Niveau $j = l-1$ am höchsten. Die Kernladung wird also quasi überabgeschirmt. Für Li^+ verursacht die Wechselwirkung Spin-Bahn in unserer Näherung überhaupt keine Aufspaltung ($Z-3=0$), für Be^{++} usw. würde ein regelrechtes Triplett resultieren. Beobachtet sind in allen Fällen Tripletts, welche absolut nicht der Intervallregel folgen. Dies muß offenbar von der Spin-Spin-Wechselwirkung herrühren.

b) Wechselwirkung der beiden Spins. Die Berechnung der magnetischen Wechselwirkungsenergie H_5 zwischen Spin und Spin ist wesentlich interessanter als die der Spin-

Bahn-Wechselwirkung. Wir formen die Wechselwirkungsenergie zunächst nach Formel (65.39) um:

$$\left.\begin{aligned} H_5 &= \frac{\alpha^2}{r_{12}^5}\left(r_{12}^2(\mathfrak{s}_1\mathfrak{s}_2) - 3(\mathfrak{s}_1, \mathfrak{r}_1 - \mathfrak{r}_2)(\mathfrak{s}_2, \mathfrak{r}_1 - \mathfrak{r}_2)\right) \\ &= \frac{\alpha^2}{r_2^5}\left(r_2^2(\mathfrak{s}_1\mathfrak{s}_2) - 3(\mathfrak{s}_1\mathfrak{r}_2)(\mathfrak{s}_2\mathfrak{r}_2)\right) \\ &= -\frac{\alpha^2\,\overline{r_2^{-3}}}{(2l+3)(2l-1)}\left[2(\mathfrak{s}_1\mathfrak{s}_2) - 3(\mathfrak{s}_1\mathfrak{k})(\mathfrak{s}_2\mathfrak{k}) - 3(\mathfrak{s}_2\mathfrak{k})(\mathfrak{s}_1\mathfrak{k})\right]. \end{aligned}\right\} \quad (23.5)$$

Dabei haben wir wieder r_1 gegen r_2 vernachlässigt und berücksichtigt, daß der Drehimpuls $\mathfrak{k}_2$ des Leuchtelektrons gleich dem Drehimpuls $\mathfrak{k}$ des ganzen Atoms ist.

Bei gegebenem n und l hat H_5 drei verschiedene Eigenwerte, welche den inneren Quantenzahlen $j = l + 1, l, l - 1$ zuzuordnen sind (s. oben). Um die Eigenwerte zu bestimmen, verwenden wir die „Methode der Summen"[1]. Wir denken uns die Matrix von H_5 hingeschrieben, wobei wir Zeilen und Kolonnen mit den Quantenzahlen m_l und m_s bezeichnen (Komponenten von Bahnimpuls bzw. Spin in einer festen Richtung). Der Teil der Matrix, der zum Eigenwert nl des Atoms gehört[2], hat $3 \cdot (2l + 1)$ Zeilen und Kolonnen

$$(m_l = -l, \ldots, +l, \quad m_s = 1, \ 0, \ -1)$$

und zerfällt in $2l + 3$ Einzelmatrizen, welche jeweils durch einen bestimmten Wert von $m\,(= m_l + m_s = -(l+1) \cdots + (l+1))$ charakterisiert sind[3]. Sie enthalten im allgemeinen je drei Zeilen und Kolonnen, nur die Teilmatrix $m = l$ enthält bloß zwei, die Teilmatrix $m = l + 1$ sogar nur eine Zeile und Kolonne. Nun lassen sich die Diagonalelemente der H_5-Matrix, also die Elemente $(H_5)_{m_l m_s}^{m_l m_s}$, sehr leicht berechnen, während die Auswertung der Nichtdiagonalelemente wesentlich mühsamer wäre. Wir brauchen aber auch nur die Diagonalelemente zu kennen, denn — dies ist der springende Punkt der „Methode der Summen" — die Summe der Diagonalelemente jeder Teilmatrix m ist bekanntlich gleich der Summe der Eigenwerte von H_5 für alle Zustände mit dem Drehimpulsmoment $M_z = m$. Indem wir zunächst das einzige Element der Teilmatrix $m = l + 1$ ausrechnen, bekommen wir den Eigenwert von H_5 für $j = l + 1$. Für $M_z = l$ gibt es dann zwei Quantenzustände ($j = l + 1$ und $j = l$). Die Summe der Diagonalelemente der Teilmatrix $m = l$ gibt also die Summe der Eigenwerte von H_5 für $j = l + 1$ und $j = l$; indem wir hiervon den bereits berechneten Eigenwert für $j = l + 1$ subtrahieren, erhalten wir den Eigenwert für $j = l$. Schließlich gibt es für $M_z \leqq l - 1$ je drei Quantenzustände $j = l + 1,\ l,\ l - 1$; die Summe der Diagonalelemente für alle dreizeiligen Teilmatrizen muß also die gleiche sein[4], sie gibt die Summe der drei Eigenwerte $j = l + 1, j = l, j = l - 1$ und damit den noch fehlenden Eigenwert für $j = l - 1$.

Bei der Berechnung der Diagonalelemente von H_5 brauchen wir uns natürlich nur um die eckige Klammer in (23.5) zu kümmern. Wir schreiben die Klammer in Komponenten aus, lassen aber gemischte Glieder wie $s_{x1} k_x s_{y1} k_y$ gleich weg, weil ihre bezüglich k_z und s_z diagonalen Elemente offensichtlich verschwinden:

$$\tfrac{1}{2}[\,] = (\mathfrak{s}_1\mathfrak{s}_2)\,k^2 - 3\,(s_{1x}s_{2x}k_x^2 + s_{1y}s_{2y}k_y^2 + s_{1z}s_{2z}k_z^2)\,.$$

Nun gilt offenbar aus Symmetriegründen für die Diagonalelemente der Matrizen

$$(k_x^2)_{m_l m_l} = (k_y^2)_{m_l m_l} = \tfrac{1}{2}(k^2 - k_z^2)_{m_l m_l}, \qquad s_{1x}s_{2x} = s_{1y}s_{2y} = \tfrac{1}{2}((\mathfrak{s}_1\mathfrak{s}_2) - s_{1z}s_{2z})\,.$$

Nach kurzer Umrechnung erhält man

$$[\,] = -((\mathfrak{s}_1\mathfrak{s}_2) - 3s_{1z}s_{2z})(k^2 - 3k_z^2)\,.$$

Jetzt berücksichtigen wir noch, daß für Orthohelium ($s = 1$)

$$2(\mathfrak{s}_1\mathfrak{s}_2) = s(s+1) - s_1(s_1+1) - s_2(s_2+1) = \tfrac{1}{2}$$

ist, also

$$[\,] = -(\tfrac{1}{4} - 3s_{1z}s_{2z})(k^2 - 3k_z^2)$$

und berechnen für die drei möglichen Werte von m_s das Produkt $s_{1z}s_{2z}$:

Für $m_s = +1$ stehen beide Spins parallel z, es ist $s_{1z}s_{2z} = \frac{1}{4}$.

„ $m_s = -1$ „ „ „ antiparallel z, es ist $s_{1z}s_{2z} = \frac{1}{4}$.

„ $m_s = 0$ steht ein Spin parallel z, einer antiparallel, also ist

$$s_{1z}s_{2z} = -\tfrac{1}{4}.$$

---

[1] Vgl. z. B. J. C. Slater, Phys. Rev. Bd. 34, S. 1293. 1929.

[2] Nur dieser Teil interessiert uns, da wir ausschließlich die Störungsenergie *erster* Näherung berechnen wollen.

[3] Denn die Matrixelemente $(H_5)_m^{m'}$ $(m \neq m')$ verschwinden, weil H_5 mit M_z vertauschbar ist.

[4] Die Gleichheit dieser Summen gibt uns noch einen weiteren Beweis dafür, daß jedem Feinstrukturniveau ein bestimmter Wert j zuzuordnen ist.

Alle drei Fälle können wir zusammenfassen in die Formel

$$s_{1z} s_{2z} = -\tfrac{1}{4} + \tfrac{1}{2} m_s^2 .$$

Setzen wir außerdem für k^2 und k_z^2 ihre Eigenwerte ein, so wird

$$[\,] = -\tfrac{1}{2}\left(s(s+1) - 3m_s^2\right)\left(l(l+1) - 3m_l^2\right). \tag{23.6}$$

Wir bilden die Diagonalelemente der $[\,]$

Für $m = l+1, \quad m_l = l, \quad m_s = 1$ ist $[\,] = -\tfrac{1}{2} l(2l-1)$.

Also Eigenwert für $j = l+1$ $\quad [\,] = -\tfrac{1}{2} l(2l-1)$;

Für $m = l$: a) $m_l = l-1, \; m_s = 1$ $\quad [\,] = -\tfrac{1}{2}(2l^2 - 7l + 3)$,

b) $m_l = l \; , \; m_s = 0$ $\quad [\,] = +l\,(2l-1)$,

Summe der Diagonalelemente der Teilmatrix $m = l$: $\quad [\,] = +\tfrac{1}{2}(2l^2 + 5l - 3)$

Der Eigenwert für $j = l+1$ war $\quad [\,] = -\tfrac{1}{2}(2l^2 - l)$

also bleibt als Eigenwert für $j = l$ $\quad [\,] = \tfrac{1}{2}(2l+3)(2l-1)$.

Für $m < l$ hat man a) $m_l = m-1 \; m_s = 1$ $\quad [\,] = -\tfrac{3}{2}(m-1)^2 + \tfrac{1}{2} l(l+1)$

b) $m_l = m \quad m_s = 0$ $\quad [\,] = +3m^2 - l(l+1)$

c) $m_l = m+1 \; m_s = -1$ $\quad [\,] = -\tfrac{3}{2}(m+1)^2 + \tfrac{1}{2} l(l+1)$

Summe der Diagonalelemente $\quad -3$ unabhängig von m.

Davon ab die Eigenwerte für $j = l+1$ und $j = l$: $\tfrac{1}{2}(2l^2 + 5l - 3)$,

also bleibt für $j = l-1$: $\quad [\,] = -\tfrac{1}{2}(2l+3)(l+1)$.

Die Eigenwerte von H_5 werden mithin *in Rydberg-Einheiten*

$$H_5 = \frac{\alpha^2}{(2l+3)(2l-1)} \overline{r_2^{-3}} \left\{ \begin{array}{lll} l(2l-1) & \text{für} & j = l+1, \\ -(2l+3)(2l-1) & \text{für} & j = l, \\ (2l+3)(l+1) & \text{für} & j = l-1. \end{array} \right\} \tag{23.7}$$

Wenn also die Wechselwirkung Spin-Spin *allein* vorhanden wäre, so würde man ein partiell verkehrtes Triplett erhalten, bei dem der Term $j = l-1$ am höchsten liegt, relativ nahe darunter $j = l+1$ und in sehr viel größerem Abstand als tiefster Term $j = l$. Bei Li^+ hatten wir gesehen, daß die Spin-Bahn-Wechselwirkung in unserer Näherung verschwindet, dort werden wir also eine Termordnung von der eben beschriebenen Art erwarten.

c) Vergleich mit der Erfahrung. Wir berechnen jetzt nach den Formeln (23.3), (23.4), (23.7) die numerischen Werte der Feinstrukturaufspaltung für den 2^3P-Term des He und des Li^+ und vergleichen sie mit der Erfahrung:

Tabelle 10. Feinstruktur des 2^3P-Terms von Helium und Lithium$^+$.
(Die Lage der Niveaus ist relativ zum Schwerpunkt in cm^{-1} angegeben.)

Energie des Niveaus nach unserer Rechnung	*Helium*			Lithium+		
	$j=2$	1	0	2	1	0
Spin-Bahn-Wechselw. H_3 .	−0,12	+0,12	+0,24	0	0	0
Spin-Spin-Wechselw. H_5 .	+0,05	−0,24	+0,48	+0,39	−1,94	+3,88
zusammen	−0,07	−0,12	+0,72	+0,39	−1,94	+3,88
Nach der genaueren Rechnung von BREIT:						
Spin-Bahn-Wechselw. H_3 .	−0,221	+0,221	+0,442			
Spin-Spin-Wechselw. H_5 .	+0,050	−0,251	+0,502			
zusammen	−0,171	−0,030	+0,944			
Beobachtet[1]	−0,144	−0,067	+0,924	+0,42	−1,68	+3,47

[1] Für He: W. V. HOUSTON, Proc. Nat. Acad. Amer. Bd. 13, S. 91. 1927; G. HANSEN, Nature Bd. 119, S. 237. 1927; H. R. WEI, Astrophys. Journ. Bd. 68, S. 246. 1928; für Li^+: H. SCHÜLER, ZS. f. Phys. Bd. 42, S. 487. 1927. (Es ist die beobachtete Aufspaltung des Li-Isotops mit dem Atomgewicht 6 genommen, welches keine Hyperfeinstruktur hat [vgl. Ziff. 25]).

In Abb. 16 ist die resultierende Aufspaltung der $2\,^3P$-Terme von Helium und Lithium$^+$ graphisch dargestellt.

Wie man sieht, wird durch unsere ganz rohe Rechnung die Feinstruktur qualitativ richtig wiedergegeben: Bei Helium fallen die Niveaus $j = 1$ und $j = 2$ fast vollkommen zusammen, das Niveau $j = 0$ liegt weit davon getrennt und etwa 1 cm^{-1} höher. Da sich ähnliche Verhältnisse bei allen ^3P-Niveaus ergeben, ist in alten experimentellen Arbeiten das Orthoheliumspektrum fälschlich für ein *Dublett*spektrum gehalten worden. — Bei Li^+ hat man ein partiell verkehrtes Triplett: Das Niveau $j = 1$ liegt am tiefsten, $j = 0$ am höchsten. Das Verhältnis der Abstände zwischen $j = 2$ und $j = 1$ einerseits, $j = 2$ und $j = 0$ andererseits ist fast genau gleich dem theoretisch zu erwartenden Verhältnis 2:3. Quantitativ kommt die Aufspaltung bei unserer Rechnung für He etwas zu klein, für Li^+ etwas zu groß heraus, die Resultate der viel exakteren BREITschen Rechnung stimmen dagegen auch quantitativ mit der Erfahrung überein[1, 2].

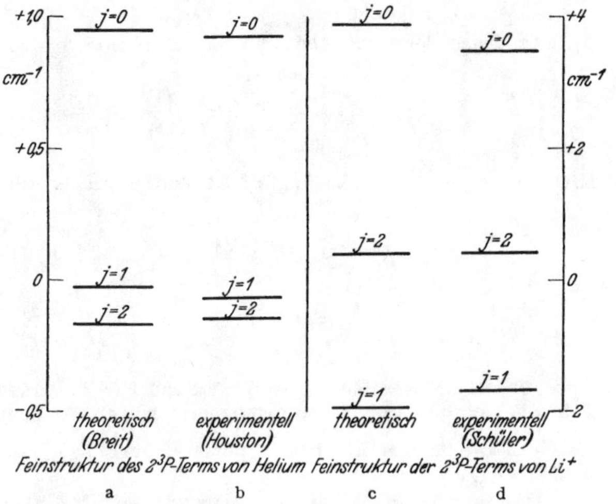

Abb. 16. Feinstruktur der $2\,^3P$-Terme von Helium und Lithium$^+$. a) Helium, theoretisch. (Nach BREIT.) b) Helium, experimentell. (Nach HOUSTON.) c) Lithium$^+$, theoretisch. d) Lithium$^+$, experimentell. (Nach H. SCHÜLER.) Zugrunde gelegt wurden in Abb. d die Daten für das Lithiumisotop mit dem Atomgewicht 6, welches keine Hyperfeinstruktur besitzt. Die Skala links bezieht sich auf Helium, rechts auf Li^+. Der Nullpunkt der Frequenzskala ist jeweils mit dem Schwerpunkt des Tripletts identifiziert.

24. Relativitätskorrektur für den Helium-Grundterm. Der Grundterm des Heliums wird als ^1S-Term durch den Spin nicht aufgespalten, sondern erleidet lediglich eine Verschiebung wegen der relativistischen Korrekturen $H_1 H_2 H_4$. Diese Verschiebung wollen wir berechnen, wobei wir als nichtrelativistische Eigenfunktion des He-Atoms die HARTREEsche Eigenfunktion

$$U = u(r_1)\, u(r_2) \tag{24.1}$$

ansetzen. u ist kugelsymmetrisch und genügt der HARTREEschen Differentialgleichung

$$\left(\tfrac{1}{2}\Delta + E + V(r_1)\right) u(r_1) = 0\,,$$

wo V das vom Kern und der Ladungswolke des zweiten Elektrons auf das erste ausgeübte Potential ist. Dank der Tatsache, daß die HARTREEsche Eigenfunktion ein Produkt zweier Eigenfunktionen der einzelnen Elektronen ist, vereinfacht sich die Berechnung der Relativitätskorrektur sehr wesentlich.

---

[1] HEISENBERG hat in seiner Arbeit über das Heliumspektrum (ZS. f. Phys. Bd. 39, S. 499. 1927) einen etwas anderen Wert für die Spin-Spin-Wechselwirkung bekommen, weil er statt (23.5) die aus der klassischen Theorie folgende Beziehung

$$r^2(\mathfrak{s}_1\mathfrak{s}_2) - 3(\mathfrak{s}_1\mathfrak{r})(\mathfrak{s}_2\mathfrak{r}) = -\frac{r^2}{4k^2}\left(2(\mathfrak{s}_1\mathfrak{s}_2) - 3(\mathfrak{s}_1\mathfrak{k})(\mathfrak{s}_2\mathfrak{k}) - 3(\mathfrak{s}_2\mathfrak{k})(\mathfrak{s}_1\mathfrak{k})\right)$$

benutzte, die sich von (23.5) dadurch unterscheidet, daß $4k^2 = 4l(l+1)$ ($= 8$ für p-Terme) an Stelle unseres $(2l+3)(2l-1)$ ($= 5$ für p-Terme) steht. Er findet also eine relativ *zu kleine* Spin-Spin-Wechselwirkung. GAUNT (l. c.) findet dasselbe Resultat wie wir.

[2] Wenn man die in der Anmerkung S. 376 diskutierte Störungsenergie zweiter Näherung mitnehmen würde, so bekäme man ganz falsche Resultate für die Feinstruktur, nämlich nach BREIT (Phys. Rev. Bd. 36, S. 383. 1930) $E = -0{,}193$, $+0{,}090$, $+0{,}725$ cm^{-1} für $j = 2, 1, 0$. Besonders der große Abstand von $j = 2$ und $j = 1$ ist gänzlich unannehmbar.

1. $$H_1 = -\frac{\alpha^2}{4}(p_1^4 + p_2^4) \text{ Rydbergeinheiten}$$

läßt sich wegen
$$p_1^2 = -\Delta_1 = 2(E - V(r_1))$$
umschreiben in:
$$H_1 = -2\alpha^2 \int (E - V(r))^2 u^2(r)\, r^2\, dr\,.$$

2. Die Berechnung von H_2 gibt Null.

3. Wegen der Symmetrie der Eigenfunktion in den beiden Elektronen ist

$$H_4 = -\alpha^2 \int\limits_0^\infty u(r_1)\,\frac{dV}{dr_1}\,\frac{du(r_1)}{dr_1}\, r_1^2\, dr_1 \text{ Rydberg.}$$

Mit $V(r_1) = -\frac{Z}{r_1} + \int \frac{1}{r_{12}} u^2(r_2)\, r_2^2\, dr_2$ und partieller Integration bekommt man

$$H_4 = -\frac{\alpha^2}{2}\left| u^2(r_1)\, r_1^2 \frac{dV}{dr_1}\right|_0^\infty + \frac{\alpha^2}{2}\int u^2(r_1)\,\frac{d}{dr_1}\left(r_1^2 \frac{dV}{dr_1}\right) dr_1$$
$$= \frac{1}{2}\alpha^2 u^2(0)\, Z - \frac{1}{8}\alpha^2 \int\limits_0^\infty \left(\frac{dZ(r)}{dr}\right)^2 \frac{dr}{r^2}\,,$$

wobei $Z = 2$ die Kernladung des He ist und $Z(r)$ die HARTREEsche „effektive Kernladung", d. h. die Gesamtladung im Inneren einer Kugel mit dem Radius r um den Kern, so daß $-\frac{dZ}{dr}dr$ die Anzahl Elektronen in der Kugelschale zwischen r und $r + dr$ bedeutet.

Wenn man statt der HARTREEschen Eigenfunktion die einfache Funktion (17.18) benutzt, kann man alle Integrationen ausführen und erhält

für die eigentliche Relativitätskorrektur $H_1 = -\frac{5}{2}(Z - \frac{5}{16})^4 \alpha^2\, Ry$,
für die magnetische Bahnwechselwirkung $H_2 = 0$,
für die Spinkorrektur $H_4 = +2(Z - \frac{5}{16})^3 (Z - \frac{1}{8})\,\alpha^2 Ry$.

Wenn man die relativistische Korrektur für die Ionisierungsspannung berechnen will, muß man von der bisher berechneten relativistischen Korrektur der Gesamtenergie des Atoms mit zwei Elektronen die des entsprechenden Ions mit *einem* Elektron, $H = -\frac{1}{4}Z^4\alpha^2 Ry$ [vgl. (10.2)], in Abzug bringen. Numerische Auswertung ergibt

Tabelle 11. Relativistische Korrekturen für die Ionisierungsspannung der Atome mit zwei Elektronen in Feinstruktureinheiten (1 Einheit = α^2 Rydberg = 5,84 cm^{-1}).

$Z =$ Atom	2 He		3 Li^+	4 Be^{++}	5 B^{+++}	6 C^{4+}
	nach HARTREE	mit Wasserstoff-Eigenfunktionen				
H_1 (Relativität)	+19,4	+20,3	+130,5	+462,5	+1210	+2615
H_4 (Spin) . . .	−20,1	−18,0	−111,7	−389	−1010	−2163
Relativ. Korr. für das Ion .	− 4	− 4	− 20,25	− 64	− 156,2	− 324
Zusammen . .	− 4,7	− 1,7	− 1,5	+ 9,5	+ 44	+ 128
(Die weiteren Werte in cm^{-1})						
Relativitätskorrektur	−27	−10	− 9	+ 55	+ 257	+ 747
Ionisierungsspannung ohne Relativität n. HYLLERAAS	198317		609994	1241167	2091520	3160970
mit Relativität	198290	198307	609985	1241222	2091780	3161720
Beobachtet . .	198298 ± 6		610090 ± 100	1241350 ± 150	2092000 ± 300	3161900 ± 800

Über Herkunft der experimentellen Werte vgl. Tabelle 7 (Ziff. 18). Die vorzügliche Übereinstimmung mit der Erfahrung, die natürlich im wesentlichen das Verdienst der Berechnungen von HYLLERAAS ist, wird, wie man sieht, durch die kleine Relativitätskorrektur noch merklich verbessert, vor allem für B^{+++} und C^{4+}.

25. Hyperfeinstruktur, insbesondere des Li^+-Spektrums[1]. Der Kern des Lithiumisotops mit dem Atomgewicht 7 besitzt, wie eine große Anzahl anderer Atomkerne, ein mechanisches und ein damit verbundenes magnetisches Moment (Kernspin). Die Wechselwirkung des Kernspins mit dem magnetischen Moment der Elektronenhülle verursacht eine Aufspaltung der Energieniveaus. Man wird von vornherein annehmen können, daß das magnetische Moment des Kerns aller Wahrscheinlichkeit nach von der Größenordnung $\hbar e Z/2Mc$ sein wird (M = Kernmasse, Z = Kernladung), also etwa im Verhältnis Elektronenmasse zu Protonenmasse kleiner als das BOHRsche Magneton. Man wird also erwarten, daß die Termaufspaltung im gleichen Verhältnis kleiner ist als die gewöhnliche Feinstruktur, daß sie also den Charakter einer „Hyperfeinstruktur" besitzt. Sie wird im übrigen um so größer sein, je näher Kern und Elektronen aneinander kommen, weil damit die Wechselwirkung steigt. Bei einem Atom mit zwei Elektronen wie Li^+ wird daher, wenn ein Elektron im Grundzustand ist und das andere angeregt, die Wechselwirkung zwischen dem Kernspin und dem Elektron in der Grundbahn den Hauptbeitrag zur Hyperfeinstruktur liefern, und die Wechselwirkung des *angeregten* Elektrons mit dem Kernspin wird daneben zu vernachlässigen sein.

a) Ein Elektron. Wir nehmen an, das magnetische Moment des Kerns sei $\vec{\mu}$, dann erzeugt der Kernspin nach der klassischen Elektrodynamik das Vektorpotential

$$\mathfrak{A} = \frac{[\vec{\mu}\,\mathfrak{r}]}{r^3}. \tag{25.1}$$

Mit diesem Wert für das Vektorpotential gehen wir in die Diracgleichung für das Elektron ein, die wir in der Form zweiter Ordnung [vgl. (7.7), (7.8), (7.15)] schreiben:

$$[(E + e\varphi)^2 - E_0{}^2 - (c\mathfrak{p} + e\mathfrak{A})^2 - 2e\hbar c\,(\mathfrak{H}\mathfrak{s}) + ie\hbar c\,(\mathfrak{E}\vec{\alpha})]\,u = 0. \tag{25.2}$$

$\mathfrak{p} = -i\hbar$ grad ist der Impuls des Elektrons, $\mathfrak{H} = \mathrm{rot}\,\mathfrak{A}$ die magnetische, $\mathfrak{E} = -\mathrm{grad}\,\varphi$ die elektrische Feldstärke, $\mathfrak{s}$ der Spinoperator = $\frac{1}{2}$ mal dem PAULIschen Spinoperator $\vec{\sigma}$, $\vec{\alpha}$ der DIRACsche Operator. Wir reduzieren (25.2) auf eine Differentialgleichung in den beiden „großen" Komponenten $u_3 u_4$ der Wellenfunktion auf ähnliche Weise wie in Ziff. 8a, nur diesmal *ohne* die potentielle Energie $e\varphi$ gegen die Ruheenergie E_0 und *ohne* das Vektorpotential $\mathfrak{A}$ gegen den Impuls des Elektrons zu vernachlässigen. Dann findet man

$$\vec{\alpha}\,u = -\frac{c}{E_0 + E + e\varphi}\left(\mathfrak{p} + \frac{e}{c}\mathfrak{A} + 2i\left[\mathfrak{p} + \frac{e}{c}\mathfrak{A}, \mathfrak{s}\right]\right)u, \tag{25.3}$$

wobei diese Gleichung nur für die dritte und vierte Komponente der rechten und linken Seite gilt [vgl. (8.4)]. Lösen wir gleichzeitig (25.2) nach der nichtrelativistischen Energie $W = E - E_0$ auf, so erhalten wir — vorerst ohne Vernachlässigung —

$$\left.\begin{aligned} W u = \Big\{ &- e\varphi + \frac{c^2}{E + E_0 + e\varphi}\left[p^2 + 2\frac{e}{c}(\mathfrak{A}\mathfrak{p}) + \frac{e^2}{c^2}A^2 + \frac{2e\hbar}{c}(\mathfrak{H}\mathfrak{s})\right] \\ &+ \frac{e\hbar c^2}{(E + E_0 + e\varphi)^2}\left[2\left(\mathfrak{E}\left[\mathfrak{p} + \frac{e}{c}\mathfrak{A}, \mathfrak{s}\right]\right) - i\left(\mathfrak{E}, \mathfrak{p} + \frac{e}{c}\mathfrak{A}\right)\right]\Big\}\,u. \end{aligned}\right\} \tag{25.4}$$

Streichen wir die mit dem Vektorpotential proportionalen Glieder in der zweiten Zeile, so resultiert unsere alte Gleichung (7.10). Wir betrachten jetzt die Differentialgleichung (25.4)

[1] Vgl. P. GÜTTINGER, ZS. f. Phys. Bd. 63, S. 749. 1930; P. GÜTTINGER u. W. PAULI, ebenda Bd. 67, S. 743. 1931; G. BREIT, Phys. Rev. Bd. 36, S. 1732. 1930; Bd. 37, S. 51. 1931; Bd. 38, S. 463. 1931; auch E. FERMI, ZS. f. Phys. Bd. 60, S. 320. 1930, und andere.

ohne das Vektorpotential $\mathfrak{A}$ als gelöst und berechnen die vom Kernspin verursachte Störung des Eigenwerts in erster Näherung durch Mittelung der Störungsfunktion[1]

$$w = \frac{2ec}{E + E_0 + e\varphi}[(\mathfrak{A}\mathfrak{p}) + \hbar(\mathfrak{H}\mathfrak{s})] + \frac{e^2\hbar c}{(E + E_0 + e\varphi)^2}[2([\mathfrak{E}\mathfrak{A}]\mathfrak{s}) - i(\mathfrak{E}\mathfrak{A})] \tag{25.5}$$

über die ungestörte Eigenfunktion. Für die letztere nehmen wir die PAULIsche Eigenfunktion, vernachlässigen also Glieder von der relativen Größenordnung $\alpha^2 Z^2$ (α = Feinstrukturkonstante)[2]. Wir setzen nun speziell für $\mathfrak{A}$ das Vektorpotential (25.1) des Kernspins, dann verschwindet das letzte Glied in (25.5), weil $\mathfrak{E} = -\frac{d\varphi}{dr}\frac{\mathfrak{r}}{r}$ parallel zum Radiusvektor $\mathfrak{r}$ und $\mathfrak{A}$ senkrecht zu $\mathfrak{r}$ gerichtet ist, und wir erhalten

$$\left.\begin{aligned} w = {}& \frac{2ec}{E + E_0 + e\varphi}\left[\frac{1}{r^3}(\vec{\mu}\,[\mathfrak{r}\mathfrak{p}]) - \hbar\left(\frac{(\mu\mathfrak{s})}{r^3} - \frac{3(\mu\mathfrak{r})(\mathfrak{s}\mathfrak{r})}{r^5}\right)\right] \\ & - \frac{2e^2\hbar c}{(E + E_0 + e\varphi)^2}\frac{d\varphi}{dr}\left(\frac{(\mu\mathfrak{s})}{r^2} - \frac{(\mu\mathfrak{r})(\mathfrak{s}\mathfrak{r})}{r^4}\right). \end{aligned}\right\} \tag{25.6}$$

Hier haben die in der ersten Zeile stehenden Ausdrücke eine anschauliche Bedeutung, es sind einfach die Wechselwirkungsenergien zwischen Kernspin und magnetischem Moment der Elektronenbahn bzw. zwischen Kernspin und Elektronenspin. Die zweite Zeile hat keine anschauliche Bedeutung; gerade sie gibt aber, wie wir sehen werden, die Hyperfeinstruktur für s-Elektronen.

Wir führen den Vektor des Bahndrehimpulses

$$\mathfrak{k} = \frac{1}{\hbar}[\mathfrak{r}\mathfrak{p}]$$

ein und bekommen unter Beachtung von (65.39) für die Matrixelemente von M zwischen Zuständen gleicher Azimutalquantenzahl l

$$\left.\begin{aligned} w_{ll} = {}& \frac{2e\hbar c}{E + E_0 + e\varphi} r^{-3}(\mu\mathfrak{k}) \\ & + \frac{2e\hbar c}{(2l+3)(2l-1)(E + E_0 + e\varphi)}\left(r^{-3} + \frac{1}{3}\frac{d\varphi}{dr}\frac{r^{-2}}{E_0 + E + e\varphi}\right) \\ & \cdot\{2(\mu\mathfrak{s})k^2 - 3(\mu\mathfrak{k})(\mathfrak{s}\mathfrak{k}) - 3(\mathfrak{s}\mathfrak{k})(\mu\mathfrak{k})\} + \frac{4}{3}e\hbar c\frac{d}{dr}\left(\frac{1}{E + E_0 + e\varphi}\right)(\mu\mathfrak{s})\cdot\frac{1}{r^2}. \end{aligned}\right\} \tag{25.7}$$

α) *Für s-Elektronen* verschwindet der Bahndrehimpuls $\mathfrak{k}$ und damit die ersten beiden Glieder der Wechselwirkungsenergie. (Das Potential φ im Nenner sorgt jeweils dafür, daß die Integranden für $r = 0$ endlich bleiben.) Das letzte Glied gibt

$$\left.\begin{aligned} w &= \frac{4}{3}e\hbar c(\mu\mathfrak{s})\int_0^\infty R_{n0}^2(r)\frac{d}{dr}\left(\frac{1}{E + E_0 + e\varphi}\right)\cdot\frac{1}{r^2}r^2\,dr \\ &= -\frac{4}{3}e\hbar c(\mu\mathfrak{s})\int_0^\infty\frac{dr}{E + E_0 + e\varphi}\frac{d}{dr}R_{n0}^2(r) = +\frac{2}{3}\frac{e\hbar}{mc}R_{n0}^2(0)(\mu\mathfrak{s}), \end{aligned}\right\} \tag{25.8}$$

wobei wir zuletzt, da alle Konvergenzgeschwindigkeiten beseitigt sind, die nichtrelativistische Energie $W = E - E_0$ und die potentielle Energie $e\varphi$ neben der Ruheenergie $E_0 = mc^2$ vernachlässigt haben (R ist die radiale Eigenfunktion).

Nun bezeichnen wir noch das mechanische Moment des Kerns wie üblich mit $\mathfrak{i}$ und setzen das *magnetische* Moment

$$\vec{\mu} = \mu_1 g(i)\,\mathfrak{i}, \tag{25.9}$$

[1] Wir vernachlässigen dabei das Glied A^2 in (25.3) als Größe zweiter Ordnung.

[2] Indem wir erstens nur die „großen" Komponenten der DIRACschen Eigenfunktion $u_3 u_4$ berücksichtigen und zweitens diese mit der Schrödingerfunktion identifizieren. Diese Vernachlässigung ist für schwere Atome nicht mehr berechtigt; vgl. BREIT, Phys. Rev. Bd. 38, S. 463. 1931.

wo μ_1 das Protonenmagneton ist, d. h.

$$\mu_1 = \frac{\mu_0}{1838} \tag{25.10}$$

$\left(\mu_0 = \frac{eh}{2mc}\right.$ = BOHRsches Magneton, 1838 = Massenverhältnis von Proton und Elektron$\left.\right)$

und $g(i)$ einen LANDÉschen Faktor bedeutet, den wir für ein einzelnes Proton wohl gleich 2 annehmen dürfen. Dann wird endgültig für s-Elektronen die Wechselwirkung zwischen Kernmoment und Elektron

$$w = \tfrac{4}{3}\,\mu_0\mu_1 g(i) R_{n0}^2(0)\,(\mathfrak{i}\mathfrak{s}). \tag{25.11}$$

Diese Formel wurde zuerst von FERMI[1] abgeleitet. Da für *ein* Elektron $s = \frac{1}{2}$ ist, verursacht der Kernspin eine Aufspaltung jedes Energieniveaus in zwei Niveaus mit den „Feinquantenzahlen“ $f = i \pm \frac{1}{2}$. $f(f+1)$ gibt dabei den Betrag des resultierenden Drehimpulses von Kernspin und Elektronenspin

$$\mathfrak{f} = \mathfrak{i} + \mathfrak{s}.$$

Die Lage der Niveaus relativ zum ungestörten Niveau ist wegen

$$2(\mathfrak{i}\mathfrak{s}) = f(f+1) - i(i+1) - s(s+1) = \begin{Bmatrix} \frac{1}{2}i \\ -\frac{1}{2}(i+1) \end{Bmatrix} \quad \text{für} \quad f = \begin{Bmatrix} i + \frac{1}{2} \\ i - \frac{1}{2} \end{Bmatrix}$$

gegeben durch

$$w = \begin{Bmatrix} \frac{2}{3}\, i\,\mu_0\,\mu_1\, g(i)\, R_{n0}^2(0) & \text{für} \quad f = i + \frac{1}{2}, \\ -\frac{2}{3}(i+1)\,\mu_0\,\mu_1\, g(i)\, R_{n0}^2(0) & \text{für} \quad f = i - \frac{1}{2}. \end{Bmatrix} \tag{25.12}$$

Drücken wir die Energie in Rydbergeinheiten aus ($\mu_0 = \frac{1}{2}\alpha$ atomare Einheiten, 1 Rydberg $= \frac{1}{2}$ atomare Einheit), so erhalten wir für den *Abstand* der beiden Feinstrukturterme eines s-Elektrons

$$\Delta w = \frac{2}{3}\,\alpha^2\left(i + \frac{1}{2}\right)\frac{g(i)}{1838}\,R_{n0}^2(0).$$

Setzen wir nun für R_{n0} eine Wasserstoff-Eigenfunktion ein, so wird nach (3.17)

$$R_{n0}^2(0) = \frac{4\,Z^3}{n^3},$$

also

$$\Delta w = \frac{8}{3}\,\frac{\alpha^2 g(i)}{1838}\left(i + \frac{1}{2}\right)\frac{Z^3}{n^3}\,Ry = 0{,}00844\, g(i)\left(i + \frac{1}{2}\right)\frac{Z^3}{n^3}\,\text{cm}^{-1}. \tag{25.13}$$

Für den Grundzustand des Wasserstoffatoms ($Z = n = 1$) bekommt man, wenn man für das Proton, ebenso wie für das Elektron, $i = \frac{1}{2}$, $g(i) = 2$ annimmt,

$$\Delta w = 0{,}0169\,\text{cm}^{-1},$$

für angeregte Terme wird die Aufspaltung wegen des Faktors $1/n^3$ noch wesentlich kleiner. Mit wachsender Kernladung dagegen nimmt sie außerordentlich rasch zu, für Li^{++} ($Z = 3$) würde sie bereits das 27fache, d. i. $\Delta w = 0{,}46\,\text{cm}^{-1}$ betragen, falls dort ebenfalls $i = \frac{1}{2}$, $g(i) = 2$ ist, für das K-Elektron des Urans wäre (bei den gleichen Annahmen) $\Delta w = 13\,200\,\text{cm}^{-1} = 0{,}12$ Rydberg, und dieser Betrag vergrößert sich außerdem noch, wenn man mit den exakten DIRACschen

[1] E. FERMI, ZS. f. Phys. Bd. 60, S. 320. 1930, Formel (21). Von der FERMIschen Formel unterscheidet sich (25.11) dadurch, daß wir den *radialen* Bestandteil der Eigenfunktion eingeführt haben, während bei FERMI sowie GÜTTINGER (l. c.) und BREIT (l. c.) die Gesamteigenfunktion u = radiale Eigenfunktion mal nullte Kugelfunktion $Y_{00} = 1/\sqrt{4\pi}$ steht. Außerdem benutzen wir den Spinoperator $\mathfrak{s}$ (Spin in Einheiten $\hbar$) statt des PAULIschen Operators σ (Einheit $\frac{1}{2}\hbar$), daher unterscheidet sich unsere Formel von der FERMIschen um den Faktor 2π.

Eigenfunktionen rechnet[1], weil dann die Aufenthaltswahrscheinlichkeit des Elektrons in der Nähe des Kerns größer wird als nach der SCHRÖDINGERschen Theorie.

β) *Für Elektronen mit nichtverschwindendem Bahndrehimpuls* $l > 0$ wird das letzte Glied in (25.7) gleich Null, weil die Eigenfunktion R_{nl} am Ort des Kerns verschwindet. Ferner ist im zweiten Glied $\overline{r^{-2}\frac{d\varphi}{dr}\frac{e}{E+E_0+e\varphi}}$ gegen r^{-3} zu vernachlässigen, weil es von der relativen Größenordnung $\frac{e\varphi}{mc^2}$ ist.

Sodann muß man berücksichtigen, daß die Wechselwirkung zwischen Bahn und Spin des Elektrons *groß* ist gegen die zwischen Kernspin und Elektron [man vgl. die Abschätzung der Hyperfeinstruktur, die nach (25.13) für das $2s$-Niveau des Wasserstoffs $0{,}002\,\text{cm}^{-1}$ beträgt, mit der Feinstrukturaufspaltung $0{,}365\,\text{cm}^{-1}$ des zweiquantigen Niveaus]: Klassisch gesprochen, präzessieren also Spin und Bahn des Elektrons rasch um den Gesamtdrehimpuls $\mathfrak{M} = \mathfrak{k} + \mathfrak{s}$ des Elektrons, und infolgedessen kommen für die Wechselwirkung mit dem Kernspin nur die Komponenten von $\mathfrak{k}$ und $\mathfrak{s}$ in der Richtung $\mathfrak{M}$ in Frage[2]. Dann erhält man, indem man wieder $E + E_0 + e\varphi = 2E_0$ setzt,

$$w = \frac{eh}{mc}\,\overline{r^{-3}}\,\frac{(\mu\mathfrak{M})}{j(j+1)}\left[(\mathfrak{M}\mathfrak{k}) + \frac{2}{(2l+3)(2l-1)}\left((\mathfrak{M}\mathfrak{s})\,k^2 - 3(\mathfrak{M}\mathfrak{k})(\mathfrak{s}\mathfrak{k})\right)\right].$$

Ausrechnung der eckigen Klammer gibt wegen der Definition

$$\mathfrak{M} = \mathfrak{k} + \mathfrak{s}$$

und wegen $s = \frac{1}{2}$ (für ein Elektron)

$$[\,] = l(l+1) \quad \text{für} \quad j = l + \tfrac{1}{2} \quad \textit{und} \text{ für} \quad j = l - \tfrac{1}{2},$$

also mit (25.9)

$$w = \mu_0\mu_1\,\overline{r^{-3}}\,g(i)\,\frac{l(l+1)}{j(j+1)}\left(f(f+1) - j(j+1) - i(i+1)\right), \tag{25.14}$$

wenn wir den resultierenden Drehimpuls f durch

$$\mathfrak{f} = \mathfrak{M} + \mathfrak{i} \tag{25.15}$$

definieren. Setzen wir nun zur Berechnung des Mittelwerts von $\overline{r^{-3}}$ wieder eine Wasserstoff-Eigenfunktion für das Elektron voraus, und gehen wir zu atomaren Einheiten über, so wird [vgl. (5.12)]

$$w = \frac{2\alpha^2}{1838}\,g(i)\,\frac{Z^3}{n^3}\,\frac{f(f+1) - j(j+1) - i(i+1)}{j(j+1)(2l+1)} \tag{25.16}$$

und der Abstand der äußersten Hyperfeinstrukturkomponenten ($f = j + i$, $i - j$) für $j < i$:

$$\varDelta w = \frac{4\alpha^2 g(i)}{1838}\,\frac{Z^3}{n^3}\,\frac{i+\frac{1}{2}}{(2l+1)(j+1)}\ \text{Rydberg}. \tag{25.17}$$

Im Spezialfall $l = 0$, $j = \frac{1}{2}$, also für s-Terme, gibt das genau den früher abgeleiteten Wert (25.9). Die Hyperfeinstruktur wird um so kleiner, je größer die Azimutalquantenzahl l und die innere Quantenzahl j sind, sie ist (für wasserstoffähnliche Atome) für den $2P_{\frac{1}{2}}$-Term nur $^1/_3$, für den $2P_{\frac{3}{2}}$-Term nur $^1/_5$ der Aufspaltung des $2S_{\frac{1}{2}}$-Terms, und für schwerere Atome verschiebt sich dies Verhältnis noch mehr zugunsten der S-Terme, weil die Abschirmung bei diesen am geringsten, die effektive Quantenzahl also am höchsten ist.

b) Anwendung auf Li^+ (zwei Elektronen). Wir wollen nunmehr die Hyperfeinstruktur für die Terme $n \geqq 2$ des Li^+ berechnen, d. h. für ein Atom mit zwei Elektronen, von denen eines im Grundzustand ist und eines angeregt. Wir dürfen annehmen, daß die räumliche Eigenfunktion sich in der gewohnten Form

$$U = \frac{1}{\sqrt{2}}\left(u_1(1)\,u_n(2) \pm u_n(1)\,u_1(2)\right)$$

[1] G. BREIT, Phys. Rev. Bd. 38, S. 463. 1931.

[2] Man berücksichtigt also nur die Matrixelemente von (25.7), die in bezug auf j diagonal sind.

darstellen läßt; dann ist die Wechselwirkung der Elektronenhülle mit dem Kernspin gleich der Summe der Wechselwirkungen der einzelnen Elektronen mit diesem. Die Wechselwirkung des Kernspins mit dem inneren Elektron ist aber, wie wir gesehen haben, so stark überwiegend über die mit dem äußeren, daß wir die letztere ohne weiteres vernachlässigen können und schreiben

$$H = \tfrac{1}{3}\,\mu_0\,\mu_1\,(\mathfrak{i}\mathfrak{s}_1)\,R_{10}^2(0)\,.$$

$\mathfrak{s}_1$ ist der Spin des ersten Elektrons. Bei der gegebenen Rangordnung der Wechselwirkungsenergien: Austauschkräfte $\gg$ Wechselwirkung zwischen Spin und Bahn des Elektrons $\gg$ Kern-

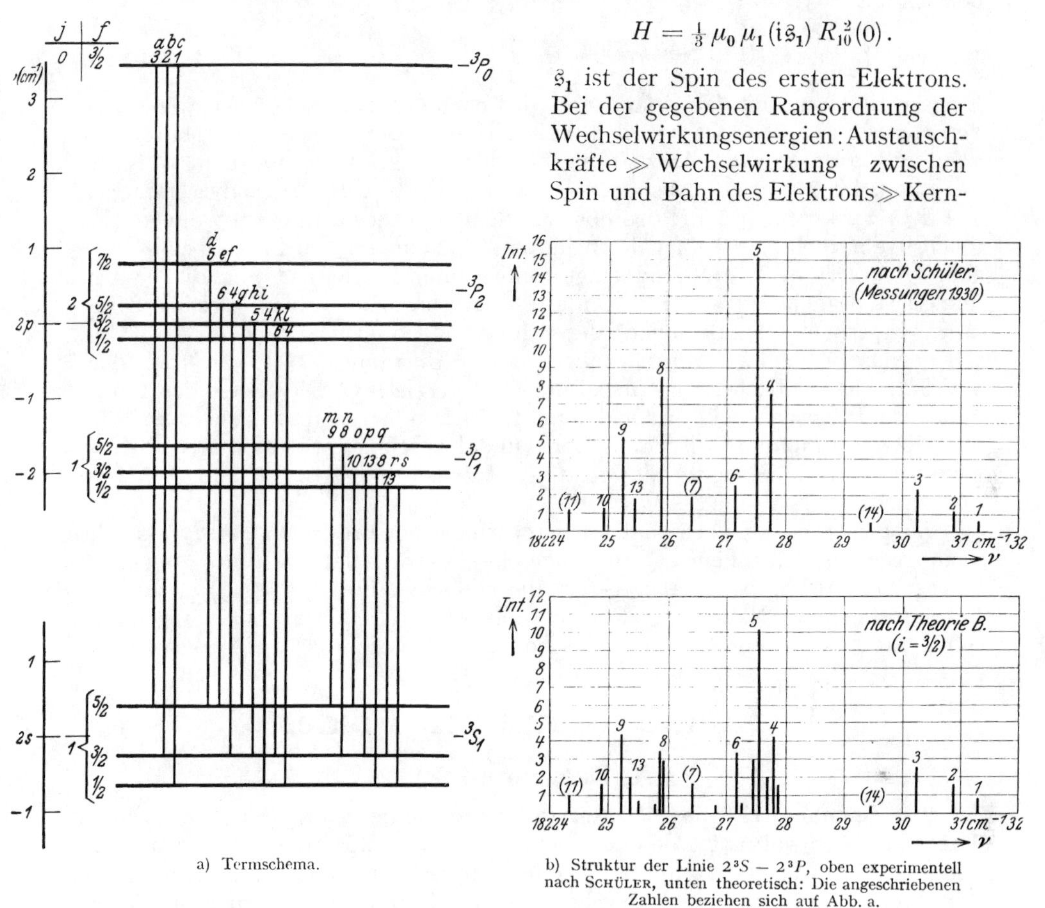

a) Termschema.

b) Struktur der Linie $2\,^3S - 2\,^3P$, oben experimentell nach SCHÜLER, unten theoretisch: Die angeschriebenen Zahlen beziehen sich auf Abb. a.

Abb. 17. Die Hyperfeinstruktur des Li+. (Nach GÜTTINGER und PAULI.)

spinwechselwirkung präzessiert $\mathfrak{s}_1$ um den Gesamtspin $\mathfrak{s}$, dieser um den Gesamtdrehimpuls $\mathfrak{M}$ der Elektronenhülle, dieser wieder um den Gesamtdrehimpuls $\mathfrak{f}$ des Atoms inklusive Kern.

Also ist

$$\left.\begin{aligned} H_3 &= \frac{4}{3}\,\mu_0\mu_1\,\frac{(\mathfrak{s}_1\mathfrak{s})\,(\mathfrak{s}\mathfrak{M})\,(\mathfrak{M}\mathfrak{i})}{s(s+1)\,j(j+1)}\,R_{10}^2(0)\\ &= \begin{cases} \dfrac{2}{3}\,\dfrac{\mu_0^2\,g(i)}{j(j+1)\cdot 1838}\,(\mathfrak{s}\mathfrak{M})\,(\mathfrak{M}\mathfrak{i})\,R_{10}^2(0) & \text{für}\quad s = 1 \ \text{(Orthosystem)}\,,\\ 0 & \text{für}\quad s = 0 \ \text{(Parasystem)}\,. \end{cases} \end{aligned}\right\} \quad (25.18)$$

Die Paraterme würden erst dann eine Hyperfeinstruktur zeigen, wenn man die Wechselwirkung zwischen Bahnimpuls des *äußeren* Elektrons und Kernspins berücksichtigt. Wenn wir nun die Eigenfunktion des inneren Elektrons wasserstoffähnlich annehmen, und für die Matrizen $(\mathfrak{s}\mathfrak{M})$ und $(\mathfrak{M}\mathfrak{i})$ ihre Eigenwerte einführen, kommt

$$H = \frac{1}{3}\,\frac{\alpha^2}{1838}\,\frac{g(i)Z^3}{j(j+1)n^3}\big(j(j+1)+s(s+1)-l(l+1)\big)\big(f(f+1)-j(j+1)-i(i+1)\big)\,Ry \tag{25,19}$$

oder mit $Z = 3$, $n = 1$

$$H = 0{,}0285\,\frac{g(i)}{j(j+1)}\big(j(j+1)+s(s+1)-l(l+1)\big)\big(f(f+1)-j(j+1)-i(i+1)\big)\mathrm{cm}^{-1}. \tag{25.20}$$

Übereinstimmung mit der Erfahrung[1] wird nach GÜTTINGER[2] erzielt, wenn man den Kernspin $i = \frac{3}{2}$ setzt und den Aufspaltungsfaktor $g(i) = 2{,}30$. Man erhält dann das obenstehende Aufspaltungsbild für den $2S$-Term und die $2P$-Terme des Li^+ (Abb. 17a). Die Abstände der Terme P_0, P_1, P_2 sind dabei empirisch aus dem Spektrum des Li^+-Isotops mit dem Atomgewicht 6 entnommen, das (höchstwahrscheinlich) keinen Kernspin hat[3]. Die möglichen Linien beim Übergang von 2^3P nach 2^3S sind eingezeichnet und fortlaufend mit Buchstaben numeriert. Daneben sind noch Ziffern angeschrieben: Linien gleicher Ziffer fallen experimentell zusammen, die Ziffern finden sich wieder in Abb. 17b, welche das berechnete Aufspaltungsglied des Übergangs $2^3P \to 2^3S$ mit dem von SCHÜLER beobachteten Aufspaltungsbild vergleicht. Die Länge der Linien gibt ihre Intensität an. Eingeklammerte Ziffern bezeichnen Linien des Li_6^+. Die Übereinstimmung zwischen Theorie und Experiment ist durchaus befriedigend, wenn auch bezüglich der relativen Intensität der Linien einige Punkte noch nicht geklärt sind[4].

Zu bemerken ist noch, daß die Hyperfeinstruktur des Li^+ *nicht* als sehr klein gegenüber der Feinstruktur angesehen werden darf, so daß j nicht in Strenge quantisiert ist. Daher gelten die einfachen Formeln (24.3) gerade für Li^+ nur in erster Näherung. Die von uns wiedergegebenen Abbildungen der Arbeit GÜTTINGER und PAULI sind schon mit Rücksicht darauf berechnet.

II. Atome in äußeren Feldern.

A. Zeemaneffekt.

26. Zeemaneffekt des Wasserstoffatoms ohne Spin (Schrödingersche Theorie). Wir wollen in diesem Abschnitt den Einfluß eines äußeren Magnetfeldes auf das Wasserstoffatom studieren. Wir rechnen dabei nicht in atomaren, sondern in CGS-Einheiten. Wir gehen aus von der relativistischen Schrödingergleichung

$$\left\{\sum_{k=1}^{4}\left(-i\hbar\frac{\partial}{\partial x_k} + \frac{e}{c}A_k\right)^2 - E_0^2\right\}\psi = 0. \tag{26.1}$$

Darin sind A_1, A_2, A_3 die Komponenten des Vektorpotentials, $A_4 = i\varphi = -i\frac{V}{e}$, wobei φ das skalare Potential und V die potentielle Energie bedeutet, $x_4 = ict$ und $E_0 = mc^2$ die Ruhenergie des Elektrons. Für einen stationären Zustand

[1] Siehe H. SCHÜLER, ZS. f. Phys. Bd. 42, S. 487. 1927; Bd. 66, S. 431. 1930; L. P. GRANATH, Phys. Rev. Bd. 36, S. 1018. 1930.

[2] P. GÜTTINGER, l. c.

[3] Über die Übereinstimmung der Feinstrukturabstände mit der Theorie vgl. Ziff. 23, über den Abstand der Li_6^+- von den Li_7^+-Linien s. Ziff. 21.

[4] Vgl. P. GÜTTINGER u. W. PAULI, ZS. f. Phys. Bd. 67, S. 743. 1931. Es scheint aber, als ob die experimentellen Intensitätsverhältnisse noch sehr stark von den Anregungsbedingungen abhängen, so daß die Diskrepanz vielleicht hierauf zurückgeführt werden kann.

mit der (nichtrelativistischen) Energie E ist die Zeitabhängigkeit von ψ gegeben durch

$$\psi = e^{-\frac{i}{\hbar}(E+E_0)t},$$

so daß

$$\Delta u + \frac{2ie}{\hbar c}(\mathfrak{A}\,\mathrm{grad}\,u) + \frac{2m}{\hbar^2}(E-V)\,u + \frac{1}{\hbar^2 c^2}\left[(E-V)^2 - A^2 e^2\right] u = 0. \quad (26.2)$$

Das letzte Glied ist eine kleine relativistische Korrektur[1], wir lassen es im Folgenden weg. Das zweite Glied stellt den Einfluß eines äußeren Magnetfeldes auf das H-Atom dar, für den wir uns interessieren.

Wir nehmen an, daß das Magnetfeld homogen ist und daß es die Feldstärke H und die Richtung z besitzt:

$$H_x = H_y = 0\,, \qquad H_z = H\,, \quad (26.3)$$

$$A_x = -\tfrac{1}{2}Hy\,, \qquad A_y = \tfrac{1}{2}Hx\,, \qquad A_z = 0\,, \quad (26.4)$$

so daß die Schrödingergleichung die Form bekommt:

$$\Delta u + \frac{ieH}{\hbar c}\left(x\frac{\partial u}{\partial y} - y\frac{\partial u}{\partial x}\right) + \frac{2m}{\hbar^2}(E-V)\,u = 0 \quad (26.5)$$

oder auch bei Einführung eines Polarkoordinatensystems mit z als Achse

$$\Delta u + \frac{2m}{\hbar^2}\left[(E-V)\,u + i\hbar\omega\frac{\partial u}{\partial\varphi}\right] = 0\,, \quad (26.6)$$

$$\omega = \frac{eH}{4\pi mc} \quad (26.7)$$

ist dabei die Frequenz der Larmorpräzession. Man sieht nun leicht, daß die Lösungen der Schrödingergleichung ohne Magnetfeld

$$u = R_{nl}(r)\,P_{lm}(\vartheta)\,e^{im\varphi} \quad (26.8)$$

auch die Gleichung (26.6) *mit* Feld exakt lösen. Es gilt nämlich für die Eigenfunktion (26.8)

$$\frac{\partial u}{\partial\varphi} = imu. \quad (26.9)$$

Wenn wir also setzen[2]

$$E = E_0 + \hbar\omega m\,, \quad (26.10)$$

so wird aus (26.5) unmittelbar die Schrödingergleichung *ohne* äußeres Feld

$$\Delta u + \frac{2m}{\hbar^2}(E_0 - V)\,u = 0\,,$$

und diese Gleichung wird ja durch (26.8) gelöst. Die Energie ändert sich durch Einschalten des Magnetfelds um $+\hbar\omega m$, die Änderung ist also proportional dem Magnetfeld und der „magnetischen Quantenzahl" m, die hiervon ihren Namen hat. Von den Quantenzahlen n und l hängt die Größe der Termverschiebung im Magnetfeld nicht ab. Die magnetische Quantenzahl m mißt bekanntlich den Drehimpuls des Elektrons um die z-Achse, also um die Achse des Magnetfeldes. Die Formel (26.10) für die Energie des Wasserstoffatoms im Magnetfeld läßt daher folgende anschauliche Deutung zu: Vermöge seiner Umlaufsbewegung besitzt das Elektron des H-Atoms ein magnetisches Moment, dessen Richtung

[1] Der Term mit A^2 gibt den Diamagnetismus, vgl. Ziff. 29.

[2] E_0 ist jetzt nicht mehr die Ruhenergie mc^2, sondern die Energie des Atoms ohne äußeres Feld.

(bis auf das Vorzeichen) übereinstimmt mit der Richtung des mechanischen Moments der Elektronenbahn und dessen Größe gegeben ist durch

$$\vec{\mu} = -\frac{e\hbar}{2mc}\mathfrak{k} = -\mu_0\mathfrak{k} \tag{26.11}$$

bzw.

$$\vec{\mu} = -\frac{e}{2mc}\mathfrak{P}, \tag{26.12}$$

wobei $\mathfrak{k}$ der Drehimpuls der Elektronenbahn in atomaren Einheiten, $\mathfrak{P}$ derselbe in cgs-Einheiten ist. Dies magnetische Moment $\vec{\mu}$ bekommt dann im Magnetfeld $\mathfrak{H}$ die Energie

$$W_1 = (\mathfrak{H}\vec{\mu}) = H\mu_0 k_z, \tag{26.13}$$

was mit (26.10) übereinstimmt.

Der Proportionalitätsfaktor in (26.11), $\mu_0 = \frac{e\hbar}{2mc}$, wird als BOHRsches Magneton bezeichnet, es ist die quantentheoretische Einheit des magnetischen Moments und spielt in allen magnetischen Fragen, wie Paramagnetismus usw., eine ausschlaggebende Rolle. In atomaren Einheiten ist $\mu_0 = \frac{1}{2}\alpha$. Auch der Proportionalitätsfaktor in (26.12), d. h. das Verhältnis des magnetischen Moments zu dem in *absoluten* Einheiten geschriebenen Impulsmoment $\mathfrak{P}$ der Elektronenbahn ist interessant: Er enthält nämlich die PLANCKsche Konstante h nicht. Dementsprechend läßt sich die Beziehung (26.12) auch schon auf dem Boden der klassischen Elektrodynamik ableiten (vgl. A. SOMMERFELD, Atombau, 5. Aufl., S. 138), und zwar für beliebige Bahnbewegungen eines Elektrons[1].

Auch sonst ist das Resultat, das wir in (26.10) für den Zeemaneffekt des Wasserstoffatoms gewonnen haben, im Einklang mit der klassischen Theorie des Zeemaneffekts und geht in keiner Weise über diese hinaus. Um das einzusehen, müssen wir anstatt der durch (26.10) gegebenen Aufspaltung der Eigenwerte die Aufspaltung der Spektrallinien im Magnetfeld betrachten. Bekanntlich ändert sich bei Lichtemission die magnetische Quantenzahl m des Atoms überhaupt nicht, falls das Licht parallel zum Magnetfeld polarisiert ist. In diesem Fall wird also die Frequenz ν der Spektrallinie

$$\nu_{mm} = \frac{1}{h}(E - E') = \frac{1}{h}(E_0 - h\omega m - E_0' + h\omega m) = \nu_0,$$

d. h. gleich der Frequenz der Linie ohne Magnetfeld. Ist dagegen das Licht senkrecht zur Feldrichtung z polarisiert, so springt m um ± 1, so daß die Linienfrequenz

$$\nu_{m,m\pm 1} = \frac{1}{h}(E_0 - h\omega m - E_0' + h\omega(m \pm 1)) = \nu_0 \pm \omega$$

wird, d. h. gleich der Frequenz der unverschobenen Linie plus oder minus der Frequenz der LARMORschen Präzessionsbewegung: Bei Beobachtung senkrecht zum Magnetfeld sieht man also statt jeder Linie des feldfreien Atoms ein Triplett von drei äquidistanten Linien, wobei die beiden äußeren Komponenten des Tripletts senkrecht, die mittlere parallel zum Magnetfeld polarisiert sind; bei Beobachtung *in* der Feldrichtung sieht man dagegen nur die äußeren Kompo-

[1] Übrigens läßt sich die Bez. (26.12) auch direkt aus Gleichung (26.5) ablesen. Da nämlich definitionsgemäß

$$P_z = [\mathfrak{r}\mathfrak{p}]_z = -i\hbar\left(x\frac{\partial}{\partial y} - y\frac{\partial}{\partial x}\right)$$

ist, kann man (26.5) schreiben: $\frac{\hbar^2}{2m}\Delta u - \frac{e}{2mc}(\mathfrak{H}\mathfrak{P})u + (E - V)u = 0.$

nenten, deren Polarisation in diesem Fall zirkular[1] (um die Achse des Magnetfeldes) ist. Das entspricht genau der alten LORENTZschen Theorie. Der Abstand der äußeren Komponenten des LORENTZschen Tripletts beträgt

$$2\frac{\omega}{c}=\frac{e}{2\pi mc^2}\cdot H=\frac{4{,}77\cdot 10^{-10}}{2\cdot 3{,}14\cdot 0{,}902\cdot 10^{-27}\cdot 9\cdot 10^{20}}H=0{,}935\cdot 10^{-4}H=\frac{H}{10700}\,\mathrm{cm}^{-1}, \quad (26.14)$$

wenn H in Gauß gemessen wird. Bei den normalerweise zugänglichen Feldstärken von etwa 30000 Gauß kommt man also erst zu Zeemanaufspaltungen von etwa 3 Wellenzahlen = etwa 1 Å für sichtbares Licht.

Experimentell findet man die Theorie qualitativ und quantitativ bestätigt für Singulettspektren, z. B. für Parhelium. Auch Wasserstoff zeigt den von uns soeben behandelten „normalen Zeemaneffekt", allerdings erst in starken Feldern (vgl. Ziff. 27). Die quantitative Messung der Zeemanaufspaltung gibt ein Mittel zur Bestimmung der spezifischen Ladung des Elektrons an die Hand. Wegen der geringen Aufspaltung erreicht die Methode zwar nicht ganz die Präzision der früher besprochenen anderen spektroskopischen e/m-Bestimmung (Ziff. 5, Vergleich der Rydbergkonstanten von Wasserstoff und Helium), ist aber doch recht exakt. Die neuesten Messungen von J. S. CAMPBELL und W. V. HOUSTON[2] ergeben

$$e/m = (1{,}7579 \pm 0{,}0025)\cdot 10^7\,\text{e.m.E.}$$

Zur Messung dienten die Singulettlinien $^1P - {}^1D$ von Zn und Cd, welche einen normalen Zeemaneffekt zeigen.

27. Anomaler Zeemaneffekt und Paschen-Back-Effekt. Wasserstoff zeigt in Wirklichkeit nur bei *starken* Feldern den in voriger Ziffer besprochenen normalen Zeemaneffekt. Starke Felder sind dabei solche, bei denen die Aufspaltung des LORENTZschen Tripletts groß ist gegenüber der Feinstruktur der Wasserstoffterme. Da letztere für das zweite Niveau 0,365 cm^{-1} beträgt (Ziff. 10), so muß nach (26.14) die Feldstärke H mindestens etwa 5000 bis 10000 Gauß sein. Bei kleineren Feldstärken zeigt Wasserstoff einen anomalen Zeemaneffekt ebenso wie andere Atome mit einem Leuchtelektron, z. B. die Alkalien.

Der anomale Zeemaneffekt kommt unter wesentlicher Mitwirkung des Spins zustande. Zur Wechselwirkungsenergie zwischen Magnetfeld und magnetischem Moment der Bahn tritt die zwischen Feld und magnetischem Moment des Spins. Das Verhältnis zwischen magnetischem Moment und Drehimpulsmoment ist nun aber beim Spin doppelt so groß wie bei der Bahnbewegung des Elektrons, so daß die Wechselwirkungsenergie Spin-Magnetfeld gleich

$$W_2 = +\frac{e\hbar}{mc}(\mathfrak{H}\mathfrak{s}) = 2\mu_0(\mathfrak{H}\mathfrak{s}) \quad (27.1)$$

wird[3]. $\mathfrak{s}$ ist der Vektor des Spins (in atomaren Einheiten $\hbar$ gemessen). Wenn das Magnetfeld wieder in der z-Richtung wirkt, wird das gesamte Störungspotential

$$W = W_1 + W_2 = \frac{e\hbar}{2mc}H(k_z + 2s_z) = \mu_0 H(M_z + s_z), \quad (27.2)$$

wobei M_z, wie üblich, das Gesamtimpulsmoment in der Richtung des Magnetfelds ist. Bezüglich der Ableitung des Ausdrucks (27.1) aus der DIRACschen Gleichung verweisen wir auf Ziff. 7 [Gleichung (7.10)].

[1] Bei der violetten Komponente dreht sich das elektrische Feld des absorbierten bzw. emittierten Lichts in *demselben* Sinne wie der Strom, der das Magnetfeld erzeugt, bei der roten im entgegengesetzten.

[2] J. S. CAMPBELL u. W. V. HOUSTON, Phys. Rev. Bd. 39, S. 601. 1932; s. auch H. D. BABCOCK, Astrophys. Journ. Bd. 58, S. 149. 1923. Die letzteren Messungen sind allerdings meist an anomalen Zeemantypen gemacht.

[3] Vgl. Ziff. 7a, insbesondere Gleichung (7.11).

Der Einfluß des Magnetfelds auf Eigenfunktionen und Eigenwerte ist für das Spinelektron grundsätzlich anders als für das punktförmige Elektron. Beim letzteren bleiben, wie wir in Ziff. 26 gezeigt haben, die Eigenfunktionen im Magnetfeld in Strenge die gleichen wie ohne Feld, da die Wechselwirkungsenergie zwischen Magnetfeld und Elektron (26.13) mit der ungestörten Hamiltonfunktion des Elektrons vertauschbar ist[1]. Die Wechselwirkungsenergie (27.2) des *Spin*elektrons mit dem Magnetfeld erfüllt diese Bedingung nicht: Zwar ist M_z mit der ungestörten Hamiltonfunktion vertauschbar und daher auch für das ungestörte Atom quantisiert, s_z dagegen ist mit der Wechselwirkungsenergie zwischen Spin und Bahnmoment des Elektrons

$$S = \tfrac{1}{2}\alpha^2 Z \overline{r^{-3}} (\mathfrak{k}\mathfrak{s}) \tag{27.3}$$

nicht vertauschbar. Die Wechselwirkung S zwingt, klassisch gesprochen, den Spin zu einer Präzessionsbewegung um das Gesamtmoment $\mathfrak{M}$, deren Winkelgeschwindigkeit gleich S/h ist. Der Spin hat daher in Abwesenheit eines Magnetfeldes zwar im Zeit*mittel* die Richtung des Gesamtdrehimpulses, besitzt aber daneben noch eine zeitlich veränderliche Komponente senkrecht zu $\mathfrak{M}$. Das Magnetfeld versucht dagegen die Spinkomponente s_z zu einer Konstante der Bewegung zu machen und muß zu diesem Zweck die Kopplung zwischen Spin und Bahnmoment zerstören, d. h. Eigenfunktionen mit verschiedenem Gesamtmoment j miteinander vermischen.

Bei zunehmender Stärke des Magnetfelds findet ein Übergang statt von einer Quantelung des Gesamtdrehimpulses M bei kleinen Feldstärken zu einer Quantelung der Komponenten s_z und k_z von Spin und Bahndrehimpuls[2] in der Feldrichtung z bei starken Feldern, der mit einer entsprechenden Änderung des Charakters der Zeemanaufspaltung verbunden ist. Dieser Übergang wird als *Paschen-Back-Effekt* bezeichnet. Während des Übergangs — also für *mittlere* Feldstärken — bleibt stets der Gesamtdrehimpuls in der Feldrichtung $M_z = m$ quantisiert, da er sowohl mit der Wechselwirkung zwischen Elektron und Feld (27.2), wie mit der Spin-Bahn-Wechselwirkung vertauschbar ist[3].

Wir behandeln jetzt den Zeemaneffekt für Magnetfelder verschiedener Stärke:

a) Schwaches Magnetfeld (Zeemanaufspaltung klein gegen Feinstruktur, anomaler Zeemaneffekt): Die Eigenfunktion ist nahezu die des ungestörten Atoms, die magnetische Zusatzenergie ist gleich dem Zeitmittelwert der Störungsfunktion (27.2), genommen über die ungestörte Bewegung. Wenn man nun den Spin über seine Präzessionsbewegung um den Gesamtdrehimpuls $\mathfrak{M}$ mittelt, so erhält man (rein klassisch) seine Komponente in der Richtung von $\mathfrak{M}$:

$$\bar{\mathfrak{s}} = \frac{(\mathfrak{s}\mathfrak{M})}{M^2}\mathfrak{M}$$

oder mit $\mathfrak{M} = \mathfrak{k} + \mathfrak{s}$

$$(s_z)_{nljm}^{nljm} = \left(\frac{M^2 + \mathfrak{s}^2 - k^2}{2M^2} M_z\right)_{nljm}^{nljm} = \frac{j(j+1) + s(s+1) - l(l+1)}{2j(j+1)} m, \tag{27.4}$$

wobei wir für die Drehimpulse M^2, $\mathfrak{s}^2$, k^2 ihre Eigenwerte eingesetzt haben. Die Energie des Atoms im Magnetfeld wird also nach (27.2)

$$E_{nljm}^{(H)} = E_{nlj}^{(0)} + H\mu_0 m g, \tag{27.5}$$

wo

$$g = \frac{3}{2} + \frac{s(s+1) - l(l+1)}{2j(j+1)} \tag{27.6}$$

der LANDÉsche Aufspaltungsfaktor und $E_{nlj}^{(0)}$ die Energie des Atoms ohne äußeres Feld ist. Die Zusatzenergie des Magnetfelds ist also genau wie beim Punktelektron proportional der magnetischen Quantenzahl m, hängt aber daneben vermöge des LANDÉschen g-Faktors noch von der inneren Quantenzahl j ab (anomaler Zeemaneffekt).

---

[1] Die Wechselwirkungsenergie enthält nur die Komponente des Drehimpulses in der z-Richtung, k_z, die auch für das feldfreie Atom bereits quantisiert ist.

[2] Da M_z stets Konstante der Bewegung ist, wird gleichzeitig mit s_z auch $k_z = M_z - s_z$ quantisiert.

[3] Daneben bleiben n, l und s Quantenzahlen.

Für Atome mit nur einem Elektron (Wasserstoff, Alkalien) ist $s = \frac{1}{2}$, $j = l + \frac{1}{2}$ bzw. $l - \frac{1}{2}$ (vgl. Ziff. 8), und wir erhalten durch Spezialisierung von (27.6)

$$g = \frac{j + \frac{1}{2}}{l + \frac{1}{2}}. \tag{27.7}$$

Diese Formel kann man auch unmittelbar an Hand der PAULIschen Eigenfunktionen (8.27) verifizieren.

Nach (27.7) ist der Abstand zweier benachbarter Zeemankomponenten ($m_1 = m_2 + 1$) bei den Termen $j = l + \frac{1}{2}$ *größer* als für das Elektron ohne Spin ($g = 1$), bei dem Term $j = l - \frac{1}{2}$ kleiner. Das erklärt sich daraus, daß der Spin, dessen Wechselwirkung mit dem Magnetfeld ja größer ist als die des Bahnmoments, für $j = l + \frac{1}{2}$ im wesentlichen parallel zum Gesamtimpulsmoment steht, für $j = l - \frac{1}{2}$ im wesentlichen antiparallel. Im einzelnen erhält man

$$\begin{array}{llllll} g = 2 & \frac{2}{3} & \frac{4}{3} & \frac{4}{5} & \frac{6}{5} & \\ \text{für } s & p_{\frac{1}{2}}\text{-}, & p_{\frac{3}{2}}\text{-}, & d_{\frac{3}{2}}\text{-}, & d_{\frac{5}{2}}\text{-Terme.} \end{array}$$

Auch die Aufspaltung der Spektral*linien* im Magnetfeld ergibt natürlich nicht mehr das gewöhnliche LORENTZsche Triplett, sondern ein komplizierteres Aufspaltungsbild, aus dem man auf die Quantenzahlen l und j des Anfangs- und Endterms der Linie schließen kann. Zur Berechnung des Aufspaltungsbildes muß man die Auswahlregeln beachten, die genau so lauten wie für das Elektron ohne Spin:

$\Delta m = 0$ für die parallel zum Magnetfeld polarisierten Komponenten,

$\Delta m = \pm 1$ für die senkrecht polarisierten Komponenten.

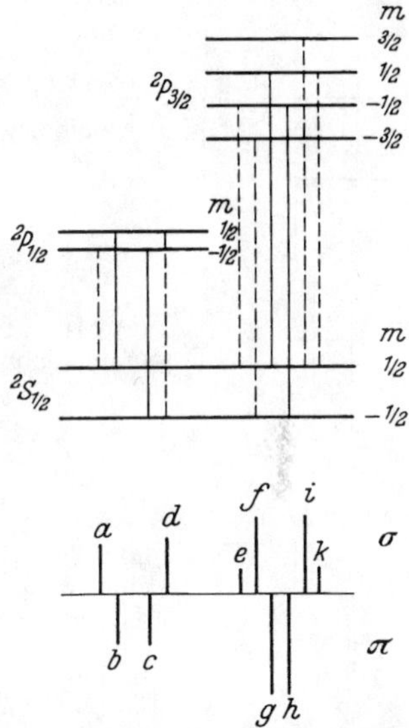

Abb. 18. Anomaler Zeemaneffekt einer Linie $n\,^2S - m\,^2P$. Oben Termschema, ausgezogene Linien sind parallel zum Feld polarisiert (π-Komponenten), gestrichelte senkrecht (σ-Komponenten), unten Aufspaltungsbild der Linie. Der rechte Teil des Aufspaltungsbildes entsteht aus der Linie $n\,^2S - m\,^2P_{3/2}$, der linke Teil gibt die Zeemanaufspaltung von $n\,^2S - m\,^2P_{1/2}$. Die Linien des Aufspaltungsbildes sind die direkte Fortsetzung der im Termschema (oben) eingezeichneten Linien.

Abb. 18 gibt das Aufspaltungsbild der p-Niveaus und des s-Niveaus und die daraus resultierende Aufspaltung der Linien $1s - 2p_{\frac{1}{2}}$ und $1s - 2p_{\frac{3}{2}}$. Die hier gegebene Theorie des anomalen Zeemaneffekts ist vielfach von der Erfahrung bestätigt[1].

b) Starkes Magnetfeld (Zeemanaufspaltung groß gegen Feinstruktur, quasinormaler Zeemaneffekt bzw. kompletter Paschen-Back-Effekt).

1. Näherung. Die Eigenfunktionen sind Produkte einer räumlichen und einer Spin-Eigenfunktion, die magnetische Energie (27.2) läßt sich sofort hinschreiben:

$$W = H\mu_0 (m_l + 2m_s). \tag{27.8}$$

Da m_l ganzzahlig und m_s halbzahlig ist, wird die magnetische Energie wie beim Elektron ohne Spin gleich $H\mu_0$ mal einer ganzen Zahl, es wird ein normaler Zeemaneffekt vorgetäuscht. Das gilt auch für die Aufspaltung der Spektrallinien: Da nämlich in der Eigenfunktion Spin und Bahndrehimpuls nicht mehr verkoppelt sind, kann sich die Spinquantenzahl m_s bei einem optischen Übergang nicht mehr ändern[2], es gilt also die Auswahlregel

$$\left.\begin{array}{l} \Delta m_s = 0, \\ \Delta m_l = 0, \ \pm 1, \ \text{je nach der Polarisation des Lichts,} \end{array}\right\} \tag{27.9}$$

[1] Vgl. z. B. E. BACK, Zeemaneffekt und Multiplettstruktur, Abschn. II.

[2] Die Übergangswahrscheinlichkeit ist

$$\sum_{S_z=-\frac{1}{2}}^{+\frac{1}{2}} \int u^*_{n'l'm'_l}(r,\vartheta,\varphi)\,\delta_{m'_s s_z}\, q\, u_{nlm_l}(r,\vartheta,\varphi)\,\delta_{m_s s_z}\,d\tau = \delta_{m'_s m_s} \int u^*_{n'l'm'_l}\, q\, u_{nlm_l}\,d\tau.$$

die Spektrallinien bekommen das Aussehen LORENTZscher Tripletts, vorausgesetzt, daß sowohl der Ausgangs- wie der Endterm der Linie kompletten Paschen-Back-Effekt erleidet[1].

In *2. Näherung* müssen wir jetzt die Spin-Bahn-Wechselwirkung betrachten. Ihre Wirkung erhalten wir bei starken Feldern, indem wir die Wechselwirkungsenergie (27.3) über die Bahnbewegung mitteln. Da $\mathfrak{k}$ und $\mathfrak{s}$ unabhängig voneinander um das Magnetfeld präzessieren, ist der Zeitmittelwert von $(\mathfrak{k}\mathfrak{s})$ gleich dem Produkt der Komponenten von $\mathfrak{k}$ und $\mathfrak{s}$ in der Feldrichtung, also

$$S = \tfrac{1}{2}\alpha^2 Z r^{-3} m_l m_s .$$

Wenn wir r^{-3} aus der Feinstrukturaufspaltung bei verschwindendem Feld

$$\Delta E = E_{j=l+s} - E_{j=l-s} = \tfrac{1}{2}\alpha^2 Z r^{-3} \cdot \begin{Bmatrix} l(2s+1), & \text{wenn } l<s, \\ s(2l+1), & \text{wenn } l>s \end{Bmatrix} \tag{27.10}$$

entnehmen, kommt

$$S = \begin{Bmatrix} m_l m_s \dfrac{\Delta E}{l(2s+1)}, \\ m_l m_s \dfrac{\Delta E}{s(2l+1)}. \end{Bmatrix} \tag{27.11}$$

(27.11) gilt für beliebige Werte des Gesamtspins s und des Bahnmoments m. Spezialisierung auf Atome mit einem Elektron ($s = \frac{1}{2}$) gibt

$$S = m_l m_s \cdot \frac{\Delta E}{l + \frac{1}{2}} . \tag{27.12}$$

Die Gesamtenergie des Atoms im Zustand $n l s m_l m_s$ ergibt sich, indem man (27.8) und (27.11) zum Energieschwerpunkt des Multipletts $n l s$ addiert. Jeder „Zeemanterm" des Atoms im starken Magnetfeld zeigt eine Aufspaltung von der Größenordnung der Feinstrukturaufspaltung des feldfreien Atoms. Dasselbe gilt für die Spektrallinien.

Abb. 19 gibt das Termschema (oben) und das Aufspaltungsbild (unten) für die Spektrallinie $1s - 2p$ eines Alkaliatoms in starken Magnetfeldern.

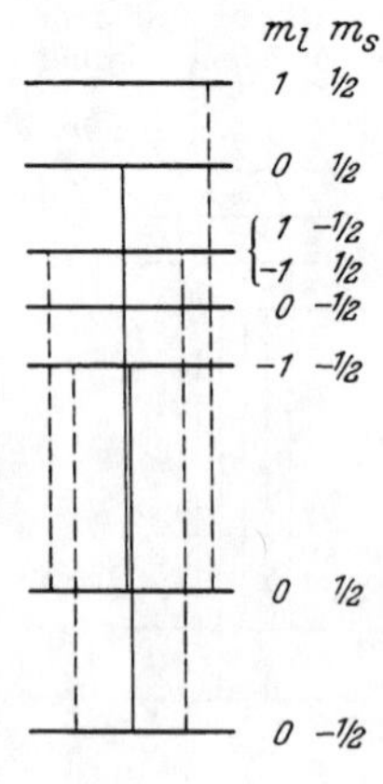

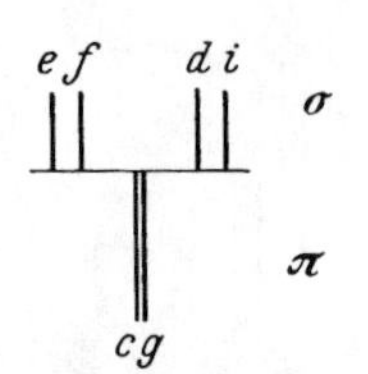

Abb. 19. Kompletter Paschen-Back-Effekt einer Linie $n^2S - m^2P$. Oben Termschema, unten Aufspaltungsbild. Die Buchstaben beziehen sich auf das Aufspaltungsbild in Abb. 18. Die Linien a, b, h, k des anomalen Zeemaneffekts sterben beim Übergang zu hohen Feldstärken ab (vgl. Abb. 21). Der Abstand ef bzw. di kommt von der Wechselwirkung zwischen Spin und Bahn her.

c) Mittelstarke Felder, Paschen-Back-Effekt (Zeemanaufspaltung und Feinstruktur von gleicher Größenordnung): Die einzige Größe, die für *mittlere* Felder quantisiert bleibt, ist der Gesamtimpuls in Richtung des Magnetfelds M_z. Um die Eigenfunktion und die Energieniveaus zu finden, schreiben wir den Teil der Matrix der Gesamtenergie hin, der einem bestimmten Wert $M_z = m$ entspricht. Die betreffende Teilmatrix besitzt bei Dublettspektren zwei Zeilen und Kolonnen, die wir den beiden möglichen Werten des Gesamtmoments, $j = l + {}^1/_2$ und $j = l - {}^1/_2$, zuordnen. Bezeichnen wir die Eigenwerte des Atoms ohne Magnetfeld, die diesen beiden Werten für j entsprechen, mit E_+ und E_-, so lautet unsere Teilmatrix

$$\left.\begin{pmatrix} E_+ + m\cdot\left(1 + \dfrac{1}{2l+1}\right) H\mu_0 & \dfrac{1}{2l+1} H\mu_0 \sqrt{(l+\frac{1}{2})^2 - m^2} \\ \dfrac{1}{2l+1} H\mu_0 \sqrt{(l+\frac{1}{2})^2 - m^2} & E_- + m\left(1 - \dfrac{1}{2l+1}\right) H\mu_0 \end{pmatrix},\right\} \tag{27.13}$$

wobei die Matrixelemente der magnetischen Energie aus den PAULIschen Eigen-

---

[1] Als *partiellen* Paschen-Back-Effekt bezeichnet man den Fall, daß der eine Term bereits Paschen-Back-Effekt erlitten hat, während der andere noch anomalen Zeemaneffekt zeigt. Vgl. dazu Abschnitt d dieser Ziffer.

funktionen (8.27) des Spinelektrons zu entnehmen sind. Die Eigenwerte E ergeben sich aus der quadratischen Gleichung

$$\left. \begin{aligned} &\left(E_+ + H\mu_0 m\cdot\frac{2l+2}{2l+1} - E\right)\left(E_- + H\mu_0 m\cdot\frac{2l}{2l+1} - E\right) \\ &\quad - \left(\frac{H\mu_0}{2l+1}\right)^2\left[\left(l+\frac{1}{2}\right)^2 - m^2\right] = 0 \end{aligned} \right\} \tag{27.14}$$

zu

$$\left. \begin{aligned} E &= \frac{1}{2}(E_+ + E_-) + H\mu_0 m \\ &\pm \sqrt{\frac{1}{4}(E_+ - E_-)^2 + H\mu_0\frac{m}{2l+1}(E_+ - E_-) + \frac{1}{4}H^2\mu_0^2}\,. \end{aligned} \right\} \tag{27.15}$$

Daraus erhält man wieder

α) durch Spezialisierung auf kleine Feldstärken, $H\mu_0 \ll E_+ - E_-$:

$$E = \tfrac{1}{2}(E_+ + E_-) + H\mu_0 m \pm \tfrac{1}{2}(E_+ - E_-) \pm H\mu_0\frac{m}{2l+1},$$

das gibt bei Wahl des positiven Zeichens

$$E = E_+ + H\mu_0 m\cdot\frac{2l+2}{2l+1}, \tag{27.16}$$

d. h. die Energie des $m$ten Zeemanniveaus des Zustands $j = l + \frac{1}{2}$; bei Wahl des negativen Zeichens erhält man

$$E = E_- + H\mu_0 m\cdot\frac{2l}{2l+1}, \tag{27.17}$$

d. i. die Energie der $m$ten Zeemankomponente des Niveaus $j = l - \frac{1}{2}$;

β) durch Spezialisierung auf große Feldstärken, $H\mu_0 \gg E_+ - E_-$

$$E = \tfrac{1}{2}(E_+ + E_-) + H\mu_0 m \pm \tfrac{1}{2}H\mu_0 \pm \frac{m}{2l+1}(E_+ - E_-)$$

oder bei Einführung des Schwerpunkts der feldfreien Energieniveaus,

$$E_0 = \frac{E_+\cdot(l+1) + E_-\cdot l}{2l+1}$$

und ihres Abstands $\Delta E = E_+ - E_-$ (vgl. 27.10):

$$E = E_0 + H\mu_0(m \pm \tfrac{1}{2}) \pm \frac{\Delta E}{2l+1}(m \mp \tfrac{1}{2}). \tag{27.18}$$

(27.18) ist identisch mit den Formeln (27.8), (27.12), das obere Zeichen entspricht dem Zustand $m_l = m - \frac{1}{2}$, $m_s = \frac{1}{2}$, das untere dem Zustand $m_l = m + \frac{1}{2}$, $m_s = -\frac{1}{2}$. Der erstere entsteht also durch den Paschen-Back-Effekt aus der $m$ten Zeemankomponente des *oberen* Feinstrukturniveaus $j = l + \frac{1}{2}$, der letztere aus der entsprechenden Komponente des unteren Feinstrukturniveaus $j = l - \frac{1}{2}$, so daß eine Überschneidung dieser Terme nicht vorkommt.

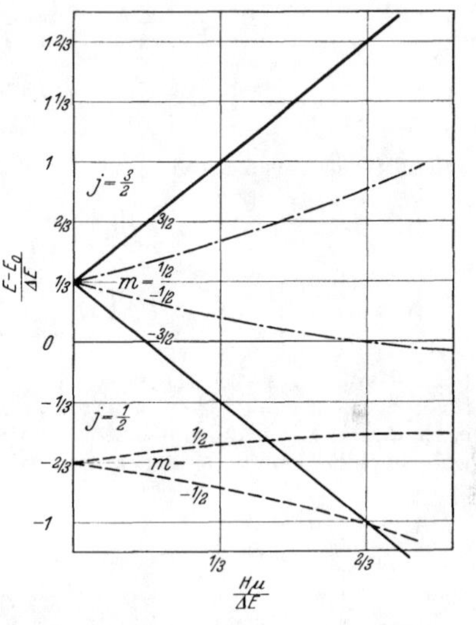

Abb. 20. Paschen-Back-Effekt für ${}^2P$-Terme (nach einer Tabelle von K. Darwin, Proc. Roy. Soc. London Bd. 118, S. 264. 1928, gezeichnet). Abszisse $\frac{H\mu_0}{\Delta E}$, Ordinate $\frac{E - E_0}{\Delta E}$. H = Magnetfeld, E_0 = Schwerpunkt sämtlicher Terme, E = Energie eines bestimmten Terms, ΔE = Abstand der ${}^2P$-Niveaus bei verschwindendem Feld.

In Abb. 20 ist der Paschen-Back-Effekt eines $2p$-Terms von kleinen zu großen Feldstärken verfolgt. Magnetfeld $H\mu$ und Termverschiebung $E - E_0$ sind in Vielfachen der Feinstrukturaufspaltung ΔE ohne Magnetfeld ausgedrückt. Für das $2p$-Niveau des Wasserstoffatoms ist z. B. $\Delta E = 0{,}365\ \mathrm{cm}^{-1}$, für $H_0 = 21\,400 \cdot 0{,}365$ Gauß $= 7800$ Gauß wird $H_0\mu_0 = \Delta E$. Man sieht aus der Abbildung, daß sich bisweilen zwei Terme überschneiden, jedoch immer nur solche mit verschiedenem m. Der Paschen-Back-Effekt sorgt dafür, daß Überschneidung von Termen mit gleichem m nicht vorkommt. Die beiden Terme $m = \pm(l + \frac{1}{2})$

zeigen eine lineare Abhängigkeit vom Magnetfeld, weil für diese beiden Werte von m nur je *ein* Term existiert, so daß die Eigenfunktion sich beim Übergang von schwachen zu starken Feldern nicht ändern kann.

Entwickeln wir die *Eigenfunktion* für mittlere Feldstärken nach Eigenfunktionen des feldfreien Atoms

$$u = a u_{j=l+\frac{1}{2}} + b u_{j=l-\frac{1}{2}}, \tag{27.19}$$

so ist

$$\left.\begin{aligned} a &= \sqrt{\tfrac{1}{2}(1+\gamma)}, \quad b = \sqrt{\tfrac{1}{2}(1-\gamma)} \quad \text{für das höhere Niveau,} \\ a &= -\sqrt{\tfrac{1}{2}(1-\gamma)}, \quad b = \sqrt{\tfrac{1}{2}(1+\gamma)} \quad \text{für das tiefere Niveau} \\ &\text{mit} \\ \gamma &= \frac{\frac{1}{2}\Delta E + \frac{m}{2l+1} H\mu_0}{\sqrt{\frac{1}{4}\Delta E^2 + \frac{m}{2l+1}\Delta E H\mu_0 + \frac{1}{4}H^2\mu_0^2}}. \end{aligned}\right\} \tag{27.20}$$

Im Grenzfall verschwindenden Magnetfelds wird $\gamma = 1$, also $a = 1, b = 0$ für das höhere, $a = 0, b = 1$ für das tiefere Niveau, wie es nach Definition der a, b in (27.19) sein muß. Für sehr starkes Magnetfeld wird

$$\gamma = \frac{m}{l+\frac{1}{2}},$$

$$a = \sqrt{\frac{l+m+\frac{1}{2}}{2l+1}}, \quad b = \sqrt{\frac{l-m+\frac{1}{2}}{2l+1}} \quad \text{für das höhere Niveau,}$$

$$a = -\sqrt{\frac{l-m+\frac{1}{2}}{2l+1}}, \quad b = \sqrt{\frac{l+m+\frac{1}{2}}{2l+1}} \quad \text{für das tiefere Niveau,}$$

und mit den Ausdrücken (8.27) für die ungestörten Eigenfunktionen erhält man

$$u_1 = R_{nl}\begin{pmatrix} Y_{l,m-\frac{1}{2}}(\vartheta,\varphi) \\ 0 \end{pmatrix} \quad \text{für das höhere Niveau,}$$

$$u_2 = R_{nl}\begin{pmatrix} 0 \\ Y_{l,m+\frac{1}{2}}(\vartheta,\varphi) \end{pmatrix} \quad \text{für das tiefere Niveau}$$

($m > 0$ vorausgesetzt). Diese Funktionen drücken die Tatsache aus, daß s_z quantisiert ist, für u_1 z. B. ist $s_z = +\frac{1}{2}$. Natürlich kann man die Eigenfunktionen für mittlere Felder auch nach *diesen* Eigenfunktionen $u_1 u_2$ entwickeln, was für die Berechnung von Übergangswahrscheinlichkeiten noch bequemer ist; man findet mit der Abkürzung

$$\delta = \frac{\frac{1}{2}H\mu_0 + \frac{m}{2l+1}\Delta E}{\sqrt{\frac{1}{4}H^2\mu_0^2 + \frac{m}{2l+1}H\mu_0\Delta E + \frac{1}{4}\Delta E^2}}, \tag{27.21}$$

die ersichtlich ganz analog zu γ (27.20) gebaut ist,

$$\left.\begin{aligned} u &= R_{nl}(r)\begin{pmatrix} \sqrt{\tfrac{1}{2}(1+\delta)}\, Y_{l,m-\frac{1}{2}} \\ -\sqrt{\tfrac{1}{2}(1-\delta)}\, Y_{l,m+\frac{1}{2}} \end{pmatrix} \quad \text{für das obere Niveau,} \\ u &= R_{nl}(r)\begin{pmatrix} \sqrt{\tfrac{1}{2}(1-\delta)}\, Y_{l,m-\frac{1}{2}} \\ \sqrt{\tfrac{1}{2}(1+\delta)}\, Y_{l,m+\frac{1}{2}} \end{pmatrix} \quad \text{für das untere Niveau.} \end{aligned}\right\} \tag{27.22}$$

Hieraus kann man in jedem gegebenen Fall die Übergangswahrscheinlichkeiten für die verschiedenen Paschen-Back-Komponenten berechnen.

Die Auswahlregeln lauten, wie man sich leicht überlegt, folgendermaßen: Für beliebige Felder gilt die Auswahlregel

$\Delta m = 0$ für Polarisation parallel zum Magnetfeld,
$\Delta m = \pm 1$ für Polarisation senkrecht zum Feld.

Für schwache Felder tritt dazu die Auswahlregel für $j\,(\Delta j = 0, \pm 1)$, für sehr starke Felder die Auswahlregel $\Delta m_s = 0$, so daß die normalerweise für $m = M_z$ bestehende Auswahlregel dann für $m_l = k_z$ gilt. Das Bild des Paschen-Back-Effekts (mittlere Felder) ist also linienreicher als das des gewöhnlichen anomalen Zeemaneffekts (schwache Felder) und des „normalen" Zeemaneffekts (kompletten Paschen-Back-Effekts) bei sehr starken Feldern. Abb. 21 zeigt die Intensität und Lage der Zeemankomponenten der Linie $s-p$ für

a) $H\mu_0 = \frac{1}{10}$ · Feinstrukturaufspaltung des p-Terms,
b) $H\mu_0 = \frac{1}{2}$ · „ „ „ ,
c) $H\mu_0 = 1$ · „ „ „ ,
d) $H\mu_0 = 2$ · „ „ „ .

d) Vergleich mit der Erfahrung. Experimentell ist der Zeemaneffekt des Wasserstoffs, und zwar der Linien H_α und H_β von FÖRSTERLING und HANSEN[1] untersucht worden. Die verwendeten Feldstärken gingen von 3300 bis 10500 Gauß. Schon die kleinste Feldstärke genügt, um bei den dreiquantigen Termen praktisch vollständigen Paschen-Back-Effekt hervorzurufen[2]. Der $2p$-Term dagegen befindet sich gerade im Stadium der magnetooptischen Verwandlung, da die kritische Feldstärke H_0, bei der die Zeemanaufspaltung gleich der Feinstrukturaufspaltung wird, gleich 7900 Gauß ist.

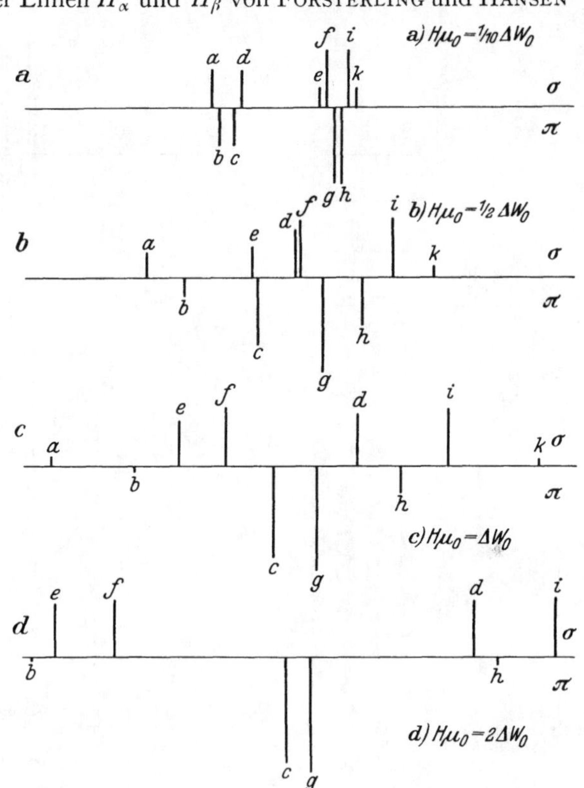

Abb. 21. Paschen-Back-Effekt einer Linie $n\,^2S - m\,^2P$: Übergang von schwachen zu starken Feldern. a) $H\mu_0 = \frac{1}{10}\Delta E$ (entspricht Abb. 18), b) $H\mu_0 = \frac{1}{2}\Delta E$, c) $H\mu_0 = \Delta E$, d) $H\mu_0 = 2\Delta E$ (entspricht nahezu Abb. 19). Man beachte das Aussterben der Außenkomponenten a, b, h, k und den Übergang von klar getrennten Feinstrukturkomponenten (Abb. a) über schwer übersehbare Bilder (b, c) zum fast genauen LORENTZschen Triplett (d).

Abb. 22b zeigt die berechneten Aufspaltungsbilder der Linie H_α für $H = 4000$ und 10000 Gauß (Länge der Linien proportional Intensität, σ-Komponenten oben, π-Komponenten unten), Abb. 22c die experimentellen Aufnahmen. Bei 4000 Gauß haben die π-Komponenten nach Ausweis von Experiment und Theorie noch den Charakter des anomalen Zeemaneffekts, die beiden Feinstrukturkomponenten sind noch deutlich getrennt. Bei 10000 Gauß ist von der Feinstruktur nichts mehr zu sehen, man hat kompletten Paschen-Back-Effekt.

[1] K. FÖRSTERLING u. G. HANSEN, ZS. f. Phys. Bd. 18, S. 26. 1923.

[2] Die Grenze des Paschen-Back-Effekts kann angenommen werden, wenn die Zeemanaufspaltung $H_0\mu_0$ gleich der Feinstrukturaufspaltung ΔE zweier Terme mit gleichem l und verschiedenem j ist. Das führt für den $3p$-Term des Wasserstoffs auf $H_0 = 2200$, für den $3d$-Term auf $H_0 = 750$ Gauß.

Unsere Theorie des anomalen Zeemaneffekts und Paschen-Back-Effekts gilt natürlich auch für die Alkalien[1].

e) Der Zeemaneffekt kann auch unmittelbar aus der DIRACschen Differentialgleichung erster Ordnung (7.1) abgeleitet werden, ohne daß man zuerst zur Gleichung zweiter Ordnung übergeht. Dies ist von DARWIN[2] ausgeführt worden, das Resultat ist natürlich dasselbe wie nach der hier durchgeführten PAULIschen Theorie.

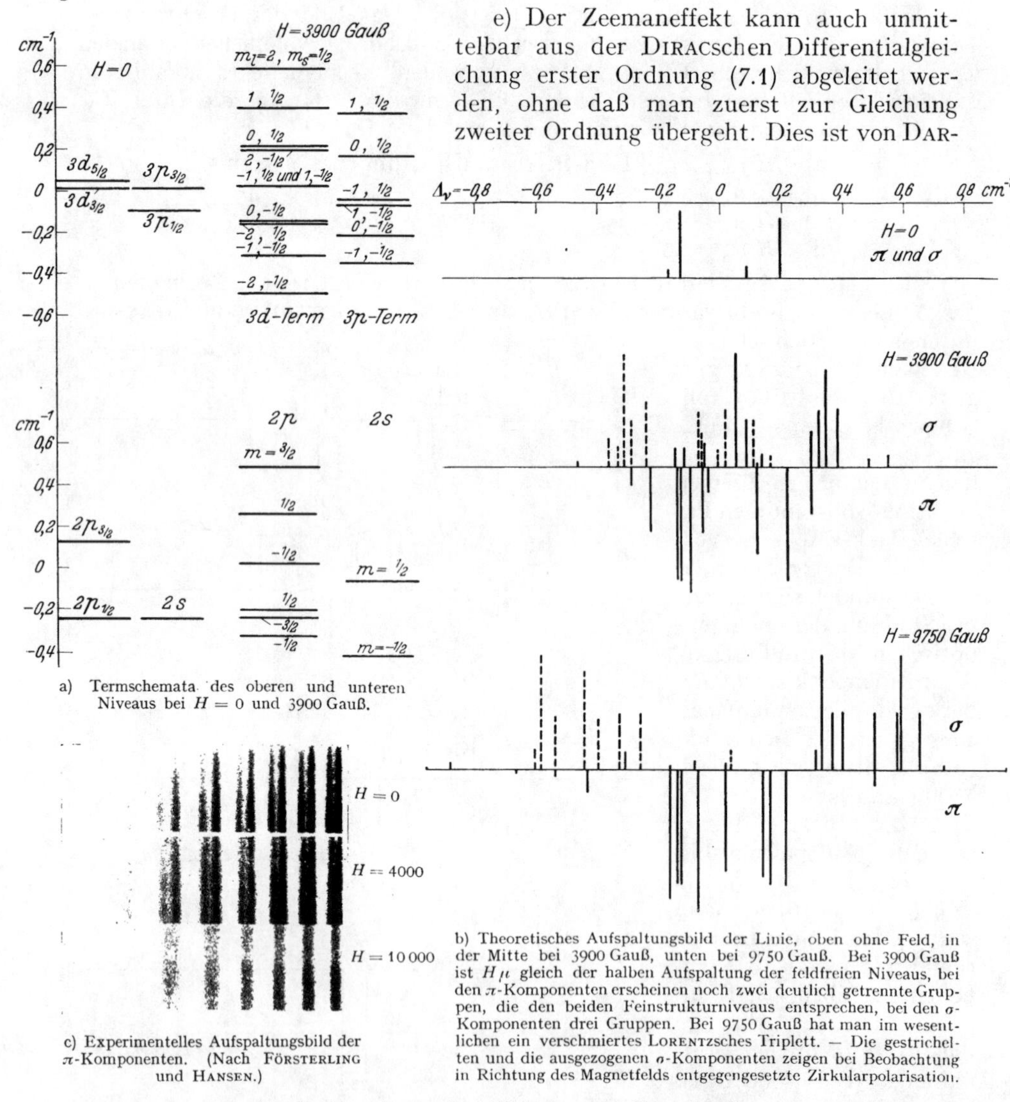

a) Termschemata des oberen und unteren Niveaus bei $H = 0$ und 3900 Gauß.

c) Experimentelles Aufspaltungsbild der π-Komponenten. (Nach FÖRSTERLING und HANSEN.)

b) Theoretisches Aufspaltungsbild der Linie, oben ohne Feld, in der Mitte bei 3900 Gauß, unten bei 9750 Gauß. Bei 3900 Gauß ist $H\mu$ gleich der halben Aufspaltung der feldfreien Niveaus, bei den π-Komponenten erscheinen noch zwei deutlich getrennte Gruppen, die den beiden Feinstrukturniveaus entsprechen, bei den σ-Komponenten drei Gruppen. Bei 9750 Gauß hat man im wesentlichen ein verschmiertes LORENTZsches Triplett. — Die gestrichelten und die ausgezogenen σ-Komponenten zeigen bei Beobachtung in Richtung des Magnetfelds entgegengesetzte Zirkularpolarisation.

Abb. 22a bis c. Paschen-Back-Effekt der ersten Balmerlinie H_α.

28. Zeemaneffekt des Heliums. Der Zeemaneffekt des *Parheliumspektrums* ist *normal*, da es sich ja um ein Singlettspektrum handelt, bei dem der Gesamtspin 0 ist. Messungen von LOHMANN[3] an den Linien $2^1S - 3^1P$, $2^1P - 4^1S$, $2^1P - 3^1D$, $2^1P - 4^1D$ bestätigen das sehr gut.

[1] Vgl. z. B. die Messungen von F. PASCHEN u. E. BACK, Ann. d. Phys. Bd. 39, S. 897. 1912; Bd. 40, S. 960. 1913.
[2] C. G. DARWIN, Proc. Roy. Soc. London Bd. 118, S. 654. 1928.
[3] W. LOHMANN, Phys. ZS. Bd. 7, S. 809. 1906.

Orthohelium muß bei schwachen Feldern den *anomalen Zeemaneffekt* der Triplettspektren zeigen, der Aufspaltungsfaktor g ergibt sich aus der allgemeinen LANDÉschen Aufspaltungsformel (27.6), wenn man $s = 1$ setzt:

$$g = \begin{cases} \dfrac{l+2}{l+1} & \text{für } j = l+1, \\[2mm] 1 + \dfrac{1}{l(l+1)} & \text{für } j = l, \\[2mm] \dfrac{l-1}{l} & \text{für } j = l-1. \end{cases} \tag{28.1}$$

Dieser Zeemaneffekt entzieht sich aber der Beobachtung. Denn bei den ^3P-Termen, deren Feinstruktur an und für sich groß genug wäre, um die Beobachtung des anomalen Zeemaneffektes ohne Störung durch Paschen-Back-Effekt zu ermöglichen, fällt wegen der anomalen Feinstruktur des Heliums (Ziff. 23) die Komponente $j = 2$ fast genau mit $j = 1$ zusammen, und infolgedessen tritt für diese beiden Feinstrukturkomponenten doch schon bei kleinsten Magnetfeldern Paschen-Back-Effekt ein[1]. Die Struktur des $2\,^3P$-Terms in nicht allzu starken Magnetfeldern (ca. 10000 Gauß) ist daher folgende: Das Niveau $j = 0$ bleibt im Magnetfeld unverändert am alten Platz, aus den Niveaus $j = 2$ und $j = 1$ *zusammen* entstehen: je ein Niveau mit $m = \pm 2$, je zwei Niveaus mit $m = \pm 1$ und zwei mit $m = 0$. Die Niveaus mit $m = \pm 2$ und ± 1 haben dabei die Lagen, die ihnen bei komplettem Paschen-Back-Effekt zukommen:

$$\begin{aligned} E &= E_0 \pm 3H\mu_0 && \text{für} \quad m = \pm 2, \quad m_l = m_s = 1, \\ E &= E_0 \pm 2H\mu_0 && \;\;,, \quad\;\; m = \pm 1, \quad m_l = 0, \quad m_s = \pm 1, \\ E &= E_0 \pm 2H\mu_0 && \;\;,, \quad\;\; m = \pm 1, \quad m_l = \pm 1, \quad m_s = 0. \end{aligned}$$

Jedem der sechs Niveaus lassen sich bestimmte Werte von m_l und m_s zuordnen (vgl. Ziff. 27b). Die beiden Komponenten $m = 0$ erleiden dagegen nur einen *partiellen* Paschen-Back-Effekt, weil das Feinstrukturniveau $j = 0$ bei mittleren Magnetfeldern ja noch nicht mit unseren beiden Niveaus $j = 2$ und 1 vermischt wird.

Um diesen partiellen Paschen-Back-Effekt näher zu verfolgen und gleichzeitig auch die bei höheren Feldern eintretende Änderung der Lage des Niveaus

a) Termschema. Die sechs Niveaus $m = \pm 2$, ± 1 des $2\,^3P$-Terms zeigen kompletten Paschen-Back-Effekt, von den Niveaus $m = 0$ ist das oberste im wesentlichen der ungestörte Feinstrukturterm $j = 0$, die beiden unteren enthalten $j = 1$ und 2 gemischt.

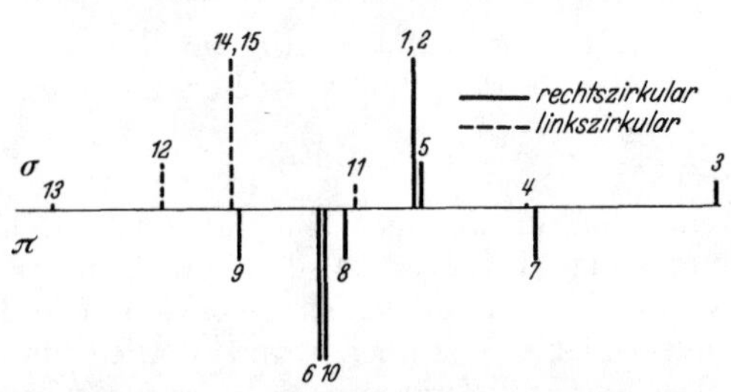

b) Aufspaltungsbild theoretisch. Die Nummern beziehen sich auf das Termschema a. Außer dem LORENTZschen Triplett (Linien 1,2; 6,10; 14,15) erscheinen eine Reihe anomaler Linien, die von den Niveaus $m = 0$ des $2\,^3P$-Terms ausgehen. Besonders leicht zu beobachten sollten hiervon die Linien 7,9 (π) und 12 (σ) sein.

Abb. 23a u. b. Zeemaneffekt der Linie $2\,^3P \to 2\,^3S$ von Helium bei $H = 8500$ Gauß.

$j = 0$ zu berechnen, schreiben wir den Teil der Energiematrix auf, der zu $m = 0$ gehört, wobei die drei Zeilen und Kolonnen der Matrix den Zuständen $j = 0, 1, 2$ entsprechen sollen:

$$\begin{pmatrix} E_0 & \sqrt{\tfrac{2}{3}}\,H\mu_0 & 0 \\ \sqrt{\tfrac{2}{3}}\,H\mu_0 & E_1 & \sqrt{\tfrac{1}{3}}\,H\mu_0 \\ 0 & \sqrt{\tfrac{1}{3}}\,H\mu_0 & E_2 \end{pmatrix}.$$

[1] In der Tat fand LOHMANN den normalen Zeemaneffekt an den starken Komponenten der Linien $2\,^3P - 4\,^3S$, $2\,^3P - 3\,^3D$, $2\,^3P - 4\,^3D$. Die im folgenden zu besprechende Anomalie wurde experimentell noch nicht beobachtet.

Dabei sind $E_0 E_1 E_2$ die Energien der Terme $j = 0, 1, 2$ des feldfreien Atoms. Setzen wir, wie wir wollten, $E_0 - E_1 \gg H\mu_0 \gg E_1 - E_2$ voraus, so wird die gestörte Energie des Zustands $j = 0$

$$E_{j=0} = E_0 + \frac{2}{3} \frac{(H\mu_0)^2}{E_0 - E_1}$$

und die Energie der beiden anderen Niveaus

$$E = \frac{1}{2}(E_1 + E_2) - \frac{1}{3} \frac{(H\mu_0)^2}{E_0 - E_1} \pm \sqrt{\frac{1}{3}}\, H\mu_0,$$

d. h. die beiden Niveaus haben einen Abstand $2\sqrt{\frac{1}{3}}\, H\mu_0$. Die zugehörigen Eigenfunktionen sind Summe bzw. Differenz der Eigenfunktionen $j = 1, m = 0$ und $j = 2, m = 0$ des ungestörten Atoms. Abb. 23a gibt das resultierende Aufspaltungsschema des $2\,^3P$-Terms für $H = 8500$ Gauß, d. h. $H\mu_0 = \frac{1}{2}(E_0 - E_1)$, Abb. 23b die entsprechende Aufspaltung der Linie $2\,^3S - 2\,^3P$.

29. Diamagnetismus des Heliums[1]. Der Helium-Grundterm erfährt im Magnetfeld keine Aufspaltung, da er ja kein Drehimpulsmoment besitzt. Wohl aber wird er durch das Magnetfeld *verschoben*, und zwar wegen des letzten Terms in Gleichung (26.2), den wir bisher immer vernachlässigt haben. Die Termverschiebung ist

$$\Delta E = + \frac{e^2}{2mc^2}(A^2(\mathfrak{r}_1) + A^2(\mathfrak{r}_2)) = \frac{e^2}{8mc^2} H^2 (x_1^2 + y_1^2 + x_2^2 + y_2^2). \quad (29.1)$$

Dabei ist $\mathfrak{A}(\mathfrak{r}_1)$ das Vektorpotential am Orte des ersten Elektrons, $x_1 y_1 z_1$ die Koordinaten des Elektrons. Das Magnetfeld ist homogen und parallel der z-Achse angenommen, so daß das Vektorpotential wieder durch (26.4) gegeben ist. Gehen wir zu atomaren Einheiten über und beachten wir, daß die Ladungsdichten der beiden Elektronen kugelsymmetrisch und in gleicher Weise verteilt sind, so erhalten wir

$$\Delta E = \tfrac{1}{8} \alpha^2 H^2 \overline{r_1^2 \sin^2\vartheta_1 + r_2^2 \sin^2\vartheta_2} = \tfrac{1}{6} \alpha^2 H^2 \overline{r^2} \text{ at. Einh.,} \quad (29.2)$$

wo $\overline{r^2}$ der Mittelwert von r^2 für *ein* Elektron ist. Die Berechnung dieses Mittelwerts mit Hilfe der HARTREEschen Ladungsverteilung (Tabelle 9) gibt

$$\overline{r^2} = 1{,}19 \text{ at. Einh.,} \qquad \Delta E = 1{,}05 \cdot 10^{-5} H^2 \text{ at. Einh.} \quad (29.3)$$

Bei einer Feldstärke von $H = 100000$ Gauß $= 0{,}006$ at. Einh. beträgt die Termverschiebung also etwa $4 \cdot 10^{-10}$ at. Einh. $= 0{,}8 \cdot 10^{-4}\,\text{cm}^{-1}$, liegt also ganz gewiß weit unterhalb der spektroskopischen Beobachtbarkeit. Diese minimale Termverschiebung ist aber verantwortlich für den Diamagnetismus des Heliums.

Die Suszeptibilität pro Mol χ ist definiert durch

$$L\Delta E = -\tfrac{1}{2}\chi H^2, \quad (29.4)$$

wo ΔE die berechnete Termverschiebung ist und L die LOSCHMIDTsche Zahl $= 6{,}06 \cdot 10^{23}$. χ hat die Dimension eines Volums, wir bekommen also, wenn wir ΔE aus (29.3) einsetzen, χ in Einheiten a^3 (a = Wasserstoffradius); messen wir χ in cm^3, so ergibt sich

$$\chi = \frac{2\Delta E}{H^2} L a^3 = -2 \cdot 1{,}05 \cdot 10^{-5} \cdot 6{,}06 \cdot 10^{23} \cdot 0{,}528^3 \cdot 10^{-24} = -1{,}87 \cdot 10^{-6}.$$

Gemessen[2] ist $\chi = -1{,}88 \cdot 10^{-6}$, die Übereinstimmung ist vorzüglich.

---

[1] Vgl. J. C. SLATER, Phys. Rev. Bd. 31, S. 333. 1928.

[2] A. P. WILLS u. L. G. HECTOR, Phys. Rev. Bd. 23, S. 209; Bd. 24, S. 418. 1924.

B. Starkeffekt.

1. Wasserstoffatom.

30. Linearer Starkeffekt. Das Wasserstoffatom unterscheidet sich von allen übrigen Atomen dadurch, daß seine Terme in einem homogenen elektrischen Feld eine Aufspaltung proportional der *ersten* Potenz der Feldstärke erleiden, während alle übrigen Atome nur eine in der Feldstärke *quadratische* Aufspaltung zeigen. Wenn auf ein beliebiges Atom ein homogenes, parallel z gerichtetes elektrisches Feld von der Feldstärke F wirkt, lautet die Schrödingergleichung des Atoms in atomaren Einheiten

$$\left(\tfrac{1}{2}\Delta + E - V - F\sum_i z_i\right) u = 0\,; \tag{30.1}$$

da nämlich $-Fz$ das elektrostatische Potential des äußeren Feldes ist, wird die Energie des $i$ten Elektrons in diesem Felde (in absoluten Einheiten) gleich $+eFz_i$. Die Summe über i in (30.1) geht über alle Elektronen des Atoms.

Nun sieht man ohne weiteres, daß der Mittelwert des Störungspotentials

$$\Phi = F\sum_i z_i \tag{30.2}$$

über eine Eigenfunktion des feldfreien Atoms verschwindet: Denn die ungestörten Eigenfunktionen jedes Atoms bleiben bei einer Inversion des ganzen Atoms am Kern[1] entweder ganz ungeändert oder sie wechseln dabei nur ihr Vorzeichen („positive" und „negative" Terme). Das folgt daraus, daß die Hamiltonfunktion des feldfreien Atoms bei der Inversion am Kern ungeändert bleibt (vgl. die entsprechende Argumentation bezüglich der Symmetrie von Hamiltonfunktion und Eigenfunktion des Heliumproblems in den Koordinaten der beiden Elektronen, Ziff. 11). u_0^2 ist also jedenfalls invariant gegen gleichzeitige Umkehrung der Vorzeichen aller Elektronenkoordinaten, Φ wechselt dabei aber gerade sein Vorzeichen, so daß die Diagonalelemente der Matrix des Störungspotentials

$$\int \Phi\, u_0^2\, d\tau$$

notwendigerweise verschwinden. Im allgemeinen bekommt man daher erst in der *zweiten* Näherung der SCHRÖDINGERschen Störungstheorie eine Wirkung des elektrischen Feldes auf die Terme des Atoms, d. h. der Starkeffekt ist im allgemeinen in schwachen Feldern proportional dem *Quadrat* der Feldstärke.

Daß Wasserstoff hiervon eine Ausnahme bildet, hängt engstens mit der Entartung seiner Eigenwerte bezüglich der Azimutalquantenzahl l zusammen. Denn die Wasserstoff-Eigenfunktion in Polarkoordinaten

$$u_{nlm}(r, \vartheta, \varphi) = u_{nl}(r) \sin^m\vartheta\, (\cos^{l-m}\vartheta + \cos^{l-m-2}\vartheta \cdot a + \cdots)\, e^{im\varphi}$$

multipliziert sich bei einer Inversion am Kern mit $(-1)^l$, wie man unmittelbar sieht[2]. Diejenigen Matrixelemente des Störungspotentials Φ, welche einem Übergang von einem Zustand mit geradem l zu einem mit ungeradem l entsprechen, verschwinden daher im allgemeinen *nicht*; da aber zu jedem Energieniveau n des Wasserstoffs sowohl Zustände mit gerader wie solche mit ungerader Azimutalquantenzahl gehören, gibt es schon in *erster* Näherung eine Aufspaltung und Verschiebung der Eigenwerte, der Starkeffekt ist (in schwachen Feldern) eine *lineare* Funktion der Feldstärke.

[1] Darunter verstehen wir die Umkehrung der Vorzeichen *aller* Elektronenkoordinaten, also den Ersatz von $x_1 y_1 \ldots z_N$ durch $-x_1\, -y_1 \ldots -z_N$.

[2] In Polarkoordinaten muß man bei der Inversion ϑ durch $\pi - \vartheta$ und φ durch $\pi + \varphi$ ersetzen.

Es wäre natürlich an sich möglich, den linearen Starkeffekt des H-Atoms zu berechnen, indem man die Matrixelemente des Störungspotentials (30.2) mit Hilfe der gewöhnlichen Eigenfunktionen in Polarkoordinaten ausrechnet und die Eigenwerte dieser Störungsmatrix aufsucht. Glücklicherweise läßt sich der Starkeffekt aber auch einfacher behandeln, indem man anstatt in Polarkoordinaten in *parabolischen* Koordinaten rechnet. Wie wir in Ziff. 6 gesehen haben, kann man die Schrödingergleichung des Wasserstoffatoms *ohne* äußeres Feld auch in diesen Koordinaten separieren (was eng zusammenhängt mit der Entartung der Wasserstoffterme bezüglich l). Es zeigt sich, daß die Separierbarkeit auch im elektrischen Feld erhalten bleibt. Das Störungspotential des elektrischen Feldes, Fz, läßt sich nämlich nach (6.1) durch die parabolischen Koordinaten ausdrücken:

$$Fz = \tfrac{1}{2}F(\xi - \eta).$$

Wenn wir in der Schrödingergleichung

$$\left(\frac{1}{2}\Delta + E + \frac{Z}{r} - Fz\right)u = 0$$

den LAPLACEschen Operator nach (6.4) in parabolischen Koordinaten schreiben und gleichzeitig die Gleichung mit $\frac{1}{2}(\xi + \eta)$ multiplizieren, bekommen wir

$$\frac{\partial}{\partial\xi}\left(\xi\frac{\partial u}{\partial\xi}\right) + \frac{\partial}{\partial\eta}\left(\eta\frac{\partial u}{\partial\eta}\right) + \left(\frac{1}{4\xi} + \frac{1}{4\eta}\right)\frac{\partial^2 u}{\partial\varphi^2} + \left[\tfrac{1}{2}E(\xi+\eta) + Z - \tfrac{1}{4}F(\xi^2 - \eta^2)\right]u = 0.$$

Diese Differentialgleichung läßt sich genau wie in Ziff. 6 durch den Ansatz (6.5): $u = u_1(\xi)\,u_2(\eta)\,e^{im\varphi}$, $Z = Z_1 + Z_2$ separieren, wobei aber jetzt für die Funktionen u_1 und u_2 statt (6.6) die Differentialgleichungen

$$\left.\begin{aligned} \frac{d}{d\xi}\left(\xi\frac{du_1}{d\xi}\right) + \left(\frac{1}{2}E\xi + Z_1 - \frac{m^2}{4\xi} - \frac{1}{4}F\xi^2\right)u_1 &= 0,\\ \frac{d}{d\eta}\left(\eta\frac{du_2}{d\eta}\right) + \left(\frac{1}{2}E\eta + Z_2 - \frac{m^2}{4\eta} + \frac{1}{4}F\eta^2\right)u_2 &= 0 \end{aligned}\right\} \tag{30.3}$$

gelten, welche sich durch das Vorzeichen von F unterscheiden. Die gewöhnlichen Differentialgleichungen (30.3) lassen sich nun entweder direkt integrieren — dies werden wir in Ziff. 32 tun — oder aber durch ein Störungsverfahren behandeln, welches ausgeht von den ungestörten Eigenfunktionen (6.7), (6.8) und den ungestörten Energiewerten (6.10). Solange die Feldstärke nicht allzu groß ist, wird das Störungsverfahren genügen

Das Störungsverfahren weicht insofern vom üblichen ab, als man als Eigenwert der Differentialgleichung (30.3) nicht etwa die Energie E zu betrachten hat, sondern die Separationsparameter $Z_1 Z_2$. Diese werden durch Lösung der Differentialgleichungen als Funktionen von E und der Feldstärke F bestimmt. Die Bedingung $Z_1 + Z_2 = Z$ gibt dann erst die gewünschte Gleichung zwischen E und F, d. h. die Energie als Funktion der Feldstärke.

Wenn wir, wie in Ziff. 6, die Größe

$$\varepsilon = \sqrt{-2E} \tag{30.4}$$

einführen, so läßt sich bei Abwesenheit des elektrischen Feldes der „Eigenwert" Z_1 durch die elektrische Quantenzahl n_1 und die magnetische Quantenzahl m nach der Formel

$$Z_1^{(0)} = \left(n_1 + \frac{m+1}{2}\right)\varepsilon \tag{30.5}$$

ausdrücken. Die durch das Feld F verursachte Störung dieses Eigenwertes ist in erster Näherung gegeben durch das Integral des Störungspotentials über die ungestörte Eigenfunktion.

Diese ist bis auf die Normierung durch (6.7), (6.8) gegeben. Normieren wir noch durch die Forderung

$$\int_0^\infty u_1^2(\xi)\, d\xi = 1,$$

so haben wir [vgl. (3.13)]

$$u_1(\xi) = \frac{n_1!^{\frac{1}{2}}}{\overline{n_1 + m}!^{\frac{3}{2}}} e^{-\frac{1}{2}\varepsilon\xi} \xi^{\frac{1}{2}m} \varepsilon^{\frac{1}{2}(m+1)} L^m_{n_1+m}(\varepsilon\xi), \tag{30.6}$$

also [vgl. (3.13)]

$$\left.\begin{aligned} Z_1^{(1)} &= \frac{1}{4} F \int_0^\infty \xi^2 u_1^2\, d\xi = \frac{1}{4} F \frac{n_1!}{\overline{n_1+m}!^3} \int \varepsilon^{m+1} \xi^{m+2} e^{-\varepsilon\xi}\, d\xi \left(L^m_{n_1+m}(\varepsilon\xi)\right)^2 \\ &= \frac{1}{4} F \varepsilon^{-2} (6n_1^2 + 6n_1 m + m^2 + 6n_1 + 3m + 2). \end{aligned}\right\} \tag{30.7}$$

In erster Näherung haben wir also insgesamt [vgl. (30.5)]

$$Z_1 = Z_1^{(0)} + Z_1^{(1)} = \varepsilon\left(n_1 + \frac{m+1}{2}\right) + \frac{1}{4}\frac{F}{\varepsilon^2}(6n_1^2 + 6n_1 m + m^2 + 6n_1 + 3m + 2) \tag{30.8}$$

und entsprechend

$$Z_2 = Z_2^{(0)} + Z_2^{(1)} = \varepsilon\left(n_2 + \frac{m+1}{2}\right) - \frac{1}{4}\frac{F}{\varepsilon^2}(6n_2^2 + 6n_2 m + m^2 + 6n_2 + 3m + 2).$$

Addition der beiden Gleichungen gibt mit Rücksicht auf die Definition (5.8) der Hauptquantenzahl n:

$$Z = \varepsilon n + \frac{3}{2}\frac{F}{\varepsilon^2}(n_1 - n_2)\, n \tag{30.9}$$

oder aufgelöst nach ε

$$\varepsilon = \frac{Z}{n} - \frac{3}{2} F \left(\frac{n}{Z}\right)^2 (n_1 - n_2). \tag{30.10}$$

Man erhält also für die Energie

$$E = -\frac{1}{2}\varepsilon^2 = -\frac{1}{2}\frac{Z^2}{n^2} + \frac{3}{2}\frac{Fn}{Z}(n_1 - n_2). \tag{30.11}$$

Die Formel (30.11) für den linearen Starkeffekt ist bereits aus der alten Quantentheorie von SCHWARZSCHILD und EPSTEIN abgeleitet worden, aus der Wellenmechanik von SCHRÖDINGER in seiner dritten Mitteilung. Die Energie hängt im linearen Starkeffekt außer von der Hauptquantenzahl n nur von der Differenz $n_1 - n_2$ ab, die auch als „elektrische Quantenzahl" bezeichnet wird, dagegen besteht keine Abhängigkeit von der „magnetischen Quantenzahl" m (diese tritt erst in der zweiten Näherung auf). Die energetisch höchste Starkeffektkomponente eines Terms mit der Hauptquantenzahl n erhält man, indem man für die parabolischen Quantenzahlen n_1, n_2 die Werte $n - 1$, 0 setzt, die tiefste Starkeffektkomponente entspricht $n_1 = 0$, $n_2 = n - 1$. Der Abstand dieser beiden äußersten Termkomponenten ist nach (30.11)

$$\Delta E = 3F\frac{n(n-1)}{Z}, \tag{30.12}$$

die Aufspaltung der Terme im Starkeffekt ist also etwa proportional n^2. Das Anwachsen der Aufspaltung mit der Hauptquantenzahl ist sehr verständlich: Je größer der Durchmesser der Elektronenbahn, um so größer ist die Potentialdifferenz zwischen entgegengesetzten Punkten der Bahn.

Um einen Begriff von der absoluten Größe des Starkeffekts zu bekommen, erinnern wir daran, daß F in atomaren Einheiten zu messen ist: Einheit der Feldstärke ist das Feld eines Protons im Abstand des BOHRschen Wasserstoffradius, d. i.

$$\frac{e}{a^2} = \frac{4{,}77 \cdot 10^{-10}}{(5{,}28 \cdot 10^{-9})^2} = 1{,}71 \cdot 10^7 \text{ e.s.E.} = 5{,}13 \text{ Milliarden } \frac{\text{Volt}}{\text{cm}}. \tag{30.13}$$

Einheit der Energie ist die doppelte Rydbergenergie $= 2{,}19 \cdot 10^5\,\mathrm{cm}^{-1}$. Wenn wir also die Feldstärke F in Volt/cm, die Energie in Wellenzahlen (cm^{-1}) messen, so wird

$$E = -\frac{1{,}097 \cdot 10^5}{n^2} Z^2 + \frac{F}{15\,590} \frac{n}{Z} (n_1 - n_2)\,\mathrm{cm}^{-1}. \tag{30.14}$$

Die Starkeffektaufspaltung insbesondere der höheren Terme erreicht sehr beträchtliche Werte: Für $n = 5$ ist der Abstand der äußersten Komponenten ($n_1 = 4$, $n_2 = 0$ und $n_2 = 4$, $n_1 = 0$) in einem Feld von 500000 Volt/cm bereits

$$32 \cdot 5 \cdot 8 = 1280\,\mathrm{cm}^{-1},$$

d. i. nahezu gleich dem Abstand der Terme $n = 5$ und $n = 6$ ohne Feld ($1400\,\mathrm{cm}^{-1}$).

Wir wollen noch zusehen, wie in den stationären Zuständen des Starkeffekts die *Eigenfunktionen* aussehen: Wir haben in Ziff. 6 bereits gezeigt, daß sich das Elektron, falls $n_1 > n_2$ ist, vorwiegend auf der Seite *positiver* z aufhält. Dort ist aber die potentielle Energie des Elektrons im äußeren elektrischen Feld eFz positiv, es ist daher nicht zu verwundern, daß die Energie der Zustände $n_1 > n_2$ im elektrischen Feld erhöht wird. Zur Veranschaulichung der Asymmetrie der Ladungsverteilung verweisen wir auf die Abb. 8, Ziff. 6, welche die Ladungsverteilung für den Zustand $n = 4$, $n_1 = 2$, $n_2 = 0$, $m = 1$ darstellt. Nur für $n_1 = n_2$ ist keine Asymmetrie vorhanden[1].

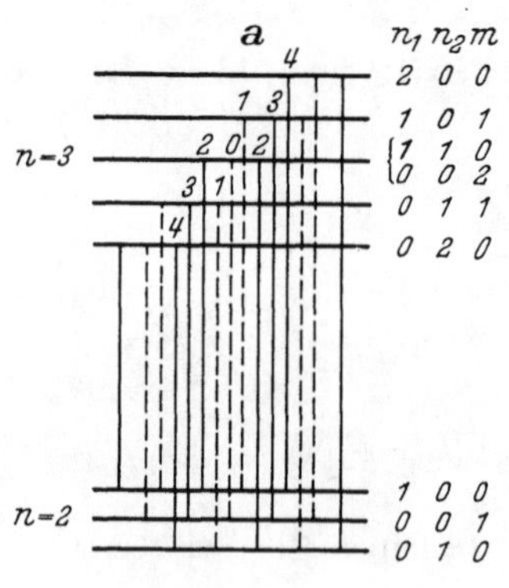

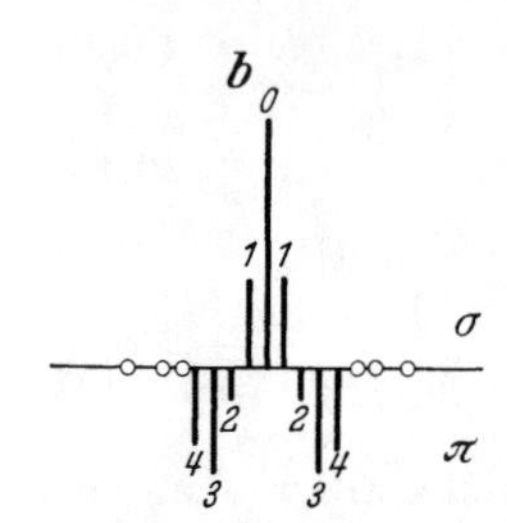

a) Termschema. π-Komponente ausgezogen, σ-Komponenten gestrichelt eingezeichnet. b) Theoretisches Aufspaltungsbild, Länge der Linien proportional der Intensität, Kreise = Linien mit sehr kleiner Intensität. Die Linien des Aufspaltungsbildes bilden die Fortsetzung der oben ins Termschema eingezeichneten Linien, die Ziffern geben die Verschiebung gegen die feldfreie Linie in Einheiten $F/15\,590$.

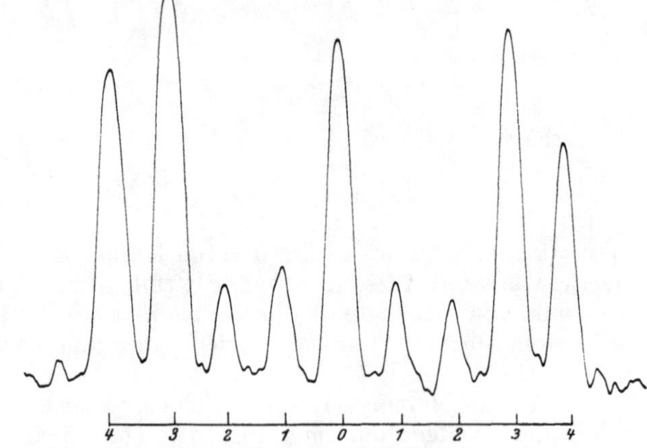

c) Photometerkurve nach MARK und WIERL (ZS. f. Phys. Bd. 55, S. 156) (π-Komponenten 4, 3, 2 und σ-Komponenten 1, 0 zusammen).

Abb. 24 a bis c. Starkeffekt von H_α.

Die Formel (30.11) ist experimentell sehr gut bestätigt[2]. Dabei gibt wegen der Proportionalität der Termaufspaltung mit n jeweils der obere Term den Hauptbeitrag zur Aufspaltung einer Spektrallinie. Die Auswahlregel lautet, wie üblich, $\Delta m = 0$ für das parallel zum Feld polarisierte Licht, $\Delta m = \pm 1$ für senkrechte Polarisation. Eine Auswahlregel bezüglich der parabolischen Quantenzahlen $n_1 n_2$ besteht nicht, allerdings sind Übergänge mit Änderung des Vorzeichens von $n_1 - n_2$ meist schwach. Die Verschiebung jedes Terms und damit auch jeder Spektrallinie im elektrischen Feld ist in unserer Näherung ein ganzzahliges Vielfaches von $\frac{3}{2}F$ atomaren Einheiten $= \frac{F}{15\,590}\,\mathrm{cm}^{-1}$. Man bezeichnet

[1] Vgl. F. G. SLACK, Ann. d. Phys. Bd. 82, S. 576. 1927 (Abb. 2).
[2] Quantitativ in einer neuen Arbeit von K. SJÖGREN, ZS. f. Phys. Bd. 77, S. 290. 1932.

die Linien am einfachsten, indem man ihre Verschiebung gegenüber der feldfreien Linie in Einheiten $F/15590$ und außerdem ihre Polarisation (π parallel, σ senkrecht zum elektrischen Feld) angibt.

Dies ist z. B. in den Abb. 24 und 25 geschehen: Abb. 24a, 25a zeigen die Aufspaltung des zweiten, dritten und vierten Wasserstoffterms und die erlaubten Übergänge: Die Zahlen, die den Übergängen beigefügt sind, bezeichnen die Verschiebung der betreffenden Spektrallinien im Feld in Einheiten $F/15590\,\text{cm}^{-1}$. In Abb. 24b, 25b ist sodann das resultierende Aufspaltungsbild der Balmerlinien

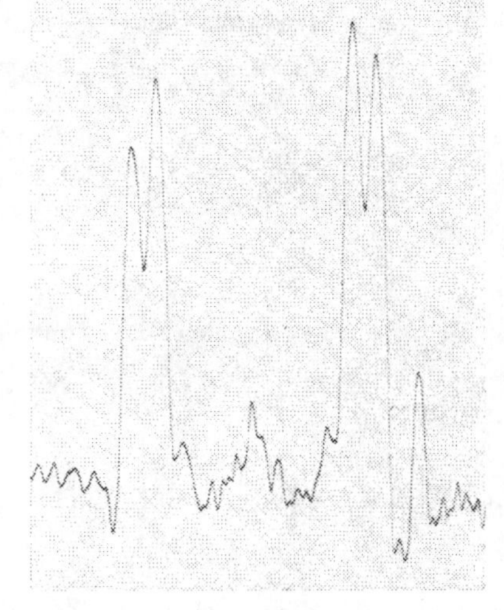

c) Photometerkurve nach MARK und WIERL für die parallel zum Feld polarisierte Strahlung.

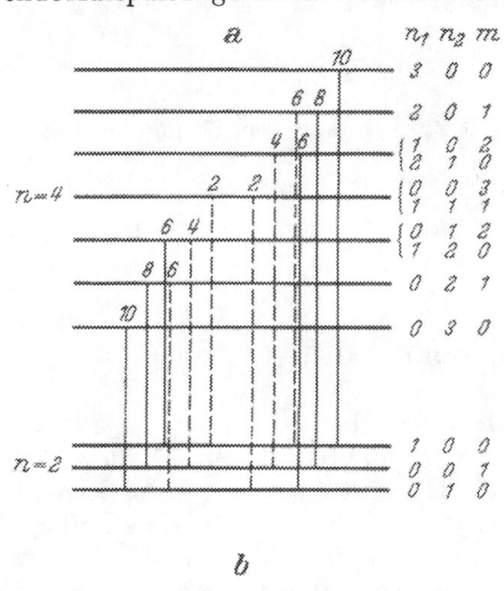

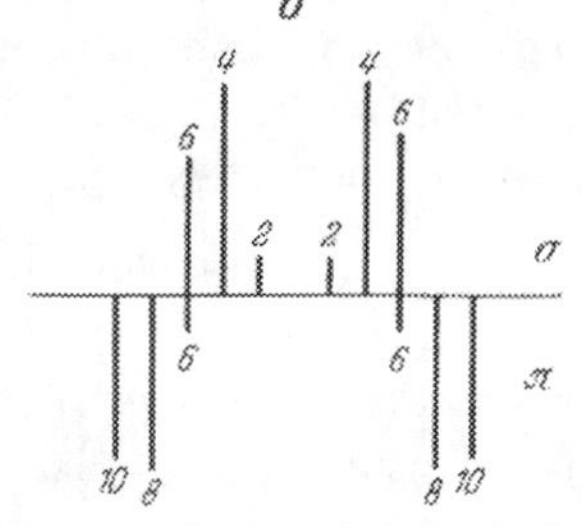

a) Termschema. b) Theoretisches Aufspaltungsbild.

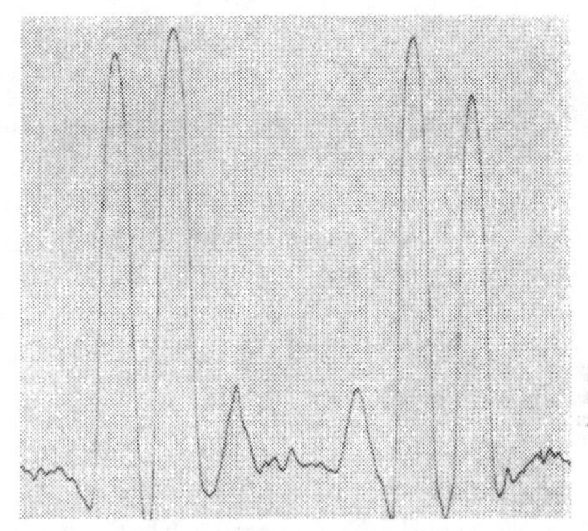

d) Photometerkurve für die senkrecht polarisierte Strahlung. Das elektr. Feld ist bei den Experimenten senkrecht zur Bewegungsrichtung der Wasserstoff-Kanalstrahlen und die Beobachtungsrichtung senkrecht zu den beiden vorgenannten Richtungen.

Abb. 25a bis d. Starkeffekt von H_β.

H_α und H_β nochmals dargestellt, die Länge der Linien ist proportional ihrer Intensität gewählt, diese ist aus den Formeln (45.1), (45.2) berechnet. Abb. 24c, 25c, d geben zum Vergleich damit die beobachteten Photometerkurven nach MARK und WIERL für das parallel bzw. senkrecht zum Feld polarisierte Licht. Für die höheren Glieder der Balmerserie vgl. man E. SCHRÖDINGER, Abh. zur Wellenmechanik S. [116]; H. MARK und R. WIERL, ZS. f. Phys. Bd. 53, S. 526; Bd. 55, S. 156; Bd. 57, S. 494. 1929.

31. Quadratischer Starkeffekt. In stärkeren Feldern kommt zum linearen Starkeffekt ein im Feld quadratischer Anteil hinzu: es findet dann eine Vermischung von Niveaus verschiedener Hauptquantenzahl statt. Um den quadratischen Effekt zu berechnen, haben wir die Störung zweiter Näherung des „Eigenwertes“ Z_1 der ersten Differentialgleichung (30.3) zu betrachten, sie ist nach der allgemeinen SCHRÖDINGERschen Störungstheorie

$$Z_1^{(2)} = \left(\frac{1}{4} F\right)^2 \sum_{n_1' \neq n_1} \frac{|(\xi^2)_{n_1 n_1'}|^2}{Z_1^{(0)}(n_1) - Z_1^{(0)}(n_1')} . \tag{31.1}$$

Die hier vorkommenden Nichtdiagonalelemente der Matrix von ξ^2 verschwinden, wenn $n_1' > n_1 + 2$ oder $n_1' < n_1 - 2$ ist, für die nichtverschwindenden Elemente findet man die Werte[1]:

$$\left.\begin{aligned} (\xi^2)_{n_1, n_1 - 1} &= -2\varepsilon^{-2}(2n_1 + m)\sqrt{n_1(n_1 + m)}, \\ (\xi^2)_{n_1, n_1 - 2} &= \varepsilon^{-2}\sqrt{n_1(n_1 - 1)(n_1 + m)(n_1 + m - 1)}. \end{aligned}\right\} \tag{31.2}$$

Die Separationsparameter Z_1 in nullter Näherung sind durch (30.5) gegeben, also ist

$$Z_1^{(0)}(n_1) - Z_1^{(0)}(n_1') = \varepsilon(n_1 - n_1').$$

Die Ausrechnung ergibt dann

$$Z_1^{(2)} = -\tfrac{1}{32} F^2 (m + 2n_1 + 1)(8m^2 + 34(2mn_1 + 2n_1^2 + m + 2n_1) + 36).$$

Addiert man hierzu den entsprechenden Ausdruck für $Z_2^{(2)}$, so erhält man $Z^{(2)}$ und mit (30.9):

$$Z = Z^{(0)} + Z^{(1)} + Z^{(2)} = \varepsilon n + \tfrac{3}{2} F n \varepsilon^{-2}(n_1 - n_2) - \tfrac{1}{16} F^2 n \varepsilon^{-5}(17n^2 + 51(n_1 - n_2)^2 - 9m^2 + 19).$$

Aus dieser Beziehung zwischen Z und ε berechnet sich die Energie in zweiter Näherung:

$$\left.\begin{aligned} E_2 = -\frac{1}{2}\varepsilon^2 = &-\frac{Z^2}{2n^2} + \frac{3}{2} F \frac{n}{Z}(n_1 - n_2) \\ &- \frac{1}{16} F^2 \left(\frac{n}{Z}\right)^4 (17n^2 - 3(n_1 - n_2)^2 - 9m^2 + 19). \end{aligned}\right\} \tag{31.3}$$

Der quadratische Starkeffekt hängt laut (31.3) nicht bloß von n, n_1, n_2 ab, wie der lineare, sondern auch von der magnetischen Quantenzahl m. Dafür bleibt er bei Vertauschung von n_1 und n_2 ungeändert; es ist für ihn gleichgültig, ob sich das Elektron häufiger an Stellen hohen oder niedrigen Potentials aufhält. Die Terme werden durch den quadratischen Effekt *stets* nach unten verschoben, und zwar ergibt sich wegen $n_1 - n_2 < n - m$, daß die Klammer im letzten Glied von (31.3) stets größer ist als $8n^2$ ist, also die Depression des Termwerts stets größer als $\frac{1}{2} F^2 \frac{n^6}{Z^4}$. Für $n \geqq 3$ ist das jedenfalls größer als $\frac{F^2}{Z^4} \cdot 360$. Andererseits geht aus (31.3) hervor, daß die am *stärksten* durch den quadratischen Effekt beeinflußte Komponente des zweiquantigen Zustands ($n = 2$, $n_1 = 1$, $n_2 = m = 0$) nur um $84 \frac{F^2}{Z^4}$ verschoben wird, also weniger als irgendein beliebiger höherer Zustand. Alle Linien der Balmerserie werden daher nach kleineren Wellenzahlen, d. h. nach *Rot* zu verschoben. Bei den Starkeffektkomponenten „+4“ und „−4“ des Starkeffekts von H_α (vgl. Abb. 24a) z. B. ist diese Verschiebung, wenn F in Volt/cm gemessen wird und die Wellenzahlen in cm^{-1}:

$$\frac{2{,}195 \cdot 10^5}{16} \left(\frac{F}{5{,}13 \cdot 10^9}\right)^2 (81 \cdot 160 - 16 \cdot 84) \approx \left(\frac{F}{400000}\right)^2 \mathrm{cm}^{-1}.$$

Bei einer Feldstärke von 400000 Volt/cm, bei der der Abstand dieser äußersten starken Komponenten von H_α bereits etwa 200 cm^{-1} beträgt, ist also ihre gemeinsame Rotverschiebung durch den quadratischen Effekt gerade erst 1 cm^{-1}. Die äußersten starken Komponenten von H_γ (Übergang $n = 5$, $n_1 = 4$, $n_2 = 0$, $m = 0$

[1] Ableitung aus der Darstellung (3.40) der Laguerrefunktionen durch eine erzeugende Funktion.

nach $n = 2$, $n_1 = 1$, $n_2 = 0$, $m = 0$) erleiden dagegen bei dieser Feldstärke bei einem Abstand von etwa $900\,\text{cm}^{-1}$ bereits eine Rotverschiebung um $22\,\text{cm}^{-1}$.

Tabelle 12.

F Volt/cm	$\Delta\nu$ für Komponente π 18 violett von H_γ beob.	ber. $\Delta\nu_2$	ber. — beob.	ber. $\Delta\nu_3$	ber. — beob.
174000	197,41	197,72	+ 0,31		
235000	265,31	265,17	— 0,14		
290000	324,94	325,15	+ 0,21		
331800	371,65	370,20	— 1,45		
601600	655,94	650,06	— 5,88	656,44	+0,50
690300	748,01	737,91	—10,10	747,55	—0,46
741600	798,45	787,79	—10,66	799,74	+1,29
800200	858,80	843,92	—14,88	858,93	+0,13
864900	920,03	904,85	—15,18	923,81	+3,78
947600	1002,36	981,15	—21,21	1006,08	+3,72

Zur Messung des quadratischen Effekts greift man zwei Starkeffektkomponenten heraus, die bei schwachen Feldern symmetrisch zur feldfreien Linie liegen (die also durch Vertauschung der Quantenzahlen n_1 und n_2 sowohl im Anfangs- wie im Endzustand auseinander hervorgehen), und bestimmt die Verschiebung ihres Schwerpunkts relativ zur Linie des feldfreien Atoms. Der quadratische Starkeffekt ist vor allen Dingen von RAUSCH VON TRAUBENBERG[1] sehr eingehend untersucht worden; Tabelle 12 gibt seine Meßresultate für den quadratischen Effekt der Komponente π 18 von H_γ*, die theoretischen Werte in der Spalte „ber. $\Delta\nu_2$" sind nach Gleichung (31.3) berechnet. Man sieht, daß die Übereinstimmung bis zu Feldern der Größenordnung 400000 Volt/cm gut ist, bei noch höheren Feldstärken spielen die Effekte höherer Ordnung wesentlich mit. Abb. 26 gibt eine Aufnahme von TRAUBENBERG wieder, das Feld steigt von oben nach unten und man sieht sehr deutlich, wie zu der am Anfang linearen Aufspaltung der Linien bei wachsender Feldstärke eine Rotverschiebung hinzukommt.

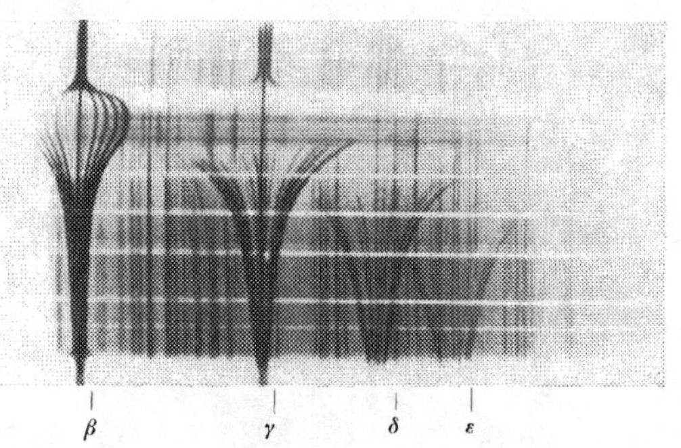

Abb. 26. Starkeffekt der Balmerserie in hohen Feldern. (Nach RAUSCH V. TRAUBENBERG und Mitarbeitern.) Das Feld nimmt von unten nach oben zu, der Maximalwert ist 1,14 Millionen Volt, die weißen Linien sind Linien konstanter Feldstärke. Die feldfreien Wasserstofflinien sind mit aufgenommen: Es sind die mittleren Linien jedes Aufspaltungsbildes, die sich fast geradlinig durch die Abbildung hindurchziehen. Vergleicht man die den feldfreien Linien benachbarten Starkeffektlinien, so sieht man deutlich, daß die auf der roten (linken) Seite liegende stets deutlich weiter von der feldfreien Linie entfernt ist als die benachbarte violette Linie (quadratischer Starkeffekt), insbesondere bei H_β ist dies gut zu sehen. Man sieht ferner, daß alle Linien bei einer bestimmten kritischen Feldstärke zu existieren aufhören (Ziff. 33), und zwar H_ε früher als H_δ, dies früher als H_γ usw. und die roten Komponenten jeder Linie früher als die violetten.

Der Starkeffekt dritter Ordnung ist von ISHIDA und HIYAMA[2] berechnet worden, das Resultat ist

$$E_3 = E_2 + \frac{3}{32} F^3 \left(\frac{n}{Z}\right)^7 (n_1 - n_2)(23n^2 - (n_1 - n_2)^2 + 11m^2 + 39), \tag{31.4}$$

[1] H. RAUSCH V. TRAUBENBERG, ZS. f. Phys. Bd. 54, S. 307; Bd. 56, S. 254. 1929; Bd. 62, S. 289. 1930; Bd. 71, S. 291. 1931; Naturwissensch. Bd. 18, S. 417. 1930.

* H. RAUSCH V. TRAUBENBERG, ZS. f. Phys. Bd. 54 u. 62; zu Bd. 54 vgl. besonders Bd. 56, S. 255.

[2] Y. ISHIDA u. S. HIYAMA, Scient. Pap. Inst. phys. and chem. Res., Tokyo 1928, Nr. 152.

wo E_2 durch (31.3) gegeben ist. Die Beobachtungen von TRAUBENBERG an H_β und H_γ werden durch (31.4) bis zu Feldern von ca. 850000 Volt/cm dargestellt (siehe Tabelle 12, Spalte „ber. $\Delta\nu_3$" und folgende). Abb. 27 zeigt die beobachteten Verschiebungen der Komponente π 18 (violett) von H_γ im Vergleich zum theoretisch berechneten linearen (I), quadratischen (II) und kubischen (III) Starkeffekt.

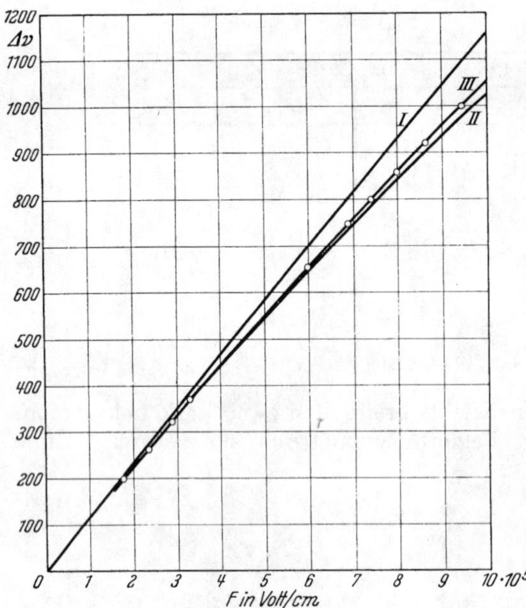

Abb. 27. Linearer, quadratischer und kubischer Starkeffekt der violetten Komponente π 18 von H_γ (Kurven I, II, III). Die Kreise bezeichnen Messungen von RAUSCH V. TRAUBENBERG.

32. Theorie des Starkeffekts für beliebig hohe Felder. Die Berechnung der Effekte vierter, fünfter usw. Ordnung nach dem Störungsverfahren würde immer größere Schwierigkeiten machen. Es ist deshalb praktischer, die Differentialgleichung (30.3) direkt zu integrieren. Da eine Integration in geschlossener Form nicht in Frage kommt, muß man entweder numerische Methoden oder ein Näherungsverfahren verwenden. Sehr geeignet dazu ist das WENTZEL-KRAMERS-BRILLOUINsche Verfahren[1] in der Form von KRAMERS:

Um das KRAMERsche Verfahren anwenden zu können, eliminieren wir aus der Wellengleichung die erste Ableitung der Wellenfunktion, indem wir als neue Wellenfunktionen

$$\chi_1 = u_1\sqrt{\xi}, \qquad \chi_2 = u_2\cdot\sqrt{\eta} \tag{32.1}$$

einführen; für χ_1 erhält man aus (30,3) die Differentialgleichung

$$\frac{d^2\chi}{d\xi^2} + \left(-\varepsilon_2 + \frac{Z_1}{\xi} - \frac{m^2-1}{4\xi^2} - \frac{1}{4}F\xi\right)\chi = \frac{d^2\chi}{d\xi^2} + \Phi(\xi)\chi = 0. \tag{32.2}$$

$\Phi(\xi)$ ist im wesentlichen die kinetische Energie des Elektrons, wenn es sich am Ort ξ befindet. Die Funktion Φ hat in unserem Fall den in Abb. 28 dargestellten Verlauf: Φ ist negativ bei $\xi = 0$ $\left(\text{wegen des Gliedes } -\frac{m^2-1}{4\xi^2}\right)$, wird in einem gewissen Bereich zwischen ξ_1 und ξ_2 positiv und für $\xi > \xi_2$ wieder negativ ($-\frac{1}{4}F\xi$ überwiegt!). Nach der klassischen Theorie würde sich die Bewegung des Elektrons ausschließlich im Gebiet von ξ_1 (Perihel) bis ξ_2 (Aphel) abspielen. Quantentheoretisch hat in diesem Gebiet die Eigenfunktion Wellencharakter, und zwar wird sie sehr angenähert gegeben durch

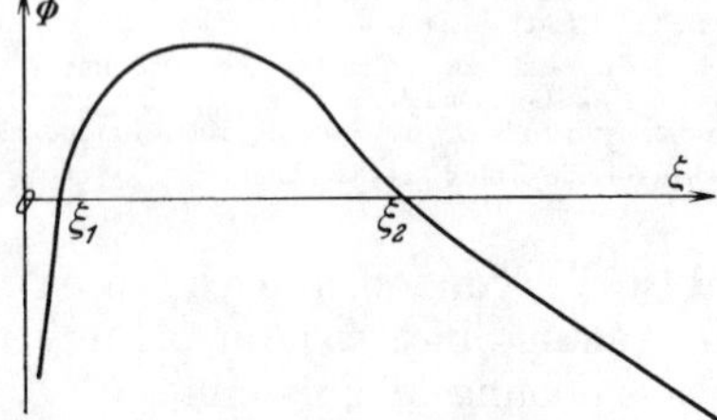

Abb. 28. Verlauf der Energiefunktion $\Phi(\xi)$.

$$\chi(\xi) = a\Phi^{-\frac{1}{4}}(\xi)\cos\left(\int_{\xi_1}^{\xi}\sqrt{\Phi(x)}\,dx - \frac{\pi}{4}\right), \tag{32.3}$$

[1] G. WENTZEL, ZS. f. Phys. Bd. 38, S. 518. 1926; H. A. KRAMERS, ebenda Bd. 39, S. 828. 1926; L. BRILLOUIN, C. R. Bd. 183, S. 24. 1926.

während diesseits von ξ_1 und jenseits von ξ_2 die Eigenfunktion exponentiell abfällt, z. B. ist für $\xi > \xi_2$

$$\chi(\xi) = \tfrac{1}{2} a |\Phi(\xi)|^{-\frac{1}{4}} \cdot e^{-\int\limits_{\xi_2}^{\xi} \sqrt{|\Phi(x)|}\, dx} . \tag{32.4}$$

Die Gesamtenergie (Eigenwert) wird festgelegt durch die Bedingung

$$\int\limits_{\xi_1}^{\xi_2} \sqrt{\Phi(x)}\, dx = (n_1 + \tfrac{1}{2})\,\pi , \tag{32.5}$$

welche sich aus der Forderung der Stetigkeit und Endlichkeit der Eigenfunktion ergibt[1]. (32.5) ist völlig analog zur Quantenbedingung der älteren Quantentheorie: Auf der linken Seite steht das „Phasenintegral", da $\sqrt{\Phi}$ identisch ist mit dem zu x konjugierten Impuls. Der einzige Unterschied ist, daß in der alten Theorie das Phasenintegral gleich einem ganzzahligen, nach unserer Formel gleich einem halbzahligen Vielfachen von π sein soll.

(32.5) liefert eine Beziehung zwischen den in Φ vorkommenden Konstanten, m. a. W. zwischen Energie E und Separationsparameter Z_1. n_1 ist unsere frühere *parabolische* Quantenzahl, wie man sich leicht überzeugt, indem man das Phasenintegral in (32.5) für $F = 0$ ausrechnet[2].

Für endliche Feldstärken führt das Phasenintegral (32.5), wie LANCZOS[3] gezeigt hat, auf elliptische Integrale. Definiert man (für $m = 0$) die effektiven parabolischen Quantenzahlen $n_1^* n_2^*$ durch

$$\frac{Z_1}{\varepsilon} = n_1^* + \frac{1}{2}, \quad \frac{Z_2}{\varepsilon} = n_2^* + \frac{1}{2} \tag{32.6}$$

und die effektive Hauptquantenzahl in üblicher Weise durch

$$n^* = \frac{Z}{\varepsilon} = n_1^* + n_2^* + 1, \tag{32.7}$$

so ergibt sich[3]

$$\left.\begin{aligned} \frac{n_1^* + \frac{1}{2}}{n_1 + \frac{1}{2}} &= \frac{3\pi}{8} \cdot \frac{\sin^2\varphi_1}{\sqrt{\cos\varphi_1} \cdot [(1 + \cos\varphi_1)\, K(k_1) - 2\cos\varphi_1\, E(k_1)]}, \\ \frac{n_2^* + \frac{1}{2}}{n_2 + \frac{1}{2}} &= \frac{3\pi}{8} \cdot \frac{\sin^2\varphi_2}{2\cos\frac{\varphi_2}{2}\, [E(k_2) - \cos\varphi_2\, K(k_2)]}, \end{aligned}\right\} \tag{32.8}$$

wobei K und E die vollständigen elliptischen Integrale erster und zweiter Gattung sind[4]:

$$K(k) = \int\limits_0^1 \frac{dx}{\sqrt{1 - x^2}\sqrt{1 - k^2 x^2}}, \quad E(k) = \int\limits_0^1 \frac{dx \sqrt{1 - k^2 x^2}}{\sqrt{1 - x^2}}, \tag{32.9}$$

und die φ_i und k_i selbst noch von den zu berechnenden effektiven Quantenzahlen abhängen:

$$\left.\begin{aligned} \mathrm{tg}^2\varphi_1 &= 16 n^{*3} \left(n_1^* + \frac{1}{2}\right) \frac{F}{Z^3}, & \sin^2\varphi_2 &= 16 n^{*3} \left(n_2^* + \frac{1}{2}\right) \frac{F}{Z^3}, \\ k_1 &= \sin\tfrac{1}{2}\varphi_1, & k_2 &= \mathrm{tg}\,\tfrac{1}{2}\varphi_2. \end{aligned}\right\} \tag{32.10}$$

LANCZOS hat aus den transzendenten Gleichungen (32.6) bis (32.10) die effektiven Quantenzahlen und daraus wieder die Energie als Funktionen der Feldstärke F

[1] Hierüber sowie über die Ableitung aller Formeln des Verfahrens vgl. besonders H. A. KRAMERS, ZS. f. Phys. Bd. 39, S. 828. 1926.

[2] Man muß dabei noch die Eins im Glied $(m^2 - 1)/4\xi^2$ [vgl. (32.2)] vernachlässigen. KRAMERS hat durch genauere Betrachtung der Umgebung der Nullstellen $\xi_1 \xi_2$ von Φ gezeigt, daß man dadurch einen besseren Anschluß der Eigenfunktion (32.3) an die exakte Eigenfunktion erreicht.

[3] C. LANCZOS, ZS. f. Phys. Bd. 65, S. 431. 1930.

[4] Vgl. JAHNKE u. EMDE, Funktionentafeln, S. 46.

berechnet. Man findet, daß n_1^* im elektrischen Feld wächst, n_2^* dagegen abnimmt [vgl. auch die Formeln (30.8) für den Effekt erster Näherung]. Abb. 29 gibt die berechnete Energie für die beiden äußersten Komponenten des fünfquantigen Wasserstoffterms ($n_1 = 4$, $n_2 = m = 0$ [höchster Term], $n_1 = 0$, $n_2 = 4$ [tiefster Term]). Der erste Term ist in der Abbildung als „violett" bezeichnet, weil durch Übergang von diesem Term zum zweiquantigen Niveau die am meisten nach Violett verschobenen Komponenten σ 18, π 20, σ 22[1] der Linie H_γ entstehen, vom zweiten Term gehen die „roten" Komponenten von H_γ aus. Der lineare Starkeffekt ist von der Termverschiebung in Abzug gebracht, der Rest in Prozenten der Energie des feldfreien Atoms ausgedrückt (eine Einheit der Ordinate also 43,9 cm^{-1}). Zum Vergleich ist die Rotverschiebung durch den Starkeffekt zweiter Näherung (Kurve *II*) bzw. den Starkeffekt dritter Näherung (Kurven *III*) eingezeichnet. Die violette Komponente wird nach Aussage der Abbildung bis zu Feldern von 800000, die rote etwa bis 500000 Volt/cm gut durch die Formel dritter Näherung wiedergegeben. Oberhalb dieser Feldstärken sind Abweichungen bemerkbar, die im gleichen Sinne (stärkere Rotverschiebung als nach der Formel dritter Näherung) auch bei den Versuchen von RAUSCH VON TRAUBENBERG zu konstatieren sind (vgl. Tabelle 12).

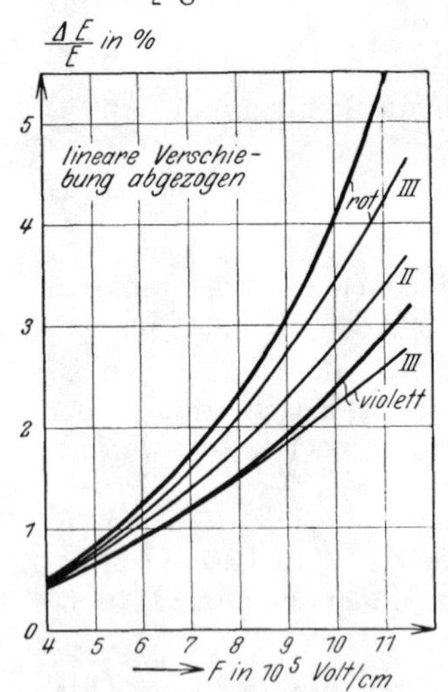

Abb. 29. Energie der Starkeffektkomponenten $+\pi$ 18 (violett) und $-\pi$ 18 (rot) von H_γ. Abszisse Feldstärke in 10^5 Volt/cm, Ordinate Starkeffektverschiebung unter Weglassung des linearen Effekts in Prozenten des Energiewerts ohne Feld. (Nach LANCZOS.) *II* = 2. Näherung, *III* = 3. Näherung, stark ausgezogen: exakte Rechnung.

33. Ionisierung durch das elektrische Feld, Aussterben der Linien im Starkeffekt[2]. Wir haben unsere Diskussion des Starkeffekts durch einen sehr wichtigen Punkt zu ergänzen, daß nämlich das elektrische Feld imstande ist, dem Atom ein Elektron zu entreißen: Wenn wir die potentielle Energie des Elektrons

$$-V = -\frac{Z}{r} + Fz$$

betrachten, so sehen wir, daß das Atom nicht das einzige Potentialminimum für das Elektron darstellt, daß es vielmehr in genügender Entfernung vom Atomkern in Richtung auf die Anode zu (bei negativen z) Gebiete mit noch niedrigerem Potential gibt. Sobald aber überhaupt zwei Potentialmulden existieren, so ist es bekanntlich nach der Wellenmechanik *immer* möglich, daß ein Elektron von einer Mulde (Atom) in die andere (Anode) übergeht, und *wenn* das Elektron einmal den Potentialberg zwischen den Mulden überwunden hat, so wird es offensichtlich nicht zum Atom zurückkehren, sondern zur Anode hin beschleunigt werden; d. h. das Atom wird ionisiert zurückbleiben. Die Ionisierung wird sich experimentell in einer Schwächung der von dem betreffenden Niveau ausgehenden Spektrallinien äußern.

Man kann sich leicht qualitativ überlegen, welche Umstände für die Ionisierung günstig sind: Vor allem muß natürlich der Bahnradius des Elektrons groß sein, also die Hauptquantenzahl n hoch. Bei festgehaltener Hauptquantenzahl aber werden *die* Zustände am leichtesten ionisiert werden, bei denen die

[1] Wegen der Bezeichnung vgl. Ziff. 30, Ende.

[2] Vgl. C. LANCZOS, ZS. f. Phys. Bd. 62, S. 518. 1930, und vor allem Bd. 68, S. 204. 1931; J. R. OPPENHEIMER, Phys. Rev. Bd. 31, S. 66. 1928.

„Bahn" des Elektrons vorwiegend auf der der *Anode* zugewandten Seite des Atoms verläuft. Das sind die Quantenzustände mit möglichst kleinem n_1 und möglichst großem n_2. Unter allen Termen mit gegebener Hauptquantenzahl n sind also [vgl. (30.11)] die energetisch *tiefsten* am wenigsten stabil, und entsprechend müssen die rotesten Starkeffektkomponenten jeder Spektrallinie am ehesten verschwinden, wenn wir die Feldstärke steigern. Genau das zeigt sich auch im Experiment, z. B. in der Lo Surdo-Aufnahme des Starkeffekts von RAUSCH VON TRAUBENBERG, bei der die Feldstärke von unten nach oben wächst (Abb. 26); alle Linien hören bei einer bestimmten Feldstärke plötzlich auf, und zwar die Linien, die von Niveaus höherer Hauptquantenzahl n ausgehen, früher als die, deren oberes Niveau eine niedrige Hauptquantenzahl hat (z. B. H_ζ früher als H_ε, dies früher als H_δ usw.) und außerdem bei jeder Linie die roten Starkeffektkomponenten früher als die violetten.

a) Grenze der Ionisierung nach der klassischen Mechanik. Um die Frage der Ionisierung durch das Feld nun *quantitativ* zu verfolgen, betrachten wir die Differentialgleichung für den von η abhängigen Bestandteil der Eigenfunktion. Die parabolische Koordinate $\eta = r - z$ ist per definitionem groß für große negative z, d. h. in der Nähe der Anode. Die Tatsache, daß die potentielle Energie des Elektrons dort ein Minimum hat, prägt sich nun in der „kinetischen Energie des Elektrons in der η-Richtung"

$$\Phi(\eta) = -\varepsilon^2 + \frac{Z_2}{\eta} - \frac{m^2-1}{4\eta^2} + \frac{1}{4}F\eta \quad (33.1)$$

in der Weise aus, daß $\Phi(\eta)$ für große η *positiv* ist — im Gegensatz zu der Energiefunktion $\Phi(\xi)$ in (32.2).

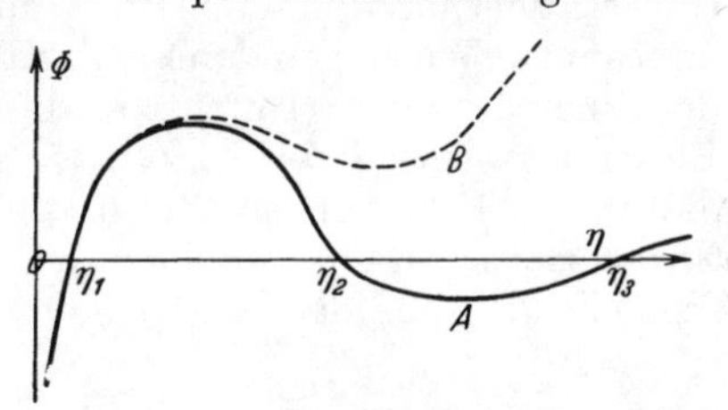

Abb. 30. Verlauf der Funktion $\Phi(\eta)$. Kurve A: Für schwache bis mittlere Felder, B: für sehr starke Felder.

Mögliche Typen für den Verlauf von $\Phi(\eta)$ zeigt Abb. 30, wobei die Kurve A kleinen bis mittleren, B sehr hohen Feldstärken entspricht. Der Kurventyp A läuft für kleine η ganz ähnlich wie die Kurve für $\Phi(\xi)$ in Abb. 28, nur wendet sich für große η $\Phi(\eta)$ erneut nach oben und erreicht jenseits η_3 endgültig positive Werte. Die bisher von uns behandelte „normale" Bewegung des Elektrons spielt sich im „inneren" Gebiet zwischen η_1 und η_2 ab, die Ionisierung besteht darin, daß das Elektron in das „äußere" Gebiet positiver kinetischer Energie jenseits η_3 hinübertritt. Äußeres und inneres Gebiet sind durch einen Potentialwall getrennt, dessen Höhe von der Größenordnung $|E| = 2\varepsilon^2$ und dessen Breite von der Größenordnung $|E|/F$ ist.

Bei wachsender Feldstärke wird der Potentialwall immer niedriger und schmäler, bis er in den durch Kurve B dargestellten Fall überhaupt verschwunden ist: „Inneres" und „äußeres" Gebiet sind nun nicht mehr durch einen Potentialwall getrennt, es ist also schon klassisch eine Ionisierung möglich. Der Potentialwall verschwindet, wenn das Minimum der Funktion $\Phi(\eta)$ gerade den Wert Null hat, d. h. wenn gleichzeitig Φ und seine Ableitung verschwindet; für $m = 1$ gibt das z. B.

$$\frac{d\Phi}{d\eta} = \frac{1}{4}F - \frac{Z_2}{\eta^2} = 0, \qquad \eta = \sqrt{\frac{4Z_2}{F}},$$

$$\Phi(\eta) = \frac{1}{2}E + \frac{Z_2}{\eta} + \frac{1}{4}F\eta = \frac{1}{2}E + \sqrt{Z_2F} = 0.$$

Wenn also die Feldstärke den kritischen Wert

$$F_0 = \frac{E^2}{4Z_2} \quad (33.2)$$

erreicht, wird nach der klassischen Mechanik Ionisierung eintreten.

Für die „roteste Komponente" des $n$ten Wasserstoffniveaus wollen wir das kritische Feld F_0 ganz roh abschätzen, indem wir setzen

$$Z_2 = Z = 1 \quad \text{und} \quad E = -\frac{1}{2n^2},$$

dann wird $F_0 = 1/16 n^4$ atomare Einheiten $= 320/n^4$ Millionen Volt/cm. Für $n = 5$, den Ausgangszustand der H_γ-Linie, würde danach $F_0 = 500000$ Volt/cm. In Wirklichkeit müssen wir die Zunahme des Absolutwerts der Ionisierungsspannung und die Abnahme von Z_2 (vgl. Ziff. 32) im elektrischen Feld berücksichtigen, die Rechnung ergibt dann für unseren Fall ca. 1,1 Millionen Volt. Im Experiment verschwinden die rotesten Komponenten von H_γ bei einer Feldstärke von 0,7 Millionen Volt, die Erniedrigung des kritischen Feldes kommt durch den wellenmechanischen Effekt des Durchgangs durch die Potentialschwelle zustande, den wir nunmehr diskutieren.

b) Ionisierung nach der Wellenmechanik. Dabei brauchen wir uns ausschließlich mit dem Fall A zu beschäftigen, wo sich die „innere" und die „äußere" Potentialmulde noch deutlich abgrenzen lassen, wo man also noch davon sprechen kann, ob das Elektron im Atom ist oder außerhalb. Bis zur zweiten Nullstelle von $\Phi(\eta)$ verläuft dann offenbar die Eigenfunktion fast genau so wie früher, und jenseits von η_2 muß sie nach wie vor exponentiellen Charakter annehmen. Wir haben dann genau dasselbe Problem vor uns, wie bei der Theorie der Radioaktivität (Durchtritt durch eine Potentialschwelle). Wenn sich das Elektron zu einer gewissen Zeit $t = 0$ im Atom befindet, so ergibt die Rechnung, daß in der Folgezeit ein Strom von Elektronen aus dem Atom austritt. Dieser Strom ist natürlich so zu deuten, daß pro Zeiteinheit eine bestimmte Wahrscheinlichkeit für den Austritt des Elektrons aus dem Atom besteht.

Die strenge Behandlung des Problems ist von LANCZOS durchgeführt worden. Sie beruht darauf, daß bei Vorhandensein einer unendlich ausgedehnten Potentialmulde überhaupt keine diskreten Eigenwerte existieren, sondern zu jedem beliebigen Eigenwert eine Eigenfunktion vorhanden ist, und daß sich die Eigenfunktionen nur dadurch unterscheiden, daß ihre Amplitude im Atominneren mehr oder weniger groß ist. Man kann dann eine Wellenfunktion so aus den zu benachbarten Energiewerten gehörigen Eigenfunktionen aufbauen, daß zur Zeit $t = 0$ die Amplitude außerhalb des Atoms exakt verschwindet; dann gibt die zeitliche Entwicklung der Wellenfunktion automatisch das Herauswandern der Ladung aus dem Atom wieder.

Wir begnügen uns mit der folgenden, in der Theorie der Radioaktivität üblichen, unstrengen Ableitung: Die Eigenfunktion im Gebiet positiver Energie jenseits η_3 ist nach dem WENTZEL-KRAMERS-BRILLOUINschen Verfahren gegeben durch

$$\chi = \frac{1}{2} a \Phi^{-\frac{1}{4}}(\eta)\, e^{-\int\limits_{\eta_2}^{\eta_3} \sqrt{|\Phi(y)|}\, dy} \cos\left(\int\limits_{\eta_3}^{\eta} \sqrt{\Phi(y)}\, dy - \frac{\pi}{4}\right), \tag{33.3}$$

wenn sie zwischen η_1 und η_2 (im Atominneren) durch (32.3) dargestellt wird. Die Ladungsdichte ist also

$$\chi^2 = \frac{1}{4} a^2 \frac{1}{\sqrt{\Phi(\eta)}}\, e^{-2\int\limits_{\eta_2}^{\eta_3} \sqrt{|\Phi(y)|}\, dy} \cos^2\left(\int\limits_{\eta_3}^{\eta} \sqrt{\Phi(y)}\, dy - \frac{\pi}{4}\right). \tag{33.4}$$

Wir mitteln den rasch veränderlichen $\cos^2$, das ergibt den Faktor $\frac{1}{2}$. Ferner gehen wir zum Elektronenstrom über: Da $\sqrt{\Phi(\eta)}$ die Geschwindigkeit des Elektrons am Punkt η ist, so ist der Strom, der das Atom verläßt,

$$S = \chi^2 \cdot \sqrt{\Phi(\eta)} = \frac{1}{8} a^2 \cdot e^{-2\int\limits_{\eta_2}^{\eta_3} \sqrt{|\Phi(y)|}\, dy}, \tag{33.5}$$

also unabhängig vom speziellen Ort η, wie es aus Stetigkeitsgründen sein muß. a ergibt sich aus der Normierung der Eigenfunktion: Das Integral über χ^2, erstreckt über das Innere des Atoms, muß Eins sein:

$$\int_{\eta_1}^{\eta_2} \chi^2 \, d\eta = \int_{\eta_1}^{\eta_2} a^2 \Phi^{-\frac{1}{2}}(\eta) \cos^2\left(\int_{\eta_1}^{\eta} \sqrt{\Phi(y)}\, dy - \frac{\pi}{4}\right) d\eta = 1\,. \tag{33.6}$$

Den rasch veränderlichen $\cos^2$ ersetzen wir wieder durch seinen Mittelwert $\frac{1}{2}$ und erhalten

$$\frac{1}{2} a^2 = \frac{1}{\displaystyle\int_{\eta_1}^{\eta_2} \frac{d\eta}{\sqrt{\Phi(\eta)}}} \tag{33.7}$$

Daraus folgt für den aus dem Atom austretenden Strom

$$S = \frac{e^{-2\int_{\eta_2}^{\eta_3} \sqrt{|\Phi(\eta)|}\, d\eta}}{4\displaystyle\int_{\eta_1}^{\eta_2} \frac{d\eta}{\sqrt{\Phi(\eta)}}} \tag{33.8}$$

pro (atomare) Zeiteinheit ($= 0{,}25 \cdot 10^{-16}$ sec). Die Geschwindigkeit des Zerfalls des Atoms durch Ionisierung nimmt also exponentiell mit zunehmender Höhe und Breite der zu durchdringenden Potentialschwelle ab; wenn daher bei einer bestimmten Stärke des elektrischen Feldes die Ionisierung noch sehr rasch vor sich geht, bedarf es nur einer sehr kleinen Verminderung des Feldes, um die Ionisierung praktisch zum Verschwinden zu bringen.

Der praktischen Beobachtung zugänglich ist nun das Aussterben der Spektrallinien im Feld. Die von einem bestimmten Term ausgehenden Spektrallinien hören offenbar dann auf zu existieren, wenn die Zeit, die bis zur Ionisierung des betreffenden Zustands vergeht, im Mittel wesentlich *kleiner* wird als die Zeit, die das Elektron braucht, um durch Ausstrahlung in einen tieferen Zustand zu gelangen. Letztere ist nach den Experimenten von WIEN u. a. und nach der Theorie (vgl. Ziff. 41, Tabelle 17) von der Größenordnung 10^{-8} sec. Da aber die „atomare Einheit" der Zeit, in welcher t in der Formel (33.8) zu messen ist, nur $0{,}25 \cdot 10^{-16}$ sec beträgt, braucht S nur von der Größenordnung 10^{-9} zu sein, damit die Zeit bis zur Ionisierung und die Zeit bis zur Ausstrahlung gleich werden, damit also die Linien, die von dem betreffenden Zustand ausgehen, auszusterben beginnen[1]. Das Aussterben geht dann bei weiterer Steigerung der Feldstärke außerordentlich rasch, eine Vergrößerung des Feldes um ca. 3% bedingt ungefähr eine Halbierung der Linienintensität. Tabelle 13 gibt nach LANCZOS (l. c.) die Feldstärken an, bei denen die äußersten roten und die äußersten violetten Starkeffektkomponenten der Balmerlinien H_α bis H_ζ aussterben. Der rasche Abfall der Intensität beim Aussterben ist aus dem experimentellen Bild Abb. 26 sehr deutlich zu erkennen.

Tabelle 13.
Aussterben der Linien im Starkeffekt.
(Kritische Feldstärken für die äußersten Komponenten der Balmerlinien in Kilovolt/cm.)

Linie	Rot		Violett	
	ber.	beob.	ber.	beob.
$H\gamma$	694	720—730	1007	1000
δ	360	370—380	543	530—600
ε	203	200—210	321	320—330
ζ	123	120	202	180

[1] Sie werden in diesem Fall genau auf die Hälfte ihrer normalen Intensität reduziert.

34. Starkeffekt der Wasserstoff-Feinstruktur[1]. Unsere bisherige Theorie des Starkeffekts ging aus von der Schrödingergleichung ohne Rücksicht auf die Relativitätskorrektur und den Spin des Elektrons. Das ist gewiß berechtigt für elektrische Felder von der experimentell üblichen Stärke von 100000 Volt/cm und mehr, welche Starkeffektaufspaltungen von 10 bis zu mehreren 1000 cm^{-1} hervorrufen. Für schwache Felder bis etwa 1000 Volt/cm dagegen ist unser Vorgehen sicher unberechtigt, weil dann die Starkeffektaufspaltung von derselben Größenordnung wird wie die Feinstruktur.

a) Starkeffekt klein gegen Feinstruktur. Wir wollen zunächst den Fall *ganz* schwacher Felder behandeln, für welche die Starkeffektaufspaltung *klein* ist gegenüber dem Abstand benachbarter Feinstrukturniveaus. In diesem Fall lassen sich den Quantenzuständen bestimmte Werte der Hauptquantenzahl n, der inneren Quantenzahl j (Betrag des Gesamtdrehimpulses) und der magnetischen Quantenzahl m (Komponente des Gesamtdrehimpulses in der Feldrichtung, M_z) zuordnen. Die ersten beiden Quantenzahlen bestimmen nämlich die Energie des feldfreien Terms, und unsere Annahme, daß der Starkeffekt klein sein soll gegen die Feinstruktur, ist ja äquivalent damit, daß sich Eigenfunktionen, die zu verschiedenen Feinstrukturniveaus gehören, noch nicht vermischen sollen. M_z andererseits bleibt für beliebige Feldstärken eine Konstante der Bewegung. Der Bahndrehimpuls l ist dagegen nur bei verschwindendem Feld quantisiert, bei endlichem, noch so kleinem Feld nicht mehr. Um die Aufspaltung zu berechnen, brauchen wir von den Matrixelementen der Störungsenergie des elektrischen Feldes nur die zu kennen, welche einem Übergang vom Zustand njm, $l = j + \frac{1}{2}$ zum Zustand njm, $l = j - \frac{1}{2}$ entsprechen. Die PAULIschen Eigenfunktionen der genannten beiden Zustände sind

$$u_+ = \frac{R_{n,j+\frac{1}{2}}(r)}{\sqrt{2j+2}} \begin{pmatrix} \sqrt{j-m+1}\, Y_{j+\frac{1}{2},m-\frac{1}{2}} \\ \sqrt{j+m+1}\, Y_{j+\frac{1}{2},m+\frac{1}{2}} \end{pmatrix}, \quad u_- = \frac{R_{n,j-\frac{1}{2}}}{\sqrt{2j}} \begin{pmatrix} \sqrt{j+m}\, Y_{j-\frac{1}{2},m-\frac{1}{2}} \\ -\sqrt{j-m}\, Y_{j-\frac{1}{2},m+\frac{1}{2}} \end{pmatrix}, \tag{34.1}$$

also unser Matrixelement

$$\left.\begin{aligned} \sum_\sigma \int u_-^* z u_+ \, l\tau = {} & \int_0^{+\infty} r^2 dr \cdot R_{n,j-\frac{1}{2}} R_{n,j+\frac{1}{2}} r \cdot \frac{1}{2\sqrt{j(j+1)}} \\ & \cdot \left(\sqrt{(j+m)(j-m+1)} \int Y_{j-\frac{1}{2},m-\frac{1}{2}}^* Y_{j+\frac{1}{2},m-\frac{1}{2}} \cos\vartheta \, d\omega \right. \\ & \left. - \sqrt{(j-m)(j+m+1)} \int Y_{j-\frac{1}{2},m+\frac{1}{2}}^* Y_{j+\frac{1}{2},m+\frac{1}{2}} \cos\vartheta \, d\omega \right). \end{aligned}\right\} \tag{34.2}$$

Die Integration über die Winkel läßt sich nach (65.26) ausführen, die Klammer in (34.2) wird dann

$$\frac{1}{2\sqrt{j(j+1)}} [(j+m)(j-m+1) - (j-m)(j+m+1)] = \frac{m}{\sqrt{j(j+1)}}.$$

Die Integration über r kann genau wie im Anfang von Ziff. 31 ausgeführt werden und gibt

$$-\tfrac{3}{2} n \sqrt{n^2 - (j+\tfrac{1}{2})^2}.$$

Da die Diagonalelemente der Störungsmatrix $\int u_+^* z u_+ \, d\tau = \int u_-^* z u_- \, d\tau$ verschwinden, wird jetzt der Ausschnitt der Matrix der Störungsenergie, der zu den Quantenzahlen njm gehört, einfach

$$-\frac{3n}{4} \frac{\sqrt{n^2 - (j+\frac{1}{2})^2}}{j(j+1)} \cdot Fm \begin{pmatrix} 0 & 1 \\ 1 & 0 \end{pmatrix}.$$

Die Eigenwerte dieser Störungsmatrix sind

$$\varepsilon_m^\pm = \pm \frac{3}{4} \sqrt{n^2 - (j+\tfrac{1}{2})^2} \frac{nm}{j(j+1)} F. \tag{34.3}$$

Die Eigenfunktionen sind Summe bzw. Differenz der Eigenfunktionen ohne Feld (34.1). Jedes Feinstrukturniveau spaltet also im elektrischen Feld auf in $2j + 1$

[1] Vgl. V. ROJANSKY, Phys. Rev. Bd. 33, S. 1. 1929; R. SCHLAPP, Proc. Roy. Soc. London Bd. 119, S. 313. 1928.

äquidistante Terme $m = -j, \ldots, +j$. Der Abstand benachbarter Terme voneinander beträgt $\frac{n}{2} \cdot \frac{F}{15590} \frac{\sqrt{n^2 - (j+\frac{1}{2})^2}}{j(j+1)}$ cm^{-1}, die Aufspaltung ist also um so größer, je größer n und je kleiner j ist. Bei gegebenem n spaltet jeweils der Term mit höchstem j ($j = n - \frac{1}{2}$) nicht auf, da er nicht bezüglich der Azimutalquantenzahl l entartet ist (l hat den festen Wert $j - \frac{1}{2} = n - 1$). Beim Grundterm der Balmerserie, $n = 2$, spaltet also nur das Feinstrukturniveau $j = \frac{1}{2}$ auf, und zwar (wegen $m = \pm\frac{1}{2}$) in zwei äquidistante Niveaus mit dem Abstand

$$\Delta\varepsilon = \varepsilon^+ - \varepsilon^- = 2\sqrt{3}F \tag{34.4}$$

voneinander. Die Aufspaltung ist von derselben Größenordnung wie die Aufspaltung des zweiquantigen Niveaus beim gewöhnlichen linearen Starkeffekt, welche nach (30.11) $6F$ beträgt.

b) Übergangsgebiet. (Starkeffekt und Feinstruktur von gleicher Größenordnung.) Die Behandlung dieses Falles ist rechnerisch ziemlich kompliziert, weil außer der Hauptquantenzahl n nur der Drehimpuls um die Feldachse $M_z = m$ quantisiert ist. Der Gesamtdrehimpuls j und die parabolischen Quantenzahlen $n_1 n_2$ sind hingegen bei mittleren Feldstärken keine Konstanten der Bewegung — es handelt sich ja gerade um das Übergangsgebiet von der j-Quantelung bei schwachen Feldern zur „parabolischen Quantelung" bei starken. Man muß also den Ausschnitt aus der Störungsmatrix betrachten, der zu gegebenem n und m gehört. Er umfaßt $2(n - m)$ Zeilen und Kolonnen, da j die Werte $n - \frac{1}{2}$, $n - \frac{3}{2}, \ldots, m$ annehmen kann und für jeden Wert von j (außer dem ersten) noch zwei Werte für $l (= j + \frac{1}{2}$ und $j - \frac{1}{2})$ möglich sind. Am einfachsten ist es, zur Berechnung der Energiematrix von Zuständen mit bestimmtem l und m_l auszugehen: Die Eigenfunktionen sind dann einfache Produkte einer räumlichen Eigenfunktion in Polarkoordinaten und einer Spineigenfunktion

$$u_{n l m_l m_s} = R_{n l}(r)\, Y_{l m_l}(\vartheta, \varphi)\, \delta_{m_s s_z}$$

(vgl. Ziff. 8d). Die Störungsmatrix setzt sich additiv zusammen aus drei Bestandteilen[1]:

1. Der Matrix der relativistischen Massenkorrektur. Sie enthält nur Diagonalelemente, welche von l, aber nicht von m_l und m_s abhängen:

$$(W_1)_{l\, m_l}^{l'\, m_l'} = -\frac{1}{2} \frac{\alpha^2}{n^3} \left(\frac{1}{l+\frac{1}{2}} - \frac{3}{4n}\right) \delta_{l l'}\, \delta_{m_l m_l'}, \tag{34.5}$$

2. der Matrix der Spin-Bahn-Wechselwirkung. Sie enthält nur Elemente, welche Übergängen zwischen Zuständen mit gleichem l entsprechen[2]:

$$(W_2)_{l\, m_l}^{l'\, m_l'} = \begin{cases} \frac{1}{2}\alpha^2 \cdot \frac{m_l \cdot (m - m_l)}{n^3 l (l+\frac{1}{2})(l+1)}\, \delta_{l l'} \quad \text{für } m_l' = m_l, & (34.6) \\ \frac{1}{4}\alpha^2 \frac{\sqrt{(l+\frac{1}{2})^2 - m^2}}{n^3 l (l+\frac{1}{2})(l+1)}\, \delta_{l l'} \quad \text{für } m_l' = m + \frac{1}{2},\ m_l = m - \frac{1}{2} \text{ oder umgekehrt}, & (34.7) \\ 0 \quad \text{sonst}, \end{cases}$$

3. der Matrix der Störung durch das elektrische Feld. Ihre Elemente entsprechen Übergängen zwischen Zuständen mit gleichem m_l, aber jeweils um 1 verschiedenem l, die gegeben sind durch

$$(W_3)_{l,\, m_l}^{l-1,\, m_l} = -\frac{3n}{2} \sqrt{\frac{(n^2 - l^2)(l^2 - m_l^2)}{4l^2 - 1}}\, F. \tag{34.8}$$

Wenn wir also die Zeilen unserer Matrix ordnen 1. nach der Größe von m_l, 2. nach der Größe von l, so finden sich von Null verschiedene Elemente nur in der Hauptdiagonalen und den nächsten zwei benachbarten Diagonalen auf jeder Seite (da $m_l = m \pm \frac{1}{2}$).

Wir schreiben als Beispiel die Störungsmatrix für $n = 2$, $m = \frac{1}{2}$ an, wobei die erste Zeile sich auf $l = 1$, $m_l = 1$ beziehen soll, die zweite auf $l = 1$, $m_l = 0$, die dritte auf $l = 0$, $m_l = 0$.

$$\begin{pmatrix} 0 & \delta\sqrt{2} & 0 \\ \delta\sqrt{2} & +\delta & -3F \\ 0 & -3F & -\delta \end{pmatrix}. \tag{34.9}$$

[1] Als ungestörte Energie gilt die Energie *ohne* Relativität und *ohne* Feld.

[2] $m - m_l$ ist gleich der Komponente des Spins in der Feldrichtung, da m die Komponente des Gesamtdrehimpulses in dieser Richtung ist.

Dabei ist

$$3\delta = \frac{\alpha^2}{32} \text{ atom. Einh.} = 0{,}365 \text{ cm}^{-1} \tag{34.10}$$

die Feinstrukturaufspaltung des Niveaus $n = 2$ ohne äußeres Feld, und es ist in allen drei Diagonalelementen die Größe

$$-\frac{\alpha^2}{16}\left(\frac{2}{3}\cdot 1 + \frac{1}{3}\cdot\frac{1}{2} - \frac{3}{8}\right) = -\frac{11}{384}\alpha^2 \text{ atom. Einh.} = -0{,}335 \text{ cm}^{-1} \tag{34.11}$$

in Abzug gebracht worden, damit der Schwerpunkt der drei Energieniveaus auf Null fällt. Die Eigenwerte der Matrix bestimmen sich aus der Gleichung 3. Ordnung

$$\varepsilon^3 - \varepsilon(3\delta^2 + 9F^2) - 2\delta^3 = 0. \tag{34.12}$$

Daraus ergibt sich für *schwache* Felder ($F \ll \delta$)

$$\left.\begin{aligned} \varepsilon_1 &= -\delta - \sqrt{3}F - \frac{F^2}{\delta}, \\ \varepsilon_2 &= -\delta + \sqrt{3}F - \frac{F^2}{\delta}, \\ \varepsilon_3 &= 2\delta \qquad\quad + 2\frac{F^2}{\delta}. \end{aligned}\right\} \tag{34.13}$$

Die ersten beiden Formeln geben die Starkeffektaufspaltung des Feinstrukturniveaus $j = \frac{1}{2}$ wieder, die wir bereits in a) berechnet haben, nur ergänzt durch einen im Feld quadratischen Term. Die letzte Formel gibt den quadratischen Starkeffekt des Niveaus $j = \frac{3}{2}$, $m = \frac{1}{2}$: Das Niveau $j = \frac{3}{2}$ spaltet nämlich auf in zwei Terme mit den magnetischen Quantenzahlen $m = \pm\frac{1}{2}$ und $m = \pm\frac{3}{2}$, von welchen der Term $m = \pm\frac{3}{2}$ völlig unverschoben bleibt, während der Term $m = \pm\frac{1}{2}$ die durch Formel (34.13) gegebene Verschiebung erleidet. Wenn die Termwerte $\varepsilon_{1,2,3}$ und der Feinstrukturabstand ohne Feld, δ, in cm^{-1} gemessen werden, so ist die Feldstärke F in der Einheit $\frac{3}{2} \cdot 15\,590 = 23\,380$ Volt/cm zu rechnen (vgl. Ziff. 30).

In *starken* Feldern ($F \gg \delta$) wird

$$\left.\begin{aligned} \varepsilon_1 &= -3F - \frac{1}{2}\frac{\delta^2}{F} + \frac{1}{9}\frac{\delta^3}{F^2}, \\ \varepsilon_2 &= \qquad\qquad\quad - \frac{2}{9}\frac{\delta^3}{F^2}, \\ \varepsilon_3 &= +3F + \frac{1}{2}\frac{\delta^2}{F} + \frac{1}{9}\frac{\delta^3}{F^2}. \end{aligned}\right\} \tag{34.14}$$

ε_1 und ε_3 sind die beiden „äußeren" Starkeffektkomponenten des Terms $n = 2$, also in parabolischer Quantisierung die Komponenten $n_1 = 1$, $n_2 = 0$ bzw. $n_1 = 0$, $n_2 = 1$. Der Einfluß der Feinstruktur auf diese Komponenten verschwindet mit wachsender Feldstärke. ε_2 gehört zur mittleren Starkeffektkomponente $n_1 = n_2 = 0$, $m = 1$. Zur gleichen mittleren Starkeffektkomponente gehört aber auch der Term

$$\varepsilon_4 = 2\delta, \tag{34.15}$$

welcher die Quantenzahlen $m = \frac{3}{2}$, $m_l = 1$, $m_s = \frac{1}{2}$, $j = \frac{3}{2}$, $l = 1$, $n_1 = n_2 = 0$ besitzt (*alle* angeführten Größen sind bei beliebigen Feldstärken quantisiert) und überhaupt keine Verschiebung im elektrischen Feld erleidet. Die „mittlere Starkeffektkomponente" des Balmerterms zeigt also in „starken Feldern" (Starkeffekt $\gg$ Feinstruktur, F etwa 5000 Volt/cm und mehr) noch eine Aufspaltung von 2δ gleich $^2/_3$ der Feinstrukturaufspaltung ohne Feld, d. i. 0,243 cm^{-1}, und der *Schwerpunkt* der beiden mittleren Komponenten ist gegenüber dem Schwerpunkt der äußeren Komponenten um $\delta = 0{,}122$ cm^{-1} nach höheren Energien verschoben. Es wäre denkbar, daß diese Verschiebung sich experimentell nachweisen läßt[1]. Der entsprechende Effekt für die höheren Zustände des Wasser-

[1] Der Schwerpunkt der Komponenten $\pi 4$ des Starkeffekts von H_α z. B. müßte um 0,12 cm^{-1} weiter nach Violett liegen als der Schwerpunkt der $\pi 3$-Komponenten, wobei vorausgesetzt ist, daß der gewöhnliche „quadratische Starkeffekt" noch nicht merklich ist, d. h. Feldstärke kleiner als etwa 100000 Volt.

stoffs ist dagegen zu vernachlässigen. Abb. 31 zeigt den Übergang von kleinsten zu größeren Feldern, vom Starkeffekt der Feinstruktur zur Feinstruktur des Starkeffekts [vgl. (42.12)]. Die Abbildung ist der zitierten Arbeit von ROJANSKY entnommen, die auch die Wechselwirkung zwischen Feinstrukturen und Starkeffekt für die höheren Zustände des Wasserstoffs $n = 3, 4, 5$ explizit behandelt.

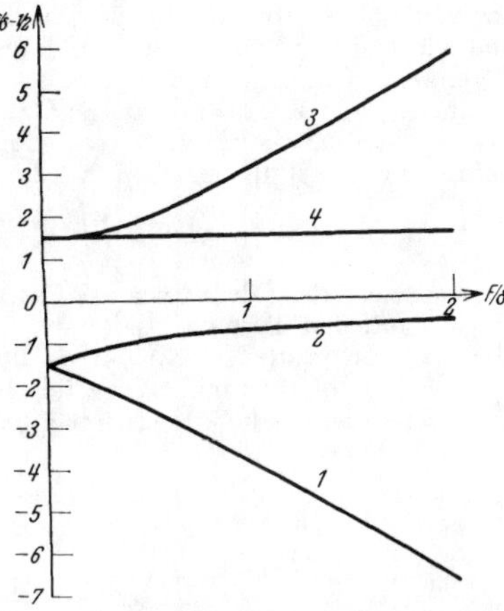

Abb. 31. Starkeffekt der Feinstruktur des zweiquantigen Niveaus von Wasserstoff. Abszisse Feldstärke, gemessen in der Einheit $\frac{3}{2} \cdot 15590 \cdot \delta = 2910$ Volt/cm. Dabei ist $3\delta = 0{,}365\ \text{cm}^{-1}$ der Abstand der Feinstrukturniveaus ohne elektr. Feld. Ordinate Abstände der Termkomponenten vom Schwerpunkt in der Einheit δ. Bei starken Feldern (rechts) Übergang in den gewöhnlichen linearen Starkeffekt: Die Mittelkomponente zeigt den Rest einer Feinstruktur (Niveaus 2 und 4).

2. Heliumatom.

35. Starkeffekt des Heliums[1]. a) Schwache Felder. Der Starkeffekt von Helium ist, wie dies überhaupt bei allen Atomen außer Wasserstoff der Fall ist, in nicht allzu großen Feldern proportional dem *Quadrat* der elektrischen Feldstärke, weil eine Entartung der Niveaus mit verschiedener Azimutalquantenzahl l nicht vorliegt und daher die Störung erster Ordnung verschwindet. Die Verschiebung eines Niveaus i im Feld ist daher gegeben durch die SCHRÖDINGERsche Formel für die Energiestörung zweiter Näherung

$$E_i^{(2)} = \sum_k \frac{|H_{ik}|^2}{E_i - E_k}, \tag{35.1}$$

in der H_{ik} die Matrixelemente der Störungsenergie sind und $E_i E_k$ die Energien der Niveaus i und k des feldfreien Atoms.

Wir müssen also die Matrixelemente der Störungsenergie des äußeren Feldes

$$H_{ik} = F \int u_i^* (z_1 + z_2)\, u_k\, d\tau \tag{35.2}$$

bilden, wobei uns insbesondere *solche* Matrixelemente interessieren, bei denen die Zustände i und k nahezu gleiche ungestörte Energie haben.

Da das Störungspotential

$$F(z_1 + z_2)$$

symmetrisch in den beiden Elektronen ist, verschwindet jedenfalls H_{ik}, wenn die Zustände i und k *verschiedenen* Termsystemen angehören, weil dann die eine der Eigenfunktionen $u_i u_k$ symmetrisch, die andere antisymmetrisch in den Elektronenkoordinaten ist. Ferner ist H_{ik} nur dann von Null verschieden, wenn der Drehimpuls um die Richtung des Feldes, $k_z = m$ in den Zuständen i und k gleich ist. Weiterhin werden wir wieder in gewohnter Weise die Eigenfunktionen als Summe (für Parhelium) bzw. Differenz (Orthohelium) von zwei Produkten der Eigenfunktionen der einzelnen Elektronen ansetzen

$$U = \frac{1}{\sqrt{2}} \left(u_{n_1 l_1 m_1}(1)\, u_{n_2 l_2 m_2}(2) \pm u_{n_2 l_2 m_2}(1)\, u_{n_1 l_1 m_1}(2)\right)$$

und voraussetzen, daß im Zustand i, dessen Starkeffekt wir berechnen wollen, ein Elektron im Grundzustand ist

$$U = \frac{1}{\sqrt{2}} \left(u_1(1)\, u_{n l m}(2) \pm u_{n l m}(1)\, u_1(2)\right)$$

(u_1 ist die Eigenfunktion des Grundzustands). Unter dieser Voraussetzung ist das Matrixelement H_{ik} nur dann von Null verschieden, wenn im Zustand k

$$\left.\begin{array}{l|l|l|l|l|l} \text{entweder } n_1 = 1 & l_1 = 0 & m_1 = 0 & l_2 = l \pm 1 & m_2 = m & n_2 \text{ beliebig} \\ \text{oder } \quad n_1 \text{ beliebig} & l_1 = 1 & m_1 = 0 & l_2 = l & m_2 = m & n_2 = n \end{array}\right\} \tag{35.3}$$

[1] Vgl. J. S. FOSTER, Proc. Roy. Soc. London Bd. 117, S. 137. 1928.

ist. [Man erkennt das, wenn man die Eigenfunktionen der einzelnen Elektronen als Produkt einer radialen und einer winkelabhängigen Funktion schreibt und die Formeln (65.27) beachtet.] Der zweite der erwähnten Fälle ist uninteressant, weil dann die Energie des Zustands k sehr viel höher wäre als die des Zustands i, so daß der Nenner in der Formel (35.1) sehr groß würde. Aus demselben Grunde greifen wir von den Zuständen k, welche die *erste* Bedingung befriedigen, nur die heraus, deren Hauptquantenzahl $n_2 = n$ ist, weil der Abstand der ungestörten Energieniveaus mit gleichem n und verschiedenem l sehr viel kleiner ist als derjenige der Niveaus mit verschiedener Hauptquantenzahl n. Wenn wir dann die Eigenfunktionen in (35.2) einsetzen, wird aus (35.1)

$$E_{nl}^{(2)} = F^2 \left(\frac{\left|\int z\, u_{nlm} u_{nl+1m}^* \, d\tau\right|^2}{E_{nl} - E_{n,l+1}} + \frac{\left|\int z\, u_{nlm} u_{nl-1m}^* \, d\tau\right|^2}{E_{nl} - E_{n,l-1}} \right).$$

Die Energiestörung des Niveaus nl setzt sich zusammen aus den „Wechselwirkungen" dieses Niveaus mit den Termen $l+1$ und $l-1$ und ist um so größer, je näher diese „störenden Niveaus" am gestörten Niveau nl liegen. Setzen wir weiterhin für die Eigenfunktionen u_{nlm} Wasserstoffeigenfunktionen mit Kernladung $Z-1$ an, so lassen sich die Integrationen ausführen, die Winkelintegration gibt

$$\int Y_{lm} Y_{l-1m}^* \cos\vartheta \, d\omega = \sqrt{\frac{l^2 - m^2}{4l^2 - 1}}$$

bzw.

$$\int Y_{lm} Y_{l+1m}^* \cos\vartheta \, d\omega = \sqrt{\frac{(l+1)^2 - m^2}{4(l+1)^2 - 1}}$$

nach Formel (65.27); die radiale Integration nach dem Muster von Ziff. 31 ausgeführt gibt

$$\int r^2 dr \cdot R_{nl}(r) R_{n,l-1}(r)\, r = -3\sqrt{n^2 - l^2}\, \frac{n}{2(Z-1)}, \tag{35.4}$$

also

$$\int z\, u_{nlm} u_{nl-1m}^* \, d\tau = -\frac{3n}{2(Z-1)} \sqrt{\frac{(n^2 - l^2)(l^2 - m^2)}{4l^2 - 1}} \tag{35.5}$$

Der Wert des ersten Matrixelements in (35.3) (Übergang $l \to l+1$) geht hieraus hervor, indem man l durch $l+1$ ersetzt.

Also erhalten wir für die Energiestörung

$$E_{nlm}^{(2)} = F^2 \frac{9n^2}{4(Z-1)^2(2l+1)} \left(\frac{(n^2-(l+1)^2)((l+1)^2-m^2)}{(2l+3)(E_{nl}-E_{nl+1})} + \frac{(n^2-l^2)(l^2-m^2)}{(2l-1)(E_{nl}-E_{nl-1})} \right). \tag{35.6}$$

Die Energie der Starkeffektterme hängt danach (in schwachen Feldern) quadratisch von der magnetischen Quantenzahl m ab; Terme, die sich durch das Vorzeichen von m unterscheiden, bleiben entartet. Formel (35.6) ist zuerst von UNSÖLD[1] gegeben worden. — Für die Richtung und Größe der Termverschiebung im Feld sind die Resonanznenner in (35.6) ausschlaggebend, also die relative Lage der Terme des feldfreien He-Atoms. Diese Terme sind aber, wie wir früher gesehen haben, bei konstantem n und festgehaltenem Termsystem im allgemeinen um so höher, je größer die Azimutalquantenzahl l ist. Eine Ausnahme bilden die ^1P-Terme, die *über* den ^1D-Termen liegen. Also ist — von den ^1P-Termen abgesehen — der erste Summand der Klammer in (35.6) negativ, der zweite positiv. Außerdem sind die Energiedifferenzen zwischen zwei Termen mit aufeinanderfolgendem l um so kleiner, je größer l ist, d. h. es ist

$$E_{n,l+1} - E_{nl} < E_{nl} - E_{n,l-1},$$

also wird der erste Summand in der Klammer seinem Absolutwert nach erheblich größer sein als der zweite[2]. Demnach ist die Verschiebung der Heliumterme im Starkeffekt:

erstens im allgemeinen im Sinne einer *Verminderung* der Energie[2],
zweitens dem Betrag nach am größten für $m = 0$, am kleinsten für $m = l$.

---

[1] A. UNSÖLD, Ann. d. Phys. Bd. 82, S. 355. 1927.

[2] Nur für $l = n - 1$ fällt der erste Term ganz fort und der zweite wird ausschlaggebend; die Energie der Terme mit $l = n - 1$ wird also im elektr. Feld vergrößert. Außerdem bilden die ^1P-Terme eine Ausnahme (vgl. oben).

Um die Abhängigkeit des Starkeffekts von den Quantenzahlen nl quantitativ besser verfolgen zu können, betrachten wir die Verschiebung der Starkeffektkomponente $m = 0$[1]

$$E^{(2)}_{nl0} = -\frac{9F^2n^2}{4(Z-1)^2(2l+1)}\left\{\frac{[n^2-(l+1)^2](l+1)^2}{(2l+3)(E_{nl+1}-E_{nl})} - \frac{(n^2-l^2)\,l^2}{(2l-1)(E_{nl}-E_{nl-1})}\right\} \quad (35.7)$$

und führen statt der ungestörten Energieniveaus die Rydbergkorrektionen ein, indem wir in bekannter Weise setzen (vgl. Ziff. 14c)

$$E_{nl} = -\frac{(Z-1)^2}{2(n-\delta_l)^2}.$$

Dann wird

$$E^{(2)}_{nl0} = -\frac{9F^2n^5}{16(Z-1)^4}\left\{\frac{4(l+1)^2}{4(l+1)^2-1}\cdot\frac{n^2-(l+1)^2}{\delta_l-\delta_{l+1}} - \frac{4l^2}{4l^2-1}\cdot\frac{n^2-l^2}{\delta_{l-1}-\delta_l}\right\}. \quad (35.8)$$

Wenn wir jetzt noch $n \gg l$ voraussetzen, d. h. zu hohen Seriengliedern gehen, kommt

$$E^{(2)}_{nl0} = -\frac{9F^2n^7}{16(Z-1)^4}\left(\frac{1}{\delta_l-\delta_{l+1}}\,\frac{4(l+1)^2}{4(l+1)^2-1} - \frac{1}{\delta_{l-1}-\delta_l}\,\frac{4l^2}{4l^2-1}\right). \quad (35.9)$$

Die Aufspaltung wächst also enorm stark mit der Hauptquantenzahl (wie n^7!) und ebenfalls sehr stark mit der Azimutalquantenzahl, weil die Rydbergkorrektionen δ_l sich bei Vermehrung von l um 1 etwa auf $1/2$ bis $1/5$ verkleinern.

Um die absolute Größe der zu erwartenden Effekte bequem beurteilen zu können, definieren wir F_0 als diejenige Feldstärke, bei der die Termverschiebung des Niveaus $m = 0$ gerade eine Wellenzahl (1 cm^{-1}) beträgt. Dann wird die Verschiebung bei beliebigem Feld offenbar

$$E^{(2)}_{nl0} = (F/F_0)^2\ \mathrm{cm}^{-1} \quad (35.10)$$

und

$$F_0 = \frac{(Z-1)^2}{n^{\frac{7}{2}}}\cdot 1{,}46\cdot 10^7\cdot\left(\frac{4(l+1)^2}{4(l+1)^2-1}\cdot\frac{1}{\delta_l-\delta_{l+1}} - \frac{4l^2}{4l^2-1}\cdot\frac{1}{\delta_{l-1}-\delta_l}\right)^{-\frac{1}{2}}. \quad (35.11)$$

Setzen wir hier die beobachteten Werte für die Rydbergkorrekturen aus Tabelle 6 (Ziff. 15) ein, so werden die charakteristischen Felder F_0

für		S-Terme	P-Terme	D-Terme	
Ortho-He . .	$F_0 =$	$5{,}95\cdot n^{-\frac{7}{2}}$	$4{,}50\cdot n^{-\frac{7}{2}}$	$0{,}66\cdot n^{-\frac{7}{2}}$	Millionen Volt/cm. (35.12)
Par-He . . .		$4{,}86\cdot n^{-\frac{7}{2}}$	$1{,}58\cdot n^{-\frac{7}{2}}$	$0{,}60\cdot n^{-\frac{7}{2}}$	

Die Parheliumterme werden also stärker verschoben als die Orthoterme, insbesondere gilt dies für die P-Terme, weil der Abstand der ^1P- von den ^1D-Termen nur etwa $1/4$ des Abstandes der entsprechenden Tripletterme ist. (Die ^1P-Terme sind auch insofern ausgezeichnet, als sie im Gegensatz zu unserer allgemeinen Regel im Starkeffekt eine Verschiebung nach höheren Energien zeigen, da sie von Natur aus höher liegen als die ^1D-Terme; vgl. oben.)

In der folgenden kleinen Tabelle sind die Werte der charakteristischen Felder F_0 für die einzelnen Terme des He aufgeführt[2].

Charakteristische Felder für den Starkeffekt des Heliums in Kilovolt/cm*.

n	^3S-	^1S-	^3P-	^1P-	^3D-	^1D-Terme
2	735	535	735	535	—	—
3	151	115	157	42	103	45
4	52	40	42	13,8	8,3	6,5
5	23	18	17,5	6	3,3	2,6
6	12	9,5	9	3,1	1,65	1,30

Man sieht unmittelbar aus der Tabelle die ungeheuren Unterschiede der Aufspaltungen der einzelnen Terme: Ein Feld von 10000 Volt/cm z. B. verschiebt die Komponente $m = 0$ des $2\,^3S$-Terms um nur 0,0002 cm^{-1}, die entsprechende Komponente des $6\,^1D$-Terms dagegen um 60 cm^{-1}. Zur Berechnung der Aufspaltung der *Linien* des Heliumspektrums braucht

[1] Diese wird, wie eben bemerkt, am stärksten verschoben.

[2] Die Werte weichen etwas ab von den Werten, die man durch Einsetzen der betreffenden n-Werte in die für hohe Hauptquantenzahl n geltenden allgemeinen Ausdrücke (35.12) bekommen würde, weil die Rydbergkorrekturen für die ersten Glieder jeder Serie bekanntlich etwas abweichen von denen für hohe Serienglieder (vgl. Tab. 6, Ziff. 15) und weil wir für endliche n nicht mehr in Formel (35.8) l gegen n vernachlässigen dürfen.

* Bei den angegebenen Feldstärken beträgt die Verschiebung der äußersten Starkeffektkomponente gerade 1 cm^{-1}.

man daher praktisch nur die Aufspaltung des oberen Niveaus zu kennen, die Aufspaltung des unteren Niveaus ist meist unmeßbar klein. Die *Aufspaltung* der Terme ist ungefähr ebenso groß (in Wirklichkeit etwas kleiner) wie die Verschiebung der Starkeffektkomponente $m = 0$ gegenüber dem feldfreien Term, die wir hier immer tabuliert haben.

b) Mittlere Felder (Starkeffekt vergleichbar mit dem Abstand der ungestörten Energieniveaus). Übergang zum linearen Starkeffekt. In diesem Fall darf man das elektrische Feld nicht mehr als kleine Störung betrachten, sondern muß es als gleichberechtigt behandeln mit der Wechselwirkung zwischen dem Leuchtelektron und dem inneren Elektron („COULOMBsche Wechselwirkung" der Ladungswolken, Austausch, Polarisation, vgl. Ziff. 14, 15). Man muß daher die Matrix der *Gesamt*energie (Wechselwirkung der Elektronen untereinander *plus* Wechselwirkung mit dem elektrischen Feld) hinschreiben und ihre Eigenwerte *exakt* berechnen (nicht bloß durch Näherung von den feldfreien Eigenwerten her).

Legt man die Zustände des Atoms, auf die sich Zeilen und Kolonnen der Matrix beziehen, durch die Quantenzahlen nlm fest[1], so werden die Diagonalelemente der Energiematrix gleich den Eigenwerten des feldfreien Atoms, die Matrixelemente der Wechselwirkung mit dem elektrischen Feld entsprechen Sprüngen der Azimutalquantenzahl um ± 1 bei Erhaltung der magnetischen Quantenzahl m [vgl. (35.3)] und beliebiger Änderung von n. Wir betrachten den Ausschnitt der Matrix, der zu bestimmten Werten von n und m gehört: Damit setzen wir voraus, daß der Starkeffekt noch klein bleibt gegenüber dem Abstand der Terme mit verschiedener Hauptquantenzahl, also daß noch kein Effekt auftritt, der dem quadratischen Starkeffekt des Wasserstoffs entspricht[2]. Der fragliche Ausschnitt aus der Energiematrix enthält $n - m$ Zeilen und Kolonnen, welche den azimutalen Quantenzahlen $l = m, m + 1, \cdots n - 1$ entsprechen. Wir schreiben als typisches Beispiel die Energiematrix für $n = 4$ $m = 1$ hierher:

$$\begin{pmatrix} E_{41} & 6\sqrt{\tfrac{12}{5}}\,F & 0 \\ 6\sqrt{\tfrac{12}{5}}\,F & E_{42} & 6\sqrt{\tfrac{8}{5}}\,F \\ 0 & 6\sqrt{\tfrac{8}{5}}\,F & E_{43} \end{pmatrix}. \tag{35.13}$$

Ihre Eigenwerte ergeben sich aus der kubischen Gleichung

$$\left.\begin{aligned} &\varepsilon^3 - (E_{41} + E_{42} + E_{43})\,\varepsilon^2 + (E_{41}E_{42} + E_{42}E_{43} + E_{43}E_{41} - 144\,F^2)\,\varepsilon \\ &\quad + 144\,(\tfrac{3}{5}\,E_{43} + \tfrac{2}{5}\,E_{41})\,F^2 - E_{41}E_{42}E_{43} = 0\,. \end{aligned}\right\} \tag{35.14}$$

Für kleine Feldstärken ergibt sich daraus unser alter quadratischer Starkeffekt ($m = 1$!)

$$\left.\begin{aligned} \varepsilon_1 &= E_{41} - 144\cdot\frac{3}{5}\,\frac{F^2}{E_{42} - E_{41}}\,, \\ \varepsilon_2 &= E_{42} - 144\cdot\frac{1}{5}\,F^2\left(\frac{2}{E_{43} - E_{42}} - \frac{3}{E_{42} - E_{41}}\right), \\ \varepsilon_3 &= E_{43} + 144\cdot\frac{2}{5}\,F^2\,\frac{1}{E_{43} - E_{42}}\,. \end{aligned}\right\} \tag{35.15}$$

Wenn die Energieniveaus in der Reihenfolge $4p < 4d < 4f$ aufeinanderfolgen, wie das bei Ortho-He der Fall ist, so erfahren der p- und d-Term (ε_1 und ε_2) eine Verminderung, der f-Term (ε_3) eine Vermehrung der Energie im Feld, wie wir das oben bereits festgestellt haben.

Für große Feldstärken $F \gg E_{43} - E_{41}$ gehen die Terme über in

$$\left.\begin{aligned} \varepsilon_1 &= -12F + \frac{3}{10}E_{41} + \frac{1}{2}E_{42} + \frac{1}{5}E_{43} + O\left(\frac{(E_1 - E_3)^2}{F}\right), \\ \varepsilon_2 &= \phantom{-12F + {}}\frac{2}{5}E_{41} \phantom{{}+ \frac{1}{2}E_{42}} + \frac{3}{5}E_{43} + O\left(\frac{(E_1 - E_3)^2}{F}\right), \\ \varepsilon_3 &= 12F + \frac{3}{10}E_{41} + \frac{1}{2}E_{42} + \frac{1}{5}E_{43} + O\left(\frac{(E_1 - E_3)^2}{F}\right). \end{aligned}\right\} \tag{35.16}$$

---

[1] m mißt die Komponente des *Bahn*drehimpulses in der Richtung des Feldes.

[2] Diesen können wir ganz analog wie bei Wasserstoff in parabolischen Koordinaten behandeln, weil die Wechselwirkung der Elektronen untereinander bei so starken Feldern praktisch vernachlässigt werden kann, weil also praktisch l-Entartung vorliegt.

Wenn wir hier den Abstand der feldfreien Niveaus $E_{41} E_{42} E_{43}$ voneinander ganz vernachlässigen, so werden die Formeln (35.16) genau identisch mit den Formeln (30.11) für den gewöhnlichen linearen Starkeffekt des Wasserstoffs. Wir haben, wie wir durch Vergleich feststellen, dem Term ε_1 die parabolischen Quantenzahlen $n_1 = 0$, $n_2 = 2$, $m = 1$ zuzuordnen; dem Term ε_2 die Quantenzahlen $n_1 = 1$, $n_2 = 1$, $m = 1$, dem Term ε_3 schließlich $n_1 = 2$, $n_2 = 0$, $m = 1$. Betrachten wir dann die Formeln (35.16) genauer, so sehen wir, daß ein Rest der ohne Feld bestehenden Aufspaltung in Niveaus mit verschiedenem l noch übrigbleibt: Der lineare Starkeffekt erscheint modifiziert durch die Wechselwirkung des Leuchtelektrons mit dem inneren Elektron. Der Abstand des Schwerpunkts der äußeren Terme $\varepsilon_1 \varepsilon_3$ vom Term ε_2 z. B. ist

$$\tfrac{1}{2} E_{42} - \tfrac{2}{5} E_{43} - \tfrac{1}{10} E_{41} = -\tfrac{2}{5} (E_{43} - E_{42}) + \tfrac{1}{10} (E_{42} - E_{41}), \qquad (35.17)$$

also um einen Zahlenfaktor von der Größenordnung $^1/_3$ kleiner als die Aufspaltung des feldfreien Niveaus. Für mittlere Felder (Starkeffekt und Elektronenwechselwirkung von gleicher Größenordnung) ist natürlich der Effekt komplizierter als für starke und schwache, er ist von FOSTER (l. c.) eingehend behandelt worden.

c) Beim Übergang von kleinsten zu höchsten Feldern ändert sich der Starkeffekt des Heliums nach dem bisher Gesagten wie folgt:

1. Sehr schwache Felder: Starkeffekt der Feinstrukturkomponenten, proportional Quadrat des Feldes. $n\, l\, j\, m$ (m = *Gesamt*impulsmoment in der Feldrichtung) sind Quantenzahlen. Obere Grenze dieses Gebiets etwa 100000 Volt/cm für $2\,^3P$-Term, 30 Volt/cm für $6\,^3P$-Term, 1 Volt/cm für $6\,^3D$-Term (vgl. die Rechnungen bei Wasserstoff, Ziff. 34a).

2. Etwas stärkere Felder (Starkeffekt und Feinstruktur von gleicher Größenordnung): j ist keine Quantenzahl mehr. Komplizierte Abhängigkeit des Effekts vom Feld.

3. Noch stärkere Felder, bisher als „schwache Felder" bezeichnet: Starkeffekt groß gegen Feinstruktur, aber klein gegen Abstand der Terme mit verschiedener Azimutalquantenzahl (vgl. Abschnitt a dieser Ziffer). Die Quanten zahlen sind $n\, l\, m_l\, m_s$. Die Terme sind im Groben durch die Formeln (35.7) bis (35.12) gegeben, der Effekt ist proportional dem Quadrat der Feldstärke. Dazu kommt eine kleine Aufspaltung der Starkeffektterme durch den Spin von der Größenordnung der Feinstruktur des feldfreien Atoms [vgl. die Rechnungen bei Wasserstoff, Ziff. 34b, unserem Fall entspricht Formel (34.14)]. Dieses Gebiet erstreckt sich für den $2\,^3P$-Term etwa von 700000 bis 50 Millionen Volt/cm, für den $3\,^3P$-Term von 200 bis 40000 Volt/cm, für den $6\,^1D$-Term von 0* bis 1000 Volt/cm.

4. Mittlere Felder: Starkeffekt von gleicher Größenordnung wie der Abstand der Terme mit verschiedener Azimutalquantenzahl l: Quantenzahlen $n\, m_l\, m_s$. l ist nicht mehr quantisiert. Komplizierte Feldabhängigkeit (vgl. Abschnitt b dieser Ziffer).

5. Starke Felder: Starkeffekt groß gegen Abstand der Terme mit gleichem n und verschiedenem l, aber klein gegen Abstand der Terme mit verschiedener Hauptquantenzahl. Parabolische Quantisierung: Quantenzahlen $n\ n_1 n_2 m_l m_s$. Lineare Feldabhängigkeit, in erster Näherung wie beim linearen Starkeffekt des Wasserstoffs, in zweiter Näherung kommt dazu ein Rest der l-Aufspaltung [vgl. Abschnitt b, Formel (35.16, 17)]. Felder etwa 100 Millionen Volt/cm für $n = 2$, 80000 bis 300000 Volt/cm für $n = 6$ (vgl. hierzu Ziff. 30).

---

* Für Singletterme ist natürlich stets schon für $F = 0$ Fall 3 gegeben, da eine Feinstruktur nicht vorhanden ist.

6. Sehr starke Felder: Starkeffekt vergleichbar mit dem Abstand der Terme mit verschiedener Hauptquantenzahl. Ein Effekt von der Art des quadratischen Starkeffekts des Wasserstoffs tritt auf (vgl. Ziff. 31), Eigenfunktionen verschiedener Hauptquantenzahl n vermischen sich.

d) Durchbrechung der Auswahlregeln. Wir haben bisher nur den Einfluß des elektrischen Feldes auf die *Lage* der Terme (Aufspaltung und Verschiebung) betrachtet. Ebenso interessant ist aber die Tatsache, daß im elektrischen Feld, und zwar schon bei relativ schwachen Feldern, neue Linien auftreten, welche die bei verschwindendem elektrischen Feld geltende Auswahlregel für die azimutale Quantenzahl $\Delta l = \pm 1$ verletzen: vor allen Dingen sind $(p\,p)$-, $(s\,s)$- und $(s\,d)$-Kombinationen beobachtet. Die Theorie ist sehr einfach: Durch das elektrische Feld werden Eigenfunktionen verschiedener Azimutalquantenzahl vermischt, so daß z. B. die Eigenfunktion eines p-Terms stets auch mit einem gewissen Koeffizienten die Eigenfunktion des benachbarten d- und s-Terms enthält: Hierdurch wird der p-Term befähigt, mit anderen p-Termen und mit f-Termen zu kombinieren.

Bezeichnen wir die Eigenfunktionen des Terms $n l m$ *ohne* äußeres Feld mit u_{nlm}, so ist die Eigenfunktion u' im elektrischen Feld in erster Näherung (also für Fall 3 unserer Zusammenstellung in c) nach der SCHRÖDINGERschen Störungstheorie mit Rücksicht auf (35.5) gegeben durch

$$\left.\begin{aligned} u'_{nlm} = u_{nlm} &- \frac{3n}{2} F \sqrt{\frac{[n^2-(l+1)^2]\,[(l+1)^2-m^2]}{4(l+1)^2-1}}\, \frac{u_{n,\,l+1,\,m}}{E_{nl}-E_{n\,l+1}} \\ &- \frac{3n}{2} F \sqrt{\frac{(n^2-l^2)\,(l^2-m^2)}{4l^2-1}}\, \frac{u_{n,\,l-1,\,m}}{E_{nl}-E_{n\,l-1}}. \end{aligned}\right\} \tag{35.18}$$

Wir wollen nun die Wahrscheinlichkeit des Übergangs vom Term $n l m$ zu einem tieferen Term $n_0 l_0 m_0$ berechnen, mit dem der Term $n l m$ bei verschwindendem elektrischen Feld nicht kombinieren würde (also $l_0 \neq l \pm 1$). Dabei dürfen wir die Änderung der Eigenfunktion des unteren Terms durch das elektrische Feld vernachlässigen, weil die Nenner $E_{nl+1} - E_{nl}$ für kleine n sehr groß werden. Also bekommen wir für die Amplitude der in der Richtung q polarisierten Ausstrahlung

$$\left.\begin{aligned} -\int u^*_{n_0 l_0 m_0}\, q\, u'_{nlm}\, d\tau &= \frac{3}{2}\,\frac{nF}{E_{nl}-E_{nl+1}} \sqrt{\frac{[n^2-(l+1)^2]\,[(l+1)^2-m^2]}{4(l+1)^2-1}}\,\cdot \\ \cdot \int u_{n_0 l_0 m_0}\, q\, u_{n,\,l+1,\,m}\, d\tau &+ \frac{3}{2}\,\frac{nF}{E_{nl}-E_{nl-1}} \sqrt{\frac{(n^2-l^2)\,(l^2-m^2)}{4l^2-1}} \int u_{n_0 l_0 m_0}\, q\, u_{n,\,l-1,\,m}\, d\tau. \end{aligned}\right\} \tag{35.19}$$

Das erste Integral rechts ist nach den gewöhnlichen Auswahlregeln nur dann von Null verschieden, wenn $l_0 = l$ oder $l + 2$, das zweite Integral, wenn $l_0 = l$ oder $l - 2$ ist. Also bekommen wir für die im schwachen elektrischen Feld neu auftretenden Übergänge die Auswahlregel

$$\Delta l = 0, \pm 2. \tag{35.20}$$

Außerdem sehen wir, daß die Amplitude (35.19) proportional mit dem Feld, also die Intensität der ausgesandten Linien, proportional F^2 ist. Ein entsprechender Betrag geht bei der Intensität der „erlaubten" Linien $\Delta l = \pm 1$ verloren.

Wir betrachten zunächst den Übergang $\Delta l = 0$ (also $l_0 = l$) und beachten (vgl. Ziff. 41), daß die Übergänge, bei denen sich l und n im entgegengesetzten Sinne ändern, sehr viel geringere Intensität besitzen als Übergänge mit gleichsinniger Änderung von n und l. Das zweite Integral in (35.19), das die Übergangswahrscheinlichkeit $n_0 l_0 \to n, l - 1$ darstellt, ist also klein gegen das erste (Übergang $n_0 l_0 \to n, l + 1$). Außerdem hat das zweite Glied einen größeren Resonanznenner als das erste, weil ja bei festgehaltenem n die Terme mit zunehmendem l immer dichter aufeinanderfolgen. Wir lassen daher das zweite Glied als unwesentlich fort. Ferner sehen wir ab von der Aufspaltung des unteren Terms, addieren also die Intensitäten der Übergänge nach den verschiedenen m_0, und summieren gleichzeitig über alle Polarisationsrichtungen der emittierten Strahlung. Dann entsteht auf der rechten Seite von (35.19), abgesehen von einem numerischen Faktor

$$\sum_{i=1}^{3} \sum_{m_0=-l_0}^{+l_0} \left| \int u_{n_0 l_0 m_0}\, q_i\, u_{n,\,l+1,\,m}\, d\tau \right|^2$$

$(q_1 = x, q_2 = y, q_3 = z)$. Dieser Ausdruck ist unabhängig von m [vgl. (39.12), (39.13)] und gibt die Gesamtintensität des Übergangs $n, l+1 \to n_0 l$ an. Nennen wir diese $J_{n\,l+1}^{n_0 l}$, so bekommen wir für die Gesamtintensität unseres „verbotenen" Übergangs $nlm \to n_0 l$

$$J'^{n_0 l}_{n l m} = \frac{9}{4} \frac{F^2}{(E_{n\,l+1} - E_{nl})^2} [n^2 - (l+1)^2] \cdot n^2 \cdot \frac{(l+1)^2 - m^2}{4(l+1)^2 - 1} \cdot J^{n_0 l}_{n\,l+1}, \tag{35.21}$$

wobei der Strich links andeutet, daß es sich um die Intensität der Linie im elektrischen Feld handelt. Die Intensität ist also am größten für $m = 0$; die Starkeffektkomponente, die am meisten verschoben ist, gibt auch die stärksten verbotenen Kombinationen. Ja man kann direkt (35.21) in Beziehung setzen zur Verschiebung des Terms nlm, wenn man in (35.6) den zweiten Summanden der Klammer gegen den ersten vernachlässigt[1]; dann wird

$$J'^{n_0 l}_{n l m} = \frac{E^{(2)}_{n l m}}{E_{nl} - E_{n\,l+1}} J^{n_0 l}_{n\,l+1}. \tag{35.22}$$

Die Intensität des verbotenen Übergangs $nl \to n_0 l$ verhält sich zur Intensität des erlaubten Übergangs $n, l+1 \to n_0 l$ wie die Starkeffektverschiebung des oberen Niveaus des verbotenen Übergangs zum Abstand dieses Niveaus vom oberen Niveau des erlaubten Übergangs.

Die Intensität der verbotenen Übergänge $nl \to n_0, l-2$ berechnet man ganz analog zu

$$J'^{n_0 l-2}_{n l m} = \frac{9}{4} \frac{F^2 n^2}{(E_{nl} - E_{n\,l-1})^2} \frac{(n^2 - l^2)(l^2 - m^2)}{4l^2 - 1} J^{n_0 l-2}_{n\,l-1}, \tag{35.23}$$

und die Intensität der Übergänge $nl \to n_0 l + 2$ endlich wird

$$J'^{n_0 l+2}_{n l m} = \frac{F^2 n^2}{(E_{n\,l+1} - E_{nl})^2} \cdot \frac{(n^2 - (l+1)^2)((l+1)^2 - m^2)}{4(l+1)^2 - 1} J^{n_0 l+2}_{n\,l+1}. \tag{35.24}$$

Letztere kommen aber für die Beobachtung bei He weniger in Frage, weil die sichtbaren He-Linien sämtlich auf den zweiquantigen Niveaus $n = 2$ landen, so daß $l_0 \leqq 1$ ist, also Niveaus mit der Azimutalquantenzahl $l_0 - 2$ nicht existieren.

Selbstverständlich gelten alle unsere Intensitätsformeln nur für schwache Felder, d. h. solange der Starkeffekt klein ist gegen den Abstand von Niveaus mit gleichem n und verschiedenem l, genau wie unsere Formeln (35.6) bis (35.9) für die Energieniveaus (Fall 3 der Zusammenstellung in Abschnitt c). In „starken" Feldern sind die Intensitätsverhältnisse, genau wie die Aufspaltung, dieselben wie für Wasserstoff und können mit Hilfe der „parabolischen Eigenfunktionen" berechnet werden. In diesem Fall haben die Übergänge natürlich keinerlei „Erinnerung" daran, ob sie bei verschwindendem Feld verboten oder erlaubt waren. Im „Übergangsgebiet" verhalten sich die Intensitäten, wie auch die Aufspaltungen, komplizierter.

e) Vergleich mit der Erfahrung. Tabelle 14 zeigt die theoretische Struktur des Terms $n = 4$ des Parheliums für verschiedene Feldstärken; die

Tabelle 14. Berechnete Lagen der Starkkomponenten des vierquantigen Terms von Parhelium. (Die Lagen sind von der unverschobenen D-Linie aus gemessen und in cm^{-1} angegeben.)

a) Verschiebung der Starkeffektkomponenten (magn. Quantenzahl m).

Feld	S	D			F*			P	
	$m=0$	$m=0$	$m=1$	$m=2$	$m=0$	$m=1$	$m=2$	$m=0$	$m=1$
0 kV/cm	−506,2	0	0	0	+5,6	+5,6	+5,6	+46,4	+46,4
10	6,3	−2,0	−1,75	−1,0	7,2	7,05	6,6	46,9	46,7
20	6,4	5,8	5,2	3,1	9,6	9,3	8,7	48,4	47,9
30	6,6	10,2	9,1	5,4	11,9	11,7	11,4	50,7	49,4
40	7,0	14,9	13,3	7,9	13,7	13,6	13,5	54,0	51,7
60	7,9	25,0	22,2	12,9	16,4	16,4	18,5	62,3	57,8
80	9,4	35,3	31,5	18,0	18,2	18,1	23,6	72,3	65,4
100	12,2	45,3	41,1	23,2	19,8	19,25	28,8	83,5	73,9

b) Polarisation der Linien, die beim Übergang zum ^2P-Term (magn. Quantenzahl m') entstehen.

$m' = 0$	π	π	σ	—	π	σ	—	π	σ
1	σ	σ	π	σ	σ	π	σ	σ	π

[1] Das ist berechtigt, solange $l \neq n - 1$, was wegen $l \leqq n_0 - 1$, $n_0 < n$ stets erfüllt ist.

* Die Komponente $m = 3$ wird nicht verschoben (Lage $+5,6$).

Zahlen geben die Lage der Terme relativ zum unverschobenen 4^1D-Term an. Man sieht deutlich, wie der quadratische Starkeffekt bei schwachen Feldern in den linearen Effekt bei starken Feldern übergeht. Beim Übergang von den

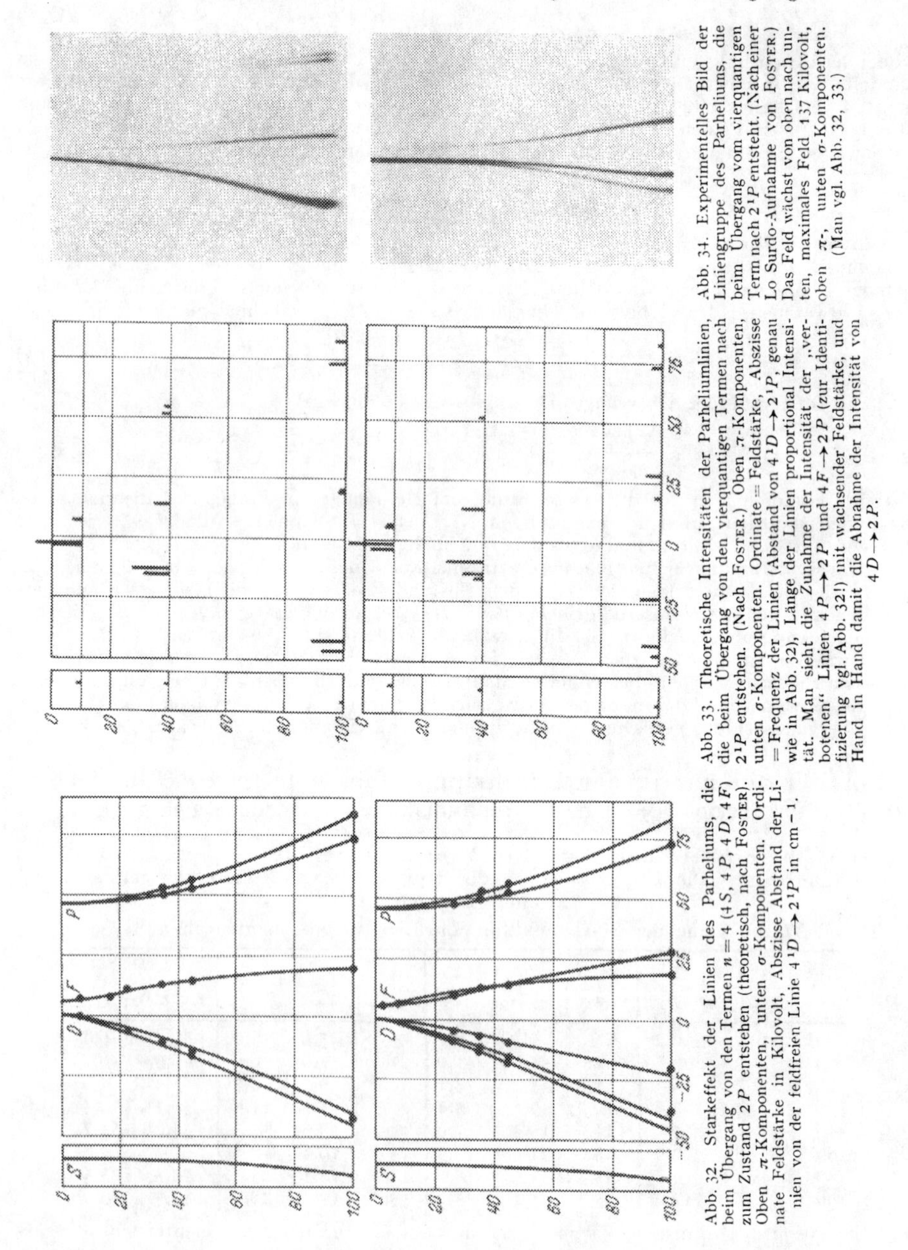

Abb. 32. Starkeffekt der Linien des Parheliums, die beim Übergang von den Termen $n = 4$ ($4S$, $4P$, $4D$, $4F$) zum Zustand $2P$ entstehen (theoretisch, nach FOSTER). Oben π-Komponenten, unten σ-Komponenten. Ordinate Feldstärke in Kilovolt, Abszisse Abstand der Linien von der feldfreien Linie $4^1D \rightarrow 2^1P$ in cm^{-1}.

Abb. 33. Theoretische Intensitäten der Parheliumlinien, die beim Übergang von den vierquantigen Termen nach 2^1P entstehen. (Nach FOSTER.) Oben π-Komponenten, unten σ-Komponenten. Ordinate = Feldstärke, Abszisse = Frequenz der Linien (Abstand von $4^1D \rightarrow 2^1P$, genau wie in Abb. 32), Länge der Linien proportional Intensität. Man sieht die Zunahme der Intensität der „verbotenen" Linien $4P \rightarrow 2P$ und $4F \rightarrow 2P$ (zur Identifizierung vgl. Abb. 32!) mit wachsender Feldstärke, und Hand in Hand damit die Abnahme der Intensität von $4D \rightarrow 2P$.

Abb. 34. Experimentelles Bild der Liniengruppe des Parheliums, die beim Übergang vom vierquantigen Term nach 2^1P entsteht. (Nach einer Lo Surdo-Aufnahme von FOSTER.) Das Feld wächst von oben nach unten, maximales Feld 137 Kilovolt, oben π-, unten σ-Komponenten. (Man vgl. Abb. 32, 33.)

vierquantigen Termen zum 2^1P-Term (vgl. Abb. 32) kommen als Ausgangsniveaus für das parallel zum Feld polarisierte Licht wegen der Auswahlregel $\Delta m = 0$ nur die Zustände mit den magnetischen Quantenzahlen $m = 0$ oder 1 in Frage, weil beim unteren (P-) Term nur diese Werte für m möglich sind, für die senkrecht zum Feld polarisierte Ausstrahlung kann wegen $\Delta m = \pm 1$ die magnetische

Quantenzahl des Ausgangsniveaus $m = 0, \pm 1, \pm 2$ sein, das theoretische Strukturbild ist also bei senkrechter Polarisation linienreicher (siehe Abb. 32). Die Aufspaltungskomponenten $m = 0$ und 1 des $4F$-Terms fallen praktisch zusammen. Die Abb. 32 enthält neben den berechneten Kurven noch Punkte, welche die Beobachtungswerte von FOSTER darstellen, sie fallen, wie man sieht, sehr genau auf die berechneten Kurven. Abb. 33 gibt die berechneten Intensitäten, dargestellt durch die Länge der Linien: Bei Feld Null tritt nur die Linie $2P—4D$ auf, dann kommt bereits bei 10 kV/cm die „verbotene" Linie $2P-4F$ hinzu, und erst sehr viel später tritt auch die Kombination $2P-4P$ auf, weil der Abstand der Niveaus 4^1P und 4^1D viel größer ist als der Abstand $4D-4F$ und die Intensitäten der verbotenen Linien ja nach (35.21, 23) dem Quadrat der genannten Abstände umgekehrt proportional sind. Abb. 34 endlich zeigt die experimentelle Aufnahme nach der Lo Surdo-Methode: Das elektrische Feld ist am oberen Ende der Aufnahme Null, am unteren 137 kV/cm. Man bemerke die qualitative Übereinstimmung von beobachteten und berechneten Intensitäten.

36. Die Dielektrizitätskonstante des Heliums[1]. Um die Dielektrizitätskonstante ε des Heliums zu berechnen, müssen wir den Starkeffekt zweiter Ordnung des Helium-Grundterms kennen. Ist die Eigenwertstörung im Felde F gleich E_2F^2, so berechnet sich ε aus

$$\varepsilon = 1 - 8\pi N E_2, \qquad (36.1)$$

wo N die Anzahl Atome pro Volumeinheit ist. Messen wir E_2 und F in atomaren Einheiten, so müssen wir das gleiche auch beim Volumen tun: N ist also die Anzahl Atome im Volumen a^3 (a = Wasserstoffradius)

$$N = La^3 \cdot \frac{\varrho}{A} = 0{,}089 \cdot \frac{\varrho}{A}, \qquad (36.2)$$

wo ϱ die Dichte, A das Atomgewicht der Substanz ist. Für Gase bei Normalbedingungen (0° C, 760 mm Druck) ist $A/\varrho = 22400$, also

$$\varepsilon = 1 - 1{,}00 \cdot 10^{-5} E_2. \qquad (36.3)$$

Zur Berechnung der Eigenwertstörung zweiter Näherung benutzen wir die in Ziff. 18 entwickelte Methode. Die ungestörte Hamiltonfunktion lautet bei uns (in atomaren Einheiten)

$$H_0 = -\frac{1}{2}\Delta_1 - \frac{1}{2}\Delta_2 - \frac{2}{r_1} - \frac{2}{r_2} + \frac{1}{r_{12}}, \qquad (36.4)$$

die Störungsfunktion des elektrischen Feldes ist $F(z_1 + z_2)$, die Feldstärke F fassen wir als Störungsparameter auf, dann wird in der Bezeichnungsweise von Ziff. 18 einfach

$$H_1 = z_1 + z_2. \qquad (36.5)$$

Die Störungsenergie erster Ordnung verschwindet, und aus (18.22) wird

$$E_2 = \int u_0^2 (\varphi \cdot (z_1 + z_2) + \tfrac{1}{4}\,\mathrm{grad}^2 \varphi)\, d\tau = \mathrm{Min}. \qquad (36.6)$$

(36.6) ist durch Variation von φ zum Minimum zu machen. Als einfachster Ansatz bietet sich etwa[2]

$$\varphi = \alpha H_1 = \alpha (z_1 + z_2), \qquad (36.7)$$

[1] Vgl. H. R. HASSÉ, Proc. Cambridge Phil. Soc. Bd. 26, S. 542. 1930; J. C. SLATER u. J. G. KIRKWOOD, Phys. Rev. Bd. 37, S. 682. 1931. Weniger befriedigend sind die Rechnungen von J. V. ATANASOFF, ebenda Bd. 36, S. 1232. 1930.

[2] E_2 ist empfindlicher gegen kleine Änderungen von u_0 als gegen Änderungen von φ, weil φ sowieso durch die Variation stets auf „möglichst günstig" korrigiert wird.

wobei α variiert werden kann: Dann wird $\text{grad}^2\varphi = 2\alpha^2$, und aus (36.6) kommt

$$E_2 = + \int (z_1 + z_2)^2 (\alpha + \tfrac{1}{2}\alpha^2)\, u_0^2\, d\tau\,. \tag{36.8}$$

Setzen wir weiter für u_0 die einfache Eigenfunktion (17.18)

$$u_0 = e^{-\frac{1}{2}k(r_1 + r_2)} \cdot \tfrac{1}{2} k^3\,, \quad k = \tfrac{27}{8}\,, \tag{36.9}$$

so wird

$$E_2 = \tfrac{2}{3}(\alpha + \tfrac{1}{2}\alpha^2) \int\limits_0^\infty \int\limits_0^\infty e^{-\frac{27}{8}(r_1 + r_2)} r_1^2 (\tfrac{27}{8})^6 \cdot \tfrac{1}{4} \cdot r_1^2\, dr_1\, r_2^2\, dr_2 = \tfrac{512}{729}(\alpha + \tfrac{1}{2}\alpha^2)\,.$$

Das Minimum liegt bei $\alpha = -1$ und hat den Wert

$$E_2 = -\tfrac{256}{729} = -0{,}357\,, \tag{36.10}$$

was noch ziemlich weit vom richtigen Wert ($-0{,}74$) entfernt ist.

Die Hauptursache der Unstimmigkeit ist darin zu suchen, daß (36.9) eine ziemlich schlechte Annäherung an die wirkliche Eigenfunktion des feldfreien Heliumatoms bedeutet. SLATER und KIRKWOOD (l. c.) haben darum für u_0 die HARTREEsche Eigenfunktion eingesetzt[1]. Außerdem verbesserten sie den Ansatz für die Eigenfunktionsstörung φ, indem sie setzten

$$\varphi = \alpha\, r_1^\nu r_2^\nu (z_1 + z_2) \tag{36.11}$$

mit zwei verfügbaren Konstanten α und ν. Das Minimum liegt bei $\nu =$ etwa $^1/_2$; das bedeutet, daß bei großer Entfernung der Elektronen vom Kern die Störung der Eigenfunktion durch das elektrische Feld größer ist als in der Nähe des Kerns, was unmittelbar einleuchtet. Es ergibt sich dann

$$E_2 = -0{,}715\,.$$

Daraus berechnet sich die Dielektrizitätskonstante nach (36.3) zu

$$\varepsilon = 1{,}0000715\,,$$

während der beobachtete Wert

$$\varepsilon = 1{,}000074$$

beträgt. Die Übereinstimmung ist befriedigend.

C. Gleichzeitige Wirkung von elektrischem und magnetischem Feld.

37. Parallele und gekreuzte Felder. Wirkt auf ein Atom, das der Einfachheit halber nur *ein* Elektron haben möge, gleichzeitig ein elektrisches Feld in der Richtung z und ein magnetisches Feld in der Richtung ζ ein, so ist das Störungspotential

$$Fz + \alpha H (k_\zeta + 2 s_\zeta)\,, \tag{37.1}$$

wo k_ζ und s_ζ die Drehimpulse von Bahn und Spin in Richtung des Magnetfeldes sind. Je nach der relativen Lage von elektrischem Feld und Magnetfeld sind zwei Fälle zu unterscheiden:

a) Parallele Felder: Dann superponieren sich die Effekte der beiden Felder einfach, da der Störungsoperator des elektrischen Feldes, Fz, mit dem des Magnetfeldes vertauschbar ist. Das praktisch zu beobachtende Aufspaltungsbild ist wesentlich dadurch bestimmt, daß bei normalen Feldstärken der Starkeffekt im allgemeinen um etwa zwei Größenordnungen größer ist als der Zeemaneffekt. In erster Näherung sind also die Terme einfach die gewöhnlichen Starkeffektterme, in zweiter Näherung werden diese nochmals durch den Zeemaneffekt aufgespalten[2].

---

[1] Eigentlich einen von SLATER abgeleiteten analytischen Ausdruck, der sehr nahe mit der HARTREEschen Eigenfunktion übereinstimmt.

[2] Vgl. dazu etwa die Theorie des Zeemaneffekts in Kristallen: H. BETHE, ZS. f. Phys. Bd. 60, S. 218. 1930; J. BECQUEREL, ebenda Bd. 58, S. 205. 1929; H. A. KRAMERS, Proc. Amsterdam Bd. 32, S. 1176. 1929.

b) Gekreuzte Felder ($\mathfrak{z} = x$). Dieser Fall machte in der alten Quantentheorie große Schwierigkeiten, in der Wellenmechanik kann die Lösung prinzipiell sofort angeschrieben werden: Man hat einfach die Matrix der Störungsenergie (37.1) zu bilden und ihre Eigenwerte aufzusuchen. Rechnerisch ist das allerdings ziemlich kompliziert, weil die Matrix nicht, wie bei Einwirkung eines elektrischen oder magnetischen Feldes *allein*, in Teilmatrizen zerfällt: Während nämlich dort und auch noch bei parallelen Feldern der Drehimpuls um die Feldrichtung stets eine Konstante der Bewegung ist, kann (wenigstens solange über die relative Größe von elektrischem und magnetischem Feld nichts gesagt ist) bei gekreuzten Feldern *weder* der Drehimpuls in der Richtung des elektrischen *noch* der in der Richtung des magnetischen Feldes als quantisiert betrachtet werden.

III. Wechselwirkung mit Strahlung.

38. Allgemeine Formeln. Die Wahrscheinlichkeit dafür, daß ein Atom durch spontane Strahlungsemission aus dem Zustand n in den Zustand n' übergeht und dabei ein Lichtquant der Polarisationsrichtung x und der Fortpflanzungsrichtung $\mathfrak{k}$ in den Winkelbereich $d\omega$ hineinstrahlt, beträgt nach der DIRACschen Strahlungstheorie[1]

$$w(\mathfrak{k}, x)\, d\omega = \frac{e^2 h \nu}{2\pi m^2 c^3} \left| P_{n'n}^{\mathfrak{k}x} \right|^2 d\omega\,, \tag{38.1}$$

wobei P das retardierte Matrixelement des Stromes ist:

$$P_{n'n}^{\mathfrak{k}x} = \int u_{n'}^* \sum_i e^{i(\mathfrak{k}\mathfrak{r}_i)} \frac{\partial u_n}{\partial x_i}\, d\tau\,. \tag{38.2}$$

x_i ist die Koordinate des $i$ten Atomelektrons, das Integral geht über den Konfigurationsraum aller Atomelektronen.

Für nicht zu kurzwelliges Licht ist es möglich, diesen Ausdruck ganz wesentlich zu vereinfachen: Die Wellenzahl $k = 2\pi/\lambda$ ist nämlich z. B. für sichtbares Licht von der Größenordnung $10^5\,\mathrm{cm}^{-1}$, die Abstände $\mathfrak{r}_i$ der Elektronen vom Kern des Atoms dagegen von der Größenordnung 10^{-8} cm (Atomradius). Also werden die Exponenten der Exponentialfunktion in (38.2) sehr klein, und man kann die Exponentialfunktion durch Eins ersetzen. Dann wird $P_{n'n}^{\mathfrak{k}x}$ die x-Komponente des Vektors

$$\mathfrak{P}_{n'n} = \int u_{n'}^* \sum_i \operatorname{grad}_i u_n\, d\tau\,, \tag{38.3}$$

welcher bis auf den Faktor $h/2\pi i$ das Matrixelement des Impulses darstellt, welches dem Übergang $n \to n'$ entspricht. Nun gilt bekanntlich die Beziehung

$$\mathfrak{P}_{n'n} = \frac{2\pi i}{h}\, \mathfrak{p}_{n'n} = \frac{2\pi i m}{h}\, \mathfrak{v}_{n'n} = \frac{4\pi^2 m}{h}\, \nu_{nn'}\, \mathfrak{r}_{n'n} \tag{38.4}$$

mit

$$\nu_{nn'} = \frac{1}{h}\,(E_n - E_{n'})\,, \tag{38.5}$$

wo $\mathfrak{p}$ die Summe der Impulse, $\mathfrak{v}$ die Summe der Geschwindigkeiten, $\mathfrak{r}$ die Summe der Ortsvektoren aller Elektronen des Atoms ist, also

$$\mathfrak{r}_{n'n} = \int u_{n'} \sum_i \mathfrak{r}_i u_n\, d\tau\,. \tag{38.6}$$

Zur wellenmechanischen Ableitung von (38.4) geht man am einfachsten aus von den Schrödingergleichungen

$$\sum_i{}' \Delta_i u_n + \frac{8\pi^2 m}{h^2}(E_n - V)\, u_n = 0\,,$$

$$\sum_i{}' \Delta_i u_{n'}^* + \frac{8\pi^2 m}{h^2}(E_{n'} - V)\, u_{n'}^* = 0\,,$$

[1] Siehe Beitrag WENTZEL, Formel (18.7) und (17.10), ds. Handb. S. 743 u. 744. WENTZELS j ist bis auf den Faktor $i\frac{eh}{m}$ gleich unserem P, sein $\omega_n - \omega_m$ ist bei uns mit $2\pi\nu$ bezeichnet, späterhin auch mit $2\pi\nu_{nm}$ [vgl. (38.5)].

multipliziert die erste mit $u_{n'}^* \sum_i \mathfrak{r}_i$, die zweite mit $u_n \sum_i \mathfrak{r}_i$, subtrahiert und integriert über den Raum

$$\int \sum_i \mathfrak{r}_i \left(u_{n'}^* \sum_j \Delta_j u_n - u_n \sum_j \Delta_j u_{n'}^*\right) d\tau = \frac{8\pi^2 m}{h^2}(E_{n'} - E_n) \int \sum_i \mathfrak{r}_i u_{n'}^* u_n \, d\tau .$$

Das Integral links läßt sich partiell integrieren, dabei entsteht

$$\int \sum_i \sum_j \mathfrak{r}_i \left(u_{n'}^* \frac{\partial u_n}{\partial n_j} - u_n \frac{\partial u_{n'}^*}{\partial n_j}\right) d\sigma - \int \sum_i (u_{n'}^* \operatorname{grad}_i u_n - u_n \operatorname{grad}_i u_{n'}^*) \, d\tau .$$

Das erste Integral geht über eine unendlich weit entfernte Oberfläche (im Konfigurationsraum[1]) und verschwindet, sobald mindestens eine der Eigenfunktionen u_n, $u_{n'}$ dem diskreten Spektrum angehört. Im zweiten Integral läßt sich der zweite Summand nochmals partiell integrieren, dann erhält man

$$2 \int \sum_i u_{n'}^* \operatorname{grad}_i u_n \, d\tau = \frac{8\pi^2 m}{h^2}(E_n - E_{n'}) \int u_{n'}^* \sum_i \mathfrak{r}_i u_n \, d\tau ,$$

und das ist wegen der Definition (38.5) von $\nu_{nn'}$ identisch mit (38.4).

Wir setzen (38.4) in (38.1) ein:

$$w(\omega, j)\, d\omega = \frac{8\pi^3 e^2}{h c^3} \nu_{nn'}^3 (\mathfrak{e}_j \mathfrak{r}_{n'n})^2 \, d\omega . \tag{38.7}$$

(38.7) gibt dann die *Wahrscheinlichkeit* dafür, daß das Atom vom Zustand n nach n' übergeht und dabei Licht von der Polarisationsrichtung j in den Winkelbereich $d\omega$ ausgestrahlt wird. Die *Intensität* des in den Winkelbereich $d\omega$ ausgestrahlten Lichts (in erg/sec) ergibt sich hieraus durch Multiplikation mit der Energie des Lichtquants $h\nu$:

$$J_j \, d\omega = \frac{8\pi^3 e^2}{c^3} \nu^4 (\mathfrak{e}_j \mathfrak{r}_{n'n})^2 \, d\omega . \tag{38.8}$$

Das ist genau die klassische Formel für die Intensität des Lichts, das von einem schwingenden Dipol mit dem Dipolmoment $e\mathfrak{r}_{n'n} e^{i\nu_{nn'}t}$ und der Schwingungsfrequenz $\nu_{nn'}$ ausgestrahlt wird. Man nennt daher die Strahlung, die man ohne Berücksichtigung der Retardierung [Exponentialfaktor in (38.2)] erhält, *Dipolstrahlung*. $\mathfrak{r}_{n'n}$ vertritt die Amplitude des klassischen Dipols.

Wenn die Beobachtungsrichtung $\mathfrak{k}$ den Winkel ϑ mit dem Dipolmoment $\mathfrak{r}_{n'n}$ bildet und die Beobachtungsapparatur vom strahlenden Atom aus gesehen den Öffnungswinkel $d\omega$ hat, so beobachtet man die Intensität

$$J \, d\omega = \frac{8\pi^3 e^2}{c^3} \nu^4 \mathfrak{N}_n |\mathfrak{r}_{n'n}|^2 \sin^2\vartheta \, d\omega , \tag{38.9}$$

wenn $\mathfrak{N}_n$ die Anzahl der Atome im Zustand n im Beobachtungsraum ist[2]. Die *gesamte* ausgestrahlte Intensität ergibt sich durch Integration von (38.9) über alle Fortpflanzungsrichtungen des emittierten Lichts, d. h. über $d\omega$:

$$J_{n'n} = \frac{64\pi^4}{3} \frac{e^2 \nu^4}{c^3} |\mathfrak{r}_{n'n}|^2 . \tag{38.10}$$

(in erg/sec pro emittierendes Atom). Die gesamte Übergangs*wahrscheinlichkeit* für den Übergang von n nach n' bekommt man, indem man (38.10) wieder durch $h\nu$ dividiert:

$$A_{n'n} = \frac{64\pi^4}{3} \frac{e^2 \nu^3}{h c^3} |\mathfrak{r}_{n'n}|^2 . \tag{38.11}$$

---

[1] n ist die Richtung senkrecht zu dieser Fläche.

[2] Man kann nämlich eine Polarisationsrichtung $\mathfrak{e}_1$ senkrecht zu $\mathfrak{r}_{n'n}$ annehmen, die andere, $\mathfrak{e}_2$, liegt dann in der gleichen Ebene wie $\mathfrak{k}$ und $\mathfrak{r}_{n'n}$ und bildet mit $\mathfrak{r}_{n'n}$ den Winkel $\frac{\pi}{2} - \vartheta$, da sie auf $\mathfrak{k}$ senkrecht steht. Licht von der Polarisationsrichtung 1 wird nicht ausgestrahlt, die Polarisation 2 mit der Intensität (38.9).

Summiert man schließlich (38.11) über alle Zustände n', deren Energie kleiner ist als die Energie des Ausgangszustandes n, so erhält man die Gesamtwahrscheinlichkeit dafür, daß der Zustand n in der Zeit 1 durch Ausstrahlung zerstört wird,

$$\beta_n = \sum_{E_{n'} < E_n} A_{n'n}, \tag{38.12}$$

m. a. W. den reziproken Wert der mittleren Lebensdauer

$$T_n = \frac{1}{\beta_n} = \frac{1}{\sum\limits_{E_{n'} < E_n} A_{n'n}} \tag{38.13}$$

des Zustandes m; T ist (vgl. die Tabelle 17) von der Größenordnung 10^{-9} sec.

Schließlich ist es noch praktisch, die Oszillatorstärke[1] einzuführen:

$$f_{n'n} = \frac{8\pi^2 m}{h} \nu_{n'n} x_{n'n}^2, \tag{38.14}$$

von der in Ziff. 40 noch näher die Rede sein wird. Dann haben wir im ganzen fünf Begriffe definiert, die sich jeweils um einen Faktor ν unterscheiden, nämlich:

das Quadrat des Koordinatenmatrixelements (Dipolstärke) $\mathfrak{r}_{n'n}^2$,
die Oszillatorstärke $f_{n'n}$ proportional ν mal Dipolstärke,
das Quadrat des Impulsmatrixelements, $\mathfrak{p}_{n'n}$ [vgl. (38.4)] proportional ν^2 mal Dipolstärke,
die Übergangswahrscheinlichkeit $A_{n'n}$ proportional ν^3 mal Dipolstärke,
die emittierte Intensität $J_{n'n}$, proportional ν^4 mal Dipolstärke.

Zahlenmäßig ist

$$A_{n'n} = 8{,}0 \cdot 10^9 \cdot \left(\frac{\nu}{Ry}\right)^2 \cdot f_{n'n} \sec^{-1}, \tag{38.15}$$

$$J_{n'n} = 0{,}173 \left(\frac{\nu}{Ry}\right)^3 \cdot f_{n'n} \text{ erg/sec} \tag{38.16}$$

(pro emittierendes Atom).

39. Auswahlregeln für azimutale und magnetische Quantenzahl. Wir betrachten zunächst ein Atom mit einem Elektron und schreiben in gewohnter Weise die Eigenfunktionen in Polarkoordinaten:

$$u_{nlm} = R_{nl}(r)\, \mathcal{P}_{lm}(\vartheta)\, e^{im\varphi} \cdot \frac{1}{\sqrt{2\pi}}. \tag{39.1}$$

Das Matrixelement der Koordinate z, das dem Übergang von diesem Zustand zu einem anderen mit den Quantenzahlen $n'l'm'$ entspricht, ist (wegen $z = r\cos\vartheta$)

$$\left.\begin{aligned} z_{nlm}^{n'l'm'} &= \int u_{n'l'm'}^* \, z \, u_{nlm}\, d\tau = \int_0^\infty r^2\, dr\, R_{n'l'}(r)\, R_{nl}(r) \cdot r \\ &\cdot \int_0^\pi \mathcal{P}_{l'm'}(\vartheta)\, \mathcal{P}_{lm}(\vartheta) \cos\vartheta \cdot \sin\vartheta\, d\vartheta \cdot \int_0^{2\pi} \frac{1}{2\pi} e^{i(m-m')\varphi}\, d\varphi . \end{aligned}\right\} \tag{39.2}$$

Das Integral über φ verschwindet, wenn $m' \neq m$, also gilt für die Emission von Strahlung, die parallel z polarisiert ist, die Auswahlregel für die magnetische Quantenzahl

$$\Delta m = m' - m = 0. \tag{39.3}$$

---

[1] Über die Begründung dieser Bezeichnung vgl. Beitrag WENTZEL, Ziff. 27, ds. Handb. S. 781.

Wenn die Auswahlregel erfüllt ist, gibt das Integral über φ gerade 1. Um das Integral über ϑ auszuwerten, beachten wir Formel (65.27)

$$\mathcal{P}_{lm} \cos\vartheta = \sqrt{\frac{(l+1)^2 - m^2}{(2l+3)(2l+1)}}\, \mathcal{P}_{l+1\,m} + \sqrt{\frac{l^2 - m^2}{(2l+1)(2l-1)}}\, \mathcal{P}_{l-1\,m} \tag{39.4}$$

und die Orthogonalitätsrelationen der Kugelfunktionen

$$\int_0^\pi \mathcal{P}_{l'm} \mathcal{P}_{lm} \sin\vartheta\, d\vartheta = \delta_{ll'}. \tag{39.5}$$

Daraus ergibt sich: Das Integral über ϑ verschwindet, wenn nicht die Auswahlregel für die Azimutalquantenzahl

$$\Delta l = l' - l = \pm 1 \tag{39.6}$$

erfüllt ist, und (39.2) reduziert sich auf

$$\left.\begin{aligned} z_{nlm}^{n'l+1m} &= \sqrt{\frac{(l+1)^2 - m^2}{(2l+3)(2l+1)}}\, R_{nl}^{n'l+1}, \\ z_{nlm}^{n'l-1m} &= \sqrt{\frac{l^2 - m^2}{(2l+1)(2l-1)}}\, R_{nl}^{n'l-1}, \\ z_{nlm}^{n'l'm} &= 0 \quad \text{in allen übrigen Fällen} \end{aligned}\right\} \tag{39.7}$$

mit

$$R_{nl}^{n'l'} = \int R_{n'l'}(r)\, R_{nl}(r)\, r^3\, dr. \tag{39.8}$$

Die Auswertung der Integrale über r ist komplizierter, wir verschieben sie auf Ziff. 41.

Die Matrixelemente der Koordinaten x und y sind ganz analog zu berechnen. Der Bequemlichkeit halber bestimmen wir statt ihrer die Matrixelemente von

$$x + iy = r\sin\vartheta\, e^{i\varphi} \quad \text{und} \quad x - iy = r\sin\vartheta\, e^{-i\varphi},$$

weil dadurch das Integral über φ noch einfacher wird. Wir erhalten

$$(x \pm iy)_{nlm}^{n'l'm'} = R_{nl}^{n'l'} \int_0^\pi \mathcal{P}_{l'm'} \mathcal{P}_{lm} \sin\vartheta \cdot \sin\vartheta\, d\vartheta \int_0^{2\pi} e^{i(m\pm1-m')\varphi} \frac{d\varphi}{2\pi}. \tag{39.9}$$

Damit das Integral über φ nicht verschwindet, muß die Auswahlregel für die magnetische Quantenzahl

$$\Delta m = m' - m = \pm 1 \tag{39.10}$$

erfüllt sein, andernfalls kann keine Strahlung auftreten, die parallel x und y polarisiert ist. Bei der Auswertung des ϑ-Integrals mit Hilfe der Formeln (65.25), (65.26) ergibt sich wieder die Auswahlregel (39.6) für die Azimutalquantenzahl und die expliziten Intensitätsformeln

$$\left.\begin{aligned} (x+iy)_{nlm}^{n'l+1\,m+1} &= \sqrt{\frac{(l+m+2)(l+m+1)}{(2l+3)(2l+1)}}\, R_{nl}^{n'l+1}, \\ (x-iy)_{nlm}^{n'l+1\,m-1} &= -\sqrt{\frac{(l-m+2)(l-m+1)}{(2l+3)(2l+1)}}\, R_{nl}^{n'l+1}, \\ (x+iy)_{nlm}^{n'l-1\,m+1} &= -\sqrt{\frac{(l-m)(l-m-1)}{(2l+1)(2l-1)}}\, R_{nl}^{n'l-1}, \\ (x-iy)_{nlm}^{n'l-1\,m-1} &= \sqrt{\frac{(l+m)(l+m-1)}{(2l+1)(2l-1)}}\, R_{nl}^{n'l-1}. \end{aligned}\right\} \tag{39.11}$$

Alle anderen Matrixelemente verschwinden.

Aus den Formeln (39.11) ergibt sich, daß eine Änderung von l und $|m|$ im *gleichen* Sinne wahrscheinlicher ist als ein Sprung in entgegengesetztem Sinne.

Aus den Formeln (39.7), (39.11) folgt:

1. Addiert man die Intensitäten aller Übergänge, die von einem bestimmten Zustand $n\,l\,m$ zu allen Teilzuständen m' eines Niveaus $n'\,l'$ führen, ohne Rücksicht auf die Polarisation der ausgesandten Strahlung, so ist die Summe von m unabhängig.

$$\left.\begin{aligned}\sum_{m'}|\mathfrak{r}_{nlm}^{n'\,l+1\,m'}|^2 &= |z_{nlm}^{n'\,l+1\,m'}|^2 + |x_{nlm}^{n'\,l+1\,m+1}|^2 + |x_{nlm}^{n'\,l+1\,m-1}|^2 \\ &\quad + |y_{nlm}^{n'\,l+1\,m+1}|^2 + |y_{nlm}^{n'\,l+1\,m-1}|^2 \\ &= \frac{(R_{nl}^{n'\,l+1})^2}{(2l+3)(2l+1)}\cdot\Big[(l+1)^2 - m^2 + \frac{1}{2}(l+m+2)(l+m+1) \\ &\quad + \frac{1}{2}(l-m+2)(l-m+1)\Big] = \frac{l+1}{2l+1}(R_{nl}^{n'\,l+1})^2.\end{aligned}\right\}\quad(39.12)$$

Ebenso

$$\sum_{m'}|\mathfrak{r}_{nlm}^{n'\,l-1\,m'}|^2 = \frac{l}{2l+1}\cdot(R_{nl}^{n'\,l-1})^2. \quad (39.13)$$

Aus unserem Satze folgt unmittelbar, daß die Lebensdauer eines Zustandes unabhängig von seiner magnetischen Quantenzahl ist und ausschließlich von n und l abhängt.

2. Addiert man die Intensitäten aller Zeemankomponenten einer Spektrallinie, die in der gleichen Richtung polarisiert sind, so ist die Summe von der Polarisationsrichtung unabhängig. (Die Summation, die im Fall 1 bei festem m über alle Polarisationsrichtungen [und über m'] ging, geht also jetzt bei fester Polarisationsrichung über m [und m'])

$$\left.\begin{aligned}\sum_m |z_{nlm}^{n'\,l-1\,m}|^2 &= (R_{nl}^{n'\,l-1})^2\sum_{m=-l}^{+l}\frac{l^2-m^2}{(2l+1)(2l-1)} = \frac{1}{3}\,l\,(R_{nl}^{n'\,l-1})^2, \\ \sum_m\left(|x_{nlm}^{n'\,l-1\,m+1}|^2 + |x_{nlm}^{n'\,l-1\,m-1}|^2\right) &= \frac{1}{3}\,l\,(R_{nl}^{n'\,l-1})^2,\end{aligned}\right\}\quad(39.14)$$

nach (39.7) und (39.11). Hieraus folgt unter anderem, daß die Gesamtintensität[1] jeder der drei Komponenten des LORENTZschen Tripletts beim normalen Zeemaneffekt dieselbe ist.

c) Wir besprechen kurz die Auswahlregeln für Atome mit mehreren Elektronen: Wenn wir für Helium wie üblich die Eigenfunktion als Summe bzw. Differenz von Produkten der Eigenfunktionen der einzelnen Elektronen ansetzen

$$U = \frac{1}{\sqrt{2}}\left(u_{n_1 l_1 m_1}(1)\,u_{n_2 l_2 m_2}(2) \pm u_{n_2 l_2 m_2}(1)\,u_{n_1 l_1 m_1}(2)\right), \quad (39.15)$$

und annehmen, daß die Eigenfunktionen der einzelnen Elektronen sich als Produkte einer radialabhängigen Eigenfunktion und einer Kugelflächenfunktion schreiben lassen, so sieht man ohne weiteres, daß die Auswahlregeln im wesentlichen dieselben bleiben wie bei Wasserstoff: Die Quantenzahlen des einen Elektrons ändern sich um $\Delta l = \pm 1$, $\Delta m = 0$ bzw. ± 1, die des anderen bleiben ungeändert, also, wenn wir die Quantenzahlen des Endzustands mit gestrichenen Buchstaben bezeichnen:

$$n_1' \text{ beliebig} \quad l_1' = l_1 \pm 1, \qquad m_1' = m_1 \text{ oder } m_1 \pm 1$$

(je nach Polarisation der Ausstrahlung)

$$n_2' = n_2, \qquad l_2' = l_2, \qquad m_2' = m_2.$$

[1] Bei Integration über alle Ausstrahlungsrichtungen.

Außerdem bleibt beim Übergang das Termsystem (Ortho- bzw. Para-) ungeändert. Um die Regeln zu erkennen, braucht man nur die Matrixelemente der Koordinaten hinzuschreiben.

Wenn man berücksichtigt, daß die Bewegung eines Elektrons abhängt vom jeweiligen Ort des anderen („Polarisation", Ziff. 16), so ist der einfache Ansatz (39.15) nicht mehr möglich, und es werden dann Übergänge auftreten, bei denen *beide* Elektronen ihre Quantenzahlen verändern, z. B. l_1 um 1, l_2 um 2 springt usw. Es können dann beide Elektronen gleichzeitig durch Absorption eines einzigen Quants angeregt werden.

Bei *allen* Übergängen müssen aber für beliebige Atome folgende Auswahlregeln erfüllt sein:

1. Die Summe der Azimutalquantenzahlen der einzelnen Elektronen muß sich um eine ungerade Zahl ändern (LAPORTEsche Regel).

2. Die Azimutalquantenzahl des Gesamtatoms darf sich höchstens um Eins ändern, also $\Delta l = 0, \pm 1$.

3. Die auf die z-Achse bezogene magnetische Quantenzahl des Atoms darf sich nicht ändern, wenn die emittierte Strahlung parallel z, und nur um ± 1 ändern, wenn die Strahlung senkrecht zu z polarisiert sein soll, $\Delta m = 0, \pm 1$.

4. Das Termsystem, d. h. der Gesamtspin des Atoms, darf sich nicht ändern, $\Delta s = 0$.

Bei Helium führen diese Auswahlregeln wenigstens für die beobachtbare *Emission* doch wieder für das Leuchtelektron auf die gleichen Auswahlregeln, die wir vom Wasserstoff her kennen, weil das innere Elektron stets die Azimutalquantenzahl $l_1 = 0$ hat, so daß $l = l_2$, $m = m_2$. Allerdings kann man durch *Absorption* vom Grundzustand aus gleichzeitig *beide* Elektronen anregen. Die Wahrscheinlichkeit für diesen Prozeß ist aber noch nicht explizit berechnet.

40. Summensätze. a) Sätze und Beweise. 1. Der wichtigste Summensatz ist der von THOMAS-REICHE-KUHN für die Summe der Oszillatorstärken aller Übergänge, die von einem Zustand n des Atoms ausgehen[1].

Mit Rücksicht auf (38.4) ist

$$\frac{8\pi^2 m}{h} \nu_{n'n} x_{n'n} = -2(P_x)_{n'n} = \sum_i \int \left(u_n \frac{\partial u_{n'}^*}{\partial x_i} - u_{n'}^* \frac{\partial u_n}{\partial x_i} \right) d\tau, \tag{40.1}$$

also (vgl. 38.6)

$$\sum_{n'} f_{n'n} = \sum_{n'} \sum_i \int \left(u_n^* \frac{\partial u_{n'}}{\partial x_i} - u_{n'} \frac{\partial u_n^*}{\partial x_i} \right) d\tau \cdot \sum_j \int u_{n'}^* x_j u_n \, d\tau. \tag{40.2}$$

Wir beachten jetzt, daß

$$c_{n'} = \int u_{n'}^* \sum_j x_j u_n \, d\tau \tag{40.3}$$

der Entwicklungskoeffizient von $\sum_j x_j \cdot u_n$ nach der Eigenfunktion $u_{n'}$ ist:

$$\sum_j x_j u_n = \sum_{n'} c_{n'} u_{n'}$$

und können daher — bei Vertauschung von Summation und Integration — für (40.3) schreiben

$$\sum_i \int \left(u_n^* \frac{\partial}{\partial x_i} \sum_{n'} c_{n'} u_{n'} - \sum_{n'} c_{n'} u_{n'} \frac{\partial u_n^*}{\partial x_i} \right) d\tau = \sum_i \sum_j \int \left(u^* \frac{\partial}{\partial x_i} (x_j u_n) \right.$$

$$\left. - x_j u_n \frac{\partial u_n^*}{\partial x_i} \right) d\tau = \sum_i \int u_n^* u_n \, d\tau + \sum_i \sum_j \int x_j \left(u_n^* \frac{\partial u_n}{\partial x_i} - u_n \frac{\partial u_n^*}{\partial x_i} \right) d\tau = Z,$$

---

[1] Der Satz folgt unmittelbar aus der Vertauschungsrelation $pq - qp = \frac{h}{2\pi i}$; vgl. z. B. M. BORN, W. HEISENBERG u. P. JORDAN, ZS. f. Phys. Bd. 35, S. 557. 1926, insbes. S. 572, und Beitrag WENTZEL in ds. Handb., Ziff. 27, S. 782. Wir bringen den wellenmechanischen Beweis, um in Analogie mit den Beweisen der anderen Summensätze zu bleiben.

da nur die erste Summe etwas beiträgt (jedes Glied ist gleich 1). Damit ist der f-Summensatz

$$\sum_{n'} f_{n'n} = Z \tag{40.4}$$

bewiesen. Er hat bekanntlich bei der Aufstellung der Quantenmechanik eine erhebliche Rolle gespielt. Der Summensatz gilt für Atome und Moleküle, mit und ohne äußere Felder, für beliebige Richtung der x-Achse im Molekül, und für jeden beliebigen Quantenzustand n.

2. Die Oszillatorstärke für einen bestimmten Übergang $n \to n'$ hängt nach der Definitionsgleichung (38.14) von der Richtung der x-Achse (Polarisationsrichtung) und daher natürlich auch von den magnetischen Quantenzahlen mm' des Anfangs- und Endzustands ab. Wir definieren nun die von Polarisationsrichtung und m unabhängige *mittlere Oszillatorstärke* des Übergangs $nl \to n'l'$

$$\left.\begin{aligned} \bar{f}_{n'n} &= \frac{1}{2l+1} \sum_{m'=-l'}^{l'} \sum_{m=-l}^{l} f_{nm}^{n'm'} = \frac{8\pi^2 m}{3h} \cdot \nu_{n'l'}^{nl} \sum_{m'=-l'}^{l'} |\mathfrak{r}_{nlm}^{n'l'm'}|^2 \\ &= \frac{1}{3} \cdot \frac{\max(l,l')}{2l+1} \cdot \frac{\nu_{n'l'}^{nl}}{Ry} \cdot \frac{(R_{nl}^{n'l'})^2}{a^2} \end{aligned}\right\} \tag{40.5}$$

[vgl. (38.14), (39.12 bis 14)] ($g_n = 2l + 1$ ist der Entartungsgrad des Anfangszustandes).

$\bar{f}_{nn'}$ ist *nicht* gleich $\bar{f}_{n'n}$, weil erstens bei letzterer Größe über m' zu mitteln und über m zu summieren ist, und weil zweitens sich nach der Definitionsgleichung (38.14) das Vorzeichen von $f_{n'n}$ bei Vertauschung der Indizes umkehrt:

$$\bar{f}_{nn'} = \frac{1}{2l'+1} \sum_{m'=-l'}^{l'} \sum_{m=-l}^{l} f_{n'm'}^{nm} = -\frac{2l+1}{2l'+1} \bar{f}_{n'n} = -\frac{g_n}{g_{n'}} \bar{f}_{n'n}. \tag{40.6}$$

Für die mittleren Oszillatorstärken (40.5) gilt ein Summensatz[1], welcher schärfer ist als der f-Summensatz (40.4). Man kann nämlich die Summe der Oszillatorstärken aller Übergänge berechnen, die von einem bestimmten Niveau nl nach allen Niveaus mit fester Azimutalquantenzahl führen, und zwar ist [vgl. (40.5)]

$$\sum_{n'} f_{nl}^{n'l-1} = \frac{8\pi^2 m}{3h} \frac{l}{2l+1} \sum_{n'} \nu_{n'l-1,nl} (R_{nl}^{n'l-1})^2 = -\frac{1}{3} \frac{l(2l-1)}{2l+1}, \tag{40.7}$$

$$\sum_{n'} f_{nl}^{n'l+1} = \frac{1}{3} \frac{(l+1)(2l+3)}{2l+1}. \tag{40.8}$$

Addiert man die beiden Gleichungen, so kommt man zum f-Summensatz (40.4) zurück.

Zur Ableitung von (40.8) gehen wir ganz ähnlich vor wie beim Beweis des f-Summensatzes. Wir verschaffen uns zunächst einen Ausdruck für das mit der Energiedifferenz $E_{n'l-1} - E_{nl} = h\nu_{n'n}$ multiplizierte radiale Integral $R_{nl}^{n'l-1}$. Hierzu gehen wir aus von den Differentialgleichungen

$$\left.\begin{aligned} &\left(\frac{d^2}{dr^2} - \frac{l(l+1)}{r^2}\right)\chi_{nl} + \frac{8\pi^2 m}{h^2}(E_{nl} - V(r))\chi_{nl} = 0, \\ &\left(\frac{d^2}{dr^2} - \frac{l(l-1)}{r^2}\right)\chi_{n'l-1} + \frac{8\pi^2 m}{h^2}(E_{n'l-1} - V(r))\chi_{n'l-1} = 0, \end{aligned}\right\} \tag{40.9}$$

[1] Vgl. J. G. Kirkwood, Phys. ZS. Bd. 33, S. 521. 1932; E. Wigner, ebenda Bd. 32, S. 450. 1931.

in welchen $\chi_{nl} = rR_{nl}$, $\chi_{n'l-1} = rR_{n'l-1}$ die mit r multiplizierten Eigenfunktionen sind und der Allgemeinheit halber angenommen wurde, daß das auf das Elektron wirkende Potential durch die allgemeine Funktion $V(r)$ gegeben ist. r, E und V sind in gewöhnlichen Einheiten zu messen. Multiplizieren wir die Gleichungen (40.9) mit $r\chi_{n'l-1}$ bzw. $r\chi_{nl}$, subtrahieren und integrieren über r, so erhalten wir

$$\left.\begin{aligned} \frac{8\pi^2 m}{h^2}(E_{n'l-1} - E_{nl})\int\limits_0^\infty r\,\chi_{nl}\chi_{n'l-1}\,dr = \int\limits_0^\infty \Big[\Big(\chi_{n'l-1}\frac{d^2\chi_{nl}}{dr^2} - \chi_{nl}\frac{d^2\chi_{n'l-1}}{dr^2}\Big)\cdot r \\ - \frac{2l}{r}\chi_{n'l-1}\chi_{nl}\Big]\,dr. \end{aligned}\right\} \quad (40.10)$$

Durch partielle Integration erhalten wir

$$\frac{8\pi^2 m}{h}\nu_{n'l-1,nl}R_{nl}^{n'l-1} = \int\limits_0^\infty\Big(\chi_{nl}\frac{d\chi_{n'l-1}}{dr} - \chi_{n'l-1}\frac{d\chi_{nl}}{dr}\Big)dr - 2l\int\limits_0^\infty \chi_{nl}\chi_{n'l-1}\cdot\frac{dr}{r}. \quad (40.11)$$

Wir beachten nun, daß die Gesamtheit der radialen Eigenfunktionen $\chi_{n'l-1}$ mit festem l ein vollständiges System orthogonaler Funktionen bildet, daß also $R_{nl}^{n'l-1} = \int r\chi_{nl}\chi_{n'l-1}dr$ der Entwicklungskoeffizient der Funktion $r\chi_{nl}$ nach der Funktion $\chi_{n'l-1}$ ist:

$$r\chi_{nl} = \sum_{n'} R_{nl}^{n'l-1}\chi_{n'l-1}.$$

Dann wird aus (40.11)

$$\frac{8\pi^2 m}{h}\sum_{n'}\nu_{n'l-1,nl}(R_{nl}^{n'l-1})^2 = \int\Big(\chi_{nl}\frac{d}{dr}(r\chi_{nl}) - r\chi_{nl}\frac{d\chi_{nl}}{dr} - 2l\chi_{nl}^2\Big)dr, \quad (40.12)$$

$$= -(2l-1), \quad (40.13)$$

wegen der Normierung $\int\chi_{nl}^2 dr = \int R_{nl}^2 r^2 dr = 1$. Daraus folgt ohne weiteres (40.7), und durch Subtraktion von (40.2) kommt (40.8).

Die „partiellen f-Summensätze" (40.7), (40.8) zeigen, daß unter den Übergängen $nl \to n'l-1$ diejenigen überwiegen, die zu energetisch *tieferen* Zuständen führen ($\nu_{n'l-1,nl} < 0$, Emission), während unter den Übergängen $nl \to n'l+1$ vorwiegend Absorption ($\nu_{n'l+1,nl} > 0$) vertreten ist, ebenso wie man auch bei Addition *aller* Oszillatorstärken ein Überwiegen der Absorption findet (gewöhnlicher f-Summensatz). Da höhere Energie mit höherer Hauptquantenzahl Hand in Hand geht, folgt aus den Summensätzen (40.7), (40.8), daß eine Änderung von Haupt- und Azimutalquantenzahl im *gleichen* Sinne stets viel wahrscheinlicher ist als ein Sprung in entgegengesetztem Sinne. Die partiellen Summensätze gelten, wie früher bereits bemerkt, für Atome mit *einem* Leuchtelektron, lassen sich aber auch verallgemeinern[1].

3. Außer den Summensätzen für die Oszillatorstärken können wir Summensätze für die Quadrate der Dipolmomente aufstellen, es ist [vgl. (39.8)],

$$\sum_{n'}(R_{nl}^{n'l-1})^2 = \sum_{n'}(R_{nl}^{n'l+1})^2 = \overline{r_{nl}^2} = \int r^2 R_{nl}^2 r^2 dr, \quad (40.14)$$

d. h. gleich dem Mittelwert von r^2 für den Ausgangszustand. Der Beweis folgt sofort daraus, daß $R_{nl}^{n'l-1}$ der Entwicklungskoeffizient von $r\chi_{nl}$ nach $\chi_{n'l-1}$ ist. Setzen wir aus (3.26) den Mittelwert von r^2 für Wasserstoff ein, so haben wir

$$\sum_{n'}(R_{nl}^{n'l-1})^2 = \sum_{n'}(R_{nl}^{n'l+1})^2 = a^2\frac{n^2}{2}\cdot(5n^2+1-3l(l+1)) \quad (40.15)$$

[1] Vgl. E. WIGNER, l. c.

(a = Wasserstoffradius), und mit (39.12), (39.13)

$$\left.\begin{aligned}
\sum_{n'm'} |\mathfrak{r}_{nl}^{n'l-1m'}|^2 &= a^2 \frac{l}{2l+1} \cdot \frac{n^2}{2} (5n^2 + 1 - 3l(l+1)),\\
\sum_{n'm'} |\mathfrak{r}_{nlm}^{n'l+1m'}|^2 &= a^2 \frac{l+1}{2l+1} \frac{n^2}{2} (5n^2 + 1 - 3l(l+1)),\\
\sum_{n'm'} |\mathfrak{r}_{nlm}^{n'l'm'}|^2 &= a^2 \frac{n^2}{2} (5n^2 + 1 - 3l(l+1)),
\end{aligned}\right\} \tag{40.16}$$

(40.14) gilt für beliebige Atome mit einem Leuchtelektron, (40.15), (40.16) nur für Wasserstoff.

4. Schließlich ist zur weiteren Orientierung über die Verteilung der Energieniveaus, die mit einem gegebenen Niveau n kombinieren, noch folgender Summensatz nützlich:

$$\sum_{n'} (E_{n'l'} - E_{nl})^2 (R_{nl}^{n'l'})^2 = 4 Ry \cdot a^2 (E_{nl} - \overline{V}_{nl}), \tag{40.17}$$

wo $\overline{V}_{nl}$ der Mittelwert der potentiellen Energie über die Eigenfunktion R_{nl} ist, d. h. für wasserstoffähnliche Atome nach dem Virialsatz (3.29)

$$\overline{V}_{nl} = \int V R_{nl}^2 r^2 dr = 2E_{nl} = -Ry \cdot \frac{Z^2}{n^2} \tag{40.18}$$

(Z = Kernladung), woraus folgt:

$$\sum_{n'} (E_{n'l'} - E_{nl})^2 (R_{nl}^{n'l'})^2 = 4 Ry^2 \cdot a^2 \cdot \frac{Z^2}{n^2} \tag{40.19}$$

bzw.

$$\sum_{n'} \nu_{n'l',nl} f_{nl}^{n'l'} = \frac{4}{3(2l+1)} \cdot \frac{Z^2}{n^2} Ry \cdot \begin{Bmatrix} l & \text{für} & l' = l-1 \\ l+1 & \text{für} & l' = l+1 \end{Bmatrix} \tag{40.20}$$

(alles in cgs-Einheiten, a = Wasserstoffradius).

Beweis von (40.17): Aus (40.11) folgt durch partielle Integration und Division mit 2:

$$\frac{4\pi^2 m}{h^2} (E_{n'l-1} - E_{nl}) R_{nl}^{n'l-1} = -\int \chi_{n'l-1} \left(\frac{d\chi_{nl}}{dr} + l \frac{\chi_{nl}}{r}\right) dr.$$

Die rechte Seite ist der Entwicklungskoeffizient von $\frac{d\chi_{nl}}{dr} + \frac{l}{r}\chi_{nl}$ nach $\chi_{n'l-1}$, also wird

$$\left(\frac{4\pi^2 m}{h^2}\right)^2 \sum_{n} (E_{n'l-1} - E_{nl})^2 (R_{nl}^{n'l-1})^2 = \int \left(\frac{d\chi_{nl}}{dr} + l \frac{\chi_{nl}}{r}\right)^2 dr.$$

Partielle Integration nach r gibt

$$\int \left[\left(\frac{d\chi_{nl}}{dr}\right)^2 + 2\frac{l}{r} \chi_{nl} \frac{d\chi_{nl}}{dr} + l^2 \frac{\chi_{nl}^2}{r^2}\right] dr = \int \left(-\chi_{nl} \frac{d^2\chi_{nl}}{dr^2} + \frac{l(l+1)}{r^2} \chi_{nl}^2\right) dr,$$

und mit Benutzung der Schrödingergleichung (40.9) für χ_{nl} folgt

$$\frac{4\pi^2 m}{h^2} \sum_{n'} (E_{n'l-1} - E_{nl})^2 (R_{nl}^{n'l-1})^2 = 2(E_{nl} - \overline{V}_{nl}). \tag{40.21}$$

Genau dieselbe Beziehung gilt, wenn man $l+1$ an die Stelle von $l-1$ setzt. Hieraus kommt (40.17); da $\frac{h^2}{8\pi^2 m} = \frac{1}{2} e^2 a = a^2 Ry$ und mit (39.13), (39.14) folgt (40.20).

b) Beispiele für die Anwendung der Summensätze. 1. Für die vom Grundzustand $n = 1$, $l = 0$ ausgehenden Linien ist

$$\text{nach (40.15)} \qquad \sum_n (R_{10}^{n1})^2 = 3a^2,$$

$$\text{nach (40.7)} \qquad \sum_n (E_{n1} - E_{10})(R_{10}^{n1})^2 = 3\,Ry \cdot a^2,$$

$$\text{nach (40.19)} \qquad \sum_n (E_{n1} - E_{10})^2 (R_{10}^{n1})^2 = 4\,Ry^2 a^2.$$

Es ist also im Mittel die Energiedifferenz zwischen angeregtem und unangeregtem Zustand

$$\frac{\sum_n (E_n - E_1)(R_{10}^{n1})^2}{\sum_n (R_{10}^{n1})^2} = Ry,$$

d. h. der „Schwerpunkt" der Lymanserie liegt genau an der Grenze von diskretem und kontinuierlichem Spektrum. Der quadratische Mittelwert der Anregungsenergie ergibt sich zu $\sqrt{\frac{4}{3}}\,Ry$.

Wir stellen uns nun die Aufgabe, aus den gegebenen Summen die für den Starkeffekt des Grundterms maßgebende Summe

$$\sum \frac{(R_{10}^{n1})^2}{E_n - E_1} = S \tag{40.22}$$

abzuschätzen. Wenn wir für $E_n - E_1$ den Mittelwert $1\,Ry$ setzen, so bekommen wir sicher einen zu kleinen Wert für S, weil die Sprünge mit kleiner Energiedifferenz $E_n - E_1$ bei S stärker mitwirken als die mit großer[1]. Dieser zu kleine Wert wird

$$S_{\min} = \frac{\sum (R_{10}^{n1})^2}{\overline{E_n - E_1}} = \frac{(\sum (R_{10}^{n1})^2)^2}{\sum (E_n - E_1)(R_{10}^{n1})^2} = \frac{3}{Ry} = 6 \text{ at. Einh.}$$

Setzen wir andererseits für $E_n - E_1$ den *kleinst*möglichen Wert $E_2 - E_1 = {}^3/_4\,Ry$, so wird S sicher zu groß:

$$S_{\max} = \frac{\sum_n (R_{10}^{n1})^2}{E_2 - E_1} = \frac{4}{Ry} = 8 \text{ at. Einh.}$$

Der richtige Wert ist $6\frac{3}{4}$ at. Einh.[2] entsprechend einer mittleren Energiedifferenz von $\frac{8}{9}\,Ry$.

2. Wir wollen für sehr hohe Quantenzahlen die Übergangswahrscheinlichkeiten von einem bestimmten Niveau $n\,l$ nach den benachbarten Niveaus untersuchen, insbesondere auch den in a 2 behaupteten Satz quantitativ verschärfen, daß die Übergänge, bei denen sich n und l im gleichen Sinne ändern, häufiger sind als die, bei denen die Änderung in entgegengesetztem Sinn erfolgt.

Wir haben in (40.16) die Summe der Quadrate der Dipolmomente für alle Übergänge von $n\,l$ nach $n'\,l \pm 1$ berechnet, wobei der Übergang nach $n' = n$

[1] Der Mittelwert von $\dfrac{1}{E_n - E_1}$ ist stets größer als der reziproke Wert des Mittelwerts von $E_n - E_1$.

[2] Aus Formel (31.3) für den quadratischen Starkeffekt erhält man für $n = 1$, $n_1 = n_2 = m = 0$ die Energiestörung $E_2 = -2\frac{1}{4}F^2$ atom. Einh. Andererseits ist $E_2 = -F^2 \sum_n \dfrac{(z_{10}^{n1})^2}{E_n - E_1} = -\dfrac{1}{3}F^2 S$, weil wegen der Kugelsymmetrie von u_{100} folgt $z_{10}^{n1} = \dfrac{1}{\sqrt{3}} R_{10}^{n1}$.

eingeschlossen war. Bringen wir diesen in Abzug, so bleiben die in (41.6), (41.7) angegebenen Beträge übrig. Für sehr große n und l können wir statt (41.6), (41.7) schreiben

$$\sum_{n'} (R_{nl}^{n'l+1})^2 = \sum_{n'} (R_{nl}^{n'l-1})^2 = \tfrac{1}{4} n^2 (n^2 + 3 l^2)\, a^2. \tag{40.23}$$

Ferner haben wir nach (40.19)

$$\sum_{n'} (E_{n'} - E_n)^2 (R_{nl}^{n'l\pm 1})^2 = \frac{4}{n^2} Ry^2 a^2. \tag{40.24}$$

Nun ist sicher[1]

$$\left.\begin{aligned} \sum_{n'} |E_{n'} - E_n| (R_{nl}^{n'l\pm 1})^2 &< \sqrt{\sum_{n'} (R_{nl}^{n'l\pm 1})^2 \cdot \sum_{n'} (E_{n'} - E_n)^2 (R_{nl}^{n'l\pm 1})^2} \\ &= \sqrt{n^2 + 3 l^2}\, Ry \cdot a^2 . \end{aligned}\right\} \tag{40.25}$$

Andererseits ist, wenn wir in (40.13) wieder $l \gg 1$ annehmen:

$$\sum_{n'} (E_{n'} - E_n) (R_{nl}^{n'l+1})^2 = 2 l\, Ry \cdot a^2. \tag{40.26}$$

Aus (40.25), (40.26) folgt, wenn man die Definition der Oszillatorstärken (38.14) noch berücksichtigt:

$$\frac{\sum\limits_{n'>n} f_{nl}^{n'l+1}}{\sum\limits_{n'<nl} \left| f_{nl}^{n'l+1} \right|} = \frac{\sqrt{n^2 + 3 l^2} + 2 l}{\sqrt{n^2 + 3 l^2} - 2 l}. \tag{40.27}$$

Für sehr kleine l (exzentrische Bahnen) sind also Übergänge mit Änderung von n und l im gleichen Sinne ebenso häufig wie Änderungen im entgegengesetzten Sinn, für $l = n$ (Kreisbahnen) ändern sich n und l *stets* im gleichen Sinn, für mittlere Exzentrizitäten, z. B. $l = \frac{1}{2} n$, ist eine Änderung im gleichen Sinn im Durchschnitt etwa 7mal so häufig wie eine in entgegengesetztem Sinn.

Aus (40.23), (40.24) können wir noch entnehmen, um wieviele Einheiten die Hauptquantenzahl sich im Durchschnitt bei einem optischen Übergang ändert. Es ist:

$$\overline{(E_{n'} - E_n)^2} = \frac{\sum\limits_{n'} (E_{n'} - E_n)^2 (R_{nl}^{n'l\pm 1})^2}{\sum\limits_{n'} (R_{nl}^{n'l\pm 1})^2} = \frac{16}{n^4 (n^2 + 3 l^2)} Ry^2. \tag{40.28}$$

Nun ist $E_n = -\frac{1}{n^2} Ry$, also

$$E_{n'} - E_n \approx \frac{2(n' - n)}{n^3} Ry,$$

folglich der quadratische Mittelwert der Änderung der Hauptquantenzahl

$$\sqrt{\overline{(n' - n)^2}} = \frac{n^3}{2} \sqrt{\overline{(E_{n'} - E_n)^2}} = \frac{2}{\sqrt{1 + 3 l^2/n^2}}. \tag{40.29}$$

Für Kreisbahnen ($l = n$) ändert sich also die Hauptquantenzahl stets nur um Eins, wie das auch korrespondenzmäßig sich ergibt, für sehr exzentrische Bahnen ($l \ll n$) im Durchschnitt um 2, für Bahnen mittlerer Exzentrizität ($l \approx \frac{1}{2} n$) etwa um durchschnittlich 1,5. [Wegen des Faktors ν^3 (vgl. 38.7) werden allerdings bei den wirklichen Übergangswahrscheinlichkeiten die Übergänge mit großem Sprung in der Hauptquantenzahl stärker betont.]

[1] Mittelwert des Quadrats ist größer als Quadrat des Mittelwerts.

41. Die Übergangswahrscheinlichkeiten bei Wasserstoff in Polarkoordinaten. a) Formeln. Um die Absolutwerte der Übergangswahrscheinlichkeiten angeben zu können, müssen wir die in (39.8) definierten radialen Integrale

$$R_{nl}^{n'l-1} = \int_0^\infty R_{nl} R_{n'l-1} r^3 \, dr \tag{41.1}$$

berechnen, wobei für die radialen Eigenfunktionen die in Ziff. 3, 4 betrachteten LAGUERREschen Funktionen einzusetzen sind. Die Rechnung ist nicht ganz einfach, wenn man sie in voller Allgemeinheit durchführen und das Resultat in geschlossener Form erhalten will. Wir geben daher gleich die von GORDON[1] stammende endgültige Formel:

$$\left.\begin{aligned} R_{nl}^{n'l-1} &= \frac{(-1)^{n'-l}}{4(2l-1)!} \sqrt{\frac{n+l!\,n'+l-1!}{n-l-1!\,n'-l!}} \frac{(4nn')^{l+1}(n-n')^{n+n'-2l-2}}{(n+n')^{n+n'}} \\ &\left\{F\left(-n_r, -n_r', 2l, -\frac{4nn'}{(n-n')^2}\right) - \left(\frac{n-n'}{n+n'}\right)^2 F\left(-n_r-2, -n_r', 2l, -\frac{4nn'}{(n-n')^2}\right)\right\}. \end{aligned}\right\} \tag{41.2}$$

Hierin ist

$$F(\alpha, \beta, \gamma, x) = \sum_\nu \frac{\alpha(\alpha+1)\dots(\alpha+\nu-1)\,\beta\dots(\beta+\nu-1)}{\gamma\dots(\gamma+\nu-1)\,\nu!} x^\nu \tag{41.3}$$

die hypergeometrische Funktion und $n_r = n - l - 1$, $n_r' = n' - l$ die radialen Quantenzahlen der beiden Zustände. Wegen der Ganzzahligkeit dieser Zahlen brechen die Reihen für die hypergeometrischen Funktionen ab.

Wir geben im einzelnen die Quadrate der radialen Integrale für die Lyman- und Balmerserie an, die man durch Einsetzen der betreffenden speziellen Werte für $n\,n'\,l$ in (41.2), (41.3) erhält:

$$\left.\begin{aligned} &\text{Lymanserie: } 1s-np \quad (R_{10}^{n1})^2 = \frac{2^8 n^7 (n-1)^{2n-5}}{(n+1)^{2n+5}}, \\ &\text{Balmerserie: } 2s-np \quad (R_{20}^{n1})^2 = \frac{2^{17} n^7 (n^2-1)(n-2)^{2n-6}}{(n+2)^{2n+6}}, \\ &\qquad 2p-nd \quad (R_{21}^{n2})^2 = \frac{2^{19} n^9 (n^2-1)(n-2)^{2n-7}}{3(n+2)^{2n+7}}, \\ &\qquad 2p-ns \quad (R_{21}^{n0})^2 = \frac{2^{15} n^9 (n-2)^{2n-6}}{3(n+2)^{2n+6}}. \end{aligned}\right\} \tag{41.4}$$

Ferner ist nach (38.14), (38.15) für die Lymanserie

die Oszillatorstärke $\qquad \bar{f}_{10}^{n1} = \dfrac{2^8 n^5 (n-1)^{2n-4}}{3(n+1)^{2n+4}}$,

die Übergangswahrscheinlichkeit $A_{10}^{n1} = 8 \cdot 10^9 \cdot \dfrac{2^8 n (n-1)^{2n-2}}{3(n+1)^{2n+2}} \sec^{-1}$,

wenn man den Grundzustand als Anfangszustand betrachtet, also die Wahrscheinlichkeit der *Absorption* von Strahlung durch ein Wasserstoffatom im Grundzustand berechnen will. [Diese ergibt sich nach Formel (18.12), (18.14) des Beitrags von WENTZEL (ds. Handb. S. 745) durch Multiplikation der Übergangswahrscheinlichkeit mit $\frac{c^3}{4h\nu^3}\varrho_\nu$, wo ϱ_ν = Strahlungsdichte.] Wenn man dagegen fragt, mit welcher Wahrscheinlichkeit ein angeregtes np-

[1] W. GORDON, Ann. d. Phys. (5) Bd. 2, S. 1031. 1929. — Die Radialintegrale sind im folgenden stets in atomaren Einheiten a angegeben.

Elektron durch Ausstrahlung in den Grundzustand übergeht, hat man noch durch das Gewicht 3 der p-Zustände zu dividieren, erhält also für die Übergangswahrscheinlichkeit

$$A_{n1}^{10} = 8 \cdot 10^9 \cdot \frac{2^8 n (n-1)^{2n-2}}{9(n+1)^{2n+2}} \sec^{-1},$$

für die emittierte Intensität pro vorhandenes np-Elektron [vgl. (38.10)]

$$J_{n1}^{10} = 0{,}172 \cdot \frac{2^8 (n-1)^{2n-1}}{9n(n+1)^{2n+1}} \frac{\text{erg}}{\text{sec}}.$$

Formel (41.2) versagt für die Übergänge ohne Änderung der Hauptquantenzahl ($nl \rightarrow nl \pm 1$). Diese spielen zwar bei Wasserstoff keine Rolle für die Ausstrahlung, weil die Frequenz des ausgestrahlten Lichts verschwinden würde, wohl aber sind sie wesentlich, wenn man die Resultate auf Alkalispektren übertragen und wenn man die Summensätze (40.16) prüfen will. Man kann für die fraglichen Übergänge leicht die radiale Integration direkt ausführen und erhält, wie schon in Ziff. 34 angegeben,

$$R_{nl}^{n\,l-1} = \tfrac{3}{2} n \sqrt{n^2 - l^2}. \tag{41.5}$$

Das Quadrat des Dipolmoments für die Übergänge ohne Änderung der Hauptquantenzahl ist bei weitem größer als für die Übergänge vom Zustand nl nach allen übrigen Zuständen $n'l-1$ zusammen. Die Summe der Quadrate der Radialintegrale $R_{nl}^{n'l-1}$ für *alle* Übergänge nach Zuständen mit der Azimutalquantenzahl $l-1$ ist ja durch (40.15) gegeben, nach Abzug des Quadrats von (41.5) bleibt

$$\sum_{n' \neq n} (R_{nl}^{n'l-1})^2 = \tfrac{1}{4} n^2 (n^2 - 1 + 3(l-1)^2). \tag{41.6}$$

Für $n = 2$, $l = 1$ z. B. ist also

$$(R_{21}^{20})^2 = 27, \quad \sum_{n' \neq 2} (R_{21}^{n'0})^2 = 3.$$

Etwas weniger extrem liegt der Fall bei den Übergängen, bei denen die Azimutalquantenzahl um 1 steigt, aus (40.15), (41.5) findet man

$$\sum_{n' \neq n} (R_{nl}^{n'l+1})^2 = \tfrac{1}{4} n^2 [n^2 - 1 + 3(l+2)^2], \tag{41.7}$$

also z. B. für $n = 2$, $l = 0$:

$$(R_{20}^{21})^2 = 27, \quad \sum_{n' \neq 2} (R_{20}^{n'1})^2 = 15.$$

Bei festgehaltenem Ausgangszustand $n\,l$ und wachsender Hauptquantenzahl n' des Endzustands nehmen die Übergangswahrscheinlichkeiten wie $1/n'^3$ ab. Das bedeutet einfach, daß die Wahrscheinlichkeit des Übergangs in ein Energieintervall dE' proportional diesem Intervall ist. Denn bei hoher Hauptquantenzahl n' liegen die Niveaus ja nahezu kontinuierlich, und $1/n'^3$ ist der Abstand benachbarter Niveaus.

b) Tabellen. Wir geben im folgenden einige Tabellen der Übergangswahrscheinlichkeiten. In der Literatur finden sich numerische Berechnungen von KUPPER[1], SUGIURA[2], SLACK[3] und eine kritische Zusammenstellung von MAXWELL[4]. KUPPER tabuliert die Quadrate der radialen Integrale bzw. genau genommen

$$\tfrac{1}{2} \max(l, l') \, (R_{nl}^{n'l'})^2 \quad \text{für} \quad n = 1 \text{ bis } 5, \quad n' = 1 \text{ bis } 12$$

und alle in Frage kommenden l. SUGIURAS Tabellen enthalten die *Oszillatorstärken* für die Lyman- und Balmerserie. SLACK verzeichnet die *Intensitäten* der Linien der Serien $n'l' \rightarrow nl$ für $n = 1$ bis 6, $n' = 1$ bis 8, und zwar unter der Voraussetzung, daß in jedem Teilzustand $n'l'm'$ des Ausgangsniveaus $n'l'$ im Zeitmittel $1/n'^2$ Elektronen vorhanden sind (also in allen Teilzuständen des Niveaus n' zusammen *ein* Elektron). MAXWELL findet einige numerische Fehler in den genannten Arbeiten und verzeichnet außerdem die *Lebensdauer* sämt-

[1] A. KUPPER, Ann. d. Phys. Bd. 86, S. 511, insbesondere S. 528/29. 1928.
[2] V. SUGIURA, Journ. de phys. et le Radium Bd. 8, S. 113. 1927.
[3] F. G. SLACK, Phys. Rev. Bd. 31, S. 527. 1928.
[4] L. R. MAXWELL, Phys. Rev. Bd. 38, S. 1664. 1931 und Tabelle von F. G. SLACK, ebenda.

licher angeregter Zustände $n = 2$ bis 7. Wir haben alle Übergangswahrscheinlichkeiten nachgerechnet, die sich durch besondere Größe auszeichnen oder bezüglich deren die Ergebnisse verschiedener Autoren voneinander abweichen.

Tabelle 15. Quadrate der Dipolmomente $(R_{nl}^{n'l'})^2 = (\int R_{nl} R_{n'l'} r^3 dr)^2$ für Wasserstoff.

Ausgangszustand	1s	2s	2p		3s	3p		3d	
Endzustand	np	np	ns	nd	np	ns	nd	np	nf
$n = 1$	—	—	1,67[1]	—	—	0,3[1]	—	—	—
2	1,666[1]	27,00[1]	27,00[1]	—	0,9[1]	9,2[1]	—	22,5[1]	—
3	0,267[1]	9,18[1]	0,88[1]	22,52[1]	162,0[1]	162,0[1]	101,2[1]	101,2[1]	—
4	0,093[1]	1,64[1]	0,15[1]	2,92[1]	29,9[1]	6,0[1]	57,2[1]	1,7[1]	104,6[1]
5	0,044[1]	0,60[1]	0,052	0,95[1]	5,1[1]	0,9	8,8[1]	0,23	11,0[1]
6	0,024[1]	0,29[1]	0,025	0,41[1]	1,9[1]	0,33	3,0[1]	0,08	3,2[1]
7	0,015	0,17	0,014	0,24	0,9	0,16	1,4	0,03	1,4
8	0,010	0,10	0,009	0,15	0,5	0,09	0,8	0,02	0,8
$n = 9$ bis ∞ zus.	0,032	0,31	0,025	0,42	1,4	0,22	2,0	0,05	1,8
Asympt. Formel	$4,7n^{-3}$	$44,0n^{-3}$	$3,7n^{-3}$	$58,6n^{-3}$	$169n^{-3}$	$28n^{-3}$	$248n^{-3}$	$5n^{-3}$	$198n^{-3}$
Diskretes Spektrum zus. . .	2,151	39,30	29,820	27,62	202,56	179,18	174,54	125,88	122,85
Kontinuierliches Spektrum . .	0,849	2,70	0,180	2,38	4,44	0,82	5,46	0,12	3,15
Insgesamt . . .	3,000	42,00	30,00	30,00	207,00	180,00	180,00	126,00	126,00

Anfangszustand	4s	4p		4d		4f	
Endzustand	np	ns	nd	np	nf	nd	ng
$n = 1$	—	0,09[1]	—	—	—	—	—
2	0,15	1,66[1]	—	2,9[1]	—	—	—
3	6,0[1]	29,8[1]	1,7[1]	57,0[1]	—	104,7[1]	—
4	540,0[1]	540,0[1]	432,0[1]	432,0[1]	252,0[1]	252,0[1]	—
5	72,6[1]	21,2[1]	121,9[1]	9,3[1]	197,8[1]	2,75[1]	314,0[1]
6	11,9[1]	2,9[1]	19,3[1]	1,3[1]	26,9[1]	0,32[1]	27,6[1]
7	5,7[1]	1,4[1]	7,7	0,5[1]	8,6[1]	0,08[1]	7,3[1]
8	2,1	0,6[2]	3,2	0,2	3,9	0,04	3,0
$n = 9$ bis ∞ zus.	4,3	1,0[2]	5,9	0,3	6,9	0,07	4,5
Asympt. Formel	$445n^{-3}$	$102n^{-3}$	$655n^{-3}$	$33n^{-3}$	$687n^{-3}$	$6n^{-3}$	$393n^{-3}$
Diskretes Spektrum zus. . .	642,7	598,7	591,7	503,50	496,0	359,95	356,4
Kontinuierliches Spektrum . .	5,3	1,3	8,3	0,50	8,0	0,05	3,6
Insgesamt . . .	648,0	600,0	600,0	504,00	504,0	360,00	360,0

In Tabelle 15 verzeichnen wir die *Quadrate der radialen Integrale*

$$(R_{nl}^{n'l'})^2 = \left(\int_0^\infty R_{nl} R_{n'l'} r^3 dr\right)$$

in atomaren Einheiten a^2 für $n = 1$ bis 4, $n' = 1$ bis 8, ferner die Summe dieser Quadrate für die Übergänge von einem festen Zustand nl nach höheren diskreten Zuständen ($n' \geqq 9$), die entsprechende Summe für die Übergänge von nl nach *sämtlichen* diskreten Zuständen und endlich die Summe der $(R_{nl}^{n'l'})^2$ für die Übergänge ins kontinuierliche Spektrum. Letztere ist berechnet als Differenz zwischen der *Gesamt*summe aller R^2, welche nach den Summensätzen (40.16) zu ermitteln ist, und der Summe für die Übergänge ins diskrete Spektrum. Endlich ist noch unter „asymptotisch" die asymptotische Formel für $(R_{nl}^{n'l'})^2$ für hohe n' (bei festgehaltenem nll') verzeichnet.

[1] Kontrollierte und teilweise korrigierte Werte.
[2] Geschätzt. Der Rest der Werte nach KUPPER, l. c.

Tabelle 16 enthält die mittleren *Oszillatorstärken* der Teilserien der Lyman-, Balmer-, Paschen- und Brackettserie, wie sie in (40.5) definiert sind. Die Einrichtung der Tabelle ist genau dieselbe wie bei Tabelle 15. Außerdem ist noch jeweils in der letzten Zeile die mittlere Energie

Tabelle 16. Oszillatorstärken für Wasserstoff.

Ausgangszustand	1s	2s	2p		3s	3p		3d	
Endzustand	np	np	ns	nd	np	ns	nd	np	nf
$n = 1$	—	—	−0,139	—	—	−0,026	—	—	—
2	0,4162	—	—	—	−0,041	−0,142	—	−0,417	—
3	0,0791	0,425	0,014	0,694	—	—	—	—	—
4	0,0290	0,102	0,0031	0,122	0,484	0,032	0,619	0,011	1,016
5	0,0139	0,042	0,0012	0,044	0,121	0,007	0,139	0,0022	0,156
6	0,0078	0,022	0,0006	0,020	0,052	0,003	0,056	0,0009	0,053
7	0,0048	0,013	0,0003	0,012	0,027	0,002	0,028	0,0004	0,025
8	0,0032	0,008	0,0002	0,008	0,016	0,001	0,017	0,0002	0,015
$n = 9$ bis ∞ zus.	0,0101	0,026	0,0007	0,023	0,048	0,002	0,045	0,0007	0,037
asympt. Formel	$1{,}6n^{-3}$	$3{,}7n^{-3}$	$0{,}1n^{-3}$	$3{,}3n^{-3}$	$6{,}2n^{-3}$	$0{,}3n^{-3}$	$6{,}1n^{-3}$	$0{,}07n^{-3}$	$4{,}4n^{-3}$
Diskretes Spektrum	0,5641	0,638	−0,119	0,923	0,707	−0,121	0,904	−0,402	1,302
Kontinuierliches Spektrum . .	0,4359	0,362	0,008	0,188	0,293	0,010	0,207	0,002	0,098
Insgesamt . . .	1,000	1,000	−0,111	1,111	1,000	−0,111	1,111	−0,400	1,400
Energie des kont. Spektrums . .	0,54	0,61	0,6	0,42	0,78	0,47		0,39	

Anfangszustand	4s	4p		4d		4f	
Endzustand	np	ns	nd	np	nf	nd	ng
$n = 1$	—	−0,010	—	—	—	—	—
2	−0,009	−0,034	—	−0,073	—	—	—
3	−0,097	−0,161	−0,018	−0,371	—	−0,727	—
4	—	—	—	—	—	—	—
5	0,545	0,053	0,610	0,028	0,890	0,009	1,345
6	0,138	0,012	0,149	0,006	0,187	0,0016	0,183
7	0,060	0,006	0,063	0,002	0,072	0,0005	0,058
8	0,033	0,003	0,033	0,001	0,037	0,0003	0,027
$n = 9$ bis ∞ zus.	0,082	0,006	0,075	0,002	0,071	0,0006	0,045
asympt. Formel	$9{,}3n^{-3}$	$0{,}7n^{-3}$	$9{,}1n^{-3}$	$0{,}3n^{-3}$	$8{,}6n^{-3}$	$0{,}05n^{-3}$	$3{,}5n^{-3}$
Diskretes Spektrum	0,752	−0,126	0,912	−0,406	1,257	−0,715	1,658
Kontinuierliches Spektrum . .	0,248	0,015	0,199	0,006	0,143	0,001	0,056
Insgesamt . . .	1,000	−0,111	1,111	−0,400	1,400	0,714	1,714
Energie im kontinuierlichen Spektrum . .	1,25	0,72		0,45		0,32	

der Zustände des kontinuierlichen Spektrums verzeichnet, welche mit dem an der Spitze der jeweiligen Kolonne angegebenen Zustand nl kombinieren, und zwar relativ zum Absolutwert der Energie dieses Zustandes nl

$$\overline{E} = \frac{\int\limits_{\text{kont. Spektr.}} E' (R_{nl}^{E'l'})^2 \, dE'}{\int (R_{nl}^{E'l'})^2 \, dE'} \cdot \frac{n^2}{Ry} .$$

Die Zustände des kontinuierlichen Spektrums, die mit dem Niveau $3s$ kombinieren, haben z. B. im Durchschnitt eine Energie $\overline{E} = +0{,}78 \cdot \frac{1}{9} Ry = +0{,}087\, Ry$. Auf große Genauigkeit können diese Zahlen allerdings keinen Anspruch machen.

Tabelle 17. Übergangswahrscheinlichkeiten für Wasserstoff in $10^8\,\mathrm{sec}^{-1}$.

Ausgangszustand	Endzustand	$n=1$	2	3	4	5	Summe	Lebensdauer in 10^{-8} sec
$2s$	$n\,p$	—	—	—	—	—	0	∞
$2p$	$n\,s$	6,25	—	—	—	—	6,25	0,16
2	Mittel	4,69	—	—	—	—	4,69	0,21
$3s$	$n\,p$	—	0,063	—	—	—	0,063	16
$3p$	$n\,s$	1,64	0,22	—	—	—	1,86	0,54
$3d$	$n\,p$	—	0,64	—	—	—	0,64	1,56
3	Mittel	0,55	0,43	—	—	—	0,98	1,02
$4s$	$n\,p$	—	0,025	0,018	—	—	0,043	23
$4p$	$n\,s$	0,68	0,095	0,030	—	—	0,81	1,24
	$n\,d$	—	—	0,003	—	—		
$4d$	$n\,p$	—	0,204	0,070	—	—	0,274	3,65
$4f$	$n\,d$	—	—	0,137	—	—	0,137	7,3
4	Mittel	$0{,}12_8$	0,083	0,089	—	—	0,299	3,35
$5s$	$n\,p$	—	$0{,}012_7$	$0{,}008_5$	$0{,}006_5$		$0{,}027_7$	36
$5p$	$n\,s$	0,34	0,049	0,016	$0{,}007_5$	—	0,415	2,40
	$n\,d$	—	—	$0{,}001_5$	0,002	—		
$5d$	$n\,p$	—	0,094	0,034	0,014	—	0,142	7,0
	$n\,f$	—	—	—	$0{,}000_5$	—		
$5f$	$n\,d$	—	—	0,045	0,026	—	0,071	14,0
$5g$	$n\,f$	—	—	—	$0{,}042_5$	—	$0{,}042_5$	23,5
5	Mittel	0,040	0,025	0,022	0,027	—	0,114	8,8
$6s$	$n\,p$	—	$0{,}007_3$	0,0051	0,0035	0,0017	0,0176	57
$6p$	$n\,s$	0,195	0,029	0,0096	0,0045	0,0021	0,243	4,1
	$n\,d$	—	—	0,0007	0,0009	0,0010		
$6d$	$n\,p$	—	0,048	0,0187	0,0086	0,0040	0,080	12,6
	$n\,f$	—	—	—	0,0002	0,0004		
$6f$	$n\,d$	—	—	0,0210	0,0129	0,0072	0,0412	24,3
	$n\,g$	—	—	—	—	0,0001		
$6g$	$n\,f$	—	—	—	0,0137	0,0110	0,0247	40,5
$6h$	$n\,g$	—	—	—	—	0,0164	0,0164	61
6		0,0162	0,0092	0,0077	0,0077	0,0101	0,0510	19,6

Tabelle 17 enthält sodann die *Übergangswahrscheinlichkeiten* [über ihre Berechnung aus den f-Werten vgl. (38.15)] von den Teilniveaus $s, p, d \ldots$ der Zustände $n = 2, 3, 4, 5, 6$ nach allen tieferen Zuständen, die Einheit ist $10^8\,\mathrm{sec}^{-1}$. Durch Summation der einzelnen Übergangswahrscheinlichkeiten erhält man die in der vorletzten Spalte unter „Summe" angegebenen Abklingungskonstanten, deren reziproker Wert gleich der Lebensdauer (letzte Spalte) ist. Außerdem haben wir für sämtliche Übergänge von einer bestimmten Hauptquantenzahl n zu einer anderen Hauptquantenzahl n' jeweils den Mittelwert der Übergangswahrscheinlichkeiten gebildet:

$$A_{n'n} = \sum_{l l'} \frac{2l+1}{n^2} A_{nl}^{n'l'}. \tag{41.8}$$

Diese mittlere Übergangswahrscheinlichkeit wird dann maßgebend, wenn die angeregten Atome während ihrer Lebensdauer eine große Anzahl Zusammenstöße erleiden oder wenn eine andere Störung (elektrisches Feld usw.) dafür sorgt, daß die Verteilung der angeregten Atome auf die Teilniveaus mit verschiedener Azimutalquantenzahl l stets proportional den statistischen Gewichten erfolgt (vgl. hierzu unten).

Tabelle 18 endlich gibt die Intensitäten der Linien bei verschiedenen Anregungsbedingungen: Wenn die Elektronen entsprechend den statistischen Gewichten verteilt sind, wenn sich also in jedem angeregten Zustand $n l m$ im Zeitmittel gerade *ein* Elektron befindet, ist die Intensität der Linie $nl \to n'l'$

$$J_{nl}^{n'l'} = (2l+1)\, h\nu_{nl,n'l'} A_{nl}^{n'l'}. \tag{41.9}$$

Tabelle 18. Intensitäten für Wasserstoff in 10^{-4} erg/sec.

	Lymanserie	Balmerserie				Paschenserie					
	$1s-np$	$2s-np$	$2p-ns$	$2p-nd$	gesamt	$3s-np$	$3p-ns$	$3p-nd$	$3d-np$	$3d-nf$	gesamt
a) *Absorption oder Emission*, wenn sich in jedem Ausgangszustand im Zeitmittel ein Elektron *befindet*.											
$n=2$	304	—	—	—	—	—	—	—	—	—	—
3	94	1,97	0,19	9,6	11,8	—	—	—	—	—	—
4	41	1,15	0,10	4,13	5,38	0,096	0,019	0,37	0,011	1,01	1,51
5	21	0,67	0,06	2,14	2,87	0,074	0,013	0,261	0,007	0,483	0,84
6	12	0,42	0,035	1,15	1,50	0,052	0,009	0,168	$0{,}004_5$	0,265	0,500
7	8	0,27	0,02	0,75	1,04	0,035	0,007	0,109	$0{,}002_5$	0,162	0,315
8	5	0,18	$0{,}01_5$	0,53	0,73	0,024	0,005	0,077	$0{,}001_5$	0,113	0,220
9 bis ∞	19	0,64	0,05	1,70	2,4	0,09	0,01	0,25	0,006	0,34	0,70
b) Emission, wenn in jeden Ausgangszustand pro Sekunde 10^8 Elektronen *hineingelangen*.											
$n=2$	48,6	—	—	—	—	—	—	—	—	—	—
3	50,5	1,06	3,0	15,0	19,0	—	—	—	—	—	—
4	51,0	1,42	2,3	15,0	18,7	0,12	0,44	1,35	0,014	7,4	9,3
5	50,5	1,61	2,2	15,0	18,8	0,17	0,45	1,85	0,017	6,8	9,3
6	49,5	1,73	2,0	14,4	18,1	0,21	0,51	2,10	0,018	6,4	9,2

Diese „statistischen“ Intensitäten sind in Tabelle 18a verzeichnet. Wenn dagegen in der Zeiteinheit gerade ein Elektron in jeden Zustand nlm (durch Stöße, Strahlungsabsorption, Herunterfallen von höheren Zuständen usw.) *herein*kommt, so ist die Anzahl der Elektronen, die sich im Zeitmittel im Zustand nlm befinden, gleich der Lebensdauer T_{nl} dieses Zustands, also die emittierte Intensität

$$[J_{nl}^{n'l'}] = J_{nl}^{n'l'} T_{nl} = (2l+1) \frac{A_{nl}^{n'l'}}{\sum\limits_{n'l'} A_{nl}^{n'l'}} h\nu_{nl,n'l'}. \tag{41.10}$$

Diese „dynamischen“ Intensitäten sind in Tabelle 18b aufgeführt.

c) Diskussion der Tabellen. 1. Man kann aus den Tabellen 15, 16 ohne weiteres den mehrfach erwähnten Satz (Ziff. 40a 2, b 2) ablesen, daß die Übergänge, bei denen n und l sich im gleichen Sinne ändern, häufiger sind als die, bei denen die Änderung in entgegengesetztem Sinne erfolgt, z. B. verhalten sich die Übergangswahrscheinlichkeiten von $2p$ nach $3s$ und $3d$ wie 1:25. Der Satz erstreckt sich auch auf Übergänge in das kontinuierliche Spektrum: bei solchen Übergängen nimmt praktisch immer l um Eins zu.

2. Bei hoher Azimutalquantenzahl (Kreisbahnen der Bohrschen Theorie) sind Sprünge der Hauptquantenzahl um Eins weitaus am häufigsten [vgl. (40.29)], Übergänge ins kontinuierliche Spektrum sehr selten; bei kleiner Azimutalquantenzahl (exzentrische Bahnen) kommen Übergänge ins Kontinuum häufiger vor.

Man vergleiche etwa die Oszillatorstärken der von $4s$ und der von $4f$ ausgehenden Linien: für $4f \to 5g$ ist die Oszillatorstärke $2^1/_2$ mal so groß wie für $4s \to 5p$, dagegen haben die Übergänge ins Kontinuum von $4s$ aus 5 mal so große Oszillatorstärken wie die von $4f$ aus. Kreisbahnen sind also schwer zu ionisieren.

3. Die gesamte Oszillatorstärke aller Übergänge ins kontinuierliche Spektrum nimmt im allgemeinen (bei festgehaltenem l) mit wachsender Hauptquantenzahl ab (von $1s$ aus beträgt sie 0,436, von $4s$ aus 0,248). Die Energie der Zustände des kontinuierlichen Spektrums, die mit einem bestimmten Niveau des diskreten kombinieren, ist im Mittel etwa halb so groß wie die Ionisierungsspannung des betreffenden diskreten Niveaus, genau betrachtet nimmt das Verhältnis (letzte Zeile der Tabelle 16) mit wachsender Hauptquantenzahl etwas zu, mit wachsender Azimutalquantenzahl ziemlich stark ab. —

Die Übergangswahrscheinlichkeiten ergeben sich aus den Oszillatorstärken durch Multiplikation mit ν^2; daher sind die Übergänge mit hoher Linienfrequenz ν am wahrscheinlichsten — dies, obwohl die Oszillatorstärken am größten sind, wenn die Hauptquantenzahl sich möglichst wenig ändert, also ν möglichst klein ist: z. B. ist für die Übergänge von $4p$ nach $1s$, $2s$, $3s$ das Verhältnis der Oszillatorstärken 1 : 3,5 : 16, dagegen das Verhältnis der Übergangswahrscheinlichkeiten 23 : 3 : 1 (s. Tabelle 16 und 17). Dies hat verschiedene wichtige Konsequenzen:

4. Ein bestimmter Ausgangszustand $n\,l$ geht mit überwiegender Wahrscheinlichkeit in den energetisch tiefsten aller Zustände über, in die er überhaupt übergehen kann, d. h. in den Zustand $n' = l$, $l' = l - 1$. *Kaskadensprünge*, bei denen das Atom erst über mehrere Zwischenzustände in den Grundzustand gelangt, kommen im wesentlichen nur soweit vor, als sie durch die l-Auswahlregel gefordert werden: Z. B. ist der normale Weg, auf dem ein $6f$-Elektron herunterfällt, $6f \to 3d \to 2p \to 1s$. Die kleine Tabelle 19 verzeichnet die Wahrscheinlichkeit der verschiedenen Wege, auf denen eben das $6f$-Elektron in den Grundzustand bzw. in den metastabilen $2s$-Zustand gelangen kann:

Tabelle 19. Wahrscheinlichkeiten der verschiedenen Übergangswege vom $6f$-Zustand in den Grundzustand bzw. $2s$-Zustand.

Übergangsweg	%
$6f \to 5g \to 4f \to 3d \to 2p \to 1s$	0,24%
$6f \to 5d \to 4f \to 3d \to 2p \to 1s$	0,06
$6f \to 5d \to 4p \to 3d \to 2p \to 1s$	0,01
$6f \to 5d \to 4p \to 3s \to 2p \to 1s$	0,06
$6f \to 5d \to 4p \to 1s$	1,4
$6f \to 5d \to 3p \to 1s$	3,7
$6f \to 5d \to 2p \to 1s$	11,6
$6f \to 4d \to 3p \to 1s$	7,1
$6f \to 4d \to 2p \to 1s$	23,2
$6f \to 3d \to 2p \to 1s$	50,9
	98,4
$6f \to 5d \to 4p \to 2s$	0,20
$6f \to 5d \to 3p \to 2s$	0,50
$6f \to 4d \to 3p \to 2s$	0,95
	1,65

Die meisten angeregten Zustände entstehen also sicher ganz überwiegend durch *direkte* Anregung, *nicht* durch Anregung zu einem höheren Niveau plus nachfolgender Lichtemission und *nicht* durch Ionisierung plus Rekombination[1]. Diese Tatsache steht in Übereinstimmung mit einem experimentellen Befund von ORNSTEIN und LINDEMAN[2]: Von allen Wasserstoffatomen, die sich im dreiquantigen Zustand befinden, sind (unter den Versuchsbedingungen der genannten Autoren) 88% durch direkte Anregung in diesen Zustand gelangt und nur 12% durch Anregung zu einem höheren als dem dreiquantigen Niveau plus nachfolgender Lichtemission (bzw. Ionisierung plus Rekombination).

5. Unter allen Teilniveaus $n\,l$ des $n$ten Quantenzustands hat das *p-Niveau* bei weitem die *kürzeste Lebensdauer*, weil es mit dem Grundterm $1s$ kombiniert und diese Übergangswahrscheinlichkeit bei weitem größer ist als alle anderen. Es folgen die anderen Niveaus in der Reihenfolge ihrer Azimutalquantenzahl, während die Lebensdauer des ns-Niveaus sich nicht allgemein einreihen läßt

[1] Eine Ausnahme bilden höchstens die Zustände, welche den Kreisbahnen und nahezu kreisförmigen Bahnen der BOHRschen Theorie entsprechen: Diese entstehen durch Strahlungsemission aus höher angeregten Zuständen mit beträchtlicher Wahrscheinlichkeit, sobald höhere angeregte Zustände überhaupt in größerer Häufigkeit existieren.

[2] L. S. ORNSTEIN u. H. LINDEMAN, ZS. f. Phys. Bd. 63, S. 8. 1930.

und stets sehr groß ist, weil Übergänge $ns \rightarrow n'p$ wegen der Änderung von n und l in entgegengesetztem Sinne selten sind (vgl. Tabelle 17).

6. Die *Lebensdauer* der Quantenzustände *nimmt mit wachsender Hauptquantenzahl zu,* und zwar sowohl wenn die Azimutalquantenzahl festhält wie auch wenn man über l mittelt. Bei festgehaltenem l ist ziemlich genau

$$T_{nl} \backsim n^3,$$

während für die mittlere Lebensdauer des $n$ten Zustands gilt[1]:

$$T_n = \left(\sum_l \frac{2l+1}{n^2} \frac{1}{T_{nl}}\right)^{-1} \backsim n^{4\frac{1}{2}}.$$

7. Die *Linienintensitäten* nehmen innerhalb einer Serie stark ab, wenn die Anzahl der Elektronen, die sich im Zeitmittel in jedem angeregten Zustand befindet, für alle Niveaus die gleiche ist (Tabelle 18a). Diese Voraussetzung ist erfüllt, wenn thermisches Gleichgewicht herrscht und die Temperatur sehr (unendlich) hoch ist, also etwa in heißen Sternen. Wenn man schlechthin die „Intensitäten" von Spektrallinien angibt (z. B. SCHRÖDINGER), so meint man diese Intensitäten bei unendlich starker Temperaturanregung.

Wenn aber andererseits kein thermisches Gleichgewicht besteht und der Anregungsprozeß derart ist, daß *pro Sekunde in jeden* angeregten *Zustand gleich viele Elektronen hineinbefördert* werden, so sind die Intensitäten der Linien einer Serie innerhalb der Rechengenauigkeit konstant (Tabelle 18b). Der Abfall der Intensitäten innerhalb der Serie kommt also *nur* von der verschiedenen Anregungswahrscheinlichkeit der verschiedenen Ausgangsniveaus her.

Dieses etwas befremdende Resultat ist so zu verstehen: Wenn pro sec ein Atom in den Zustand nl hineingelangt, so ist die Intensität des Übergangs $nl \rightarrow n'l'$ nach (41.10) gegeben durch die Übergangswahrscheinlichkeit dieses speziellen Übergangs, dividiert durch die Summe der Wahrscheinlichkeiten *aller* vom Zustande nl ausgehenden Übergänge (und noch multipliziert mit der Frequenz der in Frage stehenden Linie). Nun nehmen zwar die Übergangswahrscheinlichkeiten *selbst* beim Fortschreiten innerhalb einer Serie ab, das *Verhältnis* der Übergangswahrscheinlichkeiten von nl nach zwei bestimmten unteren Niveaus, sagen wir $n'l'$ und $n''l''$, ist dagegen nahezu unabhängig von der Hauptquantenzahl n des oberen Niveaus. Anders gesagt: Die Abnahme der Übergangswahrscheinlichkeiten mit wachsender Nummer der Serienglieder erfolgt für homologe Serien sehr nahezu in gleicher Weise, es ist etwa

$$\frac{A_{51}^{10}}{A_{51}^{20}} \approx \frac{A_{41}^{10}}{A_{41}^{20}}.$$

Daraus folgt schon die angenäherte Unabhängigkeit des Ausdrucks

$$\frac{A_{nl}^{n'l'}}{\sum\limits_{n'l'} A_{nl}^{n'l'}}$$

von n. Die kleine Restabhängigkeit von n, die hauptsächlich daher rührt, daß bei Vermehrung von n um Eins ein *neuer* Übergang zu den bisher vorhandenen hinzutritt, wird durch die Zunahme des Faktors $\nu_{nl,n'l'}$ ausgeglichen. Wir vermuten, daß unser Satz auch für andere Atome als Wasserstoff angenähert erfüllt ist. Wenn sich das bewahrheitet, würde die Intensität der Linien einer Serie unmittelbar die Anregungswahrscheinlichkeit des oberen Niveaus angeben.

42. Intensitäten der Feinstrukturlinien bei Wasserstoff und Helium. Die Mitberücksichtigung des Elektronenspins bedingt bekanntlich (vgl. Ziff. 7ff.) eine Änderung der Quantisierung und damit ohne weiteres eine Änderung der Auswahlregeln der Ziff. 39.

[1] Der stärkere Anstieg der mittleren Lebensdauer mit n erklärt sich daraus, daß bei Vermehrung von n um 1 jeweils eine Kreisbahn mit langer Lebensdauer zu den vorhandenen Werten der Azimutalquantenzahl hinzutritt.

a) Auswahlregeln. Zunächst ist infolge der Kopplung von Bahndrehimpuls und Spin die Komponente des ersteren in einer festen Richtung, k_z, nicht mehr quantisiert, so daß die Auswahlregeln (39.3), (39.10) für die Quantenzahl m_l keinen Sinn mehr haben. Statt dessen gelten die entsprechenden Auswahlregeln für die Quantenzahl m, welche den *Gesamt*drehimpuls um die z-Achse, M_z, angibt:

$$\Delta m = 0, \pm 1 \text{ für Polarisation parallel bzw. senkrecht zur } z\text{-Achse.} \tag{42.1}$$

Diese Auswahlregel ergibt sich ohne weiteres, wenn man bedenkt, daß jede Eigenfunktion des Atoms mit Spinelektron sich (vgl. Ziff. 8d) in die Form schreiben läßt:

$$u_{nljm} = \sum_{m_l+m_s=m} \alpha_{m_s}^{ljm} v_{nlm_l}(r, \vartheta, \varphi)\, \delta_{m_s s_z}, \tag{42.2}$$

wo $\delta_{m_s s_z}$ eine Funktion der Spinkoordinate s_z allein, v eine Funktion der Ortskoordinate $\mathfrak{r}$ des Elektrons ist und die α gewisse Koeffizienten, deren Größe von ljm und m_s abhängt. Wesentlich ist dabei, daß die Summe von Spin und Bahndrehimpuls in der z-Richtung, $m_l + m_s$, für alle Glieder der Summe auf der rechten Seite von (42.2) gleich ist. Das Dipolmoment in der z-Richtung wird

$$\left.\begin{aligned} z_{nljm}^{n'l'j'm'} &= \sum_{s_z} \int d\tau\, u_{n'l'j'm'}^{*} u_{nljm}\, z \\ &= \sum_{m_s} \sum_{m_s'} \alpha_{m_s}^{ljm} \alpha_{m_s'}^{l'j'm'*} \sum_{s_z} \delta_{m_s s_z} \delta_{m_s' s_z} \int d\tau\, v_{n'l',m'-m_s'}^{*} v_{nl,m-m_s}\, z \\ &= \sum_{m_s} \alpha_{m_s}^{ljm} \alpha_{m_s}^{l'j'm'*} \int d\tau\, v_{n'l',m'-m_s}^{*} v_{nl,m-m_s}\, z\,. \end{aligned}\right\} \tag{42.3}$$

Die Integrale hier verschwinden wegen der Auswahlregel (39.3), wenn $m \neq m'$ ist. Entsprechend beweist man die Auswahlregel für die parallel x und y polarisierte Strahlung.

Die Auswahlregel für l bleibt natürlich bestehen.

Neu hinzu tritt eine Auswahlregel für die innere Quantenzahl j, welche den Betrag des Gesamtdrehimpulses mißt. Bei Lichtemission ändert sich j um

$$\Delta j = 0, +1 \quad \text{oder} \quad -1\,. \tag{42.4}$$

Den allgemeinen Beweis für die Auswahlregel findet man in dem Artikel von PAULI[1]. Wir wollen hier nur die Regel für Dublettspektren *verifizieren*, indem wir nachweisen, daß die Wahrscheinlichkeit des Übergangs vom Zustand $l, j = l + \frac{1}{2}$ nach $l - 1$, $j = l - \frac{3}{2}$ verschwindet, obwohl der Übergang nach der l-Auswahlregel erlaubt ist. Mit den PAULIschen Eigenfunktionen (8.27) und mit (42.3) findet man

$$\left.\begin{aligned} z_{nl,j=l+\frac{1}{2},m}^{n'l-1,l-\frac{3}{2},m} = \Bigg(&\sqrt{\frac{l+m+\frac{1}{2}}{2l+1}} \cdot \sqrt{\frac{l-m-\frac{1}{2}}{2l-1}} \cdot \int v_{nl,m-\frac{1}{2}}\, z v_{n'l-1,m-\frac{1}{2}}^{*}\, d\tau \\ &- \sqrt{\frac{l-m+\frac{1}{2}}{2l+1}} \cdot \sqrt{\frac{l+m-\frac{1}{2}}{2l-1}} \cdot \int v_{nl,m+\frac{1}{2}}\, z v_{n'l-1\,m+\frac{1}{2}}\, d\tau\Bigg) = 0 \end{aligned}\right\} \tag{42.5}$$

mit Rücksicht auf (39.7). Aus Symmetriegründen verschwindet auch die Ausstrahlung in der x- und y-Richtung.

b) Summenregeln. Für beliebige Multiplettspektren gilt die Summenregel:

(I). *Die Gesamtwahrscheinlichkeit aller Übergänge, die von einem bestimmten Zustand $njlm$ eines Atoms nach allen Zuständen mit fester Haupt- und Azimutalquantenzahl $n'l'$ führen, ist unabhängig von der inneren Quantenzahl j und der magnetischen Quantenzahl m des Ausgangszustands.*

Zum Beweis schreiben wir zunächst das Dipolmoment zwischen $nljm$ und einem bestimmten Zustand $n'l'j'm'$ hin, es ist nach (42.3)

$$\mathfrak{r}_{nljm}^{n'l'j'm'} = \sum_{m_s} \alpha_{m_s}^{ljm} \alpha_{m_s}^{l'j'm'*} \int v_{n'l',m'-m_s}^{*}\, \mathfrak{r}\, v_{nl,m-m_s}\, d\tau\,.$$

---

[1] W. PAULI, ds. Handb. S. 182.

Um unsere Gesamtintensität zu erhalten, müssen wir das absolute Quadrat hiervon über j' und m' summieren:

$$J_{nljm}^{n'l'} = \sum_{j'm'} \left|\mathfrak{r}_{nljm}^{n'l'j'm'}\right|^2 = \sum_{m_s}\sum_{m'_s}\sum_{j'}\sum_{m'} \alpha_{m_s}^{ljm}\left(\alpha_{m'_s}^{ljm}\right)^* \left(\alpha_{m_s}^{l'j'm'}\right)^* \alpha_{m'_s}^{l'j'm'} \mathfrak{r}_{nl,\,m-m_s}^{n'l',\,m'-m_s} \left(\mathfrak{r}_{nl,\,m-m'_s}^{n'l',\,m'-m'_s}\right)^* \tag{42.6}$$

Aus der Definitionsgleichung (42.2) für die Koeffizienten $\alpha_{m_s}^{ljm}$ folgt nun, weil sowohl die Eigenfunktionen $u_{n'l'j'm'}$ (mit verschiedenem j') untereinander orthogonal und normiert sind als auch die Funktionen $v_{n'l',\,m'-m_s}\delta_{m_s s_z}$ (mit verschiedenem m_s) untereinander:

$$\sum_{j'} \left(\alpha_{m_s}^{l'j'm'}\right)^* \alpha_{m'_s}^{l'j'm'} = \delta_{m_s, m'_s}. \tag{42.7}$$

Ferner ist nach (39.12)

$$\sum_{m'} \left|\mathfrak{r}_{nl,\,m-m_s}^{n'l',\,m'-m_s}\right|^2 \quad \text{unabhängig von} \quad m - m_s \ \left(\text{gleich } \left|\mathfrak{r}_{nl}^{n'l'}\right|^2, \text{ sagen wir}\right). \tag{42.8}$$

Setzt man beides in (42.6) ein, so kommt

$$J_{nljm}^{n'l'} = \left|\mathfrak{r}_{nl}^{n'l'}\right|^2 \cdot \sum_{m_s} \left|\alpha_{m_s}^{ljm}\right|^2 = \left|\mathfrak{r}_{nl}^{n'l'}\right|^2 \tag{42.9}$$

wieder mit Rücksicht auf die Normierung von u_{nljm}. Damit ist unser Satz bewiesen, und darüber hinaus gezeigt, daß unsere Gesamtübergangswahrscheinlichkeit genau denselben Wert hat wie in der Theorie des Elektrons *ohne* Spin die Übergangswahrscheinlichkeit von einem Niveau nlm nach allen Niveaus mit festem $n'l'$ und beliebigem m'.

Wenn wir weiter voraussetzen, daß alle Niveaus mit festem nl gleich stark angeregt sind und wenn wir ferner alle Zeemankomponenten einer Linie zusammenfassen, gelangen wir zu der Summenregel in der ursprünglichen Fassung:

(II). *Die Gesamtintensität aller Linien, die durch Übergänge von einem Feinstrukturniveau nlj zu sämtlichen Niveaus $n'l'j'$ mit festem $n'l'$ entstehen, ist bei festgehaltenem nl proportional dem statistischen Gewicht $2j+1$ des Ausgangsniveaus.*

Die Voraussetzung gleicher Anregung ist bei engen Multipletts sicher sehr nahezu erfüllt: Denn sowohl die Anregungswahrscheinlichkeit wie die Lebensdauer hängen nur von der räumlichen Eigenfunktion, nicht vom Spin ab. In der Tat ist auch die Summenregel für sehr viele enge Multipletts, insbesondere bei den Alkalien usw., bestätigt worden. Bei weiten Multipletts läßt sich gar nichts voraussagen, weil man dann die Kopplung zwischen Spin und Bahnmoment nicht mehr als klein annehmen darf und weil die Eigenfunktionen infolgedessen beträchtlich von denjenigen abweichen, die man bei der Ableitung der Summenregeln voraussetzt: Dort wird infolgedessen schon die Summenregel für die Übergangswahrscheinlichkeiten nicht mehr gelten. Die Berechnung der Intensitäten muß dann für jeden Einzelfall gesondert durchgeführt werden.

Bei Wasserstoff gilt nur die Summenregel I für die Übergangswahrscheinlichkeiten, *nicht* die Summenregel II für die Intensitäten: Die Lebensdauer zweier Zustände mit gleichem nl und verschiedenem j wird nämlich infolge der Entartung der Wasserstoffniveaus bezüglich l verschieden, sobald kleine Störungen wie elektrische Fehler oder ähnliches vorhanden sind (vgl. Ziff. 43).

Bei Röntgenspektren endlich spielt die Relativitätskorrektur eine große Rolle und kann Abweichungen von den Summenregeln verursachen; vgl. darüber später (Ziff. 44g).

Dank der Gültigkeit der Summenregel haben alle Feinstrukturniveaus mit gleicher Haupt- und Azimutalquantenzahl die gleiche Lebensdauer, unabhängig von der inneren Quantenzahl. Nur bei Wasserstoff sind wegen der l-Entartung Abweichungen möglich (Ziff. 43).

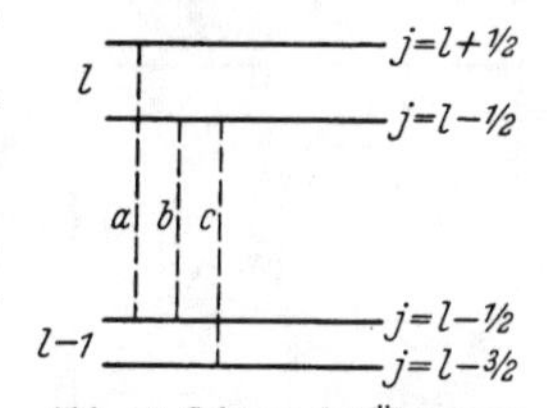

Abb. 35. Schema des Übergangs von einem Niveau mit der Azimutalquantenzahl l zu einem mit der Azimutalquantenzahl $l-1$ in Dublettspektren. Die Buchstaben sind die gleichen wie im Text.

c) Intensitätsformeln. Für Dublettspektren wie das Spektrum des Wasserstoffs genügen die Summen- im Verein mit den Auswahlregeln, um die Übergangswahrscheinlichkeiten für alle Linien festzulegen.

Wir betrachten die Übergänge von den Zuständen nl, $j = l + \frac{1}{2}$ und $j = l - \frac{1}{2}$ nach n', $l-1$, $j' = l - \frac{3}{2}$ und $l - \frac{1}{2}$ (vgl. Abb. 35). Von diesen ist einer ($j = l + \frac{1}{2} \to j' = l - \frac{3}{2}$) wegen der j-Auswahlregel verboten. Vom Niveau $j = l + \frac{1}{2}$ geht daher nur eine Linie (a in Abb. 35) aus, vom Niveau $j = l - \frac{1}{2}$

dagegen zwei (b, c). Die Summe der Übergangswahrscheinlichkeiten für diese letzteren Linien muß sich nach unserer Summenregel zu der Übergangswahrscheinlichkeit von a verhalten wie die statistischen Gewichte

$$(b + c) : a = 2l : 2l + 2. \tag{42.10}$$

Betrachten wir andererseits die gestrichenen Niveaus als Ausgangsniveaus, so erhalten wir ganz analog

$$(a + b) : c = l : l - 1. \tag{42.11}$$

Aus (42.10), (42.11) folgt für das Verhältnis der drei Übergangswahrscheinlichkeiten

$$a : b : c = (l + 1)(2l - 1) : 1 : (l - 1)(2l + 1). \tag{42.12}$$ [1]

Ebenso ist das Verhältnis der Linien*intensitäten*, falls die Ausgangszustände proportional ihren statistischen Gewichten angeregt sind. Die wichtigsten Spezialfälle sind

$$\left.\begin{aligned} &sp\text{-Übergänge: } sp_{\frac{3}{2}} : sp_{\frac{1}{2}} = 2 : 1\ (= a : b,\ c \text{ existiert nicht, da } s\text{-Terme nicht aufspalten}),\\ &pd\text{-Übergänge: } p_{\frac{3}{2}}d_{\frac{5}{2}} : p_{\frac{3}{2}}d_{\frac{3}{2}} : p_{\frac{1}{2}}d_{\frac{3}{2}} = 9 : 1 : 5,\\ &df\text{-Übergänge: } d_{\frac{5}{2}}f_{\frac{7}{2}} : d_{\frac{5}{2}}f_{\frac{5}{2}} : d_{\frac{3}{2}}f_{\frac{5}{2}} = 20 : 1 : 14. \end{aligned}\right\} \tag{42.13}$$

Bei großem l wird die Intensität der Linie b, d. h. des Übergangs ohne Änderung der inneren Quantenzahl j, sehr klein gegen die Intensität der Übergänge, bei denen sich j und l um den gleichen Betrag ändern. Dieser Satz tritt an die Seite des Satzes (39.11), daß l und m sich vorwiegend im gleichen Sinne ändern, und des Satzes Ziff. 40 a 2, der das gleiche für n und l behauptet.

Die Intensitätsverhältnisse (42.13) sind z. B. für Alkalispektren vielfach bestätigt worden. Über den Vergleich mit der Erfahrung bei Wasserstoff siehe Ziff. 44d, bei Röntgenspektren Ziff. 44g.

Die absoluten Intensitäten ergeben sich, indem man die Intensitäten zunächst ohne Berücksichtigung des Spins ausrechnet und dann mit den in (42.12) angegebenen relativen Intensitäten multipliziert und durch $\frac{1}{2}(2l + 1)(2l - 1)$ dividiert.

Als Beispiel geben wir in Tabelle 20 die Intensitäten der Komponenten der Wasserstofflinie H_α:

Tabelle 20. Feinstrukturintensitäten von H_α [2].

	Innere Quantenzahl Anfangs- Niveau	End- Niveau	Frequenz der Linie [3]	Spektroskopisches Symbol des Übergangs	Oszillatorstärke	Gewicht des Ausgangsniveaus	Gesamt-Oszillatorstärke	
a)	$j = \frac{1}{2}$	$j' = \frac{3}{2}$	−0,144	$3s \to 2p_{\frac{3}{2}}$	$\frac{2}{3} \cdot 0{,}041$	2	0,05	2,83
b)	$\frac{3}{2}$	$\frac{3}{2}$	−0,036	$3d_{\frac{3}{2}} \to 2p_{\frac{3}{2}}$	$\frac{1}{6} \cdot 0{,}417$	4	0,28	
c)	$\frac{5}{2}$	$\frac{3}{2}$	0	$3d_{\frac{5}{2}} \to 2p_{\frac{3}{2}}$	$1 \cdot 0{,}417$	6	2,50	
d)	$\frac{1}{2}$	$\frac{1}{2}$	0,220	$3s \to 2p_{\frac{1}{2}}$	$\frac{1}{3} \cdot 0{,}041$	2	0,03	0,31
e)	$\frac{3}{2}$	$\frac{1}{2}$	0,328	$3p_{\frac{1}{2}} \to 2s$	$1 \cdot 0{,}142$	2	0,28	
				$3p_{\frac{3}{2}} \to 2s$	$1 \cdot 0{,}142$	4	0,57	1,96
				$3d_{\frac{3}{2}} \to 2p_{\frac{1}{2}}$	$\frac{5}{6} \cdot 0{,}417$	4	1,39	

Wie man sieht, ist die Intensität der Linie a zu klein, und die Linie b liegt zu nahe an der starken Linie c, um getrennt beobachtet zu werden. Die Linie d

[1] Vgl. z. B. schon H. HÖNL, Ann. d. Phys. Bd. 79, S. 273. 1925.

[2] Wie bei A. SOMMERFELD u. A. UNSÖLD, ZS. f. Phys. Bd. 38, S. 237. 1926. Die von L. GOLDSTEIN (Journ. de phys. et le Radium Bd. 10, S. 439. 1929) nach der DIRACschen Theorie berechneten Intensitäten sind falsch.

[3] Relativ zur stärksten Linie c.

macht sich als Asymmetrie der kurzwelligen Komponente von H_α bemerkbar. Die Intensitätsverhältnisse sind unter Voraussetzung statistischer Verteilung

$$a + b + c : d : e = 1 : 0{,}11 : 0{,}69\,.$$

Der Schwerpunkt des Komplexes $a + b + c$ liegt um $-0{,}006\ \text{cm}^{-1}$ gegen die Linie c verschoben, der von $d + e$ um $-0{,}015\ \text{cm}^{-1}$ gegen e verschoben, der Abstand der Schwerpunkte beträgt $0{,}319\ \text{cm}^{-1}$.

Die Intensitäten lassen sich außer aus den Summenregeln auch leicht direkt mit Hilfe der PAULIschen Eigenfunktionen (8.27) ableiten, und zwar in ganz analoger Weise, wie wir in (42.5) die Auswahlregel für j verifiziert haben. Dabei ergibt sich gleichzeitig die Intensität der Zeemankomponenten: Für Übergänge, bei denen sich j um Eins ändert, ist sie nach wie vor durch (39.7), (39.11) gegeben, wobei nur statt l die innere Quantenzahl j zu setzen ist und die magnetische Quantenzahl m die Komponente des *Gesamt*impulses in der ausgezeichneten Richtung z bedeutet. Für Übergänge ohne Änderung der inneren Quantenzahl gilt

$$z^{n'l'jm}_{nljm} = m\, C^{l'j}_{lj} R^{n'l'}_{nl}\,, \tag{42.14}$$

$$(x + iy)^{n'l'jm+1}_{nljm} = (x - iy)^{nljm}_{n'l'jm+1} = \sqrt{(j + m + 1)(j - m)}\, C^{l'j}_{lj} R^{n'l'}_{nl}\,. \tag{42.15}$$

Die Formeln (42.14), (42.15) gelten allgemein für beliebige Multiplettspektren. $R^{n'l'}_{nl}$ ist, wenn *ein* Leuchtelektron vorhanden ist, das radiale Integral (39.8). Die C-Faktoren sind für Dublettspektren

$$C^{l-1j}_{lj} = \frac{1}{2j(j+1)}\,, \qquad C^{l-1j-1}_{lj} = \frac{1}{2j}\,. \tag{42.16}$$

d) **Die Intensitäten der Heliumfeinstruktur.** Die Intensitäten in Triplettspektren lassen sich nicht unmittelbar aus den Summenregeln ableiten, außer für Kombinationen zwischen S- und P-Termen. Da die S-Terme durch die Wechselwirkung mit dem Spin nicht aufgespalten werden, ist das Intensitätsverhältnis der Übergänge von einem ${}^3S$-Term nach den drei ${}^3P$-Termen $j = 0, 1, 2$ gleich dem Verhältnis von deren statistischen Gewichten:

$${}^3S_1\,{}^3P_2 : {}^3S_1\,{}^3P_1 : {}^3S_1\,{}^3P_0 = 5 : 3 : 1\,.$$

Abb. 36. Schema des Übergangs von einem Niveau mit der Azimutalquantenzahl l zu einem Niveau $l - 1$ für Triplettspektren.

Allgemein ist das Intensitätsverhältnis der sechs Linien, welche beim Übergang vom Triplett $n\,l$ zum Triplett $n'\,l - 1$ entstehen (vgl. Abb. 36), in der Tabelle 21a gegeben:

Tabelle 21a. Relative Intensität der Multiplettkomponenten in Triplettspektren.

Endterm	Anfangsterm			Summe
	$j = l + 1$	l	$l - 1$	
$j' = l$	$(2l + 3)(2l - 1)l^2$	$(2l + 1)(2l - 1)$	1	$(2l + 1)^2 l^2$
$l - 1$	—	$(2l + 1)(2l - 1)(l + 1)(l - 1)$	$(2l + 1)(2l - 1)$	$(2l + 1)(2l - 1)l^2$
$l - 2$	—	—	$(2l + 1)(2l - 3)l^2$	$(2l + 1)(2l - 3)l^2$
Summe	$(2l + 3)(2l - 1)l^2$	$(2l + 1)(2l - 1)l^2$	$(2l - 1)^2 l^2$	$3(2l + 1)(2l - 1)l^2$

Diese Intensitätsverhältnisse gelten natürlich wieder nur, wenn die Anfangszustände proportional ihren statistischen Gewichten angeregt sind. Als Beispiel setzen wir die Intensitätsverhältnisse für einen PD-Übergang hierher.

Tabelle 21b. Relative Intensität der Komponenten des Multipletts ${}^3D \to {}^3P$.

Endterm	Anfangsterm			Summe
	${}^3D_3$	${}^3D_2$	${}^3D_1$	
${}^3P_2$	84	15	1	100
${}^3P_1$	—	45	15	60
${}^3P_0$	—	—	20	20
Summe	84	60	36	180

Sowohl in der Spezialtabelle 21 b wie in der allgemeinen Tabelle 21 a haben wir jeweils die Summe der Intensitäten aller Linien beigefügt, die von ein und demselben Niveau ausgehen, um zu demonstrieren, daß diese Summen in der Tat dem statistischen Gewicht des Ausgangsniveaus $2j+1$ proportional sind. Man sieht ferner aus den Tabellen, daß Übergänge, bei denen sich j und l im gleichen Sinne ändern, am häufigsten sind, Übergänge ohne Änderung von j seltener und Änderungen von j und l in entgegengesetztem Sinn außerordentlich schwach. Bei großen l kommen nur die erstgenannten Übergänge vor.

43. Die Lebensdauer angeregter Zustände des Wasserstoffs und ihre Beeinflussung durch Störungen. Wir haben in Tabelle 17 die Lebensdauer der angeregten Zustände des Wasserstoffs berechnet für den Fall, daß keine äußeren Störungen auf das Atom einwirken, wie etwa homogene oder inhomogene elektrische Felder, Zusammenstöße mit anderen Atomen oder Elektronen usw. Wir fanden unter diesen Umständen, daß die Lebensdauer sehr stark von der Azimutalquantenzahl l abhängt, nicht dagegen von der inneren Quantenzahl j (vgl. Ziff. 42b). Bekanntlich sind nun aber bei Wasserstoff immer zwei Zustände mit den Azimutalquantenzahlen $l=j-\frac{1}{2}$ und $l=j+\frac{1}{2}$ miteinander *entartet*, und es fragt sich, ob man voraussetzen darf, daß jeder dieser entarteten Zustände für sich abklingt oder ob nicht statt dessen für beide eine mittlere Lebensdauer anzusetzen ist. Über diese Frage sind so viele einander widersprechende Behauptungen aufgestellt worden, daß wir es für nötig halten, sie sehr eingehend zu diskutieren. Ihre Entscheidung ist von wesentlichem Einfluß auf die Intensität der zu beobachtenden Spektrallinien, da diese ceteris paribus proportional der Lebensdauer des Anfangszustandes ist.

a) Die Metastabilität des $2s$-Terms beim ungestörten Atom und seine Lebensdauer im elektrischen Feld. Um unsere Begriffe zu fixieren, wollen wir zunächst den Term $n=2$, $j=\frac{1}{2}$ betrachten. Dieser stellt ein besonders interessantes Beispiel dar, weil von den beiden entarteten Zuständen[1] $l=0$ und 1 der $2s$-Zustand ($l=0$) metastabil ist: Er hat eine unendlich lange Lebensdauer, da er mit dem Grundzustand nicht kombinieren kann[2]. Wenn die Eigenfunktion des Atoms zur Zeit $t=0$ eine Linearkombination einer $2s$- und einer $2p$-Eigenfunktion ist

$$\psi(0)=\alpha u_{2s}+\beta u_{2p}, \tag{43.1}$$

so klingt im Laufe der Zeit der $2p$-Zustand ab und geht unter Ausstrahlung der ersten Linie der Lymanserie in den Grundzustand über, so daß nach einer Zeit, die groß ist gegen die Lebensdauer des $2p$-Zustandes, die (zeitabhängige) Wellenfunktion gleich

$$\psi(t)=\alpha u_{2s}e^{-iE_2t}+\beta u_{1s}e^{-iE_1t}$$

wird ($E_{1,2}$ Energien von Grundzustand und $2s$-Zustand). Diese Wellenfunktion bleibt dann mehrere Monate bestehen, sofern nicht äußere Einflüsse die Zerstörung des metastabilen $2s$-Zustands bewirken.

Wir stören nun das Atom, und zwar betrachten wir als einfachste Störung ein homogenes äußeres elektrisches Feld. Dann ist u_{2s} nicht mehr die Eigenfunktion eines stationären Zustands, vielmehr würde (bei Vernachlässigung der Wechselwirkung mit der Strahlung) der Zustand $n=2$, $j=\frac{1}{2}$ in zwei Niveaus aufspalten, deren Eigenwerte und Eigenfunktionen nach (34.3) durch

$$E_\pm=E_0\pm\frac{2}{\sqrt{3}}\,\frac{F}{15\,590}\,\mathrm{cm}^{-1},\qquad u_\pm=\frac{1}{\sqrt{2}}(u_{2s}\pm u_{2p}) \tag{43.2}$$

---

[1] Von der Entartung bezüglich der magnetischen Quantenzahl m sehen wir ab ($m=\frac{1}{2},-\frac{1}{2}$).

[2] Exakt gesprochen besteht allerdings eine endliche Übergangswahrscheinlichkeit, sobald man die genauen relativistischen Eigenfunktionen heranzieht. Die Lebensdauer des $2s$-Zustandes beträgt aber, wenn er nur durch Strahlung zerfallen kann, mehrere Monate.

gegeben sind. Wenn nun zur Zeit $t = 0$ etwa die Eigenfunktion u_+ angeregt ist, so wäre man versucht anzunehmen, daß diese Eigenfunktion als Ganzes abklingt[1], daß also nach einer Zeit von der Größenordnung der Lebensdauer des $2p$-Niveaus überhaupt nichts mehr von den zweiquantigen Niveaus übrigbleibt. Das ist aber, wie wir sogleich zeigen werden, nur richtig, wenn die Starkeffektaufspaltung *groß* ist gegen die natürliche Linienbreite der ersten Lymanlinie (d. h. gegen die Abklingungskonstante des $2p$-Niveaus), dagegen bleibt für *schwache* Felder der Vorgang im wesentlichen, wie wir ihn früher für verschwindendes Feld beschrieben: Zunächst klingt das $2p$-Niveau fast restlos ab, das $2s$-Niveau dagegen hat bei schwachem Feld eine sehr lange Lebensdauer.

Um unser Problem quantitativ zu behandeln, gehen wir aus von der Tatsache, daß ohne äußeres elektrisches Feld die Anregungsamplitude des $2p$-Zustandes infolge der Ausstrahlung exponentiell abklingen würde, d. h. wenn

$$\psi(t) = a_{2p}(t)\,\psi_{2p} + \cdots \tag{43.3}$$

ist, so ist

$$\frac{d a_{2p}}{dt} = -2\beta a_{2p}, \tag{43.4}$$

wobei

$$4\beta = \frac{64\pi^4}{3}\,\frac{e^2\nu^3}{h c^3}\,|\mathfrak{r}_{21}|^2 \tag{43.5}$$

die reziproke Lebensdauer des $2p$-Zustandes ist. Die Richtigkeit von (43.4) läßt sich leicht mit Hilfe der DIRACschen Strahlungstheorie nachweisen[2]. Die Amplitude des $2s$-Zustandes dagegen wäre ohne äußeres Feld konstant[3]:

$$\frac{d a_{2s}}{dt} = 0. \tag{43.6}$$

Andererseits können wir für einen Moment die Kopplung mit dem Strahlungsfeld vernachlässigen und nur ein elektrostatisches Feld der Stärke F und der Richtung x einschalten. Setzen wir dann für die Wellenfunktion

$$\psi = a_{2s}\psi_{2s} + a_{2p}\psi_{2p} \tag{43.7}$$

an, wobei ψ_{2s} und ψ_{2p} die Eigenfunktionen des feldfreien Atoms sind, so folgt aus der zeitabhängigen Schrödingergleichung

$$\left.\begin{aligned} i\hbar\frac{d a_{2s}}{dt} &= eF x_{2s}^{2p}, \\ i\hbar\frac{d a_{2p}}{dt} &= eF x_{2p}^{2s}, \end{aligned}\right\} \tag{43.8}$$

da Fx das Störungspotential ist. Wirken nun elektrostatisches und Strahlungsfeld gemeinsam, so gilt offenbar

$$\left.\begin{aligned} \frac{d a_{2s}}{dt} &= -i k a_{2p}, \\ \frac{d a_{2p}}{dt} &= -i k a_{2s} - 2\beta a_{2p} \end{aligned}\right\} \tag{43.9}$$

mit

$$k = \frac{1}{\hbar}\cdot eF x_{2p}^{2s}. \tag{43.10}$$

---

[1] Dies tat z. B. V. ROJANSKY (Phys. Rev. Bd. 35, S. 782. 1930) und glaubte damit zu beweisen, daß auch ohne äußeres Feld das $2s$-Niveau aus Stetigkeitsgründen nicht metastabil sein könne.

[2] Vgl. z. B. E. WIGNER u. V. WEISSKOPF, ZS. f. Phys. Bd. 63, S. 54. 1930.

[3] Beweis ebenfalls aus der DIRACschen Strahlungstheorie: Das $2s$-Niveau kann vom Strahlungsfeld nicht angegriffen werden, da es mit keinem tieferen Zustand kombiniert.

Die allgemeine Lösung des Gleichungssystems (43.9) lautet

$$\left.\begin{aligned} a_{2s} &= -\frac{i\,a\,k}{\beta - \sqrt{\beta^2 - k^2}}\, e^{-(\beta - \sqrt{\beta^2 - k^2})t} - \frac{i\,b\,k}{\beta + \sqrt{\beta^2 - k^2}}\, e^{-(\beta + \sqrt{\beta^2 - k^2})t}, \\ a_{2p} &= a\, e^{-(\beta - \sqrt{\beta^2 - k^2})t} + b\, e^{-(\beta + \sqrt{\beta^2 - k^2})t}. \end{aligned}\right\} \tag{43.11}$$

Bei verschwindendem elektrischen Feld ($k = 0$) wird

$$\left.\begin{aligned} a_{2s} &= \text{konst.}, \\ a_{2p} &= b \cdot e^{-2\beta t}. \end{aligned}\right\} \tag{43.12}$$

4β ist, wie schon gesagt, die reziproke Lebensdauer des $2p$-Zustands. Der $2s$-Zustand ist, wie früher behauptet, metastabil. Vernachlässigt man andererseits β, d. h. das Strahlungsfeld, so erhält man

$$\left.\begin{aligned} a_{2s} &= a\, e^{-ikt} - b\, e^{ikt}, \\ a_{2p} &= a\, e^{-ikt} + b\, e^{ikt}. \end{aligned}\right\} \tag{43.13}$$

$h/2\pi \cdot 2k = \Delta E$ ist also die Starkeffektaufspaltung in Energieeinheiten, k/π die gleiche Aufspaltung in Frequenzeinheiten ($\sec^{-1}$) bei Vernachlässigung des Strahlungsfeldes.

Das Aussehen der Lösung (43.11) ist sehr verschieden, je nachdem, ob $\beta > k$ oder $\beta < k$ ist, d. h. ob die in $\sec^{-1}$ ausgedrückte Starkeffektaufspaltung kleiner oder größer ist als $1/4\pi$ der reziproken Lebensdauer des $2p$-Zustands.

Im ersten Fall $k < \beta$ (sehr schwache Felder) gibt es zwei ausgezeichnete Linearkombinationen der s- und p-Eigenfunktion, die nach einem reinen Exponentialgesetz abklingen und sich durch *verschiedene Lebensdauer* unterscheiden. Man erhält sie, indem man in (43.11) einmal b, das andere Mal a gleich Null setzt

$$\left.\begin{aligned} \psi_a(t) &= \left(-i\sqrt{\frac{\beta + \sqrt{\beta^2 - k^2}}{2\beta}}\,\psi_{2s} + \sqrt{\frac{\beta - \sqrt{\beta^2 - k^2}}{2\beta}}\,\psi_{2p}\right) e^{-(\beta - \sqrt{\beta^2 - k^2})t}, \\ \psi_b(t) &= \left(-i\sqrt{\frac{\beta - \sqrt{\beta^2 - k^2}}{2\beta}}\,\psi_{2s} + \sqrt{\frac{\beta + \sqrt{\beta^2 - k^2}}{2\beta}}\,\psi_{2p}\right) e^{-(\beta + \sqrt{\beta^2 - k^2})t}. \end{aligned}\right\} \tag{43.14}$$

Die Faktoren a bzw. b sind so gewählt, daß zur Zeit $t = 0$ ψ_a und ψ_b auf Eins normiert sind. Die kurzlebige Wellenfunktion ψ_b enthält im wesentlichen die $2p$-Eigenfunktion und nur zu einem kleinen Prozentsatz die $2s$-Eigenfunktion, bei der langlebigen Wellenfunktion ψ_a ist es umgekehrt. Man kann also für schwache Felder ($k \ll \beta$) immer noch annähernd sagen, daß die $2p$-Eigenfunktion rasch, die $2s$-Eigenfunktion langsam abklingt. Das Verhältnis der Lebensdauern des „langlebigen" und „kurzlebigen" Zustands a und b ist $\frac{\beta + \sqrt{\beta^2 - k^2}}{\beta - \sqrt{\beta^2 - k^2}}$. Für sehr schwache elektrische Felder geht das über in

$$\left(\frac{2\beta}{k}\right)^2 = \frac{\text{reziproke Lebensdauer des } 2p\text{-Zustands}}{2\pi \text{ mal Starkeffektaufspaltung}}. \tag{43.15}$$

Für Felder von 10 Volt/cm wird z. B. [vgl. (43.2), (43.15)] das Verhältnis der Lebensdauern 5:1, die Lebensdauer des langlebigeren Zustandes, der in diesem Fall nahezu mit dem $2s$-Zustand zusammenfällt, wird $10^{-8}\,\sec^{-1}$, also noch recht beträchtlich. Der Verlauf des Strahlungsprozesses ist dann so, daß zunächst der $2p$-Zustand abklingt, bis das Verhältnis seiner Anregungsstärke $|a_{2p}|^2$ zur Anregungsstärke $|a_{2s}|^2$ des s-Zustands gleich dem Verhältnis der Lebensdauern der Zustände ist. Von da ab dient dann der langlebige $2s$-Zustand als Reservoir, aus dem vermöge der Wirkung des elektrostatischen Feldes der $2p$-Zustand sich immer wieder auffüllt, während er andererseits durch Strahlung zerfällt[1].

---

[1] Die Verhältnisse sind genau wie bei der Radioaktivität: $2s$ entspricht einer langlebigen Muttersubstanz, $2p$ einer kurzlebigen Tochtersubstanz.

Im *zweiten Fall* ($k > \beta$, stärkere Felder) werden die Exponenten in (43.11), (43.14) komplex. *Beide* ausgezeichneten Wellenfunktionen

$$\left.\begin{aligned} \psi_a &= \left(-i\sqrt{\frac{\beta + i\sqrt{k^2-\beta^2}}{2k}}\,\psi_{2s} + \sqrt{\frac{\beta - i\sqrt{k^2-\beta^2}}{2k}}\,\psi_{2p}\right) e^{-(\beta - i\sqrt{k^2-\beta^2})t}, \\ \psi_b &= \left(-i\sqrt{\frac{\beta - i\sqrt{k^2-\beta^2}}{2k}}\,\psi_{2s} + \sqrt{\frac{\beta + i\sqrt{k^2-\beta^2}}{2k}}\,\psi_{2p}\right) e^{-(\beta + i\sqrt{k^2-\beta^2})t} \end{aligned}\right\} \tag{43.16}$$

klingen wie $e^{-\beta t}$ ab, es gibt also nicht mehr einen kurzlebigen und einen langlebigen Zustand. Dafür werden die imaginären Bestandteile der Zeitabhängigkeit verschieden, man bekommt also jetzt eine Aufspaltung des Eigenwerts, die bei schwachen elektrostatischen Feldern $k < \beta$ durch das Strahlungsfeld verhindert wurde. Auch jetzt noch ist die Aufspaltung durch das Strahlungsfeld verkleinert, der Abstand der beiden Terme beträgt

$$\Delta E = \frac{h}{2\pi}\cdot 2\sqrt{k^2-\beta^2} \quad \text{statt} \quad \frac{h}{2\pi}\cdot 2k \tag{43.17}$$

bei Vernachlässigung des Strahlungsfeldes. Die beiden ausgezeichneten Wellenfunktionen ψ_a und ψ_b enthalten jetzt die s- und p-Eigenfunktionen zu gleichen Teilen, es ist, wie man leicht nachrechnet, sowohl für ψ_a wie ψ_b

$$|a_{2s}| = |a_{2p}| = 1/\sqrt{2}. \tag{43.18}$$

Wir wollen noch ausdrücklich betonen, daß sowohl für $k < \beta$ wie für $k > \beta$ ψ_a und ψ_b *nicht* orthogonal zueinander sind; man rechnet leicht nach, daß zur Zeit $t = 0$

$$\int \psi_b^* \psi_a \, d\tau = \begin{cases} k/\beta & \text{für} \quad k < \beta \\ \beta/k & \text{für} \quad k > \beta \end{cases}.$$

Nur für verschwindendes ($k = 0$) oder für sehr großes ($k = \infty$) elektrisches Feld sind die beiden Wellenfunktionen orthogonal. Hierdurch unterscheidet sich die Störung des Atoms durch das Strahlungsfeld von gewöhnlichen Störungen.

b) Intensität der von den entarteten Niveaus ausgehenden Spektrallinien. Die wichtigste Anwendung unserer Untersuchungen über die Abklingung entarteter Niveaus ist die Berechnung der Intensitäten der von den Niveaus ausgehenden Linien, wenn die Anregungswahrscheinlichkeit des Niveaus bekannt ist.

Um unsere Rechnungen auch auf andere Niveaus als das bisher behandelte $n = 2$, $j = \frac{1}{2}$ anwenden zu können, müssen wir zulassen, daß *beide* entarteten Zustände Strahlung emittieren können, daß also nicht einer von ihnen metastabil ist, sondern daß sie nur verschiedene Lebensdauer besitzen. Führt man die Rechnung durch, so findet man, daß die beiden entarteten Zustände $l = j - \frac{1}{2}$ und $l = j + \frac{1}{2}$ unabhängig voneinander nach einem Exponentialgesetz abklingen, solange keine äußere Störung vorhanden ist. Das ist dem Umstand zu verdanken, daß wegen der l-Auswahlregel kein drittes Niveau existiert, das mit den beiden entarteten Zuständen gleichzeitig kombiniert[1]. Daher sind die Gleichungen (43.9) einfach zu ersetzen durch

$$\left.\begin{aligned} \frac{da_1}{dt} &= -i k a_2 - 2\lambda a_1, \\ \frac{da_2}{dt} &= -i k a_1 - 2\mu a_2, \end{aligned}\right\} \tag{43.19}$$

wenn a_1, a_2 die Anregungsamplituden der beiden entarteten Zustände sind, 4λ und 4μ ihre reziproken Lebensdauern und k/π die Starkeffektaufspaltung in Abwesenheit des Strahlungsfeldes.

Wir nehmen nun an, daß zur Zeit $t = 0$ durch irgendeinen Anregungsprozeß die Eigenfunktion

$$\psi(0) = \sigma_1\psi_1 + \sigma_2\psi_2$$

---

[1] Im vorigen Abschnitt haben wir gesehen, daß zwei Zustände von nahe gleicher Energie *nicht* jeder für sich abklingen, falls sie beide mit dem gleichen Zustand optisch kombinieren: Unsere Starkeffektkomponenten kombinieren ja beide mit dem Grundzustand.

angeregt worden ist, wo $|\sigma_1|^2 + |\sigma_2|^2 = 1$, und daß in der Sekunde insgesamt N Anregungsprozesse erfolgen. Dann erhält man für die *Intensität* einer vom Niveau 1 ausgehenden Absorptionslinie (= absorbierte Energie pro sec)

$$J = J_0 \cdot \frac{N}{4(\lambda+\mu)(4\lambda\mu + k^2)} \left[k^2 + 4\mu(\lambda+\mu)\overline{|\sigma_1|^2} + 2k\mu \overline{Jm(\sigma_1\sigma_2^*)}\right], \tag{43.20}$$

wobei J_0 die absorbierte Intensität für den Fall ist, daß sich im Zeitmittel gerade ein Atom im Zustand 1 befindet, während $\overline{|\sigma_1|^2}$ den Mittelwert der Anregungswahrscheinlichkeit des Niveaus 1 über alle N Anregungsprozesse bedeutet, und $\overline{Jm(\sigma_1\sigma_2^*)}$ den entsprechenden Mittelwert des Imaginärteils von $\sigma_1\sigma_2^*$. In allen praktisch wichtigen Fällen erfolgt nun die Anregung der beiden Niveaus unabhängig voneinander: Durch einen Elementarprozeß wird

a) entweder *nur* der Zustand 1 angeregt oder *nur* der Zustand 2,

b) oder *wenn* durch einen Elementarprozeß jeweils eine *Linearkombination* von beiden Zuständen 1 und 2 angeregt wird, so besteht zwischen den Koeffizienten σ_1 und σ_2 keine Phasenbeziehung, d. h. bei Mittelung über alle Elementarprozesse ist $\overline{\sigma_1\sigma_2^*} = 0$. Der erste Fall ist für Anregung durch Lichtabsorption erfüllt (l-Auswahlregel!), der zweite bei Anregung durch Elektronenstoß (vgl. 52.12).

Wir bezeichnen mit $N_1 = N\overline{|\sigma_1|^2}$ die Anzahl der Anregungsprozesse, bei denen das erste, $N_2 = N\overline{|\sigma_2|^2}$ als Anzahl der Prozesse, bei denen das zweite Niveau angeregt wird, und bekommen für die Intensität der vom ersten ausgehenden Absorptionslinien endlich:

$$J_1 = J_0^{(1)} \cdot \frac{N_1(k^2 + 4\mu(\lambda+\mu)) + N_2 k^2}{4(\lambda+\mu)(4\lambda\mu + k^2)}, \tag{43.21}$$

und einen entsprechenden Ausdruck für die Intensität der vom zweiten ausgehenden Linien. In Abwesenheit des elektrostatischen Feldes wird

$$J_1 = \frac{J_0^{(1)} N_1}{4\lambda}, \qquad J_2 = \frac{J_0^{(2)} N_2}{4\mu}, \tag{43.22}$$

also die Intensität jeder einzelnen Linie gleich der Anzahl der Anregungsprozesse pro sec mal der Lebensdauer mal der Intensität, die die Linie für *ein* Atom im Anregungszustand haben würde, wie man auch unmittelbar anschaulich erkennt. Bei sehr starkem äußeren Feld $k \gg |\lambda - \mu|$ wird andererseits

$$J_1 = \frac{J_0^{(1)}(N_1 + N_2)}{4(\lambda+\mu)}, \qquad J_2 = \frac{J_0^{(2)}(N_1 + N_2)}{4(\lambda+\mu)}. \tag{43.23}$$

Ein starkes äußeres Feld bewirkt also gleichmäßige Verteilung der Atome auf die beiden entarteten Niveaus und eine gemeinsame mittlere Lebensdauer $\frac{1}{2(\lambda+\mu)}$ für beide Zustände.

c) Quantitative Diskussion. Absorption der Balmerlinien. Wir haben oben nur deshalb gerade ein homogenes äußeres elektrisches Feld F in unsere Betrachtungen eingeführt, weil ein solches Feld die am einfachsten zu behandelnde Störung des Atoms repräsentiert. Um unsere Rechnungen auf das Experiment anwenden zu können, müssen wir feststellen, wie groß die Felder sind, die im Entladungsrohr auf ein Atom wirken. Dabei interessiert uns vor allem wieder der Zustand $n = 2$, $j = \frac{1}{2}$, welcher das metastabile $2s$-Niveau enthält.

Zunächst wirkt als Störung das äußere Feld, das zur Beschleunigung der Elektronen dient. Bei den Versuchen von SNOEK über die Absorption der Balmerserie[1] wurde z. B. eine Spannung von 1000 Volt an ein Absorptionsrohr von 1 bis 4 m Länge angelegt, so daß das Feld, als homogen vorausgesetzt, eine Feldstärke von 2,5 bis 10 Volt/cm aufweist. In einem

[1] J. L. SNOEK, Dissert. Utrecht 1929; J. L. SNOEK, L. S. ORNSTEIN u. F. ZERNIKE, ZS. f. Phys. Bd. 47, S. 627; Bd. 48, S. 750; Bd. 50, S. 600. 1928.

Feld von 10 Volt/cm ist aber [vgl. oben (43.15)] die Lebensdauer des $2s$-Zustandes noch 5 mal so groß wie die des $2p$-Zustands, in einem Feld von 2,5 Volt/cm sogar 80 mal so groß.

Sodann erzeugen die vorbeifliegenden Elektronen elektrische Felder. Sei i die Stromstärke in Ampere und $v = \sqrt{\frac{2eV}{300\,m}}$ die mittlere Geschwindigkeit der Elektronen (V die Voltgeschwindigkeit), dann ist $n = \frac{3 \cdot 10^9 \cdot i}{ev}$ die mittlere Anzahl Elektronen pro Volumeinheit und es befindet sich im Zeitmittel ein Elektron innerhalb einer Kugel um das Atom mit dem Radius $r = \left(\frac{3}{4\pi n}\right)^{\frac{1}{3}}$. Nehmen wir die *Hälfte* dieses Radius als mittleren Abstand des *nächsten* Elektrons vom Atom an, so erzeugt dieses Elektron ein Feld

$$F = 300 e \cdot \left(\frac{2}{r}\right)^2 = (150 m)^{\frac{1}{3}} \cdot (32\pi \cdot 10^9)^{\frac{2}{3}} \cdot i^{\frac{2}{3}} \cdot V^{-\frac{1}{3}} \cdot 300 = 33 i^{\frac{2}{3}} V^{-\frac{1}{3}} \text{ Volt/cm}.$$

Für die Energie der Elektronen V dürfte ein Mittelwert von etwa 25 Volt das Richtige treffen, die Stromstärke i sei etwa 0,5 Ampere[1], dann wird das Feld

$$F = \text{ca. } 7 \text{ Volt/cm}.$$

Die Felder, die von den entfernteren Elektronen erzeugt werden, sind hiergegen zu vernachlässigen, vor allem deshalb, weil die Feld*richtungen* unregelmäßig verteilt sind und sich daher im Mittel bloß die Quadrate der Feldstärken addieren. Mit 15 Volt/cm dürften wir den Gesamtbetrag des Feldes am Orte des Atoms (äußeres plus Elektronenfeld) recht gut abgeschätzt haben. Bei dieser Feldstärke ist die Lebensdauer des $2s$-Zustands noch mehr als doppelt so groß wie die des $2p$-Zustands.

Weiterhin kann man den Einfluß der Zusammenstöße mit anderen Wasserstoffatomen auf die Lebensdauer des $2s$-Zustands untersuchen. Durch eine Rechnung, welche der Behandlung der van der-Waals-Kräfte (Ziff. 63) analog ist, findet man, daß pro sec etwa $10^7 p$ Stöße stattfinden, welche das Atom aus dem $2s$- in den $2p$-Zustand überführen, wobei p der Druck in mm Hg ist. Der Einfluß der Stöße ist also bei den verwendeten Drucken von 0,02 bis 0,15 mm Hg vernachlässigbar gegenüber dem Einfluß der elektrischen Felder.

Endlich kann man sich noch überlegen, daß auch die Absorptionsprozesse die Lebensdauer des $2s$-Niveaus nicht wesentlich beeinflussen. Man kann abschätzen, daß in den Versuchen von Snoek und von v. Keussler[2] die Strahlungsdichte der im Absorptionsrohr vorhandenen H_α-Strahlung etwa $^1/_{1000}$ bis $^1/_{500}$ Quant pro Hohlraumschwingung betrug, unter dem Einfluß von Strahlung *allein* würde daher die reziproke Lebensdauer des $2s$-Zustands etwa 0,66 bis $1{,}32 \cdot 10^5\,\text{sec}^{-1}$, da bei Strahlungsdichte 1 die Übergangswahrscheinlichkeit vom $2s$-Niveau zu den drei magnetischen Zuständen des $3p$-Niveaus das Dreifache der in Tabelle 17 angegebenen Übergangswahrscheinlichkeit von einem der $3p$-Zustände zum $2s$-Niveau betragen würde, also $0{,}66 \cdot 10^8\,\text{sec}^{-1}$.

Man sieht also, daß die Lebensdauer des $2p$-Zustands nahezu ausschließlich durch die Entladungsbedingungen gegeben ist, und zwar ebensowohl durch die angelegte Spannung wie durch die Stromstärke[3]. Vor allem aber erkennen wir, daß unter den im Entladungsrohr herrschenden Bedingungen das $2s$-Niveau eine mehrfach längere Lebensdauer hat als das $2p$-Niveau, wenn auch natürlich von einer wirklichen Metastabilität des $2s$-Niveaus bei den vorhandenen Störungen keine Rede sein kann.

Nur durch die längere Lebensdauer des $2s$-Zustandes sind die Versuche von Snoek und v. Keussler über die Absorption von H_α überhaupt zu verstehen. Man weiß nämlich aus der Theorie (Ziff. 52, 53) wie auch aus der Erfahrung bei anderen Atomen, vor allem He, daß durch Elektronenstoß vorzugsweise die p-Zustände angeregt werden. Unter diesen Umständen würde man — bei gleicher Lebensdauer von $2s$ und $2p$ — erwarten, daß sich der Absorptions-

---

[1] Größte Stromstärke in den Versuchen von J. L. Snoek, l. c.

[2] V. v. Keussler, Ann. d. Phys. Bd. 7, S. 225. 1931; s. auch T. Takamine u. T. Suga, Scient. Pap. Tokyo Bd. 11, S. 193. 1929.

[3] Aus diesem Grunde kann unsere Argumentation auch nicht durch die Beobachtung v. Kesslers entkräftet werden, daß im Bereich schwacher Stromstärken die Variation der Stromstärke keinen meßbaren Einfluß auf das Intensitätsverhältnis der Feinstrukturkomponenten von H_α hat.

koeffizient der kurzwelligen, von unserem Niveau $j = \frac{1}{2}$ ausgehenden, Feinstrukturkomponente von H_α zum Absorptionskoeffizienten der von $j = \frac{3}{2}$ ausgehenden langwelligen Komponente nahezu wie 1 : 2 verhält. In Wirklichkeit beobachtete v. KEUSSLER ein Intensitätsverhältnis 0,77 : 1, SNOEK 0,89 : 1, also beide *noch mehr* als man erwarten würde, wenn die Anzahl der Atome in jedem Feinstrukturniveau proportional dem Gewicht dieses Niveaus wäre, 0,69 : 1[1] (vgl. Ziff. 42c). Vermittels unserer Intensitätsformel (43.21) kann man daraus das Anregungsverhältnis von $2s$- und $2p$-Niveau bestimmen.

Es ist nämlich in unserem Fall, wenn wir das $2s$-Niveau mit dem Zustand 1 identifizieren:

$$4\lambda = 0, \quad 4\mu = 6{,}25 \cdot 10^8 \,\mathrm{sec}^{-1}, \quad k = 1{,}4 \cdot 10^7 F \,\mathrm{sec}^{-1}.$$

Schätzen wir die Feldstärke F beispielsweise auf 15 Volt/cm (s. oben), so wird

$$k = 2 \cdot 10^8 \,\mathrm{sec}^{-1}.$$

Die Intensität der von $2s$ ausgehenden Linien ist dann [vgl. (43.21)]

$$J_{2s} = \frac{J_0^{(s)}}{4\mu} \cdot \left(N_{2s}\left(1 + 4\frac{\mu^2}{k^2}\right) + N_{2p}\right) = \frac{J_0^{(s)}}{4\mu}(N_{2s} \cdot 3{,}5 + N_{2p}),$$

die von $2p_{\frac{1}{2}}$ ausgehenden Linien haben die Intensität

$$J_{2p_{\frac{1}{2}}} = \frac{J_0^{(p)}}{4\mu}(N_{2s} + N_{2p})$$

und die von $2p_{\frac{3}{2}}$ ausgehenden Linien

$$J_{2p_{\frac{3}{2}}} = \frac{J_0^{(p)}}{4\mu} \cdot 2N_{2p},$$

weil offenbar in das $2p_{\frac{3}{2}}$-Niveau doppelt so viele Atome hineingelangen wie in das Niveau $2p_{\frac{1}{2}}$ (statistische Gewichte). Für die $J_0^{(s)}$, $J_0^{(p)}$ haben wir jetzt die Oszillatorstärken der betreffenden Linien einzusetzen, und zwar für $J_0^{(p)}$ die Gesamt-Oszillatorstärke des Übergangs von $2p$ nach $3d$ *, d. h. 0,694 (Tab. 16), für $J_0^{(s)}$ dagegen nur die des Übergangs $2s \to 3p_{\frac{3}{2}}$, weil der Übergang $2s \to 3p_{\frac{1}{2}}$, d. h. die Linie d der Tabelle 20, nicht mit beobachtet wird[1]: also ist $J_0^{(s)} = 0{,}283 = 0{,}41\, J_0^{(p)}$.

Das Intensitätsverhältnis wird daher

$$J_{\mathrm{kurzwellig}} : J_{\mathrm{langwellig}} = 2s + 2p_{\frac{1}{2}} : 2p_{\frac{3}{2}} = 2{,}4 N_{2s} + 1{,}4 N_{2p} : 2N_{2p}.$$

Mittelt man die beobachteten Werte (v. KEUSSLER 0,77 : 1, SNOEK 0,89 : 1), so erhält man

$$J_{2s} + J_{2p} : J_{2p} = 0{,}83 : 1, \quad N_{2p} : N_{2s} = 9 : 1.$$

Dieses Anregungsverhältnis stimmt befriedigend mit anderen Resultaten (Ziff. 44c) überein. Durch die Experimente wird also unsere Theorie durchaus bestätigt: Das $2s$-Niveau ist in Abwesenheit von Störungen metastabil.

d) Lebensdauer hochangeregter Zustände. Für hochangeregte Zustände genügen die normalerweise in der Entladungsröhre vorhandenen elektrischen Felder vollkommen, um zwischen den beiden entarteten Zuständen $l = j - \frac{1}{2}$ und $j + \frac{1}{2}$ eines Niveaus nj statistisches Gleichgewicht herzustellen.

Dies gilt schon für den Zustand $n = 3$, $j = \frac{1}{2}$: Dort ist die Starkeffektaufspaltung nach (34.3) $\sqrt{6}$ mal so groß wie für den bisher betrachteten Zustand $n = 2$, $j = \frac{1}{2}$, also wird für $F = 15$ Volt

$$k = 5 \cdot 10^8 \,\mathrm{sec}^{-1}.$$

Andererseits sind die Abklingungskonstanten für $3s$ und $3p$-Niveau nach Tabelle 17 nur

$$4\lambda = 1{,}86 \cdot 10^8 \,\mathrm{sec}^{-1}, \quad 4\mu = 0{,}06 \cdot 10^8 \,\mathrm{sec}^{-1},$$

so daß $k^2 = 25 \cdot 10^{16} \,\mathrm{sec}^{-2} \gg 4\lambda(\lambda + \mu) = 0{,}9 \cdot 10^{16} \,\mathrm{sec}^{-1} \gg 4\lambda\mu = 0{,}03 \cdot 10^{16} \,\mathrm{sec}^{-1}$. Die Intensität der von $3s$, $3p$ ausgehenden Linien ist also durch die vereinfachten Formeln

[1] Die Messungen beziehen sich immer auf die Maxima der Absorption, die Linie d der Tabelle 20 wird daher *nicht* bei der kurzwelligen Komponente mitgemessen.

* Der Übergang $2p \to 3s$ spielt keine Rolle.

(43.23) gegeben, die bei großem störendem Feld gelten. A fortiori gilt das für alle Niveaus mit höherem n und j: Die überhaupt auf das Niveau angeregten Atome verteilen sich gleichmäßig auf die entarteten Zustände $l = j - \frac{1}{2}$ und $= j + \frac{1}{2}$, alle Teilzustände des Niveaus nj haben eine gemeinsame Lebensdauer, deren reziproker Wert gleich dem arithmetischen Mittel der reziproken Lebensdauern der Teilzustände $l = j \pm \frac{1}{2}$ ist.

Vom sechsten, bei schwächeren Stromstärken im Entladungsrohr vom siebten Niveau des Wasserstoffs ab reichen die unregelmäßigen Felder im Rohr aller Wahrscheinlichkeit nach aus, um auch zwischen den *verschiedenen Feinstrukturniveaus* einigermaßen statistisches Gleichgewicht herzustellen.

Wenn wir nämlich für das elektrische Feld wieder unsere frühere Abschätzung $F \sim 15$ Volt benutzen, so wird der Starkeffekt für $n = 6$ gerade von der Größenordnung der Feinstruktur: Das Matrixelement des Potentials Fz zwischen den Zuständen $n = 6, j' = \frac{1}{2}$, $l' = 0, m' = \frac{1}{2}$ und $n = 6, j = \frac{3}{2}, l = 1, m = \frac{1}{2}$ ist z. B.

$$\frac{F}{15590}\, n\sqrt{n^2 - l^2}\sqrt{\frac{l^2 - m_l^2}{4l^2 - 1}}\sqrt{\frac{j + m}{2l + 1}} = 0{,}011\, F\,\mathrm{cm}^{-1} = 0{,}017\,\mathrm{cm}^{-1},$$

während der Abstand der Feinstrukturniveaus $j' = \frac{1}{2}$ und $j = \frac{3}{2}$ durch

$$\frac{5{,}8}{n^3}\left(\frac{1}{j' + \frac{1}{2}} - \frac{1}{j + \frac{1}{2}}\right) = \frac{5{,}8}{432} = 0{,}013\,\mathrm{cm}^{-1}$$

gegeben ist. Die Feinstruktur des Terms $n = 6$ wird also durch den Starkeffekt vollkommen durcheinandergemischt werden. Für $n = 7$ wird man schon annehmen dürfen, daß man praktisch immer die Termstruktur des Starkeffekts hat und die Feinstruktur keine Rolle mehr spielt, wobei aber die Richtung und Größe des elektrischen Feldes und damit die Termstruktur dauernd wechselt. Man dürfte dann in erster Näherung annehmen können, daß die Elektronen auf die einzelnen Feinstrukturniveaus nach Maßgabe von deren statistischen Gewichten verteilt sind, und daß alle Zustände mit gleicher Hauptquantenzahl eine einheitliche Lebensdauer haben, die wir in Tabelle 17 mit aufgeführt haben. Aber die Verhältnisse liegen doch zu kompliziert, als daß man ohne eingehende Diskussion bindende Schlüsse ziehen könnte.

Eine Vereinfachung der Verhältnisse wird natürlich erzielt, wenn man durch Anlegen eines starken äußeren Feldes dafür sorgt, daß die unregelmäßigen Feldschwankungen wenig ausmachen und daß der Starkeffekt sicher die mehrfache Größe der Feinstrukturaufspaltung hat. Diese Bedingung ist angenähert in den Versuchen von MAXWELL[1] über die Lebensdauer des sechsten Helium$^+$-Niveaus erfüllt.

Es wirkt dort ein Feld von 700 Volt/cm auf die He^+-Ionen ein, welches eine Gesamt-Starkeffektaufspaltung des sechsten Niveaus von

$$\frac{F}{15590} \cdot \frac{1}{Z} \cdot 2n(n - 1) = \frac{700 \cdot 30 \cdot 2}{2 \cdot 15590} = 1{,}4\,\mathrm{cm}^{-1}$$

verursacht gegenüber einer Gesamt-Feinstrukturaufspaltung von

$$5{,}8 \cdot Z^4 \cdot \frac{1}{n^3}\left(1 - \frac{1}{n}\right) = \frac{5{,}8 \cdot 2^4 \cdot 5}{6^4} = 0{,}36\,\mathrm{cm}^{-1}.$$

Man würde also diese Versuche am besten diskutieren, indem man Anregungswahrscheinlichkeiten und Lebensdauern der Starkeffektterme des He^+ zu Hilfe nimmt und die Feinstruktur vernachlässigt.

Da die Fragen der Anregungswahrscheinlichkeit durch Stoß langsamer Elektronen noch nicht genügend theoretisch geklärt sind, könnten wir aber auf diese Weise doch nur einen qualitativen Vergleich von Theorie und Experiment erzielen. Es soll daher genügen, *die* Lebensdauer des sechsten He^+-Niveaus mit dem Experiment zu vergleichen, welche sich ergibt, falls die Verteilung der He^+-Ionen auf die verschiedenen Feinstrukturniveaus des sechsten Zustandes proportional mit deren statistischen Gewichten erfolgt. Unter dieser Voraussetzung haben wir für das sechste Niveau des Wasserstoffs in Tabelle 17 eine mittlere Lebensdauer von $20{,}3 \cdot 10^{-8}$ sec abgeleitet. Für He^+ bleiben die Oszillatorstärken ungeändert — wegen des f-Summensatzes! —, die Übergangswahrscheinlichkeiten unter-

[1] L. R. MAXWELL, Phys. Rev. Bd. 38, S. 1664. 1931.

scheiden sich von den Oszillatorstärken durch einen Faktor ν^2, die Frequenz ν der Spektrallinien der wasserstoffähnlichen Atome wiederum wächst proportional Z^2, also die Übergangswahrscheinlichkeiten wie Z^4. Die Lebensdauer nimmt daher wie $1/Z^4$ ab.

Für den sechsten He^+-Zustand erhalten wir also als theoretische Lebensdauer $\frac{1}{16} \cdot 20{,}3 \cdot 10^{-8} = 1{,}27 \cdot 10^{-8}$ sec gegenüber einem beobachteten Wert von $1{,}1 \cdot 10^{-8}$ sec. Die Übereinstimmung ist sehr befriedigend, beweist aber, wie MAXWELL selbst gezeigt hat, nichts für die Annahme der statistischen Gleichverteilung über die Feinstrukturniveaus.

Bemerkenswert ist, daß die MAXWELLschen Versuche eine starke Zunahme der Lebensdauer mit der Hauptquantenzahl geben, wie sie ja auch von der Theorie gefordert wird. Sie stehen damit in Widerspruch zu den Abklingungsmessungen von WIEN[1] u. a., welche offenbar durch sekundäre Einflüsse, wie Rekombination, Kaskadensprünge usw. gefälscht sind. Darauf hat bereits R. D'E. ATKINSON[2] hingewiesen. ATKINSON versucht die störenden Einflüsse zu vermeiden, indem er die Wasserstoff-Kanalstrahlen an einer ganz bestimmten Stelle ihrer Bahn anregt. Er findet genau wie MAXWELL, der übrigens ebenfalls die Anregung an einer definierten Stelle vornimmt, eine Zunahme der Lebensdauer mit der Hauptquantenzahl des Anfangszustands, die in roher Übereinstimmung mit der wellenmechanischen Theorie ist. Ebenso finden HIRSCH und DÖPEL[3] bei Helium Lebensdauern, deren qualitatives Verhalten mit der Theorie in Einklang ist: längere Lebensdauer bei höherer Hauptquantenzahl, längere Lebensdauer der D-Terme gegenüber den P-Termen beim Parhelium (weil dort die P-Terme mit dem Grundterm kombinieren), dagegen das umgekehrte Verhalten beim Orthohelium[4]; Lebensdauer der ^1D-Terme länger als der ^3D-Terme, weil bei vermutlich ziemlich gleicher Oszillatorstärke der Übergänge $^1D \rightarrow {}^1P$ und $^3D \rightarrow {}^3P$ die letzteren wesentlich kürzere Wellenlänge und dadurch größere Übergangswahrscheinlichkeit haben.

44. Vergleich mit der Erfahrung. a) Schwierigkeiten des Vergleichs bei Wasserstoff. Die wirklich zur Beobachtung kommende Intensität einer Linie ist gegeben durch das Produkt der Anzahl der Atome, die sich im Zeitmittel im Anfangszustand befinden mit der (in Tab. 18a gegebenen) Intensität für *ein* Atom im Anfangszustand. Die Anzahl der Atome ist ihrerseits gleich der Wahrscheinlichkeit, daß ein Atom in den Anfangszustand (durch Anregung, Zusammenstoß mit anderen Atomen oder Herunterfallen von höher angeregten Zuständen) hineingelangt mal der Lebensdauer des Zustands. Letztere ist unter idealen Verhältnissen durch die Zahlen der Tabelle 17 gegeben, kann aber, wie wir in Ziffer 43 gesehen haben, gerade bei Wasserstoff durch äußere Störungen wesentlich modifiziert werden. Wie man sieht, ist die Anzahl der angeregten Atome von sehr vielen Faktoren abhängig, die teilweise theoretisch schwer zu erfassen sind und unter der Gesamtbezeichnung „Anregungsbedingungen" zusammengefaßt werden.

Um die Anregungsbedingungen möglichst zu eliminieren und die Übergangswahrscheinlichkeiten *selbst* an der Erfahrung zu prüfen, muß man sich

[1] W. WIEN, Ann. d. Phys. Bd. 60, S. 597. 1919; Bd. 66, S. 229. 1920; Bd. 73, S. 483. 1924; Bd. 83, S. 1. 1927; Münchener Ber. 1927, S. 89; H. KERSCHBAUM, Ann. d. Phys. Bd. 83, S. 287. 1927; Bd. 84, S. 930. 1927; J. PORT (Balmerserie), ebenda Bd. 87, S. 581. 1928; K. L. HERTEL, Phys. Rev. Bd. 27, S. 804. 1926; J. S. MCPETRIE, Phil. Mag. (7) Bd. 1, S. 1082. 1926.

[2] R. D'E. ATKINSON, Proc. Roy. Soc. London Bd. 116, S. 81. 1927.

[3] R. V. HIRSCH u. R. DÖPEL, Ann. d. Phys. Bd. 1, S. 963. 1929; ebenso J. W. BEAMS u. P. N. RHODES, Phys. Rev. Bd. 28, S. 1147. 1926.

[4] Dies Verhalten läßt sich auf Grund der in Tabelle 17 aufgeführten Übergangswahrscheinlichkeiten verstehen: Die Übergänge in den Grundzustand sind für Orthohelium nicht möglich, und die Übergänge $3d \rightarrow 2p$ sind intensiver als $3p \rightarrow 2s$, ebenso $4d \rightarrow 2p$ und $3p$ intensiver als $4p \rightarrow 2s$ und $3s$ usw.

auf Linien beschränken, die vom gleichen Anfangszustand ausgehen. Im allgemeinen sind solche Linien leicht herauszufinden, bei Wasserstoff hat das aber ziemliche Schwierigkeiten, weil man natürlich eigentlich nur Linien vergleichen darf, die vom gleichen *Feinstruktur*niveau ausgehen: Die Anregungswahrscheinlichkeit (Ziff. 53) wie auch die Lebensdauer (Tab. 17) hängen ja ganz wesentlich von der Azimutalquantenzahl l ab, sind also für die verschiedenen Feinstrukturniveaus verschieden. Es ist aber experimentell fast unmöglich, die einzelnen Feinstrukturlinien zu trennen, weil die natürliche Breite der Linien, besonders wegen des großen Dopplereffektes des Wasserstoffs, groß ist gegen die Feinstrukturaufspaltung angeregter Niveaus: In praxi ist im allgemeinen nur eine Trennung der von den beiden Feinstrukturtermen $j = \frac{1}{2}$ und $\frac{3}{2}$ des zweiquantigen Niveaus ausgehenden Linien möglich, nicht aber eine Trennung der Linien, die von verschiedenen Feinstrukturniveaus *höherer* Terme ausgehen.

Aber sogar wenn es gelänge, die einzelnen Feinstrukturlinien voneinander zu trennen, könnte man immer noch die Intensitätsverhältnisse der von einem und demselben Feinstrukturniveau ausgehenden Linien *nicht* eindeutig theoretisch voraussagen, weil die Lebensdauer der Feinstrukturniveaus, wie wir in Ziffer 43 gesehen haben, infolge der l-Entartung ganz wesentlich von den äußeren Bedingungen abhängt. Man muß sich daher bei Wasserstoff auf einen qualitativen Vergleich beschränken, während man zur exakten Prüfung der quantentheoretisch berechneten Übergangswahrscheinlichkeiten besser die Alkalispektren oder Röntgenspektren heranzieht.

b) Absorptions- und Dispersionsmessungen bei Wasserstoff. Am günstigsten liegen die Verhältnisse bei *Absorptions*messungen in der Balmerserie, weil man dort die von den beiden Feinstrukturniveaus $j = \frac{1}{2}$ und $j = \frac{3}{2}$ ausgehenden Absorptionslinien ziemlich quantitativ voneinander trennen kann. Die einzige Unsicherheit, die übrigbleibt, ist, wie sich die Atome im Niveau $j = \frac{1}{2}$ auf den $2s$- und den $2p_{\frac{1}{2}}$-Zustand verteilen (vgl. Ziff. 43a, b, c). Jedoch hängt das Intensitätsverhältnis der violetten Komponenten[1] der Balmerlinien $H_\alpha, H_\beta, H_\gamma$ *zueinander* nicht allzu sehr von dieser Verteilung ab: Wenn alle Atome im $2s$-Zustand wären, so wäre z. B. nach Tabelle 16 das Verhältnis der Oszillatorstärken

$$H_\alpha : H_\beta : H_\gamma = 2s - 3p : 2s - 4p : 2s - 5p = 0{,}425 : 0{,}102 : 0{,}042 = 100 : 24 : 9{,}9. \quad (44.1)$$

Wären dagegen alle Atome im $2p$-Zustand, so müßte gelten

$$H_\alpha : H_\beta : H_\gamma = 2p - 3d : 2p - 4d : 2p - 5d = 100 : 17{,}6 : 6{,}3, \quad (44.2)$$

da die Übergänge $2p - ns$ praktisch keine Rolle spielen. Das Intensitätsverhältnis der „roten", vom höheren Feinstrukturniveau $2p_{\frac{3}{2}}$ ausgehenden Komponenten der Linien H_α, H_β, H_γ sollte auf jeden Fall durch (44.2) gegeben sein, das Intensitätsverhältnis der violetten Komponenten durch einen Mittelwert von (44.1) und (44.2).

Die Messungen sind ziemlich kompliziert, weil es sehr schwierig ist, zweiquantige Wasserstoffatome in so reichlicher Anzahl zu erhalten, daß ihre Absorption merklich wird[2]. Die Versuche sind von SNOEK[3] ausgeführt und gaben im Mittel für die roten Komponenten (von $j = \frac{3}{2}$ ausgehend)[4]

$$H^l_\alpha : H^l_\beta : H^l_\gamma = 100 : 18{,}8 : 7{,}4$$

---

[1] Diese Komponenten haben als unteren Zustand das tiefere Feinstrukturniveau des zweiquantigen Terms, $j = \frac{1}{2}$.

[2] Außerdem wirkt es störend, daß man immer gleichzeitig mit dem zweiten auch höhere Niveaus anregt, welche die Balmerlinien *emittieren*. Dies macht recht umständliche und etwas unsichere Korrektionen notwendig, da die Anzahl der Atome in den höheren Niveaus nicht genau bekannt ist.

[3] J. L. SNOEK, Dissert. Utrecht 1929.

[4] l = langwellige, k = kurzwellige Komponente.

in befriedigender Übereinstimmung mit dem theoretischen Verhältnis (44.2); für die violetten Komponenten (von $j = \frac{1}{2}$ ausgehend)

$$H_\alpha^k : H_\beta^k : H_\gamma^k = 100 : 20{,}2 : 8{,}5 ,$$

also gegenüber dem Intensitätsverhältnis der kurzwelligen Komponenten eine merkliche Verschiebung zugunsten der höheren Serienlinien, wie es sein muß, und ziemlich genau den Mittelwert von (44.1) und (44.2).

Über die Messungen des Intensitätsverhältnisses der kurzwelligen zur langwelligen Komponente haben wir bereits in Ziffer 43 gesprochen. Wir wollen hier nur noch hinzufügen, daß SNOEK für die H_β- und H_γ-Linie fand

$$H_\beta^k : H_\beta^l = 0{,}95 : 1 ; \qquad H_\gamma^k : H_\gamma^l = 1{,}01 : 1 .$$

Nimmt man Anregung von $2s$, $2p_{\frac{1}{2}}$ und $2p_{\frac{3}{2}}$ proportional ihren statistischen Gewichten an, so ergibt sich für das Intensitätsverhältnis

$$\text{bei } H_\beta \; 0{,}92 : 1, \qquad \text{bei } H_\gamma \; 0{,}98 : 1 .$$

Bequemer als direkte Messungen der Absorption sind im allgemeinen Messungen der anomalen Dispersion in der Nähe der Absorptionslinien, welche ja bekanntlich direkt die Oszillatorstärke der betreffenden Absorptionslinie liefert. Solche Messungen sind von LADENBURG und CARST[1] an angeregtem Wasserstoff ausgeführt worden, und zwar in der Umgebung der H_α- und der H_β-Linie.

Störend wirkt, wie bei den direkten Absorptionsmessungen, die gleichzeitige Anwesenheit von höher angeregten Wasserstoffatomen: Für das dreiquantige Atom ist z. B. die Balmerlinie H_α eine Linie mit *negativer* Oszillatorstärke, und es besitzt daher in der Umgebung dieser Linie „negative Dispersion" (der Brechungsindex eines Gases dreiquantiger Atome ist auf der kurzwelligen Seite von H_α *größer* als auf der langwelligen, anstatt, wie normal, umgekehrt). Man mißt nur den Überschuß der „positiven Dispersion" der zweiquantigen über die „negative" der dreiquantigen Atome.

Mit plausiblen Annahmen über die relative Anzahl Atome in den Zuständen $n = 2, 3, 4$ finden LADENBURG und CARST, daß das Verhältnis der Oszillatorstärken von $H_\alpha : H_\beta$ experimentell jedenfalls zwischen 4,66:1 und 5,91:1 liegen muß, während sich theoretisch ergibt (vgl. Tab. 16)

$$\text{wenn nur } 2s \text{ besetzt ist: } H_\alpha : H_\beta = 2s - 3p : 2s - 4p = 4{,}16 : 1,$$

$$\text{wenn nur } 2p \text{ besetzt ist: } H_\alpha : H_\beta = 2p - 3d : 2p - 4d = 5{,}68 : 1,$$

wenn beide entsprechend ihren statistischen Gewichten besetzt sind:

$$H_\alpha : H_\beta = (0{,}425 + 3 \cdot 0{,}694) : (0{,}102 + 3 \cdot 0{,}122) = 5{,}37 : 1 .$$

Dieser Wert liegt nahezu in der Mitte der experimentell gefundenen Grenzwerte.

c) Emissionslinien, die vom gleichen Niveau ausgehen. ORNSTEIN und BURGER verglichen die Intensität der Emissionslinien der Balmer- und Paschenserie[2], welche von den Zuständen $n = 4, 5, 6$ ausgehen. Sie erhielten für das Verhältnis entsprechender Linien

$$\frac{H_\beta}{P_\alpha} = \frac{\text{Übergang } n = 4 \to n = 2}{n = 4 \to n = 3} = \frac{2{,}6}{1}, \quad \frac{H_\gamma}{P_\beta} = \frac{5 \to 2}{5 \to 3} = \frac{2{,}5}{1}, \quad \frac{H_\delta}{P_\gamma} = \frac{6 \to 2}{6 \to 3} = \frac{2}{1}.$$

Zur theoretischen Deutung haben ORNSTEIN und BURGER zunächst angenommen, daß die Anzahl der Atome, die sich in den verschiedenen Teilzuständen ns, np, nd usw. der angeregten Niveaus im Zeitmittel *befinden*, bei festgehaltener Haupt-

[1] R. LADENBURG u. A. CARST, ZS. f. Phys. Bd. 48, S. 192. 1928.

[2] Hierher gehören auch qualitative Messungen von H. PFUND, Journ. Opt. Soc. Amer. Bd. 12, S. 487. 1926. Er fand, daß die Intensität der Lymanserie „viel stärker" sei als die aller übrigen Serien.

quantenzahl n proportional dem statistischen Gewicht $2l+1$ dieser Zustände ist. In diesem Fall müßten nach Tabelle 18a die Intensitätsverhältnisse sehr viel mehr zugunsten der Balmerlinien verschoben sein, nämlich

$$H_\beta : P_\alpha = 5{,}38:1{,}51 = 3{,}55:1\,,\quad H_\gamma : P_\beta = 3{,}4:1\,,\quad H_\delta : P_\gamma = 3{,}2:1\,.$$

Berücksichtigt man dann noch, daß durch Elektronenstoß nach Aussage sowohl der Theorie (Ziff. 53) wie des Experiments bei Helium und anderen Elementen vorzugsweise p-Zustände angeregt werden, so müßte das Verhältnis noch extremer werden, z. B. für den Fall, daß überhaupt *nur* p-Zustände angeregt würden (vgl. Tab. 18a):

$$H_\beta : P_\alpha = 2s - 4p : 3s - 4p = 1{,}15:0{,}096 = 12:1\,,$$
$$H_\gamma : P_\beta = 0{,}67:0{,}074 = 9:1\,,\quad H_\delta : P_\gamma = 8:1\,.$$

Da bereits die Intensitätsverhältnisse bei statistischer Gleichverteilung (s. oben) unannehmbar hoch sind, bleibt nichts übrig, als die Konsequenz zu ziehen, daß Atome in f-Zuständen besonders zahlreich vorhanden sind: Die f-Zustände sind nämlich die einzigen, die mit dem dreiquantigen ($3d$), aber nicht mit dem zweiquantigen Niveau kombinieren, deren Vermehrung also einseitig die Intensität der Paschenserie vergrößert. *Diese Bevorzugung der f-Niveaus findet nun ihre natürliche Erklärung in deren langer Lebensdauer.* Wenn man z. B. die Annahme macht, daß die Anzahl der Atome, die pro Zeiteinheit in den ns-, np-, nd-, nf-Zustand *hineingelangen*, proportional den statistischen Gewichten dieser Zustände ist, so werden (vgl. Tab. 18b) die Intensitätsverhältnisse von Balmer- und Paschenlinien:

$$H_\beta : P_\alpha = 18{,}7:9{,}3 = 2{,}01:1\,,\quad H_\gamma : P_\beta = 2{,}02:1\,,\quad H_\delta : P_\gamma = 1{,}97:1\,,$$

also durchweg *kleiner* als die gemessenen. Das ist sehr befriedigend, wenn man nun wieder die Tatsache berücksichtigt, daß die p-Zustände, welche bevorzugt die Balmerlinien emittieren (vgl. oben), besonders stark angeregt werden: Nimmt man z. B. an, daß die Anregungswahrscheinlichkeit (Anzahl der pro sec in den Zustand *hinein*gelangenden Atome) der s-, d-, f- usw. Zustände proportional ihren statistischen Gewichten ist, für die p-Zustände dagegen 5mal so groß, so kommt man genau auf das beobachtete Intensitätsverhältnis 2,6:1 für die vom vierquantigen Niveau ausgehenden Linien $H_\beta : P_\alpha$*.

d) Emissionsmessungen in der Wasserstoff-Feinstruktur. Die Intensitätsverhältnisse der Feinstrukturkomponenten von H_α sind wiederholt gemessen worden. Wenn die Verteilung der Atome auf die Feinstrukturzustände des dritten Niveaus proportional den statistischen Gewichten erfolgt, so ergeben sich für die Oszillatorstärken der einzelnen Feinstrukturlinien (in der Reihenfolge wachsender Frequenzen) die in Tabelle 20 verzeichneten Werte, das Intensitätsverhältnis wird

$$d + e : a + b + c = \text{kurzwellige} : \text{langwellige Komponente} = 0{,}80:1\,.$$

In Wirklichkeit ergibt sich die kurzwellige Komponente $d+e$ im allgemeinen stärker als die langwellige: Das ist daraus zu erklären, daß durch Elektronenstoß die $3p$-Niveaus, von welchen die kurzwelligen Feinstrukturkomponenten ausgehen, stärker angeregt werden als die $3d$-Zustände, und zwar so viel stärker, daß dadurch die kürzere Lebensdauer der $3p$-Zustände überkompensiert wird. Nimmt man z. B. an, daß pro sec 5mal[1] so viele Atome in jeden der sechs magneti-

* In Wirklichkeit werden die Verhältnisse natürlich noch durch die Feinstruktur und äußere Störungen modifiziert, die aber an unserer qualitativen Betrachtung nichts ändern werden.

[1] Das ist die Annahme, die wir in c) für die Erklärung der Intensitätsverhältnisse von Paschen- und Balmerlinien gemacht haben.

schen $3p$-Zustände ($j=\frac{1}{2}, m=\pm\frac{1}{2}$; $j=\frac{3}{2}, m=\pm\frac{1}{2}$ und $m=\pm\frac{3}{2}$) hineingelangen als in jeden der $3d$-Zustände, so ist die Anzahl der Atome, die sich im Zeit*mittel* in jedem magnetischen Zustand des $3p$-Niveaus befinden, um den Faktor $6\cdot\frac{0{,}54}{1{,}56}=2{,}08$ größer als für die $3d$-Niveaus, da 0,54:1,56 das Verhältnis der Lebensdauern ist. Mit dieser Annahme wird das Intensitätsverhältnis der beiden Komponenten von H_α

$$H_k : H_l = 2{,}90 : 2{,}83 = 1{,}03 : 1,$$

was ungefähr dem Mittel der Beobachtungen entspricht.

Die Beobachtungen ergaben:

Tabelle 22. Intensitätsverhältnis der Feinstrukturkomponenten von H_α.

Beobachter	Druck mm Hg	Stromstärke Amp/cm²	Intensitätsverhältnis $H_k : H_l$
HANSEN[1]	0,015		1,29:1
HANSEN	0,23		1,00:1
HOUSTON[2]		0,25	0,80:1
		1,5	1,05:1
KENT, TAYLOR u. PEARSON[3]			0,89 bis 0,93:1
v. KEUSSLER[4]	0,02 bis 0,14	0,005 bis 0,02	∾1,4:1

Die Versuche von HANSEN ergeben, daß mit wachsendem Druck das Intensitätsverhältnis sich dem „idealen", bei statistischer Verteilung zu erwartenden Verhältnis 0,80:1 nähert, was zu erwarten ist. Die Versuche von HOUSTON dagegen zeigen ganz gegen die Erwartung, daß das statistische Verhältnis bei niedrigen Stromstärken erreicht wird, während man gerade annehmen sollte, daß bei *hoher* Stromstärke durch die Wirkung der unregelmäßigen Felder das statistische Gleichgewicht hergestellt wird. Alle Meßergebnisse sind untereinander ziemlich widerspruchsvoll. Man kann zusammenfassend wohl sagen, daß ein Widerspruch mit plausiblen theoretischen Annahmen nirgends besteht, daß wir aber wegen der großen Empfindlichkeit der Wasserstoffniveaus gegenüber Störungen die Anregungsbedingungen so wenig beherrschen, daß wir theoretische Voraussagen über die relativen Intensitäten der Feinstrukturkomponenten nicht machen können.

Immerhin dürfte die Hypothese der Verteilung der Atome auf die einzelnen Feinstrukturniveaus entsprechend ihren statistischen Gewichten genau genug sein, um die Intensität schwacher Feinstrukturkomponenten und die von ihnen bewirkte scheinbare Verschiebung einer benachbarten, mit der schwachen Komponente verschmelzenden stärkeren zu berechnen, wie das bei Präzisionsbestimmungen der Feinstruktur*aufspaltung* und bei Messungen der Differenz der Rydbergkorrekturen von Wasserstoff und Helium vonnöten ist[5].

e) Intensitätsverhältnisse in der Balmerserie in Emission. Anregungswahrscheinlichkeit der höheren Niveaus. Die Messung der Intensitäten von Linien, die nicht vom gleichen Niveau ausgehen, kann nicht zur Prüfung der quantentheoretischen Übergangswahrscheinlichkeiten benutzt werden, sondern vielmehr zur Feststellung der Anregungswahrscheinlichkeiten der Ausgangsniveaus, wobei die theoretischen Übergangswahrscheinlichkeiten als richtig angenommen werden.

Messungen sind von ORNSTEIN und LINDEMAN an den verschiedenen Linien der Balmerserie vorgenommen worden. Die Intensitäten dieser Linien sind, wie Tabelle 18a zeigt, unabhängig von der Hauptquantenzahl n des Ausgangsniveaus, falls in jedes Ausgangsniveau pro Zeiteinheit die gleiche Anzahl Atome *hinein*gelangt. Die beobachteten Linienintensitäten würden daher direkt die Anregungswahrscheinlichkeiten der Ausgangsniveaus angeben, wenn die An-

[1] G. HANSEN, Ann. d. Phys. Bd. 78, S. 558 1925.
[2] W. V. HOUSTON, Astrophys. Journ. Bd. 64, S. 81. 1926.
[3] N. A. KENT, L. B. TAYLOR u. H. PEARSON, Phys. Rev. Bd. 30, S. 266. 1927.
[4] V. v. KEUSSLER, Ann. d. Phys. Bd. 7, S. 225. 1931.
[5] Vgl. z. B. W. V. HOUSTON, Phys. Rev. Bd. 30, S. 608. 1928.

regungswahrscheinlichkeiten aller Feinstrukturniveaus gleicher Hauptquantenzahl dieselbe wäre. Die Messungen ergaben für das Verhältnis der Linien*intensitäten*

$$H_\alpha : H_\beta = 7{,}25\,, \quad H_\beta : H_\gamma = 4{,}0\,, \quad H_\gamma : H_\delta = 3{,}0\,^*.$$

Durch Division mit dem Verhältnis der Frequenzen erhält man daraus die Anzahl *emittierter Quanten* für die Balmerlinien, durch Kombination mit den unter c) zitierten Messungen ergeben sich weiterhin die emittierten Quanten für die Paschenlinien. Um die Gesamtzahl der von einem Niveau emittierten Quanten zu bestimmen, müssen wir außerdem die Zahl der emittierten Lymanquanten berechnen. Zu diesem Zweck haben wir, wie schon früher öfters, angenommen, daß die p-Niveaus fünfmal so stark angeregt werden wie die übrigen Zustände. Dann kann man z. B. zur Berechnung der Intensität der zweiten Lymanlinie folgende Rechnung aufstellen: Pro sec gelangen in den $3s$-Zustand 1, in den $3p$-Zustand $5 \cdot 3 = 15$, in den $3d$-Zustand 5 Atome (relative Zahlen). Die $3s$- und $3d$-Atome emittieren die Balmerlinie H_α (Übergänge nach $2p$), für die $3p$-Atome besteht nach Tabelle 17 die Wahrscheinlichkeit $1{,}64/1{,}86 = 0{,}88$ für Emission der Lymanlinie L_β, 0,12 für Emission von H_α. Also wird die Anzahl emittierter Quanten für H_α $1 + 15 \cdot 0{,}12 + 5 = 7{,}8$, für L_β $15 \cdot 0{,}88 = 13{,}2 = 170\%$ von H_α.

Führt man die entsprechende Rechnung allgemein durch, so findet man ($H_\alpha = 100$ gesetzt):

Tabelle 23. Anzahl emittierter Quanten pro sec bei Wasserstoff nach Messungen von ORNSTEIN und LINDEMAN.

	Anfangsniveau			
	$n = 3$	$n = 4$	$n = 5$	$n = 6$
Lymanserie	$L_\beta = 170$	$L_\gamma = 20{,}6$	$L_\delta = 5{,}0$	$L_\varepsilon = 1{,}6$ (berechnet)
Balmerserie	$H_\alpha = 100$	$H_\beta = 10{,}3$	$H_\gamma = 2{,}3$	$H_\delta = 0{,}7$ (beobacht.)
Paschenserie		$P_\alpha = 15{,}1$	$P_\beta = 2{,}7$	$P_\gamma = 0{,}8$ (beobacht.)
Brackettserie			$B_\alpha = 5{,}2$	$B_\beta = 1{,}3$ (berechnet)
Zusammen emittiert	270	46	15,2	(ca. 7)
Ab: Übergänge von höheren Niveaus zum Anfangsniveau (ca.)	20	8	3	(1)
Anregung	250	38	12	(6)

Die Gesamtzahl der pro sec emittierten Quanten minus der Zahl der Übergänge von höheren Niveaus in das gerade betrachtete „Anfangsniveau" (Kaskadensprünge) gibt die Anzahl der Atome, die pro sec durch direkte Anregung in das Niveau hineingelangen. Sie ist, wie man sieht, rund um einen Faktor 10 größer als die Zahl der Kaskadensprünge (vgl. unsere Bemerkungen Ziff. 41 c 4). Außerdem ist die Anregung des dreiquantigen Niveaus außerordentlich viel stärker als die der höheren Zustände, es verhält sich

$$A_3 : A_4 : A_5 = 20 : 3 : 1\,.$$

Wenn die Atome durch Stoß schneller Elektronen aus dem Grundzustand des H-Atoms angeregt würden, müßte das Verhältnis statt dessen betragen

$$A_3 : A_4 : A_5 = 6 : 2 : 1\,.$$

Natürlich wäre es denkbar, daß die hochangeregten Zustände durch irgendwelche sekundären Prozesse zerstört werden. Andernfalls wäre die Diskrepanz zwischen Stoßtheorie und Experiment recht merkwürdig[1].

* Mit einer anderen Versuchsanordnung erhalten W. H. CREW und E. O. HULBERT (Phys. Rev. Bd. 29, S. 848. 1926)

$$H_\alpha : H_\beta = 4{,}83 : 1\,, \quad H_\beta : H_\gamma = 3{,}8 : 1\,.$$

[1] Die von ORNSTEIN selbst aus seinen Messungen herausgelesene Übereinstimmung mit der Theorie der Anregung durch Elektronenstoß beruht auf Unterschätzung der Zahl emittierter Lymanquanten.

f) Absorptionsmessungen an Alkalien[1]. Da die Messungen an Wasserstoff aus den mehrfach erwähnten Gründen (Feinstruktur, Abhängigkeit der Lebensdauer von Störungen, Absorptionslinien im Sichtbaren nur von angeregten Zuständen aus) keinen voll befriedigenden quantitativen Vergleich mit den theoretischen Übergangswahrscheinlichkeiten zulassen, liegt es nahe, den Vergleich bei wasserstoff*ähnlichen* Elementen durchzuführen, vor allem bei den Alkalien.

Man kann nun natürlich nicht erwarten, daß die Übergangswahrscheinlichkeiten bei den Alkalien dieselben sind wie bei Wasserstoff, da das Potentialfeld, in dem das Leuchtelektron umläuft, schon stark vom Coulombfeld abweicht. Am wasserstoffähnlichsten ist das Lithium, aber auch für dieses besteht ein grundlegender Unterschied gegenüber Wasserstoff z. B. darin, daß $2s$- und $2p$-Niveau nicht zusammenfallen, und daß der Übergang von $2p$ nach $2s$, der bei Wasserstoff die Oszillatorstärke Null hat, bei Li bei weitem der stärkste der ganzen Hauptserie $2s - np$ ist. Um Übereinstimmung zwischen Theorie und Erfahrung zu erzielen, darf man daher nicht die Eigenfunktionen und Übergangswahrscheinlichkeiten von Wasserstoff übernehmen, sondern muß die Eigenfunktionen des Leuchtelektrons in dem tatsächlich vorhandenen Potentialfeld berechnen, welches von den inneren Atomelektronen erzeugt wird und etwa nach der HARTREEschen Methode zu gewinnen ist. Mit *diesen* Eigenfunktionen hat man dann die Integrale $R_{nl}^{n'l'}$ und die Übergangswahrscheinlichkeiten auszuwerten. Der Vergleich zwischen Theorie und Experiment ist dann allerdings bestenfalls eine Prüfung der quantenmechanischen Methode der Berechnung von Übergangswahrscheinlichkeiten im *allgemeinen*, nicht der Übergangswahrscheinlichkeiten von Wasserstoff im speziellen; außerdem kommt durch die Berechnung des auf das Leuchtelektron wirkenden Potentialfeldes eine neue Unsicherheit herein, so daß man eigentlich in erster Linie die Berechtigung der HARTREEschen Methode zur Berechnung von Eigenfunktionen prüft.

Rechnungen der angegebenen Art sind von TRUMPY (l. c.) für die Hauptserie des Li durchgeführt und mit den Absorptionsmessungen des gleichen Verfassers verglichen worden. Die Übereinstimmung, die in Tabelle 24 dargestellt ist, ist befriedigend. Verzeichnet ist dabei jedesmal das Verhältnis der Oszillatorstärken aufeinanderfolgender Serienglieder. Bemerkenswert ist, daß dieses Verhältnis, welches für das erste und zweite Serienglied 14 : 1 beträgt, für das zweite und dritte Glied auf 1,17 : 1 fällt (diese beiden Glieder sind also nahezu gleich stark), für das dritte und vierte Glied aber wieder auf 1,86 steigt und erst von da ab monoton gegen 1 konvergiert. Diese Anomalie wird von Theorie und Experiment in gleicher Weise gegeben, sie hat kein Analogon bei Wasserstoff oder anderen Alkalien.

Wir haben in der Tabelle 24 auch die Oszillatorstärken für die entsprechende Serie $2s - np$ des Wasserstoffs beigefügt. Ihre absoluten Beträge stimmen ersichtlich gar nicht überein mit den beobachteten und den von TRUMPY berechneten Oszillatorstärken von Li, sondern sind (für höhere n) beträchtlich

[1] Siehe unter anderem B. TRUMPY, ZS. f. Phys. Bd. 44, S. 575. 1927; Bd. 50, S. 228. 1928; Bd. 54, S. 372; Bd. 57, S. 787. 1929; Bd. 61, S. 54. 1930 (Li, zum Teil mit theoretischen Berechnungen); ebenda Bd. 34, S. 715. 1925; Bd. 42, S. 327. 1927 (Na-Hauptserie). Ferner Intensitätsmessungen an Helium: J. C. MACLENNAN, R. RUEDY u. E. ALLIN, Proc. Roy. Soc. Canada III (3) Bd. 22, S. 273. 1929 (Serie $2^3P - n^3S$); W. C. MICHELS, Phys. Rev. Bd. 33, S. 267. 1929; W. H. MCCURDY, Phil. Mag. Bd. 2, S. 529. 1926 (Serie $2^1P - m^1D$ in Absorption viel stärker als $2^1P - m^1S$); A. WOLF u. B. B. WHEATHERBY, Phys. Rev. Bd. 29, S. 135. 1927 (Absorption); M. G. PETERI u. W. ELENBAAS, ZS. f. Phys. Bd. 54, S. 92. 1928; D. BURGER, ebenda S. 643.

Tabelle 24. Oszillatorstärken für die Li-Hauptserie $2s - np$.

	Verhältnis der Oszillatorstärken aufeinanderfolgender Linien f_n/f_{n+1}				Absolute Oszillatorstärken f_n	
		berechnet				
	Experiment	von TRUMPY mit HARTREEscher Methode	für Wasserstoff $2s - np$	wenn $f_n \backsim \frac{1}{n^3}$	Li	H
$n = 2$	nicht beob.	14	0	3,4	0,723	—
3	1,2	1,17	4,08	2,4	0,051	0,425
4	1,7	1,86	2,45	1,95	0,044	0,102
5	1,85	nicht ber.	1,94	1,73	0,023	0,042
6	1,7	,, ,,	1,70	1,59	0,013	0,022
7	1,5	,, ,,	1,55	1,50	0,008	0,013
8	1,5	,, ,,	1,45	1,42	0,005	0,008
9	1,4	,, ,,	1,42	1,38	0,0035	0,005

zu groß[1]. Die absoluten Oszillatorstärken für die ersten Li-Linien $n = 2$ bis 5 sind von TRUMPY berechnet, die weiteren aus den experimentell beobachteten Intensitäts*verhältnissen* f_n/f_{n+1} bestimmt.

Für die ersten Linien der *Na*-Hauptserie $3s - np$ fand Y. SUGIURA[2] theoretisch die Oszillatorstärken:

$$\begin{array}{lllll} n = & 3 & 4 & 5 & 6 \\ f = & 0{,}9728 & 0{,}0144 & 0{,}0056 & 0{,}0028 \end{array}$$

g) Röntgenspektren. Die Eigenfunktionen der innersten Elektronen eines schweren Atoms (*K*-, *L*- evtl. *M*-Schale) sind sicher „wasserstoffähnlicher" als die des Leuchtelektrons eines Alkaliatoms: Denn das auf die Röntgenelektronen wirkende Potentialfeld ist nahezu ein Coulombfeld, während das Potentialfeld für die Alkalileuchtelektronen im Inneren des Atomrumpfs sehr stark hiervon abweicht und erst für die äußeren Teile der Bahn coulombsch wird. Es ist daher zu erwarten und wird auch von der Erfahrung bestätigt, daß für die Röntgenspektren die für Wasserstoff berechneten Intensitäten besser stimmen als für Alkalien. Allerdings dürfen dabei natürlich nur solche Linien verglichen werden, die wirklich vom gleichen Ausgangsniveau ausgehen, also z. B. nur die vom Niveau L_I ausgehenden Linien miteinander, nicht etwa alle Linien der *L*-Serie: Denn Anregungswahrscheinlichkeit und Lebensdauer der Röntgenterme hängt natürlich, genau wie bei den optischen Zuständen, stark von der Azimutalquantenzahl und (bei den großen Relativitätseffekten) auch einigermaßen von der inneren Quantenzahl j ab.

Die vielfach übliche „empirische Korrektur auf Anregung durch unendlich schnelle Elektronen" kann daran nur wenig ändern. Abgesehen von der Unsicherheit der Extrapolation ist es nämlich erstens gar nicht richtig, daß durch unendlich schnelle Elektronen z. B. die L_I- und $L_{II}L_{III}$-Schale gleichstark angeregt werden[3] — bei der L_{II}- und L_{III}-Schale untereinander mag es angenähert der Fall sein, weil die Eigenfunktionen sich nur wenig unterscheiden. Zweitens bleibt, auch wenn man auf gleiche Anregungsbedingungen korrigieren könnte, immer noch ein Unterschied in der *Lebensdauer*, der vor allem von der verschieden großen Wahrscheinlichkeit der strahlungslosen Prozesse (Augereffekt), aber auch von den Unterschieden in den optischen Übergangswahrscheinlichkeiten selbst herrührt.

Ein Vergleich der Intensitäten des „zusammengesetzten Dubletts"

$$L\beta_1 : L\alpha_2 : L\alpha_1 = L_{II} - M_{IV} : L_{III} - M_{IV} : L_{III} - M_V$$
$$= 2p_{\frac{1}{2}} - 3d_{\frac{3}{2}} : 2p_{\frac{3}{2}} - 3d_{\frac{3}{2}} : 2p_{\frac{3}{2}} - 3d_{\frac{5}{2}},$$

[1] Die von A. KUPPER (Ann. d. Phys. Bd. 86, S. 511. 1928) gefundene Übereinstimmung von Wasserstoffrechnung und Lithiumbeobachtung bezüglich des Ganges der Linienintensitäten mit der Hauptquantenzahl bei $n > 4$ beruht daher auf Zufall.

[2] Y. SUGIURA, Phil. Mag. Bd. 4, S. 495. 1927.

[3] Vgl. H. BETHE, Ann. d. Phys. Bd. 5, S. 325. 1930; insbesondere Ziff. 15.

welches theoretisch (42.13) das Intensitätsverhältnis 5:1:9 haben sollte, ist daher nur mit größtem Vorbehalt zu machen. Immerhin kann man in einem Grenzfall eine Aussage machen: wenn nämlich die Augerprozesse gegenüber den Strahlungsprozessen keine Rolle spielen, was für sehr hohe Kernladungszahlen erfüllt ist, und wenn außerdem auf gleiche Anregung von L_{II}- und L_{III}-Niveau korrigiert ist: Dann müssen nämlich praktisch alle Atome, die in der $L_{II\,III}$-Schale angeregt sind, die L-M-Linien ausstrahlen[1]. Daraus ergibt sich, daß die Anzahl der Quanten der Linie $L\beta_1$, die pro sec ausgestrahlt werden, halb so groß sein muß wie die Anzahl Quanten der Linien $L\alpha_1$ und $L\alpha_2$ zusammen, daß also *die Intensitätsregeln für die Anzahl der ausgestrahlten Quanten gelten.* Dies entspricht auch den Beobachtungen von JÖNSSON[2] u. a. Er findet z. B. bei W für das Verhältnis der ausgestrahlten Quanten

$$L\beta_1 : L\alpha_2 : L\alpha_1 = 4{,}65 : 1{,}03 : 9\,.$$

Korrigiert man dagegen diese Zahlen durch Division mit ν^3, wie das im ersten Moment nahe läge, um auf das Quadrat der Koordinaten-Matrixelemente zu kommen, so findet man

$$L\beta_1 : L\alpha_2 : L\alpha_1 = 2{,}96 : 1{,}06 : 9,$$

was gar nicht mit dem theoretischen Verhältnis stimmt. Man darf aber daraus keineswegs den Schluß ziehen, daß etwa die Übergangswahrscheinlichkeiten, also die mit ν^3 multiplizierten Koordinaten-Matrixquadrate, im Verhältnis 5:1:9 stünden: Was man mißt, ist vielmehr die Übergangswahrscheinlichkeit *multipliziert mit der Lebensdauer des Anfangszustands* (oder dividiert durch die Summe der Übergangswahrscheinlichkeiten aller Linien, die vom Anfangszustand ausgehen), es kann also sehr wohl die Übergangswahrscheinlichkeit der kurzwelligeren Linie $L\beta_1$ größer sein als die der anderen beiden, aber dementsprechend kürzer ist dann die Lebensdauer ihres Ausgangszustands L_{II}.

Wir kommen zum Vergleich der Linien, die vom gleichen Niveau ausgehen. In Tabelle 25 ist eine Auswahl solcher Linien zusammengestellt[3]. Die stärkste von jedem Niveau ausgehende Linie ist willkürlich gleich 100 gesetzt. Die theoretischen Intensitäten sind berechnet, indem das Koordinaten-Matrixelement der jeweiligen Linie von Wasserstoff übernommen (aus Tab. 15) und mit der dritten[4] Potenz der beobachteten Linienfrequenz multipliziert wurde[5].

Wie man sieht, ist die Übereinstimmung mit der Theorie für die Dubletts $K\alpha_1 : K\alpha_2 = 2:1$ und $L\alpha_1 : L\alpha_2 = 9:1$ durchweg ausgezeichnet. Die Dubletts $L\beta_3 : L\beta_4$ und $L\gamma_2 : L\gamma_3$ weichen dagegen für die schweren Elemente sehr be-

[1] Die Wahrscheinlichkeit der Übergänge von N-Elektronen in die L-Schale ist viel kleiner, außerdem bleiben die Betrachtungen auch bei ihrer Mitberücksichtigung erhalten.

[2] A. JÖNSSON, ZS. f. Phys. Bd. 41, S. 221. 1927.

[3] Experimentelle Werte für die *K-Serie* in der Hauptsache nach H. T. MEYER, Wiss. Veröffentl. a. d. Siemens-Konz. Bd. 7, S. 108. 1929; *L-Serie* nach A. JÖNSSON, ZS. f. Phys. Bd. 36, S. 426. 1926; Bd. 41, S. 221. 1927; Bd. 46, S. 383. 1928; S. K. ALLISON, Phys. Rev. Bd. 30, S. 365. 1927; Bd. 31, S. 916; Bd. 32, S. 1. 1928; Bd. 33, S. 265 u. 1087; Bd. 34, S. 7, 176. 1929; S. K. ALLISON u. A. H. ARMSTRONG, ebenda Bd. 26, S. 714. 1925. Für die K-Serie siehe ferner: DUANE u. PATTERSON, Phys. Rev. Bd. 19, S. 542. 1922; M. SIEGBAHN u. A. ŽÁČEK, Ann. d. Phys. Bd. 71, S. 187. 1923; Y. H. WOO, Phys. Rev. Bd. 28, S. 427. 1926, alle hauptsächlich Verhältnis $K\alpha_1 : K\alpha_2 = 2:1$. Für die L-Reihe: W. DUANE u. R. A. PATTERSON, Phys. Rev. Bd. 15, S. 328; Bd. 16, S. 526. 1920; Y. NISHINA u. B. B. RAY, Nature Bd. 117, S. 120. 1926.

[4] Die Messungen von JÖNSSON, die wir unserer Tabelle zugrunde legen, wurden mit dem Spitzenzähler vorgenommen und geben daher die Anzahl emittierter Quanten, *nicht* die ausgestrahlte Energie (Intensität).

[5] Die Verhältnisse der Frequenzen der vom gleichen Niveau ausgehenden Linien sind für verschiedene Elemente nahe dieselben, so daß die theoretischen Intensitätsverhältnisse mit höchstens 5% Fehler für *alle* Elemente gelten.

Tabelle 25. Intensitäten von Röntgenlinien.

Endniveau	Linienbezeichnung SOMMERFELD	Linienbezeichnung SIEGBAHN	Theoretische Intensität	Beobachtete Intensität			
				Ag $Z=47$	Rb $Z=37$	Fe $Z=26$	
			Ausgangsniveau $K = 1s$.				
$L_{II} = 2p_{\frac{1}{2}}$	$K\alpha'$	$K\alpha_2$	50	52	49	49	
$L_{III} = 2p_{\frac{3}{2}}$	$K\alpha$	$K\alpha_1$	100	(100)	(100)	(100)	
$M_{II}+M_{III} = 3p$	$K\beta+\beta'$	$K\beta_1+\beta_3$	34	24	23	18	
$N_{II}+N_{III} = 4p$	$K\gamma+\gamma'$	$K\beta_2$	12	4,2	2,6	0,2*	
			Ausgangsniveau $L_I = 2s$.				
				U $Z=92$	W $Z=74$	Ag $Z=47$	Mo $Z=42$
$M_{II} = 3p_{\frac{1}{2}}$	$L\varphi'$	$L\beta_4$	50	98	63	62	69
$M_{III} = 3p_{\frac{3}{2}}$	$L\varphi$	$L\beta_3$	100	(100)	(100)	(100)	(100)
$N_{II} = 4p_{\frac{1}{2}}$	$L\chi'$	$L\gamma_3$	15	36	18	?	?
$N_{III} = 4p_{\frac{3}{2}}$	$L\chi$	$L\gamma_2$	31	33	25	?	?
$O_{II}+O_{III} = 5p$	$L\psi+\psi'$	$L\gamma_4$	17	?	7	?	?
			Ausgangsniveau $L_{II} = 2p_{\frac{1}{2}}$.				
$M_I = 3s$	$L\eta$	$L\eta$	1,4	2,0	2,6	3,6	?
$M_{IV} = 3d_{\frac{3}{2}}$	$L\beta$	$L\beta_1$	100	(100)	(100)	(100)	(100)
$N_I = 4s$	$L\varkappa$	$L\gamma_5$	0,5	0	0,8	?	—
$N_{IV} = 4d_{\frac{3}{2}}$	$L\delta$	$L\gamma_1$	21	24	18	20	11*
$O_{IV} = 5d_{\frac{3}{2}}$	$L\vartheta$	$L\gamma_6$	3,2	4,5	0,6*	—	—
			Ausgangsniveau $L_{III} = 2p_{\frac{3}{2}}$.				
$M_I = 3s$	$L\varepsilon$	Ll	1,5	2,4	3,2	4,1	?
$M_{IV} = 3d_{\frac{3}{2}}$	$L\alpha'$	$L\alpha_2$	11,1	11	11	12	13
$M_V = 3d_{\frac{5}{2}}$	$L\alpha$	$L\alpha_1$	100	(100)	(100)	(100)	(100)
$N_I = 4s$	$L\iota$	$L\beta_6$	0,6	1,6	1,0	?	?
$N_{IV}+N_V = 4d$	$L\gamma+\gamma'$	$L\beta_2$	26	28	20	21	8*
$O_I = 5s$	$L\lambda$	$L\beta_7$	0,2	0,5(Th)	0	0	0
$O_{IV}+O_V = 5d$	$L\zeta+\zeta'$	$L\beta_5$	8,5	6,4	0,2*	—	—

* Die betreffende äußere Elektronenschale ist erst teilweise besetzt.
— bedeutet: Äußere Schale unbesetzt.

deutend vom theoretischen Wert 2:1 ab in dem Sinne einer Angleichung der Intensitäten. Wahrscheinlich haben wir es hier mit einem Relativitätseffekt zu tun: Zur theoretischen Behandlung müßte man die relativistischen Eigenfunktionen des L_I-, M_{II}-, M_{III}-, N_{II}- und N_{III}-Elektrons mit Berücksichtigung der Abschirmung, also z. B. im FERMIschen Potentialfeld und aus diesen die Übergangswahrscheinlichkeiten berechnen[1]. Die Übereinstimmung aller übrigen Zahlen mit der Theorie muß als durchaus befriedigend bezeichnet werden:

Zwar bestehen teilweise beträchtliche Abweichungen der numerischen Werte, aber sie liegen alle in dem Sinne, den man plausiblerweise erwarten sollte. So sind die nach Zuständen hoher Hauptquantenzahl gehenden Linien $K\beta_{1,2,3}$ relativ schwächer als die zum L-Niveau gehende $K\alpha$-Linie: Die äußeren Elektronen stehen unter dem Einfluß einer geringeren effektiven Kernladung als die inneren, daher sind ihre Bahnen relativ vergrößert und ihre Eigenfunktionen überdecken sich weniger als bei Wasserstoff mit der Eigenfunktion des K-Elektrons. Dieselbe Erscheinung tritt bei den von L_{III} ausgehenden Linien nach N_V und O_V

[1] Es wäre interessant, ob bei den beiden K-Linien für schwere Elemente eine entsprechende Anomalie auftritt.

auf[1]. Andererseits sind die Übergänge von $2p$ nach $3s$ und $4s$ verstärkt aus dem entsprechenden Grunde: s-Zustände haben kleine Abschirmungszahl und stark „eindringende Bahnen". Endlich sind noch die mit * versehenen Zahlen bemerkenswert: In allen diesen Fällen ist nämlich die betreffende äußere Schale noch nicht voll ausgebildet. Die $4p$-Schale des Fe z. B. enthält wahrscheinlich nur ein Elektron, die $4d$-Schale beim Mo 4, die $5d$-Schale bei W ebenfalls. Infolgedessen sind die Wahrscheinlichkeiten, daß ein Elektron der betreffenden Schalen eine Lücke in der K- bzw. L-Schale ausfüllt, entsprechend verkleinert, was deutlich in den Intensitäten der Linien zum Ausdruck kommt.

Zum Schluß möchten wir noch bemerken, daß eine Auswahlregel bezüglich der Hauptquantenzahl natürlich nicht besteht, wie inzwischen auch experimentell nachgewiesen wurde[2]. Daß Übergänge ohne Änderung von n selten beobachtet werden, liegt daran, daß ihre Übergangswahrscheinlichkeit klein ist gegenüber anderen Linien ähnlicher Wellenlänge: Der Übergang $L_{II\,III} - L_I$ hat z. B. bei Sn ($Z = 50$) im Mittel eine Frequenz von $34\,Ry$, etwa dieselbe wie der Übergang $N \to M$. Während aber das Quadrat des Koordinaten-Matrixelements für den Übergang $2p \to 2s$ bei Wasserstoff nur 27 beträgt, ist es für den stärksten Übergang der M-Serie, $4f \to 3d$, $3 \cdot 104 = 312$ [vgl. Tab. 15, der Faktor $3 = l_{\max}$ ist nach (39.13) usw. beizufügen].

45. Die Intensitäten in parabolischen Koordinaten (Starkeffekt). Die Intensitäten der Starkeffektkomponenten der Balmerlinien sind bereits von SCHRÖDINGER in seiner 3. Mitteilung berechnet[3] und vielfach an der Erfahrung geprüft worden[4]. Die Anzahl der Auswahlregeln ist kleiner als für das feldfreie Atom: es besteht nur eine einzige Auswahlregel bezüglich der magnetischen Quantenzahl m, welche den Bahndrehimpuls um die Achse des elektrischen Feldes bestimmt:

$\Delta m = 0$ für die Strahlung, die parallel zum Feld polarisiert ist,

$\Delta m = \pm 1$ für die senkrecht dazu polarisierte Strahlung.

Eine Auswahlregel bezüglich der parabolischen Quantenzahlen $n_1 n_2$ besteht nicht, wohl aber eine Quasiauswahlregel, welche besagt, daß die äußersten nach dem Termschema zu erwartenden Linien eines Aufspaltungsbildes im allgemeinen unbeobachtbar kleine Intensitäten haben. Das gilt z. B. bei H_α für die Komponenten $\pi 8$, welche um $8 \cdot \frac{F}{15\,590}\,\mathrm{cm}^{-1}$ gegenüber der feldfreien Linie verschoben sind und dem Übergang vom Zustand $n = 3$, $n_1 = 2$, $n_2 = m = 0$ nach $n = 2$, $n_1 = 0$, $n_2 = 1$, $m = 0$ entsprechen.

Die allgemeine Formel für das Matrixelement der Koordinaten ist von GORDON[5] ausgerechnet worden und lautet für die parallel zum Feld polarisierte Strahlung

$$\left.\begin{aligned} z_{n_1 n_2 m}^{n_1' n_2' m} &= (-)^{n_1'+n_2'} \frac{a}{4(m!)^2} \sqrt{\frac{\overline{n_1+m}!}{n_1!} \frac{\overline{n_2+m}!}{n_2!} \frac{\overline{n_1'+m}!}{n_1'!} \frac{\overline{n_2'+m}!}{n_2'!}} \left(\frac{4nn'}{(n-n')^2}\right)^{m+2} \\ &\cdot \left(\frac{n-n'}{n+n'}\right)^{n+n'} \cdot \left\{\left[(n_1'-n_2')\frac{n^2+n'^2}{(n+n')^2} - (n_1-n_2)\frac{4nn'}{(n+n')^2}\right] \Psi_m(n_1 n_1')\,\Psi_m(n_2 n_2') \right. \\ &\left. - 2\left[n_1' \Psi_m(n_1, n_1'-1)\,\Psi_m(n_2, n_2') - n_2' \Psi_m(n_1 n_1')\,\Psi_m(n_2, n_2'-1)\right]\right\} \end{aligned}\right\} \tag{45.1}$$

[1] Merkwürdigerweise nicht so deutlich bei den Übergängen von L_{II} nach $N_{IV} O_{IV}$.

[2] S. IDEI (Nature Bd. 123, S. 643. 1929) fand den Übergang $N_{VI\,VII} \to N_{IV\,V}$.

[3] E. SCHRÖDINGER, Ann. d. Phys. Bd. 80, S. 468ff. 1926. Die Berechnung von P. S. EPSTEIN (Phys. Rev. Bd. 28, S. 695. 1926) ist teilweise um einen Faktor 2 verkehrt.

[4] Zuletzt von H. MARK u. R. WIERL, ZS. f. Phys. Bd. 53, S. 526; Bd. 55, S. 156; Bd. 57, S. 494. 1929 (mit I, II, III zitiert); s. außerdem J. STARK, Ann. d. Phys. Bd. 48, S. 193. 1915; Handb. der Experimentalphysik Bd. XXI, S. 427; J. ST. FOSTER u. L. CHALK, Proc. Roy. Soc. London Bd. 123, S. 108. 1929 (Lo Surdo-Methode); Nature Bd. 118, S. 693. 1926.

[5] W. GORDON, Ann. d. Phys. Bd. 2, S. 1031. 1929.

und für die senkrecht zum Feld polarisierte Strahlung

$$\left.\begin{aligned} x_{n_1 n_2 m}^{n_1' n_2' m-1} &= (-)^{n_1'+n_2'} \frac{a}{4\,(\overline{m-1}\,!)^2} \sqrt{\frac{\overline{n_1+m}\,!\;\overline{n_2+m}\,!\;\overline{n_1'+m-1}\,!\;\overline{n_2'+m-1}\,!}{n_1!\quad n_2!\quad n_1'!\quad n_2'!}} \left(\frac{4\,n\,n'}{(n-n')^2}\right)^{m+1} \\ &\cdot \left(\frac{n-n'}{n+n'}\right)^{n+n'} \left\{ \Psi_{m-1}(n_1 n_1') \Psi_{m-1}(n_2 n_2') - \left(\frac{n-n'}{n+n'}\right)^2 \Psi_{m-1}(n_1+1, n_1') \Psi_{m-1}(n_2+1, n_2') \right\}. \end{aligned}\right\} \quad (45.2)$$

Dabei bedeutet Ψ die hypergeometrische Funktion:

$$\Psi_m(n_i n_i') = F\left(-n_i,\ -n_i',\ m+1,\ -\frac{4\,n\,n'}{(n-n')^2}\right) = 1 - \frac{n_i n_i'}{m+1} \cdot \frac{4\,n\,n'}{(n-n')^2} + \cdots \quad (45.3)$$

Speziell für die Lymanserie ($n' = 1$, $n_1' = n_2' = m' = 0$) ergeben sich folgende sehr einfache Formeln für die Quadrate der Koordinatenmatrizen:

$$\left.\begin{aligned} (z_{000}^{n_1 n_2 0})^2 &= a^2 \cdot \frac{2^8 n^6 (n-1)^{2n-6}}{(n+1)^{2n+6}} (n_1 - n_2)^2, \\ (x_{000}^{n_1 n_2 1})^2 = (x_{000}^{n_1, n_2, -1})^2 &= a^2 \cdot \frac{2^8 n^6 (n-1)^{2n-6}}{(n+1)^{2n+6}} (n_1 + 1)(n_2 + 1). \end{aligned}\right\} \quad (45.4)$$

Durch Summation über alle zur gleichen Hauptquantenzahl gehörigen $n_1 n_2$ ($n_1 = 0 \cdots n-1$, $n_2 = n - 1 - m - n_1$) erhält man unsere frühere in Polarkoordinaten abgeleitete Formel (41.4) für die Lymanintensität zurück.

Wir geben im folgenden eine Tabelle der Intensitäten der Starkeffektkomponenten der zweiten Lymanlinie L_β und der vom gleichen Niveau ($n = 3$) ausgehenden ersten Balmerlinie H_α, erstere nach (45.4), letztere nach den Tabellen von SCHRÖDINGER.

Der erste Teil der Tabelle 26a soll dazu dienen, die Lebensdauern der Starkeffektterme mit der Hauptquantenzahl $n = 3$ zu berechnen, sie gibt die Übergangswahrscheinlichkeiten von jedem dieser Terme zu den ein- bzw. zweiquantigen Zuständen. Der zweite Teil (Tab. 26b) dient der eigentlichen Intensitätsberechnung der Komponenten von H_α unter zwei verschiedenen Annahmen (vgl. Tab. 18), nämlich

1. *Besetzung* der Starkeffektniveaus proportional ihren statistischen Gewichten (in jedem Niveau *befinden* sich im Zeitmittel gleich viele Atome),

2. *Anregung* der Niveaus proportional ihren Gewichten (in jedes Niveau *gelangen* pro Zeiteinheit gleich viele Atome).

Die Intensitäten unter der Annahme 1 (statistische Intensitäten) ergeben sich einfach durch Multiplikation der Übergangswahrscheinlichkeiten der Tabelle 26a mit dem statistischen Gewicht des Ausgangszustands und stimmen mit den von SCHRÖDINGER gegebenen überein, die unter Annahme 2 (dynamische Intensitäten) ergeben sich daraus durch Multiplikation mit der Lebensdauer des Anfangszustandes und weichen in ihren Verhältnissen recht beträchtlich von den statistischen Intensitäten ab.

In der Tabelle sind sodann die gemessenen Intensitäten von MARK und WIERL (l. c. II) beigefügt. Sie sind mit zwei verschiedenen Anordnungen gewonnen: Bei der ersten (Druckleuchten) befindet sich im Beobachtungsraum ein Wasserstoff-Stickstoffgemisch mit einem ziemlich beträchtlichen Druck (0,02 bis 0,03 mm Hg), durch Zusammenstöße werden daher die Wasserstoffatome stets von neuem angeregt. Beim Abklingleuchten dagegen herrscht Vakuum (10^{-4} mm Hg) im Beobachtungsraum, es strahlen daher nur die Atome aus, die schon angeregt in den Beobachtungsraum eintreten. Wie man sieht, stimmen die Druckversuche gut mit den SCHRÖDINGERschen „statistischen“ Intensitäten, die Abklingversuche mit den dynamischen. Das ist es, was man erwarten sollte: Beim Druckversuch sorgen die dauernden Zusammenstöße für gleichmäßige Verteilung der Atome über die Starkeffektniveaus, bei den Abklingversuchen dagegen dürfte anfangs auch ziemlich gleichmäßige Verteilung anzunehmen sein, die aber im Laufe der Zeit zugunsten der langlebigen Niveaus 110 und 002 verschoben wird[1].

Ist hier die Übereinstimmung befriedigend, so gibt es doch eine große Anzahl Phänomene bei den Starkeffektintensitäten, die noch gänzlich unaufgeklärt sind: Zwar ist es zu verstehen, daß die Starkeffektintensitäten merklich von den SCHRÖDINGERschen abweichen, wenn das elektrische Feld parallel zur Bewegungsrichtung der Wasserstoff-Kanalstrahlen wirkt[2]. Dann ist diese Richtung offenbar eine Vorzugsrichtung für die Anregung, und die verschiedenen Starkeffektterme müssen verschieden stark angeregt werden. Daß jedoch bei Feld senkrecht zur Bewegungsrichtung die Strahlung, welche senkrecht zum Feld und zur Bewegungsrichtung polarisiert ist, anomale Intensitätsverhältnisse zeigt[3], während die parallel zur Bewegung polarisierte Intensität sich normal verhält, ist noch völlig ungeklärt. Besonders merkwürdig ist, daß es sich dabei um Übergänge vom gleichen Anfangsniveau handelt! Im übrigen vergleiche man hierzu die Berechnungen von SCHRÖDINGER[1] über die Starkeffektintensitäten der höheren Balmerlinien H_β, H_γ, H_δ sowie vor allem die Untersuchungen von MARK und WIERL[3].

Tabelle 26a. Übergangswahrscheinlichkeiten von den dreiquantigen Starkeffekttermen aus.

Anfangszustand $n_1 n_2 m$	Lymanlinie			Balmerlinie						Gesamtübergangswahrscheinlichkeit 10^8 sec^{-1}	Lebensdauer 10^{-8} sec
	Polarisation	Wahrscheinlichkeit		Polarisation π		Polarisation σ		zusammen ($\pi+2\sigma$) Wahrscheinlichkeit			
		relativ	abs. 10^8 sec^{-1}	Endzustand	Wahrscheinlichkeit relativ	Endzustand	Wahrscheinlichkeit relativ	relativ	abs. 10^8 sec^{-1}		
002	—	0	0	—	0	001	2304	4608	0,64	0,64	1,56
110	—	0	0	100 010	729 729	001	882	3222	0,45	0,45	2,22
101	σ	4	0,82	001	1152	100 010	968 8	3104	0,43	1,25	0,80
200	π	4	0,82	100 010	1681 1	001	18	1718	0,24	1,06	0,94

Tabelle 26b. Intensitäten der Starkeffektkomponenten von H_α.

Anfangszustand	Statist. Gew.	Endzustand	Verschiebung[4] der Linie	Berechnete Intensität			Beobachtete Intensität	
				Annahme 1: Statist. Verteilung		Annahme 2: „Dynamische" Intensität		
				nach SCHRÖDINGER	stärkste Komponente = 100		Druckleuchten	Abklingleuchten
Polarisation parallel zum Feld:								
110	1	010	2	729	32	89	31	79
101	2	001	3	2304	100	100	100	100
200	1	100	4	1681	73	86	76	92
200	1	010	8	1	0	0	0	0
Polarisation senkrecht zum Feld:								
002	2	001	0	4608	100	100	100	100
110	1	001	0	882				
101	2	100	1	1936	35	17	38	38!
101	2	010	5	16	0	0	0	0
200	1	001	6	18	0	0	0	0

[1] Anscheinend ist die Anregungswahrscheinlichkeit des 002-Zustands etwas kleiner als die der anderen Niveaus, da die von diesem Zustand ausgehende Linie $\Delta = 0$ relativ zu schwach ist.

[2] H. MARK u. R. WIERL I; J. STARK, l. c.

[3] H. MARK u. R. WIERL, l. c. III.

[4] Starkeffektverschiebung relativ zur feldfreien Linie in Einheiten $F/15590$ cm^{-1}.

Die Intensitäten beim Starkeffekt des He scheinen mit der Theorie übereinzustimmen[1]. Eine Berechnung der Starkeffektintensitäten des Wasserstoffs bei hohen Feldstärken wäre zum Vergleich mit den Messungen von RAUSCH von TRAUBENBERG[2] sehr erwünscht, ist aber noch nicht ausgeführt und wohl nur auf numerischem Wege ausführbar (vgl. Ziff. 32 und besonders 33).

46. Die Quadrupolstrahlung. Die bisher von uns ausschließlich behandelte Dipolstrahlung ergab sich, wenn wir in dem Matrixelement (38.2) die Retardierung vollkommen vernachlässigten (vgl. Ziff. 38). Dies ist gleichbedeutend mit der Annahme, daß die Wellenlänge des emittierten oder absorbierten Lichtes groß ist gegen die Atomdimensionen. Normalerweise ist diese Annahme sehr gut erfüllt, doch gibt es Fälle, wo die Retardierung eine wesentliche Rolle spielt, nämlich

1. bei der Absorption sehr harter Strahlung (Photoeffekt; vgl. dort Ziff. 47b), die Retardierung bewirkt dort das ,,Voreilen" des Maximums der Photoemission;

2. bei der Emission von Röntgenstrahlen: Die Wellenlänge der $K\alpha$-Linie des Urans ist $\lambda = 130$ X.E., der Radius der K-Schale des gleichen Elements $\frac{528}{92} = 5{,}8$ X.E., also $\frac{2\pi r}{\lambda} = 0{,}28$. Es sind dort in der Tat schwache Quadrupolübergänge beobachtet[3] worden.

3. bei Übergängen, welche nach den Auswahlregeln für die Dipolstrahlung verboten sind, deren Ausgangszustand aber stark besetzt ist. In diesem Fall kann der Übergang vermöge der Retardierung doch stattfinden, insbesondere wenn der Ausgangszustand metastabil ist und keine andere Möglichkeit hat, in den Grundzustand überzugehen als eben durch Emission von Quadrupolstrahlung.

Die Quadrupolstrahlung ergibt sich, wenn wir in dem Matrixelement (38.2), welches die Ausstrahlung bestimmt, den Retardierungsfaktor $e^{i(\mathfrak{k}\mathfrak{r})}$ entwickeln und nach dem ersten Gliede abbrechen. Dann wird für Atome mit einem Leuchtelektron, auf die wir uns hier beschränken wollen,

$$P^{\mathfrak{k}j}_{n'n} = i \int u^*_{n'} (\mathfrak{k}\mathfrak{r}) (\mathfrak{e}_j \operatorname{grad} u_n)\, d\tau\,, \tag{46.1}$$

wenn wir voraussetzen, daß der Übergang zwischen n' und n für Dipolstrahlung verboten ist, daß also $\mathfrak{P}_{n'n} = 0$ [vgl. (38.3)]. Wichtig ist vor allem, daß die Übergangswahrscheinlichkeit für Quadrupolstrahlung nach (46.1) nicht bloß von der Polarisationsrichtung, sondern (im Gegensatz zur Dipolstrahlung) *auch* von der Fortpflanzungsrichtung des Lichts abhängt.

Wir legen speziell die Fortpflanzungsrichtung in die x-, die Polarisationsrichtung in die y-Richtung und bekommen

$$P^{\mathfrak{k}j}_{n'n} = i k \int u^*_{n'}\, x \frac{\partial u_n}{\partial y}\, d\tau\,. \tag{46.2}$$

Wir nehmen weiter an, daß die Zustände n und n' nicht gerade dem gleichen Feinstrukturdublett (bei mehreren Elektronen dem gleichen Multiplett) angehören, da in diesem Fall die Linie nn' ganz weit im Ultrarot liegen und außerdem sehr schwach sein würde. Dann ist

$$\int u^*_{n'} \left(x \frac{\partial u_n}{\partial y} - y \frac{\partial u_n}{\partial x} \right) d\tau = \int u^*_{n'} k_z u_n\, d\tau = 0 \tag{46.3}$$

wegen der Orthogonalität von $u_{n'}$ und u_n[4] und man kann leicht [analog zum Beweis von (39.4)] nachrechnen, daß dann

$$\int u^*_{n'}\, x \frac{\partial u_n}{\partial y}\, d\tau = \frac{4\pi^2 m}{h} \nu_{nn'} \int u^*_{n'}\, x y\, u_m\, d\tau\,, \tag{46.4}$$

also bis auf den Faktor i

$$P^{\mathfrak{k}j}_{n'n} = \frac{4\pi^2 m}{hc} \cdot 2\pi \nu^2_{nn'} \int u^*_{n'}\, x y\, u_n\, d\tau\,. \tag{46.5}$$

---

[1] ST. FOSTER, Proc. Roy. Soc. London Bd. 117, S. 137. 1927.

[2] H. RAUSCH V. TRAUBENBERG u. R. GEBAUER, ZS. f. Phys. Bd. 71, S. 291. 1931.

[3] E. SEGRÉ, Rend. Lincei (6) Bd. 14, S. 501. 1931.

[4] $k_z u_n$ enthält nur Eigenfunktionen, deren Haupt- und Azimutalquantenzahl mit denen des Zustands n übereinstimmt, und die daher auf $u_{n'}$ orthogonal sind. $k_z u_n$ enthält aber (vgl. Ziff. 27) Eigenfunktionen, deren *innere* Quantenzahl von der des Zustands n verschieden ist. Zwischen zwei Zuständen mit gleichen nl und verschiedenen j können also Übergänge stattfinden, die durch (46.4) nicht erfaßt werden, man bezeichnet sie als ,,magnetische Dipolstrahlung".

In der Übergangswahrscheinlichkeit tritt also das Matrixelement des Produktes der Koordinaten in der Beobachtungs- und in der Polarisationsrichtung auf.

Daraus ergeben sich unmittelbar die Auswahlregeln für die magnetische Quantenzahl m: Sei etwa z die Richtung des Magnetfeldes, dann gilt:

Beobachtungs-richtung	Polarisations-richtung	Zu bilden ist das Matrixelement von	Auswahlregeln für m
parallel Feld (z)	x oder y	$xz = r^2 \cos\vartheta \sin\vartheta \cos\varphi$	$\Delta m = \pm 1$
senkrecht Feld (x)	parallel Feld (z)	ebenso	$\Delta m = \pm 1$
	senkrecht Feld (y)	$xy = \frac{1}{2} r^2 \sin^2\vartheta \sin 2\varphi$	$\Delta m = \pm 2$
unter 45° zum Feld $\left(\frac{1}{\sqrt{2}}(x+z)\right)$	parallel (unter 45°) Feld $\frac{1}{\sqrt{2}}(z-x)$	$\frac{1}{2}(z^2 - x^2) = \frac{1}{2} r^2 \left(\frac{3}{2}\cos^2\vartheta - \frac{1}{2}\right)$ $- \frac{1}{4} r^2 \sin^2\vartheta \cos 2\varphi$	$\Delta m = 0$ und $\Delta m = \pm 2$
	senkrecht Feld (y)	$\frac{1}{\sqrt{2}}(xy + zy)$	$\Delta m = \pm 1$ und ± 2

Diese Auswahlregeln ergeben sich, wie in Ziff. 39 die für die Dipolstrahlung, einfach aus der Betrachtung des von φ abhängigen Integrals, das im Matrixelement vorkommt.

Aus den von ϑ abhängigen Integralen ergibt sich die Auswahlregel für l. Fassen wir z. B. das Integral ins Auge, welches dem Übergang $\Delta m = 0$ entspricht:

$$\int R^*_{n'l'}(r)\, \mathcal{P}_{l'm}(\vartheta)\, r^2 \left(\tfrac{3}{2}\cos^2\vartheta - \tfrac{1}{2}\right) R_{nl}(r)\, \mathcal{P}_{lm}(\vartheta)\, r^2\, dr \sin\vartheta\, d\vartheta\,,$$

so sehen wir, daß l' sich von l nur um eine gerade Zahl unterscheiden darf, weil $P_2(\vartheta) = \frac{3}{2}\cos^2\vartheta - \frac{1}{2}$ eine gerade Funktion von $\cos\vartheta$ ist, und höchstens um 2, weil $P_2(\vartheta)$ nur die zweite Potenz von $\cos\vartheta$ enthält, also muß gelten:

$$\Delta l = 0 \quad \text{oder} \quad \pm 2. \tag{46.6}$$

Diese Auswahlregel findet man auch, wenn man beachtet, daß nach den gewöhnlichen Regeln der Matrizenmultiplikation

$$(xy)_{n'n} = x_{n'n''}\, y_{n''n}$$

und daß wegen der Auswahlregel $\Delta l = \pm 1$ für die Dipolstrahlung $l'' - l = \pm 1$ und $l'' - l' = \pm 1$ sein muß, woraus unmittelbar (46.6) folgt. Ebenso findet man aus der j-Auswahlregel der Dipolstrahlung (42.4) die Auswahlregel für die Quadrupolstrahlung

$$\Delta j = 0, \quad \pm 1 \quad \text{oder} \quad \pm 2 \tag{46.7}$$

und kann natürlich auch die speziellen Intensitätsformeln für die Zeemankomponenten, Feinstrukturkomponenten usw. ableiten. Natürlich gelten auch Summensätze, die denen der Dipolstrahlung genau entsprechen. Z. B. ist die Quadrupolstrahlung, wenn man alle Zeemankomponenten zusammenfaßt, aus Symmetriegründen unabhängig von Fortpflanzungs- und Polarisationsrichtung; wenn man alle Fortpflanzungs- und Polarisationsrichtungen zusammenfaßt, innerhalb eines Multipletts unabhängig von magnetischer und innerer Quantenzahl des Ausgangszustands. Wir verweisen für alles Nähere auf die Arbeiten von RUBINOWICZ[1] und die experimentellen Bestätigungen von SEGRÉ[2] und anderen.

Um noch einen Begriff von der *Größe* der in Frage kommenden Linienintensitäten zu geben, berechnen wir die Intensität des Übergangs vom Grundzustand des Wasserstoffatoms zum $3d$-Zustand. Nach Ausführung der Winkelintegrationen und Integration über alle Fortpflanzungs- und Polarisationsrichtungen des emittierten Lichts erhält man

$$P^2 = \int d\omega \sum_j |P^{ij}_{n'n}|^2 = \left(\frac{8\pi^3 m}{hc}\nu^2\right)^2 \cdot \frac{8\pi}{15} \left(\int_0^\infty R_{10}(r)\, r^2 R_{32}(r)\, r^2\, dr\right)^2.$$

---

[1] A. RUBINOWICZ, ZS. f. Phys. Bd. 61, S. 338. 1930; Bd. 65, S. 662. 1930; derselbe u. J. BLATON, Erg. exakt. Naturwissensch. 1932, S. 176. (Dort auch weitere Literatur.)

[2] E. SEGRÉ, ZS. f. Phys. Bd. 66, S. 827. 1930; derselbe u. C. J. BAKKER, ebenda Bd. 72, S. 724. 1931; S. SAMBURSKY, ebenda Bd. 68, S. 774. 1931; Bd. 76, S. 132 u. 266. 1932.

Wenn man in das radiale Integral mit den in (3.18) gegebenen Eigenfunktionen eingeht, erhält man $\frac{243}{256} \cdot \sqrt{10} \cdot a^2$ (a = Wasserstoffradius). Definiert man dann die Oszillatorstärke durch

$$f_{n'n} = \frac{2}{3} \cdot \frac{h}{4\pi^2 m \nu_{nn'}} \cdot \frac{1}{8\pi} \int d\omega \sum_j |P^{\mathfrak{k}j}_{n'n}|^2 \tag{46.8}$$

[diese Definition geht für Dipolstrahlung in (38.14) über], so erhält man für unseren Übergang $1s \to 3d$ nach einiger numerischer Rechnung

$$f^{3d}_{1s} = \frac{9}{256} \alpha^2 = 1{,}9 \cdot 10^{-6} \quad (\alpha = \text{Feinstrukturkonstante}). \tag{46.9}$$

Übergänge mit derartig kleiner Oszillatorstärke können natürlich nur entweder in *Absorption* gemessen werden — dies ist z. B. für den Übergang $3s \to 3d$ bei Na von SEGRÉ ausgeführt worden — *oder* wenn der obere Zustand *metastabil* ist. Denken wir etwa, dies wäre für den $3d$-Zustand des Wasserstoffs der Fall, d. h. nehmen wir an, der Übergang $3d \to 2p$ existierte nicht, dann würde die Lebensdauer des $3d$-Zustands [vgl. (38.15)]

$$T = \left(\frac{\nu}{Ry}\right)^{-2} 1{,}25 \cdot 10^{-10} \cdot \frac{5}{1{,}9 \cdot 10^{-6}} = 4{,}1 \cdot 10^{-4} \sec^{*}. \tag{46.10}$$

Dies entspricht größenordnungsmäßig der im allgemeinen experimentell gefundenen Lebensdauer metastabiler Zustände.

47. Der lichtelektrische Effekt[1]. a) Allgemeine Formel für den Absorptionskoeffizienten. Wenn auf ein Atom Licht fällt, dessen Quantenenergie höher ist als die Ionisierungsspannung $E_0 = h\nu_0$ des Atoms, so kann das Licht absorbiert werden. Dabei verläßt ein Elektron das Atom mit der kinetischen Energie

$$W = h\nu - E_0 \tag{47.1}$$

(photoelektrische Gleichung von EINSTEIN).

Das einfallende Licht sei monochromatisch, die Energiestromdichte der einfallenden Strahlung sei S_0, so daß pro sec auf 1 cm² $N_0 = \frac{S_0}{h\nu}$ Quanten treffen. Dann ist die Wahrscheinlichkeit dafür, daß ein Atom in der Zeiteinheit ein Quant absorbiert, nach WENTZEL, ds. Handb. S. 746, Gleichung (18.16)[2]:

$$w = S_0 \cdot \frac{e^2 h}{2\pi m^2 c \nu^2} |P^{\mathfrak{k}j}_{Wm}|^2.$$

Dabei ist P durch (38.2), W durch (47.1) definiert und die kontinuierliche Eigenfunktion ψ_W, welche in das Matrixelement P eingeht, ist pro Energieintervall normiert. Wir multiplizieren mit der Anzahl Atome pro cm³ $\mathfrak{N}$ und dividieren durch die Anzahl der einfallenden Quanten N_0. Damit bekommen wir die Wahrscheinlichkeit dafür, daß ein Lichtquant auf der Wegstrecke 1 cm absorbiert wird, d. h. den Absorptionskoeffizienten

$$\tau = \frac{e^2 h^2}{2\pi m^2 c} \frac{\mathfrak{N}}{\nu} |P^{\mathfrak{k}j}_{Wm}|^2. \tag{47.2}$$

---

* Der Faktor 5 rührt daher, daß die Oszillatorstärke $1{,}9 \cdot 10^{-6}$ sich auf die fünf magnetischen Teilzustände des $3d$-Niveaus verteilen muß.

[1] Vgl. G. WENTZEL, ZS. f. Phys. Bd. 40, S. 574; Bd. 41, S. 828. 1927; G. BECK, ebenda Bd. 41, S. 443. 1927; A. SOMMERFELD u. G. SCHUR, Ann. d. Phys. Bd. 4, S. 409. 1930; G. SCHUR, ebenda S. 433; J. FRENKEL, Phys. Rev. Bd. 37, S. 1276. 1931; J. FISCHER, Ann. d. Phys. Bd. 8, S. 821. 1931; F. SAUTER, ebenda Bd. 9, S. 217. 1931; M. STOBBE, ebenda Bd. 7, S. 661. 1930.

[2] Man beachte, daß bei WENTZEL ν_s gleich 2π mal unserem ν ist (Kreisfrequenz statt gewöhnlicher Frequenz), und ferner, daß WENTZELS j sich von unserem P durch den Faktor $i\frac{e\hbar}{m}$ unterscheidet. Schließlich bedingt noch die verschiedene Normierung der kontinuierlichen Eigenfunktionen (bei WENTZEL pro $d\omega$, bei uns pro $dE = \hbar\, d\omega$) einen Faktor $\hbar$.

Der Index W bedeutet, daß der Wert des Matrixelements für die Energie W (47.1) berechnet werden soll.

b) Der Absorptionskoeffizient an der K-Schale für langwellige Strahlung. Wenn die Wellenlänge der einfallenden Strahlung groß ist gegenüber den Atomdimensionen, kann bei der Auswertung der Matrixelemente P die Retardierung vernachlässigt werden. Damit reduziert sich die Formel (47.2) für den Absorptionskoeffizienten nach (38.4) auf

$$\tau = \frac{8\pi^3 e^2 \Re \nu}{c} \int u_W^* \sum_i x_i u_m d\tau, \tag{47.3}$$

wo x die Polarisationsrichtung des Lichtes ist.

Die Auswertung des Integrals wollen wir für das Wasserstoffatom durchführen, u_m sei die Eigenfunktion des Grundzustandes. Die kontinuierliche Eigenfunktion hängt natürlich außer von der Energie noch von zwei weiteren Quantenzahlen, z. B. l und m, ab; zur Gewinnung des vollständigen Absorptionskoeffizienten hat man (47.2) bzw. (47.3) für alle l und m zu berechnen und die erhaltenen Werte zu summieren. In unserem Fall kommt aber, da die Eigenfunktion des Grundzustands kugelsymmetrisch ist, nur *die* kontinuierliche Eigenfunktion in Frage, deren Winkelabhängigkeit gegeben ist durch $\sin\vartheta\cos\varphi$, weil andernfalls die Winkelintegrale in (47.3) verschwinden. Die Azimutalquantenzahl des kontinuierlichen Zustands ist also $l = 1$. Das Integral in (47.3) wird nun

$$\left.\begin{aligned} x_{W1} &= \int_0^\infty r^3 dr\, R_{W,l=1}(r)\cdot 2e^{-Zr}\cdot Z^{\frac{3}{2}} \int_0^\pi \sin\vartheta\, d\vartheta \int_0^{2\pi} d\varphi \cdot \sqrt{\frac{3}{4\pi}}\sin\vartheta\cos\varphi\cdot\sqrt{\frac{1}{4\pi}}\cdot\sin\vartheta\cos\varphi \\ &= \frac{4Z^2\sqrt{1+n'^2}}{\sqrt{3}\sqrt{1-e^{-2\pi n'}}}\cdot\frac{1}{2\pi}\int_0^\infty (2kr)^{-2} r^3 dr\, e^{-Zr} \oint \left(\xi+\frac{1}{2}\right)^{-in'-2}\left(\xi-\frac{1}{2}\right)^{in'-2} e^{-2ikr\xi} d\xi. \end{aligned}\right\} \tag{47.4}$$

Dabei haben wir für die Kugelfunktionen Y_{00} und Y_{11} ihre Werte aus (1.8) und die kontinuierliche Eigenfunktion aus (4.22) eingesetzt. $\oint$ ist das dort definierte Schleifenintegral, $n' = \frac{Z}{\sqrt{2W}}$ also gleich der Wurzel aus dem Verhältnis der Ionisierungsspannung der K-Schale zur Energie der Photoelektronen, $k = \sqrt{2W}$. Wir vertauschen die Integration nach r mit der nach ξ und bekommen, von den Faktoren vor dem ersten Integralzeichen abgesehen:

$$J = \frac{1}{4k^2}\oint d\xi \frac{(\xi+\frac{1}{2})^{-in'-2}(\xi-\frac{1}{2})^{in'-2}}{(Z+2ik\xi)^2} = \frac{-1}{16k^4}\int d\xi \left(\xi+\frac{1}{2}\right)^{-in'-2}\left(\xi-\frac{1}{2}\right)^{in'-2}\left(\xi-\frac{1}{2}in'\right)^{-2}$$

Das Integral ist um die beiden Verzweigungspunkte $\xi = +\frac{1}{2}$ und $\xi = -\frac{1}{2}$ herum zu erstrecken[1], kann aber statt dessen ins Unendliche gezogen werden, da der Integrand wie ξ^{-6} verschwindet. Dabei wird der Pol $\xi = \frac{1}{2}in'$ im negativen Sinne umkreist, die Integration gibt daher einfach das Residuum an diesem Pol, das ist

$$\left.\begin{aligned} J &= \frac{2\pi i}{16k^4}\cdot\frac{d}{d\xi}\left[\left(\xi+\frac{1}{2}\right)^{-in'-2}\left(\xi-\frac{1}{2}\right)^{in'-2}\right]_{\xi=\frac{1}{2}in'} = \frac{64n'\cdot 2\pi}{16k^4(1+n'^2)^3}\left(\frac{in'-1}{in'+1}\right)^{in'} \\ &= \frac{4\cdot 2\pi kZ}{(Z^2+k^2)^3}\cdot e^{-2n'\operatorname{arc\,ctg} n'}. \end{aligned}\right\} \tag{47.5}$$

Einsetzen in (47.4) liefert

$$|x_{W1}|^2 = \frac{2^8}{3}\cdot\frac{Z^6}{(Z^2+k^2)^5}\,\frac{e^{-4\frac{Z}{k}\operatorname{arc\,tg}\frac{k}{Z}}}{1-e^{-2\pi Z/k}} = \frac{2^8}{3Z^4}\left(\frac{n'^2}{1+n'^2}\right)^5\cdot\frac{e^{-4n'\operatorname{arc\,ctg} n'}}{1-e^{-2\pi n'}} \text{ at. E.} \tag{47.6}$$

(Dimension: Fläche durch Energie, also atomare Einheit $= a^3/e^2$).

Wir setzen (47.6) in (47.3) ein. Dabei beachten wir, daß nach der photoelektrischen Gleichung (47.1) die langwellige Grenze des Photoeffekts bei

$$\nu_1 = \frac{E_1}{h} = Z^2 \text{ Rydberg} \tag{47.7}$$

---

[1] S. Abb. 6; Näheres vgl. A. SOMMERFELD u. G. SCHUR, Ann. d. Phys. Bd. 4, S. 409. 1930.

liegt. Ferner ist nach Definition von n' $W = k^2 = Z^2/n'^2$ Rydberg, also

$$\nu = (Z^2 + k^2)\, Ry = \nu_1 \cdot \left(1 + \frac{1}{n'^2}\right), \quad n' = \sqrt{\frac{\nu_1}{\nu - \nu_1}}. \tag{47.8}$$

Damit wird der Absorptionskoeffizient, wenn man noch berücksichtigt, daß jedes Atom *zwei* K-Elektronen enthält,

$$\tau = 2 \cdot (2\pi a)^3 \mathfrak{N} \frac{\nu}{c} \,|x_{W1}|^2 = \frac{2^8 \pi e^2}{3mc} \mathfrak{N} \cdot \frac{\nu_1^3}{\nu^4} \cdot \frac{e^{-4n' \operatorname{arc\,ctg} n'}}{1 - e^{-2\pi n'}}, \tag{47.9}$$

a ist der Wasserstoffradius. Ist weiter ϱ die Dichte und A das Atomgewicht der absorbierenden Substanz, so wird die Gesamtabsorption in der K-Schale numerisch

$$\tau = 4{,}1 \cdot 10^8 \cdot \frac{\varrho}{A Z^2} \left(\frac{\nu_1}{\nu}\right)^4 \cdot f(n'), \tag{47.10}$$

wobei $f(n')$ der letzte Bruch in (47.9) ist. Dieser wird für kleine bis mittlere k ($k <$ ca. $3Z$) sehr nahe dargestellt durch

$$f(n') = f(k) = e^{-4}\left(1 + \frac{4}{3n'^2}\right) = e^{-4}\left(1 + \frac{4}{3}\frac{k^2}{Z^2}\right), \tag{47.11}$$

für sehr große k durch

$$f(n') = \frac{1}{2\pi n'} = \frac{k}{2\pi Z}. \tag{47.12}$$

Für $k \ll Z$, also so nahe an der langwelligen Grenze, daß die Energie der Photoelektronen klein ist gegen die Ionisierungsspannung des Atoms, wird nach (47.11), (47.7), (47.8)

$$f(n') = e^{-4}\left(\frac{\nu}{\nu_1}\right)^{\frac{4}{3}},$$

also ist

$$\frac{\tau}{\varrho} = \frac{7{,}6 \cdot 10^6}{A Z^2} \left(\frac{\nu_1}{\nu}\right)^{\frac{8}{3}}. \tag{47.13}$$

Der Massenabsorptionskoeffizient an der K-Absorptionsgrenze fällt also, wenn man das Atomgewicht proportional Z annimmt, mit wachsender Ordnungszahl wie Z^{-3}. Läßt man bei festgehaltenem Z die Frequenz wachsen, bleibt aber dabei noch nahe an der Kantenfrequenz, so fällt τ mit der $\frac{8}{3}$ten Potenz der Frequenz[1]. In größerer Entfernung von der Kante, wenn die Energie der Photoelektronen etwa gleich der Ionisierungsspannung wird, ist (47.11) nahezu gleich $\frac{4}{3} e^{-4} \frac{\nu}{\nu_1}$, der Absorptionskoeffizient fällt dann also mit der dritten Potenz von ν. Wird schließlich die einfallende Frequenz sehr groß, d. h. etwa 100mal so groß wie die Frequenz der K-Absorptionskante, so wird nach (47.12)

$$\frac{\tau}{\varrho} = \frac{6{,}5 \cdot 10^7}{A Z^2} \left(\frac{\nu_1}{\nu}\right)^{\frac{7}{2}}.$$

Der Abfall mit wachsender Frequenz wird also immer steiler, wie es auch den Experimenten entspricht. Wenn allerdings die Frequenz ν des einfallenden Lichts *so* groß wird, daß die Retardierung eine Rolle spielt, verlangsamt sich der Abfall wieder (vgl. unten, Abschn. f).

Unsere bisherigen Betrachtungen bezogen sich auf ein Atom mit einem *einzigen* Elektron. Sie gelten daher für wirkliche Atome nur qualitativ, weil dort die Abschirmung der Kernladung eine wesentliche Rolle spielt. Wir können diese annähernd beschreiben, indem wir annehmen, daß auf das auszulösende Elektron nicht das Coulombpotential Z/r wirkt, sondern ein Potential, das etwa nach der HARTREEschen Methode (Ziff. 20) gewonnen ist, oder das FERMIsche

[1] Nicht wie ν^{-4}, wie vielfach in der Literatur behauptet wurde (z. B. M. STOBBE u. F. SAUTER, l. c.).

statistische Potential. Wenn die Eigenfunktion des Elektrons im gebundenen Zustand nur über einen kleinen Raum ausgedehnt ist — und das ist bei der Eigenfunktion eines K-Elektrons der Fall —, so bekommen wir sicher eine gute Annäherung der Eigenfunktion, wenn wir das auf das Elektron wirkende Potential in der Umgebung des Maximums der Ladungsdichte des Elektrons nach r entwickeln. Wir wählen die Entwicklung in der Form

$$V(r) = -\frac{Z-s}{r} + V_0 + \cdots, \tag{47.14}$$

s und V_0 sind Konstanten. Die Form der Eigenfunktion wird durch s allein bestimmt, die Schrödingergleichung mit dem Potential (47.14) lautet nämlich offenbar (in atomaren Einheiten)

$$\frac{1}{2}\Delta u + \left(E - V_0 + \frac{Z-s}{r}\right)u = 0, \tag{47.15}$$

die Eigenfunktion des Grundzustands wird daher $e^{-(Z-s)r}$. Nun wissen wir aber aus unseren Rechnungen vom Helium (Ziff. 17b), daß man eine gute Näherung erhält, wenn man die Eigenfunktionen der beiden Elektronen von der Form $e^{-(Z-s)r}$ mit $s = \frac{5}{16}$ wählt; wir benutzen daher diesen Wert für die Abschirmungszahl s. Die Änderung der Eigenfunktion durch Einführung der Abschirmungszahl s ist für große Z sehr gering. Um so größer ist die Änderung der Ionisierungsspannung durch unsere Abänderung des Potentialansatzes: Der tiefste Eigenwert von (47.15) ist offenbar

$$E = -\tfrac{1}{2}(Z-s)^2 + V_0 \text{ at. Einh.},$$

also die Ionisierungsspannung

$$E_0 = (Z-s)^2 - 2V_0 \text{ Rydberg}. \tag{47.16}$$

Die Konstante V_0 entnimmt man am besten aus der empirisch gemessenen Ionisierungsspannung, bei Cu ist z. B.

$$Z = 29, \quad (Z-s)^2 = 825, \quad E_0\,(\text{beob.}) = 662\,Ry, \quad \text{also} \quad 2V_0 = 163\,Ry.$$

V_0 mißt die „äußere Abschirmung", die wir bereits in Ziff. 10d diskutiert haben, es ist anschaulich gesprochen das Potential, das die äußeren Elektronen des Atoms auf eine Stelle in der Nähe des Kerns ausüben,

$$V_0 = \int_0^\infty \frac{\varrho(r)\,r^2\,dr}{r},$$

wenn $\varrho(r)$ die Ladungsdichte im Abstand r vom Kern ist[1].

Die Eigenfunktion des Photoelektrons am Orte der K-Schale wird durch die Wahl des Potentials (47.15) wesentlich modifiziert. Hat das Photoelektron nämlich die Energie W Rydberg, so sieht seine Eigenfunktion so aus wie in einem reinen Coulombfeld mit der Kernladung $Z - s$ diejenige eines Elektrons mit der Energie $W - 2V_0$. D. h. daß in der Nähe der langwelligen Grenze (genauer solange die Energie des Photoelektrons $W < 2V_0$ ist) die Eigenfunktion sich verhält, als ob das Photoelektron *negative* Energie besäße, und daß demgemäß in diesem Fall zur Berechnung des Absorptionskoeffizienten die Matrixelemente für das *diskrete* Spektrum [vgl. (41.4)] zu benutzen sind, allerdings natürlich mit unganzem n. Da aber im allgemeinen V_0 nur einen Bruchteil der Ionisierungsspannung ausmacht, darf man in genügender Näherung die Formel (47.11) benutzen, wobei nur jetzt k^2 negativ ist.

Wegen (47.16) und (47.1) kann man für die „scheinbare Energie" des Photoelektrons schreiben:

$$k^2 = (Z-s)^2/n'^2 = W - 2V_0 = E_0 - (Z-s)^2\,Ry + W = h\nu - (Z-s)^2\,Ry.$$

[1] Eine Berechnung mit dem FERMIschen statistischen Potential ergibt V_0 proportional $Z^{\frac{4}{3}}$.

Damit gelangen wir zu folgender Vorschrift für die Berechnung des Absorptionskoeffizienten an der K-Schale: Man setze anstatt Z die abgeschirmte Kernladung $Z - s$, für die Frequenz ν ihren wahren Wert, für die Frequenz ν_1 dagegen anstatt der wirklichen langwelligen Grenzfrequenz des Photoeffekts *die* Frequenz, die der langwelligen Grenze bei Abwesenheit der „äußeren Abschirmung" zukommen würde[1]

$$\nu_1 = (Z - s)^2 \text{ Rydberg}. \tag{47.17}$$

Es wird also

$$\tau_K = 4{,}1 \cdot 10^8 \frac{\varrho}{A} (Z - 0{,}3)^6 \left(\frac{Ry}{\nu}\right)^4 f\left(\sqrt{\frac{\nu - \nu_1}{\nu_1}}\right). \tag{47.18}$$

Der Vergleich mit der Erfahrung ist in Abb. 37 dargestellt, welche einer Arbeit von STOBBE[2] entnommen ist. Ausgezogen ist die theoretische Kurve für

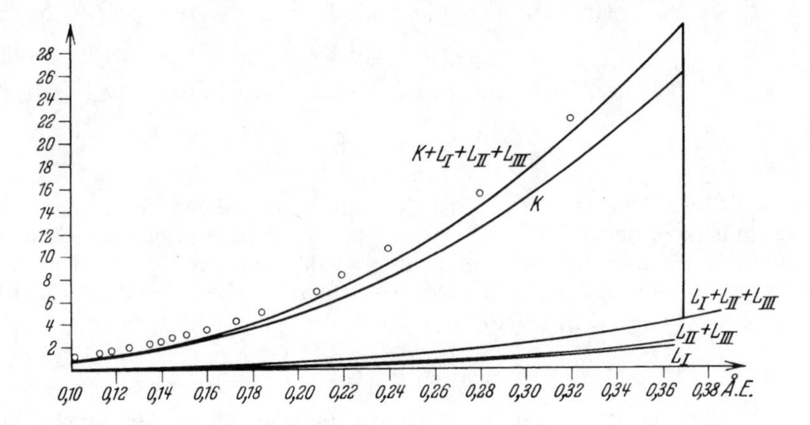

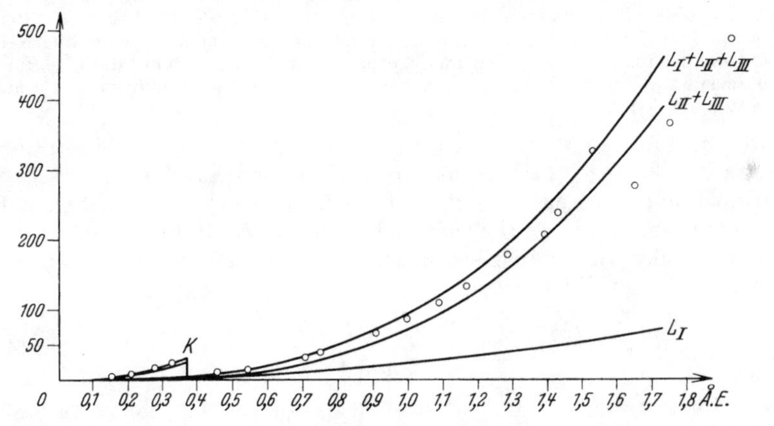

Abb. 37. Absorptionskoeffizient τ/ϱ von Sn für Röntgenstrahlen. (Nach STOBBE, Ann. d. Phys., l. c.) Die Abbildung zeigt die Zusammensetzung aus den Absorptionskoeffizienten der verschiedenen Elektronenschalen. Die Kreise sind Meßpunkte von ALLEN, die Messungen enthalten auch die Streuung mit, sollten also stets etwa um 0,5 *über* der theoretischen Kurve liegen. Obere Abbildung Absorptionskoeffizient für kurzwellige Strahlung (bis zur K-Absorptionsgrenze), untere Abbildung Absorptionskoeffizient für längere Wellen (von der K-Absorptionsgrenze ab).

den Absorptionskoeffizienten an Sn, die Kreise sind die Meßpunkte von ALLEN[3]. In der Messung ist außer der Absorption notwendigerweise auch die Schwächung des Primärstrahls durch Streuung enthalten, der Streukoeffizient beträgt theo-

[1] Selbstverständlich ist diese Vorschrift nur angenähert gültig.
[2] M. STOBBE, Ann. d. Phys. Bd. 7, S. 661. 1930.
[3] S. J. M. ALLEN, Phys. Rev. Bd. 27, S. 266; Bd. 28, S. 907. 1926.

retisch etwa 0,5, was dem Unterschied zwischen Messung und Rechnung sehr gut entspricht.

c) Absorptionskoeffizient an höheren Schalen. Der Beitrag der beiden L_I-Elektronen ($2s$-Elektronen) zum Absorptionskoeffizienten ist nach STOBBE (l. c.)

$$\tau_{L_I} = \frac{2^{11}\pi e^2 \mathfrak{R}}{3mc} \cdot \frac{\nu_2^3}{\nu^4}\left(1 + 3\frac{\nu_2}{\nu}\right) \cdot \frac{e^{-4n_2' \operatorname{arc\,ctg} \frac{1}{2} n_2'}}{1 - e^{-2\pi n_2'}}, \tag{47.19}$$

der Beitrag der sechs $2p$-Elektronen ($L_{II} + L_{III}$-Schale)

$$\tau_{L_{II}} + \tau_{L_{III}} = \frac{2^{12}\pi e^2 \mathfrak{R}}{3mc} \frac{\nu_2^4}{\nu^5}\left(3 + 8\frac{\nu_2}{\nu}\right) \frac{e^{-4n_2' \operatorname{arc\,ctg} \frac{1}{2} n_2'}}{1 - e^{-2\pi n_2'}} \tag{47.20}$$

ν_2 ist die L-Absorptionsfrequenz *ohne* Berücksichtigung der äußeren Abschirmung

$$\nu_2 = \tfrac{1}{4}(Z - s_2)^2 Ry. \tag{47.21}$$

$s_2 = 4{,}15$ ist dabei die Abschirmungszahl für die L-Elektronen (vgl. Ziff. 10d) und

$$n_2' = \frac{Z - s_2}{\sqrt{W}} = 2 \cdot \sqrt{\frac{\nu_2}{\nu - \nu_2}} \tag{47.22}$$

analog zu (47.8). Wie man sieht, ist für sehr *kurz*welliges Licht ($\nu \gg \nu_K$) die Wahrscheinlichkeit der Auslösung eines Photoelektrons aus der K-Schale sehr viel größer als für die L_I-Schale, und diese wieder sehr groß gegen den Photoeffekt an der $L_{II} + L_{III}$-Schale, nämlich, wenn man s neben Z und ν_1, ν_2 neben ν vernachlässigt und (47.19), (47.20) beachtet:

$$\tau_K = 8\tau_{L_I} = \frac{4}{3}\frac{\nu}{\nu_2}(\tau_{L_{II}} + \tau_{L_{III}}). \tag{47.23}$$

Das ist leicht verständlich: Bei hoher Frequenz des einfallenden Lichtes wird die Eigenfunktion des ausgehenden Photoelektrons eine rasch oszillierende Funktion, die Beiträge der einzelnen Volumelemente zum Integral x_{Wm} zerstören sich daher im wesentlichen durch Interferenz, und das um so mehr, je regelmäßiger und je weiter ausgedehnt die Eigenfunktion des Anfangszustandes u_m ist: Dies ist am meisten bei der $2p$-Eigenfunktion, am wenigsten bei der $1s$-Eigenfunktion der Fall.

Weiterhin interessiert uns das Verhältnis der K- zur L-Absorption bei der *längsten* Wellenlänge, bei der man es überhaupt messen kann, also an der K-Absorptionskante. Vernachlässigt man die Absorption an der M-Schale usw., so ist das Verhältnis im wesentlichen gleich dem sog. K-Absorptionssprung, d. h. dem Verhältnis der Absorptionskoeffizienten an der kurzwelligen und an der langwelligen Seite der K-Grenze:

$$\delta_K = \left(\frac{\tau_K + \tau_{L_I} + \tau_{L_{II}} + \tau_{L_{III}} + \tau_M + \cdots}{\tau_{L_I} + \tau_{L_{II}} + \tau_{L_{III}} + \tau_M + \cdots}\right)_{\nu = \nu_K}. \tag{47.24}$$

Wenn wir äußere und innere Abschirmung vernachlässigen, also $\nu_K = Z^2 Ry$ und $s_1 = s_2 = 0$ setzen (was für $Z \to \infty$ richtig ist), so wird $n_2' = 2/\sqrt{3}$ und

$$\delta_K = \frac{32}{17} e^{\frac{8}{\sqrt{3}} \operatorname{arc\,tg} \sqrt{3} - 4} + 1 = 5{,}35.$$

Mit Berücksichtigung der Abschirmung, aber immer noch ohne Rücksicht auf die Absorption an der M- usw. Schale berechnet man $\delta_K = 10{,}5$ für Fe ($Z = 26$), 8,3 für Ag ($Z = 47$) und 7,6 für W ($Z = 74$) bis U ($Z = 92$). Eine Überschlagsrechnung für die M-Absorption usw. ergibt rund 16% der L-Absorption an der K-Grenze für Fe, rund 25% für W, so daß dann *mit* Berücksichtigung der M-Absorption

$$\delta_K = 9{,}3 \text{ für Fe}, \quad 7{,}4 \text{ für Ag}, \quad 6{,}3 \text{ für W}$$

wird. Die *Experimente* müssen jeweils noch wegen der Streuung korrigiert werden (vgl. Ende des Abschn. b), man erhält dann experimentell etwa

8,5 bis 9,2 für Fe, 6,7 bis 7,8 für Ag, 5,7 bis 6,4 für W[1],

in Anbetracht der Unsicherheit der Korrekturen für die M-Absorption und die Streuung ist die Übereinstimmung äußerst befriedigend[2]. Insbesondere wird das Ansteigen von δ_K bei kleinen Atomgewichten von der Theorie gut wiedergegeben.

Wir wollen nun die Absorption an den Teilschalen der L-Schale untereinander vergleichen:

Die Frequenzabhängigkeit ist für den Photoeffekt an der

	L_I-Schale	$L_{II} L_{III}$-Schale	zusammen
hart an der Absorptionsgrenze	$\tau \sim \nu^{-2,08}$	$\nu^{-3,08}$	$\nu^{-2,91}$
für sehr kurze Wellen	$\tau \sim \nu^{-3,5}$	$\nu^{-4,5}$	$\nu^{-3,5}$

Der Absorptionskoeffizient an der $L_{II} L_{III}$-Schale fällt durchgehend fast genau um eine Potenz rascher ab als der an der L_I-Schale. An der L-Absorptionsgrenze ist dafür die Absorption an $L_{II} L_{III}$ sehr viel größer als an L_I, nicht nur absolut, sondern sogar pro Elektron gerechnet: Das Verhältnis der Absorptionskoeffizienten ist nach (47.19), (47.20) für $\nu = \nu_2$ 11:2, das der Elektronenzahlen nur 6:2. $\nu = \nu_2$ entspricht aber wegen der äußeren Abschirmung einer *kürzeren* Wellenlänge als der Absorptionsgrenze, an der Grenze selbst ist daher wegen der stärkeren Frequenzabhängigkeit von $\tau_{L_{II\,III}}$ das Verhältnis noch mehr zugunsten von $L_{II} L_{III}$ verschoben, was auch dem experimentellen Befund entspricht[3].

In Tabelle 27 haben wir das Verhältnis der Absorptionskoeffizienten an L_I bzw. $L_{II} + L_{III}$ für verschiedene Elemente berechnet, wobei als Wellenlänge einheitlich die der Cu$K\alpha$-Strahlung, $\lambda = 1{,}54$ Å, $\nu = 65 \cdot 10^6$ cm^{-1} eingesetzt ist. Die Übereinstimmung mit dem Experiment[4] ist recht gut[5], allerdings ist nicht zu verkennen, daß im Experiment die Photoionisation der L_I-Schale relativ begünstigt erscheint gegenüber derjenigen von L_{II} und L_{III}. Das kann wohl

Tabelle 27. Verhältnis des Photoeffekts an der L_I-Schale zu dem an der $L_{II} + L_{III}$-Schale für Cu$K\alpha$-Strahlung.

Element	Z	ν_2 (in 10^6 cm^{-1})	ν/ν_2	Verhältnis $\tau_{L_{II}}+\tau_{L_{III}}:\tau_{L_I}$ berechnet	beobachtet
Cu	29	16,8	3,87	1,46	0,9
Sr	38	31,2	2,09	2,68	2
Mo	42	39	1,71	3,25	3
Ag	47	50	1,30	4,3	3
Sn	50	57,5	1,13	4,9	4
J	53	65	1,00	5,5	4,5
Ba	56	73,5	0,88	6,3	7

[1] Nach E. Jönssen, Dissert. Upsala 1928, Tabelle 115. Wahrscheinlich sind seine Werte zu wenig für Streuung korrigiert und daher zu niedrig.

[2] Man darf natürlich nicht, wie das bisweilen geschieht, den Einfluß der L-Absorption bei höheren Frequenzen dadurch ermitteln, daß man das Verhältnis von K- und L-Absorption gleich dem an der K-Grenze beobachteten annimmt, das Verhältnis ändert sich vielmehr, wie wir gesehen haben, mit wachsender Frequenz zugunsten der K-Absorption. Ebensowenig ist eine Extrapolation der K-Absorptionskurve nach längeren Wellen sinnvoll.

[3] Z.B. E. Jönssen, Dissert. Upsala 1928.

[4] Von F. K. Richtmyer, Phys. Rev. Bd. 23, S. 292. 1924; vgl. auch H. W. B. Skinner, Proc. Cambridge Phil. Soc. Bd. 22, S. 379. 1924.

[5] Besser als bei M. Stobbe (l. c. S. 699), wo für ν_2 die wirkliche L-Kantenfrequenz statt der „idealen" Kantenfrequenz gesetzt wird.

daran liegen, daß die Abschirmungszahl für die $2s$-Elektronen etwas kleiner ist als für die $2p$-Elektronen.

d) Richtungsverteilung der Photoelektronen bei langwelliger auslösender Strahlung. Die Richtungsverteilung der an der K-Schale ausgelösten Photoelektronen wird gegeben durch das Quadrat der kontinuierlichen Eigenfunktion u_W, welche nach dem photoelektrischen Prozeß die Eigenfunktion des Photoelektrons darstellt. Die Richtungsabhängigkeit dieser Eigenfunktion ist, wie wir früher gesehen haben, $\sin\vartheta\cos\varphi$, wenn x die Polarisationsrichtung des einfallenden Lichts ist, also wird die Anzahl der in der Richtung ϑ, φ emittierten Photoelektronen proportional zu

$$J_{\vartheta,\varphi} \sim \sin^2\vartheta\cos^2\varphi = \cos^2\Theta, \tag{47.25}$$

wo Θ der Winkel der Emissionsrichtung des Photoelektrons gegen die Polarisationsrichtung des Lichts ist. Die Emission geschieht also vorzugsweise in der Polarisationsrichtung, und die Verteilung der Photoelektronen um diese Richtung herum ist symmetrisch. Man kann das Resultat (47.25) dahin deuten, daß die Anzahl der in jeder Richtung emittierten Elektronen proportional dem Quadrat des elektrischen Vektors des einfallenden Lichts in dieser Richtung ist. Dasselbe gilt natürlich für die aus einer beliebigen s-Schale ausgelösten Elektronen.

Im allgemeinen Fall, wenn die Elektronen vor dem photoelektrischen Prozeß in einem p-, d-, . . .-Zustand waren, sind die Verhältnisse nicht ganz so einfach, weil dann Übergänge nach *mehreren* Zuständen des kontinuierlichen Spektrums stattfinden können. Sei z. B. die Eigenfunktion eines p-Elektrons vor dem Prozeß $u_{n10} = R_{n1}(r)\cos\Theta$, dann kann die Eigenfunktion $u_{Wl'm'}$ des Endzustandes sowohl die Winkelabhängigkeit $P_2(\cos\Theta)$ besitzen, als auch vom Winkel unabhängig sein, in beiden Fällen ist das Matrixelement

$$x_{Wl'm'}^{n10} = \int u_{Wl'm'}\, u_{n10} \cdot r\cos\Theta\, d\tau \tag{47.26}$$

von Null verschieden. Im allgemeinen Fall ist offenbar die Richtungsverteilung der Photoelektronen gegeben durch

$$J_{nlm}(\vartheta,\varphi) \sim \Big|\sum_{l'm'} x_{Wl'm'}^{nlm}\, u_{Wl'm'}(r,\vartheta,\varphi)\Big|^2_{r\to\infty}, \tag{47.27}$$

wenn nlm der Zustand des Elektrons vor dem Photoprozeß war.

Nun sind in einem Atom im Grundzustand stets alle Elektronenbahnen nlm mit gleicher Haupt- und Azimutalquantenzahl gleich stark besetzt — entweder sind nämlich überhaupt *alle* $2\cdot(2l+1)$ Elektronen der Schale nl vorhanden, d. h. die Schale ist abgeschlossen, oder aber es besteht zum mindesten Richtungsentartung, d. h. es sind bei einer großen Anzahl von Atomen im *Mittel* alle Werte der magnetischen Quantenzahl m gleich stark vertreten[1]. Wir haben also, um die Richtungsverteilung der Gesamtheit der aus der nl-Schale ausgelösten Elektronen zu erhalten, (47.27) über alle m zu summieren. Indem wir radialen und azimutalen Bestandteil der Eigenfunktionen trennen, wird

$$\left.\begin{aligned} x_{Wl'm'}^{nlm} &= \int_0^\infty r^3\,dr\,R_{Wl'}(r)\,R_{nl}(r)\int_0^\pi \sin\Theta\,d\Theta\int_0^{2\pi} d\Phi\cos\Theta\,Y_{l'm'}^*\,Y_{lm} \\ &= \begin{cases} \sqrt{\dfrac{l^2-m^2}{4l^2-1}}\,R_{Wl-1}^{nl}, & \text{wenn } l'=l-1,\ m'=m, \\ \sqrt{\dfrac{(l+1)^2-m^2}{(2l+3)(2l+1)}}\,R_{Wl+1}^{nl}, & \text{wenn } l'=l+1,\ m'=m, \\ 0 & \text{sonst,} \end{cases} \end{aligned}\right\} \tag{47.28}$$

[1] Der Satz gilt natürlich nicht mehr in starken äußeren Feldern, insbesondere nicht in asymmetrischen Kristallen. Auch dort gilt er aber natürlich für die abgeschlossenen Schalen.

wobei die radialen Integrale R ganz analog zu (39.8) definiert sind und (65.27) benutzt wurde. Also haben wir

$$\left.\begin{aligned} J_{nl}(\Theta,\Phi) = \sum_m J_{nlm} = \sum_m \Bigg| & R^{nl}_{Wl-1}\sqrt{\frac{l^2-m^2}{(2l+1)(2l-1)}}\, R_{Wl-1}(r)\, Y_{l-1,m}(\Theta,\Phi) \\ & + R^{nl}_{Wl+1}\sqrt{\frac{(l+1)^2-m^2}{(2l+1)(2l+3)}}\, R_{Wl+1}(r)\, Y_{l+1,m}(\Theta,\Phi)\Bigg|^2_{r=\infty}. \end{aligned}\right\} \quad (47.29)$$ [1]

Nunmehr setzen wir für die $R_W(r)$ ihre asymptotische Darstellung für große r ein und beachten dabei, daß aus physikalischen Gründen nur *der* Bestandteil von R_W zu nehmen ist, der einer vom Atom auslaufenden Welle entspricht[2]. Er lautet nach (4.19)

$$R_{Wl} = \sqrt{\frac{2}{\pi k}}\cdot\frac{1}{r}\, e^{i\left(kr + n'\lg 2kr - \frac{\pi}{2}(l-1)+\sigma_l\right)} \tag{47.30}$$

mit

$$\sigma_l = \arg\Gamma(-in'+l+1), \qquad n' = \frac{Z}{k}, \tag{47.31}$$

also

$$R_{W,l+1} = -R_{W,l-1}\cdot\frac{(l+1-in')(l-in')}{\sqrt{[(l+1)^2+n'^2][l^2+n'^2]}} \tag{47.32}$$

und

$$\left.\begin{aligned} J_{nl} = \sum_m a\cdot & \frac{l^2-m^2}{(2l+1)(2l-1)}|Y_{l-1,m}|^2 + 2b\sqrt{\frac{[l^2-m^2][(l+1)^2-m^2]}{(2l+3)(2l+1)^2(2l-1)}} \\ & \cdot Y^*_{l-1,m}Y_{l+1,m} + c\cdot\frac{(l+1)^2-m^2}{(2l+3)(2l+1)}\cdot|Y_{l+1,m}|^2, \end{aligned}\right\} \quad (47.33)$$

wo bis auf eine Konstante[3]

$$a = (R^{nl}_{Wl-1})^2; \quad b = \frac{n'^2 - l(l+1)}{\sqrt{[(l+1)^2+n'^2][l^2+n'^2]}}\cdot R^{nl}_{Wl-1}R^{nl}_{Wl+1}; \quad c = (R^{nl}_{Wl+1})^2. \tag{47.34}$$

Um aus (47.33) die Richtungsverteilung wirklich auszurechnen, beachten wir die Formeln (65.27), (65.59), aus welchen folgt

$$\left.\begin{aligned} \sum_m & \frac{l^2-m^2}{(2l-1)(2l+1)}|Y_{l-1,m}|^2 + 2\sqrt{\frac{[l^2-m^2][(l+1)^2-m^2]}{(2l-1)(2l+1)^2(2l+3)}}\,Y^*_{l-1,m}Y_{l+1,m} \\ & + \frac{(l+1)^2-m^2}{(2l+1)(2l+3)}|Y_{l+1,m}|^2 = \sum_m \cos^2\Theta\,|Y_{lm}|^2 = \frac{2l+1}{4\pi}\cos^2\Theta. \end{aligned}\right\} \quad (47.35)$$

Ferner ist

$$\sum_m m^2 Y^*_{lm} Y_{lm} = -\sum_m Y^*_{lm}\frac{\partial^2}{\partial\varphi^2}Y_{lm}$$

und nach dem Additionstheorem (65.59) der Kugelfunktionen

$$\sum_m Y^*_{lm}(\Theta,\Phi)\,Y_{lm}(\Theta,\Phi+\varphi) = Y_{l0}(0)\,Y_{l0}(\chi),$$

wo $\cos\chi = \cos\Theta\cos\Theta + \sin\Theta\sin\Theta\cos\varphi = 1 - \sin^2\Theta\,(1-\cos\varphi)$. Also

$$\sum_m m^2|Y_{lm}|^2 = -\sqrt{\frac{2l+1}{4\pi}}\left(\frac{\partial^2 Y_{l0}(\chi)}{\partial\varphi^2}\right)_{\varphi=0} = \frac{2l+1}{4\pi}\sin^2\Theta\left(\frac{dP_l(x)}{dx}\right)_{x=1},$$

wo $P_l(x)$ die gewöhnliche unnormierte Kugelfunktion ist. Mit Beachtung von (65.6)

$$P'_{l+1}(x) - P'_{l-1}(x) = (2l+1)\,P_l(x)$$

[1] Die R mit oberem *und* unterem Index (radiale Integrale, d. h. Matrixelemente) dürfen nicht mit den R's mit nur unterem Index (radiale Eigenfunktionen) verwechselt werden.

[2] H. Bethe (Ann. d. Phys. Bd. 4, S. 443. 1930) hat dies unmittelbar aus der nichtstationären (Diracschen) Theorie des Photoeffekts abgeleitet. Vgl. auch Beitrag Wentzel, ds. Handb. S. 736 u. 737 (Ziff. 15).

[3] Wesentlich hierfür ist, daß die radialen Eigenfunktionen und daher die Integrale R *reell* sind.

und von $P_l(1) = 1$ findet man weiter

$$(P_l'(x))_{x=1} = \tfrac{1}{2} l(l+1),$$

also

$$\sum_m m^2 |Y_{lm}|^2 = \frac{1}{8\pi} l(l+1)(2l+1)\sin^2\Theta. \tag{47.36}$$

Wenn wir (47.35), (47.36) in (47.34) einsetzen, erhalten wir nach kurzer Umrechnung

$$\left.\begin{aligned} 8\pi(2l+1)J_{nl} = (a - 2b + c)\, l(l+1) + (a l(l-1) + 6bl(l+1) \\ + c(l+1)(l+2))\cos^2\Theta = \alpha + \beta\cos^2\Theta. \end{aligned}\right\} \tag{47.37}$$

Die Verteilung der Photoelektronen, die aus einer p-, d-, ... Schale emittiert werden, ist also bei Vernachlässigung der Retardierung immer noch symmetrisch um die Polarisationsrichtung der einfallenden Photonen und hat ihr Maximum in der Polarisationsrichtung $\Theta = 0$. Im Gegensatz zur Photoemission aus s-Schalen werden aber auch in der Ebene senkrecht zum elektrischen Vektor des einfallenden Lichts Elektronen emittiert. Die Verteilung (47.37), bestehend aus einem mit $\cos^2\Theta$ proportionalen und einem isotropen Glied, hat bereits P. AUGER aus Symmetriebetrachtungen abgeleitet; hier ist darüber hinausgehend nur noch die allgemeine Vorschrift zur Berechnung der Koeffizienten α und β abgeleitet. Für die $2p$-Schale ergeben die Rechnungen von G. SCHUR[1] speziell

$$J_{nl} \sim \frac{\nu}{Ry} + 2(Z-s)^2\cos^2\Theta. \tag{47.38}$$

Die Versuche von P. AUGER[2] und von E. C. WATSON[3] bestätigen das Vorhandensein des isotropen Bestandteils, doch ist er im allgemeinen stärker, als aus (47.38) folgt.

Das läßt sich leicht verstehen: Es kommt nämlich für die Richtungsverteilung nach (47.30) bis (47.34) auf das asymptotische Verhalten der kontinuierlichen Eigenfunktionen mit den Azimutalquantenzahlen $l-1$ und $l+1$ an, genauer gesagt auf ihre Phasendifferenz im Unendlichen, welche in b eingeht. Die Phasendifferenz wird aber jedenfalls für das wirkliche Atomfeld *nicht* dieselbe sein wie für das einfache Coulombfeld: Vielmehr sieht man, daß bei kleinen Geschwindigkeiten der Photoelektronen die Phasendifferenz im Coulombfeld besonders ungünstig für die isotrope Emission ist, weil b gerade maximal positiv wird. Daher muß im realen Atom die isotrope Photoemission eine größere Rolle spielen[4].

e) Die Voreilung des Maximums der Photoemission. Wenn die Wellenlänge des einfallenden Lichtes nicht mehr sehr groß gegen die Atomdimensionen ist, wird die Intensitätsverteilung der emittierten Photoelektronen unsymmetrisch zur Polarisationsrichtung des einfallenden Lichts, die Richtung der maximalen Emission verschiebt sich nach der Fortpflanzungsrichtung der einfallenden Welle hin. Anschaulich kann diese Erscheinung dahin gedeutet werden, daß das absorbierte Lichtquant dem Photoelektron einen Vorwärtsimpuls in seiner eigenen Bewegungsrichtung mitgibt, doch führt diese Vorstellung quantitativ nicht zum richtigen Resultat[5].

---

[1] G. SCHUR, Ann. d. Phys. (5) Bd. 4, S. 433. 1930.

[2] P. AUGER u. F. PERRIN, Journ. de phys. (6) Bd. 8, S. 93. 1927; Bd. 7, S. 125. 1926; Bd. 8, S. 85, 93. 1927; Bd. 10, S. 445. 1929; C. R. Bd. 180, S. 1742, 1839. 1925; Bd. 187, S. 1141; Bd. 188, S. 447, 1287. 1929.

[3] E. C. WATSON u. J. A. VAN DEN AKKER, Proc. Nat. Acad. Amer. Bd. 13, S. 659. 1927; Proc. Roy. Soc. London Bd. 126, S. 142. 1929; E. WATSON, Phys. Rev. Bd. 29, S. 751; Bd. 30, S. 479. 1927; C. D. ANDERSON, ebenda Bd. 33, S. 265; Bd. 34, S. 547. 1929.

[4] Ich beabsichtige, auf diese Frage demnächst genauer einzugehen.

[5] Sie liefert nur die Hälfte der wahren Voreilung; vgl. A. SOMMERFELD u. G. SCHUR, Ann. d. Phys. (5) Bd. 4, S. 409. 1930.

Die „Voreilung“ des Maximums der Photointensität ergibt sich, wenn man der Retardierung des Lichtes Rechnung trägt. Wir wollen der sehr durchsichtigen, wenn auch nicht ganz korrekten Darstellung von FRENKEL[1] folgen und die Eigenfunktion des Photoelektrons einfach durch eine ebene Welle darstellen

$$u_{\mathfrak{p}} = e^{\frac{2\pi i}{h}(\mathfrak{p}\mathfrak{r})}, \tag{47.39}$$

worin $\mathfrak{p}$ Richtung und Größe des Impulses des Photoelektrons in CGS-Einheiten darstellt:

$$p^2 = 2m\left(h\nu - \frac{(Z-s)^2}{n^2} Ry\right) \tag{47.40}$$

für Photoelektronen, welche an der $n$ten Schale ausgelöst sind (photoelektrische Gleichung). Wir vernachlässigen also die Beeinflussung der Eigenfunktion des ausgehenden Elektrons durch das Potentialfeld des Atoms. Die Wahrscheinlichkeit der Emission eines Photoelektrons in der Richtung $\mathfrak{p}$ wird dann nach (47.2) proportional zum Quadrat des Matrixelements

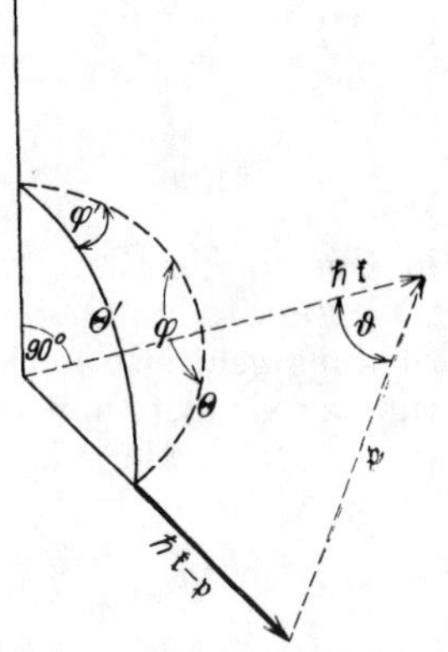

Abb. 38. Geometrische Verhältnisse beim Photoeffekt. $\hbar\mathfrak{k}$ = Fortpflanzungsrichtung des Lichts, $\mathfrak{p}$ = Emissionsrichtung des Elektrons, x = Polarisationsrichtung des Lichts.

$$P_{\mathfrak{p}m}^{\mathfrak{k}j} = \int u_{\mathfrak{p}}^* e^{i(\mathfrak{k}\mathfrak{r})} \frac{\partial u_m}{\partial x} d\tau \sim \int e^{i\left(\mathfrak{k}-\frac{\mathfrak{p}}{\hbar},\mathfrak{r}\right)} \frac{x}{r} e^{-\frac{Zr}{a}} r^2 dr, \tag{47.41}$$

wenn der Anfangszustand m der K-Zustand eines Atoms mit der Kernladung Z ist und a der Wasserstoffradius. In (47.41) sind die Normierungsfaktoren der Eigenfunktionen fortgelassen, da es uns nur auf die *relative* Wahrscheinlichkeit der Elektronen-Emission für verschiedene Richtungen $\mathfrak{p}$ ankommt, nicht auf die (bereits berechnete) Absolut-Wahrscheinlichkeit. Wir führen nun ein Polarkoordinatensystem ein, dessen Achse in der Richtung $\mathfrak{k} - \mathfrak{p}$ liegt, die Polarwinkel in diesem System seien ϑ', φ', die x-Achse habe speziell die Richtung Θ', Φ'. Dann wird aus (47.41)

$$\left.\begin{aligned} P_{\mathfrak{p}m}^{\mathfrak{k}j} &= \int e^{-Z\frac{r}{a}+i\left|\mathfrak{k}-\frac{\mathfrak{p}}{\hbar}\right| r\cos\vartheta'} (\cos\Theta'\cos\vartheta' + \sin\Theta'\sin\vartheta'\cos(\Phi'-\varphi'))\, r^2 \sin\vartheta'\, d\vartheta'\, d\varphi'\, dr \\ &= \frac{\hbar^2 4\pi\cos\Theta'}{|\hbar\mathfrak{k}-\mathfrak{p}|^2}\left(\int e^{-\left(\frac{Z}{a}-i\left|\mathfrak{k}-\frac{\mathfrak{p}}{\hbar}\right|\right)r} \cdot \left(1 - i\left|\mathfrak{k}-\frac{\mathfrak{p}}{\hbar}\right| r\right) dr - \text{konj. kompl.}\right) \\ &= \frac{16\pi i\cos\Theta' \cdot \left|\mathfrak{k}-\frac{\mathfrak{p}}{\hbar}\right|}{\left(\frac{Z^2}{a^2} + \left|\mathfrak{k}-\frac{\mathfrak{p}}{\hbar}\right|^2\right)^2}. \end{aligned}\right\} \tag{47.42}$$

Wenn nun die Emissionsrichtung des Photoelektrons $\mathfrak{p}$ mit der Fortpflanzungsrichtung $\mathfrak{k}$ der Lichtwelle den Winkel ϑ und die Ebene von $\mathfrak{k}$ und $\mathfrak{p}$ mit der Ebene durch Fortpflanzungs- und Polarisationsrichtung den Winkel φ bildet, so ist (vgl. Abb. 38)

$$\cos\Theta' = \sin\Theta\cos\varphi = \sin\vartheta\cos\varphi \cdot \frac{p}{|\hbar\mathfrak{k}-\mathfrak{p}|}. \tag{47.43}$$

Wenn wir ferner in der photoelektrischen Gleichung die langwellige Grenzfrequenz $(Z-s)^2 Ry$ gegen die einfallende Frequenz ν vernachlässigen, also genügend kurze Wellenlänge voraussetzen, so finden wir leicht, daß

$$\hbar k = \frac{h\nu}{c} = \frac{m}{2c} v^2 = \frac{v}{2c} p, \tag{47.44}$$

[1] J. FRENKEL, Phys. Rev. Bd. 37, S. 1276. 1931.

also

$$|\hbar \mathfrak{k} - \mathfrak{p}|^2 = p^2\left(1 - \frac{v}{c}\cos\vartheta + \frac{v^2}{4c^2}\right). \tag{47.45}$$

Vernachlässigen wir Glieder der relativistischen Größenordnung v^2/c^2 und streichen wir außerdem in (47.42) Z^2/a^2 gegen $p^2/\hbar^2$, d. h. im wesentlichen wieder die Ionisierungsspannung gegen die Energie des Photoelektrons, so wird nach (47.42) bis (47.45)

$$|P_{\mathfrak{p}m}^{\mathfrak{k}j}|^2 \sim \frac{\sin^2\vartheta\cos^2\varphi}{\left(1 - \frac{v}{c}\cos\vartheta\right)^4} \sim \sin^2\vartheta\cos^2\varphi\left(1 + 4\frac{v}{c}\cos\vartheta\right), \tag{47.46}$$

in Übereinstimmung mit dem Resultat der exakten, längeren Rechnung von SOMMERFELD und SCHUR[1]. Die azimutale Verteilung um die Fortpflanzungsrichtung geht also immer noch wie $\cos^2\varphi$; bei konstantem φ liegt aber die Richtung maximaler Photoemission nicht mehr senkrecht zur Fortpflanzungsrichtung ($\vartheta = \pi/2$), sondern ist um den Winkel

$$\frac{\pi}{2} - \vartheta_{\max} = \delta\vartheta \approx 2\frac{v}{c} = 2 \cdot \frac{\text{Geschwindigkeit der Photoelektronen}}{\text{Lichtgeschwindigkeit}} \tag{47.47}$$

nach „vorn", d. h. gegen die Fortpflanzungsrichtung des Lichts hin, verschoben. Diese Verschiebung ist experimentell sowohl qualitativ wie quantitativ sehr gut bestätigt, wie man aus Abb. 39 sieht. Die dort gezeichnete theoretische Kurve für die Richtung maximaler Photoemission als Funktion der Geschwindigkeit ist nach der relativistischen Formel (47.46) gezeichnet[2].

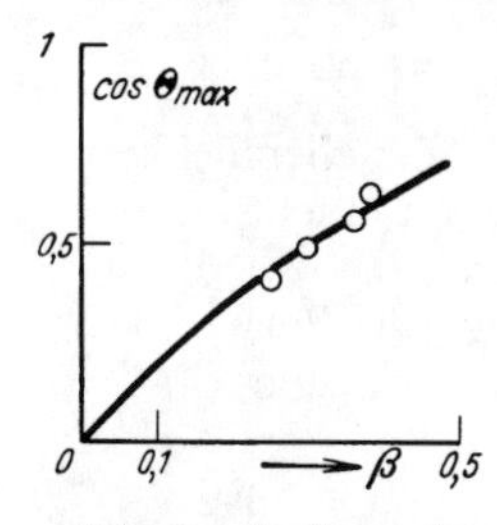

Abb. 39. Voreilung des Maximums beim Photoeffekt. $\Theta_{\max}$ (= Winkel zwischen der Fortpflanzungsrichtung des Lichts und der Richtung maximaler Photoemission) als Funktion von $\beta = v/c$ (v = Geschwindigkeit des Photoelektrons). (Nach SOMMERFELD.)

f) **Photoeffekt für sehr harte Strahlung mit Einschluß der Relativität.** Wenn die einfallende Strahlung so hart ist, daß die Geschwindigkeit des Photoelektrons mit der Lichtgeschwindigkeit vergleichbar wird, muß der Photoeffekt nach der DIRACschen Theorie behandelt werden. Dadurch ändert sich zunächst die Definition der Übergangsmatrizen P (38.2) etwas, weil der Strom in der DIRACschen Theorie bekanntlich nicht durch $\frac{\hbar}{2im}(u_n^* \operatorname{grad} u_m - u_m \operatorname{grad} u_n^*)$ definiert ist, sondern durch $-c\,u_n^* \vec{\alpha}\,u_m$, an die Stelle von (38.2) tritt daher

$$P_{Wm}^{\mathfrak{k}j} = -\frac{2\pi i m c}{h}\int u_W^* \sum_i e^{i(\mathfrak{k}\mathfrak{r}_i)}\alpha_j^{(i)} u_m\, d\tau, \tag{47.48}$$

worin $\alpha_j^{(i)}$ die DIRACsche Matrix bedeutet, welche der $j$ten Raumkoordinate des $i$ten Elektrons zugeordnet ist (vgl. Ziff. 22a). Der wesentlichste Unterschied kommt aber natürlich dadurch herein, daß für u_m und für u_W jetzt DIRACsche Eigenfunktionen zu setzen sind. SAUTER hat die entsprechenden Rechnungen durchgeführt, allerdings hat er wegen mathematischer Schwierigkeiten nur den Relativitätseffekt für das fortgehende Photoelektron berücksichtigt, nicht den für das Atomelektron: es ist durchweg αZ (α = Feinstrukturkonstante) gegen Eins vernachlässigt, dagegen ist die Rechnung bezüglich $\beta = v/c$ (v = Ge-

[1] A. SOMMERFELD u. G. SCHUR, Ann. d. Phys. (5) Bd. 4, S. 409. 1930.

[2] Experimentelle Literatur zur Voreilung: F. KIRCHNER, Phys. ZS. Bd. 27, S. 799. 1926; E. J. WILLIAMS, Proc. Manch. Soc. Bd. 72, S. 1—16. 1927—1928; D. H. LOUGHRIDGE, Phys. Rev. Bd. 30, S. 488. 1927, und die früher zitierten Arbeiten von P. AUGER und F. PERRIN.

schwindigkeit des Photoelektrons) exakt. SAUTERs Resultat für die Richtungsverteilung der an der K-Schale ausgelösten Photoelektronen ist

$$\left.\begin{aligned} J \sim \frac{\sin^2\vartheta}{(1-\beta\cos\vartheta)^4}\Big[\cos^2\varphi\Big\{\sqrt{1-\beta^2}-\frac{1}{2}\big(1-\sqrt{1-\beta^2}\big)(1-\beta\cos\vartheta)\Big\} \\ +\frac{(1-\sqrt{1-\beta^2})^2}{1-\beta^2}\cdot\frac{1}{4}(1-\beta\cos\vartheta)\Big]. \end{aligned}\right\} \quad (47.49)$$

Interessant und physikalisch nicht recht zu verstehen ist das letzte Glied in dieser Gleichung, welches von der Polarisationsrichtung der einfallenden Strahlung unabhängig ist. Der wesentliche Anteil der Intensitätsverteilung wird übrigens durch das erste Glied gegeben. Der Absorptionskoeffizient für beide K-Elektronen zusammen wird bei relativistischer Geschwindigkeit des Photoelektrons, wenn die Frequenz der Absorptionskante gegen die des einfallenden Lichts vernachlässigt wird:

$$\tau_K = \frac{8\nu_1^3 c^2\mathfrak{N}}{\pi\nu^5 Z}\left(\frac{\beta}{\sqrt{1-\beta^2}}\right)^3\cdot\left[\frac{4}{3}+\frac{1-2\sqrt{1-\beta^2}}{\sqrt{1-\beta^2}\,(1+\sqrt{1-\beta^2})}\left(1+\frac{1-\beta^2}{2\beta}\lg\frac{1-\beta}{1+\beta}\right)\right]. \quad (47.50)$$

Für nichtrelativistische Energie des Photoelektrons ($\beta \ll 1$) kann das zweite Glied der Klammer vernachlässigt werden, ferner wird $h\nu = \frac{1}{2}mc^2\beta^2$, also geht (47.50) mit Rücksicht auf die Rydbergformel $\nu_1 = 2\pi^2 m e^4 h^{-3} Z^2$ über in

$$\tau_K = \frac{2^7 e^2 \mathfrak{N}}{3mc}\frac{\nu_1^{\frac{5}{2}}}{\nu^{\frac{7}{2}}},$$

was identisch ist mit (47.9), falls man dort für $f(n')$ den Grenzwert (47.12) für hohe Frequenzen setzt. Für sehr große Energie $\beta \approx 1$ andererseits wird $h\nu = mc^2/\sqrt{1-\beta^2}$, das *zweite* Glied der Klammer ist überwiegend, und man erhält

$$\tau_K = \frac{\alpha^6 Z^5}{\pi}\mathfrak{N}\lambda\lambda_c = 1{,}16\cdot 10^{-23}\lambda Z^5\mathfrak{N}\,\mathrm{cm}^{-1}, \quad (47.51)$$

wo α die Feinstrukturkonstante ist und λ_c die Comptonwellenlänge. Der Absorptionskoeffizient fällt also bei so kurzwelliger Strahlung nur mehr mit der *ersten* Potenz der Wellenlänge ab.

48. Das Röntgenbremsspektrum. Rekombination. a) Allgemeine Formel für die Wahrscheinlichkeit der Prozesse. In voriger Ziffer haben wir die Absorptionsprozesse im kontinuierlichen Spektrum besprochen, nunmehr wollen wir zu den Emissionsprozessen übergehen: Ein Elektron fliegt auf einen nackten Kern zu, es kann dann

entweder vom Kern unter Lichtemission eingefangen werden, d. h. in ein diskretes Energieniveau gelangen,

oder aber, ebenfalls unter Ausstrahlung, bloß seine Geschwindigkeit vermindern und in einer anderen Richtung weiterfliegen,

oder schließlich nur abgelenkt werden, ohne Geschwindigkeit zu verlieren. Den dritten Prozeß haben wir in Ziff. 6c behandelt, er interessiert uns hier nicht, da er nicht mit Lichtemission verbunden ist. Die Wahrscheinlichkeit der ersten beiden Prozesse ist unmittelbar durch (38.1) gegeben:

$$w(\omega, j)\,d\omega = \frac{e^2 h\nu}{2\pi m^2 c^3}\left|P_{n'n}^{\mathfrak{k}j}\right|^2 d\omega \quad (48.1)$$

ist die Wahrscheinlichkeit dafür, daß das Elektron vom Zustand n in den Zustand n' übergeht und dabei Licht von der Frequenz $\nu_{nn'}$ und der Polarisationsrichtung j in den Winkelbereich $d\omega$ emittiert.

Bei der Berechnung von P hat man natürlich für u_n und $u_{n'}$ die Eigenfunktionen des Elektrons im Felde des Kerns zu nehmen, der die Ausstrahlung verursacht; außerdem muß u_n

in großer Entfernung vom Kern eine ebene einfallende Welle darstellen. Diese Forderung wird erfüllt von der Eigenfunktion in parabolischen Koordinaten (vgl. Ziff. 6c):

$$u_k = \sqrt{\frac{2\pi n'}{1 - e^{-2\pi n'}}} e^{\frac{1}{2} i k \xi} \cdot \frac{1}{2\pi i \sqrt{v}} \int d\zeta e^{-i k \eta \zeta} \left(\zeta + \frac{1}{2}\right)^{-i n'} \left(\zeta - \frac{1}{2}\right)^{i n' - 1}, \quad (48.2)$$

wobei z die Einfallsrichtung des Elektrons ist, $\xi = r + z$, $\eta = r - z$, $k = \sqrt{\frac{W}{Ry}}$ die Wellenzahl, $n = -in' = -i\frac{Z}{k}$ die „Hauptquantenzahl", L_n die in Ziff. 4 im einzelnen besprochene Laguerrefunktion mit imaginärem Index und $v = \sqrt{\frac{2W}{m}}$ die Geschwindigkeit des Elektrons. Die Normierung ist, abweichend vom üblichen, so getroffen, daß pro Zeiteinheit ein Elektron durch die Flächeneinheit tritt [vgl. Bemerkung nach (6.24)]. (48.1) gibt dann einfach den Wirkungsquerschnitt des Kerns für die betrachteten Prozesse an.

Natürlich kann man die Welle des einfallenden Elektrons (48.2) auch durch die Eigenfunktionen in Polarkoordinaten ausdrücken[1]:

$$u_k = \frac{\sqrt{h}}{2k} \sum_l (2l + 1) i^l P_l(\cos\vartheta) \frac{\Gamma(l + 1 - in')}{|\Gamma(l + 1 - in')|} \cdot R_{Wl}(r). \quad (48.3)$$

Diese Darstellung ist natürlich im allgemeinen unbequemer als (48.2).

b) Die Rekombinationsprozesse[2]. Die Wahrscheinlichkeit der Einfangung des ankommenden Elektrons in die $1s$-Bahn können wir unmittelbar angeben, da wir die betreffenden Matrixelemente bereits bei der Behandlung des Photoeffekts (Ziff. 47b) berechnet haben. Unter der Annahme nicht zu großer Geschwindigkeit des ankommenden Elektrons kann natürlich bei der Berechnung des Matrixelements P die Retardierung wieder vernachlässigt werden, und es ist [vgl. (48.3)]

$$|P_{1W}^{\mathfrak{k}j}| = \frac{4\pi^2 m v}{h} \int u_1 z u_{W10} d\tau \cdot \sqrt{3} \cdot \sqrt{4\pi} \cdot \frac{\sqrt{h}}{2k}. \quad (48.4)$$

Denn offenbar kommt beim Übergang in den Grundzustand nur Emission von Strahlung in Frage, die in der z-Richtung (Einfallsrichtung) polarisiert ist, da sonst das Matrixelement P bei Vernachlässigung der Retardierung verschwindet; aus demselben Grunde kommt von der Eigenfunktion (48.3) des einfallenden Elektrons nur der Bestandteil $l = 1$ in Frage (l-Auswahlregel), und schließlich ist

$$u_{W10} = R_{W1}(r) Y_{10}(\vartheta, \varphi) = \sqrt{\frac{3}{4\pi}} R_{W1}(r) P_1(\cos\vartheta), \quad (48.5)$$

wenn Y_{10} die normierte, P_1 die unnormierte Kugelfunktion ist. Wir setzen den Wert des Matrixelements aus (47.6) in (48.4) und dies in (48.1) ein und integrieren über alle möglichen Fortpflanzungsrichtungen des emittierten Lichtquants.

Dann bekommen wir für den Wirkungsquerschnitt für Rekombination

$$\left.\begin{aligned} \mathfrak{R} &= \frac{2^7\pi}{3} \frac{e^2}{mc^2} \frac{h}{mc} \frac{\nu_1^3}{\nu^2(\nu - \nu_1)} \cdot \frac{e^{-4\sqrt{\frac{\nu_1}{\nu - \nu_1}} \operatorname{arc\,tg} \sqrt{\frac{\nu - \nu_1}{\nu_1}}}}{1 - e^{-2\pi\sqrt{\frac{\nu_1}{\nu - \nu_1}}}} \\ &= 9{,}1 \cdot 10^{-21} \frac{\nu_1^3}{\nu^2(\nu - \nu_1)} \cdot f\left(\sqrt{\frac{\nu_1}{\nu - \nu_1}}\right). \end{aligned}\right\} \quad (48.6)$$

---

[1] Vgl. z. B. M. STOBBE, l. c. S. 682: u_k muß sich für große z wie eine ebene einfallende Welle verhalten, d. h. wenn man die bekannte Entwicklung der Kugelwelle nach ebenen Wellen benutzt

$$u_k = \frac{1}{\sqrt{v}} \cdot e^{ikz} = \sqrt{\frac{\pi}{2v}} \cdot \frac{1}{\sqrt{kr}} \cdot \sum_l (2l + 1) i^l P_l(\cos\vartheta) J_{l+\frac{1}{2}}(kr)$$

$$= \frac{1}{\sqrt{v}} \cdot \frac{1}{kr} \cdot \sum_l (2l + 1) \cdot i^l P_l(\cos\vartheta) \cdot \cos\left(kr - (l + 1)\frac{\pi}{2}\right).$$

Durch Vergleich dieses Ausdrucks mit der asymptotischen Darstellung der in der Energieskala normierten Eigenfunktion ergibt sich (48.3).

[2] M. STOBBE, l. c.; E. C. G. STÜCKELBERG u. P. M. MORSE, Phys. Rev. Bd. 35, S. 116. 1930; W. WESSEL, Ann. d. Phys. Bd. 5, S. 611. 1930.

e^2/mc^2 ist übrigens der klassische Elektronenradius, h/mc die Comptonwellenlänge. Der Wirkungsquerschnitt $\mathfrak{R}$ ist für Wasserstoff gleich $2{,}1 \cdot 10^{-21}\,\text{cm}^2$, wenn die Geschwindigkeit der einfallenden Elektronen 1 Volt beträgt, er ist also sehr klein und fällt für kleine Geschwindigkeiten mit dem Quadrat, später mit der fünften Potenz der Geschwindigkeit ab. Die Rekombinationsprozesse, bei denen das Elektron in eine höhere Schale eingefangen wird, sind noch seltener[1].

c) Das Röntgen-Bremsspektrum: Intensitätsverteilung und Polarisation. Das kontinuierliche Spektrum, das in einem gewöhnlichen Röntgenrohr beobachtet wird, kommt dadurch zustande, daß die mit der Geschwindigkeit v_1 auf die Antikathode auftreffenden Elektronen durch die Potentialfelder der Atome der Antikathode auf irgendeine Geschwindigkeit $v_2 < v_1$ abgebremst werden und dabei Licht von der Frequenz

$$\nu = \frac{m}{2h}(v_1^2 - v_2^2)$$

ausstrahlen. Die Theorie des Problems ist von SOMMERFELD[2] sehr eingehend behandelt worden, wir beschränken uns darauf, die Hauptresultate kurz anzugeben:

1. Die Gesamtintensität der Strahlung mit einer Frequenz zwischen ν und $\nu + d\nu$, die von einem Strom Eins (1 Elektron pro sec pro cm²) unter dem Einfluß *eines* Kerns der Ladung Z ausgestrahlt wird, beträgt pro sec

$$J_\nu\, d\nu = \frac{32\pi}{3}\,\frac{e^2 h^2}{m^2 c^3}\,\frac{n_1'^3}{e^{2\pi n_1'} - 1}\,\frac{n_2'}{1 - e^{-2\pi n_2'}} \cdot \lg\frac{n_2' + n_1'}{n_2' - n_1'} \cdot d\nu\,. \tag{48.7}$$

Darin ist $n_1' = Z/k_1$ und k_1 die Wellenzahl des Elektrons vor der Bremsung, ebenso $n_2' = Z/k_2$ und k_2 die nach der Bremsung. Da die Bremsung vorwiegend in unmittelbarer Nähe des Kerns geschieht, ist bei der Ermittlung der Wellenzahlen k_1, k_2 der äußeren Abschirmung Rechnung zu tragen [Ziff. 47b, insbesondere Gleichung (47.14), (47.15)]: Man hat danach zu setzen

$$k_1^2 = \frac{E_1 - 2V_0}{Ry}\,, \qquad k_2^2 = \frac{E_2 - 2V_0}{Ry}\,, \tag{48.8}$$

wo V_0 wieder das Potential der Ladungsverteilung der Elektronen auf den Kern ist. Man ermittelt dieses am besten empirisch aus der gemessenen K-Ionisierungsspannung nach (47.14). Die Energie des gebremsten Elektrons, E_2, ist natürlich

$$E_2 = E_1 - h\nu\,, \tag{48.9}$$

wo ν die ausgestrahlte Frequenz und E_1 die Energie des Elektrons vor der Bremsung ist. Die angegebenen Formeln gelten nur, wenn die Energie E_1 groß gegen die Ionisierungsspannung der K-Schale des bremsenden Atoms ist, also $k_1 \gg Z$.

Wir können (48.7) noch bequemer schreiben:

$$J = J_0 \sqrt{\frac{\nu_g}{\nu_g - \nu}} \cdot \frac{1}{1 - e^{-2\pi\sqrt{\frac{\nu_1}{\nu_g - \nu}}}}\, \lg\frac{2\nu_g - \nu}{\nu}\,. \tag{48.10}$$

[1] Wenn die Geschwindigkeit des ankommenden Elektrons klein ist, rührt die Kleinheit von dem Faktor ν^3 her, welcher vor das Quadrat des Koordinatenmatrixelements zu stehen kommt [vgl. (48.1), (48.4)], bei großer Anfangsgeschwindigkeit verschwinden die Matrixelemente P durch Interferenz [vgl. nach (47.23)].

[2] A. SOMMERFELD, Ann. d. Phys. (5) Bd. 11, S. 257. 1931.

Darin ist ν_1 die Frequenz der K-Absorptionskante[1] des bremsenden Atoms, ν_g die Frequenz der kurzwelligen Grenze des kontinuierlichen Röntgenspektrums, welche ausgestrahlt wird, wenn das Elektron auf die Geschwindigkeit Null abgebremst wird:

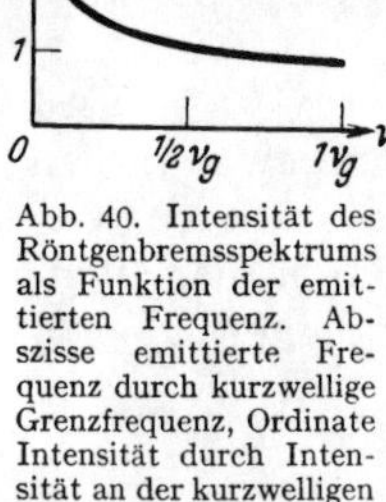

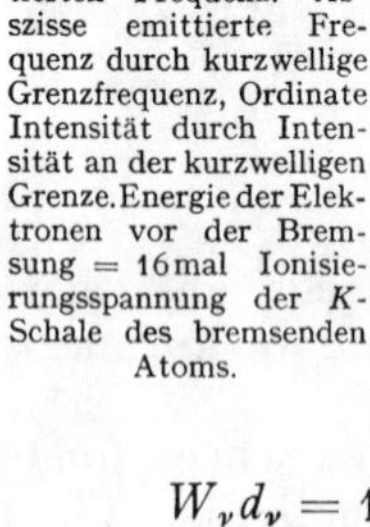

Abb. 40. Intensität des Röntgenbremsspektrums als Funktion der emittierten Frequenz. Abszisse emittierte Frequenz durch kurzwellige Grenzfrequenz, Ordinate Intensität durch Intensität an der kurzwelligen Grenze. Energie der Elektronen vor der Bremsung = 16 mal Ionisierungsspannung der K-Schale des bremsenden Atoms.

$$h\nu_g = E_1, \tag{48.11}$$

und J_0 hängt nur von der Energie des einfallenden Elektrons, nicht von der ausgestrahlten Frequenz ab:

$$J_0 = \frac{32\pi}{3}\frac{e^2h^2}{m^2c^3}\left(\frac{\nu_1}{\nu_g}\right)^2 \frac{1}{e^{2\pi\sqrt{\nu_1/\nu_g}}-1}. \tag{48.12}$$

In Abb. 40 ist die relative Intensität J/J_0 als Funktion der ausgestrahlten Frequenz ν/ν_1 aufgetragen, ν_g ist so klein angenommen, daß $2\pi\sqrt{\nu_1/\nu_g} \gg 1$.

Die *Wahrscheinlichkeit* dafür, daß ein Elektron der Geschwindigkeit v_1 in einer Substanz mit $\mathfrak{N}$ Atomen pro cm³ auf einer Strecke von 1 cm Strahlung der Frequenz ν bis $\nu + d\nu$ emittiert, erhält man durch Division von (48.7) mit $h\nu$ und Multiplikation mit $\mathfrak{N}$

$$W_\nu d_\nu = 1380\,\frac{\varrho}{A}\,\frac{d\nu}{\nu}\left(\frac{\nu_1}{\nu_g}\right)^2\sqrt{\frac{\nu_g}{\nu_g-\nu}}\;\frac{\lg\left((2\nu_g-\nu)/\nu\right)}{\left(e^{2\pi\sqrt{\nu_1/\nu_g}}-1\right)\left(1-e^{-2\pi\sqrt{\nu_1/\nu_g-\nu_1}}\right)}, \tag{48.13}$$

wo ϱ die Dichte, A das Atomgewicht der bremsenden Substanz ist.

2. Bei Beobachtung senkrecht zur Bewegungsrichtung der einfallenden Elektronen ist die Polarisation der emittierten Röntgenstrahlung *parallel* zur Einfallsrichtung, falls $\nu \approx \nu_g$, d. h. an der kurzwelligen Grenze des Spektrums (vgl. die analoge Erscheinung beim Rekombinationsleuchten, Abschn. b dieser Ziffer), dagegen senkrecht dazu für $\nu = 0$. Dazwischen ist die Polarisation gegeben durch

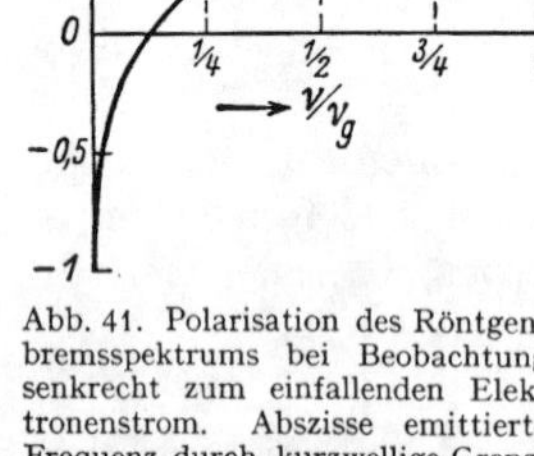

Abb. 41. Polarisation des Röntgenbremsspektrums bei Beobachtung senkrecht zum einfallenden Elektronenstrom. Abszisse emittierte Frequenz durch kurzwellige Grenzfrequenz, Ordinate Polarisationsgrad (+1 = vollständige Polarisation parallel zum Elektronenstrom). Abbildung aus SOMMERFELD, l. c.

$$P = \frac{J_\parallel - J_\perp}{J_\parallel + J_\perp} = \frac{(k_1^2 - 3k_2^2)\lg\frac{k_1+k_2}{k_1-k_2} + 6k_1k_2}{(3k_1^2 - k_2^2)\lg\frac{k_1+k_2}{k_1-k_2} + 2k_1k_2}, \tag{48.14}$$

sie ist in Abb. 41 als Funktion von der ausgestrahlten Frequenz dargestellt und stimmt einigermaßen mit der beobachteten Polarisation.

3. Die Anzahl der Elektronen, deren Bewegungsrichtung nach der Bremsung den Winkel α mit der Einfallsrichtung bildet, ist bei festgehaltenem v_2 umgekehrt proportional mit

$$k_1^2 + k_2^2 - 2k_1k_2\cos\alpha \sim v_1^2 + v_2^2 - 2v_1v_2\cos\alpha, \tag{48.15}$$

sie erreicht also ein Maximum, wenn die Bewegungsrichtung ungeändert bleibt ($\alpha = 0$), ein Minimum bei Umkehrung der Bewegungsrichtung ($\alpha = \pi$) und hängt um so mehr vom Streuwinkel α ab, je weniger die Elektronen gebremst werden[2].

4. Bei den bisherigen Formeln wurde die Retardierung im Matrixelement (38.2) vernachlässigt und einfach die Matrix der Koordinate in der jeweiligen Polarisationsrichtung des emittierten Lichts berechnet. Die Ausstrahlung hing

[1] Genauer $\nu_1 = Z^2 Ry$, also die K-Frequenz *ohne* Abschirmung.

[2] Für die Einzelheiten verweisen wir auf die Arbeit von A. SOMMERFELD.

daher in der bisherigen Näherung nicht explizit von der Beobachtungs-[1], sondern nur von der Polarisationsrichtung ab. Für die kurzwellige Grenze insbesondere war die gesamte Ausstrahlung in der Einfallsrichtung polarisiert (48.14), so daß die maximale Intensität senkrecht zu dieser Richtung beobachtet wird. Berücksichtigt man nun die Retardierung, so verschiebt sich ganz analog wie beim Photoeffekt die Richtung maximaler Lichtemission nach der Einfallsrichtung der Elektronen hin um den Voreilungswinkel

$$\delta \approx 2\frac{v}{c}. \tag{48.16}$$

Es besteht also volle Reziprozität zwischen Photoeffekt und kontinuierlichem Röntgenspektrum an der kurzwelligen Grenze: die Intensitätsverteilung der emittierten Lichtquanten beim Röntgenspektrum und der emittierten Elektronen im Photoeffekt ist nahezu dieselbe.

Über alles Nähere, insbesondere über die Polarisation der emittierten Strahlung bei Beobachtung schräg zum einfallenden Elektronenstrom, über die „Voreilung" des Intensitätsmaximums bei beliebiger ausgestrahlter Frequenz, über die relativistische Verallgemeinerung und den Vergleich mit der Erfahrung unterrichten die zitierte Arbeit von SOMMERFELD, zwei weitere Arbeiten von O. SCHERZER[2] und A. MAUE[3] u. a.

Über die *Streuung* von Licht-, insbesondere von Röntgenstrahlen vgl. den Artikel von G. WENTZEL in ds. Handb., Ziff. 26.

IV. Stoßtheorie.

49. Allgemeine Stoßformel von BORN[4]. a) Erläuterung der Begriffe. Die Theorie des Zusammenstoßes von Atomen mit geladenen Partikeln (Elektronen, Protonen, α-Teilchen) soll zwei Fragen beantworten: einmal die nach dem Schicksal der geladenen Partikel beim Stoß (Ablenkung, Energieverlust usw.), sodann die Frage nach der Anregung des Atoms durch den Stoß. Das allgemeinste mögliche Experiment ist das folgende:

Ein Strom von geladenen Teilchen (Masse M_1, Ladung z) bewegt sich mit der Geschwindigkeit $\mathfrak{v}$ auf ein Atom der Masse M_2 und Kernladung Z zu, das sich im Zustand n befindet. Gemessen wird die Wahrscheinlichkeit dafür, daß durch einen Zusammenstoß mit dem Atom eines der Teilchen um den Winkel ϑ in den Winkelbereich $d\omega$ abgelenkt, und daß gleichzeitig das Atom in den Zustand n' (diskreter oder kontinuierlicher Zustand) angeregt wird; genauer gesagt, die Anzahl der Prozesse der genannten Art pro sec, wenn der Teilchenstrom Eins auf das Atom fällt, d. h. wenn gerade ein Teilchen pro sec durch die Flächeneinheit tritt: Die Wahrscheinlichkeit hat dann die Dimension einer Fläche und wird als differentieller Wirkungsquerschnitt (W.Q.) $d\Phi_{nn'}(\vartheta)$ bezeichnet.

Aus dem differentiellen W.Q. erhält man

1. durch Integration über alle Ablenkungen des stoßenden Teilchens die Wahrscheinlichkeit der Anregung des Niveaus n' des Atoms (Anregungsfunktion des Atoms) $\Phi_{nn'}$,

---

[1] Natürlich ist eine implizite Abhängigkeit von der Beobachtungsrichtung vorhanden, weil die Polarisationsrichtung zur Beobachtungsrichtung senkrecht sein muß.

[2] O. SCHERZER, Ann. d. Phys. Bd. 13, S. 137. 1932.

[3] A. MAUE, Ann. d. Phys. Bd. 13, S. 161. 1932.

[4] M. BORN, ZS. f. Phys. Bd. 38, S. 803. 1926; P. A. M. DIRAC, ebenda Bd. 44, S. 585. 1927.

2. durch Summation über alle möglichen Anregungen des Atoms (alle n') die Wahrscheinlichkeit für eine bestimmte Ablenkung ϑ der stoßenden Partikel (Winkelverteilung) $d\Phi(\vartheta)$,

3. durch Ausführung beider Summationen den totalen Wirkungsquerschnitt Φ,

4. durch Multiplikation der unter 1 berechneten Anregungswahrscheinlichkeit des Niveaus n' mit der auf das Atom übertragenen Energie $E_{n'} - E_n$ und nachfolgende Summation über n' den gesamten Energieverlust ε des Teilchenstroms pro sec, aus dem sich dann ohne weiteres die Bremsung eines einzelnen Teilchens berechnet.

Stöße, bei denen das Atom im Anfangszustand zurückbleibt ($n = n'$), werden als elastische, Stöße mit Anregung des Atoms als unelastische bezeichnet[1]. Wird das Atom in einen Zustand n' des kontinuierlichen Spektrums angeregt, so fliegt ein Sekundärelektron aus dem Atomverband heraus (primäre Ionisierung), das Sekundärelektron ist bei genügender Energie fähig, weitere Atome zu ionisieren (sekundäre Ionisierung).

b) Vergleich mit der Lichtzerstreuung. Beschränkung auf hohe Geschwindigkeiten. Die Streuung von Elektronen an Atomen hat wesentliche Punkte mit der Streuung von Licht gemeinsam: Die elastische Elektronenstreuung entspricht der RAYLEIGHschen Lichtstreuung ohne Wellenlängenänderung, die unelastische Elektronenstreuung der Ramanstreuung. Wie beim Licht (Comptoneffekt), so erfolgt auch bei Elektronen die unelastische Streuung unter angenäherter Erfüllung des Impulssatzes, sobald die DE BROGLIEsche Wellenlänge des stoßenden Elektrons $\lambda = h/mv$ klein und der Ablenkungswinkel ϑ groß genug ist. Die angedeuteten Beziehungen zwischen Licht- und Elektronenstreuung sind, wie wir in Ziff. 51 zeigen, nicht nur qualitativer, sondern auch quantitativer Natur.

Bei der Streuung geht das Elektron (Photon), wenn auch evtl. mit verminderter Geschwindigkeit (vergrößerter Wellenlänge), weiter. Ein Analogon zur Emission und Absorption (Photoeffekt) von Licht besteht dagegen natürlich nicht, weil Elektronen nicht neu entstehen oder verschwinden können. Höchstens könnte man den Photoeffekt als „Emission", die Einfangung von Elektronen durch Ionen (Rekombination) als „Absorption" von Elektronen auffassen.

Die Streuung von *langsamen* Elektronen zeigt, genau wie die langwelligen Lichts, ziemlich komplizierte Verhältnisse und hängt von der speziellen Struktur des streuenden Atoms ab (Ramsauereffekt). Es ist daher nur natürlich, daß eine *geschlossene* theoretische Behandlung in diesem Fall nicht möglich ist[2]. Für schnelle Elektronen fallen dagegen die individuellen Verschiedenheiten der streuenden Atome im wesentlichen fort, genau wie bei der Streuung von Röntgenstrahlen. Die Theorie für diesen Fall ist von BORN gegeben worden. Ihr Gültigkeitsgebiet ist dadurch abgegrenzt, daß die Geschwindigkeit der stoßenden Partikel groß sein muß gegen die BOHRschen Geschwindigkeiten der Elektronen

[1] Die noch vielfach übliche Bezeichnung: „Kernstreuung" und „Elektronenstreuung" ist unzweckmäßig, weil die Elektronen des Atoms auch bei der elastischen Streuung mitwirken und andererseits die Bindung der Elektronen an den Kern auch für die unelastische Streuung wesentlich ist.

[2] Der Ansatz für diesen Fall wurde von H. FAXÉN u. I. HOLTSMARK (ZS. f. Phys. Bd. 45, S. 307. 1928) gegeben. Spezielle Fälle sind durchgerechnet von I. HOLTSMARK, ebenda Bd. 48, S. 231. 1928; Bd. 55, S. 437. 1929 (Argon); Bd. 66, S. 49. 1930 (Krypton); W. HENNEBERG, Naturwissensch. Bd. 20, S. 561. 1932 (Quecksilber); MC DOUGALL, Proc. Cambridge Phil. Soc. Bd. 28, S. 341. 1932 (Wasserstoff, Helium); E. FEENBERG, Phys. Rev. Bd. 42, S. 17. 1932 (Helium mit Berücksichtigung des Austauschs); vgl. auch H. S. W. MASSEY u. C. B. O. MOHR, Proc. Roy. Soc. London Bd. 136, S. 289. 1932; Bd. 139, S. 187. 1933 (Fortführung der allgemeinen Theorie).

des streuenden Atoms[1]. Wir werden uns hier durchweg auf die BORNsche Näherung beschränken und sie nur nach der Seite relativistischer Geschwindigkeiten hin ergänzen. Den Austauscheffekt (vgl. Beitrag WENTZEL ds. Handb. Ziff. 5, S. 704) werden wir ebenfalls nicht behandeln, sondern nur die Endformel aus der allgemeinen Theorie übernehmen.

c) BORNsche Streuformel. Bezüglich der Ableitung der BORNschen Streuformel verweisen wir auf den Artikel von WENTZEL in diesem Band[2]. Für den im Anfang dieser Ziffer definierten differentiellen Wirkungsquerschnitt erhält man die Formel

$$d\Phi_n(\vartheta) = \frac{4M^2}{|\mathfrak{p}-\mathfrak{p}'|^4}\frac{v'}{v}e^4z^2|Z\delta_{0n}-F_{0n}|^2\sin\vartheta\,d\vartheta\,d\varphi\,. \tag{49.1}$$

Dabei ist ϑ der Ablenkungswinkel in einem Koordinatensystem, in dem der Schwerpunkt von Atom und stoßendem Teilchen ruht, und φ ein Azimutalwinkel, $\mathfrak{p}$ bzw. $\mathfrak{p}'$ der Impuls, v bzw. v' die Geschwindigkeit des stoßenden Teilchens vor bzw. nach dem Stoß,

$$M = \frac{M_1 M_2}{M_1 + M_2} \tag{49.2}$$

die reduzierte Masse (M_1 = Masse des stoßenden Teilchens, M_2 = Masse des Atoms), Z die Ordnungszahl des Atoms, $\delta_{0n} = 1$ für elastische Stöße ($n = 0$), $\delta_{0n} = 0$ für unelastische Stöße ($n \neq 0$), ferner ist $\mathfrak{q}$ die (vektorielle) Änderung des Impulses des stoßenden Teilchens in atomaren Einheiten:

$$\mathfrak{q} = \frac{a}{\hbar}(\mathfrak{p}-\mathfrak{p}') \tag{49.3}$$

und

$$F_{0n}(\mathfrak{q}) = \int u_0(\mathfrak{r}_j)\,u_n^*(\mathfrak{r}_j)\,d\tau\sum_i e^{\frac{i(\mathfrak{q}\mathfrak{r}_i)}{a}} \tag{49.4}$$

der (verallgemeinerte) Atomfaktor, den wir meist einfach mit F_n bezeichnen werden. In (49.4) sind u_0 und u_n die Eigenfunktionen des Anfangs- und Endzustands des Atoms, $\mathfrak{r}_j$ der Ort des $j$ten Elektrons, die Integration geht über den Konfigurationsraum aller Elektronen des Atoms.

(49.1) läßt sich noch bequemer schreiben, wenn wir statt $\mathfrak{p}'$ und ϑ als Variable die Größe

$$\left.\begin{aligned} Q &= \frac{1}{2m}(\mathfrak{p}-\mathfrak{p}')^2 = \frac{1}{2m}(p^2+p'^2-2pp'\cos\vartheta)\,,\\ &\left(dQ = \frac{1}{m}pp'\sin\vartheta\,d\vartheta = \frac{M^2}{m}vv'\sin\vartheta\,d\vartheta\right)\end{aligned}\right\} \tag{49.5}$$

einführen und über φ integrieren, es wird (für unelastische Stöße, $n \neq 0$):

$$d\Phi_n(Q) = \varkappa\frac{dQ}{Q^2}|F_n(\mathfrak{q})|^2 \tag{49.6}$$

mit

$$\varkappa = \frac{2\pi e^4 z^2}{m v^2}\,. \tag{49.7}$$

Q hat eine sehr einfache physikalische Bedeutung: Es ist die Energie eines Elektrons mit dem Impuls $\mathfrak{p}-\mathfrak{p}'$. Wenn wir nun die Bindung des Atomelektrons an das Atom vernachlässigen würden, so müßte das Atomelektron beim Stoß gerade den Impuls $\mathfrak{p}-\mathfrak{p}'$ aufnehmen, um den Impulssatz zu erfüllen; Q wäre dann also die Energie des Sekundärelektrons. Die klassische Stoßtheorie von

[1] Vgl. F. DISTEL, ZS. f. Phys. Bd. 74, S. 785. 1932. Eine genauere Untersuchung des Verfassers dieses Artikels über die Näherungsverfahren, die bei verschiedenen Geschwindigkeiten der Partikel anzuwenden sind, erscheint demnächst in der ZS. f. Phys.

[2] Ziff. 4. Ferner zahlreiche Originalabhandlungen, z. B. M. BORN, ZS. f. Phys. Bd. 38, S. 803; P. A. M. DIRAC, ebenda Bd. 44, S. 585. 1927; und besonders H BETHE, Ann. d. Phys. Bd. 5, S. 325. 1930.

BOHR macht aber gerade die Annahme, daß das Atomelektron vor dem Stoß in Ruhe ist und seine Bindung an das Atom vernachlässigt werden kann: Q ist also die Energie, die nach der klassischen Theorie beim Stoß übertragen wird, es gilt im übrigen

$$Q = q^2 \, Ry, \tag{49.8}$$

wo q^2 die in (49.3) eingeführte Größe ist.

(49.7) unterscheidet sich von der entsprechenden klassischen Formel

$$d\Phi'(Q) = \frac{\varkappa Z}{Q^2} \, dQ \tag{49.9}$$

äußerlich nur durch das Auftreten des Faktors $|F_n(q)|^2$ anstatt Z. Q ist aber bei uns nur eine Hilfsgröße, die nach (49.5) vom Ablenkungswinkel *und* von der auf das Atom übertragenen Anregungsenergie

$$E_n - E_0 = \frac{1}{2M} (p^2 - p'^2) \tag{49.10}$$

abhängt, während die klassische Theorie Q mit der *tatsächlich* übertragenen Energie identifiziert, die dort eine *eindeutige* Funktion des Ablenkungswinkels ist. Außerdem ist der Wertebereich[1], der für Q zuzulassen ist, nicht ganz der gleiche wie in der klassischen Theorie: Der *Minimalwert* von Q wird in der klassischen Theorie durch *nachträgliche* Berücksichtigung der Bindung der Elektronen im Atom bestimmt zu[2]

$$Q_{\min}^{\text{klass}} \approx \frac{M}{m} \cdot \frac{E_0^2}{E} \cdot \frac{e^4 z^2}{\hbar^2 v^2}.$$

Bei uns ergibt er sich, da wir die Bindung von vornherein berücksichtigt haben, unmittelbar aus (49.5), wenn wir $\vartheta = 0$ setzen und den Energiesatz hinzunehmen

$$Q_{\min} = \frac{1}{2m} (p - p')^2 = \frac{M}{m} \left(\sqrt{E} - \sqrt{E + E_0 - E_n}\right)^2. \tag{49.11}$$

Wenn nun, wie das meist der Fall ist, die Energie der Partikel

$$E = \frac{1}{2} M v^2 = \frac{p^2}{2M} \tag{49.12}$$

groß ist gegen die auf das Atom übertragene Anregungsenergie $E_n - E_0$, so wird aus (49.11)

$$Q_{\min} = \frac{(E_n - E_0)^2}{2 m v^2} = \frac{M}{m} \cdot \frac{(E_n - E_0)^2}{4E}, \tag{49.13}$$

was sich vom klassischen Wert um den Faktor $(\hbar v/e^2 z)^2$ unterscheidet. Der *Maximalwert* von Q wird nach der klassischen Theorie bei einem „Zentralstoß" erreicht, d. h. bei einem Stoß, bei dem das gestoßene Elektron in der Bewegungsrichtung der stoßenden Partikel weiterfliegt, es ist dann

$$Q_{\max} = \left(\frac{2M_1}{M_1 + m}\right)^2 \cdot \frac{m}{2} v^2. \tag{49.14}$$

Ist das stoßende Teilchen ein Elektron, so ist $M_1 = m$

$$Q_{\max} = \frac{m}{2} v^2. \tag{49.15}$$

Da Q in der klassischen Theorie die übertragene Energie bedeutet, gibt also in diesem Fall das stoßende Elektron seine ganze Energie an das Sekundärelektron ab. Ist das stoßende Teilchen aber ein Proton oder α-Teilchen, so ist $M_1 \gg m$ und

$$Q_{\max} \approx 2 m v^2. \tag{49.16}$$

---

[1] Dieser ist von Wichtigkeit für die Bestimmung des Gesamtwirkungsquerschnitts und des Bremsvermögens.

[2] BOHR zeigte, daß auf ein gebundenes Elektron nur dann merkliche Energie übertragen werden kann, wenn die Dauer des Vorbeigangs des stoßenden Teilchens *klein* ist gegen die Umlaufszeit des gebundenen Elektrons. Letztere ist ungefähr $\hbar/|E_0|$, erstere ist etwa p/v, wenn das stoßende Teilchen im Abstand p vom gebundenen Elektron vorbeigeht. Da nun klassisch die Energie $Q = e^4 z^2/E p^2$ übertragen wird, folgt der angegebene Wert.

In der Quantentheorie ergibt sich zunächst bei festem Endzustand n des Atoms eine ganz andere obere Grenze für Q als klassisch:

$$Q_{\max}(n) = \frac{M}{m}\left(\sqrt{E} + \sqrt{E + E_0 - E_n}\right)^2. \tag{49.17}$$

Aber auf einem Umweg wird man doch wieder praktisch auf die klassische obere Grenze für Q geführt: Ist nämlich Q groß gegen die Ionisierungsspannung $|E_0|$ des Atoms, so zeigt sich bei der Auswertung von (49.4), daß (bei festem Q) weitaus die häufigsten Stöße *die* sind, bei denen auf das Atom eine Anregungsenergie vom ungefähren Betrage Q übertragen wird (Ziff. 51 b 2), d. h. daß sich bei heftigen Stößen das Atomelektron wie ein freies, klassisches Elektron verhält. Es kommt darum gar nicht so sehr auf den Maximalwert von Q an, der bei Anregung eines *bestimmten* — diskreten oder kontinuierlichen — Eigenwertes E_n des Atoms zulässig ist, wenigstens wenn man nicht die Anregungswahrscheinlichkeit dieses Niveaus berechnen will, sondern sein Augenmerk auf die Gesamtheit der Stöße richtet. Es ist vielmehr wichtig, ob es bei fest vorgegebenem Q möglich ist, daß eine Energie von der Größe Q übertragen wird. Das ist nicht für alle Q der Fall, man erhält nämlich aus (49.5)

$$p' = p\cos\vartheta \pm \sqrt{2mQ - p^2\sin^2\vartheta}.$$

Das Minimum von p' wird für $\vartheta = 0$ bei negativem Vorzeichen der Wurzel erreicht:

$$p'_{\min} = p - \sqrt{2mQ}.$$

Dementsprechend ist die maximale Energie, welche bei festem Q auf das Atom übertragen werden kann, mit Rücksicht auf (49.10)

$$(E_n - E_0)_{\max} = 2\sqrt{\frac{m}{M}EQ} - \frac{m}{M}Q. \tag{49.18}$$

Eine Energie der Größe Q kann also nur dann übertragen werden, wenn

$$Q < 2\sqrt{E\frac{m}{M}Q} - \frac{m}{M}Q$$

oder ausgerechnet:

$$Q < \left(\frac{2M}{M+m}\right)^2 \frac{m}{2}v^2$$

ist. Damit werden wir wieder auf die klassische obere Grenze (49.14) geführt, die bei Spezialisierung auf Elektronen bzw. schwere Teilchen in (49.15) bzw. (49.16) übergeht.

50. Relativistische Verallgemeinerung der BORNschen Stoßformel[1]. Wenn die Geschwindigkeit des stoßenden Elektrons vergleichbar wird mit der Lichtgeschwindigkeit, ist die Stoßtheorie in drei Richtungen zu ergänzen: Erstens wirken zwischen stoßendem Elektron und Atom nicht nur elektrische, sondern auch magnetische Kräfte, zweitens muß zum mindesten das stoßende Elektron nach der DIRACschen statt nach der SCHRÖDINGERschen Theorie behandelt werden, und drittens ist der endlichen Ausbreitungsgeschwindigkeit des elektrischen Feldes Rechnung zu tragen (Retardierungseffekt).

Einer Arbeit von MØLLER (l. c.) folgend, fand H. BETHE[2] für den differentiellen Wirkungsquerschnitt im relativistischen Fall[3]

$$d\Phi_n(\vartheta) = \frac{4e^4}{[(\mathfrak{p}-\mathfrak{p}')^2 - (E-E'/c)^2]^2}\frac{EE'}{c^4}\frac{p'}{p}d\omega\left|\eta_n\left(\frac{2\pi}{a}(\mathfrak{p}-\mathfrak{p}')\right)\right|^2 \tag{50.1}$$

mit

$$\eta_n(\mathfrak{q}) = \int u_n^*(\mathfrak{r})\,[Z a_0 - \sum_j e^{i(\mathfrak{q}\mathfrak{r}_j)/a}\cdot(a_0 + \mathfrak{a}\vec{\alpha_j})]\,u_0(\mathfrak{r})\,d\tau. \tag{50.2}$$

---

[1] Vgl. CHR. MØLLER, ZS. f. Phys. Bd. 70, S. 786. 1931.

[2] H. BETHE, ZS. f. Phys. Bd. 76, S. 293. 1932. Siehe auch CHR. MØLLER, Ann. d. Phys. Bd. 14, S. 531. 1932.

[3] Es sei bemerkt, daß (50.1) nur exakt ist, solange der Kern des Atoms beim Stoß nahezu in Ruhe bleibt, solange also die relativistische Masse des Elektrons noch klein ist gegen die Kernmasse. Ist dies nicht der Fall, so wirkt auch auf den Kern das Vektorpotential $\mathfrak{a}$, und man kann die Koordinate des Schwerpunkts des Gesamtsystems (Atom + stoßendes Elektron) nicht mehr abseparieren. Doch bedingt dies nur für elastische Stöße eine kleine Modifikation.

Die Größen a_0 und $\mathfrak{a}$ berechnen sich aus den DIRACschen Eigenfunktionen des stoßenden Elektrons vor und nach dem Stoß. Wenn diese lauten

$$\left.\begin{aligned}\psi &= s(\mathfrak{p})\, e^{\frac{i}{\hbar}(\mathfrak{p}\mathfrak{r}_0 - Et)}\\ \text{bzw.}\quad \psi' &= s(\mathfrak{p}')\, e^{\frac{i}{\hbar}(\mathfrak{p}'\mathfrak{r}_0 - E't)}\end{aligned}\right\} \tag{50.3}$$

und die vierreihigen Amplituden s auf Eins normiert sind $(|s(\mathfrak{p})|^2 = |s(\mathfrak{p}')|^2 = 1)$, so ist

$$a_0 = (s(\mathfrak{p})s^*(\mathfrak{p}')) \qquad \text{und} \qquad \mathfrak{a} = -(s^*(\mathfrak{p}')\vec{\alpha}\, s(\mathfrak{p}))\,. \tag{50.4}$$

Ist $\mathfrak{p} = \mathfrak{p}'$ und bleibt auch der Spin beim Stoß ungeändert, so ist $a_0 = 1$ und $\mathfrak{a} = \mathfrak{v}/c$.

Der DIRACsche Operator α^j wirkt in (50.2) auf die Spinkoordinate des $j$ten Elektrons, a_0 repräsentiert die Wirkung des skalaren Wechselwirkungspotentials zwischen Atom und stoßendem Elektron, $\mathfrak{a}$ die Wirkung des Vektorpotentials (magnetische Kräfte). u_0 und u_n sind jetzt DIRACsche anstatt SCHRÖDINGERsche Eigenfunktionen. Das Glied $(E - E'/c)^2$ kommt von der Retardierung der Potentiale her.

Wir führen noch die gleiche Umformung durch wie in Ziff. 49c, d. h. wir führen die Energie Q ein, welche beim Stoß auf ein anfangs ruhendes freies Elektron übertragen werden würde. Da das gestoßene Elektron dann beim Stoß den Impuls $\mathfrak{p} - \mathfrak{p}'$ aufnimmt und seine Energie vor dem Stoß mc^2, nachher also $mc^2 + E - E' = mc^2 + Q$ beträgt, folgt aus der relativistischen Beziehung zwischen Energie und Impuls

$$(Q + mc^2)^2 = m^2c^4 + c^2(\mathfrak{p} - \mathfrak{p}')^2,$$

also

$$Q = \frac{1}{2m}\left[(\mathfrak{p} - \mathfrak{p}')^2 - \left(\frac{E - E'}{c}\right)^2\right]. \tag{50.5}$$

Im allgemeinen Fall, wenn das gestoßene Elektron anfangs nicht in Ruhe und an das Atom gebunden war, soll Q durch (50.5) definiert sein. Dann ist

$$dQ = \frac{1}{m}\, p p' \sin\vartheta\, d\vartheta\,. \tag{50.6}$$

Wegen

$$\mathfrak{v} = c^2\mathfrak{p}/E \tag{50.7}$$

wird dann die Stoßformel

$$d\Phi_n(Q) = \varkappa\,\frac{dQ}{Q^2}\,\frac{E'}{E}\,|\eta_n(\mathfrak{q})|^2, \tag{50.8}$$

wobei $\varkappa$ die gleiche Bedeutung hat wie in (49.7). Der Faktor E'/E, der gegenüber (49.7) hinzutritt, ist für alle praktisch vorkommenden Stöße gleich Eins, der Hauptunterschied besteht also darin, daß ε_n durch η_n zu ersetzen ist.

Außerdem ändert sich der *Minimalwert*, der für Q zulässig ist; er beträgt für stoßende Teilchen der Ruhmasse M nach (50.5)

$$Q_{\min} = \frac{1}{2mc^2}\left[\left(\sqrt{E^2 - M^2c^4} - \sqrt{(E + E_0 - E_n)^2 - M^2c^4}\right)^2 - (E_n - E_0)^2\right] \approx \frac{M^2}{2mp^2}(E_n - E_0)^2. \tag{50.9}$$

Für Elektronenstoß ist $M = m$, $Q_{\min} = \frac{m}{2p^2}(E_n - E_0)^2$. Der *Maximalwert* von Q ergibt sich (wenn wir wieder, wie in Ziff. 49c, beachten, daß bei harten Stößen praktisch ausschließlich solche vorkommen, bei denen die Energie Q übertragen wird) zu:

$$Q_{\max} = \frac{2mc^2p^2}{2mE + (M^2 + m^2)c^2}\,. \tag{50.10}$$

Für Elektronen ($M = m$) wird daraus $Q_{\max} = E - mc^2$, d. h. das stoßende Elektron kann höchstens so viel Energie abgeben, daß ihm nur mehr die Ruhenergie übrigbleibt; für schwere stoßende Teilchen überwiegt das Glied M^2c^2 alle anderen Glieder im Nenner[1], so daß

$$Q_{\max} = \frac{2m}{M^2} p^2 = 2mv^2 \left(\frac{E}{Mc^2}\right)^2 = \frac{2mv^2}{1 - \frac{v^2}{c^2}}. \tag{50.11}$$

Mit der Hilfsgröße q steht im relativistischen Fall Q in der Beziehung

$$Q = q^2 Ry - \frac{(E_n - E_0)^2}{2mc^2}. \tag{50.12}$$

51. Elastische Stöße[2]. Bei elastischer Streuung ändert sich der Zustand des Atoms und daher auch die Geschwindigkeit des stoßenden Teilchens nicht:

$$E_n = E_0, \quad p' = p, \quad v' = v, \quad q = \frac{4\pi a \sin\frac{\vartheta}{2}}{\lambda}, \tag{51.1}$$

wo λ die DE BROGLIEsche Wellenlänge der stoßenden Partikel ist. $F_0(q)$ ist identisch mit dem in der Theorie der Röntgenstrahlenstreuung bekannten Atomformfaktor F, aus (49.1) folgt daher

$$d\Phi_0(q) = \frac{2\pi e^4 z^2 \cdot (Z - F)^2}{16E^2 \cdot \sin^4\frac{\vartheta}{2}} \sin\vartheta\, d\vartheta = \frac{m\varkappa (Z - F)^2}{M \cdot 8E \cdot \sin^4\frac{\vartheta}{2}} \sin\vartheta\, d\vartheta. \tag{51.2}$$

Der Atomformfaktor F selbst hängt vom Ablenkungswinkel ϑ — genauer von $\frac{\sin\vartheta/2}{\lambda}$ — ab, ist das streuende Atom Wasserstoff, so gilt[2]:

$$F = \frac{1}{\left(1 + \frac{1}{4} q^2\right)^2} = \frac{1}{\left(1 + \frac{ME}{mRy} \sin^2\frac{\vartheta}{2}\right)^2} = \frac{1}{\left[1 + \left(\frac{Mv}{mu} \sin\frac{\vartheta}{2}\right)^2\right]^2}, \tag{51.3}$$

$u = c/137$ ist die Geschwindigkeit des Elektrons in der innersten BOHRschen Wasserstoffbahn (die atomare Geschwindigkeitseinheit) $= 2{,}2 \cdot 10^8$ cm/sec.

Für die Streuung von α-Teilchen ist F stets zu vernachlässigen, wenn der Ablenkungswinkel ϑ von beobachtbarer Größe (sagen wir, mindestens 1°) ist, denn z. B. bei einer Geschwindigkeit von 10^9 cm/sec^{-1} und $\vartheta = 1°$ ist

$$\frac{1}{2} q = \frac{Mv}{mu} \sin\frac{\vartheta}{2} = 7300 \cdot 4{,}5 \cdot \frac{\pi}{360} = 290, \qquad F = 1{,}4 \cdot 10^{-10}. \tag{51.4}$$

Für Elektronen mittlerer Geschwindigkeit ist dagegen F bei kleinen Ablenkungswinkeln von der Größenordnung 1 und verschwindet erst bei großer Ablenkung wie $(Ry/E)^2$.

F ist z. B. für Streuung von Elektronen an Wasserstoffatomen

für $\vartheta =$	5°	10°	15°	20°	25°	30°	40°	50°	60°	90°	180°
$E = 270$ Volt	0,93	0,75	0,55	0,39	0,26	0,18	0,09	0,057	0,028	0,008	0,002
$E = 27000$ Volt	0,043	0,004	$8 \cdot 10^{-4}$	$3 \cdot 10^{-4}$	$1{,}3 \cdot 10^{-4}$	$6 \cdot 10^{-5}$	$2 \cdot 10^{-5}$	$8 \cdot 10^{-6}$	$4 \cdot 10^{-6}$	10^{-6}	$2{,}5 \cdot 10^{-7}$

Für große Streuwinkel — und für Streuung von schweren Teilchen für alle beobachtbaren Streuwinkel — geht daher (51.3) in die RUTHERFORDsche Formel

$$d\Phi_0(\vartheta) = \frac{2\pi e^4 z^2 Z^2}{16E^2 \sin^4\frac{\vartheta}{2}} \sin\vartheta\, d\vartheta \tag{51.5}$$

[1] Damit $2mE$ auch nur 10% des Wertes von M^2c^2 erreicht, muß bei Protonenstoß die Energie des stoßenden Protons gleich der 92fachen Ruhenergie, das ist 80 Milliarden Volt, betragen. Für größere E wird $Q_{\max} = 2mv^2 \cdot \frac{E^2}{M^2c^4 + 2mc^2 E}$. — In der Arbeit von H. BETHE, ZS. f. Phys. Bd. 76, S. 293. 1932 (Anm. auf S. 293) ist fälschlich $Q_{\max} = 2mv^2$ angegeben.

[2] Zu dieser und den folgenden Ziffern vgl. H. BETHE, Ann. d. Phys. Bd. 5, S. 325. 1930.

über. Für sehr kleine Streuwinkel dagegen wird der differentielle Wirkungsquerschnitt *kleiner* als bei RUTHERFORD und erreicht für $\vartheta = 0$ einen endlichen Grenzwert, der bei Streuung von Elektronen an Wasserstoff gleich

$$\frac{d\Phi_0(\vartheta)}{\sin\vartheta\, d\vartheta} = 2\pi a^2 \tag{51.6}$$

ist (a = Wasserstoffradius).

Abb. 42 stellt die Winkelverteilung der elastisch gestreuten Elektronen für Streuung an *Helium* graphisch dar (Kurve A), die Primärgeschwindigkeit ist 210 Volt, der in (51.3) eingehende Atomformfaktor F ist aus der HARTREEschen Elektronenverteilung (Ziff. 20) von MOTT[1] berechnet. Die Kreise bedeuten experimentelle Messungen von DYMOND[2]; sie liegen, wie man sieht, vorzüglich auf der theoretischen Kurve. Kurve B gibt die Streuung nach der RUTHERFORDschen Formel an, Kurve C die Verteilung der kohärenten Streustrahlung für Röntgenstrahlen der gleichen Wellenlänge (0,85 Å), d. h. einfach das Quadrat des Atomformfaktors F.

Wie man sieht, wird die RUTHERFORDsche Streuung bei großem Streuwinkel identisch mit der wirklichen Streuintensität, wie wir das bereits in (51.5) behauptet haben, nach kleinen Streuwinkeln zu steigt die Rutherfordstreuung steiler an. Die Röntgenstreuintensität fällt in unserem Beispiel durchweg steiler ab als die Elektronenstreuung[3].

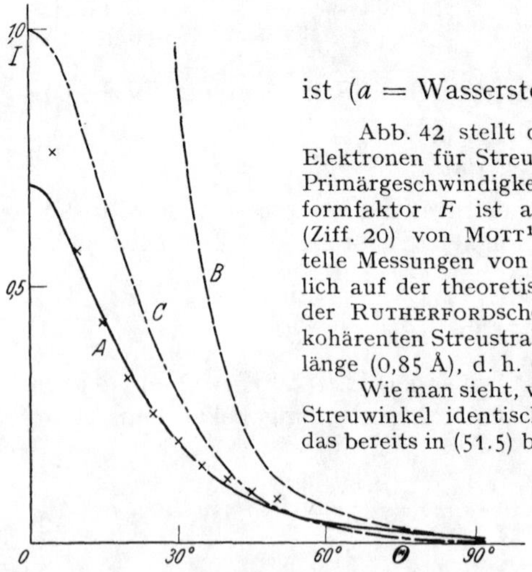

Abb. 42. Elastische Streuung an Helium. (Nach MOTT.) Kurve A theoretische Kurve mit HARTREEschem Atomfeld, B RUTHERFORDsche Streuung, C Streuung von Röntgenstrahlung der gleichen Wellenlänge. Kreuze Meßpunkte von DYMOND.

Auf die elastische *Streuung schwerer Teilchen* (Protonen, α-Teilchen) *an leichten Atomen* ist die Formel (51.5) nicht ohne weiteres anwendbar. Die Energie E und der Streuwinkel ϑ sind nämlich bei uns in einem Koordinatensystem zu messen, in dem der *Schwerpunkt* von Atom und stoßender Partikel ruht (vgl. Ziff. 48c, Anfang), während im Experiment das *Atom* vor dem Stoß in Ruhe ist.

Sei Θ der Ablenkungswinkel, W die Energie des stoßenden Teilchens vor dem Stoß, W' die Energie nach dem Stoß in einem ruhenden Koordinatensystem, so ergibt eine elementare Rechnung

$$\left.\begin{aligned} E &= W\cdot\frac{M_1+M_2}{M_2}\,,\\ M_2\cos\vartheta &= -M_1\sin^2\Theta \pm \cos\Theta\sqrt{M_2^2-M_1^2\sin^2\Theta}\,,\\ W' &= \left(\frac{M_1\cos\Theta \pm\sqrt{M_2^2-M_1^2\sin^2\Theta}}{M_1+M_2}\right)^2 W. \end{aligned}\right\} \tag{51.7}$$

Dabei sind M_1 und M_2 die Massen von stoßenden Teilchen bzw. Atom. Als Vorzeichen der Wurzel ist stets das obere zu nehmen, wenn das Atom schwerer oder ebenso schwer ist wie das Teilchen[4]; in diesem Fall sind alle Ablenkungswinkel Θ von 0° bis 180° möglich. Ist das Teilchen dagegen schwerer als das Atom, so kann der Ablenkungswinkel nicht größer werden als

$$\Theta_{\max} = \arc\sin\frac{M_2}{M_1}\,, \tag{51,8}$$ [5]

[1] N. F. MOTT, Nature Bd. 123, S. 717. 1929.

[2] E. G. DYMOND u. E. E. WATSON, Proc. Roy. Soc. London Bd. 122, S. 571. 1929.

[3] Über das Verhalten von Röntgen- und Elektronenstreuung an schweren Atomen vgl. H. BETHE, Ann. d. Phys. Bd. 5, S. 325. 1930, § 15; P. DEBYE, Phys. ZS. Bd. 31, S. 419. 1930; L. BEWILOGUA, ebenda Bd. 32, S. 114 u. 232. 1931; N. F. MOTT, Proc. Roy. Soc. London Bd. 127, S. 658. 1930; E. C. BULLARD u. H. S. W. MASSEY, Proc. Cambridge Phil. Soc. Bd. 26, S. 556. 1930.

[4] Andernfalls würde die Geschwindigkeit des Teilchens nach dem Stoß negativ herauskommen.

[5] Andernfalls würde die Quadratwurzel in (51.7) imaginär.

und der maximale Energieverlust ergibt sich, wenn die Partikel in ihrer ursprünglichen Richtung weiterfliegt und das untere Vorzeichen in (51.7) genommen wird. Dieser Fall ist aber praktisch nur beim Zusammenstoß von α-Teilchen mit Wasserstoffatomen realisiert.

Die Wahrscheinlichkeit einer Ablenkung um den Winkel Θ ist durch die Rutherfordformel (51.5) gegeben, da der Atomformfaktor ja bei Stoß schwerer Teilchen zu vernachlässigen ist. Einsetzen von (51.7) in (51.5) gibt nach kurzer Umrechnung[1]

$$d\Phi(\Theta) = \frac{2\pi e^4 z^2 Z^2}{4E^2} \frac{\sin\Theta\, d\Theta}{\sin^4\Theta} \cdot \frac{\left(M_2\cos\Theta \pm \sqrt{M_2^2 - M_1^2\sin^2\Theta}\right)^2}{M_2\sqrt{M_2^2 - M_1^2\sin^2\Theta}}. \tag{51.9}$$

Im Falle $M_2 \gg M_1$ geht das in (51.5) über, für $M_2 > M_1$ hat man allgemein nur das positive Vorzeichen der Wurzel zu berücksichtigen, für $M_1 < M_2$ muß man, um die gesamte Streuung unter dem Winkel Θ zu erhalten, (51.9) für positives und negatives Zeichen berechnen und summieren.

Ist die Masse von stoßender Partikel und Atom *gleich* (Stoß von α-Teilchen und Helium, von Proton und H-Atom), so wird aus (51.9)

$$d\Phi(\Theta) = \frac{2\pi e^4 z^4}{E^2} \frac{\cos\Theta\, d\Theta}{\sin^3\Theta}. \tag{51.10}$$

Man muß dann aber bedenken, daß das stoßende und das gestoßene Teilchen nicht unterscheidbar sind. Infolge des dadurch bedingten Austausches wird nach der Theorie von MOTT[2] die Wahrscheinlichkeit der Ablenkung, wenn die Teilchen *keinen* Spin haben,

$$d\Phi(\Theta) = \frac{\pi e^4 z^4}{E^2}\sin 2\Theta\, d\Theta\left[\frac{1}{\sin^4\Theta} + \frac{1}{\cos^4\Theta} + \frac{2}{\cos^2\Theta\sin^2\Theta}\cos\left(\frac{2cz^2}{137v}\lg\operatorname{ctg}\Theta\right)\right], \tag{51.11}$$ [3]

wenn sie dagegen den Spin $\frac{1}{2}$ besitzen (Protonen, Elektronen):

$$d\Phi_0(\Theta) = \frac{\pi e^4 z^4}{E^2}\sin 2\Theta\, d\Theta\left(\frac{1}{\sin^4\Theta} + \frac{1}{\cos^4\Theta} - \frac{1}{\sin^2\Theta\cos^2\Theta}\cos\left[\frac{2cz^2}{137v}\lg\operatorname{ctg}\Theta\right]\right). \tag{51.12}$$

Sofern die Geschwindigkeit v groß gegen $2cz^2/137$ ist, ergibt sich im ersten Fall eine Vermehrung, im zweiten eine Verminderung der Streuung.

Schließlich geben wir noch die Wahrscheinlichkeit der elastischen Streuung von Elektronen *relativistischer* Geschwindigkeit an. Dabei setzen wir die Masse des streuenden Kerns so groß voraus, daß die Geschwindigkeit, die der Kern durch den Stoß erhält, noch klein gegen die Lichtgeschwindigkeit bleibt. Dann ist

$$d\Phi = \frac{2\pi e^4 Z^2\left(m^2c^2 + p^2\cos^2\frac{\vartheta}{2}\right)}{4c^2p^4\sin^4\frac{\vartheta}{2}}\sin\vartheta\, d\vartheta, \tag{51.13}$$

wo p der Impuls des Elektrons ist. Solange dieser klein gegen mc bleibt, geht (51.13) in die gewöhnliche RUTHERFORDsche Formel für nichtrelativistische Geschwindigkeiten, (51.5), über; wird dagegen $p \gg mc$ (Energie des Elektrons groß gegen seine Ruhenergie), so ergibt sich annähernd

$$d\Phi = \frac{2\pi e^4 Z^2}{c^2p^2}\operatorname{ctg}^3\frac{\vartheta}{2}\cdot\frac{d\vartheta}{2}. \tag{51.14}$$

---

[1] Vgl. C. G. DARWIN, Phil. Mag. Bd. 27, S. 499. 1914.

[2] N. F. MOTT, Proc. Roy. Soc. London Bd. 126, S. 259. 1930.

[3] Bezüglich der Verifikation der elastischen Stoßformeln vgl. man u. a. E. RUTHERFORD, J. CHADWICK u. C. D. ELLIS, Radiations from radioactive substances [schwere Teilchen, Rutherfordformel (51.5)], dort auch Originalliteratur; H. MARK u. R. WIERL, ZS. f. Phys. Bd. 60, S. 741. 1930; G. P. THOMSON, Proc. Roy. Soc. London Bd. 125, S. 352. 1929; N. F. MOTT, Nature Bd. 124, S. 986. 1929 [Elektronenstreuung, Bestätigung des Atomformfaktors (51.2), (51.3)]; J. CHADWICK, Proc. Roy. Soc. London Bd. 128, S. 114. 1930; P. M. S. BLACKETT u. F. C. CHAMPION, ebenda Bd. 130, S. 380. 1931; CHR. GERTHSEN, Ann. d. Phys. Bd. 9, S. 769. 1931; E. J. WILLIAMS, Proc. Roy. Soc. London Bd. 128, S. 459. 1930 [Austauscheffekt (51.11) für α-Teilchen, Protonen, Elektronen].

Der Wirkungsquerschnitt ist dann also immer noch umgekehrt proportional dem Quadrat der kinetischen Energie[1], genau wie bei langsamen Elektronen; die Winkelabhängigkeit bleibt aber nur bei kleinen Ablenkungswinkeln erhalten, während der Abfall nach großen Winkeln hin steiler wird: nach rückwärts $\vartheta \approx \pi$ werden nach (51.14) überhaupt keine Elektronen gestreut, nach der exakten Formel (51.13) verschwindet die Streuung zwar nicht vollkommen, ist aber im Verhältnis $(mc/p)^2$ = (Ruhenergie : Energie des Elektrons)^2 *kleiner* als bei „normalen" Winkeln. Abb. 43 zeigt den Unterschied der RUTHERFORDschen Streuung und der elastischen Streuung sehr schneller Elektronen.

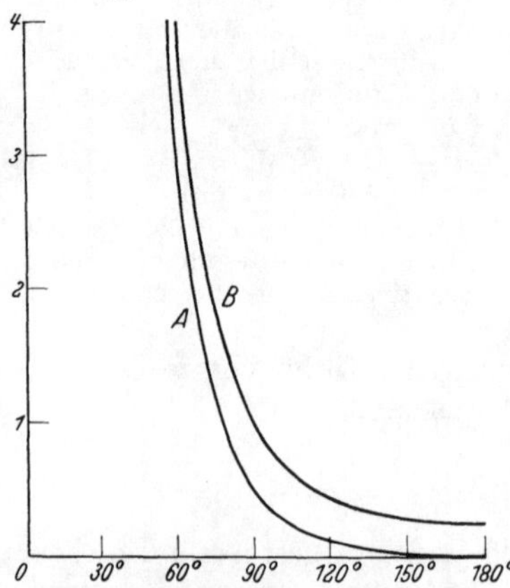

Abb. 43. Winkelverteilung der elastisch gestreuten Elektronen bei relativistischer (A) und nichtrelativistischer (B) Geschwindigkeit.

52. Winkelverteilung beim unelastischen Stoß. a) Winkelverteilung der gestreuten Elektronen bestimmter Energie. Auswertung der „verallgemeinerten Atomfaktoren" F_n. Die Wahrscheinlichkeit dafür, daß das stoßende Teilchen um den Winkel $d\vartheta$ abgelenkt und dabei gleichzeitig das Atom in den $n$ten Zustand angeregt wird, ist gegeben durch (49.1):

$$d\Phi_n(\vartheta) = \frac{8\pi M^2}{(\mathfrak{p}-\mathfrak{p}')^4}\frac{v'}{v}e^4 z^2\left|F_n\left(\frac{2\pi a}{h}(\mathfrak{p}-\mathfrak{p}')\right)\right|^2 \sin\vartheta\, d\vartheta. \tag{52.1}$$

Unter der Voraussetzung, daß die Energie des stoßenden Teilchens groß ist gegenüber der auf das Atom übertragenen Anregungsenergie, gilt nach (49.10)

$$\frac{1}{2M}(\mathfrak{p}-\mathfrak{p}')^2 = (2E + E_0 - E_n)(1-\cos\vartheta) + \frac{(E_n-E_0)^2}{4E}\cos\vartheta + \cdots. \tag{52.2}$$

Wir schließen die allerkleinsten Ablenkungswinkel aus, indem wir annehmen

$$\vartheta \gg \vartheta_1 = \frac{E_n - E_0}{E}. \tag{52.3}$$

Bei Streuung von 45000-Voltelektronen an Wasserstoff ($E_n - E_0 = 15$ Volt) ist z. B. $\vartheta_1 = 1$ Bogenminute. Dann ist das erste Glied in (52.2) ausschlaggebend, und wir bekommen genau wie bei elastischer Streuung

$$(\mathfrak{p}-\mathfrak{p}')^2 = 4ME(1-\cos\vartheta) = 4p^2\sin^2\frac{\vartheta}{2}, \tag{52.4}$$

d. h. $\mathfrak{q} = \frac{a}{\hbar}(\mathfrak{p}-\mathfrak{p}')$ hängt nur vom Streuwinkel ab, nicht von der übertragenen Anregungsenergie.

Die Winkelabhängigkeit der Streuung ist also gegeben durch

$$d\Phi_n(\vartheta) = \frac{\pi e^4 z^2}{8E^2}\frac{\sin\vartheta\, d\vartheta}{\sin^4\vartheta/2}\left|F_n\left(\frac{4\pi a}{\lambda}\sin\frac{\vartheta}{2}\right)\right|^2, \tag{52.5}$$

wo $\lambda = h/p$ die DE BROGLIEsche Wellenlänge des stoßenden Teilchens ist. $|F_n|^2$ ist aber proportional zur Intensität der unelastischen Röntgenstreuung (Comptonstreuung bzw. Ramaneffekt im Röntgengebiet). Also gilt der Satz:

Die Winkelverteilung der unelastisch gestreuten Elektronen, welche einen bestimmten Energieverlust $E_n - E_0$ erlitten haben, ist bis auf den Rutherfordfaktor $1/\sin^4\vartheta/2$ identisch mit der Winkelverteilung der inkohärent gestreuten Röntgenstrahlen gleicher Wellenlänge, welche bei der Streuung dasselbe ($n$te) Atomniveau angeregt haben.

[1] Im zwischenliegenden Gebiet $E \approx mc^2$ ist das nicht der Fall.

Wir diskutieren zunächst zwei Grenzfälle:

1. Für kleine Ablenkungswinkel kann man den „verallgemeinerten Atomfaktor"

$$F_n(q) = \int \sum_j e^{i q x_j/a} u_n^* u_0 \, d\tau \tag{52.6}$$

auswerten, indem man den Exponentialfaktor entwickelt und nach dem ersten Glied abbricht. Das ist offenbar möglich, solange

$$\frac{q x}{a} = \frac{4\pi \bar{x}}{\lambda} \sin\frac{\vartheta}{2} \ll 1$$

ist, wobei $\bar{x}$ den mittleren Kernabstand *des* Elektrons bezeichnet, das beim Übergang des Atoms vom Grundzustand zum $n$ten Zustand einen Quantensprung macht. Annähernd kann man etwa setzen

$$\bar{x}/a = \sqrt{Ry/E_n - E_0}\,.$$

Wir nehmen also an, daß der Ablenkungswinkel

$$\vartheta < \vartheta_2 = \frac{\lambda}{2\pi x} = \sqrt{\frac{m}{M}\,\frac{E_n - E_0}{E}} \tag{52.7}$$

ist. Für Elektronen ($m = M$) von der Energie $E = 45000$ Volt, welche ein Wasserstoffatom angeregt haben ($E_n - E_0 \approx Ry = 13{,}5$ Volt), ist z. B. $\vartheta_2 = 1°$, also sehr klein[1]. Trotzdem enthält aber das Winkelgebiet $\vartheta < \vartheta_2$ wegen des Rutherfordfaktors $1/\sin^4\frac{\vartheta}{2}$ den größten Teil der gestreuten Elektronen

Die Entwicklung der Exponentialfunktion ergibt

$$F_n(q) = \frac{iq}{a} x_{0n} + \cdots = \frac{4\pi i x_{0n}}{\lambda} \sin\frac{\vartheta}{2} + \cdots, \tag{52.8}$$

wobei

$$x_{0n} = \int \sum_j x_j u_n^* u_0 \, d\tau \tag{52.9}$$

das elektrische Dipolmoment ist, welches dem Übergang $0 \rightarrow n$ des Atoms zugeordnet ist. (Vgl. Strahlungstheorie, insbes. Ziffer 39 und Tabelle 15.) Die Winkelverteilung der unelastisch gestreuten Elektronen ist im Gebiet $\vartheta_1 < \vartheta < \vartheta_2$ gegeben durch

$$\left.\begin{aligned} d\Phi_n(\vartheta) &= \frac{2\pi u^2 z^2}{v^2} \, |x_{0n}|^2 \, \frac{\sin\vartheta \, d\vartheta}{\sin^2\frac{\vartheta}{2}} \\ &= \frac{4\pi Ry\, z^2}{m v^2} \, |x_{0n}|^2 \cdot 2 \operatorname{ctg}\frac{1}{2}\vartheta \cdot d\vartheta \end{aligned}\right\} \tag{52.10}$$

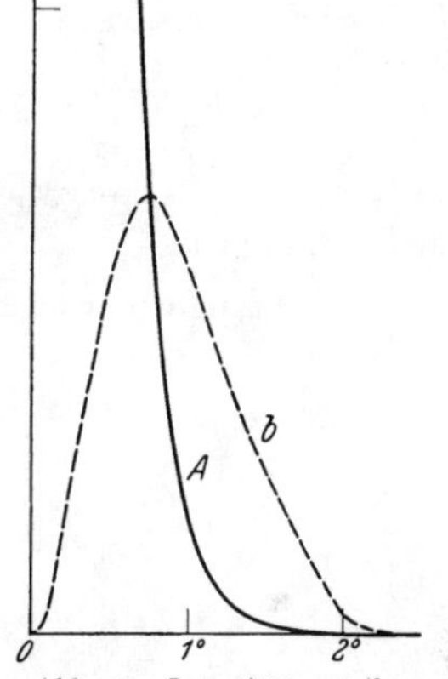

Abb. 44. Intensitätsverteilung der unelastisch gestreuten Elektronen (Kurve A) und der inkohärenten Röntgenstreuung (Kurve b), wenn in beiden Fällen das zweiquantige Niveau des Wasserstoffs angeregt wird. Primärenergie der Elektronen 45000 Volt, Wellenlänge 0,06 Å. Abszisse Streuwinkel in Grad.

(u = BOHRsche Geschwindigkeit des Wasserstoffelektrons in der Grundbahn = $c/137$). Die Streuintensität *fällt* mit zunehmendem Ablenkungswinkel rasch ab (pro Raumwinkelelement gemessen wie $1/\sin^2\frac{1}{2}\vartheta$). (Bei der inkohärenten Röntgenstreuung dagegen *steigt* die Intensität bei kleinem Ablenkungswinkel wie $\sin^2\frac{1}{2}\vartheta$ an, weil dort der Rutherfordfaktor fehlt. Beim elastischen Elektronenstoß [vgl. (51.6)] und bei der kohärenten Röntgenstreuung ist die gestreute Intensität bei kleinen Ablenkungswinkeln *unabhängig* von ϑ *.) In Abb. 44 ist die Winkelverteilung der unelastisch gestreuten Elektronen (Kurve A) und der unelastischen Röntgenstreuung (Kurve b) bei Streuung an Wasserstoff und Anregung des zweiten Niveaus desselben dargestellt. Man vergleiche damit etwa Abb. 42 (elast. Streuung). Die Wellenlänge der einfallenden Strahlen ist 0,058 Å (Elektronenenergie 45000 Volt).

[1] Bei höherer Anregungsenergie des Atoms oder kleinerer kinetischer Energie des stoßenden Elektrons ist der Grenzwinkel ϑ_2 größer.

* Trotz des Rutherfordfaktors verhalten sich elastische Elektronen- und Röntgenstreuung unter kleinen Winkeln gleich, weil bei der Röntgenstreuung nur die *Atomelektronen* beteiligt sind, bei der Elektronenstreuung dagegen auch der *Kern*, welcher die Wirkung der Elektronen bei kleinen Winkeln kompensiert ($Z - F = 0$ für $\vartheta = 0$). Übrigens ist auch die unelastische Elektronenstreuung winkelunabhängig, sofern ein *verbotener* (Quadrupol-) Übergang angeregt wird.

2. Für große Ablenkungswinkel ($\vartheta \gg \vartheta_2$) ist die Exponentialfunktion in (52.6) sehr rasch veränderlich. Die Anregung diskreter Zustände wird dann sehr unwahrscheinlich, da das Integral F_n wegen der Interferenz der Beiträge der einzelnen Volumelemente außerordentlich klein wird. $F_n(q)$ kann nur *dann* bei großen q einen beträchtlichen Wert annehmen, wenn die Ortsabhängigkeit der Atomeigenfunktion des Endzustandes u_n gerade diejenige des Exponentialfaktors ausgleicht. D. h. es muß bei Wasserstoff

$$u_n \approx e^{i q x/a}$$

sein. u_n ist also eine Eigenfunktion des kontinuierlichen Spektrums mit der physikalischen Bedeutung, daß das Atomelektron in der Richtung x mit dem Impuls

$$\frac{hq}{2\pi a} = |\mathfrak{p} - \mathfrak{p}'|$$

davonfliegt.

Der Impuls, den das stoßende Teilchen abgibt, muß also nahezu vollständig auf ein Sekundärelektron übertragen werden, falls der Ablenkungswinkel des ersteren groß ist ($\vartheta \gg \vartheta_2$ bzw. $|\mathfrak{p} - \mathfrak{p}'|$ groß gegen den Impuls der gebundenen Atomelektronen, $h/\bar{x}$). Es folgt demnach aus der wellenmechanischen Theorie, daß die Atomelektronen bei „harten Stößen" (großen Ablenkungswinkeln des stoßenden Teilchens) in erster Näherung als frei betrachtet werden können. (Bei der klassischen Behandlung wird dies *vorausgesetzt.*)

Wir geben nach dieser qualitativen Diskussion die expliziten Formeln für das Matrixelement $F_n(q)$ bei Wasserstoff.

α) Für diskrete Niveaus ist

$$|F_n(q)|^2 = 2^8 q^2 n^7 \left[\frac{1}{3}(n^2 - 1) + (qn)^2\right] \frac{[(n-1)^2 + (qn)^2]^{n-3}}{[(n+1)^2 + (qn)^2]^{n+3}}, \tag{52.11}$$

falls man die Übergänge nach allen Niveaus mit gleicher Hauptquantenzahl n zusammenfaßt.

β) Für die Übergänge nach angeregten Zuständen mit *bestimmter Azimutalquantenzahl* l ergibt sich[1]:

$$\left.\begin{aligned} F_{nl}(q) = {} & (iq)^l\, 2^{3(l+1)} \sqrt{2l+1} \cdot \overline{l+1}! \sqrt{\frac{\overline{n-l-1}!}{\overline{n+l}!}}\, n^{l+1} \\ & \frac{[(n-1)^2 + n^2q^2]^{\frac{1}{2}(n-l-3)}}{[(n+1)^2 + n^2q^2]^{\frac{1}{2}(n+l+3)}} \cdot \Big\{(n+1)[(n-1)^2 + n^2q^2]\, C_{n-l-1}^{l+2}(x) \\ & - 2n\sqrt{[(n-1)^2 + n^2q^2][(n+1)^2 + n^2q^2]}\, C_{n-l-2}^{l+2}(x) \\ & + (n-1)[(n+1)^2 + n^2q^2]\, C_{n-l-3}^{l+2}(x)\Big\}, \end{aligned}\right\} \tag{52.12}$$

wo

$$x = \frac{n^2 - 1 + n^2q^2}{\sqrt{[(n+1)^2 + n^2q^2][(n-1)^2 + n^2q^2]}}$$

ist und C_s^ν das durch

$$(1 - 2ut + u^2)^{-\nu} = \sum_{s=0}^{\infty} C_s^\nu(t)\, u^s$$

definierte GEGENBAUERsche Polynom[2].

Bei *kleinem* q ist F_{nl} proportional mit q^l (ausgenommen für $l = 0$; dort ist $F_{nl} \sim q^2$ *). *Die p-Zustände (erlaubte Übergänge) werden also stärker angeregt als die s- und d-Zustände (Quadrupolübergänge)*, diese wieder stärker als die f-Zustände usw. Die Winkelverteilung der Elektronen, welche p-, s- oder d-, f-, ... Zustände angeregt haben, ist bei kleinen Ablenkungswinkeln bzw. gegeben durch $(\sin\frac{1}{2}\vartheta)^{-2}$; konst.; $\sin^2\frac{1}{2}\vartheta, \ldots$ Für große Ablenkungswinkel ($q \gg 1$) fällt $F_{nl}(q)$ wie $q^{-(l+4)}$ ab, daher die Intensität der Elektronenstreuung wie $(\sin\frac{1}{2}\vartheta)^{-(8+2l)}$.

---

[1] H. S. W. MASSEY u. C. B. O. MOHR, Proc. Roy. Soc. London Bd. 129, S. 616. 1931.

[2] Es ist z. B. $C_0^\nu = 1$, $C_1^\nu = 2\nu t$, $C_2^\nu = \nu(2(\nu+1)t - 1)$, $C_3^\nu = 2\nu(\nu+1)(\frac{2}{3}(\nu+2)t^3 - t)$ usw. Für $\nu = \frac{1}{2}$ erhält man die Kugelfunktionen.

* Das sieht man am einfachsten nach unserer früheren Methode, indem man die Exponentialfunktion in (52.6) entwickelt: Das absolute Glied 1 trägt wegen der Orthogonalität der Eigenfunktionen nichts zu $F_n(q)$ bei, das Glied qx verschwindet, weil der Übergang zwischen zwei s-Zuständen verboten ist, erst das Glied q^2x^2 gibt einen endlichen Beitrag.

γ) Für die Übergänge ins kontinuierliche Spektrum ist ($W = k^2\, Ry$)

$$|F_W(q)|^2\, dW = \frac{2^7\left(q^2 + \frac{1}{3}k^2 + \frac{1}{3}\right)}{[(q+k)^2+1]^3\,[(q-k)^2+1]^3}\;\frac{e^{-\frac{2}{k}\operatorname{arc\,tg}\frac{2k}{q^2-k^2+1}}}{1-e^{-2\pi/k}}\, dW. \tag{52.13}$$

b) Energieverteilung der unter bestimmtem Winkel gestreuten Elektronen. Die Formeln haben wir bereits im vorigen Abschnitt zusammengestellt. Wir fassen kurz zusammen:

1. Bei kleinen Ablenkungswinkeln $\vartheta < \vartheta_2 \approx \sqrt{E_n - E_0/E}$ ist die Wahrscheinlichkeit der Anregung eines bestimmten Atomniveaus proportional der optischen Übergangswahrscheinlichkeit[1] vom Grundzustand zum betreffenden angeregten Zustand. Infolgedessen werden die niedrigsten angeregten Niveaus bevorzugt. Bei Wasserstoff z. B. führen (vgl. Tab. 15) von allen Stößen mit geringer Ablenkung des stoßenden Elektrons

55% zur Anregung des zweiten Niveaus,
9% ,, ,, ,, dritten ,,
8% ,, ,, höherer diskreter Niveaus,
28% ,, Ionisierung des Atoms, wobei wiederum
in 19% der Fälle das Sekundärelektron eine Energie zwischen Null und $^1/_2$ Rydberg erhält,
,, 5% der Fälle eine Energie zwischen $^1/_2$ und 1 Rydberg,
,, 2,7% ,, ,, ,, ,, ,, 1 ,, 2 ,, und nur
,, 1,2% ,, ,, ,, ,, von mehr als 2 Rydberg.

Entsprechend verteilen sich die Energieverluste der gestreuten Elektronen.

In Abb. 45a ist die soeben zahlenmäßig beschriebene Energieverteilung der gestreuten Elektronen graphisch dargestellt. Dabei ist angenommen, daß experimentell die Messung der Energie der gestreuten Primärelektronen auf ± 1 Volt ungenau ist. Die Elektronen, die z. B. das zweite Wasserstoffniveau angeregt und dabei einen Energieverlust von $^3/_4\, Ry = 10{,}1$ Volt erlitten haben, zeigen dann im Experiment einen scheinbaren Energieverlust von 9,1 bis 11,1 Volt und lassen sich nur gerade eben noch von den Elektronen trennen, welche das dritte Niveau angeregt und dabei 12,1 Volt verloren haben. Diese wiederum verschmelzen mit den Elektronen, die höhere Energieverluste zu verzeichnen haben. Abszisse ist Energieverlust der stoßenden Elektronen in Rydberg, Ordinate gestreute Intensität.

2. Bei größerer Ablenkung wird die Anregung höherer Energieniveaus des Atoms bevorzugt (Abb. 45b). Bei sehr großem Ablenkungswinkel gibt das stoßende Elektron im Mittel so viel Energie an das Sekundärelektron ab, daß der Impulssatz für Primär- und Sekundärelektron gültig ist, also

$$W = E\sin^2\vartheta = Q, \tag{52.14}$$

wobei Q die in (49.5) definierte Stoßenergie für freie Elektronen ist. Um diesen mittleren Energieverlust W verteilen sich die wirklichen Energieverluste bei festem ϑ in symmetrischer Weise derart, daß die Energieverluste

$$W_\pm = E\sin^2\vartheta \pm \sqrt{EJ}\sin\vartheta = Q \pm \sqrt{JQ} \tag{52.15}$$

noch etwa halb so häufig sind wie der Energieverlust Q ($2\sqrt{JQ}$ ist also die Halbwertsbreite der Energieverteilung). J ist ungefähr die Ionisierungsspannung derjenigen Schale des Atoms, aus welcher die Sekundärelektronen ausgelöst sind, für Wasserstoff ist $J = Ry = 13{,}5$ Volt. Bei Atomen mit mehreren Schalen geben die aus den inneren Schalen ausgelösten Elektronen breitere Energiespektren als die aus den äußeren.

[1] Genauer: Dem Quadrat des Dipolmoments, das dem Übergang entspricht [vgl. (52.9), (52.10)].

Denn die Breite des Energiespektrums der unter einem bestimmten Winkel gestreuten Elektronen rührt daher, daß die Atomelektronen vor dem Stoß bereits einen gewissen Impuls p_0 besitzen: Dieser setzt sich dann vektoriell zusammen mit dem vom stoßenden Elektron übertragenen Impuls, so daß der endgültige Impuls des Sekundärelektrons etwa zwischen $|\mathfrak{p} - \mathfrak{p}'| - p_0$ und $|\mathfrak{p} - \mathfrak{p}'| + p_0$ liegen wird, und entsprechend die Energie des Sekundär- und der Energieverlust des Primärelektrons. Je größer die Bindungsenergie J, um so größer ist der Anfangsimpuls p_0 des Sekundärelektrons, um so größer also auch die Schwankung

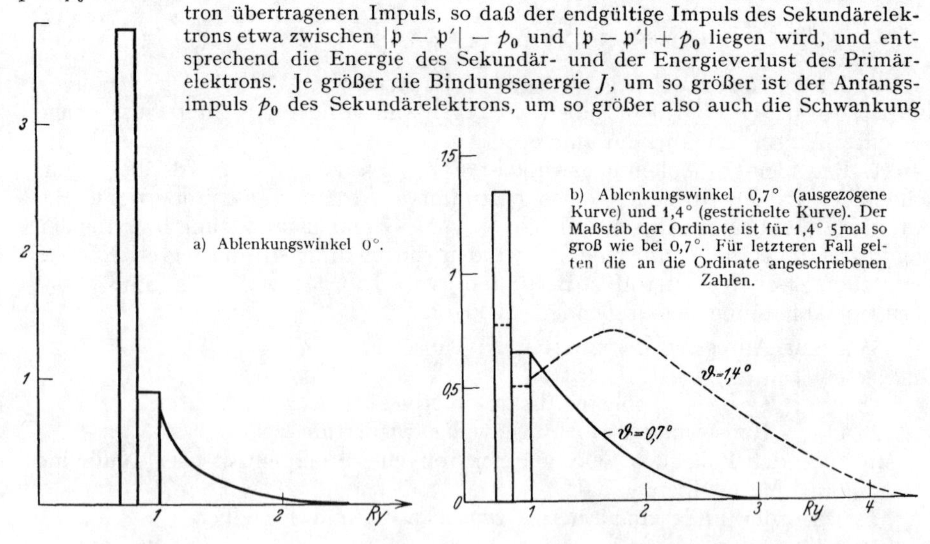

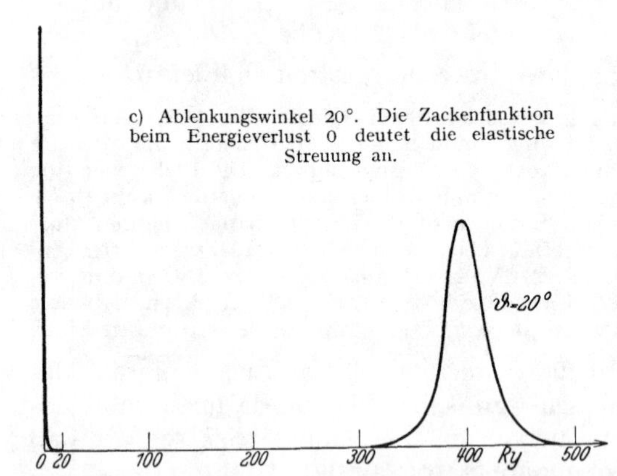

Abb. 45 a bis c. Energieverteilung der unelastisch gestreuten Elektronen bei verschiedenen Ablenkungswinkeln. Streuung an Wasserstoff, Primärenergie 45000 Volt. Abszisse Energieverlust in Rydberg, Ordinate gestreute Intensität.

des Energieverlustes der unter bestimmtem Winkel gestreuten Elektronen. — Abb. 45c verzeichnet die Energieverteilung der gestreuten Elektronen bei großem Ablenkungswinkel.

3. Besitzt ein Atom mehrere Schalen von Elektronen, so gibt es gewisse Ablenkungswinkel ϑ des stoßenden Elektrons, die bereits als groß zu betrachten sind für die Anregung äußerer Schalen, dagegen noch als klein bezüglich der Anregung innerer Schalen. Die gestreuten Primärelektronen zeigen dann bei festgehaltenem Ablenkungswinkel *zwei* Maxima in der Energieverteilung, ein scharfes bei einem Energieverlust W, ein breites bei einem Verlust von der Größenordnung der Ionisierungsspannung der inneren Schale.

c) W i n k e l v e r t e i l u n g d e r t o t a l e n u n e l a s t i s c h e n S t r e u u n g a n W a s s e r s t o f f. Wir haben oben gesehen (52.4), daß bei Ausschluß der allerkleinsten Winkel $\vartheta < \vartheta_1$ [vgl. (52.3)] die Änderung des Impulses des stoßenden Elektrons $|\mathfrak{p} - \mathfrak{p}'|$ nur vom Ablenkungswinkel, dagegen nicht vom Energieverlust $E_n - E_0$ abhängt[1]. Dies können wir uns zunutze machen, um die Gesamtanzahl der unelastisch in den Winkelbereich ϑ bis $\vartheta + d\vartheta$ gestreuten Elektronen zu berechnen: Wir können anstatt bei festem *Ablenkungswinkel* über alle Anregungen n des Atoms zu summieren, die Summation ebensogut bei

[1] Dabei hatten wir allerdings vorausgesetzt, daß der Energieverlust klein gegen die Anfangsenergie des Primärelektrons ist. Diese Voraussetzung trifft bei kleiner Ablenkung $\vartheta < \vartheta_2$ zu, weil dann die Anregungswahrscheinlichkeit des $n$ten Zustands proportional der optischen Übergangswahrscheinlichkeit $0 \to n$ ist und diese verschwindet, wenn n ein Zustand sehr hoher Energie ist (vgl. Ziff. 52b1). Bei großer Ablenkung wird dagegen nach (52.14) der Energieverlust vergleichbar mit der Primärenergie. Doch ist dann die Energie der unter einem bestimmten Winkel gestreuten Elektronen fast konstant, so daß immer noch $|\mathfrak{p} - \mathfrak{p}'|$ eine reine Funktion des Ablenkungswinkels ist.

fester *Impulsänderung* $|\mathfrak{p} - \mathfrak{p}'|$ vornehmen. Dann erhalten wir nach der Vollständigkeitsrelation der Wasserstoffeigenfunktionen

$$\left.\begin{aligned} \sum_{n \neq 1} |F_n(\mathfrak{q})|^2 &= \sum_{n \neq 1} \left|\int e^{iqx/a} u_n^* u_1 \, d\tau\right|^2 = \int u_1^2 \, d\tau - \left|\int u_1^2 e^{iqx/a} \, d\tau\right|^2 \\ &= 1 - F_0(q) = 1 - \frac{1}{(1 + \frac{1}{4} q^2)^4} \end{aligned}\right\} \tag{52.16}$$

[F_0 = eigentlicher Atomformfaktor; s. (51.3)]. Wir haben nun $|\mathfrak{p} - \mathfrak{p}'|$ durch den Ablenkungswinkel ϑ auszudrücken: Für große ϑ wird der Impuls des Sekundärelektrons nahezu gleich $|\mathfrak{p} - \mathfrak{p}'|$, also der Energieverlust des stoßenden Elektrons

$$W = \frac{1}{2m}(p^2 - p'^2) = \frac{1}{2m}(\mathfrak{p} - \mathfrak{p}')^2 = \frac{1}{2m}(p^2 + p'^2 - 2pp'\cos\vartheta),$$

woraus unmittelbar folgt

$$p' = p\cos\vartheta, \quad |\mathfrak{p} - \mathfrak{p}'| = p\sin\vartheta, \quad W = E\sin^2\vartheta \quad \text{[vgl. (52.14)]}. \tag{52.17}$$

Für kleine ϑ ist $|\mathfrak{p} - \mathfrak{p}'|$ durch (52.4) gegeben, diese Formel ist aber gerade für kleine ϑ mit (52.17) identisch, so daß wir (52.17) für alle ϑ verwenden können. Wir beachten noch:

$$\frac{v'}{v} = \cos\vartheta, \quad q = \frac{2\pi a}{h}|\mathfrak{p} - \mathfrak{p}'| = \sqrt{\frac{E}{Ry}}\sin\vartheta. \tag{52.18}$$

Dann erhalten wir für die gesamte unelastische Streuintensität unter dem Winkel ϑ nach (52.1), (52.16), (52.17), (52.18) ($z = 1$, streuendes Atom = Wasserstoff)

$$d\Phi(\vartheta) = \frac{2\pi e^4}{E^2}\frac{\cos\vartheta\, d\vartheta}{\sin^3\vartheta}\left[1 - \frac{1}{\left(1 + \frac{E}{4Ry}\sin^2\vartheta\right)^4}\right]. \tag{52.19}$$

Für kleine Streuwinkel [$\vartheta \ll \vartheta_2$, vgl. (52.7)] ergibt sich durch Entwicklung des zweiten Terms in der Klammer

$$d\Phi(\vartheta) = \frac{2\pi e^4}{E \cdot Ry}\operatorname{ctg}\vartheta\, d\vartheta. \tag{52.20}$$

Die unelastische Streuung ist wegen des Faktors $\operatorname{ctg}\vartheta$ viel stärker als die elastische [vgl. (51.6)] und würde sogar bei $\vartheta = 0$ unendlich werden, wenn dort nicht unsere Formeln ungültig werden würden (wir haben das Gebiet $\vartheta < \vartheta_1$ ausgeschlossen).

Für große Streuwinkel kann der zweite Term (Atomfaktor) in der Klammer in (52.19) gestrichen werden, dafür muß die Formel wegen des Pauliprinzips [vgl. (51.11) sowie Beitrag Wentzel, Ziff. 14, ds. Handb. Kap. 5] etwas modifiziert werden und lautet richtig:

$$\left.\begin{aligned} d\Phi(\vartheta) &= \frac{2\pi e^4}{E^2}\sin\vartheta\cos\vartheta\, d\vartheta\left(\frac{1}{\sin^4\vartheta} - \frac{1}{\sin^2\vartheta\cos^2\vartheta} + \frac{1}{\cos^4\vartheta}\right) \\ &= \frac{4\pi e^4}{E^2}\cdot\frac{4 - 3\sin^2 2\vartheta}{\sin^3 2\vartheta}\cdot d\vartheta. \end{aligned}\right\} \tag{52.21}$$

Die unelastische Streuung wird dann ersichtlich für Wasserstoff von der gleichen Größenordnung wie die elastische (51.5), das Verhältnis beider ist

für $\vartheta =$	0°	10°	20°	30°	40°	45°	50°	60°	70°	80°	90°
$\frac{\text{unelast.}}{\text{elast.}} =$	∞	0,97	0,88	0,77	0,77	0,97	1,52	6,2	38	500	∞

Der Abfall von 10 bis 35° ist durch die Wirkung des Pauliprinzips bedingt, der Wiederanstieg nach größeren Winkeln hin dadurch, daß dort die langsamen Sekundärelektronen mit zur Messung kommen, welche in großer Anzahl entstehen und das Atom unter dem Winkel $\arccos\sqrt{W/E}$ relativ zum Primärstrahl verlassen (W = Energie des Sekundärelektrons).

d) Winkelverteilung bei relativistischer Geschwindigkeit der Primärelektronen. Bei Anregung eines bestimmten Zustandes des Atoms ist die Winkelverteilung durch (50.1), (50.2) gegeben. Für kleine Ablenkungen ist in (50.2) $a_0 = 1$, $\mathfrak{a} = \mathfrak{v}/c$ zu setzen. In diesem Fall wird nach unseren Erfahrungen bei nichtrelativistischer Energie nur wenig Energie auf das Atom übertragen. Man kann daher für u_0 und u_n die SCHRÖDINGERschen anstatt der DIRACschen Eigenfunktionen verwenden und erhält wegen (8.1) bis (8.4)[1]

$$u_n{}^* \vec{\alpha}\, u_0 = \frac{i\hbar}{2mc}(u_n{}^* \operatorname{grad} u_0 - u_0 \operatorname{grad} u_n{}^*). \tag{52.22}$$

Entwickeln wir dann die Exponentialfunktion in (50.2) und beachten die Orthogonalität von u_1 und u_n sowie die Relation (38.4) zwischen Impuls und Koordinate, so wird:

$$\eta_n(\mathfrak{q}) = -i\int u_n^* \left(\mathfrak{q} - \frac{(E_n - E_0)\,\mathfrak{a}}{\hbar c^2}, \frac{\mathfrak{r}}{a}\right) u_0\, d\tau. \tag{52.23}$$

Wie man sieht, kommt es im Gegensatz zum nichtrelativistischen Fall nicht allein auf die *Größe* der Impulsänderung $\mathfrak{p} - \mathfrak{p}'$ an, sondern auch auf die *Richtung* des Vektors $\mathfrak{q}$ relativ zur Anfangsgeschwindigkeit $\mathfrak{v}$ des Primärelektrons. Nach dem Energiesatz tritt an die Stelle von (52.2)

$$(\mathfrak{p} - \mathfrak{p}')^2 = 2\left(p^2 - \frac{E(E_n - E_0)}{c^2}\right)(1 - \cos\vartheta) + (E_n - E_0)^2 \cdot \left(\frac{1}{c^2} + \frac{m^2}{p^2}\cos\vartheta\right) + \cdots. \tag{52.24}$$

E ist dabei im Gegensatz zu (52.2) die *relativistische* Energie des Primärelektrons, enthält also auch dessen Ruhenergie mc^2 mit. Ferner ist

$$(\mathfrak{p} - \mathfrak{p}', \mathfrak{p}) = p^2(1 - \cos\vartheta) + \frac{E}{c^2}(E_n - E_0)\cos\vartheta + \cdots. \tag{52.25}$$

Für sehr kleine ϑ ist $\mathfrak{p} - \mathfrak{p}'$ *parallel* zum Primärimpuls $\mathfrak{p}$ gerichtet: Das Elektron wird beim Stoß einfach verzögert, nicht abgelenkt. Für $\vartheta > \vartheta_1 = \frac{(E_n - E_0)E}{c^2 p^2}$ ist dagegen die Ablenkung nahezu *senkrecht* zur Primärgeschwindigkeit. Man erhält nun leicht

$$|\eta_n(\mathfrak{q})|^2 = \frac{|x_{1n}|^2}{\hbar^2} \cdot \left(2p^2(1 - \cos\vartheta) + \frac{(E_n - E_0)^2 m^4 c^4}{E^2 p^2}\right), \tag{52.26}$$

wo x_{1n} das Dipolmoment in der Richtung q' ist, welches dem Übergang $1 \to n$ des Atoms zugeordnet ist.

Für die allerkleinsten Ablenkungswinkel

$$\vartheta \ll \vartheta_1 = \frac{(E_n - E_0)E}{c^2 p^2} \tag{52.27}$$

wird der differentielle Wirkungsquerschnitt

$$d\Phi_n(\vartheta) = 8\pi\left(\frac{\alpha c p}{E_n - E_0}\right)^2 |x_{0n}|^2 \sin\vartheta\, d\vartheta \tag{52.28}$$

(α = Feinstrukturkonstante = 1/137, αc = BOHRsche Geschwindigkeit in der innersten Wasserstoffbahn). Für größere Winkel können, wie man sich leicht überlegt, Vektorpotential und Retardierung vernachlässigt werden, man erhält genau die nichtrelativistischen Formeln für die Streuintensität, vorausgesetzt, daß die auf das Atomelektron übertragene Energie noch klein gegen dessen Ruhenergie bleibt. Die Formeln des Abschnitts *a* bleiben also auch für relativistische Geschwindigkeiten des stoßenden Elektrons bestehen, nur hat man in alle Formeln den Impuls p statt E und v einzuführen: Für die wahrscheinlichste Ablenkung des stoßenden Elektrons bei gegebenem Energieverlust W hat man z. B. statt (52.14) zu setzen

$$\vartheta_W = \arcsin\sqrt{\frac{2mW}{p^2}}, \tag{52.29}$$

ebenso tritt in der Formel (52.19) für die Gesamtstreuung unter dem Winkel ϑ $p^2/2m$ an die Stelle von E. Selbst wenn auf das Atomelektron eine Energie von der Größenordnung mc^2 oder mehr übertragen wird, bleibt Formel (52.21) für die Winkelverteilung der unelastisch gestreuten Elektronen, wie MØLLER[2] gezeigt hat, nahezu ungeändert. [Genaue Formel vgl. (55.7).]

---

[1] Das Glied $[\mathfrak{p}\sigma]$ in (8.4) liefert zu $u_n^* \vec{\alpha} u_1$ einen Beitrag, welcher gleich einem vollständigen Differential ist und daher bei Ausführung der Volumintegration verschwindet.

[2] Chr. MØLLER, Ann. d. Phys. Bd. 14, S. 531. 1932.

53. Anregung diskreter Energieniveaus (Anregungsfunktionen)[1]. Wir berechnen nunmehr die Gesamtwahrscheinlichkeit für die Anregung eines diskreten Niveaus des Atoms beim Elektronenstoß ohne Rücksicht auf die Ablenkung des stoßenden Elektrons. Diese Wahrscheinlichkeit wird als Anregungsfunktion des Atomniveaus bezeichnet, sie hängt von der Geschwindigkeit des anregenden Elektrons ab.

Zur Berechnung der Anregungsfunktion haben wir die in Ziff. 52a berechneten Anregungswahrscheinlichkeiten über den Ablenkungswinkel ϑ zu integrieren. Etwas bequemer ist es, von der Form (49.6) für den differentiellen W.Q. auszugehen und über den „idealen Energieverlust" Q zu integrieren. Man hat also nach (52.11) für den totalen Wirkungsquerschnitt für Anregung des $n$ten Wasserstoffniveaus

$$\Phi_n = \int_{Q_{\min}}^{Q_{\max}} d\,\Phi_n(Q) = \varkappa \cdot Ry^5 \cdot 2^8 n^7 \int_{Q_{\min}}^{Q_{\max}} \frac{dQ}{Q}\left[\frac{1}{3}(n^2-1)\,Ry + Q\,n^2\right] \cdot \frac{[(n-1)^2 Ry + n^2 Q]^{n-3}}{[(n+1)^2 Ry + n^2 Q]^{n+3}}. \tag{53.1}$$

$Q_{\min}$ und $Q_{\max}$ sind dabei durch (49.11), (49.14) bestimmt. Die Integration läßt sich elementar ausführen und gibt

$$\Phi_n = \frac{8\pi Ry z^2}{m v^2} |x_{0n}|^2 \left[F_n\left(1+\left(\frac{n}{n+1}\right)^2 \frac{Q_{\max}}{Ry}\right) - F_n\left(1+\left(\frac{n}{n+1}\right)^2 \frac{Q_{\min}}{Ry}\right)\right]. \tag{53.2}$$

(53.2) gilt für Elektronen ebensowohl wie für schwere Teilchen. m ist stets die *Elektronen*masse, z = Ladung des stoßenden Teilchens. x_{0n} ist das Dipolmoment, welches dem Übergang vom Grundzustand zum $n$ten angeregten Zustand zugeordnet ist:

$$|x_{0n}|^2 = \frac{2^8}{3} \frac{n^7 (n-1)^{2n-5}}{(n+1)^{2n+5}}, \tag{53.3}$$

es ist ein Drittel der in Tabelle 15 verzeichneten Werte von $(R_{nl}^{10})^2$. Die F_n sind:

$$\left.\begin{aligned}
F_2(y) &= \lg\frac{y-1}{y} + \frac{1}{y} + \frac{1}{2y^2} + \frac{1}{3y^3} + \frac{1}{4y^4},\\
F_3(y) &= F_2(y) - \frac{1}{y^5},\\
F_4(y) &= F_2(y) - \frac{116}{45y^5} + \frac{32}{27y^6},\\
F_5(y) &= F_2(y) - \frac{697}{160y^5} + \frac{85}{24y^6} - \frac{25}{32y^7}\ \text{usw.}
\end{aligned}\right\} \tag{53.4}$$

Für die Anregungsfunktionen der Teilniveaus mit bestimmter Azimutalquantenzahl l erhält man die gleiche Formel (53.2), nur sind natürlich jetzt die F's mit zwei Indizes nl zu bezeichnen. Sie lauten für die ersten Anregungen:

$$\left.\begin{aligned}
F_{20}(y) &= -\frac{1}{5y^5},\\
F_{21}(y) &= \lg\frac{y-1}{y} + \frac{1}{y} + \frac{1}{2y^2} + \frac{1}{3y^3} + \frac{1}{4y^4} + \frac{1}{5y^5},\\
F_{30}(y) &= -\frac{6}{5y^5} + \frac{4}{3y^6} - \frac{8}{21y^7},\\
F_{31}(y) &= F_{21}(y) - \frac{4}{3y^6} + \frac{4}{7y^7},\\
F_{32}(y) &= -\frac{4}{21y^7}.
\end{aligned}\right\} \tag{53.5}$$

[1] Vgl. außer H. Bethe (Ann. d. Phys. Bd. 5, S. 325, § 9) noch W. C. Elsasser, ZS. f. Phys. Bd. 45, S. 522. 1926; F. Distel, ebenda Bd. 74, S. 785. 1932. Für den relativistischen Fall Chr. Møller, Ann. d. Phys. Bd. 14, S. 531. 1932, § 3.

Falls die Energie des stoßenden Elektrons groß gegen die Ionisierungsspannung ist ($E \gg Ry$) — und dies ist ja eigentlich die Bedingung für die Anwendbarkeit unseres BORNschen Rechenverfahrens überhaupt —, so kann für die untere Integrationsgrenze $Q_{\min}$ die einfachere Formel (49.13) verwandt, für die obere Grenze $Q_{\max} = \infty$ gesetzt werden. Dann wird aus (53.2) einfach

$$\Phi_n = \frac{8\pi Ry z^2}{m v^2} |x_{1n}|^2 \lg \frac{2 a_n m v^2}{Ry} \tag{53.6}$$

mit . . . . $a_n = 0{,}498 \quad 0{,}762 \quad 0{,}891 \quad 0{,}959$

für . . . . $n = 2 \quad 3 \quad 4 \quad 5$

Für die Anregungsfunktionen der Teilniveaus ergibt sich:

$$\left.\begin{aligned} \Phi_{n1} &= \frac{8\pi Ry \cdot z^2}{m v^2} |x_{1n}|^2 \left(\lg \frac{2 m v^2}{Ry} + b_{n1}\right) \text{ für Anregung von } p\text{-Zuständen}, \\ \Phi_{nl} &= \frac{8\pi Ry z^2}{m v^2} |x_{1n}|^2 b_{nl} \text{ für } l \neq 1. \end{aligned}\right\} \tag{53.7}$$

Die b_{nl} sind für die ersten Anregungen

$$b_{20} = 0{,}200 \qquad b_{21} = -1{,}589$$
$$b_{30} = 0{,}248 \qquad b_{31} = -0{,}710 \qquad b_{32} = 0{,}190$$

Abb. 46 stellt den Verlauf der theoretischen Anregungsfunktionen des $2s$- und $2p$-Niveaus von Wasserstoff als Funktion der Geschwindigkeit dar. Während bei Geschwindigkeiten, die gerade zur Anregung ausreichen, die Anregung des p-Niveaus dreimal so häufig ist wie die des s-Niveaus (also entsprechend den statistischen Gewichten), zeigt sich bei großer Geschwindigkeit ein starkes Überwiegen der Anregung von $2p$ entsprechend dem häufig zitierten Satz (vgl. Ziff. 52 b), daß optisch erlaubte Übergänge beim Stoß häufiger hervorgerufen werden als verbotene.

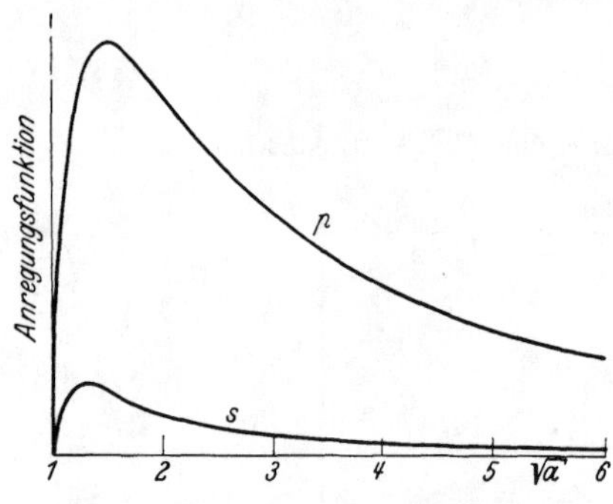

Abb. 46. Anregungsfunktionen der Wasserstoffniveaus $2s$ und $2p$ nach der BORNschen Theorie. Abszisse Wurzel aus dem Verhältnis der Energie des stoßenden Elektrons zur Anregungsenergie.

Bei relativistischer Energie des stoßenden Elektrons tritt an die Stelle von $\lg \frac{2mv^2}{Ry}$ stets $\lg \frac{2mv^2}{Ry(1 - v^2/c^2)} - \frac{v^2}{c^2}$ *.

54. Polarisation des Stoßleuchtens.

Wenn das stoßende Elektron in die Richtung $\mathfrak{p}'$ abgelenkt wird, so ist die Wahrscheinlichkeit des Stoßes nach (49.1) proportional zu

$$F_n(\mathfrak{q}) = -\int u_n^* u_0 \sum_j e^{\frac{i}{\hbar}(\mathfrak{p} - \mathfrak{p}', \mathfrak{r}_j)} d\tau. \tag{54.1}$$

Dreht man das Atom um einen Winkel φ um die Achse $\mathfrak{p} - \mathfrak{p}'$, so ändern sich die Exponentialfunktionen in (54.1) nicht, die Atomeigenfunktionen multiplizieren sich mit $e^{im\varphi}$ bzw. $e^{im_0\varphi}$, wenn m_0 und m die Drehimpulse des Atoms um die Achse $\mathfrak{p} - \mathfrak{p}'$ in den Zuständen 0 und n sind. Damit das Integral einen endlichen Wert hat, darf sich der gesamte Integrand bei unserer Drehung nicht ändern: Die magnetische Quantenzahl m des angeregten Zustandes muß daher gleich der des Anfangszustandes sein. Wenn speziell der Grundzustand die Azimutalquantenzahl $l = 0$ besitzt, so muß $m = m_0 = 0$ sein: Es können dann beim Stoß nur solche Quantenzustände des Atoms angeregt werden, welche keinen Drehimpuls um die Richtung $\mathfrak{p} - \mathfrak{p}'$ besitzen. Dementsprechend ist die Strahlung, welche das Atom nach dem Stoß emittiert, in bestimmter Weise polarisiert.

Die Polarisationsrichtung ist dabei zunächst relativ zur Richtung der Impuls*änderung* $\mathfrak{p} - \mathfrak{p}'$ festgelegt. Diese ist natürlich für die verschiedenen anregenden

* Ableitung s. H. BETHE, ZS. f. Phys. Bd. 76, S. 293. 1932, sowie Ziff. 55 dieses Artikels.

Stöße verschieden, und man muß daher im allgemeinen noch eine Mittelung über alle Stöße vornehmen. Nur für sehr große und sehr kleine Geschwindigkeiten des stoßenden Elektrons läßt sich das Resultat unmittelbar angeben: Ist die Energie gerade ausreichend, um das Atom anzuregen, so ist der Impuls des anregenden Elektrons nach dem Stoß $\mathfrak{p}'$ unter allen Umständen Null, $\mathfrak{p} - \mathfrak{p}'$ hat also die *gleiche* Richtung wie die ursprüngliche Flugrichtung $\mathfrak{p}$ des Elektrons. Ist die Energie dagegen sehr groß gegen die Anregungsenergie, so wird bei der überwiegenden Mehrzahl aller Stöße das stoßende Elektron senkrecht zu seiner Flugrichtung abgelenkt: $\mathfrak{p} - \mathfrak{p}' \perp \mathfrak{p}$. Die Polarisation der emittierten Strahlung relativ zur Einfallsrichtung $\mathfrak{p}$ des anregenden Elektronenstroms ändert demnach beim Übergang von niedrigen zu hohen Geschwindigkeiten ihr Vorzeichen. (Genaueres vgl. unten Abschn. c.)

a) Beim Stoß bleibt die Multiplizität des Termsystems erhalten. Im einzelnen gestaltet sich die Berechnung wie folgt: Das Atom möge sich anfangs im Grundzustand befinden und durch den Stoß zu einem Zustand mit der inneren Quantenzahl j („angeregter Zustand") angeregt werden, nachher soll es unter Lichtemission in einen Zustand $j' (= j \pm 1$ oder $j)$ („Endzustand") übergehen. Weder im Grundzustand noch im angeregten Zustand soll das Atom einen Spin besitzen (Singletterme), dagegen machen wir *keine* Voraussetzung über den Spin im Endzustand[1]. Dann wissen wir (vgl. oben), daß im angeregten Zustand die magnetische Quantenzahl m gleich Null sein muß, falls wir die Achse der Richtungsquantelung parallel zur Impulsänderung des stoßenden Elektrons legen[2]. Erfolgt dann der Strahlungsübergang z. B. zu einem Endzustand $j' = j - 1$, so erhält man

a) *parallel* zu $\mathfrak{p} - \mathfrak{p}'$ polarisierte Strahlung, wenn im Endzustand die magnetische Quantenzahl $m' = 0$ ist. Die Intensität der Strahlung ergibt sich aus Formel (39.7) zu konst. $(j^2 - m^2) =$ konst. j^2;

b) *senkrecht* zu $\mathfrak{p} - \mathfrak{p}'$ polarisierte Strahlung, wenn das Atom in einen Endzustand $m' = \pm 1$ übergeht. Intensität dieser beiden Strahlungskomponenten zusammen nach (39.11): konst. $j(j - 1)$.

Ist die Energie des stoßenden Elektrons gerade ausreichend für die Anregung des Atoms und beobachtet man senkrecht zur Richtung z des Elektronenstrahls (Beobachtungsrichtung x), so findet man für das Verhältnis der parallel zum Elektronenstrahl polarisierten zur senkrecht polarisierten Intensität

$$J_{\parallel} : J_{\perp} = 2j : j - 1 . \tag{54.2}$$

(Die parallel z polarisierte Strahlung kommt nämlich voll zur Geltung, von der senkrecht zum Elektronenstrahl polarisierten dagegen nur die Hälfte, welche parallel y schwingt, dagegen nicht die parallel x polarisierte Strahlung.) Der Polarisationsgrad ist daher

$$\Pi = \frac{J_{\parallel} - J_{\perp}}{J_{\parallel} + J_{\perp}} = \frac{j + 1}{3j - 1} . \tag{54.3}$$

Speziell für $j = 1$ (angeregten Term ein ^1P-Term) ist die Strahlung vollständig parallel zum Elektronenstrahl polarisiert: Der Endzustand ist dann ein ^1S-Term, der nur einen magnetischen Zustand $m' = 0$ besitzt. Beim Übergang vom angeregten Zustand $j = 1$, $m = 0$ in diesen Endzustand ändert sich die magnetische Quantenzahl nicht, die Ausstrahlung ist daher parallel z polarisiert.

---

[1] Die emittierte Spektrallinie darf also eine Interkombinationslinie sein. Bei Hg, welches experimentell am besten untersucht ist, sind Interkombinationen zwischen Singlett- und Triplettermen sehr häufig.

[2] Im Einklang mit H. W. B. Skinner, Proc. Roy. Soc. London Bd. 112, S. 642. 1926; H. W. B. Skinner u. E. T. S. Appleyard, ebenda Bd. 117, S. 224. 1928. Ein anderer theoretischer Versuch von Steiner (ZS. f. Phys. Bd. 52, S. 516. 1928) ist verkehrt. Vgl. auch die Behandlung von J. Oppenheimer, ZS. f. Phys. Bd. 43, S. 27. 1927.

Auf ähnliche Weise erhält man für einen Übergang in einen Endzustand mit der inneren Quantenzahl $j' = j + 1$

$$J_{\|} : J_{\perp} = 2(j+1) : j + 2\,, \qquad \Pi = j/3j + 4 \tag{54.4}$$

und für einen Übergang nach $j' = j$

$$J_{\|} : J_{\perp} = 0\,, \qquad \Pi = -1\,. \tag{54.5}$$

Ist der angeregte Zustand ein S-Zustand, so ist die Ausstrahlung natürlich unpolarisiert, da nur *ein* magnetisches Niveau $m = 0$ existiert[1]. Im übrigen ist die Polarisation der Übergänge $j \to j + 1$ nach (54.3), (54.4) stets *kleiner* als die der Übergänge $j \to j - 1$. Die Übergänge $j \to j$ zeigen im Gegensatz zu denjenigen mit Änderung von j eine Polarisation *senkrecht* zum Elektronenstrahl (und zwar bei kleiner Elektronengeschwindigkeit vollständige Polarisation). Nach den Intensitätsformeln für die Zeemankomponenten [vgl. (42.14)] ist nämlich der Übergang $m = 0 \to m' = 0$ verboten, wenn sich j nicht ändert; im Endzustand *muß* also $m' = \pm 1$ sein, die ausgesandte Linie ist senkrecht zu $\mathfrak{p} - \mathfrak{p}'$ polarisiert. Tabelle 28 verzeichnet die Polarisationsgrade für einige Fälle.

Wenn das Atom einen Spin $\frac{1}{2}$ besitzt (Wasserstoff, Alkalien), so ändert sich nur sehr wenig: Im angeregten Zustand ist die magnetische Quantenzahl (ebenso wie im Grundzustand) mit gleicher Wahrscheinlichkeit $+\frac{1}{2}$ und $-\frac{1}{2}$, wobei wir uns zur Untersuchung der Polarisation auf $m = +\frac{1}{2}$ beschränken dürfen. Der Übergang zum Endzustand $m' = +\frac{1}{2}$ liefert dann parallel $\mathfrak{p} - \mathfrak{p}'$ polarisiertes, die Übergänge nach $m' = +\frac{3}{2}$ und $m' = -\frac{1}{2}$ senkrecht polarisiertes Licht. Die Intensitätsverhältnisse und Polarisationsgrade sind bei Übergängen nach

$$\left.\begin{aligned}
&j' = j - 1, \quad && J_{\|} : J_{\perp} = 2j + 1 : j - \tfrac{1}{2}, \quad && \Pi = \frac{j + \frac{3}{2}}{3j + \frac{1}{2}};\\
&j' = j && J_{\|} : J_{\perp} = \tfrac{1}{2} : j(j+1) - \tfrac{1}{4}, && \Pi = -\frac{(j + \frac{3}{2})(j - \frac{1}{2})}{(j + \frac{1}{2})^2};\\
&j' = j + 1, && J_{\|} : J_{\perp} = 2j + 1 : j + \tfrac{3}{2}, && \Pi = \frac{j - \frac{1}{2}}{3j + \frac{5}{2}}.
\end{aligned}\right\} \tag{54.6}$$

Beim Übergang $j \to j - 1$ ist die Polarisation dieselbe wie wenn das Atom keinen Spin und im angeregten Zustand die Azimutalquantenzahl $l = j + \frac{1}{2}$ besäße, beim Übergang $j \to j + 1$ dieselbe wie beim spinlosen Atom mit der Azimutalquantenzahl $l = j - \frac{1}{2}$. Bei Übergängen $j \to j$ ist die Strahlung *nicht vollständig*, jedoch (außer für $j = \frac{1}{2}$) *im wesentlichen* senkrecht zur Impulsänderung des Elektrons polarisiert.

b) Änderung des Termsystems beim Stoß. Ganz anders liegt der Fall jedoch, wenn der Grundzustand des Atoms ein *Singlett*zustand ist, der angeregte Zustand dagegen dem *Triplett*system angehört. Gerade dieser Fall ist experimentell am besten untersucht (Hg, He, Ne). Die Anregung von Triplettzuständen geschieht, wie im Artikel von G. WENTZEL (Ziff. 14, S. 726) näher auseinandergesetzt ist, durch Austausch eines Atomelektrons mit dem stoßenden Elektron[2]. Dabei ist jede Richtung des Spins im angeregten Zustand gleichwahrscheinlich. Wenn wir also auf die Kopplung von Spin und Bahn zunächst nicht achten und die angeregten Quantenzustände (außer durch Haupt- und Azimutalquantenzahl nl) durch die Komponenten des Bahndrehimpulses und des Spins, m_l und m_s, um die Achse $\mathfrak{p} - \mathfrak{p}'$ beschreiben, so hat m_s im angeregten Zustand mit gleicher Wahrscheinlichkeit die drei Werte $m_s = 0, \pm 1$, während m_l nach wie vor Null sein muß, da der Grundzustand ein ^1S-Zustand ist.

Wir müssen daher untersuchen, wie sich die Eigenfunktionen, die zu einem Zustand mit bestimmter innerer Quantenzahl j und magnetischer Quantenzahl m gehören, aus den Eigenfunktionen mit bestimmten Drehimpulskomponenten m_l und m_s zusammensetzen.

---

[1] Bekanntlich ist die Gesamtausstrahlung unpolarisiert, wenn alle magnetischen Niveaus eines Terms gleich stark angeregt sind.

[2] Bei schweren Atomen (Hg) könnten vielleicht auch magnetische Wechselwirkungskräfte mitspielen.

Nach derselben Methode wie in Ziff. 8d erhalten wir in unserem Fall für die drei Eigenfunktionen, die zur magnetischen Quantenzahl m gehören:

$$\left.\begin{aligned}
u_{l+1,m}\cdot\sqrt{(2l+1)(2l+2)} &= -\sqrt{(l-m)(l-m+1)}\,u_{m+1,-1}\\
&\quad+\sqrt{2(l+m+1)(l-m+1)}\,u_{m,0}+\sqrt{(l+m)(l+m+1)}\,u_{m-1,1},\\
u_{l,m}\cdot\sqrt{2l(l+1)} &= -\sqrt{(l+m+1)(l-m)}\,u_{m+1,-1}\\
&\quad+\sqrt{2}\cdot m u_{m,0}-\sqrt{(l+m)(l-m+1)}\,u_{m-1,1},\\
u_{l-1,m}\cdot\sqrt{2l(2l+1)} &= \sqrt{(l+m+1)(l+m)}\,u_{m+1,-1}\\
&\quad+\sqrt{2(l+m)(l-m)}\,u_{m,0}-\sqrt{(l-m+1)(l-m)}\,u_{m-1,1}.
\end{aligned}\right\}\tag{54.7[1]}$$

Uns interessiert die Wahrscheinlichkeit, mit der die magnetischen Quantenzustände $m = 0$ und 1 beim Stoß angeregt werden[2]: Die Eigenfunktion, die zur inneren Quantenzahl $j = l + 1$ und zur magnetischen Quantenzahl $m = 0$ gehört, enthält z. B. den Zustand $m_l = m_s = 0$ mit dem Koeffizienten $\sqrt{l+1/2l+1}$, die Eigenfunktion $j = l + 1$, $m = 1$ den Zustand $m_l = 0$, $m_s = 1$ mit dem Koeffizienten $\sqrt{l+2/2(2l+1)}$. Bei einem Drehimpuls $j = l + 1$ verhalten sich also die Wahrscheinlichkeiten der Anregung der magnetischen Zustände $m = 0$ und $m = 1$ wie $l + 1 : \frac{1}{2}(l+2)$ (nämlich wie die Quadrate der genannten Koeffizienten).

Um nun die Polarisation der emittierten Spektrallinien zu berechnen, hat man die Intensitäten der von jedem magnetischen Niveau des angeregten Zustands ausgehenden Linien mit der Wahrscheinlichkeit der Anregung dieses Niveaus zu multiplizieren und dann über m zu summieren. Ist z. B. die innere Quantenzahl des angeregten Niveaus $j = l + 1$, die des Endniveaus $j' = j + 1$, so findet man mit Hilfe der Zeemanintensitätsformeln (39.12), (39.13):

1. Ausgangszustand $m = 0$, relative Wahrscheinlichkeit der Anregung (s. oben) $l + 1 = j$. Bei *einem* Atom im angeregten Zustand ist die Intensität der parallel zur ausgezeichneten Richtung polarisierten Intensität (Übergang nach $m' = 0$) nach Zeemanformel $(j+1)^2$,

die Intensität der senkrecht polarisierten Strahlung $\frac{1}{2}(j+1)(j+2)$ *pro Polarisationsrichtung.*

2. Ausgangszustand $m = \pm 1$, relative Wahrscheinlichkeit beider Zustände zusammen $l + 2 = j + 1$ (vgl. oben)

$$J_{\parallel}^{(1)}(m' = \pm 1) = (j+1)^2 - 1 = (j+2)j$$

$$J_{\perp}^{(1)}(m' = 0, \pm 2) = \tfrac{1}{2}[(j+1)(j+2)+1],$$

1 und 2 zusammen mit Rücksicht auf die Anregung der Ausgangsniveaus:

$$J_{\parallel} = j(j+1)^2 + (j+1)\cdot(j+2)j = j(j+1)(2j+3),$$

$$J_{\perp} = \tfrac{1}{2}j(j+1)(j+2) + \tfrac{1}{2}(j+1)[(j+1)(j+2)+1] = \tfrac{1}{2}(j+1)^2(2j+3),$$

also

$$J_{\parallel} : J_{\perp} = 2j : j+1, \qquad \Pi = \frac{J_{\parallel} - J_{\perp}}{J_{\parallel} + J_{\perp}} = \frac{j-1}{3j+1}. \tag{54.8}$$

Allgemein erhält man folgende Polarisationsgrade:

Angeregter Zustand (Anfangszustand)	Endzustand		
	$j' = j+1$	$j' = j$	$j' = j-1$
$j = l+1$	$\frac{j-1}{3j+1}$	$-\frac{(2j+3)(j-1)}{(2j+1)j+1}$	$\frac{(2j+3)(j+1)(j-1)}{6j^3+j^2-2j-1}$
$j = l$	$\frac{j^2+j-3}{3j^2+7j+3}$	$-\frac{j^2+j-3}{j(j+1)+1}$	$\frac{j^2+j-3}{3j^2-j-1}$
$j = l-1$	$\frac{(2j-1)(j+2)j}{6j^3+17j^2+14j+4}$	$-\frac{(2j-1)(j+2)}{(2j+1)(j+1)+1}$	$\frac{j+2}{3j+2}$

[1] Auf der linken Seite der Gleichungen gibt der erste Index der Eigenfunktion die innere Quantenzahl j, der zweite die magnetische Quantenzahl, auf der rechten Seite ist der erste Index m_l, der zweite m_s.

[2] Andere Zustände werden nicht angeregt, weil ja nach dem Stoß $m_l = 0$, $m_s = 0$, $+1$ ist.

Im einzelnen ergeben sich die in Tabelle 28 angeführten Werte.

Tabelle 28. Theoretische Werte der Polarisation des Stoßleuchtens bei Geschwindigkeit unmittelbar über der Anregungsspannung (in Prozenten).

Angeregter Zustand	Endzustand		
	$j' = j - 1$	$j' = j$	$j' = j + 1$
$^1S_0$	—	—	0
$^1P_1$	100	−100	14
$^1D_2$	60	−100	20
$^1F_3$	50	−100	23
$^2S_{\frac{1}{2}}$, $^2P_{\frac{1}{2}}$	—	0	0
$^2P_{\frac{3}{2}}$, $^2D_{\frac{3}{2}}$	60	−75	14
$^2D_{\frac{5}{2}}$, $^2F_{\frac{5}{2}}$	50	−89	20
$^3S_1$	0	0	0
$^3P_0$	—	—	0
$^3P_1$	−100	33	−8
$^3P_2$	45	−64	14
$^3D_1$	60	−42	8
$^3D_2$	33	−42	10
$^3D_3$	44	−81	20
$^3F_2$	50	−75	16
$^3F_3$	39	−69	18
$^3F_4$	42	−89	23

c) Die Abhängigkeit von der Elektronengeschwindigkeit. Unsere bisherigen Formeln geben das Intensitätsverhältnis der parallel und senkrecht zur Impuls*änderung* $\mathfrak{p} - \mathfrak{p}'$ des stoßenden Elektrons polarisierten Strahlung $J_\parallel : J_\perp$. Wir wollen aber die Polarisation relativ zum *Anfangsimpuls* $\mathfrak{p}$ des Elektrons wissen.

Halten wir zunächst die Richtung von $\mathfrak{p} - \mathfrak{p}'$ fest und nehmen wir an, daß sie den Winkel φ mit der Richtung $\mathfrak{p}$ bildet (Abb. 47). Die Beobachtungsrichtung sei zunächst senkrecht zur Ebene $\mathfrak{p}\mathfrak{p}'$. Dann ist die Intensität der *parallel zu* $\mathfrak{p}$ polarisierten Strahlung

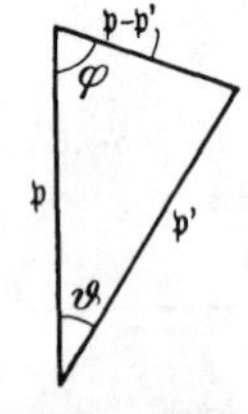

Abb. 47. Geometrische Verhältnisse für die Polarisation des Stoßleuchtens.

$$S_\parallel^{(1)} = J_\parallel \cos^2\varphi + J_\perp \sin^2\varphi$$

die Intensität der senkrecht zu $\mathfrak{p}$ polarisierten Strahlung

$$S_\perp^{(1)} = J_\parallel \sin^2\varphi + J_\perp \cos^2\varphi .$$

Liegt andererseits die Beobachtungsrichtung *in* der Ebene $\mathfrak{p}\mathfrak{p}'$ senkrecht zu $\mathfrak{p}$, so hat $S_\parallel$ den gleichen Wert wie eben, $S_\perp$ dagegen wird gleich $J_\perp$. In Wirklichkeit wird die Richtung $\mathfrak{p} - \mathfrak{p}'$ alle möglichen Lagen relativ zu der von $\mathfrak{p}$ und der Beobachtungsrichtung gebildeten Ebene mit gleicher Wahrscheinlichkeit annehmen — oder, was dasselbe ist, die Beobachtungsrichtung alle möglichen Lagen relativ zur Ebene $\mathfrak{p}\mathfrak{p}'$. Die Mittelung über *alle* Lagen gibt aber offenbar dasselbe wie die Mittelung über die beiden behandelten speziellen Lagen (Beobachtung senkrecht oder in der Ebene $\mathfrak{p}\mathfrak{p}'$), also wird

$$\left.\begin{aligned} S_\parallel &= J_\parallel \cos^2\varphi + J_\perp \sin^2\varphi , \\ S_\perp &= \tfrac{1}{2} J_\parallel \sin^2\varphi + \tfrac{1}{2} J_\perp (1 + \cos^2\varphi) . \end{aligned}\right\} \tag{54.9}$$

Nunmehr müssen wir noch über alle möglichen Winkel φ mitteln. Nach Abb. 47 läßt sich φ durch den Absolutwert der Impulsänderung ausdrücken

$$\cos\varphi = \frac{p^2 + (\mathfrak{p} - \mathfrak{p}')^2 - p'^2}{2p\,|\mathfrak{p} - \mathfrak{p}'|} = \frac{E_n - E_0 + Q}{2\sqrt{EQ}} , \tag{54.10}$$

wo Q die in (49.5) definierte „ideale Stoßenergie" ist. Die Wahrscheinlichkeit der Stöße mit verschiedenem Q ist bekannt, und wir haben jetzt einfach in (54.9) statt des $\cos^2\varphi$ des einzelnen Stoßes den Mittelwert zu setzen

$$\overline{\cos^2\varphi} = \int\limits_{Q_{\min}}^{Q_{\max}} \frac{(E_n - E_0 + Q)^2}{4EQ} \cdot \frac{d\Phi_n(Q)}{\Phi_n(Q)}, \tag{54.11}$$

wo $d\Phi_n(Q)$ der differentielle Wirkungsquerschnitt ist und $\Phi_n(Q)$ der Gesamtwirkungsquerschnitt für Anregung des $n$ten Niveaus. Der Polarisationsgrad der emittierten Linie wird dann

$$\Pi = \frac{S_\parallel - S_\perp}{S_\parallel + S_\perp} = \frac{(J_\parallel - J_\perp)(3\overline{\cos^2\varphi} - 1)}{J_\parallel(1 + \overline{\cos^2\varphi}) + J_\perp(3 - \overline{\cos^2\varphi})} = \frac{\Pi_0(3\overline{\cos^2\varphi} - 1)}{2 - \Pi_0(1 - \overline{\cos^2\varphi})}. \tag{54.12}$$

Π_0 ist die früher berechnete Polarisation für den Fall, daß $\mathfrak{p}$ parallel $\mathfrak{p} - \mathfrak{p}'$ ist, d. h. daß die Geschwindigkeit des Elektrons nach dem Stoß verschwindet. Wie man sieht, wird für $\overline{\cos^2\varphi} = 1$ $\Pi = \Pi_0$, sonst im allgemeinen kleiner. Wenn $\mathfrak{p} - \mathfrak{p}'$ für alle Stöße senkrecht zu $\mathfrak{p}$ steht (sehr große Geschwindigkeiten), so wird $\overline{\cos^2\varphi} = 0$ und

$$\Pi = -\frac{\Pi_0}{2 - \Pi_0} \tag{54.13}$$

(vgl. den Anfang dieser Ziffer).

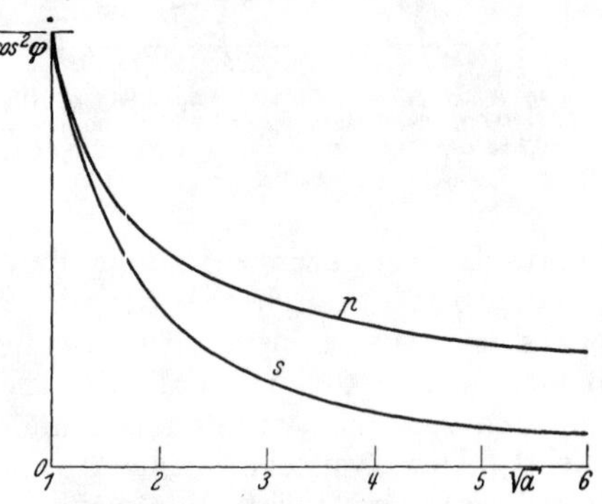

Abb. 48. Der Mittelwert von $\cos^2\varphi$ als Funktion der Elektronengeschwindigkeit bei Anregung der Niveaus $2s$, $2p$ des Wasserstoffs. Abszisse Wurzel aus dem Verhältnis Elektronenenergie zu Anregungsspannung des zweiquantigen Wasserstoffniveaus, Ordinate $\overline{\cos^2\varphi}$. φ ist der Winkel zwischen der Flugrichtung des stoßenden Elektrons vor dem Stoß, $\mathfrak{p}$, und dem Vektor, der die Impulsänderung angibt, $\mathfrak{p} - \mathfrak{p}'$.

Um über den Gang des Polarisationsgrades mit der Geschwindigkeit etwas aussagen zu können, haben wir (54.11) für die Anregung des $2s$- und $2p$-Niveaus von Wasserstoff ausgerechnet. Sofern die Energie des stoßenden Elektrons mindestens etwa dreimal so groß ist wie die Anregungsenergie, gelten die Formeln:

$$\left.\begin{aligned} \overline{\cos^2\varphi} &= \frac{\lg\varepsilon + 1{,}85 - \frac{1}{2\varepsilon}}{2{,}4\varepsilon - 1} \quad \text{für Anregung von } 2s, \\ \overline{\cos^2\varphi} &= \frac{1 - \frac{0{,}77}{\varepsilon}}{\lg\varepsilon + 0{,}201} \quad \text{für Anregung von } 2p \end{aligned}\right\} \tag{54.14}$$

mit $\varepsilon = E/E_n - E_0$. Abb. 48 stellt den Mittelwert von $\cos^2\varphi$ für Anregung von $2s$ und $2p$ graphisch dar. Es folgt aus (54.14), daß $\overline{\cos^2\varphi}$ für die Anregung des $2s$-Niveaus viel schneller abfällt als für die des $2p$-Niveaus. Insbesondere *verschwindet* die Polarisation, wenn $\overline{\cos^2\varphi} = \frac{1}{3}$ ist [vgl. (54.12)], und dies wird erreicht bei der Energie

$$E = 4{,}5(E_n - E_0) \text{ für } 2s, \text{ dagegen erst bei } E = 14(E_n - E_0) \text{ für } 2p. \tag{54.15}$$

Der Unterschied erklärt sich daraus, daß der Übergang nach $2p$ erlaubt, nach $2s$ verboten ist: Bei kleinem Ablenkungswinkel des (schnellen) anregenden Elektrons ist (vgl. Ziff. 52a) die Anregungswahrscheinlichkeit für erlaubte Übergänge proportional $\sin^{-2}\vartheta/2$, für verbotene konstant: Für erlaubte Übergänge kommt es daher viel häufiger vor, daß das stoßende Elektron nur verzögert und nicht abgelenkt wird, in diesem Fall ist aber $\mathfrak{p} - \mathfrak{p}'$ *parallel* $\mathfrak{p}$, so daß $\overline{\cos^2\varphi}$ für erlaubte Übergänge größer sein muß als für verbotene.

Ferner kann man durch explizite Ausrechnung sehen, daß schon bei einer Primärenergie E von der Größe der $1^1/_2$fachen Anregungsenergie die Polarisation stark vermindert sein muß, es ist nämlich $\overline{\cos^2\varphi} = 0{,}753$ bzw. $0{,}777$ für Anregung des $2s$- bzw. $2p$-Niveaus von Wasserstoff. Diese Zahlen für Wasserstoff können natürlich nur Anhaltspunkte für die Größenordnung des zu erwartenden Geschwindigkeitseffekts sein, *quantitative* Rückschlüsse auf andere Atome sind unmöglich.

d) Vergleich mit dem Experiment. SKINNER und APPLEYARD[1] haben die Polarisation des Stoßleuchtens bei Hg in Abhängigkeit von der Energie der Primärelektronen sehr sorgfältig untersucht. In Abb. 49 haben wir eine typische Kurve abgebildet. Dabei fällt sofort auf, daß entgegen der theoretischen Erwartung der Polarisationsgrad mit abnehmender Elektronengeschwindigkeit nicht dauernd steigt, sondern einige Volt über der Anregungsenergie ein Maximum erreicht und dann anscheinend nach Null abfällt. Der Grund für dieses unerwartete Verhalten, das sich auch bei Helium und Neon zeigt, ist noch völlig ungeklärt.

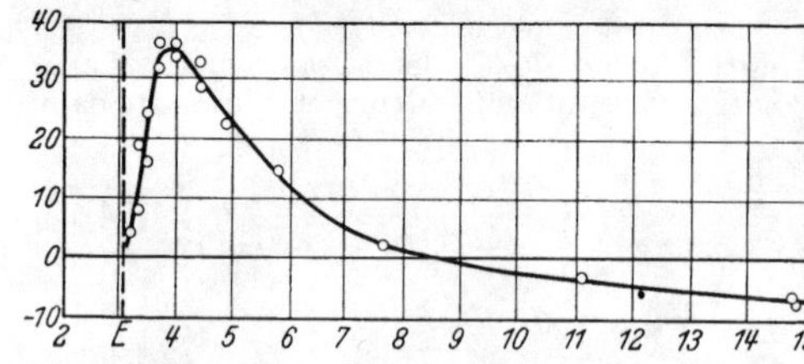

Abb. 49. Polarisationsgrad der Hg-Linie $\lambda = 4347$ (Übergang $7\,^1D_2 \to 6\,^1P_1$). (Nach SKINNER und APPLEYARD.) Theoretischer Wert der Polarisation direkt oberhalb der Anregungsgrenze 60%. Abszisse Energie in $\sqrt{\text{Volt}}$.

Bei höheren Energien entspricht der Verlauf der Polarisation als Funktion der Energie qualitativ der Theorie: Die Polarisation nimmt ab und kehrt bei einer gewissen Energie ihr Vorzeichen um. Die Energie, bei der dies geschieht, beträgt durchschnittlich das 8- bis 10fache der Anregungsenergie. Das ist etwas mehr, als wir im vorigen Abschnitt theoretisch berechnet haben (4,5fache Anregungsenergie für den Fall, daß der Übergang vom Grundzustand zum angeregten Zustand verboten ist; andere angeregte Zustände sind nicht untersucht). Aber, wie schon bemerkt, läßt sich die Berechnung vom speziellen Fall des Wasserstoffs nicht ohne weiteres übertragen.

Ein Vergleich der beobachteten und berechneten Polarisationen ist in Tabelle 29 gegeben. Dabei ist der obenerwähnte Effekt zu beachten, daß experimentell für Elektronengeschwindigkeiten, die gerade zur Anregung ausreichen, die Polarisation Null wird. Als „beobachtete" Polarisation haben wir daher mit SKINNER und APPLEYARD die maximale beobachtete Polarisation eingesetzt. Diese tritt, wie erwähnt, bei einer Energie von etwa 4 Volt *über* der Anregungsenergie von ca. 10 Volt auf, wo theoretisch bereits eine merkliche Verminderung der Polarisation auf ca. $^3/_4$ eingetreten sein muß, weil die Impulsänderung nicht mehr parallel zum Primärimpuls erfolgt (vgl. Abschn. c). Es kann daher nicht überraschen, daß die beob-

Tabelle 29. Polarisation des Stoßleuchtens bei Quecksilber.

Übergang	Theoret. Polar.	Experimentelle Polarisation			
Singletts		$n = 6$	$n = 7$	$n = 8$	$n = 9$
$n\,^1S_0 \to 6\,^3P_1$ bzw. $6\,^1P_1$	0	—	0	—	0
$n\,^1D_2 \to 6\,^1P_1$	60	28*	35	33	31
$n\,^1D_2 \to 6\,^3P_1$	60	28*	27	—	—
$n\,^1D_2 \to 6\,^3P_2$	−100	−41*	−33*	—	—
Tripletts					
$n\,^3S_1 \to 6\,^3P_0$	0	—	8	—	—
$n\,^3S_1 \to 6\,^3P_1$	0	—	−12	−6	—
$n\,^3S_1 \to 6\,^3P_2$	0	—	0	0	0
$n\,^3P_1 \to 6\,^1S_0$	−100	−30	—	—	—
$n\,^3D_1 \to 6\,^3P_0$	60	25	18	—	—
$n\,^3D_1 \to 6\,^3P_1$	−42	—	−17	—	—
$n\,^3D_2 \to 6\,^3P_1$	33	28	23	—	—
$n\,^3D_2 \to 6\,^3P_2$	−42	−35	−26	—	—
$n\,^3D_3 \to 6\,^3P_2$	44	18	20	19	—

Die mit * bezeichneten Zahlen sind infolge Überlagerung schwacher, wenig polarisierter Linien zu niedrig.

[1] H. W. B. SKINNER u. E. T. S. APPLEYARD, Proc. Roy. Soc. London Bd. 117, S. 224. 1928.

achteten Polarisationen stets *unter* den für Energie gleich Anregungsenergie berechneten Polarisationen Π_0 liegen. Die *Relativ*werte von berechneten und beobachteten Polarisationen an verschiedenen Linien stimmen einigermaßen überein.

Andere Experimente[1] geben ebenfalls qualitativ erträgliche Übereinstimmung mit der Theorie, während quantitativ beträchtliche Abweichungen bestehen. ELENBAAS z. B. findet für die unaufgelösten Helium-Triplettlinien

$n^3S \to 2^3P$ . . . . . 13% Polarisation statt theoretisch . . 0%
$n^3P \to 2^3S$ . . . . . 18 „ „ „ „ . . 37 „
$n^3D \to 2^3P$ . . . . . 17 „ „ „ „ . . 31 „

55. Ionisierung. a) Energieverteilung der Sekundärelektronen. *Langsame* Sekundärelektronen, deren Energie von der Größenordnung der Ionisierungsspannung des Atoms oder noch kleiner ist, werden nach Ziff. 52a, b vorzugsweise gebildet, wenn das stoßende Teilchen nur sehr wenig abgelenkt wird. Die Wahrscheinlichkeit der Emission eines Sekundärelektrons der Energie W ist in diesem Falle angenähert proportional der optischen Übergangswahrscheinlichkeit des Atoms vom Grundzustand in den Zustand W des kontinuierlichen Spektrums:

$$\Phi(W)\,dW = |x_{1W}|^2 \cdot \frac{8\pi z^2}{mv^2}\left(\lg\frac{mv^2}{Ry} + a_W\right)dW\,, \tag{55.1}$$

ganz analog zur Wahrscheinlichkeit der Anregung eines diskreten Atomzustands (53.6). Die optische Übergangswahrscheinlichkeit $|x_{1W}|^2$ haben wir in Ziff. 47 gelegentlich der Diskussion des Photoeffekts abgeleitet, sie ist

$$|x_{1W}|^2 = \frac{2^7 a^2}{3(1+k^2)^5}\,\frac{e^{-4/k \operatorname{arc\,tg} k}}{1-e^{-2\pi/k}} \tag{55.2}$$

mit $k = \sqrt{W/Ry}$ *, und kann angenähert geschrieben werden

$$|x_{1W}|^2 = \frac{2^7 a^2 e^{-4}(1+\frac{4}{3}W/Ry)}{3\,(1+W/Ry)^5}\,. \tag{55.3}$$

$|x_{1W}|^2$ fällt sehr rasch mit zunehmender Energie ab, der Verlauf von $|x_{1W}|^2$ als Funktion von W für Wasserstoffatome ergibt sich, ebenso wie derjenige von a_W, aus Tabelle 30:

Tabelle 30. Übergangswahrscheinlichkeiten vom Grundzustand ins kontinuierliche Spektrum.

$W =$	0	$^1/_4$	$^1/_2$	1	2	3	5 u. mehr Rydberg
$\frac{\|x_{1W}\|^2}{a^2} =$	0,782	0,344	0,171	0,058	0,0119	0,0045	~ 0
$a_W =$	0,059	0,918	1,97	4,38	10,02	17	sehr groß
$b_W = a_W \frac{\|x_{1W}\|^2}{a^2} =$	0,046	0,316	0,338	0,254	0,117	0,077	$(Ry/W)^2$

Für mittlere Geschwindigkeiten des Primärelektrons (etwa 100000 Volt) ist der Logarithmus in (55.1) von der Größenordnung 10, die Anzahl der langsamen Sekundärelektronen (Energie bis ca. $2\,Ry \approx 30$ Volt) wird also wesentlich durch den logarithmischen Term bestimmt und fällt daher mit wachsender Geschwindigkeit des Primärelektrons langsamer ab als $1/v^2$.

[1] R. QUARDER, ZS. f. Phys. Bd. 41, S. 674. 1927 (Hg); R. QUARDER u. W. HANLE, ebenda Bd. 54, S. 819. 1929 (Ne); K. STEINER, ebenda Bd. 52, S. 516. 1929 (He und Ne); W. ELENBAAS, ebenda Bd. 59, S. 289. 1929; W. ELENBAAS u. M. G. PETERI, ebenda Bd. 54, S. 236. 1929; W. ELENBAAS u. L. S. ORNSTEIN, ebenda Bd. 59, S. 306. 1929.

* (55.2) geht aus (52.13) hervor, indem man $q = 0$ setzt.

Sekundärelektronen höherer Energie (etwa $5\,Ry$ und mehr) verhalten sich wie „freie Elektronen" und werden praktisch nur dann ausgelöst, wenn das Primärelektron eine Ablenkung um den Winkel

$$\vartheta = \arcsin \sqrt{W/E}$$

erfährt [Impulssatz, vgl. (52.14)]. Ihre Anzahl ist daher fast genau gleich der Wahrscheinlichkeit dafür, daß das stoßende Elektron um ϑ abgelenkt wird [vgl. (52.21)], also

$$\Phi(W)\,dW = \frac{2\pi e^4}{m v^2}\,dW\left(\frac{1}{W^2} - \frac{1}{W(E-W)} + \frac{1}{(E-W)^2}\right). \tag{55.4}$$

Die Wahrscheinlichkeit der Auslösung rascher Sekundärelektronen wird also bei festem W ungefähr umgekehrt proportional v^2. Ein von der Bindung herrührender logarithmischer Term, wie er bei langsamen Elektronen wesentlich ist, spielt für sie nur eine ganz untergeordnete Rolle.

Die Formel (55.4) gilt natürlich nur, wenn die stoßende Partikel ein Elektron ist: Zweites und drittes Glied rühren von der Nichtunterscheidbarkeit von Primär- und Sekundärelektron her, sie fallen fort, wenn das stoßende Teilchen kein Elektron ist, dann bleibt

$$\Phi(W)\,dW = \frac{2\pi e^4 z^2\,dW}{m v^2 W^2} \tag{55.5}$$

(z = Ladung des stoßenden Teilchens). Solange die Energie des Sekundärelektrons klein gegen die des Primärelektrons bleibt, gilt (55 5) auch (angenähert) für Elektronenstoß.

Die Formeln (55.1), (55.4), (55.5) geben die *Wirkungsquerschnitte* für die Emission von Sekundärelektronen der Energie W bis $W + dW$ an; die Anzahl der Elektronen dieser Energie, die von einem primären Teilchen auf einer Strecke von 1 cm gebildet wird, ergibt sich daraus durch Multiplikation mit der Anzahl (gebundener) Elektronen pro Volumeinheit der durchquerten Substanz.

Hat das stoßende Elektron eine Geschwindigkeit von der Größenordnung der Lichtgeschwindigkeit, so tritt in (55.1) im Nenner des Logarithmus der Faktor $1 - v^2/c^2$ hinzu:

$$\left.\begin{aligned}\Phi(W)\,dW &= |x_{0W}|^2\,\frac{8\pi z^2}{m v^2}\left(\lg\frac{2 m v^2}{Ry\left(1-\frac{v^2}{c^2}\right)} + a_W - \frac{v^2}{c^2}\right)dW\\ &= |x_{0W}|^2\cdot\frac{8\pi z^2}{m v^2}\left(\lg\frac{2 m p^2}{M^2 Ry} + a_W - \frac{v^2}{c^2}\right)dW.\end{aligned}\right\} \tag{55.6}$$

(55.6) gilt für *beliebige Energie* und *beliebige Masse M* des primären Teilchens, p ist der Impuls des Teilchens[1]. Trägt man die Anzahl der ausgelösten langsamen Elektronen als Funktion der Geschwindigkeit der Primärelektronen auf, so ergibt sich bei nichtrelativistischen Geschwindigkeiten ein Abfall mit $1/v^2$, bei Überschreitung von ca. 97% der Lichtgeschwindigkeit dagegen ein Wiederanstieg. Die Wahrscheinlichkeit der Auslösung von *schnellen* Sekundärelektronen ist bei relativistischer Geschwindigkeit des Primärteilchens gegeben durch

$$\Phi(W)\,dW = \frac{2\pi e^4 z^2}{m v^2}\,\frac{dW}{W^2}\left[1 - \frac{W}{2 m c^2}\left(1 - \frac{v^2}{c^2}\right)\right], \tag{55.7}$$

wenn die stoßende Partikel ein schweres Teilchen ist, während bei Elektronenstoß

$$\left.\begin{aligned}\Phi(W)\,dW = \frac{2\pi e^4}{m v^2}\cdot dW\biggl(&\frac{1}{W^2} - \frac{1}{W(E-W)}\cdot\frac{(2E + m c^2)\,m c^2}{(E + m c^2)^2}\\ &+ \frac{1}{(E-W)^2} + \frac{1}{(E + m c^2)^2}\biggr)\end{aligned}\right\} \tag{55.8}$$

[1] Die Ableitung geht ganz analog wie bei der Bremsformel; vgl. Ziff. 56.

gilt. E ist dabei die Energie des Primärelektrons mit Ausschluß der Ruhenergie. Wie man sieht, wird bei großen E der Austauscheffekt etwas herabgesetzt, was aber nur bei sehr großer Energie W des Sekundärelektrons eine Rolle spielt.

Tabelle 31 gibt die Geschwindigkeitsverteilung der an Wasserstoffatomen ausgelösten Sekundärelektronen für verschiedene Energie E des Primärelektrons an. Es fällt auf, daß mit wachsender Energie E die Anzahl der *langsamen* Sekundärelektronen relativ zu der der schnellen wächst. (Andererseits nimmt natürlich die obere Grenze der Sekundärelektronengeschwindigkeit zu.)

Tabelle 31. Geschwindigkeitsverteilung der Sekundärelektronen (Anzahl der Elektronen bestimmter Geschwindigkeit in Prozent der Gesamtzahl der Sekundärelektronen).

Energie des Sekundärelektrons		Energie des Primärelektrons in Volt					
in Rydberg	in Volt	1000	10000	100000	10^6	10^8	10^{10}
0 bis $^1/_4$	0 bis 3,39	33,0	35,4	37,3	38,9	41,4	42,7
$^1/_4$,, $^1/_2$	3,39 ,, 6,77	17,9	18,5	19,0	19,5	20,3	20,7
$^1/_2$,, 1	6,77 ,, 13,54	17,9	17,7	17,7	17,7	17,8	17,9
1 ,, 2	13,54 ,, 27,1	13,7	12,7	12,2	11,7	11,0	10,6
2 ,, 3	27,1 ,, 40,6	5,3	4,7	4,3	4,0	3,5	3,2
3 ,, 5	40,6 ,, 67,7	5,5	4,6	4,0	3,5	2,7	2,3
5 ,, 10	67,7 ,, 135,4	4,1	2,3	3,1	2,5	1,8	1,4
über 10	über 135,4	2,5	3,1	2,6	2,2	1,4	1,1

b) Richtungsverteilung der Sekundärelektronen. Die Wahrscheinlichkeit dafür, daß das Atom beim Stoß in einen Zustand $W(0 < W \gtrsim Ry)$ angeregt wird, ist, wie schon oft bemerkt, in erster Näherung gegeben durch die optische Übergangswahrscheinlichkeit

$$|x_{1W}|^2 = |\int x\, u_1\, u_W\, d\tau|^2,$$

wobei die x-Achse die Richtung der Impuls*änderung* $\mathfrak{p} - \mathfrak{p}'$ hat [vgl. (52.6)]. Wir schreiben die Eigenfunktionen in einem Polarkoordinatensystem r, χ, φ, dessen Achse in die Flugrichtung $\mathfrak{p}$ des stoßenden Elektrons fällt, während die Ebene von $\mathfrak{p}$ und $\mathfrak{p}'$ das Azimut $\varphi = 0$ haben soll. Für die weitaus überwiegende Anzahl der Stöße, die zur Emission langsamer Sekundärelektronen führen, ist nun (vgl. Ziff. 52a, 54c) $\mathfrak{p} - \mathfrak{p}'$ senkrecht zu $\mathfrak{p}$, also $x = r \sin\chi \cos\varphi$. Daher ist x_{1W} nur endlich, wenn u_W die Winkelabhängigkeit

$$u_W \backsim \sin\chi \cos\varphi$$

besitzt, da u_1 bei Wasserstoff kugelsymmetrisch ist. Folglich ist die Anzahl langsamer Sekundärelektronen proportional $\sin^2\chi \cos^2\varphi$. Wir haben jetzt noch über φ, d. h. über alle Ablenkungen des stoßenden Elektrons, zu mitteln.

Dann wird die Winkelverteilung der Sekundärelektronen

$$J \sim \sin^2\chi, \tag{55.9}$$

d. h. genau so wie beim Photoeffekt mit unpolarisiertem einfallendem Licht. Wie dort, so kommt auch in unserem Fall ein isotroper Bestandteil hinzu, falls die Elektronen im Atom bereits einen Drehimpuls hatten (vgl. Ziff. 47d). Doch gelten alle Überlegungen bei uns nur für den Fall großer Geschwindigkeit des anregenden und kleiner Geschwindigkeit des Sekundärelektrons.

Schnelle Sekundärelektronen der Energie $W \gg J$ verlassen das Atom ungefähr unter dem Winkel

$$\chi = \arccos\sqrt{W/E} \tag{55.10}$$

(E = Energie des Primärelektrons), also senkrecht zur Flugrichtung des *Primärelektrons nach* dem Stoß [vgl. (52.14)] (Energie-Impulssatz). (Solange W nur einen kleinen Bruchteil der Primärenergie E ausmacht, aber groß gegen die Ionisierungsspannung ist, ist die Richtung des Sekundärelektrons auch senkrecht zur *ursprünglichen* Flugrichtung des Primärelektrons.)

Die Verhältnisse ändern sich, sobald Primär- *und* Sekundärelektron relativistische Geschwindigkeit haben. In diesem Fall ergibt der Energie-Impulssatz für den Winkel zwischen der Flugrichtung des Primärelektrons vor dem Stoß und des Sekundärelektrons

$$\cos\chi = \sqrt{\frac{W}{W + 2mc^2}} \cdot \sqrt{\frac{E + 2mc^2}{E}}, \tag{55.11}$$

wobei E und W, wie in (55.10), die Energie des Primär- und Sekundärelektrons *mit Ausschluß ihrer Ruhenergie* sind. Für $E \gg W$ und mc^2 wird

$$\operatorname{tg}\chi = \sqrt{\frac{2mc^2}{W}}, \tag{55.12}$$

die Sekundärelektronen werden also um so mehr nach „vorne" zu, d. h. *in* der Richtung der Primärstrahlung, ausgeschleudert, je größer ihre Energie ist.

c) Totale Ionisierung. Für die *Gesamt*zahl der von einem primären Teilchen pro cm Weg beim Durchgang durch Wasserstoff gebildeten Ionen ergibt sich[1]

$$\mathfrak{N}\,\Phi_i = \frac{2\pi\mathfrak{N}e^4z^2}{mv^2 Ry} \cdot 0{,}285 \cdot \left(\lg \frac{2mv^2}{Ry(1 - v^2/c^2)} + 3{,}04 - \frac{v^2}{c^2}\right). \tag{55.13}$$

Setzen wir für die Anzahl $\mathfrak{N}$ der Wasserstoffatome pro cm³ den Wert $5{,}42 \cdot 10^{19}$ (gewöhnlicher molekularer Wasserstoff bei 760 mm Hg und 0° C), ferner $z = 1$ und $v/c = \beta$, so ist

$$\mathfrak{N}\,\Phi_i = \frac{0{,}332}{\beta^2}\left({}^{10}\lg\frac{\beta^2}{1-\beta^2} + 4{,}06 - 0{,}43\beta^2\right) \tag{55.14}$$

(Ionen pro cm Weg).

Für andere Gase als Wasserstoff tritt in Formel (55.12) die mittlere Ionisierungsspannung der äußeren Schale an die Stelle der Rydbergenergie, außerdem ist mit der Anzahl der Außenelektronen zu multiplizieren (die Ionisierung innerer Schalen macht praktisch nichts aus) und statt der Zahlenkonstanten 0,285 bzw. 3,04 treten natürlich etwas andere. Für Luft wird man also rund die 5- bis 6fache Ionisierung bekommen wie für Wasserstoff, setzen wir in (55.13) z. B. $\beta^2 = 0{,}9$ (also recht schnelle Elektronen), so ergibt sich $\mathfrak{N}\,\Phi_i =$ ca. 10 primäre Ionenpaare pro cm Luft. Der Gang des Ionisierungsvermögens mit der Geschwindigkeit ist ähnlich wie der des Bremsvermögens, vgl. Tabelle 33, Ziff. 56.

In Wirklichkeit erzeugt aber *nicht* nur die primäre Partikel Ionen, sondern auch die schnelleren Sekundärelektronen ionisieren ihrerseits wieder neue Atome. Die Wahrscheinlichkeit dafür ist theoretisch sehr schwer abzuschätzen[2], experimentell ergibt sich das Verhältnis der Gesamtzahl der gebildeten Ionen zur Anzahl der von der primären Partikel direkt gebildeten zu etwa 3:1. Damit kommen wir für Elektronen von 90% Lichtgeschwindigkeit auf ein Ionisierungsvermögen von ca. 30 Ionenpaaren in Luft von Normalbedingungen (beobachtet ca. 40).

Der Gesamtzahl der gebildeten Ionen (55.12) stellen wir gegenüber die Gesamtzahl der *Anregungen* diskreter Energieniveaus

$$\mathfrak{N}\,\Phi_a = \frac{2\pi\mathfrak{N}e^4z^2}{mv^2 Ry} \cdot 0{,}715 \left(\lg\frac{2mv^2}{Ry\cdot\left(1-\frac{v^2}{c^2}\right)} - \frac{v^2}{c^2} - 0{,}61\right) \tag{55.15}$$

und die Gesamtzahl der elastischen Stöße

$$\mathfrak{N}\,\Phi_e = \frac{2\pi\mathfrak{N}e^4z^4}{mv^2 Ry} \cdot 0{,}583\,. \tag{55.16}$$

[1] Die Rechnung geht analog wie die Berechnung der Bremsung; vgl. Ziff. 56a, b.

[2] Vgl. E. J. WILLIAMS, Proc. Roy. Soc. London Bd. 135, S. 108. 1932. Dort auch eingehender Vergleich der primären Ionisierung mit dem Experiment.

Tabelle 32. Verteilung der Stöße auf verschiedene Sorten, mittlerer Energieverbrauch pro Ion usw.

Anteil an der Gesamtstoßzahl in Prozent.

	Energie des Primärelektrons					
	1000	10000	100000	10^6	10^8	10^{10} Volt
Elastische Stöße	8,7	6,5	5,1	4,1	2,55	1,8
Anregung des 2. Niveaus . .	42,8	45,3	47,5	49,5	51,5	52,8
„ „ 3. „ . .	6,3	7,0	7,3	7,8	8,1	8,4
„ „ 4. „ . .	2,41	2,60	2,71	2,79	2,90	2,96
„ „ 5. „ . .	1,17	1,24	1,28	1,32	1,36	1,38
„ höherer „ . .	2,17	2,28	2,33	2,38	2,42	2,45
Anregungen zusammen . . .	54,8	58,4	61,2	63,4	66,4	68,0
Ionisierung	36,5	35,1	33,7	32,5	31,0	30,2
Energieverbrauch (Volt) pro primäres Ion (ε_1)	51,4	59,9	64,8	66,9	68,6	69,4
pro Stoß (ε_2)	18,7	21,0	21,7	21,7	21,3	21,0
Wirkungsquerschnitt	3200	426	66,0	30,6	42,8	$60,0 \cdot 10^{-20}$ cm

Man erkennt, daß mit wachsender Energie des primären Teilchens die Anregung diskreter Niveaus an Wahrscheinlichkeit gewinnt gegenüber der Ionisierung, während die elastischen Stöße immer mehr zurücktreten.

Tabelle 32 und Abb. 50 geben die Verteilung der Stöße auf die verschiedenen Sorten in Abhängigkeit von der Geschwindigkeit wieder, die Tabelle gibt außerdem die Energie ε_1, welche das stoßende Teilchen für jedes direkt gebildete (primäre) Ion verbraucht, und die mittlere Energie ε_2, welche im Mittel bei jedem Stoß verlorengeht. Die erstere steigt mit wachsender Energie des Primärelektrons erst rasch, dann langsamer, weil die Wahrscheinlichkeit der Anregung auf Kosten der Ionisierung zunimmt. Endlich ist noch der Wirkungsquerschnitt des Wasserstoffatoms gegenüber Elektronen

$$\Phi = \frac{1}{\pi}\left(\frac{h}{m v}\right)^2\left(\lg\frac{2p^2}{m\,Ry} + 1{,}03 - \frac{v^2}{c^2}\right) \quad (55.17)$$

in der Einheit $10^{-20}\,\text{cm}^2$ angegeben, er fällt mit wachsender Energie zunächst ab und steigt dann oberhalb etwa 1 Million Volt wegen des Anstiegs des Logarithmus in (55.17) wieder an.

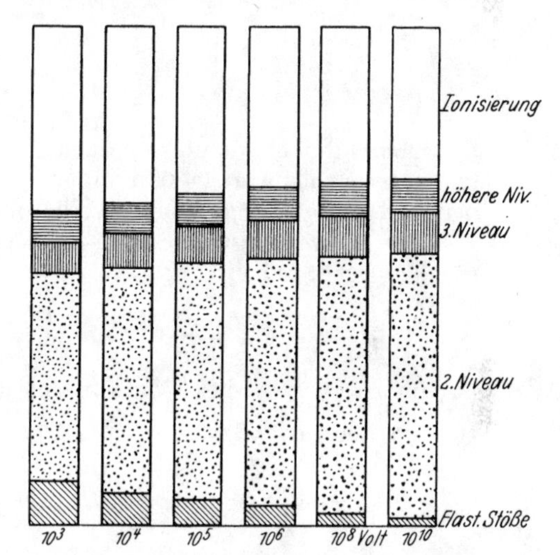

Abb. 50. Verteilung der Elektronenstöße auf verschiedene Sorten in Abhängigkeit von der Geschwindigkeit des stoßenden Elektrons. Man sieht die starke Zunahme der Wahrscheinlichkeit der Anregung des zweiten Energieniveaus und Abnahme der Wahrscheinlichkeit der Ionisierung und der elastischen Stöße bei wachsender Geschwindigkeit.

56. Bremsung. a) Nichtrelativistische Geschwindigkeiten. Eines der wichtigsten Probleme der Stoßtheorie ist die Frage nach dem *Energieverlust* einer geladenen Partikel beim Durchgang durch Materie. Der Energieverlust pro cm Weg ist offenbar

$$-\frac{dE}{dx} = N\sum_n (E_n - E_1)\int_0^\pi d\Phi_n(\vartheta) \quad (56.1)$$

[N = Anzahl Atome pro cm³, $d\Phi_n(\vartheta)$ differentieller W.Q. für die Anregung des $n$ten Atomniveaus]. Wir benutzen die Darstellung (49.6) für den differentiellen W.Q., so daß

$$-\frac{dE}{dx} = N\varkappa \sum_n (E_n - E_1) \int_{Q_{\min}}^{Q_{\max}} \frac{dQ}{Q^2} |F_n(Q)|^2. \tag{56.2}$$

Die Integrationsgrenze $Q_{\min}$ hängt dabei nach (49.13) vom angeregten Niveau n ab, während $Q_{\max}$ praktisch durch (49.15), (49.16) gegeben ist[1]. Wir vertauschen, soweit möglich, Summation und Integration:

$$-\frac{dE}{dx} = N\varkappa \int_{Q_0}^{Q_{\max}} \frac{dQ}{Q^2} \sum_n (E_n - E_1) |F_n(Q)|^2 + N\varkappa \sum_n (E_n - E_1) \cdot \int_{Q_{\min}}^{Q_0} \frac{dQ}{Q^2} |F_n(Q)|^2. \tag{56.3}$$

Q_0 ist ganz willkürlich, wir können z. B. für Wasserstoff bequem wählen

$$Q_0 = \frac{Ry}{2mv^2}. \tag{56.4}$$

Sofern $mv^2 \gg Ry$, ist Q_0 und $Q_{\min} \ll Ry$, so daß man im zweiten Term von (56.3) für $F_n(Q)$ seinen Grenzwert für $Q = 0$ setzen kann, dann wird [vgl. (52.8), (49.8)]

$$\left.\begin{aligned} \sum_n (E_n - E_1) \int_{Q_{\min}}^{Q_0} \frac{dQ}{Q^2} |F_n(Q)|^2 &= \sum_n \frac{(E_n - E_1) \cdot |x_{n1}|^2}{Ry \cdot a^2} \cdot 2 \cdot \lg \frac{Ry}{E_n - E_1} \\ &= -\sum_n 2 f_{n1} \lg\left(1 - \frac{1}{n^2}\right) = -0{,}098. \end{aligned}\right\} \tag{56.5}$$

Die Summen über n umfassen auch Integrationen über das kontinuierliche Spektrum, der Zahlenwert 0,098 ergibt sich durch numerische Auswertung mit Hilfe der in Tabelle 16 gegebenen Oszillatorstärken f_{n1}.

Die Auswertung des ersten Ausdrucks in (56.3) ist sehr einfach. Man kann nämlich leicht zeigen[2], daß

$$\sum_n |F_n(q)|^2 (E_n - E_1) = q^2 Ry = Q \tag{56.6}$$

ist; für $q = 0$ geht dieser Satz in den gewöhnlichen Summensatz der Oszillatorstärken über, da $|\varepsilon_n(q)|^2 = \frac{q^2}{a^2} |x_{n1}|^2$ wird [vgl. (40.4)]. Damit wird

$$-\frac{dE}{dx} = N\varkappa \left(\lg \frac{Q_{\max}}{Q_0} - 0{,}098\right). \tag{56.7}$$

Für die Bremsung schwererer Teilchen können wir einfach $Q_{\max} = 2mv^2$ aus (49.16) einsetzen und erhalten mit (49.7)

$$-\frac{dE}{dx} = \frac{4\pi N e^4 z^2}{mv^2} \lg \frac{2mv^2}{1{,}103\, Ry}. \tag{56.8}$$

Für Elektronen dürfen wir zunächst als obere Grenze des Energieverlustes nicht die *volle* Energie $\frac{1}{2}mv^2$, sondern nur die *Hälfte* davon einsetzen, weil bei heftigen Zusammenstößen stets das *schnellere* der beiden fortgehenden Elektronen als das Primärelektron gerechnet wird. Zweitens müssen wir die Verminderung der Stoßzahl durch das PAULIsche Ausschließungsprinzip berücksichtigen: Sie be-

---

[1] Vgl. die in Ziff. 49 gegebene Begründung.

[2] H. BETHE, Ann. d. Phys. Bd. 5, S. 325, § 8. 1930.

wirkt, daß für große Q die Wahrscheinlichkeit eines Stoßes mit der Energieübertragung Q durch

$$\varkappa dQ\left(\frac{1}{Q^2} - \frac{1}{Q(E-Q)} + \frac{1}{(E-Q)^2}\right)$$

gegeben ist, anstatt einfach durch

$$\varkappa dQ/Q^2$$

[vgl. (55.4)], so daß der erste Term in (56.3) zu ersetzen ist durch[1]

$$N\varkappa\int\limits_{Q_0}^{\frac{1}{2}E} Q\,dQ\left(\frac{1}{Q^2} - \frac{1}{Q(E-Q)} + \frac{1}{(E-Q)^2}\right) = N\varkappa\left(\lg\frac{E}{8Q_0} + 1\right). \tag{56.9}$$

Damit wird dann der Energieverlust der Elektronen pro cm Weg

$$-\frac{dE}{dx} = \frac{4\pi N\varepsilon^4}{mv^2}\lg\frac{mv^2}{2Ry\cdot 1{,}103}\sqrt{\frac{e}{2}} \tag{56.10}$$

(ε = Elektronenladung, $e = 2{,}718\ldots$).

Der Energieverlust ist also im wesentlichen (bei Elektronen ebenso wie bei α-Teilchen und Protonen) umgekehrt proportional der Energie selbst, sobald diese groß ist gegen die Ionisierungsspannung des bremsenden Atoms. Die Reichweite wird daher bei Vernachlässigung der Variation des Logarithmus mit der Energie proportional dem *Quadrat* der Energie, d. h. der vierten Potenz der Geschwindigkeit. In Wirklichkeit bedingt der Logarithmus einen etwas langsameren Abfall des Energieverlustes, also einen langsameren Anstieg der Reichweite mit zunehmender Energie. Tabelle 34 (unten) zeigt den Verlauf des Energieverlustes pro Gramm durchquerter Substanz als Funktion der Geschwindigkeit für die Bremsung durch Wasserstoffatome und einige andere Substanzen. Im letzteren Falle berechnet sich der Energieverlust, indem man in (56.8), (56.10) statt der Rydbergenergie eine mittlere Ionisierungsspannung $\bar{E}$ einsetzt, die etwa der geometrische Mittelwert der Ionisierungsspannungen der verschiedenen Schalen des Atoms ist[2], und unter N die Anzahl Elektronen pro Gramm bremsender Substanz $\left(= \frac{\text{Loschmidtzahl}\cdot\text{Kernladung}\cdot\text{Dichte}}{\text{Atomgewicht}}\right)$ versteht.

Tabelle 33[3] zeigt die Übereinstimmung mit der Erfahrung, die als sehr befriedigend bezeichnet werden muß: Verzeichnet ist in Tabelle 33a der logarithmische Term in (56.8) bzw. (56.10), d. h.

$$B = \frac{-\frac{dE}{dx}}{\frac{2\pi N e^4 z^2}{mv^2}} = \left\{\begin{array}{ll} 2\lg\frac{2mv^2}{\bar{E}} & \text{für schwere Teilchen,} \\ 2\lg\frac{mv^2}{2\bar{E}}\sqrt{\frac{e}{2}} & \text{für Elektronen,} \end{array}\right\} \tag{56.11}$$

in Tabelle 33b die Wegstrecke, die zur Verminderung der Geschwindigkeit eines Elektrons von der Anfangsgeschwindigkeit $2{,}05\cdot 10^9$ cm/sec auf die jeweils angegebene Endgeschwindigkeit notwendig ist. In diesem Fall zeigt sich nur bei vollständiger Abbremsung ein Unterschied zwischen Theorie und Experiment (Ungültigkeit der BORNschen Theorie bei kleinen Geschwindigkeiten!).

---

[1] Für $Q \ll E$ ist die linke Seite von (56.9) identisch mit der von (56.3), wenn man dort den f-Summensatz (56.6) berücksichtigt. Für große Q ist Q gleich der übertragenen Energie W und (56.9) folgt aus (56.4).

[2] Bezüglich der theoretischen Berechnung von $\bar{E}$ vgl. H. BETHE, Ann. d. Phys. Bd. 5, S. 325, § 11. 1930; ZS. f. Phys. Bd. 76, S. 293. 1932; F. BLOCH, ebenda, im Erscheinen.

[3] Nach E. J. WILLIAMS, Proc. Roy. Soc. London Bd. 135, S. 108. 1932.

Tabelle 33. Vergleich der Bremsformel mit der Erfahrung.

a) Bremsvermögen $B = \dfrac{-dE/dx}{2\pi N e^4 z^2/m v^2}$.

Stoßendes Teilchen	Geschwindigkeit in 10^9 cm/sec	Bremsendes Gas	$\bar{E}$ Volt	Bremsvermögen theor.	Bremsvermögen exper.
Elektron	5,08	H_2	17,6	11,5	11,7
,, ...	6,90	O_2	37	12,2	10,6
,, ...	6,90	A	59	11,2	10,0
α-Teilchen	1,92	H_2	17,6	10,9	11,1
,, ...	1,92	He	28	9,9	9,3
,, ...	1,92	O_2	37	9,4	7,5

b) Reichweite von Elektronen in Wasserstoff (15° C, 760 mm).

(Wegstrecke, die zur Bremsung von $2{,}05 \cdot 10^9\,\text{cm sec}^{-1}$ auf die jeweils angegebene Endgeschwindigkeit notwendig ist.)

Endgeschwindigkeit	1,923	1,709	1,592	1,082	0	10^8cm/sec
Bremsweg theoret.	8,2	18,9	23,4	35,1	39,2	cm
,, exper.	8,2	19,3	23,6	35,2	40,9	,,

Tabelle 34. Energieverlust und Reichweite (theoretisch).

a) Energieverlust pro Gramm/cm² durchquerter Substanz in Millionen Volt.

Gebremstes Teilchen	Bremsende Substanz	Anfangsgeschwindigkeit in Volt 10^4	10^5	10^6	10^7	10^8	10^9	10^{10}
Elektron . .	H_2	45,5	8,2	3,68	4,16	5,20	6,24	7,24
	Luft	19,5	3,67	1,69	1,95	2,47	2,99	3,48
	H_2O	21,7	4,08	1,88	2,17	2,74	3,32	3,87
	Pb	10,0	2,2	1,10	1,35	1,75	2,17	2,56
Proton . . .	Luft	—	—	300	47	7,6	2,31	2,31
	H_2O	—	—	340	52	8,4	2,56	2,56
	Pb	—	—	150	27,5	5,0	1,56	1,63
α-Teilchen .	Luft	—	—	4100	680	105	18,8	9,6

b) Reichweite in cm.

Gebremstes Teilchen	Bremsende Substanz	10^4	10^5	10^6	10^7	10^8	10^9	10^{10}
Elektron . .	Luft	0,2	11	360	$4{,}3 \cdot 10^3$	$3{,}3 \cdot 10^4$	$2{,}7 \cdot 10^5$	$2{,}3 \cdot 10^6$
	H_2O	$2{,}3 \cdot 10^{-4}$	$1{,}3 \cdot 10^{-2}$	0,42	5,0	39	320	2700
	Pb	$4{,}5 \cdot 10^{-5}$	$2{,}2 \cdot 10^{-3}$	0,06	0,72	5,5	44	370
Proton . . .	Luft	—	—	1,3	100	$6 \cdot 10^3$	$2{,}3 \cdot 10^5$	$3{,}4 \cdot 10^6$
	Pb	—	—	$3 \cdot 10^{-4}$	$1{,}7 \cdot 10^{-2}$	1,0	40	360
α-Teilchen .	Luft	—	—	0,1	6	400	$2{,}5 \cdot 10^4$	$6 \cdot 10^5$

b) Relativistische Geschwindigkeiten. Wir gehen genau so vor wie bei der Berechnung des nichtrelativistischen Bremsvermögens: Der Energieverlust ist nach wie vor durch (56.3) gegeben [vgl. (50.8)], nur ist das Matrixelement F_n durch η_n [vgl. (50.2)] zu ersetzen und die Grenzen für Q abzuändern [vgl. (50.9), (50.10)]. η_n haben wir für *kleine* Q bereits in (52.26) ausgerechnet, Q ist nach (50.5), (52.54) in genügender Näherung

$$Q = \frac{p^2}{m}(1 - \cos\vartheta) + \frac{(E_n - E_0)^2 m}{2p^2}, \tag{56.12}$$

führen wir dies in (52.26) ein, so wird (für $Q \ll Ry$)

$$|\eta_n(Q)|^2 = \frac{|x_{1n}|^2}{a^2\,Ry} \cdot \left(Q - \frac{(E_n - E_0)^2 m c^2}{2E^2}\right). \tag{56.13}$$

Für *mittlere* Werte der „Stoßenergie“ Q können wir in η_n die Retardierung vernachlässigen und den Summensatz (56.6) benutzen. Die Wahrscheinlichkeit der Auslösung *rascher* Sekundärelektronen ist durch (55.8) gegeben. Wir erhalten daher

$$\left.\begin{aligned}-\frac{dE}{dx} &= N\varkappa\cdot\int\limits_{Q_0}^{\frac{1}{2}(E-mc^2)} Q\,dQ\left(\frac{1}{Q^2}-\frac{1}{(E-mc^2-Q)\,Q}\cdot\frac{(2E-mc^2)\,mc^2}{E^2}\right.\\&\left.+\frac{1}{(E-mc^2-Q)^2}+\frac{1}{E^2}\right)+\sum_n (E_n-E_0)\,|x_{1n}|^2\left(\int\limits_{Q_{\min}}^{Q_0}\frac{dQ}{Q}-\int\limits_{Q_{\min}}^{\infty}\frac{dQ}{Q^2}\cdot\frac{(E_n-E_0)^2\,mc^2}{2E^2}\right).\end{aligned}\right\}\quad(56.14)$$

E ist die Energie *einschließlich* der Ruhenergie. Die Festsetzung der oberen Grenze des letzten Integrals auf ∞ ist zulässig, weil der Integrand sehr rasch abfällt, praktisch spielt dieses Glied (Vektorpotential!) nur für sehr kleine Q eine Rolle.

Mit (56.5) und (50.9) erhält man

$$\left.\begin{aligned}-\frac{dE}{dx} &= N\varkappa\left(\lg\frac{p^2(E-mc^2)}{m\cdot Ry^2}\cdot\frac{e}{2}-\frac{(2E-mc^2)\,mc^2}{E^2}\lg 2-\frac{v^2}{c^2}\right)\\&=\frac{2\pi N\varepsilon^4}{mv^2}\left(\lg\left[\left(\frac{E'}{Ry}\right)^2\cdot\left(1+\frac{E'}{2mc^2}\right)\right]-\frac{(2E'+mc^2)\,mc^2}{(E'+mc^2)^2}\lg 2+\frac{c^2-v^2}{c^2}\right)\\&=\frac{2\pi N\varepsilon^4}{mv^2}\left(\lg\frac{mv^2E'}{2Ry^2(1-v^2/c^2)}-\left(2\sqrt{1-\frac{v^2}{c^2}}-1+\frac{v^2}{c^2}\right)\lg 2+1-\frac{v^2}{c^2}\right),\end{aligned}\right\}\quad(56.15)$$

wobei E' die Energie des stoßenden Elektrons mit Ausschluß der Ruhenergie ist. Die Zusatzglieder nach dem ersten Logarithmus verschwinden für große Energie. Für *schwere* stoßende Teilchen mit relativistischer Geschwindigkeit[1] wird nach (50.2)

$$\left.\begin{aligned}-\frac{dE}{dx} &= \frac{2\pi N\varepsilon^4 z^2}{mv^2}\left(2\lg\frac{2mv^2}{Ry(1-v^2/c^2)}-2\frac{v^2}{c^2}\right)\\&=\frac{2\pi N\varepsilon^4 z^2}{mv^2}\left(\lg 16\frac{m^2}{M^2}\frac{E'^2}{Ry^2}\left(1+\frac{E'}{2Mc^2}\right)^2-2\frac{v^2}{c^2}\right).\end{aligned}\right\}\quad(56.16)$$

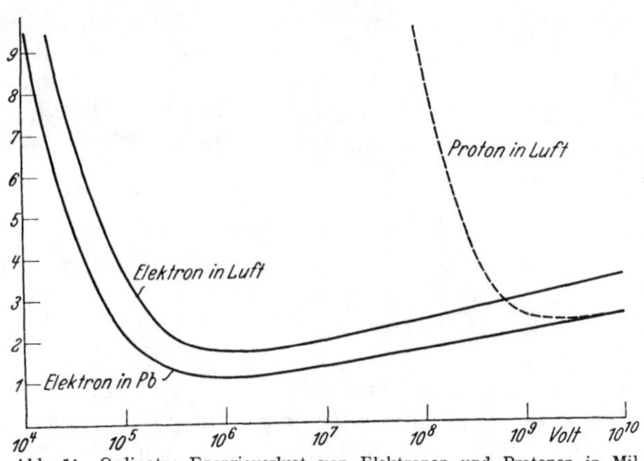

Abb. 51. Ordinate: Energieverlust von Elektronen und Protonen in Millionen Volt pro Gramm durchstrahlter Substanz in Luft und Blei. Abszisse: Anfangsenergie der Teilchen.

Sowohl das Bremsvermögen (56.15) für Elektronen wie dasjenige für schwere Teilchen (56.16) nimmt mit wachsender Geschwindigkeit *ab* bis zur Erreichung einer gewissen Grenzgeschwindigkeit, welche für Elektronen bei ca. 96%, für schwere Teilchen bei ca. 93% der Lichtgeschwindigkeit liegt (vgl. Abb. 51). Danach nimmt das Bremsvermögen wieder zu und erreicht bei Elektronen von 10^{10} Volt etwa das Doppelte des Minimalwertes. Bei „nichtrelativistischer" Energie ist das Bremsvermögen für Elektronen, bei „relativistischer" Energie das für schwere Partikel kleiner.

[1] Die Energie der stoßenden Partikel soll aber noch klein sein gegen $\frac{M^2c^2}{m} = \frac{(\text{Ruhenergie der Partikel})^2}{\text{Ruhenergie des Elektrons}}$, d. s. bei Protonen ca. $2\cdot 10^{12}$ Volt (vgl. Anm. S. 495).

V. Molekülbildung.

57. Elektronen- und Kernbewegung[1]. Die Eigenfunktion eines Moleküls hängt ab von den Koordinaten aller im Molekül enthaltenen Partikel, der Kerne sowohl wie der Elektronen. Die Schrödingergleichung lautet

$$\frac{\hbar^2}{2m}\sum_{\lambda}\Delta_\lambda U + \frac{\hbar^2}{2}\sum_{i}\frac{1}{M_i}\Delta_i U + (W - V)\,U = 0\,, \tag{57.1}$$

wobei das Potential

$$V = \sum_{i<k}\frac{Z_i Z_k e^2}{R_{ik}} - \sum_{i\lambda}\frac{Z_i e^2}{r_{i\lambda}} + \sum_{\lambda<\mu}\frac{e^2}{r_{\lambda\mu}} \tag{57.2}$$

ist und $\lambda\mu$ die Elektronen, ik die Kerne numeriert (M_i = Masse, Z_i = Ladung des $i$ten Kerns, R_{ik} sein Abstand vom $k$ten Kern, $r_{i\lambda}$ der vom λten Elektron). Wegen der verhältnismäßig sehr großen Masse der Kerne kann man in guter Näherung zunächst die Kerne als ruhend betrachten, d. h. man kann die Glieder $\frac{1}{M_i}\Delta_i U$, welche die kinetische Energie der Kerne darstellen, zunächst streichen. Dann erhält man die Wellengleichung

$$\frac{\hbar^2}{2m}\sum_{\lambda}\Delta_\lambda u + (E - V)\,u = 0\,. \tag{57.3}$$

Die Eigenfunktion u hängt wesentlich nur von den Koordinaten der Z Elektronen ab, und enthält die Koordinaten der z Kerne nur noch als Parameter. Besser gesagt: Zur Gewinnung der Eigenfunktion u braucht man nur eine Differentialgleichung im $3Z$-dimensionalen Raum (Konfigurationsraum der Elektronen) zu lösen, während U sich aus der $3(Z + z)$-dimensionalen Differentialgleichung (57.1) bestimmt. Dafür haben wir aber nicht mehr bloß *eine* Differentialgleichung zu betrachten, sondern eine unendliche Schar: Wir müssen die Lösungen von (57.3) für jede beliebige Anordnung der Atomkerne kennen, um etwas über das Molekül auszusagen. Insbesondere interessiert die Abhängigkeit des Eigenwertparameters E von der relativen Lage und Entfernung der Kerne: E ist nämlich weiterhin maßgebend für die Bewegung der Kerne.

Um das zu sehen, machen wir für die Eigenfunktion U des Gesamtmoleküls den Ansatz

$$U = v(R_i)\,u\,(r_\lambda;\, R_i)\,, \tag{57.4}$$

wo u die aus (57.3) bestimmte Eigenfunktion der Elektronenbewegung ist. Gehen wir mit (57.4) in (57.1) ein und berücksichtigen (57.3), so erhalten wir

$$\frac{\hbar^2}{2}\sum_{i}\frac{1}{M_i}\left(u\,\Delta_i v + 2(\operatorname{grad}_i u\,\operatorname{grad}_i v) + \Delta_i u\cdot v\right) + (W - E\,(R_i))\,u\,v = 0\,. \tag{57.5}$$

Um hieraus eine Differentialgleichung für die „Kerneigenfunktionen" v allein zu erhalten, multiplizieren wir mit u und integrieren über alle Elektronenkoordinaten[2]. Da nun u unabhängig von den Kernlagen normiert ist,

$$\int u^2\,d\tau = 1\,,$$

folgt

$$2\int u\,\operatorname{grad}_i u\,d\tau = \operatorname{grad}_i\int u^2\,d\tau = 0$$

---

[1] Vgl. M. BORN u. R. OPPENHEIMER, Ann. d. Phys. Bd. 84, S. 457. 1927.

[2] Die Tatsache, daß (57.6) erst durch Integration über die Elektronenkoordinaten entsteht, zeigt, daß der Ansatz (57.4) nur näherungsweise gilt: In Wirklichkeit hängt die Elektroneneigenfunktion nicht nur von den Lagen, sondern auch von den Geschwindigkeiten der Kerne ab. Vgl. hierüber z. B. F. LONDON, ZS. f. Phys. Bd. 74, S. 143. 1932.

und demnach als Differentialgleichung für v

$$\frac{\hbar^2}{2}\sum_i \frac{1}{M_i}\Delta_i v + \left(W - E(R_i) + \sum_i T_i(R_i)\right) v = 0. \tag{57.6}$$

Dabei ist

$$T_i = \frac{\hbar^2}{2M_i}\int u\,\Delta_i u\, d\tau \tag{57.7}$$

eine Korrekturgröße, welche im allgemeinen vernachlässigt werden kann, da die Elektroneneigenfunktion u nicht sehr stark von den Kernkoordinaten abhängt ($\Delta_i u$ ist also klein) und vor allem der kleine Faktor $\frac{1}{M_i}$ vor dem Integral steht. Man rechnet leicht nach, daß alle physikalisch interessanten Größen (Energie, Schwingungsfrequenz, Trägheitsmoment) durch T nur um Beträge der relativen Größenordnung m/M geändert werden.

Vernachlässigen wir T, so spielt E für die Kernbewegung die Rolle der potentiellen Energie. Insbesondere kann ein Molekül nur dann gebildet werden, wenn E, als Funktion der Kernlagen betrachtet, bei endlichen Kernabständen ein Minimum besitzt. Die Konfiguration, die zu diesem Energieminimum gehört, ist die Gleichgewichtskonfiguration des Moleküls.

In der Nähe der Gleichgewichtslage ist die potentielle Energie E jedenfalls eine quadratische Funktion der Entfernung vom Gleichgewicht

$$E(R_i) = E(R_i^0) + \sum_{ik} E_{ik}(R_i - R_i^0)(R_k - R_k^0). \tag{57.8}$$

R_i^0 sind die Kernkoordinaten in der Gleichgewichtslage. Die Kerne führen daher klassisch in erster Näherung harmonische Schwingungen um die Gleichgewichtslage aus, deren Frequenzen durch die E_{ik}, das sind die zweiten Ableitungen der potentiellen Energie nach den Koordinaten, bestimmt werden; die Eigenfunktionen der Kernbewegung sind im wesentlichen Hermitesche Funktionen.

Vereinfacht wird die Berechnung der Kern-Eigenfunktion noch durch folgenden Umstand: Die Potentialfunktion E hängt selbstverständlich nur von den relativen Entfernungen der Kerne, nicht dagegen von der Lage des Molekülschwerpunkts und der Orientierung des Moleküls im Raume ab: Die Kerneigenfunktion v läßt sich daher ihrerseits separieren in

1. die Eigenfunktion der Bewegung des Molekülschwerpunkts (ebene Welle, drei Koordinaten),

2. die Eigenfunktion der Rotation, abhängig von den Koordinaten, die die Orientierung des Moleküls im Raume bestimmen: Dies sind drei Eulersche Winkel für ein Molekül mit drei oder mehr Kernen, dagegen nur die zwei Polarwinkel der Kernverbindungslinie in einem raumfesten Polarkoordinatensystem für ein zweiatomiges Molekül,

3. die Eigenfunktion der Schwingung, abhängig von den $3(z-2)$ Relativkoordinaten bei einem Molekül mit $z \geqq 3$ Atomen bzw. vom Abstand der beiden Kerne, R, für ein zweiatomiges Molekül. Wir werden uns in diesem Artikel ausschließlich mit der Elektroneneigenfunktion u beschäftigen.

58. Das Wasserstoff-Molekülion H_2^+ *. Das einfachste Molekül ist das Wasserstoffmolekülion, bestehend aus zwei Wasserstoffkernen und einem einzigen Elektron. Wir betrachten die Kerne als ruhend im Abstand R voneinander und fragen nach der Energie und Eigenfunktion des Elektrons in Abhängigkeit von R.

---

* Vgl. M. Morse u. E. Stückelberg, Phys. Rev. Bd. 33, S. 932. 1929; J. E. Lennard-Jones, Trans. Faraday Soc. Bd. 24, S. 668. 1929; E. Teller, ZS. f. Phys. Bd. 61, S. 458. 1930; E. Hylleraas, ebenda Bd. 71, S. 739. 1931.

Es seien r_a und r_b die Abstände des Elektrons von den beiden Kernen a und b, dann lautet die Schrödingergleichung in atomaren Einheiten

$$\Delta u + 2\left(E - \frac{1}{R} + \frac{1}{r_a} + \frac{1}{r_b}\right) u = 0. \tag{58.1}$$

E ist die Energie des Molekülions bei festgehaltenem Kernabstand R. Wenn das Wasserstoffmolekülion stabil sein soll, so muß E, als Funktion von R betrachtet, ein Minimum aufweisen. Der Wert von R, bei dem dieses Minimum liegt, ist dann der Gleichgewichtsabstand des Molekülions. Im folgenden wollen wir statt E die Energie des Elektrons im Feld der Kerne

$$E' = E - \frac{1}{R} \tag{58.2}$$

betrachten, also die Wechselwirkungsenergie der beiden Kerne fortlassen.

$$\Delta u + 2\left(E' + \frac{1}{r_a} + \frac{1}{r_b}\right) u = 0. \tag{58.3}$$

Das hat den Vorteil, daß bei unbegrenzter Annäherung der Kerne E' endlich bleibt, während E unendlich werden würde. Wir betrachten zunächst zwei Grenzfälle, nämlich den Fall unendlich weit entfernter und den Fall zusammenfallender Kerne.

a) Die Eigenfunktionen und Eigenwerte bei sehr kleinem Kernabstand. Lassen wir die beiden Kerne völlig zusammenfallen ($R = 0$), so wird $r_a = r_b$, und die Schrödingergleichung (58.3) geht über in die des ionisierten Heliums

$$\Delta u + 2\left(E' + \frac{2}{r}\right) u = 0 \tag{58.4}$$

mit den Lösungen

$$E' = -\frac{4}{n^2} Ry, \qquad u = u_{nl}(r)\, Y_{lm}(\vartheta, \varphi) \tag{58.5}$$

(vgl. Ziff. 1, 2). Lassen wir nun die Kerne um die sehr kleine Strecke R auseinanderrücken, so tritt zur potentiellen Energie in (58.4) der Zusatzterm

$$V = -\frac{1}{|\mathfrak{r} - \frac{1}{2}\mathfrak{R}|} - \frac{1}{|\mathfrak{r} + \frac{1}{2}\mathfrak{R}|} + \frac{2}{r} \tag{58.6}$$

hinzu, wobei $\mathfrak{r}$ der Ortsvektor des Elektrons, $\pm\frac{1}{2}\mathfrak{R}$ die der Protonen, bezogen auf den Molekülschwerpunkt, sind.

Legen wir die Achse des Polarkoordinatensystems, auf das die Eigenfunktionen (58.5) bezogen sind, in die Richtung der Molekülachse $\mathfrak{R}$, so ergibt Entwicklung von (58.6) nach Kugelfunktionen

$$\left.\begin{aligned} V &= \frac{2}{r} - \frac{4}{R} - 4\sum_{\lambda=1}^{\infty} \frac{(2r)^{2\lambda}}{R^{2\lambda+1}} P_{2\lambda}(\cos\vartheta) \quad \text{für} \quad r < \tfrac{1}{2}R, \\ V &= \qquad\quad - 4\sum_{\lambda=1}^{\infty} \frac{R^{2\lambda}}{(2r)^{2\lambda+1}} P_{2\lambda}(\cos\vartheta) \quad \text{für} \quad r > \tfrac{1}{2}R. \end{aligned}\right\} \tag{58.7}$$

Die Matrixelemente des Störungspotentials (58.7), gebildet mit den Eigenfunktionen (58.5)

$$V_{nlm}^{n'l'm'} = \int u^*_{n'l'm'} V u_{nlm}\, d\tau,$$

sind nur dann von Null verschieden, wenn $m = m'$ (weil V nicht von φ abhängt) und $l - l'$ gerade ist (weil $P_{2\lambda}(\vartheta)$ eine gerade Funktion von ϑ ist). Vernachlässigen wir noch die Matrixelemente $n \neq n'$, betrachten wir also nur Matrixelemente zwischen Zuständen, die ohne Berücksichtigung des Störungspotentials V entartet sind, so gibt es für kleine n (= 1, 2, 3), auf die wir uns beschränken wollen, überhaupt nur Diagonalelemente von V, außer einem Matrixelement V_{300}^{320}. Durch explizite Ausrechnung (oder auch allgemein) kann man dann zeigen, daß auch dieses Matrixelement noch verschwindet. Die Eigenfunktionen in Polarkoordinaten (58.5) sind daher für unser Problem schon die richtigen Eigenfunktionen nullter Näherung[1].

Wir wollen das erste Glied in der Entwicklung von E' nach R berechnen:

1. Für $l \neq 0$ ist das einzige wesentliche Glied des Störungspotentials das erste Glied der Entwicklung (58.7) für *große* r, also ist der Mittelwert von V über die ungestörte Eigenfunktion (58.5)

$$\left.\begin{aligned} V_{nlm}^{nlm} &= -\frac{1}{2} R^2 \int |u_{nlm}|^2 r^{-3} P_2(\vartheta)\, d\tau = -\frac{1}{2} R^2 \frac{l(l+1) - 3m^2}{(2l+3)(2l-1)} \overline{r^{-3}} \\ &= -\frac{8\,[l(l+1) - 3m^2]}{n^3 l(l+1)(2l-1)(2l+1)(2l+3)} R^2 \end{aligned}\right\} \tag{58.8}$$

[vgl. Formel (65.28) und (3.26), $Z = 2$]. Für kleine m erhält man eine Verminderung des Eigenwerts, was damit im Einklang steht, daß die beiden Kerne sich dem Dichtemaximum der Elektronenladungsverteilung nähern, welches an den Polen ($\vartheta = 0$ und π) gelegen ist. Für große m (Maximum der Elektronenladung bei $\vartheta \approx \pi/2$) ergibt sich entsprechend eine Energieerhöhung.

2. Für $l = 0$ geben sämtliche Glieder in den Summen in (58.7) bei Mittelung über die Eigenfunktion Null, weil diese nicht von ϑ abhängt. Es bleibt

$$V_{n00}^{n00} = \int_0^{\frac{1}{2}R} u_{n0}^2(r) \left(\frac{2}{r} - \frac{4}{R}\right) r^2\, dr = \frac{1}{12} R^2 u_{n0}^2(0) = \frac{8}{3} \frac{R^2}{n^3} \tag{58.9}$$

[vgl. (3.16)] also stets eine *Erhöhung* des Termwerts. Genau der Ausdruck (58.9) ergibt sich, wenn man in (58.8) $m = 0$ setzt, durch l kürzt und dann $l = 0$ setzt.

Wir bekommen also bei sehr kleinen Kernabständen die in Tabelle 35 in der Reihenfolge ihrer Energie verzeichneten Terme[2].

Tabelle 35. Terme des H_2^+ bei sehr kleinem Kernabstand R.

n	l	m	Termbezeichnung	Energie E' in Rydberg
1	0	0	$1s\sigma$	$-4 + \frac{16}{3} R^2$
2	1	0	$2p\sigma$	$-1 - \frac{2}{15} R^2$
2	1	1	$2p\pi$	$-1 + \frac{1}{15} R^2$
2	0	0	$2s\sigma$	$-1 + \frac{2}{3} R^2$
3	1	0	$3p\sigma$	$-\frac{4}{9} - 2 \cdot \frac{8}{405} R^2$
3	2	0	$3d\sigma$	$-\frac{4}{9} - \frac{2}{7} \cdot \frac{8}{405} R^2$
3	2	1	$3d\pi$	$-\frac{4}{9} - \frac{1}{7} \cdot \frac{8}{405} R^2$
3	2	2	$3d\delta$	$-\frac{4}{9} + \frac{2}{7} \cdot \frac{8}{405} R^2$
3	1	1	$3p\pi$	$-\frac{4}{9} + 1 \cdot \frac{8}{405} R^2$
3	0	0	$3s\sigma$	$-\frac{4}{9} + 10 \cdot \frac{8}{405} R^2$

Die Termbezeichnungen sind in der bei Molekülspektren üblichen Weise gewählt: Der griechische Buchstabe $\sigma\pi\delta\ldots$ bezeichnet den Drehimpuls um die

[1] Dies gilt allgemein, auch für $n > 3$.

[2] Man beachte, daß 1 atomare Energieeinheit = 2 Rydberg ist.

Molekülachse $m = 0, 1, 2 \ldots$ (auch λ genannt), der lateinische Buchstabe $s, p, d \ldots$ den Gesamtdrehimpuls $l = 0, 1, 2 \ldots$ des Atoms, das bei Zusammenrücken der Kerne entsteht; die Zahl n gibt die Hauptquantenzahl in diesem Fall an.

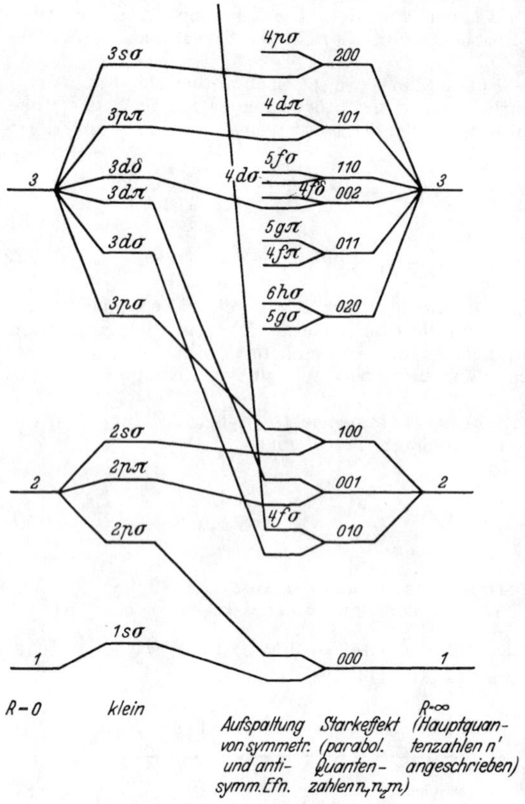

Wie man sieht, liegen bei gleicher Hauptquantenzahl die $s\sigma$-Terme weit über den übrigen, es folgen die $p\pi$-Terme, während die $p\sigma$-Terme stets die tiefsten sind; die d-Terme schalten sich zwischen $p\sigma$ und $p\pi$ ein, die f-Terme (für $n \geqq 4$) werden noch weniger von dem Auseinanderrücken der Kerne beeinflußt und würden ihrerseits zwischen $d\pi$ und $d\delta$ zu liegen kommen. Abb. 52 zeigt schematisch die Aufspaltung der Terme $n = 1$ bis 3.

Abb. 52. Zuordnung der Terme des H_2^+ bei großem und kleinem Kernabstand.

b) **Sehr große Kernabstände.** Das Elektron kann sich entweder beim Kern a oder beim Kern b befinden. Im ersten Fall ist die Wirkung des zweiten Kerns praktisch diejenige eines homogenen elektrischen Feldes:

$$\frac{1}{r_b} = \frac{1}{R} + \frac{z_a}{R^2}, \tag{58.10}$$

wobei z_a die Koordinate des Elektrons in bezug auf den Kern a ist. Die passenden Eigenfunktionen u werden also (wie beim Starkeffekt) die Eigenfunktionen des Wasserstoffatoms in parabolischen Koordinaten

$$v_a = L^m_{n_1+m}(r_a - z_a)\, L^m_{n_2+m}(r_a + z_a)\, e^{-\frac{r_a}{n}}\, e^{im\varphi} \tag{58.11}$$

sein. Die Energie E' wird nach der Formel (31.3) für den Starkeffekt zweiter Ordnung

$$E' = -\frac{1}{n^2} - \frac{2}{R} + \frac{3}{R^2} n'(n_1 - n_2) - \frac{1}{8R^4} n'^4 (17 n'^2 - 3(n_1 - n_2)^2 - 9m^2 + 19)\, Ry. \quad (58.12)^{1}$$

Sie hängt in nullter Näherung von der Hauptquantenzahl n', in erster Näherung von der „elektrischen" Quantenzahl $n_e = n_1 - n_2$, in zweiter Näherung vom Drehimpuls m um die Kernverbindungslinie ab.

v_a ist aber noch nicht die richtige Eigenfunktion nullter Näherung, vielmehr gibt es eine zweite Eigenfunktion v_b, die in unserer bisherigen Näherung zur gleichen Energie gehört und sich von v_a nur dadurch unterscheidet, daß das Elektron beim Kern b statt beim Kern a ist[2]. Die richtige Eigenfunktion nullter

[1] Die Inhomogenität des Feldes des (zweiten) Protons verursacht zwar noch einen Beitrag zur Energie proportional $1/R^3$, doch hängt dieser nur von n' und $n_1 - n_2$, nicht von m ab, gibt also keine Aufspaltung, die über diejenige des Starkeffekts erster Ordnung ($\sim 1/R^2$) im homogenen Feld hinausgeht.

[2] v_b ergibt sich aus v_a durch Spiegelung an der Mittelebene der beiden Kerne.

Näherung muß die Summe oder Differenz dieser beiden Funktionen sein: Denn da die potentielle Energie $\frac{1}{r_a} + \frac{1}{r_b}$ symmetrisch in den beiden Kernen ist, muß die richtige Eigenfunktion entweder symmetrisch oder antisymmetrisch in den Kernen sein, genau wie die Eigenfunktion des He-Atoms symmetrisch oder antisymmetrisch bezüglich Vertauschung der beiden Elektronen ist. Die richtige Eigenfunktion nullter Näherung ist daher

$$u = c(v_a \pm v_b). \tag{58.13}$$

Die Eigenfunktion (58.13) ist noch zu normieren durch die Forderung

$$\int u^2 d\tau = c^2\left(2\int v_a^2 d\tau \pm 2\int v_a v_b d\tau\right) = 2c^2(1 \pm S) = 1; \quad c = \frac{1}{\sqrt{2(1 \pm S)}}. \tag{58.14}$$

Die beiden Funktionen v_a und v_b sind nämlich keineswegs orthogonal zueinander. Man erkennt das am leichtesten, wenn man für v die Eigenfunktion des Wasserstoffgrundzustandes $2e^{-r} \cdot \frac{1}{\sqrt{4\pi}}$ einsetzt: Dann sind v_a und v_b überall positiv. Die Ausrechnung ergibt in diesem Fall

$$S = 4\int e^{-(r_a - r_b)} \cdot \frac{d\tau}{4\pi} = \left(1 + R + \frac{1}{3}R^2\right)e^{-R}. \tag{58.15}$$

Die Eigenwerte, die zu den beiden Eigenfunktionen (58.13) gehören, sind bei großer Entfernung der Kerne nur um eine Größe von der Ordnung e^{-R} voneinander und von (58.12) verschieden.

Zur Berechnung der Eigenwerte beachte man, daß v_a und v_b Wasserstoffeigenfunktionen sind und daher die Differentialgleichungen

$$\Delta v_a + 2\left(E_0 + \frac{1}{r_a}\right)v_a = 0; \quad \Delta v_b + 2\left(E_0 + \frac{1}{r_b}\right)v_b = 0; \quad E_0 = -\frac{1}{2n'^2} \tag{58.16}$$

befriedigen. Daher ist

$$\frac{1}{2}\Delta u + \left(E' + \frac{1}{r_a} + \frac{1}{r_b}\right)u = (E' - E_0)\,u + \frac{1}{r_b}v_a + \frac{1}{r_a}v_b. \tag{58.17}$$

Natürlich kann dieser Ausdruck nicht exakt Null sein, da der Ansatz (58.13) nur eine erste Näherung für u darstellt. Wohl aber können wir E' *daraus* berechnen, daß wir fordern, daß (58.17) orthogonal ist auf allen ungestörten Eigenfunktionen, die zum Eigenwert E_0 der unendlich weit getrennten Atome gehören (erste Näherung der SCHRÖDINGERschen Störungsrechnung). Die beiden Forderungen, daß (58.17) orthogonal zu v_a bzw. v_b sein soll, geben wegen der Symmetrie von u ein und dieselbe Bedingung:

$$(E' - E_0)(1 \pm S) = -\int \frac{v_a^2}{r_b} d\tau \mp \int \frac{v_a v_b}{r_a} d\tau = -A \mp B.$$

Für den Grundzustand ist $v_a = 2e^{-r_a}$, $v_b = 2e^{-r_b}$, und es ergibt sich mit Hilfe von (58.15)

$$A = \frac{1}{R}, \quad B = e^{-R}(1 + R), \quad E' = E_0 - \frac{1}{R} \mp e^{-R} \cdot \frac{\frac{2}{3}R^2 - 1}{(1 \pm S)R}, \tag{58.18}$$

wobei stets das obere Vorzeichen für die symmetrische, das untere für die antisymmetrische Eigenfunktion gilt. Die erstere gehört, wie man sieht, bei großen R zum *tieferen* Eigenwert, wie das auch aus allgemeinen Sätzen der Eigenwerttheorie folgt. Die Differenz der Energien der beiden Terme gibt (vgl. Ziff. 14a) die Häufigkeit eines Platzwechsels (schlechter: Austausch) an, bei dem das Elektron vom einen Kern zum anderen hinüberspringt. Ein solcher Platzwechsel ereignet sich z. B. für $R = 4$ Wasserstoffradien ≈ 2 Å ungefähr alle 10^{-14} sec, dagegen für $R = 20\,a \approx 10$ Å nur alle 10^{-8} sec und für $R = 5 \cdot 10^{-7}$ cm $= 100\,a$ alle 10^{18} Jahre.

Bei großen Abständen der beiden Kerne lassen sich also die Terme klassifizieren (in der Reihenfolge des Einflusses auf die Energie): 1. durch die Hauptquantenzahl n', 2. durch die elektrische Quantenzahl $n_e = n_1 - n_2$, 3. durch den Drehimpuls m, 4. durch den Symmetriecharakter bezüglich Spiegelung an der Mittelebene der Kerne; dieser wird durch das Symbol g (gerade) bzw. u (ungerade) bezeichnet, entsprechend dem oberen und unteren Vorzeichen in (58.13).

c) Separation in elliptischen Koordinaten, Zuordnung der Terme bei großem und kleinem Kernabstand zueinander. Wir

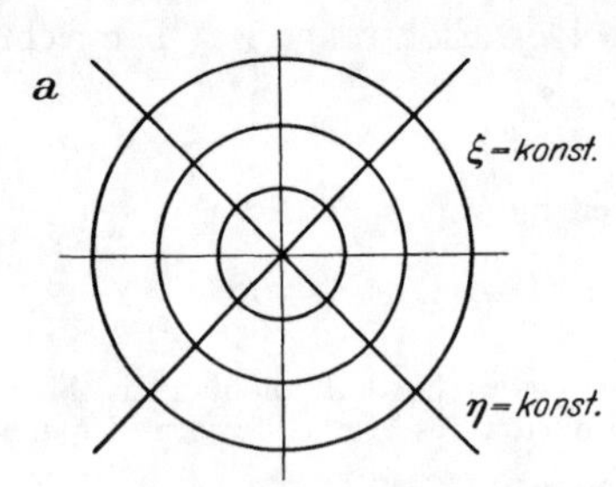

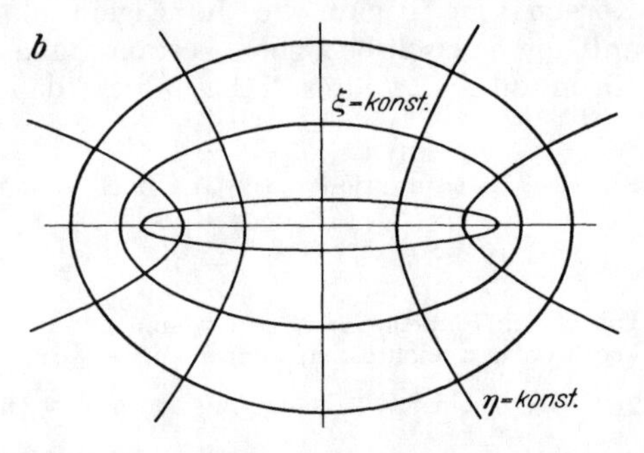

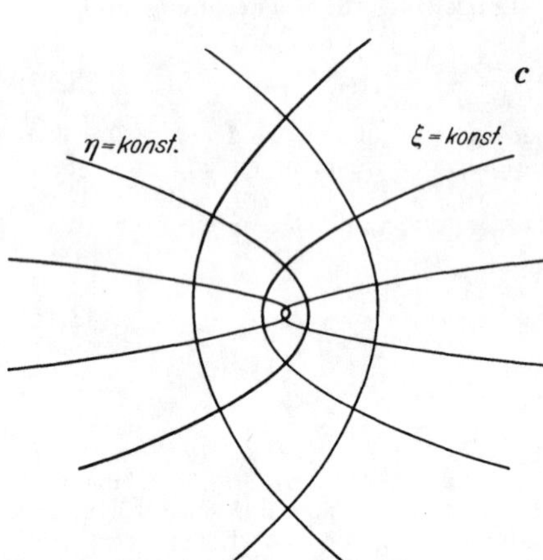

Abb. 53. Elliptische Koordinaten (b) und ihr Übergang in Polarkoordinaten (a) bei $R=0$ und in parabolische Koordinaten (c) bei $R=\infty$.

müssen nun die Eigenwerte bei großen und bei kleinen Kernabständen einander zuordnen, um aus unseren bisherigen Betrachtungen etwas über die Lage der Terme bei mittleren Abständen aussagen zu können. Zu diesem Zweck bemerken wir, daß sich die Differentialgleichung (58.3) in elliptischen Koordinaten

$$\xi = \frac{r_a + r_b}{R}, \quad \eta = \frac{r_a - r_b}{R}, \quad \varphi = \varphi \tag{58.19}$$

separieren läßt: Mit dem Ansatz

$$u = X(\xi)\, Y(\eta)\, e^{i m \varphi} \tag{58.20}$$

erhält man für X und Y die Differentialgleichungen[1]

$$\frac{d}{d\xi}\left((\xi^2 - 1)\frac{dX}{d\xi}\right) + \left(\frac{1}{2} E' R^2 \xi^2 + 2R\xi + A - \frac{m^2}{\xi^2 - 1}\right) X = 0\,, \tag{58.21}$$

$$\frac{d}{d\eta}\left((\eta^2 - 1)\frac{dY}{d\eta}\right) + \left(\frac{1}{2} E' R^2 \eta^2 + A - \frac{m^2}{\eta^2 - 1}\right) Y = 0\,, \tag{58.22}$$

wobei A ein Separationsparameter ist, der so bestimmt werden muß, daß die beiden Eigenwertprobleme (58.21), (58.22) gleichzeitig lösbar sind. Der Wertebereich der Koordinaten ist: $1 \leqq \xi \leqq \infty$, $-1 \leqq \eta \leqq 1$.

Für $R=0$ gehen die elliptischen Koordinaten (58.19) über in Polarkoordinaten

$$\xi \to \frac{2r}{R}\,, \quad \eta \to \cos\vartheta\,, \quad \varphi = \varphi\,, \tag{58.23}$$

wenn die Achse des Polarkoordinatensystems vom Kern 1 nach 2 zeigt (Abb. 53). (58.22) wird die Differentialgleichung der Kugelfunktionen[2] (1.5), der Separationsparameter wird

$$A = -l(l+1)\,, \quad \text{die Eigenfunktion} \quad Y(\eta) = P_l^m(\cos\vartheta)\,. \tag{58.24}$$

---

[1] Vgl. E. TELLER u. E. HYLLERAAS, l. c.

[2] Damit ist nachträglich auch gezeigt, daß die Eigenfunktionen des He^+ in Polarkoordinaten die richtigen Eigenfunktionen nullter Näherung für die Behandlung des H_2^+ bei kleinem R sind.

Aus (58.21) wird die Differentialgleichung der Laguerrefunktionen (2.1)

$$X\left(\frac{2r}{R}\right) = L_{n+l}^{2l+1}\left(\frac{4r}{n}\right)e^{-\frac{2r}{n}}. \tag{58.25}$$

Für $R = \infty$ erhält man

$$\xi - 1 = \frac{r_a - z_a}{R}, \qquad \eta + 1 = \frac{r_a + z_a}{R}, \qquad \varphi = \varphi, \tag{58.26}$$

wenn die z-Achse in der Richtung vom ersten zum zweiten Kern zeigt, $z = 0$ im ersten Kern liegt und das Elektron sich in der Nähe dieses Kerns befindet. Die elliptischen Koordinaten gehen also über in die parabolischen, in denen wir die Eigenfunktionen bei großem Kernabstand geschrieben haben.

Bei mittleren Kernabständen läßt sich die wirkliche Form der Eigenfunktion natürlich nicht aus der Form für $R = 0$ und $R = \infty$ erschließen. Was aber für alle Werte des Parameters R erhalten bleiben muß, ist die Anzahl der Nullstellen der Funktionen X, Y und $\cos m\varphi$, d. h. die Anzahl der Knotenflächen der Eigenfunktion u; wir nennen sie n_ξ, n_η und m.

Bei kleinem Kernabstand ist, wie oben (58.24) bemerkt, die Eigenfunktion

$$Y(\eta) = P_l^m(\cos\vartheta),$$

sie hat [vgl. Ziff. 1, hinter (1.8)] $l - m$ Knoten. Also ist allgemein

$$n_\eta = l - m \tag{58.27}$$

die Anzahl Knotenflächen $\eta =$ konst[1]. Diese Flächen sind bei allgemeinen Werten des Kernabstands zweischalige Rotationshyperboloide mit den beiden Kernen als Brennpunkten, sie degenerieren für $R = 0$ in Kegel $\vartheta =$ konst. und für $R = \infty$ in Paraboloide. Jede Fläche $\eta =$ konst. schneidet die Verbindungslinie der beiden Kerne *einmal* und stets *zwischen* den Kernen, die Anzahl der Nullstellen der Eigenfunktion auf dieser Verbindungslinie ist n_η. Im Grenzfall $R = \infty$ können wir n_η ausdrücken durch die parabolische Quantenzahl n_2: In der Nähe des ersten Kerns (bei endlichen r_a) befinden sich n_2 Knotenflächen $\eta =$ konst., beim zweiten Kern (r_b endlich, r_a sehr groß) ebenfalls n_2 Knotenflächen, und schließlich bildet die Mittelebene der beiden Kerne eine weitere Knotenfläche, sofern die Eigenfunktion u ungerade ist [negatives Zeichen in (58.13)]. Also ist

$$l - m = n_\eta = 2n_2 \text{ für gerade, } l - m = n_\eta = 2n_2 + 1 \text{ für ungerade Terme.} \tag{58.28}$$

Die Knotenflächen $\xi =$ konst. sind Ellipsoide, sie degenerieren für $R = 0$ in Kugeln, für $R = \infty$ in Paraboloide, welche aber im Gegensatz zu den Paraboloiden $\eta =$ konst. die Kernverbindungslinie *zweimal* und stets *außerhalb* der Kerne schneiden. Für $R = 0$ wird also n_ξ gleich der radialen Quantenzahl[2]

$$n_\xi = n_r = n - l - 1, \tag{58.29}$$

für $R = \infty$[3]

$$n_\xi = n_1. \tag{58.30}$$

Da nun bei parabolischer Quantelung [vgl. (6.9)]

$$n' = n_1 + n_2 + m + 1$$

ist, folgt aus (58.27) bis (58.30)

$$n = n' + n_2 \text{ für gerade Terme, } n = n' + n_2 + 1 \text{ für ungerade Terme.} \tag{58.31}$$

Damit ist die Zuordnung der Terme bei großen und kleinen Kernabständen restlos vollzogen. Man sieht, daß die Hauptquantenzahl beim Zusammenrücken

[1] (58.27) *definiert* für $R \neq 0$ die azimutale Quantenzahl l.

[2] (58.29) definiert die Hauptquantenzahl n für $R \neq 0$.

[3] n_ξ gibt die Anzahl der Nullstellen der Eigenfunktion auf der dem zweiten Kern abgewandten (negativen) Seite der z-Achse, diese ist gleich der parabolischen Quantenzahl n_1. Die gleiche Fläche $\xi =$ konst. schneidet dann die z-Achse nochmals jenseits des zweiten Kerns.

der Kerne im allgemeinen zunimmt, ausgenommen, wenn $n_2 = 0$ ist und der Term gerade — also wenn zwischen den beiden Kernen keine Knotenfläche $\eta =$ konst. liegt. Diese Terme $n_\eta = 0$ werden also beim Zusammenführen der Kerne am stärksten erniedrigt (von $E' = -Ry/n^2$ auf $-4\,Ry/n^2$). Man würde denken, daß sie am ehesten zur Molekülbildung geeignet sind. Dies ist jedoch nicht richtig (vgl. Ende dieses Abschnitts). (Man beachte, daß die totale Energie E noch das Abstoßungspotential $1/R$ der Kerne enthält!)

Im einzelnen erhält man folgendes Bild: Der Grundzustand der getrennten Atome ($n' = 1$, $n_1 = n_2 = m = 0$) erfährt zunächst bei Annäherung der Kerne eine Starkeffekt-depression[1] von der Größenordnung $1/R^4$. Bei weiterer Annäherung spaltet der Term auf in einen geraden Term ($n_\xi = n_\eta = m = 0$, Termsymbol $1s\sigma$) und einen ungeraden ($n_\xi = m = 0$, $n_\eta = 1$, Termsymbol $2p\sigma$), der erstere geht beim Zusammenrücken der Kerne in den Grundterm des He^+ über, der letztere in die energetisch tiefste Komponente des zweiquantigen Niveaus. Infolgedessen [vgl. auch (58.18)] liegt der gerade Term niedriger und gibt den Grundterm des H_2^+, der ungerade besitzt nur ein sehr flaches Energieminimum von der Größenordnung 0,05 Volt beim Kernabstand $R \approx 5a \approx 2{,}5$ Å.

Der erste angeregte Zustand der getrennten Atome, $n' = 2$, spaltet im Starkeffekt auf in *drei* Terme. Der unterste von diesen, $n_1 = 0$, $n_2 = 1$, $m = 0$, geht nach (58.24) bis (58.31) bei Annäherung der Kerne über in die beiden Niveaus $3d\sigma$ (gerade) und $4f\sigma$ (ungerade). Es ist recht überraschend, daß gerade ein Zustand, der bei entfernten Kernen einer der tiefsten ist, bei Annäherung der Kerne in hohe Niveaus übergeht: Es folgt daraus, daß man recht vorsichtig sein muß, wenn man allein aus den Energiewerten bei großem und kleinem Kernabstand den Verlauf der Energiekurve konstruieren will. Beide Terme haben natürlich ein Potentialminimum, doch ist dies wieder nur beim geraden Term, $3d\sigma$, wirklich ausgeprägt (vgl. die Kurven Abb. 55).

Das mittlere Starkeffektniveau ($n_1 = n_2 = 0$, $m = 1$) des zweiquantigen Terms spaltet bei Annäherung der Kerne auf in die Terme $2p\pi$ (gerade) und $3d\pi$ (ungerade), der erstere hat ein ziemlich flaches Minimum bei ca. 8 Wasserstoffradien, der letztere liegt wieder höher und hat kein Minimum, das praktisch in Frage kommt. Dasselbe gilt von den beiden Termen $2s\sigma$ und $3p\sigma$, die aus dem oberen Starkeffektzweig ($n_1 = 1$, $n_2 = 0$) entstehen: Zwar nimmt die reine Elektronenenergie von $2s\sigma$ bei Annäherung der Kerne beträchtlich ab (von $-\frac{1}{4}\,Ry$ auf $-1\,Ry$), doch erfolgt die Abnahme erst bei so kleinen Kernabständen, daß die Abstoßung der Kerne $1/R$ stets überwiegt und die Gesamtenergie $E = E' + 1/R$ bei Annäherung der Kerne dauernd zunimmt.

Die Stabilität des Molekülions ist also wesentlich bestimmt durch das Verhalten der Energie als Funktion des Abstandes bei *großen* Kernabständen: Abnahme der Energie im Starkeffekt; also möglichst kleines $n_\xi (= n_r)$, möglichst großes $n_\eta (= l - m)$ und gerade Eigenfunktion (in bezug auf Spiegelung an der Mittelebene) sind günstig für das Zustandekommen eines Potentialminimums. D. h. die Hauptquantenzahl n bei kleinem Kernabstand ist bei stabilen Termen im allgemeinen wesentlich größer als die bei großem Abstand n'.

d) Explizite Berechnung der Eigenwerte und Eigenfunktionen. Wir haben soeben bereits die Resultate der Termberechnung vorweggenommen und müssen nunmehr die Rechnung selbst nachtragen.

(58.22) läßt sich recht einfach behandeln, indem man nach den Lösungen bei verschwindendem Kernabstand (Kugelfunktionen) entwickelt:

$$Y(\eta) = \sum_{\lambda=m}^{\infty} c_\lambda P_\lambda^m(\eta)\,.$$

Mit Hilfe der Differentialgleichung der Kugelfunktionen (1.5) und unserer Rekursionsformel (65.28) findet man unmittelbar

$$\left.\begin{aligned} &\frac{1}{2} E' R^2 \sqrt{\frac{[(\lambda+2)^2 - m^2][(\lambda+1)^2 - m^2]}{(2\lambda+1)(2\lambda+3)^2(2\lambda+5)}}\, c_{\lambda+2} + \frac{1}{2} E' R^2 \sqrt{\frac{(\lambda^2 - m^2)[(\lambda-1)^2 - m^2]}{(2\lambda+1)(2\lambda-1)^2(2\lambda-3)}} \\ &\quad\cdot c_{\lambda-2} + \left\{A + \lambda(\lambda+1) + E' R^2 \frac{\lambda(\lambda+1) - m^2 - \frac{1}{2}}{(2\lambda+3)(2\lambda-1)}\right\} c_\lambda = 0\,. \end{aligned}\right\} \quad (58.32)$$

[1] Von dem Glied $-2/R$ in (58.12) sehen wir ab, da dieses doch durch die Kernabstoßung wieder aufgehoben wird; wir betrachten also E statt E' [vgl. (58.2)].

In erster Näherung kann man alle c_λ streichen, für welche $\lambda \neq l$ ist (l = Azimutalquantenzahl) und erhält damit

$$A = -l(l+1) - E'R^2 \cdot \frac{l(l+1) - m^2 - \frac{1}{2}}{(2l+3)(2l-1)} \tag{58.33}$$

für den Separationsparameter. Für die physikalisch interessanten Kernabstände genügt es, eine einzige Näherung weiterzugehen, d. h. c_{l-2} und c_{l+2} nach (58.32) durch c_l auszudrücken und das Resultat wieder in die Gleichung für c_l einzusetzen; dadurch erhält man A bis zur Ordnung R^6 genau[1].

Etwas komplizierter ist die Differentialgleichung (58.21) zu behandeln, weil das Verhalten der Eigenfunktion an der Stelle $\xi = 1$ (auf der Kernverbindungslinie) prinzipiell verschieden ist, je nachdem, ob R exakt gleich Null oder endlich ist: Mit

$$X = (\xi^2 - 1)^{m/2} f(\xi) \tag{58.34}$$

und

$$\xi = 1 + \frac{x}{R\sqrt{-2E'}},$$

also

$$x = \varepsilon(\xi - 1) R = \varepsilon(r_a + r_b - R), \qquad \varepsilon = \sqrt{-2E'}$$

wie in Ziff. 2, wird aus (58.21) (Strich = Differentiation nach x)

$$\left.\begin{aligned} &(x^2 + 2\varepsilon R x) f'' + 2(m+1)(x + \varepsilon R) f' + \Big[-\frac{1}{4}x^2 + \Big(\frac{2}{\varepsilon} - \frac{1}{2}\varepsilon R\Big)x + 2R \\ &\qquad - \frac{1}{4}\varepsilon^2 R^2 + A + m(m+1)\Big] f = 0 . \end{aligned}\right\} \tag{58.35}$$

Entwickeln wir f in eine Potenzreihe $\sum_\nu a_\nu x^{\mu+\nu}$, so sind die Glieder, die die niedrigsten Potenzen von x enthalten,

$$2\varepsilon R(x f'' + (m+1) f') = 2\varepsilon R a_0 \mu x^{\mu-1}(\mu - 1 + m + 1) + O(x^\mu) . \tag{58.36}$$

Damit (58.36) verschwindet, muß $\mu = 0$ oder $-m$ sein, wobei die zweite Möglichkeit ausscheidet: Die Reihe für f beginnt mit dem absoluten Glied. Wenn dagegen $R = 0$ wird, fallen die beiden Glieder in (58.36) fort, die Glieder niedrigster Ordnung in x sind dann wegen (58.33)

$$x^2 f'' + 2(m+1) x f' - (l(l+1) - m(m+1)) f = 0$$

und die Reihe für f beginnt mit x^{l-m}. Es ist daher nicht möglich, f nach den Eigenfunktionen bei Kernabstand Null zu entwickeln, sondern man muß eine Entwicklung nach den Eigenfunktionen bei $R = \infty$

$$\psi_{\nu m} = e^{-\frac{1}{2}x} L^m_{\nu+m}(x) \tag{58.37}$$

benutzen:

$$f = \sum_\nu c_{\nu m} \psi_{\nu m} . \tag{58.38}$$

Unter Heranziehung der Differentialgleichung und anderer Eigenschaften dieser parabolischen Eigenfunktionen erhält HYLLERAAS die Rekursionsformel:

$$\left.\begin{aligned} &\Big[(2\nu + m + 1)\Big(\frac{1}{\varepsilon} - \nu - m - 1 - \varepsilon R\Big) + 2R - \frac{1}{4}\varepsilon^2 R^2 - A + (\nu+1)(m+1)\Big] c_\nu \\ &\quad - (\nu + m + 1)\Big(\frac{1}{\varepsilon} - \nu + m\Big) c_{\nu+1} - \nu\Big(\frac{1}{\varepsilon} - \nu - m\Big) c_{\nu-1} = 0 . \end{aligned}\right\} \tag{58.39}$$

Hieraus bestimmen sich die c_ν; das größte c_ν ist, mindestens für große R, $c_{n_1} = c_{n_r} = c_{n-l-1}$.

Zur numerischen Bestimmung der Eigenwerte geht man am einfachsten so vor, daß man aus dem Gleichungssystem (58.32) den Separationsparameter als Funktion von $E'R^2$ bestimmt. Mit diesem Wert von A geht man in (58.39) ein und bestimmt aus dem Verschwinden der Determinante dieses Gleichungssystems R als Funktion von $E'R^2$ und damit die Energie E' als Funktion von R.

Abb. 54 gibt die Elektronenenergie E', Abb. 55 die Totalenergie[2]

$$E = E' + 1/R$$

[1] Vgl. E. A. HYLLERAAS, l. c. S. 745.

[2] Beide Figuren nach E. TELLER, l. c. Die von TELLER angewandte Rechenmethode ist von der hier angegebenen Methode von HYLLERAAS etwas verschieden.

als Funktion des Kernabstands R für die tiefsten Zustände des H_2^+. Für die Diskussion sei auf das Ende von Abschnitt c verwiesen. Die Gleichgewichtslagen und Dissoziationsenergien der „stabilen" Zustände sind[1]:

Tabelle 36. Stabile Zustände des H_2^+.

Zustand	Kernabstand		Energie E (Rydberg)	Dissoziationsarbeit Volt
	atom. E.	Ångström		
$1s\sigma$	2,00	1,06	−1,20537	2,781
$3d\sigma$	11,5	6,0	−0,350	1,35
$2p\pi$	8	4	−0,265	0,20

Weitere stabile Zustände sind vermutlich $5g\sigma$ und $4f\pi$. Die angeregten Zustände sind bisher nicht beobachtet und vermutlich auch infolge ihres großen Kernabstands schwer beobachtbar[2].

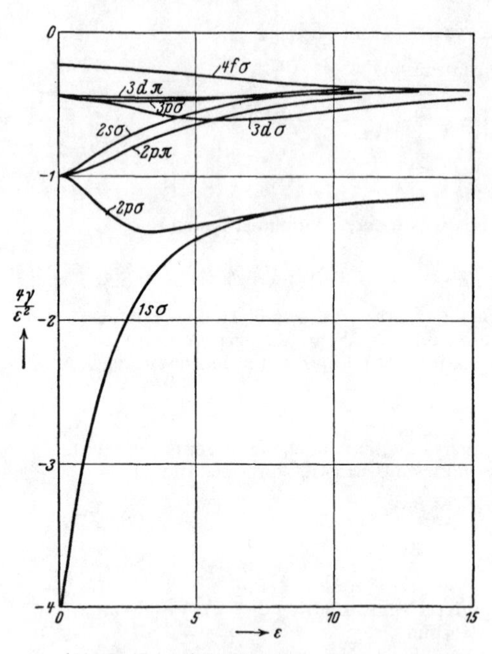

Abb. 54. Theoretische Energie des Elektrons des H_2^+ als Funktion des Kernabstands. (Nach TELLER.) (Energie in Rydberg, Kernabstand in Wasserstoffradien.)

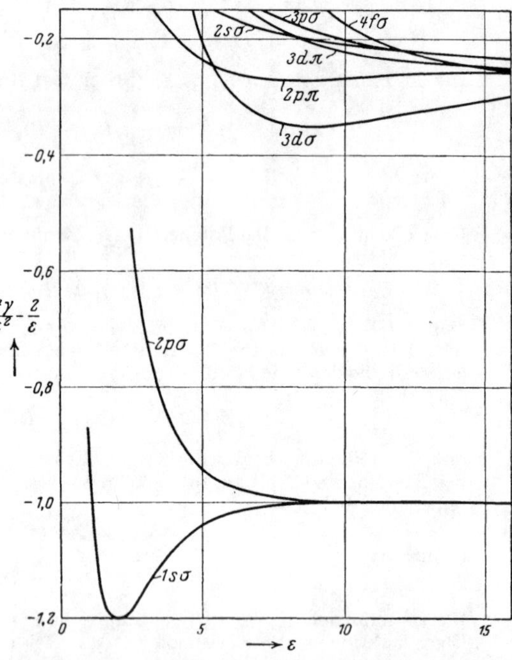

Abb. 55. Theoretische Gesamtenergie (einschließlich Abstoßung der Kerne) der Quantenzustände des H_2^+ als Funktion des Kernabstandes. (Nach TELLER.)

Das größte Interesse beansprucht natürlich der *Grundzustand*, insbesondere deshalb, weil die Ionisierungsspannung des Wasserstoffmoleküls gleich der Differenz der Grundterme von H_2 und H_2^+ ist. Die wirkliche Energie des Grundterms von H_2^+ ist allerdings noch nicht durch das Minimum von E bestimmt, vielmehr muß noch die Energie der *Kernschwingung* addiert werden (vgl. Ziff. 57). Für die Kernschwingung spielt $E(R)$ die Rolle der potentiellen Energie; in der Umgebung des Energieminimums $R_0 = 2$ berechnet man

$$E(R) = E(R_0) + \tfrac{1}{2} \cdot 0{,}0976 (R - R_0)^2 + \cdots \text{ at. Einh.} \qquad (58.40)$$

[1] Grundzustand nach HYLLERAAS, die beiden angeregten Zustände nach TELLER.

[2] Da sich bei optischen Übergängen der Kernabstand in erster Näherung nicht ändert (FRANK-CONDONsches Prinzip) und alle Zustände des H_2 sowie der Grundzustand des H_2^+ sehr viel kleinere Kernabstände haben (vgl. E. TELLER, l. c.).

In dieser Näherung führt das Molekül harmonische Schwingungen um die Gleichgewichtslage aus mit der Frequenz

$$\nu_0 = \sqrt{\frac{2m}{M} \frac{d^2E}{dR^2}} \text{ at. Einh.} = 0{,}0206\, Ry = 2240\ \text{cm}^{-1} \tag{58.41}$$

(M = Masse des Protons, m = Elektronenmasse). Die Energie der Kernschwingung wird daher

$$W - E(R_0) = 0{,}0206(v + \tfrac{1}{2}) \text{ Rydberg}, \tag{58.42}$$

wobei v die Schwingungsquantenzahl ist. Wenn man nach einer Methode von Morse[1] die genauere Form der Potentialkurve berücksichtigt (Abweichung der Oszillation von der Harmonizität), bekommt man[2]

$$W(v) = -1{,}2054 + 0{,}0206(v + \tfrac{1}{2}) - 0{,}00051(v + \tfrac{1}{2})^2, \tag{58.43}$$

während Birge[3] aus experimentellen Daten findet

$$W(v) - E(R_0) = 0{,}0210(v + \tfrac{1}{2}) - 0{,}00055(v + \tfrac{1}{2})^2$$

in vorzüglicher Übereinstimmung mit (58.43).

Für den tiefsten Schwingungszustand $v = 0$ erhält man speziell

$$W(0) = -1{,}1951 \pm 0{,}0003\, Ry = -16{,}182 \pm 0{,}004 \text{ Volt}. \tag{58.44}$$

e) Berechnung des Grundterms nach der Variationsmethode. Wir möchten die Betrachtungen über das Wasserstoffmolekülion nicht abschließen, ohne eine Berechnung des Grundterms nach dem Variationsverfahren[4] zu erwähnen.

Wir setzen für die Eigenfunktion des Grundterms an

$$u = e^{-Zr_a} + e^{-Zr_b}, \tag{58.45}$$

d. h. wir nehmen die Eigenfunktion bei großen Kernabständen (58.13) und variieren nur die Kernladung Z. Dann ist (vgl. Ziff. 17)

$$E = \frac{\int u\left(-\frac{1}{2}\Delta + \frac{1}{R} - \frac{1}{r_a} - \frac{1}{r_b}\right) u\, d\tau}{\int u^2\, d\tau}$$

als Funktion von Z und R zum Minimum zu machen. Man findet $R = 2{,}0a$, die „effektive Kernladung" Z hat den Wert 1,228, die Energie ist $E_{\min} = -1{,}166\, Ry$. Die Übereinstimmung mit dem exakten Wert ($R = 2{,}0$, $E = -1{,}205$) ist befriedigend.

59. Das Wasserstoffmolekül im Grundzustand[5]. Das Wasserstoffmolekül geht bei Auseinanderführen der Kerne in zwei Wasserstoffatome, bei Zusammenrücken der Kerne in ein Heliumatom über. Genau wie das letztere kann auch das H_2 nicht durch strenge Lösung der Differentialgleichung gelöst werden, da diese nicht separierbar ist, man ist auf Näherungsmethoden angewiesen. Von vornherein bieten sich zwei Verfahren:

1. Man geht aus von zwei neutralen Atomen und betrachtet die Wechselwirkung der Atome als Störung (London-Heitlersches Verfahren). Diese Näherung wird insbesondere für große Abstände der Kerne gute Ergebnisse liefern.

---

[1] Ph. M. Morse, Phys. Rev. Bd. 34, S. 57. 1929.

[2] E. Hylleraas, l. c. S. 751.

[3] R. T. Birge, Proc. Nat. Acad. Amer. Bd. 14, S. 12. 1928.

[4] Siehe B. N. Finkelstein u. G. E. Horowitz, ZS. f. Phys. Bd. 48, S. 118. 1928.

[5] W. Heitler u. F. London, ZS. f. Phys. Bd. 44, S. 455. 1927; Y. Sugiura, ebenda Bd. 45, S. 484. 1927; S. C. Wang, Phys. Rev. Bd. 31, S. 579. 1928; E. Hylleraas, ZS. f. Phys. Bd. 71, S. 739. 1931.

2. Man geht aus von den Eigenfunktionen des Wasserstoffmolekülions (Zweizentrenproblems) und betrachtet die Wechselwirkung der beiden Elektronen als Störung. Diese Methode gibt für den Grundzustand schlechte Resultate, ist dagegen gut brauchbar, wenn ein Elektron angeregt ist. Sie entspricht der BLOCHschen[1] Methode zur Behandlung der Metalle.

a) Die LONDON-HEITLERsche Theorie. Die Differentialgleichung des Wasserstoffmoleküls lautet

$$2HU = \Delta_1 U + \Delta_2 U + 2\left(E - \frac{1}{R} + \frac{1}{r_{a1}} + \frac{1}{r_{a2}} + \frac{1}{r_{b1}} + \frac{1}{r_{b2}} - \frac{1}{r_{12}}\right) U = 0\,. \quad (59.1)$$

1 und 2 numeriert die Elektronen, a und b die Kerne, r_{12} = Abstand der Elektronen voneinander. Für unendlichen Kernabstand R erhält man zwei Wasserstoffatome, und zwar kann entweder das Elektron 1 beim Kern a sein, Elektron 2 beim Kern b:

$$U_1 = u_a(1)\, u_b(2) = e^{-r_{a1} - r_{b2}} \cdot \left(\frac{2}{\sqrt{4\pi}}\right)^2, \quad (59.2)$$

oder umgekehrt

$$U_2 = u_b(1)\, u_a(2) = e^{-r_{b1} - r_{a2}} \cdot \left(\frac{2}{\sqrt{4\pi}}\right)^2. \quad (59.3)$$

Beide Eigenfunktionen gehören zur gleichen Energie

$$E_0 = -2Ry = -1 \text{ at. Einh.} \quad (59.4)$$

Die richtigen Eigenfunktionen nullter Näherung sind

$$U_s = \frac{1}{\sqrt{2(1+S^2)}}(U_1 + U_2)\,, \qquad U_a = \frac{1}{\sqrt{2(1-S^2)}}(U_1 - U_2)\,, \quad (59.5)$$

da jede Eigenfunktion des H_2 (genau wie beim Helium) wegen der Symmetrie des Potentials symmetrisch oder antisymmetrisch in den Elektronen sein muß. U_s entspricht natürlich einem Singlettzustand, U_a einem Triplettzustand. Der Nenner $\sqrt{2(1 \pm S^2)}$ steht zur Normierung,

$$S^2 = \int U_1 U_2\, d\tau\,, \qquad S = \frac{1}{\pi}\int e^{-r_{a1} - r_{b1}}\, d\tau_1 = \left(1 + R + \frac{1}{3}R^2\right) e^{-R} \quad (59.6)$$

hat denselben Wert wie beim Grundzustand des H_2^+ [vgl. (58.15)][2].

Mit Berücksichtigung der für u_a, u_b gültigen Differentialgleichungen

$$\Delta_1 u_a(1) + \left(E_0 + \frac{2}{r_{a1}}\right) u_a(1) = 0 \text{ usw.}$$

wird [vgl. (59.1)]

$$HU = \left(E - E_0 - \frac{1}{R} - \frac{1}{r_{12}}\right) U + \left(\frac{1}{r_{a2}} + \frac{1}{r_{b1}}\right) U_1 \pm \left(\frac{1}{r_{a1}} + \frac{1}{r_{b2}}\right) U_2\,, \quad (59.7)$$

wobei die Vorzeichen $\pm$ sich auf die Eigenfunktionen U_s, U_a (59.5) beziehen. Da der Ansatz (59.5) nur näherungsweise gilt, kann man durch ihn nicht die Differentialgleichung $HU = 0$ exakt befriedigen. Man muß aber fordern, daß HU orthogonal ist auf den ungestörten Eigenfunktionen U_1 und U_2, die zum ungestörten Eigenwert E_0 gehören. Aus dieser Forderung ergibt sich der Eigenwert erster Näherung

$$E_1 = E_0 + \frac{A \pm B}{1 \pm S^2} = E_0 + A \pm \frac{B - AS^2}{1 \pm S^2}\,. \quad (59.8)$$

---

[1] F. BLOCH, ZS. f. Phys. Bd. 55, S. 655. 1928.

[2] Unser S^2 ist bei LONDON und HEITLER, SUGIURA usw. mit S bezeichnet. Unsere Bezeichnungsweise vermeidet das Auftreten von Wurzeln.

Dabei ist

$$A = \int u_a^2(1)\, u_b^2(2) \left(\frac{1}{R} - \frac{1}{r_{a2}} - \frac{1}{r_{b1}} + \frac{1}{r_{12}}\right) d\tau_1 d\tau_2 \qquad (59.9)$$

die COULOMBsche Wechselwirkung der Kerne und der Ladungswolken der beiden Atome miteinander und

$$B = \int u_a(1)\, u_b(1)\, u_a(2)\, u_b(2) \left(\frac{1}{R} - \frac{1}{r_{a2}} - \frac{1}{r_{b1}} + \frac{1}{r_{12}}\right) d\tau_1 d\tau_2 \qquad (59.10)$$

die Wahrscheinlichkeit eines Austauschs, bei dem das Elektron 1 vom Kern a zum Kern b übergeht und das Elektron 2 den umgekehrten Sprung macht.

Die Auswertung des Coulombintegrals A ist auf elementarem Wege möglich und ergibt

$$A(R) = e^{-2R}\left(\frac{1}{R} + \frac{5}{8} - \frac{3}{4} R - \frac{1}{6} R^2\right). \qquad (59.11)$$

Im Austauschintegral B ist die Berechnung der ersten drei Glieder ebenfalls sehr einfach, während das vierte Glied einige Schwierigkeiten macht, es ist von SUGIURA (l. c.) berechnet worden. Man erhält

$$\left.\begin{aligned} B(R) = {} & \frac{1}{R} S^2 - 2\left(1 + 2R + \frac{4}{3} R^2 + \frac{1}{3} R^3\right) e^{-2R} - \frac{1}{5} e^{-2R}\left(-\frac{25}{8} + \frac{23}{4} R + 3R^2 + \frac{1}{3} R^3\right) \\ & + \frac{6}{5R}\left[S^2(C + \lg R) + S'^2 Ei(-4R) - 2SS' Ei(-2R)\right], \end{aligned}\right\} \qquad (59.12)$$

$$C = \text{EULERsche Konstante} = 0{,}57722, \quad S' = e^R\left(1 - R + \tfrac{1}{3} R^2\right),$$

$$Ei(-x) = \text{Integrallogarithmus} = \int_{\infty}^{-x} \frac{e^{-\xi}}{\xi}\, d\xi.$$

Das Coulombintegral A allein gibt bei großen und mittleren Kernabständen Anziehung ($A < 0$), welche dann bei kleinen Abständen in Abstoßung übergeht (wegen der Protonenabstoßung $1/R$). Das Austauschglied B ist im allgemeinen negativ und überwiegt das (positive) Glied $-AS^2$ in (59.8). Der symmetrische Zustand U_s liegt daher *tiefer* als der antisymmetrische.

Abb. 56, unterste Kurve, zeigt die Abhängigkeit der Energie vom Kernabstand für den Singlettzustand: Das Potentialminimum liegt nach den Formeln (59.11), (59.12) bei einem Kernabstand $R = 1{,}5\, a = 0{,}79$ Å und entspricht einer Energie von $E = -2{,}24$ Rydberg. Das Potentialminimum liegt also um den Betrag

$$D = E_0 - E = 0{,}24\, Ry = 3{,}2 \text{ Volt} \qquad (59.13)$$

tiefer als die Energie der freien Atome, E_0. Dies stimmt noch nicht sehr gut mit der beobachteten Dissoziationsarbeit des Wasserstoffmoleküls[1]

$$D = 4{,}6 \text{ bis } 4{,}7 \text{ Volt}$$

überein, doch muß man bedenken, daß in derselben (ersten) Näherung für die Ionisierungsspannung des Heliums $4 - \frac{5}{2} Ry = 1{,}5\, Ry$ herauskommt, d. h. $0{,}31\, Ry = 4{,}2$ Volt weniger als die beobachtete Ionisierungsspannung.

Der Triplettzustand führt nicht zu Molekülbildung: Die Energie des Moleküls steigt bei Verkleinerung des Atomabstands R ununterbrochen, die beiden Atome

[1] Beobachtet ist 4,34 bis 4,42 Volt, doch gibt diese Zahl die Energiedifferenz zwischen dem untersten Schwingungszustand $v = 0$ und der Energie getrennter Atome. Die hier berechnete Energie der reinen Elektronenbewegung liegt um die Schwingungsenergie des untersten Schwingungsniveaus = ca. 0,26 Volt (vgl. Abschn. c) tiefer als der unterste Schwingungszustand.

stoßen sich ab. Wenn man also zwei Wasserstoffatome mit beliebig gerichtetem Spin einander nähert, so vereinigen sie sich nur in ein Viertel aller Fälle zu einem Molekül, während sie sich in drei Viertel der Fälle abstoßen (statistisches Gewicht des Triplettzustands 3, des Singlettzustands 1). Die Abstoßung im Triplettfall kommt dadurch zustande, daß der Austauschterm (halber Abstand der Energiekurven für Singlett- und Triplettzustand) viel größer ist als die COULOMBsche Energie (Mittelwert von Singlett- und Tripletterm).

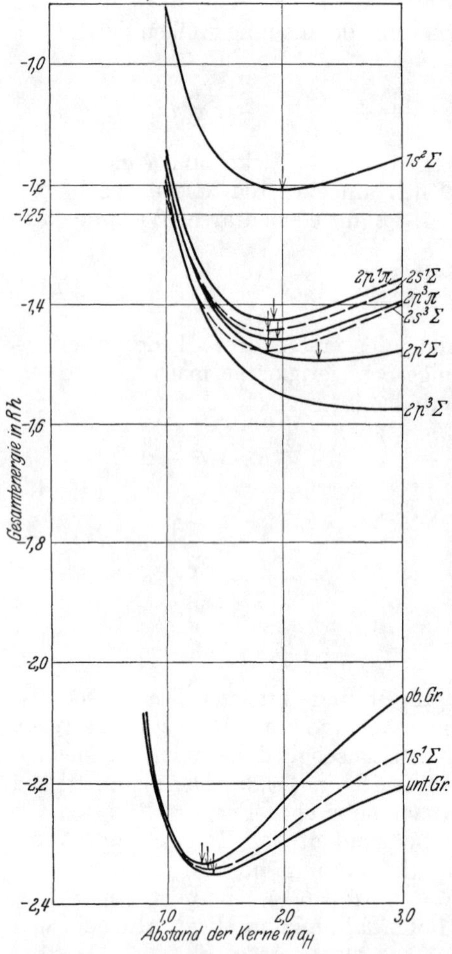

Abb. 56. Theoretische Energie der Quantenzustände des Wasserstoffmoleküls als Funktion des Kernabstandes. (Nach HYLLERAAS.) Für den Grundzustand sind die nach der „Variationsmethode" und nach der „Separationsmethode" berechneten Kurven getrennt gezeichnet (Kurven „ob. Gr." und „unt. Gr.") (vgl. Ziff. 59d).

b) Verbesserungen der LONDON-HEITLERschen Rechnung. Eine wesentliche Verbesserung des HEITLER-LONDONschen Wertes für die Dissoziationsarbeit erzielte WANG nach dem Variationsverfahren. Er verbesserte den LONDON-HEITLERschen Ansatz für die Eigenfunktion einfach dadurch, daß er eine noch willkürliche „effektive Kernladung" Z einführte:

$$\left.\begin{aligned} U' = U_1' + U_2' &= c\left(e^{-Z(r_{a1}+r_{b2})} \pm e^{-Z(r_{b1}+r_{a2})}\right) \\ &= u_a'(1)\, u_b'(2) \pm u_b'(1)\, u_a'(2) \end{aligned}\right\} \quad (59.14)$$

und diese Kernladung so bestimmte, daß er die Energie bei festgehaltenem Kernabstand als Funktion von Z zum Minimum machte (c eine Normierungskonstante). Da der gleiche Ansatz beim Heliumatom (erste Näherung, Ziff. 17b) und beim H_2^+ (Ziff. 58e) zu einem recht guten Eigenwert führte, werden wir dasselbe auch hier erwarten.

Bei der expliziten Rechnung besteht die einzige Änderung gegenüber der LONDON-HEITLERschen Methode darin, daß u_a', u_b' nicht mehr die Differentialgleichungen für das H-Atom erfüllen, sondern

$$\Delta_1 u_a'(1) + 2\left(-\frac{1}{2} Z^2 + \frac{Z}{r_{a1}}\right) u_a'(1) = 0 \quad \text{usw.},$$

so daß

$$\left.\begin{aligned} HU' = \left(E + Z^2 - \frac{1}{R} - \frac{1}{r_{12}}\right) U' - (Z-1)\left[\left(\frac{1}{r_{a1}} + \frac{1}{r_{b2}}\right) U_1' \pm \left(\frac{1}{r_{a2}} + \frac{1}{r_{b1}}\right) U_2'\right] \\ + \left(\frac{1}{r_{a2}} + \frac{1}{r_{b1}}\right) U_1' \pm \left(\frac{1}{r_{b1}} + \frac{1}{r_{a2}}\right) U_2' \end{aligned}\right\} \quad (59.15)$$

wird. Man kommt im wesentlichen auf die LONDON-HEITLERschen Integrale zurück, indem man beachtet, daß

$$u'(r_{a1}) = u(Z r_{a1})$$

ist und indem man entsprechend statt R, r_{a1} usw. die Koordinaten $R' = ZR$, $r'_{a1} = Z r_{a1}$ usw. einführt. Dann wird aus (59.15)

$$E_1 = Z^2\left(-1 + \frac{\alpha \pm \beta}{1 \pm S^2}\right) + Z\left[A - \alpha \pm \frac{B - \beta - (A - \alpha) S^2}{1 \pm S^2}\right], \quad (59.16)$$

wobei

$$\left.\begin{aligned} \alpha &= 2\int \frac{1}{r_{a1}} u_a^2(1)\, u_b^2(2)\, d\tau = 2, \quad [\text{nach } (3.24)], \\ \beta(R) &= 2\int \frac{1}{r_{a2}} u_a(1)\, u_b(1)\, u_a(2)\, u_b(2)\, d\tau = 2e^{-R}(1+R)\, S \quad [\text{vgl. } (58.18)] \end{aligned}\right\} \tag{59.17}$$

ist und als Argument in den Funktionen A, B, S, β nach dem oben Gesagten RZ anstatt R zu nehmen ist. Das Minimum von (59.16) mit Bezug auf Z läßt sich sofort hinschreiben; setzen wir

$$E = \tfrac{1}{2} a Z^2 - b Z,$$

so erhält man für das Energieminimum

$$E = -\frac{b^2}{2a}, \quad (59.18) \qquad Z = \frac{b}{a}. \quad (59.19)$$

Indem man a und b aus (59.16) entnimmt, ergibt sich nach (59.18) die Energie E als Funktion von RZ, woraus man mit Hilfe von (59.19) in gewünschter Weise E als Funktion von R erhält.

Das Minimum von $E(R)$ liegt bei

$$E = -2{,}278\, Ry, \qquad R = 1{,}406\, a = 0{,}742\,\text{Å}, \tag{59.20}$$

während die experimentellen Werte sind

$$E = -2{,}345\, Ry, \qquad R = 1{,}418\, a = 0{,}748\,\text{Å}.$$

Die Übereinstimmung bezüglich des Kernabstands ist vorzüglich, aber wohl bis zu einem gewissen Grade Zufall (vgl. unten die Rechnungen von HYLLERAAS). Der Eigenwert stimmt zwar erheblich besser als der von LONDON-HEITLER und SUGIURA, $-2{,}24$, ist aber immer noch um $0{,}067\, Ry = 0{,}90$ Volt vom experimentellen Wert entfernt[1].

Die effektive Kernladung, welche die Ausdehnung der Elektronenwolke und dadurch die diamagnetische Suszeptibilität[2] wesentlich bestimmt, wird im Gleichgewichtsabstand

$$Z = 1{,}166.$$

Die Elektronenwolke wird also verglichen mit dem Wasserstoffatom etwas zusammengezogen. Läßt man den Kernabstand von $R = \infty$ bis $R = 0$ (Heliumatom) abnehmen, so nimmt $Z(R)$ von 1 bis $27/16 = 1{,}688$ [vgl. (17.18)] zu.

Endlich wird die Grundfrequenz für die Kernschwingung (Abstand aufeinanderfolgender Schwingungsniveaus) bei WANG 4900 cm^{-1} (beob. 4400 cm^{-1}).

Ein anderes Verfahren zur Verbesserung der numerischen Übereinstimmung haben LONDON und EISENSCHITZ[3] angewandt: Sie berechnen die *zweite* Näherung der SCHRÖDINGERschen Störungsenergie, ausgehend von den Eigenfunktionen (59.5). Doch ist die Methode mehr auf die Darstellung der van der Waals-Kräfte (Wechselwirkungsenergie bei großen Kernabständen) und ihres Übergangs in die homöopolaren Bindungskräfte zugeschnitten als auf eine genaue Darstellung der letzteren. Dementsprechend erhalten LONDON und EISENSCHITZ ein sehr schlechtes Resultat: Die Störungsenergie 2. Näherung beträgt ca. -9 Volt, die Dissoziationsarbeit also 12 Volt (anstatt 4,6 beobachtet).

c) Mitberücksichtigung der polaren Zustände. Verhältnis zur „BLOCHschen Methode". Wir wollen das Wasserstoffmolekül nunmehr in der Weise aufbauen, daß wir von den Eigenfunktionen des H_2^+ ausgehen und

---

[1] Beim Helium beträgt die Differenz in der entsprechenden Näherung 0,112 Ry = 1,50 Volt. Dem Absolutbetrag nach ist also der Erfolg beim Wasserstoffmolekül besser. Relativ zur Dissoziationsarbeit von 4,6 Volt macht aber der WANGsche Fehler noch 20% aus, während der Fehler der Heliumrechnung nur 6% der Ionisierungsspannung von 24,5 Volt beträgt.

[2] Vgl. Ziff. 29 dieses Artikels und insbesondere S. C. WANG, Proc. Nat. Acad. Amer. Bd. 13, S. 798. 1927; J. H. VAN VLECK u. A. FRANK, ebenda Bd. 15, S. 539. 1929.

[3] F. LONDON u. R. EISENSCHITZ, ZS. f. Phys. Bd. 60, S. 491. 1930.

die Elektronenwechselwirkung als Störung betrachten. Der tiefste Zustand des H_2 wird dann dadurch gegeben sein, daß sich beide Elektronen im tiefsten Zustand ($1s\sigma$) des H_2^+ befinden und entgegengesetzten Spin haben:

$$U = u_{1s\sigma}(1)\, u_{1s\sigma}(2)\,. \tag{59.21}$$

Wir wollen uns nun darauf beschränken, für die Eigenfunktion des H_2^+ den bei großem Kernabstand gültigen Ansatz (58.13) zu machen:

$$u_{1s\sigma} = \frac{1}{\sqrt{2(1+S)}}\left(e^{-r_{a1}} + e^{-r_{b1}}\right) = \frac{1}{\sqrt{2(1+S)}}\left(u_a(1) + u_b(1)\right). \tag{59.22}$$

Dieser Ansatz bezweckt, daß unsere Resultate vergleichbar werden sollen mit denen der LONDON-HEITLERschen Theorie, welche ja die Eigenfunktion des H_2 durch die ungestörten Eigenfunktionen der freien *H-Atome* ausdrückt. Setzen wir (59.22) in (59.21) ein, so erhalten wir

$$U = \frac{1}{2(1+S)}\left[u_a(1)\, u_b(2) + u_b(1)\, u_a(2) + u_a(1)\, u_a(2) + u_b(1)\, u_b(2)\right]. \tag{59.23}$$

Wir können (59.23) zweckmäßig zerlegen in zwei Bestandteile

$$U_{1s,1s} = {}^1U_{gn} + {}^1U_{gi}\,, \tag{59.24}$$

wobei (unter Außerachtlassung der Normierung)

$$\left.\begin{aligned} {}^1U_{gn} &= u_a(1)\, u_b(2) + u_b(1)\, u_a(2)\,, \\ {}^1U_{gi} &= u_a(1)\, u_a(2) + u_b(1)\, u_b(2)\,. \end{aligned}\right\} \tag{59.25}$$

${}^1U_{gn}$ ist (bis auf die Normierung) genau die LONDON-HEITLERsche Eigenfunktion U_s [vgl. (59.2), (59.3), (59.5)]: Sie entspricht einem *Singlett*zustand des Moleküls (Index 1 oben links), ist *gerade* bezüglich Spiegelung an der Mittelebene der Kerne (Index g) und geht bei Auseinanderführen der Kerne in zwei *neutrale* Wasserstoffatome über (Index n = neutral). Die andere Eigenfunktion ${}^1U_{gi}$ hat die gleichen Symmetrieeigenschaften, aber es befinden sich stets *beide* Elektronen am *gleichen* Kern: Bei Vergrößerung des Kernabstandes entstehen daher ein positives und ein negatives Wasserstoffion (i = Ionenlösung).

Die Energie, welche zur Ionenlösung ${}^1U_{gi}$ gehört, liegt bei unendlichem Kernabstand natürlich sehr viel höher als die Energie zweier neutraler Atome, nämlich um den Betrag:

Ionisierungsspannung des H — Elektronenaffinität = 13,54 — 0,71 = 12,83 Volt

(vgl. Ziff. 18c). Bei Annäherung der Kerne gewinnt man jedoch die COULOMBsche Wechselwirkungsenergie des positiven und negativen Ions, d. h. eine sehr viel *größere* Energie als beim homöopolaren Molekül, wo nur die Austauschkräfte auftreten. Bei einem so spezifisch homöopolaren Molekül wie H_2 genügt dieser Energiegewinn natürlich nicht, um den großen Arbeitsaufwand bei der Herstellung der Ionen auszugleichen, immerhin liegt aber bei einer Entfernung von $1{,}4a$ (Gleichgewichtsabstand) die Energie des Ionenmoleküls $H^+ - H^-$ nur noch ca. 2 Volt über der des homöopolaren Modells von HEITLER-LONDON.

Der Zustand, der durch die Eigenfunktion (59.24) dargestellt wird, enthält den hetero- und homöopolaren Zustand zu gleichen Teilen: Die Elektronen sind nach (59.24) ebenso häufig beim gleichen Kern wie bei verschiedenen Kernen, wie das nur natürlich ist, da bei der Ableitung von (59.24) die Elektronen einzeln betrachtet und ihre Wechselwirkung vernachlässigt wurde. Auch energetisch nimmt der „BLOCHsche" Zustand (59.24) eine Mittelstellung zwischen homöo- und heteropolarem Eigenwert ein und ist daher für die Berechnung des Eigenwerts ungeeignet. Bei Variation der Kernladung Z (wie in Abschnitt b) liegt das Energieminimum bei $-2{,}255\ Ry$ statt $-2{,}278$ bei WANG.

Doch können wir trotzdem aus unseren Betrachtungen Nutzen ziehen für eine Verbesserung des Eigenwerts des H_2-Grundterms: Genau so gut wie (59.24) können wir nämlich jede andere Linearkombination der Eigenfunktionen ${}^1U_{gn}$ und ${}^1U_{gi}$ als Eigenfunktion benutzen, wir können z. B. von der Eigenfunktion

$$U = \sqrt{1-\alpha^2}\,{}^1U_{gn} + \alpha\cdot{}^1U_{gi} \tag{59.26}$$

mit noch willkürlichem α ausgehen und diesen Parameter so bestimmen, daß die Energie des H_2 möglichst klein wird. Tut man das und variiert man gleichzeitig die effektive Kernladung Z, so erhält man eine Verbesserung des WANGschen Eigenwerts um 0,016 Rydberg, die Konstanten des Moleküls werden

$$E = -2{,}294\ Ry, \quad R_0 = 1{,}424\,a, \quad Z = 1{,}192, \quad \alpha^2 = 0{,}37, \quad \nu = 4240\ \mathrm{cm}^{-1}.$$

α^2 gibt dabei die Wahrscheinlichkeit an, daß sich im Laufe der Zeit beide Elektronen in der Nähe des gleichen Kerns aufhalten; sie ist, wie man sieht, überraschend groß[1].

Kehren wir zum Standpunkt der „BLOCHschen Theorie", d. h. des Aufbaus von H_2 aus H_2^+-Eigenfunktionen, zurück, so ist die HEITLER-LONDONsche Eigenfunktion nicht als einheitlicher Zustand aufzufassen, sondern als Linearkombination des Zustandes (59.24) mit dem Zustand

$$U_{2p\sigma,\,2p\sigma} = [u_a(1) - u_b(1)]\cdot[u_a(2) - u_b(2)] = {}^1U_{gi}(1) - {}^1U_{gn}(2),$$

der dadurch charakterisiert ist, daß sich beide Elektronen im ersten angeregten Zustand $2p\sigma$ des H_2^+ befinden[2]. Die Eigenfunktion des Wasserstoffgrundzustands enthält also etwa zu gleichen Teilen die Elektronenkonfigurationen $(1s\sigma)^2$ und $(2p\sigma)^2$, weil die Wechselwirkungsenergie der beiden Elektronen groß oder mindestens vergleichbar ist mit dem Abstand der ungestörten Terme $1s\sigma$ und $2p\sigma$ (vgl. jedoch den Abschn. d).

Setzt man je ein Elektron in die Quantenzustände $1s\sigma$ und $2p\sigma$ des H_2^+ (Elektronenkonfiguration $1s\sigma\,2p\sigma$), so erhält man einen Triplett- und einen Singletterm, welche beide ungerade bezüglich Spiegelung an der Mittelebene der Kerne sind.

Setzen wir für die Eigenfunktionen der H_2^+-Zustände $1s\sigma$ und $2p\sigma$ wieder die Näherungsfunktionen (58.13), so wird

$$\left.\begin{aligned} {}^3U_u &= [u_a(1) - u_b(1)][u_a(2) + u_b(2)] - [u_a(1) + u_b(1)][u_a(2) - u_b(2)] \\ &= u_a(1)\,u_b(2) - u_b(1)\,u_a(2), \\ {}^1U_u &= u_a(1)\,u_a(2) - u_b(1)\,u_b(2). \end{aligned}\right\} \tag{59.27}$$

Die Tripletteigenfunktion ist genau die antisymmetrische Eigenfunktion (59.5) von HEITLER und LONDON, der entsprechende Eigenwert hat, als Funktion von R betrachtet, kein Minimum; der Singletterm ist der sog. B-Term des H_2 und ergibt sich mit Hilfe der Eigenfunktion ${}^1U_u$ zu $E = -0{,}352\ Ry$, was angesichts des sehr rohen Ansatzes nicht allzu schlecht mit dem beobachteten Wert $E = -0{,}499\ Ry$ übereinstimmt (vgl. Ziff. 60b).

d) Theorie von HYLLERAAS. Die zur Zeit beste Berechnung des H_2-Grundterms stammt von HYLLERAAS.

---

[1] Natürlich kann man bei endlichen R der Aussage, „das Elektron ist beim Kern a", keinen exakten Sinn mehr geben.

[2] Der Zustand $2p\sigma$ des H_2^+ hat zwar kein Energieminimum, doch kann ein solches Minimum nachträglich durch die Wechselwirkung mit dem anderen Elektron hervorgerufen werden (vgl. Ziff. 60).

Er bemerkt zunächst, daß das Variationsverfahren, wenn man den WANGschen Ansatz (59.14) für die Eigenfunktion macht, beim Kernabstand $R = 0$ (Heliumatom) statt des richtigen Eigenwerts $-5,8072\ Ry$ die Energie $E' = -5,6853$ [vgl. (17.17)] liefert[1], für den Kernabstand $R = \infty$ dagegen (zwei neutrale Wasserstoffatome) natürlich den richtigen Energiewert $E = -2\ Ry$. Das Verhältnis exakte Elektronenenergie durch Näherungswert fällt danach beim Übergang von $R = 0$ bis ∞ von $\frac{E_{\text{exakt}}}{E_{\text{var}}} = \frac{5,8072}{5,6953} = 1,0196$ auf $1,0000$. Es ist vernünftig, anzunehmen, daß die Änderung monoton geschieht. Dann erhält man durch Multiplikation des WANGschen Eigenwerts mit 1,0196 stets einen *zu niedrigen* Wert für die Energie der Elektronenhülle des H_2. Für $R = 1,40$ berechnet sich z. B. der untere Grenzwert der Gesamtenergie (inkl. Protonenabstoßung) zu

$$E_{\min} = E'_{\text{Wang}} \cdot 1,0197 + 2/R = E_{\text{Wang}} \cdot 1,0197 - 0,0394/R = -2,3507\ Ry,$$

was in der Tat tiefer liegt als der beobachtete Wert ($-2,34$ bis $-2,345\ Ry$) und übrigens diesem sehr nahekommt, im Gegensatz zum unkorrigierten Wert von WANG. Das Verhältnis $E_{\text{exakt}}/E_{\text{var}}$ ändert sich demnach bei kleinen R nur ziemlich wenig.

Zur Konstruktion einer oberen Grenze für den Eigenwert, welche besser ist als die durch das unkorrigierte Variationsverfahren gegebene, greift HYLLERAAS zurück auf die Eigenfunktionen des H_2^+. Man muß dabei natürlich wie bei He (Ziff. 12 bis 17) in der ungestörten Eigenfunktion der einzelnen Elektronen bereits die abschirmende Wirkung des einen Elektrons auf das andere berücksichtigen. Das kann entweder geschehen, indem man die Eigenfunktion $1s\sigma$ des H_2^+ im Felde von zwei Kernen mit der Ladung $Z \neq 1$ bestimmt und Z nachher so variiert, daß die Energie des H_2-Grundterms möglichst klein wird[2] (vgl. die erste Näherung Ziff. 17). Oder man kann die beiden Elektronen *un*symmetrisch behandeln und annehmen, daß auf das eine das volle Kernpotential $\frac{1}{r_{a1}} + \frac{1}{r_{b1}}$ wirkt, auf das andere dagegen nur das halbe Kernpotential $\frac{1}{2}\frac{1}{r_{a2}} + \frac{1}{2}\frac{1}{r_{b2}}$. Dann ist das Störungspotential

$$V = \frac{1}{r_{12}} - \frac{1}{2} r_{a2} - \frac{1}{2} r_{b2},$$

und der Mittelwert von V über den Raum verschwindet. Dieser Ansatz entspricht genau dem HEISENBERGschen Ansatz (Ziff. 12) für die angeregten Terme des Heliums: Inneres Elektron im Felde der Kernladung 2, äußeres im Felde der abgeschirmten Kernladung 1. Man wird erwarten dürfen, daß der Ansatz für *angeregte* Terme des H_2 sehr gut ist (vgl. Ziff. 60), dagegen für den Grundterm ziemlich schlecht, weil hier nicht ein „inneres" und ein „äußeres" Elektron unterschieden werden können. Immerhin bekommt HYLLERAAS mit dem beschriebenen Ansatz („Separationsmethode") den Wert $-2,2492\ Ry$ für das Energieminimum bei einem Gleichgewichtsabstand $R_0 = 1,31\,a$. Dieser Wert liegt um $0,03\ Ry = 0,4$ Volt *über* dem Ergebnis von WANG, ist also an sich noch nicht als Abschätzung zu brauchen. Zur Verbesserung schlägt HYLLERAAS den gleichen Weg ein wie bei der Variationsmethode: Für $R = 0$ (He) ergibt die „Separationsmethode" für die reine Elektronenenergie E' den Wert $-5,6817\ Ry$, für $R = \infty$ den Wert $-1,3932\ Ry$. Das Verhältnis exakte Energie durch Näherungswert *wächst* also

$$\text{von } \frac{5,8072}{5,6817} = 1,0221 \text{ bei } R = 0 \text{ auf } \frac{2,0000}{1,3932} = 1,436 \text{ bei } R = \infty.$$

Mit der Annahme, daß das Anwachsen monoton erfolgt, erhält man einen *oberen* Grenzwert für die Energie bei beliebigem Abstand, indem man die nach dem Separationsverfahren berechnete reine Elektronenenergie E' mit 1,0221 multipliziert. Also liegt die Gesamtenergie des Moleküls E zwischen den Grenzen

$$E'_{\text{sep}} \cdot 1,0221 + 2/R = E_{\text{sep}} \cdot 1,0221 - 0,0442/R \text{ (obere Grenze) und}$$

$$E'_{\text{var}} \cdot 1,0196 + 2/R = E_{\text{var}} \cdot 1,0196 - 0,0392/R \text{ (untere Grenze).}$$

---

[1] Die angegebenen Zahlen geben die reine Elektronenenergie mit Ausschluß der Wechselwirkung der Protonen [E', nicht E, vgl. (58.2)].

[2] Dieser Ansatz ist natürlich *nicht* identisch mit dem von WANG, weil der Ausgangspunkt die „BLOCHsche", nicht die LONDON-HEITLERsche Methode ist. Er entspricht der von uns in Abschnitt c durchgeführten Rechnung, geht aber darüber hinaus, indem die *exakten* Eigenfunktionen des H_2^+ benutzt werden, anstatt der Näherungsfunktionen (59.22). Nur für Helium ($R = 0$) werden beide Ansätze identisch, weil dort kein Unterschied mehr zwischen „homöopolarer" und „heteropolarer" Eigenfunktion besteht.

Die Kurven für E als Funktion des Kernabstandes, die sich hieraus ergeben, sind in Abb. 56 (S. 538) dargestellt. (Kurven „ob. Gr." und „unt. Gr.".) Sie schließen für kleine R den Eigenwert zwischen sehr enge Grenzen ein, z. B. ergibt sich für den Gleichgewichtsabstand $R \approx 1{,}35$

$$-2{,}3327\, Ry > E > -2{,}3507\, Ry.$$

Für große Kernabstände ist das Verfahren schlechter, man benutzt dann besser den WANGschen Eigenwert als obere Grenze für die Energie.

Nimmt man jeweils den Mittelwert zwischen den beiden berechneten Grenzwerten als richtigen Eigenwert an, so ergibt sich für die Konstanten des Moleküls:

$$E(R_0) = -2{,}3417 \pm 0{,}0090\, Ry \quad \text{(Energie im Potentialmin.)},$$

$$R_0 = 1{,}35 \pm 0{,}04\, a = 0{,}72 \pm 0{,}02\, \text{Å} \quad \text{(Gleichgewichtsabstand)}.$$

$$\left(\frac{d^2 E}{d R^2}\right)_{R_0} = 0{,}7724, \quad \nu_0 = \sqrt{\frac{2m}{M}\left(\frac{d^2 E}{d R^2}\right)_{R_0}} = 0{,}0390\, Ry = 4290\, \text{cm}^{-1}$$

[Grundfrequenz der Kernschwingung, vgl. (58.41)],

$$E_v = -2{,}3417 + 0{,}0390(v + \tfrac{1}{2}) - 0{,}00111(v + \tfrac{1}{2})^2 \quad \text{Energie des } v\text{ten Schwingungszustandes},$$

$$E_0 = -2{,}3225 \pm 0{,}0090 \quad \text{Energie des untersten Schwingungszustandes},$$

$$D = 0{,}3225 \pm 0{,}0090\, Ry = 4{,}37 \pm 0{,}12 \text{ Volt} \quad \text{Dissoziationsarbeit}.$$

Experimentell ist die Dissoziationsarbeit $4{,}38 \pm 0{,}04$ Volt.

Es ist zu vermuten, daß die untere Grenze für die theoretische Energie, die aus der Variationsmethode gefunden wurde, zuverlässiger ist als die obere Grenze, weil das Verhältnis exakte Energie : Näherungswert bei der Variationsmethode sich langsamer ändert als bei der Separationsmethode. Man wird also die obere Grenze der experimentellen Bestimmungen, 4,42 Volt, vom theoretischen Standpunkt aus als wahrscheinlichsten Wert betrachten[1]. Die Ansicht von der Überlegenheit der Variationsmethode wird auch bestätigt durch den Kernabstand: Aus dem Experiment folgt $R = 1{,}42$, aus der Variationsmethode 1,39, aus der Separationsmethode $R = 1{,}31$. Die Schwingungsfrequenz ist vorzüglich getroffen, experimentell ist die Energie des $v$ten Schwingungszustands

$$E_v = -2{,}3473 + 0{,}0388(v + \tfrac{1}{2}) - 0{,}00104(v + \tfrac{1}{2})^2\, Ry.$$

Obwohl die Methode von HYLLERAAS den früheren Berechnungen des Grundterms von H_2 weit überlegen ist, scheint doch das letzte Wort über den Grundterm des H_2 noch nicht gesprochen: Eine bessere Eigenfunktion als die WANGsche, über die HYLLERAAS nicht hinausgeht, wäre (z. B. für Berechnung der Elektronenstreuung an H_2, des Diamagnetismus, der VAN DER WAALSchen Kräfte usw.) wünschenswert, und auch die Unsicherheit des theoretischen Eigenwerts von $\pm 0{,}12$ Volt erscheint überaus groß verglichen mit der Genauigkeit des Eigenwerts von He und H_2^+ ($\pm 0{,}0001$ Volt!).

60. Die angeregten Zustände des Wasserstoffmoleküls. Die angeregten Zustände des H_2 sind weitgehend analog zu denen des He-Atoms: *Ein* Elektron befindet sich stets im Grundzustand, *eines* ist angeregt[2]. Auf das innere Elektron wirkt praktisch die volle Kernladung, seine Eigenfunktion ist also

[1] Allerdings dürfte bei Wasserstoff das in Ziff. 57 vernachlässigte Glied T (vgl. 57.7) eine merkliche Rolle spielen und die Dissoziationsarbeit etwas herabsetzen.

[2] H_2-Moleküle mit zwei angeregten Elektronen dürften, wie die doppelt angeregten Zustände des Heliums, instabil sein (Augereffekt). Vgl. zum folgenden stets die HEISENBERGsche Methode beim He (Ziff. 13).

fast genau die Eigenfunktion $1s\sigma$ des Wasserstoffmolekülions. Die auf das *äußere* Elektron wirkende Kernladung wird durch das innere abgeschirmt, so daß sich das äußere Elektron in erster Näherung im Felde zweier Kerne mit der Ladung $\frac{1}{2}$ bewegt; seine Eigenfunktion ist eine H_2^+-Eigenfunktion mit halber Kernladung. Den Hauptanteil zur Energie liefert das innere Elektron, der Gleichgewichtsabstand liegt daher stets in der Nähe des Abstands für H_2^+, $R = 2a$.

Die Rechnung läuft ganz ähnlich wie bei Helium. Bei vorgegebenem Quantenzustand des angeregten Elektrons erhält man zwei Eigenfunktionen des Moleküls, von denen eine symmetrisch, eine antisymmetrisch in den räumlichen Koordinaten der Elektronen ist. Die erstere entspricht natürlich einem Singlettzustand, die letztere einem Triplettzustand des Moleküls. Hat das angeregte Elektron die Hauptquantenzahl $n = 2$, so ergeben sich die im folgenden aufgeführten sechs Zustände des Moleküls, welche natürlich die niedrigsten angeregten Zustände des H_2 repräsentieren:

Angeregtes Elektron im Zustand $2s\sigma$; Eigenfunktion beider Elektronen gerade in bezug auf Spiegelung an der Mittelebene der Kerne, dasselbe gilt natürlich für die Eigenfunktion des Gesamtsystems. Termsymbol der entsprechenden Zustände des Moleküls daher $2\,^1\Sigma_g$ bzw. $2\,^3\Sigma_g$. Der $^3\Sigma_g$-Zustand ist der untere Zustand der *Fulcher*banden, der Singlettzustand scheint bisher nicht beobachtet zu sein, obwohl er stabil ist. Theoretische Berechnung von HYLLERAAS nach der gleichen Methode wie für den Grundzustand (vgl. Ziff. 59d). Das ziemlich unsichere Resultat stimmt für den Tripletterm gut mit der Beobachtung (vgl. Tabelle 37). Bei Zusammenführen der Kerne entstehen die Terme $2\,^1S$ und $2\,^3S$ des Heliums, bei Auseinanderführen ein unangeregtes Wasserstoffatom und eines im zweiquantigen Niveau. Da der $2s\sigma$-Term des H_2^+ bei großem Kernabstand hoch liegt (höchste Starkeffektkomponente, vgl. Abb. 52, 54) und das $2S$-Niveau des Heliums tief, liegt das Energieminimum bei relativ *kleinem* Kernabstand (1,85 bzw. 1,87).

Angeregtes Elektron $2p\sigma$. Eigenfunktion ungerade in bezug auf Spiegelung, kein Drehimpuls um die Molekülachse, also Termsymbol des Moleküls $2\,^1\Sigma_u$ bzw. $2\,^3\Sigma_u$. Der Singlettzustand (B-Zustand des Wasserstoffs) hat ein sehr tiefes Potentialminimum bei ziemlich großem Kernabstand $R = 2{,}3$[1]. Letzteres liegt daran, daß der Zustand $2p\sigma$ des H_2^+ bei großem Kernabstand sehr tief liegt (Hauptquantenzahl $n' = 1$). Der Triplettzustand ist der LONDON-HEITLERsche antisymmetrische Zustand: Er hat kein Potentialminimum, weil er bei Auseinanderführen der Kerne in zwei unangeregte Atome übergeht statt in ein unangeregtes und ein zweiquantiges, wie es beim $^1\Sigma_u$-Zustand der Fall ist. Bei $R = 0$ Übergang in die Terme $2\,^1P$, $2\,^3P$ des Heliums. Übereinstimmung der Molekülkonstanten mit der Beobachtung recht gut bei zuverlässiger Rechnung (*ohne* die Korrektur, die beim Grundzustand und bei den Zuständen $2s\sigma\,^{1,3}\Sigma$ gemacht wurde!).

Angeregtes Elektron $2p\pi$, Termsymbole $2\,^1\Pi_g$, $2\,^3\Pi_g$. Gleichgewichtsabstände fast genau gleich dem des H_2^+. Beide Terme sind stabil, ihre Energiewerte stimmen gut mit der Erfahrung. Der Singletterm ist der sog. C-Zustand. Für $R = 0$ fallen die Terme mit den vorgenannten $2p\sigma\,^{1,3}\Sigma_u$-Termen zusammen ($2\,^{1,3}P$-Terme des Heliums), für $R = \infty$ ein Atom im Grundzustand, eines im zweiquantigen.

---

[1] Diesen Zustand haben wir bereits in Ziff. 59c berechnet, indem wir für die $2p\sigma$-Eigenfunktion ihre Darstellung bei großem Kernabstand setzten. Der Term $2p\sigma$ hatte dann die Form eines „heteropolaren" Zustands. Vgl. auch C. ZENER u. V. GUILLEMIN, Phys. Rev. Bd. 34, S. 999. 1929.

Tabelle 37. Molekülkonstanten der tiefsten Terme des Wasserstoffmoleküls.

Zustand		R_0 in H-Radien	Energie E_0 in Rydberg	Schwingungskonstanten [1] ν_0 in cm^{-1}	ν_1	Dissoz. Arbeit Volt
$1s\sigma 1s\sigma\,{}^1\Sigma$	theor.	$1{,}35 \pm 0{,}05$	$-2{,}3225 \pm 0{,}0090$	4280	122	$4{,}37 \pm 0{,}12$
	exp.	1,42	(2,3262)	4390	115	(4,42)
$1s\sigma 2s\sigma\,{}^1\Sigma$	theor.	1,87	$-1{,}4298$	2820	94	2,42
	exp.	—	—	—	—	—
$1s\sigma 2s\sigma\,{}^3\Sigma$	theor.	1,85	$-1{,}4636$	2905	84	2,89
	exp.	(2,0)	$-(1{,}4645)$	2560	68	2,90
$1s\sigma 2p\sigma\,{}^1\Sigma$	theor.	2,3	$-1{,}4852$	1560	23	3,19
	exp.	(2,5)	$-1{,}4989$	1340	15	3,37
$1s\sigma 2p\sigma\,{}^3\Sigma$ . . .		∞	-2	—	—	—
$1s\sigma 2p\pi\,{}^1\Pi$	theor.	1,92	$-1{,}4123$	2580	87	2,20
	exp.	1,99	$-1{,}4176$	2440	67	2,27
$1s\sigma 2p\pi\,{}^3\Pi$	theor.	1,96	$-1{,}4461$	2510	69	2,66
	exp.	—	$-1{,}4600$	$(\nu_0 - 2\nu_1 = 2370)$		2,84

61. Ortho- und Parawasserstoff. Für die Protonen gilt, genau wie für die Elektronen, das PAULIsche Prinzip: Die Eigenfunktion jedes Systems, das Protonen enthält, muß antisymmetrisch sein gegenüber Vertauschungen zweier beliebiger Protonen. Da die Protonen überdies einen Spin $\frac{1}{2}$ besitzen, kann die von den *räumlichen* Koordinaten abhängige Eigenfunktion eines Systems, das zwei Protonen enthält, entweder symmetrisch oder antisymmetrisch sein in diesen Protonen — je nachdem, ob der Spin der Protonen entgegengesetzt gerichtet ist oder gleichgerichtet. In Analogie zum Helium kann man die erstgenannten Zustände des Wasserstoffmoleküls als Parawasserstoffzustände bezeichnen, die letzteren als Orthowasserstoff. Das statistische Gewicht der Orthozustände ist cet. par. dreimal so groß wie das der Parazustände, da der Gesamtspin der beiden Protonen im ersten Fall den Wert $1 \cdot \hbar$ hat, also drei mögliche Einstellungen in einem evtl. äußeren Magnetfeld besitzt ($m = +1, 0, -1$), während das resultierende Kernspinmoment im Falle des Parawasserstoffs Null ist.

Die räumliche Eigenfunktion des H_2 ist nach Ziff. 57 ein Produkt von drei Anteilen, der Elektroneneigenfunktion, der Eigenfunktion der Kernschwingung und derjenigen der Rotation. Die Schwingungseigenfunktion hängt nur vom Kernabstand R ab und ist daher stets symmetrisch in den beiden Protonen. Die Elektroneneigenfunktion ist im Grundzustand gleichfalls symmetrisch in den Kernen (dagegen z. B. im ${}^1\Sigma_u$-Zustand nicht). Die Rotationseigenfunktion ist eine einfache Kugelfunktion $P_j^\mu(\vartheta, \varphi)$, wobei ϑ, φ die Richtung der Kernverbindungslinie in einem raumfesten Polarkoordinatensystem angibt. Vertauschung der Kerne entspricht Umkehrung der Richtung der Kernverbindungslinie, dabei gehen die Polarkoordinaten ϑ, φ über in $\pi - \vartheta$, $\pi + \varphi$, und die Kugelfunktion $P_j^\mu(\vartheta, \varphi)$ multipliziert sich mit $(-1)^j$. Der Parawasserstoff kommt daher nur in den Rotationszuständen mit geradem j vor, während beim Orthowasserstoff nur die Rotationszustände mit ungeradem j erlaubt sind[2].

Die Energie des $j$ten Rotationszustandes eines Moleküls ist nun bekanntlich

$$E_j = E_0 + \frac{\hbar^2}{2\Theta} j(j+1),$$

wobei das Trägheitsmoment Θ für Wasserstoff den Wert

$$\Theta = \tfrac{1}{2} M R^2 = 0{,}467 \cdot 10^{-40} g\ \text{cm}^2 = \tfrac{1}{2} \cdot 1838 \cdot 1{,}41^2 = 1840 \text{ at. E.}$$

[1] Die Energie des v^{ten} Schwingungsniveaus ist $E_0 + \nu_0(v + \frac{1}{2}) - \nu_1(v + \frac{1}{2})^2$.

[2] Vorausgesetzt, daß die Elektronen im Grundzustand sind. Im B-Zustand kehrt sich das Verhältnis um.

hat, so daß die Energiedifferenz zwischen den Rotationsniveaus j und 0

$$E_j - E_0 = \frac{j(j+1)}{\Theta} Ry = 59j(j+1)\,\mathrm{cm}^{-1}$$

beträgt. Das tiefste Energieniveau des Orthowasserstoffs, $j = 1$, liegt daher um $118\,\mathrm{cm}^{-1}$ höher als das tiefste Niveau von Parawasserstoff, $j = 0$. Man wird daher erwarten, daß sich die Wasserstoffmoleküle nur bei hohen Temperaturen im statistischen Verhältnis 3 : 1 auf Orthomoleküle und Paramoleküle verteilen, und daß bei tiefen Temperaturen der Orthowasserstoff instabil wird und in Parawasserstoff übergeht. Jedoch ist die Übergangswahrscheinlichkeit (durch Zusammenstöße verschiedener Moleküle) unter normalen Umständen außerordentlich gering: Orthowasserstoff geht, sich selbst überlassen, bei 20° abs. in einem Monat nicht merklich in Parawasserstoff über, und man muß besondere Kunstgriffe anwenden, um den Übergang herbeizuführen[1]. Ortho- und Parawasserstoff verhalten sich also in praxi wie zwei ganz verschiedene Gase: sie haben verschiedene spezifische Wärmen[2], verschiedene Wärmeleitfähigkeit und möglicherweise auch verschiedene Kristallstruktur[3], gewöhnlicher Wasserstoff verhält sich wie ein Gasgemisch. Außerdem ist natürlich das Bandenspektrum verschieden, was sich bei normalem Wasserstoff (Gemisch von Ortho-H_2 und Para-H_2 im Verhältnis 3 : 1) in einem Intensitätswechsel der Rotationslinien äußert.

62. Edelgascharakter des Heliums. Ein Heliumatom im Grundzustand enthält zwei Elektronen mit entgegengesetztem Spin. Treten zwei solche Atome zum Molekül zusammen, so enthält dieses je zwei Elektronen jeder Spinrichtung; und zwar mögen etwa die Elektronen 1 und 2 gleichen Spin besitzen, ebenso 3 und 4. Dann muß nach dem Pauliprinzip die räumliche Eigenfunktion des He_2 antisymmetrisch sein bezüglich Vertauschungen der Elektronen mit gleichem Spin. Die einzige Funktion, die diese Bedingung erfüllt, ist

$$U = [u_a(1)\,u_b(2) - u_b(1)\,u_a(2)]\,[u_a(3)\,u_b(4) - u_b(3)\,u_a(4)]\,.$$

Man sieht ohne weiteres, daß U im wesentlichen mit der *antisymmetrischen* LONDON-HEITLERschen Eigenfunktion U_a (59.5) übereinstimmt, welche bekanntlich zur *Abstoßung* der Atome führt. Zwei Heliumatome im Grundzustand können sich daher nicht zum Molekül vereinigen. Die Rechnungen im einzelnen sind von SLATER[4] und von GENTILE[5] durchgeführt. Letzterer berechnete auch die Abstoßungskräfte zwischen einem He- und einem H-Atom. Diese Tatsachen erklären den Edelgascharakter des Heliums.

Angeregte Zustände des He sind natürlich zur Molekülbildung befähigt (vgl. darüber z. B. W. WEIZEL, Bandenspektren[6]).

63. Die VAN DER WAALSschen Kräfte. a) Berechnung der Wechselwirkungsenergie. Bei unserer bisherigen Behandlung des Molekülproblems haben wir uns auf das Verhalten der Wechselwirkungsenergie in der Nähe des Gleichgewichtsabstandes, d. h. bei relativ kleinem R beschränkt. Dieses wird

---

[1] Vgl. K. F. BONNHOEFER u. P. HARTECK, Naturwissensch. Bd. 17, S. 182 u. 321. 1929; Berl. Ber. 1929, S. 103; A. EUCKEN, Naturwissensch. Bd. 17, S. 182. 1929.

[2] Wegen des verschiedenen Abstands der Rotationsniveaus (vgl. D. M. DENNISSON, Proc. Roy. Soc. London Bd. 115, S. 483. 1927).

[3] W. H. KEESOM, J. DE SMEDT u. H. H. MOOY, Nature Bd. 126, S. 757. 1930.

[4] J. C. SLATER, Phys. Rev. Bd. 32, S. 349. 1928.

[5] G. GENTILE, ZS. f. Phys. Bd. 63, S. 795. 1930.

[6] W. WEIZEL, Handb. der Experimentalphysik, Ergänzungswerk Bd. I, S. 252ff. Dort auch Literatur.

qualitativ bestimmt durch die Störungsenergie erster Näherung der SCHRÖDINGERschen Störungstheorie (vgl. die LONDON-HEITLERsche Theorie, Ziff. 59a). Die Störungsenergie erster Näherung hat positives oder negatives Vorzeichen, je nachdem, ob die Spins der reagierenden Atome gleich oder entgegengesetzt gerichtet sind, und fällt mit wachsender Entfernung der Kerne exponentiell ab. Bei großen R werden jedoch andere Kräfte ausschlaggebend, welche unabhängig von der Spinrichtung der beiden Atome stets eine *Anziehung* bewirken: Diese Kräfte bewirken die Abweichung der VAN DER WAALSschen Zustandsgleichung von derjenigen der idealen Gase. Sie ergeben sich, wenn man zur zweiten Näherung der SCHRÖDINGERschen Störungsrechnung fortschreitet.

Wir betrachten zwei Wasserstoffatome in großem Abstand R und vernachlässigen die Austauschentartung: Es sei also das Elektron 1 beim Kern a, das Elektron 2 beim Kern b. Dann ist das Wechselwirkungspotential zwischen den beiden Atomen in gewohnter Weise

$$V = \frac{1}{R} - \frac{1}{r_{a2}} - \frac{1}{r_{b1}} + \frac{1}{r_{12}}. \tag{63.1}$$

Wir entwickeln nun nach fallenden Potenzen von R. Die normale Kugelfunktionsentwicklung gibt

$$\frac{1}{r_{b1}} = \frac{1}{|R\mathfrak{e} - \mathfrak{r}_1|} = \sum_{\lambda=0}^{\infty} \frac{r_{a1}^{\lambda}}{R^{\lambda+1}} P_\lambda(\cos\vartheta_1) = \frac{1}{R} + \frac{(\mathfrak{r}_1\mathfrak{e})}{R^2} + \frac{3(\mathfrak{r}_1\mathfrak{e})^2 - r_1^2}{2R^3} + \cdots, \tag{63.2}$$

wobei ϑ_1 der Winkel zwischen der Kernverbindungslinie und dem Radiusvektor $\mathfrak{r}_1$ vom Kern a zum ersten Elektron ist und $\mathfrak{e}$ ein Einheitsvektor in der Richtung von Kern a nach b. Ebenso ist

$$\frac{1}{r_{12}} = \frac{1}{|R\mathfrak{e} + \mathfrak{r}_2 - \mathfrak{r}_1|} = \frac{1}{R} + \frac{(\mathfrak{r}_1 - \mathfrak{r}_2, \mathfrak{e})}{R^2} + \frac{3(\mathfrak{r}_1 - \mathfrak{r}_2, \mathfrak{e})^2 - (\mathfrak{r}_1 - \mathfrak{r}_2)^2}{2R^3}, \tag{63.3}$$

wo $\mathfrak{r}_2$ der Ort des zweiten Elektrons bezogen auf *Kern b* ist. Setzt man (63.2), (63.3) und die entsprechende Formel für $1/r_{a2}$ in (63.1) ein, so fallen die Glieder mit $1/R$ und $1/R^2$ fort und es bleibt

$$V = -\frac{1}{R^3}\cdot(3(\mathfrak{r}_1\mathfrak{e})(\mathfrak{r}_2\mathfrak{e}) - (\mathfrak{r}_1\mathfrak{r}_2)) + \cdots = -\frac{2z_1z_2 - x_1x_2 - y_1y_2}{R^3}, \tag{63.4}$$

wobei die z-Achse in der Richtung der Kernverbindungslinie liegt.

Der Mittelwert des hingeschriebenen Gliedes von V über die ungestörte Eigenfunktion

$$U_0 = u_0^{(a)}(1)\, u_0^{(b)}(2) \tag{63.5}$$

verschwindet, im Einklang mit der Tatsache, daß wir früher in der Störungsenergie erster Näherung kein Glied fanden, das mit $1/R^3$ abfällt. Jedoch besitzt (63.4) Nichtdiagonalelemente, welche Übergängen vom Grundzustand (63.5) nach angeregten Zuständen

$$U_{mn} = u_m^{(a)}(1)\, u_n^{(b)}(2) \tag{63.6}$$

entsprechen, wobei die Zustände u_m und u_n mit dem Grundzustand u_0 optisch kombinieren müssen. Das fragliche Matrixelement von V lautet

$$V_{mn}^{00} = -\frac{2z_{0m}z_{0n} - x_{0m}x_{0n} - y_{0m}y_{0n}}{R^3}, \tag{63.7}$$

wobei die Eigenfunktionen u_m so gewählt werden können, daß jeweils nur *eines* der Koordinatenmatrixelemente x_{0m}, y_{0m}, z_{0m} von Null verschieden ist. Damit wird die Störungsenergie zweiter Näherung nach SCHRÖDINGER

$$\left.\begin{aligned} E_2 &= \sum_{mn} \frac{|V_{mn}^{00}|^2}{2E_0 - E_m - E_n} = \frac{1}{R^6}\sum_{mn} \frac{4z_{0m}^2z_{0n}^2 + x_{0m}^2x_{0n}^2 + y_{0m}^2y_{0n}^2}{2E_0 - E_m - E_n} \\ &= \frac{6}{R^6}\sum_{mn} \frac{z_{0m}^2z_{0n}^2}{2E_0 - E_m - E_n}. \end{aligned}\right\} \tag{63.8}$$

Die letzte Gleichung folgt aus der Isotropie des Wasserstoffatoms[1]. Die Störungsenergie ist stets negativ, da die Energie des Grundzustands $E_0 < E_m$ ist. Sie fällt mit der reziproken sechsten Potenz des Kernabstandes ab, also viel langsamer als die ,,Austauschkräfte'', welche ja exponentiellen Abfall zeigen.

Zur Auswertung von (63.8) sollte man eigentlich die einzelnen Glieder der Summe mit Hilfe der Koordinatenmatrixelemente berechnen, welche ja für Wasserstoff numerisch bekannt sind (Tab. 15). Das ist von LONDON und EISENSCHITZ[2] ausgeführt worden mit dem Resultat

$$E_2 = -\frac{6{,}47}{R^6} \quad \text{für Wasserstoffatome.} \tag{63.9}$$

Die Rechnung, die zu diesem Resultat führt, ist ziemlich mühsam, da eine doppelte Summation über m und n notwendig ist, außerdem sind für andere Atome als Wasserstoff die Übergangswahrscheinlichkeiten nicht für alle optischen Übergänge bekannt. Man kann sich aber zunutze machen, daß die Energiedifferenzen zwischen den verschiedenen oberen Niveaus der starken optischen Übergänge meist klein sind gegen die Energiedifferenzen der oberen Niveaus gegenüber dem Grundzustand. Dann kann man in (63.8) $E_m = E_n$ setzen und erhält

$$E_2 = \frac{3}{R^6} \sum_m z_{0m}^2 \sum_n \frac{z_{0n}^2}{E_0 - E_n} = -\frac{1}{2R^6} \cdot \alpha \overline{r_0^2}. \tag{63.10}$$

Dabei ist α die Polarisierbarkeit des Atoms, welche bekanntlich definiert ist durch den Starkeffekt zweiter Ordnung im homogenen elektrischen Feld Fz:

$$E_2' = F^2 \sum \frac{z_{0n}^2}{E_0 - E_n} = -\frac{1}{2} \alpha F^2,$$

$\overline{r_0^2}$ ist der Mittelwert von r über die ungestörte Eigenfunktion u_0 des Atoms. Für den Grundzustand des Wasserstoffs ist speziell $\alpha = 4{,}5$ at. Einh. [vgl. (31.3)], $\overline{r^2} = 3$ at. Einh. [vgl. (3.21)] und daher nach (63.10)

$$E_2 = -\frac{6{,}75}{R^6},$$

was befriedigend mit (63.9) übereinstimmt.

Eine weitere einfache Methode zur Berechnung der VAN DER WAALSschen Kräfte ist von SLATER und KIRKWOOD gegeben worden, sie schließt sich eng an das Verfahren der genannten Verfasser zur Berechnung der Dielektrizitätskonstante des Heliums an und ergibt den vorzüglichen Wert

$$E_2 = -6{,}49 R^{-6} \quad \text{für H}, \tag{63.11}$$

welcher gemäß der angewandten Methode (Variationsverfahren) sicher nur (dem Absolutbetrag nach) zu klein, nicht zu groß sein kann. Da der Absolutwert

[1] Jeder angeregte Zustand, der mit dem Grundzustand kombiniert, ist ein p-Zustand und hat die drei Eigenfunktionen $u_{n1}(r)\cos\vartheta$, $u_{n1}(r)\sin\vartheta\cos\varphi$, $u_{n1}(r)\sin\vartheta\sin\varphi$. Für die erste Eigenfunktion ist z_{0n}, für die zweite und dritte x_{0n} und y_{0n} von Null verschieden, und diese drei Matrixelemente haben offenbar den gleichen Wert.

[2] F. LONDON u. R. EISENSCHITZ, ZS. f. Phys. Bd. 60, S. 491. 1930.

von (63.11) sogar größer ist als der durch explizite Berechnung gewonnene Wert (63.9) von LONDON, so folgt, daß der letztere etwas zu niedrig und der SLATER-KIRKWOODsche Wert sicher sehr genau ist. Dabei ist allerdings wesentlich für den guten Erfolg, daß die ungestörte Eigenfunktion des H-Atoms *exakt* bekannt ist, und man kann daher von der nach der gleichen Methode berechneten van der Waals-Kraft für *Helium* nicht die gleiche Genauigkeit erwarten wie von der für Wasserstoff. SLATER und KIRKWOOD finden für Helium mit Benutzung der HARTREEschen Eigenfunktion für das ungestörte Atom

$$E_0 = -\frac{1{,}59}{R^6} \text{ at. Einh.} = -\frac{3{,}18}{R^6} Ry \tag{63.12}$$

(R ist in Wasserstoffradien zu messen).

b) Der erste Virialkoeffizient des Heliums. Wir wissen nunmehr, daß die Wechselwirkungsenergie z. B. zweier Heliumatome bei großer Entfernung der Atome in einer Anziehung proportional $1/R^6$ besteht und bei Entfernungen von der Größenordnung des Atomradius übergeht in eine sehr starke Abstoßung $\sim e^{-R}$ (vgl. Abb. 57). Die Wechselwirkungsenergie läßt sich für Helium allgemein approximieren durch[1]

$$E(R) = 36 \cdot e^{-2{,}43\,R} - \frac{3{,}2}{R^6} Ry. \tag{63.13}$$

Wir können jetzt aus der bekannten Wechselwirkungsenergie die Zustandsgleichung des Heliums ableiten. Diese läßt sich in der sog. Virialform schreiben

$$\frac{pV}{RT} = 1 + \frac{B}{V} + \cdots, \tag{63.14}$$

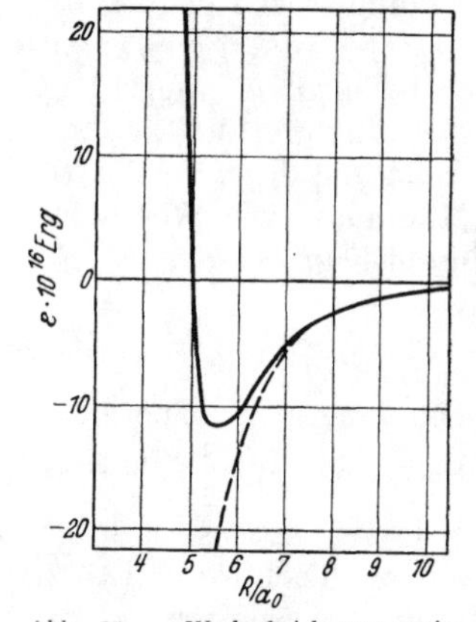

Abb. 57. Wechselwirkungsenergie zweier Heliumatome als Funktion des Abstands. (Nach SLATER und KIRKWOOD.)

wo p der Druck ist, V das Molvolum, T die Temperatur, R die Gaskonstante und B der sog. erste Virialkoeffizient. B beschreibt die Abweichung des Gases vom idealen Gaszustand und ergibt sich aus der klassischen Statistik zu

$$B = 2\pi L \cdot \int_0^\infty \left(1 - e^{-\frac{E(R)}{kT}}\right) R^2 dR, \tag{63.15}$$

wobei L die Loschmidtzahl ist und $E(R)$ die Wechselwirkungsenergie zweier Atome im Abstand R voneinander. Der Ausdruck muß in der Quantentheorie noch etwas modifiziert werden[2]: Die Potentialmulde, welche von den van der Waals-Kräften erzeugt wird, ermöglicht nämlich die Bildung eines Moleküls, welches natürlich sehr viel kleinere Dissoziationsenergie besitzt als ein normales, durch Valenzkräfte zusammengehaltenes Molekül, aber immerhin bei sehr tiefen Temperaturen mit großer Wahrscheinlichkeit entsteht. Berücksichtigt man diesen Umstand, so erhält man folgende Werte für den Virialkoeffizienten des Heliums (nach KIRKWOOD, l. c.).

---

[1] Vgl. J. C. SLATER, Phys. Rev. Bd. 32, S. 349. 1928.
[2] J. G. KIRKWOOD, Phys. ZS. Bd. 33, S. 39. 1932.

Tabelle 38. Virialkoeffizient des Heliums.

Temperatur T	B berechnet ohne Rücksicht auf die Möglichkeit der Molekülbildung durch die van der Waals-Kräfte (in cm³/Mol)	B berechnet mit Rücksicht auf die Möglichkeit der Molekülbildung durch die van der Waals-Kräfte (in cm³/Mol)	B beobachtet cm³/Mol
350	10,80	10,82	11,60
300	11,14	11,16	11,80
250	11,34	11,37	11,05
200	11,58	11,62	11,95
100	10,75	10,80	10,95
35		4,44	4,80
25		0,17	0,80
20	− 7,10	− 5,14	− 4,00
15	−20,0	−15,10	−14,00

Die Übereinstimmung zwischen Theorie und Beobachtung ist sehr befriedigend und wird durch die Mitberücksichtigung der Möglichkeit der ,,Molekülbildung" bei tiefen Temperaturen wesentlich verbessert.

c) Flüssiges Helium. Da eine rationelle Theorie der Flüssigkeiten vorläufig nicht existiert, begnügen wir uns mit folgender ganz roher Abschätzung, die von SLATER (l. c.) stammt: Die Verflüssigung des He wird dann eintreten, wenn die Energie kT der Temperaturbewegung von der Größenordnung des Minimums der Wechselwirkungsenergie zweier Heliumatome ist. Dieses Minimum liegt bei $R = 5{,}6a = 2{,}9$ Å und entspricht einer Wechselwirkungsenergie von

$$E = -5{,}6 \cdot 10^{-5} Ry = -6{,}1\ \mathrm{cm}^{-1}.$$

Die kinetische Energie eines Moleküls bei Siedepunkt $T = 5{,}2°$ beträgt im Frequenzmaß $\frac{3}{2}\frac{kT}{hc} = 5{,}2 \cdot 1{,}07 = 5{,}6\ \mathrm{cm}^{-1}$, ist also von derselben Größenordnung. Ebenso läßt sich der mittlere Abstand der He-Atome im flüssigen He aus der Dichte $\varrho = 0{,}14$ zu 3,6 Å berechnen, was ebenfalls einigermaßen mit der Lage des Minimums der Wechselwirkungsenergie als Funktion des Abstands entspricht.

64. Das Lithiumhydrid. LiH bildet den einfachsten heteropolaren Kristall: Bei der Elektrolyse des geschmolzenen Salzes wandert Li^+ zur Kathode, H^- zur Anode. Die beiden Ionen Li^+ und H^- haben je zwei Elektronen, ihre Eigenfunktionen sind in Ziff. 18 behandelt und können genügend genau durch abgeschirmte Wasserstoffeigenfunktionen

$$u_{\mathrm{H}^-} = e^{-\frac{11}{16}(r_1 + r_2)}, \qquad u_{\mathrm{Li}^+} = e^{-\frac{43}{16}(r_1 + r_2)}$$

dargestellt werden [vgl. (17.18)]. Die gesamte Wechselwirkungsenergie kann in zwei Teile zerlegt werden: Erstens die COULOMBsche Anziehung der punktförmigen Ionen, diese liefert die Bindungskraft, und zweitens die Austauschenergie: sie ergibt eine Abstoßung, da Li^+ und H^- Edelgascharakter besitzen (vgl. Ziff. 62); und diese Abstoßung ist es, welche der COULOMBschen Wechselwirkungsenergie das Gleichgewicht hält und das Zusammenstürzen des Kristalls verhindert. Die Rechnung ist von HYLLERAAS[1] durchgeführt und ergibt

für die Gitterkonstante $d = 8{,}4\,a = 4{,}42$ Å gegen beobachtet 4,10 Å,
für die Bildungswärme des LiH aus den freien Ionen (Gitterenergie) 219 kcal/Mol,

während man aus dem beobachteten Wert für die Bildungswärme aus metallischem Li und gasförmigem H_2 mit Hilfe eines BORNschen Kreisprozesses eine Gitter-

[1] E. HYLLERAAS, ZS. f. Phys. Bd. 63, S. 771. 1930.

energie von 217 ± 7 kcal/Mol erhält. Die Übereinstimmung ist vorzüglich, was allerdings teilweise auf Zufall beruhen dürfte, da die Fehlergrenzen des theoretischen Wertes mindestens so weit sind wie die des experimentellen.

65. Anhang über Kugelfunktionen. a) LEGENDREsche Kugelfunktionen. 1. Im Abstand r vom Zentrum einer Kugel mit dem Radius 1 und unter der geographischen Breite ϑ befindet sich eine Ladung 1; das Potential am Pol der Kugel ist in eine Potenzreihe nach r zu entwickeln.

Das Potential ist, wenn $\cos\vartheta = x$ gesetzt wird,

$$P = \frac{1}{\sqrt{1 - 2rx + r^2}}.$$

Die gesuchte Entwicklung in eine Potenzreihe nach r lautet

$$\frac{1}{\sqrt{1 - 2rx + r^2}} = \sum_{l=0}^{\infty} r^l P_l(x). \tag{65.1}$$

Hierdurch wird die LEGENDREsche Kugelfunktion $l$ter Ordnung $P_l(x)$ definiert, sie ist ein Polynom $l$ten Grades in x. Das erkennt man am einfachsten, wenn man (65.1) umschreibt:

$$\left.\begin{aligned} P_l(x) &= \frac{1}{l!}\left[\frac{d^l}{dr^l}(1 - 2rx + r^2)^{-\frac{1}{2}}\right] = \frac{1\cdot 3\cdot 5\cdot\cdots\cdot(2l-1)}{l!}\left|\frac{(x-r)^l}{(1-2rx+r^2)^{l+\frac{1}{2}}}\right|_{r=0} \\ &\quad + \text{Glieder niedrigerer Ordnung in } x = \frac{2l!}{2^l\cdot l!^2}\cdot x^l + O(x^{l-2}) + \cdots \end{aligned}\right\} \tag{65.2}$$

Für $x = 1$ hat man

$$\frac{1}{\sqrt{1 - 2r + r^2}} = \sum_{l=0}^{\infty} r^l, \quad \text{also} \quad P_l(1) = 1. \tag{65.3}$$

2. Wir differenzieren (65.1) nach r:

$$\frac{x - r}{\sqrt{1 - 2rx + r^2}^{\,3}} = \sum_l l\,r^{l-1} P_l(x)$$

und haben durch Vergleich mit (65.1)

$$\sum_l (1 - 2rx + r^2)\,l r^{l-1} P_l(x) = \sum_l (x - r)\,r^l P_l(x).$$

Soll die Gleichung für alle r gelten, so muß der Faktor jeder Potenz von r auf beiden Seiten derselbe sein, wir wenden dies auf den Faktor von r^l an:

$$\left.\begin{aligned} (l+1)\,P_{l+1} - 2xl\,P_l + (l-1)\,P_{l-1} &= xP_l - P_{l-1} \\ (2l+1)\,xP_l &= (l+1)\,P_{l+1}(x) + l\,P_l(x). \end{aligned}\right\} \tag{65.4}$$

Sodann differenzieren wir (65.1) nach x

$$\frac{r}{\sqrt{1 - 2rx + r^2}^{\,3}} = \sum_l r^l P_l'(x)$$

und bekommen auf die gleiche Weise

$$P_l = P_{l-1}' - 2x P_l' + P_{l+1}' \tag{65.5}$$

und durch Vergleich mit der nach x differenzierten Gleichung (65.4) hat man

$$(2l+1)\,P_l(x) = P'_{l+1}(x) - P'_{l-1}(x)\,. \tag{65.6}$$

3. Indem man von (65.5) und (65.6) die halbe Summe und die halbe Differenz bildet, kann man P_{l-1} bzw. P_{l+1} eliminieren:

$$x P'_l = P'_{l-1} + l P_l \tag{65.7}$$

$$= P'_{l+1} - (l+1)\,P_l. \tag{65.8}$$

Wenn man (65.7), (65.8) nacheinander anwendet, findet man

$$(1-x^2)\,P'_l = l\,(P_{l-1} - x P_l)$$

und hieraus durch Differentiation und nochmalige Anwendung von (65.7)

$$(1-x^2)\,P''_l - 2x P'_l + l(l+1)\,P_l = 0\,. \tag{65.9}$$

(65.9) ist die Differentialgleichung der LEGENDREschen Kugelfunktionen. Wir schreiben sie noch in ϑ statt in $x = \cos\vartheta$:

$$\frac{1}{\sin\vartheta}\,\frac{d}{d\vartheta}\left(\sin\vartheta\,\frac{dP_l}{d\vartheta}\right) + l(l+1)\,P_l = 0. \tag{65.10}$$

Der erste Ausdruck ist ersichtlich der ϑ-Bestandteil des in Polarkoordinaten geschriebenen LAPLACEschen Δ-Operators [vgl. (1.2)]. (65.10) läßt sich auch noch einfacher ableiten. Es ist

$$\Delta\,\frac{1}{\sqrt{1 - r x + r^2}} = 0$$

für alle r, daher muß der LAPLACEsche Operator, angewandt auf jedes einzelne Glied der Reihe (65.1), verschwinden:

$$\Delta\,(r^l P_l(\cos\vartheta)) = \left(\frac{d^2}{dr^2} + \frac{2}{r}\,\frac{d}{dr} + \frac{1}{r^2\sin\vartheta}\,\frac{d}{d\vartheta}\left(\sin\vartheta\,\frac{d}{d\vartheta}\right)\right)(r^l P_l(\cos\vartheta)) = 0.$$

Bei Ausführung der Differentiation nach r gibt das genau Gleichung (65.10).

4. Der reziproke Abstand zweier Punkte mit den Polarkoordinaten $(r, 0, 0)$ und $(\varrho, \vartheta, 0)$ läßt sich nach (65.1) unmittelbar nach Kugelfunktionen entwickeln:

$$\frac{1}{\sqrt{r^2 - 2r\varrho\cos\vartheta + \varrho^2}} = \left\{\begin{array}{l} \sum\limits_l \frac{\varrho^l}{r^{l+1}}\,P_l(\cos\vartheta)\,,\ \text{wenn } \varrho < r, \\ \sum\limits_l \frac{r^l}{\varrho^{l+1}}\,P_l(\cos\vartheta)\,,\ \text{wenn } \varrho > r. \end{array}\right\} \tag{65.11}$$

5. Wir geben jetzt noch eine andere Darstellung für die Kugelfunktionen, die von Vorteil ist für die Normierung der SCHRÖDINGERschen Eigenfunktionen. Es gilt nämlich

$$P_l(x) = \frac{1}{2^l\cdot l!}\,\frac{d^l(x^2-1)}{dx^l}\,. \tag{65.12}$$

Durch Ausführung der Differentiation bekommt man nämlich

$$P_l(x) = \frac{2l!}{2^l\cdot l!^2}\left(x^l - \frac{l(l-1)}{2(2l-1)}\,x^{l-2} + \frac{l(l-1)(l-2)(l-3)}{2\cdot 4\cdot(2l-1)(2l-3)}\,x^{l-4} + \cdots\right). \tag{65.13}$$

Die höchste Potenz von x, x^l, hat den gleichen Faktor wie in (65.2). Daß die Definition (65.12) der Funktion P_l identisch ist mit der Definition (65.1), zeigen wir, indem wir die Differentialgleichung für P_l ableiten. Zunächst gilt für

$$f = (x^2 - 1)^l$$

ersichtlich

$$(1 - x^2) f'' + 2(l - 1) x f' + 2 l f = 0, \tag{65.14}$$

und durch l-malige Differentiation ergibt sich

$$(1 - x^2) P'' - 2x P' + l(l+1) P = 0,$$

das ist die Differentialgleichung (65.9). Die nach (65.1) und (65.12) definierten Funktionen P_l müssen also bis auf einen numerischen Faktor übereinstimmen; da wir oben bereits gezeigt haben, daß auch die Koeffizienten von x^l gleich sind, folgt die Identität der beiden Definitionen.

b) Zugeordnete Kugelfunktionen. 1. Wir definieren die (unnormierten) zugeordneten Kugelfunktionen

$$P_l^m(x) = (1 - x^2)^{m/2} P_l^{(m)}(x), \tag{65.15}$$

wobei

$$P_l^{(m)}(x) = \frac{d^m}{dx^m} P_l(x). \tag{65.16}$$

Durch $m$malige Differentiation von (65.9) ergibt sich die Differentialgleichung

$$(1 - x^2) P_l^{(m+2)} - 2(m+1) x P_l^{(m+1)} + (l - m)(l + m + 1) P_l^{(m)} = 0 \tag{65.17}$$

und mit Rücksicht auf (65.16)

$$(1 - x^2)(P_l^m)'' - 2x (P_l^m)' + \left(l(l+1) - \frac{m^2}{1 - x^2}\right) P_l^m = 0. \tag{65.18}$$

Wir definieren die Kugelflächenfunktion

$$\Phi_{lm} = P_l^m e^{im\varphi} \tag{65.19}$$

und schreiben wieder unsere Differentialgleichung in ϑ statt in x, dann ist

$$\frac{1}{\sin\vartheta} \frac{d}{d\vartheta}\left(\sin\vartheta \frac{d\Phi}{d\vartheta}\right) + \frac{1}{\sin^2\vartheta} \frac{d^2\Phi}{d\varphi^2} + l(l+1)\Phi = 0. \tag{65.20}$$

Daraus folgt, daß

$$F = r^l P_l^m e^{im\varphi}$$

die LAPLACEsche Gleichung $\Delta F = 0$ befriedigt, ebenso $F' = r^{-l-1}\Phi$.

2. Das Normierungsintegral

$$N = \int_0^\pi (P_l^m)^2 \sin\vartheta \, d\vartheta = \int_{-1}^{+1} (P_l^m)^2 dx = \int_{-1}^{+1} (1 - x^2)^m \left(\frac{d^m P_l}{dx^m}\right)^2 dx$$

berechnen wir, indem wir in dem einen der beiden Faktoren $\frac{d^m P_l}{dx^m}$ die Definition (65.12) für P_l direkt einsetzen, im zweiten Faktor die ausdifferenzierte Form (65.13) benutzen. Dabei brauchen wir bloß das Glied mit der höchsten Potenz von x mitzunehmen, da alle weiteren Glieder späterhin bei einer Differentiation fortfallen:

$$N = \frac{2l!}{2^{2l} \cdot l!^2 \cdot \overline{l - m}!} \int_{-1}^{+1} (1 - x^2)^m \frac{d^{l+m}(x^2 - 1)^l}{dx^{l+m}} \cdot (x^{l-m} - x^{l-m-2} \ldots) \, dx.$$

Durch $l+m$ fache partielle Integration bekommt man, da die integrierten Bestandteile an den Grenzen stets verschwinden

$$N = (-)^l \frac{2l!}{2^{2l}\cdot l!^2 \cdot \overline{l-m}!} \int_{-1}^{+1} (x^2-1)^l \frac{d^{l+m}}{dx^{l+m}} (x^{l+m} - x^{l+m-2} \ldots + \cdots)\, dx$$

$$= \frac{2l!\, \overline{l+m}!}{2^{2l}\cdot l!^2 \cdot \overline{l-m}!} \int_{-1}^{+1} (1-x^2)^l dx .$$

Durch partielle Integration findet man weiter

$$\int (1-x^2)^l dx = \frac{2l}{2l+1} \int_{-1}^{+1} (1-x^2)^{l-1} dx = \frac{2l\cdot(2l-2)\cdot\cdots\cdot 2}{(2l+1)\ldots 3}\cdot 2 = \frac{2^{2l}\cdot l!^2}{\overline{2l+1}!}\cdot 2 ,$$

$$N = \frac{2}{2l+1}\,\frac{\overline{l+m}!}{\overline{l-m}!} .$$

Wir definieren die normierte zugeordnete Kugelfunktion

$$\mathcal{P}_{lm} = \sqrt{\frac{2l+1}{2}\cdot\frac{\overline{l-m}!}{\overline{l+m}!}}\, P_l^m = \sqrt{\frac{2l+1}{2}\cdot\frac{\overline{l-m}!}{\overline{l+m}!}}\, \frac{1}{2^l\cdot l!}\,\frac{d^{l+m}}{dx^{l+m}} (x^2-1)^l , \quad (65.21)$$

und die normierte Kugelflächenfunktion

$$Y_{lm}(\vartheta,\varphi) = \frac{1}{\sqrt{2\pi}}\,\mathcal{P}_{lm} e^{im\varphi} \quad (65.22)$$

Es gilt dann nach der obigen Rechnung

$$\int_0^{\pi} \sin\vartheta\, d\vartheta \int_0^{2\pi} d\varphi\, |Y_{lm}|^2 = \int_{-1}^{+1} \mathcal{P}_{lm}^2(x)\, dx = 1 . \quad (65.23)$$

Y_{lm} genügt der Differentialgleichung (65.20), die identisch ist mit der Gleichung (1.4) für die winkelabhängigen Eigenfunktionen des Wasserstoffs, und ist außerdem normiert.

3. Für negative m definieren wir, dem Vorgang DARWINS[1] folgend, $\mathcal{P}_{lm}$ und Y_{lm} auch durch die Formeln (65.21), (65.22). Bei den meisten Autoren wird statt dessen als Kugelflächenfunktion mit negativem m

$$Y'_{lm} = \mathcal{P}_{l,|m|} e^{im\varphi}$$

benutzt. Y'_{lm} unterscheidet sich nur durch einen Faktor $(-)^m$ von unserem Y_{lm}. Denn

a) Die Differentialgleichung (65.18), die ja einfach durch $l+m$ malige Differentiation von (65.14) abgeleitet ist, enthält m nur in der Form m^2. $\mathcal{P}_{lm}$ genügt also der gleichen Differentialgleichung wie $\mathcal{P}_{l,-m}$.

b) Es ist [vgl. (65.13)]

$$\mathcal{P}_{lm} = \frac{2l!}{2^l\cdot l!\cdot\overline{l-m}!}\sqrt{\frac{2l+1}{2}\,\frac{\overline{l-m}!}{\overline{l+m}!}}\,(1-x^2)^{m/2}(x^{l-m} - \cdots)$$

$$= \frac{2l!}{2^l\cdot l!\cdot\overline{l+m}!}\sqrt{\frac{2l+1}{2}\,\frac{\overline{l+m}!}{\overline{l-m}!}}\,(-)^m(1-x^2)^{-m/2}(x^{l+m} - \cdots) .$$

---

[1] C. G. DARWIN, Proc. Roy. Soc. London Bd. 118, S. 645. 1928.

Der Faktor der höchsten Potenz von x ist also in $\mathcal{P}_{lm}$ gerade $(-1)^m$ mal so groß wie in der Formel für $\mathcal{P}_{l,-m}$. Also ist

$$\mathcal{P}_{l,-m} = (-)^m \mathcal{P}_{lm}, \qquad Y'_{l,-m} = (-)^m Y_{lm}.$$

Unsere Definition für Y_{lm} hat den Vorteil, daß alle Formeln gleichzeitig für positive und für negative m gelten, was bei der konventionellen Definition Y'_{lm} nicht der Fall ist.

4. Wir geben einige Beziehungen zwischen Kugelfunktionen, die für die Berechnung von Übergangswahrscheinlichkeiten von Vorteil sind.

Aus (65.6) folgt durch $m$malige Differentiation

$$(2l+1) P_l^{(m)} = P_{l+1}^{(m+1)} - P_{l-1}^{(m+1)} \tag{65.24}$$

und mit Rücksicht auf (65.15), (65.21)

$$\sin\vartheta\, \mathcal{P}_{lm}(\cos\vartheta) = \sqrt{\frac{(l+m+1)(l+m+2)}{(2l+1)(2l+3)}}\, \mathcal{P}_{l+1,m+1} - \sqrt{\frac{(l-m)(l-m-1)}{(2l+1)(2l-1)}}\, \mathcal{P}_{l-1,m+1}. \tag{65.25}$$

Da die Kugelfunktionen mit gleichem oberen Index m und verschiedenem l derselben Differentialgleichung (65.18) genügen, bilden sie ein vollständiges Orthogonalsystem. Da die $\mathcal{P}$ außerdem normiert sind, folgt aus (65.25)

$$\int_{-1}^{+1} \sin\vartheta\, \mathcal{P}_{lm}\, \mathcal{P}_{l+1,m+1} \sin\vartheta\, d\vartheta = \sqrt{\frac{(l+m+1)(l+m+2)}{(2l+1)(2l+3)}},$$

$$\int_{-1}^{+1} \sin\vartheta\, \mathcal{P}_{lm}\, \mathcal{P}_{l-1,m+1} \sin\vartheta\, d\vartheta = \sqrt{\frac{(l-m)(l-m-1)}{(2l+1)(2l-1)}},$$

und daraus folgt wieder

$$\sin\vartheta\, \mathcal{P}_{lm}(\cos\vartheta) = -\sqrt{\frac{(l-m+1)(l-m+2)}{(2l+1)(2l+3)}}\, \mathcal{P}_{l+1,m-1} + \sqrt{\frac{(l+m)(l+m-1)}{(2l+1)(2l-1)}}\, \mathcal{P}_{l-1,m-1}. \tag{65.26}$$

Wir haben im Text je nach Bedarf (65.25) oder (65.26) verwendet.

Aus (65.4) folgt durch $m$malige Differentiation

$$(2l+1)\, x P_l^{(m)} + (2l+1)\, m P_l^{(m-1)} = (l+1) P_{l+1}^{(m)} + l P_{l-1}^{(m)},$$

und wenn in (65.24) m durch $m-1$ ersetzt und die so erhaltene Gleichung $m$mal subtrahiert wird, bleibt

$$(2l+1)\, x P_l^{(m)} = (l-m+1) P_{l+1}^{(m)} + (l+m) P_{l-1}^{(m)}.$$

Daraus folgt mit (65.15) und (65.21)

$$\cos\vartheta\, \mathcal{P}_{lm}(\cos\vartheta) = \sqrt{\frac{(l+m+1)(l-m+1)}{(2l+1)(2l+3)}}\, \mathcal{P}_{l+1,m} + \sqrt{\frac{(l+m)(l-m)}{(2l+1)(2l-1)}}\, \mathcal{P}_{l-1,m}. \tag{65.27}$$

5. Bei der Behandlung von Feinstrukturproblemen (Ziff. 23, 25) treten neben den Koordinaten (x, y, z) oft quadratische Ausdrücke in den Koordinaten auf, wie x^2, z^2, xz, xy. Es ist nützlich, die Matrixelemente dieser Ausdrücke zu kennen, wenn als Eigenfunktionen diejenigen eines Elektrons im Zentralfeld

$$u = R_{nl}(r)\, \mathcal{P}_{lm}(\cos\vartheta)\, e^{im\varphi}$$

zu nehmen sind. Wir finden durch zweimalige Anwendung von (65.27) bzw. (65.25), (65.26)

$$\left.\begin{aligned} \frac{z^2}{r^2}\mathcal{P}_{lm} = \cos^2\vartheta\,\mathcal{P}_{lm} &= \sqrt{\frac{[(l+1)^2-m^2][(l+2)^2-m^2]}{(2l+1)(2l+3)^2(2l+5)}}\,\mathcal{P}_{l+2,m} \\ &+ \frac{2l^2+2l-2m^2-1}{(2l+3)(2l-1)}\mathcal{P}_{lm} + \sqrt{\frac{[l^2-m^2][(l-1)^2-m^2]}{(2l+1)(2l-1)^2(2l-3)}}\,\mathcal{P}_{l-2,m}. \end{aligned}\right\} \tag{65.28}$$

$$\left.\begin{aligned} \cos\vartheta\sin\vartheta\,\mathcal{P}_{lm} = &\sqrt{\frac{(l+m+3)(l+m+2)(l+m+1)(l-m+1)}{(2l+5)(2l+3)^2(2l+1)}}\,\mathcal{P}_{l+2,m+1} \\ &+ \frac{2m+1}{(2l+3)(2l-1)}\sqrt{(l+m+1)(l-m)}\,\mathcal{P}_{l,m+1} \\ &- \sqrt{\frac{(l+m)(l-m)(l-m-1)(l-m-2)}{(2l+1)(2l-1)^2(2l-3)}}\,\mathcal{P}_{l-2,m+1} \end{aligned}\right\} \tag{65.29}$$

$$\left.\begin{aligned} = &-\sqrt{\frac{(l+m+1)(l-m+1)(l-m+2)(l-m+3)}{(2l+5)(2l+3)^2(2l+1)}}\,\mathcal{P}_{l+2,m-1} \\ &+ \frac{2m-1}{(2l+3)(2l-1)}\sqrt{(l+m)(l-m+1)}\,\mathcal{P}_{l,m-1} \\ &+ \sqrt{\frac{(l+m)(l+m-1)(l+m-2)(l-m)}{(2l+1)(2l-1)^2(2l-3)}}\,\mathcal{P}_{l-2,m-1}, \end{aligned}\right\} \tag{65.30}$$

$$\left.\begin{aligned} \sin^2\vartheta\,\mathcal{P}_{lm} = &\sqrt{\frac{(l+m+4)(l+m+3)(l+m+2)(l+m+1)}{(2l+5)(2l+3)^2(2l+1)}}\,\mathcal{P}_{l+2,m+2} \\ &- \frac{2}{(2l+3)(2l-1)}\sqrt{(l+m+2)(l+m+1)(l-m)(l-m-1)}\,\mathcal{P}_{l,m+2} \\ &+ \sqrt{\frac{(l-m)(l-m-1)(l-m-2)(l-m-3)}{(2l+1)(2l-1)^2(2l-3)}}\,\mathcal{P}_{l-2,m+2} \end{aligned}\right\} \tag{65.31}$$

$$\left.\begin{aligned} = &\sqrt{\frac{(l-m+4)(l-m+3)(l-m+2)(l-m+1)}{(2l+5)(2l+3)^2(2l+1)}}\,\mathcal{P}_{l+2,m-2} \\ &- \frac{2}{(2l+3)(2l-1)}\sqrt{(l-m+2)(l-m+1)(l+m)(l+m-1)}\,\mathcal{P}_{l,m-2} \\ &+ \sqrt{\frac{(l+m)(l+m-1)(l+m-2)(l+m-3)}{(2l+1)(2l-1)^2(2l-3)}}\,\mathcal{P}_{l-2,m-2}. \end{aligned}\right\} \tag{65.32}$$

Wir erhalten also unter anderem

$$\left.\begin{aligned} ((x+iy)z)_{lm}^{l,m+1} &= \int R_{nl}^2(r)\,\mathcal{P}_{lm+1}(\cos\vartheta)\,e^{-i(m+1)\varphi}\,\mathcal{P}_{lm}(\cos\vartheta)\,e^{im\varphi}\cdot\frac{1}{2\pi} \\ &\cdot r^2\cos\vartheta\sin\vartheta\,e^{i\varphi}\cdot d\tau = \overline{r^2}\cdot\frac{2m+1}{(2l+3)(2l-1)}\sqrt{(l+m+1)(l-m)}, \end{aligned}\right\} \tag{65.33}$$

$$(z^2)_{l,m}^{l,m} = \overline{r^2}\cdot\frac{2l^2+2l-1-2m^2}{(2l+3)(2l-1)}, \tag{65.34}$$

wo

$$\overline{r^2} = \int R_{nl}^2(r)\,r^2\cdot r^2\,dr$$

der Mittelwert von r^2 im Zustand nl ist.

Andererseits folgt aus den Ausdrücken für die Matrixelemente der Bahndrehimpulskomponenten (1.14) durch gewöhnliche Matrizenmultiplikation z. B.

$$\left.\begin{aligned} &(k_z(k_x+ik_y))^{l,m+1}_{l,m} = (k_z)^{l\,m+1}_{l\,m+1}(k_x+ik_y)^{l\,m+1}_{l\,m} = -(m+1)\sqrt{(l+m+1)(l-m)}\,,\\ &((k_x+ik_y)k_z)^{l,m+1}_{l,m} = (k_x+ik_y)^{l\,m+1}_{l\,m}(k_z)^{l\,m}_{l\,m} = -m\sqrt{(l+m+1)(l-m)}\,,\\ &(k_z^2)^{l\,m}_{l\,m} = m^2. \end{aligned}\right\}\quad(65.35)$$

Durch Vergleich ergibt sich

$$\left.\begin{aligned} ((x+iy)z)^{l\,m+1}_{l\,m} &= -\frac{\overline{r^2}}{(2l+3)(2l-1)}\,(k_z(k_x+ik_y)+(k_x+ik_y)k_z)^{l\,m+1}_{l\,m},\\ (z^2)^{l\,m}_{l\,m} &= \frac{1}{3}\,\overline{r^2} - \frac{\overline{r^2}}{(2l+3)(2l-1)}\cdot 2\cdot\left(k_z^2 - \frac{1}{3}\,k^2\right)^{l\,m}_{l\,m}, \end{aligned}\right\}\quad(65.36)$$

wobei k der Betrag des Bahndrehimpulses ist, also

$$(k^2)^{l\,m}_{l\,m} = l(l+1)\,. \quad(65.37)$$

Ähnliche Gleichungen wie (65.36) ergeben sich für die Matrixelemente *aller übrigen* quadratischen Ausdrücke in den Koordinaten, soweit sie sich auf Übergänge zwischen Zuständen gleicher Azimutalquantenzahl beziehen. Wie man an Hand von (65.28) bis (65.32) leicht nachrechnet, lassen sich die Gleichungen zusammenfassen in die Formel

$$\overline{r^2\delta_{ij} - 3x_ix_j} = -\frac{\overline{r^2}}{(2l+3)(2l-1)}\cdot[2k^2\delta_{ij} - 3(k_ik_j + k_jk_i)]\,, \quad(65.38)$$

wo $i, j = 1, 2, 3$ die drei Richtungen des Raums numerieren und $\delta_{ij} = 1$ bzw. 0 ist für $i = j$ bzw. $i \neq j$. Wenn also $\mathfrak{a}$, $\mathfrak{b}$ irgendwelche mit $\mathfrak{k}$ und untereinander vertauschbare Vektoren bedeuten, ist

$$\left.\begin{aligned} \overline{(\mathfrak{a}\mathfrak{b})r^2 - 3(\mathfrak{a}\mathfrak{r})(\mathfrak{b}\mathfrak{r})} &= \sum_{ij=1}^{3} a_ib_j\,\overline{(r^2\delta_{ij} - 3x_ix_j)}\\ &= -\frac{\overline{r^2}}{(2l+3)(2l-1)}\,[2k^2(\mathfrak{a}\mathfrak{b}) - 3(\mathfrak{a}\mathfrak{k})(\mathfrak{b}\mathfrak{k}) - 3(\mathfrak{b}\mathfrak{k})(\mathfrak{a}\mathfrak{k})]\,. \end{aligned}\right\}\quad(65.39)$$

Gleichung (65.39) ist eine Matrixgleichung, sie bedeutet, daß jedes Matrixelement der linken Seite gleich dem entsprechenden der rechten ist, sofern nur das Matrixelement sich auf einen Übergang zwischen Zuständen mit gleicher Azimutalquantenzahl bezieht.

6. Wir berechnen die Ableitung nach ϑ

$$\left.\begin{aligned} -\frac{dP_l^m(\cos\vartheta)}{d\vartheta} &= (1-x^2)^{\frac{1}{2}}\frac{dP_l^m}{dx} = (1-x^2)^{\frac{m+1}{2}}P_l^{(m+1)} -\\ &- mx(1-x^2)^{\frac{m-1}{2}}P_l^{(m)} = P_l^{m+1} - \frac{mx}{\sqrt{1-x^2}}P_l^m. \end{aligned}\right\}\quad(65.40)$$

Berücksichtigen wir noch (65.17), wobei wir dort m durch $m-1$ ersetzen:

$$(1-x^2)P_l^{(m+1)} - 2mxP_l^{(m)} + (l+m)(l-m+1)P_l^{(m-1)} = 0\,,$$

so können wir statt (65.40) auch schreiben

$$-\frac{dP_l^m}{d\vartheta} = -(l+m)(l-m+1)P_l^{m-1} + \frac{m}{\sqrt{1-x^2}}\,P_l^m\,, \quad(65.41)$$

gehen wir dann zu den normierten Funktionen (65.21) über, so wird

$$-\frac{d\mathcal{P}_{lm}}{d\vartheta} = \sqrt{(l+m+1)(l-m)}\,\mathcal{P}_{l,m+1} - m\operatorname{ctg}\vartheta\,\mathcal{P}_{lm} \tag{65.42}$$

$$= -\sqrt{(l+m)(l-m+1)}\,\mathcal{P}_{l,m-1} + m\operatorname{ctg}\vartheta\,\mathcal{P}_{lm}. \tag{65.43}$$

7. In der DIRACschen Wellengleichung kommen die Ableitungen der Eigenfunktion nach den Koordinaten vor. Es ist bekanntlich

$$\frac{\partial}{\partial z} = \cos\vartheta\frac{\partial}{\partial r} - \sin\vartheta\frac{1}{r}\frac{\partial}{\partial\vartheta},$$

$$\frac{\partial}{\partial x} = \sin\vartheta\cos\varphi\frac{\partial}{\partial r} + \cos\vartheta\cos\varphi\frac{1}{r}\frac{\partial}{\partial\vartheta} - \frac{\sin\varphi}{r\sin\vartheta}\frac{\partial}{\partial\varphi},$$

$$\frac{\partial}{\partial y} = \sin\vartheta\sin\varphi\frac{\partial}{\partial r} + \cos\vartheta\sin\varphi\frac{1}{r}\frac{\partial}{\partial\vartheta} + \frac{\cos\varphi}{r\sin\vartheta}\frac{\partial}{\partial\varphi}.$$

Es sei f eine Funktion von r allein. Dann ist unter Benutzung von (65.25) bis (65.27) und (65.40) bis (65.43)

$$\left.\begin{aligned}
&\frac{\partial}{\partial z}(f(r)\,Y_{lm}(\vartheta,\varphi)) = \left(\frac{df}{dr}\cos\vartheta\,\mathcal{P}_{lm}e^{im\varphi} - \frac{f}{r}\sin\vartheta\frac{d\mathcal{P}_{lm}}{d\vartheta}e^{im\varphi}\right)\frac{1}{\sqrt{2\pi}}\\
&= \frac{df}{dr}\left[\sqrt{\frac{(l+m+1)(l-m+1)}{(2l+3)(2l+1)}}\,Y_{l+1,m} + \sqrt{\frac{(l+m)(l-m)}{(2l+1)(2l-1)}}\,Y_{l-1,m}\right]\\
&+ \frac{f}{r}\left\{\left[-\sqrt{(l+m+1)(l-m)}\sqrt{\frac{(l-m+1)(l-m)}{(2l+3)(2l+1)}} - m\sqrt{\frac{(l+m+1)(l-m+1)}{(2l+3)(2l+1)}}\right]Y_{l+1,m}\right.\\
&\left.+\left[\sqrt{(l+m+1)(l-m)}\sqrt{\frac{(l+m+1)(l+m)}{(2l+1)(2l-1)}} - m\sqrt{\frac{(l+m)(l-m)}{(2l+1)(2l-1)}}\right]Y_{l-1,m}\right\}\\
&= \sqrt{\frac{(l+m+1)(l-m+1)}{(2l+3)(2l+1)}}\,Y_{l+1,m}\left(\frac{df}{dr} - l\frac{f}{r}\right) + \sqrt{\frac{(l+m)(l-m)}{(2l+1)(2l-1)}}\,Y_{l-1,m}\left(\frac{df}{dr} + (l+1)\frac{f}{r}\right)
\end{aligned}\right\} \tag{65.44}$$

und analog

$$\left.\begin{aligned}
\left(\frac{\partial}{\partial x} + i\frac{\partial}{\partial y}\right)(fY_{lm}) &= \frac{df}{dr}\sin\vartheta\,e^{i\varphi}\,\mathcal{P}_{lm}e^{im\varphi} + \frac{f}{r}\cos\vartheta\,e^{i(m+1)\varphi}\frac{d\mathcal{P}_{lm}}{d\vartheta}\\
&\quad + i e^{i\varphi}\frac{f}{r}\frac{\mathcal{P}_{lm}}{\sin\vartheta}\cdot\frac{d}{d\varphi}(e^{im\varphi})\\
&= \sqrt{\frac{(l+m+2)(l+m+1)}{(2l+3)(2l+1)}}\,Y_{l+1,m+1}\left(\frac{df}{dr} - l\frac{f}{r}\right)\\
&\quad - \sqrt{\frac{(l-m)(l-m-1)}{(2l+1)(2l-1)}}\,Y_{l-1,m+1}\left(\frac{df}{dr} + (l+1)\frac{f}{r}\right),
\end{aligned}\right\} \tag{65.45}$$

$$\left.\begin{aligned}
\left(\frac{\partial}{\partial x} - i\frac{\partial}{\partial y}\right)(fY_{lm}) &= -\sqrt{\frac{(l-m+2)(l-m+1)}{(2l+3)(2l+1)}}\,Y_{l+1,m-1}\left(\frac{df}{dr} - l\frac{f}{r}\right)\\
&\quad + \sqrt{\frac{(l+m)(l+m-1)}{(2l+1)(2l-1)}}\,Y_{l-1,m-1}\left(\frac{df}{dr} + (l+1)\frac{f}{r}\right).
\end{aligned}\right\} \tag{65.46}$$

8. Endlich wollen wir noch das Additionstheorem der Kugelfunktionen ableiten, das wir vielfach benutzt haben. Zu diesem Zweck betrachten wir den reziproken Abstand zweier Punkte R, Θ, Φ und r, ϑ, φ voneinander,

$$\frac{1}{r_{12}} = \frac{1}{\sqrt{R^2+r^2-2Rr\cos\vartheta'}} = \frac{1}{\sqrt{R^2+r^2-2Rr[\cos\Theta\cos\vartheta+\sin\Theta\sin\vartheta\cos(\Phi-\varphi)]}}, \tag{65.47}$$

als Funktion von r, ϑ, φ bei festgehaltenem R, Θ, Φ. Auf der Oberfläche einer Kugel vom Radius r können wir $1/r_{12}$ jedenfalls nach zugeordneten Kugelfunktionen $Y_{lm}(\vartheta, \varphi)$ entwickeln, wir können also schreiben

$$\frac{1}{r_{12}} = \sum_{lm} f_{lm}(r)\, Y_{lm}(\vartheta, \varphi) \tag{65.48}$$

$f_{lm}(r)$ bestimmt sich dann daraus, daß

$$\Delta\, 1/r_{12} = 0 \quad \text{solange} \quad r, \vartheta, \varphi \neq R, \Theta, \Phi$$

ist. Wenden wir den LAPLACEschen Operator auf die rechte Seite von (65.48) an, so kommt wegen (65.20)

$$\Delta \sum_{lm} f_{lm}(r)\, Y_{lm}(\vartheta, \varphi) = \sum_{lm} \left[\frac{1}{r}\frac{d^2}{dr^2}(r f_{lm}) - \frac{l(l+1)}{r^2} f_{lm}\right] Y_{lm} = 0. \tag{65.49}$$

Da (65.49) für alle ϑ, φ gelten soll, muß sein:

$$\frac{d^2}{dr^2}(r f_{lm}) - \frac{l(l+1)}{r^2}(r f_{lm}) = 0, \quad \text{also} \quad f_{lm} = \alpha_{lm} r^l + \beta_{lm} r^{-l-1} \tag{65.50}$$

sein. Die Koeffizienten α_{lm} und β_{lm} sind von r unabhängig, sie können nur evtl. für $r < R$ und $r > R$ verschiedene Werte haben. da für $r = R$ die LAPLACEsche Gleichung $\Delta\, 1/r_{12}$ nicht gilt (vgl. oben). Für kleine r bleibt nun $1/r_{12}$ jedenfalls endlich, das gleiche muß daher von $f_{lm}(r)$ gelten. Daraus folgt, daß für $r < R$ jedenfalls $\beta_{lm} = 0$ ist. Wir führen noch die dimensionslose Konstante

$$c_{lm} = \alpha_{lm} R^{l+1}$$

ein und erhalten dann

$$\frac{1}{r_{12}} = \sum_{l,m} c_{lm} \frac{r^l}{R^{l+1}} Y_{lm}(\vartheta, \varphi), \tag{65.51}$$

wobei c_{lm} nur noch von Θ, Φ abhängen kann. Andererseits kann (65.47) entsprechend (65.11) nach gewöhnlichen Kugelfunktionen des Winkels ϑ' zwischen den Radiivektoren $\mathfrak{r}$ und $\mathfrak{R}$ entwickelt werden:

$$\frac{1}{r_{12}} = \sum_l \frac{r^l}{R^{l+1}} P_l(\cos\vartheta') = \sum_l \frac{r^l}{R^{l+1}} Y_{l0}(\vartheta') \sqrt{\frac{4\pi}{2l+1}}, \tag{65.52}$$

da die normierte Kugelfunktion Y_{l0} sich von P_l um den konstanten Faktor $\sqrt{\frac{2l+1}{4\pi}}$ unterscheidet [vgl. (65.22)].

Durch Vergleich der Faktoren von r^l in (65.51) und (65.52) findet man, daß notwendig eine Beziehung der Form

$$Y_{l0}(\vartheta') = c_{lm}'(\Theta, \Phi)\, Y_{lm}(\vartheta, \varphi), \tag{65.53}$$

bestehen muß, wobei c_{lm}' sich von c_{lm} nur um den Faktor $\sqrt{4\pi/2l+1}$ unterscheidet. Um die Koeffizienten c_{lm}' zu finden, definieren wir auf der Kugeloberfläche eine Funktion $\delta(\vartheta - \Theta, \varphi - \Phi)$, welche für alle Werte von ϑ, φ verschwindet außer für $\vartheta = \Theta, \varphi = \Phi$. An dieser Stelle soll δ unendlich werden, und zwar derart, daß

$$\int_{\Delta\omega} \delta(\vartheta - \Theta, \varphi - \Phi)\, d\omega = 1 \tag{65.54}$$

ist, wenn das kleine Integrationsgebiet $\Delta\omega$ den Punkt Θ, Φ enthält. Wir entwickeln nun δ nach Kugelfunktionen

$$\delta(\vartheta - \Theta, \varphi - \Phi) = \sum_{lm} a_{lm} Y_{lm}(\vartheta, \varphi). \tag{65.55}$$

Für die a_{lm} erhält man in gewöhnlicher Weise

$$a_{lm} = \int \delta(\vartheta - \Theta, \varphi - \Phi) Y_{lm}^*(\vartheta, \varphi)\, d\omega = Y_{lm}^*(\Theta, \Phi)$$

wegen (65.54), so daß

$$\delta(\vartheta - \Theta, \varphi - \Phi) = \sum_{lm} Y_{lm}^*(\Theta, \Phi)\, Y_{lm}(\delta, \varphi)\,. \tag{65.56}$$

Andererseits kann man δ auch in einem zweiten Polarkoordinatensystem $\vartheta'\varphi'$ nach Kugelfunktionen entwickeln, dessen Achse in die Richtung Θ, Φ zeigt: $\vartheta'\varphi'$ seien die Polarkoordinaten des Punktes, der im ungestrichenen System die Polarkoordinaten $\vartheta\varphi$ hat, ϑ' ist dann mit dem in (65.52) eingeführten ϑ' identisch. Die Entwicklung gibt ganz analog zu (65.56)

$$\delta(\vartheta - \Theta, \varphi - \Phi) = \sum_{l} Y_{l0}(0)\, Y_{l0}(\vartheta')\,, \tag{65.57}$$

weil $Y_{lm}(0) = 0$ ist für $m \neq 0$. Vergleich von (65.56) mit (65.57) gibt

$$\sum_{l} Y_{l0}(0)\, Y_{l0}(\vartheta') = \sum_{lm} Y_{lm}^*(\Theta, \Phi)\, Y_{lm}(\vartheta, \varphi)\,,$$

woraus durch Vergleich mit (65.53) folgt

$$c_{lm}' = \frac{1}{Y_{l0}(0)} \sum_{m} Y_{lm}^*(\Theta, \Phi)\, Y_{lm}(\vartheta, \varphi)\,, \tag{65.58}$$

d. h.

$$Y_{l0}(0)\, Y_{l0}(\vartheta') = \sum_{m} Y_{lm}^*(\Theta, \Phi)\, Y_{lm}(\vartheta, \varphi)\,. \tag{65.59}$$

Dies ist das bekannte Additionstheorem. Speziell für $\vartheta' = 0$ folgt

$$\sum_{m} |Y_{lm}(\Theta, \Phi)|^2 = (Y_{l0}(0))^2 = \frac{2l+1}{4\pi}\,. \tag{65.60}$$

Kapitel 4.

Allgemeine Quantenmechanik des Atom- und Molekelbaues.

Von

F. Hund, Leipzig.

Mit 50 Abbildungen.

I. Methoden der quantenmechanischen Behandlung von Atomen und Molekeln.

1. Einleitung. Die Theorie des Atoms und der Molekel ist nicht nur eines der Hauptanwendungsgebiete der Quantenmechanik, sondern sie ist vor allem das Gebiet, auf dem der wesentliche Teil der Entwicklung dieser Theorie stattfand. Während Planck (1900) das Wirkungsquantum h bei der Betrachtung des Gesetzes der schwarzen Strahlung entdeckte und Einstein (1906) die grundlegende Beziehung zwischen der Frequenz des absorbierten Lichts und der Energiemenge, die aus der Strahlung in die Materie überging, beim lichtelektrischen Effekt fand, war es weiterhin insbesondere das Problem der Spektrallinien, d. h. die Frage ihrer Erklärung durch Eigenschaften der Atome und Molekeln, das zur Weiterentwicklung und zum vorläufigen Abschluß der Theorie führte. Bohrs Grundgesetze einer Theorie der atomaren Prozesse hatten als ersten Erfolg die Deutung des Wasserstoffatom-Spektrums und die Berechnung der Rydbergschen Zahl (1913). Sommerfeld und seine Schüler bildeten die Quantentheorie des Atoms fort als eine Systematik der Linienspektren; Bohr gelang eine großzügige Schau über das periodische System der Elemente durch Betrachtung des Zusammenhangs von Atombau und Spektrum; derselbe Zusammenhang führte Pauli zu seinem Ausschließungsprinzip. Von den beiden Fassungen, mit denen die strenge Quantenmechanik begann, knüpfte die Heisenbergsche (1925) an allgemeine spektroskopische Gesetze an, die Schrödingersche (1926) geschah an einer Behandlung des Wasserstoffatoms.

Nach der Schaffung der neuen Quantenmechanik und ihrer begrifflichen Klärung durch Born, Jordan, Dirac, Bohr und Heisenberg war der Weg frei für eine Anwendung auch auf Molekeln, festen Körper, Stoß- und Strahlungsvorgänge. Eine Erweiterung zu einer Quantentheorie der Atomkerne und zu einer Quantentheorie des elektromagnetischen Feldes ist noch nicht voll gelungen. Es zeigte sich nämlich, daß die Quantenmechanik nur für Fälle ausreichte, wo keine Geschwindigkeiten auftraten, die mit der Lichtgeschwindigkeit vergleichbar waren, und für Dimensionen, gegen die die Größe des Elektrons klein war.

Aus diesem Grunde beschäftigt sich dieses Kapitel nur mit der *Theorie der Elektronenhülle* von Atomen und Molekeln, und zwar im wesentlichen nur mit den stationären Zuständen dieser Hülle und den Eigenschaften, die eng damit zusammenhängen (Spektrum, elektrische und magnetische Eigenschaften, ein Teil des chemischen Verhaltens). Die streng lösbaren Fragen sind schon im vorangehenden Kapitel behandelt; es kommt also hier darauf an, allgemeine Betrachtungsweisen für verwickelte Fälle zu zeigen. Einige dieser Bestandteile einer Theorie des Atoms und der Molekel sind schon an anderer Stelle des Handbuches dargestellt[1]; in solchen Fällen wird im folgenden nur die Einordnung in die Folgerungen aus der neuen Quantenmechanik angegeben.

Da aus Gründen der übersichtlichen Darstellung im folgenden vom historischen Gang abgewichen wird, seien hier einige nach Meinung des Berichterstatters wichtige *Schritte der Entwicklung* angegeben. Der Hauptbestandteil ist natürlich der Ausbau der Quantenmechanik gewesen. Der Zusammenhang von Symmetrieeigenschaften des quantenmechanischen Systems und Eigenschaften der Zustände wurde in seiner ganzen Tragweite von WIGNER (1927) gesehen; er hat ihn auch systematisch untersucht (zum Teil mit V. NEUMANN). SLATER gibt (1929) auf anderem Wege eine Neubegründung der schon früher in der Theorie der Linienspektren aufgestellten Sätze auf Grund der Quantenmechanik. Neben diesen allgemeinen Fortschritten geht her die theoretische Klärung der Molekelspektren (MULLIKEN, HUND u. a., 1926 bis 1930), die Theorie der Molekel (BORN-OPPENHEIMER, DE L. KRONIG, 1927 bis 1928) und die Deutung der chemischen Bindung (HEITLER-LONDON, SLATER u. a., 1927 bis 1931).

2. Das Modell. Bei den Untersuchungen mit Hilfe der klassischen Mechanik konnte man begrifflich unterscheiden zwischen der *allgemeinen Theorie* (ausgedrückt in den allgemein gefaßten Bewegungsgleichungen) und dem *besonderen Modell*, auf das man die Theorie anwandte (ausgedrückt etwa durch eine besondere Wahl der Abhängigkeit der Kräfte von ihren Bedingungen bzw. Wahl der HAMILTONschen Funktion). Auch in der heutigen Form der Quantenmechanik ist diese Unterscheidung möglich; die Quantenmechanik besteht aus Sätzen, die sich auf verschiedenartige Systeme sinnvoll anwenden lassen; sie werden aber angewandt auf ein bestimmtes Modell aus Teilchen mit bestimmten Massen und Ladungen und mit ganz bestimmten Kräften. Wir sind heute geneigt, die Unterscheidung von allgemeiner Theorie und Modell als Zeichen anzusehen, daß die Theorie noch begrifflich unvollkommen ist; wir haben die Hoffnung, daß auch allgemeine Eigenschaften des Modells (Existenz von Proton und Elektron, magnetisches Moment des Elektrons) eines Tages genau so in einer allgemeinen Theorie enthalten sein werden wie etwa die Bewegungsgleichungen. Für den gegenwärtigen Zustand ist nun aber gerade die Unterscheidung in allgemeine Theorie und Modell kennzeichnend. Wir können daher beide gesondert behandeln.

Untersuchungen über den Durchgang von schnellen Teilchen durch Materie führten zu der RUTHERFORDschen Vorstellung: Ein Atom besteht aus einem Kern mit der Ladung $+Ze$ (Z ganzzahlig) und aus Elektronen der Ladung $-e$. Der Kern trägt im wesentlichen die Masse des Atoms. Für die Wechselwirkung der Teilchen miteinander gilt das COULOMBsche Gesetz, und zwar bis zu einem Abstand ($\sim 10^{-12}$ cm), der sehr klein ist gegen die Atomdimensionen ($\sim 10^{-8}$ cm). Die Widersprüche mit der Erfahrung, die sich bei Anwendung der klassischen Mechanik auf dieses Modell ergaben, wurden zunächst beseitigt durch die *BOHRschen Postulate* von der Existenz der stationären Zustände und der Verknüpfung

[1] Insbesondere (1928/29 fertiggestellt): E. FRERICHS, Analyse und Bau der Linienspektren, ds. Handb. Bd. XXI, Kap. 5, S. 273; A. LANDÉ, Zeemaneffekt, ds. Handb. Bd. XXI, Kap. 7, S. 360; R. MECKE, Bandenspektra, ds. Handb. Bd. XXI, Kap. 11, S. 493.

der Emission und Absorption mit einem Übergang zwischen solchen Zuständen[1]. Die BOHRschen Postulate bedeuteten aber einen Verzicht auf die Beschreibung der Bewegung im Atom im klassischen Sinne und eine Beschränkung auf die energetische Beschreibung der Vorgänge. Genau so bedeutete die Quantentheorie der Strahlung eine Beschränkung auf die energetische Beschreibung (die Lichtquanten hatten eine Energie und einen eindeutig dadurch bestimmten Impuls); aber in der Theorie der Strahlung gab es daneben immer noch eine Wellentheorie, die bei der energetischen Beschreibung weitgehend versagte und die man auf die Beschreibung der Phasen einschränken mußte. In der Theorie der Materie tauchte die entsprechende Vorstellung erst viel später auf.

Mit Hilfe des *Korrespondenzprinzips* war es der BOHRschen Theorie möglich, viele Eigenschaften des Atoms, die mit seiner Elektronenhülle zusammenhängen, qualitativ zu deuten. Insbesondere entstand eine Theorie der Spektren[2]. Eine Theorie des Kernbaues konnte nicht in Angriff genommen werden. Beim Ausbau der Theorie der Spektren erwiesen sich Modell und Theorie in zwei Punkten einer Ergänzung bedürftig. Der eine Punkt führte schließlich zur Entdeckung einer neuen Eigenschaft des Elektrons, nämlich seines magnetischen Moments; der andere Punkt führte zur Entdeckung des Ausschließungsprinzips durch PAULI (im folgenden kurz Pauliprinzip genannt).

Die gröberen Eigenschaften der einfacheren Atomspektren konnte man dadurch erklären, daß man die Bewegung eines der Elektronen in einem kugelsymmetrischen Kraftfeld, das den Kern und die übrigen Elektronen ersetzen sollte, betrachtete. Eine solche Bewegung hatte nach der klassischen Mechanik zwei Grundfrequenzen, bei kleiner Abweichung des Kraftfeldes vom COULOMBschen die Frequenz des Umlaufs auf der ellipsenähnlichen Bahn und die Frequenz der langsamen Drehung der Bahn. Das Korrespondenzprinzip führte so zu einer Ordnung der Terme des Spektrums nach den zwei Quantenzahlen n und l; die Energie $W(n, l)$ sollte im Grenzfall des Coulombfeldes von l unabhängig werden und in den Ausdruck $-RhZ^2\frac{1}{n^2}$ des Atoms mit einem Elektron (H, He^+ ...) übergehen. Die empirischen einfachen Spektren verhielten sich in der Tat genähert so. Sie wichen aber insofern ab, als die durch n, l beschriebenen Terme im allgemeinen mehrfach waren, d. h. eine Gruppe von Termen bildeten, die bei leichten Atomen nahe beieinander lagen, bei schweren Atomen zunehmend auseinander rückten. Man konnte den Sachverhalt formal durch eine dritte Quantenzahl j (SOMMERFELD) deuten, deren Eigenschaften (Auftreten der Übergänge $j \to j, j \to j \pm 1$) darauf hindeuteten, daß sie wie vorher l einem Drehimpuls entsprach, und zwar dem gesamten Drehimpuls des Atoms. Versuche, den Zusatzdrehimpuls, der l zu j ergänzt, als einen Drehimpuls des Atomrestes zu deuten, führten zu großen Schwierigkeiten. Erst GOUDSMIT und UHLENBECK gaben eine befriedigende Erklärung durch die Annahme, daß das *Elektron selbst einen Drehimpuls der Größe* $\frac{1}{2}\frac{h}{2\pi}$ hätte. Auch die Zeemaneffekte der einfacheren Spektren ließen sich fast vollständig erklären durch die Annahme, daß dieser Drehimpuls mit einem *magnetischen Moment der Stärke* $\frac{e}{mc}\cdot\frac{1}{2}\frac{h}{2\pi}$ verbunden

[1] Vgl. Kap. 1 ds. Bandes (RUBINOWICZ).

[2] Vgl. die zahlreichen Darstellungen, etwa: A. SOMMERFELD, Atombau und Spektrallinien, 5. Aufl. Braunschweig 1932; M. BORN, Atommechanik I. Berlin 1925; F. HUND, Linienspektren und periodisches System der Elemente. Berlin 1927; W. GROTRIAN, Graphische Darstellung der Spektren von Atomen. Berlin 1928; E. BACK u. A. LANDÉ, Zeemaneffekt und Multiplettstruktur. Berlin 1925, sowie die schon erwähnten Artikel im Bd. XXI ds. Handbuches.

sei, dessen Richtung dem Drehimpulsvektor entgegengerichtet sei (ein mit dem Drehimpuls p umlaufendes Elektron erzeugt ein magnetisches Moment der Stärke $\frac{e}{2mc}\cdot p\Big)$.

Durch Vergleich der empirisch bekannten einfacheren Spektren mit dem theoretischen Schema kam BOHR zu folgender Auffassung des Zusammenhanges der Spektren mit dem periodischen System der Elemente. Den Schritt von einem Element zum folgenden kann man sich so denken, daß man die Kernladung des Elements um 1 erhöht (seine Terme gehen dann in die des positiven Ions des folgenden Elements über), den Grundzustand dieses Gebildes zu einem Kraftfeld zusammenfaßt und nun ein neues Elektron in dieses Kraftfeld setzt. Der Beginn einer Periode des Systems der Elemente ist dann dadurch gekennzeichnet, daß das neue Elektron in seinem tiefsten Zustande eine um 1 höhere Hauptquantenzahl hat als in den vorangegangenen Elementen. Feinere Einzelheiten des Systems der Elemente entsprachen einer solchen Erhöhung der Nebenquantenzahl. Diese Auffassung bedeutete, daß eine durch Quantenzahlen n und l bezeichnete Elektronenbahn nicht mehr als eine bestimmte Anzahl von Elektronen aufnehmen kann, und zwar zeigte sich schließlich (STONER), daß, wenn man Zustände, die in äußeren Feldern in mehrere aufspalten können, entsprechend mehrfach zählt, jeder Zustand höchstens zwei Elektronen aufnehmen kann. Durch formale Beschreibung der damals nicht durch das Modell (sondern erst später durch die GOUDSMIT-UHLENBECKsche Hypothese) erklärbaren Vielfachheit der Terme durch Einführung von vier Freiheitsgraden des Elektrons erhielt PAULI die Fassung, daß *jeder* so beschriebene *Zustand höchstens ein Elektron* enthalten kann. *Dieses Prinzip folgt nicht aus den übrigen Sätzen der Quantentheorie, sondern ergänzt sie.*

Unseren Betrachtungen legen wir jetzt das folgende *Modell* zugrunde: Den Kern betrachten wir als punktförmig; er hat eine gegebene Masse und die Ladung $+Ze$, wo Z eine gegebene ganze Zahl (die Atomnummer) und e das Elementarquantum der elektrischen Ladung ist. Das Elektron hat eine Masse m und die Ladung $-e$. Das Elektron hat ferner einen Eigendrehimpuls oder „Spin", d. h. es kann sich bei Abwesenheit anderer Kräfte in einem Magnetfeld in zwei Weisen einstellen, mit den Drehimpulsen $\frac{1}{2}\frac{h}{2\pi}$ und $-\frac{1}{2}\frac{h}{2\pi}$ in der Feldrichtung. Für viele Fragen des Atom- und Molekelbaus reicht es aus, den Spin nur so weit zu berücksichtigen, als er wegen des Pauliprinzips für das Vorhandensein eines Termes von Einfluß ist oder durch seinen Drehimpuls Termeigenschaften bestimmt. Für einige feinere Untersuchungen jedoch sind auch die vom Spin ausgehenden magnetischen Kräfte wesentlich. Bestimmte Eigenschaften der Atom- und der Molekelspektren deuten darauf hin, daß auch die Kerne einen Drehimpuls und ein magnetisches Moment haben können. Da diese Eigenschaften nur Einzelheiten im Bilde von den Atomen und Molekeln darstellen, wollen wir das Kernmoment vorläufig nicht in unser Modell aufnehmen.

Bei der Deutung der Spektren und der allmählichen Aufstellung dieses Modells zeigten sich eine Reihe von Atomeigenschaften, die zwar schließlich aus dem Modell und der Quantentheorie zu erklären waren, deren Erkenntnis an dem empirischen Material für den Ausbau der Theorie aber sehr wichtig war und die bei vorläufigen Fassungen der Theorie oder bei Betrachtung von Teilgebieten als Modelleigenschaften betrachtet wurden. Die Struktur der Spektren zeigte, daß es in gröberer Näherung erlaubt ist, jedes Elektron für sich in einem kugelsymmetrischen Kraftfeld, das den Kern und die anderen Elektronen ersetzt, laufend zu denken. Die Hinzufügung der feineren Wechselwirkung der

Elektronen, die nicht durch das Ersatzfeld beschrieben werden kann, und des Spins verbessert dann die erste Näherung. Die Bandenspektren der Molekeln zeigten, daß die Rotation der Molekel im allgemeinen langsam erfolgt gegen die Schwingung und diese langsam gegen die Elektronenbewegung. In grober Näherung ist es also erlaubt, von Rotation und Schwingung abzusehen und der Betrachtung ein Modell mit festgehaltenen Kernen unterzulegen (Mehrzentrensystem).

3. Die Quantenmechanik[1]. Genau wie unser Modell nur einen Teil der uns bekannten Eigenschaften der Atombausteine enthielt, wollen wir auch die Quantenmechanik nicht in der vollen Allgemeinheit benutzen. Zunächst ist die Beschränkung auf Geschwindigkeiten notwendig, die klein gegen die Lichtgeschwindigkeit sind, damit wir das Gebiet der heute vollständig bekannten Theorie nicht überschreiten. Weiter dürfen wir eine solche Fassung der Quantenmechanik wählen, die dem Fall diskreter stationärer Zustände angepaßt ist, und uns auf abgeschlossene (konservative) Systeme beschränken. Den Elektronenspin fügen wir erst nachher ein.

Wir behandeln also ein quantenmechanisches System mit Hilfe der *Schrödingergleichung* für stationäre Zustände. Wir erhalten sie durch formale Umbildung der klassischen Gleichung

$$H(q_1, q_2, \ldots, p_1, p_2, \ldots) - E = 0,$$

wobei die HAMILTONsche Funktion H die als gegeben betrachteten Eigenschaften des mechanischen Systems beschreibt und $q_1, q_2, \ldots$ die rechtwinkligen Koordinaten, $p_1, p_2, \ldots$ die zugehörigen Impulse sind. Wir ersetzen formal $p_1, p_2, \ldots$ durch $\frac{h}{2\pi i}\frac{\partial}{\partial q_1}, \frac{h}{2\pi i}\frac{\partial}{\partial q_2} \cdots$ oder $\left(\text{mit der Abkürzung } \frac{h}{2\pi} = \hbar\right)$ durch $\frac{\hbar}{i}\frac{\partial}{\partial q_1}, \frac{\hbar}{i}\frac{\partial}{\partial q_2} \cdots$ und wenden den so entstehenden Differentialausdruck (Operator) auf eine Funktion $u(q_1, q_2, \ldots)$ an:

$$\left\{H\left(q_1, q_2, \ldots, \frac{\hbar}{i}\frac{\partial}{\partial q_1}, \frac{\hbar}{i}\frac{\partial}{\partial q_2}, \ldots\right) - E\right\} u = 0. \tag{1}$$

u ist eine gesuchte Funktion aller Koordinaten des Systems. Die Werte E, für die Lösungen u der Gleichung existieren, die im Gebiet der in Betracht kommenden Koordinaten gewisse Forderungen der Eindeutigkeit, Endlichkeit und Stetigkeit erfüllen, heißen Eigenwerte. Sie sind in den vorkommenden Fällen reelle Zahlen. Zu einem Eigenwert E kann eine einzige Eigenfunktion gehören, dann heißt er nichtentartet; es können zu E auch mehrere Eigenfunktionen gehören, dann heißt E entartet. Eigenfunktionen u_n und u_m, die zu verschiedenen E gehören, sind orthogonal

$$\int u_n^* u_m d\tau = 0$$

(Integration über den ganzen Koordinatenraum erstreckt). Neben den Eigenwerten E betrachten wir auch Frequenzen ν, die bis auf eine für das ganze System gültige additive Konstante gleich $\frac{E}{h}$ sind $\left(2\pi\nu = \frac{E}{\hbar}\right)$.

Der *Zustand des Systems*, d. h. die Angaben, die man durch Versuche über das Verhalten des Systems zu einer Zeit t erfahren kann, wird durch einen Ausdruck

$$\psi = \sum_n c_n u_n e^{2\pi i \nu_n t} = \sum_n c_n u_n e^{i\frac{E_n}{\hbar}t} \tag{2}$$

[1] Vgl. Kap. 2 ds. Bandes (PAULI), Teil A, insbes. Ziff. 6.

dargestellt. $\psi^*\psi$ (der Stern bedeutet den konjugiert komplexen Wert) gibt die Wahrscheinlichkeit für das Zusammentreffen der Werte t, q_1, q_2, ... an. Ist die Energie des Zustandes bekannt, so enthält der Ausdruck (2) nur solche u, die zu diesem bestimmten E_n (und damit auch ν_n) gehören. E_n ist die Energie dieses Zustandes. Um absolute Wahrscheinlichkeiten zu erhalten, ist es zweckmäßig, die u und ψ so zu normieren, daß

$$\int u^* u \, d\tau = \int u^* u \, dq_1 \, dq_2 \cdots = 1, \qquad \int \psi^* \psi \, d\tau = 1$$

ist. Weiter interessieren uns die Mittelwerte von Größen (Koordinaten, Drehimpulsen usw.), die zu Energiestufen E_n gehören oder die zu Übergängen zwischen zwei Stufen gehören.

Der *Drehimpuls* eines Systems ist in der klassischen Theorie

$$\sum m[\mathfrak{r}, \mathfrak{v}]$$

mit den Komponenten

$$\sum (y p_z - z p_y),$$
$$\sum (z p_x - x p_z),$$
$$\sum (x p_y - y p_x)$$

(summiert über alle Partikel).

In der Quantenmechanik setzt man die Komponenten entsprechend

$$L_x = \sum \frac{\hbar}{i}\left(y \frac{\partial}{\partial z} - z \frac{\partial}{\partial y}\right),$$
$$L_y = \sum \frac{\hbar}{i}\left(z \frac{\partial}{\partial x} - x \frac{\partial}{\partial z}\right),$$
$$L_z = \sum \frac{\hbar}{i}\left(x \frac{\partial}{\partial y} - y \frac{\partial}{\partial x}\right).$$

Die z-Komponente können wir einfacher schreiben, wenn wir das Azimut φ um die z-Achse einführen. Die Transformation des Differentialausdruckes ergibt

$$L_z = \sum \frac{\hbar}{i} \frac{\partial}{\partial \varphi}.$$

Der der Eigenfunktion u entsprechende Zustand hat einen festen durch u allein bestimmten Wert der Drehimpulskomponente L_z, wenn

$$L_z u = \sum \frac{\hbar}{i} \frac{\partial u}{\partial \varphi}$$

ein Vielfaches von u ist. Der „Mittelwert" über den Zustand

$$\int u^* L_z u \, d\tau$$

ist dann gleich dem Faktor von u in $L_z u$ (gleich einem „Eigenwert des Operators" L_z). Das Quadrat des Gesamtdrehimpulses wird in der Quantenmechanik gleich

$$L^2 = L_x^2 + L_y^2 + L_z^2$$

gesetzt. Der der Eigenfunktion u entsprechende Zustand hat einen festen durch u allein bestimmten Gesamtdrehimpuls, wenn $L^2 u$ ein Vielfaches von u ist. Setzt man statt xyz räumliche Polarkoordinaten $r\vartheta\varphi$, so wird

$$L^2 = -\hbar^2 \Lambda,$$

wo der Differentialoperator Λ durch die Transformation des Δ-Operators $\left(\frac{\partial^2}{\partial x^2} + \frac{\partial^2}{\partial y^2} + \frac{\partial^2}{\partial z^2}\right)$ in Polarkoordinaten definiert ist. Δ hat die Form

$$\Delta = \frac{\partial^2}{\partial r^2} + \frac{2}{r}\frac{\partial}{\partial r} + \frac{1}{r^2}\Lambda,$$

wo Λ nicht mehr r enthält[1].

Die *Strahlung* eines Zustandes mit der Energie E_n entspricht allen Übergängen zu Zuständen mit anderen Energien. In größerem Abstand ist nur die „Dipolstrahlung" wirksam. Zerlegen wir sie nach Maßgabe der Polarisation in eine in der x-Richtung, eine in der y-Richtung und eine in der z-Richtung schwingende Komponente, so ist die x-Komponente gegeben bis auf einen universellen Faktor durch den Mittelwert des elektrischen Momentes $\sum e_k x_k = X$, also durch:

$$\int\left[\sum_m u_n^* e^{-2\pi i \nu_n t} \cdot X \cdot u_m e^{2\pi i \nu_m t}\right] d\tau = \sum_m e^{i\frac{E_m - E_n}{\hbar}t} \cdot \int u_n^* X u_m \, d\tau.$$

Jedem Zustandspaar (nm) entspricht eine Strahlung mit der Frequenz

$$\nu = \frac{E_m - E_n}{h}$$

und einer Amplitude, die

$$\left|\int u_n^* X u_m \, d\tau\right|$$

proportional ist. Manchmal muß man außer der Dipolstrahlung noch die Strahlung höherer Pole berücksichtigen; dann steht an Stelle von X ein anderer, nicht mehr linearer Ausdruck.

Von den in der Quantenmechanik sinnvollen *Fragen* werden uns vor allem die folgenden begegnen: Welches sind die möglichen Energiewerte eines (durch seine Hamiltonfunktion) gegebenen (konservativen) Systems? Welche Eigenschaften hat das System in diesen Energiezuständen (Ladungsverteilung, Drehimpuls, Strahlung)? Die Antwort wird ohne weiteres durch Lösung der Schrödingergleichung, also Aufsuchen der Eigenwerte E und der Eigenfunktionen u, gegeben. Andere Fragen, die auftauchen, sind: Was wissen wir über die Energie eines Systems, dessen Koordinaten wir zur Zeit t_0 mit einer gewissen Genauigkeit kennen? Was können wir daraus auf die Koordinaten zu einer späteren Zeit t schließen? Die Antwort geschieht nach Lösung der Schrödingergleichung durch Bildung einer Zustandsfunktion

$$\psi = \sum_n c_n u_n e^{2\pi i \nu_n t},$$

---

[1] Es ist

$$L^2 = -\hbar^2\left[\sum_6 y^2 \frac{\partial^2}{\partial z^2} - 2\sum_3 yz\frac{\partial^2}{\partial y\,\partial z} - 2\sum_3 x\frac{\partial}{\partial x}\right],$$

wo die Zahl unter den $\sum$-Zeichen angibt, wieviel Glieder summiert werden. Weiter ist

$$L^2 = \hbar^2\left[-r^2\Delta + \sum_3 x^2\frac{\partial^2}{\partial x^2} + 2\sum_3 yz\frac{\partial^2}{\partial y\,\partial z} + 2\sum_3 x\frac{\partial}{\partial x}\right]$$

$$= \hbar^2\left[-r^2\Delta + \left(\sum_3 x\frac{\partial}{\partial x}\right)^2 + \sum_3 x\frac{\partial}{\partial x}\right]$$

$$= \hbar^2\left[-r^2\Delta + (\mathfrak{r}\,\mathrm{grad})^2 + \mathfrak{r}\,\mathrm{grad}\right]$$

$$= \hbar^2\left[-r^2\Delta + r^2\frac{\partial^2}{\partial r^2} + 2r\frac{\partial}{\partial r}\right] = -\hbar^2\Lambda.$$

die für $t = t_0$ den gemessenen Koordinaten entspricht (d. h. $\psi^*\psi$ soll die aus der Messung folgende Wahrscheinlichkeit der Koordinaten angeben). Sie ist dadurch noch nicht vollständig bestimmt, da noch Angaben über die Impulse gemacht werden können. Die $|c_n|^2$ geben die Wahrscheinlichkeiten für die Energiewerte E_n an. $\psi^*\psi$ gibt als Funktion von t auch die Wahrscheinlichkeit für die Koordinaten für einen späteren Zeitpunkt t an.

In der Näherung der Rechnung, in der wir den Elektronenspin weglassen, hängen die u nur von den Ortskoordinaten von Kernen und Elektronen ab. Die u sind dann eindeutige Funktionen im Koordinatenraum. Wenn magnetische Kräfte keine Rolle spielen, wird (1) eine Differentialgleichung mit reellen Koeffizienten, die Eigenfunktionen zu nichtentarteten Eigenwerten sind dann reelle Funktionen, die übrigen lassen sich aus reellen Eigenfunktionen zusammensetzen. Ist das System auch magnetischen Kräften unterworfen, so hat die HAMILTONsche Funktion in der klassischen Mechanik die Form

$$H = \sum \left[\frac{1}{2m} (p_x^2 + p_y^2 + p_z^2) + \frac{e}{cm} (\mathfrak{A}_x p_x + \mathfrak{A}_y p_y + \mathfrak{A}_z p_z) \right.$$
$$\left. + \frac{e^2}{2c^2 m} (\mathfrak{A}_x^2 + \mathfrak{A}_y^2 + \mathfrak{A}_z^2) \right] + U,$$

wo $\mathfrak{A}_x, \mathfrak{A}_y, \mathfrak{A}_z$ die Komponenten des Vektorpotentials $\mathfrak{A}$ sind ($\mathfrak{H} = \operatorname{rot} \mathfrak{A}$). Wir erhalten den quantenmechanischen Ausdruck, wenn wir statt p_x, p_y, p_z die Differentialsymbole

$$\frac{\hbar}{i} \frac{\partial}{\partial x}, \quad \frac{\hbar}{i} \frac{\partial}{\partial y}, \quad \frac{\hbar}{i} \frac{\partial}{\partial z}$$

setzen. Wir erhalten eine Schrödingergleichung, die auch nicht reelle Glieder hat. Wir kommen also nicht mit reellen Eigenfunktionen aus. Für ein homogenes Feld in der z-Richtung wird

$$\mathfrak{A}_x = -\tfrac{1}{2} |\mathfrak{H}| y, \quad \mathfrak{A}_y = \tfrac{1}{2} |\mathfrak{H}| x, \quad \mathfrak{A}_z = 0;$$

wenn es schwach genug ist, wird dann

$$H = \sum \left[-\frac{\hbar^2}{2m} \Delta + \frac{\hbar}{i} \frac{e}{2cm} |\mathfrak{H}| \left(x \frac{\partial}{\partial y} - y \frac{\partial}{\partial x} \right) \right] + U$$
$$= \sum \left[-\frac{\hbar^2}{2m} \Delta + \frac{\hbar}{i} \frac{e}{2cm} |\mathfrak{H}| \frac{\partial}{\partial \varphi} \right] + U.$$

Wollen wir den *Spin* mit berücksichtigen, so müssen die Eigenfunktionen von vier Koordinaten je Elektron abhängen. In der PAULIschen Theorie[1] des Magnetelektrons wird als vierte Koordinate der Wert σ des Spindrehimpulses in einer gegebenen Richtung (z) benutzt. Da ein Versuch, diesen Wert festzustellen, bei einem Elektron nur die Werte $\frac{1}{2}\hbar$ oder $-\frac{1}{2}\hbar$ ergeben kann, wird die Eigenfunktion für ein Elektron $u(x, y, z, \sigma)$, wo σ nur die Werte $\frac{1}{2}\hbar$ oder $-\frac{1}{2}\hbar$ hat. Dabei bedeutet $u^* u \, dx dy dz$ die Wahrscheinlichkeit, daß bei gegebenem $\sigma = \pm \frac{1}{2}\hbar$ das Elektron im Intervall $(x, x + dx; y, y + dy; z, z + dz)$ ist. $u(xyz\sigma)$ mit zwei möglichen Werten von σ ist gleichbedeutend mit zwei Ortsfunktionen

$$u_+(x, y, z) = u(x, y, z, \tfrac{1}{2}\hbar) \quad \text{und} \quad u_-(x, y, z) = u(x, y, z, -\tfrac{1}{2}\hbar).$$

Für n Elektronen erhält die Eigenfunktion die Form $u(x_1 y_1 z_1 \sigma_1, x_2 y_2 z_2 \sigma_2, \ldots, x_n y_n z_n \sigma_n)$, wo die σ auch nur die beiden Werte $\pm\frac{1}{2}\hbar$ annehmen können; die Funktion ist gleichbedeutend mit 2^n Funktionen im $3n$-dimensionalen Raum

[1] W. PAULI, ZS. f. Phys. Bd. 43, S. 601. 1927; vgl. auch Kap. 2 ds. Bandes (PAULI), Teil B, Ziff. 3, und Kap. 3 (BETHE), Ziff. 8.

der Ortskoordinaten. In Fällen, wo die auf den Spin wirkenden Kräfte wesentlich werden, muß man ihre HAMILTONsche Funktion kennen. Dort, wo in der entsprechenden klassischen Form die Komponenten des Drehimpulses des Magnetelektrons auftreten, setzt PAULI Operatoren und gibt Methoden, um bei gegebener Hamiltonfunktion aus der Schrödingergleichung soviel Differentialgleichungen für die u-Funktionen, die nur noch von den Ortskoordinaten abhängen, zu erhalten wie ihre Anzahl beträgt (2^n). Von diesen Gleichungen ist anzunehmen, daß sie in der Näherung richtige Ergebnisse liefern, in der der Einfluß des Spins als säkulare Störung betrachtet wird (Ziff. 6).

Mit der *vorläufigen Fassung der Quantenmechanik in den Postulaten und dem Korrespondenzprinzip von* BOHR lassen sich viele Eigenschaften der Atome und Molekeln beschreiben. Doch gibt es Fragen, bei denen auch das qualitative Verständnis erst auf Grund der strengen Quantenmechanik möglich war. So konnte man in der korrespondenzmäßigen Behandlung der Atomspektren den energetischen Abstand von Termen verschiedener Multiplizität, aber sonst gleichen Quantenzahlen, zwar formal beschreiben, aber nicht verstehen. Bei den Molekeln war schon der Zusammenhang ihrer Zustände mit den Zuständen getrennter Atome nicht zu behandeln.

4. Systeme mit einem Freiheitsgrad und separierbare Systeme. Eine unserer wichtigsten Aufgaben wird sein, in Fällen, wo wir nicht mehr streng rechnen können, Aussagen über das Termsystem und die Eigenschaften der Eigenfunktionen zu machen. Der einfachste Fall dafür ist der eines Systems aus einem *Punkt, der sich auf einer Geraden bewegen kann* (Koordinate x). Das System sei beschrieben durch die klassische Energiefunktion

$$\frac{1}{2m} p^2 + U(x) .$$

Wenn $U(x)$ ein Minimum hat, erhalten wir in der klassischen Theorie periodische Bewegungen in der Nachbarschaft des Minimums. Im Falle der Abb. 1 gibt

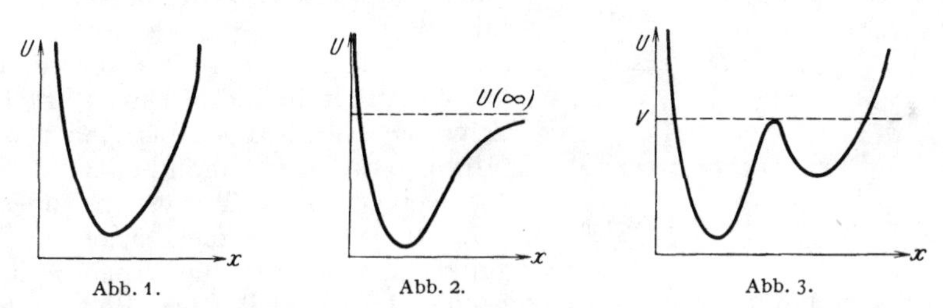

Abb. 1. Abb. 2. Abb. 3.

Abb. 1 bis 3. Typische Fälle der potentiellen Energie in Systemen mit einem Freiheitsgrad.

es nur periodische Bewegungen; im Falle der Abb. 2 erhalten wir für $E < U(\infty)$ periodische, für $E > U(\infty)$ aperiodische Bewegungen; im Falle der Abb. 3 erhalten wir drei Typen periodischer Bewegungen, je nachdem, ob die Partikel nur in der linken Mulde oder nur in der rechten Mulde ist, oder ob E groß genug ist, daß sie durch beide Mulden geht ($E > V$). In der Quantentheorie erhalten wir auf Grund der BOHRschen Postulate und des Korrespondenzprinzips im Falle der Abb. 1 diskrete Energiestufen, im Falle der Abb. 2 für $E < U(\infty)$ diskrete Stufen, für $E > U(\infty)$ ein Kontinuum. Auf Fälle der Abb. 3 läßt sich das Korrespondenzprinzip für Energiewerte in der Nähe von V überhaupt nicht ohne große Willkür anwenden. Der letztere Umstand war schuld daran, daß auf dem Boden des Korrespondenzprinzips keine befriedigende Theorie der Elektronenterme einer Molekel entstehen konnte.

Die SCRHÖDINGERsche Differentialgleichung

$$\frac{\hbar^2}{2m} u'' + (E - U) u = 0$$

liefert diskrete oder kontinuierliche Energiewerte genau so wie das Korrespondenzprinzip. Wenn jenseits einer Koordinate stets $U > E$ ist, so ist die Bedingung, daß u endlich bleiben soll, gleichbedeutend mit der Forderung, daß u verschwindet (im Unendlichen oder da, wo U unendlich ist). Wenn dies beiderseits eines Gebietes gilt, so ist die Gleichung nur für diskrete E lösbar. Allgemein gilt für die diskreten Eigenwerte der folgende wichtige Satz: *Zu jedem Eigenwert gehört nur eine Eigenfunktion. Numeriert man die Eigenwerte ihrer Reihenfolge nach mit 0, 1, 2, ..., so hat der nte Eigenwert eine Eigenfunktion mit genau n Nullstellen (Knoten) im Inneren des betrachteten Gebietes.* Im Falle der Abb. 1 und 3 gibt es unendlich viele Eigenwerte. Im Falle der Abb 2. kann es endlich oder unendlich viele diskrete Eigenwerte geben. Für einen solchen Fall sind in Abb. 4 einige diskrete Eigenwerte und zugehörige Eigenfunktionen gezeichnet, ferner auch die Eigenfunktion zu einem Eigenwert im Kontinuum (gestrichelt). Im Falle der Abb. 3 hat es in der Quantenmechanik keinen Sinn, zwischen Bahntypen zu unterscheiden, die den klassischen Typen entsprechen. Überschreitet die Energie den Wert der Schwelle V, so ändert sich die Eigenfunktion nicht auffallend. Ist die Energie kleiner als V, so gehören die Terme nicht etwa nur zu einer der beiden Potentialmulden. Durch Erhöhen der Schwelle, etwa in Form der Änderung eines Parameters in U, kann man das System in zwei getrennte Teilsysteme überführen und studieren, wie die Terme und Eigenfunktionen des ursprünglichen Systems in die der getrennten Systeme übergehen[1]. Dabei bleibt die Reihenfolge der Terme dieselbe. Terme können sich nicht überschneiden. Wir kommen darauf zurück bei der Betrachtung der Elektronenterme einer zweiatomigen Molekel.

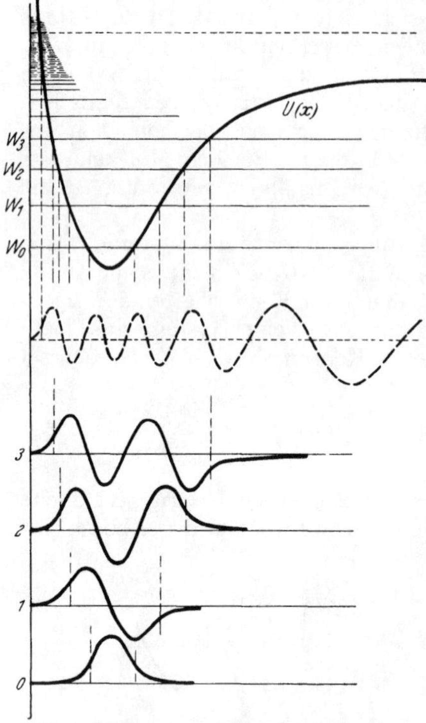

Abb. 4. Eigenwerte und Eigenfunktionen eines typischen Systems mit einem Freiheitsgrad.

Der erwähnte Knotensatz, zusammen mit anderen ohne Rechnung festzustellenden Eigenschaften der Eigenwerte erlaubt eine qualitative Übersicht im Falle eines Punktes, der sich auf einer Geraden bewegt. Aber auch die quantitative Behandlung ist hier nicht so schwierig, da die Schrödingergleichung nur eine gewöhnliche Differentialgleichung ist. Ein für manche Betrachtungen günstiges Näherungsverfahren stammt von BRILLOUIN, WENTZEL und KRAMERS[2]; es ist auch deshalb interessant, weil es zeigt, inwiefern frühere Formulierungen

[1] F. HUND, ZS. f. Phys. Bd. 40, S. 742. 1927.

[2] L. BRILLOUIN, C. R. Bd. 183, S. 24. 1926; Journ. de phys. et le Radium Bd. 7, S. 353. 1926; G. WENTZEL, ZS. f. Phys. Bd. 38, S. 518. 1926; H. A. KRAMERS, ebenda Bd. 39, S. 828. 1926.

der Quantenmechanik als Näherungen der strengen Formulierung gelten können. Bei KRAMERS werden die Eigenfunktionen in der Form

$$u = f(x) \cos g(x)$$

angesetzt, wo f sich nur langsam mit x ändern und g monoton von x abhängen soll. Die Näherung ergibt

$$f(x) = \frac{1}{\sqrt[4]{2m(E_n - U)}}, \qquad g(x) = \frac{1}{\hbar} \int^x \sqrt{2m(E_n - U)}\, dx.$$

Sie gilt nur im Innern des Gebietes $E_n > U$. Für die Eigenwerte E_n liefert sie die Bedingung

$$2\int_{x_1}^{x_2} \sqrt{2m(E_n - U)}\, dx = \oint p\, dx = (n + \tfrac{1}{2}) h$$

$$[U(x_1) = U(x_2) = E_n].$$

Ein anderer Fall von Bewegung mit einem Freiheitsgrad ist die *Drehung eines starren Körpers um eine Achse* (Koordinate φ). Sie ist allerdings der Grenzfall einer Bewegung mit mehreren Freiheitsgraden. Aber die Schrödingergleichung hat die einfache Form

$$\frac{\hbar^2}{2A} \frac{\partial^2 u}{\partial \varphi^2} + (E - U) u = 0.$$

Die Eigenfunktionen u müssen in φ periodisch mit der Periode 2π sein; mit dieser Forderung ergeben sich nur diskrete Eigenwerte. Es gibt eine Eigenfunktion ohne Nullstellen, je zwei Eigenfunktionen mit 2, 4, 6 . . . Nullstellen. Eigenfunktionen mit mehr Nullstellen haben höhere Eigenwerte. Im Falle $U =$ konst. (kräftefreie Rotation) fallen die Eigenwerte, deren Eigenfunktionen gleiche Anzahl von Nullstellen haben, zusammen; sie sind entartet.

Bei den eindimensionalen Systemen konnten die Terme durch eine *Quantenzahl* gekennzeichnet werden, die als Anzahl der Nullstellen zugleich eine qualitative Aussage über die Eigenfunktionen machte. Ferner konnte man, wenn das Verhalten des Systems für zwei Werte eines Parameters bekannt war, einiges über das Verhalten für Zwischenwerte des Parameters aussagen, weil bei einer Änderung des Parameters die Terme sich nicht überschnitten. Diese Möglichkeit besteht auch noch für die vollständig separierbaren Systeme, soweit sie in quantenmechanischen Problemen vorkommen.

Bei Atomen oder Molekeln, die keinen äußeren Kräften oder nur einem homogenen äußeren Feld unterworfen sind, kann man die *Bewegung des Schwerpunktes* abseparieren. Obwohl die Terme des Systems wegen der Translation ein Kontinuum bilden, hat es einen Sinn, vom diskreten Termschema der Rotationsbewegung oder inneren Bewegung zu sprechen.

Ein vollständig separierbares System ist das des *Atoms mit nur einem Elektron* (zunächst ohne Spin), das nach Abseparation der Schwerpunktsbewegung ein System ist, in dem ein Elektron in dem festen Kraftfeld mit der potentiellen Energie $-\frac{Ze^2}{r}$ läuft, oder das *System eines Elektrons in einem beliebigen Zentralfeld* mit der potentiellen Energie $U(r)$. Durch Separation in Polarkoordinaten (r, ϑ, φ)[1] erhalten wir Eigenfunktionen der Form

$$u = f(r)\, Y_l(\vartheta, \varphi).$$

Für solche U, die als Ersatzfelder für Atomelektronen vorkommen, erhalten wir zu jeder Ordnung l der Kugelflächenfunktionen Y eine diskrete Folge von

[1] Vgl. Kap. 3 ds. Bandes (BETHE), Ziff. 1.

Eigenwerten $E(l, n_r)$ mit $n_r = 0, 1, 2, \ldots$, deren Eigenfunktionen $f(r)$ gerade n_r Nullstellen haben. Die Funktionen Y lassen sich durch Separation in ϑ und φ in der Form $P_l^m(\vartheta) \frac{\sin}{\cos} m\varphi$ schreiben, wo die P_l^m bis auf einen höchstens für $\vartheta = 0$ und $\vartheta = \pi$ verschwindenden Faktor Polynome von $\cos\vartheta$ sind.

Für den besonderen Fall $U = \frac{\text{konst.}}{r}$ fallen Eigenwerte mit verschiedenen l zusammen, indem der Eigenwert nur von $l + n_r$ (in gewöhnlicher Numerierung ist dies $n - 1$) abhängt. Dieser Fall ist auch in parabolischen Koordinaten separierbar; sie liefern andere Linearkombinationen der miteinander entarteten Eigenfunktionen. Im Falle eines äußeren elektrischen Feldes bleibt die Separierbarkeit in parabolischen Koordinaten bestehen[1].

Das System von einem *Elektron im Felde zweier Zentren* mit der potentiellen Energie $-e^2\left(\frac{Z_1}{r_1} + \frac{Z_2}{r_2}\right)$, also ein spezieller Fall des Zweizentrensystems, das zur genäherten Behandlung der Elektronenbewegung in Molekeln benutzt wird, ist separierbar in elliptischen Koordinaten

$$\xi = \frac{r_1 + r_2}{a},$$

$$\eta = \frac{r_1 - r_2}{a}$$

(a ist Abstand der Zentren) und dem Azimut φ um die Zentrenachse[2]. Die Terme dieses Systems lassen sich also durch drei Quantenzahlen $n_\xi n_\eta \lambda$ kennzeichnen. n_ξ gibt die Zahl der Knotenflächen an, die Rotationsellipsoide mit den Zentren als Brennpunkten sind, n_η die Zahl der Knotenflächen, die zweischalige Rotationshyperboloide sind mit den Zentren als Brennpunkten, λ die Zahl der Knotenebenen durch die Zentrenachse. Wegen dieses Zusammenhangs sind die Eigenfunktionen in einfacher Weise anschaulich vorstellbar. Ihre Änderung bei einer Änderung des Zentrenabstandes ist einfach zu übersehen. Wir werden dies bei der Betrachtung des H_2^+-Molekelions benutzen. Der allgemeine Fall des separierbaren Zweizentrensystems hat auch ein Elektron und die potentielle Energie

$$U = \frac{f(\xi) + g(\eta)}{\xi^2 - \eta^2} = \frac{1}{r_1 r_2}\left[u(r_1 + r_2) + v(r_1 - r_2)\right];$$

er spielt für die Betrachtung der Molekelterme keine besondere Rolle.

Ein anderer Fall eines vollständig separierbaren Systems sind die kleinen Schwingungen eines Systems von Massenpunkten mit einer Gleichgewichtslage, die wir bei den Schwingungen einer mehratomigen Molekel betrachten werden.

5. Störungstheorie und Variationsverfahren. Außer den allgemeinen Sätzen, die Schlüsse aus den Symmetrieeigenschaften der quantenmechanischen Systeme zu ziehen erlauben, sind von großer Wichtigkeit die Störungsverfahren. Mit ihnen untersucht man nicht nur die Nachbarschaft der streng lösbaren Fälle, sondern sie sind auch nützlich für allgemeine Betrachtungen von Systemen mit genähert erfüllten Symmetrieeigenschaften. Die Störungsverfahren der Quantenmechanik sind gewissen Verfahren der Himmelsmechanik nachgebildet[3]. Die Ersetzung eines klassischen Mehrkörperproblems durch eine Randwertaufgabe gibt aber dem Störungsverfahren eine viel weitergehende Rolle.

---

[1] Vgl. Kap. 3 ds. Bandes (BETHE), Ziff. 6 u. 30.

[2] Vgl. Kap. 3 ds. Bandes (BETHE), Ziff. 58.

[3] Für die Entwicklung vgl. etwa: H. POINCARÉ, Méthodes nouvelles de la mécanique céleste. 3 Bde. Paris 1892—99; M. BORN, Atommechanik, Bd. I. Berlin 1925; M. BORN, W. HEISENBERG u. P. JORDAN, ZS. f. Phys. Bd. 35, S. 557. 1932; E. SCHRÖDINGER, Ann. d. Phys. Bd. 80, S. 437. 1926.

Die Formulierung des Störungsverfahrens ging von dem Fall aus, daß die Eigenwerte und Eigenfunktionen eines „ungestörten" Systems mit der HAMILTONschen Funktion H^0 bekannt seien. Es werden die Eigenwerte und Eigenfunktionen eines „benachbarten" oder „gestörten" Systems mit der Hamiltonfunktion

$$H = H^0 + \varepsilon H^1$$

oder auch

$$H = H^{(0)} + \varepsilon H^{(1)} + \varepsilon^2 H^{(2)} + \cdots$$

gesucht, und zwar werden die Eigenfunktionen nach den Eigenfunktionen des ungestörten Systems (die ein „vollständiges Orthogonalsystem" bilden) entwickelt. Unter Erweiterung dieser Fragestellung kann man die Eigenwerte und Eigenfunktionen eines quantenmechanischen Systems dadurch zu berechnen versuchen, daß man die Eigenfunktionen nach irgendeinem geeigneten „vollständigen" Funktionssystem entwickelt (die Funktionen brauchen nicht orthogonal zu sein). Den Anfang zu einem solchen Verfahren stellte die HEITLER-LONDONsche Berechnung der H_2-Molekel dar[1]. Den wichtigsten Schritt aller Störungsverfahren erhält man in viel durchsichtigerer Weise, wenn man sich die Aufgabe stellt, die Eigenfunktion eines bestimmten Zustandes des quantenmechanischen Systems mit Hilfe von endlich vielen gegebenen Funktionen möglichst gut anzunähern. Wir geben die Lösung in der Fassung von SLATER[2]; ein Variationsverfahren führt auf das gleiche Ergebnis. Die Fassung schließt auch den häufigen Fall ein, daß H sich in der Form $H^0 + \varepsilon H^1 + \cdots$ entwickeln läßt und die Gleichung für H^0 gelöst ist.

Es sei also eine Schar von endlich vielen Funktionen $u_1 u_2 \ldots u_l$ der Koordinaten bekannt, die mehr oder weniger angenäherte Lösungen der vorgelegten Schrödingergleichung

$$(H - E)u = 0$$

seien. Sie brauchen nicht orthogonal zu sein. Aus diesen Funktionen u_μ sollen Linearkombinationen $\sum\limits_\mu a_\mu u_\mu$ gebildet werden, die bessere Annäherungen sind. Wäre $\sum\limits_\mu a_\mu u_\mu$ genau eine Eigenfunktion, so folgten aus

$$\sum_\mu a_\mu (H u_\mu - E u_\mu) = 0$$

durch Multiplikation mit u_ν^* und Integration die l Gleichungen

$$\sum_\mu a_\mu (H_{\nu\mu} - E d_{\nu\mu}) = 0\,, \tag{3}$$

wo

$$H_{\nu\mu} = \int u_\nu^* H u_\mu \, d\tau\,, \qquad d_{\nu\mu} = \int u_\nu^* u_\mu \, d\tau$$

ist. Dies gibt für E die Bedingung, daß die „Säkulardeterminante" verschwindet

$$\begin{vmatrix} H_{11} - E d_{11} & H_{12} - E d_{12} & \ldots \\ H_{21} - E d_{21} & H_{22} - E d_{22} & \ldots \\ \ldots & \ldots & \ldots \end{vmatrix} = 0\,. \tag{4}$$

Diese Bedingung gilt auch dann noch angenähert, wenn $\sum a_\mu u_\mu$ nur eine Annäherung an eine Eigenfunktion ist. Es genügt z. B., daß die Eigenfunktion exakt durch

$$u = \sum_\mu a_\mu u_\mu + \sum_\varrho b_\varrho u_\varrho$$

[1] W. HEITLER u. F. LONDON, ZS. f. Phys. Bd. 44, S. 455. 1927.

[2] J. C. SLATER, Phys. Rev. Bd. 38, S. 1109. 1931.

dargestellt wird, wo die u_μ die oben eingeführten Funktionen $u_1 u_2 \ldots u_l$, die u_ϱ die übrigen Funktionen eines „vollständigen" Funktionssystems sind und $\sum_\varrho b_\varrho u_\varrho$ klein genug ist. Die Gleichung (4) hat l Lösungen für E; zu jeder gehört ein Lösungssystem von (3), also eine Eigenfunktion $\sum_\mu a_\mu u_\mu$, die als Annäherung der wirklichen Eigenfunktion genommen werden kann. Hat man von vornherein die „richtigen" Linearkombinationen als Funktionen u_μ zugrunde gelegt, so erhält die Determinantengleichung (4) die Diagonalform

$$\begin{vmatrix} H_{11} - E d_{11} & 0 & \ldots \\ 0 & H_{22} - E d_{22} & \ldots \\ \ldots & \ldots & \ldots \end{vmatrix} = 0 ,$$

aus der sich die E-Werte direkt ablesen lassen.

Bei der HEITLER-LONDONschen Rechnung und ihren Verallgemeinerungen liegt es nun so, daß die HAMILTONsche Funktion H sich für jede ungestörte Eigenfunktion u_μ auf andere Weise in $H_\mu^0 + \varepsilon H_\mu^1$ zerlegen läßt, so daß

$$H_\mu^0 u_\mu = E^0 u_\mu$$

ist. Es ist dann

$$H_{\nu\mu} = E^0 d_{\nu\mu} + \varepsilon \int u_\nu^* H_\mu^1 u_\mu \, d\tau ;$$

es fällt also E^0 in der Determinante (4) heraus, wenn man $E = E^0 + \varepsilon E^1$ setzt.

In dem besonderen Fall, der den Ausgangspunkt der Störungsrechnung gab, wo allgemein H in der Form

$$H = H^0 + \varepsilon H^1$$

geschrieben werden kann und εH^1 klein ist gegen H^0, wählt man zweckmäßig die Funktionen $u_1 u_2 \ldots u_l$ aus der Schar der normierten orthogonalen Eigenfunktionen von H^0. Man erhält dann $d_{\nu\mu} = \delta_{\nu\mu}$ (0 oder 1) und die einfachere Säkulardeterminante

$$\begin{vmatrix} H_{11} - E & H_{12} & \ldots \\ H_{21} & H_{22} - E & \ldots \\ \ldots & \ldots & \ldots \end{vmatrix} = 0 .$$

Für kleine ε genügt es, die Funktionen $u_1 u_2 \ldots u_l$ zu wählen, die zu einem einzigen Eigenwert E^0 von $(H^0 - E)\, u = 0$ gehören; dann wird die Determinante („Säkulardeterminante" genannt)

$$\begin{vmatrix} H_{11}^1 - E^1 & H_{12}^1 & \ldots \\ H_{21}^1 & H_{22}^1 - E^1 & \ldots \\ \ldots & \ldots & \ldots \end{vmatrix} = 0 , \qquad (5)$$

wo $H_{\nu\mu}^1 = \int u_\nu^* H^1 u_\mu d\tau$, $E = E^0 + \varepsilon E^1$ ist. Wenn zu E^0 nur eine Eigenfunktion u gehört, so wird

$$E^1 = \int u^* H^1 u \, d\tau ,$$

und die Eigenfunktion des gestörten Systems schließt sich stetig an u an. Wenn zu E^0 mehrere (l) Eigenfunktionen gehören (entspricht den „säkularen Störungen" der klassischen Theorie), so bestimmen die l Gleichungen (3), also hier

$$\sum_\mu a_\mu (H_{\nu\mu}^1 - E^1 \delta_{\nu\mu}) = 0$$

diejenigen l Linearkombinationen, an die sich die Eigenfunktionen des gestörten Systems stetig anschließen. Nennen wir sie $\bar{u}_1 \bar{u}_2 \ldots \bar{u}_l$, so geben

$$E^1 = \int \bar{u}_\nu^* H^1 \bar{u}_\nu \, d\tau \qquad (\nu = 1, 2, \ldots, l)$$

die l Energiewerte.

In vielen Fällen kann man die „richtigen Linearkombinationen" ohne Ausrechnung der Säkulardeterminante aus Symmetriebetrachtungen herleiten.

In manchen Fällen ist es zweckmäßiger, statt einer Störungsrechnung ein *Variationsverfahren* zu benutzen. Die Lösung der Schrödingergleichung

$$\sum_k \frac{\hbar^2}{2m_k}\left(\frac{\partial^2 u}{\partial x_k^2} + \frac{\partial^2 u}{\partial y_k^2} + \frac{\partial^2 u}{\partial z_k^2}\right) + (E - U)\,u = 0$$

ist äquivalent mit der Aufgabe, das Integral

$$\int\left\{\sum_k \frac{\hbar^2}{2m_k}\left[\left(\frac{\partial u}{\partial x_k}\right)^2 + \left(\frac{\partial u}{\partial y_k}\right)^2 + \left(\frac{\partial u}{\partial z_k}\right)^2\right] + U u^2\right\} d\tau, \tag{6}$$

unter der Nebenbedingung

$$\int u^2 \, d\tau = 1,$$

zum Extremum zu machen. Und zwar sind die Extremalwerte des Integrals gerade die Eigenwerte E der Schrödingergleichung; der Minimalwert gibt den Eigenwert des Grundterms. Zur genäherten Lösung der Variationsaufgabe benutzt man das Ritzsche Verfahren. Man setzt für u einen Ausdruck aus bekannten Funktionen und Parametern, von dem man hoffen kann, daß er wegen der Parameter elastisch genug ist, um eine Näherung für die wirkliche Eigenfunktion zu sein. Dann bestimme man die Parameter so, daß unter Wahrung der Nebenbedingung das Integral (6) als Funktion der Parameter stationär wird. Der so gefundene Minimalwert des Integrals (6) ist sicher eine obere Grenze für den Grundterm, und wenn u geschickt gewählt ist, auch eine Näherung für ihn. Auch höhere Terme kann man als Minima (nicht bloß als stationäre Werte) des Integrals (6) bekommen, wenn die zur Variation zugelassenen Funktionen u zu allen Eigenfunktionen tieferer Terme orthogonal sind, eine Forderung, die manchmal durch Symmetriebetrachtungen leicht zu erfüllen ist. Beispiele von durch Variationsverfahren berechneten Termen werden in Ziff. 20 gebracht.

Auch das am Eingang dieses Abschnittes angegebene Störungsverfahren läßt sich als Variationsverfahren behandeln; man hat im Ansatz $\sum_\mu a_\mu u_\mu$ die Parameter a_μ so zu bestimmen, daß das der Schrödingergleichung entsprechende Variationsproblem gelöst wird. Das Ergebnis ist dasselbe wie oben.

6. Nichtseparierbare Systeme. Die separierbaren Systeme waren deshalb lösbar, weil die Schrödingergleichung in gewöhnliche Differentialgleichungen zerfiel. Bei nichtseparierbarem System ist im allgemeinen an eine direkte Lösung nicht zu denken; man ist entweder darauf angewiesen, auf Grund allgemeiner Sätze Aussagen zu machen oder Störungsverfahren oder Variationsverfahren anzuwenden. Die Störungsverfahren sind aber nur möglich, wenn das System von einem einfacheren System wenig abweicht; die Variationsverfahren sind nur möglich, wenn eine einfache Form der Eigenfunktion erwartet werden kann.

Bei nichtseparierbaren Systemen tritt auch häufig der Fall auf, daß sie von einfacheren Systemen weit entfernt sind, daß sie aber durch Änderung eines Parameters in einfachere übergeführt werden können. Insbesondere, wenn ein System für zwei Werte eines Parameters α leicht lösbar oder schon bekannt ist, wird man versuchen, für die dazwischen liegenden Werte des Parameters durch eine Art Interpolation etwas auszusagen. Es ist schon einiges geholfen, wenn man weiß, wie die Terme der beiden bekannten Grenzfälle einander zuzuordnen sind, d. h. welcher Term des einen Grenzfalls in einen bestimmten Term des anderen Grenzfalls stetig übergeht, wenn man den Parameter α stetig vom einen zum anderen Grenzfall überführt. Beispiele sind die Zuordnung der Zeemankomponenten eines Atommultipletts in schwachen und starken Magnetfeldern (Ziff. 15), die Zuordnung der Elektronenterme einer zweiatomigen Molekel zu den Termen zweier getrennter Atome und zu den Termen des Atoms, das durch Zusammenschieben der Kerne entsteht.

Wir haben früher Systeme kennengelernt, wo die Zuordnung sofort anzugeben war. Ein System aus einem Massenpunkt, der sich auf einer Geraden bewegen kann und diskrete Terme hat, kann durch Änderung eines Parameters abgeändert werden. Außer in singulären Grenzfällen bleibt der Zusammenhang zwischen Knotenzahl der Eigenfunktion und Reihenfolge der Terme bestehen. Bei der Zuordnung kann keine Überschneidung von Termen auftreten. In den behandelten separierbaren Systemen ist die Zuordnung auch ohne weiteres gegeben, wenn das System während des ganzen Übergangs in den gleichen Koordinaten separierbar bleibt; wenn man Terme betrachtet, die sich nur durch eine einzige Quantenzahl unterscheiden, so ist die Reihenfolge dieser Terme durch diese Quantenzahl gegeben, die betrachteten Terme überschneiden sich nicht. Die Zuordnung ist vollständig beschrieben durch die Angabe, daß alle Quantenzahlen erhalten bleiben.

Für allgemeinere Systeme gilt zunächst, daß diese Zuordnung nicht nur von den Grenzfällen abhängt, die einander zugeordnet werden, sondern auch vom Weg. Es läßt sich das an einfachen Beispielen zeigen. Zur Illustration allgemeiner Fälle ist es nützlich, Systeme zu betrachten, die in der Nähe leicht überschaubarer, etwa separierbarer Systeme liegen. Bei separierbaren Fällen können Überschneidungen von Termen vorkommen (sie müssen sich um mindestens zwei Quantenzahlen unterscheiden). Wir denken uns nun durch eine kleine Störung die strenge Separierbarkeit beseitigt. Die Berechnung der gestörten Terme und Eigenfunktionen läuft dann darauf hinaus, aus den ungestörten Eigenfunktionen Linearkombinationen zu bilden. In dem Gebiet des Parameters α, wo zwei ungestörte Terme benachbart sind, vielleicht auch sich überschneiden, werden die gestörten Eigenfunktionen sich durch Linearkombinationen gerade der Eigenfunktionen dieser beiden ungestörten Terme annähern lassen, wenn nicht auf Grund einer Symmetrieeigenschaft oder Separationseigenschaft dies ausgeschlossen ist[1]. Die gestörten Eigenwerte werden in der Nähe des Schnittpunkts so verändert, daß die Überschneidung vermieden wird (Abb. 5). Die Verallgemeinerung der Betrachtung führt zu dem Satz: *Außer den durch Symmetrieeigenschaften geforderten Überkreuzungen von Termen kommen keine vor.* Er wurde von HUND vermutet und von v. NEUMANN und WIGNER bewiesen[2].

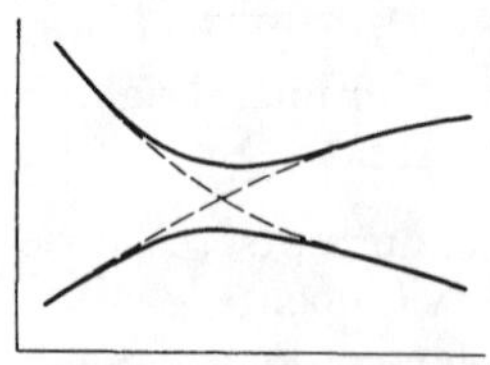

Abb. 5. Vermeidung einer Überschneidung von Termen.

Bei separierbaren Systemen ergibt sich die *Definition von Quantenzahlen* direkt aus der Rechnung. Bei nichtseparierbaren Systemen werden uns allgemeine Sätze erlauben, Quantenzahlen mit physikalischer Bedeutung auf Grund von Symmetrieeigenschaften zu definieren. Aber die so definierten Quantenzahlen werden nicht ausreichen, einen Term vollständig zu kennzeichnen. Man kann

[1] Es ist z. B. ausgeschlossen, wenn die Terme verschiedenen Symmetriecharakter (im Sinne von Ziff. 7) haben.

[2] F. HUND, ZS. f. Phys. Bd. 42, S. 93. 1927; Bd. 52, S. 601. 1928; J. v. NEUMANN u. E. WIGNER, Phys. ZS. Bd. 30, S. 467. 1929.

nun die Bezeichnung der Terme durch Quantenzahlen mit physikalischer Bedeutung oft noch viel weiter treiben. Der Grund ist, daß eine günstige Abstufung der wirksamen Kräfte vorliegt, so daß bei Vernachlässigung kleiner Kräfte neue Symmetrieeigenschaften erfüllt sind. Man wird dann auch auf Grund dieser genähert erfüllten Symmetrieeigenschaften Quantenzahlen einführen. Es gibt auch Fälle, wo selbst von angenähert erfüllten Symmetrieeigenschaften zu wenige da sind und wo daher die erwähnten Mittel nur zu einer ganz rohen Einteilung der Terme führen. Um zu einer einigermaßen sinnvollen Bezeichnung zu kommen, schlägt man dabei häufig folgenden Weg ein. Man denkt sich die wenig übersichtlichen Koppelungsverhältnisse des Systems durch einige Parameter bestimmt und diese stetig abgeändert, bis ein übersichtlicher Koppelungsfall entsteht. Die Terme des Ausgangssystems gehen dabei in bestimmte Terme dieses übersichtlichen Systems über. Die Quantenzahlen dieser Terme benutzt man dann auch zur Bezeichnung der Terme des Ausgangssystems. Die Methode hat ihre Gefahren, da die Zuordnung der Terme zweier Fälle mit verschiedenen Parameterwerten von der Art der Überführung abhängen kann. Doch ist die Methode manchmal die einzige, die zu einer sinnvollen Termbezeichnung führt.

7. Systeme mit Symmetrieeigenschaften. Im allgemeinen lassen sich die quantenmechanischen Probleme nicht durch Separation der Differentialgleichung lösen. Wir sind darauf angewiesen, auf Grund allgemeiner Sätze qualitative Aussagen über die Termstruktur und die Eigenfunktionen zu machen. Diese *allgemeinen Sätze gründen sich auf Symmetrieeigenschaften* des Systems. Die wichtigsten solcher Symmetrieeigenschaften sind Invarianz gegen Translationen und gegen irgendwelche Drehungen oder Spiegelungen, ferner die Gleichheit von Teilchen (Elektronen, gleiche Kerne).

In der klassischen Mechanik führt Invarianz des Systems (der HAMILTONschen Funktion, der kinetischen und potentiellen Energie) gegen beliebige Translation zur Gültigkeit von Impulssätzen. In der Quantenmechanik kann man in solchen Fällen die Translation des Schwerpunktes abseparieren und damit das System vereinfachen. Auch hier gelten Impulssätze, doch brauchen wir hier nicht darauf einzugehen. Invarianz des Systems gegen bestimmte Translationen kommt vor bei Untersuchungen über das Verhalten der Elektronen in Kristallgittern und soll daher auch nicht näher besprochen werden. Die Invarianz eines Systems gegen Drehungen führt in der klassischen Mechanik zur Gültigkeit von Drehimpulssätzen. Das Korrespondenzprinzip setzte in solchen Fällen den Drehimpuls gleich einem ganzzahligen oder halbzahligen Vielfachen von $\frac{h}{2\pi} = \hbar$ und lieferte eine Auswahlregel. Ein entsprechendes Ergebnis werden wir auf Grund der Schrödingergleichung erhalten.

In der Quantenmechanik führt nun auch die Betrachtung anderer Symmetrieeigenschaften zu wesentlichen Aufschlüssen über Eigenschaften der Eigenfunktionen. Im Anschluß an die Schrödingergleichung fassen wir die Frage so: Gegeben seien die Symmetrieeigenschaften des Systems, d. h. die Transformationen, die es ungeändert lassen, oder genauer die Substitutionen, die die SCHRÖDINGERsche Gleichung ungeändert lassen. *Welche Eigenschaften der Eigenfunktionen folgen aus den gegebenen Symmetrieeigenschaften des Systems?*

Wir erläutern Frage und Antwort zunächst an *zwei Arten von Beispielen.*

Die Bewegung eines Elektrons im kugelsymmetrischen Feld (Ziff. 4) ist ein System, das gegen eine beliebige Drehung um den Symmetriepunkt invariant ist. Dies war notwendig zur Separation in räumlichen Polarkoordinaten. Die Separation lieferte Eigenfunktionen der Form

$$f(r)\, Y_l(\vartheta, \varphi)\,.$$

Wir können die Eigenfunktionen einteilen in Symmetriecharaktere auf Grund ihres Verhaltens gegen Drehungen. Zu jedem l (0, 1, 2, . . .) soll ein „*Symmetriecharakter*" gehören, er ist beschrieben durch das System der $2l+1$ Kugelfunktionen Y_l und bezeichnet durch die Zahl l oder eines der Symbole $s, p, d, \ldots$ entsprechend $l = 0, 1, 2, \ldots$. Es sei noch an die Auswahlregel $l \to l \pm 1$ erinnert. Abb. 6 veranschaulicht die Symmetriecharaktere.

Ein noch einfacheres Beispiel dieser Art ist die Bewegung eines Elektrons im achsensymmetrischen Feld. In Zylinderkoordinaten z, r, φ lautet die Schrödingergleichung

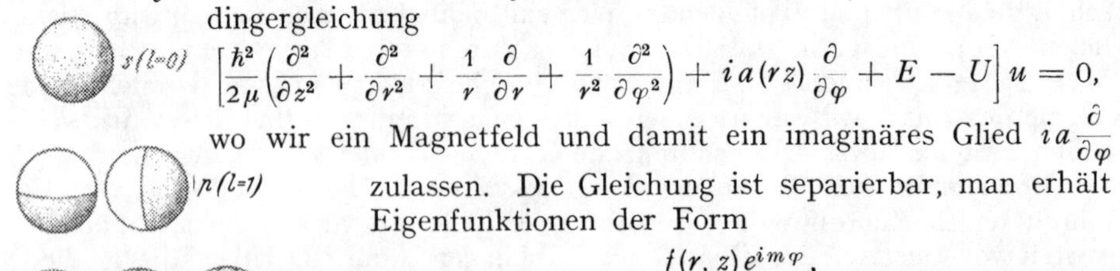

$$\left[\frac{\hbar^2}{2\mu}\left(\frac{\partial^2}{\partial z^2} + \frac{\partial^2}{\partial r^2} + \frac{1}{r}\frac{\partial}{\partial r} + \frac{1}{r^2}\frac{\partial^2}{\partial \varphi^2}\right) + i\,a(rz)\frac{\partial}{\partial \varphi} + E - U\right] u = 0,$$

wo wir ein Magnetfeld und damit ein imaginäres Glied $i\,a\frac{\partial}{\partial\varphi}$ zulassen. Die Gleichung ist separierbar, man erhält Eigenfunktionen der Form

$$f(r, z)\, e^{im\varphi},$$

wo m eine ganze Zahl (positiv oder negativ oder Null) ist. Für $+m$ und $-m$ erhalten wir im allgemeinen verschiedene Eigenwerte. Die Terme sind höchstens zufällig entartet, wenn nämlich Terme mit verschiedenem $f(r, z)$ zufällig zusammenfallen. Die Eigenfunktionen zerfallen in Symmetriecharaktere, die sich mit $m = 0, \pm 1, \pm 2, \ldots$ numerieren lassen. Die Untersuchung der Strahlungsamplituden

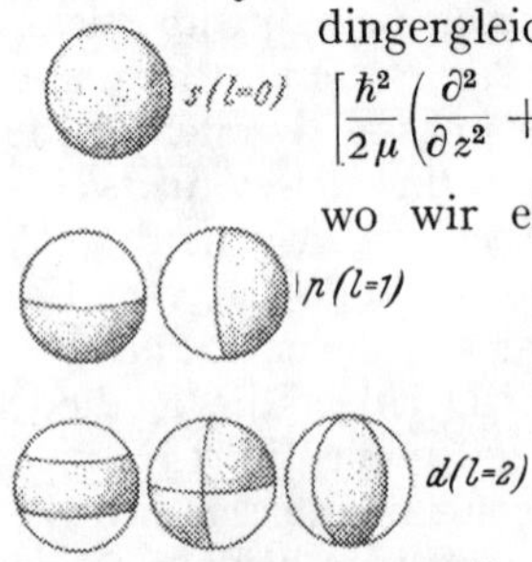

Abb. 6. Symmetriecharaktere für ein Elektron im kugelsymmetrischen Feld.

$$\int u_1^* z\, u_2\, d\tau = \int z f_1^* f_2 \cdot r\, dr\, dz \cdot \int e^{i(m_2 - m_1)\varphi}\, d\varphi\,,$$

$$\int u_1^* r\, e^{\pm i\varphi} u_2\, d\tau = \int r f_1^* f_2 \cdot r\, dr\, dz \cdot \int e^{i(m_2 - m_1 \pm 1)\varphi}\, d\varphi$$

zeigt, daß Strahlung, die in der z-Richtung schwingt, Übergängen $m \to m\ (m_1 = m_2)$ entspricht, und Strahlung, die senkrecht zur z-Richtung schwingt, Übergängen $m \to m \pm 1\ (m_1 = m_2 \mp 1)$.

Wenn das System nicht nur symmetrisch um die z-Achse, sondern auch symmetrisch zu jeder Ebene durch diese Achse ist, so fallen in der Schrödingergleichung die imaginären Glieder fort. Sie bleibt separierbar; zu jeder Eigenfunktion

$$f(r, z)\, e^{im\varphi}$$

mit $m \neq 0$ gibt es aber jetzt eine Eigenfunktion

$$f(r, z)\, e^{-im\varphi}$$

mit gleichem Eigenwert. Wir können dann auch reelle Eigenfunktionen

$$f(r, z)\,{\cos \atop \sin}\,\lambda\varphi \qquad (\lambda = |m|)$$

einführen. Die Symmetriecharaktere sind durch $\lambda = 0, 1, 2, \ldots$ zu numerieren oder durch die Symbole $\sigma, \pi, \delta, \ldots$ zu bezeichnen und durch ${\sin \atop \cos}\,\lambda\varphi$ beschrieben. Die Terme mit $\lambda > 0$ sind notwendig (d. h. als Folge der Symmetrie des Systems) entartet. Auch hier gilt die Auswahlregel $\lambda \to \lambda$ und $\lambda \to \lambda \pm 1$. Abb. 7 gibt die Symmetriecharaktere σ, π, δ an.

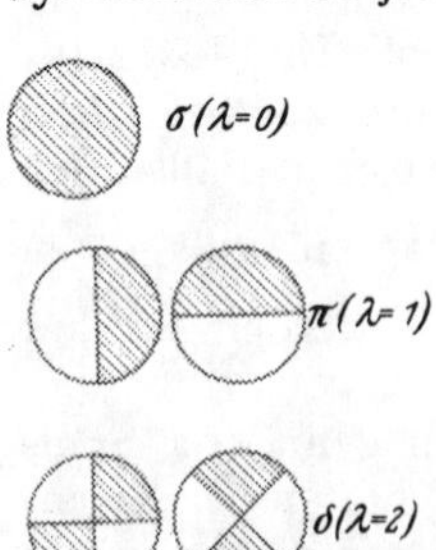

σ(λ=0) π(λ=1) δ(λ=2)

Abb. 7. Symmetriecharaktere für ein Elektron im achsensymmetrischen Feld.

In den Fällen der Achsensymmetrie haben wir einen *festen Wert des Drehimpulses* um die Achse für die durch $f(r, z)\, e^{im\varphi}$ beschriebenen Zustände. Es ist

$$L_z u = f(r, z) \cdot \frac{\hbar}{i}\frac{\partial}{\partial\varphi} e^{im\varphi} = \hbar m u\,,$$

d. h. der Drehimpuls um die Achse ist $m \cdot \hbar$. Im entarteten Fall (Achsensymmetrie und Spiegelungssymmetrie) haben also die Zustände $f(r,z)e^{\pm i\lambda\varphi}$ einen festen Drehimpuls, die Zustände $f(r,z)\frac{\cos}{\sin}\lambda\varphi$ nicht. Im Falle des kugelsymmetrischen Feldes haben die Zustände

$$f(r)\,Y_l(\vartheta,\varphi)$$

einen festen Wert des Gesamtdrehimpulses. Es ist

$$Lu = -\hbar^2\Lambda u = -\hbar^2 f(r)\cdot\Lambda Y_l = \hbar^2\cdot l(l+1)u\,.$$

Das Quadrat des Gesamtdrehimpulses ist $l(l+1)\,\hbar^2$.

Während bei den Beispielen der eben erwähnten Art die Folgerungen aus der Symmetrie des Systems ähnlich waren wie in der klassischen Mechanik, zeigt das jetzt folgende Beispiel einen der Quantenmechanik eigentümlichen Zug.

Eine Partikel möge sich auf einer Geraden bewegen in einem zu einem Punkte $x=0$ symmetrischen Kraftfeld $U(x) = U(-x)$. Die SCHRÖDINGERsche Gleichung

$$\frac{\hbar^2}{2m}u'' + (E-U)u = 0$$

ist invariant gegen die Ersetzung von x durch $-x$. Wenn $u(x)$ eine Eigenfunktion ist, so ist auch $u(-x)$ eine und ebenfalls $u(x)+u(-x)$, wenn es nicht gerade Null ist, und $u(x)-u(-x)$, wenn es nicht gerade Null ist. Da zu einem Eigenwert aber nur eine Eigenfunktion gehören kann (Ziff. 4), ist eine der beiden letztgenannten Null oder beide sind (bis auf einen Faktor) identisch. Es ist dann entweder u „symmetrisch", d. h. $u(x)=u(-x)$ oder u ist „antisymmetrisch", d. h. $u(x) = -u(-x)$. Aus früheren Betrachtungen über die Zahl der Knoten folgt auch, daß die Eigenfunktionen, dem Eigenwert nach geordnet, abwechselnd symmetrisch und antisymmetrisch sind. Die Symmetrie des mechanischen Systems führt hier zu einer Einteilung der Terme in zwei „Termrassen". Die Rassen unterscheiden sich durch den „*Symmetriecharakter*" der Eigenfunktionen; es gibt einen symmetrischen und einen antisymmetrischen Symmetriecharakter. Aus der Symmetrie des Systems folgt auch eine *Auswahlregel*. $\int u_n x u_m dx$ ist nur dann nicht Null, wenn u_n und u_m verschiedenen Charakter haben. Es kombinieren nur Terme symmetrischen mit Termen antisymmetrischen Charakters.

Wenn das System von mehr als einer Koordinaten abhängt, wenn x eine davon und $U(x) = U(-x)$ ist, so läßt sich aus jeder Eigenfunktion $u(x)$, die auch noch von den anderen Koordinaten abhängt, mindestens eine symmetrische Eigenfunktion $u(x)+u(-x)$ oder eine antisymmetrische Eigenfunktion $u(x)-u(-x)$ zum gleichen Eigenwert herstellen. Nur kann hier auch der Fall eintreten, daß beide von Null verschieden sind, dann ist der Eigenwert entartet. Wenn das System keine entarteten Terme hat, so zerfallen also die Terme in solche mit symmetrischen und in solche mit antisymmetrischen Eigenfunktionen. Wenn nur „zufällige" Entartungen auftreten, d. h. solche, die ohne Verletzung der Symmetrieeigenschaften des Systems durch bloße Änderung von Parametern sich beseitigen lassen, so ist es auch zweckmäßig, die symmetrischen und antisymmetrischen Eigenfunktionen einzuführen. Es kann dann zufällig einmal ein symmetrischer und ein antisymmetrischer Term zusammenfallen. Es kann aber auch vorkommen, daß eine Entartung notwendig aus den Symmetrieeigenschaften des Systems folgt, dann ist die Spiegelungssymmetrie $(x \to -x)$ nur Teil einer allgemeinen Symmetrie und ist mit dieser zu behandeln.

Die hier besprochenen Beispiele zeigen die charakteristischen Merkmale des allgemeinen Falles. Das allgemeine *Ergebnis* ist nämlich, *daß aus einer bestimmten*

Symmetrie des Systems eine ganz bestimmte Einteilung der Terme in „Rassen" auf Grund der Symmetriecharaktere der Eigenfunktionen und eine Auswahlregel folgt.

Die Numerierung oder sonstige Bezeichnung der Symmetriecharaktere ist das hauptsächliche Mittel, „Quantenzahlen" oder „Quantenindizes" zu definieren, die physikalische Bedeutung haben.

In den beiden Arten von Beispielen wurden die *Rassen bzw. Symmetriecharaktere in verschiedener Weise beschrieben.* Bei der ersten Art der Beispiele (Symmetrie um Punkt und Achse) konnten wir den für den Symmetriecharakter wichtigen Bestandteil der Eigenfunktion explizit hinschreiben $\left(Y_l(\vartheta,\varphi);\, e^{im\varphi};\, {\cos \atop \sin}\lambda\varphi\right)$. Bei der zweiten Art der Beispiele beschrieben wir die Symmetriecharaktere durch die Angabe, wie sich die Eigenfunktionen transformieren, wenn man die Koordinatentransformationen ausführt, die das System invariant lassen $(u(-x) = \pm u(x))$. Natürlich können wir die zweite Art der Beschreibung auch bei der ersten Art der Beispiele anwenden. Im Falle $Y_l(\vartheta,\varphi)$ wird sie kompliziert. Im Falle $e^{im\varphi}$ schreiben wir

$$u(\varphi + \alpha) = e^{i\alpha} \cdot u(\varphi)\,.$$

Im Falle ${\cos \atop \sin}\lambda\varphi$ schreiben wir $u_1 = \cos\lambda\varphi$, $u_2 = \sin\lambda\varphi$ und

$$\begin{aligned} u_1(\varphi + \alpha) &= \cos\lambda\alpha \cdot u_1 - \sin\lambda\alpha \cdot u_2\,, \qquad & u_1(-\varphi) &= u_1(\varphi)\,,\\ u_2(\varphi + \alpha) &= \sin\lambda\alpha \cdot u_1 + \cos\lambda\alpha \cdot u_2\,, \qquad & u_2(-\varphi) &= -u_2(\varphi) \end{aligned}$$

oder wir geben kurz das Koeffizientenschema (die Matrix) der Transformationen an

$$\begin{pmatrix} \cos\lambda\alpha & -\sin\lambda\alpha \\ \sin\lambda\alpha & \cos\lambda\alpha \end{pmatrix} \qquad \begin{pmatrix} 1 & 0 \\ 0 & -1 \end{pmatrix}.$$

Bei anderer Wahl der unabhängigen Eigenfunktionen, etwa $e^{\pm i\lambda\varphi}$, erhalten wir andere Koeffizientenschemata. *Die Beschreibung der Symmetriecharaktere durch die Art ihrer Transformation bei Ausführung der Symmetrieoperationen ist nun die allgemein mögliche Art der Beschreibung,* während das explizite Hinschreiben der funktionalen Abhängigkeit nur in besonders einfachen Fällen möglich ist.

In manchen Fällen lassen sich die Symmetriecharaktere durch einfache Überlegungen finden. Aber nicht immer. Da war es wesentlich, daß die Mathematik in der *Gruppentheorie* schon die wesentlichen Ergebnisse bereitgestellt hatte. Ihre Nutzbarmachung für die Untersuchung der quantenmechanischen Systeme verdankt man in erster Linie E. WIGNER[1]. Die Substitutionen, die die SCHRÖDINGERsche Gleichung invariant lassen, bilden eine Gruppe, wir nennen sie die Substitutionsgruppe der Differentialgleichung. Wenn $u(x\ldots)$ Eigenfunktion ist, so ist auch $u(Rx\ldots)$ kurz $u(R)$ Eigenfunktion des gleichen Eigenwertes, wenn R eine Substitution ist, die der Gruppe angehört. Wenn $u_1 u_2 \ldots u_l$ alle linear unabhängigen Eigenfunktionen eines Eigenwertes sind, so ist

$$u_\mu(R) = \sum_\nu a^R_{\mu\nu}\, u_\nu(E)\,.$$

E ist die identische Substitution, die $a^R_{\mu\nu}$ bilden für jede Substitution R eine l-reihige Matrix. Diese Matrizen bilden eine Gruppe, die der Substitutionsgruppe isomorph ist (isomorph im weiteren Sinne, den Substitutionen lassen sich eindeutig die Matrizen zuordnen). Man nennt die Gruppe dieser Matrizen eine

[1] Vgl. die Bücher: H. WEYL, Gruppentheorie und Quantenmechanik. 2. Aufl. Leipzig 1931; E. WIGNER, Gruppentheorie und ihre Anwendung auf die Quantenmechanik der Atomspektren. Braunschweig 1931; B. L. VAN DER WAERDEN, Die gruppentheoretische Methode in der Quantenmechanik. Berlin 1932.

Darstellung der Substitutionsgruppe. Zu jedem Eigenwert gehört eine Darstellung. Bei anderer Wahl der zu einem Term gehörigen unabhängigen Eigenfunktionen $u_1 u_2 \ldots u_l$ transformieren sich die Matrizen $a^R_{\mu\nu}$; wir wollen die so entstehende Darstellung aber als von der ursprünglichen nicht verschieden ansehen. Dann gehört *zu jedem Eigenwert genau eine Darstellung*. Sie hat so viel Matrizen, als es Gruppenoperationen R gibt. Wenn die Darstellungen einer Substitutionsgruppe bekannt sind, so sind auch die möglichen Verhaltungsweisen der Eigenfunktionen bekannt. *Die Darstellungen geben direkt die Symmetriecharaktere an.*

In quantenmechanischen Systemen haben wir häufig mehrere Symmetriearten nebeneinander, und es taucht die Frage auf, wann man solche nebeneinander bestehende Symmetriearten einzeln behandeln darf und wann man sie zusammen behandeln muß. Die Gruppentheorie gibt auch auf diese Frage eine Antwort. In einem Atom haben wir z. B. die Invarianz gegen Drehung um den Kern, die Invarianz gegen Spiegelung an jeder durch den Kern gehenden Ebene und die Gleichheit der Elektronen. In dem Beispiel sind die Substitutionen der drei genannten Symmetriearten so beschaffen, daß es bei Ausführung zweier Substitutionen verschiedener Symmetrieart nicht auf die Reihenfolge ankommt, die Substitutionen verschiedener Symmetrieart sind vertauschbar. Das allgemeine Ergebnis ist nun das, *wenn verschiedene Symmetriearten bestehen und die Substitutionen, die verschiedenen Symmetriearten entsprechen, stets vertauschbar sind, so kann man die Symmetriearten getrennt behandeln*[1].

8. Systeme mit gleichen Partikeln. Die wichtigsten Symmetrieeigenschaften, die bei Atomen oder Molekeln auftreten, sind Invarianz gegen Drehungen um eine Achse (manchmal noch gegen Spiegelung an jeder Ebene durch die Achse) oder gegen Drehungen um ein Zentrum oder gegen eine endliche Zahl von Drehungen und Spiegelungen (etwa die Deckoperationen des Kerngerüstes einer mehratomigen Molekel) und die Gleichheit von Elektronen oder Kernen. Die Gleichheit von Partikeln bedeutet Invarianz der Schrödingergleichung gegen Permutationen der Koordinatenindizes, die die Partikel numerieren oder Invarianz gegen die entsprechenden Symmetrieoperationen im Raume aller Koordinaten. Die zuletzt genannten Symmetrieeigenschaften zeichnen sich von den zuerst genannten dadurch aus, daß sie aus endlich vielen Symmetrieoperationen bestehen. Wir behandeln sie zuerst, und zwar betrachten wir zunächst die Fälle, wo die Symmetrieoperationen Permutationen von gleichen Teilchen sind oder sich auf solche eineindeutig abbilden lassen.

Die Symmetrieoperationen der *Systeme mit zwei gleichen Teilchen* (identische Transformation und Vertauschung) sind eineindeutig abbildbar auf die Symmetrieoperationen eines Systems mit einer Spiegelebene (identische Transformation und Spiegelung), die wir oben (Ziff. 7) als Beispiel behandelt haben. Die Terme zerfallen in zwei Rassen, eine mit *symmetrischem* und eine mit *antisymmetrischem* Symmetriecharakter. Notwendige Entartungen gibt es nicht. Durch Betrachtung der Integrale

$$\int u_a^*(1,2) f(1,2) u_b(1,2)\, d\tau,$$

wo $f(1,2)$ das Dipolmoment oder höhere Momente angibt und in den Partikeln 1 und 2 symmetrisch ist, folgt die Auswahlregel: *Terme verschiedener Rasse kombinieren nicht miteinander*, und zwar nicht nur nicht mit Dipolstrahlung, sondern auch nicht mit der Strahlung höherer Pole. *Es ist in keiner Weise möglich, einen Übergang in die andere Rasse herzustellen.*

---

[1] Beweis z. B. bei E. WIGNER, l. c. S. 184ff.

Ein wichtiger Fall ist der, daß zwei gleiche Partikel in erster Näherung sich unabhängig bewegen und in zweiter Näherung gekoppelt werden. Ein Term der ersten Näherung wird gekennzeichnet durch eine Eigenfunktion

$$u(1)\,v(2),$$

wo u eine Eigenfunktion der ersten und v eine Eigenfunktion der zweiten Partikel ist. Wenn u und v verschiedene Funktionen sind, so ist der Term der ersten Näherung entartet und

$$v(1)\,u(2)$$

ist Eigenfunktion zum gleichen Eigenwert; wenn u und v dieselbe Funktion sind, so ist der Term nicht entartet. Die Eigenfunktionen der zweiten Näherung schließen sich im letzten Fall stetig an die ungestörte Eigenfunktion $u(1)\,u(2)$ an. Im ersten Fall (Entartung) schließen sie sich an zwei Linearkombinationen der ungestörten Eigenfunktionen an. Da die gestörten Eigenfunktionen entweder symmetrisch oder antisymmetrisch in 1 und 2 sein müssen, müssen sie sich stetig an

$$u(1)\,v(2) \pm u(2)\,v(1)$$

anschließen. Hat die potentielle Energie die Form

$$U = V(1) + V(2) + W(1, 2),$$

wo W das Kopplungsglied ist, so bringt die Kopplung zur Energie den Beitrag

$$E^1 = \int W(1, 2)\,u^2(1)\,v^2(2)\,d\tau \pm \int W(1, 2)\,u(1)\,v(1)\,u(2)\,v(2)\,d\tau.$$

Die Aufspaltung wird durch das zweite Integral gegeben. Es hat sich dafür der Name *Austauschintegral* eingebürgert, da sein Auftreten mit der Möglichkeit des Austauschs gleicher Partikel zusammenhängt. Wenn W eine Abstoßung bedeutet, so kommt der antisymmetrische Term energetisch tiefer.

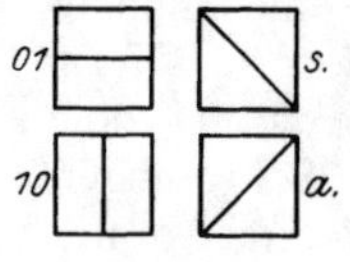

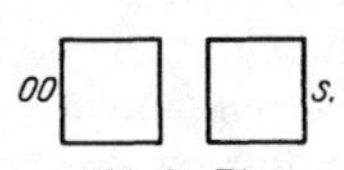

00 s.

Abb. 8. Eigenfunktionen eines einfachen Systems mit zwei gleichen Partikeln. (Nach HUND, Erg. exakt. Naturwiss. Bd. 8, S. 147. 1929.)

Im Falle zweier gleicher Partikel, die sich auf einer Geraden (im begrenzten Intervall $a \leqq x \leqq b$) bewegen können und bei denen die Kopplung $W(1, 2)$ so eingerichtet ist, daß sie sich durchdringen können, sind die Eigenfunktionen Funktionen im Quadrat ($a \leqq x_1 \leqq b$, $a \leqq x_2 \leqq b$). Abb. 8 gibt die Eigenfunktionen der tiefsten Terme für Kopplung Null und für schwache Kopplung (durch ihre Knotenlinien dargestellt). Im Falle Kopplung Null sind sie durch Quantenzahlen bezeichnet, die die Anzahlen der x_1- und der x_2-Knoten angeben.

In einem *System mit drei gleichen Partikeln* können wir die Symmetriecharaktere folgendermaßen leicht herstellen. Ist $u(1, 2, 3)$ eine Eigenfunktion, so ist auch

$$u(1, 2, 3) + u(2, 3, 1) + u(3, 1, 2) + u(2, 1, 3) + u(1, 3, 2) + u(3, 2, 1) \qquad (1)$$

eine, falls der Ausdruck nicht Null wird. Ist er von Null verschieden, so ist er in 1, 2, 3 symmetrisch, d. h. invariant gegen jede Permutation der drei Partikel. Aus einer in 1, 2, 3 symmetrischen Eigenfunktion kann man aber durch Permutieren der Partikel und Bilden von Linearkombinationen keinen neue Eigenfunktionen herstellen; eine Entartung wäre also zufällig. Bei Wegfall zufälliger Entartung ist dann schon die Ausgangsfunktion $u(1, 2, 3)$ in 1, 2, 3 symmetrisch. Wir rechnen solche Terme und Eigenfunktionen zu einer Rasse, nämlich der mit nichtentartetem symmetrischen Symmetriecharakter $(\overline{123})$. Ist die obengenannte Summe Null, so bilden wir

$$\left.\begin{aligned} &u(1, 2, 3) + u(2, 1, 3), \\ &u(1, 2, 3) + u(1, 3, 2), \\ &u(1, 2, 3) + u(3, 2, 1). \end{aligned}\right\} \tag{2}$$

Ist mindestens eine davon von Null verschieden, so ist die Eigenfunktion entartet; man kann durch Vertauschen von Partikeln und Linearkombinieren eine Funktion herstellen, die in 1, 2 symmetrisch ist, eine solche, die in 2, 3 symmetrisch ist, und eine solche, die in 3, 1 symmetrisch ist. Zwischen diesen drei Funktionen besteht noch eine Beziehung, so daß es nur zwei unabhängige Eigenfunktionen gibt. Wir rechnen solche Terme und Eigenfunktionen zu einer weiteren Rasse, der mit entartetem Symmetriecharakter $(\overline{12}, 3)$. Sind alle Summen (2) Null, so ist $u(1, 2, 3)$ notwendig in 1, 2, 3 antisymmetrisch, d. h. bei Vertauschung irgend zweier Partikel wird sie mit -1 multipliziert. Sie ist nichtentartet, wenn wir von zufälligen Entartungen absehen. Solche Terme gehören zur dritten Rasse, der mit antisymmetrischem Symmetriecharakter $(\{123\})$.

Wir hätten die Rassen und Symmetriecharaktere auch so aufstellen können, daß wir erst

$$u(1, 2, 3) - u(2, 1, 3) + u(2, 3, 1) - u(3, 2, 1) + u(3, 1, 2) - u(1, 3, 2) \tag{3}$$

bildeten. Wenn der Ausdruck nicht Null ist, ist $u(1, 2, 3)$ nicht entartet und in 1, 2, 3 antisymmetrisch. Wenn der Ausdruck Null ist, bilden wir

$$\left.\begin{aligned} &u(1, 2, 3) - u(2, 1, 3), \\ &u(1, 2, 3) - u(1, 3, 2), \\ &u(1, 2, 3) - u(3, 2, 1); \end{aligned}\right\} \tag{4}$$

wenn nicht alle drei Ausdrücke Null sind, ist $u(1, 2, 3)$ entartet, und man kann Linearkombinationen bilden, die in 1, 2 antisymmetrisch sind, solche, die in 2, 3 antisymmetrisch sind, und solche, die in 3, 1 antisymmetrisch sind. Sind alle drei Ausdrücke (4) Null, so ist $u(1, 2, 3)$ in 1, 2, 3 symmetrisch. Mit diesem Verfahren erhalten wir also drei Rassen mit den Symmetriecharakteren $\{123\}$, $\{12\}3$, $\overline{123}$. Die Rassen $\{123\}$ und $\overline{123}$ sind mit den oben so bezeichneten identisch; $\{12\}3$ ist, wie man durch Bilden von Linearkombinationen sofort sieht, mit $\overline{12}, 3$ identisch.

Im Falle dreier gleicher Partikel erhalten wir also drei Termrassen: zwei mit den nichtentarteten Charakteren $\overline{123}$ *und* $\{123\}$ *und eine mit dem entarteten Charakter* $\overline{12}, 3$ *oder* $\{12\}3$ *und zwei unabhängigen Eigenfunktionen pro Term.*

Da

$$\int u_a^*(1, 2, 3)\, f(\overline{123})\, u_b(1, 2, 3)\, d\tau$$

verschwindet, wenn f in 1, 2, 3 symmetrisch ist und u_a und u_b verschiedenen Symmetriecharakter haben, gilt die Auswahlregel: *Terme verschiedener Rasse kombinieren nicht, auch nicht bei Strahlung von höheren Polen.*

Im Falle dreier gleicher Partikel, die sich auf einer Geraden bewegen können, sind die Eigenfunktionen Funktionen im dreidimensionalen Raum $(x_1 x_2 x_3)$. Schneidet man diesen Raum durch eine Ebene $x_1 + x_2 + x_3 = \text{konst.}$, so schneidet sie die Koordinatenachsen in den Ecken eines gleichseitigen Dreiecks. Das Verhalten der Symmetriecharaktere wird anschaulich beschrieben durch den Verlauf in diesem Dreieck. In Abb. 9 sind die notwendig vorhandenen Knotenlinien (Nullstellen) der Funktionen der drei Charaktere angegeben, beim entarteten Charakter in der antisymmetrischen Form.

Bei Systemen mit drei gleichen Partikeln, die in erster Näherung unabhängig sind und in zweiter Näherung gekoppelt werden, schließen sich die Eigenfunktionen der zweiten Näherung bei von Null heranwachsender Kopplung stetig an solche Linearkombinationen der Eigenfunktionen erster Näherung

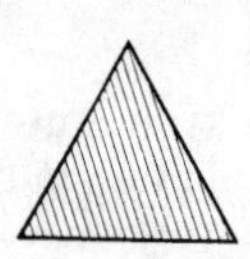
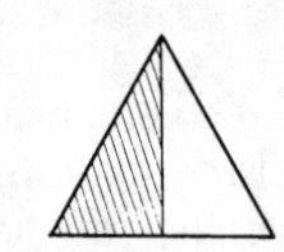
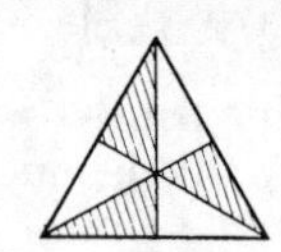

Abb. 9. Symmetriecharaktere eines Systems mit drei gleichen Partikeln. (Nach HUND, ZS. f. Phys. Bd. 43, S. 788. 1927.)

$$u(1)\,v(2)\,w(3)$$

an, die die „richtige" Symmetrie haben, d. h. die Symmetrie eines der Symmetriecharaktere. Wenn u, v, w die gleiche Funktion sind, so ist auch die Eigenfunktion zweiter Näherung symmetrisch in 1, 2, 3; es findet keine Aufspaltung statt. Wenn zwei der Funktionen gleich sind, wenn also eine Eigenfunktion erster Näherung

$$u(1)\,v(2)\,v(3)$$

ist, so ist zunächst der Term erster Näherung dreifach entartet. Er spaltet durch die Störung auf in einen nichtentarteten Term symmetrischen Charakters, dessen Eigenfunktion sich an

$$u(1)\,v(2)\,v(3) + v(1)\,u(2)\,v(3) + v(1)\,v(2)\,u(3)$$

anschließt und in einen Term entarteten Charakters, dessen Entartung natürlich bestehen bleibt. Die Eigenfunktionen schließen sich an an zwei Linearkombinationen, etwa der Funktionen (nichtnormiert)

$$[u(1)\,v(2) - v(1)\,u(2)]\,v(3),$$
$$[u(1)\,v(2) + v(1)\,u(2)]\,v(3) - 2v(1)\,v(2)\,u(3);$$

ein Term antisymmetrischen Charakters geht aus der Aufspaltung nicht hervor. Im Falle, daß die Eigenfunktion erster Näherung $u(1)\,v(2)\,w(3)$ mit drei verschiedenen Funktionen ist, hat der Term erster Näherung $3! = 6$-fache Entartung. Es lassen sich bilden die Kombinationen

$$[u(1)\,v(2) \pm v(1)\,u(2)]\,w(3) + [v(1)\,w(2) \pm w(1)\,v(2)]\,u(3) + [w(1)\,u(2) \pm u(1)\,w(2)]\,v(3)$$

mit dem +-Zeichen symmetrisch, mit dem −-Zeichen antisymmetrisch. In zweiter Näherung spaltet also der Term auf, es entsteht zunächst ein Term symmetrischen und ein Term antisymmetrischen Charakters. Die übrigen vier unabhängigen Linearkombinationen geben zwei Terme entarteten Charakters. Wie sich die Eigenfunktion auf diese beiden Terme verteilen, läßt sich durch Symmetriebetrachtungen allein nicht bestimmen.

Durch ein ähnliches Verfahren, wie wir es bei zwei und drei gleichen Partikeln anwandten, lassen sich die *Symmetriecharaktere bei n-Partikeln* erkennen.

Es gibt die *Symmetriecharaktere* der Form

$$u\left(\overline{1\,2\ldots\lambda_1},\ \overline{\lambda_1+1\ldots\lambda_1+\lambda_2}\ldots\ \ldots\overline{\sum_1^{s-1}\lambda_\nu+1\ldots\sum_1^{s}\lambda_\nu}\right),$$

Es gibt die *Symmetriecharaktere* der Form

$$u\left(\{1,2\ldots\lambda_1\}\{\lambda_1+1\ldots\lambda_1+\lambda_2\}\ldots\ \ldots\left\{\sum_1^{s-1}\lambda_\nu+1\ldots\sum_1^{s}\lambda_\nu\right\}\right).$$

die den Zerlegungen der Zahl n in

$$n = \lambda_1 + \lambda_2 + \cdots + \lambda_s$$

entsprechen und die wir auch

$$S(\lambda_1 + \lambda_2 + \cdots + \lambda_s)$$

nennen.

Zu dem angegebenen Charakter gehören die Eigenfunktionen, die durch Vertauschen der Partikel und Linearkombination in solche übergeführt werden können, die in λ_1 Partikeln symmetrisch sind, und nicht in solche, die in mehr Partikeln symmetrisch sind, die weiter durch Vertauschen der Indizes $\lambda_1 + 1 \ldots \sum_1^s \lambda_\nu$ und Linearkombination in solche übergeführt werden können, die in λ_2 von diesen Indizes symmetrisch sind, und nicht in solche, die in mehr symmetrisch sind usw. Es ist also $\lambda_1 \geqq \lambda_2 \geqq \cdots \geqq \lambda_s$. Wenn $\lambda_i = 1\ (i \geqq k)$ ist, so ist die Eigenfunktion in den Partikeln $\sum_1^i \lambda_\nu (i \geqq k)$ antisymmetrisch.

die den Zerlegungen der Zahl n in

$$n = \lambda_1 + \lambda_2 + \cdots + \lambda_s$$

entsprechen und die wir auch

$$A(\lambda_1 + \lambda_2 + \cdots + \lambda_s)$$

nennen.

Zu dem angegebenen Charakter gehören die Eigenfunktionen, die durch Vertauschen der Partikel und Linearkombination in solche übergeführt werden können, die in λ_1 Partikeln antisymmetrisch sind, und nicht in solche, die in mehr Partikeln antisymmetrisch sind, die weiter durch Vertauschen der Indizes $\lambda_1 + 1 \ldots \sum_1^s \lambda_\nu$ und Linearkombination in solche übergeführt werden können, die in λ_2 von diesen Indizes antisymmetrisch sind, und nicht in solche, die in mehr antisymmetrisch sind usw. Es ist also $\lambda_1 \geqq \lambda_2 \geqq \cdots \geqq \lambda_s$. Wenn $\lambda_i = 1\ (i \geqq k)$ ist, so ist die Eigenfunktion in den Partikeln $\sum_1^i \lambda_\nu (i \geqq k)$ symmetrisch.

Für $n = 3$ haben wir also die schon bekannten Charaktere:

$S(3)$:	$u(123)$	$A(3)$:	$u(\{123\})$
$S(2+1)$:	$u(12,3)$	$A(2+1)$:	$u(\{12\}3)$
$S(1+1+1)$:	$u(\{123\})$	$A(1+1+1)$:	$u(123)$

Für $n = 4$:

$S(4)$:	$u(1234)$	$A(4)$:	$u(\{1234\})$
$S(3+1)$:	$u(123, 4)$	$A(3+1)$:	$u(\{123\}4)$
$S(2+2)$:	$u(12, 34)$	$A(2+2)$:	$u(\{12\}\{34\})$
$S(2+1+1)$:	$u(12\{34\})$	$A(2+1+1)$:	$u(\{12\}34)$
$S(1+1+1+1)$:	$u(\{1234\})$	$A(1+1+1+1)$:	$u(1234)$

Für $n = 4$ lassen sich die antisymmetrisch definierten Charaktere in ähnlicher Weise wie bei $n = 3$ anschaulich machen, wenn man annimmt, daß die vier Partikel sich auf einer Geraden bewegen. Den vierdimensionalen $(x_1 x_2 x_3 x_4)$-Koordinatenraum denken wir uns durch den dreidimensionalen Raum $x_1 + x_2 + x_3 + x_4 =$ konst. geschnitten. Die vier Koordinatenachsen erscheinen darin als Eckpunkte eines regulären Tetraeders. Die Symmetriecharaktere stellen wir in den antisymmetrischen Formen $A(1+1+1+1)$, $A(2+1+1)$, $A(2+2)$, $A(3+1)$, $A(4)$ dar durch Funktionen in dem genannten dreidimensionalen Raum, die nur die notwendigen Knoten haben. Da uns die Gestalt des Würfels geläufiger ist als die des Tetraeders, sind die Symmetriecharaktere in Abb. 10 in Würfeln dargestellt. Die Durchstoßungspunkte der vier Koordinatenachsen $x_1 x_2 x_3 x_4$ sind vier der acht Würfelecken, von denen keine zwei zu einer Kante gehören (in der Abb. 10 ist die x_4 entsprechende Ecke verdeckt).

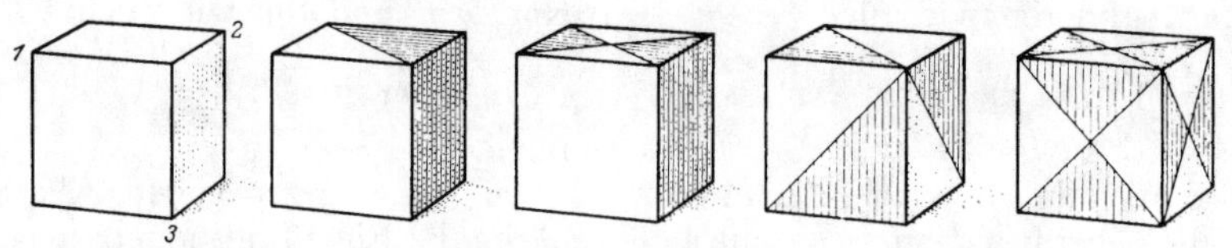

Abb. 10. Symmetriecharaktere eines Systems mit vier gleichen Partikeln. (Nach HUND, ZS. f. Phys. Bd. 43, S. 788. 1927.)

Jeder der Symmetriecharaktere S ist mit einem der Symmetriecharaktere A identisch und umgekehrt. Für $n = 4$ ist z. B.

$S(4)$	identisch mit	$A(1+1+1+1)$
$S(3+1)$	,, ,,	$A(2+1+1)$
$S(2+2)$	,, ,,	$A(2+2)$
$S(2+1+1)$	,, ,,	$A(3+1)$
$S(1+1+1+1)$	,, ,,	$A(4)$

Es gilt die Auswahlregel: Terme verschiedenen Symmetriecharakters kombinieren nicht miteinander.

Das folgende Schema (Abb. 11) gibt die Zerlegungen von n und damit die Symmetriecharaktere, ferner (in Klammern) den Entartungsgrad für

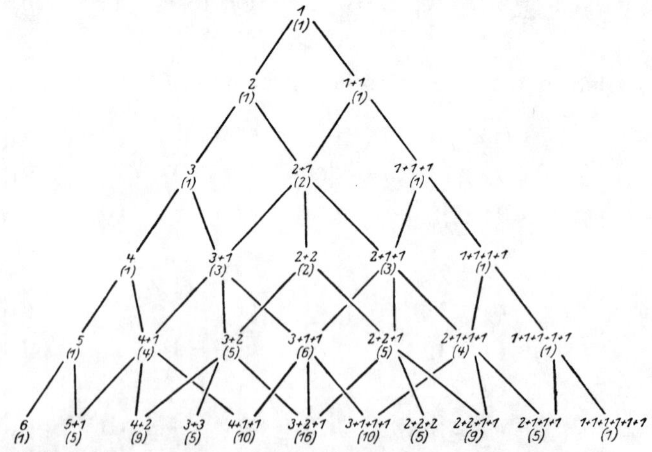

Abb. 11. Symmetriecharaktere eines Systems mit n gleichen Partikeln. (Nach HUND, ZS. f. Phys. Bd. 43, S. 788, 1927.)

$n = 1, 2, 3, 4, 5, 6$ an. Die Zerlegungen können sowohl für $S(\lambda_1 + \lambda_2 + \cdots)$ als auch für $A(\lambda_1 + \lambda_2 + \cdots)$ gelesen werden. Beim Übergang von S zu A ist das System an der Mittelachse zu spiegeln. (Für größere n, zum erstenmal für $n = 8$, gibt es mehr als eine Zerlegung, die beim Übergang von S nach A in sich selbst übergeht, da muß das Schema aus der Ebene heraustreten.)

Wir haben noch den Fall zu betrachten, wo n gleiche Partikel in erster Näherung sich unabhängig bewegen und in zweiter Näherung gekoppelt werden. Wenn die n Partikel in erster Näherung alle im gleichen Zustand sind, so findet in zweiter Näherung keine Aufspaltung statt, es entsteht ein Term mit dem nichtentarteten Charakter $S(n)$ gleich $A(1+1+1+\cdots+1)$. Wenn die n Partikel in erster Näherung sich irgendwie auf zwei Zustände verteilen, so entstehen (vgl. die Betrachtungen für $n = 3$) Terme mit Symmetriecharakteren $S(\lambda_1 + \lambda_2)$, wo n in nicht mehr als zwei Summanden zerlegt ist, oder $A(2 + 2 + \cdots + 1 + 1 + \cdots)$, wo keine höheren Summanden als 2 vorkommen. Allgemein, wenn die n Partikel sich irgendwie auf k verschiedene Zustände verteilen, so entstehen Terme mit Symmetriecharakteren S, wo n in nicht mehr als k Summanden zerlegt ist, oder A, wo keine höheren Summanden als k vorkommen.

9. Magnetelektron und Pauliprinzip. Wir haben bisher den *Einfluß des Elektronenspins* ganz vernachlässigt. Entsprechend unserer Absicht, zunächst die Eigenschaften von Atom und Molekel im Falle sehr kleiner Spinkräfte zu untersuchen, wollen wir auch jetzt keine Annahme über diese Kräfte machen, sondern nur die Existenz des Spins voraussetzen. Wir nehmen also an, daß jeder bisher (d. h. ohne Spin) nichtentartete Zustand eines Systems mit einem Elektron nach Berücksichtigung des Spins zweifach entartet ist oder in zwei Zustände aufspaltet, deren Abstand mit verschwindendem Einfluß der Spinkräfte gegen Null geht. Die beiden Eigenfunktionen seien $u_+(xyz)$ und $u_-(xyz)$ oder bei verschwindendem Spineinfluß

$$u(xyz) \cdot \varrho$$
$$u(xyz) \cdot \sigma,$$

wo etwa ϱ der Spinquantenzahl $m_s = +\frac{1}{2}$, σ der Zahl $m_s = -\frac{1}{2}$ entsprechen mag. Die Gesamtheit dieser beiden Zustände nennen wir ein *Dublett*. Ein Zustand eines Systems mit mehreren Elektronen kann bei Einführung des Spins ebenfalls entarten oder aufspalten. Seine Eigenfunktionen seien

$$u(x_1 y_1 z_1\, x_2 y_2 z_2 \ldots x_n y_n z_n) \cdot \varrho(1\,2 \ldots n),$$

wo ϱ für so viele verschiedenen Funktionen steht, als die Termmannigfaltigkeit beträgt. Wir nennen die Termgruppe ein Singulett, Dublett, Triplett, Quartett usw., allgemein *Multiplett*, je nachdem sie aus einem Term, aus zwei, drei, vier usw. Termen besteht. Wir fassen also solche Terme zu einem Multiplett zusammen, deren Eigenfunktionen im Grenzfall verschwindenden Spineinflusses in gleicher Weise von den Ortskoordinaten abhängen.

Bei einem System mit mehreren gleichen Partikeln und sehr kleinem Einfluß des Spins muß nun sowohl der „Bahnanteil" u der Eigenfunktion als auch die gesamte Eigenfunktion $u \cdot \varrho$ einen der oben beschriebenen Symmetriecharaktere haben. Der Symmetriecharakter von u allein gilt dann nur sehr angenähert; die Näherung wird um so schlechter, je größer der Einfluß der Spinkräfte wird. Auch die aus den Symmetriecharakteren von u folgende Auswahlregel, daß Terme verschiedener Charaktere von u nicht kombinieren, gilt nur noch sehr angenähert; die Näherung wird auch um so schlechter, je größer der Einfluß der Spinkräfte wird. Daneben gilt aber der Satz, daß Terme verschiedenen Symmetriecharakters der ganzen Eigenfunktion $u \cdot \varrho$ nicht kombinieren, in voller Strenge. D. h. es ist nicht möglich, durch Strahlung oder Stoß, von Termen eines bestimmten Symmetriecharakters zu Termen eines anderen Charakters zu gelangen. Wir kommen in keinerlei Widerspruch mit den Sätzen der Quantenmechanik, wenn wir den verschiedenen Symmetriecharakteren verschiedene Häufigkeit geben (analog etwa der Tatsache, daß O-Atome häufiger sind als F-Atome). Diese Häufigkeiten wären dann empirisch zu bestimmen.

Für den Fall, daß die gleichen Partikel *Elektronen* sind, ist diese Bestimmung in dem PAULI*schen Prinzip* (Ziff. 2)[1] schon erfolgt, das bei der korrespondenzmäßigen Behandlung der quantenmechanischen Systeme aus der Zahl der quantentheoretisch möglichen Zustände bestimmte ausschloß. Es gab Auskunft

[1] Vgl. auch Kap. 1 ds. Bandes (RUBINOWICZ), Ziff. 24.

in dem Grenzfall, wo man die Terme des Systems durch Zustände der einzelnen Elektronen, also auch durch Quantenzahlen der einzelnen Elektronen beschreiben konnte und besagte, daß bei Wegfall aller Entartungen nur Terme vorkommen, bei denen keine zwei Elektronen im gleichen Zustand (mit Spin) sind, und daß durch bloßes Umbenennen der Elektronen keine neuen Terme entstehen.

Um den *Zusammenhang zwischen dem* PAULI*schen Prinzip und unseren Symmetriecharakteren* zu erkennen, betrachten wir diese für ein System, das in erster Näherung aus n ungekoppelten Elektronen mit Spin besteht, die in zweiter Näherung gekoppelt werden. Die Eigenfunktionen der zweiten Näherung schließen sich dann stetig an an bestimmte Linearkombinationen der Eigenfunktionen erster Näherung. Im Falle zweier Elektronen schließen sie sich an an Kombinationen der Funktionen

$$u(1)\,v(2)\cdot\varrho(1)\,\sigma(2).$$

Wenn u und v dieselbe Funktion sind (gleich u), an Kombinationen von

$$\begin{aligned}&u(1)\,u(2)\cdot\varrho(1)\,\varrho(2),\\&u(1)\,u(2)\cdot\varrho(1)\,\sigma(2),\\&u(1)\,u(2)\cdot\sigma(1)\,\varrho(2),\\&u(1)\,u(2)\cdot\sigma(1)\,\sigma(2),\end{aligned}$$

wenn u und v verschieden sind, an Kombinationen der acht Funktionen

$$\begin{aligned}&u(1)\,v(2)\cdot\varrho(1)\,\varrho(2),\\&v(1)\,u(2)\cdot\varrho(1)\,\varrho(2),\\&u(1)\,v(2)\cdot\varrho(1)\,\sigma(2),\\&v(1)\,u(2)\cdot\varrho(1)\,\sigma(2).\\&\cdots\cdots\cdots\cdots\cdots\end{aligned}$$

Wenn u und v dieselben Funktionen sind, sind dies

$$\text{symmetrisch}\quad\begin{cases}u(1)\,u(2)\cdot\varrho(1)\,\varrho(2),\\u(1)\,u(2)\cdot\sigma(1)\,\sigma(2),\\u(1)\,u(2)\cdot[\varrho(1)\,\sigma(2)+\sigma(1)\,\varrho(2)],\end{cases}$$

$$\text{antisymmetrisch}\quad u(1)\,u(2)\cdot[\varrho(1)\,\sigma(2)-\sigma(1)\,\varrho(2)],$$

wobei an Stelle der ersten drei auch irgendwelche drei Kombinationen dieser treten können. Statt des einen spinfreien Terms erhalten wir also vier Terme, ein symmetrisches Triplett und ein antisymmetrisches Singulett. Nach dem Pauliprinzip ist aber nur ein Term erlaubt; da die beiden Elektronen sich nur in der Spinquantenzahl unterscheiden können, müssen sie sich in dieser unterscheiden ($m_s = \frac{1}{2}$ und $-\frac{1}{2}$). Das Pauliprinzip besagt also hier, daß nur der Term vorkommt, der im ganzen antisymmetrisch ist. Diese Festsetzung muß dann aber für das ganze Termsystem gelten. Wenn u und v verschieden sind, gibt es die Kombinationen

$$[u(1)\,v(2)+v(1)\,u(2)]\cdot\begin{cases}\varrho(1)\,\varrho(2),\\\sigma(1)\,\sigma(2),\\{[\varrho(1)\,\sigma(2)+\sigma(1)\,\varrho(2)]},\end{cases}\quad\text{symmetrisch},$$

$$[u(1)\,v(2)+v(1)\,u(2)]\cdot[\varrho(1)\,\sigma(2)-\sigma(1)\,\varrho(2)],\quad\text{antisymmetrisch},$$

$$[u(1)\,v(2)-v(1)\,u(2)]\cdot\begin{cases}\varrho(1)\,\varrho(2),\\\sigma(1)\,\sigma(2),\\{[\varrho(1)\,\sigma(2)+\sigma(1)\,\varrho(2)]},\end{cases}\quad\text{antisymmetrisch},$$

$$[u(1)\,v(2)-v(1)\,u(2)]\cdot[\varrho(1)\,\sigma(2)-\sigma(1)\,\varrho(2)],\quad\text{symmetrisch}.$$

Davon sind vier antisymmetrisch, genau soviel, wie das Pauliprinzip erlaubt ($m_s = \frac{1}{2}, \frac{1}{2}$; $m_s = \frac{1}{2}, -\frac{1}{2}$; $m_s = -\frac{1}{2}, \frac{1}{2}$; $m_s = -\frac{1}{2}, -\frac{1}{2}$). Terme, die ohne Spin symmetrisch waren, werden Singuletts; Terme, die ohne Spin antisymmetrisch waren, werden Tripletts.

Auch für mehrere Elektronen erweist sich *der Satz, daß nur Terme vorkommen, die mit Spin antisymmetrisch sind,* als *identisch mit dem Pauliprinzip* (HEISENBERG, DIRAC). Festsetzung aller Quantenzahlen der einzelnen Elektronen heißt hier, daß die Eigenfunktion erster Näherung

$$u(1)\varrho(1) \cdot v(2)\sigma(2) \cdot w(3)\tau(3) \ldots$$

bis auf Permutationen der Elektronennummern festgelegt ist. Daraus läßt sich nur eine antisymmetrische Linearkombination bilden, nämlich die Determinante

$$\begin{vmatrix} u(1)\varrho(1) & u(2)\varrho(2) & u(3)\varrho(3) & \ldots \\ v(1)\sigma(1) & v(2)\sigma(2) & v(3)\sigma(3) & \ldots \\ w(1)\tau(1) & w(2)\tau(2) & w(3)\tau(3) & \ldots \\ \ldots & \ldots & \ldots & \ldots \end{vmatrix}$$

Sie ist Null, wenn zwei Zeilen gleich sind, d. h. zwei Elektronen den gleichen Zustand haben; der eine Teil des Pauliprinzips ist also erfüllt. Sie ändert sich nicht oder höchstens ihr Vorzeichen, wenn Zeilen oder Spalten permutiert werden, d. h. die Elektronen umnumeriert werden; der zweite Teil des Pauliprinzips ist also auch erfüllt.

Zur *Aufstellung der Terme eines quantenmechanischen Systems, die mit dem Pauliprinzip verträglich sind,* sind zwei Wege eingeschlagen worden. Auf dem ersten Weg wird das System zunächst (wie in Ziff. 8) ohne Spin behandelt, und dann wird untersucht, *welche der ohne Spin auftretenden Symmetriecharaktere durch Zufügung der Spinanteile antisymmetrisch werden, und auf wieviele Weisen.* Auf dem anderen, von SLATER[1] eingeschlagenen Wege, wird angenommen, daß die Zustände des quantenmechanischen Systems sich in erster Näherung durch Quantenzahlen der einzelnen Elektronen mit Spin beschreiben lassen oder (was dasselbe ist) die Eigenfunktionen in erster Näherung Linearkombinationen von

$$u(1)\varrho(1) \cdot v(2)\sigma(2) \cdot w(3)\tau(3) \ldots$$

sind. Dies ist keine Einschränkung der Allgemeinheit, da nur qualitative (von der Größe der Störung unabhängige) Eigenschaften der Störungsrechnung gebraucht werden. SLATER zieht nun von vornherein nur solche Linearkombinationen in Betracht, die in den Elektronen antisymmetrisch sind, und untersucht ihr Verhalten bei Einführung der Kopplung der Elektronen.

Untersuchen wir zunächst auf dem ersten Weg, welche der in Ziff. 8 aufgestellten Symmetriecharaktere durch den Spin antisymmetrisch gemacht werden können. Für zwei Elektronen ($n = 2$) haben wir es festgestellt. Die ohne Spin symmetrischen Terme werden auf eine einzige Weise antisymmetrisiert, sie geben also *Singuletts*; die ohne Spin antisymmetrischen Terme werden auf drei Weisen antisymmetrisiert, sie geben also *Tripletts.* Für $n = 3$ können die ohne Spin symmetrischen Terme $S(3)$ oder $A(1 + 1 + 1)$ durch Zufügung des Spins überhaupt nicht antisymmetrisch werden. Der Spinanteil selbst müßte nämlich dann antisymmetrisch sein; da die drei Spins sich auf zwei Zustände verteilen, der Spinanteil also eine der Formen

$$\varrho(1)\varrho(2)\varrho(3),$$
$$\varrho(1)\varrho(2)\sigma(3)$$

[1] J. C. SLATER, Phys. Rev. Bd. 34, S. 1293. 1929.

hat und diese sich nicht in 1, 2, 3 antisymmetrisieren lassen, kommt das nicht vor. Die ohne Spin antisymmetrischen Terme $S(1+1+1)$ oder $A(3)$ können nur durch Zufügung eines symmetrischen Spinanteils antisymmetrisch bleiben. Das geht auf vier Weisen, mit

$$\begin{aligned}
&\varrho(1)\,\varrho(2)\,\varrho(3)\,,\\
&\varrho(1)\,\varrho(2)\,\sigma(3) + \varrho(1)\,\sigma(2)\,\varrho(3) + \sigma(1)\,\varrho(2)\,\varrho(3)\,,\\
&\varrho(1)\,\sigma(2)\,\sigma(3) + \sigma(1)\,\varrho(2)\,\sigma(3) + \sigma(1)\,\sigma(2)\,\varrho(3)\,,\\
&\sigma(1)\,\sigma(2)\,\sigma(3)\,.
\end{aligned}$$

Diese Terme werden also zu *Quartetts.* Die ohne Spin entarteten Terme $S(2+1)$ oder $A(2+1)$ können nur durch Zufügung eines entarteten Terms antisymmetrisch werden. Von den Produkten

$$\begin{aligned}
&(\overline{1\,2}, 3) \cdot (\overline{1\,2,} 3)\,,\\
&(\bar{1}\,\bar{2}, 3) \cdot (\{1\,2\}3)\,,\\
&(\{1\,2\}3) \cdot (\overline{1\,2,} 3)\,,\\
&(\{1\,2\}3) \cdot (\{12\}3)
\end{aligned}$$

lassen sich die beiden mittleren antisymmetrisch machen. Diese Terme werden also zu *Dubletts. Drei Elektronen im gleichen Zustand* erster Näherung geben zunächst ohne Spin symmetrischen Charakter. Das Pauliprinzip schließt sie aus, da sie sich nicht antisymmetrisch machen lassen. *Zwei Elektronen im gleichen Zustand und ein Elektron in einem anderen Zustand* erster Näherung gibt ohne Spin einen symmetrischen und einen entarteten Term. Nur der letzte läßt sich antisymmetrisch machen und wird *ein Dublett. Drei Elektronen in verschiedenen Zuständen* erster Näherung geben ohne Spin einen symmetrischen, zwei entartete und einen antisymmetrischen Term. Die letzten drei lassen sich antisymmetrisch machen und geben *zwei Dubletts und ein Quartett.*

Für n gleiche Partikel ist das Ergebnis folgendes. Nur die Symmetriecharaktere ohne Spin $S(2+2+\cdots+1+1)$, die keine höheren Summanden als zwei haben, oder (was dasselbe ist) $A(\lambda_1+\lambda_2)$, die nicht mehr als zwei Summanden haben, lassen sich durch Zufügung des Spinanteils antisymmetrisch machen. Physikalische Bedeutung haben von den Charakteren ohne Spin also nur folgende

$n=1$:		$S(1)$					
2:	$S(2)$		$S(1+1)$				
3:		$S(2+1)$		$S(1+1+1)$			
4:	$S(2+2)$		$S(2+1+1)$		$S(1+1+1+1)$		
5:		$S(2+2+1)$		$S(2+1+1+1)$		$S(1+1+1+1+1)$	

Wir numerieren sie durch eine Quantenzahl S, die halb so groß ist als die Zahl der Einsen in der Zerlegung $S(\lambda_1+\lambda_2+\cdots)$. Sie hat also die Werte

$n=1$:		$\frac{1}{2}$				
2:	0		1			
3:		$\frac{1}{2}$		$\frac{3}{2}$		
4:	0		1		2	
5:		$\frac{1}{2}$		$\frac{3}{2}$		$\frac{5}{2}$

Mit dieser Numerierung wird ein Term durch Zufügung des Spins zu einem $(2S + 1)$fachen; wir erhalten die Multipletts:

$n = 1$:		Dubletts		
2:	Singuletts	Tripletts		
3:		Dubletts	Quartetts	
4:	Singuletts	Tripletts	Quintetts	
5:		Dubletts	Quartetts	Sextetts.

Die Quantenzahl S wird später (Ziff. 12) den Drehimpuls des Spinanteils der Eigenfunktion bezeichnen.

Auf dem SLATER*schen Wege* gehen wir von einem bestimmten Zustand der einzelnen Elektronen aus. Bei zwei Elektronen kommen die Fälle $u(1)u(2)$ und $u(1)v(2)$ vor. Mit Spin erhalten wir im ersten Falle nur den einen Zustand

$$u(1)\varrho(1)u(2)\sigma(2),$$

die antisymmetrische Linearkombination gibt die Determinante:

$$\begin{vmatrix} u(1)\varrho(1) & u(2)\varrho(2) \\ u(1)\sigma(1) & u(2)\sigma(2) \end{vmatrix} = u(1)u(2)\begin{vmatrix} \varrho(1)\varrho(2) \\ \sigma(1)\sigma(2) \end{vmatrix};$$

im zweiten Falle erhalten wir vier Zustände

$$u(1)\varrho(1)v(2)\varrho(2),$$
$$u(1)\varrho(1)v(2)\sigma(2),$$
$$u(1)\sigma(1)v(2)\varrho(2),$$
$$u(1)\sigma(1)v(2)\sigma(2),$$

bzw. die vier antisymmetrischen Determinanten:

$$\begin{vmatrix} u(1) & u(2) \\ v(1) & v(2) \end{vmatrix} \cdot \varrho(1)\varrho(2),$$

$$\begin{vmatrix} u(1)\varrho(1) & u(2)\varrho(2) \\ v(1)\sigma(1) & v(2)\sigma(2) \end{vmatrix},$$

$$\begin{vmatrix} u(1)\sigma(1) & u(2)\sigma(2) \\ v(1)\varrho(1) & v(2)\varrho(2) \end{vmatrix},$$

$$\begin{vmatrix} u(1) & u(2) \\ v(1) & v(2) \end{vmatrix} \cdot \sigma(1)\sigma(2).$$

Die Störungsrechnung bei Einführung einer Kopplung ergibt solche Linearkombinationen, die schon ohne Spin einen bestimmten Symmetriecharakter haben. Sie liefert statt der zweiten und dritten Determinante deren Summe und Differenz

$$\begin{vmatrix} u(1) & u(2) \\ v(1) & v(2) \end{vmatrix} \cdot \begin{vmatrix} \varrho(1) & -\varrho(2) \\ \sigma(1) & \sigma(2) \end{vmatrix},$$

$$\begin{vmatrix} u(1) & -u(2) \\ v(1) & v(2) \end{vmatrix} \cdot \begin{vmatrix} \varrho(1) & \varrho(2) \\ \sigma(1) & \sigma(2) \end{vmatrix}.$$

Bei verschwindendem Einfluß des Spins rücken die drei Terme, deren Eigenfunktionen ohne Spinanteil übereinstimmen, zusammen; sie bilden ein Triplett. Der vierte Term ist ein Singulett.

SLATER zeigt nun ganz allgemein, daß man die entstehenden Multipletts durch folgendes Abzählverfahren finden kann[1]. Zu jedem System von Zuständen der einzelnen Elektronen[2] schreibe man die mit dem Pauliprinzip verträglichen Werte der Quantenzahlen m_s auf und bilde für jede dieser Möglichkeiten $\sum m_s = M_S$. Diese M_S-Werte fasse man zu Gruppen $M_S = -S, -S+1, -S+2 \ldots S-1, S$ zusammen. Jeder solchen Gruppe entspricht ein Multiplett. Im Falle dreier nichtäquivalenter Elektronen (d. h. solcher, die ohne Spin in verschiedenem Zustand sind) erhält man

m_s			M_S	S	
$\frac{1}{2}$	$\frac{1}{2}$	$\frac{1}{2}$	$\frac{3}{2}$	....	
$\frac{1}{2}$	$\frac{1}{2}$	$-\frac{1}{2}$	$\frac{1}{2}$	....	
$\frac{1}{2}$	$-\frac{1}{2}$	$\frac{1}{2}$	$\frac{1}{2}$	$\frac{1}{2}$ (Dublett)	
$\frac{1}{2}$	$-\frac{1}{2}$	$-\frac{1}{2}$	$-\frac{1}{2}$		$\frac{3}{2}$ (Quartett)
$-\frac{1}{2}$	$\frac{1}{2}$	$\frac{1}{2}$	$\frac{1}{2}$	$\frac{1}{2}$ (Dublett)	
$-\frac{1}{2}$	$\frac{1}{2}$	$-\frac{1}{2}$	$-\frac{1}{2}$		
$-\frac{1}{2}$	$-\frac{1}{2}$	$-\frac{1}{2}$	$-\frac{1}{2}$	....	
$-\frac{1}{2}$	$-\frac{1}{2}$	$-\frac{1}{2}$	$-\frac{3}{2}$	....	

Im Falle von vier Elektronen, von denen zwei äquivalent sind, erhält man

m_s				M_S	S	
$\frac{1}{2}$	$-\frac{1}{2}$	$\frac{1}{2}$	$\frac{1}{2}$	1	....	
$\frac{1}{2}$	$-\frac{1}{2}$	$\frac{1}{2}$	$-\frac{1}{2}$	0	....	1 (Triplett)
$\frac{1}{2}$	$-\frac{1}{2}$	$-\frac{1}{2}$	$\frac{1}{2}$	0	0 (Singulett)	
$\frac{1}{2}$	$-\frac{1}{2}$	$-\frac{1}{2}$	$-\frac{1}{2}$	-1	....	

Die m_s-Werte der beiden äquivalenten Elektronen kann man natürlich aus dem Schema fortlassen.

SLATER hat so auf Grund der Quantenmechanik die Berechtigung eines Verfahrens gezeigt, das schon früher halb aus korrespondenzmäßigen, halb aus empirischen Gründen benutzt wurde und von GOUDSMIT und HUND stammt[3].

10. Systeme mit Spiegelungs- und Drehsymmetrien bei endlich vielen Symmetrieoperationen. Außer der Symmetrieeigenschaft, die in der Gleichheit von Partikeln besteht und die wir eben behandelt haben, und der Invarianz gegen Drehungen um beliebige Winkel (unendlich viele Symmetrieoperationen) können noch einige andere Fälle von Symmetrien wichtig sein. Bei einigen davon lassen sich die Symmetrieoperationen eineindeutig auf Permutationen abbilden; die Symmetriecharaktere entsprechen dann den Charakteren bei Permutationen. Die Auswahlregeln können anders lauten.

Die *Systeme mit einer Symmetrieebene* entsprechen den Systemen mit zwei gleichen Partikeln. Wir haben sie früher behandelt. *Systeme mit den Symmetrieelementen eines gleichseitigen Dreiecks* (dreizählige Achse mit drei Spiegelebenen durch die Achse) entsprechen den Systemen mit drei gleichen Partikeln. Es gibt drei Symmetriecharaktere: einen symmetrischen, dessen Eigenfunktionen bei keiner der Symmetrieoperationen geändert werden, einen antisymmetrischen,

[1] Beim Beweis werden Drehungseigenschaften des Spins benutzt.

[2] Im Zentralfeld durch $n\,l\,m_l$ beschrieben. Die Betrachtungen gelten aber unabhängig von der Annahme eines bestimmten Kraftfeldes.

[3] Vgl. F. HUND, Linienspektren. Berlin 1927.

dessen Eigenfunktionen bei Drehung nicht geändert, bei Spiegelung mit -1 multipliziert werden, und einen entarteten (vgl. Abb. 9). Wir werden diesem Fall bei der Betrachtung einiger Molekeln (O_3, NH_3) begegnen. *Systeme mit den Symmetrieelementen eines regulären Tetraeders* entsprechen den Systemen mit vier gleichen Partikeln und haben die entsprechenden fünf Symmetriecharaktere (vgl. Abb. 10). Wir werden sie bei bestimmten Molekeln (CH_4) anwenden.

Andere Fälle, die auch bei Molekeln vorkommen können, sind *Systeme mit einer p-zähligen Drehungsachse* und *Systeme mit einer p-zähligen Drehungsachse und p Spiegelebenen durch diese Achse.* Im Falle der bloßen Drehungsachse haben wir p Symmetriecharaktere $k = 0, 1, 2, \ldots, p-1$, deren Funktionen bei Drehung um $2\pi/p$ mit $e^{2\pi i \frac{k}{p}}$ multipliziert werden. Im Falle der Drehungsachse mit Spiegelebenen haben wir bei geradem p nichtentartete Charaktere $k = 0$ und $k = \frac{p}{2}$, und zwar je zwei; die Eigenfunktionen des einen multiplizieren sich bei Spiegelung mit $+1$, die des anderen mit -1. Außerdem gibt es entartete Charaktere $k = 1, 2, \ldots, \frac{p}{2} - 1$. Bei ungeradem p gibt es zwei nichtentartete Charaktere $k = 0$ und die entarteten Charaktere $k = 1, 2, \ldots, \frac{p-1}{2}$. Abb. 12 gibt die Symmetriecharaktere für $p = 4$ und 6 an (reelle Eigenfunktionen durch den Verlauf der notwendigen Knoten gekennzeichnet). Die für $p = 6$ spielen z. B. beim Benzolring eine Rolle.

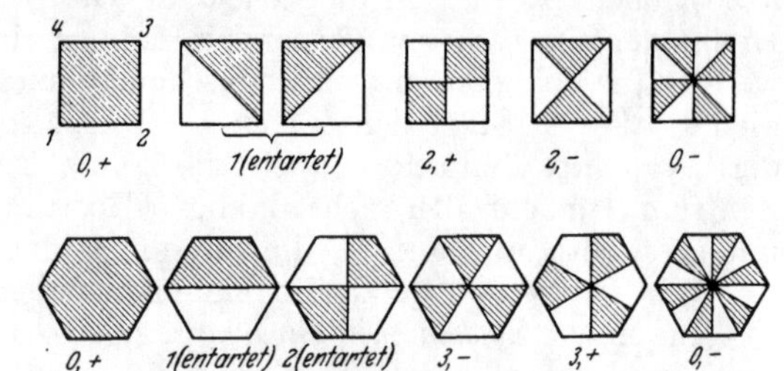

Abb. 12. Symmetriecharaktere für die Symmetrien des Quadrats und des regelmäßigen Sechsecks.

11. Systeme mit Achsensymmetrie und Kugelsymmetrie. Bei *Systemen mit nur einer Partikel* und Achsen- oder Kugelsymmetrie konnten wir durch Separation der Variabeln den wichtigen Bestandteil der Eigenfunktionen explizit hinschreiben. *Eine Partikel im achsensymmetrischen Kraftfeld* ohne weitere Symmetrien ergab in Zylinderkoordinaten ($z r \varphi$) Eigenfunktionen

$$u = f(z, r)\, e^{i m \varphi}, \qquad (m = 0, \pm 1, \pm 2, \ldots)$$

also nichtentartete Symmetriecharaktere, die mit $m = 0, \pm 1, \pm 2, \ldots$ bezeichnet und durch $e^{i m \varphi}$ oder die Transformation

$$u(\varphi + \alpha) = e^{i m \alpha}\, u(\varphi)$$

beschrieben werden. Es gilt die Auswahlregel $m \to m$, $m \to m \pm 1$. *Eine Partikel im achsensymmetrischen Feld mit Spiegelungssymmetrie zu jeder Ebene durch die Achse* ergab Eigenfunktionen

$$u = f(z, r) \begin{matrix}\cos \\ \sin\end{matrix} \lambda \varphi, \qquad (\lambda = 0, 1, 2, \ldots)$$

also Symmetriecharaktere, die mit $\lambda = 0, 1, 2, \ldots$ bezeichnet werden und durch $\begin{matrix}\cos \\ \sin\end{matrix} \lambda \varphi$ oder die Transformationen bei Drehung

$$\begin{pmatrix} \cos \lambda \alpha & -\sin \lambda \alpha \\ \sin \lambda \alpha & \cos \lambda \alpha \end{pmatrix} \quad \text{bzw. (1) bei } \lambda = 0$$

und Spiegelung

$$\begin{pmatrix} +1 & 0 \\ 0 & -1 \end{pmatrix} \quad \text{bzw. (1) bei } \lambda = 0$$

beschrieben werden. Für $\lambda > 0$ sind sie entartet. Es gilt die Auswahlregel $\lambda \to \lambda$, $\lambda \to \lambda \pm 1$. Statt der Zahlen $\lambda = 0, 1, 2, \ldots$ benutzt man zur Bezeichnung der Symmetriecharaktere auch die Symbole $\sigma, \pi, \delta, \ldots$ *Eine Partikel im kugelsymmetrischen Kraftfeld* ergab in räumlichen Polarkoordinaten $(r\vartheta\varphi)$ die Eigenfunktionen

$$u = f(r) \cdot Y_l(\vartheta, \varphi), \qquad (l = 0, 1, 2, \ldots)$$

also Symmetriecharaktere, die mit $l = 0, 1, 2, \ldots$ bezeichnet und durch die Kugelfunktionen $Y_l(\vartheta, \varphi)$ beschrieben werden. Die Beschreibung durch Transformationen ist hier nicht so leicht. Die Transformationen entsprechen den Drehungen eines starren Körpers und können durch drei Winkel $\alpha\beta\gamma$ beschrieben werden, die den bekannten EULERschen Winkeln entsprechen. Die Auswahlregel hieß $l \to l \pm 1$. Statt der Zahlen $l = 0, 1, 2, \ldots$ benutzt man zur Bezeichnung der Symmetriecharaktere auch die Symbole $s, p, d, \ldots$ Bei Spiegelung am Zentrum (Umkehr aller rechtwinkligen Koordinaten) bleiben die Eigenfunktionen mit geradem l ungeändert, die mit ungeradem l werden mit -1 multipliziert.

Wir betrachten jetzt die entsprechenden Fälle mit mehreren Partikeln.

In einem *System mit Invarianz gegen Drehung um eine Achse* führen wir die Zylinderkoordinaten $z_1, r_1, z_2, r_2, \ldots$, das absolute Azimut φ der ersten Partikel und die relativen Azimute $\varphi_2, \varphi_3, \ldots$ der übrigen Partikel gegen die erste ein. Auch hier läßt sich die Schrödingergleichung separieren. Man erhält Eigenfunktionen

$$u = f(z_1, r_1, z_2, r_2, \varphi_2, \ldots) \cdot e^{iM\varphi}, \quad (M = 0, \pm 1, \pm 2, \ldots)$$

und es sind dies alle. Man erhält auch hier *nichtentartete Symmetriecharaktere, die mit* $M = 0, \pm 1, \pm 2 \ldots$ *bezeichnet und durch* $e^{iM\varphi}$ *beschrieben werden.* Die mehr gruppentheoretische Schlußweise zeigt, daß die früher bei einer Partikel aufgetretenen Transformationskoeffizienten (Darstellungen) $e^{iM\alpha}$ alle sind, und erhält dann die durch M bzw. $e^{iM\alpha}$ beschriebenen Symmetriecharaktere. Die Form $f \cdot e^{iM\varphi}$ der Eigenfunktion läßt sich dann auch sofort schließen (FOURIERscher Satz). Aus der Form der Eigenfunktion folgt der *feste Wert* $M \cdot \hbar$ *des Drehimpulses* um die Symmetrieachse und die *Auswahlregeln* $M \to M$, $M \to M \pm 1$ mit den entsprechenden Polarisationsangaben.

In einem *System mit Invarianz gegen Drehung um eine Achse und gegen Spiegelung an jeder Ebene durch diese Achse* können wir in den gleichen Koordinaten separieren. Man erhält Eigenfunktionen

$$p\, e^{iM\varphi} \quad \text{und} \quad p^* e^{-iM\varphi}$$

zum gleichen Eigenwert und kann daraus die reellen Eigenfunktionen

$$f \cos \Lambda\varphi + g \sin \Lambda\varphi,$$
$$f \sin \Lambda\varphi - g \cos \Lambda\varphi,$$

für $\Lambda = 0$ nur eine Funktion $p = p^* = f$ bilden. Für $M = \Lambda = 0$ ist $p = p^*$ in bezug auf die Spiegelung $(\varphi_\nu \to -\varphi_\nu)$ symmetrisch oder antisymmetrisch. Für $\Lambda > 0$ läßt sich für die einzelne Eigenfunktion keine solche Aussage machen. *Wir erhalten also nichtentartete Symmetriecharaktere* $\Lambda = 0$ *mit in* φ_ν *geraden und solche mit in* φ_ν *ungeraden Eigenfunktionen, außerdem entartete Symmetriecharaktere* $\Lambda = 1, 2, 3, \ldots$. Die geraden Symmetriecharaktere $\Lambda = 0$ werden auch mit dem Symbol Σ^+, die ungeraden $\Lambda = 0$ mit dem Symbol Σ^- bezeichnet und die Charaktere $\Lambda = 1, 2, 3, \ldots$ mit den Symbolen $\Pi, \Delta, \Phi, \ldots$. Es gelten die *Auswahlregeln* $\Lambda \to \Lambda$, $\Lambda \to \Lambda \pm 1$, für Σ-Terme nur $\Sigma^+ \leftrightarrow \Sigma^-$. Die Zustände $p\, e^{iM\varphi}$ haben *festen Wert des Drehimpulses* um die Achse. Die gruppentheoretische Schlußweise zeigt, daß die früher bei einer Partikel aufgetretenen Transformations-Koeffizientenschemata (Darstellungen) für $\Lambda > 0$

$$\begin{pmatrix} \cos\Lambda\alpha & -\sin\Lambda\alpha \\ \sin\Lambda\alpha & \cos\Lambda\alpha \end{pmatrix}$$

bei Drehung und

$$\begin{pmatrix} 1 & 0 \\ 0 & -1 \end{pmatrix}$$

bei Spiegelung auch alle sind und für $\Lambda = 0$ die Einheitstransformation bei Drehung und (± 1) bei Spiegelung vorkommen.

Im Falle der *Invarianz gegen alle Drehungen um einen Punkt und gegen Spiegelung an jeder Ebene durch diesen Punkt* kann man die Symmetriecharaktere nicht durch Separation finden. Man muß sich begnügen, die Symmetriecharaktere durch die Transformationen zu beschreiben, die das System der zu einem Term gehörigen Eigenfunktionen erfährt bei Ausführung der Symmetrieoperationen (Drehung und Spiegelung) mit den Koordinaten. Die Symmetrieoperationen sind dieselben wie bei einer Partikel im kugelsymmetrischen Feld; sie sind Drehungen, die durch drei Winkel α, β, γ beschrieben werden können, oder sie sind aus einer solchen Drehung und Spiegelung am Symmetriepunkt (Vorzeichenumkehr aller rechtwinkligen Koordinaten) zusammengesetzt. Es liegt die Annahme nahe, daß die Transformationsmatrizen der Symmetriecharaktere im wesentlichen dieselben sind wie früher bei einer Partikel. Die gruppentheoretische Untersuchung zeigt, daß die Transformationsmatrizen bei Drehung die gleichen sind wie bei den Kugelfunktionen $Y(\vartheta\varphi)$, deren Ordnung wir hier L nennen wollen, und daß bei Spiegelung am Symmetriepunkt die Funktionen mit ± 1 multipliziert werden. Es gibt also *Symmetriecharaktere* $L = 0, 1, 2, \ldots$, *wovon jeder noch in den rechtwinkligen Koordinaten gerade oder ungerade sein kann*; wir bezeichnen entsprechend die Charaktere außer mit der Zahl L noch mit dem Index g oder u. Für $L = 0, 1, 2, \ldots$ sind auch die Symbole $S, P, D, \ldots$ üblich; ihnen wird g oder u als unterer Index angefügt. Der *Entartungsgrad* ist $2L + 1$. Es gilt die *Auswahlregel* $g \leftrightarrow u$, und mit gruppentheoretischen Methoden beweist man $L \to L$, $L \pm 1$ (bei einer Partikel nur $l \to l \pm 1$).

Ein wichtiger Fall ist der, daß ein *System genähert invariant* ist *gegen eine beliebige Drehung um einen Punkt* und *streng invariant gegen Drehungen um eine Achse* (z. B. Atom im elektrischen oder magnetischen Feld). In diesem Fall hat man eine Störungsrechnung auszuführen; das ungestörte System hat die größere Symmetrie und $(2L + 1)$fach entartete Terme. Die Störung zerstört diese Symmetrie und läßt nur die Achsensymmetrie bestehen. Die Eigenfunktionen des gestörten Systems schließen sich stetig an an bestimmte Linearkombinationen der miteinander entarteten ungestörten Eigenfunktionen (s. allg. Störungsverfahren in Ziff. 5); diese müssen natürlich die für das gestörte System gültigen Symmetriecharaktere haben. In unserem Fall genügt diese Vorschrift zur eindeutigen Bestimmung dieser Linearkombinationen.

Im Falle nur einer Partikel hat man aus den Kugelfunktionen $Y_l(\vartheta\varphi)$ die Kombinationen zu bilden, die von φ wie $e^{im\varphi}$ abhängen, also die Kugelfunktionen der Form $Y_l^m(\vartheta\varphi) = P_l^m(\vartheta)\,e^{im\varphi}$ $(m = -l \ldots l)$. Im Falle, daß das gestörte System auch gegen Spiegelung an jeder Ebene durch die Achse invariant ist, bleiben natürlich $P_l^m(\vartheta)e^{im\varphi}$ und $P_l^{-m}(\vartheta)e^{-im\varphi}$ miteinander entartet. Man erhält also durch die Störung eine Aufspaltung der $(2l + 1)$fach entarteten Terme in $2l + 1$ Terme mit den Symmetriecharakteren $m = -l \ldots l$ im Falle bloßer Drehungssymmetrie und in $l + 1$ Terme mit den Symmetriecharakteren $\lambda = 0, 1, \ldots l$, im Falle von Drehspiegelungssymmetrie.

Im allgemeinen Fall mehrerer Partikel verhalten sich die Eigenfunktionen in bezug auf ihre Transformationseigenschaften wie die Kugelfunktionen. Auch hier erhalten wir bei Zerstörung der Kugelsymmetrie unter Erhaltung von Achsensymmetrie (ohne Spiegelung) eine Aufspaltung in Terme mit $M = -L \ldots L$, im Falle der Achsensymmetrie mit Spiegelung in Terme mit $\Lambda = 0, 1, \ldots, L$. Dabei entsteht Σ^+ aus $S_g D_g \ldots P_u F_u \ldots$, Σ^- aus $S_u D_u \ldots P_g F_g \ldots$

Ein anderer wichtiger Fall ist der, daß *mehrere Systeme, die in erster Näherung alle eine bestimmte Symmetrie haben, in zweiter Näherung zu einem Gesamtsystem gekoppelt* werden, das nur als Ganzes diese Symmetrie hat. Im Fall der bloßen Invarianz gegen Drehung um eine Achse wird in der ersten Näherung ein Term des Gesamtsystems einfach durch Terme aller Teilsysteme beschrieben, also durch Angabe der Zahlen $m_1 m_2 \ldots$ oder der Eigenfunktionen $f_1(x_1)e^{i m_1 \varphi_1}$, $f_2(x_2)e^{i m_2 \varphi_2}$, wo x die Relativkoordinaten ersetzt. Das ungestörte System hat keine notwendige Entartung (wenn einige der Teilsysteme gleich sind, so treten — von unserem augenblicklichen Standpunkt aus zufällige — Entartungen auf). Die Eigenfunktion des gestörten Systems — der zweiten Näherung — schließt sich stetig an an

$$f_1(x_1) f_2(x_2), \ldots e^{i(m_1\varphi_1 + m_2\varphi_2)},$$

sie wird bei Drehung um α mit $e^{i(m_1+m_2)\alpha}$ multipliziert, hat also den Symmetriecharakter $M = m_1 + m_2$.

Im Fall der Kugelsymmetrie der Teilsysteme in erster Näherung und Kugelsymmetrie des Ganzen in zweiter Näherung übersieht man die Verhältnisse dann leicht, wenn man immer diejenigen unabhängigen Eigenfunktionen wählt, die einen bestimmten Symmetriecharakter zu einer festen Achse haben, oder (was dasselbe ist) wenn man sich eine Störung eingeführt denkt, die bloß die Achsensymmetrie läßt, und die Störung zuletzt wieder beseitigt. Aus den Termen der Teilsysteme mit den Symmetriecharakteren l_1 und l_2 macht dieses Zusatzfeld Terme mit $m_1 = -l_1, -l_1 + 1 \ldots l_1$ und $m_2 = -l_2, -l_2 + 1 \ldots l_2$. Die Kopplung macht daraus Terme des Gesamtsystems mit den M-Werten $(l_1 \geqq l_2)$

$$\begin{array}{ccccc} -(l_1+l_2) & -(l_1+l_2)+1 & \ldots\ldots\ldots\ldots & (l_1+l_2)-1 & l_1+l_2 \\ & -(l_1+l_2)+1 & \ldots\ldots\ldots\ldots & (l_1+l_2)-1 & \\ & & \ldots\ldots\ldots\ldots & & \\ & & -|l_1-l_2| \ldots |l_1-l_2|. & & \end{array}$$

Die Beseitigung des Zusatzfeldes gibt Terme des Gesamtsystems mit $L = l_1 + l_2$, $l_1 + l_2 - 1 \ldots |l_1 - l_2|$. *Bei der Kopplung von Systemen mit Kugelsymmetrie zu einem Gesamtsystem mit Kugelsymmetrie addieren sich die L-Werte wie Vektoren.* Die Entscheidung, ob die entstehenden Terme *gerade oder ungerade* (g, u) in bezug auf das Symmetriezentrum sind, ist einfach, indem schon die miteinander entarteten ungestörten Terme alle denselben Index g oder u haben. Er bestimmt sich aus den Indizes der Terme der einzelnen Elektronen nach der Regel, daß das Produkt aus g und g oder u und u gerade, das aus g und u ungerade ist. Dieser so bestimmte Index bleibt natürlich auch nach der Kopplung erhalten.

12. Einfluß des Spins auf die Drehungseigenschaften. Bei der *korrespondenzmäßigen Behandlung* der quantenmechanischen Systeme wurde jedem Elektron ein Spin mit dem Drehimpuls $\frac{1}{2}\hbar$ $(s = \frac{1}{2})$ und einem magnetischen Moment gegeben (Hypothese von GOUDSMIT und UHLENBECK). Bei geeigneter Abstufung der Kräfte konnte die Termmannigfaltigkeit durch Zusammensetzen der Drehimpulsvektoren bestimmt werden. Bei frei drehbarem System war der Gesamtdrehimpuls gequantelt, er wurde $J \cdot \hbar$ gesetzt, wo J ganzzahlig war bei gerader

Anzahl von Elektronen und gleich $\frac{1}{2}, \frac{3}{2}, \frac{5}{2}, \ldots$ bei einer ungeraden Anzahl von Elektronen. War außerdem der Einfluß des Spins klein, so wurden in erster Näherung die Terme durch eine Quantenzahl L beschrieben ($L \cdot \hbar$ war Drehimpuls ohne Spin); das Ergebnis der Zufügung des Spins war die Zusammensetzung des Vektors L mit einem Vektor S zu dem Vektor J. Der Vektor S entstand selbst wieder durch vektorielle Zusammensetzung der $s = \frac{1}{2}$ der einzelnen Elektronen. Bei zwei Elektronen konnte S gleich 0 oder 1, bei drei Elektronen $\frac{1}{2}$ oder $\frac{3}{2}$, bei vier Elektronen 0, 1 oder 2 sein. Nicht zu verstehen war in der korrespondenzmäßigen Behandlung, weshalb Terme, die alle anderen Quantenzahlen (z. B. L und die Quantenzahlen der einzelnen Elektronen) gemeinsam hatten und sich durch S unterschieden, so weit voneinander entfernt waren, wie die Erfahrung zeigte (Singuletts und Tripletts der Erdalkalien). Nahm man das aber einmal hin, so war alles übrige durch Vektorzusammensetzung erklärbar.

Die *streng quantenmechanische Behandlung* hatte zunächst das Ergebnis geliefert (Ziff. 8), daß Terme mit gleichen Quantenzahlen der einzelnen Elektronen schon ohne Spin energetisch verschieden sind, je nach dem Symmetriecharakter in bezug auf die Permutation der Elektronen (den wir oben mit S bezeichneten), ferner (Ziff. 9), daß dieser Symmetriecharakter die Multiplizität bestimmt, die der Term bei Zufügung des Spins erhält. Was noch fehlt, sind die Drehimpulseigenschaften der Terme mit Spin. Die allgemeine Untersuchung ist nur mit verwickelten gruppentheoretischen Überlegungen möglich. Sie wurde von WIGNER und v. NEUMANN durchgeführt[1]. Interessiert man sich nur für die Termmannigfaltigkeit eines Atoms oder einer Molekel, so kann man das obenerwähnte Verfahren von SLATER (Ziff. 9) benutzen, durch das die gruppentheoretischen Überlegungen vermieden werden. Für viele Fälle (z. B. Verhalten im Magnetfeld) braucht man aber die allgemeinen Untersuchungen.

Wir wollen uns hier darauf beschränken, am einfachsten Fall zu zeigen, wie der Spin gruppentheoretischer Behandlung unterworfen werden kann, und dann die Ergebnisse berichten.

Das *Verhalten eines Spins allein* wird durch zwei Eigenfunktionen ϱ und σ beschrieben, die im Magnetfeld zu verschiedenen Termen gehören, ohne Feld miteinander entartet sind. Die Analyse der Spektren hat darzu geführt, dem Spin einen Drehimpuls $\frac{1}{2} \cdot \hbar$ zuzuschreiben. Wenn wir ein Feld in der z-Richtung annehmen und mit ϱ den Zustand bezeichnen, dessen Drehimpuls in der Feldrichtung $+\frac{1}{2} \cdot \hbar$ ist, mit σ den Zustand, dessen Drehimpuls in der Feldrichtung $-\frac{1}{2}\hbar$ ist, so muß ϱ bei einer Drehung des Koordinatensystems um die z-Achse um den Winkel $\alpha\,(\varphi \to \varphi - \alpha)$ mit $e^{-\frac{i}{2}\alpha}$ und σ mit $e^{+\frac{i}{2}\alpha}$ multipliziert werden (Ziff. 7 und 11). Bei Drehung um $\alpha = 2\pi$ wiederholen sich also die Funktionen ϱ und σ nicht, erst bei Drehung um 4π. Sie sind zweideutige Funktionen. Ohne Feld sind ϱ und σ entartet. Sie seien aber so definiert, daß bei Einschalten eines Feldes in der z-Richtung die Eigenfunktionen sich stetig an ϱ und σ anschließen. Bei Einschalten eines Feldes in einer Richtung, die mit der z-Richtung einen Winkel β einschließt, schließen sich die Eigenfunktionen an zwei orthogonale Linearkombinationen von ϱ und σ an. Wir können sie schreiben

$$\varrho_\beta = \varrho\cos\delta - \sigma\sin\delta,$$
$$\sigma_\beta = \varrho\sin\delta + \sigma\cos\delta.$$

Für $\beta = 0$ wird offenbar $\delta = 0$. Für $\beta = \pi$ muß ϱ in $\pm\sigma$, σ in $\pm\varrho$ übergehen; es ist also $\delta = \beta/2$. Bei einer Drehung des Koordinatensystems, die durch die

---

[1] Vgl. die Bücher von WIGNER, WEYL und VAN DER WAERDEN.

Winkel $\alpha\beta\gamma$ beschrieben ist (die z-Achse wird in der durch α bestimmten Richtung um den Winkel β geneigt und dann wird um γ um die neue Achse gedreht), ändern sich die Eigenfunktionen ϱ und τ folgendermaßen:

$$\varrho_{\alpha\beta\gamma} = \varrho_{000} \cdot e^{-\frac{i}{2}\alpha} \cos\frac{\beta}{2} e^{-\frac{i}{2}\gamma} - \sigma_{000} e^{-\frac{i}{2}\alpha} \sin\frac{\beta}{2} e^{+\frac{i}{2}\gamma},$$

$$\sigma_{\alpha\beta\gamma} = \varrho_{000} \cdot e^{+\frac{i}{2}\alpha} \sin\frac{\beta}{2} e^{-\frac{i}{2}\gamma} + \sigma_{000} e^{+\frac{i}{2}\alpha} \cos\frac{\beta}{2} e^{+\frac{i}{2}\gamma}.$$

Die Gruppentheorie zeigt auch, daß

$$\begin{pmatrix} e^{-\frac{i}{2}\alpha} \cos\frac{\beta}{2} e^{-\frac{i}{2}\gamma} & -e^{-\frac{i}{2}\alpha} \sin\frac{\beta}{2} e^{+\frac{i}{2}\gamma} \\ e^{+\frac{i}{2}\alpha} \sin\frac{\beta}{2} e^{-\frac{i}{2}\gamma} & e^{+\frac{i}{2}\alpha} \cos\frac{\beta}{2} e^{+\frac{i}{2}\gamma} \end{pmatrix}$$

die einzige zweireihige Darstellung der dreidimensionalen Drehgruppe ist. Die gruppentheoretische Behandlung der Systeme mit Spin geht nun so vor, daß sie aus dem Verhalten der Eigenfunktionen gegen Drehung ähnliche Schlüsse zieht, wie es oben (Ziff. 11) für den spinfreien Fall angedeutet ist. Einige Ergebnisse seien hier angegeben:

Bei *Systemen mit Invarianz gegen Drehungen um eine Achse* gibt es Symmetriecharaktere, die bei einer geraden Zahl von Elektronen mit $M = 0, \pm 1, \pm 2, \ldots$ bezeichnet werden, bei einer ungeraden Zahl von Elektronen mit $M = \pm\frac{1}{2}, \pm\frac{3}{2}, \pm\frac{5}{2}, \ldots$ Bei Drehung des Koordinatensystems um α werden die Eigenfunktionen mit $e^{-iM\alpha}$ multipliziert. Die Zustände haben feste Werte des Drehimpulses um die Achse, nämlich $M \cdot \hbar$. Die Zustände sind nicht entartet.

Bei *Systemen mit Invarianz gegen Drehungen um eine Achse und Spiegelung an jeder Ebene durch die Achse* gibt es Symmetriecharaktere, die bei gerader Anzahl von Elektronen mit $\Omega = 0, 1, 2, \ldots$, bei ungerader Anzahl von Elektronen mit $\Omega = \frac{1}{2}, \frac{3}{2}, \frac{5}{2}, \ldots$ bezeichnet werden. Für $\Omega = 0$ gibt es einen $+$- und einen $-$-Charakter. Die Charaktere mit $\Omega = 0$ sind nichtentartet, die anderen haben das Gewicht 2. Bei Drehung des Koordinatensystems um α werden die entarteten Eigenfunktionen mit dem Koeffizientenschema

$$\begin{pmatrix} \cos\Omega\alpha & -\sin\Omega\alpha \\ \sin\Omega\alpha & \cos\Omega\alpha \end{pmatrix}$$

transformiert, die nichtentarteten bleiben ungeändert. Bei Spiegelung werden die nichtentarteten entweder mit $+1$ oder mit -1 multipliziert.

Bei *Systemen mit Invarianz gegen Drehung um einen Punkt und Spiegelung an jeder Ebene durch diesen Punkt* gibt es Symmetriecharaktere, die bei gerader Anzahl von Elektronen durch $J = 0, 1, 2, \ldots$, bei ungerader Anzahl von Elektronen durch $J = \frac{1}{2}, \frac{3}{2}, \frac{5}{2}, \ldots$ bezeichnet werden, außerdem durch einen Index g oder u, der das Verhalten bei Spiegelung angibt. Sie sind $(2J+1)$fach entartet. Die Zustände haben einen festen Wert des Gesamtdrehimpulses; sein Quadrat ist $J(J+1) \cdot \hbar^2$.

Wichtig ist der Fall, wo *in erster Näherung der Spin vernachlässigt* werden kann und in zweiter Näherung hinzugefügt wird und wo außerdem in beiden Näherungen eine Drehungssymmetrie vorhanden ist, sagen wir Invarianz gegen Drehung um einen Punkt und gegen Spiegelung an jeder Ebene durch diesen Punkt. Die Terme erster Näherung sind durch g oder u, L und S beschrieben (Ziff. 9, 11). Sie können in zweiter Näherung aufspalten und es entstehen Terme mit $J = L + S, L + S - 1, \ldots, |L - S|$; die Vektoren L und S werden zusammengesetzt. g und u bleiben ungeändert.

13. Die statistische Methode von THOMAS und FERMI. Für Systeme mit Kraftzentren und vielen Elektronen gab THOMAS und unabhängig von ihm FERMI[1] eine Methode an, mit der man die *Verteilung der Elektronenladung* genähert berechnen kann. Sie arbeitet mit folgenden Voraussetzungen. Wir denken uns die Ladung der Elektronen stetig verteilt; das Potential hängt dann mit der Ladungsdichte durch die POISSONsche Gleichung zusammen

$$\Delta U = -4\pi\varrho = 4\pi n e, \tag{1}$$

wo n die Zahl der Elektronen in der Raumeinheit ist. Die Quantentheorie wird nur in der Forderung benutzt, daß in jeder Zelle h^3 des Phasenraums für die Translationsbewegung eines Elektrons höchstens zwei Elektronen sitzen (Pauliprinzip = Fermistatistik). Wenn wir uns auf den Grundzustand beschränken, so heißt das, daß unterhalb einer bestimmten Bahnenergie genau zwei Elektronen in einer Zelle sind, darüber keine. Für jede Wahl der drei Ortskoordinaten im Phasenraum ist also der zugängliche Impulsraum eine Kugel, die die Punkte

$$\frac{p^2}{2m} - eU \leqq -eU_0,$$
$$p \leqq \sqrt{2me(U - U_0)}$$

enthält. U_0 ist dabei das äußerste Potential, das die Elektronen erreichen können. Wenn wir diese Kugel gleichmäßig mit der Dichte $2/h^3$ anfüllen, erhalten wir n als Funktion des Ortes

$$n = \frac{2}{h^3} \cdot \frac{4\pi}{3} [2me(U - U_0)]^{\frac{3}{2}}. \tag{2}$$

Die POISSONsche Gleichung (1) und die Forderung (2) der Fermistatistik geben für U die Differentialgleichung

$$\Delta U = \alpha (U - U_0)^{\frac{3}{2}} \tag{3}$$

mit

$$\alpha = \frac{2^{\frac{13}{2}} \pi^2 m^{\frac{3}{2}} e^{\frac{5}{2}}}{3h^3}$$

für die Gebiete, wo Elektronen sind, und $\Delta U = 0$ für die übrigen Gebiete.

Die einzelnen besonderen Fälle unterscheiden sich nun durch die Randbedingung für U und die Gesamtzahl der Elektronen. In einem *Atom* wird U eine Funktion von r allein; für $r = 0$ hat Ur den Grenzwert Ze, die Kernladung. Die Stelle $U = U_0$ bezeichnet den „Rand" r_0 des Atoms. Mit $U_0 = 0$ erhalten wir innerhalb des Randes die Differentialgleichung

$$\frac{d^2 U}{dr^2} + \frac{2}{r}\frac{dU}{dr} = \alpha U^{\frac{3}{2}}$$

und mit den Transformationen

$$rU = \varphi \cdot eZ, \qquad r = x \frac{3^{\frac{2}{3}} h^2}{2^{\frac{13}{3}} \pi^{\frac{4}{3}} m e^2 Z^{\frac{1}{3}}}$$

die einfache Gleichung

$$\frac{d^2\varphi}{dx^2} = \frac{\sqrt{\varphi^3}}{\sqrt{x}}, \tag{4}$$

---

[1] L. H. THOMAS, Proc. Cambridge Phil. Soc. Bd. 23, S. 542. 1927; E. FERMI, ZS. f. Phys. Bd. 48, S. 73. 1928; Leipziger Vorträge 1928, S. 95.

mit der Bedingung $\varphi(0) = 1$. Der Rand wird bestimmt durch die Zahl z der Elektronen

$$z = \int_0^{r_0} n \cdot 4\pi r^2 dr = \int_0^{r_0} \frac{\alpha}{e} U^{\frac{3}{2}} r^2 dr .$$

Mit x und φ geschrieben, lautet die Bedingung

$$\frac{z}{Z} = \int x \frac{d^2\varphi}{dx^2} dx$$

und mit partieller Integration

$$\frac{z}{Z} = 1 + \left[x \frac{d\varphi}{dx}\right]_0^{x_0} = 1 + x_0 \varphi'(x_0) . \tag{5}$$

Die Gleichung (4) hat mit $\varphi(0) = 1$ eine einparametrige Lösungsschar, die etwa das in Abb. 13 angegebene Verhalten zeigt. Im Grenzfall $\varphi(\infty) = \varphi'(\infty) = 0$ ist gerade $z = Z$, in den Fällen darunter ist $z < Z$, in den Fällen darüber gibt es kein endliches z. Das THOMAS-FERMIsche Modell der neutralen Atome reicht ins Unendliche, das Modell der positiven Ionen hat endliche Ausdehnung. Für negative Ionen ist die Methode der strengen Lösung von (4) nicht brauchbar.

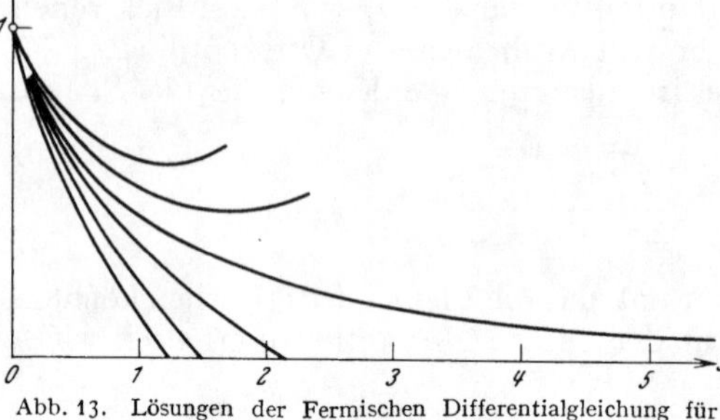

Abb. 13. Lösungen der Fermischen Differentialgleichung für das Atom.

Die Differentialgleichung (4) ist für neutrale Atome, $\varphi(\infty) = 0$, von FERMI numerisch, von BUSH und CALDWELL mit einer Maschine gelöst worden. Die genauesten Tabellen sind die von FERMI in den Leipziger Vorträgen 1928 und die von BUSH und CALDWELL, Phys. Rev. Bd. 38, S. 1898. 1931. Durch leichte Rechnung ergibt sich φ auch aus Tabellen von E. B. BAKER, Phys. Rev. Bd. 36, S. 630, 1930; diese Tabellen sind auch brauchbar zur Berechnung von φ für positive Ionen (φ wird schon im Endlichen Null)[1]. Anwendungen auf Atome und Molekeln sollen später erwähnt werden (Ziff. 20 u. 33).

II. Theorie der Atome[2].

14. Allgemeines. Bei der *Behandlung eines Atoms, das keinen äußeren Kräften unterliegt,* wird man zunächst Schwerpunktskoordinaten und Relativkoordinaten zum Kern einführen. Damit zerfällt die Schrödingergleichung in zwei Gleichungen; die eine liefert die Bewegung des Schwerpunktes, die andere die innere Bewegung des Atoms. Die letztere ist zugleich die Schrödingergleichung eines Systems mit dem Kern als festem Kraftzentrum (die Masse der Elektronen ist in diesem System geringfügig verändert). Die Abseparation der Schwerpunktsbewegung

[1] Die Verwendungsweise von BAKER ist jedoch nicht richtig.

[2] An Darstellungen der Theorie der Atome oder wesentlicher Teile daraus seien außer den oben genannten in Bd. XXI ds. Handb. noch einige erwähnt (da viele Ergebnisse durch die neue Quantenmechanik wenig beeinflußt worden sind, sind solche darunter, die von ihr keinen wesentlichen Gebrauch machen): A. SOMMERFELD, Atombau und Spektrallinien. Bd. I, 5. Aufl. Braunschweig 1931; F. HUND, Linienspektren und periodisches System der Elemente. Berlin 1927; L. PAULING u. S. GOUDSMIT, The structure of line spectra. New York 1930; E. BACK u. A. LANDÉ, Zeemaneffekt und Multiplettstruktur. Berlin 1925; W. GROTRIAN, Graphische Darstellung der Spektren von Atomen und Ionen mit ein, zwei und drei Valenzelektronen. 2 Bde. Berlin 1928.

ist auch noch möglich, wenn das Atom unter dem Einfluß eines homogenen äußeren Feldes (magnetischen oder elektrischen Feldes) steht.

Die Schrödingergleichung des *freien Atoms* (mit n Elektronen) ist invariant gegen eine beliebige Drehung aller Elektronen um den Kern und gegen eine Spiegelung aller Elektronen am Kern (Überführung von $x_1, y_1, z_1, x_2, y_2, z_2 \ldots$ in $-x_1, -y_1, -z_1, -x_2, -y_2, -z_2 \ldots$), außerdem wegen der Gleichheit der Elektronen gegen beliebige Permutationen der Elektronen. Wegen der zuletzt genannten Symmetrie zerfallen die Terme, die auf Grund der Schrödingergleichung möglich sind, in verschiedene nichtkombinierende Termsysteme mit verschiedenem Symmetriecharakter. Das Pauliprinzip besagt, daß von diesen Termsystemen nur ein einziges, nämlich das antisymmetrische, wirklich existiert. Wegen der Kugelsymmetrie um den Kern zerfallen die Terme in Symmetriecharaktere, die je nach dem Verhalten der Eigenfunktionen bei Drehung bei geradzahligem n mit $J = 0, 1, 2, \ldots$, bei ungeradzahligem n mit $J = \frac{1}{2}, \frac{3}{2}, \frac{5}{2}, \ldots$ bezeichnet werden und je nach dem Verhalten bei Spiegelung am Kern mit g oder u (gerade oder ungerade). Der Drehimpuls eines Terms ist $J \cdot \hbar$. Das statistische Gewicht ist $2J + 1$, wenn nicht noch eine andere Entartung vorliegt; in dem letzteren Falle hat es den Faktor $2J + 1$. Für Dipolstrahlung gilt die Auswahlregel $J \to J$, $J \to J \pm 1$, wobei $J = 0$ nicht mit $J = 0$ kombiniert, und es kombinieren gerade Terme nur mit ungeraden und umgekehrt. Weitere Angaben können wir über das freie Atom erst machen, wenn bestimmte Voraussetzungen über die Größenordnung der Kräfte gelten.

Sitzt das *Atom in einem homogenen Magnetfeld*, so haben wir nur noch Rotationssymmetrie um die Feldrichtung. Die Terme werden durch eine Quantenzahl M bezeichnet, die bei gerader Anzahl der Elektronen die Werte $0, \pm 1, \pm 2, \ldots$, bei ungerader Anzahl der Elektronen die Werte $\pm\frac{1}{2}, \pm\frac{3}{2}, \pm\frac{5}{2}, \ldots$ hat. Die Terme sind nicht entartet. Der Drehimpuls um die Feldrichtung ist $M \cdot \hbar$. Dipolstrahlung, die parallel zum Feld schwingt, entspricht Übergängen $M \to M$; Dipolstrahlung, die senkrecht zum Feld schwingt, entspricht $M \to M \pm 1$. Lassen wir das Magnetfeld von Null her wachsen, so spaltet ein feldfreier Term mit bestimmtem J auf in $2J + 1$ Terme mit $M = -J, -J + 1, -J + 2, \ldots, J$. Eine Störungsrechnung ergibt die magnetische Energie proportional M und dem Feld $|\mathfrak{H}|$; man schreibt sie häufig in der Form

$$W_{\text{magn}} = M \cdot g \cdot \hbar \frac{e}{2mc} |\mathfrak{H}|$$

und beschreibt damit die Aufspaltung durch Angabe von J und dem „LANDÉschen g-Faktor". Die Schreibweise dient zum Vergleich mit der Aufspaltung eines Terms, auf den der Spin keinen Einfluß hat (also Singuletterm im Sinne von Ziff. 9)

$$W_{\text{magn}} = M \cdot \hbar \frac{e}{2mc} |\mathfrak{H}|.$$

Über g können wir nur etwas aussagen, wenn noch andere (nicht durch J bezeichnete) Eigenschaften des Terms bekannt sind.

Bei einem *Atom in einem homogenen elektrischen Feld* haben wir Rotationssymmetrie um die Feldrichtung und Invarianz gegen Spiegelung an jeder Ebene durch die Achse. Die Terme werden durch eine Quantenzahl $|M|$ oder Λ bezeichnet. Die Terme mit $|M| > 0$ haben das Gewicht 2. Die Terme mit $|M| = 0$ können noch durch $+$ oder $-$ bezeichnet werden, je nach dem Verhalten bei Spiegelung an einer der genannten Ebenen.

Wenn man aus den empirisch gefundenen und ausgewerteten Spektrallinien eines Elements Schlüsse ziehen will auf den Bau seiner Elektronenhülle, so hat man zunächst das den Linien entsprechende Schema der Terme aufzusuchen. Dafür können mehrfach auftretende gleiche Differenzen zwischen den Wellenzahlen von Linien, ähnliche Anregungsbedingungen von Linien, Auftreten in Absorption, ähnliches Verhalten in äußeren Feldern u. a. die Hinweise geben. Ist das Termschema gesichert, so wird man sehen, ob nicht schon die Struktur dieses Schemas durch das Auftreten von Serien oder von Multipletts für einen der im folgenden (Ziff. 15, 16, 17) zu besprechenden Kopplungsfälle spricht. Ist das nicht der Fall, so muß man versuchen, den Termen die Bezeichnungen J sowie g und u zu geben. Liegen Zeemaneffekte vor, so wird man versuchen, aus den Zeemanlinien die Zeemanterme zu erschließen. Die Zahl der Zeemanterme eines unmagnetischen Terms ist $2J+1$, bestimmt also J. Kennt man den Träger des Spektrums nicht sicher, so engt die Feststellung, ob die J ganzzahlig oder halbzahlig sind, die Möglichkeiten ein. Sind die Zeemaneffekte zu unübersichtlich oder sind keine gemessen, so muß man aus der Art, wie die Terme kombinieren, unter Beachtung der Regel $J \to J$, $J \to J \pm 1$ ($0 \to 0$ verboten) auf die J-Werte schließen. Bei Atomen mit gerader Anzahl von Elektronen bringt häufig der Wegfall von $0 \to 0$ die Entscheidung.

Es kann vorkommen, daß wir in der Klassifikation der Terme eines Atoms nicht über die Angabe der Quantenzahlen J und der Indizes g und u hinauskommen. In sehr vielen Fällen haben wir jedoch eine *günstige Abstufung der Größenordnung der Kräfte*, die bedeutet, daß wir aus dem Atom nahezu in sich abgeschlossene Teilsysteme herausgreifen und auf sie unsere allgemeinen Sätze anwenden können.

Die wichtigsten Fälle sind folgende: 1. Der Einfluß des Elektronenspins auf die Energie ist klein (Ziff. 15), dies ist bei leichten Atomen der Fall. 2. Der Teil der Kopplung der einzelnen Elektronen, der nicht durch statische Kraftfelder beschrieben werden kann, ist von geringem Einfluß und der Einfluß des Spins ist noch kleiner (Ziff. 16); auch dies ist bei leichten Atomen erfüllt; dieser Fall — wir nennen ihn den normalen Kopplungsfall — ist ferner wichtig auch zum Verständnis der Atome, wo Abweichungen schon bemerkbar werden. 3. Der Einfluß des Spins ist nicht mehr klein, aber das Atom hat ein locker gebundenes Elektron (Ziff. 17).

Man hat die *Kopplungsfälle* gelegentlich *durch Klammersymbole bezeichnet*[1]. Dabei ist aber zu beachten, daß das für den normalen Kopplungsfall mit zwei äußeren Elektronen benutzte Symbol

$$[(\mathfrak{l}_1 \mathfrak{l}_2)(\mathfrak{s}_1 \mathfrak{s}_2)]$$

jetzt etwas abzuändern ist. Das Symbol sollte zuerst bedeuten, daß in erster Näherung jedes Elektron und jeder Spin ein unabhängiges System sei, es existieren also die vier Drehimpulse $\mathfrak{l}_1 \mathfrak{l}_2 \mathfrak{s}_1 \mathfrak{s}_2$ ($|\mathfrak{s}| = \frac{1}{2}$); in zweiter Näherung werden die Schwerpunktsbewegungen der Elektronen gekoppelt $(\mathfrak{l}_1 \mathfrak{l}_2)$ und die Spins für sich gekoppelt $(\mathfrak{s}_1 \mathfrak{s}_2)$ und erst in dritter Näherung kommt die Wechselwirkung von Spin und Bahn. Da auf Grund der Quantenmechanik die Vektorzusammensetzung der $\mathfrak{s}$ zu S nicht durch eine (magnetische) Kopplung der $\mathfrak{s}$-Vektoren erfolgt, sondern dadurch, daß spinfreie Terme verschiedenen Symmetriecharakters (in bezug auf die gleichen Elektronen) in verschiedener Weise antisymmetrisch gemacht werden, wird man bei normaler Kopplung besser

$$[(\mathfrak{l}_1 \mathfrak{l}_2)\, \mathfrak{s}_1 \mathfrak{s}_2]$$

schreiben. Den Fall eines locker gebundenen Elektrons und eines Restes mit einem äußeren Elektron und merklichem Spineinfluß wird man durch

$$[(\mathfrak{l}_1 \mathfrak{s}_1)\, \mathfrak{l}_2 \mathfrak{s}_2]$$

bezeichnen. Der Einfluß eines Magnetfeldes kann je nach seiner Stärke im Falle eines äußeren Elektrons mit

$$[(\mathfrak{l}_1 \mathfrak{s}_1)\, \mathfrak{H}]$$

---

[1] Nach S. GOUDSMIT u. G. E. UHLENBECK, ZS. f. Phys. Bd. 35, S. 618. 1926.

oder

$$[(\mathfrak{l}_1 \mathfrak{H}) \mathfrak{s}_1]$$

bezeichnet werden.

Eine Reihe von Spektraltermen der verschiedensten Elemente zeigt eine *Feinstruktur*, die mit den bisher erwähnten Eigenschaften des Atoms nicht zu verstehen ist und die daher rühren muß, daß der Atomkern nicht nur eine Punktladung ist. In den bekannten Fällen ist der Einfluß dieser Kerneigenschaft klein gegen die Einflüsse der anderen Atomeigenschaften. Der Atomkern kann einen Drehimpuls I in Einheiten $\hbar$ haben [genauer gesagt, das Quadrat des Drehimpulses ist $\hbar^2 I(I+1)$]. Aus einem Term J entsteht durch Berücksichtigung dieses Drehimpulses eine Anzahl Terme mit den Quantenzahlen $F = J + I$, $J + I - 1 \ldots |J - I|$. F bezeichnet den Gesamtdrehimpuls des Atoms (Hülle und Kern). Wegen der Kleinheit der Feinstrukturen ist eine Zurückführung der beobachteten Linien-Feinstrukturen auf Term-Feinstrukturen oft sehr schwierig. Aus der Term-Feinstruktur kann man dann auf den Wert von I schließen. Am unsichersten ist der Schluß mit Hilfe der Zahl der Komponenten, da man nie weiß, ob nicht schwache Komponente unbeobachtet geblieben sind. Etwas sicherer ist oft der Schluß mit Hilfe der Intervalle. Aus der Annahme einer magnetischen Wechselwirkung von I mit der Elektronenhülle folgt nämlich der Feinstrukturterm in der Form

$$a + b \cdot F(F+1).$$

Die sicherste Methode, I zu bestimmen, ist die Beobachtung der magnetischen Aufspaltung der Feinstruktur. Sie ist bisher nur bei Bi und Hg möglich gewesen[1].

15. Atome mit geringem Einfluß des Spins. Multiplettstruktur. Zeemaneffekt. Bei Atomen mit nicht zu hoher Ordnungszahl kann man den *Einfluß des Elektronenspins* als *klein* ansehen. Vernachlässigt man ihn in erster Näherung, so hat man ein Gebilde, dessen Terme und Eigenfunktionen wegen der Kugelsymmetrie der Schrödingergleichung durch die Angabe g oder u und die Quantenzahl L gekennzeichnet werden. Entsprechend den Werten $L = 0, 1, 2, 3 \ldots$ heißen die Terme S-, P-, D-, F-... Terme. Das Quadrat des Drehimpulses ist $L(L+1)\hbar^2$; das Gewicht der Terme hat den Faktor $2L+1$. Es gilt die Auswahlregel $L \to L$, $L \to L \pm 1$ (im Falle eines einzigen Elektrons nur $l \to l \pm 1$) und $g \to u$, $u \to g$. Wegen der Gleichheit der Elektronen werden die Terme, die auf Grund des Pauliprinzips vorkommen, außerdem durch eine Quantenzahl S bezeichnet. Ist n die Zahl der Elektronen, so hat S die Werte $\frac{n}{2}, \frac{n}{2} - 1, \ldots, 0$ (bei geradem n), ... $\frac{1}{2}$ (bei ungeradem n). Die Zahl S unterscheidet die Symmetriecharaktere, die nachher bei Zufügung des Spins antisymmetrisch werden. Das Gewicht bekommt noch den Faktor $2S+1$. Wir bezeichnen am Termsymbol diesen Symmetriecharakter, indem wir $2S+1$ als linken oberen Index zufügen. Es ist also z. B. ${}^3D_g$ ein Term, der in bezug auf Spiegelung am Kern gerade ist, in bezug auf Drehungen um den Kern den Charakter $L = 2$ hat und in bezug auf Vertauschung der Elektronen den Charakter $S = 1$. Terme mit verschiedenem S kombinieren in der ersten Näherung nicht.

In zweiter Näherung wird nun der Einfluß des Spins hinzugefügt. Er besteht in einer magnetischen Wechselwirkung mit dem Umlauf der Elektronen. Ohne nähere Annahme über diese Kräfte gilt, daß die Terme zweiter Näherung außer durch g und u, die durch Zufügung des Spins nicht geändert werden, durch Quantenzahlen J gekennzeichnet werden. Das Quadrat des Drehimpulses ist $J(J+1) \cdot \hbar^2$; das Gewicht $2J+1$. Aus einem Term erster Näherung mit

[1] E. Back u. S. Goudsmit, ZS. f. Phys. Bd. 47, S. 174. 1928; K. Murakawa, Scient. Pap. Inst. phys. chem. Res. Bd. 16, S. 243. 1931.

L und S entsteht ein *Multiplett* mit Termen $J = L + S, L + S - 1 \ldots |L - S|$. Terme mit verschiedenem S zeigen jetzt schwache Kombinationen, die mit zunehmendem Spineinfluß größer werden.

Im Falle geringen Einflusses des Spins läßt sich die magnetische Wechselwirkung von Spin und Bahn auffassen als eine Wechselwirkung des Vektors S mit dem Vektor L, die dem cos des Winkels zwischen beiden proportional ist. Die Störungsrechnung liefert für die Wechselwirkungsenergie

$$E = a(L, S) \frac{J(J+1) - L(L+1) - S(S+1)}{2LS}$$
$$= b(L, S) + c(L, S) \cdot J(J+1).$$

Die Intervalle eines Multipletts mit den J-Werten $L + S, L + S - 1 \ldots |L - S|$ verhalten sich also wie $(L+S):(L+S-1):\ldots:(|L-S|+1)$; die Intervalle einer ^3P-Gruppe verhalten sich also wie 2:1, einer ^5D-Gruppe wie 4:3:2:1. Dies ist der Inhalt der LANDÉ*schen Intervallregel*. Dort, wo sie verletzt ist, bedeutet das, daß der Einfluß des Spins nicht mehr ganz klein ist.

Die *Aufspaltung im magnetischen Feld* läßt sich in zwei Grenzfällen genau angeben. Ist der Einfluß des Spins klein gegen den des Magnetfeldes, dieser klein gegen die übrigen Kräfte im Atom — Kopplungsfall $[(L\mathfrak{H})S]$ —, so erhalten wir zunächst ohne Spin eine Aufspaltung des mit S und L bezeichneten Terms in Terme mit dem gleichen S und $M_L = -L, -L+1, -L+2 \ldots +L$. Auch der Spinanteil spaltet auf in $M_S = -S, -S+1 \ldots +S$. Wir erhalten also Terme, die durch M_L und M_S bezeichnet sind. Die magnetische Energie ist

$$E_{\text{magn}} = (M_L + 2M_S)\hbar \frac{e}{2mc} |\mathfrak{H}|.$$

Terme mit verschiedenem M_S kombinieren nicht. Ist der Einfluß des Magnetfeldes klein gegen den des Spins, dieser klein gegen die übrigen Kräfte im Atom — Kopplungsfall $[(LS)\mathfrak{H}]$ —, so spaltet ein ohne Feld, aber mit Spin mit S, L, J bezeichneter Term in $2J+1$ Terme mit $M = -J, -J+1, -J+2 \ldots J$ auf; die magnetische Energie ist

$$W_{\text{magn}} = \hbar \frac{e}{2mc} \cdot M \cdot g |\mathfrak{H}|,$$

wo für g die LANDÉ*sche g-Formel*[1] gilt

$$g = 1 + \frac{J(J+1) - L(L+1) + S(S+1)}{2J(J+1)}.$$

Sie folgte schon in der vorläufigen Quantentheorie des Korrespondenzprinzips mit der Annahme, daß das magnetische Moment des Spins $\hbar \frac{e}{2mc}$ ist, mit J^2, L^2, S^2, statt $J(J+1)$ usw. Die Quantenmechanik liefert nach HEISENBERG und JORDAN genau die LANDÉsche Formel[2].

Auch für solche Magnetfelder, deren Einfluß weder als groß noch als klein gegen den Einfluß des Spins bezeichnet werden kann, lassen sich Aussagen über die Zeemanaufspaltung machen, nämlich durch Interpolation zwischen den bekannten Grenzfällen schwacher und starker Felder. Dabei muß man wissen, wie die (außer durch L und S, die bei der ganzen Betrachtung fest bleiben) durch J und M bezeichneten Terme in schwachen Feldern den durch M_L und M_S $(M_L + M_S = M)$ bezeichneten Termen in starken Feldern zuzuordnen sind. Da während des ganzen Überganges die Achsensymmetrie erhalten bleibt, behält M

[1] A. LANDÉ, ZS. f. Phys. Bd. 15, S. 189. 1923.
[2] W. HEISENBERG u. P. JORDAN, ZS. f. Phys. Bd. 37, S. 263. 1926.

seine Bedeutung; es gehören also Terme mit gleichem M zueinander. Mehr kann man aus den Symmetrieeigenschaften nicht folgern. Nach Ziff. 6 hat also die Zu-

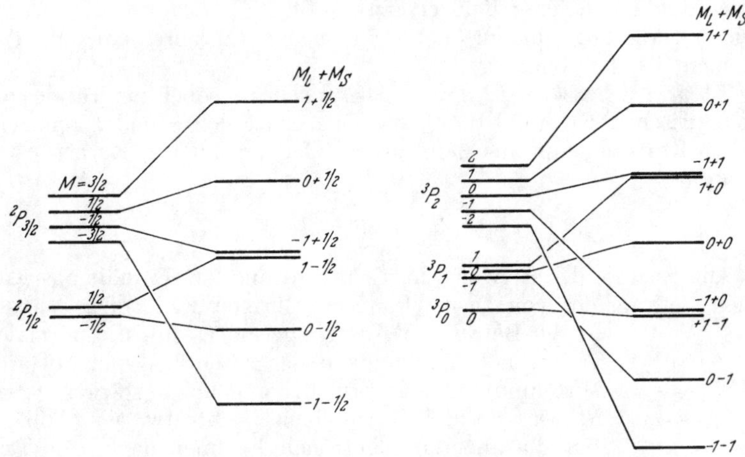

Abb. 14. Zuordnung der Terme in schwachen und starken Magnetfeldern.

ordnung so zu erfolgen, daß Terme mit gleichem M sich nicht überschneiden[1]. Abb. 14 gibt die so bestimmten Zuordnungen für eine ^2P- und eine ^3P-Gruppe.

16. Atome mit normaler Kopplung. Wir wollen den *Fall der normalen Kopplung* (RUSSELL-SAUNDERSsche Kopplung) genauer betrachten. Wir nehmen also an, die Eigenschaften des Atoms können in erster Näherung so beschrieben werden, als bewege sich jedes Elektron in einem zentralen Kraftfeld, das durch Ausschmieren der übrigen Elektronen um den Kern entsteht. Jedes Elektron (k) hat dann eine potentielle Energie $U_k(r_k)$, wo $r_k^2 = x_k^2 + y_k^2 + z_k^2$ ist. Seine Schrödingergleichung hat als Lösung eine Eigenfunktion $u_k(x_k y_k z_k)$. Die Eigenfunktion des ganzen Atoms schreiben wir also in der Form

$$u_1(x_1 y_1 z_1) \cdot u_2(x_2 y_2 z_2) \ldots$$

Eine solche Eigenfunktion erhielten wir genau, wenn wir die potentielle Energie in der Form

$$U_1(r_1) + U_2(r_2) + \cdots$$

additiv zerlegen könnten; die Energie des Atoms wäre dann die Summe der Energien der einzelnen Elektronen in ihrem Ersatzfeld. Diese Schreibweise der potentiellen Energie (und die Folgerung für die Atomenergie) ist aber nur dann genähert möglich, wenn die Abänderung des Zustandes eines Elektrons (oder auch seine Wegnahme) nur geringen Einfluß auf die übrigen Elektronen hat, also nur dann, wenn man die Überlegung auf wenige (z. B. die äußeren) Elektronen eines Atoms beschränkt, das noch viele Elektronen in abgeschlossenen Schalen hat. Die Produktdarstellung der Eigenfunktionen jedoch dürfte auch in anderen Fällen noch eine Näherung sein (vgl. die Hartree-Methode in Ziff. 20). In der ersten Näherung wird die Wechselwirkung der Elektronen nicht völlig vernachlässigt (das wäre eine sehr schlechte Näherung), sondern nur soweit berücksichtigt, als sie sich durch ein Zentralfeld für jedes Elektron darstellen läßt. In zweiter Näherung fügen wir dann den so noch nicht gefaßten Teil der Wechsel-

---

[1] Mit korrespondenzmäßigen Überlegungen wurden die Zuordnungen von SOMMERFELD und PAULI gegeben: A. SOMMERFELD, ZS. f. Phys. Bd. 8, S. 257. 1922; A. LANDÉ, ebenda Bd. 19, S. 112. 1923; W. PAULI, ebenda Bd. 20, S. 371. 1923. Die oben gegebene Formulierung bei F. HUND, Linienspektren 1927, S. 71 u. 110.

wirkung der Elektronen hinzu, zunächst noch ohne Spin. In dritter Näherung dann den Spin. Da die Wirkung einer abgeschlossenen Schale auf die übrigen Elektronen sich immer durch ein Zentralfeld ersetzen läßt, so genügt es, die zweite (und auch dritte) Näherung nur für die Elektronen auszuführen, die nicht in abgeschlossenen Schalen sind.

Die *Terme der einzelnen Elektronen* lassen sich wie oben die Terme in einem kugelsymmetrischen Kraftfeld durch die Quantenzahlen n und l kennzeichnen. Besteht das Kraftfeld nur aus dem eines Z-fach geladenen Kernes, so ist die Termenergie

$$-\frac{RhZ^2}{n^2},$$

wo $-Rh$ die Energie des H-Atoms im Grundzustand ist. Enthält das Kraftfeld noch einen Beitrag, der von ausgeschmierten übrigen Elektronen herrührt, so ist der Betrag der Energie geringer. Für die normalerweise vorliegende Abhängigkeit des Potentials vom Abstand vom Mittelpunkt ist die Erniedrigung um so stärker, je größer l ist. Das normale Termschema sieht etwa wie Abb. 15 aus. Für die äußeren Elektronen kommen davon die Terme in Betracht, die nicht schon in den abgeschlossenen Schalen besetzt sind.

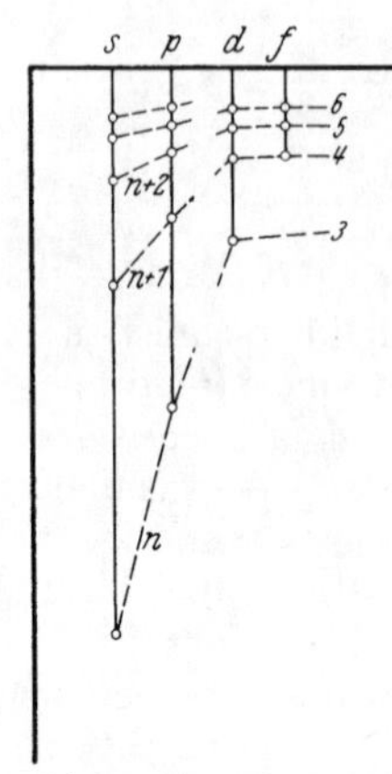

Abb. 15. Termschema der Alkalien.

Da wir bei den *Alkaliatomen* nur ein äußeres Elektron haben, so ist deren Termschema (bis auf die vom Spin herrührende Aufspaltung) schon gegeben. Abb. 15 gilt mit $n = 3$ für Na.

Bei den *Atomen mit mehreren äußeren Elektronen* gibt die bisherige Betrachtung nur die erste Näherung. Sie beschreibt den Atomterm durch die Quantenzahlen n_1, l_1, n_2, l_2, n_3, l_3 ... Nach dem PAULIschen Prinzip kann es dabei höchstens $2(l+1)$-Elektronen mit den gleichen Zahlen n und l geben. Wählt man statt der Quantenzahlen Termsymbole, so schreibt man die Anzahl der Elektronen mit gleichem n und l als Exponent. Den Grundterm des C-Atoms schreibt man also

$$1s^2\,2s^2\,2p^2,$$

für manche Zwecke genügt $2s^2 2p^2$ oder s^2p^2. Ein angeregter Term des C-Atoms ist z. B.

$$1s^2\,2s^2\,2p\,3d$$

oder kurz $2s^2\,2p\,3d$ oder $2p\,3d$ oder noch kürzer $s^2\,pd$ oder pd. In dieser ersten Näherung gilt die Kombinationsregel: ein l springt um ± 1, alle anderen l bleiben ungeändert. Der Atomterm ist gerade oder ungerade in bezug auf Spiegelung am Kern, je nachdem ob $\sum_\tau l_\tau$ gerade oder ungerade ist. Die Kugelfunktion Y_l ist nämlich gerade (ungerade), wenn l gerade (ungerade) ist. Die Zufügung der Wechselwirkung der Elektronen in der zweiten Näherung bedeutet nun hinsichtlich der Symmetrieeigenschaften, daß Teilsysteme, die einzeln Kugelsymmetrie haben, zu einem Gesamtsystem mit Kugelsymmetrie gekoppelt werden, und daß einzelne gleiche Partikel zu einem Gesamtsystem gekoppelt werden. Der erste Umstand hat zur Folge (Ziff. 11), daß aus einem durch l_1, l_2 ... gekennzeichneten Term erster Ordnung Terme mit solchen Werten von L entstehen, die durch vektorielle Zusammensetzung der l gebildet werden können. Es gilt die Kombinationsregel $L \to L$, $L \pm 1 \to L$. Die Spiegelungseigenschaft g oder u

wird wie in der ersten Näherung durch $\sum_{\tau} l_\tau$ gegeben. Der Auswahlregel $g \leftrightarrow u$ kann hier die Form gegeben werden: $\sum_{\tau} l_\tau$ ändert sich um eine ungerade Zahl. Natürlich sind die in zweiter Näherung neu erlaubten Linien schwach gegen die schon in erster Näherung erlaubten. Die Gleichheit der Partikel hat zur Folge (Ziff. 8 u. 9), daß noch eine Aufspaltung in Terme mit verschiedener Symmetrie in den Partikeln, also mit verschiedenem S auftritt. Terme mit verschiedenem S kombinieren in der zweiten Näherung nicht.

Wenn unter den einzelnen Elektronen (es genügt die zu betrachten, die nicht in abgeschlossenen Schalen sind) keine zwei mit gleichem n und l sind, so treten alle S-Werte auf, die durch Addition von Vektoren s der Länge $\frac{1}{2}$ für jedes Elektron entstehen (Ziff. 9). Der obenerwähnte angeregte Term des C-Atoms spaltet in zweiter Näherung in folgende auf

$$\begin{array}{ll} pd\,{}^3P & pd\,{}^1P \\ pd\,{}^3D & pd\,{}^1D \\ pd\,{}^3F & pd\,{}^1F. \end{array}$$

Wenn Elektronen mit gleichen Werten von n und l vorhanden sind, so hat man das Pauliprinzip zu beachten. Die einfachste Methode, es zu tun, besteht darin, die l-Entartung durch Übergang von der Kugelsymmetrie zur Achsensymmetrie aufzuheben[1]. Wir erläutern sie am Fall p^2 (z. B. Grundterm von C). Es gibt ohne Kopplung der Elektronen die Terme

$$\begin{array}{lcc} l_1, l_2 = 1 & m_1 = 1 & m_2 = 1 \\ & 1 & 0 \\ & 1 & -1 \\ & 0 & 0 \\ & 0 & -1 \\ & -1 & -1; \end{array}$$

dabei sind Terme, die durch bloßes Umbenennen der Elektronen entstehen, nicht besonders aufgeführt. Die Terme, bei denen $m_1 = m_2$ ist, sind schon ohne Kopplung in den beiden Elektronen symmetrisch und bleiben mit Kopplung symmetrisch. Der Spin macht sie zu einem Singulett. Der M-Wert (ohne Spin) folgt durch Addition von m_1 und m_2. Die Terme, bei denen $m_1 \neq m_2$ ist, spalten bei Kopplung in einen symmetrischen und einen antisymmetrischen Term auf, die mit Spin zu einem Singulett und zu einem Triplett werden. Wir erhalten also

l_1	l_2	m_1	m_2	Singuletts M	Tripletts M
1	1	1	1	2	—
		1	0	1	1
		1	−1	0	0
		0	0	0	—
		0	−1	−1	−1
		−1	−1	−2	—

Führen wir jetzt wieder die Kugelsymmetrie ein, so schließen sich die Triplettterme mit $M = 1, 0, -1$ zu einem ${}^3P$ zusammen, die Singuletterme zu ${}^1D$ ($M = 2, 1, 0, -1, -2$) und ${}^1S$ ($M = 0$). Wir erhalten also zur Anordnung p^2 die Terme ${}^3P\,{}^1D\,{}^1S$.

---

[1] Das Verfahren ist genau das, mit dem HUND die Termmannigfaltigkeit der verwickelten Spektren ableitete (Linienspektren l. c.).

Nur eine andere Schreibung erhalten wir, wenn wir auch s und S als Vektoren behandeln und schreiben

l_1	l_2	m_{l_1}	m_{l_2}	m_{s_1}	m_{s_2}	M_L	M_S
1	1	1	1	$+\frac{1}{2}$	$-\frac{1}{2}$	2	0
		1	0	$\pm\frac{1}{2}$	$\pm\frac{1}{2}$	1	1 0 0 −1
		1	−1	$\pm\frac{1}{2}$	$\pm\frac{1}{2}$	0	1 0 0 1
		0	0	$+\frac{1}{2}$	$-\frac{1}{2}$	0	0
		0	−1	$\pm\frac{1}{2}$	$\pm\frac{1}{2}$	−1	1 0 0 −1
		−1	−1	$+\frac{1}{2}$	$-\frac{1}{2}$	−2	0

Wegen $M_L = 2$, $M_S = 0$ muß bei Einführung der Kugelsymmetrie ein ^1D-Term entstehen; in ihn gehen auch $M_L = 1, 0, -1, -2$ mit $M_S = 0$ über. Wegen des Terms $M_L = 1$, $M_S = 1, 0, -1$, der unter den noch übrigen ist, muß bei Kugelsymmetrie weiter ein ^3P-Term entstehen; in ihn gehen auch $M_L = 0, -1$ mit $M_S = 1, 0, -1$ über. Jetzt ist nur noch ein Term $M_L = 0$, $M_S = 0$ übrig, der zu einem ^1S-Term wird.

Eine entsprechende Überlegung für den Term p^3 der ersten Näherung (Grundterm des N-Atoms) gibt die Terme ^4S, ^2P, ^2D. Bei größerer Zahl von Elektronen mit gleichem n und l kann man die Überlegung mit dem PAULIschen „*Lücken*“*prinzip* vereinfachen. Wir erläutern es am Fall p^4. Schreibt man sich die Möglichkeiten für m_1, m_2, m_3, m_4 auf, so erhält man

$$\left.\begin{array}{cccc} 1 & 1 & 0 & 0 \\ 1 & 1 & 0 & -1 \\ 1 & 1 & -1 & -1 \\ 1 & 0 & 0 & -1 \\ 1 & 0 & -1 & -1 \\ 0 & 0 & -1 & -1; \end{array}\right\} \qquad (1)$$

denn man kann alle Möglichkeiten weglassen, bei denen ein m mehr als zweimal vorkommt. Aus den aufgeschriebenen Möglichkeiten (1) enthält man genau die für p^2, wenn man diejenigen der m-Werte 1 1 0 0 −1 −1 hinschreibt, die nicht dastehen:

$$\left.\begin{array}{cc} -1 & -1 \\ 0 & -1 \\ 0 & 0 \\ 1 & -1 \\ 1 & 0 \\ 1 & 1. \end{array}\right\} \qquad (2)$$

Durch Gegenüberstellung dieses Schemas der Lücken und des Schemas der Elektronen sieht man, daß man die Terme statt mit den Elektronen auch mit den Lücken aufstellen kann. Weil also in p^4 zwei p-Elektronen an der abgeschlossenen Schale fehlen, erhält man dieselben Terme ^3P ^1D ^1S wie bei p^2. Die abgeschlossenen Schalen $s^2, p^6, d^{10} \ldots$ geben stets ^1S. Das allgemeine Ergebnis für alle Fälle äquivalenter p- und d-Elektronen hat HUND angegeben; für f-Elektronen haben es GIBBS, WILBER und WHITE getan[1].

[1] F. HUND, Linienspektren, Tab. 45 u. 46; R. C. GIBBS, D. T. WILBER u. H. E. WHITE, Phys. Rev. Bd. 29, S. 790. 1927.

Durch Zufügung des Spins werden die Terme zu Multipletts. Ist der Einfluß des Spins klein, so gilt die LANDÉsche Intervallregel (Ziff. 15); die Multipletts können aber noch regelrecht oder verkehrt sein (regular, inverted), je nachdem, ob die Energie mit J zu- oder abnimmt. Die Betrachtung des Vektormodells gibt in einfachen Fällen an, ob ein Multiplett regelrecht oder verkehrt ist. $p\ {}^2P$, $p^2\ {}^3P$ sind regelrechte, $p^4\ {}^3P$, $p^5\ {}^2P$ sind verkehrte Multipletts, allgemein sind die Grundmultipletts der Atome regelrecht in der ersten Hälfte des Ausbaues einer Elektronenschale, verkehrt in der zweiten Hälfte.

Als *Beispiel eines Termschemas mit normaler Kopplung* behandeln wir das eines Atoms mit vier Elektronen außerhalb einer abgeschlossenen Schale und sprechen dabei vom Si-Atom. Die Terme erster Näherung ergeben sich mit Rücksicht darauf, daß die Elektronenzustände mit $n = 1$ und $n = 2$ schon im Si^{++++} (dem Ne entsprechend) besetzt sind, indem man den vier Elektronen Quantenzahlen $n \geqq 3$ und l zuschreibt. Die tiefsten Terme werden sein $3s^2\,3p^2$ als Grundterm, weiter $3s^2\,3p\,4s$, $3s^2\,3p\,4p$, $3s^2\,3p\,3d\,\ldots$ und irgendwo dazwischen auch $3s\,3p^3$. Wir erhalten daraus in zweiter Näherung folgende Terme

Erste Näherung	Zweite Näherung		
$3s^2\,3p\;3d$		^3FDP	^1FDP
$3s^2\,3p\;4p$		^3DPS	^1DPS
$3s^2\,3p\;4s$		^3P	^1P
$3s\;3p^3$	^5S	^3DPS	^1DP
$3s^2\,3p^2$		^3P	^1DS

Abb. 16 gibt links das bisher empirisch gefundene Schema des Si-Spektrums[1]. Man sieht, welche der theoretisch angegebenen Terme wirklich gefunden sind.

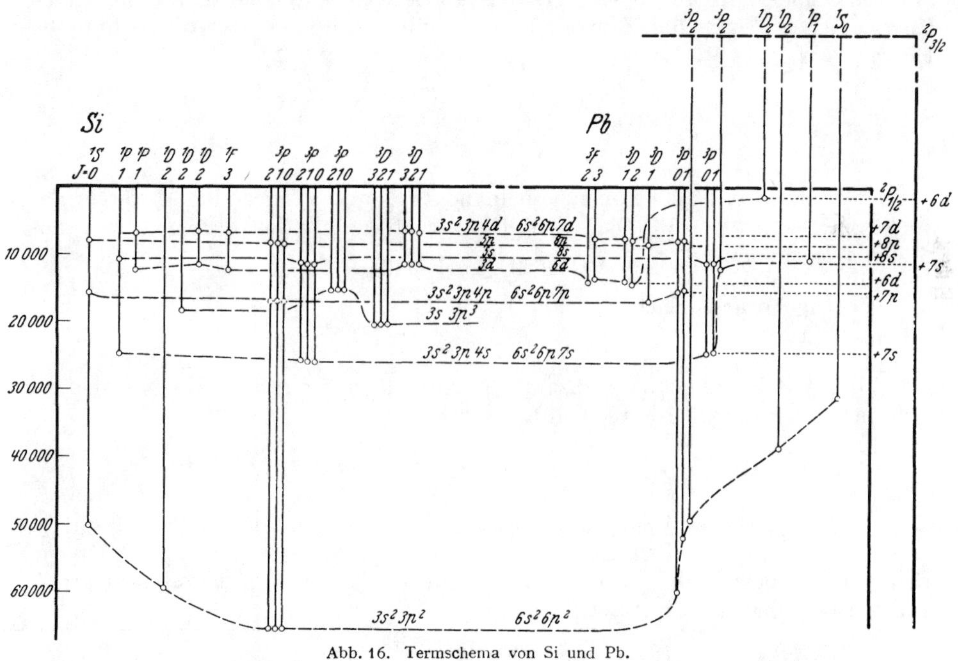

Abb. 16. Termschema von Si und Pb.

Man sieht ferner, daß die durch die Kopplung der Elektronen bedingte Aufspaltung klein ist gegen die ohne Kopplung vorhandenen Abstände der Terme

[1] A. FOWLER, Proc. Roy. Soc. London (A) Bd. 123, S. 422. 1929.

mit verschiedenen Elektronen-Quantenzahlen und wie die durch den Spin bedingte Aufspaltung noch kleiner ist. Wir stellen dem Schema des Si das des Pb gegenüber[1], in dem die normale Kopplung nicht mehr erfüllt ist.

Bei der *Berechnung der Terme*, also der quantitativen Durchführung der eben behandelten Überlegungen, werden im wesentlichen zwei Fragen gestellt. Erstens: Mit welchen Potentialen $U_1(r_1)$, $U_2(r_2)$ ... berechnet man zweckmäßig die erste Näherung, also die Eigenfunktionen der einzelnen Elektronen? Zweitens: Wie gestaltet sich die Störungsrechnung der zweiten Näherung, insbesondere: wieweit lassen sich allgemeine Aussagen machen über die gegenseitige Lage der Terme, die zu gleichen Quantenzahlen der einzelnen Elektronen gehören? Da die Beantwortung der zweiten Frage zu allgemeinen Ergebnissen führt, geben wir sie hier, während auf die erste Frage als einer mehr technischen Frage der Rechnung in Ziff. 20 eingegangen wird.

Wir erläutern die Störungsrechnung der zweiten Näherung zunächst am einfachen *Fall eines Atoms mit zwei Elektronen in nichtentarteten Zuständen* (also s-Elektronen)[2]. Sind diese gleich, so hat die Eigenfunktion der ersten Näherung die Form $u(1)\,u(2)$, wo die Ziffern die Elektronen bezeichnen, (1) also für $x_1 y_1 z_1$ steht. $u(1)\,u(2)$ ist mit keiner anderen Eigenfunktion entartet, die gestörte Eigenfunktion schließt sich an $u(1)\,u(2)$ an. Wenn die beiden betrachteten Zustände verschieden sind, so erhält man in erster Näherung die Eigenfunktion $u(1)\,v(2)$ und zum gleichen Eigenwert gehörig auch $v(1)\,u(2)$. Es tritt also in zweiter Näherung eine „säkulare" Störung auf, und wir rechnen nach Ziff. 5 so, daß wir die gestörte Eigenfunktion durch eine Linearkombination von $u(1)\,v(2)$ und $v(1)\,u(2)$ annähern. Hier hat H die Form $H = H^0 + \varepsilon H^1$, wo H^0 außer dem der kinetischen Energie entsprechenden Anteil noch die potentielle Energie eines geeigneten Zentralfeldes enthält. Schreiben wir die potentielle Energie in H^0

$$-\frac{Ze^2}{r_1} - \frac{Ze^2}{r_2} + f(r_1) + f(r_2)\,,$$

so wird

$$\varepsilon H^1 = \frac{e^2}{r_{12}} - f(r_1) - f(r_2)$$

(r_{12} ist Abstand der Elektronen voneinander, r_1 und r_2 sind die Abstände der Elektronen vom Kern). Die richtigen Linearkombinationen folgen hier aus Symmetriegründen zu

$$u(1)\,v(2) \pm v(1)\,u(2)\,,$$

und die zugehörigen Energien sind

$$E = E^0 + C \pm A$$

(die oberen Zeichen gehören zusammen und die unteren ebenfalls). Dabei ist (wir nehmen u und v als reell an):

$$C = -\int u(1)^2 f(r_1)\,d\tau_1 - \int v(1)^2 f(r_1)\,d\tau_1 + \int u(1)^2 v(2)^2 \frac{e^2}{r_{12}}\,d\tau_1\,d\tau_2\,,$$

$$A = \int u(1)\,v(2)\,\frac{e^2}{r_{12}}\,v(1)\,u(2)\,d\tau_1\,d\tau_2\,;$$

man nennt C gewöhnlich „COULOMBsches Integral" und A „Austauschintegral". Da von den beiden Integralen

$$\int [u(1)\,v(2) \pm v(1)\,u(2)]^2 \frac{e^2}{r_{12}}\,d\tau_1\,d\tau_2$$

---

[1] Nach H. GIESELER u. W. GROTRIAN, ZS. f. Phys. Bd. 39, S. 377. 1926.

[2] W. HEISENBERG, ZS. f. Phys. Bd. 39, S. 499. 1926; vgl. auch Kap. 3 ds. Bandes (BETHE), Ziff. 14.

das mit dem $+$-Zeichen größer ist, folgt, daß A positiv ist. Die Rechnung liefert die Energien der beiden aus ss entstehenden Terme ^3S und ^1S, der Tripletterm liegt tiefer. Die Rechnung ist möglich ohne Lösung einer Gleichung höheren als ersten Grades, die Energie hängt linear von gewissen Integralen C und A ab.

Die *allgemeine Rechnung* für ein Atom mit mehr Elektronen und Zuständen, die auch entartet sein können, hat SLATER[1] in eine verhältnismäßig einfache Form gebracht. Er benutzt als ungestörte Funktionen nicht die Funktionen

$$a(1) \cdot b(2) \cdot c(3) \ldots$$

der oben angegebenen ersten Näherung, sondern gleich die „antisymmetrisierten" Linearkombinationen

$$u = \sum_P (-1)^P a(1)\, b(2)\, c(3) \ldots, \tag{3}$$

wobei die Summe über alle Permutationen P der Elektronennummern $1, 2, 3 \ldots$ zu erstrecken ist und $(-1)^P = \pm 1$ sein soll, je nachdem P eine gerade oder ungerade Permutation ist. $a, b, c \ldots$ sollen ferner jetzt Funktionen des Ortes und der Spinkoordinate des Elektrons sein. Jede solche Linearkombination entspricht dann einem nach dem Pauliprinzip zugelassenen Term. Die ungestörten Energien

$$\frac{\int u^* H u \, d\tau}{\int u^* u \, d\tau}$$

haben dann die Form

$$\sum J + \sum C - \sum A .$$

Darin ist jedes J nur mit einer der Funktionen $a, b \ldots$ gebildet (entspricht einem Zustand des einzelnen Elektrons), und die $\sum J$ ist über alle Zustände $a, b \ldots$ erstreckt. Die C und A sind wie die oben so bezeichneten Integrale mit je zwei der Funktionen $a, b \ldots$ gebildet; die $\sum C$ ist über alle Paare von Zuständen erstreckt, die $\sum A$ über alle Paare von Zuständen mit gleichem Spin.

Jetzt kommt die Störungsrechnung, in der versucht wird, die wirklichen Eigenfunktionen durch Linearkombinationen der Funktionen (3) anzunähern. Dabei zeigt SLATER mit Hilfe der Drehimpulssätze (es folgt auch aus den gruppentheoretischen Betrachtungen, über die in Ziff. 11 und 12 berichtet wurde), daß Funktionen, die Termen mit verschiedenem M_L und M_S entsprechen, nicht kombinieren. Die Berechnung der Energien gestaltet sich deshalb in vielen Fällen ziemlich einfach. In dem oben gegebenen Beispiel p^2 (S. 607) kombiniert z. B. die Eigenfunktion, die zu

$$m_l = 1,\ 1; \qquad m_s = +\tfrac{1}{2},\ -\tfrac{1}{2}; \qquad M_L = 2; \qquad M_S = 0$$

gehört, mit keiner anderen. Die zugehörige ungestörte Energie ist also ohne weiteres die Energie des ^1D-Termes. Auch die Eigenfunktion, die zu

$$m_l = 1,\ 0; \qquad m_s = +\tfrac{1}{2},\ +\tfrac{1}{2}; \qquad M_L = 1; \qquad M_S = 1$$

gehört, kombiniert mit keiner anderen. Die zugehörige Energie ist also die des ^3P-Termes. Der ^1S-Term kann so nicht gefunden werden. Seine Eigenfunktion ist eine Linearkombination der drei Funktionen, die zu

$$\left.\begin{array}{ll} m_l = 1,\ -1; & m_s = +\tfrac{1}{2},\ -\tfrac{1}{2}; \\ m_l = 1,\ -1; & m_s = -\tfrac{1}{2},\ +\tfrac{1}{2}; \\ m_l = 0,\ \ 0; & m_s = +\tfrac{1}{2},\ -\tfrac{1}{2}; \end{array}\right\} M_L = 0, \qquad M_S = 0$$

[1] J. C. SLATER, Phys. Rev. Bd. 34, S. 1293. 1929.

gehören. Die zwei anderen Eigenfunktionen, die durch Kombination dieser drei entstehen, gehören zum ^1D- und ^3P-Term. Aus der Säkulargleichung folgt, daß die Summe der drei Termwerte gleich der Summe der ungestörten Terme ist, aus denen sie entstehen. Aus dieser Summe kann man also den ^1S-Term durch Subtraktion des ^3P- und ^1D-Termes berechnen. *Man kommt hier also ohne Lösung von Säkulargleichungen aus und erhält die Energien als lineare Funktionen von C- und A-Integralen. Allgemein geht dies so lange, als zu einer „Elektronenanordnung", d. h. zu einem System von Quantenzahlen der einzelnen Elektronen, keine zwei Multipletts mit gleichem S und L gehören.* Dieser Ausnahmefall tritt bei äquivalenten p-Elektronen nie ein. Er tritt ein bei d^3 (zwei ^2D) und bei noch mehr d-Elektronen. In diesen Fällen müssen Gleichungen höheren als ersten Grades gelöst werden, und die Termwerte hängen nicht mehr alle linear von den C und A ab.

SLATER führt nun die Integrale C und A, die bei s-, p- und d-Elektronen auftreten, unter Benutzung der Winkelabhängigkeit der s-, p-, d-Eigenfunktionen auf Integrale zurück, die nur den radialen Anteil dieser Funktionen enthalten. So kann er die gegenseitigen Abstände der Multipletts, die zu einer Elektronenanordnung gehören, durch ganz wenige Integrale ausdrücken. Er erhält so, ohne die Integrale auszurechnen, „Intervallregeln" für diese Gruppen von Multipletts. In die Abstände der Terme ^3P, ^1D, ^1S, die zu p^2 gehören, geht nur ein Integral ein. Ohne seine Ausrechnung ergibt sich das Verhältnis der beiden Termabstände $[(^1S - {}^1D):(^1D - {}^3P) = 3:2]$.

Da die SLATERsche Rechnung genau dem Schema entspricht, mit dem wir oben die Termmannigfaltigkeit angaben, die zu einer Elektronenanordnung gehört, beweist sie auch (ohne gruppentheoretische Betrachtungen) dieses Schema. Im Anschluß an SLATER läßt sich auch das obenerwähnte PAULIsche Lückenverfahren auf die Termrechnung ausdehnen. Die Energien der Terme, die sich im Lückenschema aufstellen lassen, berechnen sich formal so wie die Energien von Termen im Elektronenschema[1].

Die Darstellung der Termenergien durch Austauschintegrale gestattet auch Aussagen über die Beziehungen zwischen den Ionisierungsenergien benachbarter Atome, ohne daß die Integrale ausgerechnet werden müssen. So untersucht PEIERLS[2] die Energien der Grundzustände von Atomen mit äußeren p-Elektronen ($p, p^2, p^3, \ldots, p^6$) und erhält Gesetzmäßigkeiten für den Gang der Ionisierungsspannung mit der Zahl der äußeren Elektronen, insbesondere zeigt er, daß ein Sprung in den Ionisierungsspannungen zwischen den beiden Reihen p, p^2, p^3 (etwa B, C, N) und p^4, p^5, p^6 (O, F, Ne) vorhanden sein muß. Ein entsprechendes Verhalten, das empirisch beim Ausbau von d-Schalen bekannt ist[3], ist noch nicht theoretisch behandelt.

17. Atome mit anderen Kopplungsverhältnissen. Bei der normalen Kopplung ist der Einfluß des Spins auf die Atomterme klein gegen die anderen wesentlichen Einflüsse. Die normale Kopplung wird also eine zunehmend schlechtere Annäherung, wenn mit zunehmender Atomnummer die Wechselwirkung von Spin und Bahn immer größer wird oder wenn mit zunehmender Anregung eines Elektrons die Kopplung dieses Elektrons an den Atomrest immer schwächer wird. Wir erwarten also eine *von der normalen Kopplung abweichende Gruppierung* der Terme bei den höher angeregten Termen der schwereren Elemente. Die erste Abweichung vom normalen Kopplungsfall zeigt sich in schlechtem Stimmen der

---

[1] G. SHORTLEY, Phys. Rev. Bd. 40, S. 185. 1932; auf andere Weise schon bei W. HEISENBERG, Ann. d. Phys. Bd. 10, S. 888. 1931.

[2] R. PEIERLS, ZS. f. Phys. Bd. 55, S. 738. 1929.

[3] Vgl. z. B.: F. HUND, Linienspektren, S. 172f.

LANDÉschen Intervallregel und in Abweichungen der g-Werte des Zeemaneffektes von den LANDÉschen Werten. So zeigen sich schon in der Reihe der Elemente Ca, Sc . . . Ni bei den ersten in höheren Termen, bei den späteren in immer tieferen Termen deutlich solche Abweichungen; in der Pd-Reihe werden sie größer, in der Pt-Reihe noch größer. Der allgemeine Fall ist ein unübersichtlicher Kopplungsfall; dagegen ist der Grenzfall, der bei genügend hoher Hauptquantenzahl des angeregten Elektrons mehr und mehr erreicht wird, einfach zu beschreiben. Wir haben in erster Näherung einen Atomrest (Ion) mit Spin, in zweiter Näherung wird ein lose gekoppeltes Elektron hinzugefügt — Kopplung $[(LS)\mathfrak{l}\,\mathfrak{s}]$.

Die Terme erster Näherung sind die des Ions und werden durch Quantenzahlen J beschrieben, wenn für das Ion noch einigermaßen der Fall der normalen Kopplung gilt, durch S, L, J. Fügen wir in zweiter Näherung ein Elektron mit der Nebenquantenzahl l hinzu, so entstehen Terme mit den Quantenzahlen $J+j, J+j-1 \ldots |J-j|$ des gesamten Drehimpulses, wo $j = l \pm \frac{1}{2}$ (für $l = 0$ nur $j = \frac{1}{2}$) ist. Die zu gleichem Rest und gleichem n und l des zugefügten Elektrons gehörenden Terme zeigen energetisch nur geringen Unterschied. Man kann diese Termgruppen durch das Symbol des Zustandes des Restes und durch das Symbol des zugefügten Elektrons etwa in der Form

$$^2P_{1/2} + 7s\,; \qquad ^2P_{3/2} + 6d$$

bezeichnen. Am rechten Rand der Abb. 16 ist eine solche Ordnung des Pb-Spektrums versucht.

Ein häufiger Fall ist der, daß für tiefe Terme noch einigermaßen die normale Kopplung gilt, für hochangeregte Terme der eben beschriebene Kopplungsfall. Um für die übrigen Terme eine sinnvolle Termbezeichnung zu erhalten, muß man sich die wahren Kopplungsverhältnisse abgeändert denken, so daß entweder der Grenzfall der normalen Kopplung oder der Grenzfall der eben beschriebenen Kopplung angenähert wird, und muß dann die Bezeichnungen dieses Grenzfalles benutzen. So sind in Abb. 16 z. B. für die Pb-Terme zwei Bezeichnungen angegeben, z. B. für zwei der mittleren Terme

$$6s^2\,6p\,7p \quad ^3P_{01} \qquad \text{und} \qquad ^2P_{1/2} + 7p,$$

die erste entspricht dem Übergang zur normalen Kopplung, die zweite dem Übergang zu loser Kopplung eines Elektrons. Zur Durchführung dieser Bezeichnung ist notwendig, zu wissen, welche Terme des einen Grenzfalls in bestimmte Terme des anderen Grenzfalls übergehen, wenn man die Kopplung eines Elektrons an den Rest allmählich lockert. Die Frage ist gleichbedeutend mit der: Wie sind in einer Serie die Komponenten eines Multipletts bei wachsender Laufzahl den verschiedenen Seriengrenzen zuzuordnen, die den verschiedenen Komponenten eines Multipletts des Ions entsprechen? Liegt der Fall so, daß die Beschreibung durch Quantenzahlen der einzelnen Elektronen während des ganzen Übergangs gültig ist, so betrachte man alle Terme, die zu einem bestimmten System von solchen Quantenzahlen gehören, zusammen. Dann denke man sich einen Parameter, der die Kopplung eines Elektrons an den Rest bestimmt,

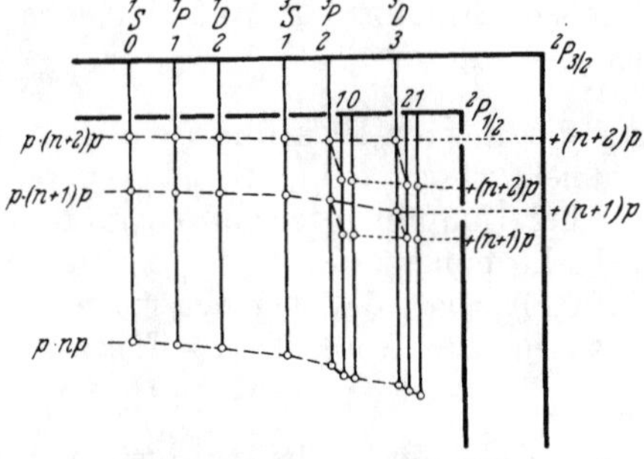

Abb. 17. Übergang von normaler Kopplung zu loser Kopplung eines Elektrons.

allmählich abgeändert. Die Quantenzahlen J der Terme behalten dabei ihren Sinn. Aus früheren Überlegungen (Ziff. 6) folgt, daß die Terme sich so verschieben, daß Terme mit gleichem J sich nicht überschneiden. Wenn in den Grenzfällen die Termordnung bekannt ist, so ist damit die Zuordnung eindeutig[1]. Für einen bestimmten Fall einer pp-Konfiguration gilt Abb. 17.

18. Das periodische System der Elemente[2]. Schon der BOHRschen Deutung des Zusammenhangs zwischen den Atomspektren und dem *periodischen System der Elemente* und damit dem Verständnis dieses Systems selbst lag die Vorstellung zugrunde, daß der Atomterm sich im wesentlichen aus Termen der einzelnen Elektronen zusammensetzen läßt. Diese Auffassung des periodischen Systems der Elemente wurde in der Folgezeit beibehalten; sie wurde ergänzt durch die theoretische Begründung der Besetzungszahlen der einzelnen Elektronenzustände durch das PAULIsche Prinzip und die Eingliederung der verwickelten Spektren (HUND).

Die Terme eines Atoms lassen sich qualitativ aus den Termen des in der Nummer vorhergehenden Elements ableiten. Man denkt sich die Kernladung dieses Elements um 1 erhöht, die Termwerte werden damit wesentlich geändert, die qualitative Struktur des Termschemas nur wenig. Dem Grundzustand dieses Ions fügt man ein Elektron bei. Wenn man die Bindungsreihenfolge der einzelnen Zustände der Elektronen kennt, so kann man das Termschema dieses neuen Atoms qualitativ angeben. Wenn der Zustand des neu hinzugefügten Elektrons energetisch wesentlich höher liegt als die Zustände der schon vorhandenen Elektronen, so wird eine neue Periode des Systems begonnen; ein solcher Schritt ist der Übergang von np nach $(n+1)s$, während beim Übergang von ns nach np der energetische Unterschied zu gering ist.

Eine *deduktive Ableitung des Baues des periodischen Systems* und qualitative Vorhersage aller Spektren von Ionen und Atomen ist möglich, wenn man die energetische Reihenfolge der Zustände der einzelnen Elektronen kennt. Für Ionen mit hinreichend positiver Ladung oder für die innersten Elektrone auch der anderen Ionen und Atome ist das Kraftfeld für das einzelne Elektron nicht zu weit von einem COULOMBschen entfernt. Die Reihenfolge der Zustände ist wesentlich die des Coulombfeldes, wobei noch die durch die Abweichung davon bedingte Aufspaltung zu berücksichtigen ist. Die Reihenfolge und die aus dem Pauliprinzip folgenden Besetzungszahlen sind durch die Symbole

$$1s^2\, 2s^2\, 2p^6\, 3s^2\, 3p^6\, 3d^{10}\, 4s^2\, 4p^6\, 4d^{10}\, 4f^{14}\, 5s^2 \ldots$$

gegeben. Ein Ion mit 19 Elektronen und genügend positiver Ladung hat also den Grundterm

$$1s^2\, 2s^2\, 2p^6\, 3s^2\, 3p^6\, 3d \cdot {}^2D.$$

Für die äußeren Elektronen der neutralen Atome ist die Abweichung vom Coulombfeld schon recht groß. Die s- und p-Zustände sind gegenüber den d-Zuständen gleicher Hauptquantenzahl energetisch bevorzugt. Eine Abschätzung etwa von „Abschirmungszahlen" oder die statistische Rechnung nach THOMAS und FERMI (Ziff. 20) zeigt, daß bei neutralen Atomen der Zustand $4s$ tiefer liegt als $3d$. Das neutrale Atom mit 19 Elektronen (K-Atom) hat den Grundterm

$$1s^2\, 2s^2\, 2p^6\, 3s^2\, 3p^6\, 4s \cdot {}^2S.$$

Geht man in der Reihe der Systeme mit 19 Elektronen K, Ca^+, Sc^{++}, Ti^{+++}... vor, so muß einmal die $3d$-Bahn fester gebunden werden als die $4s$-Bahn. Der empirische Sachverhalt ist der, daß schon der Grundterm von Sc^{++} ein ${}^2D$-Term ist.

[1] F. HUND, ZS. f. Phys. Bd. 52, S. 601. 1928. Die Angaben im Buche „Linienspektren", § 39ff. sind auf Grund dieser Arbeit zum Teil zu berichtigen.

[2] Vgl. auch Kap. 1 ds. Bandes (RUBINOWICZ), Ziff. 16.

Der *Aufbau des periodischen Systems* stellt sich nun so dar. In den Grundtermen von H und He füllt sich die 1 *s*-Schale auf. In der ersten „Achterperiode" Li bis Ne wird die Schale $n = 2$, also die Zustände $2s$ und $2p$ aufgefüllt. In der nächsten „Achterperiode" Na bis A werden von der Schale mit $n = 3$ nur die Zustände $3s$ und $3p$ aufgefüllt, zum $3d$-Term ist noch ein wesentlicher Abstand. Jetzt kommt eine „große Periode" mit den 18 Elementen K, Ca, Sc ... Kr. Darin werden die Zustände $4s$ und $3d$ (bis Zn) und noch die Zustände $4p$ aufgefüllt. Die nächste „große Periode" mit den 18 Elementen Rb, Sr, Y ... X bringt die Auffüllung der Zustände $5s$, $4d$ und $5p$. Jetzt kommt die „ganz große Periode" mit den 32 Elementen Cs, Ba, La, Ce ... Rn; sie hat deshalb 14 Elemente mehr als die vorangehende Periode, weil in ihr nicht nur die $6s$-, $5d$- und $6p$-Bahnen aufgefüllt werden, sondern auch die $4f$-Bahn.

Tabelle 1.

Zahl der äußeren Elektronen *s*	*p*	Tiefe Terme
1	—	^2S
2	—	^1S
2	1	^2P
2	2	^3P ^1D ^1S
2	3	^4S ^2D ^2P
2	4	^3P ^1D ^1S
2	5	^2P
2	6	^1S

Tabelle 2.

Element	Grundterme des Ions Ca^+, Sc^+ ...	Grundterme des Atoms K, Ca ...
K	—	s ^2S
Ca	s ^2S	s^2 ^1S
Sc	sd ^3D	s^2d ^2D
Ti	sd^2 ^4F	s^2d^2 ^3F
V	d^4 ^5D	s^2d^3 ^4F
Cr	d^5 ^6S	$s\,d^5$ ^7S
Mn	sd^5 ^7S	s^2d^5 ^6S
Fe	sd^6 ^6D	s^2d^6 ^5D
Co	d^8 ^3F	s^2d^7 ^4F
Ni	d^9 ^2D	s^2d^8 ^3F
Cu	d^{10} ^1S	$s\,d^{10}$ ^2S
Zn	sd^{10} ^2S	s^2d^{10} ^1S

Zur Illustration der Abhängigkeit der Spektren von der Stellung im periodischen System seien in Tabelle 1 die tiefen Terme in einer Achterperiode gegeben. Sie gelten auch noch für die acht letzten Elemente der großen Perioden. Die erste Anregung dieser Atome liegt ziemlich hoch, da sie einem Übergang $ns \rightarrow np$ bei den ersten beiden, einem Übergang $np \rightarrow (n+1)s$ bei den übrigen entspricht. Am besten analysiert sind die Spektren, bei denen der Grundterm des zugehörigen Ions ein S-Term ist, also die mit 1, 2, 3 und 6 Außenelektronen.

Die Spektren in der ersten Hälfte der großen Perioden sind dadurch gekennzeichnet, daß d- und s-Bahnen ungefähr gleich stark gebunden sind. Die Mannigfaltigkeit der tiefen Terme ist darum viel größer. Die Spektren sind verwickelt[1]. Zur Illustration sei die Deutung der Grundterme einiger solcher Elemente gegeben (Tab. 2).

19. Elektrische und magnetische Eigenschaften der Atome. Ein Atom kann neutral oder ionisiert sein, d. h. eine Ladung tragen. Die *Mittelwerte des Dipolmomentes* von Zuständen, die einem bestimmten Symmetriecharakter J (oder S und L ohne Spin) angehören, sind Null. Ein von Null verschiedener Mittelwert des Dipols kann nur auftreten, wenn andere Entartungen vorliegen als die, die durch die Kugelsymmetrie und die Gleichheit der Elektronen gefordert werden. So können die Zustände $n = 2, 3$ ... eines Atoms mit einem einzigen Elektron (H, He^+...) entsprechend der l-Entartung (wie die Ellipsenbahnen der klassischen Theorie) einen von Null verschiedenen Dipol haben. Z. B. einige der durch Separation in parabolischen Koordinaten entstehenden Eigenfunktionen bezeichnen Zustände mit Dipolmomenten. Ein nur langsam veränderlicher

[1] In bezug auf die Einzelheiten sei auf F. Hund, Linienspektren, und O. Laporte, Theorie der Multiplettstruktur im Handb. d. Astrophys. Bd. III/2, S. 603, verwiesen.

Dipol kann auftreten, wenn eine genäherte Entartung besteht, so bei hoch angeregten Zuständen anderer Atome, die durch eine Hauptquantenzahl n und eine nicht scharf definierte Nebenquantenzahl l des angeregten Elektrons beschrieben werden. Solche Zustände verhalten sich im elektrischen Feld wesentlich anders als der normale Fall und geben einen „linearen" Starkeffekt und wesentlich größere Starkeffekt-Aufspaltungen[1]. Höhere Pole treten auch sonst auf; so haben P-Zustände einen Quadrupol. Bei den S-Termen ohne Spin (oder den Termen $J = 0$ mit Spin) sind alle diese Pole Null.

Von einer etwaigen Ladung und auch von den besonderen Fällen mit Dipol abgesehen ist die wichtigste elektrische Eigenschaft eines Atoms seine *Polarisierbarkeit* α, sie gibt den Dipol an, der durch ein homogenes äußeres elektrisches Feld im Atom induziert wird (Dipol $\alpha\mathfrak{E}$ im Feld $\mathfrak{E}$). Die quantenmechanische Berechnung des Verhaltens eines Atoms im homogenen elektrischen Feld gibt einen praktisch brauchbaren Näherungsausdruck für α. Wird ein Atom im Zustand $u_0(x_1 y_1, \ldots, z_n)$ in ein elektrisches Feld $\mathfrak{E}$ der x-Richtung gebracht, so wird die Eigenfunktion verändert. Die Störungsrechnung liefert sie in erster Näherung als Entwicklung nach den Eigenfunktionen u_0 und u_l des ungestörten Atoms

$$u = u_0 + e\mathfrak{E} \sum_l \frac{u_l \cdot \int u_0 X u_l \, d\tau}{E_l - E_0},$$

wo $X = x_1 + x_2 + \cdots + x_n$ und E_l die zu u_l gehörige Energie ist. Der Mittelwert des elektrischen Moments wird

$$e\int u X u \, d\tau = e\int u_0 X u_0 \, d\tau + 2e^2\mathfrak{E} \sum_l \frac{\left(\int u_0 X u_l \, d\tau\right)^2}{E_l - E_0} + \cdots;$$

er setzt sich zusammen aus dem festen Dipol (der im normalen Fall Null ist und den wir daher weglassen) und Beiträgen aller Übergänge, die von u_0 aus mit Dipolstrahlung stattfinden. $\int u_0 X u_l$ ist ja die für die Amplitude dieser Strahlungen maßgebende Größe. Es wird also

$$\alpha = 2e^2 \sum_l \frac{\left(\int u_0 X u_l \, d\tau\right)^2}{E_l - E_0}.$$

In vielen Fällen liegt die erste Anregung des Atoms schon recht hoch, dann sind die einzelnen $E_l - E_0$ nicht sehr verschieden, und wir können alle $E_l - E_0$ gleich $h\nu$ setzen. Wir erhalten

$$\alpha = \frac{2e^2}{h\nu} \cdot \int u_0 X \cdot \left[\sum_l u_l \int u_0 X u_l \, d\tau\right] d\tau = \frac{2e^2}{h\nu} \cdot \int u_0 X^2 u_0 \, d\tau.$$

α ist also durch die Eigenfunktion u_0 des einen betrachteten Zustandes ausgedrückt. Ist u_0 in allen Elektronen antisymmetrisch (Zustand höchster Multiplizität) oder in je zwei Elektronen symmetrisch (Singuletts), so gilt:

$$\alpha = \frac{2e^2}{h\nu} \int u_0 (x_1^2 + x_2^2 + \cdots) u_0 \, d\tau = \frac{2e^6}{h\nu} \cdot n \cdot \int \varrho X^2 \, d\tau,$$

wo $\varrho = \int u_0^2 d\tau_1 \ldots d\tau_{n-1}$ die Dichte der Elektronen ist.

Wir gehen jetzt zu den *magnetischen Eigenschaften* über.

---

[1] Vgl. z. B. R. MINKOWSKI, Starkeffekt, ds. Handb. Bd. XXI, Kap. 8, Ziff. 9f.

Atomzustände ohne resultierenden Drehimpuls, also mit $J = 0$, geben keinen Beitrag zum Paramagnetismus. Für ^1S-Terme gab PAULI[1] auf Grund des Korrespondenzprinzips, VAN VLECK[2] auf Grund der Quantenmechanik für die Suszeptibilität

$$\chi = -N \cdot \frac{e^2}{6mc^2} \cdot n \overline{r^2} = -N \frac{e^2}{2mc^2} \cdot n \overline{x^2}$$

(N = LOSCHMIDTsche Zahl, n = Zahl der Elektronen pro Atom; $\overline{r^2}$ und $\overline{x^2}$ sind Mittelwerte von r^2 und x^2).

Bei Atomzuständen mit Drehimpuls sind zwei Grenzfälle verhältnismäßig leicht zu behandeln. Es sei kT klein gegen den Abstand des zweiten Terms vom Grundterm; der Paramagnetismus des Atoms ist dann eine Eigenschaft des Grundterms und hängt von dem J-Wert und dem g-Faktor (der für die Zeemanaufspaltung maßgebend ist) ab. Es ist

$$\chi = \frac{N}{3kT} \cdot \left(\hbar \frac{e}{2mc}\right)^2 \cdot g^2 J (J + 1). \tag{1}$$

Wenn der Grundterm einem Multiplett angehört (durch S und L gekennzeichnet), dessen Aufspaltung klein gegen kT ist und der Abstand zu höheren Termen groß gegen kT ist, so ist der Paramagnetismus des Atoms eine Eigenschaft des Multipletts. Es ist[2]

$$\chi = \frac{N}{3kT} \cdot \left(\hbar \frac{e}{2mc}\right)^2 \cdot [4S(S+1) + L(L+1)]. \tag{2}$$

Typische Beispiele für den ersten Fall paramagnetischer Atome sind die Ionen der seltenen Erden, deren Suszeptibilitäten sehr gut mit (1) übereinstimmen, wenn man naheliegende Annahmen über die Grundterme der dreifach geladenen Ionen macht[3]. Übergänge zwischen beiden Grenzfällen sind die Ionen der Elemente in der Eisenfamilie.

20. Berechnung von Atomeigenschaften. Das wichtigste Mittel zur *Berechnung der Eigenschaften der Atome mit wenig Elektronen* ist das Variationsverfahren, bei dem für die Eigenfunktion ein Ansatz mit einigen Parametern gemacht wird, die dann so bestimmt werden, daß das der Schrödingergleichung entsprechende Variationsintegral ein Minimum wird (vgl. Ziff. 5; über andere Verfahren im besonderen Fall des He-Atoms vgl. Kap. 3 ds. Bandes [BETHE], Ziff. 12ff.).

He, Li^+, Be^{++} ... und H^-: Die Grundterme der Atome und Ionen mit zwei Elektronen He, Li^+, Be^{++} ... sind nach dem eben genannten Verfahren zuerst von KELLNER[4] berechnet worden. HYLLERAAS[5] erhält für He einen genaueren Wert. Er nähert die Eigenfunktion an durch Summen der Ausdrücke

$$\varphi_{n_1 l}\left(\frac{2Zr_1}{a}\right) \varphi_{n_2 l}\left(\frac{2Zr_2}{a}\right) P_l(\cos\vartheta), \qquad Z = 2$$

aus Funktionen, die mit den H-Eigenfunktionen verwandt sind

$$\varphi_{nl}(x) = e^{-\frac{x}{2}} x^l L_{n+l}^{2l+1}(x).$$

[1] W. PAULI, ZS. f. Phys. Bd. 2, S. 201. 1920.
[2] J. H. VAN VLECK, Phys. Rev. Bd. 31, S. 587. 1928.
[3] F. HUND, ZS. f. Phys. Bd. 33, S. 855. 1925.
[4] G. W. KELLNER, ZS. f. Phys. Bd. 44, S. 91. 1927.
[5] E. A. HYLLERAAS, ZS. f. Phys. Bd. 48, S. 469. 1928; Bd. 54, S. 347. 1929; Bd. 60, S. 624; Bd. 63, S. 291; Bd. 65, S. 209. 1930.

r_1 und r_2 sind die Abstände der Elektronen vom Kern, ϑ der Winkel zwischen ihnen, P_l die LEGENDREschen Polynome und L_{n+l}^{2l+1} die $(2l+1)$ten Ableitungen der $(n+l)$ten LAGUERREschen Polynome. Mit einigen Funktionen mit $l=0$ und 1 und einer Funktion mit $l=2$ erhält er die Energie $-1{,}4496 \cdot 4\,Rh$ statt des empirischen Wertes $-1{,}4517 \cdot 4\,Rh$ und damit die Ionisierungsspannung 24,35 Volt statt des empirischen Wertes 24,46. Ein weiterer Fortschritt gelingt HYLLERAAS, indem er die Näherungsfunktion benutzt:

$$u = [e^{-(\alpha r_1 + \beta r_2)} + e^{-(\beta r_1 + \alpha r_2)}]\, e^{\gamma r_{12}},$$

(r_{12} Abstand der Elektronen voneinander); er erhält mit diesem einfachen Ansatz schon 24,35 Volt. Mit der allgemeineren Funktion

$$u = e^{-\alpha(r_1+r_2)} \cdot \sum c_{n,l,m} (r_1+r_2)^n (r_1-r_2)^{2l} r_{12}{}^m \tag{1}$$

unter Mitführung der Glieder

$$u = e^{-\alpha(r_1+r_2)}[c_0 + c_1 r_{12} + c_2(r_1-r_2)^2 + c_3(r_1+r_2) + c_4(r_1+r_2)^2 + c_5 r_{12}{}^2]$$

erhält er die Energie $-1{,}45162 \cdot 4\,Rh$. Der Unterschied gegen den experimentellen Wert $-1{,}45175 \cdot 4\,Rh$ liegt schon innerhalb des Gebietes der Feinstruktur. Den Grundterm von H^- und damit die Elektronenaffinität von H berechnen BETHE[1] und HYLLERAAS mit dem Ansatz

$$u = e^{-\alpha(r_1+r_2)}[c_0 + c_1 r_{12} + c_2(r_1-r_2)^2];$$

sie erhalten eine Elektronenaffinität von 0,7 Volt. Unter Benutzung eines Ansatzes (1) mit ziemlich viel Gliedern und expliziter Einführung des Parameters Z (Kernladung) in die Rechnung erhält schließlich HYLLERAAS für die Energien der Grundterme von H^-, He, Li^+, Be^{++} ... eine Entwicklung nach Potenzen von $1/Z$

$$Rh\left(-2Z^2 + \frac{5}{4}Z - 0{,}31488 + 0{,}01752\frac{1}{Z} - 0{,}00548\frac{1}{Z^2}\right).$$

STARODUBROWSKY[2] gibt für H^- noch eine kleine Verbesserung an.

Durch ähnliche Ansätze wie für den Grundzustand erhalten HYLLERAAS und UNDHEIM[3] gute Annäherungen für den tiefsten Term $1s\,2s\;{}^3S$ des Orthohelium und für den Term $1s\,2s\;{}^1S$ des Parheliums.

Li, Be⁺, B⁺⁺ ...: GUILLEMIN und ZENER[4] berechnen den Grundterm mit einem Ansatz, der entsteht, wenn man aus

$$e^{-\alpha(r_1+r_2)} \cdot (r_3 - \beta)\, r_3{}^{n^*-2}\, e^{-\gamma r_3}$$

durch Permutieren der Indizes und Linearkombinieren den richtigen Symmetriecharakter herstellt. Bei Li wird für α ein fester Wert genommen, β, γ, n^* werden variiert. Bei Be^+ B^{++} werden auch für n^* und γ feste Werte genommen und nur β (die Lage des Knotens) variiert.

Be, B, C ... Ne: ZENER[5] bildet aus den Eigenfunktionen

$$1s: \quad e^{-\alpha r}$$

$$2s: \quad (r-\beta)\, r^{n^*-2}\, e^{-\gamma r}$$

$$2p: \quad r^{n^*-1}\, e^{-\gamma r}\, Y_1(\vartheta\varphi)$$

[1] H. BETHE, ZS. f. Phys. Bd. 57, S. 815. 1929.

[2] P. STARODUBROWSKY, ZS. f. Phys. Bd. 65, S. 806. 1930.

[3] E. A. HYLLERAAS, ZS. f. Phys. Bd. 54, S. 347. 1929; E. A. HYLLERAAS u. B. UNDHEIM, ZS. f. Phys. Bd. 65, S. 759. 1930.

[4] V. GUILLEMIN u. CL. ZENER, ZS. f. Phys. Bd. 61, S. 199. 1930.

[5] CL. ZENER, Phys. Rev. Bd. 36, S. 51. 1930.

Linearkombinationen von Produkten mit der richtigen Symmetrie; α wird festgehalten, β, γ, n^* werden variiert oder wenigstens gleich plausibeln Werten gesetzt. Die Energien der L-Schale ergeben sich mit einem Fehler von wenigen Volt; für die Ionisierungsarbeiten ergibt sich nur eine mäßige Annäherung.

Im Anschluß an die Rechnungen von ZENER gibt SLATER[1] Regeln an zur Aufstellung von angenäherten Eigenfunktionen, insbesondere für n^* und die in γ enthaltene „Abschirmung".

Ladungsverteilung in der Elektronenhülle von He. Eine rohe Annäherung erhält SLATER für die Eigenfunktion des He-Grundzustandes, indem er

$$u = e^{-2\frac{r_1 + r_2}{a} + \frac{r_{12}}{2a}}$$

ansetzt (r_1 und r_2 sind die Abstände der Elektronen vom Kern, r_{12} ihr gegenseitiger Abstand und a der BOHRsche H-Radius). Er verbessert das Ergebnis, indem er für kleine r_1 und r_2

$$u = e^{-2\frac{r_1 + r_2}{a} + \frac{r_{12}}{2a} + \alpha(r_1^2 + r_2^2)}$$

und für kleine r_2 und große r_1

$$u = e^{-2\frac{r_2}{a} - \frac{r_1}{n^* a}} r_1^{n^* - 1}\left(\beta + \frac{\gamma}{r_1} + \frac{\delta}{r_1^2} + \cdots\right)$$

mit geeigneten, aus empirischen Daten gewonnenen, festen Werten von $n^*, \alpha, \beta, \gamma \ldots$ setzt[2]. $\int u^2 d\tau_2$ gibt dann eine Annäherung für die Ladungsdichte der Elektronenhülle. SLATER benutzt sie zur Berechnung der diamagnetischen Suszeptibilität, die ja vom Mittelwert von r^2 abhängt, und zur Berechnung der Abstoßung zweier He-Atome (vgl. Ziff. 33).

Die Berechnungen von Atomen mit vielen Elektronen legen gewöhnlich die Annahme zugrunde, daß normale Kopplung (Ziff. 16) vorhanden ist. Sie behandeln also zunächst die *einzelnen Elektronen in einem Zentralfeld* und untersuchen dann die *Wechselwirkung mittels einer Störungsrechnung.*

Die Annäherung des Zentralfeldes für die einzelnen Elektronen durch ein COULOMBsches Feld mit der potentiellen Energie $-\frac{(Z-S)\,e^2}{r}$ ist sehr bequem, aber nicht sehr genau. Benutzt man es, so hat man nicht bloß für die verschiedenen Elektronen, sondern auch für verschiedene Eigenschaften, die man rechnen will, verschiedene *Abschirmungskonstanten* S zu benutzen, je nachdem ob die Eigenschaft mehr von den inneren oder äußeren Teilen der Elektronenbahn abhängt. PAULING[3] untersucht die Frage, ob sich Abschirmungszahlen für eine Eigenschaft in Abschirmungszahlen für eine andere Eigenschaft umrechnen lassen. Wenn die betrachtete Eigenschaft bei wasserstoffähnlichen Atomen mit n^r/Z^t geht, so erhält er S als Funktion von r/t und einer der betreffenden Elektronenbahn (n, l) eigentümlichen Größe. Er berechnet solche S-Werte, für schwerere Atome verbessert er sie unter Zuhilfenahme von Refraktionswerten und einigen Termeigenschaften und erhält so einen vollständigen Satz von Größen, aus dem für alle Atome und Ionen, für alle Elektronen darin und für alle Eigenschaften die Abschirmungskonstanten entnommen werden können. Er berechnet damit Ionisierungsarbeiten, Röntgenterme und Streufaktoren für Röntgenstrahlen.

[1] J. C. SLATER, Phys. Rev. Bd. 36, S. 57. 1930.

[2] J. C. SLATER, Phys. Rev. Bd. 31, S. 333; Bd. 32, S. 349. 1928.

[3] L. PAULING, ZS. f. Phys. Bd. 40, S. 344. 1926; Proc. Roy. Soc. London (A) Bd. 114, S. 181. 1927; L. PAULING u. J. SHERMAN, ZS. f. Krist. (A) Bd. 81, S. 1. 1932.

Für genauere Rechnungen erhebt sich die Frage, wie die Zentralfelder für die einzelnen Elektronen angesetzt werden können. In manchen Fällen kann dazu die *statistische Methode von* THOMAS *und* FERMI (Ziff. 13) benutzt werden. Sie gestattet allgemein die genäherte Berechnung solcher Eigenschaften von Atomen mit vielen Elektronen, die einigermaßen gleichmäßig mit der Atomnummer gehen. Die Methode versagt bei solchen Eigenschaften, die wesentlich von den äußersten Elektronen abhängen und infolge des Schalenabschlusses von einer Atomnummer zur nächsten sich stark ändern können.

Die Rechnung liefert zunächst die *Dichteverteilung der Elektronen*, die man z. B. für die Streuung der Röntgenstrahlen an Kristallen oder Molekeln benutzen kann, wenn man von der Veränderung der Verteilung unter dem Einfluß der anderen Atome absehen kann[1].

FERMI benutzt seine Methode weiter zur Berechnung der *Anzahl der Elektronen* im Grundzustand der Atome *mit einem bestimmten Drehimpuls*. Diese Rechnung ist wichtig für die Theorie des periodischen Systems (Ziff. 18). Die Natur des Grundterms und der qualitative Aufbau des Termschemas aller Atome läßt sich nämlich deduktiv angeben, wenn man weiß, in welcher Reihenfolge die einzelnen Elektronenbahnen gebunden werden, insbesondere in welchen Fällen $4s$ vor $3d$ kommt, oder $5s$ vor $4d$, oder $6s$ vor $5d$ und $4f$. Die FERMIsche Rechnung liefert das mit einiger Annäherung, da sie angibt, bei welcher Atomnummer zum erstenmal d- und f-Bahnen auftreten und wann die Anzahl größer wird als die einer abgeschlossenen Schale. Die Rechnung geht so vor sich, daß aus der Dichte der Elektronen auf die Geschwindigkeitsverteilung in dem betreffenden Punkt geschlossen und ausgerechnet wird, wieviel Elektronen einen Drehimpuls zwischen $l\hbar$ und $(l+1)\hbar$ haben. Von dieser Zahl wird angenommen, daß sie genähert gleich der Zahl der Elektronen mit dem Drehimpulsquadrat $\hbar^2 l(l+1)$ ist. Nach FERMIS Rechnung treten auf: p-Bahnen von $Z = 5$ (empirisch B, $Z = 5$) ab, d-Bahnen von $Z = 21$ (empirisch Sc, $Z = 21$) ab, f-Bahnen von $Z = 55$ ab (empirisch Ce, $Z = 58$).

Man kann das nach FERMI gerechnete Potential dazu benutzen, um die *Bindungsenergien der Elektronen in den einzelnen Zuständen* zu berechnen. Man hätte dann allerdings für die Terme des neutralen Atoms das Potential in einem Ion zu nehmen, dessen gesamte Elektronenladung $Z - 1$ ist, also nicht die Lösung der FERMIschen Gleichung [(4) Ziff. 13], die im Unendlichen verschwindet, sondern eine andere Lösung (vgl. Abb. 13, S. 600). Man macht aber keinen großen Fehler, wenn man statt dieses Potentials den Ansatz

$$U(r) = -\frac{e^2}{r}\left[1 + (Z-1)\,\varphi(\beta r)\right]$$

macht, wo $\varphi(x)$ die Lösung der FERMIschen Differentialgleichung für das neutrale Atom ist und $x = \beta r$ die in Ziff. 13 benutzte Transformation. Dieser genäherte Ansatz bedeutet eine etwas zu geringe Abschirmung; diese Abweichung wirkt der anderen Vernachlässigung, die man mit der Nichtberücksichtigung der Polarisation des Atomrestes durch das betrachtete Elektron begeht, entgegen. Am besten ist die Näherung für innere Elektronen, also für *Röntgenterme*. Da man die K-Röntgenterme auch ohne genauere Kenntnis der Elektronenverteilung gut abschätzen kann und die L-Terme einigermaßen, hat RASETTI M-Terme berechnet, und zwar die $3d$-Terme[2]. Die Übereinstimmung mit den experimentellen Werten ist gut.

---

[1] Wie die Streuung auszurechnen ist, wenn die Elektronendichte sich additiv aus kugelsymmetrischen Verteilungen zusammensetzt, zeigt P. DEBYE, Phys. ZS. Bd. 28, S. 135. 1927.

[2] F. RASETTI, ZS. f. Phys. Bd. 49, S. 546. 1928.

Bei optischen Termen ist die Übereinstimmung von berechnetem und tatsächlichem Termwert schlechter, die Rechnung kann nur gleichmäßigen Gang mit der Atomnummer geben. Für die tief eindringenden *s-Terme* liegen die Verhältnisse noch am günstigsten; ihr Verhalten ist von FERMI berechnet worden[1]. Es kann durch Angabe der Rydbergkorrektion α in der Termschreibweise $W = -\frac{Rh}{(n-\alpha)^2}$, wo n die wahre Hauptquantenzahl ist, beschrieben werden. Die Abweichungen der gerechneten Rydbergkorrektionen von den wirklichen (Abb. 18) zeigen Schwankungen, die von der in Wirklichkeit vorhandenen Periodizität von Eigenschaften der Elektronenhülle herrühren.

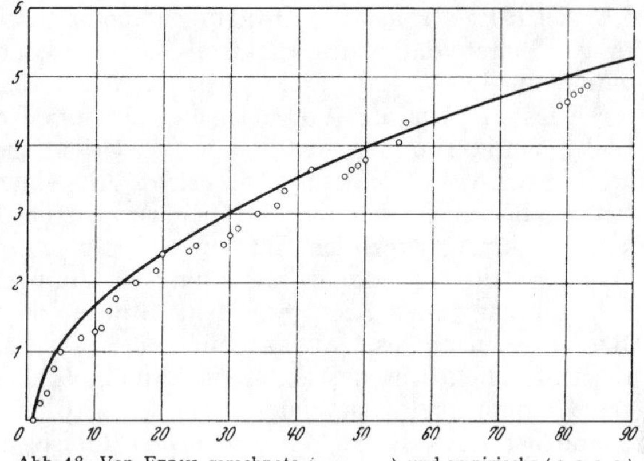

Abb. 18. Von FERMI gerechnete (———) und empirische (o o o o) Rydbergkorrektionen (letztere gegenüber Abb. 1 bei FERMI, ZS. f. Phys. Bd. 49, S. 550. 1928, ergänzt).

Weiter sind berechnet worden *Intervalle von optischen und Röntgenmultipletts*, das auffallend große *Intensitätsverhältnis* der Hauptseriendubletts bei Cs[2] und schließlich die *Dimensionen der 4f-Bahnen* bei den seltenen Erden[3]. Durch die letztere Rechnung wird erklärt, daß diese Bahnen zwar nicht stark gebunden sind, aber doch tief im Atominneren verlaufen und daher das chemische Verhalten wenig beeinflussen.

Zu den Eigenschaften, die gleichmäßig mit der Atomnummer gehen, gehört auch die *Gesamtenergie* des Atoms (soweit sie von der Wechselwirkung von Kern und Elektronen herrührt)[4]. Da das Modell nur COULOMBsche Kräfte hat (zwischen Kern und den Teilchen des „Elektronengases" und zwischen diesen Teilchen selbst), setzen wir die Gesamtenergie gleich der halben potentiellen Energie. Das Potential U zerlegen wir in den Anteil $U_k = \frac{eZ}{r}$, der vom Kern herrührt, und in den Anteil $U - U_k$, der von der gegenseitigen Abstoßung der Elektronen kommt. Dann wird die Gesamtenergie

$$E = -\tfrac{1}{2}\int n e U_k d\tau - \tfrac{1}{4}\int n e (U - U_k) d\tau,$$
$$= -\tfrac{1}{4}\int n e (U + U_k) d\tau.$$

Unter Benutzung der FERMIschen Lösung für U erhalten wir

$$E = \frac{2^{\frac{4}{3}}}{3^{\frac{2}{3}}\pi^{\frac{2}{3}}} \cdot J \cdot E_{\mathrm{H}} \cdot Z^{\frac{7}{3}},$$

wo E_{H} die Energie des H-Atoms im Grundzustand $\left(-\frac{2\pi^2 m e^4}{h^2}\right)$ und

$$J = \int_0^\infty \frac{\varphi^{\frac{5}{2}}}{x^{\frac{1}{2}}} dx + \int_0^\infty \frac{\varphi^{\frac{3}{2}}}{x^{\frac{1}{2}}} dx$$

---

[1] E. FERMI, ZS. f. Phys. Bd. 49, S. 550. 1928.
[2] G. GENTILE u. E. MAJORANA, Rend. Lincei Bd. 8, S. 229. 1928.
[3] E. FERMI, Leipziger Vorträge 1928.
[4] E. A. MILNE, Proc. Cambridge Phil. Soc. Bd. 23, S. 794. 1927; E. B. BAKER, Phys. Rev. Bd. 36, S. 630. 1930.

ist. Unter Benutzung der Differentialgleichung für φ kann man beide Integrale durch die Ableitung von φ an der Stelle $x = 0$ $(-1{,}589)$ ausdrücken und erhält schließlich

$$E = 1{,}54 \cdot Z^{\frac{7}{3}} \cdot E_{\mathrm{H}}$$

oder $20{,}8 \cdot Z^{\frac{7}{3}}$ Elektronenvolt. Die Abschätzung des empirischen Wertes aus den Röntgentermen gibt einen ähnlichen Verlauf.

Hartree-Methode. Zur Berechnung der Elektronenverteilung in Atomen mit vielen Elektronen hat HARTREE[1] eine Methode angegeben, die mit der Näherung arbeitet, daß jedes Elektron in einem Zentralfeld läuft, das durch Ausschmieren der übrigen Elektronen entsteht. Genauer gesagt, HARTREE nimmt für jedes Elektron ein Potential an, das dem Kern und der ganzen Dichte der Elektronen, vermindert um die über alle Orientierungen gemittelte Ladungsdichte des betrachteten Elektrons, entspricht. Aus einem gegebenen Feld, das aus den Beiträgen der einzelnen Elektronengruppen besteht, kann er das Potential für jedes Elektron berechnen, für jedes dieser Potentiale die Schrödingergleichung lösen, aus den Lösungen die Ladungsverteilungen bestimmen und so ein neues Feld für das ganze Atom erhalten. Stimmt dieses mit dem Ausgangspotential überein, so nennt es HARTREE ein „*selfconsistent field*". Er gibt nun Methoden an, dieses Feld durch schrittweise Annäherung numerisch zu berechnen.

Er berechnete das Feld, die Ladungsverteilung und die Energie für den Grundzustand von He, er erhielt als Ionisierungsspannung 24,85 Volt (statt 24,5). Weiter gab er Berechnungen für die Ionen Na^+ und Cl^-, da deren Ladungsverteilung für die Berechnung der Beugung von Röntgenstrahlen an NaCl-Kristallen wichtig ist. Sehr ausführliche Rechnungen stellte er für Rb^+ an, um dann damit die Terme des Rb-Atoms zu finden.

GAUNT, SLATER und FOCK[2] haben die Hartree-Methode unter folgendem Gesichtspunkt betrachtet. Man kann versuchen, die Energie eines Atoms mit vielen Elektronen dadurch zu berechnen, daß man die Eigenfunktion in der Form ansetzt

$$u = u_1(1)\, u_2(2) \ldots u_n(n)\,, \tag{1}$$

wo (k) alle drei Koordinaten des k-ten Elektrons vertritt. Diese Funktion hat noch nicht die Symmetrie, die man von der Eigenfunktion eines Atoms verlangen muß, aber sie kann für ein Störungsverfahren nach SLATER (Ziff. 16) benutzt werden. Geht man mit (1) in die Schrödingergleichung bzw. in das ihr äquivalente Variationsprinzip ein, so erhält man Gleichungen, die mit den von HARTREE benutzten übereinstimmen. Die HARTREEsche Lösung ist also die beste, die mit dem Ansatz (1) erhalten werden kann.

Das System der Gleichungen für $u_1 u_2 \ldots$ hat die Form

$$\frac{h^2}{2m} \Delta u_k + (E_k - U_k)\, u_k = 0\,,$$

wo U_k nur von den Koordinaten des $k$ten Elektrons abhängt und

$$U_k = \int u_1(1)^2\, u_2(2)^2 \ldots u_n(n)^2 \cdot U \cdot d\tau_1\, d\tau_2 \ldots d\tau_n$$

ist, worin u_k und $d\tau_k$ fehlt. u_k ist also wirklich die Eigenfunktion eines Elektrons in einem Kraftfeld U_k, das durch Mittelung von U entsprechend den Verteilungen der übrigen Elektronen gebildet ist.

---

[1] D. R. HARTREE, Proc. Cambridge Phil. Soc. Bd. 24, S. 89, 111. 1928.

[2] J. A. GAUNT, Proc. Cambridge Phil. Soc. Bd. 24, S. 328. 1928; J. C. SLATER, Phys. Rev. Bd. 32, S. 339. 1928; V. FOCK, ZS. f. Phys. Bd. 61, S. 126. 1930.

Interessant ist ein *Vergleich* der Elektronenverteilungen, die man nach den verschiedenen Methoden erhält. H. BETHE[1] gibt bei He einen Vergleich

1. der mit $u = [e^{-(\alpha r_1 + \beta r_2)} + e^{-(\beta r_1 + \alpha r_2)}]\, e^{-\gamma r_{12}}$ von HYLLERAAS,
2. der mit $u = e^{-\alpha(r_1+r_2)}$,
3. der mit der THOMAS-FERMIschen Methode,
4. der mit der HARTREEschen Methode

erhaltenen Elektronendichten (Abb. 19 ist nach seiner Tabelle gezeichnet). Die Übereinstimmung der HARTREEschen Lösung mit der exakten HYLLERAASschen ist sehr gut. Daß die THOMAS-FERMIsche Lösung so schlecht paßt, darf uns nicht wundern, denn sie ist ja nur im Falle vieler Elektronen geeignet. Die von SLATER (s. oben S. 619) erhaltene Elektronenverteilung weicht von der exakten Kurve wesentlich weniger ab, als die mit $e^{-\alpha(r_1+r_2)}$ erhaltene.

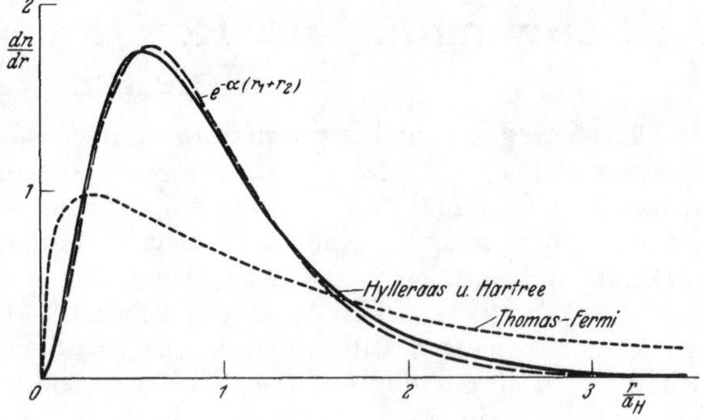

Abb. 19. Vergleich der nach verschiedenen Methoden gerechneten Elektronenverteilungen im He-Atom. (Nach BETHE.)

Für ein Störungsverfahren zur Berücksichtigung der Wechselwirkung der Elektronen ist die HARTREEsche Lösung wohl der beste Ausgangspunkt. Die HARTREEsche Lösung ist nämlich noch nicht die beste, die man erhalten kann, wenn man die Eigenfunktion des Atoms durch Eigenfunktionen einzelner Elektronen darstellen will. Diese besteht vielmehr in den Linearkombinationen der Funktionen (1), die durch den ersten Schritt des Störungsverfahrens (vgl. Ziff. 16) berechnet werden.

Das HARTREEsche Kraftfeld U_k ist übrigens nicht das beste feste Kraftfeld für die Bewegung eines einzelnen Elektrons (des $k$ten), das nur von den Koordinaten dieses Elektrons abhängt. Es berücksichtigt nämlich nicht die Rückwirkung, die die Bewegung des betrachteten Elektrons auf die Wolke der übrigen Elektronen hat, also nicht die „*Polarisation*" dieser Wolke durch das betrachtete Elektron. Eine Berechnung, die das mit tut, ist nur für zwei Elektronen einfach durchführbar. SLATER, der die Rechnung ausgeführt hat[2], rechnet zunächst die Eigenfunktion eines Elektrons (1) in dem Kraftfeld des Kerns und des festgedachten anderen Elektrons (2), also $v(1, 2)$, wo die Koordinaten von (2) als Parameter betrachtet werden. Es gilt also [Δ_1 ist der Δ-Operator mit den Koordinaten von (1)]:

$$-\frac{h^2}{2m}\Delta_1 v(1,2) + U(1,2)\,v(1,2) = E(2)\,v(1,2).$$

Die Eigenfunktion des Atoms wird dann in der Form $u = v(1, 2)\,w(2)$ angesetzt. w wird berechnet, indem statt der Gleichung

$$-\frac{h^2}{2m}[\Delta_1(vw) + \Delta_2(vw)] + Uvw = Evw$$

die etwas abgeänderte Gleichung

$$-\frac{h^2}{2m}(w\cdot\Delta_1 v + v\Delta_2 w) + Uvw = Evw$$

[1] H. BETHE, ZS. f. Phys. Bd. 55, S. 431. 1929.
[2] J. C. SLATER, Proc. Nat. Acad. Amer. Bd. 13, S. 423. 1927.

gelöst wird, in der Glieder weggelassen sind, die bei geringer Abhängigkeit der Funktion v von (2) klein sind. Unter Benutzung von $E(2)$ geht diese Gleichung über in

$$-\frac{\hbar^2}{2m}\Delta_2 w + E(2)\,w = E\,w,$$

also in die Schrödingergleichung eines Elektrons mit der potentiellen Energie $E(2)$. Die Energie des ersten Elektrons bei festgedachtem zweiten als Funktion der Koordinaten dieses zweiten Elektrons spielt die *Rolle der potentiellen Energie* des Kraftfeldes für das zweite Elektron.

III. Schwingung und Rotation von zweiatomigen Molekeln[1].

21. Zerlegung in Elektronenbewegung, Schwingung und Rotation. Die Quantentheorie der Molekel darf aus verschiedenen Gründen Interesse beanspruchen. Einmal hat die vorläufige Quantentheorie des Korrespondenzprinzips längst nicht zu einer ähnlich vollständigen Übersicht über die Bandenspektren und anderen Eigenschaften der Molekeln geführt wie früher über die Linienspektren und die Atomeigenschaften. Der neuen Quantenmechanik warteten also ganz bestimmte Aufgaben, an denen sich diejenigen ihrer Eigenschaften bewähren mußten, die das Korrespondenzprinzip noch nicht enthielt. Zweitens liegt ein großes Erfahrungsmaterial über Molekeln vor in den Bandenspektren und in den Ergebnissen der Chemie, ihren quantitativen Angaben über Bindungsenergien und ihren qualitativen Valenzregeln. Und drittens kann die Behandlung der Molekel eine Vorstufe bilden zu der des festen Körpers und der zusammenhängenden Materie überhaupt.

Eine Deutung der einfacher gebauten Bandenspektren zweiatomiger Molekeln im Sinne des Korrespondenzprinzips ist früh erfolgt (SCHWARZSCHILD, HEURLINGER, LENZ, KRATZER u. a.). In den Frequenzen, die emittiert oder absorbiert wurden, waren *drei Bestandteile sehr verschiedener Größenordnung*. In einfachen Fällen konnte man die Energien in der Form

$$E = E_{\text{el}} + E_{\text{osc}} + E_{\text{rot}}$$

schreiben, für E_{osc} konnte man die Energien eines schwingenden Systems aus zwei Massen, in erster Näherung die Energien eines harmonischen Oszillators, und für E_{rot} die Energien eines rotierenden in erster Näherung aus zwei starr verbundenen Massen bestehenden Systems setzen. Die Termabstände und damit die Frequenzen der Rotation sind klein gegen die der Schwingung und diese wieder klein gegen die der Elektronenbewegung. Diese Abstufung in der Größenordnung der Einflüsse auf den Molekelterm wird nun allen weiteren Untersuchungen zugrunde gelegt. Die Molekel wird in erster Näherung ersetzt durch ein System aus zwei festgehaltenen Kernen als Kraftzentren und den Elektronen, in zweiter Näherung kommt dazu die Schwingung der Kerne, in dritter die Rotation. Abweichungen von dem genannten einfachen Fall der Zerlegung der Energie oder Frequenz in die drei Teile kommen dadurch zustande, daß die Rotation der Molekel in bestimmten Fällen anders erfolgt als die zweier starr verbundener Massen.

In der ersten Näherung, der Betrachtung des „*Zweizentrensystems*", wird der Kernabstand R als fester Parameter (nicht als Koordinate) angesehen. Die

[1] Von Darstellungen der Theorie der Molekeln seien genannt: R. DE L. KRONIG, Band spectra and molecular structure. Cambridge (Engl.) 1930; W. WEIZEL, Bandenspektren, in Handb. d. Exper.-Phys. (Wien-Harms), Erg.-Bd. 1. 1931; R. S. MULLIKEN, Interpretation of band spectra. Rev. modern phys. Bd. 2, S. 60 u. 506. 1930; Bd. 3, S. 89. 1931; Bd. 4, S. 1. 1932.

Zustände des Systems werden durch Eigenwerte E und Eigenfunktionen u der SCHRÖDINGERschen Differentialgleichung beschrieben. u hängt von den Koordinaten aller Elektronen ab, E und u noch vom Parameter R.

Es fragt sich nun, wie die Terme und Eigenfunktionen durch die Bewegung der Kerne (in zweiter und dritter Näherung) abgeändert werden. Wenn wir zunächst von der Rotation noch absehen, so können wir die Koordinaten x, y, z, R einführen (dabei sollen xyz für die Koordinaten aller Elektronen stehen). Die HAMILTONsche Funktion wird

$$H = T_{\mathrm{el}}(p_x p_y p_z) + T_{\mathrm{osc}}(p_R) + U(xyz, R).$$

Sie setzt sich zusammen aus der kinetischen Energie T_{el} der Elektronen, der kinetischen Energie T_{osc} der Kerne und der potentiellen Energie U, in die wir auch die Kernabstoßung $Z_1 Z_2 e^2/R$ einbeziehen. Unabhängigkeit von Elektronenbewegung und Schwingung würde bedeuten, daß die Schrödingergleichung, die aus H gebildet werden kann, mit dem Ansatz $u = u_{\mathrm{el}}(xyz) \cdot u_{\mathrm{osc}}(R)$ lösbar ist. Dies ist angenähert der Fall. Die Schrödingergleichung des Zweizentrensystems

$$(T_{\mathrm{el}} + U)\, u_{\mathrm{el}} = E_{\mathrm{el}}\, u_{\mathrm{el}}$$

liefert die Funktion $u_{\mathrm{el}}(xyz, R)$, die R als Parameter enthält, und $E_{\mathrm{el}}(R)$. Wenn wir annehmen, daß u_{el} von R nur wenig abhängt, führt der Ansatz $u = u_{\mathrm{el}} u_{\mathrm{osc}}$ die Schrödingergleichung der schwingenden Molekel in

$$(T_{\mathrm{osc}} + E_{\mathrm{el}})\, u_{\mathrm{osc}} = E\, u_{\mathrm{osc}}$$

über. In dieser Näherung verhält sich also die Schwingung der Molekel wie die Schwingung zweier Massen mit der gegenseitigen potentiellen Energie E_{el}. *Die Termfunktion $E_{\mathrm{el}}(R)$ des Zweizentrensystems spielt für die Schwingung die Rolle der potentiellen Energie*[1]. Dieser Satz wurde (natürlich unter Mitberücksichtigung der Rotationen) für zwei- und mehratomige Molekeln von BORN und OPPENHEIMER bewiesen[1].

Der nächste Schritt ist nun die Zufügung der Glieder, die der *Rotation* entsprechen. Dabei hat man auf die Größenordnung des *Spineinflusses* zu achten. In vielen Fällen ist er von gleicher Größenordnung wie der der Rotation; dann hat man keinen einfachen Kopplungsfall. Es ist daher besser, zunächst zwei einfachere Grenzfälle zu betrachten, die auch bei Molekeln vorkommen, nämlich den Fall a, wo der Einfluß der Rotation klein ist gegen den des Spins und wo wir den Spineinfluß mit zur Elektronenbewegung rechnen, die mit dem Modell des Zweizentrensystems behandelt wird, und den Fall b, wo der Einfluß des Spins klein ist gegen den der Rotation und wo wir zur spinfreien Elektronenbewegung zunächst die Rotation hinzufügen und dann erst den Spin.

Der Einfluß der Elektronenbewegung (im Fall a mit Spin, im Fall b ohne Spin) auf die Rotation hängt wesentlich davon ab, ob die Elektronenbewegung einen Drehimpuls hat oder nicht. Ohne Elektronen-Drehimpuls sind die Terme der Rotation in erster Näherung die Terme eines Rotators, d. h. eines Systems aus zwei starr verbundenen Massenpunkten mit der Masse der Kerne. Bei Vorhandensein eines Elektronen-Drehimpulses ist nach den allgemeinen Sätzen dieser auch bei Rotation noch genähert konstant, außerdem ist der Gesamtdrehimpuls streng konstant. Durch Betrachtung der Vektorzusammensetzung ergibt sich schon sehr weitgehend die Rotationstermstruktur.

22. Schwingung. Die *Schwingungsterme* sind also Terme eines Oszillators, dessen potentielle Energie etwa die Form der Abb. 4 (S. 570) hat. Es gibt ein Gebiet

[1] M. BORN u. R. OPPENHEIMER, Ann. d. Phys. Bd. 84, S. 457. 1927.

diskreter Terme $[E < U(\infty)]$ und ein Kontinuum $E \geqq U(\infty)$. Ob das diskrete Gebiet endlich oder unendlich viele Terme enthält, hängt davon ab, in welcher Weise U sich der Asymptote $U(\infty)$ nähert. Verhält sich der Abstand z. B. wie $-\frac{c}{r}$ (Anziehung von Ionen), so gibt es unendlich viele Schwingungsterme; verhält sich der Abstand wie $-\frac{c}{r^m}$, wo $m > 2$ ist, so gibt es nur endlich viele[1]. Für kleine Schwingungsquantenzahlen n kann W in der Form

$$E = h\nu[(n + \tfrac{1}{2}) - x(n + \tfrac{1}{2})^2 + \cdots] \tag{1}$$

geschrieben werden. Die Art der Abweichung vom harmonischen Oszillator ist in allen bekannten Fällen so, daß x positiv ist. Die Schwingungsterme sehr vieler Bandensysteme passen sogar recht gut in eine Formel, die hinter dem Glied $-h\nu x(n + \frac{1}{2})^2$ abbricht.

Kennt man die Schwingungsterme bis zum Kontinuum, so hat man auch die *Dissoziationsenergie* des betreffenden Elektronenterms. Wenn man die Schwingungsterme nur ein Stück weit kennt, kann man versuchen, die Dissoziationsenergie durch Extrapolation zu bekommen. In den zahlreichen Fällen, wo für den Termwert eine zweigliedrige Formel gilt, liegt es nahe, dies auch weiterhin bis zur Dissoziation anzunehmen.

Da die potentielle Energie der Schwingung zugleich die Energie des Zweizentrensystems $E_{el}(R)$ als Funktion des Zentrenabstandes ist, sind die Eigenschaften der Schwingung zugleich Hinweise auf das Zweizentrensystem. Verhältnismäßig leicht zu bestimmen von den Schwingungseigenschaften sind die Größe ν [in (1)], die Dissoziationsarbeit, der Kernabstand im Minimum der Energie (aus dem Rotationsspektrum), oft noch x [in (1)]. Es ist also günstig, eine *Interpolationsformel* für $U(R) = E_{el}(R)$ zu haben, die mit drei oder vier Parametern sich den empirischen Werten anpassen läßt. Da Potentiale der Form

$$U(R) = a + \frac{b}{R} + \frac{c}{R^2}$$

eine geschlossene Lösung ermöglichen, benutzte KRATZER Ansätze der Form

$$U(R) = -\frac{e^2}{R_0}\left(\alpha + \frac{R_0}{R} - \frac{R_0^2}{2R^2}\right) + \beta(R - R_0)^3 + \cdots;$$

ohne die Störungsglieder mit $\beta\ldots$ verhält sich dieses Potential für große R wie das zweier Ionen[2]. Einen auch für große R bei Atommolekeln günstigen Ansatz gibt MORSE[3]. Er geht aus

$$U = U(\infty) + A e^{-2\alpha R} - B e^{-\alpha R}$$

hervor, wenn man die Stelle R_0 des Minimums einführt und die Energie im Minimum mit $U(\infty) - D$ bezeichnet. Er lautet

$$U = U(\infty) + D[e^{-2\alpha(R-R_0)} - 2e^{-\alpha(R-R_0)}];$$

dabei ist $\alpha = 2\pi\nu\sqrt{\frac{\mu}{2D}}$; μ ist die reduzierte Masse, $\frac{1}{\mu} = \frac{1}{m_1} + \frac{1}{m_2}$. Der An-

[1] Beweis (im Rahmen der korrespondenzmäßigen Bandentheorie) bei A. KRATZER, ZS. f. Phys. Bd. 26, S. 40. 1924.

[2] Quantenmechanische Durchrechnung bei E. FUES, Ann. d. Phys. Bd. 80, S. 367; Bd. 81, S. 281. 1926.

[3] P. M. MORSE, Phys. Rev. Bd. 34, S. 57. 1929.

satz hat, abgesehen davon, daß er eine gute Interpolationsformel ist und für große R exponentiell abnimmt, wie wohl im allgemeinen W_{el} in Wirklichkeit, den großen Vorteil, daß ein Oszillator mit dieser potentiellen Energie eine Termfolge

$$E = h\nu\left[(n + \tfrac{1}{2}) - x(n + \tfrac{1}{2})^2\right]$$

hat, die hinter dem zweiten Glied abbricht. TELLER gibt noch etwas allgemeinere Ansätze für U an, die auf zweigliedrige Termformeln führen[1].

Die *Intensitätsverhältnisse der Schwingungsbanden* hängen zunächst davon ab, ob es sich um (ultrarote) reine Schwingungsbanden handelt, bei denen sich der Elektronenterm nicht ändert oder um (sichtbare oder ultraviolette) Elektronen-Schwingungsbanden, bei denen sich der Elektronenterm ändert. Im ersten Fall sind die Intensitäten einfach die Intensitäten eines Oszillators mit gegebener potentieller Energie. Wenn er nicht sehr vom harmonischen abweicht, so ist der Übergang $n \pm 1 \rightarrow n$ am stärksten. Da Ultrarotmessungen im allgemeinen als Absorptionsmessungen bei gewöhnlicher Temperatur stattfinden, so beobachtet man in erster Linie den Übergang $1 \rightarrow 0$ und schwächer $2 \rightarrow 0$ und $3 \rightarrow 0$.

Für die Kenntnis der *Intensitäten der Elektronen-Schwingungsbanden* ist eine Bemerkung von FRANCK sehr wichtig geworden. Sie wurde von CONDON quantenmechanisch begründet[2]. Die Eigenfunktion des unteren und des oberen Zustandes des betrachteten Überganges enthält einen Bestandteil $u_{osc}(R)$, der der Schwingung entspricht. Bei sonst gleichen Verhältnissen hängt die Intensität des Übergangs wesentlich von

$$\int R\, u'_{osc}(R)\, u''_{osc}(R)\, dR$$

ab, wo die Striche den kombinierenden Zuständen entsprechen. Sie hängt also wesentlich davon ab, wie gut sich die Eigenfunktionen der Schwingung überlappen. Im Grundzustand der Schwingung ist u_{osc} ziemlich schmal, von ihm aus geschehen nur Übergänge, bei denen R ungefähr gleichbleibt.

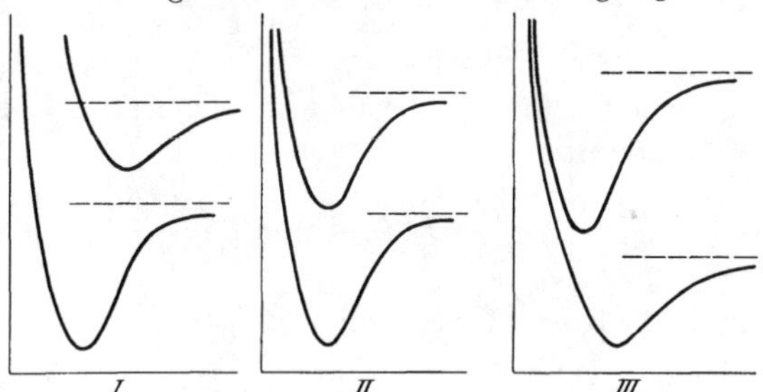

Abb. 20. Typische Fälle des Schwingungspotentials im Grund- und einem angeregten Elektronenzustand.

Betrachten wir mit FRANCK drei typische Fälle des Verhaltens der Schwingungspotentiale im Grundzustand und in einem höheren Zustand (Abb. 20). Im ersten Fall ist der Kernabstand im Gleichgewicht beim oberen Zustand wesentlich größer als beim unteren. Bei Absorption von Licht gehen der nichtschwingende oder die wenig schwingenden Zustände ($R \approx R_0$) des unteren Elektronenterms vorwiegend in hohe Schwingungsterme oder schon in das daran anschließende Kontinuum des oberen Elektronenterms über. Der Übergang ins Kontinuum bedeutet, daß die Molekel dissoziiert und die Bestandteile mit einer gewissen kinetischen Energie auseinanderfahren. Im zweiten Fall sind die Kernabstände im Gleichgewicht bei den beiden betrachteten Elektronenzuständen ungefähr gleich. Bei Absorption gehen die tiefen Schwingungsterme des unteren Zustandes vorwiegend in tiefe Schwingungsterme des oberen Zustandes über.

[1] E. TELLER (im Erscheinen).

[2] J. FRANCK, Trans. Faraday Soc. Bd. 25, Part 3. 1925; ZS. f. phys. Chem. Bd. 120, S. 144. 1926; E. U. CONDON, Phys. Rev. Bd. 28, S. 1182. 1926; Proc. Nat. Acad. Amer. Bd. 13, S. 462. 1927; exakte Fassung bei M. BORN u. R. OPPENHEIMER, l. c.

Im dritten Fall gehen sie wieder in höhere Schwingungsterme des oberen Zustandes über. Bei Emission liegen die Fälle etwas verwickelter, im zweiten Falle der Abb. 20 sind die Übergänge stark, bei denen sich die Schwingungsquantenzahl wenig ändert; in den anderen Fällen können große Änderungen der Schwingungsquantenzahl vorkommen, typisch ist das in Abb. 21 angegebene Verhalten. Auf die Bedeutung der FRANCKschen Überlegung zur Feststellung der Dissoziationsprodukte gehen wir später ein.

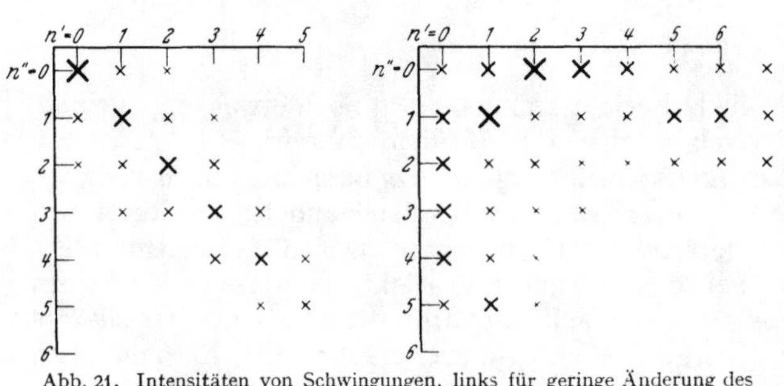

Abb. 21. Intensitäten von Schwingungen, links für geringe Änderung des Minimums im Schwingungspotential, rechts für starke Änderung.

Es kommen in Molekeln auch Übergänge zu Elektronentermen vor, die gar kein Minimum der Energie haben (Abb. 22). Hier besteht der Übergang nur in einem Kontinuum. Dem zweiten Fall der Abb. 22 entspricht z. B. das große Wasserstoffkontinuum[1].

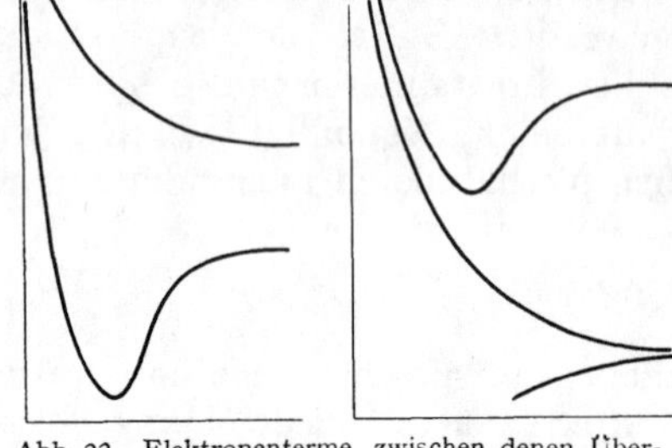

Abb. 22. Elektronenterme, zwischen denen Übergänge mit kontinuierlichem Schwingungsspektrum stattfinden.

23. Rotation. Wenn die *Elektronenbewegung keinen mittleren Drehimpuls* um die Kernachse hat, so sind die Rotationsterme genähert die Terme eines Rotators, genauer eines rotierenden Systems aus zwei Massenpunkten mit starrer Verbindung. Weiter reicht das *Modell des rotierenden Oszillators*, eines Systems, das aus zwei Massen mit einer vom Abstand abhängigen potentiellen Energie besteht. Es liefert als Rotationsenergie[2] zunächst auch die Rotatorenergie (A ist Trägheitsmoment)

$$\frac{\hbar^2}{2A}\cdot J(J+1) = \frac{h^2}{8\pi^2 A}\cdot J(J+1) = hB\cdot J(J+1)$$

und als Korrektionsglieder

$$-\alpha(J+\tfrac{1}{2})^4, \qquad -\beta(J+\tfrac{1}{2})^2(n+\tfrac{1}{2}).$$

Beide rühren daher, daß mit zunehmender Rotation der Kernabstand größer wird, das erste Glied gibt den Einfluß auf die Rotation, das zweite den auf die Oszillation an.

Als Bandenlinien kommen die Übergänge $J\pm 1\rightarrow J$ vor. In den Schwingungsbanden des Ultraroten ändert sich das Trägheitsmoment nicht wesentlich, man erhält die Frequenzen

$$\nu = \nu_{\text{osc}} + 2B(J+1), \qquad (J+1\rightarrow J)$$
$$\nu = \nu_{\text{osc}} - 2BJ, \qquad (J-1\rightarrow J)$$

also äquidistante Linien mit „doppelter Lücke" an der Stelle der Schwingungs-

[1] Nach J. G. WINANS u. E. G. C. STÜCKELBERG, Proc. Nat. Acad. Amer. Bd. 14, S. 867. 1928. Vgl. auch W. FINKELNBURG u. W. WEIZEL, ZS. f. Phys. Bd. 68, S. 577. 1931.

[2] A. SOMMERFELD, Wellenmechanischer Ergänzungsband, Braunschweig 1929, S. 24ff.

frequenz. In den Elektronenbanden des Sichtbaren oder Ultravioletten ändert sich das Trägheitsmoment beim Übergang, man erhält

$$\nu = \nu_{\mathrm{el}} + \nu_{\mathrm{osc}} + 2B''(J+1) + (B'-B'')(J+1)(J+2), \qquad (J+1 \to J)$$
$$\nu = \nu_{\mathrm{el}} + \nu_{\mathrm{osc}} - 2B''J \qquad + (B'-B'')J(J-1), \qquad (J-1 \to J)$$

also Linien, deren Verlauf durch das Diagramm der Abb. 23 angegeben wird.

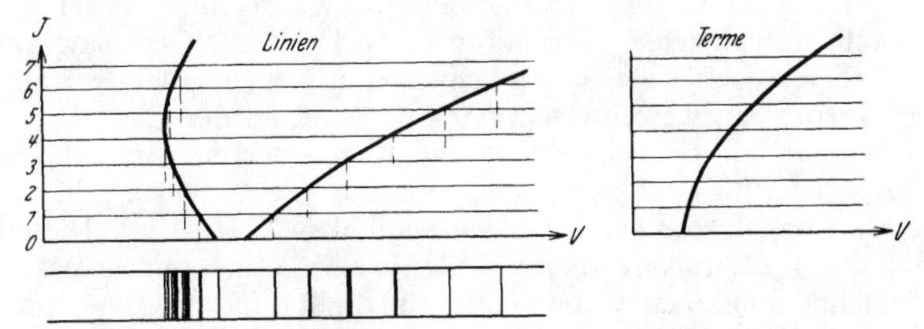

Abb. 23. Rotationsterme und -linien einer zweiatomigen Molekel ohne Drehimpuls des Elektronenterms.

Die den *Fällen mit Drehimpuls der Elektronenbewegung* zugrunde zu legenden Modelle richten sich im wesentlichen nach dem Einfluß des Spins. Wir besprechen die wichtigsten Fälle.

Fall a: Der Einfluß des Spins sei groß gegen den der Rotation, die Kopplung des Spins an die Elektronenbewegung sei also so stark, daß sie durch die Rotation nicht beeinflußt wird. Ohne Rotation ist der Term der Molekel (abgesehen von der Schwingung) durch die Eigenfunktion des Zweizentrensystems gekennzeichnet; wegen der Achsensymmetrie hat sie einen bestimmten, durch Ω gekennzeichneten Symmetriecharakter. Bei gerader Anzahl von Elektronen ist $\Omega = 0, 1, 2, \ldots$, bei ungerader Anzahl von Elektronen ist $\Omega = \frac{1}{2}, \frac{3}{2}, \frac{5}{2}, \ldots$; der Term hat das Gewicht 1 bei $\Omega = 0$, sonst das Gewicht 2. Man kann die Eigenfunktionen so wählen, daß sie einen Drehimpuls $\Omega\hbar$ in der einen oder in der anderen Achsenrichtung bedeuten. Wegen der Invarianz der ganzen Molekel gegen Drehung im Raum sind die Rotationsterme durch eine Quantenzahl J bezeichnet, die den Symmetriecharakter der Eigenfunktion und den Gesamtdrehimpuls der Molekel angibt [Quadrat des Drehimpulses $\hbar^2 J(J+1)$]. An jeden Elektronenterm Ω (und Schwingungszustand) schließt sich eine Folge von Rotationstermen $J = \Omega, \Omega+1, \Omega+2 \ldots$ an. Das Vektormodell (Abb. 24) führt zu einer korrespondenzmäßigen Berechnung der Rotationsenergie. Klassisch ist sie

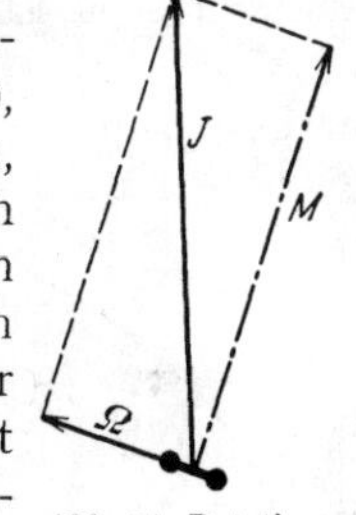

Abb. 24. Rotationsfall a.

$$E_{\mathrm{rot}} = \frac{\hbar^2}{2A} M^2,$$

wo A das Trägheitsmoment und $M\hbar$ der Drehimpuls der reinen Kernbewegung ist. Wegen $M^2 = J^2 - \Omega^2$ folgt unter Berücksichtigung der Änderung, die durch die Quantenmechanik hineinkommt[1],

$$E_{\mathrm{rot}} = \frac{\hbar^2}{2A} \cdot [J(J+1) - \Omega^2].$$

Für große Werte von J tritt schließlich eine Annäherung an Fall b ein. Wegen der Invarianz des Systems gegen Spiegelung aller Koordinaten am Schwerpunkt der Molekel lassen sich die Eigenfunktionen der Rotationsterme in gerade und

[1] Für die Ausrechnung vgl. etwa R. DE L. KRONIG, Band spectra and molecular structure. Cambridge (Engl.) 1930.

ungerade einteilen. Wegen der für $\Omega > 0$ vorhandenen Entartung gehören aber zu jedem Rotationsterm in der hier betrachteten Näherung eine gerade und eine ungerade Eigenfunktion. Die für größere J merklich werdende Aufspaltung infolge Aufhebung dieser Entartung betrachten wir nachher.

Fall b: Der Spineinfluß sei klein gegen den der Rotation, die Elektronenbewegung selbst sei jedoch von der Rotation noch nicht merklich beeinflußt. Fälle ohne Spin können sowohl unter a wie unter b gerechnet werden. Der Fall b ist bei Molekeln mit niedriger Kernladung (H_2, He_2) schon bei langsamer Rotation erfüllt, ebenso bei Termen, die ohne Spin keinen Elektronendrehimpuls haben. Der Term des Zweizentrensystems wird wegen der Gleichheit der Elektronen durch eine Zahl S (vgl. Ziff. 9) und wegen der Achsensymmetrie durch eine Zahl Λ (vgl. Ziff. 11) gekennzeichnet. Λ hat die Werte 0, 1, 2, ..., wir bezeichnen die Terme entsprechend mit den Symbolen $\Sigma, \Pi, \Delta, \ldots$ Diesem Symbol fügen wir $2S + 1$ als linken oberen Index bei. Terme mit verschiedenem S kombinieren (ohne Spin) nicht miteinander, für Λ gilt die Regel $\Lambda \to \Lambda, \Lambda \pm 1 \to \Lambda$.

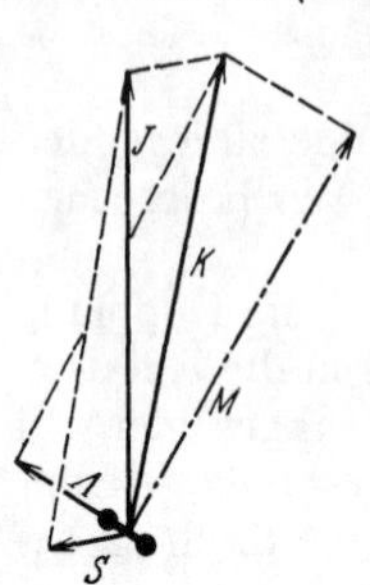

Abb. 25. Rotationsfall b.

Wenn wir jetzt die Rotation berücksichtigen, den Spin aber noch weglassen, so schließt sich an jeden Elektronenterm Λ (und Schwingungszustand) eine Folge von Rotationstermen $K = \Lambda, \Lambda + 1, \Lambda + 2, \ldots$ an. K bezeichnet den Gesamtdrehimpuls der Molekel ohne Spin. Die Rotationsenergie wird in dieser Näherung

$$E_{\text{rot}} = \frac{\hbar^2}{2A} \cdot [K(K+1) - \Lambda^2].$$

Es gilt die Auswahlregel $K \pm 1 \to K, K \to K$; bei $\Sigma \to \Sigma$-Übergängen kommt nur $K \pm 1 \to K$ vor. Die an Σ^+ anschließenden Rotationsterme mit geradzahligem K sind gerade in bezug auf die Spiegelung aller Koordinaten, die mit ungeradzahligem K sind ungerade. Bei den an Σ^- anschließenden Termen ist es umgekehrt. So folgt, daß Kombinationen zwischen Σ^+- und Σ^--Elektronentermen nicht vorkommen.

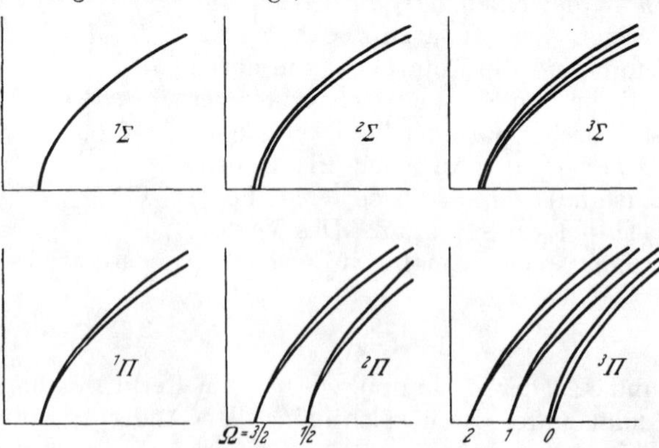

Abb. 26. Rotationstermtypen.

Die Zufügung des Spins gibt schließlich eine Aufspaltung der mit K bezeichneten Rotationsterme in die Terme

$$J = K + S, \quad K + S - 1, \quad K + S - 2, \ldots, \quad |K - S|.$$

Das Vektormodell gibt Abb. 25. Bei Σ-Termen wird im rotationsfreien Zustand die Multiplettaufspaltung nicht streng Null, wie das Vektormodell liefert, da für den Einfluß des Spins bei genauer Rechnung nicht nur der Mittelwert des Bahndrehimpulses in Betracht kommt. Bei ganz leichten Kernen (H_2, He_2) ist der Einfluß des Spins praktisch Null; J hat dann keine Bedeutung. Wenn $S = 0$ ist, sind die Fälle a und b gleichbedeutend; es ist $J = K$.

Sehr viele der beobachteten Banden lassen sich entweder unter die Fälle a und b einreihen oder als Übergangsfälle zwischen ihnen ansehen, indem sie für kleine Rotationsquantenzahlen durch Fall a, für große Rotationsquantenzahlen durch Fall b dargestellt werden können. Abb. 26 gibt einige solcher Termtypen an. Dabei ist die bei größerem K oder J merklich werdende Aufspaltung, die aus der Betrachtung anderer Grenzfälle folgt, schon eingezeichnet. Den Übergang von Fall a zu Fall b mit zunehmender Rotation kann man als allmähliche Entkopplung des Spindrehimpulses von der Kernachse und allmähliche Kopplung an die Rotationsachse bezeichnen.

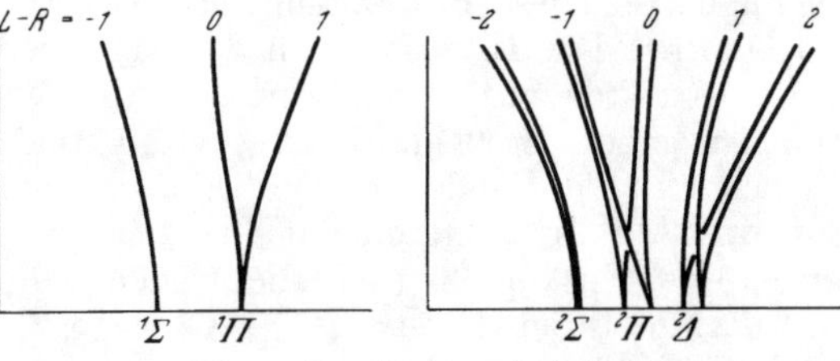

Abb. 27. Rotationsterme im Fall d.

Andere Fälle: Wir hatten bisher angenommen, daß die Rotation ohne Einfluß auf die Elektronenbewegung (ohne Spin) bleibt. Dies ist in Strenge nicht der Fall. Durch die Rotation wird zunächst die Symmetrie der Elektronenbewegung um die Kernachse gestört und die Entartung bei $\Lambda > 0$ (oder $\Omega > 0$) aufgehoben. Es entsteht bei allen Termen mit $\Lambda > 0$ eine mit K zunehmende Aufspaltung. Man kann diese Erscheinung als Entkopplung des Bahndrehimpulses von der Kernachse auffassen und als Übergang ansehen zu einem anderen Kopplungsfall (gewöhnlich Fall d bezeichnet) ansehen. In diesem Grenzfall wird in erster Näherung für die Elektronenbewegung der Abstand der Kerne vernachlässigt, die Terme also mit S und L beschrieben; die Rotation der Kerne geschieht unabhängig mit der Quantenzahl R. In zweiter Näherung wird Rotation und Elektronenbewegung gekoppelt, die Rotationsquantenzahl ist dann K mit den Werten $R+L$, $R+L-1 \ldots |R-L|$. In dritter Näherung wird das Vorhandensein zweier Kerne beachtet, dies bedingt aber keine Aufspaltung mehr. Abb. 27 gibt den Übergang zu diesem Grenzfall an. Von den beiden Termen, in die ein Rotationsterm mit wachsendem K und $\Lambda > 0$ aufspaltet, ist der eine gerade und der andere ungerade in bezug auf die Spiegelung aller Ortskoordinaten; und zwar bilden die geraden Terme mit geradem K zusammen mit den ungeraden Termen mit ungeradem K einen Zweig, ebenso die ungeraden Terme mit geradem K zusammen mit den geraden Termen mit ungeradem K. Die Auswahlregel $g \leftrightarrow u$ führt dann zu Kombinationsschematen wie die der Abb. 28 und 29. Die hier angegebene Deutung stammt von KRONIG.

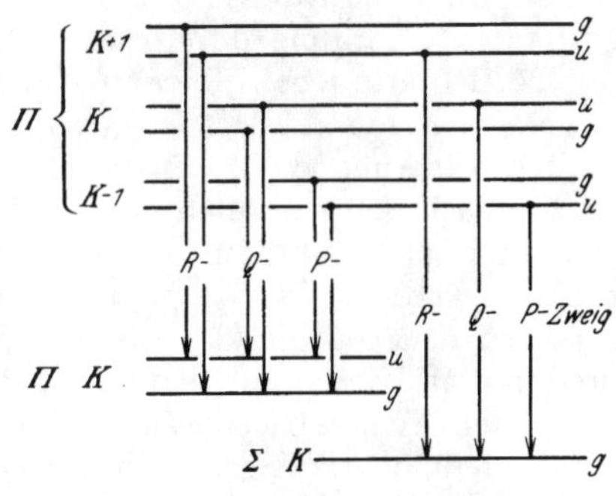

Abb. 28. $\Pi \rightarrow \Pi$- und $\Pi \rightarrow \Sigma$-Kombinationen.

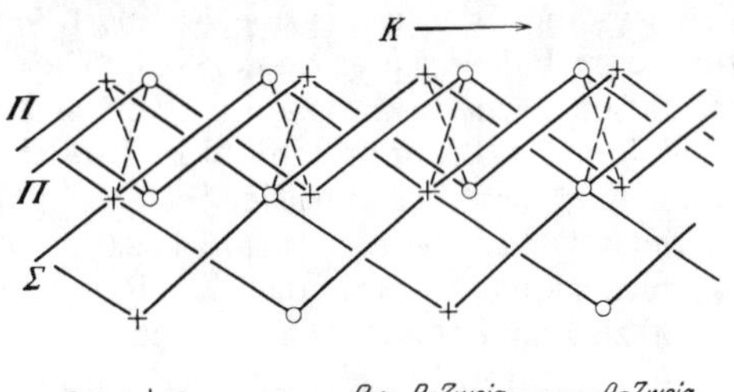

Abb. 29. $\Pi \rightarrow \Pi$- und $\Pi \rightarrow \Sigma$-Kombinationen. (Darstellung nach KRONIG.)

Bandentypen, wie sie aus den hier betrachteten Kopplungsfällen folgen, waren den Bandenforschern schon längst bekannt. MULLIKEN gab eine Systematik[1]. Die Deutung auf Grund der Kopplungsfälle gab HUND[2]. Den Über-

[1] R. S. MULLIKEN, Phys. Rev. Bd. 28, S. 481, 1202. 1926, und folgende Arbeiten.
[2] F. HUND, ZS. f. Phys. Bd. 36, S. 657. 1926.

gangsfall von a nach b berechneten KEMBLE sowie HILL und VAN VLECK[1]. Letztere gaben auch eine Berechnung der $\Lambda > 0$-Aufspaltung bei Entkopplung des Bahndrehimpulses. Diese Entkopplung wurde eingehender diskutiert durch WEIZEL und DIEKE[2]. Die *Intensitäten* in den verschiedenen Bandentypen sind in zahlreichen Arbeiten untersucht worden. Auf Grund korrespondenzmäßiger Überlegungen gaben FOWLER, DIEKE, HÖNL und LONDON Intensitätsformeln an, die sich auf die Banden des Falles a anwenden lassen. Für den Fall b gibt MULLIKEN die Intensitäten auf Grund entsprechender Überlegungen an. Für den Fall der Entkopplung des Elektronen-Bahndrehimpulses geben KRONIG und FUJIOKA die Intensitäten[3].

Die Struktur der Rotationstermfolgen und die Symmetrieeigenschaften der Eigenfunktionen sind nicht nur für die Emissions- und Absorptionsbanden wichtig, wo die Energiedifferenz der Molekelzustände als Lichtquant $(h\nu)$ auftritt oder verschwindet, sondern auch bei der Streuung von auffallendem Licht (Ramaneffekt). Wir wollen auf diesen Vorgang erst bei den mehratomigen Molekeln, wo er besonders wichtig ist, näher eingehen (Ziff. 37). Hier sei nur erwähnt, daß die Intensitäten und Polarisationen der von zweiatomigen Molekeln gestreuten Strahlung durch MANNEBACK untersucht wurde[4].

24. Rotation bei gleichen Kernen. Intensitätswechsel. Kernspin. Wenn *die beiden Kerne der Molekel gleich* sind, so haben wir eine neue Symmetrieart. In der Näherung des Zweizentrensystems zeigt sie sich darin, daß die Terme in zwei Klassen zerfallen, deren Eigenfunktionen verschiedenen Symmetriecharakter in bezug auf eine Spiegelung haben, bei der die Zentren vertauscht werden. Man legt der Definition die Spiegelung am Mittelpunkt zwischen den Zentren zugrunde ($x, y, z \to -x, -y, -z$, wenn der Koordinatenursprung in diesen Mittelpunkt gelegt wird) und spricht von geradem oder ungeradem Symmetriecharakter und nimmt die Bezeichnungen $\Sigma_g \Pi_g \ldots \Sigma_u \Pi_u \ldots$, je nachdem, ob die Eigenfunktion bei der genannten Spiegelung mit $+1$ oder -1 multipliziert wird[5]. Beim Schwingungsanteil treten keine zwei Symmetriecharaktere auf. Die Rotationsterme jedoch zerfallen in solche, deren Eigenfunktionen *symmetrisch in den Kernen* sind, und solche, deren Eigenfunktionen *antisymmetrisch* sind. Bei Σ-Folgen wechseln symmetrische und antisymmetrische Rotationsterme ab. In Σ_g^+-Folgen und Σ_u^--Folgen sind die Terme $K = 0, 2, 4, \ldots$ kernsymmetrisch, die Terme $K = 1, 3, 5, \ldots$ kernantisymmetrisch. In Σ_g^--Folgen und Σ_u^+-Folgen ist es umgekehrt. Die Folgen $\Lambda > 0$ des Falles b bestehen aus Rotationstermen, die zunächst noch entartet sind und bei beginnender Entkopplung des Bahndrehimpulses der Elektronen in je einen kernsymmetrischen und einen kernantisymmetrischen aufspalten, und zwar bilden die symmetrischen gerader Rotationsquantenzahl zusammen mit den antisymmetrischen ungerader Rotationsquantenzahl einen Zweig und die antisymmetrischen gerader Quantenzahl zusammen mit den symmetrischen ungerader Quantenzahl den anderen Zweig. Abb. 30 gibt einige der daraus folgenden Bandenstrukturen an.

---

[1] E. C. KEMBLE, Phys. Rev. Bd. 30, S. 387. 1927; E. L. HILL u. J. H. VAN VLECK, ebenda Bd. 32, S. 250. 1928; J. H. VAN VLECK, ebenda Bd. 33, S. 467. 1929.

[2] W. WEIZEL, ZS. f. Phys. Bd. 52, S. 175. 1928; G. H. DIEKE, ebenda Bd. 57, S. 71, 305. 1929.

[3] R. H. FOWLER, Phil. Mag. Bd. 49, S. 1272. 1925; G. H. DIEKE, ZS. f. Phys. Bd. 33, S. 161. 1925; E. HÖNL u. F. LONDON, ebenda Bd. 33, S. 803. 1925; R. S. MULLIKEN, Phys. Rev. Bd. 30, S. 138, 785. 1927; Bd. 32, S. 388. 1928; R. DE L. KRONIG u. Y. FUJIOKA, ZS. f. Phys. Bd. 63, S. 168. 1930.

[4] C. MANNEBACK, ZS. f. Phys. Bd. 62, S. 224. 1930.

[5] Nicht zu verwechseln mit den geraden oder ungeraden Rotationstermen einer Molekel mit gleichen oder ungleichen Kernen.

Bei den Molekeln mit gleichen Kernen hatte MECKE einen eigenartigen *Intensitätswechsel der Bandenlinien* festgestellt. Es wechseln starke und schwache Linien derart, daß die starken Linien Kombinationen innerhalb einer Klasse von Termen sind und die schwachen Linien Kombinationen innerhalb einer anderen Klasse von Termen sind. HEISENBERG[1] hat gezeigt, daß diese beiden Klassen gerade den in den Kernen symmetrischen und antisymmetrischen Symmetriecharakter haben und nicht miteinander kombinieren. Da sie in keiner Näherung kombinieren (Ziff. 8), ist es im Rahmen der Quantenmechanik durchaus möglich, daß die Terme mit verschiedenem Symmetriecharakter in der Natur verschieden häufig, also mit verschiedenem statistischen Gewicht auftreten. So war der Intensitätswechsel erklärt. Die relativen Häufigkeiten der beiden Symmetriecharaktere konnte man nur empirisch aus dem Intensitätsverhältnis bestimmen. Bei H_2 ist der kernantisymmetrische Charakter dreimal so häufig wie der kernsymmetrische. Bei He_2 kommt nur der kernsymmetrische vor. Bei N_2 ist der kernsymmetrische doppelt so häufig wie der kernantisymmetrische. Zur Unterscheidung der symmetrischen und antisymmetrischen Terme ist eine genaue Kenntnis der Symmetriecharaktere der Elektronenterme notwendig (vgl. Ziff. 29).

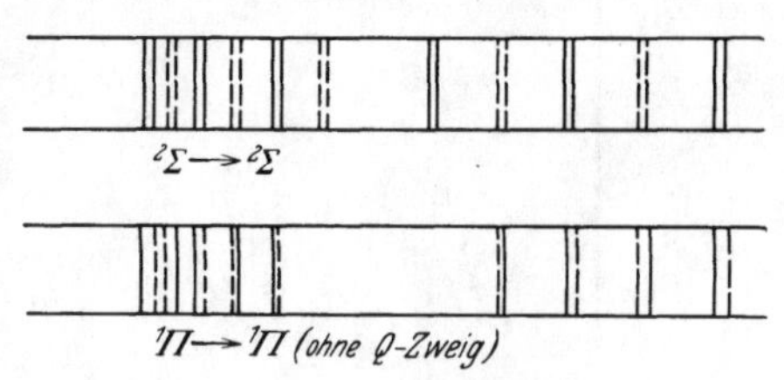

Abb. 30. Banden mit Intensitätswechsel.

HUND hat versucht, die verschiedenen Gewichtsverhältnisse durch *Annahme einer neuen Kerneigenschaft* zu erklären (eines Kernspins), vermöge derer ein Kern sich in einem Feld auf mehr als eine Weise einstellen kann, und durch die weitere Annahme, daß nur die Terme vorkommen, die unter Mitberücksichtigung der neuen Eigenschaft kernsymmetrisch sind oder nur die, die kernantisymmetrisch sind[2]. Das Gewichtsverhältnis 1:3 kommt dann so zustande, daß der Kern zwei Einstellungsmöglichkeiten hat (Drehimpuls $\frac{1}{2}\hbar$, Spinquantenzahl $\frac{1}{2}$; Einstellung mit $+\frac{1}{2}$ und $-\frac{1}{2}$). Jeder Term ohne Kernspin gibt dann mit Kernspin vier Terme, bei dreien ist der Kernspinanteil der Eigenfunktion kernsymmetrisch, bei einem kernantisymmetrisch (vgl. Ziff. 9). Ist er ohne Spin kernsymmetrisch, so wird er durch den Kernspin auf drei Weisen kernsymmetrisch, auf eine Weise kernantisymmetrisch gemacht. Ist er ohne Spin kernantisymmetrisch, so wird er durch den Spin auf eine Weise symmetrisch, auf drei Weisen antisymmetrisch gemacht. Je nachdem ob der empirische Befund die ohne Spin kernsymmetrischen oder kernantisymmetrischen Terme häufiger zeigt, wird man schließen, daß mit Spin nur die kernsymmetrischen oder nur die kernantisymmetrischen Terme vorkommen, ob (wie man sagt) die Kerne die Bose- oder die Fermistatistik befolgen[3]. Das Gewichtsverhältnis 1:2 erhält man durch einen Kernspin der Größe 1 (Drehimpuls $\hbar$); das Gewichtsverhältnis 0:1 (wie He_2) erhält man ohne Kernspin. Die Messung des Intensitätsverhältnisses gibt also einmal die Größe des Spins, bei Kenntnis der Eigenschaften der Elektronenterme auch die Art der Statistik. Die bisher vorliegenden Ergebnisse[4] gibt Tabelle 3.

Daß die Kerne von He, C_{12} und O_{16}, deren Atomgewicht durch 4 teilbar ist, keinen Spin haben, erscheint sehr befriedigend. Dagegen ist das *Ergebnis*

---

[1] W. HEISENBERG, ZS. f. Phys. Bd. 41, S. 239. 1927.

[2] F. HUND, ZS. f. Phys. Bd. 42, S. 93. 1927.

[3] BOSE nahm die nach ihm benannte Statistik für Lichtquanten an. FERMI formulierte das Verhalten der Elektronen (Pauliprinzip) in analoger Weise wie BOSE das der Lichtquanten.

[4] Vgl. die Zusammenfassung von R. DE L. KRONIG u. S. FRISCH, Phys. ZS. Bd. 32, S. 457. 1931.

eines Kernspins 1 und der Bosestatistik für den N_{14}-Kern sehr überraschend. Wenn man Atomgewicht und Atomnummer verstehen will, muß man annehmen, daß der N_{14}-Kern 14 Protonen und 7 Elektronen hat. Wenn jedes dieser Partikel den Spin $\frac{1}{2}$ mitbringt, kann nur ein Kern mit halbzahligem Spin ($\frac{1}{2}, \frac{3}{2} \ldots$) entstehen. Andererseits erwarten wir für Kerne aus einer ungeraden Zahl von Partikeln (mit der Summe aus Protonenzahl und Elektronenzahl ist auch die Differenz, also die Atomnummer, ungerade) die Fermistatistik, für Kerne aus einer geraden Zahl von Partikeln die Bosestatistik. Diese beiden Widersprüche beim N_{14}-Kern dürften sehr tief rühren und die Verletzung bisher für allgemeingültig gehaltener Sätze in der Quantenmechanik der Kerne bedeuten[1].

Tabelle 3. Intensitätswechsel, Kernspin und Statistik.

Kern	Gemessenes Intensitätsverhältnis	Kernspin	Statistik
1 H_1	1 : 3	$^1/_2$	*F*
2 He	0	0	*B*
3 Li_7	3 : 5	$^3/_2$	*F*
6 C_{12}	0	0	
7 N_{14}	1 : 2	1	*B*
8 O_{16}	0	0	*B*
9 F	1 : 3?	$^1/_2$?	
11 Na	$\approx$1 : 1	groß	
15 P	1 : 3?	$^1/_2$?	
16 S	0	0	
17 Cl_{35}	$\approx$5 : 7	$\approx{}^5/_2$	
53 J	$\approx$1 : 1	groß	

Neben den normalen Bandenlinien der O_2-Molekel hat man noch andere sehr feine Linien gefunden. Sie wurden von GIAUQUE und JOHNSTON durch neue O-Isotope erklärt und den Molekeln O_{16}—O_{17} und O_{16}—O_{18} zugeschrieben[2]. Diese Banden zeigen keinen Intensitätswechsel; die Kerne sind ja auch verschieden. $(O_{17})_2$ und $(O_{18})_2$ müßten Intensitätswechsel haben, die Linien sind aber sehr schwach zu erwarten und noch nicht gefunden. Auf ähnliche Weise hat man Molekeln $C_{12}C_{13}$ und $N_{14}N_{15}$ entdeckt[3], deren Banden auch keinen Intensitätswechsel zeigen.

Wenn die Erklärung der verschiedenen Gewichte der ohne Kernspin kernsymmetrischen und kernantisymmetrischen Terme durch die Annahme eines Kernspins richtig ist, dann gibt es auch *ganz schwache Kombinationen* zwischen den ohne Spin kernsymmetrischen und kernantisymmetrischen Termen. Einen Aufschluß hierüber geben bei H_2 Messungen und Rechnungen über den Anstieg der spezifischen Wärme von $^3/_2\, R$ auf $^5/_2\, R$, der im Gebiet tiefer Temperaturen stattfindet. Eine Erklärung der schon länger bekannten empirischen Kurve ist öfter versucht worden. Sie gelang DENNISON[4] durch die Annahme, daß die kernsymmetrischen und kernantisymmetrischen Rotationsterme nicht im Temperaturgleichgewicht sind, sondern daß das bei den Messungen benutzte Wasserstoffgas ein Gemisch aus zwei Wasserstoffarten war, wovon die eine die symmetrischen, die andere die antisymmetrischen Rotationsterme enthielt und die antisymmetrische Art dreimal so häufig war. Das bedeutet aber, daß Übergänge zwischen Rotationstermen verschiedenen Symmetriecharakters in den Zeiträumen, in denen das Gas bei der Messung auf tiefer Temperatur gehalten wurde, praktisch nicht vorkamen[5]. Daß bei längeren Zeiträumen doch Übergänge statt-

[1] Vgl. Kap. 6 ds. Bandes (MOTT), Ziff. 3.

[2] W. F. GIAUQUE u. H. L. JOHNSTON, Nature Bd. 123, S. 318, 831. 1929.

[3] A. S. KING u. R. T. BIRGE, Phys. Rev. Bd. 34, S. 376. 1929; Bd. 35, S. 133. 1930. G. HERZBERG, ZS. f. phys. Chem. (B) Bd. 9, S. 43. 1930.

[4] D. M. DENNISON, Proc. Roy. Soc. London (A) Bd. 115, S. 483. 1927.

[5] Unter der anderen möglichen Annahme, daß die Übergänge zwischen kernsymmetrischen und kernantisymmetrischen Termen häufiger vorkommen und bei der Messung der spezifischen Wärme Temperaturgleichgewicht angenommen werden kann, hatte schon HUND (ZS. f. Phys. Bd. 42, S. 93. 1927) die spezifische Wärme berechnet. Das Ergebnis ist aber mit der späteren Analyse der Banden durch HORI (ZS. f. Phys. Bd. 44, S. 834. 1927) nicht verträglich.

finden, wurde durch die Messungen von BONHOEFFER und HARTECK sowie von EUCKEN gezeigt[1].

25. Die Erscheinung der Prädissoziation. V. HENRI fand, daß in vielen Fällen das Spektrum eines Gases aus schmalen vollkommen kontinuierlichen Banden besteht und faßt das so auf, daß in diesen Fällen die Schwingung der Molekel noch scharfe Zustände hat, die Rotation jedoch nicht mehr[2]. Er nennt einen Zustand der Molekeln, bei dem die Banden in dieser Weise diffus sind, den der *Prädissoziation*. Eine genauere quantenmechanische Erklärung ergibt sich folgendermaßen. Wenn Schwingungsterme eines Elektronenzustandes so hoch liegen wie das sich an die Schwingungsterme anschließende Kontinuum eines anderen Elektronenzustandes, so hat die Molekel energetisch die Möglichkeit, strahlungslos in Atome zu dissoziieren[3]. Solange aber Elektronenbewegung, Schwingung und Rotation streng separierbar sind, ist die Wahrscheinlichkeit dieses Überganges Null. Das Vorkommen solcher Übergänge beruht also auf dem Vorhandensein der Glieder in den Schrödingergleichungen, die die strenge Separierbarkeit hindern. Die Wahrscheinlichkeit für einen Übergang setzt sich zusammen aus einem Glied, das von der Kopplung der Elektronenbewegung und der Schwingung herrührt und einem Glied, das durch die Kopplung von Elektronenbewegung und Rotation dazukommt.

KRONIG hat genauer untersucht, unter welchen Bedingungen ein Übergang der genannten Art mit merklicher Häufigkeit auftritt[4]. Er findet zunächst, daß die beiden beteiligten Elektronenzustände Λ- und Ω-Werte haben müssen, die sich höchstens um eins unterscheiden; wenn beide Σ-Terme sind, müssen sie beide Σ^+ oder beide Σ^- sein. Sie müssen ferner gleiche S-Werte, also gleiche Multiplizität haben. Beim spontanen Zerfall ändert sich der Drehimpuls des Systems nicht. FRANCK und SPONER sowie HERZBERG haben untersucht, wie die Zerfallswahrscheinlichkeit von der gegenseitigen Lage der Energiekurven der beiden beteiligten Elektronenterme abhängt und bekommen eine dem FRANCK-CONDONschen Prinzip für Schwingungsübergänge mit Strahlung (Ziff. 22) analoge Regel[5]. Danach tritt Prädissoziation nur dann merklich auf, wenn die Elektronentermkurven einander schneiden und der Schnittpunkt wenig unter oder über dem Beginn des Kontinuums, der Prädissoziationsgrenze liegt. Ferner kann, wie KRONIG gezeigt hat, die Wahrscheinlichkeit von J abhängen.

Die kurze Lebensdauer der Zustände, die spontan in Atome dissoziieren können, bedingt eine Unschärfe der Linien, die von ihnen ausgehen. Unter geeigneten Umständen kann das zu einem verwaschenen Aussehen der Rotationslinien führen[6].

IV. Die Elektronenterme zweiatomiger Molekeln.

26. Das Zweizentrensystem mit Coulombschen Zentren und einem Elektron. Wesentlich für das Verhalten einer zweiatomigen Molekel ist die Energie und die Eigenfunktion der Elektronenbewegung. Sie wird gewonnen durch

---

[1] K. F. BONHOEFFER u. P. HARTECK, Naturwissensch. Bd. 17, S. 182. 1929; Berl. Ber. 1929, S. 103; ZS. f. phys. Chem. (B) Bd. 4, S. 113. 1929; A. EUCKEN, Naturwissensch. Bd. 17, S. 182. 1929; A. EUCKEN u. K. HILLER, ZS. f. phys. Chem. (B) Bd. 4, S. 142. 1929.

[2] V. HENRI, C. R. Bd. 177, S. 1037. 1923; Structure des molécules. Paris 1925.

[3] K. F. BONHOEFFER u. L. FARKAS, ZS. f. phys. Chem. Bd. 134, S. 337. 1927.

[4] R. DE L. KRONIG, ZS. f. Phys. Bd. 50, S. 347. 1928.

[5] J. FRANCK u. H. SPONER, Göttinger Nachr. 1928, S. 241; G. HERZBERG, ZS. f. Phys. Bd. 61, S. 604. 1930.

[6] Eine eingehende Darstellung der Prädissoziationserscheinungen gibt G. HERZBERG, Ergebn. d. exakt. Naturwissensch. Bd. 10, S. 207. 1931.

Lösung eines Zweizentrensystems; die Energien und Eigenfunktionen dieses Systems enthalten den Zentrenabstand als Parameter. Die Energie als Funktion des Zentrenabstands ist ausschlaggebend für den Gleichgewichtsabstand, die Eigenschaften der Schwingung und die Dissoziationsarbeit, beim Grundzustand also für die Bindungsfestigkeit. Die quantentheoretische Behandlung des Zweizentrensystems benutzt sehr wesentlich die Eigenschaften, die der neuen Quantenmechanik eigentümlich sind; mit dem Korrespondenzprinzip allein war man nicht weit gekommen. Während in der Theorie der Atome die Quantenmechanik im wesentlichen das zu beweisen hatte, was schon vorher aus dem Korrespondenzprinzip geschlossen worden war, gab sie beim Zweizentrensystem erst die Möglichkeit der Behandlung. Ehe wir auf allgemeinere Fälle übergehen, zeigen wir erst am Zweizentrensystem mit einem Elektron (ohne Spin) diese typisch quantenmechanischen Eigenschaften auf.

Eine gewisse *Analogie zum Zweizentrensystem* ist eine Partikel, die sich auf einer Geraden (Koordinate x) bewegen kann mit einer potentiellen Energie, die als Funktion von x zwei Minima hat[1]. Die quantenmechanische Behandlung (Ziff. 4) zeigt, daß es keinen Sinn hat, zwischen Bewegungen in der Nähe des einen Minimums, solchen in der Nähe des anderen Minimums und solchen, die zu beiden gehören, zu unterscheiden. Dem Auseinanderführen der Zentren im Zweizentrensystem ist hier analog eine unendliche Erhöhung der Schwelle, die das System in zwei getrennte Systeme zerlegt. Während der Erhöhung der Schwelle ändern sich Eigenwert und Eigenfunktion, nicht aber Knotenzahl und Reihenfolge. Jeder Term geht schließlich entweder in einen Term des linken oder des rechten Teilsystems über. Wenn gerade ein Term des linken mit einem Term des rechten im Grenzfall der Trennung zusammenfällt, so rücken zwei Terme in den gemeinsamen Termwert der getrennten Systeme zusammen. Das letztere ist immer der Fall, wenn das Ausgangssystem zwei gleiche Minima hat und die Trennung vollkommen symmetrisch erfolgt. Beginnen wir mit den getrennten Systemen und erniedrigen wir die Schwelle, so spaltet hier jeder Term in zwei auf, einen, dessen Eigenfunktion symmetrisch zur Schwelle ist, und einen, dessen Eigenfunktion antisymmetrisch ist.

Beim Übergang von dieser Analogie zum Zweizentrensystem selbst bleibt der einfache Zusammenhang zwischen Knotenzahl und Reihenfolge nur bei separierbaren Systemen bestehen. Dagegen gilt allgemein, daß bei Auseinanderführen der Zentren *jeder Term des Zweizentrensystems in einen Term einer der beiden so entstehenden Teilsysteme übergeht.*

Für das allgemeine Termschema eines Zweizentrensystems mit einem Elektron ist es wichtig, ob die Schrödingergleichung separierbar ist oder nicht. Die Gleichung

$$\frac{\hbar}{2m}\Delta u + (E - U)\,u = 0$$

ist in elliptischen Koordinaten (ξ, η, φ) separierbar, wenn

$$U = -e^2\left(\frac{Z_1}{r_1} + \frac{Z_2}{r_2}\right)$$

ist. Dabei sind r_1 und r_2 die Abstände von den Zentren,

$$\xi = \frac{r_1 + r_2}{2a},$$

$$\eta = \frac{r_1 - r_2}{2a},$$

[1] F. HUND, ZS. f. Phys. Bd. 40, S. 742. 1927.

φ ist das Azimut um die Zentrenverbindung und $2a$ der Zentrenabstand. Das der H_2^+-Molekel entsprechende Zweizentrensystem gehört dazu. Als Vorstufe zu Systemen mit mehreren Elektronen brauchen wir jedoch auch solche Funktionen U, die die Wirkung der übrigen Elektronen auf ein herausgegriffenes ersetzen können. Solche U haben zwar Rotationssymmetrie um die Zentrenachse, aber im allgemeinen erlauben sie keine Separation.

Im *separierbaren Fall* $U = -e^2\left(\frac{Z_1}{r_1} + \frac{Z_2}{r_2}\right)$ hat die Eigenfunktion die Form $f(\xi) g(\eta) \frac{\sin}{\cos} \lambda\varphi$. Jeder Term läßt sich durch drei Quantenzahlen n_ξ, n_η, λ bezeichnen, wo n_ξ die Zahl der Knotenflächen angibt, die Ellipsoide sind, n_η die Zahl der Knotenflächen, die zweischalige Hyperboloide sind, und λ die Zahl der Knotenebenen durch die Zentrenachse. Für die Existenz von λ ist nur die Rotationssymmetrie (mit Spiegelung) wesentlich; $\lambda\hbar$ ist der Drehimpuls um die Zentrenachse. Wegen der weitergehenden Bedeutung von λ benutzt man neben den Zahlenangaben $\lambda = 0$, 1, 2, 3, ... auch Termsymbole $\sigma, \pi, \delta, \varphi, \ldots$. Im Grenzfall des Zusammenrückens der beiden Zentren ($a = 0$) geht das System in ein Atom mit einem Elektron und der Kernladung $Z_1 + Z_2$ über und die elliptischen Koordinaten bekommen eine einfache Beziehung zu den Polarkoordinaten, in denen dieser Grenzfall separierbar ist. Im entgegengesetzten Grenzfall unendlich weit getrennter Zentren erhalten wir ein Atom mit der Kernladung Z_1 (oder Z_2) und einem Elektron und einen Kern allein mit der Ladung Z_2 (oder Z_1); die elliptischen Koordinaten gehen in die zur Beschreibung des linearen Starkeffekts üblichen parabolischen Koordinaten über. Der Zusammenhang zwischen Knotenzahl und Reihenfolge der Terme erlaubt genau anzugeben, in was für Terme der beiden als wasserstoffähnliche Atome bekannten Grenzfälle ein bestimmter Term n_ξ, n_η, λ des Zweizentrensystems übergeht. Die Beziehung zum Grenzfall $a = 0$ ist gegeben durch

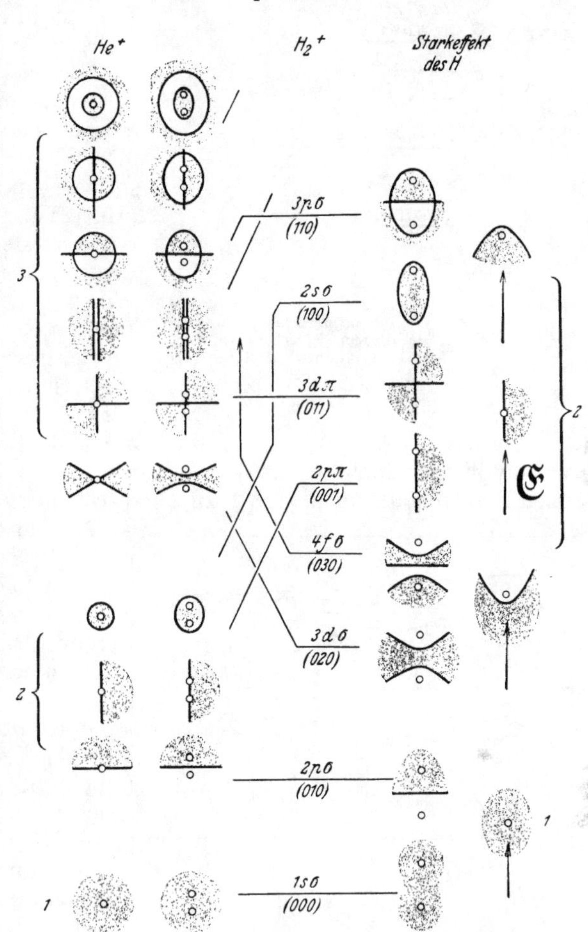

Abb. 31. Eigenfunktionen des dem H_2^+ entsprechenden Zweizentrensystems (Übergang von He+ zum Starkeffekt des H).

$$n = n_\xi + n_\eta + \lambda + 1\,,$$
$$l = n_\eta + \lambda\,;$$

beim Übergang zu $a = \infty$ bleibt n_ξ und λ ungeändert (wegen der neu auftretenden Kugelsymmetrie rücken Terme mit verschiedenem λ zusammen); n_η ändert sich, und zwar gehen Terme bei festgelegtem n_ξ und λ und mit $n_\eta = 0, 1, 2, \ldots$ (wie im oben beschriebenen eindimensionalen Analogon) der energetischen Reihenfolge nach in die Terme des einen oder des anderen Atoms über.

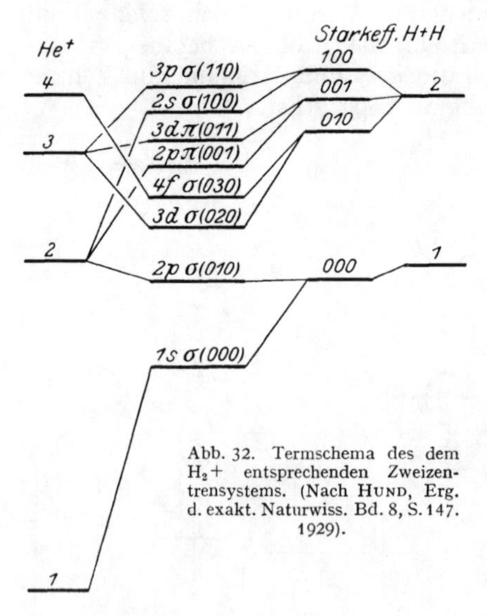

Abb. 32. Termschema des dem H_2^+ entsprechenden Zweizentrensystems. (Nach HUND, Erg. d. exakt. Naturwiss. Bd. 8, S. 147. 1929).

Bei gleichen Zentren gehen bei festem n_ξ und λ immer zwei Terme in einen gemeinsamen Term der getrennten Atome über. Für diesen Fall, der dem H_2^+ entspricht, sind Abb. 31 und 32 gezeichnet. Darin ist zwischen den Fall des Zweizentrensystems und den ganz getrennten Zentren der Fall eingeschaltet, wo die Wirkung des einen Kerns auf das beim anderen Kern vorhandene Elektron durch ein elektrisches Feld ersetzt ist (Starkeffekt eines H-Atoms); für die Reihenfolge der Terme in diesem Fall ist die Berechnung des Starkeffekts benutzt. Selbstverständlich braucht nicht jedem Term dieses Zweizentrensystems ein stabiler Elektronenterm des H_2^+ zu entsprechen.

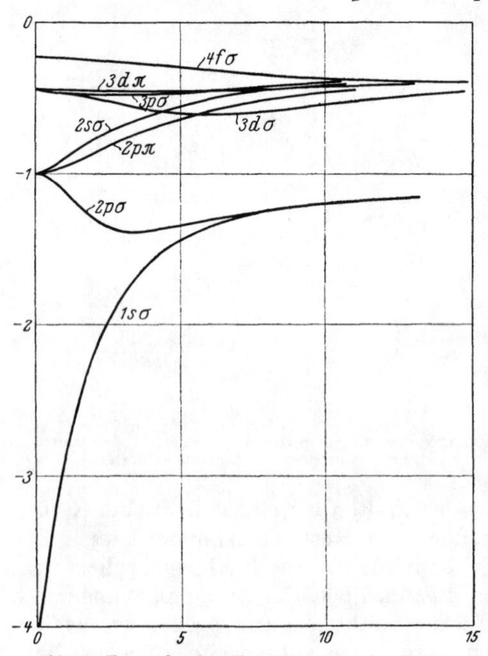

Abb. 33. Terme des dem H_2^+ entsprechenden Zweizentrensystems (in Einheiten *Rh*) als Funktionen des Zentrenabstandes (in BOHRschen H-Radien). (Nach TELLER, ZS. f. Phys. Bd. 61, S. 458. 1930.)

Für die Bezeichnung der Terme des Zweizentrensystems stehen uns drei Möglichkeiten zur Verfügung. Wir können die drei „elliptischen" Quantenzahlen n_ξ, n_η, λ angeben oder die Quantenzahlen bzw. Termsymbole ($1s\sigma$, $2s\sigma$, $2p\sigma$, $2p\pi$, ...) des Terms im Grenzfall $a = 0$, aus dem der betreffende Term hervorgeht oder schließlich die „parabolischen" Quantenzahlen des Terms im Grenzfall $a = \infty$, aus dem der Term hervorgeht. Im Falle ungleicher Zentren ist bei letztgenannten das Zentrum mit zu bezeichnen; im Falle gleicher Zentren die Angabe, ob der daraus hervorgehende gerade oder ungerade Term gemeint ist. In Abb. 31 und 32 sind die „elliptischen" Quantenzahlen und die dem Grenzfall kleiner a entsprechenden Symbole $1s\sigma$, $2s\sigma$, ... angegeben.

Für Berechnungen von H_2^+-Termen und Eigenfunktionen stehen im wesentlichen zwei Methoden zur Verfügung. Man kann die durch Separation der Schrödingergleichung entstandenen Gleichungen, die ja gewöhnliche Differentialgleichungen sind, numerisch auflösen. Andererseits kann man für große und kleine Zentrenabstände

Störungsverfahren benutzen. Für große a berechnet man die Störung der Terme eines H-Atoms durch das Vorhandensein des anderen Kernes (HEITLER-LONDONsches Störungsverfahren, Ziff. 28); bei kleinen a die Störung der He^+-Terme durch einen Quadrupol, der der Teilung des He^+-Kernes in zwei benachbarte H-Kerne entspricht. Durch numerische Lösung der Gleichung berechnete BURRAU[1] die Energie des Grundzustandes des Zweizentrensystems als Funktion des Zentrenabstandes und damit Energie, Kernabstand und Schwingungsfrequenz des H_2^+. Die höheren Zustände berechnete TELLER auch durch direkte Lösung der Differentialgleichungen[2]. (Für weitere Rechnungen vgl. Ziff. 33.)

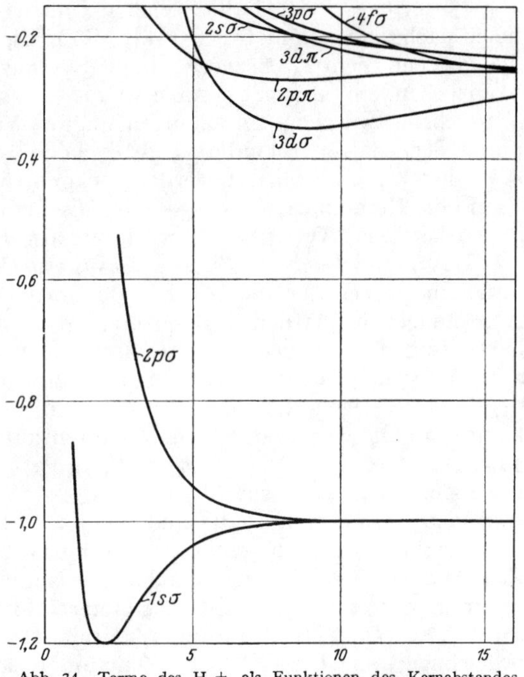

Abb. 34. Terme des H_2+ als Funktionen des Kernabstandes (Nach TELLER, ZS. f. Phys. Bd. 61, S. 458. 1930.)

Die Rechnungen zeigten, daß die beiden Umstände, die das Termschema qualitativ bestimmen, die schon im Starkeffekt vorhandene Aufspaltung und die Aufspaltung wegen der Symmetrie in den beiden Zentren von ungefähr gleichem Einfluß sind. Der wirkliche Termverlauf (Abb. 33 und 34 nach TELLER) ist daher nicht sehr übersichtlich. In der schematischen Abb. 32 war aus Gründen der Übersichtlichkeit die Starkeffektaufspaltung größer angenommen.

27. Das nichtseparierbare Zweizentrensystem mit einem Elektron. Das in elliptischen Koordinaten separierbare Zweizentrensystem ist gar nicht der Fall des Systems mit einem Elektron, das wir hauptsächlich benutzen werden. Bei der Behandlung der Molekeln werden wir neben anderen Näherungsverfahren versuchen, die Terme des entsprechenden Zweizentrensystems durch Terme einzelner Elektronen anzunähern, d. h. wir werden die Wechselwirkung der Elektronen zunächst nur so weit berücksichtigen, als sie für jedes Elektron durch ein statisches Kraftfeld ersetzt werden kann. Wir betrachten also als Vorstufe ein Zweizentrensystem mit einem Elektron mit einer potentiellen Energie U als Funktion des Ortes; U hat Rotationssymmetrie um die Achse und tiefe Werte in der Nähe der Zentren, aber nicht die besondere Form, die die Separation erlaubt. Separation ist zwar nicht nur bei COULOMBschen Zentren möglich, sondern bei jedem Kraftfeld, für das in elliptischen Koordinaten

$$U = \frac{f(\xi) + g(\eta)}{\xi^2 - \eta^2}$$

ist. Aber in jedem solchen Fall muß in der Grenze unendlich großen Zentrenabstandes (wegen der Separierbarkeit in parabolischen Koordinaten) die sp-Ent-

[1] Ø. BURRAU, Danske Vid. Selsk. m.-phys. meddel. Bd. 7, Nr. 14. 1927.
[2] E. TELLER, ZS. f. Phys. Bd. 61, S. 458. 1930.

artung auftreten, die wir in Wirklichkeit nur beim H-Atom finden. Aus diesem Grunde betrachten wir jetzt den *Fall, wo U nicht zur Separation führt.*

Wegen der Achsensymmetrie haben die Eigenfunktionen die Form $f\cdot{}^{\cos}_{\sin}\lambda\varphi$, wo f nur von den beiden anderen Koordinaten abhängt; die Terme lassen sich also (entsprechend dem Symmetriecharakter der Eigenfunktionen) mit der Quantenzahl λ bzw. den Symbolen $\sigma, \pi, \delta, \varphi, \ldots$ für $\lambda = 0, 1, 2, 3, \ldots$ bezeichnen. Die σ-Terme haben stets die $+$-Eigenschaft bei Spiegelung an jeder durch die Zentrenachse gehenden Ebene. Es gilt die Kombinationsregel $\lambda \pm 1 \rightarrow \lambda$, $\lambda \rightarrow \lambda$. Im Falle gleicher Zentren lassen sich die Terme noch einteilen nach dem Symmetriecharakter ihrer Eigenfunktion in bezug auf die durch die gleichen Zentren hervorgerufene Symmetrie. Die Kombinationsregel wird dann besonders einfach, wenn man nicht das Verhalten bei Spiegelung an der Mittelebene zwischen den Zentren angibt, sondern bei Spiegelung am Mittelpunkt der Zentrenverbindung. Je nachdem, ob die Eigenfunktionen dabei mit $+1$ oder -1 multipliziert werden, bekommen die Terme den Index g oder u. Es gilt die Kombinationsregel $g \longleftrightarrow u$. Miteinander entartete Terme mit gleichem λ haben das gleiche Verhalten. Man schreibt also die Termsymbole $\sigma_g, \sigma_u, \pi_g, \pi_u, \delta_g, \ldots$.

Das *Termschema des Zweizentrensystems* läßt sich in den Fällen sehr kleiner und sehr großer Zentrenabstände qualitativ angeben. Die Terme für kleinen Abstand gehen aus den Termen eines (nun nicht wasserstoffähnlichen) Atoms hervor; ein mit l beschriebener Atomterm spaltet in $l+1$ Terme mit $\lambda = 0, 1, 2, \ldots, l$ auf. Eine einfache Störungsrechnung ergibt, daß die Terme in der Reihenfolge der λ-Werte liegen, $\lambda = 0$ am tiefsten. In diesem *Fall kleinen Zentrenabstandes* kann man die Terme durch die Quantenzahlen n, l, λ oder durch die Symbole $1s\sigma$, $2s\sigma$, $2p\sigma$, $2p\pi$, $3s\sigma$, $3p\sigma$, $3p\pi$, $3d\sigma$, $3d\pi$, $3d\delta$, $4s\sigma$, ... bezeichnen. Im Falle gleicher Zentren sind die aus $s, d, \ldots$ Atomtermen (mit geradem l) hervorgehenden Terme gerade, die anderen ungerade. Die Kombinationsregel $g \longleftrightarrow u$ geht direkt aus der entsprechenden für das Atom hervor. Die Terme für *große Zentrenabstände* gehen auch aus den Termen eines Atoms hervor; bei ungleichen Zentren spaltet ein mit l bezeichneter Atomterm auch in $l+1$ Terme mit $\lambda = 0, 1, 2, \ldots, l$ auf. Man kann die Terme mit $\sigma(1s_A)$, $\sigma(1s_B)$, $\sigma(2s_A)$, $\sigma(2s_B)$, $\pi(2p_A)$, ... bezeichnen, wo A und B das Zentrum bezeichnet, bei dem die Atomeigenfunktion ist. Bei gleichen Zentren spaltet der Atomterm in doppelt soviel auf; die Eigenfunktionen schließen sich stetig an die Summe und die Differenz der Eigenfunktionen der Atome an, das erstere gilt für σ_g-, π_u-, δ_g-, ... Terme, das letztere für σ_u-, π_g-, δ_u-, ... Terme.

Wichtig ist, ob man auch für die dazwischenliegenden *mittleren Werte des Zentrenabstandes* etwas aussagen kann, denn die werden gerade bei der Behandlung der Molekel gebraucht. Wenn das System genügend von dem Fall der Separierbarkeit entfernt ist, so ist für ungleiche Zentren eine rohe Interpolation zwischen den beiden bekannten Grenzfällen dadurch möglich, daß man für jeden Wert von λ gesondert die Terme der beiden Grenzfälle einander der energetischen Reihenfolge nach zuordnet, so daß also Terme mit gleichem λ einander nicht überschneiden. Im Falle gleicher Zentren hat man die Zuordnung der Reihe nach für die geraden Terme mit bestimmtem λ und für die ungeraden Terme gesondert auszuführen.

Als Beispiel behandeln wir den Fall gleicher Zentren etwas genauer. Abb. 35 gibt schematisch (nur der Reihenfolge nach) die Terme eines solchen Systems an, links für geringen, rechts für großen Zentrenabstand. Dazwischen sind die notwendigen Überschneidungen vollzogen, und zwar für die tieferen Terme schon bei geringerem Zentrenabstand, da für sie der Zentrenabstand schon früher verhältnismäßig größer wird als bei den höheren Termen. Das sehr schematische

Bild der Abb. 35 kann dadurch vervollständigt werden, daß man für große Zentrenabstände die Störungsrechnung ausführt (Ziff. 28).

Die Angabe der Quantenzahl λ oder des Termsymbols $\sigma, \pi, \delta, \ldots$ (bei symmetrischen Systemen auch g und u) kennzeichnet den Term nicht vollständig. Zur Einführung weiterer Quantenzahlen sind aber keine Symmetrieeigenschaften mehr da. Man muß dann die Terme dadurch numerieren, daß man angibt, in welche Terme des Systems mit ganz nahen Kernen oder des Systems mit sehr weit getrennten Kernen sie übergehen. Die erste Art der Bezeichnung schreibt also $1s\sigma, 2s\sigma, 2p\sigma, 2p\pi, \ldots$; bei symmetrischen Systemen geben $s, d, g, \ldots$-Terme gerade Terme des Zweizentrensystems; $p, f, \ldots$-Terme geben ungerade Terme des Zweizentrensystems. Die zweite Art der Bezeichnung schreibt bei unsymmetrischen Molekeln $\sigma(1s_A)$, $\sigma(1s_B)$, $\sigma(2s_A)$, $\pi(2p_A), \ldots$, wo A und B die Zentralfelder (Atome) angeben, bei denen die Eigenfunktionen bleiben. Bei symmetrischen Molekeln schreibt man $\sigma_g(1s)$, $\sigma_u(1s)$, $\sigma_g(2s)$, $\sigma_u(2s)$, $\pi_u(2p), \ldots$ Es ist aber ratsam, solche Bezeichnungen nur in der Nähe der Grenzfälle zu gebrauchen, für die sie ihrem eigentlichen Sinn nach gemeint sind. Wir werden später versuchen, die Zustände der einzelnen Elektronen einer Molekel so zu beschreiben. Für die inneren Elektronen und für die äußeren im tiefsten Zustand wird sich die Bezeichnung als angebracht erweisen, die $a = \infty$ entspricht; für die innersten genügt sogar die Angabe von Symbolen für Elektronenterme der Atome. Für die höher angeregten Elektronen ist die Bezeichnung angebracht, die $a = 0$ entspricht. Die Zuordnung der beiden Grenzfälle zueinander und damit der Bezeichnungen zueinander hängt von Eigenschaften des Systems empfindlich ab. Die hier vorausgesetzten Symmetrieeigenschaften des Kraftfeldes des einzelnen Elektrons gelten ja nicht streng wegen der Wechselwirkung der Elektronen. Außerdem ist das Kraftfeld für die inneren Elektronen sehr nahe ein COULOMBsches, so daß dann die im separierbaren Fall gültige Zuordnung die richtigere sein kann.

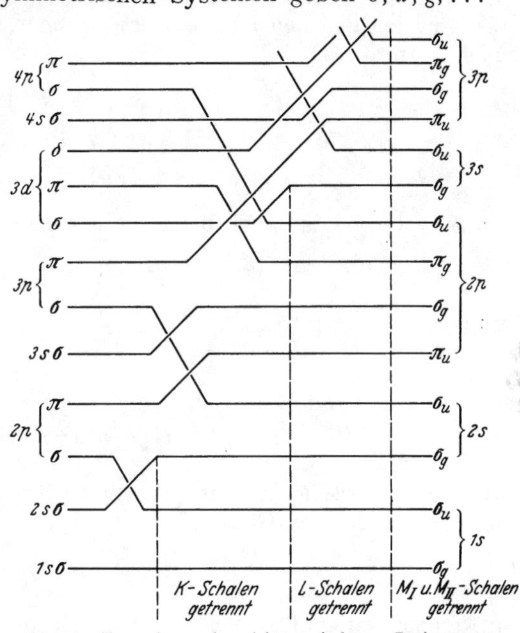

Abb. 35. Termschema des nichtseparierbaren Zweizentrensystems mit einem Elektron bei gleichen Zentren.

28. Das HEITLER-LONDONsche Störungsverfahren. Das in Ziff. 5 angegebene Störungsverfahren ist allgemeiner als die früher in der Quantenmechanik üblichen Verfahren. Der wesentliche Schritt der Verallgemeinerung geschah in der HEITLER- und LONDONschen Störungsrechnung für zweiatomige Molekeln[1]. Wir wollen jedoch dieses wichtige Verfahren zunächst auf das Zweizentrensystem mit einem Elektron und gleichen Zentren anwenden.

Die potentielle Energie des Zweizentrensystems sei $U(r_a) + U(r_b) + W(r_a, r_b)$, wo r_a und r_b die Abstände des Elektrons von den Zentren sind; W sei klein; der

[1] W. HEITLER u. F. LONDON, ZS. f. Phys. Bd. 44, S. 455. 1927. Dort auf H_2 angewandt. Von dem HEITLER-LONDONschen Störungsverfahren ist die HEITLER-LONDONsche Theorie der „Spinvalenz" zu unterscheiden.

Zentrenabstand bleibt während der Störungsrechnung fest. Die Eigenfunktionen der Schrödingergleichung, die zum Zentralfeld U allein gehören, seien bekannt; die entarteten seien so geschrieben, daß sie schon den richtigen Symmetriecharakter in bezug auf die Zentrenachse haben. Die Eigenfunktionen des Zweizentrensystems werden nun in der Form

$$au + bv$$

angesetzt, wo u und v Eigenfunktionen im Zentralfeld $U(r_a)$ und $U(r_b)$ sind, mit gleichem Eigenwert E_0 und „richtiger" Symmetrie zur Zentrenachse. Wegen der von den gleichen Zentren herrührenden Symmetrie folgt $a = \pm b$; der normierte Ansatz ist

$$\frac{1}{\sqrt{2}} \frac{1}{\sqrt{1+S}} (u+v),$$

$$\frac{1}{\sqrt{2}} \frac{1}{\sqrt{1-S}} (u-v),$$

wo $S = \int uv\,d\tau$ ist. Die beiden zugehörigen Werte der Energie sind

$$E = E_0 + \frac{1}{1+S}[C + R + K]$$

und

$$E = E_0 + \frac{1}{1-S}[C - R + L],$$

wo das Glied mit

$$C = \int U(r_b)\, u^2\, d\tau = \int U(r_a)\, v^2\, d\tau$$

als elektrostatische Wirkung des neu berücksichtigten Kraftzentrums gedeutet werden kann. Das Glied mit

$$R = \int U(r_a)\, u\, v\, d\tau = \int U(r_b)\, u\, v\, d\tau$$

(„Resonanzintegral") liefert die Aufspaltung in die beiden von der Gleichheit der Zentren herrührenden Symmetriecharaktere. Das Glied mit

$$K = \tfrac{1}{2}\int W(u+v)^2\, d\tau,$$

$$L = \tfrac{1}{2}\int W(u-v)^2\, d\tau$$

kann als klein angesehen werden. Normieren wir u und v so, daß sie in der Mitte zwischen den Kernen gleiches Vorzeichen haben, so wird für große Kernabstände S positiv, C und R negativ. Der tiefere Term ist der, bei dem sich die Eigenfunktionen u und v addieren, der höhere der, bei dem sie subtrahiert werden. Es kommt bei der Aufspaltung eines s-Terms oder σ-Teils ($\lambda = 0$) eines p-Terms σ_g unter σ_u zu liegen, beim π-Teil ($\lambda = 1$) eines p-Terms π_u unter π_g.

Im besonderen Fall, wo $U = -\frac{Ze^2}{r}$ ist und u und v die Eigenfunktionen in diesem Feld, sind die Integrale

$$S = \int u\,v\,d\tau, \qquad C = -\int \frac{Ze^2}{r_a} v^2\, d\tau, \qquad R = -\int \frac{Ze^2}{r_a} u\,v\,d\tau$$

leicht (durch Einführung elliptischer Koordinaten) zu berechnen[1]. Die wichtigsten

[1] L. PAULING, Chem. Rev. Bd. 5, S. 173. 1928; J. E. LENNARD-JONES, Trans. Faraday Soc. Bd. 25, S. 668. 1929. H. PETERSEN (Physica Bd. 11, S. 227. 1931) gibt eine Zusammenstellung von Integralen (die π-Integrale fehlen).

seien hier angegeben, wobei $\varrho = Z\frac{a_Z}{a_H}$, a_Z der Zentrenabstand, a_H der BOHRsche Wasserstoffradius und $\Re h = \frac{e^2}{2a_H}$ die Ionisierungsenergie des H-Atoms ist.

$$S_{\sigma(1s)} = \left(\frac{\varrho^2}{3} + \varrho + 1\right)e^{-\varrho},$$

$$S_{\sigma(2s)} = \left(\frac{\varrho^4}{240} + \frac{\varrho^2}{12} + \frac{\varrho}{2} + 1\right)e^{-\frac{\varrho}{2}},$$

$$S_{\sigma(2p)} = \left(\frac{\varrho^4}{240} + \frac{\varrho^3}{60} - \frac{\varrho^2}{20} - \frac{\varrho}{2} - 1\right)e^{-\frac{\varrho}{2}},$$

$$S_{\pi(2p)} = \left(\frac{\varrho^3}{120} + \frac{\varrho^2}{10} + \frac{\varrho}{2} + 1\right)e^{-\frac{\varrho}{2}},$$

$$-C_{\sigma(1s)} = Z^2\Re h\left[\frac{2}{\varrho} - \left(2 + \frac{2}{\varrho}\right)e^{-2\varrho}\right],$$

$$-C_{\sigma(2s)} = Z^2\Re h\left[\frac{2}{\varrho} - \left(\frac{\varrho^2}{4} + \frac{\varrho}{2} + \frac{3}{2} + \frac{2}{\varrho}\right)e^{-\varrho}\right],$$

$$-C_{\sigma(2p)} = Z^2\Re h\left[\left(\frac{2}{\varrho} + \frac{24}{\varrho^3}\right) - \left(\frac{\varrho^2}{4} + \frac{3\varrho}{2} + \frac{11}{2} + \frac{14}{\varrho} + \frac{24}{\varrho^2} + \frac{24}{\varrho^3}\right)e^{-\varrho}\right],$$

$$-C_{\pi(2p)} = Z^2\Re h\left[\left(\frac{2}{\varrho} - \frac{12}{\varrho^3}\right) + \left(\frac{1}{2} + \frac{4}{\varrho} + \frac{12}{\varrho^2} + \frac{12}{\varrho^3}\right)e^{-\varrho}\right],$$

$$-R_{\sigma(1s)} = Z^2\Re h\cdot 2(\varrho + 1)e^{-\varrho},$$

$$-R_{\sigma(2s)} = Z^2\Re h\left(\frac{\varrho^3}{48} - \frac{\varrho^2}{12} + \frac{\varrho}{4} + \frac{1}{2}\right)e^{-\frac{\varrho}{2}},$$

$$-R_{\sigma(2p)} = Z^2\Re h\left(\frac{\varrho^3}{48} - \frac{\varrho}{4} - \frac{1}{2}\right)e^{-\frac{\varrho}{2}},$$

$$-R_{\pi(2p)} = Z^2\Re h\left(\frac{\varrho^2}{24} + \frac{\varrho}{4} + \frac{1}{2}\right)e^{-\frac{\varrho}{2}}.$$

Für große Zentrenabstände ist R bei $\sigma(2p)$ größer als bei $\pi(2p)$, d. h. die von den gleichen Zentren herrührende Aufspaltung ist bei $\sigma(2p)$ größer als bei $\pi(2p)$. Für kleinere Werte des Zentrenabstandes ist das Störungsverfahren nicht mehr brauchbar.

Für die Güte des angegebenen Störungsverfahrens war es wichtig, daß die Eigenfunktion des Elektrons im Zweizentrensystem sich wirklich durch die zwei Eigenfunktionen des Elektrons in den zwei Zentralfeldern $U(r_a)$ und $U(r_b)$ einigermaßen annähern läßt. Wenn in der Nähe des Termes der einzelnen Zentralfelder noch ein weiterer Term ist, gilt dies im allgemeinen nicht mehr. Häufig liegen die Terme $2s$ und $2p$ nahe beieinander (beim H-Atom fallen sie zusammen); dann muß man die σ-Eigenfunktionen des Zweizentrensystems durch die vier Eigenfunktionen, die zu den $2s$ und $2p$ Termen der beiden Zentralfelder gehören, annähern. Man kann auf diese Weise den Übergang vom Fall genauer $2s$, $2p$-Entartung (wie H_2^+) zu dem Fall studieren, wo $2s$ und $2p$ genügend entfernt sind[1].

[1] G. C. WICK, ZS. f. Phys. Bd. 74, S. 773. 1932.

Auch *im Falle ungleicher Zentren* läßt sich das angegebene Störungsverfahren anwenden, wenn ein Term des einen Zentralfeldes in der Nähe eines Termes des anderen Zentralfeldes liegt. Ist also u im Felde U genähert entartet mit v im Felde V, so nähere man die Eigenfunktion des Feldes $U(r_a) + V(r_b) + W(r_a, r_b)$ durch $\lambda u + \mu v$ an. Die Koeffizienten λ, μ und die Termwerte werden dann durch Integrale

$$S = \int u v \, d\tau; \quad -B = \int U v^2 d\tau; \quad -C = \int V u^2 d\tau; \quad -Q = \int U u v \, d\tau; \quad -R = \int V u v \, d\tau$$

ausgedrückt. Wenn die beiden Ausgangsterme nahe beieinander liegen und die beiden Zentralfelder nicht zu verschieden sind, so sind die beiden entstehenden Linearkombinationen (bis auf den Normierungsfaktor) ungefähr die Summe und die Differenz von u und v.

HEITLER und LONDON selbst haben das Störungsverfahren auf einen anderen Fall angewandt, nämlich die *Berechnung des Grundzustandes der H_2-Molekel*. Da dies der einfachste Fall einer nachher näher zu behandelnden Methode ist, sei er näher besprochen. Bei gegebenem Abstand der beiden Kerne wird die Eigenfunktion des Zweizentrensystems mit zwei Elektronen angenähert durch die Eigenfunktionen einzelner Elektronen in den Zentralfeldern der Kerne. Aus Ausgangsnäherungen werden die miteinander entarteten Funktionen $u(1)\,v(2)$ und $v(1)\,u(2)$ genommen, wo u die Eigenfunktion eines Elektrons im Grundzustand beim einen Kern und v die eines Elektrons im Grundzustand beim anderen Kern ist. Die Eigenfunktion des Zweizentrensystems wird nun durch eine Linearkombination dieser beiden angenähert. Aus Symmetriegründen kommen nur die folgenden beiden in Betracht

$$w = u(1)\,v(2) \pm v(1)\,u(2).$$

Die Termberechnung verläuft etwas anders als im Falle der zwei Elektronen des He-Atoms, da H sich nicht in der Form $H^0 + \varepsilon H^1$ schreiben läßt und u und v nicht genau orthogonal sind. Wir haben den allgemeineren Fall des in Ziff. 5 beschriebenen Störungsverfahrens vor uns und erhalten dementsprechend

$$E = \frac{\int w H w \, d\tau}{\int w^2 d\tau},$$

also

$$E = E^0 + \frac{C \pm A}{1 \pm S^2}.$$

Wenn wir (in leichtverständlicher Bezeichnung)

$$H = T + U(1) + U(2) + V(1) + V(2) + \frac{e^2}{r_{12}}$$

setzen, so wird

$$C = \int U(1)\,v(1)^2 d\tau_1 + \int V(1)\,u(1)^2 d\tau_1 + \int \frac{e^2}{r_{12}} u(1)^2 v(2)^2 d\tau_1 d\tau_2,$$

$$A = S \cdot \int [U(1) + V(1)]\,u(1)\,v(1)\,d\tau_1 + \int \frac{e^2}{r_{12}} u(1)\,v(1)\,u(2)\,v(2)\,d\tau_1 d\tau_2,$$

$$S = \int u(1)\,v(1)\,d\tau_1.$$

Integrale der Art C heißen auch hier „COULOMB*sche Integrale*" und Integrale der Art A „*Austauschintegrale*". Die Rechnung ergibt also zwei Terme, die bei unendlich großem Abstand der Kerne in den Term übergehen, der zwei H-Atomen im Grundzustand entspricht. Die Rechnung verläuft ebenso, wenn die Kerne verschieden sind; wenn die Kerne gleich sind, ist sie nur dann so einfach, wenn u und v zu gleichen Zuständen gehören. Auf die Bedeutung dieser Rechnung für die Termmannigfaltigkeit des Zweizentrensystems und die Frage der chemischen Bindung gehen wir später ein.

29. Das Zweizentrensystem mit mehreren Elektronen. Eine Eigenschaft, die allen Zweizentrensystemen zukommt, ist die Invarianz gegen Drehung um die Zentrenachse und gegen Spiegelung an jeder durch die Achse gehenden Ebene, außerdem die Gleichheit der Elektronen. Zur weiteren *Beschreibung der Terme* ist es wichtig, daß wir in vielen Fällen eine günstige Abstufung in der Größenordnung der wirksamen Kräfte haben, aus der genähert erfüllte Symmetrieeigenschaften folgen. Die wichtigsten Fälle sind: 1. kleiner Einfluß des Elektronenspins (in vielen Fällen ist der Spineinfluß kleiner als die durch die Rotation der Molekel bedingten Abweichungen vom Zweizentrensystem; vgl. Ziff. 23); 2. eine Wechselwirkung zwischen den Elektronen, die sich für jedes Elektron genähert durch ein statisches Feld beschreiben läßt.

Da das Hauptanwendungsgebiet der Theorie vorläufig doch nicht allzu schwere Molekeln sind, können wir *geringen Spineinfluß* als allgemein annehmen. Wir werden also *in erster Näherung* jedem Term des Zweizentrensystems entsprechend dem Symmetriecharakter der Eigenfunktion für Permutation der Elektronen (Ziff. 8 und 9) eine Quantenzahl S $(0, 1, 2, \ldots, \frac{n}{2}$ bei gerader Elektronenzahl n und $\frac{1}{2}, \frac{3}{2}, \ldots, \frac{n}{2}$ bei ungerader Elektronenzahl $n)$, entsprechend dem Symmetriecharakter für Rotation um die Achse (Ziff. 11) eine Quantenzahl $\Lambda = 0, 1, 2, \ldots$ und für $\Lambda = 0$ entsprechend dem Verhalten bei Spiegelung an einer durch die Achse gehenden Ebene die Bezeichnung $+$ oder $-$ zuschreiben. Wir bezeichnen Terme mit dem Werte $\Lambda = 0, 1, 2, \ldots$ auch durch Symbole $\Sigma, \Pi, \Delta, \ldots$, denen man $2S + 1$ als linken oberen Index (wie bei Atomen) beifügt und bei Σ-Terme $+$ oder $-$ als rechten oberen Index. Wir schreiben also etwa $^3\Sigma^+$, $^2\Pi$ usw. Die Terme mit $\Lambda > 0$ haben (schon ohne Spin) das Gewicht 2. Die unabhängigen Eigenfunktionen lassen sich $(\Lambda > 0)$ reell in der Form

$$f \cos\Lambda\varphi + g \sin\Lambda\varphi\,,$$
$$f \sin\Lambda\varphi - g \cos\Lambda\varphi$$

schreiben, wo φ ein absolutes Azimut um die Zentrenachse ist und f und g Funktionen der übrigen Koordinaten sind. Ein anderes System unabhängiger Eigenfunktionen ist

$$p \cdot e^{i\Lambda\varphi}\,, \qquad p^* e^{-i\Lambda\varphi}\,;$$

sie bezeichnen Zustände mit den Drehimpulskomponenten $\Lambda \cdot \hbar$ in der einen bzw. in der entgegengesetzten Achsenrichtung. Es gelten die Kombinationsregeln $\Lambda \to \Lambda, \Lambda \pm 1 \to \Lambda$. Bei Kombinationen zwischen Σ-Termen kommen nur $\Sigma^+ \leftrightarrow \Sigma^+$ und $\Sigma^- \leftrightarrow \Sigma^-$ vor. Terme mit verschiedenem S kombinieren in dieser Näherung nicht, weder mit Dipol noch mit Multipolstrahlung.

Sind die Zentren gleich (Molekeln mit gleichen Kernen), so kann man die Terme weiter einteilen in gerade und ungerade in bezug auf die Spiegelung am Mittelpunkt der Kernverbindung. Diese Einteilung in gerade und ungerade *Elektronen*terme der Molekeln mit zwei *gleichen* Kernen ist nicht zu verwechseln mit der Einteilung in gerade und ungerade *Rotations*terme einer *beliebigen* Molekel (Ziff. 23). Zur Bezeichnung im Termsymbol schreiben wir g und u als rechten unteren Index, also $^3\Sigma_g^+$, $^2\Pi_u$, $^4\Delta_g, \ldots$. Es kombinieren in Dipolstrahlung nur gerade mit ungeraden Termen.

Gehen wir *von einem Atom aus* und machen daraus durch Teilung des Kerns ein Zweizentrensystem, so geht ein Term mit bestimmtem S und L in $L+1$ Terme mit dem gleichen S und $\Lambda = 0, 1, 2, \ldots, L$ über. Der entstehende Σ-Term ist Σ^+, wenn der Atomterm und L beide gerade oder beide ungerade sind, sonst Σ^-. Falls eine Bezeichnung des Zweizentrensystemterms auf Grund der Zuordnung zum Atomterm notwendig erscheint, kann man Zeichen wie $^3P\Sigma^+$, $^3P\Pi$ einführen. Wird der Kern des Ausgangsatoms in zwei gleiche Teile geteilt, so gehen gerade (ungerade) Atomterme in gerade (ungerade) Terme des Zweizentrensystems über.

Gehen wir *von zwei getrennten Atomen oder Ionen aus* und stellen durch Nähern der Kerne ein Zweizentrensystem her, so erhalten wir[1] aus zwei Atomen in Zuständen $S_1 L_1$ und $S_2 L_2$ ($L_1 \geqq L_2$) bei ungleichen Kernen Zweizentrensystemterme mit allen S gleich $S_1 + S_2, S_1 + S_2 - 1 \ldots |S_1 - S_2|$ und allen Λ mit den Werten

$$\begin{array}{cccccccc}
L_1+L_2 & L_1+L_2-1 & L_1+L_2-2 & \ldots & L_1-L_2 & \ldots & 1 & 0, \\
 & L_1+L_2-1 & L_1+L_2-2 & \ldots & L_1-L_2 & \ldots & 1 & 0, \\
 & & L_1+L_2-2 & \ldots & L_1-L_2 & \ldots & 1 & 0, \\
 & & & \ldots & \ldots & \ldots & . & . \\
 & & & & L_1-L_2 & \ldots & 1 & 0.
\end{array}$$

Von den $2L_2 + 1$ Σ-Termen sind L_2 Terme Σ^+, L_2 Terme Σ^-; der übrige ist Σ^+, wenn $L_1 + L_2$ gerade und beide Atomterme gerade oder ungerade sind oder wenn $L_1 + L_2$ ungerade und ein Atomterm gerade, der andere ungerade ist; anderenfalls ist der übrige Term Σ^-. Z. B. gibt $^2D_g + {}^3P_u$ die Terme:

$$\begin{array}{cccccccc}
^4\Phi & ^4\Delta & ^4\Pi & ^4\Sigma^+ & ^2\Phi & ^2\Delta & ^2\Pi & ^2\Sigma^+, \\
 & ^4\Delta & ^4\Pi & ^4\Sigma^+ & & ^2\Delta & ^2\Pi & ^2\Sigma^+, \\
 & & ^4\Pi & ^4\Sigma^- & & & ^2\Pi & ^2\Sigma^-.
\end{array}$$

Aus zwei gleichen Atomen in verschiedenen Zuständen entstehen genau doppelt soviel Terme; jeder der oben angegebenen tritt als gerader und ungerader Term auf. Aus zwei gleichen Atomen in gleichen Zuständen S, L entstehen Zweizentrensystemterme mit den Spinquantenzahlen $2S, 2S-1, \ldots, 1, 0$ und für jede davon mit den Λ-Werten

$$\begin{array}{cccccc}
2L & 2L-1 & 2L-2 & \ldots & 1 & 0, \\
 & 2L-1 & 2L-2 & \ldots & 1 & 0, \\
 & & 2L-2 & \ldots & 1 & 0, \\
 & & & \ldots & . & . \\
 & & & & 1 & 0, \\
 & & & & & 0.
\end{array}$$

Dabei sind $L+1$ Terme Σ^+, L Terme Σ^-. Von den (in gerader Zahl) vorhandenen Termen mit ungeradzahligem Λ sind die Hälfte gerade, die Hälfte ungerade Zweizentrensystemterme. Bei den (in ungerader Zahl vorhandenen) Termen mit geradzahligem Λ ist die Zahl der geraden Terme um 1 größer als die Zahl der ungeraden, wenn die Spinquantenzahl gerade ist (Singulett-, Quintett-...-Terme), die Σ^+-Terme sind dann Σ_g^+, die Σ^--Terme sind Σ_u^-. Die

[1] E. WIGNER u. E. E. WITMER, ZS. f. Phys. Bd. 51, S. 859. 1928.

Zahl der ungeraden Terme ist um 1 größer als die Zahl der geraden, wenn die Spinquantenzahl ungerade ist (Triplett-, Septett-...-Terme), die Σ^+-Terme sind dann Σ_u^+, die Σ^--Terme Σ_g^-. So geben $^3P + {}^3P$ (gleiche Zustände gleicher Atome):

$$
\begin{array}{ccc}
{}^5\Delta_g\, {}^5\Pi_g\, {}^5\Sigma_g^+, & {}^3\Delta_u\, {}^3\Pi_u\, {}^3\Sigma_u^+, & {}^1\Delta_g\, {}^1\Pi_g\, {}^1\Sigma_g^+, \\
{}^5\Pi_u\, {}^5\Sigma_u^-, & {}^3\Pi_g\, {}^3\Sigma_g^-, & {}^1\Pi_u\, {}^1\Sigma_u^-, \\
{}^5\Sigma_g^+, & {}^3\Sigma_u^+, & {}^1\Sigma_g^+.
\end{array}
$$

Falls eine Bezeichnung der Terme auf Grund der Zuordnung zu Termen der getrennten Atome nützlich erscheint, kann man etwa

$$
{}^2\Pi({}^2D + {}^3P)
$$

schreiben.

Wir haben bisher den Spin vernachlässigt. Ihn *in zweiter Näherung* hinzuzufügen, hat nur Sinn, wenn sein Einfluß groß ist gegen den der später zu berücksichtigenden Rotation, wenn also wenigstens für kleine Rotationsquantenzahlen Fall a (Ziff. 23) vorliegt. Bei Σ-Termen ist das nicht der Fall. Ein mit S und Λ bezeichneter Term spaltet bei Zufügung des Spins für $S < \Lambda$ auf in $2S + 1$ Terme mit den Achsenquantenzahlen $\Omega = \Lambda + S, \Lambda + S - 1, \ldots, \Lambda - S$. Die Wechselwirkung zwischen Spin und Bahn geht genähert mit dem cos des Winkels zwischen S und Λ im Vektormodell. Es ergeben sich so äquidistante Multipletterme. Sie haben das Gewicht 2; die unabhängigen Eigenfunktionen lassen sich so wählen, daß sie zwei Zustände mit der Drehimpulskomponente $\Omega\hbar$ in den beiden Achsenrichtungen bezeichnen. Im Falle $S = \Lambda$ entstehen die genähert äquidistanten Terme $\Omega = \Lambda + S, \Lambda + S - 1, \ldots, 2, 1, 0, 0$. In der Näherung, in der sich äquidistante Terme ergeben, tritt ein Term $\Omega = 0$ mit dem Gewicht 2 auf. Da diese Entartung aber nicht aus der Achsensymmetrie folgt (im Gegensatz zu $\Omega > 0$), tritt in strengerer Rechnung eine feine Aufspaltung in zwei Terme $\Omega = 0$ auf, und zwar in einen positiven und in einen negativen Term in bezug auf die Spiegelung an jeder durch die Zentrenachse gehenden Ebene (vgl. $^3\Pi$ in Abb. 26, S. 630). Auch für $S > \Lambda$ erhält man genähert äquidistante Terme; Ω genügt aber nicht zur Unterscheidung; man kann zur Bezeichnung eine Komponente Σ von S in der Achsenrichtung einführen und als positive Richtung die von Λ wählen. Dann bekommt man die Terme $\Lambda + \Sigma = \Lambda + S, \Lambda + S - 1, \ldots, \Lambda - S$, wo alle $\Lambda + \Sigma \neq 0$ das Gewicht 2 haben und $\Lambda + \Sigma = 0$ für zwei dicht benachbarte einfache Terme steht. Im Termsymbol schreiben wir $\Lambda + \Sigma$ als rechten unteren Index (wie J bei Atomtermen), also etwa

$$
{}^3\Pi_{0+}\ {}^3\Pi_{0-}\ {}^3\Pi_1\ {}^3\Pi_2,
$$

oder

$$
{}^4\Pi_{-1/2}\, {}^4\Pi_{1/2}\, {}^4\Pi_{3/2}\, {}^4\Pi_{5/2}.
$$

In dieser Näherung können „Interkombinationen“ zwischen Termen verschiedener S auftreten, nur schwache bei leichten Kernen, stärkere bei schwereren Kernen. (Im Spektrum sind bei H_2 und He_2 keine beobachtet, bei CO sind sie vorhanden, aber viel schwächer als die Kombinationen zwischen Termen mit gleichem S.)

Wir werden später häufig den Fall zu betrachten haben, wo die Wechselwirkung zwischen den Elektronen des Zweizentrensystems in erster Näherung *für jedes Elektron* durch *ein statisches Feld* berücksichtigt wird. In dieser Näherung erhalten wir für jedes Elektron eine Quantenzahl λ oder eines der Symbole $\sigma, \pi, \delta, \ldots$, bei gleichen Zentren noch den Index g oder u. Fügen wir jetzt in zweiter Näherung die feinere Wechselwirkung der Elektronen hinzu, zunächst ohne Spin, so entstehen Terme mit S und Λ. Die möglichen Werte Λ lassen sich durch Zusammensetzung von Vektoren mit den Beträgen λ bilden, die Werte von S durch Zusammensetzung von Vektoren mit dem Betrag $\frac{1}{2}$ (Ziff. 11 u. 12). Das PAULIsche Prinzip ist zu berücksichtigen; die $\pm$-Eigenschaft der Σ-Terme bedarf näherer Untersuchung[1]. Tabellen 4 und 5 geben die Terme, die aus einigen einfachen Anordnungen (d. h. Quantenzahlen einzelner Elektronen) entstehen. (Die Symbole äquivalenter Elektronen sind dabei zu symbolischen Potenzen vereinigt, die Symbole nichtäquivalenter Elektronen einfach nebeneinander geschrieben.)

Tabelle 4. Terme bei nichtäquivalenten Elektronen.

Anordnung	Terme
$\sigma\sigma$	$^{13}\Sigma^+$
$\sigma\pi$	$^{13}\Pi$
$\sigma\delta$	$^{13}\Delta$
$\pi\pi$	$^{13}\Sigma^+$ $^{13}\Sigma^-$ $^{13}\Delta$
$\pi\delta$	$^{13}\Pi$ $^{13}\Phi$
$\delta\delta$	$^{13}\Sigma^+$ $^{13}\Sigma^-$ $^{13}\Gamma$
$\sigma\sigma\sigma$	$^{224}\Sigma^+$
$\sigma\sigma\pi$	$^{224}\Pi$
$\sigma\sigma\delta$	$^{224}\Delta$
$\sigma\pi\pi$	$^{224}\Sigma^+$ $^{224}\Sigma^-$ $^{224}\Delta$
$\sigma\pi\delta$	$^{224}\Pi$ $^{224}\Phi$
$\pi\pi\pi$	$^{224}\Pi$ $^{224}\Pi$ $^{224}\Pi$ $^{224}\Phi$
$\pi\pi\delta$	$^{224}\Sigma^+$ $^{224}\Sigma^-$ $^{224}\Delta$ $^{224}\Delta$ $^{224}\Gamma$

Bei Zweizentrensystemen mit gleichen Zentren gilt noch die Regel: Ein Term ist gerade, wenn er aus einer geraden Anzahl von Elektronen ungerader Eigenfunktion und aus einer beliebigen Anzahl von Elektronen mit gerader Eigenfunktion entsteht. Er ist ungerade, wenn er eine ungerade Anzahl „ungerader" Elektronen enthält.

Tabelle 5. Terme mit äquivalenten Elektronen.

Anordnung	Terme		
σ^2	$^1\Sigma^+$		
π^2	$^1\Sigma^+$ $^1\Delta$	$^3\Sigma^-$	
$\pi^2\sigma$	$^2\Sigma^+$ $^2\Sigma^-$ $^2\Delta$	$^4\Sigma^-$	
$\pi^2\pi$	$^2\Pi$ $^2\Pi$ $^2\Pi$ $^2\Phi$	$^4\Pi$	
$\pi^2\delta$	$^2\Sigma^+$ $^2\Sigma^-$ $^2\Delta$ $^2\Delta$ ^2I	$^4\Delta$	
π^3	$^2\Pi$		
$\pi^2\sigma\sigma$	$^1\Sigma^+$ $^1\Sigma^-$ $^1\Delta$	$^3\Sigma^+$ $^3\Sigma^-$ $^3\Sigma^-$ $^3\Delta$	$^5\Sigma^-$
$\pi^2\sigma\pi$	$^1\Pi$ $^1\Pi$ $^1\Pi$ $^1\Phi$	$^3\Pi$ $^3\Pi$ $^3\Pi$ $^3\Pi$ $^3\Phi$	$^5\Pi$
$\pi^2\sigma\delta$	$^1\Sigma^+$ $^1\Sigma^-$ $^1\Delta$ $^1\Delta$ $^1\Gamma$	$^3\Sigma^+$ $^3\Sigma^-$ $^3\Delta$ $^3\Delta$ $^3\Delta$ $^3\Gamma$	$^5\Delta$
$\pi^2\pi\pi$	$^1\Sigma^+$ $^1\Sigma^+$ $^1\Sigma^+$ $^1\Sigma^-$ $^1\Sigma^-$ $^1\Sigma^-$	$^3\Sigma^+$ $^3\Sigma^+$ $^3\Sigma^+$ $^3\Sigma^+$ $^3\Sigma^-$ $^3\Sigma^-$ $^3\Sigma^-$ $^3\Sigma^-$	$^5\Sigma^+$ $^5\Sigma^-$
	$^1\Delta$ $^1\Delta$ $^1\Delta$ $^1\Delta$ $^1\Gamma$	$^3\Delta$ $^3\Delta$ $^3\Delta$ $^3\Delta$ $^3\Delta$ $^3\Gamma$	$^5\Delta$
$\pi^2\pi^2$	$^1\Sigma^+$ $^1\Sigma^+$ $^1\Sigma^+$ $^1\Sigma^-$ $^1\Delta$ $^1\Delta$ $^1\Gamma$	$^3\Sigma^+$ $^3\Sigma^-$ $^3\Sigma^-$ $^3\Delta$ $^3\Delta$	$^5\Sigma^+$
$\pi^3\sigma$	$^1\Pi$	$^3\Pi$	
$\pi^3\pi$	$^1\Sigma^+$ $^1\Sigma^-$ $^1\Delta$	$^3\Sigma^+$ $^3\Sigma^-$ $^3\Delta$	
$\pi^3\delta$	$^1\Pi$ $^1\Phi$	$^3\Pi$ $^3\Phi$	

In den Fällen der Annäherung der Zweizentrensystemterme durch Terme einzelner Elektronen in statischen Kraftfeldern kann man Symbole der Art

$$\sigma^2\,\sigma^2\,\sigma^2\,\sigma^2\,\pi^3\,\sigma^2 \quad {}^2\Pi \quad (\text{Term bei } CO^+)\,,$$

$$\sigma_g^2\,\sigma_u^2\,\sigma_g^2\,\sigma_u^2\,\pi_u^3\,\sigma_g^2 \quad {}^2\Pi_u \; (\text{vermuteter Term bei } N_2{}^+)$$

benutzen.

Die Multipletts $^2\Pi$, $^2\Delta$, $^3\Pi$ ... können regelrecht oder verkehrt (regular, inverted) sein, d. h. die Energie kann mit $\Lambda + \Sigma$ zu- oder abnehmen. Welcher Fall vorliegt, läßt sich in einfachen Fällen angeben, so sind $\pi\,^2\Pi$, $\delta\,^2\Delta$ ebenso $\pi\sigma\,^3\Pi$, $\delta\sigma\,^3\Delta$ regelrecht; $\pi^3\,^2\Pi$, $\delta^3\,^2\Delta$ ebenso $\pi^3\sigma\,^3\Pi$, $\delta^3\sigma\,^3\Delta$ sind verkehrt (vgl. das Verhalten der Atommultipletts Ziff. 16).

[1] R. S. MULLIKEN, Phys. Rev. Bd. 32, S. 186. 1928; F. HUND, ZS. f. Phys. Bd. 51, S. 759. 1928 u. Bd. 63, S. 719. 1930.

30. Aufbauprinzipien für Molekeln. Wir kommen jetzt zu den *Verfahren, die Terme der zweiatomigen Molekeln und ihre Eigenfunktionen qualitativ anzugeben oder genähert zu berechnen.* Sie bestehen darin, daß man eine geeignete Abstufung der Größenordnung der einzelnen Kräfte annimmt, die erlaubt, die allgemeinen Sätze mehrfach anzuwenden. Wir müssen zunächst damit zufrieden sein, wenn die angenommene Abstufung für einige typische Fälle richtig ist; als solche typische Fälle betrachten wir zunächst die leichteren Molekeln. Ihre Grundterme sind wichtig für die Frage der chemischen Bindung. Grundterm und angeregte Terme sind wichtig für die Deutung der Bandenspektren. Wir sehen also Rotation und Schwingung als Störung eines Zweizentrensystems an, und sehen auch zunächst vom Elektronenspin ab. *Für eine genäherte Betrachtung dieses Zweizentrensystems* gibt es *zwei verschiedene Ausgangspunkte.*

Für sehr großen Zentrenabstand geht jeder Term des Zweizentrensystems in einen Term zweier Atome oder Ionen über; der Termwert ist die Summe der Energien der beiden Atome oder Ionen. Für großen Zentrenabstand kann man Terme und Eigenfunktionen durch das HEITLER-LONDONsche Störungsverfahren berechnen. Auf diesem Verfahren beruht die später zu behandelnde LONDON-HEITLERsche Auffassung der chemischen Valenz. Die Anwendbarkeit des Verfahrens findet eine Grenze daran, daß die Störung klein sein muß gegen den Abstand des Terms getrennter Atome von anderen Termen. Nun ist z. B. der Grundzustand vieler Atome nur ein Term aus einer Gruppe, deren Abstände nicht größer sind als die auftretenden Störungsenergien. So hat das C-Atom die tiefen Terme $s^2p^2\,{}^3P$, ${}^1D$, ${}^1S$ und wahrscheinlich noch Terme sp^3 in geringem Abstand. Für die Grundzustände der Edelgas-, Alkali- und Halogenatome (${}^1S$, ${}^2S$, ${}^2P$) treffen jedoch die Voraussetzungen zu. Die Rechnung gibt allerdings nur für S-Terme übersichtliche Ergebnisse. Nähert man zwei Edelgasatome im Grundzustand ${}^1S$ einander, so kann keine Aufspaltung stattfinden, es entsteht nur ein ${}^1\Sigma$-Term. Nähert man ein Edelgasatom und ein Alkaliatom im Grundzustand (${}^1S$, ${}^2S$), so entsteht auch nur ein Term ${}^2\Sigma$. Aus zwei Alkaliatomen oder H-Atomen entstehen jedoch zwei Terme ${}^3\Sigma$ und ${}^1\Sigma$.

Das Verfahren wurde zuerst von HEITLER und LONDON zur Berechnung des Grundterms der H_2-Molekel benutzt[1]. Es wurde weiter ausgebaut von LONDON, HEITLER, BORN, RUMER und WEYL[2]; wir kommen bei der Frage der chemischen Bindung darauf zurück.

Ein weiter reichendes Störungsverfahren, das auch an den Fall getrennter Atome anschließt, ist das folgende: Man nähere die Eigenfunktion der Molekel an durch eine Linearkombination von Produkten von Eigenfunktionen einzelner Elektronen in Zentralfeldern. Wenn z. B. jedes der getrennten Atome zwei Elektronen hat, das eine mit den Eigenfunktionen u und v, das andere mit den Eigenfunktionen w und x, so wird die Eigenfunktion der Molekel in der Form

$$\sum c_{1234}\, u(1)\, v(2)\, w(3)\, x(4)$$

angesetzt, wo die Summe über alle Permutationen der Zahlen 1, 2, 3, 4 erstreckt wird (soweit nicht aus Symmetriegründen eine Vereinfachung möglich ist). Die Abweichungen der Terme des Zweizentrensystems von den Termen der einzelnen Atome werden hier in der gleichen Näherung berechnet wie die Aufspaltung eines Atomzustandes mit gegebenen Quantenzahlen der einzelnen Elektronen in Terme mit verschiedenem S und L. Für die Anwendbarkeit des Verfahrens ist (Atome mit normaler Kopplung vorausgesetzt; vgl. Ziff. 16) nur nötig, daß

[1] W. HEITLER u. F. LONDON, ZS. f. Phys. Bd. 44, S. 455. 1927.

[2] Zusammenfassungen: W. HEITLER, Phys. ZS. Bd. 31, S. 185. 1930; M. BORN, Ergebn. d. exakt. Naturwissensch. Bd. 10, S. 387. 1931.

die Abweichung der Zweizentrensystemterme klein ist gegen die Abstände der Terme einzelner Elektronen in den Atomen. Das ist für einen größeren Bereich des Zentrenabstandes erfüllt. Allerdings für die Abstände, die wir in den wirklichen Molekeln haben, ist auch dieses Verfahren keine gute Näherung mehr. Für den Fall, daß Terme einzelner Elektronen in den Atomen näher beieinander liegen (z. B. s- und p-Terme gleicher Hauptquantenzahl), kann man dies auch in der Störungsrechnung berücksichtigen.

Für den Fall, daß beide Atome nur ein Elektron oder nur ein äußeres Elektron haben, ist dieses Verfahren mit dem vorher beschriebenen identisch. Die H_2-Rechnung von HEITLER und LONDON ist also auch hier das Vorbild. Weiter gehören hierher KEMBLES und ZENERS Untersuchung einer $s - p$-Wechselwirkung[1], BARTLETTS Untersuchung einer $p - p$-Wechselwirkung[2] sowie Betrachtungen von SLATER und PAULING, auf die wir bei der Frage der chemischen Bindung zurückkommen[3]. Die allgemeine Formulierung des Verfahrens und die weitestgehende Anwendung gab SLATER.

Wir zeigen die Anwendung am einfachen Fall des H_2. Aus zwei Atomen im Grundzustand, also dem Zustand $1s + 1s$ des Zweizentrensystems mit sehr großem Zentrenabstand, entstehen die Terme ${}^1\Sigma_g$ und ${}^3\Sigma_u$. Die Berechnung der Energie des Zweizentrensystems[4] (mit Einschluß der Kernabstoßung) ergibt das Bild der Abb. 48 (S. 675). Man erhält für den tieferen Term ${}^1\Sigma_g$ eine Dissoziationsenergie von 3,0 (statt empirisch 4,4) Volt und einen Gleichgewichtsabstand von $0{,}80 \cdot 10^{-8}$ (statt $0{,}75 \cdot 10^{-8}$) cm. Die Näherung ist also hier für den wirklichen Kernabstand der Molekel nicht mehr genau. Aus einem Atom im Grundzustand und einem Atom mit $n = 2$, also dem Zustand $1s + 2s, p$ des Zweizentrensystems mit sehr großem Zentrenabstand (s,p-Entartung) entstehen 12 Terme: ${}^{13}\Sigma_g$, ${}^{13}\Sigma_u$, ${}^{13}\Pi_u$, ${}^{13}\Pi_g$, ${}^{13}\Sigma_g$, ${}^{13}\Sigma_u$. Der Verlauf der Π-Terme ist von KEMBLE und ZENER berechnet; die Π_u-Terme haben ein Minimum der Energie (mit Einschluß der Kernabstoßung) und entsprechen wirklichen Molekeltermen, die Π_g-Terme haben keines.

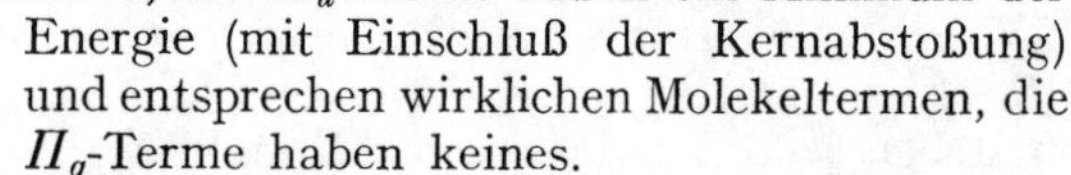

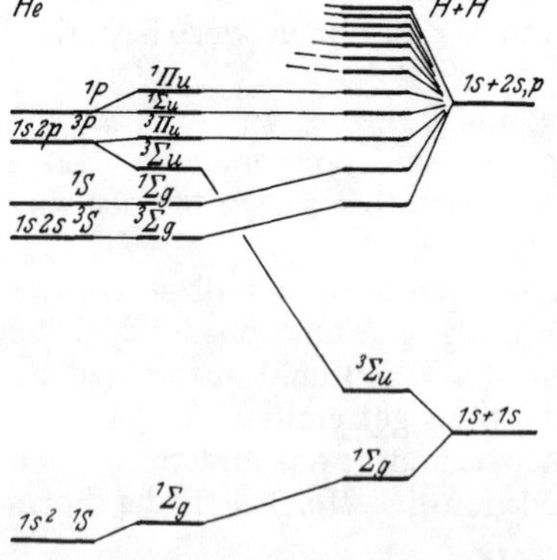

Abb. 36. Termschema der H_2-Molekel (erster Versuch).

Man könnte versuchen, weitere Aufschlüsse über das Zweizentrensystem und damit das Spektrum der H_2-Molekel zu erhalten, indem man zwischen den Termen für große Zentrenabstände und den Termen für kleine Zentrenabstände, die aus den Termen des He-Atoms hervorgehen, interpoliert durch Aufstellung eines „Zuordnungsschemas". Symmetrieeigenschaften, die bei der Zuordnung zu berücksichtigen sind, sind die durch die Symbole $\Sigma, \Pi, \ldots$, die Indizes 1, 3 und g, u angegebenen. Ob man außer diesen noch genähert erfüllte Symmetrieeigenschaften zu berücksichtigen hat, läßt sich von vornherein nicht sicher angeben, da man nicht weiß, wie gut sie erfüllt sind. Berücksichtigt man keine genähert erfüllten Symmetrieeigenschaften, so erhält man für die tiefen Terme das Schema der Abb. 36.

---

[1] E. C. KEMBLE u. C. ZENER, Phys. Rev. Bd. 33, S. 512. 1929.

[2] J. H. BARTLETT, Phys. Rev. Bd. 37, S. 507. 1931.

[3] J. C. SLATER, Phys. Rev. Bd. 37, S. 481; Bd. 38, S. 1109. 1931; L. PAULING, Journ. Amer. Chem. Soc. Bd. 53, S. 1367. 1931.

[4] W. HEITLER u. F. LONDON, ZS. f. Phys. Bd. 44, S. 455. 1927; Y. SUGIURA, ebenda Bd. 45, S. 484. 1927.

Für hohe Terme (in der Abb. 36 nicht gezeichnet) ist dieses Verfahren sicher nicht richtig, denn dort ist die Vorstellung eines Elektrons im Felde eines Molekelrestes brauchbar und die Symmetrieeigenschaften von Rest und Elektron einzeln sind zu berücksichtigen. Das hier geschilderte Zuordnungsverfahren würde auch nie die empirisch bekannte Serienordnung der Elektronenterme einer Molekel liefern. Die Berücksichtigung der genähert erfüllten Symmetrieeigenschaften beim Zuordnungsschema wird nachher behandelt.

Der *andere Ausgangspunkt für die genäherte Betrachtung des Zweizentrensystems* beruht darauf, daß man bis zu einem gewissen Grade die Wechselwirkung der Elektronen für jedes Elektron durch ein statisches Feld ersetzen kann (für Atome in Ziff. 16). Man nähert also die Eigenfunktion des Zweizentrensystems an durch einen Ausdruck

$$u(1)\,v(2)\,w(3)\ldots,$$

wo u, v, w Eigenfunktionen eines Zweizentrensystems mit einem einzigen Elektron sind. Die Terme des Zweizentrensystems sind in dieser Näherung die Summen aus den Termen der einzelnen Elektronen. Wir wählen zunächst das statische Ersatzfeld etwa so, wie es dem HARTREEschen Verfahren entspricht (Ziff. 20). Genau genommen entsteht dieses Feld aus der potentiellen Energie des gesamten Systems durch Mittelung über die Eigenfunktionen der übrigen Elektronen. Wir wählen also, ohne im einzelnen nach diesem mühsamen Verfahren zu rechnen, ein Feld, das qualitativ die Eigenschaften dieses HARTREEschen Feldes hat. Im Falle eines Systems mit zwei gleichen Kernen ist es symmetrisch zur Mittelebene zwischen den Kernen. (Wir werden nachher auch Ersatzfelder einführen, die diese Eigenschaft nicht haben.) Zu einer rohen Beurteilung der Terme kann ein Zuordnungsschema der einzelnen Elektronen dienen (für den Fall gleicher Zentren Abb. 35). Die nichtentarteten (σ-) Terme eines solchen Schemas können von zwei Elektronen besetzt sein, die entarteten (π-, δ-) Terme können bis zu vier Elektronen aufnehmen. Bei gegebener Gesamtzahl von Elektronen wird ein Teil der Terme zu Termen „innerer Elektronen", ein anderer Teil zu Termen der äußeren Elektronen im Grundzustand oder in angeregten Zuständen. Die Termfolge der inneren Elektronen wird bei den für die Molekel in Betracht kommenden Zentrenabständen im wesentlichen die für sehr großen Zentrenabstand sein. Im besonderen Fall gleicher Kerne wird man bei nicht zu kleiner Kernladung, etwa vom Li_2 ab, sagen können, daß die beiden K-Schalen der Molekel getrennt sind, das bedeutet, daß $\sigma_u(1s)$ der zweittiefste Term ist. Bei hinreichend großer Kernladung, etwa vom Na_2 ab, wird man sagen können, daß die L-Schalen getrennt sind, das bedeutet, daß die Terme, die zu $1s$, $2s$, $2p$ der getrennten Atome gehen, tiefer liegen als die zu $3s$, $3p$ ... gehenden. So kann man bestimmen, welche Stelle eines Zuordnungsschemas für die betrachtete Molekel wichtig ist (in Abb. 35 sind die Stellen angedeutet, von denen ab man sagen kann, die K-Schalen, L-Schalen usw. seien getrennt).

Die Annäherung durch einzelne Elektronen des Zweizentrensystems ist im Falle sehr großer Zentrenabstände und vor allem beim Übergang zu getrennten Atomen keine gute Näherung mehr. In dieser Näherung würde z. B. der Term $1s + 1s$ eines Systems zweier weit getrennter Zentren mit zusammen zwei Elektronen (etwa zwei H-Atome) energetisch zusammenfallen mit dem Term $1s^2$ dieses Systems (H^- und H^+). Für sehr weit getrennte Zentren ist eben das Kraftfeld für ein Elektron nicht durch ein statisches ersetzbar, weil der Rest sich wesentlich ändert, wenn das Elektron von der Nähe des einen Zentrums in die Nähe des anderen Zentrums übergeht. Der Vergleich mit den empirisch erforschten Molekelspektren zeigt jedoch, daß für die Zentrenabstände, die in den Molekeln wirklich auftreten, die Annäherung durch Terme der einzelnen

Elektronen sehr wohl brauchbar ist. Die Zuordnung zu Termen bei sehr geringem Zentrenabstand kann mit Hilfe des Zuordnungsschemas für einzelne Elektronen geschehen; die Zuordnung zu Termen bei sehr großem Zentrenabstand muß nach dem oben Gesagten auf andere Weise geschehen.

Wir benutzen auch hier die H_2-Molekel als Beispiel. Aus Abb. 35 (S. 641) entnehmen wir als tiefste Terme der einzelnen Elektronen $\sigma_g(1s)$, $\sigma_u(1s)$, $\sigma_g(2s)$, $\sigma_u(2s)$, $\pi_u(2p)$, ... und erhalten das Termschema der Abb. 37. Der Art der Annäherung entsprechend ist der Zustand getrennter Ionen ($H^+ + H^-$) nur wenig über dem Zustand getrennter normaler Atome (H + H) gezeichnet, im Gegensatz zur Wirklichkeit. Der Anschluß an die Wirklichkeit wird nachher angegeben.

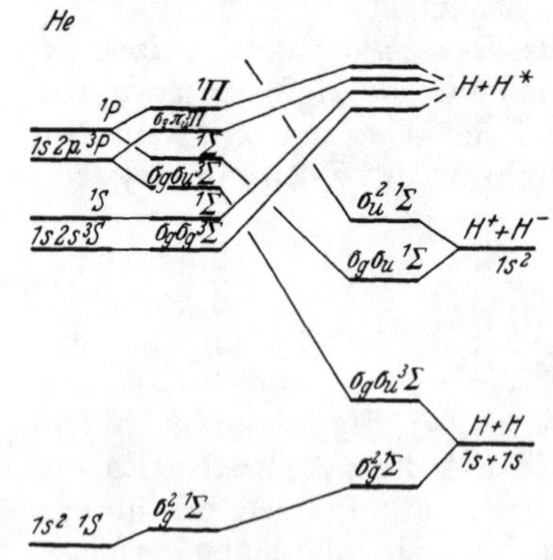

Abb. 37. Termschema der H_2-Molekel (zweiter Versuch).

Für wirkliche Berechnung ist diese Methode, von den Zuständen einzelner Elektronen auszugehen, nicht so geeignet wie für qualitative Überlegungen. Einmal ist das Ersatzfeld für jedes Elektron nicht ganz ohne Willkür anzugeben und dann hat man für die Eigenfunktion einzelner Elektronen im Zweizentrensystem keine brauchbare Näherung. Man kann diese Funktionen wieder durch Funktionen einzelner Elektronen in zwei Zentralfeldern um die Zentren annähern. Im Falle des H_2 setzt man also die Eigenfunktionen der Zustände der einzelnen Elektronen in der Form an (ohne Normierungsfaktoren)

$$\sigma_g(1s): \qquad u + v,$$
$$\sigma_u(1s): \qquad u - v,$$

wo u und v die $1s$-Eigenfunktionen in Zentralfeldern sind. Ohne Wechselwirkung der Elektronen wird die Eigenfunktion der tiefsten Zustände von H_2 angenähert durch:

$$\sigma_g^2: \qquad [u(1) + v(1)][u(2) + v(2)],$$
$$\sigma_g\sigma_u: \qquad [u(1) + v(1)][u(2) - v(2)],$$

mit Wechselwirkung durch:

$$\left.\begin{aligned}
\sigma_g^2\,{}^1\Sigma_g:&\quad [u(1)+v(1)][u(2)+v(2)]\\
\sigma_g\sigma_u\,{}^3\Sigma_u:&\quad [u(1)+v(1)][u(2)-v(2)]-[u(1)-v(1)][u(2)+v(2)]\\
&\quad = -2[u(1)v(2)-v(1)u(2)],\\
\sigma_g\sigma_u\,{}^1\Sigma_u:&\quad [u(1)+v(1)][u(2)-v(2)]+[u(1)-v(1)][u(2)+v(2)]\\
&\quad = 2[u(1)u(2)-v(1)v(2)].
\end{aligned}\right\} \tag{1}$$

Vergleichen wir damit die Ansätze, die die Methode macht, die durch die Grundzustände getrennter Atome und die wieder durch Zustände einzelner Elektronen annähert. Dort wird gesetzt:

$$\left.\begin{aligned}
{}^1\Sigma_g:&\quad u(1)v(2) + v(1)u(2),\\
{}^3\Sigma_u:&\quad u(1)v(2) - v(1)u(2).
\end{aligned}\right\} \tag{2}$$

Die Annäherung ist also eine andere. Für große Zentrenabstände ist die letztgenannte Methode sicher besser; für kleinere Zentrenabstände sind beide keine guten Näherungen mehr.

Ein allgemeines Verfahren, aus dem durch Spezialisierung die Ansätze (1) und (2) hervorgehen, besteht darin, die Eigenfunktion der Molekel durch die Eigenfunktionen aller Zustände der beiden Atome und die wieder durch Zustände der einzelnen Elektronen anzunähern. Für großen Abstand kommen natürlich nur die Grundzustände der Atome in Betracht. Für geringeren Abstand sind auch die höheren Terme der Atome von Einfluß; diesen Einfluß kann man gegenseitige Polarisation nennen. Für den wirklichen Abstand der Molekel haben aber gerade auch die Ionenterme Einfluß, da wegen der elektrostatischen Anziehung eine Senkung des Termwertes eintritt. Beschränkt man sich auf die Mitnahme der tiefsten Atom- und Ionenterme, so erhält man im Falle zweier Elektronen die Ansätze:

$$\text{Singulett:} \quad u(1)\,v(2) + v(1)\,u(2) + \lambda u(1)\,u(2) + \mu v(1)\,v(2)\,,$$

$$\text{Triplett:} \quad u(1)\,v(2) - v(1)\,u(2)\,,$$

im Falle gleicher Kerne ist natürlich $\lambda = \pm\mu$. Durch Weglassen der Ionenterme ($\lambda = \mu = 0$) erhält man die Ansätze (2). Wählt man λ und μ so, daß man Kombinationen von Produkten von Funktionen je eines Elektrons erhält, so erhält man die Ansätze (1).

Nähert man die Terme des Zweizentrensystems für mittlere und kleine Werte des Zentrenabstands durch Terme einzelner Elektronen in symmetrischen Ersatzfeldern an, so kann man die Zuordnung zu den Termen getrennter Atome durch ein Verfahren gewinnen, das man als eine allgemeinere Fassung der Methode der einzelnen Elektronen im Zweizentrensystem ansehen kann, die auch die HEITLER-LONDONsche Näherung als Grenzfall enthält[1]. Man betrachtet das dem H_2^+ entsprechende Zweizentrensystem

$$1s\text{—}\sigma_g\text{—}\mathrm{H}(1s) + \mathrm{H}^+$$

als Rest, dem ein Leuchtelektron gegenübergestellt wird. Den Rest ersetzt man durch ein statisches Feld. Für nicht zu große Werte des Zentrenabstandes ist dieses symmetrisch zur Mittelebene zwischen den Zentren; die Terme des Leuchtelektrons sind $\sigma_g(1s), \sigma_u(1s), \ldots$; das Termschema ist genau das vorhin beschriebene (Abb. 37). Für sehr großen Zentrenabstand ist der Rest aber besser durch ein neutrales H-Atom (mit geringer Elektronenaffinität) und ein H^+-Kraftzentrum anzunähern, also durch ein unsymmetrisches Gebilde. Die Terme des Leuchtelektrons in diesem Grenzfall sind $\sigma(1s)$, $\sigma(2)$, $\pi(2)$, $\sigma(2)$, ... mit Eigenfunktionen am noch freien H^+-Kern. Den Übergang vom Fall mittlerer Zentrenabstände und symmetrischen Ersatzfeld zum Fall sehr weit getrennter Zentren und unsymmetrischen Ersatzfeld kann man so vollziehen, daß man bei Vergrößerung des Zentrenabstandes das Ersatzfeld allmählich unsymmetrisch werden läßt. Die Zuordnung geschieht also nur unter Berücksichtigung der λ-Werte des Leuchtelektrons, nicht unter Berücksichtigung von g und u (Abb. 38). Von den Termen des Grenzfalles weit getrennter Zentren ist jetzt erst die Hälfte benutzt; denn es kann ja der freie H^+-Kern auch auf der anderen Seite liegen.

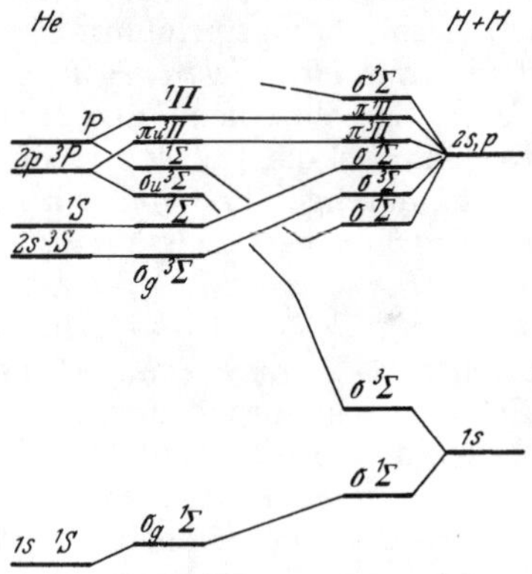

Abb. 38. Termschema der H_2-Molekel (dritter Versuch).

[1] Das Verfahren ist angegeben von F. HUND, ZS. f. Phys. Bd. 63, S. 719. 1929.

Diese Terme entsprechen aber den Zweizentrensystemtermen mit dem anderen Rest

$$2p\sigma—\sigma_u—H^+ + H(1s),$$

der zum gleichen Term getrennter Kerne geht, wie der oben benutzte. Interessiert man sich nur für die H_2-Terme, bei denen das eine Elektron im Grundzustand ist, so kann man die auf dem zweiten Rest aufbauenden Terme außer Betracht lassen.

Das hier am Beispiel des H_2 beschriebene Verfahren läßt sich auf andere Fälle übertragen. Wenn der Rest (im Falle gerader Anzahl der Restelektronen) auch im Grenzfalle weit getrennter Kerne noch symmetrisch ist, so ist selbstverständlich g und u bei der Zuordnung zu beachten. Wenn die Molekel ungleiche Kerne hat, tritt die hier erwähnte Schwierigkeit nicht auf, da dann nicht zwei Terme des Zweizentrensystems zum gleichen Term getrennter Kerne gehören.

31. Die Spektren einiger Molekeln. Die Hauptanwendungsgebiete der Theorie der zweiatomigen Molekeln sind die Deutung der Spektren dieser Molekeln und die Erklärung der chemischen Bindung. Wir erläutern zunächst die *Anwendung auf die Molekelspektren* an einfachen Beispielen[1].

Die Schwierigkeit in der theoretischen Behandlung des Termschemas eines Zweizentrensystems besteht darin, daß es keine für alle Werte des Zentrenabstandes gültige Abstufung in der Größenordnung der Kräfte gibt, also kein für alle Werte des Abstandes gültiges Näherungsverfahren. *Für ganz kleine Zentrenabstände betrachtet man die Terme als gestörte Atomterme. Für kleine und mittlere kann man versuchen, sie durch Terme einzelner Elektronen des Zweizentrensystems anzunähern*; für diese Terme hat man die Angaben eines Zuordnungsschemas wie etwa die Abb. 35, S. 641, oder die hier rohe Methode einer LONDON-HEITLERschen Störungsrechnung. *Für große Abstände endlich kann man die Terme durch Terme einzelner Elektronen in getrennten Atomen annähern.* Die Zuordnung der Terme der einzelnen Fälle zueinander geschieht nach den dafür aufgestellten Regeln. Da die Störungsrechnungen sehr mühsam und auch nur in wenigen Fällen durchgeführt sind, wird man *zu einer Übersicht über die Molekelspektren ein Verfahren* benutzen, *das die Zweizentrensystemterme für mittlere Zentrenabstände durch Terme einzelner Elektronen des Zweizentrensystems mit Schematen ähnlich dem der Abb. 35 annähert und für kleinere und größere Zentrenabstände die Zuordnung zu Termen eines Atoms und zu Termen der getrennten Atome ausführt.* Für die Grundterme und niedrig angeregten Terme ist die Zuordnung zu getrennten Atomen wichtig; für die höher angeregten Terme die Zuordnung zu dem vereinigten Atom.

Es ist von vornherein nicht sicher, ob das Verfahren Erfolg hat bei der Deutung der Molekelspektren, insbesondere kann man nicht sicher wissen, wieweit die Annäherung durch Zustände einzelner Elektronen bei mittleren Abständen brauchbar ist. Eine dauernde Prüfung des angegebenen Verfahrens an der Erfahrung ist also notwendig.

Die *geschichtliche Entwicklung* ist ja auch so vor sich gegangen, daß die einzelnen Teile dieses Verfahrens erst im Laufe der Zeit ausgebildet wurden, als mehr und mehr empirische Spektren bekannt geworden waren. Nachdem zunächst einige Analogien im Verhalten der Elektronenterme der Molekeln und der Terme der Atome aufgefunden worden waren (MECKE), deutete MULLIKEN[2] einige Elektronenterme einfacher Molekeln (BO, CN, CO^+, N_2^+) zunächst noch

[1] Ausführliche Darstellungen: R. S. MULLIKEN, Rev. mod. phys. Bd. 2, S. 60 u. 506. 1930; Bd. 3, S. 89. 1931; Bd. 4, S. 1. 1932; W. WEIZEL, Bandenspektren. Handb. d. Exper.-Phys. (WIEN-HARMS) Erg.-Bd. I. Leipzig 1931.

[2] R. S. MULLIKEN, Phys. Rev. Bd. 26, S. 561. 1925.

sehr allgemein durch Zustände einzelner Elektronen. Die Zuordnung von Molekeltermen zu Termen des vereinigten Atoms und der getrennten Atome gab HUND durch Anwendung der Quantenmechanik[1]. Dann kam das Störungsverfahren von HEITLER und LONDON. Die Klärung in der Anwendung der einzelnen Näherungsmethoden brachten für die Spektren der leichten Molekeln Arbeiten von HERZBERG, MULLIKEN und HUND[2]. Dieser theoretischen Klärung vorauf ging die Termordnung einiger empirischer Spektren, besonders die sehr schwierige Ordnung des H_2-Spektrums und die des He_2-Spektrums[3].

H_2-Molekel: Die Methoden der Aufstellung eines theoretischen Termschemas des entsprechenden Zweizentrensystems haben wir in Ziff. 30 besprochen. Abb. 39 (Erweiterung von Abb. 38, S. 653) gibt ein solches Schema an. Dabei könnten folgende beiden Einzelheiten noch willkürlich erscheinen: Für größeren Kernabstand sind die Terme $1s\sigma\, 2p\sigma$ $(\sigma_g\sigma_u\ {}^{31}\Sigma_u)$ tiefer gezeichnet als die Terme $1s\sigma\, 2s\sigma$ $(\sigma_g\sigma_g\ {}^{31}\Sigma_g)$

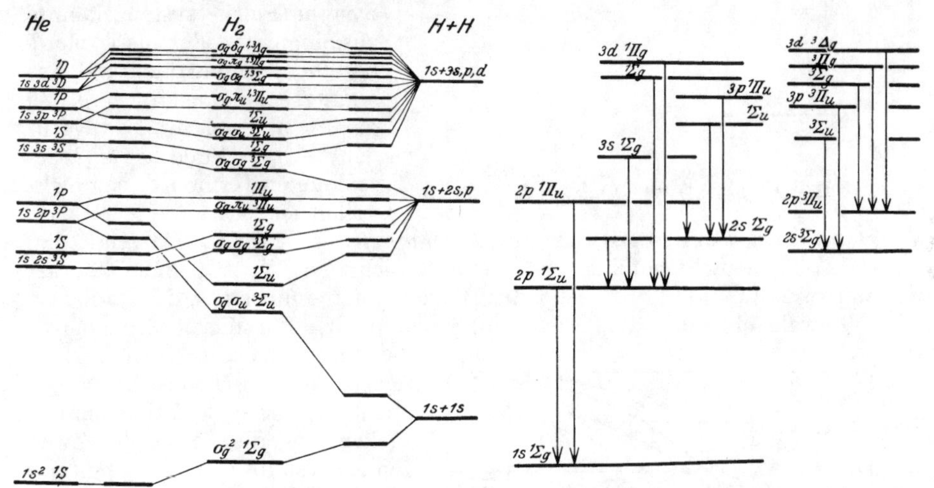

Abb. 39. Theoretisches Schema der Elektronenterme der H_2-Molekel.

Abb. 40. Theoretisches Schema der wichtigsten Bandensysteme im H_2-Spektrum.

(Nach HUND, ZS. f. Phys. Bd. 63, S. 719. 1930.)

entsprechend dem Schema der Abb. 35. Für die Zuordnung zum Falle getrennter Atome ist dies übrigens ohne Belang, da $1s\sigma\, 2p\sigma\ {}^3\Sigma_u$ zwangsläufig zu $1s + 1s$ geht und $1s\sigma\, 2p\sigma\ {}^1\Sigma_u$ und $1s\sigma\, 2s\sigma\ {}^1\Sigma_g$ sowieso zum gleichen Term. Die Abb. 35 entsprechende Überschneidung von $1s\sigma\, 3p\sigma$ und $1s\sigma\, 3s\sigma$ ist jedoch nicht gemacht, da die dreiquantigen Bahnen weit außen liegen.

Von den Termen der Abb. 39 dürften alle auch Molekeltermen entsprechen, nur bei $1s\sigma\, 2p\sigma\ {}^3\Sigma_u$ ist dies ausgeschlossen nach der Rechnung von HEITLER und LONDON, und bei $1s\sigma\, 3s\sigma\ {}^3\Sigma_g$ ist es unsicher.

Im *H_2-Spektrum* erwarten wir in erster Linie die Banden, die keine Auswahlregel verletzen und die zu den tiefer gelegenen Elektronentermen gehen. In Abb. 40 sind die erlaubten Übergänge gezeichnet, die in den tiefsten Termen ${}^1\Sigma_g$, ${}^1\Sigma_u$, ${}^3\Sigma_g$, ${}^1\Sigma_g$, ${}^3\Pi_u$ endigen (von jeder Serie nur das tiefste Glied). Zum Vergleich gibt Abb. 41 die Elektronenterme und Übergänge, die auf Grund des empirischen Materials als ganz gesichert gelten können. Ob ein Term Σ- oder

[1] F. HUND, ZS. f. Phys. Bd. 40, S. 742; Bd. 42, S. 93. 1927.

[2] G. HERZBERG, ZS. f. Phys. Bd. 57, S. 601. 1929; R. S. MULLIKEN, Phys. Rev. Bd. 32, S. 186, 761. 1928; Bd. 33, S. 730. 1929; F. HUND, ZS. f. Phys. Bd. 51, S. 759. 1928; Bd. 63, S. 719. 1929.

[3] Vgl. z. B. W. WEIZEL im Handb. d. Exper.-Phys. Erg.-Bd. I. 1931.

Π-Term ist, folgt aus der Rotationsstruktur (Ziff. 23); die Indizes g und u folgen bei den Σ-Termen aus dem Intensitätswechsel der Banden unter Zugrundelegung der Fermistatistik (Ziff. 24), bei Π-Termen sind sie entsprechend der Kombinationsregel $g \leftrightarrow u$ gewählt. Das empirische Termschema besteht aus zwei Termsystemen, zwischen denen keine Kombinationen bekannt sind. Das System, dem der Grundterm angehört, ist sicher das Singulettsystem (das System der sog. Lyman-Werner-Banden und Richardsonbanden). Das zweite System (Fulchersystem) könnte aus Singuletts oder aus Tripletts bestehen. Intensitäten und Anregungsbedingungen sprechen mehr für Tripletts. Die Natur der mit ${}^1X_g$ und $2p\Pi_u$? bezeichneten Terme ist noch nicht völlig geklärt.

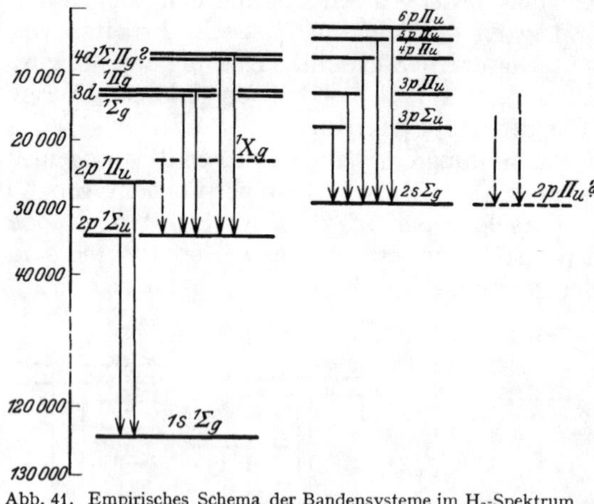

Abb. 41. Empirisches Schema der Bandensysteme im H_2-Spektrum. (Nach HUND, ZS. f. Phys. Bd. 63, S. 719. 1930.)

Der *Vergleich des empirischen mit dem theoretischen Termschema* zeigt, daß der $3s\,{}^1\Sigma_g$-Term nicht gefunden ist (wenn es nicht der ${}^1X_g$ ist), und daß statt der zwei zu $2s\,{}^1\Sigma_g$ und $2s\,{}^3\Sigma_g$ gehenden Bandensysteme nur eines, das „Fulchersystem" (wahrscheinlich Triplettsystem) bekannt ist. Für die Rechtfertigung des hier eingeschlagenen Verfahrens, das Termschema theoretisch abzuleiten, ist es wichtig zu untersuchen, wie die Terme des Zweizentrensystems vom Zentrenabstand abhängen. Aus den empirischen Schwingungstermen läßt sich das bis zu einem gewissen Grade schließen. Stellt man für jeden Elektronenterm die potentielle Energie der Schwingung durch die MORSEsche Interpolationsformel (Ziff. 22) dar, so hat man eine Annäherung der Energien des Zweizentrensystems als Funktionen des Zentrenabstandes. Abb. 42 gibt diese Funktionen an. Es fällt das anomale Verhalten des Terms $1s\,2p\,{}^1\Sigma$ (in der Abbildung kurz $2p\,{}^1\Sigma$ genannt) auf. Für kleine Zentrenabstände liegt er höher als $1s\,2s\,{}^3\Sigma$, schneidet dann diesen Term und geht weiterhin auch dort noch nach unten, wo die anderen Terme schon wieder ansteigen. Er verhält sich also zunächst tatsächlich wie der Term $2p\sigma$ im Zuordnungsschema für ein Elektron (Abb. 35). Für große Zentrenabstände kann dieses Schema nicht mehr gelten, da muß schließlich der Term $1s\,2p\,{}^1\Sigma$ nach oben abbiegen. Die Tatsache, daß das Abbiegen erst bei verhältnismäßig großem Zentrenabstand eintritt, zeigt, daß *für die*

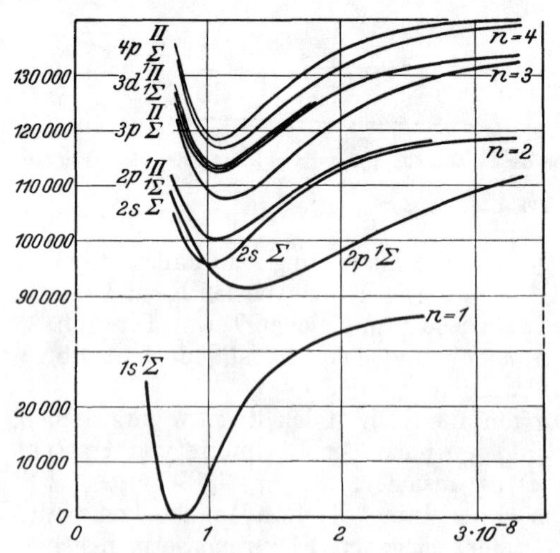

Abb. 42. Terme des dem H_2 entsprechenden Zweizentrensystems als Funktionen des Zentrenabstandes. (Nach HUND, ZS. f. Phys. Bd. 63, S. 719. 1930.)

Zentrenabstände, die den Gleichgewichtslagen der Molekel entsprechen, die Annäherung durch Terme einzelner Elektronen des Zweizentrensystems noch brauchbar ist.

Die Grundterme von H_2, He_2, $Li_2 \ldots N_2$, $O_2 \ldots$ Für die Grundterme ist die Annäherung durch Terme einzelner Elektronen des Zweizentrensystems eine brauchbare Methode. Sehen wir uns die Terme eines Elektrons im Zweizentrensystem an (Abb. 35), so folgen daraus die Grundterme noch nicht eindeutig, da die Reihenfolge im Zweizentrensystem mit einem Elektron vom Zentrenabstand abhängt. Man erhält aber, wenn man die für große Werte dieses Abstandes in Abb. 35 gezeichnete Reihenfolge nimmt, Grundterme, die in den bisher bekannten Fällen der Wirklichkeit entsprechen:

$$\mathrm{H_2}^+ \quad \sigma_g \quad {}^2\Sigma_g^+,$$
$$\mathrm{H_2} \quad \sigma_g^2 \quad {}^1\Sigma_g^+,$$
$$\mathrm{He_2}^+ \quad \sigma_g^2\,\sigma_u \; {}^2\Sigma_u^+,$$

He_2-Grundterm kommt wohl nur in der Form getrennter Atome vor.

$$\mathrm{Li_2} \quad \sigma_g^2\,\sigma_u^2\,\sigma_g^2\;{}^1\Sigma_g^+,$$
$$\ldots \quad \ldots\ldots\ldots\ldots$$
$$\mathrm{N_2}^+ \quad \sigma_g^2\,\sigma_u^2\,\sigma_g^2\,\sigma_u^2\,\pi_u^4\,\sigma_g \quad {}^2\Sigma_g^+,$$
$$\mathrm{N_2} \quad \sigma_g^2\,\sigma_u^2\,\sigma_g^2\,\sigma_u^2\,\pi_u^4\,\sigma_g^2 \quad {}^1\Sigma_g^+,$$
$$\mathrm{O_2}^+ \quad \sigma_g^2\,\sigma_u^2\,\sigma_g^2\,\sigma_u^2\,\pi_u^4\,\sigma_g^2\,\pi_g \; {}^2\Pi_g,$$
$$\mathrm{O_2} \quad \sigma_g^2\,\sigma_u^2\,\sigma_g^2\,\sigma_u^2\,\pi_u^4\,\sigma_g^2\,\pi_g^2\;{}^3\Sigma_g^-.$$

Wegen der Nachbarschaft von $2s$ und $2p$ für großen Abstand könnte die Überschneidung von $\sigma_u(2s)$ mit $\pi_u(2p)$ bei großem Abstand stattfinden. Es ist also etwas zweifelhaft, ob der Grundterm von Be_2, wenn er nicht aus zwei getrennten Atomen besteht $\sigma_g^2\,\sigma_u^2\,\sigma_g^2\,\sigma_u^2\;{}^1\Sigma_g^+$ oder $\sigma_g^2\,\sigma_u^2\,\sigma_g^2\,\pi_u^2\;{}^3\Sigma_g^-$ ist.

Besonders sicher erscheint unsere Vorhersage für den Fall des N_2, da im Schema der Abb. 35 die Terme der 14 ersten Elektronen sich mit den Termen der folgenden nicht überschneiden. Dies ist deshalb wichtig, weil aus der ${}^1\Sigma_g^+$-Natur des Grundterms von N_2 und dem Gewichtswechsel der Rotationsterme, der aus dem Ramaneffekt (RASETTI) bekannt ist, folgt, daß die N-Kerne der Bosestatistik folgen (vgl. Ziff. 24). Aus der empirischen Rotationsstruktur direkt folgt nur, daß es sich um einen ${}^1\Sigma$-Term handelt. Ein anderes Argument für die ${}^1\Sigma_g^+$-Natur des Grundzustandes von N_2 geben HEITLER und HERZBERG. Aus zwei getrennten N-Atomen im Grundzustand (${}^4S$) können nur die Terme ${}^1\Sigma_g^+$, ${}^3\Sigma_u^-$, ${}^5\Sigma_g^+$, ${}^7\Sigma_u^-$ entstehen, von denen nur ${}^1\Sigma_g^+$ mit der empirischen Rotationsstruktur verträglich ist. Aus einem N-Atom im Grundzustand und einem im nächsthöheren (${}^2D$-) oder übernächsten (${}^2P$-)Zustand entstehen nur Tripletterme. Daß der Grundzustand der N_2-Molekel aus zwei angeregten Atomen entsteht (etwa ${}^2D$ und ${}^2D$), ist unwahrscheinlich.

Da das Argument von HEITLER und HERZBERG nicht ganz sicher für ${}^1\Sigma_g^+$ spricht, sei daran erinnert, daß aus der Betrachtung der einzelnen Elektronen wegen der Abwesenheit von Überschneidungen der Terme der 14 ersten Elektronen mit den folgenden in Abb. 35 auch folgt, daß in der Nachbarschaft des Grundterms ${}^1\Sigma_g^+$ kein anderer Term ist. Dem entspricht die empirische Tatsache, daß N_2 vollkommen durchsichtig ist und überhaupt keine Zeichen leichter Anregbarkeit hat. Sollte durch Ungültigkeit unseres Näherungsverfahrens der tiefe Term doch nicht ${}^1\Sigma_g^+$ sein, so müßte ein ${}^1\Sigma_g^+$-Term in tiefer Lage zu finden sein; auch wenn seine Kombination mit dem Grundterm nach den Kombinationsregeln verboten sein sollte, so müßte sie bei den dicken Schichten N_2, die das Sonnenlicht in der Atmosphäre durchsetzt, wenigstens schwach merkbar sein.

Angeregte Terme einfacher Molekeln. Ebenso wie das empirische H_2-Spektrum zeigte, daß wir mit unseren Methoden der Aufstellung des theoretischen Schemas der Elektronenterme auf dem richtigen Wege sind, bestätigt auch das He_2-Spektrum unsere Annahmen. Das empirische He_2-Spektrum ist auf dem „Rest"

$$1s^2 2p \text{———} \sigma_g^2(1s)\,\sigma_u(1s) \text{———} 1s^2 + 1s$$

aufgebaut. Die Elektronenterme unterscheiden sich durch den Anregungszustand des vierten Elektrons. Die Rotationsstruktur der Σ-Terme, bei denen entweder nur die geradzahligen oder die ungeradzahligen Rotationsterme auftreten, ist mit der aus der Annahme des angegebenen Restes folgenden g- oder u-Natur der Σ-Terme im Einklang, wenn für die He-Kerne angenommen wird, daß sie keinen Kernspin haben und der Bosestatistik folgen.

Das He_2-Spektrum ist deshalb bemerkenswert, weil es zahlreiche höher angeregte Terme enthält, Terme, bei denen die Annäherung durch den Zustand eines einzigen Atoms, aus dem die Molekel durch Teilung des Kernes entsteht, noch brauchbar ist. In solchen Termen hat nicht nur die Quantenzahl λ des Leuchtelektrons einen Sinn, sondern auch genähert die Quantenzahl l. Die Symbole $ns\sigma, np\sigma, np\pi, \ldots$ bedeuten hier mehr als die bloße Zuordnung zu einem Atomterm. In der Termstruktur des He_2 zeigt sich das darin, daß Terme, die zu gleichem l gehören, etwa

$$nd\sigma\ {}^3\Sigma_u, \quad nd\pi\ {}^3\Pi_u, \quad nd\delta\ {}^3\Delta_u,$$

nahe beieinander liegen und in der Rotationsstruktur jene charakteristischen Züge einer Entkopplung des Bahndrehimpulses von der Molekelachse zeigen, die früher erwähnt wurden (Ziff. 23). Dieser Sachverhalt half WEIZEL bei der Deutung des He_2-Spektrums[1].

Gedeutet sind durch Zustände einzelner Elektronen weiter die bisher bekannten Elektronenterme von Li_2, N_2^+, CO^+, CN, BeO, O_2^+, NO, während für N_2 einige Ansätze vorhanden sind[2]. Ferner sind die Elektronenterme zahlreicher Hydride gedeutet.

32. Elektrische und magnetische Eigenschaften zweiatomiger Molekeln. Sehen wir von der möglichen Ladung einer Molekel ab, so ist die auffallendste elektrische Eigenschaft, die sie haben kann, ein *fester Dipol.* Aus Symmetriegründen kann er nur bei Molekeln mit ungleichen Kernen auftreten. Nehmen wir eine neutrale Molekel an, so wird der Betrag des Dipols in erster Linie davon abhängen, ob man die Eigenfunktion des Grundzustandes der Molekel oder des entsprechenden Zweizentrensystems besser durch die Zustände zweier neutraler Atome annähern kann oder besser durch die Zustände eines positiven und eines negativen Ions. Im ersten Falle liefert die Annäherung der Eigenfunktion durch das HEITLER-LONDONsche Störungsverfahren im allgemeinen ein elektrisches Moment, aber es ist sehr klein verglichen mit der Größe ea, Elektronenladung mal Kernabstand. Im zweiten Falle liefert bei einwertigen Ionen der erste Schritt der Näherung natürlich gerade ea, in höherer Näherung hat man zu berücksichtigen, daß die Ionen nicht unverändert in die Molekel eingehen. Man hat das vor der quantenmechanischen Behandlung der Molekeln durch Einführung der Polarisierbarkeit der Ionen getan; durch das Feld des einen Ions wird im anderen ein Dipol induziert; die Wirkung ist, daß das gesamte Moment

[1] W. WEIZEL, ZS. f. Phys. Bd. 52, S. 175. 1928; Bd. 54, S. 321. 1929.

[2] Eine Übersicht vom theoretischen Standpunkt gibt F. HUND, ZS. f. Phys. Bd. 63, S. 719. 1930.

wesentlich kleiner als ea wird. In der quantenmechanischen Behandlung erhält man den entsprechenden Effekt, wenn man die Eigenfunktion des Grundzustandes der Molekel nicht nur durch die Eigenfunktionen des Grundzustandes der Ionen annähert, sondern auch Eigenfunktionen höherer Zustände der Ionen oder wenigstens des leichter anregbaren Ions benutzt. Zu diesem Effekt tritt noch ein zweiter, der daher rührt, daß die Annäherung des Grundterms der Molekel durch Ionenzustände nicht vollkommen ist, sondern daß eine höhere Näherung auch die Atomzustände einführen muß.

In dem Einfluß der Atomzustände unterscheiden sich die verschiedenen Molekeln ziemlich stark. Zur qualitativen Beschreibung wollen wir zwei Typen auswählen, als Vertreter des einen nehmen wir NaCl, als Vertreter des anderen AgCl und HCl.

Die tiefsten Terme des dem NaCl entsprechenden Zweizentrensystems für den Fall sehr weit getrennter Zentren sind Na + Cl und $Na^+ + Cl^-$ (die angegebenen Atome und Ionen im Grundzustand, das ^2P-Dublett von Cl betrachten wir als einen Term), der Term $Na^+ + Cl^-$ liegt 1 bis 2 Volt höher als der Term Na + Cl (Ionisierungsarbeit des Na etwa $1^1/_2$ Volt größer als Elektronenaffinität

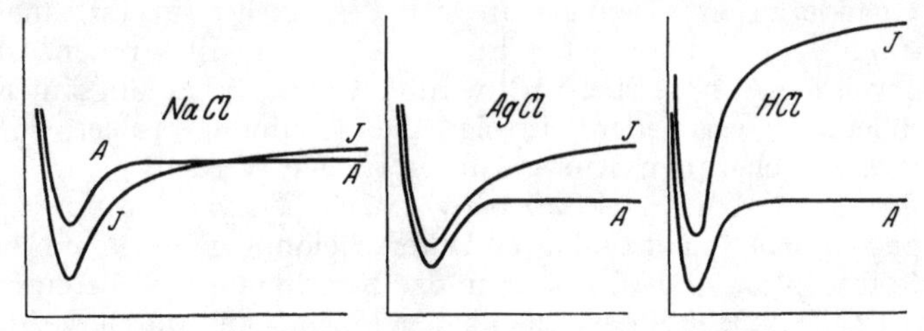

Abb. 43. Atom- und Ionenterme bei dreitypischen Molekeln.

des Cl). Die Terme für geringere Zentrenabstände kann man zunächst so schätzen, das man den Atomterm unabhängig vom Ionenterm behandelt. Wegen der elektrostatischen Anziehung der Ionen wird der Ionenterm sehr bald tiefer als der Atomterm liegen. Man erhält das Bild der Abb. 43. Wenn man die Eigenfunktionen beider Terme in nächster Näherung durch Linearkombinationen der Atom- und Ionenterme annähert, so wird strenggenommen die Überschneidung vermieden. Die Abweichung des Termverlaufes von der Überschneidung ist aber um so geringer, je weiter außen der Schnittpunkt liegt und bei NaCl äußerst gering. In der Eigenfunktion des innerhalb des Schnittpunktes tiefer liegenden Terms sind dann fast ausschließlich die Ionenterme vertreten[1]. Die Beschreibung der Eigenschaften des Grundzustandes der NaCl-Molekel durch die Annahme eines Ionentermes ist also gerechtfertigt. Die Berechnung des elektrischen Momentes ist natürlich nun durch die Einführung der Polarisierbarkeit oder die quantenmechanische Berücksichtigung höherer Ionenzustände zu ergänzen.

Der tiefste Term des dem AgCl entsprechenden Zweizentrensystems für den Fall sehr weit getrennter Zentren ist Ag + Cl. Der Term $Ag^+ + Cl^-$ liegt etwa 4 Volt höher. In der Nähe liegt ein Term $Ag^* + Cl$, wo Ag angeregt ist. Schätzen wir die Terme für geringeren Zentrenabstand zunächst so, daß wir Atomterm und Ionenterm einzeln behandeln, so erhalten wir den Schnittpunkt, wenn überhaupt, bei wesentlich geringerem Zentrenabstand als bei NaCl. Die Entscheidung, ob sich reiner Ionen- und reiner Atomterm überhaupt noch schneiden, hat wenig Sinn, da weder das HEITLER-LONDONsche Störungsverfahren für den Atomterm noch die Schätzung des Ionenterms mit COULOMBschen Kräften

[1] F. LONDON, ZS. f. Phys. Bd. 46, S. 455. 1928 (besonders S. 472ff.).

(und Polarisation) dort, wo der Schnittpunkt liegen könnte, brauchbare Ergebnisse liefern. In Wirklichkeit wird sicher der Schnittpunkt vermieden. Die Eigenfunktionen lassen sich aber weder durch die der Atome allein noch durch die der Ionen allein brauchbar annähern. Für die Energie liefern wahrscheinlich beide Näherungen noch brauchbare Ergebnisse.

Im Falle des HCl liegt der Term $H^+ + Cl^-$ etwa 10 Volt über dem Grundterm H + Cl. Ein Term H* + Cl, wo H angeregt ist und ein Term H + Cl*, wo Cl angeregt ist, dürfte in der gleichen Gegend liegen. Hier dürften die Terme schon in beträchtlichem Abstand aneinander vorbeigehen. Daß aber der Grundterm doch noch einige Ionentermeigenschaften hat, zeigt das empirisch bekannte elektrische Moment. (Ein nach LONDON-HEITLER berechneter Atomterm hätte ein viel geringeres Moment.)

Die Überlegungen führen also *nicht zu einer scharfen Unterscheidung von Atom- und Ionenmolekeln.* Die etwas andere Festsetzung: Atommolekeln sind solche, die beim Auseinanderführen der Kerne in Atome übergehen, Ionenmolekeln solche, die in Ionen übergehen, gibt auch keine scharfe Unterscheidung. Denn das Dissoziationsprodukt hängt von der Geschwindigkeit ab, mit der die Kerne auseinandergehen. Denkt man sich die Kerne äußerst langsam (oder gar adiabatisch) auseinander gebracht, so folgen die Elektronenzustände den Potentialkurven der Abb. 43; bei NaCl wird erst mit extrem langsamer Trennung die Überschneidung vermieden. Erfolgt die Trennung rascher, so kann der Zwischenraum zwischen den Kurven übersprungen werden[1].

Eine *bestimmte Art des Auseinanderrückens* benutzt FRANCK zu einer in den bisher zugänglichen Fällen scharfen Unterscheidung, nämlich die Dissoziation, die bei Lichtabsorption und Übergang in das Kontinuum des oberen Elektronenterms eintritt (Ziff. 22). Bei den Alkalihalogeniden findet durch Lichtabsorption eine Dissoziation in normale Atome statt, also gehört nicht der Grundzustand der Molekel, sondern erst der durch Absorption erreichte höhere Zustand zu den getrennten Atomen. (Ein solcher Schluß ist zwar nicht allgemein richtig, denn es können mehrere Molekelterme zu dem gleichen Grenzfall getrennter Atome gehören.) FRANCK nennt daher die Molekeln der Alkalihalogenide Ionenmolekeln. Bei AgJ und HJ findet durch Lichtabsorption nicht eine Dissoziation in normale Atome statt, wohl aber eine Dissoziation in ein normales und ein angeregtes Atom (Ag + J*, H + J*). FRANCK schließt daraus, das der Grundzustand der Molekel zum Term zweier normaler Atome gehört und nennt diese Molekeln Atommolekeln.

Für das *magnetische Verhalten* einer Molekel ist wichtig, ob sie ein festes magnetisches Moment hat oder nicht. Bei der nichtrotierenden Molekel kann ein festes Moment nur in der Richtung der Kernverbindung liegen. Wenn wir im Falle $\Lambda \neq 0$ den Kopplungsfall *a* annehmen, so hat ein durch Λ und Σ $(\Lambda + \Sigma = \Omega)$ bezeichneter Elektronenterm ein magnetisches Moment $\frac{e}{2mc}\hbar\cdot(\Lambda + 2\Sigma)$, also von $\Lambda + 2\Sigma$ BOHRschen Magnetonen. Im Falle $\Lambda = 0$ trägt nur der Spin zum magnetischen Moment bei; es wird $\frac{e}{2mc}\hbar\cdot 2S$. Die $^1\Sigma$-Elektronenterme geben kein magnetisches Moment. Es sind also fast alle Molekeln mit gerader Elektronenzahl diamagnetisch. Eine Ausnahme macht die O_2-Molekel; der $^3\Sigma$-Grundterm hat ein magnetisches Moment von zwei BOHRschen Magnetonen. Von den Molekeln mit ungerader Elektronenzahl ist NO auch chemisch bekannt. Von dem $^2\Pi$-Grunddublett hat der tiefere Term $^2\Pi_{1/2}$

[1] F. LONDON (ZS. f. Phys. Bd. 74, S. 143. 1932) behandelt solche nichtadiabatisch verlaufende Prozesse.

kein Moment, der höhere Term $^2\Pi_{3/2}$ ein solches von zwei Magnetonen. Wie VAN VLECK zeigt, führt das angegebene Moment von O_2 gerade zu dem experimentellen Wert der magnetischen Suszeptibilität[1]. Die gemessene Suszeptibilität von NO kommt dadurch zustande, daß bei gewöhnlicher Temperatur auch der $^2\Pi_{3/2}$-Term etwas angeregt ist. Aus dem empirisch bekannten Abstand der Rotationstermfolgen und ihrer Struktur im einzelnen berechnet VAN VLECK die Suszeptibilität und findet sie in guter Übereinstimmung mit der Erfahrung.

33. Berechnungen von Molekeleigenschaften. *H_2^+-Ion:* Durch numerische Lösung der durch Separation der Schrödingergleichung erhaltenen gewöhnlichen Differentialgleichungen berechnete BURRAU Dissoziationsarbeit, Kernabstand und Schwingungsfrequenz für den Grundzustand[2]. Die gleichen Eigenschaften berechnete PAULING mit dem HEITLER-LONDONschen Störungsverfahren; er erhielt natürlich wesentlich weniger genaue Werte[3]. GUILLEMIN und ZENER wandten das Variationsverfahren auf den Grundterm an und erhielten mit dem einfachen Ansatz

$$u = e^{-\alpha R \xi}(e^{\beta R \eta} + e^{-\beta R \eta}),$$

wo ξ und η die elliptischen Koordinaten sind, R der Zentrenabstand ist und α und β variiert werden, Ergebnisse, die von den BURRAUschen nur wenig abweichen[4] [PAULING benutzte $e^{-\alpha R \xi}(e^{\alpha R \eta} + e^{-\alpha R \eta})$, wo α festlag]. MORSE und STUECKELBERG berechneten den Grundzustand und die bei Trennung der Kerne in einen zweiquantigen übergehenden Zustände des Zweizentrensystems für kleinen und großen Zentrenabstand durch Störungsverfahren. Dabei benutzten sie für großen Zentrenabstand ein vom HEITLER-LONDONschen etwas abweichendes Verfahren (sie nahmen als ungestörte Funktionen solche, die von den elliptischen Koordinaten so abhingen wie die Wasserstoffeigenfunktionen von den parabolischen). Für mittlere Zentrenabstände interpolierten sie[5]. LENNARD-JONES benutzte für große Abstände bei den gleichen Termen das Heitler-London-Verfahren und erhielt Werte, die von den MORSE-STUECKELBERGschen merklich abwichen[6]. Der daraufhin sehr notwendigen Aufgabe, auch die Terme, die bei Trennung in zweiquantige übergehen, durch direkte Integration der Differentialgleichungen zu berechnen, unterzog sich TELLER[7]. Sein Ergebnis ist in Ziff. 26 angegeben.

H_2-Molekel: Für die Berechnung des *Grundzustandes* erdachten HEITLER und LONDON ihr Störungsverfahren. Das bei ihnen nur abgeschätzte Austauschintegral berechnete SUGIURA; er erhielt so (nach Abzug der Nullpunktenergie der Schwingung) für die Bindungsenergie 3,0 Volt (empirisch 4,4 Volt) und für den Kernabstand $0{,}80 \cdot 10^{-8}$ cm (empirisch $0{,}75 \cdot 10^{-8}$ cm)[8]. Abschätzungen unter Benutzung der H_2^+-Rechnungen machten CONDON und LUDLOFF[9]. WANG benutzte für den Grundzustand ein Variationsverfahren mit dem Ansatz

$$u = u_a(1)\, u_b(2) + u_b(1)\, u_a(2),$$

$$u_a(1) = e^{-\alpha r_{a1}},$$

---

[1] J. H. VAN VLECK, Phys. Rev. Bd. 31, S. 587. 1928.

[2] Ø. BURRAU, Danske Vid. Selsk. m.-phys. meddel. Bd. 7, Nr. 14. 1927.

[3] L. PAULING, Chem. Rev. Bd. 5, S. 173. 1928.

[4] V. GUILLEMIN u. CL. ZENER, Proc. Nat. Acad. Amer. Bd. 15, S. 314. 1929.

[5] P. M. MORSE u. F. C. G. STUECKELBERG, Phys. Rev. Bd. 33, S. 932. 1929.

[6] J. E. LENNARD-JONES, Trans. Faraday. Soc. Bd. 24, S. 668. 1929.

[7] E. TELLER, ZS. f. Phys. Bd. 61, S. 458. 1930.

[8] Y. SUGIURA, ZS. f. Phys. Bd. 45, S. 484. 1927.

[9] E. U. CONDON, Proc. Nat. Acad. Amer. Bd. 13, S. 466. 1927; H. LUDLOFF, ZS. f. Phys. Bd. 55, S. 304. 1929.

wo a und b die Kerne, 1 und 2 die Elektronen bezeichnete und α variiert wurde; er erhielt die Bindungsenergie 3,5 Volt und den Kernabstand $0{,}74 \cdot 10^{-8}$ cm.[1] ROSEN benutzte ein Variationsverfahren mit dem allgemeinen Ansatz

$$u = u_a(1)\, u_b(2) + u_b(1)\, u_a(2)\,,$$
$$u_a(1) = e^{-\alpha r_{a1}}(1 + \sigma r_{a1} \cos\vartheta_{a1})\,,$$

der nicht nur die allseitige, sondern auch die einseitige Deformation eines H-Atoms unter dem Einfluß des anderen wiedergeben sollte. Es wurde zuerst mit $\sigma = 0$ nur α variiert, dann wurde α wie im H-Atom gesetzt und σ variiert, schließlich wurden beide variiert. Die Bindungsenergie wurde 3,8 Volt, der Kernabstand $0{,}75 \cdot 10^{-8}$ cm.[2]

Von den *angeregten Zuständen* des H_2 wurden zunächst die zu einem normalen und einem zweiquantigen H-Atom gehenden Π-Terme von KEMBLE und ZENER mit dem Störungsverfahren berechnet; auf große Abstände wurde die Rechnung durch KEMBLE und RIEKE ausgedehnt[3]. Den Term $\sigma_g \sigma_u\, {}^1\Sigma$, der zu $1s + 2s, p$ geht und die auffallende Abhängigkeit vom Kernabstand zeigt (Ziff. 31), berechneten ZENER und GUILLEMIN mit einem Variationsverfahren[4]. Sie beachteten, daß man diesen Term in gewisser Annäherung als polaren Zustand auffassen konnte, der bei Trennung der Kerne in den Ionenzustand $H^+ + H^-$ überging, und in anderer Annäherung als nichtpolaren Zustand, der zu $1s + 2s, p\,(H + H^*)$ ging. Mit elliptischen Koordinaten machten sie dementsprechend den Ansatz

$$u = (\xi_2 + \gamma)\, e^{-(\alpha\xi_1 + \bar{\alpha}\xi_2)}\left[e^{+(\beta\eta_1 + \bar{\beta}\eta_2)} - e^{-(\beta\eta_1 + \bar{\beta}\eta_2)}\right]$$
$$+ (\xi_1 + \gamma)\, e^{-(\alpha\xi_2 + \bar{\alpha}\xi_1)}\left[e^{+(\beta\eta_2 + \bar{\beta}\eta_1)} - e^{-(\beta\eta_2 + \bar{\beta}\eta_1)}\right],$$

wo gleiches Zeichen von β und $\bar{\beta}$ bedeutete, daß der Zustand mehr polar war, und ungleiches Zeichen, daß er mehr nichtpolar war. Für den empirischen Kernabstand wurden die Parameter $\alpha, \bar{\alpha}, \beta, \bar{\beta}, \gamma$ variiert, die Energie des Termes ergab sich dadurch um etwas weniger als 1 Volt höher als der empirische Wert; da $\beta \approx 0$ wurde, ist der Zustand aus polarem und nichtpolarem Verhalten gemischt. Recht genaue Berechnungen der Terme $2p\sigma\, {}^1\Sigma$, $2s\sigma\, {}^{31}\Sigma$, $2p\pi\, {}^{31}\Pi$, also aller wohl stabilen Terme, die zu einem normalen und einem zweiquantigen H-Atom gehen, führte HYLLERAAS aus[5]. Er gab zuerst eine neue, ziemlich einfache Methode an, Terme und Eigenfunktionen des $H_2{}^+$ zu berechnen. Dann benutzte er die Lösungen des Zweizentrensystems mit den Ladungen $\frac{1}{2}e$ als ungestörte Eigenfunktionen für das H_2 und berechnete die Energien durch ein Störungsverfahren. Die berechneten Energien weichen von den empirisch bekannten um 0,0 bis 0,2 Volt ab.

Hat man die Energien des Zweizentrensystems mit COULOMBschen Zentren der Ladung $+e$ und einem Elektron ($H_2{}^+$) als Funktionen des Zentrenabstandes R, also die Funktionen $E_{1,nl\lambda}(R)$, so erhält man die Energien eines solchen Systems mit der Kernladung $+Ze$ aus

$$E_{Z,nl\lambda}(R) = Z^2 E_{1,nl\lambda}(ZR)\,.$$

Diese Formel kann man zur rohen Abschätzung der Terme von Molekeln mit gleichen Kernen benutzen, indem man (etwa unter Benutzung der Atomterme) geeignete „effektive" Z abschätzt.

[1] S. C. WANG, Phys. Rev. Bd. 31, S. 579. 1928.
[2] N. ROSEN, Phys. Rev. Bd. 38, S. 2099. 1931.
[3] E. C. KEMBLE u. CL. ZENER, Phys. Rev. Bd. 33, S. 512. 1929; E. C. KEMBLE u. F. F. RIEKE, ebenda Bd. 36, S. 153. 1930.
[4] CL. ZENER u. V. GUILLEMIN, Phys. Rev. Bd. 34, S. 999. 1929.
[5] E. A. HYLLERAAS, ZS. f. Phys. Bd. 71, S. 739. 1931.

Bartlett berechnete die Bindung zwischen zwei H-Atomen in $2p$-Zuständen[1]. Die Reihenfolge der Terme, die er bekam, entsprach nicht ganz den Erwartungen, die man auf Grund qualitativer Überlegungen hatte und die bei der Betrachtung der chemischen Bindung sich bewährten. Allerdings liegen die Verhältnisse dort etwas günstiger als bei dem Bartlettschen Beispiel.

Wechselwirkung von He-Atomen. Auf Grund seiner Annäherung für die Eigenfunktion des He-Grundzustandes (Ziff. 20) berechnete Slater nach dem Heitler-London-Verfahren die Abstoßung zweier He-Atome. Die in höherer Näherung auftretenden „Polarisations"kräfte, die Anziehung geben, schätzte er ab[2]. Seine Rechnung wurde durch Rosen verbessert (s. unten).

Li_2-Molekel. Mit Hilfe genäherter Atomeigenfunktionen für Li hat Delbrück die Energie des Grundterms der Li_2-Molekel mit dem London-Heitlerschen Verfahren berechnet[3]. Es waren zahlreiche Vernachlässigungen nötig. Die Übereinstimmung mit den empirischen Werten ist nur qualitativ. Die Verkleinerung der Bindungsenergie gegenüber H_2 beruht darauf, daß hier $2s$-Elektronen die Bindung besorgen und nicht auf der Abstoßung der K-Schalen. Mit den Eigenfunktionen, die Guillemin und Zener für das Li-Atom angaben, wurde die Störungsrechnung von Bartlett und Furry ausgeführt[4].

Termberechnung anderer Molekeln. Bartlett und Furry berechneten mit dem Störungsverfahren die Wechselwirkung zweier Be-Atome und erhielten Abstoßung. Dabei benutzten sie nur die Eigenfunktionen dieser $2s^2\,{}^1S$-Grundterme; eine Mitberücksichtigung der $2p$-Eigenfunktionen ($2s$ und $2p$ genähert entartet) würde wohl mindestens die Abstoßung verringern. Mit der Wechselwirkung abgeschlossener Schalen (${}^1S$-Terme) allgemein befaßte sich Delbrück; es ließ sich nicht allgemein zeigen, daß Abstoßung eintritt[5]. Eine systematische Übersicht über die Rechnung der Wechselwirkung zweier Atome mit ein oder zwei äußeren s-Elektronen gab Rosen. Er bediente sich der Methode von Slater (Ziff. 30) und benutzte für die Eigenfunktionen der einzelnen Elektronen Ansätze der Form

$$u = r^{n^*-1} e^{-\alpha r}.$$

Er wandte seine Rechnungen auf den Grundzustand der Na_2-Molekel und auf die Abstoßung zweier He-Atome an.

Berechnung der Elektronenverteilung nach Thomas *und* Fermi. Unsere Vorstellung von der Zusammensetzung einer zweiatomigen Molekel aus den beiden Atomen muß noch durch eine Berechnung der Abweichung der Elektronenverteilung von der einfachen Summe der Ladungsdichten der beiden Atome ergänzt werden. Eine Methode dafür, die für nicht zu geringe Elektronenzahlen auch gute Ergebnisse verspricht, ist die *statistische Methode von* Thomas *und* Fermi (Ziff. 13 und 20). Die Hartreesche Methode (Ziff. 20) würde bei Molekeln schon sehr umständlich. Die Lösung der Thomas-Fermischen Differentialgleichung

$$\Delta U = \alpha U^{\frac{3}{2}}$$

für das Potential im Zweizentrensystem muß hier die Bedingungen erfüllen, daß an den Zentren U sich wie $Z_1 e/r_1$ bzw. $Z_2 e/r_2$ verhält, und daß bei neutralen Molekeln U im Unendlichen verschwindet. Für zwei bestimmte Fälle gleicher Zentren, darunter den der N_2-Molekel entsprechenden Fall, gab Hund eine ge-

[1] J. H. Bartlett, Phys. Rev. Bd. 37, S. 507. 1931.
[2] J. C. Slater, Phys. Rev. Bd. 32, S. 349. 1928.
[3] M. Delbrück, Ann. d. Phys. Bd. 5, S. 36. 1930.
[4] J. H. Bartlett u. W. H. Furry, Phys. Rev. Bd. 38, S. 1615. 1931.
[5] M. Delbrück, Proc. Roy. Soc. London Bd. 129, S. 686. 1930.

näherte Lösung der Differentialgleichung an[1]. Das Ergebnis ist so, daß man daraus auch für andere Fälle Schlüsse ziehen kann.

U wird in der Form

$$U = V(r_1) + V(r_2) + W(r_1, r_2)$$

(r_1 und r_2 sind die Abstände von den Zentren) angesetzt. Dann wird zunächst unter Benutzung der für kleine und große r gültigen Lösung für Atome durch Probieren eine möglichst gute Annäherung

$$U_0 = V(r_1) + V(r_2)$$

hergestellt. Die nun für W bestehende partielle Differentialgleichung wird unter der Annahme $W \ll U_0$ auf eine gewöhnliche Differentialgleichung zurückgeführt. Statt r_1 und r_2 werden solche Koordinaten eingeführt, die hoffen lassen, daß W wesentlich nur von einer Koordinate abhängt. Die Lösung dieser Differentialgleichung zeigt, daß W nur einen ganz geringen Beitrag liefert, so daß U_0 als brauchbare Näherung angesehen werden kann. Die Art und Weise, wie U_0 aus den Lösungen für Atome gewonnen wurde, war so, daß eine Übertragung auf andere Fälle ohne große neue Rechnung möglich ist. Die Rechnung zeigt ferner, daß die Annäherung der Elektronendichte durch die Summe der Dichten der beiden Atome, wie sie von DEBYE und seinen Mitarbeitern (vgl. Ziff. 20) zur Berechnung der Streuung von Röntgenstrahlen an Molekeln benutzt wurde, auch schon ziemlich gut ist.

LENZ und JENSEN haben die statistische Methode auf Ionengitter und Ionenmolekeln angewandt[2]. Erst wurde die Ladungsverteilung in positiven und negativen Ionen mit einem Variationsverfahren berechnet. Während eine strenge Lösung der THOMAS-FERMIschen Differentialgleichung, die negativen Ionen entspricht, nicht existiert (vgl. Abb. 13, S. 600), ließ sich unter Abänderung des Verlaufs in großem Abstand vom Kern (der doch nicht der Wirklichkeit entspricht) ein plausibler Ansatz für das Potential in Ionen und Atomen angeben und die Parameter darin so bestimmen, daß das Variationsintegral, aus dem die Differentialgleichung folgte, zum Minimum wurde. Unter der Annahme, daß die Ladungsdichte in einer Ionenmolekel oder einem Ionengitter gleich der Summe der Ladungsdichten in den Ionen ist, wurde dann die Energie einer bestimmten zweiatomigen Ionenmolekel (Rb Br) und des entsprechenden Ionengitters berechnet.

V. Mehratomige Molekeln.

34. Elektronenterme. Auch bei den mehratomigen Molekeln werden wir so vorgehen, daß wir zunächst den Einfluß der Rotation als klein ansehen gegen den der Schwingung, diesen klein gegen den der Elektronenbewegung. Der Einfluß des Elektronenspins kann groß, gleich oder klein sein, verglichen mit dem der Rotation. Das Modell zur Behandlung der Elektronenbewegung ist ein *System mit mehreren Elektronen (zunächst ohne Spin) in einem festen Kraftfeld,* das von den festgehaltenen Kernen herrührt. Wenn man über die Struktur der Molekel noch nichts voraussetzen will, so hat man alle möglichen Anordnungen und Abstände der Kerne in Betracht zu ziehen. Das Kraftfeld enthält also zahlreiche Parameter.

Häufig jedoch kann man eine mehr oder weniger regelmäßige Anordnung der Kerne als plausibel oder empirisch bekannt annehmen. Wenn diese Anordnung

---

[1] F. HUND, ZS. f. Phys. Bd. 77, S. 12. 1932.

[2] W. LENZ, ZS. f. Phys. Bd. 77, S. 713. 1932; H. JENSEN, ZS. f. Phys. Bd. 77, S. 722. 1932.

Symmetrieelemente aufweist, so folgt daraus eine bestimmte Einteilung der Terme in Symmetriecharaktere. Neben dieser haben wir in allen Fällen, wo mehrere Elektronen vorhanden sind, die Invarianz gegen Vertauschungen der Elektronen. Die Symmetrie in den Elektronen führt zu einer Einteilung der Terme in (ohne Spin) nichtkombinierende Termsysteme, die durch den Wert von S unterschieden werden. In Fällen, wo der Elektronenspin vor der Rotation hinzugefügt wird, werden die Termsysteme dadurch zu Systemen der Multiplizität $2S+1$.

Für die *Folgerungen aus der Symmetrie des Kraftfeldes* können nur einige Beispiele gegeben werden[1]. Liegen die Zentren in einer Geraden (vielleicht für CO_2, C_2H_2, $MgCl_2$ ... geeignet), so erhalten wir wie bei zweiatomigen Molekeln Σ^+-, Σ^--, Π-, Δ- ... Terme ($\Lambda = 0, 1, 2, \ldots$) mit der Auswahlregel $\Lambda \to \Lambda$, $\Lambda \pm 1 \to \Lambda$. Terme mit $\Lambda > 0$ haben den Faktor 2 im Gewicht. Bei Molekeln, die außerdem noch zu einer Ebene senkrecht zur Kernachse symmetrisch sind (wie etwa HC≡CH), lassen sich noch gerade und ungerade Elektronenterme unterscheiden. Bei Systemen, die genähert linear sind oder die man aus linearen sich abgeleitet denkt, kann die Einteilung in Σ^+-, Σ^--, Π-, Δ- ... Terme eine erste Näherung sein. Durch die Abweichung von der Linearität spalten die Π- und Δ-Terme in je zwei auf. Systeme mit nur drei Kernen oder Systeme, deren Kerne im Gleichgewicht symmetrisch zu einer Ebene liegen, erlauben eine Einteilung der Terme in solche, die positiv oder negativ in bezug auf Spiegelung an der ausgezeichneten Ebene sind. Für Systeme mit einer vier- oder sechszähligen Drehspiegelungsachse haben wir früher einmal die Symmetriecharaktere angegeben (Ziff. 10). Für Systeme mit Tetraedersymmetrie (CH_4) entsprechen sie den bei Systemen mit vier gleichen Partikeln (Ziff. 8).

Im Falle, daß die „feinere" Wechselwirkung zwischen den Elektronen als klein angesehen werden kann oder ein Elektron nur lose gekoppelt ist, kann man diese Überlegungen auf die einzelnen Elektronen oder das eine Elektron anwenden. Das qualitative Termschema für CH_4 wird man etwa so ableiten, daß man zunächst einzelne Elektronen in einem Kraftfeld von Tetraedersymmetrie betrachtet und dieses Kraftfeld sich aus einem Zentralfeld entstanden denkt. Die s-Terme dieses Zentralfeldes gehen in Terme des Symmetriecharakters $(\overline{1234})$ über, die p-Terme spalten nicht auf, sondern erhalten den dreifach entarteten Charakter $\{12\}\overline{34}$ (vgl. Abb. 10, S. 586); erst die d-Terme spalten auf. Das Schema der Elektronenterme von CH_4 unterscheidet sich qualitativ vom Termschema eines Edelgasatoms also erst bei den d-Termen.

Als zweites Beispiel der Anwendung der Symmetriebetrachtungen auf die Elektronenterme einer Molekel benutzen wir C_2H_4 (Äthylen)[2]. Vom Kerngerüst nehmen wir an, daß es drei Symmetrieebenen hat, die Ebene der Kerne und zwei Ebenen senkrecht dazu. Wir haben also Symmetrieklassen der Eigenfunktionen des Mehrzentrensystems, die durch drei Indizes $\pm$ bezeichnet werden können. Wir schreiben also etwa T_{++-} für einen Term, dessen Eigenfunktion bei Spiegelung an der Ebene der Kerne sich nicht ändert (darum das erste +-Zeichen), dessen Eigenfunktion bei Spiegelung an der Ebene, die die Winkel HCH halbiert (und durch die C=C-Achse geht), sich ebenfalls nicht ändert (darum das zweite +-Zeichen) und dessen Eigenfunktion bei Spiegelung an der Ebene, die auf der C=C-Achse in ihrem Mittelpunkt senkrecht steht, mit -1 multipliziert wird (darum das —-Zeichen an dritter Stelle). Eine Annäherung

[1] Eine allgemeine Systematik (sie ist analog der Untersuchung der Symmetrieverhältnisse der Schwingungen durch Brester und Placzek) gibt R. S. Mulliken, Phys. Rev. im Druck.

[2] Es ist von E. Hückel (ZS. f. Phys. Bd. 60, S. 423. 1930) bei der Quantentheorie der C=C-Doppelbindung betrachtet worden.

des Termschemas erhalten wir, wenn wir die „feinere" Wechselwirkung der Elektronen als klein ansehen; dann können wir von Termen der einzelnen Elektronen sprechen und diese auch mit Symbolen τ_{+++}, τ_{++-} ... bezeichnen. Eine andere Annäherung erhalten wir, wenn wir die Molekel als genähert achsensymmetrisch ansehen; dann können wir von Σ_g^+-, Σ_u^+-, Σ_g^--, Σ_u^--, Π_g-, Π_u-... Termen sprechen. Die Terme Σ_g^+ werden bei Übergang zur wirklichen Symmetrie des C_2H_4-Systems zu T_{+++}-Termen, die Terme Σ_u^+ zu T_{++-}-Termen, die Π-Terme spalten in je zwei auf, Π_g in T_{+--} und T_{-+-} (wir können sie auch Π_g^+ und Π_g^- nennen), Π_u in T_{+-+} und T_{-++} (wir können sie auch Π_u^+ und Π_u^- nennen). Wir nähern jetzt das Schema der tiefen Elektronenterme von C_2H_4 auf zwei Weisen an. Wir gehen aus von dem Fall der Achsensymmetrie und der verschwindenden feineren Wechselwirkung der Elektronen. Der Grundterm ist dann $\sigma_g^2\ \sigma_u^2\ \sigma_g^2\ \sigma_u^2\ \pi_u^4\ \sigma_g^2\ \pi_g^2$ wie bei O_2. Bei der einen Annäherung führen wir zuerst die Störung durch den Übergang zur wirklichen Symmetrie ein und dann als kleinere Störung die feinere Wechselwirkung der Elektronen. Bei der anderen Annäherung führen wir zuerst die Störung durch die feinere Wechselwirkung der Elektronen ein (jetzt entspricht das System der O_2-Molekel) und dann als kleinere Störung den Übergang zur wirklichen Symmetrie. In Abb. 44 ist der erste Weg von links her, der zweite Weg von rechts her gegangen. Dabei sind nur die Symbole der beiden äußersten Elektronen angegeben. τ_- (Abkürzung für τ_{-+-}) ist tiefer als $\tau_+ (\tau_{+--})$ angegeben, da bei τ_- die größere Wahrscheinlichkeit für das Elektron außerhalb der Symmetrieebene der Molekel ist, also wohl auch in größerem Abstand von den übrigen Elektronen.

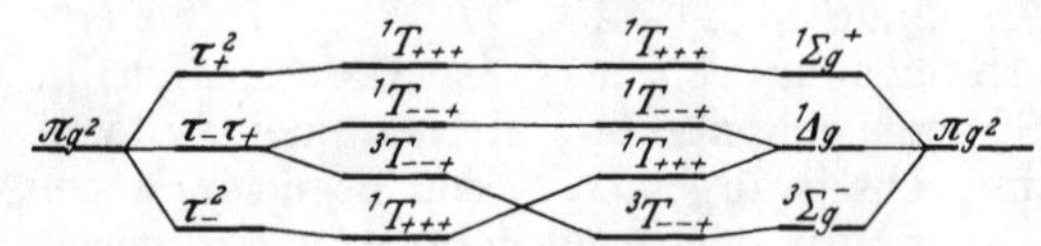

Abb. 44. Annäherung der tiefen Terme des dem C_2H_4 entsprechenden Mehrzentrensystems auf zwei Weisen.

Ein Kriterium, ob die Zerstörung der Achsensymmetrie oder die feinere Wechselwirkung der Elektronen die stärkere Störung ist, ist das diamagnetische Verhalten des Äthylens und der substituierten Äthylene. Es bedeutet, daß der Grundterm ein Singulett ist, daß also die Abweichung von der Achsensymmetrie die wesentliche Störung ist. Auf den Zusammenhang mit der Natur der C=C-Doppelbindung sei später eingegangen.

Die Übertragung der bei der zweiatomigen Molekel besprochenen allgemeinen Methoden der Annäherung der Terme sei wegen ihrer Bedeutung für die Frage der chemischen Bindung auch später behandelt (Ziff. 38ff.).

35. Schwingung. Der Eigenwert des Mehrzentrensystems als Funktion der Zentrenabstände spielt für die erste Näherung der Schwingung die Rolle der potentiellen Energie (BORN und OPPENHEIMER, vgl. Ziff. 21). Das *Modell für die Schwingung einer mehratomigen Molekel* ist also ein System von Massenpunkten, deren Massen gegeben sind und dessen potentielle Energie als Funktion der Abstände gegeben ist. Die Schwingungen eines solchen Systems kann man in der klassischen wie in der Quantenmechanik bei kleinen Amplituden mit „*Normalkoordinaten*" behandeln. Man schreibe die potentielle Energie U als Funktion der rechtwinkligen Verrückungen aus einer Gleichgewichtslage und führe nur die Glieder zweiter Ordnung mit; die kinetische Energie T schreibe man als Funktion der entsprechenden Geschwindigkeiten oder Impulse. Durch eine geeignete lineare Transformation dieser Verrückungskoordinaten kann man erreichen, daß die HAMILTONsche Funktion $H = T + U$ die Form erhält

$$\tfrac{1}{2}\sum \dot{\xi}_k^2 + \tfrac{1}{2}\sum \omega_k^2\, \xi_k^2\,, \qquad (k = 1, 2, \ldots, f)$$

wo f die Zahl der Freiheitsgrade ist. Von den Größen ω_k sind sechs (bei Systemen mit geradliniger Anordnung der Massen im Gleichgewicht fünf) Null, die zugehörigen ξ_k entsprechen den Translationen und Rotationen des Systems, während die übrigen den Schwingungen entsprechen. Die Bewegung des Systems nach der klassischen Theorie erfolgt nämlich so, daß jede dieser Koordinaten ξ_k unabhängig von den anderen schwingt

$$\xi_k = a_k \sin(\omega_k t + \delta_k)$$

mit der Frequenz $\frac{1}{2\pi}\omega_k$. Die ξ_k heißen Normalkoordinaten.

In der Quantenmechanik können wir durch die gleiche Transformation die Schrödingergleichung in die Form bringen

$$\frac{\hbar^2}{2}\sum_k \frac{\partial^2 u}{\partial \xi_k^2} + \left(E - \frac{1}{2}\sum_k \omega_k^2 \xi_k^2\right) u = 0;$$

sie läßt sich in den Normalkoordinaten ξ_k separieren; d. h. wir erhalten u als Produkt von Funktionen u_k, die einzeln die Gleichungen

$$\frac{\hbar^2}{2}\frac{\partial^2 u_k}{\partial \xi_k^2} + \left(E_k - \frac{\omega_k^2}{2}\xi_k^2\right) u_k = 0$$

erfüllen. Die u_k sind für $\omega_k^2 > 0$ Eigenfunktionen von harmonischen Oszillatoren. Die Terme unseres Systems lassen sich also nach Weglassung von Translation und Rotation durch $f-6$ (bei geradlinigen Systemen $f-5$) Quantenzahlen $n_1, n_2 \ldots$ bezeichnen, wo n_k die Zahl der Nullstellen von u_k angibt. Die Energie ist $E = h(\nu_1 n_1 + \nu_2 n_2 + \cdots)$. Bei Strahlung ändert sich ein n_k um 1, die anderen bleiben unverändert. u_k ist eine gerade Funktion von ξ_k, wenn n_k gerade ist, u_k ist eine ungerade Funktion von ξ_k, wenn n_k ungerade ist. Wenn einige ω_k^2 gleich sind, so liegt Entartung vor.

Bei der Anwendung auf die Schwingung dreiatomiger Molekeln begegnet uns nichts besonderes. Wir erhalten außer den drei Schwerpunktskoordinaten und drei anderen, die die Orientierung des Systems im Raum bezeichnen, noch drei eigentliche Normalkoordinaten, die mit den Relativabständen der drei Kerne eindeutig zusammenhängen. *Bei mehr als drei Kernen* kommt ein *neuer Zug* hinein[1]. Die relativen Abstände geben keine eindeutige Bestimmung der relativen Lage der Kerne; vielmehr gibt es zu jedem Zahlensystem gegebener Abstände zwei Anordnungen, die einander spiegelbildlich entsprechen. Wenn die Anordnung im Minimum der potentiellen Energie nicht gerade symmetrisch ist, so gibt es zwei Gleichgewichtsanordnungen; wir wollen sie kurz Rechtsanordnung und Linksanordnung nennen. Die Eigenfunktionen der Schwingungen sind entweder symmetrisch oder antisymmetrisch in den beiden Koordinatengebieten tiefer potentieller Energie. An Stelle eines Terms, den man mit Normalkoordinaten und Korrespondenzprinzip erhalten würde, erhält man zwei Terme, einen im eben erwähnten Sinne symmetrischen und einen antisymmetrischen. Ähnlich wie in einem früher behandelten System mit zwei Gebieten tiefer potentieller Energie und einer Schwelle dazwischen (Ziff. 26) wird der energetische Unterschied dieser beiden Terme sehr gering, wenn die Schwelle hoch ist. Im NH_3-Spektrum ist eine Bande bekannt, die zwei Q-Zweige zu haben scheint. Es ist möglich, daß es sich um Übergänge von oder zu zwei Termen handelt, die symmetrisch und antisymmetrisch in bezug auf zwei spiegelbildlich gleiche NH_3-Anordnungen sind[2]. Die nachweisbare Termdifferenz würde bedeuten, daß die Schwelle zwischen den beiden NH_3-Anordnungen nicht hoch ist. Die Frequenz, die der Differenz des symmetrischen und antisymmetrischen Terms entspricht,

[1] F. Hund, ZS. f. Phys. Bd. 43, S. 805. 1927.
[2] E. F. Barker, Phys. Rev. Bd. 33, S. 684. 1929.

ist zugleich die Frequenz der Schwebung der zeitabhängigen Eigenfunktion, die den beiden Zuständen entspricht. Das System kann also nur dann als in der Links- oder Rechtsanordnung bleibend beobachtet werden, wenn diese Differenz längst unmeßbar klein geworden ist.

Die Tatsache, daß jeder stationäre Zustand im Zeitmittel die Rechts- und die Linksanordnung enthält, daß also jede Rechtsanordnung im Laufe der Zeit mal in eine Linksanordnung übergehen muß, scheint zunächst im Widerspruch zu stehen mit der Existenz der *optischen Isomeren* ohne nachweisbare Razemisierung. Macht man aber eine Schätzung der Wahrscheinlichkeit des Überganges von rechts nach links und damit der mittleren Lebensdauer dieser Zustände, so erhält man unter durchaus möglichen Voraussetzungen Zeiträume, die gegen alle erlebbaren sehr groß sind.

Wenn das *Kerngerüst Symmetrieeigenschaften* hat, sei es, weil einige oder alle der Kerne gleich sind oder weil die Kerne in einer Ebene liegen, so kommen auch den Normalkoordinaten bestimmte Symmetrieeigenschaften zu. Wenn z. B. die Molekel eine Symmetrieebene hat, so ist eine einzelne Normalkoordinate entweder symmetrisch oder antisymmetrisch zu dieser Ebene, d. h. sie geht bei Spiegelung in sich selbst über oder in ihr Negatives. Der Faktor in der Eigenfunktion, der einer solchen symmetrischen Normalkoordinate entspricht, ist immer symmetrisch; der Faktor, der einer antisymmetrischen Normalkoordinate entspricht, ist für gerade Quantenzahlen symmetrisch, für ungerade Quantenzahl antisymmetrisch. Die Einteilung der Eigenfunktionen der Schwingung in die Symmetriecharaktere, die der gegebenen Symmetrie der Gleichgewichtsanordnung des Kerngerüstes entsprechen, ist natürlich allgemein möglich, solange die Schwingung überhaupt noch für sich betrachtet werden kann. In der Näherung der kleinen Schwingungen aber, wo es Normalkoordinaten gibt, gilt diese Einteilung für jeden Faktor der Eigenfunktion, der einer Normalkoordinate gehört, für entartete Normalkoordinaten für den Faktor, der zu der miteinander entarteten Gruppe gehört.

Den Zusammenhang zwischen der Symmetrie des Kerngerüstes und den Normalkoordinaten hat BRESTER systematisch untersucht[1]. Es seien hier nur einige häufig gebrauchte Beispiele angegeben, zugleich um Kombinationsregeln und die Verhältnisse bei größeren Amplituden zu erläutern.

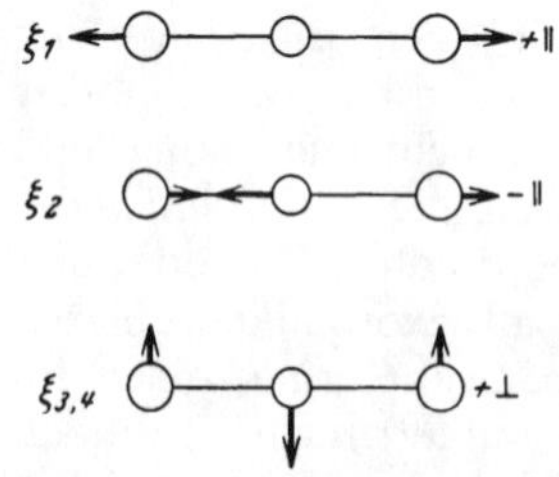

Abb. 45. Normalschwingungen der CO_2-Molekel.

Eine *Molekel vom Typus* CO_2, drei Kerne mit geradliniger Anordnung im Gleichgewicht, hat $3 \cdot 3 - 5 = 4$ Normalkoordinaten. Abb. 45 gibt sie in wohl unmittelbar verständlicher Weise an. ξ_1 und $\xi_{3,4}$ sind symmetrisch zur Symmetrieebene senkrecht zur Kernachse (+); ξ_2 ist antisymmetrisch (—). ξ_1 und ξ_2 haben Rotationssymmetrie um die Kernachse; $\xi_{3,4}$ hat die Symmetrie des $\frac{\cos}{\sin}\varphi$ und ist entartet (φ ist Azimut um die Kernachse). Die Terme können durch n_1, n_2, n_3 bezeichnet werden; n_3 sei die Summe der Knotenzahlen der Eigenfunktionen, die ξ_3 und ξ_4 entsprechen. Die Energie hat die Form

$$E = h(\nu_1 n_1 + \nu_2 n_2 + \nu_3 n_3) .$$

Strahlung, die in der Achse schwingt, entspricht Übergängen $n_2 \pm 1 \to n_2$, Strahlung, die senkrecht zur Achse schwingt, Übergängen $n_3 \pm 1 \to n_3$.

[1] C. J. BRESTER, Kristallsymmetrie und Reststrahlen. Diss. Utrecht 1923. Vgl. auch E. WIGNER, Göttinger Nachr. 1930, S. 33; G. PLACZEK, Leipziger Vorträge 1931, S. 71.

Um auch über den Fall größerer Amplituden etwas aussagen zu können, wo die Normalkoordinaten nur genäherte Bedeutung haben, betrachten wir die Symmetriecharaktere der Eigenfunktionen, zunächst noch im Falle streng harmonischer Schwingung. Eine Eigenfunktion hat die $+$-Eigenschaft, wenn n_2 gerade ist, und die $-$-Eigenschaft, wenn n_2 ungerade ist. Die Symmetrie zur Kernachse hängt nur von n_3 ab. Der Term $n_3 = 0$ hat eine nichtentartete Eigenfunktion, die rotationssymmetrisch um die Kernachse ist (Symmetriecharakter $k = 0$); der Term $n_3 = 1$ hat zwei miteinander entartete Eigenfunktionen, die sich wie $\frac{\cos}{\sin}\varphi$ verhalten (Charakter $k = 1$). Der Term $n_3 = 2$ hat drei entartete Eigenfunktionen $(2 = 2 + 0, 0 + 2, 1 + 1)$; da die Differentialgleichung auch in Koordinaten $r\varphi$, definiert durch

$$\xi_3 = r\cos\varphi\,,$$
$$\xi_4 = r\sin\varphi\,,$$

separierbar ist, können sie so gewählt werden, daß eine den Charakter 0 und zwei den entarteten Charakter 2 $\left(\text{wie } \frac{\cos}{\sin} 2\varphi\right)$ haben. Der Term $n_3 = 3$ hat vier Eigenfunktionen, zwei haben den Charakter $k = 1$ und zwei den Charakter $k = 3$. Abb. 46 stellt die Eigenfunktionen durch ihre Knotenlinien dar.

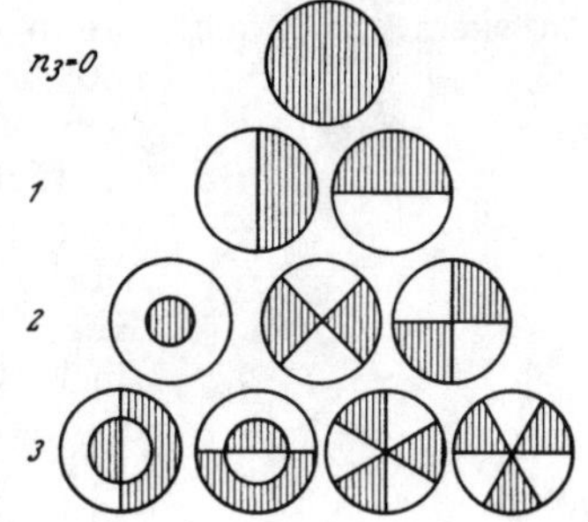

Abb. 46. Symmetriecharaktere (in bezug auf die Kernachse) der entarteten Schwingungsterme in CO_2

Wenn wir auch größere Amplituden zulassen, so verlieren allmählich die Normalkoordinaten ihren Sinn; die Einteilung der Terme nach den Symmetriecharakteren ihrer Eigenfunktionen bleibt aber streng gültig. Macht man eine Störungsrechnung in der Nähe des harmonisch schwingenden Systems (die Störungsfunktion wird von den anharmonischen Gliedern der potentiellen Energie gebildet), so verschieben sich die Terme etwas; die entarteten Terme mit $n_3 \geqq 2$ spalten entsprechend den Symmetriecharakteren auf ($n_3 = 2$ in einen einfachen mit $k = 0$ und einen entarteten mit $k = 2$). Strahlung, die in der Achse schwingt, entspricht Übergängen von $+$- zu $-$-Zuständen und umgekehrt; es gilt also hierfür die Auswahlregel: n_2 ändert sich um eine ungerade Zahl. Strahlung, die senkrecht zur Achse schwingt, entspricht Übergängen $k \pm 1 \rightarrow k$; das gibt die Auswahlregel: n_3 ändert sich um eine ungerade Zahl und k um ± 1. Innerhalb dieser Auswahlregeln können sich jetzt auch mehrere Quantenzahlen gleichzeitig ändern („Kombinationsschwingungen").

Eine Molekel vom Typus NH_3 — Pyramide auf gleichseitigem Dreieck — hat $4 \cdot 3 - 6 = 6$ Normalkoordinaten. Zwei einfache (ξ_1 und ξ_2) schwingen symmetrisch zu allen Symmetrieebenen. Zwei Paare von miteinander entarteten (ξ_3 und ξ_4) verhalten sich wie der Symmetriecharakter $\{(\overline{12})3\}$ (vgl. Ziff. 8 und Abb. 9, S. 584). Die Symmetriecharaktere der Eigenfunktionen hängen nur von ξ_3 und ξ_4 ab. Die Terme für $n_4 = 0$ haben z. B. folgendes Verhalten:

$n_3 = 0$: einfach, Eigenfunktion symmetrisch $(1\overline{23})$;

$n_3 = 1$: doppelt, Eigenfunktion von entartetem Charakter $(\overline{12, 3})$;

$n_3 = 2$: dreifach, eine Eigenfunktion symmetrisch, ein Paar von entartetem Charakter;

$n_3 = 3$: vierfach, eine symmetrische, eine antisymmetrische, ein Paar entarteten Charakters;

$n_3 = 2m$: eine symmetrische und m Paare entarteten Charakters;

$n_3 = 2m + 1$: eine symmetrische, eine antisymmetrische und m Paare entarteten Charakters.

Bei Berücksichtigung der Abweichungen vom harmonischen Verhalten spalten die Terme $n_3 \geqq 2$ entsprechend den Symmetriecharakteren auf.

Läßt man die Amplituden der Schwingungen größer und größer werden, so nähert man sich schließlich dem Fall der *Dissoziation*. Zu einem Elektronenzustand können verschiedene Dissoziationsmöglichkeiten gehören, die die Grenzen verschiedener Schwingungstermfolgen bilden. Der Zusammenhang zwischen Dissoziationsprodukten und Schwingungstermfolge, die dazu führt, kann bei hinreichend symmetrischen Molekeln aus den Symmetriecharakteren der Schwingungseigenfunktionen geschlossen werden. So können z. B. bei CO_2 nur Schwingungen vom —-Charakter (Abb. 45) zur Dissoziation in CO und O führen.

Eine noch *weitergehende Beschreibung der Schwingungen* mehratomiger Molekeln erhält man, wenn die Frequenzen, die den Normalkoordinaten entsprechen, der Größenordnung nach deutlich in zwei oder mehr Gruppen zerfallen. So erhält MECKE eine übersichtliche Einteilung durch die Annahme, daß eine Änderung der Abstände benachbarter (etwa durch chemische Valenz — vgl. Ziff. 38ff. — gebundener) Atome sehr große Kräfte erfordert, eine Änderung von Winkeln nur geringe Kräfte[1]. Ist der Unterschied sehr groß, so zerfallen die Normalschwingungen in solche, bei denen sich praktisch keine Abstände von Nachbarn, sondern nur die Winkel zwischen ihnen ändern — MECKE nennt sie Deformationsschwingungen —, und in solche, bei denen sich diese Abstände ändern — MECKE nennt sie Valenzschwingungen. Von den drei Normalschwingungen des CO_2 (Abb. 45) sind die ξ_1 und ξ_2 entsprechenden Valenzschwingungen, die ξ_3 entsprechende ist Deformationsschwingung. Die drei Normalschwingungen einer Molekel vom Typus H_2O sind in diesem Grenzfall die durch Abb. 47 angegebenen; die ersten beiden sind Valenzschwingungen, die dritte ist eine Deformationsschwingung.

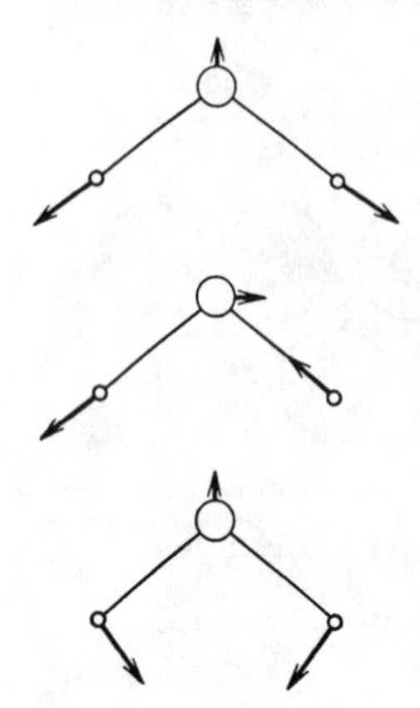

Abb. 47. Normalschwingungen der H_2O-Molekeln.

Ob die Unterscheidung von Deformations- und Valenzschwingung sich allgemein wird durchführen lassen, bleibt abzuwarten. Die Theorie der chemischen Valenz und die Einteilung in lokalisierte und nichtlokalisierte Bindungen (Ziff. 40 und 41) läßt die Möglichkeit offen, daß im Falle der nichtlokalisierten Bindungen die Verhältnisse verwickelter sind.

36. Rotation. Die *Termstruktur der Rotation* hängt (wie früher bei zweiatomigen Molekeln) wesentlich davon ab, ob die Elektronenbewegung einen Drehimpuls hat oder nicht. Bei den mehratomigen Molekeln kann es aber auch vorkommen, daß die Schwingung einen Drehimpuls hat. Wie TELLER und TISZA[2] erkannten, hat ein solcher auch wesentlichen Einfluß auf die Rotationsterme. Was den Elektronenspin anlangt, so wird man sich auch hier zunächst den Fällen zuwenden, wo entweder der Einfluß der Rotation klein ist gegen den des Spins oder der Einfluß des Spins klein ist gegen den der Rotation.

Wenn die Elektronenbewegung und die Schwingung keinen Drehimpuls haben, so rotiert die Molekel in erster Näherung wie ein *starrer Körper*. Den Fall der linearen Molekel, die wie eine zweiatomige rotiert, lassen wir weg. Bei nichtlinearen Molekeln haben wir, je nachdem, ob die drei Trägheitsmomente verschieden sind, oder zwei gleich sind, oder alle gleich sind, einen unsymmetrischen Kreisel, einen symmetrischen Kreisel oder einen Kugelkreisel. In allen Fällen haben die Terme feste Werte des Gesamtdrehimpulses und können ent-

[1] R. MECKE, ZS. f. Elektrochem. Bd. 36, S. 589. 1930; Leipziger Vorträge 1931, S. 23.
[2] E. TELLER u. L. TISZA, ZS. f. Phys. Bd. 73, S. 791. 1932.

sprechend durch eine Quantenzahl K bezeichnet werden, die den Symmetriecharakter in bezug auf Drehung um den Schwerpunkt angibt. Die Terme sind mindestens $(2K+1)$fach entartet.

Für den Fall des *symmetrischen Kreisels* haben DENNISON die Termstruktur, KRONIG, REICHE und RADEMACHER Termstruktur und Eigenfunktionen angegeben[1]. Die Schrödingergleichung läßt sich in den EULERschen Winkeln ϑ, ψ, φ separieren. Nennt man das Trägheitsmoment um die Rotationsachse des Trägheitsellipsoids C, die beiden anderen Trägheitsmomente A, so erhält man die Energie

$$E = \frac{\hbar^2}{2} \cdot \left[\frac{1}{A} K(K+1) + \left(\frac{1}{C} - \frac{1}{A}\right) N^2\right]$$

als Funktion zweier Quantenzahlen K und N, die wir positiv annehmen wollen. Sie sind ganze Zahlen und es ist $K \geqq N$. Zum Term K, N gehören Eigenfunktionen

$$u = v_{\varrho\sigma\tau}(\vartheta)\, e^{i(\sigma\varphi + \tau\psi)}.$$

Dabei ist $\sigma = \pm N$, τ kann alle Werte haben, für die $|\tau| \leqq K$ ist, schließlich ist $\varrho = K - \mathrm{Max}(|\sigma|, |\tau|)$. Die Größe $\mathrm{Max}(|\sigma|, |\tau|)$ ist $|\sigma|$ für $|\sigma| \geqq |\tau|$ und $|\tau|$ für $|\sigma| \leqq |\tau|$. Genauer ist

$$v = \sin^d \frac{\vartheta}{2} \cos^s \frac{\vartheta}{2} \cdot G_\varrho\left(1 + s + d, 1 + d, \sin^2 \frac{\vartheta}{2}\right),$$

wo $s = |\sigma + \tau|$, $d = |\sigma - \tau|$ und G_ϱ das JACOBIsche Polynom in der üblichen Bezeichnung ist (es ist ein Polynom ϱten Grades)[2]. Zu jedem Term $K, N = 0$ gehören $2K+1$ Eigenfunktionen $(\tau = 0, \pm 1, \pm 2, \ldots, \pm K)$; zu jedem Term $K, N > 0$ gehören $2(2K+1)$ Eigenfunktionen $(\sigma = \pm N, \tau = 0, \pm 1, \pm 2, \ldots, \pm K)$.

Im Falle des *Kugelkreisels* wird

$$E = \frac{\hbar^2}{2A} \cdot K(K+1)$$

und die Terme sind $(2K+1)^2$-fach entartet. Die Eigenfunktionen entsprechen dann übrigens den ganzen rationalen Lösungen geraden Grades der vierdimensionalen Potentialgleichung $\Delta V = 0$ in ähnlicher Weise, wie die Kugelflächenfunktionen $Y_l(\vartheta, \varphi)$ den ganzen rationalen Lösungen der dreidimensionalen Potentialgleichung entsprechen[3].

Beim *unsymmetrischen Kreisel* (drei verschiedene Trägheitsmomente A, B, C) findet sich nur $(2K+1)$-fache Entartung. Beim Übergang vom symmetrischen zum unsymmetrischen Kreisel spalten also die Terme mit $N > 0$ in je zwei auf. WITMER und LÜTGEMEIER haben die Terme für den Fall geringer Abweichung vom symmetrischen Kreisel berechnet[4]. KRAMERS und ITTMANN erhalten eine allgemeine Lösung durch eine Separation in geeigneten Koordinaten (nach einer Methode von REICHE)[5]. DENNISON gibt Diagramme der Schwingungs-Rotationsbanden für den Fall $A + B = C$, also ebene Anordnung der Kerne[6].

Bei der Behandlung der Rotation von *Molekeln, die gleiche Kerne enthalten* (H_2O, NH_3, CH_4 usw.), kann es wichtig sein, die Symmetriecharaktere der

[1] D. M. DENNISON, Phys. Rev. Bd. 28, S. 318. 1926; F. REICHE u. H. RADEMACHER, ZS. f. Phys. Bd. 39, S. 444. 1926; Bd. 41, S. 453. 1927; R. DE L. KRONIG, Phys. Rev. Bd. 29, S. 262. 1927.

[2] Vgl. z. B. COURANT-HILBERT, Methoden der mathem. Physik Bd. I, 2. Aufl., S. 76f. Berlin 1931.

[3] F. HUND, Göttinger Nachr., m.-phys. Kl. 1927, S. 465.

[4] E. E. WITMER, Proc. Nat. Acad. Amer. Bd. 12, S. 602. 1926; Bd. 13, S. 60. 1927; F. LÜTGEMEIER, ZS. f. Phys. Bd. 38, S. 251. 1926.

[5] H. A. KRAMERS u. G. P. ITTMANN, ZS. f. Phys. Bd. 53, S. 553; Bd. 58, S. 217. 1929.

[6] D. M. DENNISON, Rev. mod. Physics Bd. 3, S. 280. 1931.

Rotationseigenfunktionen in bezug auf Permutationen der gleichen Kerne zu untersuchen. Für den Fall des NH_3 hat das HUND getan, für den Fall des CH_4 ELERT[1].

Wenn Elektronenbewegung oder Schwingung einen Drehimpuls haben, so wird die Rotationsbewegung viel verwickelter. Der Grundzustand der Elektronenbewegung hat bei den gut bekannten Molekeln keinen Drehimpuls. TELLER und TISZA haben aber gezeigt, daß der Drehimpuls, den eine entartete Schwingung haben kann, das Termschema der Rotation beeinflussen kann; sie haben so eine Reihe von Schwierigkeiten, die bei der Rotationsstruktur einiger Molekeln auftraten, beseitigt[2]. In einfachen Fällen erhalten sie Termformeln der Form

$$\frac{\hbar^2}{2}\left[\frac{1}{A} K(K+1) + \left(\frac{1}{C} - \frac{1}{A}\right)(N^2 - 2\gamma N)\right].$$

37. Der Ramaneffekt. Wir betrachteten bisher meist nur solche Übergänge zwischen Zuständen einer Molekel, die mit Emission oder Absorption von Licht verbunden sind. Auf Grund der KRAMERS-HEISENBERGschen Dispersionstheorie hat nun SMEKAL vorausgesagt und experimentell hat RAMAN gezeigt, daß bei Streuung von Licht an Atomen oder Molekeln Frequenzänderungen des Streulichtes stattfinden, die Übergängen entsprechen. Strahlt man monochromatisches Licht ein, so enthält das gestreute Licht zunächst die eingestrahlte Frequenz (unverschobene Streustrahlung), außerdem aber im allgemeinen mit sehr viel geringerer Intensität auch Frequenzen, die sich von der Frequenz des auffallenden Lichtes um Beträge unterscheiden, die Übergängen zwischen Zuständen der Atome oder Molekeln des streuenden Mediums entsprechen (verschobene Streustrahlung)[3].

An die theoretische Untersuchung der Intensitäten und Polarisationen im Ramaneffekt ist man auf zwei Wegen herangegangen. Einmal hat man aus der KRAMERS-HEISENBERGschen Dispersionstheorie abgelesen, wie die Intensitäten von den Eigenschaften der Zustände der Molekel abhängen. Die Untersuchung lieferte zunächst als allgemeines Ergebnis, daß zwei Terme in der Streuung dann und nur dann kombinieren, wenn sie in Emission oder Absorption mit einem gemeinsamen dritten Term kombinieren können. Im übrigen hängt die Intensität von den Eigenfunktionen der beiden kombinierenden Terme ab und von allen anderen Termen, die als gemeinsame dritte in Betracht kommen. Eine genauere Untersuchung der Intensität und Polarisation der unverschobenen wie der um Rotationsfrequenzen verschobenen Streustrahlung bei zweiatomigen Molekeln nimmt MANNEBACK[4] vor. Da auf diesem Wege allgemeine Ergebnisse für mehratomige Molekeln bei der Unkenntnis der Eigenfunktionen wohl kaum zu erlangen sind, schlug PLACZEK einen anderen Weg ein[5]. Er untersuchte, worin der physikalische Vorgang der Streuung eigentlich besteht. Die um Schwingungsfrequenzen verschobene Streustrahlung hängt von der Kopplung der Schwingung und der Elektronenbewegung ab. Die Streuung hängt allgemein ab von dem in der Molekel durch ein elektrisches Feld $\mathfrak{E}$ induzierten Moment. Im Atom ist es $\alpha\mathfrak{E}$; der Skalar α, die Polarisierbarkeit, ist die für den Vorgang wesentliche Größe. In der Molekel ist das induzierte Moment von der Orientierung der Molekel abhängig, an Stelle von α tritt ein symmetrischer Tensor. Er läßt sich zwar durch die Eigenfunktionen von Zuständen der Molekel ausdrücken, aber

[1] F. HUND, ZS. f. Phys. Bd. 43, S. 805. 1927; W. ELERT, ebenda Bd. 51, S. 6. 1928.
[2] E. TELLER u. L. TISZA, ZS. f. Phys. Bd. 73, S. 791. 1932.
[3] Vgl. Kap. 1 ds. Bandes (RUBINOWICZ), Ziff. 20, und Kap. 5 ds. Bandes (WENTZEL), Ziff. 19.
[4] C. MANNEBACK, ZS. f. Phys. Bd. 62, S. 224. 1930.
[5] G. PLACZEK, ZS. f. Phys. Bd. 70, S. 84. 1931; Leipziger Vorträge 1931, S. 71.

dieser Zusammenhang wird nicht betrachtet. Vielmehr wird die Intensität der Streustrahlung ausgedrückt durch die Abhängigkeit dieses Tensors von den sich bei Schwingung ändernden Abständen der Kerne.

Diese Abhängigkeit kann ausgedrückt werden durch die Mittelwerte

$$\int \alpha_{xy} u_{v'} u^*_{v''} d\tau ,$$

wo α_{xy} eine Komponente des α-Tensors und $u_{v'}$ und $u_{v''}$ die Eigenfunktionen zweier Schwingungszustände sind. Aus bestimmten Symmetrieeigenschaften der Molekel folgen dann bestimmte Kombinationsregeln. Im Grenzfall harmonischer Schwingungen führe man Normalkoordinaten ein (Ziff. 35). Wenn bei dem betrachteten Übergang sich nur eine Schwingungsquantenzahl v_k ändert, so ist $u_{v'_k}$, $u_{v''_k}$ und $u_{v'}$, $u_{v''}$ eine gerade oder ungerade Funktion der entsprechenden Normalkoordinaten ξ_k, je nachdem ob sich v_k um eine gerade oder ungerade Zahl ändert. Wenn also z. B. $\alpha_{xy}(\xi_k) = \alpha_{xy}(-\xi_k)$ ist, so ist das Integral nur dann nicht Null, wenn sich v_k um 0, 2, 4, . . . ändert. Im streng harmonischen Fall bleibt auch hiervon nur 0 und 2 übrig. Wenn gerade $\alpha_{xy}(\xi_k) = -\alpha_{xy}(-\xi_k)$ ist, so ist das Integral nur dann nicht Null, wenn v_k sich um 1, 3, . . . (im streng harmonischen Falle um 1) ändert. Auf diese Weise lassen sich die aus Symmetrieeigenschaften der Molekel folgenden Auswahlregeln ableiten. PLACZEK gibt eine Übersicht über die vorkommenden Fälle[1]. Abgesehen von den Symmetrieeigenschaften wird die Intensität der Streustrahlung dadurch bestimmt, wie stark der α-Tensor von Veränderungen der Kernabstände beeinflußt wird. So wird verständlich, daß bei polarer Bindung höchstens ein schwacher Ramaneffekt auftreten kann; bei homöopolaren Bindungen jedoch ist starker Effekt zu erwarten.

VI. Chemische Bindung, Molekelgestalt.

38. Gesichtspunkte. Der *Frage nach der Erklärung der chemischen Bindung* kann man zwei etwas verschiedene Wendungen geben. Man kann fragen, warum eine bestimmte Molekel, z. B. NH_3, zusammenhält, wie die Elektronenverteilung in der Molekel ist, wie sich ihre Dissoziationsarbeiten aus Eigenschaften der beteiligten Atome ergeben und warum sie eine bestimmte Gestalt, d. h. Anordnung der beteiligten Atome, hat. Man kann aber auch fragen, ob und wie sich die verschiedenen Regeln erklären lassen, die die Chemie über die Art und Weise, wie Atome in Verbindungen eingehen, aufgestellt hat. Die erste Frage fragt nach der Energie und nach der Eigenfunktion des Grundzustandes einer bestimmten Molekel. Sie ist zu beantworten mit Hilfe der verschiedenen Methoden, die wir haben, um verwickelte quantentheoretische Systeme zu behandeln (Hartreemethode, Störungsverfahren, vielleicht noch Zuordnungsschema). Da es sich im wesentlichen um rein numerische Verfahren handelt, erfährt man vielleicht viel über die betreffende Molekel, aber fast nichts an allgemeinen Eigenschaften vieler Molekeln. Die zweite Frage fragt nach allgemeinen Eigenschaften der Atome, die günstig dafür sind, daß in Molekeln tiefe Energiewerte des Grundzustandes auftreten. Da die allgemeinen Ergebnisse der Chemie nur Regeln und keine Sätze sind, können wir natürlich von der Quantentheorie der Molekeln auch nur Regeln erwarten. Natürlich ist die zweite Frage uns hier die wichtigere. Ehe wir sie angreifen, sehen wir uns die Regeln der Chemie etwas genauer an.

Empirische Gesichtspunkte. Die *Chemie* hat versucht, ihr großes Erfahrungsmaterial über die Art und Weise, wie Elemente zu Verbindungen zusammen-

[1] G. PLACZEK, Leipziger Vorträge 1931, Tabellen 1a und 1b.

treten, unter dem Begriff der *Valenz* zu ordnen. Die Valenz sollte dabei zunächst der Inbegriff der dem einzelnen Atom zukommenden Eigenschaften sein, die für seine chemische Wirksamkeit in Betracht kommen. Insbesondere sollte die *Valenzzahl* oder Wertigkeit des Atoms angeben, mit welcher festen Anzahl bestimmter anderer Atome es sich verbinden kann (Valenzzahl = Anzahl der Valenzkräfte). Diese strenge Fassung mußte die Chemie aufgeben, indem die Wertigkeit auch von den Partnern des Atoms abhängen konnte; der Valenzbegriff verlor dadurch viel an Schärfe. Trotzdem ist es zweckmäßig, an der Auffassung der Valenz als einer dem Atom eigentümlichen Eigenschaft solange als möglich festzuhalten.

Die Erforschung des Atombaues durch die Physik zeigte, daß die Valenzzahl eng mit der Zahl der äußeren Elektronen oder mit der Zahl der an einer abgeschlossenen Schale fehlenden Elektronen zusammenhing. Der Zusammenhang wurde aber verschieden erklärt.

Die weitere Ausgestaltung hat nämlich dem Begriff der Valenz *zwei etwas verschiedene Formen gegeben.* In den Verbindungen wie HCl, NaCl, NH_4Cl, H_2SO_4, $PtCl_6K_2$ usw., also den Verbindungen, die man vielfach als *heteropolar*[1] bezeichnet, ist die *Valenz eine dem einzelnen Atom zukommende ganze Zahl mit positivem oder negativem Vorzeichen.* Jedes Atom hat entweder nur eine vom Partner ganz unabhängige Valenzzahl oder wenigstens nur wenige solche Zahlen (0 bei Edelgasen, +1 bei H und Alkalien, +2 bei Erdalkalien, −1 bei Halogenen, −2 bei O, +6 und −2 bei S). *Die Valenzen werden in der Form abgesättigt, daß die Summe der Valenzzahlen der Atome einer Verbindung Null ist.* Dabei ist es nicht immer möglich zu sagen, daß eine +-Valenz eines Atoms durch eine −-Valenz eines bestimmten anderen Atoms der Verbindung abgesättigt wird: *der Valenzstrich ist nicht immer anwendbar (vgl. die Beispiele* NH_4Cl, H_2SO_4, $PtCl_6K_2$). *In diesen heteropolaren Verbindungen verhalten sich also die Valenzen wie elektrische Ladungen.* Die Valenzzahl regelt das Verhalten der Atome nicht eindeutig; man hat neben ihr mit Erfolg die Koordinationszahl eingeführt.

In einer anderen Gruppe von Verbindungen — im wesentlichen der organischen Chemie —, die man als *homöopolar* bezeichnet, ist die *Valenz eine dem einzelnen Atom zukommende ganze Zahl ohne Vorzeichen. In der Verbindung sättigen sich die Valenzen gegenseitig ab,* und zwar deutet das Erfahrungsmaterial darauf hin, daß *je eine Valenz zweier benachbarter Atome zusammenwirken: die abgesättigte Valenz kann durch einen Valenzstrich bezeichnet werden.* Von jedem Atom der gesättigten Verbindung gehen so viel Striche aus, als seine Valenzzahl beträgt.

Die Anwendungsgebiete der beiden Begriffe der Valenz überdecken sich.

Den empirischen Gesichtspunkten der Chemie hat die physikalische Forschung noch einige hinzugefügt. Die *Bandenspektroskopie* hat einmal die Existenz mancher Molekeln gezeigt, die chemisch nicht nachweisbar waren, weiter hat sie Methoden geliefert, die Dissoziationsenergie von Molekeln abzuschätzen. Die Molekeln scheinen danach deutlich in zwei Gruppen zu zerfallen, in lockere Molekeln, deren Bindungsenergien nur von der Größenordnung der Kohäsions-

[1] Es erscheint notwendig, neben den in der Physik in jetzt ziemlich festgelegtem Sinne gebrauchten Begriffspaaren polar—nichtpolar (maßgebend ist, ob die Molekel ein elektrisches Moment hat oder nicht) und Ionenmolekel—Atommolekel (maßgebend ist, ob die an den Grundzustand anschließende Schwingungstermfolge zum Zustand getrennter Ionen oder Atome führt) noch als drittes Begriffspaar die chemischen Begriffe hetero- und homöopolar beizubehalten, da sich ihre Bedeutung nicht mit der der anderen beiden deckt. So kann eine heteropolare Molekel, wenn sie symmetrisch genug ist, auch einmal kein elektrisches Moment haben (CO_2). Daß die Grenze zwischen homöopolarer und heteropolarer Verbindung fließend ist, hindert nicht die Brauchbarkeit der Begriffe.

kräfte in den Kristallgittern der Edelgase oder der Elemente H_2, N_2, O_2 sind, und in feste Molekeln mit den Bindungsenergien, die auch aus der Chemie bekannt sind.

Die *Deutung der heteropolaren Valenz* knüpft an an den Vergleich mit elektrischen Ladungen. Viele Eigenschaften der heteropolaren Molekeln erhält man näherungsweise, indem man sie aus Ionen aufgebaut denkt (Ladung = Valenzzahl), besonders seit man durch quantitative Berücksichtigung der Deformation der Ionen die strenge Ionenauffassung mildern und den Übergang zu homöopolaren Molekeln erfassen kann. Auch die Koordinationszahl kann man in diesen Modellen auf Grund der räumlichen Ausdehnung der Ionen einigermaßen verstehen. Die Darstellung der *homöopolaren Valenz* durch den Strich und das Fehlen des Vorzeichens der Valenzzahl führte zu der Vorstellung des bindenden Elektronenpaares von LEWIS; die „Pünktchenschreibweise" der chemischen Formeln entspricht der mit Strichen.

Auch in der physikalischen Deutung wird sich die Grenze zwischen heteropolarer und homöopolarer Verbindung als fließend ergeben. Da die Deutung der heteropolaren Valenz mit einfachen Betrachtungen auskommt und von unseren allgemeinen Methoden der Quantentheorie des Atoms und der Molekel wenig Gebrauch macht, sei hier nur die Deutung der homöopolaren Valenz versucht. Die Übergänge zur heteropolaren Bindung lassen sich dann leicht übersehen.

Wenn wir die empirischen Ergebnisse der Chemie ansehen, so können wir keine sehr allgemeinen theoretischen Regeln erwarten. Abgesehen von den Hydriden, Halogeniden und Oxyden zeigen die chemischen Verbindungen nur dann weitergehende Regelmäßigkeiten, wenn sie ganz aus leichten Atomen zusammengesetzt sind (H, C, N, O). Dies hat für uns den Vorteil, bestimmte Annahmen über die Größenordnungen der Kräfte in Atom und Molekel zu machen, die für leichte Atome und Molekeln sich bewährt haben. Wir verzichten daher im folgenden darauf, die Abweichungen zu diskutieren, die die Methoden für schwerere Atome erfahren müßten.

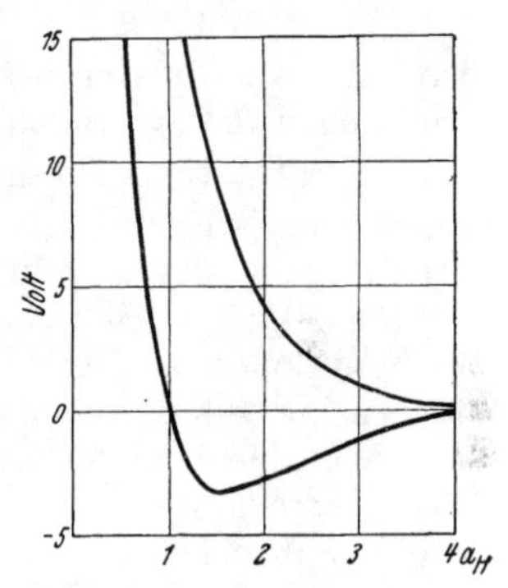

Abb. 48. Tiefste Elektronenterme der H_2-Molekel als Funktionen des Kernabstandes. (Nach SUGIURA, ZS. f. Phys. Bd. 45, S. 484. 1927.)

Die Frage nach der chemischen Bindung ist natürlich eng verknüpft mit der Frage nach der *Ordnung der Elektronenterme der Molekeln*. Betrachten wir als einfachstes Beispiel die H_2-Molekel. Die tiefen Terme des zugehörigen Zweizentrensystems sind in Abb. 36 bis 39 (S. 650 ff.) qualitativ und in Abb. 48 nach der Rechnung von HEITLER, LONDON und SUGIURA als Funktionen des Zentrenabstandes angegeben. Für die chemische Bindung der beiden H-Atome ist die Änderung des Termschemas bei Übergang vom Kernabstand unendlich zu geringeren Kernabständen maßgebend. Was das Wesentliche an dieser Änderung des Termschemas ist, darüber kann man *verschiedene Auffassungen* haben. Man kann als wesentlich ansehen, daß der Grundterm getrennter H-Atome ($1s+1s$) bei Annäherung der Atome in zwei Terme ($^1\Sigma_g$, $^3\Sigma_u$) aufspaltet, und daß die Größe dieser Aufspaltung wesentlich die Energie für geringere Kernabstände bestimmt. Die Valenz des H-Atoms besteht dann darin, daß der Term zweier H-Atome (oder eines H-Atoms und eines anderen Atoms mit Valenz) aufspalten kann. Für die Energie der beiden entstehenden Zustände ergab die Störungsrechnung (Ziff. 28):

$$\frac{e^2}{R} + \frac{C(R) - A(R)}{1 - S(R)^2},$$

$$\frac{e^2}{R} + \frac{C(R) + A(R)}{1 + S(R)^2},$$

wo S nicht sehr ins Gewicht fällt, wo das COULOMBsche Glied $C(R)$ für große R die Kernabstoßung ungefähr kompensiert, so daß $A(R)$ den wesentlichen Teil der Bindungsenergie liefert. $A(R)$ ist negativ und geht mit wachsendem R exponentiell gegen Null. Für die wirklichen Abstände in der Molekel ist die benutzte Näherung bei H_2 noch einigermaßen brauchbar. In anderen Fällen muß man sich klar sein, daß die Methode keine quantitativen Angaben für den Fall des wirklichen Kernabstandes mehr geben kann. Man erhält also in dieser Auffassung die chemische Bindung, indem man die Beeinflussung zweier Atome für größeren Abstand untersucht und annimmt, sie wird bei geringeren Abständen die qualitativen Eigenschaften des Termschemas nicht mehr umstürzen, oder (anders ausgedrückt) man behandelt statt der wirklichen Molekel ein *Modell*, nämlich ein Zweizentrensystem bei größeren Kernabständen, als sie in der Molekel auftreten.

Man kann aber die Aufspaltung des Grundterms getrennter H-Atome auch so interpretieren, daß die entstehenden Terme bei Zusammenfügen der Kerne in den Grundzustand $1s^2\,{}^1S$ und in den angeregten Zustand $1s\,2p\,{}^3P$ des He-Atoms übergehen. Man kann auch die Zustände des Zweizentrensystems für mittlere Kernabstände durch die Zustände der beiden Elektronen in einem Ersatzkraftfeld, also durch das Symbol $\sigma_g^2\,{}^1\Sigma$ für den tieferen, $\sigma_g\sigma_u\,{}^3\Sigma$ für den höheren der betrachteten Terme beschreiben. Die Bindung im tieferen Term beruht dann darauf, daß beide Elektronen eine Eigenfunktion haben, die zwischen den Kernen keinen Knoten hat. Für größere Kernabstände kann man die Eigenfunktion in der Form schreiben

$$\frac{1}{\sqrt{2}\sqrt{1+S}}\,[u(k)+v(k)]\,,$$

wo k die Koordinaten des $k$ten Elektrons ($k=1, 2$) vertritt, u und v die Eigenfunktionen des Grundzustandes des einen und anderen H-Atoms sind und $S=\int u v\,d\tau$ ist. Wenn man in dieser Auffassung die Terme und Eigenfunktionen ausrechnen will, so ist man auch auf größeren Kernabstand angewiesen. Die Übertragung der Ergebnisse auf geringere Kernabstände erscheint aber hier durchsichtiger, weil man qualitativ die Änderungen der Eigenfunktionen, die ja Funktionen im dreidimensionalen Raum sind, überschauen kann und ein einfaches Zuordnungsschema benutzen kann.

Von den beiden Ausgangspunkten her, der Annäherung der Zustände des Zweizentrensystems (oder Mehrzentrensystems) durch Zustände getrennter Atome und der Annäherung durch Zustände der einzelnen Elektronen im Zweizentrensystem, sind (wie auch bei der Behandlung der Termstruktur) *drei Auffassungen der chemischen Bindung* entstanden:

a) Man nähert den Zustand der Molekel (Elektronenterm) durch einen Zustand der getrennten Atome an, wo jedes Atom einen durch S und L bezeichneten Term hat. Die Auffassung ist nur unter einschränkenden Bedingungen durchgeführt; ihre Anwendbarkeit auf Molekeln begegnet ernsten Einwänden. Die behandelten Fälle lassen sich aber als Modelle betrachten, die einige wesentliche Züge der chemischen Valenz mit den wirklichen Molekeln gemeinsam haben. In dieser Auffassung hängt die chemische Bindung wesentlich ab von dem Auftreten von „Austauschintegralen" etwa der Form

$$\int W\cdot u(1,2,3,\ldots)\,v(\bar{1},\bar{2},\bar{3},\ldots)\,u(\bar{1},2,3,\ldots)\,v(1,\bar{2},\bar{3},\ldots)\,d\tau\,,$$

wo u und v die Eigenfunktionen von zwei Atomen bezeichnen und die Ziffern $1, 2, 3, \ldots\ \bar{1}, \bar{2}, \bar{3}, \ldots$ die Koordinaten der Elektronen ersetzen.

b) Man nähert den Zustand der Molekeln auch durch einen Zustand der getrennten Atome an, beschreibt aber diesen durch Zustände der einzelnen Elektronen der Atome. Die für die chemische Bindung wesentlichen Aufspaltungen treten in der gleichen Näherung auf wie die Aufspaltung in die Atomterme, die zu gleichem Zustand der einzelnen Elektronen gehören. Die Anwendbarkeit dieser Auffassung reicht weiter als die der Auffassung a; sie zeigt auch mehr Züge der chemischen Valenz. Die Methode der Rechnung ist eine Verallgemeinerung der Berechnung der Atomterme im Falle normaler Kopplung mit Eigenfunktionen der einzelnen Elektronen nach SLATER (Ziff. 16). Wesentlich in ihr ist das Auftreten von Austauschintegralen der Form

$$\int W \cdot u(1)\, v(1)\, u(2)\, v(2)\, d\tau\,,$$

wo u und v Eigenfunktionen von Elektronen in Atomen sind.

c) Man nähert den Zustand der Molekeln an durch Zustände der einzelnen Elektronen des Mehrzentrensystems. Die Wechselwirkung der Elektronen wird also zunächst nur in der Form der Abschirmung betrachtet; die chemische Bindung wird also als grober Effekt betrachtet, verglichen mit der Aufspaltung eines Atom- oder Molekelzustandes mit gegebenen Quantenzahlen der einzelnen Elektronen in Terme mit verschiedenem S und L oder S und Λ. Über die Eigenfunktionen der einzelnen Elektronen können leicht qualitative Aussagen gemacht werden. Einiges über das Verhalten der Eigenwerte folgt aus dem Zuordnungsschema. Für große Zentrenabstände ist das HEITLER-LONDONsche Störungsverfahren brauchbar.

39. Theorie der Spinvalenz. Die Auffassung a erläutern wir zunächst an dem einfachen Fall zweier verschiedener Atome in S-Zuständen mit den Multiplizitäten q und r. Macht man aus diesen ein Zweizentrensystem, so entstehen aus dem Zustand ${}^qS + {}^rS$ eine Reihe von Termen:

$${}^{|q-r|+1}\Sigma,\ {}^{|q-r|+2}\Sigma,\ \ldots,\ {}^{q+r-1}\Sigma\,.$$

Für $q = r = 4$ z. B. erhalten wir das Schema:

$$\left.\begin{matrix} {}^7\Sigma \\ {}^5\Sigma \\ {}^3\Sigma \\ {}^1\Sigma \end{matrix}\right\rangle {}^4S + {}^4S\,,$$

für $q = 4, r = 3$:

$$\left.\begin{matrix} {}^6\Sigma \\ {}^4\Sigma \\ {}^2\Sigma \end{matrix}\right\rangle {}^4S + {}^3S\,.$$

Für die Energien der Terme erhält man einen einfachen Ausdruck unter der Annahme, daß die Atome m und n äußere Elektronen haben und die Grundterme in den Elektronen antisymmetrisch sind, also ${}^{m+1}S$ und ${}^{n+1}S$. Die Störungsrechnung ist mit gruppentheoretischen Hilfsmitteln von HEITLER durchgeführt[1], man erhält

$$C + A\left[\frac{m+n}{2} + \left(\frac{m-n}{2}\right)^2 - S(S+1)\right],$$

wo A eine Summe aus Austauschintegralen von ähnlichem Bau wie bei der Wasserstoffmolekel und S die Spinquantenzahl ($2S + 1$ die Multiplizität) des Molekelterms ist. Wenn man annimmt, daß diese Integrale dasselbe Vorzeichen haben wie bei H_2, so wird A negativ; der tiefste Term ist dann der mit kleinstem

[1] W. HEITLER, ZS. f. Phys. Bd. 47, S. 835. 1927; Phys. ZS. Bd. 31, S. 185. 1930.

S. Wenn wir dem C-Glied geringen Einfluß zuschreiben, so entstehen stabile Molekelterme für die kleineren S-Werte. An dem Ergebnis ändert sich formal nichts, wenn das eine oder beide der betrachteten Atome selbst schon Molekeln oder Atomgruppen sind.

Dieser Sachverhalt entspricht, wie LONDON[1] bemerkt hat, weitgehend dem im Valenzschema der Chemiker ausgedrückten Verhalten. Schreibt man dem Atom mit m (bzw. n) äußeren Elektronen und dem Term ${}^{m+1}S$ (bzw. ${}^{n+1}S$) die Valenzzahl m (bzw. n) zu, so entsprechen die verschiedenen entstehenden Σ-Terme den verschiedenen Betätigungsmöglichkeiten dieser Valenzen. Im tiefsten Σ-Term werden so viel Valenzen abgesättigt, wie überhaupt möglich, nämlich n Valenzen, wenn $m \geqq n$ ist; es bleiben $m - n$ freie Valenzen übrig (${}^{m-n+1}\Sigma$-Term). Den Termsymbolen kann man Valenzstrichsymbole gegenüberstellen, im Falle $m = n = 3$

$$
\begin{array}{ll}
{}^7\Sigma: & >\!\!-A \quad B\!-\!\!< \\
{}^5\Sigma: & >A - B< \\
{}^3\Sigma: & -A = B- \\
{}^1\Sigma: & A \equiv B
\end{array}
$$

im Falle $m = 3, n = 2$

$$
\begin{array}{ll}
{}^6\Sigma: & >\!\!-A \quad B< \\
{}^4\Sigma: & >A - B- \\
{}^2\Sigma: & -A = B
\end{array}
$$

Im tiefsten Zustand $S = \frac{m - n}{2}$ ist die Energie

$$C + A \cdot n,$$

pro Paar abgesättigter Valenzen erhalten wir den Beitrag A zur Bindungsenergie.

LONDON stellte allgemein die folgende Beziehung zwischen den quantenmechanischen Termeigenschaften und der Valenzbetätigung auf: *Die Valenzzahl eines Atoms oder einer Atomgruppe ist um 1 kleiner als die Multiplizität ihres Zustandes* (und damit gleich dem Verhältnis des Spindrehimpulses zu $\frac{1}{2}\hbar$ oder der halben Spinquantenzahl). *Bei der Absättigung einer Valenz des Atoms durch eine Valenz eines fremden Atoms erhält ein Elektron des Atoms und ein Elektron des fremden Atoms antiparallelen Spin, es entsteht ein Term, dessen Valenz um 2 kleiner ist als die Summe der Valenzen der beiden beteiligten Atome* (oder Gruppen).

Faßt man die Zuordnung der Valenzzahl zur Multiplizität oder (was dasselbe ist) zur Zahl der nicht symmetrisch verknüpften Elektronen ohne Spin als Definition der Valenzzahl auf, so entsteht die *Frage, ob diese Definition zweckmäßig ist.* Dazu wäre wohl notwendig, daß die Natur von den Bindungsmöglichkeiten, die durch die Valenzzahlen beschrieben werden, im allgemeinen auch Gebrauch macht, d. h. daß die Absättigung von Valenzen im allgemeinen auch zu energetisch stabileren Gebilden führt. In dem von HEITLER und LONDON durchgerechneten Fall ist dies so. Im allgemeinen Fall bedeutet aber symmetrische Verknüpfung von Elektronen keineswegs tiefere Energie, sondern die Verhältnisse liegen verwickelter. Diesen Umstand möchte z. B. HEITLER so fassen, daß er neben der „*Spinvalenz*", für die der erwähnte Zusammenhang mit der Term-Multiplizität bleiben soll, noch eine „*Bahnvalenz*" oder „L-Valenz" einführt. Aber auch in den Fällen, wo der Grundzustand der Atome S-Zustände

[1] F. LONDON, ZS. f. Phys. Bd. 46, S. 455. 1927.

sind, braucht das Ergebnis der HEITLER- und LONDONschen Rechnung nicht zu gelten; wenn nämlich in der Nachbarschaft des Grund-S-Terms noch andere Terme sind (N hat z. B. die tiefen Terme ^4S, ^2D, ^2P in geringem Abstand), so ist das Störungsverfahren nicht mehr brauchbar.

Diese Einwände bedeuten, daß man die LONDON- *und* HEITLER*sche Auffassung der Spinvalenz* als *Betrachtung eines Modells* zu werten hat, *das, verglichen mit der Molekel, stark vereinfachte Eigenschaften hat* (^rS-Terme der beteiligten Atome ohne Nachbarterme), *das aber wesentliche Züge der Valenzbetätigung richtig wiedergibt.*

Das Modell ist auch im Falle von mehr als zwei Atomen behandelt worden. Zunächst hatte LONDON den einfachen Fall von drei Atomen mit je einem Elektron behandelt und daran die gegenseitige *Absättigung von Valenzen* gezeigt. Ein wesentlicher Fortschritt wurde dadurch erzielt, daß BORN durch Anwendung einer Methode von SLATER (vgl. Ziff. 16) die gruppentheoretischen Überlegungen weitgehend ausschalten konnte. So haben dann HEITLER und RUMER eine Reihe von Fällen mehratomiger Molekeln vom Standpunkt der Spinvalenz aus behandelt. WEYL hat schließlich einen tieferen Zusammenhang gefunden zwischen den Rechnungen in der Theorie der Spinvalenz und allgemeinen Sätzen der Gruppen- und Invariantentheorie.

Dieser Weg sei jedoch hier nicht weiter verfolgt[1]. Während der Theorie der Spinvalenz die Bedeutung zukommt, zuerst einen Zusammenhang zwischen Valenzbetätigung und den quantenmechanischen Eigenschaften der Atom- und Molekelterme aufgedeckt zu haben, so haben in der Weiterentwicklung die anderen der früher genannten Auffassungen der chemischen Bindung sich für die Deutung der chemischen Tatsachen als fruchtbarer erwiesen.

40. Beschreibung der chemischen Bindung nach SLATER. Die *Auffassung der chemischen Bindung, die die Zustände der Molekel annähert durch Zustände der einzelnen Elektronen in getrennten Atomen* (Auffassung b in Ziff. 38), ist von SLATER allgemein durchgeführt worden[2]. Auch hier kann man nur von einem Modell sprechen, denn die Störungsrechnungen geben nur für solche Kernabstände eine gute Näherung, die größer sind als die wirklichen Abstände in der Molekel. Aber dieses Modell entspricht doch viel mehr der Wirklichkeit, indem keine einschränkenden Annahmen über die Terme gemacht werden und auch die Näherung viel besser ist; denn sie ist nur dann gefährdet, wenn der Abstand der Terme der einzelnen Elektronen klein ist. Die tiefen Terme ^3P ^1D ^1S von C und O, ^4S ^2D ^2P von N werden ja in erster Näherung zu einem Term zusammengefaßt. Es gibt aber doch einen Fall, wo der Abstand der Terme der einzelnen Elektronen so gering ist, daß es nicht genügt, nur einen Term zu betrachten. Die s- und p-Terme niedriger Hauptquantenzahl liegen nahe beieinander; in Fällen, wo die chemischen Kräfte größer erwartet werden als die Energie des s-p-Abstandes, wird man zweckmäßig den s- und p-Zustand als miteinander entartet ansehen. Die Vierwertigkeit des C-Atoms ist natürlich in jeder Auffassung nur dadurch zu erklären, daß man vier Elektronen in nichtabgeschlossener Schale annimmt, also die s- und die p-Schale als energetisch nicht sehr verschieden ansieht. Diesen Vorteilen der jetzt zu betrachtenden Auffassung der chemischen Bindung steht der Nachteil gegenüber, daß die Rechnung im allgemeinen nicht zu einem einfachen Ergebnis führt.

SLATERS *Methode* ist eine Weiterbildung der bei der Berechnung der Terme

[1] Eine Darstellung und Kritik der Theorie der Spinvalenz und besonders des von WEYL herrührenden Beitrags gibt M. BORN in Ergebn. d. exakt. Naturwissensch. Bd. 10, S. 387. 1931.

[2] J. C. SLATER, Phys. Rev. Bd. 38, S. 1109. 1931.

eines Atoms mit normaler Kopplung angewandten (Ziff. 16). Als ungestörte Eigenfunktionen benutzt er antisymmetrische Linearkombinationen

$$\sum_P (-1)^P a(1)\, b(2)\, c(3) \ldots$$

aus Produkten von Eigenfunktionen $a, b \ldots$ einzelner Elektronen in Atomen, die auch von der Spinkoordinate abhängen. Jede solche Linearkombination entspricht einem nach dem Pauliprinzip erlaubten Term. Die ungestörten Energien hängen linear von gewissen COULOMBschen und Austauschintegralen ab. Da die $a, b \ldots$ jetzt aber nicht orthogonal zu sein brauchen, treten noch Nenner mit Integralen S der Form

$$S = \int a(1)\, b(1)\, d\tau_1$$

aus; für eine erste Übersicht werden die S gegen die Einheit vernachlässigt. Jetzt kommt die Störungsrechnung. Genau wie früher läßt sich die Auflösung von Säkulargleichungen höheren als ersten Grades vermeiden, wenn zu einer gegebenen „Anordnung" der einzelnen Elektronen (Satz von Quantenzahlen der Elektronen in Atomen) keine zwei Multipletts gleichen Symmetriecharakters gehören, im Falle einer linearen Molekel also keine zwei Terme mit gleichem S und Λ, im Falle einer unregelmäßigen Molekel, die außer der Gleichheit der Elektronen keine Symmetrie hat, keine zwei Terme gleicher Multiplizität. Wegen der geringeren Symmetrie der Molekel gegenüber dem Atom ist dieser Fall, der dort häufig auftrat, hier eine Ausnahme, und die Auflösung von Säkulargleichungen höheren als ersten Grades die Regel.

SLATER betrachtet zunächst Atome mit nur s-Elektronen, die *Spinentartung* ist also die einzige Entartung. Die Eigenfunktion des Grundzustandes der Molekel erhält er, indem er als Zwischenstufe zwischen seinen ungestörten Eigenfunktionen und der gesuchten solche Funktionen einführt, die je einem „Valenzschema" der gegebenen Elektronen entsprechen, also einem Schema, in dem immer zwei Elektronen einander zugeordnet sind und jedes Elektron nur einen Partner hat (bei ungerader Zahl der Elektronen bleibt eines unverbunden). Im Falle von vier s-Elektronen erhält man z. B. drei Schemata

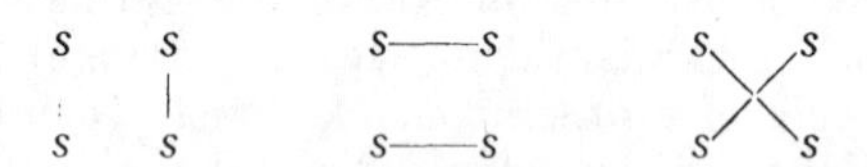

Die Energien, die diesen intermediären Eigenfunktionen entsprechen, enthalten die Austauschintegrale, die den miteinander verbundenen Elektronen entsprechen. Unter der Annahme, daß die Austauschintegrale negativ sind (wie in der HEITLER-LONDONschen Rechnung des H_2), läßt sich die Eigenfunktion des Grundzustandes der Molekel darstellen als Linearkombination dieser intermediären Eigenfunktionen. Wenn die Austauschintegrale eines der Valenzschemata besonders groß sind gegenüber den der anderen, so ist die Eigenfunktion im wesentlichen die dieses Valenzschemas. Die Energie der Molekel enthält dann außer einem „COULOMB"schen Glied im wesentlichen die Austauschintegrale der in diesem Valenzschema verknüpften Paare; die übrigen Austauschintegrale gehen mit dem Faktor $-\frac{1}{2}$ ein. Die zwei Elektronen jedes Paares des Valenzschemas geben also Anziehung der Atome, während jedes Elektron mit irgendeinem anderen nicht mit ihm gepaarten Abstoßung gibt. Dieser Fall wird z. B. dann eintreten, wenn jedes Atom ein Elektron hat und die zunächst gegeben gedachte Anordnung der Kerne so ist, daß jedem Atom nur eines benachbart ist. Dann zerfällt eben das System in einzelne zweiatomige Molekeln.

Es kann aber der Fall vorkommen und auch praktisch von Bedeutung sein, daß nicht eines der möglichen Valenzschemata bevorzugt ist.

Man muß also im Anschluß an SLATERs Rechnungen zwei Hauptfälle unterscheiden: den Fall, dessen Ergebnis der Schreibweise mit Valenzstrichen und der Vorstellung vom bindenden Elektronenpaar entspricht, wir wollen ihn den *Fall lokalisierter Valenzbindung* nennen, und den Fall, bei dem kein solches Entsprechen vorliegt, den *Fall der nichtlokalisierten Valenzbindung*. Zum letzten Fall gehören z. B. auch die Bindungen in den meisten Kristallgittern.

Weiter untersucht SLATER *Fälle, in denen auch andere als s-Elektronen* vorkommen. Für den mit $p - s$ zu bezeichnenden Fall eines Atoms mit p-Elektron und eines mit s-Elektron ist wichtig, daß man mit den beiden Eigenfunktionen p_x (Knotenebene senkrecht zur Kernverbindung) und p_y (Knotenebene enthält die Kernverbindung, p_z spielt die gleiche Rolle) zusammen mit s Austauschintegrale wesentlich verschiedener Größe bekommt. Das mit p_x hat größeren Betrag, da sich diese Funktion mit der s-Funktion besser „überlappt". In verwickelteren Fällen kann man also solche Austauschintegrale als groß ansehen gegen die der Art, die bei p_y auftritt. An verwickelteren Fällen untersucht nun SLATER solche, bei denen für den Grundzustand der Molekel nur je eine Eigenfunktion pro Elektron eines Atoms in Betracht kommt. Durch geeignete Wahl der zu einem entarteten Term der einzelnen Elektronen gehörigen Eigenfunktionen läßt sich das häufig erreichen. Dann gilt dasselbe wie oben bei der Spinentartung. Im Falle zweier Atome mit je einem s-Elektron und einem Atom mit zwei p-Elektronen geht das, wenn die beiden Verbindungslinien $p^2 - s$ einen rechten Winkel bilden. Wenn nämlich SLATER jetzt die intermediären Eigenfunktionen bildet, die den Valenzschemata entsprechen, so kombinieren die drei Funktionen der Schemata

p_y, p_x—s p_x, p_y s p_x—p_y s
| |
s s s

Abb. 49. Eigenfunktionen der Atomelektronen, die im Falle einer rechtwinkligen Molekel $s - p^2 - s$ die Bindung besorgen.

nur wenig mit den übrigen, etwa mit

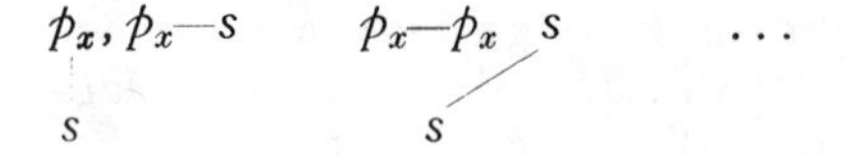

Außerdem ist bei plausibeln Annahmen über die Vorzeichen der Austauschintegrale der Grundterm aus ihnen gebildet. Das zuerst gezeichnete Schema liefert nun die Austauschintegrale mit großem Betrag (zwei Paare, deren Eigenfunktionen sich gut überlappen). Die Eigenfunktion des Grundterms der Molekel entspricht also im wesentlichen diesem ersten Schema. Die Energie enthält die beiden entsprechenden Austauschintegrale, die viel kleineren Austauschintegrale der beiden nächsten Schemata mit dem Faktor $-\frac{1}{2}$. Abb. 49 gibt die an den Valenzbindungen des ersten Schemas beteiligten Eigenfunktionen an.

Ist der Winkel bei p^2 vom Rechten verschieden, so ist keine so einfache Überlegung möglich. Der Fall weicht dann von dem der lokalisierten Bindung ab. Eine Störungsrechnung in der Nachbarschaft des rechten Winkels zeigt unter einfachen Annahmen (z. B. Weglassung der „COULOMBschen" Integrale), daß die Energie des Grundterms gerade ein Minimum ist im Falle des rechten Winkels. Auf diese Weise wird die „gewinkelte Valenz" eines Atoms mit zwei p-Elektronen (oder p-Lücken wie beim O-Atom) in Zusammenhang gebracht mit der Möglichkeit der Lokalisierung der Bindungen im Falle des rechten Winkels.

Diese Auffassung der gewinkelten Valenz wurde außer von SLATER auch von PAULING gleichzeitig vertreten[1].

Ähnlich ergibt sich die Bevorzugung einer pyramidenartigen Anordnung im Falle eines Atoms mit drei p-Elektronen und drei Atomen mit s-Elektronen. Die drei p-Eigenfunktionen, die in die lokalisierten Bindungen eingehen, sind die drei reellen Funktionen, deren Knotenebenen aufeinander senkrecht stehen und von denen jede ihre größten Werte je einem der s-Atome entgegenstreckt.

Ein vierwertiges Atom entsteht, wenn p-Eigenfunktionen genähert mit einer s-Eigenfunktion entartet sind ($2p$ und $2s$ bei C) und wenn für die so entstehenden vier Zustände vier Elektronen vorhanden sind. Die tetraedrische Anordnung der Bindungen ist aus Symmetriegründen energetisch bevorzugt. Die Eigenfunktionen, die in die vier lokalisierten Bindungen eingehen, gehen auseinander hervor durch die Drehungen, die ein reguläres Tetraeder in sich überführen. Ist u die normierte s-Eigenfunktion und sind p_x, p_y, p_z die normierten p-Eigenfunktionen, deren Knotenebene senkrecht zur x-, y- und z-Achse steht

$$p_x = x \cdot f(r),$$

$$p_y = y \cdot f(r),$$

$$p_z = z \cdot f(r),$$

so sind

$$\tfrac{1}{4}(p_x + p_y + p_z + u),$$

$$\tfrac{1}{4}(-p_x - p_y + p_z + u),$$

$$\tfrac{1}{4}(-p_x + p_y - p_z + u),$$

$$\tfrac{1}{4}(p_x - p_y - p_z + u)$$

vier normierte und orthogonale Eigenfunktionen der genannten Art.

Allgemein erweist es sich als vorteilhaft, aus den miteinander entarteten oder genähert entarteten Eigenfunktionen der Elektronen eines Atoms solche Linearkombinationen zu bilden, die einer möglichst in einer Richtung konzentrierten Ladungsverteilung entsprechen. Für den Fall genähert miteinander entarteter s- und d-Eigenfunktionen untersuchte PAULING[1] solche Kombinationen; den Fall genähert miteinander entarteter s-, p- und d-Funktionen behandelt HULTGREN[2]. Die Frage der Winkel zwischen den Bindungen in Molekel und Gitter ist damit natürlich noch nicht erschöpfend behandelt, da außer den hier betrachteten Einflüssen noch andere (elektrostatische Wirkungen, sterische Hinderungen u. a.) die Winkel bestimmen können.

Die SLATERschen Untersuchungen über die chemische Bindung sind wohl als die erste befriedigende Antwort auf die Frage nach der theoretisch-physikalischen Deutung der chemischen Bindung aufzufassen. Sie rechtfertigen in einfachen Fällen die empirisch entstandene Vorstellung vom bindenden Elektronenpaar. Wieweit sie im einzelnen die empirischen Regeln der organischen Chemie liefert, sei nachher untersucht. Gegen die Allgemeingültigkeit der Ergebnisse von SLATER kann man einwenden, daß sie bestimmte Annahmen über die COULOMBschen und Austauschintegrale voraussetzen, nämlich, daß die letzteren wesentlicheren Einfluß haben, und daß die *Austauschintegrale zwischen Elektronen in verschiedenen Atomen negativ* sind (die zwischen Elektronen im gleichen Atom sind ja normalerweise positiv; vgl. Ziff. 16). Dies ist nun keineswegs immer der

[1] L. PAULING, Journ. Amer. Chem. Soc. Bd. 53, S. 1367. 1931.
[2] R. HULTGREN, Phys. Rev. Bd. 40, S. 891. 1932.

Fall. Schon eine einfache Überlegung HEISENBERGS[1] zeigte, daß zwischen s-Elektronen größerer Hauptquantenzahl positive Austauschintegrale auftreten. Die Rechnungen von BARTLETT über die Wechselwirkung von p-Zuständen[2] zeigen ferner, daß schon das Austauschintegral $2p\sigma - 2p\sigma$ mit Wasserstoffeigenfunktionen positiv wird. Nimmt man Eigenfunktionen, die den Fällen, wo Atome äußere $2p$-Elektronen haben, besser angepaßt sind, so wird das Integral vielleicht doch wieder negativ. Aber eine einfache Überlegung zeigt, daß bei p- und d-Eigenfunktionen die Aussichten für negative Austauschintegrale nicht mehr so günstig sind wie bei s-Funktionen. Im Austauschintegral (vgl. Ziff. 28)

$$A = S \cdot \int [U(1) + V(1)]\, u(1)\, v(1)\, d\tau_1 + \int \frac{e^2}{r_{12}}\, u(1)\, v(1)\, u(2)\, v(2)\, d\tau_1\, d\tau_2$$

ist das erste Glied sicher negativ, das zweite normalerweise positiv. Das zweite erhält seine wesentlichen Beiträge von den Stellen her, wo r_{12} klein ist und beide Funktionen u und v einigermaßen von Null verschieden sind. Für das erste Integral ist das Verhalten von u und v in der Nähe der beiden Kerne wesentlich. Wenn die Funktionen u und v ihre Maximalwerte in Kernnähe haben, so ist dies offenbar für das erste Integral günstig. Sind u und v in der Nähe des zugehörigen Kernes sehr klein und erreichen ihre größeren Werte erst in einem gewissen Abstand, wie die p- und erst recht die d-Eigenfunktionen, so ist dies für das erste Integral ungünstig. Dann besteht also Gefahr, daß das Austauschintegral positiv wird[3].

41. Beschreibung der chemischen Bindung durch bindende und lockernde Elektronen. Die letzte der obengenannten Auffassungen der chemischen Bindung (Ziff. 38) benutzt ein Verfahren der Annäherung, daß sich bei der Deutung der Molekelspektren sehr bewährt hat. Solange man sich mit qualitativer Beschreibung begnügt, ist es wesentlich einfacher als das Näherungsverfahren der Auffassung b; die Eigenfunktionen der einzelnen Elektronen im Mehrzentrensystem sind ja Funktionen im dreidimensionalen Raum, ihre Veränderungen bei einer Änderung der Kernanordnung sind also anschaulich beschreibbar. Für die Abhängigkeit der Terme der einzelnen Elektronen von der Kernanordnung kann man Zuordnungsschemata machen wie früher in Ziff. 27. Dem Einwand, der gegen das SLATERsche Modell zur chemischen Bindung gemacht werden konnte, daß nämlich Austauschintegrale auch einmal positiv sein können, entspricht hier der Einwand, daß die feinere (d. h. nicht durch feste Kraftfelder beschreibbare) Wechselwirkung der Elektronen auch einmal so groß werden könnte, daß das angewandte Verfahren keine brauchbare Annäherung ist.

Zweiatomige Elemente. Die Beschreibung der Molekelterme durch Zustände der einzelnen Elektronen (MULLIKEN, HUND) wurde zuerst von HERZBERG[4] zur Deutung der chemischen Bindung herangezogen, und zwar zur *Bindung in den zweiatomigen Molekeln der Elemente* H_2, Li_2, N_2, O_2, F_2, Na_2 ... Ähnlich verfährt LENNARD-JONES[5]. Die Terme $1s$, $2s$ ... getrennter Atome spalten im Zweizentrensystem je in σ_g und σ_u auf, die Störungsrechnung erster Näherung gibt wenigstens für kleine n, daß σ_g tiefer als σ_u kommt. $2p$ spaltet in π_u, σ_g, π_g, σ_u auf, die Störungsrechnung erster Näherung gibt, daß π_u unter π_g, σ_g unter σ_u kommt. Dies allein würde uns noch nicht veranlassen, diese Reihenfolge auch für

[1] W. HEISENBERG, ZS. f. Phys. Bd. 49, S. 619. 1928.
[2] J. H. BARTLETT, Phys. Rev. Bd. 37, S. 507. 1931.
[3] HEISENBERGS Theorie des Ferromagnetismus (l. c.) fordert gerade positive Austauschintegrale bei den ferromagnetischen Metallen.
[4] G. HERZBERG, ZS. f. Phys. Bd. 57, S. 601. 1929.
[5] J. E. LENNARD-JONES, Trans. Faraday. Soc. Bd. 25, S. 668. 1929.

geringere Zentrenabstände, die der Molekel entsprechen, als gültig anzunehmen. Wir ergänzen also die Überlegung durch das Zuordnungsschema (Ziff. 27); dieses zeigt die gleiche Reihenfolge. So kommen wir zu der HERZBERGschen Formulierung: $\sigma_g(s)$, $\pi_u(p)$, $\sigma_g(p)$ als *bindende*, $\sigma_u(s)$, $\pi_g(p)$, $\sigma_u(p)$ als *lockernde Elektronen* zu bezeichnen. Bindend sind die Elektronen, deren Eigenfunktion in der Mittelebene keine Knotenebene erhält, lockernd sind die, deren Eigenfunktion dort eine Knotenebene erhält.

Wenn wir die Eigenfunktionen der Elektronen im Zweizentrensystem durch die Eigenfunktionen u und v von Elektronen in Atomen annähern, in die sie bei Trennung übergehen, und wenn wir die Vorzeichen von u und v so wählen, daß u und v in der Mitte zwischen den Kernen gleiches Zeichen haben, so sind in der Molekel die Elektronenterme bindend, deren Eigenfunktionen durch $u+v$ angenähert werden kann; lockernd sind die, deren Eigenfunktionen durch $u-v$ angenähert werden. Die Energie des Zweizentrensystems kann dann aus Gliedern der Form

$$\frac{1}{1 \pm S}(2C \pm 2R)$$

(vgl. Ziff. 28) zusammengesetzt werden, wo bei bindenden Zuständen das obere, bei lockernden Zuständen das untere Zeichen gilt. Die „Resonanzintegrale" der lockernden Elektronen gleichen die der bindenden ungefähr aus. Die „COULOMBschen Integrale" addieren sich; sie geben aber bei Berücksichtigung der Kernabstoßung keinen großen Beitrag. Diese Annäherung wird natürlich schlecht bei kleinerem Kernabstand; während die Bezeichnung der bindenden und lockernden Zustände (gestützt durch das Zuordnungsschema) ihren Sinn behält.

Bei der Bildung einer zweiatomigen Molekel mit gleichen Kernen werden zunächst die Zustände besetzt, in denen die Elektronen bindend sind. *Als Zahl der betätigten Valenzen eines Atoms kann man die Differenz der Zahl der bindenden minus der Zahl der lockernden Elektronen, die das Atom mitbringt, definieren; diese Zahl ist in unserem einfachen Fall gleich der kleineren der beiden Zahlen: Zahl der äußeren Elektronen, Zahl der an einer abgeschlossenen Skale fehlenden Elektronen.* Im N_2 bringt jedes N-Atom drei äußere (p-) Elektronen mit, die sechs Elektronen kommen in die Zustände

$$\pi_u^4 \sigma_g^2 (2p),$$

also in drei Paare bindender Zustände; es werden die drei Valenzen jedes der N-Atome abgesättigt. Im O_2 bringt jedes O-Atom vier p-Elektronen mit, die acht Elektronen kommen in die Zustände

$$\pi_u^4 \sigma_g^2 \pi_g^2 (2p),$$

also in drei Paare bindender und ein Paar lockernder Zustände; es werden die zwei (3 — 1) Valenzen jedes O-Atoms abgesättigt. Im F_2 bilden die fünf plus fünf p-Elektronen vermutlich Zustände

$$\pi_u^4 \sigma_g^2 \pi_g^4 (2p),$$

drei bindende und zwei lockernde Paare; es wird die eine (3 — 2) Valenz jedes F-Atoms abgesättigt.

Bei dem zwei Edelgasatomen entsprechenden Zweizentrensystem gibt es gleich viel bindende und lockernde Zustände. Die Näherung für große Zentrenabstände (sie dürfen aber nicht so groß sein, daß die Näherungsmethode wieder versagt) gibt nur COULOMBsche Glieder in der Energie. Die geben keine wesentliche Anziehung, für geringeren Abstand sicher Abstoßung.

Zu der bisherigen Auffassung wird man geführt, wenn man die Terme $2s$, $2p$, $3s$, $3p$ als ungefähr gleichmäßig verteilt ansieht. Tatsächlich liegen aber $2s$ und $2p$ nahe beieinander, ebenso $3s$ und $3p$. An dieser Stelle bedeutet daher das eben Gesagte eine starke Schematisierung. Wenn wir den Abstand der Atomterme $2s$ und $2p$ (oder $3s$ und $3p$) als klein ansehen, so haben wir im Zweizentrensystem für nicht zu großen Abstand als tiefere von diesen ausgehende Terme die drei (mit Berücksichtigung der λ-Entartung vier) Terme σ_g, π_u, σ_g ohne Knoten in der Mittelebene, und als höhere die Terme σ_u, π_g, σ_u mit Knoten in der Mittelebene. Im Zuordnungsschema (Abb. 35, S. 641) haben wir nur die Überschneidung von $\sigma_u(2s)$ mit π_u, $\sigma_g(2p)$ weiter nach rechts zu verlegen (wenn wir nicht gleich $2s$ und $2p$ als miteinander entartet ansehen wollen).

Für die zweiatomigen Elemente hat das noch keine praktische Bedeutung, da in der Reihe B_2, C_2, N_2, O_2, F_2 nur die drei letzten als chemische Molekeln bekannt sind und für sie beide Betrachtungen dasselbe liefern.

Bindung zwischen ungleichen Atomen. Um die Bindung zwischen ungleichen Atomen durch Betrachtung der Zustände der einzelnen Elektronen in einfacher Weise verstehen zu können, ist notwendig, daß die Eigenfunktionen der äußeren Elektronen in den verschiedenen Atomen genähert miteinander entartet sind. Wir sprechen dann von einem *bindenden Zustand eines Elektrons* oder kurz von einem *bindenden Elektron*, wenn seine Eigenfunktion sich ungefähr additiv, d. h. für größeren Kernabstand in der Form (ohne Normierungsfaktor)

$$u + \lambda v + \mu w$$

mit Faktoren λ und μ, die positiv sind, aus Eigenfunktionen u, v, w von einzelnen Elektronen in getrennten Atomen zusammensetzt. Wir sprechen von *lokalisierter Bindung*, wenn die Eigenfunktionen der in Betracht kommenden Elektronen sich in der Form

$$u + \lambda v$$

mit positivem und nicht sehr von 1 verschiedenem Faktor λ aus den Eigenfunktionen u und v einzelner Elektronen aus nur zwei Atomen zusammensetzt, und wenn jede solche Funktion $u, v \ldots$ nur in eine Bindung eingeht.

Zwei Atome mit s-Elektronen. Die beiden Atome sollen, abgesehen von abgeschlossenen Schalen, je ein oder zwei s-Elektronen haben. In der Molekel stehen für diese zwei bis vier Elektronen Zustände zur Verfügung, deren Eigenfunktionen für größeren Kernabstand durch $u + \lambda v$ und $u - \mu v$ angenähert werden können, wo u und v die Eigenfunktionen in den getrennten Atomen und λ und μ positive Zahlen von der Größenordnung 1 sind; $u + \lambda v$ hat die tiefere Energie. Bringt jedes Atom nur ein Elektron mit, so können beide Elektronen in diesem Zustand untergebracht werden. Er bedeutet Bindung, wir können ihn etwa $A{:}B$ schreiben. Ein drittes und viertes Elektron kann nur in dem lockernden Zustand $u - \mu v$ untergebracht werden $(\dot{A}/\dot{B})$; wenn jedes Atom zwei Elektronen mitbringt, so wirken Bindung und Lockerung einander entgegen. Für das ganze Gebilde können wir etwa $\ddot{A}\,\ddot{B}$ schreiben.

Eine Bindung $s^2 - s^2$ oder $s^2 = s^2$ $(A{::}B)$ gibt es hiernach nicht. Dies Ergebnis kann etwas verändert werden, wenn höhere benachbarte Terme (etwa p-Terme) mit von Einfluß sind. Diese können den Term $u - \lambda v$ nach unten drücken (vgl. das oben bei den Elementen Gesagte) und die Eigenfunktion verändern.

Drei Atome mit s-Elektronen außerhalb der abgeschlossenen Schalen. Für die Elektronen der Molekel steht ein Zustand zur Verfügung, der außer den vorhandenen Knoten in der Nähe der Kerne keine neuen hat und etwa durch $u + \lambda v + \mu w$ angenähert werden kann; in ihm lassen sich zwei Elektronen unterbringen. Weitere Elektronen kommen in Zustände mit neuen Knoten, in der Näherung für die Eigenfunktion tritt eine der Funktionen u, v, w negativ auf. Wenn jedes Atom ein s-Elektron mitbringt, so können die drei Elektronen nicht in bindenden Zuständen untergebracht werden. Der Zustand $u + \lambda v + \mu w$ der zwei bindenden Elektronen bedeutet im allgemeinen (d. h. bei beliebiger Anordnung der Kerne) keine lokalisierte Bindung. Aber da das dritte Elektron die Bindung eines der drei Atome an die anderen lockert, wird eine zweiatomige Molekel entstehen, ein Gebilde, das wieder eine lokalisierte Bindung hat ($A:B, \dot{C}$).

Es folgt leicht, daß auch Bindungen $s - s^2 - s$ ($A:B:C$ mit s-Elektronen) nicht vorkommen. Durch Berücksichtigung höherer benachbarter Terme (etwa p-Terme gleicher Hauptquantenzahl) kann der in erster Näherung lockernde Molekelterm nach unten gedrückt werden. So kann die Zweiwertigkeit der Erdalkalien verstanden werden, wenn man nicht ihre Verbindungen als heteropolar ansehen will.

$p - s$-Bindung. Bezeichnen wir von den drei Eigenfunktionen des p-Zustandes des Atoms diejenige mit x, die ihre Knotenebene senkrecht zur Verbindung zum anderen Atom hat, die beiden anderen mit y und z (ihre Knotenebene geht durch die Verbindung zum anderen Atom) und die s-Funktion des anderen Atoms mit u, so stehen in der Molekel tiefe Terme zur Verfügung, deren Eigenfunktionen durch

$$x + \lambda u,$$
$$y, z,$$
$$x - \mu u$$

angenähert werden können. Wesentlich ist, daß zur Eigenfunktion y oder z des p-Terms der s-Term keinen Beitrag liefern kann. Der Zustand der zwei Elektronen in der Molekel kann, wenn beide nach $x + \lambda u$ kommen (und das ist der tiefste Term), mit $A:B$ bezeichnet werden, wenn beide nach $x - \mu u$ kommen, mit $\dot{A}/\dot{B}$, wenn beide nach y oder z kommen, mit $\ddot{A}B$ usw. Man sieht das Zustandekommen von $p - s$ oder $A:B$, die Unmöglichkeit von $p^2 - s^2$ ($\dot{A}:\dot{B}$) oder $p^2 = s^2$ ($A::B$).

$p - p$-Bindung. Hier können auch die y- und z-Anteile der p-Terme Bindung oder Lockerung geben. Wenn jedes Atom ein p-Elektron mitbringt, so entsteht $p - p$ ($A:B$), wenn ein Atom ein, das andere zwei Elektronen mitbringt, entsteht $p^2 - p$ ($\dot{A}:B$) usw. Die stärkste Bindung, die auftreten kann, ist $p^3 \equiv p^3$ ($A:::B$) wie bei N_2. Weitere p-Elektronen lockern sicher.

$s - p^2 - s$-Bindung. Die Betrachtung dieses Falles führt uns zu einer Deutung der *„gewinkelten Valenz"*, die der SLATER-PAULINGschen ähnlich ist, und erlaubt uns, das Auftreten *„lokalisierter Bindungen"* deutlich zu machen. Wir betrachten drei Atome, zwei (A und C) mit einem s-Elektron als äußerem Elektron, das dritte (B) mit zwei p-Elektronen; die Ionisierungsarbeiten der drei Atome seien nicht zu verschieden. Die Eigenfunktionen, die für die vier äußeren Elektronen in der Molekel zur Verfügung stehen, betrachten wir zunächst für den Fall, daß die drei Atome in der Reihenfolge ABC auf einer Geraden liegen. Die Eigenfunktion des s-Elektrons im abgetrennten Atom A sei u, in C sei sie v; die Eigenfunktion des p-Elektrons in B, die ihren Knoten senkrecht zur Geraden ABC hat, sei x, die anderen beiden p-Funktionen seien (wie oben bei $p - s$) y und z. Nehmen wir an, daß andere Atomeigenfunktionen an den Molekeleigenfunktionen nicht wesentlich beteiligt sind, so erhalten wir fünf Molekeleigenfunktionen:

$$\lambda_1 u + \mu_1 x + \nu_1 v,$$
$$\lambda_2 u + \mu_2 x + \nu_2 v,$$
$$\lambda_3 u + \mu_3 x + \nu_3 v,$$
$$y, z,$$

die Koeffizienten der ersten drei lassen sich aus zwei in λ, μ, ν homogenen kubischen Gleichungen bestimmen. Zum tiefsten Zustand gehört eine der Funktionen $\lambda u + \mu x + \nu v$, die außer den in u, x, v schon vorhandenen Knoten keine neuen hat; in ihm können zwei der vier Elektronen untergebracht werden. Die dadurch besorgte Bindung kann etwa mit $A \cdot B \cdot C$ bezeichnet werden. Von den übrigen Zuständen haben y und z (Bezeichnung etwa $A\ddot{B}C$) keine Bindungseigenschaften. Die beiden anderen Zustände $\lambda u + \mu x + \nu v$ müssen neue Knoten haben ($A{:}B/C$ oder $\dot{A}B\dot{C}$). *Eine Bindung, die durch $A{:}B{:}C$ bezeichnet werden könnte, ist also unmöglich.*

Wesentlich ist hier, daß die p-Entartung, d. h. die Existenz mehrerer p-Eigenfunktionen, nicht für die Bindung nutzbar gemacht werden kann. Die y- und z-Funktionen sind aus Symmetriegründen von der Bindung ausgeschlossen. Der Fall unterscheidet sich also nicht von der Anordnung s, s^2, s auf einer Geraden, wo es auch keine Bindung $s - s^2 - s$ gibt. Die p-Entartung kann jedoch sofort zu zwei Bindungen nutzbar gemacht werden, wenn die drei Atome nicht mehr in einer Geraden liegen oder wenn mindestens eines der anderen Atome ein p-Elektron hat.

Daß eine Valenzbindung im Sinne unserer Definition im Falle $s - p^2 - s$ nur möglich ist, wenn die drei Atome nicht in einer Geraden liegen, folgt aus dieser qualitativen Betrachtung. Dafür, daß eine gewinkelte Molekel in der Tat tiefere Energie hat als eine gestreckte, also die Valenzbindung vor anderen Bindungen energetisch bevorzugt ist, müssen bestimmte Voraussetzungen erfüllt sein. Wie die Rechnung[1] zeigt, reicht es hin, daß die erste Näherung der Störungsrechnung noch brauchbar ist und die dabei auftretenden Resonanzintegrale wesentlich zur Energie beitragen.

Im gewinkelten Fall nehmen wir der Einfachheit halber die s-Atome und ihre Abstände vom p^2-Atom als gleich an. Es gibt dann die bindenden Zustände

$$\left.\begin{aligned} &x + \lambda(u - v)\,, \\ &y + \mu(u + v)\,, \end{aligned}\right\} \tag{1}$$

wo x die p-Eigenfunktion ist, deren Knotenebene die zur Ebene der drei Atome senkrechte Symmetrieebene ist, und y die p-Eigenfunktion, die zu beiden Ebenen symmetrisch ist, und wo ferner λ und μ bei geeigneter Wahl der Vorzeichen von x und y positiv sind. Die zwei bindenden Zustände können gerade die vier Elektronen aufnehmen. Die Bindungen sind aber nicht lokalisiert. Nehmen wir aber Summe und Differenz der angegebenen Funktionen (1), also

$$\left.\begin{aligned} &y + x + (\mu + \lambda)\, u + (\mu - \lambda)\, v\,, \\ &y - x + (\mu + \lambda)\, v + (\mu - \lambda)\, u\,, \end{aligned}\right\} \tag{2}$$

so zerstören wir die richtige Symmetrie gegenüber dem Kerngerüst; die Funktionen (2) sind also schlechtere Annäherungen der Eigenfunktionen der einzelnen Elektronen im Mehrzentrensystem. Aber wir erhalten genähert Lokalisierung, indem $\mu - \lambda$ kleiner wird als $\mu + \lambda$ (außer im gestreckten Fall). Die Verschlechterung durch Annäherung mit Hilfe der Funktionen (2) ist um so geringer, je geringer die Energiedifferenz der beiden Zustände (1) ist. Da für die gestreckte oder sehr stumpfwinklige Molekel die erste der Funktionen (1) den tieferen Term hat, für die spitze Molekel die zweite, so gibt es ein Gebiet, wo die Terme ungefähr zusammenfallen, dort kann man statt (1) ohne Nachteil die lokalisierten Funktionen nehmen.

[1] F. Hund, ZS. f. Phys. Bd. 74, S. 429. 1932. Slater hatte in seiner Auffassung (b) eine entsprechende Rechnung angestellt.

p^3- und drei s-Valenzen. An sich lassen sich drei Molekelzustände bilden, an denen eine p- und eine s-Eigenfunktion beteiligt ist und die keine neu hinzukommende Knoten hat. Aber das geht nur, wenn wirklich alle drei unabhängigen p-Eigenfunktionen benutzt werden. Wenn die vier betrachteten Atome in einer Ebene liegen, so ist aber eine der p-Eigenfunktionen aus Symmetriegründen ausgeschlossen. Wenn unter den Partnern der p^3-Valenz auch p-Valenzen sind, so ist auch bei ebener Anordnung Absättigung möglich.

Valenzen bei genäherter s-p-Entartung. Wir haben bisher an den Eigenfunktionen der Elektronen in der Molekel im wesentlichen höchstens eine Eigenfunktion pro Atom beteiligt. Das ist nur dann eine brauchbare Annäherung, wenn die Elektronenzustände im Atom nicht zu dicht liegen. Die Nachbarschaft von s- und p-Zuständen wird also hier Abänderungen bringen, besonders in den Fällen starker Bindung (denn es kommt natürlich auf das Verhältnis Bindungsenergie zu s-p-Abstand an). In diesen Fällen können wir entweder den Einfluß der Nachbarterme als Störung in zweiter Näherung einführen oder die benachbarten Terme als genähert miteinander entartet ansehen. Im ersten Falle drücken die Nachbarterme gewisse Molekelterme der ersten Näherung herunter oder herauf, können also Bindungen verfestigen oder lockern (vgl. unsere Beschreibung der $s - s^2 - s$-Bindung). Im zweiten Falle spricht man besser nicht mehr von s- und p-Eigenfunktionen, sondern man hat genähert einen vierfachen Term, dessen Eigenfunktionen vier unabhängige Linearkombinationen der s- und p-Eigenfunktionen sind; wir wollen von einem q-Term und q-Eigenfunktionen sprechen. Die Konfiguration q^2 (s^2 mit benachbartem p-Term) kann dann zwei Valenzen absättigen. Von diesem Standpunkt aus können gewisse Verbindungen der Erdalkalien als echte Valenzbindungen erscheinen. Wenn man hier in erster Näherung s-Elektronen betrachtet und in zweiter Näherung die Störung durch den p-Term, so müßte man sie wohl Polarisationsbindungen nennen. Es kann aber durchaus sein, daß bei (spektroskopisch beobachteten) Verbindungen wie BeH, HgH die Rechnung die Berücksichtigung der Einwirkung noch höherer Terme erforderte, dann wären es Übergangsfälle zwischen q-Valenzbindungen und Polarisationsbindungen. Bei den Verbindungen wie BeO, $BeCl_2$ . . . handelt es sich wohl um Übergangsfälle zwischen homöopolaren q-Valenzbindungen und heteropolaren Bindungen.

Die Konfiguration q^3 (etwa s^2p) kann drei Valenzen absättigen. Die Konfiguration q^4 (s^2p^2) kann vier Valenzen absättigen. Dies scheint die *angemessene Auffassung der C-Valenz* zu sein. Sie hat mit einer früher von HEITLER und HERZBERG[1] mit der Theorie der Spinvalenz gegebenen Erklärung gemeinsam, daß es wesentlich ist, daß die Energien der s- und p-Zustände nicht sehr verschieden sind. Während aber dort die C-Bindungen aus dem $sp^3\,{}^5S$-Term zustande kommend erklärt werden, ist hier die 4-Valenz eine Eigenschaft der ganzen Termgruppe s^2p^2, sp^3, p^4, hier kurz q^4 genannt. Der Grundzustand der Molekel kann dabei durchaus in den tiefsten Zustand der Atome dissoziieren (C im $s^2p^2\,{}^3P$-Zustand). Überlegungen, die denen analog sind, die wir oben bei der p^2- und p^3-Valenz angestellt haben, führen zu dem Ergebnis, daß die Konfiguration q^4 vier Atome mit s-Valenzen nur binden kann, wenn sie nicht mit dem q^4-Atom in einer Ebene liegen.

42. Klassifikation der Valenzen und der Bindungen. Organische Chemie[2]. In jeder Auffassung der chemischen Bindung wird die Neigung eines Atoms, Bindungen einzugehen, auf seine äußeren Elektronen zurückgeführt. In den Auffassungen (b und c), die die Atomeigenschaften durch die Eigenfunktionen

[1] W. HEITLER u. G. HERZBERG, ZS. f. Phys. Bd. 53, S. 52. 1929.
[2] F. HUND, ZS. f. Phys. Bd. 73, S. 565. 1932.

der einzelnen Elektronen ausdrücken, lassen sich die *Valenzen* (die Inbegriffe der Atomeigenschaften, die für die Bindung wichtig sind) einteilen wie die Anzahlen und die Zustände der äußeren Elektronen. Wenn man annimmt, daß an den Eigenfunktionen der Elektronen in der Molekel höchstens eine Eigenfunktion der Elektronen von jedem Atom beteiligt ist, so haben wir s-, p-, p^2- und p^3-*Valenzen*. Die Gruppierung p^4 gibt (entsprechend den Lücken in der abgeschlossenen Schale) eine p^2-Valenz, p^5 eine p-Valenz. Wenn man den Unterschied der s- und p-Terme gleicher Hauptquantenzahl als gering ansieht, verglichen mit den Termänderungen beim Zusammenführen der Atome, so kann man statt der vier Eigenfunktionen für s und p auch vier andere orthogonale Linearkombinationen einführen. Es hat dann keinen Sinn, s und p zu unterscheiden; wir wollen von einem q-Term oder von q-Elektronen sprechen; acht q-Elektronen bilden eine abgeschlossene Schale. In diesem Falle gibt es q-, q^2-, q^3- und q^4-Valenzen.

Die *Bindungen* sind lokalisiert oder nicht lokalisiert. Die lokalisierten Bindungen lassen sich beschreiben durch die genähert erfüllte Symmetrie in bezug auf die Verbindungslinie der beiden beteiligten Atome. Wir sprechen von σ-Bindung, wenn sie von zwei Elektronen im σ-Zustand herrührt, von π-Bindung, wenn sie von zwei Elektronen im π-Zustand kommt. Mehrfachbindungen können mit $\sigma\sigma$, $\sigma\pi$, $\pi\pi$ usw. bezeichnet werden (O_2 hat eine $\sigma\pi$-, N_2 eine $\sigma\pi\pi$-Bindung).

Die charakteristischen Eigenschaften der einzelnen Valenzarten sind nach dem Voraufgegangenen leicht anzugeben. Die s- und p-Valenzen können nur ein Atom binden. Die p^2-Valenz kann zwei Atome binden. Sie kann durch zwei Atome mit s-Valenzen nur abgesättigt werden, wenn die drei Atome nicht in einer geraden Linie liegen. Die p^2-Valenz kann die Valenzen zweier in gleicher Geraden liegenden Atome nur dann absättigen, wenn mindestens eine π-Bindung von ihr ausgeht; dann muß aber eines der beiden Atome eine p-Valenz haben. Die p^3-Valenz kann drei Atome binden. Sie kann durch drei s-Valenzen nur abgesättigt werden, wenn die drei Atome mit dem Träger der p^3-Valenz nicht in einer Ebene liegen. Die q^2-Valenz unterscheidet sich von der p^2-Valenz, daß sie auch zwei s-Valenzen absättigen kann, wenn die drei Atome in einer Geraden liegen. Entsprechend kann die q^3-Valenz drei s-Valenzen absättigen, auch wenn die vier Atome in einer Ebene liegen. Eine q^4-Valenz kann vier s-Valenzen nur dann absättigen, wenn die fünf Atome nicht in einer Ebene liegen.

Unter den betrachteten Fällen sind einige „gewinkelte Valenzen". Das Gewinkeltsein ist dabei eine innere Eigenschaft der Valenz (im Gegensatz zur Deutung im Ionenmodell durch die Polarisierbarkeit).

Die charakteristischen Eigenschaften der Bindungen sind folgende: Die σ-Bindung hat kein ausgezeichnetes Azimut, man kann den einen der aneinandergebundenen Molekülteile um die Richtung der Bindung drehen, ohne daß Symmetrieeigenschaften der Bindung sich ändern. Daraus allein folgt noch nicht die „freie Drehbarkeit", sondern dafür ist noch notwendig, daß auch die COULOMBschen Kräfte der Kerne und Elektronenverteilung durch die Verdrehung nicht wesentlich geändert werden. Da das der Fall zu sein scheint, können wir die σ-Bindung als „drehbare" Bindung bezeichnen. Bei der π-Bindung ist wichtig, ob die beiden möglichen π-Zustände miteinander entartet sind oder nicht. Bei Rotationssymmetrie der Molekel um die Achse der betrachteten Bindung (O_2) haben wir Entartung; ebenso, wenn die Bindungsachse ungeradzählige Drehungsachse ist. In anderen Fällen sind die beiden π-Zustände energetisch verschieden. Die zwei Elektronen in dem tieferen der beiden Zustände haben eine Eigenfunktion, die in bestimmter Weise in der Molekel orientiert ist (vgl. die früher gegebene HÜCKELsche Beschreibung der C_2H_4-Molekel in Ziff. 34). Eine Verdrehung des einen Molekelteils gegen den anderen um die Achse der π-Bindung bedeutet eine Zerstörung dieser begünstigten Orientierung. So erklärt man nach HÜCKEL die Nichtdrehbarkeit einer π-Bindung.

Betrachtet man jetzt die *Gesamtheit der* unter der Annahme lokalisierter Bindungen aufgestellten *Regeln,* so sieht man, daß sie *noch nicht das System der organischen Chemie* liefern. Vielmehr sind nach diesen Regeln weit mehr Verbindungen möglich, als der Chemiker kennt. Ihm scheint am O-Atom immer ein Winkel zu sein; die Einfachbindungen scheinen alle „drehbar", die Mehrfachbindungen „nicht drehbar" zu sein.

Von Regeln, die dem Übergang von homöopolarer zu heteropolarer Bindung angehören und die sich auch theoretisch begründen ließen, wollen wir hier absehen, da sie in der organischen Chemie nur in zweiter Linie in Betracht kommen. Dann bleiben uns für die Reduktion unseres theoretisch abgeleiteten Systems von Regeln über Valenzen und Bindungen noch Untersuchungen über die *relative Festigkeit der verschiedenen in einem gegebenen Falle möglichen Bindungen* (wie es auch SLATER und PAULING taten). Einige solcher möglichen Anordnungen von Bindungen um eine Valenz sind durch ihre Symmetrie ausgezeichnet und daher ist ihre Bevorzugung plausibel, wie die Anordnung der vier von q^4 ausgehenden σ-Bindungen in Form des regulären Tetraeders. Bei anderen Anordnungen kommt es auf quantitative Unterschiede an (wie die Bevorzugung der σ- vor der π-Bindung bei SLATER und PAULING); da müssen wir sehr vorsichtig sein, da keine der bisher durchgeführten Näherungsmethoden bei den Kernabständen, die in der Molekel vorkommen, noch brauchbar konvergiert. Wir müssen wohl so verfahren, daß wir gewisse in der rohen Näherungsrechnung sich ergebende Unterschiede als Hypothesen einführen.

Wenn eine p-, p^2- oder p^3-Valenz durch s-Valenzen abgesättigt wird, gehen von ihr nur σ-Bindungen aus. Die relative Festigkeit von σ- und π-Bindungen ist also nur von Bedeutung, wenn die Partner p-Valenzen haben. Dann können wir annehmen, daß die p-Elektronen zweier Atome, die eine Bindung eingehen, ungefähr gleich fest gebunden sind. Sowohl die Betrachtung der Austauschintegrale in Auffassung b wie die der Resonanzintegrale in Auffassung c zeigt, daß für große Kernabstände der Molekelterm tiefer liegt, der die σ-Bindung hat. Das gilt in Auffassung c sowohl, wenn einfach zwei bindende Elektronen da sind, als auch, wenn der Überschuß der bindenden über die lockernden Elektronen zwei beträgt. Bei den Kernabständen, die wirklich in der Molekel vorliegen, ist dieses Ergebnis nicht mehr sicher; wir machen (mit SLATER und PAULING) die *Hypothese,* daß auch da *die σ-Bindung fester ist als die π-Bindung.* Wenn einmal eine σ-Bindung vorliegt, so ist eine zweite σ-Bindung, die vom gleichen Atom in der gleichen oder entgegengesetzten Richtung geht, unmöglich. Eine von p, p^2 oder p^3 ausgehende *Einfachbindung* ist also immer eine σ-Bindung und daher *„drehbar"*; eine von p^2 oder p^3 ausgehende *Doppelbindung* ist eine $\sigma\pi$-Bindung und daher *nicht „drehbar"*.

Wenn zwei Partner q-, q^2-, q^3- oder q^4-Valenzen haben und die entsprechenden Elektronen bei beiden ungefähr gleich stark gebunden sind, so erhält man für geringen s-p-Abstand und großen Kernabstand die Reihenfolge σ, π, σ für die Bindungen. Wenn wir diese Reihenfolge auch für die wirklichen Kernabstände als gültig ansehen, so sind auch die von $q, q^2, \ldots$ ausgehenden *Einfachbindungen* stets σ-Bindungen. Eine *Doppelbindung* ist eine $\sigma\pi$-Bindung, also *„nicht drehbar"*. Eine *Dreifachbindung* ist $\sigma\pi\pi$; ihre Drehbarkeit ist gleichgültig, da ein vierter Partner sich in der entgegengesetzten Richtung und nicht im Winkel ansetzt.

Da unter den gemachten Voraussetzungen die *π-Bindung nur* auftritt, *um eine schon vorhandene σ-Bindung zur Doppelbindung zu ergänzen,* wird das theoretische System der Valenzregeln gerade so abgeändert, daß es sich dem empirischen nähert. Man erhält genau *das Regelsystem der organischen Chemie,* wenn man nur p-, p^2-, p^3- und q^4-Valenzen betrachtet.

43. Nichtlokalisierte homöpolare Bindungen. In einigen einfachen Fällen kam die lokalisierte Bindung dadurch zustande, daß die gewinkelte Anordnung der von einem Atom ausgehenden Bindungen energetisch begünstigt war und die gewinkelte Anordnung wiederum ermöglichte, die einzelne Bindung im wesentlichen durch ein Paar von Eigenfunktionen aus verschiedenen Atomen auszudrücken. Es gibt Fälle, wo so etwas nicht möglich ist. Wenn z. B. eine Kette von Atomen durch lokalisierte σ-Bindungen zusammengehalten wird, die pro Atom zwei p-Eigenfunktionen verbrauchen, und wenn jedes Atom noch ein p-Elektron übrig hat, so kommt (wegen des Verbrauchs der übrigen Eigenfunktionen für die σ-Bindungen) für dieses Elektron nur eine p-Eigenfunktion in Frage, deren Knotenebene die durch das Atom und seine zwei Nachbarn bestimmte Ebene ist. Diese überzähligen p-Elektronen lassen sich nicht in lokalisierten Bindungen unterbringen, solange die beiden Nachbarn jedes Atoms ungefähr gleichberechtigt sind.

Ein solches Beispiel ist der *Benzolring.* Auf den Zusammenhang des aromatischen Charakter (d. h. der festen Bindung) mit der Existenz überzähliger p-Elektronen hat HÜCKEL hingewiesen[1]. Wir stellen uns die Aufgabe, eine Kette oder einen Ring aus CH-Gruppen zu bilden. Von den vier Elektronen der q^4-Valenz eines C-Atoms werden möglichst viele zu σ-Bindungen benutzt; es werden also von jedem C-Atom aus drei σ-Bindungen gebildet, eine nach H, die andere nach den benachbarten C (von den Enden einer etwaigen Kette sehen wir ab). Man kann im Zweifel sein, ob die C—C-Bindungen lokalisierte Bindungen sind. Sie sind es, wenn man aus den q-Eigenfunktionen drei solche Linearkombinationen bilden kann, daß für jeden Nachbarn eine davon hauptsächlich in Betracht kommt. Dies ist aber der Fall. Jetzt bleibt noch pro C-Atom ein Elektron übrig, das nicht in einer σ-Bindung untergebracht werden kann ($\sigma\sigma$-Doppelbindungen sind energetisch sehr ungünstig). Wollte man mit lokalisierten Bindungen auskommen, so müßte man jedes C-Atom mit einem seiner Nachbarn statt mit der σ-Bindung mit einer $\sigma\pi$-Doppelbindung verbinden; man erhielte eine Kette oder einen Ring mit abwechselnden C—C-Einfach- und C=C-Doppelbindungen. Die bevorzugte Anordnung von einer Doppel- und zwei Einfachbindungen um eine q^4-Valenz herum ist die regelmäßige Anordnung der drei σ-Bindungen also die Anordnung in einer Ebene mit Winkeln von 120°. Das einfachste Gebilde, das so entstehen kann, ist der ebene Ring mit *sechs* Gliedern. Dann verliert wegen der Symmetrie die Lokalisierung der π-Bindungen ihren Sinn und wir haben die sechs überzähligen Elektronen in Eigenfunktionen der Molekel unterzubringen, die die Ringebene als Knotenebene haben und den Symmetrieeigenschaften des regulären Sechsecks entsprechen. Die *Auszeichnung des Sechserringes* vor anderen Ringen *beruht* hier also *auf dem Winkel von* 120°, den drei von der Valenz q^4 ausgehende σ-Bindungen bilden, wenn eine Valenz zu lokalisierter oder nichtlokalisierter π-Bindung verbraucht ist[2].

HÜCKEL untersucht noch genauer die Termeigenschaften des Ringes, die auf der nichtlokalisierten Bindung beruhen, für Ringe aus n CH-Gliedern. Die Eigenfunktionen, die für die n nicht in lokalisierten Einfachbindungen untergebrachten Elektronen in Betracht kommen, lassen sich auf Grund der Sym-

[1] E. HÜCKEL, ZS. f. Phys. Bd. 70, S. 204. 1931.
[2] F. HUND, ZS. f. Phys. Bd. 73, S. 565. 1932.

metrie des Ringes angeben (vgl. Abb. 12, S. 593). Beim Ring mit sechs Elektronen haben im tiefsten Term zwei Elektronen die nichtentartete Eigenfunktion (0, +) und vier Elektronen die entartete Funktion (1, ±). Bei diesem Fall (und ebenso beim Ring mit zehn Elektronen) ist gerade eine abgeschlossene Schale erreicht, die Anregungsenergie der Molekel ist verhältnismäßig hoch. Damit mögen auch manche besonderen chemischen Eigenschaften, die den Benzolring bevorzugen, zusammenhängen. Die Existenz von Ionen $(C_5H_5)^-$ dürfte auch mit der Erreichung der abgeschlossenen Schale bei sechs Elektronen zusammenhängen.

Weiter untersucht HÜCKEL die nichtlokalisierte Bindung in anderen ungesättigten und aromatischen Verbindungen[1]. Er nimmt die Kernanordnung als gegeben an, denkt soviel Elektronen wie möglich in Einfachbindungen untergebracht und untersucht die Eigenfunktionen der jetzt noch übrigen Elektronen. Bei ebener Anordnung der Kerne haben sie alle eine Knotenebene in der Ebene der Kerne. Durch eine Störungsrechnung werden die Eigenfunktionen als Linearkombinationen von Eigenfunktionen der Atome und ihr Beitrag zur Bindungsenergie berechnet für Ketten C_nH_{n+2}, Ringe C_nH_n, Naphthalin, Anthrazen, Diphenyl. Bei letzterem wird z. B. gezeigt, daß von der Ladungsverteilung, die von der nichtlokalisierten Bindung herrührt, zwischen den beiden Ringen nur wenig vorhanden ist, so daß diese C—C-Bindung genähert als Einfachbindung anzusprechen ist (sie ist ja auch drehbar).

Nichtlokalisierte homöopolare Bindung ist sehr häufig in *Kristallgittern.* Wenn ein Atom im Gitter mehr als vier gleichberechtigte Nachbarn hat, so kann keine lokalisierte Bindung vorliegen; die Gitter der meisten Metalle gehören dazu. Lokalisierte Bindung dagegen liegt vor im Diamantgitter. Die eigentümliche Struktur der Gitter von As, Sb, Bi mag auch daher rühren, daß bei dieser Form jedes Atom drei nahe Nachbarn hat, das Gitter also aufgefaßt werden kann als aus Schichten bestehend, die nur lokalisierte Bindungen enthalten. Auch die Struktur des Se- und Te-Gitters mag bedeuten, daß die Atome mit lokalisierten Bindungen in Fäden zusammenhalten und erst diese Fäden mit geringeren Kräften im Gitter aneinandergehalten werden[2].

Neben die lokalisierte oder nichtlokalisierte homöopolare Bindung tritt bei den Gittern natürlich noch die Ionenbindung und die Bindung durch schwächere Kräfte (VAN DER WAALSsche Kräfte, Polarisations-, Dipol- oder Multipolkräfte). Unter diesen Gesichtspunkten erhält man eine *einfache Übersicht über die verschiedenen Möglichkeiten der zusammenhängenden Struktur* eines Stoffes von bekannter chemischer Formel. Wir erhalten die folgenden Gruppen, zu denen natürlich noch Übergangsfälle kommen.

I. *Zusammenhang mit* VAN DER WAALS*schen Kräften:*
   einatomiges Gas oder lockeres Gitter (Edelgase).

II. *Gebilde mit heteropolaren Bindungen:*
   1. heteropolare Molekeln oder Gitter aus solchen (z. B. HCl, wenn man dieses nicht zu III 1. rechnen will).
   2. Schichtengitter aus heteropolaren Schichten (CdJ_2).
   3. Koordinationsgitter aus Ionen (NaCl).
   4. Radikalionengitter $(CaCO_3)$.

III. *Gebilde mit lokalisierten homöopolaren Bindungen:*
   1. homöopolare Molekeln oder Gitter aus solchen (N_2, O_2, F_2).
   2. Fadengitter (Se, Te).
   3. Schichtengitter aus Schichten mit lokalisierten Bindungen (As, Sb, Bi).
   4. Koordinationsgitter mit lokalisierten Bindungen (C, Si).

---
[1] E. HÜCKEL, ZS. f. Phys. Bd. 76, S. 628. 1932.
[2] Diese Auffassung bei SLATER, Phys. Rev. Bd. 37, S. 481. 1931.

IV. *Gitter mit nichtlokalisierten homöopolaren Bindungen:*
Koordinationsgitter (Na, Mg, Al, Fe ...).

Die Möglichkeiten der Gitterstruktur der Elemente erhält man nun folgendermaßen: Edelgase (Valenz 0) können nur lockere Gitter geben. Einwertige Elemente haben die Wahl, die Valenz in lokalisierten Bindungen abzusättigen oder in nichtlokalisierten. Die Natur tut das erstere bei den Halogenen, das letztere bei den Alkalien. Absättigung durch lokalisierte Bindung ist bei der Valenz 1 nur in zweiatomigen Molekeln möglich, die bei tiefer Temperatur lockere Gitter bilden. Zweiwertige Elemente können ihre Valenzen wieder entweder in nichtlokalisierten Bindungen absättigen — das tun die Elemente auf der linken Seite des periodischen Systems — oder in lokalisierten Bindungen — das tun die Elemente auf der rechten Seite des periodischen Systems. Hier gibt es mehrere Möglichkeiten: Molekeln- bzw. Molekelgitter (bei O und S) oder Fadengitter (Se, Te). Dreiwertige Elemente mit nichtlokalisierten Bindungen gibt es auf der linken Seite des periodischen Systems (das Borgitter ist nicht bekannt[1]), solche mit lokalisierten Bindungen auf der rechten Seite. Dafür gibt es folgende Möglichkeiten: Molekeln bzw. Molekelgitter (N_2), Schichtengitter (As, Sb, Bi) und räumliche Gitter (noch keines bekannt). Elemente der Valenz 4 endlich können nichtlokalisierte Bindungen eingehen oder lokalisierte, wie die Gitter vom Diamanttyp zeigen. Abb. 50 gibt eine Übersicht über die Elemente unter dem eben betrachteten Gesichtspunkt; dabei sind die Elemente Sc bis Zn, Y bis Cd, La bis Hg weggelassen — sie fügen sich vollkommen in die Umgebung ein.

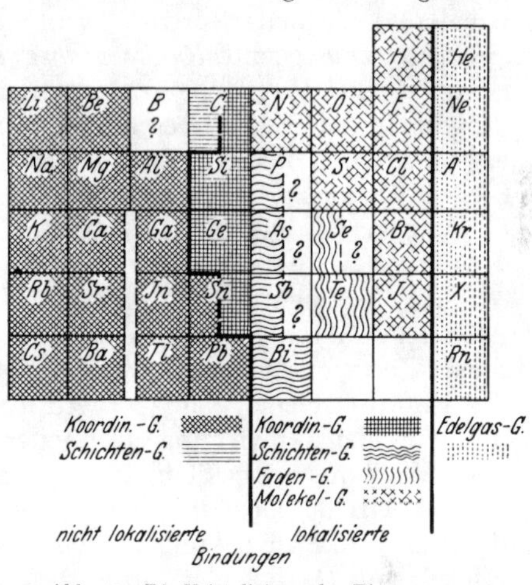

Abb. 50. Die Kristallgitter der Elemente.

44. Zwischenmolekulare Kräfte. Die Erfahrung sagt uns, daß die chemischen Kräfte, die als homöopolare sich mit der Valenzzahl und den Valenzstrichen oder als heteropolare sich als Folge von elektrischen Ladungen beschreiben lassen, die Möglichkeiten der Wechselwirkung zwischen Atomen oder Atomgruppen nicht ganz erschöpfen. Auch Atome oder Gruppen ohne Valenz oder Ladung üben Kräfte aufeinander aus, z. B. die, die zu Abweichungen von den Gesetzen der idealen Gase und bei tiefen Temperaturen zur Kondensation führen.

Die Eingliederung dieser Kräfte in die durch die Quantenmechanik mit Näherungsmethoden wenigstens qualitativ behandelbaren Eigenschaften der Molekeln verdanken wir Eisenschitz und London[2]. Der Einfachheit halber betrachten wir die Wechselwirkung von Atomen oder Atomgruppen (Molekeln oder Radikalen), die nur einen tiefen Term haben, deren zweiter Term also wesentlich über dem Grundterm liegt. Dann gibt nämlich das Heitler-Londonsche Verfahren der Berechnung der Wechselwirkung solcher Gebilde für nicht zu geringe Abstände eine brauchbare Näherung. Der erste Schritt der Näherung, die Annäherung der Eigenfunktion des ganzen Gebildes (Aggregates von Atomen oder Atomgruppen) durch die Eigenfunktionen der Grundzustände der

[1] Da es wohl den elektrischen Strom nicht leitet, ist es vermutlich ein Gitter mit lokalisierten Bindungen; vgl. F. Hund, ZS. f. Phys. Bd. 74, S. 1. 1932.

[2] R. Eisenschitz u. F. London, ZS. f. Phys. Bd. 60, S. 491. 1930; F. London, ebenda Bd. 63, S. 245. 1930; ZS. f. phys. Chem. B Bd. 11, S. 222. 1930.

Atome oder Gruppen gibt eine Bindungsenergie, die in einfachsten Fällen exponentiell mit dem Abstand abnimmt (z. B. bei Atomen in S-Zuständen, Molekeln mit $K = 0$ oder $J = 0$) und in anderen Fällen ($L > 0, K > 0; J > 0$) außer dem exponentiellen Glied noch eines enthält, daß mit einer negativen Potenz des Abstandes abnimmt (Quadrupol-, Oktopol-... Wirkung). Wir können also mit einer den letztgenannten Fall betreffenden kleinen Vernachlässigung die *Wechselwirkungskräfte erster Ordnung* als *Kräfte von geringer Reichweite* bezeichnen. Diese Kräfte sind für die Valenz maßgebend, man nennt sie auch *innermolekulare Kräfte*. Sie sind keineswegs additiv, zeigen vielmehr auch theoretisch die eigenartige Erscheinung der Absättigung, die man schon aus der Chemie kannte.

EISENSCHITZ und LONDON führen nun die HEITLER-LONDONsche Störungsrechnung einer zweiatomigen Molekel über den ersten Schritt hinaus, indem sie die Eigenfunktion des Grundzustandes der Molekel nicht nur durch die Eigenfunktionen der Grundzustände, sondern auch höherer Zustände der beiden Atome annähern. Die Wechselwirkungsenergie erhält dann Glieder, die wie $1/R^6$ abnehmen (R ist Kernabstand). Für große Kernabstände werden diese Glieder die Glieder erster Ordnung überwiegen[1]; die *Wechselwirkungskräfte zweiter Ordnung* sind *Kräfte großer Reichweite*. Haben wir Atome oder Atomgruppen ohne Valenzen, so sind unter den oben gemachten einschränkenden Bedingungen keine Kräfte erster Ordnung da. Die Kräfte zweiter Ordnung müssen also wesentlich das sein, was man sonst als VAN DER WAALSsche Kräfte bezeichnet. Sie zeigen auch die Erscheinung der Additivität, wie LONDON auf Grund des Störungsverfahrens zeigen konnte. Man nennt sie auch *zwischenmolekulare Kräfte*.

Im einzelnen können nun Besonderheiten auftreten, indem die betrachteten Atome und Atomgruppen nicht nur einen einzigen tiefen Term haben, oder daß dieser Term entartet ist ($L > 0, K$ bzw. $J > 0$). Wichtig sind hier vor allem die Rotationsterme von Atomgruppen (Molekeln). In diesem Fall treten außer den von der Einwirkung der höheren Terme herrührenden Anziehungskräften noch Wirkungen der dem Grundterm benachbarten Rotationsterme auf. In der klassischen Beschreibung entsprechen ihnen der „Richteffekt" von KEESOM, d. h. die Wechselwirkung starrer, rotierender Multipole, und der „Induktionseffekt" von DEBYE, der durch die Polarisierbarkeit einer Molekel im Feld einer langsam rotierenden anderen Molekel entsteht. Diese letztgenannten Effekte sind temperaturabhängig, während die von den hohen Termen allein herrührende eigentliche VAN DER WAALSsche Anziehung temperaturunabhängig ist[2].

---

[1] Die Störungsrechnung besteht ja nicht in einer Entwicklung nach Potenzen von $1/R$, sondern in der sukzessiven Einbeziehung von Eigenfunktionen neuer Zustände der Atome in die Annäherung der Eigenfunktion der Molekel.

[2] Über diese Effekte vgl. Kap. 1 des Bandes XXIV/2 ds. Handbuchs (HERZFELD), Ziff. 83 bis 85.

Kapitel 5.

Wellenmechanik der Stoß- und Strahlungsvorgänge.

Von

GREGOR WENTZEL, Zürich.

Mit 2 Abbildungen.

1. Einleitung. Daß die atomaren Stoß- und Strahlungsprozesse den Erhaltungssätzen für Impuls und Energie unterworfen sind, ist eine der elementaren Erfahrungstatsachen, auf die das System der Quantentheorie aufgebaut ist. Wie in der klassischen Mechanik gestatten die Erhaltungssätze, als erste Integrale der Bewegungsgleichungen, bereits gewisse Voraussagen, wie ein Stoßvorgang, an dem materielle und Lichtquanten beteiligt sind, ablaufen wird; z. B. kann man für die Streuung eines Photons an einem freien Elektron (Comptoneffekt) bei gegebenen Anfangsimpulsen und gegebenem Streuwinkel die Energien von Photon und Elektron nach dem Stoß voraussagen. Darüber hinaus macht die Quantentheorie Voraussagen statistischen Charakters; für die Photonenstreuung gibt sie z. B. die Wahrscheinlichkeit dafür an, daß die Streuung in einen gegebenen Richtungsbereich erfolgt. Solche *Intensitätsprobleme* sind es, die uns im folgenden beschäftigen werden.

Die „*Stöße*" im engeren Sinne, d. h. die Stoßvorgänge, an denen nur materielle Partikeln beteiligt sind, welche statische (nicht retardierte) Wechselwirkungen aufeinander ausüben, werden am einfachsten durch den Formalismus der SCHRÖDINGERschen „Wellenmechanik"[1] beschrieben (Teile A und B). Zur Darstellung der *Strahlungsprozesse* braucht man bekanntlich das BOHRsche Korrespondenzprinzip in irgendeiner Gestalt; im folgenden (Teil C) stützen wir uns auf den von DIRAC erfundenen Formalismus, in welchem die Eigenschwingungen einer Hohlraumstrahlung wie mechanische Oszillatoren quantisiert werden[2], weil dieser Formalismus einerseits der wellenmechanischen Beschreibung der Stöße am meisten parallel geht, und weil er andererseits alles, was sich heute mit einiger Sicherheit über die Strahlungsvorgänge sagen läßt, in einheitlicher und rationeller Weise wiedergibt, wenn man von den Schwierigkeiten absieht, welche das kurzwellige Ende des elektromagnetischen Hohlraumspektrums mit sich bringt und welche dieselbe Wurzel haben wie die Schwierigkeiten, die heute noch dem Ausbau einer allgemeinen „Quanten-Elektrodynamik" im Wege stehen[3]. Diesen selben Schwierigkeiten begegnen wir übrigens auch in der *relativistischen* Beschreibung der Stoßvorgänge, da hierbei die Retardierung der Wechselwirkungskräfte zwischen den materiellen Teilchen nicht vernachlässigt werden darf,

---

[1] Vgl. Kap. 2 dieses Bandes, bezüglich der Wellenmechanik des Mehrkörperproblems insbesondere Teil A, Ziff. 5 und 6.

[2] Vgl. Kap. 2 B, Ziff. 6 bis 8. [3] Vgl. Kap. 2 B, Ziff. 1 und 8.

so daß man es hier, strenggenommen, nicht mit einem „rein mechanischen", sondern mit einem quanten-elektrodynamischen Problem zu tun hat. Es zeigt sich aber, daß die Quantentheorie in ihrer jetzigen, gewiß noch unfertigen Gestalt bezüglich der Wahrscheinlichkeiten von Stoß- und Strahlungsprozessen schon eine ansehnliche Zahl experimentell prüfbarer Aussagen macht, die anscheinend von jenen Schwierigkeiten nicht berührt werden. Diese Aussagen aus der SCHRÖDINGERschen Wellenmechanik und aus der DIRACschen Strahlungstheorie abzuleiten und zu diskutieren, ist das Hauptziel der folgenden Darstellung[1].

A. Streng lösbare Stoßprobleme.

I. Stoß zweier Punktladungen.

2. Problemstellung. Es soll sich zunächst um zwei Massenpunkte handeln, die in COULOMBscher Wechselwirkung stehen; und zwar soll die Relativgeschwindigkeit v der beiden Teilchen so klein gegen die Lichtgeschwindigkeit c sein, daß alle Terme erster und höherer Ordnung in v/c (magnetische Kraft und Retardierung der Kräfte, Massenveränderlichkeit und Spinkräfte) zu vernachlässigen sind[2].

Wir benutzen folgende Bezeichnungen: e_1, e_2 = Ladungen, m_1, m_2 = Massen der beiden Teilchen, $x_1 y_1 z_1$, $x_2 y_2 z_2$ = kartesische Koordinaten, statt dessen auch Radienvektoren $\mathfrak{r}_1, \mathfrak{r}_2$ vom Ursprung aus; ferner bedeutet Δ_k den LAPLACEschen Differentialoperator $\frac{\partial^2}{\partial x_k^2} + \frac{\partial^2}{\partial y_k^2} + \frac{\partial^2}{\partial z_k^2}$ $(k = 1, 2)$, W die (unrelativistische) Energie des Systems, $V = \frac{e_1 e_2}{|\mathfrak{r}_2 - \mathfrak{r}_1|}$ die potentielle Energie der COULOMBschen Wechselwirkung und schließlich $\hbar$ die PLANCKsche Wirkungskonstante h dividiert durch 2π. Die Schrödingergleichung für die zeitunabhängige Wellenfunktion $U = U(\mathfrak{r}_1, \mathfrak{r}_2)$ lautet dann:

$$\left\{-\hbar^2\left(\frac{1}{2m_1}\Delta_1 + \frac{1}{2m_2}\Delta_2\right) + V - W\right\}U = 0. \tag{2.1}$$

Da V nur von den relativen Koordinaten der beiden Massenpunkte abhängt, gilt der Schwerpunktssatz: die Differentialgleichung wird separiert in Schwerpunkts- und relativen Koordinaten

$$\mathfrak{R} = \frac{m_1 \mathfrak{r}_1 + m_2 \mathfrak{r}_2}{m_1 + m_2}, \qquad \mathfrak{r} = \mathfrak{r}_2 - \mathfrak{r}_1; \tag{2.2}$$

U zerfällt in ein Produkt einer Funktion von $\mathfrak{R}$ und einer Funktion von $\mathfrak{r}$, wobei die erste von der Form $e^{i(\mathfrak{K}\mathfrak{R})}$ ist:

$$U(\mathfrak{r}_1, \mathfrak{r}_2) = e^{i(\mathfrak{K}\mathfrak{R})} u(\mathfrak{r}). \tag{2.3}$$

Der konstante Vektor $\mathfrak{K}$ ist der Gesamtimpuls dividiert durch $\hbar$. Für $u(\mathfrak{r})$ erhält man, durch Einsetzen von (2.3) und (2.2) in (2.1) die Differentialgleichung:

$$\left\{\hbar^2 \cdot \frac{1}{2m}(\Delta + k^2) - V\right\} u = 0; \tag{2.4}$$

[1] In diesem Sinne sind hier alle eigentlich relativistischen Probleme, sowie auch die damit verbundenen Spinprobleme, nur kurz in den Grundzügen behandelt; bezüglich der rechnerischen Einzelheiten wird auf die Originalliteratur oder auf andere Kapitel ds. Handb.-Bandes verwiesen. — Eine weitere Begrenzung des hier behandelten Problembereichs ist dadurch bedingt, daß solche Fragen, die auf den Bau spezieller Atome oder Moleküle Bezug haben, in anderen Kapiteln dieses Bandes behandelt sind. Wo es sich also im folgenden (insbesondere in den Teilen B und C) um Vorgänge handelt, bei denen Atome oder Moleküle (nicht nur Elementarteilchen) beteiligt sind, ist die Theorie immer nur so weit entwickelt, als es ohne spezielle Voraussetzungen über die Hamiltonfunktion des betreffenden Atoms oder Moleküls geschehen kann.

[2] Bezüglich der Terme mit v/c vgl. Ziff. 6.

hier bedeutet:
$$\Delta = \frac{\partial^2}{\partial x^2} + \frac{\partial^2}{\partial y^2} + \frac{\partial^2}{\partial z^2}, \qquad (x = x_2 - x_1, \ldots, \ldots),$$

$$\frac{1}{m} = \frac{1}{m_1} + \frac{1}{m_2}, \qquad M = m_1 + m_2, \tag{2.5}$$

und k ist eine Konstante, definiert durch:

$$W = \left(\frac{K^2}{2M} + \frac{k^2}{2m}\right)\hbar^2, \qquad \text{wo } K = |\mathfrak{K}|. \tag{2.6}$$

Wir nehmen an, die Anfangsimpulse der beiden Massenpunkte $\hbar \cdot \mathfrak{k}_1^0$ und $\hbar \cdot \mathfrak{k}_2^0$ seien genau bekannt, mithin ihre Anfangsorte gänzlich unbestimmt. Dem entspricht es, daß wir in den obigen Formeln bereits mit einer bestimmten Energie W und einem bestimmten Gesamtimpuls $\hbar \cdot \mathfrak{K}$ gerechnet haben; natürlich ist

$$\mathfrak{K} = \mathfrak{k}_1^0 + \mathfrak{k}_2^0 \qquad \text{und} \qquad W = \hbar^2\left(\frac{|\mathfrak{k}_1^0|^2}{2m_1} + \frac{|\mathfrak{k}_2^0|^2}{2m_2}\right).$$

Hat man einmal die dieser Anfangsbedingung genügende Lösung gefunden, so ist es nachher leicht, jeder anderen quantenmechanisch zulässigen Anfangsbedingung durch Bildung von „Wellenpaketen" (Superposition von Wellenfunktionen mit variierten Anfangsimpulsen $\mathfrak{k}_1^0$ und $\mathfrak{k}_2^0$) gerecht zu werden.

Für die Bewegung im Schwerpunktssystem, d. h. für den Verlauf der Funktion $u(\mathfrak{r})$, kann nur der Vektor

$$\mathfrak{k}^0 = m\left(\frac{\mathfrak{k}_2^0}{m_2} - \frac{\mathfrak{k}_1^0}{m_1}\right) \tag{2.7}$$

maßgebend sein, welcher der anfänglichen Relativgeschwindigkeit parallel ist und dessen Betrag gleich der durch (2.6) definierten Größe k ist:

$$|\mathfrak{k}^0| = k. \tag{2.8}$$

Wir wollen dementsprechend von unserer Schrödingerfunktion $u(\mathfrak{r})$ verlangen, daß sie um $\mathfrak{k}^0$ *axialsymmetrisch* sei, d. h. daß sie nur von dem Betrag von $\mathfrak{r}$ und seiner Projektion auf $\mathfrak{k}^0$ abhängen solle.

Als eine weitere Forderung stellt sich diejenige, die wir (mit SOMMERFELD) „*Ausstrahlungsbedingung*" nennen: die Schwingungsfunktion $u(\mathfrak{r})$ soll neben der einlaufenden ebenen (oder fast ebenen) Welle ($\sim e^{+i(\mathfrak{k}^0\mathfrak{r})}$) nur eine auslaufende Kugelwelle ($\sim e^{+ik|\mathfrak{r}|}$), aber *keine einlaufende Kugelwelle* ($\sim e^{-ik|\mathfrak{r}|}$) enthalten. Eine solche würde nämlich einem im Schwerpunktssystem allseitig konvergierenden Massenstrom entsprechen, der im Rahmen unserer Annahme vorgegebener Anfangsimpulse keinen Platz hat.

Diese Ausstrahlungsbedingung, verbunden mit der Forderung der Axialsymmetrie um $\mathfrak{k}^0$ und den üblichen Endlichkeits- und Stetigkeitsbedingungen, ist ausreichend zur eindeutigen Bestimmung von $u(\mathfrak{r})$. Im folgenden lösen wir diese Aufgabe zunächst für den Fall, daß die beiden Partikeln, dank der Verschiedenheit ihrer Masse, ihrer Ladung oder ihres Spins, *unterscheidbar* sind. Anschließend behandeln wir dann den Sonderfall der Austauschentartung (Ziff. 5).

3. Die Integration der Schrödingergleichung (2.4) erfolgt am leichtesten in parabolischen Koordinaten ξ, η, φ, die wir wie folgt definieren:

$$x = \sqrt{\xi\eta}\cdot\cos\varphi, \quad y = \sqrt{\xi\eta}\cdot\sin\varphi, \quad z = \tfrac{1}{2}(\xi - \eta), \quad r = |\mathfrak{r}| = \tfrac{1}{2}(\xi + \eta). \tag{3.1}$$

Dabei soll die z-Achse parallel zum Vektor $\mathfrak{k}^0$ gelegt sein ($\mathfrak{k}_x^0 = \mathfrak{k}_y^0 = 0$, $\mathfrak{k}_z^0 = k > 0$). Die axialsymmetrische Funktion u wird dann von ξ und η allein abhängen: $\partial u/\partial\varphi = 0$, und Δu reduziert sich auf den Ausdruck

$$\frac{4}{\xi + \eta}\left(\frac{\partial}{\partial\xi}\,\xi\,\frac{\partial u}{\partial\xi} + \frac{\partial}{\partial\eta}\,\eta\,\frac{\partial u}{\partial\eta}\right),$$

so daß (2.4) übergeht in:

$$\left\{\frac{\partial}{\partial \xi}\xi\frac{\partial}{\partial \xi}+\frac{\partial}{\partial \eta}\eta\frac{\partial}{\partial \eta}+\frac{k^2}{4}(\xi+\eta)-\frac{m e_1 e_2}{\hbar^2}\right\}u=0. \tag{3.2}$$

In (3.2) sind die Variablen ξ und η separiert, so daß man Lösungen von folgender Form erhält:

$$u(\xi,\eta)=C\cdot f(\xi)\cdot g(\eta), \tag{3.3}$$

wo:

$$\left.\begin{aligned}\left\{\frac{d}{d\xi}\xi\frac{d}{d\xi}+\frac{k^2}{4}\xi-A\right\}f&=0,\\ \left\{\frac{d}{d\eta}\eta\frac{d}{d\eta}+\frac{k^2}{4}\eta-B\right\}g&=0;\end{aligned}\right\} \tag{3.4}$$

hier sind A und B Integrationskonstanten, die zunächst nur der Relation

$$A+B=\frac{m e_1 e_2}{\hbar^2} \tag{3.5}$$

unterworfen sind und deren vollständige Bestimmung auf Grund der Ausstrahlungsbedingung nachzuholen sein wird.

Die Partikularlösungen der Differentialgleichungen (3.4) schreiben wir als komplexe Integrale in einer t-Ebene:

$$\left.\begin{aligned}f&=\int dt\cdot e^{-k\xi t}\left(t-\frac{i}{2}\right)^{-\frac{1}{2}-i\mu}\left(t+\frac{i}{2}\right)^{-\frac{1}{2}+i\mu}\\ g&=\int dt\cdot e^{-k\eta t}\left(t-\frac{i}{2}\right)^{-\frac{1}{2}-i\nu}\left(t+\frac{i}{2}\right)^{-\frac{1}{2}+i\nu};\end{aligned}\right\} \tag{3.6}$$

hier soll der Integrationsweg, aus dem positiv reell Unendlichen kommend und dahin zurückgehend (weil $k\xi \geqq 0$ und $k\eta \geqq 0$), je einen der beiden Verzweigungspunkte $t=\pm\frac{i}{2}$ einmal im positiven Sinne umlaufen (Wege I oder II in Abb. 1). In der Tat verifiziert man leicht, daß durch Einsetzen von (3.6):

$$\left\{\frac{d}{d\xi}\xi\frac{d}{d\xi}+\frac{k^2}{4}\xi-k\mu\right\}f=\int dt\frac{d}{dt}\left\{e^{-k\xi t}\left(t-\frac{i}{2}\right)^{+\frac{1}{2}-i\mu}\left(t+\frac{i}{2}\right)^{+\frac{1}{2}+i\mu}\right\}=0$$

$$\left\{\frac{d}{d\eta}\eta\frac{d}{d\eta}+\frac{k^2}{4}\eta-k\nu\right\}g=\int dt\frac{d}{dt}\left\{e^{-k\eta t}\left(t-\frac{i}{2}\right)^{+\frac{1}{2}-i\nu}\left(t+\frac{i}{2}\right)^{+\frac{1}{2}+i\nu}\right\}=0$$

wird, daß also die Gleichungen (2.4) durch (3.6) befriedigt werden, wenn

$$\mu=\frac{A}{k},\qquad \nu=\frac{B}{k}$$

gesetzt wird. Nach (3.5) müssen also μ und ν der Relation

$$\mu+\nu=\frac{1}{k}\cdot\frac{m e_1 e_2}{\hbar^2} \tag{3.7}$$

genügen.

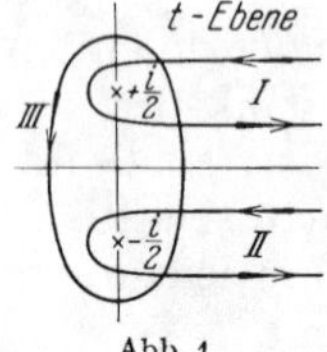

Abb. 1.

Unter den Partikularlösungen von (3.4) gibt es aber nur eine, die für $\xi=0$ und für $\eta=0$ (z-Achse) endlich bleibt und demnach als Schrödingerfunktion brauchbar ist; es ist diejenige, welche durch die Formeln (3.6) beschrieben wird, wenn man dort den Integrationsweg in einer einfachen Schleife um *beide* Verzweigungspunkte herumführt (Weg III in Abb. 1, äquivalent der Summe der Wege I und II); denn auf diesem Weg eliminieren sich die Beiträge der beiden Äste ins Unendliche, auch in den Grenzfällen $\xi=0$ und $\eta=0$, da sich die Integrandenfunktionen nach einem Umlauf um *beide* Verzweigungspunkte reproduzieren[1].

Wir entscheiden uns also für die Partikularlösung (3.6) mit dem Integrationsweg „III“[2] und untersuchen ihr *asymptotisches Verhalten* im Unendlichen, zwecks Bestimmung von μ und ν. Dazu zerlegt man zweckmäßig den Weg III wieder in $I+II$ und entwickelt im Integral über I: $\left(t+\frac{i}{2}\right)^{-\frac{1}{2}+i\mu}$ nach Potenzen von $\left(t-\frac{i}{2}\right)$, und im Integral über II: $\left(t-\frac{i}{2}\right)^{-\frac{1}{2}-i\mu}$ nach Potenzen von $\left(t+\frac{i}{2}\right)$. Die Substitution $k\xi\left(t\mp\frac{i}{2}\right)=\tau$ liefert dann für f eine Reihe nach fallenden Potenzen von $k\xi$, von der wir nur das erste Glied anschreiben:

$$\left.\begin{aligned} f = -\Big\{ & e^{+\frac{ik\xi}{2}}\cdot(+ik\xi)^{-\frac{1}{2}-i\mu}\cdot\int\limits_L d\tau\cdot e^{-\tau}(-\tau)^{-\frac{1}{2}+i\mu} \\ & + e^{-\frac{ik\xi}{2}}\cdot(-ik\xi)^{-\frac{1}{2}+i\mu}\cdot\int\limits_L d\tau\cdot e^{-\tau}(-\tau)^{-\frac{1}{2}-i\mu}\Big\}+\cdots. \end{aligned}\right\} \tag{3.8}$$

Entsprechend wird:

$$\left.\begin{aligned} g = -\Big\{ & e^{+\frac{ik\eta}{2}}\cdot(+ik\eta)^{-\frac{1}{2}-i\nu}\cdot\int\limits_L d\tau\cdot e^{-\tau}(-\tau)^{-\frac{1}{2}+i\nu} \\ & + e^{-\frac{ik\eta}{2}}\cdot(-ik\eta)^{-\frac{1}{2}+i\nu}\cdot\int\limits_L d\tau\cdot e^{-\tau}(-\tau)^{-\frac{1}{2}-i\nu}\Big\}+\cdots. \end{aligned}\right\} \tag{3.9}$$

In allen hier stehenden Integralen in der τ-Ebene ist der Integrationsweg L, aus dem positiv reell Unendlichen kommend und dahin zurücklaufend, einmal im positiven Sinne um den Verzweigungspunkt $\tau=0$ herumzuführen[3].

Durch Multiplikation der asymptotischen Ausdrücke für f und g erhält man denjenigen von u (3.3); dieser besteht im allgemeinen aus vier Termen, welche die Faktoren

$$e^{\frac{ik}{2}(+\xi+\eta)},\quad e^{\frac{ik}{2}(+\xi-\eta)},\quad e^{\frac{ik}{2}(-\xi+\eta)},\quad e^{\frac{ik}{2}(-\xi-\eta)}$$

---

[1] Die Mehrdeutigkeit der Funktionen $f(\xi)$ und $g(\eta)$ (3.6) ist irrelevant, da sie sich nur auf einen konstanten Faktor erstreckt.

[2] Diese Funktionen f und g sind darstellbar durch die bekannte Funktion

$$F(\alpha,\beta,x)=1+\frac{\alpha}{1!\,\beta}x+\frac{\alpha(\alpha+1)}{2!\,\beta(\beta+1)}x^2+\cdots.$$

Es ist nämlich beispielsweise:

$$f=2\pi i\cdot e^{+\frac{ik\xi}{2}}\cdot F(\tfrac{1}{2}+i\mu,\,1,\,-ik\xi),\qquad g=2\pi i\cdot e^{-\frac{ik\eta}{2}}\cdot F(\tfrac{1}{2}-i\nu,\,1,\,+ik\eta),$$

wie man durch Entwicklung der Integranden in (3.6) nach Potenzen von $t-\frac{i}{2}$ oder $t+\frac{i}{2}$ und gliedweise Integration leicht verifiziert. — Bei *reellen* Werten der Parameter μ und ν sind $f\cdot g$ die reellen Eigenfunktionen des kontinuierlichen Spektrums der Schwingungsgleichung (3.2).

[3] Die obigen Integrale sind im wesentlichen komplexe Γ-Funktionen; definiert man diese wie üblich (vgl. E. T. WHITTAKER u. G. N. WATSON, Modern Analysis, 3. Aufl., S. 245), so wird nämlich:

$$\int\limits_L d\tau\cdot e^{-\tau}(-\tau)^{-\frac{1}{2}\pm i\mu}=-2i\,Ch\,\pi\mu\cdot\Gamma\left(\frac{1}{2}\pm i\mu\right)=-2\pi i\frac{1}{\Gamma(\frac{1}{2}\mp i\mu)}.$$

Die mehrdeutige Funktion $(-\tau)^{\pm i\mu}=e^{\pm i\mu\log(-\tau)}$ soll hier stets so präzisiert sein, daß $\log(-\tau)$ reell wird am Schnittpunkt des Integrationsweges L mit der negativ reellen τ-Achse.

enthalten, für die man nach (3.1) auch schreiben kann:

$$e^{+ikr}, \qquad e^{+ikz}, \qquad e^{-ikz}, \qquad e^{-ikr}.$$

Der Term mit e^{+ikz} stellt die „primäre Welle", der Term mit e^{+ikr} die „Streuwelle" dar; dagegen sind die Terme mit e^{-ikz} und e^{-ikr} mit der Ausstrahlungsbedingung (vgl. Ziff. 2) nicht verträglich und müssen durch Wahl von μ und ν zum Verschwinden gebracht werden. Dies kann offenbar dadurch (und nur dadurch) geschehen, daß der Koeffizient von $e^{-\frac{ik\xi}{2}}$ in (3.8) zu Null gemacht wird:

$$\int\limits_L d\tau e^{-\tau}(-\tau)^{-\frac{1}{2}-i\mu} = 0,$$

d. h. $(-\tau)^{-\frac{1}{2}-i\mu}$ muß in der Umgebung von $\tau = 0$ regulär werden:

$$-\tfrac{1}{2} - i\mu = n \qquad (n = \text{nichtnegative ganze Zahl}).$$

Hiermit wird f:

$$f = e^{+\frac{ik\xi}{2}} \cdot (+ik\xi)^n \cdot \frac{2\pi i}{n!} + \cdots.$$

$n \geqq 1$ ist aber unzulässig, da nicht vereinbar mit der Forderung der Beschränktheit von u im Unendlichen[1]. $n = 0$ bleibt demnach die einzige Möglichkeit; benutzt man noch die Relation (3.7), so sind die Parameter μ, ν und damit unsere Lösung (3.3), (3.6) eindeutig bestimmt:

$$\mu = \frac{i}{2}, \qquad \nu = \gamma - \frac{i}{2}, \qquad \text{wo} \quad \gamma = \frac{1}{k} \cdot \frac{m e_1 e_2}{\hbar^2} \,^*. \tag{3.10}$$

Hiermit wird *exakt*:

$$f = e^{+\frac{ik\xi}{2}} \cdot 2\pi i. \tag{3.11}$$

Führt man andererseits die asymptotische Entwicklung von g bis zu Gliedern der Ordnung $(k\eta)^{-1}$ einschließlich durch, so erhält man als *asymptotische Darstellung von* u:

$$\left.\begin{aligned} u = \text{konst.} \cdot \Big\{ & e^{+ikz} \cdot \frac{1}{\Gamma(1+i\gamma)} \cdot [(-ik\eta)^{+i\gamma} - \gamma^2(-ik\eta)^{-1+i\gamma} + \cdots] \\ & + e^{+ikr} \cdot \frac{1}{\Gamma(-i\gamma)} \cdot [(+ik\eta)^{-1-i\gamma} + \cdots] \Big\}. \end{aligned}\right\} \tag{3.12}$$

Hier ist die komplexe Γ-Funktion eingeführt durch die Definitionsgleichung:

$$\frac{1}{\Gamma(x)} = -\frac{1}{2\pi i} \cdot \int\limits_L d\tau e^{-\tau}(-\tau)^{-x} \,^{**}. \tag{3.13}$$

4. Die RUTHERFORDsche Streuformel. Zur Diskussion der Wellenfunktion u gehen wir zu Polarkoordinaten r, ϑ, φ über; mit $z = r\cos\vartheta$ wird:

$$\left.\begin{aligned} \xi &= r + z = r(1 + \cos\vartheta) = 2r\cos^2\frac{\vartheta}{2}, \\ \eta &= r - z = r(1 - \cos\vartheta) = 2r\sin^2\frac{\vartheta}{2}. \end{aligned}\right\} \tag{4.1}$$

---

[1] Es geht nämlich f proportional zu ξ^n, und auch g enthält im Term mit $e^{-\frac{ik\eta}{2}}$ einen Faktor η^n, so daß in u e^{+ikz} mit dem Faktor $(\xi\eta)^n = (x^2 + y^2)^n$ versehen ist.

* Diese Lösung u findet sich zuerst bei W. GORDON, ZS. f. Phys. Bd. 48, S. 180. 1928, und bei N. F. MOTT, Proc. Roy. Soc. London (A) Bd. 118, S. 542. 1928. In diesen Arbeiten wird u durch Aufsummierung einer Kugelfunktionenreihe gewonnen; Näheres s. unter Ziff. 8, 9. Die Lösung in parabolischen Koordinaten ist bei W. GORDON (l. c.) erwähnt, bei G. TEMPLE (Proc. Roy. Soc. London (A) Bd. 121, S. 673. 1928) ausgeführt; vgl. hierzu auch A. SOMMERFELD, Ann. d. Phys. Bd. 11, S. 257. 1931, § 6.

** Vgl. E. T. WHITTAKER u. G. N. WATSON, Modern Analysis, 3. Aufl., S. 245.

(3.12) ist also eine Entwicklung nach fallenden Potenzen von $(kr\sin^2\vartheta/2)$. Das höchste Glied dieser Entwicklung ist nicht exakt eine ebene Welle; vielmehr sind die Wellenflächen für große r bestimmt durch

$$kz + \gamma\log(k\eta) + \cdots = kr\cos\vartheta + \gamma\log\left(2kr\sin^2\frac{\vartheta}{2}\right) + \cdots = \text{konst.}$$

Dies entspricht dem Umstand, daß auch die klassischen Hyperbelbahnen (im Schwerpunktssystem) schon für sehr große r gekrümmt sind; in der Tat sind die Orthogonaltrajektorien der Wellenflächen gerade die (fast parallelen) Hyperbeläste der klassischen Bahnen der „ankommenden" Teilchen. Aber die Korrespondenz der wellenmechanischen und der klassischmechanischen Lösung geht noch viel weiter: berechnet man aus (3.12), indem man auch die Glieder der Ordnung $(kr\sin^2\vartheta/2)^{-1}$ (insbesondere die Streuwelle) mitnimmt, den Teilchenstrom (im Raume $\mathfrak{r} = \mathfrak{r}_2 - \mathfrak{r}_1$):

$$\mathfrak{i} = \frac{\hbar}{2im}(u\operatorname{grad}u^* - u^*\operatorname{grad}u),$$

so stimmt dieser bis auf Glieder entsprechender Ordnung genau mit einem Strom klassischer Hyperbelbahnen überein, deren Anfangsasymptoten räumlich mit konstanter Dichte verteilt sind[1]. Wir verifizieren hier nur die klassische (RUTHERFORDsche) Streuformel, indem wir die Stromdichte der Streuwelle $i(\vartheta)$ mit der Stromdichte der Primärwelle i_0 ihrem Betrage nach vergleichen, und zwar in der Grenze $r\to\infty$, so daß die Stromdichten durch die betreffenden Amplitudenquadrate (Massendichten) gemessen werden können[2]. Hierfür ergibt sich nämlich aus (3.12):

$$\frac{i(\vartheta)}{i_0} = \frac{|(+ik\eta)^{-1-i\gamma}|^2}{|(-ik\eta)^{+i\gamma}|^2}\cdot\frac{|\Gamma(1+i\gamma)|^2}{|\Gamma(-i\gamma)|^2} = \frac{e^{\pi\gamma}\cdot(k\eta)^{-2}}{e^{\pi\gamma}}\cdot\gamma^2\ {}^*.$$

Berücksichtigt man, daß nach Definition [vgl. die Formeln (2.7) und (2.8)]:

$$k = \frac{1}{\hbar}\cdot mv, \tag{4.2}$$

wo v die anfängliche (skalare) Relativgeschwindigkeit der beiden Massenpunkte bedeutet, und setzt man für γ und η ihre Werte ein [vgl. (3.10) und (4.1)], so ergibt sich schließlich:

$$\frac{i(\vartheta)}{i_0} = \frac{1}{r^2}\cdot\left(\frac{e_1e_2}{2mv^2}\right)^2\cdot\frac{1}{\sin^4\frac{\vartheta}{2}}. \tag{4.3}$$

Dies ist genau die RUTHERFORDsche Formel, wie sie ursprünglich durch Betrachtung der klassischen Hyperbelschar erhalten wurde.

Im Grenzfall *kleiner Relativgeschwindigkeiten*, nämlich für

$$v \ll \frac{|e_1e_2|}{\hbar}, \tag{4.4}$$

war diese Übereinstimmung von vornherein zu erwarten; in der Tat kann man fast ohne Rechnung einsehen, daß in dieser Grenze die Aussagen der Wellen-

---

[1] W. GORDON hat dies (l. c.) im einzelnen nachgerechnet, indem er die Wellenfunktion für den klassischen Grenzfall ($\hbar\to 0$) unter Anlehnung an strahlenoptische Methoden ermittelte und ihre Identität mit (3.12) bis auf Glieder der Ordnung $(kr\sin^2\vartheta/2)^{-1}$ nachwies. Primär- und Streuwelle in (3.12) entsprechen den Teilchen, die — im Falle $e_1e_2 > 0$ — die „Kaustik" (Bahnenenveloppe) noch nicht bzw. schon berührt haben oder — im Falle $e_1e_2 < 0$ — die „Brennlinie" (positive z-Achse) noch nicht bzw. schon passiert haben.

[2] Die Bedingung hierfür lautet, wie leicht zu verifizieren: $kr \gg \gamma$; oder klassisch-kinematisch ausgedrückt: die Relativgeschwindigkeit im Abstand r ist noch praktisch dieselbe wie zu Anfang ($r=\infty$).

* Wegen $\Gamma(1+i\gamma) = i\gamma\cdot\Gamma(i\gamma)$ [aus der Definitionsgleichung (3.13) durch partielle Integration zu gewinnen] und $|\Gamma(-i\gamma)| = |\Gamma(+i\gamma)|$ [dank unserer Verfügung über die mehrdeutige Funktion $(-\tau)^{\pm i\gamma}$ im Integranden von (3.13); vgl. Anm. 3, S. 699].

mechanik in diejenigen der klassischen Mechanik übergehen müssen, weil es nämlich dann möglich ist, Wellenpakete zu konstruieren, deren „Unschärfe" im Orts- und Impulsraum klein ist gegen die Orts- und Impulsgrößen, welche die klassische Mechanik in Beziehung zueinander setzt. Legen wir, um dies an einem Beispiel zu zeigen, im Raume $\mathfrak{r}$ eine Koordinatenachse „a" in die Hauptachse einer Hyperbelbahn, die zu bestimmten Werten der Anfangsgeschwindigkeit v und des Streuwinkels ϑ gehört. Der „Perihelabstand" $r_{\min}$ dieser Bahn drückt sich dann bekanntlich folgendermaßen durch v und ϑ aus:

$$r_{\min} = \frac{|e_1 e_2|}{m v^2} \left(\frac{1}{\sin \frac{\vartheta}{2}} \pm 1 \right), \tag{4.5}$$

wobei das obere oder untere Vorzeichen gilt, je nachdem $e_1 e_2 \gtrless 0$ (Abstoßung oder Anziehung). Die in (4.5) formulierte Aussage der klassischen Mechanik wird asymptotisch zu Recht bestehen, wenn man ein Wellenpaket konstruieren kann, dessen räumliche Ausdehnung in der Richtung a

$$\Delta \mathfrak{r}_a \ll r_{\min} \tag{4.6}$$

ist[1], und dessen Impulsunschärfe in der Richtung a klein ist gegen die Änderung des Impulses in der Richtung a, welche bei der Ablenkung um den Winkel ϑ erfolgt:

$$\Delta \mathfrak{k}_a \ll \frac{1}{\hbar} \cdot m v \cdot 2 \sin \frac{\vartheta}{2}. \tag{4.7}$$

Da bekanntlich günstigstenfalls

$$\Delta \mathfrak{r}_a \cdot \Delta \mathfrak{k}_a \backsim 1$$

ist, so ist ein solches Wellenpaket sicher herstellbar, wenn

$$\frac{|e_1 e_2|}{\hbar v} \cdot 2 \left(1 \pm \sin \frac{\vartheta}{2} \right) \gg 1. \tag{4.8}$$

Ist diese Bedingung erfüllt, so wird die klassisch vorausgesagte Beziehung (4.5) durch den Eingriff, den man zu ihrer experimentellen Prüfung vornehmen muß, nicht wesentlich modifiziert, d. h. sie wird auch in der Quantenmechanik ihre Gültigkeit behalten. Die Bedingung (4.8) ist aber mit (4.4) identisch, sofern man absieht von dem Sonderfall

$$e_1 e_2 < 0, \qquad \vartheta \cong \pi,$$

welcher dem direkten Zentralstoß zweier sich anziehender Teilchen entspricht; will man diesen Fall mit einbeziehen, so ist (4.4) in (4.8) zu verschärfen.

Für $v \gtrsim |e_1 e_2| \hbar^{-1}$ dagegen sind die Aussagen der klassischen Mechanik an sich keineswegs verbindlich; daß trotzdem das RUTHERFORDsche Streugesetz allgemein gilt, liegt an der Eigenart und bevorzugten Stellung der COULOMBschen Wechselwirkung[2]. Man wird sich in diesem Zusammenhange fragen, ob es nicht gelingt, in dem der klassischen Mechanik entgegengesetzten Grenzfalle

$$v \gg \frac{|e_1 e_2|}{\hbar} \, * \tag{4.9}$$

---

[1] Dann ist nämlich die Kraft im Bereich des Wellenpakets „langsam veränderlich", und der Schwerpunkt des Pakets folgt nach dem EHRENFESTschen Satz der klassischen Bahn.

[2] GORDON erinnert in diesem Zusammenhang an die Tatsache, daß auch für das diskrete Spektrum des Coulombfeldes (Wasserstoffatom) die Strahlenoptik (ältere Fassung der Quantentheorie) *genau* (nicht nur für große Quantenzahlen) dieselben Termwerte wie die Wellentheorie ergibt.

* Diese Bedingung ist gerade noch mit unrelativistischer Rechnung verträglich für Elektronen und leichte Atomkerne. Ist z. B. $|e_1| = |e_2| = e$ (1 „Elementarquant"), so ist bekanntlich $\frac{|e_1 e_2|}{c\hbar} = \frac{e^2}{c\hbar} \cong \frac{1}{137}$ (c = Lichtgeschwindigkeit), und die Bedingungen $\frac{1}{137} \ll \frac{v}{c} \ll 1$ sind nicht unvereinbar.

wiederum eine einfache Ableitung der Rutherfordformel zu geben, etwa vom Standpunkt einer extremen „Beugungstheorie". Eine Methode, die dies leistet, ist das BORNsche Verfahren der störungsmäßigen Behandlung der Stoßvorgänge, das insbesondere auch beim Mehrkörperproblem Anwendung findet und im Abschnitt B I ausführlich beschrieben werden wird. Hier sei nur kurz sein Ergebnis für das Problem des Zweierstoßes[1] vorweggenommen: in der Näherung, daß nur Terme 1. Ordnung in der Wechselwirkung $V = e_1 e_2/|\mathfrak{r}|$ berücksichtigt werden, lautet die BORNsche Lösung asymptotisch:

$$u = e^{ikz} + \frac{e^{ikr}}{r} \cdot \frac{e_1 e_2}{2mv^2} \cdot \frac{1}{\sin^2 \frac{\vartheta}{2}} + \cdots. \tag{4.10}$$

Diese Näherungslösung geht in der Tat aus der exakten Lösung (3.12) hervor, wenn man dort $\gamma = e_1 e_2/\hbar v$ gegen Null gehen läßt, sofern man gleichzeitig $\gamma/k = e_1 e_2/m v^2$ ($\cong r_{\min}$) einen von Null verschiedenen Grenzwert annehmen läßt. Der gegensätzliche Charakter der BORNschen und der klassischen Näherung zeigt sich am deutlichsten darin, daß man jene durch den Grenzübergang $\hbar \to \infty$, diese durch $\hbar \to 0$ erhält. Übrigens ergibt die BORNsche Näherung (4.10) auch wiederum gerade die Rutherfordformel für den Strom $i(\vartheta)$.

Die ganze bisherige Diskussion betraf den Verlauf der Wellenfunktion u im Raum der *relativen* Koordinaten $\mathfrak{r} = \mathfrak{r}_2 - \mathfrak{r}_1$. Die Strömung in den Räumen $\mathfrak{r}_1$ und $\mathfrak{r}_2$ ist durch die Schrödingerfunktion (2.3):

$$U(\mathfrak{r}_1, \mathfrak{r}_2) = e^{i(\mathfrak{K}\mathfrak{R})} \cdot u(\mathfrak{r})$$

bestimmt. Zur Diskussion des Stoßvorgangs konstruiert man hieraus zweckmäßig bezüglich *eines* der beiden Teilchen, sagen wir bezüglich des zweiten, ein Wellenpaket, dessen Impulsunschärfe klein ist: $|\varDelta \mathfrak{k}_2^0| \ll k$; für genügend große Abstände: $|\mathfrak{r}_2 - \mathfrak{r}_1| \gg |\varDelta \mathfrak{r}_2| \backsim |\varDelta \mathfrak{k}_2^0|^{-1}$ erhält man dann wieder genau die klassischen Stromdichten, wie man schon ohne Rechnung einsieht. Zur Verwendung in der nächsten Ziffer geben wir hier kurz die Endformeln an für den Spezialfall, daß *das „gestoßene"* (zweite) *Teilchen* (genauer gesagt: der Schwerpunkt des betreffenden Wellenpakets) *zu Anfang ruht*: $\mathfrak{k}_2^0 = 0$. Die Häufigkeit der Stöße, welche das „stoßende" (erste) Teilchen in einen Raumwinkel $d\Omega_1$ führen, werde in üblicher Weise durch den „differentiellen Wirkungsquerschnitt" gemessen, d. h. durch das Verhältnis des (asymptotischen) Teilchenstromes 1 im Raumwinkel $d\Omega_1$ zur Stromdichte der einfallenden Teilchen 1; für diesen Wirkungsquerschnitt ergibt sich:

$$dQ = d\Omega_1 \cdot \left(\frac{2 m_1 e_1 e_2}{\hbar^2}\right)^2 \cdot \frac{1}{|\mathfrak{k}_1 - \mathfrak{k}_1^0|^4} \frac{|\mathfrak{k}_1|}{|\mathfrak{k}_1^0|} \cdot \left(\pm \frac{1}{1 - \frac{m_1}{m_2}\left[\frac{(\mathfrak{k}_1^0 \mathfrak{k}_1)}{|\mathfrak{k}_1|^2} - 1\right]}\right); \tag{4.11}$$

hier bedeutet $\hbar \mathfrak{k}_1^0$ (wie in Ziff. 2) den anfänglichen und $\hbar \mathfrak{k}_1$ den Endimpuls des stoßenden Teilchens, und zwar berechnet sich $|\mathfrak{k}_1|$ aus Energie- und Impulssatz (mit $\mathfrak{k}_2^0 = 0$):

$$\frac{\hbar^2}{2m_1}\{|\mathfrak{k}_1|^2 - |\mathfrak{k}_1^0|^2\} = -\frac{\hbar^2}{2m_2}|\mathfrak{k}_2|^2 = -\frac{\hbar^2}{2m_2}|\mathfrak{k}_1 - \mathfrak{k}_1^0|^2, \tag{4.12}$$

---

[1] G. WENTZEL, ZS. f. Phys. Bd. 40, S. 590. 1926; vgl. auch J. R. OPPENHEIMER, ebenda Bd. 43, S. 413. 1927.

während die Richtung von $\mathfrak{k}_1$ in $d\Omega_1$ fällt[1]. Haben die beiden Teilchen speziell die *gleiche Masse* ($m_2 = m_1$), so folgt bekanntlich aus (4.12):

$$|\mathfrak{k}_1| = |\mathfrak{k}_1^0| \cos\Theta_1 \qquad \left(\Theta_1 = \text{Streuwinkel} \leqq \frac{\pi}{2}\,;\ \cos\Theta_1 = \frac{(\mathfrak{k}_1\mathfrak{k}_1^0)}{|\mathfrak{k}_1|\,|\mathfrak{k}_1^0|}\right) \qquad (4.13)$$

und (4.11) geht über in:

$$dQ = d\Omega_1 \cdot \left(\frac{e_1 e_2}{T}\right)^2 \cdot \frac{\cos\Theta_1}{\sin^4\Theta_1} \qquad \left(m_1 = m_2\,,\quad T = \frac{\hbar^2|\mathfrak{k}_1^0|^2}{2m_1}\right). \qquad (4.14)$$

Der Strom der gestoßenen Teilchen 2 ergibt sich hieraus bzw. aus (4.11) unmittelbar auf Grund der Erhaltungssätze. Ist Θ_2 der Winkel zwischen dem Endimpuls des zweiten und dem Anfangsimpuls des ersten Teilchens ($\cos\Theta_2 = (\mathfrak{k}_2\mathfrak{k}_1^0)/|\mathfrak{k}_2|\,|\mathfrak{k}_1^0|$), so ist beispielsweise im Falle $m_2 = m_1$: $\Theta_2 = \pi/2 - \Theta_1$; jedem Teilchen 1 in $d\Omega_1 = \sin\Theta_1\, d\Theta_1\, d\Lambda$ entspricht gerade ein Teilchen 2 in $d\Omega_2 = \sin\Theta_2\,|d\Theta_2|\,d\Lambda$, und somit ist der Teilchenstrom 2 nach $d\Omega_2$ (pro Einheit der primären Stromdichte 1) gleich

$$dQ = d\Omega_2 \cdot \left(\frac{e_1 e_2}{T}\right)^2 \cdot \frac{1}{\cos^3\Theta_2} \qquad \left(m_1 = m_2\,,\quad T = \frac{\hbar^2|\mathfrak{k}_1^0|^2}{2m_1}\right). \qquad (4.15)$$

5. Zwei gleichartige Teilchen. Den Fall der „Austausch-Entartung" hatten wir bisher ausdrücklich ausgeschlossen. Jetzt sei der Fall gesetzt, die beiden Teilchen seien ununterscheidbar; d. h. sie sollen gleiche Ladung und Masse haben:

$$e_1 = e_2 = e\,, \qquad m_1 = m_2 = \frac{M}{2} = 2m\,, \qquad (5.1)$$

und sie sollen auch sonst kein Unterscheidungsmerkmal besitzen. Bekanntlich kommt in diesem Falle den *in den Teilchenkoordinaten* $\mathfrak{r}_1$, $\mathfrak{r}_2$ *symmetrischen und antisymmetrischen* Lösungen der Schrödingergleichung eine bevorzugte Stellung zu[2]. Indem wir einstweilen die Frage zurückstellen, wie der Symmetriecharakter durch die Natur der Teilchen und durch die Anfangsbedingungen bestimmt ist, wollen wir zunächst einen Streuvorgang diskutieren, von dem wir annehmen, daß er durch eine der beiden folgenden Schrödingerfunktionen dargestellt wird:

$$U(\mathfrak{r}_1, \mathfrak{r}_2) \pm U(\mathfrak{r}_2, \mathfrak{r}_1) = e^{i(\mathfrak{K}\mathfrak{R})} \cdot [u(\mathfrak{r}) \pm u(-\mathfrak{r})]\,. \qquad (5.2)$$

Die permutierte Funktion $U(\mathfrak{r}_2, \mathfrak{r}_1)$ beschreibt die Bewegung, falls das erste Teilchen den Anfangsimpuls $\mathfrak{k}_2^0$, das zweite den Anfangsimpuls $\mathfrak{k}_1^0$ hatte; in der Tat geht die asymptotische Darstellung von $U(\mathfrak{r}_1, \mathfrak{r}_2)$:

$$U(\mathfrak{r}_1, \mathfrak{r}_2) = e^{i(\mathfrak{k}_1^0\mathfrak{r}_1) + i(\mathfrak{k}_2^0\mathfrak{r}_2)} \cdot (k\eta)^{+i\gamma} + \cdots + e^{i(\mathfrak{K}\mathfrak{R}) + ik|\mathfrak{r}|} \cdot \gamma\,\frac{\Gamma(+i\gamma)}{\Gamma(-i\gamma)} \cdot (k\eta)^{-1-i\gamma} + \cdots$$

---

[1] Im Falle $m_1 < m_2$ gibt es für jeden Streuwinkel Θ_1 *eine* Lösung $|\mathfrak{k}_1|$; im Falle $m_1 > m_2$ gibt es für $\sin\Theta_1 > m_2/m_1$ *keine* Lösung ($dQ = 0$), für $\sin\Theta_1 < m_2/m_1$ *zwei* Lösungen. Im letzteren Falle besteht also das Geschwindigkeitsspektrum der gestreuten Teilchen aus zwei Linien; ihre Intensitäten werden *einzeln* durch die zugehörigen Werte von $|dQ|$ (4.11) gegeben, und der Wirkungsquerschnitt aller Stöße nach $d\Omega_1$ ist die *Summe* der beiden $|dQ|$. — Die zur Formel (4.11) führende Rechnung verläuft fast genau wie diejenige, die unter Ziff. 13 zur Diskussion der Ionisationsprozesse (lose gebundenes Elektron) ausgeführt ist.

[2] Der Hinweis auf die Notwendigkeit der Symmetrisierung auch bei Stoßproblemen findet sich zuerst bei J. R. OPPENHEIMER, Phys. Rev. Bd. 32, S. 361. 1928; vgl. auch N. F. MOTT, Proc. Roy. Soc. London Bd. 125, S. 222. 1929. Während im Falle abgeschlossener Systeme (*diskrete* Eigenwerte der Energie) die Symmetrisierung ein mathematisches Erfordernis ist, läßt sie sich hier nur indirekt begründen: Der Gebrauch nichtsymmetrisierter Funktionen würde das Auftreten von Übergängen in „verbotene" Zustände zur Folge haben, z. B. beim Stoß von Elektronen gegen Atome die Anregung solcher Atomzustände, die durch das PAULIsche Ausschlußprinzip verboten sind. — Die im Text durchgeführte Diskussion für den Zweierstoß geht zurück auf N. F. MOTT, Proc. Roy. Soc. London (A) Bd. 126, S. 259. 1930.

durch Vertauschung von $\mathfrak{r}_1$ und $\mathfrak{r}_2$ ($\mathfrak{r} \to -\mathfrak{r}$, $\eta \to \xi$) über in:

$$U(\mathfrak{r}_2, \mathfrak{r}_1) = e^{i(\mathfrak{k}_1^0 \mathfrak{r}_2)+i(\mathfrak{k}_2^0 \mathfrak{r}_1)} \cdot (k\xi)^{+i\gamma} + \cdots + e^{i(\mathfrak{K}\mathfrak{R})+ik|\mathfrak{r}|} \cdot \gamma \frac{\Gamma(+i\gamma)}{\Gamma(-i\gamma)} \cdot (k\xi)^{-1-i\gamma} + \cdots$$

Hiernach hat die Streuwelle für die symmetrische bzw. antisymmetrische Lösung (5.2) das Amplitudenquadrat:

$$\gamma^2 |(k\xi)^{-1-i\gamma} \pm (k\eta)^{-1-i\gamma}|^2 = \gamma^2 \left\{ (k\xi)^{-2} + (k\eta)^{-2} \pm 2(k\xi \cdot k\eta)^{-1} \cdot \cos\left(\gamma \log \frac{\xi}{\eta}\right) \right\}. \quad (5.3)$$

Die beiden Terme $(k\xi)^{-2}$ und $(k\eta)^{-2}$ sind klassisch verständlich. In der Tat: rechnet man, wie am Ende von Ziff. 4, auf Ströme in den Räumen $\mathfrak{r}_1$ und $\mathfrak{r}_2$ um[1], so ergeben die Terme $(k\xi)^{-2}$, $(k\eta)^{-2}$ bzw. gerade die Wirkungsquerschnitte (4.15), (4.14), wenn man in letzteren die Indizes 1, 2 streicht; mit anderen Worten: die Summe $(k\xi)^{-2} + (k\eta)^{-2}$ in (5.3) entspricht einfach der Überlagerung der klassischen Ströme beider, jetzt ja nicht mehr unterscheidbarer Teilchen. Daneben enthält nun unsere Formel (5.3), dank der Symmetrisierung von U, einen nicht klassischen „Interferenzterm"; nach Umrechnung auf Ströme im Raum $\mathfrak{r}_1$ *oder* $\mathfrak{r}_2$, und zwar speziell für den Fall, daß *eines der beiden Teilchen anfänglich ruht*: $\mathfrak{k}_2^0 = 0$, erhalten wir für den differentiellen Wirkungsquerschnitt der in einen Raumwinkel $d\Omega$ führenden Stöße ($\Theta < \pi/2$):

$$dQ = d\Omega \cdot \left(\frac{e^2}{T}\right)^2 \left\{ \frac{1}{\sin^4\Theta} + \frac{1}{\cos^4\Theta} \pm \frac{2}{\sin^2\Theta \cos^2\Theta} \cos(2\gamma \log \operatorname{tg}\Theta) \right\} \cos\Theta. \quad (5.4)$$

Dieser Ausdruck ist, wie es sein muß, invariant gegen die Vertauschung der beiden Endimpulse, d. h. gegen die Vertauschung von Θ mit $\frac{\pi}{2} - \Theta$. Der Einfluß des Austauschterms hängt wesentlich ab vom Zahlwert des Parameters $\gamma = e^2/\hbar v$. Im Grenzfall $\gamma \ll 1$ (BORNsche Näherung) geht (5.4) — außer für kleinste Streuwinkel $\Theta \simeq 0$ und $\Theta \simeq \pi/2$ — über in

$$dQ = d\Omega \cdot \left(\frac{e^2}{T}\right)^2 \left[\frac{1}{\sin^2\Theta} \pm \frac{1}{\cos^2\Theta}\right]^2 \cdot \cos\Theta \quad (\gamma \ll 1). \quad (5.5)$$

Im „klassischen" Grenzfall $\gamma \gg 1$ dagegen ist der Austauschterm eine rasch oszillierende Funktion von Θ, so daß im *Mittel* über einen kleinen Θ-Bereich der Ausdruck (5.4) in den klassischen Ausdruck übergeht. Trotzdem darf man nicht meinen, daß die Abweichungen der quantentheoretischen von der klassischen Streuformel im Grenzfall $\gamma \gg 1$ nicht experimentell prüfbar seien, etwa infolge der Unkenntnis des Anfangsortes des gestoßenen Teilchens. Bildet man nämlich für dieses (gemäß den Ausführungen in Ziff. 4) ein Wellenpaket, so sieht man leicht ein, daß in hinreichend großen Abständen r (nämlich $r \gg \gamma^2/k$) Θ und γ gleichzeitig so scharf definiert werden können, daß die Oszillationen des Terms

[1] Bekanntlich verhalten sich die Winkel ϑ (Streuwinkel im Raum der Relativkoordinaten $\mathfrak{r}$) und Θ (wahrer Streuwinkel im Raum $\mathfrak{r}_1$) wie 2 zu 1; es ist also:

$$k\xi = kr(1 + \cos\vartheta) = 2kr\cos^2\frac{\vartheta}{2} = 2kr\cos^2\Theta,$$

$$k\eta = kr(1 - \cos\vartheta) = 2kr\sin^2\frac{\vartheta}{2} = 2kr\sin^2\Theta.$$

Bei Vertauschung von $\mathfrak{r}_1$ und $\mathfrak{r}_2$ (ξ und η, ϑ und $\pi - \vartheta$) vertauscht sich Θ mit $\frac{\pi}{2} - \Theta$.

$\cos(2\gamma \log \operatorname{tg} \Theta)$ in (5.4) nicht verwaschen werden[1]. Die Austauschentartung verursacht also seltsamerweise auch im Grenzfall $\gamma \gg 1$ eine wesentliche Abweichung von der klassischen Mechanik. Dies bedeutet, daß der Versuch einer experimentellen Entscheidung darüber, wie die vor und nach dem Stoß zu beobachtenden Teilchen einander zuzuordnen sind, unter allen Umständen mit einer beträchtlichen und unkontrollierbaren Störung der klassischen Bahnen verbunden sein wird.

Was speziell den Stoß von zwei *α-Teilchen* anlangt, sprechen die Experimente von BLACKETT[2] (Streuung von α-Strahlen in He) deutlich dafür, daß in diesem Falle die *symmetrische* Schwingungsfunktion (obere Vorzeichen in obigen Formeln) den Stoßvorgang richtig beschreibt[3]. Beispielsweise ist für $\Theta = \pi/4$ die Streuintensität das Doppelte der klassischen.

Dagegen weiß man von den *Elektronen* und *Protonen*, die einen Spin besitzen, daß ihre Eigenfunktionen bezüglich Orts- und Spinkoordinaten *antisymmetrisch* sind; dadurch genügen sie nämlich dem PAULIschen Ausschlußprinzip. Da wir hier von Spinkräften absehen, spalten jene Eigenfunktionen in unserer Näherung auf in Produkte je einer Funktion der Orts- und der Spinkoordinaten; es gibt also zwei Arten von Lösungen, die dem Pauliprinzip genügen:

$$\begin{cases} \text{Spinfunktion symmetrisch (gleichgerichtete Spins),} \\ \text{Ortsfunktion antisymmetrisch: } U(\mathfrak{r}_1, \mathfrak{r}_2) - U(\mathfrak{r}_2, \mathfrak{r}_1) \end{cases}$$

und:

$$\begin{cases} \text{Spinfunktion antisymmetrisch (entgegengerichtete Spins),} \\ \text{Ortsfunktion symmetrisch: } U(\mathfrak{r}_1, \mathfrak{r}_2) + U(\mathfrak{r}_2, \mathfrak{r}_1). \end{cases}$$

Setzen wir nun zunächst den Fall, daß beide primären Elektronenwellen „*unpolarisiert*" sind, d. h. daß Spinorientierungen in zwei entgegengesetzten Richtungen gleich wahrscheinlich sind, so sind beide Arten von Lösungen realisiert, und zwar hat in der Wahrscheinlichkeitsdichte der Fall der gleichgerichteten Spins das Gewicht 3 (die Projektion des resultierenden Spinmoments auf eine feste Achse hat — in Einheiten $\hbar$ — die Eigenwerte $m_s = +1, 0, -1$), während dem Fall der antiparallelen Spins das Gewicht 1 zukommt (nur $m_s = 0$). Für unpolarisierte Elektronen- (oder Protonen-) Wellen ergibt sich demnach für die *räumliche* Wahrscheinlichkeitsdichte der Ausdruck:

$$\left.\begin{aligned} &\tfrac{1}{4}\{3 \cdot |U(\mathfrak{r}_1, \mathfrak{r}_2) - U(\mathfrak{r}_2, \mathfrak{r}_1)|^2 + 1 \cdot |U(\mathfrak{r}_1, \mathfrak{r}_2) + U(\mathfrak{r}_2, \mathfrak{r}_1)|^2\} \\ &= |U(\mathfrak{r}_1, \mathfrak{r}_2)|^2 + |U(\mathfrak{r}_2, \mathfrak{r}_1)|^2 - \tfrac{1}{2}\{U(\mathfrak{r}_1, \mathfrak{r}_2) U^*(\mathfrak{r}_2, \mathfrak{r}_1) + U^*(\mathfrak{r}_1, \mathfrak{r}_2) U(\mathfrak{r}_2, \mathfrak{r}_1)\}, \end{aligned}\right\} \quad (5.6)$$

und für den Wirkungsquerschnitt durch entsprechende Mittelbildung aus (5.4):

$$dQ = d\Omega \cdot \left(\frac{e^2}{T}\right)^2 \left\{\frac{1}{\sin^4\Theta} + \frac{1}{\cos^4\Theta} - \frac{1}{\sin^2\Theta\cos^2\Theta} \cdot \cos(2\gamma \log \operatorname{tg} \Theta)\right\} \cdot \cos\Theta. \quad (5.7)$$

Eine eingehendere Untersuchung der Spinfunktionen erfordert der Fall, daß die einfallenden Wellen *polarisiert* sind, etwa so, daß die beiden Spins bestimmte

---

[1] Es ist nämlich $\Delta\gamma \sim \gamma \frac{|\Delta \mathfrak{k}_2^0|}{k}$, $\Delta\Theta \sim \frac{|\Delta \mathfrak{r}_2|}{r}$, folglich (wenn wieder $\Theta \simeq 0$ und $\Theta \simeq \frac{\pi}{2}$ ausgeschlossen werden) $\Delta(\gamma \log \operatorname{tg} \Theta)$ höchstens $\sim \gamma\left(\frac{|\Delta \mathfrak{k}_2^0|}{k} + \frac{|\Delta \mathfrak{r}_2|}{r}\right)$; dies wird sicher $\ll 1$, wenn einerseits $|\Delta \mathfrak{k}_2^0| \ll \frac{k}{\gamma}$, andererseits $|\Delta \mathfrak{r}_2| \ll \frac{r}{\gamma}$, und das ist durch Wahl des Wellenpakets erfüllbar, wenn $kr \gg \gamma^2$; vgl. auch N. F. MOTT, l. c.

[2] P. M. S. BLACKETT u. F. C. CHAMPION, Proc. Roy. Soc. London (A) Bd. 130, S. 380. 1930.

[3] Dies steht im Einklang mit dem Befund, daß die Beschreibung der Intensitäten im He_2-Bandenspektrum eine symmetrische Kernschwingungsfunktion erfordert. Die Heliumkerne gehorchen also der Einstein-Bose-Statistik.

Orientierungen haben; hier sei nur kurz das Resultat angegeben[1]. Bedeutet χ den Winkel zwischen den beiden Spinrichtungen[2], so wird die Wahrscheinlichkeitsdichte:

$$|U(\mathfrak{r}_1, \mathfrak{r}_2)|^2 + |U(\mathfrak{r}_2, \mathfrak{r}_1)|^2 - \cos^2\frac{\chi}{2}\{U(\mathfrak{r}_1, \mathfrak{r}_2)\,U^*(\mathfrak{r}_2, \mathfrak{r}_1) + U^*(\mathfrak{r}_1, \mathfrak{r}_2)\,U(\mathfrak{r}_2, \mathfrak{r}_1)\}, \quad (5.8)$$

und entsprechend der differentielle Wirkungsquerschnitt:

$$dQ = d\Omega \cdot \left(\frac{e^2}{T}\right)^2 \left\{\frac{1}{\sin^4\Theta} + \frac{1}{\cos^4\Theta} - \frac{2\cos^2\frac{\chi}{2}}{\sin^2\Theta\cos^2\Theta}\cos(2\gamma\log\operatorname{tg}\Theta)\right\} \cdot \cos\Theta. \quad (5.9)$$

Ist nur eine der beiden Primärwellen polarisiert, die andere unpolarisiert, so sind die Ausdrücke (5.8) und (5.9) noch über χ (die Winkel χ und $\pi - \chi$ sind gleich häufig!) zu mitteln und gehen damit in (5.6) bzw. (5.7) über. Die Intensitätsverteilung der Streuwelle wird also bereits durch die Formeln (5.6) bzw. (5.7) beschrieben, wenn *nur eine* der beiden einfallenden Wellen unpolarisiert ist; im übrigen wird dann die Streuwelle natürlich im allgemeinen teilweise polarisiert sein.

6. Ansätze zur relativistischen Verallgemeinerung. Die relativistische Bewegung eines Elektrons oder Protons (mit Spin) in einem gegebenen elektromagnetischen Feld wird bekanntlich durch die DIRACsche vierkomponentige Differentialgleichung beschrieben[3]. Diese eignet sich zur Behandlung des Stoßproblems, wenn die Masse des einen Teilchens sehr groß gegen die des anderen ist, so daß eine vernünftige Näherung darin besteht, $m_2 = \infty$ zu setzen, d. h. das eine Teilchen „festzuhalten" und die Bewegung des anderen als Einkörperproblem zu behandeln. In diesem Sinne hat MOTT[4] die Beugung eines Elektronenstrahls in einem statischen Zentralfeld, und zwar speziell im Coulombfeld einer Punktladung[5] untersucht; ohne hier auf die mathematischen Grundlagen und Lösungsmethoden[6] einzugehen, skizzieren wir nur kurz das Ergebnis. Handelt es sich um die Ablenkung eines Elektrons ($e_1 = -\varepsilon$, $m_1 = m$) durch einen Atomkern ($e_2 = Z\varepsilon$, $m_2 = \infty$), so ist das Resultat stark abhängig vom Zahlwert des Parameters $\left|\frac{e_1 e_2}{\hbar c}\right| = Z \cdot \frac{\varepsilon^2}{\hbar c} \sim \frac{Z}{137}$, welcher für Kerne niederer Ordnungszahl klein gegen 1, für solche hoher Ordnungszahl aber von der Größenordnung 1 ist. In der Grenze, wo dieser Parameter durch Null ersetzt werden kann, ist die RUTHERFORDsche Formel (4.3) für die Stromdichte zu ersetzen durch:

$$\frac{i(\vartheta)}{i_0} = \frac{1}{r^2}\left(\frac{Z\varepsilon^2}{2mv^2}\right)^2 \cdot \left(\frac{1}{\sin^4\frac{\vartheta}{2}} - \frac{v^2}{c^2}\frac{1}{\sin^2\frac{\vartheta}{2}}\right) \cdot \left(1 - \frac{v^2}{c^2}\right); \quad (6.1)$$

es ergibt sich keine Abhängigkeit von der Polarisation (Spinrichtung) des einfallenden Elektrons, und bei unpolarisierter Primärwelle ist auch die Streuwelle unpolarisiert. Dies wird aber schon anders, wenn man nur die erste Potenz von $Z\varepsilon^2/\hbar c$ mitnimmt: dann wird die Richtungsverteilung der Sekundärelektronen von der Orientierung der Spinachse des Primärelektrons (Polarwinkel um die

---

[1] Bezüglich der rechnerischen Einzelheiten vgl. N. F. MOTT, Proc. Roy. Soc. London (A) Bd. 125, S. 222. 1929.

[2] Im Sinne von C. G. DARWIN, Proc. Roy. Soc. London (A) Bd. 120, S. 631. 1928.

[3] Vgl. Kap. 2 dieses Bandes, Teil B, Ziff. 2.

[4] N. F. MOTT, Proc. Roy. Soc. London (A) Bd. 124, S. 425. 1929; Bd. 135, S. 429. 1932.

[5] Der Einfluß eines Kernspins wird von H. S. W. MASSEY (Proc. Roy. Soc. London [A] Bd. 127, S. 666. 1930) diskutiert.

[6] Bei relativistischer Rechnung versagt bekanntlich die Methode der Separation in parabolischen Koordinaten; dagegen führt die im folgenden Abschn. II skizzierte Methode der Kugelfunktionenentwicklung zum Ziel.

Richtung der Anfangsgeschwindigkeit: ϑ_s, φ_s*) abhängig und im allgemeinen nicht mehr axialsymmetrisch:

$$\left.\begin{aligned}\frac{i(\vartheta,\varphi)}{i_0} = \frac{1}{r^2}\left(\frac{Z\varepsilon^2}{2mv^2}\right)^2\left(1-\frac{v^2}{c^2}\right)\cdot\left[\frac{1}{\sin^4\frac{\vartheta}{2}} - \frac{v^2}{c^2}\frac{1}{\sin^2\frac{\vartheta}{2}}\right.\\ + \frac{Z\varepsilon^2}{\hbar c}\cdot\frac{v}{c}\cdot\left\{\pi\frac{\cos^2\frac{\vartheta}{2}}{\sin^3\frac{\vartheta}{2}} + \sin\vartheta_s\sin(\varphi_s-\varphi)\cdot 4\sqrt{1-\frac{v^2}{c^2}}\,\frac{\log\sin\frac{\vartheta}{2}}{\sin\vartheta}\right\}\Bigg].\end{aligned}\right\}\quad(6.2)$$

Bei unpolarisierter Primärwelle wird die Sekundärwelle zwar axialsymmetrisch, aber teilweise polarisiert, so daß eine abermalige Zerstreuung eine nicht axialsymmetrische Tertiärwelle liefert. MOTT diskutiert insbesondere eine zweimalige Streuung unter rechten Winkeln, wobei der Tertiärstrahl einmal parallel, ein andermal antiparallel zum Primärstrahl gewählt wird; auch bei unpolarisiertem Primärstrahl erhalten diese beiden Tertiärrichtungen verschiedene Intensität[1].

Wesentlich problematischer ist zur Zeit noch der relativistische Stoß zweier Teilchen mit endlichen (kommensurablen) Massen; denn hier handelt es sich um ein eigentliches relativistisches Zweikörperproblem, bei welchem auf die *Retardierung der Kräfte* Rücksicht zu nehmen ist: die Wechselwirkungen erfolgen nicht momentan, sondern werden durch das elektromagnetische Feld mit endlicher Ausbreitungsgeschwindigkeit vermittelt. Wir begegnen hier also den bekannten Schwierigkeiten der Quantentheorie des Feldes von bewegten Punktladungen.

Eine Differentialgleichung für das Zweikörperproblem, welche, außer den magnetischen und Spinwechselwirkungen, auch der Retardierung der Kräfte teilweise (bis zu Gliedern der Ordnung v^2/c^2) Rechnung trägt, ist von BREIT[2] aufgestellt worden; auf dieser Grundlage ist das Stoßproblem von WOLFE[3] behandelt worden; doch sind die so erhaltenen Formeln noch nicht invariant gegenüber Lorentztransformationen. Bemerkenswerterweise ist es aber CHR. MØLLER gelungen, speziell für den Stoß zweier Elektronen oder Protonen (mit Spin) im BORN*schen Grenzfall* $\gamma = \varepsilon^2/\hbar v \ll 1$ verallgemeinerte Lorentz-invariante Formeln aufzustellen, die in ihren Konsequenzen glaubhaft sind[4]; freilich muß sich noch erweisen, ob diese Formeln in eine allgemeine Quantentheorie des elektromagnetischen Feldes von Elektronen sich einfügen werden und der Wirklichkeit entsprechen. Nach diesen Ansätzen ergibt sich — von Austauschtermen

* S. Anm. 2, S. 707.

[1] Im Fall hoher Kernladung ist die Entwicklung nach Potenzen von $Z/137$ nicht mehr genügend stark konvergent. MOTT begnügt sich deshalb mit einer numerischen Diskussion des speziellen Wertes $Z = 79$ (Au); für $v \sim \frac{1}{2}c$ unterscheiden sich jene beiden Tertiärintensitäten um 10 bis 20%.

[2] G. BREIT, Phys. Rev. Bd. 34, S. 553. 1929; Bd. 36, S. 383. 1930; Bd. 39, S. 616. 1932. Näheres hierüber in Kap. 3 dieses Bandes, Ziff. 22.

[3] H. C. WOLFE, Phys. Rev. Bd. 37, S. 591. 1931.

[4] CHR. MØLLER, ZS. f. Phys. Bd. 70, S. 786. 1931, Ann. d. Phys. Bd. 14, S. 531. 1932. Der Gedankengang der Arbeit sei kurz skizziert: Im Sinne der BORNschen Näherung wird die *gesamte* Wechselwirkung als kleine Störung behandelt, und zwar wird die Wirkung des 1. auf das 2. Elektron in 1. Näherung durch eine Diracgleichung beschrieben, in welcher ein Viererpotential auftritt, das sich auf Grund der MAXWELLschen Gleichungen aus dem Viererstrom des 1. Elektrons berechnet, genauer gesagt, aus einem Matrixelement des Viererstroms, das einem Übergang $\mathfrak{k}_1^0 \to \mathfrak{k}_1$ des 1. Elektrons entspricht. Die durch dieses Viererpotential beschriebene Störung induziert nun einen Übergang $\mathfrak{k}_2^0 \to \mathfrak{k}_2$ des 2. Elektrons, welcher den Erhaltungssätzen genügt, und dessen Wahrscheinlichkeit, obwohl aus der Störungsmatrix für das 2. Elektron allein berechnet, sich symmetrisch durch die Daten beider Elektronen ausdrückt und im unrelativistischen Grenzfall $v \ll c$ dem MOTTschen Ausdruck (5.6) — mit $\gamma = 0$ — entspricht. Vgl. auch Kap. 3 dieses Bandes, Ziff. 50.

abgesehen — für unpolarisierte Primärwellen wiederum genau dieselbe asymptotische Stromverteilung wie nach klassisch-relativistischer Rechnung[1]. Vernachlässigt ist dabei übrigens immer noch die Ausstrahlung[2].

II. Elastische Stöße, quasistatisch behandelt.

7. Das mathematische Problem und seine physikalische Tragweite. Wir gehen zurück auf die Schrödingergleichung des (unrelativistischen) Zweikörperproblems (2.1), in der wir aber jetzt unter V *irgendeine* Funktion von $r = |\mathfrak{r}_2 - \mathfrak{r}_1|$ verstehen. Auch dann läßt sich die Schwerpunktsbewegung wie in Ziff. 2 abseparieren, und die Formeln (2.2) bis (2.6) gelten unverändert. Wir suchen wiederum die Lösung $u(\mathfrak{r})$, die um den Vektor der anfänglichen Relativgeschwindigkeit axialsymmetrisch ist und der Ausstrahlungsbedingung genügt.

Diese Problemstellung entspricht dem Zusammenstoß zweier atomarer Systeme von zentralsymmetrischem Bau, allerdings nur unter sehr einschränkenden Bedingungen. Die Annahme, daß die Wechselwirkung näherungsweise durch ein statisches Potential beschrieben wird, kann in zwei Grenzfällen zutreffen, nämlich für sehr große und sehr kleine Stoßgeschwindigkeiten v; als Vergleichsgeschwindigkeiten dienen dabei die „Umlaufsgeschwindigkeiten" v_A der Atomelektronen in den Bohrschen Bahnen. Ist nämlich v sehr groß gegen alle v_A, so erfolgt der Zusammenstoß in einer so kurzen Zeit, daß die Atomsysteme während dieser Dauer vermutlich noch nicht wesentlich gestört werden und zur Beschreibung der Wechselwirkung, welche die Bewegung der beiden Schwerpunkte oder Atomkerne bestimmt, das gegenseitige Potential der ungestörten Systeme in erster Näherung genügt[3]. Wenn andererseits der Stoß *„adiabatisch"* erfolgt, d. h. wenn v sehr klein gegen alle v_A ist, so ist ebenfalls in jedem Augenblick die Wechselwirkung annähernd von der Vorgeschichte unabhängig und durch eine Potentialfunktion beschreibbar, die aber jetzt natürlich der gegenseitigen Störung (Polarisation, Austausch- oder Valenzkräfte) Rechnung tragen muß; sie wird aber wiederum nur von r abhängen, wenn die ungestörten Systeme zentralsymmetrisch sind.

In jedem Falle aber kann die von der Schrödingergleichung (2.1) oder (2.4) ausgehende quasistatische Theorie nur die *elastischen* Stöße beschreiben, d. h. diejenigen Vorgänge, bei denen die innere Energie der Einzelsysteme unverändert bleibt. Um auch die unelastischen Stöße, die von Quantensprüngen der Einzelsysteme begleitet sind, zu erhalten, muß man die Atome als Mehrkörpersysteme spezifizieren (vgl. die Abschn. B I, II).

8. Integrationsmethode[4]. Da der in Abschnitt I angewandte Kunstgriff der Separation in parabolischen Koordinaten auf den Fall der Coulombkraft ($V =$ konst. $\cdot r^{-1}$) beschränkt ist, rechnen wir hier in Polarkoordinaten r, ϑ, φ und suchen eine solche Lösung u der Differentialgleichung

$$\left\{\Delta + k^2 - \frac{2m}{\hbar^2} \cdot V(r)\right\} u = 0, \tag{8.1}$$

die nur von r und ϑ abhängt, ferner überall endlich, stetig und stetig differenzierbar ist und der Ausstrahlungsbedingung genügt.

---

[1] Nach freundlicher Mitteilung von Herrn M. Delbrück.

[2] D. h. Terme proportional zu e^4. L. Rosenfeld (ZS. f. Phys. Bd. 73, S. 253. 1931) zeigt, daß die Møllerschen Ansätze (in verallgemeinerter Form) sich aus der Dirac-Heisenberg-Paulischen Quantentheorie des elektromagnetischen Feldes ableiten lassen, wenn man konsequent nach e^2 entwickelt und alle Terme $\sim e^4$ vernachlässigt.

[3] Vgl. Ziff. 12.

[4] H. Faxén u. J. Holtsmark, ZS. f. Phys. Bd. 45, S. 307. 1927; vgl. auch W. P. Allis u. P. M. Morse, ebenda Bd. 70, S. 567. 1931.

Dabei soll speziell angenommen werden, daß das Potential außerhalb einer Kugel vom Radius r_0 verschwindet:

$$V(r) = 0 \qquad \text{für} \quad r > r_0; \tag{8.2}$$

sollte das einmal nicht der Fall sein, so könnte man immer das wirkliche Potentialfeld außerhalb irgendeiner Kugel $r = r_0$ „abschneiden" und im Endresultat zur Grenze $r_0 \to \infty$ übergehen.

Die Differentialgleichung (8.1) besitzt die axialsymmetrischen Eigenfunktionen (stehende Wellen):

$$P_l(\cos\vartheta) \cdot \chi_l(r), \qquad (l = 0, 1, 2, \ldots)$$

(P_l = LEGENDREsche Polynome[1]). Da (8.1) im Außenraum $r > r_0$ in die gewöhnliche Schwingungsgleichung $\Delta u + k^2 u = 0$ übergeht, stellt sich dort $\chi_l(r)$ in bekannter Weise durch die Besselfunktionen[1] mit halbzahligem Index dar:

$$\chi_l(r) = r^{-\frac{1}{2}} \left[A_l \cdot J_{l+\frac{1}{2}}(kr) + B_l \cdot J_{-l-\frac{1}{2}}(kr)\right] \qquad \text{für} \quad r > r_0; \tag{8.3}$$

A_l, B_l bedeuten Konstanten, deren Quotient sich durch die Forderung der Stetigkeit von χ_l und $d\chi_l/dr$ bei $r = r_0$ sowie der Beschränktheit bei $r = 0$ bestimmt. Setzen wir also

$$A_l = C_l \cdot \cos\delta_l, \qquad B_l = (-1)^l \cdot C_l \cdot \sin\delta_l \qquad (0 \leqq \delta_l < \pi), \tag{8.4}$$

so ist δ_l durch den Zahlwert von k und den Verlauf des Potentials im Bereich $r < r_0$ bestimmt (die Berechnung aller δ_l ist bei der numerischen Auswertung die Hauptaufgabe), während der konstante Faktor C_l zunächst unbestimmt bleibt.

Setzen wir nun die gesuchte Lösung in der Form an:

$$u = \sum_{l=0}^{\infty} P_l(\cos\vartheta) \cdot \chi_l(r), \tag{8.5}$$

so lassen sich die Konstanten C_l in den verschiedenen χ_l durch die Ausstrahlungsbedingung bestimmen: Mit Hilfe der bekannten asymptotischen Darstellung der Besselfunktion[2]

$$J_p(x) = \sqrt{\frac{2}{\pi x}} \cdot \cos\left(x - \frac{2p+1}{4}\pi\right) + \cdots \qquad (x \gg p) \tag{8.6}$$

erhält man aus (8.5), (8.3) und (8.4) asymptotisch für u:

$$u = \sqrt{\frac{2}{\pi k}} \cdot \frac{1}{r} \sum_{l=0}^{\infty} P_l(\cos\vartheta) \cdot C_l \sin\left(kr - \frac{l}{2}\pi + \delta_l\right) + \cdots. \tag{8.7}$$

Diese Kugelfunktionenreihe muß sich nun aufsummieren lassen in der Form:

$$u = e^{ikr\cos\vartheta} + \frac{e^{ikr}}{r} \cdot f(\vartheta) + \cdots. \tag{8.8}$$

Bekanntlich lautet aber die Kugelfunktionenentwicklung der ebenen Welle[3]:

$$e^{ikr\cos\vartheta} = \sum_{l=0}^{\infty} P_l(\cos\vartheta) \cdot (2l+1)\,(+i)^l \cdot \sqrt{\frac{\pi}{2kr}}\, J_{l+\frac{1}{2}}(kr),$$

oder asymptotisch gemäß (8.6):

$$e^{ikr\cos\vartheta} = \frac{1}{kr} \sum_{l=0}^{\infty} P_l(\cos\vartheta) \cdot (2l+1)\,(+i)^l \cdot \sin\left(kr - \frac{l}{2}\pi\right) + \cdots \tag{8.9}$$

---

[1] Bezüglich der Kugel- und Besselfunktionen halten wir uns an die üblichen Bezeichnungen; vgl. etwa E. JAHNKE u. F. EMDE, Funktionentafeln.

[2] Vgl. etwa E. T. WHITTAKER u. G. N. WATSON, Modern Analysis, 3. Aufl., S. 368.

[3] Vgl. etwa RIEMANN-WEBER-FRANK-MISES, Differential- und Integralgleichungen der Mechanik und Physik, 7. Aufl., Bd. I, S. 353, 354.

Im asymptotischen Ausdruck der Differenz $u - e^{ikr\cos\vartheta}$ dürfen nun nach (8.8) keine einlaufenden Kugelwellen (e^{-ikr}/r) auftreten; in der Tat heben sich diese nach (8.7) und (8.9) gerade fort, wenn für jedes l

$$C_l = \sqrt{\frac{\pi}{2k}}(2l+1)(+i)^l e^{+i\delta_l} \tag{8.10}$$

gesetzt wird. Hiermit ist unsere Lösung (8.5) vollständig bestimmt. Durch Vergleich von (8.7) und (8.8) ergibt sich die Amplitude der Streuwelle zu

$$f(\vartheta) = \frac{-i}{2k}\sum_{l=0}^{\infty} P_l(\cos\vartheta)\cdot(2l+1)(e^{+2i\delta_l}-1)\,*. \tag{8.11}$$

Definiert man den gegenseitigen Wirkungsquerschnitt (Q) der beiden stoßenden Körper für elastische Stöße als das Verhältnis des Gesamtstromes der Streuwelle durch eine große Kugel ($r =$ konst.) zur Stromdichte der einfallenden Welle[1], so erhält man für diesen:

$$Q = 2\pi\int_0^\pi d\vartheta\sin\vartheta\,|f(\vartheta)|^2 = \frac{4\pi}{k^2}\cdot\sum_{l=0}^{\infty}(2l+1)\cdot\sin^2\delta_l. \tag{8.12}$$

9. Abgeschirmtes Coulombfeld. Zahlreiche Bearbeitungen[2] hat das Potentialfeld

$$V = \begin{cases} e_1 e_2\left(\frac{1}{r} - \frac{1}{r_0}\right) & \text{für } r < r_0, \\ 0 & \text{für } r > r_0 \end{cases} \tag{9.1}$$

gefunden, das etwa die Wechselwirkung einer Punktladung e_1 mit einem „Edelgasatom“ beschreiben soll, welch letzteres durch eine Kernladung e_2 und eine homogene Kugeloberflächenbelegung von der Gesamtstärke $-e_2$ idealisiert ist. Übersichtliche Resultate ergeben sich nur in den Grenzfällen $kr_0 \gg 1$ und $kr_0 \ll 1$.

$kr_0 \gg 1$: In diesem Falle kann man zur Bestimmung der Größen δ_l (durch die Stetigkeitsbedingungen) für die Eigenfunktionen, sowohl für die äußeren (Besselfunktionen) als für die inneren (Wasserstoff-Eigenfunktionen[3]), in der Umgebung von $r = r_0$ bereits die asymptotischen Darstellungen für große r benutzen; man findet:

$$\delta_l = -\gamma\log 2k' r_0 + \sigma_l, \qquad \text{wo} \quad e^{i\sigma_l} = \frac{\Gamma(l+1+i\gamma)}{|\Gamma(l+1+i\gamma)|},$$

$$k'^2 = k^2 + \frac{2m e_1 e_2}{\hbar^2}\cdot\frac{1}{r_0}, \qquad \gamma = \frac{1}{k'}\cdot\frac{m e_1 e_2}{\hbar^2}.$$

Setzt man diese δ_l in die C_l (8.10) ein, und bildet man gemäß (8.3 bis 5) die Lösung u, so kann man in dieser noch den Faktor $e^{-i\gamma\log 2k'r_0}$ als physikalisch belanglos unterdrücken. In der Grenze $r_0 = \infty$ geht die Funktion u (für das Innere) in die Lösung für das reine Coulombfeld über; in der Tat erhält man durch Aufsummierung der Kugelfunktionenreihe (8.5) wieder die in Ziff. 3 abgeleitete Funktion u **.

* In dem Spezialfall, daß die beiden stoßenden Körper ununterscheidbar sind, wird die Amplitude der Streuwelle proportional zu $f(\vartheta) \pm f(\pi - \vartheta)$; vgl. Ziff. 5.

[1] Dieser Wirkungsquerschnitt ist also, im Gegensatz zu dem in Ziff. 4 definierten, durch den Strom im Raum der *Relativ*koordinaten bestimmt.

[2] H. Faxén u. J. Holtsmark, ZS. f. Phys. Bd. 45, S. 307. 1927; L. Mensing, ebenda Bd. 45, S. 603. 1927; W. Gordon, ebenda Bd. 48, S. 180. 1928; W. P. Allis u. P. M. Morse, ebenda Bd. 70, S. 567. 1931.

[3] Vgl. Kap. 3 dieses Bandes, Ziff. 4.

** W. Gordon, l. c.; N. F. Mott, Proc. Roy. Soc. London (A) Bd. 118, S. 542. 1928; vgl. auch Anm. *, S. 700.

$kr_0 \ll 1$: Jetzt werden die Besselfunktionen für die Umgebung von $r = r_0$ zweckmäßig durch die Entwicklungen nach steigenden Potenzen von kr approximiert:

$$J_p(x) = \frac{1}{\Gamma(p+1)} \cdot \left(\frac{x}{2}\right)^p + \cdots;$$

man sieht dann leicht, daß δ_l jeweils einen Faktor $(kr_0)^{2l+1}$ enthält [in der Grenze $r_0 = 0$ werden bekanntlich die B_l in (8.3) Null, folglich auch die $\delta_l = 0$]. Die Kugelfunktionenentwicklung für die Amplitude der Streuwelle (8.11) wird dadurch zu einer stark konvergierenden Reihe nach Potenzen von $(kr_0)^2$, und für den Wirkungsquerschnitt (8.12) ergibt sich eine Reihe nach Potenzen von $(kr_0)^4$:

$$Q = r_0^2 \sum_{l=0}^{\infty} \gamma_l (kr_0)^{4l}.$$

Für extrem kleine Geschwindigkeiten ($k \to 0$) nimmt der Wirkungsquerschnitt einen im allgemeinen von Null verschiedenen Grenzwert an; die entsprechende Streuwelle wird zu einer homogenen Kugelwelle [$f(\vartheta) =$ konst.].

Die Diskussion dieses Grenzfalles $kr_0 \ll 1$ ist verschiedentlich durchgeführt worden im Hinblick auf den bekannten *Ramsauereffekt*, d. h. die Erscheinung, daß der Wirkungsquerschnitt von einigen Edelgasatomen gegen Elektronen beim Übergang zu kleinen Geschwindigkeiten (Größenordnung: einige Volt) stark abnimmt[1].

B. Störungstheorie der strahlungslosen Vorgänge.

I. Die stationäre Lösung des Elektronenstoß-Problems.

10. Problemstellung. Wir kommen jetzt zum Problem des Zusammenstoßes eines Massenpunktes (Elektron, Proton oder α-Teilchen) mit einem dynamischen System (Atom, Molekül oder Kristall). Dieser „Streuer" werde im ungestörten Zustand beschrieben durch die Hamiltonfunktion bzw. den entsprechenden Differentialoperator $\mathcal{H}(q)$, wo q die sämtlichen Koordinaten des Streuers repräsentiert; seine stationären Zustände seien charakterisiert durch die Energieeigenwerte W_m und die zugehörigen Eigenfunktionen u_m der (unrelativistischen) Schrödingergleichung:

$$\{\mathcal{H}(q) - W_m\} u_m(q) = 0. \tag{10.1}$$

Die u_m bilden ein vollständiges orthogonales Funktionensystem. Ist ein diskretes Eigenwertspektrum vorhanden (z. B. bei einem Atom mit festgehaltenem Kern), so sollen die betreffenden Eigenfunktionen „auf 1 normiert" sein:

$$\int dq\, u_m^*(q)\, u_{m'}(q) = \left\{ \begin{array}{ll} 1 & \text{für} \quad m = m' \\ 0 & \text{für} \quad m \neq m' \end{array} \right\} \tag{10.2}$$

[1] Als Bedingung für das Verschwinden von Q im Grenzfalle $k \to 0$ finden FAXÉN und HOLTSMARK (l. c.) das Nullwerden der Ableitung von $\chi_0(r)$ bei $r = r_0$. Numerische Berechnungen und graphische Darstellungen für verschiedene Parameterwerte kr_0 finden sich bei MENSING und ALLIS u. MORSE (l. c.); eine qualitative Wiedergabe der Erfahrungsresultate läßt sich durch Wahl von r_0 erreichen. Auch kompliziertere Felder $V(r)$ (Abschirmung durch SCHRÖDINGERsche, THOMAS-FERMIsche oder HARTREEsche Ladungsverteilungen, Berücksichtigung der Polarisation des Atoms durch das Elektron) sind numerisch durchgerechnet worden [vgl. H. FAXÉN u. J. HOLTSMARK, l. c.; J. HOLTSMARK, ZS. f. Phys. Bd. 48, S. 231. 1928; Bd. 55, S. 437. 1929; Bd. 66, S. 49. 1930; Kong. Norske Vidensk. Selbskab, Forh. Bd. II, Nr. 4, S. 11. 1929; J. MCDOUGALL, Proc. Roy. Soc. London (A) Bd. 136, S. 549. 1932]. Wie genau diese V-Funktionen die wirklichen Kräfte approximieren, ist theoretisch schwer abzuschätzen; eine Fehlerquelle liegt sicher in der Außerachtlassung der Austauschentartung (vgl. Ziff. 14).

(dq = Produkt aller dreidimensionalen Raumelemente $dx_k\,dy_k\,dz_k$ für die einzelnen Elektronen und Kerne); im kontinuierlichen Eigenwertspektrum seien die Eigenfunktionen in der Skala gewisser Eigenwertparameter $k_1, k_2, \ldots$ normiert[1]. Die Entwicklung einer beliebigen Funktion der Atomkoordinaten $f(q)$ nach dem vollständigen Orthogonalsystem $u_m(q)$ schreiben wir:

$$f(q) = \sum_m f_m u_m(q), \tag{10.3}$$

wobei das Zeichen $\sum\limits_m$ außer der Summe über die diskreten Eigenwerte auch das Integral nach den Variablen $k_1, k_2, \ldots$ repräsentieren soll; die Umkehrformel von (10.3) lautet dann bekanntlich:

$$f_m = \int dq\, u_m^*(q)\, f(q). \tag{10.4}$$

Dem stoßenden Elementarteilchen geben wir die Ladung e und die Masse m; sein Ort sei der Endpunkt des Vektors $\mathfrak{r}$ mit den kartesischen Komponenten xyz. Sein Anfangsimpuls $\hbar\mathfrak{k}^0$ wird als gegeben vorausgesetzt, und seine anfängliche kinetische Energie nennen wir T:

$$T = \frac{\hbar^2 |\mathfrak{k}^0|^2}{2m}. \tag{10.5}$$

Schließlich sei die Wechselwirkung des Elementarteilchens mit dem Streuer dargestellt durch eine Funktion bzw. einen selbstadjungierten Differentialoperator $V(\mathfrak{r}, q)$, entsprechend einem statischen oder kinetischen Potential. Dann setzt sich die Hamiltonfunktion unseres Problems additiv aus folgenden Termen zusammen: $-\hbar^2/2m \cdot \Delta$ $\left(\Delta = \frac{\partial^2}{\partial x^2} + \frac{\partial^2}{\partial y^2} + \frac{\partial^2}{\partial z^2}\right)$ für den isolierten Massenpunkt, $\mathcal{H}(q)$ für den isolierten Streuer und $V(\mathfrak{r}, q)$ für die Wechselwirkung; die Schrödingerfunktion $u(\mathfrak{r}, q)$ des Gesamtsystems ist also der Differentialgleichung unterworfen:

$$\left\{-\hbar^2 \frac{1}{2m}\Delta + \mathcal{H}(q) + V(\mathfrak{r}, q) - W\right\} u(\mathfrak{r}, q) = 0. \tag{10.6}$$

Die Randbedingung für u ersetzen wir hier durch die Forderung:

$$\lim_{V=0} u(\mathfrak{r}, q) = e^{i(\mathfrak{k}^0\mathfrak{r})} \cdot u_n(q), \tag{10.7}$$

die noch durch die Ausstrahlungsbedingung (vgl. Ziff. 2) zu ergänzen ist. Die Begründung der Forderung (10.7) ergibt sich daraus, daß u in der Grenze verschwindender Wechselwirkung V die gleichförmige Bewegung des Massenpunktes und einen ungestörten stationären Zustand des Streuers beschreiben muß, von dem man ohne Einschränkung der Allgemeinheit annehmen kann, daß er durch eine einzige Eigenfunktion u_n dargestellt wird. Durch Variation von $\mathfrak{k}^0$ und n und lineare Kombination der entsprechenden Lösungen[2] kann man dann nachher beliebige Anfangsbedingungen erfüllen.

Bei den folgenden Rechnungen setzen wir zunächst den Fall, daß das stoßende Teilchen von sämtlichen Elementarteilchen, die zum Streuer gehören, physikalisch unterscheidbar ist. Den Fall der Austauschentartung besprechen wir erst unter Ziff. 14.

---

[1] Vgl. Kap. 2 dieses Bandes, Teil A, Ziff. 6, S. 128.

[2] Dazu sind natürlich die zeitabhängigen Schrödingerfunktionen $\psi = u(\mathfrak{r}, q) \cdot e^{-\frac{i}{\hbar}Et}$ zu nehmen.

11. Die BORNsche Lösung des Stoßproblems[1] ergibt sich durch Reihenentwicklung nach einem in der „Störungsfunktion" V als Faktor auftretenden Parameter. Ausgehend von der „ungestörten" Lösung (10.7):

$$u^{(0)} = e^{i(\mathfrak{k}^0 \mathfrak{r})} \cdot u_n(q) \tag{11.1}$$

setzen wir die Entwicklung folgendermaßen an:

$$u = u^{(0)} + u^{(1)} + u^{(2)} + \cdots. \tag{11.2}$$

$u^{(0)}$ genügt — vermöge (10.1) und (10.5) — der Differentialgleichung:

$$\left\{-\hbar^2 \frac{1}{2m} \Delta + \mathcal{H}(q) - (T + W_n)\right\} u^{(0)} = 0;$$

bestimmt man nun $u^{(1)}, u^{(2)}, \ldots$ sukzessive als Lösungen der unhomogenen Differentialgleichungen:

$$\left.\begin{array}{l} \left\{-\hbar^2 \frac{1}{2m} \Delta + \mathcal{H}(q) - (T + W_n)\right\} u^{(1)} = - V(\mathfrak{r}, q)\, u^{(0)} \\ \cdots\cdots\cdots\cdots\cdots\cdots\cdots\cdots \\ \left\{-\hbar^2 \frac{1}{2m} \Delta + \mathcal{H}(q) - (T + W_n)\right\} u^{(\alpha)} = - V(\mathfrak{r}, q)\, u^{(\alpha-1)} \\ \cdots\cdots\cdots\cdots\cdots\cdots\cdots\cdots, \end{array}\right\} \tag{11.3}$$

so wird die Schrödingergleichung (10.6) durch die Reihe (11.2) — ihre Konvergenz vorausgesetzt — erfüllt, sofern

$$W = T + W_n. \tag{11.4}$$

Nach dem Vorgang von BORN lösen wir die Differentialgleichungen (11.3) durch Entwicklung nach den ungestörten Eigenfunktionen des Streuers $u_m(q)$, wobei die Entwicklungskoeffizienten natürlich noch von $\mathfrak{r}$ abhängen werden:

$$u^{(\alpha)} = \sum_m f_m^\alpha(\mathfrak{r})\, u_m(q). \tag{11.5}$$

Einsetzen in (11.3) und Umformen mit Hilfe der Schrödingergleichung des Streuers (10.1) führt zu:

$$\sum_m [\Delta f_m^\alpha(\mathfrak{r}) + k_{nm}^2 f_m^\alpha(\mathfrak{r})]\, u_m(q) = \frac{2m}{\hbar^2} V(\mathfrak{r}, q)\, u^{(\alpha-1)}(\mathfrak{r}, q), \tag{11.6}$$

wo zur Abkürzung

$$\frac{2m}{\hbar^2}(T + W_n - W_m) = k_{nm}^2 \tag{11.7}$$

gesetzt ist. Die Formel (11.6) stellt die Entwicklung der auf der rechten Seite stehenden Funktion von q nach dem Orthogonalsystem $u_m(q)$ dar; ihre Umkehrformel [vgl. (10.3), (10.4)] lautet:

$$\{\Delta + k_{nm}^2\} f_m^\alpha(\mathfrak{r}) = \frac{2m}{\hbar^2} \int dq\, u_m^*(q)\, V(\mathfrak{r}, q)\, u^{(\alpha-1)}(\mathfrak{r}, q). \tag{11.8}$$

Diese Differentialgleichung vom Typus $\Delta f + k^2 f = \Phi(\mathfrak{r})$ ist in bekannter Weise mit Hilfe des GREENschen Satzes zu integrieren; die der Ausstrahlungsbedingung genügende Lösung ist von der Form:

$$f = -\frac{1}{4\pi} \iiint dx'\, dy'\, dz'\, \Phi(\mathfrak{r}') \frac{e^{ik|\mathfrak{r}' - \mathfrak{r}|}}{|\mathfrak{r}' - \mathfrak{r}|},$$

und ihre asymptotische Darstellung für große $|\mathfrak{r}|$*, die hier hauptsächlich interessiert, lautet:

$$f = -\frac{1}{4\pi} \frac{e^{+ik|\mathfrak{r}|}}{|\mathfrak{r}|} \cdot \iiint dx'\, dy'\, dz'\, \Phi(\mathfrak{r}')\, e^{-ik\left(\frac{\mathfrak{r}}{|\mathfrak{r}|} \cdot \mathfrak{r}'\right)} + \cdots.$$

---

[1] M. BORN, ZS. f. Phys. Bd. 37, S. 863; Bd. 38, S. 803. 1926.

* Nämlich für $|\mathfrak{r}| \gg r_0$ und $\gg k r_0^2$, wenn $\Phi(\mathfrak{r}) \cong 0$ für $|\mathfrak{r}| > r_0$.

Bezeichnet $\mathfrak{k}_{nm}$ einen Vektor in der Richtung $\mathfrak{r}$, dessen Betrag gleich der durch (11.7) definierten Größe k_{nm} ist:

$$\mathfrak{k}_{nm} = k_{nm} \cdot \frac{\mathfrak{r}}{|\mathfrak{r}|}, \tag{11.9}$$

so schreibt sich also das der Ausstrahlungsbedingung genügende Integral von (11.8) in asymptotischer Darstellung:

$$\left.\begin{aligned} f_m^\alpha(\mathfrak{r}) = &- \frac{e^{i k_{nm}|\mathfrak{r}|}}{|\mathfrak{r}|} \cdot \frac{m}{2\pi\hbar^2} \cdot \iiint dx'\,dy'\,dz'\,e^{-i(\mathfrak{k}_{nm}\mathfrak{r}')} \\ &\cdot \int dq\,u_m^*(q)\,V(\mathfrak{r}',q)\,u^{(\alpha-1)}(\mathfrak{r}',q) + \cdots, \end{aligned}\right\} \tag{11.10}$$

und speziell für die „1. Näherung“ $\alpha = 1$ kommt mit (11.1):

$$\left.\begin{aligned} f_m^1(\mathfrak{r}) = &- \frac{e^{i k_{nm}|\mathfrak{r}|}}{|\mathfrak{r}|} \cdot \frac{m}{2\pi\hbar^2} \cdot \iiint dx'\,dy'\,dz' \cdot e^{i(\mathfrak{k}^0 - \mathfrak{k}_{nm} \cdot \mathfrak{r}')} \\ &\cdot \int dq\,u_m^*(q)\,V(\mathfrak{r}',q)\,u_n(q) + \cdots. \end{aligned}\right\} \tag{11.11}$$

Setzt man diese f_m^α in (11.5) und (11.2) ein, so erhält man schließlich für $u(\mathfrak{r},q)$ einen asymptotischen Ausdruck von der Form:

$$u(\mathfrak{r},q) = e^{i(\mathfrak{k}^0\mathfrak{r})}u_n(q) + \sum_m c_{nm} \frac{e^{i k_{nm}|\mathfrak{r}|}}{|\mathfrak{r}|} u_m(q) + \cdots, \tag{11.12}$$

wo die Koeffizienten c_{nm} noch von $\mathfrak{k}_{nm}$, d. h. von der Richtung des Vektors $\mathfrak{r}$, abhängen. Jedes Glied der Entwicklung $\sum_m$ entspricht einer „Streuwelle“ bezüglich des stoßenden Teilchens und einem „angeregten“ Zustand m bezüglich des Streuers; dabei ist jedesmal dem Energiesatz genügt, denn die kinetische Energie der zerstreuten Teilchen ist

$$T_{nm} = \hbar^2 \frac{1}{2m} k_{nm}^2, \tag{11.13}$$

und nach (11.7) gilt also:

$$T_{nm} + W_m = T + W_n. \tag{11.14}$$

Die Streuwelle $m = n$, $T_{nn} = T$ stellt „*elastisch*“ gestreute Teilchen dar; sie ist mit der einfallenden Welle *kohärent* und kann zu Interferenzphänomenen Anlaß geben. Ist z. B. der Streuer ein Kristallgitter, so besitzt der Ausdruck $\int dq\,u_n^*(q)\,V(\mathfrak{r},q)\,u_n(q)$ als Funktion von $\mathfrak{r}$ die betreffende Gitterperiodizität, und die elastische Streuwelle weist die bekannten Gitterinterferenzen auf[1]. Allerdings braucht eine kohärente Streuwelle nicht notwendig aufzutreten, wie die folgende Überlegung zeigt. Sei etwa der Streuer ein frei beweglicher Körper, dann gilt natürlich für jeden einzelnen Streuprozeß der Impulserhaltungssatz: gibt man die Richtung des gestreuten Teilchens ($\mathfrak{r}$ bzw. $\mathfrak{k}_{nm}$) vor, so sind von den betreffenden Amplituden c_{nm} nur solche von Null verschieden, für welche der Endimpuls des Streuers sich von seinem Anfangsimpuls um $\hbar(\mathfrak{k}^0 - \mathfrak{k}_{nm})$ unterscheidet[2]. Ist nun der Anfangsimpuls des Streuers scharf gegeben (entsprechend unserer Annahme, daß das ungestörte System durch die einzige Eigenfunktion u_n dargestellt wird), so wird natürlich automatisch $c_{nn} = 0$, d. h. es gibt keine kohärente

[1] Vgl. H. BETHE, Ann. d. Phys. Bd. 87, S. 55. 1928.

[2] Man verifiziert dies unmittelbar, indem man in den Integralen (11.10), etwa an Stelle von $x'y'z'$, die Koordinaten XYZ des Gesamtschwerpunkts von Streuer + Teilchen, von denen V nicht abhängt, als Integrationsvariable einführt. Die Divergenz dieses Integrals kann man vermeiden, indem man die Integration zunächst nur über einen endlichen Kubus im Raum XYZ erstreckt und diesen erst nach Ausführung der Summation nach m (die auch eine Integration nach den Komponenten des Gesamtimpulses einschließt) unendlich groß werden läßt.

Streuung in der betreffenden Richtung. Dies war aber auch von vornherein zu erwarten, da ja ein scharf vorgegebener Impuls völlige Unbestimmtheit der Ortskoordinaten des Streuers und damit eine völlige Verwischung aller Phasenbeziehungen und Zerstörung der Interferenzen bedeutet. Sollen die Streuwellen verschiedener frei beweglicher Streukörper interferieren, so ist also offenbar erforderlich, daß die Schwerpunktskoordinaten der betreffenden Streukörper so scharf definiert sind, daß die Phasenbeziehungen nicht verwischt werden; durch Konstruktion geeigneter Wellenpakete für die Schwerpunktsbewegung der Streukörper kann man dies auch unschwer verifizieren.

Von den Summentermen $m \neq n$ in der BORNschen Lösung (11.12) entsprechen diejenigen, für welche $T_{nm} > 0$, also $W_m - W_n < T$ ist, den *unelastischen Stößen*: es besteht eine Wahrscheinlichkeit, den Streuer in einem neuen Zustand $m \neq n$ vorzufinden, und eine entsprechende Wahrscheinlichkeit, ein gestreutes Teilchen mit der Energie $T_{nm} = T - (W_m - W_n)$ zu erhalten. Mit wachsender Energie der einfallenden Teilchen T tritt jeweils bei Überschreitung einer „Anregungsgrenze" $W_m - W_n$ ein neuer unelastischer Stoß auf, entsprechend den bekannten Versuchsergebnissen von FRANCK und HERTZ. Wenn T die Ionisationsarbeit (eines Atoms) oder die Dissoziationsarbeit (eines Moleküls) überschreitet, werden auch die Zustände m des kontinuierlichen Energiespektrums angeregt, deren Eigenfunktionen u_m einen *Zerfall* des Streuers in getrennte auseinanderlaufende[1] Teilsysteme (z. B. Ion und Elektron oder zwei Atome) anzeigen. Alle unelastischen Streuwellen sind prinzipiell inkohärent: zwei Streuwellen gleicher Energie $T_{nm} = T_{nm'}$, die etwa von zwei verschiedenen Atomen ausgehen, erscheinen in der BORNschen Lösung (11.12) mit zwei verschiedenen, aufeinander orthogonalen Eigenfunktionen u_m, $u_{m'}$ multipliziert und können daher im Strom der gestreuten Teilchen keinen Interferenzterm ergeben.

Außer den Termen für die elastischen und unelastischen Stöße ($T_{nm} > 0$) treten schließlich in der BORNschen Lösung (11.12), da ja die Energieeigenwerte W_m nach oben nicht begrenzt sind, immer auch Summenterme m mit negativem T_{nm}, also mit rein imaginärem k_{nm}*, auf. Die Gesamtheit dieser Summenglieder in (11.12) beschreibt eine nach außen stark abklingende Ladungsverteilung der stoßenden Teilchen und entspricht also offenbar solchen Prozessen, bei welchen dieses Teilchen vom Streuer „*eingefangen*" wird, natürlich unter gleichzeitiger Anregung des Streuers.

Die Wahrscheinlichkeit eines elastischen oder unelastischen Stoßes, welcher das gestreute Teilchen in einen Raumwinkel $d\Omega$ führt, messen wir in üblicher Weise durch den zugehörigen „*differentiellen Wirkungsquerschnitt*", das ist das Verhältnis des Stromes der nach $d\Omega$ gestreuten Teilchen der Energie T_{nm} zur Stromdichte der einfallenden Teilchen. Mit obigen Bezeichnungen schreibt sich dieser Wirkungsquerschnitt:

$$dQ_m = d\Omega \cdot \frac{k_{nm}}{|\mathfrak{k}^0|} |c_{nm}|^2 \qquad (T_{nm} > 0); \tag{11.15}$$

[1] Die Eigenfunktionen des kontinuierlichen Energiespektrums, welche die Bewegung der Zerfallsprodukte beschreiben, gehen bekanntlich asymptotisch in *stehende* Kugelwellen über, enthalten also sowohl einlaufende als auslaufende Kugelwellen. Das Auftreten der *einlaufenden* Kugelwellen, das keinem praktisch realisierbaren Versuch entspricht, liegt im Wesen der *stationären* BORNschen Lösung. Zur Beschreibung der Ionisations- und Dissoziationsvorgänge reicht also diese Lösung strenggenommen nicht aus; doch kann man sie zur Bildung von Wellenpaketen für das stoßende Teilchen benutzen, welche den tatsächlich realisierbaren Anfangsbedingungen gerecht werden; dann werden die einfallenden Wellen automatisch eliminiert. Letzteres gilt insbesondere für die unter Ziff. 16 besprochene nichtstationäre Näherungslösung von DIRAC; vgl. die analoge Überlegung unter Ziff. 15 zum Augereffekt und zur Prädissoziation.

* Diese k_{nm} sind *positiv* imaginär zu nehmen, damit u im Unendlichen beschränkt bleibt.

hier hängt c_{nm} noch von der Richtung des Vektors $\mathfrak{k}_{nm}$ (Endimpuls des gestreuten Teilchens) ab, welcher in den infinitesimalen Kegel $d\Omega$ zu verlegen ist. Der gesamte Stoßquerschnitt des Streuers im Zustand n ergibt sich durch Summation über alle Richtungen und über alle Streuwellen:

$$Q = \sum_{\substack{m \\ (T_{nm} > 0)}} \frac{k_{nm}}{|\mathfrak{k}^0|} \int d\Omega \, |c_{nm}|^2 . \tag{11.16}$$

12. Erste BORNsche Näherung; Atom mit festgehaltenem Kern. Eine quantitative Auswertung der obigen Formeln mit bestimmten Ansätzen für $\mathcal{H}(q)$ und $V(\mathfrak{r}, q)$ hat sich nur für die 1. Näherungslösung $u^{(1)}$ durchführen lassen; praktisch verwendbar ist die BORNsche Lösung also nur in dem Fall, daß $u^{(2)}, u^{(3)}, \ldots$ klein gegen $u^{(1)}$ sind. Auf Grund dessen, was unter Ziff. 4 über die 1. BORNsche Näherung für den Stoß zweier Punktladungen und ihr Verhältnis zur exakten Lösung gesagt wurde, wird man erwarten, daß $u^{(2)}, u^{(3)}, \ldots$ nur dann vernachlässigbar sind, wenn die Anfangsgeschwindigkeit des stoßenden Teilchens

$$v^0 \gg \left| \frac{e\, e_{\max}}{\hbar} \right| \tag{12.1}$$

ist, wo $e_{\max}$ die höchste im Streuer vorkommende Punktladung ist; dies wird durch eine Abschätzung der höheren Näherungen[1] bestätigt.

Die Bedingung (12.1) ist aber noch nicht ausreichend, um eine zutreffende Beschreibung der *unelastischen* Stöße durch $u^{(1)}$ allein zu garantieren. Vielmehr muß hierzu außerdem gefordert werden, daß auch die Endgeschwindigkeit v des stoßenden Teilchens genügend groß ist:

$$v \gg \left| \frac{e\, e_{\max}}{\hbar} \right| ; \tag{12.2}$$

genauer gesagt: in der Eigenfunktionenentwicklung der BORNschen Lösung (11.12) wird man die Amplituden c_{nm} nur für diejenigen Glieder m durch die Funktion f_m^1 (11.11) allein (unter Nullsetzung von $f_m^2, f_m^3, \ldots$) bestimmen dürfen, für welche die zugehörige Endenergie des stoßenden Teilchens

$$T_{nm} \gg \frac{m}{2} \left| \frac{e\, e_{\max}}{\hbar} \right|^2 \tag{12.3}$$

ist. Wenn man diese Vorsichtsmaßregel nicht beachtet, so erhält man unter Umständen ganz unsinnige Scheinergebnisse, wie z. B. dieses: die Prozesse, bei denen das stoßende Teilchen vom Atomsystem *eingefangen* wird ($T_{nm} < 0$), bilden in $u^{(1)}$ eine kontinuierliche Mannigfaltigkeit (es ist $f_m^1 \neq 0$ für beliebige negative Werte von T_{nm}), während die exakte Lösung offenbar aussagen muß, daß eine Einfangung nur in diskreten Energieniveaus erfolgen kann (vgl. hierzu Ziff. 14).

Indem wir uns jetzt also ausdrücklich auf diejenigen Stoßprozesse beschränken, die den Bedingungen (12.1), (12.2) genügen, unterdrücken wir die

---

[1] CHR. MØLLER, ZS. f. Phys. Bd. 66, S. 513. 1930; F. DISTEL, ebenda Bd. 74, S. 785. 1932. In diesen Untersuchungen wird insbesondere festgestellt, daß der Stoß von *α-Strahlen nicht* ausreichend durch $u^{(1)}$ allein beschrieben wird, indem selbst schnelle α-Strahlen noch zu langsam sind. Andererseits soll aber (nach DISTEL) die elastische Streuung der α-Strahlen (dank ihrer kleinen Wellenlänge) mit großer Genauigkeit durch die Lösung des *quasistatischen* Beugungsproblems (vgl. Abschn. A II) beschrieben werden, und zwar mit ungestörter Ladungsverteilung des Atoms. Bezüglich des *Elektronen*stoßes glaubt DISTEL, daß die 1. BORNsche Näherung noch brauchbar sei, solange nur die kinetische Energie der stoßenden Elektronen merklich größer als die Ionisierungsenergie der *äußeren* Atomelektronen bleibt ($v^0 \gtrsim e^2/\hbar$).

Funktionen $f_m^2, f_m^3, \ldots$ und erhalten so für die Amplituden c_{nm} in (11.12) aus (11.5) und (11.11) die Werte „erster Näherung":

$$c_{nm} = -\frac{m}{2\pi\hbar^2}\iiint dx\,dy\,dz\,e^{i(\mathfrak{k}^0-\mathfrak{k}_{nm}\cdot\mathfrak{r})}\,V_{nm}(\mathfrak{r}), \tag{12.4}$$

wo $V_{nm}(\mathfrak{r})$ das Matrixelement der Störungsfunktion $V(\mathfrak{r}, q)$ bedeutet, welches dem Übergang $n \to m$ des ungestörten Atomsystems entspricht:

$$V_{nm}(\mathfrak{r}) = \int dq\,u_m^*(q)\,V(\mathfrak{r},q)\,u_n(q)\,. \tag{12.5}$$

Diese Formeln sollen hier diskutiert werden für den Fall eines *Atoms mit festgehaltenem Kern*, dessen Ladung $Z\varepsilon$ sein soll; die Zahl der Atomelektronen (Ladung $= -\varepsilon$) sei N; bei einem neutralen Atom wäre $N = Z$, bei einem Ion $N \lessgtr Z$. Wir nehmen den Kern als Ursprung; der Vektor von diesem zum $k$ten Elektron ($k = 1, 2, \ldots, N$) sei $\mathfrak{r}_k$ (kartesische Komponenten: $x_k y_k z_k$, $q = x_1 \ldots, z_N$, $dq = \prod_k dx_k\,dy_k\,dz_k$). Als Störungsfunktion kommt die potentielle Energie der COULOMBschen Wechselwirkung zwischen stoßendem Teilchen und Atom in Betracht:

$$V(\mathfrak{r},q) = e\varepsilon\left(\frac{Z}{|\mathfrak{r}|} - \sum_{k=1}^{N}\frac{1}{|\mathfrak{r}-\mathfrak{r}_k|}\right). \tag{12.6}$$

Bildet man hiervon die Matrix (12.5), so ergibt der erste, vom Kern herrührende Term die Diagonalmatrix $e\varepsilon Z|\mathfrak{r}|^{-1}\cdot\delta_{nm}$, wo

$$\delta_{nm} = \begin{cases} 1 & \text{für} \quad n = m, \\ 0 & \text{für} \quad n \neq m; \end{cases} \tag{12.7}$$

ferner läßt sich der Term des $k$ten Elektrons folgendermaßen darstellen: integriert man zunächst über die Räume der übrigen Elektronen (eben das $k$te ausgenommen), so ergibt sich die Wahrscheinlichkeitsdichte des $k$ten Elektrons bzw. die zugehörige Matrix:

$$\int\ldots\int dx_1\ldots dz_{k-1}\,dx_{k+1}\ldots dz_N\,u_m^*(q)\,u_n(q) = \varrho_{nm}^k(\mathfrak{r}_k)\,; \tag{12.8}$$

schließlich liefert dann die Integration nach $x_k y_k z_k$:

$$\int dq\,\frac{u_m^*(q)\,u_n(q)}{|\mathfrak{r}-\mathfrak{r}_k|} = \iiint dx_k\,dy_k\,dz_k\,\frac{\varrho_{nm}^k(\mathfrak{r}_k)}{|\mathfrak{r}-\mathfrak{r}_k|}, \tag{12.9}$$

das ist das elektrostatische Potential der Ladungsverteilung $\varrho_{nm}^k(\mathfrak{r}_k)$. Hiermit erhält man für die Matrix der gesamten Störungsfunktion (12.6):

$$V_{nm}(\mathfrak{r}) = e\varepsilon\left(\frac{Z}{|\mathfrak{r}|}\,\delta_{nm} - \iiint dx'\,dy'\,dz'\,\frac{\varrho_{nm}(\mathfrak{r}')}{|\mathfrak{r}'-\mathfrak{r}|}\right), \tag{12.10}$$

wo die Matrix

$$\varrho_{nm}(\mathfrak{r}') = \sum_{k=1}^{N}\varrho_{nm}^k(\mathfrak{r}') \tag{12.11}$$

der dreidimensionalen Dichteverteilung der *ganzen* Elektronenwolke des Atoms entspricht.

Was speziell die *elastischen Stöße* $m = n$ ($T_{nm} = T$) anbelangt, so stellt $V_{nn}(\mathfrak{r})$ unmittelbar das Potential der elektrostatischen Kraft zwischen der Ladungsverteilung des Atoms im ungestörten $n$ten Zustand ($\varrho_{nn}(\mathfrak{r}')$) und dem stoßenden Teilchen dar. Wir sehen also, daß die 1. BORNsche Näherung für die elastischen Stöße das gleiche Resultat liefert wie die quasistatische Rechnung von FAXÉN und HOLTSMARK (vgl. Ziff. 8) mit ungestörter Elektronenwolke. Diese Übereinstimmung war aber, nach dem unter Ziff. 7 Gesagten, zu erwarten, da nämlich die Bedingung (12.1), die den Gültigkeitsbereich der 1. BORNschen Näherung für elastische Stöße abgrenzt, die Aussage einschließt, daß die Stoßgeschwindigkeit v groß gegen die Umlaufsgeschwindigkeiten der Atomelektronen ist (diese sind nämlich höchstens von der Größenordnung $\varepsilon^2 Z/\hbar$).

Zur Berechnung der c_{nm} (12.4) ist nun noch die Integration nach den Koordinaten des stoßenden Teilchens auszuführen. Zu diesem Zwecke stellen wir fest, daß die Ortsfunktion $V_{nm}(\mathfrak{r})$ (12.10) der POISSONschen Differentialgleichung

$$\Delta V_{nm}(\mathfrak{r}) = 4\pi e\varepsilon \cdot \varrho_{nm}(\mathfrak{r}) \tag{12.12}$$

genügt und überall regulär ist außer im Ursprung, wo sie wie $e\varepsilon Z\delta_{nm} \cdot |\mathfrak{r}|^{-1}$ unendlich wird; ferner verschwindet sie im Unendlichen mindestens wie $|\mathfrak{r}|^{-2}$, falls das Atom *neutral* ist: $N = Z$ *, was wir vorläufig annehmen wollen. Mit Hilfe des GREENschen Satzes beweist man dann in bekannter Weise:

$$\iiint dx\,dy\,dz [V_{nm}(\mathfrak{r}) \cdot \Delta U(\mathfrak{r}) - U(\mathfrak{r}) \cdot \Delta V_{nm}(\mathfrak{r})] = -4\pi U(0) \cdot e\varepsilon Z\delta_{nm},$$

wo $U(\mathfrak{r})$ eine reguläre, überall beschränkte Ortsfunktion bedeutet. Setzt man hier speziell $U(\mathfrak{r}) = e^{i(\mathfrak{k}^0 - \mathfrak{k}_{nm} \cdot \mathfrak{r})}$, so wird das erste Raumintegral linker Hand bis auf den Faktor $|\mathfrak{k}_{nm} - \mathfrak{k}^0|^2$ gerade gleichlautend mit demjenigen, das in (12.4) auftritt; bestimmt man andererseits ΔV_{nm} durch die POISSONsche Gleichung (12.12), so erhält man für c_{nm} den Wert:

$$c_{nm} = -\frac{2me\varepsilon}{\hbar^2} \cdot \frac{1}{|\mathfrak{k}_{nm} - \mathfrak{k}^0|^2} \cdot \left(Z\delta_{nm} - \iiint dx\,dy\,dz\, \varrho_{nm}(\mathfrak{r})\, e^{i(\mathfrak{k}^0 - \mathfrak{k}_{nm} \cdot \mathfrak{r})}\right). \tag{12.13}$$

Für den Fall eines *ionisierten* Atoms ($N \neq Z$) bedürfen die ganzen obigen Rechnungen einer Ergänzung, da die Integrale nach den Teilchenkoordinaten in (11.11) bzw. (12.4) nicht konvergieren[1]. Das nächstliegende Hilfsmittel ist ein formaler Kunstgriff: man ersetzt die Störungsfunktion (12.6) definitionsweise etwa durch:

$$V(\mathfrak{r}, q) = e\varepsilon\left(\frac{Z}{|\mathfrak{r}|} - \sum_{k=1}^{N} \frac{1}{|\mathfrak{r} - \mathfrak{r}_k|}\right) \cdot e^{-\alpha|\mathfrak{r}|}, \qquad \text{wo} \quad \alpha > 0. \tag{12.14}$$

Dann ist die BORNsche Lösung eindeutig bestimmt, auch in der Grenze $\alpha = 0$, und die 1. Näherung führt, wie man leicht nachrechnet, in der Grenze wiederum gerade auf die Formel (12.13). Man kann die Einführung konvergenzerzeugender Faktoren ($e^{-\alpha|\mathfrak{r}|}$) aber auch vermeiden, indem man das stoßende Teilchen, statt durch eine ebene Welle, durch ein Wellenpaket darstellt[2]; das Resultat ist das gleiche.

Für die *elastischen* Stöße ($m = n$) ist nach (11.9), (11.7) und (10.5) $|\mathfrak{k}_{nn}| = |\mathfrak{k}^0| = \hbar^{-1} m v^0$ (v^0 = Anfangsgeschwindigkeit), also, wenn der Streuwinkel wieder mit Θ bezeichnet wird, $(\mathfrak{k}_{nn}\mathfrak{k}^0) = |\mathfrak{k}^0|^2 \cos\Theta$ und:

$$|\mathfrak{k}_{nn} - \mathfrak{k}^0|^2 = 2|\mathfrak{k}^0|^2(1 - \cos\Theta) = \left(2|\mathfrak{k}^0| \sin\frac{\Theta}{2}\right)^2 = \left(\frac{2mv^0}{\hbar} \sin\frac{\Theta}{2}\right)^2. \tag{12.15}$$

Die Amplitude der elastisch gestreuten Welle wird also:

$$c_{nn} = -\frac{e\varepsilon}{2m(v^0)^2} \cdot \frac{1}{\sin^2\frac{\Theta}{2}} \cdot \left(Z - F_{nn}(\Theta, \Phi)\right), \tag{12.16}$$

wo:

$$F_{nn}(\Theta, \Phi) = \iiint dx\,dy\,dz\, \varrho_{nn}(\mathfrak{r})\, e^{i(\mathfrak{k}^0 - \mathfrak{k}_{nn} \cdot \mathfrak{r})}. \tag{12.17}$$

---

* Die asymptotische Entwicklung von (12.10) beginnt mit dem Glied $e\varepsilon(Z - N)\delta_{nm} \cdot |\mathfrak{r}|^{-1}$.

[1] Diese Schwierigkeit tritt natürlich speziell auch bei der BORNschen Lösung für den Stoß zweier Punktladungen auf; vgl. G. WENTZEL, ZS. f. Phys. Bd. 40, S. 590. 1926; J. R. OPPENHEIMER, ebenda Bd. 43, S. 413. 1927.

[2] Vgl. H. BETHE, Ann. d. Phys. Bd. 5, S. 325. 1930, § 3. Dort ist die Formel (12.13) durch Umkehrung der Integrationsreihenfolge in den Atom- und Teilchenkoordinaten bewiesen, wobei ein solcher Kunstgriff auch für $N = Z$ angewandt wird.

Diese Amplitude unterscheidet sich von derjenigen, die man für den Stoß am nackten Kern erhalten hätte [Rutherfordformel, $F_{nn} \to 0$; vgl. (4.10)], dadurch, daß die Kernladungszahl Z durch eine „abgeschirmte" Kernladung $Z - F_{nn}$ ersetzt ist, wobei übrigens F_{nn} noch von der Streurichtung ($\mathfrak{k}_{nn}$) abhängt. Die durch (12.17) definierte Größe F_{nn} nennt man den *Formfaktor* des Atoms im Zustand n; die Bezeichnung ist aus der Theorie der Zerstreuung von Licht (Röntgenstrahlen) an Atomen übernommen worden, wo F_{nn} die Amplitude der „kohärent" gestreuten Lichtwelle in ihrer Abhängigkeit von der Form der Dichteverteilung ϱ_{nn} bestimmt (vgl. Ziff. 25)[1]. Hat der Ausgangszustand des Atoms speziell eine *zentralsymmetrische* Ladungsverteilung, d. h. ist $\varrho_{nn}(\mathfrak{r})$ eine Funktion von $|\mathfrak{r}|$ allein (S-Zustand), so kann man in (12.17) die Integration nach den Richtungskoordinaten (am einfachsten in einem Polarkoordinatensystem, dessen Achse parallel dem Vektor $\mathfrak{k}_{nn} - \mathfrak{k}^0$ ist) ausführen und erhält:

$$F_{nn}(\Theta) = 4\pi \int_0^\infty d r r^2 \cdot \varrho_{nn}(r) \cdot \frac{\sin \gamma r}{\gamma r}, \quad \text{wo} \quad \gamma = 2k \sin\frac{\Theta}{2}. \tag{12.18}$$

In diesem Fall hat also der Formfaktor axiale Symmetrie und hängt von v^0 und Θ nur in der Verbindung $\left(v^0 \cdot \sin\frac{\Theta}{2}\right)$ ab[2].

Die *unelastischen* Stöße ($m \neq n$) werden durch die Elektronenwolke allein hervorgerufen; das Kernfeld liefert dazu keinen Beitrag. Wir schreiben, mit Rücksicht auf (10.5) und (12.13):

$$\left.\begin{aligned} c_{nm} &= + \frac{2me\varepsilon}{\hbar^2} \cdot \frac{1}{|\mathfrak{k}_{nm} - \mathfrak{k}^0|^2} \cdot F_{nm}(\Theta, \Phi) \\ &= e\varepsilon \cdot \frac{1}{T + T_{nm} - 2\sqrt{T T_{nm}} \cdot \cos\Theta} \cdot F_{nm}(\Theta, \Phi) \qquad (m \neq n), \end{aligned}\right\} \tag{12.19}$$

wo:

$$F_{nm}(\Theta, \Phi) = \iiint dx\, dy\, dz\, \varrho_{nm}(\mathfrak{r})\, e^{i(\mathfrak{k}^0 - \mathfrak{k}_{nm} \cdot \mathfrak{r})}. \tag{12.20}$$

Diese Größen F_{nm} haben gleichfalls den Charakter von „Formfaktoren", nur für andere Ladungsverteilungen; auch sie werden uns wieder in der Theorie der Röntgenstrahlstreuung begegnen, nämlich in den Formeln für die Intensität der „inkohärenten" Streuung.

Sobald der Streuwinkel Θ eine gewisse Größe übersteigt, sind alle Formfaktoren $|F_{nm}| \ll N$; wenn nämlich $|\mathfrak{k}_{nm} - \mathfrak{k}^0|$ groß gegen die reziproken Atomdimensionen wird[3], wird $e^{i(\mathfrak{k}^0 - \mathfrak{k}_{nm} \cdot \mathfrak{r})}$ eine im Atombereich schnell oszillierende Funktion, und die Beiträge der verschiedenen Volumelemente zu F_{nm} vernichten einander durch Interferenz. Unter *großen* Streuwinkeln erfolgt also jeder *einzelne*

[1] Auf die Verwandtschaft der Formeln für die elastische (kohärente) Streuung von Materie- und Lichtstrahlen haben zum erstenmal H. BETHE (Ann. d. Phys. Bd. 87, S. 55. 1928, § 8; Bd. 5, S. 325. 1930) und N. F. MOTT [Nature Bd. 124, S. 986. 1929; Proc. Roy. Soc. London (A) Bd. 127, S. 658. 1930] hingewiesen. — Ein wesentlicher Unterschied der beiden Arten von Streuprozessen besteht aber darin, daß die elektrischen Teilchen in erster Linie auch durch das Kernfeld abgelenkt werden, während das Licht am „festgehaltenen" Kern überhaupt nicht gestreut wird.

[2] Darüber hinaus haben H. BETHE (Ann. d. Phys. Bd. 5, S. 325. 1930, § 16) sowie E. C. BULLARD u. H. S. W. MASSEY (Proc. Cambridge Phil. Soc. Bd. 26, S. 556. 1930) folgendes interessante Ergebnis gewonnen: wählt man für ϱ_{nn} die THOMAS-FERMIsche Ladungsverteilung für ein neutrales Atom mit der Kernladung Z, so wird $F_{nn} Z^{-1}$ und folglich auch $|c_{nn}|^2 \cdot Z^{-\frac{2}{3}}$ eine *universelle* Funktion von $\left(Z^{-\frac{1}{3}} v^0 \sin\frac{\Theta}{2}\right)$.

[3] Wenn die Bedingungen (12.1), (12.2) für die Berechtigung der 1. BORNschen Näherung erfüllt sind, trifft dies für alle nicht sehr kleinen Streuwinkel zu.

unelastische Stoßprozeß nur äußerst selten verglichen mit dem elastischen Stoß in der gleichen Richtung.

Andererseits kann man auch für extrem *kleine* Streuwinkel allgemeine Aussagen qualitativer Art machen. Wenn nämlich $|\mathfrak{k}_{nm} - \mathfrak{k}^0|$ so klein ist, daß im ganzen Atombereich $|(\mathfrak{k}_{nm} - \mathfrak{k}^0 \cdot \mathfrak{r})| \ll 1$ bleibt[1], so erhält man durch Entwicklung der Exponentialfunktion im Integranden von (12.17) bzw. (12.20) eine stark konvergente Reihe für F_{nm}:

$$F_{nm} = N \cdot \delta_{nm} + i(\mathfrak{k}^0 - \mathfrak{k}_{nm} \cdot \mathfrak{r}_{nm}) + \cdots, \tag{12.21}$$

wo:

$$\mathfrak{r}_{nm} = \iiint dx\, dy\, dz\, \varrho_{nm}(\mathfrak{r}) \cdot \mathfrak{r}. \tag{12.22}$$

Für die elastischen Stöße wird also nach (12.16) die Stromdichte unter kleinsten Winkeln Θ proportional zu

$$|c_{nn}|^2 = \left(\frac{e\varepsilon}{2m(v^0)^2}\right)^2 \cdot \frac{1}{\sin^4\frac{\Theta}{2}} \cdot [(Z-N)^2 + (\mathfrak{k}^0 - \mathfrak{k}_{nn} \cdot \mathfrak{r}_{nn})^2 + \cdots]; \tag{12.23}$$

der erste Term der Entwicklung wird für neutrale Atome Null. Die Häufigkeit der unelastischen Stöße bestimmt sich in erster Approximation durch die Matrix $\mathfrak{r}_{nm}$ (12.22), d. h. durch dieselbe Matrix, welche die *optischen* Quantensprünge (Intensitäten der Dipolstrahlung; vgl. Ziff. 27) regelt[2]; insbesondere fallen also bei Stößen unter kleinsten Winkeln alle Anregungsstufen aus, die den „Auswahlregeln" der optischen Spektren widersprechen.

13. Ionisationsprozesse. Ohne besondere Annahmen über den Bau des Atoms machen zu müssen, kann man noch weitere Aussagen erhalten über die Wahrscheinlichkeit derjenigen Ionisationsprozesse, bei denen die *kinetische Energie des ausgelösten Elektrons groß gegen seine Ablösungsarbeit ist.* Wir werden zeigen, daß die betreffenden unelastischen Stöße näherungsweise so erfolgen, als ob das ausgelöste Elektron ein freies Elektron gewesen wäre.

Wenn nämlich der angeregte Atomzustand (m) energetisch so hoch liegt, daß nicht nur für die Anfangs- und Endgeschwindigkeit des *stoßenden* Teilchens, sondern auch für die Endgeschwindigkeit v_1 des *ausgelösten* Elektrons eine Bedingung der Art (12.1), (12.2) erfüllt ist:

$$v_1 \gg \left|\frac{\varepsilon\, e_{\max}}{\hbar}\right| = \frac{Z\varepsilon^2}{\hbar}, \tag{13.1}$$

so kann man für den erreichten Endzustand m die Bindung des Elektrons an das Atom vernachlässigen, d. h. u_m durch eine Eigenfunktion des *freien* Elektrons ersetzen; der Fehler, den man damit begeht, ist nicht größer als die Terme 2. Ordnung in V im Bornschen Näherungsverfahren, die man ohnedies vernachlässigt[3].

Der Einfachheit halber führen wir die Rechnung und Diskussion zunächst für den Fall durch, daß unser Atom nur *ein einziges Elektron* ($k = 1$) enthält (etwa H-Atom). Für die Eigenfunktionen $u_m (W_m \gg |W_n|)$ wählen wir ebene Wellen

$$u_m = (2\pi)^{-\frac{3}{2}} e^{i(\mathfrak{k}_1 \mathfrak{r}_1)}, \tag{13.2}$$

[1] Das ist nur möglich bei Anregungsstufen, für welche $||\mathfrak{k}^0| - k_{nm}| \simeq \left|\frac{W_m - W_n}{\hbar v^0}\right| \ll (\text{Atomradius})^{-1}$ ist.

[2] W. Elsasser, ZS. f. Phys. Bd. 45, S. 522. 1928; H. Bethe, Ann. d. Phys. Bd. 5, S. 325. 1930, § 5.

[3] Im Falle des Wasserstoffatoms kann man sich hiervon an Hand der ohne diese Vernachlässigung ausgeführten Rechnungen unmittelbar überzeugen; vgl. Kap. 3 dieses Bandes, Ziff. 52.

die in den Parametern $\mathfrak{k}_{1x}, \mathfrak{k}_{1y}, \mathfrak{k}_{1z}$ normiert sind. Dann lautet der „Formfaktor", welcher dem Übergang aus dem Anfangszustand n nach $m(\mathfrak{k}_1)$ entspricht:

$$F_{nm} = (2\pi)^{-\frac{3}{2}} \int\int\int dx_1 dy_1 dz_1 \cdot e^{i(\mathfrak{k}^0 - \mathfrak{k} - \mathfrak{k}_1 \cdot \mathfrak{r}_1)} u_n(\mathfrak{r}_1). \tag{13.3}$$

Hier ist jetzt $\mathfrak{k}_{nm} = \mathfrak{k}$ gesetzt, d. h. $\hbar\mathfrak{k}$ bedeutet den Endimpuls des stoßenden Teilchens [vgl. (11.9)]:

$$\mathfrak{k} = |\mathfrak{k}| \cdot \frac{\mathfrak{r}}{|\mathfrak{r}|}, \tag{13.4}$$

wo $|\mathfrak{k}|$ durch den Energiesatz mit $|\mathfrak{k}_1|$ verknüpft ist:

$$\frac{\hbar^2}{2m}\{|\mathfrak{k}|^2 - |\mathfrak{k}^0|^2\} + \frac{\hbar^2}{2m_1}|\mathfrak{k}_1|^2 - W_n = 0 \tag{13.5}$$

($m_1 = \mu$ = Elektronenmasse). Wird die Schrödingerfunktion des Anfangszustandes räumlich harmonisch analysiert:

$$u_n(\mathfrak{r}_1) = (2\pi)^{-\frac{3}{2}} \int\int\int d\mathfrak{k}_{1x}^0 d\mathfrak{k}_{1y}^0 d\mathfrak{k}_{1z}^0 \cdot a(\mathfrak{k}_1^0) \cdot e^{i(\mathfrak{k}_1^0 \mathfrak{r}_1)}, \tag{13.6}$$

so daß $|a(\mathfrak{k}_1^0)|^2$ die anfängliche statistische Dichteverteilung des Atomelektrons im Impulsraum darstellt:

$$\int\int\int d\mathfrak{k}_{1x}^0 d\mathfrak{k}_{1y}^0 d\mathfrak{k}_{1z}^0 |a(\mathfrak{k}_1^0)|^2 = \int\int\int dx_1 dy_1 dz_1 |u_n(\mathfrak{r}_1)|^2 = 1, \tag{13.7}$$

so wird F_{nm} (13.3) offenbar gleich der Fourieramplitude $a(\mathfrak{k}_1^0)$ für $\mathfrak{k}_1^0 = \mathfrak{k}_1 + \mathfrak{k} - \mathfrak{k}^0$:

$$F_{nm} = a(\mathfrak{k}_1 + \mathfrak{k} - \mathfrak{k}^0), \tag{13.8}$$

und somit c_{nm} nach (12.19):

$$c_{nm} = \frac{2me\varepsilon}{\hbar^2} \cdot \frac{a(\mathfrak{k}_1 + \mathfrak{k} - \mathfrak{k}^0)}{|\mathfrak{k} - \mathfrak{k}^0|^2}. \tag{13.9}$$

Der differentielle Wirkungsquerschnitt der unelastischen Stöße in den Raumwinkel $d\Omega$, welche das ausgelöste Elektron in das Element $d\mathfrak{k}_{1x} d\mathfrak{k}_{1y} d\mathfrak{k}_{1z}$ des Impulsraumes bringen, ist folglich [vgl. (11.15)]:

$$dQ_{\mathfrak{k}_1} = \left(\frac{2me\varepsilon}{\hbar^2}\right)^2 \cdot \frac{|\mathfrak{k}|}{|\mathfrak{k}^0|} \frac{|a(\mathfrak{k}_1 + \mathfrak{k} - \mathfrak{k}^0)|^2}{|\mathfrak{k} - \mathfrak{k}^0|^4} d\mathfrak{k}_{1x} d\mathfrak{k}_{1y} d\mathfrak{k}_{1z} \cdot d\Omega. \tag{13.10}$$

Nun ist aber die anfängliche Impulsverteilung des Atomelektrons $|a(\mathfrak{k}_1^0)|^2$ stark um den Impuls Null ($\mathfrak{k}_1^0 = 0$) konzentriert; ihre Ausdehnung im Impulsraum (nach allen Richtungen vom Ursprung aus) ist nach Voraussetzung [vgl. (12.1), (12.2), (13.1)] sehr klein gegen $|\mathfrak{k}^0|$, $|\mathfrak{k}|$ und $|\mathfrak{k}_1|$. Mit merklicher Häufigkeit kommen also nur solche Stöße vor, bei welchen der Impuls des ausgelösten Elektrons $\hbar\mathfrak{k}_1$ mit dem vom stoßenden Teilchen abgegebenen Impuls $\hbar(\mathfrak{k}^0 - \mathfrak{k})$ *fast* übereinstimmt, nämlich bis auf Terme von der Größenordnung des anfänglichen Elektronenimpulses im Atom $\hbar\mathfrak{k}_1^0$.

Die Gesamtwahrscheinlichkeit der ionisierenden Stöße in den Raumwinkel $d\Omega$ erhält man aus (13.10) durch Integration über den $\mathfrak{k}_1$-Raum. Hierbei ist die Richtung von $\mathfrak{k}$ gemäß (13.4) festzuhalten (in $d\Omega$), aber der Betrag $|\mathfrak{k}|$ ist vermöge des Energiesatzes (13.5) noch von $\mathfrak{k}_1$ abhängig:

$$\frac{1}{m}(\mathfrak{k}\, d\mathfrak{k}) = \pm \frac{1}{m}|\mathfrak{k}|\,|d\mathfrak{k}| = -\frac{1}{m_1}(\mathfrak{k}_1 d\mathfrak{k}_1).$$

An Stelle der Komponenten von $\mathfrak{k}_1$ führt man nun zweckmäßig diejenigen von $\mathfrak{k}_1^0 = \mathfrak{k}_1 + \mathfrak{k} - \mathfrak{k}^0$ als Integrationsvariable ein:

$$d\mathfrak{k}_1^0 = d\mathfrak{k}_1 + d\mathfrak{k} = d\mathfrak{k}_1 - \frac{m}{m_1}\frac{\mathfrak{k}(\mathfrak{k}_1 d\mathfrak{k}_1)}{|\mathfrak{k}|^2};$$

durch Bildung der Substitutionsdeterminante ergibt sich:

$$d\mathfrak{k}_{1x} d\mathfrak{k}_{1y} d\mathfrak{k}_{1z} = \frac{d\mathfrak{k}_{1x}^0 d\mathfrak{k}_{1y}^0 d\mathfrak{k}_{1z}^0}{1 - \dfrac{m}{m_1}\dfrac{(\mathfrak{k}\mathfrak{k}_1)}{|\mathfrak{k}|^2}}. \tag{13.11}$$

Das betrachtete Integral kommt damit auf die Form:

$$\iiint d\mathfrak{k}_{1x}^0\, d\mathfrak{k}_{1y}^0\, d\mathfrak{k}_{1z}^0\, f(\mathfrak{k}_1^0)\, |a(\mathfrak{k}_1^0)^2|,$$

wo $f(\mathfrak{k}_1^0)$ nur langsam variiert in dem Bereich, wo $|a(\mathfrak{k}_1^0)|^2$ merklich von Null verschieden ist; nach (13.7) ist das Integral also einfach $= f(0)$ in der Näherung, daß $|\mathfrak{k}_1^0|$ gegen $|\mathfrak{k}^0|$, $|\mathfrak{k}|$ und $|\mathfrak{k}_1|$ vernachlässigt wird. Das Resultat läßt sich folgendermaßen formulieren: Bei vorgegebener Richtung von $\mathfrak{k}$ (in $d\Omega$) bestimme man $|\mathfrak{k}|$ aus den Erhaltungssätzen[1]:

$$\frac{\hbar^2}{2m}\{|\mathfrak{k}^0|^2 - |\mathfrak{k}|^2\} = \frac{\hbar^2}{2m_1}|\mathfrak{k}_1|^2 = \frac{\hbar^2}{2m_1}|\mathfrak{k}^0 - \mathfrak{k}|^2:$$

$$|\mathfrak{k}| = |\mathfrak{k}^0| \cdot \frac{1}{1 + \frac{m_1}{m}}\left[\cos\Theta \pm \sqrt{\left(\frac{m_1}{m}\right)^2 - \sin^2\Theta}\right] \; (> 0), \tag{13.12}$$

$$\left(\Theta = \text{Streuwinkel: } \cos\Theta = \frac{(\mathfrak{k}^0\,\mathfrak{k})}{|\mathfrak{k}^0|\,|\mathfrak{k}|}\right).$$

Gibt es nur *eine* (reelle positive) Lösung $|\mathfrak{k}|$ (wie das für $m < m_1$ und für $m = m_1$, $\Theta < \pi/2$ der Fall ist), so ist der Wirkungsquerschnitt aller ionisierenden Stöße nach $d\Omega$:

$$d Q_{\text{Ion.}} = d\Omega \cdot \left(\frac{2 m e \varepsilon}{\hbar^2}\right)^2 \cdot \frac{1}{|\mathfrak{k} - \mathfrak{k}^0|^4}\,\frac{|\mathfrak{k}|}{|\mathfrak{k}^0|}\,\frac{1}{\left|1 - \frac{m}{m_1}\left[\frac{(\mathfrak{k}\,\mathfrak{k}^0)}{|\mathfrak{k}|^2} - 1\right]\right|}; \tag{13.13}$$

gibt es *zwei* Lösungen $|\mathfrak{k}|$ (für $m > m_1$, $\sin\Theta < m_1/m$), gibt es also *zwei* Linien im Geschwindigkeitsspektrum der gestreuten Teilchen, so gibt (13.13) die Intensität jeder einzelnen Linie, und die Summe der beiden $dQ_{\text{Ion.}}$ den gesamten ionisierenden Querschnitt pro $d\Omega$. Ein Vergleich mit den Formeln in Ziff. 4, insbesondere mit (4.11)[2], lehrt, daß diese Stöße, die zur Auslösung eines „locker gebundenen" Elektrons führen, in der Näherung, daß die Anfangsimpulse $\hbar|\mathfrak{k}_1^0|$ dieses Elektrons gegenüber den beiden Endimpulsen ($\hbar|\mathfrak{k}_1|$ und $\hbar|\mathfrak{k}|$) vernachlässigt werden, sich in ihrer Häufigkeit von Stößen am freien, anfänglich ruhenden Elektron nicht unterscheiden.

Natürlich sind die *Geschwindigkeitsspektren* der gestreuten Teilchen und des ausgelösten Elektrons jetzt keine scharfen Linien, wie im Fall des Stoßes am freien ruhenden Elektron, sondern *verbreiterte Linien*; und zwar sind Linienform und Linienbreite die gleichen wie beim Stoß an einem freien Elektron, das anfangs die statistische Geschwindigkeitsverteilung $|a(\mathfrak{k}_1^0)|^2$ besitzt, wie man aus (13.10), (13.11) und (13.13) erkennt:

$$d Q_{\mathfrak{k}_1} = d Q_{\text{Ion.}} \cdot |a(\mathfrak{k}_1^0)|^2\, d\mathfrak{k}_{1x}^0\, d\mathfrak{k}_{1y}^0\, d\mathfrak{k}_{1z}^0. \tag{13.14}$$

Aus dem Geschwindigkeitsspektrum gestreuter schneller Teilchen oder der von ihnen ausgelösten Elektronen kann man also Rückschlüsse ziehen auf die Geschwindigkeitsverteilung der Elektronen im Atom.

Im Hinblick auf eine Anwendung in der folgenden Ziffer leiten wir noch die diesen Ionisationsprozessen entsprechende *Wellenfunktion* ab, und zwar in *asymptotischer Darstellung* nicht nur für große $|\mathfrak{r}|$, sondern auch für große $|\mathfrak{r}_1|$ (sowohl stoßendes als ausgelöstes Teilchen weit vom Atomkern entfernt). Derjenige Anteil der BORNschen Wellenfunktion 1. Näherung, welcher jenen

[1] Die Ablösungsarbeit $|W_n|$ ist von der Ordnung $\frac{\hbar^2}{2m_1}|\mathfrak{k}_1^0|^2$, also belanglos.

[2] Die Teilchen $\mathfrak{r}$, $\mathfrak{r}_1$ sind dort mit $\mathfrak{r}_1$, $\mathfrak{r}_2$ bezeichnet.

Ionisationsprozessen (in allen Richtungen) entspricht, lautet nach (11.12), (13.2) und (13.9):

$$u^1\left(|\mathfrak{r}|, \frac{\mathfrak{r}}{|\mathfrak{r}|} = \frac{\mathfrak{k}}{|\mathfrak{k}|}, \mathfrak{r}_1\right) = \sum_{(m)} c_{nm}\left(\frac{\mathfrak{k}}{|\mathfrak{k}|}\right) \cdot \frac{e^{ik_{nm}|\mathfrak{r}|}}{|\mathfrak{r}|} \cdot u_m(\mathfrak{r}_1)$$

$$= \iiint d\mathfrak{k}_{1x}\, d\mathfrak{k}_{1y}\, d\mathfrak{k}_{1z} \frac{2me\varepsilon}{\hbar^2} \frac{a(\mathfrak{k}_1 + \mathfrak{k} - \mathfrak{k}^0)}{|\mathfrak{k} - \mathfrak{k}^0|^2} \cdot \frac{e^{i|\mathfrak{k}||\mathfrak{r}|}}{|\mathfrak{r}|} \cdot (2\pi)^{-\frac{3}{2}} e^{i(\mathfrak{k}_1\mathfrak{r}_1)}.$$

Zur Ausführung der Integration über den $\mathfrak{k}_1$-Raum verwenden wir jetzt Polarkoordinaten, deren Achse parallel zu $\mathfrak{r}_1$ ist:

$$\iiint d\mathfrak{k}_{1x}\, d\mathfrak{k}_{1y}\, d\mathfrak{k}_{1z}\, f(\mathfrak{k}_1)\, e^{i(\mathfrak{k}_1\mathfrak{r}_1)} = \int dk_1\, k_1^2 \int_0^{\pi} d\vartheta \sin\vartheta \int_0^{2\pi} d\varphi\, f(k_1, \vartheta, \varphi) \cdot e^{ik_1|\mathfrak{r}_1|\cos\vartheta}.$$

Für $k_1|\mathfrak{r}_1| \gg 1$ kann man die Integration nach ϑ in bekannter Weise durch wiederholte partielle Integration ausführen; in der so erhaltenen Reihe nach fallenden Potenzen von $k_1|\mathfrak{r}_1|$ lautet das erste Entwicklungsglied:

$$\int dk_1\, k_1^2 \cdot \frac{2\pi}{i k_1 |\mathfrak{r}_1|} \left[e^{ik_1|\mathfrak{r}_1|} f(k_1, 0, \varphi) - e^{-ik_1|\mathfrak{r}_1|} f(k_1, \pi, \varphi)\right].$$

Hier tritt außer der auslaufenden eine einlaufende Kugelwelle auf, die offenbar keinen physikalischen Sinn hat; sie läßt sich in der Tat durch Bildung geeigneter Wellenpakete für das stoßende Teilchen zum Verschwinden bringen, wie hier nicht näher ausgeführt werden soll[1]. Somit kann man schließlich die asymptotische Darstellung von u^1 in folgender Form anschreiben:

$$u^1(\mathfrak{r}, \mathfrak{r}_1) = \text{konst.} \cdot \int dk_1 \cdot k_1 \frac{e^{ik_1|\mathfrak{r}_1|}}{|\mathfrak{r}_1|} \frac{e^{ik|\mathfrak{r}|}}{|\mathfrak{r}|} \cdot \frac{a(\mathfrak{k}_1 + \mathfrak{k} - \mathfrak{k}^0)}{|\mathfrak{k} - \mathfrak{k}^0|^2} + \cdots; \tag{13.15}$$

hier sind die Richtungen von $\mathfrak{k}$ bzw. $\mathfrak{k}_1$ mit denjenigen von $\mathfrak{r}$ bzw. $\mathfrak{r}_1$ zu identifizieren:

$$\mathfrak{k} = k \cdot \frac{\mathfrak{r}}{|\mathfrak{r}|}, \qquad \mathfrak{k}_1 = k_1 \cdot \frac{\mathfrak{r}_1}{|\mathfrak{r}_1|}, \tag{13.16}$$

und ihre Beträge $k = |\mathfrak{k}|$, $k_1 = |\mathfrak{k}_1|$ sind durch den Energiesatz (13.5) verknüpft.

Zur Verallgemeinerung der vorstehenden Betrachtungen auf den Fall von *Atomen, die mehrere Elektronen enthalten,* müssen wir auf die Formel (12.20):

$$F_{nm} = \iiint dx\, dy\, dz\, \varrho_{nm}(\mathfrak{r})\, e^{i(\mathfrak{k}^0 - \mathfrak{k}_{nm} \cdot \mathfrak{r})} \tag{13.17}$$

zurückgreifen, wo die Dichtefunktion ϱ_{nm} durch (12.8) und (12.10) definiert ist. In der Näherung, daß die Atomeigenfunktionen als *Produkte von Einelektronen-Schrödingerfunktionen* (einer und derselben Schrödingergleichung) dargestellt werden oder auch als *lineare Aggregate* von solchen Produkten (zwecks Symmetrisierung), kommen nur solche Stoßprozesse vor, bei denen nur ein einziges Elektron den Platz ändert. Die Stöße, die zur Auslösung eines (schnellen) Elektrons aus einer bestimmten Anfangsbahn führen, werden wiederum durch die Formeln (13.10) bis (13.13) beschrieben, falls man dort unter $|a(\mathfrak{k}_1^0)|^2$ die Impulsverteilung des betreffenden Elektrons in seinem Anfangszustand versteht, d. h. wenn (13.6) die Fourierzerlegung der betreffenden Einkörper-Eigenfunktion darstellt. Die Wahrscheinlichkeiten der Ionisationsprozesse an verschiedenen Elektronen überlagern sich natürlich inkohärent, so daß die Wahrscheinlichkeit *irgend*eines ionisierenden Stoßes nach $d\Omega$ sich gegenüber (13.13) einfach mit der Elektronenzahl N multipliziert [sofern die Ablösungsenergien aller Elektronen klein genug sind, daß die Voraussetzungen (12.2) und (13.1) für alle zutreffen können]. Das Geschwindigkeitsspektrum der gestreuten Teilchen und der aus-

[1] Vgl. Anm. 1, S. 716.

gelösten Elektronen ist in dieser Näherung wieder das gleiche wie beim Stoß an einer Wolke freier Elektronen, welche dieselbe (dreidimensionale) Geschwindigkeitsverteilung besitzt wie die Elektronenwolke des Atoms im Anfangszustand.

Will man dagegen auch die *Wechselwirkung der Atomelektronen untereinander* in Rechnung setzen, will man also nicht mehr die Zerlegbarkeit der Atomeigenfunktionen in Produkte voraussetzen, so schränkt sich die Gültigkeit der obigen Aussagen stark ein. Der Beweis dafür, daß die Gesamtzahl der einfach ionisierenden Stöße pro $d\Omega$ gleich oder höchstens gleich der Zahl der Stöße an N freien ruhenden Elektronen ist, läßt sich noch erbringen für den Fall, daß *die Endgeschwindigkeit des stoßenden Teilchens groß ist gegen diejenige des ausgelösten Elektrons*, und diese wieder groß gegen seine Anfangsgeschwindigkeit im Atom:

$$v \gg v_1 \gg \frac{Z\varepsilon^2}{\hbar}. \tag{13.18}$$

Um dies zu zeigen, gehen wir auf die Bezeichnungen der Ziff. 12 zurück und schreiben zunächst F_{nm} in der Form:

$$F_{nm} = \int dq\, u_m^* \left(\sum_{k=1}^{N} e^{i(\mathfrak{k}^0 - \mathfrak{k}_{nm}\cdot \mathfrak{r}_k)}\right) u_n; \tag{13.19}$$

in der Tat führt die gliedweise Integration der Summenterme $k = 1 \cdots N$ mit (12.8), (12.11) auf (13.17) zurück[1]. Der Wirkungsquerschnitt der ionisierenden Stöße nach $d\Omega$ schreibt sich gemäß (11.15) und (12.19):

$$dQ_{\text{Ion.}} = d\Omega \cdot \left(\frac{2me\varepsilon}{\hbar^2}\right)^2 \sum_{(m)} \frac{|\mathfrak{k}_{nm}|}{|\mathfrak{k}^0|} \frac{1}{|\mathfrak{k}_{nm} - \mathfrak{k}^0|^4} |F_{nm}|^2, \tag{13.20}$$

wo die Summe nach m über alle stationären Zustände des kontinuierlichen Energiespektrums zu erstrecken ist, die einfach ionisierten Atomen entsprechen. Nach der obigen „wasserstoffähnlichen" Abschätzung, die *größenordnungsmäßig* nicht falsch sein kann, hat aber $|F_{nm}|^2$ bei gegebener Richtung von $\mathfrak{k}_{nm}$ (d. h. von $\mathfrak{r}$) als Funktion von W_m oder von $|\mathfrak{k}_{nm}|$ stark ausgeprägte Maxima an den Stellen (13.12). Setzen wir zunächst den Fall, daß nur *ein* derartiges Maximum vorhanden ist ($m \lesssim m_1$), so kann man in den langsam veränderlichen Faktoren der Summenglieder in (13.20) $|\mathfrak{k}_{nm}|$ durch den Schwerpunktswert (13.12) ersetzen:

$$dQ_{\text{Ion.}} = d\Omega \cdot \left(\frac{2me\varepsilon}{\hbar^2}\right)^2 \frac{|\mathfrak{k}|}{|\mathfrak{k}^0|} \frac{1}{|\mathfrak{k} - \mathfrak{k}^0|^4} \cdot \sum_{(m)} |F_{nm}|^2. \tag{13.21}$$

Wir behaupten nun, daß man — falls (13.18) gilt — auch in F_{nm} (13.19) $|\mathfrak{k}_{nm}|$ durch $|\mathfrak{k}|$ (13.12) ersetzen kann, d. h. daß $(\mathfrak{k}_{nm} - \mathfrak{k}\cdot\mathfrak{r}_k)$ im Bahnbereich des $k$ten Elektrons $\ll 1$ bleibt für alle $|\mathfrak{k}_{nm}|$ im Bereich der Linienbreite des Geschwindigkeitsspektrums der gestreuten Teilchen. Diese Breite ist nämlich nach der wasserstoffähnlichen Abschätzung (für $k = 1$):

$$|\mathfrak{k}_{nm} - \mathfrak{k}| \sim \frac{m|\mathfrak{k}_1|}{m_1|\mathfrak{k}|} \frac{1}{1 - \frac{m}{m_1}\frac{(\mathfrak{k}\,\mathfrak{k}_1)}{|\mathfrak{k}|^2}} \cdot |\Delta \mathfrak{k}_1^0| = \frac{v_1}{v} \frac{1}{1 - \frac{(\mathfrak{v}\,\mathfrak{v}_1)}{v^2}} \cdot |\Delta \mathfrak{k}_1^0|,$$

wo $|\Delta \mathfrak{k}_1^0|$ die Ausdehnung der anfänglichen Impulsverteilung des 1. Atomelektrons mißt, mithin dessen reziproke Bahndimension darstellt. Man kann also, wie behauptet,

$$(\mathfrak{k}_{nm} - \mathfrak{k}\cdot\mathfrak{r}_1) \lesssim \frac{v_1}{v} \frac{1}{1 - \frac{(\mathfrak{v}\,\mathfrak{v}_1)}{v^2}} \tag{13.22}$$

ohne merklichen Fehler Null setzen, falls $v_1 \ll v$ ist, wie vorausgesetzt war.

[1] Die Formel (13.19) erhält man auch unmittelbar aus (12.19) mit (12.4) bis (12.6) bzw. (12.14), indem man in (12.4) die Integration nach x, y, z ausführt; vgl. Anm. 2, S. 719.

Demnach können wir jetzt in (13.21) einsetzen:

$$\sum_{(m)} |F_{nm}|^2 = \sum_{(m)} \left| \int dq\, u_m^* \left(\sum_k e^{i(\mathfrak{k}^0 - \mathfrak{k} \cdot \mathfrak{r}_k)}\right) u_n \right|^2. \tag{13.23}$$

Würden wir hier die m-Summe nicht nur über die einfachionisierten Atomzustände, sondern über *alle* stationären Zustände (unter Einschluß des diskreten Energiespektrums) erstrecken, so würden wir — wegen der *Vollständigkeit* des orthogonalen Funktionensystems u_m — erhalten:

$$\sum_m |F_{nm}|^2 = \int dq \left| \left(\sum_k e^{i(\mathfrak{k}^0 - \mathfrak{k} \cdot \mathfrak{r}_k)}\right) u_n \right|^2. \tag{13.24}$$

Es wird also (13.23) etwas kleiner sein als (13.24); freilich wird die Differenz, wie die wasserstoffähnliche Abschätzung lehrt, in der Regel nur unbeträchtlich sein:

$$\sum_{(m)} |F_{nm}|^2 \underset{(<)}{=} \sum_m |F_{nm}|^2. \tag{13.25}$$

An Stelle des Ausdruckes (13.24) kann man noch schreiben:

$$\sum_m |F_{nm}|^2 = \sum_{k=1}^{N} \sum_{l=1}^{N} \int dq\, |u_n|^2 \cdot e^{i(\mathfrak{k}^0 - \mathfrak{k} \cdot \mathfrak{r}_k - \mathfrak{r}_l)}; \tag{13.26}$$

hier werden die Summenterme $k \neq l$ in unserer Näherung vernachlässigbar klein (wegen Vernichtung durch Interferenz: $|\mathfrak{k}^0 - \mathfrak{k}|^{-1} \ll$ Atomdimensionen), und die N Terme $k = l$ geben je 1 (da u_n normiert ist):

$$\sum_m |F_{nm}|^2 \cong N. \tag{13.27}$$

Damit erhalten wir schließlich für den gesuchten Wirkungsquerschnitt den Wert:

$$d Q_{\text{Ion.}} \underset{(<)}{=} d\Omega \cdot \left(\frac{2 m e \varepsilon}{\hbar^2}\right)^2 \frac{|\mathfrak{k}|}{|\mathfrak{k}^0|} \frac{1}{|\mathfrak{k} - \mathfrak{k}^0|^4} \cdot N; \tag{13.28}$$

der rechts stehende Maximalwert stimmt für $v_1 \ll v$ tatsächlich mit dem Nfachen von (13.13) überein, wie oben behauptet worden war.

Was schließlich den Fall $m > m_1$, $\sin\Theta < m_1/m$ anlangt, wo das Streuspektrum *zwei* Linien enthält, so ist zunächst leicht festzustellen, daß die Bedingung $v_1 \ll v$ für die weichere der beiden Spektrallinien [unteres Vorzeichen in (13.12)] überhaupt nicht zu erfüllen ist und für die härtere Linie [oberes Vorzeichen in (13.12)] nur für kleinste Streuwinkel: $\Theta \ll m_1/m$. Für die letzteren Stöße kann man aber die obige Rechnung genau wiederholen[1] und so wiederum die Formel (13.28) gewinnen.

14. Elektronenstoß mit Austauschentartung. Wenn wir von jetzt ab als stoßendes Teilchen ein *Elektron* wählen, d. h. ein von den Atomelektronen prinzipiell ununterscheidbares Teilchen, so bedürfen die bisherigen Betrachtungen einer wesentlichen Ergänzung: die Wellenfunktion $u(\mathfrak{r}, q)$ muß „*symmetrisiert*" werden[2]. Der Einfachheit halber diskutieren wir in dieser Hinsicht zunächst das *Zweielektronenproblem*, also etwa den Elektronenstoß am Wasserstoffatom (mit festgehaltenem Kern).

Ist

$$u(\mathfrak{r}, \mathfrak{r}_1) = e^{i(\mathfrak{k}^0 \mathfrak{r})} u_n(\mathfrak{r}_1) + \sum_m c_{nm}\left(\frac{\mathfrak{r}}{|\mathfrak{r}|}\right) \frac{e^{i k_{nm} |\mathfrak{r}|}}{|\mathfrak{r}|} u_m(\mathfrak{r}_1) \tag{14.1}$$

die (nichtsymmetrisierte) BORNsche Lösung, so benötigen wir jetzt — gemäß den Ausführungen unter Ziff. 5 —, um alle dem PAULIschen Ausschlußprinzip

---

[1] Zu beachten ist dabei, daß $|F_{nm}|^2$ nach der Ersetzung von $\mathfrak{k}_{nm}$ durch $\mathfrak{k}$ kein zweites Maximum (am Ort der weicheren Spektrallinie) mehr besitzt.

[2] Vgl. Anm. 2, S. 704.

genügenden Möglichkeiten zu erschöpfen, sowohl die in den Ortskoordinaten der Elektronen *symmetrische* als die in ihnen *antisymmetrische* Schwingungsfunktion: $u(\mathfrak{r}, \mathfrak{r}_1) \pm u(\mathfrak{r}_1, \mathfrak{r})$, wo:

$$u(\mathfrak{r}_1, \mathfrak{r}) = e^{i(\mathfrak{k}^0 \mathfrak{r}_1)} u_n(\mathfrak{r}) + \sum_{m'} c_{nm'}\left(\frac{\mathfrak{r}_1}{|\mathfrak{r}_1|}\right) \frac{e^{ik_{nm'}|\mathfrak{r}_1|}}{|\mathfrak{r}_1|} u_{m'}(\mathfrak{r}). \tag{14.2}$$

Unter den Summentermen m und m' in (14.1) und (14.2) gibt es nun immer solche *Paare,* die sich in den symmetrisierten Funktionen *kohärent* superponieren und in den Intensitäten zu Interferenztermen Anlaß geben. Ein solches kohärentes Wellenpaar entspricht jeweils zwei Stoßprozessen, deren „Endzustände" durch Vertauschung der beiden Elektronen ineinander übergehen, also physikalisch nicht zu unterscheiden sind; ein Beispiel ist die Anregung eines diskreten Atomniveaus m durch einen unelastischen Stoß in Richtung Θ und die Einfangung des stoßenden Elektrons im Niveau m, unter Ablösung des Atomelektrons in Richtung Θ.

Wir wollen aber das Problem der Anregung und Einfangung einstweilen zurückstellen und zuerst diejenigen Stoßvorgänge diskutieren, bei denen wir am ehesten erwarten dürfen, daß *beide* Wellenfunktionen eines kohärenten Paares durch die 1. BORNsche Näherung genügend genau dargestellt werden; es sind dies die in der vorigen Ziffer betrachteten *Ionisationsprozesse,* bei welchen die Endgeschwindigkeiten *beider* weggehenden Elektronen hinreichend groß sind [vgl. (12.2) und (13.1)]:

$$v \gg \frac{Z\varepsilon^2}{\hbar}, \qquad v_1 \gg \frac{Z\varepsilon^2}{\hbar} \qquad (Z \geqq 1). \tag{14.3}$$

Es sei bemerkt, daß durch diese Bedingungen die kleinsten und größten Streuwinkel von der Betrachtung ausgeschlossen werden; da nämlich der Linienschwerpunkt im Geschwindigkeitsspektrum (wegen $m_1 = m = \mu$) bei

$$v = v^0 \cos\Theta \qquad \text{bzw.} \qquad v_1 = v^0 \cos\Theta_1 = v^0 \sin\Theta$$

liegt, sind die Bedingungen (14.3) gleichbedeutend mit:

$$\cos\Theta \gg \frac{Z\varepsilon^2}{\hbar v^0}, \qquad \sin\Theta \gg \frac{Z\varepsilon^2}{\hbar v^0} \qquad (Z \geqq 1). \tag{14.4}$$

Je schneller das einfallende Elektron ist, um so mehr nähern sich die Grenzen des betrachteten Streuwinkelbereiches den Werten 0 und $\pi/2$.

Wir gehen aus von der in der vorigen Ziffer abgeleiteten asymptotischen Darstellung von $u^1(\mathfrak{r}, \mathfrak{r}_1)$, die für große $|\mathfrak{r}|$ und große $|\mathfrak{r}_1|$ gilt [vgl. (13.15) und (13.16)]:

$$u^1(\mathfrak{r}, \mathfrak{r}_1) = \text{konst.} \cdot \int dk_1 \cdot k_1 \left\{\frac{e^{ik_1|\mathfrak{r}_1|}}{|\mathfrak{r}_1|} \frac{e^{ik|\mathfrak{r}|}}{|\mathfrak{r}|} \cdot \frac{a(\mathfrak{k}_1 + \mathfrak{k} - \mathfrak{k}^0)}{|\mathfrak{k} - \mathfrak{k}^0|^2}\right\} + \cdots, \tag{14.5}$$

wo

$$\mathfrak{k} = k \cdot \frac{\mathfrak{r}}{|\mathfrak{r}|}, \qquad \mathfrak{k}_1 = k_1 \cdot \frac{\mathfrak{r}_1}{|\mathfrak{r}_1|}, \qquad k^2 + k_1^2 = \text{konst.}$$

Zur Bildung von $u^1(\mathfrak{r}_1, \mathfrak{r})$ müssen wir nun hier im Integranden $|\mathfrak{r}|$ und $|\mathfrak{r}_1|$ sowie die *Richtungen* von $\mathfrak{k}$ und $\mathfrak{k}_1$ vertauschen (aber *nicht* die Beträge k und k_1); den so entstandenen Ausdruck wird man jedoch, zwecks Kenntlichmachung der Zuordnung kohärenter Paare, noch folgendermaßen umformen: auf Grund des Energiesatzes ($k^2 + k_1^2 =$ konst.) wird man k statt k_1 als Integrationsvariable einführen ($k_1\, dk_1 = -k\, dk$, die Umkehrung der Integrationsgrenzen gibt abermals ein Minuszeichen), aber durch Umbenennung $k \leftrightarrows k_1$ $u^1(\mathfrak{r}_1, \mathfrak{r})$ wieder als Integral nach k_1 darstellen; das Resultat dieser Umformung besteht darin, daß in der geschweiften Klammer in (14.5) *alle* Größen mit und ohne unteren Index 1 vertauscht sind:

$$u^1(\mathfrak{r}_1, \mathfrak{r}) = \text{konst.} \cdot \int dk_1 \cdot k_1 \left\{ \frac{e^{ik|\mathfrak{r}|}}{|\mathfrak{r}|} \frac{e^{ik_1|\mathfrak{r}_1|}}{|\mathfrak{r}_1|} \cdot \frac{a(\mathfrak{k} + \mathfrak{k}_1 - \mathfrak{k}^0)}{|\mathfrak{k}_1 - \mathfrak{k}^0|^2} \right\} + \cdots. \tag{14.6}$$

In den symmetrisierten Wellenfunktionen werden demnach die Ionisationsprozesse, sofern sie den Bedingungen (14.3) oder (14.4) genügen, asymptotisch dargestellt durch:

$$\left.\begin{aligned} u^1(\mathfrak{r}, \mathfrak{r}_1) \pm u^1(\mathfrak{r}_1, \mathfrak{r}) &= \text{konst.} \cdot \int dk_1 \cdot k_1 \frac{e^{ik_1|\mathfrak{r}_1|}}{|\mathfrak{r}_1|} \frac{e^{ik|\mathfrak{r}|}}{|\mathfrak{r}|} \\ &\cdot a(\mathfrak{k}_1 + \mathfrak{k} - \mathfrak{k}^0) \cdot \left[\frac{1}{|\mathfrak{k} - \mathfrak{k}^0|^2} \pm \frac{1}{|\mathfrak{k}_1 - \mathfrak{k}^0|^2}\right] + \cdots. \end{aligned}\right\} \tag{14.7}$$

Von hier aus kann man nun leicht die Stromdichten im Raum $\mathfrak{r}$ (oder $\mathfrak{r}_1$) berechnen; in der Näherung, die in Ziff. 13 eingehalten wurde, ergibt sich der Wirkungsquerschnitt der Stöße, welche eines der beiden Elektronen in den Raumwinkel $d\Omega$ führen, zu:

$$dQ = d\Omega \cdot \left(\frac{2\mu\varepsilon^2}{\hbar^2}\right)^2 \cdot \frac{|\mathfrak{k}|}{|\mathfrak{k}^0|} \left[\frac{1}{|\mathfrak{k} - \mathfrak{k}^0|^2} \pm \frac{1}{|\mathfrak{k}_1 - \mathfrak{k}^0|^2}\right]^2, \tag{14.8}$$

wo $|\mathfrak{k}|$ und $\mathfrak{k}_1$ sich durch die Erhaltungssätze für den Stoß am freien ruhenden Elektron bestimmen:

$$\mathfrak{k} + \mathfrak{k}_1 = \mathfrak{k}^0, \qquad |\mathfrak{k}|^2 + |\mathfrak{k}_1|^2 = |\mathfrak{k}^0|^2. \tag{14.9}$$

Durch Einführung des Streuwinkels Θ erhält man:

$$dQ = d\Omega \cdot \left(\frac{\varepsilon^2}{T}\right)^2 \cdot \cos\Theta \cdot \left[\frac{1}{\sin^2\Theta} \pm \frac{1}{\cos^2\Theta}\right]^2, \qquad \text{wo } T = \frac{\hbar^2|\mathfrak{k}^0|^2}{2\mu}. \tag{14.10}$$

Vergleicht man diese Formel mit derjenigen, die wir in Ziff. 5 (nach dem Vorgange von MOTT) für den Stoß zweier gleichartiger, *freier* Teilchen (deren eines anfangs ruht) abgeleitet haben [vgl. (5.4)], so sieht man, daß hier wie dort jener charakteristische, klassisch nicht deutbare „Interferenzterm" auftritt, dessen Vorzeichen für symmetrische und antisymmetrische Schwingungsfunktion verschieden ausfällt. Allerdings ist dieser Term in der MOTTschen Formel (5.4) noch mit dem Faktor $\cos(2\gamma \log \operatorname{tg} \Theta)$ multipliziert, wo $\gamma = \varepsilon^2/\hbar v^0$ ist (in der gegenwärtigen Bezeichnung); doch ist das Argument dieses Kosinus in dem hier behandelten Falle nach Ausweis der Bedingungen (14.4) höchstens von der Ordnung $\frac{\varepsilon^2}{\hbar v^0} \log \frac{\hbar v^0}{\varepsilon^2}$, also $\ll 1$, so daß die Übereinstimmung mit der MOTTschen Formel nichts zu wünschen übrigläßt. Die Wirkung der Austauschentartung auf die Intensitätsverteilung gestreuter Elektronen wird also durch die schwache Bindung des gestoßenen Elektrons in unserer Näherung nicht modifiziert[1].

Die Zusammensetzung der symmetrischen und antisymmetrischen Funktionen $u(\mathfrak{r}, \mathfrak{r}_1) \pm u(\mathfrak{r}_1, \mathfrak{r})$ mit den zugehörigen Spinfunktionen erfolgt nämlich — da wir ja von Spinkräften stets absehen — wieder genau so, wie dies in Ziff. 5 für den Stoß zweier freier Elektronen auseinandergesetzt wurde. Im Falle unpolarisierter Elektronen sind die Intensitäten, welche der symmetrischen und antisymmetrischen Lösung entsprechen, mit Gewichten 1 und 3 zu mitteln;

[1] Will man die Näherung weitertreiben, also z. B. untersuchen, wie sich das Kosinusargument bei zunehmender Bindung ändert, so muß man über die 1. BORNsche Näherung hinausgehen. Da nämlich eine unsymmetrische Behandlung der beiden Elektronen nicht zum Ziel führt, ist man genötigt, nicht nur die Bindung des ausgelösten, sondern auch die des gestreuten Elektrons an den Kern bereits in der Lösung „0ter Näherung" in Rechnung zu setzen (durch Einführung logarithmisch veränderlicher Phasen in *beiden* Kugelwellen).

dann wird die Stromdichte der unelastisch gestreuten und der ausgelösten Elektronen durch den Ausdruck (5.7) beschrieben. Ist das H-Atom, etwa durch einen Stern-Gerlach-Versuch, polarisiert, d. h. ist der Spin seines Elektrons orientiert, so ist die Stromdichte gleichfalls durch (5.7) bestimmt, aber die sekundäre Elektronenwelle ist teilweise polarisiert, und eine abermalige unelastische Streuung an einem polarisierten H-Atom würde eine tertiäre Welle geben, deren Intensität nicht durch (5.7), sondern durch die allgemeinere Formel (5.9) zu beschreiben wäre[1].

Wenden wir uns nun zu denjenigen Stoßprozessen, welche die Bedingungen (14.3) nicht erfüllen, sei es, daß das ausgelöste Elektron nicht schnell genug ist, oder daß überhaupt keine Ionisation, sondern nur eine Anregung eines diskreten Atomniveaus stattfindet, oder daß der Stoß nur ein elastischer ist, so ist in allen diesen Fällen der zugeordnete Prozeß, der durch Vertauschung der Elektronen im Endzustand entsteht, von solcher Art, daß er durch die 1. BORNsche Näherung nicht ausreichend beschrieben werden kann, weil er die Bedingung (12.2) nicht erfüllt; die Wellenfunktionen eines „kohärenten Paares" sind also in diesen Fällen *nicht beide* durch die bisher verwendeten Näherungsformeln darzustellen. Beispielsweise sind den (diskreten) *Anregungs*prozessen die „*Einfang*"prozesse zugeordnet ($T_{nm} < 0$), von denen schon unter Ziff. 12 betont wurde, daß sie durch die 1. BORNsche Näherung ganz falsch beschrieben werden (sie bilden dort eine kontinuierliche, statt einer diskreten Mannigfaltigkeit). Speziell gilt dies auch für die *elastischen* Stöße ($m = n$) und den zugehörigen Einfangprozeß, der einen „*Platzwechsel*" der beiden Elektronen darstellt.

Um den Einfluß der Austauschentartung auf die elastischen und auf die unelastischen, mit Anregung *diskreter* Atomzustände verbundenen Stöße abzuschätzen, bedarf es also zunächst der Konstruktion einer Näherungslösung, welche zur Beschreibung der *Einfangprozesse* geeignet ist. Nach einem Vorschlag von OPPENHEIMER[2] kann man dazu folgendermaßen verfahren: Von den in der BORNschen Lösung (14.1) auftretenden Termen der Form

$$c_{nm}\left(\frac{\mathfrak{r}}{|\mathfrak{r}|}\right)\cdot\frac{e^{ik_{nm}|\mathfrak{r}|}}{|\mathfrak{r}|}\,u_m(\mathfrak{r}_1) \tag{14.11}$$

streiche man diejenigen, welche durch die 1. BORNsche Näherung nicht gut approximiert werden (etwa alle $W_m > \overline{W}$, $T_{nm} < T + W_n - \overline{W}$) und ersetze sie durch Terme der Form

$$c'_{nm'}\left(\frac{\mathfrak{r}_1}{|\mathfrak{r}_1|}\right)\cdot u_{m'}(\mathfrak{r})\,\frac{e^{ik_{nm'}|\mathfrak{r}_1|}}{|\mathfrak{r}_1|}\qquad (W_{m'} < T + W_n - \overline{W})\,, \tag{14.12}$$

so daß die zum diskreten Atomspektrum gehörenden Terme m' ($W_{m'} = W_1\cdot 1/m'^2$) gerade allen möglichen Einfangprozessen entsprechen:

$$\left.\begin{aligned} u(\mathfrak{r},\mathfrak{r}_1) = e^{i(\mathfrak{k}^0\mathfrak{r})}u_n(\mathfrak{r}_1) &+ \sum_{\substack{m\\(W_m<\overline{W})}} c_{nm}\left(\frac{\mathfrak{r}}{|\mathfrak{r}|}\right)\cdot\frac{e^{ik_{nm}|\mathfrak{r}|}}{|\mathfrak{r}|}\,u_m(\mathfrak{r}_1)\\ &+ \sum_{\substack{m'\\(W_{m'}<T+W_n-\overline{W})}} c'_{nm'}\left(\frac{\mathfrak{r}_1}{|\mathfrak{r}_1|}\right)\cdot\frac{e^{ik_{nm'}|\mathfrak{r}_1|}}{|\mathfrak{r}_1|}\,u_{m'}(\mathfrak{r})\end{aligned}\right\} \tag{14.13}$$

Es gilt nun in diesem Ansatz die Amplituden c_{nm} und $c'_{nm'}$ zu bestimmen, und zwar im Sinne der 1. BORNschen Näherung, d. h. bis zu Termen 1. Ordnung in der Störungsfunktion $V(\mathfrak{r}, \mathfrak{r}_1)$. Die Schwierigkeit dieser Aufgabe liegt

[1] Vgl. N. F. MOTT, Proc. Roy. Soc. London (A) Bd. 125, S. 222. 1929.
[2] J. R. OPPENHEIMER, Phys. Rev. Bd. 32, S. 361. 1928.

in dem Umstand, daß die Wellenfunktionen der Form (14.11) und der Form (14.12) *verschiedenen* Differentialgleichungen genügen (die Potentialfunktion des ungestörten Problems ist im einen Falle $Z\varepsilon^2/|\mathfrak{r}_1|$, im anderen Falle $Z\varepsilon^2/|\mathfrak{r}|$) und daß sie daher kein Orthogonalsystem bilden. Einen Ausweg aus dieser Schwierigkeit erblickt OPPENHEIMER darin, daß die Abweichungen von der Orthogonalität im Grenzfall sehr hoher Stoßgeschwindigkeiten vernachlässigbar klein werden, und er erhält für diesen Grenzfall die c_{nm} ebenso wie BORN als die Matrixelemente der Störungsfunktion, die den Übergängen $n \to m$ des ungestörten Systems entsprechen [vgl. (12,4), (12.5)]:

$$c_{nm} = -\frac{\mu}{2\pi\hbar^2}\int\ldots\int dx\ldots dz_1\, V(\mathfrak{r},\mathfrak{r}_1)\cdot e^{i(\mathfrak{k}^0\mathfrak{r})}\,u_n(\mathfrak{r}_1)\cdot e^{-i(\mathfrak{k}_{nm}\mathfrak{r})}\,u_m^*(\mathfrak{r}_1), \tag{14.14}$$

und andererseits die $c'_{nm'}$ als die den „Einfangprozessen" entsprechenden Matrixelemente:

$$c'_{nm'} = -\frac{\mu}{2\pi\hbar^2}\int\ldots\int dx\ldots dz_1\, V(\mathfrak{r},\mathfrak{r}_1)\cdot e^{i(\mathfrak{k}^0\mathfrak{r})}\,u_n(\mathfrak{r}_1)\cdot e^{-i(\mathfrak{k}_{nm'}\mathfrak{r}_1)}\,u_{m'}^*(\mathfrak{r}). \tag{14.15}$$

Kehren wir nun zum Problem der Austauschentartung zurück, so erhalten wir zunächst aus (14.13) durch Vertauschung von $\mathfrak{r}$ und $\mathfrak{r}_1$ und durch Vertauschung der Summationsindizes m und m':

$$\left.\begin{aligned} u(\mathfrak{r}_1,\mathfrak{r}) = e^{i(\mathfrak{k}^0\mathfrak{r}_1)}\,u_n(\mathfrak{r}) &+ \sum_{\substack{m\\(W_m<T+W_n-\overline{W})}} c'_{nm}\left(\frac{\mathfrak{r}}{|\mathfrak{r}|}\right)\cdot\frac{e^{ik_{nm}|\mathfrak{r}|}}{|\mathfrak{r}|}\,u_m(\mathfrak{r}_1)\\ &+ \sum_{\substack{m'\\(W_{m'}<\overline{W})}} c_{nm'}\left(\frac{\mathfrak{r}_1}{|\mathfrak{r}_1|}\right)\cdot\frac{e^{ik_{nm'}|\mathfrak{r}_1|}}{|\mathfrak{r}_1|}\,u_{m'}(\mathfrak{r}).\end{aligned}\right\} \tag{14.16}$$

Für genügend kleine Anregungsenergie ($W_m - W_n < T - \overline{W}$ und $< \overline{W} - W_n$) werden also die unelastischen Stöße (speziell auch die elastischen) zusammen mit den im Endergebnis von ihnen nicht unterscheidbaren Einfangprozessen durch die zwei Wellenfunktionen

$$\left\{c_{nm}\left(\frac{\mathfrak{r}}{|\mathfrak{r}|}\right) \pm c'_{nm}\left(\frac{\mathfrak{r}}{|\mathfrak{r}|}\right)\right\}\cdot\frac{e^{ik_{nm}|\mathfrak{r}|}}{|\mathfrak{r}|}\cdot u_m(\mathfrak{r}_1) \tag{14.17}$$

beschrieben; und für primär unpolarisierte Elektronenstrahlen werden also [gemäß (5.6)] die entsprechenden Wirkungsquerschnitte:

$$dQ_m = d\Omega\cdot\frac{k_{nm}}{|\mathfrak{k}^0|}\cdot\left\{|c_{nm}|^2 + |c'_{nm}|^2 - \tfrac{1}{2}\left(c_{nm}c'^*_{nm} + c^*_{nm}c'_{nm}\right)\right\}. \tag{14.18}$$

Einen andersartigen Versuch, den Einfluß der Austauschentartung wenigstens für *elastische* Stöße abzuschätzen, unternimmt FEENBERG[1], indem er die quasistatische Stoßtheorie von FAXÉN und HOLTSMARK (s. oben Abschn. A II) in ähnlicher Weise auszubauen sucht, wie dies von FOCK und SLATER[2] für HARTREES quasistatische Theorie abgeschlossener Atomsysteme („self consistent field") getan worden ist. Die Methode von FOCK und SLATER beruht auf folgendem Gedanken: Vom SCHRÖDINGERschen Variationsprinzip $\delta\int dq\, u^*Hu = 0$ (Nebenbedingung: $\int dq\,|u|^2 = 1$) ausgehend, sucht man für das Zweielektronenproblem (He-Atom) zunächst unter den Funktionen vom Typus $u(\mathfrak{r},\mathfrak{r}_1) = f(\mathfrak{r})\cdot g(\mathfrak{r}_1)$ eine optimale Näherungslösung durch die Forderung: $\int\ldots\int dx\ldots dz_1\, u^*Hu$ soll zu einem Minimum gemacht werden durch Variation von f und g (Neben-

---

[1] E. FEENBERG, Phys. Rev. Bd. 40, S. 40; Bd. 46, S. 17. 1932.

[2] V. FOCK, ZS. f. Phys. Bd. 61, S. 126. 1930; J. C. SLATER, Phys. Rev. Bd. 35, S. 210. 1930. Vgl. auch Kap. 3 dieses Bandes, Ziff. 16.

bedingungen: f und g auf 1 normiert); die EULERschen Gleichungen dieses Variationsproblems sind dann gerade die HARTREEschen Differentialgleichungen des „self consistent field“[1]. In nächster Näherung erfolgt nun die Berücksichtigung der Austauschentartung durch vorherige Symmetrisierung von u; löst man nämlich das entsprechende Variationsproblem mit dem Ansatz $u(\mathfrak{r}, \mathfrak{r}_1) = f(\mathfrak{r}) \cdot g(\mathfrak{r}_1) \pm f(\mathfrak{r}_1) \cdot g(\mathfrak{r})$, so erhält man für die optimale Näherungslösung andere Funktionen f, g, deren Differentialgleichungen sich von den HARTREEschen durch gewisse „Austauschterme“ unterscheiden. — Zur Übertragung dieser Methode auf das Problem des Elektronenstoßes am H-Atom, wo es sich um das kontinuierliche Energiespektrum des Gesamtsystems handelt, muß zunächst das Variationsproblem etwas anders formuliert werden: es soll $\int \ldots \int dx \ldots dz_1\, u^*(H-W)\, u$ zum Minimum gemacht werden durch Variation von u (und u^*) innerhalb der Menge aller Funktionen, die den richtigen Randbedingungen genügen ($f \simeq$ ebene Welle plus Kugelwelle) und für welche das zu variierende Integral existiert. Ferner begnügt sich FEENBERG mit einer weniger weitgehenden Approximation, indem er nur f variiert, dagegen g von vornherein durch eine geeignet gewählte Schwingungsfunktion für den stationären Zustand des H-Atoms, etwa durch die ungestörte Eigenfunktion u_n, ersetzt. Dann führt das Variationsproblem mit dem unsymmetrisierten Ansatz $u = u_n(\mathfrak{r}_1) \cdot f(\mathfrak{r})$ zur FAXÉN-HOLTSMARKschen Differentialgleichung für f:

$$\left\{-\frac{\hbar^2}{2\mu}(\Delta + k^2) + V_{nn}(\mathfrak{r})\right\} f(\mathfrak{r}) = 0,$$

wo das quasistatische Potential $V_{nn}(\mathfrak{r})$ durch (12.5) definiert und $k = k_{nn} = |\mathfrak{k}^0|$ ist; dagegen liefert der symmetrisierte Ansatz $u = u_n(\mathfrak{r}_1) \cdot f(\mathfrak{r}) \pm u_n(\mathfrak{r}) \cdot f(\mathfrak{r}_1)$ einen zusätzlichen „Austauschterm“:

$$\left.\begin{aligned} &\left\{-\frac{\hbar^2}{2\mu}(\Delta + k^2) + V_{nn}(\mathfrak{r})\right\} f(\mathfrak{r}) \\ &\pm u_n(\mathfrak{r}) \int\!\!\int\!\!\int dx_1\, dy_1\, dz_1\, u_n^*(\mathfrak{r}^1)\, [V(\mathfrak{r}, \mathfrak{r}_1) - V_{nn}(\mathfrak{r}_1)]\, f(\mathfrak{r}_1) = 0. \end{aligned}\right\} \tag{14.19}$$

Entwickelt man f, wie in der BORNschen Lösung, nach Termen steigender Ordnung in V (oder $Z\varepsilon^2/\hbar v^0$), so erhält man in 1. Näherung (wieder mit Hilfe der GREENschen Funktion e^{ikr}/r) asymptotisch:

$$f(\mathfrak{r}) = e^{i(\mathfrak{k}^0 \mathfrak{r})} + (c_{nn} \pm c'_{nn}) \frac{e^{ik|\mathfrak{r}|}}{|\mathfrak{r}|} + \cdots, \tag{14.20}$$

wo c_{nn} denselben Wert hat wie in den Lösungen von BORN und OPPENHEIMER [vgl. (12.4) oder (14.14)] und wo c'_{nn} mit dem OPPENHEIMERschen Ausdruck (14.15) zwar verwandt, aber nicht identisch ist:

$$c'_{nn} = -\frac{\mu}{2\pi\hbar^2}\int \ldots \int dx \ldots dz_1 [V(\mathfrak{r}, \mathfrak{r}_1) - V_{nn}(\mathfrak{r}_1)] \cdot e^{i(\mathfrak{k}^0 \mathfrak{r})} u_n(\mathfrak{r}_1) \cdot e^{-i(\mathfrak{k}_{nn} \mathfrak{r}_1)} u_n^*(\mathfrak{r}). \tag{14.21}$$

Abgesehen von dem Unterschied im Zahlwert von c'_{nn} ist die FEENBERGsche Lösung (14.20) identisch mit jenem Teil der OPPENHEIMERschen Lösung, welcher die elastische Streuung und die zugehörigen Platzwechselprozesse beschreibt [Summenterme $m = n$ und $m' = n$ in (14.13) und (14.16)]; die Intensitätsverteilung elastisch gestreuter Elektronen berechnet sich also wieder durch (14.18).

Das hier skizzierte Näherungsverfahren ist natürlich wieder auf den Grenzfall schneller Elektronen zugeschnitten; doch dürfte die Variationsmethode (durch andere Verfügung über die Funktion g) auch zur Auffindung einer den Elektronenaustausch berücksichtigenden Näherungslösung für *langsame* Elektronen dienlich sein.

---

[1] Vgl. auch J. A. GAUNT, Proc. Cambridge Phil. Soc. Bd. 24, S. 328. 1928.

Um für den Elektronenstoß an *höheren Atomen* nach den vorstehend geschilderten Methoden entsprechende Näherungslösungen aufzustellen, braucht man nur die Regeln zu kennen, nach welchen die dem Pauliprinzip genügenden symmetrisierten Eigenfunktionen des $(N+1)$-Elektronenproblems zu bilden sind. Ist $u(\mathfrak{r}, \mathfrak{r}_1, \ldots, \mathfrak{r}_N)$ eine unsymmetrisierte, etwa die BORNsche Lösung, so sind jene symmetrisierten Lösungen von der Form:

$$\sum_P a_P P u(\mathfrak{r}, \mathfrak{r}_1, \ldots, \mathfrak{r}_N),$$

wo P eine Permutation der $N+1$ Vektoren $\mathfrak{r}, \mathfrak{r}_1, \ldots, \mathfrak{r}_N$ bedeutet und die Summe über alle $(N+1)!$ Permutationen zu erstrecken ist; die Koeffizienten a_P sind Lösungen des Hauptachsenproblems:

$$\sum_{P'} a_{P'} \Phi(P^{-1}P') = \lambda \cdot a_P$$

$[\Phi(P) = \int dq\, u^* \Phi P u$, wo Φ symmetrisch in allen Elektronen]; aus den so erhaltenen Lösungen schließt das Pauliprinzip alle diejenigen aus, die in mehr als 2 Elektronen symmetrisch sind (Näheres in Kap. 2 dieses Bandes, Teil A, Ziff. 14).

Wir erläutern die verschiedenen Methoden kurz am Beispiel des *Heliumatoms im Grundzustand*, wo schon alle charakteristischen Unterschiede gegenüber dem H-Atom zutage treten. Sei $u(\mathfrak{r}, \mathfrak{r}_1, \mathfrak{r}_2) = U$ eine unsymmetrisierte Lösung, die aber schon in den beiden „Atomelektronen" $\mathfrak{r}_1, \mathfrak{r}_2$ symmetrisch sei:

$$u(\mathfrak{r}, \mathfrak{r}_1, \mathfrak{r}_2) = u(\mathfrak{r}, \mathfrak{r}_2, \mathfrak{r}_1); \tag{14.22}$$

dann gibt es unter den permutierten Funktionen Pu nur drei unabhängige:

$$U = u(\mathfrak{r}, \mathfrak{r}_1, \mathfrak{r}_2), \qquad U_1 = u(\mathfrak{r}_1, \mathfrak{r}_2, \mathfrak{r}), \qquad U_2 = u(\mathfrak{r}_2, \mathfrak{r}, \mathfrak{r}_1). \tag{14.23}$$

Als Lösungen des dreidimensionalen Hauptachsenproblems erhält man leicht:

$$\begin{aligned} &\text{(a)} \quad U + U_1 + U_2, \\ &\text{(b)} \quad U + \varepsilon U_1 + \varepsilon^2 U_2, \\ &\text{(c)} \quad U + \varepsilon^2 U_1 + \varepsilon^4 U_2, \end{aligned}$$

wo ε eine primitive dritte Einheitswurzel $\left(e^{\frac{2\pi i}{3}}\right)$ bedeutet. Die Lösung (a) ist in allen drei Elektronen symmetrisch und wird also durch das Pauliprinzip ausgeschlossen. Die Lösungen (b) und (c) gehören zum gleichen (zweifach entarteten) Eigenwert λ und sind so gewählt, daß sie zwei „nichtkombinierenden Termsystemen" angehören; (b) und (c) sind völlig äquivalent, und wir können uns auf die Diskussion der einen Lösung (b) beschränken.

Betrachten wir zunächst wieder die *Ionisationsprozesse*, welche die Bedingungen (12.1), (12.2) und (13.1) erfüllen, auf Grund der 1. BORNschen Näherung, und begnügen wir uns dabei mit einer „*wasserstoffähnlichen*" Darstellung des He-Grundzustandes $n = 1$: $u_1(\mathfrak{r}_1, \mathfrak{r}_2) = u_1(\mathfrak{r}_1) \cdot u_1(\mathfrak{r}_2)$, so gewinnen wir aus der entsprechenden Formel für das H-Atom (14.5) unmittelbar die asymptotische Darstellung derjenigen Summenterme in der BORNschen Lösung, welche den Ionisationsvorgängen entsprechen:

$$\begin{aligned} U \sim\, & u_1(\mathfrak{r}_2) \cdot \int dk_1 \cdot k_1 \frac{e^{ik|\mathfrak{r}|}}{|\mathfrak{r}|} \frac{e^{ik_1|\mathfrak{r}_1|}}{|\mathfrak{r}_1|} \cdot \frac{a(\mathfrak{k}_1 + \mathfrak{k} - \mathfrak{k}^0)}{|\mathfrak{k} - \mathfrak{k}^0|^2} \\ & + u_1(\mathfrak{r}_1) \cdot \int dk_2 \cdot k_2 \frac{e^{ik|\mathfrak{r}|}}{|\mathfrak{r}|} \frac{e^{ik_2|\mathfrak{r}_2|}}{|\mathfrak{r}_2|} \cdot \frac{a(\mathfrak{k}_2 + \mathfrak{k} - \mathfrak{k}^0)}{|\mathfrak{k} - \mathfrak{k}^0|^2} + \cdots, \end{aligned}$$

$$\mathfrak{k} = k \cdot \frac{\mathfrak{r}}{|\mathfrak{r}|}, \qquad \mathfrak{k}_1 = k_1 \frac{\mathfrak{r}_1}{|\mathfrak{r}_1|}, \qquad \mathfrak{k}_2 = k_2 \frac{\mathfrak{r}_2}{|\mathfrak{r}_2|},$$

$$k^2 = \text{konst.} - \left\{ \begin{matrix} k_1^2 & \text{im ersten} \\ k_2^2 & \text{im zweiten} \end{matrix} \right\} \text{Integral.}$$

Die permutierten Funktionen U_1, U_2 (14.23) wird man nun in einer der Formel (14.6) entsprechenden Weise umformen; dann sieht man unmittelbar, daß in der symmetrisierten Funktion $U + \varepsilon U_1 + \varepsilon^2 U_2$ die sechs Integrale nach k_1 bzw. k_2 sich durch Superposition der kohärenten Paare auf drei reduzieren, deren jedes im Integranden den Faktor $[|\mathfrak{k} - \mathfrak{k}^0|^{-2} + \varepsilon|\mathfrak{k}_{1,2} - \mathfrak{k}^0|^{-2}]$ enthält. Die Berechnung der Stromdichte in entsprechender Näherung ergibt schließlich den Querschnittswert:

$$\left.\begin{aligned} dQ_{\text{Ion.}} &= d\Omega \cdot 2\left(\frac{\varepsilon^2}{T}\right)^2 \cdot \cos\Theta \left|\frac{1}{\sin^2\Theta} + \frac{\varepsilon}{\cos^2\Theta}\right|^2 \\ &= d\Omega \cdot 2\left(\frac{\varepsilon^2}{T}\right)^2 \cdot \cos\Theta \left[\frac{1}{\sin^4\Theta} + \frac{1}{\cos^4\Theta} - \frac{1}{\sin^2\Theta\cos^2\Theta}\right], \end{aligned}\right\} \quad (14.24)$$

abermals in Übereinstimmung mit der MOTTschen Formel (5.7) (mit $\gamma = 0$, s. oben) für den Stoß freier Elektronen[1]. Bemerkenswerterweise enthält der Intensitätsausdruck (14.24), im Gegensatz zu (14.10), kein doppeltes Vorzeichen; die Stromverteilung wird also unabhängig von der Polarisation des Elektronenstrahls. Dies war zu erwarten, da ja das He-Atom im Grundzustand kein resultierendes Spinmoment besitzt.

Um die *Anregung* des He-Atoms (diskrete Energieniveaus) zu beschreiben, wird man wieder mit OPPENHEIMER die Einfangungsprozesse in der BORNschen Lösung gesondert zur Darstellung bringen:

$$\left.\begin{aligned} U &= e^{i(\mathfrak{k}^0\mathfrak{r})} \cdot u_1(\mathfrak{r}_1\mathfrak{r}_2) + \sum_m c_{1m}\left(\frac{\mathfrak{r}}{|\mathfrak{r}|}\right)\frac{e^{ik_{1m}|\mathfrak{r}|}}{|\mathfrak{r}|}u_m(\mathfrak{r}_1\mathfrak{r}_2) \\ &+ \sum_m c'_{1m}\left(\frac{\mathfrak{r}_1}{|\mathfrak{r}_1|}\right)\frac{e^{ik_{1m}|\mathfrak{r}_1|}}{|\mathfrak{r}_1|}u_m(\mathfrak{r}_2\mathfrak{r}) + \sum_m c''_{1m}\left(\frac{\mathfrak{r}_2}{|\mathfrak{r}_2|}\right)\frac{e^{ik_{1m}|\mathfrak{r}_2|}}{|\mathfrak{r}_2|}u_m(\mathfrak{r}\mathfrak{r}_1); \end{aligned}\right\} \quad (14.25)$$

im Grenzfalle schneller Elektronen haben die c_{1m} die BORNschen Werte (12.4), (12.5), und die Näherungsformeln für c'_{1m} und c''_{1m} lauten nach OPPENHEIMER:

$$\left.\begin{aligned} c'_{1m} &= -\frac{\mu}{2\pi\hbar^2}\int\ldots\int dx\ldots dz_2\, V(\mathfrak{r},\mathfrak{r}_1\mathfrak{r}_2)\cdot e^{i(\mathfrak{k}^0\mathfrak{r})}u_1(\mathfrak{r}_1\mathfrak{r}_2)\cdot e^{-i(\mathfrak{k}_{1m}\mathfrak{r}_1)}u_m^*(\mathfrak{r}_2\mathfrak{r}), \\ c''_{1m} &= -\frac{\mu}{2\pi\hbar^2}\int\ldots\int dx\ldots dz_2\, V(\mathfrak{r},\mathfrak{r}_1\mathfrak{r}_2)\cdot e^{i(\mathfrak{k}^0\mathfrak{r})}u_1(\mathfrak{r}_1\mathfrak{r}_2)\cdot e^{-i(\mathfrak{k}_{1m}\mathfrak{r}_2)}u_m^*(\mathfrak{r}\mathfrak{r}_1). \end{aligned}\right\} \quad (14.26)$$

Nun zerfallen die He-Terme bekanntlich in zwei Systeme: das Singulettsystem (Parhelium) mit symmetrischen, das Triplettsystem (Orthohelium) mit antisymmetrischen Eigenfunktionen; es gilt also:

für Singuletterme: $u_m(\mathfrak{r}_1\mathfrak{r}_2) = u_m(\mathfrak{r}_2\mathfrak{r}_1)$ *, $c'_{1m} = c''_{1m}$;

für Tripletterme: $u_m(\mathfrak{r}_1\mathfrak{r}_2) = -u_m(\mathfrak{r}_2\mathfrak{r}_1)$, $c'_{1m} = -c''_{1m}$, $c_{1m} = 0$ **.

Zunächst ersieht man hieraus, daß der Ausdruck (14.25) in $\mathfrak{r}_1$ und $\mathfrak{r}_2$ symmetrisch ist, wie in (14.22) vorausgesetzt wurde. Bildet man nun aus ihm durch zyklische Vertauschung von $\mathfrak{r}$, $\mathfrak{r}_1$, $\mathfrak{r}_2$ die Funktionen U_1, U_2 und schließlich die symmetrisierte Funktion $U + \varepsilon U_1 + \varepsilon^2 U_2$, so erkennt man unmittelbar, daß in der letzteren immer je drei Summenterme sich kohärent superponieren, mit der resultierenden Amplitude: $(c_{1m} + \varepsilon^2 c'_{1m} + \varepsilon c''_{1m})$ mal einer

[1] Diese Übereinstimmung ist aber hier nur bewiesen unter Vernachlässigung der gegenseitigen Wechselwirkung der beiden He-Elektronen.

* Dies gilt speziell auch für den Grundzustand $m = 1$.

** Dies folgt aus (12.4), (12.5), mit $V(\mathfrak{r}, \mathfrak{r}_1\mathfrak{r}_2) = V(\mathfrak{r}, \mathfrak{r}_2\mathfrak{r}_1)$.

Potenz von ε. Der differentielle Wirkungsquerschnitt für die Anregung eines Zustandes m durch Stöße in einen Raumwinkel $d\Omega$ wird demnach:

$$\left.\begin{aligned} dQ_m &= d\Omega \cdot \frac{k_{1m}}{|\mathfrak{k}^0|} |c_{1m} + \varepsilon^2 c'_{1m} + \varepsilon c''_{1m}|^2 \\ &= \begin{cases} d\Omega \cdot \frac{k_{1m}}{|\mathfrak{k}^0|} \cdot |c_{1m} - c'_{1m}|^2 & \text{für Singuletterme,} \\ d\Omega \cdot \frac{k_{1m}}{|\mathfrak{k}^0|} \cdot 3|c'_{1m}|^2 & \text{für Tripletterme.} \end{cases} \end{aligned}\right\} \tag{14.27}$$

Daß die Tripletterme überhaupt angeregt werden, verdanken sie der Anwesenheit der „Einfangterme" in (14.25); man kann dies dem Umstand zuschreiben, daß (bei Vernachlässigung der Spinkräfte) die Elektronenspins ihre Orientierung beibehalten und daß infolgedessen eine Änderung des Atomspinmoments nur durch einen Elektronenaustausch zustande kommen kann. In (14.27) ist natürlich der Wirkungsquerschnitt des unaufgespaltenen Tripletterms gemeint; ist das Triplett schwach aufgespalten (Russell-Saunders-Kopplung), so verhalten sich die Anregungswahrscheinlichkeiten der drei Einzelterme ($j = l + 1, l, l - 1$) wie ihre Gewichte $(2j + 1)$.

Für die *elastischen* Stöße erhält man auch nach der FEENBERGschen Variationsmethode [$\delta \int dq\, u^* (H - W) u = 0$, mit $u = f(\mathfrak{r})\, u_1(\mathfrak{r}_1)\, u_1(\mathfrak{r}_2) + \varepsilon f(\mathfrak{r}_1)\, u_1(\mathfrak{r}_2)\, u_1(\mathfrak{r}) + \varepsilon^2 f(\mathfrak{r}_2)\, u_1(\mathfrak{r})\, u_1(\mathfrak{r}_1)$] einen Wirkungsquerschnitt der Form: $dQ_1 = d\Omega \cdot |c_{11} - c'_{11}|^2$, aber mit einem modifizierten Wert für c'_{11} [im Integranden von (14.26) ist V durch eine abgeänderte Störungsfunktion zu ersetzen].

II. Allgemeine Stoßprobleme; nichtstationäre Lösungen.

15. Strahlungslose Quantensprünge. Die im vorigen Abschnitt besprochene BORNsche Theorie beschreibt die Stoßvorgänge durch *stationäre* Lösungen der Schrödingergleichung, d. h. durch zeitlich periodische Wellenfunktionen der Form

$$\psi(t, q) = e^{-i\omega t} \cdot u(q), \qquad \omega = \frac{E}{\hbar};$$

ihre physikalische Interpretation erfolgt mit Hilfe der Formeln für die Wahrscheinlichkeitsdichte und den Wahrscheinlichkeitsstrom. Eine formal etwas andere Beschreibung liefert die von DIRAC herrührende Störungstheorie (auch Methode der Variation der Konstanten genannt), deren *nichtstationäre* Näherungslösungen unmittelbar auf Ausdrücke für die „Übergangswahrscheinlichkeiten" der verschiedenen Stoßprozesse führen. Es sei von vornherein betont, daß die stationäre und die nichtstationäre Lösung eines Problems bezüglich der physikalischen Voraussagen immer völlig äquivalent sind[1].

Sei $H(q)$ der der Hamiltonfunktion des Gesamtsystems entsprechende Differentialoperator, einschließlich der Störungsfunktion bzw. des Störungsoperators $V(q)$:

$$H(q) = H^0(q) + V(q), \tag{15.1}$$

und $\psi(t, q)$ die gesuchte Wellenfunktion:

$$\left\{H - i\hbar \frac{\partial}{\partial t}\right\}\psi = 0; \tag{15.2}$$

seien ferner

$$\psi_n(t, q) = e^{-i\omega_n t} u_n(q) \qquad \left(\int dq\, u_m^* u_n = \delta_{nm}\right) \tag{15.3}$$

---

[1] Vgl. J. R. OPPENHEIMER, Phys. Rev. Bd. 31, S. 66. 1928, § 1.

die normierten[1] Eigenfunktionen des ungestörten Systems:

$$\left\{H^0 - i\hbar\frac{\partial}{\partial t}\right\}\psi_n = \{H^0 - \hbar\omega_n\}\psi_n = 0, \tag{15.4}$$

so führt der Ansatz

$$\psi = \sum_n a_n(t)\,\psi_n \tag{15.5}$$

auf das der Schrödingergleichung (15.2) äquivalente System von Differentialgleichungen[2]:

$$i\hbar\frac{d a_m}{dt} = \sum_n a_n \cdot V_{nm}\, e^{i(\omega_m - \omega_n)t}, \qquad V_{nm} = \int dq\, u_m^* V u_n. \tag{15.6}$$

Die Amplitudenquadrate $|a_m(t)|^2$ werden interpretiert als die Wahrscheinlichkeiten, daß man das System zur Zeit t im Zustand m vorfindet (falls man in diesem Zeitpunkt die Störung V plötzlich „abschaltet“). Die „Hermitizität“ oder „Selbstadjungiertheit“ des Hamiltonoperators:

$$V_{mn} = V_{nm}^* \tag{15.7}$$

garantiert die Erhaltung der Gesamtwahrscheinlichkeit:

$$\frac{d}{dt}\sum_m |a_m(t)|^2 = 0, \qquad \sum_m |a_m|^2 = 1. \tag{15.8}$$

Das DIRACsche *Näherungsverfahren* geht nun von der Vorstellung aus, daß die Störung V erst zu einer gewissen Zeit $t = 0$ plötzlich „eingeschaltet“ wird, d. h. für $t < 0$ soll $V = 0$, $a_m(t) = a_m(0) =$ konst. sein, und für $t > 0$ soll V sofort seinen vollen (zeitunabhängigen) Wert annehmen. Die „*erste Näherung*“ für die $a_m(t)$ $(t > 0)$ erhält man, indem man auf der rechten Seite der Differentialgleichungen (15.6) die $a_n(t)$ durch die $a_n(0)$ ersetzt:

$$a_m(t) = a_m(0) - \frac{1}{\hbar}\sum_n a_n(0)\cdot V_{nm}\cdot\frac{e^{i(\omega_m - \omega_n)t} - 1}{\omega_m - \omega_n}; \tag{15.9}$$

setzt man diese neuen $a_n(t)$ rechter Hand in (15.6) ein, so liefert eine abermalige Integration eine *zweite* Näherung, usf.

Der einfachste Fall, auf den sich alle anderen Fälle leicht zurückführen lassen, ist der, daß „zu Anfang“ $(t = 0)$ ein gewisser Zustand, der im folgenden immer „n“ heißen soll, mit Sicherheit realisiert war:

$$a_n(0) = 1\,^*, \quad \text{alle übrigen} \quad a_m(0) = 0 \quad (m \neq n). \tag{15.10}$$

Die Lösung 1. Näherung (15.9) vereinfacht sich dann zu:

$$a_m(t) = \delta_{nm} - \frac{1}{\hbar}V_{nm}\cdot\frac{e^{i(\omega_m - \omega_n)t} - 1}{\omega_m - \omega_n}. \tag{15.11}$$

Die für unseren Problemkreis wichtigste Anwendung dieser Formel bezieht sich auf den Fall, daß im Energiespektrum des ungestörten Systems das *diskrete Anfangsniveau* ω_n *von einem kontinuierlichen Spektrum* $\omega_m = \omega$ *überlagert wird.* Nach Ausweis des Resonanzfaktors

$$\left|\frac{e^{i(\omega - \omega_n)t} - 1}{\omega - \omega_n}\right| = 2\,\frac{\sin\frac{(\omega - \omega_n)t}{2}}{\omega - \omega_n}$$

erhalten dann die zu ω_n benachbarten Niveaus ω des kontinuierlichen Spektrums eine beträchtliche Anregungswahrscheinlichkeit: es ergibt sich eine be-

[1] Im kontinuierlichen Eigenwertspektrum sind natürlich wieder gewisse „Eigendifferentiale“ zu normieren.

[2] Vgl. Kap. 2 dieses Bandes, Teil A, Ziff. 10.

* Oder allgemeiner: $|a_n(0)| = 1$, $a_n(0) = e^{i\gamma}$ (γ reell); da aber die hier zur Diskussion stehenden Resultate von γ unabhängig sind, ist hier und im folgenden stets $\gamma = 0$ gesetzt.

stimmte Wahrscheinlichkeit dafür, daß das System in der Zeit t einen *„strahlungslosen" Quantensprung* aus seinem Anfangszustand n in einen zum kontinuierlichen Spektrum gehörigen Endzustand ausgeführt hat, dessen Energie $\hbar\omega$ mit der Anfangsenergie $\hbar\omega_n$ bis auf Terme der Ordnung $\hbar t^{-1}$, d. h. innerhalb der optimalen Meßgenauigkeit, übereinstimmt.

Zur Berechnung der Übergangswahrscheinlichkeit normieren wir etwa die Eigenfunktionen des kontinuierlichen Spektrums in der Skala $\omega = \omega_m$; in diesem Sinne ersetzen wir den früheren Index m durch einen Doppelindex $\omega\mu$, wo der (diskrete oder kontinuierliche) Parameter μ der Entartung des Terms ω Rechnung tragen soll. Die obigen Formeln 1. Näherung [vgl. (15.5), (15.11)] schreiben sich dann:

$$\psi = \psi_n + \sum_\mu \int d\omega\, a_{\omega\mu}\psi_{\omega\mu}, \qquad \psi_{\omega\mu} = e^{-i\omega t}\cdot u_{\omega\mu}(q), \tag{15.12}$$

$$a_{\omega\mu} = -\frac{1}{\hbar} V_{n,\omega\mu}\cdot\frac{e^{i(\omega-\omega_n)t}-1}{\omega-\omega_n}, \qquad V_{n,\omega\mu} = \int dq\, u^*_{\omega\mu} V u_n. \tag{15.13}$$

Die Wahrscheinlichkeit, das System zur Zeit t in irgendeinem Zustand des kontinuierlichen Spektrums anzutreffen, ist

$$\sum_\mu \int d\omega\, |a_{\omega\mu}|^2,$$

wo die Integration nach ω (für nicht zu kleine t) ohne merklichen Fehler von $-\infty$ bis $+\infty$ erstreckt werden kann[1]. Bei Einsetzung von (15.13) genügt es, die von ω nur „langsam" abhängigen Größen $|V_{n,\omega\mu}|^2$ durch ihre Werte an der Resonanzstelle $\omega = \omega_n$ zu ersetzen[1]; dann folgt:

$$\sum_\mu \int d\omega\, |a_{\omega\mu}|^2 = \frac{2\pi}{\hbar^2}\cdot\sum_\mu |V_{n,\omega\mu}|^2\cdot t. \tag{15.14}$$

Die Wahrscheinlichkeit, daß ein Übergang stattgefunden hat, ist also proportional zu der Zeit t, die seit der Einschaltung der induzierenden Störung V verflossen ist; $2\pi\hbar^{-2}\sum_\mu |V_{n,\omega\mu}|^2$ stellt die „Übergangswahrscheinlichkeit pro Zeiteinheit" dar[2].

Die Endprodukte solcher strahlungsloser Prozesse (d. h. die zum kontinuierlichen Energiespektrum gehörigen Endzustände $\omega\mu$) können ionisierte Atome plus abgelöste Elektronen oder auch dissoziierte Moleküle sein; im ersteren Fall handelt es sich um einen *Augereffekt*[3], im anderen um eine *„Prädissoziation"*[4]. Den raum-zeitlichen Verlauf eines derartigen Zerfallsprozesses kann man an Hand der Wellenfunktion (15.12) noch genauer untersuchen: die relative Bewegung der „Zerfallstrümmer" (Ion und Elektron, bzw. zwei Atome oder Ionen) wird asymptotisch durch eine auslaufende Kugelwelle beschrieben. Ist nämlich r der Abstand der beiden Trümmerschwerpunkte, so sind die Eigenfunktionen $u_{\omega\mu}$ des kontinuierlichen Spektrums asymptotisch von der Form:

$$u_{\omega\mu} = f_\mu \frac{e^{ikr}}{r} + f^*_\mu \frac{e^{-ikr}}{r}, \tag{15.15}$$

[1] Die begangenen Vernachlässigungen laufen darauf hinaus, daß solche Terme, die nicht linear in t anwachsen (z. B. die in t periodischen), unterdrückt werden.

[2] Zur Ableitung dieses Ergebnisses mittels einer stationären Lösung vgl. G. WENTZEL, ZS. f. Phys. Bd. 43, S. 524. 1927.

[3] Hier ist die induzierende Störung die COULOMBsche Wechselwirkung zweier Elektronen; vgl. G. WENTZEL, l. c.; E. FUES, ZS. f. Phys. Bd. 43, S. 726. 1927.

[4] So bezeichnet durch den Entdecker V. HENRI. Der Ausgangspunkt der Entdeckung war die übernormale Breite gewisser Bandenlinien; vgl. hierzu Ziff. 23. Bezüglich der Natur der induzierenden Störung V vgl. Ziff. 16.

wo k wie bei freien Massenpunkten von ω abhängt und die f_μ nur langsam mit ω variieren. Die asymptotische Darstellung der Wellenfunktion $\psi - \psi_n$, die den Endzustand beschreibt, enthält also, nach (15.12) und (15.13), den Faktor:

$$\int_{-\infty}^{+\infty} d\omega \frac{e^{-i\omega t} - e^{-i\omega_n t}}{\omega - \omega_n} \cdot \left(\sum_\mu f_\mu \frac{e^{+ikr}}{r} + \sum_\mu f_\mu^* \frac{e^{-ikr}}{r} \right) \cdot V_{n,\omega\mu}; \quad (15.16)$$

entwickelt man hier k in der Umgebung der Resonanzstelle: $k \cong \bar{k} + \frac{dk}{d\omega}(\omega - \omega_n)$, so erkennt man leicht, daß die Amplitude der einlaufenden Kugelwelle $(\sim e^{-i\bar{k}r}/r)$ verschwindet, wie es sein muß; die auslaufende Kugelwelle $(\sim e^{+i\bar{k}r}/r)$ dagegen verschwindet nur für $t < r \frac{dk}{d\omega}$, entsprechend dem Umstande, daß der „Wellenkopf" sich mit der Gruppengeschwindigkeit $d\omega/dk$ vorwärts bewegt, während nach dessen Eintreffen eine normale auslaufende Kugelwelle sich ausbildet, deren Amplitude $\sum_\mu f_\mu \cdot V_{n,\omega\mu}$ für die *Richtungsverteilung* der auseinandergehenden Trümmer maßgebend ist. Der Wert des Gesamtstroms durch eine Kugel $r =$ konst. führt wieder auf den Wert (15.14) für die Übergangswahrscheinlichkeit[1].

Gleichzeitig mit dem Anwachsen der Amplituden $|a_{\omega\mu}|$ des kontinuierlichen Spektrums muß, auf Grund der Erhaltungsgleichung (15.8), die Amplitude $|a_n|$ des Anfangszustandes *abklingen.* Diese Abklingung, deren Anfang übrigens durch die zweite DIRACsche Näherung beschrieben wird, hat rückwirkend zur Folge, daß das Spektrum der freiwerdenden kinetischen Energien nicht eine (im Rahmen der natürlichen Ungenauigkeit $\hbar t^{-1}$) scharfe, sondern eine *verbreiterte* Linie ist, deren Halbwertsbreite — in der Skala ω — gleich der (gesamten) Übergangswahrscheinlichkeit pro Zeiteinheit, d. h. gleich der reziproken mittleren Lebensdauer des Zustandes n ist[2].

16. Anwendung auf Stöße. Ein Stoßvorgang kann als strahlungsloser Quantensprung aufgefaßt werden, bei welchem der Anfangszustand selbst im kontinuierlichen Energiespektrum liegt. Wir wollen hierfür die *erste Näherung* des DIRACschen Störungsverfahrens durchführen, und zwar unter der Annahme, daß die Gesamtenergie $(\hbar\omega^0)$ sowie der Gesamtimpuls $(\hbar\mathfrak{K})$ der beiden Systeme vor ihrem Zusammenstoß, bzw. bevor wir die Kopplung V einschalten, genau bekannt sind, daß wir also die Eigenfunktion des Anfangszustandes schreiben können:

$$\psi^0 = e^{-i\omega^0 t + i(\mathfrak{K}\mathfrak{R})} U^0(Q), \qquad \text{wo } \{H^0 - \hbar\omega^0\}(e^{i(\mathfrak{K}\mathfrak{R})} U^0(Q)) = 0. \quad (16.1)$$

Hier bedeutet $\mathfrak{R}$ (wie unter Ziff. 2) den Schwerpunkt beider Systeme, während Q alle übrigen Koordinaten repräsentiert. Die Lösung erster Näherung setzen wir folgendermaßen an:

$$\psi = e^{i(\mathfrak{K}\mathfrak{R})} \cdot \sum_n a_n(t)\, e^{-i\omega_n t} U_n(Q), \qquad \text{wo } \{H^0 - \hbar\omega_n\}(e^{i(\mathfrak{K}\mathfrak{R})} U_n(Q)) = 0; \quad (16.2)$$

[1] Die obige Diskussion der asymptotischen Wellenfunktion auf Grund der nichtstationären Lösung findet sich zuerst bei H. BETHE (Ann. d. Phys. Bd. 4, S. 443. 1930), allerdings nicht für die strahlungslosen, sondern für die photoelektrischen Prozesse, was aber keinen prinzipiellen Unterschied macht; vgl. auch G. WENTZEL (ZS. f. Phys. Bd. 40, S. 574. 1926, § 5), wo die entsprechende Diskussion mittels der stationären Lösung und Bildung von Wellenpaketen ausgeführt ist.

[2] Für die genaue Ermittlung des Spektrums ist die Kenntnis des gesamten Abklingungsprozesses erforderlich, d. h. eine Näherungslösung der Differentialgleichungen (15.6), welche nicht nur für kleine t gilt. Auf dieses Problem kommen wir unter Ziff. 23 zurück; dort soll gleichzeitig die Strahlungsdämpfung in Rechnung gesetzt werden, die bei Vorgängen dieser Art in der Regel nicht vernachlässigt werden darf.

hier ist die Summation über alle zum Wert $\hbar\mathfrak{K}$ des Gesamtimpulses gehörigen Eigenfunktionen des (ungestörten) Gesamtsystems zu erstrecken; letztere sollen nach Abseparation der Schwerpunktskoordinaten normiert sein ($\int dQ\, U_m^* U_n = \delta_{nm}$). Für $t \leqq 0$ soll ψ in ψ^0 übergehen, und für $t > 0$ lautet die Differentialgleichung erster Näherung:

$$\left\{H^0 - i\hbar\frac{\partial}{\partial t}\right\}\psi = -V\psi^0,$$

oder mit (16.1), (16.2):

$$i\hbar\frac{d a_m}{dt} = e^{i(\omega_m - \omega^0)t}\cdot\int dQ\, U_m^* V U^0.$$

Setzt man noch $\partial V/\partial t = 0$ voraus, so folgt für solche Zustände m des Gesamtsystems, die zu Anfang sicher nicht realisiert waren ($a_m(0) = 0$):

$$a_m(t) = -\frac{e^{i(\omega m - \omega^0)t} - 1}{\omega m - \omega^0}\cdot\frac{1}{\hbar}\int dQ\, U_m^* V U^0. \tag{16.3}$$

Für die weitere Rechnung spezialisieren wir auf *schnelle* Stöße. In diesem Falle können wir unter V die gesamte Wechselwirkung der beiden stoßenden Systeme verstehen, und die in (16.1), (16.2) noch offen gelassenen Funktionen U können weiter spezifiziert werden:

$$U^0(Q) = \sqrt{\frac{m}{\hbar|\mathfrak{k}^0|}}\cdot e^{i(\mathfrak{k}^0\mathfrak{r})}u_n(q), \qquad U_m(Q) = (2\pi)^{-\frac{3}{2}}\cdot e^{i(\mathfrak{k}\mathfrak{r})}u_m(q); \tag{16.4}$$

hier repräsentiert $\mathfrak{r}$ die relativen Koordinaten der Schwerpunkte der beiden Einzelsysteme (etwa der Kerne zweier stoßender Atome) und q die sämtlichen inneren Koordinaten der beiden Systeme; $u_n(q)$ und $u_m(q)$ sind Produkte aus den (normierten) Eigenfunktionen der beiden Systeme oder lineare Kombinationen von solchen; U_m ist nach den Eigenwertparametern $\mathfrak{k}_x$, $\mathfrak{k}_y$, $\mathfrak{k}_z$ normiert, U^0 dagegen so, daß die anfängliche Stromdichte im Raum $\mathfrak{r}$ den Wert Eins hat[1].

Die zur ungestörten Eigenfunktion $U_m = U_{\mathfrak{k}m}$ gehörige Wahrscheinlichkeitsamplitude wird hiermit:

$$\left.\begin{aligned} a_{\mathfrak{k}m}(t) = -\frac{e^{i(\omega_{\mathfrak{k}m} - \omega^0)t} - 1}{\omega_{\mathfrak{k}m} - \omega^0}\cdot(2\pi\hbar)^{-\frac{3}{2}}\, m^{\frac{1}{2}}\,|\mathfrak{k}^0|^{-\frac{1}{2}} \\ \cdot\iiint dx\,dy\,dz\, e^{i(\mathfrak{k}^0 - \mathfrak{k}\cdot\mathfrak{r})}\int dq\, u_m^* V u_n. \end{aligned}\right\} \tag{16.5}$$

$|a_{\mathfrak{k}m}(t)|^2\, d\mathfrak{k}_x\, d\mathfrak{k}_y\, d\mathfrak{k}_z$ stellt die Wahrscheinlichkeit dafür dar, daß das System zur Zeit t bezüglich seiner inneren Verfassung im Zustand m und bezüglich der Relativgeschwindigkeit der beiden Schwerpunkte im Element $d\mathfrak{k}_x\, d\mathfrak{k}_y\, d\mathfrak{k}_z$ angetroffen wird. $|a_{\mathfrak{k}m}|^2$ hat sein Resonanzmaximum, entsprechend dem Energiesatz, für:

$$\hbar^2\left(\frac{|\mathfrak{K}|^2}{2M} + \frac{|\mathfrak{k}|^2}{2m}\right) + W_m \equiv \hbar\omega_{\mathfrak{k}m} = \hbar\omega^0;$$

den hierdurch bestimmten Wert von $|\mathfrak{k}|$ nennen wir wie früher k_{nm} und den Vektor $\mathfrak{k}$ von diesem Betrage $\mathfrak{k}_{nm}$. Geht man im Geschwindigkeitsraume zu Polarkoordinaten über:

$$d\mathfrak{k}_x\, d\mathfrak{k}_y\, d\mathfrak{k}_z = d\Omega\cdot|\mathfrak{k}|^2 d|\mathfrak{k}| = d\Omega\cdot|\mathfrak{k}|\cdot\frac{m}{\hbar}\,d\omega;$$

und integriert man nach ω über die Umgebung des Resonanzmaximums, so ergibt sich als Wahrscheinlichkeit pro Zeiteinheit eines Stoßes in den Raumwinkel $d\Omega$, bei gleichzeitigem Übergang $n \to m$ der beiden Systeme:

$$\left.\begin{aligned} dQ_m &= d\Omega\cdot k_{nm}\cdot\frac{m}{\hbar}\int d\omega\,|a_{\mathfrak{k}m}|^2\cdot\frac{1}{t} \\ &= d\Omega\cdot\frac{k_{nm}}{|\mathfrak{k}^0|}\cdot\left(\frac{m}{2\pi\hbar^2}\right)^2\cdot\left|\iiint dx\,dy\,dz\, e^{i(\mathfrak{k}^0 - \mathfrak{k}_{nm}\cdot\mathfrak{r})}\int dq\, u_m^* V u_n\right|^2. \end{aligned}\right\} \tag{16.6}$$

---

[1] m bedeutet hier, wie unter Ziff. 2, die „reduzierte" Masse $m_1 m_2/(m_1 + m_2)$ der beiden Systeme, $\hbar\mathfrak{k}/m$ ihre Relativgeschwindigkeit, und $\mathfrak{k}^0$ den Anfangswert von $\mathfrak{k}$.

Man erkennt unmittelbar, daß dieser „differentielle Wirkungsquerschnitt" für den Spezialfall des Elektronenstoßes am unendlich schweren Atom[1] mit demjenigen identisch wird, der in Ziff. 12 durch die 1. BORNsche Näherung erhalten wurde [vgl. (11.15), (12.4) und (12.5)[2]].

Der zu dem bisher betrachteten *inverse* Stoßprozeß wird dadurch beschrieben, daß man in (16.6) n mit m und $\mathfrak{k}^0$ mit $(-\mathfrak{k}_{nm})$ vertauscht. Man erkennt unmittelbar, daß sich die Wirkungsquerschnitte der zueinander inversen Prozesse (bei gleichem Richtungsspielraum $d\Omega$) wie die reziproken Quadrate der anfänglichen Relativgeschwindigkeiten verhalten, ein Ergebnis, welches zuerst von KLEIN und ROSSELAND[3] aus statistischen Betrachtungen betreffend das Gleichgewicht von Atomen und freien Elektronen gewonnen wurde und welches, wie leicht zu erkennen, nicht auf schnelle Stöße beschränkt ist.

Zur Beschreibung *langsamer Atomstöße* (etwa für thermische Geschwindigkeiten) benutzt man als Ausgangslösung nullter Näherung zweckmäßig die „adiabatische" Lösung, die aus der Theorie des Molekülbaus und der Bandenspektren bekannt ist[4]: die $U_n(Q)$ in (16.2) sind zu wählen als Produkte einer Elektronenschwingungsfunktion, welche die Elektronenbewegungen bei *festgehaltenen Kernen* darstellt, und einer Kernschwingungsfunktion, in deren Schrödingergleichung als Potential die Energie der Elektronenbewegung bei festen Kernen eingeht und die somit von den Quantenzahlen des Elektronenzustandes abhängt. Als Störungsfunktion V bleibt dann ein Differentialoperator nach den (relativen) Kernkoordinaten, welcher an der Elektronenschwingungsfunktion angreift, die ja von den Kernkoordinaten als Parametern abhängt. Diese Störungsfunktion erzeugt in den *diskreten* Molekülzuständen jene Abweichungen von den normalen Termformeln der Bandenspektren, welche als „Störungen" der Bandenterme bekannt sind[5]; in denjenigen diskreten Zuständen, die energetisch hoch genug liegen, um einer strahlungslosen Dissoziation fähig zu sein, ist sie maßgebend für die Wahrscheinlichkeit des spontanen Zerfalles[6] („Prädissoziation", vgl. Ziff. 15); liegt schließlich der Ausgangszustand im kontinuierlichen Spektrum der Kernschwingungsenergien, so sind die entsprechenden strahlungslosen Prozesse eben die unelastischen Stöße, und deren Wahrscheinlichkeiten bestimmen sich durch die Formel (16.3)[7], wo jetzt unter $U^0(Q)$ eine solche Lösung der adiabatischen Kernschwingungsgleichung zu verstehen ist, die sich asymptotisch wie eine ebene Welle plus auslaufende Kugelwelle verhält.

---

[1] Dann gehen m, $\mathfrak{r}$ und $\hbar\mathfrak{k}$ in Masse, Ort und Impuls des Elektrons, u_n und u_m in die Eigenfunktionen des Atoms allein über.

[2] Vgl. G. WENTZEL, Phys. ZS. Bd. 29, S. 321. 1928, III. Abschnitt, § 4.

[3] O. KLEIN u. S. ROSSELAND, ZS. f. Phys. Bd. 4, S. 46. 1921.

[4] M. BORN u. R. OPPENHEIMER, Ann. d. Phys. Bd. 84, S. 457. 1927.

[5] Vgl. R. DE L. KRONIG, ZS. f. Phys. Bd. 50, S. 347. 1928, § 2.

[6] K. F. BONHOEFFER u. L. FARKAS, ZS. f. phys. Chem. Bd. 134, S. 337. 1928; G. WENTZEL, Réunion internat. de chimie physique, S. 121. Paris 1928; R. de L. KRONIG, l. c. § 3.

[7] Die betreffende Rechnung ist zuerst von L. LANDAU (Phys. ZS. d. Sowjetunion Bd. 1, S. 88; Bd. 2, S. 46. 1932) ausgeführt worden, und zwar für den Fall, daß die „FRANCKschen Potentialkurven" von Anfangs- und Endzustand der beiden Atome sich *überschneiden*. E. C. G. STUECKELBERG (Helv. Phys. Acta Bd. 5, S. 370. 1932) beschreibt den unelastischen Atomstoß durch eine stationäre Wellenfunktion, die (wenigstens im genannten Überschneidungsfalle) eine konsequente adiabatische Näherungslösung darstellt und auch im Falle großer Übergangswahrscheinlichkeiten noch Gültigkeit beanspruchen darf. — Ältere, von anderen Gesichtspunkten ausgehende Arbeiten über Atomstöße sind: A. SMEKAL, Ann. d. Phys. Bd. 81, S. 391. 1926; Bd. 87, S. 959. 1928; H. KALLMANN u. F. LONDON, ZS. f. phys. Chem. Bd. 2, S. 207. 1929; J. FRENKEL, ZS. f. Phys. Bd. 58, S. 794. 1929, § 1; P. M. MORSE u. E. C. G. STUECKELBERG, Ann. d. Phys. Bd. 9, S. 579. 1931; F. LONDON, ZS. f. Phys. Bd. 74, S. 143. 1932.

C. Strahlungsprozesse.

I. Allgemeine Theorie der Strahlungsprozesse.

17. Die Grundformeln der DIRACschen Strahlungstheorie[1]. Einleitend geben wir eine kurze Übersicht über die Quantenmechanik des Strahlungsfeldes, soweit wir sie im folgenden benötigen. Bezüglich weiterer Einzelheiten verweisen wir auf Kap. 2 dieses Bandes, Teil B, Ziff. 6 bis 8.

Wir betrachten zunächst das *elektromagnetische Feld des ladungsfreien Raumes*, welches sich bekanntlich restlos in ebene transversale Lichtwellen von der Phasengeschwindigkeit c zerlegen läßt. Es ist zweckmäßig, diesem Feld eine *Zyklizitätsbedingung* aufzuerlegen: der elementare Periodizitätsbereich sei ein (sehr großes) Parallelepiped mit den Kantenlängen l_1, l_2, l_3; sein Volumen $l_1 l_2 l_3$ nennen wir auch G. Damit werden die Wellenzahlvektoren $\mathfrak{k}$ der Lichtwellen auf die diskrete Mannigfaltigkeit

$$\mathfrak{k}_{sx} = \frac{2\pi\tau_1}{l_1}, \quad \mathfrak{k}_{sy} = \frac{2\pi\tau_2}{l_2}, \quad \mathfrak{k}_{sz} = \frac{2\pi\tau_3}{l_3} \tag{17.1}$$

beschränkt. Zu jedem Tripel von ganzen Zahlen τ_1, τ_2, τ_3 gehören *zwei* unabhängige Strahlungskomponenten, für die wir etwa zwei linear und aufeinander senkrecht polarisierte Lichtwellen wählen können; die Einheitsvektoren in den Polarisationsrichtungen (elektrischer Feldvektor) nennen wir $\mathfrak{e}_s$:

$$|\mathfrak{e}_s| = 1, \qquad (\mathfrak{e}_s \mathfrak{k}_s) = 0.$$

Der Index s verweist also im folgenden stets auf bestimmte Werte des Wellenzahlvektors $\mathfrak{k}$ und des Polarisationsvektors $\mathfrak{e}$. Die Kreisfrequenz einer Strahlungskomponente nennen wir ν_s:

$$\nu_s = c|\mathfrak{k}_s|.$$

Die räumliche Fourierzerlegung des *Vektorpotentials* $\mathfrak{A}$ des Strahlungsfeldes setzen wir folgendermaßen an:

$$\mathfrak{A}(\mathfrak{r}) = \sum_s \mathfrak{e}_s \left(\frac{4\pi}{G\nu_s}\right)^{\frac{1}{2}} [Q_s \cos(\mathfrak{k}_s \mathfrak{r}) - P_s \sin(\mathfrak{k}_s \mathfrak{r})]. \tag{17.2}$$

Dann schreibt sich die elektromagnetische Energie des Periodizitätsbereichs G:

$$H^{\mathrm{Str}} = \tfrac{1}{2} \sum_s \nu_s [Q_s^2 + P_s^2].$$

Die Bewegungsgleichungen, welche man auf Grund dieser Hamiltonfunktion H^{Str} für die kanonisch konjugierten Variablen Q_s, P_s erhält, sind den MAXWELLschen Feldgleichungen für den ladungsfreien Raum äquivalent.

Die DIRACsche Quantenmechanik des Strahlungsfeldes geht von der Bemerkung aus, daß die Hamiltonfunktion H^{Str} formal übereinstimmt mit derjenigen eines Systems von harmonischen, ungekoppelten Oszillatoren. Die hermitischen Matrizen Q_s, P_s, welche H^{Str} auf Diagonalform bringen, haben also bekanntlich folgendes Aussehen: ordnen wir jedem „Strahlungsoszillator" s eine Quantenzahl N_s zu:

$$N_s = 0, 1, 2, \ldots,$$

so ist Q_s, ebenso wie P_s, jeweils Einheitsmatrix bezüglich der Quantenzahlen $N_{s'}$ der *anderen* Oszillatoren ($s' \neq s$), während bezüglich der eigenen Quantenzahl N_s folgende Schemata gelten:

[1] P. A. M. DIRAC, Proc. Roy. Soc. London (A) Bd. 114, S. 243. 1927.

Matrix $\left(\frac{2}{\hbar}\right)^{\frac{1}{2}} Q_s$:

N_s	0	1	2	...	$N-1$	N	...
0	0	$\sqrt{1}$	0				
1	$\sqrt{1}$	0	$\sqrt{2}$				
2	0	$\sqrt{2}$	0				
⋮							
$N-1$					0	$\sqrt{N}$	
N					$\sqrt{N}$	0	
⋮							

Matrix $\left(\frac{2}{\hbar}\right)^{\frac{1}{2}} P_s$:

N_s	0	1	2	...	$N-1$	N	...
0	0	$i\sqrt{1}$	0				
1	$-i\sqrt{1}$	0	$i\sqrt{2}$				
2	0	$-i\sqrt{2}$	0				
⋮							
$N-1$					0	$i\sqrt{N}$	
N					$-i\sqrt{N}$	0	
⋮							

Schreiben wir die Feldenergie (um die unendliche Nullpunktsenergie zu eliminieren) in der Form:

$$H^{\text{Str}} = \tfrac{1}{2}\sum_s \nu_s (Q_s - i P_s)(Q_s + i P_s),$$

so sind ihre Eigenwerte gleich

$$\hbar \sum_s \nu_s N_s .$$

Hier äußert sich ein erster Zusammenhang mit der EINSTEINschen Lichtquantenhypothese: die Strahlungsenergie setzt sich linear ganzzahlig aus den Photonenenergien $\hbar\nu_s$ zusammen; die Quantenzahl N_s repräsentiert die Anzahl der „Photonen der Sorte s" im Periodizitätsbereich G.

Führen wir jetzt elektrisch geladene *materielle Teilchen* in den Raum ein (ebenfalls in periodischer Anordnung), so tritt zu dem quellenfreien elektrischen Wellenfeld das durch die Ladungen erzeugte *elektrostatische* Feld hinzu. Wie im Kap. 2 dieses Bandes (Teil B, Ziff. 7) näher ausgeführt ist, kann man die durch dieses statische Feld vermittelte Kopplung zwischen den Elementarteilchen durch COULOMBsche Potentiale der Form

$$\frac{e_k e_{k'}}{|\mathfrak{r}_k - \mathfrak{r}_{k'}|}$$

darstellen, die man in die Schrödingergleichung der Teilchen einführt. Wenigstens ergibt sich so in der *unrelativistischen* Quantentheorie (d. h. bei Verzicht auf Lorentzinvarianz) die Möglichkeit, die Hamiltonfunktion H des Gesamtsystems (Materie plus Feld) wie folgt zu zerlegen:

$$H = H^{\text{Mat}} + H^{\text{Str}} + V .$$

H^{Mat} enthält die kinetischen Energien und gegenseitigen COULOMBschen Potentiale der materiellen Teilchen sowie die (statischen oder kinetischen) Potentiale gegebener äußerer Kräfte auf die Teilchen, H^{Str} ist die Energie des „Strahlungsfeldes", d. h. des quellenfreien Feldanteils oder der transversalen Lichtwellen, und V stellt die *Kopplung zwischen Materie und Strahlungsfeld* dar:

$$V = \sum_k \left\{ -\frac{e_k}{m_k} (\mathfrak{p}_k \mathfrak{A}(\mathfrak{r}_k)) + \frac{e_k^2}{2 m_k} |\mathfrak{A}(\mathfrak{r}_k)|^2 \right\} \tag{17.3}$$

($\mathfrak{r}_k$ = Ort, $\mathfrak{p}_k$ = Impuls des $k$ten Teilchens).

Von dieser Darstellung der Hamiltonfunktion H ausgehend, betrachtet man in der DIRACschen Strahlungstheorie die Kopplung V als eine kleine Störung: man bestimmt zunächst die stationären Zustände des „ungestörten" Systems ($V = 0$); die „Einschaltung" der Störung V induziert dann die „*Strahlungs-*

prozesse" (d. s. gleichzeitige Quantensprünge des materiellen Teilsystems und des Strahlungsfeldes), und zwar in genau derselben Weise, wie wir dies in Ziff. 15 für die „strahlungslosen" Übergänge eines rein mechanischen Systems geschildert haben.

Als materielles System wählen wir irgendein Atom oder Atomsystem, dessen Energieeigenwerte und Eigenfunktionen (orthogonal und normiert) bekannt seien:

$$\{H^{\mathrm{Mat}} - \hbar\,\omega_n\}\,u_n = 0\,.$$

Die stationären Zustände des ungestörten Gesamtsystems ($V = 0$) unterscheiden wir durch Angabe der Werte der Quantenzahlen

$$n, N_1, N_2, \ldots, N_s, \ldots;$$

jedem derartigen Zustand ordnen wie im gestörten Problem (H mit $V \neq 0$) eine Wahrscheinlichkeitsamplitude $a_n(N_1 N_2 \ldots)$ zu, deren quadrierter Betrag die Wahrscheinlichkeit dafür angibt, daß man das System zur Zeit t (bei plötzlicher Abschaltung der Kopplung V) in dem betreffenden Zustande vorfindet. Die DIRACschen Differentialgleichungen für die Wahrscheinlichkeitsamplituden [vgl. (15.6)] lauten hier (noch ohne Vernachlässigung höherer Potenzen von V):

$$\left.\begin{aligned} i\hbar\frac{d a_m(M_1 M_2 \ldots)}{dt} = \sum_n \sum_{N_1} \sum_{N_2} \ldots a_n(N_1 N_2 \ldots)\, V_{nm}(N_1 N_2 \ldots\ M_1 M_2 \ldots) \\ \cdot\, e^{i[\omega_m - \omega_n + \sum_s \nu_s (M_s - N_s)]t}\,. \end{aligned}\right\} \quad (17.4)$$

Die hier eingehende *Störungsmatrix* bestimmt sich aus (17.3), unter Benutzung von (17.2) und der oben definierten Matrizen Q_s, P_s. Die meisten Matrixelemente von V verschwinden dank den „Auswahlregeln" für die Strahlungsoszillatoren; die übrigbleibenden entsprechen den folgenden Strahlungsprozessen:

Absorption eines Photons s: $M_s = N_s - 1$, alle anderen $M_r = N_r$:

$$V_{nm}(N_1 \ldots M_1 \ldots) = \left(\frac{h N_s}{G \nu_s}\right)^{\frac{1}{2}} \cdot j_{s,nm}\,, \quad (17.5)$$

Emission eines Photons s: $M_s = N_s + 1$, alle anderen $M_r = N_r$:

$$V_{nm}(N_1 \ldots M_1 \ldots) = \left(\frac{h (N_s + 1)}{G \nu_s}\right)^{\frac{1}{2}} \cdot j^*_{s,mn}\,, \quad (17.6)$$

Absorption zweier Photonen s und s': $M_s = N_s - 1$, $M_{s'} = N_{s'} - 1$, alle anderen $M_r = N_r$:

$$V_{nm}(N_1 \ldots M_1 \ldots) = \left(\frac{h N_s}{G \nu_s}\right)^{\frac{1}{2}} \left(\frac{h N_{s'}}{G \nu_{s'}}\right)^{\frac{1}{2}} \cdot \xi_{ss',nm}\,, \quad (17.7)$$

Streuung eines Photons s nach s': $M_s = N_s - 1$, $M_{s'} = N_{s'} + 1$, alle anderen $M_r = N_r$:

$$V_{nm}(N_1 \ldots M_1 \ldots) = \left(\frac{h N_s}{G \nu_s}\right)^{\frac{1}{2}} \left(\frac{h (N_{s'} + 1)}{G \nu_{s'}}\right)^{\frac{1}{2}} \cdot \eta_{ss',nm}\,, \quad (17.8)$$

Emission zweier Photonen s und s': $M_s = N_s + 1$, $M_{s'} = N_{s'} + 1$, alle anderen $M_r = N_r$:

$$V_{nm}(N_1 \ldots M_1 \ldots) = \left(\frac{h (N_s + 1)}{G \nu_s}\right)^{\frac{1}{2}} \left(\frac{h (N_{s'} + 1)}{G \nu_{s'}}\right)^{\frac{1}{2}} \cdot \xi^*_{ss',mn} \quad (17.9)$$

($h = 2\pi\hbar$ = PLANCKsches Wirkungsquantum). Die Matrixelemente der „einfachen" Strahlungsprozesse (17.5), (17.6) ergeben sich aus dem in $\mathfrak{A}$ linearen

Anteil der Störungsfunktion (17.3), diejenigen der „Doppelprozesse“ (17.7), (17.8), (17.9)[1] aus dem Term mit $|\mathfrak{A}|^2$; in ihnen bedeutet:

$$\left.\begin{aligned} j_{s,nm} &= i\hbar\int dq\, u_m^*\left(\sum_{k=1}^{N} e^{i(\mathfrak{k}_s\mathfrak{r}_k)}\frac{e_k}{m_k}(\mathfrak{e}_s\,\mathrm{grad}_k)\right)u_n \\ &= -i\hbar\int dq\, u_n\left(\sum_{k=1}^{N} e^{i(\mathfrak{k}_s\mathfrak{r}_k)}\frac{e_k}{m_k}(\mathfrak{e}_s\,\mathrm{grad}_k)\right)u_m^*, \end{aligned}\right\} \tag{17.10}$$

$$\xi_{ss',nm} = (\mathfrak{e}_s\mathfrak{e}_{s'})\int dq\, u_m^*\left(\sum_{k=1}^{N} e^{i(\mathfrak{k}_s+\mathfrak{k}_{s'}\cdot\mathfrak{r}_k)}\frac{e_k^2}{m_k}\right)u_n, \tag{17.11}$$

$$\eta_{ss',nm} = (\mathfrak{e}_s\mathfrak{e}_{s'})\int dq\, u_m^*\left(\sum_{k=1}^{N} e^{i(\mathfrak{k}_s-\mathfrak{k}_{s'}\cdot\mathfrak{r}_k)}\frac{e_k^2}{m_k}\right)u_n. \tag{17.12}$$

Hier sind die Summationen nach k wieder über die Elementarteilchen des Atomsystems zu erstrecken, deren Ort jeweils durch den Radiusvektor $\mathfrak{r}_k$ gekennzeichnet ist $\left(dq = \prod_k dx_k\,dy_k\,dz_k,\ \mathrm{grad}_k = \frac{\partial}{\partial x_k}, \frac{\partial}{\partial y_k}, \frac{\partial}{\partial z_k}\right)$.

18. Absorption und Emission[2]. Zur Ermittlung der Übergangswahrscheinlichkeit für die verschiedenen Strahlungsprozesse bedienen wir uns der DIRACschen Näherungsmethode, die wir schon in B, II bei den strahlungslosen Übergängen angewandt haben: wir denken uns die Wechselwirkung V zur Zeit $t = 0$ plötzlich eingeschaltet, für welchen Zeitpunkt der Zustand n des Atoms und die Photonenzahlen N_s bekannt sein sollen:

$$a_n(N_1 N_2 \ldots) = 1, \quad \text{alle übrigen} \quad a_m(M_1 M_2 \ldots) = 0 \quad \text{für} \quad t \leqq 0; \tag{18.1}$$

indem man diese Anfangswerte rechter Hand in (17.4) einsetzt und nach t integriert, erhält man die Werte 1. Näherung für die $a_m(M_1 M_2 \ldots)$, welche für kleine t gültig sind und zur Berechnung der Übergangswahrscheinlichkeiten für die *einfachen* Strahlungsprozesse schon ausreichen:

$$a_m(N_1, \ldots, N_s - 1, \ldots) = -\left(\frac{h N_s}{G\nu_s}\right)^{\frac{1}{2}} j_{s,nm}\cdot\frac{e^{i(\omega_m-\omega_n-\nu_s)t}-1}{\hbar(\omega_m-\omega_n-\nu_s)}, \tag{18.2}$$

$$a_m(N_1, \ldots, N_s + 1, \ldots) = -\left(\frac{h(N_s+1)}{G\nu_s}\right)^{\frac{1}{2}} j_{s,mn}^*\cdot\frac{e^{i(\omega_m-\omega_n+\nu_s)t}-1}{\hbar(\omega_m-\omega_n+\nu_s)}. \tag{18.3}$$

Die Resonanznenner $\omega_m - \omega_n \mp \nu_s$ sorgen dafür, daß nur solche Prozesse vorkommen, bei denen die Gesamtenergie im Rahmen der natürlichen Unschärfe ($\omega_m - \omega_n \mp \nu_s \sim t^{-1}$) erhalten bleibt (BOHRS $\hbar\nu$-Prinzip). Die Gesamtwahrscheinlichkeit, daß das Atom in der Zeit t einen Übergang $n \to m$ ausführt, ergibt sich durch Summation über die Sorten s, für welche der Resonanznenner klein wird; sie wird im Falle $\omega_m > \omega_n$:

$$\sum_s |a_m(\ldots N_s - 1\ldots)|^2 = \frac{2\pi}{G\hbar}\cdot\sum_s N_s\frac{1}{\nu_s}|j_{s,nm}|^2\cdot\left|\frac{e^{i(\omega_m-\omega_n-\nu_s)t}-1}{\omega_m-\omega_n-\nu_s}\right|^2, \tag{18.4}$$

und im Falle $\omega_m < \omega_n$:

$$\sum_s |a_m(\ldots N_s + 1\ldots)|^2 = \frac{2\pi}{G\hbar}\cdot\sum_s (N_s+1)\frac{1}{\nu_s}|j_{s,mn}|^2\cdot\left|\frac{e^{i(\omega_m-\omega_n+\nu_s)t}-1}{\omega_m-\omega_n+\nu_s}\right|^2. \tag{18.5}$$

---

[1] Strenggenommen wären diesen noch die Matrixelemente mit $M_s - N_s = \mp 2$ oder 0 beizufügen; doch sind die letzteren für das Folgende belanglos.

[2] P. A. M. DIRAC, l. c.

Wir untersuchen zunächst den Sonderfall, daß zu Anfang ($t = 0$) gar keine Strahlung vorhanden war (alle $N_s = 0$). Dann wird die Absorptionswahrscheinlichkeit (18.4) Null, wie es sein muß; dagegen ergibt (18.5) eine nicht verschwindende Wahrscheinlichkeit für die Emissionsprozesse $n \to m$ ($\omega_m < \omega_n$) (selbstverständlich nur sofern der Anfangszustand n nicht der Grundzustand des Atoms ist). Wir betrachten zunächst solche Emissionsprozesse $n \to m$, bei welchen Licht in einen Raumwinkel $d\Omega$ emittiert wird, und zwar Licht einer bestimmten Polarisation $\mathfrak{e}$ ($\mathfrak{k}_s$ in $d\Omega$, $\mathfrak{e}_s = \mathfrak{e}$). Die Anzahl der Strahlungskomponenten s dieser Art, die in ein Frequenzintervall $d\nu$ fallen, ist nach (17.1) gleich

$$\frac{G}{(2\pi)^3} |\mathfrak{k}|^2 \, d|\mathfrak{k}| \, d\Omega = \frac{G}{(2\pi c)^3} \nu^2 \, d\nu \, d\Omega ; \tag{18.6}$$

daher ist die Wahrscheinlichkeit, daß in der Zeit t ein Prozeß der genannten Art stattfindet, gleich

$$\sum_{(s)} |a_m(0 \ldots \underset{(s)}{1} \ldots)|^2 = \frac{d\Omega}{4\pi^2 \hbar c^3} \int d\nu \, \nu \, |j_{s,mn}|^2 \cdot \frac{2(1 - \cos(\nu - \omega_n + \omega_m) t)}{(\nu - \omega_n + \omega_m)^2} .$$

Für nicht zu kleine t wird dies proportional zu t, nämlich:

$$\sum_{(s)} |a_m(0 \ldots \underset{(s)}{1} \ldots)|^2 = \frac{d\Omega}{2\pi \hbar c^3} (\omega_n - \omega_m) |j_{s,mn}|^2 \cdot t \quad \left(|\mathfrak{k}_s| = \frac{\omega_n - \omega_m}{c} \right); \tag{18.7}$$

dieser Ausdruck, noch mit $\hbar(\omega_n - \omega_m)$ multipliziert, stellt die pro Zeit t in den Raumwinkel $d\Omega$ emittierte Lichtenergie der Polarisation $\mathfrak{e}_s = \mathfrak{e}$ dar. Durch Summation über die beiden zu $\mathfrak{k}_s$ gehörigen Polarisationen und durch Integration über alle Normalenrichtungen $\mathfrak{k}_s$ erhält man die Wahrscheinlichkeit *irgendeines* Emissionsprozesses pro Zeiteinheit:

$$\sum_{s} |a_m(0 \ldots \underset{(s)}{1} \ldots)|^2 \cdot \frac{1}{t} = A_m^n = \frac{4}{\hbar c^3} (\omega_n - \omega_m) \, \overline{|j_{s,mn}|^2} ; \tag{18.8}$$

hier bedeutet die Überstreichung eine Mittelbildung über alle Orientierungen des orthogonalen Achsenpaares ($\mathfrak{k}_s$, $\mathfrak{e}_s$), und zwar mit $|\mathfrak{k}_s| = c^{-1}(\omega_n - \omega_m)$. A_m^n ist der bekannte EINSTEINsche Wahrscheinlichkeitskoeffizient der *spontanen Emission.* — Die Ergebnisse (18.7), (18.8) sind im Einklang mit dem BOHRschen Korrespondenzprinzip, d. h. sie entsprechen im klassischen Grenzfall der Fourieranalyse der Bahnbewegung, und sind im wesentlichen identisch mit den Formeln, die HEISENBERG in seiner Matrixtheorie zur Verschärfung des Korrespondenzprinzips aufgestellt hat.

Wir kehren jetzt zu dem allgemeinen Fall zurück, daß zu Anfang ($t = 0$) ein Strahlungsfeld, charakterisiert durch die Photonenzahlen N_s, vorhanden ist; und zwar soll angenommen werden, daß das Strahlungsfeld sowohl hinsichtlich seines Spektrums als hinsichtlich seiner Richtungsverteilung *kontinuierlichen* Charakter hat, so daß man im $\mathfrak{k}$-Raume für jedes Raumelement (sofern dessen Dimensionen groß gegen die Gitterkonstanten $2\pi/l_i$ sind) eine *mittlere Besetzungszahl* $\overline{N}_s$ der entsprechenden Gitterpunkte s definieren kann, und zwar für jede der beiden zugehörigen Polarisationen $\mathfrak{e}_s$. Durch Wiederholung der für die spontane Emission ausgeführten Rechnung ergibt sich dann unmittelbar die Wahrscheinlichkeit, daß in der Zeit t durch Licht aus $d\Omega$ und der Polarisation $\mathfrak{e}_s = \mathfrak{e}$ ein *Absorptions*prozeß $n \to m$ ($\omega_m > \omega_n$) induziert wird, zu:

$$\sum_{(s)} |a_m(N_1 \ldots N_s - 1 \ldots)|^2 = \overline{N}_s \cdot \frac{d\Omega}{2\pi \hbar c^3} (\omega_m - \omega_n) \, |j_{s,nm}|^2 \cdot t ; \tag{18.9}$$

und die Wahrscheinlichkeit einer (*spontanen* oder *erzwungenen*) *Emission* $n \to m$ $(\omega_m < \omega_n)$, $\mathfrak{k}_s$ in $d\Omega$ und $\mathfrak{e}_s = \mathfrak{e}$ wird:

$$\sum_{(s)} |a_m(N_1 \ldots N_s + 1 \ldots)|^2 = (1 + \overline{N}_s) \cdot \frac{d\Omega}{2\pi\hbar c^3} (\omega_n - \omega_m) |j_{s,mn}|^2 \cdot t. \quad (18.10)$$

Die Wahrscheinlichkeit der erzwungenen Emission $n \to m$ ist gleich derjenigen der inversen Absorption $m \to n$. Ist die einfallende Strahlung in ihrer Richtungsverteilung speziell *isotrop und unpolarisiert*, so ist die Wahrscheinlichkeit *irgend*eines Absorptions- bzw. Emissionsprozesses $n \to m$ pro Zeiteinheit gleich

$$\overline{N}_s \cdot A_n^m \quad \text{bzw.} \quad (1 + \overline{N}_s) \cdot A_m^n. \quad (18.11)$$

Schreibt man diese Wahrscheinlichkeiten mit EINSTEIN:

$$w(\omega_m - \omega_n) \cdot B_n^m \quad \text{bzw.} \quad A_m^n + w(\omega_n - \omega_m) \cdot B_m^n, \quad (18.12)$$

wo $w(\nu)\,d\nu$ die Energiedichte der einfallenden Strahlung pro Frequenzintervall $d\nu$ bedeutet:

$$w(\nu)\,d\nu = \frac{G}{(2\pi c)^3} \nu^2 d\nu \cdot 4\pi \cdot 2 \cdot \frac{\overline{N}_s \hbar \nu}{G} = \overline{N}_s \cdot \frac{\hbar \nu^3}{\pi^2 c^3} d\nu, \quad (18.13)$$

so stehen die EINSTEINschen Koeffizienten A und B im Verhältnis

$$\frac{A_m^n}{B_m^n} = \frac{w(\omega_n - \omega_m)}{\overline{N}_s} = \frac{\hbar(\omega_n - \omega_m)^3}{\pi^2 c^3}. \quad (18.14)$$

Die hier erhaltenen relativen Häufigkeiten von Absorptionsprozessen und erzwungenen und spontanen Emissionsprozessen sind dieselben, die EINSTEIN zuerst durch die Untersuchung des thermodynamischen Gleichgewichts einer Hohlraumstrahlung in Wechselwirkung mit Materie abgeleitet hat[1].

Aus den Formeln (18.9), (18.10) für das anisotrope Strahlungsfeld kann man durch einen Grenzübergang auch leicht die entsprechenden Ausdrücke für eine vollkommen gerichtete und linear polarisierte einfallende Strahlung erhalten. Für diesen Fall wird die Wahrscheinlichkeit des Absorptionssprunges $n \to m$ (ebenso wie die des erzwungenen Emissionssprunges $m \to n$) pro Zeiteinheit gleich

$$\left(\frac{2\pi}{\hbar \nu}\right)^2 \cdot w(\nu) \cdot |j_{s,nm}|^2, \qquad \nu = \omega_m - \omega_n > 0, \quad (18.15)$$

wo $w(\nu)\,d\nu$ die Energiedichte der einfallenden ebenen Wellen pro $d\nu$ ist, und wo in $j_{s,nm}$ die Richtungen von $\mathfrak{k}_s$ und $\mathfrak{e}_s$ durch die Wellennormale und den elektrischen Vektor der Primärwelle bestimmt sind[2].

Reduzieren wir schließlich die einfallende Strahlung auf eine ebene, linear polarisierte und *monochromatische* Welle (nur für *eine* bestimmte Sorte s soll $N_s \neq 0$ sein), so kann ein erzwungener Übergang nur noch bei *Resonanz* stattfinden, d. h. wenn die Lichtfrequenz ν_s mit einer Atomfrequenz $|\omega_m - \omega_n|$ übereinstimmt. Eine solche Resonanz kann einerseits dadurch zustande kommen, daß das eingestrahlte Licht etwa von einem gleichartigen Atom herstammt: ist ν_s exakt gleich einer diskreten Atomeigenfrequenz $|\omega_m - \omega_n|$, so wächst nach (17.4) $|a_m|$ proportional zu t an, also die Wahrscheinlichkeit, das Atom

[1] Vgl. Kap. 1 dieses Bandes, Ziff. 17.

[2] Dasselbe Resultat kann man auch leicht durch eine rein wellenmechanische Rechnung erhalten, indem man die Störung des Atoms durch die gegebene Primärwelle betrachtet $\left[\text{Störungsfunktion} = -\sum_k \frac{e_k}{m_k} (\mathfrak{p}_k \mathfrak{A});\ \text{vgl. (17.3)}\right]$. Die „reine Mechanik" ist eben ausreichend für solche Probleme, bei denen es sich um die Einwirkung eines gegebenen elektromagnetischen Feldes auf ein Atomsystem handelt (z. B. die Anregung eines Atoms durch Bestrahlung), nicht aber um die Rückwirkung des Atomsystems auf das Strahlungsfeld zu beschreiben.

im Zustand m zu finden, proportional zu t^2*. Andererseits kann aber die Resonanz auch im *kontinuierlichen* Energiespektrum des Atoms stattfinden, und zwar geschieht das sicher, falls nur die Primärfrequenz ν_s einen gewissen Schwellenwert (Ionisations- oder Dissoziationsarbeit mal $\hbar^{-1}$) überschreitet: dann liegt die Nullstelle des Resonanznenners $\omega_m - \omega_n - \nu_s$ in der Tat im kontinuierlichen Eigenwertspektrum ω_m, und (18.4) liefert merklich von Null verschiedene Wahrscheinlichkeitsamplituden für solche Atomzustände, deren ω_m um weniger als t^{-1} von $\nu_s + \omega_n$ abweicht. Die Gesamtwahrscheinlichkeit eines Absorptionsprozesses dieser Art erhält man durch Summation (Integration) über alle Atomzustände m in der Umgebung der Resonanzstelle:

$$\sum_m |a_m(0 \ldots N_s - 1 \ldots)|^2 = \frac{2\pi}{G\hbar} \frac{N_s}{\nu_s} \sum_m |j_{s,nm}|^2 \cdot \frac{2(1 - \cos(\omega_m - \omega_n - \nu_s)t)}{(\omega_m - \omega_n - \nu_s)^2}.$$

Dieser Ausdruck wird nun wieder proportional zu t. Wenn wir die Eigenfunktionen u_m speziell in der Skala $\omega (= \omega_m)$ normieren und den Index m, wie in den analogen Rechnungen unter Ziff. 15, durch einen Doppelindex $\omega\mu$ ersetzen, wo der Parameter μ der Entartung des Energieterms ω Rechnung trägt, so schreibt sich die Wahrscheinlichkeit des Absorptionsprozesses pro Zeiteinheit:

$$\sum_m |a_m(0 \ldots N_s - 1 \ldots)|^2 \cdot \frac{1}{t} = S_0 \cdot \frac{4\pi^2}{c\hbar^2 \nu_s^2} \cdot \sum_\mu |j_{s,n,\omega\mu}|^2, \quad \omega = \omega_n + \nu_s; \tag{18.16}$$

hier bedeutet $S_0 = G^{-1} c N_s \hbar \nu_s$ die Energiestromdichte (d. h. den Betrag des POYNTINGschen Vektors) der einfallenden Welle. Die angeregten Zustände $\omega\mu$ entsprechen, wie im Fall der strahlungslosen Zerfallsprozesse (vgl. Ziff. 15), ionisierten Atomen oder dissoziierten Molekülen; die betreffenden Absorptionsprozesse sind also *photoelektrische* oder *photochemische* Prozesse. Auch die genauere wellenmechanische Beschreibung dieser Zerfallsvorgänge, insbesondere der asymptotischen Bewegung der Zerfallsprodukte, erfolgt ganz ähnlich, wie dies unter Ziff. 15 für den Augereffekt und die Prädissoziation näher ausgeführt wurde: die maßgebende Wellenfunktion

$$\sum_m a_m(0 \ldots N_s - 1 \ldots) e^{-i\omega_m t} u_m(q)$$

enthält, bei Benutzung der asymptotischen Darstellung (15.15), den Faktor

$$\int d\omega \frac{e^{-i\omega t} - e^{-i(\omega_n + \nu_s)t}}{\omega - \omega_n - \nu_s} \cdot \left(\sum_\mu f_\mu \frac{e^{ikr}}{r} + \sum_\mu f_\mu^* \frac{e^{-ikr}}{r} \right) \cdot j_{s,n,\omega\mu},$$

stellt also (nach obigem) eine auslaufende Kugelwelle dar, deren Wellenkopf mit der Gruppengeschwindigkeit $d\omega/dk$ vorschreitet[1] und deren *Richtungsverteilung* durch den Amplitudenfaktor

$$\sum_\mu f_\mu j_{s,n,\omega\mu} \tag{18.17}$$

bestimmt ist[2]. —

Ist das emittierende oder absorbierende Atomsystem frei beweglich, so kann man in den Eigenfunktionen u_n, u_m die Schwerpunktsbewegung abseparieren; der obigen Annahme, daß zur Zeit $t = 0$ nur eine einzige Eigenfunktion u_n

* Auf diesen Resonanzfall kommen wir unter Ziff. 21 zurück, im Zusammenhang mit der Frage nach der Resonanzfluoreszenz, d. h. der Lichtemission des Atoms beim Rückfall $m \to n$.

[1] Vgl. Anm. 1, S. 737.

[2] Bezüglich der Formeln (18.16) und (18.17) gilt wiederum das in Anm. 2, S. 745 Gesagte; vgl. auch G. WENTZEL, ZS. f. Phys. Bd. 40, S. 574. 1926.

realisiert sei, entspricht es, den Anfangsimpuls $\hbar\,\mathfrak{K}$ des Atomsystems als scharf gegeben zu betrachten[1]; u_n enthält dann den Faktor $e^{i(\mathfrak{K}\mathfrak{R})}$ ($\mathfrak{R}$ = Schwerpunktskoordinaten). Die Matrixelemente $j_{s,nm}$ bzw. $j_{s,mn}$ sind dann nach (17.10) nur von Null verschieden, wenn u_m den Faktor $e^{i(\mathfrak{K}+\mathfrak{k}_s\cdot\mathfrak{R})}$ bzw. $e^{i(\mathfrak{K}-\mathfrak{k}_s\cdot\mathfrak{R})}$ enthält. Da $j_{s,nm}$ für die Absorption $n\to m$, $j_{s,mn}$ für die Emission $n\to m$ maßgebend ist, folgt, daß das Atomsystem bei der Absorption eines Photons s notwendig den Impuls $\hbar\,\mathfrak{k}_s$ aufnimmt, bei der Emission eines Photons s den Impuls $\hbar\,\mathfrak{k}_s$ abgibt, entsprechend der EINSTEINschen Vorstellung, daß einem Photon ν_s der Impuls $\hbar\,\mathfrak{k}_s$ zukommt. — Nun enthält die vom Atom aufgenommene bzw. abgegebene Energie $\hbar(\omega_m-\omega_n)$ natürlich außer der Änderung der inneren Atomenergie ($\pm\hbar\,\omega$) einen Term, welcher der Änderung der Schwerpunktsbewegungsenergie entspricht:

$$\hbar(\omega_m-\omega_n)=\pm\hbar\,\omega+\frac{\hbar^2}{2M}\{|\mathfrak{K}\pm\mathfrak{k}_s|^2-|\mathfrak{K}|^2\}=\pm\hbar\left\{\omega+\frac{\hbar}{M}(\overline{\mathfrak{K}}\,\mathfrak{k}_s)\right\},\tag{18.18}$$

hier bedeutet M die Atommasse und $\hbar\,\overline{\mathfrak{K}}$ das (arithmetische) Mittel von Anfangs- und Endimpuls des Atoms:

$$\overline{\mathfrak{K}}=\tfrac{1}{2}[\mathfrak{K}+(\mathfrak{K}\pm\mathfrak{k}_s)]=\mathfrak{K}\pm\tfrac{1}{2}\mathfrak{k}_s.\tag{18.19}$$

Das Zentrum der absorbierten bzw. emittierten Spektrallinie liegt demnach bei

$$\nu_s=\omega+\frac{\hbar}{M}(\overline{\mathfrak{K}}\,\mathfrak{k}_s).\tag{18.20}$$

Diese Abhängigkeit von der (mittleren) Geschwindigkeit des Atoms ($\hbar\,\overline{\mathfrak{K}}/M$) entspricht gerade dem bekannten Gesetz der *Dopplerverschiebung* von Spektrallinien[2].

19. Strahlungsprozesse höherer Ordnung. Wir untersuchen jetzt solche Zustände des Gesamtsystems, in denen *zwei* (und nur zwei) Photonenzahlen N_s gegenüber dem Anfangszustand um ± 1 geändert sind. Berechnet man aus (17.4) die diesbezüglichen Wahrscheinlichkeitsamplituden mit Hilfe der DIRACschen Näherungsmethode, so findet man, daß sie sich jeweils aus zwei Termen zusammensetzen: der erste Term ergibt sich bereits in der 1. Näherung der Störungsrechnung unmittelbar aus den Matrixelementen (17.7) bis (17.9) der Störungsfunktion, doch gibt die 2. Näherung einen weiteren Term gleicher Größenordnung (2. Ordnung in den Lichtamplituden $\mathfrak{A}$), welcher sich bilinear durch die Matrixelemente der Einfachprozesse (17.5) und (17.6) ausdrückt. Obwohl keine Möglichkeit bestehen kann, die den beiden Termen entsprechenden Doppelprozesse physikalisch zu unterscheiden, zeichnet DIRAC die dem 1. Term entsprechenden Streuprozesse durch den Namen „true scattering" aus, offenbar lediglich weil es sich als bequem erweist, für den 1. Term eine besondere Bezeichnung zur Verfügung zu haben; aus diesem Grunde sollen auch hier *„eigentliche"* und *„uneigentliche"* Doppelprozesse formal unterschieden werden.

Die Störungsrechnung sei hier speziell für den *Streuvorgang*[3] skizziert. Läßt man wieder die Anfangsbedingung (18.1) gelten, so erhält man für die

[1] Den Vektor $\mathfrak{K}$ wird man ebenso wie $\mathfrak{k}$ [vgl. (17.1)] auf die „Gittervektoren": $\mathfrak{K}_x=\frac{2\pi\tau_1}{l_1}$, ..., ... beschränken, damit die Anordnung der Materie dieselbe räumliche Periodizität aufweist wie das Strahlungsfeld.

[2] Vgl. E. SCHRÖDINGER, Phys. ZS. Bd. 23, S. 301. 1922.

[3] P. A. M. DIRAC, Proc. Roy. Soc. London (A) Bd. 114, S. 710. 1927.

Wahrscheinlichkeitsamplituden des Zustandes: m, $M_s = N_s - 1$, $M_{s'} = N_{s'} + 1$ (alle übrigen $M_r = N_r$) die Differentialgleichung 2. Näherung:

$$
\begin{aligned}
i\hbar \frac{d a_m(N_1 \ldots N_s - 1 \ldots N_{s'} + 1 \ldots)}{dt}
&= a_n(N_1 \ldots N_s \ldots N_{s'} \ldots) \cdot \left(\frac{h N_s}{G \nu_s}\right)^{\frac{1}{2}} \left(\frac{h(N_{s'}+1)}{G \nu_{s'}}\right)^{\frac{1}{2}} \eta_{ss',nm} \cdot e^{i(\omega_m - \omega_n - \nu_s + \nu_{s'})t}, \\
&+ \sum_l a_l(N_1 \ldots N_s - 1 \ldots N_{s'} \ldots) \cdot \left(\frac{h(N_{s'}+1)}{G \nu_{s'}}\right)^{\frac{1}{2}} j^*_{s',ml} \cdot e^{i(\omega_m - \omega_l + \nu_{s'})t}, \\
&+ \sum_l a_l(N_1 \ldots N_s \ldots N_{s'} + 1 \ldots) \cdot \left(\frac{h N_s}{G \nu_s}\right)^{\frac{1}{2}} j_{s,lm} \cdot e^{i(\omega_m - \omega_l - \nu_s)t};
\end{aligned}
$$

hier sind rechter Hand für die a_n, a_l ihre Werte 1. Näherung (18.1) bis (18.3) einzusetzen. Die Integration nach t ergibt dann:

$$
\left.
\begin{aligned}
a_m(N_1 \ldots N_s - 1 \ldots N_{s'} + 1 \ldots) &= \left(\frac{h N_s}{G \nu_s}\right)^{\frac{1}{2}} \left(\frac{h(N_{s'}+1)}{G \nu_{s'}}\right)^{\frac{1}{2}} \cdot \left\{ -\eta_{ss',nm} \frac{e^{i(\omega_m - \omega_n - \nu_s + \nu_{s'})t} - 1}{\hbar(\omega_m - \omega_n - \nu_s + \nu_{s'})} \right. \\
&+ \sum_l \frac{j_{s,nl} j^*_{s',ml}}{\hbar(\omega_l - \omega_n - \nu_s)} \cdot \left(\frac{e^{i(\omega_m - \omega_n - \nu_s + \nu_{s'})t} - 1}{\hbar(\omega_m - \omega_n - \nu_s + \nu_{s'})} - \frac{e^{i(\omega_m - \omega_l + \nu_{s'})t} - 1}{\hbar(\omega_m - \omega_l + \nu_{s'})} \right) \\
&+ \left. \sum_l \frac{j_{s,lm} j^*_{s',ln}}{\hbar(\omega_l - \omega_n + \nu_{s'})} \cdot \left(\frac{e^{i(\omega_m - \omega_n - \nu_s + \nu_{s'})t} - 1}{\hbar(\omega_m - \omega_n - \nu_s + \nu_{s'})} - \frac{e^{i(\omega_m - \omega_l - \nu_s)t} - 1}{\hbar(\omega_m - \omega_l - \nu_s)} \right) \right\}.
\end{aligned}
\right\} \quad (19.1)
$$

Für die Streuprozesse sind hier nur die Glieder mit dem Faktor $\frac{e^{i(\omega_m - \omega_n - \nu_s + \nu_{s'})t} - 1}{\omega_m - \omega_n - \nu_s + \nu_{s'}}$ von Bedeutung[1]; in der Tat entspricht dessen Resonanzmaximum der Energieerhaltung: $\hbar(\omega_n + \nu_s) = \hbar(\omega_m + \nu_{s'})$*. Und zwar entspricht der Term mit $\eta_{ss',nm}$ den „eigentlichen", der Rest den „uneigentlichen" Streuprozessen.

Die Wahrscheinlichkeit pro Zeiteinheit eines Streuvorgangs, bei dem das Atom aus dem Zustand n in den Zustand m übergeht und bei dem gleichzeitig ein Photon einer bestimmten Sorte s in einen Raumwinkel $d\Omega$ gestreut wird und dabei zu einer bestimmten Polarisation $\mathfrak{e}'$ der Streustrahlung beiträgt ($\mathfrak{k}_{s'}$ in $d\Omega$ und $c|\mathfrak{k}_{s'}| = \nu_{s'} \cong \nu_s + \omega_n - \omega_m > 0$, $\mathfrak{e}_{s'} = \mathfrak{e}'$), ergibt sich durch Summation über alle s' der betreffenden Art, bzw. durch Integration nach $\nu_{s'}$ über das Resonanzmaximum von $|a_m|^2$ [im Frequenzintervall $d\nu'$ liegen $G(2\pi c)^{-3}\nu'^2 d\nu' d\Omega$ solcher s'] zu:

$$
\left.
\begin{aligned}
\sum_{(s')} |a_m(N_1 \ldots N_s - 1 \ldots N_{s'} + 1 \ldots)|^2 \frac{1}{t} &= d\Omega \, \frac{1}{G} \, \frac{1}{c^3} \, N_s(1 + \overline{N}_{s'}) \\
\cdot \frac{\nu_s + \omega_n - \omega_m}{\nu_s} \cdot \left| \eta_{ss',nm} + \frac{1}{\hbar} \sum_l \left\{ \frac{j_{s,nl} j^*_{s',ml}}{\nu_s + \omega_n - \omega_l} - \frac{j_{s,lm} j^*_{s',ln}}{\nu_s - \omega_m + \omega_l} \right\} \right|^2 &.
\end{aligned}
\right\} \quad (19.2)
$$

Hier bedeutet $\overline{N}_{s'}$ die (anfängliche) „mittlere Photonenzahl" für die Sorten in der Umgebung von s'; ist das anfängliche Strahlungsfeld speziell isotrop und unpolarisiert und ist seine Energiedichte pro $d\nu$ gleich $w(\nu)\,d\nu$, so ist gemäß (18.13):

$$
\overline{N}_{s'} = \frac{\pi^2 c^3}{\hbar \nu'^3} \cdot w(\nu'), \qquad \text{wo} \qquad \nu' = \nu_s + \omega_n - \omega_m.
$$

---

[1] Ausgenommen in Resonanzfällen, s. u.

* Die übrigen Terme sind analog den freien Schwingungen, welche die erzwungenen Schwingungen eines klassischen Oszillators begleiten, und hängen wie diese von der Art ab, wie die Kopplung V „eingeschaltet" wird; bei „adiabatischer Einschaltung" verschwinden sie, ausgenommen in Resonanzfällen (z. B. $\nu_s \sim \omega_l - \omega_n$).

Der zu $N_{s'}$ proportionale Zusatzterm in der Streuintensität ist analog der erzwungenen Emission; er ist zum erstenmal von PAULI[1] abgeleitet worden, auf Grund der Forderung, daß das statistische Gleichgewicht einer Hohlraumstrahlung auch unter Berücksichtigung des Rückstoßes beim Streuprozeß (s. unten) der PLANCKschen Formel entsprechen soll.

Der wichtigste Spezialfall ist der, daß die anfängliche Strahlung nur aus einer *ebenen, linear polarisierten und monochromatischen Welle* besteht, d. h. daß nur für eine einzige Photonensorte s $N_s \neq 0$ ist; die Energiestromdichte dieser einfallenden Welle sei wieder $S_0 = G^{-1} c N_s \hbar \nu_s$. In diesem Falle verschwindet natürlich $\overline{N_{s'}}$ (außer für kleinste Streuwinkel). Dann wird die Wahrscheinlichkeit pro Zeiteinheit eines Streuprozesses, bei welchem das Atom den Übergang $n \to m\,(\omega_m - \omega_n < \nu_s)$ ausführt und ein Photon in den Raumwinkel $d\Omega$ gestreut wird und zur Polarisation $\mathfrak{e}_{s'} = \mathfrak{e}'$ der Streustrahlung beiträgt:

$$\left.\begin{aligned} &\sum_{(s')} \Big| a_m(0 \ldots N_s - 1 \ldots \underset{(s')}{1} \ldots) \Big|^2 \cdot \frac{1}{t} = S_0\, d\Omega \cdot \frac{1}{c^4 \hbar} \frac{\nu_s + \omega_n - \omega_m}{\nu_s^2} \\ &\cdot \left| \eta_{s s', n m} + \frac{1}{\hbar} \sum_l \left\{ \frac{j_{s, n l}\, j^*_{s', m l}}{\nu_s + \omega_n - \omega_l} - \frac{j_{s, l m}\, j^*_{s', l n}}{\nu_s - \omega_m + \omega_l} \right\} \right|^2. \end{aligned}\right\} \qquad (19.3)$$

Die Streustrahlung hat ein Spektrum von Linien $\nu' = \nu_s + \omega_n - \omega_m$, wo ω_m die Eigenwerte des Atoms durchläuft; die Energie, die in einer solchen Linie in einer bestimmten Richtung $\mathfrak{k}_{s'} = \mathfrak{k}'$ pro Zeiteinheit in den Raumwinkel $d\Omega$ gestrahlt wird, ist das $\hbar \nu'$-fache von (19.3), noch summiert über die beiden unabhängigen Polarisationsrichtungen $\mathfrak{e}'$, also:

$$S_m\left(\frac{\mathfrak{k}'}{|\mathfrak{k}'|}\right) d\Omega = S_0\, d\Omega \cdot \frac{1}{c^4} \left(\frac{\nu_s + \omega_n - \omega_m}{\nu_s}\right)^2 \cdot \sum_{\mathfrak{e}'} \left| \eta_{s s', n m} + \frac{1}{\hbar} \sum_l \{\ldots\} \right|^2. \qquad (19.4)$$

Die Streulinie $m = n$, $\nu' = \nu_s$ gibt eine zur einfallenden kohärente Welle, sie entspricht der klassischen (RAYLEIGHschen) Streustrahlung und ist für die Dispersion des Lichtes in einem ponderablen Medium maßgebend. Die Linien $m \neq n$ bilden die inkohärente Streustrahlung, deren Existenz zuerst von SMEKAL[2] vorausgesagt worden ist und die von RAMAN experimentell entdeckt wurde. Entsprechend dem kontinuierlichen Spektrum von ω_m schließt sich (falls $\hbar \nu_s$ die Ionisationsarbeit übertrifft) ein kontinuierliches Streuspektrum an; diese Streuprozesse führen zur Ionisation (evtl. Dissoziation) des Atomsystems; zu ihnen gehören die von A. H. COMPTON bei Röntgenstrahlen entdeckten Streuprozesse.

Bei dieser Diskussion des Streuspektrums haben wir vorderhand die Atomschwerpunktsbewegung und ihr kontinuierliches Energiespektrum ignoriert. Man überzeugt sich jedoch leicht, daß dieses den Liniencharakter des RAYLEIGHschen und des SMEKAL-RAMANschen Streuspektrums nicht zerstört, da nämlich der Endimpuls des Atoms (im Zustand m) gemäß dem Impulssatz gleich Anfangsimpuls (im Zustand n) plus $\hbar(\mathfrak{k}_s - \mathfrak{k}_{s'})$ sein muß, wie man auch aus dem Bau der Matrixelemente (17.10) und (17.12) wieder unmittelbar bestätigen kann. Der Beitrag der Schwerpunktsbewegung zur umgesetzten Energie stellt sich also, ähnlich wie in (18.18), durch folgende Formel dar:

$$\hbar(\omega_m - \omega_n) = \hbar\omega + \frac{\hbar^2}{2M}\{|\mathfrak{K} + \mathfrak{k}_s - \mathfrak{k}_{s'}|^2 - |\mathfrak{K}|^2\} = \hbar\left\{\omega + \frac{\hbar}{M}(\overline{\mathfrak{K}}, \mathfrak{k}_s - \mathfrak{k}_{s'})\right\}, \qquad (19.5)$$

[1] W. PAULI, ZS. f. Phys. Bd. 18, S. 272. 1923.

[2] A. SMEKAL, Naturwissensch. Bd. 11, S. 873. 1923. Vgl. auch Kap. 1 dieses Bandes, Ziff. 20.

wo wieder $\hbar\,\bar{\mathfrak{K}}$ das Mittel von Anfangs- und Endimpuls des Atoms ist:

$$\bar{\mathfrak{K}} = \mathfrak{K} + \tfrac{1}{2}(\mathfrak{k}_s - \mathfrak{k}_{s'})\,. \tag{19.6}$$

Demnach verursacht die Schwerpunktsgeschwindigkeit $\hbar\,\bar{\mathfrak{K}}/M$, ähnlich wie im Falle der Absorption und Emission, lediglich die bekannte *Dopplerverschiebung* der gestreuten Spektrallinie:

$$\nu_{s'} = \nu_s - \omega + \frac{\hbar}{M}\left(\bar{\mathfrak{K}}, \mathfrak{k}_{s'} - \mathfrak{k}_s\right). \tag{19.7}$$

Stimmt die eingestrahlte Frequenz ν_s speziell mit einer Atomeigenfrequenz $\omega_l - \omega_n$ oder $\omega_m - \omega_l$ überein, so findet nach Ausweis der Resonanznenner in (19.3) eine besonders intensive uneigentliche Streuung statt, die „*Resonanzfluoreszenz*". Zu ihrer genaueren Beschreibung benutzt man aber zweckmäßig ein anderes Näherungsverfahren; darauf kommen wir unter Ziff. 21 zurück. Hier sei nur bemerkt, daß der uneigentliche Streuvorgang im Resonanzfalle in zwei nacheinander erfolgende Einfachprozesse (Absorption und Emission) degeneriert; man erkennt dies daran, daß — nach (19.1) — bei Einstrahlung eines kontinuierlichen Spektrums, welches eine Absorptionslinie $\omega_l - \omega_n$ überdeckt, die Intensität der Resonanzfluoreszenz für kleine t proportional zu t^2 anwächst und durch das Produkt der Wahrscheinlichkeiten für die Absorption $n \to l$ und die Reemission $l \to m$ bestimmt ist, falls der Zustand l nichtentartet ist[1]. Eine Ausnahme macht dabei aber der Fall, daß die Resonanzstelle in das *kontinuierliche* Spektrum des Atoms fällt ($\hbar\nu_s >$ Ionisationsarbeit); dann geht nämlich die Intensität der Resonanzstreuung wieder linear mit t, so daß dieser Streuprozeß wieder als ein Elementarprozeß gelten kann.

Man pflegt den Inhalt der Formel (19.4) dadurch wiederzugeben, daß man ein dem Übergang $n \to m$ „korrespondierendes" induziertes Dipolmoment $\mathfrak{P}_{nm}$ so definiert, daß — entsprechend der klassischen Theorie der Ausstrahlung — die pro Zeiteinheit in den Raumwinkel $d\Omega$ emittierte Lichtenergie

$$S_m\left(\frac{\mathfrak{k}'}{|\mathfrak{k}'|}\right) d\Omega = d\Omega\,\frac{\nu'^4}{8\pi c^3} \sum_{\mathfrak{e}'} (\mathfrak{e}'\mathfrak{P}_{nm})^2 \tag{19.8}$$

wird. Der Vergleich mit (19.4) ergibt:

$$(\mathfrak{e}'\mathfrak{P}_{nm})| = \frac{1}{\nu\nu'}\cdot|\mathfrak{E}_0|\cdot\left|\eta_{ss',nm} + \frac{1}{\hbar}\sum_l\left\{\frac{j_{s,nl}\,j^*_{s',ml}}{\nu + \omega_n - \omega_l} - \frac{j_{s,lm}\,j^*_{s',ln}}{\nu - \omega_m + \omega_l}\right\}\right|, \tag{19.9}$$

wo $\nu_s = \nu$ gesetzt ist und $\mathfrak{E}_0$ die Amplitude des elektrischen Vektors der einfallenden Lichtwelle bedeutet $\left(S_0 = \frac{c}{8\pi}|\mathfrak{E}_0|^2\right)$. Die Formel (19.9) ist im wesentlichen dieselbe, durch welche KRAMERS und HEISENBERG[2], noch bevor die exakte Quantenmechanik bekannt war, vom BOHRschen Korrespondenzprinzip ausgehend die Streustrahlung beschrieben haben. In ihrer endgültigen Form [verbunden mit der Darstellung (17.10), (17.12) der Matrixelemente] ist sie zum erstenmal von WALLER[3] angegeben worden.

---

[1] P. A. M. DIRAC, l. c., § 6.

[2] H. A. KRAMERS u. W. HEISENBERG, ZS. f. Phys. Bd. 31, S. 681. 1925; vgl. auch M. BORN, W. HEISENBERG u. P. JORDAN, ebenda Bd. 35, S. 557. 1926; O. KLEIN, ebenda Bd. 41, S. 407. 1927. Vgl. auch Kap. 1 dieses Bandes, Ziff. 20.

[3] I. WALLER, Naturwissensch. Bd. 15, S. 969. 1927; ZS. f. Phys. Bd. 51, S. 213. 1928.

Für die Prozesse der *doppelten Absorption* und der *doppelten Emission* verläuft die Rechnung ganz analog wie für die Streuung[1]. An Stelle der Formel (19.1) erhält man jetzt:

$$\left.\begin{aligned} a_m(N_1 \ldots N_s - 1 \ldots N_{s'} - 1 \ldots) &= \frac{e^{i(\omega_m - \omega_n - \nu_s - \nu_{s'})t} - 1}{\hbar(\omega_m - \omega_n - \nu_s - \nu_{s'})} \cdot \left(\frac{h N_s}{G \nu_s}\right)^{\frac{1}{2}} \left(\frac{h N_{s'}}{G \nu_{s'}}\right)^{\frac{1}{2}} \\ &\cdot \left[-\xi_{ss',nm} + \frac{1}{\hbar} \sum_l \left\{\frac{j_{s,nl} j_{s',lm}}{\omega_l - \omega_n - \nu_s} + \frac{j_{s,lm} j_{s',nl}}{\omega_l - \omega_n - \nu_{s'}}\right\}\right] + \cdots *, \end{aligned}\right\} \quad (19.10)$$

$$\left.\begin{aligned} a_m(N_1 \ldots N_s + 1 \ldots N_{s'} + 1 \ldots) &= \frac{e^{i(\omega_m - \omega_n + \nu_s + \nu_{s'})t} - 1}{\hbar(\omega_m - \omega_n + \nu_s + \nu_{s'})} \cdot \left(\frac{h(N_s + 1)}{G \nu_s}\right)^{\frac{1}{2}} \left(\frac{h(N_{s'} + 1)}{G \nu_{s'}}\right)^{\frac{1}{2}} \\ &\cdot \left[-\xi^*_{ss',mn} + \frac{1}{\hbar} \sum_l \left\{\frac{j^*_{s,ln} j^*_{s',ml}}{\omega_l - \omega_n + \nu_s} + \frac{j^*_{s,ml} j^*_{s',ln}}{\omega_l - \omega_n + \nu_{s'}}\right\}\right] + \cdots *. \end{aligned}\right\} \quad (19.11)$$

Die Absorption bzw. Emission zweier Photonen ν, ν' in einem Elementarprozeß erhält eine merkliche Wahrscheinlichkeit, wenn $\nu + \nu'$ gleich einer Eigenfrequenz des Atoms ($\omega_m - \omega_n > 0$ bzw. $\omega_n - \omega_m > 0$) ist. Zur Erzielung von Doppelabsorption bedarf es im allgemeinen eines kontinuierlichen Primärspektrums; die Wahrscheinlichkeit ist proportional dem Produkt der spezifischen Intensitäten $w(\nu)$ und $w(\nu') = w(\omega_m - \omega_n - \nu)$; eine monochromatische Strahlung wird nur doppelabsorbiert, wenn ihre Frequenz $\nu = \frac{1}{2}(\omega_m - \omega_n)$ ist. Für die Doppelemission erhält man spontane und erzwungene Übergänge. Die ersteren ergeben ein kontinuierliches Spektrum, das sich von $\nu = 0$ bis $\nu = \omega_n - \omega_m$ erstreckt; die Gesamtintensität ist klein gegen die Intensität der durch den einfachen Sprung $n \rightarrow m$ emittierten Linie $\nu = \omega_n - \omega_m$**. Die erzwungene Doppelemission besteht bei monochromatischer Beleuchtung (ν) darin, daß außer einem Photon ν ein solches $\nu' = \omega_n - \omega_m - \nu$ (>0) entsteht[2]. — Liegt ein Eigenwert ω_l *zwischen* ω_n und ω_m, so treten überdies, nach Ausweis der Resonanznenner $\omega_l - \omega_n \mp \nu_{s(s')}$ in (19.10) und (19.11), diskrete Absorptions- bzw. Emissionslinien bei $|\omega_l - \omega_n|$ und $|\omega_m - \omega_l|$ auf; hier ist der Doppelprozeß wieder, ähnlich der Resonanzfluoreszenz bei der Streuung, in zwei „kaskadenartig" aufeinanderfolgende Einzelsprünge ($n \rightarrow l \rightarrow m$) degeneriert.

Von den *Strahlungsprozessen 3. Ordnung* sind bisher nur diejenigen genauer untersucht worden, die darin bestehen, daß in einem Elementarprozeß zwei Photonen ν_1, ν_2 absorbiert werden und eines $\nu_1 + \nu_2 + \omega_n - \omega_m$ reemittiert wird[3]; diese Prozesse treten speziell auch bei monochromatischer Einstrahlung auf: zwei Photonen ν werden absorbiert und eines $2\nu + \omega_n - \omega_m$ reemittiert[4]. Die Wahrscheinlichkeit dieser höheren Streuprozesse ergibt sich aus der 3. Näherung der Diracschen Störungsrechnung; sie ist, ebenso wie die Intensität der klassisch korrespondierenden Streustrahlung[5], von der 2. Ordnung in der Intensität des einfallenden Lichtes.

[1] M. Göppert-Mayer, Ann. d. Phys. Bd. 9, S. 273. 1931, § 1.

* Die Terme, die bei adiabatischer Einschaltung verschwinden (vgl. Anm. *, S. 748), sind fortgelassen.

** Im Falle der Resonanzlinie von Atomspektren größenordnungsmäßig wie $(\varepsilon^2/\hbar c)^3 \sim 10^{-6} : 1$.

[2] Dieser Prozeß ist zum erstenmal erwähnt und korrespondenzmäßig behandelt bei H. A. Kramers u. W. Heisenberg, l. c.

[3] P. Güttinger, Helv. Phys. Acta Bd. 5, S. 237. 1932; vgl. auch die 1. Auflage dieses Bandes, S. 26 und 95 (W. Pauli).

[4] Diesen Fall (speziell mit $m = n$) hat J. Blaton (ZS. f. Phys. Bd. 69, S. 835. 1931) auf Grund einer wellenmechanischen Störungsrechnung diskutiert.

[5] Diese kommt durch die Mitwirkung der magnetischen Lorentzkraft zustande.

20. Strahlungsdämpfung, Linienform in Emission. In Ziff. 18 haben wir die Übergangswahrscheinlichkeiten für spontane Emissionsprozesse $n \to m$ in der 1. Näherung der DIRACschen Störungstheorie berechnet. In dieser Näherung ergab sich die Wahrscheinlichkeit, daß bis zur Zeit t ein Photon ν_s emittiert ist, proportional zu

$$\frac{\sin^2 \frac{(\omega_n - \omega_m - \nu_s)\,t}{2}}{(\omega_n - \omega_m - \nu_s)^2}\,;$$

in der Skala ν_s ist die Breite dieses Spektrums (beiderseits des Maximums $\nu_s = \omega_n - \omega_m$) von der Größenordnung t^{-1} und entspricht, wie oben hervorgehoben wurde, der natürlichen Energieunschärfe für eine Beobachtungsdauer der Größenordnung t. Diese spektrale Verteilung kann aber, wie aus der Art der Störungsrechnung hervorgeht, nur für kurze Zeiten richtig sein, nämlich nur solange, als das Atom noch fast mit Gewißheit im Zustande n angetroffen wird, d. h. für $t \cdot \sum_{\substack{m \\ (\omega_m < \omega_n)}} A_m^n \ll 1$. Interessiert man sich aber für den Verlauf des Spektrums für große t, d. h. nachdem fast sicher eine spontane Emission stattgefunden hat, so ist es nötig, den zeitlichen Ablauf des Emissionsvorganges auf Grund einer anderen Näherungslösung genauer zu untersuchen.

Eine hierfür geeignete Näherungsmethode bietet sich nun immer dann, wenn auf Grund der Anregungsbedingungen (so etwa bei Anregung durch Kathodenstrahlen bekannter Maximalenergie) angenommen werden darf, daß nur eine begrenzte Anzahl von Atomzuständen eine Rolle spielt, so daß man berechtigt ist, die Wahrscheinlichkeitsamplituden der übrigen Zustände von vornherein nullzusetzen. Ferner wird man die Wahrscheinlichkeitsamplituden aller Zustände des Strahlungsfeldes versuchsweise nullsetzen, in denen Photonen ν_s vorkommen, die nach dem Energiesatz nicht mit merklicher Wahrscheinlichkeit von unserem Atom emittiert sein können, was insbesondere für die höchsten Frequenzen zutreffen sollte. Damit reduziert sich das System der DIRACschen Differentialgleichungen (17.4) auf ein *endliches* System, das sich streng lösen läßt. Wir erläutern die Methode[1] an dem einfachsten Spezialfall, nämlich am Fall der *Resonanzlinie* eines Atoms, dessen Kern festgehalten sei.

Zur Zeit $t = 0$ sei das Atom mit Sicherheit im energetisch zweittiefsten Zustand „$n = 1$" und das Strahlungsfeld Null:

$$a_1(0\,0\ldots) = 1, \qquad \text{alle übrigen } a_m(M_1\ldots) = 0 \qquad (t = 0)\,. \tag{20.1}$$

Für die Dauer des ganzen Emissionsvorganges kommen nun, außer diesem Anfangszustand, nur solche Zustände in Frage, in denen sich das Atom im Grundzustand „$m = 0$" befindet und das Strahlungsfeld nur *ein* Photon der Sorte s enthält, dessen Frequenz ν_s im übrigen nahe bei $\omega_1 - \omega_0 = \omega$ liegen muß, sagen wir: $\omega - \delta < \nu_s < \omega + \varepsilon$; die betreffende Wahrscheinlichkeitsamplitude nennen wir $b_s(t)$:

$$b_s = a_0(0\ldots\underset{(s)}{0\,1\,0}\ldots)\,.$$

Ferner sei $a(t)$ die abklingende Wahrscheinlichkeitsamplitude des Anfangszustandes:

$$a = a_1(0\,0\,0\ldots)\,.$$

---

[1] V. WEISSKOPF u. E. WIGNER, ZS. f. Phys. Bd. 63, S. 54. 1930; F. HOYT, Phys. Rev. Bd. 36, S. 860. 1930. In anderer Weise ist das Dämpfungsproblem von L. LANDAU (ZS. f. Phys. Bd. 45, S. 430. 1927) behandelt worden.

Durch Nullsetzung der übrigen Wahrscheinlichkeitsamplituden reduziert sich das DIRACsche Gleichungssystem (17.4) auf folgende Näherungsgleichungen:

$$i\hbar\frac{da}{dt} = \sum_s b_s \cdot \left(\frac{h}{G\nu_s}\right)^{\frac{1}{2}} j_{s,01} \cdot e^{-i(\nu_s-\omega)t}, \tag{20.2}$$

$$i\hbar\frac{db_s}{dt} = a \cdot \left(\frac{h}{G\nu_s}\right)^{\frac{1}{2}} j^*_{s,01} \cdot e^{i(\nu_s-\omega)t} \qquad (\omega - \delta < \nu_s < \omega + \varepsilon). \tag{20.3}$$

Die Anfangsbedingung (20.1) schreibt sich:

$$a(0) = 1, \qquad b_s(0) = 0. \tag{20.4}$$

Nach dem Vorgang von WEISSKOPF und WIGNER zeigen wir, daß diese Gleichungen und Anfangsbedingungen durch den Ansatz

$$a = e^{-\mu t}, \qquad \mu + \mu^* > 0 \tag{20.5}$$

gelöst werden. Durch Einsetzen in (20.3) folgt nämlich, mit Rücksicht auf (20.4):

$$b_s = \left(\frac{h}{G\nu_s}\right)^{\frac{1}{2}} j^*_{s,01} \cdot \frac{e^{[i(\nu_s-\omega)-\mu]t} - 1}{-\hbar(\nu_s - \omega + i\mu)}; \tag{20.6}$$

hiernach bleibt noch die Gleichung (20.2) in der Form

$$\frac{da}{dt} = -\mu e^{-\mu t} = \frac{2\pi i}{G\hbar} \sum_s \frac{1}{\nu_s} |j_{s,01}|^2 \cdot \frac{e^{-\mu t} - e^{-i(\nu_s-\omega)t}}{\nu_s - \omega + i\mu} \tag{20.7}$$

zu erfüllen. Nun wird hier aber die rechte Seite tatsächlich = konst. $e^{-\mu t}$; denn: ersetzen wir die Summation nach s durch eine Integration nach ν_s (von $\omega - \delta$ bis $\omega + \varepsilon$) und eine Mittelung über alle Normalenrichtungen $\mathfrak{k}_s$ und zugehörigen Polarisationsrichtungen $\mathfrak{e}_s$ (wieder durch Überstreichung angedeutet), so geht die rechte Seite von (20.7) über in

$$\frac{2\pi i}{\hbar} \cdot \frac{\omega}{\pi^2 c^2} \overline{|j_{s,01}|^2} \cdot \int_{\omega-\delta}^{\omega+\varepsilon} d\nu \frac{e^{-\mu t} - e^{-i(\nu-\omega)t}}{\nu - \omega + i\mu}, \tag{20.8}$$

wenn bereits die langsam veränderlichen Funktionen im Integranden durch ihre Werte am Resonanzmaximum $\nu_s = \omega$ ersetzt werden; das Teilintegral, welches den Faktor $e^{-i(\nu-\omega)t}$ enthält, kann (für nicht zu kleine t) ohne merklichen Fehler von $\nu = -\infty$ bis $+\infty$ erstreckt werden und wird dann gleich dem Wert von $-2\pi i e^{-i(\nu-\omega)t}$ am Ort des Pols $\nu = \omega - i\mu$, also gleich $-2\pi i e^{-\mu t}$; damit ist der Ansatz (20.5) gerechtfertigt. Den Wert von μ erhält man durch Gleichsetzung von (20.8) mit $-\mu \cdot e^{-\mu t}$:

$$\mu = \frac{2}{\hbar c^3} \omega \overline{|j_{s,01}|^2} \cdot \left[1 - \frac{1}{\pi i} \log \frac{\varepsilon + i\mu}{\delta - i\mu}\right]. \tag{20.9}$$

Soll nun unsere Näherungslösung überhaupt einen Sinn haben, so müssen offenbar die Wahrscheinlichkeiten $|a|^2$, $|b_s|^2$ von dem gewählten Frequenzintervall $\delta + \varepsilon$ unabhängig sein. Für $|a|^2 = e^{-(\mu+\mu^*)t}$ trifft das zu, sofern nur δ und ε groß gegen $(\mu + \mu^*)$ (d. h. gegen die wahre Linienbreite, s. unten) gewählt werden; dann ist nämlich

$$\mu + \mu^* = \frac{4}{\hbar c^3} \omega \overline{|j_{s,01}|^2} = A_0^1, \tag{20.10}$$

wo A_0^1, gemäß (18.8), den EINSTEINschen Wahrscheinlichkeitskoeffizienten der spontanen Emission $1 \to 0$ bedeutet. Für die Wahrscheinlichkeit, das Gesamtsystem noch im Anfangszustand zu finden, erhalten wir also:

$$|a|^2 = e^{-(\mu+\mu^*)t} = e^{-A_0^1 t}, \tag{20.11}$$

so daß $(A_0^1)^{-1}$, wie erwartet, die mittlere Lebensdauer des Anfangszustandes darstellt. Zur Zeit $t = \infty$ ist das Atom sicher in seinen Grundzustand ($m = 0$) heruntergefallen; dafür ist ein Strahlungsfeld entstanden, dessen statistische Spektralverteilung durch $|b_s(\infty)|^2$ gegeben ist: die im Frequenzintervall $d\nu$ befindliche mittlere Strahlungsenergie ist nach (20.6):

$$\overline{|b_s(\infty)|^2} \cdot \hbar \nu \cdot G \frac{\nu^2 d\nu}{\pi^2 c^3} = \frac{2}{\pi c^3} \overline{|j_{s,01}|^2} \frac{\nu^2 d\nu}{|\nu - \omega + i\mu|^2} = \frac{\hbar}{2\pi\omega} A_0^1 \cdot \frac{\nu^2 d\nu}{|\nu - \omega + i\mu|^2}. \quad (20.12)$$

Dies ist dasselbe Spektrum, das ein gedämpfter Oszillator (elektrisches Moment $\sim e^{-\mu t} \cdot e^{-i\omega t}$) nach der klassischen Theorie emittiert. Die Spektrallinie hat in der Skala ν die *Halbwertsbreite* $\mu + \mu^* = A_0^1$. Ihr Intensitätsschwerpunkt liegt nicht genau am Ort der Eigenfrequenz $\omega = \omega_1 - \omega_0$, sondern ist, da μ einen von Null verschiedenen Imaginärteil hat, um diesen nach Violett verschoben. Diese Verschiebung hängt nun — und darin liegt eine Schwierigkeit der WEISSKOPF-WIGNERschen Näherungsmethode — noch logarithmisch von ε/δ ab, was zeigt, daß der Intensitätsabfall der Linie nach beiden Seiten doch nicht so stark ist, daß die oben versuchsweise vorgenommene Beschränkung der teilnehmenden Frequenzen auf ein endliches Intervall $\omega - \delta < \nu < \omega + \varepsilon$ gerechtfertigt wäre. Zur Berechnung der Linienverschiebung müßte man also in (20.7) rechter Hand die Summation nach s über *alle* Strahlungskomponenten erstrecken und dabei (damit die Summe gegen unendlich hohe Frequenzen überhaupt konvergiert) die Abhängigkeit der Matrixelemente $j_{s,01}$ (17.10) von $\nu_s = c|\mathfrak{k}_s|$ berücksichtigen, was nur auf Grund bestimmter modellmäßiger Annahmen bezüglich des Atoms explizite durchführbar ist. Jedenfalls wird aber die Abweichung des Intensitätsschwerpunktes von der Atomeigenfrequenz $\omega = \omega_1 - \omega_0$ größenordnungsmäßig die natürliche Linienbreite nicht wesentlich übersteigen[1]. Hierbei muß betont werden, daß die Linienform und speziell die Linienbreite von dieser Unsicherheit nicht betroffen werden.

Sind mehr als zwei Atomniveaus im Spiel, so ist die Rechnung komplizierter, aber nicht wesentlich verschieden, wenn man den Sonderfall ausschließt, daß unter den betreffenden Atomeigenfrequenzen zwei gleiche vorkommen. Die Linienform ergibt sich in den durchgerechneten Fällen[2] in Übereinstimmung mit der klassischen Ausstrahlung von gedämpften Oszillatoren, und zwar setzen sich die natürlichen Linienbreiten *additiv* aus den reziproken Lebensdauern von Anfangs- und Endniveau zusammen: die Halbwertsbreite der Linie $n \to m$ ist gleich $\sum\limits_{\substack{k \\ (\omega_k < \omega_n)}} A_k^n + \sum\limits_{\substack{k \\ (\omega_k < \omega_m)}} A_k^{m}$ *. Sind ferner ν' und ν'' zwei in unmittelbar aufeinanderfolgenden Sprüngen ($n \to l \to m$) emittierte Frequenzen, so ist die Halbwertsbreite von $(\nu' + \nu'')$ unabhängig von der Lebensdauer des Zwischenzustands (l) und gleich der Summe der reziproken Lebensdauern von Anfangs- und Endniveau (n und m) *. Diese Regeln verlieren aber im allgemeinen ihre Gültigkeit, wenn sich unter den im Spiel stehenden Atomeigenfrequenzen zwei gleiche befinden. WEISSKOPF und WIGNER[3] untersuchen den Fall $2 \to 1 \to 0$, wo

[1] Vgl. V. WEISSKOPF u. E. WIGNER, l. c. Anm. S. 64. Es steht übrigens keineswegs außer Zweifel, ob die Theorie in ihrer jetzigen Gestalt in der Frage der Linienverschiebung überhaupt verbindliche Aussagen machen kann, da hier das kurzwellige Ende des Spektrums hineinspielt.

[2] Vgl. V. WEISSKOPF u. E. WIGNER, l. c.

* Diese Aussagen stimmen überein mit denjenigen, die P. EHRENFEST (Naturwissensch. Bd. 11, S. 543. 1923) auf Grund von Vorstellungen der älteren Quantentheorie gewonnen hat; vgl. auch R. BECKER, ZS. f. Phys. Bd. 27, S. 173. 1924; J. C. SLATER, Phys. Rev. Bd. 25, S. 395. 1925. Näheres hierüber in Kap. 1 dieses Bandes, Ziff. 9, S. 31.

[3] V. WEISSKOPF u. E. WIGNER, ZS. f. Phys. Bd. 65, S. 18. 1930.

$\omega_2 - \omega_1 \simeq \omega_1 - \omega_0$ ist (innerhalb der natürlichen Linienbreite); speziell für den harmonischen Oszillator ergeben sich die sukzessiv emittierten Photonen ν' und ν'' als voneinander unabhängig[1].

Bei einem solchen komplexen, kaskadenartigen Emissionsvorgang verändern sich die Wahrscheinlichkeiten der einzelnen Atomzustände gemäß einem „Zerfallsgesetz", ähnlich demjenigen, das die radioaktiven Zerfallsreihen und ihre Verzweigungen beherrscht. Zum Beweise[2] kann man von den DIRACschen Gleichungen (17.4) ausgehen, in denen man rechter Hand nur die Matrixelemente stehenläßt, welche den spontanen Emissionsprozessen entsprechen, und das DIRACsche Störungsverfahren anwenden: Zur Zeit $t = 0$ sei keine Strahlung vorhanden, und die Wahrscheinlichkeitsamplituden der verschiedenen Atomzustände seien:

$$a_n(0\ 0\ldots) = c_n \qquad (t = 0).$$

Dann erhält man leicht in 1. Näherung:

$$\sum_s |a_m(0\ldots 0\underset{(s)}{1}0\ldots)|^2 \cdot \frac{1}{t} = \sum_{\substack{n \\ (\omega_n > \omega_m)}} |c_n|^2 \cdot A_m^n. \tag{20.13}$$

Andererseits folgt in 2. Näherung:

$$a_m(0\ 0\ldots) = c_m\Big(1 - \tfrac{1}{2}\sum_{\substack{n \\ (\omega_n < \omega_m)}} A_n^m t\Big),$$

also für kleine t:

$$[|a_m(0\ 0\ldots)|^2 - |c_m|^2] \cdot \frac{1}{t} = -|c_m|^2 \cdot \sum_{\substack{n \\ (\omega_n < \omega_m)}} A_n^m. \tag{20.14}$$

Die Summe der Ausdrücke (20.13) und (20.14) ist aber nichts anderes als die zeitliche Änderung der wahrscheinlichen Anzahl der Atome im Zustand m (nach Summation über alle in Betracht kommenden Strahlungszustände). Da der Zeitpunkt $t = 0$ in keiner Weise ausgezeichnet ist (das im Laufe der Zeit emittierte Strahlungsfeld spielt keine Rolle), kann man die Änderung der $|c_m|^2$, die also jetzt die Häufigkeit der Atomzustände (ohne Rücksicht auf das Strahlungsfeld) als Funktion der Zeit darstellen, in der Tat durch ein Zerfallsgesetz beschreiben:

$$\frac{d}{dt}|c_m|^2 = \sum_{\substack{n \\ (\omega_n > \omega_m)}} |c_n|^2 A_m^n - |c_m|^2 \sum_{\substack{n \\ (\omega_n < \omega_m)}} A_n^m. \tag{20.15}$$

21. Linienform in Absorption, Resonanzfluoreszenz. Das Näherungsverfahren von WEISSKOPF und WIGNER, das in der vorigen Ziffer zur Beschreibung des Zeitablaufes spontaner Emissionsvorgänge angewandt wurde, eignet sich insbesondere auch zur einheitlichen Beschreibung des Anregungs- und Emissionsvorganges, falls die Anregung durch Lichtabsorption erfolgt, d. h. zur Beschreibung der Resonanzfluoreszenz[3]. Als einfachstes Beispiel behandeln wir hier den Fall, daß eine ebene, linear polarisierte und monochromatische Welle eingestrahlt wird, deren Frequenz ν der Resonanzfrequenz des Atoms $\omega = \omega_1 - \omega_0$ benachbart ist; dabei sollen die Atomzustände $n = 0$ und $n = 1$ zunächst als *nicht-*

---

[1] Die Sonderstellung des harmonischen Oszillators wurde von W. PAULI in der 1. Auflage dieses Bandes (S. 72) vorausgesagt.

[2] F. BLOCH, Phys. ZS. Bd. 29, S. 58. 1928; vgl. auch L. LANDAU, ZS. f. Phys. Bd. 45, S. 430. 1927.

[3] V. WEISSKOPF, Ann. d. Phys. Bd. 9, S. 23. 1931, Abschn. V; vgl. auch P. A. M. DIRAC, ZS. f. Phys. Bd. 44, S. 585. 1927.

entartet angenommen werden. Folgende Zustände des Gesamtsystems kommen dann praktisch in Frage:

Atom		Strahlung	Wahrsch.-Ampl.
Grundzustand	$n = 0$	N Photonen in s	$a_0(0\ldots 0 \underset{(s)}{N} 0\ldots) = a$
Nächst höherer Zust.	$n = 1$	$N-1$,, ,, s	$a_1(0\ldots 0 \underset{(s)}{N-1} 0\ldots) = b$
Grundzustand	$n = 0$	$\left\{\begin{matrix} N-1 \text{ ,, ,, } s \\ 1 \text{ ,, ,, } s' \end{matrix}\right\}$	$a_0(0\ldots \underset{(s)}{N-1}\ldots \underset{(s')}{1}\ldots) = c_{s'}$

Unter Weglassung der ,,eigentlichen" Streuprozesse, die in der Nähe der Resonanz unwesentlich sind, erhalten wir folgende Gleichungen:

$$i\hbar\frac{da}{dt} = b\cdot\left(\frac{hN}{G\nu}\right)^{\frac{1}{2}} j^*_{s,01}\cdot e^{i(\nu-\omega)t}, \tag{21.1}$$

$$i\hbar\frac{db}{dt} = a\cdot\left(\frac{hN}{G\nu}\right)^{\frac{1}{2}} j_{s,01}\cdot e^{i(\omega-\nu)t} + \sum_{s'} c_{s'}\left(\frac{h}{G\nu_{s'}}\right)^{\frac{1}{2}} j_{s',01}\cdot e^{i(\omega-\nu_{s'})t}, \tag{21.2}$$

$$i\hbar\frac{dc_{s'}}{dt} = b\cdot\left(\frac{h}{G\nu_{s'}}\right)^{\frac{1}{2}} j^*_{s',01}\cdot e^{i(\nu_{s'}-\omega)t}. \tag{21.3}$$

Anschaulich ist klar, daß der ganze Vorgang drei verschiedene Phasen durchlaufen wird: Kurz nach Beginn der Einstrahlung ($t = 0$), solange nämlich t klein gegen die Lebensdauer des angeregten Zustandes ist ($t \ll (A_0^1)^{-1}$), wird $|b|^2$ im Mittel linear mit t und die Intensität der Fluoreszenzstrahlung mit t^2 anwachsen; später ($t \gg (A_0^1)^{-1}$) wird sich $|b|^2$ auf einen ,,Sättigungswert" eingestellt haben und die Sekundärstrahlungsintensität nur noch mit t^1 weiter ansteigen, aber nur solange $|a|^2$ noch praktisch gleich 1 ist; in der 3. Phase wird dann eine exponentielle Abklingung von $|a|^2$ und $|b|^2$ stattfinden. Eine genaue Beschreibung der Änderung des Strahlungsfeldes in der 3. Phase würde aber die Zulassung wiederholter Absorptions- und Reemissionsprozesse erfordern, worauf hier verzichtet werden soll. Da andererseits die 1. Phase schon genügend genau durch das DIRACsche Störungsverfahren (Ziff. 19) beschrieben wird, soll jetzt versucht werden, die *mittlere* Phase des Vorganges [$(A_0^1)^{-1} \ll t \ll (\mu + \mu^*)^{-1}$ in der folgenden Bezeichnungsweise] formelmäßig darzustellen. Dies geschieht wiederum durch den Ansatz:

$$a = e^{-\mu t}. \tag{21.4}$$

Hiermit ergibt sich b aus (21.1), darauf $c_{s'}$ durch Integration aus (21.3) (die $c_{s'}$ sind natürlich 0 für $t \cong 0$), und durch Einsetzen in (21.2) erhält man die Bestimmungsgleichung für μ in der Form:

$$\mu\left\{\omega - \nu + i\mu + \frac{2\pi}{G\hbar}\sum_{s'}\frac{1}{\nu_{s'}}|j_{s',01}|^2\cdot\frac{e^{[i(\nu-\nu_{s'})+\mu]t}-1}{\nu_{s'}-\nu+i\mu}\right\}$$
$$= -\frac{2\pi i}{\hbar}\frac{N}{G\nu}|j_{s,01}|^2 = -S_0\cdot\frac{2\pi i}{c\hbar^2\nu^2}|j_{s,01}|^2,$$

wo wieder die Energiestromdichte der einfallenden Welle mit S_0 bezeichnet ist. Die hier auftretende Summe nach s' ist dieselbe, die wir oben [vgl. (20.8)] schon ausgewertet haben; indem wir der Einfachheit halber $\varepsilon = \delta$ setzen[1], erhalten wir:

$$\mu\left\{\omega - \nu + i\left(\mu - \frac{A_0^1}{2}\right)\right\} = -S_0\cdot\frac{2\pi i}{c\hbar^2\nu^2}|j_{s,01}|^2,$$

[1] Damit ignorieren wir die in Ziff. 20 diskutierte Abweichung des Linienschwerpunkts von ω.

und schließlich, da natürlich $|\mu| \ll A_0^1$ ist:

$$\mu + \mu^* = S_0 \cdot \frac{2\pi}{c\hbar^2 \nu^2} |j_{s,01}|^2 \cdot \frac{A_0^1}{(\nu - \omega)^2 + (\frac{1}{2}A_0^1)^2}. \tag{21.5}$$

Offenbar stellt nun $\mu + \mu^*$ (d. i. die reziproke Lebensdauer des Grundzustandes) ein Maß für die Stärke der Absorption in Abhängigkeit von der einfallenden Frequenz ν dar: die Form der Absorptionslinie ist also wieder die klassische. Für $c_{s'}$ erhält man:

$$c_{s'} = |\mathfrak{E}_0| \cdot \left(\frac{h}{G\nu_{s'}}\right)^{\frac{1}{2}} \frac{1}{2\hbar^2 \nu} \cdot \frac{j_{s,01} j^*_{s',01}}{\nu - \omega + \frac{i}{2} A_0^1} \cdot \frac{e^{[i(\nu_{s'} - \nu) - \mu]t} - 1}{\nu - \nu_{s'} - i\mu}. \tag{21.6}$$

Hier beschreibt der letzte Faktor die spektrale Verteilung der uneigentlichen Streustrahlung oder Resonanzfluoreszenz (bei monochromatischer Einstrahlung ν); ihre spektrale Breite entspricht für $t \ll (\mu + \mu^*)^{-1}$ der optimalen Meßgenauigkeit: $|\nu_{s'} - \nu| \sim t^{-1}$ [für $t \gg (\mu + \mu^*)^{-1}$ geht sie in $\mu + \mu^*$ über]. Für die Gesamtzahl der Photonen, die pro Zeiteinheit [für $t \ll (\mu + \mu^*)^{-1}$] in den Raumwinkel $d\Omega$ gestreut werden und dabei zu einer bestimmten Polarisation $\mathfrak{e}_{s'} = \mathfrak{e}'$ beitragen, erhält man aus (21.6):

$$\sum_{s'} |c_{s'}|^2 \cdot \frac{1}{t} = d\Omega \cdot \frac{N}{G} \cdot \frac{1}{c^3 \hbar^2} \frac{|j_{s,01} j^*_{s',01}|^2}{(\nu - \omega)^2 + (\frac{1}{2}A_0^1)^2}. \tag{21.7}$$

Diese Formel füllt eine Lücke aus, in der die früher abgeleitete Streuformel (19.2) nicht gilt ($|\nu - \omega| \lesssim A_0^1$); an der Grenze ihrer Gültigkeitsbereiche gehen die beiden Formeln richtig ineinander über.

Der nächst einfache Fall ist der, daß *mehrere* angeregte Zustände $m = 1 \ldots g$ in Frage kommen, deren direkte Kombinationen untereinander aber ausgeschlossen werden können. Die entsprechenden Eigenwerte $\omega_1 \ldots \omega_g$ mögen etwa so nahe beieinander liegen, daß auch bei monochromatischer Einstrahlung mehrere Zustände m eine von Null verschiedene Anregungswahrscheinlichkeit besitzen; insbesondere kann es sich dabei um einen $g$fach entarteten Eigenwert handeln. In dem oben skizzierten Rechenschema wird man jetzt jedem angeregten Term m eine Wahrscheinlichkeitsamplitude b_m ($m = 1 \ldots g$) zuordnen[1]. Übersichtliche Endformeln erhält man nur in dem Sonderfalle, daß die über alle Normalen- und Polarisationsrichtungen ($\mathfrak{k}_r$, $\mathfrak{e}_r$) gemittelten Ausdrücke

$$\overline{j_{r,0m} j_{r,0m'}} = 0 \qquad \text{sind für} \qquad m \neq m'. \tag{21.8}$$

Dies trifft z. B. für einen Term zu, der eine Richtungsentartung besitzt[2], und angenähert auch für einen solchen, dessen Richtungsentartung durch ein äußeres Feld aufgehoben ist. Wenn (21.8) gilt, erhält man für die Wahrscheinlichkeit einer Absorption pro Zeiteinheit:

$$\mu + \mu^* = S_0 \cdot \frac{2\pi}{c\hbar^2 \nu^2} \sum_{m=1}^{g} \frac{|j_{s,0m}|^2 A_0^m}{(\nu - \omega_m + \omega_0)^2 + (\frac{1}{2}A_0^m)^2}; \tag{21.9}$$

die Wahrscheinlichkeiten der einzelnen Absorptionsprozesse $0 \to m$ addieren sich also einfach. Im Fluoreszenzlicht dagegen superponieren sich die Amplituden:

$$\sum_{s'} |c_{s'}|^2 \cdot \frac{1}{t} = d\Omega \cdot \frac{N}{G} \cdot \frac{1}{c^3 \hbar^2} \cdot \left| \sum_{m=1}^{g} \frac{j_{s,0m} j^*_{s',0m}}{\nu - \omega_m + \omega_0 + \frac{i}{2} A_0^m} \right|^2. \tag{21.10}$$

---

[1] Ihre Zeitabhängigkeit wird durch den Faktor $e^{[i(\omega_m - \omega_0 - \nu) - \mu]t}$ dargestellt, wenn wieder $a = e^{-\mu t}$ gesetzt wird.

[2] Falls man sich auf die Matrixelemente der Dipolstrahlung (vgl. Ziff. 27) beschränkt, was im Optischen zulässig ist.

Natürlich können sich „Interferenzen" zweier Terme m nur ausbilden, falls die betreffenden Emissionslinien $\omega_m - \omega_0$ sich im Bereich ihrer natürlichen Breiten überdecken. Hierdurch erklärt sich z. B. der bekannte Einfluß eines Magnetfeldes auf die Resonanzfluoreszenz: solange die Termaufspaltung des Zeemaneffekts groß gegen die natürlichen Linienbreiten ist, spricht auf monochromatisches Licht immer höchstens eine einzige Linienkomponente m an, und die Anwesenheit der übrigen Energieniveaus bleibt ohne merklichen Einfluß auf das Resonanzlicht; mit abnehmendem Magnetfeld und zunehmender Entartung rücken aber die übrigen Summenterme m in (21.10) in die Frequenz ν hinein, und dadurch kommen dann die viel diskutierten (von WOOD und ELLETT entdeckten) Änderungen der Polarisation zustande[1].

Es sei bemerkt, daß die Aussagen der Quantentheorie in den oben betrachteten Fällen sich prinzipiell nicht unterscheiden von den Aussagen, welche man auf Grund der klassischen Theorie für die Resonanzstreuung an geeignet gewählten Oszillatoren (mit Strahlungsdämpfung) erhalten würde (vgl. auch Ziff. 27, S. 783). Diese enge Analogie ist aber offenbar auf bestimmte Arten von Streuprozessen beschränkt und an bestimmte Voraussetzungen bezüglich des Niveauschemas gebunden.

22. Kohärenzfragen. Wir betrachten jetzt zwei Atomsysteme, eines E, das wir spontan seine Resonanzlinie $\omega = \omega_1 - \omega_0$ emittieren lassen, und ein weiteres S, an welchem die Strahlung von E gestreut werden soll. Der Streuer S soll weit von E entfernt sein, d. h. in der „Wellenzone" von E liegen. Es soll untersucht werden, wie die Streustrahlung von S von der Natur der in E emittierten Primärstrahlung abhängt, und insbesondere, wie die beiden Strahlungen *interferieren*. Zunächst sollen dabei E und S als unendlich schwer und ruhend angesehen werden; d. h. wir wollen den Rückstoß und den damit verbundenen Dopplereffekt vorderhand außer Betracht lassen.

Da das Wesentliche der Rechnung schon bei Beschränkung auf die *eigentlichen* Streuprozesse hervortritt, wollen wir zunächst den Fall setzen, daß die uneigentliche gegen die eigentliche Streuung zu vernachlässigen sei. Die entscheidende Rolle spielen dann folgende Zustände:

E	S	Strahlung	Wahrsch.-Ampl.
Angeregt	Grundzustand	0	a
Grundzustand	Grundzustand	1 Photon in s	b_s

Die DIRACschen Gleichungen lauten jetzt:

$$i\hbar \frac{da}{dt} = \sum_s b_s \cdot \left(\frac{h}{G\nu_s}\right)^{\frac{1}{2}} j_s \cdot e^{i(\omega - \nu_s)t}, \tag{22.1}$$

$$i\hbar \frac{db_s}{dt} = a \cdot \left(\frac{h}{G\nu_s}\right)^{\frac{1}{2}} j_s^* \cdot e^{i(\nu_s - \omega)t} + \sum_{s'} b_{s'} \cdot \left(\frac{h}{G\nu_s}\frac{h}{G\nu_{s'}}\right)^{\frac{1}{2}} \eta_{ss'} \cdot e^{i(\nu_s - \nu_{s'})t}. \tag{22.2}$$

[1] J. R. OPPENHEIMER (ZS. f. Phys. Bd. 43, S. 27. 1927) und V. WEISSKOPF (l. c.) untersuchen insbesondere den Fall, daß das äußere Magnetfeld auf $\mathfrak{e}_s$ (dem elektrischen Vektor der einfallenden Welle) senkrecht steht und die Beobachtung in der Richtung des Magnetfeldes erfolgt; für eine Spektrallinie $P_1 - S_0$ ergibt sich die von HANLE beobachtete Drehung der Polarisationsebene und Depolarisation. Ist das Magnetfeld parallel zu $\mathfrak{e}_s$, so kombiniert S_0 nur mit dem mittleren Term des Zeemantripletts von P_1, so daß die Resonanzstrahlung dann immer linear polarisiert ist (parallel zum Feld), und zwar unabhängig von der Stärke des Magnetfeldes, insbesondere also auch im Grenzfall völliger Entartung. Die Verallgemeinerung dieser Überlegung auf richtungsentartete Grundzustände liefert die von HEISENBERG (ZS. f. Phys. Bd. 31, S. 617. 1925) angegebene Regel zur Ermittlung der Polarisation der Resonanzstrahlung des ungestörten Atoms aus derjenigen des Atoms im Magnetfeld parallel zu $\mathfrak{e}_s$; vgl. hierzu auch Ziff. 27, S. 783.

Hier beziehen sich die Matrixelemente $j_s = j_{s,01}$ auf den Übergang $1 \to 0$ von E, die Elemente $\eta_{ss'} = \eta_{ss',00}$ auf die Streuprozesse an S. In der Erwartung, daß die Streustrahlung schwach gegen die Primärstrahlung ist, versuchen wir das folgende Näherungsverfahren: in nullter Näherung ignorieren wir die Streuprozesse und erhalten damit an Stelle von (22.1) und (22.2) die Gleichungen (20.2) und (20.3), welche den ungestörten Emissionsprozeß in E beschreiben; die Lösung nullter Näherung lautet also nach (20.5), (20.6) und (20.10):

$$a = e^{-\mu t}, \qquad b_s = \left(\frac{h}{G\nu_s}\right)^{\frac{1}{2}} j_s^* \cdot \frac{e^{[i(\nu_s-\omega)-\mu]t} - 1}{-\hbar(\nu_s - \omega + i\mu)}, \tag{22.3}$$

wo $\mu + \mu^* = A$ die Halbwertsbreite der Resonanzlinie von E darstellt. Eine Berücksichtigung der Streuprozesse in erster Näherung kann nun dadurch erzielt werden, daß man die Amplituden b_s nullter Näherung (22.3) rechter Hand in (22.2) einsetzt; auch kann dort $a = e^{-\mu t}$ gesetzt werden, da der weit entfernte Streuer keinen merklichen Einfluß auf den Abklingungsvorgang in E haben kann. Damit kommt:

$$i\hbar\frac{d b_s}{dt} = \left(\frac{h}{G\nu_s}\right)^{\frac{1}{2}} \cdot e^{[i(\nu_s-\omega)-\mu]t} \cdot \left[j_s^* + 2\pi \sum_{s'} \frac{1}{G\nu_{s'}} \eta_{ss'}^* j_{s'}^* \frac{e^{[-i(\nu_{s'}-\omega)+\mu]t} - 1}{\nu_{s'} - \omega + i\mu}\right]; \tag{22.4}$$

in dem korrigierten Wert der Amplitude b_s tritt also bereits die Superposition der primären und der Streuwelle in Erscheinung. Es handelt sich nun darum, die rechter Hand in (22.4) auftretende Summe nach s' auszuwerten. Da $j_{s'}$ und $\eta_{ss'}$ sich auf Übergänge in zwei verschiedenen, weit voneinander entfernten Atomen beziehen, ist der Ausdruck $\eta_{ss'}^* j_{s'}^*$, nach Ausweis der Retardierungsfaktoren $e^{\pm i(\mathfrak{k}_{s'} \cdot \mathfrak{r}_k)}$ in den Integraldarstellungen (17.10) und (17.12), sehr stark von $\mathfrak{k}_{s'}$ abhängig. Führt man diese Integraldarstellungen in (22.4) ein, und stellt man die Integration über die Teilchenkoordinaten (q) von E und S zunächst zurück, so stößt man auf Summen der Form:

$$\sum_{s'} \frac{1}{G\nu_{s'}} (\mathfrak{e}_{s'}\mathfrak{e}_s)\, e^{i\left(\mathfrak{k}_{s'} \cdot \mathfrak{r}_k^{(S)}\right)} \cdot (\mathfrak{e}_{s'} \operatorname{grad}_l^{(E)})\, e^{-i\left(\mathfrak{k}_{s'} \cdot \mathfrak{r}_l^{(E)}\right)} \cdot \frac{e^{[\ldots]t} - 1}{\nu_{s'} - \omega + i\mu}.$$

Summiert man hier zuerst über die beiden zu einem $\mathfrak{k}_{s'}$ gehörigen Polarisationsrichtungen $\mathfrak{e}_{s'}$, und mittelt man dann über alle Richtungen von $\mathfrak{k}_{s'}$, so erhält man den folgenden Ausdruck:

$$\frac{1}{\pi^2 c^3}\int d\nu\,\nu \cdot \frac{1}{2} \sum_{\mathfrak{e}_0} (\mathfrak{e}_0\mathfrak{e}_s)(\mathfrak{e}_0 \operatorname{grad}_l^{(E)}) \frac{\sin\frac{\nu r}{c}}{\frac{\nu r}{c}} \cdot \frac{e^{[-i(\nu-\omega)+\mu]t} - 1}{\nu - \omega + i\mu}; \tag{22.5}$$

hier ist $r = |\mathfrak{r}_k^{(S)} - \mathfrak{r}_l^{(E)}|$, und es sind die Terme mit r^{-2} und r^{-3} unterdrückt worden, da sie in der Wellenzone belanglos sind; $\mathfrak{e}_0$ bedeutet zwei Einheitsvektoren senkrecht auf $\mathfrak{r}^{(S)} - \mathfrak{r}^{(E)}$ und senkrecht aufeinander, d. h. die beiden unabhängigen Polarisationsrichtungen des Lichtstrahls $E \to S$. Das Integral nach ν (22.5) ist Null für $t < r/c$, d. h. die Streustrahlung beginnt erst zur Zeit $t = r/c$, wie es sein muß[1]; für $t > r/c$ erhält man für (22.5):

$$\frac{1}{2\pi c^3} \cdot \frac{1}{r} \sum_{\mathfrak{e}_0} (\mathfrak{e}_0\mathfrak{e}_s)(\mathfrak{e}_0 \operatorname{grad}_l^{(E)}) \cdot e^{[i\omega+\mu]\frac{r}{c}}.$$

Nachdem man dies in (22.4) eingeführt und dort nach t integriert hat, lassen sich die Integrale nach den Teilchenkoordinaten (q) gemäß (17.10) und (17.12) wieder in Matrixelemente η_{ss_0} und j_{s_0} zusammenfassen, wo s_0 diejenige ebene Welle bedeutet, deren Normale $\mathfrak{k}_{s_0}$ von E nach S zeigt, deren Polarisation $\mathfrak{e}_{s_0}$ eine der beiden Richtungen $\mathfrak{e}_0$ ist, und deren Frequenz $\nu_{s_0} = \nu_s$ ist (s. Abb. 2);

[1] Vgl. E. FERMI, Reviews of Modern Physics Bd. 4, S. 87. 1932, § 9.

mit anderen Worten: s_0 repräsentiert den *Primärstrahl* $E \to S$ bzw. dessen beide linear polarisierte Komponenten. Am Ende des ganzen Vorganges $\left(t - \frac{r}{c} \gg A^{-1}\right)$ sieht das Strahlungsfeld folgendermaßen aus:

$$b_s(\infty) = -\frac{1}{\hbar}\left(\frac{h}{G\nu_s}\right)^{\frac{1}{2}} \frac{1}{\nu_s - \omega + i\mu} \cdot \left\{j_s^* + \frac{1}{c^2 r} \sum_{e_0} j_{s_0}^* \eta_{s s_0}^*\right\}. \tag{22.6}$$

Der zur nullten Näherung (22.3) hinzugekommene Korrektionsterm entspricht der *kohärent superponierten Streuwelle*: während der Hauptterm das Licht darstellt, welches von E direkt in die Strahlungskomponente s ($\mathfrak{k}_s$, $\mathfrak{e}_s$, ν_s) emittiert wurde, beschreibt der mit $1/r$ gehende Zusatzterm das Licht, welches von E aus zunächst in die Richtung $\mathfrak{k}_{s_0}$ gesandt und dann von S in die Strahlungskomponente s gestreut wurde (vgl. Abb. 2). Die Phasen, mit denen sich die Amplituden der beiden Wellen superponieren, bestimmen sich durch die Retardierungsfaktoren in j und η; sie ändern sich bei einer Parallelverschiebung des Streuers in durchaus klassischer Weise. Besteht der Streuer aus *mehreren* unabhängigen Atomen, so interferieren die verschiedenen Einzelstreuwellen nach den Gesetzen der klassischen Wellenoptik. Ist der Streuer insbesondere ein makroskopisch homogenes Medium, so rufen die Interferenzen der Streuwellen mit der Primärwelle bekanntlich die Erscheinungen der *Brechung* und *Reflexion* an den Grenzflächen des Mediums hervor[1]. Für die Polarisation des Streulichts ist wesentlich, daß die beiden linearen Komponenten $\mathfrak{e}_0$ des Primärstrahls zur Amplitude der Streuwelle kohärente, also in bestimmten Phasenbeziehungen stehende Beiträge liefern, ganz im Sinne der klassischen Theorie der Polarisation; darauf beruht die Möglichkeit, die Polarisation einer Spektrallinie mit Hilfe eines Streuers zu analysieren.

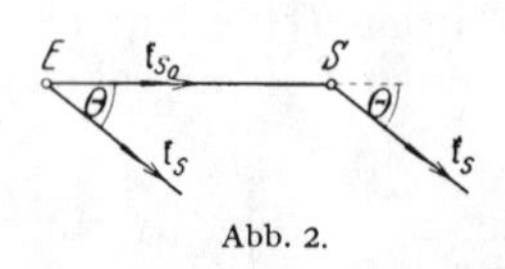

Abb. 2.

Um auch die *uneigentliche* Streuung in Rechnung zu ziehen, muß man weitere Wahrscheinlichkeitsamplituden für die verschiedenen Anregungsstufen des Streuers (bei Anwesenheit von 0 oder 2 Photonen) einführen. Liegt die in E emittierte Frequenz ω nicht zu nahe bei einer Eigenfrequenz des Streuers, so kann man wieder von der nullten Näherung (22.3) ausgehen und erhält ähnlich wie oben für die 1. Näherung eine Formel der Gestalt (22.6), in der nur $\eta_{s s_0}^*$ durch die „uneigentlichen" Streuterme ergänzt ist, so wie es der KRAMERS-HEISENBERGschen Formel (19.9) entspricht (für $m = n = 0$*). Für ein bei ω durchsichtiges Medium S liefern diese Terme die *Dispersion*, d. h. die Abhängigkeit des Brechungsindex von ω (vgl. hierzu auch Ziff. 27).

Im Falle der *Resonanz* ist hingegen das obige Näherungsverfahren nicht mehr statthaft, wie das Nullwerden der Resonanznenner anzeigt. Dafür kann man sich jetzt auf die resonanznahen Anregungsstufen (m) des Streuers beschränken und überdies die eigentlichen Streuterme (η) als belanglos unterdrücken. Die wesentlichen Zustände sind jetzt:

E	S	Strahlung	Wahrsch.-Ampl.
Angeregt	Grundzustand	0	a
Grundzustand	Grundzustand	1 Photon in s	b_s
Grundzustand	Angeregt m	0	c_m

[1] Allerdings gibt (22.6) den Brechungsindex vorerst nur für verdünnte Medien, d. h. für den Fall, daß die Mehrfachstreuung (Streuung an verschiedenen Atomen des Streuers nacheinander) belanglos ist. In unserer obigen Näherungslösung ist nämlich die Mehrfachstreuung noch nicht enthalten; die Zweifachstreuung tritt erst in der „2. Näherung" auf, usf.

* Ist der Grundzustand von S entartet, so liefern die Streuprozesse, die S in einen „anderen Grundzustand" überführen, keinen Beitrag zur kohärenten Streustrahlung (sofern die betreffenden Eigenfunktionen aufeinander orthogonal gewählt sind).

Die Kopplungsgleichungen lauten:

$$i\hbar \frac{da}{dt} = \sum_s b_s \cdot \left(\frac{h}{G\nu_s}\right)^{\frac{1}{2}} j_s \cdot e^{i(\omega-\nu_s)t}, \tag{22.7}$$

$$i\hbar \frac{dc_m}{dt} = \sum_s b_s \cdot \left(\frac{h}{G\nu_s}\right)^{\frac{1}{2}} j_{s,0m} \cdot e^{i(\omega_{m0}-\nu_s)t}, \tag{22.8}$$

$$i\hbar \frac{db_s}{dt} = a \cdot \left(\frac{h}{G\nu_s}\right)^{\frac{1}{2}} \cdot j_s^* \cdot e^{i(\nu_s-\omega)t} + \sum_m c_m \cdot \left(\frac{h}{G\nu_s}\right)^{\frac{1}{2}} j_{s,0m}^* \cdot e^{i(\nu_s-\omega_{m0})t}; \tag{22.9}$$

hier beziehen sich j_s und ω, wie vorher, auf die Resonanzlinie von E, dagegen $j_{s,0m}$ und $\omega_{m0} = \omega_m - \omega_0$ auf die Übergänge in S. Da wiederum die Rückwirkung des Streuers auf den Emissionsprozeß in E als belanglos gelten kann, wird wieder $a = e^{-\mu t}$, $\mu + \mu^* = A$ sein müssen. Durch den Ansatz[1]

$$c_m = \begin{cases} \gamma_m \cdot e^{[i(\omega_{m0}-\omega)-\mu]t} & \text{für } t > \frac{r}{c} \\ 0 & \text{für } t < \frac{r}{c} \end{cases} \tag{22.10}$$

sind die Gleichungen (22.8) und (22.9) lösbar und führen auf folgendes (endliche) Gleichungssystem für die γ_m:

$$\left.\begin{aligned} \gamma_m \cdot (\omega_{m0} - \omega + i\mu) + \sum_{m'} \gamma_{m'} \cdot \frac{2\pi}{\hbar} \sum_s \frac{1}{G\nu_s} j_{s,0m} j_{s,0m'}^* \cdot \frac{e^{[i(\omega-\nu_s)+\mu]\left(t-\frac{r}{c}\right)} - 1}{\nu_s - \omega + i\mu} \\ = -\frac{1}{c^2 r} \cdot \frac{1}{\hbar} \sum_{\mathfrak{c}_0} j_{s_0}^* j_{s_0,0m} \cdot e^{[i(\omega-\nu_{s_0})+\mu]\frac{r}{c}} \; *. \end{aligned}\right\} \tag{22.11}$$

Dieses Gleichungssystem ist ähnlich demjenigen, das in der WEISSKOPFschen Behandlung der Resonanzfluoreszenz auftritt (vgl. Ziff. 21), und läßt nur dann eine übersichtliche Lösung zu, wenn die Bedingungen (21.8) erfüllt sind. Setzen wir dies einstweilen voraus, so erhalten wir folgendes Strahlungsfeld:

$$b_s(\infty) = -\frac{1}{\hbar}\left(\frac{h}{G\nu_s}\right)^{\frac{1}{2}} \frac{1}{\nu_s - \omega + i\mu} \cdot \left\{ j_s^* + \frac{1}{c^2 r} \sum_{\mathfrak{c}_0} j_{s_0}^* \cdot \frac{1}{\hbar} \sum_m \frac{j_{s,0m}^* j_{s_0,0m}}{\omega - \omega_{m0} - i(\mu - \mu_{m0})} \right\}, \tag{22.12}$$

wo

$$\mu_{m0} + \mu_{m0}^* = A_0^m$$

die natürliche Breite der Emissionslinie $m \to 0$ des Streuers bedeutet. Die Amplitude und Phase der Streuwelle entspricht außerhalb der Resonanz den betreffenden uneigentlichen Streutermen in der KRAMERS-HEISENBERGschen Formel (19.9); für den Resonanzfall sind die Imaginärteile der Resonanznenner wesentlich. Dieser Einfluß der *Dämpfung* ist wiederum genau der klassische: ersetzt man E und S durch Oszillatoren mit den Dämpfungskonstanten μ bzw. μ_{m0}, so erhält die klassisch gestreute Amplitude die gleichen Resonanznenner

[1] Die Unstetigkeit der Amplituden c_m bei $t = r/c$ kann durch Hinzufügung freier (gedämpfter) Schwingungen des Streuers leicht behoben werden; zwecks Vereinfachung verzichten wir darauf, die letzteren anzuschreiben. Vgl. in dieser und anderer Hinsicht die ausführliche Diskussion bei G. BREIT, Reviews of Modern Physics, Bd. 4, 1932, Abschnitt VI, Ziff. 4.

* Die hier angewandte Schreibweise ist nur korrekt, falls die Dimensionen von E und S klein gegen die Wellenlänge sind (Dipolstrahlung, vgl. Ziff. 27). Anderenfalls denke man sich die j in Integralform geschrieben und die Phasenfaktoren e^{ikr} in die Integranden aufgenommen, so daß jedes Ladungspaar in E und S seine richtige Phasendifferenz $kr = k\left|\mathfrak{r}_k^{(S)} - \mathfrak{r}_l^{(E)}\right|$ erhält.

wie der Ausdruck (22.12). Insbesondere wird also auch, für den Fall eines dispergierenden Mediums S, die *anomale Dispersion* und die *Absorption* der Lichtwelle durch die bekannten klassischen Formeln beschrieben[1].

Es bleibt nun noch zu diskutieren, in welchem Umfang die Formel (22.12) zu Recht besteht, d. h. unter welchen Umständen die oben gemachte Voraussetzung (21.8) erfüllt ist. In Ziff. 21 wurde schon erwähnt, daß dies zutrifft, wenn der Streuer ein einzelnes Atom ist, dessen angeregter Zustand richtungsentartet ist. Interessanter ist der Fall, daß der Streuer aus mehreren gleichartigen Atomen besteht, so daß die verschiedenen m-Werte in obigen Formeln sich auf Anregungsprozesse in verschiedenen Atomen von S beziehen. Dann sind die Summenglieder $m' \neq m$ im Gleichungssystem (22.11) nicht durchweg Null; sie bleiben allerdings Null bis zur Zeit $t = 1/c \cdot \left(|\mathfrak{r}^{(E)} - \mathfrak{r}_{m'}^{(S)}| + |\mathfrak{r}_{m'}^{(S)} - \mathfrak{r}_{m}^{(S)}|\right)$, d. h. bis zu der Zeit, bei welcher das am Atom m' gestreute Licht nach m gelangt[2], woraus hervorgeht, daß die Summenglieder $m' \neq m$ in (22.11) mit der *Mehrfachstreuung* zusammenhängen. Ist diese zu vernachlässigen, so muß auch die Formel (22.12) ohne weiteres gelten. Anderenfalls ist das Gleichungssystem (22.11) dadurch zu lösen, daß man die Eigenfunktionen u_m des Streuers einer unitären Transformation unterwirft, welche die Glieder $m' \neq m$ zum Verschwinden bringt[3]. Statt dessen würde es auch genügen, sich davon zu überzeugen, daß die Mehrfachstreuung, so wie sie durch die Gleichungen (22.11) beschrieben wird, sich nicht von der klassischen Mehrfachstreuung an gedämpften Oszillatoren unterscheidet. Was speziell die Dispersion in einem isotropen Medium anlangt, so ist in diesem Sinne zu erwarten, daß die Mehrfachstreuung sich lediglich darin äußert, daß, an Stelle des Brechungsindex n selbst, der Ausdruck $\frac{n^2-1}{n^2+2}$ der Dichte des Mediums proportional anwächst, gemäß dem bekannten LORENZ-LORENTZschen Gesetz[4].

Die bisherige Diskussion der Kohärenzfragen beschränkte sich auf den Fall, daß die Schwerpunktsbewegung von E sowohl als von S außer acht gelassen werden kann. Es soll nun noch kurz nachgetragen werden, in welchem Maße die Kohärenz zwischen primärer und Streustrahlung durch die *Rückstöße* beim Emissions- und Streuprozeß beeinträchtigt wird. Unter die Daten, welche einen Zustand des Gesamtsystems beschreiben, müssen wir nunmehr auch die translatorischen Impulse von E und S aufnehmen; wir nennen diese $\hbar\mathfrak{K}^E$ und $\hbar\mathfrak{K}^S$ und beschränken sie auf dieselbe diskrete Mannigfaltigkeit wie die Photonenimpulse $\hbar\mathfrak{k}$ [vgl. (17.1)]. Lassen wir zur Vereinfachung die uneigentliche Streuung außer Betracht, so kommen folgende Zustände in Frage:

E	S	Strahlung	Wahrsch.-Ampl.
$\mathfrak{K}^E$, angeregt	$\mathfrak{K}^S$, Grundzustand	0	$a(\mathfrak{K}^E, \mathfrak{K}^S)$
$\mathfrak{K}^E$, Grundzustand	$\mathfrak{K}^S$, Grundzustand	1 Photon in s	$b_s(\mathfrak{K}^E, \mathfrak{K}^S)$

Wie unter Ziff. 18 und 19 ausgeführt wurde, sind die Matrixelemente j und η nur für solche Strahlungsprozesse von Null verschieden, welche den Gesamt-

[1] Ist $\hbar\omega$ größer als die Ionisierungsarbeit des Streuers (Resonanz im kontinuierlichen Spektrum von S), so ergibt sich diejenige Lichtabsorption, welche dem Energieverlust durch *Photoeffekt* (anstatt durch Resonanzstreuung) entspricht.

[2] Man erkennt dies leicht, wenn man die Summation nach s ähnlich wie oben [vgl. (22.5)] ausführt. Der im Summenglied m' vorkommende Abstand r bezieht sich auf ein Teilchen in E und auf eines in (S, m').

[3] V. WEISSKOPF, Ann. d. Phys. Bd. 9, S. 23. 1931, Abschnitt VI.

[4] Für unendliche Kristalle (Nichtleiter) ist die Übereinstimmung mit den Aussagen der klassischen Theorie (EWALD, BORN) in weitem Umfang nachgewiesen von G. WENTZEL, Helv. Phys. Acta, Bd. 6, 1933.

impuls von Materie und Strahlung unverändert lassen, wie die Integralformeln (17.10) und (17.12) lehren, wenn man die Schwerpunktsbewegung von E und S aus den Eigenfunktionen u abseparíert. Nennen wir die dann übrigbleibenden Faktoren, die sich also nur noch auf den Übergang der inneren Koordinaten von E und S beziehen, jetzt wieder j_s bzw. $\eta_{ss'}$, so schreiben sich die DIRACschen Gleichungen folgendermaßen:

$$i\hbar \frac{d}{dt} a(\mathfrak{K}^E, \mathfrak{K}^S) = \sum_s b_s(\mathfrak{K}^E - \mathfrak{k}_s, \mathfrak{K}^S) \cdot \left(\frac{h}{G\nu_s}\right)^{\frac{1}{2}} j_s \cdot e^{+i[\omega + (\mathfrak{v}^E \mathfrak{k}_s) - \nu_s]t}, \tag{22.13}$$

$$\left.\begin{aligned} i\hbar \frac{d}{dt} b_s(\mathfrak{K}^E - \mathfrak{k}_s, \mathfrak{K}^S) &= a(\mathfrak{K}^E, \mathfrak{K}^S) \cdot \left(\frac{h}{G\nu_s}\right)^{\frac{1}{2}} j_s^* \cdot e^{-i[\omega + (\mathfrak{v}^E \mathfrak{k}_s) - \nu_s]t} \\ &+ \sum_{s'} b_{s'}(\mathfrak{K}^E - \mathfrak{k}_s, \mathfrak{K}^S + \mathfrak{k}_s - \mathfrak{k}_{s'}) \cdot \left(\frac{h}{G\nu_s} \frac{h}{G\nu_{s'}}\right)^{\frac{1}{2}} \eta_{ss'}^* \cdot e^{i[(\mathfrak{v}^S \cdot \mathfrak{k}_{s'} - \mathfrak{k}_s) - \nu_{s'} + \nu_s]t}. \end{aligned}\right\} \tag{22.14}$$

In den zeitabhängigen Faktoren treten hier diejenigen Terme auf, welche der Energieänderung der Schwerpunktsbewegung infolge des Rückstoßes Rechnung tragen und die Dopplerverschiebung der Frequenz bei der Emission bzw. bei der Streuung beschreiben: ω bedeutet wie oben die vom ruhenden (festgehaltenen) Atom E emittierte Frequenz, und $\mathfrak{v}^E$, $\mathfrak{v}^S$ sind die (bezüglich Anfangs- und Endzustand gemittelten) Schwerpunktsgeschwindigkeiten von E und S [vgl. (18.19) und (19.6)]:

$$\mathfrak{v}^E = \frac{\hbar}{M_E}\left(\mathfrak{K}^E - \frac{1}{2}\mathfrak{k}_s\right), \qquad \mathfrak{v}^S = \frac{\hbar}{M_S}\left(\mathfrak{K}^S + \frac{1}{2}(\mathfrak{k}_s - \mathfrak{k}_{s'})\right).$$

In nullter Näherung ($\eta = 0$) wird der Emissionsvorgang allein beschrieben durch die Formeln:

$$a(\mathfrak{K}^E, \mathfrak{K}^S) = \alpha(\mathfrak{K}^E, \mathfrak{K}^S) \cdot e^{-\mu t}, \qquad \text{wo } \mu + \mu^* = A, \tag{22.15}$$

$$b_s(\mathfrak{K}^E - \mathfrak{k}_s, \mathfrak{K}^S) = \alpha(\mathfrak{K}^E, \mathfrak{K}^S) \cdot \left(\frac{h}{G\nu_s}\right)^{\frac{1}{2}} j_s^* \cdot \frac{e^{-i[\omega + (\mathfrak{v}^E \mathfrak{k}_s) - \nu_s - i\mu]t} - 1}{\hbar[\omega + (\mathfrak{v}^E \mathfrak{k}_s) - \nu_s - i\mu]}. \tag{22.16}$$

Hier stellt $\alpha(\mathfrak{K}^E, \mathfrak{K}^S)$ die Wahrscheinlichkeitsamplitude für $\mathfrak{K}^E$ und $\mathfrak{K}^S$ zur Zeit $t = 0$ dar; sie läßt sich in bekannter Weise aus der Wellenfunktion der Schwerpunktskoordinaten von E und S zur Zeit $t = 0$ durch Fourieranalyse gewinnen[1]. Setzt man (22.15) und (22.16) rechter Hand in (22.14) ein, so erhält man (unter Benutzung früherer Ergebnisse) für den Beitrag der eigentlichen Streuprozesse zum Strahlungsfeld in 1. Näherung:

$$\left.\begin{aligned} b_s(\mathfrak{K}^E - \mathfrak{k}_s, \mathfrak{K}^S)(\infty) = -\frac{1}{\hbar}\left(\frac{h}{G\nu_s}\right)^{\frac{1}{2}} \cdot \Bigg\{ &\frac{\alpha(\mathfrak{K}^E, \mathfrak{K}^S) \cdot j_s^*}{\nu_s - [\omega + (\mathfrak{v}^E \mathfrak{k}_s)] + i\mu} \\ + \frac{1}{c^2 r} \cdot &\frac{\alpha(\mathfrak{K}^E + \mathfrak{k}_{s_0} - \mathfrak{k}_s, \mathfrak{K}^S - \mathfrak{k}_{s_0} + \mathfrak{k}_s) \cdot \sum_{\mathfrak{e}_0} j_{s_0}^* \eta_{ss_0}^*}{\nu_s - [\omega + (\mathfrak{v}^E \mathfrak{k}_{s_0}) + (\mathfrak{v}^S \cdot \mathfrak{k}_s - \mathfrak{k}_{s_0})] + i\mu} \Bigg\}. \end{aligned}\right\} \tag{22.17}$$

Damit die Kohärenz der Streuwelle mit der Primärwelle nicht wesentlich beeinträchtigt wird, müssen hiernach ersichtlich folgende Bedingungen erfüllt sein: *Erstens* muß die Wahrscheinlichkeitsamplitude α als Funktion von $\mathfrak{K}^E$ im Bereiche $\mathfrak{K}^E \leftrightarrow \mathfrak{K}^E + \mathfrak{k}_{s_0} - \mathfrak{k}_s$, und als Funktion von $\mathfrak{K}^S$ im Bereiche $\mathfrak{K}^S \leftrightarrow \mathfrak{K}^S - \mathfrak{k}_{s_0} + \mathfrak{k}_s$ *langsam* veränderlich sein; d. h. mit Bezug auf die die Schwerpunktsbewegung von E und S darstellenden Wellenpakete ausgedrückt: die Ausdehnung jedes der beiden Wellenpakete in der Richtung $\mathfrak{k}_s - \mathfrak{k}_{s_0}$ muß klein sein gegen

$$\frac{1}{|\mathfrak{k}_s - \mathfrak{k}_{s_0}|} = \frac{\lambda}{4\pi \sin\frac{\Theta}{2}} \qquad (\lambda = \text{Wellenlänge}, \ \Theta = \text{Streuwinkel}).$$

[1] Die Ausdehnung der Wellenpakete für E und S soll klein gegen ihren Abstand sein.

Diese Bedingung sagt nichts anderes aus, als daß die Kenntnis der Schwerpunktskoordinaten so genau sein muß, daß die Unschärfe der Phasendifferenz beider Lichtwege klein gegen 2π ist. Eine *zweite* Bedingung für praktisch vollständige Kohärenz ergibt sich daraus, daß die Spektren des primär emittierten und des gestreuten Lichtes im allgemeinen verschiedene Dopplerverschiebungen aufweisen. Für gegebene Schwerpunktsgeschwindigkeiten von E und S liegen die Intensitätsmaxima der primären und der gestreuten Spektrallinie in der Skala ν um

$$(\mathfrak{v}^S - \mathfrak{v}^E \cdot \mathfrak{k}_s - \mathfrak{k}_{s_0})$$

auseinander. Eine vollständige Kohärenz ist nur möglich, wenn diese Verschiebung für alle in den Wellenpaketen vorkommenden Werte von $\mathfrak{v}^E$ und $\mathfrak{v}^S$ klein gegen die natürliche Linienbreite A ist. Dagegen wird die Kohärenz natürlich völlig vernichtet, wenn die beiden Linien durch den Dopplereffekt ganz getrennt werden; in diesem Falle besteht allerdings immer noch die Möglichkeit, die beiden Wellen durch abermalige Streuung an bewegten Körpern wieder interferenzfähig zu machen.

23. Unperiodische Vorgänge mit mechanischer und Strahlungskopplung. Eine große Zahl experimentell viel untersuchter Erscheinungen ist dadurch gekennzeichnet, daß ein mechanisches System neben den Strahlungsübergängen, die aus der Kopplung mit dem elektromagnetischen Feld resultieren, gleichzeitig andersartige unperiodische Veränderungen erleidet, die durch eine „rein mechanische" Störungsfunktion V (etwa durch eine Coulombkraft) induziert werden. Hier soll speziell die Beeinflussung der *spontanen Emission* durch solche mechanische Kopplungen untersucht werden.

Charakterisieren wir die stationären Zustände des ungestörten mechanischen Systems wieder durch Indizes m (auch l oder n), so haben wir die Wahrscheinlichkeitsamplituden a_m und b_{ms} zu unterscheiden, je nachdem, ob keine Strahlung oder ein Photon der Sorte s vorhanden ist; diese Amplituden sind folgendermaßen gekoppelt:

$$i\hbar \frac{d a_m}{dt} = \sum_l a_l \cdot V_{lm} \cdot e^{i(\omega_m - \omega_l)t} + \sum_s \sum_l b_{ls} \cdot \left(\frac{h}{G\nu_s}\right)^{\frac{1}{2}} j_{s,lm} \cdot e^{i(\omega_m - \omega_l - \nu_s)t}, \tag{23.1}$$

$$i\hbar \frac{d b_{ms}}{dt} = \sum_l b_{ls} \cdot V_{lm} \cdot e^{i(\omega_m - \omega_l)t} + \sum_l a_l \cdot \left(\frac{h}{G\nu_s}\right)^{\frac{1}{2}} j^*_{s,ml} \cdot e^{i(\omega_m - \omega_l + \nu_s)t}. \tag{23.2}$$

Zur Lösung benutzen wir zunächst das DIRACsche Näherungsverfahren, *vernachlässigen* also *die Dämpfung*. Sei zu Anfang ($t = 0$) keine Strahlung vorhanden und das mechanische System in einem bestimmten Zustand n:

$$a_n(0) = 1, \qquad a_m(0) = 0 \quad \text{für} \quad m \neq n, \quad b_{ms}(0) = 0. \tag{23.3}$$

Dann folgt in 1. Näherung, d. h. durch Einsetzen der Anfangswerte rechter Hand in (23.1) und (23.2):

$$a_m = \delta_{nm} + V_{nm} \cdot \frac{e^{i(\omega_m - \omega_n)t} - 1}{-\hbar(\omega_m - \omega_n)}, \tag{23.4}$$

$$b_{ms} = \left(\frac{h}{G\nu_s}\right)^{\frac{1}{2}} j^*_{s,mn} \cdot \frac{e^{i(\omega_m - \omega_n + \nu_s)t} - 1}{-\hbar(\omega_m - \omega_n + \nu_s)}; \tag{23.5}$$

in dieser Näherung erfolgen also die strahlungslosen und die Emissionsprozesse unabhängig voneinander. Die Kopplung der beiden Vorgänge erhält man erst in der 2. Näherung, nämlich durch Einsetzen der 1. Näherungswerte (23.4) und (23.5) rechter Hand in (23.2):

$$\left.\begin{aligned} b_{ms} = \left(\frac{h}{G\nu_s}\right)^{\frac{1}{2}} \cdot \Bigg[&- j^*_{s,mn} \cdot \frac{e^{i(\omega_m-\omega_n+\nu_s)t}-1}{\hbar(\omega_m-\omega_n+\nu_s)} \\ &+ \sum_l \frac{V_{nl}\, j^*_{s,ml}}{\hbar(\omega_l-\omega_n)} \cdot \left(\frac{e^{i(\omega_m-\omega_n+\nu_s)t}-1}{\hbar(\omega_m-\omega_n+\nu_s)} - \frac{e^{i(\omega_m-\omega_l+\nu_s)t}-1}{\hbar(\omega_m-\omega_l+\nu_s)}\right) \\ &+ \sum_l \frac{V_{lm}\, j^*_{s,ln}}{\hbar(\omega_l-\omega_n+\nu_s)} \cdot \left(\frac{e^{i(\omega_m-\omega_n+\nu_s)t}-1}{\hbar(\omega_m-\omega_n+\nu_s)} - \frac{e^{i(\omega_m-\omega_l)t}-1}{\hbar(\omega_m-\omega_l)}\right)\Bigg]. \end{aligned}\right\} \quad (23.6)$$

Wenden wir diese Formel etwa auf die *Anregung der Lichtemission durch Elektronenstoß* an, so werden wir den Anfangszustand n einem Atom im Grundzustand und einem freien Elektron mit der kinetischen Energie T entsprechen lassen; V ist die Wechselwirkungsenergie zwischen Atom und Elektron[1]. Der 1. Näherungswert für b_{ms} (23.5) wird dann Null (für $\nu_s \cong \omega_n - \omega_m > 0$), da eine Umsetzung von reiner Translationsenergie in Licht durch einen Emissionsprozeß nicht möglich ist (wegen der Erhaltungssätze, vgl. Ziff. 24). In der 2. Näherung (23.6) dagegen beschreiben die in V und j bilinearen Terme (nämlich die erste Summe nach l) eine Ausstrahlung, nämlich, auf dem Wege über einen unelastischen Stoß $n \to l$* (Resonanz für $\omega_l = \omega_n$), spontane Emissionssprünge $l \to m$ (Resonanz für $\nu_s = \omega_l - \omega_m > 0$). Man erkennt leicht, daß solche Stöße, die zu *verschiedenen Endimpulsen* des Elektrons (und des Atoms) führen, Lichtwellen anregen, die zueinander *inkohärent* sind[2]. Daher ist die Wahrscheinlichkeit, daß ein Photon einer bestimmten Sorte s auf Grund *irgend*eines Stoßprozesses zur Emission gelangt, gleich der *Summe* der Wahrscheinlichkeiten, daß es auf dem Wege über einen *bestimmten* Stoßprozeß emittiert wird, vorausgesetzt, daß *keine Entartungen* der Eigenwerte der inneren Energie des Atoms vorliegen. Ist dagegen eine solche *Entartung* vorhanden, so kann der in (23.6) auftretende Ausdruck

$$\sum_{(l)} V_{nl}\, j^*_{s,ml}$$

zu einer ,,Interferenz der Wahrscheinlichkeiten" Anlaß geben. Dieser Umstand ist entscheidend für die *Polarisation des durch Elektronenstoß angeregten Lichtes*[3]. Ferner folgt daraus die *Interferenzfähigkeit* des Resonanzlichtes, das durch ein

---

[1] Diese ist in (23.6) nur in der 1. Ordnung berücksichtigt, woraus hervorgeht, daß die Stoßwahrscheinlichkeiten nur mit der Genauigkeit der 1. BORNschen Näherung (vgl. Ziff. 12) dargestellt sind.

* Sofern T zur Anregung ausreicht.

[2] Die zu den Zuständen l und (m, s) gehörigen Impulse sind nämlich einander eindeutig zugeordnet, da $j_{s,ml}$ nur $\neq 0$ ist für solche Übergänge, bei denen das Atom den Impuls $\hbar\mathfrak{k}_s$ abgibt und das Elektron seinen Impuls beibehält. Vgl. auch J. R. OPPENHEIMER, ZS. f. Phys. Bd. 43, S. 27. 1927.

[3] J. R. OPPENHEIMER (l. c.) hat für den Fall, daß der angeregte Term richtungsentartet ist, eine Regel abgeleitet, welche der HEISENBERGschen Regel für die Polarisation der Resonanzfluoreszenz (vgl. Anm. 1, S. 758) entspricht: die Polarisation des Lichtes, das durch Elektronen angeregt wird, welche den Anfangsimpuls $\hbar\mathfrak{k}^0$ und den Endimpuls $\hbar\mathfrak{k}$ haben, wird nicht geändert, wenn die Entartung durch ein Magnetfeld parallel zu $\mathfrak{k} - \mathfrak{k}^0$ aufgehoben wird. Beispielsweise ist die Linie $P_1 - S_0$ immer linear und parallel zu $\mathfrak{k} - \mathfrak{k}^0$ polarisiert, wie man aus den Formeln der BORNschen Stoßtheorie (vgl. Ziff. 12) unmittelbar abliest. Weiter folgert OPPENHEIMER: Ist die Kathodenstrahlenergie T nur knapp ausreichend zur Anregung, so ist $|\mathfrak{k}| \ll |\mathfrak{k}^0|$, und die Richtung des Hilfs-Magnetfeldes fällt für alle Stoßrichtungen praktisch mit der Kathodenstrahlrichtung $\mathfrak{k}^0$ zusammen. Die Gültigkeit dieser letzten Folgerung erscheint aber zweifelhaft, da sie sich auf die 1. Näherung der BORNschen Stoßtheorie gründet, die für kleine Endgeschwindigkeiten nicht ausreichend ist (vgl. Ziff. 12). — Bezüglich weiterer Einzelheiten über die Polarisation des Stoßleuchtens verweisen wir auf Kap. 3 dieses Bandes, Ziff. 54.

kohärentes Kathodenstrahlbündel in mehreren gleichartigen Atomen angeregt wird ($m = n =$ Grundzustand aller Atome, $l =$ angeregte Zustände verschiedener Atome), sofern diese Interferenzfähigkeit nicht durch die Rückstöße vernichtet wird; die Bedingungen hierfür sind analog denjenigen für den Fall der Lichtstreuung (Ziff. 22).

Die Intensität der durch Stoß angeregten Strahlung wächst für kleine t proportional zu t^2 an, entsprechend dem Umstand, daß man einen Anregungsprozeß und den darauffolgenden Emissionsprozeß als zwei unabhängige Elementarprozesse auffassen kann. Dies gilt aber nur, sofern man unter Stoßanregung die Anregung eines *diskreten* Spektralterms versteht. Ist jedoch die Stoßenergie T größer als die Ionisierungsarbeit des Atoms, so gibt die Resonanzstelle $\omega_l = \omega_n$ im *kontinuierlichen* Spektrum der inneren Energie Anlaß zur Emission einer Strahlung, deren Intensität proportional zu t^1 anwächst, so daß hier Anregung und Emission zusammen als ein einziger Elementarprozeß gelten kann[1]. Es scheint, daß diese Prozesse bei Lichtanregung durch schnelle Elektronen tatsächlich eine Rolle spielen[2].

Zur Behandlung *langsamer Stöße*, z. B. der Temperaturanregung, wird man natürlich als Störungsfunktion V nicht die gesamte Wechselwirkung der stoßenden Systeme wählen, sondern das unter Ziff. 16 skizzierte Näherungsverfahren nach BORN und OPPENHEIMER sinngemäß ausbauen.

Eine weitere Frage, welche durch die Formel (23.6) beantwortet wird, ist die nach der *Verbreiterung von Spektrallinien durch Stöße*, genauer ausgedrückt, durch Beiträge der Translationsenergie eines stoßenden Körpers zum emittierten $\hbar\nu$. Stellen wir uns zunächst ein *Elektron* vor, das mit einem Atom zusammenstößt, während sich dieses in einem angeregten Zustand (n), also in Emissionsbereitschaft, befindet, so ergibt sich aus den in V und j bilinearen Termen in (23.6) die Möglichkeit, daß auf dem Umweg über einen Zwischenzustand l, dem eine *beliebig* veränderte Elektronenenergie entspricht, ein Endzustand m unter Emission eines Photons $\nu_s \cong \omega_n - \omega_m > 0$ erreicht wird, dessen Energie $\hbar\,\omega_m$ um den Energiegewinn oder -verlust des Elektrons von der Energie desjenigen Zustandes abweicht, der ohne das Dazwischentreten des Elektrons erreicht worden wäre. Auf diese Weise entsteht ein kontinuierliches Emissionsspektrum, das allerdings, nach Ausweis der Resonanznenner $\omega_l - \omega_n$ und $\omega_l - \omega_n + \nu_s = \omega_l - \omega_m$, in der Nähe der gewöhnlichen Eigenfrequenzen des Atoms steile Intensitätsmaxima besitzt; mit anderen Worten: die Spektrallinien des isolierten Atoms werden durch Stöße (schneller) Elektronen *verbreitert*[3].

Will man andererseits die Linienverbreiterung untersuchen, welche durch *gegenseitige Stöße* emittierender Atome verursacht wird, interessiert man sich also etwa für die *Druckabhängigkeit der Linienbreite*, so geht man zweckmäßig von der Theorie der adiabatischen Stöße (vgl. Ziff. 8 und 16) aus und nimmt in diesem Sinne die quasistatische Wechselwirkung zweier Atome schon in die

---

[1] M. GÖPPERT-MAYER, Ann. d. Phys. Bd. 9, S. 273. 1931, § 2. Die anschauliche Bedeutung dieses Umstandes ist offenbar die, daß die Verweilzeit des Atoms im ionisierten Zustande extrem kurz sein muß, wenn überhaupt ein Emissionsrücksprung stattfinden soll, bevor das Elektron die Wirkungssphäre des Ions verlassen hat.

[2] J. FRANCK (ZS. f. Phys. Bd. 47, S. 509. 1928) hat sie zum erstenmal zur Deutung von „Anregungsfunktionen" herangezogen.

[3] M. GÖPPERT-MAYER, l. c.; vgl. auch O. OLDENBERG, ZS. f. Phys. Bd. 51, S. 605. 1928. — Ein verwandter Vorgang ist derjenige, welcher von HEISENBERG und PAULI (ebenda Bd. 56, S. 1. 1929, § 9) untersucht und von OPPENHEIMER (Phys. Rev. Bd. 35, S. 939. 1930, Abschnitt II) auf Grund der Formel (23.6) diskutiert worden ist: ein System, das einer strahlungslosen Ionisation (Augereffekt, α- oder β-Zerfall) fähig ist, hat die Möglichkeit, einen beliebigen Bruchteil der freiwerdenden kinetischen Energie in Strahlung umzuwandeln, so daß ein kontinuierliches Spektrum sowohl von Materie- als von Lichtwellen entsteht.

Hamiltonfunktion des ungestörten Systems auf. Da nunmehr die Schwerpunktsbewegung der beiden stoßenden Atome schon in nullter Näherung eine beschleunigte ist, läßt sich der gesuchte Effekt bereits durch den 1. Näherungswert von b_{ms} (23.5) beschreiben: für einen gegebenen Anfangszustand n erlaubt die Matrix $j^*_{s,mn}$ spontane Emissionssprünge in Zustände m, die zu beliebig geänderten Werten der Translationsenergie gehören, so daß wiederum ein kontinuierliches Spektrum entsteht. Wie WEISSKOPF[1] gezeigt hat, entspricht die hieraus resultierende Linienform vollkommen der klassischen Überlegung, auf Grund deren LENZ[2] die Stoßverbreiterung gedeutet hat: die Eigenfrequenz ω eines Oszillators wird durch eine vorübergehende Störung zeitweise verstimmt, und das infolgedessen kontinuierlich gewordene Spektrum ist durch die Fourierzerlegung der Funktion

$$e^{i\int \omega(t)\,dt}$$

bestimmt. Und zwar ergibt sich für die hier einzusetzende Frequenzverstimmung auf Grund der adiabatischen Näherung der Wert:

$$\omega(t) - \omega = \frac{1}{\hbar}\left(\Phi_n(t) - \Phi_m(t)\right),$$

wo Φ das quasistatische Wechselwirkungspotential der beiden Atome im Zustand n bzw. m als Funktion der Zeit ist.

Bekanntlich gibt es noch eine zweite Art von Stoßverbreiterung, die mit einer Intensitätsverminderung verbunden ist und dadurch zustande kommt, daß ein strahlungsloser Prozeß („Stoß 2. Art") dem Emissionsprozeß zuvorkommt. Bei diesem Effekt handelt es sich indessen um einen eigentlichen *Dämpfungsvorgang*, zu dessen Beschreibung die DIRACsche Näherung nicht geeignet ist. Wir gehen deshalb auf die Gleichungen (23.1) und (23.2) zurück und verwenden das Näherungsverfahren von WEISSKOPF und WIGNER (vgl. Ziff. 20) in sinngemäßer Erweiterung und unter vereinfachenden Annahmen.

Der gegebene Anfangszustand n sei von solcher Art, daß er nur auf zwei Wegen zerfallen kann, nämlich einerseits strahlungslos durch Übergang in Zustände ω des kontinuierlichen Energiespektrums[3], andererseits unter Emission eines Photons $\nu_s \cong \omega_n - \omega_m$ in einen diskreten Zustand m. Durch Streichung aller unwesentlichen Kopplungsglieder[4] gehen dann die Gleichungen (23.1) und (23.2) über in:

$$i\hbar\frac{d a_n}{dt} = \int d\omega\, a_\omega \cdot V^*_{n\omega} \cdot e^{i(\omega_n-\omega)t} + \sum_s b_{ms} \cdot \left(\frac{h}{G\nu_s}\right)^{\frac{1}{2}} j_{s,mn} \cdot e^{i(\omega_n-\omega_m-\nu_s)t}, \tag{23.7}$$

$$i\hbar\frac{d a_\omega}{dt} = a_n \cdot V_{n\omega} \cdot e^{i(\omega-\omega_n)t}, \tag{23.8}$$

$$i\hbar\frac{d b_{ms}}{dt} = a_n \cdot \left(\frac{h}{G\nu_s}\right)^{\frac{1}{2}} j^*_{s,mn} \cdot e^{i(\omega_m-\omega_n+\nu_s)t}. \tag{23.9}$$

Dazu kommen die Anfangsbedingungen (23.3). Die Lösung wird, wie in Ziff. 20, durch den Ansatz

$$a_n = e^{-\mu t} \qquad (t > 0) \tag{23.10}$$

---

[1] V. WEISSKOPF, ZS. f. Phys. Bd. 75, S. 287. 1932, Abschnitt II.

[2] W. LENZ, ZS. f. Phys. Bd. 25, S. 299. 1924.

[3] Eine etwaige Entartung soll hier nicht besonders hervorgehoben werden; vgl. hierzu Ziff. 15.

[4] Insbesondere dürfen wir annehmen, daß die Diagonalelemente der Störungsmatrix V verschwinden (anderenfalls könnte man sie nämlich durch Aufnahme in die Energiematrix des ungestörten Systems eliminieren: $\omega_n \to \omega_n + V_{nn}/\hbar$).

geliefert. Hiermit sind nämlich a_ω und b_{ms} durch (23.8), (23.9) und (23.3) bestimmt, und Einsetzen in (23.7) ergibt, unter Benutzung früherer Ergebnisse, die Bestimmungsgleichung für μ:

$$\mu + \mu^* = \frac{2\pi}{\hbar^2} \cdot |V_{n\omega}|^2 + A_m^n. \tag{23.11}$$

Die gesamte Zerfallswahrscheinlichkeit des Zustandes n setzt sich also additiv aus den Wahrscheinlichkeiten des strahlungslosen und des Strahlungszerfalls zusammen. Das Energiespektrum des mechanischen Systems und des Strahlungsfeldes sieht für $t = \infty$ folgendermaßen aus:

$$|a_\omega(\infty)|^2 d\omega = \frac{|V_{n\omega}|^2 d\omega}{\hbar^2 |\omega - \omega_n + i\mu|^2}, \tag{23.12}$$

$$|b_{ms}(\infty)|^2 \cdot G \frac{\nu^2 d\nu}{\pi^2 c^3} = \frac{A_m^n d\nu}{2\pi |\nu - (\omega_n - \omega_m) + i\mu|^2}. \tag{23.13}$$

Beide Spektrallinien haben (in Energieskala) die gleiche Halbwertsbreite $\hbar(\mu + \mu^*)$, entsprechend dem Umstand, daß schon die Energie des Anfangszustandes (n) mit dieser natürlichen Unschärfe behaftet ist. Die Wahrscheinlichkeit, daß der Zerfall irgendwie strahlungslos oder irgendwie strahlungsmäßig erfolgt ist, ergibt sich zu:

$$\int |a_\omega(\infty)|^2 d\omega = \frac{\frac{2\pi}{\hbar^2} |V_{n\omega}|^2}{\mu + \mu^*}, \tag{23.14}$$

$$\int |b_{ms}(\infty)|^2 \cdot G \frac{\nu^2 d\nu}{\pi^2 c^3} = \frac{A_m^n}{\mu + \mu^*}. \tag{23.15}$$

Bei gegebener Emissionswahrscheinlichkeit A_m^n wird nach (23.11), (23.14) und (23.15) die Lichtintensität in dem Maße verringert, als die Wahrscheinlichkeit des strahlungslosen Zerfalls und damit die Linienbreite zunimmt; ein starkes Überwiegen des strahlungslosen Zerfalls hat eine *Auslöschung* der Lichtemission zur Folge.

Eine Verallgemeinerung dieser Rechnung für den Fall, daß mehrere strahlungslose und mehrere Strahlungsprozesse im Spiel sind, ist unschwer durchzuführen.

Gehört der Anfangszustand n zum *diskreten* Energiespektrum des Systems, so ist der strahlungslose Zerfall ein „*Augerprozeß*“ oder eine „*Prädissoziation*“ (vgl. Ziff. 15); da der Anfangszustand n in diesen Fällen notwendig ein angeregter Zustand ist, gibt es hier immer die Alternative: strahlungsloser oder Strahlungszerfall, und die obigen Überlegungen sind anwendbar. Gehört andererseits der Anfangszustand n selbst schon zum *kontinuierlichen* Energiespektrum, so liegt ein Stoßproblem vor, und die obigen Formeln beschreiben die eigentliche *Stoßdämpfung*: beim Zusammenstoß des angeregten Atoms mit einem anderen Körper besteht die Möglichkeit, daß ein „Stoß 2. Art“ dem Emissionsprozeß zuvorkommt; das Ergebnis ist eine Verbreiterung und gleichzeitige Schwächung der Spektrallinien. Diese Erscheinung ist offenbar das quantentheoretische Analogon der klassischen Stoßdämpfung nach LORENTZ, die so gedacht ist, daß eine Oszillatorschwingung durch einen Stoß abgebrochen wird[1]. Wie stark im Verhältnis diese eigentliche Stoßdämpfung und die obenerwähnte Frequenzverstimmung bei einer Druckverbreiterung beteiligt sind, kann an der Stärke der Auslöschung erkannt werden.

[1] Vgl. V. WEISSKOPF, l. c.; J. FRENKEL, ZS. f. Phys. Bd. 58, S. 794. 1929, § 2.

II. Einige Grenzfälle.

24. Lichtstreuung am freien Teilchen. Ist das in C I betrachtete mechanische System speziell ein einziger elektrisch geladener Massenpunkt, der keinen Kräften (außer Strahlungskräften) unterworfen ist, so ist bekanntlich weder Emission noch Absorption möglich, da die Erhaltungssätze für Impuls und Energie (bei unveränderlicher innerer Energie) solche Prozesse nicht erlauben. Wohl aber können *Streuprozesse* vorkommen; ihre Wahrscheinlichkeit soll jetzt berechnet werden.

Das streuende Teilchen habe die Ladung $e_1 = e$ und die Masse $m_1 = m$. Als Eigenfunktionen des ungestörten Teilchens wählen wir ebene Wellen, welche den Periodizitätsbereich $G = l_1 l_2 l_3$ haben (vgl. Ziff. 17):

$$u_m = \frac{1}{\sqrt{G}} \cdot e^{i(\mathfrak{k}_1 \mathfrak{r}_1)}, \qquad \mathfrak{k}_{1x} = \frac{2\pi\tau_1}{l_1}, \quad \mathfrak{k}_{1y} = \frac{2\pi\tau_2}{l_2}, \quad \mathfrak{k}_{1z} = \frac{2\pi\tau_3}{l_3}; \tag{24.1}$$

der Index m steht also hier für ein Tripel ganzer Zahlen τ_1, τ_2, τ_3. Zur Zeit $t = 0$ habe das Teilchen den scharf gegebenen Anfangsimpuls

$$\hbar \mathfrak{k}_1^0 = m \mathfrak{v}_1^0, \tag{24.2}$$

so daß der Anfangszustand n durch die Wellenfunktion

$$u_n = \frac{1}{\sqrt{G}} \cdot e^{i(\mathfrak{k}_1^0 \mathfrak{r}_1)} \tag{24.3}$$

beschrieben wird. Ab $t = 0$ koppeln wir das Teilchen mit einer monochromatischen, ebenen und linear polarisierten Lichtwelle, welche N_s Photonen der Sorte s in G enthält:

$$N_s \neq 0 \qquad (\nu_s = \nu^0, \quad \mathfrak{k}_s = \mathfrak{k}^0, \quad \mathfrak{e}_s = \mathfrak{e}^0), \qquad N_r = 0 \quad \text{für} \quad r \neq s. \tag{24.4}$$

Die Wahrscheinlichkeit eines mit Streuung verbundenen Übergangs $n(\mathfrak{k}_1^0) \rightarrow m(\mathfrak{k}_1)$ bestimmt sich durch die Wahrscheinlichkeitsamplituden $a_m(0 \ldots N_s - 1 \ldots 1 \ldots)$, deren Werte wir aus der Formel (19.1) entnehmen, welche auf Grund der 2. DIRACschen Näherung gewonnen war:

$$\left.\begin{aligned} a_m(0 \ldots N_s - 1 \ldots \underset{(s')}{1} \ldots) &= -\frac{e^{i(\omega_m - \omega_n - \nu_s + \nu_{s'})t} - 1}{\omega_m - \omega_n - \nu_s + \nu_{s'}} \cdot \frac{2\pi}{G} \left(\frac{N_s}{\nu_s \nu_{s'}}\right)^{\frac{1}{2}} \\ &\cdot \left[\eta_{ss', nm} + \frac{1}{\hbar} \sum_l \left\{\frac{j_{s,nl} j^*_{s',ml}}{\nu_s - \omega_l + \omega_n} - \frac{j_{s,lm} j^*_{s',ln}}{\nu_{s'} + \omega_l - \omega_n}\right\}\right]^{1}. \end{aligned}\right\} \tag{24.5}$$

Beim Übergang in einen gegebenen Endzustand $m(\mathfrak{k}_1)$ des Teilchens kann, gemäß dem Impulssatz, nur ein Photon s' mit

$$\mathfrak{k}_{s'} = \mathfrak{k}_s + \mathfrak{k}_1^0 - \mathfrak{k}_1 \tag{24.6}$$

entstehen. Bilden wir also jetzt aus (24.5) die Wahrscheinlichkeit $|a|^2$, und summieren wir, wie unter Ziff. 19, über alle Photonen s', deren Impuls in einen Raumwinkel $d\Omega$ zeigt $\left(\frac{\mathfrak{k}_{s'}}{|\mathfrak{k}_{s'}|} = \frac{\mathfrak{k}}{|\mathfrak{k}|}\right)$ und die zu einer bestimmten Polarisation beitragen ($\mathfrak{e}_{s'} = \mathfrak{e}$), so gehört nunmehr (anders als in der früheren Rechnung) zu jedem s' zufolge (24.6) ein individuelles $m(\mathfrak{k}_1)$, und daher hängt bei der Integration nach $\nu_{s'}$ (über das Resonanzmaximum bei $\nu_s + \omega_n - \omega_m$) ω_m von $\nu_{s'}$ ab, nämlich so:

$$\frac{d\omega_m}{d\nu_{s'}} = -\frac{1}{\nu_{s'}} (\mathfrak{v}_1 \mathfrak{k}_{s'}), \qquad \text{wo} \quad \mathfrak{v}_1 = \frac{\hbar \mathfrak{k}_1}{m} \tag{24.7}$$

[1] Vgl. Anm. *, S. 748.

($\mathfrak{v}_1$ = Endgeschwindigkeit). Führt man $\nu_{s'} + \omega_m$ an Stelle von $\nu_{s'}$ als Integrationsvariable ein, so erkennt man leicht, daß die gesamte Intensität der nach $d\Omega$ gehenden Streustrahlung folgenden Wert hat:

$$S\left(\frac{\mathfrak{k}}{|\mathfrak{k}|}\right) d\Omega = S_0 d\Omega \cdot \frac{1}{c^4}\left(\frac{\nu}{\nu^0}\right)^2 \frac{1}{1 - \frac{1}{\nu}(\mathfrak{v}\mathfrak{k})} \cdot \sum_{\mathfrak{e}} \left| \eta_{ss',nm} + \frac{1}{\hbar} \sum_l \{\ldots\} \right|^2, \tag{24.8}$$

wo sich, für gegebene Streurichtung $\mathfrak{k}/|\mathfrak{k}|$, $|\mathfrak{k}|$ und $\mathfrak{k}_1(\mathfrak{v}_1)$ durch die Erhaltungssätze bestimmen:

$$\mathfrak{k}_{(s')} + \mathfrak{k}_1 = \mathfrak{k}^0_{(s)} + \mathfrak{k}^0_1, \qquad \nu_{(s')} + \omega_m = \nu^0_{(s)} + \omega_n. \tag{24.9}$$

Die Berechnung der Matrixelemente η, j auf Grund der Definitionsformeln (17.12) und (17.10)[1] liefert folgendes Ergebnis:

$$\eta_{ss',nm} = \frac{e^2}{m}(\mathfrak{e}_s \mathfrak{e}_{s'}), \quad \text{sofern (24.6) gilt,} \quad \text{sonst} = 0;$$

$$j_{s,nl} = -\frac{\hbar e}{m}(\mathfrak{e}_s \mathfrak{k}^0_1), \quad \text{wenn } u_l = \frac{1}{\sqrt{G}} e^{i(\mathfrak{k}^0_1 + \mathfrak{k}_s \cdot \mathfrak{r}_1)}, \quad \text{sonst} = 0;$$

$$j_{s',ml} = -\frac{\hbar e}{m}(\mathfrak{e}_{s'} \mathfrak{k}_1), \quad \text{wenn } u_l = \frac{1}{\sqrt{G}} e^{i(\mathfrak{k}_1 + \mathfrak{k}_{s'} \cdot \mathfrak{r}_1)}, \quad \text{sonst} = 0;$$

$$j_{s,lm} = -\frac{\hbar e}{m}(\mathfrak{e}_s \mathfrak{k}_1), \quad \text{wenn } u_l = \frac{1}{\sqrt{G}} e^{i(\mathfrak{k}_1 - \mathfrak{k}_s \cdot \mathfrak{r}_1)}, \quad \text{sonst} = 0;$$

$$j_{s',ln} = -\frac{\hbar e}{m}(\mathfrak{e}_{s'} \mathfrak{k}^0_1), \quad \text{wenn } u_l = \frac{1}{\sqrt{G}} e^{i(\mathfrak{k}^0_1 - \mathfrak{k}_{s'} \cdot \mathfrak{r}_1)}, \quad \text{sonst} = 0.$$

Damit unsere unrelativistischen Formeln anwendbar sein sollen, muß die Teilchengeschwindigkeit nicht nur im Anfangs- und Endzustand, sondern auch in den Zwischenzuständen $l\left(|\mathfrak{v}'_1| = \frac{\hbar}{m}|\mathfrak{k}^0_1 + \mathfrak{k}^0| \text{ bzw. } = \frac{\hbar}{m}|\mathfrak{k}_1 - \mathfrak{k}^0|\right)$ klein gegen die Lichtgeschwindigkeit sein:

$$|\mathfrak{v}^0_1| = \frac{\hbar|\mathfrak{k}^0_1|}{m} \ll c, \qquad |\mathfrak{v}_1| = \frac{\hbar|\mathfrak{k}_1|}{m} \ll c \quad \text{und} \quad \frac{\hbar|\mathfrak{k}^0|}{m} \ll c.$$

Setzen wir

$$\frac{\hbar}{mc}|\mathfrak{k}^0| = \frac{\hbar\nu^0}{mc^2} = \alpha, \tag{24.10}$$

so lautet die letzte Bedingung:

$$\alpha \ll 1. \tag{24.11}$$

Die unrelativistischen Formeln sind dann bekanntlich zuverlässig bis zu Termen 1. Ordnung in $|\mathfrak{v}^0_1|/c$, $|\mathfrak{v}_1|/c$ und α; Terme höherer Ordnung sollen im folgenden systematisch vernachlässigt werden.

Im Vergleich zu dem Term $\eta_{ss',nm}$ in (24.8) („eigentliche Streuung") sind die Terme $\hbar^{-1}\sum_l\{\ldots\}$ („uneigentliche Streuung") bereits klein von der 1. Ordnung; infolgedessen können wir die in ihnen auftretenden Resonanznenner $\nu_s - \omega_l + \omega_n$ und $\nu_{s'} + \omega_l - \omega_n$ durch ν_s ersetzen, da hierdurch, wie leicht zu sehen, nur Terme 2. Ordnung in v/c vernachlässigt werden. Beachtet man noch den Impulssatz (24.6), so folgt als *unrelativistische Streuformel*:

$$\left.\begin{aligned} S\left(\frac{\mathfrak{k}}{|\mathfrak{k}|}\right) d\Omega &= S_0 d\Omega \cdot \frac{e^4}{c^4 m^2}\left(\frac{\nu}{\nu^0}\right)^2 \left[1 + \left(\frac{\mathfrak{v}_1}{c} \cdot \frac{\mathfrak{k}}{|\mathfrak{k}|}\right)\right] \\ &\cdot \sum_{\mathfrak{e}} \left[(\mathfrak{e}^0\mathfrak{e}) + \left(\mathfrak{e}^0 \frac{\mathfrak{v}^0_1}{c}\right)\left(\mathfrak{e}\frac{\mathfrak{k}^0}{|\mathfrak{k}^0|}\right) + \left(\mathfrak{e}\frac{\mathfrak{v}^0_1}{c}\right)\left(\mathfrak{e}^0 \frac{\mathfrak{k}}{|\mathfrak{k}|}\right)\right]^2. \end{aligned}\right\} \tag{24.12}$$

[1] Die Volumintegrationen daselbst sind jeweils über den Bereich G zu erstrecken, nach Ausweis des Normierungsfaktors in (24.1) bzw. (24.3).

Hier entspricht der Term nullter Ordnung ($\mathfrak{v}_I^0 = \mathfrak{v}_1 = 0$, $\nu = \nu^0$) der *klassischen Streuung am freien ruhenden Teilchen*[1]. Die Terme 1. Ordnung in $|\mathfrak{v}_I^0|/c$ und $|\mathfrak{v}_1|/c$ stellen den *Dopplereffekt* dar, und zwar entsprechen sie gleichfalls der *klassischen* Rechnung, falls der Photonenimpuls $\hbar|\mathfrak{k}^0|$ klein gegen den Teilchenimpuls $\hbar|\mathfrak{k}_I^0|$ ist ($\mathfrak{v}_1 \simeq \mathfrak{v}_I^0$, $\nu = \nu^0 + (\mathfrak{v}_I^0 \cdot \mathfrak{k} - \mathfrak{k}^0)$). Wenn aber die Impulse von Teilchen und Photon vergleichbar werden, so treten nichtklassische Terme auf: wir erhalten die Intensitätsformel für den „*Comptoneffekt*". War das Teilchen speziell zu Anfang in *Ruhe* ($\mathfrak{v}_I^0 = 0$), so ergeben Energie- und Impulssatz [vgl. (24.9), Θ = Streuwinkel]:

$$\nu = \nu^0(1 - \alpha(1 - \cos\Theta) + \cdots), \qquad \left(\frac{\mathfrak{v}_1}{c} \cdot \frac{\mathfrak{k}}{|\mathfrak{k}|}\right) = -\alpha(1 - \cos\Theta) + \cdots; \tag{24.13}$$

folglich wird die nach $d\Omega$ gestreute Intensität bis auf Terme 1. Ordnung in α genau:

$$S\left(\frac{\mathfrak{k}}{|\mathfrak{k}|}\right) d\Omega = S_0 d\Omega \cdot \frac{e^4}{c^4 m^2}\left(\frac{\nu}{\nu^0}\right)^3 \left[1 - \left(\mathfrak{e}^0 \frac{\mathfrak{k}}{|\mathfrak{k}|}\right)^2\right] \qquad (\mathfrak{v}_I^0 = 0). \tag{24.14}$$

Dies weicht um den Faktor

$$\left(\frac{\nu}{\nu^0}\right)^3 = 1 - 3\alpha(1 - \cos\Theta) + \cdots$$

von dem Ausdruck für die klassische Streuung am ruhenden Teilchen ab. Die *Polarisation* der Streustrahlung ist in jeder Streurichtung die gleiche wie nach der klassischen Theorie.

Im Anschluß hieran sei kurz über die Ergebnisse der *relativistischen* Theorie der Streuung am freien Teilchen berichtet, und zwar unter Beschränkung auf den Fall des *anfangs ruhenden Teilchens*. Die Erhaltungssätze liefern bekanntlich für die in Richtung Θ gestreute Frequenz die Gleichung:

$$\frac{1}{\nu} = \frac{1}{\nu^0} + \frac{\hbar}{m c^2}(1 - \cos\Theta). \tag{24.15}$$

Rechnet man *ohne Spinkräfte*, d. h. legt man die SCHRÖDINGERsche relativistische Wellengleichung zugrunde, welche in t von der 2. Ordnung ist[2], so liefert eine entsprechende Störungsrechnung wiederum die Intensitätsformel (24.14), aber jetzt [mit (24.15)] für beliebige Werte von α bzw. ν^0; die Polarisation der Streustrahlung bleibt in diesem Falle die klassische[3]. Geht man dagegen von der DIRACschen vierkomponentigen Differentialgleichung 1. Ordnung aus, welche den *Spin* des Elektrons (oder Protons) berücksichtigt[4], so erhält man eine neue Intensitätsformel, welche nur in den Termen 1. Ordnung in α mit (24.14) übereinstimmt, nämlich[5]:

$$\left.\begin{aligned} S\left(\frac{\mathfrak{k}}{|\mathfrak{k}|}\right) d\Omega &= S_0 d\Omega \cdot \frac{e^4}{c^4 m^2}\left(\frac{\nu}{\nu^0}\right)^3 \left[\frac{1}{2}\left(\frac{\nu}{\nu^0} + \frac{\nu^0}{\nu}\right) - \left(\mathfrak{e}^0 \frac{\mathfrak{k}}{|\mathfrak{k}|}\right)^2\right] \\ &= S_0 d\Omega \cdot \frac{e^4}{c^4 m^2} \frac{1}{(1 + \alpha(1 - \cos\Theta))^3}\left[1 - \left(\mathfrak{e}^0 \frac{\mathfrak{k}}{|\mathfrak{k}|}\right)^2 + \frac{\alpha^2(1 - \cos\Theta)^2}{2(1 + \alpha(1 - \cos\Theta))}\right]. \end{aligned}\right\} \tag{24.16}$$

[1] J. J. THOMSON, Conduction of Electricity through Gases, S. 326. Cambridge 1907.

[2] E. SCHRÖDINGER, Ann. d. Phys. Bd. 81, S. 109. 1926, § 6.

[3] Die Formel (24.14) ist zuerst von G. BREIT aufgestellt worden (Phys. Rev. Bd. 27, S. 362. 1926) auf Grund korrespondenzmäßiger Überlegungen im Rahmen der älteren Quantentheorie. Die exakte quantenmechanische Begründung findet sich bei P. A. M. DIRAC (Proc. Roy. Soc. London (A) Bd. 111, S. 405. 1926) und bei W. GORDON (ZS. f. Phys. Bd. 40, S. 117. 1926).

[4] P. A. M. DIRAC, Proc. Roy. Soc. London (A) Bd. 117, S. 610. 1928.

[5] O. KLEIN u. Y. NISHINA, ZS. f. Phys. Bd. 52, S. 853. 1928. Die Ableitung der Formel (24.16) auf Grund der DIRACschen Strahlungstheorie ist von I. WALLER (ebenda Bd. 61, S. 837. 1930) gegeben worden. Hiernach gilt auch im relativistischen Falle eine Formel der Gestalt (19.9) für das einem Streuprozeß zugeordnete elektrische Moment, aber mit $\eta_{ss',nm} = 0$. Der Grund für dieses Wegfallen des eigentlichen Streuterms ist der, daß die

Diese Intensität ergibt sich unabhängig von der anfänglichen Polarisation (Spinorientierung) des Elektrons[1]. Das Streulicht enthält zwei (im allgemeinen elliptisch polarisierte) zueinander inkohärente Wellen, entsprechend zwei verschieden polarisierten Endzuständen des Elektrons[2]. — Das wichtigste Kriterium, das gegebenenfalls zur experimentellen Entscheidung zwischen den Formeln (24.14) und (24.16) dienen kann, ist der Wert der Wahrscheinlichkeit irgendeines Streuprozesses (in beliebiger Richtung) pro Zeiteinheit, welcher offenbar durch $\int S\left(\frac{\mathfrak{k}}{|\mathfrak{k}|}\right)(\hbar\nu)^{-1}d\Omega$ gegeben ist. Diese Wahrscheinlichkeit, welche die *Extinktion* des Primärstrahls durch Streuung bestimmt, wird auf Grund der BREITschen Formel (24.14):

$$\int \frac{S}{\hbar\nu}\,d\Omega = \frac{S_0}{\hbar\nu^0}\cdot\frac{2\pi e^4}{c^4 m^2}\,\frac{1+\alpha}{\alpha^2}\left\{\frac{2(1+\alpha)}{1+2\alpha} - \frac{1}{\alpha}\log(1+2\alpha)\right\}, \tag{24.17}$$

andererseits auf Grund der KLEIN-NISHINAschen Formel (24.16):

$$\int \frac{S}{\hbar\nu}\,d\Omega = \frac{S_0}{\hbar\nu^0}\cdot\frac{2\pi e^4}{c^4 m^2}\left[\frac{1+\alpha}{\alpha^2}\left\{\frac{2(1+\alpha)}{1+2\alpha} - \frac{1}{\alpha}\log(1+2\alpha)\right\} + \frac{1}{2\alpha}\log(1+2\alpha) - \frac{1+3\alpha}{(1+2\alpha)^2}\right]. \tag{24.18}$$

Die Differenz von (24.17) und (24.18) ist für kleine α wiederum von der Ordnung α^2.

25. Atom mit festgehaltenem Kern. Ionisations- und Rekombinationsprozesse. Besteht das mechanische System aus N Elektronen (Ladung $-\varepsilon$, Masse μ), die sich im Kraftfeld eines festen Kernes (oder mehrerer fester Kerne) befinden, so vereinfachen sich die Definitionsformeln (17.10) bis (17.12) folgendermaßen:

$$j_{s,nm} = -\frac{i\hbar\varepsilon}{\mu}\int dq\, u_m^*\left(\sum_{k=1}^{N} e^{i(\mathfrak{k}_s \mathfrak{r}_k)}(\mathfrak{e}_s\,\mathrm{grad}_k)\right)u_n\,, \tag{25.1}$$

$$\xi_{ss',nm} = \frac{\varepsilon^2}{\mu}(\mathfrak{e}_s\mathfrak{e}_{s'})\int dq\, u_m^*\left(\sum_{k=1}^{N} e^{i(\mathfrak{k}_s+\mathfrak{k}_{s'}\cdot\mathfrak{r}_k)}\right)u_n\,, \tag{25.2}$$

$$\eta_{ss',nm} = \frac{\varepsilon^2}{\mu}(\mathfrak{e}_s\mathfrak{e}_{s'})\int dq\, u_m^*\left(\sum_{k=1}^{N} e^{i(\mathfrak{k}_s-\mathfrak{k}_{s'}\cdot\mathfrak{r}_k)}\right)u_n\,. \tag{25.3}$$

Indem wir auf die Bezeichnungen von Ziff. 12 zurückgreifen, können wir die letzte Formel auch schreiben:

$$\eta_{ss',nm} = \frac{\varepsilon^2}{\mu}(\mathfrak{e}_s\mathfrak{e}_{s'})\cdot F_{nm}(\mathfrak{k}_{s'}-\mathfrak{k}_s)\,, \tag{25.4}$$

wo

$$\left.\begin{aligned} F_{nm}(\delta\mathfrak{k}) &= \int dq\, u_m^*\left(\sum_{k=1}^{N} e^{-i(\delta\mathfrak{k}\cdot\mathfrak{r}_k)}\right)u_n \\ &= \iiint dx\,dy\,dz\,\varrho_{nm}(\mathfrak{r})\,e^{-i(\delta\mathfrak{k}\cdot\mathfrak{r})} \end{aligned}\right\} \tag{25.5}$$

den *Formfaktor* des Atoms für den Übergang $n \to m$ bedeutet [vgl. (12.8), (12.11) und (12.20), auch (13.19)]. Es sind also dieselben Formfaktoren maßgebend

---

Störungsfunktion, welche Elektron und Strahlungsfeld koppelt, hier nur Terme 1. Ordnung in den Feldamplituden $\mathfrak{A}$ enthält, im Gegensatz zur Störungsfunktion (17.3). Der Anteil der Streuwahrscheinlichkeit, welchen η (bzw. der in $\mathfrak{A}$ quadratische Term von V) in der unrelativistischen Rechnung liefert, und welcher im Falle $\alpha \ll 1$ die uneigentlichen Streuterme bei weitem überwiegt, wird in der WALLERschen Rechnung durch diejenigen „Zwischenzustände" l geliefert, welche zu den *negativen Energieeigenwerten* der DIRACschen Wellengleichung gehören und deren physikalische Bedeutung heute noch nicht geklärt ist.

[1] Dies gilt aber nur für eine linear polarisierte primäre Lichtwelle. Bei elliptisch polarisierter Einstrahlung dagegen gilt die Formel (24.16) nur noch im Mittel über die Orientierungen des Elektronenspins; vgl. Y. NISHINA, ZS. f. Phys. Bd. 52, S. 869. 1928.

[2] Y. NISHINA, l. c.

einerseits für die „eigentliche" Streuung von Licht gemäß (25.4) und andererseits für die Streuung schneller materieller Teilchen gemäß (12.19); die Wahrscheinlichkeiten dieser beiden Prozesse stehen in einer mathematischen Beziehung zueinander, sofern man Prozesse mit demselben $\delta\mathfrak{k}$ ($\mathfrak{k}_{s'} - \mathfrak{k}_s$ bzw. $\mathfrak{k}_{nm} - \mathfrak{k}^0$) vergleicht[1].

Wir wollen uns hier die Verwandtschaft der beiden Arten von Prozessen zunutze machen und auf Grund der unter Ziff. 13 angestellten Rechnungen, welche die Stoßionisation betrafen, jetzt die entsprechenden Streuprozesse behandeln, bei welchen der „unelastische Stoß" eines *Photons* zu einer *Ionisation des Atoms* führt, und zwar so, daß die *Endgeschwindigkeit* v_1 *des ausgelösten Elektrons „groß"* ist [nämlich groß gegen die Geschwindigkeiten der gebundenen Elektronen; vgl. (13.1)]:

$$v_1 \gg \frac{Z\varepsilon^2}{\hbar} \qquad (Z\varepsilon = \text{Kernladung}). \tag{25.6}$$

In den betreffenden Endzuständen m kann man, wie früher erläutert wurde (vgl. insbesondere die Anm. 3 auf S. 721), näherungsweise die Bindung des ausgelösten Elektrons an den Atomrumpf vernachlässigen, also in u_m die Eigenfunktion des *freien* Elektrons einsetzen.

Enthält das Atom nur *ein einziges Elektron* ($N = 1$), so können wir die Bezeichnungen und Formeln (13.2), (13.3), (13.6) bis (13.8) ohne weiteres übernehmen, wenn (wie schon in der vorigen Ziffer) $\mathfrak{k}_s = \mathfrak{k}^0$, $\mathfrak{k}_{s'} = \mathfrak{k}$ gesetzt wird. Mit (25.4) und (13.8) kommt also:

$$\eta_{ss',n\mathfrak{k}_1} = \frac{\varepsilon^2}{\mu}(\mathfrak{e}_s\mathfrak{e}_{s'})\cdot a(\mathfrak{k}_1 + \mathfrak{k} - \mathfrak{k}^0), \tag{25.7}$$

wo

$$a(\mathfrak{k}_1^0) = (2\pi)^{-\frac{3}{2}}\iiint dx\,dy\,dz\,u_n(\mathfrak{r})\,e^{-i(\mathfrak{k}_1^0\mathfrak{r})}.$$

Gegen η sind die uneigentlichen Streuterme, da sie nur Dopplerkorrekturen darstellen (vgl. die vorige Ziffer), klein wie die Anfangsgeschwindigkeit des gebundenen Elektrons (v_1^0) gegen c; indem wir systematisch die *Terme mit* v_1^0/c *vernachlässigen,* können wir uns also auf die *eigentlichen* Streuterme beschränken. Aus (19.3) und (25.7) erhalten wir dann unmittelbar die Wahrscheinlichkeit dafür, daß ein Photon (aus einer ebenen, linear polarisierten und monochromatischen Welle $\mathfrak{k}_s = \mathfrak{k}^0$, $\mathfrak{e}_s = \mathfrak{e}^0$, $\nu_s = \nu^0$) in den Raumwinkel $d\Omega$ gestreut wird, und daß dabei der Endimpuls des ausgelösten Elektrons in das Element $d\mathfrak{k}_{1x}\,d\mathfrak{k}_{1y}\,d\mathfrak{k}_{1z}$ fällt:

$$\left.\begin{aligned}\sum_{(s')}|a_m(0\ldots N_s - 1\ldots \underset{(s')}{1}\ldots)|^2\cdot\frac{1}{t} &= \frac{S_0}{\hbar\nu^0}\cdot\frac{\varepsilon^4}{c^4\mu^2}\left(1-\left(\mathfrak{e}^0\frac{\mathfrak{k}}{|\mathfrak{k}|}\right)^2\right)\frac{|\mathfrak{k}|}{|\mathfrak{k}^0|}\,|a(\mathfrak{k}_1+\mathfrak{k}-\mathfrak{k}^0)|^2\\ &\quad\cdot d\mathfrak{k}_{1x}\,d\mathfrak{k}_{1y}\,d\mathfrak{k}_{1z}\cdot d\Omega;\end{aligned}\right\} \tag{25.8}$$

hier ist $|\mathfrak{k}|$ durch den Energiesatz bestimmt:

$$\hbar c(|\mathfrak{k}^0| - |\mathfrak{k}|) = \frac{\hbar^2}{2\mu}|\mathfrak{k}_1|^2 - W_n. \tag{25.9}$$

Zur Diskussion der Formel (25.8) könnte fast wörtlich wiederholt werden, was im Anschluß an die Formel (13.10) gesagt wurde. Nur solche Streuprozesse kommen mit merklicher Häufigkeit vor, bei denen $|\mathfrak{k}_1 + \mathfrak{k} - \mathfrak{k}^0|$ von der Größen-

[1] Vgl. Anm. 1, S. 720. Bezüglich der *kohärent* gestreuten Lichtintensität folgt aus (12.18), daß sie bei zentralsymmetrischem Atombau (S-Zustand) von der Frequenz ν^0 und dem Streuwinkel Θ nur in der Verbindung ($\nu^0 \sin\Theta/2$) abhängt, ferner aus dem in Anm. 2, S. 720, Gesagten, daß sie bei einem neutralen Thomas-Fermi-Atom mit der Kernladung Z gleich einer universellen Funktion von ($Z^{-\frac{1}{3}}\nu^0\sin\Theta/2$) mal Z^2 ist (vgl. P. Debye, Phys. ZS. Bd. 31, S. 419. 1930).

ordnung $|\mathfrak{k}_1^0| = \mu v_1^0/\hbar$, also $\ll |\mathfrak{k}_1|, |\mathfrak{k}|$ und $|\mathfrak{k}^0|$ ist. Will man, bei festem $d\Omega$, über den $\mathfrak{k}_1$-Raum integrieren, so führt man zweckmäßig die Komponenten von $\mathfrak{k}_1^0 = \mathfrak{k}_1 + \mathfrak{k} - \mathfrak{k}^0$ als Integrationsvariable ein, wobei

$$d\mathfrak{k}_1^0 = d\mathfrak{k}_1 + d\mathfrak{k} = d\mathfrak{k}_1 - \frac{\hbar}{\mu c} \frac{\mathfrak{k}(\mathfrak{k}_1 d\mathfrak{k}_1)}{|\mathfrak{k}|}$$

und

$$d\mathfrak{k}_{1x} d\mathfrak{k}_{1y} d\mathfrak{k}_{1z} = \frac{d\mathfrak{k}_{1x}^0 d\mathfrak{k}_{1y}^0 d\mathfrak{k}_{1z}^0}{1 - \left(\frac{\mathfrak{v}_1}{c} \frac{\mathfrak{k}}{|\mathfrak{k}|}\right)} \qquad \left(\mathfrak{v}_1 = \frac{\hbar \mathfrak{k}_1}{\mu}\right).$$

Man sieht dann unmittelbar, daß die Intensität der gesamten unter Ionisation nach $d\Omega$ gestreuten Strahlung (COMPTONsche Streustrahlung) in dieser Näherung ($|\mathfrak{k}_1^0| \ll |\mathfrak{k}_1|$) denselben Wert hat, als ob das streuende Elektron *frei* gewesen wäre [vgl. (24.12) oder (24.14)]. Das Spektrum dieser Streustrahlung ist eine verbreiterte Linie, deren Intensitätsmaximum bei $\nu = \nu^0(1 - \alpha(1 - \cos\Theta))$ liegt, entsprechend der Comptonstreuung am freien *ruhenden* Elektron, und deren Linienform und Linienbreite die gleiche ist, als wenn die Streuung an freien Elektronen mit der anfänglichen Impulsverteilung $|a(\mathfrak{k}_1^0)|^2$ stattgefunden hätte; die Verbreiterung der Comptonlinie kann also in dieser Näherung einfach als eine *Dopplerverbreiterung* aufgefaßt werden[1]. Das Geschwindigkeitsspektrum der ausgelösten „Rückstoßelektronen" sieht entsprechend aus. Die spektrale Verteilung der Comptonphotonen und Rückstoßelektronen gestattet also Rückschlüsse auf die Geschwindigkeitsverteilung der locker gebundenen Elektronen im Atom.

Auch im Falle $N \geqq 2$ gilt Ähnliches wie bei der Stoßionisation: Solange man die Elektronen als „wasserstoffähnlich" behandeln, d. h. durch Produkte aus Einelektronen-Schrödingerfunktionen (Lösungen einer und derselben Schrödingergleichung) oder durch lineare Aggregate solcher Produkte darstellen kann, verlaufen die Comptonprozesse $|\mathfrak{k}_1| \gg |\mathfrak{k}_1^0|$ nicht merklich anders, als wenn die N Elektronen frei wären und dieselbe Geschwindigkeitsverteilung besäßen wie die Elektronenwolke des Atoms im Anfangszustand. Will man dagegen die Produktzerlegbarkeit der Eigenfunktionen *nicht* voraussetzen, so kann man noch beweisen [auf Grund der Formeln (25.4) und (13.23) bis (13.27)], daß die gesamte Intensität der Comptonlinie gleich oder höchstens gleich dem Nfachen der am einzelnen freien ruhenden Elektron gestreuten Intensität ist[2].

Bekanntlich ist die Ionisation durch Comptonrückstoß immer begleitet von einer *Ionisation durch Photoeffekt* (*Absorption* statt Streuung des Lichtes); auch die Wahrscheinlichkeit dieser Prozesse soll hier noch kurz abgeschätzt werden, und zwar wieder unter der Voraussetzung (25.6) (große Geschwindigkeit des ausgelösten „Photoelektrons").

Ist nur *ein einziges Elektron* anwesend ($N = 1$), und verwenden wir wieder die Eigenfunktionen (13.2) und (13.6), so werden die für die Absorptionsprozesse maßgebenden Größen $j_{s,nm}$ nach (25.1):

$$j_{s,nm} = \frac{\hbar\varepsilon}{\mu} \cdot (\mathfrak{e}_s \mathfrak{k}_1) \cdot a(\mathfrak{k}_1 - \mathfrak{k}_s); \tag{25.10}$$

---

[1] Vgl. G. E. M. JAUNCEY, Phys. Rev. Bd. 24, S. 204. 1924; Phil. Mag. Bd. 49, S. 427. 1925; J. W. M. DU MOND, Phys. Rev. Bd. 33, S. 643. 1929.

[2] Dieser Beweis wurde im Falle der Stoßionisation unter der Voraussetzung (13.18) geführt. Die entsprechende Voraussetzung lautet hier:

$$c \gg v_1 \gg \frac{Z\varepsilon^2}{\hbar};$$

sie bedeutet also keine neue Einschränkung.

und zwar sind hier $\mathfrak{k}_s = \mathfrak{k}^0$ und $\mathfrak{e}_s = \mathfrak{e}^0$ mit Normalen- und Polarisationsvektor der einfallenden Welle zu identifizieren, und die Austrittsgeschwindigkeit des „Photoelektrons" ist durch den Energiesatz folgendermaßen festgelegt:

$$\frac{\hbar^2}{2\mu}|\mathfrak{k}_1|^2 = \hbar\nu^0 + W_n. \tag{25.11}$$

Als Eigenwertparameter des Endzustandes führen wir an Stelle von $\mathfrak{k}_{1x}, \mathfrak{k}_{1y}, \mathfrak{k}_{1z}$ die Energie und die Richtungskoordinaten des ausgelösten Elektrons ein:

$$\hbar\omega = \frac{\hbar^2}{2\mu}|\mathfrak{k}_1|^2 + \mu c^2, \qquad \frac{\mathfrak{k}_1}{|\mathfrak{k}_1|} \quad \text{in} \quad d\Omega_1,$$

$$d\mathfrak{k}_{1x} d\mathfrak{k}_{1y} d\mathfrak{k}_{1z} = \frac{\mu}{\hbar}|\mathfrak{k}_1|\, d\omega\, d\Omega_1.$$

In der früher für den Photoeffekt abgeleiteten Formel (18.16) treten dann die Richtungskoordinaten an die Stelle des dort benutzten Parameters μ $\left(\sum_\mu \ldots \to \frac{\mu}{\hbar}|\mathfrak{k}_1| \int d\Omega_1 \ldots\right)$, und man erhält auf Grund jener Formel für die Wahrscheinlichkeit pro Zeiteinheit eines photoelektrischen Prozesses, welcher das ausgelöste Elektron in den Raumwinkel $d\Omega_1$ schickt, den Ausdruck:

$$S_0 \cdot \frac{4\pi^2\varepsilon^2}{c\hbar\mu}\left(\frac{1}{\nu^0}\right)^2 \cdot |\mathfrak{k}_1|\,(\mathfrak{k}_1\mathfrak{e}^0)^2\,|a(\mathfrak{k}_1 - \mathfrak{k}^0)|^2\, d\Omega_1. \tag{25.12}$$

Das Richtungsintegral hiervon bestimmt die Wahrscheinlichkeit *irgend*eines photoelektrischen Prozesses pro Zeiteinheit, mithin die „*Absorption*" des Lichtstrahls, welche sich zur Schwächung durch Streuung hinzuaddiert.

Bei der Diskussion des Ausdruckes (25.12) ist zu bedenken, daß nach unseren Voraussetzungen [$v_1^0 \ll v_1 \ll c$, dazu (25.11)] $|\mathfrak{k}^0| \ll |\mathfrak{k}_1|$, mithin für alle Austrittsrichtungen $|\mathfrak{k}_1 - \mathfrak{k}^0| \gg |\mathfrak{k}_1^0|$ sein wird. Im Gegensatz zur Streuwahrscheinlichkeit ist also die Absorptionswahrscheinlichkeit durch den Wert der Dichte der Impulsverteilung $|a(\mathfrak{k}_1^0)|^2$ in *großen* Abständen vom Dichtemaximum bestimmt, wo die Dichte schon recht gering ist; mit wachsendem $|\mathfrak{k}_1|$ oder ν muß $|a(\mathfrak{k}_1 - \mathfrak{k}^0)|^2$ gegen Null gehen. In der Ebene senkrecht zum elektrischen Vektor der Lichtwelle treten nach (25.12) überhaupt keine Photoelektronen aus. Ist die Geschwindigkeitsverteilung des gebundenen Elektrons $|a(\mathfrak{k}_1^0)|^2$ speziell *isotrop* (zentralsymmetrisch um $\mathfrak{k}_0^1 = 0$) und fällt ihre Dichte *monoton* nach außen ab, so gehen nach (25.12) *mehr* Elektronen nach „vorn" [$(\mathfrak{k}_1\mathfrak{k}^0) > 0$, $|\mathfrak{k}_1 - \mathfrak{k}^0| < |\mathfrak{k}^0|$] als nach „hinten" [$(\mathfrak{k}_1\mathfrak{k}^0) < 0$, $|\mathfrak{k}_1 - \mathfrak{k}^0| > |\mathfrak{k}^0|$]; die Richtung des maximalen photoelektrischen Stromes bildet dann einen *spitzen* Winkel mit dem Lichtstrahl („Voreilung" des Maximums). Je kleiner aber $\hbar\nu^0$ gegen μc^2 gemacht wird, um so kleiner wird $|\mathfrak{k}^0|/|\mathfrak{k}_1|$, und um so eher kann man $|a(\mathfrak{k}_1 - \mathfrak{k}^0)|$ durch $|a(\mathfrak{k}_1)| =$ konst. ersetzen. In dieser Grenze verschwindet die „Voreilung": bei isotroper Dichteverteilung (S-Term) wird der photoelektrische Strom für $\hbar\nu^0 \ll \mu c^2$ proportional zu $(\mathfrak{k}_1\mathfrak{e}^0)^2$, d. h. proportional dem Kosinusquadrat des Winkels, den die Austrittsrichtung mit dem elektrischen Vektor der Lichtwelle bildet[1].

Im Falle $N \geqq 2$ gelingt eine entsprechende Abschätzung noch bei Voraussetzung der Produktzerlegbarkeit der Atomeigenfunktionen (s. oben); dann ist die Absorptionswahrscheinlichkeit für jedes einzelne Elektron (falls es genügend

---

[1] Diese Aussage ist *nicht* an die Bedingung (25.6) (oder: $\hbar\nu^0 \gg$ Ablösungsarbeit) gebunden; vgl. hierzu G. Wentzel, ZS. f. Phys. Bd. 40, S. 574. 1926, § 2; J. R. Oppenheimer, ebenda Bd. 41, S. 268. 1927 (S. 291); G. Beck, ebenda Bd. 41, S. 443. 1927. — Näheres über den Photoeffekt an wasserstoffähnlich gebundenen Elektronen findet sich in Kap. 3 dieses Bandes, Ziff. 47.

lose gebunden ist) durch den Ausdruck (25.12) gegeben, und der gesamte photoelektrische Strom ist die Summe der einzelnen Ströme.

Der zum photoelektrischen inverse Prozeß, welcher in der *Einfangung eines freien Elektrons durch ein Ion unter Lichtemission* besteht („Rekombination"), ist gleichfalls durch einen Ausdruck der Form (25.12) bestimmt, falls die Bindungsenergie des Elektrons im Endzustand hinreichend klein gegen seine anfängliche kinetische Energie ist. Ignorieren wir der Einfachheit halber die im Ion gebundenen Elektronen, so können wir den Anfangszustand näherungsweise durch eine ebene de Broglie-Welle darstellen:

$$u_n = \left(I_0 \frac{\mu}{\hbar |\mathfrak{k}_1^0|}\right)^{\frac{1}{2}} \cdot e^{i(\mathfrak{k}_1^0 \mathfrak{r}_1)};$$

hier bedeutet I_0 die Stromdichte der einfallenden Elektronen. Ferner sei die Eigenfunktion des diskreten Endzustandes harmonisch analysiert:

$$u_m = (2\pi)^{-\frac{3}{2}} \iiint d\mathfrak{k}_{1x} d\mathfrak{k}_{1y} d\mathfrak{k}_{1z} \cdot a(\mathfrak{k}_1) \cdot e^{i(\mathfrak{k}_1 \mathfrak{r}_1)}.$$

Die gesuchte Übergangswahrscheinlichkeit ist durch die allgemeine Formel für die spontanen Emissionsprozesse (18.7) bestimmt; nach dieser wird die Wahrscheinlichkeit pro Zeiteinheit des Rekombinationsprozesses $n \to m$, verbunden mit Emission eines Photons $\nu \cong \omega_n - \omega_m$ in den Raumwinkel $d\Omega$ ($\mathfrak{k}$ in $d\Omega$, $|\mathfrak{k}| = \nu/c$) mit $\mathfrak{e}_s = \mathfrak{e}$, in unserer Näherung gleich

$$I_0 \cdot \frac{4\pi^2 \varepsilon^2}{c^3 \mu} \nu |\mathfrak{k}_1^0|^{-1} (\mathfrak{k}_1^0 \mathfrak{e})^2 |a(\mathfrak{k}_1^0 - \mathfrak{k})|^2 d\Omega. \tag{25.13}$$

Die Wahrscheinlichkeiten der zueinander inversen Prozesse (25.12) und (25.13) stehen in derjenigen Beziehung, welche ein statistisches Gleichgewicht zwischen Atomen, freien Elektronen und einer PLANCKschen Hohlraumstrahlung ermöglicht[1].

26. Streuung von Röntgenstrahlen; Gesamtintensität des Streuspektrums. Unter Ziff. 13 bzw. 25 haben wir die „Vollständigkeitsrelation" für das orthogonale Funktionensystem u_m dazu benutzt, einen oberen Grenzwert für die Intensität des *kontinuierlichen* Energiespektrums gestreuter materieller Teilchen bzw. Photonen abzuleiten. Die Anwendbarkeit der Vollständigkeitsrelation beruhte darauf, daß der betreffende Teil des Streuspektrums (z. B. die verbreiterte Comptonlinie) so schmal ist, daß in den Formfaktoren F_{nm} (25.5) die Impulse der gestreuten Teilchen bzw. Photonen ($\hbar\mathfrak{k}_{nm}$ bzw. $\hbar\mathfrak{k}_{s'}$) für alle im Spektrum mit merklicher Intensität vorhandenen Energien durch einen bestimmten Mittelwert ($\hbar\mathfrak{k}$) ersetzt werden konnten. Unter besonderen Bedingungen kann nun aber weiterhin der Fall eintreten, daß nicht nur der kontinuierliche Teil, sondern das *ganze* Streuspektrum so schmal ist, daß seine *Gesamtintensität* mit Hilfe der Vollständigkeitsrelation ermittelt werden kann. Dieser Fall verdient eine besondere Diskussion.

Unter Benutzung der Formeln (19.4) und (25.4) schreiben wir die Gesamtintensität des Streuspektrums in einer Richtung $\mathfrak{k}$ an, und zwar unter Vernachlässigung der uneigentlichen Streuterme, d. h. unter Streichung der Terme mit v_1^0/c (v_1^0 = Geschwindigkeiten der Atomelektronen):

$$\left.\begin{aligned} S\left(\frac{\mathfrak{k}}{|\mathfrak{k}|}\right) d\Omega = \sum_m S_m\left(\frac{\mathfrak{k}}{|\mathfrak{k}|}\right) d\Omega = S_0 d\Omega \cdot \frac{\varepsilon^4}{c^4 \mu^2}\left(1 - \left(\mathfrak{e}^0 \frac{\mathfrak{k}}{|\mathfrak{k}|}\right)^2\right) \\ \cdot \sum_m \left(\frac{\nu^0 + \omega_n - \omega_m}{\nu^0}\right)^2 |F_{nm}|^2. \end{aligned}\right\} \tag{26.1}$$

[1] Vgl. H. A. KRAMERS, Phil. Mag. Bd. 46, S. 836. 1923, § 2; R. BECKER, ZS. f. Phys. Bd. 18, S. 325. 1923, § 3.

Hier ist die Summe nach m über alle diejenigen Atomzustände zu erstrecken, welche die Streufrequenz

$$\nu = \nu^0 + \omega_n - \omega_m$$

positiv machen. Eine erste Annahme soll nun die sein, daß die Summation nach m ohne merklichen Fehler über *alle* Atomzustände erstreckt werden kann, d. h. daß $|F_{nm}|^2$ für alle $\omega_m > \omega_n + \nu^0$ gleich Null oder doch sehr klein ist. Diese Bedingung ist im allgemeinen nur erfüllbar, wenn $\hbar\nu^0$ groß gegen die Ablösungsenergien der Elektronen ist (Röntgenstrahlen, leichte Atome).

Eine erheblich stärkere Einschränkung bedeutet die zweite, oben schon erwähnte Annahme, daß bei der Summation nach m die Retardierungsfaktoren $e^{-i(\delta\mathfrak{k}\cdot\mathfrak{r}_k)}$ in F_{nm} (25.5) ohne merklichen Fehler mit konstantem, d. h. von m unabhängigem $\delta\mathfrak{k}$ gebildet werden können. Dies trifft offenbar allgemein nur dann zu, wenn in der betreffenden Streurichtung die Breite des Spektrums in der Skala $|\mathfrak{k}_{s'}| = \nu/c$ klein gegen die reziproken Atomdimensionen ist[1]. Wir nennen den in F_{nm} einzusetzenden mittleren Wellenzahlvektor des Streuspektrums $\mathfrak{k}$; sein Betrag kann von der Streurichtung abhängen, wird aber im allgemeinen in unserer Näherung von $|\mathfrak{k}^0|$ relativ wenig verschieden sein; deshalb dürfen wir auch den Faktor $(\nu/\nu^0)^2$ in (26.1) durch 1 ersetzen. Damit erhalten wir[2]:

$$S\left(\frac{\mathfrak{k}}{|\mathfrak{k}|}\right)d\Omega \sim S_0 d\Omega\cdot\frac{\varepsilon^4}{c^4\mu^2}\left(1-\left(\mathfrak{e}^0\frac{\mathfrak{k}}{|\mathfrak{k}|}\right)^2\right)\cdot R(\mathfrak{k}-\mathfrak{k}^0)\,, \tag{26.2}$$

wo

$$\left.\begin{aligned} R(\delta\mathfrak{k}) &= \sum_m\left|\int dq\, u_m^*\left(\sum_{k=1}^N e^{-i(\delta\mathfrak{k}\cdot\mathfrak{r}_k)}\right)u_n\right|^2 \\ &= \int dq\,|u_n|^2\cdot\left|\sum_{k=1}^N e^{-i(\delta\mathfrak{k}\cdot\mathfrak{r}_k)}\right|^2. \end{aligned}\right\} \tag{26.3}$$

Im Falle $N = 1$ ist $R(\delta\mathfrak{k}) = 1$; ein einzelnes Elektron streut also angenähert die *klassische* Intensität. Im Falle $N \geqq 2$ kann man den Faktor R auch so schreiben:

$$R(\delta\mathfrak{k}) = N + 2\sum_{k<l}\int dq\,|u_n|^2\cos(\delta\mathfrak{k}\cdot\mathfrak{r}_l - \mathfrak{r}_k)\,. \tag{26.4}$$

Ist $|\delta\mathfrak{k}| = |\mathfrak{k}-\mathfrak{k}^0|$ sehr *groß* gegen die reziproken Atomdimensionen, so geben die Interferenzterme $k \neq l$ nur sehr geringe Beiträge, so daß

$$R \sim N;$$

dann entspricht die Gesamtintensität also einer *inkohärenten* Superposition von N klassischen Streuwellen. Ist andererseits $|\delta\mathfrak{k}|$ *klein* gegen die reziproken Dimensionen des Streuers (kleine Streuwinkel), so weicht $\cos(\delta\mathfrak{k}\cdot\mathfrak{r}_k - \mathfrak{r}_l)$ nicht wesentlich von 1 ab, und es wird

$$R \cong N^2\,,$$

was einer *kohärenten* Superposition der N klassischen Streuwellen entspricht. Das qualitative Bild der Intensitätsverteilung über die verschiedenen Streu-

[1] Wenn das Streuspektrum, wie in der Regel bei Röntgenstrahlen, im wesentlichen aus der kohärenten und der COMPTONschen Streulinie (und evtl. noch aus einem dazwischenliegenden Ramanspektrum) zusammengesetzt ist, so ist dies eine Bedingung für den Streuwinkel Θ:

$$2\sin\frac{\Theta}{2} \ll \frac{\text{Wellenlänge}}{\sqrt{\frac{\hbar}{\mu c}\cdot\text{Atomradius}}}\,.$$

[2] Vgl. I. WALLER u. D. R. HARTREE, Proc. Roy. Soc. London (A) Bd. 124, S. 119. 1929; speziell für $N = 1\,(R = 1)$: G. WENTZEL, ZS. f. Phys. Bd. 43, S. 1. 1927; I. WALLER, Phil. Mag. Bd. 4, S. 1228. 1927.

richtungen ist hiernach ähnlich demjenigen, das DEBYE[1] auf Grund klassischer Überlegungen (Interferenzen von N Streuwellen, Mittelung über die Orientierungen des streuenden Atoms) entworfen hat.

Was den Verlauf von $R(\delta\mathfrak{k})$ im Übergangsgebiet ($|\delta\mathfrak{k}|^{-1} \backsim$ Atomradius) anlangt, so wollen wir zu einer ersten Abschätzung annehmen, die Eigenfunktion u_n des Anfangszustandes sei näherungsweise durch ein *Produkt* von Einelektronenfunktionen[2] darstellbar:

$$u_n = \prod_{k=1}^{N} u_{n_k}(\mathfrak{r}_k). \tag{26.5}$$

Dann wird nach (26.4):

$$R(\delta\mathfrak{k}) = N + \sum_{k \neq l} f_k f_l^* = \sum_{k=1}^{N} (1 - |f_k|^2) + \left|\sum_{k=1}^{N} f_k\right|^2, \tag{26.6}$$

wo

$$f_k(\delta\mathfrak{k}) = \iiint dx\,dy\,dz\,|u_{n_k}(\mathfrak{r})|^2 \cdot e^{-i(\delta\mathfrak{k}\cdot\mathfrak{r})} \tag{26.7}$$

einen Formfaktor für das $k$te Elektron allein bedeutet. Jedes einzelne f_k ist 1 für $\delta\mathfrak{k} = 0$ und fällt mit wachsendem Streuwinkel gegen Null ab (nicht notwendig monoton). Die Formel (26.6) läßt folgende anschauliche Deutung zu: jedes Elektron würde für sich allein die klassische Intensität streuen; davon gehört jeweils der Bruchteil $|f_k|^2$ zur kohärenten, der Bruchteil $1 - |f_k|^2$ zur inkohärenten Streustrahlung; Addition der Intensitäten für den inkohärenten Anteil gibt demnach den Beitrag $\sum_k (1 - |f_k|^2)$ zur Streuintensität, während der Beitrag der kohärenten Strahlung, da mit (26.5) $F_{nn} = \sum_k f_k$ wird (Amplitudensuperposition), sich auf $|F_{nn}|^2 = \left|\sum_k f_k\right|^2$ beläuft[3]. Im Grenzfall $\delta\mathfrak{k} = 0$, $f_k = 1$ verschwindet die inkohärente Streuung, und die kohärente erreicht ihren Maximalwert $R \simeq N^2$; im anderen Extremfall $|\delta\mathfrak{k}| \to \infty$, $f_k \to 0$ verschwindet die kohärente Streuung, und die inkohärente gibt $R \simeq N$, entsprechend dem schon in der vorigen Ziffer abgeleiteten Ergebnis[4].

Durch die Produktdarstellung der Eigenfunktion u (26.5) wird die *Austauschentartung* der Atomzustände ignoriert. Wenn dieser Entartung durch richtige *Symmetrisierung* von u_n Rechnung getragen wird, erhält man auf der rechten Seite von (26.6) gewisse *negative* Zusatzterme, welche daher rühren, daß die Übergänge in bestimmte diskrete („besetzte") Energieniveaus durch das PAULIsche Ausschlußprinzip verboten werden[5]. WALLER und HARTREE[6], die hierauf aufmerksam machten, haben jene Zusatzterme in R für Atome im Grundzustand[7] abgeschätzt[8].

---

[1] P. DEBYE, Ann. d. Phys. Bd. 46, S. 809. 1915.

[2] Die einzelnen Funktionen u_{nk} dürfen dabei Lösungen *verschiedener* Differentialgleichungen sein.

[3] G. WENTZEL, ZS. f. Phys. Bd. 43, S. 779. 1927.

[4] Der Faktor $(\nu/\nu^0)^3$ in (24.14) ist in unserer jetzigen Näherung nicht von 1 zu unterscheiden.

[5] Das Pauliverbot hat natürlich keinen Einfluß auf das kontinuierliche Streuspektrum (die Comptonlinie), sondern unterdrückt nur einige diskrete „Ramanlinien", die ohnedies schwach sind; daher sind die durch die Symmetrisierung von u_n hereingebrachten Zusatzterme in R prozentual meist geringfügig (vgl. die Rechnungen von WALLER u. HARTREE für Argon, l. c.).

[6] I. WALLER u. D. R. HARTREE, Proc. Roy. Soc. London (A) Bd. 124, S. 119. 1929.

[7] u_n ist hier als Produkt zweier Determinanten dargestellt.

[8] Für ein neutrales Thomas-Fermi-Atom mit der Kernladung Z ist nach HEISENBERG (Phys. ZS. Bd. 32, S. 737. 1931) die inkohärent gestreute Intensität gleich einer universellen Funktion von $(Z^{-\frac{2}{3}}\nu^0 \sin\Theta/2)$ mal Z, während die kohärent gestreute Intensität (vgl. Anm. 1, S. 773) gleich einer universellen Funktion von $(Z^{-\frac{1}{3}}\nu^0 \sin\Theta/2)$ mal Z^2 ist.

27. Langwelliges Licht. Dipolstrahlung. Wenn sich die in Rede stehenden Strahlungsprozesse in einem Spektralbereich abspielen, dessen Wellenlängen groß gegen die linearen Dimensionen des materiellen Systems sind, so ist es oft zweckmäßig, die „Retardierungsfaktoren" $e^{i(\mathfrak{k}\mathfrak{r})}$ in den Strahlungskopplungsmatrizen (17.10) bis (17.12) nach Potenzen von $(\mathfrak{k}\mathfrak{r})$ zu entwickeln[1]; hierdurch erhält man schnell konvergierende Reihen für j, ξ und η:

$$j_{s,nm} = \sum_{p=0}^{\infty} j^{(p)}_{s,nm}, \qquad \xi_{ss',nm} = \sum_{p=0}^{\infty} \xi^{(p)}_{ss',nm}, \qquad \eta_{ss',nm} = \sum_{p=0}^{\infty} \eta^{(p)}_{ss',nm}; \tag{27.1}$$

hier ist beispielsweise:

$$j^{(p)}_{s,nm} = i\hbar \int dq\, u_m^* \left(\sum_k \frac{[i(\mathfrak{k}_s \mathfrak{r}_k)]^p}{p!} \frac{e_k}{m_k} (\mathfrak{e}_s \operatorname{grad}_k) \right) u_n. \tag{27.2}$$

Gemäß einer aus der klassischen Theorie der Ausstrahlung stammenden Bezeichnungsweise nennt man die Entwicklungsglieder $p = 0, 1, \ldots$ Dipol-, Quadrupolglieder usw., allgemein Multipolglieder. Im *optischen Spektralgebiet* kann man sich meistens auf den ersten nicht verschwindenden Term der Entwicklungen (27.1) beschränken.

Insbesondere erhält man die *Dipolglieder* ($p = 0$), indem man alle Retardierungsfaktoren durch 1 ersetzt:

$$j^{(0)}_{s,nm} = -(\mathfrak{e}_s \dot{\mathfrak{p}}_{nm}), \qquad \text{wo } \dot{\mathfrak{p}}_{nm} = -i\hbar \int dq\, u_m^* \left(\sum_k \frac{e_k}{m_k} \operatorname{grad}_k \right) u_n, \tag{27.3}$$

$$\xi^{(0)}_{ss',nm} = \eta^{(0)}_{ss',nm} = (\mathfrak{e}_s \mathfrak{e}_{s'}) \cdot \sum_k \frac{e_k^2}{m_k} \cdot \delta_{nm}, \qquad \text{wo } \delta_{nm} = \begin{cases} 1 \text{ für } n = m, \\ 0 \text{ für } n \neq m. \end{cases} \tag{27.4}$$

Sind die im ungestörten Atomsystem wirkenden Kräfte durch eine Potentialfunktion beschreibbar, welche nur von den Lagenkoordinaten $(\mathfrak{r}_k)$ abhängt, so stellt bekanntlich die durch (27.3) definierte Matrix $\dot{\mathfrak{p}}_{nm}$ den elektrischen Strom oder die zeitliche Ableitung des *elektrischen Moments* dar:

$$\dot{\mathfrak{p}}_{nm} = i(\omega_m - \omega_n)\, \mathfrak{p}_{nm}, \qquad \text{wo } \mathfrak{p}_{nm} = \int dq\, u_m^* \Big(\sum_k e_k \mathfrak{r}_k \Big) u_n\ {}^*. \tag{27.5}$$

Für die *Emission* oder *Absorption* eines Photons von beliebiger Richtung, das zur Polarisation $\mathfrak{e}$ gehört, ist nach (18.7) und (27.3) die Komponente des betreffenden Vektors $\mathfrak{p}_{nm}$ in Richtung $\mathfrak{e}$ maßgebend. In die EINSTEINschen Wahrscheinlichkeitskoeffizienten für Emission (18.8) und Absorption [vgl. (18.14)] geht der über alle Richtungen $\mathfrak{e}$ gemittelte Ausdruck $|(\mathfrak{e}_s \mathfrak{p}_{nm})|^2$, also $\frac{1}{3} |\mathfrak{p}_{nm}|^2$ ein:

$$A_m^{n(0)} = \frac{4}{\hbar c^3} (\omega_n - \omega_m)^3 \cdot \frac{1}{3} |\mathfrak{p}_{nm}|^2, \qquad B_m^{n(0)} = B_n^{m(0)} = \left(\frac{2\pi}{\hbar}\right)^2 \cdot \frac{1}{3} |\mathfrak{p}_{nm}|^2. \tag{27.6}$$

Auch das für die *Streuung* maßgebende Moment $\mathfrak{P}_{nm}$ (19.9) vereinfacht sich bei Beschränkung auf Dipolterme beträchtlich. Auf Grund der bekannten „Vertauschungsrelationen" für die Matrizen der Lagen- und Geschwindigkeitskoordinaten[2] wird nämlich:

$$\frac{i}{\hbar} \sum_l \{(\mathfrak{e}\, \mathfrak{p}_{nl})(\mathfrak{e}' \dot{\mathfrak{p}}_{lm}) - (\mathfrak{e}' \dot{\mathfrak{p}}_{nl})(\mathfrak{e}\, \mathfrak{p}_{lm})\} = (\mathfrak{e}\,\mathfrak{e}') \sum_k \frac{e_k^2}{m_k} \delta_{nm}; \tag{27.7}$$

---

[1] Nach geeigneter Verschiebung des Koordinatenursprungs.

* Denn im oben präzisierten Falle folgt aus der Schrödingergleichung:

$$(\omega_m - \omega_n) \int dq\, u_m^* \mathfrak{r}_k u_n = -\frac{\hbar}{m_k} \int dq\, u_m^* \operatorname{grad}_k u_n.$$

Vgl. Kap. 3 dieses Bandes, Ziff. 38, S. 429 u. 430.

[2] Vgl. Kap. 2, S. 116, Gleichungen (103).

dieser Ausdruck wird mit $\mathfrak{e} = \mathfrak{e}_s$ und $\mathfrak{e}' = \mathfrak{e}_{s'}$ gleich $\eta^{(0)}_{ss',nm}$ (27.4). Substituiert man denselben für $\eta_{ss',nm}$ in (19.9), so kann man dort je zwei Terme zusammenziehen und erhält:

$$\mathfrak{P}^{(0)}_{nm} = -i \frac{1}{\hbar(\nu + \omega_n - \omega_m)} \sum_l \left\{ \frac{(\mathfrak{E}_0 \mathfrak{p}_{nl})\dot{\mathfrak{p}}_{lm}}{\nu + \omega_n - \omega_l} - \frac{(\mathfrak{E}_0 \mathfrak{p}_{lm})\dot{\mathfrak{p}}_{nl}}{\nu - \omega_m + \omega_l} \right\}.$$

Eine abermalige Benutzung von (27.5) und Beachtung der „Vertauschungsrelation"

$$\sum_l \{(\mathfrak{e}\,\mathfrak{p}_{nl})(\mathfrak{e}'\mathfrak{p}_{lm}) - (\mathfrak{e}'\mathfrak{p}_{nl})(\mathfrak{e}\,\mathfrak{p}_{lm})\} = 0$$

führt dann schließlich auf die Formel:

$$\mathfrak{P}^{(0)}_{nm} = -\frac{1}{\hbar} \sum_l \left\{ \frac{(\mathfrak{E}_0 \mathfrak{p}_{nl})\mathfrak{p}_{lm}}{\nu + \omega_n - \omega_l} - \frac{(\mathfrak{E}_0 \mathfrak{p}_{lm})\mathfrak{p}_{nl}}{\nu - \omega_m + \omega_l} \right\}, \tag{27.8}$$

welche der ursprünglichen Fassung der KRAMERS-HEISENBERGschen Streuformel entspricht[1].

In dem Falle, daß die Hamiltonfunktion des ungestörten materiellen Systems *gegenüber Drehungen des Koordinatensystems invariant* ist (frei drehbares Atom oder Molekül), kann man ohne weitere Annahmen über die Natur der im System wirkenden Kräfte auf Grund der in Kap. 2 dieses Bandes, Teil A, Ziff. 13, besprochenen Methoden bestimmte Aufschlüsse über die Struktur der Matrix $\mathfrak{p}_{nm}$ erhalten. Verwenden wir die dort definierten Drehimpuls-Quantenzahlen j und m [$\hbar^2 j(j+1)$ = Eigenwerte des Drehimpulsquadrats; s. Gleichung (299) l. c., $\hbar m$ = Eigenwerte des Drehimpulses um die z-Achse; s. Gleichung (300) l. c.], so treffen für das elektrische Moment $\mathfrak{p} = \sum_k e_k \mathfrak{r}_k$ die dort für eine beliebige (keinen Zahlvektor enthaltende) Vektormatrix angegebenen Regeln zu: von Null verschieden sind nur die Matrixelemente derjenigen Übergänge, bei denen sich die Quantenzahlen j und m je um ± 1 oder 0 ändern, und diese Elemente sind von der Form (301′, a bis c), S. 182[2]. Obwohl diese Formeln zunächst nur für den Fall einer drehinvarianten Hamiltonfunktion abgeleitet sind, bleiben sie näherungsweise gültig, wenn die Richtungsentartung durch ein „schwaches" äußeres Feld, welches axialsymmetrisch um die z-Achse ist (also die z-Komponente des Drehimpulses auf Diagonalform läßt), aufgehoben wird; in diesem Sinne bestimmen sie, in (18.7) eingesetzt, z. B. die Intensitäten und Polarisationen der Zeemankomponenten einer magnetisch aufgespaltenen Spektrallinie. Im Grenzfall der völligen Richtungsentartung (äußeres Feld = 0) und im Mittel über alle Orientierungen des Systems im Anfangszustande (d. h. bei Annahme gleicher Häufigkeit aller m-Werte des richtungsentarteten Anfangszustandes) ergibt sich die spontan emittierte Strahlung als unpolarisiert, wie es sein muß, da ja in diesem Falle keine Richtung in der Schwingungsebene des Lichtes ausgezeichnet sein kann[3]. Zwecks Anwendung jener Regeln auf die *Streuformel* (27.8) wird man (bei linearer Polarisation des einfallenden Lichtes) die z-Achse in die Richtung des elektrischen Lichtvektors $\mathfrak{E}_0$ legen; da die Matrix $\mathfrak{p}_z$ mit Bezug auf die Orientierungsquantenzahl m diagonal ist, liefern nur diejenigen Zwischenzustände l einen nicht verschwindenden Beitrag zum induzierten Moment $\mathfrak{P}$, welche den gleichen m-Wert haben wie der Anfangszustand (n); daraus folgt, daß nur solche Streuprozesse (Smekal-Raman-Sprünge) dipolmäßig erlaubt sind, bei denen sich m um ± 1 oder 0 ändert, während j sich um ± 2, ± 1 oder 0 ändern kann. Es sei

[1] H. A. KRAMERS u. W. HEISENBERG, ZS. f. Phys. Bd. 31, S. 681. 1925.

[2] In diesen Formeln entsprechen $\boldsymbol{A}_1$, $\boldsymbol{A}_2$, $\boldsymbol{A}_3$ unseren Komponenten $\mathfrak{p}_x$, $\mathfrak{p}_y$, $\mathfrak{p}_z$.

[3] Vgl. die 1. Auflage dieses Bandes, S. 64: BOHRS Postulat der „spektroskopischen Stabilität".

aber betont, daß die hier genannten „Auswahlregeln" nur unter Vernachlässigung der Quadrupol- und höheren Multipolterme zu Recht bestehen (vgl. Ziff. 28).

Der Vektor $\mathfrak{P}_{nn}^{(0)}$, welcher die *kohärente Streustrahlung* bestimmt, hat (bei Beschränkung auf Dipolglieder und bei drehinvarianter Hamiltonfunktion) notwendig die Richtung des elektrischen Lichtvektors $\mathfrak{E}_0$. Dies folgt aus dem obenerwähnten Umstande, daß alle zu $\mathfrak{P}_{nn}^{(0)}$ (27.8) beitragenden Zwischenzustände (l) den gleichen m-Wert (m_0) besitzen wie der Anfangszustand (n); die zu den Übergängen $n \rightleftarrows l$ gehörenden Matrixelemente von $\mathfrak{p}$ sind also nach den Formeln (301, a bis c), Kap. 2, A ausnahmslos parallel zur z-Achse ($\mathfrak{E}_0$)[1]. Die „Dispersionsformel" (27.8) kann demnach folgendermaßen geschrieben werden:

$$\mathfrak{P}_{nn}^{(0)} = \alpha_n \cdot \mathfrak{E}_0, \tag{27.9}$$

wo

$$\alpha_n = \frac{2}{\hbar} \sum_{(l)} \frac{|\mathfrak{p}_{nl}|^2 (\omega_l - \omega_n)}{(\omega_l - \omega_n)^2 - \nu^2}; \tag{27.10}$$

die Summe nach l ist hier nur über die Zustände mit $m = m_0$ zu erstrecken. In Anlehnung an die klassische Dispersionstheorie pflegt man die „Polarisierbarkeit" α_n auch so zu schreiben:

$$\alpha_n = \frac{\varepsilon^2}{\mu} \left[\sum_{\substack{(l) \\ \omega_l > \omega_n}} \frac{f_n^l}{(\omega_l - \omega_n)^2 - \nu^2} - \sum_{\substack{(l) \\ \omega_l < \omega_n}} \frac{f_l^n}{(\omega_n - \omega_l)^2 - \nu^2} \right]; \tag{27.11}$$

die Konstanten

$$f_n^l = \frac{2\mu}{\hbar \varepsilon^2} (\omega_l - \omega_n) |\mathfrak{p}_{nl}|^2 = -f_l^n \tag{27.12}$$

werden die *Oszillatorstärken* der Spektrallinien $|\omega_l - \omega_n|$ genannt. Zwischen diesen Oszillatorstärken und den Emissionskoeffizienten A_n^l bzw. A_l^n der betreffenden Linien bestehen nach (27.6) die Beziehungen:

$$\left.\begin{aligned} f_n^l &= \tau \cdot A_n^l \quad (\omega_l > \omega_n) \\ f_l^n &= \tau \cdot A_l^n \quad (\omega_l < \omega_n) \end{aligned}\right\} \qquad \tau = \frac{3 \mu c^3}{2 \varepsilon^2 |\omega_l - \omega_n|^2}; \tag{27.13}$$

der Faktor τ ist die durch die klassische Theorie der Strahlungsdämpfung gelieferte Abklingungsdauer eines harmonischen Oszillators der Kreisfrequenz $|\omega_l - \omega_n|$. Für Atome im Grundzustand, wo die zweite (negative) Summe in (27.11) fortfällt, sind die Formeln (27.11) und (27.13) zuerst von LADENBURG[2] aufgestellt worden; die Bemerkung, daß im Fall eines angeregten Anfangszustandes die negativen Terme in (27.11) aus Korrespondenzgründen unerläßlich sind, verdankt man KRAMERS[3]. Formal läßt sich also die Dispersion des Lichtes in quasiklassischer Weise durch Einführung eines „*Ersatzoszillators*" für jede Spektrallinie beschreiben, wobei die Oszillatoren, die den von n ausgehenden *Absorptionslinien* zugeordnet sind ($\omega_l > \omega_n$), sich ganz klassisch benehmen[4], während die den *Emissionslinien* ($\omega_l < \omega_n$) zugeordneten Oszillatorschwingungen gegen die klassische erzwungene Schwingung eine Phasendifferenz π aufweisen. Betrachtet man alle m-Werte des Anfangszustandes als gleich häufig (z. B. Gas mit ungeordnet orientierten Molekeln), so muß die Polarisierbarkeit α_n von der Richtung von $\mathfrak{E}_0$ unabhängig werden; die Ersatzoszillatoren werden dann *isotrop*,

[1] Dies gilt auch noch bei Überlagerung eines um die Richtung $\mathfrak{E}_0$ axialsymmetrischen äußeren Feldes.

[2] R. LADENBURG, ZS. f. Phys. Bd. 4, S. 451. 1921.

[3] H. A. KRAMERS, Nature Bd. 113, S. 673; Bd. 114, S. 310. 1924; vgl. auch J. H. VAN VLECK, Phys. Rev. Bd. 24, S. 330. 1924, § 6.

[4] Ladung (e) und Masse (m) eines Oszillators sind aber nicht mit den entsprechenden Elektronendaten (ε, μ) zu identifizieren; vielmehr gilt jeweils für den Ersatzoszillator einer Spektrallinie $n \to l$:

$$\frac{e^2}{m} = \frac{\varepsilon^2}{\mu} \cdot f_n^l.$$

entsprechend der in der klassischen Theorie der Dispersion für ein isotropes Medium üblichen Annahme.

Die durch (27.12) definierten Oszillatorstärken lassen sich nach (27.5) auch folgendermaßen darstellen:

$$f_n^l = \frac{\mu}{\varepsilon^2} \cdot \frac{i}{\hbar} \{(\mathfrak{e}^0 \mathfrak{p}_{nl})(\mathfrak{e}^0 \dot{\mathfrak{p}}_{ln}) - (\mathfrak{e}^0 \dot{\mathfrak{p}}_{nl})(\mathfrak{e}^0 \mathfrak{p}_{ln})\};$$

folglich gilt nach (27.7):

$$\frac{\varepsilon^2}{\mu} \cdot \sum_l f_n^l = \sum_k \frac{e_k^2}{m_k}.$$

Läßt man hier rechter Hand die geringen Beiträge der Atomkerne fort, so erhält man den „Summensatz für die Oszillatorstärken"[1]:

$$\sum_l f_n^l = N = \text{Elektronenzahl.} \tag{27.14}$$

Die vorstehenden Überlegungen gelten zunächst nur für den Fall einer *linear* polarisierten einfallenden Welle; doch kann man entsprechende Aussagen auch für *zirkular* polarisiertes Licht gewinnen[2]. Zu diesem Zwecke legt man die z-Achse (s. oben) senkrecht zur Schwingungsebene des Lichtes; die zu $\mathfrak{P}_{nn}^{(0)}$ * beitragenden Zwischenzustände (l) sind dann diejenigen, deren m-Wert sich von dem des Anfangszustandes um $+1$ oder -1 unterscheidet, so daß die durch einen Sprung $l \to n$ bzw. $n \to l$ in Richtung $\mathfrak{k}^0$ emittierte Strahlung die gleiche Polarisation haben würde wie die einfallende Welle[3]. Das Moment $\mathfrak{P}_{nn}^{(0)} \cdot e^{-i\nu t}$ führt dann [wiederum auf Grund der Formeln (301, a bis c), Kap. 2, A] eine zur Kreisschwingung des Lichtvektors synchrone Kreisschwingung aus, die in der Form (27.9), (27.10) geschrieben werden kann, wenn nur in α_n die Summe nach l jetzt über die neue Schar von Zwischenzuständen ($m = m_0 \pm 1$) erstreckt wird. Für die Polarisierbarkeit α_n gelten dann auch wieder die Formeln (27.11) und (27.13), und zwar ist der Zahlwert von α_n im Mittel über die m-Werte des Anfangszustandes von der Polarisationsart unabhängig[4].

Ist die Hamiltonfunktion des Streuers *nicht* invariant gegen Drehungen des Koordinatensystems (z. B. Elektronen in einem festen Kristallgitter oder Atom in einem äußeren Feld[5]), so ist $\mathfrak{P}_{nn}^{(0)}$ (27.8) im allgemeinen nicht parallel zu $\mathfrak{E}_0$ sondern eine lineare Vektorfunktion von $\mathfrak{E}_0$; in diesem Falle ergeben sich bekanntlich die Erscheinungen der *Doppelbrechung*.

In den obigen Streuformeln haben wir die *Strahlungsdämpfung* vernachlässigt und damit den Resonanzfall ausgeschlossen. Nach den Ausführungen unter Ziff. 21 braucht man aber lediglich in den Resonanznennern die imaginären Dämpfungsglieder hinzuzufügen, welche den wahren Linienbreiten der betreffen-

---

[1] Dieser Summensatz ist zuerst von W. THOMAS (Naturwissensch. Bd. 13, S. 627. 1925; vgl. auch F. REICHE u. W. THOMAS, ZS. f. Phys. Bd. 34, S. 510. 1925) und W. KUHN (ebenda Bd. 33, S. 408. 1925) aus der Forderung gewonnen worden, daß die Dispersionsformel (27.11) für hohe Frequenzen (durch Vernachlässigung von $|\omega_l - \omega_n|$ gegen ν in den Resonanznennern) in die klassische Formel für N freie Elektronen übergehen soll, deren Abstände klein gegen die Wellenlänge sind. Bezüglich weiterer Einzelheiten (verallgemeinerte Summensätze) vgl. Kap. 3 dieses Bandes, Ziff. 40. Über f-Summen einzelner Spektralserien (Übergänge eines einzelnen Elektrons, Einfluß des Pauliverbots) s. R. de L. KRONIG u. H. A. KRAMERS, ZS. f. Phys. Bd. 48, S. 174. 1928.

[2] Vgl. W. PAULI, 1. Auflage des Bandes XXIII ds. Handb., S. 91.

* In (27.8) ist $\mathfrak{E}_{0y} = \pm i \mathfrak{E}_{0x}$ zu setzen. Daß damit die Polarisation der Streuwelle richtig bestimmt ist, geht aus den Ausführungen unter Ziff. 22 hervor.

[3] Dies gilt auch bei Überlagerung eines um die Richtung des Primärstrahls axialsymmetrischen äußeren Feldes.

[4] Die Überlagerung eines äußeren Feldes in der Richtung $\mathfrak{k}^0$ verursacht in bekannter Weise eine Drehung der Polarisationsebene.

[5] Vgl. hierzu R. DE L. KRONIG, ZS. f. Phys. Bd. 45, S. 458 u. 508; Bd. 47, S. 702. 1927; M. BORN u. P. JORDAN, Elementare Quantenmechanik, § 48 u. 49. Berlin 1930.

den Spektrallinien entsprechen, um auch die *Resonanzfluoreszenz* mit diskutieren zu können. An den Auswahlregeln sowie an den Regeln für Intensitäten und Polarisationen ändert sich nichts gegenüber dem Nichtresonanzfall. Man bestätigt leicht die von HEISENBERG[1] aufgestellte Regel, daß bei Richtungsentartung die Polarisation der Resonanzfluoreszenz insgesamt die gleiche ist, als ob die Entartung durch ein Magnetfeld aufgehoben wäre, welches im Falle einer linear polarisierten Primärwelle die Richtung des elektrischen Lichtvektors bzw. im Falle einer zirkular polarisierten Primärwelle die Richtung des Strahlvektors hat[2]. Was den *kohärenten* Anteil der Resonanzstrahlung und die dadurch bedingte *anomale Dispersion* und *Absorption* des Lichtes in der Umgebung der Eigenfrequenzen $|\omega_l - \omega_n|$ anbelangt, so ergibt sich diese wiederum in völliger Übereinstimmung mit der klassischen Beschreibung, wenn man jeden Ersatzoszillator einer Reibungskraft von solcher Stärke unterwirft, daß seine freie Schwingung für die betreffende Emissionslinie die richtige natürliche Breite liefert. In dem einfachen Spezialfalle, den wir unter Ziff. 21 diskutierten (Anfangszustand = Grundzustand, dazu g angeregte Zustände, die untereinander nicht kombinieren), entsprechen jene Reibungskräfte quantitativ der klassischen Strahlungsdämpfung, wenn man den Ersatzoszillatoren solche Ladungen und Massen zuteilt, daß sie die quantentheoretischen Oszillatorstärken f_n^l der betreffenden Spektrallinien in der Dispersionsformel (27.11) richtig wiedergeben [vgl. (21.10), (27.13), ferner Anm. 4, S. 781].

28. Quadrupolstrahlung[3]. Was zunächst die *spontane Emission* betrifft, so ist der Term $p = 1$ der Entwicklung (27.1) im *optischen* Spektralbereich nur bei solchen Linien von praktischer Bedeutung, bei denen der Dipolterm ($p = 0$) auf Grund irgendwelcher Auswahlregeln verschwindet[4]. Dann sind Intensität und Polarisation der beim Übergang $n \to m$ emittierten Strahlung durch das Matrixelement

$$j_{s,nm}^{(1)} = -\hbar \int dq\, u_m^* \Big(\sum_k \frac{e_k}{m_k} (\mathfrak{k}_s \mathfrak{r}_k)(\mathfrak{e}_s \operatorname{grad}_k)\Big) u_n = -j_{s,mn}^{(1)*} \tag{28.1}$$

bestimmt; dieses quadriert und über alle Orientierungen des orthogonalen Achsenpaares $\mathfrak{e}_s$, $\mathfrak{k}_s$ gemittelt, bestimmt gemäß (18.8) die Gesamtwahrscheinlichkeit eines spontanen Quadrupolsprunges $n \to m$. Bekanntlich kann man Matrizen der Form (28.1) durch Produkte je zweier Matrizen darstellen[5]:

$$\left.\begin{aligned} j_{s,nm}^{(1)} &= -\hbar \sum_k \frac{e_k}{m_k} \sum_l \int dq\, u_m^* (\mathfrak{k}_s \mathfrak{r}_k) u_l \cdot \int dq\, u_l^* (\mathfrak{e}_s \operatorname{grad}_k) u_n \\ &= \sum_k e_k \sum_l (\omega_n - \omega_l) \int dq\, u_m^* (\mathfrak{k}_s \mathfrak{r}_k) u_l \cdot \int dq\, u_l^* (\mathfrak{e}_s \mathfrak{r}_k) u_n . \end{aligned}\right\} \tag{28.2}$$

---

[1] W. HEISENBERG, ZS. f. Phys. Bd. 31, S. 617. 1925.

[2] Vgl. J. R. OPPENHEIMER, ZS. f. Phys. Bd. 43, S. 27. 1927; F. C. HOYT, Phys. Rev. Bd. 32, S. 377. 1928. Bezüglich der Beeinflussung der Polarisation der Resonanzfluoreszenz durch anders gerichtete Felder vgl. Ziff. 21, insbesondere Anm. 1, S. 758.

[3] Vgl. A. RUBINOWICZ, ZS. f. Phys. Bd. 53, S. 261. 1929; Bd. 61, S. 338. 1930. Auf Grund der älteren Quantentheorie wurde die Quadrupolstrahlung von I. I. PLACINTEANU behandelt (ZS. f. Phys. Bd. 39, S. 276. 1926). Eine zusammenfassende Darstellung hat A. RUBINOWICZ in Erg. d. exakt. Naturwissensch. (Bd. 11, 1932) gegeben.

[4] Bei *Röntgenfrequenzen* ist dies nicht mehr so ausgesprochen der Fall, insbesondere nicht bei der Emission oder Absorption im *kontinuierlichen* Spektrum (Einfangung oder photoelektrische Auslösung eines Elektrons), wo die Wellenlänge des emittierten oder absorbierten Lichtes nicht notwendig groß gegen die Atomdimensionen zu sein braucht. In letzterem Falle ist der Quadrupolterm für die Asymmetrie („Voreilung") der Richtungsverteilung der Photoelektronen verantwortlich, während die Dipolterme allein eine um $\mathfrak{e}^0$ axialsymmetrische Verteilung geben würden (vgl. Ziff. 25).

[5] Auf Grund der Vollständigkeitsrelation für die Eigenfunktionen u_l, s. ferner Anm. *, S. 779.

Damit sind die Matrizen der Quadrupolstrahlung auf die Koordinatenmatrizen, beim Einelektronenproblem also auf die Matrizen der Dipolstrahlung, zurückgeführt[1]. Aus den *Auswahlregeln* für die Koordinatenmatrizen frei drehbarer Systeme ergeben sich damit unmittelbar auch diejenigen für die Quadrupolstrahlung: $j^{(1)}_{s,nm}$ verschwindet für alle Übergänge, bei denen sich eine der beiden Drehimpulsquantenzahlen j, m um mehr als ± 2 ändert[2]. Die den Formeln Kap. 2, A (301, a bis c) für die Dipolstrahlung entsprechenden Quadrupolstrahlungsmatrizen sind von RUBINOWICZ angegeben worden[3].

Eine besondere Rolle spielen die Quadrupolterme in der Theorie der *Dispersion.* Entwickelt man gemäß (27.1) das die kohärente Streuung bestimmende Moment $\mathfrak{P}_{nn}$ (19.9) nach dem Verhältnis Atomdimensionen/Wellenlänge:

$$\mathfrak{P}_{nn} = \mathfrak{P}^{(0)}_{nn} + \mathfrak{P}^{(1)}_{nn} + \cdots,$$

so hat $\mathfrak{P}^{(1)}_{nn}$, im Gegensatz zu $\mathfrak{P}^{(0)}_{nn}$ (vgl. Ziff. 27), auch bei frei drehbaren Atomsystemen im allgemeinen *nicht* die Richtung des elektrischen Lichtvektors $\mathfrak{E}_0$; vielmehr ist unschwer zu sehen, daß für $\mathfrak{k} = \mathfrak{k}^0$ (Streuwinkel $= 0$) und im Mittel über alle Orientierungen eines richtungsentarteten Zustandes n der Vektor $\mathfrak{P}^{(1)}_{nn}$ nur dem *magnetischen* Lichtvektor parallel sein kann[4]. Infolgedessen erhalten wir, falls $|\mathfrak{P}^{(1)}_{nn}| \neq 0$ ist, eine *Drehung der Polarisationsebene* (natürliche optische Aktivität); die Erklärung dieser Erscheinung ist übrigens wieder weitgehend analog der klassischen Erklärung, wie sie unabhängig von BORN[5] und OSEEN[6] gegeben worden ist. Allerdings ist $\mathfrak{P}^{(1)}_{nn}$ identisch Null, wenn der Zustand n eine Spiegelebene besitzt, d. h. wenn eine Ebene existiert derart, daß bei Spiegelung aller Teilchen an dieser Ebene die Dichtefunktion $|u_n|^2$ unverändert bleibt ($u_n \rightarrow \pm u_n$). Optisch aktive Molekeln sind also durch die Abwesenheit einer Spiegelebene charakterisiert[7]. Dabei ist zu bemerken, daß solche Molekeln sich nicht in einem stationären Zustand im strengen Sinne befinden können, da ein solcher immer ein Gemisch von links- und rechtsdrehenden Molekeln in gleicher Anzahl darstellt, also optisch inaktiv sein muß; doch ist die Beschreibung der drehenden Molekeln durch nichtspiegelsymmetrische Wellenfunktionen u_n zulässig für solche Zeitdauern, die kurz sind gegen die Zeit, in der im Mittel eine Umwandlung einer links- in eine rechtsdrehende Modifikation stattfindet[8].

---

[1] A. RUBINOWICZ, l. c. J. H. BARTLETT (Phys. Rev. Bd. 34, S. 1247. 1929) benutzt diesen Zusammenhang zu einer Abschätzung der Intensität von Quadrupollinien, indem er die Summe nach l in (28.2) auf diejenigen „Zwischenzustände" beschränkt, welche mit den Zuständen n und m dipolmäßig besonders stark kombinieren.

[2] Entsprechend gibt es für $j^{(p)}_{s,nm}$ nur Änderungen von j und m um höchstens $\pm(p+1)$.

[3] A. RUBINOWICZ, ZS. f. Phys. Bd. 61, S. 338. 1930; vgl. auch H. C. BRINKMAN (Dissert. Utrecht, 1932), wo eine Ableitung jener Formeln mit gruppentheoretischen Hilfsmitteln (Darstellungen der Drehungsgruppe) gegeben ist.

[4] L. ROSENFELD, ZS. f. Phys. Bd. 52, S. 161. 1928; vgl. auch M. BORN u. P. JORDAN, Elementare Quantenmechanik, § 47. Berlin 1930.

[5] M. BORN, Phys. ZS. Bd. 16, S. 251. 1915.

[6] C. W. OSEEN, Ann. d. Phys. Bd. 48, S. 1. 1915.

[7] Für die optische Aktivität der *Kristalle* gilt das Entsprechende. Auch hier sind die Terme 1. Ordnung in $\mathfrak{k}_s$ für das Drehvermögen maßgebend.

[8] Diese Verhältnisse sind ausführlich diskutiert bei L. ROSENFELD, l. c.

Kapitel 6.

Wellenmechanik und Kernphysik.

Von

N. F. Mott, Bristol.

Mit 29 Abbildungen.

1. Einleitung. Die Gesetze, welche die Bewegungen in den Elektronenhüllen der Atome und die Stöße zwischen Atomsystemen beherrschen, sind großenteils bekannt. Demgegenüber haben wir keine allgemeine Theorie des Atomkerns. Es gibt also keinen Beweis für die Möglichkeit, daß vier Protonen und zwei Elektronen bei ihrer Zusammenfügung ein α-Teilchen bilden, noch weniger gibt es einen Weg, auf dem man die Bindungsenergie berechnen kann. Immerhin scheinen gewisse Gesetze, die sich in Übereinstimmung mit der Erfahrung bei den Hülleelektronen als richtig erwiesen haben, auch auf den Kern anwendbar zu sein; das Weitgehendste, was man für die Kerntheorie gegenwärtig tun kann, ist, diese Gesetze durch Experimente zu prüfen und ihre Gültigkeitsgrenzen festzustellen.

1. Die relativistische Äquivalenz der Masse eines Systems und seiner Energie erlaubt, den als Massendefekt bezeichneten Unterschied zwischen der Masse eines Atomkerns und der Summe der Massen seiner Einzelbestandteile als Bindungsenergie des Kernes aufzufassen. Ein experimenteller Beweis dafür kann aus den Energieverhältnissen bei der Atomzertrümmerung gefolgert werden.

2. Die Energie des Atomkerns scheint quantisiert zu sein. Als Beweis hierfür erscheint der Umstand, daß jede Atomart einen bestimmten Massendefekt aufweist, und daß die ausgeschleuderten α-Teilchen bestimmte Energiewerte haben. Das kontinuierliche β-Strahlspektrum zeigt allerdings, daß dieses Gesetz nicht ohne Ausnahme erfüllt ist; es wäre durchaus möglich, daß für Übergänge, bei denen die Zahl der Kernelektronen sich ändert, das Energieerhaltungsgesetz nicht erfüllt ist.

3. Die Bohrsche Frequenzbedingung

$$W_2 - W_1 = h\nu \tag{1, 1}$$

scheint auf den Kern anwendbar zu sein. Der Beweis dafür folgt aus den Beziehungen zwischen der α-Strahl-Feinstruktur und den im Anschluß an die α-Emission ausgesandten γ-Strahlen (Ziff. 10, 11).

4. Die Annahme, daß der Kern ein Impulsmoment

$$|\vec{I}| = i\hbar \qquad (i = \tfrac{1}{2}, 1, \tfrac{3}{2}, \ldots) \tag{1, 2}$$

hat, ist für die erfolgreiche Darstellung der Hyperfeinstruktur der Spektrallinien der Atome wesentlich (Ziff. 4).

Die zuerst von Gamow und gleichzeitig von Condon und Gurney vorgenommene Anwendung der Quantenmechanik auf die Atomkerne hat folgenden sehr wichtigen allgemeinen Satz herausgestellt: Wenn ein System N α-Teilchen enthält mit der Energie $E(N)$, und $E(N)$ größer ist als die Energie $E(N-1)$ eines ähnlichen Systems mit $N-1$ α-Teilchen, so kann das System mit N α-Teilchen nach der Quantenmechanik nicht stabil sein, sondern wird, falls es lange genug ungestört geblieben war, ein α-Teilchen mit der Energie

$$E(N) - E(N-1) = E_\alpha \tag{1,3}$$

ausschleudern (Ziff. 6). Dieses Ergebnis zeigt, daß die Struktur der radioaktiven Kerne in keiner Weise von der Struktur der gewöhnlichen Atomkerne verschieden zu sein braucht, und daß die Radioaktivität betrachtet werden kann als Folge der Tatsache, daß bei diesen Elementen die Bindungsenergie mit wachsender Kernladungszahl Z abfällt — eine Erscheinung, welche ohne besondere Annahmen leicht zu verstehen ist (Ziff. 2). Es ergibt sich daraus, daß die Eigenschaften der angeregten Zustände radioaktiver Atomkerne (Ziff. 11) wahrscheinlich für alle schweren Atomkerne zutreffend sind.

Die zahlenmäßig erfolgreichen Anwendungen der Quantenmechanik in der Kernphysik sind fast alle auf die Annahme gegründet, daß die Kernradien r_0 kleiner als 10^{-12} cm sind, und daß außerhalb dieses Abstandes jedes von oder zu einem Kern kommende Teilchen mittels einer Wellenfunktion ψ beschrieben werden kann, die der SCHRÖDINGERschen Gleichung

$$\Delta\psi + \frac{2m}{\hbar^2}\left(E - \frac{ZZ'e^2}{r}\right)\psi = 0 \tag{1,4}$$

für ein Teilchen in einem Coulombfeld genügt. Auf diese Weise konnte GAMOW zeigen (Ziff. 6), daß die Wellenfunktion einer den radioaktiven Kern verlassenden α-Partikel zwischen r_0 und dem Außengebiet sehr stark abfallen muß. Dies begründet, warum der α-Zerfall so langsam erfolgt und liefert eine Methode zur Abschätzung der Zerfallsdauer. Durch ähnliche Betrachtungen ist es möglich gewesen, auch die Wahrscheinlichkeit der künstlichen Zertrümmerung angenähert zu berechnen. Um die Erscheinungen der anormalen α-Streuung zu erklären, hat TAYLOR angenommen, daß die Wechselwirkung zwischen einem α-Teilchen und einem Proton sogar bis zu einer Entfernung von $0{,}5 \cdot 10^{-12}$ cm dem COULOMBschen Gesetze folgt, und konnte überdies zeigen, daß die Ungewißheit hinsichtlich der Wechselwirkungen für kleinere Entfernungen auf die Stöße zwischen diesen beiden Partikeln nur einen begrenzten Einfluß besitzt (Ziff. 13).

Über die eigentlichen Kerneigenschaften — Energieniveaus, Massendefekte, Stabilität, Impulsmoment — ist es auf theoretischem Wege noch nicht möglich, quantitative Voraussagen zu machen. Daher ist der Versuch nicht ohne Wert, ein Modell zu finden, das einige der experimentell gefundenen Verhältnisse wiedergibt. Hierzu sei auf folgende Tatsachen hingewiesen:

Ein Teilchen, das in einer kugelförmigen Schachtel vom Radius r_0 eingeschlossen ist, hat gemäß der Quantenmechanik eine Geschwindigkeit $h/2mr_0$ und daher die kinetische Energie $h^2/8mr_0^2$. Wenn man $r_0 = 10^{-12}$ cm annimmt, ergibt dies für ein Proton bzw. ein α-Teilchen die Energie $2 \cdot 10^6$ bzw. $0{,}5 \cdot 10^6$ Volt. Diese Energiewerte haben gerade die Größenordnung, die bei den γ-Strahlen beobachtet ist; wir dürfen demnach annehmen, daß Protonen und α-Partikel im Kern denselben Gesetzen gehorchen wie außerhalb desselben; Elektronen dagegen hätten sehr viel größere Energien, so daß keine Aussagen über ihr Verhalten im Kerninnern möglich sind. Durch ähnliche Betrachtungen kann gezeigt werden, daß sich Protonen, Neutronen usw. frei im Kern bewegen wie die S-Elektronen der äußeren Elektronenhülle, und nicht an einem Punkte festgehalten sein können wie Atomkerne in einem Kristallgitter. Wenn ein Proton in einem Volumen von der Größe $(10^{-13}\text{ cm})^3$ festgehalten wäre, so müßte ihm eine größenordnungsmäßig viel zu hohe Energie $(2 \cdot 10^8$ Volt) zukommen.

A. Atomkerne im Normalzustand.

2. Massendefekte und Stabilität der Atomkerne gegen α- und β-Zerfall. Bezieht man die Atomgewichte auf O_{16}, so liegt das Atomgewicht eines jeden Isotops einer ganzen Zahl genügend nahe, um die Anzahl der Protonen und Elektronen des Kernes bestimmen zu können. Ist $\overline{M}$ die dem Atomgewicht am nächsten liegende Zahl und Z die Kernladungszahl, ferner n_p, n_e die Zahl der Protonen und Elektronen, so ist

$$\left.\begin{aligned} n_p &= M, \\ n_e &= M - Z. \end{aligned}\right\} \tag{2, 1}$$

Ist m_p, m_e die Masse des Protons und des Elektrons und M die Masse eines gegebenen Kerns, so ist gemäß der speziellen Relativitätstheorie

$$M - n_p m_p - n_e m_e = \frac{E}{c^2}, \tag{2, 2}$$

wo c die Lichtgeschwindigkeit und E die (negative) potentielle Bindungsenergie des Kernes bedeutet; $-E$ stellt also die Energiezufuhr dar, die nötig ist, um den Kern in Elektronen und Protonen aufzuspalten, wenn dieses möglich wäre. E kann somit aus dem „Massendefekt" (2, 2) abgeleitet werden[1].

Ein direkter experimenteller Beweis für die Richtigkeit dieser relativistischen Interpretation der Massendefekte ist von großer Wichtigkeit. Leider sind die Massendefekte der radioaktiven Elemente bisher nicht ausreichend bekannt. Dagegen wird eine Überprüfung durch die Ergebnisse der künstlichen Atomzertrümmerung von Leichtelementen möglich gemacht. Werden z. B. Bor-Atomkerne mit α-Teilchen beschossen, so findet die Reaktion statt:

$$B_{10} + He_4 \to C_{13} + H_1 .$$

Bedeuten M_B, M_C, M_{He}, M_H die (genau genug bekannten) Massen der Kerne B_{10}, C_{13}, He_4, H_1* und E_α, E_p die Energien des einfallenden α-Teilchens und des herausgeschleuderten Protons, so erwartet man auf Grund des Energiesatzes

$$M_B + M_{He} + \frac{E_\alpha}{c^2} = M_C + M_H + \frac{E_p}{c^2}. \tag{2, 3}$$

Eine Prüfung der Theorie ist somit möglich, und die experimentellen Werte sind tatsächlich innerhalb der Fehlergrenze mit dieser Gleichung im Einklang (vgl. Ziff. 16). In Tabelle 1* ist das auf optischem Wege erhaltene Atomgewicht von C_{13} dem aus (2, 3) abgeleiteten gegenübergestellt.

Ein anderer kürzlich entdeckter Zerfallsvorgang läßt erkennen, daß der Energieerhaltungssatz auch bei der künstlichen Atomzertrümmerung mit Protonen bestehen bleibt. Wird Lithium mit schnellen Protonen beschossen[2], so findet folgende Reaktion statt:

$$Li_7 + H_1 \to 2\,He_4 .$$

Die bei dem Prozeß freiwerdende Energie berechnet sich aus den beteiligten Massen[3] zu $(14{,}3 \pm 2{,}7) \cdot 10^6$ Volt. COCKCROFT und WALTON[2] haben aus der be-

[1] Die ersten Ansätze dieser Art werden unabhängig voneinander diskutiert bei W. LENZ, Naturwissensch. Bd. 8, S. 181. 1920, und A. SMEKAL, ebenda Bd. 8, S. 206. 1920.

* Vgl. Tabelle 1, S. 794.

[2] Vgl. J. D. COCKCROFT u. E. T. S. WALTON, Proc. Roy. Soc. London (A) Bd. 137, S. 229. 1932.

[3] Vgl. Tabelle 1, S. 794; für Li_7 ist davon abweichend der Wert $7{,}0104 \pm 0{,}003$ benutzt, der aus der angegebenen Zahl durch Subtraktion von drei Elektronenmassen entsteht.

obachteten Reichweite der emittierten α-Partikel geschlossen, daß die freiwerdende Energie ungefähr $17,2 \cdot 10^6$ Volt beträgt, in guter Übereinstimmung mit obigem Wert.

Die Bindungsenergie des Heliumkerns ist $42,3 \cdot 10^{-6}$ erg ($= 2,66 \cdot 10^7$ Volt), also bedeutend größer als die Energie $m_e c^2$ ($= 0,813 \cdot 10^{-6}$ erg), die der Masse eines Elektrons entspricht. Die Bindungsenergie der Atomkerne wächst mit zunehmender Kernladung Z und beträgt für einen Kern in der Nähe von Hg ungefähr $2210 \cdot 10^{-6}$ erg, welcher Betrag bereits größer ist als die Energie $m_p c^2$ ($= 1495 \cdot 10^{-6}$ erg), die der Masse eines Protons entspricht. Berechnen wir andererseits die Energie, die notwendig ist, um den Kern in α-Partikel, Elektronen und die kleinste Anzahl von Protonen (0, 1, 2 oder 3) aufzulösen, so ist diese niemals größer als ungefähr $250 \cdot 10^{-6}$ erg (für ein Zinnisotop). Aus diesen Gründen ist es in vielen Fällen *bequem*, die Energie des Kernes in

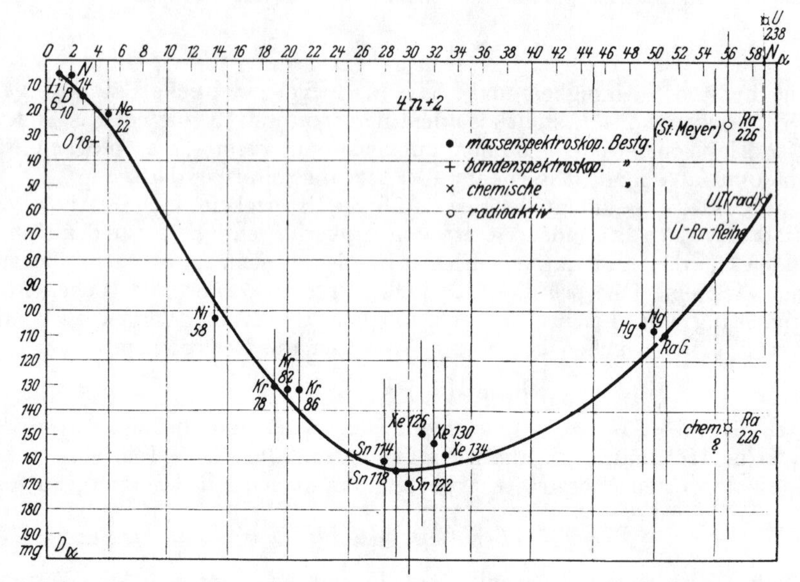

Abb. 1. Kurve der Massendefekte gegen α-Teilchen für den Kerntypus $M = 4n + 2$.

bezug auf eine derartige Zerlegung zu definieren. Es ist natürlich nicht notwendig zu glauben, daß der α-Partikel eine unabhängige Existenz im Kern zukommt; die beobachteten Massendefekte zeigen bloß an, daß jede Gruppe von vier Protonen und zwei Elektronen eine Energie von ungefähr $42 \cdot 10^{-6}$ erg besitzt. Aus dem spontanen β-Zerfall folgt nach GAMOW überdies, daß vier Protonen und zwei Elektronen einen bedeutend größeren Anteil zu der Bindungsenergie beitragen als z. B. drei Protonen und zwei Elektronen[1].

In Abb. 1 sind die Bindungsenergien in Milligramm zwischen α-Partikeln, Protonen und Elektronen für die Elemente eingezeichnet worden, deren Massendefekte experimentell bestimmt sind und Massen vom Typus $4n + 2$ angehören[2]. Die Kurven für die Kerntypen $4n$, $4n + 1$, $4n + 3$ sind ähnlich. Wir bemerken, daß für zwei Elemente, die aus N bzw. $N - 1$ α-Partikeln aufgebaut sind und die-

[1] Vgl. Ziff. 11.

[2] Abb. 1 rührt her von F. G. HOUTERMANS, Ergebn. d. exakt. Naturwissensch. Bd. 9, S. 190. 1930. Die Bindungsenergien sind für $O_{16} = 16$ g in mg ausgedrückt; 10 mg entsprechen $9,4 \cdot 10^6$ Volt.

selbe Anzahl von freien Elektronen und Protonen besitzen, das Element N unstabil sein wird, wenn nicht seine Energie E_N niedriger (Massendefekt größer) ist als die Energie des Elements $N - 1$. Weiterhin zeigt die GAMOWsche Theorie (Ziff. 6), daß die Zerfallskonstante für einen solchen Prozeß, wenn er energetisch möglich wäre, groß sein würde. Daher muß z. B. Hg_{202} eine größere Energie haben als Pb_{206}, wenn das letztere Element stabil ist (beide Elemente haben neben den α-Teilchen 22 Kernelektronen), und Th_{205} muß eine größere Energie haben als Bi_{209}. Alle diese Elemente liegen auf dem ansteigenden Ast der Massendefektkurve. Diese kann daher selbst für Kerne mit einer gegebenen Anzahl von freien Protonen nicht eine glatte Kurve sein, sondern muß aus gebrochenen absteigenden Stücken bestehen, wie in Abb. 1 auch für Xe und Hg zu erkennen ist[1].

Für die letztere Feststellung ist es von Wichtigkeit, daß der Unterschied der Bindungsenergien zweier Isotope des gleichen Elementes etwa mit der gleichen prozentischen Unsicherheit bekannt ist wie die gesamte Bindungsenergie eines dieser Kerne. Mit den Bezeichnungen von (2, 1) und (2, 2) gilt nach ASTON[2] z. B. für die Xenonisotopen

$$(\overline{M} - M)/M = (5{,}3 \pm 2) \cdot 10^{-4}$$

und daraus

$$M = \overline{M}\{1 - (5{,}3 \pm 2) \cdot 10^{-4}\}.$$

Der Massenunterschied eines Paares von Xenonisotopen der Abb. 1, deren $\overline{M}$-Werte um 4 verschieden sind, beträgt daher $4\{1 - (5{,}3 \pm 2) \cdot 10^{-4}\}$; er rührt in der Hauptsache von der Masse eines α-Teilchens und zweier Kernelektronen her, d. i. eines He-Atoms: $4 + (21{,}6 \pm 2) \cdot 10^{-4}$. Der Unterschied der beiden Zahlen $(43 \pm 10) \cdot 10^{-4}$ stellt die in Abb. 1 eingezeichnete Differenz der Bindungsenergien zweier solcher Isotope dar. —

GAMOW[3] hat die folgende Schematisierung der Kernstruktur benutzt, welche eine befriedigende Erklärung der Massendefektkurve möglich macht. Er nimmt an, daß die Energie, die notwendig ist, um eine α-Partikel gerade bis an die Grenze des anziehenden Kernkraftfeldes zu bringen (auf das Maximum des „Potentialberges" zu heben), nicht stark von der Zahl der α-Partikel im Kern abhängt und als eine Konstante A angesehen werden darf. Befindet sich die α-Partikel im abstoßenden elektrostatischen Kernfelde, so erhält sie bei Entfernung bis ins Unendliche eine Energie $2 N_\alpha e^2/r_0$, wo N_α die Anzahl der α-Teilchen des Kernes und r_0 den Kernradius bedeutet. Die Energie pro α-Partikel ist somit

$$\frac{2 N_\alpha e^2}{r_0} - A,$$

und die Energie des ganzen Kernes daher

$$\frac{N_\alpha^2 e^2}{r_0} - A N_\alpha .$$

Nehmen wir an, daß r_0^3 proportional zu N_α ist, so sehen wir, daß die Bindungsenergie E folgende Gestalt hat:

$$E = -A N_\alpha + B N_\alpha^{\frac{5}{3}}, \tag{2, 4}$$

eine Funktion, die, gegen N_α aufgetragen, den in Abb. 2 wiedergegebenen Verlauf besitzt. GAMOW nimmt an, daß das Minimum dieser Kurve bei $N_\alpha \sim 12$

---

[1] Vgl. dazu F. G. HOUTERMANS, l. c. S. 195.

[2] Vgl. Anm. 1, S. 793, zu Tabelle 1.

[3] G. GAMOW, Proc. Roy. Soc. London (A) Bd. 126, S. 632. 1930.

liegt. Wäre (2, 4) der einzige in Betracht kommende Effekt, so könnte kein Element mit einem Atomgewicht größer als 48 stabil sein. Jedoch wäre es möglich, daß die Hinzufügung einiger „freier" Elektronen die Gestalt der Massendefektkurve beträchtlich ändern könnte[1]. Für Elemente mit einem Atomgewicht $4n$ ist die Anzahl der freien Elektronen immer gerade. GAMOW nimmt, um eine Übereinstimmung mit der experimentellen Massendefektkurve zu erhalten, für diese Elemente an, daß die Energiekurven für 0, 2, 4, . . . $2f$ „freie" Elektronen wie folgt aussehen (Abb. 3).

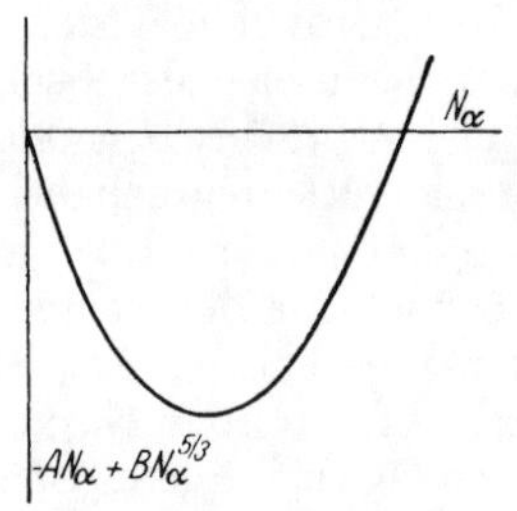

Abb. 2. Theoretische Massendefektkurve nach GAMOW.

Wie wir vorhin betont haben, muß der ansteigende Teil der Massendefektkurve aus kleinen gebrochenen absteigenden Kurven bestehen, und die vorliegende Theorie erklärt dies in natürlicher Weise. Die stabilen Elemente, die auf dem ansteigenden Teil der Kurve liegen, könnten nur unter gleichzeitiger Emission

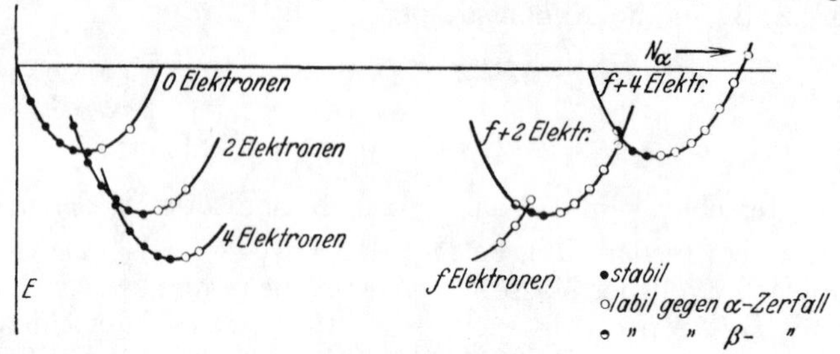

Abb. 3. Theoretische Massendefektkurven nach GAMOW.

einer α-Partikel und einer β-Partikel zerfallen, und wir können annehmen, daß die Wahrscheinlichkeit für diesen Prozeß äußerst klein ist[2].

Die Elemente, bei welchen α-Zerfall eintritt, müssen auf dem ansteigenden Teil der Massendefektkurve liegen. Nach GAMOW tritt β-Zerfall ein, wenn sich die Massendefektkurven für f bzw. $f - 1$ nicht in α-Teilchen gebundenen Elektronen schneiden. In Abb. 4 werden die Bindungsenergien E einer hypothetischen radioaktiven Reihe wiedergegeben, wiederum aufgetragen gegen die Zahl N_α der α-Partikel der Atomkerne.

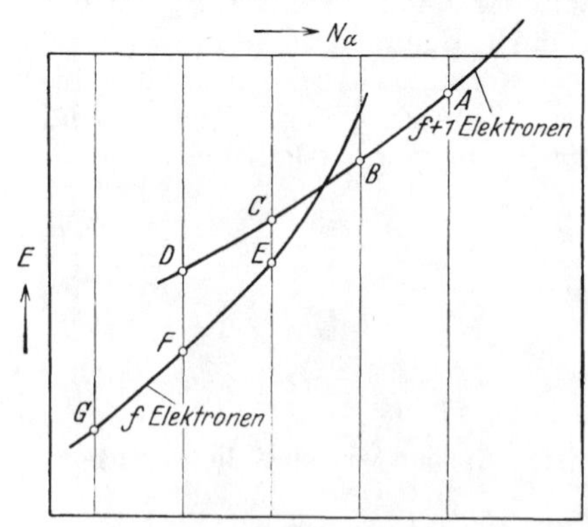

Abb. 4. Massendefektkurve einer hypothetischen radioaktiven Zerfallsreihe.

Das Element B in Abb. 4 kann eine α-Partikel emittieren und liefert das Folgeprodukt C. Das Element C kann *entweder* eine α-Partikel emittieren und liefert dann D, *oder* eine β-Partikel, und ergibt dann E. (Es ist gegenwärtig nicht möglich anzugeben, welche Beziehung zwischen der mittleren und der maximalen Energie der β-Partikel und der durch CE repräsentierten Energiedifferenz bestehen müßte.) Es tritt somit das Phänomen der „Verzweigung" auf. Die GAMOWsche Hypothese vertritt die Meinung, daß eine Verzweigung

[1] Gegenwärtig kann allerdings kein Grund dafür angegeben werden, weshalb die Hinzufügung von freien Elektronen die Energie in dieser Weise ändern sollte.

[2] Vgl. F. G. HOUTERMANS, l. c. S. 198.

einer radioaktiven Zerfallsreihe das normale Verhalten bei β-Zerfall ist und α-Strahlen z. B. bei UX_I nur deswegen nicht beobachtet sind, weil die Zerfallskonstante für einen β-Zerfall bedeutend größer ist als für einen α-Zerfall.

Liegt der Schnittpunkt der Kurven GFE und DCB zwischen B und A, so sollte das Element B β-Zerfall zeigen[1]. Im Falle der U_I-Reihe können wir durch diese Bedingung eine obere Grenze für die Energie CE festlegen. U_I zeigt keinen β-Zerfall. Hiernach muß die Bindungsenergie für einen Kern von 26 Elektronen und 59 α-Teilchen größer sein als die für U_I (28 Elektronen und 59 α-Teilchen). Die Massendefektkurve für 26 Elektronen muß nahezu eine gerade Linie sein, da die α-Teilchen von U_{II}, Io, Ra nahezu dieselbe Energie, nämlich 4,75, 4,67, $4{,}85 \cdot 10^6$ Volt haben. Wir können somit die Kurve ziemlich sicher extrapolieren, wie durch die punktierte Linie in Abb. 5 angedeutet ist. Die Energie des Übergangs $U_I \rightarrow UX_1$ beträgt $4{,}19 \cdot 10^6$ Volt. Da U_I keinen β-Zerfall zeigt, folgt somit, daß die Energiedifferenz zwischen UX_1 und U_{II} nicht größer als $4{,}7 - 4{,}19 \backsim 0{,}5 \cdot 10^6$ Volt sein sollte. Es ist interessant, daß die mittlere Energie der β-Partikel von UX_2 $0{,}82 \cdot 10^6$ Volt beträgt[2]. Die maximale Energie ist $2{,}32 \cdot 10^6$ Volt. Die Energien von UX_1 sind bedeutend kleiner. Es sieht daher so aus, wie wenn die Änderung in der Bindungsenergie des Kernes bedeutend kleiner wäre als die mittlere Energie der β-Partikel.

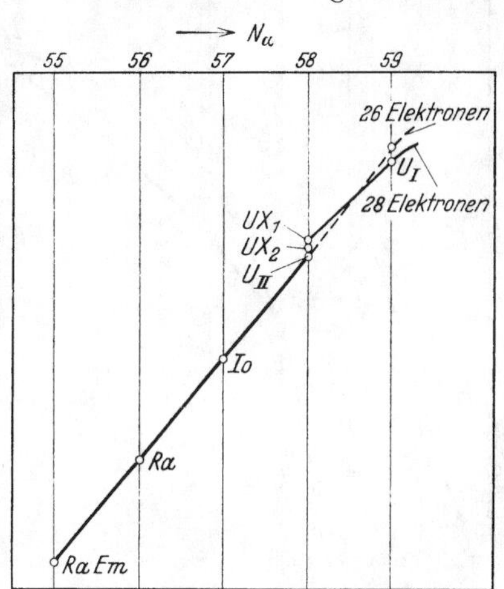

Abb. 5. Massendefektkurve der Anfangsglieder der Uran-Radiumreihe.

Es ist natürlich möglich, daß β-Zerfall bei U_I energetisch erlaubt ist, aber daß die Zerfallskonstante viel größer ist als die für α-Zerfall. Mit Rücksicht auf den sehr langsamen α-Zerfall (Halbwertszeit $4{,}5 \cdot 10^9$ Jahre) bleibt dies jedoch unwahrscheinlich.

Ähnliche Betrachtungen können für die Thoriumreihe angestellt werden. Th emittiert α-Partikel mit der Energie $4{,}06 \cdot 10^6$ Volt; nach den beiden β-Zerfallsstufen betragen die Energien der α-Partikel 5,4, 5,7, 6,3, 6,8 Millionen Volt. Wir können somit schätzen, daß die Differenz der Bindungsenergien von Th und RaTh nicht größer als etwa $1{,}1 \cdot 10^6$ Volt ist. Andererseits haben die β-Teilchen des MsTh eine Maximalenergie von $2{,}05 \cdot 10^6$ Volt und die mittlere Energie von $0{,}56 \cdot 10^6$ Volt[2].

Zum Abschluß geben wir die Massendefektkurve[3] für die ganze Th-Reihe (Abb. 6). Die Kurve mit 22 Elektronen muß umbiegen, wie die Abbildung zeigt, da ThD(Pb) stabil ist. Die Kurve mit 24 Elektronen biegt wahrscheinlich ebenfalls scharf um, da der Zerfall von ThB nach dem mit ? bezeichneten Element sehr viel langsamer erfolgen oder sogar energetisch ganz unmöglich sein muß im Vergleich zu dem Übergang von ThB nach ThC. Da die Zerfallskonstante für den Zerfall des ThA nach ThB $4{,}7\,\text{sec}^{-1}$ beträgt, kann dies nur eintreten, wenn die Energie der „α-Partikel von ThB" bedeutend kleiner ist als die von ThA.

[1] Diese Annahme ist zuerst von W. HEISENBERG (ZS. f. Phys. Bd. 77, S. 1. 1932) gemacht worden und wird weiter unten diskutiert.
[2] Vgl. B. W. SARGENT, Proc. Roy. Soc. London (A) Bd. 139, S. 659. 1933.
[3] Vgl. G. GAMOW, Proc. Roy. Soc. London (A) Bd. 126, S. 632. 1930.

Nach der Entdeckung des Neutrons haben IWANENKO[1] und HEISENBERG[2] folgendes ganz andersartiges Kernmodell vorgeschlagen. Sie betrachten die Kerne als nur aus Protonen und Neutronen aufgebaut. Dieses bedeutet nicht, daß das Neutron als Elementarpartikel gedacht ist, HEISENBERG nimmt vielmehr an, daß die anziehenden Kräfte zwischen Protonen und Neutronen im Kern mit Austauschvorgängen neutronischer Elektronen in Verbindung zu bringen sind. Der Zweck dieses Modells ist, herauszufinden, in welchem Maße die mit den Kernelektronen zusammenhängenden Schwierigkeiten der Bildung eines Neutrons aus Proton und Elektron zugeschrieben werden können.

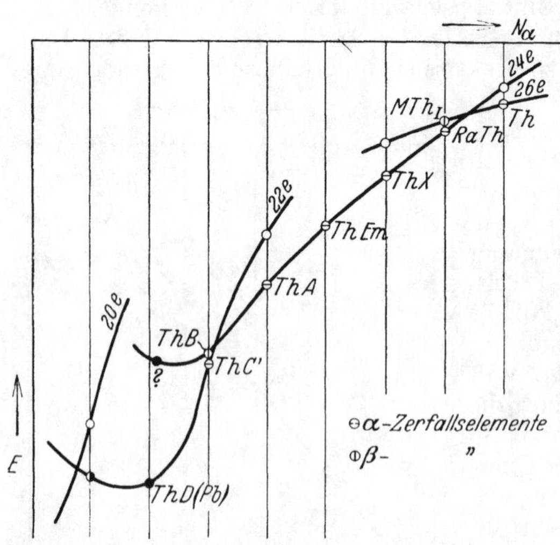

Abb. 6. Massendefektkurve der Th-Reihe nach GAMOW.

HEISENBERG behandelt den β-Zerfall in folgender Weise: Er nimmt an, daß die Energie E_1 zur Entfernung eines Neutrons von einem gegebenen Kern und die Energie E_2 zur Entfernung eines Protons bestimmte Größen sind, eine Annahme, welche mit den Experimenten über die künstliche Zertrümmerung in Übereinstimmung ist. Sei ferner E_2' die Energie, die bei der Hinzufügung eines Protons aufgenommen wird, d. h. die Energie, die nötig ist, um ein Proton von einem Element mit um Eins größerer Ladung und Masse zu entfernen.

Ist $E_1 < E_2'$, so nimmt HEISENBERG an, daß der Kern bezüglich eines β-Zerfalls instabil ist, wobei die Aussendung eines β-Teilchens durch Übergang eines Kernneutrons in ein Proton und Elektron möglich wird. Bei diesem Prozeß kann weder der Energiesatz erfüllt sein noch können die Gesetze der Statistik und des Spins (Ziff. 3) erhalten bleiben. Eine Beziehung zwischen der mittleren oder der maximalen Energie des β-Zerfalls und der Größe $E_2' - E_1$ kann jedoch nicht gegeben werden. — Ein α-Zerfall soll eintreten, wenn

$$2E_1 + 2E_2 - E_\alpha < 0,$$

wo E_α die Bindungsenergie der α-Partikel, bezogen auf Neutronen und Protonen, darstellt. Sei n_1 die Anzahl der Neutronen, n_2 die Anzahl der Protonen gleich der Kernladungszahl Z und $n = n_1 + n_2$ gleich der Kernmasse M. Um die Stabilität der Kerne gegen β-Zerfall zu betrachten, nimmt HEISENBERG an, daß die Bindungsenergie eines Protons oder eines Neutrons, wenigstens für schwere Kerne, als reine Funktion von n_1/n_2 betrachtet werden darf, mit Ausnahme des Teiles der Protonenenergie, welcher der COULOMBschen Abstoßung zugeschrieben werden muß. Wir können somit für das Proton setzen

$$E_2 = g\left(\frac{n_1}{n_2}\right) - \frac{n_2 e^2}{r_0} = g\left(\frac{n_1}{n_2}\right) - c\,\frac{n_2}{n^{\frac{1}{3}}} \tag{2, 5}$$

[1] D. IWANENKO, Nature Bd. 129, S. 798. 1932.

[2] W. HEISENBERG, ZS. f. Phys. Bd. 77, S. 1. 1932; Bd. 78, S. 156. 1932; Bd. 80, S. 587. 1933; siehe auch J. BARTLETT, Nature Bd. 130, S. 165. 1932; ferner E. MAJORANA, ZS. f. Phys. Bd. 82, S. 137. 1933; A. LANDÉ, Phys. Rev. Bd. 43, S. 620, 624. 1933.

und für das Neutron

$$E_1 = f\left(\frac{n_1}{n_2}\right), \tag{2, 6}$$

wo f, g gewisse noch unbekannte Funktionen sind.

Da Protonen- oder Neutronenzerfall nicht eintritt, müssen wir

$$g > \frac{c\, n_2}{n^{\frac{1}{3}}}, \qquad f > 0,$$

annehmen. Für Elemente, die gegen β-Zerfall stabil sind, muß ferner

$$g - f < \frac{c\, n_2}{n^{\frac{1}{3}}} \tag{2, 7}$$

sein. Setzt man voraus, daß $g - f$ mit wachsenden n_1/n_2 zunimmt, so bestimmt (2, 7) für ein gegebenes n_2 (= Z) eine obere Grenze von n_1/n_2 für stabile Elemente.

In ähnlicher Weise hat man für Elemente, die gegen α-Zerfall stabil sind,

$$g + f - \frac{n_2 c}{n^{\frac{1}{3}}} < \frac{1}{2} E_\alpha . \tag{2, 8}$$

Nimmt $g + f$ mit abnehmender n_1/n_2 zu, so liefert (2, 8) eine untere Grenze für n_1/n_2 für stabile Elemente.

Wie aus Abb. 7 hervorgeht, liegen die beobachteten Werte von n_1/n_2 zwischen zwei Grenzen, welche ziemlich glatte Funktionen von n_2 (= Z) zu sein scheinen.

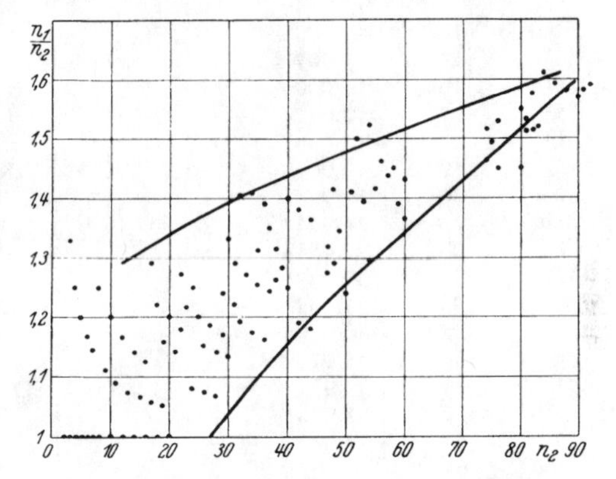

Abb. 7. Verhältnis n_1/n_2 der Neutronenanzahl zur Kernladungszahl in Abhängigkeit von den Kernladungszahlen der Elemente.

Wir müssen somit annehmen, daß g sich wenig mit n_1/n_2 ändert, und daß f mit abnehmendem n_1/n_2 wächst. Da jedes Paar von Protonen mit zwei der Überschußneutronen eine α-Partikel bilden kann, scheint es nicht unvernünftig, anzunehmen, daß g nur wenig von der Zahl der Überschußneutronen abhängt. Andererseits ist es möglich, daß die Bindungsenergie E_1 eines Neutrons in Gegenwart von Überschußneutronen bedeutend größer ist, wenn die Zahl der Protonen und Neutronen nahezu gleich wird, so daß fast jedes Paar von Neutronen sich mit einem Paar von Protonen verbinden kann. Man kann somit verstehen, daß f mit wachsendem n_1/n_2 abnimmt.

Für eine Deutung der Massendefektkurve ist das Neutronenkernmodell noch nicht benutzt worden.

In Tabelle 1 sind die bisher bekannten genauen Atomgewichte (nicht Kerngewichte!) zusammengestellt. Die in Kolonne 5 mit A und O bezeichneten Daten sind nach einem demnächst erscheinenden Buche von F. W. Aston wiedergegeben[1]. Die mit A gekennzeichneten Ergebnisse sind auf massenspektroskopischem Wege bestimmt, O bedeutet Werte, die mittels optischer Methoden erhalten wurden, KZ betrifft Daten, die aus Atomzertrümmerungsversuchen abgeleitet sind.

[1] Ich bin Herrn Dr. Aston sehr dankbar, daß er mir diese Resultate zur Verfügung stellte, bevor sein Buch erschienen ist. — Die mit A gekennzeichneten Angaben stammen von Aston, soweit keine anderweitigen Zitate angeführt sind. Die Massendefekte $(M - \bar{M})/\bar{M} \cdot 10^4$ der Isotopen von Sn, Xe und Hg stimmen für jedes dieser Elemente innerhalb der Fehlergrenzen miteinander überein. Nach F. W. Aston, Proc. Roy. Soc. London (A) Bd. 115, S. 487. 1927, haben sie die Werte: Sn (11 Isotope) $-7{,}3 \pm 2$; Xe (9 Isotope) $-5{,}3 \pm 2$; Hg (6 Isotope) $+0{,}8 \pm 2$. — Die Beziehungen zwischen den chemischen und den physikalischen Atomgewichten werden zusammenfassend diskutiert von O. Hahn, Chem. Ber. Bd. 66, S. 1. 1933.

Tabelle 1.

Element	M	Atomgewicht ($O_{16}=16$)	Fehler $\times 10^4$	Methode	Element	M	Atomgewicht ($O_{16}=16$)	Fehler $\times 10^4$	Methode
H	1	1,00778	1	*A*	Se	78	77,937	2	*A*
H	2	2,01351	1	*O* [1]	Se	80	79,941	1	*A*
He	4	4,00216	0,5	*A*	Br	79	78,929	0,5	*A*
Li	6	6,012	3	*A* [2]	Br	81	80,926	0,5	*A*
Li	7	7,012	3	*A* [2]	Kr	78	77,926	1	*A*
Li	7	7,013	1	*KZ* [3]	Kr	80	79,926	1	*A*
Be	9	9,0155	6	*A* [4]	Kr	82	81,927	0,5	*A*
B	10	10,0135	0,5	*A*	Kr	83	82,927	0,5	*A*
B	11	11,0110	0,5	*A*	Kr	84	83,928	0,5	*A*
C	12	12,0036	0,3	*A*	Kr	86	85,929	0,5	*A*
C	13	13,0039	5	*O* [5]	Nb	93	92,926	5	*A*
C	13	13,0045	2	*KZ* [6]	Mo	98	97,945	5	*A*
N	14	14,008	1	*A*	Mo	100	99,945	5	*A*
N	15	15,007	?	*O* [7]	Sn	120	119,912	1	*A*
O	16	16,0000	—	*A*	Te	126	125,937	2	*A*
O	17	17,0029	0,2	*O* [7]	Te	128	127,936	2	*A*
O	18	18,0065	0,2	*O* [7]	I	127	126,932	1	*A*
F	19	19,0000	0,3	*A*	Xe	134	133,929	1	*A*
Ne	20	19,9967	9	*A* [8]	Cs	133	132,933	2	*A*
Ne	22	21,9947	9	*A* [8]	Ba	138	137,916	2	*A*
Si	28	27,9818	1	*A*	Ta	181	180,927	3	*A*
P	31	30,9825	0,5	*A*	W	184	184,00	5	*A*
Cl	35	34,983	0,5	*A*	Re	187	186,981	2	*A*
Cl	37	36,980	0,5	*A*	Os	190	189,981	3	*A*
A	36	35,976	0,5	*A*	Os	192	191,981	3	*A*
A	40	39,971	0,3	*A*	Hg	200	200,016	1	*A*
Cr	52	51,948	3	*A*	Tl	203	203,036	2	*A*
Ni	58	57,942	2	*A*	Tl	205	205,037	2	*A*
Zn	64	63,937	3	*A*	Pb	208	208,010	3	*A*
As	75	74,934	0,5	*A*					

3. Statistisches Gewicht und Statistik der Kerne. In diesem und den beiden nächsten Abschnitten behandeln wir die folgenden drei Eigenschaften der Kerne:

A. Die Multiplizität des Grundzustandes, d. h. die Zahl der Niveaus, in welche die Energie des Grundzustandes bei Anwendung eines magnetischen Feldes oder anderer Störungen aufspalten kann.

B. Die Statistik, welcher eine Anzahl von zwei oder mehreren Kernen genügt, d. h. Einstein-Bose- oder Fermi-Dirac-Statistik.

C. Den wirklichen Wert des magnetischen Momentes eines Kernes und die allgemeine Frage nach der Wechselwirkung des unangeregten Kernes mit den Elektronen der äußeren Atomhülle.

Aufschluß über die Fragen A und B kann aus den folgenden drei Arten von Experimenten erhalten werden, in welche die wirklichen Kernspinkräfte und damit C nicht eingehen; in diesen Experimenten wird die Wechselwirkung zwischen zwei gleichartigen Kernen aufgesucht:

[1] K. T. BAINBRIDGE, Phys. Rev. Bd. 41, S. 115 u. 396; Bd. 42, S. 1. 1932.

[2] J. L. COSTA. Ann. d. phys. Bd. 4, S. 425. 1925.

[3] J. D. COCKCROFT u. E. T. S. WALTON, Proc. Roy. Soc. London (A) Bd. 137, S. 229. 1932.

[4] K. T. BAINBRIDGE, Phys. Rev. Bd. 43, S. 367. 1933.

[5] A. S. KING u. R. T. BIRGE, Astrophys. Journ. Bd. 72, S. 20. 1930.

[6] J. CHADWICK, J. E. R. CONSTABLE u. E. C. POLLARD, Proc. Roy. Soc. London Bd. 130, S. 463. 1931. (Vgl. S. 837.)

[7] R. T. BIRGE, Phys. Rev. Bd. 37, S. 841. 1931.

[8] K. T. BAINBRIDGE, Phys. Rev. Bd. 43, S. 423. 1933.

I. Beschaffenheit der Rotationsbanden von Molekülen, die aus zwei gleichen Atomen bestehen.

II. Stoßvorgänge, in welchen ein Kern einen anderen Kern derselben Art trifft (untersucht bei Helium und Wasserstoff).

III. Verlauf der spezifischen Wärme eines zweiatomigen Gases bei niedrigen Temperaturen (nur bei Wasserstoff durchgeführt)[1].

Aufschlüsse über Punkt C können im wesentlichen nur aus der Hyperfeinstruktur der Elemente erhalten werden (Ziff. 4, 5) oder mittels des Stern-Gerlach-Versuchs an Atomen oder Molekülen, deren Elektronenhüllen keine magnetischen Momente besitzen[2].

Wir diskutieren zunächst die Experimente über die Multiplizität und die Statistik der Atomkerne. Aus dem Intensitätswechsel in den Bandenspektren und ebenso aus dem Tieftemperaturverlauf der spezifischen Wärme zweiatomiger Moleküle mit gleichen Kernen kann man schließen, daß das *statistische Gewicht* eines gegebenen Rotationsenergieniveaus hier *größer* ist als das quantentheoretische Gewicht $2J + 1$ der räumlichen Entartung, wobei J das Impulsmoment des rotierenden Moleküls darstellt[1]. Das tatsächliche Gewicht erfordert noch die Multiplikation mit einem Faktor g_S bzw. g_A, je nachdem ob der betreffende Zustand des Moleküls in den Raumkoordinaten der beiden Kerne symmetrisch oder antisymmetrisch beschaffen ist. Die Zahl der Atome in einem Zustand mit der Energie E_J und einer symmetrischen Wellenfunktion ist somit nach dem BOLTZMANNschen Verteilungssatz bei der absoluten Temperatur T proportional mit

$$g_S(2J + 1)\, e^{-E_J/kT}. \tag{3, 1}$$

Eine ähnliche, aber mit g_A geschriebene Formel gilt für antisymmetrische Zustände. Die experimentellen Daten geben nicht die absoluten Werte von g_S, g_A, sondern nur das Verhältnis $g_S : g_A$.

Die Interpretation der Stoßversuche ist ähnlich[3]. Für Stoßprozesse, bei welchen ein Kern (z. B. ein α-Teilchen) durch einen gleichartigen Kern gestreut wird, kann man eine Streuformel bei Benutzung in den Raumkoordinaten symmetrischer Wellenfunktionen und eine andere bei Benutzung in den Raumkoordinaten antisymmetrischer Wellenfunktionen ableiten. Wir bezeichnen mit R das Verhältnis der Anzahl der in einer gegebenen Richtung gestreuten Partikel zu der nach der klassischen Theorie erwarteten Anzahl. R_S sei das berechnete Verhältnis unter Verwendung symmetrischer Funktionen und R_A das Verhältnis für antisymmetrische Funktionen. Dann kann gezeigt werden[4], daß

$$R = \frac{g_S R_S + g_A R_A}{g_S + g_A}, \tag{3, 2}$$

wo g_S und g_A wiederum die obigen Gewichtsfaktoren darstellen. Für Streuung unter 45° ist $R_S = 2$ und $R_A = 0$, woraus das Verhältnis $g_S : g_A$ hier besonders einfach erhalten werden kann.

Die Existenz der Gewichtsfaktoren g_S, g_A kann leicht durch die Annahme erklärt werden, daß der Grundzustand des betreffenden Kernes entartet ist. Nehmen wir an, daß dieser Zustand n-fach entartet ist, d. h. daß es eine Koor-

[1] Siehe ds. Handb., Kap. 4 (F. HUND), Ziff. 23.

[2] Vgl. S. 803, Anm. 2.

[3] Vgl. ds. Handb., Kap. 5 (G. WENTZEL), Ziff. 5.

[4] Der Fall $g_S : g_A = 3:1$ ist in Kap. 5 (G. WENTZEL), Ziff. 5, behandelt; der allgemeine Fall läßt sich mittels ähnlicher Betrachtungen durchführen, siehe T. SEXL, ZS. f. Phys. Bd. 80, S. 690. 1933.

dinate σ gibt, welche in n stationären Zuständen der gleichen Energie existieren kann; wir ordnen ihr die Wellenfunktionen

$$\chi_1(\sigma), \quad \chi_2(\sigma) \cdots \chi_r(\sigma) \cdots \chi_n(\sigma)$$

zu. Für ein Paar solcher Kerne werden die folgenden n^2-stationären Zustände existieren (welche alle symmetrisch oder antisymmetrisch sein müssen):

Zahl der Zustände	Typus der Wellenfunktion	Symmetrisch (S) oder antisymmetrisch (A)
n	$\chi_r(\sigma_1)\,\chi_r(\sigma_2)$	S
$\frac{n(n-1)}{2}$	$\chi_r(\sigma_1)\,\chi_{r'}(\sigma_2) + \chi_r(\sigma_2)\,\chi_{r'}(\sigma_1), \quad r \neq r'$	S
$\frac{n(n-1)}{2}$	$\chi_r(\sigma_1)\,\chi_{r'}(\sigma_2) - \chi_r(\sigma_2)\,\chi_{r'}(\sigma_1) \quad r \neq r'$	A

Es folgt somit, daß $\frac{1}{2}n(n+1)$ symmetrische und $\frac{1}{2}n(n-1)$ antisymmetrische Zustände existieren.

Gehorchen die Kerne der Einstein-Bose-Statistik, so muß eine in den Raumkoordinaten symmetrische Wellenfunktion mit einer in den Spinkoordinaten symmetrischen Wellenfunktion verbunden sein, und umgekehrt. Wir haben somit

$$\left.\begin{aligned} g_S &= \tfrac{1}{2}n(n+1), \qquad g_A = \tfrac{1}{2}n(n-1) \\ g_S : g_A &= (n+1):(n-1) \end{aligned}\right\}\ \text{EINSTEIN-BOSE.} \tag{3, 3}$$

Gehorchen die Kerne der Fermi-Dirac-Statistik, so muß eine in den Raumkoordinaten symmetrische Funktion mit einer in den Spinkoordinaten antisymmetrischen Funktion verbunden sein. Wir haben somit

$$\left.\begin{aligned} g_S &= \tfrac{1}{2}n(n-1), \qquad g_A = \tfrac{1}{2}n(n+1) \\ g_S : g_A &= (n-1):(n+1) \end{aligned}\right\}\ \text{FERMI-DIRAC.} \tag{3, 4}$$

Aus der Bestimmung des Verhältnisses $g_S : g_A$ ist es daher möglich, den Wert von n, d. h. die Multiplizität des Grundzustandes des Kernes und auch die Statistik, der die Kerne gehorchen, zu finden.

Man schreibt gewöhnlich die Entartung des Grundzustandes des Kernes der Existenz eines Drehmomentes $i\hbar$ ($2i$ = ganze Zahl) zu, und nimmt in Analogie zu dem Verhalten der äußeren Elektronen an, daß die Multiplizität (statistisches Gewicht) n des Grundzustandes durch

$$n = 2i + 1$$

gegeben ist. Für die Richtigkeit dieser Auffassung liegen Anzeichen aus den Hyperfeinstrukturaufspaltungen vor. Andererseits zeigen gewisse Kerne[1], für die nach den Bandenspektren ein entarteter Grundzustand zu erschließen ist, keine Hyperfeinstrukturen, es ist daher nicht sicher, daß die Entartung hier einem Kernspin zugeschrieben werden muß.

Es ist gebräuchlich, die experimentellen Ergebnisse in i auszudrücken. Wir haben dann

$$g_S : g_A = (i+1) : i \quad \text{EINSTEIN-BOSE,} \tag{3, 3'}$$

$$g_S : g_A = i : (i+1) \quad \text{FERMI-DIRAC.} \tag{3, 4'}$$

Die auf den besprochenen Wegen aus experimentellen Ergebnissen abgeleiteten Kernspins sind in Tabelle 2 (S. 804) angegeben, zusammen mit den Resultaten der Analyse von Hyperfeinstrukturen.

---

[1] Al, Cl, P, K; vgl. S. TOLANSKY, ZS. f. Phys. Bd. 74, S. 336. 1932, und H. SCHÜLER u. H. BRÜCK, ZS. f. Phys. Bd. 55, S. 575. 1929.

Das in Tabelle 2 angegebene Spinmoment $i = 1$ und die Einstein-Bose-Statistik des Stickstoffkerns bilden eines der merkwürdigsten Rätsel der Kernphysik. Ist dieser Kern aus Elektronen und Protonen aufgebaut, so muß er 14 Protonen und 7 Elektronen enthalten. In der Elektronenhülle würde eine ungerade Anzahl von Elektronen ein halbzahliges Gesamtspinmoment $s = \frac{1}{2}, \frac{3}{2}, \frac{5}{2}, \ldots$ verursachen. Es ist daher schwer zu verstehen, wie ein Kern mit einer ungeraden Anzahl von Partikeln das Drehmoment 1 haben kann. Dies wurde zuerst von KRONIG[1] betont. Es ist somit wahrscheinlich, daß das Elektron sein Spinmoment im Kern verlieren kann.

Noch schwerwiegender ist die Tatsache[2], daß der Stickstoffkern, obgleich er eine ungerade Partikelanzahl besitzt, der Einstein-Bose-Statistik genügt. Man sollte denken, daß der Austausch zweier Kerne dem Austausch der Partikel, Protonen und Elektronen, aus denen er aufgebaut ist, äquivalent ist. Man sollte somit erwarten, daß bei vollständigem Austausch zweier Stickstoffkerne die resultierende Wellenfunktion das entgegengesetzte Vorzeichen hat als vor dem Austausch, d. h. daß die Fermi-Dirac-Statistik zutrifft an Stelle der Einstein-Bose-Statistik.

Wegen dieser Schwierigkeiten ist es seit der Entdeckung des Neutrons gebräuchlich geworden, die Kerne als aus Protonen und Neutronen aufgebaut zu betrachten und anzunehmen, daß das Neutron den Spin $\frac{1}{2}$ besitzt und der Fermi-Dirac-Statistik genügt. Alle bekannten experimentellen Werte von Kernspin und Statistik sind mit dieser Hypothese im Einklang. Wenn das Neutron aus einem Proton und einem Elektron besteht, so schiebt andererseits diese Annahme die bei N_{14} aufgetretenen Schwierigkeiten nur dem Neutron zu.

4. Hyperfeinstruktur und Kernmoment. Viele Spektrallinien, besonders solche der schweren Elemente, zeigen eine enge Feinstruktur, deren Aufspaltung von der Größenordnung einer Wellenzahleinheit ist. Diese Aufspaltung ist bedeutend kleiner als jene der gewöhnlichen Multiplettstrukturen dieser Atome und deswegen nennt man sie Hyperfeinstruktur.

Hyperfeinstrukturaufspaltungen können zweierlei Ursachen haben:

1. eine Entartung des Grundzustandes des Atomkernes,
2. das Vorhandensein von Isotopen.

PAULI[3] gab als erster ein charakteristisches Merkmal an, mit Hilfe dessen die beiden Möglichkeiten unterschieden werden können. Hat die Aufspaltung in der Gegenwart von Isotopen ihren Grund, so gehört jede Linie eines Multipletts einer anderen Atomart an, und somit sollten die Zeemanaufspaltungen einer jeden Einzellinie für alle Feldstärken voneinander unabhängig sein. Diese durch Isotope bedingten Hyperfeinstrukturen sollen in der folgenden Ziff. 5 besprochen werden.

Wenn jedoch die Zeemankomponenten für starke Magnetfelder eine von der ursprünglichen Hyperfeinstruktur verschiedene Anordnung ergeben und bei schwachen Feldern eine gegenseitige Beeinflussung der Komponenten auftritt, so kann man sicher sein, daß die verschiedenen Hyperfeinstrukturkomponenten zu denselben Atomen gehören. Da man aus den Bandenspektren weiß, daß die Grundzustände gewisser Kerne entartet sind und eine bestimmte Multiplizität n besitzen, wird man zu dem Schluß geführt, daß diese Entartung durch die Wechselwirkung mit der Elektronenhülle aufgehoben und die Hyperfeinstrukturaufspaltung hierdurch verursacht wird. n ist dann die Maximalzahl der

---

[1] R. DE L. KRONIG, Naturwissensch. Bd. 16, S. 335. 1928. Dasselbe Verhalten zeigen andere Kerne, z. B. Isotopen von Cd, Hg, Pb; vgl. Tab. 2.

[2] W. HEITLER u. G. HERZBERG, Naturwissensch. Bd. 17, S. 673. 1929.

[3] W. PAULI, Naturwissensch. Bd. 12, S. 741. 1924.

Terme eines jeden Hyperfeinstrukturmultipletts. Leider ist bisher nur *ein* Fall bekannt, wo die aus dem Bandenspektrum abgeleitete Multiplizität mit der aus der Hyperfeinstruktur gefolgerten verglichen werden kann; es betrifft dies das Li_7, wo beide Methoden *dasselbe* Resultat[1] $i = \frac{3}{2}$ geliefert haben.

PAULI[2] hat folgende Annahmen vorgeschlagen, um eine Entartung zu erklären: Er setzt voraus, daß der Kern eine ausgezeichnete Achse hat und ein charakteristisches Drehmoment $\vec{I}\hbar$, wo

$$|I| = i$$

für den gleichen Kern immer denselben Wert besitzt und für verschiedene Kerne die Werte $0, \frac{1}{2}, 1 \ldots$ annehmen kann. $\vec{I}\hbar$ kann sich mit dem gesamten Drehmoment $\vec{J}\hbar$ der Elektronenhülle zusammensetzen und das resultierende Moment $\vec{F}\hbar$ bilden, entsprechend den Gesetzen, nach welchem sich die Vektoren $\vec{L}$ und $\vec{S}$ in der gewöhnlichen Theorie der Multiplettstruktur zusammensetzen[3]. Ferner wird angenommen, daß der Kern ein zu $\vec{I}$ paralleles magnetisches Moment vom Betrage

$$\mu = g(i) \frac{e\hbar}{2mc} i \tag{4, 1}$$

hat (m Elektronenmasse), und daß die Hyperfeinstruktur der Wechselwirkung zwischen diesem Moment und dem durch die Bahnbewegung verursachten magnetischen Felde zuzuschreiben ist. $g(i)$ kann als ein „Landéfaktor" des Kernes bezeichnet werden[3]. Es ist außer für Protonen[4] nicht möglich, theoretische Voraussagen über seinen Wert zu machen. Nach den beobachteten Aufspaltungen muß

$$g(i) \sim \frac{1}{1000}$$

sein. Das magnetische Moment des Kernes ist somit von der Größenordnung ein Tausendstel eines BOHRschen Magnetons.

Mit Hilfe dieser Annahmen ist es möglich, einige Voraussagen über die Hyperfeinstrukturen zu machen, von denen die meisten in Übereinstimmung mit der Erfahrung sind, vereinzelt jedoch ernste Schwierigkeiten auftreten.

Gemäß dieser Theorie ist die Multiplizität (das statistische Gewicht) des Grundzustandes des Kernes $2i+1$. Ein gegebener Elektronenzustand kann in diese Zahl von Komponenten jedoch nur aufspalten, wenn i kleiner ist als die Gesamt-Drehimpulsquantenzahl j des ersteren. Die Zahl der Komponenten für i größer als j beträgt $2j+1$. Um eine erste Übersicht über diesen Effekt zu geben, nehmen wir an, daß das mittlere magnetische Feld $\vec{H}$ im Zentrum des Atoms parallel zu $\vec{J}$ steht, so daß wir dafür schreiben können

$$\vec{H} = B\vec{J}. \tag{4, 2}$$

Auf die Berechnung von B kommen wir weiter unten zurück.

Die von dem magnetischen Moment des Kernes herrührende Energie wird daraufhin

$$\Delta E = (\vec{\mu} \cdot \vec{H}) = B \frac{e\hbar}{2mc} g(i) (\vec{I} \cdot \vec{J}); \tag{4, 3}$$

[1] A. HARVEY u. F. A. JENKINS, Phys. Rev. Bd. 35, S. 789. 1930 (i aus Banden bestimmt); H. SCHÜLER u. J. E. KEYSTON, ZS. f. Phys. Bd. 68, S. 174. 1931.

[2] W. PAULI, l. c.

[3] Vgl. Kap. 4 (F. HUND), Ziff. 15.

[4] Vgl. S. 803.

mit der gebräuchlichen Abkürzung

$$A = \frac{e\hbar}{2mc} g(i)\, B \tag{4, 4}$$

ergibt sich demnach

$$\Delta E = A(\vec{I} \cdot \vec{J}). \tag{4, 5}$$

Bei Abwesenheit eines äußeren magnetischen Feldes vereinigen sich $\vec{I}$ und $\vec{J}$ zu einem resultierenden Vektor $\vec{F}$, der das Gesamtdrehmoment des Atoms darstellt. Demgemäß hat man entsprechend dem gewöhnlichen Vektormodell[1]

$$(\vec{I} \cdot \vec{J}) = \tfrac{1}{2}[f(f+1) - j(j+1) - i(i+1)]. \qquad i + j \geqq f \geqq |i - j|$$

Die verschiedenen Werte von f ergeben die verschiedenen Terme des Multipletts. Wir haben somit

$$\Delta E_f = \tfrac{1}{2} A [f(f+1) - j(j+1) - i(i+1)], \tag{4, 6}$$

wo f folgende $2i + 1$ bzw. $2j + 1$ Werte annimmt:

$$i + j, \quad i + j - 1, \ldots |i - j|,$$

wie man leicht aus dem Vektormodell (Abb. 8) ersehen kann.

Dieses Gesetz scheint in Übereinstimmung mit der Erfahrung zu sein[2], soweit die *relativen* Größen der Aufspaltungen eines auf drei oder mehr Feinstrukturniveaus (i, j fest, f verschieden) beruhenden Multipletts in Frage kommen. Weiterhin stehen die aus verschiedenen Linien abgeleiteten Werte von i miteinander in Übereinstimmung. Schwierigkeiten können jedoch auftreten, wenn wir versuchen, A zu berechnen und einen Vergleich der Hyperfeinstrukturaufspaltungen verschiedener Grobstrukturterme desselben Atoms vorzunehmen. Die erhaltenen Ergebnisse deuten darauf hin, daß die Hyperfeinstrukturaufspaltung im allgemeinen tatsächlich dem skalaren Produkt zweier Vektoren zugeschrieben werden muß, von denen einer in der Richtung von $\vec{J}$ liegt und der andere mit dem Kern verbunden ist. CASIMIR[3] hat jedoch einige Resultate von SCHÜLER und JONES[4] über die Hyperfeinstrukturaufspaltung zweier optischer Linien von Hg untersucht, welche (zufällig) einen gegenseitigen Abstand von der Größenordnung der Feinstrukturverschiebung besitzen, so daß die Aufspaltung der einen Linie die der anderen beeinflußt. CASIMIR findet, daß die beobachtete Aufspaltung hier nicht nach dem Vektormodell erklärt werden kann.

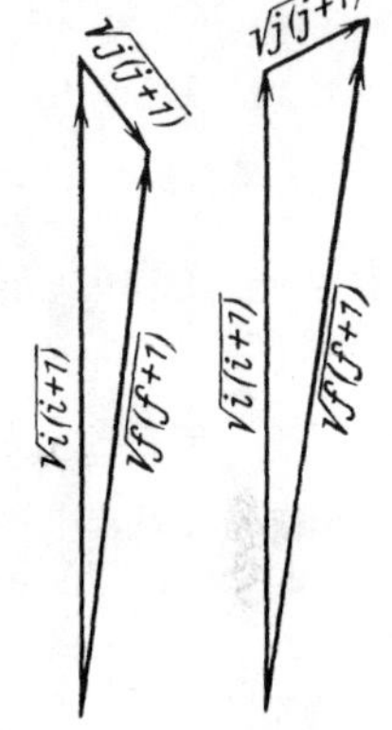

Abb. 8. Vektorielle Zusammensetzung von i, j und f.

Der Zeemaneffekt von Linien, welche Hyperfeinstruktur zeigen, kann nach dem Vektormodell in ähnlicher Weise erklärt werden. Ist das magnetische Feld so stark, daß es eine größere Aufspaltung als jene der Feinstruktur verursacht, so tritt eine dem Paschen-Back-Effekt analoge Erscheinung auf. Das magnetische Feld zerstört die Koppelung zwischen $\vec{I}$ und $\vec{J}$ und beide Vektoren stellen sich

[1] Vgl. z. B. L. PAULING u. S. GOUDSMIT, The Structure of Line Spectra, Kap. V. McGraw Hill Book Co. 1930.

[2] Vgl. z. B. H. KALLMANN u. H. SCHÜLER, Ergebn. d. exakt. Naturwissensch. Bd. 11, S. 134. 1932.

[3] H. CASIMIR, ZS. f. Phys. Bd. 77, S. 811. 1932.

[4] H. SCHÜLER u. E. G. JONES, ZS. f. Phys. Bd. 77, S. 801. 1932.

unabhängig voneinander nach dem magnetischen Felde ein. Sei $m_i\hbar$ die Komponente von $\vec{I}$ in der Richtung des magnetischen Feldes H und $m_j\hbar$ die entsprechende Komponente von $\vec{J}$, wie in Abb. 9 dargestellt. Bedeutet g den Landéfaktor für das Atom, so beträgt die von dem magnetischen Felde herrührende Zusatzenergie

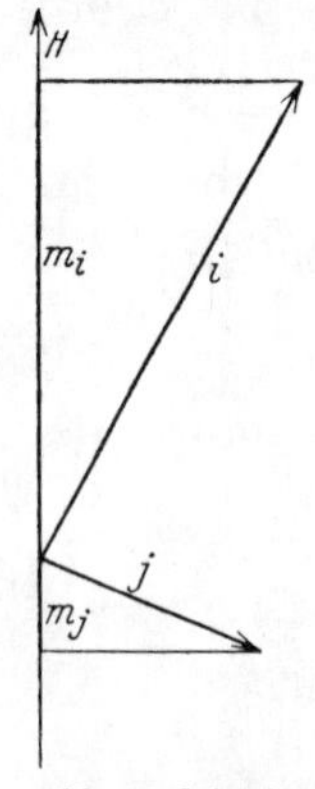

Abb. 9. Orientierung von i und j im starken Magnetfeld.

$$\Delta E_H = \frac{e\hbar}{2mc} H\{m_i g(i) + m_j g\}.$$

Da jedoch $g \gg g(i)$, so ist der erste Term in der Klammer vernachlässigbar, und die von dem magnetischen Felde herrührende Energie wird

$$\Delta E_H \sim \frac{e\hbar}{2mc} H m_j g, \tag{4, 7}$$

wie im Normalfall ohne Hyperfeinstruktur. Die Wechselwirkungsenergie zwischen $\vec{I}$ und $\vec{J}$, welche die Hyperfeinstrukturaufspaltung jeder Zeemankomponente verursacht, ist jedoch verschieden von der, die ohne Feld vorhanden wäre, entsprechend der neuen Orientierung von $\vec{I}$ und $\vec{J}$. Sie beträgt

$$A\overline{(\vec{I}\cdot\vec{J})},$$

wo der Strich eine Zeitmittelbildung bedeutet; der Winkel zwischen $\vec{I}$ und $\vec{J}$ ist nämlich nicht mehr konstant, da $\vec{J}$ um H ungefähr 1000mal schneller als $\vec{I}$ rotiert. Der Mittelwert von $(\vec{I}\cdot\vec{J})$ ist

$$\overline{i\,j\cos(\vec{I}\cdot\vec{J})} = i\,j\cos(\vec{I}\cdot\vec{H})\cos(\vec{J}\cdot\vec{H}) = m_i m_j.$$

Die vollständige Formel für die Aufspaltung in einem magnetischen Felde lautet demnach

$$\Delta E_H = \frac{e\hbar}{2mc} H m_j g + A m_i m_j. \tag{4, 8}$$

Entsprechend der Kleinheit der Kernspinkräfte ist für jeden Übergang $\Delta m_i = 0$. Jede Spektrallinie spaltet somit in $2i+1$ äquidistante Komponenten auf, deren Trennung durch die Differenz der Produkte $A m_j$ für den Anfangs- und Endzustand gegeben ist. Da A für jede Linie aus der Hyperfeinstruktur *ohne* Magnetfeld bestimmt werden kann, ist es möglich, die Hyperfeinstruktur der Zeemankomponenten für jede Linie aus der Hyperfeinstruktur der ungestörten Linie quantitativ vorauszusagen. Die erhaltenen Ergebnisse befinden sich mit dem Experiment in vollständiger Übereinstimmung[1].

Diese Erfolge zeigen, daß wir mit der Beschreibung der Feinstrukturaufspaltung durch magnetische Wechselwirkung zwischen dem Kern und der Elektronenhülle auf dem richtigen Wege sind. Die Berechnung der absoluten Größe der Aufspaltung führt jedoch zu Schwierigkeiten. Das Hauptproblem ist die Bestimmung von H, der magnetischen Feldstärke im Mittelpunkt des Atoms. Nach dem Vektormodell wird A gemäß (4, 2) und (4, 4) durch

$$A = \frac{e\hbar}{2mc} g(i) \frac{H}{j} \tag{4, 9}$$

bestimmt.

---

[1] Vgl. H. KALLMANN u. H. SCHÜLER, l. c.

Fermi[1] hat das „Einelektronenproblem" (Alkaliatome) behandelt, indem er von der Quantenmechanik anstatt von dem Vektormodell ausgeht. Er beschränkt sich dabei auf S- und P-Terme. Für den Kern nimmt er ein magnetisches Moment vom Betrage μ an, dessen Komponenten $\boldsymbol{m}_x$, $\boldsymbol{m}_y$, $\boldsymbol{m}_z$ q-Zahlen von dem Typus sind, wie sie von Pauli in die Theorie des Elektronspins eingeführt wurden[2], und die den Relationen

$$\boldsymbol{m}_y \boldsymbol{m}_z - \boldsymbol{m}_z \boldsymbol{m}_y = \sqrt{-1}\, \frac{\mu}{i}\, \boldsymbol{m}_x \quad \text{usw.}$$

genügen, so daß das Vektorpotential für das magnetische Feld des Kernes

$$\vec{\mathfrak{A}} = \frac{1}{r^3} [\vec{\boldsymbol{m}} \cdot \vec{r}]$$

ist. Er behandelt dann die Bewegung des Elektrons in dem Felde eines solchen Kernes mit Hilfe der Diracschen relativistischen Gleichung. Die wegen des magnetischen Momentes hinzuzufügende Wechselwirkungsenergie ist

$$e(\vec{\boldsymbol{S}} \cdot \vec{\mathfrak{A}}),$$

wo $\vec{\boldsymbol{S}}$ den von Dirac[3] eingeführten Vektor darstellt:

$$\boldsymbol{S}_x = \begin{vmatrix} 0 & 0 & 0 & 1 \\ 0 & 0 & 1 & 0 \\ 0 & 1 & 0 & 0 \\ 1 & 0 & 0 & 0 \end{vmatrix}, \qquad \boldsymbol{S}_y = \begin{vmatrix} 0 & 0 & 0 & -i \\ 0 & 0 & i & 0 \\ 0 & -i & 0 & 0 \\ i & 0 & 0 & 0 \end{vmatrix}, \qquad \boldsymbol{S}_z = \begin{vmatrix} 0 & 0 & 1 & 0 \\ 0 & 0 & 0 & -1 \\ 1 & 0 & 0 & 0 \\ 0 & -1 & 0 & 0 \end{vmatrix}.$$

Diese Wechselwirkungsenergie wird als kleine Störung betrachtet und die Aufspaltung der entarteten Lösungen der Diracschen Gleichung berechnet. Als ungestörte Lösungen nimmt Fermi für die vier Komponenten der Diracschen Wellenfunktion ψ_1, ψ_2, ψ_3, ψ_4 näherungsweise:

$$\psi_1 = \frac{i\hbar}{2mc}\left\{\left(\frac{\partial}{\partial x} - i\frac{\partial}{\partial y}\right)\psi_4 + \frac{\partial}{\partial z}\psi_3\right\}, \qquad \psi_3 = c\psi,$$

$$\psi_2 = \frac{i\hbar}{2mc}\left\{\left(\frac{\partial}{\partial x} + i\frac{\partial}{\partial y}\right)\psi_3 - \frac{\partial}{\partial z}\psi_4\right\}, \qquad \psi_4 = c'\psi,$$

wo ψ eine Lösung der nichtrelativistischen Schrödingerschen Gleichung ist und c, c' Konstante sind. In Fermis Methode wird somit der Spin berücksichtigt, aber nicht der relativistische Korrektionsterm. Der Vorteil der Benutzung der Diracschen Gleichung liegt darin, daß man in unzweideutiger Weise sieht, wie der Spin berücksichtigt werden muß.

Für die Terme $P_{\frac{1}{2}}$ und $P_{\frac{3}{2}}$ bestätigt diese Berechnung das mittels des Vektormodells erhaltene Resultat (4, 6). Für einen einzigen S-Term kann natürlich kein Vergleich zwischen Theorie und Experiment angestellt werden, da in diesen Fällen nur ein Intervall vorkommt. Aus der beobachteten Aufspaltung kann nur $g(i)$ berechnet werden. Für S-Terme ist die erhaltene Aufspaltung

$$\Delta E = \frac{8\pi}{3}\,\frac{2i+1}{i}\left(\frac{e\hbar}{2mc}\right)^2 g(i)\,\{\psi(0)\}^2, \tag{4, 10}$$

[1] E. Fermi, ZS. f. Phys. Bd. 60, S. 320. 1930.
[2] Vgl. Kap. 2 (W. Pauli), Ziff. 13.
[3] P. A. M. Dirac, Proc. Roy. Soc. London (A) Bd. 117, S. 351. 1928.

wo $\psi(0)$ der Wert der SCHRÖDINGERschen Wellenfunktion des S-Elektrons im Ursprung ist und nach der HARTREE- oder THOMAS-FERMIschen Methode berechnet werden kann[1]. Für $^2P_{\frac{1}{2}}$-Terme ist die Aufspaltung nach FERMI

$$\Delta E = \frac{32}{3}\left(\frac{e\hbar}{2mc}\right)^2 g(i) \int \frac{1}{r^3} |\psi(r)|^2 \, d\tau \,. \tag{4, 11}$$

Das Integral kann aus der Aufspaltung δ der beiden Terme des P-Dubletts erhalten werden, denn es gilt angenähert[2]

$$\int \frac{1}{r^3} |\psi(r)|^2 \, d\tau = \frac{\delta}{3Z}\left(\frac{2mc}{e\hbar}\right)^2 .$$

Leider ist die vorausgesetzte Trennung der P-Terme bei den Alkalien außerordentlich klein, da in einem Einelektronenatom die Elektronendichte in der Nähe des Kernes klein wird. Es ist somit nicht möglich, einen Vergleich zwischen den berechneten Werten von $g(i)$ für S- und P-Terme anzustellen. Für zwei oder mehr Elektronen kann die Aufspaltung beträchtlich sein, wenn die Konfiguration eine teilweise eindringende s-Bahn enthält. $g(i)$ kann dann für dasselbe Element aus dem S- und P-Termen berechnet und verglichen werden.

Die aus den verschiedenen Linien desselben Elementes erhaltenen Daten sind jedoch keineswegs in guter Übereinstimmung. So findet RACAH[3] für Thallium

Term	$g(i)$
$^2P_{\frac{1}{2}}$	1/460
$^2P_{1\frac{1}{2}}$	1/1875
$^2S_{\frac{1}{2}}$	1/1850

RACAH hat hierbei für die eindringende s-Bahn in der Nähe des Kernes die Relativitätskorrektion berücksichtigt, deren Notwendigkeit von BREIT hervorgehoben worden ist[4].

Es ist natürlich außerordentlich schwierig, zuverlässige Abschätzungen über die Wellenfunktionen dieser komplizierten Atome anzustellen, und es ist möglich, daß der Fehler daher in den berechneten Werten des magnetischen Feldes für das Atomzentrum gelegen ist. Es wäre jedoch auch möglich, daß die Wechselwirkung zwischen einem magnetischen Felde und einem kleinen Kernmagneten durch die bisherige Theorie nicht richtig wiedergegeben wird[5]. Diese Möglichkeit ist vereinbar mit der Geltung der Intervallregel (4, 6), bei welcher angenommen wird, daß die Aufspaltung der Wechselwirkung zweier Vektoren zuzuschreiben ist.

Li_7^+ ist von GÜTTINGER und PAULI[6], sowie von BREIT und DOERMAN[7] theoretisch untersucht worden. Hier ist die Hyperfeinstrukturaufspaltung von derselben Größenordnung wie die gewöhnliche Multiplettaufspaltung und das Problem kann daher nicht als Einelektronenproblem behandelt werden. Man hat hier aber überhaupt nur zwei Elektronen und kann daher das Problem

[1] Vgl. Kap. 4 (F. HUND), Ziff. 20.
[2] Vgl. E. FERMI, l. c. Gleichung (7).
[3] G. RACAH, Nuovo Cimento Bd. 8, Nr. 5. 1931; ZS. f. Phys. Bd. 71, S. 431. 1931.
[4] G. BREIT, Phys. Rev. Bd. 35, S. 1447. 1930.
[5] Vgl. S. GOUDSMIT, Phys. Rev. Bd. 37, S. 1014. 1931.
[6] P. GÜTTINGER, ZS. f. Phys. Bd. 64, S. 749. 1930; P. GÜTTINGER u. W. PAULI, ebenda Bd. 67, S. 743. 1931.
[7] G. BREIT u. F. W. DOERMAN, Phys. Rev. Bd. 36, S. 1262, 1732. 1930.

verhältnismäßig genau durchrechnen. Die Aufspaltung des $2\,S$-Terms ergibt für $g(i)$

nach Breit und Doerman $g(i) = 2{,}13/1838$,

nach Güttinger und Pauli $g(i) = 2{,}31/1838$.

Die Werte von $g(i)$ für verschiedene Isotope desselben Elements bzw. deren Kernmomente können verglichen werden, wenn sowohl eine Isotopenverschiebung als auch eine magnetische Aufspaltung beobachtbar ist, da die Elektronenkonfiguration für jedes Isotop dieselbe sein muß. Für eine gegebene Linie muß A nach (4, 4) proportional zu $g(i)$ sein. So finden Schüler und Jones[1] für das Verhältnis der Kernmomente von Hg_{199} und Hg_{201}

$$\mu_{199} : \mu_{201} \sim 0{,}9\,,$$

wobei das magnetische Moment des Kernes durch $\mu = i\,g(i)$ Bohrsche Magnetonen bestimmt ist. Die Werte von i sind hier $\frac{1}{2}$, $\frac{3}{2}$. Die Zahl 0,9 ist durch Vergleich von zehn Linien jedes einzelnen Isotops erhalten; die Resultate stimmen bis auf 5% überein.

Ist die Diracgleichung auch auf das Proton anwendbar, so sollte dieses ein magnetisches Moment $e\hbar/2Mc$ haben, wo M die Masse des Protons ist $(= 1838\,m)$. Dies liefert

$$g(i) = \frac{2}{1838}\,.$$

Es gibt noch keinen direkten experimentellen Beweis für die Richtigkeit dieses Wertes[2]; jedoch sei erwähnt, daß zwei von den oben gegebenen Daten für Thallium innerhalb der experimentellen Fehlergrenze mit $g(i) = 1/1838$ übereinstimmen. Auf jeden Fall ist sicher, daß kein Kern ein magnetisches Moment von der Größenordnung eines Bohrschen Magnetons besitzt, so daß das Elektron sein magnetisches Moment im Kern verlieren muß. Dies ist nicht überraschend, da ein Elektron im Felde der Ladung Ze in seinem Grundzustand nach der Diracschen Theorie bereits einen Teil seines magnetischen Momentes verliert; das restliche Moment ist[3]

$$\frac{1}{3}\left[1 + 2(1-\gamma^2)^{\frac{1}{2}}\right]\frac{e\hbar}{2mc}\,, \qquad \gamma = \frac{Ze^2}{\hbar c}\,.$$

Es ist daher nicht erstaunlich, daß für die viel stärkeren Felder, wie sie in einem Kern existieren, das magnetische Moment ganz verschwindet. Wir bemerken, daß viele Elemente mit einer geraden Anzahl von Kernbausteinen nichtsdestoweniger einen unganzzahligen Wert von i besitzen. Es scheint, daß Elemente mit geradem Atomgewicht für i ein gerades Vielfaches von $\frac{1}{2}$, solche mit ungeradem Atomgewicht für i ein ungerades Vielfaches von $\frac{1}{2}$ haben. Das Elektron scheint somit auch sein mechanisches Moment im Kern zu verlieren, wie bereits in Ziff. 3 hervorgehoben worden ist. Sind die Kerne nur aus Neutronen und Protonen aufgebaut (Ziff. 2), so scheint demnach dem Neutron der Spin $\frac{1}{2}\hbar$ zuzukommen.

Die bisher bestimmten Kernmomente sind in Tabelle 2 zusammengestellt[4].

[1] H. Schüler u. E. G. Jones, ZS. f. Phys. Bd. 74, S. 631. 1932.

[2] Auf der Leipziger magnetischen Tagung (10. 2. 1933) hat O. Stern über vorläufige Ergebnisse von Molekularstrahlversuchen an H_2 berichtet, wonach dem Proton ein zwei- bis dreimal größerer Wert zuzukommen scheint.

[3] Vgl. G. Breit, Nature Bd. 122, S. 649. 1928.

[4] Soweit kein besonderes Zitat angegeben ist, sind die Daten entnommen dem Bericht von H. Kallmann u. H. Schüler, Ergebn. d. exakt. Naturwissensch. Bd. 11, S. 156. 1932.

Tabelle 2.

Ordnungszahl	Element	Atommasse	Kernmoment i	Statistik	Ordnungszahl	Element	Atommasse	Kernmoment i
1	H	1	$\frac{1}{2}$	$F-D$	48	Cd	111, 113	$\frac{1}{2}$
2	He	4	0	$E-B$		Cd	110, 112, 114, 116	0
3	Li	6	0		49	In	115	$\frac{9}{2}$ ††
	Li	7	$\frac{3}{2}$	$F-D$*	51	Sb	121, 123	$\frac{3}{2}$?
6	C	12	0	$E-B$**	53	J	127	$\frac{9}{2}$
7	N	14	1	$E-B$	55	Cs	133	$\frac{7}{2}$?
8	O	16	0	$E-B$	56	Ba	137	$\frac{3}{2}$?
9	F	19	$\frac{1}{2}$			Ba	136, 138	0
11	Na	23	$\frac{5}{2}$, ($\frac{3}{2}$?)		57	La	139	$\frac{5}{2}$
15	P	31	$\frac{1}{2}$		59	Pr	141	$\frac{5}{2}$
16	S	32	0	$E-B$***	75	Re	187, 189	$\frac{5}{2}$
17	Cl	35	$\frac{5}{2}$		79	Au	197	$\frac{3}{2}$?
19	K	39	$>\frac{1}{2}$	†	80	Hg	199	$\frac{1}{2}$
25	Mn	55	$\frac{5}{2}$			Hg	201	$\frac{3}{2}$
29	Cu	63, 65	$\frac{3}{2}$			Hg	198, 200, 202, 204	0
31	Ga	69, 71	$\frac{3}{2}$		81	Tl	203, 205	$\frac{1}{2}$
33	As	75	$\frac{3}{2}$		82	Pb	207	$\frac{1}{2}$
35	Br	79, 81	$\frac{3}{2}$			Pb	204, 206, 208	0
37	Rb	85	$\frac{3}{2}$?	†††	83	Bi	209	$\frac{9}{2}$

5. Hyperfeinstruktur und Isotopie. Bei den durch verschiedene Isotope bewirkten Hyperfeinstrukturen[1] kommen für die Deutung der Aufspaltungen zwei Faktoren in Betracht:

α) Der Korrektionsterm für die Rotation des Kerns um das mit der Elektronenhülle gemeinsame Gravitationszentrum. Dies ist nur für leichte Kerne von Belang, kann nur Aufschluß über die Masse des Kernes geben und möge daher im folgenden nicht weiter berücksichtigt werden[2]. Für schwere Kerne ist dieser Effekt zu klein um beobachtet werden zu können.

β) Die Möglichkeit, daß das Leuchtelektron vorübergehend in das Kerninnere eindringt, bei Isotopen mit verschiedenen Feldern *innerhalb* des Kernes demnach verschieden starke Wechselwirkungen zustande kommen. Die dieser Ursache zuzuschreibenden Hyperfeinstrukturaufspaltungen bedeuten gegenwärtig das einzige Hilfsmittel zur Erforschung der Wechselwirkung zwischen Elektronen und Kernen ohne Spin, d. h. Kernen mit nichtentartetem Grundzustand. Von verschiedenen Seiten[3] wurden Berechnungen angestellt um zu entscheiden, ob die beobachteten Linienverschiebungen durch diese Hypothese erklärt werden können.

---

* H. Schüler (ZS. f. Phys. Bd. 66, S. 431. 1930 [Hfs]; L. P. Granath, Phys. Rev. Bd. 30, S. 1018. 1930) hat diese Resultate aus der $^3P_1 - {}^3S$-Linie der Li^+ bestätigt. W. R. van Wiuk u. A. J. van Koeveringe (Proc. Roy. Soc. London [A] Bd. 132, S. 193. 1931) sowie A. Harvey und F. A. Jenkins (Phys. Rev. Bd. 35, S. 789. 1930) haben dasselbe Resultat aus Banden erhalten.

** W. H. S. Childs u. R. Mecke, ZS. f. Phys. Bd. 64, S. 162. 1930 (aus C_2H_2-Banden).

*** S. M. Naudé u. A. Christy, Phys. Rev. Bd. 37, S. 490 u. 903. 1931 (aus Banden in S_2).

† F. W. Loomis u. R. E. Nusbaum, Phys. Rev. Bd. 39, S. 189. 1932 (Banden).

†† D. A. Jackson, ZS. f. Phys. Bd. 80, S. 59. 1933 (Hfs).

††† D. A. Jackson, Proc. Roy. Soc. London (A) Bd. 139, S. 673. 1933.

[1] Der erste Fall reiner Isotopen-Hyperfeinstrukturen (Ne) wurde von G. Hansen, Naturwissensch. Bd. 15, S. 163. 1927, untersucht.

[2] Vgl. Kap. 3 (H. Bethe), Ziff. 21.

[3] J. H. Bartlett, Nature Bd. 128, S. 408. 1931; G. Racah, ebenda Bd. 129, S. 423. 1932; G. Breit, Phys. Rev. Bd. 42, S. 348. 1932.

Für das elektrische Feld des Kernes wird dabei der Ansatz benutzt

$$\left.\begin{aligned} V(r) &= -Z e^2/r\,, & r &> r_0\,, \\ &= -Z e^2/r_0\,, & r &< r_0\,. \end{aligned}\right\} \qquad (5,1)$$

Der Radius r_0 des Kernes wird von der Größenordnung 10^{-12} cm vorausgesetzt und die Differenz Δr_0 der Kernradien zweier Isotope zu

$$\frac{\Delta r_0}{r_0} \sim \frac{\Delta M}{M} \sim 1\,\%$$

angenommen.

Die durch die Abweichungen vom COULOMBschen Gesetze bedingten Verschiebungen der Energieniveaus eines s-Elektrons sind dann gegeben durch

$$\Delta E = \int\limits_0^{r_0} \left(\frac{Z e^2}{r} - \frac{Z e^2}{r_0}\right) |\psi(r)|^2\, 4\pi r^2\, dr\,, \qquad (5,2)$$

wo ψ die Wellenfunktion des Elektrons bedeutet. Es ist jedoch sehr schwierig, (5, 2) in der Nähe des Atommittelpunkts bis auf einen Faktor 100 abzuschätzen wegen der Ungewißheit der Elektronenkonfigurationen der in Betracht kommenden komplizierten Atome (Hg, Pb, Tl). RACAH[1] erhält für die Verschiebung einen mehr als 100fach größeren Wert wie den beobachteten, indem er die aus der DIRACschen relativistischen Wellengleichung abgeleiteten Funktionen benutzt. Andererseits schließt BREIT[2], daß RACAHs Werte für die Wahrscheinlichkeit, ein Elektron in der Nähe des Kernes zu finden, zu groß sind, und daß die Theorie Resultate von derselben Größenordnung liefert wie die Beobachtungen. Es ist somit wahrscheinlich gerechtfertigt, anzunehmen, daß die potentielle Energie eines in der Nähe des Kernes befindlichen Elektrons jedenfalls *nicht größer* ist als die durch (5, 1) gegebene potentielle Energie.

B. Die radioaktiven Atomkerne.

6. Quantenmechanische Erklärung des α-Zerfalls. Angenommen, ein Kern mit N α-Partikeln habe die Energie $E(N)$, ein ähnlicher Kern mit $N-1$ α-Partikeln, aber der gleichen Anzahl von freien[3] Protonen und Elektronen, habe die Energie $E(N-1)$; dann ist nach den Prinzipien der Quantenmechanik, wie wir bereits in Ziff. 2 gesehen haben, im Falle

$$E(N-1) < E(N)$$

der Kern mit N α-Partikeln *unstabil*, und es besteht eine bestimmte Wahrscheinlichkeit λ dafür, daß der Kern in der Zeiteinheit unter Aussendung einer α-Partikel mit der Energie $E(N) - E(N-1)$ zerfällt. Die Größe λ wird Zerfallskonstante genannt und hat Werte, die erfahrungsgemäß zwischen $10^{-18}\,\text{sec}^{-1}$ (U_I)* und $10^{11}\,\text{sec}^{-1}$ [Th C′ (ber.)] gelegen sind. GAMOW[4] und gleichzeitig GURNEY und CONDON[5] haben gezeigt, daß zu einer Berechnung von λ nur die folgenden Annahmen notwendig sind:

1. Die α-Partikel, welche den Kern aufbauen, befinden sich innerhalb eines Gebietes vom Radius r_0 ($\sim 10^{-12}$ cm).

---

[1] G. RACAH, l. c. [2] G. BREIT, l. c.

[3] D. h. nicht in α-Partikeln gebunden.

* *Nachtrag bei der Korr.:* Für die kürzlich festgestellte α-Aktivität des Sm berechnet sich nach den Angaben von G. HEVESY und M. PAHL (Nature Bd. 131, S. 434. 1933) $\lambda \sim 2 \cdot 10^{-20}\,\text{sec}^{-1}$.

[4] G. GAMOW, ZS. f. Phys. Bd. 51, S. 204. 1928.

[5] R. W. GURNEY u. C. U. CONDON, Nature Bd. 122, S. 439. 1928.

2. Für größere Abstände vom Kernzentrum als r_0 wird das Verhalten eines α-Teilchens durch eine Wellenfunktion ψ bestimmt, welche der SCHRÖDINGERschen Gleichung für eine geladene Partikel in einem Coulombfelde genügt.

Der so bestimmte Wert von λ ist eine Funktion der Atomnummer, der Energie der emittierten α-Teilchen und von r_0. λ ist mit r_0 nur wenig veränderlich; aus den beobachteten λ-Daten kann r_0 berechnet werden, wobei die erhaltenen Werte sämtlich zwischen $6 \cdot 10^{-13}$ cm und $9{,}5 \cdot 10^{-13}$ cm gelegen sind. Andererseits ist die Abhängigkeit von der Zerfallsenergie enorm und gibt zu dem beobachteten sehr großen Bereich von λ Anlaß.

Die Theorie von GAMOW und von GURNEY und CONDON kann folgendermaßen skizziert werden: jede individuelle α-Partikel soll sich in einem Felde bewegen von der in Abb. 10 gezeichneten Beschaffenheit. Die Abszissen stellen den Abstand des α-Teilchens vom Kern dar, die Ordinaten die zugehörigen Werte seiner potentiellen Energie $V(r)$. Für $r > r_0$ haben wir

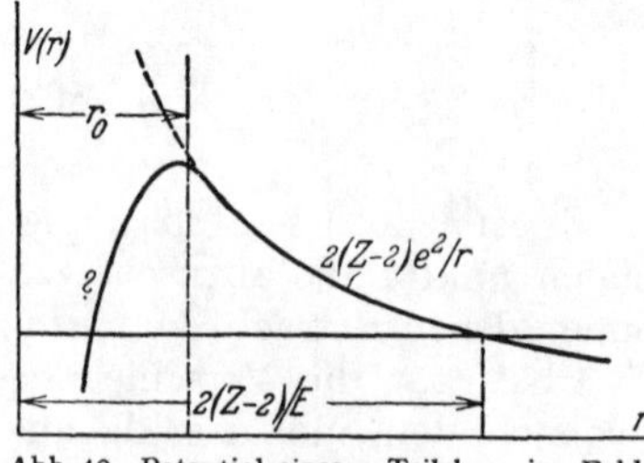

Abb. 10. Potential eines α-Teilchens im Feld eines Atomkernes.

$$V(r) = 2 Z e^2/r. \tag{6, 1}$$

Für $r < r_0$ ist die Potentialfunktion völlig unbekannt, doch ist es unnötig, irgendwelche Annahmen über ihren wirklichen Verlauf einzuführen.

Die α-Partikel mögen im Kern als hin und her oszillierend betrachtet werden; wir nehmen an, daß sie die „Wand" des Kernes n mal pro Sekunde treffen. Bei jedem „Zusammenstoß" besteht eine gewisse Wahrscheinlichkeit p dafür, daß das Teilchen durch die Wand des Potentialberges hindurchdringt und entweicht. Die Zerfallskonstante ist dann gegeben durch

$$\lambda = n p. \tag{6, 2}$$

Für n können wir größenordnungsmäßig die Geschwindigkeit der α-Partikel dividiert durch $2 r_0$ nehmen; man kann diese Geschwindigkeit abschätzen, indem man die de Broglie-Wellenlänge h/mv gleich $2 r_0$ setzt. Dies gibt einen Wert v, vergleichbar mit der Geschwindigkeit, mit der das α-Teilchen schließlich ausgesendet wird. Mit $\hbar = h/2\pi$ erhalten wir

$$n = \pi \hbar / 2 m r_0^2. \tag{6, 3}$$

Der genaue Wert von n ist von geringer Bedeutung, da der Einfluß des Durchlässigkeitskoeffizienten p sehr viel größer ist.

p kann folgendermaßen berechnet werden. Wir suchen eine Lösung der SCHRÖDINGERschen Gleichung

$$\frac{d^2\psi}{dr^2} + \frac{2m}{\hbar^2}\left(E - \frac{2(Z-2)e^2}{r}\right)\psi = 0, \tag{6, 4}$$

welche zwischen $r = r_0$ und $r = 2(Z-2)e^2/E$ exponentiell abnimmt. Ist ψ_0 der Wert für $r = r_0$ und ψ_1 für $r = 2(Z-2)e^2/E$, so wird

$$p = |\psi_1/\psi_0|^2. \tag{6, 5}$$

Löst man (6, 4) durch ein Approximationsverfahren[1], welches für große Z gültig ist, so findet man, daß

$$p = \exp\left[-2\int\limits_{r_0}^{2(Z-2)e^2/E}\left\{\frac{2m}{\hbar^2}\left(E - \frac{2(Z-2)e^2}{r}\right)\right\}^{\frac{1}{2}} dr\right],$$

$$= \exp\left[-\frac{4e^2}{\hbar}\,\frac{(Z-2)}{v_e}\,(2u_0 - \sin 2u_0)\right],$$

[1] Vgl. dies. Handb. Kap. 2, A (W. PAULI), Ziff. 12.

wo $$\cos^2 u_0 = r_0 E/2(Z-2)e^2.$$

Wenn man den Ausdruck in der eckigen Klammer nach steigenden Potenzen von $r_0 E/2(Z-2)e^2$ entwickelt und nach dem zweiten Term abbricht, so bekommt man den folgenden bequemen Ausdruck für p:

$$p = \exp\left[-\frac{4\pi e^2(Z-2)}{\hbar v_e} + \frac{8 e m^{\frac{1}{2}}}{\hbar}(Z-2)^{\frac{1}{2}} r_0^{\frac{1}{2}}\right]. \qquad (6,6)$$

Hierin bedeutet m die Masse der α-Partikel und v_e ihre „effektive" Geschwindigkeit bei Berücksichtigung des Kernrückstoßes, nämlich

$$v_e = \left(1 + \frac{m}{M}\right)v,$$

wo v die wirkliche Geschwindigkeit des Teilchens und M die Masse des Kernes nach dem Zerfall ist.

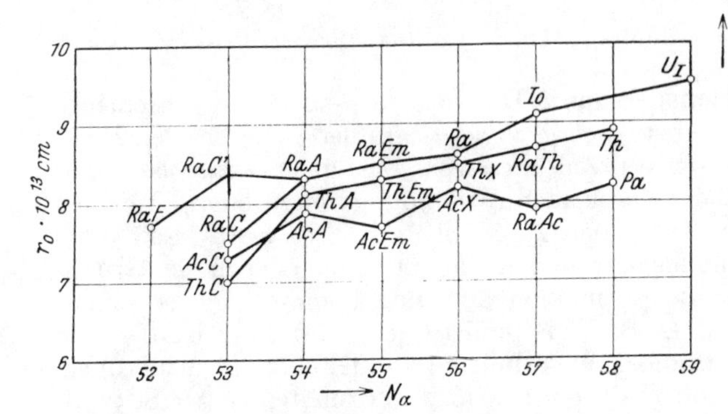

Abb. 11. Radien der radioaktiven Kerne. Der Radius für RaC' ist für $4 < \log_{10}\lambda < 5$ berechnet. Die Zerfallskonstante für U_{II} ist nicht bekannt. (Im wesentlichen nach GAMOW, Bau des Atomkerns. Leipzig 1932.)

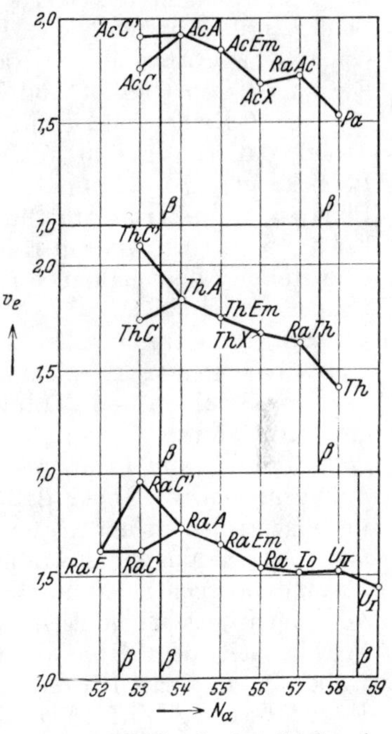

Abb. 12. Effektive Geschwindigkeiten der α-Teilchen der radioaktiven Elemente.

Für die Zerfallskonstante λ folgt aus (6, 2), (6, 3) und (6, 6)

$$\log_e \lambda = \log_e \frac{\pi\hbar}{2 m r_0^2} - \frac{4\pi e^2(Z-2)}{\hbar v_e} + \frac{8 e m^{\frac{1}{2}}}{\hbar}(Z-2)^{\frac{1}{2}} r_0^{\frac{1}{2}}. \qquad (6,7)$$

Einsetzen der numerischen Werte ergibt

$$\log_{10}\lambda = 20{,}46 - 1{,}191 \cdot 10^9 \frac{Z-2}{v_e} + 4{,}084 \cdot 10^6 \sqrt{r_0(Z-2)}, \qquad (6,8)$$

wo λ in $\sec^{-1}$ gemessen ist.

Der Ausdruck $4\pi e^2(Z-2)/\hbar v_e$ wird numerisch größer als 1 und bedingt dadurch den großen Bereich der beobachteten Zerfallskonstanten.

Die Theorie des radioaktiven Zerfalls ist von verschiedenen Autoren auf mannigfache Art durchgeführt worden[1]. Die hier gegebene Methode ist zuerst durch M. v. LAUE[2] entwickelt worden.

Aus den experimentellen Werten von λ und v_e kann nach der Formel (6, 8) für jeden radioaktiven Kern r_0 berechnet werden. Die Resultate sind in Abb. 11

[1] Vgl. den Artikel von F. G. HOUTERMANS (Ergebn. d. exakt. Naturwissensch. Bd. 9, S. 123. 1930), wo die verschiedenen Methoden besprochen sind.

[2] M. v. LAUE, ZS. f. Phys. Bd. 52, S. 726. 1928.

dargestellt, wo r_0 gegen die Anzahl N_α der α-Partikel im Kern aufgetragen ist. Für die C-Elemente, wo Verzweigung stattfindet und wo die α-Strahlen Feinstruktur zeigen, ist der „Kernradius" r_0 jeweils aus der Energie der intensivsten Gruppe berechnet, welche nicht die schnellste ist. Es sei bemerkt, daß, abgesehen vom Ende jeder Reihe, wo Verzweigung auftritt, r_0 eine merklich stetige Funktion von N_α ist, die von Z unabhängig sein muß, weil z. B. eine Entfernung der β-Partikel von U_I, Th keinen Einfluß auf die Änderung von r_0 hat.

Die beobachteten Werte von v_e sind in Abb. 12 wiedergegeben. In den Bereichen der Uranium- und Thoriumreihe, wo keine β-Zerfälle stattfinden, d. h. von U_{II} bis RaA und von RaTh bis ThA, ist v_e eine glatte Funktion von N_α. Die zuerst von GEIGER und NUTTALL[1] bemerkte Tatsache, daß $\log\lambda$ für die U- und Th-Reihe eine ziemlich glatte Funktion der Zerfallsenergie E ist, beruht darauf, daß alle drei in (6, 8) auftretenden Größen v_e, r_0, Z innerhalb dieser Bereiche glatte Funktionen von N_α sind. Der Umstand dagegen, daß in den Punkten, wo β-Zerfall stattfindet, der Sprung in Z durch die Abweichung des E bzw. v_e von einer glatten Kurve gerade ausgeglichen wird, $\log\lambda$ somit auch hier eine stetige Abhängigkeit von E zeigt, hat gegenwärtig noch keine theoretische Erklärung gefunden.

Für die Actiniumreihe ist E keine glatte Funktion von N_α; in dieser Reihe treten bedeutende Abweichungen auf.

7. γ-Strahlen und β-Linienspektrum. Die meisten β-strahlenden Elemente emittieren starke γ-Strahlung, aber auch gewisse α-Strahler. Wie bei den Elektronenhüllen kann Lichtemission nur von *angeregten* Zuständen ausgehen. Man muß demnach annehmen, daß die Kerne nach Aussendung von α- oder β-Teilchen im allgemeinen in angeregten Zuständen zurückbleiben. Der Kern kann dann unter Aussendung eines Strahlungsquantums in einen tieferen oder in den Grundzustand übergehen, wodurch die γ-Emission zustande kommt. Die scheinbar von einem gegebenen Element (z. B. ThB) emittierte γ-Strahlung ist dann in Wirklichkeit dem Kern des radioaktiven Folgeproduktes (ThC) zuzuordnen, wobei die γ-Quanten bereits innerhalb eines winzigen Bruchteils einer Sekunde ($\sim 10^{-13}$ sec, vgl. Ziff. 12) nach dessen Entstehung ausgestrahlt werden. Es ist daher jetzt gebräuchlich, die Strahlung des ThB mit ThBC zu bezeichnen; die Strahlen werden in Wirklichkeit von dem zweitgenannten Kern emittiert.

Wie bereits erwähnt, kann ein im angeregten Zustand befindlicher Kern durch Emission von γ-Strahlen in den Grundzustand zurückkehren. Er kann außerdem auf strahlungslosem Wege in den Grundzustand zurückfallen[2], indem er seine Energie an ein Elektron der äußeren Elektronenhülle abgibt, wodurch dieses herausgeschleudert wird. Es hat sich in diesem Fall eingebürgert zu sagen, der γ-Strahl ist absorbiert oder umgewandelt durch die Elektronenstruktur des Atoms[3]. Als Folge hiervon beobachtet man an Stelle von γ-Strahlen der Frequenz ν homogene Gruppen von Elektronen mit den Energien

$$h\nu - K, \qquad h\nu - L_I, \qquad h\nu - L_{II}, \ \ldots,$$

wo $K, L_I, L_{II} \ldots$ diejenigen Energien darstellen, die notwendig sind, um ein Elektron aus der K-, L_I-, L_{II}- ... Schale zu entfernen (β-Linienspektrum)[4].

---

[1] H. GEIGER u. J. M. NUTTALL, Phil. Mag. Bd. 22, S. 613. 1911; ebenda Bd. 23, S. 439. 1912.

[2] Vgl. zuerst A. SMEKAL, ZS. f. Phys. Bd. 10, S. 275. 1922.

[3] Die Frage, ob der γ-Strahl erst emittiert und dann absorbiert wird oder ob der Elektronenstrahl durch direkte Wechselwirkung zwischen Kern und Elektronenhülle zustande kommt, wird weiter unten diskutiert.

[4] C. D. ELLIS, Proc. Roy. Soc. London (A) Bd. 99, S. 261. 1921; Bd. 101, S. 1. 1922; L. MEITNER, ZS. f. Phys. Bd. 9, S. 131, 145. 1922.

K, L_I usw. können daher aus den Frequenzen der K-, L_I-Röntgenstrahlabsorptionskanten des betreffenden Atoms berechnet werden, wobei entsprechend der obigen Theorie der γ-Strahlenemission die dem durch den Zerfall neu gebildeten Kern entsprechenden Energien in Betracht kommen. Die Größen K, L_I usw. sind aus den Daten der Röntgenspektroskopie mit einer Genauigkeit von weniger als 1% bekannt, so daß eine scharfe Prüfung dieser Theorie möglich ist. In der Tat haben Untersuchungen von MEITNER[1] am β-Linienspektrum von RaAc und AcX sowie von ELLIS und WOOSTER[2] an Ra(B + C) auf dem angedeuteten Wege bestätigt, daß die γ-Strahlen von den *durch den Zerfall entstehenden Atomen* ausgesandt werden[3].

Wenn das Folgeproduktatom auf diese Weise aus einer der inneren Schalen ein Elektron eingebüßt hat, kann es in seinen Normalzustand durch Emission von Linien seines Röntgenspektrums zurückkehren. Durch exakte Messung der Wellenlängen dieser im γ-Spektrum mitenthaltenen Röntgenlinien kann eine unabhängige Bestimmung der Atomnummer erhalten werden. RUTHERFORD und WOOSTER[4] haben dies für die L-Serienlinien des γ-Spektrums von RaB durchgeführt und daraus geschlossen, daß die Röntgenlinien von einem Kern mit der Atomnummer 83 emittiert werden. Da die Atomnummer von RaB 82 ist und die des gebildeten RaC 83, ergibt sich eindeutig, daß die Röntgenstrahlen *nach dem Zerfall* emittiert werden.

An Stelle der Röntgenstrahlen tritt in vielen Fällen eine strahlungslose Aussendung von Elektronen der Elektronenhülle der emittierenden Atome selbst auf (Augereffekt)[5]. So wird z. B. die von RUTHERFORD und WOOSTER untersuchte L-Strahlung teilweise in der M- und N-Schale „absorbiert" und gibt zu einem korpuskularen Elektronenspektrum Anlaß, das im β-Linienspektrum mitenthalten ist. Die Energien dieser Elektronen wurden von BLACK[6] sowohl für RaB als auch für ThB bestimmt und zeigen wiederum, daß die Elektronen *nach dem Zerfall* emittiert werden.

8. Der innere Umwandlungskoeffizient. Die *Intensitäten* der γ-Strahlen und der sie begleitenden β-Strahllinien können auf verschiedene Weise gemessen werden[7]. Wir beschränken uns in diesem Abschnitt auf die theoretische Berechnung der *relativen* Intensitäten der γ- und β-Strahllinien. Die Zahl der mit der gleichen γ-Strahllinie verknüpften β-Teilchen ist im allgemeinen geringer ($<20\%$) als die Zahl der emittierten γ-Quanten. Es gibt jedoch Fälle, in denen die Zahl der β-Teilchen größer ist als die der γ-Quanten — z. B. bei der RaC'-Linie mit der Energie $14{,}26 \cdot 10^5$ Volt.

Angenommen, der Kern Y sei durch α- oder β-Zerfall aus dem Kern X gebildet worden und habe angeregte Zustände mit den Energien $E_1, E_2, \ldots$ Befindet sich das Element Y mit N Kernen des Elementes X in radioaktivem Gleichgewicht, so soll die Anzahl der Kerne Y im $r$ten angeregten Zustand N_r betragen. Ferner sei g die Wahrscheinlichkeit dafür, daß in der Zeiteinheit ein gegebener angeregter Kern den Übergang $r \to s$ unter Emission eines γ-Quants ausführt, und b die Wahrscheinlichkeit dafür, daß der Übergang unter Emission

[1] L. MEITNER, ZS. f. Phys. Bd. 34, S. 807. 1925.
[2] C. D. ELLIS u. W. A. WOOSTER, Proc. Cambridge Phil. Soc. Bd. 22, S. 844. 1926; vgl. auch ds. Handb. Bd. XXII/1, S. 141.
[3] Vgl. dazu ds. Handb. Bd. XXII/1, Beitrag L. MEITNER.
[4] E. RUTHERFORD u. W. A. WOOSTER, Proc. Cambridge Phil. Soc. Bd. 22, S. 834. 1925.
[5] P. AUGER, J. Phys. Rad. Bd. 6, S. 205. 1925. Vgl. auch H. ROBINSON. Proc. Roy. Soc. London (A) Bd. 104, S. 455. 1923; H. ROBINSON und C. L. YOUNG, ebenda Bd. 128, S. 92. 1930; C. D. ELLIS, ebenda Bd. 139, S. 336. 1933.
[6] D. H. BLACK, Proc. Cambridge Phil. Soc. Bd. 22, S. 838. 1925.
[7] Vgl. ds. Handb. Bd. XXII/1, Beitrag L. MEITNER.

eines Elektrons stattfindet. Das Elektron kann aus der K-, L_I-, L_{II}- ... Schale entfernt werden; demgemäß schreiben wir

$$b = b_K + b_{L_I} + \cdots, \tag{8, 1}$$

wo b_K die Wahrscheinlichkeit für die Entfernung aus der K-Schale usw. bedeutet.

Die Größen $N_r g$, $N_r b_K$ usw. sind die experimentell bestimmten Intensitäten der γ- und β-Linien, ausgedrückt in Anzahlen der Elementarprozesse (Partikel oder Quanten) pro Zeiteinheit. Die Gesamtzahl aller in der Zeiteinheit stattfindenden Kernübergänge $r \to s$ beträgt demnach $g + b$; das Verhältnis der Anzahl b der Korpuskularvorgänge zu dieser Gesamtzahl

$$\alpha = b/(g + b) \tag{8, 2}$$

nennt man den „inneren Umwandlungskoeffizienten" (internal conversion coefficient) der zum Übergang $r \to s$ gehörenden γ-Linie. Gemäß (8, 1) kann geschrieben werden

$$\alpha = \alpha_K + \alpha_{L_I} + \cdots$$

Die folgende Theorie des inneren Umwandlungskoeffizienten ist von HULME[1] und von TAYLOR und MOTT[2] gegeben worden. Die Gesamtwahrscheinlichkeit $(g + b)\,dt$ dafür, daß ein gegebener angeregter Kern in der Zeit dt einen Sprung macht, wird als unabhängig von der Gegenwart der Atomelektronen angenommen. Die Übergangswahrscheinlichkeit des Kerns in den unteren Zustand wird also vollständig der Strahlungsdämpfung zugeschrieben; $(g + b)$ ist gleich dem EINSTEINschen A-Koeffizienten der spontanen Emissionsprozesse für den in Frage kommenden Übergang[3]. Da wir bisher keine genauere Kenntnis von der Kernstruktur haben, kann A gegenwärtig nicht berechnet werden; bei Kenntnis der Struktur wäre es wahrscheinlich möglich, A mit Hilfe der DIRACschen Strahlungstheorie zu berechnen.

Die obige Annahme ist sicherlich nur dann gerechtfertigt, wenn die Anzahl der herausgeschleuderten β-Teilchen bedeutend kleiner ist als die Zahl der γ-Quanten, d. h. wenn $b \ll g$. Ist dies nicht der Fall, so mag die Gegenwart der K- und L-Elektronen möglicherweise die Gesamtwahrscheinlichkeit des stattfindenden Kernübergangs beeinflussen. Die Anwendbarkeit der Theorie ist somit höchstwahrscheinlich gerechtfertigt für solche Strahlen, wie z. B. die von $6{,}12 \cdot 10^5$ Volt des RaCC', wo das beobachtete Zahlenverhältnis der β- und γ-Vorgänge 0,006 beträgt; für den $14{,}26 \cdot 10^5$-Volt-Übergang des RaCC' hingegen, wo eine intensive β-Strahlgruppe, aber keine γ-Strahlen beobachtet sind, kann unsere Annahme nicht zutreffen. Kernübergänge dieses letzteren Typus sollen weiter unten betrachtet werden.

Weiter sei angenommen, daß die Aussendung der β-Teilchen auf eine gewöhnliche lichtelektrische Wechselwirkung der Hülleelektronen mit dem elektromagnetischen Feld des γ-Strahls zurückzuführen ist. Wenn dieses Feld beschrieben wird durch das Vektorpotential

$$\vec{A}\, e^{-2\pi i \nu t} + \vec{A}^*\, e^{+2\pi i \nu t} \tag{8, 3a}$$

und das skalare Potential

$$A_0\, e^{-2\pi i \nu t} + A_0^*\, e^{+2\pi i \nu t} \tag{8, 3b}$$

---

[1] H. R. HULME, Proc. Roy. Soc. London (A) Bd. 138, S. 643. 1932.

[2] H. M. TAYLOR u. N. F. MOTT, Proc. Roy. Soc. London (A) Bd. 138, S. 665. 1932.

[3] Vgl. ds. Handb. Kap. 1 (A. RUBINOWICZ), Ziff. 17; Kap. 5 (G. WENTZEL), Ziff. 18.

und $\psi_0(r)$, $\psi_f(r)$ die Wellenfunktionen eines K-Elektrons im Anfangs- und Endzustand darstellen (letztere im kontinuierlichen Energiespektrum), dann wird b_K durch einen Ausdruck von der Form[1]

$$b_K = \frac{1}{\hbar}\left|\int \{\varrho_{0f} A_0 + (\vec{j}_{0f} \cdot \vec{A})\} \, dx\, dy\, dz\right|^2 \tag{8, 4}$$

gegeben sein, wo ϱ_{0f}, $\vec{j}_{0f}$ die Ladungs- und Strommatrizen bedeuten, die dem Elektronenübergang $0 \to f$ des K-Elektrons zugeordnet sind. Formeln für ϱ_{0f}, $\vec{j}_{0f}$ sind aus der DIRACschen relativistischen Theorie des Elektrons bekannt; sie lauten $\varrho_{0f} = \psi_f^* \psi_0$, $\vec{j}_{0f} = \psi_f^* \vec{\alpha} \psi_0$, wo $\vec{\alpha}$ die von DIRAC eingeführten Matrizen sind[2]. Um b_K zu berechnen, benötigen wir daher noch die Kenntnis des elektromagnetischen Feldes des γ-Strahls.

Das allgemeinste elektromagnetische Feld einer vom Kern auslaufenden Welle kann als Überlagerung der Felder je eines an der Stelle des Kernes befindlichen HERTZschen Dipols, Quadrupols usw. betrachtet werden[3]. Nach der gewöhnlichen wellenmechanischen Theorie[4] strahlt ein Atom das Feld eines Dipols bei einem Übergang, bei dem die Drehimpuls-Quantenzahl l des strahlenden Systems sich um 1 ändert, und ein Quadrupolfeld bei einem Übergang, bei dem $\Delta l = 0$ oder 2 ist, wobei der Übergang $l = 0 \to l = 0$ verboten bleibt. Es ist nicht unvernünftig anzunehmen, daß das Impulsmoment der strahlenden Partikel im Kern ebenfalls quantisiert ist und daß mit den verschiedenen Kernübergängen Dipol- und Quadrupolfelder verbunden sind, entsprechend $\Delta l = 1$ und $\Delta l = 0$ oder 2.

Ist mehr als ein angeregtes Teilchen an einem gegebenen Übergang beteiligt, wie von RUTHERFORD und ELLIS[5] vorgeschlagen wurde, so wird die Zuordnung von Quantenzahlen komplizierter; nichtsdestoweniger ist es wahrscheinlich, daß entweder ein Dipol- oder ein Quadrupolfeld ausgestrahlt wird.

GAMOW und DELBRÜCK[6] haben gezeigt, daß in nur aus α-Teilchen aufgebauten Kernen der elektrische Schwerpunkt mit dem Massenzentrum zusammenfällt und daher das Dipolmoment, das mit jedem Übergang verbunden ist, verschwindet. Die bei Übergängen mit $\Delta l = 1$ auftretende Dipolstrahlung wird dann von geringerer Intensität sein als die Strahlung der Quadrupolübergänge. Danach scheint es vernünftig, anzunehmen, daß in einem Kern Quadrupol- und Dipolübergänge mit beobachtbaren Intensitäten stattfinden können und von Übergängen höherer Ordnung abgesehen werden darf.

Das elektromagnetische Feld eines Dipols ist im Anschluß an (8, 3) gegeben durch

$$A_0 = B\cos\vartheta\left(\frac{i}{r} - \frac{1}{q r^2}\right) e^{2\pi i r/\lambda}$$

und

$$A_z = B i r^{-1} e^{2\pi i r/\lambda}, \qquad A_x = A_y = 0, \tag{8, 5}$$

wo

$$q = 2\pi\nu/c. \tag{8, 5'}$$

[1] Vgl. z. B. ds. Handb. Kap. 3 (H. BETHE), Ziff. 47.

[2] Vgl. ds. Handb. Kap. 2, B (W. PAULI), Ziff. 2.

[3] Vgl. z. B. C. G. DARWIN, Trans. Cambr. Phil. Soc. Bd. 23, S. 137. 1924.

[4] Vgl. z. B. O. KLEIN, ZS. f. Phys. Bd. 41, S. 407. 1927, oder dies. Handb. Kap. 2, A (W. PAULI), Ziff. 15.

[5] Lord RUTHERFORD u. C. D. ELLIS, Proc. Roy. Soc. London (A) Bd. 132, S. 667. 1931.

[6] G. GAMOW u. M. DELBRÜCK, ZS. f. Phys. Bd. 72, S. 492. 1931; vgl. H. M. TAYLOR u. N. F. MOTT, l. c. S. 688, und F. PERRIN, C. R. Bd. 195, S. 775. 1932.

Ein solches Feld strahlt pro Zeiteinheit die Energie $16\pi^2 B^2 \nu^2/3c$ aus oder $8\pi B^2 \nu/3\hbar c$ Quanten $h\nu$. Analog ist das Feld eines Quadrupols bestimmt durch

$$\left.\begin{aligned} A_0 &= C\left\{2\,P_2(\cos\vartheta)\left[\frac{1}{r} + \frac{3i}{q\,r^2} - \frac{3}{q^2 r^3}\right] + 1\right\} e^{2\pi i r/\lambda}, \\ A_z &= -3\,C\cos\vartheta\left(\frac{1}{r} + \frac{i}{q\,r^2}\right) e^{2\pi i r/\lambda}, \\ A_x &= A_y = 0, \end{aligned}\right\} \qquad (8,6)$$

welches die Energie $48\pi^2\nu^2 C^2/5c$ oder $24\pi\nu C^2/5\hbar c$ Quanten pro Zeiteinheit ausstrahlt. Die Konstanten B und C können gegenwärtig nicht berechnet werden, da sie von der besonderen Struktur der Kerne abhängig sind.

Nach den oben gemachten Annahmen muß die Zahl der pro Sekunde ausgestrahlten Quanten der gesamten Kernübergangswahrscheinlichkeit $g + b$ gleichgesetzt werden. Wird b nach Formel (8, 4) mittels (8, 5) oder (8, 6) berechnet[1], so sieht man, daß die unbekannten Konstanten B bzw. C in dem Verhältnis (6, 2)

$$b/(g + b) = \alpha$$

nicht auftreten.

An Stelle des „inneren Umwandlungskoeffizienten“ α kann auch die Größe $\alpha/(1-\alpha) = b/g$ betrachtet werden, welche das experimentell beobachtete Zahlenverhältnis der einander entsprechenden β- und γ-Prozesse direkt angibt.

Abb. 13 und 14 zeigen für $Z = 84$ die berechneten Werte von $\alpha_K\,[= b_K/(g+b)]$ gegen $mc^2/h\nu$ aufgetragen, für die beiden Annahmen, daß Quadrupol- oder

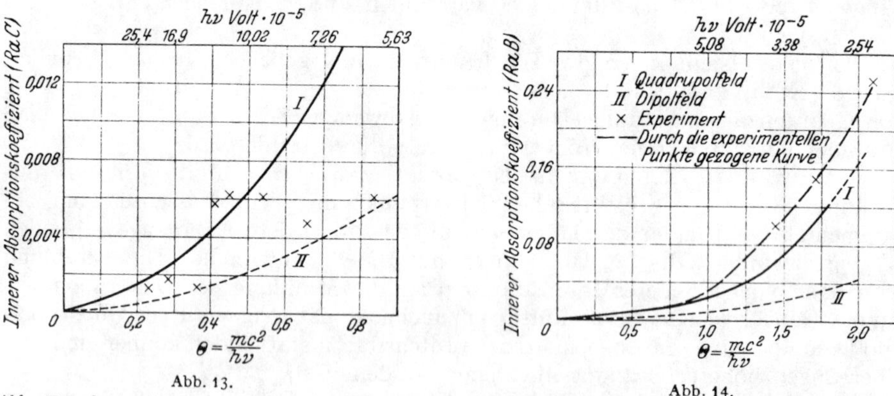

Abb. 13 und 14. Innere Absorptionskoeffizienten von RaC und RaB (nach TAYLOR und MOTT, Proc. Roy. Soc. London (A) Bd. 138, S. 665. 1932).

Dipolstrahlung vorliegt. Die durch Kreuze bezeichneten experimentellen Werte für die γ-Strahlen des RaCC′ und RaBC rühren von ELLIS und ASTON[2] her. Berücksichtigt man, daß die experimentellen Ergebnisse eine Genauigkeit von etwa 20% haben, so ist ersichtlich, daß die Experimente in der Tat mit der Voraussetzung verträglich sind, daß einige γ-Strahlen als Quadrupolstrahlung, einige als Dipolstrahlung aufzufassen sind. Weitere Belege zugunsten dieser Auffassung werden noch an späterer Stelle zu betrachten sein (Ziff. 11).

Aus Abb. 14 ist zu entnehmen, daß für weichere γ-Strahlen (RaB) die berechneten Werte um zwei Drittel tiefer liegen als die experimentellen. Dies

[1] Den experimentellen Ergebnissen ist zu entnehmen, daß $b \simeq 1{,}1 \cdot b_K$.

[2] C. D. ELLIS u. G. H. ASTON, Proc. Roy. Soc. London (A) Bd. 129, S. 180. 1930. Die theoretischen Kurven für RaBC und RaCC′ sollten etwas verschieden sein entsprechend den verschiedenen Werten von Z. Der Unterschied ist jedoch gering.

könnte einer Unvollkommenheit der Theorie oder einem systematischen Fehler in der Messung der γ-Strahlenintensitäten zuzuschreiben sein. In Ziff. 11, wo die innere Umwandlung der von einem angeregten ThC'-Kern emittierten γ-Strahlen besprochen wird, zeigt sich, daß auch dort die berechneten Werte von α_K nur etwa zwei Drittel der experimentellen betragen. In jenem Falle wurden die γ-Strahlintensitäten auf völlig anderem Wege bestimmt, nämlich indirekt aus der Intensität der Feinstruktur der α-Strahlengruppen. Es ist daher unwahrscheinlich, daß der Fehler in den Messungen der γ-Strahlintensitäten seinen Ursprung hat, und man kann umgekehrt versuchen, aus den experimentellen Werten (strichlierte Kurve der Abb. 14) die γ-Strahlintensitäten für andere Elemente zu berechnen (Ziff. 11).

Wie bereits oben erwähnt, ist für einige γ-Strahlen die Zahl der beobachteten β-Partikel größer als die der γ-Quanten. Z. B. tritt bei RaCC' eine intensive Gruppe von β-Partikeln auf, die einem γ-Strahl von der Energie $14{,}26 \cdot 10^5$ Volt entsprechen, jedoch ist kein γ-Strahl von dieser Energie beobachtet. R. H. Fowler[1] hat die Möglichkeit diskutiert, daß der betreffende Kernübergang gemäß irgendwelcher Kernauswahlregeln nicht unter Strahlungsemission vor sich gehen kann, z. B. wenn l im Anfangs- und Endzustand Null wäre. Demnach würde der Übergang nur durch Störungen von seiten der K-Elektronen ermöglicht werden und die Übergangswahrscheinlichkeit *allein* der Gegenwart der K-Elektronen zuzuschreiben sein, im Gegensatz zu den oben gemachten Voraussetzungen. Die Möglichkeit einer solchen Koppelung zwischen Kern und Elektronenhülle war bereits im Jahre 1922 von Smekal[2] vorgeschlagen worden.

Es ist mehrfach diskutiert worden[3], ob die β-Linienspektren als Ergebnis einer direkten Wechselwirkung zwischen Kern und Elektronenhülle emittiert werden oder ob der Kern zuerst γ-Strahlen aussendet, die dann in der Elektronenhülle absorbiert werden. Vom quantenmechanischen Standpunkt ist es *für optisch erlaubte Kernübergänge* unmöglich, eine derartige Unterscheidung vorzunehmen. Ordnen wir nämlich der strahlenden Partikel im Kern eine Koordinate R und eine Ladung E zu und sind $\chi_0(R)$, $\chi_f(R)$ die Wellenfunktionen des Anfangs- und Endzustandes, ferner $\psi_0(r)$, $\psi_f(r)$ die Wellenfunktionen des Elektrons im Anfangs- und Endzustand, dann ist die Wahrscheinlichkeit für die Aussendung des Elektrons in der Zeiteinheit durch „direkte Wechselwirkung" nach der unrelativistischen Quantenmechanik

$$\left|\frac{1}{\hbar}\int \chi_0\,\chi_f^*\,\psi_0\,\psi_f^*\,\frac{E\,e}{|\vec{R}-\vec{r}|}\,dR\,dr\right|^2. \tag{8,7}$$

Ist der Kernübergang $0 \to f$ ein Dipolübergang und führen wir die Integration über R aus, so erhalten wir für $r > r_0$, d. h. außerhalb des Kerns,

$$\int \chi_0\,\chi_f^*\,\frac{E\,e}{|\vec{R}-\vec{r}|}\,dR = \frac{A\cos\vartheta}{r^2},$$

wo A eine Konstante darstellt.

Ferner ist [vgl. (8, 4)]

$$\psi_0\,\psi_f^* = \varrho_{0f}.$$

Das Integral (8, 7) wird daher

$$\left|\frac{1}{\hbar}\int \varrho_{0f}\,\frac{A\cos\vartheta}{r^2}\,dr\right|^2 \tag{8,8}$$

[1] R. H. Fowler, Proc. Roy. Soc. London (A) Bd. 129, S. 1. 1930.

[2] A. Smekal, ZS. f. Phys. Bd. 10, S. 275. 1922; Ann. d. Phys. Bd. 81, S. 391. 1926.

[3] Vgl. ds. Handb. Bd. XXII/1, S. 149.

und stimmt für $c \to \infty$ mit (8, 4) überein, so daß (8, 4) als *relativistische Verallgemeinerung*[1] von (8, 7), (8, 8) betrachtet werden muß. Wir erhalten hier somit das gleiche Resultat für die Wahrscheinlichkeit einer Elektronenemission, ob wir nun die relativistische Quantenmechanik unter Annahme „direkter Wechselwirkung" zwischen Kern und Elektronenhülle benutzen oder Emission von γ-Strahlung und nachfolgende „innere Absorption" in der Elektronenhülle voraussetzen.

9. α-Teilchen großer Reichweite. Wir nehmen an, daß ein Kern N α-Teilchen enthält und nach einem α- oder β-Zerfall in einem angeregten Zustand zurückbleibt. Die Energiestufen dieses Kernes seien wie früher mit $E_0(N)$, $E_1(N)$ . . . bezeichnet. Im allgemeinen wird ein im angeregten Zustande befindlicher Kern unter Aussendung von γ-Strahlen in seinen Grundzustand zurückfallen (Ziff. 7, 8). Es ist jedoch möglich, daß der Kern weiter zerfällt, bevor dieses eintritt. Damit das oft genug eintritt um beobachtet werden zu können, muß die Zerfallskonstante für den angeregten Zustand genügend groß sein.

Bezeichnen wir mit $E_0(N-1)$ die Energie des neugebildeten Kernes mit $N-1$ α-Teilchen im Normalzustande, so ist z. B. die Energie der vom ersten Anregungszustand emittierten α-Partikel

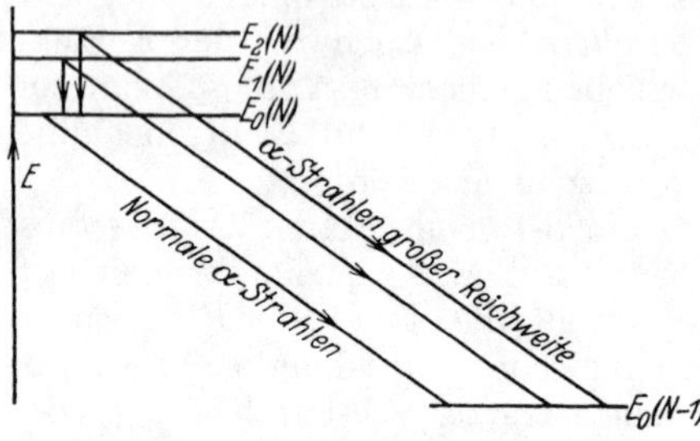

Abb. 15. Energieniveauschema von α-Strahlen großer Reichweite.

$$\varepsilon_1 = E_1(N) - E_0(N-1),$$

während die Energie der gewöhnlichen α-Teilchen

$$\varepsilon_0 = E_0(N) - E_0(N-1)$$

beträgt. Die Differenz dieser beiden Größen

$$\varepsilon_1 - \varepsilon_0 = E_1(N) - E_0(N) = h\nu \quad (9, 1)$$

stellt die Energie des entsprechenden γ-Strahls dar[2] (Abb. 15).

α-Teilchen großer Reichweite sind bei RaC′ und ThC′ beobachtet worden. Gemäß vorstehenden Überlegungen müssen sie durch den Zerfall angeregter RaC′- bzw. ThC′-Kerne zustande kommen, deren Mutterelemente RaC bzw. ThC hier bemerkenswerterweise als *β-Strahler* wirksam sind. Es ist kein Fall bekannt, in dem α-Teilchen großer Reichweite nach einem *α-Zerfall* auftreten. Sowohl der α-Zerfall aus dem Normalzustand des RaC′ als auch des ThC′ erfolgt sehr schnell. Die von angeregten Zuständen ausgehenden α-Zerfallsprozesse müssen innerhalb einer Zeit vor sich gehen, die vergleichbar ist mit der zur γ-Emission erforderlichen Zeitdauer.

Im Falle des RaC′ sind die Energien von zwei α-Gruppen großer Reichweite mit genügender Sicherheit gemessen worden[3] um einen Vergleich mit den Energien der γ-Strahlen[4] zu ermöglichen und zugleich das Niveauschema des C′-Kernes (Ziff. 11) eindeutig festzulegen. Die ausgezeichnete Bestätigung der Theorie ist in der folgenden Tabelle gezeigt. Es existieren noch mehrere andere weitreichende α-Gruppen bei RaC′, aber ihre Energien sind noch nicht mit genügender Sicherheit bekannt, um einen ähnlichen Vergleich zuzulassen.

[1] Vgl. C. MØLLER, ZS. f. Phys. Bd. 70, S. 786. 1932; Ann. d. Phys. Bd. 5, S. 531. 1932; sowie H. M. TAYLOR und N. F. MOTT, l. c.

[2] A. SMEKAL, ZS. f. Phys. Bd. 10, S. 275. 1922 (§ 5).

[3] Lord RUTHERFORD, C. E. WYNN-WILLIAMS, F. A. B. WARD u. W. B. LEWIS, Proc. Roy. Soc. London (A) Bd. 139, S. 618. 1933.

[4] C. D. ELLIS u. G. H. ASTON, Proc. Roy. Soc. London (A) Bd. 129, S. 180. 1929.

Im entsprechenden Falle des ThC' sind Gruppen von weitreichenden α-Partikeln beobachtet worden, welche stärker als die des RaC' sind; dagegen sind die γ-Strahlen des ThCC' nicht mit Sicherheit beobachtet worden und müssen, falls sie existieren, bedeutend schwächer sein als bei RaCC' (vgl. Ziff. 11).

Tabelle 3. α-Teilchen großer Reichweite von RaC'.

Nr. der Gruppe	Energie der α-Teilchen Volt · 10^{-5}	Zerfallsenergie Volt · 10^{-5}	Energiedifferenz gegen die Hauptgruppe Volt · 10^{-5}	$h\nu$ für benachbarte γ-Strahlen im Spektrum von RaCC' Volt · 10^{-5}
Hauptgruppe	76,83	78,29	—	—
1	82,81	84,38	6,09	5,03 6,12 7,73
2	90,68	92,40	14,11	13,9 14,12 17,78

10. Die Feinstruktur der α-Strahlen[1]. Werden γ-Strahlen *nach* einer α-Umwandlung emittiert, wie bei ThCC'', so sollte man erwarten, daß ebenfalls α-Teilchengruppen mit verschiedenen Energien auftreten, weil der durch den α-Zerfall entstehende Kern offenbar manchmal in einem angeregten Zustand zurückbleibt. Es sei $E_0(N)$ die Energie eines Kerns mit N α-Teilchen (z. B. ThC) in seinem Normalzustand, $E_0(N-1), E_1(N-1), E_2(N-1) \ldots$ seien die Energiestufen des entstehenden Kernes (z. B. ThC''). Somit werden die Energien ε_0, $\varepsilon_1 \ldots$ der emittierten α-Gruppen folgende Werte annehmen können:

$$\varepsilon_0 = E_0(N) - E_0(N-1), \qquad \varepsilon_1 = E_0(N) - E_1(N-1), \ldots$$

Weiterhin sollten die Frequenzen der γ-Strahlen durch Formeln der Gestalt

$$h\nu = E_1(N-1) - E_0(N-1), \ldots$$

gegeben sein. Ähnlich wie mit (9, 1) ergeben sich zwischen den Differenzen der α-Energien Beziehungen von der Form

$$\varepsilon_1 - \varepsilon_0 = E_1(N-1) - E_0(N-1) = h\nu, \ldots \tag{10, 1}$$

Sie sind in der zu Abb. 15 analogen Abb. 16 schematisch dargestellt.

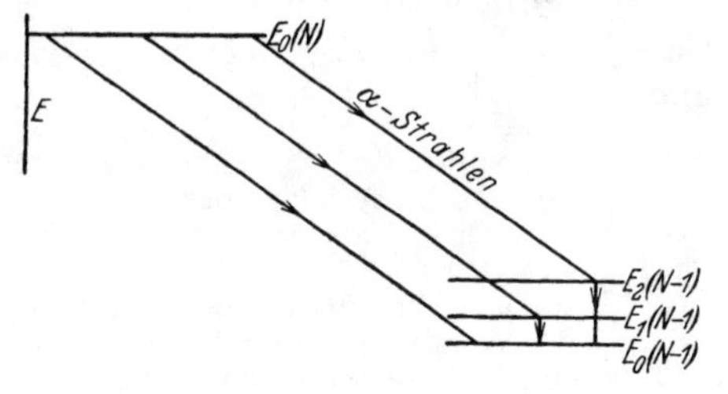

Abb. 16. Energieniveauschema der Feinstruktur der α-Strahlen.

Wir bemerken, daß die Existenz einer Gruppe der betrachteten α-Teilchen kurzer Reichweite definitiven Aufschluß über die Energieniveaus des *neugebildeten* Kernes gibt, wogegen die Energien weitreichender α-Teilchen (Ziff. 9) durch die angeregten Zustände des *zerfallenden* Kernes bestimmt sind. Auch sind die Intensitäten der α-Feinstrukturgruppen untereinander vergleichbar, hingegen treten α-Teilchen großer Reichweiten nur sehr selten, meist etwa einmal unter 10^4 Zerfallsprozessen, auf.

Im Falle des ThC konnten die Energien (und Intensitäten) der sechs α-Grup-

[1] Die hier gegebene Theorie wurde von G. Gamow (Nature Bd. 126, S. 396. 1930) vorgeschlagen; vgl. aber auch bereits A. Smekal, ZS. f. Phys. Bd. 10, S. 275. 1922 (§ 5).

pen mit genügender Genauigkeit gemessen werden (Tab. 4)[1], um einen Vergleich mit den in Betracht kommenden γ-Strahlenenergien zu ermöglichen (Tab. 5)[2].

Tabelle 4. Feinstruktur der α-Strahlen des ThC.

α-Gruppe	α_1	α_0	α_2	α_4	α_3	α_5
Zerfallsenergie (Volt $\cdot 10^{-6}$)	6,189*	6,148*	5,857	5,712	5,691	5,563
Intensität in α-Teilchen pro Zerfall	0,19	0,77	0,022	0,004	0,015	sehr schwach

Tabelle 5. Beziehungen zwischen der α-Feinstruktur des ThC und γ-Linien von ThB+ThC+ThC′+ThC″.

Übergang	Energie (ber.) Volt $\cdot 10^{-5}$	γ-Quanten Volt $\cdot 10^{-5}$
$\alpha_5 - \alpha_3$	1,28	—
$\alpha_5 - \alpha_4$	1,49	—
$\alpha_5 - \alpha_2$	2,94	2,98
$\alpha_5 - \alpha_0$	5,85	—
$\alpha_5 - \alpha_1$	6,26	6,17
$\alpha_3 - \alpha_4$	0,21	—
$\alpha_3 - \alpha_2$	1,66	—
$\alpha_3 - \alpha_0$	4,57	4,51
$\alpha_3 - \alpha_1$	4,98	—
$\alpha_4 - \alpha_2$	1,45	—
$\alpha_4 - \alpha_0$	4,36	4,32
$\alpha_4 - \alpha_1$	4,77	4,71
$\alpha_2 - \alpha_0$	2,91	2,87
$\alpha_2 - \alpha_1$	3,32	3,27
$\alpha_0 - \alpha_1$	0,41	0,40

Die erhaltene Übereinstimmung ist sehr befriedigend, zumal wenigstens für die γ-Linien $h\nu = 2{,}87$ bzw. $0{,}40 \cdot 10^5$ durch direkte Versuche[3] sichergestellt erscheint, daß sie dem ThC″ angehören. Es gibt noch weitere Elemente mit α-Feinstrukturen. Bei RaAc sind wenigstens sechs α-Gruppen vorhanden[4] und es besteht gute Übereinstimmung[5] zwischen den Energiedifferenzen dieser Strahlen und den Energien der γ-Strahlen des RaAc[6]. Bei der AcEm besteht eine schwache Strahlung, deren Durchdringungsvermögen der Energiedifferenz $3{,}5 \cdot 10^5$ Volt der beiden scharfen α-Gruppen dieses Stoffes[7] entspricht[8]. Ebenso stimmt die Energiedifferenz der beiden scharfen α-Gruppen des AcC[7,9] mit dem Quant einer intensiven γ-Linie überein[10], deren Zuordnung zum AcC vermutet werden kann.

11. Diskussion der angeregten Zustände verschiedener radioaktiver Atomkerne. Nach dem Bisherigen kann man Daten über die *angeregten Zustände radioaktiver Kerne* ganz allgemein aus folgenden Quellen ableiten:

1. Frequenzen und Intensitäten der γ-Strahlen (Ziff. 7).
2. Energien und Intensitäten des β-Linienspektrums, welches durch „innere Umwandlung" der γ-Strahlen in der Elektronenhülle des Atoms entsteht (Ziff. 7 und 8).

[1] S. ROSENBLUM u. M. VALADARES, C. R. Bd. 194, S. 967. 1932.

[2] Diese Tabelle stammt von C. D. ELLIS, Proc. Roy. Soc. London (A) Bd. 138, S. 335. 1932. Eine ähnliche Tabelle findet sich bei S. ROSENBLUM, Exposés de Physique Théorique Bd. IV. Paris 1932.

* Vgl. auch Lord RUTHERFORD und Mitarbeiter, a. a. O.

[3] C. D. ELLIS, Proc. Roy. Soc. London (A) Bd. 136, S. 396. 1932; L. MEITNER u. K. PHILIPP, ZS. f. Phys. Bd. 80, S. 277. 1933. — Möglicherweise kommen auch γ-Linien mit den Energien 5,85 bzw. $4{,}98 \cdot 10^5$ Volt vor, sind jedoch durch starke Linien von ThC″Pb verdeckt.

[4] M. CURIE u. S. ROSENBLUM, Journ. de phys. et le Radium Bd. 2, S. 309. 1931.

[5] S. ROSENBLUM, l. c. S. 31.

[6] O. HAHN u. L. MEITNER, ZS. f. Phys. Bd. 34, S. 795. 1925.

[7] W. B. LEWIS u. C. E. WYNN-WILLIAMS, Proc. Roy. Soc. London (A) Bd. 136, S. 349. 1932.

[8] Lord RUTHERFORD u. B. V. BOWDEN, Proc. Roy. Soc. London (A) Bd. 136, S. 407. 1932.

[9] S. ROSENBLUM u. G. DUPOUY, C. R. Bd. 194, S. 1919. 1932.

[10] L. MEITNER, ZS. f. Phys. Bd. 34, S. 807. 1925; S. Y. SZE, C. R. Bd. 194, S. 2207. 1932.

3. α-Strahlen großer Reichweite (Ziff. 9).
4. Feinstruktur gewisser Gruppen von α-Strahlen (Ziff. 10).

Im folgenden bedeutet P den Bruchteil von Kernen eines Elements, die nach dem Zerfall in einem bestimmten Zustand zurückbleiben, so daß $\sum P = 1$.

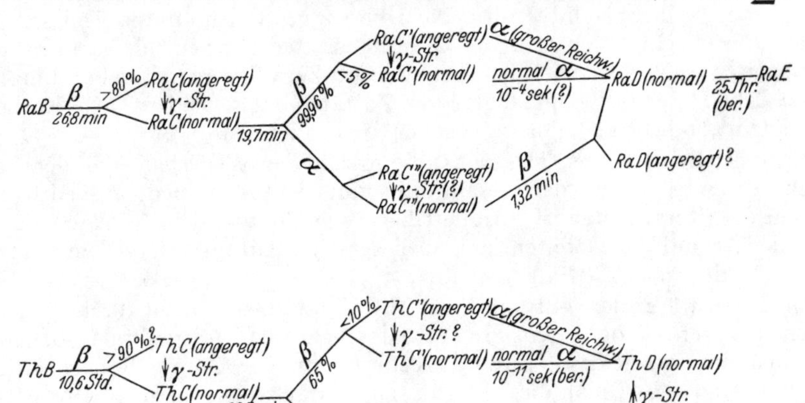

Abb. 17. Schema der Radium- und Thoriumfamilie in der Umgebung ihrer Verzweigungen[1].

Die Wahrscheinlichkeit eines Kernüberganges, gemessen in Quanten pro zerfallenden Kern, sei p. g und b seien wieder die Wahrscheinlichkeiten pro Zeiteinheit dafür, daß der Kern dabei ein γ-Quant bzw. ein β-Teilchen aussendet, so daß der innere Umwandlungskoeffizient α durch $b/g = \alpha/(1 - \alpha)$ bestimmt ist (Ziff. 8). Die Anzahl der einer bestimmten γ-Linie entsprechenden γ-Quanten bzw. zugehörigen Elektronen pro zerfallenden Kern ist dann durch $p(1 - \alpha)$ bzw. $p\alpha$ bestimmt.

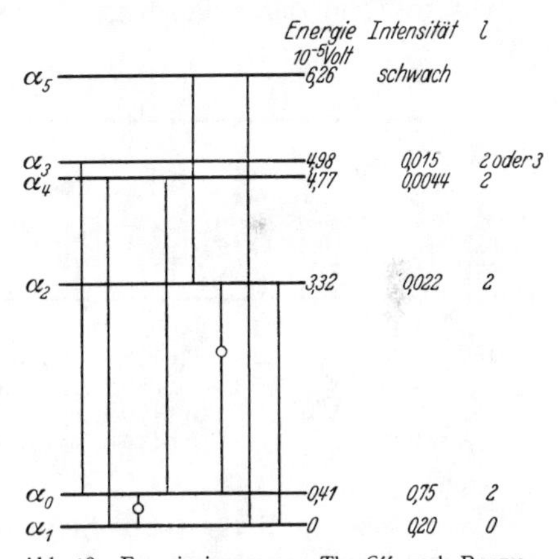

Abb. 18. Energieniveaus von ThorC'' nach ROSENBLUM mit den zugehörigen γ-Strahlen, die in dem Spektrum von Th (B+C+C'+C'') beobachtet sind. Die mit o bezeichneten Linien sind nach Versuchen von ELLIS und von MEITNER und PHILIPP sicher dem ThCC'' zuzuschreiben.

Die interessantesten Resultate über Niveauschemata und Übergangswahrscheinlichkeiten von Atomkernen sind an der Radium- und Thoriumreihe für die Elemente gefunden worden, die zwischen den B- und D-Körpern gelegen sind. Die radioaktiven Umwandlungen dieser Bereiche sind in Abb. 17 dargestellt.

I. *ThorCC''*. Das Element ThC'' entsteht aus ThC durch Emission von α-Teilchen. Da die mittlere Lebensdauer von ThC 60,5 Minuten beträgt, wird ThC'' fast immer aus einem unangeregten ThC-Kern hervorgehen. Die Energien

[1] Die Zerfallskonstanten sind entnommen aus E. RUTHERFORD, J. CHADWICK und C. D. ELLIS, Radiations from Radioactive Substances, Tabelle S. 24. Zu den Angaben über den Bruchteil der Kerne eines bestimmten Elements, die sich im angeregten Zustande befinden, vgl. diese Ziffer I für ThCC'', II für RaBC, III für ThBC, IV für ThCC' und für RaCC', V für ThC''D.

der von ThC emittierten α-Teilchen können verschiedene diskrete Werte haben, so daß der ThC″-Kern vielfach zunächst in einem angeregten Zustande auftritt und seine Energiestufen durch die Differenzen zwischen den Energien verschiedener α-Gruppen gegeben sind (Ziff. 10). Die Energieniveaus von ThC″ sind in Abb. 18 dargestellt, ebenso die Übergänge, welche unter Emission von γ-Strahlen beobachtet sind (Tab. 6). Die Intensitäten der verschiedenen α-Strahlengruppen, ausgedrückt in Teilchenzahlen pro Zerfallsvorgang, geben unmittelbar die Zahl P der in jedem angeregten Zustand entstehenden ThC″-Kerne an und sind in Abb. 18 ebenfalls angegeben (vgl. auch Tab. 4).

Nach der GAMOWschen Theorie ist die Anzahl der α-Teilchen eines gegebenen Niveaus demnach gleich der Gesamtintensität der γ-Strahlen, ausgedrückt in Quanten pro Zerfallsvorgang, für alle Übergänge, die von dem Niveau ausgehen, minus der Anzahl der Quanten, die zu diesem Niveau hinführen. Diese letztere Zahl ist in den meisten Fällen klein.

Die Intensitäten der γ-Strahlen von ThCC″ sind bisher nicht direkt gemessen worden, dagegen ist die Intensität der entsprechenden β-Strahllinien bekannt[1]. Wenn man die Theorie des in Ziff. 8 diskutierten inneren Umwandlungskoeffizienten voraussetzt, kann man die Übergangsintensität p aus den gemessenen Intensitäten αp der β-Strahllinien ableiten, wobei der Berechnung von α entweder eine Quadrupol- oder Dipolstrahlung zugrunde zu legen ist[2]. Die Ergebnisse sind in Tabelle 6 zusammengestellt. Die eingeklammerten Zahlen hinter den Quadrupolwerten wurden erhalten, indem für α_K nicht die berechneten, sondern die aus der durch die drei experimentellen Punkte für RaB gezogenen Kurve (Abb. 14) erhaltenen Werte benutzt wurden. Die berechneten Gesamtintensitäten P aller von einem Niveau ausgehenden Übergänge sind ebenfalls angeführt und ergeben sich durch Addition der zugehörigen berechneten Intensitäten p.

Tabelle 6.

Übergang	$h\nu$ Volt $\cdot 10^{-5}$	Intensität $\alpha_K p$ der β-Strahlen (beob.) $\cdot 10^4$	α_K (ber.)		Intensität p der $\gamma+\beta$-Strahlen (ber.) $\cdot 10^2$		Zustand	Intensität P aller Übergänge von den nebenstehenden Zuständen, $\cdot 10^2$		Zahl der α-Teilchen (nach ROSENBLUM) $\cdot 10^2$
			Di.	Qu.	Di.	Qu.		Di.	Qu.	
$\alpha_3-\alpha_0$	4,57	2,2	0,0095	0,029 (0,043)	2,3	0,76 (0,50)	α_3	2,3	0,76 (0,50)	1,5
$\alpha_4-\alpha_0$	4,36	2,2	0,0102	0,032 (0,047)	2,2	0,69 (0,45)				
$\alpha_4-\alpha_1$	4,77	0,9	0,0088	0,027 (0,040)	1,0	0,33 (0,19)	α_4	3,2	1,02 (0,64)	0,4
$\alpha_2-\alpha_0$	2,91	2,8	0,0176	0,113 (0,17)	16	2,5 (1,6)				
$\alpha_2-\alpha_1$	3,32	6,1	0,0149	0,075 (0,11)	4,1	0,81 (0,54)	α_2	20	3,3 (2,2)	2,2

Man sieht, daß für γ-Strahlen, die von den Niveaus α_2 und α_4 ausgehen, ausreichende Übereinstimmung mit den beobachteten α-Teilchenzahlen besteht, wenn man für beide Linien Quadrupolstrahlung voraussetzt; werden die für RaB gefundenen experimentellen Werte von α_K zugrunde gelegt (eingeklammerte Zahlen[3]), so ist die Übereinstimmung noch bedeutend besser. Es ist gegenwärtig schwer zu beurteilen, ob die experimentellen Werte für α_K um 50% zu groß sind oder ob die berechneten Werte falsch sind. Jedenfalls aber zeigt sich, daß der

[1] C. D. ELLIS, Proc. Roy. Soc. London (A) Bd. 138, S. 318. 1932.

[2] C. D. ELLIS u. N. F. MOTT, l. c.

[3] Von den eingeklammerten Werten sind die für die Übergänge $\alpha_2-\alpha_0$ und $\alpha_2-\alpha_1$ die zuverlässigsten, denn die Energien $h\nu$ dieser Übergänge liegen bei Linien des RaB, für die der innere Umwandlungskoeffizient α bekannt ist.

innere Umwandlungskoeffizient dieser γ-Strahlen von ThCC″ dieselben Werte hat wie für die γ-Strahlen derselben Energie von RaBC. Der Übergang $\alpha_3 - \alpha_0$ scheint mit einer Dipolstrahlung verbunden zu sein.

In Abb. 17 haben wir den verschiedenen angeregten Zuständen des ThC-Kernes Quantenzahlen l so zugeordnet, daß mit jedem einzelnen beobachteten Übergang eine Dipol- bzw. Quadrupolstrahlung verbunden wäre, so wie wir dies oben gefordert haben. Wenn der Übergang $\alpha_3 - \alpha_0$ Dipolcharakter hat, wie das nach den Werten in Tabelle 6 wahrscheinlich ist, so dürfte die Quantenzahl l des Zustandes α_3 eher 3 als 1 sein, denn wenn $l = 1$ wäre, so sollte dem Übergang $\alpha_3 - \alpha_1$ eine sehr intensive γ-Linie entsprechen, die aber nicht gefunden wurde.

II. *RadiumBC.* Die dem RaBC zugeschriebenen γ-Strahlen werden von angeregten RaC-Kernen emittiert, die durch β-Zerfall aus RaB entstehen. Ihre inneren Umwandlungskoeffizienten sind bereits in Abb. 14 angegeben und als Quadrupolprozesse gekennzeichnet, die Energien und angenäherten Intensitäten der γ-Strahlen sind in Tabelle 7 mitgeteilt[1].

Tabelle 7. γ-Strahlen von RaBC.

Energie $h\nu$ Volt $\cdot 10^{-5}$	γ-Quanten pro Zerfall
0,536	—
2,43	0,1
2,60	—
2,97	0,3
3,54	0,5
4,71	—

III. *ThorBC.* Hier sind keine Messungen der γ-Strahlintensitäten ausgeführt worden. Tabelle 8 gibt die Energien und Intensitäten der β-Strahllinien[2] und die daraus abgeleiteten Energien der γ-Strahlen. Wie im Falle der ThCC″-Übergänge können die Intensitäten p der $\beta + \gamma$-Strahllinien aus denjenigen der β-Linien berechnet werden, indem man Dipol- oder Quadrupolstrahlung voraussetzt. Die Resultate sind gleichfalls in Tabelle 8 angegeben[3].

Tabelle 8. γ-Strahlen von ThBC.

Bezeichnung der γ-Strahlen	$h\nu$ Volt $\cdot 10^{-5}$	Intensität der β-Strahlengruppe $p\alpha \cdot 10^3$ (beob.)	α (ber.)		p (ber.)	
			Qu.	Di.	Qu.	Di.
γ Dg	1,757	0,6	0,45	0,038	0,001	0,016
γ E	1,147	24,2	0,6	0,05	0,04	0,48
γ F	2,379	250	0,205	0,026	1,22 (0,9)	9,6
γ Fa	2,494	0,5	0,183	0,022	0,003	0,023
γ H	2,990	9,0	0,104	0,017	0,09	0,53

Wir entnehmen daraus, daß die intensive Linie γF Quadrupolstrahlung sein muß, da der Kern nicht mehr als *ein* γ-Quant pro Zerfall emittieren kann. Wird die Linie bei fast jedem Zerfall emittiert, dann wäre es bei Berücksichtigung des in Abb. 19 dargestellten Niveauschemas[2] schwierig, den Linien γE und γH die für Dipolstrahlung geforderten großen Intensitäten zuzuschreiben. Wir nehmen daher an, daß auch diese Strahlen Quadrupollinien sind, so daß wie im Fall des RaBC die meisten Linien mit Quadrupolübergängen des Kernes zusammenhängen. In Abb. 19 sind die unter diesen Annahmen berechneten Häufigkeiten angegeben, mit welchen die verschiedenen Kernzustände angeregt werden, ferner die wahrscheinlichen Drehimpulsquantenzahlen l, die der strahlenden Kernpartikel zuzuordnen sind. Das hier gegebene Niveauschema wurde zuerst von C. D. Ellis (l. c.) vorgeschlagen.

---

[1] E. Rutherford, J. Chadwick u. C. D. Ellis, Radiations from Radioactive Substances, S. 363 u. S. 507.

[2] C. D. Ellis, Proc. Roy. Soc. London (A) Bd. 138, S. 318. 1932.

[3] C. D. Ellis u. N. F. Mott, l. c. § 4.

IV. *RaC' und ThC'*. Diese Elemente entstehen aus RaC und ThC durch β-Emission, und zwar häufig in angeregten Kernzuständen, wie die Existenz von α-Teilchen großer Reichweiten beweist. Die Energien und Intensitäten der Hauptgruppen sind in Tabelle 9 angegeben[1]. Der angeregte RaC'-Kern emittiert intensive γ-Strahlen[2], von denen einige bei der Dipolkurve liegende, andere der Quadrupolkurve benachbarte innere Umwandlungskoeffizienten haben[3] (Abb. 13).

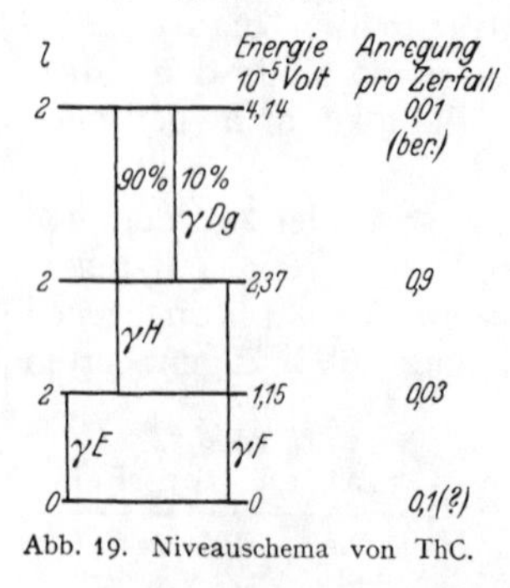

Abb. 19. Niveauschema von ThC.

Tabelle 9. Weitreichende α-Strahlgruppen von RaC' und ThC'.

Element	Zerfallsenergie der α-Emission Volt $\cdot 10^{-6}$	Energieüberschuß über normale Teilchen Volt $\cdot 10^{-6}$	Intensität a Anzahl pro 10^6 Zerfallsvorgänge
RaC'	7,829	—	10^6
	8,438	0,609	0,49
	9,240	1,411	16,7
ThC'	8,947	—	10^6
	9,661	0,714	65
	10,740	1,793	180

Bei ThCC' sind die γ-Strahlen äußerst schwach und konnten bisher nicht mit Sicherheit gefunden werden, wogegen die α-Strahlgruppe größter Reichweite intensiver ist als die intensivste Gruppe bei RaCC'. An RaTh, das sich mit seinen Zerfallsprodukten im Gleichgewicht befand, wurde von Skobelzyn ein γ-Strahl mit der Energie $17{,}8 \cdot 10^5$ Volt beobachtet[4], der vielleicht zu ThCC' gehört und einem Übergang von dem in Frage stehenden angeregten Zustand entspricht; seine Intensität sollte nach den Messungen von Skobelzyn 0,05 Quanten pro Zerfall betragen. Daraus wäre zu schließen, daß ThC beim Zerfall nur in 5% aller Umwandlungen einen angeregten ThC'-Kern liefert. Anderseits ist es unwahrscheinlich, daß die Übergangswahrscheinlichkeiten g der γ-Strahlen von RaCC' und ThCC' sehr verschieden sind. Um die viel größere Anzahl der α-Teilchen großer Reichweite bei ThCC' erklären zu können, müssen wir annehmen[5], daß der den ThC'-Kern umgebende Potentialberg (Abb. 10) niedriger ist als derjenige von RaC' und dadurch im Sinne der Gamowschen Theorie eine größere Zerfallskonstante ergibt.

V. *RaD, ThD*. Es sind keine γ-Strahlen beobachtet, welche dem RaC'D-Zerfallsvorgang zugeschrieben werden könnten. Dies und das Fehlen von Gruppen langsamer α-Teilchen bei RaC'D machen es wahrscheinlich, daß der Übergang RaC'D unangeregte RaD-Kerne ergibt. Sollten γ-Strahlen des Übergangs RaC''D vorhanden sein, der nur 0,04% aller Übergänge RaCC'C''D beträgt, so wären sie wohl zu schwach, um beobachtet werden zu können.

In dem γ-Strahlspektrum von ThB, das sich mit seinen Zerfallsprodukten im Gleichgewicht befindet, kommen mehrere Linien vor, welche angeregten

[1] Lord Rutherford, C. E. Wynn-Williams, F. A. B. Ward und W. B. Lewis, Proc. Roy. Soc. London (A) Bd. 139, S. 617. 1933.

[2] Bezüglich der Energiewerte $h\nu$ vgl. dies. Handb. Bd. XXII/2, Kap. 2 (L. Meitner) Ziff. 27; für die Intensitäten vgl. E. Rutherford, J. Chadwick u. C. D. Ellis, Radiations from Radioactive Substances, S. 509.

[3] Bezüglich des merklich strahlungslosen Kernüberganges, der der Überschußenergie von $14{,}2 \cdot 10^5$ Volt der intensivsten, weitreichenden α-Gruppe des RaC' über die normale Zerfallsenergie entspricht und als β-Strahl beobachtet ist, vgl. Ziff. 8. Zum Energieniveauschema des RaC'-Kernes vgl. jüngst G. Gamow, Nature Bd. 131, S. 433. 1933.

[4] D. Skobelzyn, C. R. Bd. 194, S. 1486. 1932.

[5] Vgl. C. D. Ellis u. N. F. Mott, l. c.

ThD-Kernen zugeschrieben werden müssen. Da die beim Übergang ThC'D emittierten α-Teilchen keine Feinstruktur zeigen, sind die γ-Linien der ThC''D-Umwandlung zuzuordnen.

Die γ-Linien, β-Strahlintensitäten und daraus abgeleiteten $\beta + \gamma$-Strahlintensitäten p sind in Tabelle 10 angegeben. Wir können daraus schließen, daß γX einem Quadrupolübergang entspricht, da keine Linie pro Zerfall eine größere Intensität als *Eins* haben kann, und daß nahezu jeder ThC''-Zerfall einen angeregten ThD-Kern liefert[1].

Tabelle 10. Dem ThC''D zugeschriebene γ-Linien.

Bezeichnung der γ-Strahlen	$h\nu$ Volt $\cdot 10^{-5}$	Intensität der β-Strahlen (beob.) $p\alpha \cdot 10^2$	$\alpha \cdot 10^3$ (ber.)		p (ber.)	
			Qu.	Di.	Qu.	Di.
γG	2,765	1,4	134	19,0	0,10	0,74
γL	5,100	0,73	24	7,8	0,30	0,93
γM	5,823	0,65	20,0	5,9	0,33	1,1
γX	26,20	0,15	1,44	0,5	1,0	3,0

12. Mittlere Lebensdauer angeregter Kernzustände. Die α-Teilchen großer Reichweite stellen gegenwärtig das einzige Hilfsmittel dar, um die Lebensdauer t der angeregten Kernzustände abschätzen zu können. Bedeutet a die Anzahl der α-Teilchen großer Reichweite pro Zerfall, P die Anzahl der in dem betreffenden Zustand entstehenden Kerne und λ die Zerfallskonstante, so erhält man für die in Frage kommende Zeit t

$$a = P t \lambda; \tag{12, 1}$$

P ist gleich der Gesamtzahl der β-Teilchen und γ-Quanten der Linie pro Zerfall (Ziff. 11); P und a können experimentell bestimmt werden und λ kann aus der Gamowschen Formel (6, 7) berechnet werden.

Wir wollen jetzt untersuchen, mit welcher Genauigkeit t beispielsweise für den Zustand von $6{,}09 \cdot 10^5$ Volt des RaC'-Kernes (Tab. 3, 9) bestimmt werden kann.

Mit dem Ansatz

$$r_0 = 10^{-12}(1 - \tau)\ \text{cm}$$

für den Radius r_0 des Atomkernes gibt die Gamowsche Formel (6, 7) für die Zerfallskonstante λ_{ang} des angeregten Kernes ($E = E_0 + 6{,}09 \cdot 10^5$ Volt)

$$\log_{10} \lambda_{\text{ang}} = 10{,}1 - 19\,\tau,$$

anderseits für den Normalzustand ($E = E_0$)

$$\log_{10} \lambda_{\text{norm}} = 7{,}5 - 19\,\tau.$$

Der Normalzustand hat nach Jacobsen[2] eine Zerfallskonstante zwischen 10^4 und $10^5\ \text{sec}^{-1}$. Wir können somit für den Normalzustand $19\,\tau \sim 3$ annehmen, also $\tau \sim 0{,}16$. Es ist kein Grund dafür ersichtlich, daß τ für den angeregten Zustand dasselbe ist wie für den Normalzustand. Wir können jedoch für den Kernradius des angeregten Zustandes etwa

$$0{,}74 < r \cdot 10^{12} < 0{,}95\ \text{cm}$$

wählen, woraus

$$1 < 19\tau < 5$$

[1] Für diese Übergänge sind zwei mögliche Niveauschemata von Ellis und Mott (l. c.) vorgeschlagen worden.

[2] J. C. Jacobsen, Phil. Mag. Bd. 47, S. 23. 1924.

folgt. Dies gibt für den angeregten Zustand

$$\lambda_{\text{ang}} = 10^{7\pm 2}\,\text{sec}^{-1}.$$

Da $0{,}5 \cdot 10^{-6}$ α-Teilchen der betrachteten Energie pro Zerfall beobachtet sind (Tab. 9), wird die EINSTEINsche optische Übergangswahrscheinlichkeit A für den γ-Strahl $h\nu = 6{,}12 \cdot 10^5$ Volt (Tab. 3)

$$A = \frac{\lambda_{\text{ang}}}{0{,}5 \cdot 10^{-6}} = 2 \cdot 10^{13\pm 2}\,\text{sec}^{-1}.$$

Wenn diese γ-Linie als Dipolstrahlung aufzufassen ist (Ziff. 8), erhalten wir anderseits nach (8, 5) und (8, 7)

$$A = \frac{4}{3\hbar}\left(\frac{2\pi\nu}{c}\right)^3 (e z x_{0n})^2,$$

wo ez die Ladung der strahlenden Kernpartikel und x_{0n} das zu dem Übergang gehörende Matrixelement seiner Ortskoordinate x bedeutet. Mit $z = 2$ ergibt sich hieraus

$$x_{0n} = 0{,}71 \cdot 10^{-13\pm 1}\,\text{cm}.$$

Dieser Wertbereich für x_{0n} ist a priori möglich, da wir mit Sicherheit nur annehmen können, daß

$$x_{0n} < \sim \tfrac{1}{2}\, 10^{-12}\,\text{cm}$$

ist. In Ziff. 8 haben wir jedoch gesehen, daß nur Übergänge mit Dipolstrahlung auftreten, deren Intensität vergleichbar ist mit jener von Quadrupolstrahlung. Wir sollten daher erwarten, daß x_{0n} bedeutend kleiner ist als der mögliche Maximalwert.

Wäre der Übergang mit Quadrupolstrahlung verbunden, so wäre nach (8, 6) und (8, 7) für den Sprung von einem D- in einen S-Zustand[1]

$$A = \frac{3}{20}\frac{1}{\hbar}\left(\frac{2\pi\nu}{c}\right)^5 \{e z (x^2)_{0n}\}^2,$$

wo $(x^2)_{0n}$ das Matrixelement von x^2 bedeutet. Der obige Zahlenwert von A liefert

$$\sqrt{(x^2)_{0n}} \sim 2 \cdot 10^{-12\pm 0{,}5}\,\text{cm},$$

während man, wie früher, von vornherein erwarten sollte

$$\sqrt{(x^2)_{0n}} < \sim \tfrac{1}{2} \cdot 10^{-12}\,\text{cm},$$

wobei der wirkliche Wert wahrscheinlich bedeutend kleiner ist. Die experimentellen Ergebnisse sind hier also kaum vereinbar mit der Hypothese, daß Quadrupol- und Dipolübergänge der Kerne vergleichbare Intensitäten haben können.

13. Die kontinuierlichen β-Strahlspektren. Es gibt gegenwärtig keine Theorie des eigentlichen primären β-Zerfalls, welche die Existenz der kontinuierlichen Energiespektren zu erklären oder Zerfallskonstanten abzuschätzen vermag. Einige Spekulationen darüber, bei welchen Elementen β-Zerfall eintreten kann, sind in Ziff. 2 besprochen worden.

Empirisch ist bemerkenswert, daß das größte $h\nu$ der einem β-Zerfall folgenden γ-Linien nur selten größer ist als die Energie der oberen Grenze des kontinuierlichen β-Spektrums, wie aus Abb. 20 entnommen werden kann[2].

Würde man annehmen, daß der Energiesatz bei allen Kernübergängen erhalten bleibt, dann folgt, daß ein radioaktiver Kern vor oder nach einer β-Umwandlung einen beliebigen Energiewert innerhalb eines kontinuierlichen Bereiches

---

[1] Vgl. H. M. TAYLOR und N. F. MOTT, l. c. Gl. (4,24).

[2] Die wichtigste Ausnahme von dieser Regel ist die γ-Linie mit der Energie $26{,}2 \cdot 10^5$ Volt, die beim Zerfall ThC″D (vgl. Abb. 20) auftritt. Es ist bemerkenswert, daß diese Linie bei jedem Zerfall emittiert wird (vgl. Tab. 10).

haben könnte, der sich z. B. für RaC bis zu $3 \cdot 10^6$ Volt erstrecken würde. Andererseits zeigen die benachbarten α- und γ-Umwandlungen keinerlei Energieunschärfen. Überdies würden zwei Kerne mit verschiedener Energie verschiedene Masse besitzen, wogegen aus den Bandenspektren der Moleküle (Ziff. 3) eindeutig zu entnehmen ist, daß zwei gleiche Kerne in ihrem Grundzustand absolut identisch sind. Nach den allgemeinen Überlegungen von Ziff. 1 ist es viel zu unwahrscheinlich, daß eine fundamentale Verschiedenheit zwischen nichtradioaktiven, stabilen und den unstabilen Kernen vorliegt, um die Hypothese nichtquantisierter Energieniveaus für radioaktive Kerne einzuführen.

Gegenwärtig besteht die Tendenz[1], den β-Zerfall als eine Erscheinung zu betrachten, auf die der Energie-Erhaltungssatz nicht anwendbar ist. Hiernach werden zwei radioaktive Kerne vor und nach einem β-Zerfall als absolut identisch angesehen, auch wenn die emittierten β-Teilchen verschiedene Energien aufweisen.

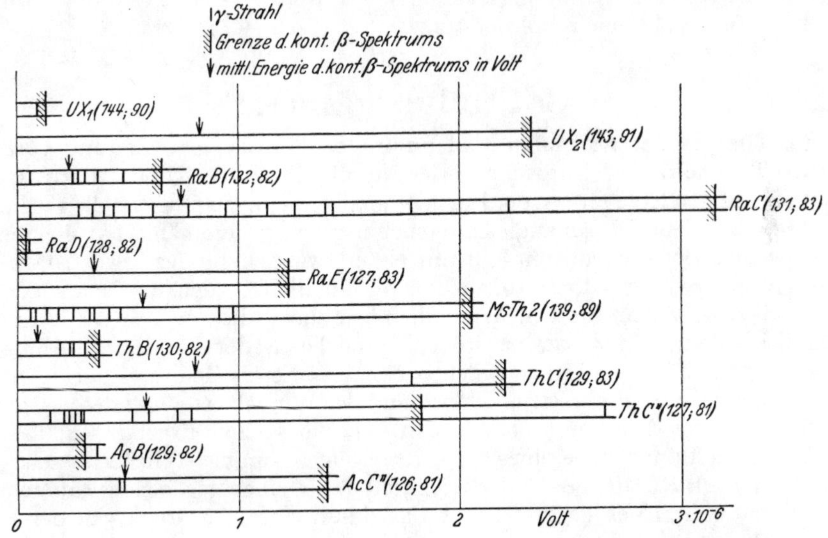

Abb. 20. Vergleich zwischen den kontinuierlichen β-Spektren und den γ-Strahlen der radioaktiven Elemente[2].

IWANENKO[3] und HEISENBERG[4] haben vorgeschlagen, den Kern aus Neutronen und Protonen aufgebaut zu denken, so daß der β-Zerfall mit der Umwandlung eines Neutrons in ein Proton und ein Elektron verbunden wäre. Es wird angenommen, daß der Zerfall des Neutrons den Prozeß darstellt, bei dem der Energie-Erhaltungssatz nicht gültig ist. Für diesen Vorgang dürfen dann auch die gewöhnlichen Gesetze der Statistik und des Drehimpulsmoments nicht gültig sein, weil die beobachteten Kernmomente unter der Annahme erklärt werden können, daß Neutron und Proton den Spin $\frac{1}{2}\hbar$ haben und der Fermi-Dirac-Statistik genügen (Ziff. 3). Die Entfernung eines Elektrons aus dem Neutron würde keine Änderung von Spin oder Statistik der Kerne bewirken dürfen.

GAMOW[5] hat das Proton-Neutronmodell des Kernes angewendet, um die Tatsache zu erklären (vgl. Abb. 20), daß Elemente mit ungerader Atomnummer

---

[1] Vgl. z. B. dies. Handb. XXII/1, Kap. 2B (L. MEITNER) Ziff. 33.

[2] Die β-Strahl-Energien sind B. W. SARGENT, Proc. Roy. Soc. London (A) Bd. 139, S. 692. 1933 entnommen worden.

[3] D. IWANENKO, Nature Bd. 129, S. 798. 1932.

[4] W. HEISENBERG, ZS. f. Phys. Bd. 77, S. 1 und Bd. 78, S. 156. 1932.

[5] G. GAMOW, Nature Bd. 131, S. 433. 1933.

nach einem β-Zerfall schnellere β-Teilchen und härtere γ-Strahlen zeigen als Elemente mit gerader Atomnummer. Es wird angenommen, daß jedes Paar von Protonen sich mit einem Paar von Neutronen im Kern zur Bildung eines α-Teilchens vereinigt oder wenigstens einen größeren Beitrag an Bindungsenergie liefert. Da immer ein Überschuß an Neutronen besteht, wird beim β-Zerfall eines ungeraden Elementes ein Neutron in ein Proton übergehen, das nun mit zwei Neutronen und dem vorhandenen einzigen Proton ein α-Teilchen zu bilden vermag; die hierbei freiwerdende große Energie wird voraussichtlich entweder auf das β-Teilchen übertragen oder in Form von γ-Strahlen emittiert. Zerfällt andererseits ein Element mit gleicher Atomnummer, so kann kein neues α-Teilchen entstehen und nur ein viel geringerer Energiebetrag freiwerden.

Gegen diesen Standpunkt ist anzuführen, daß die Differenz zwischen den γ-Strahlenenergien der B- und C-Körper von der Größenordnung 0,5 Millionen Volt ist, wogegen die Bindungsenergie eines freien α-Teilchens die Größenordnung von 20 Millionen Volt besitzt.

C. Stoßvorgänge.

14. Theorie der normalen und anomalen elastischen Streuung von geladenen Teilchen. Die Entdeckung der Atomkerne durch RUTHERFORD ist bekanntlich aus den Ergebnissen der Beschießung von Atomen mit schnellen Teilchen erschlossen worden. Die genauere Untersuchung der Streuvorgänge hat sich immer mehr als eines der wertvollsten Hilfsmittel zur Erforschung der Kernstruktur erwiesen, wobei α-Teilchen, Protonen und die kürzlich entdeckten Neutronen als Stoßpartikel verwendet werden. Wir wollen hier zuerst die elastischen Zusammenstöße diskutieren, d. h. Zusammenstöße, bei welchen weder Zerfall noch Anregung des Kerns durch das stoßende Teilchen eintritt. Es handelt sich dabei um die Berechnung der Streuwahrscheinlichkeit und der Winkelverteilung der gestreuten Partikel und um den Vergleich mit den experimentellen Ergebnissen.

Wird eine dünne Folie eines schweren Elements mit α-Teilchen beschossen, dann kann nach RUTHERFORD[1] der Bruchteil der in einen gegebenen Raumwinkel $d\omega$ gestreuten Teilchen dargestellt werden durch einen Ausdruck von der Form

$$n D I(\vartheta)\, d\omega, \tag{14, 1}$$

wo

$$I(\vartheta) = \left(\frac{Z Z' e^2}{2 M_P v^2}\right)^2 \frac{1}{\sin^4 \frac{1}{2}\vartheta}. \tag{14, 2}$$

Hierbei bedeuten D die Dicke der Folie, n die Anzahl der Atome pro Volumeneinheit, Ze, $Z'e$ die Ladungen des streuenden Kerns bzw. der stoßenden Partikel, M_P und v die Masse und Geschwindigkeit der letzteren sowie ϑ ihren Streuwinkel.

Diese Formel kann für ruhende Kerne sowohl aus der NEWTONschen Mechanik als auch aus der Wellenmechanik[2] abgeleitet werden unter der Annahme, daß die potentielle Energie $V(r)$ des stoßenden Teilchens im Abstand r vom Kern gemäß dem COULOMBschen Gesetze durch

$$V(r) = Z Z' e^2 / r \tag{14, 3}$$

gegeben ist. Um dem Rückstoß des Kernes von der Masse M_K Rechnung zu tragen, was bei leichteren Kernen erforderlich wird, sei daran erinnert, daß sowohl in der NEWTONschen Mechanik als auch in der Quantenmechanik das Zweikörper-

[1] Vgl. ds. Handb. Bd. XXII/2, S. 228.

[2] Vgl. ds. Handb. Bd. XXIV/1, Kap. 3 (H. BETHE), Ziff. 51; Kap. 5 (G. WENTZEL), Ziff. 4.

problem auf den Fall des ruhenden Kerns mit der Potentialfunktion $V(r)$ zurückgeführt werden kann, indem die Masse M_P der stoßenden Partikel ersetzt wird durch

$$M = \frac{M_P M_K}{M_P + M_K}, \tag{14, 4}$$

so daß man sich stets nur mit diesem vereinfachten Problem zu beschäftigen braucht. Die Beziehung zwischen dem bisherigen Streuwinkel ϑ und dem wirklichen Streuwinkel Θ ist dann durch

$$\operatorname{tg}\Theta = \frac{M_K \sin\vartheta}{M_K \cos\vartheta + M} \tag{14, 5}$$

gegeben und zur Umrechnung der bisherigen Streuformel (14, 1), (14, 2) heranzuziehen. Diese liefert für die Anzahl aller unter Winkeln zwischen Θ und $\Theta + d\Theta$ abgelenkten Stoßteilchen bei Berücksichtigung von (14, 4)

$$n D \left(\frac{Z Z' e^2}{2 M v^2}\right)^2 \frac{2\pi \sin\vartheta}{\sin^4 \vartheta/2} \frac{d\vartheta}{d\Theta} d\Theta. \tag{14, 6}$$

Um die in einen gegebenen Raumwinkel $d\omega$ gestreute Anzahl zu erhalten, würde dies noch mit $\frac{d\omega}{2\pi \sin\Theta d\Theta}$ zu multiplizieren sein. Die Anzahl der Kerne pro Stoßteilchen, deren Rückstoß unter einem Winkel zwischen Φ und $\Phi + d\Phi$ erfolgt (Abb. 21), wird bestimmt durch[1]

$$n D \left(\frac{Z Z' e^2}{2 M v^2}\right)^2 \frac{4\pi \sin 2\Phi \cdot d\Phi}{\cos^4 \Phi}. \tag{14, 7}$$

Diese Formeln werden als „klassisch“ bezeichnet. Der einzige Fall, in welchem klassische und Quantenmechanik für das Coulombfeld verschiedene Resultate ergeben, ist derjenige, wo die beiden am Stoß beteiligten Partikel von gleicher Art sind[2], z. B. beides Heliumkerne (Ziff. 15).

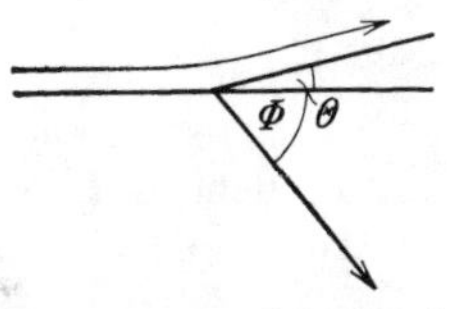

Abb. 21. Streuwinkel Θ und Rückstoßwinkel Φ.

Die RUTHERFORDsche Streuformel (14, 6) ist im allgemeinen ausgezeichnet bestätigt worden und konnte sogar zur zahlenmäßigen Bestimmung von Kernladungszahlen herangezogen werden[3]. Bei schnellen Partikeln und leichten Kernen haben sich jedoch Abweichungen bemerkbar gemacht, auch wenn der Atomkern und die stoßende Partikel ungleichartige Teilchen sind. Der Ursprung hiervon liegt in dem Versagen des COULOMBschen Kraftgesetzes (14, 3) für die kleinen Kernabstände ($r \sim Z Z' e^2/\frac{1}{2} M v^2$), die das stoßende Teilchen bei großen Geschwindigkeiten insbesondere für niedrige Kernladungen Z zu erreichen vermag.

Vor dem Auftreten der Quantenmechanik wurden verschiedene Versuche zur Deutung der „anomalen“ Zerstreuung von α-Teilchen ($Z' = 2$) gegründet auf die Annahme bestimmter Abweichungen vom COULOMBschen Gesetze von der Form[4]

$$V(r) = \frac{2 Z e^2}{r} - \frac{a}{r^n}.$$

Durch den Erfolg der GAMOWschen Theorie des α-Zerfalls (Ziff. 6) wird es heute nahegelegt, die anomale Zerstreuung auf die dort bewährten Voraus-

[1] Vgl. E. RUTHERFORD, J. CHADWICK u. C. D. ELLIS, Radiations from Radioactive Substances, § 56.
[2] Vgl. ds. Handb. Kap. 5 (G. WENTZEL), Ziff. 5.
[3] J. CHADWICK, Phil. Mag. Bd. 40, S. 734. 1920.
[4] H. PETTERSSON, Wiener Ber. (IIa) Bd. 133, S. 509. 1924; Proc. Roy. Soc. London Bd. 36, S. 134. 1924; P. DEBYE u. W. HARDMEIER, Phys. ZS. Bd. 27, S. 196. 1926.

setzungen über den Atomkern zurückzuführen. Für das Folgende seien mit TAYLOR[1] für die potentielle Energie des α-Teilchens im Kernfelde die Annahmen benutzt

$$\left.\begin{aligned} V(r) &= 2Ze^2/r & r > r_0, \\ &= \text{unbekannte Anziehung} & r < r_0, \end{aligned}\right\} \qquad (14,8)$$

worin r_0 den GAMOWschen Kernradius (Abb. 10) bezeichnet. Der Atomkern soll vor dem Stoß als ruhend betrachtet werden; die Richtung des mit der Geschwindigkeit v einfallenden α-Teilchens sei parallel zur z-Achse vorausgesetzt, bezüglich welcher das wellenmechanische Problem axialsymmetrisch ist und durch Polarkoordinaten r, ϑ beschrieben werden kann. Die SCHRÖDINGERsche Gleichung für die Relativbewegung der beiden Partikel lautet

$$\varDelta u + \frac{2M}{\hbar^2}\left[\frac{1}{2}Mv^2 - V(r)\right]u = 0, \qquad (14,9)$$

und man hat eine Lösung zu finden von der asymptotischen Form

$$u(r,\vartheta) \backsim e^{ikz} + \frac{e^{ikr}}{r} f(\vartheta), \qquad (14,10)$$

worin $k = Mv/\hbar$ gesetzt ist. Das erste Glied stellt die ebene Welle des einfallenden α-Teilchens dar, das zweite die divergierende „Streuwelle", deren Intensität für den Winkel ϑ durch

$$I(\vartheta) = |f(\vartheta)|^2$$

gegeben wird. Die wirkliche Anzahl der in einer gewissen Richtung Θ gestreuten α-Teilchen erhält man dann aus (14, 6) durch Multiplikation mit dem Faktor

$$R = \left|\frac{f(\vartheta)}{ZZ'e^2/2Mv^2\sin^2\frac{1}{2}\vartheta}\right|^2, \qquad (14,11)$$

wobei ϑ aus Θ, wie bereits für (14, 6), nach (14, 5) zu berechnen ist. Sind Kern und stoßendes Teilchen von derselben Art und gehorchen sie der Einstein-Bose-Statistik[2], so ist statt (14, 11)

$$R = \frac{|f(\vartheta) + f(\pi - \vartheta)|^2}{(Z^2e^2/2Mv^2)^2\{\operatorname{cosec}^4\frac{1}{2}\vartheta + \sec^4\frac{1}{2}\vartheta\}} \qquad (14,12)$$

zu setzen, wo diese Formel nunmehr die Summe aller gestreuten und gestoßenen Teilchen ergibt.

Zur Lösung von (14, 9) sei zunächst ein reines Coulombfeld vorausgesetzt. Die Wellenfunktion $u(r,\vartheta)e^{-2\pi i\nu t}$, welche die Streuung durch ein reines Coulombfeld beschreibt, ist von GORDON[3] angegeben worden. Sie lautet

$$u(r,\vartheta) = \sum_{l=0}^{\infty} a_l P_l(\cos\vartheta)\,\psi_l(r),$$

wo P_l die LEGENDREschen Polynome sind und ψ_l die der Grenzbedingung für $r = 0$ genügende Lösung der Differentialgleichung

$$\frac{1}{r^2}\frac{d}{dr}\left(r^2\frac{d\psi}{dr}\right) + \left[\frac{2M}{\hbar^2}\left(\frac{1}{2}Mv^2 - \frac{ZZ'e^2}{r}\right) - \frac{l(l+1)}{r^2}\right]\psi = 0$$

---

[1] H. M. TAYLOR, Proc. Roy. Soc. London (A) Bd. 134, S. 103. 1931; Bd. 136, S. 605. 1932.

[2] Vgl. ds. Handb. Kap. 5 (G. WENTZEL), Ziff. 5.

[3] W. GORDON, ZS. f. Phys. Bd. 48, S. 180. 1928; vgl. auch ds. Handb. Kap. 5 (G. WENTZEL), Ziff. 3, S. 700; Ziff. 8, S. 711.

bedeutet, welche so normiert wird, daß für große r

$$\psi_l \sim (kr)^{-1} \sin(kr - \tfrac{1}{2} l\pi - \gamma \log 2kr + \sigma_l);$$

dabei ist $k = Mv/\hbar$, $\gamma = ZZ'e^2/\hbar v$ und σ_l die Konstante $\arg\Gamma(i\gamma + l + 1)$. Die Koeffizienten a_l sind gegeben durch

$$a_l = i^l (2l + 1)\, e^{i\sigma_l}.$$

Die Lösung hat für große r die asymptotische Form (14, 10),

$$u(r, \vartheta) \sim I + S f(\vartheta),$$

wo I die entlang der z-Achse fortschreitende Primärwelle mit der Amplitude 1 bedeutet,

$$S = r^{-1} e^{ikr - \gamma \log 2kr + 2i\sigma_0}$$

die gestreute Welle darstellt und das Quadrat des Absolutbetrages von

$$f(\vartheta) = \frac{ZZ'e^2}{2Mv^2} \frac{1}{\sin^2 \frac{1}{2}\vartheta} e^{-i\gamma \log \sin^2 \frac{1}{2}\vartheta + i\pi} \tag{14, 13}$$

dem RUTHERFORDschen Streufaktor (14, 2) entspricht.

Wir betrachten nun die Streuung in einem Kernfelde $V(r)$, wie es in Abb. 10 dargestellt ist. Die Streuung wird jetzt durch eine abgeänderte Wellenfunktion

$$U(r, \vartheta) = \sum_{l=0}^{\infty} A_l P_l(\cos\vartheta)\, \Psi_l(r)$$

beschrieben, wo Ψ_l der Differentialgleichung

$$\frac{1}{r^2} \frac{d}{dr}\left(r^2 \frac{d\Psi_l}{dr}\right) + \left[\frac{2M}{\hbar^2}\left(\tfrac{1}{2} M v^2 - V(r)\right) - \frac{l(l+1)}{r^2}\right] \Psi_l = 0 \tag{14, 14}$$

genügt; Ψ_l ist von der asymptotischen Form

$$\Psi_l \sim (kr)^{-1} \sin(kr - \tfrac{1}{2} l\pi - \gamma \log 2kr + \sigma_l + \delta_l),$$

wo δ_l von der Form des Feldes $V(r)$ innerhalb des Kernes abhängt. Wir müssen die Koeffizienten A_l so wählen, daß U wiederum nur eine einfallende und eine gestreute Welle repräsentiert. Dies geschieht am einfachsten durch eine solche Wahl von A_l, daß in der Differenz $A_l \Psi_l - a_l \psi_l$ nur Terme von der Form $r^{-1} e^{ikr}$, aber keine solchen von der Form $r^{-1} e^{-ikr}$ auftreten. Das gibt

$$A_l = i^l (2l + 1)\, e^{i\delta_l + i\sigma_l},$$

wo δ_l die oben definierte Phase ist; für große r haben wir somit

$$\begin{aligned} U(r, \vartheta) &\sim I + S f(\vartheta) + \sum_{l=0}^{\infty} (A_l \Psi_l - a_l \psi_l)\, P_l(\cos\vartheta) \\ &\sim I + S\left\{ f(\vartheta) + \frac{1}{2ik} \sum_{l=0}^{\infty} (2l+1)\left(e^{2i\delta_l} - 1\right) e^{2i\sigma_l} P_l(\cos\vartheta)\right\}. \end{aligned}$$

Die Zahl der in einen Raumwinkel $d\omega$ gestreuten Partikel ergibt sich daraus zu

$$I(\vartheta)\, d\omega = \left| f(\vartheta) + \frac{1}{2ik} \sum_{l=0}^{\infty} (2l+1)\left(e^{2i\delta_l} - 1\right) e^{2i\sigma_l} P_l(\cos\vartheta) \right|^2 d\omega. \tag{14, 15}$$

Für das Verhältnis R der wirklichen Streuung zu der klassischen Streuung im reinen Coulombfelde folgt daher

$$R = \left| 1 + \frac{\hbar v i}{ZZ'e^2} \sin^2 \tfrac{1}{2}\vartheta\, e^{i\gamma \log \sin^2 \frac{1}{2}\vartheta} \sum_{l=0}^{\infty} (2l+1)\left(e^{2i\delta_l} - 1\right) e^{2i(\sigma_l - \sigma_0)} \right|^2. \tag{14, 16}$$

Wir müssen jetzt das Verhalten der Konstanten δ_l diskutieren. Wir bemerken, daß die in Gleichung (14, 14) auftretende Funktion von r

$$\frac{2M}{\hbar^2}(E - V(r)) - \frac{l(l+1)}{r^2}, \qquad E = \frac{M}{2}v^2, \tag{14, 17}$$

nach (14, 8) im Gebiete $r > r_0$ eine einzige Nullstelle hat, wenn E nicht zu groß ist. Bezeichnen wir diese Nullstelle mit ϱ_l, so erkennt man leicht, daß ϱ_l den klassischen Stoßabstand des α-Teilchens mit der gegebenen Anfangsgeschwindigkeit v und dem Drehimpuls $\sqrt{l(l+1)}\hbar$ darstellt, so daß der „Stoßparameter" durch $\sqrt{l(l+1)}\hbar/Mv$ gegeben ist.

Für $\varrho_l > r_0$ kann ein solches Teilchen nach der klassischen Theorie nicht in das Gebiet eindringen, in dem das COULOMBsche Gesetz nicht mehr zutrifft. Die Quantenmechanik besagt entsprechend, daß für $\varrho_l \gg r_0$, $\delta_l \ll 1$ sein muß. Das kann leicht aus der Abb. 22 entnommen werden, in der die Funktion $\left(\frac{2m}{\hbar^2}(E - V) - \frac{l(l+1)}{r^2}\right)$ und die Wellenfunktion $r\psi_l$ gegen r aufgetragen sind. In dem Gebiete, wo $\left(\frac{2m}{\hbar^2}(E - V) - \frac{l(l+1)}{r^2}\right)$ negativ ist (Abb. 22), wird $r\psi_l$ sehr klein. Man überzeugt sich leicht, daß die Phase δ_l hier nicht sehr verschieden ist von jener, die man im Falle des reinen Coulombfeldes haben würde[1].

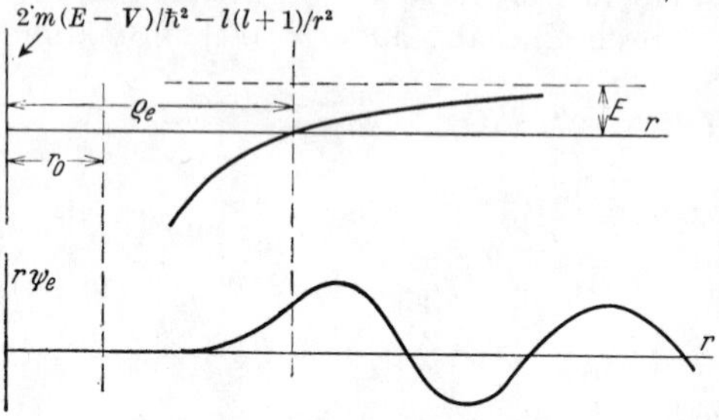

Abb. 22. Wellenfunktion ψ_l in Abhängigkeit von r.

Ist $\varrho_l > r_0$ *für alle* l, so kann das Teilchen nach der klassischen Theorie nicht in den Kern eindringen. Ist $\varrho_l \gg r_0$ für alle l, dann sind nach der Wellenmechanik alle δ_l klein, so daß in (14, 16) $R \sim 1$ wird, die Streuung also durch das klassische Gesetz gegeben ist.

Mit zunehmender Geschwindigkeit v der einfallenden Partikel wird schließlich $\varrho_l \sim r_0$ für $l = 0$, während für alle anderen Werte von l noch $\varrho_l > r_0$ bleibt. Teilchen mit dem Drehimpuls Null können somit bei dieser Geschwindigkeit in den Kern eindringen, nicht aber solche mit einem Drehimpuls größer oder gleich $\hbar\sqrt{2}$. δ_0 ist somit der erste Koeffizient, der zu einem endlichen Wert der anomalen Streuung Anlaß gibt. Letztere ist dann bestimmt durch einen Ausdruck von der Form[2]

$$I(\vartheta) = \left| \frac{ZZ'e^2}{2Mv^2} \frac{1}{\sin^2\frac{1}{2}\vartheta} e^{-i\gamma \log \sin^2\frac{1}{2}\vartheta + i\pi} + \frac{1}{2ik}(e^{2i\delta_0} - 1) \right|^2. \tag{14, 18}$$

Die Größe δ_0 ist eine Funktion der Energie, aber nicht des Streuwinkels. Für das Verhältnis R ergibt sich nach (14, 16)

$$R = |1 + e^{i\gamma \log \sin^2\frac{1}{2}\vartheta} \cdot i\gamma^{-1} \sin^2\tfrac{1}{2}\vartheta\,(e^{2i\delta_0} - 1)|^2. \tag{14, 19}$$

Es sei bemerkt, daß die Formel (14, 18) die Differenz zwischen der gewöhnlichen COULOMBschen Streuwelle und einer kugelsymmetrischen Kern-Streuwelle darstellt. Eine hinreichende, aber nicht notwendige Bedingung für die Gültigkeit von (14, 18) ist, daß die Wellenlänge der einfallenden Partikel (im Koordinatenraum) groß gegen r_0 ist.

Wenn v noch weiter zunimmt, geben die Konstanten δ_l nacheinander zu endlichen Beiträgen zur anomalen Streuung Anlaß. Man kann die Anzahl der in Betracht kommenden Terme in der Reihe (14, 16) abschätzen, indem man

---

[1] Für den Beweis vgl. H. M. TAYLOR, l. c.

[2] Vgl. (14, 15) und (14, 13).

berechnet, für welche Werte von l ein Teilchen mit dem Drehimpuls $\sqrt{l(l+1)}\hbar$ nach der klassischen Theorie in den Kern eindringen kann.

15. Anwendungen der Theorie der anomalen Streuung. I. *Abschätzung von r_0.* Mit wachsender Energie der einfallenden Partikel treten für alle Winkel bei der gleichen Geschwindigkeit Abweichungen von der klassischen Streuformel auf, wie das in Abb. 23 dargestellt ist[1] und mit den experimentellen Ergebnissen bei Wasserstoff in Übereinstimmung steht. Durch die klassische Theorie könnte dieses Verhalten nur unter der Annahme eines scheibenförmigen Kernes erklärt werden[1]. Dieser Umstand ist für die Bestimmung des Kernradius r_0 von Bedeutung. Ist v die Geschwindigkeit, bei welcher für einen beliebigen Winkel Abweichungen von der klassischen Theorie beobachtet werden, so ist r_0 gegeben durch

$$r_0 \simeq \frac{Z e^2}{\frac{1}{2} M v^2}.$$

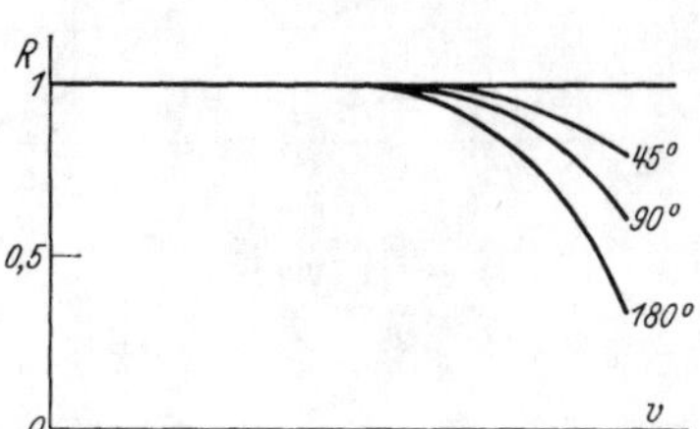

Abb. 23. Berechnete Abhängigkeit des Streuungsverhältnisses R von der Teilchengeschwindigkeit v.

II. *Streuung von α-Teilchen in Wasserstoff.* Bezeichnen wir mit M_P die Masse des α-Teilchens, dann ist die reduzierte Masse M, welche bei dem Stoßproblem wirksam ist, nach (14, 4),

$$M = \frac{\frac{1}{4} M_P M_P}{M_P + \frac{1}{4} M_P} = \frac{1}{5} M_P.$$

Die effektive de Broglie-Wellenlänge ist in diesem besonderen Stoßproblem somit bedeutend größer als bei Stößen zwischen α-Teilchen und schweren Kernen. In der Tat haben wir für die α-Teilchen von RaC′ (die schnellsten hier benutzten α-Strahlen),

$$h/M v \sim 26 \cdot 10^{-13} \text{ cm}.$$

Nun ist es sehr unwahrscheinlich, daß der Radius r_0 des α-Teilchens bedeutend größer als $5 \cdot 10^{-13}$ cm ist. Man kann somit als sicher annehmen, daß nur Teilchen mit dem Drehimpuls Null in den Kern eindringen können und daß die Streuformel (14, 19) gültig ist.

Berücksichtigen wir die Schwerpunktsbewegung der beiden Teilchen, so finden wir nach (14, 7) und (14, 19)

$$R = \left| e^{-i\gamma \log \cos^2 \chi} + i\gamma^{-1} \cos^2 \chi \, (e^{2i\delta_0} - 1) \right|^2$$

mit

$$\gamma = \frac{2e^2}{\hbar v} \sim \frac{2}{137} \frac{c}{v};$$

dabei ist χ der Winkel zwischen der Richtung des fortfliegenden Protons und der des einfallenden α-Teilchens und R das Verhältnis der beobachteten Protonenanzahl zu der nach der klassischen Theorie erwarteten Anzahl.

Da δ_0 eine Funktion der Geschwindigkeit v, aber nicht von χ ist, kann man δ_0 aus dem beobachteten Werte von R für ein gegebenes v und χ berechnen und hieraus R für alle Werte von χ (bei gleichbleibendem v) ableiten. Die Resultate einer solchen Berechnung sind in Abb. 24 für drei verschiedene Werte von v wiedergegeben, wobei δ_0 so gewählt wurde, daß die theoretischen Kurven mit den experimentellen für einen Winkel von 27° zusammenfallen.

---

[1] E. Rutherford, J. Chadwick u. C. D. Ellis, Radiations from Radioactive Substances, S. 276.

Die so erhaltene Abhängigkeit des δ_0 von v ermöglicht es, eine Abschätzung der Wechselwirkungsenergie zwischen Proton und α-Teilchen vorzunehmen. Unter der Voraussetzung, daß die Wechselwirkungsenergie von der Form

$$V(r) = -D, \qquad r < r_0,$$
$$V(r) = 2e^2/r, \qquad r > r_0$$

ist, findet man[1] die beste Übereinstimmung mit den experimentellen Daten für die folgenden Zahlenwerte:

$$r_0 = 4{,}5 \cdot 10^{-13}\,\mathrm{cm},$$
$$D = 6 \cdot 10^6\ \mathrm{Volt}.$$

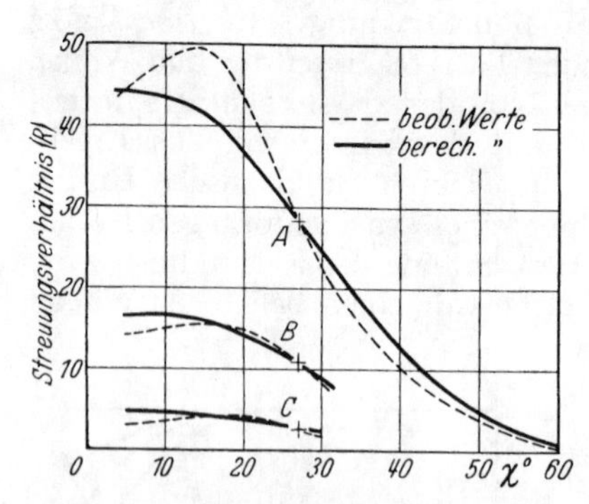

Abb. 24. Winkelverteilung der gestoßenen Protonen für α-Stöße in Wasserstoff. (Nach H. M. TAYLOR.) Reichweite der α-Strahlen: Kurve A: 6,6 cm; B: 4,3 cm; C: 2,9 cm.

III. *Streuung von α-Teilchen in Helium.* Das Problem wird in diesem Falle dadurch kompliziert, daß der Heliumkern selbst ein α-Teilchen darstellt, und es unmöglich ist, beim einzelnen Stoßvorgang zu unterscheiden, welches Teilchen gestreut und welches der gestoßene Kern ist. Für die theoretische Behandlung derartiger Stoßvorgänge ist es notwendig, in den Koordinaten der beiden Teilchen symmetrische Wellenfunktionen zu verwenden. Dies führt zu Abweichungen von der klassischen Streuformel selbst bei Stößen geringer Geschwindigkeit, für welche das COULOMBsche Wechselwirkungsgesetz gültig ist. Die theoretische Formel für R unter Annahme dieses Gesetzes lautet nach MOTT[2]

$$R = \frac{\left| \frac{1}{\sin^2 \Theta} e^{-i\gamma \log \sin^2 \Theta} + \frac{1}{\cos^2 \Theta} e^{-i\gamma \log \cos^2 \Theta} \right|^2}{\frac{1}{\sin^4 \Theta} + \frac{1}{\cos^4 \Theta}}, \tag{15, 1}$$

wobei

$$\gamma = 4e^2/\hbar v$$

und Θ den Winkel zwischen dem einfallenden Teilchen und dem gestreuten oder gestoßenen Teilchen nach dem Stoß bedeutet. Für $\Theta = 45°$ wird $R = 2$. Die von CHADWICK[3] bei $\Theta = 45°$ und veränderlicher Stoßenergie bestimmten Werte von R sind in Abb. 25 dargestellt. Man sieht, daß für kleine Geschwindigkeiten der einfallenden α-Teilchen R gegen 2 konvergiert, wie es die Theorie voraussagt. Die Beziehung (15, 1) ist auch von BLACKETT und CHAMPION[4] experimentell bestätigt worden.

Die Abweichungen von der Formel (15, 1) für schnelle Teilchen müssen dem Aufhören des Geltungsbereiches einer COULOMBschen Wechselwirkung zugeschrieben werden. Die *effektive* de Broglie-Wellenlänge h/Mv für ein α-Teilchen von RaC′ beträgt hier ($M = M_P/2$) nur noch $10{,}3 \cdot 10^{-13}$ cm. Demgemäß ist wahrscheinlich nur für Teilchen geringerer Geschwindigkeit die Annahme gerechtfertigt, daß die von dem Kern ausgesandte Streuwelle kugelsymmetrisch ist, so daß eine Formel vom Typus (14, 19) benutzt werden kann.

---

[1] H. M. TAYLOR, l. c.
[2] N. F. MOTT, Proc. Roy. Soc. London (A) Bd. 125, S. 222. 1929; Bd. 126, S. 259. 1929. Vgl. auch ds. Handb. Bd. XXIV/1, Kap. 5 (G. WENTZEL). Ziff. 5.
[3] J. CHADWICK, Proc. Roy. Soc. London (A) Bd. 128, S. 114. 1930; vgl. auch ds. Handb. Bd. XXIV/1, Kap. 5 (G. WENTZEL), Ziff. 5.
[4] P. M. S. BLACKETT u. F. C. CHAMPION, Proc. Roy. Soc. London (A) Bd. 130, S. 380. 1931.

Nimmt man dies an und berücksichtigt sowohl die Symmetrie der Wellenfunktion als auch die Schwerpunktsbewegung, so erhält man aus (14, 5), (14, 6), (14, 12) und (14, 18) für die Summe der Anzahl der gestreuten α-Teilchen und der gestoßenen He-Kerne die Beziehung[1]

$$R = 2\left|1 + i\gamma^{-1}\sin^2\Theta\,(e^{2i\delta_0} - 1)\,e^{i\gamma\log\sin^2\Theta}\right|^2.$$

Die Werte von δ_0 können aus der in Abb. 25 dargestellten experimentellen Kurve ($\Theta = 45°$) für jede beliebige Energie abgeleitet werden. Man kann daraus die Streuung für jeden anderen Streuwinkel berechnen und erhält ziemlich gute Übereinstimmung zwischen Theorie und Experiment, wie Abb. 26 zeigt, wo die

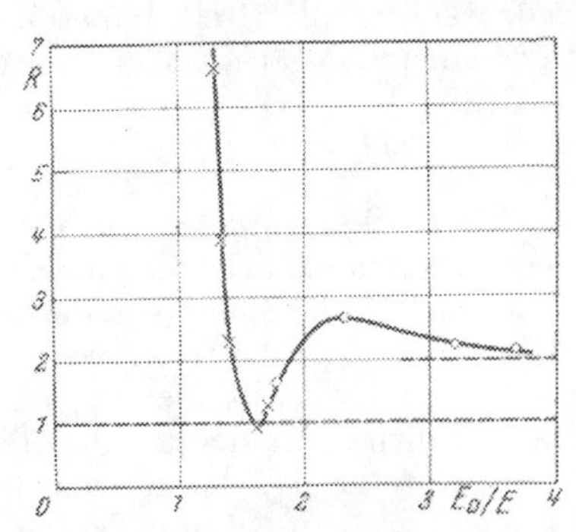

Abb. 25. Streuungsverhältnis R für α Stöße in Helium (nach CHADWICK), für $\Theta = 45°$. E_0 bedeutet die Energie der α-Teilchen von RaC′.

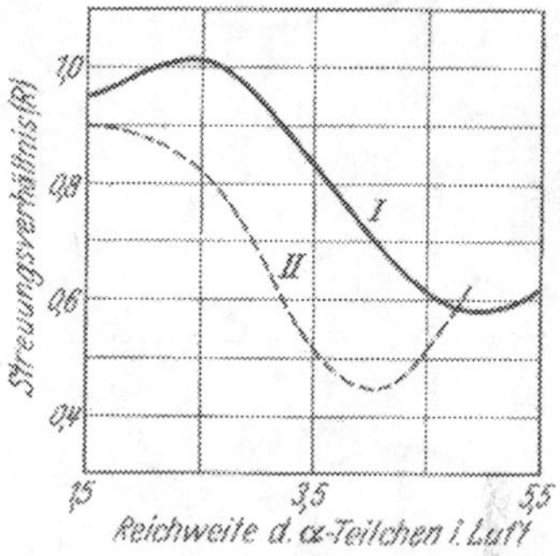

Abb. 26. Streuung von α-Teilchen in Helium für $\Theta = 10°$; Kurve I ist aus den beobachteten Werten für $\Theta = 45°$ berechnet; Kurve II ist experimentell bestimmt (nach TAYLOR).

Streuung für einen Winkel von 10° angegeben ist. Kurve I ist die theoretische Kurve, die mittels der Werte von δ_0 aus der experimentellen Kurve für 45° berechnet worden ist, Kurve II stellt die Beobachtungen dar[2].

Für die gegenseitige potentielle Energie zweier α-Teilchen ergibt sich aus den mit den experimentellen Daten gut verträglichen δ_0-Werten

$$V(r) = 4e^2/r \qquad r > 3{,}5\cdot 10^{-13}\,\text{cm},$$
$$V = -15{,}6\cdot 10^6\,\text{Volt} \qquad r < 3{,}5\cdot 10^{-13}\,\text{cm}.$$

Der für V erhaltene Wert ist überraschend groß und zeigt, daß die Anziehung zwischen zwei α-Teilchen während eines Stoßes bedeutend größer ist als die Anziehung zwischen den α-Teilchen im Inneren eines Kernes.

16. Resonanzniveaus. In Ziff. 14 haben wir gesehen, daß ψ innerhalb eines Kerns im allgemeinen klein wird, sobald die Energie der einfallenden Partikel kleiner als die Höhe des Potentialberges ist[3]. Daher sind alle Konstanten δ_l in (14, 15) klein und die Abweichungen von dem RUTHERFORDschen Streufaktor gering. Es ist jedoch denkbar, daß die Energie E des einfallenden Teilchens in der Nähe eines instabilen, quasi-stationären Zustandes des individuellen Systems Kern + α-Teilchen liegt, so daß ψ für einen gegebenen Wert von l im Kerninneren große Werte annimmt. Neben dem gewöhnlichen Lösungstypus I (vgl. Abb. 27) der Differentialgleichung

$$\frac{1}{r^2}\frac{d}{dr}\left(r^2\frac{d\psi}{dr}\right) + \left[\frac{2M}{\hbar^2}(E - V(r)) - \frac{l(l+1)}{r^2}\right]\psi = 0$$

[1] H. M. TAYLOR, l. c. Gl. (12).

[2] E. RUTHERFORD und J. CHADWICK, Phil. Mag. Bd. 4, S. 605. 1927.

[3] Oben Abb. 10, S. 806.

sollte für einen oder mehrere Wertebereiche von E noch ein weiterer Lösungstypus II vorkommen, wie er in Abb. 27 schematisch wiedergegeben ist. Auf diese Möglichkeit ist zuerst von GURNEY[1] hingewiesen worden.

Hieraus folgt, daß anomale Streuung gegebenenfalls nur in einem engen Energiebereich ΔE stattfinden könnte[2]; ein solcher Effekt ist experimentell bisher nicht beobachtet[3] worden[4]. Man würde auch erwarten, daß bei der künstlichen Zertrümmerung von Atomkernen die Ausbeute an Protonen bei bestimmten Stoßenergien scharfe Maxima zeigen könnte. Wir kommen hierauf in Ziff. 18 zurück.

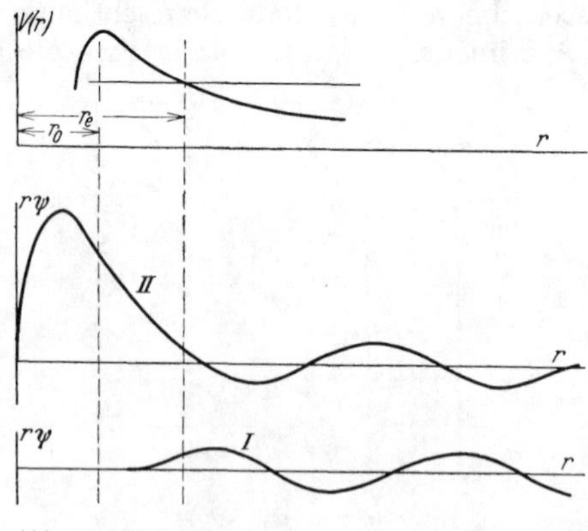

Abb. 27. Wellenfunktion $r\psi$ gegen r aufgetragen; I keine Resonanz, II Resonanzfall.

Bedeutet ΔE die Breite eines derartigen Resonanzniveaus, so kann man zeigen, daß

$$\Delta E = h\lambda,$$

wo λ die Zerfallskonstante des in Frage kommenden Zustands des Systems Kern $+ \alpha$-Teilchen ist. λ kann aus der GAMOWschen Formel (6, 7) berechnet werden; $1/\lambda$ gibt die mittlere Zeitdauer an, nach der das α-Teilchen wieder ausgestoßen wird. Die Breite ΔE kann sich beträchtlich vergrößern, wenn der Stoß unelastisch ist und ein Kernzerfall stattfindet[5] (Ziff. 18).

17. Zerstreuung von Neutronen. Die experimentellen Erfahrungen über Neutronen können folgendermaßen zusammengefaßt werden[6]: Das Neutron ist ein Teilchen der Ladung 0 und einer Masse zwischen 1,005 und 1,008[7]. Nimmt man an, daß es aus einem Proton und einem Elektron besteht, so liegt seine Bindungsenergie zwischen 1 und 2 Millionen Volt. Das Neutron wird bei der Zertrümmerung von Berylliumkernen mit einer Geschwindigkeit von ungefähr $3 \cdot 10^9$ cm/sec herausgeschleudert[8], bei der von Borkernen mit $2{,}5 \cdot 10^9$ cm/sec (Energie der α-Teilchen $5{,}1 \cdot 10^6$ Volt). Nach CHADWICK[6] ist der Wirkungsquerschnitt eines Neutrons für Zusammenstöße mit Bleiatomen etwa $\pi(7{,}10^{-13})^2$ cm² und mit Kohlenstoff $\pi(3{,}5 \cdot 10^{-13})^2$ cm². Für Stickstoff, Sauerstoff und Argon ist der Wirkungsquerschnitt von derselben Größenordnung; bei Wasserstoff etwa 50% kleiner. Für Elektronenstöße ist der Wirkungsquer-

---

[1] R. W. GURNEY, Nature Bd. 123, S. 565. 1929.

[2] Vgl. N. F. MOTT, Proc. Roy. Soc. London (A) Bd. 133, S. 228. 1931.

[3] *Nachtrag bei der Korr.:* Siehe nunmehr G. SCHNEIDER, Naturwissensch. Bd. 19, S. 349. 1933 (Streuung von Protonen an Borkernen).

[4] Man kann nicht erwarten, einen derartigen „Resonanz"effekt zu beobachten, wenn der Geschwindigkeitsbereich der benutzten α-Teilchen einem größeren Energiebereich entspricht als ΔE.

[5] Vgl. H. BOTHE, Phys. ZS. Bd. 32, S. 661. 1931; N. F. MOTT, l. c.

[6] Vgl. J. CHADWICK, Proc. Roy. Soc. London (A) Bd. 136, S. 692. 1932; s. auch I. CURIE und F. JOLIOT, Exposés de Physique Théorique, II. Paris 1932, wo die experimentellen Ergebnisse besprochen werden. S. auch J. DESTOUCHES, III, ebenda, wo der gegenwärtige Stand der Theorie besprochen wird.

[7] Dies folgt aus der Energiebilanz für die Zertrümmerung von Bor durch α-Teilchen und der Reaktion $B_{11} + He_4 = N_{14} + n_1$. Die Massen von B_{11}, N_{14}, He_4 sind bekannt (vgl. Tab. 1), und die Geschwindigkeit der emittierten Neutronen kann aus jener der von ihnen erzeugten Protonen berechnet werden (J. CHADWICK, l. c.).

[8] Seither wurden von G. KIRSCH u. W. SLONEK (Naturwissensch. Bd. 21, S. 62. 1933) fünf Neutronengruppen verschiedener Geschwindigkeit bei Be erhalten.

schnitt dagegen bedeutend kleiner; DEE[1] hat gezeigt, daß auf einer Wegstrecke von 300 cm bei Normaldruck nicht mehr als ein Ionenpaar gebildet wird. Der Wirkungsquerschnitt für schwerere Kerne scheint also mit der Kernladung Z langsam zuzunehmen und ist nicht sehr verschieden von πr_0^2, wo r_0 den GAMOWschen Radius des betreffenden Kernes bedeutet. In ungefähr 25% aller Neutronenstöße mit Stickstoffkernen tritt ein Zerfall der letzteren ein[2]. Sauerstoff kann auch zertrümmert werden, wobei aber nur ein kleinerer Teil der Zusammenstöße wirksam ist[3].

Die Seltenheit der Zusammenstöße zwischen Neutronen und Elektronen wurde von BOHR[4] erklärt. Verhält sich das Neutron wie eine undurchdringliche Kugel vom Radius a, so ist für $a \ll h/mv$ der Wirkungsquerschnitt $4\pi a^2$, d. h. das Vierfache des klassischen Wertes πa^2. Man erhält daher mit diesem Modell für Neutronen denselben Wirkungsquerschnitt wie für Elektronen und Protonen. Andererseits ist es fast sicher, daß das Neutron sich abweichend verhält. Denn wenn das Modell einer undurchdringlichen Kugel zutreffend wäre, müßte das Feld des Neutrons so beschaffen sein, daß ein Elektron in das Neutron nicht eindringen könnte. Wegen der Kleinheit der Masse des Elektrons würde dies jedoch einen unwahrscheinlich großen Wert der Wechselwirkungsenergie ($\sim 10^{12}$ Volt) notwendig machen.

Im Falle einer vernünftigen Größenordnung der Wechselwirkungsenergie ($\sim 10^6$ Volt) ist das BORNsche Approximationsverfahren[5] auf Stöße zwischen Elektronen und Neutronen sicherlich anwendbar und gibt einen Wirkungsquerschnitt

$$4\pi\left(\frac{2M}{\hbar^2} V \frac{a^3}{3}\right)^2, \tag{17, 1}$$

wo M die reduzierte Masse bedeutet, die aus den Massen M_e und M_n von Elektron und Neutron nach

$$M = \frac{M_e M_n}{M_e + M_n}$$

zu berechnen und größenordnungsmäßig $\sim M_e$ ist. Nimmt man für die Wechselwirkungsenergie $V = 10^6$ Volt und für den Neutronenradius $a = 2 \cdot 10^{-13}$ cm an, so führt dies zu einem Wirkungsquerschnitt von $(10^{-17}\,\text{cm})^5$, welcher zur Entstehung eines Ionenpaares auf einer Wegstrecke von etwa 10^{11} cm Veranlassung geben würde.

Wenden wir uns nun zu den Zusammenstößen von Neutronen mit Protonen und schweren Kernen, so läßt das langsame Anwachsen des Wirkungsquerschnitts mit Z vermuten, daß das Coulombfeld bei der Streuung von Neutronen unwirksam ist[6] und das Neutron in Kontakt mit der wirklichen Struktur des Kernes kommen muß, der sich dann ziemlich undurchdringlich, d. h. wie eine feste Kugel, verhält. Bedeutet r_0 wiederum den GAMOWschen Radius des Kernes, so kann man die Größenordnung der Wechselwirkungsenergie V im Anschluß an den Ausdruck (17, 1) durch den Ansatz

$$4\pi\left(\frac{2MV}{\hbar^2} \frac{r_0^3}{3}\right)^2 \simeq \pi r_0^2$$

---

[1] P. DEE, Proc. Roy. Soc. London (A) Bd. 136, S. 727. 1932.
[2] N. FEATHER, Proc. Roy. Soc. London (A) Bd. 136, S. 709. 1933.
[3] N. FEATHER, Nature, Bd. 130, S. 273. 1932.
[4] N. BOHR, In einer Diskussion auf der Frühjahrskonferenz, 1932, in Kopenhagen.
[5] M. BORN, ZS. f. Phys. Bd. 38, S. 803. 1926; vgl. auch ds. Handb. Kap. 5 (G. WENTZEL) Ziff. 12.
[6] Vgl. J. DESTOUCHES, l. c.

bestimmen, wobei jetzt

$$M = M_K M_N/(M_K + M_N) \sim M_n$$

ist. Mit $r_0 \sim 10^{-12}$ cm erhält man

$$V \sim \frac{3}{4} \frac{\hbar^2}{M r_0^2} \sim 3 \cdot 10^5 \text{ Volt.}$$

Dieser Wert scheint vernünftig zu sein. Andererseits hätten wir für Zusammenstöße mit Protonen größere Werte anzunehmen. Wenn Stöße nur bei einem Eindringen des Protons in die Kernstruktur des Neutrons stattfinden sollten, müssen wir wegen des experimentellen Wirkungsquerschnittes [etwa $\pi(2 \cdot 10^{-13}\,\text{cm})^2$ siehe oben] voraussetzen, daß das Neutron entweder den Radius $2 \cdot 10^{-13}$ cm besitzt und die Wechselwirkungsenergie etwa 10^9 Volt beträgt oder daß es einen Radius von 10^{-12} cm hat und eine Wechselwirkungsenergie von ungefähr 10^6 Volt. Ein so großer Radius ist unwahrscheinlich. MASSEY[1] hat jedoch die interessante Annahme diskutiert, daß der große Wirkungsradius auf Umladungsvorgänge des Neutronenelektrons zurückzuführen sei, wodurch Atomstöße bereits bei viel größeren Abständen denkbar wären als bei direkten Stößen. Andererseits er-

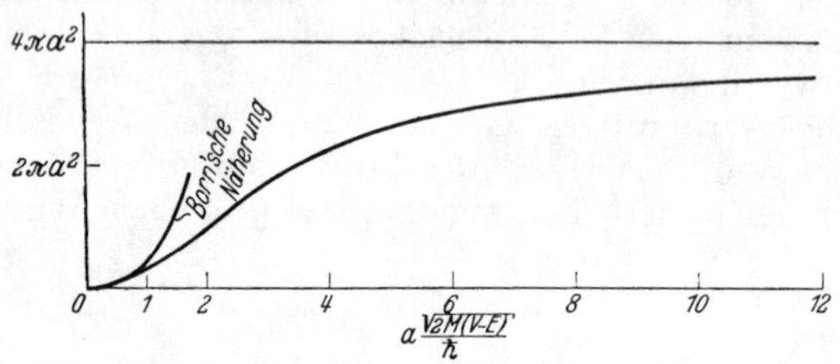

Abb. 28. Theoretische Kurve des Wirkungsquerschnittes schwerer Atomkerne für Neutronenstöße.

scheint die Annahme einer anomal starken Wechselwirkung zwischen Neutron und Proton durch die Ergebnisse über die anomale Streuung von α-Teilchen in Helium gestützt, wo ähnliche Ergebnisse erhalten werden[2].

Abb. 28 bringt eine Darstellung des effektiven theoretischen Wirkungsquerschnitts eines schweren Kernes mit dem Potentialfeld

$$\left.\begin{array}{ll} V = V_0, & r < a \\ V = 0 & r > a \end{array}\right\} a \ll \hbar/Mv$$

für Neutronenstöße in Abhängigkeit von der Funktion $\frac{a}{\hbar}\sqrt{2M(V_0 - E)}$, d. h. im wesentlichen von V_0, wenn die Neutronenenergie E klein gegen V_0 ist.

18. Unelastische Kernstöße. Künstliche Zertrümmerung und Anregung von Atomkernen. Wir betrachten in diesem Abschnitt die Ergebnisse unelastischer Zusammenstöße von leichten Kernen mit rasch bewegten materiellen Teilchen, Protonen, α-Teilchen oder Neutronen. Vom theoretischen Standpunkt ist es bequem zu unterscheiden zwischen Stößen, bei denen das stoßende Teilchen durch den Atomkern eingefangen wird und solchen, bei denen dies nicht stattfindet.

Bei den erstgenannten Stößen sind zwei Fragen zu betrachten: 1. Die Frage nach der „Chemie" des Prozesses, d. h. nach den Produkten des Vorgangs und nach der Größe der freiwerdenden Energie. Wenn beispielsweise ein Fluorkern

---

[1] H. W. S. MASSEY, Proc. Roy. Soc. London (A) Bd. 138, S. 460. 1932.
[2] Vgl. Ziff. 15, III.

von einem α-Teilchen getroffen wird, hat man zwischen den beteiligten Atomkernen die „Reaktionsgleichung"

$$F_{19} + He_4 \rightarrow Ne_{22} + H_1,$$

wenn Lithium mit Protonen oder mit α-Teilchen beschossen wird:

$$Li_7 + H_1 \rightarrow 2\,He_4,$$

$$Li_7 + He_4 \rightarrow B_{10} + n_1$$

(n_1 = Neutron). Auf die Größe der freiwerdenden Energie kommen wir weiter unten zurück. — 2. Die Frage nach der Wahrscheinlichkeit eines derartigen Zerfalls; diese hängt von zwei Faktoren ab, von der Wahrscheinlichkeit, daß das einfallende Teilchen den Potentialberg des Kernes durchdringt, und der Wahrscheinlichkeit, daß das eingedrungene Teilchen einen Zerfall verursacht.

Für Teilchen, deren Energie größer als die Höhe des Potentialberges (Abb. 10) ist, braucht nur der zweite Faktor betrachtet zu werden. Die experimentellen Ergebnisse[1] zeigen, daß die Wirkungsquerschnitte für Kernzerfall von der Größenordnung πr_0^2 sind. Wir dürfen somit annehmen, daß die Wahrscheinlichkeit eines Zerfalls von der Größenordnung Eins ist, sobald das Teilchen in den Kern eindringt.

Ist die Energie E der stoßenden Teilchen kleiner als die Höhe des Potentialberges, dann ist es wahrscheinlich, daß nur Teilchen mit dem Drehimpuls Null in den Kern eindringen (Ziff. 14). GAMOW hat gezeigt, daß in diesem Falle der effektive Wirkungsquerschnitt für Zerfall gleich ist[2]

$$\frac{\pi \hbar^2}{2ME}\left|\frac{\psi_0}{\psi_1}\right|^2, \tag{18,1}$$

wo ψ_1 der Wert der Wellenfunktion außerhalb des Gebietes negativer potentieller Energie ist und ψ_0 den Wert der Wellenfunktion in dem Abstand r_0 bedeutet, bis zu dem das α-Teilchen vordringen muß, damit Zerfall eintritt. Die Größe (18, 1) entspricht gemäß (6, 2) und (6, 5) dem GAMOWschen Ausdruck

$$\lambda = n\left|\frac{\psi_1}{\psi_0}\right|^2.$$

für die Zerfallskonstante λ des normalen radioaktiven Zerfalls, wobei n angibt, wie oft das α-Teilchen in der Sekunde auf die Wand des Kernes auftrifft. Der Faktor $\pi\hbar^2/2ME$ in (18, 1) bedeutet analog die Wahrscheinlichkeit dafür, daß der Kern in der Zeiteinheit von einem α-Teilchen mit der Energie E und dem Drehimpuls Null getroffen wird.

Mit der gleichen Annäherung in der Berechnung der Wellenfunktion ψ wie in Ziff. 6 erhalten wir

$$\left|\frac{\psi_0}{\psi_1}\right|^2 = e^{-\frac{2\sqrt{2m}}{\hbar}\int\limits_{r_1}^{r_2}\sqrt{V-E}\,dr}. \tag{18,2}$$

Es ist nicht möglich, diese Größe mit derselben Genauigkeit zu bestimmen wie bei der Berechnung der Zerfallskonstante, da E jetzt dem Gipfel des Potentialberges nahe liegt und das Integral von der Gestalt der Potentialkurve daselbst sehr wesentlich abhängt. Man kann jedoch zeigen, daß die Wahrscheinlichkeit

[1] Vgl. P. M. S. BLACKETT. Proc. Roy. Soc. London (A) Bd. 107, S. 349. 1925, BLACKETT findet für schnelle α-Teilchen in Stickstoff etwa 10 Zertrümmerungen auf 1 Million α-Teilchen, was einem Wirkungsquerschnitt von $\pi(3 \cdot 10^{-13}\,\text{cm})^2$ entspricht. Für ähnliche Resultate bei B_{10}, F, Al vgl. dies. Handb. Bd. XXII/1, Kap. 2 C, S. 182.

[2] G. GAMOW, Der Bau des Atomkerns, Kap. 4. Leipzig 1932.

für einen Zerfall stark abnimmt mit zunehmender Energie E des einfallenden Teilchens und zunehmender Atomnummer Z des zu zertrümmernden Atomkernes. Indem GAMOW[1] für die Potentialfunktion in der $V(r)$ Nähe der Spitze des Potentialberges die Form

$$V(r) = \frac{2Ze^2}{r} - \frac{a}{r^3}$$

einführte und für die Konstante a vernünftige Werte annahm, konnte eine wenigstens qualitative Übereinstimmung mit den experimentellen Ergebnissen erhalten werden.

Wenn die Energie E eines α-Teilchens in der Nähe eines *Resonanzniveaus* (Ziff. 16) gelegen ist, kann der Wirkungsquerschnitt erheblich größer sein als nach (18, 1), offenbar aber nicht größer als[2]

$$\pi \hbar^2 l(l+1)/2ME\,, \tag{18, 3}$$

wo l die azimutale Quantenzahl des Niveaus darstellt. Wird ein α-Strahlbündel benutzt, in dem alle Energien von 0 bis E vorkommen, so kann durch die Existenz eines Resonanzniveaus die Zahl der Zertrümmerungen nicht wesentlich vergrößert werden. Die Anzahl der Resonanzeindringungen ist der Breite des Resonanzniveaus ΔE proportional (Ziff. 16), die Anzahl der gewöhnlichen Zertrümmerungen dagegen proportional mit $E\,|\psi_0/\psi_1|^2$; wegen $\Delta E \backsim h \cdot \lambda$ sind aber beide Zahlen von der gleichen Größenordnung.

Die Frage nach der Existenz von Resonanzniveaus bei der Atomzertrümmerung hat noch nicht von allen Autoren eine übereinstimmende Beantwortung erfahren. Für die Zertrümmerung des Aluminiumkernes mit α-Strahlen geben POSE[3] sowie CHADWICK und CONSTABLE[4] bestimmte Resonanzniveaus an, doch scheinen ihre Ergebnisse bisher nicht in Übereinstimmung gebracht werden zu können[5]. Resonanzniveaus werden ferner angegeben für die Zertrümmerung des Fluorkerns[6] sowie für die unter Neutronenemission erfolgende Zertrümmerung von Berylliumkernen[7].

Neben der Atomzertrümmerung ist bei einer Reihe von Leichtelementen (Li, Be, B, F, Na [?], Mg, Al)[8] als Folge der Beschießung mit α-Teilchen die Emission von γ-Strahlung nachgewiesen. Für die Deutung dieser Tatsache kommen zwei verschiedene Möglichkeiten in Betracht. Wird das stoßende Teilchen durch den Kern nicht eingefangen, so muß eine Anregung des Kernes stattgefunden haben, welcher darauf in seinen Grundzustand unter Strahlungsemission zurückfällt. Kommt es dagegen zur Einfangung und Kernzertrümmerung, dann kann der neugebildete Kern in einer Reihe von angeregten Zuständen zurückbleiben, aus denen er in den Normalzustand unter Ausstrahlung von γ-Quanten übergehen wird.

Im Falle des Lithiums ist bei Beschießung mit α-Strahlen kein mit der Aussendung von Protonen verbundener Zerfall beobachtet worden[9], es ist daher möglich, daß die γ-Strahlen hier auf unmittelbare Kernanregung zurückzuführen

[1] G. GAMOW, l. c. Vgl. auch dies. Handb. Bd. XXII/1, Kap. 2C, S. 193.
[2] Vgl. N. F. MOTT, Proc. Roy. Soc. London (A) Bd. 133, S. 228. 1931.
[3] H. POSE, ZS. f. Phys. Bd. 64, S. 1. 1930; Bd. 67, S. 194. 1931.
[4] J. CHADWICK u. J. E. R. CONSTABLE, Proc. Roy. Soc. London (A) Bd. 135, S. 48. 1932.
[5] Vgl. etwa K. DIEBNER u. H. POSE, ZS. f. Phys. Bd. 75, S. 753. 1932.
[6] H. POSE, ZS. f. Phys. Bd. 72, S. 528. 1931.
[7] G. KIRSCH u. W. SLONEK, Naturwissensch. Bd. 21, S. 62. 1933.
[8] W. BOTHE u. H. BECKER, ZS. f. Phys. Bd. 66, S. 289 u. S. 307. 1930. Ebenda, Bd. 76, S. 421 .1932.
[9] Dagegen ist hier Neutronenemission festgestellt. Es ist jedoch unwahrscheinlich, daß γ-Strahlen nur bei Emission von Neutronen erzeugt werden, denn nach I. CURIE u.

sind. Die Kerne von B, F, Al[1] dagegen werden durch α-Teilchen zertrümmert und weisen dabei mehrere Protonengruppen jeweils einheitlicher Geschwindigkeit auf. Die Energiedifferenzen sind offenbar den Anregungsstufen der neugebildeten Atomkerne zuzuordnen.

Die Bedeutung der genannten Protonengruppen ist von ähnlicher Art wie jene der Feinstruktur der α-Strahlen, etwa bei RaC und ThC (Ziff. 10, Abb. 16). Die Energiedifferenzen der Gruppen sollten mit γ-Quanten übereinstimmen.

Ein gutes Beispiel hierfür bietet die Zertrümmerung von Boratomkernen nach der Reaktion

$$B_{10} + He_4 \rightarrow C_{13} + H_1 .$$

In diesem Falle sind zwei Protonengruppen festgestellt[2], deren Energien bei Beschießung mit α-Teilchen von 3,8 cm Reichweite ($\sim 5{,}1 \cdot 10^6$ Volt), $0{,}2 \cdot 10^6$ und $3{,}2 \cdot 10^6$ Volt betragen. Ihr Energieunterschied steht in ziemlich guter Übereinstimmung mit der Energie der von BOTHE und BECKER beobachteten γ-Quanten (Abb. 29). Ebenso entspricht die Intensität der γ-Strahlen (etwa $4 \cdot 10^{-6}$ Quanten pro α-Teilchen) recht gut der Intensität der langsamen Protonengruppe (etwa $6{,}5 \cdot 10^{-6}$ pro α-Teilchen). Schließlich ist die Bindungsenergie des B_{10} aus dem von ASTON bestimmten Massendefekt zu $6 \cdot 10^6$ Volt berechenbar[3]. Addiert man hierzu die Energie der α-Teilchen und subtrahiert jene der schnelleren Protonengruppe, so erhält man die Bindungsenergie des C_{13}. Der entsprechende Massendefekt ist $(9{,}9 \pm 1{,}7) \cdot 10^{-3}$ und steht in guter Übereinstimmung mit dem von KING und BIRGE[1] auf bandenspektroskopischem Wege erhaltenen Massendefekt des C_{13} von $(11 \pm 2) \cdot 10^{-3}$.

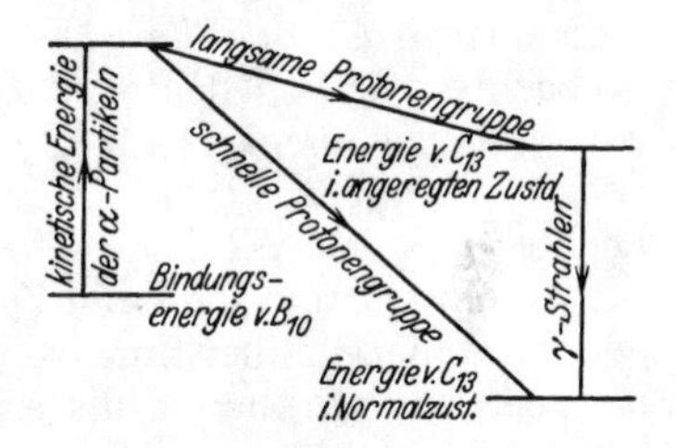

Abb. 29. Energieniveauschema der Zertrümmerung von Bor.

Für andere zertrümmerungsfähige Elemente[4] konnte ein Vergleich zwischen den Energien der γ-Strahlen und der Protonengruppen bisher noch nicht angestellt werden, jedoch befinden sich die Intensitäten der γ-Strahlen in ziemlich guter Übereinstimmung mit jenen für die langsamen Protonengruppen.

19. Die Schärfe der Wilsonbahnen. Die im vorliegenden Kapitel besprochenen erfolgreichen Anwendungen der Wellenmechanik auf Kernvorgänge, wie z. B. die GAMOWsche Theorie des α-Zerfalls (Ziff. 6) oder die anomale Zerstreuung der α-Strahlen (Ziff. 14), setzen ähnliche wellenartige Eigenschaften der α-Teilchen voraus, wie sie für Elektronen und Protonen durch bekannte Interferenzversuche an Kristallgittern unmittelbar nachgewiesen sind[5]. Die Ausführung analoger Versuche mit α-Strahlen scheitert bisher an der außerordentlichen Kleinheit ihrer de Broglie-Wellenlängen ($\sim 5 \cdot 10^{-13}$ cm); das Ergebnis

F. JOLIOT (C. R. Bd. 196, S. 397. 1933) beginnt die Neutronenemission erst bei einer α-Teilchenenergie von $5 \cdot 10^6$ Volt, während BOTHE u. BECKER (l. c.) eine Emission von γ-Strahlen schon bei einer Energie der einfallenden α-Teilchen von $3 \cdot 10^6$ Volt beobachteten.

Für Be andererseits beginnt die Neutronenemission schon bei $1{,}3 \cdot 10^6$ Volt; vgl. auch F. RASETTI, ZS. f. Phys. Bd. 78, S. 165. 1932.

[1] H. POSE, l. c.; J. CHADWICK, J. E. R. CONSTABLE u. E. C. POLLARD, Proc. Roy. Soc. London (A) Bd. 130, S. 463 (1930).

[2] W. BOTHE u. H. FRÄNZ, ZS. f. Phys. Bd. 49, S. 7. 1028, und W. BOTHE, ebenda Bd. 63, S. 381. 1930, haben auch Protonen beobachtet, die anscheinend ohne Einfangung des α-Teilchens emittiert werden.

[3] Vgl. Tab. 1, S. 794.

[4] Vgl. ds. Handb. Bd. XXII/1, Kap. 2 (H. FRÄNZ u. W. BOTHE).

[5] Vgl. ds. Handb. Bd. XXII/2, Kap. 5 (R. FRISCH und O. STERN).

wäre aber in Anbetracht der sichergestellten Interferenzeigenschaften von Protonen sowie Helium*atomen* geringer Geschwindigkeiten[1] kaum zweifelhaft. Die Voraussetzung wellenartiger Eigenschaften von Atomkernen geht überdies ein in verschiedene der erfolgreichsten Anwendungen der Wellenmechanik auf Fragen des Atom- und Molekülbaues, so bei der Bestimmung des Einflusses der Mitbewegung des Atomkernes in Einelektronenproblemen[2] oder bei der Berechnung der Rotations- und Schwingungszustände von Molekülen[3].

Im folgenden soll gezeigt werden, wie eine der ausgesprochensten *Partikel*eigenschaften des α-Teilchens (oder Protons), nämlich die Entstehung scharfer, *geradliniger Wilsonbahnen,* mit seinen Welleneigenschaften vereinbar ist. Wir betrachten ein Bündel von α-Strahlen und die zugeordneten de Broglie-Wellen mit der im ganzen Raume definierten Amplitudenfunktion $\psi(x, y, z, t)$. Die Wahrscheinlichkeit dafür, daß ein α-Teilchen zum Zeitpunkt t innerhalb eines Volumenelementes $dx\,dy\,dz$ angetroffen wird, beträgt $|\psi(x, y, z, t)|^2\,dx\,dy\,dz$. Die Wellenfunktion der von den radioaktiven Kernen ausgesandten α-Teilchen stellt eine Kugelwelle dar, so daß $|\psi|^2$ allein eine Funktion des Abstandes vom radioaktiven Atom Z ist. Demgegenüber werden aber *geradlinige* Wilsonbahnen beobachtet. Dies bedeutet, daß nach stattgefundener Ionisierung eines Atoms P die Wahrscheinlichkeit für die Ionisierung irgendeines weiteren Atoms in Richtung der geraden Verbindung von Z nach P sehr viel größer sein muß, als der Dichte $|\psi|^2$ der α-Teilchen entsprechen würde.

Eine wellenmechanische Voraussage der Existenz geradliniger Teilchenspuren gelingt demgegenüber nur, wenn das α-Teilchen und alle Gasatome der Wilsonkammer von vornherein als einheitliches System behandelt werden und hierzu eine Wellenfunktion benutzt wird, die von sämtlichen Bestandteilen dieses Systems abhängt[4]. Die Atome mögen fortlaufend numeriert sein und die Wellenfunktionen $\psi_1(s_1, \mathfrak{r}_1), \psi_2(s_2, \mathfrak{r}_2), \ldots$ besitzen, wobei $\mathfrak{r}_1, \mathfrak{r}_2, \ldots$ die Vektoren der Elektronenkoordinaten der verschiedenen Atome bedeuten mögen und $s_1, s_2, \ldots$ die einzelnen stationären und Ionisierungszustände der Atome, $s = 0$ im besonderen ihren Grundzustand. Bezeichnet $\mathfrak{R}$ den Koordinatenvektor des α-Teilchens, dann ist die Wellenfunktion des Gesamtsystems von der Form

$$\Psi(\mathfrak{R}; \mathfrak{r}_1, \mathfrak{r}_2, \ldots).$$

Setzt man

$$f(s_1, s_2, \ldots; \mathfrak{R}) = \int \Psi(\mathfrak{R}; \mathfrak{r}_1, \mathfrak{r}_2, \ldots)\, \psi_1^*(s_1; \mathfrak{r}_1)\, \psi_2^*(s_2; \mathfrak{r}_2) \ldots d\mathfrak{r}_1\, d\mathfrak{r}_2 \ldots, \qquad (19, 1)$$

dann gibt

$$\int |f(s_1, s_2, \ldots; \mathfrak{R})|^2\, d\mathfrak{R} \qquad (19, 2)$$

die Wahrscheinlichkeit dafür, daß zu einem gegebenen Zeitpunkt des Atoms 1 im Zustand s_1, das Atom 2 im Zustand s_2, ... usw. vorliegt. Wenn alle $s_i = 0$ $(i = 1, 2, \ldots)$, ausgenommen eines, z. B. $s_j \neq 0$, dann folgt aus der Symmetrie des Problems, daß (19, 2) nur vom Abstand des Atoms j vom Ursprung Z der α-Strahlen abhängen wird. Zur Erklärung der Geradlinigkeit der Nebelspuren ist es indessen noch erforderlich einzusehen, daß der Ausdruck (19, 2) für mehr als ein von Null verschiedenes s_j, d. h. mehr als ein angeregtes oder ionisiertes Atom, klein ist, es sei denn, daß diese Atome auf einer durch Z gehenden geraden Linie gelegen sind.

---

[1] Siehe Fußnote 5, S. 837.
[2] Siehe Kap. 3 (H. BETHE), Ziff. 5.
[3] Siehe Kap. 4 (F. HUND), Ziff. 21ff.
[4] Vgl. W. HEISENBERG, Die physikalischen Prinzipien der Quantenmechanik, S. 50ff., Leipzig 1930; N. F. MOTT, Proc. Roy. Soc. London (A) Bd. 126, S. 79. 1929.

Diese Eigenschaft des Integrals (19, 2) kann nun mittels der BORNschen Stoßtheorie[1] leicht nachgewiesen werden. Bedeutet $\mathfrak{R}$ wiederum den Koordinatenvektor des α-Teilchens, $\mathfrak{r}$ die Vektoren der Elektronenkoordinaten eines einzelnen Atoms und W die Energiesumme dieser beiden vor einem Zusammenstoß unendlich weit voneinander entfernten Gebilde, dann kann ihr Stoßvorgang nach der BORNschen Theorie beschrieben werden mittels einer Wellenfunktion von der Gestalt $\Psi(\mathfrak{R};\mathfrak{r})\,e^{-2\pi i W t/h}$. Die Funktion $\Psi(\mathfrak{R};\mathfrak{r})$ kann in eine Reihe

$$\Psi(\mathfrak{R};\mathfrak{r}) = \sum_s u(s;\mathfrak{R})\,\psi(s,\mathfrak{r}) \tag{19, 3}$$

entwickelt werden, worin die $\psi(s;\mathfrak{r})$ die Wellenfunktionen der verschiedenen Zustände des Atoms sind. Die dem Ausgangszustand entsprechende Funktion $u(0;\mathfrak{R})$ stellt eine einfallende und eine gestreute Welle dar; ist $\mathfrak{n}_0$ der zur Anfangsgeschwindigkeit v_0 des α-Teilchens parallele Einheitsvektor und $\mathfrak{n}$ der Einheitsvektor $\mathfrak{R}/|\mathfrak{R}|$, dann gilt für große $|\mathfrak{R}| = R$

$$u(0;\mathfrak{R}) \backsim e^{i M_P v_0 (\mathfrak{n}_0\cdot\mathfrak{R})/\hbar} + \frac{1}{R} f_0(\mathfrak{n}) e^{i M_P v_0 R/\hbar}. \tag{19, 4}$$

Die Funktionen $u(s,\mathfrak{R})$ sind von der Form

$$u(s;\mathfrak{R}) \backsim \frac{1}{R} f_s(\mathfrak{n})\, e^{i M_P v_s R/\hbar}, \tag{19, 5}$$

wobei v_s die Geschwindigkeit des α-Teilchens nach Anregung des Atoms zum $s$ten Zustande ist. Der Ausdruck

$$\frac{v_s}{v_0} |f_s(\mathfrak{n})|^2\, d\omega \tag{19, 6}$$

gibt dann die Wahrscheinlichkeit dafür an, daß das α-Teilchen in der Zeiteinheit nach Anregung des Atoms zur $s$ten Energiestufe eine Streuung in den Raumwinkel $d\omega$ erfährt.

Bedeuten H_A, H_α die Hamiltonoperatoren von Atom und α-Teilchen, $V(\mathfrak{R};\mathfrak{r})$ die Wechselwirkungsenergie dieser beiden Gebilde, W_α die Energie des α-Teilchens im Unendlichen und $W(0)$ die Energie des Atoms im Normalzustand, dann lautet die Schrödingergleichung des Problems

$$\{H_A + H_\alpha + V(\mathfrak{R};\mathfrak{r}) - W(0) - W_\alpha\}\Psi = 0, \tag{19, 7}$$

wobei

$$H_\alpha = -\frac{\hbar^2}{2M_P}\Delta_R. \tag{19, 8}$$

Wird (19, 3) in (19, 7) eingeführt, hierauf mit $-\psi^*(s;\mathfrak{r})\,2M_P/\hbar^2$ multipliziert und über alle $\mathfrak{r}$ integriert, dann erhält man mit $k_s = m v_s/\hbar$

$$(\Delta + k_s^2)\,u(s;\mathfrak{R}) = \frac{2M_P}{\hbar^2}\int \psi^*(s;\mathfrak{r})\,V(\mathfrak{R};\mathfrak{r})\,\Psi(\mathfrak{R};\mathfrak{r})\,d\mathfrak{r}. \tag{19, 9}$$

Bezeichnet man die rechte Seite von (19, 9) mit $G(s;\mathfrak{R})$, so lautet ihre Lösung

$$u(s;\mathfrak{R}) = -\frac{1}{4\pi}\int \frac{e^{i k_s |\mathfrak{R}-\mathfrak{R}'|}}{|\mathfrak{R}-\mathfrak{R}'|}\, G(s;\mathfrak{R}')\, d\mathfrak{R}'; \tag{19, 10}$$

sie bleibt im Ursprung endlich und stellt eine auslaufende Welle von der Wellenlänge $h/M_P v_s$ dar. Die Gleichung (19,10) gilt exakt; es zeigt sich, daß, wenn Ψ für solche $\mathfrak{R}$, $\mathfrak{r}$ verschwindet, daß $V(\mathfrak{R};\mathfrak{r})$ endlich bleibt, auch G und daher $u(s;\mathfrak{R})$ verschwindet. Das hat die einigermaßen triviale Bedeutung, daß im Falle des Verschwindens von $\Psi(\mathfrak{R};\mathfrak{r})$ in der Nähe des Atoms keine Streuung auftritt.

[1] M. BORN, ZS. f. Phys. Bd. 37, S. 863; Bd. 38, S. 803. 1926; vgl. oben Kap. 5 (G. WENTZEL), Ziff. 11.

Zur Berechnung von $u(s, \mathfrak{R})$ ist in die rechte Seite von (19, 9) ein Näherungsausdruck für $\Psi(\mathfrak{R}; \mathfrak{r})$ einzuführen, wie die gewöhnliche BORNsche Näherung[1]

$$\Psi(\mathfrak{R}; \mathfrak{r}) \simeq \psi(0; \mathfrak{r})\, e^{i k_0 (\mathfrak{n}_0 \cdot \mathfrak{R})}\,. \tag{19, 11}$$

Als Ergebnis einer derartigen Näherungsrechnung zeigt sich, daß (19, 10) und damit $f_s(\mathfrak{n})$ ein sehr steiles Maximum besitzt, wenn $\mathfrak{R}$ bzw. $\mathfrak{n}$ in der Richtung $\mathfrak{n}_0$ des einfallenden α-Teilchens gelegen ist, in Übereinstimmung mit der experimentellen Tatsache, daß das α-Teilchen bei Anregung des Atoms im allgemeinen nur um einen sehr kleinen Winkel abgelenkt wird. Die Funktion $f_s(\mathfrak{n})$ bleibt aber auch für große Ablenkungswinkel endlich, was solchen Zusammenstößen entspricht, bei denen das α-Teilchen durch den Atomkern um einen großen Winkel abgelenkt wird, bei gleichzeitiger Anregung des Atoms.

Betrachten wir nun ein System, welches noch ein weiteres Atom umfaßt, das von dem ersten Atom jedoch so weit entfernt sein soll, daß die Wechselwirkung der beiden Atome zu vernachlässigen ist. Die Koordinatenvektoren und Wellenfunktionen des zweiten Atoms seien $\mathfrak{r}_2$ und $\psi_2(s_2; \mathfrak{r}_2)$, die des ersten sollen zur Unterscheidung nunmehr durch den Index 1 gekennzeichnet werden.

Die Schrödingergleichung des neuen Systems ist

$$[H_{A_1} + H_{A_2} + H_\alpha + V_1(\mathfrak{r}_1; \mathfrak{R}) + V_2(\mathfrak{r}_2; \mathfrak{R}) - W_\alpha - W_1(0) - W_2(0)]\,\Psi(\mathfrak{R}; \mathfrak{r}_1, \mathfrak{r}_2) = 0. \tag{19, 12}$$

Für alle vom ersten Atom entfernteren Punkte $\mathfrak{R}$ verschwindet $V_1(\mathfrak{r}_1; \mathfrak{R})$; für jedes Gebiet außerhalb der Nachbarschaft des Atoms 1 gibt es daher eine Lösung von (19, 12) von der Form

$$\psi(s_1; \mathfrak{r}_1)\, F(s_1; \mathfrak{R}; \mathfrak{r}_2)\,, \tag{19, 13}$$

worin s_1 irgendeinem stationären Zustand des Atoms 1 entspricht und $F(s_1; \mathfrak{R}; \mathfrak{r}_2)$ der Gleichung genügt

$$\{H_{A_2} + H_\alpha + V_2(\mathfrak{r}_2; \mathfrak{R}) - W_2(0) - W\}\, F = 0\,. \tag{19, 14}$$

W ist hierbei die Energie des α-Teilchens nach der Anregung des Atoms 1 in den $s_1$ten Zustand

$$W = W_\alpha + W_1(0) - W_1(s_1)\,.$$

Die Gleichung (19, 14) entspricht daher der Wechselwirkung eines α-Teilchens mit dem Atom 2, dessen Energie im Unendlichen den Wert W besitzt.

Die BORNsche Stoßtheorie gibt für große $\mathfrak{R}$ eine Lösung der Gleichung (19, 14) von der Form

$$F(s_1; \mathfrak{R}; \mathfrak{r}_2) \sim u(s_1; 0; \mathfrak{R})\, \psi_2(0; \mathfrak{r}_2) + \sum_{s_2} v(s_1; s_2; \mathfrak{R})\, \psi_2(s_2; \mathfrak{r}_2)\,, \tag{19, 15}$$

wenn vorausgesetzt wird, daß sich das Atom 2 vor dem Zusammenstoß in seinem Grundzustand $s_2 = 0$ befindet. $u(s_1; 0; \mathfrak{R})$ stellt hierbei die einfallende Welle mit einer der Energie $W_\alpha + W_1(0) - W_1(s_1)$ entsprechenden Wellenlänge, insbesondere die vom Atom 1 ausgehende Streuwelle (19, 10), dar; den Funktionen $v(s_1; s_2; \mathfrak{R})$ entsprechen vom Atom 2 divergierende Wellen mit den den Energien $W_\alpha + W_1(0) - W_1(s) + W_2(0) - W_2(s_2)$ zugehörigen Wellenlängen. Wie bereits oben für Gleichung (19, 10) gezeigt, werden die Funktionen $v(s_1; s_2; \mathfrak{R})$ nur dann von Null verschieden sein, wenn die einfallende Welle $u(s_1; 0; \mathfrak{R})$ in der Nähe des Atoms 2 endlich ist. Nach dem Gesagten wird das nur zutreffen, wenn das zweite Atom innerhalb eines sehr spitzen Kegels gelegen ist, dessen Spitze mit dem Ort des Atoms 1 und dessen Achse mit der Richtung $\mathfrak{n}_0$ des einfallenden α-Teilchens zusammenfällt.

---

[1] Vgl. Kap. 5 (G. WENTZEL), Ziff. 11, vgl. dort Gleichung (11, 12).

Die Wellenfunktion des Gesamtsystems ist offenbar

$$\sum_{s_1}{}' F(s_1; \mathfrak{R}; \mathfrak{r}_2)\, \psi(s_1; \mathfrak{r}_1)\,. \tag{19, 16}$$

Wenn weder s_1 noch s_2 auf einen Normalzustand Bezug nimmt ($s_1 \neq 0$, $s_2 \neq 0$), ergibt (19, 2) für die Wahrscheinlichkeit der Anregung beider Atome

$$\int |v(s_1; s_2; \mathfrak{R})|^2\, d\mathfrak{R}\,. \tag{19, 17}$$

Wie wir gesehen haben, ist diese Größe im allgemeinen sehr klein, es sei denn, daß die beiden Atome mit dem Ursprung des α-Strahls in einer Geraden liegen. Die kleinen Werte außerhalb dieser Richtung liefern ein Maß für die Häufigkeit der Kernstöße mit großen Ablenkungswinkeln, die zur Entstehung eines scharfen Knickes der Wilsonspur Veranlassung geben können.

Die vorstehenden Betrachtungen können ohne weiteres auf beliebig viele Atome ausgedehnt werden. Die Schärfe der Wilsonbahnen beruht nach der Wellenmechanik somit darauf, daß die Stoßanregung von Gasatomen durch α-Teilchen im allgemeinen nur mit sehr geringfügigen Ablenkungswinkeln verbunden ist.

Namenverzeichnis.

Sachverzeichnis.

Printed in the United States
By Bookmasters